Periodic Table of the Elements

Atomic number → 6
Symbol → C
Name (IUPAC) → Carbon
Atomic mass → 12.011

IUPAC recommendations: →
Chemical Abstracts Service group notation: →

1 IA	2 IIA	3 IIIB	4 IVB	5 VB	6 VIB	7 VIIB	8 VIIIB	9 VIIIB	10 VIIIB	11 IB	12 IIB	13 IIIA	14 IVA	15 VA	16 VIA	17 VIIA	18 VIIIA
1 H Hydrogen 1.0079																	2 He Helium 4.0026
3 Li Lithium 6.941	4 Be Berylium 9.0122											5 B Boron 10.811	6 C Carbon 12.011	7 N Nitrogen 14.007	8 O Oxygen 15.999	9 F Fluorine 18.998	10 Ne Neon 20.180
11 Na Sodium 22.990	12 Mg Magnesium 24.305											13 Al Aluminum 26.982	14 Si Silicon 28.086	15 P Phosphorus 30.974	16 S Sulfur 32.065	17 Cl Chlorine 35.453	18 Ar Argon 39.948
19 K Potassium 39.098	20 Ca Calcium 40.078	21 Sc Scandium 44.956	22 Ti Titanium 47.867	23 V Vanadium 50.942	24 Cr Chromium 51.996	25 Mn Manganese 54.938	26 Fe Iron 55.845	27 Co Cobalt 58.933	28 Ni Nickel 58.693	29 Cu Copper 63.546	30 Zn Zinc 65.409	31 Ga Gallium 69.723	32 Ge Germanium 72.64	33 As Arsenic 74.922	34 Se Selenium 78.96	35 Br Bromine 79.904	36 Kr Krypton 83.798
37 Rb Rubidium 85.468	38 Sr Strontium 87.62	39 Y Yttrium 88.906	40 Zr Zirconium 91.224	41 Nb Niobium 92.906	42 Mo Molybdenum 95.94	43 Tc Technetium (98)	44 Ru Ruthenium 101.07	45 Rh Rhodium 102.91	46 Pd Palladium 106.42	47 Ag Silver 107.87	48 Cd Cadmium 112.41	49 In Indium 114.82	50 Sn Tin 118.71	51 Sb Antimony 121.76	52 Te Tellurium 127.60	53 I Iodine 126.90	54 Xe Xenon 131.29
55 Cs Cesium 132.91	56 Ba Barium 137.33	57 *La Lanthanum 138.91	72 Hf Hafnium 178.49	73 Ta Tantalum 180.95	74 W Tungsten 183.84	75 Re Rhenium 186.21	76 Os Osmium 190.23	77 Ir Iridium 192.22	78 Pt Platinum 195.08	79 Au Gold 196.97	80 Hg Mercury 200.59	81 Tl Thallium 204.38	82 Pb Lead 207.2	83 Bi Bismuth 208.98	84 Po Polonium (209)	85 At Astatine (210)	86 Rn Radon (222)
87 Fr Francium (223)	88 Ra Radium (226)	89 #Ac Actinium (227)	104 Rf Rutherfordium (261)	105 Db Dubnium (262)	106 Sg Seaborgium (266)	107 Bh Bohrium (264)	108 Hs Hassium (277)	109 Mt Meitnerium (268)	110 Ds Darmstadtium (281)	111 Rg Roentgenium (272)	112 Cn Copernicium (285)	113 Nh Nihonium (284)	114 Fl Flerovium (289)	115 Mc Moscovium (288)	116 Lv Livermorium (293)	117 Ts Tennessine (294)	118 Og Oganesson (294)

*Lanthanide Series	58 Ce Cerium 140.12	59 Pr Praseodymium 140.91	60 Nd Neodymium 144.24	61 Pm Promethium (145)	62 Sm Samarium 150.36	63 Eu Europium 151.96	64 Gd Gadolinium 157.25	65 Tb Terbium 158.93	66 Dy Dysprosium 162.50	67 Ho Holmium 164.93	68 Er Erbium 167.26	69 Tm Thulium 168.93	70 Yb Ytterbium 173.04	71 Lu Lutetium 174.97
# Actinide Series	90 Th Thorium 232.04	91 Pa Protactinium 231.04	92 U Uranium 238.03	93 Np Neptunium (237)	94 Pu Plutonium (244)	95 Am Americium (243)	96 Cm Curium (247)	97 Bk Berkelium (247)	98 Cf Californium (251)	99 Es Einsteinium (252)	100 Fm Fermium (257)	101 Md Mendelevium (258)	102 No Nobelium (259)	103 Lr Lawrencium (262)

TABLE 3.1 | Relative Strength of Selected Acids and Their Conjugate Bases

	Acid	Approximate pK_a	Conjugate Base	
Strongest acid	$HSbF_6$	< −12	SbF_6^-	**Weakest base**
	HI	−10	I^-	
	H_2SO_4	−9	HSO_4^-	
	HBr	−9	Br^-	
	HCl	−7	Cl^-	
	$C_6H_5SO_3H$	−6.5	$C_6H_5SO_3^-$	
	$(CH_3)_2\overset{+}{O}H$	−3.8	$(CH_3)_2O$	
	$(CH_3)_2C{=}\overset{+}{O}H$	−2.9	$(CH_3)_2C{=}O$	
	$CH_3\overset{+}{O}H_2$	−2.5	CH_3OH	
	H_3O^+	−1.74	H_2O	
	HNO_3	−1.4	NO_3^-	
	CF_3CO_2H	0.18	$CF_3CO_2^-$	
	HF	3.2	F^-	
	$C_6H_5CO_2H$	4.21	$C_6H_5CO_2^-$	
	$C_6H_5NH_3^+$	4.63	$C_6H_5NH_2$	
	CH_3CO_2H	4.75	$CH_3CO_2^-$	
	H_2CO_3	6.35	HCO_3^-	
	$CH_3COCH_2COCH_3$	9.0	$CH_3CO\overset{-}{C}HCOCH_3$	
	NH_4^+	9.2	NH_3	
	C_6H_5OH	9.9	$C_6H_5O^-$	
	HCO_3^-	10.2	CO_3^{2-}	
	$CH_3NH_3^+$	10.6	CH_3NH_2	
	H_2O	15.7	HO^-	
	CH_3CH_2OH	16	$CH_3CH_2O^-$	
	$(CH_3)_3COH$	18	$(CH_3)_3CO^-$	
	CH_3COCH_3	19.2	$^-CH_2COCH_3$	
	$HC{\equiv}CH$	25	$HC{\equiv}C^-$	
	$C_6H_5NH_2$	31	$C_6H_5NH^-$	
	H_2	35	H^-	
	$(i\text{-}Pr)_2NH$	36	$(i\text{-}Pr)_2N^-$	
	NH_3	38	$^-NH_2$	
	$CH_2{=}CH_2$	44	$CH_2{=}CH^-$	
Weakest acid	CH_3CH_3	50	$CH_3CH_2^-$	**Strongest base**

Increasing acid strength

Increasing base strength

International Adaptation

T. W. Graham Solomons | Craig B. Fryhle | Scott A. Snyder

유기화학

제13판

이창규 · 한인숙 옮김

Organic Chemistry

Thirteenth Edition

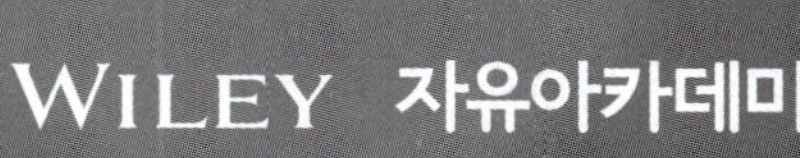

저자 서문

네가 좋아하는 유기 분자는 뭐지?

네가 좋아하는 유기 분자는 뭐지? 답이 바로 떠오르지 않을 수도 있는 질문이지만, 이 책을 통해 그것을 바꾸고자 한다. 분자가 세상에 미치는 영향을 고려한다면 누구나 좋아하는 분자를 가질만한 타당한 까닭은 아주 많다. 실제로 어떤 분자는 전쟁을 유발했고, 어떤 분자는 인간 수명을 유지 또는 연장시켰으며, 또 많은 분자는 현대 사회의 관습을 바꾸기도 했다. 우리 삶에 영향을 끼친 중요한 유기 분자 한 가지를 선택하라면, 항생제 중 최후의 수단으로 쓰이는 반코마이신(vancomycin)을 들 수 있다. 반코마이신, 아스피린, 페니실린, 그리고 의학적으로 활성인 많은 화합물들이 지난 세기 동안 수백만 명의 목숨을 살렸다. 말라리아를 처음 치료한 퀴닌은 너무도 희귀해서 그것의 공급을 두고 사람들은 갈등을 겪기도 했다.

유기 분자들은 세포 내의 대사 에너지, 조직의 구조, 유전 정보의 저장을 제공함으로써 생명을 유지한다. 아마도 누군가가 좋아하는 분자는 트립토판 같은 아미노산이거나, DNA나 RNA의 핵산 구성 조각 중 하나일 수도 있다. 인생의 달콤한 순간을 좋아하면 과당이나 설탕을 선택할 수도 있고, 인생의 쓰는 맛을 좋아하면 매운 고추에서 나오는 캡사이신 같은 분자를 선택할 것이다. 삶의 단순한 쾌락은 도파민 같은 신경 전달 물질을 선택하도록 유도할 수도 있다. 천연 유기 분자와 합성 유기 분자는 모두 이 세상에 영향을 준다. 어떤 것은 클로로플루오로카본이나 여러 중합체 같이 심각한 환경 문제를 가져왔다. 이들 화합물이 현대 생활의 많은 면을 가능하게 했지만, 그것들의 해로운 영향은 화학자들로 하여금 더 나은, 더 지속 가능한 대체 물질을 개발하도록 하였다. 생분해성이 있는 중합체로 선호하는 폴리에틸렌글라이콜(PEG)은 백신과 약제 생산에 사용되며, 폴리아세트산(PLA)은 생분해성을 지닌 플라스틱에 쓰인다. 그러므로 큰 분자이건 작은 분자이건, 간단한 분자이건 복잡한 분자이건, 선호하는 가능한 분자들은 많이 있다.

그러나 좋아하는 유기 분자를 가지려면 학생으로서 분자의 구조, 성질, 그리고 반응성에 대한 첫 번째 원리를 이해해야 한다. 이 책의 목표는 이러한 과정을 분명하고도 논리적으로 이끌어 주는 것이다. 유기 화학은 더 좋은 세상을 만드는 아름다움과 능력을 이해하도록 도울 뿐만 아니라 결정적인 사고력, 문제 해결력과 분석력을 연마하도록 돕는다. 건강, 환경, 공학 등 다양한 분야에서 미래를 어떻게 변화시키려고 하든지 유기 화학은 중심 역할을 하며, 그것이 또한 좋아하는 분자가 될 수도 있다.

저자로서, 또 합성 화학 연구의 최전선을 탐구하는 연구자로서 우리가 더 많이 좋아하는 분자들은 짧은 목록에 실을 수 있는 것보다 분명히 더 많다. 우리는 학생들이 그들만의 선호하는 분자 목록을 개발하기를 바라고, 그것들을 합성하는 데 쓰일 좋아하는 반응 목록도 만들기 바란다. 이런 목표를 가지고 이번『유기화학 13판』에서는 중요하고도 놀라운 변화를 이루기 위해 매우 심혈을 기울였다.

13판의 새로운 내용들

유기 화학의 필요성에 관한 새롭고 최신인 정보. 화학의 응용성은 학생에게 화학의 가치를 일깨우며, 화학을 더 배우고 싶어 하는 욕망을 자극한다. 이 교재는 화학과 생활을 항상 강하게 연관시켜 왔으며, 그 토대 위에 계속 발전시키려고 한다. 여러 주제에 새로운 자료를 더했는데, 면역 반응과 Covid-19에 대한 백신에서의 분자간 인력의 적절성, 호흡의 화학(탄산 무수화 효소). 짝지음과 복잡성이 게의 색깔에 영향을 주는 방법, 그리고 생분해성이 있는 중합체가 백신과 약물을 안정화시키는 방법 등을 추가하였다.

다른 최신 정보에 포함된 것

2장[탄소 화합물 집단: 작용기, 분자간 인력, 적외선(IR) 분광학]에는 카복실산과 그 유도체에 관한 절이 새롭게 개정되었는데, 카복실산 할로젠화물과 카복실산 무수물을 포함시켰다. 또한 물리적 성질과 분자 구조에 관한 절에는 쌍극자–유발 쌍극자 인력이 포함되었다.

3장(유기 반응과 메커니즘의 소개: 산과 염기)에는 산–염기에 관한 절에서 Arrhenius 개념을 추가하였다.

9장(핵자기 공명 분광법과 질량 분석법: 구조 결정의 도구)에서는 액체 크로마토그래피–질량 분석법을 다루었다.

12장(카보닐 화합물로부터 얻어지는 알코올: 산화–환원 반응과 유기금속 화합물)에는 DIBAL-H를 포함시켰다.

13장(짝불포화계)에는 자외선–가시광선 분광학에 관한 절에 Woodward–Fieser 규칙을 포함시켰다.

24장(아미노산과 단백질)에는 새로운 짝지음 반응인 Hiyama 짝지음을 포함시켜 다루는 폭을 넓혔다.

화학과 환경

화학은 보건과 환경의 질에 중심 역할을 하고 있다. 화학 공정이 환경을 해치는 예들 중 알려진 것으로는 클로로플루오로카본이 오존 구멍의 형성에 기여한 것, 분해되지 않는 중합체가 곳곳에 플라스틱 폐기물을 가져온 것, 독성인 살충제의 효과 등이 있다. 그러나 화학자들은 환경을 개선하고 화학 공정을 더 환경친화적으로 개선하기 위해서 부지런히 일을 하고 있다. 학생들이 화학의 긍정적인 영향과 부정적인 영향을 모두 깨닫게 하기 위해서 화학과 환경에 대한 기존의 참고 자료를 여백에 '화학과 환경'이란 표시를 통해서 새롭고 더 상세하게 서술하였다. 아마도 이러한 강조를 통하여 이 책은 다음 세대의 해결책을 확인하는 데 더욱 집중하게 될 것이다.

교육과 방법

가르치고 배우는 방식이 진화되고 화학 교육 연구를 통하여 더 나은 훈련이 확인되면서, 내용의 흐름과 효율을 증대시키도록 설명을 조정하였다. 여기서 형식 전하 계산, 굽은 화살표 표기법의 소개, 공명 구조의 사용 및 의미와 관련된 주제에 대해서 새로운 교습 방법을 사용하였다. $POCl_3$를 사용하는 1차 알코올의 탈수 반응과 같은 통상적인 변환을 수행하기 위한 유용한 방법을 포함시켰다. 그리고 화학적인 과정의 현대적인 이해를 반영하도록 내용을 수정하였는데, 예를 들어 수십 년간 교과서에서는 친핵성 방향족 치환 반응(S_NAr)을 단계적 메커니즘으로 소개하였지만, 최근의 결정에 따라 동시성인 과정을 거쳐 대부분의 경우에 진행되는 것으로 수정하였다. 산-촉매에 의한 알돌 축합 반응과 카보다이이미드 짝지음 반응 같은 오래된 메커니즘의 묘사를 개선하였다. 많은 다른 구체적인 변화는 이전의 내용과 깊이 있게 비교하지 않으면 알아보지 못하겠지만, 이 책의 각 장마다 설명의 흐름과 효율을 증진시키기 위해서 수많은 조정을 하였다. 여기에는 많은 새로운 화학 물질이 포함되는데, 이름을 구조로 대체하였거나 기존 구조의 모양을 개선하여 학생들이 내용에 집중하고 핵심 원리에 더 빨리 초점을 맞추는 데 도움을 주도록 하였다.

화학 상담자가 필요하다

대부분의 장에는 '**화학 상담자가 필요한 물음**'이라고 제목을 붙인 새로운 질문들이 포함되어 있다. 이들 물음은 주로 화학 문헌(인용 출처 제시)에서 온 것들인데, 학생들이 배운 화학을 '화학 상담자'가 그들의 지식 수준을 가지고 통찰력을 제공하는 과정에 응용할 수 있도록 학생들에게 매력적인 기회를 제공해 줄 것이다. 이 물음들에서 학생은 더 복잡한 다중 작용기의 구조를 가지고 작업하는 기회를 얻게 되고, 핵심 변형이 이루어지는 분야를 발견하고 초점을 맞추게 될 것이다.

계속되는 교육적인 강점

우리는 학생들이 유기 화학에서 누릴 수 있는 최대한의 경험을 제공하고자 하는 우리의 동료들과 목표와 동기를 공유한다. 학생들이 유기 화학을 잘 배워서 유기 화학이 우리의 일상에 날마다 끼치는 경이로운 과정들을 알기 바란다. 학생들이 **비판적 사고**, **문제 해결**, **분석**에 있어 기술을 개발하기 바란다. 이러한 기술은 학생들이 어떤 진로를 선택하든지 오늘날의 세상에서는 참으로 중요하다. 13판의 새롭고 최신인 관점 외에도 이 책은 학생들에게 수많은 교육적인 강점을 지속적으로 제공하여 도움을 주고자 한다.

메커니즘: 반응이 일어나는 방법을 나타냄 학생들이 유기 화학에 성공하는지의 여부는 메커니즘의 이해에 달려 있다. 학생들이 반응이 일어나는 방법을 배우고 이해하는 데 필요한 모든 세부 사항을 포함하도록 최선을 다하였다. 여러 해 동안 이 책의 분명하고도 정확한 메커니즘 표시는 탁월하다고 평가되었다. 이것은 13판에서도 계속되며, 애니메이션으로 된 메커니즘 비디오를 온라인 자료에 포함하였다. 새로운 반응 형태를 도입할 때 학생들이 일반성을 이해하고 공통적인 주제를 감지할 수 있도록 **메커니즘적인 접근**을 사용하였다. 예를 들어, 카보

닐 화학에 대한 장들은 친핵성 첨가 반응, 아실 치환 반응, 그리고 α-탄소에서의 반응성에 대한 메커니즘적인 주제에 따라 구성되었다. 메커니즘적인 주제는 알켄의 첨가 반응, 산화 반응과 환원 반응, 그리고 친전자성 방향족 치환 반응에 관해서도 강조되었다.

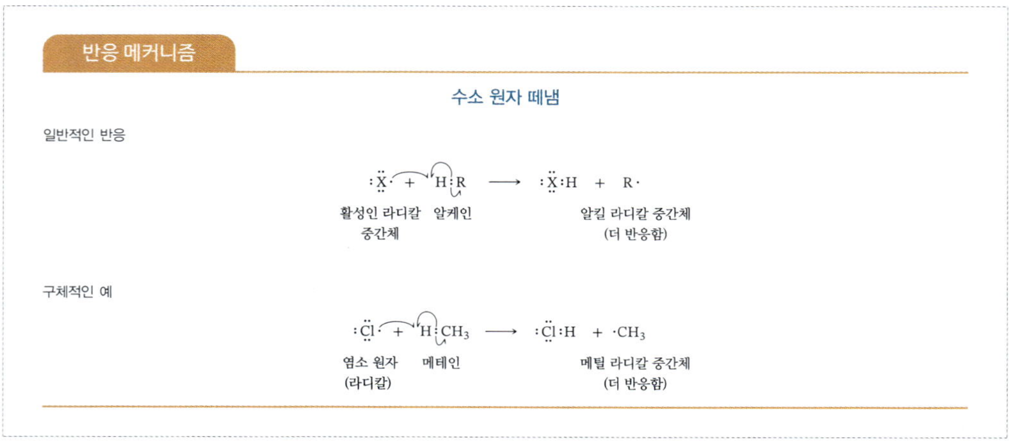

기초를 초기에 쌓고 물질의 핵심으로 빨리 들어가기 어떤 도구는 유기 화학의 성공에 절대적인 열쇠이다. 그중에는 구조식을 빨리 정확하게 그리는 것이 있다. Lewis 구조, 공유 결합, 선구조식과 결합선 구조식에 대한 지침을 함께 엮어서 학생들이 이 분야의 기술을 일관된 단위로 구축하도록 하였다. 1장에서 구조와 이성질체 바로 다음에 굽은 화살표와 공명 구조를 가르침으로써 학생들이 이 개념들을 바로 응용하도록 하였다. 구조의 원리를 이해한 상태에서 2장에서 작용기 그룹을 가르친다. 그다음 Lewis와 Brønsted–Lowry 산–염기 화학이 성공의 근본이기 때문에 학생이 이 개념을 정복할 수 있도록 간결하고 매우 효율적인 경로를 3장에 제시하였다.

친핵성 치환 반응과 제거 반응 주제들을 체계화하기 어떤 교수들은 학생들에게 친핵성 치환 반응에 대한 지식을 제거 반응을 논의하기 전에 제시하는 것이 교육적으로 유익하다고 한다. 몇몇 평가자들의 제의에 따라 우리는 **6장(친핵성 반응: 할로젠화 알킬의 성질과 치환 반응)**과 **7장(알켄과 알카인 I: 성질과 합성. 할로젠화 알킬의 제거 반응)**을 교수로 하여금 6장 다음에 분명하게 멈추어 치환 반응을 평가하도록 하거나, 원하면 곧바로 7장의 제거 반응으로 흘러들게 하였다.

방향족의 효율성 방향족 치환 반응 화학(15장)을 다룸에 있어서 친전자성, 친핵성, 그리고 벤자인 방향족 치환 반응을 한 장에 포함시켰다. 친핵성 방향족 치환 반응(S_NAr)의 메커니즘에 대한 최신 정보를 제공하였다.

물음을 풀어서 지식 다지기 운동선수들이나 음악가들은 알고 있듯이 연습은 완벽함을 만든다. 유기 화학에서도 이 진리는 같다. 학생들은 화학을 배우기 위해서 모든 종류의 문제들을 풀어 보아야 한다. 이 책은 1400개 이상의 물음이 본문 안에 있어서 학생들은 그들의 지식을 다질 수 있다. **보기 물음(solved problem)**은 학생들이 어디부터 시작해야 할지 돕는다. **되새김 물음(practice problem)**은 한 장을 읽으면서 기술을 연마하고 지식을 암기하도록 한다. **장 끝의 물음(end of chapter problem)**은 배운 것을 보강하고 특정한 내용에 초점을 두고 그 장의 자료를 가지고 기술 수준을 평가하도록 한다. **학습 집단을 위한 물음(learning group problem)**은 학생들이 그 장 안에 있는 정보와 개념을 합성하여 소그룹에서 협동 학습을 촉진하거나, 총체적인 원리에 대한 학생들의 숙련도를 나타내는 마무리 활동으로 사용될 수 있다.

보기 물음 1.5

질산 이온(NO_3^-)의 Lewis 구조를 쓰시오. (**주**: 질소 원자는 산소 원자 3개 모두와 결합한다.)

풀이

1. 이온이 음의 전하를 띠는 데 필요한 가외의 전자 1개를 포함하여 총 원자가 전자의 수를 센다.

$$\underset{\text{N}}{5} + \underset{3\text{O}}{3(6)} + \underset{1e^-}{1} = 24$$

2. 질소 원자와 3개의 산소 원자 사이에 결합을 형성하도록 3개의 전자쌍을 사용한다.

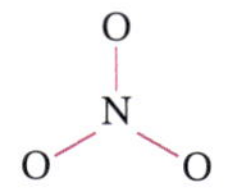

3. 나머지 18개의 전자를 산소 원자에 비공유 전자쌍으로, 또 질소 원자와 한 개의 산소 원자 사이에 이중 결합으로 더해 준다. 이렇게 하면 각 질소 원자와 산소 원자는 8개의 전자를 갖게 된다.

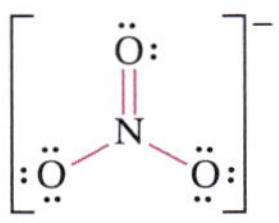

되새김 물음 1.8 아래 각각의 Lewis 구조를 쓰시오.

(a) $SOCl_2$ **(c)** PCl_5 **(e)** H_2SO_3 **(g)** H_3PO_4

(b) $POCl_3$ **(d)** $HONO_2$ **(f)** BH_4^- **(h)** H_2CO_3

분자와 비판적 사고 능력 구축 비판적인 사고와 분석 기술은 문제 해결과 인생의 열쇠이다. 다단계 유기 합성 문제는 이런 기술을 연마하는 데 완전히 적합하다. 이것이 6~21장 끝에 **물질 합성(synthesizing material)** 물음을 제시하는 까닭이다. 이 물음들은 합성과 역합성에서 분석 기술을 예리하게 하고, 이 과목을 통하여 배운 화학 반응을 통합하여 지식을 합성하는 것을 돕는다. 물음에는 다단계 합성 변환과 미지의 생성물이 포함되었거나 역합성 분석을 통하여 학생이 유도해 내야 하는 전구체로 목표 물질이 포함되어 있다. 물질 합성에 대한 물음은 흔히 앞의 장들에서 다룬 시약과 전환을 참조하기도 한다. 그러므로 화학 물질을 합성하는 작업을 하는 동안 지식도 또한 합성하게 된다. **물질 합성(synthesizing material)**에 숨은 두 가지 의미가 공중으로 사라져서는 안 된다!

합성 방법의 강력한 균형 학생들은 유용하고도 가능한 한 환경친화적이며 전체적인 개념 골격에 해당하는 유기 합성 방법을 배울 필요가 있다. 유기 합성의 핵심은 고전적인 치환 반응, 제거 반응, 첨가 반응, 산화–환원 반응이지만, 특수한 조건과 이름이 붙은 반응이 또한 중요한 역할을 한다. 그러므로 적절한 곳에서는 Swern 산화 반응(12.4절)과 같은 변환이 포함되는데, 이것은 크로뮴산 산화 반응에 대한 덜 독성인 대안을 제공하는 방법이다. Jacobsen과 Sharpless 에폭시화 반응('노벨상을 수상하게 된 화학' 상자), Wolff–Kishner 환원 반응(16.8C절), Baeyer–Villiger 산화 반응(16.12절)도 이름이 붙은 반응이다. 이것들은 모두 오랫동안 그 중요성이 시험된 방법들이다. 그러나 합성 방법론의 현대적인 균형에는 전이 금속 탄소–탄소 결합 형성 반응이 포함되어야 한다. 그래서 21장에서 전이 금속 유기금속 반응을 다루었고 다음에서 서술한다.

전이 금속 유기금속 착물: 핵심 결합 형성 반응의 촉진제 현행 유기 화학자들은 탄소–탄소 결합 형성을 전이 금속 착물의 능력에 의존한다. 그래서 21장(**전이 금속 착물**)에서 전이 금속 유기금속 착물에 대한 균형을 이룬 서론과 유기 합성에의 이용을 제시하였다. 이 장은 구조 소개와 전이 금속 유기금속 화합물이 관여하는 반응의 공통적인 메커니즘 단계로 시작된다. 그다음 Heck–Mizoroki, Suzuki–Miyaura, Stille, Sonogashira, Hiyama, dialkylcurprate(Gilman), 그리고 올레핀 복분해 반응과 같은 중요한 교차 짝지음 반응의 핵심들을 학부생에게 실용적이고 유용한 수준으로 소개하였다. 이 장은 교수가 원하면 전이 금속 착물에 대한 배경 정보를 건너뛰고 바로 이들 중요한 반응들로 이동할 수 있도록 의도적으로 구성하였다.

반응 메커니즘

할로젠화 아릴 기질을 이용한 Heck–Mizoroki 반응

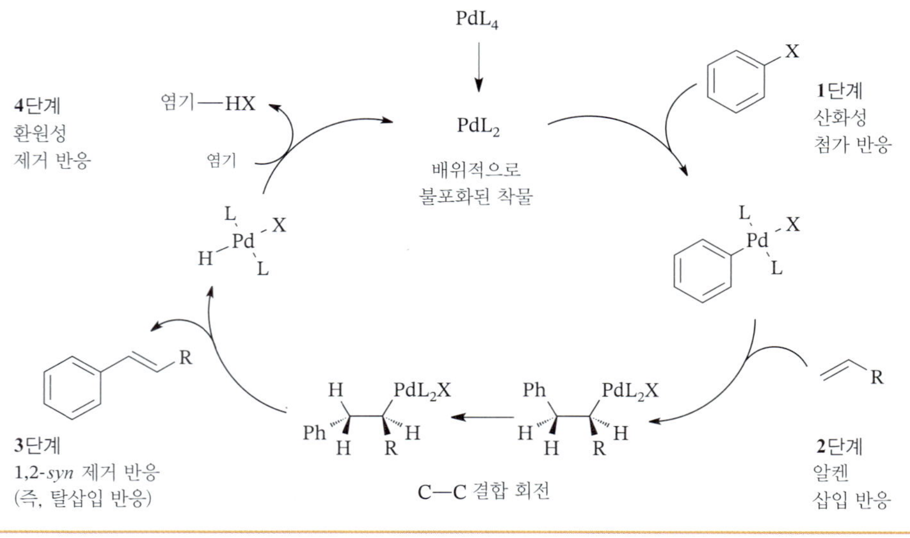

"이 주제는 왜 중요한가?" 각 장마다 서두에는 매력적인 말로, 끝에서는 유기 화학의 매혹적인 예로 받쳐 주었다. 장의 시작은 그 장에 있는 핵심 화학에 대한 호기심을 자극하도록 했고, 장의 끝에서 **"이 주제는 왜 중요한가?"**의 형태로 보상을 받을 것을 암시하였다. 이 부분은 세상에서 일어나는 의학, 환경, 그리고 유기 화학의 다른 관점과 과학 역사에서의 매력적인 내용들로 구성되어 있다. 이것들은 우리의 삶과 평안에 직접적인 원인이 되는 지식의 응용에 있어서의 적절성을 보여 주고 있다. 예를 들면, 6장에서 서두는 치환 반응 방법을 정하는

데 있어서 장점과 단점을 논의한 다음, 그러한 친핵성 치환 반응에서의 변화를 화학자가 분자와 그 성질을 바꾼 결과와 비교한다. 그다음 끝부분에서는 그러한 반응성이 과학자로 하여금 단순한 식용 설탕이 600배나 더 단맛을 가진 인공 감미료 스플렌다(Splenda)로의 전환이 어떻게 가능한지를 보여 준다. 비슷하게 21장의 전이 금속 끝부분에서는 현대의 C−H 작용기화 반응 화학의 예를 제시하였는데, 학생들에게 이 분야의 최첨단을 돋보이도록 하였다.

글머리 기호로 나타낸 핵심 개념 유기 화학에서 다루는 내용의 양은 학생들을 압도할 수 있다. 학생들이 가장 핵심적인 주제에 초점을 맞추도록 핵심 개념을 글머리 기호로 절마다 강조하였다. 이 부분을 만드는 데 있어서 핵심 개념을 정확하고도 분명하게 전달되도록 적절한 개념을 간단한 선언적인 언어로 증류해 냈다. 그렇지만 지나치게 단순화하여 총체성이 없어진 주제는 글머리 기호로 제시하지 않았다.

"~하기 또는 ~방법(How to)" 개념 학습을 뒷받침하기 위해서는 중요한 기술을 정복할 필요가 있다. 교재 전체의 "~하기 또는 ~방법" 부분에 중요한 작업을 수행하도록 학생을 이끌어 주는 단계별 지침이 주어져 있는데, 이러한 과정에는 굽은 화살표 사용하기, 의자 형태 그리기, Grignard 합성 설계하기, 형식 전하 구하기, Lewis 구조 쓰기, 구조 결정을 위하여 ^{13}C와 ^{1}H NMR 스펙트럼 사용하기 등이 있다.

요약과 복습 도구 각 장의 끝에 '요약과 복습 도구'에는 그 장의 내용을 공부하고 복습하면서 개념을 체계화하고 이해하는 것을 돕도록 지도와 골격이 시각적으로 제시되어 있다. 다양한 학습 방법을 수용할 목적으로 여기에는 합성 연관, 개념 지도, 주제별 메커니즘 복습 요약, 그리고 이미 언급한 상세한 반응 메커니즘이 포함되어 있다. 또한 유용한 도움말과 풍부한 설명을 교재 전체에 제공하였다.

'… 화학' 궁극적으로 교수들은 학생들에게 유기 화학을 그들의 전공과 일상의 경험에 연결 짓는 방법을 보여 주는 것이 목표이다. 이러한 목표와 관련하여 '… **화학**'이라고 제목을 정한 상자에서 학생들이 그 장의 내용을 대할 때 흥미롭고도 목표가 뚜렷해지는 예들을 제시하였다. 이 개정판에서는 이러한 부분 여러 개를 현대화하였고, 부제(예: 의학, 환경, 공업)를 달아서 유기 화학이 현대에 미치는 다양한 영향을 더욱 돋보이도록 하였다.

특수 주제 교수와 학생들은 많은 영역을 다루면서 적용 범위를 확실하게 하기 위해서 '**특수 주제**'를 이용할 수 있다. 4장에서 알케인과 사이클로알케인의 구조에 대하여 ^{13}C NMR을 특수 주제로 일찍 도입하였다. 고분자 화학은 미국 화학회의 학사 학위 인증 필수 주제인데, 10장과 17장에 뒤이어 특수 주제를 사용하여 더 깊게 다룰 수 있다. 전자 고리화 반응과 고리 첨가 반응에 대한 특수 주제는 13~15장에서 짝지은 알케인의 소개, Diels−Alder 반응, 방향족 화합물을 접한 후, 이들 반응에 대한 이해를 확실하게 하기 위해서 사용될 수 있다. 생합성과 천연물 화학의 몇몇 주제를 깊이 다룬 특수 주제는 생합성과 알칼로이드에 대한 특수 주제를 불러올 수 있다.

분광학의 실용성에 대한 초점 기초 유기 화학 과목을 배우는 학생은 분광학에 대한 이론적인 토대를 이해하기보다는 분광학 자료를 사용하여 구조를 탐구하는 방법을 알 필요가 있다. 이러한 목표를 위해서 **9장(핵자기 공명 분광법과 질량 분석법: 구조 결정의 도구)**을 짧게 하고, NMR 기기, 이론, 2D NMR에 대한 소개를 특수 주제에 넣어서 교수와 학생들이 독립적으로 선택하도록 하였다. 동시에 분광학을 구조 확인의 방법으로 **2장[탄소 화합물 집단: 작용기, 분자간 인력, 적외선(IR) 분광학]**에 계속적으로 IR을 도입하여 학생들이 작용기를 적외선 신호와 연관 짓고 IR 자료를 이어지는 장의 물음에 사용하도록 하였다.

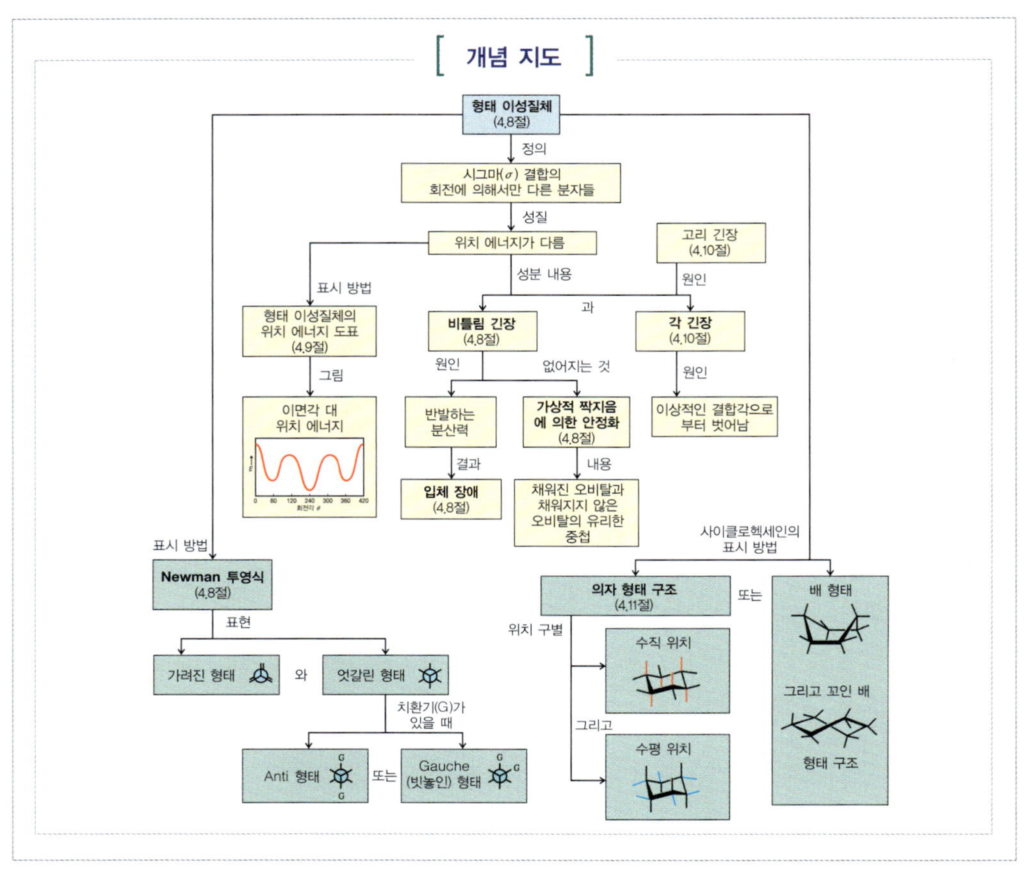

체계화 — 기초와 공통적인 주제에 대한 강조

유기 화학의 대부분은 몇 가지 기본 개념을 정복하고 응용한다면 일반화될 수 있다. 여기에 유기 화학의 아름다움이 있다. 핵심 원리를 배우면 암기는 성공에 필요하지 않다.

가장 중요한 것은 구조—혼성과 기하 모양, 입체 장애, 전기 음성도, 극성, 형식 전하, 공명—에 대한 이해를 단단하게 함으로써 메커니즘에 직관적인 지각을 가질 수 있어야 한다. 이러한 주제를 가지고 1장을 시작한다. 2장에서는 작용기 집단을 도입하여 이 개념들을 응용할 토대를 갖도록 한다. 분자간 힘과 작용기를 확인하는 핵심 도구인 적외선(IR) 분광학도 도입한다. 교재 전체에 분자 오비탈의 계산된 모형, 전자 밀도 표면, 정전기적 퍼텐셜 지도를 교재 전체에 포함시켰다. 이들 모형은 성질과 구조에서 구조의 역할을 이해하는 데 도움을 준다.

메커니즘 연구를 3장에서 산-염기 화학의 관계로 시작한다. 산-염기 반응은 유기 반응의 기본이며, 이 과목의 초기에 필요한 여러 가지 중요한 주제를 소개한다: (1) 메커니즘을 묘사하는 굽은 화살표 표시, (2) 자유 에너지 변화와 평형 상수 사이의 관계, (3) 유발 효과, 공명 효과, 용매 효과의 중요성.

3장에서 많은 '반응 메커니즘' 상자 중 첫 번째로 Brønsted–Lowry와 Lewis 산–염기 원리를 바탕으로 한 예를 제시한다. 교재 전체에서 이와 같은 상자를 사용하여 핵심 반응 메커니즘을 상세하게 나타냈다.

우리가 접근하고자 하는 중심 주제는 구조와 반응성 사이의 관계이다. 이것이 작용기 접근의 가장 유용한 특징과 반응 메커니즘에 근거한 특징을 합친 체계를 선택한 까닭이다. 우리의 철학은 메커니즘과 기본 원리를 강조하면서 학생들에게는 작용기의 핵심을 메커니즘적인 지식과 직관에 응용하도록 하는 것이다. 우리가 접근하는 구조의 관점은 학생들에게 유기 화학이 무엇인지를 보여 주고, 메커니즘의 관점은 학생들에게 유기 화학이 어떻게 작동하는지를 보여 준다. 그리고 기회가 생기는 곳마다 학생들에게 유기 화학이 생명체와 우리 주변의 세상에서 무엇을 하는지를 보여 준다.

요약하면, 이 책은 교수로서 학생들이 유기 화학을 배우는 것을 최대한으로 돕고 학생들이 이 세상을 개선하는 데 그들의 지식을 어떻게 응용하는지를 보고 싶어 하는 우리의 각오를 반영하고 있다. 이 책의 지속적인 특징은 여러 해 동안 학생들이 유기 화학을 배우는 데 도움을 주었다는 것이다. 13판에서의 변화 역시 유기 화학을 더 접근하기 쉽고 유의미하도록 만들기를 기대한다.

교수 자료는 자유아카데미를 통해 문의하면 되며, 학생 자료는 https://bcs.wiley.com/he-bcs/Books?action=index&itemId=1119889448&bcsId=12487에서 받아볼 수 있으니 참고하길 바란다.

교수 자료

시험문제집(Test Bank) 저자: Robert Rossi(Gloucester County College), Jeffrey Allison(Austin Community College), Gloria Silva(Cargegie Melon University)

파워포인트 강의 슬라이드(PowerPoint Lecture Slides) 제작자: William Tam (University of Guelph)와 그의 부인인 Dr. Phillis Chang, Gary Porter(Bergen Community College)

디지털 영상 자료(Digital Image Library) 본문의 이미지는 온라인에 JPEG format으로 나와 있다. 교수는 이들 이미지를 발표 자료를 다듬고 퀴즈나 시험에 시각 보조물로 제공할 수 있다.

클릭 질문(Clicker Question)

학생 자료

비디오 약식 강의. 상담 시간 비디오, 보기 물음 비디오
특수 주제
선택된 물음에 대한 해답
첫 번째 되새김 물음 모음
두 번째 되새김 물음 모음

학생들에게 주는 조언

학생들이 들어 왔던 것과는 달리 유기 화학이 어려운 교과목은 아니다. 유기 화학은 엄격한 과목으로 도전의 대상이지만 어떤 다른 교과목보다도 더 많은 것을 배우게 되며 그 지식은 생활과 주변 세상에 특별한 적절성을 가지고 있다. 또한 논리적이고도 체계적으로 접근될 수 있는 학문이기 때문에 올바른 공부 습관을 가지고 유기 화학을 정복하는 것은 매우 만족스러운 경험이 될 것이다. 그래서 여기에 몇 가지 공부 방법을 제안하고자 한다.

1. **매일 공부하여 따라가고 결코 뒤처지지 말라.** 유기 화학은 한 가지 관념이 앞서 나온 다른 관념의 토대 위에 쌓이는 과목이다. 그러므로 진도와 나란히 또는 한 발 앞서 가는 것이 필수적이다. 수업을 하면서 교수의 강의보다 하루 앞서도록 노력하는 것이 이상적이다. 그러면 과제에 대한 이해를 하고 있기 때문에 강의가 훨씬 더 도움이 될 것이다. 교실에서의 시간은 이미 친숙해 있는 관념을 더욱 분명하게 하고 확장시킬 것이다.
2. **과제를 소단위로 공부하라.** 다음 절로 이동하기 전에 새 절 각각을 충분히 이해하도록 하여라. 다시 말하지만, 유기 화학의 축적성 때문에 각 신개념을 다음 개념으로 넘어가기 전에 완벽하게 이해함으로써 학습은 더욱 효과적이 될 것이다.
3. **각 장에 있는 모든 물음들을 풀어 보아라.** 학생의 발전을 체크해 보는 한 가지 방법은 각 장의 물음들이 나올 때마다 바로 풀어보는 것이다. 이 물음들은 이러한 목적으로 쓰인 것이며 방금 소개한 자료들을 이해하고 있는지 여부를 결정하는 데 도움이 될 수 있도록 짜였다. 보기 물음도 찬찬히 공부해야 한다. 보기 물음을 이해할 수 있고 연관된 장의 물음을 풀 수 있다면 앞으로 나아가도 된다. 그렇지 않으면 되돌아가서 앞의 자료를 다시 공부해야 한다. 각 장의 끝에 있는 물음들 중 교수가 지정하는 것을 모두 풀어 보아라. 모든 풀이를 공책에 써서 교수에게 질문하러 갈 때 가지고 가도록 하여라.
4. **써 가면서 공부하라.** 반응, 메커니즘, 구조 등을 반복해서 써 보아라. 유기 화학은 손끝을 통해서 가장 친숙해질 수 있으며, 그저 눈으로 보거나 교재에 밑줄을 긋거나, 쪽지 카드를 들추어 보는 것으로는 안 된다. 여기에는 타당한 까닭이 있다. 유기 구조, 메커니즘, 그리고 반응들은 복잡하다. 그것들을 단순히 살펴본다면 완전히 이해했다고 생각할 수는 있으나 이것은 잘못된 생각이다. 반응 메커니즘은 어떤 식으로는 의미가 통할지도 모르나 이보다 더 깊은 이해가 필요하다. 그것을 완전히 이해해서 다른 사람에게 설명할 수 있어야 한다. 사진 같은 암기력이 없는 대부분의 사람들은 쓰기를 통해서 이런 수준의 이해를 얻게 된다. 반응 메커니즘을 써 보는 것만이 어느 원자가 어느 원자에 결합되어 있는지, 어느 결합이 반응 도중 깨지는지, 어느 결합이 형성되는지, 그리고 구조의 삼차원적인 관점에 대한 세세한 관심을 기울일 수 있도록 한다. 반응과 메커니즘을 쓸 때 유기 화학에 성공하기 위한 장기적인 기억력을 제공하도록 두뇌에서 연관이 맺어진다. 이 교과목의 학점은 학기 도중 필기한 종이의 수와 비례함을 보증할 수 있다.
5. **가르치며 설명하는 것을 통하여 배워라.** 동료 학생들과 함께 공부하면서 개념과 메커니즘을 서로 가르쳐 보아라. '학습 집단을 위한 물음'이나 교수가 지정해 주는 물음들로 친구들과 가르치고 배우는 상호 활동을 하여라.
6. **문제 풀이를 적절한 방법으로 활용하라.** 풀이는 오직 다음의 두 경우에만 참고하도록 하라.

(1) 문제를 끝냈을 때 답을 확인하기 위해서 풀이를 보아라. (2) 문제를 풀려고 정말 노력하였는데도 막혀서 더 나가지 못할 때 실마리를 찾기 위해서 풀이를 보고 다시 자력으로 풀어 보도록 하여라. 문제의 가치는 그것을 풀어 보는 데 있다. 문제를 보고 곧 해답을 들여다 본다면 배움의 중요한 방법을 놓치게 될 것이다.

7. **공부할 때 분자 모형을 사용하라.** 대부분의 유기 분자는 삼차원 성질을 가지고 있기 때문에 그것들을 이해하는 데 분자 모형은 매우 쓸모 있는 도움을 준다.

역자 서문

T. W. G.Solomons의 『Organic Chemistry』는 1976년에 초판이 출간된 후 4~5년 간격으로 새 판이 출간되었으며, 1989년 봄 4판이 출간된 이후로 우리는 이 책을 계속 번역해 왔습니다. 그 후로 11판이 2013년에 미국에서 출간되었지만, 여러 가지 사정으로 번역서가 출간되지는 않았고, 2017년 봄에 12판의 번역서가 출간된 이후 약 7년 만에 13판을 번역하여 출간하게 되었습니다.

13판의 구성은 12판과 같습니다. 그러나 주제별로 최신의 학술 정보들이 다양하게 추가되었습니다. 특히 최근 4년 동안 전 세계 인류의 삶을 억눌렀던 코로나 전염병에 대항하여 면역 백신과 치료제 개발에 따른 유기 화학의 발전 내용을 적재적소에 소개하고 있습니다. 또한 반응 메커니즘이 더욱 풍성하고 이해하기 쉽게 제시되었습니다. 여러 가지 형태의 물음들이 양적으로 늘어났음은 물론 수준도 높아져서 전문 서적을 참고해야 하거나 전문가의 도움을 받아야만 풀 수 있는 것들이 장마다 수록되어 있습니다. 혼자서 풀 수 있는 물음들은 기초 지식을 확실하게 쌓도록 하는 한편, 학생들이 study group을 만들어 토론하면서 풀도록 의도된 물음들은 마치 예술 작품을 대하는 느낌입니다.

13판에서도 이론적, 계산적 측면이 상당 부분 배제된 것은 12판과 비슷합니다. 보는 사람마다 관점이 다를 수 있겠으나, 수학적인 접근이 없이도 유기 화학을 잘 이해할 수 있도록 저술되었기에 수학적 배경이 약한 학생들에게는 아주 적합한 교과서라고 추천하고 싶습니다.

새 판의 번역 과정에서 가장 힘들었던 것은 화학 술어의 선택과 화합물의 이름 짓기에 대한 기준이었습니다. 13판 번역에서는 대한화학회에서 제정한 술어를 전적으로 따르기로 하고 통일성을 유지하려고 노력하였습니다.

12판의 역자 서문에서도 언급하였지만, '유기 화학'이란 분야에서 배우고 가르쳐야 할 분량은 점점 많아지고 있으므로, 유기 화학을 가르치는 이나 배우는 이들이 어떻게 해야 최선의 성과를 기약할 수 있을까 하는 질문에 대하여 40여 년의 경험을 바탕으로 세 가지 제안을 하고 싶습니다.

첫째, 학생은 단 한 시간이라도 결석하지 말 것과 교수는 단 한 장(chapter)이라도 빼놓지 말 것입니다. 유기 화학은 문자 그대로 유기적으로 연결되는 지식의 집합체입니다. 상호 연계성을 체계적으로 정립하는 것이 핵심입니다.

둘째, 일반 화학에서 배운 화학 결합, 주기율, 산-염기, 몰의 개념을 먼저 확실한 자기 지식으로 삼은 후 유기 화학을 공부하도록 하는 것이 최선입니다.

셋째, 유기 화학의 제반 현상을 이해하는 데 우리 인간들의 삶과 연계시켜 암기 위주가 아닌 이해 위주의 공부를 마치 무엇(그 대상이 사람이든 물질이든)과 대화하듯이 하면서 동시에 종이에 써 가면서 해나가기를 권고합니다.

이 번역판과 관련하여 감사드려야 할 분들이 너무도 많습니다만, 오늘의 우리를 있게 해준 미국의 호스트 가족(host family)인 Lidfors 가족 이야기를 간략히 쓰고 싶습니다.

대학을 졸업하였지만 지체장애인이라는 까닭으로 취직을 할 수 없었던 저는 벼랑으로 내몰리다가 할 수 없이 1972년 8월 미국 University of Minnesota로 유학을 하게 되었습니다. 왜 그렇게 되었는지는 모르지만 여섯 살부터 잘 걷지 못하였고, 어렵게 대학에 입학한 후 수술을 받아 오른쪽 다리를 전혀 굽힐 수 없는 장애인이 되었습니다. 장애인에 대한 차별이 심했던 당시에 저는 '청운의 뜻을 품고 유학의 장도에 오른' 것이 아니라, 그저 외면하는 이 사회를 떠날 수밖에 없었기 때문에 유학을 결정하였습니다.

미국에 도착한 날 International Students Center의 주선으로 바로 Lidfors 가정에 배정되었습니다. 유학생에게 바꿔 주는 여행 경비가 단지 100불이었던 시절에 이분들이 없었다면 아마 무사히 유학 생활을 마치지 못했을 것입니다.

1970년대만 해도 미국인들이 가진 한국의 인상은 전쟁으로 인한 가난한 나라일 뿐이었습니다. 그러기에 보잘것없는 저를 그토록 관심을 가지고 보살펴 주었는지도 모릅니다. 그러나 그분들의 삶의 모습을 깊게 볼수록 그분들이 단순한 동정심에서 저를 도와준 것이 아니라, '하나님으로부터 받은 축복을 남에게 나눠 준다'는 지극히 단순한 생활인의 신앙을 그저 행했을 뿐이라는 것을 알게 되었습니다.

1990년 우리는 첫 번역판의 인세로 약 350만 원을 받게 되었습니다. 제가 교수로 일하면서 받는 월급 이외에 처음으로 번 돈이었습니다. 그때 우리가 여기까지 오게 된 것에 가장 감사해야 할 대상인 Lidfors씨 부부가 떠올랐습니다. 그러나 그분들은 개인 사업을 하여 안정된 생활을 하고 있었으므로 제가 얼마의 돈을 보낸다는 것은 어떤 의미도 없고, 또 미국인들은 그런 돈을 받지도 않을 것이라고 생각하였습니다. 이어 독일에서 선교사로 일하는 Lidfors씨의 큰아들 Bob 부부가 떠올랐습니다.

Bob은 아버지의 가업을 잇는 대신 수십 년째 힘든 선교 활동을 하고 있었습니다. 독일에 base camp가 있고 우간다, 나이지리아, 인도, 최근에는 필리핀 등지에 고아원 등을 건립하여 지원하면서 질병, 기근, 억압에 고통당하는 사람들을 돕고 있습니다. 저는 인세로 받은 돈의 절반을 Bob이 운영하는 'Bread of Life Ministries'에 보냈습니다.

그 후 지난 30여 년간 인세를 받을 때마다 거의 대부분을 Bob의 선교 단체에 보내고 있습니다. 성경에 "오른손이 한 일을 왼손이 모르게 하라"는 구절도 있지만, 제가 이 사연을 여기에 쓰는 까닭은 이제까지 이 『Solomons 유기화학』의 번역판을 구입하셨거나 앞으로 구입하시는 여러분들은 지구촌 어디에선가 이들이 하는 좋은 사업에 많든 적든 기여하고 있다는 것을 말씀드리기 위해서입니다.

세월이 흘러 Lidfors 부부는 별세하셨고 Bob은 정년 퇴임을 하였지만 인세를 통해 후원하는 일은 지속되고 있습니다. 10여 년 전부터 캄보디아에서 선교사로 활동하고 있는 저의 오촌 조카인 Paul의 선교 사업을 돕는 일입니다. 어렸을 적 힘든 형편이었던 제가 대학에 갈 수 있도록 큰아버지가 금전적으로 지원해 주셨는데, 그 손자에게 그때의 고마움을 전할 수 있게 되었습니다. 저희들은 이 책으로 받는 인세 중 세금을 제외한 대부분을 앞으로도 해외 선교 후원금으로 보낼 것입니다. 그리고 Lidfors씨 부부, Bob, 큰아버지가 저의 가슴에 심어 준 '사랑 나눔' 정신이 이 책으로 공부하는 모든 이들의 가슴에 어떤 형태로든 전파되길 소망합니다.

좋은 번역서가 되도록 노력하였지만, 부족한 부분이 있을 수 있습니다. 이 점은 양해를 바라며, 공부하면서 의문이 있거나 저희의 도움이 필요하면 언제든지 이메일을 통해 문의하여 주시기 바랍니다. 출간 후에라도 수정 사항이 있을 경우에는 자유아카데미 홈페이지(www.freeaca.com) 자료실에 제공할 예정이니 참고하시기를 바랍니다.

이창규: cklee410@kangwon.ac.kr
한인숙: ishl@kangwon.ac.kr

끝으로 이 번역판의 출판에 이르기까지 수고하여 주신 자유아카데미 여러분께 깊은 감사의 말씀을 올립니다.

2024년 2월
이창규, 한인숙

차례

4 알케인과 사이클로알케인의 이름 짓기와 형태 161

5 입체 화학: 카이랄 분자 215

6 친핵성 반응

할로젠화 알킬의 성질과 치환 반응 265

7 알켄과 알카인 I

8 알켄과 알카인 II

9 핵자기 공명 분광법과 질량 분석법

10 라디칼 반응 497

11 알코올과 에터

12 카보닐 화합물로부터 얻어지는 알코올

13 짝불포화계

14 방향족 화합물

15 방향족 화합물의 반응

16 알데하이드와 케톤

17 카복실산과 그 유도체

18 카보닐 화합물의 α 탄소에서의 반응

19 카보닐 화합물의 축합 반응과 짝지은 첨가 반응

20 아민

21 전이 금속 착물

22 탄수화물

23 지질 1129

24 아미노산과 단백질 1167

25 핵산과 단백질 합성 1217

CHAPTER 1

기초: 결합과 분자 구조

Chakrapong Worathat/123RF

studiovin/Shutterstock

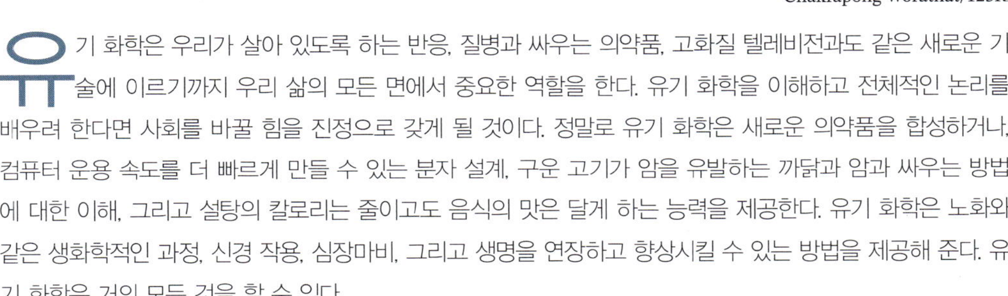

유기 화학은 우리가 살아 있도록 하는 반응, 질병과 싸우는 의약품, 고화질 텔레비전과도 같은 새로운 기술에 이르기까지 우리 삶의 모든 면에서 중요한 역할을 한다. 유기 화학을 이해하고 전체적인 논리를 배우려 한다면 사회를 바꿀 힘을 진정으로 갖게 될 것이다. 정말로 유기 화학은 새로운 의약품을 합성하거나, 컴퓨터 운용 속도를 더 빠르게 만들 수 있는 분자 설계, 구운 고기가 암을 유발하는 까닭과 암과 싸우는 방법에 대한 이해, 그리고 설탕의 칼로리는 줄이고도 음식의 맛은 달게 하는 능력을 제공한다. 유기 화학은 노화와 같은 생화학적인 과정, 신경 작용, 심장마비, 그리고 생명을 연장하고 향상시킬 수 있는 방법을 제공해 준다. 유기 화학은 거의 모든 것을 할 수 있다.

이 장에서 배울 내용:

- 유기 분자를 구성하는 원자의 종류
- 유기 분자에 있는 원자들이 어떻게 결합하는지를 정하는 원리
- 유기 분자를 나타내는 최상의 방법

이 주제는 왜 중요한가?

이 장의 끝에서는 자연이 엮어 짠 독특한 유기 구조들이 인간의 건강에 도움을 이끌어 오는 놀라운 성질을 지녔음을 보게 될 것이다.

1.1 생명과 탄소 화합물의 화학—인간은 별무리이다

NASA

초신성(supernova)은 무거운 원소들이 형성되는 도가니였다.

유기 화학은 탄소라는 원소를 포함하는 화합물의 화학이다. 화합물이 탄소를 지니고 있지 않으면 그것은 **무기물**(inorganic)이다.

잠시 이 교재의 앞 장 안쪽에 있는 주기율표를 보자. 여기에는 100가지 이상의 원소들이 수록되어 있다. 그렇다면 이런 질문이 떠오른다. '왜 화학의 전체가 단 하나의 원자, 즉 탄소로 된 화합물의 화학을 기초로 삼고 있는가?' 여러 가지 까닭이 있겠으나 일차적인 까닭은 이렇다: **탄소 화합물은 생명체 구조의 중심이며, 따라서 지구상의 생명체의 존재에 있어서 중심이 된다. 우리는 탄소 화합물 때문에 존재한다.**

탄소의 무엇 때문에 자연은 생명체를 위해서 이 원소를 선택했을까? 두 가지 중요한 까닭이 있는데, 탄소 원자는 다른 탄소 원자와 강한 결합을 형성할 수 있고, 탄소 원자로 된 고리와 사슬을 만든다. 그리고 탄소 원자는 수소, 질소, 산소, 황과 같은 다른 원소들과 강한 결합을 형성할 수 있다. 이러한 결합 형성 성질 때문에 탄소는 생명체의 부상에 필요한 다양성의 근거가 되는 것이다.

1.1A 탄소 원소의 기원은 무엇인가?

물리학자들과 우주론자들의 노력으로 원소들이 어떻게 존재하게 되었는지를 알게 되었다. 가벼운 원소인 수소와 헬륨은 대폭발(Big Bang) 초기에 형성되었다. 리튬, 베릴륨, 그리고 붕소가 우주가 다소 냉각되었을 때 바로 후에 형성된 세 가지 원소이다. 모든 무거운 원소들은 별들의 내부에서 가벼운 원소들의 핵이 융합하여 무거운 원소를 이루는 반응을 통하여 수백만 년 후에 형성되었다.

별들의 에너지는 주로 수소 핵이 헬륨 핵을 생성하도록 융합하는 것으로부터 왔다. 핵반응은 별들이 빛을 내는 까닭이기도 하다. 궁극적으로 어떤 별들은 수소가 소진되어 부서지고 폭발하여 초신성(supernova)이 된다. 초신성의 폭발로 인해서 무거운 원소들이 우주에 분산되었다. 끝내는 이들 무거운 원소들이 중력에 의해서 지구와 같은 항성의 일부가 되었다.

1.1B 생명체는 어떻게 출현하였나?

이 질문에 대한 적절한 답변이 지금 제시될 수 없는 까닭은 생명의 출현에 대해서 이해할 수 없는 것이 너무도 많기 때문이다. 하지만 다음과 같은 것은 알고 있다. 상당한 복잡성을 지닌 유기 화합물들은 외계에서 발견되며, 유기 화합물을 지닌 운석이 형성되면 지구로 내려온다. 1969년에 오스트레일리아 Victoria의 Murchison에 떨어진 운석에는 90가지 이상의 다른 아미노산이 포함되어 있었는데, 이 중 19가지는 지구상의 생명체에서 발견되었다. 이것은 생명체가 외계로부터 왔음을 의미하지는 않지만, 외계의 사건이 지구에서 생명체가 출현하는 데 기여했을지도 모름을 암시하고 있다.

1924년에 Moscow State University의 생화학자인 Oparin은 지구의 생명체가 원시 지구상에 존재했던 화합물들인 메테인, 수소, 물, 암모니아의 원생액(primordial soup) 속에 있던 탄소 기반 분자들의 점진적인 진화를 통하여 출현했다는 가설을 제시하였다. 이러한 생각은 1952년에 University of Chicago의 Miller와 Urey에 의해서 실험적으로 검증되었다. 그들은 전기 충격(번개)을 이들 네 가지 화합물의 혼합물(초기의 대기)이 담긴 플라스크에 가했을 때 아미노산과 복잡한 다른 유기 화합물들이 합성됨을 입증하였다. Miller와 Urey는 1953년의 논문에서 5가지 아미노산(단백질의 필수 성분)이 형성됨을 보고하였다. 2008년에는 Miller와 Urey의 처음 실험 용액에서 최초 보고된 5가지 아미노산보다는 22가지 아미노산이 실제로 형성됨이 밝혀졌다.

유사한 실험으로 RNA의 두 가지 성분인 리보스와 아데닌과 같은 생체 분자의 전구체가 이러한 방식으로 생긴다는 것을 보였다. 어떤 RNA 분자는 DNA가 하는 것처럼 유전 정보를 저장할 뿐 아니라 효소처럼 촉매로 행동하기도 한다.

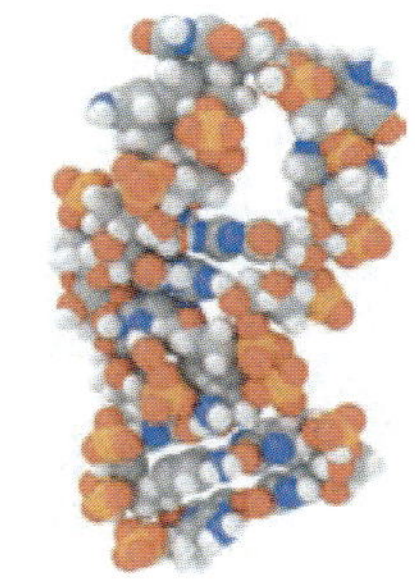

RNA 분자

이 원생액 속의 화합물들이 생명체가 어떻게 되는지를 설명하기 위해서는 발견되어야 할 것이 더 많지만, 한 가지는 분명하다. 우리 인체를 형성하고 있는 탄소 원자는 별에서 형성되었으며, 어떤 의미에서 우리는 별무리이다.

1.1C 유기 화학이란 과학의 발달

유기 화학이라는 과학은 생명현상론이라 불리는 19세기의 이론으로 꽃피기 시작하였다. 생명현상론에 따르면 유기 화학은 살아 있는 조직체로부터만 생겨난 것이며, 오직 생명체만이 생명력의 상호작용에 의해서 유기 화합물을 합성할 수 있다. 무기 화합물은 생명이 없는 근원으로부터 온 것이라고 여겼다. 그러나 1828년에 Wöhler는 요소(소변의 성분)라고 불리는 유기물이 무기물인 사이안산 암모늄의 수용액을 증발시켜서 합성될 수 있음을 발견하였다. 이 발견과 함께 유기 화합물의 합성은 유기 화학이 과학의 한 분야로 진화하는 시작이 되었다.

$$\overset{+}{N}H_4NCO^- \xrightarrow{\text{가열}} H_2N{-}\overset{\overset{\Large O}{\|}}{C}{-}NH_2$$

사이안산 암모늄 → 요소

환경 화학: 천연물

과학에 있어서 생명현상론의 소멸에도 불구하고 '유기'란 단어를 '유기 바이타민', '유기 비료'처럼 '생명체로부터 온 것'이란 뜻으로 쓰는 사람들이 아직도 있다. 흔히 쓰이는 '유기 식품'이란 합성 비료나 살충제를 쓰지 않고 자란 식료품을 뜻한다. 이런 사람들에게 '유기 바이타민'이란 화학자가 합성한 것이 아니라 천연자원으로부터 분리된 바이타민을 의미한다. 어떤 살충제로 오염된 식품의 사용을 반대한다거나, 또 유기 농업으로부터 식품이 얻어지는 것은 환경 보존의 이점이 있고 '천연 바이타민'에는 '합성 바이타민'에 존재하지 않는 물질이 포함되어 있다는 주장은 일리가 있지만, '천연'의 바이타민 C가 순전히 '합성'된 바이타민 C보다 더 건전하다는 주장은 이 두 물질들이 모든 점에 있어서 똑같기 때문에 논란거리가 될 수 없다. 오늘날의 과학에서 생명체로부터 나오는 화합물을 연구하는 것은 천연물 화학이라고 한다. 이 장의 끝에서는 왜 천연물 화학이 중요한 지를 더 다루게 될 것이다.

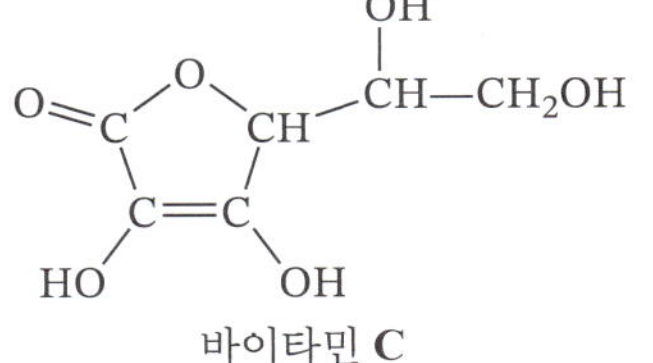

바이타민 C

Food Collection/Image Source

바이타민 C는 감귤류 과일에 존재한다.

1.2 원자 구조

탄소 화합물에 대한 공부를 시작하기 전에, 화학 원소와 구조에 대한 친숙하지만 기본적인 개념들을 복습할 필요가 있다.

- 화학에서 만나는 **화합물(compound)**은 **원소(element)**들이 다른 비율로 합쳐져서 만들어

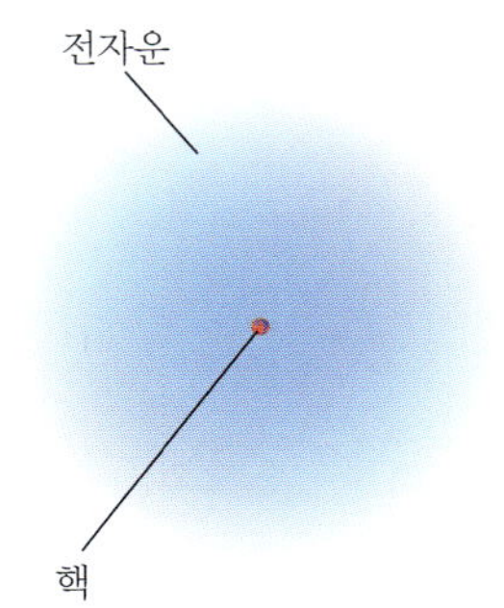

그림 1.1 원자는 양성자와 중성자를 지닌 작은 핵과 전자를 포함하는 큰 주변 부피로 이루어져 있다. 전형적인 원자의 지름은 핵의 지름의 약 10,000배이다.

진다.

- **원소**는 **원자**(**atom**)로 되어 있다. 원자(**그림 1.1**)는 **양성자**(**proton**)와 **중성자**(**neutron**)를 지니고 있으며 밀도가 크고 양전하를 띤 **핵**(**nucleus**)과 주변의 **전자**(**electron**)운으로 이루어져 있다.

핵의 양성자 각각은 한 개의 양전하를 지니며, 전자는 한 개의 음전하를 띤다. 중성자는 전기적으로 중성, 즉 전하를 띠지 않는다. 양성자와 중성자의 질량은 거의 같으며(대략 1 원자 질량 단위임) 전자보다 약 1800배 무겁다. 그러므로 원자의 **질량**(**mass**) 대부분은 핵의 질량이다. 즉, 전자가 원자 질량에 기여하는 정도는 무시할 만하다. 하지만 원자의 **부피**(**volume**) 대부분은 전자로부터 온 것이다. 전자가 점유하는 원자의 부피는 핵의 부피보다 약 10,000배로 크다.

유기 분자에서 흔히 발견되는 원소들은 탄소, 수소, 질소, 산소, 인, 그리고 황이며 플루오린, 염소, 브로민, 그리고 아이오딘과 같은 할로젠도 있다.

각 **원소**는 그것의 **원자 번호**(**atomic number**, Z)에 의해서 구별되는데, 이것은 **핵 속에 있는 양성자의 수와 같다**. 원자는 전기적으로 중성이므로 **원자 번호는 핵 주위의 전자의 수와 같다**.

1.2A 동위 원소

원자 구조와 주기율표를 끝내기 전에 한 가지 다른 현상을 살펴볼 필요가 있는데, 즉 **같은 원소이나 질량수가 다른 원자의 존재**이다.

예를 들면, 탄소 원소는 핵에 6개의 양성자를 지니고 있어서 원자 번호는 6이다. 대부분의 탄소 원자는 핵 속에 6개의 중성자를 또한 지니고 있으며, 각 양성자와 각 중성자는 원자 질량에 하나의 원자 질량 단위(1 amu)의 기여를 하기 때문에 이런 종류의 탄소 원자는 질량수가 12이며 ^{12}C라고 쓴다.

- **비록 같은 원소의 모든 원자들의 핵들은 같은 수의 양성자를 지니지만**, 같은 원소의 어떤 원자들은 **다른 질량을 가질 수도 있다**. 그들은 **중성자의 수가 다르기 때문이다**. 그러한 원자들을 **동위 원소**(**isotope**)라고 부른다.

예를 들어, 탄소 원소의 원자들 중 약 1%는 7개의 중성자를 지니고 있어서 질량수는 13이다. 그러한 원자는 ^{13}C라고 쓴다. 아주 작은 양의 탄소 원자들은 8개의 중성자를 지니며 질량수는 14이다. 탄소-12나 탄소-13과는 달리 탄소-14는 방사능을 지녔다. ^{14}C 동위 원소는 **탄소 연대 측정**(carbon dating)에 이용된다.

수소 원소의 대부분의 원자들은 핵 속에 1개의 양성자를 지니며 중성자는 없다. 그들은 질량수가 1이며 ^{1}H라고 쓴다. 그러나 자연에 존재하는 수소 원자들의 매우 작은 분율(0.015%)은 핵 속에 중성자 1개를 가지고 있다. 이들 원자는 **중수소**(deuterium) 원자라고 부르며, 질량수는 2이고 ^{2}H라고 쓴다. 매우 불안정하고(또한 방사능을 지닌) 수소의 동위 원소로 **삼중 수소**(tritium, ^{3}H)가 있는데 핵 속에 2개의 중성자를 지녔다.

되새김 물음 1.1 질소에는 두 가지 안정한 동위 원소 ^{14}N과 ^{15}N이 있다. 각 동위 원소에는 몇 개의 양성자와 중성자가 있는가?

1.2B 원자가 전자

원자의 전자 배열에 대해서는 1.10절에서 더 다룰 것이다. 여기서는 핵을 둘러싸고 있는 전자들이 에너지가 증가하면서 핵으로부터 거리가 증가하는 **껍질(shell)**에 존재한다는 사실만 지적하고자 한다. 가장 중요한 껍질은 **원자가 껍질(valence shell)**이라 불리는 가장 바깥에 있는 껍질이다. 이 껍질에 있는 전자들은 한 원자가 다른 원자들과 결합을 만들어 화합물을 형성하기 때문이다.

- 원자의 원자가 껍질에는 몇 개의 전자들이 존재하는지 어떻게 알 수 있을까? 주기율표를 보자. 원자가 껍질에 있는 전자의 수[**원자가 전자(valence electron)**라고 부름]는 원자의 족 번호와 같다. 예를 들어, 탄소는 **4A**족에 있고 **4개**의 원자가 전자를 가진다. 산소는 **6A**족에 있으며 **6개**의 원자가 전자를 가진다. **7A**족에 있는 할로젠은 모두 **7개**의 원자가 전자를 가진다.

되새김 물음 1.2

아래의 각 원자에는 몇 개의 원자가 전자가 있는가?

(a) P **(b)** Ar **(c)** Si **(d)** B **(e)** S **(f)** N

1.3 화학 결합: 팔전자 규칙

1916년에 Lewis(Unversity of California, Berkeley)와 Kössel(University of Munich)은 화학 결합의 본질을 획기적으로 설명하면서 화학 결합의 2가지 주된 모형을 제시하였다.

1. **이온(ionic** 또는 electrovalent) **결합**: 한 원자에서 다른 원자로 전자가 한 개 또는 그 이상 이동함으로써 만들어진 이온들에 의하여 형성된다.
2. **공유(covalent) 결합**: 원자들이 전자를 공유함으로써 형성된다.

결합에 대한 이론의 연구에 있어서 중심이 되는 관념은 영족 기체의 전자 배열이 매우 안정하기 때문에 그러한 전자 배열을 갖지 않는 원자들이 영족 기체의 전자 배열을 갖도록 반응을 한다는 것이다. 헬륨을 제외한 모든 영족 원자들은 원자가 껍질에 8개의 전자를 가지고 있다.

- **원자가 껍질(valence shell)**은 원자에서 전자가 있는 최외각 껍질이다.
- 원자가 그 원자가 껍질에 8개의 전자를 지닌 전자 배열을 갖는 경향을 **팔전자 규칙(octet rule)**이라고 부른다.

Lewis와 Kössel이 처음 제안한 개념과 설명들은 오늘날 유기 화학의 제반 문제를 설명하기에 매우 만족스러운 것이다. 따라서 이런 모형의 결합들에 대하여 좀 더 현대적인 용어로 고찰해 보기로 한다.

1.3A 이온 결합

원자는 전자를 잃거나 얻어서 전하를 띤 입자인 **이온(ion)**이 된다.

- **이온 결합(ionic bond)**은 반대 전하를 띤 이온들 사이의 인력이다.

표 1.1 몇 가지 원소의 전기 음성도

(전기 음성도 증가 →, 주기에서 왼쪽에서 오른쪽으로; 족에서 아래에서 위로 전기 음성도 증가)

			H 2.1				
Li 1.0	Be 1.5	B 2.0	C 2.5	N 3.0	O 3.5	F 4.0
Na 0.9	Mg 1.2	Al 1.5	Si 1.8	P 2.1	S 2.5	Cl 3.0
K 0.8						Br 2.8

도움말

유기 화학을 배움에 있어서 기본적으로 중요한 용어와 개념은 굵은 청색으로 표시되었다. 용어들이 나올 때마다 배워야 한다. 용어들은 용어 해설에도 정의되어 있다.

이러한 이온의 근원은 전기 음성도가 매우 다른 원자들 사이의 반응이다(**표 1.1**).

- **전기 음성도(electronegativity)는 한 원자가 전자를 끌어당기는 능력이다.**
- 전기 음성도는 주기율표상의 같은 주기에서는 왼쪽에서 오른쪽으로 감에 따라 증가하며, 같은 족에서는 위에서 아래로 내려갈수록 감소한다(표 1.1).

이온 결합을 형성하는 한 가지 예로 리튬(Li) 원자와 플루오린(F) 원자 사이의 반응을 살펴보자.

도움말

유기 분자의 성질과 반응성을 이해하는 도구로 전기 음성도를 자주 사용하게 될 것이다.

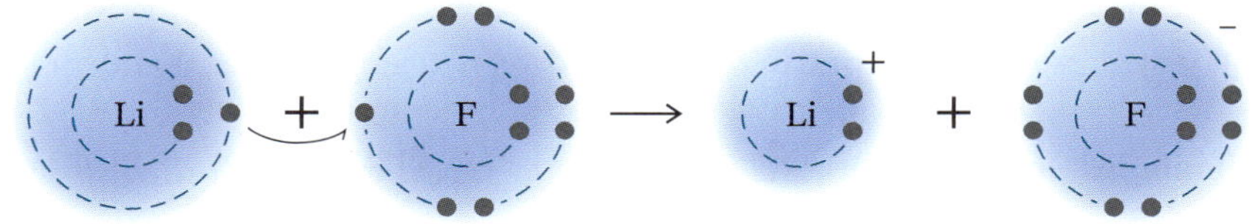

전형적인 금속인 리튬은 전기 음성도가 매우 작고, 비금속인 플루오린은 전기 음성도가 가장 크다. 리튬 원자가 전자(음의 전하를 띤 입자)를 잃음으로써 리튬 양이온(Li^+)이 되고, 플루오린 원자는 전자를 얻어 플루오린화 음이온(F^-)이 된다.

- 원자들은 전자를 얻거나 잃음으로써 영족 기체의 전자 구조를 갖게 됨으로써 이온을 형성한다.

Li^+는 최외각에 2개의 전자를 가진 영족 기체 헬륨과 같으며, F^-는 8개의 최외각 전자를 갖는 영족 기체 네온과 같은 전자 구조를 갖게 된다. 더욱이 플루오린화 리튬(LiF) 결정은 개개의 Li^+와 F^-로부터 형성된다. 이 과정에서 양전하의 Li^+가 음전하의 F^-로 둘러싸이며, F^-는 Li^+로 둘러싸이게 된다. 결정 상태에서 이온들은 원자들보다 매우 더 낮은 에너지 상태가 되며, 결과적으로 Li와 F는 반응하여 결정인 LiF를 형성함으로써 더욱 '안정하게' 되는 것이다. 플루오린화 리튬의 화학식은 LiF로 나타낸다. 왜냐하면 이 식이 이 이온 결합 화합물에 대한 가장 간단한 식이기 때문이다.

이온성 물질은 강력한 정전기적 인력 때문에 보통 1000 °C 이상의 높은 녹는점을 갖고 있다. 물과 같은 극성 용매 속에서 이온들은 용매화되어(2.13D절 참조) 이들 용액은 대개 전기의 좋은 도체가 된다.

- 보통 **염(salt)**이라 불리는 이온 결합 화합물은 전기 음성도가 매우 다른 원자들이 전자를 전달하여 이온이 될 때만 형성된다.

되새김 물음 1.3

주기율표를 이용할 때 아래 각 쌍에 있는 어느 원자가 더 전기 음성적인가?

(a) Li, F **(b)** N, C **(c)** Al, Si **(d)** S, P

1.3B 공유 결합과 Lewis 구조

전기 음성도가 같거나 비슷한 두 가지 이상의 원자들이 반응할 때 전자는 완전히 이동되지 않는다. 이때 원자들은 **전자를 공유함**으로써 영족 기체의 구조를 갖게 된다.

- 전기 음성도가 비슷한 원자들 사이에 전자들을 공유함으로써 영족 기체의 전자 배치를 이루게 될 때 **공유 결합(covalent bond)**이 형성된다.
- **분자(molecule)**들은 전적으로 또는 주로 공유 결합에 의해서 맺어진 원자들로 구성되어 있다.

분자들은 전자점 구조식으로 표시되거나 두 원자 사이에 공유된 한 쌍의 전자를 간단히 직선(—)으로 나타내는 선 구조식으로 표기하기도 한다.

- **선구조식(dash structural formula)**은 결합 전자쌍을 나타내는 선과 분자에 있는 원자들에 대한 원소 기호로 되어 있다.

몇 가지 예를 아래에 보인다.

1. 수소는 주기율표의 1A족에 있으므로 한 개의 원자가 전자를 가진다. 두 수소 원자들이 전자들을 공유하여 수소 분자(H_2)를 형성한다.

H_2 H· + ·H ⟶ H:H 보통 H—H 라고 씀

2. 염소는 주기율표의 7A족에 있으므로 7개의 원자가 전자를 가진다. 두 염소 원자들이 전자들을 공유하여 염소 분자(Cl_2)를 형성한다.

Cl_2 :C̤̈l· + ·C̤̈l: ⟶ :C̤̈l:C̤̈l: 보통 :C̤̈l—C̤̈l: 라고 씀

3. 한 개의 탄소 원자(4A족)는 4개의 원자가 전자를 가졌으며, 이 전자들이 각각 4개의 수소 원자들의 전자와 공유하여 메테인 분자(CH_4)를 형성한다.

CH_4 ·Ċ· + 4 H· ⟶ H:C̤̈:H (위아래 H) 보통 H—C—H (위아래 H) 라고 씀

두 개의 탄소 원자들은 그들 사이에 한 개의 전자쌍을 이용하여 **탄소–탄소 단일 결합(carbon–carbon single bond)**을 형성할 수 있고, 또한 수소 원자나 다른 기와 결합하여 팔전자를 이룰 수 있다. 아래의 에테인의 예를 고려해 보자.

C_2H_6 H:C:C:H (H H 위·아래) 또한 선구조식으로 H—C—C—H (각 C에 H 위·아래)

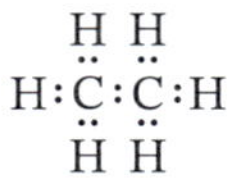

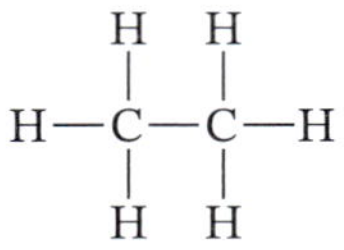

Ethane

이러한 식을 **Lewis 구조(Lewis structure)**라고 부르며, 원자가 껍질에 있는 전자만을 나타낸다. 비공유 전자쌍은 점으로 나타내며, 선 구조식에서 결합 전자쌍은 선으로 나타낸다.

4. 원자들은 **둘 또는 그 이상의 전자쌍**을 공유하여 **다중 공유 결합(multiple covalent bond)**을 형성하기도 한다. 예를 들어, 각각 5개의 원자가 전자를 지닌 두 질소 원자(5A 족에 속함)는 그들 사이에 **삼중 결합(triple bond)**이 형성되도록 전자를 공유한다.

N_2 :N⋮⋮N: 또한 선구조식으로 :N≡N:

탄소 원자들도 다른 원자와 한 개 이상의 전자쌍을 공유함으로써 다중 공유 결합을 형성할 수 있다. 에텐(에틸렌)에 있는 **탄소–탄소 이중 결합(carbon–carbon double bond)**과 에타인(아세틸렌)에 있는 **탄소–탄소 삼중 결합(carbon–carbon triple bond)**을 고려해 보자.

C_2H_4 H, H :C::C: H, H 또한 선구조식으로 H₂C=CH₂ (H H / C=C / H H)

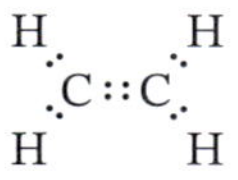

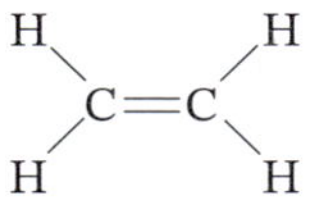

Ethene

C_2H_2 H:C⋮⋮C:H 또한 선구조식으로 H—C≡C—H

Ethyne

5. 이온 자체도 공유 결합을 포함하고 있을 수 있다. 암모늄 이온의 예를 고려해 보자.

$\overset{+}{N}H_4$ H:N:H (H 위·아래, +) 또한 선구조식으로 H—N⁺—H (H 위·아래)

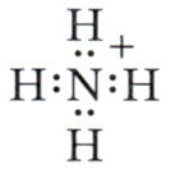

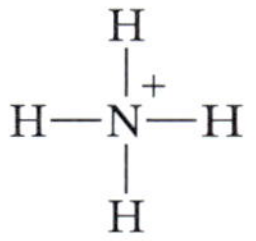

되새김 물음 1.4 아래의 화합물들을 살펴보자. 그들에 있는 결합은 이온 결합인가 또는 공유 결합인가?

(a) CI_4 **(b)** NaCl **(c)** $Si(CH_3)_4$ **(d)** PF_5

1.4 Lewis 구조의 표기 방법

도움말

Lewis 구조를 정확히 쓰는 능력은 유기 화학을 배우는 데 있어서 가장 중요한 도구 중 하나이다.

몇 가지 규칙에 따라 적절한 **Lewis 구조(Lewis structure)**를 그린다.

1. **Lewis 구조는 분자나 이온에 있는 원자 사이의 연결 모습을 단지 원자의 원자가 전자만을 사용하여 나타낸다.** 원자가 전자란 원자의 최외각에 있는 전자이다.

2. **주족 원소에서 중성인 원자가 Lewis 구조에 가져올 수 있는 원자가 전자의 수는 주기율표의 족 번호와 같다.** 예를 들면, 탄소는 4A족에 있으므로 4개의 원자가 전자를 가진다. 할로젠(예: 플

루오린)은 7A족에 있으므로 7개의 원자가 전자가 있고, 1A족에 있는 수소는 1개의 원자가 전자가 있다.

3. **음이온을 그릴 때 처음 계산된 원자가 전자의 수에 각 음전하당 전자를 1개씩 더한다. 양이온의 경우 각 양전하 1개당 전자 1개를 뺀다.**
4. **Lewis 구조에서 각 원자들은 영족 기체의 전자 배치를 이루도록 한다.** 그러기 위해서 원자들은 전자를 공유하여 공유 결합을 형성하거나 전자를 전달하여 이온이 된다.
   - **a.** 수소는 자신의 전자를 다른 원자의 한 전자와 공유함으로써 공유 결합을 형성하는데 이로써 2개의 원자가 전자를 갖게 된다. 이 수는 영족 기체인 헬륨에 있는 전자의 수와 같다.
   - **b.** 탄소는 자신의 원자가 전자 4개를 다른 원자들로부터 온 4개의 원자가 전자와 공유함으로써 8개의 전자를 가질 수 있다(네온의 전자 배치와 같으며 팔전자 규칙을 만족시킴).
   - **c.** 원자가 전자가 8개가 되기 위해서 질소, 산소, 그리고 할로젠 같은 원자들은 원자가 전자의 일부만 공유 결합을 통해서 공유하고 다른 비공유 전자쌍은 그대로 남겨 둔다. 일반적으로 질소는 3개, 산소는 2개, 할로젠은 1개의 전자쌍을 공유한다.

도움말

잠깐! "유기 화학을 사랑한다면 다음과 같이 소리쳐 보시오." 이렇게 하면 수소, 산소, 질소, 탄소가 다른 원자들과 팔전자를 완전히 이루기 위해서 공유하는 전자의 수를 쉽게 기억할 것이다. 그것은 또한 이 원자들이 유기 분자에서 다른 원자들과 만드는 결합 수도 나타낸다.

수소는 전자(또는 결합) 1개
산소는 전자(또는 결합) 2개
질소는 전자(또는 결합) 3개
탄소는 전자(또는 결합) 4개

아래의 보기 물음들은 위의 규칙들을 설명해 준다.

보기 물음 1.1

CH_3F의 Lewis 구조를 쓰시오.

풀이

1. 모든 원자들의 원자가 전자의 총수는

$$\underset{\mathrm{C}}{4} + \underset{\mathrm{3H}}{3(1)} + \underset{\mathrm{F}}{7} = 14$$

2. 서로 연결된 원자들 사이에 결합을 형성하기 위하여 한 쌍의 전자를 배치하고 이 결합 전자쌍을 선으로 나타낸다. 이 예에서는 4쌍의 전자를 필요로 한다(14개 원자가 전자 중 8개).

```
    H
    |
H — C — F
    |
    H
```

3. 나머지 전자들은 각 수소 원자에 2개, 다른 원자들 각각에는 8개가 되도록 한다. 이 예에서는 나머지 6개의 원자가 전자를 플루오린 원자에 3개의 비결합 전자쌍으로 배치한다.

```
    H
    |   ..
H — C — F:
    |   ..
    H
```

되새김 물음 1.5

(a) CCl_4(carbon tetrachloride)와 **(b)** $CHCl_3$(chloroform)의 Lewis 구조를 쓰시오.

보기 물음 1.2

에틸아민($CH_3CH_2NH_2$)의 Lewis 구조를 쓰시오.

풀이

1. 모든 원자들의 원자가 전자의 총수를 구한다.

$$7(1) + 2(4) + 1(5) = 20\text{쌍}$$
$$7(H) + 2(C) + 1(N)$$

2. 한 쌍의 전자들을 탄소와 탄소 원자 사이의 단일 결합 형성에 사용한다.

```
C—C
```

3. 탄소와 질소를 연결하는 데 한 쌍의 전자를 사용한다.

```
C—C—N
```

4. 다섯 쌍을 두 개의 탄소와 다섯 개의 수소 사이에 단일 결합을 형성하는 데 사용한다.

```
    H  H
    |  |
 H—C—C—N
    |  |
    H  H
```

5. 두 쌍을 질소와 두 수소 사이에 단일 결합을 형성하는 데 사용한다.

```
    H  H
    |  |
 H—C—C—N—H
    |  |  |
    H  H  H
```

6. 나머지 한 쌍의 전자들은 질소 원자의 비공유 전자쌍으로 사용한다.

```
    H  H
    |  |  ..
 H—C—C—N—H
    |  |  |
    H  H  H
```

되새김 물음 1.6 CH_3OH의 Lewis 구조를 쓰시오.

5. 필요한 경우 다중 결합을 사용하여 팔전자 규칙을 만족시키는 영족 기체의 구조가 되게 할 수 있다. 탄산 이온(CO_3^{2-})을 예로 보면

```
 [      :O:      ]2−
 [      ||       ]
 [      C        ]
 [    /   \      ]
 [ :O:     :O:   ]
```

에텐(C_2H_4)과 에타인(C_2H_2)은 각각 이중 결합과 삼중 결합을 갖고 있다.

```
 H       H
  \     /
   C=C          과      H—C≡C—H
  /     \
 H       H
```

보기 물음 1.3

폼알데하이드(CH_2O)의 Lewis 구조를 쓰시오.

풀이

1. 모든 원자들의 원자가 전자의 총수를 구한다.

$$2(1) + 1(4) + 1(6) = 12$$

↑ 2H ↑ 1C ↑ 1O

2. (a) 전자쌍들을 단일 결합을 형성하는 데 사용한다.

O
|
C
H H

(b) 어느 원자가 완전한 원자가 껍질을 가졌는지와 어느 것은 가지지 못했는지를 결정하고, 이제까지 몇 개의 원자가 전자를 사용했는지를 결정한다. 이 경우 6개의 원자가 전자를 사용했으며, 수소 원자의 원자가 껍질은 채워졌지만 탄소와 산소 원자들은 채워져 있지 않다.

(c) 나머지 전자들을 결합 또는 비공유 전자쌍으로 사용하여 원자가 껍질이 채워져 있지 않은 원자에 팔전자 규칙을 넘지 않도록 조심하여 원자가 껍질을 채운다. 여기서 처음 12개의 원자가 전자 중 6개가 남아 있다. 2개의 전자를 탄소의 원자가 껍질에 채워 산소와 또 하나의 결합을 형성하도록 하고 남은 4개의 전자는 산소에 비공유 전자쌍 2개로 원자가 껍질을 채우도록 한다.

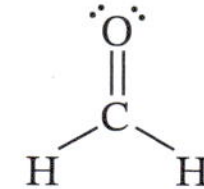

되새김 물음 1.7

CH_3CHO(아세트알데하이드)의 모든 원자가 전자를 나타내는 선 구조식을 쓰시오.

6. Lewis 구조를 쓰기 전에 원자들이 어떻게 서로 연결되어 있는가를 알아야 한다. 질산을 예로 보면, 흔히 HNO_3라고 쓰지만 수소 원자는 실제로 질소에 연결되어 있지 않다. 구조는 $HONO_2$이며 HNO_3가 아니다. 그러므로 정확한 Lewis 구조는 아래와 같다.

H—Ö—N⁺(=O:)(—O:⁻) 이지 H—N⁺(=O)—Ö—Ö:⁻ 가 아니다.

이러한 지식은 궁극적으로 실험을 통하여 얻어진다. 흔히 나오는 무기 분자나 이온의 구조(되새김 물음 1.8에 수록)를 잊어버렸다면 일반화학 교재의 필요한 부분을 다시 복습해 보는 것도 바람직하다.

도움말

교재에서 되새김 물음을 풀어서 진척 정도를 살펴보시오.

보기 물음 1.4

식이 쓰인 대로 원자들이 연결되었다고 가정하고, 사이안화 포타슘(KCN)에 대하여 Lewis 구조를 쓰시오.

풀이

1. 모든 원자들에 있는 원자가 전자의 수를 구한다.

$$\underset{K}{1} + \underset{C}{4} + \underset{N}{5} = 10$$

2. 한 쌍의 전자는 포타슘 원자와 탄소 원자 사이의 단일 결합 형성에 사용한다(아래를 보시오). 그리고 세 쌍의 전자들은 탄소 원자와 질소 원자 사이의 삼중 결합 형성에 사용한다. 이렇게 하면 두 개의 전자가 남는다. 이들을 질소 원자에 있는 비공유 전자쌍으로 사용한다. 이제 각 원자들은 영족 기체의 전자 구조를 갖게 된다. 포타슘 원자는 두 개의 전자를(헬륨처럼) 가지며, 탄소와 질소 원자들은 여덟 개의 전자를(네온처럼) 가진다.

K—C≡N:

되새김 물음 1.8 아래 각각의 Lewis 구조를 쓰시오.

(a) $SOCl_2$ **(c)** PCl_5 **(e)** H_2SO_3 **(g)** H_3PO_4

(b) $POCl_3$ **(d)** $HONO_2$ **(f)** BH_4^- **(h)** H_2CO_3

1.4A 팔전자 규칙의 예외

원자들이 전자를 공유하는 것은 영족 기체의 전자 배치를 얻기 위해서뿐 아니라, 전자를 공유함으로써 양의 핵들 사이에 전자 밀도를 증가시키기 때문이기도 하다. 그렇게 해서 핵의 전자에 대한 인력은 원자들을 잡아매는 '접착제'가 된다(1.11절 참조).

- 주기율표에서 2주기에 있는 원소들은 최대한으로 4개의 결합(그 주위에 8개의 전자를 가짐)을 형성할 수 있다. 그것은 이 원소들이 결합하는 데 쓰일 2*s*와 2*p* 오비탈만을 가지기 때문이다.

각 오비탈들은 2개의 전자를 가지며 모두 8개의 전자들이 이 오비탈들을 채운다. 그러므로 **팔전자 규칙(octet rule)**은 이들 원소에만 적용되며, 여기서조차도 베릴륨과 붕소의 화합물에서 보는 것처럼 8개보다 적은 것도 가능하다.

- 제3주기 및 그 이상의 주기에 있는 원소들은 결합에 쓸 수 있는 *d* 오비탈을 가지고 있다.

이 원소들은 원자가 껍질에 8개 이상의 전자를 수용할 수 있으며, 따라서 4개 이상의 공유 결합을 형성할 수 있다. 예를 들면 PCl_5와 SF_6 같은 것이 있다. 쇄선쐐기(⋰)로 표시한 결합은 지면의 뒤를 향한다. 선쐐기(◢)로 쓴 결합은 지면의 앞을 향한다.

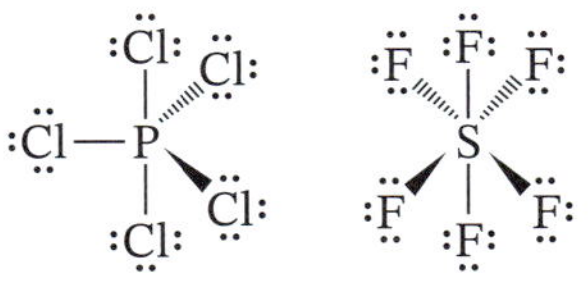

보기 물음 1.5

질산 이온(NO_3^-)의 Lewis 구조를 쓰시오. (**주**: 질소 원자는 산소 원자 3개 모두와 결합한다.)

풀이

1. 이온이 음의 전하를 띠는 데 필요한 가외의 전자 1개를 포함하여 총 원자가 전자의 수를 센다.

$$\underset{\text{N}}{5} + \underset{\text{3O}}{3(6)} + \underset{1e^-}{1} = 24$$

2. 질소 원자와 3개의 산소 원자 사이에 결합을 형성하도록 3개의 전자쌍을 사용한다.

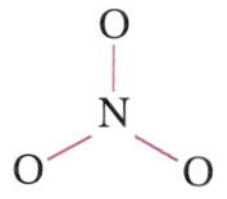

3. 나머지 18개의 전자를 산소 원자에 비공유 전자쌍으로, 또 질소 원자와 한 개의 산소 원자 사이에 이중 결합으로 더해 준다. 이렇게 하면 각 질소 원자와 산소 원자는 8개의 전자를 갖게 된다.

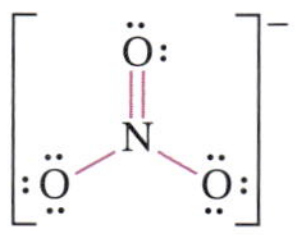

인산 이온(PO_4^{3-})의 Lewis 구조를 쓰시오. **되새김 물음 1.9**

반응성이 큰 분자나 이온들 중에는 원자의 최외각 껍질에 8개보다 작은 수의 전자를 갖는 경우도 있다. 예를 들어, 삼플루오린화 붕소(BF_3)에서 중심에 있는 붕소 원자는 6개의 전자만을 갖고 있다.

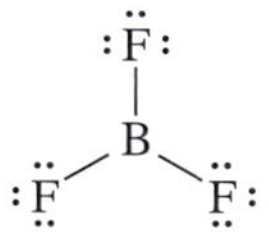

1.5 형식 전하와 그것의 계산 방법

형식 전하는 분자에서 한 개의 원자가 **'소유한'** 원자가 전자 수와 그것이 중성으로 유리된 원자로서 지닐 원자가 전자 수의 비교이다. (전자를 **소유한** 원자라는 개념은 물론 꾸며낸 계산 도구이지만 반응성을 이해하는 데 도움이 된다.) 형식 전하를 계산하는 데 실용적인 면은 아래와 같다.

도움말
형식 전하를 적절하게 지정하는 것은 유기 화학을 배우는 데 있어서 또 다른 필수 도구이다.

- 한 원자는 비공유 전자들 모두와 공유 결합에 있는 전자들의 절반을 '소유'한다.
- 한 원자가 분자에서 유리된 원자가 가지는 것보다 한 개의 전자를 더 '소유'하면 그것은 −1의 형식 전하를 띤다.
- 한 원자가 분자에서 유리된 원자가 가지는 것보다 한 개의 전자를 덜 '소유'하면 그것은 +1의 형식 전하를 띤다.

형식 전하가 +1부터 −1 범위에 있는 일반적인 결합 양상은 **표 1.2**에 수록되어 있다.
연습 삼아 표 1.2에 있는 모양을 살펴보고 표시된 형식 전하가 위에 주어진 규칙을 따라 예상된 것인지를 확인해 보자. 경험이 쌓이면 살펴보는 것만으로 형식 전하를 알아내게 될 것이다.

도움말
나중에 반응이 어떻게 진행되는지, 무슨 생성물이 생기는지를 배울 때 형식 전하를 잘 추적해 나가는 것이 필수적이다.

표 1.2 형식 전하의 요약

족	형식 전하 +1	형식 전하 0	형식 전하 −1
3A		B (3 결합)	B^- (4 결합)
4A	C^+ (3 단일 결합), $=C^+-$, $\equiv C^+$	C (4 단일 결합), $=C$ (2 단일 결합), $\equiv C-$	$\ddot{C}^-$ (3 단일 결합), $=\ddot{C}^-$, $\equiv C:^-$
5A	N^+ (4 단일 결합), $=N^+$ (2 단일 결합), $\equiv N^+-$	$\ddot{N}$ (3 단일 결합), $=\ddot{N}-$, $\equiv N:$	$-\ddot{N}^--$ (비공유쌍 2), $=\ddot{N}^-$ (비공유쌍 2)
6A	$-\ddot{O}^+-$ (3 단일 결합), $=\ddot{O}^+-$	$-\ddot{O}-$, $=\ddot{O}$	$-\ddot{O}:^-$
7A	$-\ddot{X}^+-$	$-\ddot{X}:$ (X = F, Cl, Br, 또는 I)	$:\ddot{X}:^-$

한 원자의 형식 전하를 아래의 식을 이용하여 계산할 수 있다.

$$F = Z - (1/2)S - U$$

여기서 F는 형식 전하, Z는 원소의 족 번호, S는 공유 전자 수, 그리고 U는 비공유 전자 수이다. 달리 말하면, 형식 전하 = 중성인 원자의 원자가 전자 수 − 1/2 공유 전자 수 − 비공유 전자 수이다.

형식 전하는 단지 원자에게만 부여될 뿐이지 분자 전체에게 지정되는 것은 아님을 염두에 두어야 한다. 그러나 필연적으로 분자나 이온의 총 전하는 개개의 형식 전하의 합이 된다. **이 사실은 어떤 형식 전하를 제대로 계산했는지에 대한 유용한 확인 방법이 될 수 있다.**

보기 물음 1.6

아래의 구조식 각각에 있는 모든 원자(수소는 제외)들의 형식 전하를 결정하시오.

(a) 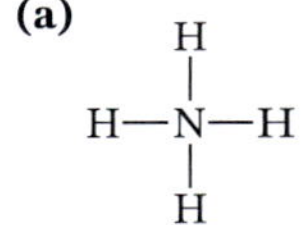

(b) 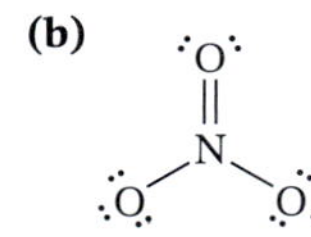

(c) 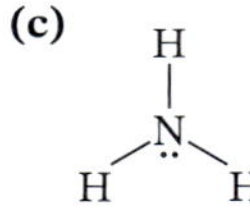

(d) 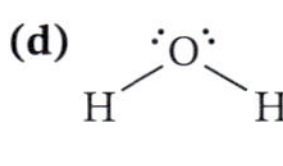

풀이

(a) 암모늄 이온의 질소는 4개의 공유 결합 안에 8개의 원자가 전자를 가지고 있다. 따라서 질소는 8개의 전자 중 4개(절반)를 '소유'한다. 그러나 질소는 유리된 중성 원자로서는 5개의 원자가 전자를 갖는다. 그러므로 질소는 유리된 중성 원자보다는 한 개 적은 원자가 전자를 '소유'한 셈이어서 암모늄 이온은 +1의 형식 전하를 갖는다.

(b) (a)와 같은 규칙을 적용하면 이중 결합을 이룬 산소는 0의 형식 전하를 가지며, 세 개의 비공유 전자쌍과 한 개의 단일 결합을 가진 산소는 −1의 형식 전하를, 질소는 +1의 형식 전하를 갖는다. 그러므로 질산 이온의 총전하는 −1이다.

(c) 암모니아의 질소는 형식 전하를 갖지 않는다.

(d) 물의 산소는 형식 전하가 0이다.

되새김 물음 1.10

아래의 음이온 각각의 Lewis 구조를 쓰고, 각 원자의 형식 전하를 계산하시오.

(a) H_3CO^- **(b)** NH_2^- **(c)** CN^- **(d)** HCO_2^- **(e)** HCO_3^- **(f)** HC_2^-

되새김 물음 1.11

아래 각 원자의 형식 전하(만약 존재한다면)를 구하시오.

(a) $CH_3-\ddot{O}-S(=\ddot{O})_2-\ddot{O}:$ (b) $CH_3-\ddot{S}(-\ddot{O}:)-CH_3$ (c) $:\ddot{O}-S(=\ddot{O})_2-\ddot{O}:$ (d) $CH_3-S(=\ddot{O})_2-\ddot{O}:$

1.6 이성질체: 분자식은 같으나 구조가 다른 화합물

이제 Lewis 구조를 소개하였으므로 이성질체를 논의할 때이다.

- **분자식(molecular formula)**은 같으나 구조가 다른 화합물들은 **이성질체(isomer)**이다.

이 과목을 공부하면서 여러 가지 종류의 이성질체들을 알게 된다. 지금은 구조 이성질체라고 불리는 형태를 고려해 보자.

- **구조 이성질체(constitutional isomers)**는 분자식은 같지만 원자들이 결합된 순서—즉, **연결 순서(connectivity)**가 다른 화합물이다.

아세톤은 손톱의 매니큐어를 제거하거나 페인트의 용매로 사용되며, 산화 프로필렌은 해초 추출물과 함께 사용되어 식품 농후제를 만들고 맥주의 거품 안정제(다른 용도도 있음)로도 쓰인다. 이 화합물 모두 분자식은 C_3H_6O이며 따라서 분자량이 같다. 그러나 아세톤과 산화 프로필렌은 뚜렷하게 다른 끓는점과 화학 반응성을 지니고 있어서 결과적으로 뚜렷하게 다른 실용성을 지니고 있다. 그들이 공유하고 있는 분자식은 그들 사이의 차이점을 이해하는 데 어떤 근거도 되지 못한다. 따라서 그들의 구조식을 고려해야 한다.

도움말
이 화합물들의 모형을 만들어서 구조를 비교해 보시오.

아세톤과 산화 프로필렌의 구조를 살펴보면 여러 가지 핵심 관점이 뚜렷이 다르다(**그림 1.2**). 아세톤은 산소 원자와 중심 탄소 원자 사이에 이중 결합을 가지고 있다. 산화 프로필렌은 이중 결합이 없는 대신 세 원자들이 고리로 이어져 있다. 아세톤과 산화 프로필렌 사이에서 연결 순서가 분명히 다르다. 그들의 구조는 분자식은 같지만 다른 구성을 하고 있다. 그러한 화합물들을 구조 이성질체*라고 부른다.

Andy Washnik for John Wiley & Sons, Inc.

아세톤은 손톱의 매니큐어를 제거하는 데 쓰인다.

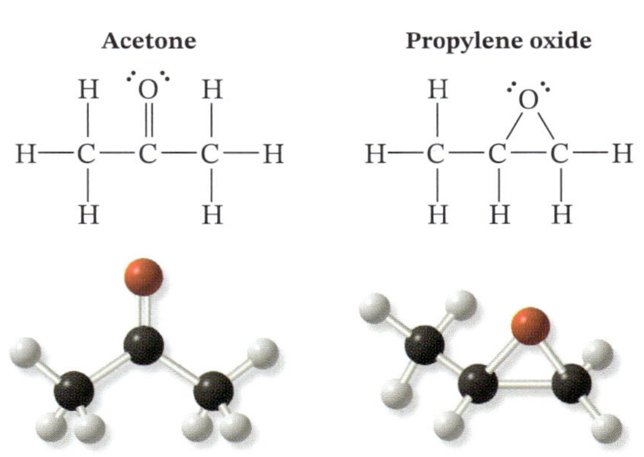

그림 1.2 아세톤과 산화 프로필렌을 나타내는 공-막대 모형과 화학식

Media Bakery

산화 프로필렌과 해초 추출물로부터 만들어진 산화 프로필렌 알진은 식품 농후제로 쓰인다.

* 이러한 모양의 이성질체에 대한 옛 용어는 **구조 이성질체(structural isomer)**였다. IUPAC에서는 이러한 모양의 이성질체에 대하여 'structural'이란 용어를 쓰지 않기로 정하였다.

- 구조 이성질체들은 대개 물리적 성질(녹는점, 끓는점, 밀도 등)과 화학적 성질(반응성)들이 서로 다르다.

보기 물음 1.7

분자식이 C_2H_6O인 두 가지 구조 이성질체가 있다. 이 이성질체들의 구조식을 쓰시오.

풀이

탄소는 4개, 산소는 2개, 그리고 수소는 1개의 공유 결합을 형성함을 기억한다면 다음과 같은 구조 이성질체를 쓸 수 있다.

Dimethyl ether **Ethanol**

이들 두 이성질체들은 뚜렷이 다른 물리적 성질을 지녔음을 알 수 있다. 실온과 1기압하에서 다이메틸 에터는 기체이다. 에탄올은 액체이다.

보기 물음 1.8

아래의 화합물 중 어느 것이 서로 구조 이성질체들인가?

A **B** **C** **D** **E**

풀이

먼저 각 화합물의 분자식을 정한다. **B**와 **D**는 분자식(C_4H_8O)이 같지만 연결 순서가 다르다. 그러므로 그들은 서로 구조 이성질체이다. **A**, **C**, **E**는 분자식(C_3H_6O)이 같고 서로 구조 이성질체이다.

1.7 구조식 쓰기와 해석하기

구조식을 쓰는 방법은 여러 가지이다. 이미 앞 절에서 전자점 구조식과 선 구조식을 사용하였다. 두 가지 다른 중요한 구조식은 **축약 구조식(condensed formula)**과 **결합선 구조식(bond-line formula)** 또는 **골격 구조식(skeletal formula)**이다. 프로필 알코올을 예로 들어 네 가지 모양의 구조식을 **그림 1.3**에 나타냈다.

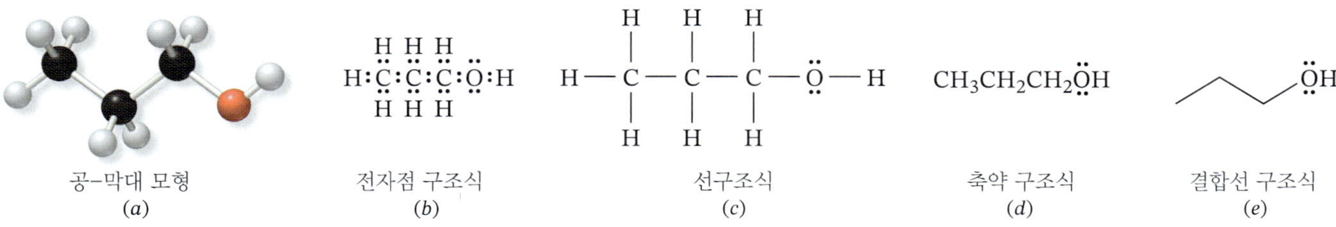

그림 1.3 프로필 알코올의 구조식

전자점 구조식은 분자 안에 있는 모든 원자가 전자를 나타내기는 하지만, 그리는 데 시간이 많이 든다. 선구조식, 축약 구조식, 결합선 구조식들이 자주 쓰인다.

일반적으로 화학식에서 비공유 전자쌍을 그리는 것이 최선이지만, 화합물의 화학적 성질이나 반응성을 고려하지 않는 경우라면 그들을 빼기도 한다. 그러나 비공유 전자쌍이 반응에 참여하는 화학 반응식을 쓸 때에는 그들을 표시해 줄 필요가 있다. 그러므로 비공유(비결합) 전자쌍을 표기하는 습관을 갖는 것은 매우 좋은 생각이다.

1.7A 선구조식

- **선구조식(dash structural formula)**은 결합 전자쌍을 나타내는 선과 분자 내의 모든 원자들의 원소 기호를 포함하고 있다.

그림 1.3*a*에 보인 프로필 알코올의 공–막대 모형과 그림 1.3*b*~*d*의 전자점, 선, 그리고 축약 구조식들을 비교해 보면 모든 원자들의 연결이 직선으로 되어 있음을 알 수 있다. 실제의 분자 모양에 가까운 모형인 공–막대 모형에서는 원자의 사슬은 전혀 직선이 아니다. 여기서 아주 중요한 사실은 **'단일 결합으로 연결된 원자들은 서로 비교적 자유롭게 회전한다'**는 것이다(이 점에 대해서는 1.12B절에서 다루었다). 이러한 자유로운 회전으로 말미암아 프로필 알코올에 있는 원자의 사슬들은 아래와 같이 원자들의 연결 순서가 동일한 여러 가지 모양들을 무한히 가질 수 있다.

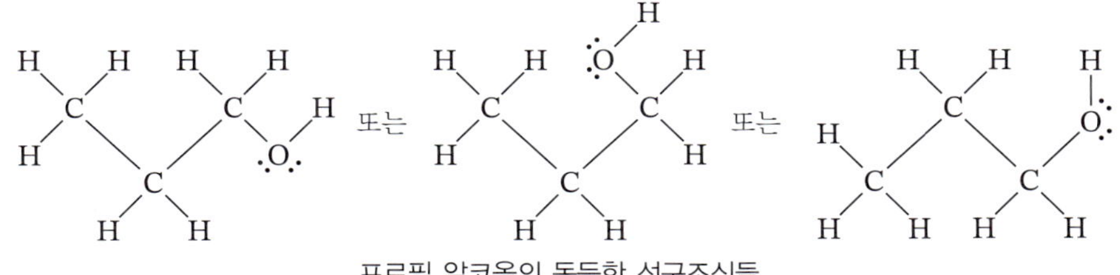

프로필 알코올의 동등한 선구조식들

도움말
일련의 구조식들이 같은 연결 형태를 가졌는지 또는 구조 이성질체인지를 구별하는 것이 중요하다.

위의 모든 선구조식들은 **동등**(equivalent)하며 모두 프로필 알코올을 나타내고 있다. 이와 같은 선구조식은 원자들이 서로 붙어 있는 방식을 나타내는 것이지 분자의 실제 모양은 **아니다**. 프로필 알코올은 90°의 **결합각(bond angle)**을 가지고 있지 않다. 그것은 정사면체 결합각을 가진다. 선구조식은 원자의 **연결 순서(connectivity)**를 나타낸다. **구조 이성질체(1.6절)는 연결 순서가 다르다. 따라서 다른 구조식을 가진다.**

아이소프로필 알코올을 고려해 보자. 이 화합물도 여러 가지 방법으로 표시할 수 있다.

```
         H
         |
    H   :O:  H              H   H   H                 H  :O—H
    |    |   |              |   |   |                 |   |
 H—C—C—C—H   또는   H—C—C—C—H    또는   H—C—C—H
    |    |   |              |   |   |                 |   |
    H    H   H              H  :O:  H                 H   |
                                |                      H—C—H
                                H                         |
                                                          H
```

아이소프로필 알코올의 동등한 선구조식들

아이소프로필 알코올은 프로필 알코올의 구조 이성질체이다(1.6절). 두 화합물은 분자식이

C_3H_8O로 같으나 원자들이 다른 순서로 연결되어 있는 것이다. 즉, 아이소프로필 알코올에서는 OH기가 중앙의 탄소에 연결되어 있는 반면, 프로필 알코올에서는 끝의 탄소에 연결되어 있다.

프로필 알코올의 분자 모형을 만들어 손으로 들어 보자. 각 모형의 결합 끝에 있는 원자단의 위치를 회전시켜 달리 보이도록 하고 나서 모형을 조절하면 그들은 똑같게 보일 것이다. 아이소프로필 알코올을 가지고도 비슷하게 조작해 보자. 그다음 프로필 알코올의 모형과 아이소프로필 알코올의 모형을 비교해 보자.

- 한 분자식에 대한 모든 구조 이성질체를 그리는 문제에서 여러 가지 동등한 구조를 그리는 실수를 범하지 말아야 한다. 동등한 구조들을 구조 이성질체로 혼동하지 말아야 한다.

되새김 물음 1.12 분자식이 C_3H_8O인 물질은 실제로 3개의 구조 이성질체를 갖는다. 이미 프로필 알코올과 아이소프로필 알코올을 보았는데 제3의 이성질체의 선구조식을 쓰시오.

1.7B 축약 구조식

축약 구조식(condensed structural formula)은 선 구조식보다 쓰기가 편리하며, 일단 익숙해지면 선구조식이 지니고 있는 모든 정보를 찾아낼 수가 있다. 축약 구조식에서 특정 탄소 원자에 연결된 모든 수소 원자는 그 탄소 다음에 쓴다. 완전한 축약 구조식에서 탄소에 연결된 모든 수소 원자들은 그 탄소 바로 다음에 먼저 쓰고 다른 원자들은 알파벳 순으로 수록한다. 예를 들면,

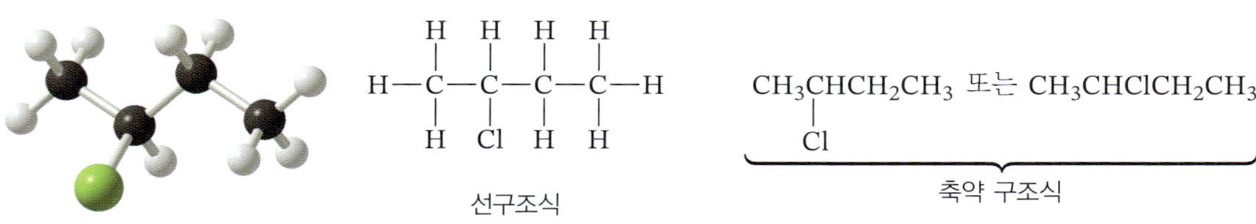

아이소프로필 알코올에 대해서 4가지 축약 구조식을 쓸 수 있다.

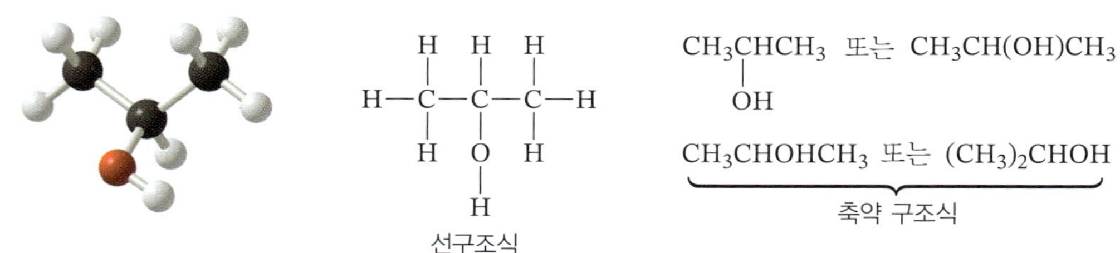

보기 물음 1.9

아래 화합물의 축약 구조식을 쓰시오.

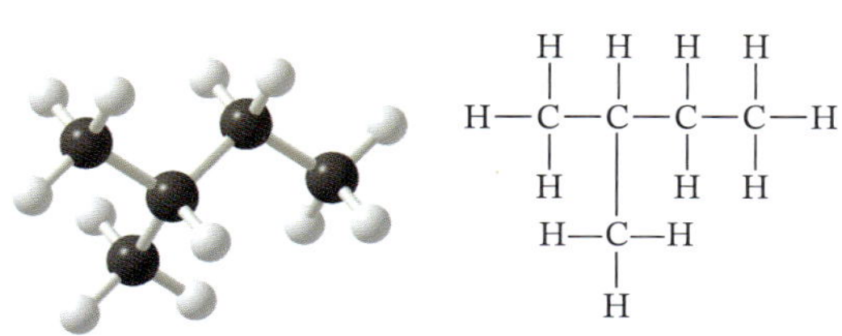

풀이

$$\underset{\displaystyle CH_3}{CH_3\underset{|}{C}HCH_2CH_3} \text{ 또는 } CH_3CH(CH_3)CH_2CH_3 \text{ 또는 } (CH_3)_2CHCH_2CH_3$$

$$\text{또는 } CH_3CH_2CH(CH_3)_2 \text{ 또는 } CH_3CH_2\underset{\displaystyle \overset{|}{CH_3}}{C}HCH_3$$

되새김 물음 1.13

아래 화합물에 대한 축약 구조식을 쓰시오.

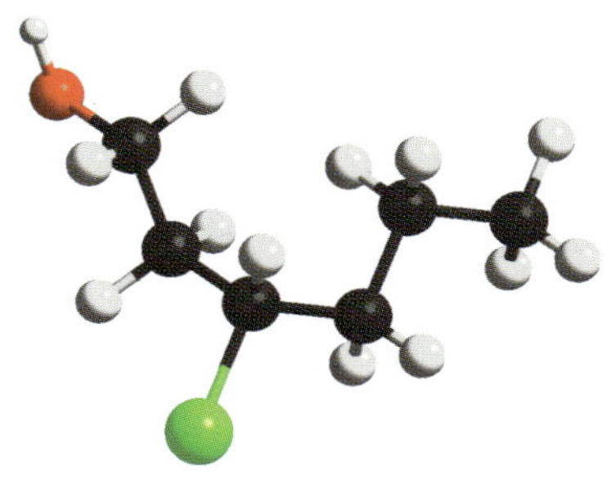

1.7C 결합선 구조식

가장 일반적이고도 빨리 그릴 수 있는 형태의 구조식은 **결합선 구조식(bond-line formula)**이다(어떤 화학자들은 이것을 **골격 구조식(skeletal formula)**이라고도 부른다). 그림 1.3*e*에 있는 구조식은 프로필 알코올의 결합선 구조식이다. 결합선 구조식의 사용법을 빨리 익힐수록 필기를 하거나 문제를 풀 때 분자들을 빨리 그릴 수 있게 된다. 그리고 선 구조식이나 축약 구조식에서 상세하게 나와 있는 모든 부호들이 없기 때문에 결합선 구조식은 분자의 연결 순서를 재빨리 인식할 수 있게 해주고 분자식끼리 비교도 쉽다.

결합선 구조식을 그리는 방법

결합선 구조식을 그릴 때 다음 규칙을 적용한다.

- 각 선은 하나의 결합을 나타낸다.
- 선의 **꼭짓점(bend)**이나 **말단(terminus)**은 다른 기가 분명하게 보이지 않는 한 탄소 원자를 나타낸다.
- 탄소 원자에 대해서는 C를 쓰지 않지만, 사슬이나 가지의 끝에 있는 CH_3기는 예외로 쓰기도 한다.
- 수소 원자에 대해서는 H를 쓰지 않지만, 삼차원 관계를 표시하는 선쐐기 또는 쇄선쐐기(다음 절에서 설명)를 사용하는 경우에는 예외이다.
- 각 탄소 원자에 결합된 수소 원자의 수는 전하의 표시가 없는 한 탄소의 원자가 껍질을 채우는 데 필요한 만큼의 수소 원자가 존재하는 것으로 추정한다.
- 탄소와 수소 외의 원자가 존재할 때 그 원자의 기호를 적절한 위치(꼭짓점 또는 그 원자에 이르는 선의 끝)에 쓴다.

- 탄소 외의 원자(예: 산소, 질소)에 결합된 수소는 분명하게 쓴다.

결합선 구조식으로 나타낸 다음 예들을 고려해 보자.

결합선 구조식

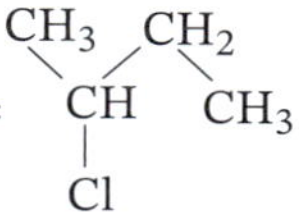

= $CH_3CHClCH_2CH_3$

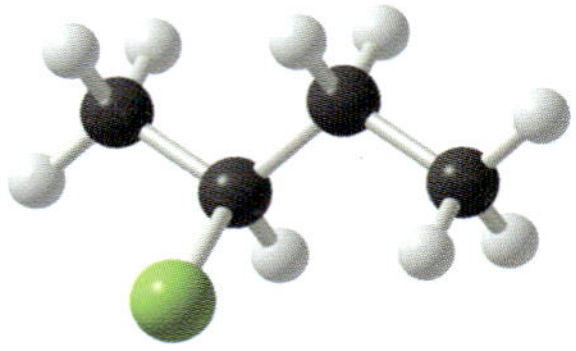

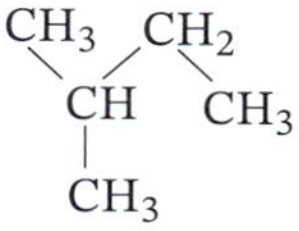

= $CH_3CH(CH_3)CH_2CH_3$

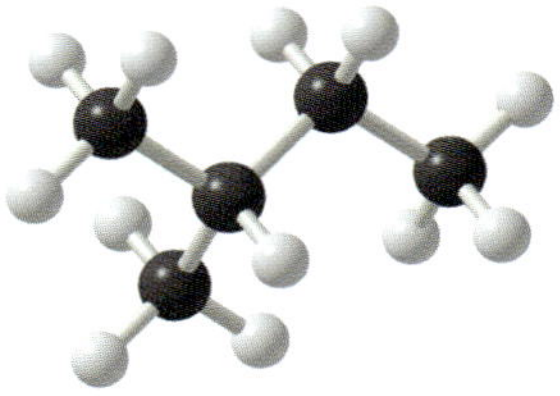

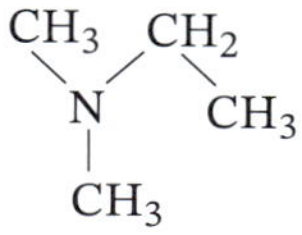

= $(CH_3)_2NCH_2CH_3$

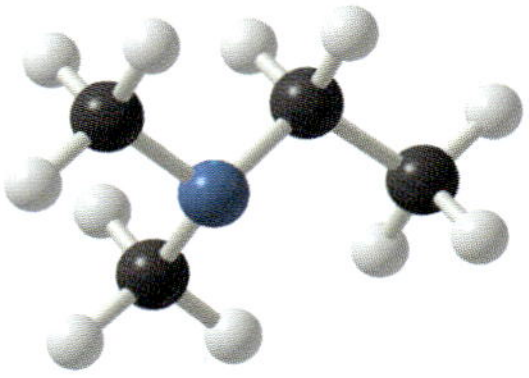

도움말

유기 분자에 더 친숙해질수록 결합선 구조식이 구조를 나타내는 데 매우 유용한 도구임을 알게 된다.

결합선 구조식을 다중 결합을 가진 분자나 고리 화합물에 대해서도 쓸 수 있다. 아래에 몇 가지 예가 있다.

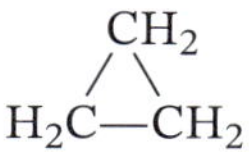

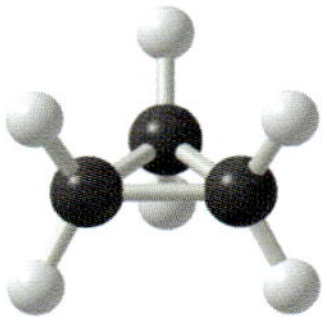

그리고

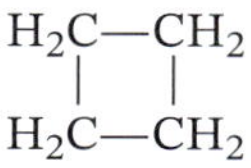

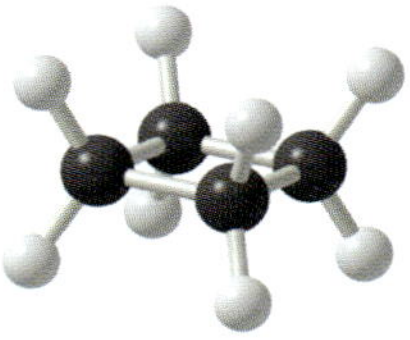

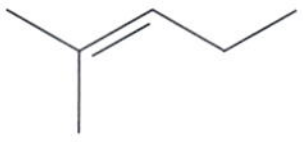

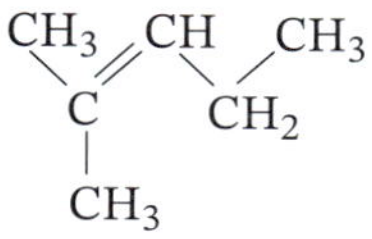

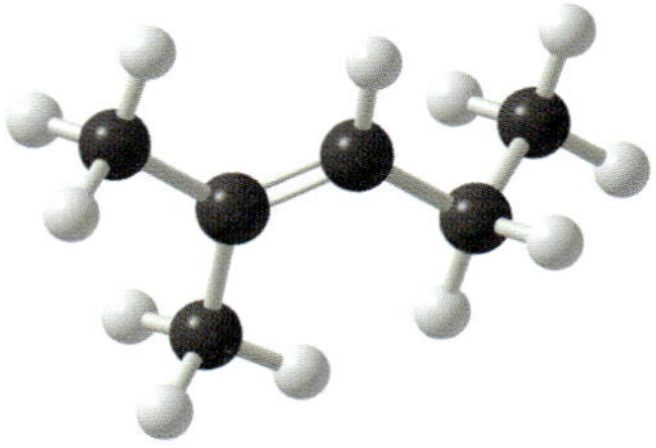

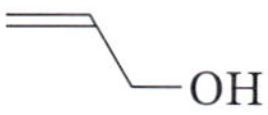

= $CH_2{=}CHCH_2OH$

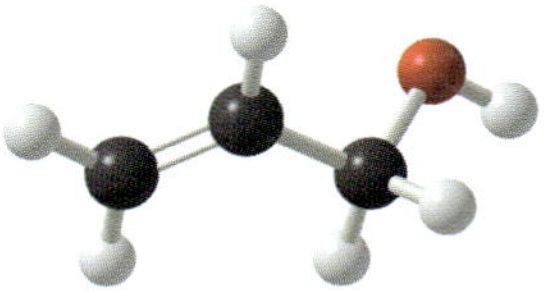

= $CH_3CH_2CCCH_3$

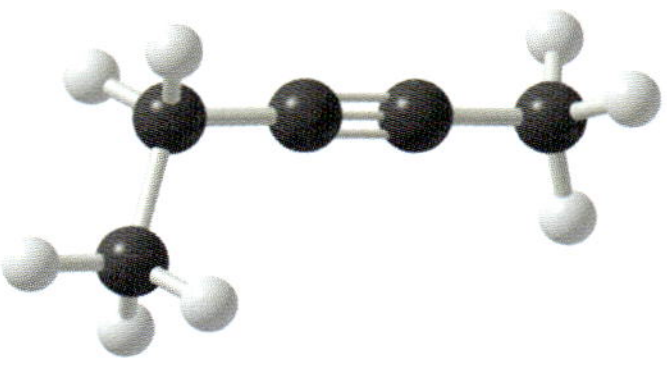

보기 물음 1.10

결합선 구조식으로 표기하시오.

$$\underset{\displaystyle CH_3}{CH_3\overset{}{C}HCH_2CH_2CH_2OH}$$

풀이

먼저, 연습 삼아 OH기를 포함하여 탄소의 골격을 그린다.

$$CH_3 \quad CH_2 \quad CH_2 \qquad C \quad C \quad C$$
$$CH \quad CH_2 \quad OH \;=\; C \quad C \quad OH$$
$$CH_3 \qquad\qquad\qquad C$$

그러면 결합선 구조식은 OH

경험이 쌓이면 전 단계를 생략하고 곧바로 결합선 구조식을 쓸 수 있다.

되새김 물음 1.14

아래의 축약 구조식을 결합선 구조식으로 다시 쓰시오.

(a) $(CH_3)_2CHCH_2CH_3$

(b) $(CH_3)_2CHCH_2CH_2OH$

(c) $(CH_3)_2C{=}CHCH_2CH_3$

(d) $CH_3CH_2CH_2CH_2CH_3$

(e) $CH_3CH_2CH(OH)CH_2CH_3$

(f) $CH_2{=}C(CH_2CH_3)_2$

(g) $CH_3\overset{\displaystyle O}{\overset{\|}{C}}CH_2CH_2CH_2CH_3$

(h) $CH_3CHClCH_2CH(CH_3)_2$

되새김 물음 1.15

되새김 물음 1.14에 수록된 화합물들 중 서로 구조 이성질체인 것은 어느 것인가?

되새김 물음 1.16

아래의 결합선 구조식을 선 구조식으로 쓰시오.

(a) OH Cl SH

(b) 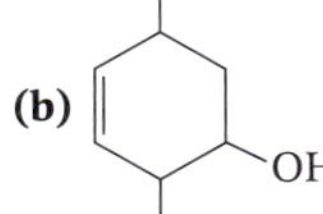

(c) 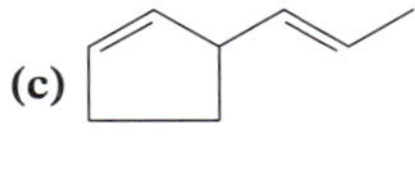

1.7D 삼차원 구조식

이제까지 기술한 어느 구조식도 원자들이 공간에서 실제로 배열된 모습을 보여 주지 못한다. 분자는 삼차원으로 존재한다. 분자에서 삼차원 기하 모양은 결합을 쇄선쐐기, 선쐐기, 그리고 직선으로 그릴 수 있다.

- 쇄선쐐기(┉)는 지면 뒤로 향하는 결합을 나타낸다.
- 선쐐기(◄)는 지면 앞으로 향하는 결합을 나타낸다.

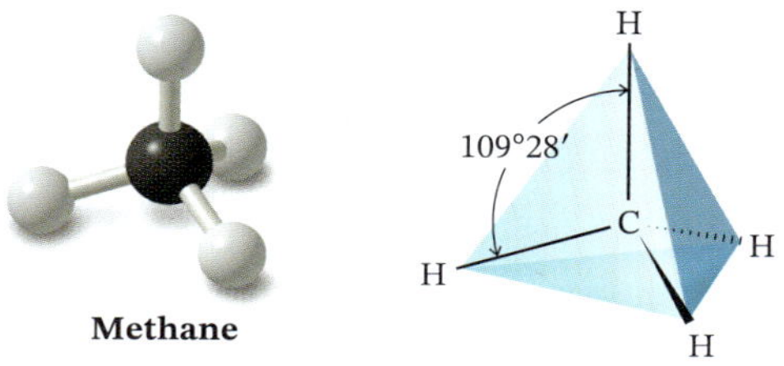

그림 1.4 메테인의 정사면체 구조

- 보통 직선(—)은 지면 평면에 놓인 결합을 나타낸다.

예를 들어, 메테인(CH_4)의 네 개의 C—H 결합은 1874년에 van't Hoff와 Le Bel이 처음 제안한 것처럼 정사면체의 꼭짓점을 향하고 있고 탄소는 중심에, 그리고 각 C—H 결합 사이의 각은 대략 109°를 이룬다. 그림 1.4는 메테인의 정사면체 구조이다.

탄소가 단일 결합, 이중 결합, 또는 삼중 결합을 가질 때의 기하 모형에 대한 물리적 근거는 1.12~14절에서 논의한다. 지금은 선쐐기와 쇄선쐐기를 사용하여 삼차원으로 결합 모양을 나타내는 지침만 논의하도록 하자.

일반적으로 단일 결합만을 지닌 탄소 원자에 있어서:

- **네 개의 단일 결합**을 가진 탄소 원자는 정사면체 기하 모형(1.12절)을 가지며 두 개의 결합은 지면에 대략 109° 떨어지게, 그리고 지면 뒤로 향하는 한 개의 결합은 쇄선쐐기로, 지면 앞으로 향하는 한 개의 결합은 선쐐기로 그린다.
- 정사면체 기하 모형에서 쇄선쐐기 결합과 선쐐기 결합은 적절하게 삼차원으로 그리면 거의 서로 겹쳐진다.

이중 또는 삼중 결합을 지닌 탄소 원자에서,

- **이중 결합**을 가진 탄소 원자는 삼각 평면 기하 모형(1.13절)이며 모두 지면에 120° 떨어지게 그린다.
- **삼중 결합**을 가진 탄소 원자는 선형 기하 모형(1.14절)이며 결합은 지면에 180° 떨어지게 그린다.

끝으로 분자의 삼차원 구조식을 그릴 때:

- 지면에 가능한 한 많은 탄소 원자를 직선으로 그리고 치환기나 수소 원자들은 삼차원을 나타내기에 필요한 선쐐기와 쇄선쐐기로 그려 준다.

삼차원 구조식의 몇 가지 예를 아래에 보였다.

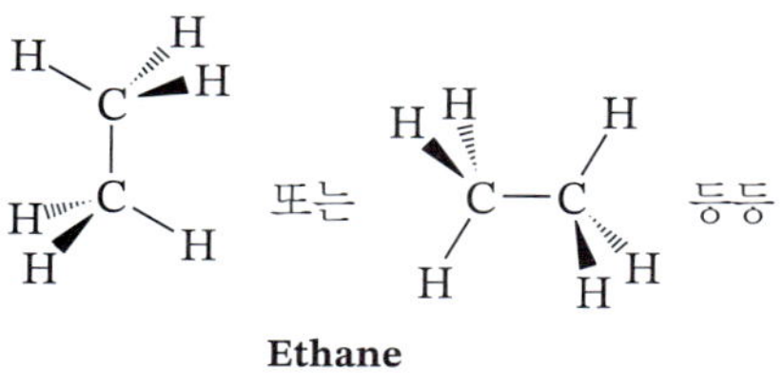

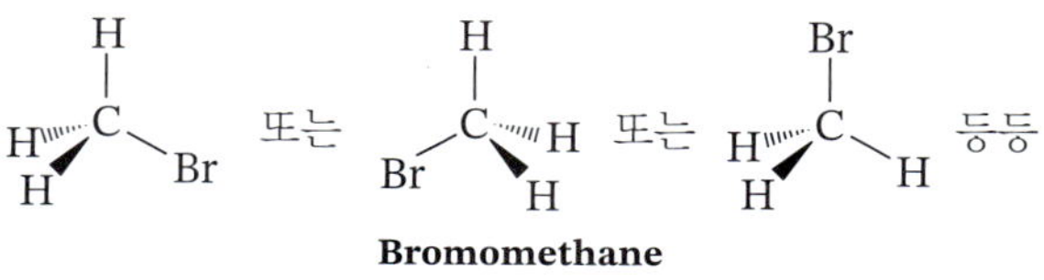

삼차원을 표현하는 결합선 구조식의 예

탄소 사슬은 종이 평면에 나타냈다. 쇄선쐐기와 선쐐기로 된 결합은 거의 서로 가려진다.

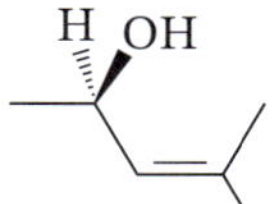

삼각평면 기하 모형을 포함하는 예

이중 결합을 지닌 탄소와의 결합은 종이 평면에 놓이며 120° 떨어져 있다.

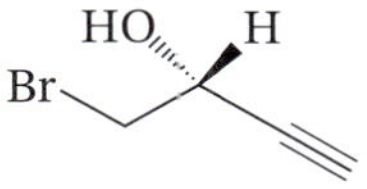

직선 기하 모형을 포함하는 예

삼중 결합을 지닌 탄소와의 결합은 종이 평면에 놓이고 180° 떨어져 있다.

보기 물음 1.11

아래의 화합물을 결합선 구조식으로 표기하고, 염소 원자가 결합된 탄소를 삼차원으로 보이시오.

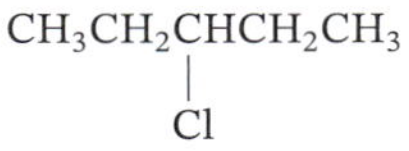

$$CH_3CH_2\underset{\displaystyle Cl}{\underset{|}{C}}HCH_2CH_3$$

풀이

먼저, 종이 평면에 가능한 한 많은 탄소의 골격을 그린다(이 경우는 거의 모두).

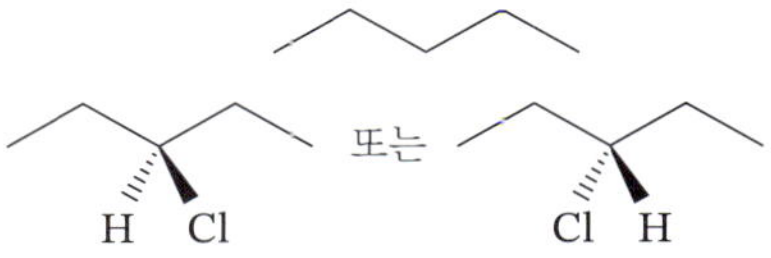

H Cl 또는 Cl H

그다음 염소 원자를 적절한 탄소에 삼차원 표시법으로 넣는다.

되새김 물음 1.17

아래 물질의 삼차원 구조식(선쐐기-쇄선쐐기 구조식)을 그리시오.

(a) CH_3F **(b)** CH_2Cl_2 **(c)** CH_2BrCl **(d)** CH_3CH_2CHClI

1.8 공명 이론과 굽은 화살표

공명 구조(resonance structure)는 단일 화합물에 대한 Lewis 구조로 위치는 다르지만 원자의 위치는 같다. 위치가 다를 수 있는 전자들은 이중 결합과 삼중 결합의 전자들과 비공유 전자들이다. 아세톤의 화학식들은 공명 구조의 예이다.

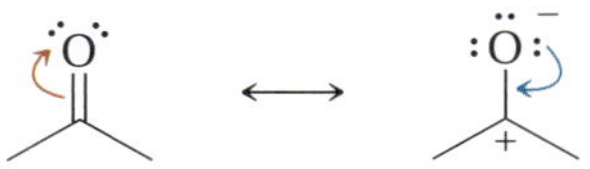

아세톤의 공명 구조

굽은 화살표(curved arrow)를 사용하여 전자의 이동을 나타내며, 한 공명 구조를 다른 공명 구조로 전환하게 된다. 그리고 공명 구조들 사이에 이중 화살표를 써서 연관을 맺는다. 적색 굽은 화살표는 왼쪽 구조를 오른쪽 구조로 전환하는 전자 흐름을 나타낸다. 청색 굽은 화살표는 오른쪽 구조를 왼쪽 구조로 전환하는 전자 흐름을 나타낸다.

굽은 화살표를 사용하는 규칙은 다음과 같다.

도움말

굽은 화살표(3.2절)는 원자가 아니라 전자의 이동을 나타낸다. 굽은 화살표 표시는 유기 반응을 이해하는 데 쓰이는 가장 중요한 도구 중 하나이다.

- 굽은 화살표는 전자의 근원에서 시작하여 이 전자들이 다음 구조로 이끌려 갈 곳을 향한다.
- 형식 전하는 각각의 구조에서 필요한 대로 지정한다.
- 모든 구조들은 적절한 Lewis 구조들이여야 한다(원자가가 초과될 수 없다).

다음은 **공명 구조**에 대한 중요한 사실들이다.

- 분자는 개개의 공명 구조로 존재하지 않는다.
- 실제의 분자는 기여하는 공명 구조들의 중량 평균 또는 **공명 혼성(resonance hybrid)** 이다.
- 화합물은 개개의 구조로 분리될 수 없다.
- 공명 구조는 평형을 나타내지 않는다.
- 두 개의 화학식이 서로 공명 구조임을 나타내기 위해서 이중 화살표를 사용한다.

예상하는 바대로, 원자가 껍질이 채워져 있으며 형식 전하를 적게 지닌 원자를 가진 Lewis 구조가 다른 것보다 공명 혼성에 더 많이 기여한다. 그래서 이중 결합을 가진 아세톤을 형식 전하를 지닌 공명 구조보다 더 많이 그리는 것이다. 그렇지만 형식 전하를 지닌 아세톤의 공명 구조는 앞으로 나올 장에서 보듯이 성질과 반응성을 이해하는 데 도움이 될 것이다. 아세톤의 두 공명 구조는 아세톤이 산소에 부분적인 음전하를 지녔고 중심 탄소에는 부분적인 양전하를 지녔는데, 산소와 탄소 사이의 전기 음성도 차에 근거하여 예상되는 것과도 일치한다.

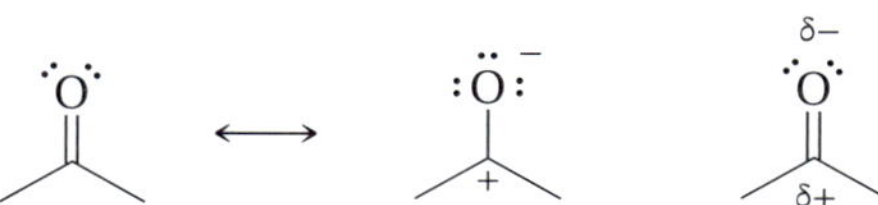

아세톤의 공명 구조와 부분적인 전하를 나타내는 화학식은 공명 구조의 혼성과 산소와 탄소 사이의 전기 음성도 차와 일치한다.

그림 1.5 아세톤의 정전기적 퍼텐셜 지도. 전자 밀도가 더 높아지는 영역은 적색으로 향하고 전자 밀도가 더 낮아지는 영역은 청색으로 향하는 경향을 보인다.

전하의 분포를 나타내는 또 다른 방법으로 **정전기적 퍼텐셜 지도(electrostatic potential map)** 를 사용하는데, 전자 밀도가 높은 영역은 적색으로, 낮은 영역은 청색으로 향하는 경향을 보인다. 아세톤의 정전기적 퍼텐셜 지도는 **그림 1.5**에 나와 있다.

1.8A 전하의 비편재화

공명 구조는 이온인 화학종에 대해서도 그릴 수 있다. 구조식 1과 2를 고려해 보자.

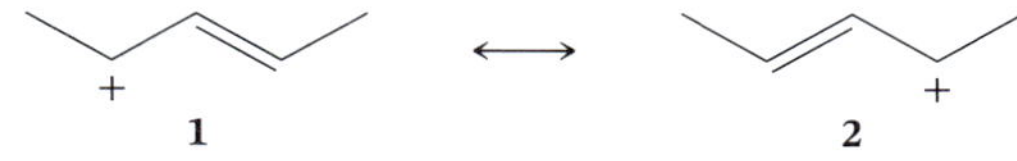

1과 2의 공명 혼성은 아래에 나타낸 구조인데, 기여하는 공명 구조 각각에 존재하던 이중 결합을 쇄선으로 나타냈다. 두 위치 사이에 비편재화된 부분 전하를 δ+로 표시했다. 여기서 δ+의 합은 +1 전하량과 같다.

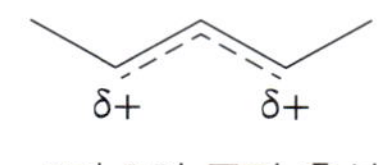

1과 **2**의 공명 혼성

보기 물음 1.12

구조식 3은 왜 1과 2의 공명 구조가 아닌가?

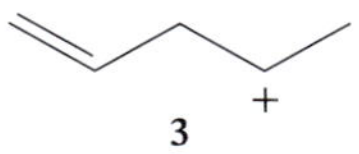

3

풀이

구조식 3은 원자들이 구조식 1과 2와는 다른 위치에 있다(특히 수소). 결합선 구조식을 해석할 때 구조식 2는 끝의 탄소에 수소 3개와 중앙에 있는 탄소에 수소 1개를 가졌음을 기억하자. 구조식 3은 왼쪽 끝의 탄소에 2개의 수소 원자를 가졌고 중앙에 있는 탄소는 이제 2개의 수소를 가졌기 때문에 1과 2의 구조 이성질체이다.

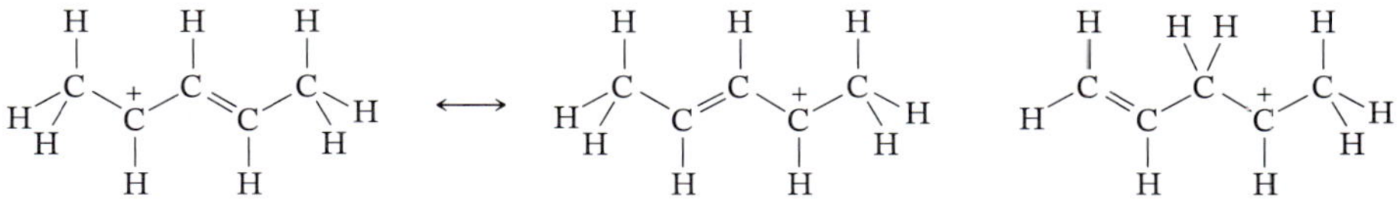

1 ⟷ 2

3은 구조식 1과 2의 공명 구조가 아니다.

보기 물음 1.13

(a) 오른쪽 구조식은 왜 메탄올의 공명 구조가 아닌가? **(b)** 메탄올은 왜 공명 구조가 없는가?

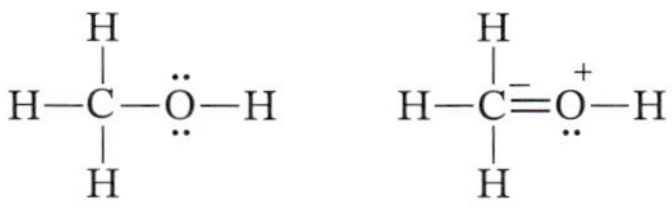

Methanol

풀이

(a) 오른쪽 구조식은 탄소 주위에 10개의 원자가 전자를 가졌기 때문에 팔전자 규칙을 초과하므로 불가능하다. **(b)** 메탄올은 다른 원자의 원자가를 초과하지 않도록 산소로부터 비공유 전자쌍을 이동시킬 곳이 없기 때문에 공명 구조를 가질 수 없다.

보기 물음 1.14

질산 이온의 구조는 아래와 같이 표기할 수 있다.

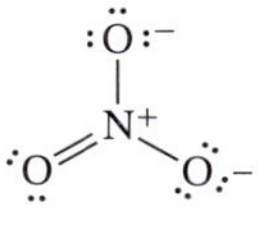

그러나 물리적 성질로부터 모든 질소–산소 결합들이 동등하며 질소–산소 단일 결합과 질소–산소 이중 결합이 같은 결합 길이를 가지고 있음을 알 수 있다. 이러한 사실을 공명 이론으로 설명하시오.

풀이

아래와 같이 전자를 이동시키면서 서로 **다르지만 동등한** 세 가지 구조를 쓸 수 있다.

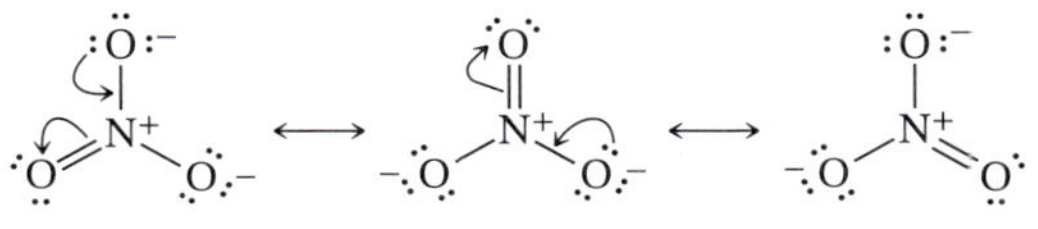

⟷ ⟷

이 구조들은 **전자의 위치만 다를 뿐**이므로 **공명 구조**(resonance structure) 또는 **공명 기여체**(resonance contributor)들이다. 그러므로 어느 한 구조만으로는 질산 이온을 타당하게 나타낼 수 없다. 실제의 분자는 이들 **세 구조의 혼성**으로 나타내는 것이 가장 합리적일 것이다. 이러한 혼성을 아래와 같이 표기하여 모든 결합들이 동등하며 단일 결합의 성격은 넘지만 이중 결합의 성격에는 미치지 못함을 나타낸다. 각 산소 원자들은 똑같은 양의 부분적인 음전하를 띠고 있는데, 이러한 전하의 분리는 실험적인 결과와도 잘 들어맞는다.

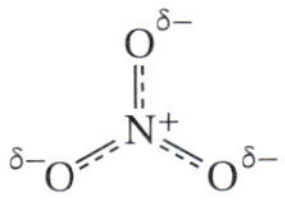

$O^{\delta-}$, N^{+}, $^{\delta-}O$, $O^{\delta-}$ 질산 이온의 혼성 구조

되새김 물음 1.18

(a) 폼산 이온 HCO_2^-에 대한 두 가지 공명 구조를 쓰시오. (**주**: 수소와 산소 원자들은 탄소에 결합되어 있다.) **(b)** 이들 구조는 폼산 이온의 탄소–산소 결합 길이에 대해서 무엇을 예견해 주는지와 **(c)** 산소 원자의 전하에 대해서는 어떤 예측을 하도록 하는지를 설명하시오.

되새김 물음 1.19

굽은 화살표대로 전자가 이동하여 얻어진 공명 구조를 쓰시오. 필요한 경우 형식 전하도 나타내시오.

(a) 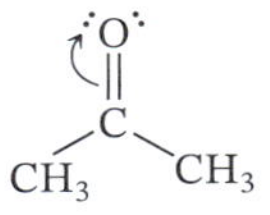 $(CH_3)_2C{=}O$ ⟷ ?

(b) 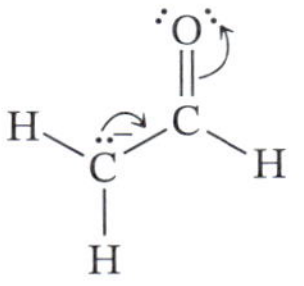 $H_2\ddot{C}^{-}$–CH=O ⟷ ?

(c) H_2C^{+}–$\ddot{N}H_2$ ⟷ ?

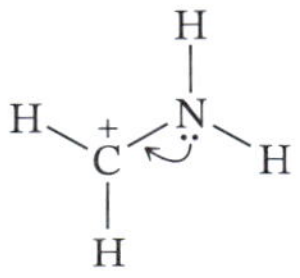

(d) 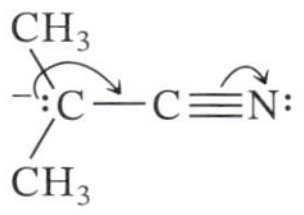 $(CH_3)_2\ddot{C}^{-}$–C≡N: ⟷ ?

되새김 물음 1.20

누락된 비공유 전자쌍(있는 경우)을 추가하고 굽은 화살표를 사용하여 전자의 이동을 표시하고, 아래 각각에 대하여 기여하는 공명 구조와 공명 혼성을 쓰시오.

(a) 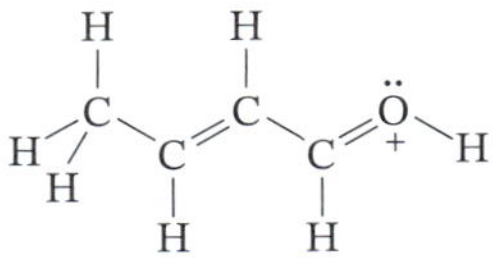 H_3C–CH=CH–CH=$\ddot{O}^{+}$–H

(b) 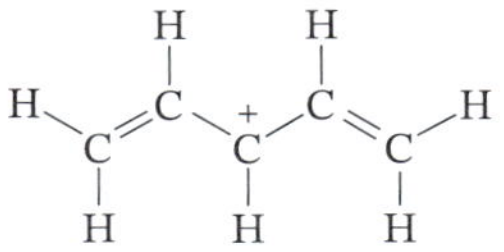 H_2C=CH–CH^{+}–CH=CH_2

(c) 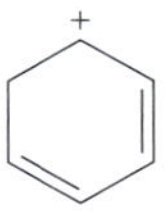 (사이클로헥사다이엔일 양이온)

(d) 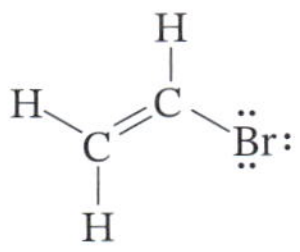 H_2C=CH–$\ddot{Br}$:

(e) 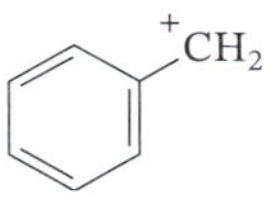 $C_6H_5\overset{+}{C}H_2$

(f) 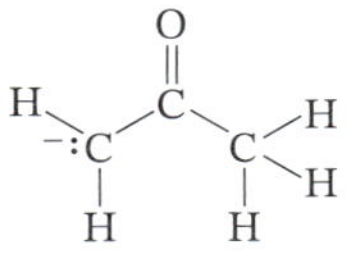 $H_2\ddot{C}^{-}$–CO–CH_3

(g) $CH_3\overset{+}{S}CH_2$

(h) CH_3NO_2

되새김 물음 1.21

아래의 각 조에 있는 공명 구조에 대하여 왼쪽 구조식으로부터 오른쪽 구조식이 되도록 굽은 화살표를 넣고, 혼성에 가장 기여하는 구조를 정하시오. 그 까닭을 설명하시오.

(a) $H_2\overset{+}{C}-\ddot{N}(CH_3)_2 \longleftrightarrow H_2C=\overset{+}{N}(CH_3)_2$

(b) $CH_3-C(=\ddot{O}\text{:})-\ddot{O}-H \longleftrightarrow CH_3-C(-\ddot{O}\text{:}^-)=\overset{+}{\ddot{O}}-H$

(c) $\text{:}NH_2-C\equiv N\text{:} \longleftrightarrow \overset{+}{N}H_2=C=\ddot{N}\text{:}^-$

1.9 양자 역학과 원자 구조

1926년에 원자 및 분자 구조에 대한 새로운 이론이 Schrödinger, Heisenberg, Dirac 등에 의하여 독자적으로 거의 동시에 개발되었다. Schrödinger가 **파동 역학**(**wave mechanics**), Heisenberg가 **양자 역학**(**quantum mechanics**)이라고 부른 이 이론은 분자의 결합에 대한 현대적인 이해의 근본이 되는 것이다. 양자 역학의 중심에는 파동 함수(그리스 문자 **psi**, ψ)가 있다.

- 각 **파동 함수**(ψ)는 전자의 다른 **에너지 상태**(energy state)에 대응된다.
- 각 **에너지 상태**란 1~2개의 전자가 머무를 수 있는 부준위이다.
- 전자의 상태에 따른 **에너지**는 파동 함수로부터 계산될 수 있다.
- 주어진 공간 영역에서 전자를 발견할 수 있는 **상대적인 확률**은 파동 함수로부터 계산될 수 있다(1.10절).
- 파동 함수의 해는 양의 값이거나 음의 값이거나 혹은 0이 된다(**그림 1.6**).
- 파동 방정식의 **상부호**(**phase sign**)는 핵에 대한 공간의 주어진 점에서 계산된 해가 양인지 또는 음인지를 나타낸다.

파동 함수는 그것이 음파, 물결, 또는 전자의 에너지이든지 보강 간섭과 상쇄 간섭의 가능성을 지닌다.

- **보강 간섭**(**constructive interference**)은 같은 상부호를 지닌 파동 함수들이 서로 작용할 때 발생한다. **서로 합쳐지는 효과**가 있으며 파동 함수의 진폭이 증가된다.
- **상쇄 간섭**(**destructive interference**)은 반대 부호의 파동 함수들이 만날 경우 발생한다.

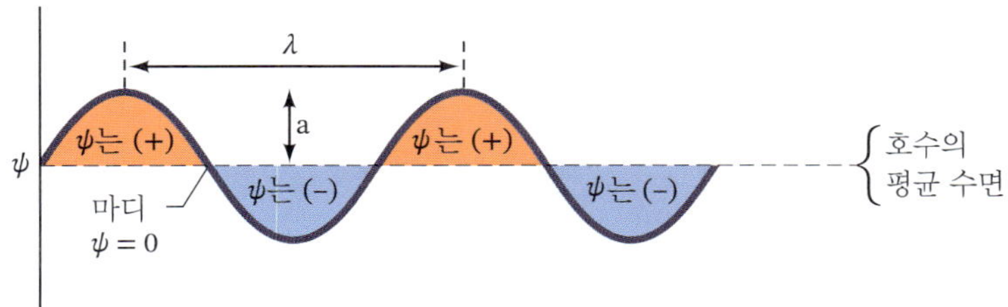

그림 1.6 호수 위를 지나가는 물결의 단면. 이 물결의 파동 함수 ψ는 마루에서 (+)이고 골에서는 (−)이다. 호수의 평균 수면은 0이며 이 점들을 마디라고 부른다. 마루와 골의 크기는 파동의 진폭(a)이다. 한 파동의 마루로부터 다른 파동의 마루까지의 거리를 파장(λ)이라고 한다.

서로 빼지는 효과가 있으며 결과적인 파동 함수는 0이 되거나 부호가 바뀐다.

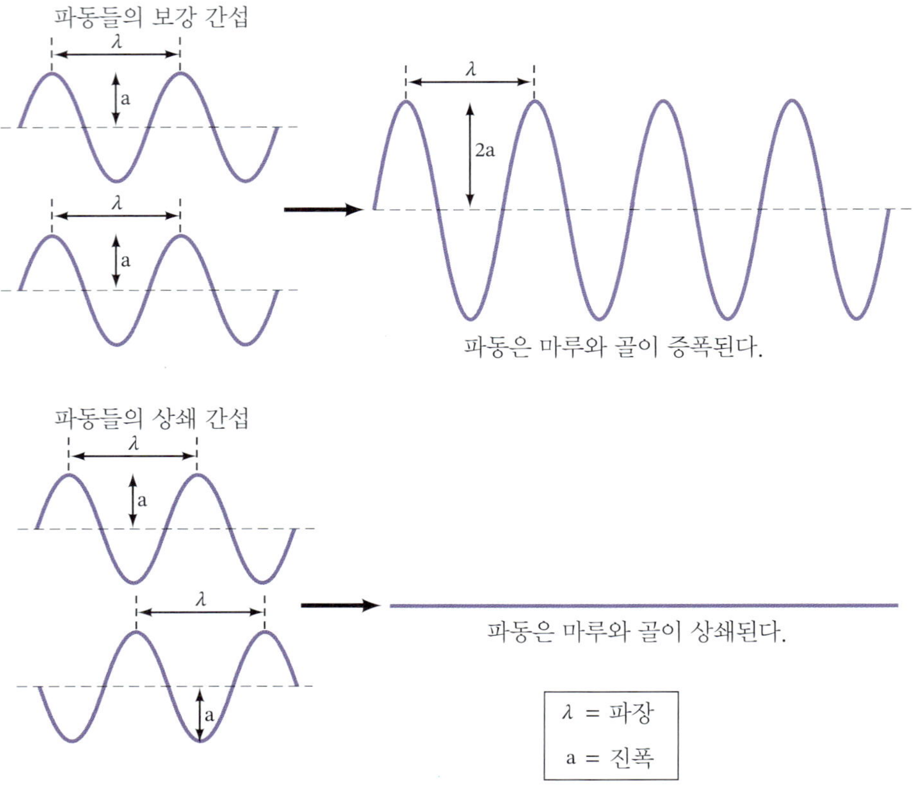

전자가 입자성과 파동성을 지녔다는 것은 1923년에 de Broglie에 의하여 제안되었으며 실험에 의해서 입증되었다. 그러나 전자의 파동성에 초점을 두고 논의하려고 한다.

1.10 원자 오비탈과 전자 배치

전자의 파동 함수에 대한 정확한 물리적인 설명을 Born이 1926년에 다음과 같이 제안하였다.

- 특정한 어느 위치(x, y, z)에 있어서의 파동 함수의 제곱(ψ^2)은 공간의 그 위치에서 전자를 발견할 확률이다.

공간 속의 단위 부피에 있어서 ψ^2이 클 경우 그 부피 내에서 전자가 발견될 확률은 크며, **전자 확률 밀도(electron probability density)**가 크다고 말한다. 반대로, 다른 단위 부피에서 ψ^2이 작으면 전자를 발견할 확률도 작다.* 이로부터 오비탈의 일반적인 정의에 이르게 되며 그 연장선상에 원자 오비탈의 친숙한 모양들이 있다.

- **오비탈(orbital**, 궤도 함수)이란 전자를 발견할 확률이 큰 공간 중의 어떤 영역이다.
- **원자 오비탈(atomic orbital)**은 ψ^2을 삼차원으로 그린 것이다. 이 그림으로 이미 낯익은 s, p, 그리고 d 오비탈 모양이 만들어진다.

보통 그림으로 표시하는 부피는 전자를 매 순간 90~95% 수용하고 있는 공간이다. 핵으로부

* ψ^2을 모든 공간에 대하여 적분하면 1이 되어야 한다. 즉, 모든 공간의 어디에선가 전자를 발견할 확률은 100%이다.

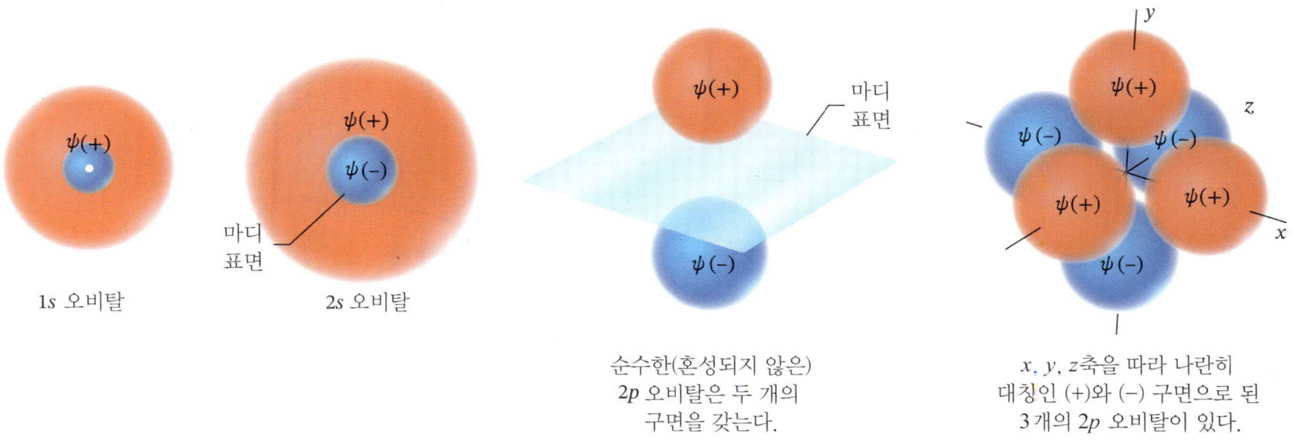

그림 1.7 *s*와 *p* 오비탈의 모양. 혼성되지 않은 순수한 *p* 오비탈은 거의 맞닿는 두 구형이다. 혼성된 원자에서의 *p* 오비탈은 구면(lobe)형이다(1.13절).

터 먼 거리에서 전자를 발견할 확률은 이 그림에서 보이는 것보다도 극히 적다.

*s*와 *p* 오비탈의 모양을 **그림 1.7**에 나타냈다.

모든 ***s* 오비탈**은 모두 구형이다 1*s* 오비탈은 단순한 구형이다. 2*s* 오비탈은 내부 마디 표면 ($\psi^2 = 0$)을 갖고 있는 구형이다. 즉, 2*s* 오비탈 ψ_{2s}의 내부 부분에서는 상부호가 음(−)이다.

***p* 오비탈**은 거의 맞닿은 두 개의 구 모형이다. 2*p* 파동 함수 ψ_{2p}의 상부호는 한쪽 구면에서는 양이고 반대쪽은 음이다. 마디 평면은 *p* 오비탈의 두 구면(lobe)을 분리하고 있는데, 3가지 *p* 오비탈이 있어 그 축이 서로 직교하도록 직교좌표의 *x*, *y*, *z*축을 따라 공간에 배열되어 있다.

- 파동 함수의 +와 −부호는 양전하나 음전하를 의미하지 않고 전자를 발견할 확률이 크다거나 작다는 것을 의미하는 것도 아니다.
- ψ^2(전자를 발견할 확률)은 항상 +이다. 왜냐하면 +나 −인 ψ의 해를 제곱하면 항상 +이기 때문이다.

그러므로 *p* 오비탈의 (−)구면에서 전자를 발견할 확률과 (+)구면에서 전자를 발견할 확률은 같다. +와 − 부호의 의미는 원자 오비탈이 결합하여 분자 오비탈을 형성하는 것과 공유 결합이 형성되는 과정을 배울 때 분명해질 것이다.

1.11 분자 오비탈

원자 오비탈은 원자들이 공유 결합을 형성하는 방법에 대한 이해를 제공해 준다. 아주 간단한 경우로 두 수소 원자들 사이에 결합이 형성되어 수소 분자가 형성되는 것을 다루기로 하자(**그림 1.8**).

수소 원자들이 상대적으로 멀리 떨어져 있을 때 그들의 총에너지는 유리된 두 수소 원자의 에너지와 같다(I). 그렇지만 공유 결합이 형성되면 계의 총에너지는 감소한다. 수소 원자들이 다가옴에 따라(II) 각 핵들은 다른 원자의 전자를 더욱 잘 끌어당긴다. 이 인력은 핵간의 척력(또는 두 전자 간의 척력)을 상쇄하고도 남는다. 이러한 인력의 결과는 공유 결합이다(III). 이때 핵간 거리는 두 전자들이 두 원자 사이에 공유되고 동시에 그들의 핵 사이의 반발력을 피

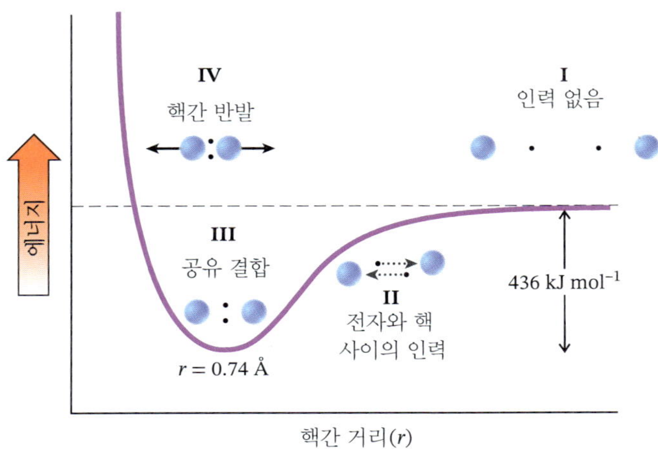

그림 1.8 핵간 거리의 함수로 나타낸 수소 분자의 위치 에너지

할 수 있도록 이상적인 균형을 이룬다. 두 수소 원자 사이의 이상적인 핵간 거리는 0.74 Å이며, 이는 수소 분자의 **결합 길이(bond length)**에 해당하는 것이다. 두 핵들이 더 가까이 오면(IV) 두 양전하를 띤 핵들의 반발력이 우세하게 되며 계의 에너지는 증가한다.

각 H•는 주위에 그늘진 면적으로 정확한 위치가 불확실함을 나타내고 있다. 전자는 계속 움직인다.

- **Heisenberg 불확정성 원리(Heisenberg uncertainty principle)**에 따르면 전자의 위치와 운동량을 동시에 알 수가 없다.

그림에서 이 그늘진 면적이 오비탈을 나타낸다. 그리고 그것은 양자 역학의 원리를 응용한 결과이다. 파동 함수의 제곱(ψ^2)을 도시하면 오비탈이라고 불리는 삼차원 영역이 되는데, 여기서 전자를 발견하는 것이 매우 가능하다.

- **원자 오비탈**은 분리된 원자의 한 개 또는 두 개의 전자를 발견할 수 있는 공간 영역을 나타낸다.

위의 수소 모형에서 그늘진 구는 각 수소 원자의 1s 오비탈을 나타낸다. 두 수소 원자가 서로 접근함에 따라 그들의 1s 오비탈은 중첩하기 시작하여 원자 오비탈들이 합쳐져서 분자 오비탈을 만든다.

- **분자 오비탈(molecular orbital, MO)**은 분자의 한 개 또는 두 개의 전자가 발견되는 공간 영역을 나타낸다.
- 한 오비탈(원자 또는 분자)은 최대한 두 개의 스핀 쌍을 이룬 전자들을 수용할 수 있다 [**Pauli 배타 원리(Pauli exclusion principle)**].
- 원자 오비탈이 합쳐져서 분자 오비탈을 이룰 때 **생겨난 분자 오비탈의 수는 항상 합쳐지는 원자 오비탈의 수와 같다.**

따라서 수소 분자를 형성할 때 두 ψ_{1s} 원자 오비탈이 결합하여 분자 오비탈 2개를 만든다. 두 개의 오비탈이 만들어지는 까닭은 파동 함수의 수학적인 성질상 이들을 더할 수도 뺄 수도 있기 때문이다. 즉, 위상이 같도록 또는 다르도록 합칠 수가 있다.

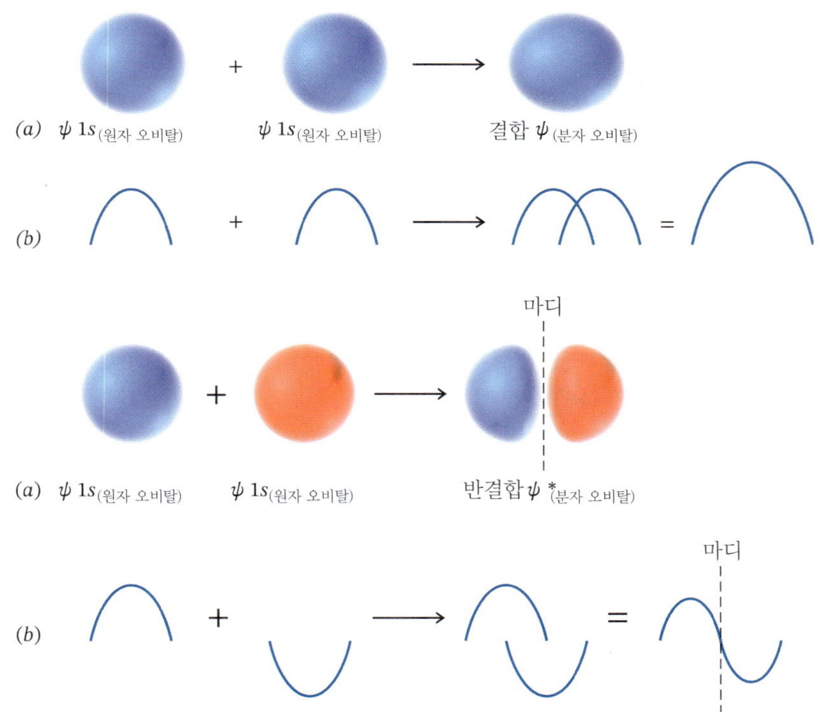

그림 1.9 (*a*) 수소 1*s* 원자 오비탈 2개가 결합 분자 오비탈을 이루도록 중첩하는 모양. (*b*) 위상이 같은 두 파동의 유사한 중첩으로 보강이 이루어지고 진폭이 증가된다.

그림 1.10 (*a*) 상부호가 반대(색이 다름)인 수소 1*s* 원자 오비탈 2개가 반결합 분자 오비탈을 이루도록 중첩하는 모양. (*b*) 부호가 반대인 두 파동의 중첩으로 소멸 상호작용의 결과 진폭이 감소됨. 반대 상에 의해 완전한 상쇄가 일어나는 곳에서 마디가 생기며 더한 파동 함수의 값은 0이 된다.

- **결합 분자 오비탈(bonding molecular orbital**, ψ_{molec})은 위상이 같은 두 오비탈의 중첩으로 생긴다(**그림 1.9**).
- **반결합 분자 오비탈(antibonding molecular orbital**, ψ^*_{molec})은 위상이 다른 두 오비탈의 중첩으로 생긴다(**그림 1.10**).

수소 분자의 가장 낮은 에너지 상태에 있는 결합 분자 오비탈은 개개의 수소 원자로부터 온 전자를 수용한다. ψ(따라서 ψ^2)의 값은 핵 사이에서 큰데, 공유 결합을 형성하기 위해서 전자들이 두 핵들에 의해서 공유되기 때문에 정확하게 예상한 대로이다.

반결합 분자 오비탈은 수소 분자의 바닥 상태에서 전자를 포함하고 있지 않다. 더욱이 ψ(따라서 ψ^2)의 값은 핵 사이에서 0이 되어 마디($\psi = 0$)가 생긴다. 반결합 분자 오비탈은 원자 사이에 전자 밀도를 제공하지 않으므로 결합에 관여하지 않는다.

이제까지 기술한 내용과 대응되는 것으로 **LCAO(linear combination of atomic orbital)** 법이라고 부르는 수학적인 처리 방법이 있다. LCAO법에서는 원자 오비탈을 대수적으로 결합(더하거나 뺌)시켜 분자 오비탈에 대한 파동 함수를 얻는다.

분자 오비탈에 있는 한 전자는 원자 오비탈에서처럼 특정한 에너지를 갖게 된다. 수소 분자에서 결합 분자 오비탈에 있는 전자는 원자 오비탈 ψ_{1s}에 있을 때보다 훨씬 낮은 에너지를 갖는다. 반결합 분자 오비탈에 있는 전자는 원자 오비탈 ψ_{1s}에 있을 때보다 매우 큰 에너지를 갖는 것이 계산에 의해 밝혀졌다.

수소 분자의 분자 오비탈에 대한 에너지 도표는 **그림 1.11**과 같다. 원자 오비탈에서와 같은 방법으로 분자 오비탈에 전자를 배치한다. 스핀이 반대인 두 전자들이 결합 분자 오비탈을 점유하며, 총에너지는 각각의 원자 오비탈에 있을 때보다 작다. 이것이 수소 분자의 가장 낮은 전자 에너지 상태 또는 **바닥 상태**(ground state)이다. 전자는 **들뜬 상태**(excited state)라고 불

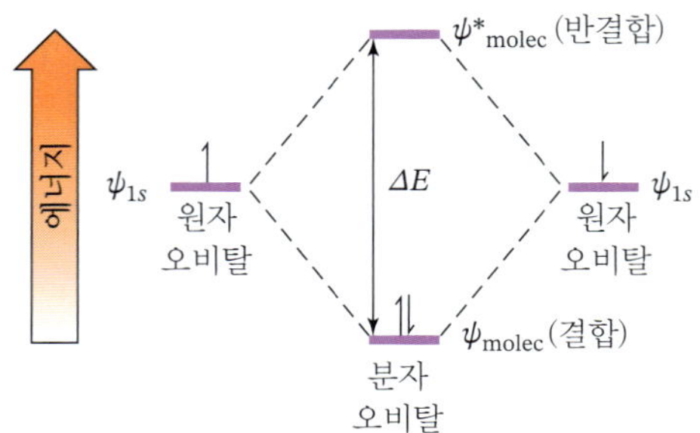

그림 1.11 수소 분자의 에너지 도표. 두 원자 오비탈 ψ_{1s}를 합치면 ψ_{molec}와 ψ^*_{molec}가 된다. ψ_{molec}의 에너지는 각각의 원자 오비탈보다 에너지가 낮으며, 수소 분자의 최저 전자 에너지 상태는 두 전자를 여기서 수용한 것이다.

리는 반결합 오비탈에 들어갈 수도 있다. 이런 상태는 바닥 상태(그림 1.11)에 있는 분자가 적당한 에너지(ΔE)의 광양자를 흡수하면 형성된다.

1.12 메테인과 에테인의 구조: *sp*^{3} 혼성

탄소 원자를 양자 역학적으로 설명할 때 쓴 *s*와 *p* 오비탈(1.10절)은 수소 원자에 대한 계산으로부터 나온 것이다. 이들 *s*와 *p* 오비탈만으로는 메테인에 있는 **4가—4면체**(tetravalent–tetrahedral)의 탄소를 만족스럽게 설명할 수 없다(CH_4). 그러나 양자 역학에 근거한 메테인의 구조는 **오비탈 혼성(orbital hybridization)**을 통하여 잘 설명될 수 있다. 오비탈 혼성은 간단히 말해서 *s*와 *p* 오비탈 개개의 파동 함수를 수학적으로 합함으로써 새로운 오비탈의 파동 함수를 얻는 것이다. 새 오비탈은 **정도의 차이는 있을지언정** 원래 오비탈의 성질을 얼마만큼씩 가지고 있으며, 이 새 오비탈을 **혼성 원자 오비탈(hybrid atomic orbital)**이라고 부른다.

양자 역학에 따르면 가장 에너지가 낮은 상태, 즉 **바닥 상태**에 있는 탄소 원자의 전자 배치는 다음과 같다.

C ⥮ 1s ⥮ 2s 1 $2p_x$ 1 $2p_y$ $2p_z$

탄소 원자의 바닥 상태

탄소 원자의 원자가 전자(결합에 쓰이는 것)는 **최외각**, 즉 2*s*와 2*p*에 있는 전자들이다.

1.12A 메테인의 구조

메테인의 구조를 설명할 수 있는 혼성 오비탈은 탄소의 두 번째 껍질에 있는 *s*와 *p* 오비탈로부터 아래와 같이 만들어진다(**그림 1.12**).

- 바닥 상태에 있는 탄소의 2*s*, $2p_x$, $2p_y$, 그리고 $2p_z$ 오비탈에 대한 파동 함수들이 섞여서 4개의 새로운, 그리고 동등한 $2sp^3$ 혼성 오비탈을 형성한다.
- ***sp*^{3}**라는 표시는 1부분은 *s* 오비탈의 성격을 지니며 3부분은 *p* 오비탈의 성격을 지니고 있음을 의미한다.
- 수학적으로 풀어 보면 4개의 $2sp^3$ 오비탈들은 서로 109.5°를 이룬다. 이것은 메테인에 있는 4개의 수소 원자가 공간 중에 놓인 것과 정확히 일치한다. 각각의 H—C—H 결합각은 109.5°이다.

메테인이 한 개의 sp^3-혼성인 탄소 원자와 4개의 수소 원자로부터 형성되는 과정을 상상해

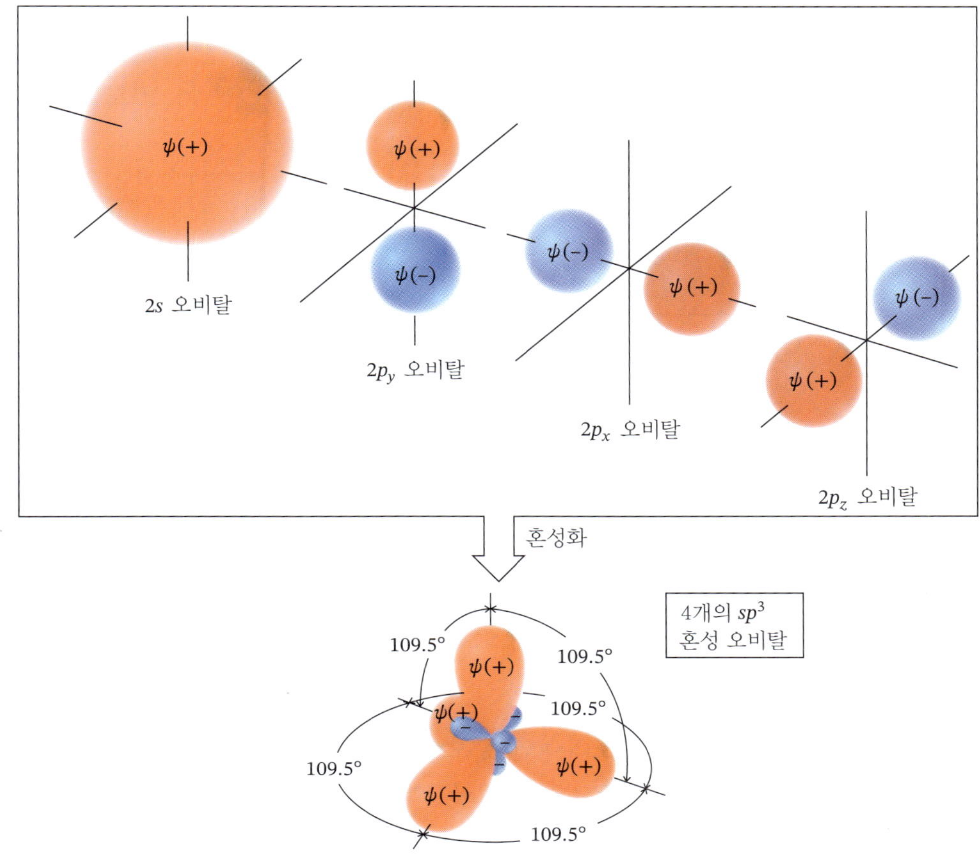

그림 1.12 탄소 원자의 원자 오비탈의 혼성으로 sp^3 혼성 오비탈이 만들어지는 모양

보면 **그림 1.13**과 같다. 단순화시키기 위하여 각 탄소–수소 결합의 **결합 분자 오비탈(bonding molecular orbital)**만 나타냈는데, sp^3-혼성의 탄소 원자가 곧 **메테인의 정사면체 구조와 4개의 C−H 결합이 동등함**을 잘 설명해 주고 있다.

오비탈 혼성 이론은 메테인의 모양(정사면체)을 설명하는 것 이외에도 탄소와 수소 사이의 강한 결합이 형성됨을 잘 설명해 준다. 이것이 어떻게 그런지 알아보기 위하여 **그림 1.14**의 sp^3 오비탈의 모양을 고찰해 보자. sp^3 오비탈은 p 오비탈의 성격을 띠고 있으므로 +구면은 크며 공간에서 꽤 멀리 놓여 있다.

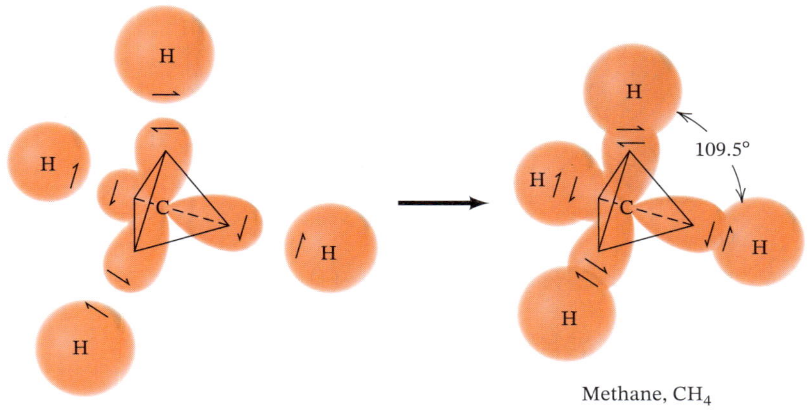

그림 1.13 탄소 원자의 sp^3-혼성 오비탈로부터 메테인이 형성되는 가상적인 모양. 오비탈 혼성은 오비탈을 합치는 것이지 전자를 합치는 것이 아니다. 전자를 혼성 오비탈에 재배치하여 결합을 이루도록 하는 데 Pauli 배타 원리에 따라 각 오비탈에는 스핀을 반대로 하여 2개 이상의 전자가 들어갈 수 없다. 이 그림에서는 탄소의 각 혼성 오비탈에 전자를 한 개씩 넣은 것을 나타내고 있다. 또한 각 C—H 결합의 결합 분자 오비탈만을 나타냈는데, 이들이 분자의 가장 낮은 에너지 상태에 있는 전자를 수용하고 있는 오비탈들이기 때문이다.

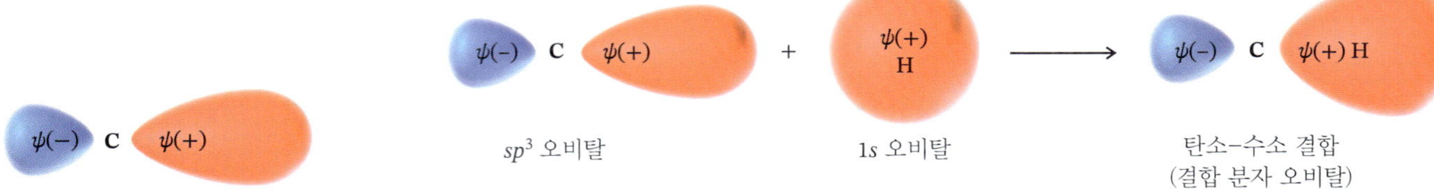

그림 1.14 sp^3 오비탈의 모습

그림 1.15 C—H 결합의 형성

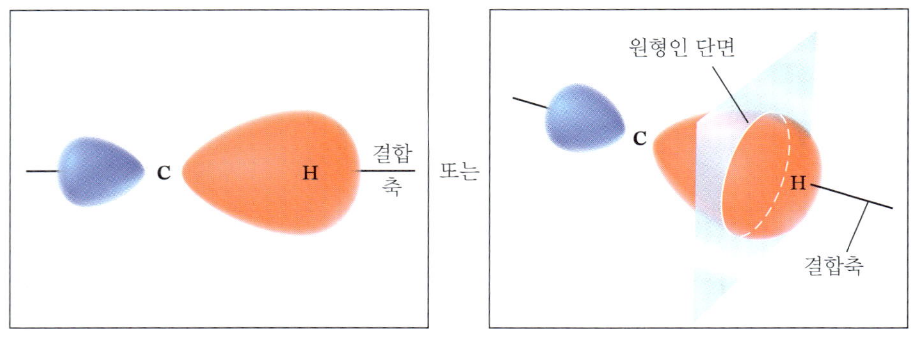

그림 1.16 σ(시그마) 결합

sp^3 오비탈의 바로 이 +구면이 수소의 +인 1*s* 오비탈과 중첩하여 C—H 결합의 결합 분자 오비탈이 된다(**그림 1.15**). +구면의 크기가 크고 공간에서 멀리 놓여 있으므로 이것과 수소의 1*s* 오비탈과의 중첩 역시 커지며, 결과적으로 C—H 결합이 아주 강하게 되는 것이다.

sp^3 오비탈과 1*s* 오비탈이 중첩된 결합은 **시그마(σ) 결합**(**그림 1.16**)의 예이다.

- **시그마(σ) 결합(sigma bond)**이란 두 원자 사이의 결합을 따라서 보았을 때 그 단면이 원형 대칭인 오비탈이다.
- 모든 **단일 결합(single bond)**은 시그마 결합이다.

이제부터는 결합 분자 오비탈만을 표시하기로 한다. 그것은 분자가 가장 낮은 에너지 상태에 있을 때 전자를 수용하는 오비탈이기 때문이다. 분자가 빛을 흡수하거나 어떤 특정한 반응

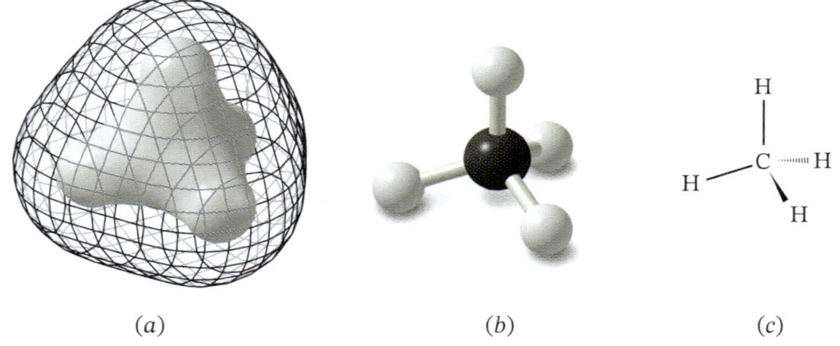

그림 1.17 (*a*) 양자 역학적인 계산에 근거한 이 메테인의 구조에서 내부의 고체 표면은 전자 밀도가 높은 영역을 나타낸다. 바깥의 망사형 표면은 분자에 있어서 전체적인 전자 밀도가 가장 멀리 있는 범위를 나타낸다. (*b*) 메테인의 구–막대 모형은 분자 모형 기구를 이용하여 구성한 것이다. (*c*) 이 구조가 메테인을 대략 그리는 방법이다. 실선은 지면에 있는 두 결합을 나타내고 선쐐기는 지면의 앞에, 쇄선쐐기는 지면의 뒤에 있는 결합을 나타낸다.

의 경우 반결합 오비탈을 고려하는 것이 필요한 때도 있으며, 이 점은 나중에 지적하게 될 것이다.

그림 1.17은 메테인에 대하여 계산된 구조를 보여 주고 있는데, 오비탈 혼성에 기인된 정사면체의 기하 모형이 분명하게 나타나 있다.

1.12B 에테인의 구조

에테인 및 모든 알케인의 탄소 원자들은 메테인에서와 같이 정사면체의 결합각을 갖는다. 에테인의 모양은 sp^3-혼성인 탄소 원자로 나타낼 수 있다. 그림 1.18은 2개의 sp^3-혼성인 탄소 원자와 6개의 수소 원자로부터 에테인의 결합 분자 오비탈이 어떻게 만들어지는가를 보여 준다.

에테인의 탄소–탄소 결합은 두 sp^3 오비탈의 중첩에 의해서 형성되는 원통 대칭인 **시그마 결합**이다. (탄소–수소 결합도 시그마 결합인데, 탄소의 sp^3 오비탈과 수소의 s 오비탈이 중첩함으로써 이루어진 것이다.)

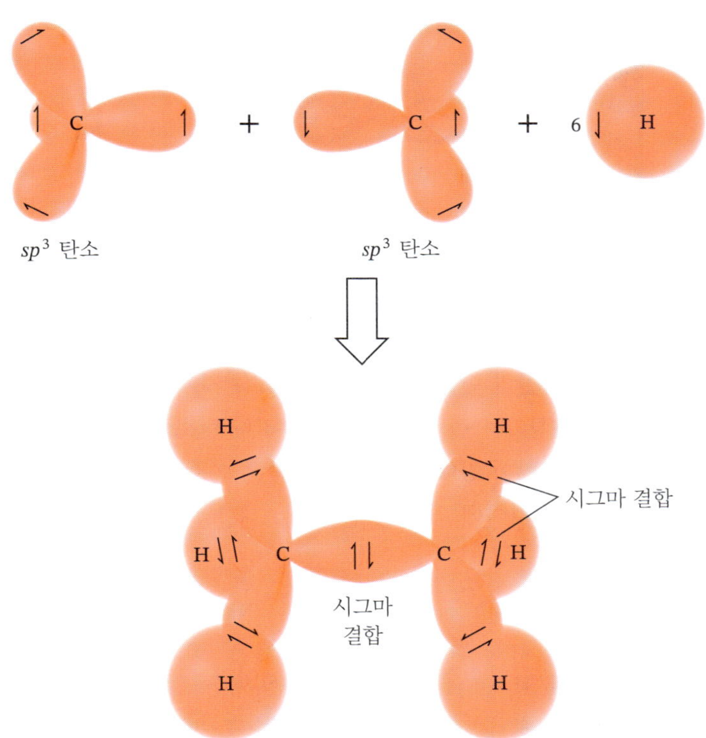

그림 1.18 2개의 sp^3-혼성인 탄소 원자와 6개의 수소 원자로부터 에테인의 결합 분자 오비탈이 만들어지는 가상적인 모습. 모든 결합은 시그마 결합이다(반결합 시그마 분자 오비탈 σ^*는 여기서 단순화를 위해 나타내지 않았음).

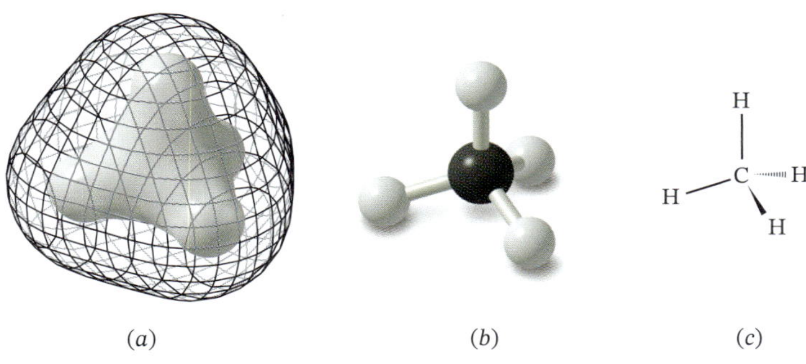

그림 1.19 (*a*) 양자 역학적인 계산에 의한 에테인의 구조에서 내부의 진한 표면은 전자 밀도가 높은 영역을 나타낸다. 높은 전자 밀도는 각각의 결합 영역에서 나타난다. 바깥의 망사형 표면은 전체적인 전자 밀도의 가장 멀리 떨어진 범위를 대략적으로 나타낸다. (*b*) 분자 모형 기구로 만들 수 있는 구–막대 모양의 에테인. (*c*) 선, 쐐기, 쇄선쐐기로 그린 에테인의 구조식으로 각 원소의 정사면체 기하 모양을 나타낸다.

• 단일 결합으로 연결된 기를 회전시키는 데는 많은 에너지가 들지 않는다.

그러므로 단일 결합으로 연결된 기들은 비교적 자유롭게 서로 회전하고 있다(이 현상에 대해서는 4.8절에서 더 다룰 것임). **그림 1.19**는 오비탈 혼성에 의해서 생긴 정사면체 기하 모양을 잘 나타내고 있는 에테인의 계산된 구조를 보여 주고 있다.

기초 화학: 계산된 분자 모형 – 전자 밀도 구면

이 교재에서 양자 역학적인 계산으로 얻어진 분자 모형을 자주 사용하게 될 것이다. 이 모형은 분자의 생김새뿐만 아니라 성질과 반응성을 이해하는 데도 도움이 된다. 한 가지 유용한 모형은 계산된 삼차원 구면을 보여 주는 것인데, 전자 밀도의 선택된 값이 **전자 밀도 구면(electron density surface)**이라고 불리는 분자의 모든 둘레에서 일정하다. 만약 선택된 값이 낮은 전자 밀도를 나타내도록 그린다면 그 결과는 van der Waals 구면으로 분자의 전체적인 생김새는 그것의 전자운이 가장 멀리 퍼져 있는 표면을 나타내는 것이다. 한편, 전자 밀도가 비교적 높은 값을 그린다면 그 결과의 구면은 분자 내에서 공유 결합 영역을 나타낸다. 다이메틸 에터에 대해서 전자 밀도가 높고 낮은 구면을 옆에 나타냈다. 그림 1.17과 1.19는 메테인과 에테인의 비슷한 모형을 보여 주고 있다.

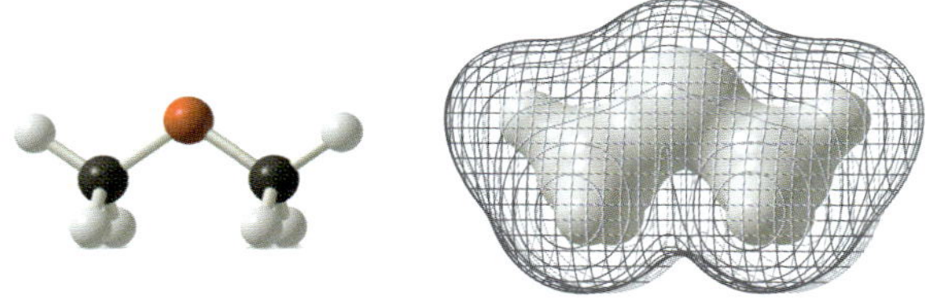

Dimethyl ether

1.13 에텐(에틸렌)의 구조: sp^2 혼성

이제까지 다루었던 모든 분자들의 탄소 원자들은 4개의 원자가 전자를 4개의 다른 원자와 4개의 공유(시그마) 결합을 형성하는 데 사용하였다. 그러나 탄소 원자가 2개 이상의 전자를 다른 원자와 공유하는 화합물도 많이 있다. 이러한 화합물은 다중 공유 결합을 형성하고 있는 것이다. 예를 들어, 두 탄소 원자 사이에 두 쌍의 전자가 존재할 때 탄소–탄소 이중 결합이 된다.

$$\dot{\underset{\cdot}{C}}::\dot{\underset{\cdot}{C}} \quad \text{혹은} \quad >C=C<$$

탄소–탄소 이중 결합을 지닌 탄화수소를 **알켄(alkenes)**이라고 부른다. 에텐(C_2H_4)과 프로펜(C_3H_6)은 알켄이다. 에텐은 에틸렌, 프로펜은 프로필렌이라고 부르기도 한다.

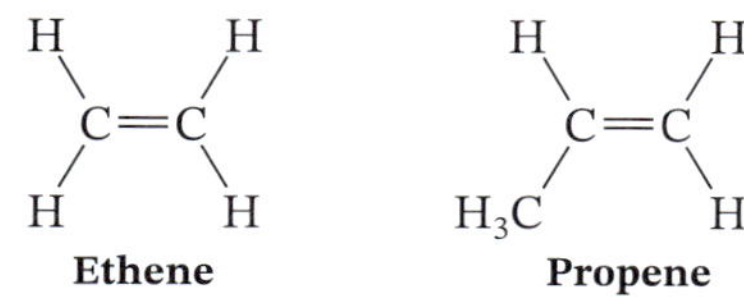

Ethene **Propene**

에텐의 단 하나뿐인 탄소–탄소 결합은 이중 결합이다. 프로펜은 한 개의 탄소–탄소 단일 결합과 한 개의 탄소–탄소 이중 결합으로 되어 있다.

알켄에 있는 원자들의 입체적인 배열은 알케인과는 다르다. 에텐의 6개 원자들은 모두 동일 평면상에 있다. 각 탄소 원자 주위에 있는 원자의 배열은 삼각형이다(**그림 1.20**).

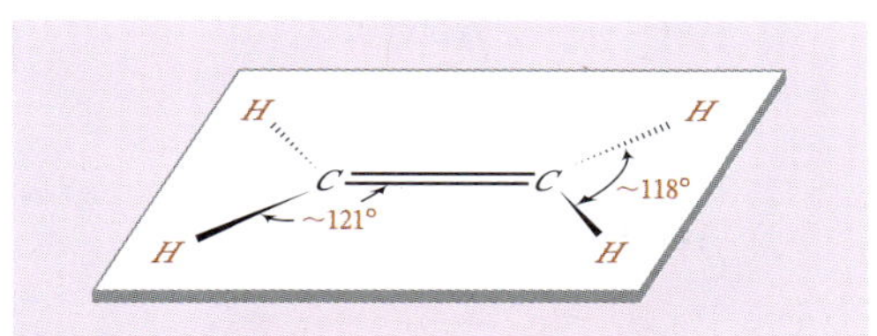

그림 1.20 에텐의 구조와 결합각. 원자의 평면은 지면에 수직이다. 쇄선쐐기인 결합은 지면 뒤로 향하고, 선쐐기인 결합은 지면 앞을 향한다.

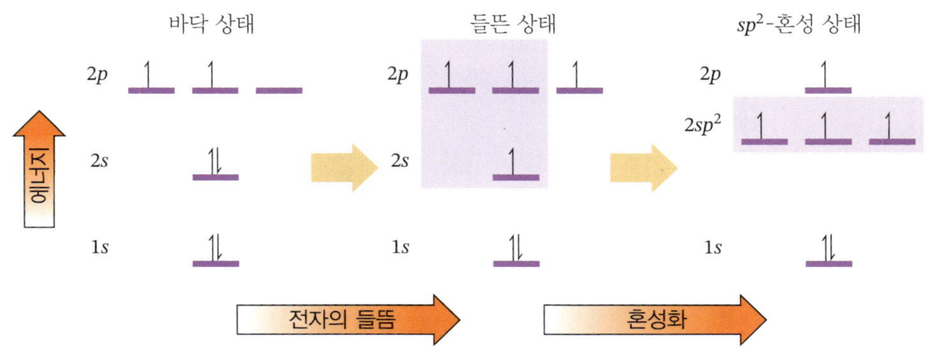

그림 1.21 탄소 원자의 sp^2 혼성화 과정

- 탄소–탄소 이중 결합은 sp^2-혼성인 탄소 원자들로 이루어져 있다.

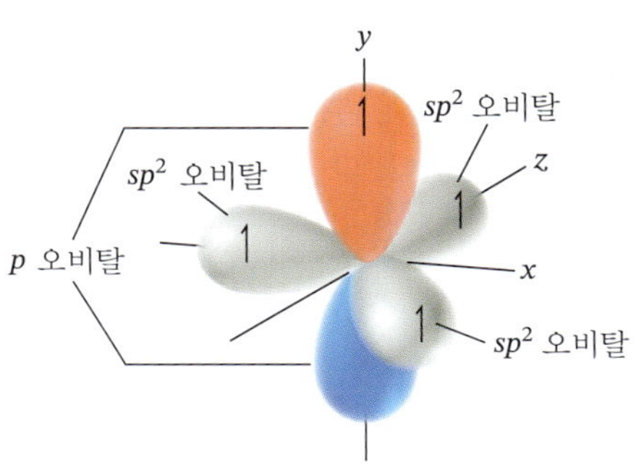

그림 1.22 sp^2-혼성화된 탄소 원자

sp^2 오비탈(sp^2 orbital)을 만드는 오비탈들의 수학적인 혼합은 **그림 1.21**과 같다. $2s$ 오비탈은 2개의 $2p$ 오비탈과 수학적으로 혼합(혼성)된다(혼성 과정은 오비탈에만 적용되고, 전자에는 적용되지 않는다). 한 개의 $2p$ 오비탈은 혼성되지 않고 남아 있다. 그다음 한 개의 전자를 sp^2 혼성 오비탈 각각에 배치하고 한 개의 전자는 $2p$ 오비탈에 남겨 둔다.

혼성으로 생겨난 세 개의 sp^2 오비탈은 정삼각형의 꼭짓점을 향하여 배열한다(이들 사이의 각은 120°임). 혼성에 관여하지 않은 $2p$ 오비탈은 혼성된 sp^2 오비탈이 이루는 삼각평면과 수직이다(**그림 1.22**).

에텐의 모형(**그림 1.23**)에서 다음과 같은 것을 보게 된다.

- sp^2-혼성인 두 탄소 원자들이 각각에서 한 개의 sp^2 오비탈을 중첩시켜 시그마 결합을 형성한다. 나머지 오비탈들은 4개의 수소 원자에 있는 $1s$ 오비탈과 중첩하여 시그마 결합을 형성한다. 이들 5개의 결합은 에텐에 있는 12개의 결합 전자 중 10개를 점유한다. 이들을 **σ 결합 골격(σ-bond framework)**이라고 부른다.
- 나머지 두 결합 전자는 각 탄소 원자의 p 오비탈에 위치해 있다. p 오비탈의 측면 중첩과 탄소 사이에 두 전자를 공유함으로 **파이(π) 결합**이 된다. 이 오비탈들이 서로 중첩하는 모습을 **그림 1.24**에 체계적으로 나타냈다.

sp^2-혼성인 탄소 원자를 근거로 하여 예측되는 결합각(모두 120°)은 실제로 발견되는 결합각과 아주 일치하는 것이다(그림 1.20).

이 p 오비탈들이 서로 작용하는 모습은 에텐의 계산된 분자 오비탈을 보여 주는 구조(그림 1.24)를 통하여 더 확실히 볼 수 있다. 평행인 p 오비탈들이 **σ 골격의 평면 위와 아래에서 중첩한다.**

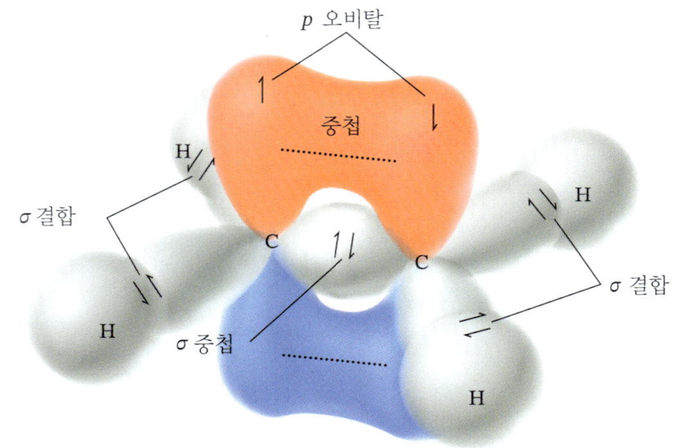

그림 1.23 두 sp^2-혼성인 탄소 원자와 4개의 수소 원자로부터 형성되는 에텐의 결합 분자 오비탈

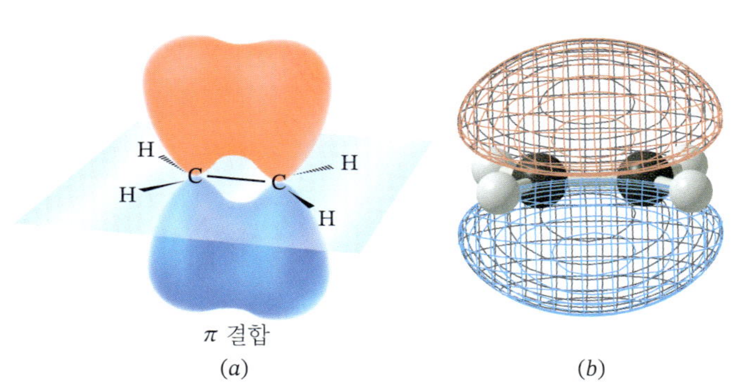

그림 1.24 (*a*) 에텐의 시그마 결합을 나타내는 쐐기-쇄선쐐기 구조와 인접된 *p* 오비탈이 중첩하여 π 결합이 만들어지는 모양. (*b*) 에텐의 계산된 구조. 청색과 적색은 π 분자 오비탈의 각 구면의 반대인 상부호를 나타낸다. 에텐에 있는 σ 결합을 나타내는 구-막대 모형은 π 결합을 나타내는 망사를 통하여 보인다.

π 결합의 결합 분자 오비탈의 모양과 σ 결합의 그것과의 차이를 눈여겨 보시오. σ 결합은 두 핵을 연결하는 직선에 대하여 순환 대칭이다. π 결합은 두 결합된 핵과 π 분자 오비탈 구면 사이를 통과하는 마디 평면을 가지고 있다.

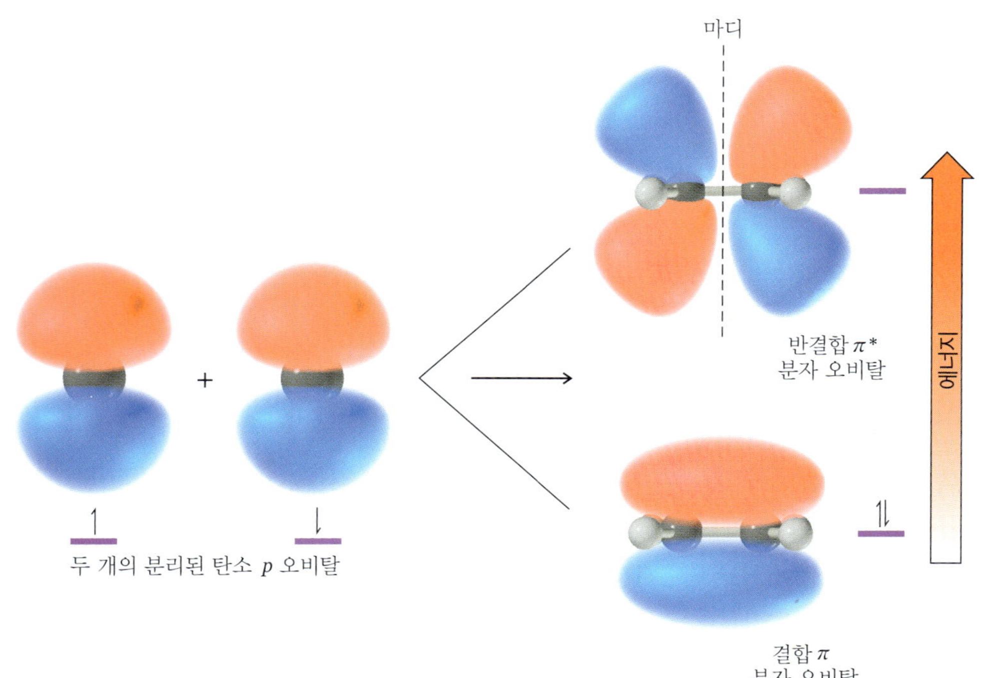

그림 1.25 두 *p* 오비탈이 두 π 분자 오비탈을 형성하는 방법. 결합 분자 오비탈은 에너지가 낮다. 에너지가 높은 반결합 분자 오비탈은 마디가 1개 더 있다(두 오비탈 모두 C와 H를 포함하는 평면에 마디가 있다).

- 두 개의 p 원자 오비탈로부터 π 오비탈이 만들어질 때 두 개의 **파이(π) 분자 오비탈(π molecular orbital)**이 형성된다. 하나는 **결합 분자 오비탈(bonding molecular orbital)**이며 다른 하나는 **반결합 분자 오비탈(antibonding molecular orbital)**이다.

결합 π 분자 오비탈은 같은 부호의 p 오비탈이 중첩하여 만들어진다. 반결합 π 분자 오비탈은 반대 부호의 p 오비탈이 중첩하여 형성된다(**그림 1.25**).

결합 π 오비탈은 낮은 에너지를 가진 오비탈로서 두 π 전자들이 반대 스핀을 가지고 바닥 상태에 있게 된다. 결합 π 오비탈에서 전자가 발견될 확률이 가장 큰 영역은 두 탄소 원자 사이에 있는 σ 결합 골격의 평면 위와 아래이다. 반결합 π^* 오비탈은 에너지가 높으며 바닥 상태에서는 전자가 들어 있지 않다. 그러나 분자가 일정한 진동수의 빛을 흡수하여 낮은 에너지 준위로부터 높은 에너지 준위로 전자가 들뜰 때는 점유하게 된다. 반결합 π^* 오비탈은 두 탄소 원자 사이에 마디 평면을 갖는다.

- 요약하여 말하면, 오비탈 혼성으로 이루어진 탄소–탄소 이중 결합은 σ 결합과 π 결합으로 이루어졌다.

σ 결합은 두 sp^2 오비탈의 끝과 끝이 중첩하여 형성되며 결합 축에 대하여 대칭이다. π 결합은 두 p 오비탈의 측면 중첩에 의하여 형성되고, p 오비탈처럼 마디 평면을 가진다. 바닥 상태에서 π 결합에 있는 전자들은 두 탄소 원자 사이에 위치하나 σ 결합 골격의 평면 위, 아래에 주로 존재한다.

π 결합에 있는 전자는 σ 결합에 있는 전자보다 에너지가 크다. σ와 π 오비탈의 상대적인 에너지(바닥 상태에 있을 때)는 옆의 그림과 같다. σ^* 오비탈은 반결합 **시그마 오비탈**이다.

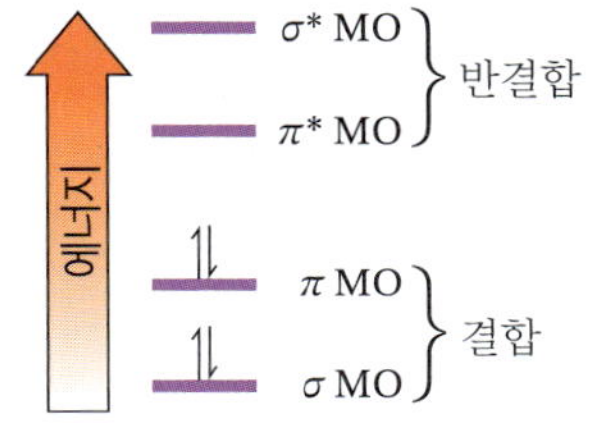

σ와 π 결합에 관여하는 전자들의 상대적인 에너지

1.13A 이중 결합에서 억제된 회전

탄소–탄소 이중 결합의 σ–π 모델은 **이중 결합**의 한 가지 중요한 성질을 설명해 준다.

- 이중 결합으로 연결된 기를 회전시키는 데는 큰 에너지 장벽이 있다.

π 결합에서 p 오비탈이 최대한으로 중첩하려면 p 오비탈의 축이 정확히 평행이어야 한다. 이중 결합의 한 탄소 원자를 90° 회전시키면(**그림 1.26**) π 결합은 깨진다. 이때 p 오비탈의 축들이 서로 수직이 되며 그들 사이에 중첩은 이루어지지 않기 때문이다. 열역학적인 계산에 의하면 π 결합의 세기는 264 kJ mol^{-1}이다. 이것이 곧 이중 결합의 회전에 대한 장벽이라고 할 수 있다. 이것은 탄소–탄소 단일 결합으로 된 기의 회전 장벽(13~26 kJ mol^{-1})보다 매우 높다.

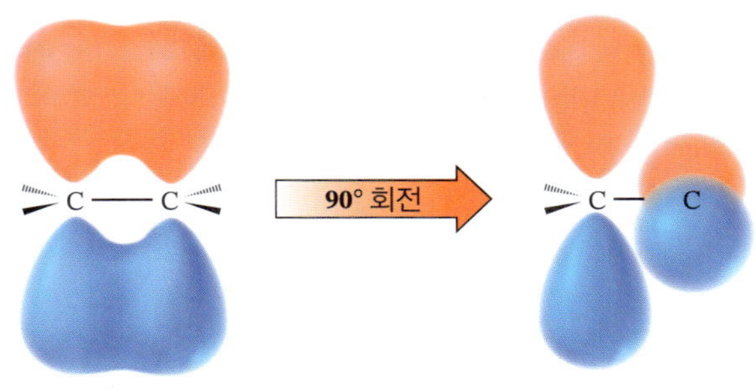

그림 1.26 이중 결합의 한 탄소 원자를 90° 회전시키면 π 결합이 깨진다.

단일 결합으로 연결된 기들은 상온에서 자유롭게 회전하지만, 이중 결합으로 연결된 것들은 회전을 못한다.

1.13B cis-trans 이성질화 현상

이중 결합으로 연결된 기들의 회전이 억제되어 있음에 따라 새로운 형태의 이성질체가 생기게 된다. 아래의 두 가지 다이클로로에텐(dichloroethene)을 살펴보자.

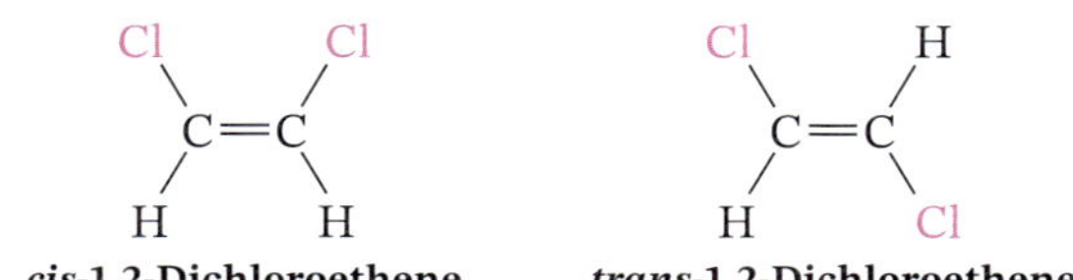

***cis*-1,2-Dichloroethene** ***trans*-1,2-Dichloroethene**

- 두 화합물은 이성질체이다. 즉 분자식은 같지만 다른 물질이다.

이것은 한 물질의 모형을 다른 물질의 모형에 모든 부분들이 겹치도록 **중첩(superpose)**시켜 보면 이내 알 수 있다. 이들은 중첩을 시킬 수 없다. **중첩**이란 한 모형을 다른 모형 위에 얹어서 삼차원에서 각각의 모든 부분이 완전히 겹침을 의미한다. (**겹침은 한 가지를 다른 것 위에 단순히 포갬과는 전혀 다른 의미이다.** 포갬은 모든 부분들이 일치할 필요가 없이 그저 한 가지를 다른 것 위에 쌓아놓음을 의미한다.)

- 이들이 다른 물질인 것은 접두사 *cis*와 *trans*를 이름 앞에 붙여 나타낸다(*cis*는 라틴어로 '같은 쪽', *trans*는 '반대쪽'이란 뜻임).

cis-1,2-다이클로로에텐과 *trans*-1,2-다이클로로에텐은 원자들의 연결 순서가 같으므로 구조 이성질체가 아니다. **두 화합물은 원자들이 공간에서 배열된 모양이 다르다.** 이런 종류의 이성질체를 **입체 이성질체(stereoisomer)**라고 부르지만, 흔히 간단하게 *cis–trans* 이성질체라고도 부른다(입체 화학을 4장과 5장에서 자세히 다루게 된다).

***cis–trans* 이성질화(*cis–trans* isomerism)**에 있어서 구조적인 요건은 다음 몇 가지 예를 더 살펴보면 분명해질 것이다. 1,1-다이클로로에텐과 1,1,2-트라이클로로에텐은 이러한 이성질화 현상을 나타내지 않는다.

1,1-Dichloroethene (cis-trans 이성질화 현상이 없음) **1,1,2-Trichloroethene (cis-trans 이성질화 현상이 없음)**

1,2-다이플루오로에텐과 1,2-다이클로로-1,2-다이플루오로에텐은 cis–trans 이성질체로 존재한다. 두 동일한 기가 같은 쪽에 있을 때 cis라고 표기한다.

***cis*-1,2-Difluoroethene** ***trans*-1,2-Difluoroethene**

F, F, C=C, Cl, Cl
***cis*-1,2-Dichloro-1,2-difluoroethene**

F, Cl, C=C, Cl, F
***trans*-1,2-Dichloro-1,2-difluoroethene**

그러므로 **이중 결합의 한 탄소 원자에 동일한 두 그룹이 있을 때 cis-trans 이성질화 현상은 일어날 수 없다.**

보기 물음 1.15

C_3H_5F의 모든 이성질체의 구조를 그리시오.

풀이

cis-trans 이성질화 현상과 고리의 가능성을 고려하면 다음 네 가지 가능성이 있다.

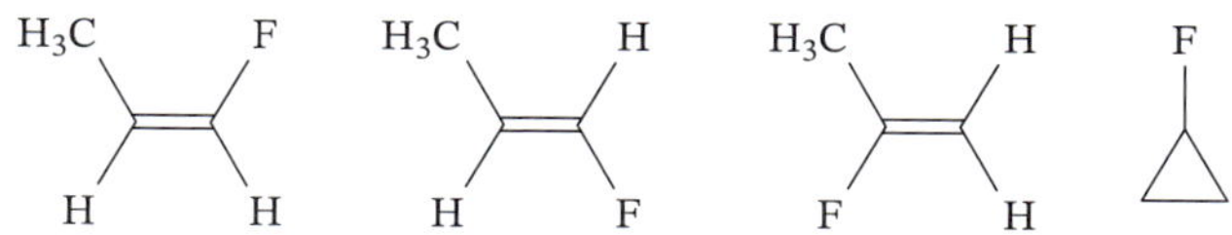

되새김 물음 1.22

아래의 알켄은 cis-trans 이성질체를 갖는가? 구조식을 쓰시오. 손으로 모형을 만들어 한 이성질체가 다른 것에 겹치지 않음을 증명하시오.

(a) $CH_3CH_2HC{=}CHCH_3$

(b) $H_2C{=}CBr_2$

(c) $H_2C{=}C(CH_2CH_3)_2$

(d) $CH_3CH_2CH{=}CHCl$

1.14 에타인(아세틸렌)의 구조: *sp* 혼성

두 탄소 원자가 3쌍의 전자를 공유하여 삼중 결합으로 된 탄화수소를 **알카인(alkynes)**이라고 부른다. 간단한 예로 에타인(ethyne)과 프로파인(ethyne)이 있다.

$$H-C\equiv C-H \qquad CH_3-C\equiv C-H$$

Ethyne
(acetylene)
(C_2H_2)

Propyne
(C_3H_4)

에타인은 **아세틸렌(acetylene)**이라고도 불리는 화합물로 선형인 분자이며 $H-C\equiv C$ 결합각이 180°이다.

$$H-C\equiv C-H$$

180° 180°

에타인의 구조도 에테인과 에텐에서처럼 오비탈 혼성으로 설명할 수 있다. 에테인(1.12B절)에서 탄소의 오비탈들은 sp^3 혼성을 이루며, 에텐(1.13절)에서는 sp^2 혼성을 이루고 있다. 에타인에서 탄소 원자는 ***sp* 혼성**을 이루고 있음을 알게 될 것이다.

에타인의 *sp* 혼성 오비탈이 만들어지는 수학적인 과정을 다음과 같은 방법으로 나타낼 수 있다(**그림 1.27**).

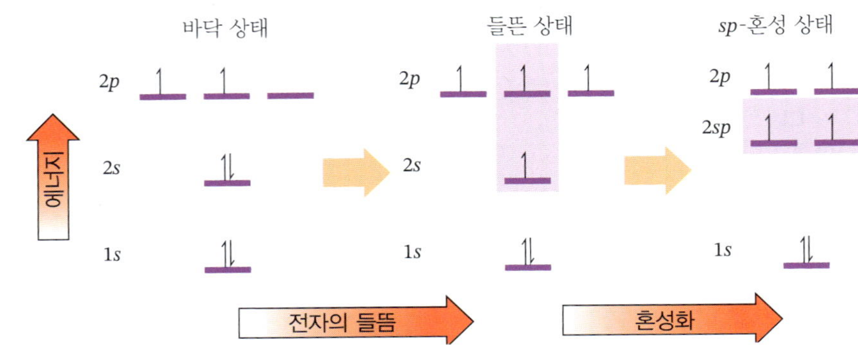

그림 1.27 *sp*-혼성인 탄소 원자를 만드는 과정

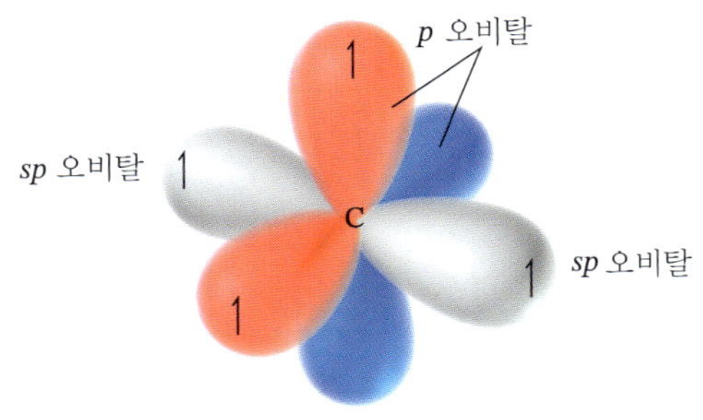

그림 1.28 *sp*-혼성인 탄소 원자

- 탄소의 2*s* 오비탈과 한 개의 2*p* 오비탈이 혼성하여 두 개의 ***sp* 오비탈**이 된다.
- 나머지 두 개의 2*p* 오비탈은 혼성하지 않는다.

sp 혼성 오비탈은 큰 + 구면이 서로 180°를 이루도록 배열되어 있다. 혼성을 하지 않는 두 개의 2*p* 오비탈은 두 *sp* 오비탈의 중심을 통과하는 축에 대하여 서로 수직이다(**그림 1.28**). 각 오비탈에 한 개의 전자를 놓는다.

에타인의 결합 분자 오비탈은 다음과 같이 형성된다고 볼 수 있다(**그림 1.29**).

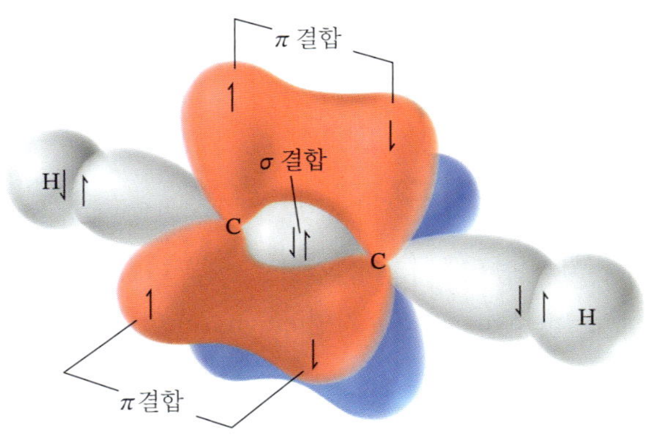

그림 1.29 두 개의 *sp*-혼성인 탄소 원자와 두 수소 원자로부터 에타인의 결합 분자 오비탈이 형성됨(반결합 오비탈도 형성되지만 단순하게 하기 위하여 생략하였음).

- 두 탄소 원자는 *sp* 오비탈이 중첩하여 한 개의 시그마 결합이 되며(이것이 곧 삼중 결합 중의 한 결합에 해당됨), 나머지 두 *sp* 오비탈은 수소의 *s* 오비탈과 중첩하여 두 개의 C—H 시그마 결합을 만든다.
- 각 탄소 원자에 있는 두 개의 *p* 오비탈들은 옆끼리 중첩하여 두 개의 π 결합을 형성한다. 이것이 곧 삼중 결합에 있는 다른 두 결합이다.
- 탄소–탄소 삼중 결합은 두 개의 π 결합과 한 개의 σ 결합으로 이루어져 있다.

분자 오비탈과 전자 밀도의 계산에 근거한 에타인의 구조는 **그림 1.30**과 같다. 삼중 결합의 길이를 따라서 순환 대칭이다(그림 1.30*b*). 그 결과 삼중 결합에 연결된 기의 회전이 자유로우며(알켄과 비교되는 점), 회전하였다 해도 새 화합물이 형성되지 않는다.

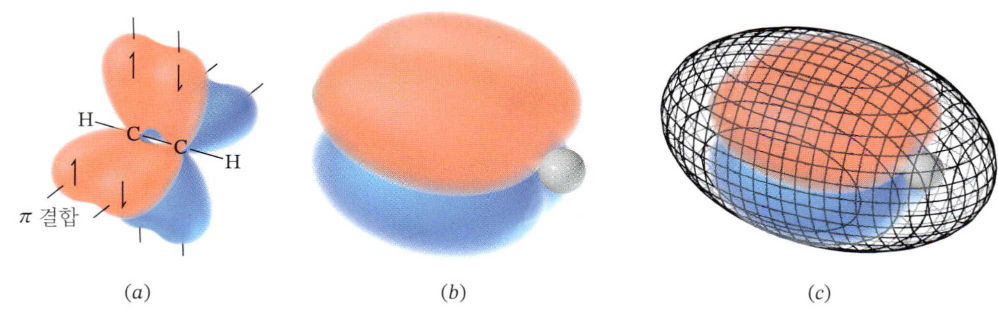

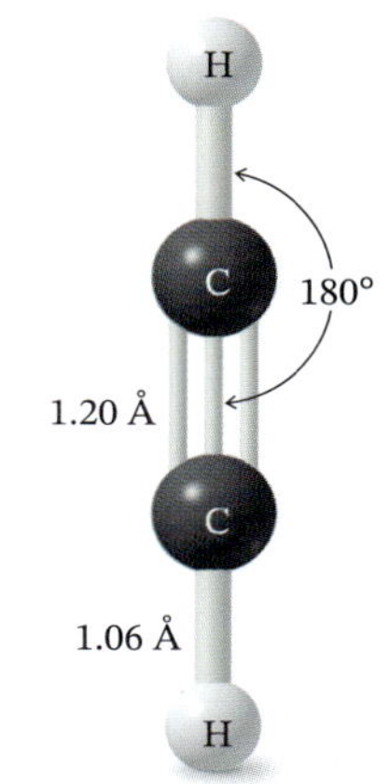

그림 1.30 (a) 에타인(아세틸렌)의 구조에서 σ 결합 골격과 두 쌍의 p 오비탈이 중첩하여 두 개의 π 결합을 이루는 모습. (b) 계산된 π 분자 오비탈을 나타내는 에타인의 구조. 각 π 결합에 한 쌍씩 두 쌍의 π 분자 오비탈 구면이 존재한다. 각 π 결합에 있는 적색과 청색은 반대 상부호를 나타낸다. 에타인의 수소 원자(흰 공)는 구조의 양끝에 보인다(탄소 원자는 분자 오비탈에 가려져 있다). (c) 이 구조에서 망사 표면은 에타인의 총 전자 밀도의 가장 먼 범위를 대략적으로 나타낸다. 총 전자 밀도는 두 수소 원자에까지 퍼져 있음을 주목하시오(π 결합의 전자는 그렇지 않다).

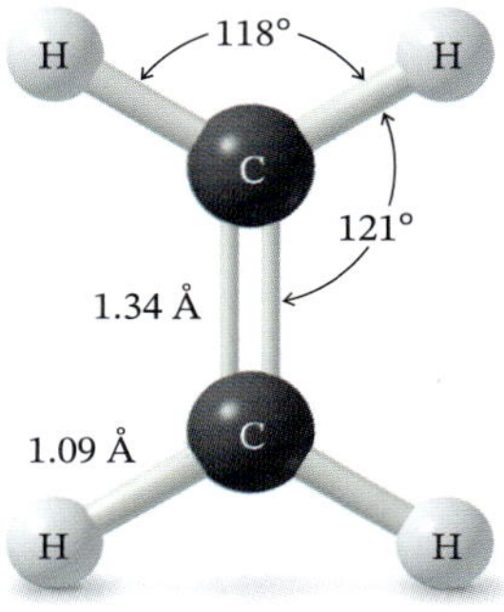

1.14A 에타인, 에텐, 에테인의 결합 길이

탄소–탄소 삼중 결합은 탄소–탄소 이중 결합보다 짧고, 이중 결합은 또한 탄소–탄소 단일 결합보다 짧다. **결합 길이(bond length)**는 탄소의 혼성에 의해서 영향을 받기 때문이다.

- 하나 또는 두 원자의 s 성격이 클수록 결합은 짧다. s 오비탈은 구형이며 전자 밀도가 p 오비탈보다는 더 핵에 가까이에 있기 때문이다.
- p 오비탈의 성격이 하나 또는 두 원자에서 클수록 결합은 더 길다. p 오비탈은 아령형이며 전자 밀도는 핵에서 멀수록 크기 때문이다.

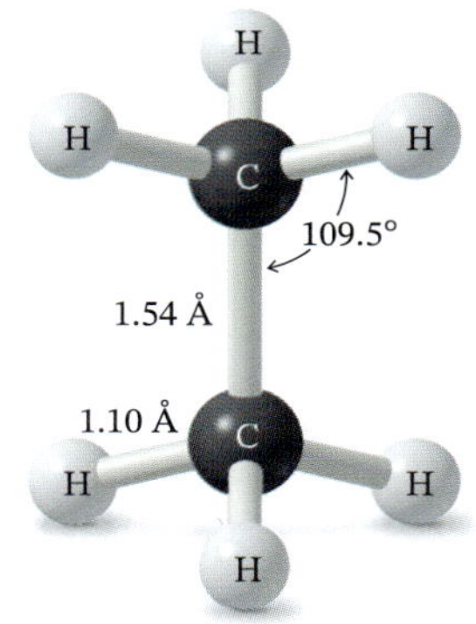

그림 1.31 에타인, 에텐, 에테인의 결합각과 결합 길이

혼성 오비탈에서 sp 혼성 오비탈은 50% s 성격과 50% p 성격을 가진다. sp^2 혼성 오비탈은 33% s 성격과 67% p 성격을 가진다. sp^3 혼성 오비탈은 25% s 성격과 75% p 성격을 가진다. 그러므로 전체적인 경향은 다음과 같다.

- sp 혼성이 관여하는 결합은 sp^2 혼성이 관여하는 결합보다 짧으며, 이것은 sp^3 혼성이 관여하는 결합보다 짧다. 이러한 경향은 C—C와 C—H 결합에서도 마찬가지이다.

에타인, 에텐, 그리고 에타인의 결합 길이와 결합각은 **그림 1.31**에 요약하였다.

1.15 양자 역학으로부터 나온 중요한 개념의 요약

1. **원자 오비탈(AO)**은 한 원자의 핵 주위의 공간으로 전자가 발견될 확률이 가장 높은 곳이다. s 오비탈이라고 부르는 원자 오비탈은 구형이며 p 오비탈은 두 개의 구가 거의 맞닿은 모양이다. 한 오비탈은 스핀이 반대인 전자를 2개까지 수용할 수 있다. 오비탈은 ψ^2으로 나타내며 각 오비탈은 특정한 에너지를 갖는다. 오비탈과 연관된 상부호는 + 또는 − 이다.
2. 원자 오비탈이 중첩하여 **분자 오비탈(MO)**을 이룬다. 분자 오비탈은 2개 또는 그 이상의 핵들을 포용하는 공간으로 여기서 전자가 발견된다. 원자 오비탈처럼 분자 오비탈도 2개까지 전자를 스핀이 반대가 되게 수용할 수 있다.

3. 같은 상부호의 원자 오비탈들이 합쳐져서 **결합 분자 오비탈**을 만든다.

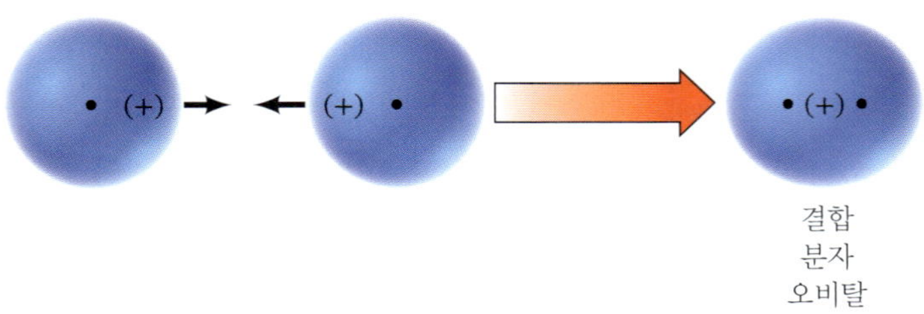

결합 분자 오비탈에서 전자 확률 밀도는 두 핵 사이의 영역에서 크며 여기서 음의 전자가 양의 핵들을 붙잡아 매고 있는 것이다.

4. **반결합 분자 오비탈**은 상부호가 다른 두 오비탈이 중첩하여 만들어진다.

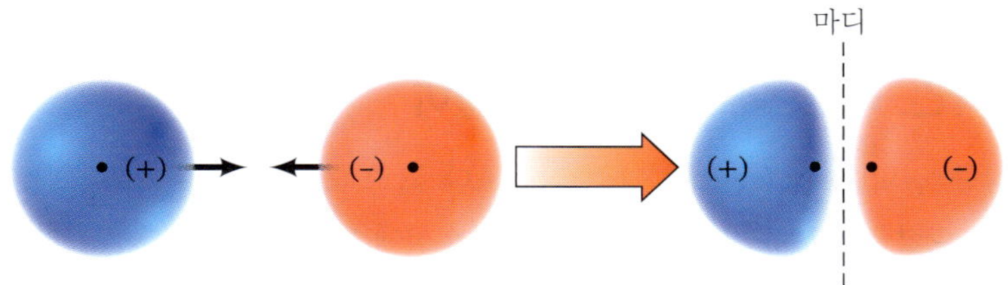

반결합 오비탈은 결합 오비탈보다 높은 에너지를 가지고 있다. 두 핵 사이의 전자 확률 밀도는 작으며 $\psi = 0$인 영역인 **마디(node)**가 존재한다. 그러므로 반결합 오비탈에 전자가 들어가면 두 핵이 함께 붙잡아 매어져 있기 어려우며, 핵 사이의 반발력이 핵들을 떨어져 나가게 한다.

5. 결합 **분자** 오비탈에 있는 **전자의 에너지**는 각각의 **원자** 오비탈에 있는 전자의 에너지보다 작다. 반결합 오비탈에 있는 전자는 원자 오비탈에 있을 때보다 더 큰 에너지를 갖는다.

6. **분자 오비탈의 수**는 참여하는 원자 오비탈의 수와 같다. 두 원자 오비탈을 합치면 두 개의 분자 오비탈들이 되는데, 하나는 결합 분자 오비탈이고 다른 하나는 반결합 분자 오비탈이다.

도움말

sp^3, sp^2, 그리고 sp 혼성 오비탈 기하 모양에 대한 요약

7. **혼성 원자 오비탈**은 같은 원자에 있는 다른 모양(예: s와 p 오비탈)의 오비탈의 파동 함수들이 혼성되어 만들어지는 것이다.

8. 3개의 p 오비탈과 한 개의 s 오비탈이 혼성해서 4개의 **sp^3 오비탈**이 된다. sp^3 혼성인 원자들은 4개의 sp^3 오비탈 축이 정사면체의 꼭짓점을 향하도록 배열한다. 메테인의 탄소는 sp^3 혼성이며 **정사면체(tetrahedral)**의 모양을 갖는다.

9. 2개의 p 오비탈과 한 개의 s 오비탈이 혼성하여 3개의 **sp^2 오비탈**이 된다. sp^2 혼성인 원자들은 3개의 sp^2 오비탈 축을 정삼각형의 꼭짓점을 향하도록 배열한다. 에텐의 탄소 원자는 sp^2 혼성이며 **평면삼각형(trigonal planar)**이다.

10. 한 개의 p 오비탈과 한 개의 s 오비탈이 혼성하여 **sp 오비탈**이 된다. sp 혼성인 원자는 두 sp 오비탈들이 반대 방향으로(각이 180°되게) 배열한다. 에타인의 탄소 원자는 sp 혼성을 하고 있어 에타인은 직선인 분자이다.

11. **시그마(σ) 결합**(단일 결합의 형태)은 결합 축 방향에서 보았을 때 전자 밀도가 순환 대칭

인 결합이다. 일반적으로 유기 분자의 골격은 원자들이 시그마 결합을 하여 구성된다.

12. **파이(π) 결합**은 탄소-탄소 이중 결합과 삼중 결합의 일부분인데, 두 이웃한 평행인 p 오비탈의 전자 밀도가 측면으로 중첩하여 결합 파이 분자 오비탈을 형성한다.

1.16 분자의 기하 모형에 대한 예측: 원자가 껍질 전자쌍 반발 (VSEPR) 모형

분자와 이온에 있는 원자들의 배열을 **원자가 껍질 전자쌍 반발 이론(valence shell electron pair repulsion theory, VSEPR)**이라고 하는 비교적 단순한 관념을 근거로 하여 예측할 수 있다. VSEPR 이론을 아래와 같이 응용해 본다.

1. 분자(혹은 이온)의 중심 원자는 둘 또는 그 이상의 원자나 기와 공유 결합을 하고 있다.
2. 중심 원자에 있는 모든 전자쌍 중 결합을 이루어 공유된 전자쌍을 **결합 전자쌍(bonding pair)**이라고 부르며, 공유되지 않은 것은 **비결합 전자쌍(nonbonding pair)** 또는 **비공유 전자쌍(unshared pair, lone pair)**이라고 부른다.
3. 전자쌍들은 서로 밀어내기 때문에 원자가 껍질에 있는 전자쌍들은 가능한 한 멀리 놓이려고 한다. 비결합 전자쌍 사이의 반발은 결합 전자쌍 사이의 반발보다 대개 더 크다.
4. 결합 전자쌍과 비결합 전자쌍 모두를 고려하여 분자의 **기하 모형**을 찾아내는데, 분자나 이온의 **형태**는 전자쌍의 위치가 아니라 핵(원자)의 위치를 말한다.

다음 절에서 몇 가지 예들을 생각해 보자.

1.16A 메테인

메테인의 원자가 껍질에는 4쌍의 결합 전자들이 있다. 정사면체의 배열만이 4쌍의 전자를 가장 멀리 떨어져 있도록 할 것이다(**그림 1.32**). 그 외의 다른 어떤 배열(예를 들면 정사각형의 배열)도 전자쌍이 더 가까이에 놓이게 한다. 그러므로 메테인은 정사면체 모양이다.

정상적인 정사면체 구조를 가진 어느 원자의 결합각은 109.5°이다. 메테인에서 이 각들에 대한 표시를 **그림 1.33**에 보였다.

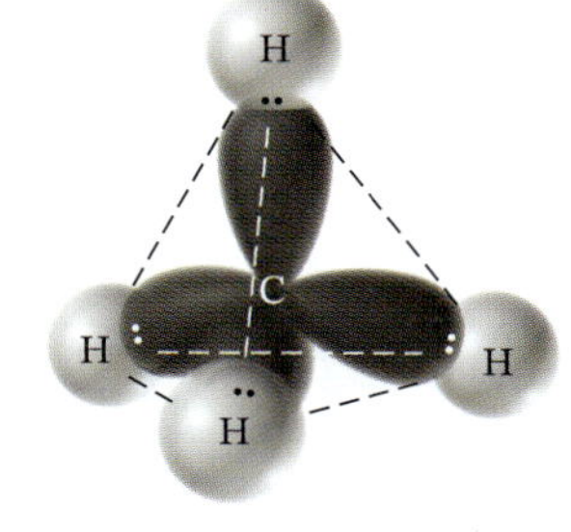

그림 1.32 메테인의 정사면체 구조는 4개의 결합 전자쌍을 가장 멀리 놓이게 한다.

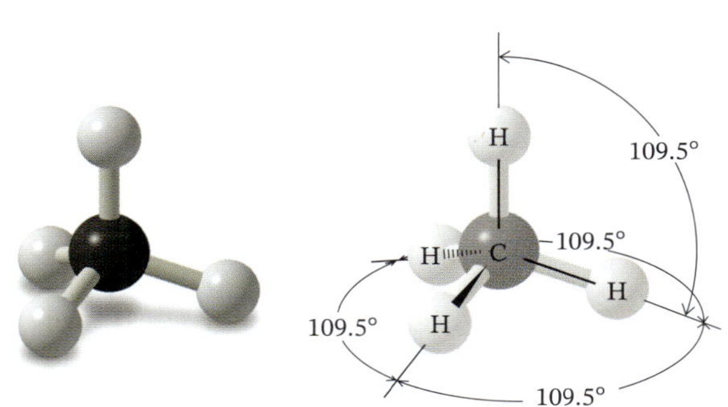

그림 1.33 메테인의 결합각은 109.5°이다.

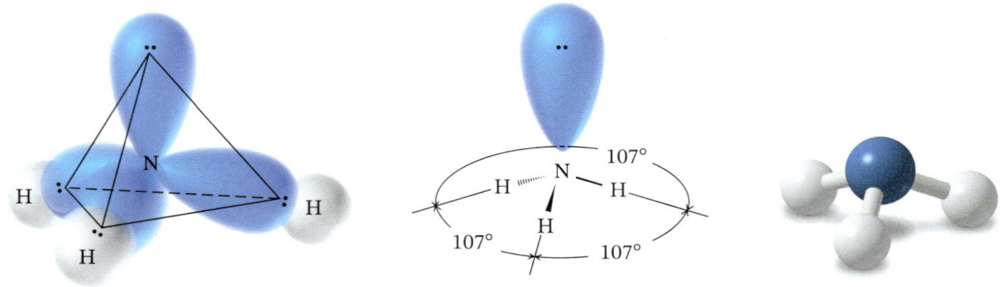

그림 1.34 암모니아 분자의 비결합 전자쌍이 꼭짓점을 점유하도록 전자쌍이 정사면체 배열을 한다. 이러한 전자쌍의 배열로 NH_3 분자가 삼각 피라미드 모양임을 설명할 수 있다. 공–막대 모형은 비공유 전자쌍을 보여 주지 않는다.

1.16B 암모니아

암모니아(NH_3) 분자의 기하 모형은 **삼각 피라미드(trigonal pyramid)**이다. 이 분자는 3개의 결합 전자쌍과 1개의 비결합 전자쌍을 가지고 있다. 암모니아 분자의 결합각은 107°인데 정사면체의 결합각(109.5°)에 매우 가깝다. 정사면체의 한 꼭짓점에 비결합 전자쌍을 배치하여 암모니아의 전자쌍에 대한 정사면체 구조를 그릴 수 있다(그림 1.34). 전자쌍을 **정사면체 배열**이 되게 함으로써 4개의 원자들이 **삼각 피라미드** 배열을 하는 것을 잘 설명할 수 있다. 결합각은 107°(109.5°가 아님)인데 비결합 전자쌍이 결합 전자쌍보다 더 큰 공간을 차지하기 때문이다.

되새김 물음 1.23 암모니아의 결합각은 암모니아에서 질소 원자의 혼성 상태에 대하여 무엇을 제시하고 있는가?

1.16C 물

물 분자는 **각(angular)** 모양 또는 **구부러진(bent)** 모양이다. 물 분자의 H—O—H 결합각은 104.5°이며, 메테인의 결합각인 109.5°에 가깝다.

결합 전자쌍 2개와 비결합 전자쌍 2개를 정사면체의 꼭짓점에 배치하여 물의 전자쌍에 대한 정사면체 모양을 그릴 수 있다. 그림 1.35에 나타낸 대로, 전자쌍이 **정사면체 배열**을 함으로써 세 원자들이 **각 모양**을 이루게 된다. 결합각은 109.5°보다 작은데, 비결합 전자쌍이 결합 전자쌍보다 더 '크기' 때문이다. 그러므로 구조는 완벽한 정사면체가 아니다.

되새김 물음 1.24 물의 결합각은 산소 원자의 혼성 상태에 대하여 무엇을 제시하고 있는가?

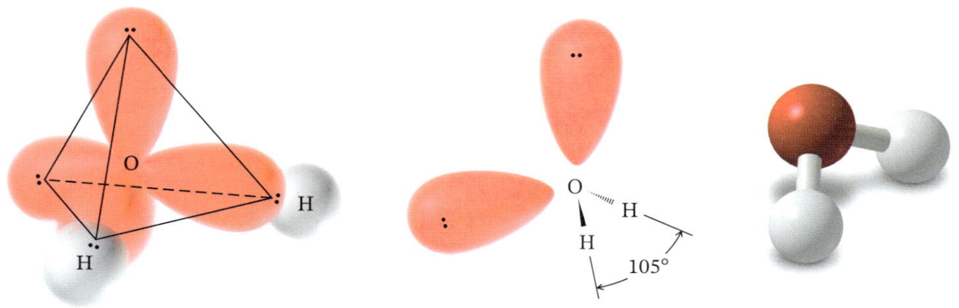

그림 1.35 물 분자의 비결합 전자쌍들이 정사면체의 꼭짓점을 점유하도록 배열한 모양은 H_2O 분자의 각 모양을 설명해 준다.

1.16D 삼플루오린화 붕소

3A족에 있는 붕소는 3개의 최외각 전자를 갖는다. 삼플루오린화 붕소(BF_3)에서 이 세 전자는 세 플루오린 원자에 공유되어 있다. 결과적으로 BF_3에 있는 붕소 원자는 6개의 전자(3개의 결합 전자쌍)를 주위에 갖고 있는 셈이다. 세 결합 전자쌍을 최대한으로 떨어지게 하는 방법은 이들을 정삼각형의 꼭짓점에 놓는 방법이다. 결국 세 플루오린 원자는 한 평면에서 정삼각형의 꼭짓점에 놓이게 된다(**그림 1.36**). BF_3는 **삼각 평면 구조**(trigonal planar structure)를 갖는다고 말할 수 있고 결합각은 120°이다.

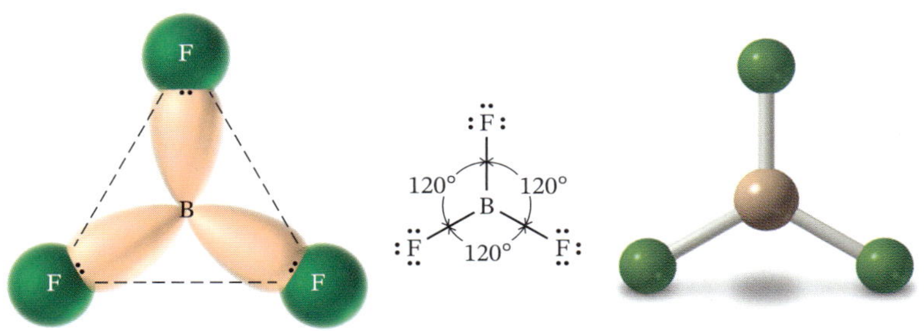

그림 1.36 BF_3의 삼각형 모양은 세 결합 전자쌍을 가장 멀리 놓이도록 한다.

되새김 물음 1.25

삼플루오린화 붕소의 결합각은 붕소 원자의 혼성 상태에 대하여 무엇을 제시하고 있는가?

1.16E 수소화 베릴륨

BeH_2의 중앙에 있는 베릴륨 원자는 주위에 단지 2쌍의 전자를 가지고 있다. 두 전자쌍은 모두 결합 전자쌍이며 중심 원자의 양쪽에 놓이게 될 때 가장 멀리 떨어지게 된다. 이러한 전자쌍의 배열은 BeH_2의 **선형 모양**(linear geometry)과 결합각이 180°임을 잘 설명해 준다.

H : Be : H 또는 H — Be — H (180°)

BeH_2의 선형 모양

되새김 물음 1.26

수소화 베릴륨의 결합각은 베릴륨 원자의 혼성 상태에 대하여 무엇을 제시하고 있는가?

되새김 물음 1.27

VSEPR 이론을 이용하여 아래 분자나 이온의 일반적인 모양을 예측하시오.

(a) $\overset{-}{B}H_4$ **(c)** $\overset{+}{N}H_4$ **(e)** BH_3 **(g)** SiF_4

(b) BeF_2 **(d)** H_2S **(f)** CF_4 **(h)** $:\overset{-}{C}Cl_3$

1.16F 이산화 탄소

VSEPR법으로 다중 결합을 가진 분자의 모양을 예측할 수 있다. 이때 **다중 결합을 이룬 전자들은 한 단위로 행동한다**고 가정한다. 그러므로 이들은 다중 결합에 의해서 연결된 두 원자 사이의 중간 영역에 존재한다.

표 1.3 VSEPR 이론에 의한 분자와 이온의 모형

중심 원자에 있는 전자쌍의 수			중심 원자의 혼성 상태	분자 또는 이온의 모양[a]	예
결합 전자쌍	비결합 전자쌍	합계			
2 또는 4	0	2 또는 4	sp	선형	BeH_2, CO_2
3	0	3	sp^2	삼각형	BF_3, $^+CH_3$
4	0	4	sp^3	정사면체	CH_4, $^+NH_4$
3	1	4	$\sim sp^3$	삼각 피라미드	NH_3, $^-CH_3$
2	2	4	$\sim sp^3$	각 모양/굽은 형	H_2O

[a] 원자의 위치를 의미하며, 비결합 전자쌍은 제외함

이러한 원리는 이산화 탄소(CO_2) 분자를 예로 하여 잘 설명될 수 있다. 이산화 탄소의 중심 탄소 원자는 이중 결합으로 각각의 산소와 결합되어 있다. 이산화 탄소는 선형이며 결합각은 180°이다.

$$:\ddot{O}=C=\ddot{O}: \quad (180°) \quad \text{또는} \quad :\ddot{O}::C::\ddot{O}:$$

각 이중 결합에 있는 4개의 전자는 한 개의 단위로 행동하며 서로 가장 멀리 떨어져 있다.

이러한 구조는 4개의 결합 전자를 가진 두 기가 최대한으로 떨어져 있음을 잘 나타내 준다(산소 원자에 있는 비결합 전자쌍은 모양에 아무런 영향을 주지 않는다). VSEPR 이론에 의하여 예상되는 간단한 분자와 이온들의 모형을 **표 1.3**에 수록하였다. 중심 원자의 혼성 상태도 함께 수록하였다.

되새김 물음 1.28

다음 분자들의 결합각을 예측하시오.

(a) $F_2C{=}CF_2$ **(b)** $CH_3C{\equiv}CCH_3$ **(c)** $HC{\equiv}N$

1.17 기본 원리의 응용

이 교재의 앞 장들에서는 앞으로 배울 화학을 설명해 주는 기본 원리들을 복습할 것이다. 아래의 원리들이 이 장에 어떻게 응용되었는지 고려해 보자.

반대 전하는 서로 끌어당긴다. 이 원리는 공유 결합과 이온 결합을 설명하는 데 쓰인다(1.3A절). **양전하**를 띤 핵이 **음전하**를 띤 전자를 끌어당기는 인력이 곧 공유 결합의 바탕이 된다. 결정에서는 반대 전하를 띤 이온들 사이의 인력이 이온 결합을 설명해 준다.

동일 전하는 서로 밀어낸다. 원자가 껍질의 공유 결합에 있는 전자들의 반발은 분자의 기하학적인 모양을 설명하는 원자가 껍질 전자쌍 반발 이론의 바탕이 된다. 그리고 비록 그리 자명한 것은 아닐지라도, 오비탈 혼성으로부터 생겨난 분자의 기하 모형을 설명하는 바탕이기도 하다. 왜냐하면 혼성 오비탈의 배향을 계산할 때 이러한 반발을 고려하였기 때문이다.

자연은 위치 에너지가 더 낮은 상태로 되려고 한다. 이 원리는 우리 주위의 세상을 대단히 많이 설명해 준다. 그것은 물이 왜 아래로 흐르는지를 설명해 준다. 산 밑바닥에 있는 물은 꼭

대기에 있을 때보다 위치 에너지가 더 낮다. (물은 밑바닥에서 더 안정한 상태에 있다고 말한다.) 이 원리는 **쌓음 원리(Aufbau principle)**의 바탕이 된다. 가장 낮은 에너지 상태에서 한 원자에 있는 전자는 가장 낮은 에너지를 지닌 오비탈을 점유한다. [그러나 **Hund 규칙(Hund's rule)**은 아직도 적용되고 있으며, 마찬가지로 Pauli 배타 원리도 적용되어 한 오비탈당 2개의 전자만을 허용한다.] 비슷하게 분자 오비탈 이론(1.11절)에서도 전자들은 에너지가 더 낮은 결합 분자 오비탈을 먼저 채운다. 그래야 분자의 위치 에너지가 더 낮아진다(더 안정해진다). 전자를 더 높은 오비탈로 이동시키려면 에너지가 공급되어야 한다. 그래서 들뜬 상태(덜 안정한 상태)가 된다.

오비탈 중첩으로 분자가 안정화된다. 이 원리는 공유 결합에 대한 설명의 일부이다. 서로 다른 핵들로부터 온 오비탈들의 위상이 같게 중첩하면 이 오비탈들에 있는 전자들은 두 핵에 공유되어 안정하게 된다. 결과적으로 공유 결합이 생성된다.

이 주제는 왜 중요한가?

질병을 치료하는 천연물

지구상의 모든 곳에서 생물들은 거의 전적으로 탄소, 수소, 질소, 그리고 산소로 구성된 유기 분자를 만든다. 때로는 다소 특출한 원자인 염소와 황이 존재한다. 세계적으로 이들 화합물은 생명체의 일상적인 기능이나 포식자에 대항해서 생존하도록 돕는다. 유기 분자들은 다양한 성질을 지닌 서로 다른 화합물들이다. 예를 들면, 녹색 식물에 있는 클로로필은 햇볕의 에너지를 수확하며 감귤나무에 있는 바이타민 C는 산화성 스트레스에 대항하여 그들을 보호한다. 다른 분자로 캡사이신(capsaicin)은 고추 식물에 의해서 합성되는데, 벌레와 새들이 자신을 먹지 못하도록 방어하는 물질로 고추를 씹을 때 '매운' 맛을 낸다. 버드나무가 만드는 신호 호르몬인 살리실산(salicylic acid)과 굴 버섯이 박테리아의 침입을 방어하기 위해 만드는 로바스타틴(lovastatin)도 유기 분자이다.

Image Source

Chlorophyll core

Capsaicin

Vitamin C

Salicylic acid

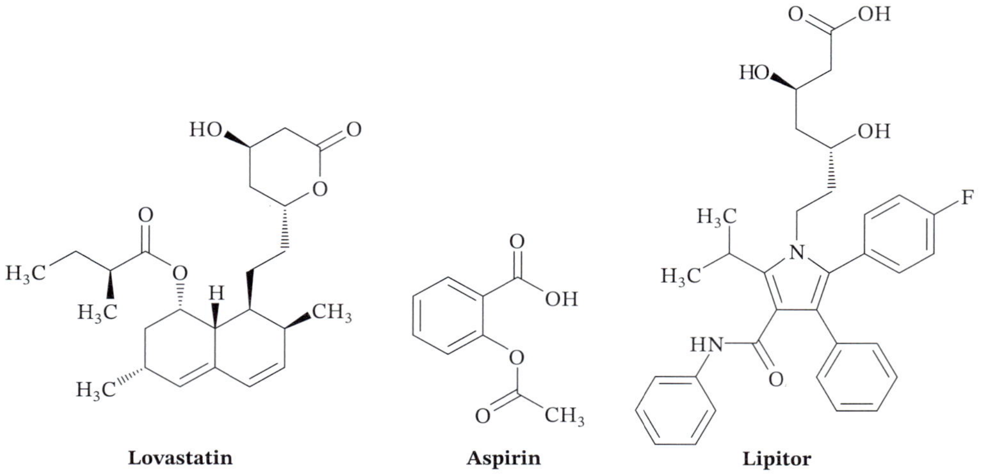

이 화합물들은 모두 천연물이며, 현대 사회의 발전은 이것들을 연구하고 이용한 결과이다. 캡사이신은 진통제이다. 이것은 피부에 적용되었을 때 통증을 조절해 주며, Capzacin이란 상품명으로 팔리고 있다. 살리실산은 진통제이며 또한 여드름 치료제이고 로바스타틴은 사람의 혈액에 있는 콜레스테롤 수준을 낮추는 의약품으로 쓰인다. 현대 유기 화학의 힘은 이러한 분자들을 때로는 자연에서 미량으로 발견하여 값싼 출발 물질로부터 큰 규모로 합성하여 사회 구성원 모두가 이들로부터 혜택을 받도록 하는 것이다. 한 예로, 바이타민 C는 과일을 먹는 것으로 섭취하지만 화학자들은 일간 보조제로 사용하기 위해서 실험실에서 대량으로 합성한다. 어떤 이들은 '천연' 바이타민 C가 건강에 더 좋다고 하지만, '합성된' 화합물도 그들의 구조가 똑같기 때문에 동등한 효능을 갖는다.

아마도 더 중요한 것은 유기 화학이 이들 천연물들의 구조를 변화시켜 분자가 다른, 그리고 더 강력한 효과를 지니도록 할 수 있다는 사실이다. 예를 들어, 살리실산에 17장에서 배우게 될 화학 반응을 통해서 몇 개의 원자들을 붙이니까 아스피린이 발견되었는데, 이것은 천연 화합물보다 더 강력한 진통 작용이며 부작용이 없는 분자가 되었다. 유사하게, Parke–Davis Warner-Lambert (지금은 Pfizer)의 과학자들은 로바스타틴의 구조와 활성을 이용하여 Lipitor 개발하는 영감을 얻었는데, 이 약품은 인간 혈액에 있는 콜레스테롤의 수준을 낮춤으로써 셀 수 없이 많은 생명을 구하게 되었다. 전체 매출을 기준으로 상위 20가지 의약품이 천연물이거나 그들의 유도체들이다.

이 주제에 대해서 더 알려면 참고하시오.

1. Nicolaou, K. C.; Montagnon, T. *Molecules that Changed the World*. Wiley-VCH: Weinheim, **2008**, p. 366.
2. Nicolaou, K. C.; Sorensen, E. J.; Winssinger, N. "The Art and Science of Organic and Natural Products Synthesis" in *J. Chem. Educ.* **1998**, 75, 1225-1258.

요약과 복습 도구

1장에서 유기 화학을 성공적으로 공부하는 데 절대적으로 필수인 개념과 기술을 배웠다. 이제 주기율표를 사용하여 한 원자가 중성 또는 이온 상태에 있을 때의 원자가 전자 수를 계산할 수 있어야 한다. 원소들 사이의 상대적인 전기 음성도를 주기율표로부터 구할 수 있어야 하고, 원자나 이온의 형식 전하를 구할 수 있어야 한다. 전기 음성도와 형식 전하는 유기 화학에서 중요한 개념이다.

분자에 있는 모든 원자가 전자를 보여 주는 화학식을 결합은 직선으로, 비공유 전자는 점으로 나타내어 그릴 수 있어야 한다(Lewis 구조). 구조를 선 구조식, 축약 구조식, 그리고 결합선 구조식 등으로 능숙하게 나타낼 수 있어야 한다. 특별히 결합선 구조식을 쓰고 해석할 수 있는 기술을 더욱 민첩하게 만들수록 유기 화학의 구조 정보를 빠르게 밝혀낼 수 있다. 공명 구조에 대해서도 배웠는데 나중에 다양한 개념들을 이해하는 데 도움이 될 것이다.

끝으로, VSEPR 이론과 분자 오비탈 이론을 이용하여 분자의 삼차원 구조를 예상할 수 있는 방법도 배웠다. 삼차원 구조를 예측하는 능력이야말로 분자의 성질과 반응성을 이해하는 데 결정적이다.

담당 교수가 지정하는 모든 물음들을 풀어 보라고 권유하고 싶다. 각 장에 있는 요약과 다음 쪽에 수록된 개념 지도와 같은 복습 도구들을 활용하기를 권한다. 개념 지도는 한 장의 개념의 흐름을 알고 요점을 일깨워 주는 데 도움이 된다. 실제로 기회가 되면 자기 스스로의 개념 지도를 만들어 보라고 권장하고 싶다.

이 장이나 앞서의 장에 나온 지식을 자신의 지식으로 굳히는 일은 특별히 열심히 하기 바란다. 이 장들은 유기 화학을 성공적으로 공부하는 데 필요한 기본 도구들을 모두 수록하고 있다.

이 장의 학습 보조 자료에는 핵심 용어와 개념, 그리고 이 장의 끝에 있는 물음 뒤에 개념 지도가 있다.

핵심 용어와 개념

이 장에 나온 핵심 용어와 개념은 청색 고딕체로 강조하였는데, 용어집에 정의되어 있다(이 교재의 뒤).

물음

전자 배치

1.29 아래 이온들 중 어느 것이 영족 기체의 전자 배치를 가지는가?

(a) H^+ **(b)** O^{2-} **(c)** B^{3+} **(d)** I^+ **(e)** Na^+ **(f)** H^- **(g)** Be^{2+} **(h)** F^-

Lewis 구조

1.30 아래 각각에 대하여 Lewis 구조를 쓰시오.

(a) HF **(b)** F_2 **(c)** CH_3F **(d)** HNO_2

1.31 아래 각 구조에서 색칠된 원자들의 형식 전하를 구하시오.

(a) 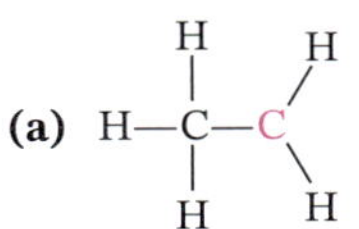

(b) H—Ö—H (O에 H 결합)

(c)

(d)

(e)

(f)

(g) $CH_3-C\equiv N:$

(h) $CH_3-N\equiv N:$

1.32 아래의 구조식에서 각 원소가 원자가 껍질에 팔전자를 이루도록 비공유 전자쌍을 더하고 형식 전하를 표시하시오. 헤테로 원자에 결합된 모든 수소 원자가 표시되었음을 주목하시오.

(a) Cl, O

(b) H, O, N, O, S

(c) O, O, O

(d) N, N, N, O, O, O, N

(e) 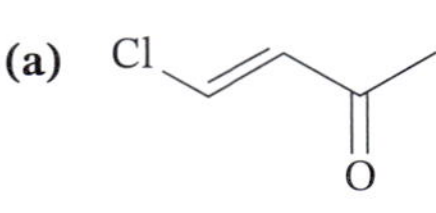

(f) Br, O, Cl, F

구조식과 이성질화 현상

1.33 다음 화합물들에 대하여 축약 구조식을 쓰시오.

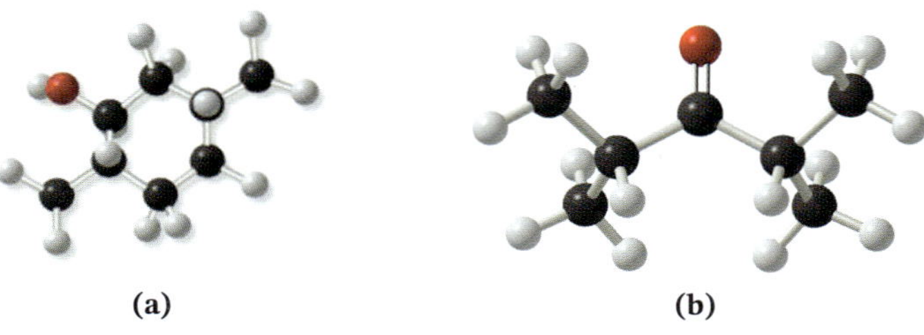

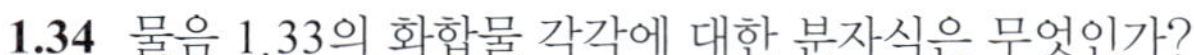
(a) **(b)**

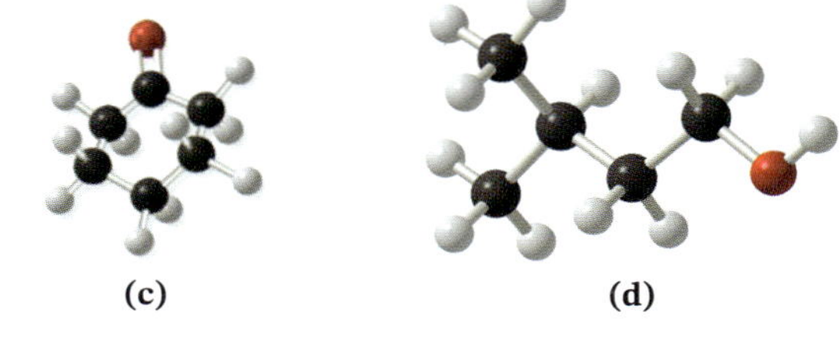
(c) **(d)**

1.34 물음 1.33의 화합물 각각에 대한 분자식은 무엇인가?

1.35 아래 각 쌍의 구조식에 대하여 두 식이 같은 물질을 나타내고 있는지, 서로 구조 이성질체인 다른 물질들을 나타내고 있는지, 또는 이성질체가 아닌 다른 화합물들인지를 말하여 보시오.

(a) Cl–Br (결합선 구조) 그리고 Cl–Br (결합선 구조)

(b) Cl (결합선 구조) 그리고 $ClCH_2CH(CH_3)_2$

(c) H—C(H)(Cl)—Cl 그리고 Cl—C(H)(H)—Cl

(d) F–F (결합선 구조) 그리고 F–F (결합선 구조)

(e) CH_3—C(CH_3)(CH_3)—CH_2Cl 그리고 Cl (결합선 구조)

(f) $CH_2{=}CHCH_2CH_3$ 그리고 (결합선 구조)

(g) O (결합선 구조) 그리고 O (결합선 구조)

(h) CH_3CH_2—CH_2CH_3 그리고 (결합선 구조)

(i) $CH_3OCH_2CH_3$ 그리고 O=C, $H_2C—CH_2$

(j) $CH_2ClCHClCH_3$ 그리고 $CH_3CHClCH_2Cl$

(k) $CH_3CH_2CHClCH_2Cl$ 그리고 CH_3CHCH_2Cl (CH_2Cl)

(l) O (결합선 구조) 그리고 O (결합선 구조)

(m) H—C(CH_3)(H)—Br 그리고 CH_3—C(H)(H)—Br

(n) CH_3—C(CH_3)(H)—H 그리고 CH_3—C(H)(H)—CH_3

(o) H, H, H, F — C—C — H, H, F 그리고 H, H, F — C—C — F, H, H

(p) H, H, H, F — C—C — H, H, F 그리고 F, H, F — C—C — H, H, H

1.36 아래 각각을 결합선 구조식으로 다시 쓰시오.

(a) $CH_2{=}CHCH_2C(CH_3)_3$
(b) $(CH_3CH_2)_2CHCH_2CH_2OH$
(c) $CH{\equiv}COCH_2CH(CH_3)_2$
(d) $CH_3CH_2OCH_2CH_2OCH_2CH_3$
(e) $(CH_3CH_2)_3CBr$
(f) $(CH_3)_2C{=}CHCH_3$

1.37 분자식이 C_6H_{14}인 물질의 모든 구조 이성질체에 대한 구조식을 쓰시오.

1.38 아래의 분자식을 지닌 모든 구조 이성질체의 구조식을 그리시오.

(a) C_2H_5Cl **(b)** $C_2H_4Cl_2$ **(c)** $C_2H_3Cl_3$ **(d)** C_6H_{14}

공명 구조

1.39 굽은 화살표가 표시한 대로 전자가 이동하여 생긴 공명 구조를 쓰시오.

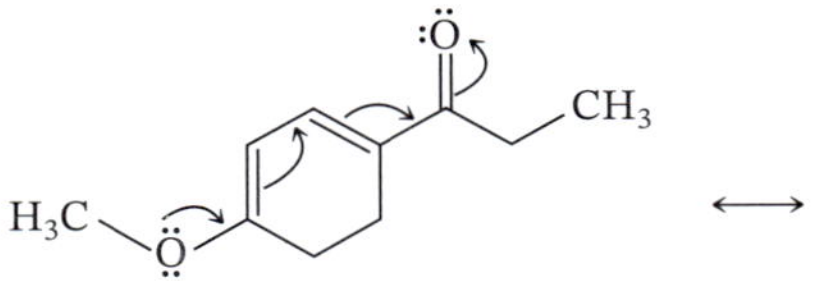

1.40 **A**를 **B**로 전환하는 굽은 화살표를 나타내시오.

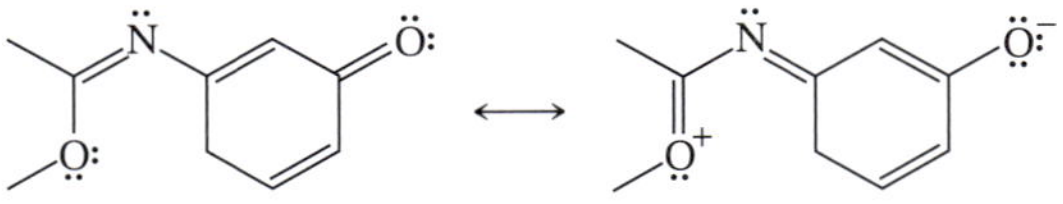

A B

1.41 아래에 대해서 모든 가능한 공명 구조를 쓰시오. 적절한 곳에 형식 전하를 표시하시오.

(a) 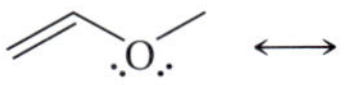 (d) 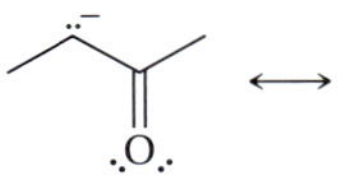 (g)

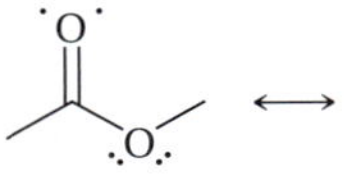

(b) 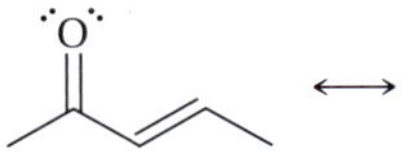 (e) 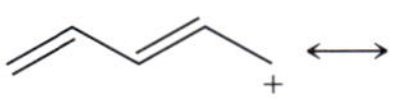 (h)

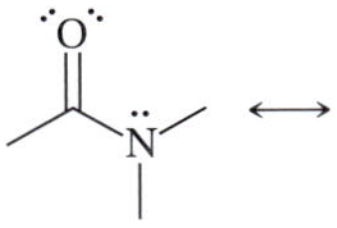

(c) 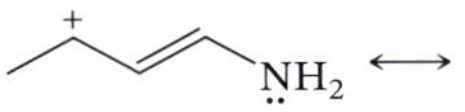 NH_2 (f) 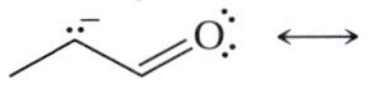 (i)

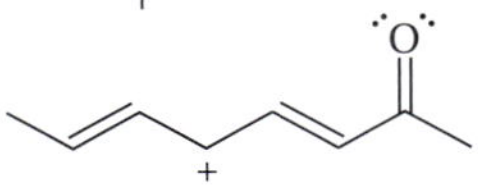

1.42 **(a)** 싸이오사이안산(thiocyanic acid, H—S—C≡N)과 아이소싸이오사이안산(isothiocyanic acid, H—N=C=S)는 전자의 위치는 다르지만 공명 구조는 아니다. 설명하시오. **(b)** 싸이오사이안산으로부터 양성자를 잃으면 아이소싸이오사이안산으로부터 양성자를 잃은 것과 똑같은 음이온이 생성된다. 설명하시오.

1.43 탄소 원자가 세 개의 수소 원자와 단일 결합을 이루고 있으나 탄소 원자는 원자가 전자를 지니지 않은 화학종을 고려해 보자. **(a)** 탄소 원자의 형식 전하는 무엇인가? **(b)** 이 화학종의 총 전하는 무엇인가? **(c)** 이 화학종의 기하 모양은 무엇이라고 예상되는가? **(d)** 탄소 원자의 혼성 상태는 무엇일까?

1.44 앞의 물음에서처럼 탄소 원자가 세 개의 수소 원자와 단일 결합을 이루고 있으나 탄소 원자가 한 개의 비공유 전자쌍을 소유한 화학종을 고려해 보자. **(a)** 탄소 원자의 형식 전하는 무엇인가? **(b)** 이 화학종의 총 전하는 무엇인가? **(c)** 이 화학종의 기하 모양은 무엇이라고 예상되는가? **(d)** 탄소 원자의 혼성 상태는 무엇일까?

1.45 앞의 물음에서처럼 탄소 원자가 세 개의 수소 원자와 단일 결합을 이루고 있으나 탄소 원자가 한 개의 쌍을 이루지 않은 전자를 소유한 화학종을 고려해 보자. **(a)** 탄소 원자의 형식 전하는 무엇인가? **(b)** 이 화학종의 총 전하는 무엇인가? **(c)** 이 화학종의 기하 모양이 삼각 평면이라고 할 때 탄소 원자의 혼성 상태는 무엇이라고 예상되는가?

1.46 아래 각 분자에 대하여 삼차원 오비탈 그림을 그리고, 각 결합이 σ 결합인지 π 결합인지를 표시하고, 수소가 아닌 각 원자의 혼성을 제시하시오.

(a) CH_2O **(b)** $H_2C{=}CHCH{=}CH_2$ **(c)** $H_2C{=}C{=}C{=}CH_2$

1.47 대기권 밖에 존재하는 오존(O_3)은 높은 에너지의 자외선(UV)을 흡수하여 지구 표면을 보호해 주는 막의 역할을 한다(10.11E 절). 오존에 대한 가능한 한 가지 공명 구조는 다음과 같다.

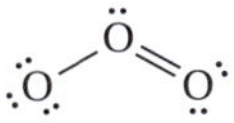

(a) 이 구조에 있는 원자에 대하여 형식 전하를 구하시오. **(b)** 오존의 또 다른 대등한 공명 구조를 쓰시오. **(c)** 이 두 구조로부터 오존의 두 산소–산소의 상대적인 결합 길이에 대하여 무엇을 예측할 수 있는가? **(d)** 위의 구조와 **(b)**에서 그린 구조는 오존 분자가 각 모

양을 이룬다고 가정한 것이다. 이러한 모양은 VSEPR 이론과 일치하는가? 설명하시오.

1.48 오존(O_3)의 공명 구조를 쓰시오. 이 공명 구조가 두 결합 길이가 같음을 어떻게 설명하는지 설명하시오.

1.49 **(a)** 화학식이 $C_4H_{11}N$인 화합물에 대하여 8개의 이성질체의 결합선 구조식을 4개의 1차, 3개의 2차, 1개의 3차로 쓰시오. **(b)** 화학식이 $C_3H_6O_2$인 6개의 이성질체에 대한 축약 구조식을 그리시오.

1.50 아래 각 쌍 사이의 관계는 무엇인가? 즉 이들은 구조 이성질체인가, 동일한가, 아니면 다른 무엇인가(구체적으로)?

(a) $\overset{+}{N}H_3$ $\overset{+}{N}H_2$

(b) $CH_3CH_2CH_2CH(CH_3)_2$

(c) $\overset{+}{N}H_2$ $\ddot{N}H_2$

(d) $\overset{+}{N}H_2$ NH_3 +

(e) CH_3 C O $\ddot{N}H_2$ CH_3 C O⁻ NH_2 +

(f) Cl Cl Cl Cl

화학 상담자가 필요한 물음

1.51 아래 각 구조는 형식 전하가 누락되었다. 그것을 넣어서 그림을 완성하고 정확하게 만드시오. (참조: *Chem. Eur. J.* **1999**, *5*, 3154; *Angew. Chem. Int. Ed.* **2009**, *48*, 8039; *J. Am. Chem. Soc.* **2019**, *141*, 7776.)

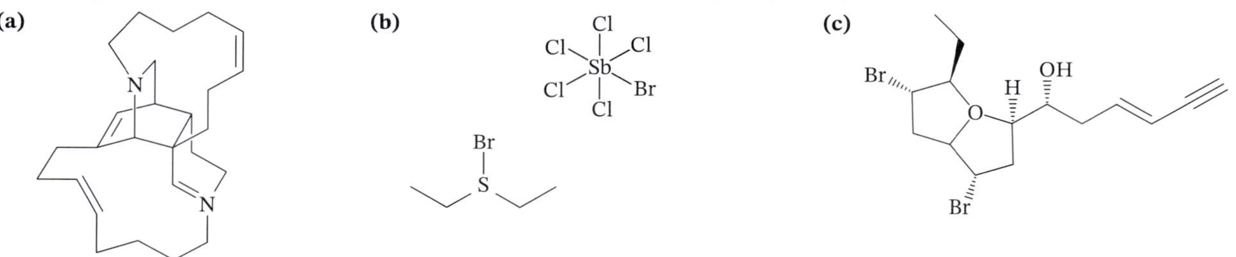

1.52 순수한 화합물 **A**가 만들어지면 시간이 지나면서 그것은 그 자체와 또 하나의 이성질체인 화합물 **B**가 우세한 평형 혼합물로 전환된다. **B**가 우세한 까닭과 **A**와 **B** 사이의 평형이 이루어지는 과정을 설명하시오. (참조: *Tetrahedron Lett.* **1977**, *38*, 3305.)

N N ⇌ N N

A **B**

도전 물음

1.53 15장에서 진한 질산과 황산을 섞었을 때 형성되는 나이트로늄 이온($^+NO_2$)에 대하여 배운다. **(a)** 나이트로늄 이온의 Lewis 구조를 쓰시오. **(b)** VSEPR 이론에 따라 예상되는 $^+NO_2$ 이온의 구조는 무엇인가? **(c)** $^+NO_2$와 같은 수의 전자를 가진 화학종을 쓰시오.

1.54 아래의 원자 조합에 대하여 이들로부터 생겨날 수 있는 모든 가능한 구조 이성질체들의 결합선 구조식을 쓰시오. 모든 비공유 전자쌍과 형식 전하(만일 있을 경우)를 쓰시오.

조합	C 원자	H 원자	다른 원자
A	3	6	2 Cl
B	3	7	1 S와 1 Br
C	3	5	1 N
D	3	6	1 O

1.55 **(a)** 바닥 상태에 있는 탄소 원자를 고려해 보자. 그러한 원자는 메테인의 탄소에 대한 만족스러운 모델을 제공하는가? 그렇지 않다면 왜 아닌가? (**힌트**: 바닥 상태의 탄소가 4가일 수 있는지 생각해 보고, 이것이 수소 원자와 결합했을 때 결합각을 생각해 보시오.) **(b)** 들뜬 상태의 탄소 원자를 고려해 보자. 그러한 원자는 메테인의 탄소에 대한 만족스러운 모델을 제공하는가? 그렇지 않다면 왜 아닌가?

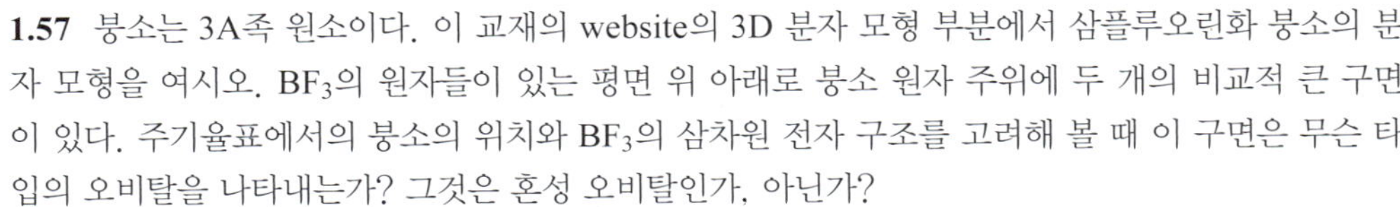

탄소 원자의 들뜬 상태

1.56 이 교재의 website의 3D 분자 모형 부분에서 다이메틸 에터, 다이메틸아세틸렌, 그리고 *cis*-1,2-다이클로로-1,2-다이플루오로에텐의 컴퓨터 분자 모형을 여시오. 컴퓨터 분자 모형을 해석하는 방법으로 **(a)** 선 구조식 **(b)** 결합선 구조식 **(c)** 삼차원 선-쐐기 구조식을 그리시오. 분자의 사슬에 있는 모든 원자들이 지면에 있도록 가장 편리한 방법으로 모형을 그리시오.

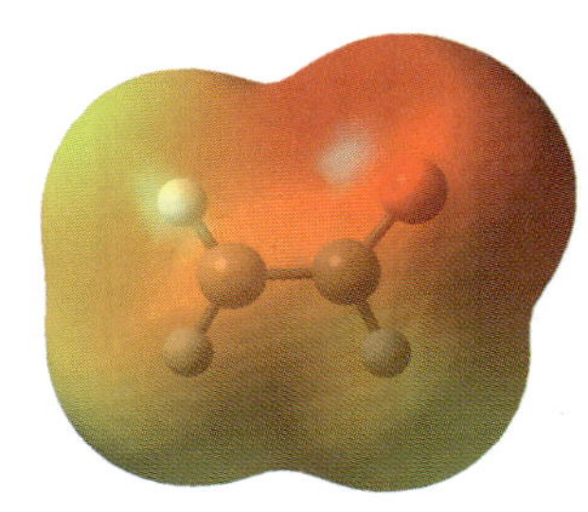

1.57 붕소는 3A족 원소이다. 이 교재의 website의 3D 분자 모형 부분에서 삼플루오린화 붕소의 분자 모형을 여시오. BF_3의 원자들이 있는 평면 위 아래로 붕소 원자 주위에 두 개의 비교적 큰 구면이 있다. 주기율표에서의 붕소의 위치와 BF_3의 삼차원 전자 구조를 고려해 볼 때 이 구면은 무슨 타입의 오비탈을 나타내는가? 그것은 혼성 오비탈인가, 아닌가?

1.58 축약 구조식이 CH_2CHO^-인 아세트알데하이드 인올산 이온이라 불리는 음이온에 대하여 두 가지 공명 기여체가 있다. 두 공명 기여체와 공명 혼성체를 그리고, 그다음 이 음이온을 나타내는 아래의 정전기적 퍼텐셜 지도(map of electrostatic potential, MEP)를 고려하시오. 혼성에서 가장 강하게 나타내질 것으로 예상되는 공명 기여체의 우월성과 MEP가 일치하는지의 여부에 대하여 언급해 보시오.

학습 집단을 위한 물음

아래와 같은 축합된 분자식을 가진 화합물을 고려해 보자.

$$CH_3CHOHCH{=}CHBr$$

1. 이 화합물의 선구조식을 쓰시오.

2. 선조식에서 모든 비공유 전자쌍을 나타내시오.

3. 분자에 존재할 수 있는 형식 전하를 표시하시오.

4. 각 탄소 원자와 산소 원자의 혼성을 표시하시오.

5. 대략적인 결합각을 가능한 한 정확하게 보여 주는 삼차원 구조식을 그리시오. 지면에 있는 결합은 직선, 지면 앞으로 나오는 결합은 선쐐기, 그리고 지면 뒤로 향하는 결합은 쇄선쐐기로 나타내시오.

6. 삼차원 구조식에서 모든 결합각을 표시하시오.

7. 이 화합물의 결합선 구조식을 그리시오.

개념 지도

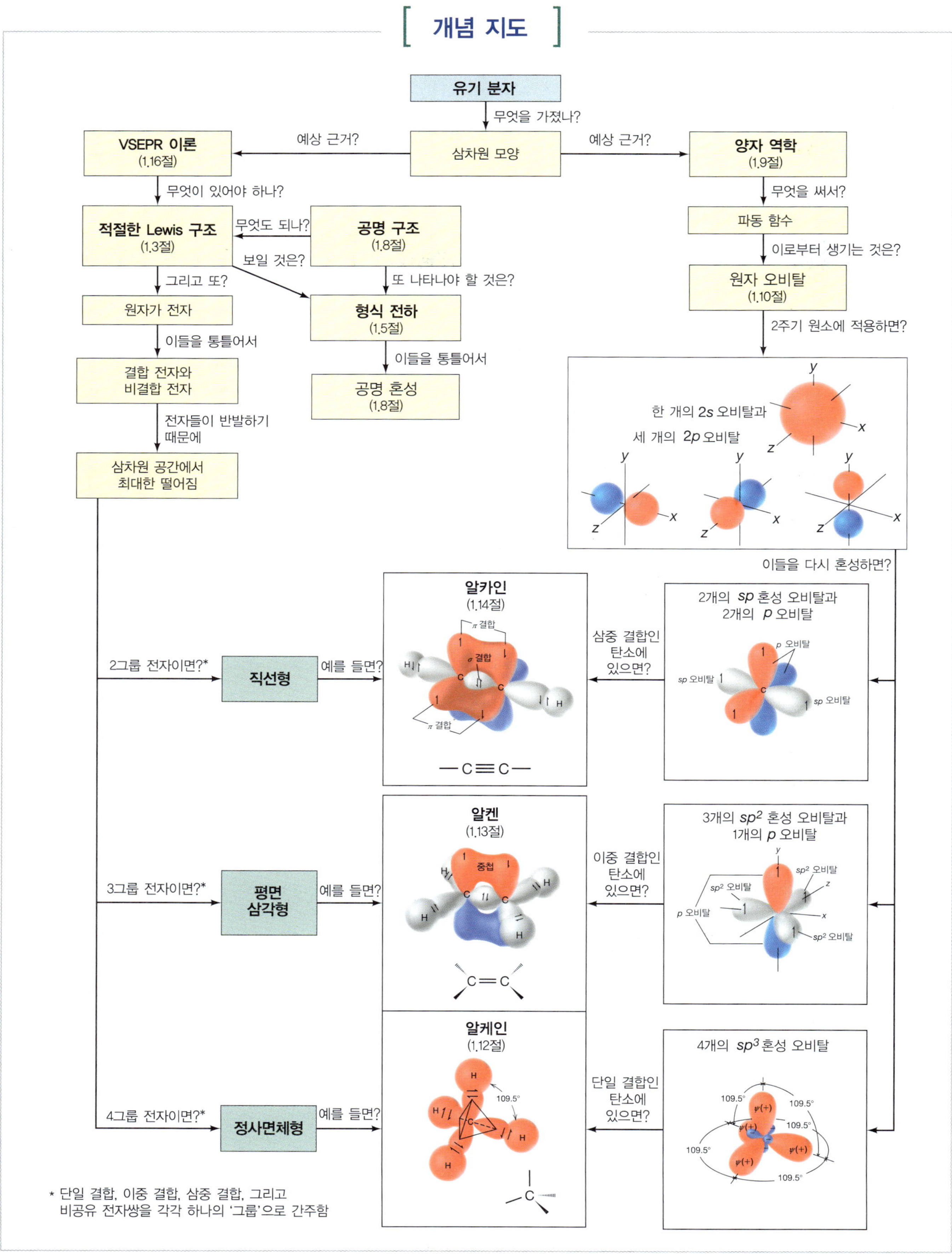

* 단일 결합, 이중 결합, 삼중 결합, 그리고 비공유 전자쌍을 각각 하나의 '그룹'으로 간주함

CHAPTER 2

탄소 화합물 집단

작용기, 분자간 인력, 적외선(IR) 분광학

Mr.Suttipon Yakham/123RF

이 장에서는 유기 화학의 아주 단순화시킨 개념인 작용기를 소개한다. 작용기는 일반적이면서도 원자들의 특정한 배열로 인하여 분자의 반응성과 성질을 예상하도록 한다. 수백만 가지의 유기 화합물들이 있다고 할지라도 일반적인 작용기의 성질을 배움으로써 화합물 전체 집단을 곧 이해할 수 있게 된다.

예를 들어, 모든 알코올은 —OH(하이드록실) 작용기가 탄소나 수소 외에는 아무것도 지니지 않은 탄소에 붙어 있다. 알코올류의 음료에 들어 있는 에탄올처럼 단순한 알코올과 피임약에 들어 있는 에타인일 에스트라다이올(2.1C절)처럼 복잡한 알코올 모두 이 구조적인 단위를 공통으로 지니고 있다. 모든 알데하이드는 벤즈알데하이드(아몬드에 존재)에서 보듯이 —C(=O)— (카보닐)기의 한 결합은 수소에, 그리고 다른 결합은 한 개 또는 여러 개의 탄소에 연결되어 있다. 모든 케톤은 제라늄이나 스페어민트(녹양박하)에 존재하는 천연 기름인 멘톤에서처럼 카보닐기의 탄소가 양쪽에 하나 또는 그 이상의 다른 탄소와 결합하고 있다.

OH

Ethanol

O H

Benzaldehyde

O

Menthone

각 작용기 집단은 공통적인 화학적 성질과 반응성을 지니기 때문에 유기 화학의 지식을 체계화하는 데 매우 도움이 된다. 이 장을 배워 나가면서 일반적인 작용기를 정의하는 원자들의 배열을 익히는 것은 아주 유용하다. 이 지식이야말로 유기 화학을 공부하는 데 절대적으로 가치가 있다.

이 장에서 배울 내용:

- 주요 작용기
- 작용기의 성질과 분자 사이의 상관관계 및 분자간 인력
- 분자에 존재하는 작용기가 무엇인지를 결정하는 적외선(IR) 분광학

이 주제는 왜 중요한가?

이 장의 끝에서는 이들 중요한 개념들이 세상에서 가장 강력한 항생제의 작용을 연관 짓는 방법과 박테리아가 항생제의 효능을 피하도록 진화하는 방법을 보게 될 것이다.

2.1 탄화수소: 대표적인 알케인, 알켄, 알카인과 방향족 화합물

단지 탄소와 수소만을 포함하는 화합물 집단을 소개하는 것으로 이 장을 시작해서 이름의 끝에 쓰인 −에인(−ane), −엔(−ene), 또는 −아인(−yne)이 무슨 종류의 탄소−탄소 결합 존재를 말해 주는지 알게 할 것이다.

- **탄화수소(hydrocarbon)**는 탄소와 수소만으로 된 화합물이다.

예를 들면, 메테인(CH_4)과 에테인(C_2H_6)은 탄화수소이다. 이들은 탄화수소의 소분류 중 하나인 알케인에 속한다.

Propane (알케인)

- **알케인(alkane)**은 탄소 원자들 사이에 다중 결합이 없는 탄화수소이며, 이것으로 집단 이름을 나타내는데 이름이 -**에인(-ane)**으로 끝나는 특정한 화합물을 나타낸다.

다른 탄화수소들은 그들의 탄소 원자들 사이에 이중 결합이나 삼중 결합을 포함하기도 한다.

Propene (알켄)

Propyne (알카인)

Benzene (방향족 화합물)

- **알켄(alkene)**은 적어도 한 개의 탄소−탄소 이중 결합을 포함하며, 이것으로 집단 이름을 나타내는데 이름이 -**엔(-ene)**으로 끝나는 특정한 화합물을 나타낸다.
- **알카인(alkyne)**은 적어도 한 개의 탄소−탄소 삼중 결합을 포함하며, 이것으로 집단 이름을 나타내는데 이름이 -**아인(-yne)**으로 끝나는 특정한 화합물을 나타낸다.
- **방향족 화합물(aromatic compound)**은 특정한 형태의 고리를 포함하며, 가장 흔한 예는 벤젠 고리이다. 방향족 화합물의 일반적인 집단 이름에는 특별한 형태의 끝이 없다.

다음 절에서는 이들 탄화수소 각 부류의 대표적인 예를 소개할 것이다.

일반적으로 말해서 단일 결합만을 가진 알케인과 같은 화합물을 **포화 화합물(saturated compound)**이라고 하는데, 이들은 탄소 화합물이 소유할 수 있는 최대 수의 수소 원자를 가졌다. 알켄, 알카인, 그리고 방향족 탄화수소와 같이 다중 결합을 가진 화합물을 **불포화 화합물(unsaturated compound)**이라고 부르는데, 이들은 최대한의 수소 원자 수보다 적은 수를 가졌으며, 적절한 조건하에서는 수소와 반응할 수 있다. 이것에 대해서는 7장에서 더 다룬다.

Methane

Media Bakery

2.1A 알케인

알케인의 주된 원천은 천연가스와 석유이다. 작은 알케인(메테인에서 뷰테인까지)은 상온에서 기체이다. 메테인은 천연가스의 주성분이다. 분자량이 큰 알케인은 석유의 정유 과정을 통하여 얻는다. 가장 간단한 알케인인 메테인은 지구의 생성 시에 대기 중에 있었다. 아직도 대기권에서 발견되기는 하지만 그 양이 미미하다. 그러나 목성, 토성, 천왕성, 해왕성 등의 대기의 주성분이다.

메테인을 이산화 탄소와 수소로부터 만들어 내는 생명체도 있다. *methanogens*라고 부르는 이 원시적인 생명체는 지구상에서 가장 오래된 것일지도 모르며 진화에 의한 발달의 한 형태라고 볼 수도 있다. methanogens는 혐기성(즉 산소가 없음)인 환경에서만 살아남는다. 이들은 해구, 진흙, 하수, 소의 위장 등에서 발견된다.

2.1B 알켄

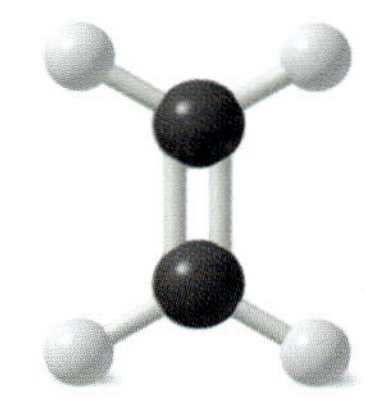
Ethene

가장 간단한 알켄인 에텐과 프로펜은 미국에서 생산되는 화학 산업 제품 중 가장 중요한 것들에 속한다. 매년 화학 산업에서 수십억 파운드의 에텐과 프로펜을 생산한다. 에텐은 에탄올, 산화 에틸렌, 에탄알, 그리고 폴리에틸렌 중합체(10.11절) 등을 포함하는 많은 공업 제품의 원료이다. 프로펜은 폴리프로필렌 중합체(10.11절과 온라인 자료의 특수 자료 B)의 원료로 쓰이고, 여러 다른 용도 이외에도 특히 아세톤과 큐멘의 합성 원료로 사용된다.

에텐은 식물 호르몬으로도 자연에 존재한다. 토마토와 바나나 같은 과일에 의해서 천연적으로 생성되기도 하고 과일이 익는 과정에 관여하기도 한다. 현재 상업적 과일 산업에서는 운송 도중 망가지는 것을 막기 위해서 아직 푸를 때 딴 토마토나 바나나를 익게 하는 데도 쓰인다.

천연에 존재하는 알켄은 많이 있다. 두 가지 예는 다음과 같다.

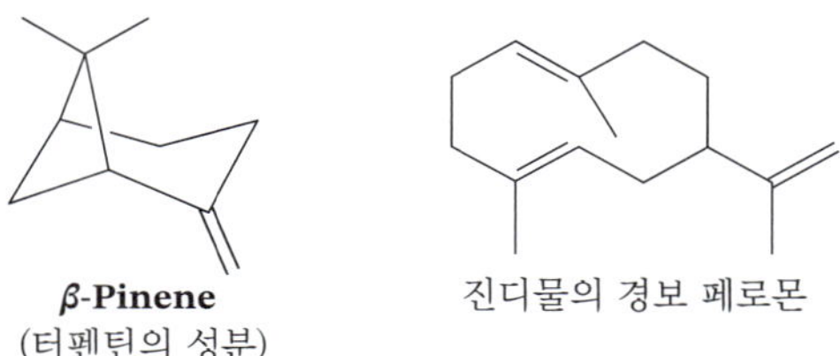

β-Pinene
(터펜틴의 성분)

진디물의 경보 페로몬

2.1C 알카인

Ethyne

가장 간단한 알카인은 에타인(아세틸렌이라고도 부름)이다. 알카인은 자연에 존재하고 실험실에서 합성될 수도 있다.

생합성으로 생긴 수천 가지 알카인 가운데 두 가지 예로 항균제인 capillin과 pentobarbital 대사의 저해제인 해양 천연물 dactylyne이 있다. Ethinyl estradiol은 합성된 알카인으로 에스트로젠 같은 성질 때문에 구강 피임제로 사용된다.

Capillin

Dactylyne

Ethinyl estradiol
[17α-ethynyl-1,3,5(10)-estratriene-3,17β-diol]

보기 물음 2.1

프로펜 $CH_3CH{=}CH_2$은 알켄이다. 알켄이 아닌 프로펜의 구조 이성질체를 그리시오. (**힌트:** 이중 결합이 없음)

풀이

n개의 탄소 원자로 된 고리를 지닌 화합물은 같은 수의 탄소를 가진 알켄과 분자식이 같다.

Cyclopropane 은 **Propene** 의 구조 이성질체이다.
C_3H_6 C_3H_6

사이클로프로페인은
마취 성질을 지닌다.

되새김 물음 2.1 사이클로펜텐의 두 가지 구조 이성질체로 고리가 없는 구조를 제시하시오.

Cyclopentene

2.1D 벤젠: 대표적인 방향족 탄화수소

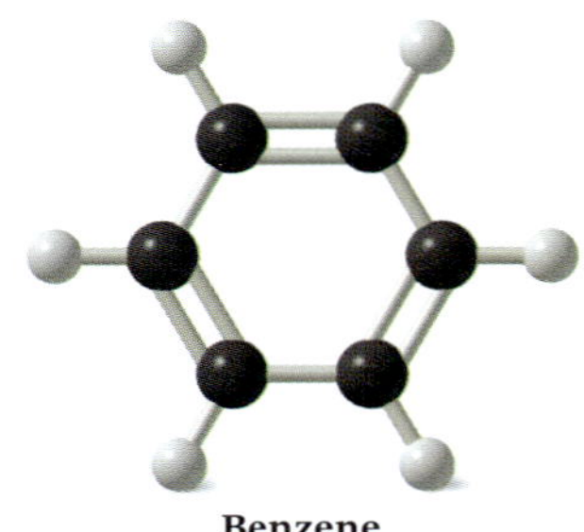

Benzene

방향족 화합물(aromatic compound)이라고 알려진 고리 모양의 불포화된 탄화수소를 14장에서 자세히 다루게 될 것이다. 대표적인 보기는 **벤젠(benzene)**이다. 벤젠의 구조는 **Kekulé 구조(Kekulé structure)**라고 부르는 단일 결합과 이중 결합이 교차하는 육각형 고리로 나타낸다. Kekulé는 이러한 구조 표기를 처음 고안한 사람이다.

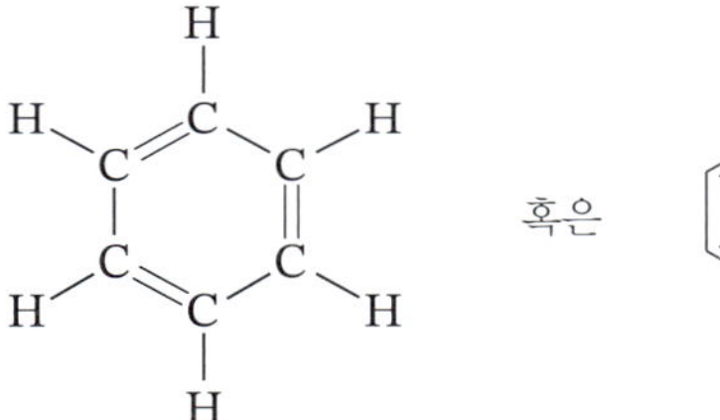

벤젠의 **Kekulé** 구조 **Kekulé** 구조의 결합선 구조식

Kekulé 구조가 벤젠 화합물에 대해서 자주 사용되기는 하지만, 이 표기 방법은 불충분하고 정확하지 않다는 증거가 많다. 예를 들면, 벤젠이 Kekulé 구조에서 보듯이 교차하는 단일 결합과 이중 결합을 가졌다면 탄소–탄소 결합은 교대로 길고 짧고 할 것이다(그림 1.31). 실제로 벤젠의 탄소–탄소 결합은 길이가 같고(1.39 Å) 탄소–탄소 단일 결합과 이중 결합의 중간 값이다. 이러한 문제는 공명 이론과 분자 오비탈 이론으로 해결된다.

공명 이론으로 설명을 한다면 벤젠을 다음 두 Kekulé 구조 중 하나로 보는 것이다.

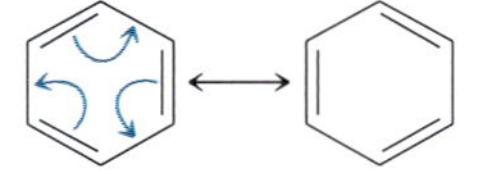

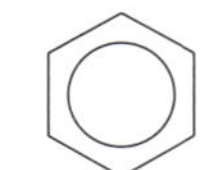

벤젠에 기여하는 두 가지 **Kekulé** 구조식 공명 혼성에 대한 표현

공명 이론의 원리(1.8절)에 따르면 벤젠은 어느 구조로도 나타낼 수가 없다. 그 대신 **두 구조의 혼성으로 보아야 한다.** 이 혼성을 육각형 내에 원으로 나타낸다. 그러므로 공명 이론은 모든 탄소–탄소 결합 길이가 같은 까닭을 설명해 준다. 공명 이론에 따르면 결합들은 교차하

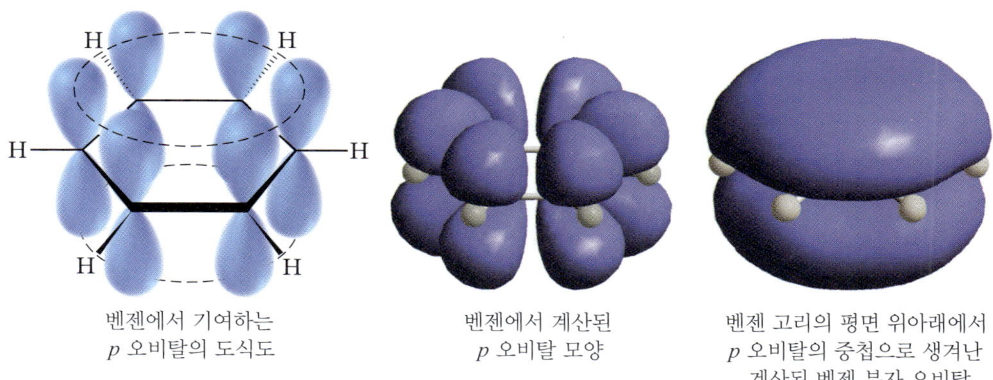

벤젠에서 기여하는 *p* 오비탈의 도식도

벤젠에서 계산된 *p* 오비탈 모양

벤젠 고리의 평면 위아래에서 *p* 오비탈의 중첩으로 생겨난 계산된 벤젠 분자 오비탈

는 단일 결합, 이중 결합이 아니라 그 둘의 공명 혼성이다. 첫째 구조에서 단일 결합이던 것은 둘째 구조에서는 이중 결합이고 또 그 반대도 되는 것이다. 벤젠의 모든 탄소–탄소 결합은 1½ 결합이며, 단일 결합과 이중 결합 사이의 결합 길이를 가진다.

분자 오비탈로 설명을 한다면, 14장에서 깊이 있게 서술하겠으나 우선 벤젠 고리의 탄소 원자가 sp^2 혼성이며 결합각은 120°란 사실을 깨달아야 한다. 그러므로 아래의 도식적이고도 계산된 *p* 오비탈 그림에서 보듯이, 각 탄소 원자는 고리 평면의 위와 아래에 구면을 하나씩 가진 *p* 오비탈을 가지고 있다. (이 그림에서는 모든 오비탈에 대하여 한 가지 색을 사용했는데 오비탈 상에 대한 고려는 여기서 논의에 필요하지 않기 때문이다.)

고리의 위, 아래에 있는 각 *p* 오비탈은 그 양옆의 원자에 있는 *p* 오비탈의 구면과 중첩된다. 이런 종류의 *p* 오비탈의 중첩으로 계산된 분자 오비탈에서 보이는 것처럼 고리의 모든 탄소 원자를 포함하는 결합 분자 오비탈이 만들어진다. 그래서 이 *p* 오비탈에 속한 6개의 전자들(각 탄소로부터 1개씩)은 고리의 탄소 원자 6개 모두에 **비편재화(delocalized)**된다. 전자의 비편재화는 탄소–탄소 결합이 동등하며 길이가 같은 까닭을 잘 설명해 준다. 14.6절에서 핵자기 공명 분광학을 배울 때 전자의 비편재화에 대한 확실한 물리적 증거를 배울 것이다.

2.2 극성 공유 결합

1.3절에서 화학 결합을 논의하면서 플루오린화 리튬(LiF)과 같이 두 원자 사이의 전기 음성도 차가 매우 큰 화합물을 살펴보았다. 이와 같은 경우에는 전자의 완벽한 전달이 일어나서 화합물에 **이온 결합(ionic bond)**이 생긴다고 할 수 있다.

$$Li^+ \ :\ddot{\underset{..}{F}}:^-$$

플루오린화 리튬은 이온 결합을 가진다.

플루오린화 리튬의 결정 모델

에테인의 탄소–탄소 결합처럼 전기 음성도 차가 크지 않거나 전기 음성도가 같은 분자도 서술하였다. 여기서 전자들은 원자들 사이에서 똑같이 공유된다.

```
    H   H
    |   |
H — C — C — H
    |   |
    H   H
```

에테인은 공유 결합을 가진다.
전자들은 탄소 원자들 사이에서 똑같이 공유된다.

아직까지는 공유 결합에 있는 전자들이 똑같이 공유되지 않는 경우를 다루지 않았다.

- 두 결합된 원자 사이의 전기 음성도 차가 존재하며 그 차가 크지 않을 때 전자들은 그들 사이에 똑같이 공유되지 않으며 **극성 공유 결합(polar covalent bond)**이 된다.
- 기억할 것: **전기 음성도(electronegativity)**의 한 가지 정의는 **공유 결합에서 공유된 전자들을 한 원자가 끌어당기는 능력**이다.

극성 공유 결합의 예로 염화 수소를 들 수 있다. 전기 음성도가 큰 염소 원자는 결합 전자를 자기 쪽으로 가까이 잡아당긴다. 따라서 수소 원자는 다소 전자가 부족한 셈이 되며 **부분적**으로 양전하($\delta+$)를 띠게 된다. 염소 원자는 전자가 다소 풍부한 셈이며 **부분적**인 음이온($\delta-$)성을 갖게 된다.

$$\overset{\delta+}{\text{H}} : \overset{\delta-}{\ddot{\text{Cl}}}:$$

염화 수소 분자가 부분적인 양의 끝과 부분적인 음의 끝을 가짐으로 인하여 그것은 **쌍극자(dipole)**이며 **쌍극자 모멘트(dipole moment)**를 가진다.

극성 결합의 극의 방향은 벡터량인 $\longleftrightarrow$로 표시하기도 한다. 십자 끝은 양의 끝이며 화살 머리는 음의 끝을 나타낸다.

(양의 끝) $\longleftrightarrow$ (음의 끝)

HCl의 예에서 쌍극자 모멘트의 방향은 다음과 같이 나타낸다.

$$\underset{\longleftrightarrow}{\text{H—Cl}}$$

쌍극자 모멘트(μ)는 실험적으로 측정할 수 있는 물리적인 성질이다. 그것은 정전기적 단위(esu)로 나타낸 전하의 크기에 센티미터(cm) 단위의 쌍극자 간 거리를 곱한 것이다.

$$\text{쌍극자 모멘트} = \text{전하(esu)} \times \text{거리(cm)}$$
$$\mu = e \times d$$

노벨(Nobel)상

Debye는 1936년 Nobel 화학상을 받았다.

전하는 전형적으로 10^{-10} esu의 크기를 가지며, 거리는 10^{-8} cm 정도이다. 그러므로 쌍극자 모멘트는 보통 10^{-18} esu cm의 크기를 가진다. 편의상 이 단위, 즉 1×10^{-18} esu cm를 1 **debye**라고 정의하며, D라는 약자로 쓴다. 이 단위는 네덜란드에서 태어난 Peter J. W. Debye에서 유래된 것이다.

필요한 때에는 화살의 길이로 쌍극자 모멘트의 크기를 나타내기도 한다. 2.3절에서 다시 다루지만, 쌍극자 모멘트는 화합물의 물리적 성질을 설명하는 데 아주 중요한 것이다. 예를 들어, HCl의 쌍극자 모멘트는 1.08 D이다.

되새김 물음 2.2

다음 중 극성인 분자에 대해서 적절한 원자 옆에 $\delta+$와 $\delta-$를 쓰고, 쌍극자 모멘트 벡터를 그리시오.

(a) HBr **(b)** BrCl **(c)** OF_2 **(d)** H_2

극성 공유 결합(polar covalent bond)은 분자의 물리적 성질과 반응성에 큰 영향을 준다. 많은 경우, 극성 공유 결합은 **작용기(functional group)**의 일부로서 곧 배우게 된다(2.5~2.13절). 작용기란 분자의 기능(반응성 또는 물리적 성질)을 유발시키는 원자 집단이라고 정의된다. 작용기는 대개 전기 음성도 값이 다르거나 비공유 전자쌍을 지닌 원자들을 포함하고 있다. [산소, 질소, 황과 같이 공유 결합을 형성하면서 비공유 전자쌍을 지닌 원자를 **헤테로 원자(heteroatom)**라고 부른다.]

2.2A 정전기적 퍼텐셜 지도

분자에서 전하의 분포를 눈으로 볼 수 있게 하는 한 가지 방법에는 **정전기적 퍼텐셜 지도(map of electrostatic potential, MEP)**가 있다. MEP에서 전자 밀도 구면이 더욱 음인 영역은 적색이다. 이 영역은 양전하를 띤 화학종을 끌어당길 것이다(또는 음전하를 밀어낸다). MEP에서 덜 음인(혹은 양인) 영역은 청색이다. 청색 영역은 다른 분자로부터 전자를 끌어당길 것이다. 적색으로부터 청색까지의 스펙트럼은 곧 전하가 가장 많이 음으로부터 가장 적게 음인(혹은 양인) 변화 경향을 나타낸다.

그림 2.1 염화 수소의 계산된 정전기적 퍼텐셜 지도는 상대적으로 더 음전하인 영역을 적색으로, 더 양전하인 영역은 청색으로 보여 준다. 음전하는 염소 근처에 위치해 있어서 분자의 강한 쌍극자 모멘트를 유발한다.

그림 2.1은 염화 수소의 낮은 전자 밀도 구면에 대한 정전기적 퍼텐셜 지도를 보여 주고 있다. 음전하는 분명히 염소 원자 가까이에 있음을 볼 수 있는데, 이것은 전기 음성도 차로부터 예상된 바이다. 더욱이, MEP는 분자의 낮은 전자 밀도 구면(van der Waals 구면, 2.13B절)에 대해서 그렇기 때문에 분자의 전체적인 생김새도 보여 주고 있다.

2.3 극성 분자와 비극성 분자

앞 절에서는 간단한 이원자 분자의 쌍극자 모멘트만을 다루었다. **서로 다른** 두 원자(전기 음성도가 서로 다름)로 된 **이원자** 분자는 반드시 쌍극자 모멘트를 갖는다. 일반적으로 쌍극자 모멘트를 가진 분자는 **극성 분자(polar molecule)**이다. 그러나 **표 2.1**을 보면 두 원자 이상으로 된 많은 분자(예: CCl_4, CO_2)들은 **극성** 결합을 가졌으면서도 **쌍극자 모멘트를 갖지 않는다.** 이것은 분자 모형(1.12~1.16절)을 고려하면 곧 이해할 수 있다.

사염화 탄소(CCl_4) 분자를 살펴보자. 염소의 전기 음성도는 탄소보다 크기 때문에 각 C—Cl 결합은 극성이다. 각 염소 원자는 부분적인 음전하를 띠고 있으며, 탄소 원자는 상당한 양전하를 띠고 있다. CCl_4 분자는 정사면체형(**그림 2.2**)이므로 **양전하의 중심과 음전하의 중심이 일치하여 분자는 쌍극자 모멘트를 갖지 않는다.**

표 2.1 간단한 분자들의 쌍극자 모멘트

분자식	μ (D)	분자식	μ (D)
H_2	0	CH_4	0
Cl_2	0	CH_3Cl	1.87
HF	1.83	CH_2Cl_2	1.55
HCl	1.08	$CHCl_3$	1.02
HBr	0.80	CCl_4	0
HI	0.42	NH_3	1.47
BF_3	0	NF_3	0.24
CO_2	0	H_2O	1.85

화학과 환경

사염화 탄소는 매우 독성인 용매이며 환경에 해가 된다. 이것의 사용은 금지되어 있다.

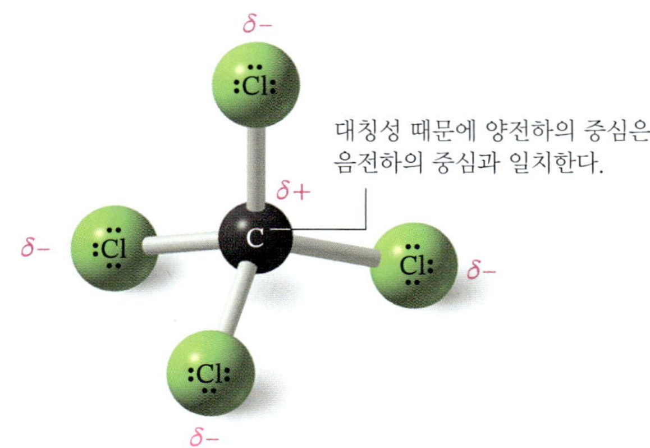

그림 2.2 사염화 탄소의 전하 분포 모양. 분자의 총 쌍극자 모멘트는 0이다.

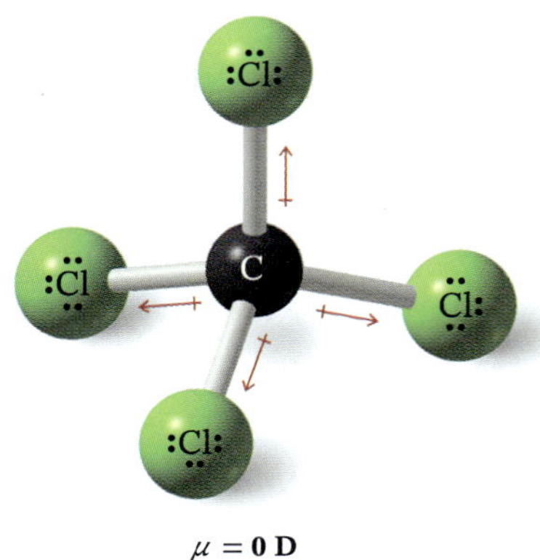

그림 2.3 정사면체에 배열된 4개의 동일한 결합

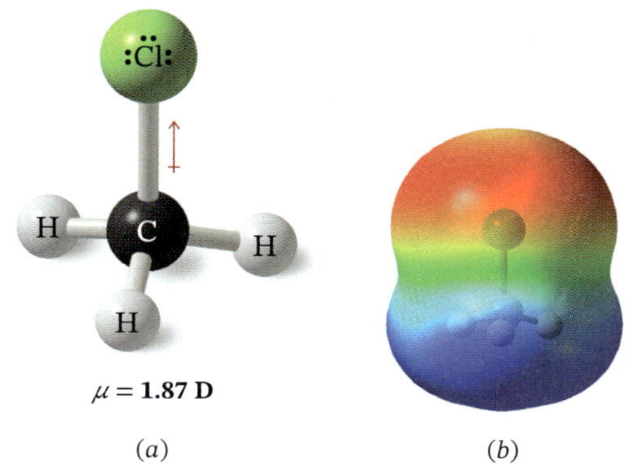

그림 2.4 (*a*) 클로로메테인의 쌍극자 모멘트는 매우 극성인 C—Cl 결합에 기인된다. (*b*) 정전기적 퍼텐셜 지도는 클로로메테인의 극성을 나타낸다.

이 결과를 다른 방법으로도 설명할 수 있다. 각 결합의 극성 방향을 나타내는 화살표(⟷)를 사용하여 **그림 2.3**처럼 결합 모멘트를 배열한다. 결합 모멘트는 크기가 같은 벡터 양이며 정사면체를 이루도록 배열되어 있어 이 효과가 서로 상쇄된다. 즉 벡터 합은 0이며 분자는 **쌍극자 모멘트를 가지지 않는다.**

클로로메테인(CH_3Cl) 분자의 쌍극자 모멘트는 1.87 D이다. 탄소와 수소의 전기 음성도는 비슷하므로(표 1.1) 3개의 C—H 결합이 전체 쌍극자에 미치는 영향은 거의 없다. 그러나 탄소와 염소 사이의 전기 음성도 차이는 매우 커서 극성인 C—Cl 결합이 CH_3Cl의 쌍극자 모멘트의 원인이 되는 것이다(**그림 2.4**).

보기 물음 2.2

CO_2 분자는 극성인 결합을 가졌지만(산소가 탄소보다 전기 음성도가 더 큼), 이산화 탄소의 쌍극자 모멘트는 0이다(표 2.1). 이산화 탄소의 기하 모양에 대해서 어떤 결론을 내릴 수 있는가?

풀이

CO_2 분자가 0인 쌍극자 모멘트를 가지려면 두 탄소–산소 결합의 결합 모멘트가 서로 상쇄되어야 한다. 이것은 이산화 탄소 분자가 직선일 때만 가능하다.

O=C=O

μ = 0 D

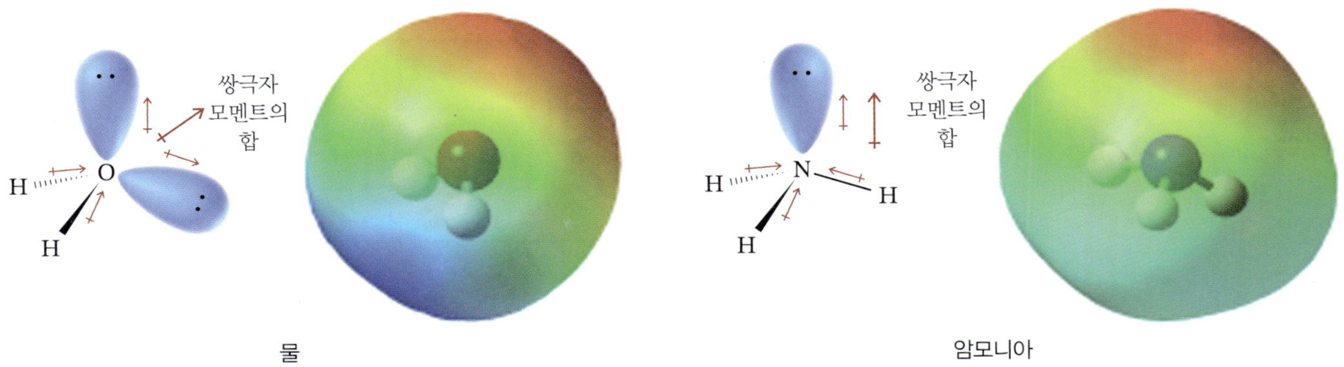

그림 2.5 물과 암모니아의 결합 모멘트와 결과적인 쌍극자 모멘트

되새김 물음 2.3

염화 베릴륨($BeCl_2$)의 쌍극자 모멘트는 0이다. 이러한 관찰은 VSEPR 이론에 의해서 예상된 $BeCl_2$의 기하 모형을 어떻게 입증하는지 설명하시오.

되새김 물음 2.4

테트라플루오로에텐($CF_2{=}CF_2$)의 쌍극자 모멘트는 0이다. 이 사실을 $CF_2{=}CF_2$의 모양에 근거하여 설명하시오.

되새김 물음 2.5

이산화 황(SO_2)은 쌍극자 모멘트($\mu = 1.63$ D)를 갖는다. 그러나 이산화 탄소(CO_2)의 쌍극자 모멘트는 0(위의 보기 물음 2.2 참조)이다. 이러한 사실은 이산화 황의 기하 모형에서 어떤 사실을 제시해 주는가?

비공유 전자쌍은 물과 암모니아의 쌍극자 모멘트에 큰 기여를 한다. 비공유 전자쌍의 음전하를 중화시킬 수 있는 원자가 결합되어 있지 않으므로 중심 원자로부터 반대 방향으로 향하는 쌍극자 모멘트에 큰 기여를 하는 것이다(**그림 2.5**). (O—H와 N—H의 모멘트도 역시 중요하다.)

되새김 물음 2.6

삼차원 구조식을 사용하여 CH_3OCH_3의 쌍극자 모멘트의 방향을 나타내시오. 적절한 원자 옆에 $\delta+$와 $\delta-$ 부호를 쓰시오.

되새김 물음 2.7

트라이클로로메테인($CHCl_3$, 클로로폼)은 $CFCl_3$보다 더 큰 쌍극자 모멘트를 가진다. 삼차원 구조식과 결합 모멘트를 사용하여 이 사실을 설명하시오.

2.3A 알켄의 쌍극자 모멘트

알켄의 cis-trans 이성질체(1.13B절)는 서로 다른 물리적 성질을 가진다. 녹는점과 끓는점이 다르고 쌍극자 모멘트의 크기가 뚜렷하게 다른 것도 있다. 두 쌍의 cis-trans 이성질체에 대한 물리적 성질을 **표 2.2**에 요약하였다.

표 2.2 cis–trans 이성질체의 물리적 성질

화합물	녹는점 (°C)	끓는점 (°C)	쌍극자 모멘트 (D)
cis-1,2-Dichloroethene	−80	60	1.90
trans-1,2-Dichloroethene	−50	48	0
cis-1,2-Dibromoethene	−53	112	1.35
trans-1,2-Dibromoethene	−6	108	0

보기 물음 2.3

cis-1,2-다이클로로에텐(표 2.2)은 매우 큰 쌍극자 모멘트를 지닌 데 비하여 *trans*-1,2-다이클로로에텐의 쌍극자 모멘트는 0인 사실을 설명하시오.

풀이

결합 모멘트(흑색)에 대한 총 쌍극자 모멘트(적색)를 조사해 보면 *trans*-1,2-다이클로로에텐에서는 결합 모멘트가 서로 상쇄되지만, *cis*-1,2-다이클로로에텐에서는 서로 증대된다.

결합 모멘트(흑색)는 일반적으로 같은 방향이다. 결과적으로 쌍극자 모멘트(적색)는 크다.

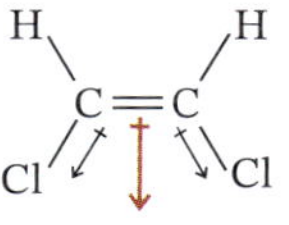

결합 모멘트가 서로 상쇄된다. 총 쌍극자 모멘트는 **0**이다.

***cis*-1,2-Dichloroethene**
μ = 1.9 D

***trans*-1,2-Dichloroethene**
μ = 0 D

되새김 물음 2.8

아래의 화합물 각각에 대하여 중요한 결합 모멘트의 방향을 표시하시오(C—H 결합은 무시함). 분자 전체의 쌍극자 모멘트의 방향을 나타내시오. 전체 쌍극자 모멘트가 없으면 $\mu = 0$ D라고 쓰시오.

(a) *cis*-CHF=CHCl **(b)** *trans*-CHBr=CHBr **(c)** $CH_2{=}CBr_2$ **(d)** $CH_2{=}CH_2$

되새김 물음 2.9

분자식이 **(a)** $C_2F_2Cl_2$와 **(b)** $C_2H_2Cl_2$인 알켄의 모든 구조식을 쓰시오. 각각의 경우가 cis–trans 이성질체인지 표시하시오. 각각의 쌍극자 모멘트를 예상해 보시오.

2.4 작용기

- **작용기(functional group)**는 분자의 반응성과 성질을 예상하도록 해주는 원자의 독특한 배열이다.

예를 들면, 알켄의 작용기는 탄소–탄소 이중 결합이다. 8장에서 알켄의 반응을 더 자세히 배울 때 대부분의 반응이 탄소–탄소 이중 결합에서 일어남을 알게 될 것이다.

알카인의 작용기는 탄소–탄소 삼중 결합이다. 알케인에는 작용기가 없다. 알케인은 탄소–탄소 단일 결합과 탄소–수소 단일 결합을 가지고 있는데 이러한 결합들은 거의 모든 유기 분자에 존재해 있으며, C—C와 C—H 결합은 일반적으로 다른 작용기보다는 반응성이 매우 작다. 일반적인 작용기와 그들의 성질을 2.5~2.11절에 소개한다. 표 2.3(2.12절)에는 가장

중요한 작용기들이 요약되어 있다. 그러나 먼저 일반적인 알킬기를 정의하기로 하자. 이들은 탄소와 수소 원자들로 된 기인데 작용기의 일부는 아니다.

2.4A 알킬기와 기호 R

알킬기(alkyl group)는 화합물을 명명하기 위한 목적으로 정한 기이다. 이것은 알케인에서 수소 원자 한 개를 제거한 것이다.

알케인	알킬기	약자	결합선	모형
CH_3–H **Methane**	H_3C— **Methyl** (메틸)기	Me-		
CH_3CH_2–H **Ethane**	CH_3CH_2— **Ethyl** (에틸)기	Et-		
$CH_3CH_2CH_2$–H **Propane**	$CH_3CH_2CH_2$— **Propyl** (프로필)기	Pr-		
$CH_3CH_2CH_2CH_2$–H **Butane**	$CH_3CH_2CH_2CH_2$— **Butyl** (뷰틸)기	Bu-		

메테인과 에테인으로부터는 단 한 가지의 알킬기[**메틸(methyl)**기와 **에틸(ethyl)**기가 각각]가 얻어지지만, 프로페인으로부터는 두 기가 얻어질 수 있다. 끝에 있는 어느 한 탄소로부터 수소를 하나 제거하면 **프로필(propyl)**기라고 불리는 기가 얻어진다. 중앙의 탄소 원자로부터 수소를 하나 제거하면 **아이소프로필(isopropyl)**기라 불리는 기가 된다. 이들 기의 명칭과 구조는 유기 화학에서 매우 흔히 쓰이므로 반드시 지금 알아두어야 한다. 4.3C절에서 뷰테인과 다른 탄화수소로부터 얻어진 가지 달린 알킬기의 이름과 구조를 보시오.

여기서 앞으로 다루는 데 편의를 위하여 유기 분자의 일반적인 구조를 나타내는 기호를 소개하기로 한다. **기호 R은 알킬기를 나타내는 일반적인 기호이다.** 예를 들면 R은 메틸, 에틸, 프로필, 아이소프로필 등이 될 수 있다.

CH_3—	Methyl(메틸)	이들 모두를 **R**로 표시할 수 있다.
CH_3CH_2—	Ethyl(에틸)	
$CH_3CH_2CH_2$—	Propyl(프로필)	
$CH_3\underset{\vert}{C}HCH_3$	Isopropyl(아이소프로필)	

따라서 알케인의 일반식은 R—H이다.

2.4B 페닐기와 벤질기

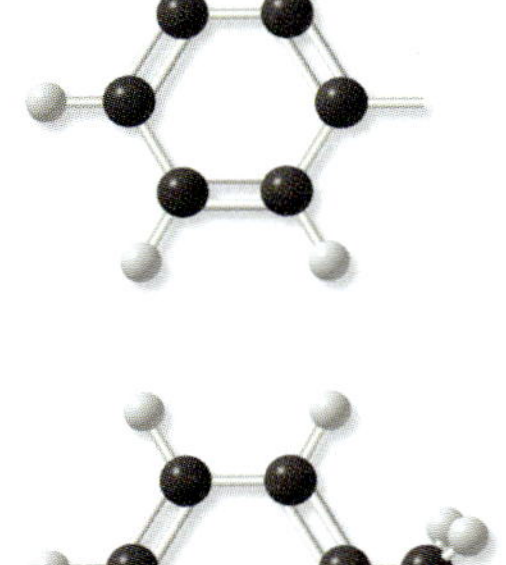

벤젠 고리가 분자 내에서 다른 원자단에 연결되어 있을 때 특히 **페닐기(phenyl group)**라고 부르며 다음과 같이 표시한다.

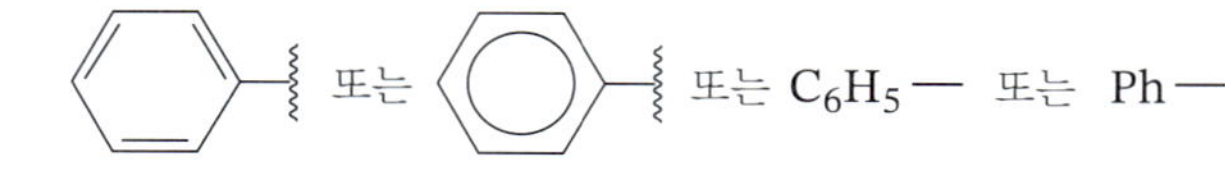

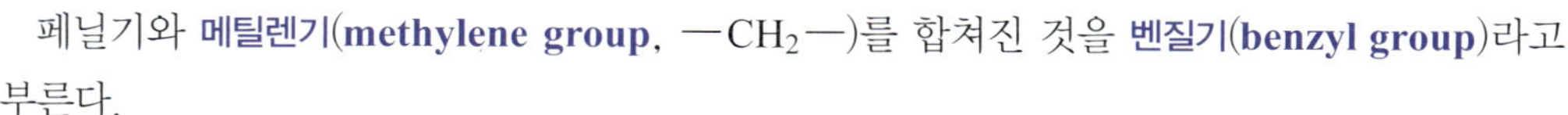

페닐기를 나타내는 방법

페닐기와 **메틸렌기(methylene group, —CH_2—)**를 합쳐진 것을 **벤질기(benzyl group)**라고 부른다.

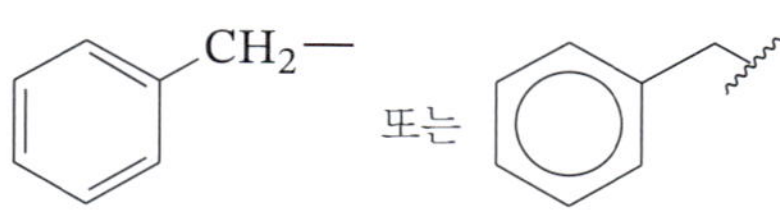

또는 $C_6H_5CH_2$— 또는 Bn—

벤질기를 나타내는 방법

2.5 알킬 할로젠화물 또는 할로알케인

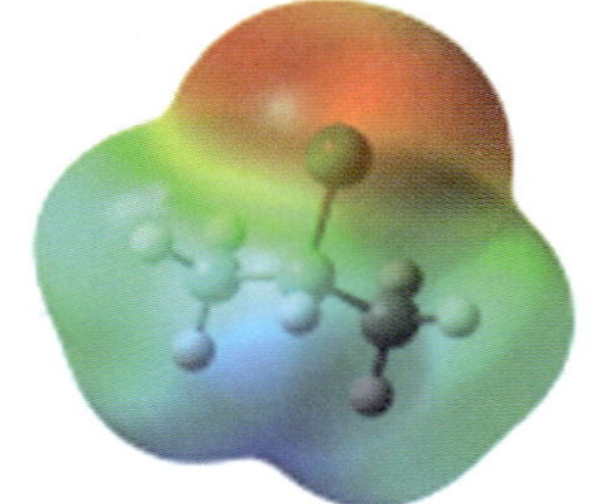

2-Chloropropane

도움말

1°, 2°, 3°으로 표기하나 1도, 2도, 3도라고 읽지 않고 1차, 2차, 3차 등으로 부른다.

알킬 할로젠화물은 알케인의 수소 원자 대신 할로젠 원자(플루오린, 염소, 브로민, 아이오딘)가 붙어 있는 화합물이다. 예를 들면 CH_3Cl, CH_3CH_2Br 같은 것이 있다. 알킬 할로젠화물은 **할로알케인(haloalkanes)**이라고도 부른다. 할로젠화 알킬의 일반식은 R—$\ddot{\underset{..}{X}}$: 이다(X = F, Cl, Br, 또는 I).

알킬 할로젠화물은 1차(1°), 2차(2°), 3차(3°) 등으로 분류한다. **이러한 분류는 할로젠 원자가 바로 연결된 탄소 원자에 근거한 것**인데, 할로젠이 연결되어 있는 탄소가 다른 탄소 한 개와 결합하고 있을 때 그러한 탄소를 **1차 탄소 원자(primary carbon atom)**라고 부르며, 알킬 할로젠화물은 **1차 알킬 할로젠화물(primary alkyl halide)**이라고 한다. 할로젠이 붙은 탄소가 두 개의 다른 탄소와 결합하고 있으면 그것은 **2차 탄소(secondary carbon)**이며 **2차 알킬 할로젠화물(secondary alkyl halide)**이 된다. 할로겐이 붙은 탄소가 세 개의 다른 탄소와 결합하고 있으면 **3차 탄소(tertiary carbon)**이며, **3차 알킬 할로젠화물(tertiary alkyl halide)**이 된다. 1차, 2차, 3차 알킬 할로젠화물의 예는 다음과 같다.

1° 탄소 — H—C(H)(H)—C(H)(H)—Cl 또는 (골격 구조) — **1° 염화 알킬**

2° 탄소 — H—C(H)(H)—C(H)(Cl)—C(H)(H)—H 또는 (골격 구조) — **2° 염화 알킬**

3° 탄소 — CH_3—C(CH_3)(CH_3)—Cl 또는 (골격 구조) — **3° 염화 알킬**

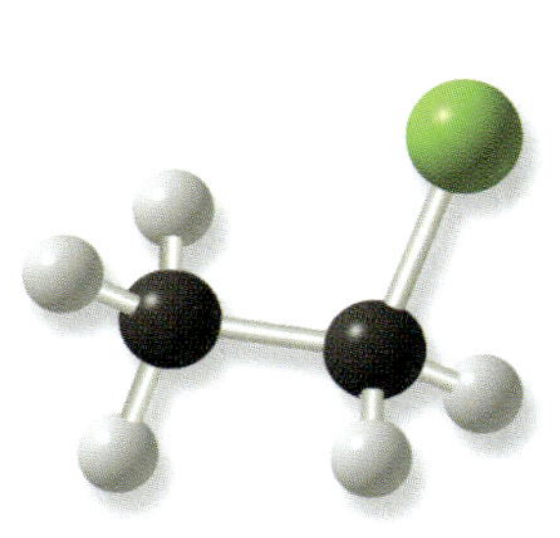

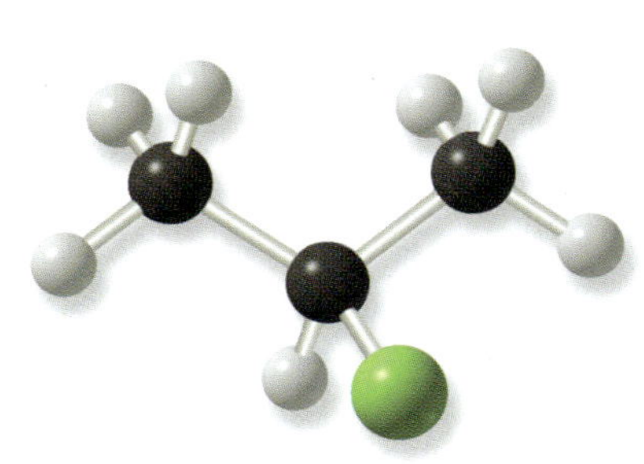

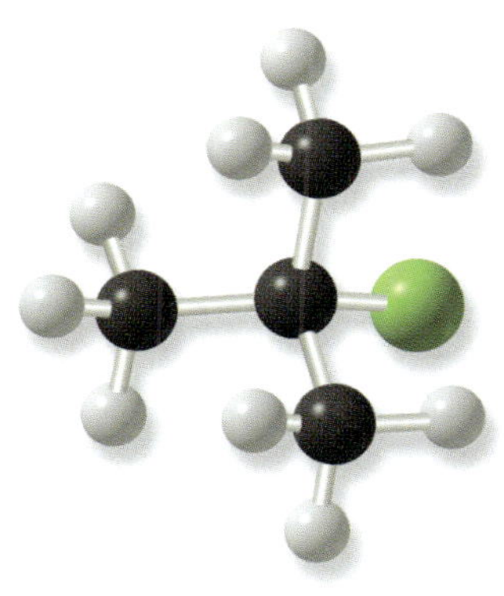

알켄일 할로젠화물(**alkenyl halide**)은 할로젠 원자가 알켄 탄소에 결합한 화합물이다. 그러한 화합물에 대한 옛 이름은 바이닐 할로젠화물이라고도 했다. 아릴 할로젠화물(**aryl halide**)은 할로젠 원자가 벤젠 고리와 같은 방향족 고리에 결합된 화합물이다.

알켄일 염화물 페닐 브로민화물

보기 물음 2.4

분자식이 C_5H_{12}이며 2° 또는 3° 탄소 원자를 가지고 있지 않은 알케인의 구조를 쓰시오. (**힌트**: 이 화합물은 4° 탄소를 가지고 있다.)

풀이

위의 탄소 원자 지정 양식에 따르면 4° 탄소는 4개의 다른 탄소 원자에 연결된 탄소이다. 이 탄소로부터 시작하여 4개의 탄소 원자들을 그들에 붙어 있는 수소들과 함께 더해가면 단 한 가지 가능한 구조가 된다. 다른 4개의 탄소는 모두 1차 탄소이다; 2차나 3차인 것은 없다.

4° 탄소 원자

또는 $CH_3-C(CH_3)_2-CH_3$

되새김 물음 2.10

분자식이 $C_5H_{11}I$인 아래 물질들의 결합선 구조식을 쓰시오.

(a) 1차 알킬 아이오딘화물의 두 가지 구조 이성질체, **(b)** 2차 알킬 아이오딘화물, **(c)** 3차 알킬 아이오딘화물.

각 구조에 대해서 분자 모형을 만들어서 연결 순서의 차이점을 살펴보시오.

되새김 물음 2.11

유기 화합물의 이름을 짓는 것은 나중에 다루겠지만, 알킬 할로젠화물을 부르는 것은 매우 간단하여 여기서 설명하기로 한다. 할로젠이 붙어 있는 알킬기의 이름 앞에 플루오린화, 염화, 브로민화, 아이오딘화 등을 붙인다. 아래의 각 이름에 대한 식과 각 식에 대한 이름을 쓰시오.

(a) 플루오린화 *sec*-뷰틸

(b) 염화 페닐

(c) $CH_3CH_2CH_2CH_2CH_2Cl$

(d) $(CH_3)_2CHI$

(e) C_6H_5I

2.6 알코올과 페놀

메틸 알코올(메탄올이라고도 함)의 구조식은 CH_3OH이며 **알코올(alcohol)**이라고 부르는 유기 화합물의 한 부류 중에 가장 간단한 물질이다. 이 부류의 특성적인 작용기는 sp^3-혼성 탄소에 연결된 하이드록실(—OH)기이다. 다른 예는 에틸 알코올(에탄올) CH_3CH_2OH이다.

—C—Ö—H

이것이 알코올의 작용기이다.

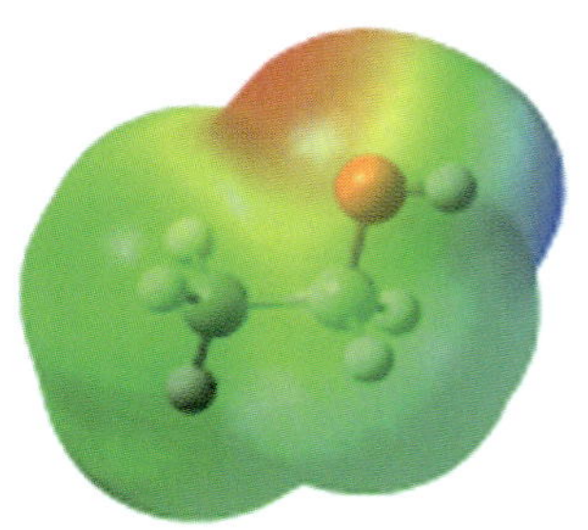

Ethanol

알코올은 구조적으로 보아 (1) 알케인의 하이드록시 유도체, 그리고 (2) 물의 알킬 유도체라고 할 수 있다. 에틸 알코올은 에테인의 한 수소 원자를 하이드록실기로 바꾼 물질, 또는 물의 한 수소 원자를 에틸기로 바꾼 물질인 것이다.

CH_3CH_3 — Ethane

에틸기 CH_3CH_2, 109.5°, O, H, 하이드록실기 — Ethyl alcohol (ethanol)

H, 104.5°, O, H — 물

알킬 할로젠화물처럼 알코올도 1차(1°), 2차(2°), 3차(3°)로 분류한다. **이러한 분류는 하이드록실기가 직접 연결된 탄소의 상태에 따른 것이다.** 탄소가 다른 탄소 한 개에만 연결되었을 때 그 탄소는 **1차 탄소(primary carbon)**이며 그 알코올은 **1차 알코올(primary alcohol)**이다.

1° 탄소

H—C—C—Ö—H 또는 ∕∖ÖH

Ethyl alcohol (1° 알코올)

Geraniol (1° 알코올)

Benzyl alcohol (1° 알코올)

하이드록실기를 가진 탄소가 다른 탄소 두 개와 결합하고 있으면 2차 탄소이며, 그 알코올은 2차 알코올이다.

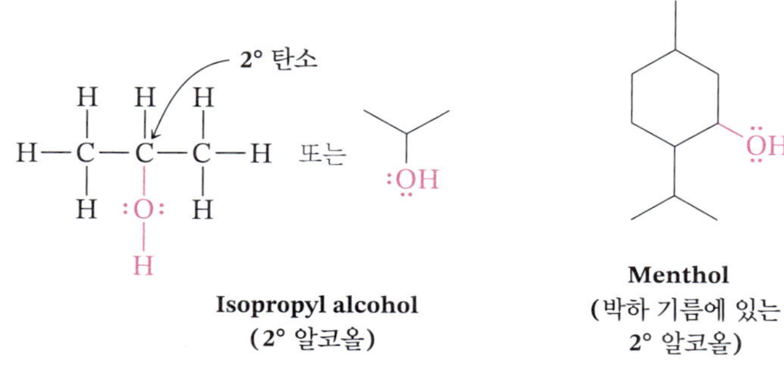

Isopropyl alcohol (2° 알코올)

Menthol (박하 기름에 있는 2° 알코올)

하이드록실기를 가진 탄소가 다른 탄소 세 개와 결합하고 있으면 3차 탄소이며, 그 알코올은 3차 알코올이다.

3° Carbon

또는

***tert*-Butyl alcohol**
(3° 알코올)

Norethindrone
(3° 알코올뿐만 아니라 탄소–탄소 이중 결합 및 삼중 결합을 가진 경구피임약)

도움말
할 수 있다면 여기에 나오는 많은 화합물들의 분자 모형을 만들어서 손으로 들고 연습해 보시오.

되새김 물음 2.12

분자식이 $C_6H_{12}O$에 대한 **(a)** 1차 알코올 한 가지, **(b)** 2차 알코올 한 가지, **(c)** 3차 알코올 한 가지의 결합선 구조식을 쓰시오. (고리형 화합물일 수도 있음)

되새김 물음 2.13

알코올의 이름을 짓는 한 가지 방법은 —OH기가 연결된 알킬기를 먼저 부르고 '알코올'을 붙이는 것이다. **(a)** 네오펜틸 알코올, **(b)** 아이소뷰틸 알코올의 결합선 구조식을 쓰시오.

하이드록실기가 벤젠 고리에 결합되었을 때 고리와 하이드록실의 조합을 **페놀(phenol)**이라고 부른다. 페놀은 3장에서 보겠지만 상대적인 산도가 알코올과 뚜렷이 다르고, 따라서 구별되는 작용기이다.

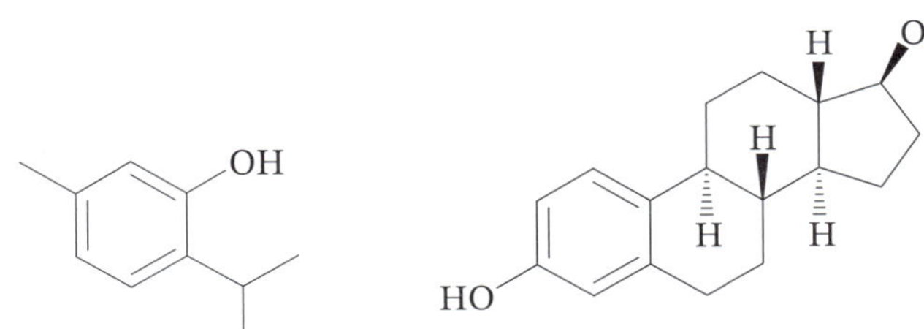

Thymol
[타임(백리향)에서 발견되는 페놀]

Estradiol
(알코올기와 페놀기를 모두 지닌 성호르몬)

페놀기를 지닌 테트라사이클린 항생제
(Y = Cl, Z = H; Aureomycin)
(Y = H, Z = OH; Terramycin)

보기 물음 2.5

estradiol에서 **(a)** 페놀과 **(b)** 알코올 작용기를 원으로 표시하시오. **(c)** 알코올의 부류는 무엇인가?

풀이

(a) 페놀기는 벤젠 고리와 하이드록실기로 구성되므로 분자에서 이 부분을 함께 원으로 그린다. **(b)** 알코올기는 estradiol의 오각형 고리에서 발견된다. **(c)** 알코올 하이드록실기를 지닌 탄소가 두 탄소에 바로 결합되었으므로 2차 알코올이다.

(a) 페놀

(b), (c) 2° 알코올

2.7 에터

에터의 일반식은 R—O—R 또는 R—O—R′으로 R′은 R과 다른 알킬(또는 페닐)기이다. 이것은 물의 두 수소 원자가 모두 알킬기로 바뀐 유도체라고 볼 수 있다. 산소 원자를 중심으로 한 결합각은 물보다 약간 크다.

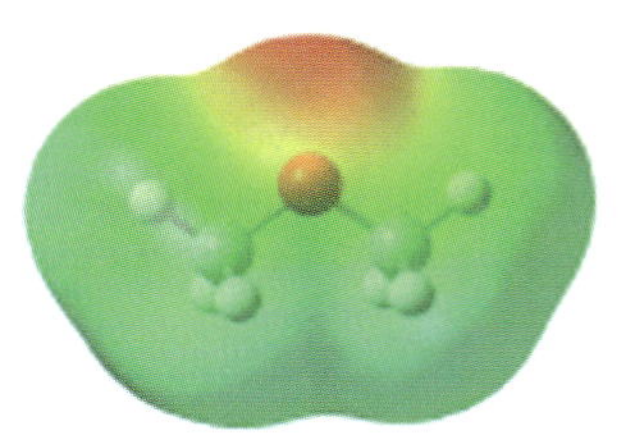

Dimethyl ether

R—Ö—R 또는 R—Ö—R′

에터의 일반식

CH_3—O—CH_3 (110°)

Dimethyl ether
(전형적인 에터)

—C—Ö—C—

에터의 작용기

H_2C—CH_2 (O)

Ethylene oxide

Tetrahydrofuran (THF)

고리형 에터 두 가지

되새김 물음 2.14

에터의 이름을 짓는 한 가지 방법은 산소 원자에 붙어 있는 두 알킬기를 먼저 알파벳 순으로 부르고 '에터'를 부르는 것이다. 두 알킬기가 같으면 앞에 '다이(di)'를 쓴다(예: 다이메틸 에터).
아래의 구조식을 쓰시오.

(a) 다이뷰틸 에터 **(b)** 에틸 프로필 에터 **(c)** 에틸 아이소프로필 에터

아래의 이름을 쓰시오.

(d) 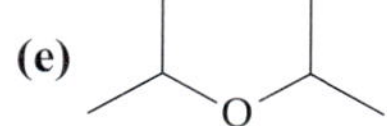

(e) (O)

(f) $CH_3OC_6H_5$

생의학 화학: 일반적인 마취제로서의 에터

웃음 기체라 불리는 산화 이질소(N_2O)는 1799년에 마취제로 처음 사용되었고 아직도 사용된다. 그러나 이것만 단독으로 사용하면 마취 효과가 깊지 않다. 깊은 마취를 내기 위해서 처음 사용된 것은 1842년에 발견된 다이에틸 에터이다. 그 후로 대개 할로젠 치환체를 지닌 여러 가지 다른 에터들이 마취제로 다이에틸 에터를 대신하였다. 한 가지 까닭은 매우 불이 붙기 쉬운 다이에틸 에터와는 달리 할로젠화된 에터는 불이 붙지 않기 때문이다. 현재 흡입 마취제로 사용되는 두 가지 할로젠화된 에터는 desflurane과 sevoflurane이다.

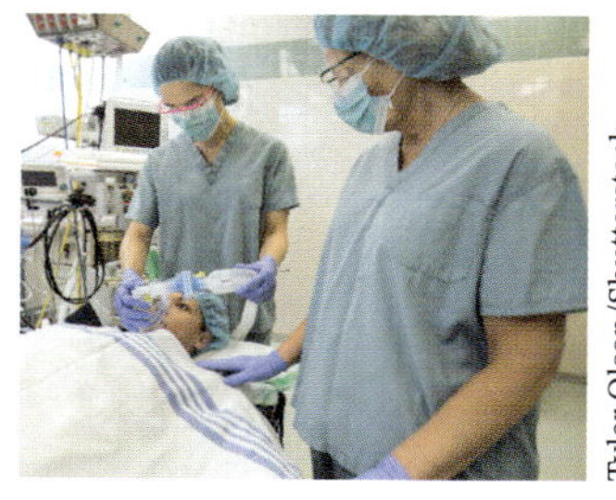

Tyler Olson/Shutterstock

Diethyl ether

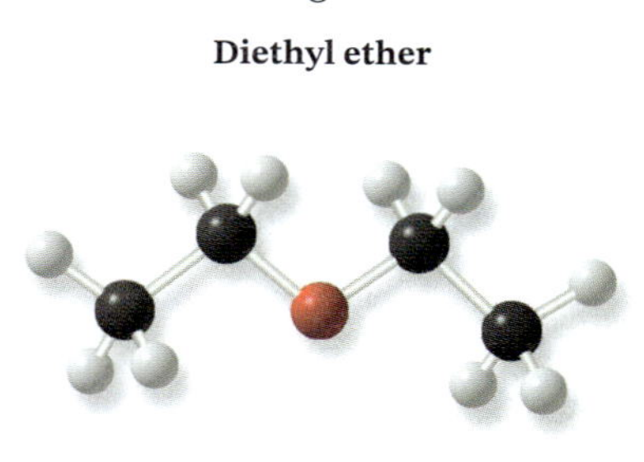

F, F, F_3C, O, F

Desflurane

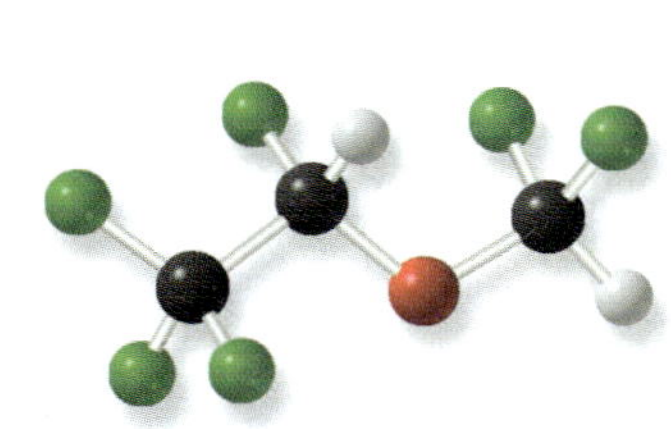

CF_3, F_3C, O, F

Sevoflurane

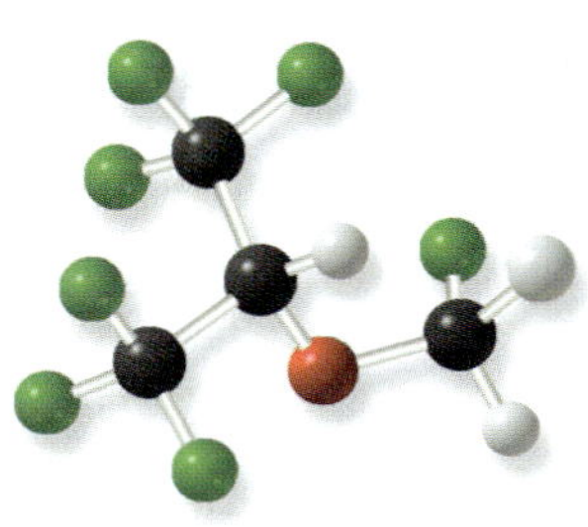

되새김 물음 2.15

아스파탐(aspartame)은 비설탕류의 인조 감미료로 식품과 음료수에 설탕 대체제로 흔히 쓰인다. 아스파탐에 있는 모든 작용기를 원으로 표시하고 이름을 붙이시오.

HO, O, NH_2, O, N, H, OMe, O

Aspartame

2.8 아민

알코올과 에터를 물의 유도체라고 보듯이 아민은 암모니아의 유도체라고 할 수 있다.

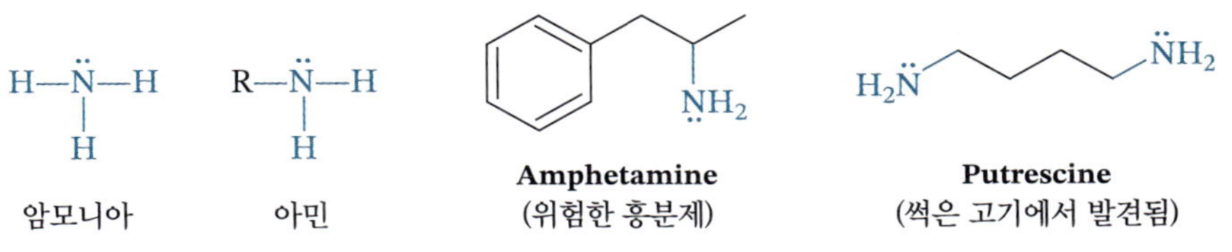

암모니아 아민 **Amphetamine** (위험한 흥분제) **Putrescine** (썩은 고기에서 발견됨)

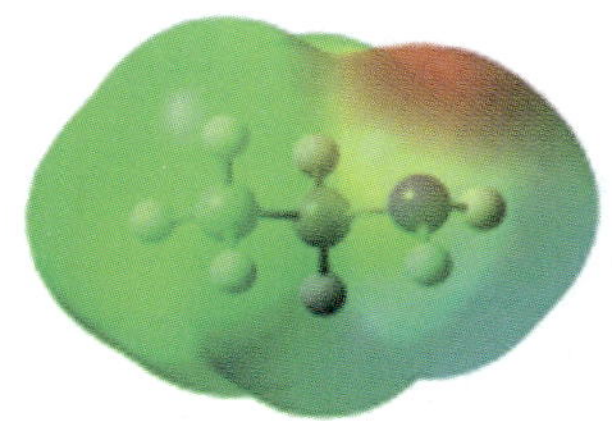

Ethylamine

아민은 1차, 2차, 3차 아민으로 분류된다. **이 분류는 질소 원자에 붙어 있는 유기 기의 수에 의한 것이다.**

R—N̈—H, H   R—N̈—H, R′   R—N̈—R″, R′

1차(**1°**) 아민   1차(**2°**) 아민   1차(**3°**) 아민

이러한 분류는 알코올이나 알킬 할로젠화물의 분류와는 아주 다름을 주의하시오. 예를 들어, 아이소프로필아민은 $—NH_2$기가 2차 탄소에 붙어 있음에도 불구하고 1차 아민이다. 즉, 질소 원자에 단 한 가지의 유기 기가 붙어 있기 때문에 1차인 것이다.

H—C—C—C—H (H, H, H / H, :NH_2, H) 또는 :NH_2 N̈—H

Isopropylamine (**1°** 아민)   **Piperidine** (고리형 **2°** 아민)

암페타민(amphetamine, 아래)은 강력하고도 위험한 흥분제로 1차 아민이다. 도파민(dopamine)은 중요한 신경 전달 물질로서 결핍되면 파킨슨병을 유발시키는데, 이것도 1차 아민이다. 니코틴(nicotine)은 담배에 들어 있는 독성을 지닌 화합물로 흡연 중독을 일으키는데, 3차와 방향족 아민기를 가지고 있다.

H, NH_2 HO, HO, NH_2 N, H, N, Me

Amphetamine   **Dopamine**   **Nicotine**

아민은 암모니아와 비슷하게 삼각 피라미드 모양을 가진다(1.16B절). 트라이메틸아민의 C—N—C 결합각은 108.7°로 메테인의 H—C—H 결합각과 비슷하다. 그러므로 대개의 경우 아민의 질소 원자는 sp^3 혼성을 하며 비공유 전자쌍이 오비탈 하나를 점유하고 있다고 생각하면 된다(아래 참조). 이 사실은 비공유 전자쌍이 노출되어 있으며, 아민의 거의 모든 반응에 이것이 관여하므로 매우 중요하다.

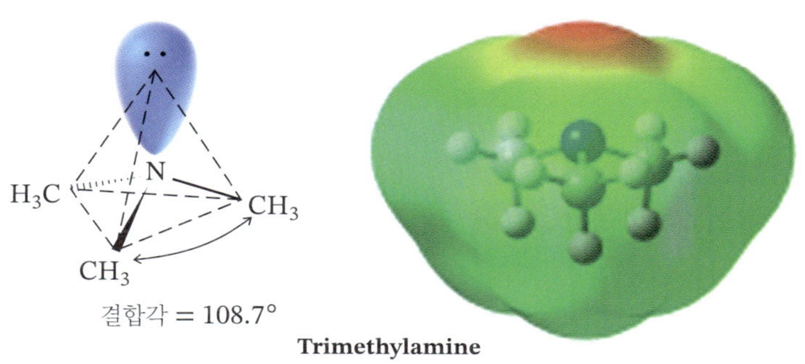

되새김 물음 2.16

아민의 이름을 짓는 한 가지 방법은 질소 원자에 붙어 있는 알킬기를 알파벳 순으로 부르고 같은 알킬기에 대해서는 다이(*di*), 트라이(*tri*) 등의 접두사를 붙이며, 다음에 아민을 접미사로 부르면 된다(따로 쓰는 낱말이 아님). 한 예로 아이소프로필아민은 구조식이 위에 보인 것과 같다.

(a), **(b)**, **(c)**, 그리고 **(d)**의 이름을 쓰시오. 화합물 **(a)**~**(d)**의 분자 모형을 만들어 보시오.

(a) (N–H 구조) **(b)** $(\diagup\!\!\diagdown\!\!\diagup)_3\ddot{N}$ **(c)** Ph–N(H)–Me **(d)** Ph–$\ddot{N}Me_2$

(e) 프로필아민, **(f)** 트라이메틸아민, **(g)** 에틸아이소프로필메틸아민의 결합선 구조식을 쓰시오.

되새김 물음 2.17

되새김 물음 2.16에서 **(a)** 1차 아민, **(b)** 2차 아민, **(c)** 3차 아민을 구별하시오.

되새김 물음 2.18

아민은 암모니아처럼 약염기이다. 비공유 전자쌍을 이용하여 양성자를 받기 때문이다.

(a) 트라이에틸아민과 HCl 사이에서 일어나는 반응을 쓰시오.

(b) 반응 생성물에서 질소 원자는 무슨 혼성 상태일 것이라고 예상하는가?

2.9 나이트릴

나이트릴의 구조식은 R—C≡N:(또는 R—CN)이다. 나이트릴의 탄소와 질소는 *sp* 혼성을 한다. IUPAC 명명법에서 사슬형 나이트릴은 대응되는 탄화수소의 이름에다 어미 '나이트릴(nitrile)'을 덧붙인다. —C≡N기의 탄소 원자에 1번을 붙인다. 아세토나이트릴은 CH_3CN의 공인된 보통명이고, 아크릴로나이트릴은 CH_2═CHCN의 공인된 보통명이다.

$CH_3—C≡N:$ (2, 1)
Ethanenitrile
(acetonitrile)

$CH_3CH_2CH_2—C≡N:$ (4, 3, 2, 1)
Butanenitrile

Propenenitrile
(acrylonitrile)

4-Pentenenitrile

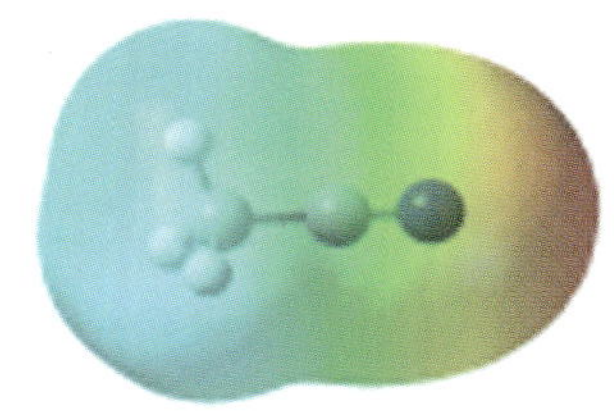
Acetonitrile

고리형 나이트릴은 어미 카보나이트릴을 —CN기가 붙어 있는 고리의 이름에 붙인다. 벤조나이트릴은 C_6H_5CN에 대한 보통명이다.

Benzenecarbonitrile
(benzonitrile)

Cyclohexanecarbonitrile

2.10 알데하이드와 케톤

알데하이드와 케톤은 모두 **카보닐기**(**carbonyl group**)를 가지고 있다. 카보닐기는 탄소 원자가 산소와 이중 결합을 형성한 것이다.

카보닐기

Acetaldehyde

알데하이드의 카보닐기는 한 개의 수소 원자(예외: 폼알데하이드는 유일하게 두 수소 원자를 지니고 있음)에 연결되어 있다. 케톤의 카보닐기는 두 탄소 원자가 연결되어 있다. R을 써서 알데하이드와 케톤을 다음과 같이 나타낼 수 있다.

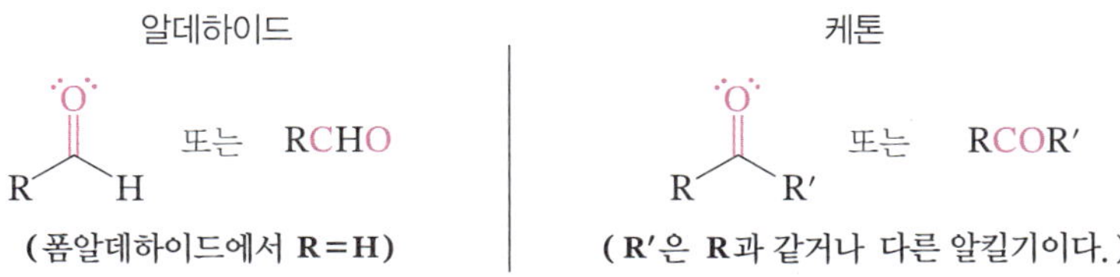

몇 가지 알데하이드와 케톤의 예를 아래에 수록하였다.

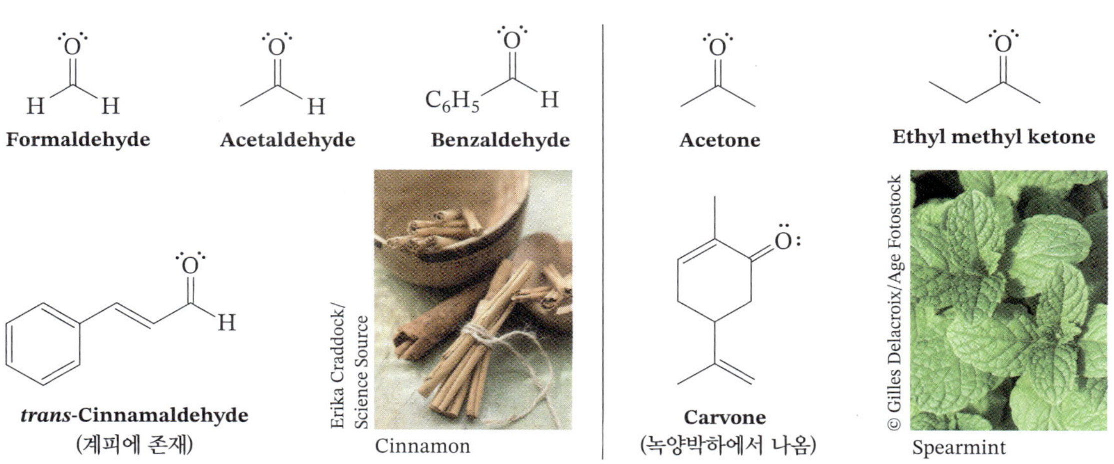

알데하이드와 케톤은 카보닐 탄소 원자를 중심으로 기들이 삼각 평면 배열을 하고 있다. 탄소 원자는 sp^2 혼성을 한다. 예를 들어, 폼알데하이드에서 결합각은 다음과 같다.

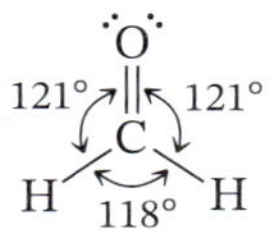

121° 121° 118°

레틴알(retinal, 아래)은 바이타민 A로부터 얻어지는 알데하이드로 시력에 중요한 역할을 한다. 이에 대해서는 13장에서 더 논의한다.

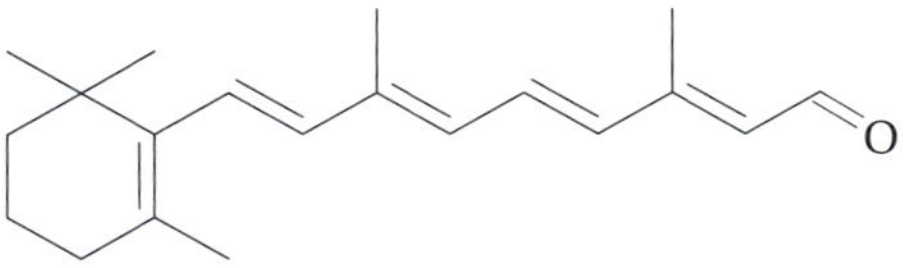

Retinal

되새김 물음 2.19 카본(carvone)에 대하여 표시된 대로 전자가 이동하여 생긴 공명 구조를 쓰시오. 모든 형식 전하를 표시하시오.

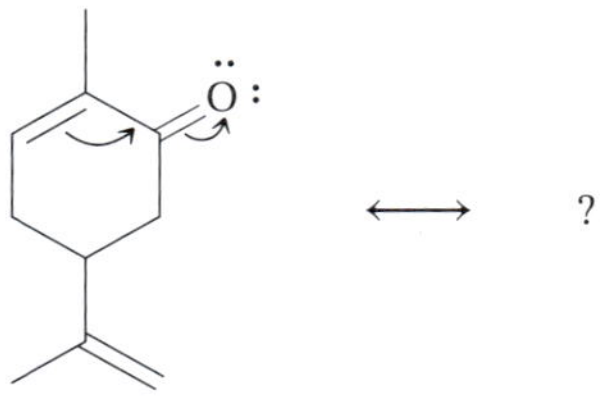

⟷ ?

되새김 물음 2.20 분자식이 $C_5H_{10}O$인 **(a)** 4가지 알데하이드와 **(b)** 3가지 케톤의 결합선 구조식을 쓰시오.

2.11 카복실산 및 유도체

카복실산, 에스터, 그리고 아마이드는 모두 산소 또는 질소 원자에 결합된 카보닐기를 가지고 있다. 나중에 알게 되겠지만 이 작용기들은 적당한 반응을 통하여 상호 전환될 수 있다.

2.11A 카복실산

카복실산은 하이드록실기가 카보닐기에 결합되어 있으며,

일반식은 $\mathrm{RC(=O)OH}$이다. 작용기는 $\mathrm{-C(=O)OH}$이며 **카복실(carboxyl, 카보**닐 + 하이드록**실)**기라고 부른다.

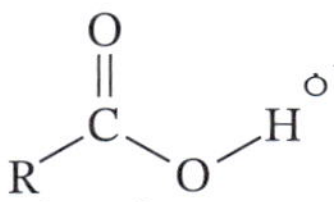

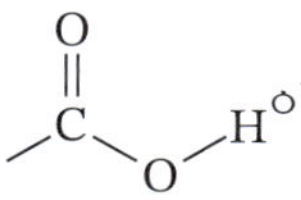

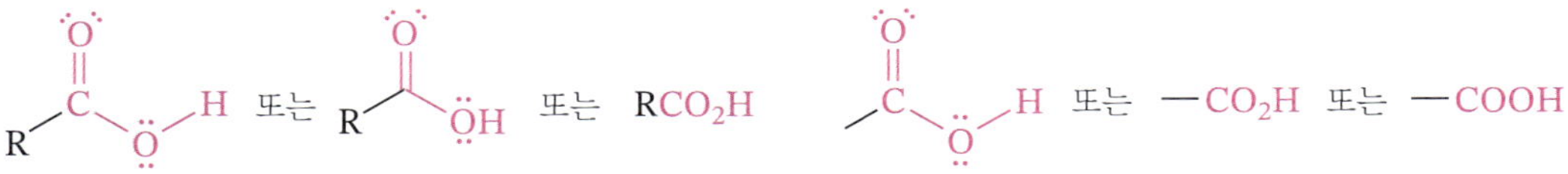

$\mathrm{RC(=O)OH}$ 또는 $\mathrm{RC(=O)OH}$ 또는 RCO_2H — 카복실산

$\mathrm{-C(=O)OH}$ 또는 $-CO_2H$ 또는 $-COOH$ — 카복실기

카복실산의 예로 폼산, 아세트산, 그리고 벤조산이 있다.

또는 또는 HCO_2H

Formic acid

또는 또는 CH_3CO_2H

Acetic acid

또는 또는 $C_6H_5CO_2H$

Benzoic acid

Acetic acid

폼산은 개미가 분비하는 매우 자극적인 물질이다(개미에게 물리면 피부 속으로 폼산이 주입된다; *formica*는 라틴어로 '개미'를 뜻한다). 아세트산은 식초의 신맛을 내는 성분으로 술의 성분인 에틸 알코올에 박테리아가 작용하여 공기에 의한 산화가 일어남으로써 만들어진다.

보기 물음 2.6

아세트산이 양성자를 염기에 제공하면 아세트산 이온($CH_3CO_2^-$)이 생긴다. **(a)** 아세트산 이온과 아세트산의 공명 구조를 두 가지씩 쓰시오. **(b)** 아세트산 이온과 아세트산 중 어느 화학종이 공명에 의해서 가장 안정화되는가?

풀이

(a) 전자쌍을 아래에 표시한 것처럼 이동시킨다.

Acetic acid

Acetate ion

(b) 아세트산 이온이 전하의 분리가 없기 때문에 더 안정하다.

분자식이 $C_5H_{10}O_2$인 4가지 카복실산의 결합선 구조식을 쓰시오. **되새김 물음 2.21**

2.11B 에스터

에스터의 일반식은 RCO_2R'(또는 RCOOR′)이며, 카복실기가 알콕실(—OR)기에 결합되어 있다.

또는 또는 RCO_2R'

에스터의 일반식

Ethyl acetate

뷰탄산 펜틸은 살구와 배의 향을 지녔다.

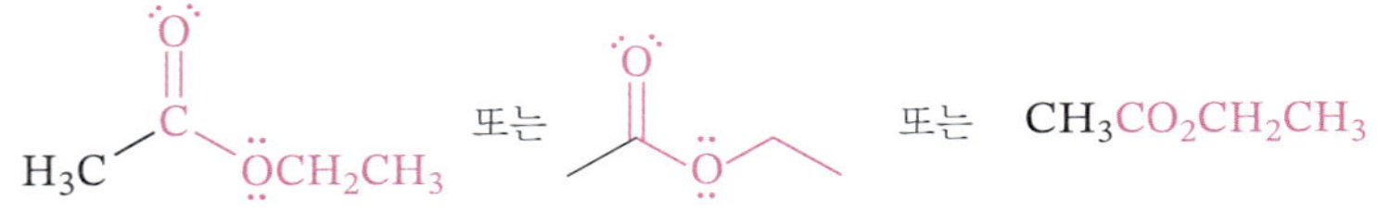

아세트산 에틸은 중요한 용매이다.

O

O

뷰탄산 펜틸은 살구와 배의 향을 지녔다.

되새김 물음 2.22 분자식이 $C_5H_{10}O_2$인 3가지 에스터의 결합선 구조식을 쓰시오.

되새김 물음 2.23 아세트산 에틸의 또 다른 공명 구조를 쓰시오. 형식 전하를 표시하시오.

에스터는 카복실산과 알코올로부터 산 촉매에 의해서 물 분자 하나가 떨어지면서 형성된다. 예를 들면,

$$\underset{\text{Acetic acid}}{H_3C-C(=O)-OH} + \underset{\text{Ethyl alcohol}}{HOCH_2CH_3} \xrightarrow{\text{산 촉매}} \underset{\text{Ethyl acetate}}{H_3C-C(=O)-OCH_2CH_3} + H_2O$$

인체는 '지방산'이라 불리는 긴 사슬의 카복실산을 글리세롤과 축합시켜 에스터를 형성한다. 이들의 화학은 23장에서 자세히 다룬다.

2.11C 아마이드

아마이드는 $RCONH_2$, $RCONHR'$, 또는 $RCONR'R''$의 화학식을 가지는데, 카보닐기가 수소를 가졌거나 갖지 않은 질소 원자에 결합되어 있다. 일반식과 구체적인 예를 아래에 나열하였다.

Media Bakery

나일론은 규칙적으로 반복되는 아마이드기로 이루어진 폴리머이다.

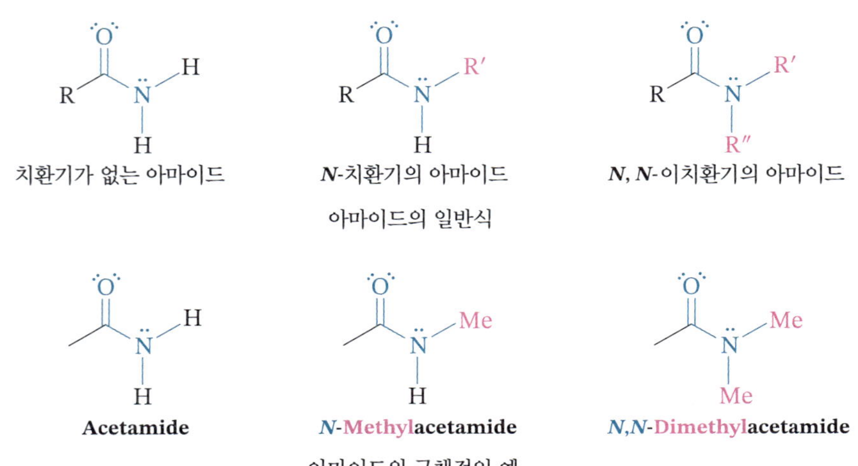

Acetamide

N-과 *N*,*N*- 등은 치환기가 질소 원자에 붙어 있음을 나타낸다.

아세트아마이드의 또 다른 공명 구조를 쓰시오. **되새김 물음 2.24**

2.11D 아실 염화물

아실 염화물은 일반식이 RCOCl인데 카보닐기가 염소(Cl)에 결합되어 있다. 명명법으로 아실 염화물은 모체인 —산(*-ic acid*)을 염화 —산(*-yl chloride*)으로 부른다.

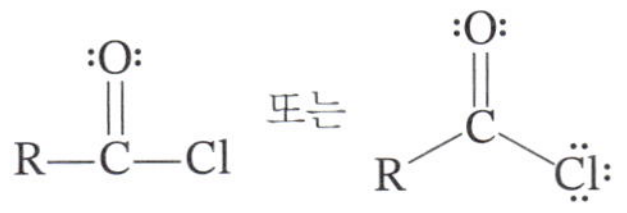

:O: ‖ R—C—Cl 또는 :O: ‖ R–C–:Cl:

일반식

H_3C–C(=:O:)–Cl

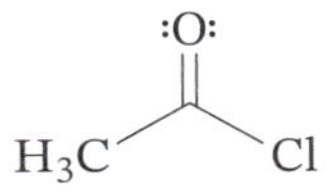

염화 아세트산은 아세틸화 반응에 쓰인다.

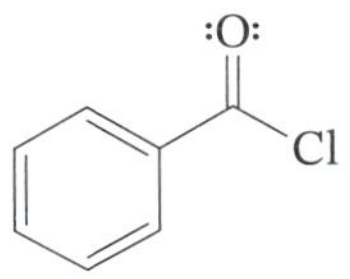

염화 벤조산은 벤조일화 반응에 쓰인다.

아실 염화물은 산 유도체 중 가장 반응성이 크므로 이것들을 만들려면 특수한 시약을 사용해야 한다. 다른 산 염화물을 사용하거나 **무기산의 산 염화물을 사용한다**: PCl_5(인산의 산 염화물), PCl_3(아인산의 산 염화물), $SOCl_2$(아황산의 산 염화물). 이들 모든 시약은 카복실산과 반응하여 산 염화물을 좋은 수율로 생성한다.

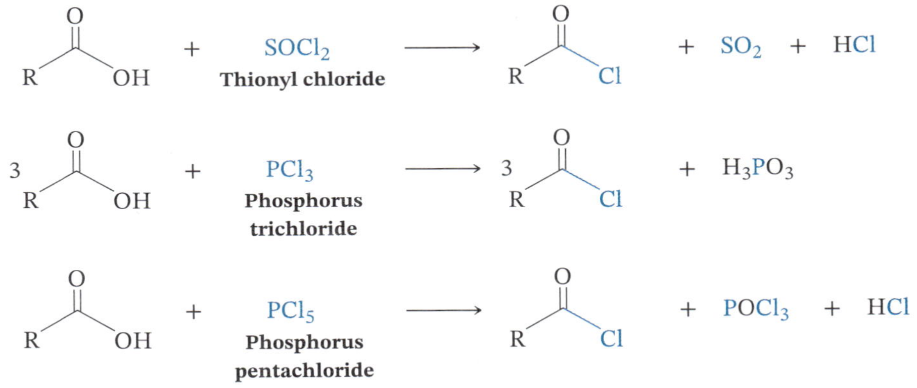

$$\text{RCOOH} + \underset{\textbf{Thionyl chloride}}{SOCl_2} \longrightarrow \text{RCOCl} + SO_2 + HCl$$

$$3\,\text{RCOOH} + \underset{\textbf{Phosphorus trichloride}}{PCl_3} \longrightarrow 3\,\text{RCOCl} + H_3PO_3$$

$$\text{RCOOH} + \underset{\textbf{Phosphorus pentachloride}}{PCl_5} \longrightarrow \text{RCOCl} + POCl_3 + HCl$$

화학식 C_4H_7OCl의 두 가지 산 염화물의 결합선 구조식을 쓰시오. **되새김 물음 2.25**

염화 프로판산의 다른 공명 구조를 쓰시오. 형식 전하를 포함하시오. **되새김 물음 2.26**

2.11E 카복실산 무수물

산 무수물의 일반식은 $(RCO)_2O$인데 두 카보닐기가 산소를 통하여 결합되어 있다.

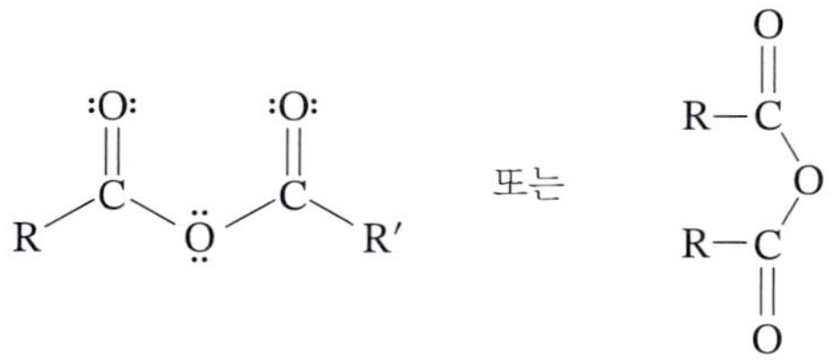

일반식

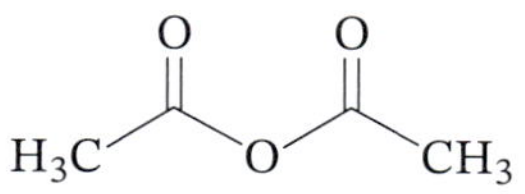

아세트산 무수물은 아세틸화 반응에 쓰인다.

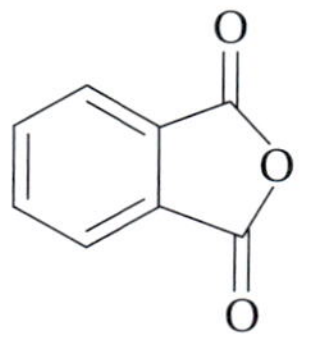

프탈산 무수물은 페인트나 니스(광택제)에 널리 쓰인다.

카복실산은 피리딘 존재하에 아실 염화물과 반응시키면 카복실산 무수물이 된다. 피리딘은 카복실산을 탈양성자화시켜 친핵성도를 증가시킨다.

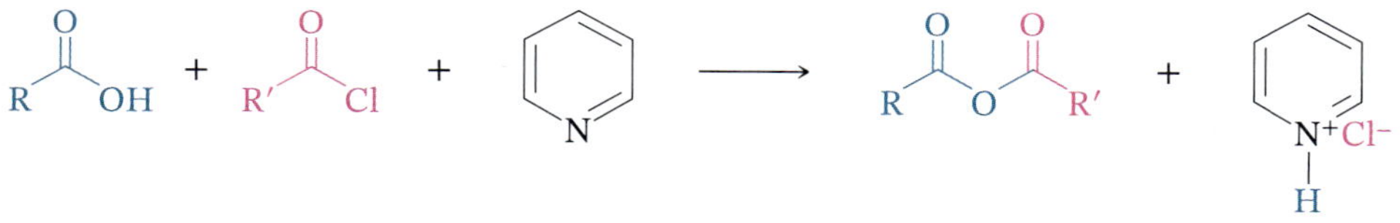

이 방법은 실험실에서 산 무수물을 만드는 데 흔히 사용된다. 이 방법은 아주 일반적이고 혼성 무수물($R \neq R'$)이나 대칭인 무수물($R = R'$)을 만드는 데 쓰인다.

되새김 물음 2.27 화학식 $C_6H_{10}O_3$의 세 가지 산 무수물의 결합선 구조식을 쓰시오.

되새김 물음 2.28 벤조산 무수물의 또 다른 공명 구조를 쓰시오. 형식 전하를 포함하시오.

2.12 유기 화합물의 중요한 부류에 대한 요약

유기 화합물의 중요한 부류에 대한 요약을 **표 2.3**에 수록하였다. 이 일반적인 작용기들이 다른 더욱 복잡한 분자에서 나올 때마다 알아볼 수 있도록 배워 두어야 한다.

표 2.3 유기 화합물의 중요한 부류

	부류							
	알케인	알켄	알카인	방향족	할로알케인	알코올	페놀	에터
작용기	C–H 와 C–C 결합	$\rangle C{=}C\langle$	$-C{\equiv}C-$	방향족 고리	$-\overset{\mid}{\underset{\mid}{C}}-\ddot{\underset{..}{X}}:$	$-\overset{\mid}{\underset{\mid}{C}}-\ddot{O}H$	OH	$-\overset{\mid}{\underset{\mid}{C}}-\ddot{\underset{..}{O}}-\overset{\mid}{\underset{\mid}{C}}-$
일반식	RH	$RCH{=}CH_2$ $RCH{=}CHR$ $R_2C{=}CHR$ $R_2C{=}CR_2$	$RC{\equiv}CH$ $RC{\equiv}CR$	ArH	RX	ROH	ArOH	ROR
구체적인 예	CH_3CH_3	$CH_2{=}CH_2$	$HC{\equiv}CH$		CH_3CH_2Cl	CH_3CH_2OH	OH	CH_3OCH_3
IUPAC 이름	Ethane	Ethene	Ethyne	Benzene	Chloroethane	Ethanol	Phenol	Methoxymethane
관용명[a]	Ethane	Ethylene	Acetylene	Benzene	Ethyl chloride	Ethyl alcohol	Phenol	Dimethyl ether

	아민	알데하이드	케톤	카복실산	에스터	아마이드	나이트릴
작용기	$-\overset{\mid}{\underset{\mid}{C}}-\ddot{N}\langle$	$\overset{\ddot{O}}{\overset{\|}{C}}-H$	$-\overset{\mid}{\underset{\mid}{C}}-\overset{\ddot{O}}{\overset{\|}{C}}-\overset{\mid}{\underset{\mid}{C}}-$	$\overset{\ddot{O}}{\overset{\|}{C}}-\ddot{O}H$	$\overset{\ddot{O}}{\overset{\|}{C}}-\ddot{O}-\overset{\mid}{\underset{\mid}{C}}-$	$\overset{\ddot{O}}{\overset{\|}{C}}-\ddot{N}\langle$	$-C{\equiv}N:$
일반식	RNH_2 R_2NH R_3N	$R\overset{O}{\overset{\|}{C}}H$	$R\overset{O}{\overset{\|}{C}}R'$	$R\overset{O}{\overset{\|}{C}}OH$	$R\overset{O}{\overset{\|}{C}}OR'$	$R\overset{O}{\overset{\|}{C}}NH_2$ $R\overset{O}{\overset{\|}{C}}NHR'$ $R\overset{O}{\overset{\|}{C}}NR'R''$	RCN
구체적인 예	CH_3NH_2	$CH_3\overset{O}{\overset{\|}{C}}H$	$CH_3\overset{O}{\overset{\|}{C}}CH_3$	$CH_3\overset{O}{\overset{\|}{C}}OH$	$CH_3\overset{O}{\overset{\|}{C}}OCH_3$	$CH_3\overset{O}{\overset{\|}{C}}NH_2$	$CH_3C{\equiv}N$
IUPAC 이름	Methanamine	Ethanal	Propanone	Ethanoic acid	Methyl ethanoate	Ethanamide	Ethanenitrile
관용명	Methylamine	Acetald-ehyde	Acetone	Acetic acid	Methyl acetate	Acetamide	Acetonitrile

[a]이 이름들도 또한 IUPAC에 의해서 채택되었다.

2.12A 생물학적으로 중요한 화합물에 있는 작용기

표 2.3에 수록된 많은 작용기들은 생체 화합물의 중심이다. 예를 들면, 전형적인 당은 포도당이다. 포도당은 여러 개의 하이드록실기(—OH)를 지니고 있으며 한 형태에서는 알데하이드기를 가진다. 지방과 기름은 에스터기를, 그리고 단백질은 아마이드기를 지녔다. 아래의 예에서 알코올, 알데하이드, 에스터, 아마이드를 확인해 보시오.

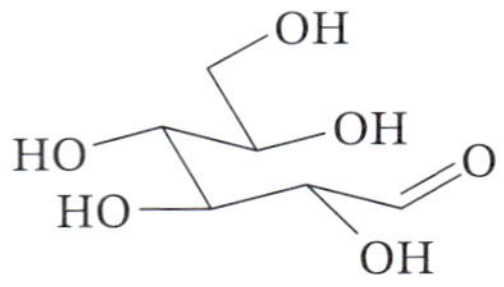

포도당

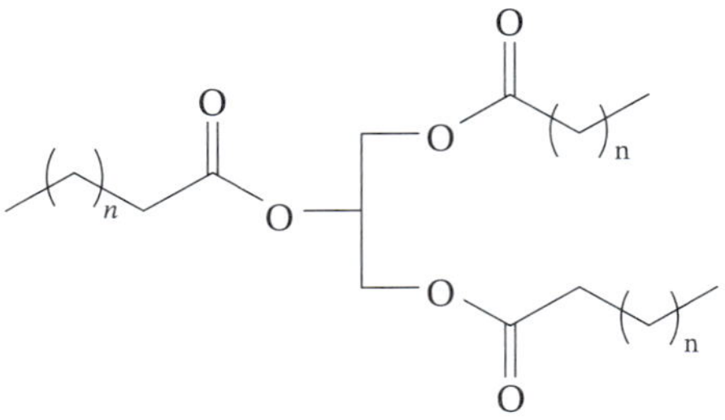

전형적인 지방

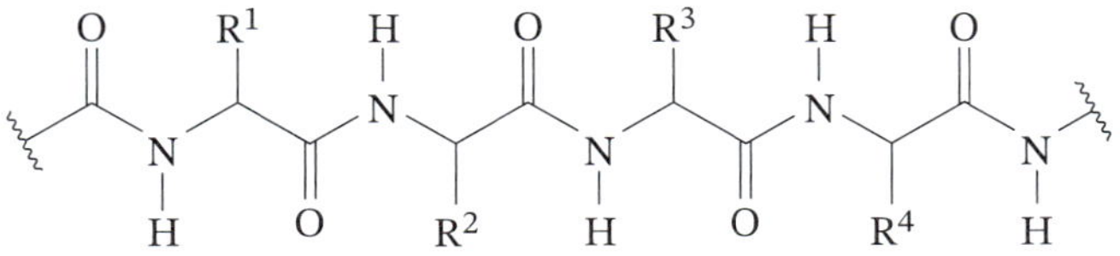

단백질의 일부분

2.13 물리적 성질과 분자 구조

아직까지 유기 화합물의 가장 뚜렷한 특성인 **물리적 상태나 상**에 대해서는 아무런 언급도 하지 않았다. 어떤 물질이 고체인지, 액체인지, 아니면 기체인지는 실험에서 관찰되는 분명한 것들 중의 하나이다. 물리적 상태의 전환이 일어나는 온도, 즉 녹는점(mp)과 끓는점(bp)은 가장 쉽게 측정할 수 있는 **물리적 성질(physical property)**이다. 녹는점과 끓는점은 또한 유기 화합물의 확인과 분리에도 매우 유용하다.

예를 들어 실온, 1기압에서 액체인 유기 화합물의 합성을 막 끝냈다고 하자. 이때 생성물과 부산물, 용매 등의 끓는점을 알고 있다면 생성물을 분리하는 데 단순 증류를 해야 할 것인지 여부를 정할 수 있다.

어떤 경우에 생성물은 고체일 수도 있다. 이때 결정법에 의하여 물질을 분리해 내려면 녹는점과 다른 용매에 대한 용해도를 알아야 한다. 이미 알려진 물질들의 물리적 상수는 편람*이나 학술지에서 쉽게 찾을 수 있다. 이 장에서 논의한 다른 몇 가지 물질들의 녹는점과 끓는점을 **표 2.4**에 수록하였다.

도움말
분자 구조가 물리적 성질에 어떻게 영향을 미치는지를 이해하는 것은 실용 유기 화학에 매우 중요하다.

유기 합성 연구에서 얻어지는 생성물은 전에 알려진 바 없는 새로운 물질인 경우가 많다. 이때 새로운 화합물을 성공적으로 분리하려면 녹는점, 끓는점, 용해도 등을 비교적 정확하게 추정해야 한다. 이러한 거시적인 물리적 성질을 예측하는 데 바탕이 되는 것은 물질의 구조와 분자 및 이온 사이에 작용하는 힘이다. 상 변화가 일어나는 온도는 이들 분자간 힘에 대한 한 가지 표현이다.

2.13A 이온성 화합물: 이온 사이의 힘

- 물질의 **녹는점(melting point)**은 질서를 갖춘 고체 상태와 무질서한 액체 상태가 서로 평형을 이룬 온도이다.

* 매우 유용한 편람으로 *'Handbook of Chemistry'*, Lange, N.A., Ed., McGraw-Hill, New York, 그리고 *CRC Handbook of Chemistry and Physics*, CRC: Boca Raton, FL 등이 있다.

표 2.4 대표적인 화합물들의 물리적 성질

화합물	구조	mp (°C)	bp (°C) (1 atm)
Methane	CH_4	−182.6	−162
Ethane	CH_3CH_3	−172	−88.2
Ethene	$CH_2{=}CH_2$	−169	−102
Ethyne	$HC{\equiv}CH$	−82	−84 승화
Chloromethane	CH_3Cl	−97	−23.7
Chloroethane	CH_3CH_2Cl	−138.7	13.1
Ethyl alcohol	CH_3CH_2OH	−114	78.5
Acetaldehyde	CH_3CHO	−121	20
Acetic acid	CH_3CO_2H	16.6	118
Sodium acetate	CH_3CO_2Na	324	분해
Ethylamine	$CH_3CH_2NH_2$	−80	17
Diethyl ether	$(CH_3CH_2)_2O$	−116	34.6
Ethyl acetate	$CH_3CO_2CH_2CH_3$	−84	77

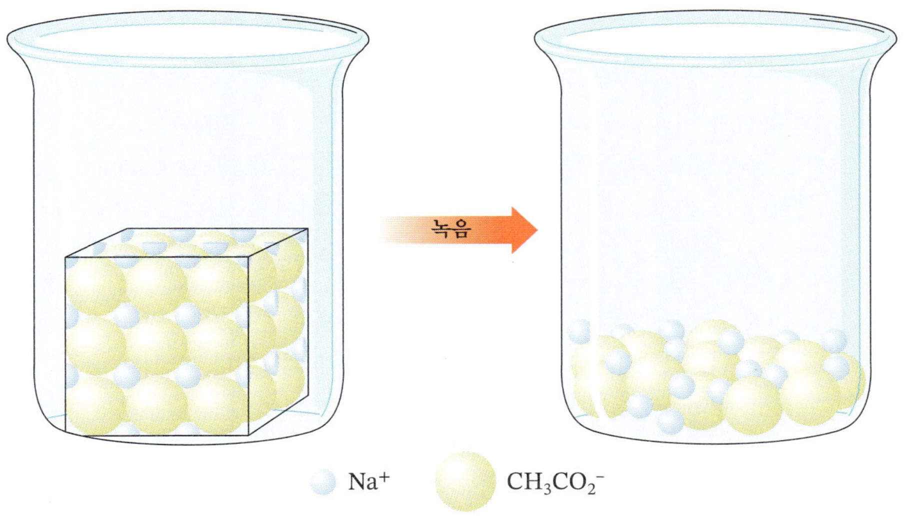

그림 2.6 아세트산 소듐의 녹음

물질이 이온성 화합물이면(예: 아세트산 소듐, 표 2.4) 결정 상태에서 **이온 사이의 힘(ion-ion force)**은 음이온과 양이온 사이에서 작용하는 강력한 정전기적인 격자 간의 인력이다. **그림 2.6**에서 각 소듐 이온은 음전하를 띤 아세트산 이온에 의하여 둘러싸여 있다. 그리고 아세트산 이온은 양전하의 소듐 이온으로 둘러싸여 있다. 질서 정연한 결정 구조를 깨부수어 무질서한 액체로 만들려면 많은 에너지가 필요하다. 결과적으로 아세트산 소듐이 녹는 온도는 324 °C로 매우 높다. 이온성 화합물의 **끓는점(boiling point)**은 더욱 높아서 끓기 전에 파괴된다(원하지 않는 화학 반응에 의해서 변화한다). 아세트산 소듐도 이런 성질을 가지고 있다.

2.13B 분자간 힘(van der Waals 힘)

분자들 사이에서 작용하는 힘은 이온 사이의 힘만큼 강하지는 않지만, 완전히 비극성인 분자조차도 액체나 고체 상태로 존재할 수 있는 원인이 된다. 이들 **분자간 힘(intermolecular force)**은 총괄적으로 **van der Waals 힘(van der Waals force)**이라고 부르는데 본질은 모두 전기적이다. 다음 네 가지 형태에 대해 초점을 두기로 한다.

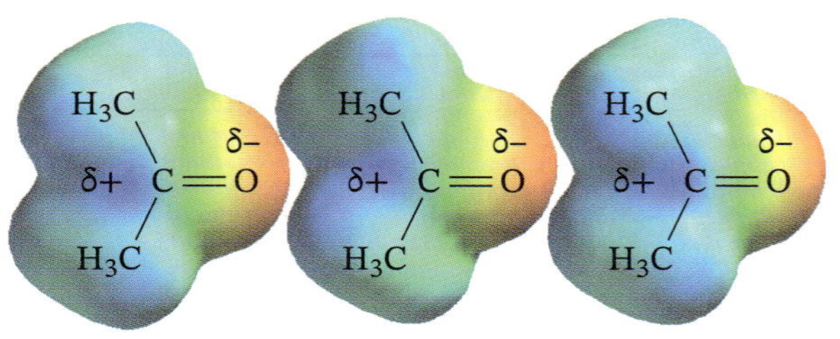

그림 2.7 아세톤 분자의 부분적으로 음전하를 띤 영역과 양전하를 띤 영역 사이의 쌍극자–쌍극자 상호작용으로 인하여 분자가 배열되는 것을 보여 주는 정전기적 퍼텐셜 모형

1. 쌍극자–유발 쌍극자 사이의 힘
2. 쌍극자–쌍극자 사이의 힘
3. 수소 결합
4. 분산력

쌍극자–유발 쌍극자 사이의 힘 영구 쌍극자 모멘트를 가진 유기 분자들은 극성인 분자(쌍극자를 지닌)로 분류되며, 결합 전자들이 균일하게 분배된 유기 분자들은 비극성 분자로 분류된다. 아세톤과 에탄올은 카보닐기와 하이드록실기가 각각 존재하므로 극성 분자의 예이다. 수소와 질소는 비극성 분자들인데 균일한 전자 분포를 보이는 유사한 원자들이 존재하기 때문이다. 극성인 분자가 비극성 분자와 접촉하게 되면 불균일한 전자운의 분포를 유발시켜서 비극성인 분자는 유발 쌍극자가 된다. **쌍극자–유발 쌍극자(dipole-induced dipole)** 인력으로 분자들은 한 분자의 양(+)인 끝이 다른 분자의 음(−)인 끝을 향하는 식으로 배열된다.

쌍극자–쌍극자 사이의 힘 대부분의 유기 분자들은 결합 전자들의 불균일한 분포로 인하여 **영구 쌍극자**를 가지고 있다(2.3절). 아세톤이나 아세트알데하이드 등은 영구 쌍극자를 갖는 분자의 예이다. 이들이 지닌 카보닐기가 매우 극성을 띠기 때문이다. 액체나 고체 상태에서 **쌍극자–쌍극자(dipole–dipole)** 인력은 분자들로 하여금 한 분자의 양의 끝부분이 다른 분자의 음의 끝부분을 향하도록 배열하게 된다(**그림 2.7**).

수소 결합

- 크기가 작으면서 전기 음성도가 큰 원자(O, N, 또는 F)에 연결된 수소 원자와 이 원자들에 있는 비결합 전자쌍 사이에 매우 강력한 쌍극자–쌍극자 인력이 작용한다. 이런 모양의 분자간 인력을 **수소 결합(hydrogen bond)**이라고 부른다.

수소 결합(결합 해리 에너지: 4~38 kJ mol^{-1})은 일반적인 공유 결합보다 약하지만, 일례로 아세톤에 존재하는 쌍극자–쌍극자 상호작용보다 훨씬 더 크다.

수소 결합은 물, 암모니아, 그리고 플루오린화 수소가 분자량이 메테인과 비슷함에도 끓는점은 메테인(bp −161.6 °C)보다 훨씬 높은 까닭을 설명해 준다.

bp 100 °C **bp 19.5 °C** **bp −33.4 °C**

수소 결합은 적색 점으로 표시되어 있다.

수소 결합의 가장 중요한 결과 중 하나는 물을 25 °C에서 기체가 아닌 액체가 되도록 하는 것이다. 계산에 의하면 수소 결합이 없을 경우 물의 끓는점은 −80 °C 부근이며, 이 온도 이하로 온도가 낮아지지 않으면 액체로 존재하지 않을 것이다. 이럴 경우 우리가 아는 생명체란 이 지구상에 존재하지 않을 것이다.

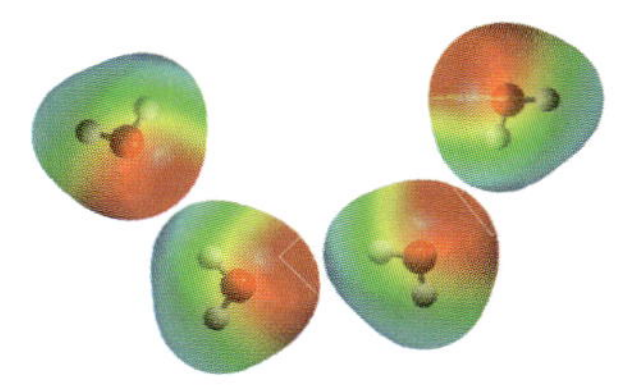

물 분자들은 반대 부분 전하들의 인력으로 회합된다.

수소 결합은 이중 줄기 DNA의 염기쌍을 잡아맨다(25.4절). 타이민은 아데닌과 수소 결합을 한다. 사이토신은 구아닌과 수소 결합을 한다.

DNA 골격 DNA 골격

Thymine **Adenine**

DNA 골격 DNA 골격

Cytosine **Guanine**

에틸 알코올(78.5 °C)이 분자량이 같은 다이메틸 에터(24.9 °C)보다 훨씬 더 높은 끓는점을 가졌다는 사실은 수소 결합으로 잘 설명될 수 있다. 에틸 알코올 분자는 산소 원자와 공유 결합을 한 수소 원자가 있으므로 서로 강력한 수소 결합을 형성할 수 있다.

적색 점선의 결합이 수소 결합이다. **O**, **N**, 또는 **F** 원자와 수소 원자가 연결된 분자에서만 강한 수소 결합이 생긴다.

다이메틸 에터는 전기 음성도가 큰 원자에 연결된 수소가 없기 때문에 서로 수소 결합을 할 수가 없다. 다이메틸 에터의 분자간 인력은 약한 쌍극자–쌍극자 상호작용이다.

페놀도 또한 강력한 분자간 수소 결합을 형성할 수 있고, 따라서 분자량이 비슷한 다른 방향족 탄화수소보다 끓는점이 높다. 페놀(하이드록시벤젠, bp 182 °C)은 톨루엔(메틸벤젠, bp 110.6 °C)과 똑같은 분자량을 가졌음에도 톨루엔보다 70 °C나 더 높은 온도에서 끓는다.

극성과 수소 결합 이외에 유기 화합물의 **녹는점**에 영향을 주는 또 하나의 요인은 개개 분자의 빽빽함(조밀성)과 딱딱함(경직성)이다.

되새김 물음 2.29

아래 각각의 화합물들은 분자량이 같거나 비슷하다. 각 쌍에서 어느 것의 끓는점이 더 높겠는가? 설명하시오.

(a) NH 또는 N—CH_3

(b) F, F 또는 F, F

(c) OH 또는 HO OH

- 대칭인 분자는 일반적으로 녹는점이 높아진다. 예를 들어 *tert*-뷰틸 알코올은 아래에 보인 이성질체인 다른 알코올들보다 매우 높은 녹는점을 가졌다.

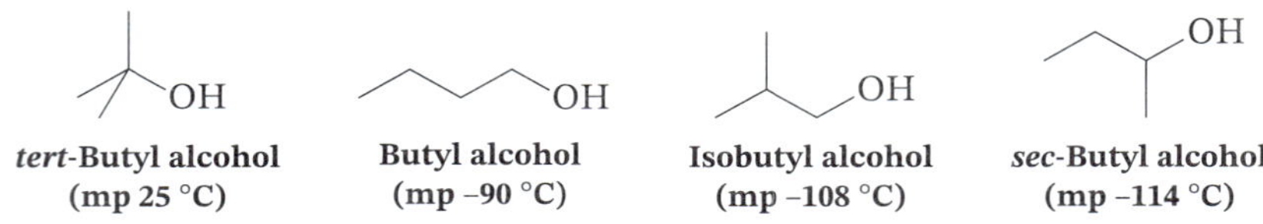

되새김 물음 2.30 프로페인과 사이클로프로페인 중 어느 것의 녹는점이 더 높을까? 그 까닭을 설명하시오.

분산력 비극성 분자인 메테인의 녹는점과 끓는점은 각각 −182.6 ℃와 −162 ℃로 매우 낮아. "왜 메테인은 낮은 온도에서 녹고 또 끓는가?"라고 묻는 것보다 "이온성이 아니며 극성도 아닌 물질인 메테인이 왜 액체나 고체로 되는가?"라고 묻는 것이 더 타당할 것이다. 이 질문에 대한 해답은 **분산력(dispersion force)** 또는 London 인력이라고 부르는 분자간 힘으로부터 얻을 수 있다.

분산력은 도마뱀으로 하여금 매끄러운 표면에 달라붙게 만든다.

분산력의 본질을 정확히 설명하려면 양자 역학을 이용해야 한다. 그러나 이 인력의 근원을 다음과 같이 그림으로 보여 줄 수 있다. 비극성인 분자(예: 메테인)에 있어서 전하의 평균 분포는 일정 기간 동안 균일하다. 그러나 한 순간에 있어서는 **전자들이 이동하므로** 전자들, 즉 전하가 균일하게 분산되어 있지 않을 수도 있다. 한 순간에서 전자는 분자의 어느 한쪽에 좀 더 축적되어 결과적으로 **일시적인 작은 쌍극자**가 만들어질 것이다(그림 2.8). 한 분자에 있는 이 일시적인 쌍극자는 주위에 있는 분자에 반대 쌍극자를 유발시킬 수 있다. 이것은 한 분자에서 음(또는 양)전하를 띤 부분이 다른 분자의 인접 부분에 있는 전자운을 변형시켜 반대 전하가 만들어지도록 하기 때문이다. 이러한 일시적인 쌍극자는 끊임없이 변화하지만, 이들의 존재로 말미암아 비극성 분자 간에 인력이 생기게 되고, 따라서 액체나 고체로 존재할 수 있도록 하는 것이다.

분산력의 크기를 결정하는 두 가지 중요한 요인이 있다.

1. **분자의 상대적인 표면적.** 표면적이 클수록 분산력에 의해서 생긴 분자간 총 인력이 더 커진다. 일반적으로 길거나 평평하거나 원통형인 분자는 구형인 분자보다 표면적이 더 크고, 따라서 가지 달린 분자 사이에서 접하는 상호작용보다도 분자간 인력이 더 크다. 이것은 가지가 없는 탄화수소 C_5H_{12}인 펜테인과 가지가 가장 많은 C_5H_{12}의 이성질체인 네오펜테인(한 탄소에 4개의 메틸기가 붙어 있음)을 비교하면 분명해진다. 펜테인의 끓는점은 36.1 ℃이고 네오펜테인의 끓는점은 9.5 ℃이다. 끓는점의 차이는 펜테인 분자 사이의 인력이 네오펜테인 분자 사이의 인력보다 더 강력함을 나타낸다.

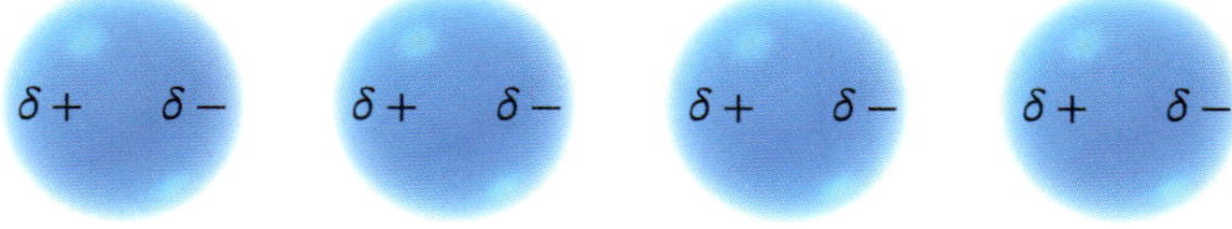

그림 2.8 비극성 분자에서 한 순간에 전자가 불균일하게 분포되어 생기는 일시적인 쌍극자와 유발된 쌍극자

2. **원자에 있는 전자의 상대적인 편극성**. 편극성이란 전기장의 변화에 대응하려는 전자의 능력이다. 아이오딘처럼 큰 원자에 있는 전자들은 느슨하게 잡혀 있어 쉽게 편극화된다. 그러나 플루오린처럼 작은 원자에 있는 전자들은 꽉 잡혀 있어 편극화가 잘 되지 않는다.

큰 분자에서 이들처럼 작고도 빠르게 변화하는 분산력은 전체적으로 큰 인력을 만든다.

재료 화학: 플루오로카본과 테플론

플루오로카본(탄소와 플루오린만을 포함한 화합물)은 같은 분자량을 가진 탄화수소와 비교할 때 매우 예외적으로 끓는점이 낮다. 예를 들어, 플루오로카본(C_5F_{12})은 펜테인(C_5H_{12})보다 훨씬 분자량이 큼에도 불구하고 약간 낮은 끓는점을 가진다. 이러한 행동을 설명하는 데 있어 중요한 요인은 앞서 언급한 대로 플루오린 원자의 매우 낮은 편극성 때문에 분산력이 아주 작아지는 것이다.

'테플론'이라 불리는 플루오로카본[$(CF_2CF_2)_n$, 10.10절 참조]은 자체 윤활제의 성질을 가지는데, 눌어붙지 않는 프라이팬이나 가벼운 베어링으로 개발되었다.

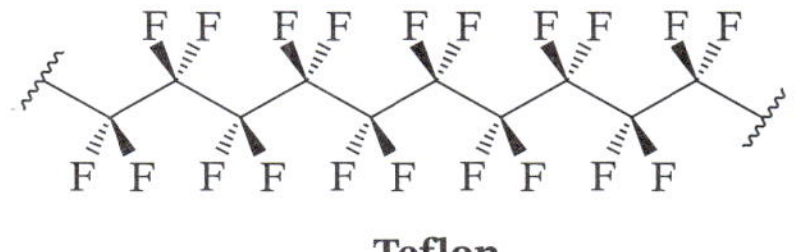

Teflon

Leonard Lessin/ Science Source

2.13C 끓는점

- 액체의 **끓는점**은 액체의 증기압이 대기압과 같아지는 온도이다.

그러므로 액체의 끓는점은 **압력에 의존**하며, 특정 압력, 예를 들면 1기압(또는 760 torr)하에서의 끓는점으로 기록한다. 1기압, 150 ℃에서 끓는 어떤 물질은 압력이 낮은 0.01 torr(진공 펌프로 쉽게 얻을 수 있는 압력)에서는 훨씬 낮은 온도에서 끓게 된다. 액체의 정상 끓는점은 1기압에서의 끓는점이다.

액체에서 기체 상태로 바뀜에 따라 물질의 개개 분자(또는 이온)들은 상당히 멀리 떨어져 있어야 한다. 분자간 인력이 매우 약한 비극성 화합물들은 분자간 인력이 아주 약해서 쉽게 서로 떨어지며 대개 낮은 온도에서 끓는다. 그러나 항상 그런 것은 아니며, 아직까지 언급된 바 없는 분자량, 분자의 크기 등을 고려해야 한다. 무거운 분자들이 액체 표면으로부터 빠져 나오기에 충분한 속도를 얻기 위하여 더 많은 열에너지가 필요하며, 대개 표면적이 더 크기 때문에 분자간의 분산력도 더 크다. 1기압에서 비극성인 에테인(bp −88.2 ℃)이 메테인(bp −162 ℃)보다 더 높은 온도에서 끓는 것도 바로 이 때문이다. 또한 매우 더 무거운 비극성 분자인 데케인($C_{10}H_{22}$)이 1기압하에서 174 ℃에서 끓는 것도 이런 까닭이다. 분산력과 표면적 사이의 관계로부터 네오펜테인(2,2-다이메틸프로페인)의 끓는점(9.5 ℃)이 분자량이 같은 펜테인의 끓는점(36.1 ℃)보다 낮은 까닭을 이해할 수 있다. 네오펜테인의 가지 달린 구조는 직선형인 펜테인보다 표면 접촉을 덜하게 만들어 분산력을 낮게 하는 것이다.

보기 물음 2.7

아래의 화합물들을 예상되는 끓는점이 낮은 것부터 시작해서 나열하시오. 화합물들의 분자량이 비슷함을 주목하시오.

(a) 에틸 메틸 에터, 아이소프로필 알코올, 뷰테인
(b) *n*-펜틸 알코올, *sec*-펜틸 알코올, *tert*-펜틸 알코올

풀이

(a) 뷰테인은 극성인 기가 없으며 분자들을 집합시키는 데 분산력만 존재한다. 따라서 끓는점이 가장 낮을 것이다. 에틸 메틸 에터는 쌍극자–쌍극자 힘을 제공해 주는 극성인 에터기를 가졌는데 이것은 분산력보다는 크며, 따라서 끓는점이 뷰테인보다 더 높다. 아이소프로필 알코올은 —OH기를 가졌기 때문에 수소 결합을 할 수 있고, 따라서 끓는점이 가장 높을 것이다.

뷰테인 < 에틸 메틸 에터 < 아이소프로필 알코올

(b) 표면적이 클수록 분자들 사이의 분자간 인력은 더 크다. 일반적으로 더 긴 분자가 분자간 상호작용에 쓰일 표면적이 더 넓어서 가지 달린 분자보다 인력이 더 크다.

n-펜틸 알코올 < *sec*-펜틸 알코올 < *tert*-펜틸 알코올

되새김 물음 2.31

아래의 화합물들을 끓는점이 증가하는 순으로 나열하시오. 각 화합물의 분자간 힘으로 답을 설명하시오.

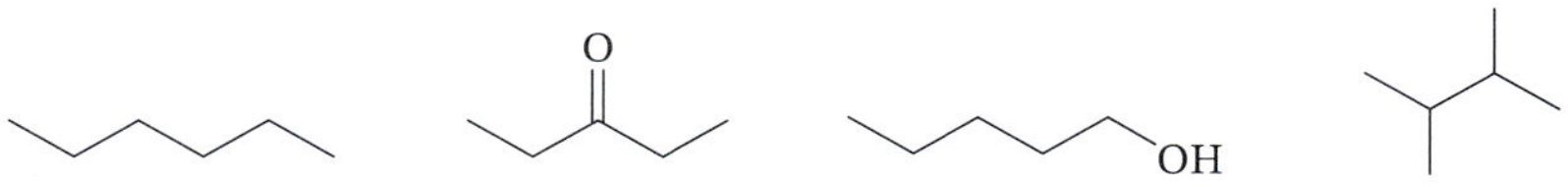

(a) (b) (c) (d)

2.13D 용해도

도움말

용해도를 정성적으로 예측할 수 있는 능력은 유기 화학 실험에서 매우 유용하다.

분자간 인력은 물질의 **용해도(solubility)**를 설명하는 데 있어서 제일 중요하다. 고체를 액체에 녹이는 것은 여러 가지 면에서 고체가 녹는 것과 비슷하다. 용액에서는 고체의 질서 있는 결정 구조가 파괴되어 분자(또는 이온)의 배열이 무질서해진다. 용해 과정에서 분자나 이온들은 서로 떨어져야 하며 이러기 위해서는 에너지가 공급되어야 한다. 격자 에너지와 분자간 또는 이온간 인력을 극복하는 데 필요한 에너지는 용질과 용매 사이에 새로이 생기는 인력으로 충당하게 된다.

이온성 물질이 녹는 과정을 살펴보자. 여기서 격자 에너지와 이온간 인력은 대단히 크다. 물이나 몇 가지 극성 용매만이 이온성 화합물을 녹일 수 있다. 이 용매들은 이온을 **수화(hydrating)**하거나 **용매화(solvating)**함으로써 이온성 화합물을 녹이는 것이다(그림 2.9).

물 분자는 극성이 크면서도 매우 작고도 조밀한 모양을 하고 있어 결정 표면으로부터 개개의 이온들이 떨어지자마자 매우 효율적으로 이들을 둘러싼다. 양이온은 물의 쌍극자 중 − 부분이 양이온을 향하게끔 물 분자에 의해서 둘러싸이며 음이온은 그 반대로 둘러싸인다. 물은 대단히 극성이며 강력한 수소 결합을 형성할 수 있기 때문에 **이온–쌍극자 인력(ion–dipole force)**은 매우 크다. 이러한 인력이 형성되면서 공급되는 에너지가 결정의 격자 에너지와 이온간 인력을 충분히 극복할 수 있는 것이다.

극성이란 점에서 보면 용해도를 예견하는 데 '끼리끼리 녹는다'라는 규칙이 있다.

그림 2.9 이온성 고체가 물에 녹는 과정으로 양이온과 음이온이 매우 극성인 물 분자에 의하여 수화되는 것을 보여 주고 있다. 이온들은 여기에 보인 이차원만 아니라 삼차원 모두 물 분자에 의해서 둘러싸여 있다.

- 극성이며 이온성인 고체는 대개 극성 용매에 잘 녹는다.
- 극성인 액체끼리는 대개 잘 섞인다.
- 비극성인 고체는 대개 비극성 용매에 잘 녹는다.
- 비극성인 액체끼리는 대개 잘 섞인다.
- 극성인 액체와 비극성인 액체, 즉 '물과 기름' 같은 것은 대개 섞이지 않는다.

메탄올과 물은 무한 비율로 섞인다. 에탄올과 물의 혼합물, 그리고 두 가지 프로필 알코올과 물의 혼합물도 마찬가지이다. 이 경우 알코올의 알킬기는 비교적 작으며, 따라서 분자는 알케인보다는 물을 더 닮았다. 이들의 용해도를 이해하는 데 또 다른 요인은 분자들이 서로 강하게 수소 결합을 형성하는 것이다.

$\delta-$ O — H $\delta+$ ← 수소 결합 ⋯ $H^{\delta+}$ — O $\delta-$ — $H^{\delta+}$

분자나 분자의 일부분을 친수성 또는 소수성이라고 흔히 서술한다. 메탄올, 에탄올, 그리고 프로판올의 알킬기는 소수성이다. 그들의 하이드록실기는 친수성이다.

- 소수성(**hydrophobic**, *hydro*: 물, *phobic*: 두려워함, 피함)이란 물과 어울리지 않음을 의미한다.
- 친수성(**hydrophilic**, *philic*: 사랑함, 좋아함)이란 물과 어울림을 의미한다.

데실 알코올은 10개의 탄소 원자를 가진 분자로 물에 대한 용해도에 있어서 소수성인 알킬기가 친수성인 하이드록실기를 능가한다.

소수성 부분 / 친수성기

Decyl alcohol

긴 알케인 사슬과 같은 비극성인 기가 물을 피하는 까닭, 즉 **소수성 효과(hydrophobic effect)**에 대한 설명은 복합적이다. 가장 중요한 요인은 물에서의 **엔트로피 변화가 불리하다**는 점이다. 엔트로피 변화(3.9절)는 비교적 정돈된 상태로부터 더 무질서한 상태로 변화하거나 또는 그 반대의 과정이다. 질서로부터 무질서로의 변화는 유리하지만, 무질서로부터 질서로의 변화는 불리하다. 비극성인 탄화수소 사슬이 물에 수용되려면 물 분자는 사슬 주위에 더욱 질서를 띤 구조를 형성해야 한다. 이러기 위한 엔트로피 변화는 불리한 것이다.

23.2C절에서 **소수성기(hydrophobic group)**와 친수성 기의 존재야말로 비누와 세제의 필수 성분임을 보게 될 것이다.

O^-Na^+

전형적인 비누 분자

O^-Na^+

전형적인 세제 분자

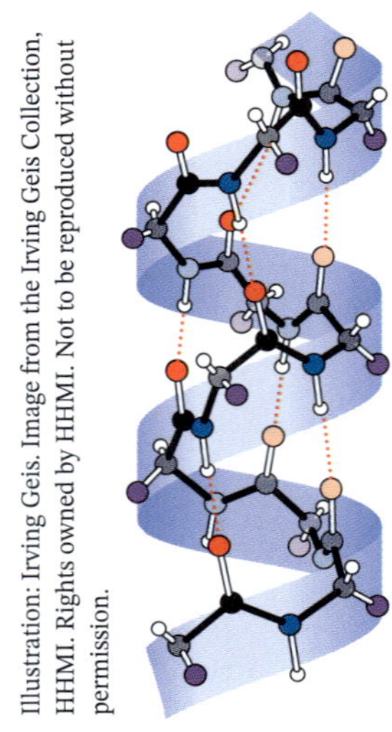

단백질의 α-나사선 구조에 있는 수소 결합(적색 점선)

비누나 세제의 소수성인 긴 탄소 사슬은 기름 층에서 스스로 뭉쳐져서 씻어내려는 때의 주변을 둘러싼다. 사슬의 끝에 있는 친수성인 이온성 기는 표면에 노출되어 물 분자와 끌리게 된다. 기름과 물은 섞이지 않으나 기름 층은 마치 이온성인 것처럼 보이며 물이 그것을 '하수구로 가져가 버리는 것'이다.

2.13E 물에 대한 용해도의 지침

적어도 3 g의 유기 화합물이 100 mL의 물에 녹을 때 물질이 녹는다고 말한다.

친수성기를 갖고 있어 강한 **수소 결합(hydrogen bond)**을 할 수 있는 화합물일 때 대략의 지침은 다음과 같다.

- 탄소 원자의 수가 1~3개이면 물에 녹는다.
- 탄소 원자의 수가 4~5개일 때는 경계선에 있다.
- 탄소 원자의 수가 6개 이상이면 녹지 않는다.

한 개 이상의 친수성기를 지닌 화합물에 있어서는 이러한 지침이 적용되지 않는다. 다당류(22장), 단백질(24장), 그리고 핵산(25장)은 수천 개의 탄소 원자를 가졌으면서도 **모두 수용성이다**. 수천 개의 친수성기를 지녔기 때문이다.

2.13F 생화학에 있어서 분자간 인력

생명체를 이룬 분자들의 성질을 자세히 공부하고 나면 **분자간 인력**이 세포의 작용에 있어 대단히 중요함을 알게 될 것이다. **수소 결합**의 형성, 극성인 기들의 수화, 비극성인 기들이 극성인 환경을 배척하려는 경향 등은 모두 복잡한 단백질 분자가 정교한 방법으로 포개져서 믿기 어려울 만큼 효율적으로 생체 반응의 촉매 작용을 하는 원인이 됨을 알게 된다. 똑같은 요인들에 의하여 헤모글로빈이 산소를 이동시키는 데 필요한 모양을 갖추도록 하며, 단백질이나 지방이라고 부르는 물질들이 세포막의 기능을 하도록 하는 것이다. 수소 결합은 어떤 탄수화물 분자들이 구형을 이루도록 하여 동물에서 식품을 매우 효율적으로 저장할 수 있도록 하며, 다른 탄수화물 분자는 딱딱한 선형 모양을 하여 식물의 구조적인 성분으로 완벽한 요건을 갖추도록 한다.

생의학 화학: 백신, 항체, 그리고 분자간 인력

건강은 분자간 힘에 의존한다. 백신과 항체는 이러한 사실에 대한 돋보이는 예이다. 항체는 항원이라 불리는 외부 물질에 결합함으로써 감염과 싸운다. 일단 결합하면 항체를 운반하는 세포는 항원을 우리 몸에서 제거한다. 항체의 결합은 분자의 모양과 항체–항원 사이의 분자간 힘에 의존한다. 백신은 질병 항원과 결집하는 항체의 생성을 촉진시켜서 인체가 병원균과 싸우는 방법을 가르쳐 준다.

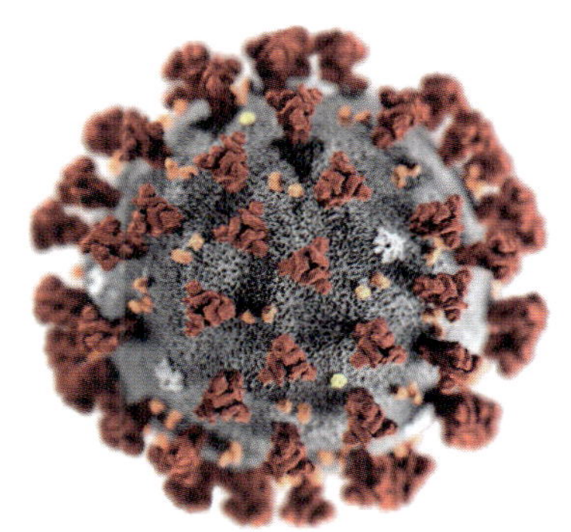

By CDC/ Alissa Eckert, MS; Dan Higgins, MAM–https://phil. cdc.gov/ Details.aspx?pid=23312. This media comes from the Centers for Disease Control and Prevention's Public Health Image Library (PHIL), with identification number #23312

세계는 출현하는 전염병과 싸울 새로운 백신을 항상 필요로 하지만, 아마도 COVID-19는 오늘날의 결정적인 예이다. University of Washington에서 개발된 백신에 대한 접근 방법은 COVID-19 바이러스(SARS-CoV-2라고 알려짐)의 돌출 단백질로부터 수용체 결합 영역(receptor binding domain, RBD)을 운반하는 분자 조각을 나르도록 합성된 단백질 나노 입자가 관여하고 있다. 나노 입자는 그 자체가 바이러스는 아니기 때문에 COVID-19 감염의 위험은 없지만, 나노 입자에 있는 돌출 단백질의 조각들이 COVID-19에 대항하는 항원으로서의 역할을 하게 된다. 여기서 분자간 힘은 두 가지 핵심 역할을 한다. 첫째로, 나노 입자의 소단위체를 함께 붙들어 주는데 이것은 복잡하지만 매우 질서정연한 집합체이다. 둘째로, 분자간 힘은 감염에 대항하는 면역 작용에서 나노 입자 백신이 세포에 있는 항체 단백질에 몰려들도록 결합한다. 여기에 보인 위의 도표는 SARS-CoV-2 입자가 세포막에서 항체에 결합하는 것과 합성된 나노 입자 백신의 결합을 보여 주고 있다. 아래의 도표는 나노 입자 백신을 형성하도록 하는 소단위체의 자기 조립을 보여 주고 있다. 여기서 보듯이, 화학은 질병과 싸우는 새로운 방법을 설계하고 합성하는 도구를 제공해 주고 대부분의 경우에서 분자간 힘은 핵심 역할을 수행한다.

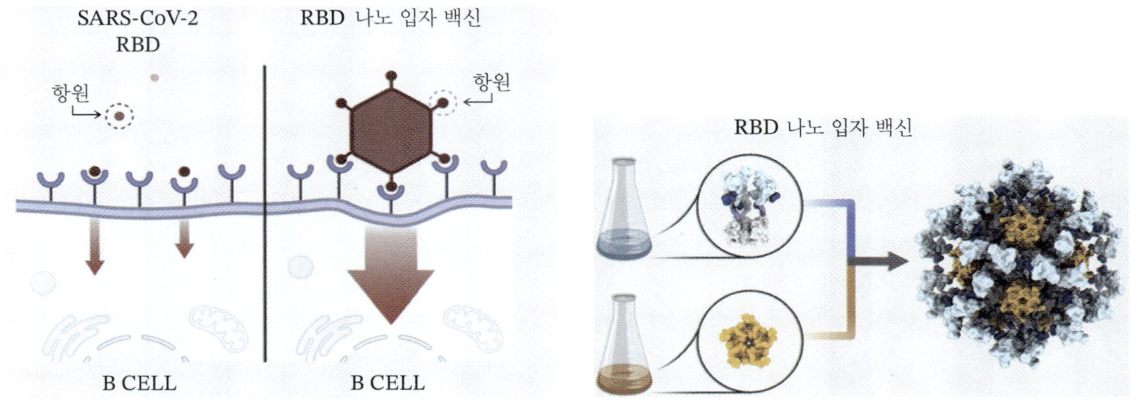

Journal source: Walls *et al*., Elicitation of Potent Neutralizing Antibody Responses by Designed Protein Nanoparticle Vaccines for SARS-CoV-2, Cell (2020), https://doi.org/10.1016/j.cell.2020.10.043. CC BY 4.0.

2.14 인력에 대한 요약

이제까지 다른 분자나 이온 사이의 인력을 요약하면 **표 2.5**와 같다.

표 2.5 전기적인 인력

전기력	상대적인 세기	모양	예
양이온–음이온(결정)	매우 강함	 + -	NaCl 결정 격자
공유 결합	강함 (140~523 kJ mol^{-1})	공유된 전자쌍	H—H (436 kJ mol^{-1}) CH_3—CH_3 (378 kJ mol^{-1}) I—I (151 kJ mol^{-1})
이온–쌍극자	보통	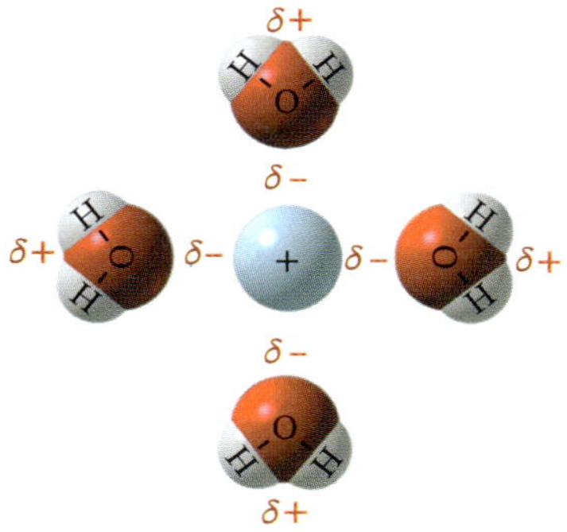 δ+ H O H δ− ... δ+ δ− + δ− δ+ ... δ− H O H δ+	물속에서의 Na^+ (그림 2.9 참조)
수소 결합	다소 약함 (4~38 kJ mol^{-1})	$-\overset{\delta-}{Z}: \cdots \overset{\delta+}{H}-$	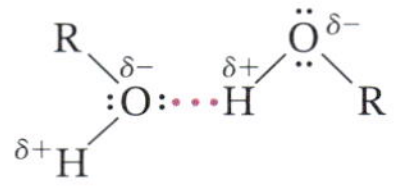 R, δ− :O: ··· δ+ H, Ö δ−, R, δ+ H
쌍극자–쌍극자	약함	$\overset{\delta+}{CH_3}\overset{\delta-}{Cl} \cdots \overset{\delta+}{CH_3}\overset{\delta-}{Cl}$	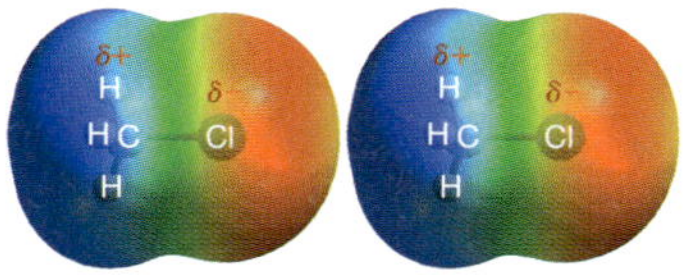 δ+ H HC Cl δ− H δ+ H HC Cl δ− H
분산력	불규칙	쌍극자의 진동	메테인 분자 사이의 상호작용

재료 화학과 생의학 화학: 뼈 성장을 본떠서 제작된 유기 기판

분자간 힘은 생명과 우리 주변 세상에서 무수히 많은 역할을 한다. 분자간 힘은 DNA 줄기들이 물려 있고, 세포막의 골격이 이루어지며, 도마뱀이 벽과 천장에 달라붙어 있고, 물은 실온과 1기압하에서 끓지 못하며, 세포, 뼈, 조직 등이 문자 그대로 엉겨붙도록 하는 흡착력을 제공한다. 이러한 예들에서 보듯이, 주변 세상은 나노 기술과 생명공학에 최상의 정보를 제공하며, 과학자들은 대대로 자연으로부터 창의와 혁신의 영감을 얻어 왔다. 최근 연구의 한 가지 목표는 뼈 성장을 위한 천연 기판 모조품의 합성 개발이다. 뼈 증진성을 지닌 합성 물질은 골절을 치료하고 골다공증을 막아 주며 뼈의 암을 치료하는 데 사용될 수 있다.

천연적인 뼈의 성장과 합성 개발 중인 계는 분자간 힘에 매우 의존하고 있다. 생명체에서 뼈는 콜라젠이라 불리는 긴 섬유 모양의 천연 기판에 특수한 세포가 흡착함으로써 자란다. 콜라젠을 따라 어떤 작용기는 뼈 성장 세포의 결합을 촉진시키며, 다른 작용기는 칼슘 결정화를 촉진시킨다. Northwestern University의 화학자들(Stupp 등)은 실험실에서 만들어질 수 있으면서도 이 과정을 흉내 낼 수 있는 분자를 제작해 왔다. 아래에 보인 분자는 긴 관 모양의 집합체로 자기 조립되어 콜라젠 섬유를 모방하고 있다. 분자에 있는 소수성인 알킬 꼬리 사이의 분산력은 분자들을 관 모양으로 자기 조립하도록 만든다. 분자의 다른 끝에는 세포 결합을 촉진시키는 작용기와 칼슘의 결정화를 장려하는 작용기가 포함되어 있도록 하였다. 끝으로, 자기 조립 과정이 일어난 후 한 분자가 이웃 분자와 공유 결합으로 맺어질 수 있도록 하는 작용기를 포함시킴으로써 초기에는 비공유적인 구조에 안정성을 추가로 증대시켰다. 이러한 특징들을 분자 구조에 넣은 설계는 결국 자기 조립된 섬유가 천연 콜라젠 기판과 똑같이 그 축을 따라 칼슘 결정화를 촉진시킴으로 그 가치를 발휘하였다. 이 분자 설계의 한 예는 나노 기술과 생명공학의 교차로에서 이뤄진 하나의 흥미로운 개발 결과이다.

소수성인 알킬기 영역

유연한 연결기 영역

친수성인 세포 흡착 영역

(From Hartgerink, J.D., Beniash, E. J, Stupp, S.I.: Self-assembly and Mineralization of Peptide-Amphiphile Nanofibers. Science 294:1684-1688, Figure 1 (2001). Reprinted with permission from AAAS.)

2.15 적외선 분광학: 작용기 검출을 위한 기기 분석법

적외선 분광학(infrared spectroscopy, IR)은 다양한 작용기의 존재를 입증해 주는 간단하고도 신속한 기기 분석 기술이다. 예를 들면, 미지 시료를 가지고 맨 먼저 하는 일은 IR 스펙트럼을 찍고, 일반적인 용매에 대한 용해도 및 녹는점 또는 끓는점을 결정하는 것이다.

모든 분광학이 그렇듯이 적외선 분광학은 분자나 원자가 전자기 복사선과 상호작용을 하는 데 의존한다. 적외선은 유기 화합물에 있는 원자나 원자단을 공유 결합에 대하여 증폭된 진폭을 가지고 진동하게 한다. (자외선, 가시광선, 또는 에너지가 더 큰 빛이 분자에 작용할 때 전자의 들뜸이 일어나는 것과는 달리, 적외선은 전자 들뜸을 유발시킬 만큼 큰 에너지를 가지고 있지 않다.) 유기 분자의 작용기에는 결합된 원자들이 특정한 배열을 하고 있으므로 유기 분자가 적외선을 흡수하는 특성은 분자 내에 있는 작용기의 결합 형태나 작용기에 존재하는 원자에 따라 다르다.

적외선 분광기(**그림 2.10**)는 적외선 복사선을 시료에 통과시키고 시료를 통과한 복사선과 시료가 없는 기준 빛살을 비교하도록 작동한다. 빛살 사이의 차이에 의해서 시료가 흡수한 진동수가 분명해진다. 분광계는 그 결과를 흡수 대 진동수 또는 파장을 나타내는 그래프로 그려낸다.

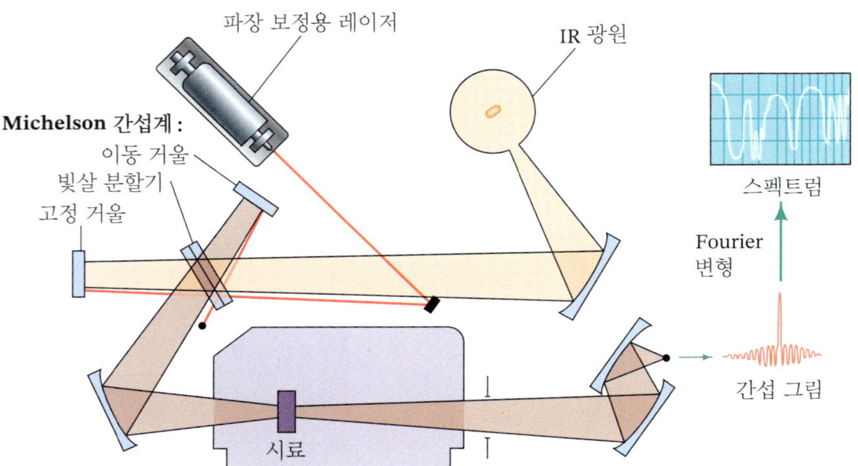

그림 2.10 Fourier 변형 적외선(FTIR) 분광계의 도식. FTIR에는 Michelson 간섭계가 있어서 IR 광원으로부터의 빛살을 나누어서 고정된 거울과 이동하는 거울에 동시에 반사하게 함으로써 간섭이 일어나게 한다. 빛살은 다시 합쳐진 후 시료를 통과하여 검출계로 가서 시간 대 신호 세기의 도표로 기록되는데, 이것이 간섭 그림이다. 그다음 각 흡수의 중첩하는 파장들과 그 세기들이 Fourier 변환이라는 수학적 환산에 의해서 스펙트럼으로 전환된다.

- 적외선 스펙트럼에서 흡수 띠(피크)의 위치는 **파수(wavenumber, $\bar{\nu}$)** 단위로 정한다.

파수는 센티미터 단위로 나타낸 파장의 역수(단위 = cm^{-1})이다. 그러므로 센티미터당 파의 수이다. 파수가 클수록 파의 진동수는 더 커지며, 따라서 결합 흡수 진동수가 더 커진다. IR 흡수는, 비록 흔한 경우는 아니지만, **파장(wavelength, λ)**에 의해서 표시되기도 하는데, 이때 단위는 마이크로미터(μm: 옛 이름은 마이크론, μ)이다. 파장은 파의 마루부터 마루까지의 거리이다.

$$\bar{\nu} = \frac{1}{\lambda}\,(\lambda\text{의 단위: cm}) \qquad \text{또는} \qquad \bar{\nu} = \frac{10.000}{\lambda}\,(\lambda\text{의 단위: }\mu\text{m})$$

공유 결합은 진동을 할 때 마치 원자들을 연결하는 작은 스프링처럼 행동한다. 원자들이 진동할 때 마치 결합들이 '음율'을 맞춘 것처럼 일정한 진동수에서만 진동을 한다. 이 때문에 공유 결합을 한 원자들은 특정한 에너지 준위를 가졌다. 즉, 준위는 양자화되어 있다.

분자가 한 진동 에너지 준위로부터 다른 준위로 들뜨는 것은 화합물이 특정한 에너지, 즉 특정한 파장이나 진동수를 가진 적외선을 흡수할 때만 발생한다. $\Delta E = h\nu$이므로 흡수 에너지(E)는 복사선의 **진동수(frequency, ν)**와 정비례하며, $\nu = \frac{c}{\lambda}$이고 $\Delta E = \frac{hc}{\lambda}$이므로 파장($\lambda$)에 역비례한다.

분자는 여러 가지 방법으로 진동한다. 공유 결합으로 연결된 두 원자들은 원자들이 마치 스프링에 매인 것처럼 앞뒤로 움직이는 신축 진동을 할 수 있다. 세 개의 원자들은 여러 가지 신축 진동과 굽힘 진동을 할 수 있다.

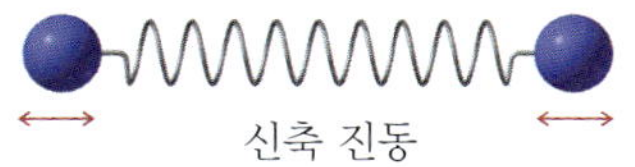

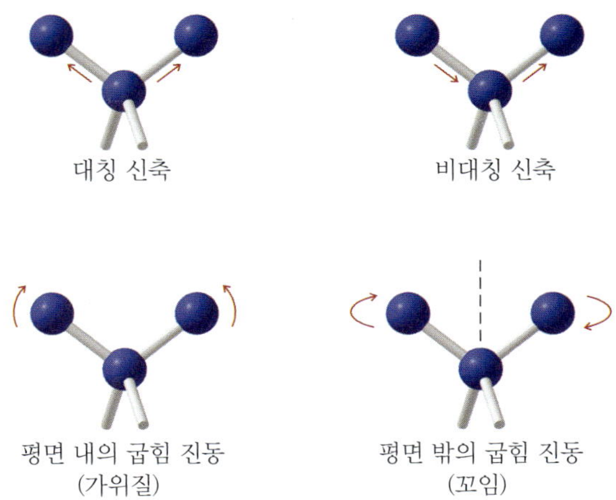

IR 스펙트럼에서 신축 진동의 **진동수**는 두 가지 요인과 관련이 있다. 이들은 **결합된 원자들의 질량**—가벼운 원자들은 무거운 원자들보다 높은 진동수에서 진동한다—과 **결합의 상대적인 경직성**이다(이 요인들은 기초 물리학에서 배운 Hooke 법칙으로 설명된다). 삼중 결합은 이중 결합보다 더 딱딱하며(따라서 더 높은 진동수에서 진동하며), 이중 결합은 단일 결합보다 더 딱딱하다(그리고 더 높은 진동수에서 진동한다). 이와 같은 효과를 **표 2.6**에서 볼 수 있다. 수소를 포함하는 기들, 즉 C—H, N—H, O—H 등의 신축 진동수들은 모두 비교적 높은 진동수에서 발생함을 주목하시오.

기	결합	진동수 범위 (cm^{-1})
알킬	C—H	2853~2962
알코올	O—H	3590~3650
아민	N—H	3300~3500

또한 삼중 결합이 이중 결합보다 높은 진동수에서 진동함도 주목해야 한다.

기	결합	진동수 범위 (cm^{-1})
알카인	C≡C	2100~2260
나이트릴	C≡N	2220~2260
알켄	C=C	1620~1680
카보닐	C=O	1630~1780

- 모든 분자 진동이 적외선 에너지의 흡수를 일으키는 것은 아니다. **한 진동이 적외선 에너지를 흡수하면서 일어나려면 진동이 일어남에 따라 분자의 쌍극자 모멘트가 변화해야 한다.**

그러므로 메테인의 4개 C—H 결합이 대칭적으로 진동할 때 메테인은 적외선 에너지를 흡수하지 않는다. 그러나 메테인의 C—H 결합의 비대칭 신축은 IR 흡수를 일으키는데, 이는 메테인이 중요한 온실 기체인 까닭을 설명한다. 에텐의 탄소–탄소 이중 결합이나 에타인의 탄소–탄소 삼중 결합의 대칭 진동은 적외선 흡수를 가져오지 않는다.

표 2.6 작용기들의 특징적인 적외선 흡수

작용기	대략적인 진동수 범위 (cm^{-1})	세기 (s=강함, m=중간, w=약함, v=변화)
A. 알킬		
C—H (신축)	2853~2962	(m–s)
아이소프로필, —$CH(CH_3)_2$	1380~1385와	(s)
	1365~1370	(s)
tert-뷰틸, —$C(CH_3)_3$	1385~1395와	(m)
	~1365	(s)
B. 알켄일		
C—H (신축)	3010~3095	(m)
C═C (신축)	1620~1680	(v)
R—CH═CH_2 (평면 밖의 C—H 굽힘)	985~1000과	(s)
	905~920	(s)
R_2C═CH_2 (평면 밖의 C—H 굽힘)	880~900	(s)
cis-RCH═CHR	675~730	(s)
trans-RCH═CHR	960~975	(s)
C. 알카인일		
≡C—H (신축)	~3300	(s)
C≡C (신축)	2100~2260	(v)
D. 방향족		
Ar—H (신축)	~3030	(v)
C═C (신축)	1450~1600	(m)
방향족 치환 형태 (C—H 평면 밖의 굽힘)		
일치환기	690~710과	(매우 s)
	730~770	(매우 s)
o-이치환기	735~770	(s)
m-이치환기	680~725와	(s)
	750~810	(매우 s)
p-이치환기	800~860	(매우 s)
E. 알코올, 페놀, 카복실산		
O—H (신축)		
알코올, 페놀 (묽은 용액)	3590~3650	(뾰족한, v)
알코올, 페놀 (수소 결합)	3200~3550	(넓은, s)
카복실산 (수소 결합)	2500~3000	(넓은, v)
F. 에터, 알코올, 에스터		
C—O (신축)	1020~1275	(s)
G. 알데하이드, 케톤, 에스터, 카복실산, 아마이드		
C═O (신축)	1630~1780	(s)
알데하이드	1690~1740	(s)
케톤	1680~1750	(s)
에스터	1735~1750	(s)
카복실산	1710~1780	(s)
아마이드	1630~1690	(s)
H. 아민		
N—H	3300~3500	(m)
I. 나이트릴		
C≡N	2220~2260	(m)

보기 물음 2.8

1-헥사인의 IR 스펙트럼은 2100 cm^{-1}에서 삼중 결합의 신축에 기인된 뾰족한 흡수 피크를 보이지만, 3-헥사인은 이 영역에서 피크를 보이지 않는다는 것을 설명하시오.

풀이

적외선 흡수가 일어나려면 신축 과정에서 분자의 쌍극자 모멘트의 변화가 있어야 한다. 3-헥사인은 삼중 결합에 대하여 대칭이므로 신축이 일어날 때 쌍극자 모멘트의 변화가 없고, 따라서 삼중 결합으로부터 IR 흡수가 일어나지 않는다.

비교적 간단한 화합물의 IR 스펙트럼조차도 많은 흡수 피크를 갖고 있다. 비교적 작은 분자라도 그것의 IR 스펙트럼은 아주 많은 피크들을 포함하고 있기 때문에 두 화합물이 똑같은 IR 스펙트럼을 갖는 확률은 극히 적다. 이 때문에 IR 스펙트럼을 분자의 '지문'이라고 부른다. 따라서 두 가지 순수한 유기 화합물의 IR 스펙트럼이 다르면 그들은 다른 화합물들이라고 확신할 수 있다. 만일 같은 IR 스펙트럼이 나오면 그들은 같은 화합물이다.

2.16 IR 스펙트럼의 해석

IR 스펙트럼은 화합물의 구조에 대한 많은 정보를 가지고 있다. 옥테인과 메틸벤젠(흔히 톨루엔)의 스펙트럼으로부터 얻을 수 있는 지식을 **그림 2.11**과 **2.12**에 각각 나타냈다. 이 절에서는 알킬과 작용기의 진동 결과인 특징적인 IR 흡수 피크의 존재를 알아내는 방법을 배운다. 표 2.6에 수록된 자료들은 실제의 스펙트럼과 여러 가지 기에 대해서 전형적으로 나타나는 IR 흡수 진동수를 연관시킬 때 핵심 정보를 제공해 준다.

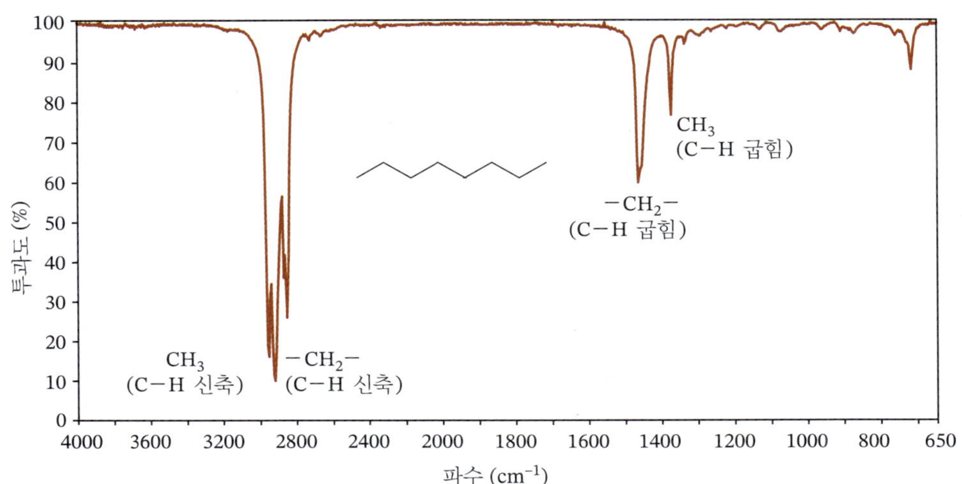

그림 2.11 옥테인의 IR 스펙트럼(IR 스펙트럼에서 피크는 %투과도로 측정된다. 따라서 2900 cm^{-1}의 피크는 10% 투과도, 즉 흡광도 A는 0.90이다.)

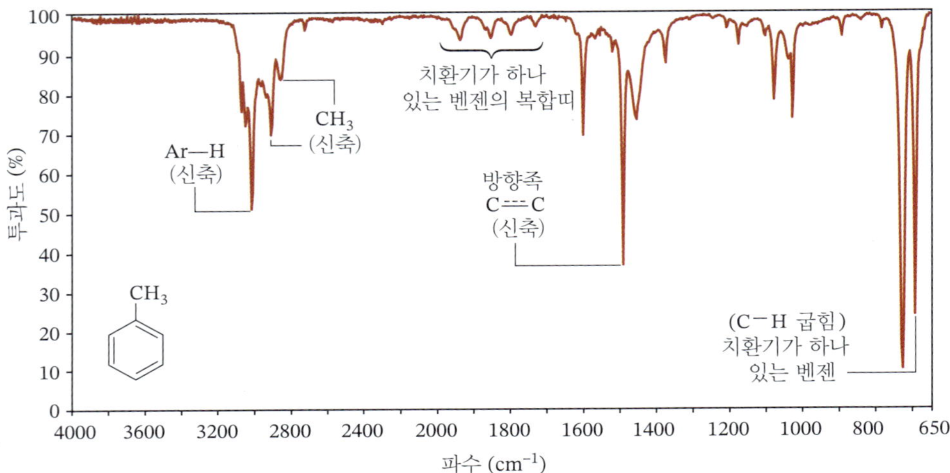

그림 2.12 메틸벤젠(톨루엔)의 IR 스펙트럼

2.16A 탄화수소의 적외선 스펙트럼

- 모든 탄화수소는 2800~3300 cm^{-1} 영역에서 탄소–수소 신축 진동과 관계된 흡수 피크를 나타낸다.

피크의 정확한 위치는 C—H 결합의 세기(경직성)에 의존하는데, 이것은 수소가 연결된 탄소의 혼성 상태에 의존하기 때문에 적외선 스펙트럼의 해석에 유용하다. *sp*-혼성인 탄소의 C—H 결합이 가장 강하고 sp^3-혼성인 탄소에 있는 것이 가장 약함을 이미 알고 있다. 결합의 세기의 순서는 다음과 같다.

$$sp > sp^2 > sp^3$$

이것은 또한 결합의 경직성의 순서이기도 하다.

- *sp*-혼성인 탄소 원자에 결합된 수소 원자의 탄소–수소 신축 피크는 높은 진동수인 ~3300 cm^{-1}에서 나온다.

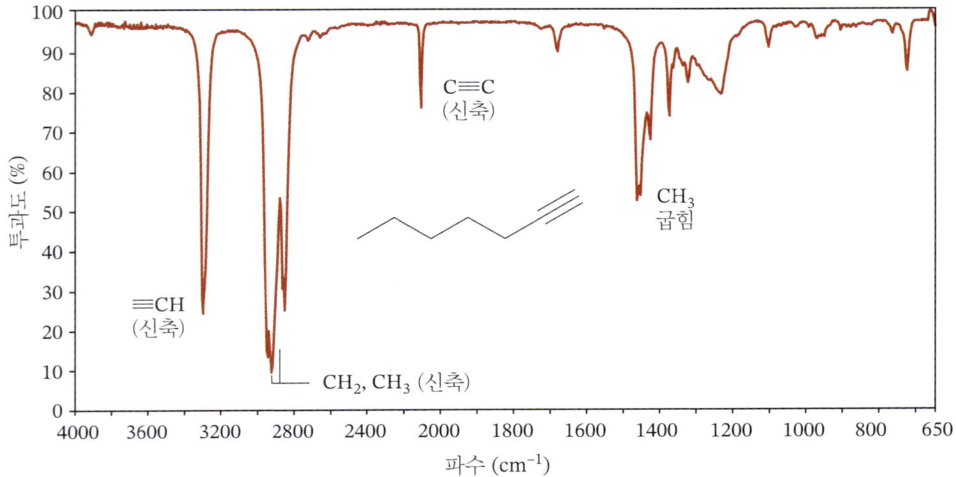

그림 2.13 1-헵타인의 IR 스펙트럼

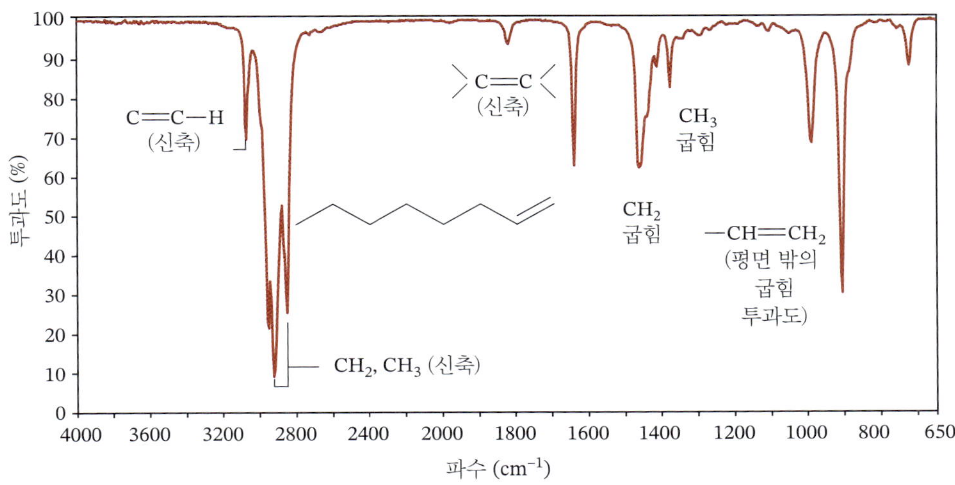

그림 2.14 1-옥텐의 IR 스펙트럼

말단 알카인의 탄소-수소 결합(≡C—H)이 이 영역에서 피크를 낸다. **그림 2.13**에서 1-헵타인의 아세틸렌형(알카인일) C—H 결합의 흡수를 3320 cm^{-1}에서 볼 수 있다.

- sp^2-혼성인 탄소 원자에 붙어 있는 수소 원자의 탄소-수소 신축 피크는 3000~3100 cm^{-1} 영역에서 발생한다.

알켄일 C—H 결합이나 방향족 고리의 C—H기가 이 영역에서 흡수 피크를 낸다. 1-옥텐의 스펙트럼(**그림 2.14**)에서 알켄일 C—H 흡수 피크는 3080 cm^{-1}, 그리고 메틸벤젠의 스펙트럼(그림 2.12)에서 방향성인 수소 원자의 C—H 흡수는 3090 cm^{-1}에서 나오는 것을 볼 수 있다.

- sp^3-혼성인 탄소 원자에 붙어 있는 수소 원자의 탄소-수소 신축띠들은 가장 낮은 진동수인 2800~3000 cm^{-1} 영역에서 생긴다.

옥테인(그림 2.11), 메틸벤젠(그림 2.12), 1-헵타인(그림 2.13), 그리고 1-옥텐(그림 2.14)의 스펙트럼에서 메틸과 메틸렌 흡수 피크들을 볼 수 있다.

탄화수소는 IR 스펙트럼에서 탄소-탄소 결합의 신축으로부터 생긴 흡수 피크를 나타낸다. 탄소-탄소 단일 결합은 보통 아주 약한 피크를 만들기 때문에 구조를 정하는 데 거의 도움이 되지 않는다. 그러나 탄소-탄소 다중 결합으로부터 생긴 피크들은 아주 유용하다.

- 탄소-탄소 이중 결합의 흡수 피크는 1620~1680 cm^{-1} 영역에서, 탄소-탄소 삼중 결합의 흡수 피크는 2100~2260 cm^{-1}에서 나타난다.

이 흡수들은 대개 강하지 못하며, 이중 결합이나 삼중 결합이 대칭으로 치환된 경우에는 전혀 존재하지도 않는다(이 진동에서 쌍극자 모멘트의 변화가 없다). 벤젠 고리의 탄소-탄소 결합의 신축은 대개 1450~1600 cm^{-1} 영역에서 일련의 특성적인 뾰족한 피크를 낸다.

- 알켄의 탄소-수소 굽힘 진동으로부터 생기는 흡수는 600~1000 cm^{-1} 영역에서 나온다. 이 피크들의 정확한 위치로부터 **이중 결합의 본질과 그것의 배위를 정할 수 있다.**

도움말

IR 분광학은 작용기를 검출하는 데 매우 유용한 도구이다.

2.16B 헤테로 원자를 지닌 몇 가지 작용기의 IR 스펙트럼

IR 분광학은 분자 내에 어떤 작용기가 존재함을 신속히, 또 간단히 알 수 있는 매우 가치 있는 방법이다.

카보닐기 IR 스펙트럼에서 특별한 흡수 피크를 주는 한 가지 중요한 작용기는 **카보닐기** —C(═O)—이다. 이 기는 알데하이드, 케톤, 에스터, 카복실산, 아마이드 등에 포함되어 있다.

- 카보닐기의 탄소–산소 이중 결합 신축 진동수는 1630~1780 cm^{-1} 사이에 강한 피크로 나온다.

피크의 정확한 위치는 그것이 알데하이드, 케톤, 에스터 등 어느 것으로부터 생긴 것인지에 따라 달라진다.

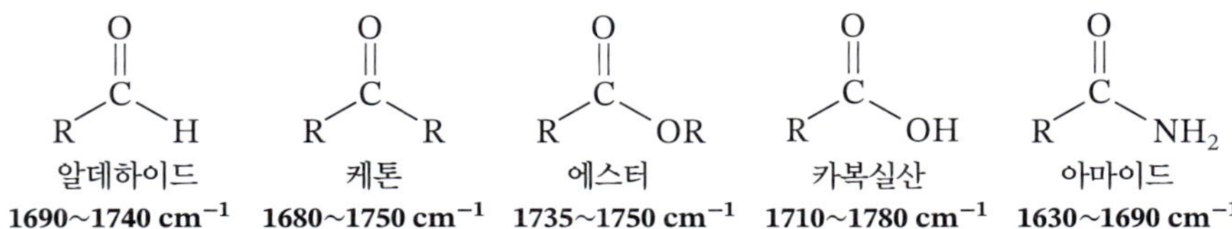

보기 물음 2.9

분자식이 $C_4H_4O_2$인 화합물은 3300 cm^{-1} 부근에서 강하고 뾰족한 흡수, 2800~3000 cm^{-1}에서 흡수, 그리고 2200 cm^{-1} 근처에서 강한 흡수 피크를 보인다. 이것은 또한 2500~3600 cm^{-1} 영역에서 강하고도 넓은 흡수를 보이며 1710~1780 cm^{-1} 영역에서 강한 피크를 보인다. 이 화합물의 가능한 구조를 제시하시오.

풀이

3300 cm^{-1} 부근의 뾰족한 피크는 삼중 결합의 *sp*-혼성인 탄소에 붙어 있는 수소의 신축에 기인한 것이다. 2200 cm^{-1} 영역에서의 피크는 알카인의 삼중 결합이 신축하는 것으로 이와 잘 일치한다. 2800~3000 cm^{-1}의 피크는 CH_2기나 CH_3기인 알킬기의 C—H 결합의 신축임을 제시한다. 2500~3600 cm^{-1} 영역의 강하고 넓은 피크는 카복실산의 하이드록실기임을 암시한다. 1710~1780 cm^{-1}의 강한 피크는 카복실산의 카보닐기에서 생긴 것이므로 이 사실과 일치한다. 이러한 사실들을 종합하면 화합물의 구조는 오른쪽과 같다.

되새김 물음 2.32 공명 효과와 전기 음성도 효과를 이용하여 에스터와 카복실산의 카보닐 신축 진동수가 더 높고 아마이드의 진동수는 더 낮은 경향을 설명하시오(**힌트:** 알데하이드와 케톤의 카보닐 신축 진동수 범위를 '기본' 진동수 범위로 삼고, 카보닐기에 있는 전기 음성적인 원자의 영향이나 카보닐의 공명 혼성을 변화시키는 원자의 영향을 고려하시오). 아마이드의 질소 원자가 카보닐기의 전자 구조에 미치는 영향은 무엇인가?

알코올과 페놀 알코올과 페놀의 **하이드록실기**는 그들의 O—H 진동 흡수에 의해서 IR 스펙트럼에서 쉽게 알아낼 수 있다. 이들 결합들은 수소 결합에 대한 직접적인 증거이기도 하다(2.13B절).

- 알코올이나 페놀의 O—H기의 IR 흡수는 3200~3550 cm^{-1} 범위에서 일어나며 대부분 넓다.

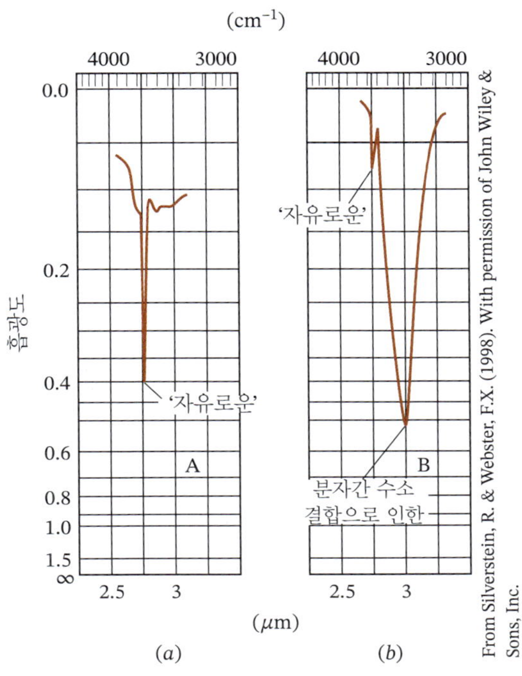

그림 2.15 (*a*) 사이클로헥실카비놀의 묽은 용액의 IR 스펙트럼은 3600 cm^{-1}에서 수소 결합을 하지 않은 '자유로운' 하이드록실기의 흡수가 뾰족하게 나타난다. (*b*) 사이클로헥실카빈올의 진한 용액은 3300 cm^{-1}에서 하이드록실기의 수소 결합으로 인한 넓적한 피크를 보인다.

피크의 전형적인 넓은 모양은 분자들이 수소 결합(2.13B절)을 통하여 집합되어 있어서 O—H 결합의 신축 진동수가 널리 퍼져 있기 때문이다. 알코올과 페놀이 수소 결합에 기여하지 못하는 용매에 매우 묽게 녹은 용액으로 존재하면 O—H 흡수를 3590~3650 cm^{-1}에서 매우 뾰족한 피크로 나타낸다. 매우 묽은 용액이나 기체 상태에서 분자들이 너무 멀리 떨어져 있으므로 분자간 수소 결합은 형성되지 않는다. 그러므로 3590~3650 cm^{-1}에서의 뾰족한 피크는 '자유로운'(회합되지 않은) 하이드록실기 때문에 생긴 것이다. 알코올이나 페놀의 농도를 증가시키면 뾰족한 피크는 3200~3550 cm^{-1} 영역에서 넓은 띠로 대치된다. 사이클로헥실카빈올(사이클로헥산올)의 묽은 용액과 진한 용액을 찍은 IR 스펙트럼(**그림 2.15**)에서 O—H 흡수는 수소 결합 효과를 잘 나타낸다.

카복실산 **카복실산기**도 IR 분광학으로 검출된다. 카보닐과 하이드록실 신축 흡수가 IR 스펙트럼에서 보이면 카복실산기의 좋은 증거이다(비록 별개의 카보닐기와 하이드록실기가 분자에 존재할 수도 있지만).

- 카복실산의 하이드록실 흡수는 대개 아주 넓고 3600 cm^{-1}에서 2500 cm^{-1}까지 퍼져 있다.

그림 2.16은 프로판산의 IR 스펙트럼이다.

아민 IR 분광학은 N—H 결합(**그림 2.17** 참조)에 대한 증거도 제공한다.

- 1차와 2차 아민은 3300~3500 cm^{-1}에서 중간 세기의 흡수를 보인다.
- 1차 아민은 두 N—H 결합의 대칭 신축과 비대칭 신축에 기인된 두 개의 뾰족한 피크를 보인다.

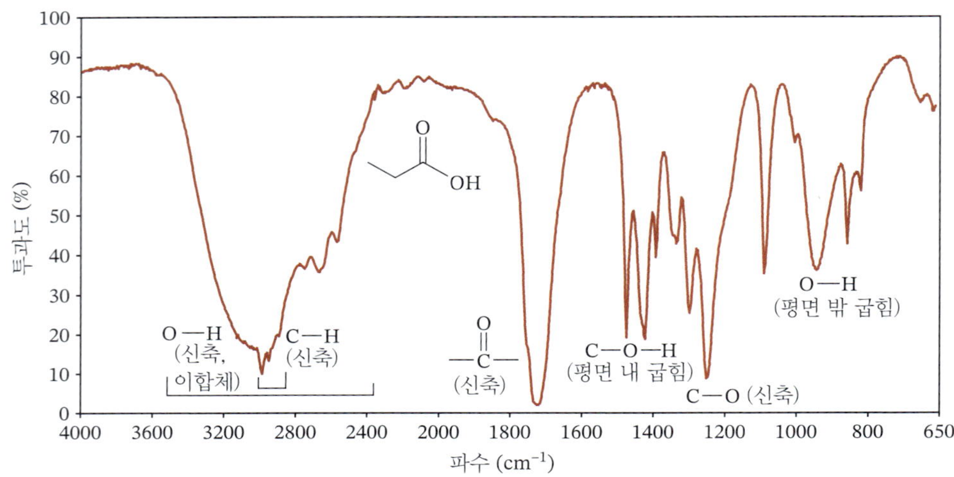

그림 2.16 프로판산의 IR 스펙트럼

- 2차 아민은 한 개의 피크만을 낸다.
- 3차 아민은 N—H 결합이 없기 때문에 이 영역에서 흡수하지 않는다.
- 염기성 pH는 모든 부류의 아민에 대한 증거이다.

수소 결합은 1차와 2차 아민의 N—H 신축 피크를 넓어지게 한다. **아마이드**의 NH기도 비슷한 흡수 피크를 나타내며 카보닐 흡수도 또한 나온다.

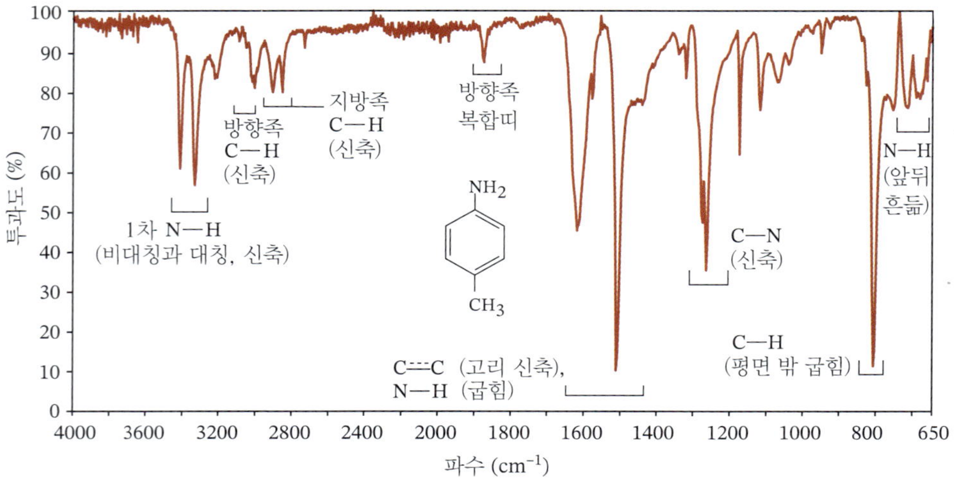

그림 2.17 4-메틸아닐린의 IR 스펙트럼

보기 물음 2.10

아래 화합물의 IR 스펙트럼에서 보이는 핵심 피크는 무엇일까?

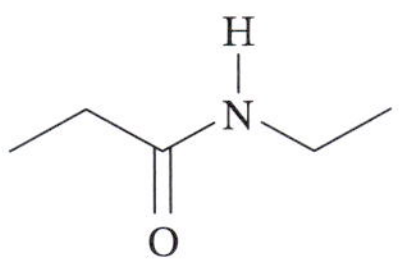

H
N
O

풀이

화합물은 아마이드이다. 1630~1690 cm^{-1} 영역에서 카보닐기에 의한 강한 피크가 예상되고, 3300~3500 cm^{-1} 영역에서 N—H기에 기인된 보통 세기의 단일 피크가 보일 것이다.

2.17 구조에 대한 지식이 없이 IR 스펙트럼을 해석하는 방법

앞 절에서 보았듯이 IR 분광학은 작용기 확인을 위한 놀랍도록 강력한 도구이다. 그렇지만 이 기술을 소개함에 있어서 구조가 알려진 화합물을 배경으로 IR 스펙트럼을 살펴보고, 관찰된 피크를 존재할 것으로 알고 있는 원자들의 기와 연관 지어 설명하였다. 실제로는 구조를 모르는 새 물질을 흔히 접하게 된다. 이때 IR이 어떤 도움을 줄지는 범죄수사가나 천연물을 분리하는 화학자가 매일 고민하는 바이다.

IR 분광학만으로는 완전한 구조 결정을 할 수 없지만(9장의 기술은 이 문제에 도움을 준다), IR 스펙트럼은 피크의 위치가 다른 기로부터 뚜렷하고 일관되게 강하게 관찰된다면 특정한 작용기의 존재를 자주 지적해 준다. 후자는 중요한 고려 대상인데, 어떤 기의 신호 세기가 다른 무슨 기가 분자에 존재하는가에 따라 변화하고 한 신호가 다른 신호에 중첩되기 때문에 확정적인 지적이 불가능하기 때문이다. 예를 들면, 모든 유기 분자는 어떤 형태로든 C—H 결합을 가지고 있어서 1450 cm^{-1} 이하의 피크와 2800~3000 cm^{-1} 영역의 신호는 분자가 유기 분자이며 C—H 결합을 가졌다는 것 외에는 특별히 확실한 것이 아니다.

여기서 어떤 IR 스펙트럼을 일차적으로 추정할 때 존재하는 몇 가지 작용기에 대하여 정확한 답을 만들어 낼 수 있는 예들을 제시한다.

- C=O 신축만이 꽉 낀 강한 흡수를 1630~1780 cm^{-1} 범위에서 보인다. 무슨 종류의 카보닐인지를 확인하지는 못할지라도 적어도 한 개의 카보닐기가 있다고 말할 수 있다.
- 나이트릴과 알카인 결합의 신축만이 2000~2300 cm^{-1}에서 나타나므로 이것들은 매우 신속하게 지정할 수 있다.
- 알코올의 하이드록실기와 카복실산만이 3300 cm^{-1}에서 큰 넓은 신호를 보인다. 이들 기는 시료가 물을 포함하지 않는다면 쉽게 확인할 수 있다.
- 아민만이 넓지만 하이드록실 피크보다는 작은 피크를 3300 cm^{-1}에서 보인다. 그 피크의 수는 질소 원자에 결합된 수소의 수가 한 개 또는 두 개인지를 말해 줄 수 있다.

아래의 예는 이러한 일반적인 원리에 대한 실습이다.

미지 시료 1의 IR 스펙트럼(**그림 2.18**)은 중심이 약 3300 cm^{-1}인 넓은 신호와 2250 cm^{-1}에 중간인 흡수를 가진다. 위의 정보에 따르면 분자는 하이드록실기와 삼중 결합을 가진 기를

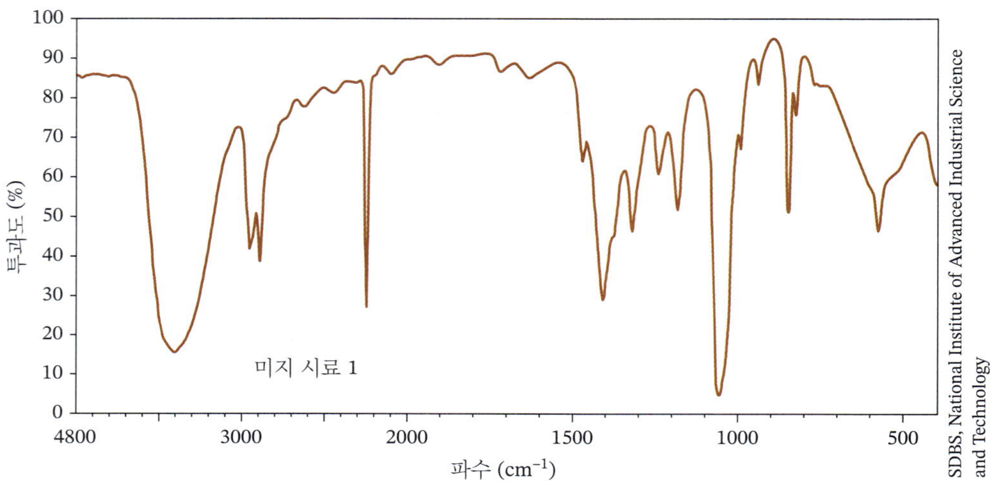

그림 2.18 미지 시료 1의 IR 스펙트럼

가졌을 거라고 요약할 수 있다. 삼중 결합인 기는 대부분 나이트릴기인데 나이트릴이 약 2250 cm^{-1}에 보이는 반면 알카인은 약간 낮은 대략 2000 cm^{-1}에 나타나기 때문이다. 그것이 나이트릴이라고 엄격하게 확신을 할 수는 없지만, 다른 화학적 증거가 없는 한 좋은 가정이다. 실제로 이것이 맞고 분자는 3-하이드록시프로피오나이트릴임이 밝혀졌다.

미지 시료 2의 IR 스펙트럼(그림 2.19)에서 역시 하이드록실 흡수가 약 3300 cm^{-1}에, 그리고 카보닐 피크가 1705 cm^{-1}에 나타나 있다. 무슨 종류의 카보닐인지 말할 수는 없지만, 하이드록실 피크가 매우 넓고 지저분한 모습(C—H 흡수와 중첩되었기 때문)은 미지 시료 1에서 하이드록실이 매끈한 것과 대조되어 하이드록실기가 카보닐기에 연결되었다고 가정해도 무방하며, 이 두 기는 합쳐서 카복실산 작용기의 부분이 된다. 이것은 헵탄산이므로 다시 한 번 분자의 핵심 작용기를 확인하였다.

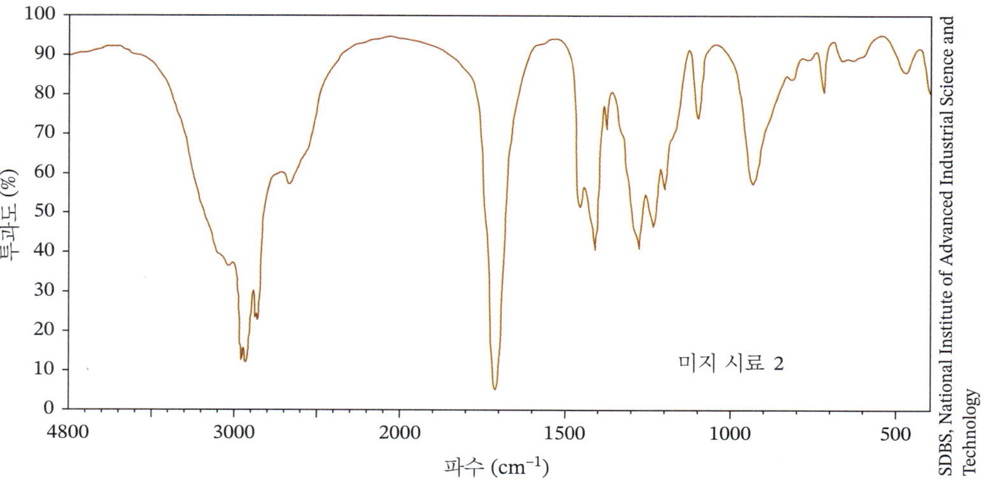

그림 2.19 미지 시료 2의 IR 스펙트럼

2.18 기초 원리의 응용

어떤 기초 원리들이 이 장에서 배운 현상에 응용되는지 살펴보자.

극성 결합은 전기 음성도 차에 의해서 생긴다. 2.2절에서 다른 전기 음성도를 가진 원자들이 공유 결합을 이룰 때 더 전기 음성적인 원자는 음전하를 띠고 덜 전기 음성적인 원자는 양전하를 띤다는 사실을 알았다. 이 결합은 **극성 결합**이며 **쌍극자 모멘트**를 갖게 된다.

쌍극자 모멘트는 분자의 물리적 성질을 설명하는 데 중요하며(아래에서 복습하게 됨), 적외선 스펙트럼을 설명하는 데도 중요하다. 적외선 에너지를 흡수하여 진동이 일어나려면 분자의 쌍극자 모멘트가 진동 과정에서 변화해야 한다.

반대 전하끼리 당긴다. 이 원리는 유기 화합물의 물리적 성질을 이해하는 데 중심이 된다(2.13절). 개개의 분자들 사이에 작용하는(그래서 끓는점, 녹는점, 그리고 용해도에 영향을 주는) 모든 힘은 반대 전하를 띤 분자(이온) 사이 또는 분자의 반대 전하를 띤 부분 사이에 존재한다. 이러한 예로는 이온성 화합물의 결정에 있는 반대 전하 사이에 존재하는 이온—이온 사이의 힘(2.13A절), 수소 결합이라 불리는 매우 강력한 쌍극자—쌍극자 사이의 강력한 힘을 포함하여 극성 분자에서 반대 전하를 띤 부분들 사이에 존재하는 쌍극자—쌍극자 힘(2.13B절), 그리고 일시적으로 반대 전하를 띤 분자의 부분들 사이에 존재하는 **약한 분산력** 또는 **London 힘**이 있다.

분자 구조는 성질을 결정한다. 2.13절에서 물리적 성질이 분자 구조와 어떻게 연관되는지를 배웠다.

이 주제는 왜 중요한가?

밴코마이신(Vancomycin)과 항생제 저항성

수소 결합이 뉴클레오타이드의 짝짓기에 결정적이었던 것처럼, 수소 결합은 세상에서 가장 강력한 항생제가 박테리아를 죽이는 방법에 있어서도 주된 역할을 한다. 이 항생제는 밴코마이신으로 Eli Lilly 제약회사의 과학자들이 1956년 보르네오의 정글에서 발견된 미생물의 발효액으로부터 처음으로 분리하였다. 이것의 이름은 동사 'vanquish(살아지다)'에서 유래되었는데, 소위 육식성 박테리아 중 하나인 MRSA(methicillin-resistant *Staphylococcus aureus*)라고 알려진 치명적인 종을 포함한 모든 종의 그램 양성 박테리아를 죽일 수 있다.

밴코마이신의 성공은 이것의 구조 때문인데, 원자들의 흥미롭게 복잡한 배열이 다양한 박테리아 종을 공격하도록 만든다. 박테리아가 숙주로 이동하면서 그들의 세포벽은 지속적으로 집합되거나 해체된다. 밴코마이신은 세포벽의 표면에서 발견되는 한 특정한 펩타이드 서열을 표적으로 하여 다섯 개의 특정한 수소 결합을 형성함으로써 박테리아에 잡아매이도록 한다. 이 결합들은 아래의 구조에서 점선으로 나타나 있다. 밴코마이신에 일단 달라붙으면 박테리아는 더 이상 세포벽을 만들고 강화시킬 수 없게 되며 궁극적으로 세포막이 분해되어 죽게 되는 것이다.

WorldIllustrated/Avalon

밴코마이신은 보루네오의 정글에 있는 미생물에서 발견되었다.

(a)

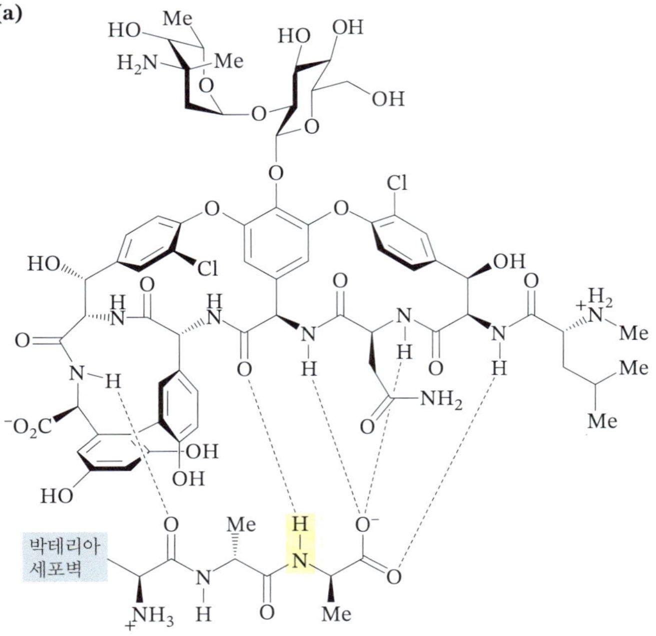

박테리아 세포벽

밴코마이신-수용성 박테리아

(b)

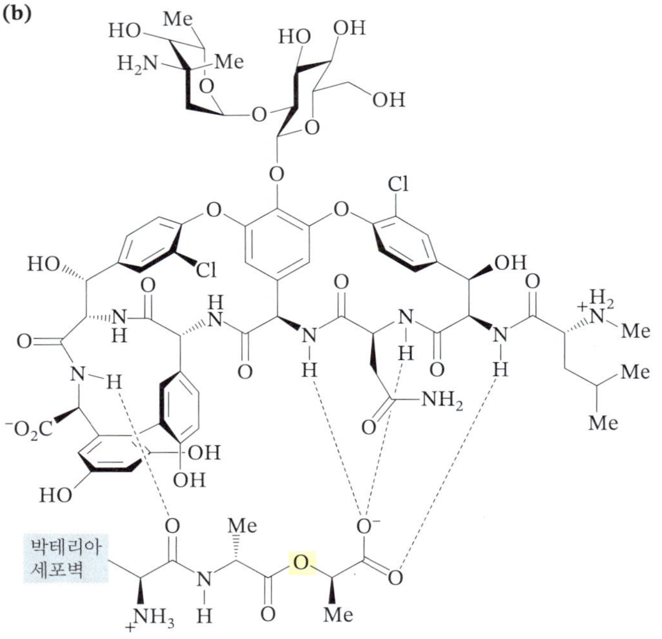

박테리아 세포벽

밴코마이신-저항성 박테리아

불행하게도, 밴코마이신은 수십 년간 박테리아 감염과의 싸움에서 효과적임이 입증되었지만, 지난 몇 년간 몇몇 박테리아들은 그것에 저항하였다. 이들 저항성 박테리아는 세포 표면에 다른 펩타이드 조합으로 진화되었다. (a)에서 표시한 N—H기는 (b)에서 보인 것처럼 O로 대치되었다. 24장에서 펩타이드와 아미노산에 대해서 더 많이 다루겠지만, 여기서는 수소 결합 주개(N—H)가 수소 결합 받개(O)인 한 원자로 대치되었음을 알면 된다. 그 결과 밴코마이신은 표적과 단지 네 개의 수소 결합을 형성할 수 있다. 이것은 수소 결합 능력의 단지 20% 손실에 해당되지만, 박테리아를 죽이는 효과는 1000배 줄어드는 효력을 가진다. 그 결과 이들 박테리아는 밴코마이신 저항성을 의미하며, 만약 환자가 어떤 그램 양성 박테리아에 감염되었을 때 살기 위해서는 새로운 화학 무기가 필요하다. 다행이도 의학적 시험을 탐색 중인 몇 가지 선도 물질이 있지만, 박테리아의 지속적인 진화와 치료 회피성을 감안한다면 새롭고도 더 나은 항생제를 지속적으로 개발해야 할 필요가 있다.

이 주제에 대해서 더 알려면 참고하시오.

1. Nicolaou, K. C.; Boddy, C. N. C., "Behind enemy lines" in *Scientific American*, May **2001**, pp 54-61.
2. Nicolaou, K. C.; Snyder, S. A. *Classics in Total Synthesis H*. Wiley-VCH: Weinheim, **2003**, p. 239-300.

요약과 복습 도구

2장에서 유기 분자 집단, 그들의 물리적 성질, 그리고 적외선 분광학이라 불리는 기기를 사용하여 그들을 연구하는 방법을 배웠다.

작용기는 유기 화합물이 속할 집단을 정해 준다. 이 시점에서 구조식에 보인 작용기를 부를 수 있어야 하고, 작용기 이름이 주어지면 그 구조의 일반식도 그릴 수 있어야 한다.

전기 음성도가 전하 분포에 어떻게 영향을 미치는지도 알아야 하며, 삼차원 구조를 가지고 전하 분포가 분자의 전체적인 극성에 어떤 영향을 주는지도 알아야 한다. 극성과 삼차원 구조를 바탕으로 하여 분자 사이의 정전기적 인력의 종류와 상대적인 크기도 예측할 수 있어야 한다. 이 점을 이해하면 녹는점, 끓는점, 그리고 용해도 같은 물리적 성질도 예상할 수 있을 것이다.

끝으로, IR 분광학이 유기물이 속한 집단을 지시해 준다는 사실을 배웠다. IR 분광학은(스펙트럼의 형태로) 어떤 작용기가 분자에 존재하는가를 입증해 준다.

1장과 2장의 개념을 알면 유기 화학에 성공할 수 있는 단단한 기초가 정립된 셈이다. 더욱 열심히 공부하시오. (숙제를 부지런히 하는 습관도 지켜나가시오!)

이 장의 학습 보조 자료에는 핵심 용어와 개념, 그리고 이 장의 끝에 있는 물음 뒤에 개념 지도가 있다.

핵심 용어와 개념

이 장에 나온 핵심 용어와 개념은 청색 고딕체로 표기되어 있는데, 이 교재의 뒤에 부록에서 수록하고 있다.

물음

작용기와 구조식

2.33 아래의 화합물들을 알케인, 알켄, 알카인, 알코올, 알데하이드, 아민 등으로 분류하시오.

(a) OH　**(b)** O, H　**(c)** O

(d) 7, 12　**(e)** OH　**(f)** $CH_3CH_2NH_2$

2.34 아래의 화합물에 있는 모든 작용기를 지적하시오.

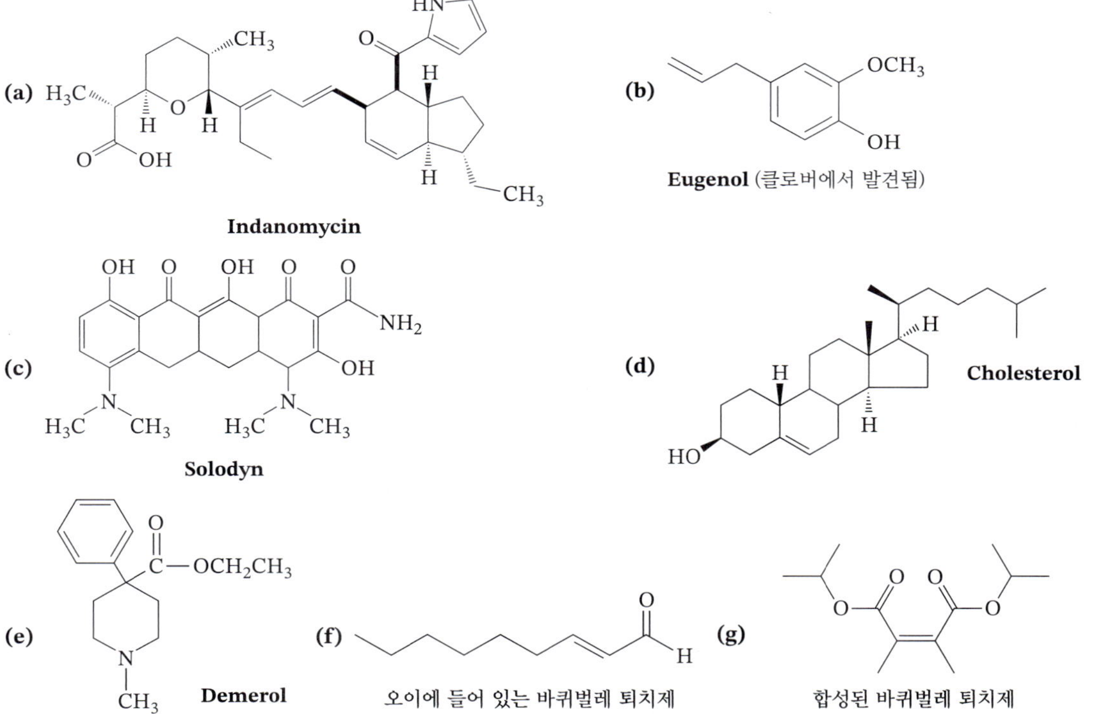

Indanomycin

Eugenol (클로버에서 발견됨)

Solodyn

Cholesterol

Demerol

오이에 들어 있는 바퀴벌레 퇴치제

합성된 바퀴벌레 퇴치제

2.35 분자식이 $C_5H_{11}Br$인 브로민화 알킬 8가지의 구조식을 쓰고, 각각을 1차, 2차, 3차 브로민화 알킬로 분류하시오.

2.36 분자식이 $C_5H_{12}O$인 화합물의 7가지 이성질체에 대한 구조식을 쓰고, 각 화합물을 작용기에 따라 분류하시오.

2.37 아래의 알코올을 1차, 2차, 3차 등으로 분류하시오.

(a) OH **(b)** OH **(c)** OH **(d)** $H_3C-C(CH_3)_2-OH$ **(e)** OH

2.38 아래의 아민을 1차, 2차, 3차 등으로 분류하시오.

(a) H N **(c)** N **(e)** HN

(b) NH_2 **(d)** N H **(f)** N

2.39 아래 각각에 대하여 구조식을 쓰시오.

(a) $C_4H_{10}O$, 에터, 3가지

(b) C_4H_8O, 1차 알코올, 3가지

(c) C_3H_6O, 2차 알코올, 1가지

(d) C_4H_8O, 3차 알코올, 1가지

(e) $C_3H_6O_2$, 에스터, 2가지

(f) C_4H_9Br, 1차 할로젠화 알킬, 2가지

(g) C_4H_9Br, 2차 할로젠화 알킬, 1가지

(h) C_4H_9Br, 3차 할로젠화 알킬, 1가지

(i) C_4H_8O, 알데하이드, 2가지

(j) C_4H_8O, 케톤, 1가지

(k) $C_4H_{11}N$, 1차 아민, 4가지

(l) $C_4H_{11}N$, 2차 아민, 3가지

(m) $C_4H_{11}N$, 3차 아민, 1가지

(n) C_2H_5NO, 아마이드, 2가지

2.40 아래의 중요한 AIDS 치료 약품(HIV 단백질 분해 효소 저해제)인 Saquinavir에 있는 모든 작용기를 지적하시오.

H_2N O H N N O HN O OH H N O H NH

Saquinavir (**HIV** 단백질 가수 분해 효소 저해제)

2.41 아래의 중요한 유방암 치료 약품인 paclitaxel(Taxol)에 있는 모든 작용기를 지적하시오.

O O O OH O O N H O OH H O HO O O O O

Paclitaxel(Taxol)

물리적 성질

2.42 **(a)** 바이타민 A의 소수성과 친수성 부분을 표시하고, 이것이 물에 녹을지 설명하시오.
(b) 바이타민 B_3(niacin)에 대해서도 똑같이 하시오.

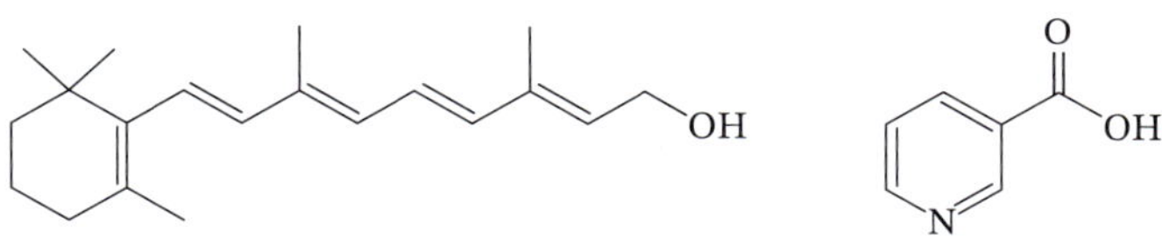

바이타민 **A** 바이타민 $\mathbf{B_3}$ 또는 **niacin**

2.43 플루오린화 수소는 쌍극자 모멘트가 1.83 D이며 끓는점은 19.34 °C이다. 플루오린화 에틸(CH_3CH_2F)은 쌍극자 모멘트가 거의 같으면서 또한 분자량이 큰 데도 불구하고 끓는점은 −37.7 °C이다. 이것을 설명하시오.

2.44 *cis*-1,2-dichloroethene이 *trans*-1,2-dichloroethene보다 더 높은 끓는점을 가지는 까닭은 무엇인가?

2.45 tetrahexylammonium bromide$(C_6H_{11})_4N^+Br^-$는 상전이 염에 대한 일반적인 명칭이다. 이것의 물과 다이에틸 에터에 대한 용해도를 예상하시오.

2.46 다음 중 이온성 화합물을 녹일 수 있는 용매는 어느 것인가?
(a) 액체 SO_2 **(b)** 아세톤 **(c)** 다이에틸 에터

2.47 다음 분자들의 삼차원 구조를 쇄선쐐기–선쐐기–선을 사용하여 그리시오. 분자가 전체적으로 쌍극자 모멘트를 가지면 그 방향을 화살표 ⟼로 표시하시오. 쌍극자 모멘트를 가지지 않는 분자는 어느 것인가? (이와 같은 문제를 풀 때 C—H 결합의 작은 극성은 무시할 수 있다.)

(a) CH_3Cl **(c)** $CHCl_3$ **(e)** CH_2BrCl **(g)** BeF_2 **(i)** CH_3OH
(b) CH_2Cl_2 **(d)** CBr_4 **(f)** BF_3 **(h)** CH_3OCH_3 **(j)** CH_2O

2.48 다음 분자들을 차례로 생각해 보자: **(a)** 다이메틸 에터 $(CH_3)_2O$, **(b)** 트라이메틸아민 $(CH_3)_3N$, **(c)** 트라이메틸보론 $(CH_3)_3B$, **(d)** 이산화 탄소 CO_2. 중심 원자(O, N, B, C)의 혼성 상태를 서술하시오. 중심 원자에서 예상되는 결합각을 말하시오. 그리고 분자가 쌍극자 모멘트를 가질지 말하시오.

2.49 옳은지 그른지 말하기: "분자가 극성이려면 극성 결합의 존재가 필요하다. 그러나 그것이 충분 조건은 아니다."

2.50 아래의 화합물 중 어느 것의 끓는점이 더 높겠는가? 그 까닭을 설명하시오.

(c) O 또는 OH

(g) O OH 또는 O O

(d) O 또는 OH

(h) Hexane, $CH_3(CH_2)_4CH_3$, or nonane, $CH_3(CH_2)_7CH_3$

(e) NH 또는 N—CH_3

(i) 또는 O

IR 분광학

2.51 물음 2.50에서 **(a)**, **(c)**, **(d)**, **(e)**, **(g)**, **(i)**의 각 쌍의 화합물을 서로 구별할 수 있는 IR 흡수띠를 예상해 보시오.

2.52 프로판산의 IR 스펙트럼(그림 2.16)은 카복실산 작용기의 O—H 신축에 대한 흡수가 수소 결합에 의해 나타난 것을 보여 주고 있다. 두 프로판산 분자가 수소 결합에 의해서 이합체화된 구조를 그리시오.

2.53 4-Methylaniline의 적외선 스펙트럼(그림 2.17)에서 아미노기는 대개 두 개의 강하고 뾰족한 흡수선으로 나타난다. 아민의 IR 흡

수를 고려해 볼 때 이 사실을 설명하시오.

복합 개념 물음

2.54 분자식이 C_4H_8O인 4가지 화합물의 구조식을 쓰고 작용기에 따라 분류하시오. 각 구조의 작용기에 대한 IR 흡수 진동수를 예상해 보시오.

2.55 분자식이 C_3H_9N인 4가지 아민이 있다. **(a)** 구조식을 쓰시오. **(b)** 이 아민들 중 한 가지는 다른 3가지보다도 녹는점과 끓는점이 훨씬 낮다. 어느 것인가? 그 까닭을 설명하시오. **(c)** 이들 세 아민을 IR 스펙트럼으로 구별할 수 있는 방법을 설명하시오.

2.56 분자식이 $C_4H_8O_2$이고 IR 흡수띠를 3000~3450 cm^{-1}(넓은 스펙트럼)과 1700~1760 cm^{-1} 영역에서 보이는 화합물의 구조를 모두 쓰시오.

2.57 아래에 보인 것 같은 고리 화합물을 락탐이라고 부른다. 이것에 무슨 작용기가 있는가?

화학 상담자가 필요한 물음

2.58 시약병에 아래와 같이 표기된 두 가지 구조 이성질체의 분자식은 $C_2H_4O_2$이다. IR 분광학을 이용하여 두 가능성을 구별하여 시약병의 물질들을 정확하게 확인하겠는가?

또는

2.59 아래의 화합물은 분자 시계라고 알려졌는데, pH를 바꿔 주면 이중 결합들 중 하나(여기서는 청색으로 표시)가 다른 이성질체로 이성질화된다(필요하면 되돌아간다). 어떤 선별된 pH에서 이성질체 **A**가 이성질체 **B**에 우세한 까닭을 설명할 수 있는가?

A (*Z*-이성질체) **B** (*E*-이성질체)

2.60 아래 각 쌍의 분자에 있어서 IR 스펙트럼으로부터 그들 각각의 C=O 신축만으로 구별할 수 있겠는가?

도전 물음

2.61 분자식이 C_4H_8O인 세 구조 이성질체가 있다. A와 B는 위치 이성질체이고 A와 C는 작용기 이성질체이다. 적외선 스펙트럼에서 희석 용액일 때 어느 것도 3600 cm^{-1}에서 흡수하지 않는다. A 이성질체는 약 2976, 2827, 2725, 2730 cm^{-1}에서 흡수띠를 가진다. B 이성질체는 약 2980, 2871, 2715, 1727 cm^{-1}에서 흡수띠가 있다. C 이성질체는 2940과 1722 cm^{-1}에서 흡수띠를 가진다. A, B, C의 구조를 제시하시오.

2.62 두 치환기가 고리의 같은 쪽에 있으면 cis, 반대쪽에 있으면 trans라고 한다(1,2-이치환체의 알켄에서와 유사함). 1,2-사이클로펜

테인다이올(오각형 고리의 두 이웃한 탄소에 OH기가 cis와 trans로 존재)의 입체 이성질 형태를 고려해 보자. 아주 묽은 용액에서 두 이성질체는 약 3626 cm^{-1}에 적외선 흡수띠를 가지지만, 한 이성질체만이 3572 cm^{-1}에서 흡수띠를 보인다. **(a)** 사이클로펜테인 고리가 평면이라고 가정하고(실제의 모양은 나중에 배운다) 두 이성질체를 쐐기–쇄선쐐기 방법으로 OH기를 나타내도록 그린 다음 cis, trans를 지정하시오. **(b)** 어느 이성질체가 3572 cm^{-1}에서 흡수띠를 가질 것인지 표시하고, 그 까닭을 설명하시오.

2.63 화합물 C는 비대칭이고 분자식이 $C_5H_{10}O$이며, 2개의 메틸기와 3° 작용기를 가지고 있다. 이것은 3200~3350 cm^{-1} 영역에서 넓은 흡수띠를 보이는데, 1620~1680 cm^{-1} 영역에서는 흡수띠가 없다. C의 구조를 제시하시오.

2.64 2.13E절에 있는 알파–나선형 단백질 구조를 보여 주는 도표를 살펴보시오. 어느 특정 원자나 어느 특정 작용기 사이에 수소 결합이 형성되어 있는 분자는 나선형 구조를 이루는가?

학습 집단을 위한 물음

분자식 $C_4H_8O_2$를 고려하시오.

1. 분자식이 $C_4H_8O_2$이며 이 장에서 나온 작용기를 포함하는 서로 다른 화합물의 구조를 적어도 15가지 쓰시오.

2. 쓰인 구조 각각의 적어도 한 가지 예를 선구조식, 축합된 구조식, 결합선 구조식, 그리고 완전한 삼차원 구조식으로 쓰시오. 나머지 구조에 대해서는 어떤 구조식을 써도 무방하다.

3. 구조에서 4가지 다른 작용기를 정하시오. 그들을 대표적인 구조에 원으로 표시하고 이름을 지으시오.

4. 이 작용기들을 대표하는 4가지 화합물을 구별하는 데 쓰일 수 있는 IR 흡수 진동수를 대략 예측하시오.

5. 15가지 구조 중 형식 전하가 0이 아닌 원자가 있다면 적절한 원자에 형식 전하를 표시하시오. 그리고 분자의 총 전하도 나타내시오.

6. 15가지 화합물의 순수한 형태에서는 어떤 모양의 분자간 힘이 존재 가능할까?

7. 그린 구조 중 5가지를 선택하여 그들의 끓는점이 증가하는 순서를 예측해 보시오.

8. 분자간 힘과 극성에 근거하여 예상된 끓는점 순서를 설명하시오.

개념 지도

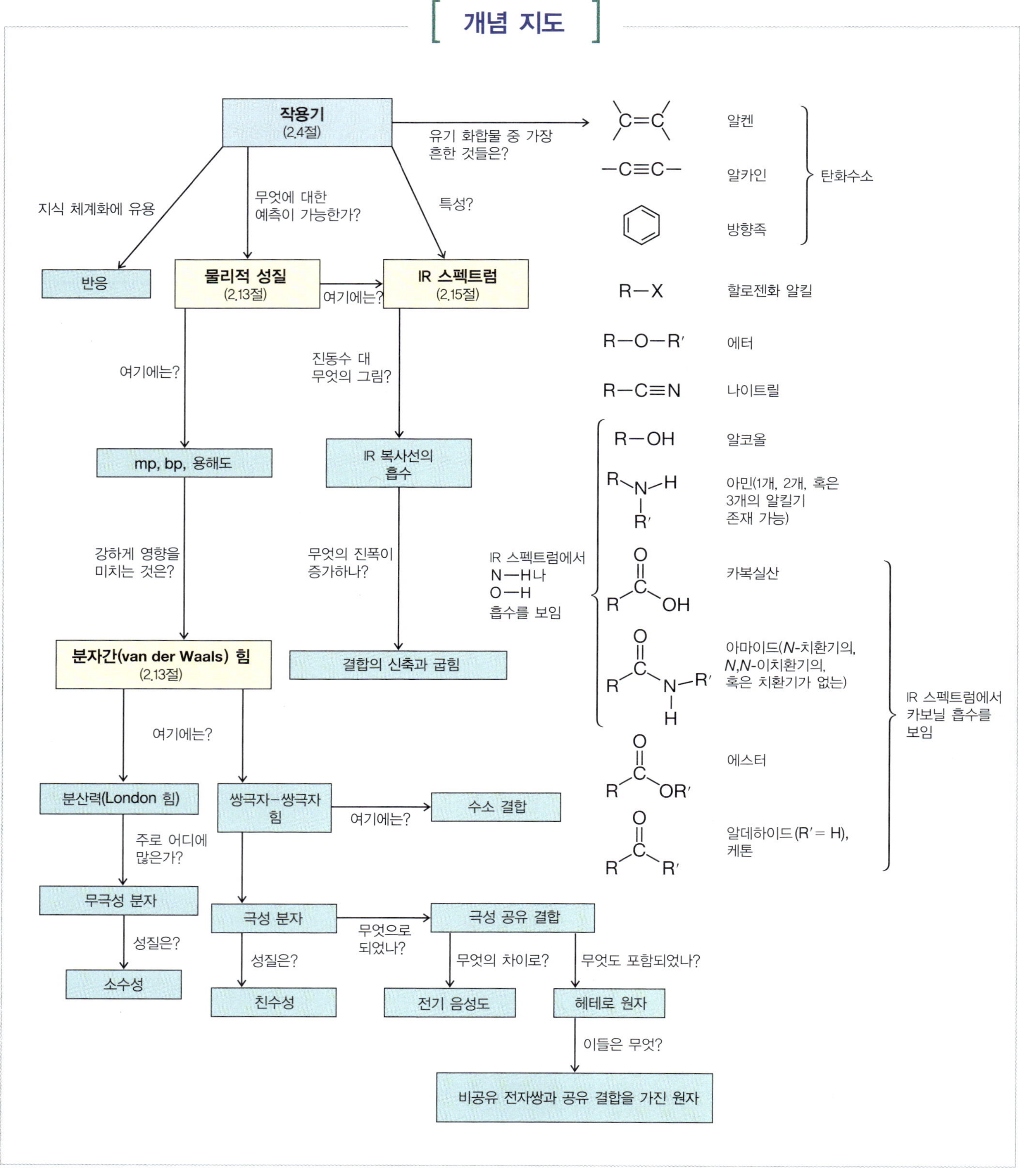

작용기 (2.4절)
유기 화합물 중 가장 흔한 것들은?
알켄
알카인
방향족
탄화수소
할로젠화 알킬
에터
나이트릴
알코올
아민(1개, 2개, 혹은 3개의 알킬기 존재 가능)
카복실산
아마이드(N-치환기의, N,N-이치환기의, 혹은 치환기가 없는)
에스터
알데하이드(R′ = H), 케톤
IR 스펙트럼에서 N—H나 O—H 흡수를 보임
IR 스펙트럼에서 카보닐 흡수를 보임
지식 체계화에 유용
무엇에 대한 예측이 가능한가?
특성?
반응
물리적 성질 (2.13절)
여기에는?
IR 스펙트럼 (2.15절)
진동수 대 무엇의 그림?
mp, bp, 용해도
IR 복사선의 흡수
강하게 영향을 미치는 것은?
무엇의 진폭이 증가하나?
분자간(van der Waals) 힘 (2.13절)
결합의 신축과 굽힘
분산력(London 힘)
쌍극자–쌍극자 힘
수소 결합
주로 어디에 많은가?
무극성 분자
성질은?
소수성
극성 분자
무엇으로 되었나?
극성 공유 결합
친수성
무엇의 차이로?
무엇도 포함되었나?
전기 음성도
헤테로 원자
이들은 무엇?
비공유 전자쌍과 공유 결합을 가진 원자

유기 반응과 메커니즘의 소개: 산과 염기

Charles D. Winters/Science Source

문외한에게 있어서 화학 반응은 마술 행위와도 같다. 화학자는 하나 또는 두 시약을 플라스크에 넣고 일정 시간 동안 기다린 다음 한 개 또는 여러 개의 완전히 다른 화합물을 끄집어 낸다. 반응을 자세히 이해하기 전까지는 마술사가 모자 속에 사과와 오렌지를 넣고 흔든 다음 토끼나 비둘기를 꺼내는 것과도 같다. 이런 종류의 '마술'의 실체적인 예로 위의 그림에서 보듯이, 두 가지가 섞인 용액이 들어 있는 용기로부터 고체인 나일론실을 뽑아내는 것이 있다. 나일론의 합성은 마술이 아니지만 참으로 신기하고 놀랍기도 하다. 이러한 반응들이 이 세상을 변화시켜 왔다.

이 교과목의 목표 중 하나는 이러한 화학 마술이 어떻게 일어나는지를 이해하는 것이다. 반응 생성물이 어떻게 형성되는지를 설명할 수 있기 원하는 것이다. 이 설명은 **반응 메커니즘(reaction mechanism)**이란 형태를 띤다. 반응 메커니즘은 **반응물이 생성물로 변화하면서 분자 수준에서 일어나는 사건에 대한 서술**이다. 흔한 경우 반응이 한 단계 이상으로 일어날 때 각 단계 사이에 들어 있는 **중간체(intermediate)**라 불리는 화학종이 경로를 따라 각 단계 사이에서 어떻게 개입하는지 알고 싶은 것이다.

유기 화학을 배우는 데 메커니즘을 사용함에 있어 가장 중요한 것 중 하나는 압도적으로 복잡한 지식의 집합체를 이해할 만한 형태로 조직화를 가능하게 해준다는 점이다. 수백만 가지의 유기 화합물이 알려져 있고 이 화합물들이 진행하는 수백만 가지의 반응들이 있다. 그들을 오로지 암기를 통해서만 배울 수 있다면 곧 포기하고 말 것이다. 하지만 그럴 필요가 없다. 비슷한 방법으로 작용기는 화합물들을 이해할 만하게 체계화시켜 주고 메커니즘은 반응의 체계화를 도와준다. 더욱 다행스럽게도, 비교적 적은 수의 기본 메커니즘이 있을 뿐이다.

이 장에서 배울 내용:

- 분자 내의 활성화 기를 산과 염기의 관점에서, 그리고 전자가 풍부한 영역과 전자가 부족한 영역의 관점에서 분류하는 규칙
- 화학 반응의 단계별 과정과 이것을 2~3개의 구체적이고도 이해하기 쉬운 형태로 분류하기

이 주제는 왜 중요한가?

이 장의 끝에는 이들 원리에 대한 어떤 지식도 없이 세상을 진정 변화시키는 중요한 발견이 이루어지는 흔치 않은 경우를 보일 것이다. 그렇지만 왜 이 장의 주제에 대한 핵심적인 이해가 그러한 보기 드문 발견의 실질적인 필수 요소가 되는지를 보게 될 것이다.

3.1 산–염기 반응

산–염기 화학의 몇 가지 기본 원리를 살펴봄으로써 화학 반응에 관한 공부를 시작하기로 한다. 이렇게 하는 데는 여러 가지 이유가 있다.

- 유기 화학에서 일어나는 많은 반응들은 애초부터 산–염기 반응이거나 어느 단계에서 산–염기 반응을 포함하고 있다.
- 산–염기 반응은 단순하고도 기본적인 반응으로서, 화학자들이 반응의 메커니즘을 나타내기 위하여 굽은 화살표를 사용하는 방법, 그리고 분자들이 반응함에 따라 반드시 발생되는 결합의 깨짐과 형성됨을 나타내기 위하여 굽은 화살표를 어떻게 쓰는지를 알게 해 줄 것이다.

산–염기 반응의 세 가지 부류는 유기 화학의 근간으로 Arrheinus 개념, Brønsted–Lowry, 그리고 Lewis 산–염기 반응이다.

3.1A Arrhenius 개념

Arrhenius 개념부터 논의를 시작한다.

- Arrhenius 개념은 산과 염기를 수소 이온(H^+)이나 그것의 수화된 형태(H_3O^+)의 양에 대한 효과로 정의한다.
- Arrhenius 산은 물에 녹았을 때 수소 이온(하이드로늄 이온)의 농도를 증가시킨다.
- Arrhenius 염기는 물속의 수산화 이온(OH^-)의 농도를 증가시키고 결과적으로 하이드로늄 이온의 농도를 감소시킨다.

몇 가지 예를 고려해 보자.

염산이 물에 녹으면 염산은 해리하여 물과 결합하여 하이드로늄 이온을 생성한다.

$$HCl\,(aq) + H_2O\,(l) \longrightarrow H_3O^+(aq) + Cl^-\,(aq)$$

실제로, 수용액에서 H^+의 본성은 H_3O^+보다 더 복잡하며 $H_5O_2^+$, $H_7O_3^+$ 등으로 존재할 수 있다. 비슷하게 아세트산은 물속에서 해리하여 하이드로늄 이온의 농도를 증가시킨다.

$$CH_3CO_2H(aq) + H_2O(l) \rightleftharpoons H_3O^+(aq) + Cl^-(aq) + H_3CO_2^-\,(aq)$$

염화 수소가 물속에서 화학량론적인 양의 하이드로늄 이온으로 해리되는 것과는 달리 아세트산은 하이드로늄 이온을 더 적은 수로 형성하는 부분적인 해리를 한다. HCl과 같이 완전히 해리하는 산은 강산이고, 아세트산과 같은 산은 그렇지 못해서 약산이다.

소듐과 포타슘 같은 알칼리 금속의 수산화물은 물속에서 완전히 해리하여 수산화 이온을 형성하므로 강염기이다.

$$NaOH(s) \xrightarrow{H_2O} NaOH(aq) \longrightarrow Na^+(aq) + OH^-(aq)$$

Media Bakery

수국의 색은 토양의 상대적인 산도에 부분적으로 의존한다. 분홍색은 높은 pH에서, 파랑색은 산성인 토양에서 우세하다.

수산화 이온은 물의 자동 이온화 반응에 의해서 형성된 농도를 감소시키며 평형을 물 쪽으로 이동하게 한다. 수용액에서 암모니아는 4차 수산화 암모늄을 형성하는데, NaOH와 KOH처럼 강한 염기이다.

3.1B Brønsted–Lowry 산과 염기

- **Brønsted–Lowry 산–염기** 반응에는 양성자 전달이 관여한다.
- **Brønsted–Lowry 산**은 양성자를 주는(또는 잃는) 물질이다.
- **Brønsted–Lowry 염기**는 양성자를 받는(또는 제거하는) 물질이다.

몇 가지 예를 고려해 보자.

염화 수소(HCl)는 순수한 상태로는 기체이다. HCl 기체를 물속에 불어넣으면 다음 반응이 일어난다.

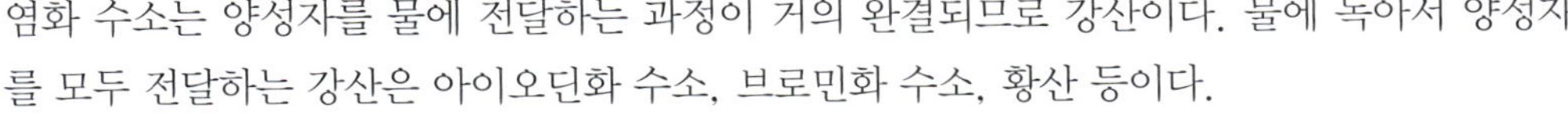

염기 (양성자 받개) 산 (양성자 주개) 물의 짝산 HCl의 짝염기

이 반응에서 염화 수소는 양성자를 준다. 그러므로 Brønsted–Lowry 산으로 작용한다. 물은 염화 수소로부터 양성자를 받는다. 그러므로 물은 Brønsted–Lowry 염기로 작용한다. 이 반응의 생성물은 하이드로늄 이온(H_3O^+)과 염화 이온(Cl^-)이다.

반응물을 산 또는 염기로 분류한 것처럼 생성물도 특정한 방법으로 분류한다.

- 산이 양성자를 잃음으로써 형성되는 분자나 이온을 그 산의 **짝염기(conjugate base)**라고 부른다. 위에서 염화 이온은 HCl의 짝염기이다.
- 염기가 양성자를 받아서 된 분자나 이온을 그 염기의 **짝산(conjugate acid)**이라고 부른다. 하이드로늄 이온은 물의 짝산이다.

염화 수소는 양성자를 물에 전달하는 과정이 거의 완결되므로 강산이다. 물에 녹아서 양성자를 모두 전달하는 강산은 아이오딘화 수소, 브로민화 수소, 황산 등이다.

$$HI + H_2O \longrightarrow H_3O^+ + I^-$$
$$HBr + H_2O \longrightarrow H_3O^+ + Br^-$$
$$H_2SO_4 + H_2O \longrightarrow H_3O^+ + HSO_4^-$$
$$HSO_4^- + H_2O \rightleftharpoons H_3O^+ + SO_4^{2-}$$

- 산이 물과 같은 염기에 양성자를 전달하는 정도가 산의 세기에 대한 척도이다. 그러므로 산의 세기는 이온화 백분율이지 농도가 **아니다**.

황산은 두 개의 양성자를 염기에 전달할 수 있기 때문에 이양성자성산(또는 이염기산)이라고 부른다. 양성자의 전달은 단계적으로 일어나는데, 첫 번째는 완전히 전달되며 둘째는 약 10% 정도 전달된다(따라서 두 번째 양성자 전달 반응식에서 평형 화살표를 사용함).

3.1C 물에서의 산과 염기

- 하이드로늄 이온(H_3O^+, hydronium ion)은 수용액에 존재할 수 있는 가장 강한 산이다. 어떤 강산도 물 분자에 양성자를 전달하여 하이드로늄 이온을 형성한다.
- 수산화 이온(OH^-, hydroxide ion)은 수용액에 존재할 수 있는 가장 강한 염기이다. 수산

화 이온보다 더 강한 어떤 염기도 물로부터 양성자를 제거하여 수산화 이온을 형성한다.

이온성 화합물이 물에 녹으면 이온들은 용매화된다. 수산화 소듐을 예로 들면, 양의 소듐 이온은 물 분자의 비공유 전자쌍과 작용하여 안정화되며, 수산화 이온은 물 분자의 부분적으로 양인 수소와 비공유 전자쌍들이 수소 결합을 형성하여 안정화된다.

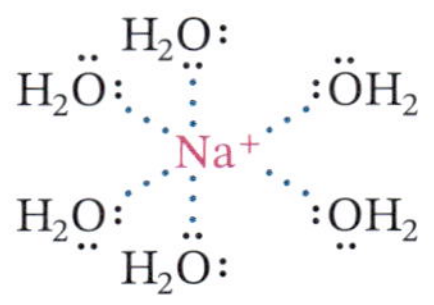

용매화된 소듐 이온

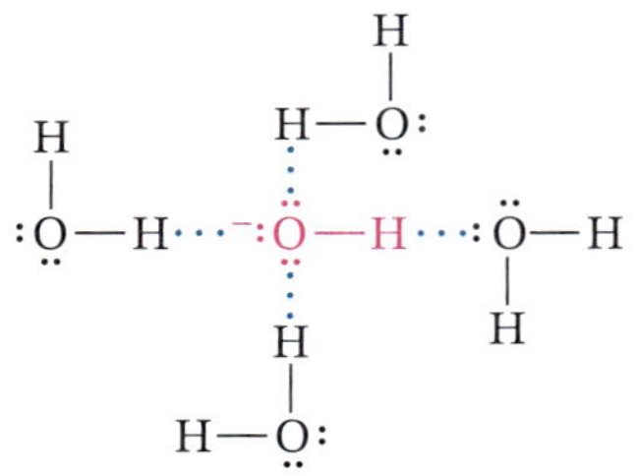

용매화된 수산화 이온

수산화 소듐 수용액을 염화 수소의 수용액(염산)과 섞으면 수산화 이온과 하이드로늄 이온 사이에 반응이 일어난다. Na^+ 이온과 Cl^- 이온은 **구경꾼 이온(spectator ion)**이라고 불리며 산–염기의 반응에 아무런 역할도 하지 않는다.

총 이온 반응

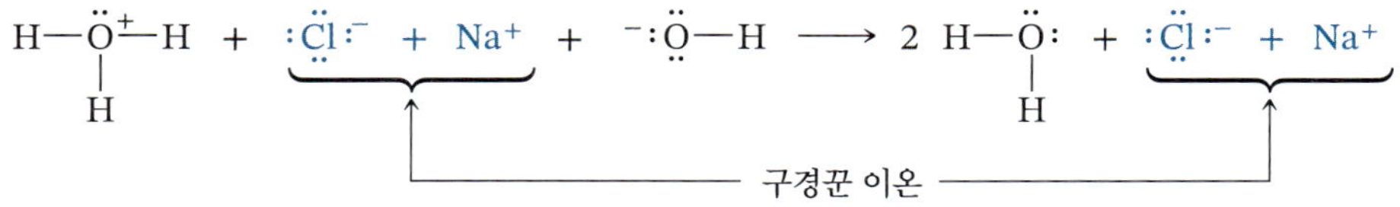

$$H_3O^+ + Cl^- + Na^+ + HO^- \longrightarrow 2\,H_2O + Cl^- + Na^+$$

구경꾼 이온

알짜 반응

$$H_3O^+ + HO^- \longrightarrow 2\,H_2O$$

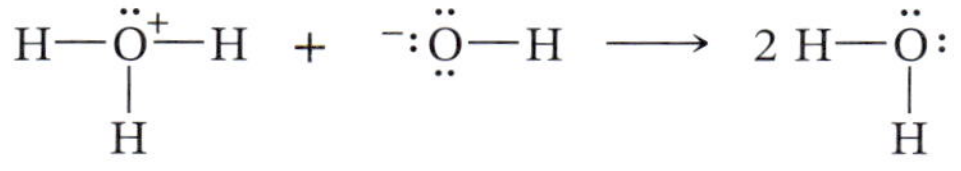

이와 같은 염산과 수산화 소듐 수용액 사이에서 일어나는 반응이 모든 강산과 강염기를 섞을 때 꼭 같은 방법으로 일어나 **알짜 이온 반응(net ionic reaction)**은 간단히

$$H_3O^+ + HO^- \longrightarrow 2\,H_2O$$

이다.

3.2 반응을 나타낼 때 사용하는 굽은 화살표

1.8절에서 공명 구조에서의 굽은 화살표 사용을 소개하였다. 이 장에서는 화학 반응에서의 결합 변화를 나타내는 데 굽은 화살표를 쓰는 방법을 배운다. 다음은 굽은 화살표에 대한 몇 가지 규칙이다.

굽은 화살표(curved arrow)는 반응 메커니즘에서 전자의 흐름 방향을 나타낸다.

1. 전자쌍의 출처로부터 그것을 받는 원자에게로 향하도록 굽은 화살표를 그린다. (굽은 화살표는 전자 1개의 이동도 나타낼 수 있다. 이런 형태의 반응은 뒤의 장에서 배운다.)

2. 전자 밀도가 높은 곳에서부터 시작하여 전자 밀도가 부족한 곳으로 향한다.
3. 굽은 화살표가 원자의 이동을 나타내지 않는다. 원자들은 전자의 흐름을 따라 간다고 가정한다.
4. 주기율표 2주기에 있는 원자들에 대해서는 굽은 화살표에 의해서 나타낸 전자의 이동이 팔전자 규칙을 위반하지 않도록 한다.

물과 염화 수소의 반응은 굽은 화살표 사용법을 보여 주는 간단한 예이다. 여기서 앞으로 나올 많은 '반응 메커니즘' 상자들 중 첫 번째를 제시하게 되는데, 메커니즘의 핵심 단계마다 색으로 나타낸 구조식과 주석을 달아 놓았다.

반응 메커니즘

물과 염화 수소의 반응: 굽은 화살표의 사용

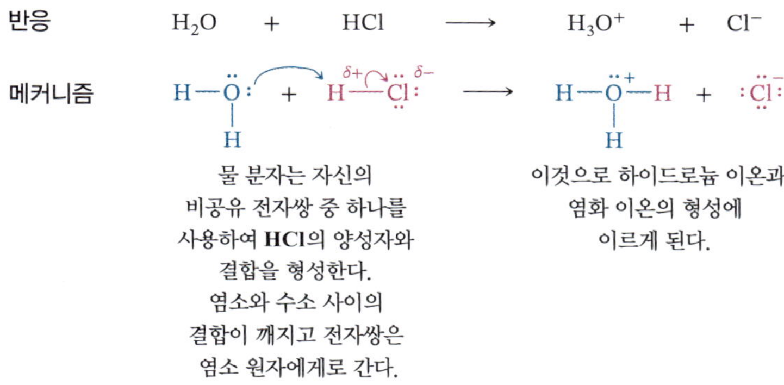

도움말
굽은 화살표는 전자로부터 시작해서 전자를 받는 원자에게로 향한다.

굽은 화살표는 공유 결합이나 비공유 전자쌍을 가지고(전자 밀도가 높은 곳으로부터) 시작해서 전자가 결핍된 위치로 향하도록 한다. 물은 염화 수소 분자와 충돌하여 자신의 비공유 전자쌍(청색으로 표시)의 하나를 사용하여 HCl의 양성자와 결합을 형성한다. 이 결합은 음전하를 띤 산소 원자에 있는 전자들이 양전하를 띤 양성자에 끌리기 때문에 형성된다. 산소와 양성자 사이에 결합이 형성됨에 따라 HCl의 수소–염소 결합은 끊어지고, HCl의 염소는 앞서 양성자에 결합되어 있던 전자쌍을 지니고 떨어져 나간다. 이것이 일어나지 않는다면 양성자는 2개의 공유 결합을 형성하는 셈이 되는데, 물론 양성자는 그렇게 할 수가 없다. 그러므로 굽은 화살표로 결합의 해리도 또한 나타낸다. 결합으로부터 염소를 바라보면 화살표는 결합이 깨지고 염화 이온과 함께 전자쌍이 떠나가는 것을 알 수 있다.

아래에 있는 산–염기 반응은 굽은 화살표를 사용하는 예들이다.

$$H_3O^+ \text{ (산)} + {}^-OH \text{ (염기)} \longrightarrow H_2O + H_2O$$

$$CH_3COOH \text{ (산)} + H_2O \text{ (염기)} \rightleftharpoons CH_3COO^- + H_3O^+$$

$CH_3COOH + {}^{-}OH \longrightarrow CH_3COO^{-} + H_2O$

산 염기

보기 물음 3.1

다음 반응에 굽은 화살표를 사용하여 결합 형성 단계와 결합 분해 단계에서의 전자의 이동을 나타내시오.

(a) 1-메틸사이클로헥산올 + H—Cl → 양성자화된 알코올($-OH_2^+$) + Cl^-

(b) $(CH_3CH_2)_3N$ + CH_3COOH → CH_3COO^- + $(CH_3CH_2)_3NH^+$

풀이

3.2절의 서두에서 제시한 굽은 화살표 사용법을 상기하자. 굽은 화살표는 전자쌍의 출처로부터 그것을 받는 원자로 향하며, 항상 전자 밀도가 높은 곳으로부터 전자 밀도가 낮은 곳으로 향한다. 수소에 대해서는 2개의 전자를 넘어서는 안 되며, 주기율표에서 두 번째 주기에 있는 원소들에 대해서는 8개의 전자를 초과할 수 없다. 원자의 형식 전하를 설명하고 전하가 균형을 이룬 반응식을 써야 한다.

(a)의 HCl에서 염소의 전기 음성도 때문에 수소 원자는 부분적으로 양(친전자체)이다. 알코올의 산소는 전자의 출처(Lewis 염기)로 부분적으로 양전하를 띤 양성자에 전자를 줄 수 있다. 그러나 양성자는 전자쌍을 얻음에 따라 전자쌍을 잃어야 한다. 따라서 수소가 알코올의 산소에 결합됨에 따라 염소는 수소 원자와 맺고 있던 결합으로부터 전자쌍을 받게 된다.

(a) 1-메틸사이클로헥산올 + H—Cl → 양성자화된 알코올($-OH_2^+$) + Cl^-

(b)의 카복실산에서 수소는 부분적으로 양이며 따라서 친전자체이다. 그리고 아민은 비공유 전자쌍을 카복실산 수소에 제공하여 결합을 형성하면서 카복실산 음이온이 떠나가도록 한다.

(b) $(CH_3CH_2)_3N$ + CH_3COOH → CH_3COO^- + $(CH_3CH_2)_3NH^+$

되새김 물음 3.1

모든 결합 형성과 결합 분해 단계에 대하여 전자 이동을 나타내는 굽은 화살표를 넣으시오.

(a) $HCOOCH_3 + {}^{-}OH \longrightarrow H-C(O^-)(OCH_3)-OH$

(b) $H-O^{-} + CH_3-I \longrightarrow H-O-CH_3 + I^{-}$

3.3 Lewis 산과 염기

1923년 Lewis는 산과 염기에 대한 이해를 획기적으로 확장시키는 이론을 제안하였다. **Lewis 산–염기 이론(Lewis acid–base theory)**을 이해함으로써 다양한 유기 반응을 이해하는 데 큰 도움이 됨을 알게 될 것이다. Lewis는 산과 염기를 다음과 같이 정의하였다.

- 산은 전자쌍 받개(electron pair acceptor)이다.
- 염기는 전자쌍 주개(electron pair donor)이다.

Lewis 산–염기 이론에서는 양성자 주개뿐만 아닌 많은 다른 화학종도 산이 된다. 예를 들어, 염화 알루미늄은 양성자 주개가 반응하는 모습과 똑같이 암모니아와 반응한다. 아래의 예에서 암모니아(Lewis 염기)의 전자쌍을 주는 과정을 굽은 화살표로 나타냈다.

$$\overset{\delta-}{Cl}-\overset{\delta+}{H} + :NH_3 \longrightarrow Cl^- + H-\overset{+}{N}H_3$$

Lewis 산 (전자쌍 받개) **Lewis 염기** (전자쌍 주개)

$$\overset{\delta-}{Cl}-\overset{\delta+}{Al}(\overset{\delta-}{Cl})_2 + :NH_3 \longrightarrow Cl_3\overset{-}{Al}-\overset{+}{N}H_3$$

Lewis 산 (전자쌍 받개) **Lewis 염기** (전자쌍 주개)

도움말
이 구조에서 형식 전하를 계산할 수 있음을 스스로 확인해 보시오.

위의 염화 수소의 반응에서 전자쌍 받개(양성자)는 질소와 새 결합을 형성하면서 전자쌍을 잃어야 한다. 이러한 필요성은 수소 원자가 처음부터 원자가 껍질에 전자를 모두 채우고 있었기 때문이다. 한편 염화 알루미늄의 알루미늄 원자는 원자가 껍질이 처음에 채워져 있지 않았다(단지 6개의 전자를 가지고 있었다). 그래서 결합을 깨지 않고도 전자쌍을 받을 수 있다. 알루미늄 원자는 질소로부터 전자쌍을 받음으로써 비록 음전하를 띠기는 하지만 팔전자 규칙을 만족시키는 것이다. Lewis의 정의에 의하면 염화 알루미늄이 전자쌍을 받아들일 때 산으로 작용하는 것이다.

염기는 Lewis 이론이나 Brønsted–Lowry 이론에 있어서 거의 같다. 왜냐하면 Brønsted–Lowry 이론에서 염기는 양성자를 받아들이기 위하여 전자쌍을 주어야 하기 때문이다.

- Lewis 산–염기 이론은 모든 Brønsted–Lowry의 반응을 포함하고 있다.
- 유기 화학에서 공부할 대부분의 반응은 Lewis 산–염기 상호작용이 관여하고 있다.

전자가 부족한 어떤 원자도 Lewis 산이 될 수 있다. 3A족에 있는 붕소, 알루미늄 같은 원자들을 포함하는 화합물들은 최외각에 단지 6개의 전자를 갖고 있으므로 Lewis 산이 될 수 있다. 빈 오비탈을 가진 원자를 포함하는 많은 다른 화합물들도 Lewis 산으로 작용한다. 할로젠화 아연과 할로젠화 철(III)은 유기 반응에서 흔히 Lewis 산으로 사용된다.

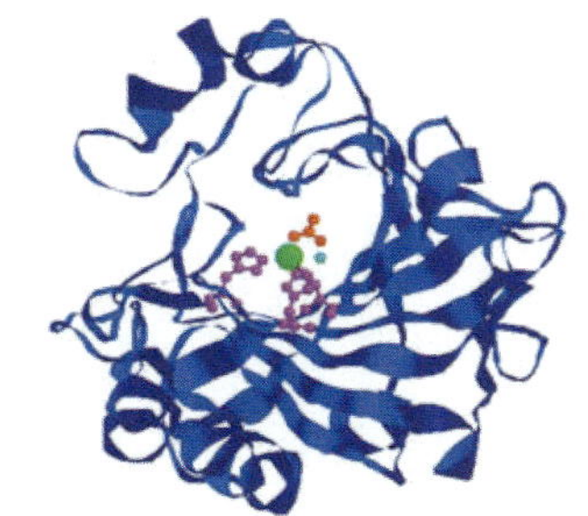

탄산 무수화 효소
탄산 무수화 효소의 효소 반응 메커니즘에서 아연 이온은 Lewis 산으로 작용한다(24장).

보기 물음 3.2

브로민(Br_2)이 브로민화 철($FeBr_3$)과 반응할 때 Lewis 산과 Lewis 염기를 나타내는 반응식을 쓰시오.

풀이

$$:\ddot{Br}-\ddot{Br}: \quad + \quad FeBr_3 \longrightarrow :\ddot{Br}-\ddot{Br}^{+}-\overset{-}{Fe}(Br)_3$$

Lewis 염기 Lewis 산

3.3A 반대 전하끼리 당김

- 많은 유기 반응에서처럼 Lewis 산–염기 이론에 있어서 반대 전하를 띤 화학종 사이의 인력은 반응성의 근본이다.

또 다른 한 예로 염화 알루미늄보다 더 강력한 Lewis 산인 삼플루오린화 붕소(BF_3)와 암모니아 사이의 반응을 살펴보자. BF_3의 계산된 구조(**그림 3.1**)는 van der Waals 표면에 정전기적 퍼텐셜을 보여 주고 있다(2.2A절에서의 HCl과 유사한 정전기적 퍼텐셜). 이 그림으로부터 BF_3는 붕소 원자 중심에 상당한 양전하와 세 플루오린에 음전하를 가졌음을 알 수 있다(이 구조에서 청색은 비교적으로 양전하를, 적색은 음전하를 나타낸다). 한편, 암모니아의 표면 정전기적 퍼텐셜은 상당한 부분적 음전하가 암모니아의 비결합 전자쌍 영역에 놓인 것을 보여 주고 있다. 따라서 이 두 분자의 정전기적인 성질은 산–염기 반응에 완벽하게 들어맞는다. 이들 사이에서 반응이 일어날 때 암모니아의 비결합 전자쌍은 BF_3의 붕소 원자를 공격하여 붕소의 원자가 껍질을 채운다. 이제 붕소는 음의 형식 전하를 띠게 되고 질소는 양의 형식 전하를 띤다. 전하의 분리는 그림 3.1에서 보듯이 생성물의 정전기적 퍼텐셜 구조에 나타나 있다. 상당한 음전하가 BF_3 부분에 놓이고 상당한 양전하가 질소에 놓이는 것을 주목하시오.

이러한 정전기적 퍼텐셜 지도는 전하 분포와 분자 모양을 잘 나타내고 있으나, 오비탈 혼성(1.13~1.15절), VSEPR 모형(1.16절), 형식 전하(1.5절)의 고려, 그리고 전기 음성도(1.3A, 2.2절) 등을 사용하여 BF_3, NH_3, 그리고 이들의 반응 생성물의 구조에 대하여 예상된 것과 같은 결론을 이끌어 낼 수 있어야 한다.

도움말

유기 화학을 배움에 있어서 지식의 기반을 쌓으려면 구조, 형식 전하, 그리고 전기 음성도를 확실히 이해할 필요가 있음은 아무리 강조해도 지나치지 않다.

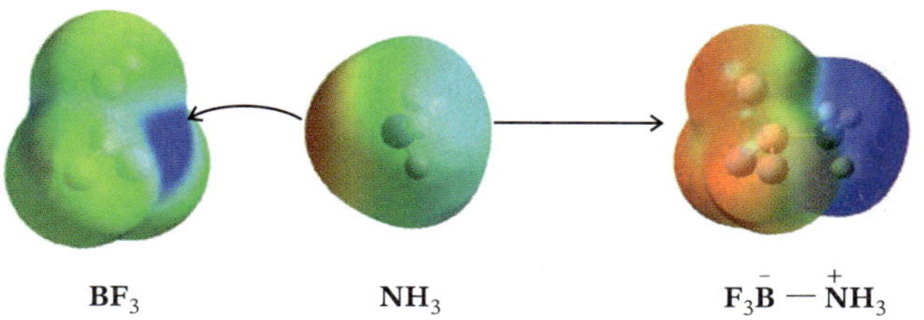

그림 3.1 BF_3, NH_3, 그리고 이들 사이의 반응 생성물에 대한 정전기적 퍼텐셜 지도. BF_3의 강한 양의 영역과 NH_3의 음의 영역 사이의 인력으로 말미암아 그들은 반응한다. 생성물의 정전기적 퍼텐셜 지도는 플루오린 원자가 음의 형식 전하의 전자 밀도를 끌어당기고 수소를 가진 질소 원자가 양의 형식 전하를 운반한다.

되새김 물음 3.2

아래의 반응에서 Lewis 산과 Lewis 염기를 표시하시오.

(a) 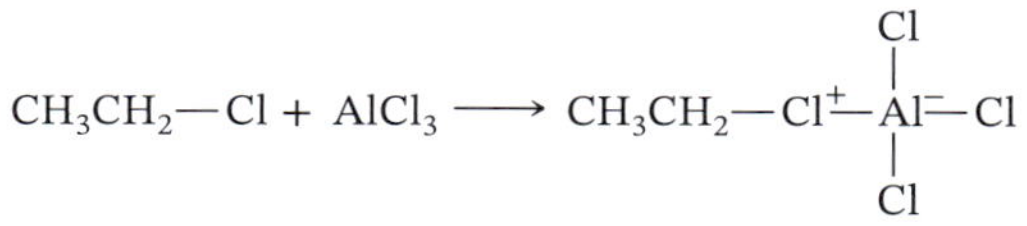 $CH_3CH_2—Cl + AlCl_3 \longrightarrow CH_3CH_2—Cl^+—Al^-Cl_3$

(b) 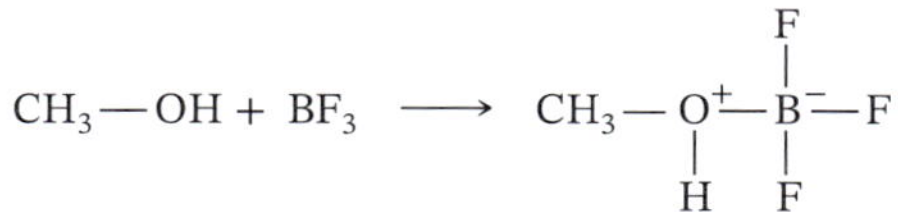 $CH_3—OH + BF_3 \longrightarrow CH_3—O^+(H)—B^-F_3$

(c) 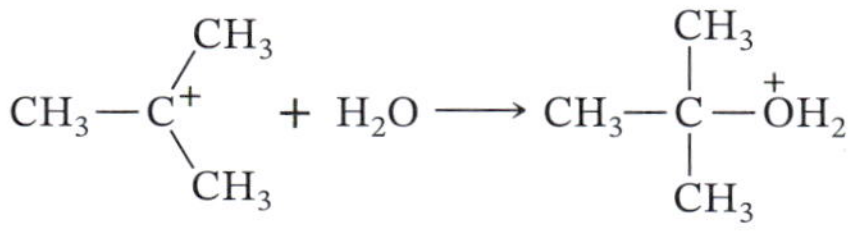 $(CH_3)_2C^+—CH_3 + H_2O \longrightarrow (CH_3)_3C—\overset{+}{O}H_2$

되새김 물음 3.3

아래의 어느 것이 Lewis 산이 되며, 또 어느 것이 Lewis 염기가 되겠는가?

(a) 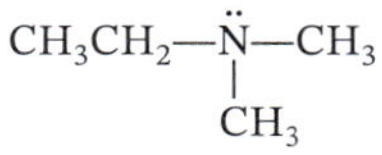 $CH_3CH_2—\ddot{N}(CH_3)—CH_3$

(b) 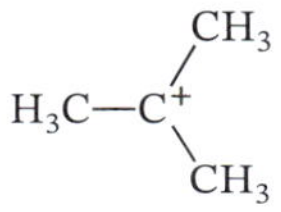 $H_3C—C^+(CH_3)_2$

(c) $(CH_3)_3P:$

(d) $:\ddot{F}:^-$

(e) $(CH_3)_3B$

(f) 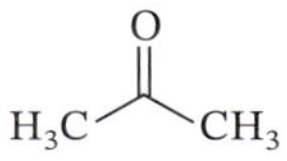 $H_3C—C(=O)—CH_3$

3.4 탄소와 맺은 결합의 불균일 분해: 탄소 양이온과 탄소 음이온

탄소 원자와 맺은 결합이 두 전자의 이동(**불균일 분해, heterolysis**)으로 깨지면 두 가지 이온 중 하나가 된다. 즉, 탄소 원자에 양전하가 있는 이온인 **탄소 양이온(carbocation)** 또는 탄소 원자에 음전하가 있는 이온인 **탄소 음이온(carbanion)**이 된 것이다.

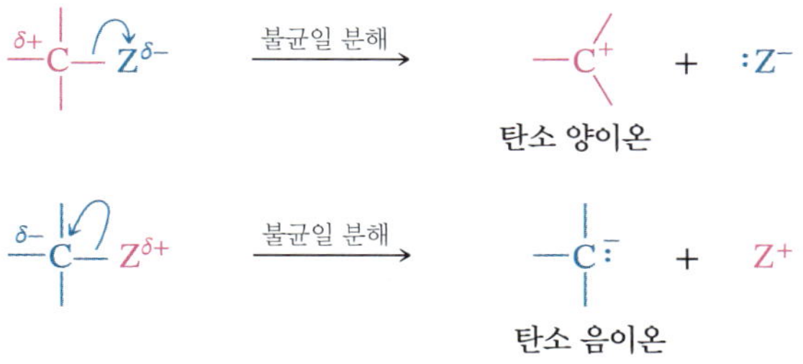

$$\overset{\delta+}{—C}—Z^{\delta-} \xrightarrow{\text{불균일 분해}} —C^+ + :Z^-$$

탄소 양이온

$$\overset{\delta-}{—C}—Z^{\delta+} \xrightarrow{\text{불균일 분해}} —C:^- + Z^+$$

탄소 음이온

- **탄소 양이온(carbocation)**은 전자가 부족하다. 이것은 원자가 껍질에 단지 여섯 개의 전자를 지니고 있으며, 이 때문에 **탄소 양이온은 Lewis 산**이다.

이런 식으로 보면 탄소 양이온은 BF_3나 $AlCl_3$와 비슷하다. 대부분의 탄소 양이온은 수명이 짧고 반응성이 크다. 이것은 어떤 유기 반응에서 중간체로 존재하기도 한다. 탄소 양이온은 Lewis 염기와 급속히 반응하여 안정한 팔전자 구조(즉, 영족 기체의 전자 배치)를 이루게 된다.

$$-\overset{|}{C}^{+} + :B^{-} \longrightarrow -\overset{|}{\underset{|}{C}}-B$$

탄소 양이온 (Lewis 산)　　음이온 (Lewis 염기)

$$-\overset{|}{C}^{+} + :\ddot{O}(H)-H \longrightarrow -\overset{|}{\underset{|}{C}}-\ddot{O}^{+}(H)-H$$

탄소 양이온 (Lewis 산)　　물 (Lewis 염기)

- **탄소 음이온(carbanion)**은 전자가 풍부하다. 그들은 음이온이며 비공유 전자쌍을 지니고 있다. 그러므로 **탄소 음이온은 Lewis 염기**이며 그렇게 반응한다(3.3절).

3.4A 친전자체와 친핵체

- **친전자체(electrophile)란 전자를 추구하는 시약이다.**
- **모든 Lewis 산은 친전자체이다.**
- **탄소 양이온은 친전자체이다.** Lewis 염기로부터 전자쌍을 받아들임으로써 탄소 양이온은 자신의 원자가 껍질을 채우게 된다.

$$-\overset{|}{C}^{+} + {}^{-}:B \longrightarrow -\overset{|}{\underset{|}{C}}-B$$

탄소 양이온 Lewis 산이며 친천자체　　Lewis 염기

- **부분적으로 양인 탄소도 또한 친전자체이다.** 그들은 아래의 반응처럼 Lewis 염기의 전자가 풍부한 중심과 반응할 수 있다.

$$B:^{-} + \overset{\delta+}{C}=\overset{\delta-}{\ddot{O}}: \longrightarrow B-\overset{|}{\underset{|}{C}}-\ddot{O}:^{-}$$

Lewis 염기　　Lewis 산 (친전자체)

탄소 음이온은 Lewis 염기이다. 이것은 화학 반응에서 양성자나 다른 양의 중심에 전자쌍을 제공함으로써 자신의 음전하를 중성으로 만든다.

Lewis 염기가 **양성자 이외의 다른 양의 중심을 추구할 때, 특별히 탄소 원자의 중심을 추구할 때** 그것을 **친핵체(nucleophile**, 의미는 '핵을 사랑하는 것'; 핵이 원자에서 양의 부분이기 때문)라고 부른다.

- **친핵체는 양전하를 띤 탄소와 같은 양의 중심을 추구하는 Lewis 염기이다.**

친전자체는 Lewis 산(전자쌍 받개)이고 친핵체는 Lewis 염기(전자쌍 주개)이므로 그들에게 왜 두 가지 용어를 쓸까? 하는 의문이 생긴다. **Lewis 산**과 **Lewis 염기**는 일반적으로 사용되는 용어이지만, 이 중 어느 것이 반응하여 탄소 원자와 결합을 형성할 때 그것을 **친전자체 또는 친핵체**라고 부르는 것이다.

친핵체 친전자체

친전자체 친핵체

보기 물음 3.3

아래의 반응에서 친전자체와 친핵체를 확인하고, 결합 형성과 결합 해리에 대한 전자의 이동을 나타내는 굽은 화살표를 쓰시오.

풀이

알데하이드의 탄소는 카보닐 산소 원자의 전기 음성도 때문에 친전자성이다. 메탄올은 Lewis 염기이면서 친핵체로 카보닐 탄소에 전자쌍(산소에 있는 전자쌍)을 제공하며, 전자쌍이 산소로 이동하도록 하여 팔전자 이상의 전자를 가진 원자는 없다.

굽은 화살표를 이용하여 $(CH_3)_2NH$와 삼플루오린화 붕소 사이에서 일어날 반응을 쓰시오. Lewis 산과 염기, 친핵체와 친전자체를 확인하고 형식 전하를 지정하시오. **되새김 물음 3.4**

3.5 Brønsted–Lowry 산과 염기의 세기: K_a와 pK_a

많은 유기 반응은 산–염기 반응에 의한 양성자 전달이 관여하고 있다. 따라서 반응에서 잠재적으로 Brønsted–Lowry 산 또는 염기로 행동할 화합물의 상대적인 세기를 고려하는 것이 중요하다.

HCl과 H_2SO_4 같은 강산과는 대조적으로 아세트산은 아주 약한 산이다. 아세트산이 물에 녹았을 때 다음과 같은 반응은 잘 진행되지 않는다.

$$CH_3COOH + H_2O \rightleftharpoons CH_3COO^- + H_3O^+$$

0.1 M 아세트산 용액은 25 °C에서 1%만이 양성자를 물에 전달함으로써 이온화하는 것이 실험적으로 밝혀졌다. 다음에 보듯이 **산의 세기(acid strength)**는 **산도 상수(acidity constant, K_a)** 또는 pK_a 값으로 정해진다.

3.5A 산도 상수(Acidity Constant), K_a

아세트산 수용액에서 일어나는 반응은 평형 반응이므로 **평형 상수(equilibrium constant, K_{eq})**으로 표시할 수 있다.

$$K_{eq} = \frac{[H_3O^+][CH_3CO_2^-]}{[CH_3CO_2H][H_2O]}$$

묽은 수용액에서 물의 농도는 거의 일정하다(~55.5 M). 그러므로 평형 상수식을 **산도 상수(acidity constant, K_a)**로 다시 쓸 수 있다.

$$K_a = K_{eq}[H_2O] = \frac{[H_3O^+][CH_3CO_2^-]}{[CH_3CO_2H]}$$

25 °C에서 아세트산의 산도 상수는 1.76×10^{-5}이다.

물에 녹는 모든 약산에 대하여 비슷한 식을 쓸 수 있다. 가상적인 산(HA)이 물과 반응할 때

$$HA + H_2O \rightleftharpoons H_3O^+ + A^-$$

산도 상수식은 다음과 같다.

$$K_a = \frac{[H_3O^+][A^-]}{[HA]}$$

반응 생성물의 농도는 분자에, 해리되지 않은 산의 농도는 분모에 쓰기 때문에 다음과 같이 말할 수 있다.

- **K_a 값이 큰 것은 강산이다.**
- **K_a 값이 작은 것은 약산이다.**

K_a가 10보다 더 크면 농도가 0.01 M 이하일 때 대부분 물속에서 완전히 해리되어 있다.

보기 물음 3.4

페놀(C_6H_5OH)은 $K_a = 1.26 \times 10^{-10}$이다. **(a)** 1.0 M 페놀 수용액 중에 있는 H_3O^+의 몰 농도는 얼마인가? **(b)** 이 용액의 pH는 얼마인가?

풀이

평형 상수 K_a 식을 이용하여

$$\underset{\text{페놀}}{C_6H_5OH} + H_2O \rightleftharpoons \underset{\text{페녹시화 이온}}{C_6H_5O^-} + \underset{\text{하이드로늄 이온}}{H_3O^+}$$

$$K_a = \frac{[H_3O^+][C_6H_5O^-]}{[C_6H_5OH]} = 1.26 \times 10^{-10}$$

평형에서는 하이드로늄 이온의 농도와 페녹시화 이온의 농도가 같을 것이므로 그들을 모두 x라고 하면,

$$\frac{(x)(x)}{1.0} = \frac{x^2}{1.0} = 1.26 \times 10^{-10}$$

$$x = 1.1 \times 10^{-5}$$

$$pH = -\log[H_3O^+] = -\log 1.1 \times 10^{-5} = 4.96$$

되새김 물음 3.5

폼산(HCOOH)은 25 °C에서 $K_a = 1.77 \times 10^{-4}$이다. **(a)** 0.5 M HCOOH 수용액 중에 있는 H_3O^+와 $HCOO^-$의 몰 농도는 각각 얼마인가? **(b)** HCOOH의 몇 %가 이온화한 셈인가?

3.5B 산도와 pK_a

화학자들은 산도 상수 K_a를 −log 값인 **pK_a**로 흔히 나타낸다.

$$pK_a = -\log K_a$$

이것은 하이드로늄 이온의 농도를 pH로 나타내는 것과 비슷하다.

$$pH = -\log[H_3O^+]$$

아세트산의 pK_a는 4.75이다.

$$pK_a = -\log(1.76 \times 10^{-5}) = -(-4.75) = 4.75$$

pK_a의 크기와 산의 세기 사이에는 역관계가 있음을 주목하시오.

- **pK_a 값이 클수록 더 약산이다.**

예를 들어, pK_a = 4.75인 아세트산은 pK_a = 0(K_a = 1)인 트라이플루오로아세트산보다 약산이다. pK_a = −7($K_a = 10^7$)인 염산은 트라이플루오로아세트산보다 아주 더 강한 산이다(양의 pK_a 값이 음의 pK_a 값보다 더 크다는 것을 알아야 한다).

도움말

K_a와 pK_a는 산의 세기를 나타낸다.

CH_3CO_2H < CF_3CO_2H < HCl

pK_a = 4.75 　 pK_a = 0 　 pK_a = −7

약산 　 아주 강산

산의 세기 증가 →

표 3.1은 물을 염기로 비교한 선별된 산의 pK_a 값을 수록하고 있다. 이 표를 사용하여 유사한 구조나 작용기를 지닌 화합물의 pK_a 값을 유추할 수 있다.

표 3.1의 가운데 있는 pK_a 값들은 수용액에서 측정되었기 때문에 가장 정확하다. 표의 위에 있는 아주 강한 산들이나 밑에 있는 매우 약한 산들의 pK_a의 값을 재려면 특별한 방법을 써야 한다.* 따라서 이들 강산과 약산의 pK_a 값들은 근사치이다. 이 교과서에서 고려한 모든 산들은 에테인(극단의 약산)과 $HSbF_6$(너무 강산이어서 'superacid'라고 부름) 사이의 세기를 갖는다.

되새김 물음 3.6

(a) 어떤 산(HA)의 $K_a = 10^{-9}$이다. pK_a는 얼마인가? **(b)** 다른 산(HB)의 K_a = 5이다. pK_a는 얼마인가? **(c)** 어느 것이 더 강산인가?

* 하이드로늄 이온보다 더 강한 산이거나 수산화 이온보다 더 강한 염기들은 물과 완전히 반응한다(**평준화 효과**라고 불리는 현상으로 3.1B와 3.14절을 보시오). 그러므로 이러한 산들의 산도 상수를 물속에서 재는 것은 불가능하다. 다른 용매나 특수한 기술이 이용되는데, 이러한 방법들을 여기서 설명할 여유는 없다.

표 3.1 몇 가지 산과 그 짝염기의 상대적인 세기

	산	대략적인 pK_a	짝염기	
가장 강한 산	$HSbF_6$	< −12	SbF_6^-	가장 약한 염기
	HI	−10	I^-	
	H_2SO_4	−9	HSO_4^-	
	HBr	−9	Br^-	
	HCl	−7	Cl^-	
	$C_6H_5SO_3H$	−6.5	$C_6H_5SO_3^-$	
	$(CH_3)_2\overset{+}{O}H$	−3.8	$(CH_3)_2O$	
	$(CH_3)_2C{=}\overset{+}{O}H$	−2.9	$(CH_3)_2C{=}O$	
	$CH_3\overset{+}{O}H_2$	−2.5	CH_3OH	
	H_3O^+	−1.74	H_2O	
	HNO_3	−1.4	NO_3^-	
	CF_3CO_2H	0.18	$CF_3CO_2^-$	
	HF	3.2	F^-	
산의 세기 증가 (↑)	$C_6H_5CO_2H$	4.21	$C_6H_5CO_2^-$	
	$C_6H_5NH_3^+$	4.63	$C_6H_5NH_2$	
	CH_3CO_2H	4.75	$CH_3CO_2^-$	
	H_2CO_3	6.35	HCO_3^-	
	$CH_3COCH_2COCH_3$	9.0	$CH_3CO\overset{-}{C}HCOCH_3$	
	NH_4^+	9.2	NH_3	
	C_6H_5OH	9.9	$C_6H_5O^-$	
	HCO_3^-	10.2	CO_3^{2-}	
	$CH_3NH_3^+$	10.6	CH_3NH_2	
	H_2O	15.7	HO^-	
	CH_3CH_2OH	16	$CH_3CH_2O^-$	
	$(CH_3)_3COH$	18	$(CH_3)_3CO^-$	
	CH_3COCH_3	19.2	$^-CH_2COCH_3$	
	$HC{\equiv}CH$	25	$HC{\equiv}C^-$	
	$C_6H_5NH_2$	31	$C_6H_5NH^-$	
	H_2	35	H^-	
	$(i\text{-}Pr)_2NH$	36	$(i\text{-}Pr)_2N^-$	
	NH_3	38	$^-NH_2$	
	$CH_2{=}CH_2$	44	$CH_2{=}CH^-$	
가장 약한 산	CH_3CH_3	50	$CH_3CH_2^-$	가장 강한 염기

물은 그 자체가 아주 약한 산으로 산이나 염기가 존재하지 않아도 스스로 이온화된다.

$$H{-}\ddot{O}{:}(H) + H{-}\ddot{O}{:}(H) \rightleftharpoons H{-}\overset{+}{\ddot{O}}{-}H(H) + {}^-{:}\ddot{O}{-}H$$

25 °C에서 순수한 물속에 있는 하이드로늄 이온과 수산화 이온은 똑같이 10^{-7} M이다. 순수한 물의 농도는 55.5 M이므로 물의 K_a를 계산할 수 있다.

$$K_a = \frac{[H_3O^+][OH^-]}{[H_2O]} \qquad K_a = \frac{(10^{-7})(10^{-7})}{55.5} = 1.8 \times 10^{-16} \qquad pK_a = 15.7$$

보기 물음 3.5

표 3.1에 수록된 것처럼 하이드로늄 이온(H_3O^+)의 pK_a 값이 −1.74임을 증명하는 계산을 보이시오.

풀이

H_3O^+가 수용액에서 산으로 작용할 때 평형은 다음과 같고

$$H_3O^+ + H_2O \rightleftharpoons H_2O + H_3O^+$$

K_a는 물의 몰 농도와 같다.

$$K_a = \frac{[H_2O][H_3O^+]}{[H_3O^+]} = [H_2O]$$

순수한 H_2O에서 H_2O의 몰 농도는 1000 g(1 L)에 있는 H_2O (MW = 18 g/mol)의 몰수와 같다. 따라서 $[H_2O] = (1000\ g/L)(18\ g/mol) = 55.5\ mol/L$이다. 그러므로 $K_a = 55.5$이고, p$K_a = -\log 55.5 = -1.74$이다.

3.5C 염기의 세기에 대한 예측

이제까지는 산의 세기만을 다루었다. 이로부터 부수적으로 따라오는 원리는 곧 **염기의 세기(base strength)**를 예측할 수 있는 것이다. 간단히 말해서 그 원리는 다음과 같다.

- **산이 강할수록 그것의 짝염기는 약하다.**

그러므로 **염기의 세기를 그 짝산의 pK_a와 연관 지을 수 있다.**

- **짝산의 pK_a가 클수록 더 강염기이다.**

아래의 예를 생각해 보시오.

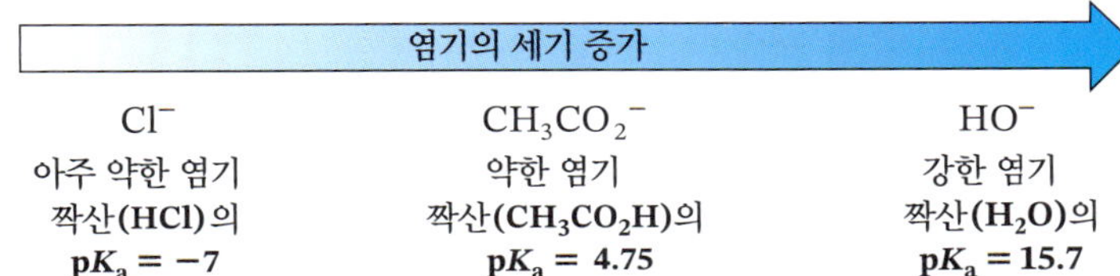

수산화 이온은 이 셋 중에서 가장 강한 염기임을 알 수 있다. 그것의 짝산인 물이 가장 약한 산이기 때문이다(물이 가장 약산인 까닭은 그것의 pK_a가 가장 크기 때문이다).

아민은 암모니아처럼 약한 염기이다. 암모니아를 물에 녹이면 다음과 같은 평형이 일어난다.

$$\underset{\text{염기}}{NH_3} + \underset{\text{산}}{H-\ddot{O}-H} \rightleftharpoons \underset{\substack{\text{짝산} \\ pK_a = 9.2}}{NH_4^+} + \underset{\text{짝염기}}{^-:\ddot{O}-H}$$

메틸아민을 물에 녹이면 유사한 평형이 형성된다.

$$\underset{\text{염기}}{CH_3-NH_2} + \underset{\text{산}}{H-\ddot{O}-H} \rightleftharpoons \underset{\substack{\text{짝산} \\ pK_a = 10.6}}{CH_3-NH_3^+} + \underset{\text{짝염기}}{^-:\ddot{O}-H}$$

이들 물질의 염기도 역시 그 짝산들의 세기와 연관 지을 수 있다. 암모니아의 짝산은 암모늄 이온(NH_4^+)이다. 암모늄 이온의 pK_a는 9.2이다. 메틸아민의 짝산은 $CH_3NH_3^+$이다. 이 이온은 메틸아미늄 이온이라고 부르며, pK_a = 10.6이다. 메틸아민의 짝산이 암모니아의 짝산보다 약한 산이므로 메틸아민이 암모니아보다 더 강한 염기라고 결론을 지을 수 있다.

보기 물음 3.6

표 3.1에 있는 pK_a 값을 이용하여 CH_3OCH_3와 H_2O 중 어느 것이 더 강염기인지 정하시오.

풀이

표 3.1로부터 물과 다이메틸 에터의 짝산의 pK_a 값을 알 수 있다.

약산 H_3O^+ (pK_a = −1.74) $(CH_3)_2OH^+$ (pK_a = −3.8) 강산

물은 더 약산의 짝염기이므로 더 강염기가 된다.

강염기 H_2O $H_3C-O-CH_3$ 약염기

되새김 물음 3.7

표 3.1에 있는 유사한 화합물의 pK_a 값을 이용하여 어느 것이 더 강염기인지 정하시오.

(a) $C_6H_5O^-$ 또는 $(CH_3)_2CHO^-$

(b) $(CH_3)_3CO^-$ 또는 $CH_3C\equiv C^-$

(c) $(CH_3)_2NH$ 또는 CH_3OCH_3

(d) $CH_3CH_2CO_2^-$ 또는 $HOCO_2^-$

보기 물음 3.7

NH_3와 $(CH_3)_3CO^-$ 중 어느 것이 더 강염기인지 정하시오.

풀이

암모니아의 짝산은 암모늄 이온(NH_4^+)이고 pK_a = 9.2이다. *tert*-butoxide의 짝산은 $(CH_3)_3COH$이고 pK_a = 18이다. NH_4^+의 pK_a가 $(CH_3)_3COH$의 그것보다 더 작으므로 더 강산이고 그것의 짝염기인 NH_3는 *tert*-butoxide보다 더 약염기이다. *tert*-butoxide는 그것의 짝산이 약산이므로 강염기이다.

되새김 물음 3.8

글라이신(glycine)은 대부분의 단백질에서 얻을 수 있는 아미노산이다. 용액에서 글라이신은 두 형태가 평형인 상태로 존재한다.

$$H_2NCH_2CO_2H \rightleftharpoons H_3\overset{+}{N}CH_2CO_2^-$$

(a) 표 3.1을 참고하여, 어느 형태가 평형에서 더 유리한가?

(b) 사전에서 글라이신의 녹는점은 262 °C(분해 포함)이다. 위에 제시한 구조 중 어느 것이 글라이신을 가장 잘 나타내는가?

3.6 산-염기 반응의 결과에 대한 예상

일련의 대표적인 화합물들의 대략적인 pK_a 값들을 표 3.1에 제시하였다. 표 3.1에 있는 모든 pK_a 값들을 외울 필요는 없지만, 몇 가지 흔히 나오는 산과 염기들의 산도와 염기도의 일반적인 순서를 배워 두기 시작하는 것도 좋은 생각이다. 표 3.1의 보기들은 그 부류나 작용기를 대표하는 것들이다. 예를 들어, 아세트산은 $pK_a = 4.75$인데 카복실산들은 일반적으로 이 값에 가까운 pK_a($pK_a = 3 \sim 5$ 범위) 값을 가지고 있다. 에틸 알코올은 알코올의 한 예로 제시한 것인데, 알코올들은 일반적으로 에틸 알코올의 pK_a에 가까운 값($pK_a = 15 \sim 18$ 범위)을 가지고 있다. 물론 예외도 있으며, 앞으로 이런 예외들을 배우게 될 것이다.

흔한 산들의 산도의 상대적인 크기를 지금 배워 두면 산-염기 반응이 쓰여진 대로 일어날지를 예상할 수 있다.

- 여기에 적용되는 일반적인 원칙은 다음과 같다: **산-염기 반응은 항상 더 약한 산과 더 약한 염기가 형성되는 쪽으로 진행한다.**

도움말
약산과 약염기의 형성은 산-염기 반응의 결과를 예상하는 데 있어서 중요한 일반 원칙이다.

이러한 까닭은 산-염기 반응의 결과가 평형의 위치에 의해서 결정되기 때문이다. 따라서 산-염기 반응은 **평형의 지배하에 있다**고 말한다. 그리고 평형의 지배하에 있는 반응은 항상 가장 안정한(위치 에너지가 가장 낮은) 화학종이 형성되는 쪽으로 진행된다. 약산과 약염기는 강산이나 강염기보다 더 안정하다(위치 에너지가 더 낮다).

이 원리를 이용하여, 카복실산(RCO_2H)과 NaOH 수용액이 다음 방향으로 반응을 진행할 것임을 예상할 수 있다. 왜냐하면, 더 약한 산(H_2O)과 약한 염기(RCO_2^-)가 형성되는 반응이기 때문이다.

$$RCOOH + Na^+ \; {}^-OH \longrightarrow RCOO^- \; Na^+ + H{-}O{-}H$$

더 강한 산 $pK_a = 3 \sim 5$ | 더 강한 염기 | 더 약한 염기 | 더 약한 산 $pK_a = 15.7$

두 산의 pK_a 값에서 큰 차이가 있으므로 평형의 위치는 생성물이 형성되는 쪽을 선호하게 된다. 이와 같은 보기에서는 반응이 평형을 이룬다 할지라도 한쪽 방향 화살표로 흔히 나타낸다.

보기 물음 3.8

페놀(C_6H_5OH, 표 3.1 참조)의 수용액과 NaOH를 섞는다고 생각하시오. 만약 일어난다면 무슨 산-염기 반응이 일어나겠는가?

전략

반응물(페놀)과 염기(수산화 이온)에 양성자 전달 반응에 의해서 생성될 산(물)의 상대적인 산도를 고려한다.

풀이

강산(페놀)으로부터 약산(물)이 형성될 것이기 때문에 다음 반응이 일어날 것이다. 또한 강염기인 NaOH로부터 약염기인 C_6H_5ONa가 형성될 것이다.

$$C_6H_5{-}O{-}H + Na^+ \; {}^-O{-}H \longrightarrow C_6H_5{-}O^- \; Na^+ + H{-}O{-}H$$

더 강한 산 $pK_a = 9.9$ | 더 강한 염기 | 더 약한 염기 | 더 약한 산 $pK_a = 15.7$

보기 물음 3.9

표 3.1을 이용하여 NaH(:H^- 이온의 근원)와 CH_3OH의 반응은

$$CH_3\ddot{\underset{..}{O}}H + :H^- \longrightarrow CH_3\ddot{\underset{..}{O}}:^- + H_2$$

이지

$$CH_3\ddot{\underset{..}{O}}H + :H^- \not\longrightarrow {}^-:CH_2\ddot{\underset{..}{O}}H + H_2$$

가 아님을 설명하시오.

풀이

수소화 이온(수소 음이온)은 H_2(매우 약산, $pK_a = 35$)의 짝염기로 매우 강염기이다. 수소화 이온은 CH_3OH로부터 가장 산성인 양성자를 제거할 것이다. 비록 CH_3OH는 표 3.1에 수록되어 있지 않지만, 이것을 유사한 알코올인 CH_3CH_2OH와 비교할 수 있는데 하이드록실기의 pK_a는 16으로 작용기가 없는 탄소에 결합된 어떤 양성자(예: CH_3CH_3의 양성자, $pK_a = 50$)보다도 매우 더 강산성이다. 산소에 결합된 양성자가 더 산성이므로 그것이 우선적으로 제거된다.

되새김 물음 3.9 다음 반응의 결과를 예상해 보시오.

3.6A 산-염기 반응의 결과에 따른 물에 대한 용해도

비록 아세트산이나 탄소 원자의 수가 다섯 개 미만인 다른 카복실산들은 물에 녹지만, 분자량이 큰 많은 다른 카복실산들은 물에 잘 녹지 않는다. 그러나 **물에 녹지 않는 카복실산**은 그들이 산성이기 때문에 **수산화 소듐 수용액에 녹는다**. 물에 녹는 소듐 염을 형성하기 때문에 녹는 것이다.

$$C_6H_5COOH + Na^+\ {}^-:\ddot{\underset{..}{O}}-H \longrightarrow C_6H_5CO\ddot{\underset{..}{O}}:^-\ Na^+ + H-\ddot{\underset{..}{O}}-H$$

물에 안 녹는다. 물에 녹는다. (염과 같이 극성이기 때문)

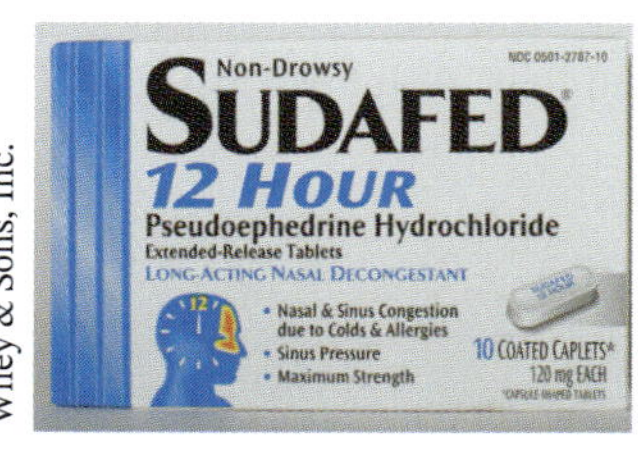

Vincent LaRussa for John Wiley & Sons, Inc.

수도에페드린은 염화 수소 염으로 판매되는 아민이다.

아민도 염산 수용액과 아래와 같이 반응할 것을 예상할 수 있다.

$$R-NH_2: + H-\overset{+}{O}H_2\ Cl^- \longrightarrow R-\overset{+}{N}H_3\ Cl^- + :\ddot{O}H_2$$

더 강한 염기	더 강한 산	더 약한 산	더 약한 염기
	$pK_a = -1.74$	$pK_a = 9 \sim 10$	

메틸아민과 분자량이 작은 대부분의 아민들은 물에 녹지만, 아닐린($C_6H_5NH_2$)과 같이 분자량이 큰 아민들은 물에 대한 용해도가 제한되어 있다. 그러나 이들 **비수용성인 아민도 염산에는 곧 녹는다**. 산-염기 반응으로 가용성인 염을 형성하기 때문이다.

$C_6H_5-\ddot{N}H_2 + H-\ddot{O}^+(H)-H\ Cl^- \longrightarrow C_6H_5-N^+H_3\ Cl^- + :\ddot{O}(H)-H$

물에 안 녹는다. 물에 녹는 염

Pseudoephedrine • HCl

되새김 물음 3.10

대부분의 카복실산이 탄산수소 소듐($NaHCO_3$)의 수용액에 녹는 것은 카복실산 염이 되어 더 극성이기 때문이다. 일반적인 카복실산과 탄산수소 소듐이 반응하여 카복실산 염과 H_2CO_3를 형성하는 반응을 나타내는 굽은 화살표를 쓰시오. (H_2CO_3는 불안정하여 이산화 탄소와 물로 분해함을 주목하시오. 그 과정을 보일 필요는 없다.)

3.7 구조와 산도 사이의 관계

Brønsted–Lowry 산의 세기는 양성자가 산으로부터 떨어져 나가 염기에 옮겨질 수 있는 정도에 의존한다. 양성자를 제거하려면 양성자에 있는 결합을 깨야 하고, 그렇게 되면 짝염기가 더욱 전기적으로 음성이 된다.

주기율표에서 수직인 항의 화합물들을 비교할 때, 양성자에 연결된 결합의 세기가 월등한 영향을 미친다.

- 양성자와의 결합 세기는 족에서 아래로 갈수록 감소하며 그것의 산도는 증가한다.

이것은 수소의 1s 오비탈과 수직 항에서 점점 커지는 원소들의 오비탈 사이의 중첩 효과가 줄어들기 때문이다. 오비탈의 중첩이 덜 효과적일수록 결합은 더 약하고, 더 강산이 된다. 할로젠화 수소들의 산도는 좋은 예이다.

pK_a	7A족
3.2	H — F
−7	H — Cl
−9	H — Br
−10	H — I

산도 증가 (↓)

도움말
주기율표에서 한 족의 아래로 갈수록 양성자와 맺은 결합의 세기가 감소하므로 양성자의 산도는 증가한다.

할로젠화 수소를 비교해 보면, H—F가 가장 약한 산이고 H—I가 가장 강한 산이다. 중요한 요인은 H—X 결합의 세기인데, 결합이 셀수록 더 약한 산이다. H—F 결합은 가장 강하며 H—I 결합은 가장 약하다.

HI, HBr, 그리고 HCl은 강산이므로 이들의 짝염기(I^-, Br^-, Cl^-)는 모두 약염기이다. 그러나 HF는 다른 어떤 할로젠화 수소보다 덜 산성이며, F^-은 다른 할로젠화 음이온보다 강염기이다. 그러나 플루오린화 이온은 수산화 이온 같은 흔히 생각되는 염기보다는 약염기이다.

도움말
주기율표의 한 주기에서는 왼쪽에서 오른쪽으로 갈수록 짝염기의 안정도가 증가하므로 양성자의 산도는 증가한다.

- 주기율표에서 동일한 주기에 있는 화합물들을 비교해 보면 산도는 왼쪽에서 오른쪽으로 갈수록 증가한다.

결합의 세기는 다소 변화하지만, 지배적인 요인은 수소에 결합된 원자의 전기 음성도이다. 이 원자의 전기 음성도는 두 가지 연관된 방법으로 작용한다: (1) 전기 음성도는 양성자에 있는 결합의 극성과 (2) 양성자가 떨어져서 생긴 음이온(짝염기)의 상대적인 안정도에 영향을 준다.

화합물 CH_4, NH_3, H_2O, 그리고 HF의 산도를 비교해 보면 이런 효과를 곧 알 수 있다. 이 화합물들은 첫째 줄에 있는 원소들의 수소화물들이며, 전기 음성도는 주기율표에서 줄을 따라 왼쪽으로부터 오른쪽으로 증가한다(표 1.2 참조).

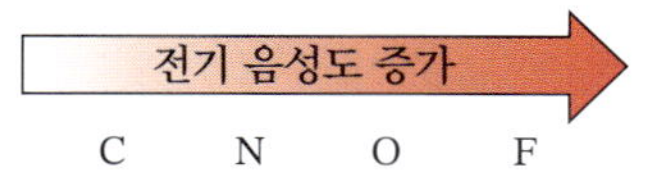

플루오린이 가장 전기 음성적으로 H—F 결합이 가장 극성화되었으며, H—F에 있는 양성자가 가장 양성이다. 그러므로 H—F는 가장 쉽게 양성자를 잃게 되며, 가장 산성이다.

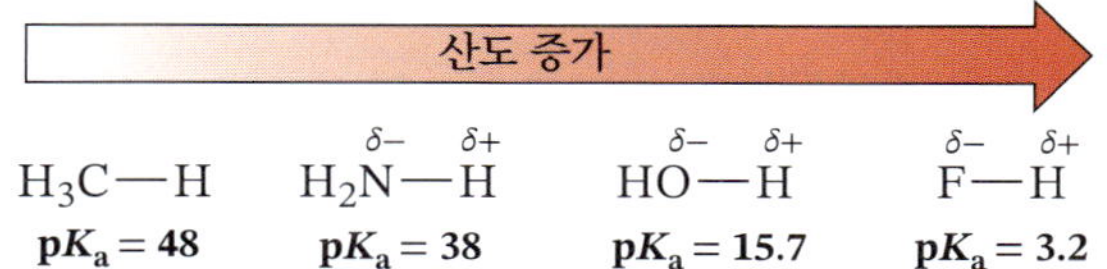

이 화합물들에 대한 정전기적 퍼텐셜 지도는 이 경향을 전기 음성도와 수소와의 결합의 극성이 증가하는 사실에 근거하여 잘 나타내고 있다(**그림 3.2**). 메테인의 수소에는 (청색을 향한 색상 경향의 정도로 표시되듯이) 양전하가 거의 전혀 없다. 암모니아의 수소에도 양전하가 거의 아주 없다. 이것은 탄소와 질소의 전기 음성도가 모두 작으며, 따라서 메테인과 암모니아가 지극히 약산이란 사실과 일치한다(pK_a 값도 각각 48과 38이다). 물의 수소는 상당히 양전하를 나타내며(pK_a가 암모니아보다 20 단위 더 적음), 플루오린화 수소는 가장 많은 양전하를 수소에 가지고 있어서 강산성(pK_a 3.2)을 지니는 것이다.

H—F가 가장 산성이므로 그것의 짝염기인 플루오린화 이온(F^-)은 가장 약한 염기가 된다. 플루오린은 가장 전기 음성적인 원자이며, 그것은 음전하를 가장 쉽게 수용할 수 있다.

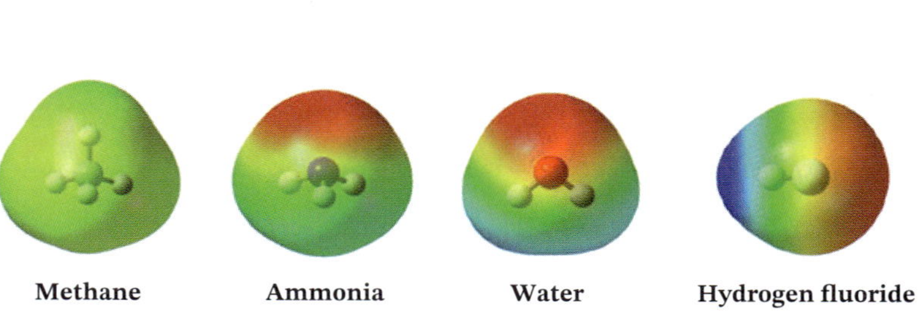

그림 3.2 주기율표의 왼쪽에서 오른쪽으로 감에 따라 전기 음성도가 증가하는 효과는 메테인, 암모니아, 물, 그리고 플루오린화 수소의 정전기적 퍼텐셜 지도에서 분명하다.

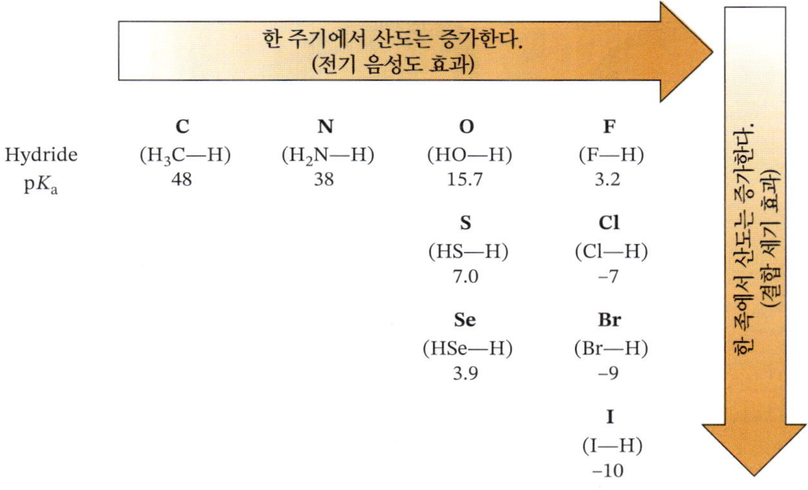

그림 3.3 상대적인 산도에서 주기적인 경향. 한 주기에서 산도는 왼쪽에서 오른쪽으로 갈수록 증가(전기 음성도 효과)하고, 한 족에서는 위에서 아래로 갈수록 증가(결합 세기 효과)한다.

메탄화 이온(H_3C^-)은 넷 중 가장 불안정한 음이온인데, 가장 덜 전기 음성적인 탄소 원자가 음전하를 받아들이기가 가장 어렵기 때문이다. 그러므로 메탄화 이온은 가장 강한 염기이다. [메탄화 이온(**탄소 음이온**)과 아마이드화 이온($^-NH_2$)은 그들이 무진장한 약산의 짝염기이므로 유별나게 강한 염기이다. 이 강력한 염기들에 대해서는 3.14절에서 배울 것이다.]

주기율표에서 산도 경향을 **그림 3.3**에 요약하였다.

3.7A 혼성의 효과

- 알카인의 수소는 약산성이다. 알켄과 알케인의 수소들은 근본적으로 산성이 아니다.

에타인, 에텐, 그리고 에테인의 pK_a 값이 이 경향을 잘 보여 준다.

H—C≡C—H

Ethyne
pK_a = 25

Ethene
pK_a = 44

Ethane
pK_a = 50

이 산도의 순서는 각 화합물에 있는 탄소의 혼성 상태에 근거하여 설명할 수 있다. **2*s* 오비탈에 있는 전자는 2*p* 오비탈에 있는 전자보다 평균적으로 더 핵에 가까이 있으므로** 2*s* 오비탈의 전자들은 2*p* 오비탈의 전자들보다 낮은 에너지를 가진다(오비탈의 모양을 생각해 보자: 2*s* 오비탈은 구형으로 핵 위에 집중되어 있고, 2*p* 오비탈은 핵의 양쪽에 구면을 갖고 있어 공간으로 퍼져 있다).

- 혼성 오비탈에 있어서 *s* 성격을 더 많이 가졌다는 말은 음이온의 전자가 평균적으로 에너지가 더 낮고, 음이온은 더 안정하게 됨을 의미한다.

에타인에서 C—H 결합의 *sp* 오비탈은 50% *s* 성격을 가졌고(그들이 한 개의 *s* 오비탈과 한 개의 *p* 오비탈이 배합되어 이루어졌기 때문), 에텐의 sp^2 오비탈인 C—H 결합은 *s* 성격을 33.3% 가지며 에테인의 sp^3 오비탈에서는 25% *s* 성격을 가진다. 이것을 실제로 에타인의 *sp* 탄소 원자가 에텐의 sp^2 탄소 원자나 에테인의 sp^3 탄소 원자에 비하여 가장 전기 음성적인 것

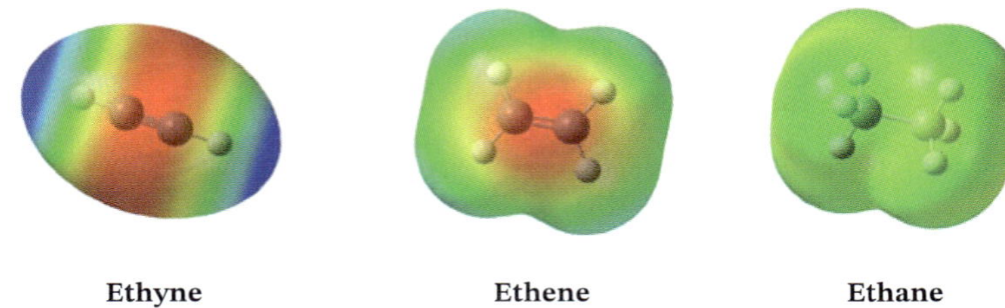

그림 3.4 에타인, 에텐, 그리고 에테인의 정전기적 퍼텐셜 지도

처럼 행동함을 의미한다. (기억할 것: 전기 음성도는 원자가 결합 전자를 자기의 핵 쪽으로 가까이 가져가려는 척도이다. 전자가 핵 쪽으로 가까이 가게 되면 그들은 더욱 안정해진다.)

- *sp* 탄소 원자는 sp^2 탄소보다 더 효과적으로 전기 음성적이며, 이것은 sp^3 탄소보다 더 전기 음성적이다.

혼성과 전기 음성도가 산도에 미치는 효과는 **그림 3.4**에서 보인 대로 에타인, 에텐, 그리고 에테인의 정전기적 퍼텐셜 지도를 통해 알 수 있다. 에타인($pK_a = 25$)의 수소에는 약간의 양전하가 뚜렷하다(청색으로 표시). 그러나 에텐과 에테인의 수소에는 양전하가 거의 없다(둘 다 pK_a가 에타인보다 20 단위 이상 높다).

요약하면, 에타인, 에텐, 그리고 에테인의 상대적인 산도의 순서는 각 화합물에 있는 탄소 원자의 효과적인 전기 음성도와 평행하다.

탄화수소의 상대적인 산도

$$\begin{array}{lccc} & HC{\equiv}CH & > H_2C{=}CH_2 & > H_3C{-}CH_3 \\ pK_a & 25 & 44 & 50 \end{array}$$

산–염기 짝쌍의 성질에 근거하여 예상되듯이 sp^3-탄소 음이온은 탄소 혼성에 근거하여 이 계열에서 가장 강염기이며 *sp*-탄소 음이온(알카인화 이온)은 가장 약염기이다. 이 경향은 에테인, 에텐, 에타인의 짝염기를 가지고 설명될 수 있다.

탄소 음이온의 상대적인 염기도

$$H_3C{-}CH_2{:}^- > H_2C{=}CH{:}^- > HC{\equiv}C{:}^-$$

3.7B 유발 효과

에테인의 탄소–탄소 결합은 결합의 양끝에 동등한 2개의 메틸기가 있기 때문에 완전히 비극성이다.

$$CH_3{-}CH_3$$
Ethane

플루오린화 에틸에 있는 C—C 결합에서는 똑같이 말할 수 없다.

$$\overset{\delta+}{CH_3} \rightarrow \overset{\delta+}{CH_2} \rightarrow \overset{\delta-}{F}$$
2 **1**

플루오린 원자에 가까운 한쪽 끝은 다른 끝보다 더 양성이다. 플루오린의 원천적인 전자 끄는 능력(전기 음성도 때문)이 분자의 **공간을 통하여**, 그리고 **결합을 통하여** 전파된 결과로 탄소–탄소 결합의 극성화가 생겨난 것이다. 이런 종류의 효과를 유발 효과라고 부른다.

- **유발 효과(inductive effect)**는 결합을 통하여 전파되는 전기 효과이다. 한 기의 유발 효과는 **전자를 끄는 것**과 **전자를 미는 것**이다. 유발 효과는 치환기의 거리가 멀수록 약해진다.

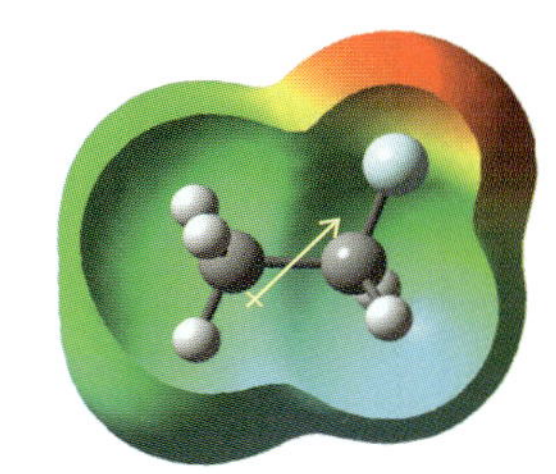

그림 3.5 플루오린화 에틸의 van der Waals 표면에서 정전기적 퍼텐셜의 단면 내부에 쌍극자 모멘트를 나타내고 있다.

플루오린화 에틸의 경우에서, 플루오린이 C1에 더 가까이 있으므로 C1에 미치는 양의 전하는 C2에 미치는 것보다 더욱 크다.

그림 3.5는 플루오린화 에틸(플루오로에테인)의 쌍극자 모멘트를 나타내고 있다. 계산된 정전기적 퍼텐셜 지도에서 전기 음성적인 플루오린 주위에 음전하의 분산이 뚜렷하다.

3.8 에너지 변화

에너지(energy)는 일을 할 수 있는 능력이다. **운동 에너지(kinetic energy)**와 **위치 에너지(potential energy)**가 두 가지 기본적인 형태의 에너지이다.

운동 에너지는 운동 때문에 물체가 갖게 되는 에너지이다. 이것은 질량에 속도의 제곱을 곱한 값의 ½이다($\frac{1}{2}mv^2$).

위치 에너지는 비축된 것이다. 이것은 두 물체 사이에 인력 혹은 척력이 있을 때만 존재한다. 용수철의 양끝에 부착된 두 공의 위치 에너지는 용수철(2.15절에서 적외선 분광법을 논의할 때 공유 결합에 대하여 사용한 것과 유사함)이 늘어나거나 줄어들 때 증가한다(그림 3.6). 용수철이 늘어나면 두 공 사이에 인력이 존재하게 되며 줄어들면 척력이 생긴다. 두 공을 놓아버

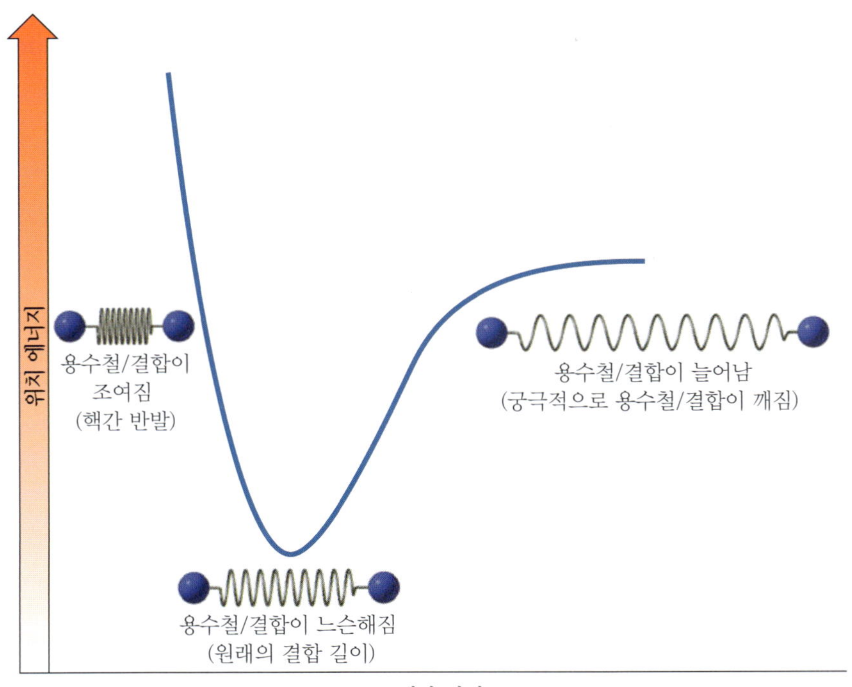

그림 3.6 서로 끌거나 밀어내는 두 물체 사이의 위치 에너지. 공유 결합으로 이어진 원자들의 경우, 또는 용수철에 의해서 연결된 물체들의 경우, 위치 에너지는 원자들이 이상적인 핵간 거리(결합 길이)에 있을 때나 물체들 사이의 용수철이 이완되었을 때 가장 낮다. 결합 길이가 길어지거나 짧아질 때 또는 용수철이 늘어나거나 줄어들 때 두 공의 위치 에너지는 증가한다.

리면 위치 에너지(비축된 에너지)는 운동 에너지(움직임의 에너지)로 변환한다.

화학 에너지는 위치 에너지의 한 형태이다. 이것은 서로 다른 두 분자 사이에 인력이나 척력 때문에 존재한다. 핵은 전자를 끌며 핵들은 서로 밀어내며 전자들도 서로 밀어낸다.

물체가 가진 위치 에너지의 **절대량**을 기술하기는 매우 어렵고 불편하다(그리고 흔히 불가능하다). 그러므로 **상대적인 위치 에너지**를 고려하게 된다. 즉, 한 계가 다른 계보다 위치 에너지를 더 혹은 덜 갖고 있다고 말한다.

화학자들이 흔히 쓰는 또 다른 용어는 **안정도(stability)** 또는 **상대적인 안정도(relative stability)**이다. **한 계의 상대적인 안정도는 상대적인 위치 에너지와 역비례한다.**

- **위치 에너지가 클수록 그 계는 덜 안정하다.**

예를 들어, 산꼭대기에 쌓인 눈과 계곡에 쌓인 눈을 생각하자. 중력에 의하여 끌어당겨지는 이유로 산꼭대기의 눈은 계곡의 눈보다 **위치 에너지가 크며 덜 안정하다.** 이러한 큰 위치 에너지는 눈사태가 나는 순간 운동 에너지로 바뀐다. 반대로 계곡의 눈은 위치 에너지가 작고, 안정성이 크므로 그러한 에너지를 방출하지 못하는 것이다.

3.8A 위치 에너지와 공유 결합

원자와 분자는 화학 에너지라고 부르는 위치 에너지를 가지고 있는데 반응을 할 때 열로 방출된다. 열이 분자 운동과 연관되므로 열의 방출은 위치 에너지가 운동 에너지로 변화된 결과이다.

분자의 위치 에너지는 상대적인 **엔탈피(enthalpy)** 또는 **열함량(heat content)** H로 나타낸다(엔탈피는 그리스어의 *en* + *thalpein* '가열하다'에서 유래되었다). 화학 변화에 있어서 반응물과 생성물의 상대적인 엔탈피의 차이를 **엔탈피 변화(enthalpy change)**라고 부르며 ΔH°라고 표기한다. [어떤 양의 앞에 쓰는 Δ(delta)는 양의 차이 또는 변화를 의미하며, 위첨자 °는 측정이 표준 상태에서 이루어졌음을 의미한다.]

규약에 의해서, **발열 반응(exothermic reaction)**의 ΔH°는 음이며 **흡열 반응(endothermic reaction)**의 ΔH°는 양이다. 반응열 ΔH°는 반응물의 원자들이 생성물로 변화될 때의 엔탈피의 변화를 뜻한다. 발열 반응에서 원자들은 생성물에 있을 때가 반응물에 있을 때보다 더 작은 엔탈피를 갖는다. 흡열 반응에서는 그 반대이다.

공유 결합의 관점에서 볼 때 위치 에너지가 가장 큰 상태는 자유로운 원자의 상태로 원자들이 전혀 결합되어 있지 않은 상태이다. 화학 결합이 형성될 때는 원자의 위치 에너지가 항상 낮아진다(그림 1.8 참조). 수소 원자로부터 수소 분자가 형성될 때의 예를 보자.

$$\mathrm{H\cdot + H\cdot \longrightarrow H{-}H} \qquad \Delta H^\circ = -436\ \mathrm{kJ\ mol^{-1}}^{*}$$

원자의 위치 에너지는 공유 결합이 형성됨으로 말미암아 436 kJ $\mathrm{mol^{-1}}$만큼 작아진다. 위치 에너지의 변화를 **그림 3.7**에 나타냈다.

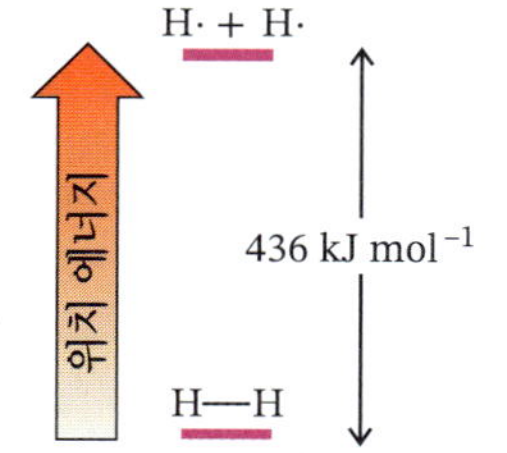

그림 3.7 수소 원자와 수소 분자의 상대적인 위치 에너지

* SI 단위로 에너지는 joule, J이며 1 cal = 4.184 J이다. 1 킬로칼로리(1000 cal)는 15 °C에 있는 물 1 kg(1000 g)의 온도를 1 °C 올리는 데 필요한 에너지이다.

3.9 평형 상수와 표준 자유 에너지의 변화 $\Delta G°$ 사이의 관계

한 반응에 대한 **평형 상수(K_{eq})와 표준 자유 에너지 변화**[*]**(free-energy change**, $\Delta G°$) 사이에는 중요한 관계식이 성립한다.

$$\Delta G° = -RT \ln K_{eq}$$

R은 기체 상수로 8.314 J K^{-1} mol^{-1}이고 T는 절대 온도(K)이다.

이 식은 다음과 같은 사실을 말해 준다.

- **평형에 도달했을 때 생성물의 형성이 우세한 반응에서 $\Delta G°$ 값은 음이어야 한다.** 반응물이 생성물이 되면서 자유 에너지를 **잃어야** 한다. 즉, 반응은 에너지 내리막으로 가야 한다. 그러한 반응에서 평형 상수는 1보다 클 것이다. $\Delta G°$가 -13 kJ mol^{-1}보다 더 음인 반응은 **완결되었다**고 말하는데, 거의 모든(>99%) 반응물이 평형에 도달했을 때 생성물로 바뀌었음을 의미한다.
- **반응의 $\Delta G°$ 값이 양이면 평형에서 생성물의 형성이 불리하다.** 이 반응의 평형 상수는 1보다 작을 것이다.

자유 에너지 변화($\Delta G°$)는 두 가지 성분, 즉 **엔탈피 변화(enthalpy change**, $\Delta H°$)와 **엔트로피 변화(entropy change**, $\Delta S°$)로 되어 있다. 이 세 가지 열역학적인 양들 사이의 관계는 다음과 같다.

$$\Delta G° = \Delta H° - T\Delta S°$$

$\Delta H°$는 반응에서 일어나는 결합의 변화와 관련이 있음을 배웠다(3.8절). 집약적으로 말해서, 생성물에서 형성된 결합들이 출발 물질에 있던 결합들보다 더 강하면 $\Delta H°$는 음이 된다(즉, **발열 반응**이다). 역의 경우에서는 $\Delta H°$는 양이다(즉, **흡열 반응**이다). **$\Delta H°$가 음이면 $\Delta G°$는 더 음이 될 것이며, 결과적으로 생성물의 형성이 유리해진다.** 산의 이온화에서 $\Delta H°$가 덜 양이면(혹은 더 음의 값이면) 더 강산이 된다.

엔트로피의 변화는 **계의 상대적인 질서의 변화**와 관련이 있다. **계가 더 무질서할수록 엔트로피는 더 크다.** 그러므로 양의 엔트로피 변화($+\Delta S°$)는 항상 더욱 정돈된 계로부터 덜 정돈된 계로 변화하는 것이다. 음의 엔트로피 변화($-\Delta S°$)는 역과정이다. 식 $\Delta G° = \Delta H° - T\Delta S°$에서 엔트로피 변화(곱하기 T) 앞에 −(음) 부호가 있는데, 이것은 **양의 엔트로피 변화(질서에서 무질서로)가 $\Delta G°$에 음의 기여를 하게 되며, 생성물의 형성이 에너지적으로 유리함을 의미한다.**

생성물 분자의 수가 반응물 분자의 수와 같은 많은 반응에서(예: 두 분자가 반응하여 두 분자를 생성할 때), 엔트로피 변화는 작을 것이다. 이것은 높은 온도일 때를 제외하고는(고온에서는 $\Delta S°$가 작을지라도 $T\Delta S°$는 커진다) 큰 $\Delta H°$ 값이 생성물의 형성이 유리할지를 결정할 것임을 의미한다. $\Delta H°$가 크고 음이면(발열 반응이면) 반응은 평형 시 생성물의 형성이 우세할 것이다. $\Delta H°$가 양이면(흡열 반응이면) 생성물의 형성은 불리할 것이다.

---

* 표준 자유 에너지 변화($\Delta G°$)에서 생성물과 반응물은 표준 상태(기체는 1기압, 용액은 1 M)에 있다. 자유 에너지 변화는 흔히 **Gibbs 자유 에너지 변화**라고 부르는데, 19세기 말엽 Yale University의 수리물리학 교수였던 J. Willard Gibbs의 열역학에 대한 기여를 기리기 위함이다.

되새김 물음 3.11 아래 각각의 반응에 대하여 엔트로피 변화 $\Delta S°$는 양인가, 음인가, 또는 대체로 0인가를 예상해 보시오. (반응은 기체 상태에서 일어난다고 가정한다.)

(a) $P \longrightarrow Q + R$ **(b)** $P + Q \longrightarrow R$ **(c)** $P + Q \longrightarrow R + S$

되새김 물음 3.12 25 °C에서 트라이클로로아세트산의 엔탈피 변화 $\Delta H°$는 +6.3 kJ mol^{-1}이고 엔트로피 변화는 +0.0084 kJ mol^{-1} K^{-1}이다. 트라이클로로아세트산의 pK_a는 얼마인가?

3.10 산도: 카복실산 대 알코올

카복실산은 약산으로 전형적인 pK_a 값은 3~5이다. 알코올은 이에 비하면 값이 15~18이며 강한 염기에 노출되지 않는 한 양성자를 내놓지 않는다.

이러한 차이에 대한 까닭을 이해하기 위해서 간단한 카복실산과 알코올의 대표적인 예로 아세트산과 에탄올을 고려해 보자.

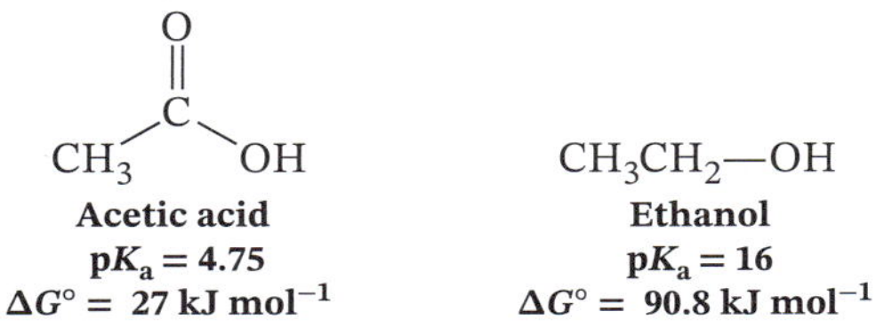

($\Delta G°$ 값은 OH 양성자의 이온화 반응에 대한 것이다.)

아세트산의 pK_a(4.75)로부터 아세트산의 카복실 양성자의 이온화에 대한 자유 에너지 변화를 계산하면 +27 kJ mol^{-1}로 $\Delta G°$ 값이 양이기 때문에 자유 에너지 증가(불리한) 과정임을 알 수 있다(3.10절). 에탄올의 pK_a(16)로부터 에탄올의 하이드록실 양성자의 이온화에 대한 자유 에너지 변화는 +90.8 kJ mol^{-1}로 훨씬 더 자유 에너지 증가(따라서 덜 유리한) 과정임을 알 수 있다. 이 계산들은 에탄올이 아세트산보다 훨씬 더 약산임을 보여 준다. **그림 3.8**은 이러한 에너지 변화의 크기를 상대적으로 나타내고 있다.

카복실산이 알코올에 비하여 더 큰 산성을 지녔다는 사실을 어떻게 설명할 것인가? 먼저 아세트산과 에탄올이 산으로 행동하여 물에게 양성자를 제공하였을 때 일어나는 구조적인 변화를 고찰해 보자.

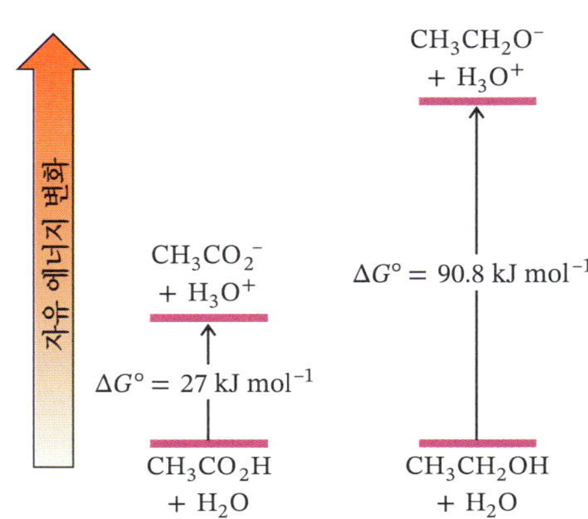

그림 3.8 아세트산과 에탄올의 이온화에 수반되는 자유 에너지를 비교하는 도표. 에탄올은 이온화가 더 불리하기 때문에 더 큰 양의 자유 에너지 변화를 가지며 더 약산이다.

산으로 행동하는 아세트산

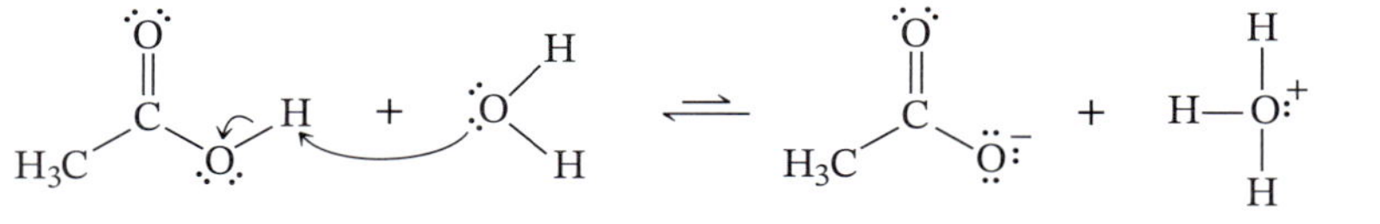

$$CH_3COOH + H_2O \rightleftharpoons CH_3COO^- + H_3O^+$$

Acetic acid Water Acetate ion Hydronium ion

산으로 행동하는 에탄올

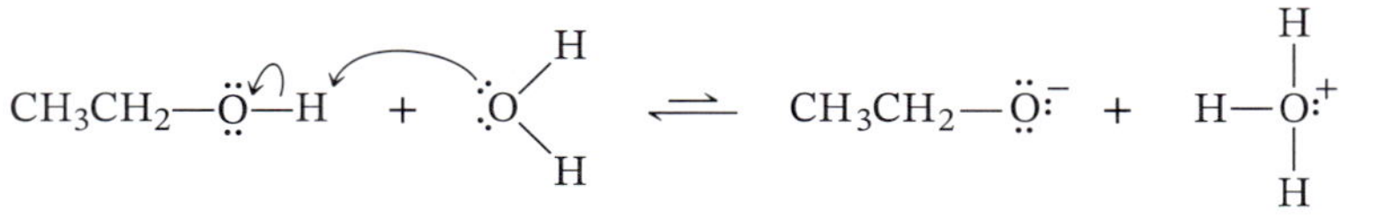

$$CH_3CH_2-\ddot{O}-H + H_2O \rightleftharpoons CH_3CH_2-\ddot{O}^- + H_3O^+$$

Ethanol Water Ethoxide ion Hydronium ion

카복실산과 알코올로부터 생겨난 짝염기의 상대적인 안정도에 초점을 둘 필요가 있다. 왜냐하면 카복실산(예: 아세트산)의 이온화에 따른 자유 에너지 변화가 알코올(예: 에탄올)에 비해서 더 작은 원인이 카복실산 이온에 있는 음전하가 알콕시화 이온에 있는 음전하보다 더 안정함에 있기 때문이다. 카복실산 이온의 더 큰 안정성은 두 가지 요인, 즉 (a) 전하의 비편재화(카복실산 이온의 공명 구조로 나타냄, 3.10A절)과 (b) 전자를 끄는 유발 효과(3.7B절)에 기인된다.

3.10A 비편재화 효과

카복실산 이온에서는 음전하의 비편재화가 가능하나 알콕시화 이온에서는 그것이 불가능하다. 카복실산 이온에서의 비편재화가 어떻게 가능한지를 아세트산 이온의 **공명(resonance)** 구조를 써서 나타낼 수 있다.

아세트산 이온에 대해서 쓸 수 있는 두 공명 구조

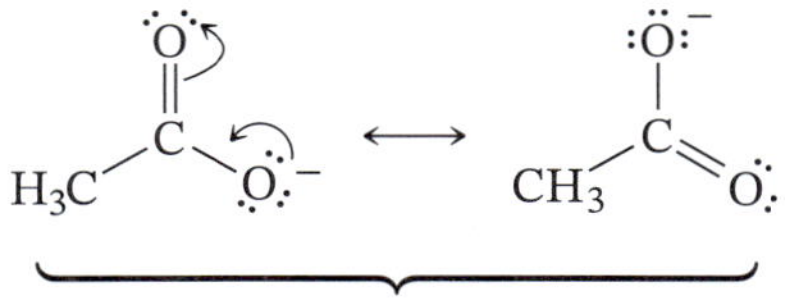

$$H_3C-C(=O)-\ddot{O}:^- \longleftrightarrow CH_3-C(-O^-)=O$$

아세트산 이온에서의 공명 안정화

(두 공명 구조들은 동등하며 음전하를 두 산소 원자에 비편재화시켜 안정화된다.)

위에 그린 두 공명 구조에서 음전하는 카복실산 이온의 두 산소 원자에 분산되어 있다. 그래서 전하가 안정화된다. 이것이 **비편재화 효과(delocalization effect**, 공명에 의한)이다. 이와는 대조적으로 에톡시화 이온과 같은 알콕시화 이온에서는 공명 구조가 불가능하다. (1.8절에 나온 올바른 공명 구조 쓰기 규칙을 되살펴 보시오.)

$$CH_3-CH_2-\ddot{O}-H + H_2O \rightleftharpoons CH_3-CH_2-\ddot{O}:^- + H_3O^+$$

공명 안정화가 없음 공명 안정화가 없음

에탄올이나 에톡시화 이온에 대해서는 공명 구조를 그릴 수 없다.

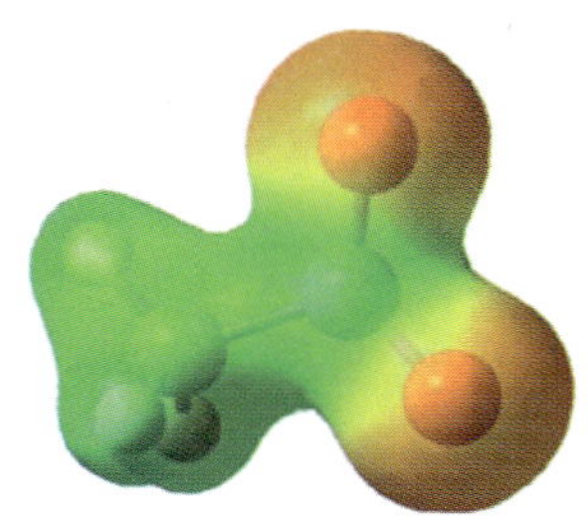

Acetate anion

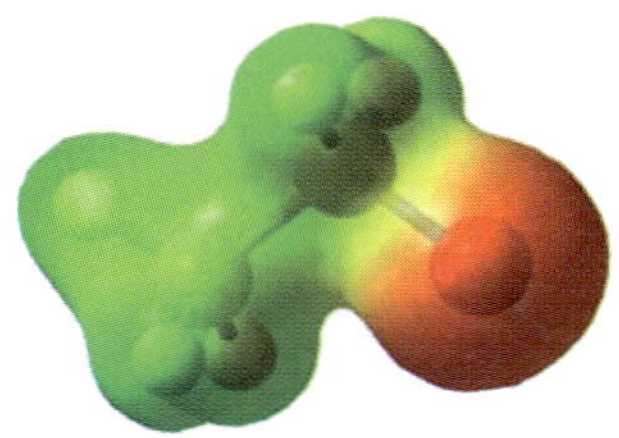

Ethoxide anion

그림 3.9 아세트산 이온과 에톡시화 이온의 계산된 정전기적 퍼텐셜 지도. 두 분자 모두 −1의 전하를 지니지만, 아세트산 이온이 두 산소에 전하를 분산시킴으로써 더 안정화시킨다.

전하의 비편재화는 항상 안정화 요인임을 새겨 두어야 한다. 전하의 비편재화로 말미암아 카복실산으로부터 카복실산 이온이 형성될 때의 에너지 차이는 알코올로부터 알콕시화 이온이 형성될 때의 에너지 차이보다 적다. 카복실산의 이온화에 대한 에너지 차이가 알코올의 그것에 대한 에너지 차이보다 적으므로 카복실산이 더 강산이다.

3.10B 유발 효과

카복실산 이온의 음전하가 공명에 의해서 두 산소 원자에 비편재화됨을 이미 알았다. 그러나 이들 산소 원자의 전기 음성도는 소위 **전자를 끄는 유발 효과**에 의해서 전하를 더 안정화시킨다. 카복실산 이온은 두 개의 산소 원자가 있어 합쳐진 전기 음성도가 단 한 개의 전기 음성적인 산소 원자를 지닌 알콕시화 이온에서보다 더 전하를 안정화시킨다. 한편 이것은 카복실산 이온의 형성에 따른 에너지 장벽을 낮추어 줌으로써 카복실산을 알코올보다 더 강산으로 만든다. 이 효과는 두 음이온의 대략적인 결합 전자 밀도를 나타내는 정전기적 퍼텐셜 지도(**그림 3.9**)를 보면 분명해진다. 아세트산 이온의 음전하는 두 산소 원자에 균등하게 분배되어 있고, 에톡시화 이온에서는 음전하가 유일한 산소 원자에 국한되어 있다(정전기적 퍼텐셜 지도에서 적색으로 나타냄).

중성인 분자(양성자를 잃기 전)를 각각 고려해 볼 때 카복실산이 알코올보다 더 강산일 것을 예상하는 것은 타당하다. 왜냐하면, 두 작용기 모두 매우 극성화된 O—H 결합을 지니고 있는데 수소 원자에 맺은 결합을 약화시킨다. 그러나 아세트산에 있는 카보닐기의 뚜렷한 전자 끄는 효과와 에탄올에서 인접한 전자 끄는 기가 없는 것은 카복실산의 수소를 알코올의 수소보다 더욱 더 강산으로 만든다.

$CH_3C(=O)$—O←H **Acetic acid** (강산) CH_3—CH_2—O←H **Ethanol** (약산)

아세트산과 에탄올의 결합 밀도 표면에 대해서 근사적인 정전기적 퍼텐셜 지도(**그림 3.10**)는 양전하가 에세트산의 카보닐 탄소에 분명히 나타나 있고 에탄올의 CH_2 탄소와도 비교된다.

3.10C 짝지은 산-염기의 세기에 대한 요약과 비교

도움말
짝염기가 더 안정하면 대응되는 산은 더 강산이다.

요약하면, 카복실산의 더 큰 산도는 그것의 짝염기(카복실산 이온)가 알코올의 짝염기인 알콕시화 이온보다 음전하를 더욱 잘 안정화시키기 때문이다. 다시 말해서, 카복실산의 짝염기는

그림 3.10 아세트산과 에탄올의 결합 밀도 표면에 대해서 근사적으로 계산된 정전기적 퍼텐셜 지도. 아세트산의 카보닐 탄소에 양전하는 지도에서 청색으로 나타나고, 에탄올의 하이드록실 탄소와 대조를 이룬다. 카복실산에서 카보닐기의 유발 효과에 의한 전자 끄는 효과는 카복실산의 산도에 큰 기여를 한다.

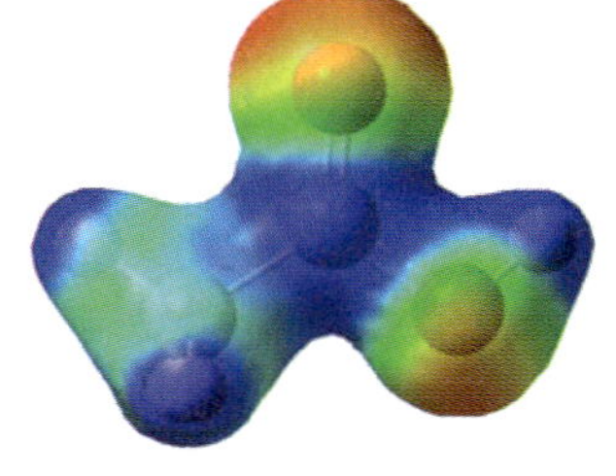

Acetic acid

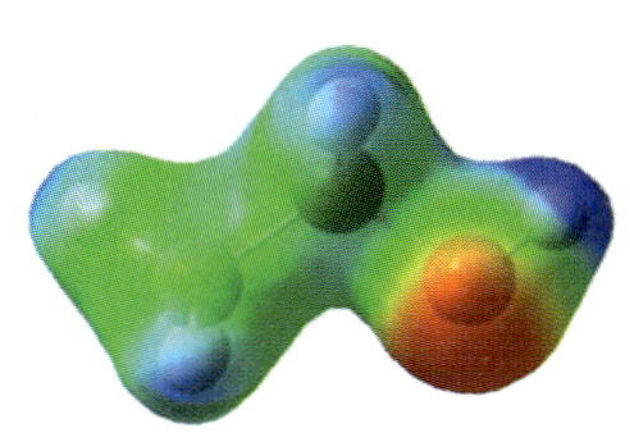

Ethanol

알코올의 짝염기보다 약염기이다. 그러므로 산과 그것의 짝염기의 세기 사이에는 역관계가 있다. 즉, 카복실산이 알코올보다 더 강산이다.

되새김 물음 3.13

다음 두 가지 연관된 사실을 설명해 줄 수 있는 공명 기여체의 구조와 공명 혼성 구조를 그리시오: 아세트산 이온의 탄소–산소 결합 길이들은 같다. 또 아세트산 이온의 산소 원자들은 같은 음전하를 띠고 있다.

3.10D 다른 기의 유발 효과

전자를 끄는 기(카보닐기 이외)가 산도를 증대시키는 효과는 아세트산과 클로로아세트산의 산도를 비교하여 알 수 있다.

CH_3COOH **pK_a = 4.75**

$ClCH_2COOH$ **pK_a = 2.86**

Acetate anion

Chloroacetate anion

그림 3.11 아세트산 이온과 클로로아세트산 이온의 정전기적 퍼텐셜 지도는 클로로아세트산 이온이 음전하를 더 잘 분산시킬 수 있는 능력을 가졌음을 보여 준다.

이것은 **치환기 효과(substituent effect)**의 한 예이다. 클로로아세트산의 더 큰 산도는 전기 음성적인 염소 원자의 전자를 끄는 유발 효과의 탓으로 일부 돌릴 수 있다. 염소의 유발 효과를 카보닐기와 산소의 유발 효과에 더함으로써 클로로아세트산의 하이드록실 양성자는 아세트산의 그것보다 더욱 더 양성이 된다. 염소는 또한 양성자를 잃고 형성된 클로로아세트산 이온의 **음전하를 분산시켜 줌으로써** 음이온을 안정화시켜 준다(**그림 3.11**).

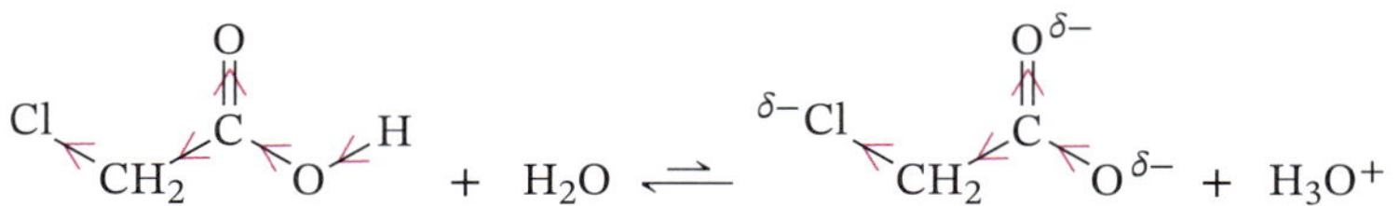

전하의 분산은 항상 이온을 더 안정하게 만든다. 이제까지 여러 경우에서 본 것처럼 **산의 짝염기를 안정화시켜 주는 어떤 요인이라도 산의 세기를 증대시킨다.** (3.11절에서 용매의 엔트로피 변화 또한 클로로아세트산의 산도가 증가하는 것을 설명하는 데 중요함을 알 수 있다.)

보기 물음 3.10

각 쌍의 화합물 중 어느 것이 가장 산성일까?

(a) 2-플루오로뷰탄산(F) 또는 2-브로모뷰탄산(Br)   **(b)** 3-플루오로뷰탄산(F) 또는 2-플루오로뷰탄산(F)

풀이

각 쌍에서 비슷한 것과 다른 것이 무엇인지를 판정한다. (a) 쌍에서는 카복실기 옆의 탄소에 결합된 할로젠 치환체가 다르다. 첫 번째는 F이고 두 번째는 Br이다. F는 Br보다 훨씬 더 전기 음성적(전자 끌기)이다(표 1.2). 그러므로 양성자가 없어지고 나서 형성된 음이온의 음전하를 분산시킬 수 있다. 따라서 첫 번째 화합물이 더 강산이다. (b) 쌍에서는 치환기 F의 위치가 다르다. 두 번째 화합물에서 F는 카복실기에 가까이 있어서 양성자를 잃고 생성된 음이온의 음전하를 더 잘 분산시킬 수 있다. 두 번째 화합물이 더 강산이다.

되새김 물음 3.14 아래의 어느 것이 더 강산일 것으로 예상하는가? 각각의 경우 그 까닭을 설명하시오

(a) 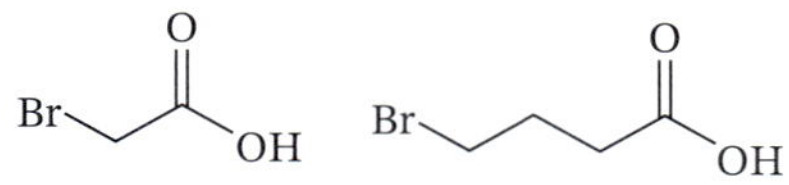 $BrCH_2COOH$ $BrCH_2CH_2CH_2COOH$

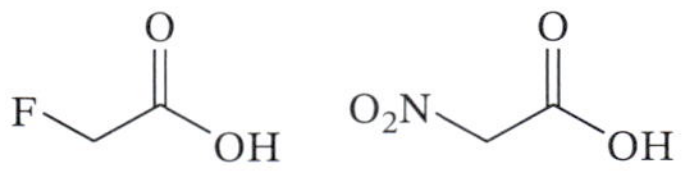

(b) 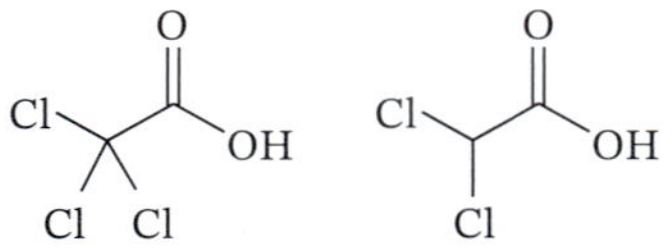 Cl_3CCOOH $Cl_2CHCOOH$

(c) FCH_2COOH O_2NCH_2COOH

(d) 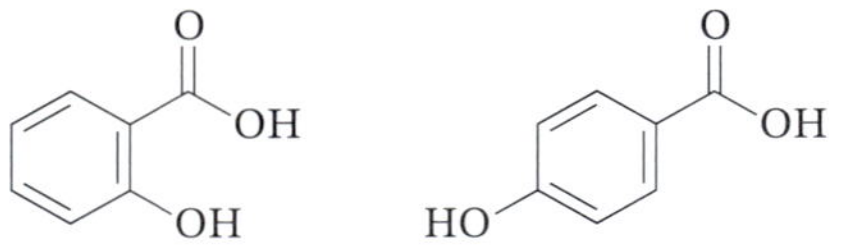 2-hydroxybenzoic acid (OH, OH)   4-hydroxybenzoic acid (HO, OH)

3.10E 산으로서 페놀의 산도

페놀류는 알코올과 구조적으로 비슷하지만 훨씬 더 강한 산이다. 대부분의 알코올의 pK_a는 18 정도이다. 대부분의 페놀류의 pK_a는 10 정도이다.

피상적으로 유사한 두 가지 화합물, 페놀과 사이클로헥산올을 비교해 보자.

Cyclohexanol
pK_a = 18

Phenol
pK_a = 9.89

비록 페놀은 아세트산(pK_a = 4.76)과 같은 카복실산에 비하여 약산이지만 사이클로헥산올보다는 훨씬 강산(pK_a 단위로 8만큼)이다.

실험적, 그리고 이론적인 결과에 의하면 페놀의 큰 산도는 —OH의 산소를 더욱 양성으로 만드는 페놀의 전하 분포에 주로 기인됨을 알았다. 그래서 양성자가 덜 강하게 잡혀 있다. 실제로 페놀의 벤젠 고리는 사이클로헥산올의 사이클로헥세인 고리에 비하여 전자를 끄는 기로 행동하는 것이다.

이 효과는 페놀에서 하이드록실기를 지니고 있는 탄소 원자가 sp^2 혼성인 반면, 사이클로헥산올에서는 그것이 sp^3 혼성임을 주목하면 이해가 된다. sp^2-혼성인 탄소 원자는 s 성격이 더 크기 때문에 sp^3-혼성인 탄소 원자보다 더 전기 음성적이다(3.7A절).

전자 분포에 영향을 주는 또 다른 요인은 구조 **2**~**4**가 페놀의 전체적인 공명 혼성에 기여하는 것이다. 이들 구조의 효과는 하이드록실기로부터 전자를 끌어당겨서 산소를 양으로 만드는 것이다.

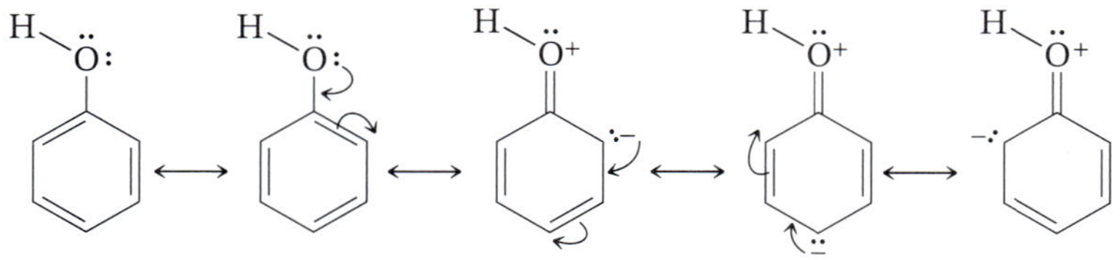

1a ⟷ **1b** ⟷ **2** ⟷ **3** ⟷ **4**

페놀의 공명 구조

페놀이 사이클로헥산올에 비해 더 큰 산도를 지닌 것에 대한 또 다른 설명은 페녹시화 이온의 유사한 공명 구조를 토대로 할 수 있다. 페놀의 구조 **2**~**4**와 달리 페녹시화 이온의 공명 구조에는 전하의 분리가 없다. 공명 이론에 따르면 **2**~**4**와 같은 구조는 페놀을 안정화시키는 것

보다 페녹시화 이온을 더 안정화시킨다. (물론 사이클로헥산올이나 그것의 음이온은 공명 구조를 쓸 수 없다.) 페녹시화 이온(짝염기)이 페놀(산)보다 더 안정하므로 산도를 증가시키는 효과를 가진다.

보기 물음 3.11

아래의 화합물들을 산도가 증가하는 순으로 나열하시오.

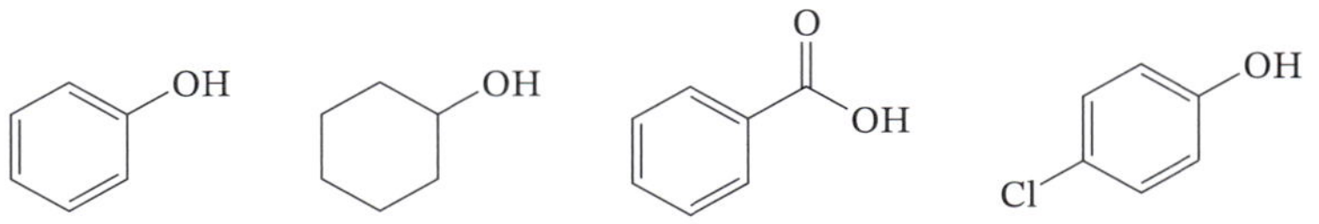

풀이

알코올은 페놀보다 덜 산성이고, 페놀은 카복실산보다 덜 산성이다. 페놀에 있는 전자 끄는 기는 페놀 자체보다 상대적으로 산성이 증가한다. 그러므로 산도가 증가하는 순서는 사이클로헥산올 < 페놀 < 4-클로로페놀 < 벤조산이다.

되새김 물음 3.15

나이트로기는 페놀의 산도를 크게 증가시키는 효과를 가진다. 4-나이트로페놀의 pK_a는 7.15이며 9.89인 페놀에 비해서 거의 1000배이다. 4-나이트로페놀이 페놀보다 더 큰 산도를 가진 사실을 공명 효과와 유발 효과로 설명하시오. 이 물음에 대한 해답은 2,4,6-트라이나이트로페놀(피크르산이라고 부름)이 예외적으로 강산($pK_a = 0.38$)이며 아세트산($pK_a = 4.75$)보다 더 강한 산임을 설명해야 한다.

3.10F 페놀류를 알코올이나 카복실산으로부터 구별하고 분리하는 방법

페놀류는 물보다 더 산성이므로 아래 반응은 거의 완결되며 수용성인 페녹시화 소듐이 만들어진다.

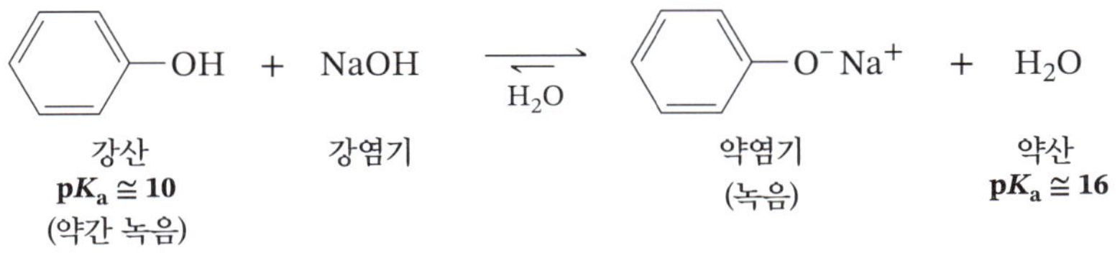

$$C_6H_5OH + NaOH \underset{H_2O}{\rightleftharpoons} C_6H_5O^-Na^+ + H_2O$$

강산 $pK_a \cong 10$ (약간 녹음) | 강염기 | 약염기 (녹음) | 약산 $pK_a \cong 16$

1-헥산올과 수산화 소듐 사이의 대응되는 반응은 1-헥산올이 물보다 약산이므로 감지할 수 있는 정도 만큼은 일어나지 않는다.

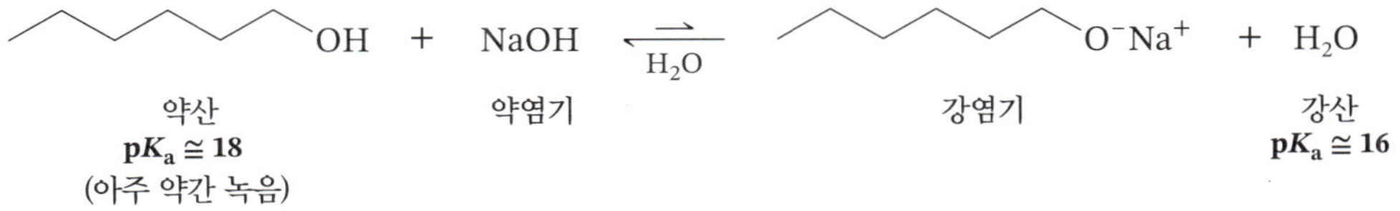

$$CH_3(CH_2)_5OH + NaOH \underset{H_2O}{\rightleftharpoons} CH_3(CH_2)_5O^-Na^+ + H_2O$$

약산 $pK_a \cong 18$ (아주 약간 녹음) | 약염기 | 강염기 | 강산 $pK_a \cong 16$

페놀이 수산화 소듐 수용액에 녹는다는 사실과 6개 이상의 탄소 원자를 가진 대부분의 알코올은 여기에 녹지 않는다는 사실로부터 페놀류와 알코올류를 구별하고 분리하는 편리한 방법을 이끌어 낼 수 있다(5개 이하의 탄소 원자를 가진 알코올은 물에 아주 잘 녹으며, 때로는 무한대로 녹기 때문에, 수산화 소듐 수용액에도 비록 알콕시화 소듐으로 전환되는 것은 아닐지라도 잘 녹는다).

대부분의 페놀류는 탄산수소 소듐($NaHCO_3$) 수용액에 녹지 않는 데 반해 카복실산들은 녹는다. 그러므로 $NaHCO_3$ 수용액을 사용하여 대부분의 페놀류를 카복실산으로부터 구별하고 분리할 수 있다.

보기 물음 3.12

아래 각각의 혼합물이 다이에틸 에터(유기 용매)가 담겨 있는 플라스크나 분별 깔때기에 가해지고 잘 섞였다고 가정하자. 각각의 경우 어느 층(다이에틸 에터 또는 물)에 유기 화합물이 주로 있으며, 그들은 어떤 형태(중성 형태 또는 짝염기 형태)로 존재하는가?

(a) 벤조산(O, OH) + $NaHCO_3$ 수용액

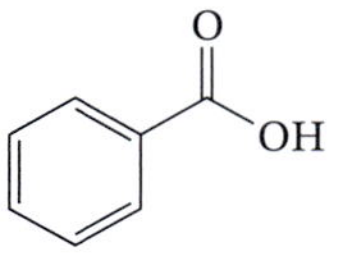

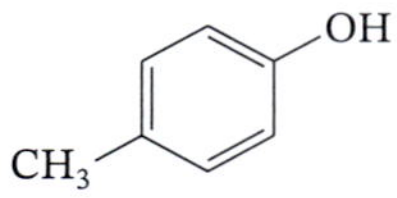

(c) 벤조산(O, OH) + NaOH 수용액

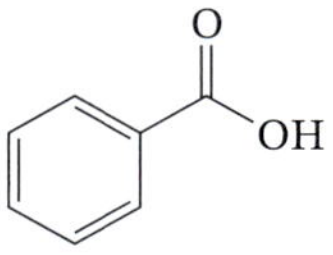

(b) 4-메틸페놀(OH, CH_3) + $NaHCO_3$ 수용액

(d) 4-메틸페놀(OH, CH_3) + NaOH 수용액

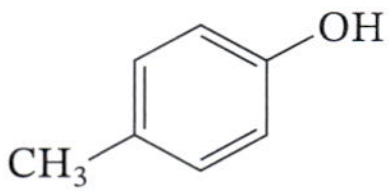

풀이

탄산수소 소듐은 카복실산으로부터 양성자를 제거하여 물에 녹는 카복실산 염을 형성한다. 그러나 탄산수소 소듐은 페놀에서부터 양성자를 제거하지 못한다. 수산화 소듐은 카복실산과 페놀로부터 양성자를 제거하여 각각의 경우 염을 형성한다. 그러므로 **(a)** 벤조산은 물에서 소듐 염의 형태로 발견될 것이다. 한편 **(b)** 4-메틸페놀은 중성인 형태로 남아 있으며 주로 에터 층에서 발견될 것이다. **(c)**와 **(d)**에서 벤조산과 4-메틸페놀은 수용액 층에서 대응되는 염으로 있을 것이다.

되새김 물음 3.16 4-메틸페놀, 벤조산, 그리고 톨루엔의 혼합물이 주어졌다. 일반적으로 실험실에서 사용되는 산, 염기, 그리고 용매가 있다고 가정하고 각 성분의 용해도 차를 이용하여 이들을 분리하는 방법을 쓰시오.

3.11 산도에 대한 용매의 효과

용매가 없을 때(예: 기체 상태) 대부분의 산은 용액 속에서보다 아주 약해진다. 예를 들어, 아세트산은 기체 상태에서 pK_a가 약 130(K_a ~10^{-130})이다. 그 이유는, 기체 상태에서 아세트산 분자가 물 분자에게 양성자를 줄 때 형성된 이온들은 반대 전하를 띠게 되고 이 입자들이 분리되어야 한다는 것이다.

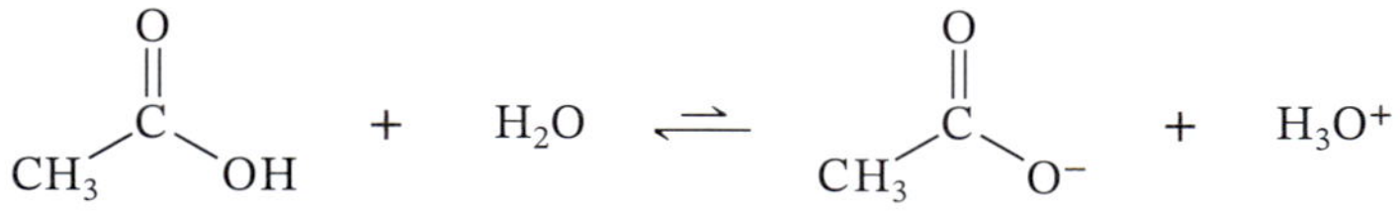

$$CH_3C(=O)OH + H_2O \rightleftharpoons CH_3C(=O)O^- + H_3O^+$$

용매가 없이는 이런 분리가 어렵다. 용액에서는 용매 분자가 이온들을 둘러싸고 있고 이온 끼리를 차단하여 그들을 안정화시키고 기체 상태에 있을 때보다 쉽게 분리되도록 한다.

물과 같은 양성자성 용매에서 수소 결합에 의한 용매화는 매우 중요하다(2.13D절).

- **양성자성 용매(protic solvent)**란 산소나 질소처럼 매우 전기 음성적인 원자에 수소 원자가 붙어 있는 용매이다.

그러므로 양성자성 용매는 산과 그 짝염기의 비공유 전자쌍과 수소 결합을 할 수 있다. 그러나 둘 다 똑같이 안정화시키지는 않는다.

- 짝염기의 안정도는 그것이 대응되는 짝산보다 더 큰 정도로 용매화되면 증대된다.

그러나 상대적인 산도는 오로지 용매화에 근거해서만 예측될 수 없다. 용매화에 영향을 미치는 입체 요인과 용매 분자의 상대적인 질서 혹은 무질서(엔트로피 요인, entropic parameter)가 산도를 증가 또는 감소시킬 수 있다.

3.12 염기인 유기 화합물

유기 화합물이 비공유 전자쌍을 지닌 원자를 가지고 있으면 그것은 염기가 될 수 있다. 3.5C절에서 질소 원자에 비공유 전자쌍을 지닌 화합물(예: 아민)이 염기로 작용함을 알았다. 이제 산소 원자에 비공유 전자쌍을 지닌 유기 화합물들이 같은 방식으로 행동하는 몇 가지 예를 고찰해 보자.

HCl 기체를 메탄올에 녹이면 물에서 일어나는 것(3.1A절)과 똑같은 산-염기 반응이 일어난다.

$$H_3C{-}\ddot{O}(H){:} + H{-}\ddot{Cl}{:} \longrightarrow H_3C{-}\ddot{O}^{+}(H){-}H + {:}\ddot{Cl}{:}^{-}$$

Methanol → **Methyloxonium ion** (양성자가 첨가된 알코올)

알코올의 짝산을 **양성자가 첨가된 알코올(protonated alcohol)**이라고 부르며, 더 공식적으로 **알킬옥소늄 이온(alkyloxonium ion)** 또는 간단히 **옥소늄 이온(oxonium ion)**이라고 부른다.

일반적으로 알코올은 HCl, HBr, HI 또는 H_2SO_4와 같은 강산의 용액에서 똑같은 반응을 진행한다.

$$R{-}\ddot{O}(H){:} + H{-}A \longrightarrow R{-}\ddot{O}^{+}(H){-}H + {:}A^{-}$$

알코올 + 강산 → 알킬옥소늄 이온 + 약염기

에터도 마찬가지이다.

$$R{-}\ddot{O}(R){:} + H{-}A \longrightarrow R{-}\ddot{O}^{+}(R){-}H + {:}A^{-}$$

에터 + 강산 → 다이알킬옥소늄 이온 + 약염기

카보닐기를 포함한 물질도 강산의 존재하에서 역시 염기로 작용한다.

$$R_2C{=}\ddot{O}{:} + H{-}A \rightleftharpoons R_2C{=}\ddot{O}^{+}{-}H + {:}A^{-}$$

케톤 + 강산 ⇌ 양성자가 첨가된 케톤 + 약염기

도움말

양성자 전달은 앞으로 공부할 많은 반응에서 흔한 첫 단계이다.

이와 같은 양성자 전달 반응은 알코올, 에터, 알데하이드, 케톤, 에스터, 아마이드, 그리고 카복실산이 진행하는 많은 반응들에서 첫 번째 단계가 되는 것이 보통이다. 양성자가 첨가된 중간체들의 pK_a 값들을 표 3.1에 수록하였다.

비공유 전자쌍을 가진 원자만이 유기 화합물의 염기성을 유발시키는 유일한 근원은 아니다. 알켄의 π 결합도 똑같은 효과를 나타낼 수 있다. 나중에 가서 알켄이 강산과 반응하여 다음과 같은 모양으로 양성자를 받아들이는 많은 반응들을 배우게 될 것이다.

π 결합이 깨진다. 이 결합이 깨진다. 이 결합이 형성된다.

$$>C{=}C< \; + \; H{-}A \;\rightleftharpoons\; >\overset{+}{C}{-}\underset{|}{\overset{|}{C}}{-}H \; + \; :A^-$$

알켄 강산 탄소 양이온 약염기

이 반응에서 알켄의 π 결합에 있는 전자쌍은 알켄의 한 탄소와 강산으로부터 제공된 양성자 사이의 결합을 형성하는 데 쓰인다. 이 과정에서 두 결합이 깨짐을 주목하시오. 즉, 이중 결합에 있는 π 결합과 산의 양성자와 그 짝염기 사이의 결합이 깨진다. 새로운 결합이 알켄의 한 탄소와 양성자 사이에서 형성된다. 이 과정으로 다른 탄소는 **탄소 양이온(carbocation**, 3.4절)이 된다. 나중의 장에서 배우게 되겠지만, 탄소 양이온은 불안정한 중간체이어서 더 반응하여 안정한 분자를 형성한다.

되새김 물음 3.17

산소, 질소, 또는 다중 결합을 지닌 유기 화합물들은 진한 황산에 녹는다는 것이 일반적인 규칙이다. 이 규칙의 근거를 산-염기 반응과 분자간 힘으로 설명하시오.

3.13 유기 반응의 메커니즘

6장에서 **유기 반응의 메커니즘(organic reaction mechanism)**을 자세히 배울 것이다. 이제 한 메커니즘을 예로 들어 보기로 하자. 이 메커니즘은 이 장에서 배운 화학을 어느 정도 응용하고, 동시에 메커니즘을 설명하는 데 사용되는 굽은 화살표의 사용 방법을 다시 강조하는 것이기도 하다.

tert-뷰틸 알코올을 진한 염산 수용액에 녹이면 염화 *tert*-뷰틸이 곧 형성된다. 이 반응은 **치환 반응(substitution reaction)**이다.

$$(CH_3)_3C{-}OH \; + \; \underbrace{H_3\ddot{O}^+ + :\ddot{Cl}:^-}_{\text{진한 HCl}} \xrightarrow[H_2O]{} (CH_3)_3C{-}Cl \; + \; 2\,H_2O$$

***tert*-Butyl alcohol** (**H_2O에 녹음**) — 진한 HCl — ***tert*-Butyl chloride** (**H_2O에 안 녹음**)

이것은 실제로 실험을 해보면 반응이 일어났음이 명백해진다. *tert*-뷰틸 알코올은 물에 녹는다. 그러나 염화 *tert*-뷰틸은 녹지 않는다. 그것은 수용액 층으로부터 분리되어 플라스크 안에는 새 층이 보이게 된다. 이 비수용성 층을 분리하여 증류법으로 정제함으로써 염화 *tert*-뷰틸을 쉽게 얻을 수 있다.

나중에 기술하겠지만, 반응이 다음과 같이 일어났다는 증거가 상당히 많다.

반응 메커니즘

tert-뷰틸 알코올과 진한 HCl 수용액의 반응

1단계

$$(CH_3)_3C-\ddot{O}-H + H-\ddot{O}^+-H\,(H) \rightleftharpoons (CH_3)_3C-\ddot{O}^+(H)-H + :\ddot{O}(H)-H$$

***tert*-Butyloxonium ion**

tert-뷰틸 알코올이 염기로 작용하여 하이드로늄 이온으로부터 양성자 한 개를 받는다. (염화 이온은 이 반응 단계에서 구경꾼이다.)

생성물은 양성자가 첨가된 알코올과 물(짝산과 짝염기)이다.

2단계

$$(CH_3)_3C-\ddot{O}^+(H)-H \rightleftharpoons (CH_3)_3C^+ + :\ddot{O}(H)-H$$

Carbocation

tert-뷰틸옥소늄 이온의 탄소와 산소 사이의 결합이 불균일하게 깨져서 탄소 양이온과 물 분자가 형성된다.

3단계

$$(CH_3)_3C^+ + :\ddot{Cl}:^- \rightleftharpoons (CH_3)_3C-\ddot{Cl}:$$

***tert*-Butyl chloride**

탄소 양이온은 Lewis 산으로 작용하여 염화 이온으로부터 전자쌍을 받아들여서 생성물로 된다.

이들 단계 모두에서 산-염기 반응이 관여함을 주목하자. 1단계는 곧바로 Brønsted 산-염기 반응으로 하이드로늄 이온이 양성자를 알코올에게 전달해 준다. 2단계는 Lewis 산-염기 반응의 역과정이다. 여기서 양성자가 첨가된 알코올의 탄소-산소 결합이 불균일하게 깨지고 물 분자는 결합의 전자를 가지고 떠나간다. 이것은 알코올에 양성자가 첨가되었기 때문에 일부 일어난다. 양성자가 첨가된 알코올의 산소에는 +1의 형식 전하가 있어 전자를 양인 산소 쪽으로 끌어가기 때문에 탄소-산소 결합이 약해진다. 3단계는 Lewis 산-염기 반응으로 탄소 양이온(Lewis 산)이 염화 음이온(Lewis 염기)과 반응하여 생성물을 형성하는 것이다.

다음 질문이 제기될 수도 있다: 왜 탄소 양이온은 염화 이온 대신 물 분자(역시 Lewis 염기임)와 반응하지 않을까? 어쨌든 물은 용매이므로 많은 물 분자가 주위에 있다. 그 대답은 이 반응도 일어난다는 것이다. 그러나 그것은 2단계의 역과정이다. 말하자면, 형성된 모든 탄소 양이온이 곧 생성물이 되는 것은 아니다. 어떤 것은 물과 반응하여 양성자가 첨가된 알코올을 다시 만든다. 그러나 이것은 다시 해리하여 탄소 양이온이 된다(그러기 전인 경우라도 그들은 양성자를 잃고 또다시 알코올이 된다). 그러나 궁극적으로는 그들의 대부분이 생성물로 전환된다. 왜냐하면 반응 조건하에서 마지막 단계의 평형이 아주 오른쪽에 놓여 있고, 생성물은 반응 혼합물로부터 제2의 상으로 분리되기 때문이다.

생화학: 호흡

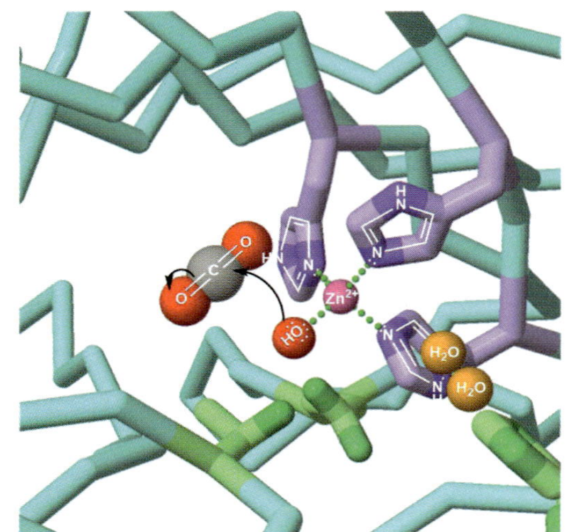

Image citation: PDB-101 (PDB101.rcsb.org). Image adapted by Craig Fryhle under the PDB-101 CC-BY-4.0 license. (http://pdb101.rcsb.org/more/how-to-cite).

에너지를 위해 음식을 '태우면' 이산화 탄소(CO_2)가 부산물로 만들어진다. 그러나 이산화 탄소는 기체인데 인체가 세포 안에서 어떻게 CO_2를 없앨까? 이 목표는 CO_2 대부분을 용해하는 탄산수소 이온(HCO_3^-)으로 전환하여 혈류를 통하여 폐로 운반하고 나서 그것을 다시 CO_2로 전환하여 숨을 내쉼으로써 달성할 수 있다.

$$CO_2 + HO^- \xrightleftharpoons{\text{탄산 무수화 효소}} HCO_3^-$$

탄산 무수화 효소라는 효소가 이 반응의 속도를 효소가 없을 때보다 백만 번 더 빠르게 촉매화시키는데, 실제로 너무도 빨라서 탄산 무수화 효소를 '완벽한' 효소라고 부르기도 한다. 어떻게 이 일을 할까? Lewis 산−염기 반응과 Brønsted−Lowry 산−염기 반응의 경이로운 예들이 관여하고 있다.

이 과정의 중심에는 수산화 이온이 CO_2 분자와 반응하기 위해 탄산 무수화 효소의 아연 양이온과 Lewis 산−염기 상호작용에 의해서 자리를 잡는다. 그동안 아연은 효소에 있는 세 개의 히스티딘기의 질소 원자(Lewis 염기)의 비공유 전자쌍들에 의해서 자리해 있다. 하지만 수산화 이온은 어디에서 올까? 여기서 Brønsted−Lowry 산−염기 반응이 일어나는 것이다. 우선 H_2O 분자가 아연과 배위하여 O—H 결합을 극성화시켜 효소에 있는 Brønsted−Lowry 염기(또 다른 히스티딘)에 의해서 제거된다.

탄산 무수화 효소는 위에 서술한 과정의 반대로 탄산수소 이온을 CO_2로 전환하는 반응도 촉매화한다. 더욱이, 탄산 무수화 효소는 이 평형을 통하여 혈액의 pH를 조절하는 역할을 하는데, 신장의 기능으로부터 위의 산도와 호흡에 이르기까지 우리 건강에 있어서 결정적인 효소이다. 자, 숨을 길게 들이마시고 탄산 무수화 효소가 일을 하도록 하자!

3.14 물 아닌 용액에서의 산과 염기

수용액에서, 아주 강력한 염기인 아마이드화 이온($^-NH_2$)을 사용하는 반응을 시도하기 위해 아마이드화 소듐($NaNH_2$)을 물에 가하면 다음 반응이 즉각 일어날 것이다.

$$\underset{\substack{\text{더 강한}\\\text{산}\\ \mathbf{p}K_a = \mathbf{15.7}}}{H{-}\ddot{O}{-}H} + \underset{\substack{\text{더 강한}\\\text{염기}}}{{}^-\!:\ddot{N}H_2} \longrightarrow \underset{\substack{\text{더 약한}\\\text{염기}}}{H{-}\ddot{O}\!:^-} + \underset{\substack{\text{더 약한}\\\text{산}\\ \mathbf{p}K_a = \mathbf{38}}}{\ddot{N}H_3}$$

아마이드화 이온은 물과 반응하여 수산화 이온(매우 더 약한 염기)과 암모니아를 포함하는 수용액을 만들 것이다. 이 예는 소위 **용매의 평준화 효과(leveling effect of the solvent)**라고 부르는 것을 보여 주고 있다. 여기서 용매인 **물은 수산화 이온보다 강한 어떤 염기든 그것에 양성자를 제공해 줌으로써 수산화 이온으로 바뀐다.** 그러므로 **수산화 이온보다 더 강한 염기를 수용액에서는 사용할 수 없다.**

그러나 물보다 약한 산인 용매를 사용하면 수산화 이온보다 더 강한 염기도 쓸 수 있다. 아마이드화 이온(예: $NaNH_2$)은 헥세인, 다이에틸 에터, 혹은 액체 암모니아(액화된 기체로 bp

$-33\,^\circ C$, 일반 화학 실험에서 쓰는 수용액이 아님)와 같은 용매 속에서 사용한다. 이 용매들은 모두 아주 약한 산(일반적으로는 이들을 산으로 보지 않음)이며, 따라서 아마이드화 이온($^-NH_2$) 같은 강염기에조차도 양성자를 주지 않으며, 액체 NH_3가 $^-NH_2$와 반응한다면 생성물은 반응물과 같다(총 산–염기 반응은 없음).

예를 들면, 에타인을 액체 암모니아 속에서 아마이드화 소듐으로 처리하면 그것의 짝염기인 탄소 음이온으로 바꿀 수 있다.

$$\underset{\substack{\textbf{더 강한 산}\\ \mathbf{p}\boldsymbol{K}_\mathbf{a}\mathbf{=25}}}{H-C\equiv C-H} + \underset{\substack{\textbf{더 강한 염기}\\ \textbf{(NaNH}_\mathbf{2}\textbf{로 부터)}}}{:\ddot{N}H_2^-} \xrightarrow[NH_3(l)]{} \underset{\textbf{더 약한 염기}}{H-C\equiv C:^-} + \underset{\substack{\textbf{더 약한 산}\\ \mathbf{p}\boldsymbol{K}_\mathbf{a}\mathbf{=38}}}{:NH_3}$$

도움말
이 반응은 7장에서 유기 합성을 소개할 때 다시 쓴다.

대부분의 **말단 알카인**(**terminal alkyne**, 삼중 결합 탄소에 양성자가 붙어 있는 알카인)은 pK_a 값이 대략 25이다. 그러므로 이들은 모두 에타인처럼 액체 암모니아 속에서 아마이드화 소듐과 반응한다. 일반적인 반응은 다음과 같다.

$$\underset{\substack{\textbf{더 강한 산}\\ \mathbf{p}\boldsymbol{K}_\mathbf{a}\mathbf{\cong 25}}}{R-C\equiv C-H} + \underset{\textbf{더 강한 염기}}{:\ddot{N}H_2^-} \xrightarrow[NH_3(l)]{} \underset{\textbf{더 약한 염기}}{R-C\equiv C:^-} + \underset{\substack{\textbf{더 약한 산}\\ \mathbf{p}\boldsymbol{K}_\mathbf{a}\mathbf{=38}}}{:NH_3}$$

알코올은 물보다 극성이 다소 약하므로 극성이 덜한 유기물을 녹이며, 유기 반응의 용매로 흔히 사용된다. 알코올은 용매로 쓰면 RO^- 이온(**알콕시화 이온**)을 염기로 사용할 수 있는 이점이 있다. 알콕시화 이온은 수산화 이온보다 다소 강한 염기이다. 이것은 알코올이 물보다 약한 산이기 때문이다. 예를 들어, 에톡시화 소듐(CH_3CH_2ONa)의 에틸 알코올 용액은 에틸 알코올에 수소화 소듐(NaH)을 가하면 만들 수 있다. 과량의 에틸 알코올을 사용하는데 이것이 용매로도 쓰이기 때문이다. 아주 강한 염기인 수소 음이온은 에틸 알코올과 쉽게 반응한다.

$$\underset{\substack{\textbf{더 강한 산}\\ \mathbf{p}\boldsymbol{K}_\mathbf{a}\mathbf{=16}}}{CH_3CH_2\ddot{\underset{..}{O}}-H} + \underset{\substack{\textbf{더 강한 염기}\\ \textbf{(NaH로부터)}}}{:H^-} \xrightarrow[\text{ethyl alcohol}]{} \underset{\textbf{더 약한 염기}}{CH_3CH_2\ddot{\underset{..}{O}}:^-} + \underset{\substack{\textbf{더 약한 산}\\ \mathbf{p}\boldsymbol{K}_\mathbf{a}\mathbf{=35}}}{H_2}$$

tert-뷰틸 알코올 $(CH_3)_3COH$ 용액 속의 *tert*-뷰톡시화 이온 $(CH_3)_3CO^-$은 에틸 알코올 용액 속의 에톡시화 이온보다 더 강한 염기이다. 이것도 유사한 방법으로 만들 수 있다.

$$\underset{\substack{\textbf{더 강한 산}\\ \mathbf{p}\boldsymbol{K}_\mathbf{a}\mathbf{=18}}}{(CH_3)_3C\ddot{\underset{..}{O}}-H} + \underset{\substack{\textbf{더 강한 염기}\\ \textbf{(NaH로부터)}}}{:H^-} \xrightarrow[\textit{tert}\text{-butyl alcohol}]{} \underset{\textbf{더 약한 염기}}{(CH_3)_3C\ddot{\underset{..}{O}}:^-} + \underset{\substack{\textbf{더 약한 산}\\ \mathbf{p}\boldsymbol{K}_\mathbf{a}\mathbf{=35}}}{H_2}$$

알킬리튬 화합물 또한 강염기로 사용된다. 알킬리튬(RLi)의 탄소–리튬 결합은 공유성을 띠고는 있으나 탄소가 음이 되도록 극성화 된다.

$$\overset{\delta-}{R}\longleftarrow\overset{\delta+}{Li}$$

알킬리튬은 마치 알칸화 이온($R:^-$)을 포함하고 있는 것처럼 반응한다. 알케인의 짝염기인 알칸화 이온은 무엇보다도 가장 강한 염기이다. 예를 들어, 에틸리튬(CH_3CH_2Li)은 에탄화 이온($CH_3CH_2:^-$)인 탄소 음이온을 포함한 것처럼 행동한다. 이것은 에타인과 다음과 같이 반응한다.

$$\underset{\substack{\text{더 강한 산} \\ pK_a = 25}}{H-C\equiv C-H} + \underset{\substack{\text{더 강한 염기} \\ (CH_3CH_2Li\text{로부터})}}{^{-}:CH_2CH_3} \xrightarrow{\text{hexane}} \underset{\text{더 약한 염기}}{H-C\equiv C:^{-}} + \underset{\substack{\text{더 약한 산} \\ pK_a = 50}}{CH_3CH_3}$$

알킬리튬은 에터(다이에틸 에터 같은) 용매 속에서 브로민화 알킬을 리튬 금속과 반응시키면 쉽게 만들 수 있다(12.6절 참조).

되새김 물음 3.18

아래의 화합물이나 용액이 섞일 때 일어나는 산–염기 반응식을 쓰시오. 각 경우에 적절한 pK_a 값(표 3.1)을 사용하여 강산, 강염기, 약산, 약염기를 표시하시오. 산–염기 반응이 일어나지 않으면 그렇게 표시하시오.

(a) $NaNH_2$를 1-뷰타인에 가함.
(b) $NaNH_2$를 CH_3CH_2OH에 가함.
(c) 기체 NH_3를 헥세인 속에서 에틸리튬에 가함.
(d) NH_4Cl을 액체 암모니아 속에서 아마이드화 소듐에 가함.
(e) $(CH_3)_3CONa$를 H_2O에 가함.
(f) NaOH를 아세틸렌에 가함.

3.15 산–염기 반응과 중수소 및 삼중수소로 표지된 화합물의 합성

화학자들은 한 화합물에 있는 수소 원자를 하나 또는 그 이상 중수소나 삼중수소로 대치하여 화합물들의 특별한 수소 원자를 '표지' 하거나 입증하는 방법으로 흔히 사용한다. 중수소(^2H)나 삼중수소(^3H)는 수소의 동위 원소들로 질량이 각각 2와 3 원자 질량 단위(atomic mass unit, amu)를 가졌다.

중수소나 삼중수소를 분자의 특정한 위치에 도입하는 한 가지 방법은 매우 강한 산을 D_2O나 T_2O로 처리할 때 일어나는 산–염기 반응을 통하는 것이다. 예를 들어, $(CH_3)_2CHLi$(아이소프로필리튬)를 포함하는 용액을 D_2O로 처리하면 중수소가 중앙의 탄소 원자에 표지된 프로페인이 형성된다.

$$\underset{\substack{\textbf{Isopropyl-lithium} \\ (\text{더 강한 염기})}}{CH_3\overset{\overset{CH_3}{|}}{C}H:^{-}Li^{+}} + \underset{(\text{더 강한 산})}{D_2O} \xrightarrow{\text{hexane}} \underset{\substack{\textbf{2-Deuterio-propane} \\ (\text{더 약한 산})}}{CH_3\overset{\overset{CH_3}{|}}{C}H-D} + \underset{(\text{더 약한 염기})}{DO^{-}}$$

보기 물음 3.13

프로파인, 아마이드화 소듐의 액체 암모니아 용액, 그리고 T_2O로부터 삼중수소가 표지된 화합물($CH_3C\equiv CT$)을 어떻게 만들 수 있는지 보이시오.

풀이

먼저 프로파인을 아마이드화 소듐의 액체 암모니아 용액에 가한다. 다음과 같은 산–염기 반응이 일어날 것이다.

$$\underset{\text{더 강한 산}}{CH_3C\equiv CH} + \underset{\text{더 강한 염기}}{^{-}NH_2} \xrightarrow{NH_3(l)} \underset{\text{더 약한 염기}}{CH_3C\equiv C:^{-}} + \underset{\text{더 약한 산}}{NH_3}$$

그다음 T_2O(NH_3보다 훨씬 강한 산)를 용액에 가하면 $CH_3C{\equiv}CT$가 생길 것이다.

$$\underset{\text{더 강한 염기}}{CH_3C{\equiv}C{:}^-} + \underset{\text{더 강한 산}}{T_2O} \xrightarrow[NH_3(l)]{} \underset{\text{더 약한 산}}{CH_3C{\equiv}CT} + \underset{\text{더 약한 염기}}{TO^-}$$

되새김 물음 3.19

아래의 산-염기 반응을 완결하시오.

(a) $CH_3CH_2C{\equiv}CH + NaH \xrightarrow[\text{hexane}]{}$

(b) **(a)**에서 얻은 용액 + $T_2O \longrightarrow$

(c) $(CH_3)_3CLi + D_2O \xrightarrow[\text{hexane}]{}$

(d) $(CH_3)_2CHOH + NaH \xrightarrow[\text{hexane}]{}$

(e) **(d)**에서 얻은 용액 + $D_2O \longrightarrow$

(f) $CH_3CH_2C{\equiv}CLi + D_2O \xrightarrow[\text{hexane}]{}$

3.16 기초 원리의 응용

기초 원리들이 이 장에서 배운 주제에 어떻게 응용되는지를 다시 복습해 본다.

전기 음성도 차는 결합을 극성화시킨다. 이 원리는 3.4절에서 탄소에 있는 결합의 불균일 분해에 응용됨을 배웠다. 그리고 3.7절과 3.10B절에서 산의 세기를 설명하는 데에 어떻게 적용하는지를 배웠다.

극성 결합은 유발 효과의 원인이다. 3.10B절에서 극성 결합이 **유발 효과**를 어떻게 설명하는지를 배웠고, 이 효과로 카복실산이 대응되는 알코올보다 더 산성인 까닭을 설명하는 방법을 배웠다.

반대인 전하는 서로 끌어당긴다. 이 원리는 3.3A절에서 보았듯이 **Lewis 산-염기 이론**을 이해하는 데 기본이 된다. 전자쌍 받개인 분자에서 양전하를 지닌 중심은 전자쌍 주개에서 음전하를 띤 중심을 끌어당긴다. 3.4절에서 이 원리는 탄소 양이온(양전하를 띤 Lewis 산)이 음이온(정의에 따라 음전하를 띰)이나 다른 Lewis 염기와 반응을 하는 데에서 다시 보인다.

자연은 낮은 위치 에너지 상태를 선호한다. 3.8A절에서 공유 결합이 형성될 때 에너지의 변화—**엔탈피 변화**라고 부름—가 어떻게 일어나는지를 보았고, 3.9절에서는 반응의 평형 상수가 얼마나 큰지 작은지를 설명하는 데 있어서 엔탈피 변화의 역할을 알게 되었다. 생성물의 위치 에너지가 낮을수록 반응의 평형 상수는 커지며, 평형에 도달되었을 때 생성물의 형성이 더 유리해진다. 이 절에서 연관된 원리를 알게 되었는데, 곧 **자연은 무질서를 질서보다 선호한다**는 것이다. 다른 말로 하면 한 반응에서 **엔트로피 변화가 양**이면 평형에서 생성물의 형성이 더 유리해진다.

공명 효과는 분자와 이온을 안정화시킨다. 한 분자나 이온이 두 가지 이상의 대등한 공명 구조로 표현될 수 있을 때 그 분자나 이온은 전하의 비편재화에 의해서 안정화된다(위치 에너지가 낮아진다). 3.10A절에서 이 효과로 인하여 카복실산이 대응되는 알코올보다 더 큰 산도를 지녔음을 알게 되었다.

이 주제는 왜 중요한가?

메커니즘 지식이 없이는 화학적 발견이 거의 없다

천연물인 퀴닌(quinine)은 그것이 최초로 발견된 1630년대로부터 20세기 중엽까지 세계에서 유일한 말라리아 치료제였다. 하지만 이것은 지구에서 비교적으로 먼 곳으로부터 소량만 얻을 수 있었기 때문에 극소수의 매우 부유하거나 인연이 있는 개인에게만 유용한 약품이었다. 이러한 문제로 인하여 과학자들은 퀴닌을 실험실에서 합성할 수 있을지 궁리하게 되었고, 이 상상은 1856년 영국의 대학원생이었던 Perkin에 의해서 처음으로 실험이 착수되었다. Perkin의 합성 계획은 1849년에 그의 스승이었던 Hofmann의 제안에 근거하였는데, 퀴닌을 콜타르의 성분으로부터 합성할 수 있다는 것이었다. 이러한 착상은 아래에 보인 균형을 이룬 화학 반응식을 바탕으로 하고 있다. 화학식은 당시 잘 알려져 있었지만 실제 구조는 아니었다. 이러한 시도의 성공 가능성은 없다는 것을 잘 알 수 있는데, 왜냐하면 이들 시약이 옳게 반응할 것이라는 메커니즘이 없기 때문이다. 하지만 행운은 때때로 기대하지 않은 방식으로 오게 된다.

$$C_{10}H_{13}N + C_{10}H_{13}N + 3/2\ O_2 \longrightarrow C_{20}H_{24}N_2O_2 + H_2O$$

N-Allyltoluidine **N-Allyltoluidine** **Quinine**

Perkin은 이 문제에서 가장 중요한 실험을 그의 자택에 있는 실험실에서 하였는데, 그의 지도교수의 생각은 다른 출발 물질(아닐린, 여러 가지 다른 불순물이 포함됨)을 사용하여 강력한 산화제(중크로뮴산 포타슘)의 존재하에서 가열하여 약간 다르게 실시하였다. 얻어진 것은 검은 타르로 아스팔트처럼 보였다. 그러한 생성물은 자주 반응이 잘못 갔을 때의 결과이다. Perkin은 검정 잔사로부터 무엇이라도 얻을 수 있을지 알아보기 위해서 그것을 다른 용매를 가하여 녹여 보았다. 어떤 것은 아무 것도 하지 않았지만 에탄올을 가하자 아름다운 자주색 용액이 형성되었다. 이 용액은 엷은 색의 천을 똑같은 자주색으로 물들게 했다. Perkin이 발견한 것은 퀴닌은 아니었지만, 이전에는 귀족들의 전유물이었던 천의 염색 방법인 최초의 합성 염료였다. 실제로 Perkin의 발견 이전에는 자주색 염료를 얻는 유일한 방법은 지중해 달팽이의 끈적한 분비물의 지겨운 분리를 통해서였다.

Aniline (불순물 포함) —Potassium dichromate→ **"Mauveine"** (R= H 또는 CH_3)

Perkin은 이 발견으로 부자가 되었고, 이 물질을 'mauveine'(머빈, 연한 자줏빛 아닐린 염료)이라고 불렀는데 실제로 두 가지 화합물로 구성되었다. 그러나 더 중요한 결과는 최초로 유기화학이 세상을 정말 바꿀 수 있다는 것을 보여 주었는데, 다른 많은 화학자들이 자연에서 발견되지 않는 매력적이고 훌륭한 색을 만들기 위해서 노력하게 되었다는 점이다. 하지만 핵심 교훈은 이 이야기가 아무리 아름답다고 해도 이것은 메커니즘에 대한 지식이 없이 특별한 결과를 이룬 단 몇 가지 중 하나라는 것이다. 주어진 화합물들이 함께 반응할 때 무엇을 할지 알려졌을 때

Media Bakery

SPL/Science Source

W. H. Perkin

중요한 발견이 가능하다. 그렇지 않으면 유기 화학은 연금술일 뿐이다. 이 점은 퀴닌을 실험실에서 합성하기까지 한 세기가 더 걸린 이유를 설명해 준다.

이 주제에 대해서 더 알려면 참고하시오.

1. Garfield, S. *Mauve: How One Man Invented a Color that Changed the World*. Faber and Faber, **2001**, p. 240.
2. Nicolaou, K. C.; Montagnon, T. *Molecules that Changed the World*. Wiley-VCH: Weinheim, **2008**, p. 366.
3. Meth-Cohn, O.; Smith, M. "What did W. D. Perkin actually make when he oxidised aniline to obtain mauveine?", *J. Chem. Soc. Perkin Trans 1*, **1994**, 5-7.

요약과 복습 도구

3장에서는 유기 화학을 배우는 데 있어서 가장 중요한 주제 중 하나인 산–염기 화학을 배웠다. 산–염기 화학을 통달했다면 유기 화학에서 공부할 대부분의 반응을 이해할 수 있게 될 것이다. 그리고 반응이 일어나는 방법을 이해함으로써 그것들을 더 쉽게 배우고 기억할 수 있게 될 것이다.

Brønsted–Lowry 산–염기 정의와 pH와 pK_a의 의미를 복습하였다. 한 분자에서 가장 산성인 수소 원자를 pK_a 값들을 비교해서 확인하는 방법을 배웠다. 대부분의 경우에서 Brønsted–Lowry 산–염기 반응은 유기 반응을 개시하거나 완성시키거나, 또는 유기 분자가 다음 반응을 준비하도록 하는 것을 보게 될 것이다. 산–염기에 대한 Lewis 정의는 새로운 것일 수도 있다. 하지만 전자쌍을 제공하여 새로운 공유 결합을 형성하거나 공유 결합이 깨져서 전자쌍이 떠나가는 Lewis 산–염기 반응은 많은 유기 반응에 있어서 중심 단계임을 보고 또 보게 될 것이다. 앞으로 공부할 대부분의 유기 반응은 Brønsted–Lowry 또는 Lewis 산–염기 반응이다.

1장과 2장에 나온 유기 구조와 극성에 관한 지식은 산–염기 반응을 이해하는 데 있어서 결정적이다. 전하의 비편재화로 말미암은 안정화는 산이 얼마나 쉽게 양성자를 내놓는지 또는 염기가 얼마나 쉽게 양성자를 받아들이는지를 결정하는 핵심이다. 그 밖에도 이러한 과정에서 전자의 이동 모습을 굽은 화살표로 그려서 나타내는 것을 배웠다. 이러한 개념과 기술을 가지고 유기 반응이 어떻게 단계별로 일어나는지를 이해할 수 있게 되었는데, 유기 화학자들은 이것을 '반응 메커니즘'이라고 부른다.

그러므로 산–염기 화학과 다른 기본 원리를 정복하도록 더욱 열심히 공부해야 한다. 학생의 도구 상자는 유기 화학에 있어서 전체적으로 성공하는 데 필요한 도구들로 빨리 채워지게 될 것이다.

이 장에 대한 학습 보조 자료에는 핵심 용어와 개념, 그리고 이 장의 끝에 있는 물음 뒤에 개념 지도가 있다.

물음

Brønsted–Lowry 산과 염기

3.20 아래 각 산의 짝염기는 무엇인가?

(a) 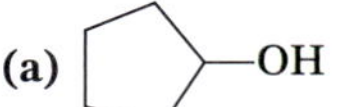 **(b)** NH_4^+ **(c)** H_2

(d) $HC\equiv CH$ **(e)** CH_3OH **(f)** H_3O^+

3.21 물음 3.20의 답인 염기들을 염기도가 감소하는 순서로 나열하시오.

3.22 아래 각 염기의 짝산은 무엇인가?

(a) HCO_3^- **(b)** H_2O **(c)** CH_3NH_2 **(d)** $^-NH_2$ **(e)** $CH_3\bar{C}H_2$ **(f)** $CH_3CO_2^-$

3.23 물음 3.22의 답인 산들을 산도가 감소하는 순서로 나열하시오.

3.24 다음을 산도가 증가하는 순서로 나열하시오.

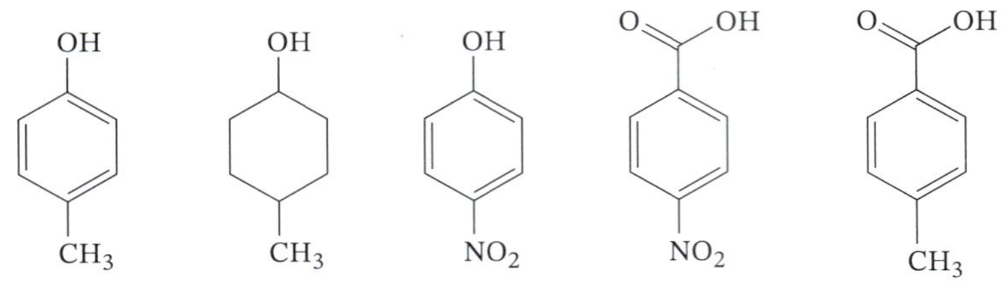

OH, OH, OH, O OH, O OH; CH_3, CH_3, NO_2, NO_2, CH_3

3.25 표를 보지 말고, 아래의 각 쌍에서 더 강산을 고르시오.

(a) 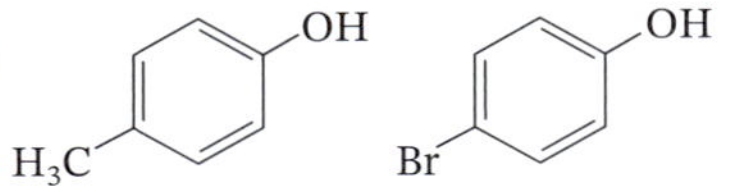 H_3C–C_6H_4–OH, Br–C_6H_4–OH

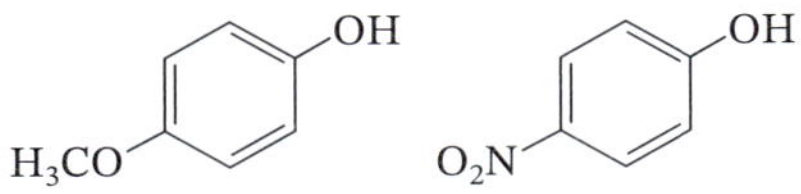

(b) H_3CO–C_6H_4–OH, O_2N–C_6H_4–OH

(c) O_2N–C_6H_4–OH (para), O_2N–C_6H_4–OH (meta)

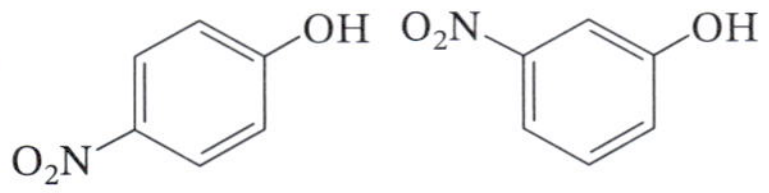

(d) 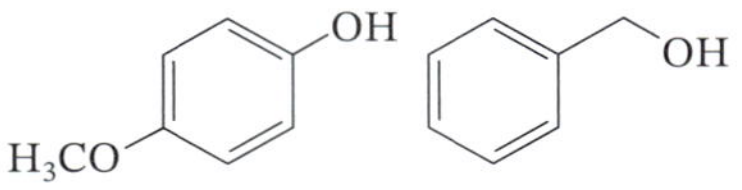 H_3CO–C_6H_4–OH, $C_6H_5CH_2OH$

(e) 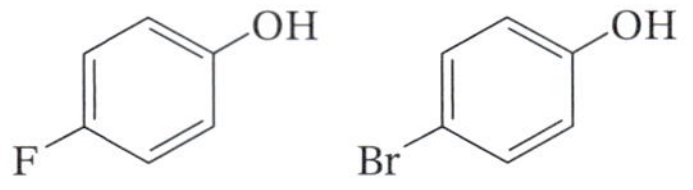 F–C_6H_4–OH, Br–C_6H_4–OH

Lewis 산과 염기

3.26 아래의 반응에서 Lewis 산과 Lewis 염기를 표시하시오.

(a) 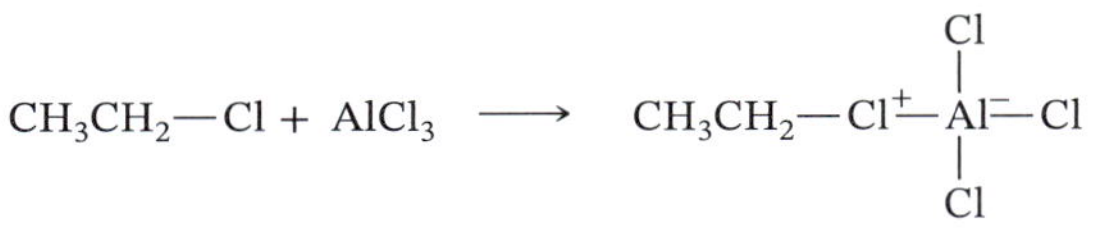 $CH_3CH_2—Cl + AlCl_3 \longrightarrow CH_3CH_2—Cl^{+}—Al^{-}Cl_3$

(b) 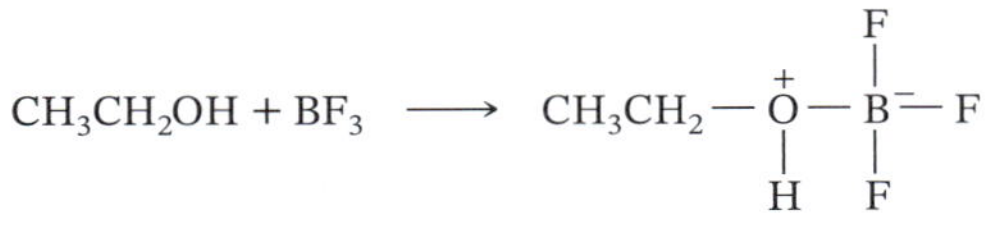 $CH_3CH_2OH + BF_3 \longrightarrow CH_3CH_2—\overset{+}{O}(H)—B^{-}F_3$

(c) 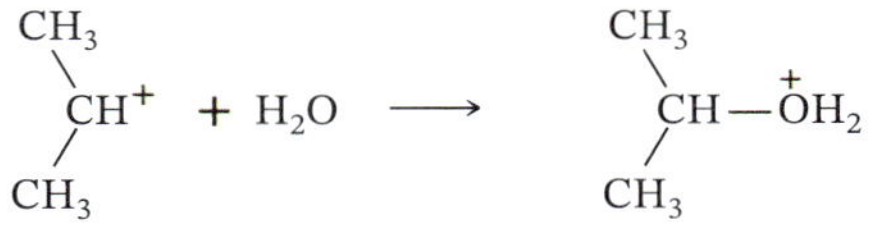 $(CH_3)_2CH^{+} + H_2O \longrightarrow (CH_3)_2CH—\overset{+}{O}H_2$

굽은 화살표 표기

3.27 아래의 반응들을 굽은 화살표를 사용하여 다시 쓰고, 비결합 전자쌍을 보이시오.

(a) 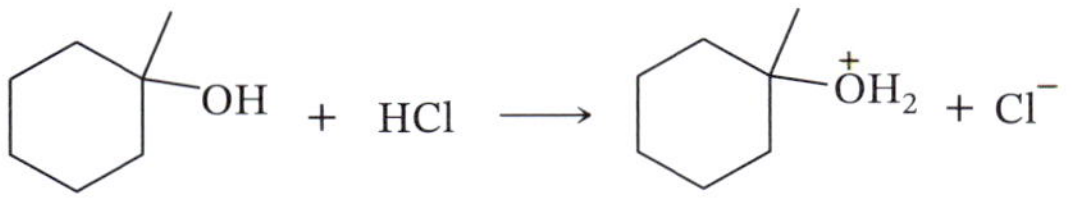 1-methylcyclohexanol (—OH) + HCl $\longrightarrow$ (—$\overset{+}{O}H_2$) + Cl^{-}

(b) 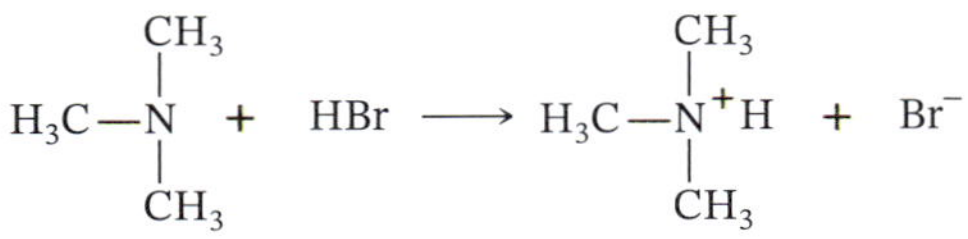 $H_3C—N(CH_3)_2$ + HBr $\longrightarrow$ $H_3C—N^{+}H(CH_3)_2$ + Br^{-}

(c) 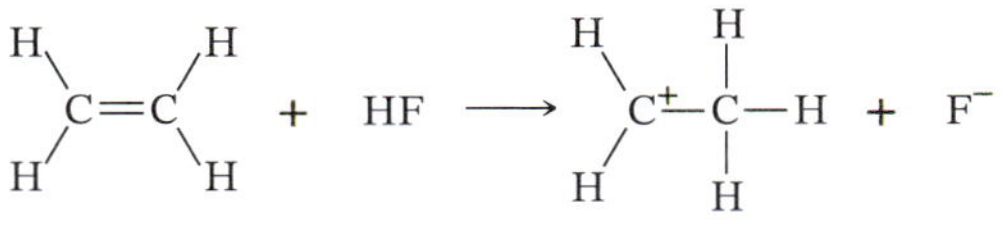 $H_2C{=}CH_2$ + HF $\longrightarrow$ $H_2C^{+}—CH_3$ + F^{-}

3.28 굽은 화살표에 따른 생성물을 쓰시오.

(a) 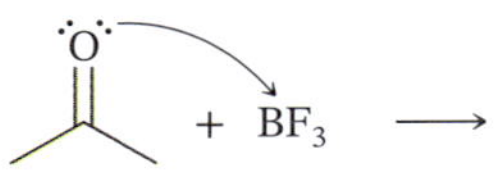 acetone (:Ö:) + BF_3 $\longrightarrow$

(b) 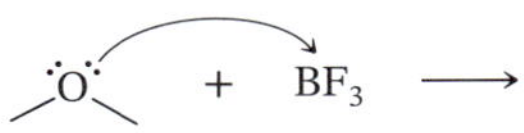 dimethyl ether (:Ö:) + BF_3 $\longrightarrow$

(c) 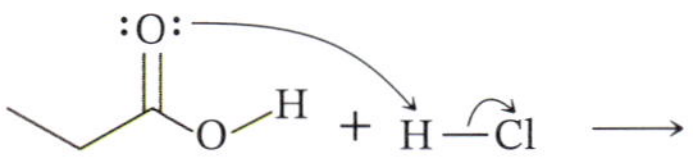 propanoic acid (:O:, O—H) + H—Cl $\longrightarrow$

(d) 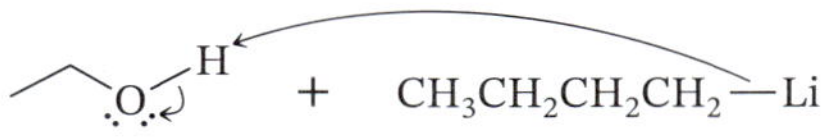 ethanol (O—H) + $CH_3CH_2CH_2CH_2—Li$ $\longrightarrow$

3.29 아래 각각을 혼합할 때 일어나는 산–염기 반응을 굽은 화살표를 사용하여 반응식을 쓰시오. 평형이 불리하기 때문에 감지할 만큼 반응이 일어나지 않는다면 그것을 지적하시오.

(a) NaOH 수용액과 $CH_3CH_2CO_2H$

(b) NaOH 수용액과 $C_6H_5SO_3H$

(c) CH_3CH_2ONa의 에틸 알코올 용액과 에타인

(d) CH_3CH_2Li의 헥세인 용액과 에타인

(e) CH_3CH_2Li의 헥세인 용액과 에틸 알코올

산-염기 세기와 평형

3.30 메틸 알코올을 $NaNH_2$의 액체 암모니아 용액에 가하면 어떤 반응이 일어나겠는가?

3.31 **(a)** 폼산(HCO_2H)의 K_a는 1.77×10^{-4}이다. pK_a는 얼마인가? **(b)** pK_a가 11인 어떤 산의 K_a는 얼마인가?

3.32 산 HA의 $pK_a = 20$이고 산 HB의 $pK_a = 10$이다.

(a) 어느 것이 더 강한 산인가?

(b) Na^+A^-를 HB에 가할 때 산-염기 반응이 일어나겠는가? 해답에 대해 설명하시오.

3.33 표지되지 않은 적합한 유기 화합물을 사용하여 아래 각각의 합성 방법을 제시하시오.

(a) $C_6H_5—C{\equiv}C—D$ **(b)** $CH_3—CH(CH_3)—O—T$ **(c)** CH_3CH_2OT

3.34 **(a)** 아래의 화합물을 산도가 증가하는 순서로 나열하고, 그 까닭을 설명하시오.

$$CH_3CH_2NH_2,\ CH_3CH_2OH,\ CH_3CH_2CH_3$$

(b) **(a)**에 제시된 물질들의 짝염기를 염기도가 감소하는 순서로 나열하고, 그 까닭을 설명하시오.

3.35 아래의 화합물들을 산도가 감소하는 순서로 나열하시오.

(a) $CH_3CH{=}CH_2$, $CH_3CH_2CH_3$, $CH_3C{\equiv}CH$

(b) $CH_3CH{=}CH_2$, $CH_3CH_2OCH_3$, CH_3CO_2H

(c) CH_3CH_2OH, $CH_3CH_2\overset{+}{O}H_2$, CH_3OCH_3

3.36 다음을 염기도가 증가하는 순서로 나열하시오.

(a) CH_3NH_2, $CH_3\overset{+}{N}H_3$, $CH_3\bar{N}H$

(b) CH_3O^-, $CH_3\bar{N}H$, $CH_3\bar{C}H_2$

(c) $CH_3CH{=}\bar{C}H$, $CH_3CH_2\bar{C}H_2$, $CH_3C{\equiv}C^-$

일반적인 물음

3.37 다음에 대해 설명하시오: 에탄올(CH_3CH_2OH)의 pK_a는 16인데 2,2,2-트라이플루오로에탄올(CF_3CH_2OH)의 pK_a는 12.4이다. 이것은 생성된 음이온의 세기에 대해서 무엇을 말해 주는가?

3.38 아래의 반응에 필요한 굽은 화살표를 제시하시오.

(a) $H—\ddot{O}:^-$ + $H—CH_2—C(CH_3)_2—\ddot{Cl}:$ ⟶ $H_2C{=}C(CH_3)_2$ + $:\ddot{Cl}:^-$ + $H—\ddot{O}—H$

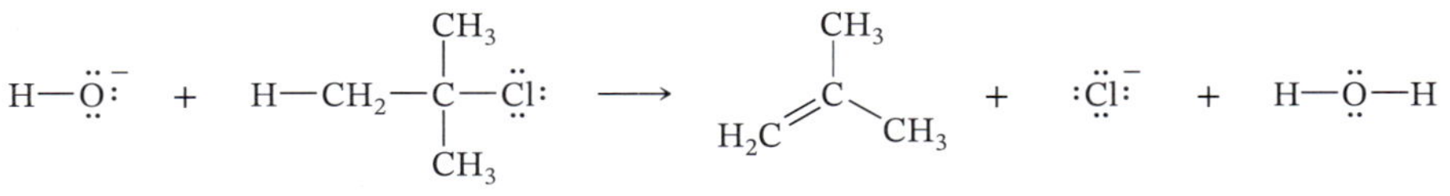

(b) $CH_3CH_2C(=\ddot{O})CH_2CH_3$ + $H—\ddot{O}—S(=O)_2—\ddot{O}—H$ ⟶ $CH_3CH_2C(=\overset{+}{O}H)CH_2CH_3$ + $^-:\ddot{O}—S(=O)_2—\ddot{O}—H$

(c) $H—C(:\ddot{O}:^-)(:\ddot{O}—CH_3)—\ddot{O}—H$ ⟶ $H—C(=\ddot{O})—\ddot{O}—H$ + $^-:\ddot{O}—CH_3$

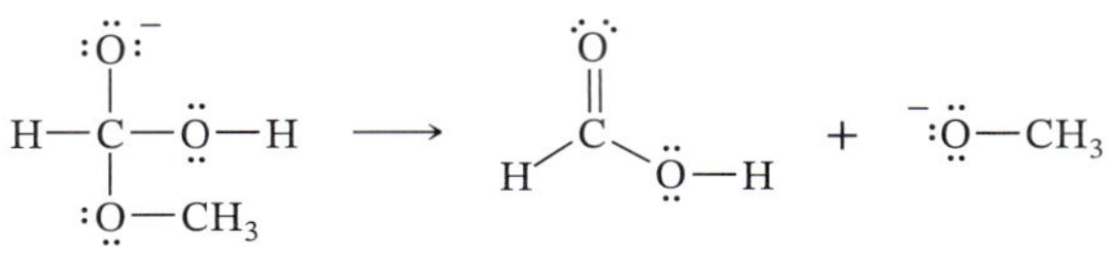

(d) $H—\ddot{O}:^-$ + $CH_3—\ddot{I}:$ ⟶ $H—\ddot{O}—CH_3$ + $:\ddot{I}:^-$

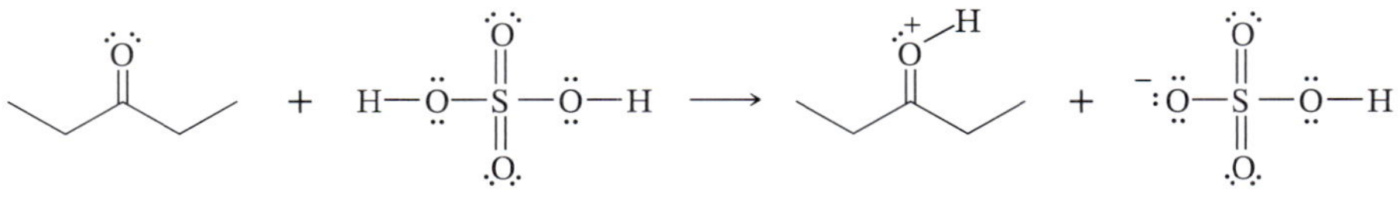

3.39 아닐리늄 이온($C_6H_5\overset{+}{N}H_3$)의 pK_a는 4.63(표 3.1)이다. 이 사실로부터 아닐린($C_6H_5NH_2$)이 메틸아민(CH_3NH_2)보다 강염기인지

약염기인지 정하시오.

3.40 말론산 $HO_2CCH_2CO_2H$는 이양성자성 산이다. 첫 번째 양성자를 잃는 pK_a는 2.83인데 두 번째 양성자를 pK_a는 5.69이다. **(a)** 말론산이 아세트산($pK_a = 4.75$)보다 더 강산인 까닭을 설명하시오. **(b)** 음이온 $^{-}O_2CCH_2CO_2H$는 왜 말론산 그 자체보다 매우 약산인지를 설명하시오.

3.41 산 HA의 이온화에 대한 자유 에너지 변화 ΔG°는 32 kJ mol^{-1}이다. 산 HB의 그것은 -32 kJ mol^{-1}이다. 어느 것이 더 강산인가?

3.42 **(a)** $K_{eq} = 1$인 반응의 ΔG° 값은 얼마인가? **(b)** $K_{eq} = 10$이면 ΔG°는 얼마인가? (평형 상수를 10배 증가시키는 데 필요한 ΔG°의 변화는 기억해 두어야 할 유용한 항목이다.) **(c)** 이 반응의 엔트로피 변화가 무시할 만하다(또는 0이다)면 평형 상수를 10배 증가시키기 위해 필요한 ΔH°의 변화는 얼마인가?

3.43 오른쪽 화합물은(자명한 이유 때문에) 스쿼르산(spuaric acid)이란 별명이 주어졌다. 스쿼르산은 이양성자성 산으로 두 양성자 모두 아세트산보다 더 강산이다. 두 양성자를 모두 잃고 생겨난 이중 음이온에서 모든 탄소–탄소 결합 길이가 같으며 탄소–산소 결합 길이도 모두 같다. 이러한 관찰에 대하여 공명을 이용한 설명을 하시오.

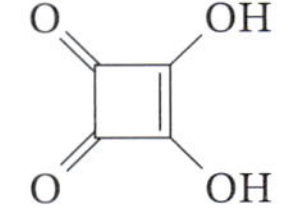

Squaric acid

화학 상담자가 필요한 물음

3.44 아래의 반응은 알데하이드 작용기를 나이트로알켄으로 전환시킨다. 이 전환을 설명하기 위해서 화살표를 그리는 방법으로 메커니즘을 제시하시오. (참조: *J. Org. Chem.* **1990**, 55, 22, 5766–5777.)

TBDMSO, CHO, Me, Me → (a) MeONa, $MeNO_2$, MeOH, 실온, 2시간, 73%; (b) MsCl, Et_3N, CH_2Cl_2, 0 °C, 1 h, 85% → TBDMSO, NO_2, Me, Me

TBDMS = —Si(CH₃)₂C(CH₃)₃

3.45 아래에 보인 것처럼 페닐설폰($PhSO_2-$)의 옆에 있는 메틸렌기의 수소 원자는 강염기에 의해서 제거되어 공명으로 안정화된 새로운 음이온을 만든다. 한 중요 회사의 연구원이 다르게 치환된 페닐설폰 A와 B의 탈양성자화가 더 쉬울지를 생각하고 있다. 이 경우 결론은 무엇일까? 그 이유는? (참조: *J. Am. Chem. Soc.* **1996**, 118, 3059)

$PhSO_2CH_2CH_2C(OCH_3)_3$ —강염기→ $PhSO_2\overset{-}{C}HCH_2C(OCH_3)_3$

A: H_3C–C_6H_4–$SO_2CH_2CH_2C(OCH_3)_3$

B: F_3C–C_6H_4–$SO_2CH_2CH_2C(OCH_3)_3$

도전 물음

3.46 $CH_3CH_2CH_2SH + NaH \longrightarrow$ **A** (황을 포함) + **B** (기체)

A + H_2C—CH_2 (O로 연결된 고리) $\longrightarrow$ **C** (부분적인 구조가 **A** — CH_2CH_2O 임)

C + H_2O $\longrightarrow$ **D** + **E** (무기물)

(a) 위에 주어진 일련의 반응에 대하여 **A**~**E**의 구조를 쓰시오.

(b) 모든 비결합 전자쌍을 나타내고, 전자쌍의 이동을 화살표로 표시하여 반응 순서를 다시 쓰시오.

3.47 먼저 아래의 반응식을 계수를 써서 완결하시오. 그 다음 에탄올, 헥세인, 액체 암모니아 중에서 어느 것(한 가지 이상일 수도 있음)이 적합한 용매인지 말하시오. "끼리끼리 녹는다"라는 관점에 따른 제한성을 무시하고 상대적인 산도를 근거로 하여 답하시오.

(a) $CH_3(CH_2)_8OD$ + $CH_3(CH_2)_8Li$ ⟶

(b) $NaNH_2$ + $CH_3C{\equiv}CH$ ⟶

(c) HCl + (benzene ring)$-NH_2$ ⟶
(이 아민의 짝산인 아닐린의 pK_a는 4.63이다.)

3.48 다이메틸폼아마이드(DMF), $HCON(CH_3)_2$는 극성인 비양성자성산이다. 비양성자성이란 매우 전기 음성적인 원자에 붙어 있는 수소 원자가 없다는 뜻이다.

(a) 선구조식을 그리고, 비공유 전자쌍을 나타내시오.

(b) 가장 중요한 공명 구조는 무엇이 될지 예상해 보시오[그중 한 가지는 (a)의 답임].

(c) DMF는 아래와 같은 반응의 용매로 쓰여질 때 친핵체(예: 사이안화 소듐에서의 ^-CN)의 반응성을 많이 증가시킨다.

$$NaCN + CH_3CH_2Br \longrightarrow CH_3CH_2C{\equiv}N + NaBr$$

Lewis 산-염기에 근거하여 DMF의 이러한 효과를 설명하시오. (**힌트**: 물이나 알코올이 양이온과 음이온을 용매화할 때 DMF는 양이온을 효과적으로 용매화시킨다.)

3.49 Dimethyl sulfoxide CH_3SOCH_3의 pK_a는 35이다.

(a) CH_3SOCH_3의 결합선 구조식을 그리고, 다른 공명 기여 형태도 그리시오.

(b) CH_3SOCH_3의 짝염기나 다른 공명 기여 형태도 그리시오.

(c) CH_3SOCH_3가 강염기와 과량의 D_2O와 반응하여 형성된 생성물을 예상하고, 구조를 그리시오.

3.50 폼아마이드($HCONH_2$)는 pK_a가 약 25이다. 오른쪽에 보인 폼아마이드의 정전기적 퍼텐셜 지도에 근거하여 어느 원자가 이 pK_a 값을 가질 것인지 예상해 보시오. 폼아마이드의 전자 구조를 가지고 이 결론을 입증하시오.

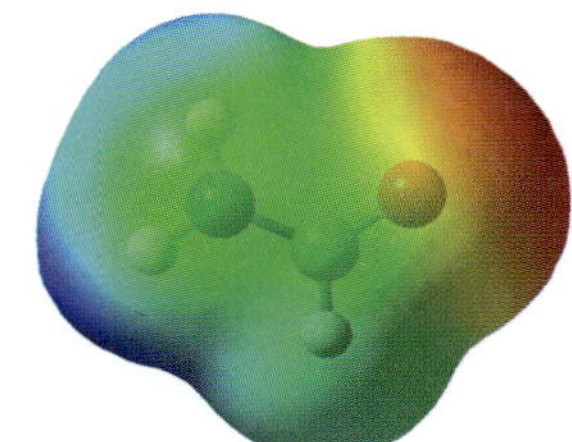

Formamide anion

학습 집단을 위한 물음

에탄산 3-메틸뷰틸 에타노에이트(아세트산 아이소아밀)의 합성을 아래와 같이 수행하였다고 가정하자.

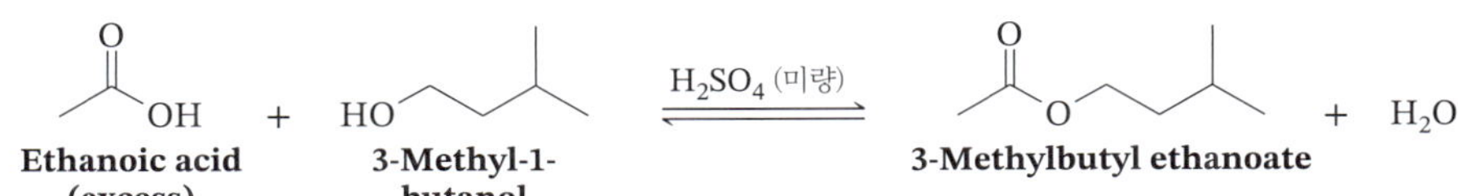

반응식이 나타내듯이 3-메틸-1-뷰탄올(아이소아밀알코올 또는 아이소펜틸 알코올이라고도 부름)을 과량의 아세트산(체계적인 이름은 에탄산)과 미량의 황산(촉매 역할)과 함께 섞었다. 이 반응은 평형 반응이며, 따라서 출발 물질 전부가 소모되지 않을 것이라고 기대된다. 평형은 과량의 아세트산을 사용했으므로 매우 오른 쪽에 놓일 것이나 완결되지는 않는다.

일정 시간 후에 5% 탄산수소 소듐 수용액($NaHCO_3$의 pK_a는 7)을 대략 반응 혼합물의 부피와 같은 양 정도를 가하여 반응 혼합물로부터 원하는 생성물을 분리하기 시작한다. 거품이 발생하고 두 층으로 이뤄진 혼합물이 생긴다. 염기성인 수용액 층과 유기 층이다. 층 분리를 하고 수용액 층을 제거한다. 유기물 층에 탄산수소 소듐 수용액을 가하고 층 분리를 두 번 반복한다. 매번 주로 수용액 층을 제거하고 같은 수집 플라스크에 합친다. 탄산수소 수용액 추출을 3회 한 후 남은 유기 층은 건조하고 증류하여 순수한 에탄산 3-메틸뷰틸 에타노에이트(아세트산 아이소아밀)을 얻는다.

1. 반응 후 $NaHCO_3$ 수용액을 가하기 전에 존재할 수 있는 모든 화학종을 나열하시오. H_2SO_4는 소모되지 않으며(그것은 촉매이므로) 양성자가 첨가될 수 있는 원자들에 아직도 양성자를 제공할 수 있음을 주목하시오.

2. 표 3.1과 같은 pK_a 값을 나타내는 표를 이용하여 1번 물음에서 적은 화학종 각각에서(또는 짝산에서) 잠재적으로 산성일 수 있는 수소의 pK_a 값을 예측해 보시오.

3. 위에서 적은 화학종들이 탄산수소 소듐 수용액을 만났을 때 일어날 것으로 예상되는(사용한 pK_a 값을 근거로 하여) 모든 산–염기 반응에 대한 화학 반응식을 쓰시오. (**힌트**: 각 화학종이 $NaHCO_3$와 반응할 수 있는 산일지 여부를 고려하시오.)

4. (a) 극성과 용해도를 근거로 하여 반응 혼합물에 탄산수소 소듐 수용액을 가했을 때 층 분리가 일어나는 까닭을 설명하시오. (**힌트**: 유기산의 소듐 염은 대부분 물에 녹는다. 탄소 수가 4개 또는 그 미만으로 산소를 포함하는 중성인 유기 화합물들도 물에 녹는다.)

(b) $NaHCO_3$와 반응 후 (i) 유기 층과 (ii) 수용액 층에 존재할 수 있는 화학종을 적으시오.

(c) 탄산수소 소듐 수용액 추출을 3회 반복한 까닭은 무엇인가?

개념 지도

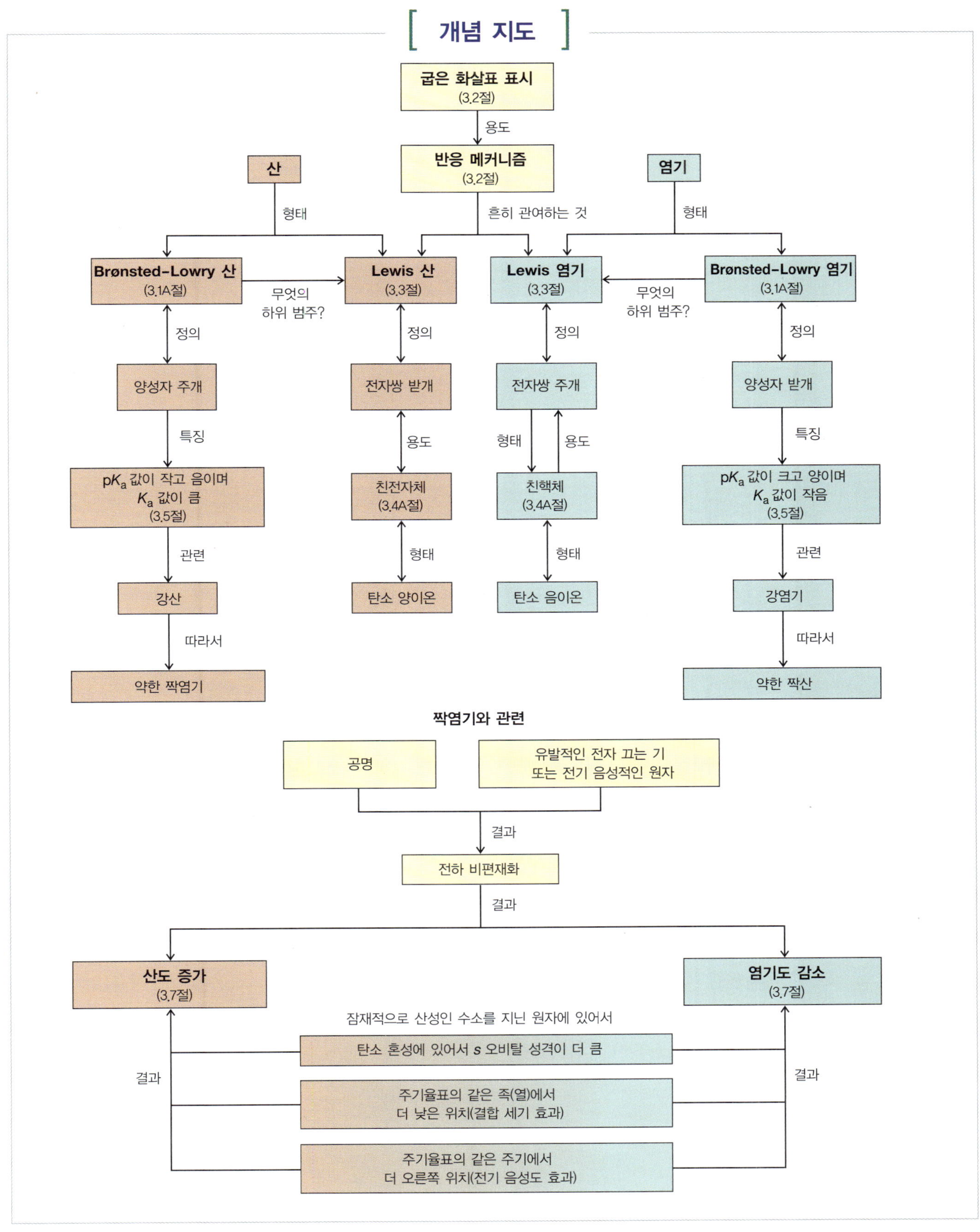
굽은 화살표 표시
(3.2절)
용도
반응 메커니즘
(3.2절)
산
형태
흔히 관여하는 것
염기
형태
Brønsted-Lowry 산
(3.1A절)
무엇의
하위 범주?
Lewis 산
(3.3절)
Lewis 염기
(3.3절)
무엇의
하위 범주?
Brønsted-Lowry 염기
(3.1A절)
정의
양성자 주개
특징
pK_a 값이 작고 음이며
K_a 값이 큼
(3.5절)
관련
강산
따라서
약한 짝염기
정의
전자쌍 받개
용도
친전자체
(3.4A절)
형태
탄소 양이온
정의
전자쌍 주개
형태
용도
친핵체
(3.4A절)
형태
탄소 음이온
정의
양성자 받개
특징
pK_a 값이 크고 양이며
K_a 값이 작음
(3.5절)
관련
강염기
따라서
약한 짝산
짝염기와 관련
공명
유발적인 전자 끄는 기
또는 전기 음성적인 원자
결과
전하 비편재화
결과
산도 증가
(3.7절)
염기도 감소
(3.7절)
잠재적으로 산성인 수소를 지닌 원자에 있어서
탄소 혼성에 있어서 s 오비탈 성격이 더 큼
주기율표의 같은 족(열)에서
더 낮은 위치(결합 세기 효과)
주기율표의 같은 주기에서
더 오른쪽 위치(전기 음성도 효과)
결과
결과

알케인과 사이클로알케인의 이름 짓기와 형태

thelightwriter/123RF

다이아몬드는 예외적으로 견고한 물질이다. 다이아몬드가 그렇게 강한 한 가지 이유는 탄소–탄소 결합의 경직된 구조망을 지녔기 때문이다. 근육은 한편 많은 탄소–탄소 결합을 가지고 있어서 강하지만 유연성이 크다. 이와 같이 근육의 유연성으로부터 다이아몬드의 경직성에 이르기까지 뚜렷하게 대조가 되는 성질들은 탄소–탄소 결합에 대한 회전 가능성에 달려 있다. 이 장에서는 탄소–탄소 결합의 회전으로부터 얻어진 분자 구조와 에너지의 변화를 형태 분석 과정을 이용하여 고려하고자 한다.

2장에서 유기 화학은 작용기에 따라 체계화될 수 있음을 배웠다. 이제 작용기들이 결합되어 있는 탄화수소 골격–단지 탄소와 수소 원자들로만 된 골격을 고려해 보자. 건축가의 관점에서 보면 탄화수소 골격은 무한한 가능성을 제공해 주는데, 유기 화학을 그토록 매력적인 학문으로 만들어 주는 것도 그중 하나이다. 60개의 탄소 구면인 버크민스터풀러렌(Buckminsterfullerene)은 건축가 Buckminster Fuller의 이름을 따서 부르는 것으로 흥미 있는 분자 구조를 지닌 탄소를 바탕으로 한 분자의 한 예이다.

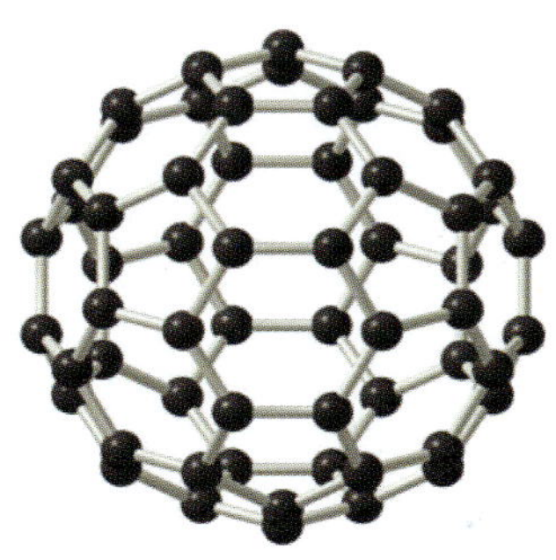

Buckminsterfullerene

이 장에서 배울 내용:

- 많은 간단한 유기 분자의 이름 짓기(명명법)
- 유기 분자의 유연한 삼차원 성질
- 알켄과 알카인을 알케인으로 전환하는 유기 반응

이 주제는 왜 중요한가?

이 장의 끝에서는 화학자와 자연이 똑같은 규칙을 사용하여 탄소와 수소 원자들의 독특한 배열을 창조해 내는 방법을 보게 된다. 이러한 구조 배열 중 어떤 것들은 그러한 배열을 쓰게는 할 뿐 존재할 것으로 예상되지 않으며, 다른 구조 배열은 신소재 연구나 나노 기술의 발전을 촉진시키기도 한다.

4.1 알케인과 사이클로알케인으로 들어가는 말

Cyclohexane

앞에서 탄화수소라고 부르는 유기 화합물들을 개개의 탄소 원자들 사이에 존재하는 결합의 모양에 따라 몇 가지 부류로 나눌 수 있다고 언급한 바 있다. 모든 탄소–탄소 결합이 단일 결합인 탄화수소를 **알케인(alkane)**이라고 부르며, 탄소–탄소 이중 결합을 가진 것은 **알켄(alkene)**, 탄소–탄소 삼중 결합 화합물은 **알카인(alkyne)**이라고 부른다.

사이클로알케인(cycloalkane)은 탄소 원자 전부 또는 일부가 한 고리에 배열되어 있는 알케인이다. 알케인의 일반식은 C_nH_{2n+2}이지만 고리가 한 개인 사이클로알케인은 수소 원자를 2개 적게 갖고 있어 일반식이 C_nH_{2n}이다.

4.1A 알케인의 근원: 석유

알케인의 가장 중요한 자원은 석유이다. 석유는 유기 화합물의 복잡한 혼합체로 주로 알케인과 방향족 탄화수소로 되어 있다(14장 참조). 석유에는 산소, 질소, 황 등을 포함하는 화합물도 소량 들어 있다.

석유에 있는 어떤 분자들은 생물에서부터 온 것이다. 많은 과학자들은 죽은 미생물이 바다 밑에 가라앉아 퇴적암에 묻힌 것이 축적된 것으로부터 석유가 생겼다고 믿고 있다. 이들 미생물 잔해들은 지구 중심으로부터 방사되는 열에 의해서 끝내는 기름으로 변형되었다.

탄화수소는 외계에서도 발견된다. 소행성과 혜성은 다양한 유기 화합물들을 가지고 있다. 메테인과 또 다른 탄화수소가 목성, 토성, 천왕성의 대기 주위에서 발견된다. 토성의 달인 타이탄은 메테인–물의 얼음인 고체 형태를 표면에 가지고 있고 대기에는 메테인이 풍부하다. 근원이 지구이건 천체이건 간에 알케인의 성질을 이해할 필요가 있다. 이들의 모양과 이름 짓기부터 시작하도록 한다.

환경 화학: 원유의 정제

원유의 탄화수소(화석 연료)는 기후 변화와 관련하여 세계적인 도전의 중심에 있다. 탄화수소를 차의 동력, 건물 난방, 그리고 전기 생산을 위해 태우면 온실 가스인 이산화 탄소를 또한 생성하여 대기 열을 띠게 한다. 이것이 환경에 미치는 위험을 알고 있고, 화석 연료에의 의존성을 줄이거나 없애려고 노력하며 온실 가스의 방출을 줄이려 하지만 원유의 정제는 계속되고 있다. 원유 정제의 첫 단계는 분별 증류인데 혼합물들이 끓는점에 의해서 분리된다. 그러나 원유를 순수한 성분 화합물로 완벽하게 분리하는 것은 실리적이지 않다. 200 °C 이하에서 끓는 원유 증류액에는 500가지 이상의 다른 화합물들이 발견된다. 그리고 많은 것들의 끓는점이 같다. 그러므로 비슷한 끓는점을 지닌 화합물들의 혼합물 부분들이 아래의 표에서 보듯이 받아진다. 이들은 혼합물일지라도 이들 부분들은 윤활제, 용매, 연료 등으로 쓰기에 적합하다.

원유 정제의 또 다른 면은 **분해(cracking)**인데, 큰 탄화수소(C_{12} 이상)가 더 작은 탄화수소(C_5~C_{10})로 변환되는 것이다. 기체 오일 부분(C_{12} 이상)으로부터 온 알케인 혼합물이 고온(~500 °C)으로 다양한 촉매 존재하에서 가열되면, 분자들이 깨져서 더 작고도 가지가 많으면서 5~10개 탄소 원자를 포함하는 탄화수소로 자리 옮김 된다. 이 공정을 **촉매 분해**(catalytic cracking)라고 부른다. 촉매 없이도 분해가 가능한데[**열분해**(thermal cracking)] 이 공정의 생성물은 가지가 없는 사슬의 알케인으로 '옥탄가 등급'이 매우 낮다. 매우 가지가 많은 2,2,4-트라이메틸펜테인(석유 산업에서는 아이소옥테인이라 부름)은 매우 부드럽게(폭음 없이) 내연소 기관에서 타기 때문에 가솔린의 옥탄가 등급의 기준으로 삼았다.

석유의 증류에서 얻어지는 물질

부분의 끓는점 범위(°C)	분자당 탄소의 수	용도
20 이하	C_1~C_4	천연가스, 액화 가스, 석유 화학 제품
20~60	C_5~C_6	석유 에테르, 용매
60~100	C_6~C_7	리그로인, 용매
40~200	C_5~C_{10}	가솔린
175~325	C_{12}~C_{18}	등유, 제트 연료
250~400	C_{12} 이상	경유, 중유, 디젤유
비휘발성 액체	C_{20} 이상	광물유, 윤활유, 그리스
비휘발성 고체	C_{20} 이상	파라핀 왁스, 아스팔트, 타르

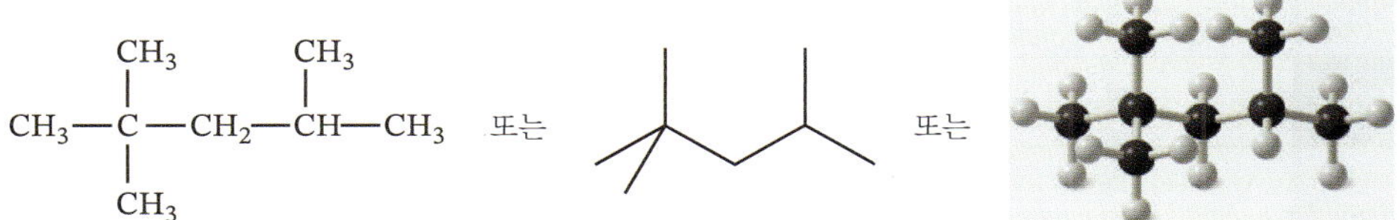

2,2,4-Trimethylpentane
('isooctane')

석유 정제 화학은 분자 구조와 물리적 성질에 관한 매력적인 측면이 달려 있는데, 이것은 또한 에너지가 가중되는 공정이며 환경을 지키는 데 조심해야 한다. 원유 정제의 화학이 필요한 만큼 지속 가능하고 재활용될 수 있는 에너지 자원과 연관된 화학도 또한 필요하다. 창의적인 화학자에게 많은 도전이 기다리고 있다.

4.2 알케인의 모양

모든 알케인이나 사이클로알케인의 탄소 원자들은 일반적으로 정사면체 배열과 sp^3 혼성을 하고 있는 것이 규칙이다. **알케인**의 모양을 나타내면 **그림 4.1**과 같다.

뷰테인과 펜테인은 때때로 '직선 사슬'의 알케인이라고 부르는 알케인의 예이다. 삼차원적인 구조를 얼핏 보면 정사면체인 탄소 때문에 사슬이 들쭉날쭉하며 결코 직선이 아님을 알 수 있다. 더 근사한 표현은 **'가지가 없다(unbranched)'**라고 하는 것이다. 실제로 그림 4.1에 나타난 구조들은 사슬들이 가능한 한 가장 곧게 배열된 것이며, 탄소-탄소 단일 결합에 대한 자유로운 회전으로 말미암아 훨씬 덜 곧은 배열로 만들 수 있다. 사슬에 있는 탄소 원자들은 2개까지의 탄소 원자와만 결합하고 있으며, 가지가 없는 알케인은 1차와 2차 탄소만을 포함하고 있다. 1차, 2차, 그리고 3차 탄소 원자에 대한 정의는 2.5절에 있다.

아이소뷰테인, 아이소펜테인, 그리고 네오펜테인(**그림 4.2**)은 가지가 있는 사슬형 알케인이다. 네오펜테인에서 중심 탄소 원자는 4개의 탄소 원자와 결합하고 있다.

뷰테인과 아이소뷰테인은 분자식이 C_4H_{10}으로 같다. 두 화합물은 원자들이 배열된 순서가 다르며, 따라서 **구조 이성질체(constitutional isomer**, 1.3절)이다. 펜테인, 아이소펜테인, 그리고 네오펜테인도 역시 구조 이성질체들이다. 이들 모두 같은 분자식(C_5H_{12})을 가지지만 구조식이 다르다.

도움말

그림 4.1과 4.2에 있는 화합물들의 분자 모형을 만들어 보시오. 모형을 다른 방향에서 바라보고 여러 결합을 비틀었을 때 어떻게 모양이 변하는지를 실험해 보시오. 구조의 그림을 그려 보시오.

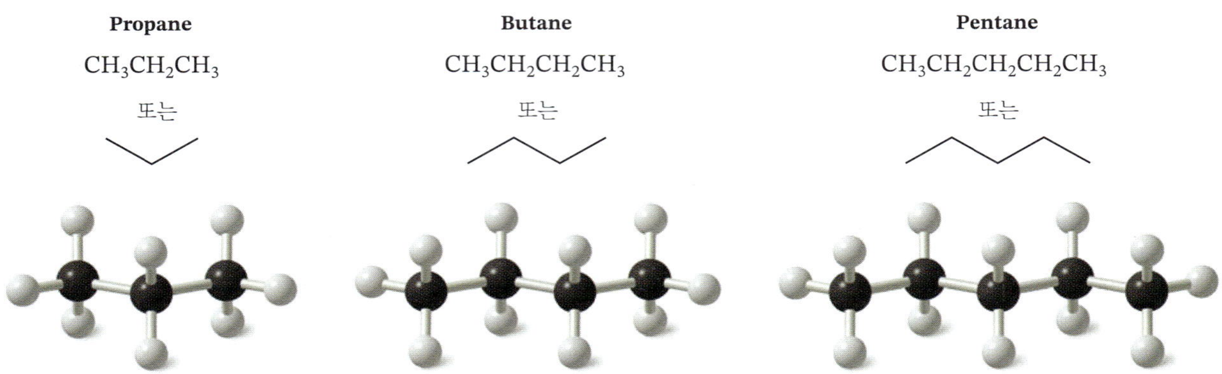

그림 4.1 간단한 3가지의 알케인의 공–막대 모형

되새김 물음 4.1 C_8H_{18}의 모든 구조 이성질체를 축약 구조식으로 쓰시오(모두 18가지 구조 이성질체가 있다).

- 구조 이성질체는 다른 물리적인 성질을 갖는데(1.6절), 녹는점, 끓는점, 밀도, 굴절률 등이 다르다.

표 4.1에 C_6H_{14}의 이성질체들의 물리적 성질을 수록하였다. 알케인에서 탄소 원자의 수가 증가함에 따라 구조 이성질체의 수는 급격히 증가한다.

19세기 말경 유기 화합물을 부르는 공식적인 체계가 개발되기 이전에도 이미 많은 유기물들이 발견되었거나 만들어졌다. 초기의 유기 화학자들은 화합물들의 출처에 따라 흔히 이름

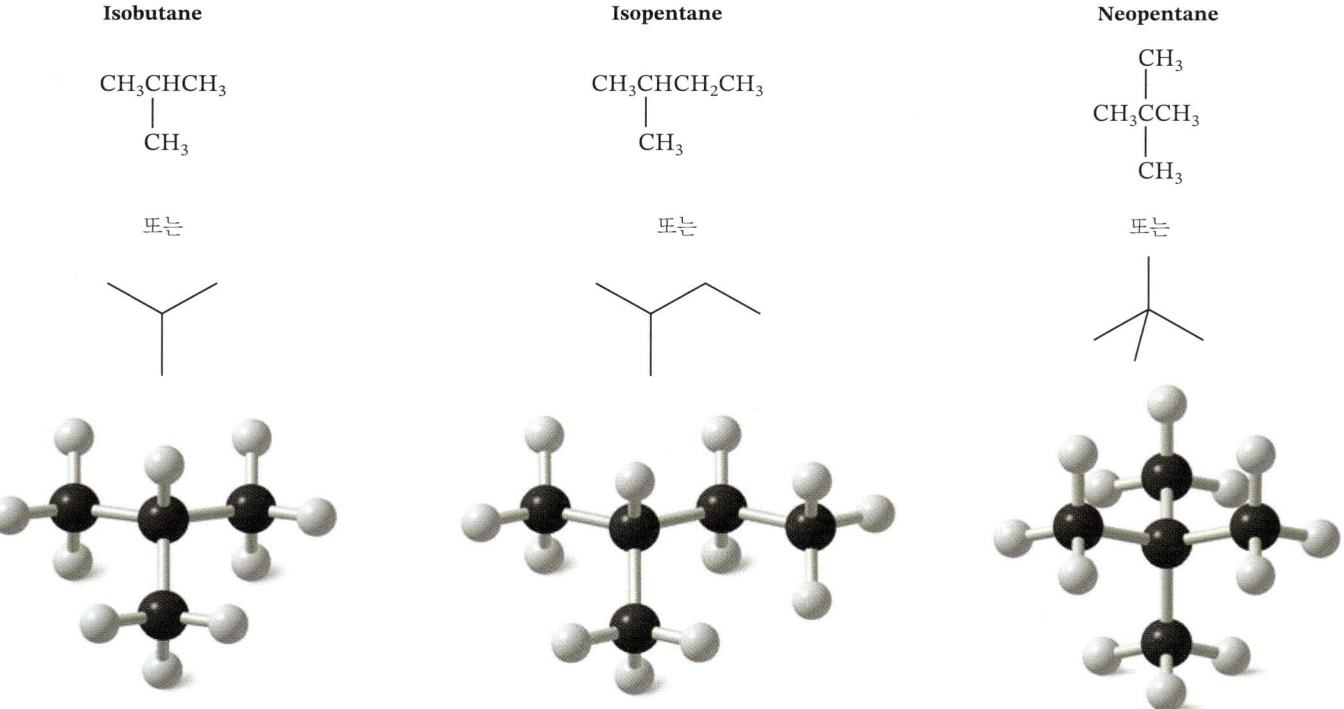

그림 4.2 가지 달린 세 가지 알케인의 공–막대 모형. 화합물 각각에서 한 탄소 원자는 두 개 이상의 탄소 원자와 결합하고 있다.

표 4.1 헥세인 이성질체들의 물리적 상수

분자식	축약 구조식	결합선 구조식	mp (°C)	bp (°C)[a] (1 atm)	밀도 ($g\ mL^{-1}$) 20 °C	굴절률[b] (n_D 20 °C)
C_6H_{14}	$CH_3CH_2CH_2CH_2CH_2CH_3$		−95	68.7	0.6594	1.3748
C_6H_{14}	$CH_3CH(CH_3)CH_2CH_2CH_3$		−153.7	60.3	0.6532	1.3714
C_6H_{14}	$CH_3CH_2CH(CH_3)CH_2CH_3$		−118	63.3	0.6643	1.3765
C_6H_{14}	$CH_3CH(CH_3)—CH(CH_3)CH_3$		−128.8	58	0.6616	1.3750
C_6H_{14}	$CH_3—C(CH_3)_2—CH_2CH_3$		−98	49.7	0.6492	1.3688

[a] 특별한 표시가 없는 한 끓는점은 1기압(또는 760 torr)하에서이다.
[b] 굴절률은 알케인이 빛을 구부러지게 하는 성질의 척도이다. 여기에 보고된 값들은 소듐의 D선의 빛이다(n_D).

을 붙이기도 하였다. 아세트산(체계적인 이름은 ethanoic acid임)은 하나의 예이다. 이것은 식초를 증류하여 얻었는데, 그 이름은 식초에 대한 라틴어인 '*acetum*'으로부터 온 것이다. 폼산(체계적인 이름은 methanoic acid임)은 개미의 몸을 증류하여 얻어지는데, 개미의 라틴어인 '*formicae*'가 어원이다. 이러한 옛 이름들이 지금은 '관용' 또는 '사소한' 이름이라고 하여 아직도 널리 쓰이고 있다.

오늘날 화학자들은 순수 화학과 응용 화학의 국제 연합(International Union of Pure and Applied Chemistry, IUPAC)에 의해서 개발되고 개정된 체계적인 이름을 사용한다. IUPAC 체계에 의하면 바탕이 되는 원칙은 "**다른 화합물은 명확하게 다른 이름을 갖는다.**"라는 것이다.*

4.3 알케인, 할로젠화 알킬, 알코올 등의 이름 짓기: IUPAC 체계

IUPAC 체계(IUPAC system)로 **알케인**의 이름을 짓는 것은 배우기 쉬운데 여기에 관련된 원칙들은 다른 부류의 화합물에도 적용하게 된다. 이러한 까닭으로 알케인, 할로젠화 알킬, 알코올 등의 IUPAC 체계부터 먼저 공부하기로 한다.

알케인의 이름의 끝은 '에인(*-ane*)'으로 끝난다. 대부분의 알케인(C_4 이상)의 이름의 어간은 그리스어나 라틴어에서 온 것이다. 어간을 배우는 것은 유기 화학의 셈을 세는 것을 배우는 것과도 같다. 그러므로 하나, 둘, 셋, 넷, 다섯은 메트(meth-), 에트(eth-), 프로프(prop-), 뷰트(but-), 펜트(pent-)이다. 가지가 없는 몇 가지 알케인의 이름을 **표 4.2**에 수록하였다.

* 이름 짓기에 대한 모든 IUPAC 규칙은 IUPAC website인 www.iupac.org에서 찾을 수 있다.

표 4.2 가지 없는 알케인

이름	탄소 원자 수	구조식	이름	탄소 원자 수	구조식
Methane	1	CH_4	Undecane	11	$CH_3(CH_2)_9CH_3$
Ethane	2	CH_3CH_3	Dodecane	12	$CH_3(CH_2)_{10}CH_3$
Propane	3	$CH_3CH_2CH_3$	Tridecane	13	$CH_3(CH_2)_{11}CH_3$
Butane	4	$CH_3(CH_2)_2CH_3$	Tetradecane	14	$CH_3(CH_2)_{12}CH_3$
Pentane	5	$CH_3(CH_2)_3CH_3$	Pentadecane	15	$CH_3(CH_2)_{13}CH_3$
Hexane	6	$CH_3(CH_2)_4CH_3$	Hexadecane	16	$CH_3(CH_2)_{14}CH_3$
Heptane	7	$CH_3(CH_2)_5CH_3$	Heptadecane	17	$CH_3(CH_2)_{15}CH_3$
Octane	8	$CH_3(CH_2)_6CH_3$	Octadecane	18	$CH_3(CH_2)_{16}CH_3$
Nonane	9	$CH_3(CH_2)_7CH_3$	Nonadecane	19	$CH_3(CH_2)_{17}CH_3$
Decane	10	$CH_3(CH_2)_8CH_3$	Eicosane	20	$CH_3(CH_2)_{18}CH_3$

4.3A 가지 없는 알킬기의 이름 짓기

도움말
알케인 첫 네 개의 이름은 'Mary Eats Peanut Butter'라고 기억하면 도움이 된다.

알케인에서 수소 한 개를 떼어내면 알킬기(**alkyl group**)가 된다. 알킬기는 끝이 '**일**(**yl**)'인 이름을 갖는다. 알케인에 **가지가 없으며** 떼어낸 수소 원자가 **말단**(**terminal**) 수소 원자이면 이름은 간단하다.

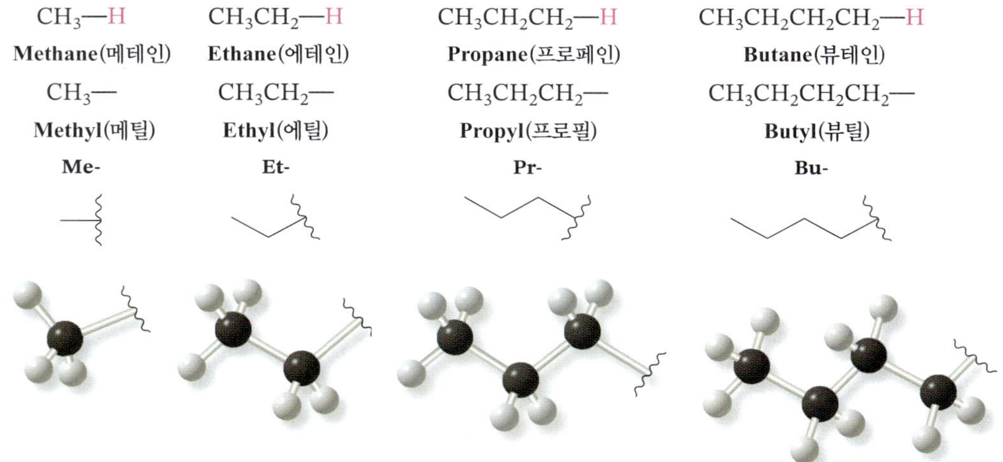

4.3B 가지 달린 사슬형 알케인의 이름 짓기

가지 달린 사슬형 알케인의 이름은 다음과 같은 규칙을 따라 붙인다.

1. **탄소 원자가 가장 길게 이어진 사슬을 정한다. 이 사슬이 알케인의 기본 이름이 된다.** 다음 화합물에서 가장 길게 이어진 사슬에는 6개의 탄소 원자가 포함되어 있다. 따라서 **헥세인**이 기본 이름이다.

$$CH_3CH_2CH_2CH_2CHCH_3 \text{ (with } CH_3 \text{ on C5)}$$

가장 긴 사슬 → $CH_3CH_2CH_2CH_2CHCH_3$, CH_3 또는 (골격 구조식)

가장 길게 이어진 사슬은 구조식이 쓰여지는 방법에 따라 분명하지 않을 때도 있다. 아래의 예에서 가장 긴 사슬은 7개의 탄소를 가지고 있으므로 **헵테인**이다.

2. 가장 긴 사슬에서 치환기가 가까이 있는 쪽의 끝으로부터 번호를 붙인다. 이 규칙에 따라 위에서 보인 두 화합물에 대하여 번호를 붙이면 다음과 같다.

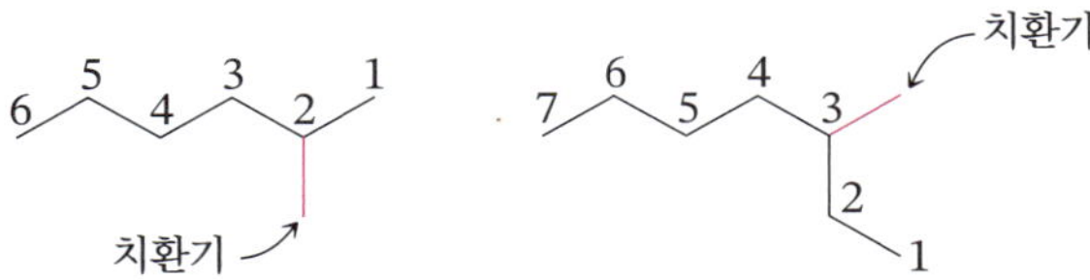

3. 규칙 2를 적용하여 얻어진 번호를 치환기의 위치를 나타내는 데 쓴다. 기본 이름을 맨 끝에 쓰고 치환기는 사슬에서의 위치를 나타내는 수 다음에 먼저 쓰도록 한다. 숫자와 문자는 '-'으로 분리한다. 앞서의 두 예는 각각 2-메틸헥세인과 3-메틸헵테인이다.

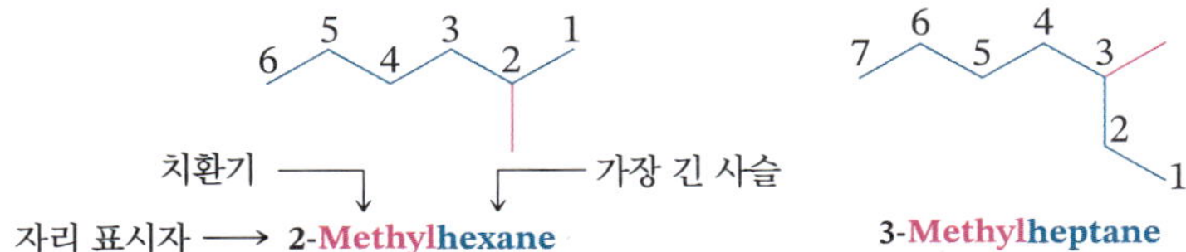

2-Methylhexane **3-Methylheptane**

4. 두 가지 이상의 치환기가 있을 때 가장 긴 사슬 상에서의 위치에 대응되는 숫자를 쓴다. 예를 들어, 아래 물질은 4-에틸-2-메틸헥세인이다.

4-Ethyl-2-methylhexane

치환기들은 **알파벳 순**으로 쓴다(예: ethyl이 methyl보다 먼저임).* 알파벳 순서를 정할 때 'di(이)', 'tri(삼)' 같은 개수를 나타내는 접두사는 무시한다.

5. 같은 탄소 원자에 2개 이상의 치환기가 있을 때 숫자를 두 번 쓴다.

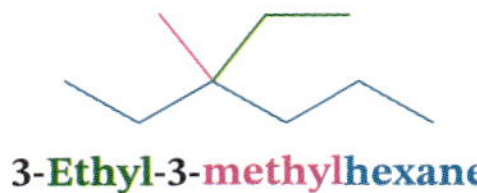

3-Ethyl-3-methylhexane

6. 두 가지 이상의 치환기가 동일한 것일 때 접두사 다이(di-), 트라이(tri-), 테트라(tetra-) 등을 쓴다. 그리고 각각의 치환기가 모두 번호를 갖고 있도록 해야 한다. 번호들 사이에는 ','를 쓴다.

2,3-Dimethylbutane **2,3,4-Trimethylpentane** **2,2,4,4-Tetramethylpentane**

* 어떤 교재에서는 크기가 복잡성이 증가하는 순서대로 쓰기도 한다(예: methyl이 ethyl보다 먼저임). 그러나 알파벳 순서가 가장 널리 쓰이고 있다.

이러한 여섯 가지 규칙을 적용하면 대부분의 알케인의 이름을 지을 수 있다. 경우에 따라 두 가지 규칙이 더 필요하다.

7. 길이가 같은 두 사슬 중에서는 치환기가 더 많은 사슬을 택한다.

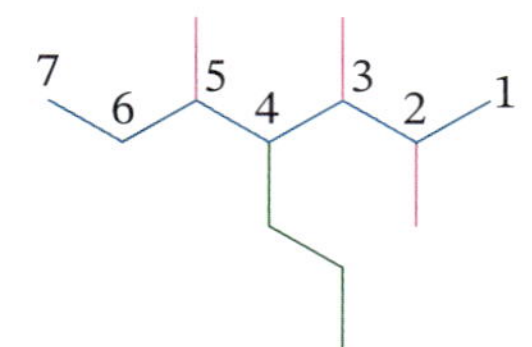

2,3,5-Trimethyl-4-propylheptane
(치환기가 4개)

8. 양끝에서 같은 거리에 있는 탄소들로부터 가지가 시작될 때, 첫 번째 차이가 나는 지점의 숫자가 더 작은 방향으로 번호를 붙인다.

6 5 4 3 2 1

2,3,5-Trimethylhexane
(2,4,5-trimethylhexane이 아님)

보기 물음 4.1

다음 알케인의 IUPAC 이름을 정하시오.

풀이

가장 긴 사슬(청색)은 7개의 탄소로 되어 있다. 따라서 기본 이름은 헵테인이다. 두 개의 메틸 치환기(적색)가 있다. 사슬에 번호를 붙여서 첫 번째 메틸기가 가장 작은 숫자를 갖도록 한다. 따라서 맞는 이름은 3,4-다이메틸헵테인(3,4-dimethylheptane)이다. 반대 끝에서 번호를 붙인 4,5-다이메틸헵테인은 옳지 않다.

두 메틸기 — 가장 긴 사슬

되새김 물음 4.2

2-메틸펜테인을 나타내는 구조가 아닌 것은?

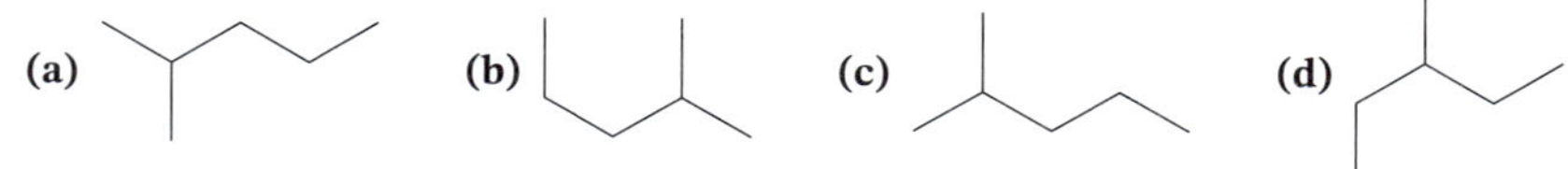

되새김 물음 4.3

가장 간단한 알케인, 이를 테면 가장 작은 수의 탄소 원자를 지니면서 1차, 2차, 3차, 4차 탄소 원자를 가진 구조(들)을 쓰시오. (4차 탄소는 4개의 다른 탄소 원자가 결합한 것이다.) 각각의 구조에 대한 IUPAC 이름을 정하시오.

되새김 물음 4.4

C_7H_{16}의 모든 이성질체 중 기본 이름이 (a) 펜테인과 (b) 뷰테인인 모든 이성질체의 결합선 구조식을 그리시오.

4.3C 가지 달린 알킬기의 이름 짓기

4.3A절에서는 알케인으로부터 말단 수소 원자 한 개를 제거함으로써 생긴 메틸, 에틸, 프로필, 뷰틸과 같은 가지 없는 알킬기의 이름 짓는 법을 배웠다. 세 개 이상의 탄소 원자를 가진 알케인에서는 유도되는 기가 한 개 이상 가능하다. 예를 들면, 프로페인에서는 두 기가 가능하다. 즉 **프로필기(propyl group)**는 말단 수소를 제거하여 얻어지고, **1-메틸에틸(1-methylethyl)** 또는 **아이소프로필기(isopropyl group)**는 가운데 탄소로부터 수소를 한 개 없애서 얻어진다.

탄소 3개인 기

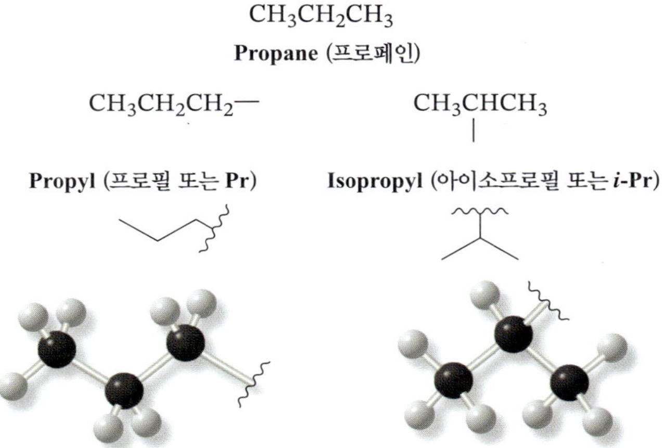

1-메틸에틸은 체계적인 이름이고, 아이소프로필은 관용명이다. 알킬기에 대한 체계적인 이름 짓기는 가지 달린 사슬의 알케인에 대한 이름 짓기와 같다. 이때 **번호 매김은 항상 기가 기본 사슬에 붙어 있는 위치에서 시작해야 한다**는 조건이 따른다. C_4에는 4개의 기가 있다.

탄소 4개인 기

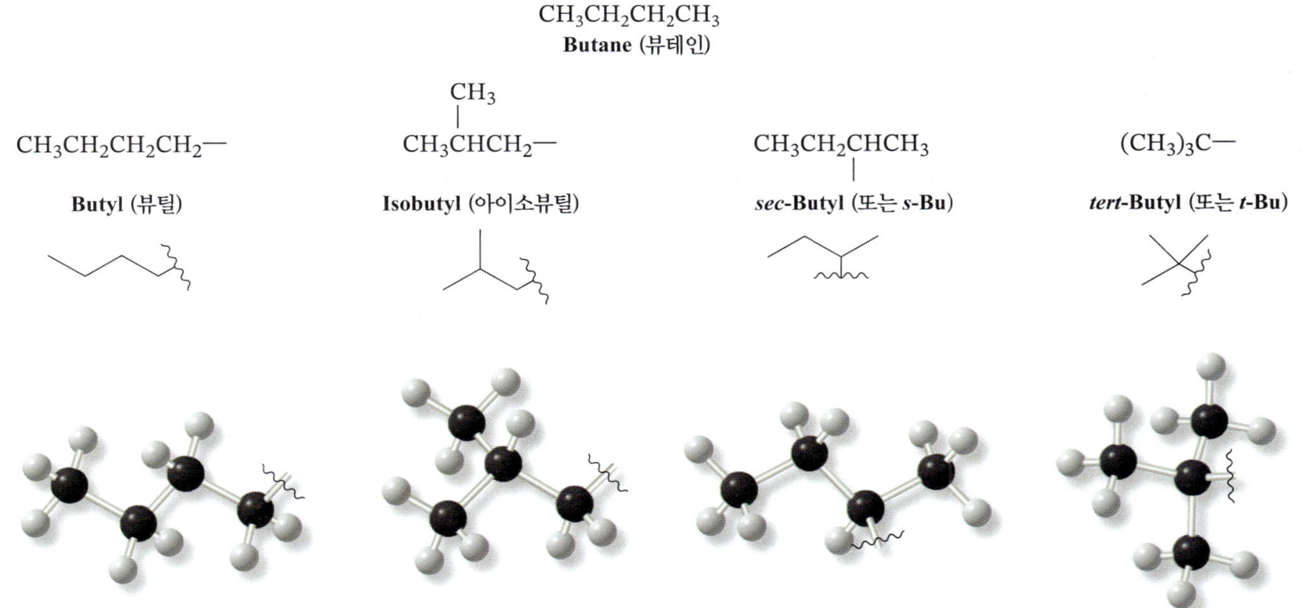

아래의 예들은 이들 기의 이름을 어떻게 응용하는지를 보여 준다.

4-isopropylheptane 또는 **4-(1-Methylethyl)heptane**

4-*tert*-butyloctane 또는 **4-(1,1-Dimethylethyl)octane**

아이소프로필, **아이소뷰틸**, *sec*-**뷰틸**, 그리고 *tert*-**뷰틸**과 같은 일반적인 이름은 치환기가 없는 기에 대하여 IUPAC에서도 인정되었다. 이들은 아직도 빈번히 사용된다. 이런 기들은 반드시 암기해서 이들이 어떻게 쓰였는지 곧 알아챌 수 있어야 한다. 이 기들에 대한 알파벳 순서를 정할 때는 이음선(-)으로 본 이름과 분리시킨 이탤릭체로 쓴 접두사를 무시한다. *tert*-뷰틸(*tert*-butyl)은 에틸(ethyl)의 앞에 쓰이지만 에틸은 아이소뷰틸(isobutyl) 앞에 쓴다.*

5개의 탄소를 가진 기로 IUPAC이 관용명을 인정한 것이 하나 있다: 2,2-다이메틸프로필기로 흔히 **네오펜틸기(neopentyl group)**라고 부른다.

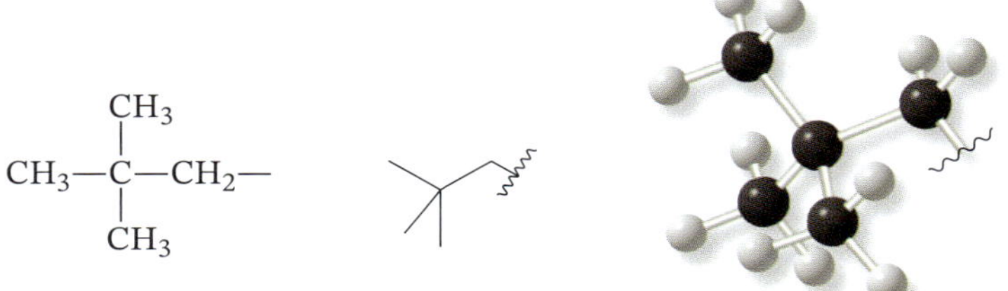

2,2-Dimethylpropyl 또는 neopentyl group

되새김 물음 4.5

(a) 방금 보았던 2,2-다이메틸프로필(네오펜틸)기 이외에도 7가지 다른 C_5기가 있다. 이들의 결합선 구조식을 쓰고, 각각에 대하여 체계적인 이름을 붙이시오.

(b) C_8H_{18}의 모든 이성질체에 대한 결합선 구조식을 쓰고, 각각의 IUPAC 이름을 붙이시오.

4.3D 수소 원자의 분류

알케인의 수소 원자는 그것이 결합된 탄소 원자에 따라 분류될 수 있다. 1차 탄소에 연결된 수소 원자는 1차 수소 원자이다. 아래의 2-메틸뷰테인은 1차(1°), 2차(2°), 3차(3°) 수소 원자를 모두 가지고 있다.

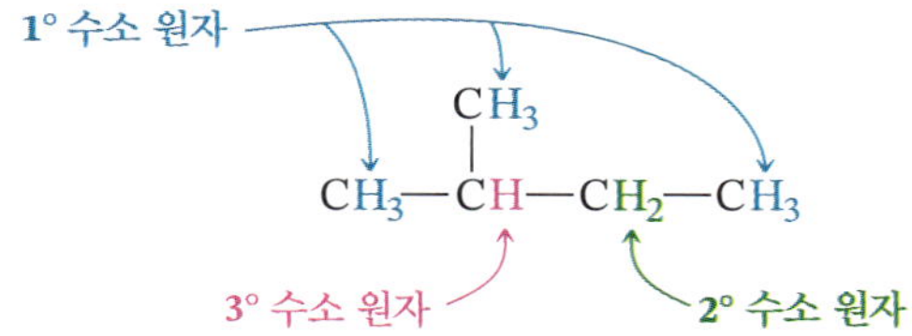

반면, 2,2-다이메틸프로페인은 **네오펜테인(neopentane)**이라고도 부르는데, 단지 1차 수소 원

* 아이소, *sec*-, *tert*-에 대해서 약자로 *i*, *s*, *t*라고 때때로 쓰기도 한다. 이 약자들은 추천할 만한 것은 아니다.

자만을 가지고 있다.

$$\begin{array}{c} CH_3 \\ | \\ H_3C - C - CH_3 \\ | \\ CH_3 \end{array}$$

2,2-Dimethylpropane(neopentane)

4.3E 할로젠화 알킬의 이름 짓기

할로젠 치환기를 가진 알케인은 IUPAC 치환계에서 할로알케인이라고 부른다.

CH_3CH_2Cl	$CH_3CH_2CH_2F$	$CH_3CHBrCH_3$
Chloroethane	**1-Fluoropropane**	**2-Bromopropane**

- 기본 사슬에 할로젠과 알킬 치환기가 모두 붙어 있으면 그것이 할로젠이건 알킬이건 관계없이 첫 번째 치환기에 더 가까운 끝으로부터 사슬에 번호를 붙인다. 두 치환기가 사슬의 끝에서부터 같은 거리에 있을 때는 알파벳 우선으로 더 가까운 치환기가 있는 끝에서부터 번호를 붙인다.

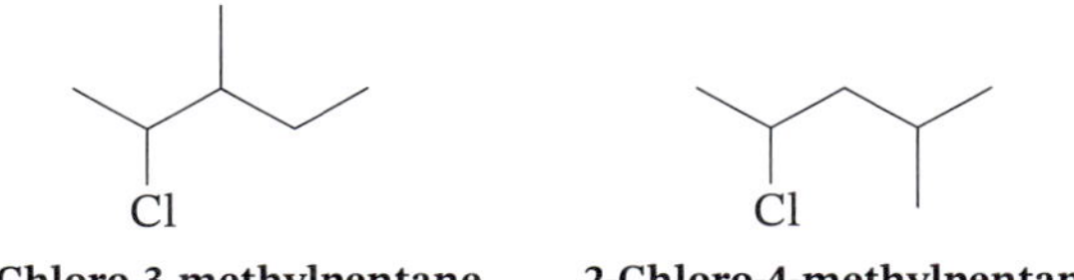

2-Chloro-3-methylpentane **2-Chloro-4-methylpentane**

그러나 많은 간단한 할로알케인의 관용명은 아직도 널리 쓰이고 있다. **작용기적 이름 짓기(functional class nomenclature)**라고도 하는 관용명은 할로알케인을 할로젠화 알킬로 부르는 것이다(아래의 예들은 IUPAC에 의해서도 인정되고 있다).

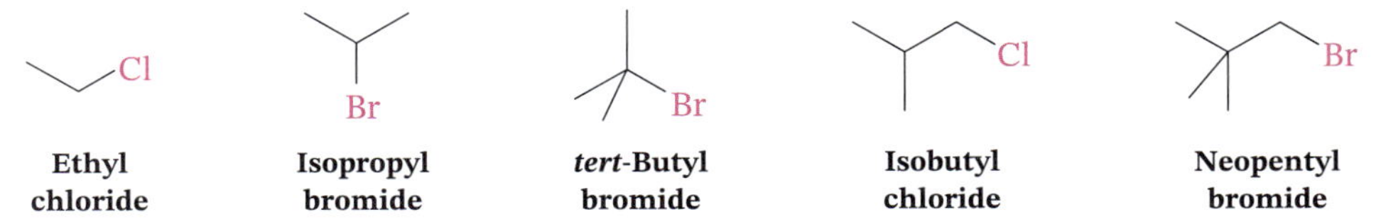

Ethyl chloride **Isopropyl bromide** ***tert*-Butyl bromide** **Isobutyl chloride** **Neopentyl bromide**

되새김 물음 4.6

아래의 모든 이성질체에 대한 IUPAC 이름을 붙이시오.

(a) $C_5H_{11}Br$ **(b)** $C_6H_{13}Cl$

4.3F 알코올의 이름 짓기

IUPAC의 **치환기 이름 짓기(substitutive nomenclature)**에서는 네 가지 양상이 나타난다. 즉, **자리 표시자, 접두사, 기본 화합물**, 그리고 **접미사**이다. 다음의 화합물을 살펴보자.

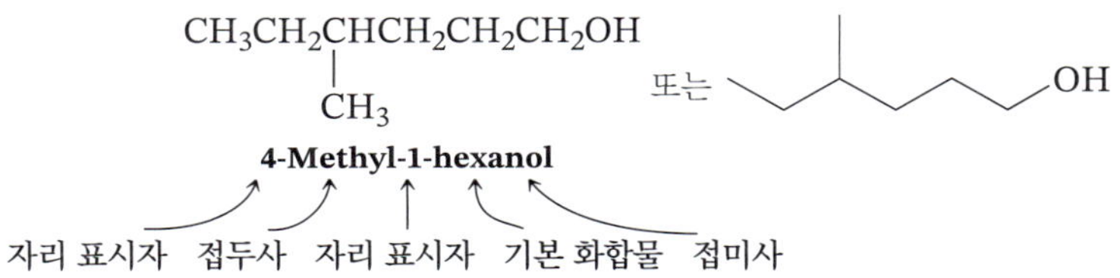

자리 표시자 4-는 접두사로 이름 붙인 치환기인 **메틸**기가 기본 화합물의 C4에 붙어 있음을 의미한다. 기본 화합물은 6개의 탄소 원자를 가졌으며 다중 결합이 없으므로 기본 이름은 **헥세인(hexane)**이며, 이것이 알코올이므로 **접미사**는 -**올(-ol)**이다. **자리 표시자 1**-은 C1이 하이드록실기를 지니고 있음을 말해 주고 있다. **일반적으로, 사슬의 번호 매김은 접미사로 기의 이름이 지어지는 가까운 끝에서부터 시작한다.**

접미사의 자리 표시자는(알코올이건 다른 작용기이건) 위의 예에서처럼 기본 이름 앞에 놓거나, 또는 1993년 IUPAC의 규약에 따라 접미사 바로 앞에 놓는다. 두 방법 모두 IUPAC이 인정하였다. 그러므로 위의 화합물은 **4-메틸헥산-1-올(4-methylhexan-1-ol)**이라고 이름 지을 수 있다.

- 알코올에 IUPAC 치환기 이름을 붙일 때는 다음 과정을 따른다.

1. **하이드록실기가 직접 연결된** 연속적인 가장 긴 사슬을 선택한다. 이 사슬에 대응되는 알케인의 이름에서 맨 끝의 '*e*' 대신 '*ol*'을 붙인다.
2. 하이드록실기가 가장 작은 숫자가 되도록 가장 긴 사슬의 탄소에 번호를 붙여나간다. 하이드록실기의 위치와 다른 모든 치환기의 위치를 탄소 사슬을 따라 대응되는 자리 표시자(접두사)로 나타내도록 한다.

아래의 예는 이 규칙이 어떻게 응용되었는지를 보여 준다.

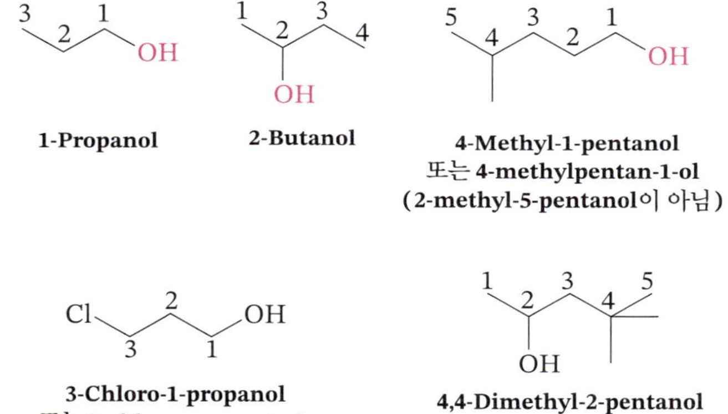

1-Propanol

2-Butanol

4-Methyl-1-pentanol
또는 **4-methylpentan-1-ol**
(**2-methyl-5-pentanol**이 아님)

3-Chloro-1-propanol
또는 **3-chloropropan-1-ol**

4,4-Dimethyl-2-pentanol
또는 **4,4-dimethylpentan-2-ol**

보기 물음 4.2

오른쪽 화합물의 IUPAC 이름을 붙이시오.

HO

풀이

HO 1 2 3 4 5

가장 긴 사슬(오른쪽에서 적색)은 5개의 탄소를 지녔고 하이드록실기가 첫 번째 탄소에 있다. 그러므로 이 부분의 이름은 1-펜탄올이다. 사이클로헥실기가 C-1에 있고 메틸기가 C-3에 있으므로 전체적인 이름은 1-사이클로헥실-3-메틸-1-펜탄올이다.

되새김 물음 4.7

아래의 분자식을 가진 모든 알코올의 이성질체에 대하여 IUPAC 이름을 붙이시오.
(a) $C_5H_{10}O$ **(b)** $C_6H_{14}O$

간단한 알코올은 IUPAC이 인정하는 작용기적인 관용명으로 부르기도 한다. 앞에서 나왔던 보기(2.6절)인 **메틸 알코올, 에틸 알코올, 아이소프로필 알코올** 외에 몇 가지 예를 아래에 수록한다.

OH OH OH

Propyl alcohol 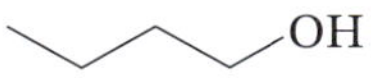 **Butyl alcohol** 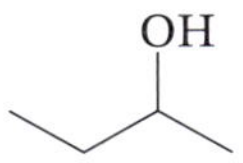 ***sec*-Butyl alcohol**

OH OH OH

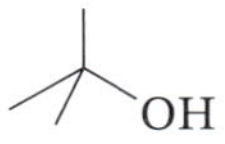

***tert*-Butyl alcohol** 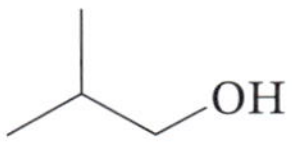 **Isobutyl alcohol** 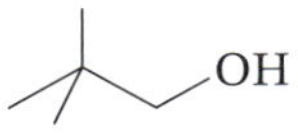 **Neopentyl alcohol**

하이드록실기가 2개 있는 알코올은 보통 **글라이콜(glycol)**이라고 부르는데, IUPAC 치환계 이름은 **다이올(diol)**이다.

	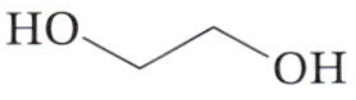 HO OH	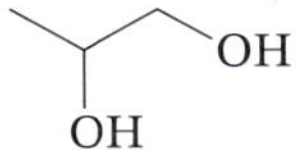 OH OH	 HO OH
치환계 이름	**1,2-Ethanediol** 또는 **ethane-1,2-diol**	**1,2-Propanediol** 또는 **propane-1,2-diol**	**1,3-Propanediol** 또는 **propane-1,3-diol**
관용명	***Ethylene glycol***	***Propylene glycol***	***Trimethylene glycol***

4.4 사이클로알케인의 이름 짓기

4.4A 한 고리 사이클로알케인의 이름 짓기

사이클로알케인은 기본 이름 앞에 '사이클로'를 붙여 부른다.

1. **고리가 한 개이고 치환기가 없는 사이클로알케인:** 고리에 있는 탄소 원자의 수를 센 다음 탄소 수를 가진 알케인의 이름 앞에 '사이클로'를 붙인다. 예를 들면, 사이클로프로페인은 세 개의 탄소를, 사이클로펜테인은 다섯 개의 탄소를 가진다.

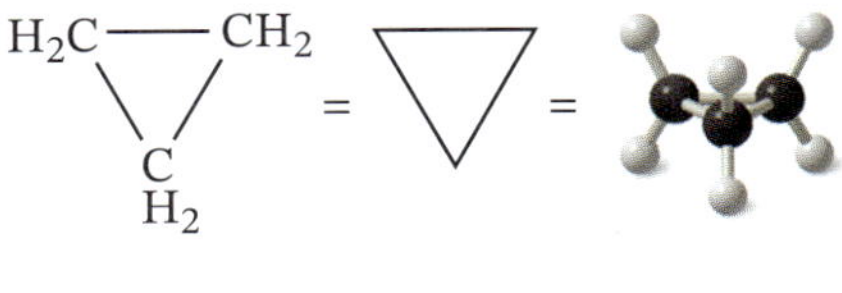

H_2C—CH_2, C H_2 = =

Cyclopropane

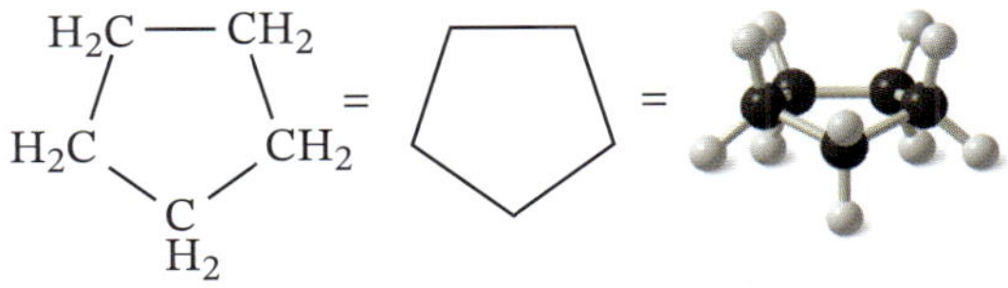

H_2C—CH_2, H_2C CH_2, C H_2 = =

Cyclopentane

2. **고리가 한 개이고 치환기가 한 개인 사이클로알케인:** 치환기의 이름을 기본 이름 앞에 붙인다. 예를 들면, 아이소프로필기가 붙어 있는 사이클로헥세인은 아이소프로필사이클로헥세인이다. 치환기가 단지 한 개인 화합물에서는 치환기를 지닌 탄소에 대하여 번호(자리 표시자)를 명시할 필요가 없다.

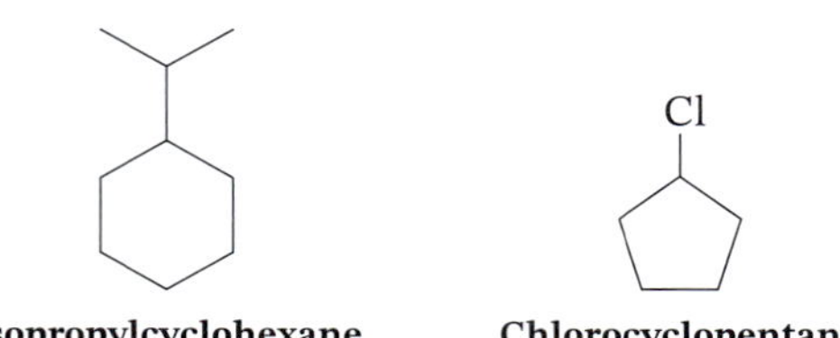

Isopropylcyclohexane Chlorocyclopentane

3. **고리가 한 개이고 치환기가 두 개 이상인 사이클로알케인:** 두 가지 치환기가 있는 고리에 대해서 알파벳이 먼저인 치환기를 가진 탄소에서 시작해서, 두 번째 치환기의 번호가 가장 작도록 고리의 탄소에 번호를 붙여나간다. 세 개 또는 그 이상의 치환기가 있으면 자리 표시자가 가장 작은 조합이 되도록 하는 치환기에서부터 번호를 시작한다. 치환기는 알파벳 순으로 수록하고 그들의 탄소 원자의 수에 따르지 않는다.

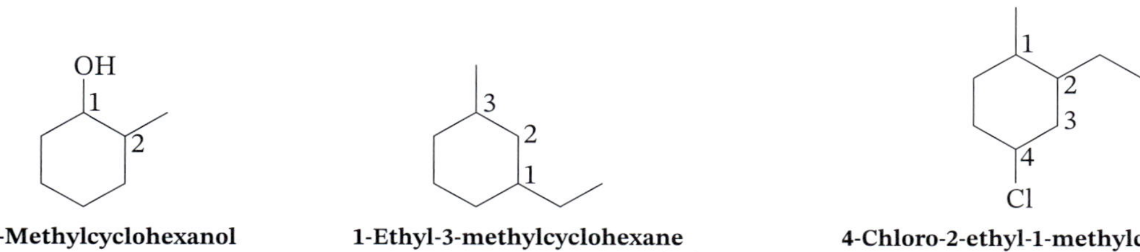

2-Methylcyclohexanol

1-Ethyl-3-methylcyclohexane (1-ethyl-5-methylcyclohexane이 아님)

4-Chloro-2-ethyl-1-methylcyclohexane (1-chloro-3-ethyl-4-methylcyclohexane이 아님)

4. 한 개의 고리가 탄소 원자의 수를 더 많이 가진 단일 사슬에 붙어 있거나, 한 개 이상의 고리가 단일 사슬에 붙어 있을 때, **사이클로알킬알케인**(cycloalkylalkane)이라고 이름 짓는 것이 적절하다. 예를 들면,

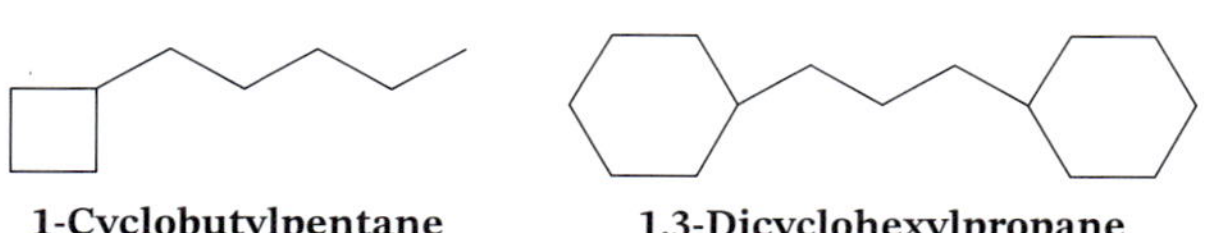

1-Cyclobutylpentane 1,3-Dicyclohexylpropane

되새김 물음 4.8 아래의 치환기를 가진 알케인의 이름을 쓰시오.

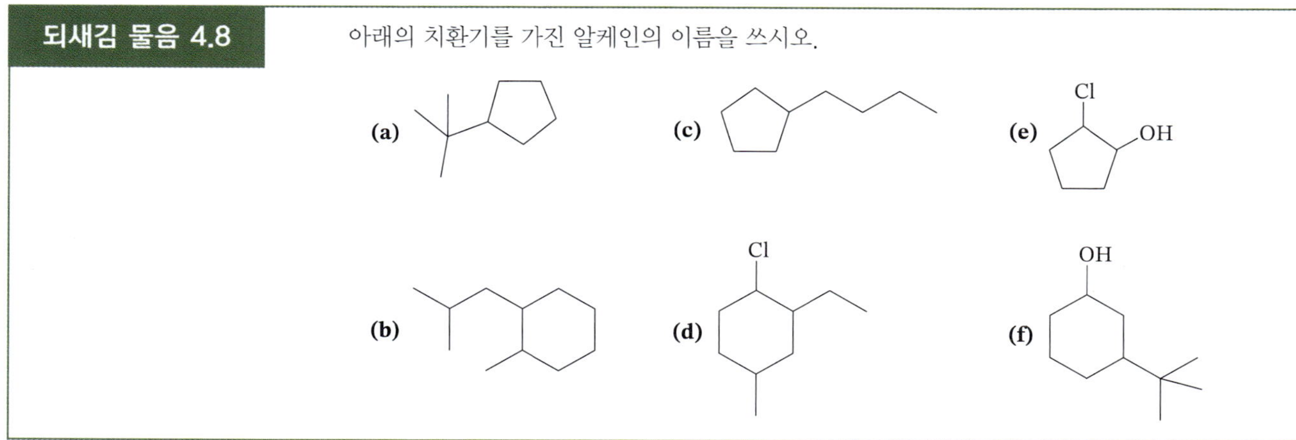

4.4B 이중 고리 사이클로알케인의 이름 짓기

1. 둘이 겹쳐 있거나 다리 걸친 두 고리를 가진 화합물을 바이사이클로알케인(bicycloakane) 이라고 부르며, 고리를 이룬 탄소 원자의 총수에 해당되는 알케인이 기본 이름이 된다.

아래의 화합물은 7개의 탄소 원자가 있으므로 바이사이클로헵테인이다. 두 고리에 공통으로 있는 탄소 원자들을 다리목(bridgehead)이라고 하며, 다리목 원자들을 포함하는 결합이나 원자의 사슬을 다리(bridge)라고 부른다.

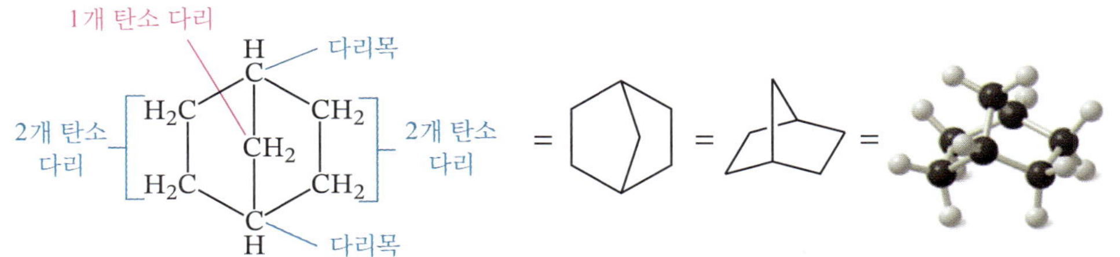

A bicycloheptane

도움말
분자 모형을 만들어서 이 이중 고리 화합물의 구조를 살펴보시오.

2. 그다음 각 다리에 있는 탄소 원자의 수를 이름 앞에 중괄호 [ ] 안에 숫자가 작아지는 순으로 쓴다. 접합된 고리들은 다리에 탄소가 없다. 예를 들면,

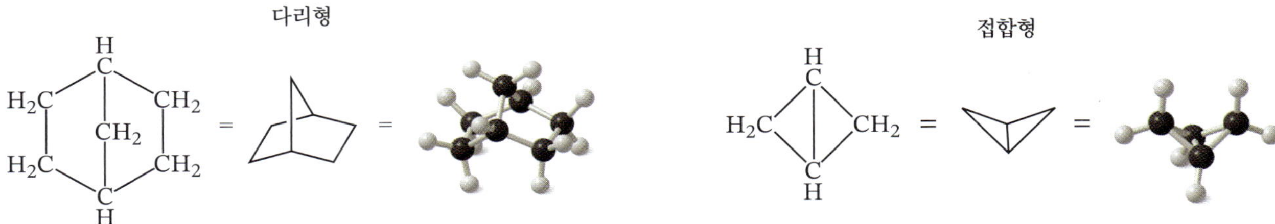

Bicyclo[2.2.1]heptane
(*norbornane* 이라고도 부름)

Bicyclo[1.1.0]butane

3. 치환기가 있는 바이사이클로알케인에서는 다리 걸친 고리들에서 다리목으로부터 시작하여 가장 긴 고리를 따라서 다음 긴 고리로 돌아 처음 다리목에 오도록 번호를 붙인다. 가장 짧은 다리는 제일 끝에 번호를 붙인다.

8-Methylbicyclo[3.2.1]octane **8-Methylbicyclo[4.3.0]nonane**

보기 물음 4.3

7,7-다이클로로바이사이클로[2.2.1]헵테인의 구조식을 쓰시오.

풀이

먼저 바이사이클로[2.2.1]헵테인 고리를 쓰고 번호를 붙인다. 그다음 치환기(2개의 염소 원자)를 적절한 탄소에 더한다.

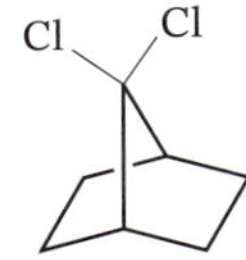

되새김 물음 4.9

아래 바이사이클로알케인의 구조를 쓰시오.

(a) Bicyclo[1,1,0]butane
(b) Bicyclo[2,1,0]pentane
(c) 2-Chlorobicyclo[3,2,0]heptane
(d) 7-Methylbicyclo[2,2,1]heptane

4.5 알켄과 사이클로알켄의 이름 짓기

알켄의 IUPAC 이름을 짓는 법은 알케인의 그것과 매우 비슷하다.

1. 이중 결합을 포함하는 가장 긴 사슬을 골라 기본 이름을 정하고 같은 길이를 가진 알케인의 이름 끝인 '에인(*-ane*)'을 '엔(*-ene*)'으로 바꾼다. 그러므로 가장 긴 사슬에 5개의 탄소 원자가 들어 있다면 알켄의 기본 이름은 **펜텐**(pentene)이다. 6개의 탄소 원자로 된 것은 **헥센**(hexene)이다.

2. 이중 결합을 이룬 두 탄소 원자를 모두 포함하도록 번호를 붙이는데, 이중 결합에서 가까운 사슬의 끝부터 번호를 시작한다. 이중 결합의 위치는 이중 결합의 첫 번째 원자의 번호를 접두사로 써서 표시한다. 알켄 접미사의 위치는 기본 이름의 앞에 또는 접미사 직전에 쓴다. 두 양식의 예는 다음과 같다.

1-Butene
(3-butene이 아님)

2-Hexene
(4-hexene이 아님)

3. 치환기의 위치를 이들이 연결된 탄소 원자의 번호로 나타낸다.

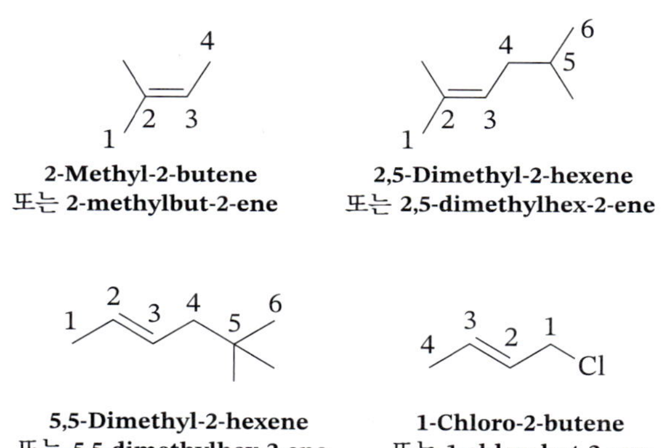

2-Methyl-2-butene
또는 2-methylbut-2-ene

2,5-Dimethyl-2-hexene
또는 2,5-dimethylhex-2-ene

5,5-Dimethyl-2-hexene
또는 5,5-dimethylhex-2-ene

1-Chloro-2-butene
또는 1-chlorobut-2-ene

알킨의 옛 이름들이 아직도 흔히 쓰인다. 에텐은 흔히 에틸렌, 프로펜은 흔히 프로필렌이라고 부르며, 2-메틸프로펜은 흔히 아이소뷰틸렌이라고 부른다.

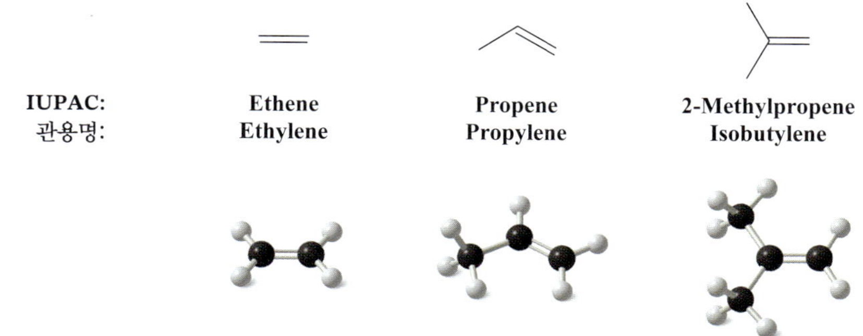

4. 치환기를 가진 사이클로알켄은 이중 결합의 원자들이 1-과 2- 위치가 되도록, 그리고 치

환기는 차이점이 나타나는 위치에서 가장 작은 번호를 갖도록 번호를 붙인다. 치환기를 가진 사이클로알켄에서 이중 결합의 위치를 항상 표시할 필요는 없는데, 그것은 항상 C1과 C2에 있기 때문이다. 이 규칙을 응용한 두 가지 예를 다음에 든다.

1-Methylcyclopentene
(2-methylcyclopentene이 아님)

3,5-Dimethylcyclohexene
(4,6-dimethylcyclohexene이 아님)

5. 이중 결합과 알코올기를 가진 화합물은 알켄올(또는 사이클로알켄올)이라고 부르며, 알코올인 탄소에 더 작은 번호를 붙인다.

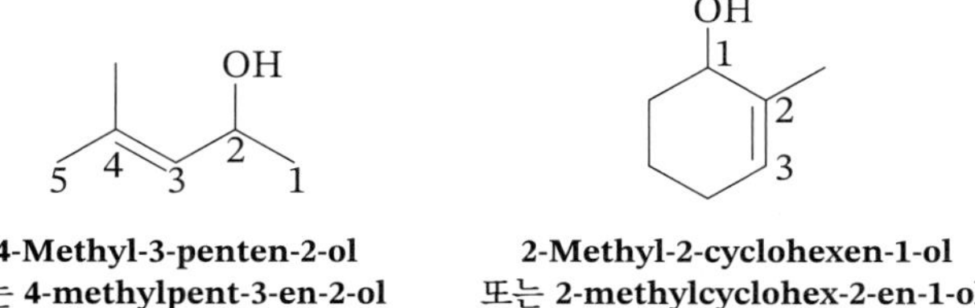

4-Methyl-3-penten-2-ol
또는 4-methylpent-3-en-2-ol

2-Methyl-2-cyclohexen-1-ol
또는 2-methylcyclohex-2-en-1-ol

6. 흔히 나오는 두 알켄일기는 **바이닐기**(**vinyl group**)와 **알릴기**(**allyl group**)이다.

바이닐기 알릴기

치환기적인 이름 짓기로는 이 기들은 각각 **에텐일**(ethenyl)과 **프로프-2-엔-1-일**(prop-2-en-1-yl)이다. 아래의 예들은 이런 이름을 어떻게 사용하는지를 설명해 준다.

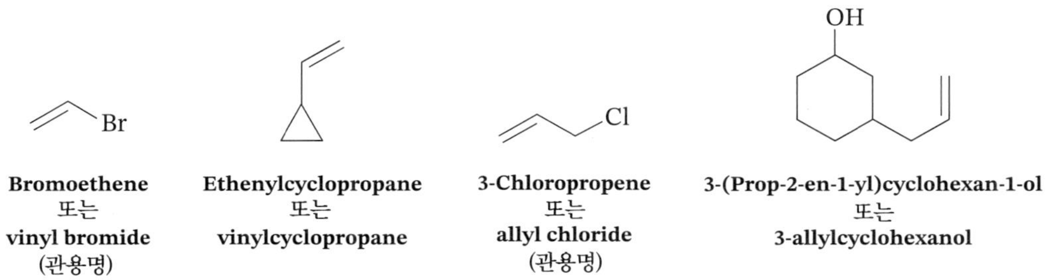

Bromoethene
또는
vinyl bromide
(관용명)

Ethenylcyclopropane
또는
vinylcyclopropane

3-Chloropropene
또는
allyl chloride
(관용명)

3-(Prop-2-en-1-yl)cyclohexan-1-ol
또는
3-allylcyclohexanol

7. 두 개의 동일한 기가 이중 결합의 같은 쪽에 있으면 *cis*이고, 반대쪽에 있으면 *trans*이다.

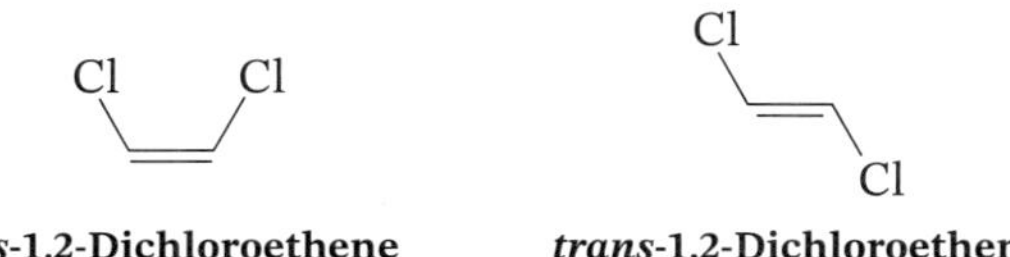

***cis*-1,2-Dichloroethene**

***trans*-1,2-Dichloroethene**

(7.2절에서 이중 결합의 기하 모형을 나타내는 또 다른 방법을 보게 될 것이다.)

보기 물음 4.4

아래 분자의 IUPAC 이름을 지으시오.

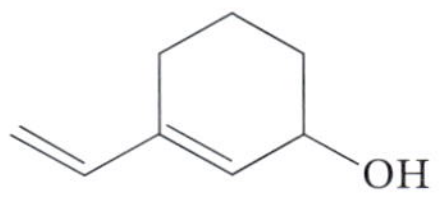

OH

풀이

아래에 보인 것처럼 하이드록실기에서 시작하여 이중 결합이 가능한 작은 수가 되도록 고리에 번호를 붙인다. 치환기(에텐일기), 이중 결합(-엔-), 그리고 하이드록실기(-올)이 각각의 위치를 나타내는 숫자와 함께 이름에 포함되도록 한다. 따라서 IUPAC 이름은 3-에텐일-2-사이클로헥센-1-올(3-ethenyl-2-cyclohexen-1-ol)이다.

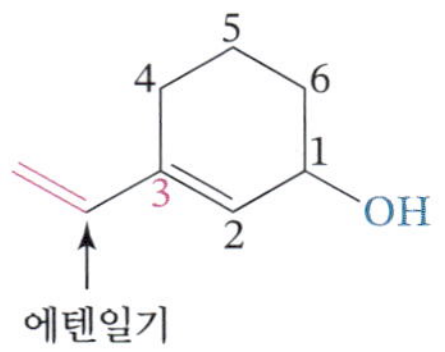

5 4 6 1 3 2 OH

에텐일기

되새김 물음 4.10 아래의 알켄의 IUPAC 이름을 쓰시오.

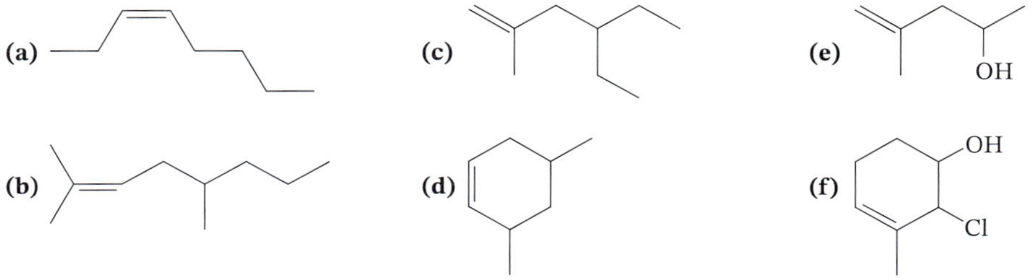

(a) (c) (e) OH

(b) (d) (f) OH Cl

되새김 물음 4.11 다음에 대한 결합선 구조식을 쓰시오.

(a) *trans*-3-Heptene
(b) *trans*-2-Hexene
(c) 2,4-Dimethyl-2-pentene
(d) *trans*-2-Chloropent-2-ene
(e) 4,5-Dibromo-1-pentene
(f) 1-Bromo-2-methyl-1-(prop-2-en-1-yl)cyclopentane
(g) 3,4-Dimethylcyclopentene
(h) Vinylcyclohexane
(i) 1,2-Dichlorocyclopentene
(j) *trans*-1,4-Dibromo-2-pentene

4.6 알카인의 이름 짓기

알카인(alkyne)은 알켄과 거의 같은 방법으로 이름을 짓는다. 가지가 없는 알카인은 대응되는 알케인의 이름에서 어미 '**에인(ane)**' 대신 '**아인(yne)**'을 붙인다. 사슬은 삼중 결합인 탄소 원자의 번호가 가장 작도록 번호를 붙인다. 삼중 결합의 두 탄소 원자 중 번호가 작은 것은 삼중 결합의 위치를 결정하는 데 쓴다. 이중 결합과 삼중 결합이 있을 때 번호를 매기는 방향은 가장 작은 위치 숫자가 되도록 선택한다. 어느 방향으로 해도 동등할 경우 이중 결합이 더 낮은 번호를 갖도록 정한다. 세 가지 가지가 없는 알카인의 IUPAC 이름을 아래에 보였다.

H—C≡C—H
Ethyne 또는 acetylene (관용명)

2-Pentyne

1-Penten-4-yne 또는 pent-1-en-4-yne

가지 달린 알카인의 치환체기와 치환기를 가진 알카인의 위치 역시 번호로 나타낸다. —OH 기는 알카인올의 사슬에 번호를 매길 때 삼중 결합에 우선한다.

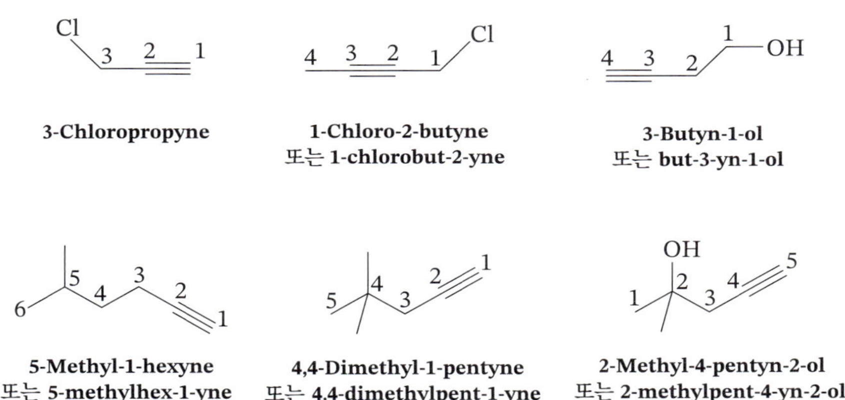

분자식이 C_6H_{10}인 알카인의 모든 이성질체에 대한 IUPAC 이름을 쓰시오. **되새김 물음 4.12**

치환기를 하나 가진 아세틸렌 또는 1-알카인을 **말단 알카인**(**terminal alkyne**)이라고 부른다. 그리고 이 삼중 결합에 붙어 있는 수소를 **아세틸렌계 수소 원자**(**acetylenic hydrogen atom**)라고 부른다.

R—C≡C—H ← 아세틸렌계 수소

말단 알카인

치환체로 이름을 짓는다면 HC≡C—기는 에타인일기이다.

아세틸렌계의 수소가 제거되어 얻어진 음이온을 **알카인화 이온**(alkynide ion) 또는 아세틸렌화 이온이라고 부른다. 7.11절에서 이 이온들이 합성에 유용함을 배운다.

R—C≡C:⁻ 또는 R—≡:⁻
알카인화 이온 (아세틸렌화 이온)

CH_3C≡C:⁻ 또는 —≡:⁻
프로파인화 이온

4.7 알케인과 사이클로알케인의 물리적 성질

표 4.2에 수록된 가지 없는 **알케인**(**alkane**)을 살펴보면 각 알케인은 그 앞의 알케인보다 —CH_2—기 하나씩만 다르다. 뷰테인은 $CH_3(CH_2)_2CH_3$이고 펜테인은 $CH_3(CH_2)_3CH_3$이다. 이처럼 한 가지가 다른 것과 일정한 단위씩 차이가 나는 일련의 화합물들을 **동족 계열**

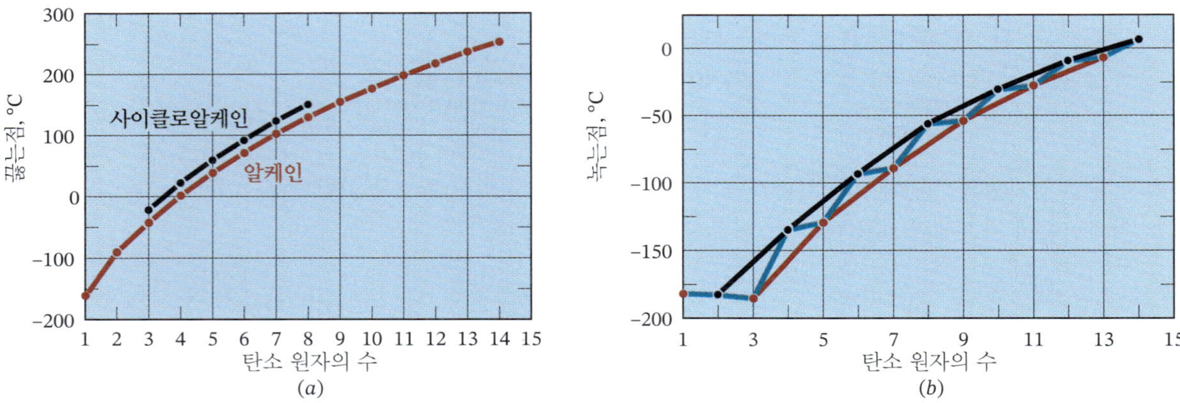

그림 4.3 (a) 가지 없는 알케인(적색)과 사이클로알케인(흑색)의 끓는점. (b) 가지 없는 알케인의 녹는점

(**homologous series**)이라고 부르며, 동족 계열을 구성하고 있는 개개의 화합물들을 **동족**(**homologue**)이라고 부른다.

가지 없는 알케인의 동족 계열 중 처음 네 물질(C_1~C_4)들은 실온(25 °C), 1기압하에서 기체이다(**그림 4.3**). 같은 계열에서 C_5~C_{17}(펜테인~헵타데케인)은 액체이며, 18개 이상의 탄소 원자가 있으며 가지가 없는 알케인들은 고체이다.

끓는점 가지 없는 알케인의 끓는점은 분자량이 증가함에 따라 높아진다(그림 4.3*a*). 그러나 알케인 사슬에 가지가 붙으면 끓는점은 급격히 낮아진다. 한 예로 표 4.1에 있는 헥세인의 이성질체들은 이러한 경향의 예이다.

이 효과들에 대한 부분적인 설명으로는 2.13B절에서 배운 분산력을 들 수 있다. 가지가 없는 알케인에서는 분자량이 증가함에 따라 분자의 크기도 커지고, 더 중요한 것은 분자의 표면적이 커진다. 표면적이 커지면 분자들 사이의 분산력이 증가하고, 따라서 분자를 서로 떼어놓아 끓게 만드는 데 더 많은 에너지(높은 온도)가 필요하다. 한편, 사슬에 가지가 있으면 분자는 더욱 빽빽해지고 그 표면적이 작아지며, 분자들 사이에 작용하는 분산력의 세기도 작아지게 된다. 이것이 끓는점을 낮게 하는 영향을 미치는 것이다. **그림 4.4**는 C8 이성질체에 대하여 이러한 현상을 보여 주고 있다.

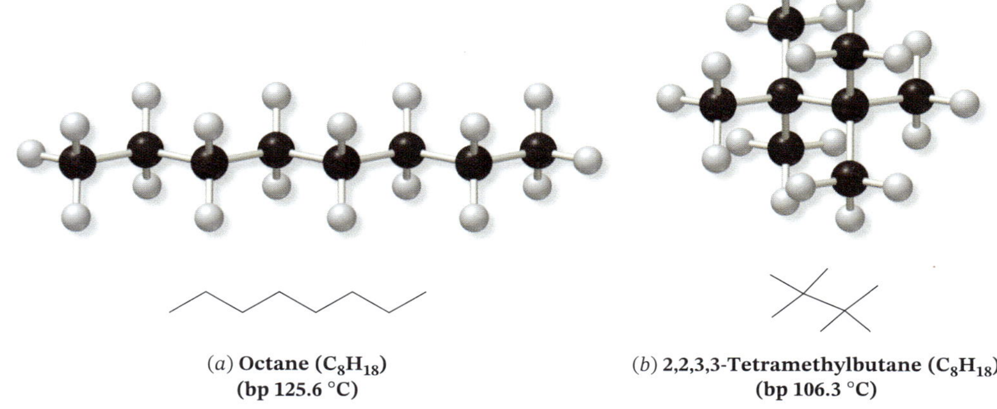

그림 4.4 사슬의 가지는 (b)에서 C8의 가지 달린 이성질체에서 보듯이 분자 간 접촉 면적을 감소시켜 그들 사이의 분산력을 느슨하게 함으로써 가지 없는 C8 이성질체 (a)보다 끓는점이 낮다.

녹는점 가지 없는 알케인의 녹는점은 끓는점에서 보여 주는 것 같은 분자량에 따른 일련의 매끄러운 증가는 보이지 않는다(그림 4.3*b*의 청색 선). 탄소 수가 짝수인 가지 없는 알케인으로부터 홀수인 다음 화합물로 갈 때 녹는점의 교차 현상이 일어난다. 그러나 짝수와 홀수인 알케인을 각각 **따로따로** 그려 보면(그림 4.3*b*에서 흑색 선과 적색 선) 녹는점이 분자량의 증가에 따라 원만하게 증가하는 것을 볼 수 있다.

이러한 비정상성의 원인은 분자의 구조에 관한 정보를 제공하는 X-선 회절법으로 밝혀졌다. 짝수의 탄소 원자를 가진 알케인 사슬은 결정 상태에서보다 더 가깝게 쌓여져 있다. 이 결과로 낱개 사슬들 사이의 인력이 커지며 녹는점은 높아지는 것이다.

사이클로알케인(cycloalkane)은 열린 사슬 모양의 알케인보다 녹는점이 훨씬 더 높다(그림 4.3).

밀도 알케인과 사이클로알케인은 유기 화합물의 모든 부류 중에서 가장 밀도가 작다. 이들의 밀도는 4 °C의 물의 밀도인 1.00 g mL^{-1}보다 밀도가 작다. 따라서 석유(알케인이 풍부한 탄화수소의 혼합물)는 물 위에 뜬다.

용해도 알케인과 사이클로알케인은 극성이 작고 수소 결합을 할 수 없기 때문에 물에 거의 녹지 않는다. 액체인 알케인이나 사이클로알케인은 서로 잘 녹고 극성이 낮은 용매 속에서 잘 녹는다. 벤젠, 사염화 탄소, 클로로폼, 그리고 다른 탄화수소는 이들에 대한 좋은 용매가 된다.

환경 화학: 페로몬–화학 약품에 의한 통신

많은 동물들은 동종끼리 소리나 가시적인 신호를 써서 통신하는 것이 아니라 이 동물들이 분비하는 **페로몬(pheromone)**이라 불리는 화학 약품의 냄새에 의존하여 의사 전달을 한다. 곤충에게 있어서는 이것이 주된 통신 수단인 듯하다. 페로몬은 비록 곤충에 의해서 미량으로 분비되지만 막중하고도 다양한 생리 효과를 일으킨다. 곤충은 어떤 페로몬을 성유인 물질로 사용한다. 다른 곤충들은 경고 물질로도 쓰고, 또 다른 곤충들은 '집합' 화합물을 써서 동종들을 집합시키기도 한다. 이러한 페로몬들은 흔히 비교적 간단한 화합물들이며 탄화수소인 것들도 있다. 예를 들면, 바퀴벌레는 운데케인을 집합 페로몬으로 사용한다. 암호랑나방이가 짝짓기를 원할 때 2-메틸헵타데케인을 분비하는데, 숫호랑나비가 거역하기 어려운 향이다. 보통 **집파리**(*Musca domestica*)의 성유인 물질은 23개 탄소의 알켄으로 9번과 10번 원자들 사이에 *cis*인 이중 결합이 있는 머스칼루어(muscalure)이다.

Danilo Donadoni/Age Fotostock

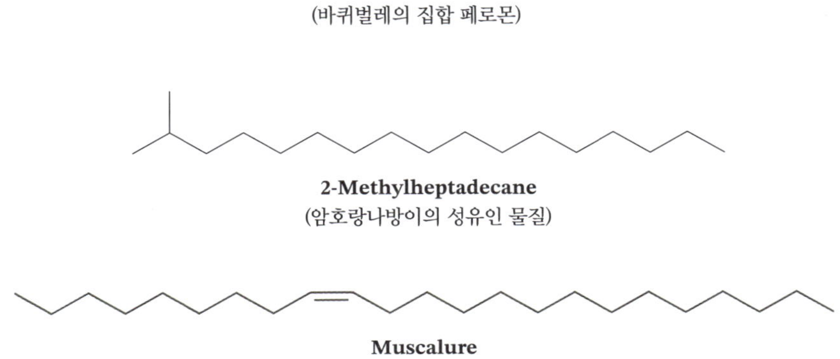

많은 곤충의 성유인 물질들이 합성되어 곤충을 덫으로 유인하는 데 사용되고 있다. 이 방법은 살충제를 사용하는 것보다 더욱 더 환경적으로 민감한 곤충 통제 수단이기도 하다.

인간의 삶에서도 또한 페로몬의 역할이 있음을 제의하는 연구가 있다. 사향노루의 후각 예민도는 안드로스테론과 같은 스테로이드가 포함되어 있고, 거대 고리인 케톤이나 락톤(고리형 에스터) 등도 성별에서 차이가 나고 인간의 행동에 영향을 주기도 한다. 이들 화합물 중 어떤 것들은 향료로도 사용되는데, 사향고양이의 내분비선에서 분리된 천연물인 씨비톤(civetone)과 합성된 사향인 펜탈라이드(pentalide) 등이 있다.

Felix Wirth/Getty Images

Androsterone　　Civetone　　Pentalide

4.8 시그마 결합과 결합 회전

단일 결합만으로 연결된 두 기들은 그 결합에 대해서 서로 회전할 수 있다.

- 기가 회전함으로써 생기는 일시적인 분자 모양을 분자의 **형태(conformation)**라고 부른다.
- 각각의 가능한 구조를 **형태체(conformer)**라고 부른다.
- 단일 결합에 대하여 회전함으로써 분자 내에서 일어나는 에너지의 변화를 분석하는 것을 **형태 분석(conformation analysis)**이라고 한다.

4.8A Newman 투영식과 그리기

도움말
Newman 투영식과 쇄선쐐기 구조식을 쓰는 방법을 배워야 한다. 모형을 만들어 그린 것과 비교하시오.

형태 분석을 할 때 사용하기가 특별히 편리한 구조식 형태가 있다. 이 형태 중 하나는 **Newman 투영식(Newman projection formula)**이고 Newman 투영식은 한 개의 결합 길이를 따라 한 끝에서 내려다 보는 것을 나타낸다. Newman 투영식과 이에 대응되는 선-쐐기 구조식을 여기에 보인다. 형태 분석에서는 Newman 투영식을 상당히 많이 쓴다.

Newman 투영식　　**선-쐐기 구조식**

Newman 투영식을 쓰려면:

- 분자를 선택된 결합축을 따라 한 원자(대개 탄소)로부터 곧바로 다음 원자(역시 대개 탄소)를 바라본다고 상상한다.
- 앞의 탄소와 거기에 있는 결합들을 Y 로 나타낸다.

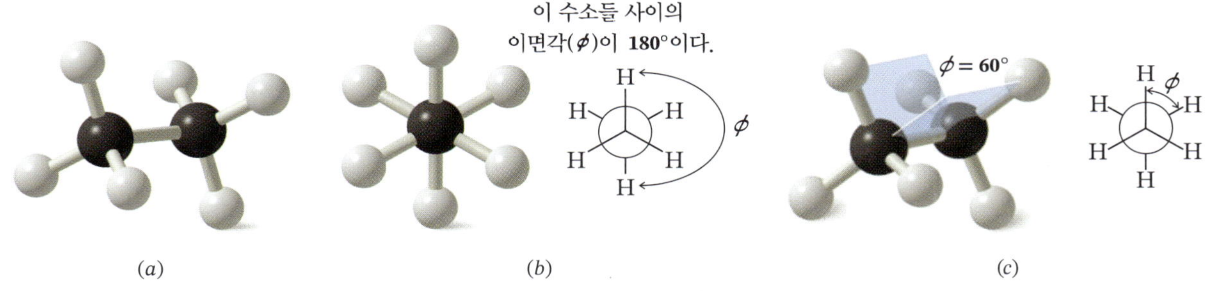

그림 4.5 (*a*) 에테인의 엇갈린 형태. (*b*) 엇갈린 형태에 대한 Newman 투영식. (*c*) 이 두 수소 원자 사이의 이면각은 60°이다.

- 뒤의 탄소의 결합들은 로 나타낸다.

그림 4.5*a*,*b*에는 에테인의 **엇갈린 형태(staggered conformation)**에 대한 공-막대 모형과 Newman 투영식을 나타냈다. 분자의 엇갈린 형태는 탄소-탄소 결합의 각각에 있는 결합들 사이의 **이면각(dihedral angle)**이 180°이고 탄소-탄소 결합의 양끝에 결합된 원자나 기들이 가능한 한 멀리 놓인 형태이다. 에테인의 엇갈린 형태에서 이면각이 180°인 것을 그림 4.5*b*에 나타냈다.

에테인의 가려진 형태를 **그림 4.6**에 공-막대 모형과 Newman 투영식으로 나타냈다. **가려진 형태(eclipsed conformation)**에서 탄소-탄소 결합의 양끝에 있는 탄소에 결합된 원자들은 곧바로 서로 마주하고 있다. 그들 사이의 이면각은 0°이다.

4.8B 형태 분석을 하기

이제 에테인의 형태 분석을 고찰해 보자. 에테인의 양끝에서 C—H 결합 사이의 이면각을 미세하게 변화시키면 무한개의 형태가 생기게 되고, 엇갈린 형태와 가려진 형태는 물론 이들 중 하나이다. 그러나 이들 다른 형태들은 안정성이 같지 않으며, 에테인의 엇갈린 형태가 가장 안정한 형태임이 알려져 있다(즉, 위치 에너지가 가장 낮은 형태이다). 에테인의 엇갈린 형태가 더 큰 안정성을 가진 까닭은 주로 결합 전자쌍 사이의 반발과 연관이 있다. 가려진 형태에서 C—H 결합의 전자운은 더 가까이 있고 서로 반발한다. 엇갈린 형태에서는 C—H 결합의 전자쌍이 가능한 한 최대로 떨어져 있다. 이 밖에도 엇갈린 형태에서 채워진 오비탈과 채워지지 않은 오비탈 사이에 중첩이 유리하다고 하는 **가상적 짝지음(하이퍼콘쥬게이션, hyperconjugation)** 현상이 있다. 가상적 짝지음은 엇갈린 형태를 안정하도록 돕는다. 그렇지

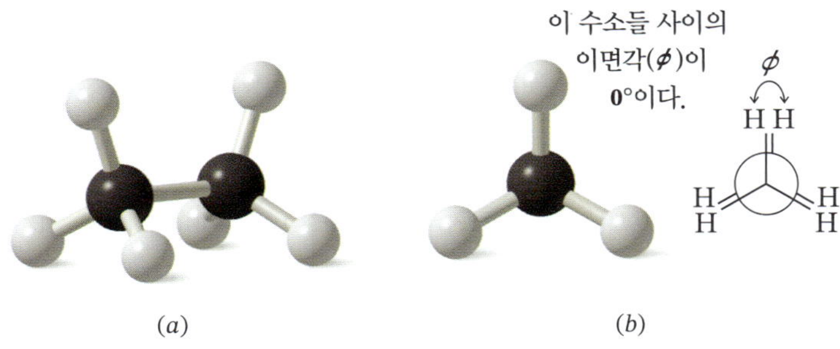

그림 4.6 (*a*) 에테인의 가려진 형태. (*b*) 가려진 형태의 에테인에 대한 Newman 투영식

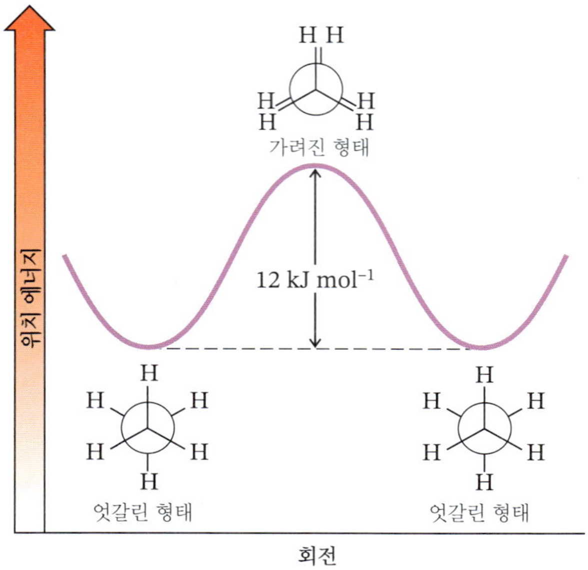

그림 4.7 에테인의 탄소–탄소 결합에 대한 회전에 따른 위치 에너지의 변화

만 더 중요한 요인은 엇갈린 형태에서 입체적인 반발이 최소화되는 것이다. 나중에 가상적 짝지음과 이것이 탄소 양이온이라는 화학종의 안정화에 미치는 역할에 대해서 설명할 것이다.

- 에테인의 형태들 사이의 에너지 차이는 **그림 4.7**과 같은 **위치 에너지 도표(potential energy diagram)**로 나타낼 수 있다.

에테인에서 엇갈린 형태와 가려진 형태 사이의 에너지 차이는 12 kJ mol^{-1}이다. 이러한 회전에 대한 작은 장벽을 단일 결합의 **비틀림 장벽(torsional barrier)**이라고 부른다. 어떤 분자들은 엇갈린 형태로부터 앞뒤로 왔다 갔다 한다. 더 에너지가 큰 분자들은 가려진 형태로부터 엇갈린 형태로 회전하기도 한다. 온도가 대단히 낮지 않은 한(−250 °C) 대부분의 에테인 분자들은 항상 한 형태에서 다른 형태로 결합 회전을 진행할 수 있는 충분한 에너지를 가진다.

이러한 모든 사실은 에테인에 있어서 무슨 의미가 있는가? 이에 대한 대답을 두 가지로 할 수 있다. 에테인 분자 한 개를 생각할 때 그것은 대부분의 시간을 가장 에너지가 낮은 엇갈린 형태에서 또는 엇갈린 형태에 매우 가깝게 보내고 있을 것이다. 그러나 다른 분자와 충돌하여 충분한 에너지를 얻으면 매초 여러 번이라도 회전하여 가려진 형태를 거쳐서 다시 엇갈린 형태로 돌아올 것이다. 더 현실적으로 많은 수의 에테인 분자에 대하여 말한다면(좀 더 현실적인 상황)어느 한 순간 분자들은 대부분 엇갈린 형태 또는 거의 엇갈린 형태로 존재할 것이다.

노벨상

분자의 특정한 형태가 유리하다는 관념은 van't Hoff의 연구에서 비롯되었다. 그는 화학 반응 속도론에 대한 연구로 첫 번째 Nobel상(1901)을 수상하였다.

4.9 뷰테인의 형태 분석

뷰테인의 C2—C3 결합에 대한 회전을 살펴보자. 뷰테인의 C2—C3 결합에 대한 회전 장벽은 에테인의 C—C 결합에 대한 회전보다 더 크지만, 아직도 모든 가능한 뷰테인의 형태 이성질체에 이르도록 하는 회전을 막기에는 충분하지 않다.

- 결합 회전의 장벽에 관여하는 모든 요인들을 통틀어 **비틀림 긴장(torsional strain)**이라고 하며, 결합된 기의 전자운 사이에 **입체 장애(steric hindrance)**라고 부르는 반발적 상호작용이 포함되어 있다.

뷰테인에서 비틀림 긴장은 말단 메틸기와 C2와 C3에 있는 수소 원자들 사이의 입체 장애와 두 메틸기들 사이의 직접적인 입체 장애의 결과이다. 이들 상호작용은 뷰테인의 여섯 가지 중요한 형태 이성질체가 생기도록 하며 아래에 **I~VI**과 같이 보였다.

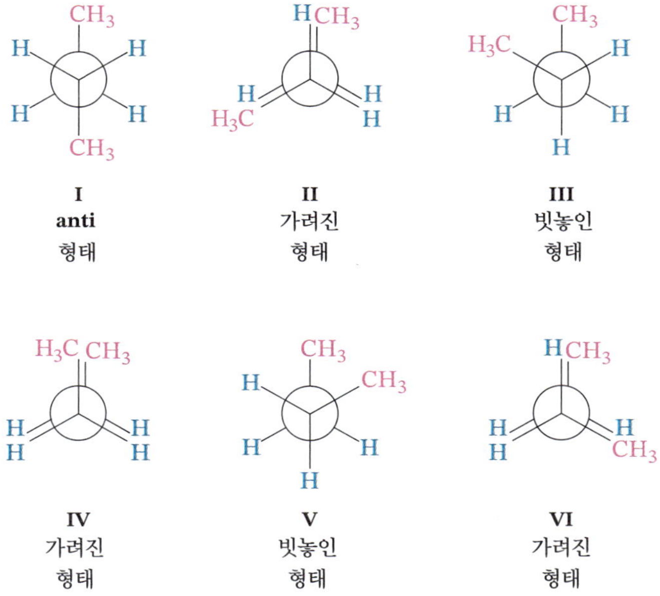

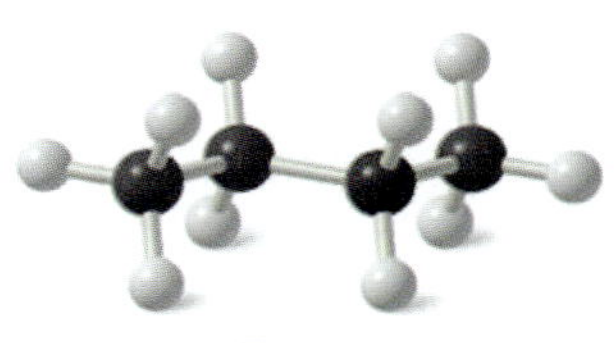

도움말

뷰테인의 분자 모형을 만들어 그들의 상대적인 위치 에너지를 논의할 때 여러 가지 형태를 조사해 보시오.

anti 형태(**I**)는 기들이 엇갈려 있으면서 메틸기가 멀리 떨어져 있기 때문에 입체 장애로 인한 비틀림 긴장이 없다. 그러므로 anti 형태가 가장 안정하다. **gauche**(**고쉬**[주], **빗놓인**) **형태**(**III** 과 **V**)에 있는 메틸기들은 서로 가까이 있기 때문에 그들 사이의 분산력은 서로 **밀어내도록** 한

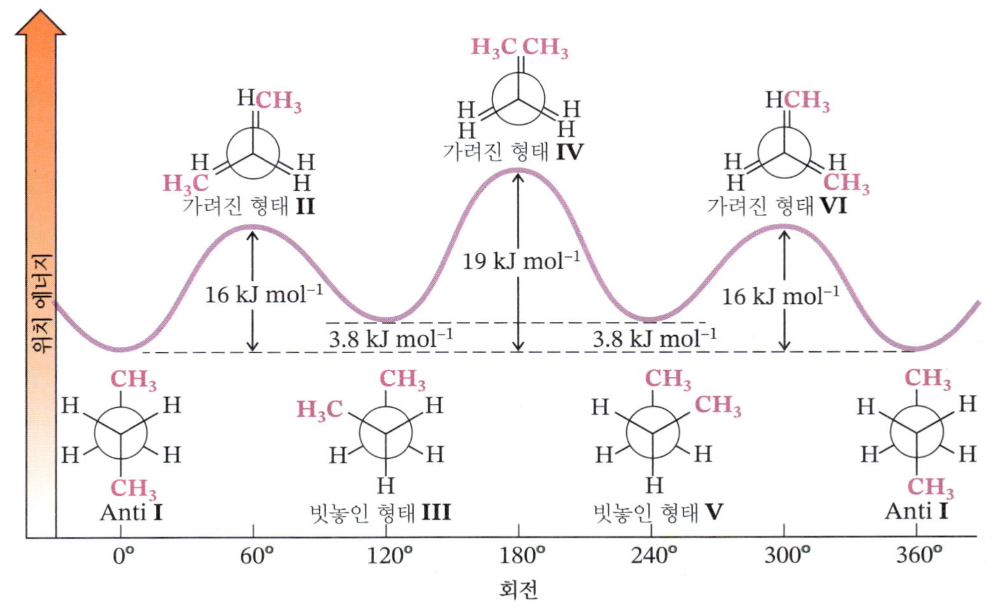

그림 4.8 뷰테인의 C2—C3 결합의 회전에 따른 에너지의 변화

* (역자 주) 대한화학회 술어집에는 'gauche conformation'이 '고쉬 형태'라고 번역되어 있다. 'gauche'라는 단어는 일상적으로 사용되는 영어 단어는 아니고, 영한사전에 '어색한, 눈치 없는, 서투른, 평평하지 않은, 비대칭의, 왼손잡이용의, 일그러진' 등으로 나와 있다. 따라서 '고쉬'라고 한글로 써서 어떤 실체에 대한 그림을 연상시키기는 어렵다고 판단되어 '빗놓인'이라고 번역하였다.

다. 즉, 두 기의 전자운이 매우 가까이 있어서 서로 밀어낸다. 이 반발로 인하여 빗놓인 형태는 anti 형태보다 약 3.8 kJ mol^{-1} 만큼 더 에너지를 갖고 있다.

가려진 형태(**II**, **IV**, **VI**)들은 위치 에너지 도표(**그림 4.8**)에서 에너지가 높은 곳을 나타낸다. 가려진 형태 **II**와 **VI**은 가려진 메틸기와 수소 원자로 인하여 생긴 반발하는 분산력을 갖고 있다. 가려진 형태 **IV**는 모든 것 중에서 가장 에너지가 높은데, **II**와 **VI**에 비해서 가려진 메틸기들 사이의 분산력에 의한 반발이 매우 크기 때문이다.

뷰테인 분자에 있어서의 회전 장벽은 에테인 분자보다 크지만(4.8절) 상온에서 빗놓은 형태와 anti 형태를 분리할 수 있을 만큼은 못된다. 단지 매우 낮은 온도에서만 분자들은 이러한 장벽을 극복할 수 있는 에너지를 충분히 갖지 못하는 것이다.

4.9A 입체 이성질체와 형태 입체 이성질체

뷰테인의 빗놓인(gauche) 형태 **III**과 **V**는 입체 이성질체의 예이다.

- **입체 이성질체(stereoisomer)**는 분자식과 연결 순서가 같으나 삼차원 공간에서 원자의 배열이 다르다.
- **형태 입체 이성질체(conformational stereoisomer)**는 결합 회전을 통하여 서로 연관되어 있다.

형태 분석(conformational analysis)은 분자의 삼차원적인 모양과 입체 화학을 고찰하는 방법들 중의 하나일 뿐이다. 앞으로 단일 결합에 대한 회전으로 상호 전환되지 않는 입체 이성질체를 보게 될 것이다. 그들 중에는 cis-trans 사이클로알케인 이성질체(4.13절)와 5장에서 고찰할 다른 것들이 있다.

생물 화학: 근육의 작용

근육 단백질은 기본적으로 매우 긴 선형 분자(압축된 형태로 접혀져 있음)로 원자들은 사슬처럼 단일 결합으로 맺어져 있다. 이 장에서 배우게 될 것이지만, 단일 결합으로 맺어진 원자들에 대해서 상대적으로 자유로운 회전이 가능하다. 근육에서 많은 단일 결합에 대한 회전의 누적된 효과는 'power stroke(톱니바퀴 운동)'라 불리는 단계에서 각 마이오신 분자의 꼬리를 인접한 단백질(액틴이라 부름)을 따라 60 Å 이동하도록 한다. 이 과정은 각각의 근육 이동마다 많은 마이오신과 액틴 사이에서 톱니바퀴가 물리듯이 반복적으로 일어난다.

John M Lund Photography Inc/Getty Images

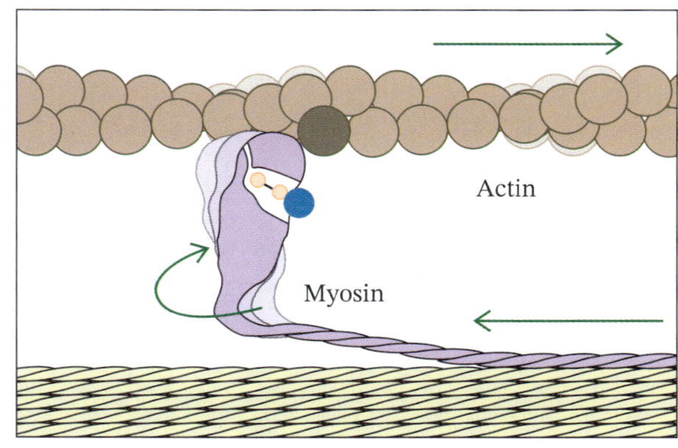

근육에서의 톱니바퀴 운동

되새김 물음 4.13

그림 4.8과 비슷하게 2-메틸뷰테인의 C2—C3 결합에 대하여 기들을 회전시킬 때 일어나는 에너지 변화에 대한 도표를 그리시오. 에너지 변화의 실제적인 값을 염려하지 말고, 다만 적당한 형태에 대응되는 최대, 최저만 표시하시오.

4.10 사이클로알케인의 상대적인 안정성: 고리 긴장

사이클로알케인들은 모두 똑같은 상대적인 안정성을 갖고 있지 않다. 실험에 의하면 사이클로헥세인이 가장 안정한 사이클로알케인이며 사이클로프로페인과 사이클로뷰테인은 가장 불안정하다. 안정성에 있어서 이러한 차이는 **고리 긴장(ring strain)** 때문인데, 여기에는 **각 긴장(angle strain)**과 **비틀림 긴장(torsional strain)**이 있다.

- **각 긴장**은 (고리의 크기와 같은) 구조적인 억압으로 인하여 이상적인 각으로부터 벗어난 결과이다.
- **비틀림 긴장**은 제한된 형태 이동성으로 인하여 분산력이 해소되지 못한 결과이다.

4.10A 사이클로프로페인

알케인의 탄소 원자는 sp^3 혼성이다. sp^3-혼성인 원자의 정상적인 정사면체 결합각은 109.5°이다. 사이클로프로페인(정삼각형의 구조)에서 내각은 60°이어야 하며, 이상적인 값에서부터 무려 49.5°만큼이나 달라져야 한다.

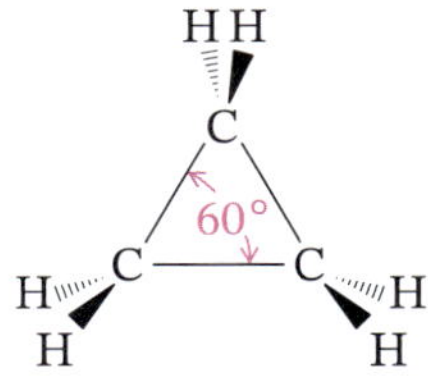

사이클로프로페인 고리의 각 긴장은 탄소–탄소 σ 결합을 구성하는 sp^3 오비탈이 알케인에서처럼 효과적으로 중첩(끝이 완벽하게 맞닿은 중첩이 가능)할 수 없기 때문에 생긴다(그림 4.9*a*). 사이클로프로페인의 탄소–탄소 결합은 흔히 '구부러졌다'고 말한다. 오비탈 중첩은 효과적으로 일어나지 않는다. (이 결합들에 사용된 오비탈은 순수한 sp^3 혼성이 아니며 p 성격

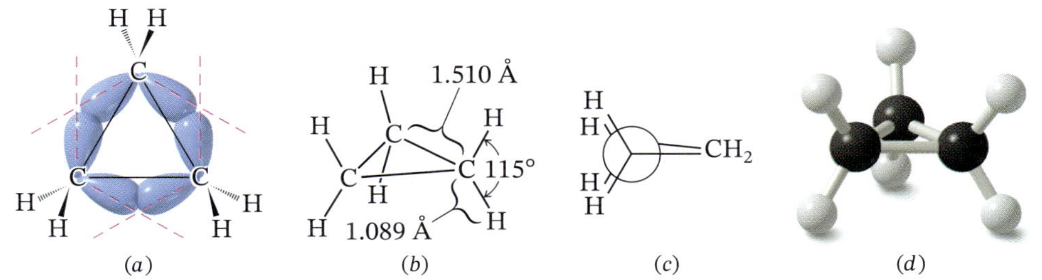

그림 4.9 (*a*) 사이클로프로페인의 탄소–탄소 결합에서 오비탈 중첩은 두 끝을 완벽하게 맞물리게 할 수 없다. 따라서 더 약한 '굽은' 결합과 각 긴장이 생긴다. (*b*) 사이클로프로페인 결합 길이와 결합각. (*c*) 한 개의 탄소–탄소 결합을 따라서 본 Newman 투영식에서 가려진 수소 원자들을 나타냈다(다른 두 결합을 따라서 보았을 때도 똑같은 투영도가 됨). (*d*) 사이클로프로페인의 공–막대 모형

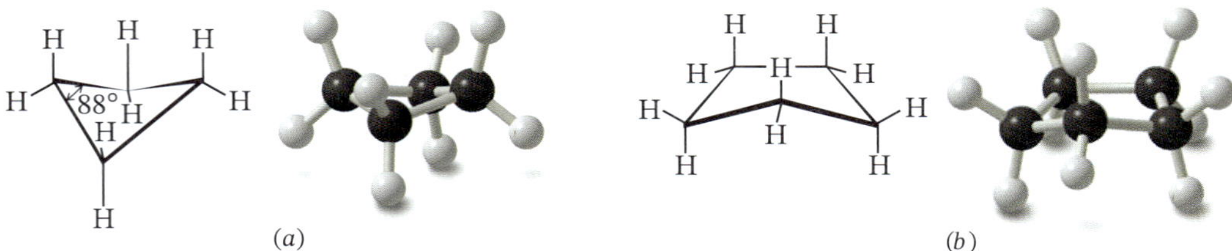

그림 4.10 (*a*) 사이클로뷰테인의 '접힌' 또는 '굽힌' 형태. (*b*) 사이클로펜테인의 '굽힌' 또는 '봉투 모양'의 형태. 이 구조에서 앞의 탄소 원자는 위로 굽혀져 있다. 실제로 분자는 유연하여 형태들이 끊임없이 바뀐다.

이 더 많음.) 사이클로프로페인의 탄소-탄소 결합은 이 결과로 더욱 약해지고 분자는 더 큰 위치 에너지를 갖게 되는 것이다.

각 긴장이 사이클로프로페인의 고리 긴장을 대부분 설명해 주고 있지만, 그것이 전부는 아니다. 고리는 반드시 평면이므로 고리에 있는 C—H 결합들은 **가려져**(eclipsed) 있으며(**그림 4.9*b*,*c***), 분자는 서로 배척하는 분산력으로 인하여 비틀림 긴장도 또한 갖게 된다.

4.10B 사이클로뷰테인

사이클로뷰테인은 상당한 각 긴장을 가진다. 내각은 88°인데 정상적인 정사면체 각보다 21° 이상이나 차이가 있다. 사이클로뷰테인 고리는 평면이 아니고 약간 '접힌' 상태이다(**그림 4.10*a***). 만일 사이클로뷰테인 고리가 평면이라면 각 긴장은 다소 적을 것이다(내각이 88°가 아니라 90°일 것임). 그러나 모든 8개 수소 원자들이 가려지기 때문에 비틀림 긴장은 상당히 더 클 것이다. 사이클로뷰테인 고리가 굽히거나 접힘으로써 각 긴장이 다소 증가하는 대신 비틀림 긴장은 상당히 해소된다.

4.10C 사이클로펜테인

정오각형의 내각은 108°로 정상적인 정사면체의 결합각인 109.5°에 아주 가깝다. 그러므로 사이클로펜테인 분자가 평면이면 각 긴장은 매우 작을 것이다. 그러나 평면성은 10개의 C—H 결합들이 모두 가려지기 때문에 비틀림 긴장이 대단히 커질 것이다. 결과적으로 사이클로뷰테인처럼 사이클로펜테인은 고리의 하나 또는 두 원자가 다른 원자들이 이루는 평면을 벗어나는 약간 구부러진 형태를 갖게 된다(그림 4.10*b*). 이렇게 되면 비틀림 긴장이 다소 해소된다. 탄소-탄소 결합은 에너지의 변화가 거의 없이 약간 꼬일 수 있으며, 평면 밖의 원자는 평면 안으로, 평면 안의 원자는 평면 밖으로 이동할 수 있다. 그러므로 분자는 유연하게 한 형태에서 다른 형태로 빨리 이동한다. 비틀림 긴장과 각 긴장이 거의 없으므로 사이클로펜테인은 거의 사이클로헥세인만큼 안정하다.

도움말
이것과 다음에 나오는 형태 분석을 이해하는 데 있어서 분자 모형을 사용하면 큰 도움이 된다. 4.11~4.13절을 읽으면서 분자 모형으로 따라가 보시오.

4.11 사이클로헥세인의 형태: 의자 형태와 배 형태

사이클로헥세인은 이제까지 논의된 다른 **사이클로알케인**(**cycloalkane**)들보다 더 안정하다. 이것은 여러 가지 중요한 형태를 가진다.

- **사이클로헥세인**(**cyclohexane**)의 가장 안정한 형태는 **의자 형태**(**chair conformation**)이다.

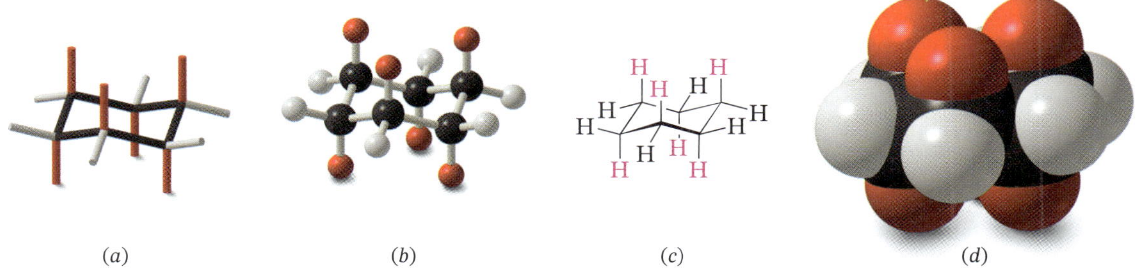

그림 4.11 사이클로헥세인의 의자 형태를 나타낸 그림: (*a*) 관 형식; (*b*) 공–막대 형식; (*c*) 선구조식; (*d*) 공간 채움 모형. 두 가지 종류의 수소 치환기—위와 아래에 있는 것(적색)과 고리 평면에 대체로 놓인 것(흑색 또는 회색)—가 있음을 주목하시오. 이것은 4.12절에서 다시 다룰 것이다.

- 사이클로헥세인의 의자 형태에는 각 긴장과 비틀림 긴장이 없다.

의자 형태(**그림 4.11**)에서 탄소–탄소 결합각은 모두 109.5°이며 각 긴장이 없다. 의자 형태에는 비틀림 긴장도 없다. 어느 쪽이든 탄소–탄소 결합을 따라서 바라볼 때(즉 **그림 4.12**에서처럼 한쪽 끝에서 볼 때) 원자들은 완전히 엇갈려 있다. 더욱이 사이클로헥세인의 반대 모서리에 있는 수소 원자들은 가장 멀리 떨어져 있다.

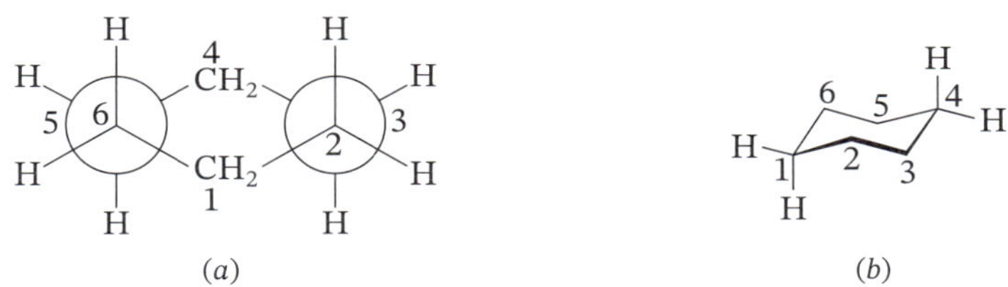

그림 4.12 (*a*) 사이클로헥세인의 의자 형태에 대한 Newman 투영도(이것과 실제의 모형을 비교해 보면 이 투영도가 더 분명해질 것이며, 다른 탄소–탄소 결합의 엇갈린 배열도 알 수 있다). (*b*) 의자 형태에서 고리의 반대쪽 모서리(C1과 C4로 표시)에 있는 수소 원자들이 아주 멀리 떨어져 있음을 나타낸다.

- 고리에 있는 탄소–탄소 단일 결합에 대하여 부분적으로 회전하면 의자 형태는 **배 형태(boat conformation)**를 갖게 된다(**그림 4.13**).
- 배 형태는 의자 형태처럼 각 긴장이 없다. 그러나 비틀림 긴장이 있다.

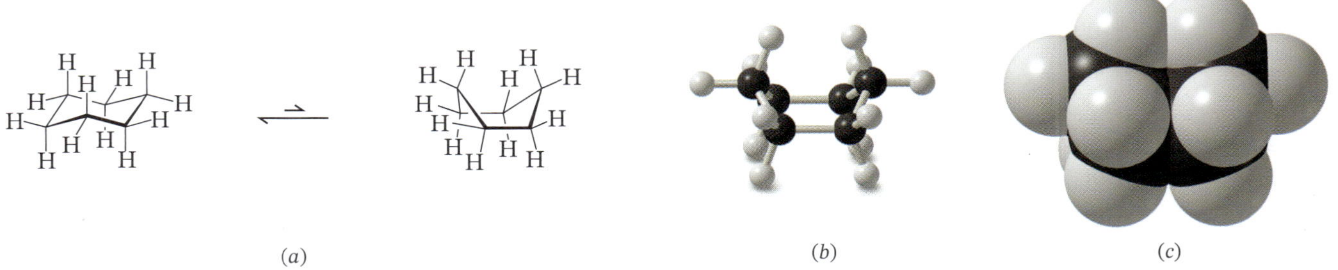

그림 4.13 (*a*) 사이클로헥세인의 배 형태는 의자 형태의 한 끝을 '뒤쳐 올려서' 만들어진다. 뒤쳐 올리는 데는 탄소–탄소 단일 결합에 대한 회전만이 필요하다. (*b*) 배 형태에 대한 공–막대 모형. (*c*) 배 형태에 대한 공간 채움 모형

그림 4.14 (*a*) 사이클로헥세인의 배 형태에서 가려진 형태를 나타내는 그림. (*b*) 배 형태에서 C1과 C4 수소 원자의 깃대 상호작용. C1–C4 깃대 상호작용은 그림 4.13*c*에서도 분명하다.

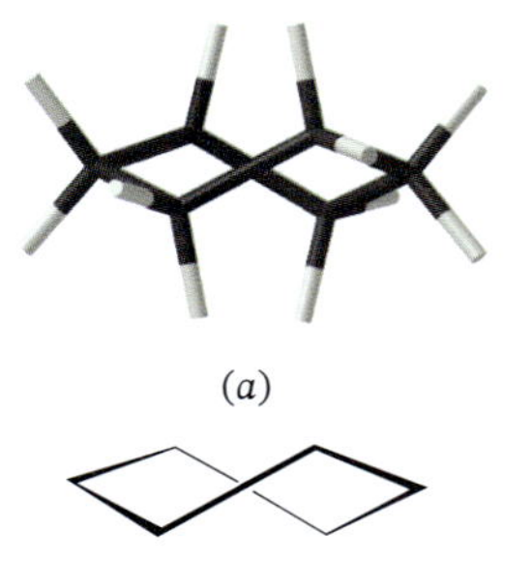

(*a*)

그림 4.15 사이클로헥세인의 비꼬인 형태에 대한 (*a*) 관 모형과 (*b*) 선구조식

배 형태의 모형을 양쪽 옆에 있는 탄소–탄소 결합 축에 대해서 내려다 보면(그림 4.14*a*), 탄소 원자에 있는 C—H 결합들은 가려져 있어서 비틀림 긴장을 일으킨다. 이에 더하여 C1과 C4에 있는 수소 원자들은 van der Waals 반발을 할 만큼 충분히 가까운 거리에 놓여 있다(그림 4.14*b*). 이 후자의 효과를 배 형태의 '깃대' 상호작용이라고 부른다. 비틀림 긴장과 깃대 상호작용 때문에 배 형태는 의자 형태보다 상당히 더 높은 에너지를 갖는다.

의자 형태는 안정하기는 하지만 배 형태보다 더 딱딱하다. 배 형태는 아주 유연하다. 새로운 모양인 비꼬인 형태(그림 4.15)로 바뀌면 배 형태의 비틀림 긴장과 깃대 상호작용을 동시에 해소할 수 있다.

- 사이클로헥세인의 비꼬인 배 형태는 순수한 배 형태보다 더 낮은 에너지를 갖는다. 그러나 의자 형태만큼 안정하지는 않다.

그러나 유연성 때문에 얻어진 안정성은 비꼬인 형태가 의자 형태보다 더 안정하도록 하기에는 충분하지 못하다. 의자 형태는 비꼬인 형태보다 약 23 kJ mol^{-1}만큼 더 안정하다.

사이클로헥세인의 의자 형태, 배 형태, 그리고 비꼬인 형태 사이의 에너지 장벽은 매우 낮아서(그림 4.16) 이들을 실온에서 분리할 수는 없다. 실온에서 분자의 열에너지는 충분히 커서

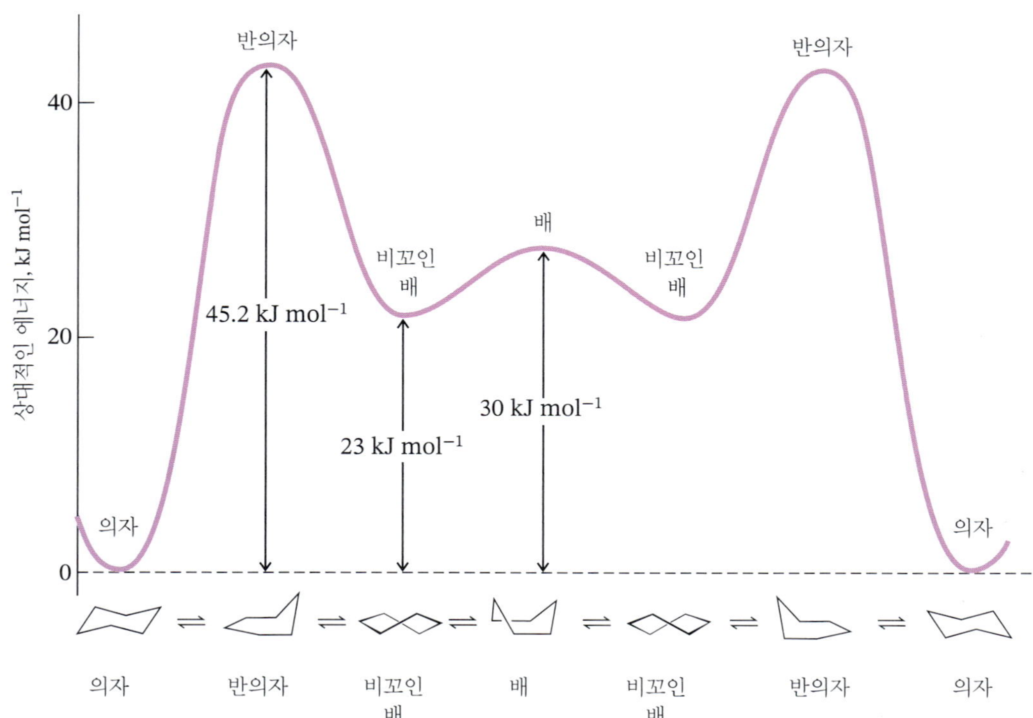

그림 4.16 사이클로헥세인의 여러 가지 형태들의 상대적인 에너지. 최대 에너지의 위치는 반의자 형태라고 부르는데, 고리의 한쪽 끝에 있는 탄소 원자들은 동일 평면에 놓여 있다.

1초 동안 약 백만 번의 상호 변화가 일어난다.

- **어느 순간이든 의자 형태가 그 안정성 때문에 99% 이상 존재한다.**

4.11A 고급 사이클로알케인의 형태

사이클로헵테인, 사이클로옥테인, 사이클로노네인, 그리고 다른 고급 사이클로알케인들은 평면이 아닌 형태로 존재한다. 고급 사이클로알케인이 약간 불안정한 까닭은 주로 비틀림 변형과 고리의 맞은편에 있는 수소 원자들 사이의 van der Waals 반발 때문인 것으로 보인다(**고리 횡단 긴장**). 그러나 이들 고리의 비평면 형태는 각 긴장이 대체로 없다.

X-선 결정 연구에 의하면 사이클로데케인의 가장 안정한 형태에서 탄소–탄소–탄소 결합각은 117°이다. 이것은 각 변형이 어느 정도 있음을 의미한다. 결합각이 넓어지면 분자가 팽창하게 되어 고리 맞은편 수소 원자들 사이의 반발이 작아질 수 있게 된다.

고리가 크지 않는 한 사이클로알케인의 중심에 빈 공간은 거의 없다. 계산에 의하면 $-CH_2CH_2CH_2-$ 사슬이 꿰어 들어갈 수 있는 가장 작은 고리는 사이클로옥타데케인이다. 그러나 큰 고리들이 사슬에 꿰매어진 분자나 열쇠고리처럼 서로 채워져 있는 분자들도 합성되었다. 후자의 분자를 **카테네인(catenane)**이라고 부른다.

노벨상

Barton(1918~1998)과 Hassel(1897~1981)은 "화학에서 형태의 원리를 개발하고 응용"한 공로로 1969년에 Nobel상을 받았다. 그들의 연구는 사이클로헥세인의 형태뿐만 아니라 스테로이드(23.4절)와 사이클로헥세인 고리를 포함하는 다른 화합물들의 구조에 대한 기본 지식의 토대가 되었다.

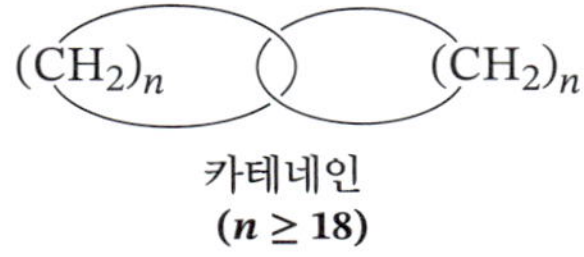

카테네인
($n \geq 18$)

1994년에 Stoddart(University of Birmingham, 영국)와 그의 연구진은 다섯 개의 선형 연결고리를 가진 카테네인의 합성에 성공하였다. 고리들이 올림픽기와 같은 방법으로 서로 매어졌기에 **올림피아데인(Olympiadane)**이라고 이름 지었다.

재료 화학: 나노 크기의 모터와 분자 스위치

서로 맞물린 분자 고리와 고리를 통하여 선형인 분자가 꿰어 있는 화합물들은 분자 스위치와 모터를 만들 수 있는 흥미진진한 잠재력을 지니고 있다. 사슬처럼 서로 맞물린 고리로 된 분자를 **카테네인(catenane)**이라고 부른다. 첫 카테네인은 1960년대에 합성되어졌으며 위에서 언급된 올림피아데인도 한 예이다. Stoddart와 공동 연구자들의 연결된 분자들에 대한 연구로 여기서 (*i*)에 보인 카테네인 분자 스위치와 같은 것이 최근에 얻어졌다. 이중 논리 회로에 쓸모 있게 응용하기 위해서 이 분자의 한 고리는 다른 고리에 대해서 통제가 가능한 회전이 이뤄질 수 있으며, 그래서 두 정해진 상태 사이에서 스위치 역할을 한다. 전기 조립에의 잠재적인 응용성을 나타내는 것으로 이 분자의 단층이 (*ii*) 표면에 덮여지고 통상적인 자기 메모리 비트와 같은 특성을 지님을 보여 준다.

선형 분자가 고리에 꿰어 있는 분자를 **로탁세인(rotaxane)**이라고 부른다. 로탁세인 계의 매력적인 예로는 Balzani(University of Bologna)와 그의 동료들이 개발한 (*iii*)과 같은 것이 있다. 분자 수준에서 빛에너지를 기계적인 에너지로 전환함으로써 이 로탁세인은 '4행정'인 셔틀 엔진처럼 행동한다. 단계 (*a*)에서 P기에 있는 전자가 빛에 의해서 들뜨게 되면 그 전자는 우선 +2 $\mathbf{A_1}$기로 전달되어 이 지점에서 $\mathbf{A_1}$이 +1 상태로 환원된다. +2 상태로 $\mathbf{A_1}$에 붙어 있었던 고리 **R**은 이제 단계 (*b*)에서 $\mathbf{A_2}$로 미끄러져 가는데 $\mathbf{A_1}$은 +2로 남아 있다. 단계 (*c*)에서는 전자가 $\mathbf{A_1}$으로부터 $\mathbf{P^+}$로 역전달되어 $\mathbf{A_1}$의 +2 상태를 회복시켜 주고, 고리 R은 단계 (*d*)에서 원래의 위치로 되돌아가게 된다. 이러한 계의 변형으로는 **R**에 결합 위치를 부착시켜 **R**이 선형 분자를 따라 미끄러져 갈 때 다른 화학종을 한 위치에서 다른 위치로 운송할 수 있도록 한다. 또는 용수철 같은 꼬리에 의해서 **R**을 '피스톤 막대'의 한 끝에 연결함으로써 추가적인 퍼텐셜이나 기계적인 에너지를 계에 편입시킬 수 있다.

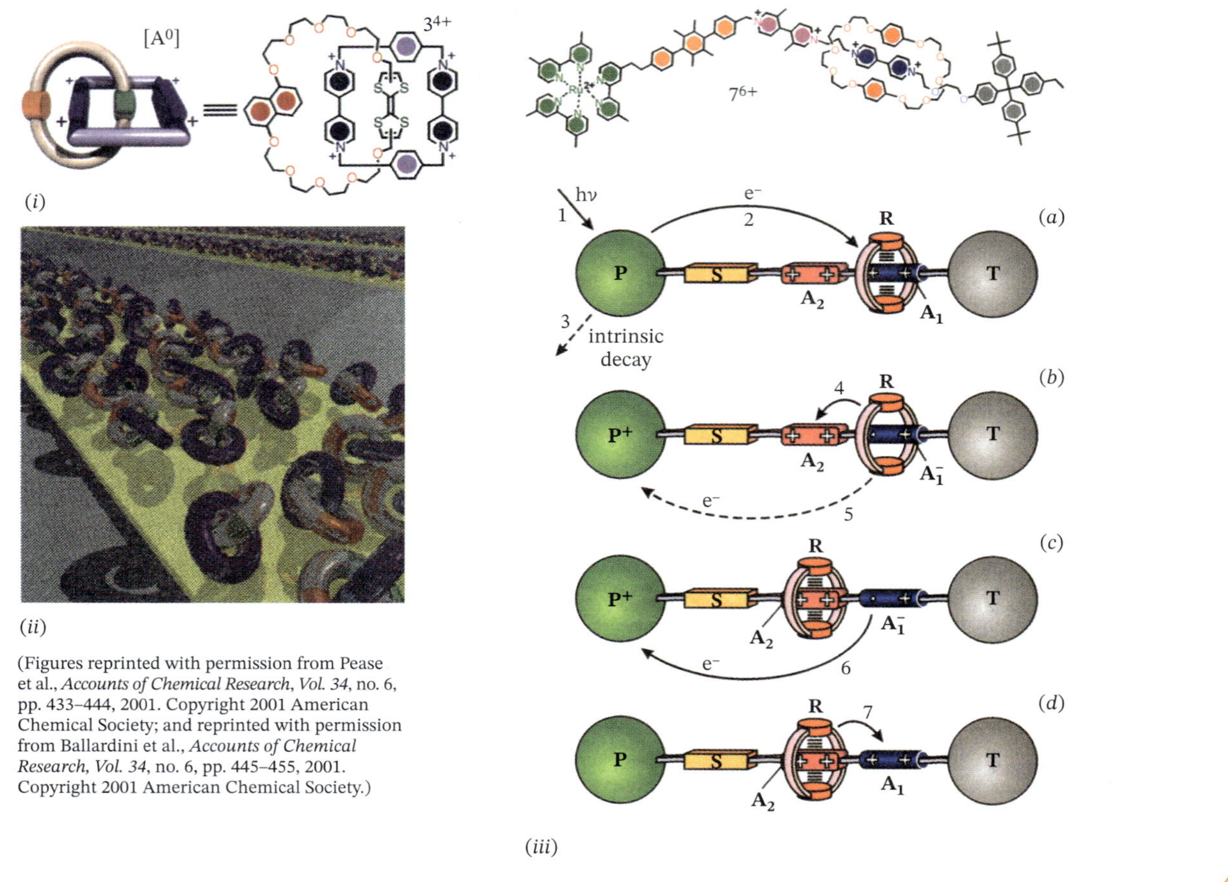

(Figures reprinted with permission from Pease et al., *Accounts of Chemical Research, Vol. 34*, no. 6, pp. 433–444, 2001. Copyright 2001 American Chemical Society; and reprinted with permission from Ballardini et al., *Accounts of Chemical Research, Vol. 34*, no. 6, pp. 445–455, 2001. Copyright 2001 American Chemical Society.)

4.12 치환기를 가진 사이클로헥세인: 수직 및 수평인 수소기

자연에서 발견되는 유기 분자 중 가장 흔한 고리 화합물은 육각형의 고리를 갖고 있다. 따라서 이들을 좀 더 살펴보기로 한다. 이미 사이클로헥세인에서는 의자 형태가 가장 안정하며 가장 많이 존재하는 형태임을 알았다. 이 사실을 염두에 두고 치환기를 가진 사이클로헥세인의 형태를 제한된 범위 내에서 분석해 보기로 한다.

사이클로헥세인의 의자 형태는 고리로부터 나오는 결합들이 두 가지 뚜렷하게 다른 배향을 한다. 이들 위치는 **그림 4.17**에서 보듯이 수직(axial)과 수평(equatorial)이다.

그림 4.17 사이클로헥세인의 의자 형태. 수직 방향인 수소 원자들은 적색으로, 수평 방향인 수소 원자들은 흑색으로 표시하였다.

- 사이클로헥세인에서 **수직 방향 결합(axial bond)**은 고리의 대체적인 평면에 수직이다. 사이클로헥세인 고리의 각 면에서 수직인 수소가 3개씩 있으며, 그들의 배향(위 또는 아래)은 한 탄소 원자에서 다음 탄소 원자로 교차한다.

- 사이클로헥세인에서 **수평 방향 결합(equatorial bond)**은 고리의 둘레를 확장시키는 것들이다. 수직인 결합들은 한 탄소에서 다음 탄소로 가면서 그 배향은 약간 위와 약각 아래로 교차한다.
- 사이클로헥세인 고리가 의자–의자 형태의 변화(**고리 젖힘, ring flip**)를 일으킬 때 수직이던 모든 결합들은 수평이 되고, 수평이었던 모든 결합들은 수직이 된다.

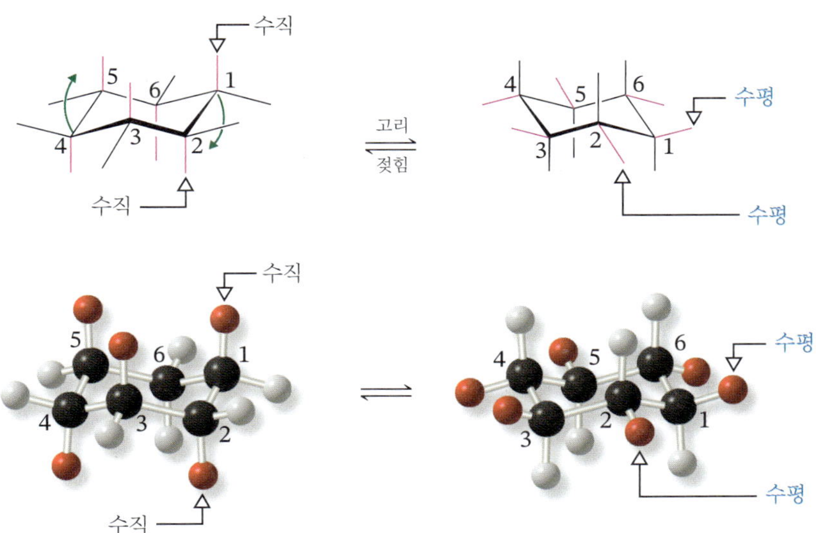

사이클로헥세인의 의자 형태와 실제 의자 사이에는 유사한 점이 있다. 위의 왼쪽에 있는 구조식에서 4번 탄소는 '발 받침' 위치에 있고 1번 탄소는 '머리 받침' 위치에 있다. 의자–의자 젖힘으로 오른쪽 구조식에 있는 형태가 되는데, C-4에 있던 발 받침은 흔들려 올라가 머리 받침이 되고 C-1에 있던 머리 받침은 흔들려 내려가 발 받침이 된다.

4.12A 의자 형태 구조 그리기

의자 형태 구조를 분명하게 그리고 수평과 수직인 결합들을 확실하게 그리는 지침은 다음과 같다.

- **그림 4.18*a***에서 평행인 선들의 조합이 의자의 맞은편 변이라고 정의한다. 수평인 결합들은 어느 방향으로든지 한 결합 다음의 고리 결합에 평행임을 주목하자. 의자 형태 구조를 그릴 때 마주보는 결합들이 평행이 되도록 한다.

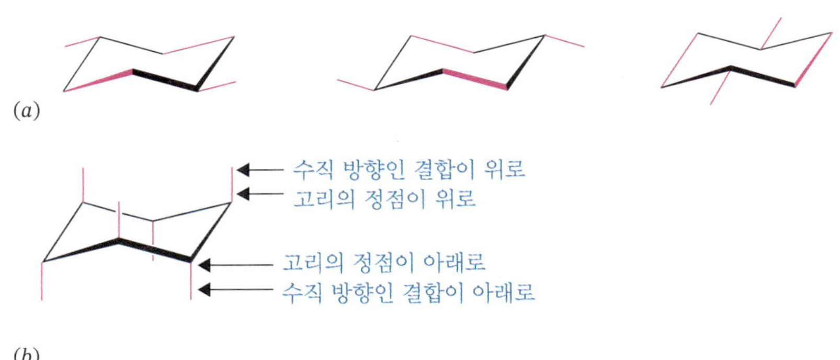

그림 4.18 (*a*) 의자 형태에서 고리와 수평인 C—H 결합들을 이루는 평행인 선들의 조합. (*b*) 수직인 결합은 모두 세로축에 있다. 고리의 정점이 위로 있으면 수직인 결합은 위로 향하고, 아래로 있으면 아래로 향한다.

- 그림 4.18처럼 의자 구조를 그릴 때 수직인 결합은 수직 방향으로 모두 위 또는 아래이다(그림 4.18*b*). 고리를 이룬 결합의 정점이 위를 향하면 그 위치에 있는 수직인 결합도 역시 위를 향하고, 같은 탄소에 있는 수평인 결합은 약간 아래를 향한다. 고리 결합의 정점이 아래를 향하고 있으면 그 위치에서 수직인 결합은 또한 아래를 향하며, 수평인 결합은 약간 위를 향한다.

이제 수직과 수평인 결합들을 포함하고 있는 의자 형태 구조를 스스로 그려 보자. 그 다음 자신이 그린 것과 여기에 나타난 것, 그리고 실제 모형과 비교해 보자. 조금 연습을 하면 의자 형태 구조가 완벽해짐을 보게 될 것이다.

4.12B 메틸사이클로헥세인의 형태 분석

이제 메틸사이클로헥세인을 살펴보자. 메틸사이클로헥세인은 두 가지 가능한 의자 형태(그림 4.19, **I과 II**)를 가진다. 그리고 이들은 고리가 젖혀지는 부분적인 회전을 통하여 서로 변환된다. 형태 **I**에서(그림 4.19*a*) 메틸기(공간 채움 모형에서 노란색 수소)는 **수직**인 위치에 있으며 형태 **II**에서는 **수평**인 위치에 있다.

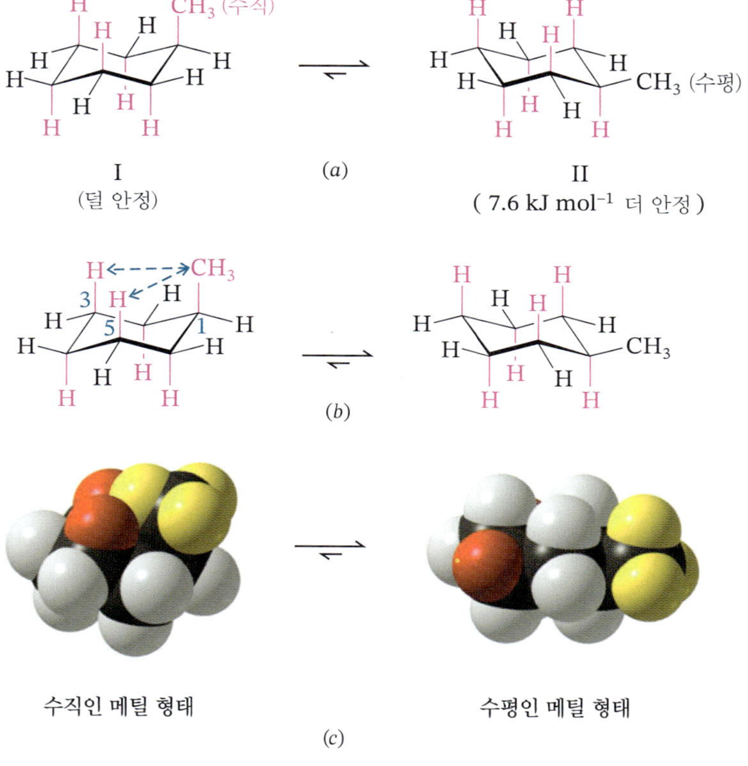

그림 4.19 (*a*) 메틸기가 수직인 형태 (**I**)과 수평인 형태 (**II**)의 메틸사이클로헥세인. (*b*) 메틸사이클로헥세인의 수직 형태에서 수직인 메틸기와 역시 수직인 두 수소 원자들 사이의 점선으로 표시된 1,3-이중 수직 상호작용. 수평인 형태에서는 덜 밀집되어 있다. (*c*) 메틸사이클로헥세인의 수직인 메틸과 수평인 메틸 형태들을 나타내는 공간 채움 분자 모형. 수직인 메틸 형태에서 메틸기(수소 원자를 노란색으로 나타냄)는 1,3-이중 수직인 수소 원자(적색)와의 상호작용에 의해서 밀집되어 있다. 이것은 수평인 메틸 형태에서 메틸기에 1,3-이중 수직 상호작용이 없는 것과 대조적이다.

- 치환기가 한 개인 사이클로헥세인 고리(한 탄소 원자에 수소가 아닌 하나의 기를 가진 사이클로헥세인)의 가장 안정한 형태는 치환기가 수평인 형태이다.

수평인 메틸기를 가진 형태 **II**가 수직인 형태 I보다 약 7.6 kJ mol^{-1} 더 안정한 것으로 알려져 있다. 그러므로 메틸기가 수평인 위치에 있는 형태가 평형인 혼합물에서는 가장 많이 존재하며, 평형 혼합물의 95%는 수평인 형태이다.

수평인 메틸기를 가진 메틸사이클로헥세인이 더욱 안정한 것은 그림 4.19*a*~*c*에 보인 두 모양들을 살펴보면 쉽게 알 수 있다.

- 두 형태의 모형을 가지고 조사해 보면 수직인 메틸기는 같은 쪽에 있는 역시 수직인 두 수소 원자(C3와 C5에 붙어 있음)들과 매우 가깝기 때문에 **이들 사이에서 작용하는 분산력(dispersion)은 반발력**이다.
- 이러한 형태의 입체적 긴장은 1번과 3번(또는 5번) 탄소 원자에 있는 수직 기들 사이의 상호작용 때문에 생겼으므로 **1,3-이중 수직 상호작용(1,3-diaxial interaction)**이라고 부른다.
- 다른 치환기에 대해서도 비슷한 연구를 한 결과 **치환기가 수평일 때가 수직일 때보다 반발력이 적다는 것을 알았다.**

메틸사이클로헥세인에서의 1,3-이중 수직 상호작용은 뷰테인의 gauche(빗놓인) 형태(4.9절)에 있는 메틸기의 수소 원자들이 근접해 있어 생겨나는 긴장과도 같다. *gauche*-뷰테인에서의 상호작용(편의상 *gauche* **상호작용**이라고 함)이 *gauche*-뷰테인을 *anti*-뷰테인보다 3.8 kJ mol^{-1} 만큼 불안정하게 만든다는 것을 기억하자. 아래의 Newman 투영식으로부터 두 입체적 상호작용이 같은 것임을 알 수 있다. 두 번째 투영식에서 C1—C2 결합을 따라 수직인 메틸사이클로헥세인을 바라보면 1,3-이중 수직 상호작용이라고 불렀던 것이 간단히 메틸기에 있는 수소 원자와 C3에 있는 수소 원자 사이의 gauche 상호작용임에 불과한 것을 곧 알 수 있다.

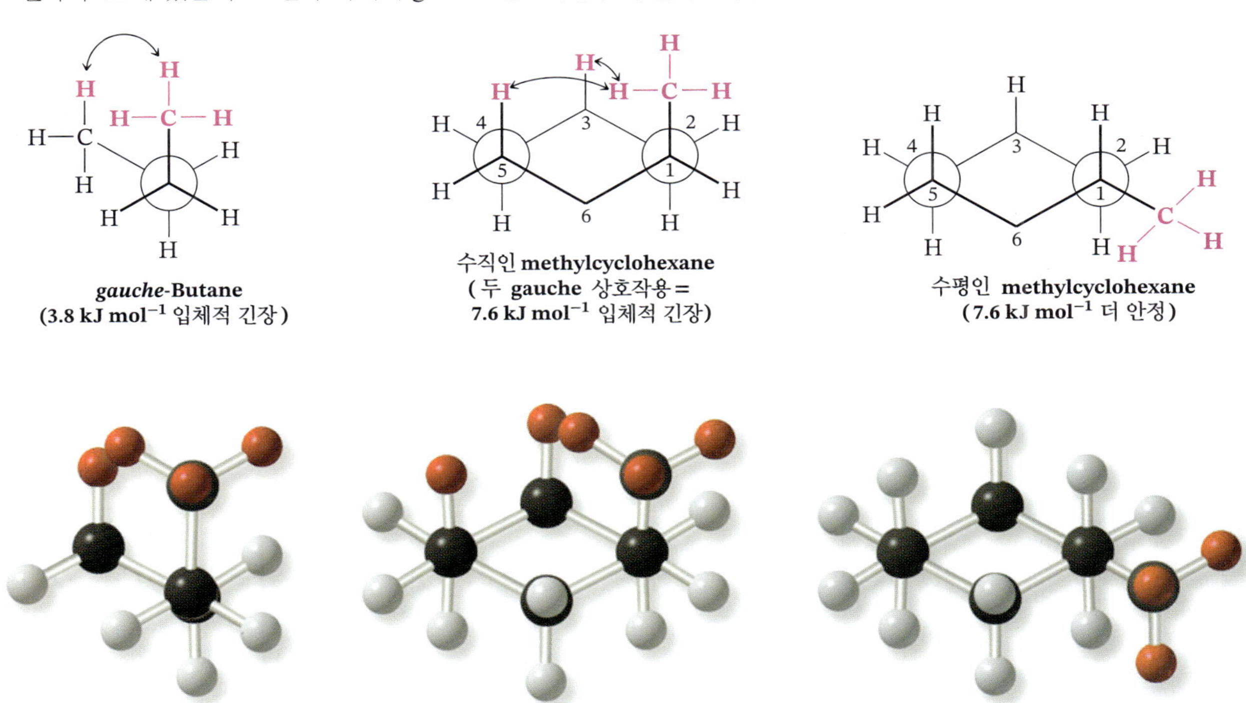

C1—C6 결합을 따라 메틸사이클로헥세인을 바라보면(모형을 사용하여 해보라) 메틸기에 있는 수소 원자와 C5에 있는 수소 원자 사이에 두 번째 gauche 상호작용이 있음을 알 수 있다. 그러므로 수직인 메틸사이클로헥세인의 메틸기는 두 개의 gauche 상호작용을 가지며, 결과적으로 7.6 kJ mol^{-1}의 긴장을 갖는 셈이다. 수평인 메틸사이클로헥세인의 메틸기는 C3와

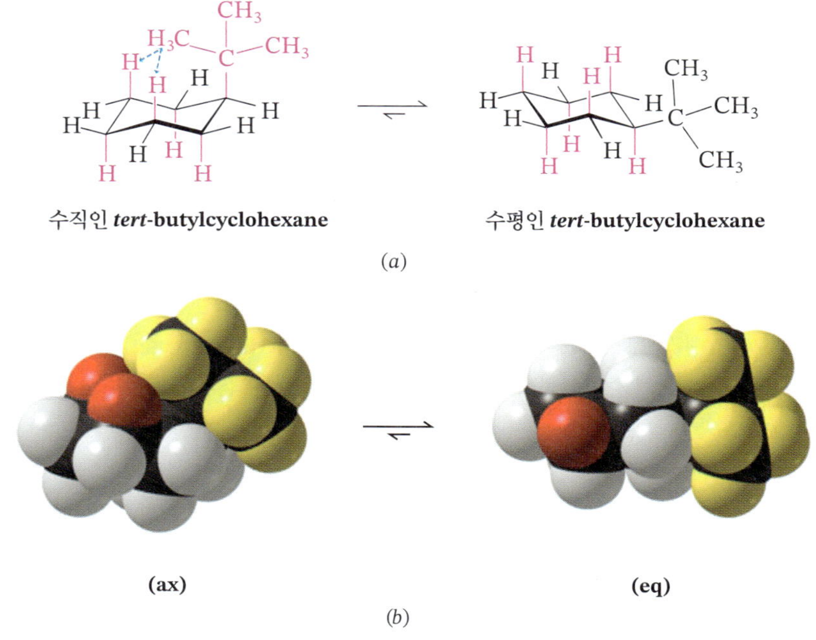

그림 4.20 (*a*) 크기가 큰 *tert*-뷰틸기가 수직일 때 이중 수직 상호작용으로 말미암아 수평인 *tert*-뷰틸기를 가진 형태가 거의 99.99% 존재한다. (*b*) *tert*-뷰틸사이클로헥세인의 수직(ax)과 수평(eq)인 형태에 대한 공간 채움 분자 모형에서 1,3-수소(적색)와 *tert*-뷰틸기(수소를 노란색으로 표시)을 부각시켰다.

C5에 대하여 anti이기 때문에 gauche 상호작용이 없다.

되새김 물음 4.14 계산을 통하여(식 $\Delta G^\circ = -RT \ln K_{eq}$를 이용) 25 °C에서 메틸사이클로헥세인의 수직인 형태와 수평인 형태 사이의 에너지 차가 7.6 kJ mol^{-1}일 때 (수평인 형태가 더 안정함) 평형 혼합물에는 수평인 형태의 농도가 약 95%임을 확인해 보시오.

4.12C *tert*-뷰틸기의 1,3-이중 수직 상호작용

크기가 큰 알킬 치환기를 가진 사이클로헥세인 유도체에서 1,3-이중 수직 상호작용은 더욱 뚜렷해진다. *tert*-뷰틸기가 수평인 *tert*-뷰틸사이클로헥세인은 수직인 형태보다 21 kJ mol^{-1}만큼 더 안정하다(**그림 4.20**). 이렇게 두 형태 사이의 에너지가 큰 차이가 나는 것은 실온에서 수평인 형태가 거의 99.99% 존재함을 의미한다(그러나 분자는 형태적으로 '잠겨진' 것은 아니다. 그것은 아직도 한 의자 형태에서 다른 의자 형태로 젖혀진다).

4.13 치환기가 두 개 있는 사이클로알케인: cis–trans 이성질화 현상

사이클로알케인의 다른 탄소에 두 개의 치환기가 존재할 때 1.13B절에서 본 것과 비슷한 **cis–trans 이성질체**들이 가능하다. cis–trans 이성질체들은 공간에서의 원자의 배열만이 서로 다르기 때문에 **입체 이성질체**들이다. 한 예로서 1,2-다이메틸사이클로프로페인(**그림 4.21**)을 살펴보자.

사이클로프로페인 고리의 평면성은 cis–trans 이성질화 현상을 자명하게 만든다. 첫 번째 구조에서 메틸기는 고리의 같은 면에 있으므로 그들은 cis이다. 두 번째 구조에서 그들은 고리의 반대쪽에 있으므로 그들은 trans이다.

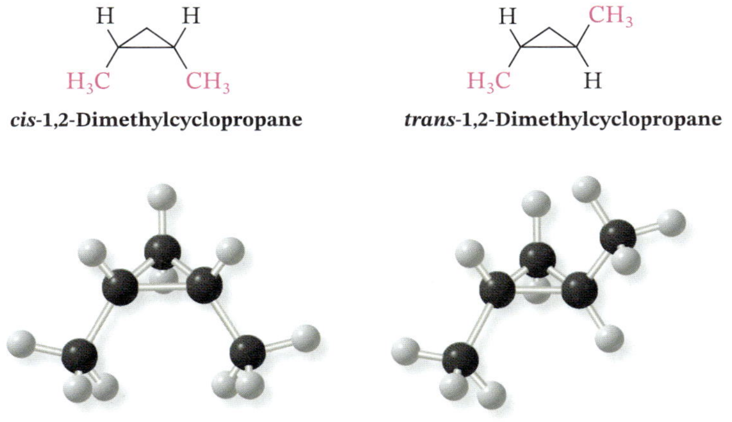

그림 4.21 *cis*-와 *trans*-1,2-다이메틸사이클로프로페인 이성질체

이와 같은 cis와 trans 이성질체들은 탄소–탄소 결합을 깨지 않고서는 상호 전환될 수 없다. 그들은 다른 물리적 성질(끓는점, 녹는점 등)을 갖는다. 그 결과 분리될 수 있고 따로 병에 무한정으로 보관될 수 있다.

되새김 물음 4.15

cis-1,2-dimethylcyclopropane과 *trans*-1,2-dimethylcyclopropane 중 어느 것이 더 안정하겠는가? 그 답을 설명하시오.

4.13A 사이클로헥세인의 cis–trans 이성질화 현상과 형태 구조식

***trans* 1,4-이치환기의 사이클로헥세인** 다이메틸사이클로헥세인의 형태를 살펴보면 사이클로헥세인 고리가 평면이 아니기 때문에 구조는 다소 더 복잡하다. 눈에 쏙 들어오기 쉬운 *trans*-1,4-다이메틸사이클로헥세인의 형태부터 살펴보면 두 가지 의자 형태가 가능함을 알 수 있다(**그림 4.22**). 한 형태에서 두 메틸기는 수직이고, 다른 형태에서는 둘 다 수평이다. 두 개가 다 수평인 형태가 더 안정할 것으로 예상되며, 실제로 평형에서 99% 이상의 분자는 이 구조로 존재한다.

trans-1,4-다이메틸사이클로헥세인의 두 개의 수직 방향 형태는 쉽게 알아볼 수 있는데, 두 메틸기가 고리의 평면 반대쪽에 뚜렷이 놓여 있다. 그러나 두 개의 수평 방향에 있는 메틸기들이 trans 관계라는 사실은 뚜렷하지 못하다.

두 기들이 cis 또는 trans 관계임을 어떻게 알까? trans-이치환기의 사이클로헥세인을 식별하는 일반적인 두 번째 방법은 한 기는 **위에** 있는 결합(그 탄소와 맺고 있는 두 개의 결합 중)에, 또 한 기는 **아래에** 있는 결합에 연결되어 있음을 알아채는 것이다.

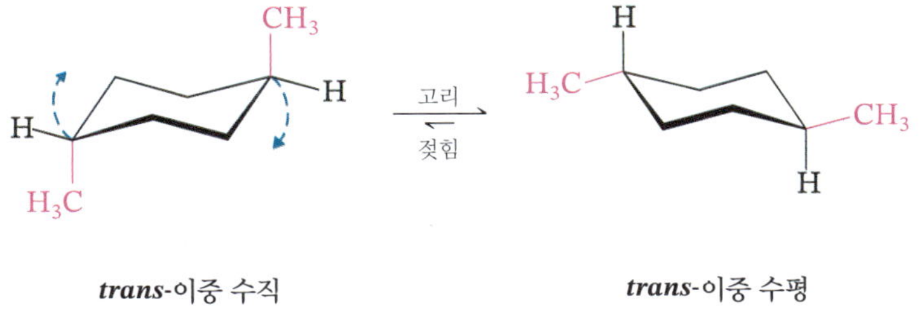

그림 4.22 *trans*-1,4-다이메틸사이클로헥세인의 두 가지 의자 형태: *trans*-이중 수평과 *trans*-이중 수직. *trans*-이중 수평인 형태가 15.2 kJ mol^{-1} 더 안정하다.

하나는 위에 있는 결합에 연결되어 있고 다른 하나는 아래에 있는 결합에 연결되어 있을 때 기들은 *trans* 이다.

위에 있는 결합
위에 있는 결합
H
H_3C
CH_3
H
아래에 있는 결합
아래에 있는 결합

***trans*-1,4-Dimethylcyclohexane**

cis-이치환기의 사이클로헥세인에서 두 기들은 모두 위에 있는 결합 또는 모두 아래에 있는 결합에 연결되어 있다. 예를 들면,

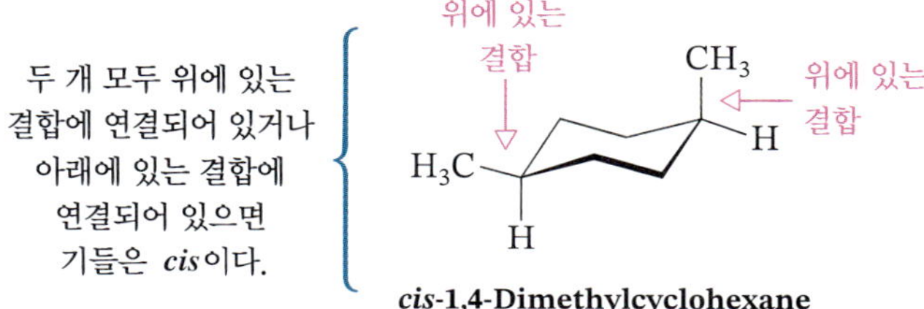

cis 1,4-이치환기의 사이클로헥세인 *cis*-1,4-다이메틸사이클로헥세인은 실제로 두 가지 **대등한** 의자 형태로 존재한다(**그림 4.23**). *cis*-1,4-이치환기의 사이클로헥세인에서 두 가지 가능한 의자 형태 모두에서 한 기는 수직이고 다른 기는 수평이다.

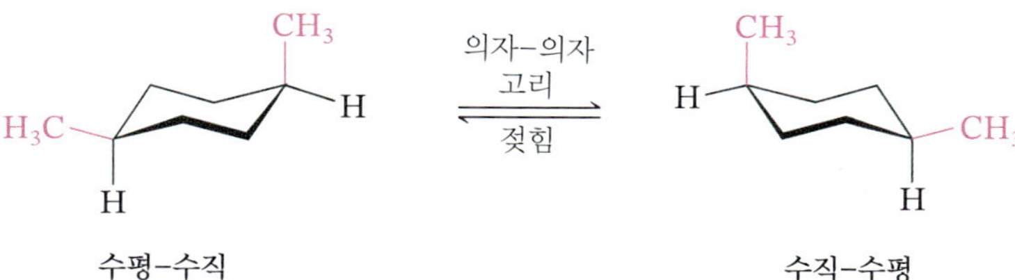

그림 4.23 *cis*-1,4-다이메틸사이클로헥세인의 동등한 형태

보기 물음 4.5

아래의 형태 구조식에 대하여 각각 cis인지, trans인지를 말하시오.

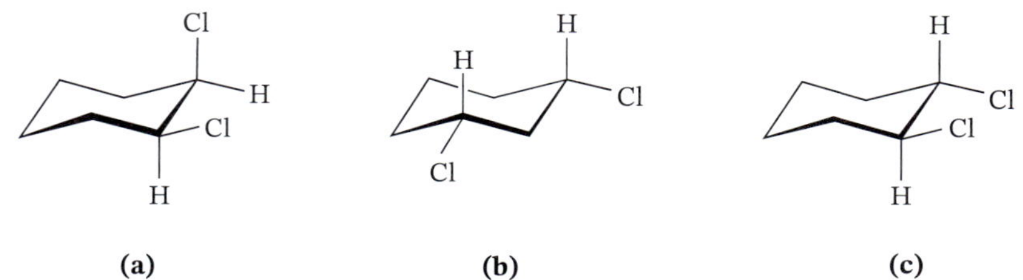

풀이

(a) 각각의 염소 원자들이 탄소 원자에 대하여 위에 있는 결합에 붙어 있다. 그러므로 염소 원자는 분자의 같은 쪽에 놓여 있으므로 cis 이성질체이다. 이것은 *cis*-1,2-다이클로로사이클로헥세인이다.

(b) 여기서는 두 염소 원자가 아래에 있는 결합에 연결되어 있다. 그러므로 이 보기에서도 두 염소 원자는 분자의 같은 쪽에 있으며 cis 이성질체이다. 이것은 *cis*-1,3-다이클로로사이클로헥세인이다.

(c) 여기서는 한 염소 원자는 아래에 있는 결합에, 다른 염소 원자는 위에 있는 결합에 연결되어 있다. 그러므로 두 염소 원자는 분자의 반대쪽에 있어 trans 이성질체이다. 이것은 *trans*-1,2-다이클로로사이클로헥세인이다. 모형을 만들어 이 사실을 증명하시오.

---

cis-1,4-이치환기의 사이클로헥세인에서 한 기가 다른 기보다 크면 두 형태는 **동등하지 않다**. *cis*-1-*tert*-뷰틸-4-메틸사이클로헥세인을 고려해 보자.

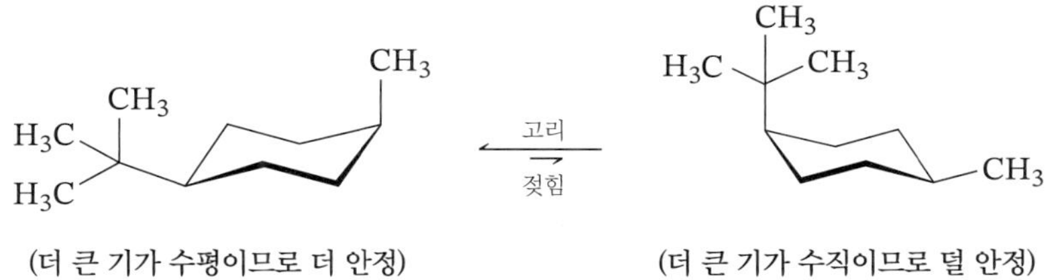

(더 큰 기가 수평이므로 더 안정) **(더 큰 기가 수직이므로 덜 안정)**

***cis*-1-*tert*-Butyl-4-methylcyclohexane**

여기서 더 안정한 형태는 더 큰 기가 수평인 형태이다. 일반적인 규칙은 다음과 같다.

- 고리의 치환기들 중 하나가 다른 것보다 크며, 둘 다 수평이 될 수 없을 때 더 큰 기가 수평인 형태가 더 안정하다.

되새김 물음 4.16

(a) *cis*-1-아이소프로필-4-메틸사이클로헥세인의 두 가지 의자 형태 구조식을 쓰시오. **(b)** 이 두 형태는 동등한가? **(c)** 동등하지 않다면 어느 것이 더 안정한가? **(d)** 평형에서는 어느 것이 우세한 형태인가?

---

trans 1,3-다이메틸사이클로헥세인

trans-1,3-다이메틸사이클로헥세인은 *cis*-1,4-화합물처럼 한 메틸기는 수직인 위치에, 그리고 다른 메틸기는 수평인 위치에 놓인다. 아래의 형태는 에너지가 같으며 평형 상태에서 같은 수로 분포되어 있다.

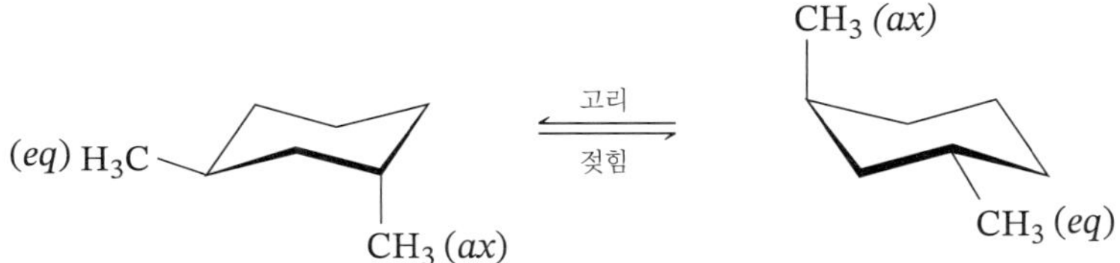

***trans*-1,3-Dimethylcyclohexane**
같은 에너지와 같은 점유율의 형태들

trans-1-*tert*-뷰틸-3-메틸사이클로헥세인에서는 고리 치환기 두 개의 크기가 다르므로 상황이 다르다. 더 안정한 형태는 큰 기가 수평 위치를 점유하는 것이다.

(큰 기가 수평이므로 더 안정) (큰 기가 수직이므로 덜 안정)

***trans*-1-*tert*-Butyl-3-methylcyclohexane**

cis 1,3-이치환기의 사이클로헥세인 *cis*-1,3-다이메틸사이클로헥세인은 두 메틸기가 수평인 형태와 둘 다 수직인 형태를 가진다. **예상되는 바대로 두 메틸기가 수평인 형태가 더 안정하다.**

trans 1,2-이치환기의 사이클로헥세인 *trans*-1,2-다이메틸사이클로헥세인은 두 메틸기가 수평인 형태와 둘 다 수직인 형태를 가진다. **예상되는 바대로 두 메틸기가 수평인 형태가 더 안정하다.**

(둘 다 수평인 것이 더 안정) (둘 다 수직인 것이 덜 안정)

***trans*-1,2-Dimethylcyclohexane**

cis 1,2-이치환기의 사이클로헥세인 *cis*-1,2-다이메틸사이클로헥세인은 한 메틸기가 수직이고 다른 메틸기는 수평인 의자 형태가 있는데, 두 형태는 안정도가 같다.

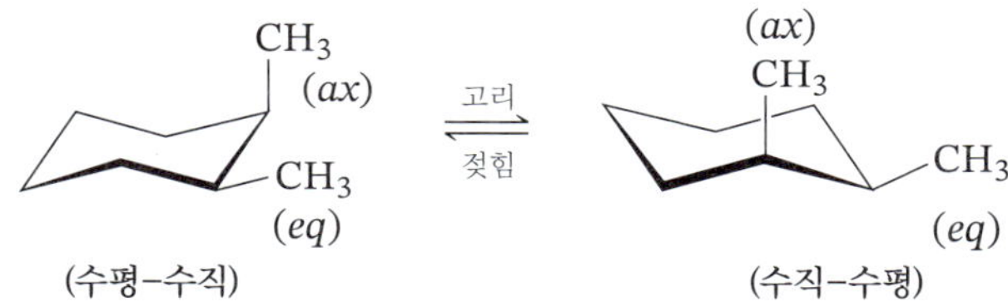

(수평–수직) (수직–수평)

***cis*-1,2-Dimethylcyclohexane**
에너지가 같고 같은 점유율의 형태들

보기 물음 4.6

1,2,3-트라이메틸사이클로헥세인의 모든 메틸기가 수직인 형태 구조식을 쓰고, 이것의 더 안정한 형태를 보이시오.

풀이

고리를 젖히면 모든 기들은 수평인 형태가 되며, 따라서 더욱 안정하다.

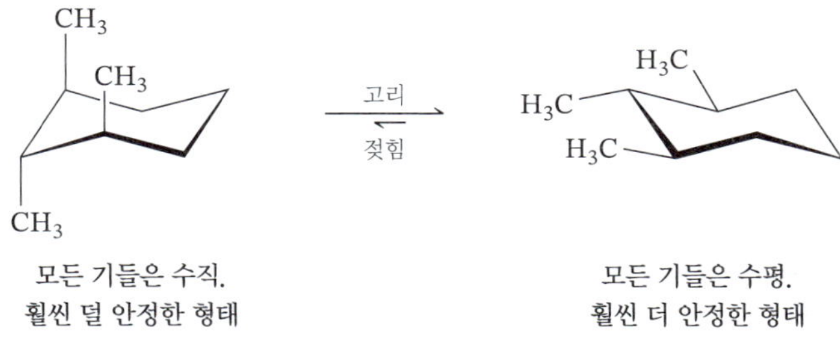

모든 기들은 수직.
훨씬 덜 안정한 형태

모든 기들은 수평.
훨씬 더 안정한 형태

되새김 물음 4.17

1-브로모-3-클로로-5-플루오로사이클로헥세인의 모든 치환기가 수평인 형태를 쓰시오. 그다음 고리 젖힘 후 생긴 구조를 쓰시오.

되새김 물음 4.18

(a) *cis*-1-아이소프로필-2-메틸사이클로헥세인의 두 형태를 쓰시오.
(b) 어느 형태의 위치 에너지가 가장 낮은가?

4.14 두 고리와 여러 고리의 알케인

유기 화학에서 나오는 많은 분자들은 한 개 이상의 고리를 가지고 있다(4.4B절). 가장 중요한 것 중의 하나는 바이사이클로[4.4.0]데케인으로, 관용명은 **데칼린**(*decalin*)이다.

Decalin (bicyclo[4.4.0]decane)
(1번과 6번 탄소 원자는 다리목 탄소 원자들이다.)

데칼린은 cis–trans 이성질화 현상을 보인다.

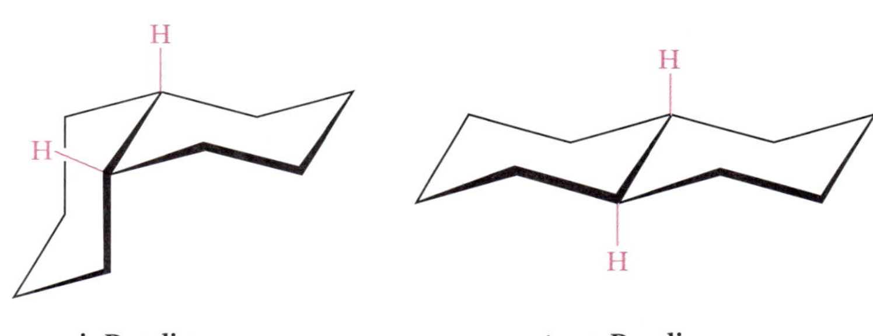

***cis*-Decalin** ***trans*-Decalin**

cis-데칼린에서 다리목 원자에 연결된 두 수소 원자들은 고리의 같은 쪽에 놓여 있다. *trans*-데칼린에서 그들은 반대쪽에 놓여 있다. 이러한 사실은 구조를 아래와 같이 써서 나타낸다.

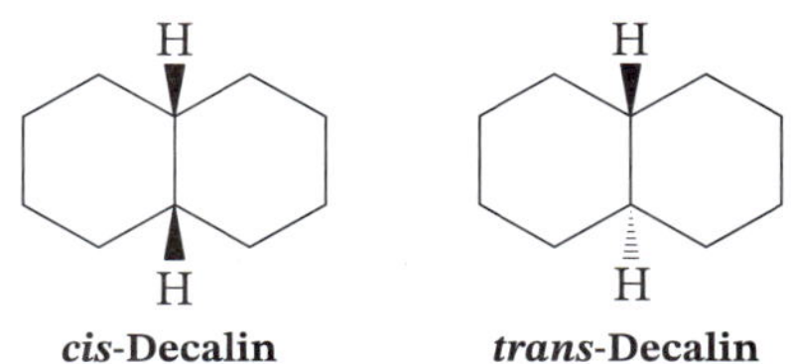

***cis*-Decalin** ***trans*-Decalin**

탄소–탄소 결합들에 대하여 기들을 단순히 회전시켜서는 *cis*-와 *trans*-데칼린을 서로 바꿀 수 없다. 그들은 입체 이성질체들이며 다른 물리적 성질을 지닌다.

아다만테인은 삼중고리계로 3개의 사이클로헥세인 고리가 모두 의자 형태인 삼차원의 배열을 하고 있다.

도움말

화학초록서비스(Chemical Abstracts Service, CAS)에서 다음과 같은 식에 의해서 고리의 수를 정한다: $S - A + 1 = N$. 여기서 S는 고리계에 있는 단일 결합의 수이고, A는 고리계에 있는 원자의 수이며, N은 고리의 수이다(물음 4.30 참조).

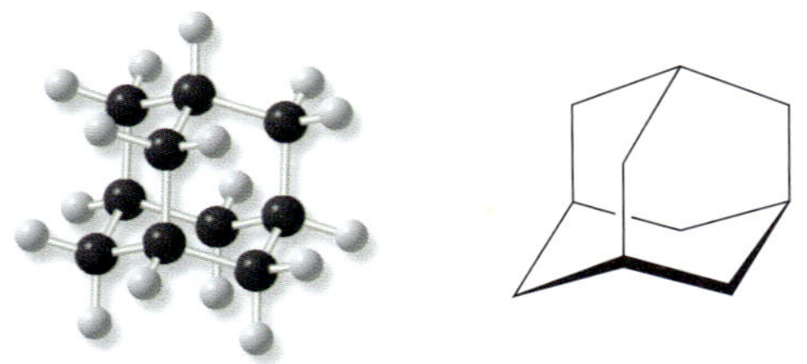

Adamantane

앞으로 나올 장에서 다른 특이하고도 매우 긴장된 고리 모양의 탄화수소의 여러 가지 예를 보게 될 것이다.

4.15 알케인의 화학 반응

알케인은 많은 화학 시약에 대해서 일반적으로 불활성인 특성을 가진 화합물의 한 부류라고 할 수 있다. 탄소–탄소, 탄소–수소 결합은 아주 강하여 고온으로 가열하지 않는 한 깨지지 않는다. 탄소와 수소 원자들의 전기 음성도가 비슷하므로 알케인의 탄소–수소 결합은 극성을 단지 조금만 띠고 있다. 그러므로 대부분의 염기와 반응하지 않는다. 알케인 분자들은 비공유 전자쌍이 없으므로 산에 의한 공격을 받을 자리가 없다. 많은 시약들에 대한 반응성이 낮기 때문에 알케인은 원래 **파라핀(paraffin**, 라틴어: *parum affinis*, 작은 친화성)이라고 불리기도 하였다.

그러나 파라핀이란 말은 아마도 적절한 것은 아니다. 알케인과 산소를 적당히 혼합하여 발화시키면 매우 강렬하게 반응한다. 이러한 연소는 자동차의 실린더나 기름로에서 일어난다. 알케인을 염소나 브로민과 가열하면 반응하고, 플루오린은 폭발적으로 반응한다. 이들 반응에 관해서는 10장에서 배운다.

4.16 알케인과 사이클로알케인의 합성

화학적인 합성의 어느 시점에서는 탄소–탄소 이중 결합이나 삼중 결합을 단일 결합으로 전환해야 할 필요도 있다. 향수의 성분인 다음 화합물의 합성은 한 가지 예이다.

CO_2CH_3 ⟶ CO_2CH_3

(향수에 쓰임)

이러한 전환은 **수소화 반응(hydrogenation)**에 의해서 쉽게 달성될 수 있다. 수소화 반응을 수행하는 데 사용되는 여러 가지 방법 중에는 수소 기체와 백금, 팔라듐, 또는 니켈과 같은 고체 금속 촉매를 사용할 수도 있다. 다음 절에 있는 반응식은 알켄이나 알카인에 대한 일반적인 예를 보여 준다.

4.16A 알켄과 알카인의 수소화 반응

- 알켄과 알카인은 니켈, 팔라듐, 백금과 같은 촉매 존재하에서 수소와 반응하여 **알케인(alkane)**을 만든다.

일반적인 반응은 수소 분자에 있는 원자들이 알켄이나 알카인의 탄소–탄소 이중 결합이나 삼중 결합에 있는 각 원자에 첨가되는 것이다. 이로써 알켄이나 알카인이 알케인으로 전환된다.

일반적인 반응

알켄 + H–H —(Pt, Pd, 또는 Ni / 용매, 압력)→ 알케인

알켄 + 2 H_2 —(Pt / 용매, 압력)→ 알케인

이 반응은 보통 알켄 또는 알카인을 에틸 알코올(C_2H_5OH)과 같은 용매에 녹인 다음 금속 촉매를 가하고 이 혼합물을 특수한 기기를 써서 고압의 수소와 접촉하게 하여 수행한다. 알켄을 알케인으로 환원시키는 데 1몰 당량의 수소가 필요하다. 알카인을 환원시키는 데는 2몰 당량의 수소가 필요하다. 이 반응의 메커니즘은 7장에서 다루게 된다).

구체적인 예

$(CH_3)_2C{=}CH_2$ + H_2 —(Ni, EtOH, (25 °C, 50 atm))→ $CH_3–CH(CH_3)–CH_3$

2-Methylpropene → **Isobutane**

Cyclohexene + H_2 —(Pd, EtOH, (25 ° C, 1 atm))→ Cyclohexane

Cyclohexene → **Cyclohexane**

Cyclononyn-6-one + $2H_2$ —(Pd, ethyl acetate)→ Cyclononanone

Cyclononyn-6-one → **Cyclononanone**

보기 물음 4.7

수소화 반응에 의해서 헥세인이 생성되는 헥센의 이성질체 5개의 구조를 쓰시오.

풀이

1-Hexene, ***cis*-2-Hexene**, ***trans*-2-Hexene**, ***cis*-3-Hexene**, ***trans*-3-Hexene**

2-메틸뷰테인을 생성하는 모든 알켄과 알카인의 수소화 반응에 관여하는 반응식을 쓰시오.

되새김 물음 4.19

4.17 분자식과 수소 결핍 지수로부터 구조적 정보를 얻는 방법

미지의 탄화수소에 대하여 분자식과 **수소 결핍 지수(index of hydrogen deficiency, IHD)**를 알면 구조에 대한 상당한 정보를 얻어낼 수 있다.

- **수소 결핍 지수(IHD)***는 대상인 화합물과 같은 수의 탄소를 지닌 비고리형 알케인 사이의 수소 원자 **쌍의 수**에 있어서의 차이다.

포화된 비고리형 탄화수소는 일반식이 C_nH_{2n+2}이다. 각 이중 결합이나 고리는 포화된 화합물의 식과 비교하여 볼 때 수소 원자의 수를 2개 감소시킨다. 그러므로 각 고리나 이중 결합은 수소 결핍 지수 1단위에 해당된다. 예를 들면, 1-헥센과 사이클로헥세인은 분자식(C_6H_{12})이 같고 구조 이성질체들이다.

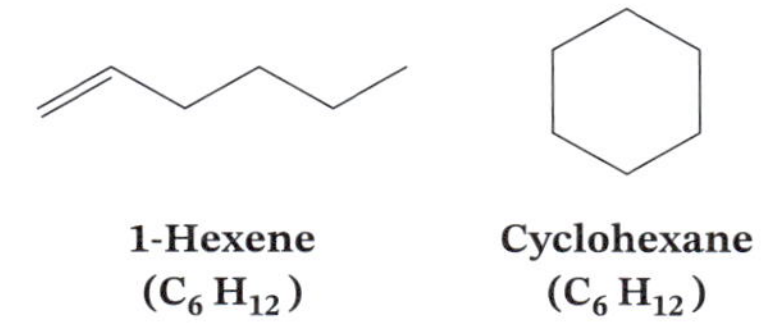

1-Hexene (C_6H_{12}) **Cyclohexane (C_6H_{12})**

1-헥센과 사이클로헥세인(C_6H_{12})은 둘 다 수소 결핍 지수가 1이다(이것은 한 쌍의 수소 원자들을 뜻함). 이것에 대응되는 비고리형 알케인은 헥세인(C_6H_{14})이기 때문이다.

C_6H_{14} = 대응되는 알케인의 분자식(헥세인)
C_6H_{12} = 화합물의 분자식(1-헥센 또는 사이클로헥세인)
H_2 = 차 = 1쌍의 수소 원자들
수소 결핍 지수 = 1

알카인이나 알카다이엔(두 개의 이중 결합을 가진 알켄)은 일반식이 C_nH_{2n-2}이다. 알켄아인(한 개의 이중 결합과 한 개의 삼중 결합을 지닌 탄화수소)과 알카트라이엔(이중 결합을 3개 가진 알켄)은 일반식이 C_nH_{2n-4}이다.

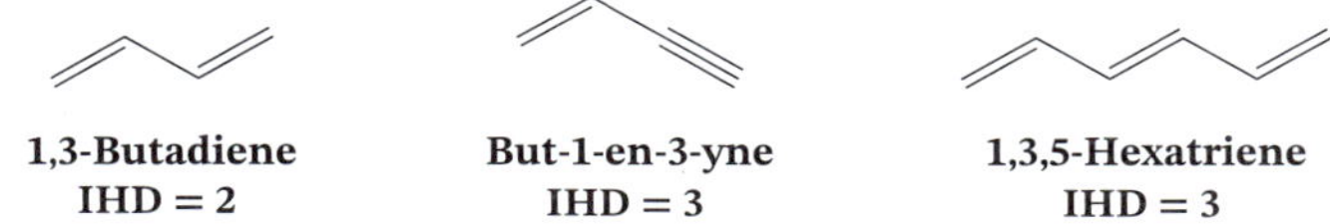

1,3-Butadiene IHD = 2 **But-1-en-3-yne** IHD = 3 **1,3,5-Hexatriene** IHD = 3

수소 결핍 지수는 주어진 화합물의 분자식을 그것의 수소화 반응 생성물에 대한 분자식과 비교하여 쉽게 결정될 수 있다.

- 각 이중 결합은 1몰 당량의 수소를 소모하며 수소 결핍 지수 1단위로 계산한다.
- 각 삼중 결합은 2몰 당량의 수소를 소모하며 수소 결핍 지수 2단위로 계산한다.
- 고리는 수소화 반응의 영향을 받지 않는다. 그러나 각 고리는 수소 결핍 지수 1단위로 계산한다.

그러므로 수소화 반응은 고리와 이중 결합, 삼중 결합들을 잘 구별해 준다. 분자식이 C_6H_{12}인 두 화합물 1-헥센과 사이클로헥세인을 고려해 보자. 1-헥센은 1몰 당량의 수소와 반응하여 헥

* 유기 화학자들은 수소 결핍 지수를 '불포화도' 또는 '이중 결합 당량 수'라고 부르기도 한다.

세인이 된다. 같은 조건에서 사이클로헥세인은 반응하지 않는다.

$$\text{1-Hexene} + H_2 \xrightarrow[25\ ^\circ C]{Pt} \text{Hexane}$$

$$\text{Cyclohexane} + H_2 \xrightarrow[25\ ^\circ C]{Pt} \text{반응 안 함}$$

또 다른 예를 들어 보자. 사이클로헥센과 1,3-헥사다이엔은 분자식이 모두 C_6H_{10}이다. 두 화합물 모두 촉매 존재하에서 수소와 반응한다. 그러나 사이클로헥센은 고리와 단 한 개의 이중 결합만 있으므로 1몰 당량의 수소와 반응한다. 1,3-헥사다이엔은 2몰 당량을 첨가시킨다.

$$\text{Cyclohexene} + H_2 \xrightarrow[25\ ^\circ C]{Pt} \text{Cyclohexane}$$

Cyclohexene

$$\text{1,3-Hexadiene} + 2H_2 \xrightarrow[25\ ^\circ C]{Pt} \text{Hexane}$$

1,3-Hexadiene

되새김 물음 4.20

(a) 2-헵텐의 수소 결핍 지수는 얼마인가? **(b)** 메틸사이클로헥세인의 수소 결핍 지수는 얼마인가? **(c)** 수소 결핍 지수는 사슬에서 이중 결합의 위치를 나타내 주는가? **(d)** 고리의 크기를 나타내 주는가? **(e)** 2-헵타인의 수소 결핍 지수는 얼마인가? **(f)** 분자식이 C_8H_{12}인 화합물에는 일반적으로 어떤 구조적인 가능성이 존재하는가?

되새김 물음 4.21

생강으로부터 분리된 향료 화합물인 진지버렌(zingiberene)은 분자식이 $C_{15}H_{24}$이며 삼중 결합은 없는 것으로 알려져 있다. **(a)** 이 화합물의 수소 결핍 지수는 얼마인가? **(b)** 이 화합물이 과량의 수소와 촉매에 의한 반응을 하면 이 화합물 1몰당 3몰의 수소가 흡수되어 분자식이 $C_{15}H_{30}$인 화합물이 된다. 진지버린에는 몇 개의 이중 결합이 있는가? **(c)** 고리는 몇 개나 있는가?

4.17A 할로젠, 산소, 또는 질소를 포함하는 화합물

탄화수소가 아닌 화합물의 수소 결핍 지수(IHD)를 계산하기는 비교적 쉽다.

할로젠 원자를 포함하는 화합물에 있어서 할로젠 원자는 수소 원자처럼 계산한다. 분자식이 $C_4H_6Cl_2$인 화합물을 생각해 보자. 수소 결핍 지수를 계산하기 위해서는 두 염소 원자를 수소 원자로 바꾸고 분자식이 마치 C_4H_8인 것처럼 생각한다. 이 식은 포화된 알케인(C_4H_{10})보다 수소 원자가 2개 모자란 셈이다. 따라서 이 화합물의 수소 결핍 지수=1이다. 그러므로 이것은 한 개의 고리를 가졌거나 한 개의 이중 결합을 가지고 있다. [이것이 어느 것인지는 수소화 반응 실험을 해보면 알 수 있다. 만일 화합물이 실온에서 촉매에 의한 수소화 반응을 진행하여 1몰의 수소를 첨가시킨다면 그것은 이중 결합을 한 개 가지고 있다. 만일 수소(H_2)가 첨가되지 않는다면 그것은 고리를 한 개 가지고 있는 것이다.]

산소를 포함하는 화합물에 있어서는 산소 원자를 무시하고 식의 나머지로부터 수소 결핍 지수를 구한다. 분자식이 C_4H_8O인 화합물을 한 예로 고찰해 보자. 계산을 하기 위하여 화합물을 단순히 C_4H_8이라 생각하고 수소 결핍 지수=1을 계산한다. 여기서는 다시, 화합물은 고리 한 개 혹은 이중 결합 한 개를 가졌다고 생각한다. 이 화합물에 대한 몇 가지 가능한 구조는 다음과 같다. 이중 결합은 탄소–산소 이중 결합으로 존재할 수도 있음을 주목하시오.

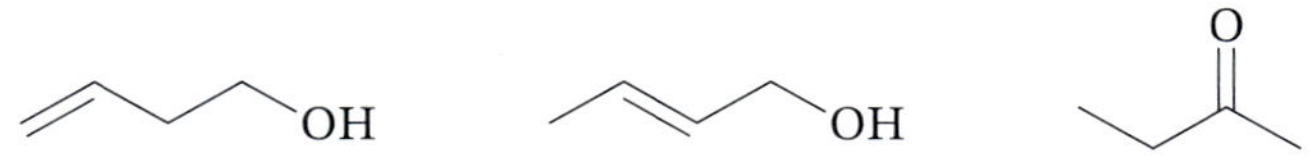

OH OH O

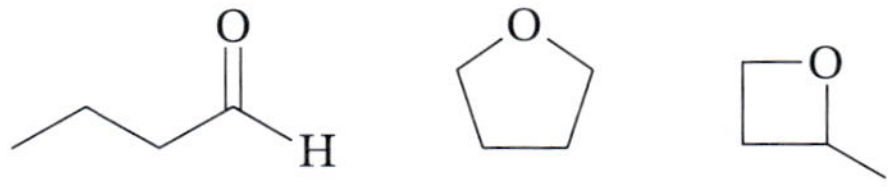

O O O

H 등등

질소 원자를 포함하는 화합물에 있어서 질소 원자 한 개당 수소 원자 한 개씩을 빼고 그 다음 질소 원자를 무시한다. 예를 들면, 분자식이 C_4H_9N인 화합물은 C_4H_8으로 간주하고 수소 결핍 지수=1이 된다. 몇 가지 가능한 구조들은 다음과 같다.

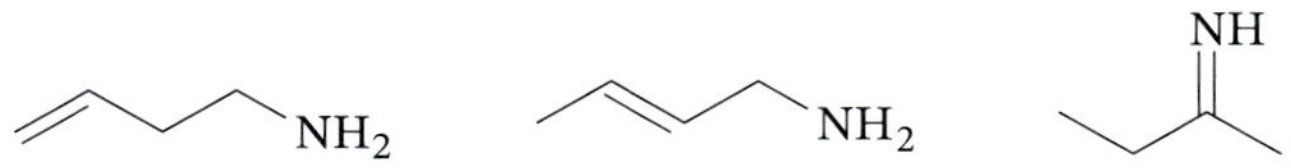

NH_2 NH_2 NH

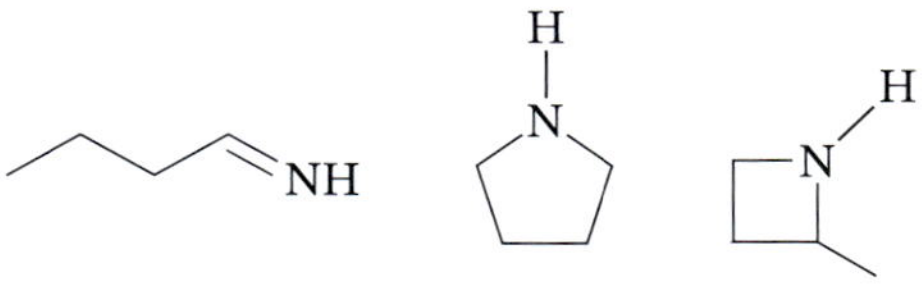

H H

NH N N 등등

되새김 물음 4.22

카보닐기는 수소 결핍 지수 1단위로 계산된다. 4.16절의 앞에 나온 향료 성분의 합성에서 반응물과 생성물의 수소 결핍 지수는 얼마인가?

4.18 기본 원리의 응용

이 장에서는 특별히 한 가지 기초 원리가 반복해서 응용되는 것을 보았다.

자연은 위치 에너지가 낮은 상태를 선호한다. 이 원리는 4.8~4.13절에서 형태 분석을 설명하는 바탕이다. 에테인의 엇갈린 형태(4.8절)는 그것의 위치 에너지가 가장 낮기 때문에 유리하다(더 많이 존재한다). 같은 방식으로 뷰테인의 anti 형태(4.9절)와 사이클로헥세인의 의자 형태(4.11절)는 위치 에너지가 가장 낮기 때문에 이들 분자가 선호하는 형태이다. 메틸사이클로헥세인(4.12절)은 같은 이유로 메틸기가 수평인 의자 형태로 주로 존재한다. 2개의 치환기를 가진 사이클로알케인(4.13절)은 가능하다면 두 치환기가 모두 수평인 형태를 선호한다. 그리고 가능하지 않다면 더 큰 기가 수평인 형태를 선호한다. 각각의 경우에서 유리한 형태는 위치 에너지가 가장 낮은 것이다.

이 장에 나온 또 다른 효과로 계속 보게 될 것은 **입체 요인(steric factor**, 공간 요인)이 분자의 안정성과 반응성에 어떻게 영향을 미치는가이다. 기들 사이의 공간에서의 상호작용이 불리한 것이 어떤 형태가 다른 형태보다 에너지가 더 높은 까닭을 설명하는 핵심이다. 그러나 근본적으로 이 효과는 그 자체가 다른 낯익은 원리, 즉 **같은 전하끼리 반발**한다는 원리로부터 온 것이다. 근접해 있는 기들의 전자 사이의 반발 상호작용은 어떤 형태가 다른 형태보다 위치 에너지를 더 많이 갖도록 한다. 이런 종류의 효과를 **입체 장애**(steric hindrance)라고 부른다.

이 주제는 왜 중요한가?

규칙 안에서 결합의 변경을 넓히기

이 장에서는 결합 형성과 형태에 관한 많은 규칙을 배웠다. 유기 분자에는 단지 2~3개 종류의 결합이 있지만, 그들은 무한한 수의 방법으로 조합되어 때로는 그 존재가 우리의 기대를 무시하는 분자에까지도 이르게 한다. 예를 들면, 단지 C—C와 C—H 결합을 사용하여 큐베인(cubane), 프리스메인(prismane), 바이사이클로[1.1.0]뷰테인(bicyclo[1.1.0]butane)처럼 엄청난 긴장이 구조에 지워진 물질들을 합성할 수 있었다. 긴장을 지닌 화합물은 자연에서도 발견되는데, 독특한 박테리아 종으로부터 분리된 pentacycloanammoxic acid가 한 예이다. 이 화합물은 래더레인(ladderane)이라고도 알려져 있는데, 다섯 개의 4각형 고리가 삼차원 공간에서 사다리나 계단처럼 연결된 조합을 가졌기 때문이다.

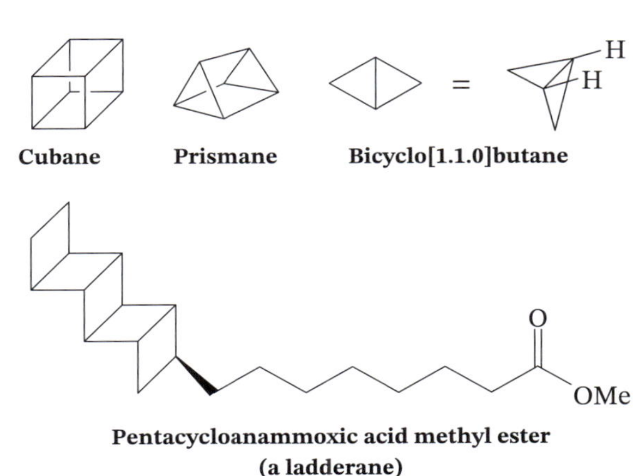

중요한 것은 이들 상이한 결합의 조합과 삼차원 모양이 독특한 실질적인 응용성을 지닌 완전히 다른 물리적 성질을 가져온다는 사실이다. 이러한 개념의 가장 훌륭한 설명 중 하나는 단지 탄소로만 이뤄진 물질에서 볼 수 있는데, 오로지 단일하고 순수한 원소로 형성된 동소체라고도 알려진 물질이다. 예를 들면, 탄소가 sp^3 혼성으로 단일 결합을 통하여 자체 결합을 하였을 때 그 결과는 곧 다이아몬드로 자연에서 발견된 가장 단단한 물질이자 보석의 인기 있는 성분이다. 탄소가 sp^2 혼성으로 C—C와 C=C 결합이 서로 연결되었다면 그것은 벤젠과 같은 고리의 판이 서로 연결된 형태가 된다. 이 판은 서로 포개져서 흑연을 형성한다. 이 물질은 다이아몬드보다 훨씬 부드러워서 연필의 심을 구성하는 물질이 된다. 이 판 중의 하나인 흑연을 새로운 결합을 통하여 포장하면 관(나노튜브라고 부름)이 되는데 열과 전기 전도체로서 훌륭한 성질을 지닌다.

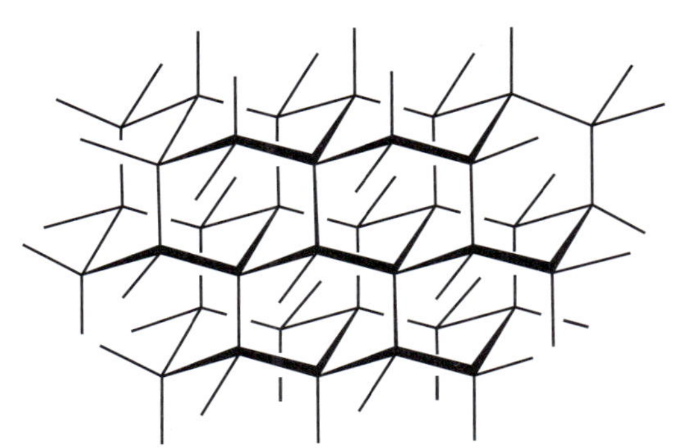

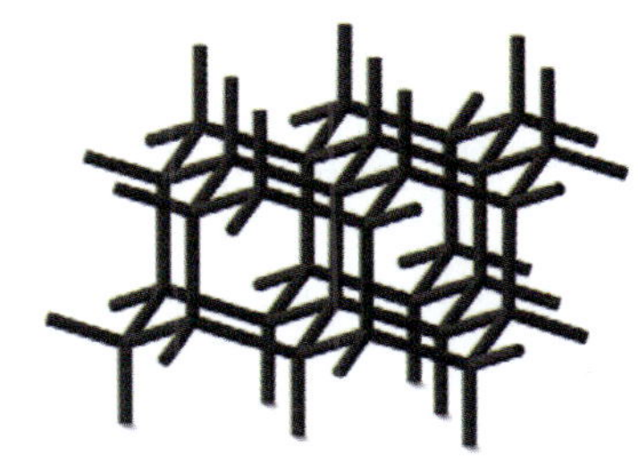

다이아몬드 구조의 일부

Charles D. Winters/Science Source

여기에 보인 탄소는 다이아몬드와 흑연의 형태이다.

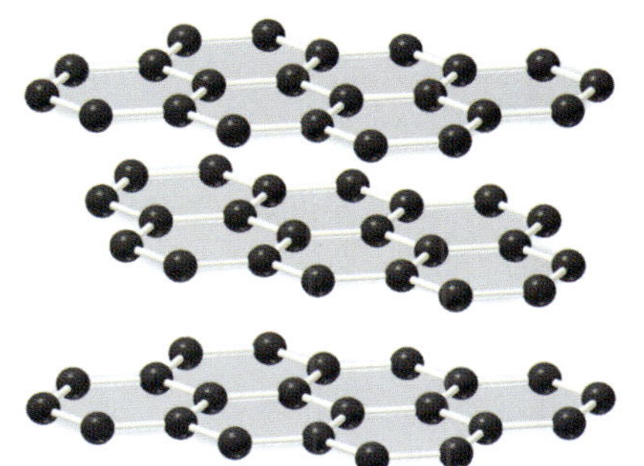

흑연 구조의 일부

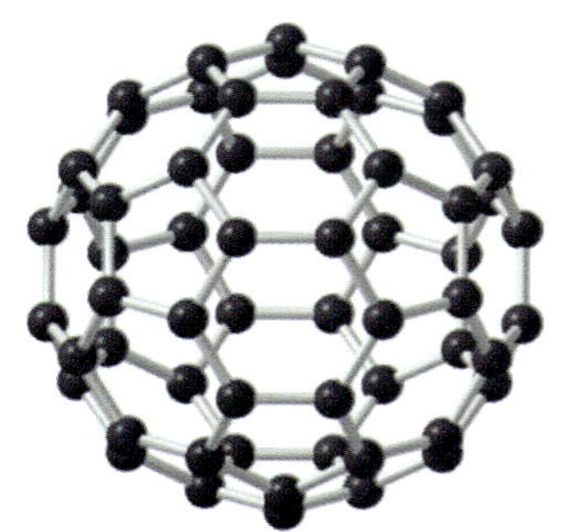

Buckminsterfullerene

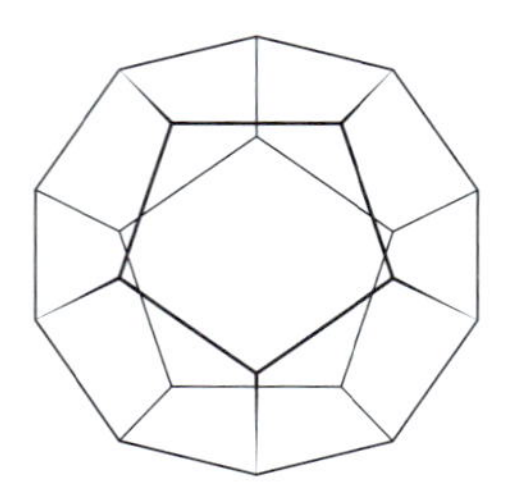

Dodecahedrane

흑연과 그래핀이 일정 수의 탄소 원자를 가진 불연속적인 공으로 합쳐진다면 버크민스터풀러렌(buckminsterfullerene, 또한 '버키볼'이라고도 알려짐)이 된다. 이 이름은 고딕 돔의 발명자인 Buckminster Fuller를 따라 붙여진 이름이다. 이 화합물은 60개의 탄소 원자로 된 축구공의 솔기와 같은 문양으로 32개의 서로 매어진 고리가 있는데, 20개는 육각형이고 12개는 오각형으로 되어 있다. 중심은 충분히 커서 아르곤 원자를 담을 수 있다(그러한 화합물은 이미 만들어졌다). 이러한 구조 형태의 또 다른 변형은 도데카헤드레인(dodecahedrane)으로 20개의 탄소 원자로 구성된 화합물인데, 1982년에 Ohio State University의 과학자들에 의해서 합성되었다. 이런 형태의 물질들은 집약적으로 무기, 의약품 전달, 초전도체와 같은 다양한 응용성을 지녔을 것이라고 인식되고 있다.

핵심은 분자의 다양성이 끝이 없고 더 많은 원자들을 더하게 되면 기하급수적으로 증가한다는 점이다. 이러한 사실은 유기 화학의 가장 미적인 요소이다. 왜냐하면 이것은 단지 두 가지 요인, 즉 분자를 상상할 수 있는 능력과 그것을 적합한 화학 반응의 형태로 모으는 데 필요한 도구를 가졌는지가 가능한 구조에 관한 한 주된 한계임을 의미하기 때문이다.

이 주제에 대해서 더 알려면 참고하시오.

Hopf, H. *Classics in Hydrocarbon Chemistry*, Wiley-VCH: Weinheim, **2000**, p. 560.

요약과 복습 도구

유기 화학자들이 이 학문을 사랑하는 까닭 중 하나는 각 분자가 집단(소속 또는 가족)을 가진 것 외에도 각 분자는 자신의 골격과 '개성'과 독특한 이름을 가졌음을 알기 때문이다. 1~3장에서 전하의 분포, 극성, 상대적인 산도와 염기도와 관련된 분자의 개성을 배웠다. 이 장에서는 IUPAC 체계를 사용하여 간단한 분자에 독특한 이름을 지어 주는 방법을 배웠다. 또한 유기 분자의 전체적인 모양과 그 모양이 결합 회전을 통하여 어떻게 변화하는지, 그리고 그러한 변화의 상대적인 에너지를 형태 분석을 사용해서 비교하는 방법을 배웠다. 이제 분자의 유연성과 경직성 정도는 결합의 형태(단일, 이중, 삼중)와 결합 회전을 방해하는 고리나 거대한 기의 존재 여부와 관련이 있음을 알았다. 어떤 유기 분자들은 근육섬유에 있는 분자들처럼 매우 유연한 집단에 속하고 어떤 것들은 다이아몬드의 탄소 격자처럼 매우 경직되어 있다. 그러나 대부분의 분자들은 구조에서 유연성과 경직성을 모두 가진다. 이 장의 지식을 가지고 이미 알고 있는 기본 지식을 더하면 유기 화학을 개발하고 이해함에 있어서 다이아몬드처럼 견고하고 문제에 접근할 때는 근육처럼 유연해질 수 있는 길에 들어섰다고 할 수 있다. 이 장의 과제를 끝냈을 즈음에는 사이클로헥세인의 의자 형태에 정신을 얹어놓고 휴식을 취할 수도 있으리라.

물음

이름 짓기와 이성질화 현상

4.23 아래 각각의 화합물의 결합선 구조식을 쓰시오.

(a) 1,4-Dichloropentane
(b) *sec*-Butyl bromide
(c) 4-Isopropylheptane
(d) 2,2,3-Trimethylpentane
(e) 3-Ethyl-2-methylhexane
(f) 1,1-Dichlorocyclopropane
(g) *cis*-1,2-Dimethylcyclobutane
(h) *trans*-1,2-Dimethylcyclobutane
(i) 4-Methyl-2-pentanol
(j) *trans*-4-Isobutylcyclohexanol

(k) *cis*-1,3-Diisopropylcyclopentane
(l) Neopentyl alcohol
(m) Bicyclo[4.4.0]decane
(n) Bicyclo[3.1.1]heptane
(o) Cyclopentylcyclopentane

4.24 아래의 화합물들의 IUPAC 이름을 붙이시오.

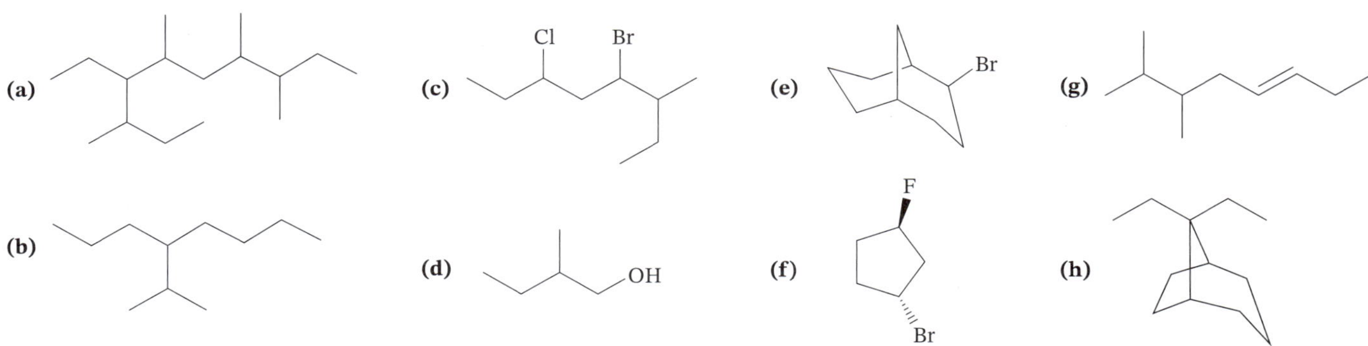

4.25 *sec*-뷰틸 알코올은 특정한 구조를 나타내지만, *sec*-펜틸 알코올은 애매모호하다. 설명하시오.

4.26 다음의 알케인이나 사이클로알케인의 구조와 IUPAC 이름을 붙이시오.

(a) C_8H_{18} 1차 수소 원자만 있음

(b) C_6H_{12} 단지 2차 수소 원자만 있음

(c) C_6H_{14} 1차 및 2차 수소 원자만 있음

(d) C_8H_{14} 12개의 2차와 2개의 3차 수소 원자만 있음

4.27 이중 결합을 가진 화합물은 무시하고, 분자식이 C_5H_{10}인 모든 이성질체들의 구조식을 쓰고, 이름을 붙이시오.

4.28 아래 바이사이클로알케인의 이름을 붙이시오.

(a) 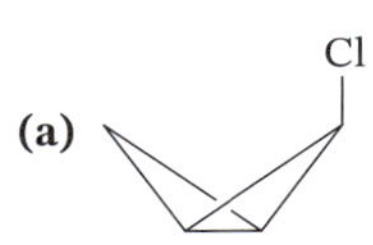

(b) 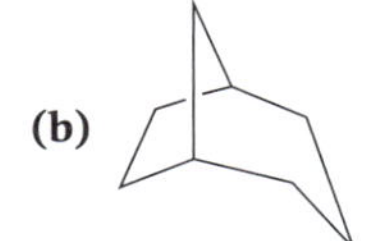

(c) 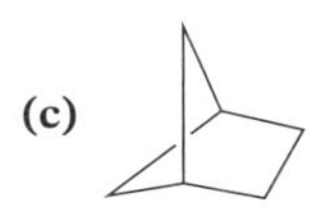

(d) 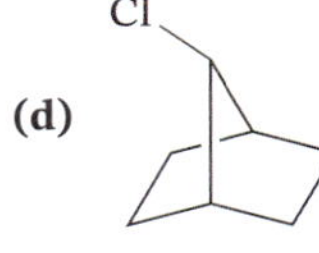

(e) 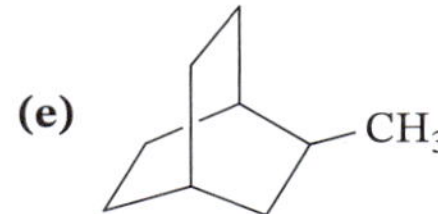

(f) 바이사이클로[2.2.0]헥세인의 이성질체인 두 고리 화합물의 구조를 그리고, 이름을 붙이시오.

4.29 $S - A + 1 = N$ 방법(4.14절의 도움말)을 이용하여 큐베인(4.14절)의 고리의 수를 정하시오.

4.30 스파이로(spiro) 고리 연결이란 한 탄소 원자로부터 두 고리가 나오는 것이다. 이러한 고리 접점을 가진 알케인을 스파이레인(spirane)이라고 부른다.

(a) 분자식이 C_7H_{12}인 두 고리 스파이레인의 모든 가능한 구조를 쓰시오. 단 모든 탄소 원자는 고리에 들어가 있다.

(b) 이 식에 맞는 다른 두 고리 화합물의 구조를 쓰시오.

4.31 동족 계열이란 무슨 뜻인지를 알코올의 동족 계열을 써서 설명하시오.

수소화 반응

4.32 5가지의 서로 다른 사이클로알켄을 촉매하에 수소화 반응을 시키면 모두 메틸사이클로헵테인이 된다. 이들의 구조와 반응식을 쓰시오.

4.33 **(a)** 금속 촉매하에서 수소화 반응을 하여 2-메틸뷰테인이 되는 3가지 알켄의 구조식을 쓰고, 관여된 반응에 대한 반응식도 쓰시오. **(b)** 이 알켄 이성질체 중의 하나는 그 IR 스펙트럼에서 대략 998과 914 cm^{-1}에 특성적인 흡수를 보인다. 이것은 어느 것인가?

4.34 분자식이 C_6H_{14}인 알케인은 분자식이 C_6H_{12}인 알켄 중 단지 두 가지를 수소화 반응을 시켜서 만들 수 있다. 이 알켄의 구조를 쓰고, IUPAC 이름을 붙인 다음 반응을 보이시오.

4.35 알켄 이성질체들의 수소 첨가 반응으로 알케인이 되는 것이 출발 물질인 알켄의 안성도를 추정하는 데 어떻게 쓰일 수 있는지 설명하시오.

형태와 안정도

4.36 아래의 화합물을 상대적인 고리 긴장에 근거하여 안정도가 증가하는 순서대로 나열하시오.

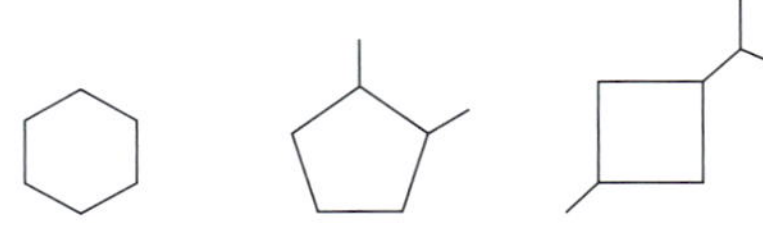

4.37 1-*tert*-뷰틸-1-메틸사이클로헥세인의 두 가지 의자 형태를 그리시오. 어느 형태가 더 안정한가? 그 까닭을 설명하시오.

4.38 아래 화합물의 C2—C3 결합에 대한 회전에 기인한 위치 에너지 도표를 그림 4.8과 같이 대략 그리시오. 에너지 변화의 실제 수치는 상관하지 말고 최댓값과 최솟값을 가진 형태를 지정하시오.

(a) 2,3-다이메틸뷰테인 **(b)** 2,2,3,3-테트라메틸뷰테인

4.39 도표 없이 아래 각 쌍의 물질 중 어느 것이 더 높은 끓는점을 가졌는지를 정하고, 그 이유를 설명하시오.

(a) Hexane 또는 2-methylpentane

(b) Ethanol 또는 diethyl ether

(c) Butane 또는 acetone

(d) Butane 또는 1-propanol

(e) Propane 또는 2-chloropropane

4.40 분자식이 C_6H_{10}인 화합물은 이중 고리 화합물이다. 같은 분자식의 다른 화합물은 약 2250 cm^{-1}에서 적외선을 흡수한다(이중 고리 화합물은 적외선을 이 파수에서 흡수하지 않는다). 두 화합물의 구조를 그리고, IR 흡수를 통하여 이들을 구별하는 방법을 설명하시오.

4.41 **(a)** 1,2-다이클로로사이클로펜테인과 **(b)** 1,3-다이브로모사이클로뷰테인의 cis와 trans 이성질체의 구조를 쓰시오. **(c)** 1,1-다이브로모사이클로뷰테인에서는 *cis*와 *trans* 이성질체들이 가능한가?

4.42 사이클로뷰테인이 주름진 기하 형태를 가졌다고 생각하시오. 1,2-이치환기의 사이클로뷰테인과 1,3-이치환기의 사이클로뷰테인의 상대적인 안정성을 판단하시오(대표적인 화합물의 모형을 만들어 보면 도움이 될 것이다).

4.43 아래 각각의 두 가지 의자 형태를 그리고, 어느 것이 더 안정한지를 말하시오.

(a) *cis*-1-*tert*-butyl-2-methylcyclohexane

(b) *trans*-1-*tert*-butyl-2-methylcyclohexane

(c) *cis*-1-*tert*-butyl-3-methylcyclohexane

(d) *trans*-1-*tert*-butyl-3-methylcyclohexane

(e) *trans*-1-*tert*-butyl-4-methylcyclohexane

(f) *cis*-1-*tert*-butyl-4-methylcyclohexane

4.44 all-*trans*-1,2,3,4,5,6-hexaisopropylcyclohexane은 모든 아이소프로필기가 수직일때 놀랍게도 안정하다는 사실을 설명하시오. (분자 모형을 만들어 손으로 들고 보면 도움이 된다.)

4.45 *trans*-1,3-Dibromocyclobutane은 상당한 쌍극자 모멘트를 가졌다. C—Br 결합의 개별 쌍극자 모멘트가 서로 상쇄되지 않는 까닭을 설명하시오.

화학 상담자가 필요한 물음

4.46 담마라다이엔올(dammaradienol)이라고 알려진 아래의 스테로이드는 많은 풀, 향신료, 식물에서 발견되는데, 아래에 보인 이차원 그림을 육각형 고리가 의자 형태를 보이도록 삼차원 표현으로 전환하시오. 이 화합물의 고리들은 고리 젖힘이 진행될 수 있을 거라고 생각하는가? 그렇다거나 그렇지 않다고 생각하는 까닭은?
(참조: *Phytochemistry* **1996**, *43*, 1255; *Front. Plant Sci*. **2016**, 7, 19)

HO H H H

Dammaradienol

4.47 아래의 화합물에 대해서 각각 수소 결핍 지수를 정하시오. (참조: *Classics in Hydrocarbon Chemistry*, Wiley-VCH, **2000**, p. 547; *Crop Prot*. **2015**, 70, 92–98.)

(a) **Benzene**

(b) **Cubane**

(c) OH H O O O H O O **Strigol**

4.48 삼차원 구조와 긴장에 대한 현재의 지식에 근거하여 *trans*- 또는 *cis*-decalin 중 어느 것이 더 긴장되었다고 생각하는가? 바이사이클로[3.3.0]옥테인의 비슷한 형태를 고려할 때도 그 답은 같을까? 그렇다거나 그렇지 않다고 생각하는 이유는? **힌트**: 모형을 손으로 들어서 보면 답을 얻는 데 도움이 될 것이다. (참조: *J. Am. Chem. Soc*. **1970**, 92, 3109. *J. Am. Chem. Soc*. **1971**, 93, 1637. *J. Am. Chem. Soc*. **2017**, 139, 5007.)

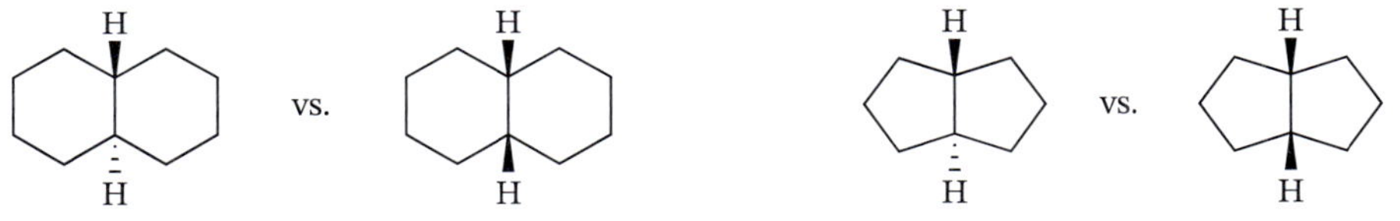

***trans*-와 *cis*-Decalin** ***trans*-와 *cis*-bicyclo[3.3.0]octane**

합성

4.49 아래의 합성에서 빠진 화합물이나 시약을 써 넣으시오(어떤 경우는 한 단계 이상이 필요할 수도 있다).

(a) *trans*-5-Methyl-2-hexene $\xrightarrow{?}$ 2-methylhexane

(b)
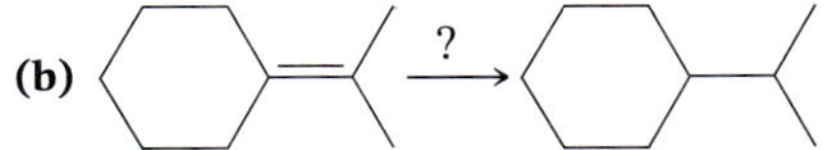

(c) 출발 물질이 전혀 남지 않고 단번에 순수한 생성물만 형성하는 화학 반응은 극히 드물다. 위의 각 반응에서 정제 전의 생성물에 반응물이 남아 있다는 것을 입증해 줄 수 있는 IR 스펙트럼에 있어서의 증거는 무엇인가? 즉 반응물과 생성물을 구별할 수 있는 1~2개의 핵심 IR 흡수띠를 예측해 보시오.

도전 물음

4.50 1,4-다이-*tert*-뷰틸사이클로헥세인의 cis와 trans 이성질체를 고려해 보자. 이 이성질체 중 하나는 의자 형태로 존재하기보다는 비꼬인 배 형태를 갖는다는 것을 설명하시오.

4.51 이 장에서 배운 규칙에 따라 아래 화합물들의 이름을 붙이시오. 또 다른 규칙이 더 제시되어야 한다면 그렇게 표시하시오.

(a) 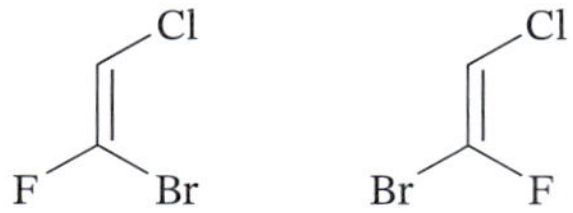 Cl, F, Br / Cl, Br, F

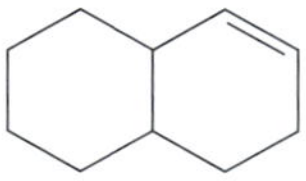

(b)

(c)

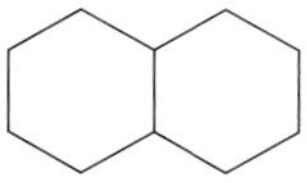

(d)

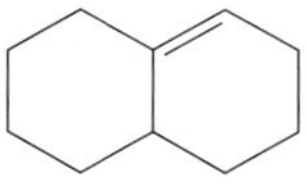

학습 집단을 위한 물음

1. D-글루코스의 우세한 형태는 아래와 같다. 글루코스가 자연에서 가장 많이 발견되는 당인 까닭을 쓰시오.
(**힌트**: D-갈락토스와 D-만노스의 구조를 찾아보고, D-글루코스의 구조와 비교하시오).

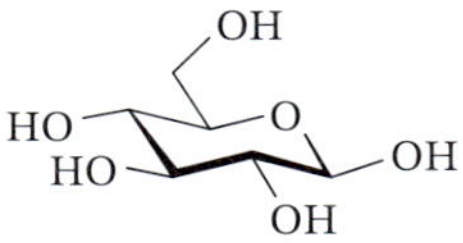

OH, HO, O, HO, OH, OH

2. Newman 투영식을 사용하여 *cis*-와 *trans*-데칼린에 있는 다리목 수소의 상대적인 위치를 그리시오. 이 이성체들 중 어느 것이 왜 더 안정한지를 설명하시오.

3. 1,2-다이메틸사이클로헥센(아래)이 백금 촉매하에서 수소와 반응할 때 반응 생성물은 녹는점이 −50 ℃이고 끓는점이 130 ℃(760 torr)인 사이클로알케인이다.
(a) 이 반응 생성물의 구조를 쓰시오.
(b) 적절한 도표(Web 또는 CRC handbook 같은)로부터 이것은 어느 입체 이성질체인지를 말하시오.
(c) 이 실험은 수소가 이중 결합에 첨가되는 반응의 모양에 대하여 무엇을 암시하고 있는가?

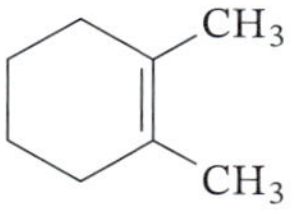

CH_3, CH_3

1,2-Dimethylcyclohexene

4. 사이클로헥센이 적당한 용매에 녹아 있을 때 염소와 반응시키면 반응 생성물($C_6H_{10}Cl_2$)은 녹는점이 −7 ℃이고 끓는점이 74 ℃(16 torr) 이다. **(a)** 이것은 어느 입체 이성질체인가? **(b)** 이 실험은 이중 결합에 염소가 첨가되는 반응의 모양에 대하여 무엇을 나타내고 있는가?

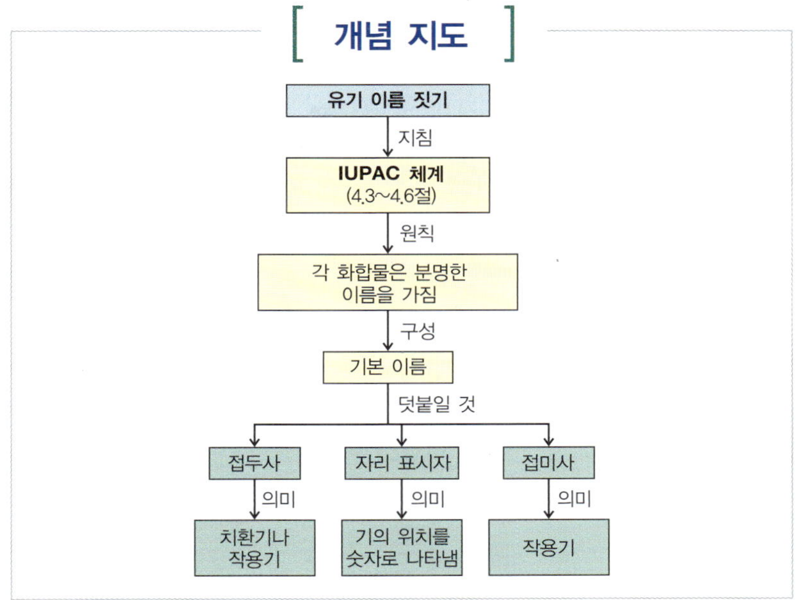

개념 지도

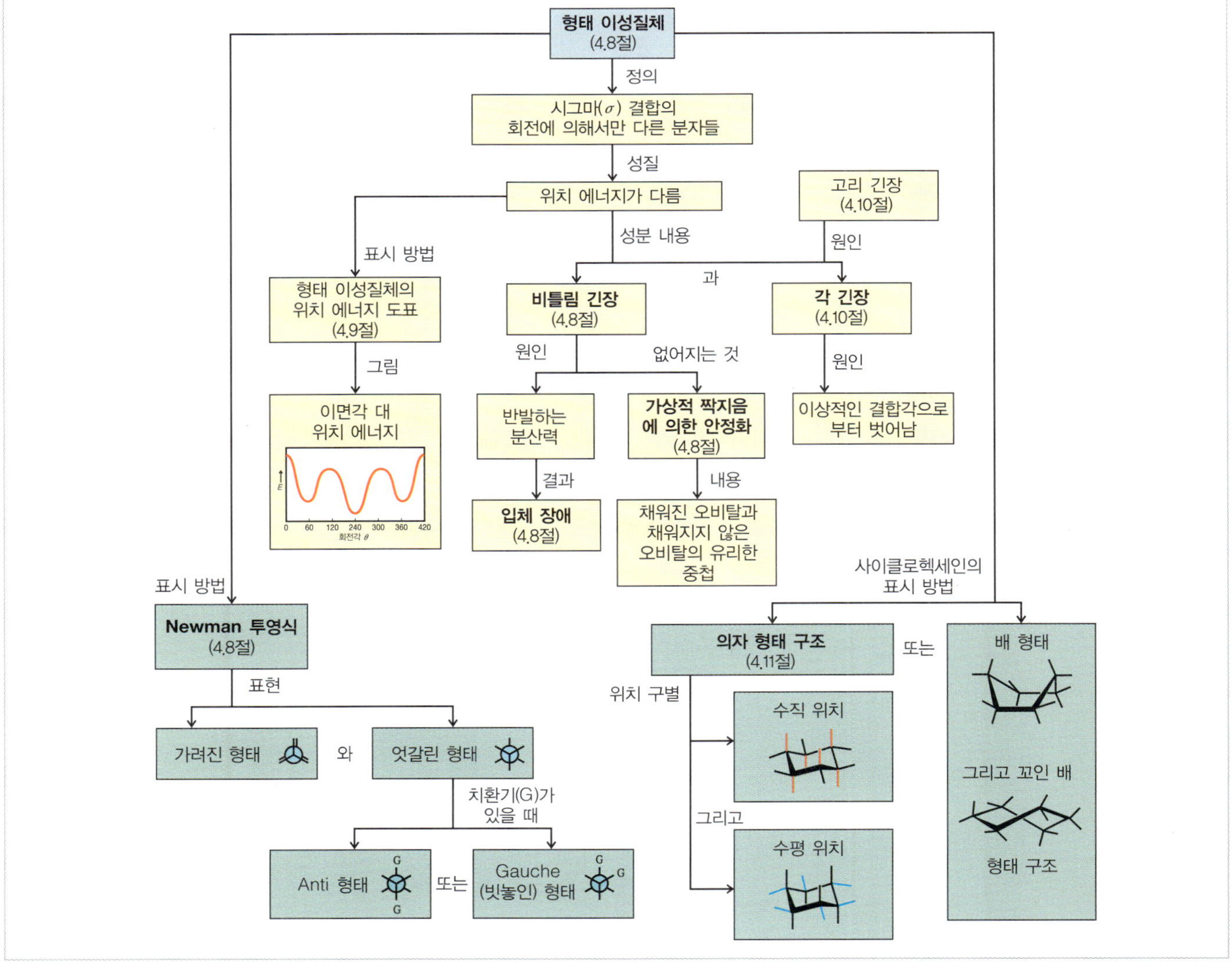

형태 이성질체
(4.8절)

정의

시그마(σ) 결합의
회전에 의해서만 다른 분자들

성질

위치 에너지가 다름

표시 방법

형태 이성질체의
위치 에너지 도표
(4.9절)

그림

이면각 대
위치 에너지

0 60 120 240 300 360 420
회전각 θ

성분 내용

비틀림 긴장
(4.8절)

과

각 긴장
(4.10절)

고리 긴장
(4.10절)

원인

원인

반발하는
분산력

결과

입체 장애
(4.8절)

없어지는 것

가상적 짝지음
에 의한 안정화
(4.8절)

내용

채워진 오비탈과
채워지지 않은
오비탈의 유리한
중첩

원인

이상적인 결합각으로
부터 벗어남

표시 방법

Newman 투영식
(4.8절)

표현

가려진 형태

와

엇갈린 형태

치환기(G)가
있을 때

Anti 형태

또는

Gauche
(빗놓인) 형태

사이클로헥세인의
표시 방법

의자 형태 구조
(4.11절)

또는

배 형태

그리고 꼬인 배

형태 구조

위치 구별

수직 위치

그리고

수평 위치

CHAPTER 5

입체 화학: 카이랄 분자

Joan Gil/Alamy Stock Photo

우리는 장갑이나 구두와 같은 어떤 일상 용품들이 '손모양(handedness)'의 성질을 지녔음을 모두 인식하고 있다. 오른손 장갑은 오른손에만 맞는다. 왼발 구두는 오로지 왼발에만 맞는다. 오른손 형태와 왼손 형태로 존재하는 물체를 카이랄(chiral, 손 모양)이라고 말한다. 예를 들면, 위에 보인 앵무 조개 거울상의 절반은 카이랄이다. 나사처럼 나선 방향은 손 모양이다. 카이랄성은 화학에서도 중요한 결과를 가져옴을 곧 알게 될 것이다.

이 장에서 배울 내용:

- 카이랄인 분자들의 인식, 분류 및 이름 짓기
- 카이랄이 유기 화합물의 화학적, 그리고 생물학적 행동에 미치는 영향

이 주제는 왜 중요한가?

이 장의 끝에서는 우주에서 무엇이 카이랄성의 근원이 되었는지와 펩타이드, DNA, 탄수화물처럼 생체에서 발견되는 물질들이 다른 형태가 똑같이 가능할 것임에도 불구하고 단지 한 가지의 카이랄 형태로 존재하는 까닭을 알게 될 것이다.

5.1 카이랄성과 입체 화학

카이랄성(chirality)은 우주를 지배하는 현상이다. 어떤 물체가 **카이랄(chiral)**인지 **비카이랄(achiral)**인지 어떻게 아는가?

- 물체가 **카이랄성**을 지녔는지는 그 물체와 그것의 거울상을 조사해 보면 알 수 있다.

Photo by Craig B. Fryhle

유리잔과 그것의 거울상은 겹친다.

물체마다 거울상이 있다. 많은 물체들은 비카이랄이다. 이것은 **한 물체와 그것의 거울상이**

Photo by Michael Watson for John Wiley & Sons, Inc.

그림 5.1 왼손과 오른손의 거울상

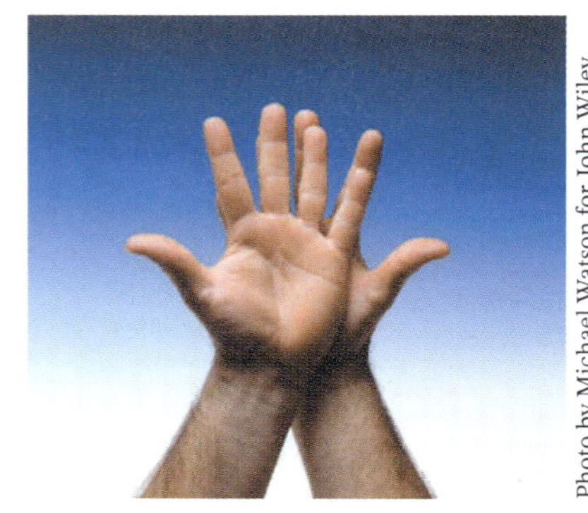

Photo by Michael Watson for John Wiley & Sons, Inc.

그림 5.2 왼손과 오른손은 겹쳐지지 않는다.

똑같다는 뜻이다. 즉, 그 물체와 그것의 거울상은 서로 **겹친다(superposable)**.* 겹친다는 뜻은 한 물체를 다른 물체 위에 놓았을 때 바로 겹쳐져서 모든 부분들이 각각 일치함을 의미한다. 구나 정육면체와 같은 기하학적인 물체들은 비카이랄이다. 물잔 같은 물체도 비카이랄이다.

- **카이랄인 물체는 그것의 거울상과 겹쳐지지 않는다.**

사람의 손 각각은 카이랄이다. **오른손**을 거울에 비쳐 보면 **왼손**이 된다(**그림 5.1**). 그러나 **그림 5.2**에서 보듯이 **왼손과 오른손은 서로 겹쳐지지 않으므로** 같은 것이 아니다. 비록 서로 거울상이긴 해도 말이다. 사람의 손은 거울상이다. 실제로 카이랄(chiral)이란 말은 그리스어 cheir에서 온 것으로 손을 의미한다. 머그와 같은 물체는 카이랄이 될 때도 있고 안 될 때도 있다. 만약 머그에 아무 표시도 하지 않았다면 그것은 비카이랄이다. 만일 머그의 한 쪽에 로고나 그림이 붙어 있다면 카이랄이다.

Perennou Nuridsany/Science Source

메꽃무리(위 사진)는 DNA의 오른손 모양 나선처럼 오른손 모양으로 감아 올라간다.

Photo by Craig B. Fryhle

이 머그는 이것의 거울상과 겹쳐지지 않기 때문에 카이랄이다.

5.1A 카이랄성의 생물학적인 중요성

인체는 심장이 중심의 왼쪽에, 간이 오른쪽에 놓인, 구조적으로 카이랄이다. 나선형 조개껍데기나 오른손 나사도 카이랄이다. 많은 식물들이 지지대를 감고 올라갈 때 카이랄을 나타낸다.

* 겹친다는 것은 포개진다는 것과는 다르다. 어느 두 물체는 같건 같지 않건 하나 위에다 다른 것을 놓음으로써 포개질 수 있다. 한편 두 물체가 **겹쳐지면**(겹침의 성질처럼) **각 물체의 모든 부분이 일치해야 한다**. 겹침의 조건은 두 물체가 **동일**할 때만 충족된다.

인동덩굴은 왼손 나선형으로 감아 올라가고, 메꽃은 오른손 쪽으로 감는다. DNA는 카이랄 분자이다. 이중나선 형태인 DNA는 오른쪽으로 돈다.

그러나 분자의 **카이랄성(chirality)**은 어떤 분자들이 왼손 또는 오른손 형태를 가졌다는 사실 이상으로 중요하다. 이 장에서 보겠지만, 이것은 특정 원자에 결합된 기들이 분자에 카이랄성을 제공하는 본질이다. 실제로 천연 단백질을 구성하는 20가지 아미노산은 하나만 빼고 모두 카이랄이다. 이들은 모두 왼손 모양으로 분류된다. 천연적인 당 분자는 오른손 모양으로 거의 다 분류된다. 실제로 생명체를 이루는 대부분의 분자들은 카이랄이다. 그리고 대개 한 가지 거울상 형태로만 발견된다.

카이랄성은 우리의 일상생활에 막중하게 중요하다. 대부분의 의약품은 카이랄이다. 대개 한 거울상만이 원하는 효과를 낸다. 다른 거울상은 흔히 활성이 없거나 기껏해야 덜 활성을 지녔다. 어떤 의약품의 경우에는 다른 거울상이 심각한 부작용이나 독성을 내기도 한다(5.5절의 탈리도마이드 참조). 맛이나 냄새도 카이랄성에 달려 있다. 카이랄 분자의 한 거울상이 냄새나 맛을 가졌다면 그것의 다른 거울상은 냄새와 맛이 완전히 다르다. 우리가 먹는 식품은 한 거울상 형태의 분자로 되어 있다. 만일 비천연적인 거울상을 가진 분자로 된 음식을 먹는다면 굶어 죽게 될 것이다. 우리 몸속의 효소는 카이랄이므로 천연적인 거울상과만 선택적으로 반응하기 때문이다.

이제 분자가 카이랄이 되는 까닭을 살펴보자. 이성질 현상에 대해서 시작해 보기로 한다.

5.2 이성질 현상: 구조 이성질체와 입체 이성질체

5.2A 구조 이성질체

이성질체(isomer)란 분자식이 같으나 다른 화합물이다. 이제까지는 소위 구조 이성질체라고 부르는 이성질체에 대해서 살펴보았다.

- **구조 이성질체(constitutional isomer)**란 분자식은 같지만 원자들이 다른 순서로 연결되어 있기 때문에 서로 다른 이성질체들이다. 구조 이성질체의 몇 가지 예를 들어 보자.

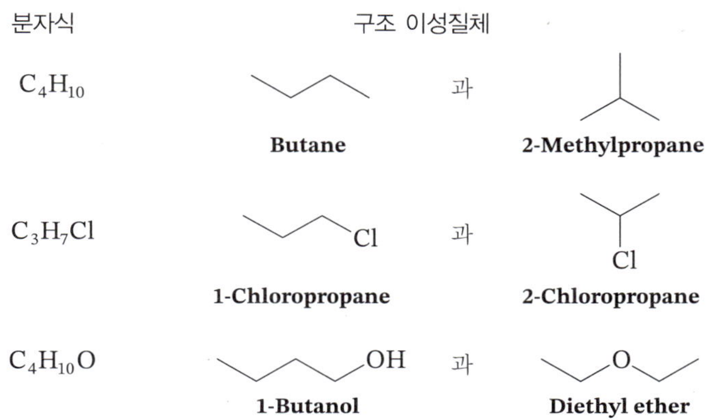

5.2B 입체 이성질체

입체 이성질체는 구조 이성질체가 아니다.

- **입체 이성질체(stereoisomer)**들은 원자들이 똑같은 순서로 연결되어 있고, 단지 공간에서 원자의 배열이 다를 뿐이다. 분자 구조의 공간적인 관점을 고려하는 것이 **입체 화학(stereochemistry)**이다.

입체 이성질체의 어떤 형태에 대한 예를 이미 보았다. 알켄에서 cis와 trans 형태는 입체 이성질체이다(1.13B절). 치환기를 가진 고리형 분자에서 cis와 trans 형태도 마찬가지이다(4.13절).

5.2C 거울상체와 부분 입체 이성질체

입체 이성질체는 **거울상체(enantiomer)**와 **부분 입체 이성질체(diastereomer)** 두 부류로 나눌 수 있다.

- **거울상체**는 서로의 거울상들이 겹쳐지지 않는 입체 이성질체이다.

모든 다른 입체 이성질체들은 부분 입체 이성질체이다.

- **부분 입체 이성질체**는 분자들이 서로 거울상이 아닌 입체 이성질체이다.

여기서 보인 *cis*-1,2-다이클로로에텐과 *trans*-1,2-다이클로로에텐은 **부분 입체 이성질체**인 입체 이성질체들이다.

cis와 trans 알켄 이성질체들은 부분 입체 이성질체이다.

***cis*-1,2-Dichloroethene** ($C_2H_2Cl_2$)

***trans*-1,2-Dichloroethene** ($C_2H_2Cl_2$)

cis-와 *trans*-1,2-다이클로로에텐의 구조식을 살펴보면, 분자식($C_2H_2Cl_2$)이 같고 연결 순서도 같다(둘 다 중심 탄소 원자들이 하나의 이중 결합으로 맺어 있고, 각 탄소 원자에는 염소 원자 한 개와 수소 원자가 한 개씩 있다). 그러나 그들의 원자들은 공간에서 서로 맞바꿀 수 없는 다른 배열을 하고 있다(탄소–탄소 이중 결합은 매우 큰 회전 장벽을 가지고 있기 때문이다). 그래서 입체 이성질체가 되는 것이다. 더욱이 그들은 서로의 거울상이 아닌 입체 이성질체이다. 그러므로 거울상체가 아니라 부분 입체 이성질체이다.

사이클로알케인의 cis와 trans 이성질체들은 또 다른 부분 입체 이성질체의 한 예이다. 아래의 두 화합물을 살펴보자.

도움말
이들 화합물의 각 이성질체에 대한 분자 모형을 만들어서 비교함으로써 서로 부분 입체 이성질체임을 스스로 입증할 것을 제의한다.

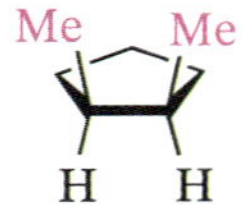

***cis*-1,2-Dimethylcyclopentane** (C_7H_{14})

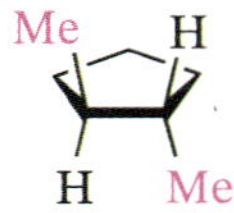

***trans*-1,2-Dimethylcyclopentane** (C_7H_{14})

cis와 trans 사이클로알케인 이성질체들은 부분 입체 이성질체이다.

이 두 화합물들은 분자식(C_7H_{14})이 같고 원자들의 연결 순서가 같지만 공간에서의 배열이 다르다. 한 화합물에서 두 메틸기는 고리의 같은 면을 향하도록 결합되어 있고, 다른 화합물에서는 두 메틸기들이 고리의 반대면을 향하도록 결합되어 있다. 더욱이 메틸기의 위치는 형태 변화를 통하여 맞바뀔 수 없다. 그러므로 이 화합물들은 입체 이성질체들이다. 그들은 서로 거울상이 아니므로 부분 입체 이성질체로 분류된다.

5.12절에서는 부분 입체 이성질체로 존재하지만 cis–trans 이성질체들이 아닌 입체 이성질체들을 배우게 될 것이다. 그러나 먼저 거울상체에 대해서 더 고찰해 보기로 하자.

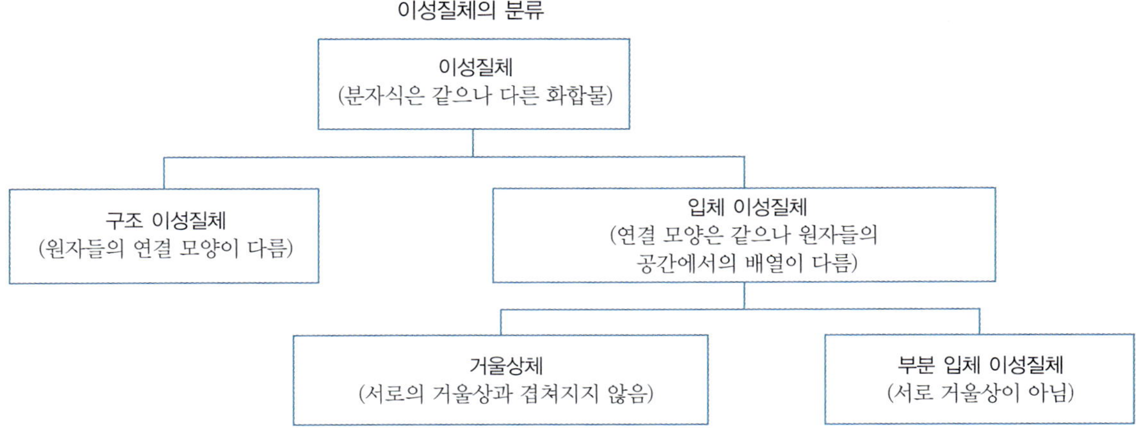

5.3 거울상체와 카이랄 분자

거울상체는 분자들이 카이랄인 화합물에서만 존재한다.

- 카이랄 분자(**chiral molecule**)는 그것의 거울상과 겹치지 않는다.

1,2-다이메틸사이클로펜테인의 trans 이성질체는 그것의 거울상과 아래의 구조식이 보여 주듯이 **겹쳐지지 않기** 때문에 **카이랄**이다.

***trans*-1,2-다이메틸사이클로펜테인의 거울상은 겹쳐지지 않고 따라서 거울상체이다.**

- 비카이랄 분자(**achiral molecule**)는 그것의 거울상과 겹쳐진다.

1,2-다이클로로에텐의 cis와 trans 이성질체들은 둘 다 그들의 거울상과 아래의 구조식이 보여주듯이 **겹쳐지기** 때문에 **비카이랄**이다.

Cl H H Cl　　Cl H H Cl

Cl H H Cl　　H Cl Cl H

***cis*-1,2-Dichloroethene mirror images**　　***trans*-1,2-Dichloroethene mirror images**

cis 이성질체의 거울상들은 서로 겹쳐지므로(한 가지를 180° 회전시키고 그것이 다른 것과 동일함을 확인) 두 cis 구조식은 똑같음을 나타내는 비카이랄 분자이다. trans 이성질체에 대해서도 같다.

- 거울상체는 분자들이 카이랄인 화합물에서만 존재한다.
- 카이랄인 분자와 그것의 거울상은 서로 **거울상체 쌍(pair of enantiomers)**이라고 한다. 그들 사이의 관계는 **거울상성(enantiomeric)**이다.
- 분자 또는 물체의 카이랄성에 대한 보편적인 시험은 분자나 물체가 그것의 거울상과 겹쳐지지 않음이다.

카이랄과 비카이랄인 물체는 일상에서 부딪힌다. 예를 들어, 구두는 카이랄이지만 양말은 비카이랄이다.

되새김 물음 5.1

아래의 물체들이 카이랄인지 비카이랄인지를 가려내시오.

(a) 시험관	**(c)** 발	**(e)** 귀	**(g)** 트럭
(b) 사다리	**(d)** 손 장갑	**(f)** 나사	**(h)** 한 쌍의 집게

분자의 카이랄성을 비교적 간단한 화합물을 예로 들어 증명할 수 있다. 2-뷰탄올을 예로 생각해 보자.

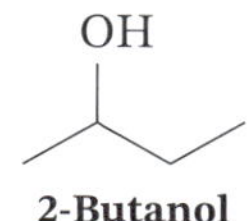

이제까지의 구조식은 마치 그것이 한 가지 화합물을 나타내는 것처럼 써 왔으며, 2-뷰탄올 분자가 카이랄임을 언급하지 않았다. 그러나 분자들이 카이랄이므로 두 가지 다른 2-뷰탄올이 있으며, 이 두 화합물들은 거울상체이다. **그림 5.3**의 그려진 모양과 모형을 살펴보면 이 사실을 이해할 수 있다.

도움말
화학에서 삼차원적인 관점을 공부할 때 모형을 사용하면 도움이 된다.

모델 **I**을 거울 앞에서 들고 있으면 모델 **II**가 거울에서 보인다. 그 반대도 성립한다. 모델 **I**과 **II**는 서로 겹치지 않으므로 그들은 서로 다른 이성질체의 분자들이다. **모델 I과 II는 서로 겹치지 않는 거울상이므로 이들이 나타내고 있는 분자들은 거울상체이다.**

되새김 물음 5.2

그림 5.3에 나타낸 2-뷰탄올의 모형을 만들고, 그들이 서로 겹치지 않음을 스스로 증명하시오. **(a)** 3-브로모펜테인에 대하여 비슷한 모형을 만드시오. 그들은 서로 겹치는가? **(b)** 3-브로모펜테인은 카이랄인가? **(c)** 3-브로모펜테인의 거울상체가 있을 것으로 기대하는가?

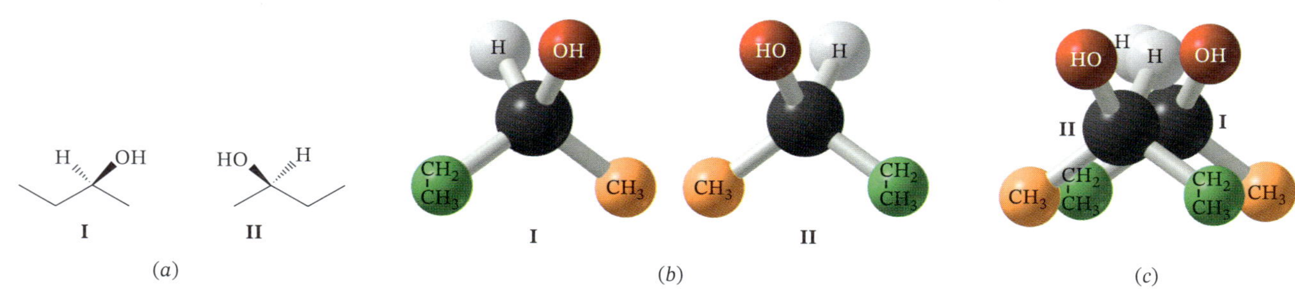

그림 5.3 (*a*) 2-뷰탄올의 거울상체 I과 II의 삼차원적인 그림. (*b*) 2-뷰탄올 거울상체의 모형. (*c*) 모델 I과 II를 서로 겹치게 하려는 시도가 불가능함을 보임

5.4 카이랄 중심과 카이랄 분자

- **카이랄 중심(chiral center)**은 4개의 다른 기들이 연결된 정사면체의 탄소 원자이다.
- **한 개**의 카이랄 중심을 가진 분자는 카이랄이며 한 쌍의 거울상체로 존재할 수 있다.
- **한 개** 이상의 카이랄 중심을 가진 분자도 거울상체로 존재할 수 있지만, 분자가 그것의 거울상과 겹쳐지지 않아야 한다.

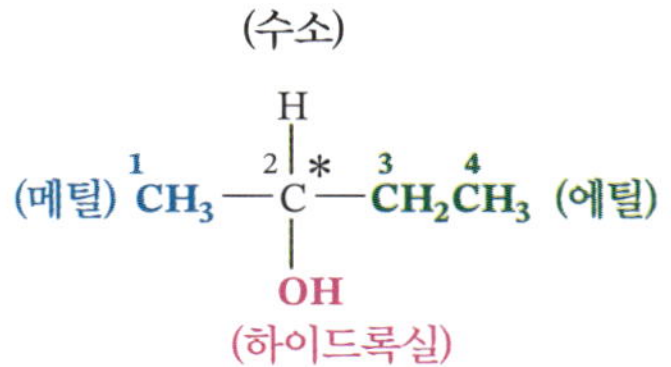

그림 5.4 2-뷰탄올에서 4가지 다른 기를 가진 정사면체의 탄소 원자(관례적으로 정사면체의 카이랄 중심인 탄소 원자는 *로 표시한다.)

지금은 단 한 개의 카이랄 중심을 가진 분자만 논의한다. 5.12절에서 한 개 이상의 카이랄 중심을 지닌 분자에 대해서 논의한다.

카이랄 중심은 흔히 별표(*)로 표시한다. 2-뷰탄올에서 카이랄 중심은 C2이다(**그림 5.4**). 2-뷰탄올의 C2에 연결된 4개의 기는 하이드록실기, 수소 원자, 메틸기, 그리고 에틸기이다. (카이랄성은 분자 전체의 성질이며, 카이랄 중심은 분자가 카이랄이 될 수 있는 구조적인 특징이다.)

구조식에서 카이랄 중심을 찾을 수 있는 능력은 카이랄이며 거울상체로 존재할 수 있는 분자를 인식하는 데 도움이 된다.

- 한 개의 카이랄 중심이 분자에 존재하면 그 분자는 카이랄이며 거울상체가 가능하다는 것을 보장한다.

그림 5.5는 분자가 한 개의 카이랄 중심을 지녔을 때마다 거울상체인 화합물들이 존재할 수 있음을 보여 준다.

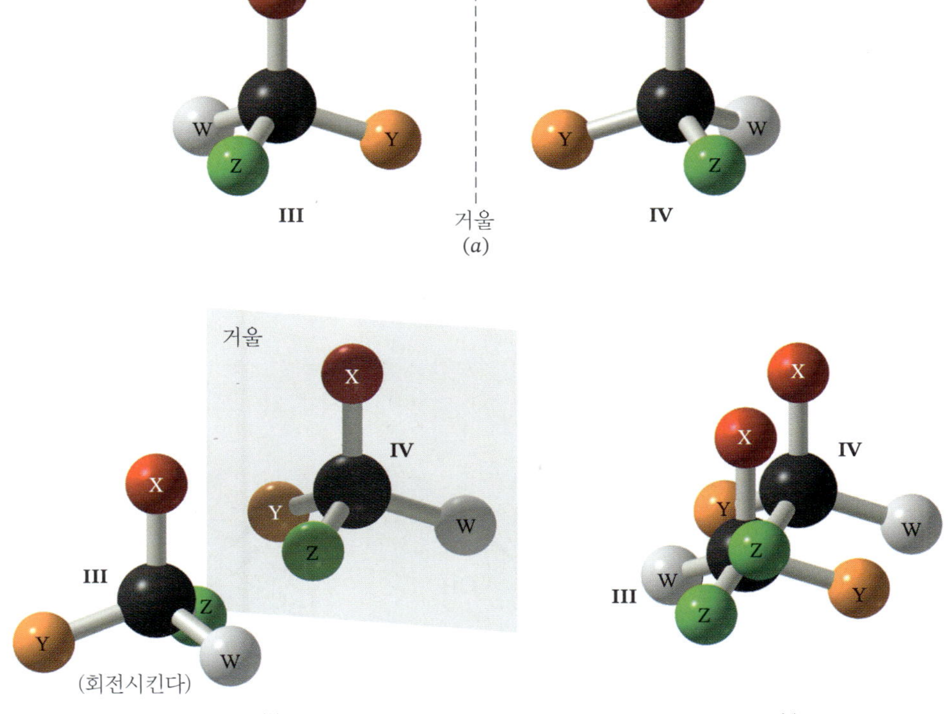

그림 5.5 한 개의 카이랄 중심을 가진 분자에서 카이랄성을 나타내는 그림. (a) **III**과 **IV**에서 탄소 원자 주위에 있는 4가지 다른 기들은 임의로 정한 것이다. (b) **III**을 회전하여 거울 앞에 놓았다. **III**과 **IV**는 한 물체와 그것의 거울상이다. (c) **III**과 **IV**는 겹쳐지지 않는다. 그러므로 이들 분자들은 카이랄이며 거울상체들이다.

- 한 개의 카이랄 중심을 지닌 거울상체에서 한 가지 중요한 성질은 **카이랄 중심에 붙어 있는 어느 두 기를 상호 교환하면 한 거울상체가 다른 거울상체로 바뀐다는 것이다.**

그림 5.3*b*에서 메틸기를 에틸기와 맞바꾸면 한 거울상체가 다른 거울상체로 서로 바뀌는 것을 알 수 있다. 어느 다른 두 기를 서로 바꾸어도 똑같은 결과가 되는 것을 분명히 알아두어야 한다.

도움말
모형이나 삼차원 구조식에서 두 기를 맞바꾸는 것은 두 카이랄인 분자의 구조들이 서로 같은지 다른지를 시험하는 유용한 방법이다.

- 연결된 기들을 맞바꾸어 입체 이성질체를 생성하는 원자를 **입체 중심(stereogenic center)**이라고 한다. 그 원자가 탄소 원자이면 그것을 **입체 중심인 탄소(stereogenic carbon)**라고 한다.

이처럼 기들을 맞바꾼다고 말하는 것은 어디까지나 **분자 모형을 가지고 하거나 종이 위에 하는 것**임을 깨달아야 한다. 실제 분자에서 기들을 맞바꾸려면 공유 결합을 깨야 하고, 이러기 위해서는 많은 에너지가 필요하다. 이것은 곧 2-뷰탄올의 거울상체들이 자발적으로 **상호 변환하지 않음**을 의미한다.

되새김 물음 5.3

그림 5.5에서 나타낸 것을 모형을 만들어 그 당위성을 나타내시오. **III**과 **IV**는 한 물체와 그것의 거울상임과 그들이 서로 겹쳐지지 않음을 나타내시오(즉 **III**과 **IV**는 카이랄 분자이며 거울상체임을 나타내시오).

(a) **IV**의 어느 두 기를 맞바꾸시오. 두 분자 사이의 새로운 관계는 무엇인가?

(b) 두 모형 중 어느 것을 택하여 두 기의 위치를 맞바꾸시오. 이제 분자들 사이의 관계는 무엇인가?

- 한 분자에서 모든 정사면체의 원자들이 두 개 이상 **서로 같은 기를 갖고 있으면** 그 분자에는 카이랄 중심인 탄소가 없다. 그 분자는 거울상과 겹쳐지며 **비카이랄 분자(achiral molecule)**이다.

이러한 분자의 한 예는 2-프로판올이다. 1번과 3번 탄소 원자들은 모두 동일한 3개의 수소 원자를 갖고 있고 중심의 원자는 두 개의 동일한 메틸기를 갖고 있다. 2-프로판올의 삼차원적 구조식을 써 보면 한 구조가 그것의 거울상과 겹쳐짐을 알 수 있다(그림 5.6)

그러므로 2-프로판올의 거울상체가 존재할 것을 기대할 수 없으며, 실험적으로도 한 가지 형태의 2-프로판올이 발견되었을 뿐이다.

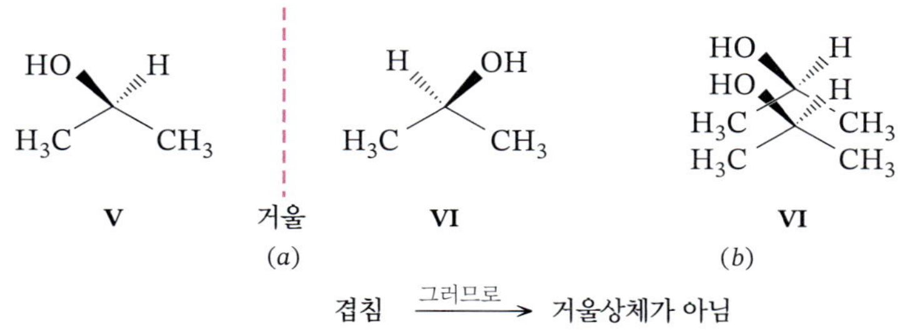

HO H
H_3C CH_3
V

거울

H OH
H_3C CH_3
VI

(*a*)

HO H
HO H
H_3C CH_3
H_3C CH_3
VI

(*b*)

겹침 $\xrightarrow{\text{그러므로}}$ 거울상체가 아님

그림 5.6 (*a*) 2-프로판올(**V**)과 이것의 거울상(**VI**). (*b*) 한 가지를 회전하면 두 구조는 서로 겹치게 되고, 따라서 거울상체가 아니다. 이들은 같은 화합물의 두 분자임을 나타낸다. 2-프로판올은 카이랄 중심인 탄소를 갖지 않는다.

보기 물음 5.1

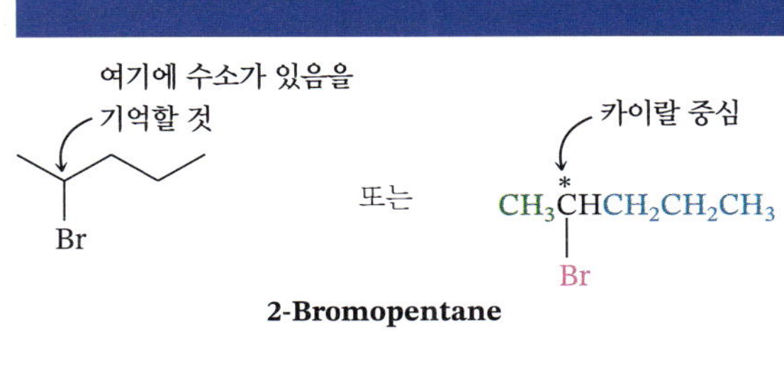

2-브로모펜테인은 카이랄 중심을 가지는가? 그렇다면 각 거울상체에 대한 삼차원 구조식을 쓰시오.

풀이

먼저 분자의 구조식을 쓰고 4개의 다른 기들이 붙어 있는 탄소를 찾는다. 이 경우에는 C2가 4개의 다른 기, 즉 수소, 메틸기, 브로민, 그리고 프로필기를 가지고 있다. 그러므로 C2가 **카이랄 중심**이다.

거울상체들은 다음과 같다.

$CH_3CH_2CH_2$ CH_3 H Br H_3C $CH_2CH_2CH_3$ Br H

이 구조식들은 겹쳐지지 않는 거울상이다.

되새김 물음 5.4

아래에 수록한 분자들 중에는 카이랄 중심을 가진 것과 갖지 않은 것이 있다. 카이랄 중심인 탄소를 가진 분자들의 거울상체들을 삼차원의 구조식으로 쓰시오.

(a) 2-Fluoropropane
(b) 2-Methylbutane
(c) 2-Chlorobutane
(d) 2-Methyl-1-butanol
(e) *trans*-2-Butene
(f) 2-Bromopentane
(g) 3-Methylpentane
(h) 3-Methylhexane
(i) 2-Methyl-2-pentene
(j) 1-Chloro-2-methylbutane

5.4A 정사면체 대 정삼각형 입체 중심

일반적으로 입체 중심과 입체 중심의 한 형태인 카이랄 중심 사이의 차이점을 분명히 해두는 것이 중요하다. 2-butanol에서의 카이랄 중심은 정사면체인 입체 중심이다. *cis*-와 *trans*-1,2-다이클로로에텐의 탄소 원자들도 입체 중심이다. 그러나 그들은 정삼각형 입체 중심이다. 그들은 카이랄 중심이 아니다. 1,2-다이클로로에텐 이성질체의 알켄 탄소에 붙어 있는 기들을 맞바꾸면 입체 이성질체(같은 연결 순서를 가졌지만 공간에서의 배열이 다른 분자)가 된다. 그러나 겹쳐지지 않는 거울상을 만들지 않는다. 한편 카이랄 중심은 겹쳐지지 않는 거울상의 가능성을 지녀야 한다.

- 카이랄 중심은 정사면체 입체 중심이다.
- cis와 trans 알켄 이성질체들은 정삼각형 입체 중심을 지닌다.

5.5 카이랄성의 생물학적인 중요성을 더 다룸

카이랄성과 관련된 생물학적 성질의 근원은 손과 장갑의 특정적인 관계와 비슷하다. 즉, 카이랄 분자(손)는 카이랄 수용체(장갑)에 단지 한 가지 방법으로만 결합하는 특이성을 나타낸다. 둘 중 어느 한 가지만 틀린 손 모양을 가지면 천연적인 생리 작용(예: 신경 충동, 촉매 반응)은 일어나지 않는다. 단 한 가지의 아미노산이 가상적인 결합 부위(예: 효소)와 최선으로 상호작용을 하는 모습이 **그림 5.7**에 나타나 있다. 아미노산의 정사면체인 카이랄 중심 때문에 두 거

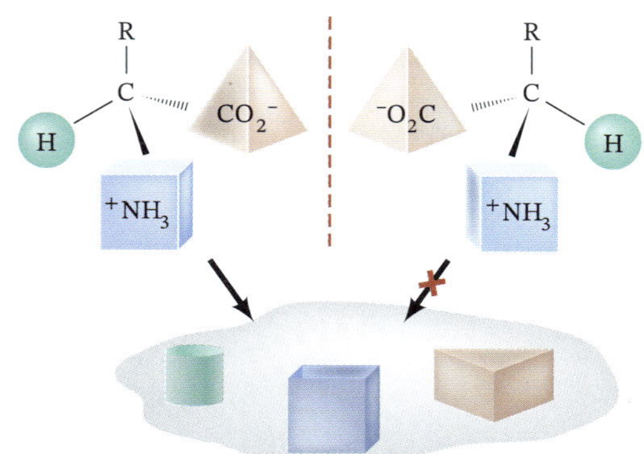

그림 5.7 아미노산의 두 거울상체 중 하나만 가상적인 결합 위치(예: 효소)를 지닌 세 점에서 결합한다.

울상체 중 단 한 가지 이성질체만 반응한다.

카이랄 분자는 인간의 삶과 관련하여 여러 가지 방법으로 다른 손 모양성을 나타낸다. 리모넨(23.3절)의 한 거울상체는 오렌지 향을 내지만, 다른 거울상체는 레몬의 냄새를 낸다.

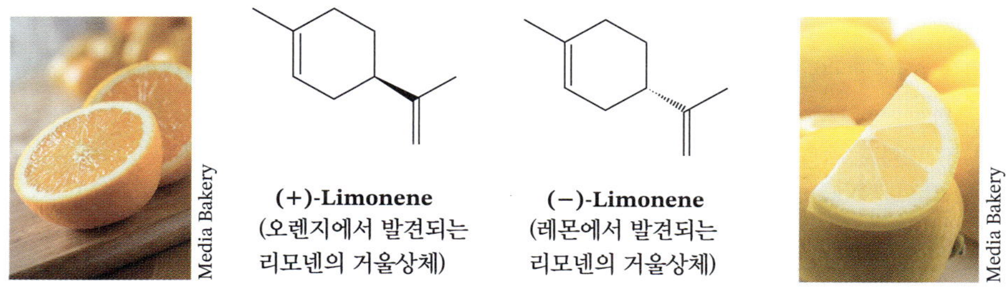

카본(되새김 물음 5.14)의 한 거울상체는 카럼실(caraway)의 향이지만 다른 거울상체는 스페아민트의 향이다.

카이랄 중심을 지닌 약품의 활성은 거울상체에 따라 다른데, 때로는 심각하거나 비극적인 결과를 가져오기도 한다. 1963년 이전에 여러 해 동안 탈리도마이드가 임신부의 조울증 치료에 쓰였다. 1963년에 이 약을 사용한 결과로 많은 기형아들이 태어난다는 사실이 발견되었다.

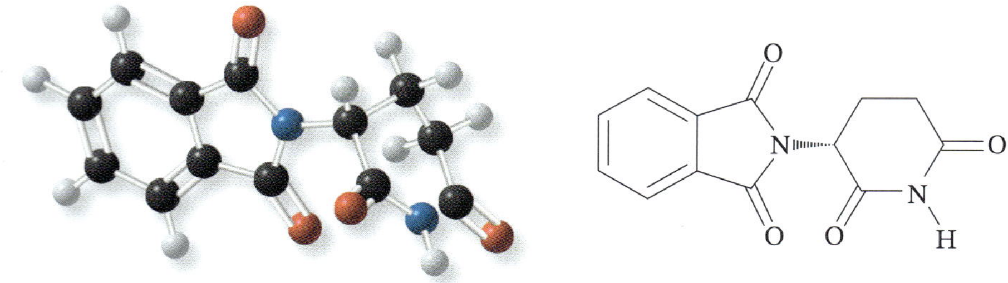

그 후 탈리도마이드의 한 거울상체(오른손 모양인 분자)는 기대한 효과를 지녔으나, 약품에 (동량으로) 존재하는 다른 거울상체가 기형아 출산의 원인이 됨을 알게 되었다. 두 거울상체는 생리적 조건에서 서로 전환되므로 두 거울상체에 대한 효과는 복잡하다. 지금은 탈리도마이드를 특정한 형태의 암과 나병의 치료에만 극히 제한적인 조건에서 사용하도록 허가되어 있다. 이 물질이 AIDS, 뇌암, 류마티스성 관절염 등의 치료제로 사용될 가능성도 연구 중에 있다. 카이랄 의약품의 다른 관점에 대해서는 5.11절에서 배운다.

되새김 물음 5.5

(a) 리모넨과 **(b)** 탈리도마이드의 어느 원자가 카이랄 중심인가?

되새김 물음 5.6

아래의 분자에서 어느 원자가 카이랄 중심인가?

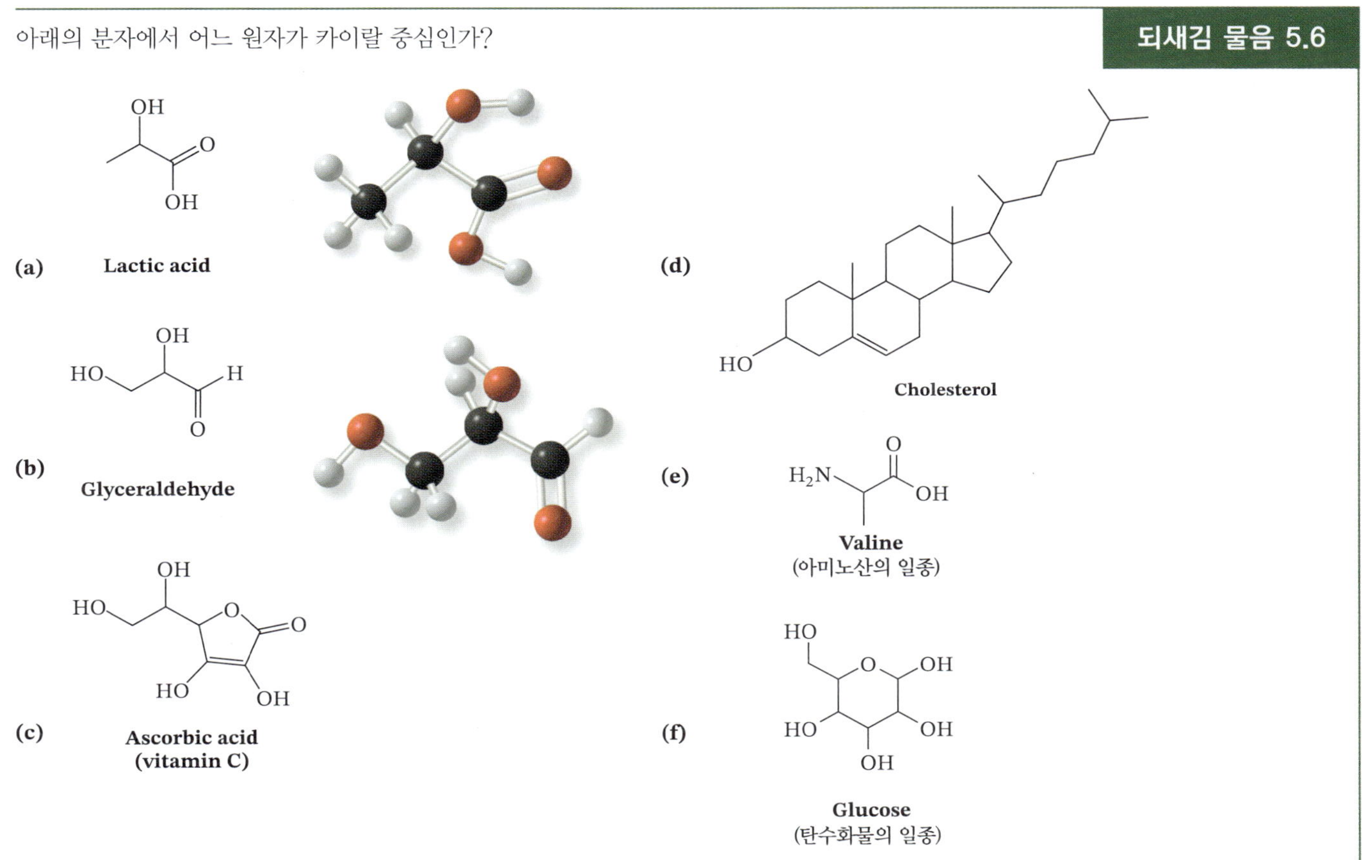

5.6 카이랄성에 대한 시험: 대칭면

분자의 **카이랄성(chirality)**을 실험하는 궁극적인 방법은 한 분자와 그것의 거울상의 모형을 만들어서 겹쳐지는지를 보면 된다. 두 모형이 겹쳐지면 분자는 비카이랄이다. 모형들이 겹쳐지지 않으면 분자들은 카이랄이다. 이러한 실험은 실제의 모형을 가지고 할 수도 있고, 우리 마음 속에서 삼차원의 구조를 그리고 서로 겹쳐 봄으로써 할 수도 있다.

그러나 카이랄 분자를 알아내는 데 도움이 되는 다른 방법도 있다. 한 가지 방법은 이미 언급한 바대로, **한 개의 카이랄 중심인 탄소가 있는 것이다**. 다른 방법은 분자 내에 어떤 대칭 요소가 없다는 사실에 근거한 것이다.

- 분자가 대칭면을 갖고 있으면 카이랄이 아니다.
- **대칭면(plane of symmetry**, 거울면이라고도 함)은 분자를 이등분하여 분자의 양쪽 절반이 서로 거울상이 되는 가상적인 평면이다.

평면은 원자, 원자 사이, 또는 둘 다를 관통할 수 있다. 한 예로, 2-클로로프로페인은 대칭면을 가지고 있으나(**그림 5.8*a***) 2-클로로뷰테인은 갖지 않는다(그림 5.8*b*).

대칭면

비카이랄
(*a*)

카이랄
(*b*)

그림 5.8 (*a*) 2-클로로프로페인은 대칭면이 있으며 비카이랄이다. (*b*) 2-클로로뷰테인은 대칭면이 없으며 카이랄이다.

- 가장 대칭적인 형태에서 대칭면을 가진 모든 분자들은 비카이랄이다.

보기 물음 5.2

글리세롤($CH_2OHCHOHCH_2OH$)은 23장에서 배우게 될 지방의 생합성에 있어서 한 가지 중요한 성분이다. **(a)** 글리세롤은 대칭면을 가지는가? 그렇다면 글리세롤의 삼차원 구조를 쓰고, 그것이 어디에 있는지 나타내시오. **(b)** 글리세롤은 카이랄인가?

풀이

(a) 그렇다. 글리세롤은 대칭면을 가진다. 대칭면을 보기 위해서 분자의 적절한 형태와 배향을 선택해야 함을 주목하시오. **(b)** 아니다. 대칭면을 지닌 형태가 있기 때문에 글리세롤은 비카이랄이다.

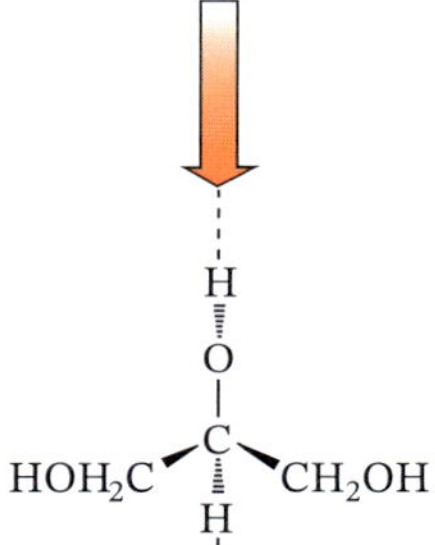

되새김 물음 5.7 돼새김 물음 5.1에 수록한 문제 중 대칭면이 있어 비카이랄인 것은 어느 것인가?

되새김 물음 5.8 돼새김 물음 5.4에 있는 모든 비카이랄 분자들의 삼차원 구조식을 쓰고, 대칭면을 나타내시오(대칭면을 나타내려면 분자를 적합한 형태로 써야 할 것이다).

5.7 거울상체들의 이름 짓기: *R*–*S* 체계

2-뷰탄올의 두 가지 거울상체는 아래와 같다.

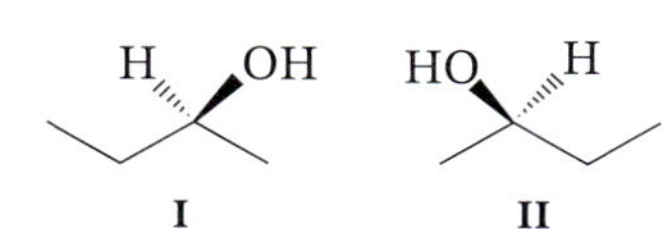

이들 두 **거울상체(enantiomer)**를 앞서 배운 IUPAC 체계로 부르면 두 거울상체는 모두 같은 이름인 2-뷰탄올(또는 *sec*-뷰틸 알코올)이다(4.3F절). **각 화합물은 구별이 되는 이름이 있어야 하므로** 이것은 바람직하지 못하다. 더욱이 한 화합물의 이름을 가지고 화학자들은 규칙에 따라 그 이름만에 따른 구조를 쓸 수 있어야 한다. 2-뷰탄올이란 이름을 가지고는 구조 **I** 또는 **II** 중 어느 것을 써도 된다.

Cahn(영국), Ingold(영국) 및 Prelog(스위스) 3인의 화학자들이 IUPAC 체계에 덧붙이는 이름 짓기 체계를 고안하여 이러한 문제들을 해결하였다. ***R-S* 체계(*R*,*S*-system)** 또는 Cahn–Ingold–Prelog 체계라고 부르는 이 체계는 현재 IUPAC 규칙의 한 부분으로 널리 쓰이고 있다.

이 체계에 따르면 2-뷰탄올의 한 거울상체는 (*R*)-2-뷰탄올이고 다른 것은 (*S*)-2-뷰탄올이다. [(*R*)과 (*S*)는 라틴어의 *rectus*와 *sinister*에서 온 것인데 각각 오른쪽과 왼쪽을 뜻한다.] 이 분자들은 C2에 반대 **배위(configuration)**를 가졌다고 말한다.

5.7A (*R*)과 (*S*) 배위 정하기

(*R*)과 (*S*) 표시는 아래와 같은 과정을 따라 정한다.

1. 카이랄 중심인 탄소에 연결된 4개의 기 각각에 **선행권(priority)** 또는 **우선권(preference)** *a*, *b*, *c*, *d*를 정한다. 우선권은 카이랄 중심에 곧바로 연결된 원자의 **원자 번호(atomic number)**에 따라 먼저 정한다. 원자 번호가 가장 작은 기는 우선권이 가장 작은 *d*이다. 다음으로 원자 번호가 큰 것은 다음의 우선권인 *c*, 이런 식으로 정한다(동위 원소의 경우 원자량이 더 큰 것이 우선권이 크다).

이 규칙을 2-뷰탄올의 거울상체 **II**에 적용해 보자.

(*a*) (*d*)
HO H
C
H_3C CH_2CH_3
(*b* 또는 *c*) (*b* 또는 *c*)

2-뷰탄올 거울상체 중 하나

산소는 카이랄 중심인 탄소에 연결된 4개의 원자 중 원자 번호가 가장 크며, 가장 높은 우선권인 *a*로 정한다. 수소는 원자 번호가 가장 작아서 가장 낮은 우선권인 *d*로 정한다. 메틸기와 에틸기에 대해서는 우선권을 정할 수가 없는데, 카이랄 중심인 탄소에 곧바로 연결된 원자가 모두 탄소 원자이기 때문이다.

2. 카이랄 중심인 탄소에 곧바로 연결된 원자의 원자 번호에 따라서 우선권을 정할 수가 없을 때는 정해지지 않은 기의 원자들의 다음 조합을 살펴본다. 이러한 과정을 우선권이 정해질 때까지 계속하고 **처음 달라지는 점에서 우선권을 정한다.***

2-뷰탄올의 거울상체 **II**에서 메틸기를 살펴보면 다음 원자들의 조합은 3개의 수소 원자들 (H, H, H)이다. **II**의 에틸기에서 다음 원자들의 조합은 한 개의 탄소 원자와 두 개의 수소 원

* 가지 달린 사슬에 대한 규칙은 우선권이 가장 큰 원자를 가진 사슬을 따르는 것이다.

자들(C, H, H)이다. 탄소가 수소보다 원자 번호가 크므로 에틸기에 더 높은 우선권인 *b*, 메틸기에 더 낮은 우선권인 *c*를 부여한다. (C, H, H) > (H, H, H).

3. 이제 구조식(또는 모형)을 회전하여 가장 낮은 우선권(*d*)이 우리 눈에서 가장 멀리 보이도록 한다.

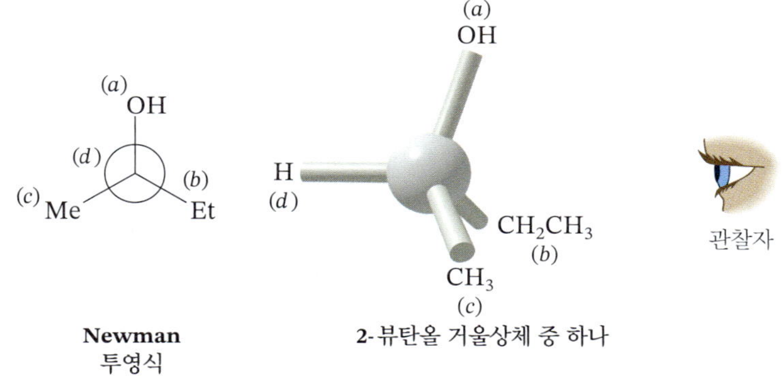

Newman 투영식 **2-뷰탄올 거울상체 중 하나**

그다음 *a*에서 *b*에서 *c*로 따라간다. 이때 손가락(또는 연필)으로 돌린 방향이 **시계 방향**이면 그 거울상체는 (*R*)로 표시한다. 만일 방향이 **시계 반대 방향**이면 그 거울상체는 (*S*)로 표시한다.

이런 근거에 따라 2-뷰탄올의 거울상체 **II**는 (*R*)-2-뷰탄올이다.

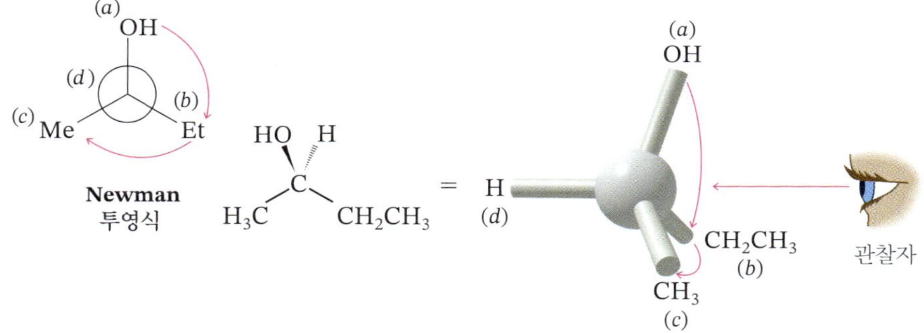

Newman 투영식

화살표가 시계 방향이다.

(*R*)-2-Butanol

보기 물음 5.3

여기에 보인 것은 브로모클로로플루오로아이오도메테인이다. 이것은 (*R*)인가 또는 (*S*)인가?

풀이

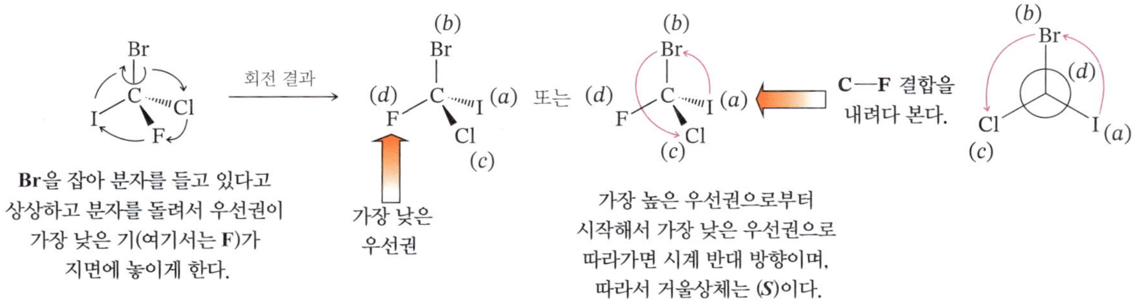

Br
C
I Cl
F
회전 결과
(b) Br
(d) F C I (a)
Cl (c)
또는
(b) Br
(d) F C I (a)
Cl (c)
C—F 결합을 내려다 본다.
(b) Br (d)
Cl (c) I (a)

Br을 잡아 분자를 들고 있다고 상상하고 분자를 돌려서 우선권이 가장 낮은 기(여기서는 **F**)가 지면에 놓이게 한다.

가장 낮은 우선권

가장 높은 우선권으로부터 시작해서 가장 낮은 우선권으로 따라가면 시계 반대 방향이며, 따라서 거울상체는 (*S*)이다.

되새김 물음 5.9

2-Hydroxypropanoic acid의 거울상체를 쓰고, 각각을 (*R*)과 (*S*)로 표시하시오.

되새김 물음 5.10

되새김 물음 5.4의 답에 대하여 각각의 거울상체를 (*R*)과 (*S*)로 표시하시오.

Cahn–Ingold–Prelog 체계의 처음 세 규칙을 쓰면 단일 결합을 포함하는 대부분의 화합물에 대한 (*R*)과 (*S*) 표시를 할 수 있다. 다중 결합을 포함하는 화합물에 대하여는 한 가지 다른 규칙이 더 필요하다.

4. 이중 또는 삼중 결합을 포함하는 기들은 마치 두 원자들이 두 번 또는 세 번 반복되는 것처럼 하여 우선권을 정한다. 즉,

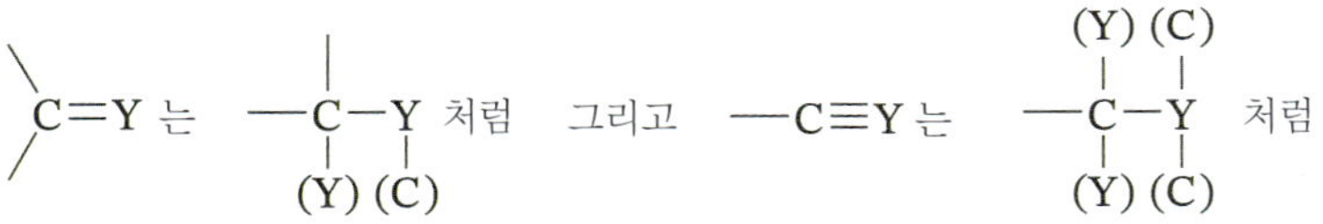

$\rangle C{=}Y$ 는 $-\overset{|}{\underset{(Y)}{C}}-\underset{(C)}{Y}$ 처럼 그리고 $-C{\equiv}Y$ 는 $-\overset{(Y)}{\underset{(Y)}{C}}-\overset{(C)}{\underset{(C)}{Y}}$ 처럼

괄호에 있는 기호들은 다중 결합의 다른 끝에 있는 원자가 이중 또는 삼중으로 반복되어 있음을 나타낸다.

그러므로 바이닐기 $-CH{=}CH_2$는 아이소프로필기 $-CH(CH_3)_2$보다 우선권이 더 크다.

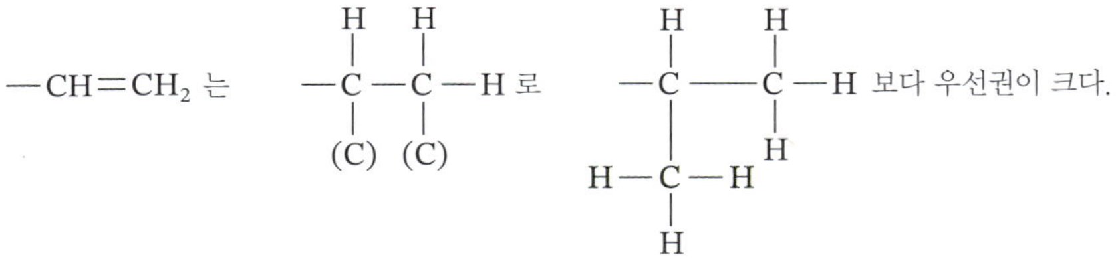

$-CH{=}CH_2$ 는 $-\overset{H}{\underset{(C)}{C}}-\overset{H}{\underset{(C)}{C}}-H$ 로 $-\overset{H}{\underset{H-C-H}{C}}-\overset{H}{\underset{H}{C}}-H$ 보다 우선권이 크다.

왜냐하면 두 번째 원자의 조합에서 바이닐기(아래 구조를 보시오)은 C, H, H인 반면, 아이소프로필기는 어느 가지에서나 H, H, H이기 때문이다(첫 번째 원자들의 조합은 두 기가 다같이 C, C, H이다).

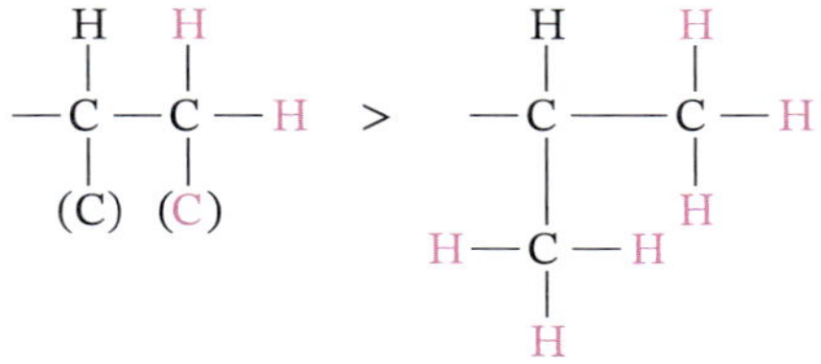

H H
—C—C—H > —C——C—H
(C) (C) H—C—H H

C, H, H > H, H, H
바이닐기 아이소프로필기

더 복잡한 구조에 대해서는 또 다른 규칙이 있지만 여기서는 다루지 않는다.*

되새김 물음 5.11 아래의 각 조합에 수록된 치환기를 우선권이 가장 높은 것부터 가장 낮은 것까지 순서대로 나열하시오.

(a) —OMe, —H, —Br, —Cl
(b) $—CH_3$, $—CH_2Br$, $—CH_2Cl$, $—CH_2OH$
(c) $—NHCH_3$, —H, $—NH_2$, $—N(CH_3)_2$
(d) $—OPO_3H_2$, —OH, —OMe, —H
(e) —C≡CH, $—CH{=}CH_2$, $—CH(CH_3)_2$, $—C(CH_3)_3$
(f) —OH, —SH, —OMe, $—SCH_3$

되새김 물음 5.12 아래 화합물에 대하여 (*R*,*S*) 표시를 정하시오.

(a) O Et OH Me **(b)** HO H **(c)** H CH_3 **(d)** H F C

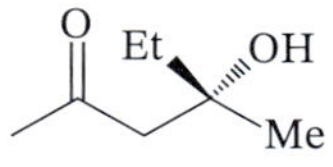

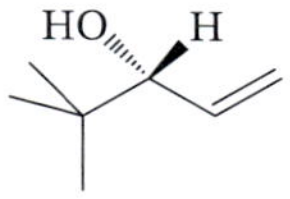

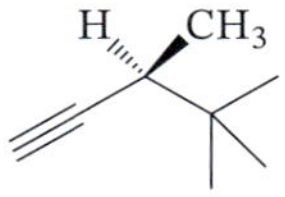

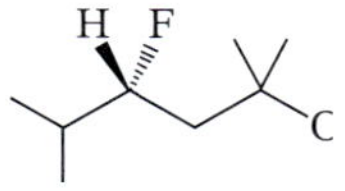

보기 물음 5.4

아래의 한 쌍의 구조를 살펴보고 이들이 거울상체를 나타내는지, 또는 다른 형태에 있는 같은 화합물의 두 분자들인지를 말하시오.

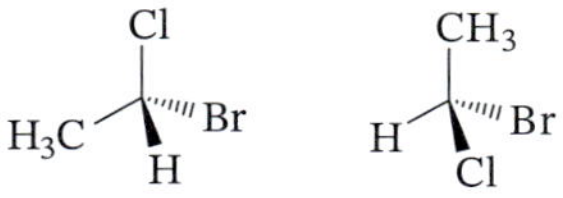

Cl, H_3C, Br, H — **A** CH_3, H, Br, Cl — **B**

전략

이런 물음에 접근하는 한 가지 방법은 한 가지 구조를 취하여 마음 속에 한 기를 잡아들고 있는 것이다. 그다음 다른 기들을 회전하여 적어도 한 기가 다른 구조에서 그것이 있는 같은 자리에 놓이도록 한다(이것을 마음 속으로 쉽게 할 수 있을 때까지 모형을 사용하여 연습한다). 이와 같은 일련의 회전을 통하여 조작하고 있는 구조를 다른 것과 똑같거나 아니면 다른 것의 거울상인 구조로 바꿀 수 있게 될 것이다. 예를 들면, **A**를 취하여 Cl 원자를 잡고 다른 기들을 C^*—Cl 결합을 따라 회전하여 수소가 **B**와 같은 위치를 점유하도록 한다. 그다음 분자의 H를 잡고 C^*—H 결합에 대하여 다른 기들을 회전한다. 이렇게 하면 **B**는 **A**와 같아진다.

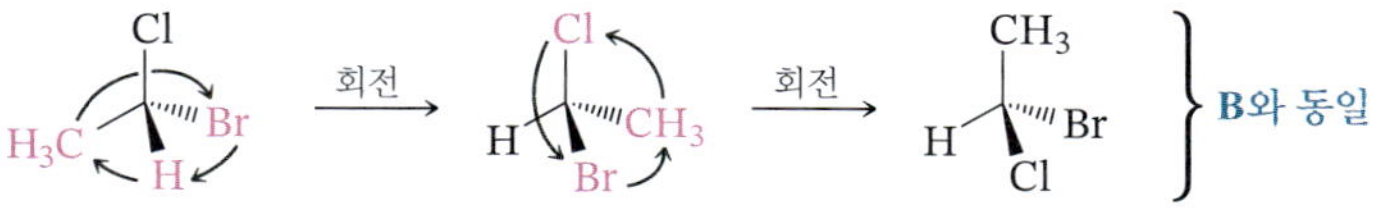

Cl, H_3C, Br, H (**A**) —회전→ Cl, H, CH_3, Br (**A**) —회전→ CH_3, H, Br, Cl (**A**) } **B와 동일**

* 더 이상의 정보는 화학초록기구(Chemical Abstracts Service)에서 찾을 수 있다.

또 다른 방법은 카이랄 중심에 있는 두 기를 맞바꾸면 탄소 원자의 **배위가 반전되어 카이랄 중심이 한 개만 있는** 구조를 그것의 거울상체로 전환시킨다는 사실을 깨닫는 것이다. 두 번째 맞바꾸면 원래의 분자가 된다. 그러므로 **A**를 **B**로 전환하는 데 몇 번이나 맞바꿈이 필요했는지를 기억해 가면서 이 방법을 시험해 본다. 이 보기에서는 두 번 맞바꿈이 필요하며, 다시금 **A**와 **B**는 같다는 결론을 내릴 수 있다.

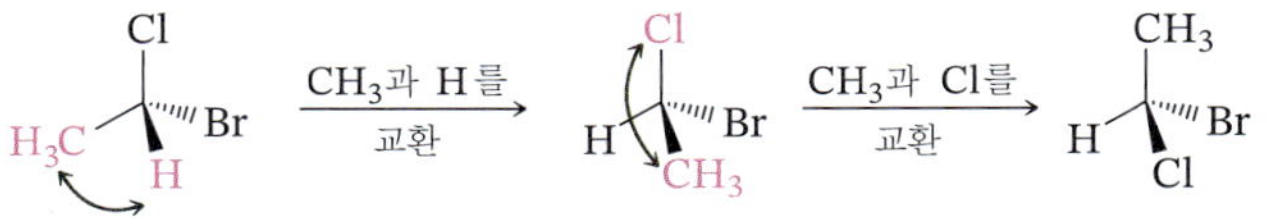

A —(CH_3과 H를 교환)→ —(CH_3과 Cl를 교환)→ B

한 가지 유용한 검증 방법은 (*R*,*S*) 표시를 포함하는 이름을 붙이는 것이다. 이름이 같으면 구조도 같다. 이 예에서 두 구조는 모두 (*R*)-1-브로모-1-클로로에테인이다.

(*R*)과 (*S*) 배위를 지정하는 또 다른 방법으로 손을 카이랄성 받침대로 쓰는 방법이 있다(Huheey, J. E. *J. Chem. Educ.* **1986**, 63, 598–600). 카이랄 중심에 있는 기들을 가장 낮은 우선권으로부터 각각 팔목, 엄지, 인지, 그리고 둘째 손가락과 연관시킨다. 약지와 새끼손가락은 손바닥에 접고 손을 팔목이 멀리 있게 바라본다. 카이랄 중심 사이의 연관이 왼손과 같으면 (*S*) 배위이고 오른손과 같으면 (*R*) 배위이다.

풀이

A와 **B**는 같은 화합물 두 분자가 다르게 배향된 것이다.

되새김 물음 5.13

각 쌍의 두 구조가 거울상체인지 또는 다른 배향의 동일한 화합물인지를 말하시오.

(a) 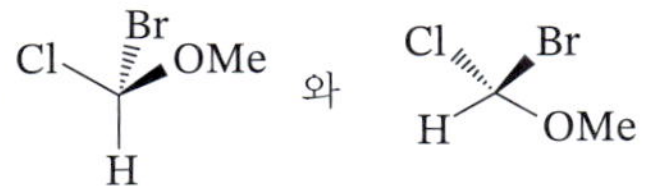 와 **(b)** 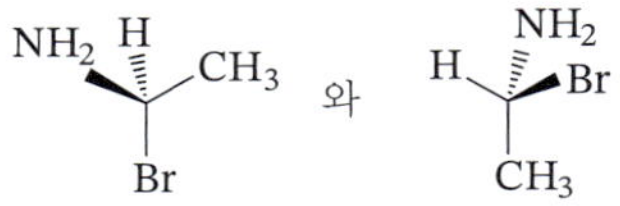 와 **(c)** 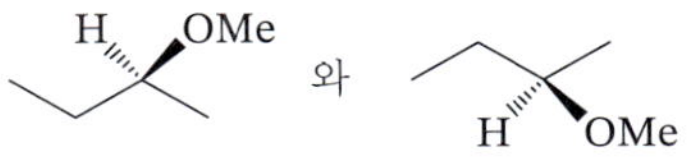 와

5.8 거울상체의 성질: 광학 활성도

거울상체인 분자들은 서로 겹치지 않으며 이런 근거만으로 거울상체는 서로 다른 화합물이라고 결론지었다. 얼마나 다른가? 거울상체는 구조 이성질체나 부분 입체 이성질체처럼 녹는점과 끓는점이 다른가? 이에 대한 답은 '아니요'이다.

- 순수한 거울상체는 **같은** 녹는점과 끓는점을 가졌다.

거울상체들은 굴절률, 용매에 대한 용해도, 적외선 스펙트럼, 반응 속도 등이 다른가? 이 각각의 질문에 대해서도 대답은 역시 '아니요'이다.

표 5.1 2-뷰탄올과 타타르산 거울상체들의 물리적 성질

화합물	끓는점(bp) 또는 녹는점(mp)
(*R*)-2-Butanol	99.5 °C (bp)
(*S*)-2-Butanol	99.5 °C (bp)
(+)-(*R*,*R*)-Tartaric acid	168~170 °C (mp)
(−)-(*S*,*S*)-Tartaric acid	168~170 °C (mp)
(+/−)-Tartaric acid	210~212 °C (mp)

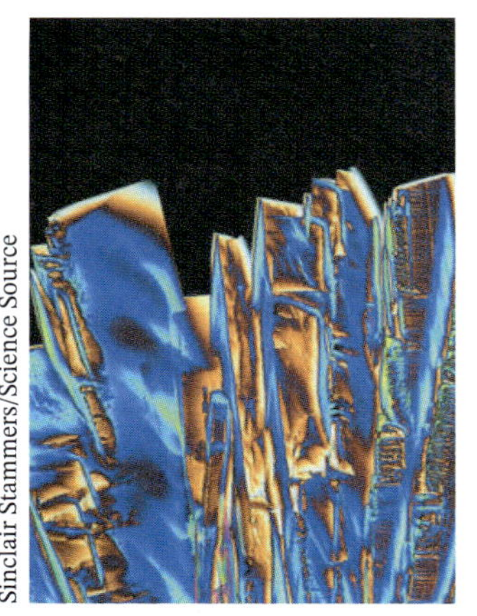

타타르산은 천연적으로 포도와 많은 다른 식물에서 발견된다. 타타르산 결정은 때때로 포도주에서 발견되기도 한다.

이들 성질(예: 끓는점, 녹는점, 용해도)은 대부분 분자들 사이에 작용하는 분자간 힘(2.13절)의 크기에 의존하며, 서로 거울상인 분자들에 있어서 이 힘들은 동일할 것이다. 2-뷰탄올 거울상체들의 몇 가지 물리적 성질을 수록한 **표 5.1**을 살펴보면 이러한 사실을 알 수 있다.

그러나 한 화합물의 거울상체들의 혼합물은 각각의 순수한 시료와는 다른 성질을 가진다. 이러한 사실은 타타르산에 대하여 표 5.1에 나타나 있다. 천연의 이성질체인 (+)-타타르산은 녹는점이 168~170 ℃이며, 그것의 비천연적인 거울상체인 (−)-타타르산도 같은 녹는점을 가졌다. 그러나 타타르산 거울상체의 동량 혼합물인 (+/−)-타타르산은 녹는점이 210~212 ℃이다.

- 거울상체들은 자신의 거울상체나 다른 카이랄인 물질과 작용할 때만 다른 성질을 나타낸다.

이것은 위에 보인 녹는점 자료에서도 분명하다. 거울상체들은 다른 카이랄인 분자와 반응할 때 반응 속도가 다르다. 즉, 하나의 거울상체이거나 또는 하나의 거울상체가 과량 존재하는 시약에 대한 반응 속도가 다르다. 거울상체는 하나의 거울상체이거나 또는 하나의 거울상체가 과량 존재하는 용매에 대한 용해도가 다르다.

거울상체가 서로 다른 것을 쉽게 관찰할 수 있는 한 가지 방법은 그들의 **평면 편광에 대한 성질**이다.

- 평면 편광의 빛살을 한 거울상체에 통과시키면 편광면이 **회전한다**.
- 다른 거울상체는 평면 편광의 면을 같은 양만큼 회전시키나 **그 방향이 반대이다**.
- 평면 편광에 대한 영향 때문에 개개의 거울상체는 **광학적 활성인 화합물(optically active compound)**이라고 부른다.

이러한 거울상체의 행동을 이해하기 위하여 평면 편광의 본질을 이해할 필요가 있다. 또한 편광계(polarimeter)가 어떻게 작용하는지도 알 필요가 있다.

5.8A 평면 편광

빛은 전자기적인 현상이다. 빛살은 서로 수직으로 진동하는 장, 곧 진동하는 전기장과 진동하는 자기장이다(**그림 5.9**).

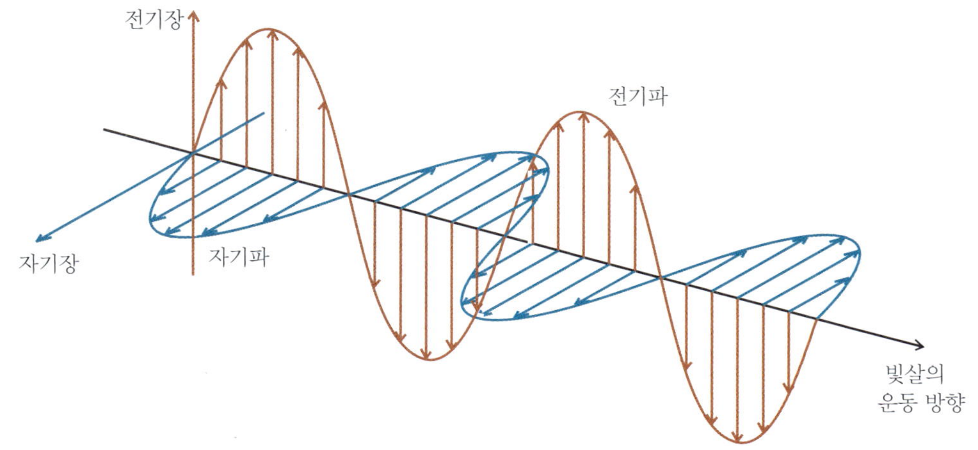

그림 5.9 일반적인 빛의 한 평면에서 진동하는 전기장과 자기장. 여기서 보인 진동은 일상적인 빛의 모든 가능한 평면에서 일어난다.

일상적인 빛의 빛살을 한쪽 끝에서 바라본다고 하고 또 전기적 진동이 일어나는 평면을 실제로 볼 수 있다고 한다면, 전기장의 진동은 진행 방향에 수직인 모든 방향으로 일어나고 있는 것을 발견하게 될 것이다(**그림 5.10**). (자기장에 대해서도 같은 현상이 일어날 것이다.)

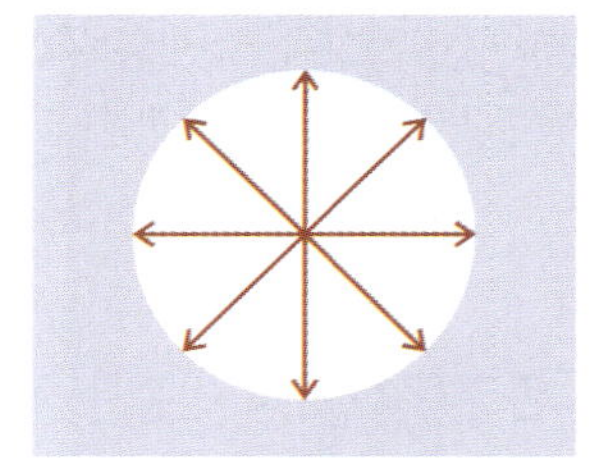

그림 5.10 일반적인 빛에서 전기장의 진동은 진행 방향에 수직인 모든 방향으로 가능하다.

일상적인 빛을 편광체에 통과시키면 편광체는 전기장과 작용하여 편광체로부터 나오는 빛의 전기장은 한 평면에서만 진동하게 된다(그리고 자기장은 이것에 수직이다). 그러한 빛을 **평면 편광(plane-polarized light)**이라고 부른다(**그림 5.11*a***). 평면 편광인 빛살이 편극에 수직인 필터를 만나면 빛은 차단된다(그림 5.11*b*). 이러한 현상은 한 쌍의 편광 선글라스 렌즈나 편광 필름을 가지고 쉽게 보여질 수 있다(그림 5.11*c*).

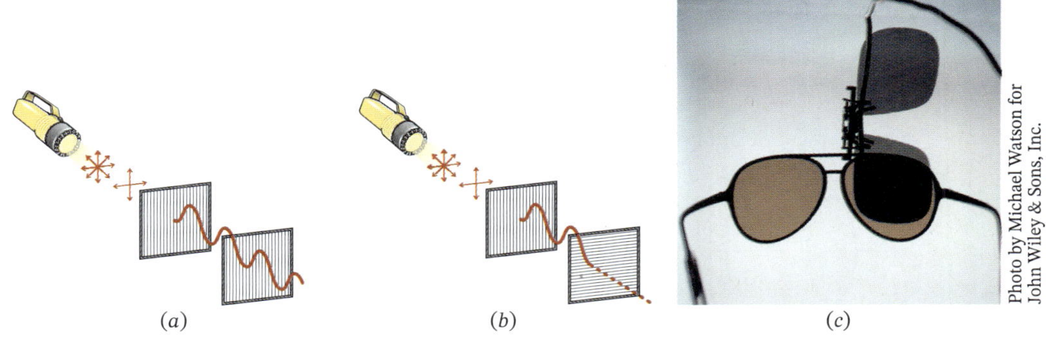

그림 5.11 (*a*) 통상적인 빛이 첫 번째 편광 필터를 통과하면 단지 한 평면에서만 진동하는 전기파를 가지고 나온다(수직인 자기파 면은 보이지 않음). 두 번째 필터가 보여진 대로 첫 번째 필터와 똑같은 편극화 방향으로 배열되어 있다면 평면 편광은 통과할 수 있다. (*b*) 두 번째 필터가 90° 돌려져 있다면 평면 편광은 차단된다. (*c*) 서로 수직으로 배향된 두 편극화하는 선글라스 렌즈는 빛살을 차단한다.

5.8B 편광계

- 광학적으로 활성인 화합물의 평면 편광에 대한 효과를 측정하는 장치가 **편광계(polarimeter)**이다.

편광계의 도형을 **그림 5.12**에 나타냈다. 편광계의 주요 성능 부분은 (1) 광원(보통 소듐 등), (2) 편광체, (3) 빛살 안에서 광학적으로 활성인 물질(또는 용액)을 담고 있는 관, (4) 분석기, 그리고 (5) 편광의 평면이 회전된 각도를 재는 계기 등이다.

편광계의 관이 비어 있다면, 또는 광학적으로 비활성인 물질이 존재한다면 편광 평면의 축과 분석기 축은 계기가 0°를 읽을 때 정확히 평행일 것이다. 그리고 최대량의 빛이 통과하는 것을 관찰하게 될 것이다. 대조적으로 관에 광학적 활성인 물질, 예를 들어 한 거울상체의 용액이 들어 있다면 빛의 편광 평면은 빛이 관을 통과함에 따라 회전하게 될 것이다. 빛을 최대한으로 밝게 하기 위해서는 분석기의 축을 시계 방향 또는 반대 방향으로 회전시켜야 할 것이다. 시계 방향으로 돌렸다면 회전도 α(각도로 측정됨)는 양(+)이라고 한다. 회전이 시계 반대 방향이라면 음(−)이라고 한다. 시계 방향으로 평면 편광을 회전시키는 물질을 **우회전성(dextrorotatory)**이라고 부르며, 평면 편광을 시계 반대 방향으로 회전시키는 것을 **좌회전성(levorotatory)**이라고 부른다(라틴어의 *dexter*: 오른쪽, *laevus*: 왼쪽에서 유래됨).

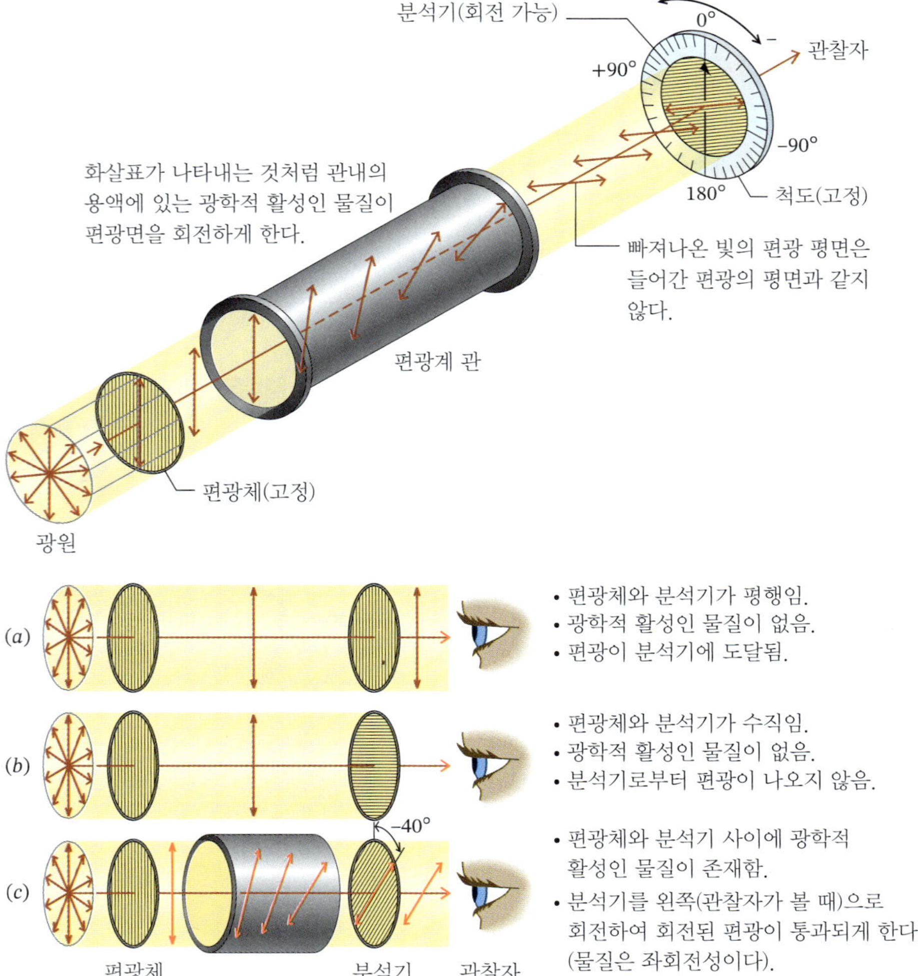

그림 5.12 편광계의 주요 성능 부분과 광회전의 측정

(Reprinted with permission of John Wiley & Sons, Inc. from Holum, J. R., *Organic Chemistry: A Brief Course*, p. 316. Copyright 1975.)

5.8C 고유 광회전도

- 빛이 한 거울상체의 용액을 통과할 때 편광면이 회전되는 각도는 그것이 부딪치는 카이랄 분자의 수에 의존한다.

측정된 회전을 관의 길이와 거울상체의 농도와 같은 실험적 변수와 관련하여 표준치로 정하기 위해서 다음 식과 같이 **고유 광회전도(specific rotation)** $[\alpha]$를 계산한다.

$$[\alpha] = \frac{\alpha}{c \cdot l}$$

여기서 $[\alpha]$ = 고유 광회전도

α = 관찰된 회전도

c = 용액 1 mL당 g 수로 표시한 용액의 농도(또는 순수한 액체의 밀도, g mL^{-1})

l = dm로 나타내는 관의 길이(1 dm = 10 cm)

고유 광회전도는 온도와 사용한 빛의 파장에도 의존한다. 고유 광회전도는 이러한 양들을 함께 표시하도록 한다. 다음과 같이 고유 광회전도를 표시할 수 있다.

$$[\alpha]_D^{25} = +3.12$$

이것은 소듐 등의 D선(λ = 589.6 nm)을 빛으로 사용했으며 25 °C를 유지했고 1.00 g mL^{-1}를 포함하는 광학적 활성인 시료가 1 dm의 관에 들어 있을 때 3.12°만큼 시계 방향으로 회전하였음을 의미한다.*

(*R*)-2-뷰탄올과 (*S*)-2-뷰탄올의 고유 광회전도는 다음과 같다.

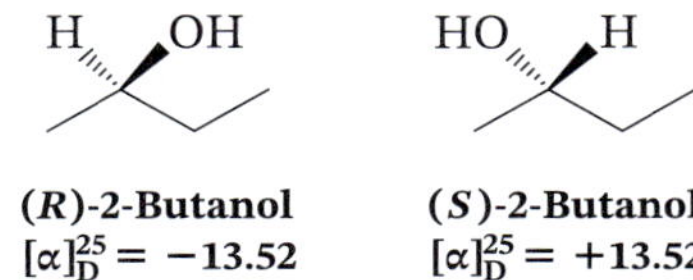

(*R*)-2-Butanol $[\alpha]_D^{25} = -13.52$ **(*S*)-2-Butanol** $[\alpha]_D^{25} = +13.52$

- 평면 편광의 회전 방향은 광학적 활성인 화합물의 이름에 함께 표시한다. 아래에서 두 조의 거울상체를 가지고 이 방법을 나타냈다.

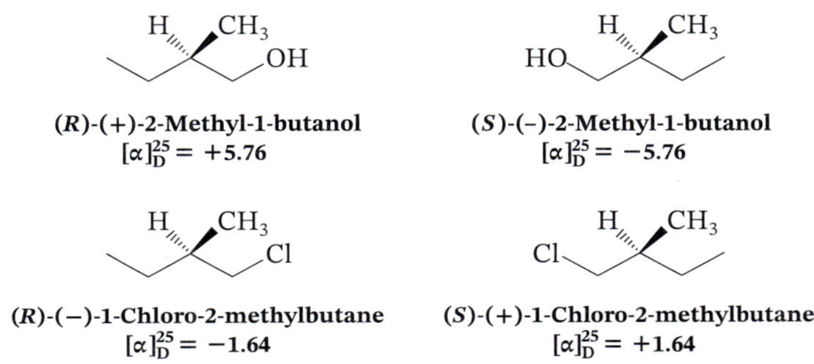

(*R*)-(+)-2-Methyl-1-butanol $[\alpha]_D^{25} = +5.76$ **(*S*)-(−)-2-Methyl-1-butanol** $[\alpha]_D^{25} = -5.76$

(*R*)-(−)-1-Chloro-2-methylbutane $[\alpha]_D^{25} = -1.64$ **(*S*)-(+)-1-Chloro-2-methylbutane** $[\alpha]_D^{25} = +1.64$

앞의 화합물들은 한 가지 중요한 원리를 설명하고 있다.

- 거울상체의 배위[(*R*) 또는 (*S*)]와 평면 편광이 회전하는 방향[(+) 또는(−)] 사이에는 아무런 연관성이 없다.

(*R*)-(+)-2-메틸-1-뷰탄올과 (*R*)-(−)-1-클로로-2-메틸뷰테인은 같은 **배위**를 갖고 있다. 즉, 공간에서 원자들의 배열이 같다. 그러나 이들은 평면 편광면을 회전시키는 방향이 다르다.

같은 배위이나 회전의 부호가 다름

(*R*)-(+)-2-Methyl-1-butanol **(*R*)-(−)-1-Chloro-2-methylbutane**

이 화합물들은 두 번째 중요한 원리를 설명하고 있다.

- (*R*)과 (*S*) 표시와 평면 편광의 회전 방향 사이에는 어떤 연관이 반드시 있는 것은 아니다.

(*R*)-2-메틸-1-뷰탄올은 우회전성 (+)이고, (*R*)-1-클로로-2-메틸뷰테인은 좌회전성 (−)이다.

여러 가지 다른 파장에서 측정된 광의 회전 측정 방법을 광회전 분산이라고 부르며, 카이랄 분자의 배위를 연계시키는 데 쓰인다. 광회전 분산법을 논의하는 것은 이 책의 범위 밖이다.

* 용액을 측정할 때 회전의 크기는 용매에 의존한다. 이 때문에 회전을 화학 문헌에 보고할 때 용매를 명시한다.

되새김 물음 5.14

오른쪽은 (+)-카본의 배위이다. (+)-카본은 caraway 씨 기름의 주성분이고 그것의 독특한 냄새를 낸다. 이것의 이성질체인 (−)-카본은 스피어민트 기름의 주성분이고 또 그것의 독특한 냄새를 낸다. 카본의 거울상체 냄새가 다르다는 사실은 이 화합물들에 대한 코의 수용체 부위가 카이랄이고, 단지 맞는 거울상체만 그것의 특정 위치에 들어맞을 것임을 의미한다(장갑이 손에 맞기 위해서는 제 짝이어야 하듯이). (+)-와 (−)-카본의 정확한 (*R*)과 (*S*)를 표기하시오.

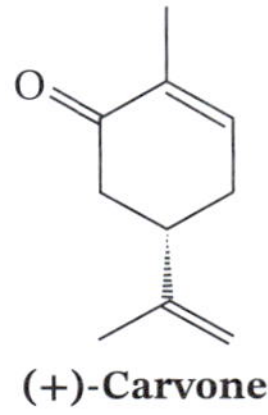

5.9 라셈 형태

한 거울상체가 아주 약간만 과량으로 된 시료는 평면 편광의 회전을 일으킨다. **그림 5.13*a*는** 편광의 평면이 (*R*)-2-뷰탄올 분자와 부딪칠 때 편광면을 한 방향으로 약간 회전시키는 것을 보여 주고 있다. 빛살이 부딪치는 각각의 (*R*)-2-뷰탄올 분자들은 편광면을 같은 방향으로 더 회전시킬 것이다. 한편 만일 혼합물에 (*S*)-2-뷰탄올이 포함되어 있다면 이 거울상체 각각은 편광면을 반대 방향으로 회전시킬 것이다(그림 5.13*b*). 만일 (*R*)과 (*S*) 거울상체가 같은 양 존재하면 편광 평면의 회전은 없을 것이다.

- 두 거울상체가 같은 몰수로 있는 혼합물은 **라셈 형태(racemic form)**, **라셈체(racemate)** 또는 **라셈 혼합물(racemic mixture)**이라고 부른다. **라셈 형태는 평면 편광의 빛을 회전시키지 않는다.**

라셈 혼합물에서 한 거울상체의 각 분자의 원편광 빛살에 대한 효과는 다른 거울상체의 분자의 효과를 상쇄시킨다. 결과적으로 광학 활성이 없다.

시료의 라셈 형태는 흔히 (±)로 표시한다. *R*-(−)-2-뷰탄올과 *S*-(+)-2-뷰탄올의 라셈 형태는 다음과 같이 표시한다.

$$(\pm)\text{-2-butanol} \quad \text{또는} \quad (\pm)\text{-}CH_3CH_2CHOHCH_3$$

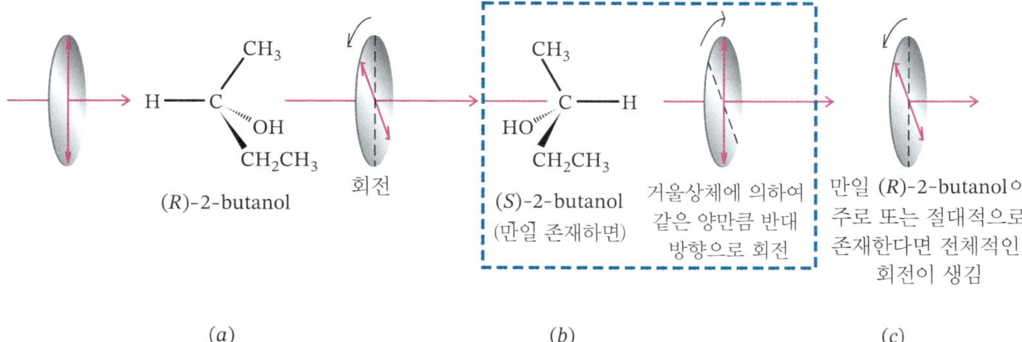

그림 5.13 (*a*) 평면 편광의 빛살이 카이랄 분자인 (*R*)-2-뷰탄올을 만난다. 이 만남으로 편광면은 약간 회전된다. (*b*) (*S*)-2-뷰탄올을 만나면 이 회전은 정확히 상쇄된다. (*c*) (*R*)-2-뷰탄올이 주로 또는 전적으로 존재하면 결과적으로 편광면의 회전이 생기게 된다.

5.9A 라셈 형태와 거울상체의 과량

광학적 활성인 물질의 시료가 한 가지 거울상체로만 되어 있을 때 **거울상체로서 순수**하다 또는 100% **거울상체의 과량(enantiomeric excess)**이라고 말한다. 거울상체로서 순수한 (*S*)-(+)-2-뷰탄올 시료는 고유 광회전도가 +13.52($[\alpha]_D^{25}$ = +13.52)이다. 한편 같은 몰수보다 작은 양의 *R*-(−)-2-뷰탄올을 포함하고 있는 *S*-(+)-2-뷰탄올의 시료는 고유 광회전도가 +13.52보다 작지만 0보다는 큰 값을 보일 것이다. 그러한 시료는 **거울상체의 과량**이 100% 미만이라고 말할 수 있다. **광학적 순도(optical purity)**라고도 알려진 % **거울상체의 과량(ee)**는 아래와 같이 정의한다.

$$\%\ \text{거울상체의 과량} = \frac{\text{한 거울상체의 몰수} - \text{다른 거울상체의 몰수}}{\text{두 거울상체의 몰수}} \times 100$$

도움말
광학적 순도는 한 가지 거울상체나 거울상체들의 혼합물에만 적용된다. 다른 화합물들이 존재하는 혼합물에는 적용할 수 없다.

거울상체의 과량은 고유 광회전도로부터 계산될 수 있다.

$$\%\ \text{거울상체의 과량} = \frac{\text{관찰된 비선광도}}{\text{순수한 거울상체의 비선광도}} \times 100$$

예를 들어, 2-뷰탄올 거울상체 혼합물의 고유 광회전도가 +6.76이라고 하자. 그러면 (*S*)-(+)-2-뷰탄올의 광학적 순도는 50%이다.

$$\text{거울상체의 과량} = \frac{+6.76}{+13.52} \times 100 = 50\%$$

이 혼합물의 거울상체의 과량이 50%라는 것은 혼합물의 50%는 (+) 거울상체(과량)이고 50%는 라셈 형태로 되어 있음을 의미한다. 라셈체인 50%에 대해서 광학 활성은 서로 상쇄되었고, 혼합물의 50%만이 (+) 거울상체로서 관찰된 광학 활성에 기여하는 것이다. 그러므로 관찰된 회전은 혼합물이 단지 (+) 거울상체만으로 이뤄졌을 때 관찰되는 것의 50%(절반)이다.

보기 물음 5.5

위에서 언급한 혼합물의 실제 입체 이성질체 성분은 무엇인가?

풀이

전체 혼합물에서 50%는 라셈체로 두 거울상체가 같은 양 들어 있다. 그러므로 이 50%의 절반인 25%는 (−) 거울상체이고 25%는 (+) 거울상체이다. 혼합물의 다른 50%는 (+) 거울상체이다. 따라서 혼합물은 75%는 (+) 거울상체이고 25%는 (−) 거울상체이다.

되새김 물음 5.15

2-뷰탄올(5.8C절) 시료의 고유 광회전도 $[\alpha]_D^{25}$는 +4.05이다.
(a) 시료의 % 거울상체 과량은 얼마인가? **(b)** (*R*)과 (*S*)중 어느 거울상체가 과량으로 있는가?

5.10 카이랄 분자의 합성

5.10A 라셈 혼합물

비카이랄인 반응물로부터 **카이랄**인 생성물이 얻어지는 반응이 흔히 일어난다. 어떠한 카이랄성의 영향(용매 또는 촉매)도 없을 때 그러한 반응은 라셈 혼합물을 형성한다. 다시 말하면 카이랄인 생성물은 50 : 50인 거울상체의 혼합물로 얻어지는 것이다.

한 가지 예로, 뷰탄온을 니켈 촉매하에서 수소화 반응을 시켜 2-뷰탄올을 만드는 반응이 있다. 이 반응에서 수소 분자는 탄소–탄소 이중 결합에 첨가되는 것처럼 탄소–산소 이중 결합에 첨가된다.

$$CH_3CH_2\underset{\underset{O}{\|}}{C}CH_3 + H{-}H \xrightarrow{Ni} (\pm)\text{-}CH_3CH_2\overset{*}{\underset{\underset{OH}{|}}{C}}HCH_3$$

Butanone (비카이랄 분자) **Hydrogen** (비카이랄 분자) **(±)-2-Butanol** [카이랄 분자이나 **(*R*)**과 **(*S*)**가 **50:50**인 혼합물임]

이 반응의 입체 화학적인 관점을 그림 5.14에 나타냈다. 뷰탄온은 비카이랄이기 때문에 분자의 어느 면이 금속 촉매의 표면에 부딪히던 차이가 없다. 삼각 평면 카보닐기의 양면이 금속 표면과 상호작용을 할 확률은 똑같다. 금속으로부터 수소 원자가 카보닐기에 전달되어 알코올 작용기에 새로운 카이랄 중심인 탄소가 만들어진다. 반응 경로에서 카이랄 영향이 없었으므로 생성물은 두 거울상체 (*R*)-(−)-2-뷰탄올과 (*S*)-(+)-2-뷰탄올의 라셈 혼합물로 얻어진다.

이와 같은 반응이 효소나 카이랄인 촉매와 같은 카이랄 영향하에서 진행되면 그 결과는 라셈 혼합물이 아니다.

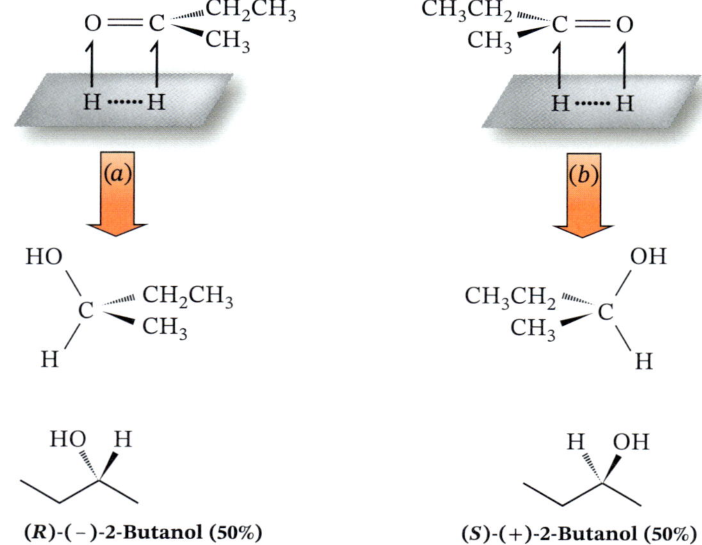

그림 5.14 니켈 촉매하에서 뷰탄온과 수소 사이의 반응. (*a*) 경로로 가는 반응 속도와 (*b*) 경로로 가는 반응 속도가 같다. (*R*)-(−)-2-뷰탄올과 (*S*)-(+)-2-뷰탄올은 같은 양만큼 얻어지며 라셈 형태가 된다.

5.10B 입체 선택성인 합성

한 입체 이성질체를 다른 형성 가능한 입체 이성질체보다 더 많이 만들어 내는 반응은 **입체 선택성인 반응(stereoselective reaction)**이다.

- 반응이 한 거울상체를 그것의 거울상보다 더 많이 만들어 낼 때 이 반응은 **거울상체 선택성인 반응(enantioselective reaction)**이라고 말한다.
- 반응이 주로 한 부분 입체 이성질체를 다른 가능한 것보다 더 많이 생성시키면 **부분 입체**

이성질체 선택성인 반응(**diastereoselective reaction**)이라고 말한다.

거울상체 선택성이거나 부분 입체 이성질체 선택성 반응이 되려면 카이랄 시약, 용매, 또는 촉매 등이 반응 과정에서 영향을 주어야 한다.

자연에서는 모든 반응이 입체 선택적이며, 카이랄 영향은 **효소(enzyme)**라 불리는 단백질 분자로부터 온다. 효소는 초정상적인 효율을 지닌 생물학적인 촉매이다. 효소는 반응이 훨씬 빨리 진행되도록 하는 능력을 가졌을 뿐 아니라 반응에 **카이랄 영향**까지 미친다. 효소는 그 자체가 카이랄이며, 반응물을 반응이 일어나는 동안 순간적으로 잡아둘 수 있는 활성 부위를 가졌기 때문에 이런 작용을 하는 것이다. 활성 부위는 카이랄이며 카이랄인 반응물의 한 거울상체만이 거기에 꼭 맞아서 반응을 진행한다(그림 5.7 참조).

유기 합성 실험실에서도 효소의 입체 선택성 반응성의 장점을 이용하고자 효소를 많이 사용한다. **리페이스(lipase)**라고 불리는 효소는 이런 데 자주 사용된다. 리페이스는 에스터(2.11B 절)를 물과 반응시켜 카복실산과 알코올로 전환시키는 반응인 **가수 분해 반응(hydrolysis)**을 촉매화한다.

$$\text{RC(=O)OR}' + \text{HOH} \xrightarrow{\text{가수 분해}} \text{RC(=O)OH} + \text{HO—R}'$$

에스터 물 카복실산 알코올

출발 물질인 에스터가 카이랄이면서 거울상체 혼합물이면 리페이스는 한 거울상체와 선택적으로 반응하여 대응되는 카이랄인 카복실산과 알코올을 형성한다. 다른 거울상체는 반응하지 않고 남아 있거나 매우 느리게 반응한다. 그 결과 반응물의 한 입체 이성질체와 생성물의 한 입체 이성질체의 혼합물이 생기는데, 그들의 물리적 성질이 다르기 때문에 쉽게 분리될 수 있다. 그러한 과정을 **속도론적 분할(kinetic resolution)**이라고 부르는데, 한 거울상체의 반응 속도가 다른 것의 속도와 다르기 때문에 한 가지 입체 이성질체가 주로 얻어지는 것이다. 거울상체의 분리에 대해서는 5.16절에서 더 다룬다. 아래의 가수 분해는 리페이스를 사용하는 속도론적 분할의 예이다.

$$\text{Ethyl (±)-2-fluorohexanoate} \xrightarrow[\text{H—OH}]{\text{lipase}} \text{Ethyl (R)-(+)-2-fluorohexanoate} + \text{(S)-(−)-2-Fluorohexanoic acid} + \text{H—OEt}$$

Ethyl (±)-2-fluorohexanoate [(*R*)과 (*S*) 라셈체인 에스터]

Ethyl (*R*)-(+)-2-fluorohexanoate (>99% 거울상체 과량)

(*S*)-(−)-2-Fluorohexanoic acid (>69% 거울상체 과량)

수소화 효소라 불리는 또 다른 효소가 5.10A절에 있는 것과 같은 카보닐 환원을 거울상체 선택적으로 진행시킨다. 효소의 입체 선택성에 대해서는 12장에서 더 다루기로 한다.

5.11 카이랄 의약품

제약업체와 미국 식품의약국의 관심사 가운데 하나는 라셈체가 아닌 단 한 가지 거울상체를 지닌 카이랄 의약품을 생산하는 것이다. 예를 들어, 혈압 강하제인 **메틸도파(methyldopa**, Aldomet)는 (*S*) 이성질체만 효과가 있다. **페니실아민(penicillamine)**의 경우에는 (*S*) 이성질체가 만성적인 관절염에 매우 강력한 치료제로 쓰인다. (*R*) 이성질체는 치료 능력이 없을 뿐 아니라 매우 독성이 크다. 소염 치료제인 **이부프로펜(ibuprofen)**(Advil, Motrin, Nuprin)은 (*S*) 거울상체만 효과가 있음에도 불구하고 라셈체로 시판된다. (*R*) 이성질체는 소염 작용이 없고 체내에서 서서히 (*S*) 이성질체로 전환된다. 그러나 (*S*) 이성질체만으로 된 이부프로펜은 라셈체보다 약효가 더 클 것이다.

HO, HO, O, OH, NH_2 — **Methyldopa**

HS, O, OH, NH_2 — **Penicillamine**

O, OH — **Ibuprofen**

되새김 물음 5.16 **(a)** 메틸도파, **(b)** 페니실아민, **(c)** 이부프로펜의 (*S*) 이성질체에 대한 삼차원 구조식을 쓰시오.

되새김 물음 5.17 혈압 강하제인 atenolol은 다음 구조식을 가졌다. Atenolol의 카이랄 중심 어느 것이든지 (*S*) 배위를 갖는 구조를 그리시오.

H, N, OH, O, O, NH_2 — **Atenolol**

되새김 물음 5.18 결핵 치료제로 쓰이는 항생제 ethambutol의 각 카이랄 중심에 대해서 (*R*,*S*) 배위를 정하시오.

H, CH_2OH, N, H, H, N, H, CH_2OH — **Ethambutol**

거울상체가 뚜렷이 다른 효과를 내는 의약품을 포함해서 이와 같은 의약품의 예는 많이 있다. 그러므로 거울상체적으로 순수한 의약품을 제조하는 거울상체 선택적 합성(5.10B절)이나 라셈체인 의약품을 분리(순수한 거울상체로 분리, 5.16절)하는 연구가 오늘날 각광을 받는 요인인 것이다.

노벨상

William Knowles, Ryoji Noyori, 그리고 Barry Sharpless에게 입체 선택적인 산화 반응 촉매를 개발한 공로로 2001년 Nobel상이 수여되었다.

입체 선택적인 합성의 중요성이 강조되는 것은 2001년 Nobel 화학상이 현대 산업과 학계에서 널리 이용되고 있는 반응 촉매를 개발한 연구자들에게 수여되었다는 사실로도 알 수 있다. Knowles(Monsanto Co.)와 Noyori(Nagoya University)는 입체 선택적인 수소화 반응 촉매를 개발한 공로로 상금의 절반을 받았다. 나머지 절반은 Sharpless(Scripps Research Institute)에게 입체 선택적인 산화 반응 촉매(11장)를 개발한 공로로 수여되었다. Noyori의 연구와 Knowles의 초기 연구에 근거한 한 가지 중요한 예로 항염증제인 **나프록센(naproxen)**의 합성이 있는데, 입체 선택적인 촉매에 의한 수소화 반응이 관여한다.

$$\text{6-methoxy-2-naphthyl}-C(=CH_2)COOH + H_2 \xrightarrow[\text{MeOH}]{(S)\text{-BINAP-Ru}(OCOCH_3)_2\ (0.5\ \text{mol}\ \%)} (S)\text{-Naproxen}$$

(*S*)-Naproxen
(항염증제)
(**92%** 수율, **97%** ee)

여기서 수소화 반응 촉매는 루테늄과 카이랄인 유기 리간드 (*S*)-BINAP로부터 합성된 유기금속 착물이다. 이 반응은 탁월한 거울상체의 과량(97%)과 높은 수율(92%)로 진행되기 때문에 참으로 돋보이는 것이다. BINAP 리간드와 이것의 카이랄성에 대해서는 5.18절에서 더 다룬다.

의약 화학: 의약품 거울상체가 왼쪽과 오른쪽으로 감긴 DNA에 선택적으로 결합하기

약이 왼손 모양인 DNA를 좋아할까 아니면 오른손 모양을 좋아할까? 이러한 질문에 대한 답은 약품인 다우노루비신(daunorubicin)의 각 거울상체가 반대 손 모양인 DNA와 선택적으로 결합한다는 사실이 밝혀지면서 가능해졌다. (+)-다우노루비신은 오른손 형태로 감긴 DNA(B-DNA)에 선택적으로 결합한다. (−)-다우노루비신은 왼손 형태로 감긴 DNA(Z-DNA)에 선택적으로 결합한다. 더욱이 다우노루비신은 주어진 다우노루비신 거울상체가 DNA에 결합할 때 어느 쪽으로 감긴 형태를 선호하는가에 따라 한 감기는 방향으로부터 다른 감기는 방향으로 DNA의 형태 변화를 유발시킬 수도 있다. DNA는 수많은 이차와 삼차 구조를 취한다는 것이 알려져 왔으며, 이러한 형태의 어떤 것들은 DNA의 일정 부분에 대한 복사를 하게 또는 하지 말게 하는 데 관여하고 있다고 여겨진다. 다우노루비신의 각 거울상체와 DNA의 왼쪽과 오른쪽으로 감긴 형태 사이의 특정한 상호작용에 대한 발견은 항암 작용이나 다른 활성을 지닌 새로운 의약품을 설계하고 발견하는 데 도움이 될 것이다.

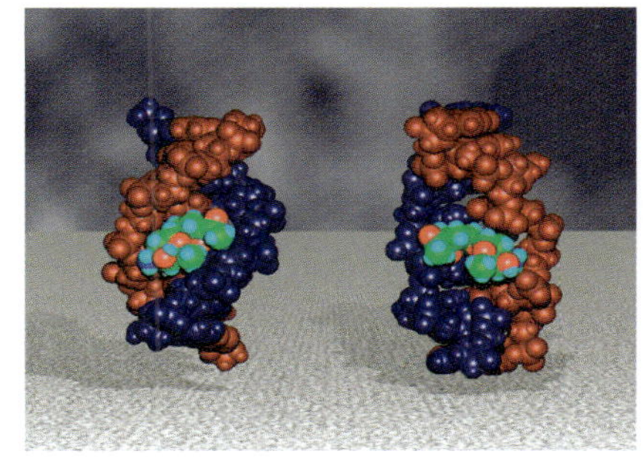

다우노루비신의 거울상체 형태는 DNA와 결합하여 DNA를 반대인 손 모양으로 감게 만든다.
(Graphic courtesy John O. Trent, Brown Cancer Center, Department of Medicine, University of Louisville, KY. Based on work from Qu, X., Trent, J.O., Fokt, I., Priebe, W., and Chaires, J.B., *Allosteric, Chiral-Selective Drug Binding to DNA, Proc. Natl. Acad. Sci. U.S.A.*, **2000**: 97(22), 12032−12037.)

5.12 한 개 이상의 카이랄 중심을 가진 분자

이제까지 다룬 모든 **카이랄 분자(chiral molecule)**들은 카이랄 중심이 하나만 있었다. 많은 유기 분자들, 특히 생물학에서 중요한 분자들은 카이랄 중심을 하나 이상 가지고 있다. 예를 들면, 콜레스테롤(23.4B절)은 8개의 카이랄 중심을 포함하고 있다(그들의 위치를 정할 수 있나 생각해 보시오). 그러나 여기서는 간단한 분자부터 시작하기로 한다. 이차원 결합선 구조식으로 표현된 2,3-다이브로모펜테인을 고려해 보자. 2,3-다이브로모펜테인은 카이랄 중심이 두 개 있다.

2,3-Dibromopentane

Cholesterol

도움말
콜레스테롤은 8개의 카이랄 중심을 가졌으므로 이론적으로는 2^8(256)개의 입체 이성질체 형태로 존재할 수 있지만, 효소를 통한 생합성으로 단지 한 개의 입체 이성질체만 생성된다.

이와 같은 구조로부터 생길 수 있는 입체 이성질체들의 수를 예상하는 데 유용한 규칙이 있다.

- 카이랄 중심 때문에 입체 이성질 현상을 나타내는 화합물에서 **카이랄 중심의 수가 *n*일 때 입체 이성질체의 총수는 2^n을 넘을 수 없다.**

2,3-다이브로모펜테인에 대하여 입체 이성질체를 4개($2^2 = 4$) 이상 기대할 수는 없다. 다음으로 할 일은 가능한 입체 이성질체들의 삼차원 결합선 구조식을 쓰는 것이다.

5.12A 두 개 이상의 카이랄 중심을 가진 분자의 입체 이성질체 그리기

2,3-다이브로모펜테인을 예로 하여 아래의 순서대로 한 개 이상의 카이랄 중심을 가진 분자에 대한 모든 가능한 이성질체를 그리는 방법을 설명한다. 2,3-다이브로모펜테인의 경우 카이랄 중심이 2개이므로 4개의 가능한 이성질체가 예상된다(2^n, n은 카이랄 중심의 수).

1. 가능한 한 많은 탄소가 지면에 놓이도록, 그리고 가능한 한 대칭이 되도록 카이랄 중심을 포함하는 탄소 골격 부분을 그리는 것부터 시작한다. 2,3-다이브로모펜테인의 경우 C2와 C3 사이의 결합을 그리는 것부터 시작하는데, 이들이 단지 카이랄 중심이기 때문이다.
2. 그다음 카이랄 중심에 결합된 나머지 기들을 카이랄 중심 사이에서 최대한 대칭이 되도록 더한다. 이 경우 두 브로민 원자를 지면으로부터 튀어나오게, 또는 안으로 향하게 그리는 것부터 시작하고, 각 카이랄 중심에 수소 원자를 첨가한다. 브로민 원자를 튀어나오게 그린 것은 아래에 보인 구조식 **1**이다. 비록 이 형태에서 가려진 상호작용이 있고, 이것이 분자의 가장 안정한 형태는 아닐지라도 이렇게 그림으로써 분자에서 대칭을 발견할 가능성을 극대화시키도록 한다.

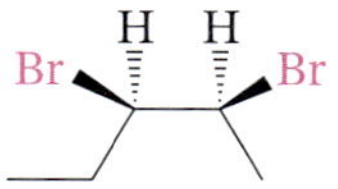

H H
Br Br

1

3. 첫 번째 입체 이성질체의 거울상체를 그리기 위해서는 간단히 그것의 거울상을 나란히 또는 위와 아래로 그들 사이의 거울을 상상하면서 그린다. 그 결과는 구조식 **2**이다.

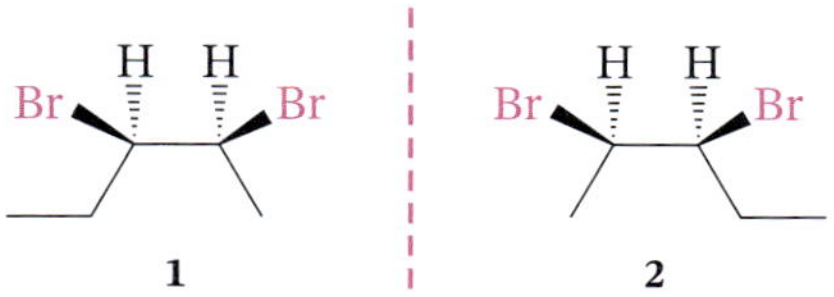

H H H H
Br Br Br Br

1 **2**

거울

4. 다른 입체 이성질체를 그리기 위해서 카이랄 중심 어느 것 하나의 두 기를 맞바꾼다. 그렇게 함으로써 그 카이랄 중심의 *R*,*S* 배위가 전도된다.

- 화합물의 모든 가능한 입체 이성질체는 각 카이랄 중심에서 두 기를 연속적으로 교환하여 그릴 수 있다.

2,3-다이브로모펜테인의 구조식 **1**에서 C2에 있는 브로민 원자와 수소 원자를 교환하면

구조식 **3**이 된다. 그다음 **3**의 거울상체를 만들기 위해서 이것의 거울상을 그리고 그 결과는 **4**이다.

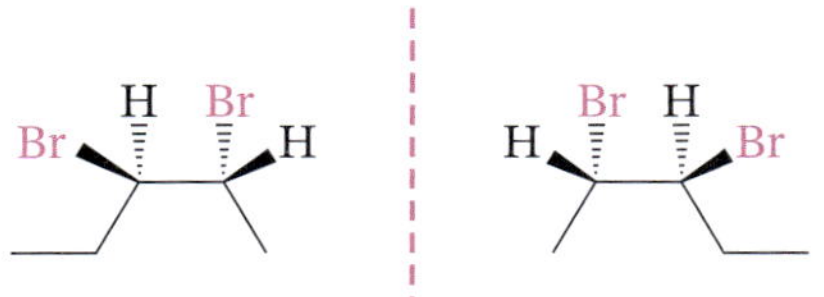

5. 그다음 구조식의 모든 가능한 쌍 사이의 관계를 살펴보고 어느 것이 거울상체의 쌍인지, 부분 입체 이성질체 쌍인지, 그리고 5.12B절에서 보게 될 특별한 경우로 구조식이 내부 대칭면으로 인하여 동일한 것인지를 결정한다.

구조 **1**과 **2**는 겹치지 않고 다른 화합물임을 나타내고 있다. 구조 **1**과 **2**는 공간에서의 원자들의 배열만 다르기 때문에 그들은 입체 이성질체이다. 구조 **1**과 **2**는 서로 거울상이다. 그러므로 **1**과 **2**는 거울상체이다. 구조 **3**과 **4**는 다른 한 쌍의 거울상체에 해당된다. 구조 **1**~**4**는 모두 다르다. 그러므로 2,3-다이브로모펜테인에서는 4개의 입체 이성질체가 있다.

여기서 더 이상의 입체 이성질체는 없다는 사실을 다른 구조식을 써서 스스로 확인해야 한다. 단일 결합에 대한 회전이나 분자 전체의 회전으로 여기에 쓴 4개의 구조 중 어느 하나와 겹치는 것을 알 수 있을 것이다. 더 나아가서 다른 색깔의 공을 가지고 모형을 만들어서 이것을 확인하면 더욱 좋다.

구조 **1**~**4**로 나타낸 화합물들은 모두 광학적으로 활성인 화합물이다. 이 중 어느 하나를 따로 편광계에 놓으면 광학적 활성이 관찰될 것이다. 구조 **1**과 **2**로 나타낸 화합물들은 거울상체들이다. 구조 **3**과 **4**인 화합물들도 거울상체들이다. 그러면 화합물 **1**과 **3** 사이의 이성질체의 관계는 무엇일까?

이에 대한 대답은 **1**과 **3**은 **입체 이성질체이며 서로 거울상은 아니라는** 사실을 관찰함으로써 할 수 있다. 그러므로 그들은 **부분 입체 이성질체**이다.

- 부분 입체 이성질체는 다른 물리적 성질을 갖는다. 즉, 녹는점, 끓는점, 용해도 등이 다르다.

되새김 물음 5.19

(a) 화합물 **3**과 **4** 사이의 관계가 거울상체라면 **1**과 **4**의 관계는 무엇인가? **(b) 2**와 **3**, 그리고 **2**와 **4** 사이의 관계는 무엇인가? **(c) 1**과 **3**은 녹는점이 같은가? **(d)** 끓는점은 같은가? **(e)** 증기압은 같은가?

보기 물음 5.6

2-브로모-4-클로로펜테인의 모든 입체 이성질체를 그리시오.

풀이

2-브로모-4-클로로펜테인에서 C2와 C4가 카이랄 중심이다. 가능한 한 많은 탄소가 지면에 놓이도록, 그리고 C2와 C4 사이에 대칭이

최대가 되도록 탄소 사슬을 그리는 것부터 시작한다. 이 경우 통상적인 지그재그 결합선 구조식은 C2와 C4 사이에 대칭이 된다. 그다음 C2와 C4에 브로민과 염소를 각각 첨가하고 수소 원자도 이들 탄소에 더하면 구조식 **I**이 된다. 이것의 거울상체(**II**)를 그리려면 거울을 상상하고 분자의 반영을 그린다.

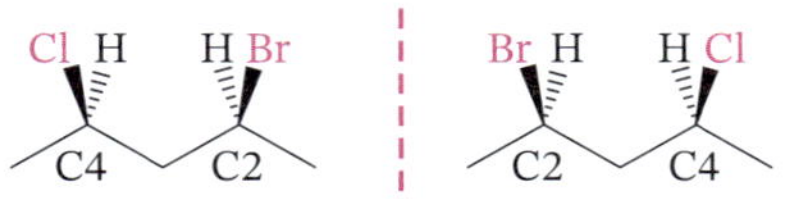

Cl H H Br | Br H H Cl
C4 C2 | C2 C4
I | **II**
거울

다른 입체 이성질체를 그리려면, **III**의 C2에서 보듯이 한 카이랄 중심에서 두 기를 교환함으로써 배위를 반전시킨다. 그다음 **III**의 거울상체를 거울에 비친 반영을 상상하여 그린다.

Cl H Br H | H Br H Cl
C4 C2 | C2 C4
III | **IV**
거울

끝으로 이들 구조식의 어느 것도 서로 같지 않음을 각각을 다른 것에 겹치는지 시험해서 검사한다. 어느 것도 동일할 것으로 기대하지 않는 것은 어느 구조식에도 내부 대칭면이 없기 때문이다. 그러나 2,4-다이브로모펜테인의 경우는 다른데, 한 개의 메소 입체 이성질체(다음 절에서 공부하게 될 입체 이성질체의 한 형태)가 있다.

5.12B 메소 화합물

2개의 카이랄 중심을 갖는 구조가 항상 4개의 가능한 입체 이성질체를 갖는 것은 아니다. 때로는 **3개**뿐일 수도 있다. 앞으로 보게 되겠지만,

- 어떤 분자들은 카이랄 중심인 탄소를 가졌을지라도 비카이랄이다.

이것을 이해하기 위하여 2,3-다이브로모뷰테인의 입체 화학 구조식을 써보자. 앞에서 한 것과 똑같이 시작한다. 한 입체 이성질체의 구조식과 그것의 거울상을 쓴다.

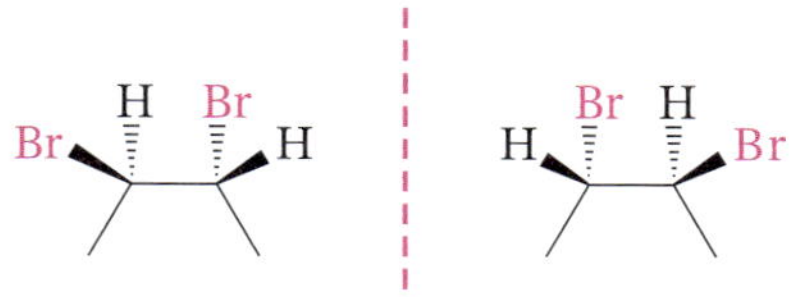

H Br | Br H
Br H | H Br
A | **B**

구조 **A**와 **B**는 겹치지 않으며 한 쌍의 거울상체이다.

구조 **C**와 그것의 거울상인 **D**를 쓸 때 (아래 구조를 보시오) 상황은 달라진다. **두 구조는 겹쳐진다.** 이것은 **C**와 **D**가 한 쌍의 거울상체를 나타내는 것이 아님을 뜻한다. 구조식 **C**와 **D**는 같은 화합물의 두 가지 다른 배향을 나타낸다.

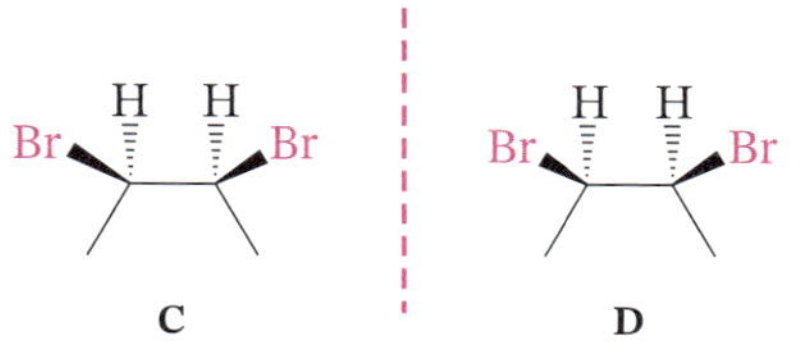

H H | H H
Br Br | Br Br
C | **D**

구조 **C**(혹은 **D**)로 나타낸 분자는 2개의 카이랄 중심을 가지고 있다 할지라도 카이랄이 아니다.

- 분자가 내부에 대칭면을 가졌으면 비카이랄이다.
- **메소 화합물(meso compound)**은 카이랄 중심을 가진 비카이랄 분자이며 내부 대칭면을 지닌다. 메소 화합물은 광학적으로 불활성이다.

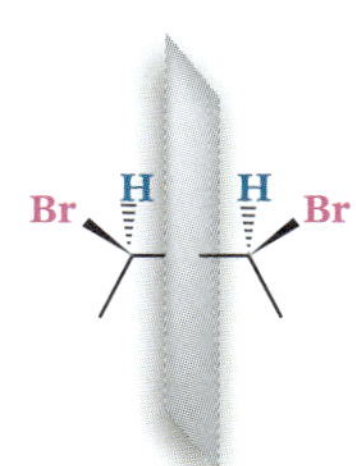

그림 5.15 메소-2,3-다이브로모뷰테인의 대칭면. 이 면은 분자를 서로 거울상인 절반으로 가른다.

분자의 카이랄성을 실험하는 궁극적인 방법은 분자의 모형을 만들어서(또는 구조식을 써서) 이 모형이(이 구조가) 그것의 거울상에 겹쳐지는가를 알아보는 것이다. 겹쳐질 경우 분자는 비카이랄이다. 겹쳐지지 않으면 카이랄이다.

구조 **C**를 가지고 이 실험을 해서 그것이 비카이랄임을 알았다. 다른 방법으로 **C**가 비카이랄임을 설명할 수 있다. **그림 5.15**는 구조 **C**가 **대칭면을 가졌음**을 보여 주고 있다(5.6절).

아래의 물음은 앞 절의 화합물 **A**~**D**와 관련이 있는 것이다.

되새김 물음 5.20

아래의 어느 것이 광학적으로 활성일까?

(a) **A**뿐 **(b)** **B**뿐 **(c)** **C**뿐 **(d)** **A**와 **B**의 같은 양의 혼합물

되새김 물음 5.21

다음은 화합물 **A**, **B**, **C**를 가려진 형태가 아닌 구조식으로 나타낸 것이다. 각각의 식이 어느 화합물(**A**, **B** 또는 **C**)에 해당하는 것인지를 말하시오.

(a) H, Br / H, Br **(b)** Br, H / H, Br **(c)** Br, H / Br, H

보기 물음 5.7

다음 중 어느 것(**X**, **Y**, 또는 **Z**)이 메소 화합물인가?

풀이

각 분자에서 C2—C3 결합에 연결된 기들을 180° 회전시키면 두 메틸기를 비교할 수 있는 위치로 가져오게 된다. 화합물 **Z**에서 대칭면이 생기며, 따라서 **Z**는 메소 화합물이다. **X**와 **Y**에서는 대칭면이 가능하지 않다.

X **Y** **Z**

C2—C3 결합에 대해서 기들을 180° 회전시킨다.

대칭면

메소 화합물

되새김 물음 5.22 아래 화합물의 모든 입체 이성질체에 대한 삼차원 구조식을 쓰시오. 거울상체 쌍과 메소 화합물을 표시하시오.

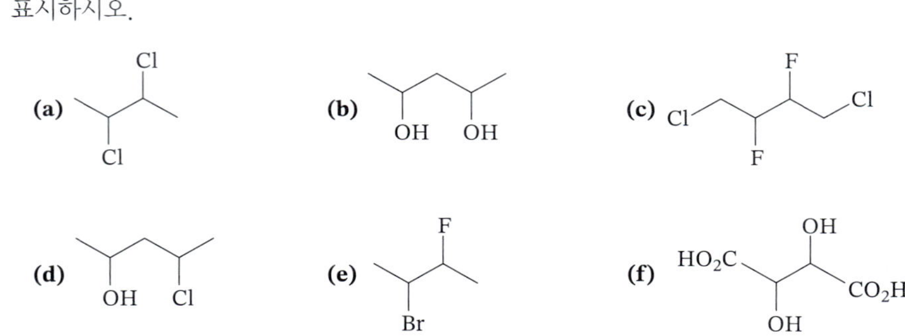

Tartaric acid

5.12C 카이랄 중심이 하나 이상 있는 화합물의 이름 짓기

1. 한 화합물에 하나 이상의 카이랄 중심이 있을 때, 각 중심을 따로 분석해서 (*R*)과 (*S*)를 정한다.
2. 그다음 숫자를 사용하여 어느 표시가 어느 탄소 원자를 뜻하는지를 말한다.

2,3-다이브로모뷰테인의 입체 이성질체 **A**를 생각해 보자.

A

2,3-Dibromobutane

이 구조식을 회전하여 C2에 연결된 가장 작은 우선권의 기가 눈에서 가장 멀리 있도록 하면 다음과 같다.

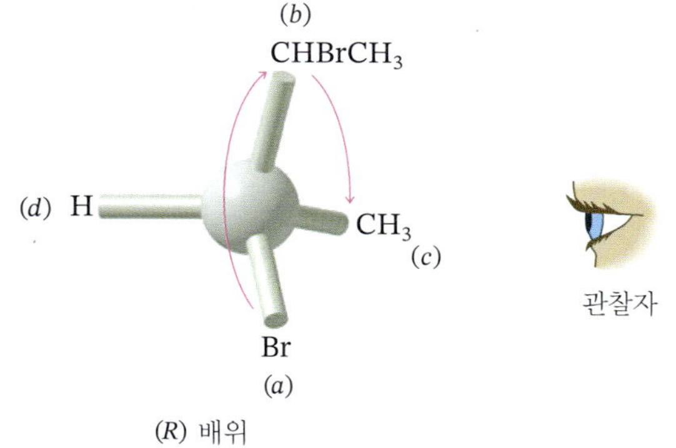

(*R*) 배위

우선권이 가장 큰 기에서부터 다음 우선권의 기로 진행해 나가는 순서(Br → $CHBrCH_3$ → CH_3)는 시계 방향이다. 그러므로 C2는 (*R*) 배위를 갖는다.

이 과정을 C3을 가지고 반복해 보면 C3 역시 (*R*) 배위를 갖는 것을 알 수 있다.

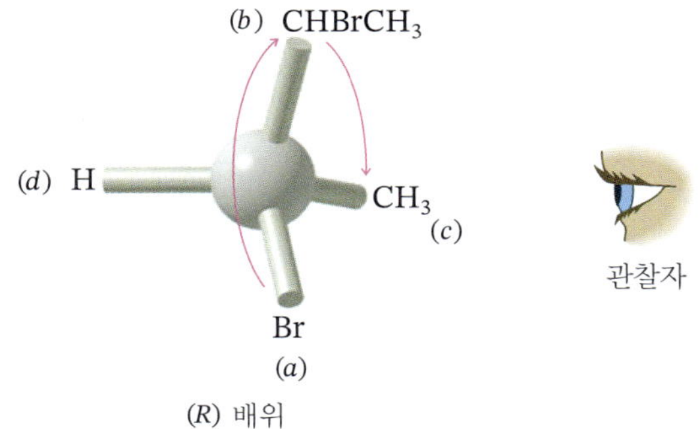

(*R*) 배위

그러므로 화합물 **A**는 (2*R*,3*R*)-2,3-다이브로모뷰테인이다.

되새김 물음 5.23

5.12B절에 나온 화합물 **B**와 **C**에 대하여 (*R*)과 (*S*) 표시를 포함한 이름을 쓰시오.

되새김 물음 5.24

되새김 물음 5.22의 답에 대하여 (*R*)과 (*S*) 표시를 포함하는 이름을 쓰시오.

되새김 물음 5.25

클로람페니콜은 *Streptomyces venezuelae*에서 분리된 강력한 항생제로, 특히 성홍열에 특효하다. 이것은 나이트로기($-NO_2$)가 방향족 고리에 붙어 있는 천연에 존재하는 것으로는 첫 물질이다. 이 물질의 두 카이랄 중심은 모두 (*R*) 배위로 알려져 있다. 클로람페니콜의 두 카이랄 중심을 찾아내고, 삼차원 구조식을 쓰시오.

OH OH Cl HN Cl O_2N O

Chloramphenicol

5.13 Fischer 투영식

이제까지 카이랄인 분자의 구조를 쓸 때 선쐐기나 쇄선쐐기를 가지고 삼차원을 나타내는 구조식만을 사용해 왔다. 22장에서 탄수화물을 배울 때까지 그렇게 할 것이다. 그 까닭은 선쐐기나 쇄선쐐기로 쓴 구조식이 삼차원을 분명하게 나타내며, 결합을 깨뜨리지 않는 한 우리가 원하는 대로 종이 위에서 조작을 할 수가 있기 때문이다. 더욱이 이것을 사용함으로써 우리들 마음의 눈으로 분자를 삼차원에서 보는 것이 익숙해지며, 이런 능력은 매우 도움이 된다.

화학자들은 때때로 비고리형 탄수화물과 같은 카이랄인 분자의 구조식을 **Fischer 투영식**(**Fischer projection**)이라고 부르는 삼차원 구조식으로 쓰기도 한다. Fischer 투영식은 탄수화물처럼 여러 개의 인접한 탄소 원자에 카이랄 중심을 가진 화합물에 있어서 매우 유용하다.

그들은 간단한 탄수화물의 비고리형을 나타내는 데 널리 이용된다. 그러나 이들을 사용할 때는 규정을 엄격히 지켜야 할 필요가 있다. **부주의하게 쓸 것 같으면 투영식은 틀린 결론에 쉽게 이르게 할 수 있다.**

5.13A Fischer 투영식 그리기와 이용하기

선쐐기와 쇄선쐐기를 써서 나타낸 2,3-다이브로모뷰테인의 삼차원 구조식과 대응되는 Fischer 투영식을 어떻게 연관 짓는지를 고려해 보자.

1. Fischer 투영식에서는 탄소 사슬을 항상 위로부터 아래로 쓰고 결합선 구조식에서처럼 나란히 쓰지 않는다. 각 탄소에 있는 기들 사이에는 가려진 상호작용을 지닌 형태로 분자를 생각한다.

2,3-다이브로모뷰테인에서 결합선 구조식을 돌려서 탄소 사슬이 위아래로 향하게 하고, 주된 탄소 사슬에 결합된 기들은 나비넥타이처럼 지면 밖을 향하도록 한다. 그렇게 해서 사슬에 있는 탄소–탄소 결합은 지면에 있거나 지면 뒤로 향하도록 놓인다.

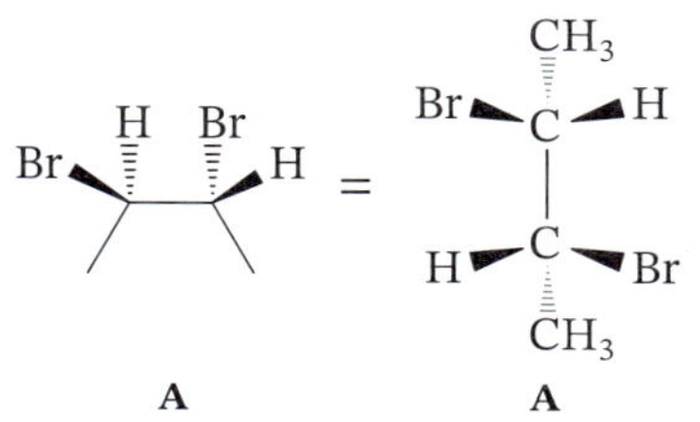

2. 각 탄소에 있는 기들이 가려진 수직인 구조식으로부터 모든 결합을 지면에 '투영'하고 모든 선쐐기와 쇄선쐐기는 보통 직선으로 대체한다. 구조식에서 수직인 선은 사슬에 있는 탄소 원자를 나타내고 수직선과 수평선 사이의 접점은 사슬에 있는 탄소 원자를 나타내며, 수평선은 앞으로 나오는 결합이라고 이해한다.

수직선을 가지고 이렇게 하면 2,3-다이브로모뷰테인의 가려진 형태는 여기에 보인 Fischer 투영식이 된다.

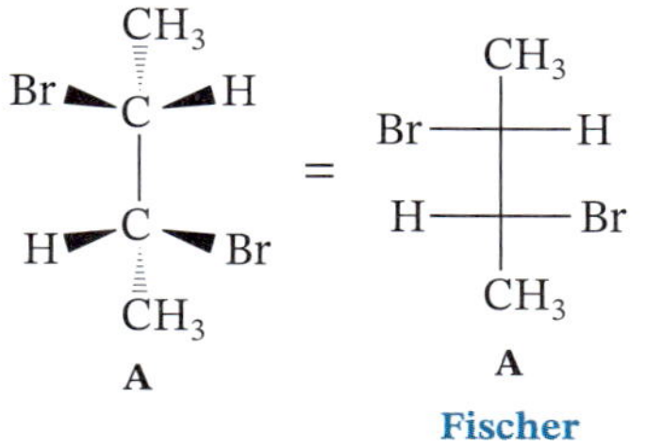

Fischer 투영식

3. Fischer 투영식을 사용하여 두 구조가 겹쳐짐을 시험해 보고자 할 때 종이면에서 다만 180° 회전시킬 수 있으며 **다른 어느 각도 만큼의 회전은 인정되지 않는다.** Fischer 투영식을 언제든지 종이면에 놓아 두어야 하며, 그들을 **뒤집어서는 안 된다.** 만일 Fischer 투영식을 뒤집는다면 수평인 결합은 앞으로 향한 것이 아니라 뒤를 향하게 된다. 그리고 모든 배위가 의도했던 것과는 정반대로 **잘못 나타내진다.**

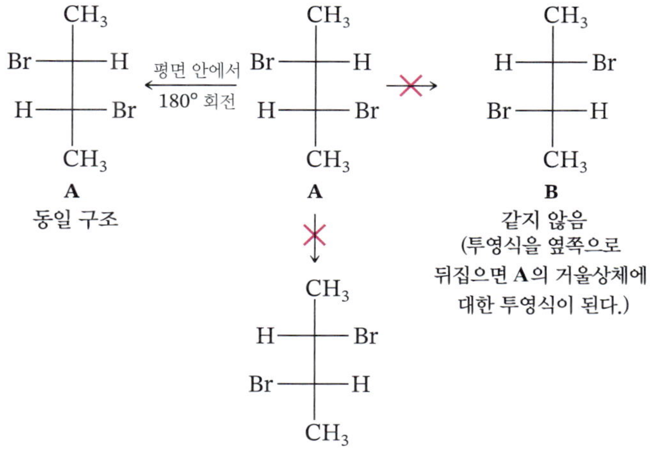

CH_3 / Br—H / H—Br / CH_3
A
동일 구조

평면 안에서 180° 회전

CH_3 / Br—H / H—Br / CH_3
A

CH_3 / H—Br / Br—H / CH_3
B
같지 않음
(투영식을 옆쪽으로 뒤집으면 **A**의 거울상체에 대한 투영식이 된다.)

CH_3 / H—Br / Br—H / CH_3
같지 않음
(투영식을 한끝에서 다른 끝으로 뒤집으면 **A**의 거울상체에 대한 투영식이 된다.)

도움말
A와 B의 모형을 만들어 여기서 보인 Fischer 투영식과 연관 지어 보시오.

Fischer 투영식은 매우 조심스럽게 사용해야 하기 때문에, 여기서 소개하는 것은 단지 Fischer 투영식을 다른 교과에서 보게 될 때 이해할 수 있도록 하기 위함이다. 이 교재의 대부분에서 삼차원 구조식을 나타낼 때는 선쐐기와 쇄선쐐기를 사용하도록 강조하고 있다(사이클로헥세인 유도체의 경우는 의자 형태를 사용한다.) 예외적으로 22장에서 탄수화물을 논의할 때 Fischer 투영식을 다시 사용할 것이다. 담당 교수가 Fischer 투영식을 더 쓰기 원한다면 그렇게 하도록 가르쳐 줄 것이다.

되새김 물음 5.26

(a) 화합물 **A**와 **B**의 각 카이랄 중심에 대하여 (*R*)과 (*S*) 표시를 하시오.
(b) **A**와 **B**의 부분 입체 이성질체인 화합물 **C**의 Fischer 투영식을 쓰시오.
(c) **C**는 광학적으로 활성인가?

5.14 고리 화합물의 입체 이성질 현상

사이클로펜테인 유도체는 고리 화합물의 입체 이성질 현상에 대한 논의를 시작하기에 편리한 출발점이 된다. 예를 들어 1,2-다이메틸사이클로펜테인은 카이랄 중심이 2개이며 3개의 입체 이성질체 **5**, **6**, **7**이 존재한다.

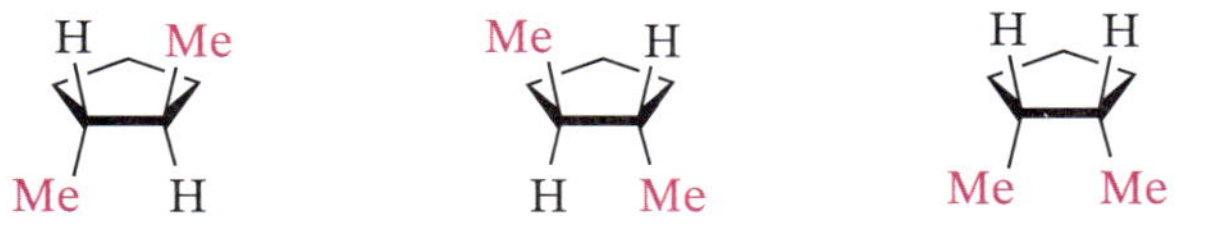

H Me / Me H — **5**
Me H / H Me — **6**
거울상체

H H / Me Me — **7**
메소 화합물

H H / Me Me
대칭면
7

trans 화합물은 한 쌍의 거울상체 **5**와 **6**으로 존재한다. *cis*-1,2-다이메틸사이클로펜테인(**7**)은 메소 화합물이다. 이것은 고리 평면에 수직인 대칭면을 가지고 있다.

되새김 물음 5.27

(a) *trans*-1,2-다이메틸사이클로펜테인(**5**)는 이것의 거울상인 화합물(**6**)과 겹치는가?
(b) *cis*-1,2-다이메틸사이클로펜테인(**7**)은 이것의 거울상과 겹치는가?
(c) *cis*-1,2-다이메틸사이클로펜테인은 카이랄 분자인가?
(d) *cis*-1,2-다이메틸사이클로펜테인은 광학적 활성이 있는가?
(e) **5**와 **7** 사이의 입체 이성질체 관계는 무엇인가?
(f) **6**과 **7** 사이의 관계는 무엇인가?

되새김 물음 5.28

1,3-다이하이드록시사이클로펜테인의 모든 입체 이성질체의 구조식을 쓰시오. 거울상체의 쌍과 메소 화합물이 존재할 경우 이름을 표시하시오.

5.14A 사이클로헥세인 유도체

도움말
여기서 논의된 1,4-, 1,3-, 그리고 1,2-다이메틸사이클로헥세인 이성질체들의 분자 모형을 만들어 입체 화학적 성질을 조사해 보시오. 의자를 젖혀서 cis와 trans 이성질체 사이에서 바꾸어 보시오.

1,4-다이메틸사이클로헥세인 1,4-다이메틸사이클로헥세인의 구조식을 살펴보면 카이랄 중심이 없음을 알 수 있다. 그러나 두 개의 **입체 중심(stereogenic center)**이 있다. 4.13절에서 1,4-다이메틸사이클로헥세인은 cis−trans 이성질체로 존재하는 것을 배웠다. cis와 trans 형태(**그림 5.16**)는 **부분 입체 이성질체**이다. 어느 화합물도 카이랄이 아니며 따라서 광학적인 활성이 없다. *cis*-와 *trans*-1,4-다이메틸사이클로헥세인 모두 대칭면을 가졌음을 주목하시오.

1,3-다이메틸사이클로헥세인 1,3-다이메틸사이클로헥세인은 2개의 카이랄 중심이 있다. 그러므로 $4(2^2 = 4)$개의 입체 이성질체가 존재할 것을 기대할 수 있다. 실제로는 3개만 존재한다. *cis*-1,3-다이메틸사이클로헥세인은 대칭면을 가지며(**그림 5.17**) 비카이랄이다.

trans-1,3-다이메틸사이클로헥세인은 대칭면을 갖고 있지 않으며 한 쌍의 거울상체로 존재한다(**그림 5.18**). *trans*-1,3-다이메틸사이클로헥세인의 거울상체들의 모형을 만들어 보시오. 그러면 그것들이 겹쳐질 수 없음을 알 수 있고 고리가 젖혀진 후에도 겹쳐지지 않는다.

1,2-다이메틸사이클로헥세인 1,2-다이메틸사이클로헥세인도 2개의 카이랄 중심이 있어 4개의 입체 이성질체를 기대할 수 있다. 4개가 있으나 단지 **3가지** 입체 이성질체만 **분리**될 뿐이다. *trans*-1,2-다이메틸사이클로헥세인(**그림 5.19**)은 한 쌍의 거울상체로 존재한다. 이 분자

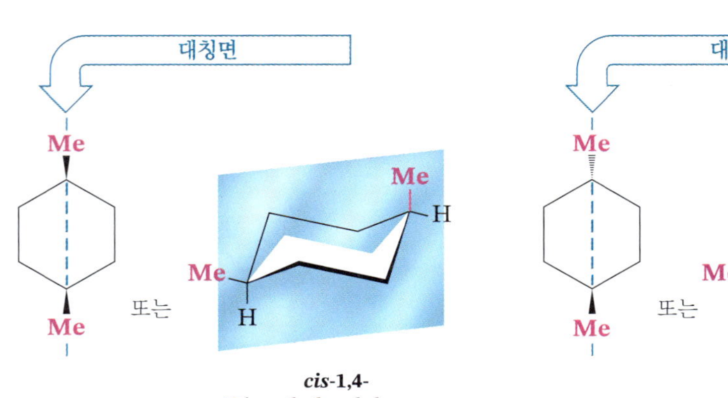

그림 5.16 1,4-다이메틸사이클로헥세인의 cis와 trans 형태는 서로 부분 입체 이성질체이다. 내부 대칭면(청색)이 보여 주듯이 두 화합물 모두 비카이랄이다.

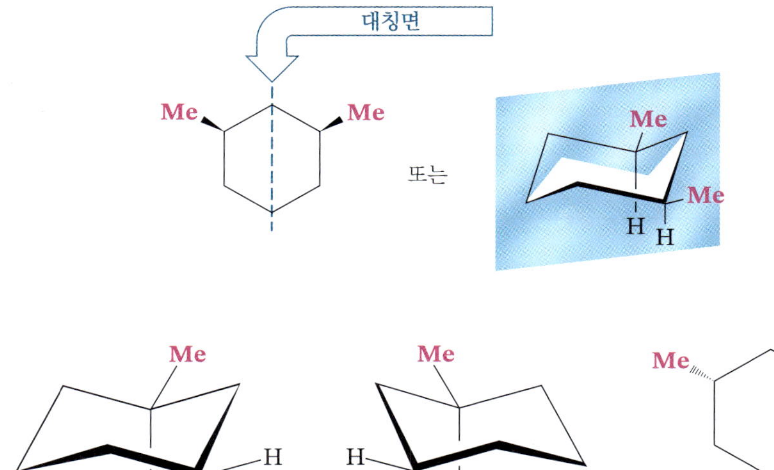

그림 5.17 *cis*-1,3-다이메틸사이클로헥세인은 대칭면을 가지고 있어서 비카이랄이다.

그림 5.18 *trans*-1,3-다이메틸사이클로헥세인은 대칭면이 없으며 한 쌍의 거울상체로 존재한다. 여기서 보인 두 구조 (*a*)와 (*b*)는 겹쳐지지 않는다. 둘 중 어느 것의 고리를 젖혀 올려도 겹쳐지지 않는다. (*c*)는 (*b*)를 간단하게 나타낸 것이다.

는 대칭면이 없다.

그림 5.20에 있는 *cis*-1,2-다이메틸사이클로헥세인에서의 상황은 다소 복잡하다. 두 형태의 구조 (*c*)와 (*d*)를 살펴보면 두 거울상 구조는 서로 겹치지 않는다. 어느 것도 대칭면을 갖지 않으며, 각각 카이랄 분자이다. 그러나 **고리를 젖힘으로 이들은 서로 바뀔 수 있다.** 그러므로 두 구조는 거울상체를 나타내긴 하지만, 매우 낮은 온도에서조차도 빨리 상호전환이 되기 때문에 **분리할 수 없다.** 그들은 **같은 물질의 다른 형태를 나타낼 뿐**이다. 구조 (*c*)와 (*d*)는 배위 이성질체가 아니라 **형태 이성질체**(conformational stereoisomer, 4.9A절 참조)이다. 이것은 상온에서 1,2-다이메틸사이클로헥세인의 **분리될 수 있는 입체 이성질체**가 단지 3가지 있을 뿐임을 의미한다.

나중에 보게 되지만, 형태 입체 이성질체가 거울상체 형태로 분리될 수 있는 화합물들이 있다. 이런 형태의 이성질체를 회전장애 이성질체(atropisomer)라고 한다(5.18절).

그림 5.19 *trans*-1,2-다이메틸사이클로헥세인은 대칭면이 없으며 한 쌍의 거울상체인 (*a*)와 (*b*)로 존재한다. [(*a*)와 (*b*)에 대하여 가장 안전한 형태를 그렸음을 주목하시오. (*a*)나 (*b*)의 고리를 젖히면 메틸기가 수직이 된다.]

그림 5.20 *cis*-1,2-다이메틸사이클로헥세인은 두 가지의 서로 바꿀 수 있는 의자 형태 (*c*)와 (*d*)로 존재한다.

되새김 물음 5.29 아래 각각의 모든 이성질체의 구조식을 쓰시오. 거울상체의 쌍과 비카이랄성 화합물이 존재할 경우 이들을 표시하시오.

(a) 1-Bromo-2-chlorocyclohexane

(b) 1-Bromo-3-chlorocyclohexane

(c) 1-Bromo-4-chlorocyclohexane

되새김 물음 5.30 되새김 물음 5.29의 해답에 대하여 (*R*,*S*) 표시하시오.

5.15 카이랄 중심에 있는 결합이 깨지지 않는 반응을 통하여 배위를 연관 짓는 방법

- 카이랄 중심에 있는 어느 결합도 깨지지 않는다면 반응은 **배위(configuration)**를 보존하면서 진행된다고 말한다. 이것은 반응 결과로 기의 우선 순위가 바뀌어서 카이랄 중심의 *R*,*S* 표시가 바뀌어도 그렇다.

먼저 배위가 보존되고 반응물과 생성물에서 같은 *R*,*S* 표시를 유지하는 예부터 고려해 보자. (*S*)-(−)-2-메틸-1-뷰탄올이 염산과 반응하여 (*S*)-(+)-1-클로로-2-메틸뷰탄올을 형성하는 반응이 그러한 경우이다. 카이랄 중심에 있는 아무 결합도 깨지지 않았음을 주목하시오(이 반응이 어떻게 일어나는지는 11.8A절에서 배운다).

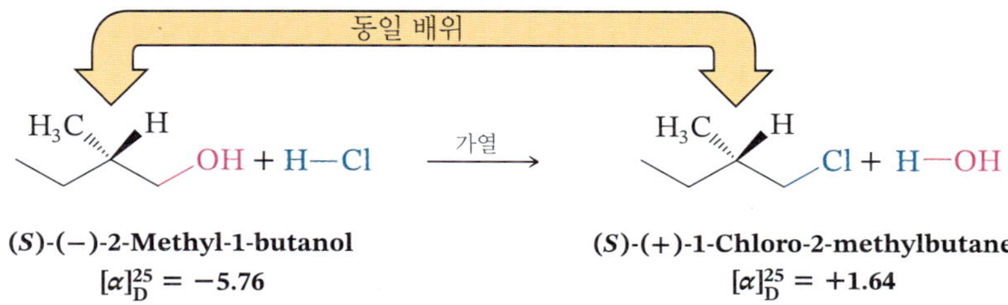

(*S*)-(−)-2-Methyl-1-butanol $[\alpha]_D^{25} = -5.76$

(*S*)-(+)-1-Chloro-2-methylbutane $[\alpha]_D^{25} = +1.64$

이 예는 광회전 부호가 카이랄 중심의 *R*,*S* 배위와 직접적인 연관이 없음을 또한 알려주고 있는데, 회전 부호는 바뀌었지만 *R*,*S* 배위는 그대로이기 때문이다.

다음으로 (*R*)-1-브로모-2-뷰탄올이 아연과 산과 반응하여 (*S*)-2-뷰탄올이 되는 것을 고려해 보자. 현재로는 이 반응이 어떻게 일어나는지를 알 필요는 없지만, 카이랄 중심에 있는 어느 결합도 깨지지 않았음을 관찰할 수 있다.

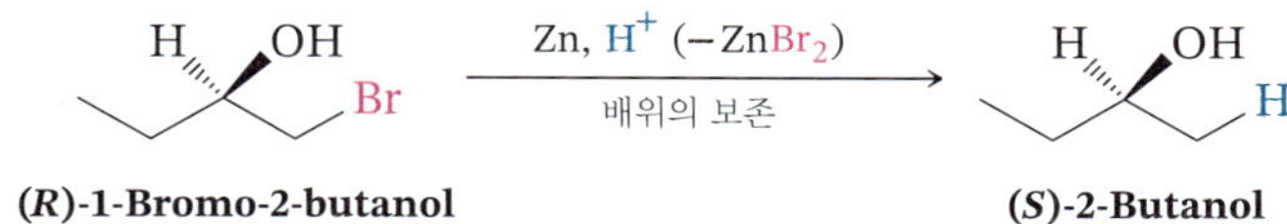

(*R*)-1-Bromo-2-butanol **(*S*)-2-Butanol**

이 반응은 카이랄 중심에 있는 결합들이 깨지지 않았으므로 배위는 보존되지만, 브로민을 수소로 치환함으로 인하여 카이랄 중심에 결합된 기들의 상대적인 우선 순위가 바뀌었으므로 *R*,*S* 배위는 바뀐다.

보기 물음 5.8

(*R*)-1-브로모-2-뷰탄올이 KI와 아세톤에서 반응할 때 생성물은 1-아이오도-2-뷰탄올이다. 생성물은 (*R*)인가 또는 (*S*)인가?

풀이

카이랄 중심에 있는 어느 결합도 깨지지 않았으므로 생성물은 다음과 같을 거라고 추리할 수 있다.

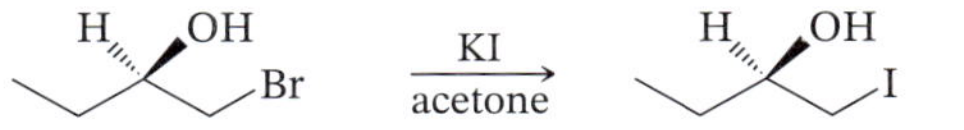

H OH Br —KI, acetone→ H OH I

(*R*)-1-Bromo-2-butanol **(*R*)-1-Iodo-2-butanol**

생성물의 배위는 C1에 있는 브로민을 아이오딘으로 대체하는 것이 C1의 상대적인 우선권을 변화시키지 않기 때문에 아직도 (*R*)이 될 것이다.

5.15A 상대적 배위와 절대적 배위

카이랄 중심인 탄소에 있는 결합이 깨지지 않는 반응들은 카이랄 분자의 배위를 연관시키는 데 유용하다. 즉, 어떤 화합물들이 똑같은 상대적 배위를 가진 것을 나타낼 수 있도록 한다. 방금 들었던 각각의 예에서 반응 생성물은 반응물과 똑같은 **상대적 배위**를 갖는다.

- 다른 분자들에 있는 카이랄 중심들이 세 기를 공통으로 공유하고 중심 탄소에 있는 이 기들이 피라미드형 배열에서 겹친다면 동일한 **상대적 배위(relative configuration)**를 가진다.

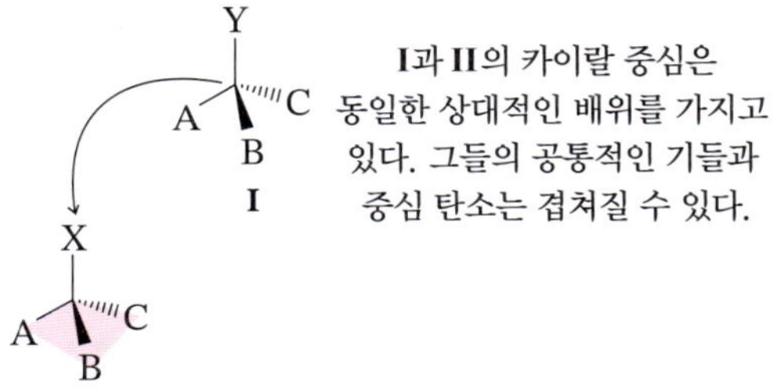

Y A C B **I**

X A C B **II**

I과 II의 카이랄 중심은 동일한 상대적인 배위를 가지고 있다. 그들의 공통적인 기들과 중심 탄소는 겹쳐질 수 있다.

1951년 이전에는 카이랄 분자의 상대적인 배위만이 알려져 있었다. 그 전에는 어떤 카이랄 분자에서 기들의 실제적인 공간 배열이 무엇인지를 설명할 수 없었다. 다시 말하면 아무도 광학적 활성인 화합물의 **절대적 배위**를 결정할 수가 없었다.

- 카이랄 중심의 **절대적 배위(absolute configuration)**는 카이랄 중심의 공간에 기들이 실제로 배열된 지식에 의해서 구체화될 수 있는 (*R*) 또는 (*S*) 지정이다.

알려진 절대적 배위가 있기 이전에 카이랄 분자의 배위는 **알려진 입체 화학을 통하여** 서로 연관 지어졌었다. 모든 배위를 임의로 표준을 정한 한 가지 화합물과 연관시키려는 시도들도 있었다. 이 표준 화합물은 글리세르알데하이드였다.

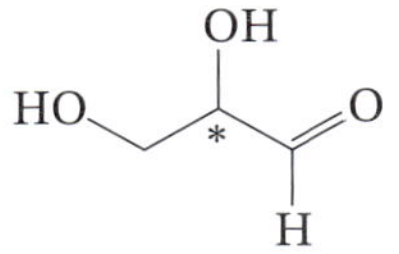

HO OH * O H

Glyceraldehyde

글리세르알데하이드는 하나의 카이랄 중심을 갖고 있어 한 쌍의 거울상체가 존재한다.

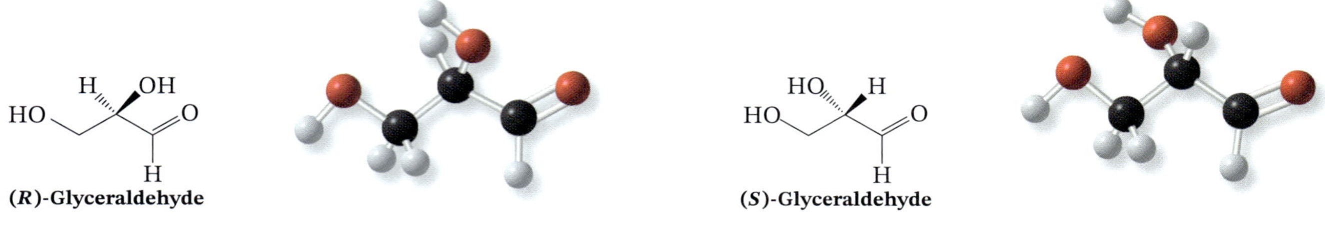

(D-glyceraldehyde 라고도 알려져 있음) (L-glyceraldehyde 라고도 알려져 있음)

예전에 배위를 표기하는 방법은 (*R*)-글리세르알데하이드를 D-글리세르알데하이드, (*S*)-글리세르알데하이드를 L-글리세르알데하이드라고 쓰는 것이다. 이러한 이름 짓기 체계는 특별히 탄수화물 이름 짓기에서 아직도 널리 쓰이고 있다(22.2B절 참조).

글리세르알데하이드의 한 거울상체는 우회전성(+)이며 다른 것은 물론 좌회전성(−)이다. 그러나 처음에는 어느 배위가 어느 거울상체에 속하는지를 알 수 없었다. 화학자들은 (+)-거울상체가 (*R*) 배위라고 임의로 정하였는데, 그들이 옳았다는 것이 밝혀졌다. 물론 글리세르알데하이드의 우회전성 (+) 거울상체는 (*R*) 거울상체이다. 이는 알려진 입체 화학의 반응들을 통한 (−)-글리세르알데하이드 거울상체와 (−)-락트산의 상관관계에 의해 입증되었다. 1951년에 University of Utrecht의 Bijvoet는 X-선 결정학으로 (−)-락트산의 절대적 배위를 결정하였다.

H OH
H_3C C O
OH

(*R*)-(−)-Lactic acid

(−)-글리세르알데하이드의 배위는 입체 화학이 알려진 반응들을 통해 (+)-타타르산과 연관되어 있다.

H OH H OH
HO_2C CO_2H

(+)-Tartaric acid

되새김 물음 5.31

글리세르알데하이드, 락트산, 그리고 타타르산과 같은 화합물을 나타내는 데 Fischer 투영식을 흔히 사용한다. **(a)** 글리세르알데하이드, **(b)** 타타르산, 그리고 **(c)** 락트산의 두 거울상체에 대한 Fischer 투영식을 그리고, 각 카이랄 중심에 대한 (*R*−*S*) 배위를 정하시오. [Fischer 투영식에서 가장 산화된 말단 탄소를 구조식의 위에 쓴다는 것을 주목하시오(여기서 알데하이드나 카복실산기가 구체적인 예이다).]

보기 물음 5.9

카이랄이 아닌 타타르산의 Fischer 투영식을 쓰시오.

풀이

타타르산이 2개의 카이랄 중심을 가졌으므로 비카이랄 이성질체는 대칭면을 가져야 하고 메소 화합물이 있어야 한다.

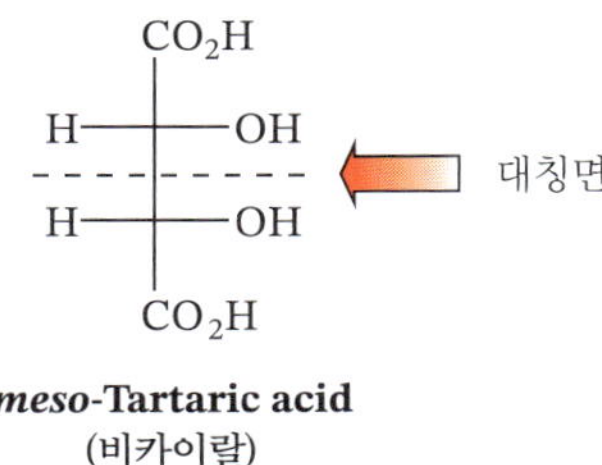

***meso*-Tartaric acid**
(비카이랄)

5.16 거울상체의 분리: 분할

광학적 활성인 화합물이나 라셈 형태에 대한 중요한 물음에 대하여 대답하지 않은 것이 있다. 거울상체들을 어떻게 분리할 것인가? 거울상체들은 용매에 대한 용해도나 끓는점 등이 같다. 결과적으로 유기 화합물을 분리하는 통상적인 방법인 결정법이나 증류법 등을 라셈 형태에 쓰면 안 된다.

5.16A 거울상체를 분리하는 Pasteur법

실제로 1848년 Pasteur가 타타르산 염의 라셈 형태를 분리한 것이 소위 거울상 이성질 현상을 발견하도록 하는 계기가 된다. 따라서 Pasteur는 입체 화학 분야의 창시자라고도 생각된다.

(+)-타타르산은 양조 과정의 한 가지 부산물이다(자연은 보통 카이랄 분자의 한 거울상체만을 합성한다). Pasteur는 한 화학 공장의 주인으로부터 라셈체인 타타르산의 시료를 얻었다. 연구 도중 Pasteur는 라셈체인 타타르산의 소듐 암모늄 염의 결정 구조를 조사하게 되었다. 그는 두 가지 형태의 결정들이 존재함을 알게 되었다. 하나는 이전에 발견된 우회전성인 (+)-타타르산의 소듐 암모늄 염의 결정과 똑같았다. 다른 형태의 결정은 첫 번째 것과 겹치지 않는 거울상이었다. 두 형태의 결정은 실제로 카이랄이었다. 핀셋과 확대경을 가지고 Pasteur는 두 종류의 결정을 분리하여 물에 녹인 다음 그 용액을 편광계에 놓았다. 첫 번째 형태의 용액은 우회전성이었으며, 이미 알려진 (+)-타타르산의 소듐 암모늄 염과 동일한 것이 증명되었다. 두 번째 형태의 결정의 용액은 좌회전성이었으며 평면 편광을 같은 양만큼 반대 방향으로 회전시켰다. 두 번째 형태의 결정은 (−)-타타르산의 소듐 암모늄 염이었다. 물론 결정이 용액으로 녹아 들어감으로써 자체의 카이랄성은 사라졌지만 **광학적 활성은 남아 있었다**. 그러므로 Pasteur는 분자 자체가 카이랄이라고 생각하였다.

Pasteur가 거울상 이성질 현상을 발견하고 두 형태의 타타르산이 광학적 활성인 것은 분자 자체의 성질임을 설명한 사실은 1874년에 이르러 van't Hoff와 Le Bel이 탄소의 정사면체 구조를 제의하는 바탕이 되었다.

유감스럽게도 (+)와 (−)-타타르산처럼 카이랄 결정을 만드는 유기 화합물은 거의 없다. 타타르산의 소듐 암모늄 염의 결정처럼 눈에 보이게 카이랄인 결정으로 분리되어 결정화하는

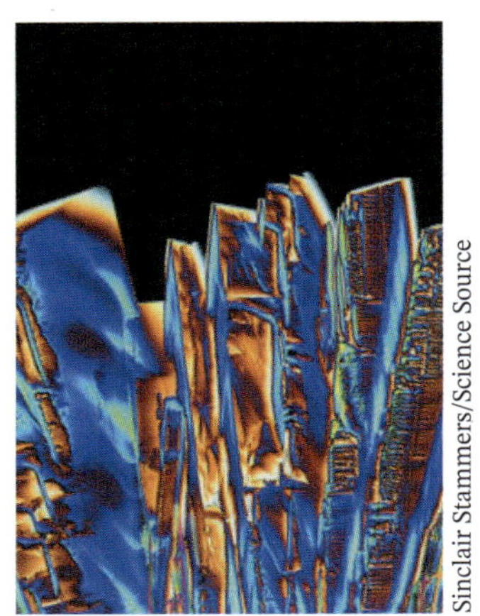

타타르산 결정

유기 화합물은 거의 없는 것이다. 그러므로 Pasteur의 방법은 거울상체의 분리에 일반적으로 응용될 수 없다.

5.16B 거울상체를 분할하는 최신 방법

거울상체를 분리하는 가장 유용한 방법은 다음에 근거한 것이다.

- 라셈 형태를 다른 화합물의 한 가지 거울상체와 반응하도록 하면 라셈 형태가 부분 입체 이성질체의 혼합물로 된다. 부분 입체 이성질체는 녹는점, 끓는점, 그리고 용해도가 다르므로 통상적인 방법으로 분리될 수 있다.

부분 입체 이성질적인 재결정법은 그런 과정의 하나이다. 이 방법은 20.3F절에서 다루기로 한다. 또 다른 방법은 효소에 의한 **분할(resolution)**이다. 효소는 라셈 혼합물에 있는 한 거울상체를 선택적으로 다른 화합물로 전환시킨다. 그 후에 반응하지 않은 거울상체와 새 화합물이 분리된다. 5.10B절에서의 리페이스는 이런 분할의 한 예이다. 카이랄성 매체를 사용하는 크로마토그래피도 널리 사용되고 있다. 이 방법은 고성능 액체 크로마토그래피(HPLC)나 다른 형태의 크로마토그래피에 응용된다. 라셈 혼합물의 분자와 카이랄인 크로마토그래피 매체 사이의 부분 입체 이성질적인 상호작용으로 인하여 라셈 혼합물에 있는 거울상체가 크로마토그래피의 관을 이동하는 속도가 달라진다. 따라서 전개되는 순서대로 따로 받아내어 거울상체를 분리하게 된다.

5.17 카이랄 중심이 탄소 원자가 아닌 화합물

네 개의 서로 다른 기가 연결된 어떤 정사면체의 원자는 하나의 **카이랄 중심(chiral center)**이다. 탄소 원자가 아닌 카이랄 중심을 포함하는 분자의 일반적인 구조식은 다음과 같다. 규소와 저마늄은 주기율표에서 탄소와 같은 족에 있다. 이들은 탄소처럼 정사면체의 화합물을 형성한다. 규소, 저마늄, 질소의 화합물에서 중심 원자 주위에 4개의 기가 있을 때 그 분자는 카이랄이며 거울상체들은 원칙적으로 분리될 수 있다. 설폭사이드는 4개의 기 중 하나가 비공유 전자쌍으로 다른 작용기들 경우와 마찬가지로 카이랄이다. 그러나 아민의 경우는 카이랄이 아니다(20.2B절).

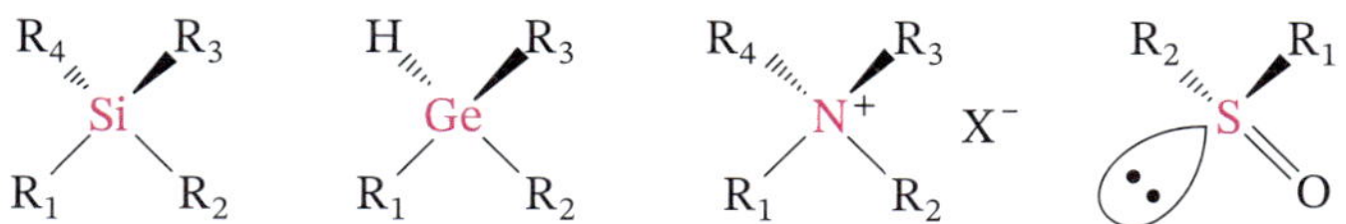

5.18 카이랄 중심이 없는 카이랄 분자

한 분자가 그것의 거울상에 겹치지 않으면 카이랄이다. 4개의 기를 가진 정사면체의 원자가 존재하면 분자는 카이랄을 갖게 될 것이다. 앞으로 나오는 대부분의 분자는 그러한 카이랄 중심을 갖고 있다. 그러나 그렇지 않은 카이랄 분자도 있다. 예를 들면, 형태 이성질체들 사이에 회전 장벽이 너무 커서 개개의 형태 이성질체들이 분리, 정제되고 이 형태 이성질체들은 입체 이성질체가 되는 것이다.

안정한 형태 이성질체를 **회전장애 이성질체(atropisomer)**라고 부른다. 카이랄인 회전장애 이성질체의 존재는 입체 선택성 반응에 대한 카이랄 촉매를 개발하는 데 크게 이용되었다. 한 예가 BINAP로 그들의 거울상체는 아래와 같다.

$\ddot{P}(Ph)_2$ $\ddot{P}(Ph)_2$ $(Ph)_2\ddot{P}$ $(Ph)_2\ddot{P}$

(*S*)-BINAP **(*R*)-BINAP**

BINAP에서 카이랄의 근원은 서로 거의 수직인 두 나프탈렌 고리의 회전이 제한된 사실이다. 비틀림 장벽 때문에 두 거울상체적인 형태 이성질체 (*S*)-와 (*R*)-BINAP이 분리되었다. 각 거울상체를 루테늄과 로듐 같은 금속의 리간드로 사용하면(인 원자에 있는 비공유 전자쌍에 의해서 결합됨) 카이랄인 유기금속 착물이 생기게 되는데, 이것이 입체 선택적인 수소화 반응이나 다른 중요한 산업적인 반응에 이용된다. 로듐 (*S*)-BINAP 촉매가 관여하는 이성질화 반응을 써서 (−)-멘톨을 연간 약 3500톤이나 공업적으로 생산하는 것은 카이랄 리간드의 중요성을 더욱 강조해 주는 것이기도 하다.

알렌도 입체 이성질 현상을 나타내는 화합물이다. 알렌은 아래와 같은 연속 이중 결합을 갖고 있는 분자이다.

C=C=C

π 결합의 평면은 서로 수직이다.

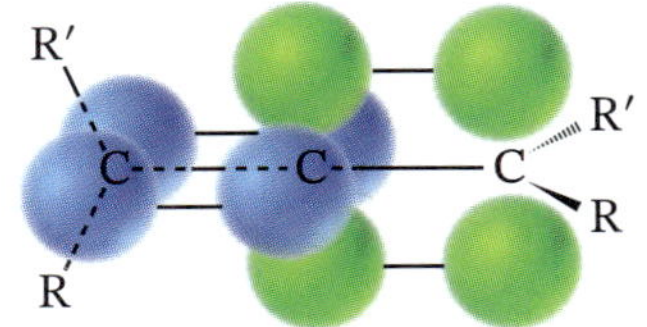

이러한 π 결합의 기하 형태는 끝에 있는 탄소에 결합된 기들이 수직인 평면상에 놓이도록 하며, 이 때문에 양 끝 탄소 원자에 다른 치환기를 가진 알렌은 카이랄이다(**그림 5.21**). (알렌은 cis−trans 이성질 현상을 보이지 않는다.)

H, Cl — C=C=C — H, Cl | H, Cl — C=C=C — H, Cl

거울

그림 5.21 1,3-다이클로로알렌의 거울상체 형태. 이들 두 분자는 서로 겹치지 않는 거울상이며, 그러므로 카이랄이다. 그러나 4개의 다른 기가 연결된 정사면체의 원자를 가지고 있지 않다.

이 주제는 왜 중요한가?

카이랄성의 잠재적인 근원

이 교재의 서두에서 1952년에 University of Chicago의 두 화학자인 Urey와 Miller가 생명체에서 발견되는 많은 아미노산들이 단순하고도 원시적인 조건에서 간단한 화합물로부터 자발적으로 만들어지는지를 보인 획기적인 실험을 서술하였다. 하지만 언급되지 않았던 것은 이 아미노산들이 실험 과정에서 정말로 만들어졌는지와 기구 자체에 있었던 오염 물질로부터의 생성물인지에 대한 증명이었다. Urey와 Miller의 증거는 모든 아미노산들이 라셈체로 생성되었다는 것이다. 이 장에서 보인 바대로 자연의 생명체가 만든 모든 아미노산은 단일 거울상체로 존재한다. 그러면 생체 분자(아미노산 같은)는 왜 단일 거울상체로만 존재하는가? 하는 질문이 남게 된다. 다시 말해서 지구상의 카이랄성의 근원은 무엇일까? 이 질문은 한 세기 이상 과학자들에게 흥밋거리였지만 이에 대한 잠재적인 답변들은 최근에야 나왔다.

1969년 큰 운석이 오스트레일리아의 Murchison에 떨어졌다. 그것의 유기 분자를 화학 분석해 보니 100가지 이상의 아미노산을 포함하고 있었는데, 이 중에는 지구상에서 발견되지 않은 것도 수십여 개 있었다. 몇 가지 아미노산은 거울상체 과량이 2~15%였는데, 모두 L-아미노산으로 지구의 생명체에서 발견되는 것과 똑같은 거울상체들이다. 면밀한 분석으로 이 광학 활성은 지구상의 오염물로 인한 결과는 아님이 밝혀졌다. 지난 십여 년간 소량의 거울상체 과량만으로도 아래에 보인 두 가지처럼 카이랄 중심이 모두 치환되어 있어 라셈화할 수 없는 몇 가지 라셈체인 아미노산들은 결정화와 같은 비교적 간단한 과정을 통하여 분할될 수 있음을 알게 되었다. 이 과정은 L-아미노산 수용액을 높은 거울상체 과량으로 남게 만든다. 더욱이 카이랄인 L-아미노산 용액이 일단 만들어지면 이미 소유하고 있는 D-탄수화물의 거울상체-지배적인 합성을 촉매화할 수 있게 된다. 그렇기에 카이랄성의 근원은 외계로부터 왔으리라 여겨진다.

그러나 무엇이 최초의 거울상체 과량을 만들어 냈을까? 아무도 확신할 수는 없지만, 어떤 과학자들은 자전하는 중성자 별의 극으로부터 코르크 나사 모양으로 방사된 전자기 복사선이 우주 공간에서 그런 분자들이 만들어질 때 한 거울상을 다른 거울상보다 선호하였을 것으로 추리한다. 만일 이것이 사실이라면, 은하수 반대편에는 지구와 카이랄이 반대인 D-아미노산과 L-당을 지닌 생명체가 있는 세상이 있음도 가능하다. 이 분야의 선구자인 Colombia University의 Breslow는 그러한 가능성을 언급해 왔다. "그러한 생명 형태는 진보된 공룡 이야기일 수도 있으므로 포유동물에게는 소행성의 충돌로 인하여 공룡의 멸종과 같은 행운이 없었다는 가정하에 (다른 세상을) 찾아내지 않는 것이 더 나을 수도 있다."

15.2% e.e　　2.8% e.e

이 주제에 대해서 더 알려면 참고하시오.

Breslow, R. "The origin of homochirality in amino acids and sugars on prebiotic earth" *Tetrahedron Lett*. **2011**, 52, 2028–2032 and references therein.

요약과 복습 도구

이 장에서는 생명의 손 모양성은 분자 수준에서 시작함을 배웠다. 생체에서 일어나는 분자 인식, 신호 보내기, 그리고 화학 반응은 카이랄 분자의 손 모양에 흔히 의존된다. 정사면체인 탄소 원자에 네 가지 다른 기를 지닌 분자는 만일 그들의 거울상과 겹치지 않는다면 카이랄이다. 네 가지 다른 기를 지닌 원자는 카이랄 중심이라고 불린다.

대칭의 거울면은 논의에서 매우 중요하다. 한 분자의 거울상체를 그리려면 그것을 마치 거울에 반사시키는 것처럼 그리면 된다. 대칭의 거울면이 분자 안에 존재하면 그것은 카이랄인 중심을 지녔을지라도 비카이랄이다(카이랄이 아니다). 대칭을 시험해 보기 위해서 거울면을 사용하는 것은 중요한 기술이다.

이 장에서 Cahn–Ingold–Prelog *R*,*S*-체계를 사용하여 카이랄인 분자에 독특한 이름을 짓는 방법을 배웠다. 또한 마음의 눈으로 분자 구조를 삼차원으로 바라보는 훈련도 하였다. 그리고 삼차원 분자 구조식을 그리는 기술도 갈고 닦았다. 한 쌍의 거울상체들은 똑같은 물리적 성질을 가지는데, 예외적으로 평면 편광을 같은 양이지만 반대 방향으로 회전시킴을 배웠다. 부분 입체 이성질체들은 서로 다른 물리적 성질을 가진다. 한 카이랄 분자의 각 거울상체 사이와 다른 어떤 카이랄성 물질과의 상호작용은 부분 입체 이성질성인 상호작용으로 거울상체의 분리를 가능하도록 하는 다른 물리적 성질을 가져온다.

화학은 삼차원에서 일어난다. 이제 앞 장에서 배운 분자의 모양과 극성에 관한 기초 위에 이 장으로부터 얻은 지식을 쌓으면 유기 분자의 반응 공부를 시작할 준비가 된 것이다. 핵심 용어와 개념, 그리고 이 장의 끝에 있는 물음 뒤에 나오는 개념 지도를 사용하면 복습을 하고 주제 간의 관련성을 파악하는 데 도움이 될 것이다. 카이랄 중심에서 삼차원을 나타내도록 분자를 그리는 연습을 하시오. 분자의 이름을 짓는 것과 부분적으로 양전하와 음전하를 지닌 영역을 표시하는 연습을 하시오. 이와 같은 것에 주의를 기울인다면 다음 장들에서 분자의 반응성을 배우는 데 도움이 될 것이다.

물음

카이랄성과 입체 이성질 현상

5.32 아래에서 카이랄이어서 거울상체로 존재할 수 있는 것은?

(a) 2-Propanol

(b) 1,2-Dibromopropane

(c) 2-Chloro-2-methylpropane

(d) 3-Ethylpentane

(e) 2-Bromopentane

(f) 2-Fluorobicyclo[2.2.2]octane

(g) 2-Chlorobicyclo[2.1.1]hexane

(h) 1-Methyl-2-bromobicyclo[2.1.1]heptane

5.33 **(a)** 알케인(사이클로알케인이 아님)이 거울상 형태로 존재하려면 최소한 몇 개의 탄소 원자가 있어야 하는가?
(b) 이 최소 수의 탄소 원자로 된 두 세트의 거울상체에 대한 이름을 쓰시오.

5.34 아래 분자에서 각 카이랄 중심의 (*R*)과 (*S*) 배위를 표시하시오

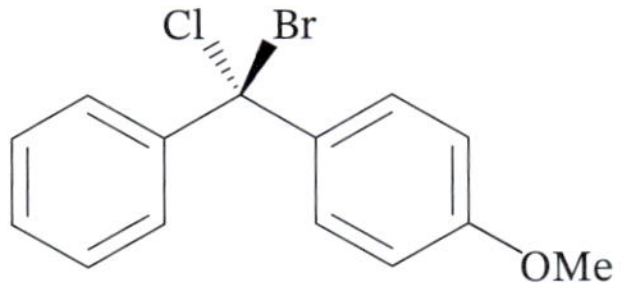

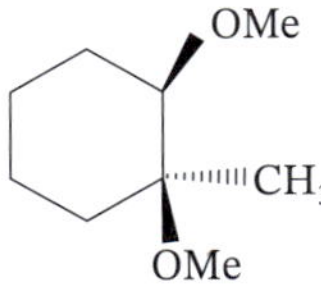

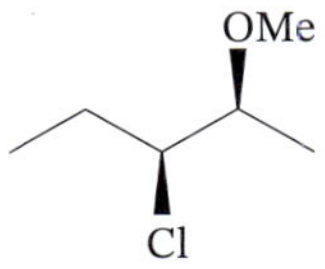

Cl Br OMe OMe OMe CH_3 OMe Cl

5.35 여기 보인 paroxetine은 항우울증제로 처방된다. Paroxetine의 어느 거울상체 하나에 대해서 지면에 있지 않은 결합을 선과 쐐기로 나타내는 삼차원 구조식을 그리시오. 가능한 한 많은 탄소 원자들을 지면에 놓이게 하고 비공유 전자쌍과 수소 원자들을 나타내시오. 그려진 거울상체의 (*R*,*S*) 배위를 표시하시오.

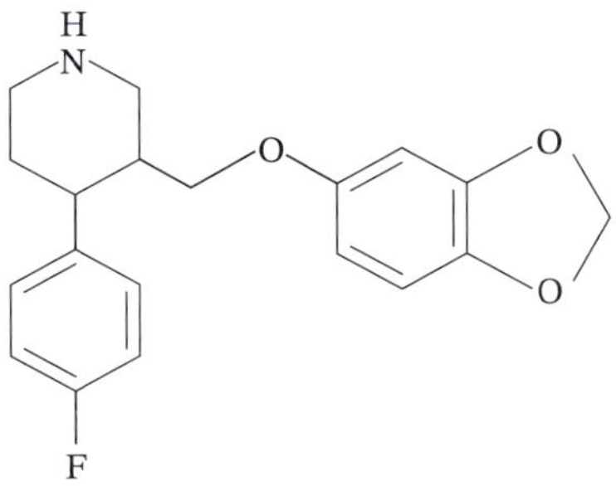

H N O O O F

Paroxetine

5.36 **(a)** 2,2-다이메틸바이사이클로[2.2.1]헵테인의 구조를 쓰시오. **(b)** 이것에는 카이랄 중심이 몇 개인가? **(c)** 2^n 규칙에 의하면 몇 개의 입체 이성질체가 있는가? **(d)** 2,2-다이메틸바이사이클로[2.2.1]헵테인은 단지 한 쌍의 거울상체가 존재한다. 그 까닭을 설명하

시오.

5.37 다음은 (R,R)-, (S,S)-, 그리고 (R,S)-3,4-다이클로로헥세인의 Newman 투영식이다.
(a) 어느 것이 어느 것인가? **(b)** 어느 것이 메소 화합물인가?

A B C

5.38 다음에 대해서 적합한 구조식을 쓰시오.

(a) 사이클로헥세인의 구조 이성질체인 고리형 분자 한 가지

(b) 분자식이 C_6H_{12}이면서 고리를 한 개 가지며 서로 거울상체인 분자

(c) 분자식이 C_6H_{12}이면서 고리를 한 개 가지며 서로 부분 입체 이성질체인 분자

(d) 분자식이 C_6H_{12}이면서 고리가 없고 서로 거울상체인 분자

(e) 분자식이 C_6H_{12}이면서 고리가 없고 서로 부분 입체 이성질체인 분자

5.39 아래의 각 쌍의 구조를 살펴보시오. 카이랄 중심을 (R)과 (S)로 표시하고 각각의 관계가 거울상체, 부분 입체 이성질체, 구조 이성질체, 아니면 동일한 두 분자인지를 밝히시오. 분자 모형을 만들어 답을 확인해 보시오.

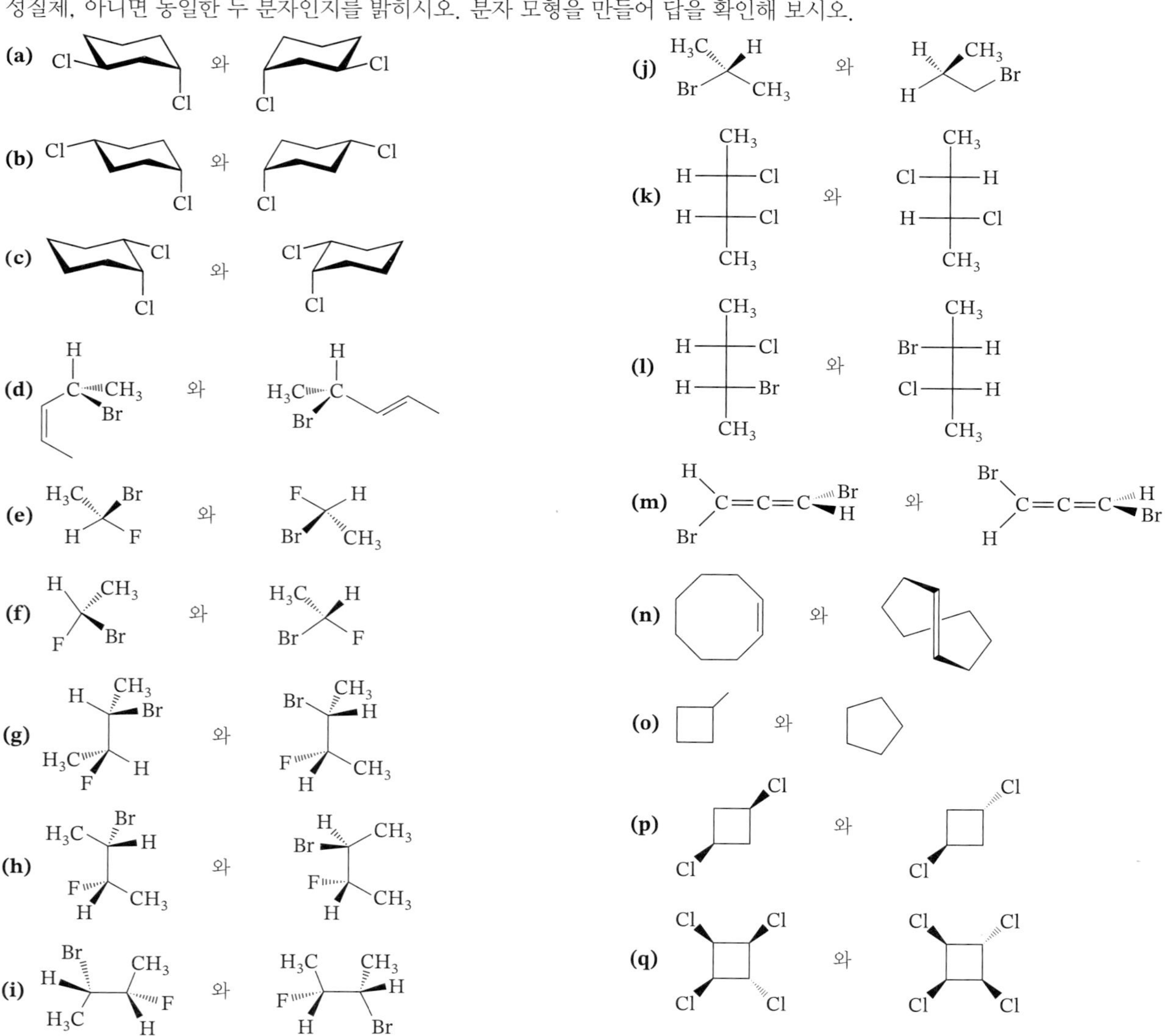

5.40 아래의 화합물 각각은 입체 이성질체 형태로 존재하는지 논하시오.

(a) BrCH═C═C═CHBr　**(b)** CH_2═C═C═CHBr　**(c)** BrCH═C═C═CBr_2

5.41 각 쌍의 화합물들이 거울상체, 부분 입체 이성질체, 구조 이성질체, 또는 이성질체가 아닌지를 말하시오.

(a) CHO / H—OH / H—OH / CH_2OH 와 CHO / HO—H / H—OH / CH_2OH

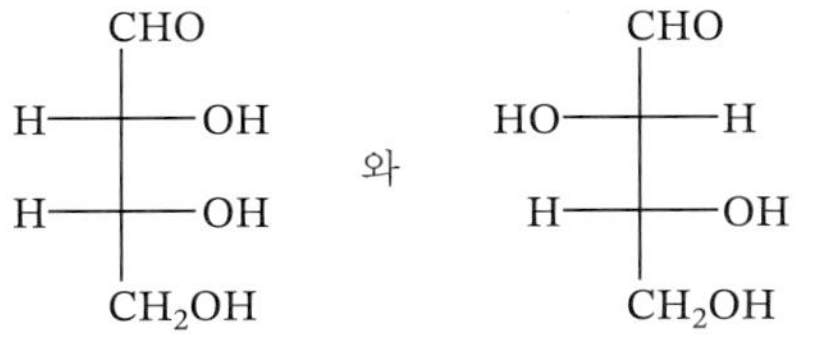

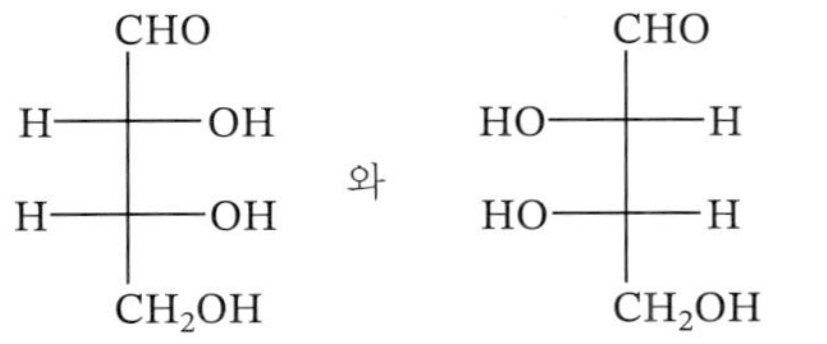

(b) CHO / HO—H / H—OH / CH_2OH 와 CHO / H—OH / HO—H / CH_2OH

(c) CHO / H—OH / H—OH / CH_2OH 와 CHO / HO—H / HO—H / CH_2OH

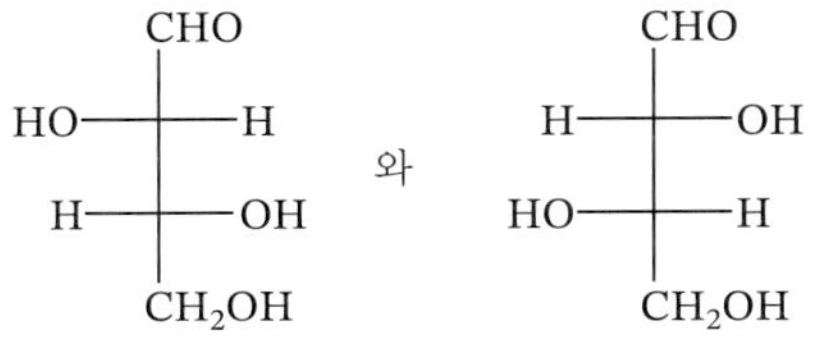

(d) CH_2OH / H—OH / H—OH / CHO 와 CHO / HO—H / HO—H / CH_2OH

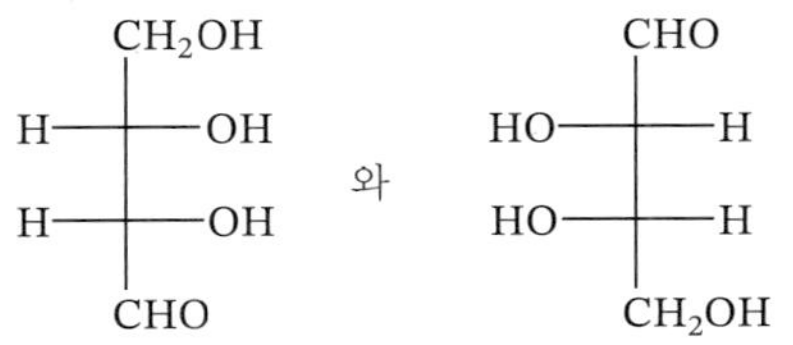

5.42 화합물 **P**는 분자식이 C_8H_{16}이며 광학적으로 불활성이지만 거울상체로 분할될 수 있다. **P**를 촉매하에서 수소화 반응시키면 **Q**(C_8H_{18})가 되는데 **Q**는 광학적으로 불활성이다. **P**와 **Q**의 구조를 제안하시오.

5.43 화합물 **F**는 분자식이 C_5H_8이며 광학적으로 활성이다. **F**를 촉매하에서 수소화 반응시키면 **G**(C_5H_{12})가 되는데 **G**는 광학적으로 불활성이다. **F**와 **G**의 구조를 제안하시오.

5.44 화합물 **H**는 분자식이 C_6H_{10}이며 광학적으로 활성이다. **H**를 촉매하에서 수소화 반응시키면 **I**(C_6H_{12})가 되는데 **I**는 광학적으로 불활성이다. **H**와 **I**의 구조를 제안하시오.

5.45 알리테인(alitane)은 인공감미료로 설탕보다 200배 더 달다. 알리테인의 카이랄 중심에 대해서 (*R*,*S*) 표시를 하시오.

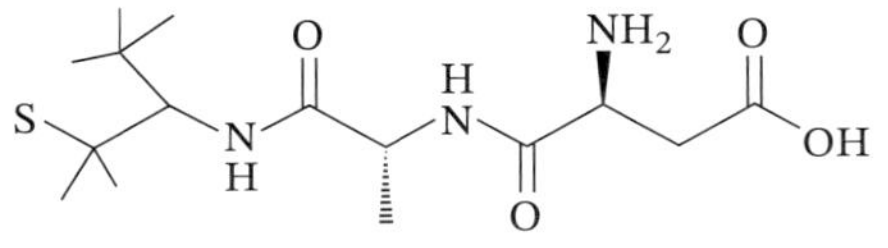

S　N H　O　H N　O　NH_2　O　OH

Alitane

5.46 4개의 다이메틸사이클로프로페인 이성질체들이 있다. **(a)** 이들의 삼차원 구조식을 쓰시오. **(b)** 이 이성질체들 중 어느 것이 카이랄인가? **(c)** 4가지 다이메틸사이클로프로페인을 각각 1몰씩 포함하는 화합물을 기체 크로마토그래피(끓는점으로 화합물을 분리할 수 있는 분석 방법)로 분석할 때 몇 가지 부분이 얻어지겠는가? 그리고 각 부분은 어느 화합물을 포함하고 있을까? **(d)** 이 부분들 중 몇 가지가 광학적 활성을 나타낼 것인가?

5.47 아래의 분자에 대해서 거울상체와 부분 입체 이성질체 한 가지를 그리시오. 각 카이랄 중심에 대해서 (*R*)과 (*S*) 배위를 표시하시오.

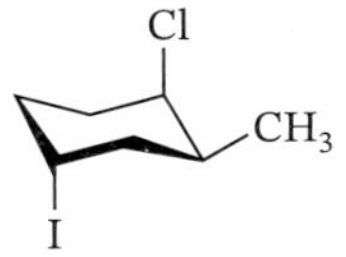

Cl　CH_3　I

5.48 (이 문제를 풀기 위하여 모형을 사용하시오.) **(a)** *trans*-1,2-다이에틸사이클로헥세인의 가장 안정한 형태에 대한 형태 구조식을 쓰고, 그것의 거울상을 쓰시오. **(b)** 이 두 분자는 서로 겹치는가? **(c)** 그들은 고리를 '젖힘'으로써 바꿀 수 있는가? **(d)** *cis*-1,2-다이에틸사이클로헥세인으로 **(a)**와 같이 하시오. **(e)** 이 구조들은 겹치는가? **(f)** 그들은 서로 바꿀 수 있는 것인가?

5.49 (이 문제를 풀기 위하여 모형을 사용하시오.) **(a)** *trans*-1,4-다이에틸사이클로헥세인의 가장 안정한 형태를 형태 구조식으로 쓰고, 그것의 거울상을 쓰시오. **(b)** 이 구조들은 겹치는가? **(c)** 그들은 거울상체들인가? **(d)** *trans*-1,4-다이에틸사이클로헥세인은 입체 이성질체가 있는가? 그렇다면 그것은 무엇인가? **(e)** 이 입체 이성질체는 카이랄인가?

5.50 (이 문제를 풀기 위하여 모형을 사용하시오.) 1,3-다이에틸사이클로헥세인의 모든 입체 이성질체들의 형태 구조식을 쓰시오. 이들을 거울상체, 메소 화합물 등으로 표시하시오.

화학 상담자가 필요한 물음

5.51 배위를 지정하지 말고, 자연으로부터 얻어진 아래의 분자에 대하여 카이랄 중심 또는 카이랄성을 암시하는 다른 요소를 뜻하는 모든 입체 중심을 찾아내시오. 질소 원자에 있어서는 전자쌍이 질소에 붙어 있는 4개의 기들 중 하나로 존재하면 그 질소 원자는 두 가지 가능한 정사면체 형태의 빠른 전환으로 말미암아 카이랄이 아니다. 전자쌍이 아닌 4개의 기들이 질소에 결합되어 있으면 카이랄 중심이 될 수 있다. (참조: *J. Nat. Prod*. **2007**, 70, 443; *J. Am. Chem. Soc*. **1973**, 95, 7842; *J. Am. Chem. Soc*. **2012**, 134, 920; *Angew. Chem. Int. Ed*. **2001**, *40*, 4770.)

(a)

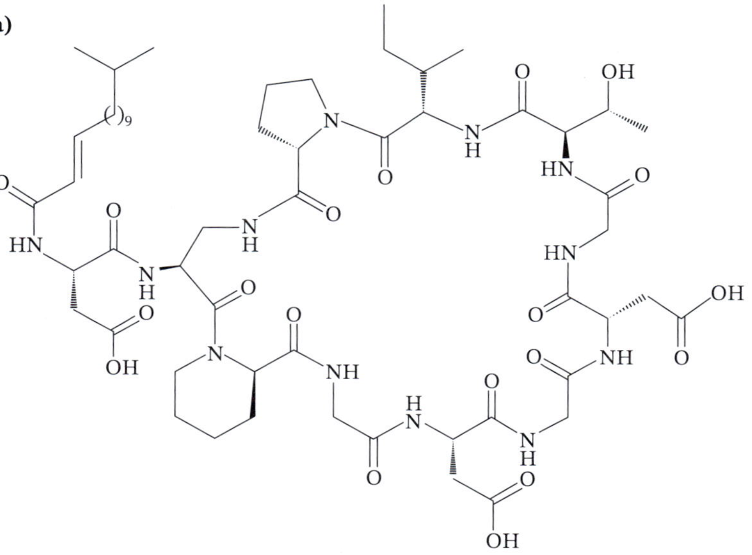

Laspartomycin C

(c)

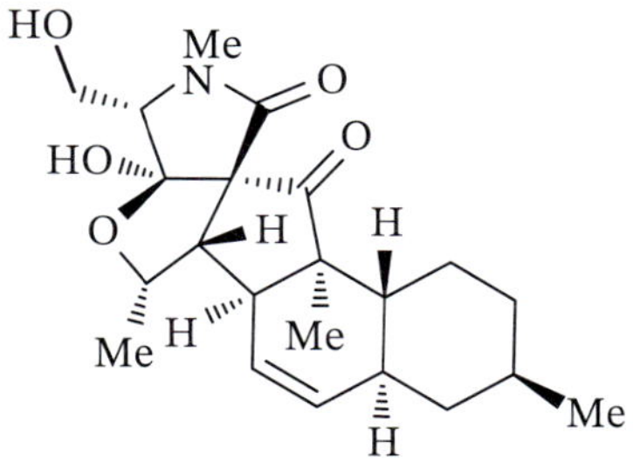

Fusarisetin A

(b)

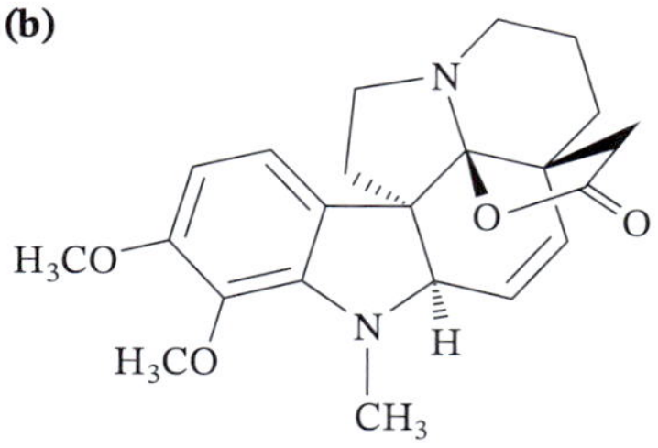

Aspidophytine

(d)

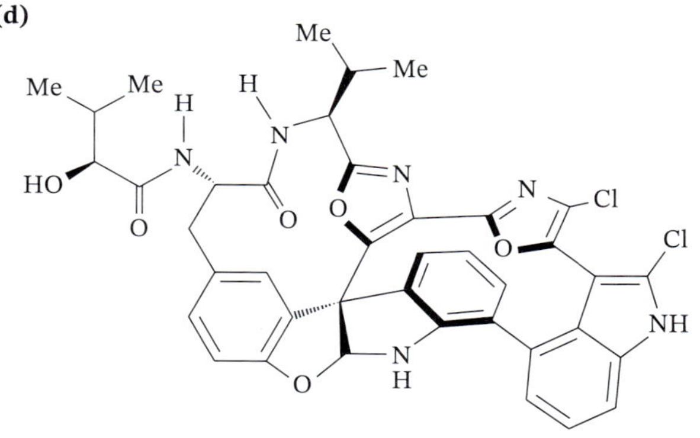

Diazonamide A

5.52 아래의 두 가지 변환은 비카이랄인 비고리형 전구체로부터 한 용기에서 재빨리 고리가 만들어지는 반응들이다. 첫 번째 경우는 한 가지 거울상체가 우선적으로 형성되지만, 두 번째는 라셈 혼합물이 얻어진다. 특별히 주목되는 것은 두 번째 경우에서 생성된 라셈 화합물이 한 개의 천연물이란 점이다. 통상적으로 그런 물질은 하나의 거울상체로 생성되는데, 여기서는 그렇지 않다. 실제로 관여한 반응은 구체적으로 걱정하지 말고, 이 두 가지 결과가 카이랄 영향이 이들 반응에서 필요한지를 함축하고 있는지 말하시오. (참조: *J. Am. Chem. Soc*. **2002**, 124, 3647; *J. Chem. Soc. Chem. Commun*. **1982**, *35*, 2247.)

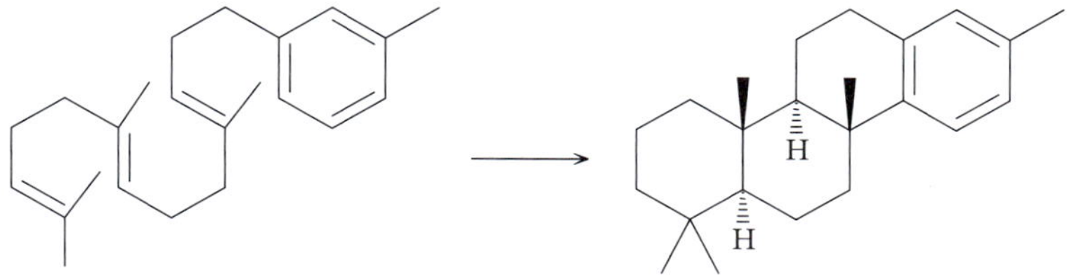

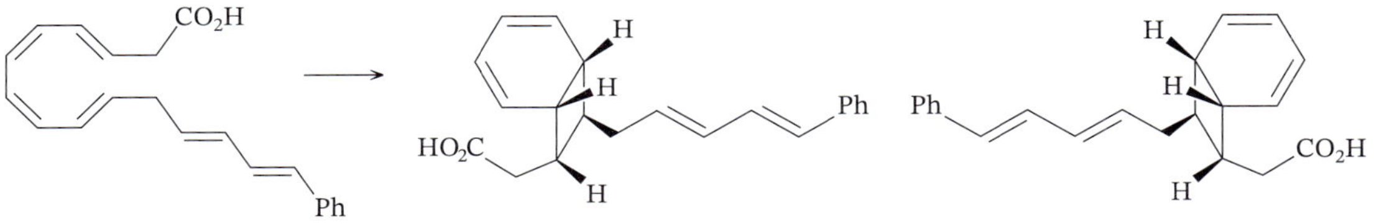

(±)-Endiandric acid D

도전 물음

5.53 타타르산 [$HO_2CCH(OH)CH(OH)CO_2H$]은 입체 화학의 역사에서 매우 중요한 화합물이다. 두 가지 천연적으로 존재하는 타타르산의 형태는 광학적으로 불활성이다. 광학적 불활성인 한 가지 형태는 녹는점이 210~212 ℃이고 다른 하나는 140 ℃이다. 녹는점이 210~212 ℃인 불활성 타타르산은 두 가지 광학적 활성인 타타르산(둘 다 녹는점이 168~170 ℃임)으로 분리될 수 있다. 광학적 활성인 한 화합물은 $[\alpha]_D^{25} = +12$이고 다른 것은 $[\alpha]_D^{25} = -12$이다. 또 다른 불활성 타타르산(녹는점 = 140 ℃)을 광학적으로 활성인 화합물로 분리하려는 시도는 모두 실패하였다. **(a)** 녹는점이 140 ℃인 타타르산의 삼차원 구조식을 쓰시오. **(b)** 녹는점이 168~170 ℃인 광학적 활성인 타타르산의 가능한 구조는 무엇인가? **(c)** **(b)**의 어느 타타르산이 (+)회전을 하며 어느 것이 (−)회전을 하는지 결정할 수 있는가? **(d)** 녹는점이 210~212 ℃인 타타르산의 형태에 대한 본질은 무엇인가?

5.54 **(a)** 순수한 입체 이성질체 X의 농도가 0.10 g mL^{-1}일 때 관찰되는 회전은 1.0 dm 관, 589.6 nm, 25 ℃에서 −30°이다. 이 온도에서 $[\alpha]_D$ 값을 계산하시오. **(b)** 동일 조건이지만 농도가 0.050 g mL^{-1}일 때 X의 용액은 +165°의 회전이 관찰된다. 왜 그런지를 설명하고, 입체 이성질체 X의 $[\alpha]_D$ 값을 다시 계산하시오. **(c)** 조사된 물질의 광회전이 한 농도에서 0°라면 그것은 분명히 비카이랄인가? 라셈체인가?

5.55 두 개 또는 그 이상의 카이랄 중심을 가진 순수한 물질의 관측된 회전이 0이라면 그것은 라셈체일 수 있다. 그것도 하나의 순수한 입체 이성질체일 수 있는가? 하나의 순수한 거울상체일 수 있는가?

5.56 미지의 물질 Y는 분자식이 $C_3H_6S_2$이고, 적외선을 2550~2600 cm^{-1} 영역에서 흡수(순수한 액체로 찍었을 때)하지만 1300~1400 cm^{-1} 영역에서는 흡수가 없다. Y의 구조에서 어느 탄소 원자도 한 개 이상의 황 원자가 결합되어 있지 않다. Y는 단지 두 개의 입체 이성질체 형태로 존재한다. Y의 구조는 무엇인가?

학습 집단을 위한 물음

1. 스트렙토마이신(streptomycin)은 페니실린-저항성 박테리아에 특히 유용한 항생제이다. 스트렙토마이신의 구조는 22.17절에 나와 있다. **(a)** 스트렙토마이신의 구조에서 모든 카이랄 중심을 확인하시오. **(b)** 스트렙토마이신의 각 카이랄 중심의 배위에 대해서 (*R*) 또는 (*S*) 표시를 하시오.

2. D-갈락티톨(galactitol)은 갈락토스 혈증에 의해서 생성되는 독성인 화합물이다. D-갈락티톨이 고도로 축적되면 백내장 형성의 원인이 된다. D-갈락티톨의 Fischer 투영식은 오른쪽과 같다.

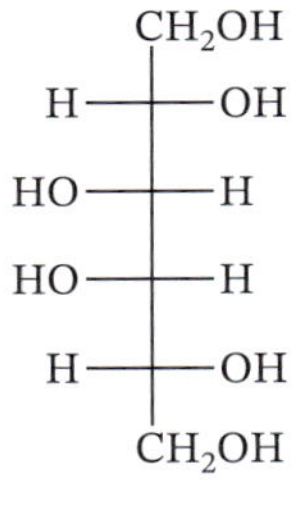

(a) D-갈락티톨의 삼차원 구조를 그리시오.

(b) D-갈락티톨의 거울상을 그리고, 그것의 Fischer 투영식을 쓰시오.

(c) D-갈락티톨과 그것의 거울상 사이의 입체 화학적인 관계는 무엇인가?

3. 코티손은 부신피질에서 분리되는 천연 스테로이드이다. 이것은 항염증 성질을 가졌으며 다양한 질병 치료에 사용된다(예: 흔한 피부 질환에 바르기도 함). 코티손의 구조는 23.4D절에 나와 있다. **(a)** 코티손의 모든 카이랄 중심을 확인하시오. **(b)** 코티손의 각 카이랄 중심에 대해서 적절한 (*R*)과 (*S*)를 표시하시오.

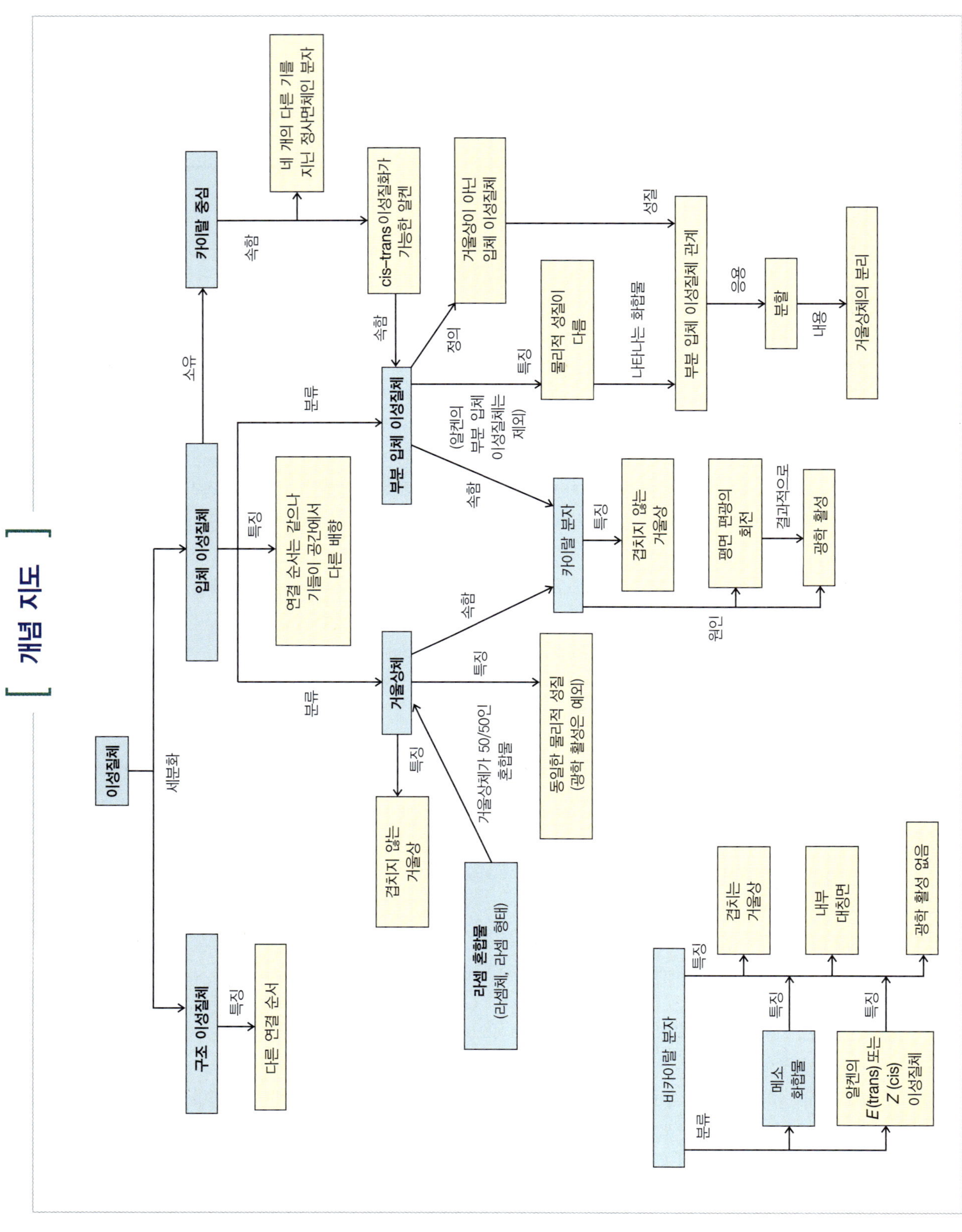
개념 지도
이성질체
세분화
구조 이성질체
특징
다른 연결 순서
입체 이성질체
특징
연결 순서는 같으나 기들이 공간에서 다른 배향
소유
카이랄 중심
속함
네 개의 다른 기를 지닌 정사면체인 분자
cis–trans 이성질화가 가능한 알켄
속함
분류
부분 입체 이성질체
정의
거울상이 아닌 입체 이성질체
성질
특징
물리적 성질이 다름
나타나는 화합물
부분 입체 이성질체 관계
응용
분할
내용
거울상체의 분리
(알켄의 부분 입체 이성질체는 제외)
속함
카이랄 분자
특징
겹치지 않는 거울상
평면 편광의 회전
결과적으로
광학 활성
원인
분류
거울상체
속함
특징
동일한 물리적 성질 (광학 활성은 예외)
특징
겹치지 않는 거울상
거울상체가 50/50인 혼합물
라셈 혼합물 (라셈체, 라셈 형태)
비카이랄 분자
분류
메소 화합물
알켄의 E(trans) 또는 Z(cis) 이성질체
특징
특징
특징
겹치는 거울상
내부 대칭면
광학 활성 없음

CHAPTER 6

친핵성 반응

할로젠화 알킬의 성질과 치환 반응

(sugar bowl) Sylvie Shirazi Photography/Getty Images (salt pouring) Tom Grill/Getty Images
(sugar pouring) Tom Grill/Getty Images

모든 치환이 다 좋은 것은 아니다. 예를 들어, 초콜릿 칩 쿠키 냄비에 필요한 양의 설탕 대신 깜빡 소금을 넣기를 원하지는 않을 것이다. 그러나 어떤 치환에서는 더 나은 것을 얻기도 한다. 유기 화학에서가 그러한 경우인데, 친핵성 치환 반응(이 장에서 배울 것)은 주어진 분자의 작용기를 전혀 다른 작용기로 전환시켜 구별되는 성질을 지닌 화합물에 이르게 한다. 더욱이 자연은 생명에 필요한 수많은 치환 반응을 이용한다.

이 장에서 배울 내용:

- 대치(치환)되거나 제거될 수 있는 기
- 그러한 과정이 진행되는 다양한 메커니즘
- 그러한 반응을 촉진시키는 조건

이 주제는 왜 중요한가?

이 장의 끝에는 몇 가지 치환 반응으로 식설탕을 칼로리가 없는 감미료—짠맛이 없고 설탕 자체보다 600배나 더 단 설탕 대용품으로 전환하는 한 예를 보일 것이다.

6.1 할로젠화 알킬

- **할로젠화 알킬(alkyl halide)**은 sp^3-혼성(정사면체)인 탄소에 할로젠 원자를 가지고 있다.
- 할로젠 원자가 탄소보다 더 전기 음성적이므로 할로젠화 알킬의 탄소–할로젠 결합은 극성화되어 있다. 즉, 탄소 원자는 부분적으로 양전하($\delta+$)를, 할로젠 원자는 부분적으로 음전하($\delta-$)를 띠고 있다.

$$\overset{\delta+}{C} \rightarrow \overset{\delta-}{X}$$

- 할로젠화 알킬은 할로젠이 붙은 탄소에 결합된 탄소기(R)의 수에 따라 1차(1°), 2차(2°), 또는 3차(3°)로 분류된다(2.5절).

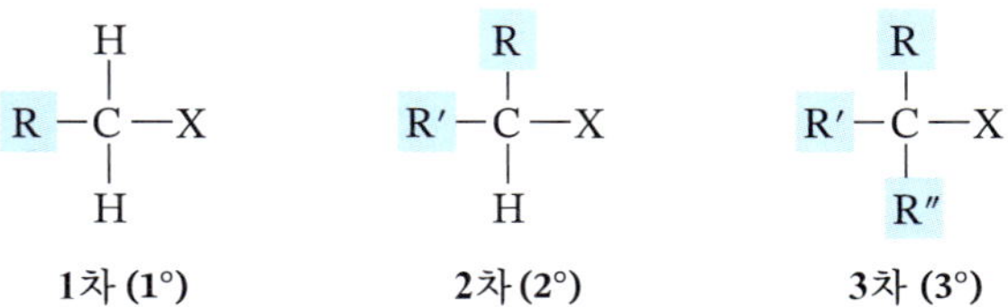

할로젠 원자의 크기는 주기율표에서 아래로 내려갈수록 커진다. 플루오린 원자가 가장 작고 아이오딘 원자가 가장 크다. 결과적으로 탄소–할로젠 **결합 길이**(**표 6.1**) 역시 주기율표에서 아래로 내려감에 따라 증가하고 탄소–할로젠 **결합 세기는 감소**한다. 공–막대 모형을 그 안에 넣은 네 가지 할로젠화 메틸의 van der Waals 표면에서의 정전기적 퍼텐셜 지도(그림 6.1 참조)는 플루오린에서 아이오딘으로 치환되어감에 따라 극성, C—X 결합 길이, 그리고 할로젠 원자의 크기에 있어서의 경향을 보여 주고 있다. 플루오로메테인이 가장 극성이며 C—X 결합 길이는 가장 짧고 가장 강한 C—X 결합이 된다. 아이오도메테인은 아주 덜 극성이며 C—X 결합 길이가 가장 길고 C—X 결합은 가장 약하다.

실험실이나 산업체에서 할로젠화 알킬들은 비교적 비극성인 화합물에 대한 용매로 쓰인다. 그들은 또 많은 화합물을 합성하는 데 있어서 출발 물질로도 쓰인다. 이 장에서 나중에 배우는 바대로, 할로젠화 알킬의 할로젠 원자는 다른 기에 의해서 쉽게 대치된다. 그리고 탄소 사슬에 할로젠 원자들이 존재하면 다중 결합을 도입할 수 있는 가능성도 생긴다.

할로젠 원자가 알켄 탄소에 붙어 있는 화합물은 **할로젠화 알켄일(alkenyl halide)**이라고 한다. 예전의 이름은 바이닐 자리 할로젠화물이다. 할로젠 원자가 방향족 고리에 붙어 있는 화합물은 **할로젠화 아릴(aryl halide)**이라고 한다. 방향족 고리가 구체적으로 벤젠일 때 이들 화합물은 **할로젠화 페닐(phenyl halide)**이라고 부른다. 할로젠이 알켄일, 아릴, 할로젠화 페닐처럼 sp^2-혼성인 탄소에 결합된 화합물의 반응성은 할로젠이 할로젠화 알킬처럼 sp^3-혼성인 탄소에 결합된 화합물과는 뚜렷이 다르다.

- 이 장에서 다룰 반응은 알켄일, 아릴, 할로젠화 페닐이 아니라 할로젠화 알킬이다.

표 6.1 탄소–할로젠 결합 길이와 결합 세기

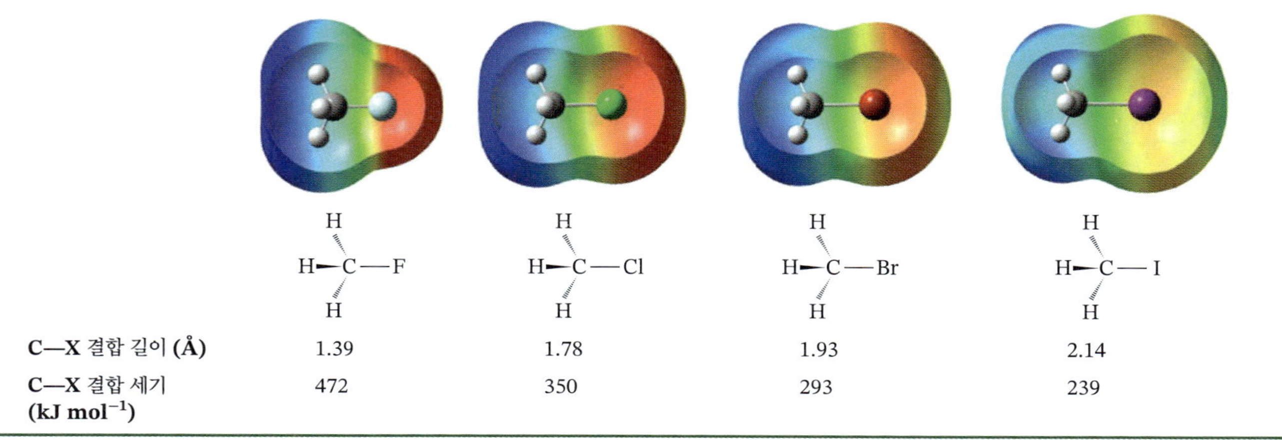

	CH_3F	CH_3Cl	CH_3Br	CH_3I
C—X 결합 길이 (Å)	1.39	1.78	1.93	2.14
C—X 결합 세기 (kJ mol^{-1})	472	350	293	239

할로젠화 알켄일　　　할로젠화 페닐 또는 할로젠화 아릴

6.1A 할로젠화 알킬의 물리적 성질

대부분의 할로젠화 알킬은 물에 대한 용해도가 적다. 그러나 이들은 예상할 수 있는 바대로 서로 섞이거나, 비교적 다른 비극성인 용매와 섞인다. 다이클로로메테인(CH_2Cl_2, 염화 메틸렌이라고도 부름), 트라이클로로메테인($CHCl_3$, 클로로폼이라고도 부름), 그리고 테트라클로로메테인(CCl_4, 사염화 탄소라고도 부름)은 비극성이거나 약간 극성인 화합물에 대한 용매로 흔히 사용된다. CH_2Cl_2, $CHCl_3$와 CCl_4를 포함하여 많은 클로로알케인들은 독성을 지니며 발암 물질이다. 그러므로 후드 안에서만 아주 조심하여 사용해야 한다.

Dichloromethane(CH_2Cl_2)
흔한 실험실 용매

되새김 물음 6.1

아래에 대한 IUPAC 이름을 지으시오. (이 물음에서는 카이랄 중심에서 *R*,*S* 배위를 지정할 필요는 없다.)

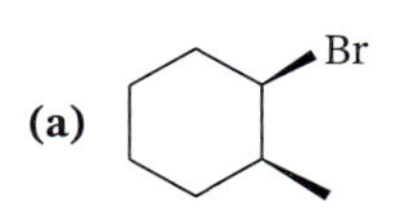

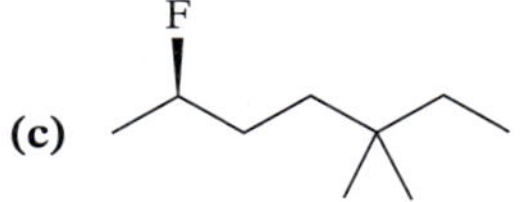

되새김 물음 6.2

아래의 각 유기 할로젠 화합물을 1차, 2차, 3차, 알켄일, 또는 아릴로 분류하시오.

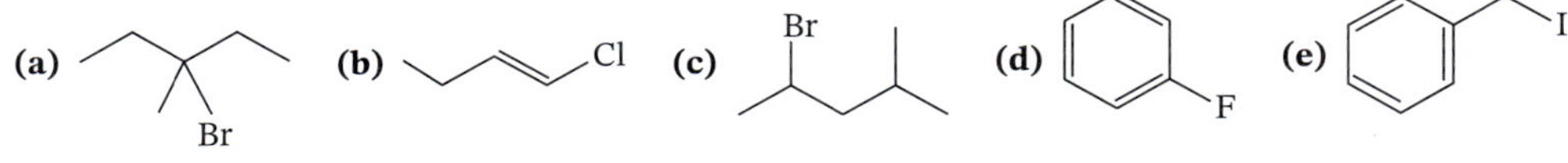

6.2 친핵성 치환 반응

친핵성 치환 반응은 유기 반응에서 가장 근본적인 반응이다. **친핵성 치환 반응(nucleophilic substitution reaction)**에서 친핵체(Nu:)는 치환 반응을 진행하는 분자(기질)에 있는 이탈기(LG)를 대체한다.

- **친핵체(nucleophile)**는 항상 Lewis 염기(전자쌍 주개)이며, 음이온을 띠거나 중성이다.
- **이탈기(leaving group)**는 떠날 때 전자쌍을 가지고 가는 화학종이다.

기질(substrate)은 흔히 할로젠화 알킬(R—X:)이며, 이탈기는 할로젠화 이온(X:⁻)이다. 아래의 반응은 일반적인 친핵성 치환 반응과 구체적인 예를 보여 주고 있다.

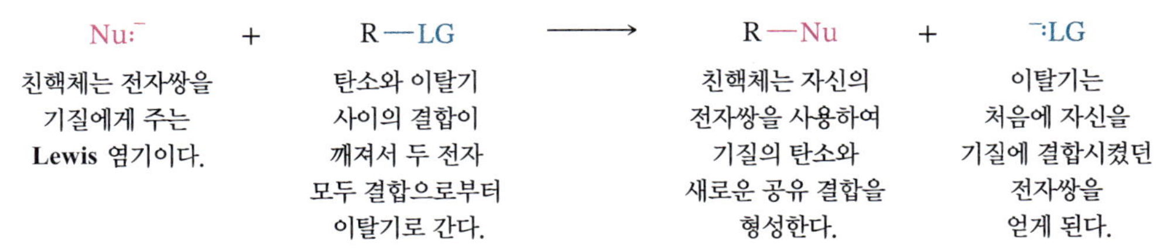

도움말

이 장의 색깔 코드로 나타낸 반응에서 적색은 친핵체를, 청색은 이탈기를 나타낸다.

도움말
6.14절에 생물학적인 친핵성 치환 반응의 예가 있다.

$$HO:^- + CH_3-I: \longrightarrow CH_3-OH + :I:^-$$

$$CH_3O:^- + CH_3CH_2-Br: \longrightarrow CH_3CH_2-OCH_3 + :Br:^-$$

$$:I:^- + CH_3CH_2CH_2-Cl: \longrightarrow CH_3CH_2CH_2-I: + :Cl:^-$$

$$R_3N: + H_3C-I: \longrightarrow R_3N^+-CH_3 + :I:^-$$

친핵성 치환 반응에서 기질의 탄소와 이탈기 사이의 결합은 **불균일 결합 분해(heterolytic bond cleavage)**를 하며 친핵체의 비공유 전자쌍이 탄소 원자에 새 결합을 만든다.

핵심 질문은 탄소–기질 사이의 결합은 언제 생기며 이탈기는 언제 떠나가는가? 하는 점이다.

친핵체가 결합하는 것과 동시에 이탈기는 떠나는가?

$$Nu:^- + R-X: \longrightarrow \overset{\delta-}{Nu}---R---\overset{\delta-}{X} \longrightarrow Nu-R + :X:^-$$

또는 이탈기가 먼저 떠나가고 친핵체가 두 번째 단계에서 결합하는가?

$$R-X: \longrightarrow R^+ + :X:^-$$

$$Nu:^- \quad R^+ \longrightarrow Nu-R$$

이 해답은 6.9절과 6.14A절에서 주로 기질의 구조에 의존함을 알게 될 것이다. 다른 말로 하면 둘 다 가능하다.

보기 물음 6.1

(a) 메탄올의 메톡시화 이온(CH_3O^-)이 $NaOCH_3$ 형태로 포함되어 있는 용액은 메탄올(CH_3OH)에 수소화 소듐(NaH)을 가하여 만들 수 있다. 인화성 기체가 또 다른 생성물이다. 이때 진행하는 산–염기 반응을 쓰시오. **(b)** 이 용액에 CH_3I를 가할 때 일어나는 친핵성 치환 반응을 쓰시오.

풀이

(a) 3.15절에서 수소화 소듐은 Na^+과 수소 음이온($H:^-$)으로 되어 있음과 수소 음이온이 매우 강염기임을 알았다. [이것은 매우 약산($pK_a = 35$)인 H_2의 짝염기이다(표 3.1 참조).] 진행하는 산–염기 반응은 다음과 같다.

$$CH_3O-H + Na^+ :H^- \longrightarrow H_3C-O:^- Na^+ + H-H$$

Methanol (더 강한 산)	Sodium hydride (더 강한 염기)	Sodium methoxide (더 약한 염기)	Hydrogen (더 약한 산)

(b) 메톡시화 이온은 할로젠화 알킬(CH_3I)과 친핵성 치환 반응을 진행한다.

$$CH_3-O:^- Na^+ + CH_3-I: \xrightarrow{CH_3OH} H_3C-O-CH_3 + Na^+ + :I:^-$$

6.3 친핵체

친핵체는 양의 중심을 추구하는 시약이다.

- 하나의 비공유 전자쌍을 가진 어떤 음이온이나 중성인 분자는 친핵체가 될 수 있다.

친핵체가 할로젠화 알킬과 반응할 때 할로젠화 알킬에서 양의 중심은 할로젠이 결합된 탄소 원자이다. 탄소–할로젠의 결합에서 전기 음성적인 할로젠이 전자를 자기 쪽으로 끌어당기기 때문에 탄소 원자는 부분적인 양전하를 띠게 된다.

도움말
3.3A절에서 "반대 전하는 서로 끌어당긴다."는 것을 복습하면 좋다.

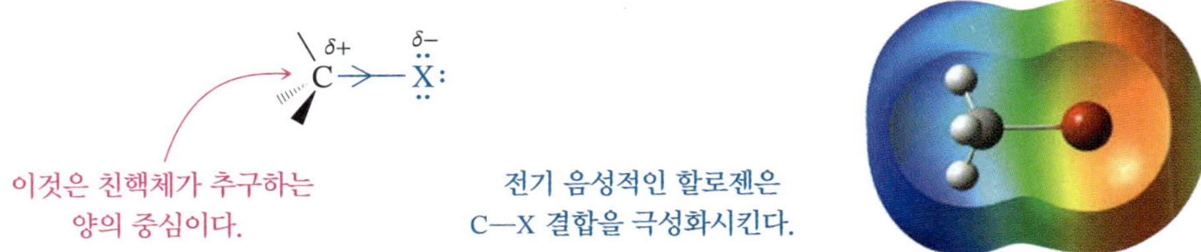

두 가지 예를 살펴보자. 하나는 친핵체가 음전하를 띠고 있는 Lewis 염기이고, 다른 하나는 친핵체(물)가 중성인 Lewis 염기이다.

1. **음전하를 띤 친핵체의 반응**으로(아래의 첫 번째 예에서 수산화 이온) **중성인 생성물**(여기서는 알코올)이 생성된다. 음성인 친핵체와 기질 사이에 공유 결합이 형성됨으로써 친핵체의 형식 전하가 중성으로 되기 때문이다.

   음전하를 띤 친핵체에 의한 친핵성 치환 반응으로 중성인 생성물이 바로 얻어진다.

   $$\mathrm{H{-}\ddot{\underset{..}{O}}{:}^-} \quad + \quad \mathrm{R{-}\ddot{\underset{..}{X}}{:}} \quad \longrightarrow \quad \mathrm{H{-}\ddot{\underset{..}{O}}{-}R} \quad + \quad \mathrm{{:}\ddot{\underset{..}{X}}{:}^-}$$

   음성인 친핵체 / 할로젠화 알킬 / 중성인 생성물 / 이탈기

2. **중성인 친핵체**(다음 반응에서 물)가 관여하는 반응은 일단 **양전하를 띤 생성물을 만든다.** 중성인 친핵체는 기질과 공유 결합 형성을 통하여 양전하를 얻게 된다. 중성인 생성물은 초기 생성물에서 양전하를 띤 원자로부터 단지 양성자가 제거된 후에야 얻어진다.

   중성인 친핵체에 의한 친핵성 치환 반응은 초기에 양전하를 띤 생성물을 만든다.

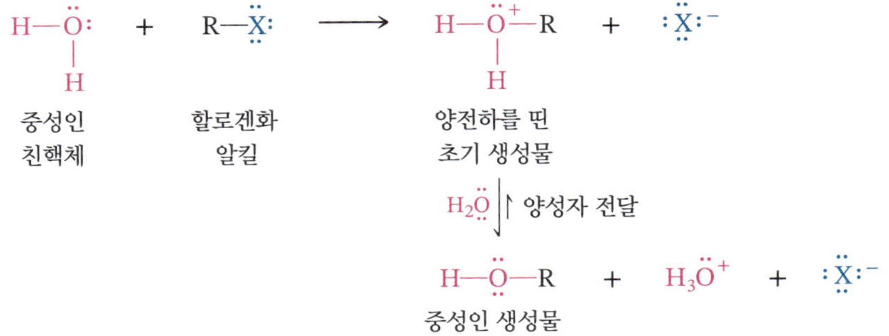

도움말
친핵체가 양성자를 지닌 중성인 원자일 때 반응을 완결시키기 위해서는 탈양성자화 반응 단계가 항상 필요하다.

이와 같은 반응에서 친핵체는 용매 분자이다(중성인 친핵체가 관여하는 경우 흔히 그렇다). 용매 분자는 과량으로 존재하기 때문에 평형은 알킬옥소늄 이온으로부터 양성자를 물 분자에게 전달하는 것이 유리하다. 이런 형태의 반응은 **가용매 분해 반응(solvolysis)**의 예로서, 6.12B

절에서 더 논의한다.

암모니아(NH_3)와 할로젠화 알킬과의 반응은 아래에서 보듯이 친핵체가 전하를 띠지 않는 또 다른 예이다. 과량의 암모니아로 인하여 알킬아민윰 이온으로부터 양성자가 제거되어 중성인 아민이 형성되는 평형이 유리하다.

$$H_3N\colon + R{-}X \longrightarrow H_3N^+{-}R + X^-$$

친핵체 / 할로젠화 알킬 / 양전하를 띤 초기 생성물

$:NH_3$ (과량) 양성자 전달

$$H_2N{-}R + \overset{+}{N}H_4 + X^-$$

중성인 생성물

보기 물음 6.2

다음을 알짜 이온 반응식으로 쓰고, 친핵체, 기질, 이탈기 등을 표시하시오.

(a) $CH_3CH_2CH_2S^-\ Na^+ + CH_3{-}I \longrightarrow CH_3CH_2CH_2S{-}CH_3 + Na^+\ I^-$

(b) $CH_3CH_2C{\equiv}C^-\ Na^+ + CH_3{-}I \longrightarrow CH_3CH_2C{\equiv}C{-}CH_3 + Na^+\ I^-$

(c) $H_3N\colon$ (과량) $+ CH_3CH_2CH_2Br \longrightarrow CH_3CH_2CH_2NH_2 + \overset{+}{N}H_4 + Br^-$

전략

알짜 이온 반응식에는 구경꾼 이온이 포함되지 않는다. 하지만 전하와 남은 화학종은 균형을 이뤄야 한다. 구경꾼 이온은 반응 도중 공유 결합의 변화에 관여하지 않으며, 화학 반응의 양쪽에 모두 나타난다. 반응 **(a)**와 **(b)**에서 소듐 이온이 구경꾼 이온이다. 따라서 알짜 이온 반응식에서 이것은 포함되지 않는다. 이들의 알짜 이온 반응식은 화살표의 양쪽에 알짜 음전하가 있다. 반응 **(c)**에서 반응물들에는 이온이 없다. 그러므로 생성물에서 보이는 이온들은 구경꾼 이온이 아니다. 그들은 공유 결합의 변화로 생긴 것들이다. 반응 **(c)**는 알짜 이온 반응식으로 단순화시킬 수 없다.

친핵체는 한 전자쌍을 사용하여 생성물 분자에 있는 공유 결합을 형성한다. 위의 반응 모두에서 전자쌍을 이런 식으로 사용하는 화학종을 확인할 수 있다. 이들이 모두 친핵체이다. **이탈기**는 반응 분자 중 하나로부터 전자쌍을 가지고 떠나간다. 위의 각 반응에서 그러한 화학종을 확인할 수 있다. 끝으로 친핵체가 결합을 이루는 반응물이면서 그로부터 이탈기가 떠나가는 것이 **기질**이다.

풀이

(a)와 **(b)**에 대한 알짜 이온 반응식은 다음과 같다. 그리고 **(c)**에 대해서는 축약된 식이 없다. 친핵체, 기질, 그리고 이탈기는 다음과 같이 표시된다.

(a)

$$CH_3CH_2CH_2S^- + CH_3{-}I \longrightarrow CH_3CH_2CH_2S{-}CH_3 + I^-$$

친핵체 / 기질 / 이탈기

(b)

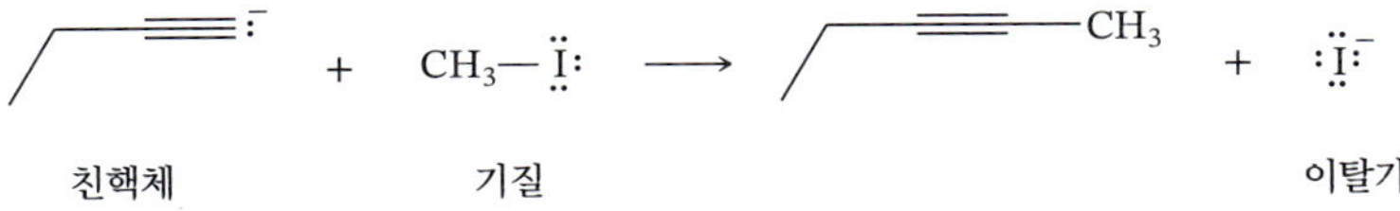

$$\text{(1-butynyl)}:^- + CH_3-\ddot{\underset{..}{I}}: \longrightarrow \text{(2-pentyne, }-CH_3) + :\ddot{\underset{..}{I}}:^-$$

친핵체 기질 이탈기

(c)

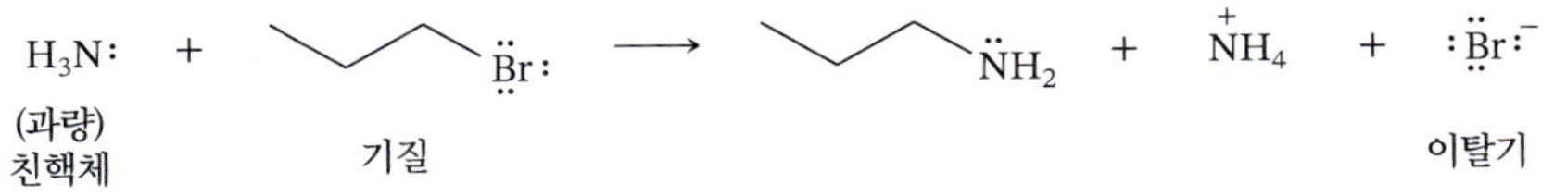

$$H_3N: + \text{(propyl)}-\ddot{\underset{..}{Br}}: \longrightarrow \text{(propyl)}-\ddot{N}H_2 + \overset{+}{N}H_4 + :\ddot{\underset{..}{Br}}:^-$$

(과량) 친핵체 기질 이탈기

되새김 물음 6.3

다음을 알짜 이온 반응식으로 쓰고, 친핵체, 기질, 이탈기 등을 표시하시오.

(a) $CH_3CH_2CH_2I + CH_3ONa \longrightarrow CH_3CH_2CH_2OCH_3 + NaI$

(b) $NaI + CH_3CH_2Br \longrightarrow CH_3CH_2I + NaBr$

(c) $2\,CH_3OH + (CH_3)_3CCl \longrightarrow (CH_3)_3COCH_3 + CH_3\overset{+}{O}H_2 + Cl^-$

(d) (bromocyclohexane, Br) + NaCN ⟶ (cyclohexanecarbonitrile, CN) + NaBr

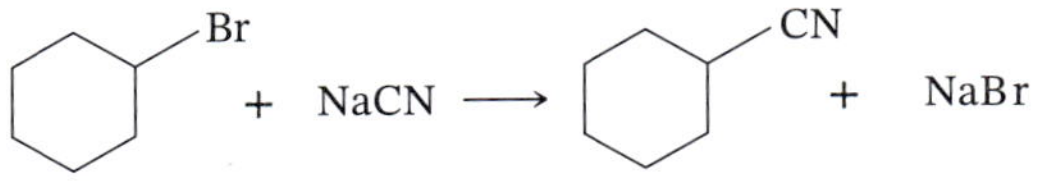

(e) (benzyl bromide, Br) + $2\,NH_3$ ⟶ (benzylamine, NH_2) + NH_4Br

---

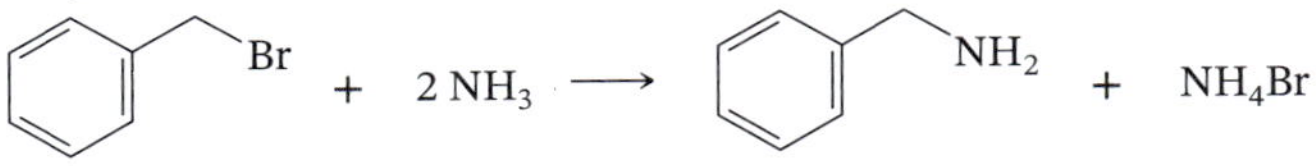

6.4 이탈기

친핵성 치환 반응의 기질로 작용하기 위해서 분자는 좋은 **이탈기**를 가져야 한다.

- 좋은 **이탈기**는 비교적 안정하고 약한 염기인 분자나 이온으로 떨어질 수 있는 치환기이다.

위(6.2절과 6.3절)에 보인 예에서 이탈기는 할로젠이었다. 할로젠화 이온은 약염기이다(그들은 강산 HX의 짝염기이다), 따라서 할로젠은 좋은 이탈기이다.

어떤 이탈기는 물이나 알코올 분자처럼 중성인 분자로 떠나간다. 이렇게 되려면 이탈기가 기질에 결합되어 있는 동안 양전하를 지녀야 한다. 이 기가 한 쌍의 전자를 가지고 떠나갈 때 이탈기의 형식 전하는 0이 된다. 아래의 예에서 이탈기는 물 분자로 떠나간다.

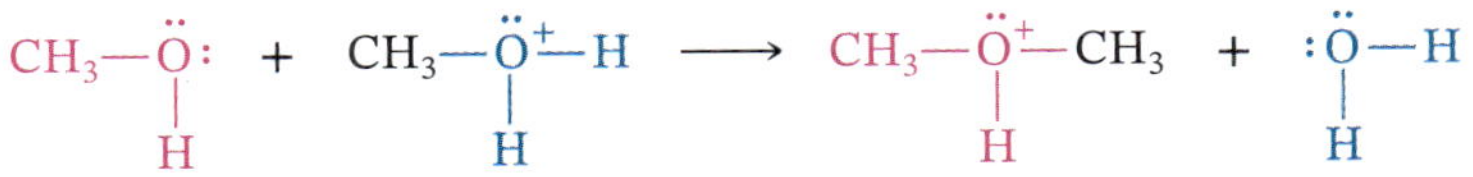

$$CH_3-\underset{\underset{H}{|}}{\ddot{O}}: + CH_3-\underset{\underset{H}{|}}{\ddot{O}^+}-H \longrightarrow CH_3-\underset{\underset{H}{|}}{\ddot{O}^+}-CH_3 + :\underset{\underset{H}{|}}{\ddot{O}}-H$$

도움말

적합하게 쓰인 화학 반응식에서 양쪽의 총 전하는 같다.

나중에 보게 되겠지만, 이탈기에 있는 양전하(위에서처럼)는 대개 산에 의해서 기질에 양성자 첨가가 일어난 결과이다. 그러나 기질에 양성자를 첨가하여 양전하를 띤 이탈기를 만들기 위해서 산을 사용하는 것은 친핵체 자체가 강염기가 아닐 때와 친핵체가 과량으로 존재할 때만 가능하다(가용매 분해 반응처럼).

이제 친핵성 치환 반응의 메커니즘을 고려해 보자. 친핵체가 어떻게 이탈기를 대치하는가? 반응은 한 단계로 일어나는가 아니면 한 단계 이상이 관여할까? 한 단계 이상이 관여할 경우 어떤 종류의 중간체가 형성되는가? 어느 단계가 빠르고 어느 단계가 느린가? 이런 것들을 대답하기 위해서 화학 반응 속도에 대해서 알아야 한다.

6.5 친핵성 치환 반응의 반응 속도론: S_N2 반응

반응 속도의 측정 방법(**반응 속도론, kinetics**)을 이해하기 위해서 실제의 예로, 수용액에서 진행되는 클로로메테인과 수산화 이온 사이의 반응을 살펴보자.

$$CH_3\text{—}Cl \quad + \quad {}^{-}OH \quad \xrightarrow[H_2O]{60\ ^\circ C} \quad CH_3\text{—}OH \quad + \quad Cl^-$$

비록 클로로메테인이 물속에 잘 녹지는 않지만, 수산화 소듐 수용액에서 속도론적인 연구를 할 만큼은 충분히 녹는다. 반응 속도가 온도에 의존하기 때문에(6.7절) 반응을 특정한 온도에서 수행한다.

6.5A 이 반응의 속도는 어떻게 측정할까?

반응 속도는 클로로메테인이나 수산화 이온이 용액 속에서 **사라지는** 속도를 재거나, 메탄올이나 염화 이온이 용액에서 **나타나는** 속도를 재어서 결정할 수 있다. 이것은 반응이 시작된 후 곧 반응 혼합물로부터 소량의 시료를 빼내어 CH_3Cl 혹은 OH^-, 그리고 CH_3OH 혹은 Cl^-의 농도를 분석해 봄으로써 측정이 가능하다. **초기 속도**라고 부르는 것에 관심이 있는데, 시간이 지나감에 따라 반응물의 농도가 변화하기 때문이다. 반응물의 초기 농도를 알고 있으므로(왜냐하면 용액을 처음 제조할 때 반응물들을 평량했기 때문이다) 반응물이 용액에서 없어지거나 생성물이 용액에서 나타나는 속도를 계산하기는 쉽다.

그러한 실험을 온도를 같게 유지하면서 반응물의 초기 농도를 바꾸어 주면서 여러 번 수행한다. 이때 얻어질 수 있는 결과를 **표 6.2**에 수록하였다.

이 실험에서 속도는 클로로메테인의 농도와 수산화 이온의 농도에 의존함을 주목하시오. 실험 2에서 클로로메테인의 농도를 두 배로 하면 속도는 **2배**가 된다. 실험 3에서 수산화 이온의 농도를 두 배로 하면 속도는 **2배**로 된다. 실험 4에서 두 가지 농도를 모두 두 배로 하면 속도는 **4배**가 된다.

이 결과를 비례식으로 표시하면 다음과 같다.

$$\text{속도} \propto [CH_3Cl][HO^-]$$

그리고 이 비례식은 속도 상수라고 부르는 비례 상수(k)를 도입함으로써 하나의 방정식으로 표시할 수 있다.

$$\text{속도} = k[CH_3Cl][HO^-]$$

표 6.2 CH_3Cl과 OH^-가 60 ℃에서 반응하는 속도

실험 번호	초기 $[CH_3Cl]$	초기 $[HO^-]$	초기 속도 ($mol\ L^{-1}\ s^{-1}$)
1	0.0010	1.0	4.9×10^{-7}
2	0.0020	1.0	9.8×10^{-7}
3	0.0010	2.0	9.8×10^{-7}
4	0.0020	2.0	19.6×10^{-7}

이 반응에 대하여 이 온도에서의 $k = 4.9 \times 10^{-4}$ L mol^{-1} s^{-1}이다. (계산을 해서 이것을 스스로 증명해 보시오.)

6.5B 이 반응의 차수는 무엇인가?

이 반응은 **전체적으로 이차 반응(second order overall)**이라고 말한다.* 그러므로 **반응이 일어나려면 수산화 이온과 클로로메테인이 충돌해야 한다**고 결론을 짓는 것이 타당하다. 이 반응은 **이분자(bimolecular) 반응**이라고 할 수 있다[**이분자 반응**이란 속도가 측정되는 단계에서 두 화학종이 관여하고 있음을 뜻한다. 일반적으로 한 반응 단계에 관여하는 화학종은 그 반응의 **분자도(molecularity)**라고 부른다]. 이런 종류의 반응을 **S_N2 반응(S_N2 reaction)**이라고 하며, '**친핵성 이분자 치환 반응(substitution, nucleophilic, bimolecular)**'이란 뜻이다.

6.6 S_N2 반응의 메커니즘

Hughes와 Ingold가 1937년에 제안한 관념에 근거한 S_N2 반응의 메커니즘 한 가지를 여기에 오비탈의 도식으로 나타냈다.

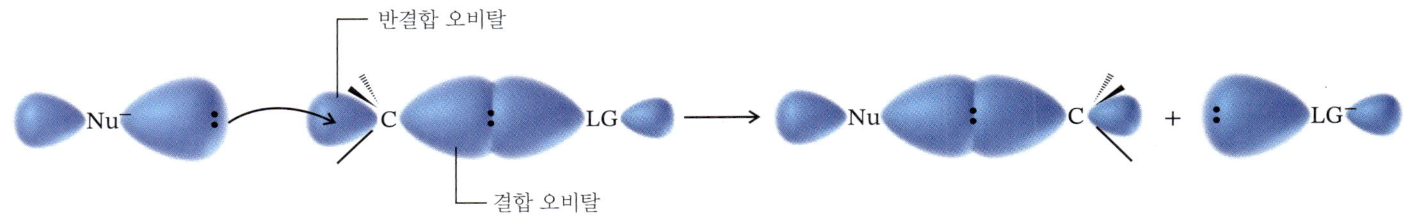

이 메커니즘에 따르면:

- 친핵체는 이탈기를 가진 탄소의 **뒤쪽(back side)**에서, 즉 이탈기의 정반대 쪽에서 접근한다.

친핵체의 전자쌍을 포함하고 있는 오비탈(최고 점유 분자 오비탈, HOMO)이 이탈기를 갖고 있는 탄소 원자의 빈 오비탈(최저 비점유 분자 오비탈, LUMO)과 중첩하기 시작한다. 반응이 진행함에 따라 친핵체와 탄소 원자 사이의 결합은 강해지며 탄소 원자와 이탈기 사이의 결합은 약해진다.

- 친핵체가 결합을 형성하고 이탈기가 떠나가면서 기질의 탄소 원자들이 **반전(inversion)**–정사면체 결합 배위가 뒤집힌다.**

친핵체와 탄소 원자 사이의 결합이 형성되는 것이 탄소 원자와 이탈기 사이의 결합을 깨는 데 필요한 에너지를 제공한다. 이 메커니즘을 클로로메테인과 수산화 이온 사이에 적용하면

* 일반적으로 반응의 총 차수는 속도식인 속도 = $k[A]^a[B]^b$에서 지수 a와 b의 합이다. 예를 들어, 다른 어떤 반응에서 속도 = $k[A]^2[B]$이면 반응 속도는 [A]에 대하여 2차이고 [B]에 대하여 1차이며 전체적으로 3차이다.

** Hughes와 Ingold의 1937년 논문 이전에도 이와 같은 반응에서 이탈기를 지닌 탄소의 배위가 전도된다는 상당한 증거가 보고되었다. 이러한 반전에 대한 첫 번째 관찰은 1896년 Walden에 의해서 이루어졌고, **Walden 반전(Walden inversion)**이라고 부른다. S_N2 반응의 이러한 관점은 6.8절에서 더 배울 것이다.

아래의 'S_N2 메커니즘'과 같다.

- S_N2 반응은 1단계(중간체 없음)로 **전이 상태(transition state)**라고 불리는 원자들의 불안정한 배열을 통하여 진행한다.

전이 상태는 친핵체와 이탈기가 치환 반응을 진행하는 탄소 원자에 부분적으로 결합된 상태이다. 이 전이 상태는 친핵체(수산화 이온)와 기질(클로로메테인 분자)을 모두 포함하므로 이 메커니즘은 관찰된 2차 반응 속도를 잘 설명해 준다.

- 결합의 형성과 결합의 해리가 동시에 단일 전이 상태에서 일어나기 때문에 S_N2 반응은 소위 **협동 반응(concerted reaction)**의 한 예이다.

화학 반응의 전이 상태는 매우 잠시만 존재한다. 그것은 분자의 한 진동에 필요한 시간, 10^{-12}초 정도 존재한다. 전이 상태의 에너지와 구조는 화학 반응에서 매우 중요한 점이므로 다음 6.7절에서 더 살펴보기로 한다.

반응 메커니즘

S_N2 반응 메커니즘

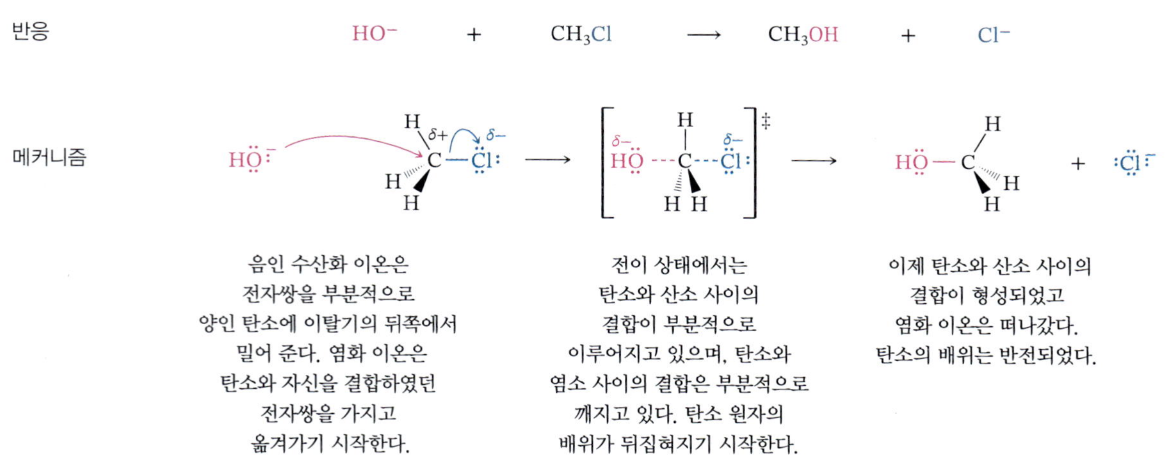

6.7 전이 상태론: 자유 에너지 도표

- 음의 자유 에너지 변화(주위에 에너지를 방출)와 함께 진행하는 반응은 에너지를 **방출(exergonic)**하며, 양의 자유 에너지 변화(주위로부터 에너지를 흡수)와 함께 진행하는 반응은 에너지를 **흡수(endergonic)**한다.

클로로메테인과 수산화 이온 사이의 반응이 수용액에서 일어날 때 많은 에너지를 방출한다: 60 °C(333 K)에서 $\Delta G^\circ = -100$ kJ mol^{-1}(이 반응 또한 발열 반응임, $\Delta H^\circ = -75$ kJ mol^{-1}).

$$CH_3—Cl + {}^-OH \longrightarrow CH_3—OH + Cl^- \qquad \Delta G^\circ = -100 \text{ kJ mol}^{-1}$$

이 반응의 평형 상수는 다음 계산에서 보듯이 엄청나게 크다.

$$\Delta G^\circ = -RT \ln K_{eq}$$

$$\ln K_{eq} = \frac{-\Delta G^\circ}{RT}$$

$$\ln K_{eq} = \frac{-(-100\ \text{kJ mol}^{-1})}{0.00831\ \text{kJ K}^{-1}\ \text{mol}^{-1} \times 333\ \text{K}}$$

$$\ln K_{eq} = 36.1$$

$$K_{eq} = 5.0 \times 10^{15}$$

이처럼 큰 평형 상수는 반응이 완결됨을 의미한다.

자유 에너지 변화가 음이므로 에너지 항목으로 볼 때 이 반응은 **내리막(downhill)**으로 간다고 할 수 있다. 반응 생성물은 반응물보다 자유 에너지 준위가 낮다. 그러나 한 반응에서 공유 결합이 깨진다면 반응은 내리막길로 가기 전에 먼저 에너지 언덕을 올라가야 한다. 이것은 에너지를 방출하는 반응에서도 그렇다.

반응에서의 에너지 변화를 **자유 에너지 도표(free energy diagram)**라 불리는 그래프로 나타낼 수 있는데, 이것은 반응하는 입자들의 자유 에너지(y축)를 반응 좌표(x축)에 대하여 도시하는 것이다. **그림 6.1**은 일반적인 S_N2 반응에 대한 한 가지 예이다.

- **반응 좌표(reaction coordinate)**란 반응의 진행을 반응물이 생성물로 전환됨에 따라 나타낸다.
- 에너지 언덕의 꼭대기는 반응의 **전이 상태(transition state)**에 해당된다.
- 반응물과 전이 상태의 에너지 차이가 **활성화 자유 에너지(free energy of activation)**, $\Delta G^‡$(kJ mol^{-1})이다.
- 반응물과 생성물 사이의 에너지 차는 반응의 **자유 에너지 변화(free energy of activation**, ΔG°)이다.

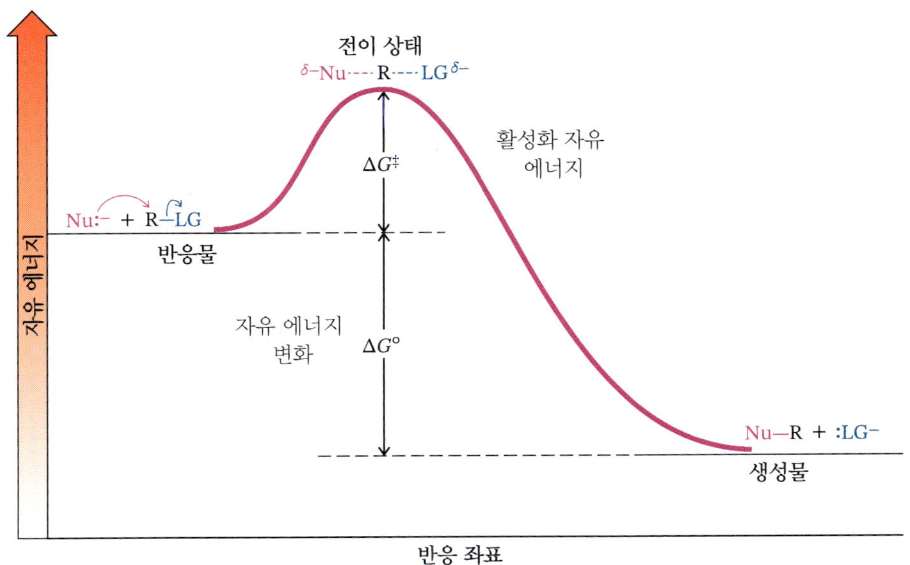

그림 6.1 음의 ΔG°를 가지며 진행하는 가상적인 발열성 S_N2 반응의 자유 에너지 도표로, 에너지를 주위에 방출하는 것을 보인다.

그림 6.2 양의 ΔG°를 가지며 진행하는 가상적인 흡열의 S_N2 반응의 자유 에너지 도표로, 주위로부터 에너지를 흡수하는 것을 보인다.

에너지 언덕의 꼭대기는 전이 상태에 해당된다. 반응물과 전이 상태의 에너지 차가 활성화 자유 에너지 $\Delta G^\ddagger$이다. 반응물과 생성물 사이의 에너지 차는 반응의 자유 에너지 변화 ΔG°이다. 위의 보인 그림 6.1의 예에서 생성물의 자유 에너지 준위는 반응물의 자유 에너지 준위보다 낮다. 비슷한 말로, 한 에너지 구릉에 있는 반응물은 낮은 에너지 구릉에 있는 생성물로 가기 위하여 에너지 언덕(전이 상태)을 넘어야 한다.

공유 결합이 깨지는 반응이 양의 자유 에너지 변화를 수반하면서 진행한다면(**그림 6.2**) 아직도 활성화 자유 에너지는 존재한다. 즉, 생성물이 반응물보다 더 큰 자유 에너지를 가졌을 때도 전이 상태는 더 높은 자유 에너지를 가질 것이다($\Delta G^\ddagger$가 ΔG°보다 크다). 다시 말하면 흡열 반응에서조차도 더 높은 에너지 **언덕(uphill)**이 한 계곡에 있는 반응물과 더 높은 곳에 있는 생성물 사이에 존재한다.

6.7A 온도와 반응 속도

대부분의 화학 반응은 높은 온도에서 빨리 일어난다. S_N2 반응 속도가 증가하는 것은 높은 온도에서 활성화 에너지($\Delta G^\ddagger$)를 넘기에 충분한 에너지를 가진 반응물 사이의 충돌수가 대단히 증가하기 때문이다(**그림 6.3** 참조).

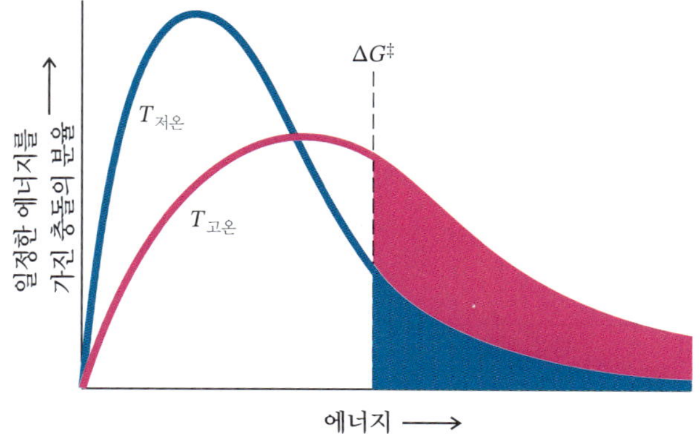

그림 6.3 두 가지 다른 온도 $T_{저온}$과 $T_{고온}$에서의 에너지 분포. 활성화 자유 에너지보다 큰 에너지를 갖는 충돌수는 곡선 아래에 칠한 부분이다.

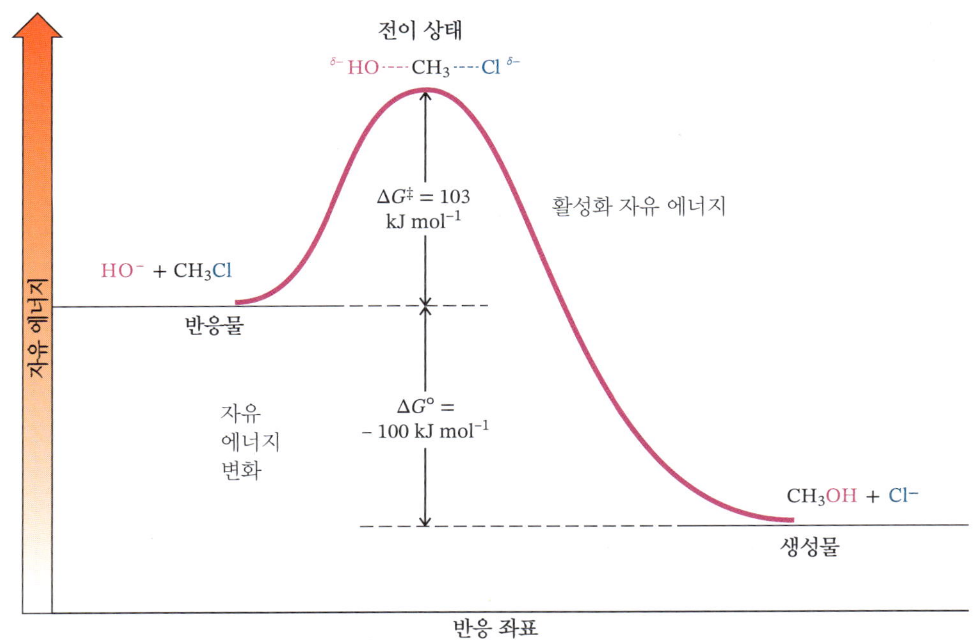

그림 6.4 60 ℃에서 클로로메테인과 수산화 이온의 반응에 대한 자유 에너지 도표

- 상온에서 일어나는 많은 반응에 있어서 온도를 10 ℃ 상승시키면 반응 속도는 두 배가 된다.

이렇게 반응 속도가 급격히 증가하는 것은 높은 온도에서 반응물 사이의 충돌수가 대단히 증가하여 장벽을 넘기에 충분한 에너지를 갖게 되기 때문이다. 어느 한 온도에서 분자의 운동 에너지는 모두 같지 않다. 그림 6.3은 두 가지 온도(크게 다르지는 않은) $T_{저온}$과 $T_{고온}$에서 충돌을 일으키는 에너지의 분포를 나타내고 있다. 다른 온도에서 에너지가 분포되는 방법(곡선의 모양으로 표시)으로 인하여, 온도를 조금만 높이면 더 큰 에너지를 가진 충돌의 수가 크게 증가하게 된다. 그림 6.3에는 충돌하는 분자들이 반응을 일으키는 데 필요한 일정한 최소 에너지를 표시하였다.

클로로메테인과 수산화 이온 사이의 반응에 대한 자유 에너지 도표를 **그림 6.4**에 보였다. 60 ℃에서 $\Delta G^{\ddagger} = 103$ kJ mol^{-1}인데, 이 온도에서 반응은 수 시간 내에 거의 다 완결됨을 의미한다.

되새김 물음 6.4

아이오딘화 이온과 1-클로로뷰테인의 S_N2 반응에 대한 가상적인 자유 에너지 도표를 그리시오. 도표를 그림 6.4처럼 표시하시오. 이것이 발열 반응이지만 $\Delta G^{\ddagger}$와 ΔG°의 구체적인 값은 없다고 가정하시오.

6.8 S_N2 반응의 입체 화학

S_N2 반응의 전이 상태

S_N2 반응의 **입체 화학(stereochemistry)**은 앞에서 배운 바와 같은 메커니즘의 핵심적인 양상과 직접적인 관계가 있다.

- **친핵체는 뒤로부터, 즉 이탈기의 정반대쪽으로부터 기질의 탄소를 공격한다.** 다시 말해서 친핵체에 형성되는 결합은 이탈기가 떠나면서 깨지는 결합의 반대쪽(180°)이다.

- S_N2 반응에서 이탈기의 친핵성 치환으로 기질의 탄소에서 **배위의 반전(inversion of configuration)**을 일으킨다.

반전 과정은 다음과 같이 나타낼 수 있다. 이것은 우산이 강한 바람을 만나 뒤집혀지는 것과도 같다.

배위의 반전

그러나 클로로메테인 같은 분자에서는 친핵체의 공격으로 탄소 원자의 배위가 뒤집혔다는 사실을 증명할 수 없다. 왜냐하면 한 형태의 클로로메테인은 그것의 뒤집힌 형태와 동일하기 때문이다. 그렇지만 *cis*-1-클로로-3-메틸사이클로펜테인과 같은 고리형 분자를 가지고 배위가 반전한 결과를 알 수 있다. *cis*-1-클로로-3-메틸사이클로펜테인이 수산화 이온과 S_N2 반응을 할 때 생성물은 *trans*-3-메틸사이클로펜탄올이다. **수산화 이온은 그것이 밀어내는 염화 이온으로부터 고리의 반대쪽에 결합을 한다.**

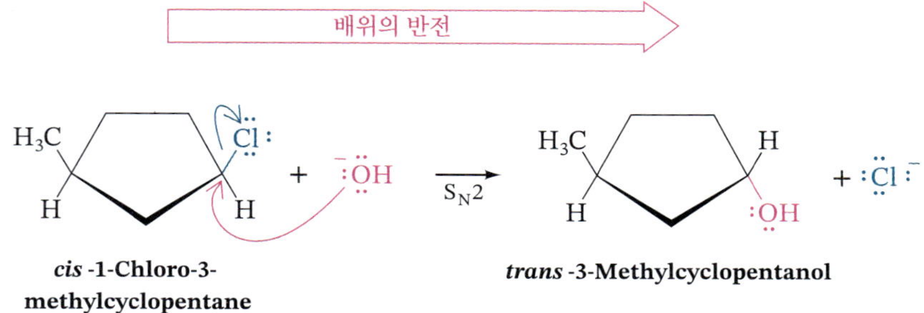

아마도 이 반응의 전이 상태는 다음과 같을 것이다.

이탈기는 위쪽으로부터 떠나간다.

친핵체는 아래쪽으로부터 공격한다.

보기 물음 6.3

trans-1-브로모-3-메틸사이클로뷰테인이 NaI와 S_N2 반응을 진행할 때 생성물의 구조를 쓰시오.

풀이

먼저 반응물의 구조를 쓰고 친핵체, 기질, 그리고 이탈기를 확인한다. 그다음 친핵체가 이탈기를 지닌 기질의 탄소 원자를 뒤쪽에서 공격해서 탄소의 배위가 반전되는 것을 인지하면서 생성물의 구조를 쓴다. 이 과정에서 소듐 이온은 구경꾼임에 유의한다.

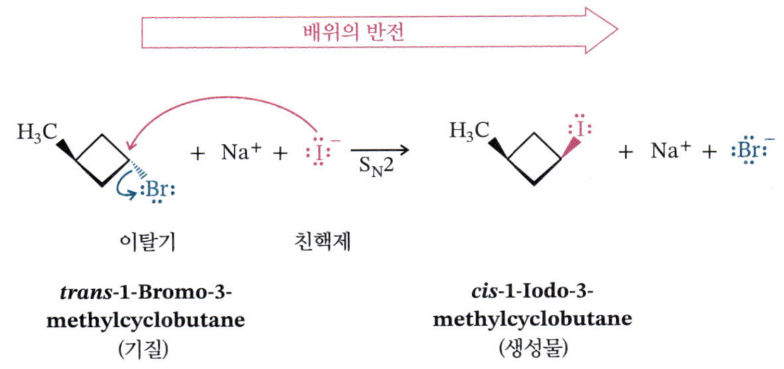

***trans*-1-Bromo-3-methylcyclobutane**
(기질)

***cis*-1-Iodo-3-methylcyclobutane**
(생성물)

되새김 물음 6.5

의자 형태 구조(4.11절)를 사용하여 *trans*-1-브로모-4-*tert*-메틸사이클로헥세인이 아이오딘화 이온과 반응할 때 일어나는 친핵성 치환 반응을 나타내시오. (반응물과 생성물의 가장 안정한 형태를 쓰시오.)

- **S_N2 반응은 배위의 반전을 하면서 진행된다.**

비고리형 분자의 카이랄 중심에서 S_N2 반응이 일어날 때에도 배위의 반전을 관찰할 수 있다. (*R*)-(−)-2-브로모옥테인과 수산화 소듐의 반응이 한 예이다. 2-브로모옥테인의 두 거울상체의 광학 활성도와 예상되는 생성물인 2-옥탄올의 광학 활성도가 알려져 있으므로 이 반응에서 배위의 반전이 일어났는지 안 일어났는지는 결정될 수 있다.

Br H

(*R*)-(−)-2-Bromooctane
$[\alpha]_D^{25} = -34.25$

H Br

(*S*)-(+)-2-Bromooctane
$[\alpha]_D^{25} = +34.25$

HO H

(*R*)-(−)-2-Octanol
$[\alpha]_D^{25} = -9.90$

H OH

(*S*)-(+)-2-Octanol
$[\alpha]_D^{25} = +9.90$

거울상체적으로 순수한 (*R*)-(−)-2-브로모옥테인($[\alpha]_D^{25} = -34.25$)은 거울상체적으로 순수한 (*S*)-(+)-2-옥탄올($[\alpha]_D^{25} = +9.90$)로 전환됨을 알 수 있다.

반응 메커니즘

S_N2 반응의 입체 화학

(*R*)-(−)-2-브로모옥테인과 수산화 이온의 반응은 S_N2 반응으로 **배위가 완전히 반전되면서** 진행한다.

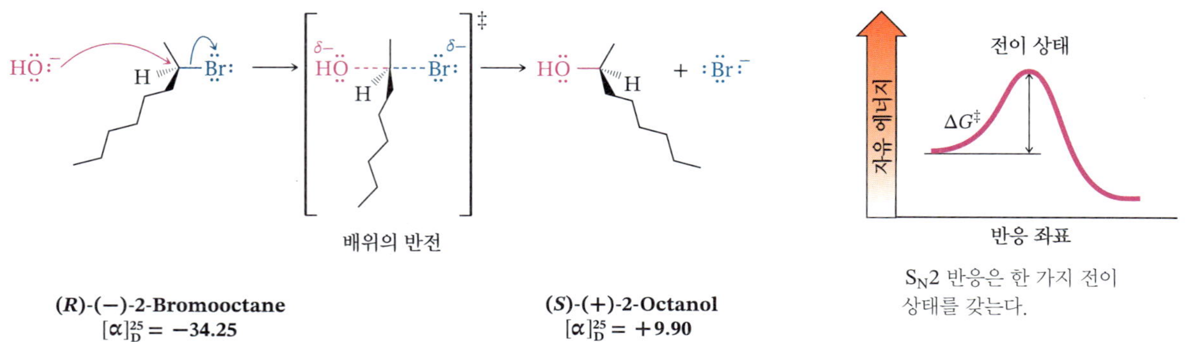

S_N2 반응은 한 가지 전이 상태를 갖는다.

(*R*)-(−)-2-Bromooctane
$[\alpha]_D^{25} = -34.25$

(*S*)-(+)-2-Octanol
$[\alpha]_D^{25} = +9.90$

되새김 물음 6.6

카이랄 중심에서 치환이 일어나는 S_N2 반응의 메커니즘과 그 입체 화학이 알려져 있으면 분자의 배위를 연계시키는 데 이용될 수 있다.

(a) 아래의 자료에 근거하여 2-클로로뷰테인 거울상체의 *R*,*S* 배위를 어떻게 정할 수 있는지를 설명하시오. [(−)-2-뷰탄올의 배위는 5.8C절에 주어져 있다.]

$$\text{(+)-2-Chlorobutane} \xrightarrow[S_N2]{HO^-} \text{(−)-2-Butanol}$$

$[\alpha]_D^{25} = +36.00$ (순수한 거울상체) → **$[\alpha]_D^{25} = -13.52$** (순수한 거울상체)

(b) 순수한 거울상체인 (+)-2-클로로뷰테인이 아이오딘화 포타슘과 아세톤에서 S_N2 반응을 할 때, 생성된 2-아이오도뷰테인은 (−) 광학 회전을 한다. (−)-2-아이오도뷰테인의 배위는 무엇인가? (+)-2-아이오도뷰테인의 배위는 무엇인가?

6.9 염화 *tert*-뷰틸과 물의 반응: S_N1 반응

이제 친핵성 치환 반응의 또 다른 메커니즘인 S_N1 반응을 고려해 보자. Hughes(6.6절)와 그의 동료들이 염화 *tert*-뷰틸과 물의 반응을 연구했을 때 *tert*-뷰틸 알코올이 형성되는 반응 속도는 그들이 이미 연구했던 것과는 아주 다름을 알게 되었다.

$$(CH_3)_3C{-}Cl + H_2O \longrightarrow (CH_3)_3C{-}OH + HCl$$

***tert*-Butyl chloride** → ***tert*-Butyl alcohol**

Hughes는 염화 *tert*-뷰틸의 치환 반응이 수산화 이온의 농도가 10^{-7} M로 물이 압도적인 친핵체인 pH 7에서 진행될 때나 더 강력한 수산화 이온 친핵체가 대충 500,000배 더 큰 농도로 존재하는 0.05 M 수산화 이온으로 반응시킬 때 거의 같은 속도로 반응을 한다는 것을 발견하였다. 이 결과는 물이나 수산화 이온이 반응의 속도 결정 단계에서 관여하지 않음을 암시한다. 그 대신 치환 반응의 속도는 단지 염화 *tert*-뷰틸 농도에만 의존한다. 그러므로 이 치환 반응은 염화 *tert*-뷰틸에 대해서 1차이고 전체적으로 1차이다.

$$\text{속도} = k[(CH_3)_3CCl]$$

반응 속도는 염화 *tert*-뷰틸에 대해서 1차이고 전체적으로 1차이다.

더욱이 반응 속도를 결정하는 단계의 전이 상태에 염화 *tert*-뷰틸만 관여하고 물이나 수산화 이온은 관여하지 않음을 나타낸다. 이 반응은 속도 결정 단계에서 **일분자(1차)(unimolecular)** 반응이고, 이 반응을 **S_N1 반응(S_N1 reaction)** 또는 **일분자 친핵성 치환 반응(unimolecular nucleophilic substitution)**이라고 한다. 7장에서 제거 반응이 S_N1 반응과 경쟁하여 알켄이 형성되는 것을 보게 되는데, 위에서 염화 *tert*-뷰틸을 가지고 실험한 조건(온화한 온도와 묽은 염기)의 경우 S_N1이 주된 과정이다.

S_N1 반응의 메커니즘을 어떻게 설명할 수 있는가? 그러기 위해서는 한 단계 이상이 관여하는 메커니즘의 가능성을 고려해야 할 것이다. 그러나 다단계 반응에 대하여 어떤 속도론적인 결과를 예상할 수 있을까? 이 점에 대해서 더 고찰해 보기로 하자.

6.9A 다단계 반응과 속도 결정 단계

- 반응이 여러 단계로 일어나고 그 중 한 단계가 다른 단계보다 본질적으로 느리다면 전체 반응의 속도는 이 느린 반응의 속도와 같을 것이다. 따라서 이 느린 단계를 **속도 제한 단계(rate-limiting step)** 또는 **속도 결정 단계(rate-determining step)**라고 부른다.

아래의 다단계 반응을 생각해 보자.

$$\text{반응물} \xrightarrow[\text{(느림)}]{k_1} \text{중간체 1} \xrightarrow[\text{(빠름)}]{k_2} \text{중간체 2} \xrightarrow[\text{(빠름)}]{k_3} \text{생성물}$$

1단계 **2단계** **3단계**

첫 단계가 본질적으로 느리다는 말은 1단계의 속도 상수가 2단계 또는 3단계의 속도 상수들보다 매우 작다는 뜻이다. 즉 $k_1 \ll k_2$ 또는 k_3이다. 2단계와 3단계가 **빠르다**는 말은 그들의 속도 상수가 크기 때문에 두 중간체의 농도가 커지면 아주 빨리(이론적으로) 일어날 수 있다는 뜻이다. 실상은 1단계가 느리기 때문에 중간체들의 농도는 항상 매우 작다.

그림 6.5에 보인 개량된 모래시계의 비유는 이것을 분명히 이해하는 데 도움이 될 것이다. 맨 위칸과 둘째 칸 사이의 구멍은 다른 두 구멍보다 상당히 작다. 모래가 꼭대기에서 밑바닥으로 떨어지는 전체적인 속도는 모래가 지나가는 이 작은 구멍에 의하여 제한을 받는다. 모래가 지나가는 이 단계는 다단계 반응의 속도 결정 단계와 유사하다.

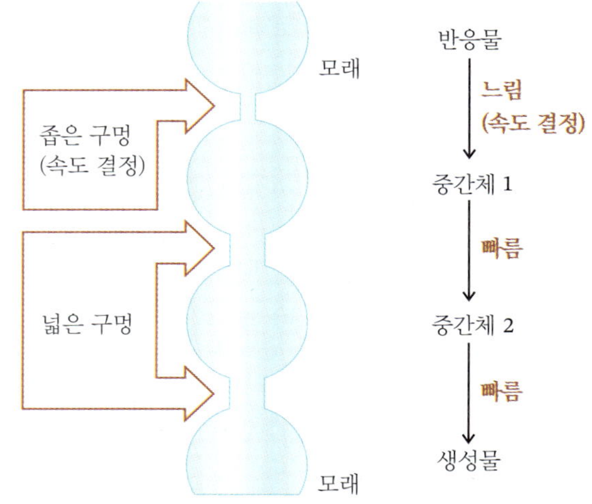

그림 6.5 개량된 모래시계는 다단계 반응의 비유가 될 수 있다. 전체적인 속도는 느린 단계의 속도로 제한된다.

6.10 S_N1 반응의 메커니즘

염화 *tert*-뷰틸(6.9절)과 물 사이의 반응 메커니즘은 분명히 세 단계를 포함하고 있다. 아래의 'S_N1 반응의 메커니즘'에서 각 단계를 강조한 자유 에너지 도표를 보시오. 두 가지 뚜렷한 **중간체(intermediate)**가 형성된다. 첫 번째 단계가 느린 단계이며, 속도 결정 단계이다. 이 단계에서 염화 *tert*-뷰틸 분자는 이온화하여 *tert*-뷰틸 양이온과 염화 이온이 된다. 이 단계의 전이 상태에서 염화 *tert*-뷰틸의 탄소−염소 결합은 거의 다 깨지고 이온들이 생기기 시작한다.

$$\left[(CH_3)_3C^{\delta+} \cdots Cl^{\delta-} \right]^{\ddagger}$$

용매(물)가 이렇게 생겨나는 이온을 용매화하여 안정화시킨다. 탄소 양이온의 형성은 보통 매우 큰 흡열 반응이면서 자유 에너지 항으로 볼 때 오르막인 반응이기 때문에 대개 천천히 일어난다.

반응 메커니즘

S_N1 반응의 메커니즘

반응

$$(CH_3)_3C-Cl + 2\,H_2O \longrightarrow (CH_3)_3C-OH + H_3O^+ + Cl^-$$

메커니즘

1단계

$$(CH_3)_3C-Cl \underset{H_2O}{\overset{\text{느림}}{\rightleftharpoons}} (CH_3)_3C^+ + Cl^-$$

극성 용매의 도움을 받아 염소는 탄소에 결합되었던 전자를 가지고 떠나간다.

이 느린 단계에서 비교적 안정한 3차 탄소 양이온과 염화 이온이 형성된다. 여기서 보여지지는 않지만, 이온들은 물 분자에 의해서 용매화(안정화)되어 있다.

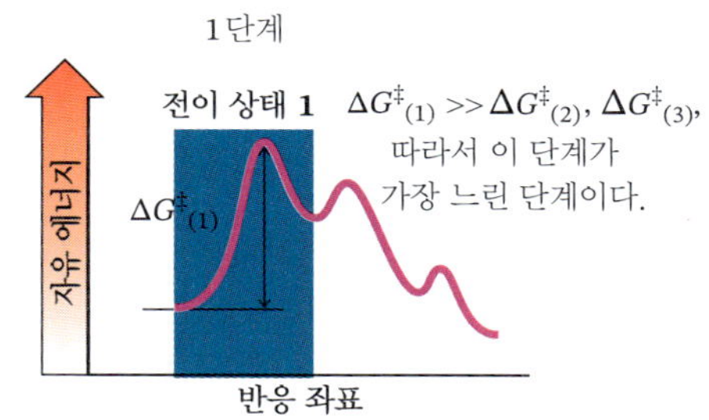

2단계

$$(CH_3)_3C^+ + :\ddot{O}H_2 \overset{\text{빠름}}{\rightleftharpoons} (CH_3)_3C-\overset{+}{O}H_2$$

Lewis 염기로 작용하는 물 분자는 탄소 양이온(**Lewis** 산)에 전자쌍을 준다. 이로써 양이온인 탄소는 **8**개의 전자를 이루게 된다.

생성물은 ***tert*-**뷰틸옥소늄 이온(양성자가 첨가된 ***tert*-**뷰틸 알코올)이다.

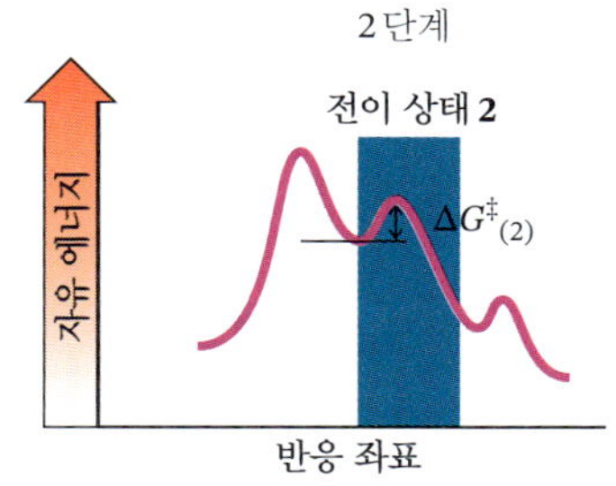

3단계

$$(CH_3)_3C-\overset{+}{O}H_2 + :\ddot{O}H_2 \overset{\text{빠름}}{\rightleftharpoons} (CH_3)_3C-\ddot{O}H + H_3O^+$$

Brønsted-Lowry 염기로 작용하는 물 분자는 ***tert*-**뷰틸옥소늄 이온으로부터 양성자를 받는다.

생성물은 ***tert*-**뷰틸 알코올과 하이드로늄 이온이다.

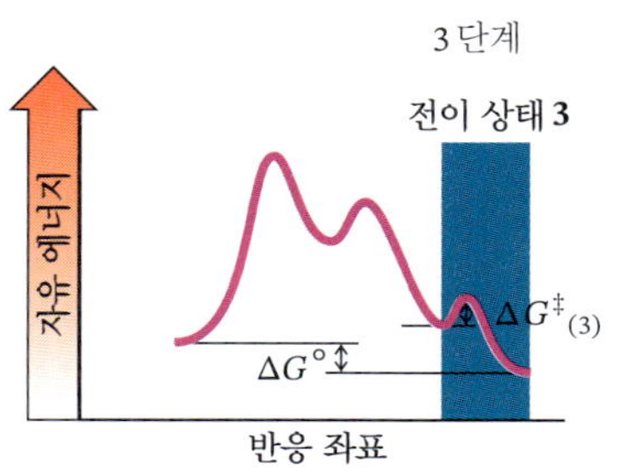

첫 번째 단계에서는 탄소–염소 결합이 불균일 분해를 해야 한다. 이 단계에서 다른 결합이 형성되지 않으므로 이 단계는 매우 큰 흡열 반응이며 자유 에너지 도표에서 보듯이 활성화 자유 에너지도 커야 한다. **이것이 일어나는 것은 주로 용매인 물의 이온화 능력 때문이다.** 기체 상태(용매가 없는 상태)에서 활성화 자유 에너지는 무려 630 kJ mol^{-1}이다. 그러나 수용액에서는 활성화 자유 에너지가 아주 작아서 약 84 kJ mol^{-1}이다. **물 분자가 생성된 양이온과 음이온을 둘러싸서 안정화시킨다**(2.13D절).

두 번째 단계에서 중간체 *tert*-뷰틸 양이온은 물과 재빨리 결합하여 *tert*-뷰틸옥소늄 이온 $(CH_3)_3C\overset{+}{O}H_2$가 되며, 세 번째 단계에서 재빨리 양성자를 물 분자에게 전달해 주고 *tert*-뷰틸 알코올이 된다.

6.11 탄소 양이온

1920년대부터 시작하여 알킬 양이온이 다양한 이온 반응의 중간체로 관여하는 증거들이 축적되어 왔다. 그러나 알킬 양이온은 매우 불안정하고 반응성이 커서 1962년 이전에 연구된 모든 경우에서 그들은 수명이 짧고 직접 관찰할 수 없는 과도적인 화학종이었다. 1962년 Olah와 그의 연구진들은 알킬 양이온을 상당히 안정하고 여러 가지 분광학적 기술로 관찰할 수 있는 조건하에서 만들었다는 논문들을 발표하였다.

노벨상

Olah는 1994년 Nobel 화학상을 받았다.

6.11A 탄소 양이온의 구조

- 탄소 양이온의 삼각 평면이다.

BF_3의 삼각 평면 구조(1.16D절)가 sp^2 혼성에 근거한 것과 마찬가지로(**그림 6.6**) 탄소 양이온의 삼각 평면 구조도 이와 같다.

- 탄소 양이온에서 중심 탄소 원자는 전자가 모자란다. 즉, 최외각 에너지 준위에 6개의 전자만을 가지고 있다.

이 모형(그림 6.6)에서 6개의 전자는 수소 원자(또는 알킬기)와 시그마 공유 결합을 형성하는 데 사용한다. *p* 오비탈에는 전자가 없다.

- 탄소 양이온의 *p* 오비탈에는 전자가 없다. 그러나 이것은 탄소 양이온이 더 반응을 진행하면서 전자쌍을 받을 수 있다.

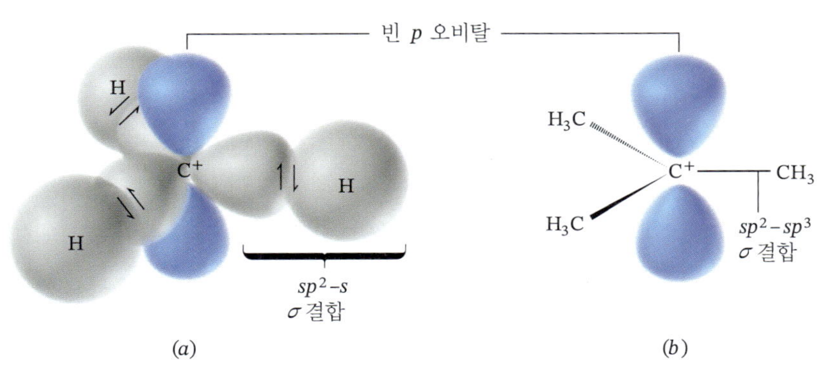

그림 6.6 (*a*) 메틸 양이온의 오비탈 구조. 결합은 탄소 원자의 3개의 sp^2 오비탈과 수소 원자의 1*s* 오비탈이 중첩하여 형성된 시그마(σ) 결합이다. *p* 오비탈은 비어 있다. (*b*) *tert*-뷰틸 양이온을 쐐선–선쐐기로 표현한 것. 탄소 원자들 사이의 결합은 메틸기의 sp^3 오비탈과 중심 탄소 원자의 sp^2 오비탈이 중첩하여 형성된다.

다음 절에서 보듯이 모든 형태의 탄소 양이온이 같은 상대적인 안정도를 가지지 않는다.

6.11B 탄소 양이온의 상대적인 안정도

도움말

탄소 양이온의 구조와 상대적인 안정도를 이해하는 것은 다양한 반응 과정을 배우는 데 중요하다.

탄소 양이온의 상대적인 안정도는 양전하를 띤 3가의 탄소 원자에 연결된 알킬기의 수와 관련이 있다.

- 3차 탄소 양이온이 가장 안정하고 메틸 양이온이 가장 불안정하다.
- 안정도 순서는 다음과 같다.

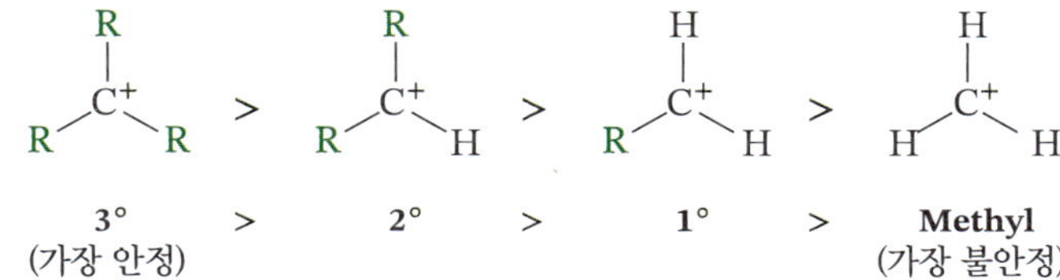

탄소 양이온의 안정도는 가상적 짝지음(hyperconjugation, 하이퍼콘쥬게이션)에 근거하여 설명될 수 있다.

- **가상적 짝지음(hyperconjugation**, 하이퍼콘쥬게이션)이란 채워진 결합 오비탈로부터 채워지지 않은 이웃한 오비탈로 전자가 비편재화(부분적인 오비탈 혼성을 통하여)하는 것이다(4.8절).

탄소 양이온의 경우 채워지지 않은 오비탈은 빈 p 오비탈이며, 채워진 오비탈은 p 오비탈에 **인접한** 탄소에 있는 C—H 또는 C—C 시그마 결합들이다. 이웃한 C—H 또는 C—C 시그마 결합으로부터 전자 밀도를 탄소 양이온의 p 오비탈에 공유함으로써 양전하가 비편재화된다.

- 전하가 가상적 짝지음, 유발 효과, 또는 공명 효과에 의해서 분산되거나 비편재화될 때는 그 계는 안정해진다.

그림 6.7은 시그마 결합 오비탈과 이웃한 탄소 양이온의 p 오비탈 사이에서 가상적 짝지음이 일어나고 있음을 보여 준다.

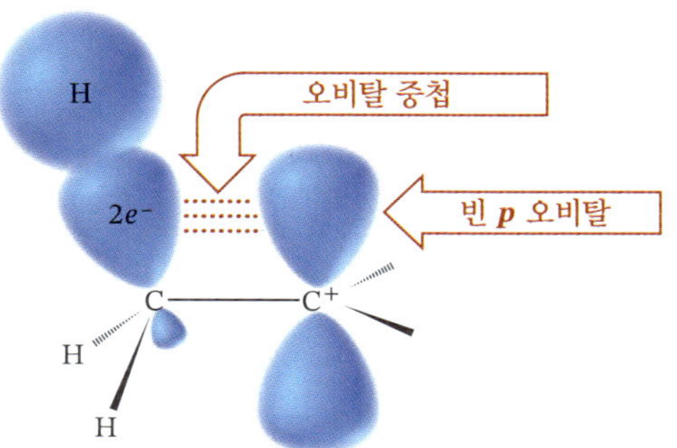

그림 6.7 이웃한 시그마 결합이 탄소 양이온의 양전하를 안정화시키는 방법. 오비탈들이 부분적으로 서로 중첩할 수 있으므로 메틸기의 탄소–수소 시그마 결합 중의 하나로부터 전자 밀도가 탄소 양이온의 빈 p 오비탈로 흘러갈 수 있다. 전자 밀도가 이렇게 이동되면 탄소 양이온의 sp^2-혼성인 탄소는 다소 덜 양이온으로 되며 메틸기의 수소는 다소 양전하를 띠게 된다. 전하가 이렇게 비편재화(분산)되면 더욱 안정해진다. 이러한 결합 오비탈과 p 오비탈 사이의 상호작용을 가상적 짝지음(hyperconjugation, 하이퍼콘쥬게이션)이라고 한다.

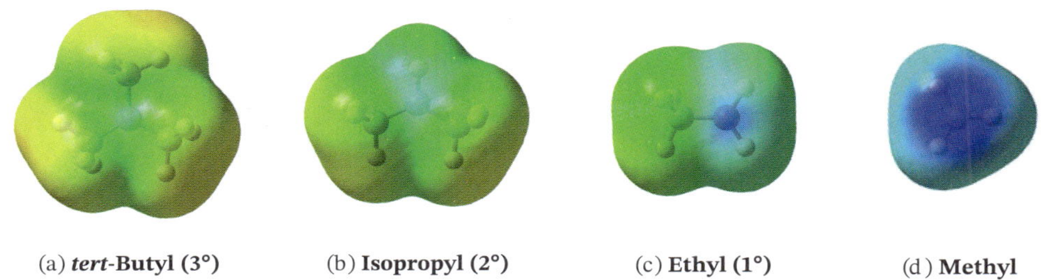

그림 6.8 (*a*) *tert*-뷰틸(3°), (*b*) 아이소프로필(2°), (*c*) 에틸(1°), (*d*) 메틸 탄소 양이온의 정전기적 퍼텐셜 지도는 이들 구조에서 양전하의 비편재화(안정화)가 큰 것부터 작아지는 경향을 나타내고 있다. 청색이 덜한 것이 양전하의 비편재화가 더 큰 것을 나타낸다. (구조는 정전기적 퍼텐셜의 크기를 같게 하여 비교가 되도록 하였다.)

3차 탄소 양이온은 C—H 결합(또는 특정한 예에 따라서 C—H 대신 C—C 결합)을 가진 탄소를 3개 가지고 있어서 이웃한 탄소 양이온의 빈 p 오비탈과 부분적으로 중첩할 수 있다. 2차 탄소 양이온은 중첩할 수 있는 C—H 또는 C—C 결합을 가진 탄소가 둘뿐이다. 따라서 가상적 짝지음의 가능성은 덜하고, 즉 2차 탄소 양이온이 덜 안정하다. 1차 탄소 양이온은 가상적 짝지음을 통하여 안정화시킬 이웃 탄소를 단지 한 개만 가지고 있다. 그래서 그것은 더 불안정하다. 메틸 탄소 양이온에는 가상적 짝지음의 가능성이 아예 없다. 그래서 이것은 가장 불안정하다. 아래 예들의 녹색 결합에서 화살표는 가상적 짝지음에 의해 제공된 전자 밀도의 방향을 나타낸다.

$(CH_3)_3C^+$	>	$(CH_3)_2CH^+$	>	$CH_3CH_2^+$	>	CH_3^+
***tert*-Butyl 양이온 (3°) (가장 안정)**		**Isopropyl 양이온 (2°)**		**Ethyl 양이온 (1°)**		**Methyl 양이온 (가장 불안정)**

요약하면,

- **탄소 양이온의 상대적인 안정도는 3° > 2° > 1° > 메틸이다.**

이 경향은 정전기적 퍼텐셜 지도에서도 곧 알 수 있다(**그림 6.8**).

보기 물음 6.4

아래의 탄소 양이온을 안정도가 증가하는 순서대로 나열하시오.

A: (cyclohexyl)methyl cation (+ on CH₂) B: 1-methylcyclohexyl cation C: 4-methylcyclohexyl cation

풀이

구조 **A**는 1차 탄소 양이온, **B**는 3차 탄소 양이온, **C**는 2차 탄소 양이온이다. 따라서 안정도가 증가하는 순서는 **A** < **C** < **B**이다.

되새김 물음 6.7 아래의 탄소 양이온을 안정도가 증가하는 순서대로 나열하시오.

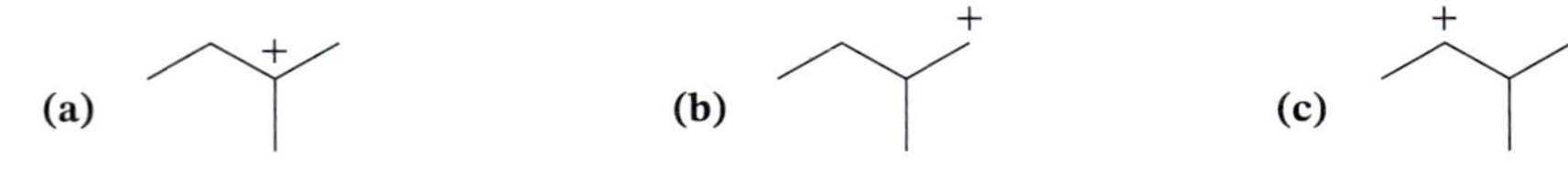

6.12 S_N1 반응의 입체 화학

S_N1 반응의 첫 번째 단계에서 형성된 탄소 양이온은 삼각 평면 구조이므로(6.11A절) 그것이 친핵체와 반응할 때 앞면 또는 뒷면으로 할 수 있다(아래 그림을 보시오). *tert*-뷰틸 양이온을 가지고는 탄소 양이온의 어느 면으로 공격하던 똑같은 생성물이 형성되기 때문에 차이가 없다. (이 생성물은 비카이랄이다.) 모형을 살펴서 이 결과를 스스로 확신하도록 하시오.

$H_2\ddot{O}^+-C(CH_3)_3$ ← 뒷면 공격 — $H_2\ddot{O}:$ → $C^+(CH_3)_3$ ← $:\ddot{O}H_2$ — 앞면 공격 → $(CH_3)_3C-\ddot{O}^+H_2$

같은 생성물

그러나 다른 탄소 양이온과의 반응으로 새 카이랄 중심에 이르게 되면 입체 이성질성인 생성물이 형성된다. 이 점을 더 공부해 보자.

6.12A 라셈화 반응

- 광학적 활성인 화합물이 라셈 형태로 변형되는 반응을 라셈화(**racemization**)가 일어났다고 말한다.

만일 전체의 화합물이 반응 과정에서 광학적 활성을 모두 잃는다면 이 반응에서 라셈화가 **완전히** 일어났다고 할 수 있다. 한 거울상체가 부분적으로 라셈 형태로 바뀌는 것처럼 원래의 화합물이 그것의 광학적 활성 일부를 잃는다면 그것은 **부분적** 라셈화가 진행된 것이다.

- 한 반응에서 카이랄 분자가 비카이랄 중간체로 전환될 때는 언제나 라셈화 현상이 일어난다.

예를 들면, 광학적 활성인 (*S*)-3-브로모-3-메틸헥세인을 아세톤 수용액에서 가열하면 3-메틸-3-헥산올이 50% (*R*)과 50% (*S*)인 라셈 형태로 형성된다.
까닭: S_N1 반응은 중간체인 탄소 양이온의 형성을 거치면서 진행하는데 탄소 양이온은 삼각평면이므로 **비카이랄**이다. 그것은 물 분자와 양쪽에서 똑같은 정도로 반응하여 3-메틸-3-헥산올의 거울상체를 같은 양만큼 만든다.

반응 메커니즘

S_N1 반응의 입체 화학

반응

$\xrightarrow[\text{acetone}]{H_2O}$ + + HBr

(*S*)-3-Bromo-3-methylhexane
(광학 활성)

50% (*S*)-3-Methyl-3-hexanol

50% (*R*)-3-Methyl-3-hexanol

(광학 불활성, 라셈 형태)

메커니즘

1단계

이탈기가 떠나가면(물과의 수소 결합에 의해서 도움을 받음) 탄소 양이온이 된다.

2단계

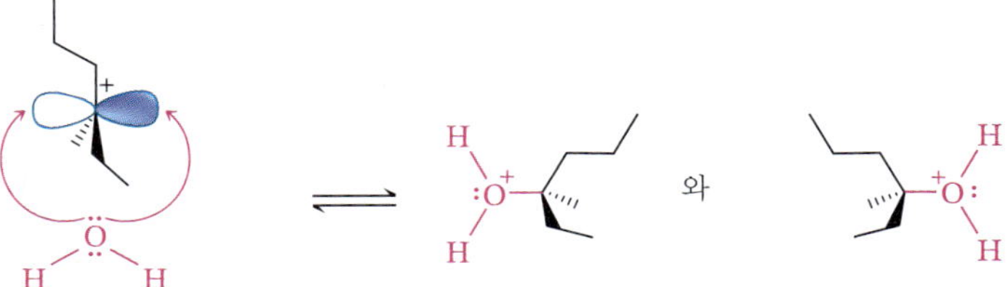

양쪽 면에서 공격:
탄소 양이온은 비카이랄 중간체이다.
탄소 양이온의 양면이 동일하므로 친핵체는 양쪽 면과 결합을 하여 입체 이성질체의 혼합물을 형성한다.

양성자가 첨가된 알코올의 라셈 형태가 된다.

3단계

와 ⇌ 와

+ H_3O^+

가외의 용매(물) 분자가 알킬옥소늄 이온의 양성자를 제거한다.

생성물은 라셈 혼합물이다.

(*S*)-3-브로모-3-메틸헥세인의 S_N1 반응은 중간체인 탄소 양이온이 비카이랄이고 친핵체가 양쪽에서 공격할 수 있으므로 라셈화 현상을 일으킨다.

되새김 물음 6.8

탄소 양이온이 삼각 평면 구조임을 염두에 두고, **(a)** 다음 반응의 탄소 양이온 중간체의 구조를 쓰고, **(b)** 이때 예상되는 알코올의 구조를 쓰시오.

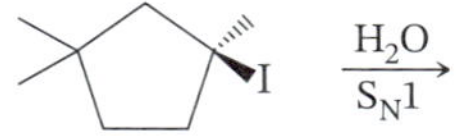

6.12B 가용매 분해

- 가용매 분해(**solvolysis**)는 **친핵체가 용매 분자**인 친핵성 치환 반응이다[solvent(용매) + lysis(분해), '용매에 의한 분해'란 뜻임]. 할로젠화 알킬과 물 사이의 S_N1 반응은 **가용매 분해(solvolysis)**의 한 예이다.

물이 용매이면 이 반응을 **가수 분해(hydrolysis)**라고 부른다. 메탄올에서 일어나는 반응은 **가메탄올 분해(methanolysis)**이다.

가용매 분해의 예

$$(CH_3)_3C{-}Br \quad + \quad H_2O \quad \longrightarrow \quad (CH_3)_3C{-}OH \quad + \quad HBr$$
$$(CH_3)_3C{-}Cl \quad + \quad CH_3OH \quad \longrightarrow \quad (CH_3)_3C{-}OCH_3 \quad + \quad HCl$$

보기 물음 6.5

아래의 가용매 분해 반응으로부터 기대되는 생성물은 무엇인가?

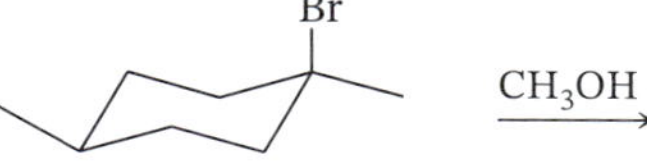

풀이

이 브로민화 사이클로헥실은 3차이다. 따라서 메탄올에서 이것은 브로민화 이온을 잃고 3차 탄소 양이온을 형성할 것이다. 탄소 양이온은 양인 탄소에서 삼각 평면형이므로 용매인 메탄올 분자와 반응하여 두 가지 생성물을 형성한다. 이 경우에는 생성물이 고리의 다른 끝에 있는 메틸기 때문에 cis와 trans 부분 입체 이성질체이다.

(a) 로부터 → $HOCH_3$ → OCH_3 생성물 + $CH_3\overset{+}{O}H_2$

(b) 로부터 → $HOCH_3$ → OCH_3 생성물 + $CH_3\overset{+}{O}H_2$

(생성물은 **cis**와 **trans** 부분 입체 이성질체의 혼합물이다.)

되새김 물음 6.9

되새김 물음 6.8의 반응물로 주어진 아이오도사이클로펜테인 유도체의 가메탄올 분해 반응으로부터 예상되는 생성물은 무엇인가?

6.13 S_N1과 S_N2 반응의 속도에 영향을 주는 요인들

이제 S_N1과 S_N2 반응의 메커니즘을 이해하였으므로 다음으로 할 일은 왜 클로로메테인은 S_N2 메커니즘의 반응을 하고 염화 *tert*-뷰틸은 S_N1 메커니즘의 반응을 하는가를 설명하는 것이다. 또한 어떤 할로젠화 알킬이 여러 가지 조건하에서 어떤 친핵체와 반응할 때 S_N1 또는 S_N2 중 어느 경로를 따를 것인가를 예측할 수 있어야겠다.

이러한 물음의 답은 반응의 **상대적인 속도**에서 찾아야 한다. 한 할로젠화 알킬과 친핵체가 S_N2 메커니즘으로는 **빨리** 반응하지만 주어진 조건에서 S_N1 메커니즘으로는 **느리게** 반응한다면 대부분의 분자는 S_N2 경로를 따르게 될 것이다. 한편, 다른 할로젠화 알킬과 다른 친핵체는 S_N2 경로로는 매우 느리게 반응하거나 전혀 반응을 하지 않을 수도 있다. 만일 이들이 S_N1 메커니즘에 의해서 빨리 반응한다면 반응물은 S_N1 경로를 따를 것이다.

- 여러 가지 요소들이 S_N1과 S_N2 반응의 상대적인 속도에 영향을 준다. 가장 중요한 요소들은 아래와 같다.
  1. 기질의 구조
  2. 친핵체의 농도와 반응성(S_N2 반응에 한함)
  3. 용매의 효과
  4. 이탈기의 본질

6.13A 기질의 구조에 따른 효과

S_N2 반응 간단한 할로젠화 알킬은 다음과 같은 일반적인 S_N2 반응성의 순서를 보인다.

메틸 > 1차 > 2차 ≫ (3차 — 비활성)

할로젠화 메틸은 가장 빨리 S_N2 메커니즘으로 반응하나 3차 할로젠화물은 너무 느려서 S_N2 메커니즘의 반응을 거의 하지 않는다. **그림 6.9**는 몇 가지 예가 되는 구조와 그들의 상대적인 S_N2 반응 속도를 나타낸다.

이 반응성의 순서를 지배하는 중요한 요소는 입체 효과이며, 구체적으로 입체 장애이다.

- **입체 장애(steric hindrance)**는 반응하는 위치나 그 부근에 있는 원자나 기들의 공간적인

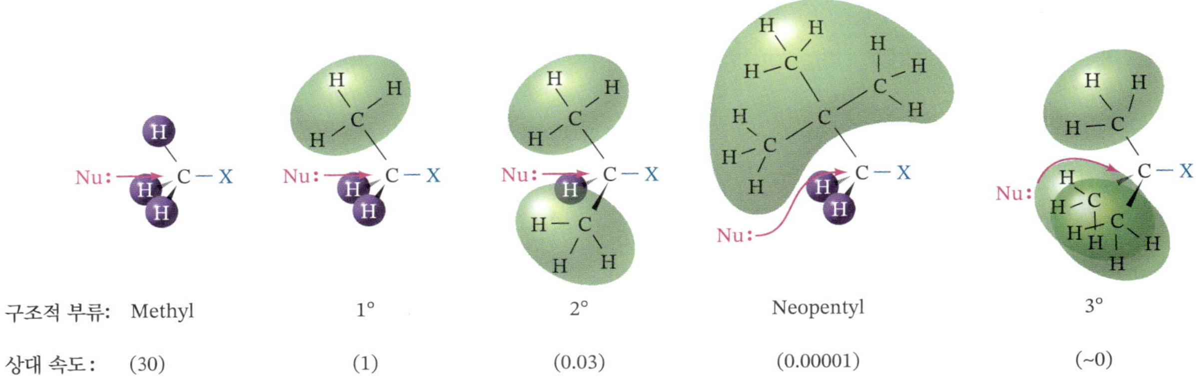

그림 6.9 S_N2 반응에서의 입체 효과와 상대 속도

배열이 반응을 방해하거나 지연시키는 것이다.

입자(분자나 이온)들이 반응하려면 반응 중심이 서로의 결합하는 거리 안으로 다가올 수 있어야 한다. 비록 대부분의 분자는 매우 유연하지만 아주 큰 기들은 반드시 거쳐야 될 전이 상태가 형성되는 것을 방해한다. 어떤 경우에는 형성 자체를 완전히 막아버린다.

S_N2 반응에서 친핵체는 이탈기를 가진 탄소 원자의 결합할 범위의 거리 안으로 다가와야 한다. 이 때문에 탄소 원자 **부근에 있는** 큰 치환기는 극적인 방해 효과를 갖는다(그림 6.9). 그들은 필수적인 전이 상태의 자유 에너지를 증가시키며, 따라서 반응의 활성화 자유 에너지를 증가시키고, 반응 속도는 느려진다. 할로젠화 알킬 중에서 할로젠화 메틸이 가장 빨리 S_N2 반응을 하는 것은 단지 3개의 작은 수소 원자만이 접근하는 친핵체를 방해하기 때문이다. 네오펜틸과 3차 할로젠화물은 반응성이 가장 작은데, 큰 기들이 접근하는 친핵체에 대하여 강력한 방해를 하기 때문이다(3차인 기질은 실제로 S_N2 메커니즘으로 거의 반응하지 않는다).

도움말

이들 구조에서의 입체 효과는 모형을 만들면 가장 잘 이해할 수 있다.

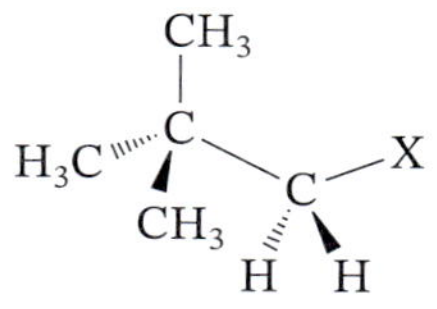

CH_3, H_3C, C, CH_3, C, X, H, H

할로젠화 네오펜틸

보기 물음 6.6

아래의 아이오딘화 알킬을 S_N2 반응의 기질로서의 반응성이 감소하는 순으로 나열하시오.

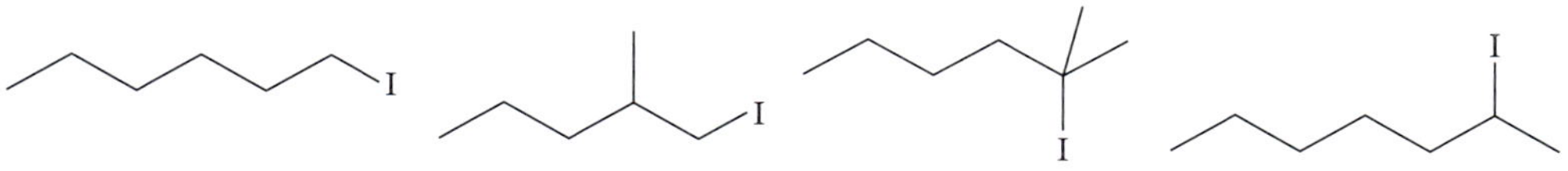

I, I, I, I

A B C D

풀이

각각의 경우에서 이탈기를 지닌 탄소를 조사하여 그 탄소에서의 S_N2 반응에 미치는 입체 장애를 추정한다. **C**에서 그것은 3°이다. 따라서 세 기들이 친핵체의 접근을 막으려 할 것이다. 그러므로 이 아이오딘화 알킬이 가장 느리게 반응한다. **D**에서 이탈기를 지닌 탄소는 2°이다(두 기가 친핵체의 접근을 방해한다). 한편 **A**와 **B**에서 그것은 1°이다. (한 개의 기가 친핵체의 접근을 방해한다.) 그러므로 **D**는 **C**보다 더 빠르게 반응한다. 그러나 **A**와 **B**보다는 느리게 반응한다. 그러면 **A**와 **B**는 어떠할까? 그들은 둘 다 1° 아이오딘화 알킬이다. 그러나 **B**는 아이오딘을 지닌 탄소와 인접한 탄소에 메틸기를 지녔다. 이것은 **A**에는 존재하지 않는 친핵체의 접근에 대한 입체 장애를 제공할 것이다. 그러므로 반응성의 순서는 **A** > **B** > **D** ≫ **C**이다.

S_N1 반응

- S_N1 반응에서 유기 기질의 반응성을 결정하는 일차적인 요인은 형성된 탄소 양이온의 상대적인 안정도이다.

이 말은 이제까지 배운 할로젠화 알킬 중에서 3차 할로젠화물만이 S_N1 메커니즘으로 진행함을 뜻한다[**할로젠화 알릴**, **할로젠화 벤질** 등과 같은 다른 유기 화합물도 S_N1 메커니즘에 의한 반응을 수행한다. 이들은 비교적 안정한 탄소 양이온을 형성할 수 있기 때문이다(13.4절과 15.15절 참조)].

3차 탄소 양이온은 세 이웃한 탄소에 있는 시그마 결합들이 탄소 양이온의 *p* 오비탈에 전자 밀도를 가상적 짝지음에 의해서 제공하므로 안정화된다(6.11B절). 2차와 1차 탄소 양이온은 가상적 짝지음에 의해서 덜 안정화된다. 메틸 탄소 양이온은 안정화가 없다. 비교적 안정한 탄소 양이온의 형성은 S_N1 반응에서 중요하다. 그것은 반응의 느린 단계(예: $R{-}L \longrightarrow R^+ + L^-$)에서 반응이 적당한 속도로 일어날 수 있도록 충분하게 활성화 에너지를 낮추어 주기 때문이다.

되새김 물음 6.10

아래의 할로젠화 알킬 중 S_N1 반응 메커니즘에 의해서 치환 반응을 진행하기가 가장 가능한 것은 어느 것인가?

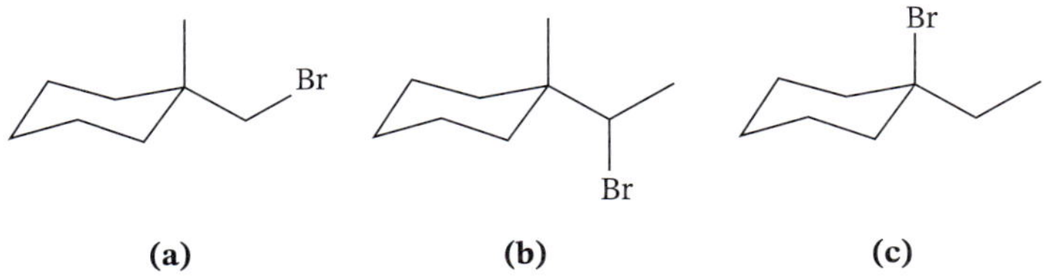

Br / Br / Br

(a) **(b)** **(c)**

Hammond-Leffler 가설

염화 *tert*-뷰틸과 물의 S_N1 반응에 대한 반응 메커니즘을 나타내는 자유 에너지 도표를 다시 살펴보면(6.10절) 이탈기가 이온화하여 탄소 양이온을 형성하는 것은 **자유 에너지적으로 오르막**이다(이 단계의 ΔG°가 양이다). 그것은 또한 엔탈피 항으로도 오르막이다(ΔH°가 역시 양이다). 그러므로 이 단계는 **흡열 과정**이다.

- **Hammond–Leffler 가설(Hammond–Leffler postulate)**에 의하면, **에너지가 오르막인 단계의 전이 상태는 그 단계의 생성물의 구조와 매우 유사해야 한다.**

이 단계의 생성물(실제로 반응 전체의 중간체)이 탄소 양이온이므로 그것을 안정화시키는 어떠한 요소(예: 전자를 밀어주어 양전하를 분산시키는 것)도 양전하가 생겨나고 있는 전이 상태를 안정화시킬 것이다.

이탈기의 이온화

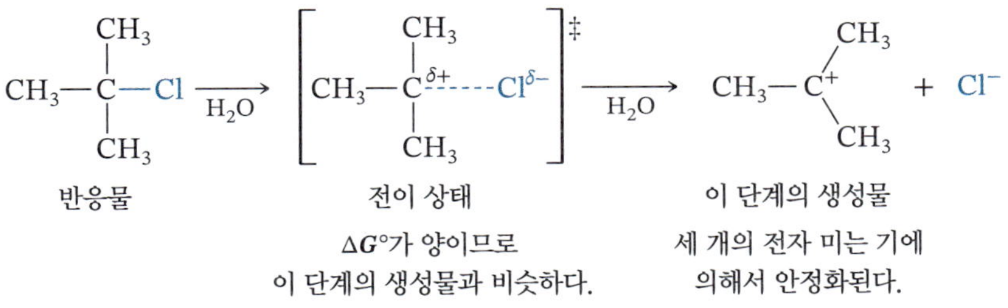

$$CH_3-\underset{CH_3}{\overset{CH_3}{C}}-Cl \xrightarrow[H_2O]{} \left[CH_3-\underset{CH_3}{\overset{CH_3}{C}}{}^{\delta+}\text{----}Cl^{\delta-} \right]^\ddagger \xrightarrow[H_2O]{} CH_3-\overset{+}{C}(CH_3)_2 \; + \; Cl^-$$

반응물

전이 상태
ΔG°가 양이므로 이 단계의 생성물과 비슷하다.

이 단계의 생성물
세 개의 전자 미는 기에 의해서 안정화된다.

메틸, 1차, 혹은 2차 알킬 할로젠화물이 S_N1 메커니즘으로 반응하려면 이온화되어 메틸, 1차, 혹은 2차 탄소 양이온을 형성해야 한다. 이러한 탄소 양이온은 3차 탄소 양이온보다 훨씬 더 큰 에너지를 가지고 있다. 그리고 이들 탄소 양이온에 이르는 전이 상태는 에너지가 더 높다.

- 단순한 메틸, 1차, 혹은 2차 할로젠화물이 S_N1 반응을 하기 위한 활성화 에너지는 너무 커서(반응이 너무 느려서) 실질적으로 S_N1 반응이 대응되는 S_N2 반응과 경쟁을 하지 않는다.

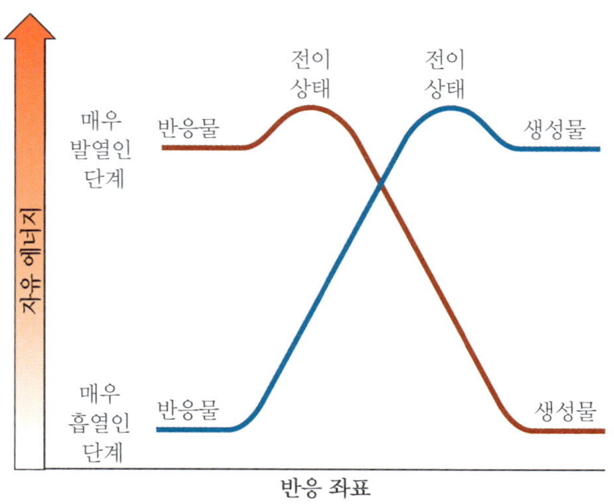

그림 6.10 매우 발열적인 단계(적색 곡선)의 전이 상태는 반응물과 가까이 있고 닮았다. 매우 흡열적인 단계(청색 곡선)의 전이 상태는 반응 생성물 쪽에 가까이 있고 닮았다. (Reprinted with permission of the McGraw-Hill Companies from Pryor, W., *Free Radicals*, p. 156, copyright 1966.)

- **Hammond–Leffler 가설**을 서술하는 한 가지 방법은 전이 상태의 구조가 자유 에너지에 가장 근접한 안정한 화학종을 닮았다는 것이다.

일반적인 예로, **그림 6.10**에서 매우 **흡열적인 단계(endergonic step)**에서(청색 곡선) 전이 상태는 자유 에너지가 생성물에 가깝다. 그러므로 그것은 구조가 **생성물을 닮았다**. 역으로 매우 **발열적인 단계(exergonic step)**에서(적색 곡선) 그것은 구조가 **반응물을 닮았다**. Hammond–Leffler 가설의 장점은 중요한 전이 상태라고 부르는, 잠깐 지나가는 화학종을 바라보는 직관적인 방법을 제공한다는 것이다.

되새김 물음 6.11

I^-와 CH_3CH_2Cl의 반응을 생각해 보자.

(a) S_N1 또는 S_N2 중 어느 반응을 예상할 수 있는가? 반응의 속도 상수는 60 °C에서 5×10^{-5} L mol^{-1} s^{-1}이다.

(b) $[I^-] = 0.1$ mol L^{-1}, $[CH_3CH_2Cl] = 0.1$ mol L^{-1}일 때 반응 속도는 얼마인가?

(c) $[I^-] = 0.1$ mol L^{-1}, $[CH_3CH_2Cl] = 0.2$ mol L^{-1}일 때 반응 속도는 얼마인가?

(d) $[I^-] = 0.2$ mol L^{-1}, $[CH_3CH_2Cl] = 0.1$ mol L^{-1}일 때 반응 속도는 얼마인가?

(e) $[I^-] = 0.2$ mol L^{-1}, $[CH_3CH_2Cl] = 0.2$ mol L^{-1}일 때 반응 속도는 얼마인가?

6.13B 친핵체의 농도와 세기의 영향

- 친핵체가 S_N1 반응의 속도 결정 단계에서 참여하지 않으므로 S_N1 반응의 속도는 친핵체의 농도나 본질에 의하여 영향을 받지 않는다.
- S_N2 반응의 속도는 공격하는 친핵체의 농도와 본질에 모두 의존한다.

6.5절에서 친핵체의 농도를 증가시키면 S_N2 반응의 속도가 어떻게 증가하는지를 보았다. 이제 S_N2 반응의 속도가 친핵체의 본질에 어떻게 의존하는지를 살펴보기로 한다.

- 친핵체의 상대적인 세기(**친핵성도, nucleophilicity**)는 주어진 기질과의 상대적인 S_N2 반응 속도로 측정된다.

강한 친핵체는 S_N2 반응에서 기질과 빨리 반응을 한다. 약한 친핵체는 같은 조건에서 기질과 느리게 S_N2 반응을 한다. (위에서 언급한 대로 친핵성도는 S_N1 반응에 비교될 수 없다. 왜냐하면 친핵체는 S_N1 반응의 속도 결정 단계에 관여하지 않기 때문이다.)

예를 들어 메톡시화 이온은 강한 친핵체이다. 이것은 아이오도메테인과 비교적 빨리 S_N2 반응을 하여 다이메틸 에터가 된다.

$$CH_3O^- + CH_3I \xrightarrow{\text{빠름}} CH_3OCH_3 + I^-$$

한편, 메탄올은 아이오도메테인과의 반응에서 약한 친핵체이다. 이것은 같은 조건하에서 아주 느리게 반응한다. 그것은 아이오딘화 이온을 치환해서 상당한 속도로 떠나가게 만들 만큼 충분히 강력한 Lewis 염기(친핵체)가 아니다.

$$CH_3OH + CH_3I \xrightarrow{\text{매우 느림}} CH_3\overset{+}{O}(H)CH_3 + I^-$$

- 친핵체의 상대적인 세기는 세 가지 구조적인 특징과 연관 지을 수 있다.

1. 음전하를 띤 친핵체는 그것의 짝산보다 항상 강한 친핵체이다. 그러므로 OH^-는 H_2O보다, RO^-는 ROH 보다 더 강한 친핵체이다.

2. 친핵성 원자가 같은 일련의 친핵체에서 친핵성도는 염기도와 비슷하다. 예를 들어, 산소 화합물은 다음과 같은 반응성의 순서를 보인다.

$$RO^- > HO^- \gg RCO_2^- > ROH > H_2O$$

이것은 곧 염기도의 순서이다. 알콕시화 이온(RO^-)은 수산화 이온(HO^-)보다 약간 더 강한 염기이고, 수산화 이온은 카복실산 이온(RCO_2^-)보다 더 강한 염기이다.

3. 친핵성인 원자가 다를 때 친핵성도는 염기도와 평행하지 않을 수도 있다. 예를 들어, 양성자성 용매에서 HS^-, $N{\equiv}C^-$, 그리고 I^-는 HO^-보다 약염기이다. 그러나 HO^-보다 **더 강한 친핵체**이다.

$$HS^- > N{\equiv}C^- > I^- > HO^-$$

친핵성도 대 염기도 친핵성도와 염기도는 서로 관련이 있지만, 그들은 똑같은 방법으로 측정되지 않는다.

- pK_a로 표시되는 염기도는 산–염기 반응에서 **평형의 위치에 의해서** 측정된다.
- 친핵성도는 치환 반응의 상대적인 속도에 의해서 측정된다.

예를 들면, 수산화 이온(OH^-)은 사이안화 이온($N{\equiv}C^-$)보다 강한 염기이다. (H_2O의 pK_a는 ~16인데, HCN의 pK_a는 ~10이다.) 그럼에도 불구하고, 사이안화 이온은 더 강한 친핵체이며, 수산화 이온보다 더 빨리 이탈기를 가진 탄소와 반응한다.

되새김 물음 6.12

아래의 것들을 친핵성도가 증가하는 순으로 나열하시오.

CH_3OH CH_3O^- $CH_3CO_2^-$ CH_3CO_2H $N{\equiv}C^-$

6.13C S_N2와 S_N1 반응에서 용매 효과

- S_N2 반응은 **극성 비양성자성 용매(polar aprotic solvent**, 예: 아세톤, DMF, DMSO)에 의해서 유리하다.
- S_N1 반응은 **극성 양성자성 용매(polar protic solvent**, 예: EtOH, MeOH, H_2O)에 의해서 유리하다.

용매 효과(solvent effect)의 중요한 까닭은 (a) S_N2 반응에서 용매와 친핵체 사이의 상호작용을 최소화시키고 (b) S_N1 반응에서 이탈기의 이온화를 촉진시키고 이온성 중간체를 안정화시키는 것이다. 아래의 소단원에서는 이 요인들을 더 상세히 설명한다.

극성 비양성자성 용매는 S_N2 반응을 유리하게 한다

- 비양성자성 용매는 수소 결합을 할 수 있는 수소 원자를 가지고 있지 않다. 친핵체와 수소 결합을 못하면 친핵체의 반응성을 크게 만든다.
- 아세톤, DMF, DMSO, HMPA 같은 극성 비양성자성 용매는 S_N2 반응에서 단독으로 또는 공동 용매로 흔히 사용된다.

도움말
극성이나 비양성자성인 용매는 S_N2 반응 속도를 증가시킨다.

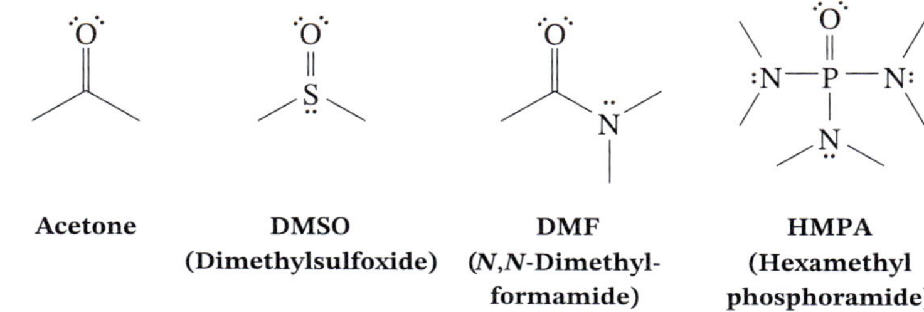

- S_N2 반응의 속도는 일반적으로 극성 비양성자성인 용매 내에서 진행될 때 대단히 빠르다. 속도는 백만 배나 빠를 때도 있다.

극성 비양성자성 용매는 비공유 전자쌍을 이용하여 양이온을 잘 녹게 할 수 있지만 음이온과는 수소 결합을 할 수 없기 때문에 강하게 상호 작용을 하지 못하고, 용매의 양의 영역은 입체 효과에 의해서 음이온으로부터 가로막혀 있기 때문에 음이온과의 상호작용이 어렵다. 이러한 미세한 용매화는 음이온이 양이온과 용매에 의해서 덜 둘러싸이기 때문에 친핵체로서 자유롭게 행동하도록 내버려 둔다. 따라서 S_N2 반응의 속도가 증가한다. 예를 들어, 아이오딘화 소듐의 소듐 이온은 여기에 보인 것처럼 DMSO에 의해서 용매화되고 아이오딘화 이온이 친핵체로 행동하도록 더 자유롭게 만든다.

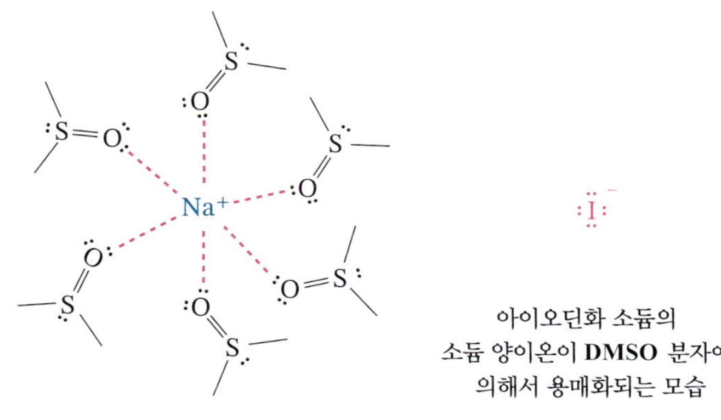

아이오딘화 소듐의 소듐 양이온이 **DMSO** 분자에 의해서 용매화되는 모습

극성 비양성자성 용매에서 '노출된' 음이온은 염기로서, 그리고 친핵체로서 매우 반응성이 크다. 예를 들어, DMSO 용매에서 할로젠화 이온의 염기도의 상대적인 순서는 친핵성도의 상대적인 순서와 같다. 그러나 할로젠화 이온 염기도는 양성자성 용매에서의 친핵성도와 정반대이고 이에 대해서는 곧 설명을 하게 될 것이다.

$$F^- > Cl^- > Br^- > I^-$$

비양성자성 용매에서의 할로젠화 이온의 친핵성도

극성 양성자성 용매는 S_N1 반응을 유리하게 한다

- 양성자성 용매는 수소 결합에 참여할 수 있는 수소 원자를 적어도 한 개 가지고 있다.
- 물, EtOH, MeOH와 같은 양성자성 용매는 떠나가는 이탈기와 수소 결합을 형성하여 탄소 양이온의 형성을 촉진시켜서 탄소 양이온에 이르는 전이 상태의 에너지를 낮춘다.

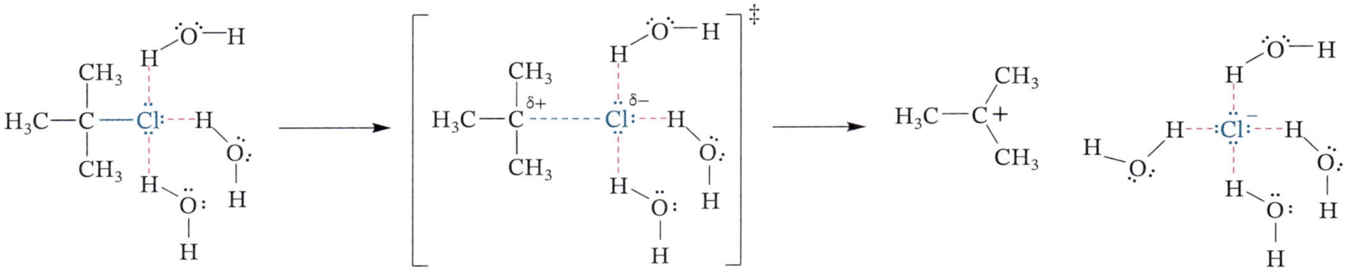

기질과 수소 결합

전이 상태에서 수소 결합에 의해서 이탈기가 떠나가는 것을 돕는다.

탄소 양이온 중간체

용매화된 이탈기

용매의 극성을 대략적으로 표시하는 양을 **유전 상수(dielectric constant)**라고 부른다. 유전 상수는 반대 전하를 각각으로부터 차단하는 용매의 능력에 대한 척도이다. 유전 상수가 클수록 용매가 이온들 사이에서 인력과 척력을 차단하는 능력이 크다. **표 6.3**에 몇 가지 일반적인 용매의 유전 상수를 제시하였다.

물은 이온화를 촉진하는 가장 좋은 용매이다. 그러나 대부분의 유기 화합물은 물에 감지할 수 있을 만큼 녹지 않는다. 그러나 그들은 알코올에는 보통 녹는다. 그래서 혼합 용매를 흔히 사용한다. 메탄올–물, 에탄올–물 등이 친핵성 치환 반응에 흔히 쓰이는 혼합 용매이다.

표 6.3 일반적인 용매의 유전 상수

	용매	화학식	유전 상수
↑	물(water)	H_2O	80
	Formic acid	HCO_2H	59
	Dimethyl sulfoxide (DMSO)	CH_3SOCH_3	49
	N,N-Dimethylformamide (DMF)	$HCON(CH_3)_2$	37
용매의 극성이 증가	Acetonitrile	$CH_3C{\equiv}N$	36
	Methanol	CH_3OH	33
	Hexamethylphosphoramide (HMPA)	$[(CH_3)_2N]_3P{=}O$	30
	Ethanol	CH_3CH_2OH	24
	Acetone	CH_3COCH_3	21
	Acetic acid	CH_3CO_2H	6

양성자성 용매는 S_N2 반응에서 친핵체를 방해한다 용매화된 친핵체는 기질과 반응하려면 용매 분자 일부를 떨어내야 한다. 극성 비양성자성 용매에서는 용매 분자와 친핵체 사이에 수소 결합이 불가능하므로 친핵체가 용매 분자에 의해서 덜 둘러싸여 있다.

- 물, EtOH, MeOH 같은 양성자성 용매에 의한 수소 결합은 친핵체를 둘러싸서 친핵성 치환 반응에서 그것의 반응성을 방해한다.

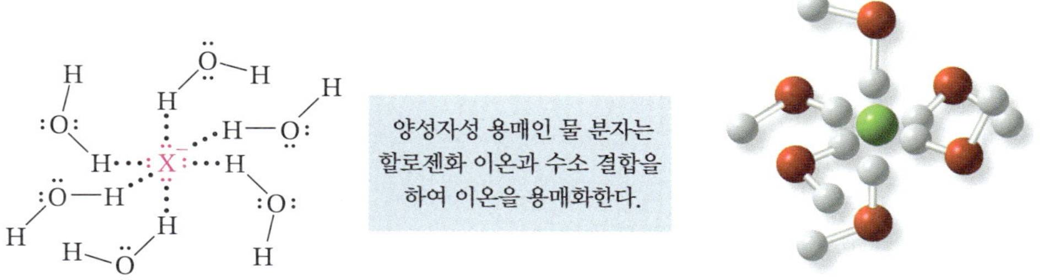

- 친핵체와의 수소 결합 정도는 친핵체의 본질에 따라 변한다. 주기율표에서 같은 그룹(족)에 있는 원소들 가운데 작은 친핵성 원자가 큰 친핵성 원자보다 더 강하다.

예를 들면, 플루오린화 이온은 다른 어느 할로젠화 이온보다도 더 강하게 용매화된다. 왜냐하면 F^-는 가장 작은 할로젠화 이온이어서 전하가 가장 많이 밀집되어 있기 때문이다. 그러므로 양성자성 용매에서 플루오린화 이온은 다른 할로젠화 이온에 비해서 효과적인 친핵체가 못된다. 아이오딘화 이온은 크기가 가장 크고 양성자성 용매에서 가장 약하게 용매화되어 있어서 할로젠화 이온 중 가장 강한 친핵체이다.

- 양성자성 용매 속에서 할로젠화 이온의 **친핵성도**는 아래와 같다.

$$I^- > Br^- > Cl^- > F^-$$

양성자성 용매 속에서 할로젠화 이온의 친핵성도

똑같은 효과가 황 친핵체를 산소 친핵체와 비교할 때에도 성립한다. 황 원자는 산소 원자보다 크기가 더 크다. 따라서 그것은 양성자성 용매에서 강하게 용매화되지 않는다. 그러므로 싸이올(R—SH)은 알코올보다 더 강한 친핵체이고 RS^- 음이온은 RO^- 음이온보다 더 강한 친핵체이다.

크기가 큰 친핵성 원자를 가진 친핵체의 더 큰 반응성은 용매화에만 전적으로 관계된 것이 아니다. 큰 원자는 **편극성(polarizability)**이 더 크다(그들의 전자운이 더 쉽게 변형될 수 있다). 그러므로 큰 친핵성 원자가 전자운이 딱 달라 붙어 있는 작은 친핵체보다 전자 밀도를 더 많이 기질에게 줄 수 있다.

양성자성 용매에서 몇 가지 일반적인 친핵체의 상대적인 친핵성도는 아래와 같다.

$$HS^- > N{\equiv}C^- > I^- > HO^- > N_3^- > Br^- > CH_3CO_2^- > Cl^- > F^- > H_2O$$

양성자성 용매에서의 상대적인 친핵성도

되새김 물음 6.13

아래의 친핵성 치환 반응에서 용매의 극성을 증가시킨 효과는 무엇일까?

(a) $Nu{:} \; + \; R{-}L \longrightarrow R{-}Nu^+ \; + \; {:}L^-$ **(b)** $R{-}L^+ \longrightarrow R^+ \; + \; {:}L$

되새김 물음 6.14

아래의 용매가 양성자성인지 비양성자성인지 분류하시오.
(a) 에탄올(CH_3CH_2OH); **(b)** 아세톤(CH_3COCH_3); **(c)** 아세토나이트릴($CH_3C{\equiv}N$); **(d)** 다이메틸폼아마이드[$HCON(CH_3)_2$]; **(e)** 다이메틸설폭사이드(CH_3SOCH_3); **(f)** 암모니아(NH_3) **(g)** 트라이메틸아민[$N(CH_3)_3$]; **(h)** 다이에틸 에터($CH_3CH_2OCH_2CH_3$)

되새김 물음 6.15

브로민화 프로필과 수산화 소듐 사이의 반응은

$$CH_3CH_2CH_2Br + NaOH \longrightarrow CH_3CH_2CH_2OH + NaBr$$

다이메틸설폭사이드(DMSO)에서 빠를까 아니면 물에서 빠를까? 그 까닭을 설명하시오.

되새김 물음 6.16

극성 비양성자성 용매에서 어느 것이 더 강한 친핵체라고 생각되는가?

(a) $(C_6H_5)_3N$ 또는 $(C_6H_5)_3P$
(b) H_2S 또는 HS^-
(c) NH_3 또는 NH_4^+
(d) $CH_3CO_2^-$ (^-OAc) 또는 HO^-

되새김 물음 6.17

브로민화 *tert*-뷰틸이 아이소프로판올과 물의 혼합물 속에서 가용매 분해를 할 때 가용매 분해 반응 속도(혼합물에서 브로민화 이온이 형성되는 속도로 측정됨)는 물의 백분율이 증가하면 증가한다. **(a)** 이러한 행동을 설명하시오. **(b)** 염화 에틸이 아이오딘화 포타슘과 아이소프로판올과 물에서 S_N2 반응을 하는 속도는 물의 백분율이 증가하면 감소한다는 관찰에 대해서 설명하시오.

6.13D 이탈기의 본질

- 이탈기는 기질에 자신을 결합시켰던 전자쌍을 가지고 떠나간다.
- 가장 좋은 이탈기는 떨어져 나간 다음 비교적 안정한 음이온이나 중성인 분자가 되는 것이다.

도움말
좋은 이탈기는 약한 염기이다.

기질로부터 떨어졌을 때 음이온이 되는 이탈기를 먼저 생각해 보자. 약염기는 음이온을 효과적으로 안정화시키기 때문에 약염기가 되는 이탈기는 좋은 이탈기가 된다.

음이온의 안정화가 중요한 까닭은 전이 상태의 구조를 고려함으로써 이해될 수 있다. S_N1이나 S_N2 반응에서 이탈기는 전이 상태에 도달함에 따라 음전하를 띠게 된다. 이렇게 이탈기에 생겨나는 음전하가 안정화되면 전이 상태가 안정화된다(전이 상태의 자유 에너지를 낮춘다). 이 안정화는 활성화 자유 에너지를 낮게 하며, 따라서 반응 속도를 증가시킨다.

S_N1 반응(속도 제한 단계)

$$\text{C—X} \longrightarrow \left[\overset{\delta+}{\text{C}}\text{-----}\overset{\delta-}{\text{X}}\right]^{\ddagger} \longrightarrow \text{C}^+ + \text{X}^-$$

전이 상태

S_N2 반응

$$\text{Nu:}^- + \text{C—X} \longrightarrow \left[\overset{\delta-}{\text{Nu}}\text{---C---}\overset{\delta-}{\text{X}}\right]^{\ddagger} \longrightarrow \text{Nu—C} + \text{X}^-$$

전이 상태

- 할로젠 중에서 아이오딘화 이온이 가장 좋은 이탈기이며 플루오린화 이온이 가장 나쁜 이탈기이다.

$$I^- > Br^- > Cl^- \gg F^-$$

이 순서는 비양성자성 용매에서의 염기도와 정반대이다.

$$F^- \gg Cl^- > Br^- > I^-$$

- 강염기성 이온은 거의 이탈기로 행동하지는 않는다.

수산화 이온은 강한 염기이기 때문에 아래와 같은 반응은 일어나지 않는다.

$$\text{Nu:}^- + \text{R}-\ddot{\text{O}}-\text{H} \not\longrightarrow \text{R}-\text{Nu} + {}^-\text{:}\ddot{\text{O}}-\text{H}$$

이 반응은 이탈기가 강염기성인 수산화 이온이기 때문에 일어나지 않는다.

그러나 알코올이 강산에 녹아 있으면 친핵체로 대체될 수 있다. 산이 알코올의 —OH기에 양성자 첨가를 하여 이탈기는 더 이상 수산화 이온이 아니고, 수산화 이온보다 훨씬 약한 염기이고 좋은 이탈기인 물 분자가 된다.

$$\text{Nu:}^- + \text{R}-\overset{+}{\ddot{\text{O}}}(\text{H})-\text{H} \longrightarrow \text{R}-\text{Nu} + \text{:}\ddot{\text{O}}(\text{H})-\text{H}$$

이 반응은 이탈기가 약염기이기 때문에 일어난다.

- 매우 강한 염기인 수소 음이온(H:$^-$)이나 알칸화 이온(R:$^-$)은 결코 이탈기가 될 수 없다. 그러므로 **다음과 같은 반응은 절대로 일어나지 않는다.**

$$\text{Nu:}^- + CH_3CH_2-H \not\longrightarrow CH_3CH_2-\text{Nu} + \text{H:}^-$$

$$\text{Nu:}^- + CH_3-CH_3 \not\longrightarrow CH_3-\text{Nu} + CH_3\text{:}^-$$

이들은 이탈기가 아니다.

기억할 것: 가장 좋은 이탈기는 떨어진 후에 약염기이다.

다른 좋은 이탈기인 약염기로는 나중에 배울 알케인설폰산 이온과 알킬 황산 이온이 있다.

$$^-O-\overset{O}{\underset{O}{\overset{\|}{\underset{\|}{S}}}}-R$$
알케인설폰산 이온

$$^-O-\overset{O}{\underset{O}{\overset{\|}{\underset{\|}{S}}}}-O-R$$
알킬 황산 이온

$$^-O-\overset{O}{\underset{O}{\overset{\|}{\underset{\|}{S}}}}-C_6H_4-CH_3$$
p-톨루엔설폰산 이온

이 음이온들은 매우 강한 산의 짝염기들이다.

트라이플루오로메테인설폰산 이온($CF_3SO_3^-$, 보통 **트라이플레이트 이온, triflate ion**)이라고 함)은 가장 좋은 이탈기로 알려져 있다. 그것은 훨씬 더 강한 산(pK_a ~ −5 ~ −6)인 CF_3SO_3H의 짝염기이다.

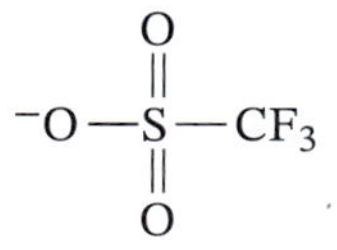

$$^{-}O-\overset{\overset{O}{\|}}{\underset{\underset{O}{\|}}{S}}-CF_3$$

트라이플레이트 이온
('초강력' 이탈기)

보기 물음 6.7

아래의 반응이 아이오딘화 뷰틸의 합성에는 적합하지 않은 까닭은 무엇인가?

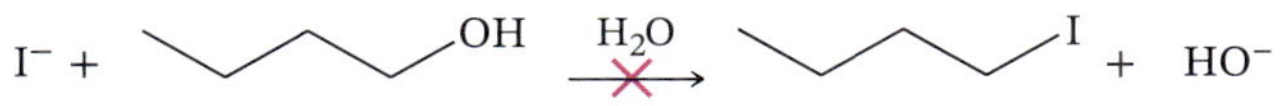

$$I^- + CH_3CH_2CH_2CH_2OH \xrightarrow[\times]{H_2O} CH_3CH_2CH_2CH_2I + HO^-$$

풀이

매우 강한 염기인 HO^- 이온(수산화 이온)은 이 반응에서 꼭 필요한 이탈기로는 전혀 행동하지 않는다. 이 반응은 산성 조건에서는 가능할 것이다. 그럴 경우 이탈기는 물 분자이기 때문이다.

되새김 물음 6.18

아래의 혼합물이 CH_3O^-와 S_N2 반응을 메탄올 속에서 수행할 때 반응성이 감소하는 순서대로 나열하시오: CH_3F, CH_3Cl, CH_3Br, CH_3I, $CH_3OSO_2CF_3$, $CH_3OSO_2(C_6H_4CH_3)$, $^{14}CH_3OH$

S_N1 대 S_N2 반응의 요약

S_N1: S_N1 반응은 다음 조건하에서 유리하다.

1. 상대적으로 안정한 탄소 양이온을 형성할 수 있는 기질(3차 위치에 이탈기를 지닌 기질)
2. 상대적으로 약한 친핵체
3. EtOH, MeOH, H_2O와 같이 극성이며 양성자성인 용매

도움말
S_N1 대 S_N2

그러므로 S_N1 메커니즘은 3차 할로젠화 알킬의 가용매 분해 반응에서, 특히 용매가 대단히 극성일 때 매우 중요하다. 가용매 분해에서 친핵체는 음이온이 아니라 중성인 분자(용매의 분자)이므로 반응성이 약하다.

S_N2: S_N2 반응은 다음 조건하에서 유리하다.

1. 상대적으로 방해를 받지 않는 이탈기를 지닌 기질(메틸, 1차 또는 2차 할로젠화 알킬). 반응성의 순서는 아래와 같다.

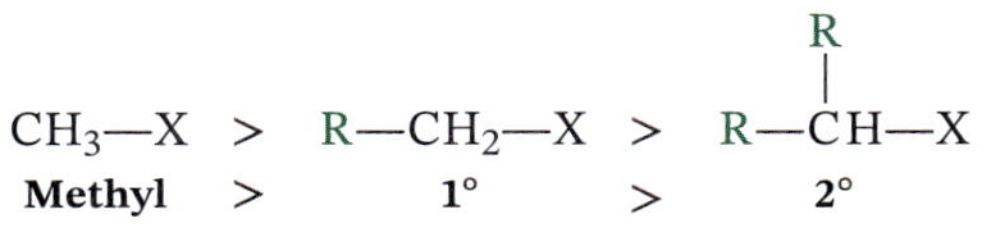

$$\underset{\textbf{Methyl}}{CH_3-X} > \underset{\textbf{1°}}{R-CH_2-X} > \underset{\textbf{2°}}{R-\overset{\overset{R}{|}}{C}H-X}$$

3차 할로젠화물은 S_N2 메커니즘으로 반응하지 않는다.

2. 강한 친핵체(대개 음전하를 띰)
3. 친핵체의 농도가 큼
4. 극성이며 비양성자성 용매

표 6.4 S_N1 대 S_N2 반응을 선호하는 요인

요인	S_N1	S_N2
기질	3° (비교적 안정한 탄소 양이온의 형성이 필요)	메틸 > 1° > 2° (입체 장애가 없는 기질이 필요)
친핵체	약한 Lewis 염기, 중성 분자, 친핵체는 용매도 됨(가용매 분해 반응)	강한 Lewis 염기, 친핵체의 농도가 높은 것이 유리함
용매	극성 양성자성(예: 알코올, 물)	극성 비양성자성(예: DMF, DMSO)
이탈기	I > Br > Cl > F (S_N1과 S_N2 모두) (이탈 후 약염기일수록 더 좋은 이탈기임)	

S_N1과 S_N2 반응에서 할로젠의 이탈기로서의 반응 속도 경향:

$$\mathrm{R{-}I > R{-}Br > R{-}Cl} \quad (S_N1 \text{ 또는 } S_N2)$$

플루오린화 알킬은 너무 느리게 반응하므로 친핵성 치환 반응에서 기질로 거의 사용되지 않는다.

이러한 요인들은 **표 6.4**에 요약되었다.

6.14 유기 합성: S_N2 반응을 이용한 작용기의 변환

S_N2 반응은 한 가지 작용기를 다른 것으로 바꿀 수 있도록 하기 때문에 유기 합성에서 매우 유용하다. 이 과정을 **작용기의 변환**(**functional group transformation**) 또는 **작용기의 상호전환**(**functional group interconversion**)이라고 부른다. **그림 6.11**에 보인 것처럼 메틸, 1차 혹

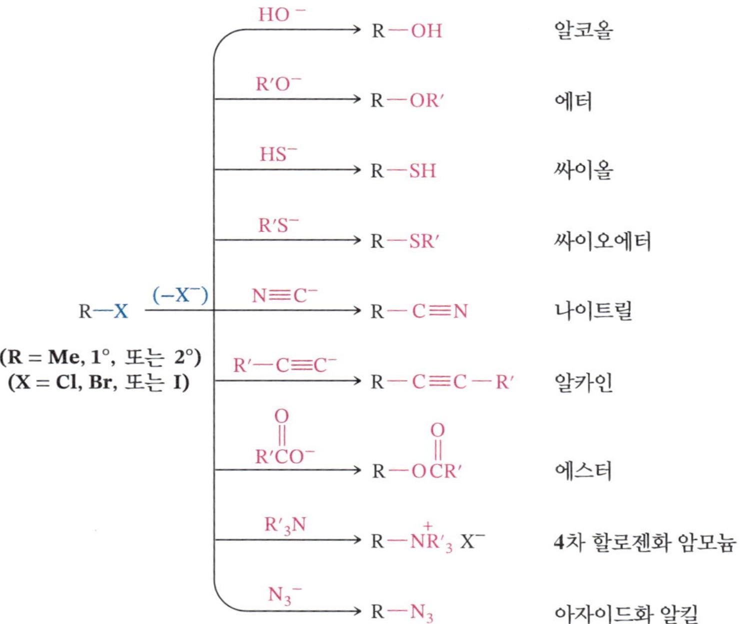

그림 6.11 S_N2 반응을 이용한 메틸, 1차, 2차 할로젠화 알킬의 작용기 전환

은 2차 할로젠화 알킬은 S_N2 반응에 의해서 알코올, 에터, 싸이올, 싸이오에터, 나이트릴, 에스터 등으로 변환될 수 있다(**주의**: 이름에서 접두사 '싸이오(*thio*)'는 한 화합물의 산소 원자가 황 원자로 바뀌었다는 뜻이다).

염화 알킬과 브로민화 알킬은 친핵성 치환 반응에 의해서 아이오딘화 알킬로 쉽게 전환된다.

$$\left.\begin{array}{c}\text{R—Cl}\\ \text{또는}\\ \text{R—Br}\end{array}\right. \xrightarrow{I^-} \text{R—I} \; (+\; Cl^- \text{ 또는 } Br^-)$$

합성에 있어서 S_N2 반응의 매우 중요한 관점은 **입체 화학(stereochemistry)**이다(6.8절). S_N2 반응에서는 이탈기를 갖고 있는 원자의 **배위 반전**이 항상 일어난다. 이것은 S_N2 반응을 합성에 이용할 때 반응물의 배위를 알 것 같으면 생성물의 배위도 알 수 있음을 의미한다. 예를 들어 (*S*) 배위를 한 나이트릴의 시료가 필요하다고 하자.

:N≡C—(H)

(*S*)-2-Methylbutanenitrile

(*R*)-2-브로모뷰테인을 이용할 수만 있다면 아래와 같은 합성해 낼 수 있다.

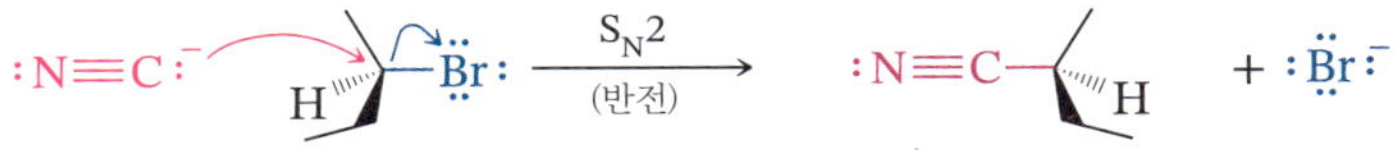

:N≡C:⁻ + H—(Br:) $\xrightarrow[\text{(반전)}]{S_N2}$:N≡C—(H) + :Br:⁻

(*R*)-2-Bromobutane **(*S*)-2-Methylbutanenitrile**

되새김 물음 6.19

적절한 2-브로모뷰테인 거울상체로부터 시작하여 아래 각 화합물의 (*R*) 거울상체를 합성하시오.

(a) O

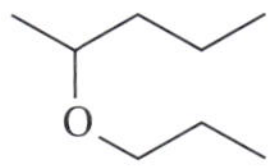

(b) O O

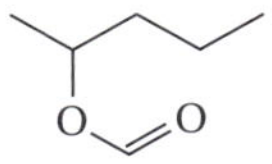

(c) SH

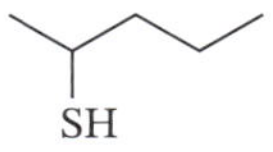

(d) S

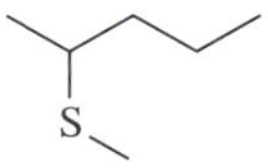

생물 화학: 대사 과정에서의 메틸화 반응 – 생물학적인 친핵성 치환 반응

살아 있는 조직의 세포들은 그들이 필요한 많은 화합물들을 작은 분자로부터 합성한다. 이러한 생합성은 흔히 실험실에서 수행되는 합성과 비슷하다. 이제 한 가지 예를 살펴보기로 한다.

식물이나 동물의 세포에서 일어나는 많은 반응 중에서 메싸이오닌이라고 불리는 아미노산으로부터 메틸기를 다른 화합물에 전달시키는 과정이 포함되어 있다. 이러한 전달이 일어난다는 사실은 동위 원소로 표지된 탄소 원자(예: ^{13}C와 ^{14}C)로 된 메틸기를 포함하고 있는 메싸이오닌을 식물이나 동물에 주입하는 실험을 통하여 증명할 수 있다. 그 뒤에 '표지'된 메틸기를 가진 화합물이 조직으로부터 분리된다. 메싸이오닌으로부터 메틸기를 받아들이는 몇 가지 화합물들은 다음과 같다. 동위 원소로 표지된 탄소 원자들은 초록색으로 표시되어 있다.

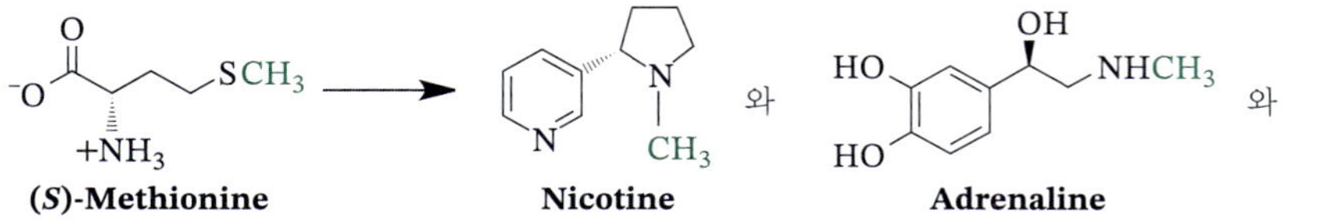

(S)-Methionine → Nicotine 와 Adrenaline 와 Choline

콜린은 신경 자극의 전달에 있어 중요하며, 아드레날린은 혈압을 증가시키며, 니코틴은 담배에 포함된 물질로 담배를 피우는 것이 중독이 되도록 하는 화합물이다(과량의 니코틴은 독성이 있다).

메틸기는 메싸이오닌으로부터 이 화합물로 곧 바로 전달되지 않는다. 실제로 메틸화 시약은 메싸이오닌이 아니라 *S*-아데노실메싸이오닌*으로, 메싸이오닌이 아데노신 삼인산(ATP)과 반응하여 생겨난 화합물이다.

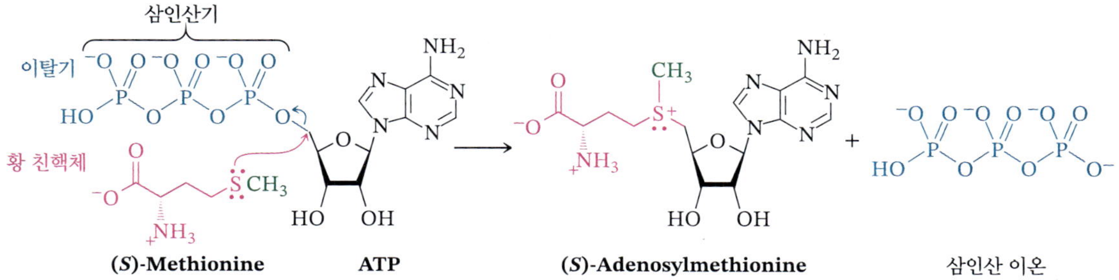

삼인산기, 이탈기, 황 친핵체

(S)-Methionine ATP (S)-Adenosylmethionine 삼인산 이온

이 반응은 친핵성 치환 반응이다. 친핵성 원자는 메싸이오닌의 황 원자이다. 이탈기는 아데노신 삼인산의 약염기인 삼인산기이다. 생성물인 *S*-아데노실메싸이오닌은 메틸설포늄기를 가지고 있다(아래의 구조 참조).

그다음 *S*-아데노실메싸이오닌은 다른 친핵성 치환 반응의 기질로 작용한다. 예를 들면, 콜린의 생합성에서 메틸기를 2-(*N*,*N*-다이메틸아미노)에탄올에 있는 친핵성인 질소 원자에 이동시킨다.

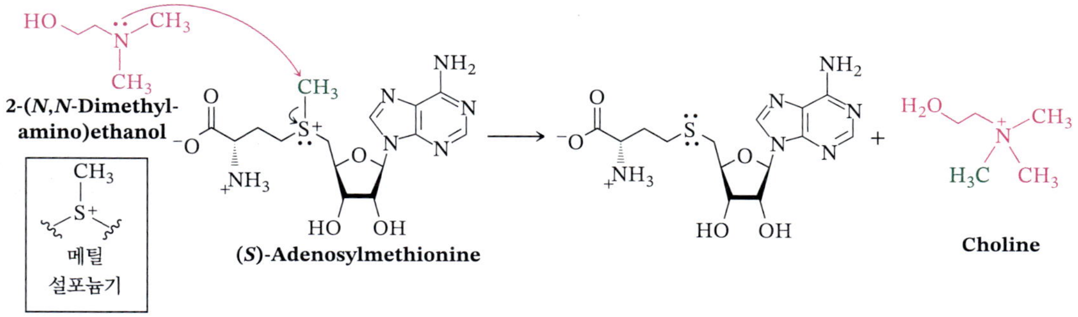

2-(N,N-Dimethylamino)ethanol (S)-Adenosylmethionine Choline

메틸 설포늄기

이 반응들은 단지 친핵체와 기질의 구조가 복잡하다는 사실 때문에 복잡한 것처럼 보인다. 그러나 개념적으로는 아주 간단한 것이며 6장에서 나온 많은 원리들을 잘 설명해 주고 있다. 여기서 자연이 어떻게 황 원자의 큰 친핵성을 이용하는지를 알 수 있다. 또한 약한 염기인 기(예: ATP의 삼인산 이온)이 어떻게 이탈기로 작용하는지도 볼 수 있다. 2-(*N*,*N*-다이메틸아미노)에탄올의 반응에서 더 염기성인 $(CH_3)_2N$—기가 덜 염기성인 —OH기보다 더 강한 친핵체로 행동하는 것도 볼 수 있다. 그리고 친핵체가 *S*-아데노실메싸이오닌을 공격할 때 공격은 덜 장애를 받는 CH_3—기 쪽에서 일어나며 더욱 장애를 받은 —CH_2—기 쪽에서 일어나지 않는 것도 알 수 있다.

학습 물음

(a) 2-(*N*,*N*-다이메틸아미노)에탄올이 *S*-아데노실메싸이오닌과 반응할 때 이탈기는 무엇인가?

(b) 만일 메싸이오닌 자체가 2-(*N*,*N*-다이메틸아미노)에탄올과 반응한다면 이탈기는 무엇인가?

(c) 이 차이점의 특별한 의의는 무엇인가?

* 접두사 *S*는 '황 원자에 있는'이란 뜻으로 하나의 위치자이다. 이것을 절대 배위를 구별하는 (*S*)와 혼동해서는 안 된다. 이렇게 위치 표시를 하는 또 다른 예는 *N*으로 '질소 원자에 있는'이란 뜻이다.

6.14A 바이닐 자리 및 할로젠화 페닐의 무반응성

6.1절에서 배웠듯이, 이중 결합의 한 탄소 원자에 할로젠 원자가 붙어 있는 화합물을 **할로젠화 알켄일(alkenyl halide)** 또는 **바이닐 자리 화합물(vinylic halide)**이라고 부른다. 할로젠 원자가 벤젠 고리에 붙어 있는 것은 **할로젠화 아릴(aryl halide)** 또는 **할로젠화 페닐(phenyl halide)**이라고 부른다.

C=C X   X

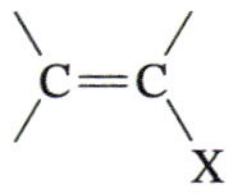

바이닐 자리 할로젠화물 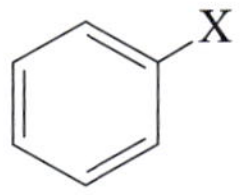   할로젠화 페닐

- 할로젠화 알켄일과 할로젠화 페닐은 일반적으로 S_N1 혹은 S_N2 반응성이 없다.

할로젠화 알켄일과 페닐 탄소 양이온은 비교적 불안정하며 쉽게 만들어지지 않기 때문에 S_N1 반응을 하지 않는다. 알켄일과 할로젠화 페닐의 탄소-할로젠 사이의 결합은 할로젠화 알킬에서의 결합보다 더 강하며(이 까닭은 나중에 알게 된다), 이중 결합이나 벤젠 고리에 있는 전자들은 친핵체가 뒤쪽에서 접근해 오는 것을 밀어내기 때문에 S_N2 반응을 하지 않는다.

이 주제는 왜 중요한가?

정제 설탕의 칼로리를 대체하기

22장에서 더 자세히 배우겠지만, 간단한 탄수화물 또는 단당류는 의자 형태를 가진 육각형 형태로 존재할 수 있다. 탄수화물이란 이름은 '수화된 탄소'로부터 유래되었는데, 대부분의 탄소 원자들에 H와 OH가 결합되어 있기 때문이다. 아래의 예에서 단당류인 글루코스, 만노스, 그리고 갈락토스의 구조적인 차이는 하나 또는 그 이상의 카이랄 중심이 형식적으로는 반전 반응이라고 여겨질 수 있는 반응을 통하여 변화된 것이다. 그렇기에 이들 모든 탄수화물은 서로 부분 입체 이성질체들이다. 4장에서 배운 비틀림 긴장에 대한 지식을 바탕으로 하여 D-글루코스가 가장 일반적인 단당류임은 당연하다. D-글루코스는 그것의 모든 치환기들이 수평인 위치에 있기 때문에 긴장이 가장 적다. 다른 모든 육탄당들은 적어도 수직인 기를 하나 가지고 있고 따라서 1,3-이중수직 긴장을 가지고 있다. 표준 정제 설탕, 또는 슈크로스는 이당류인데 이것은 D-글루코스 분자와 조금 덜 흔한 탄수화물인 D-프룩토스 분자를 합친 것이다.

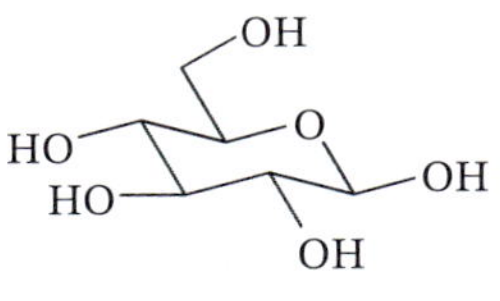

D-Glucose 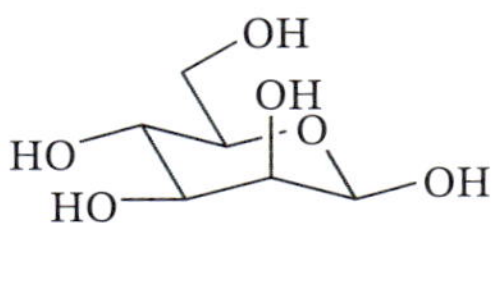   **D-Mannose** 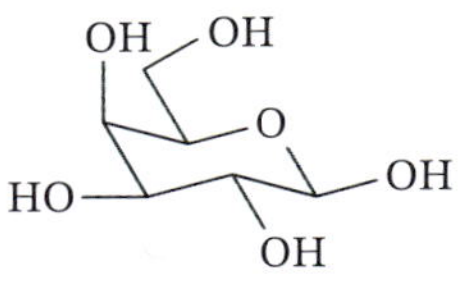   **D-Galactose** 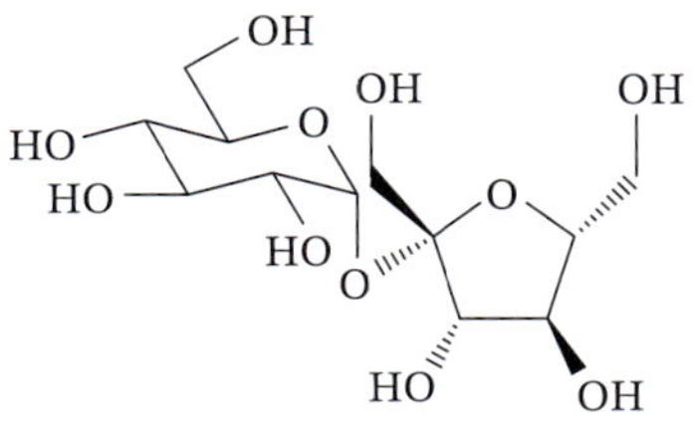   **Sucrose**

모든 탄수화물은 단맛을 내지만 똑같지는 않다. 예를 들면, D-프룩토스는 같은 양의 정제 설탕보다 1.5배 더 달고 D-글루코스는 단지 약 0.75배 달다. 그러나 이들 개별적인 당도와는 상관없이, 식품에서 이들의 존재는 자연에서 왔건 독특한 맛을 내기 위해서 가해졌건(대개 옥수수 시럽이나 흑설탕) 단맛이 이들의 존재를 지각하게 만든다. 어떤 방식이든 단맛은 대가를 치러야 하는데 칼로리가 사람의 몸에서 지방으로 바뀔 수 있다. 현재 미국인들은 1인당 1년에 100파운드가 넘는 설탕을 천연적 혹은 비천

연적인 출처로부터 소비한다는 추정이 있다. 그것은 많은 칼로리이다. 놀라운 것은 유기 화학이 이러한 칼로리를 구출해서 없애도록 한다는 점이다. 아래에 보인 것은 대중적인 인공(합성) 감미료 슈크랄로스 또는 스플렌다(Splenda)의 구조이다. 이것은 이 장에서 배운 화학 지식의 산물이다. 그 화학이 무엇인지 추측할 수 있겠는가?

Sucralose

Media Bakery

진짜 맞다. 슈크로스에 있는 세 개의 알코올기(둘은 1차, 하나는 2차)를 반전 반응을 통해서 염소로 치환한 것이다. 이 일을 실험실 조건에서 하기는 매우 어렵다. 왜냐하면 특정한 하이드록실을 많은 다른 하이드록실기의 존재하에서 선택적으로 반응시켜야 하기 때문이다. 그러나 여러 단계를 용매, 온도, 시간을 포함하는 정확한 조건하에서 가능하다. 결과는 섭취했을 때 미각 수용체가 정제 설탕처럼 달게 느끼는—실제로 600배 더 단 화합물이다. 그러나 더 놀라운 것은 슈크랄로스가 칼로리를 가지지 않았다는 사실이다. 사람은 원칙적으로 반전 화학을 통하여 역반응을 진행시켜 염소들을 알코올로 치환하는 대사 과정을 가지고 있다. 그래서 정제 설탕을 재생산하고 칼로리에 이르게 된다. 하지만 그러한 치환은 생리적으로 빠르게 일어나지 않는다. 그 결과 슈크랄로스는 에너지나 지방으로 전환되기 전에 인체에서 빠져나간다. 몇 가지 치환 반응이 할 수 있는 정말로 놀라운 일이다.

요약과 복습 도구

이 장에 대한 학습 보조 자료에는 핵심 용어와 개념(굵은 청색으로 표기되어 있음), 그리고 치환 반응에 대한 메커니즘 되새김이 있는데, 교재의 뒤쪽 부록에 수록되어 있다.

물음

상대적인 속도와 친핵성 치환 반응

6.20 어느 할로젠화 알킬이 더 빨리 S_N2 메커니즘으로 반응하겠는가? 그 까닭을 설명하시오.

(a) 1-Bromopropane 또는 tert-butyl bromide (structures)

(d) (structures, Br)

(b) (structures, Cl) 또는 (structure, I)

(e) (structures, I) 또는 (structure, I)

(c) Chlorobenzene 또는 (structure, Cl)

(f) (Cl-cyclohexane) 또는 (1-chloro-1-methylcyclohexane)

6.21 아래 각 쌍의 S_N2 반응에서 어느 것이 양성자성 용매에서 더 빨리 일어나겠는가? 그 까닭을 설명하시오.

(a) (1) $CH_3CH_2CH_2Cl$ + EtO^- ⟶ $CH_3CH_2CH_2OCH_2CH_3$ + Cl^-
또는
(2) $CH_3CH_2CH_2Cl$ + EtOH ⟶ $CH_3CH_2CH_2OCH_2CH_3$ + HCl

(b) (1) $CH_3CH_2CH_2Cl$ + EtO^- ⟶ $CH_3CH_2CH_2OCH_2CH_3$ + Cl^-
또는
(2) $CH_3CH_2CH_2Cl$ + EtS^- ⟶ $CH_3CH_2CH_2SCH_2CH_3$ + Cl^-

(c) (1) $CH_3CH_2CH_2Br$ + $(C_6H_5)_3N$ ⟶ $CH_3CH_2CH_2\overset{+}{N}(C_6H_5)_3$ + Br^-
또는
(2) $CH_3CH_2CH_2Br$ + $(C_6H_5)_3P$ ⟶ $CH_3CH_2CH_2\overset{+}{P}(C_6H_5)_3$ + Br^-

(d) (1) $CH_3CH_2CH_2Br$ (1.0 M) + MeO^- (1.0 M) ⟶ $CH_3CH_2CH_2OMe$ + Br^-
또는
(2) $CH_3CH_2CH_2Br$ (1.0 M) + MeO^- (2.0 M) ⟶ $CH_3CH_2CH_2OMe$ + Br^-

6.22 어느 S_N1 반응이 더 빨리 일어나겠는가? 그 까닭을 설명하시오.

(a) (1) $(CH_3)_3CCl$ + H_2O ⟶ $(CH_3)_3COH$ + HCl
또는
(2) $(CH_3)_3CI$ + H_2O ⟶ $(CH_3)_3COH$ + HI

(b) (1) $(CH_3)_3CCl$ + H_2O ⟶ $(CH_3)_3COH$ + HCl
또는
(2) $(CH_3)_3CCl$ + EtOH ⟶ $(CH_3)_3COEt$ + HCl

(c) (1) $(CH_3)_3CCl$ (1.0 M) $\xrightarrow{\text{MeOH}}$ $(CH_3)_3COMe$ + HCl
또는
(2) $(CH_3)_3CCl$ (2.0 M) $\xrightarrow{\text{MeOH}}$ $(CH_3)_3COMe$ + HCl

(d) (1) $(CH_3)_3CCl$ + H_2O ⟶ $(CH_3)_3COH$ + HCl
또는
(2) $CH_3CH_2CH_2Cl$ + H_2O ⟶ $CH_3CH_2CH_2OH$ + HCl

합성

6.23 아래의 화합물을 1-클로로프로페인의 친핵성 치환 반응을 이용하여 어떻게 합성할 수 있는지 보이시오. (필요한 다른 화합물들을 사용할 수 있다.)

(a) $CH_3CH_2CH_2OH$

(b) 1-Iodopropane

(c) $CH_3CH_2CH_2OCH_2CH_2CH_3$

(d) $CH_3CH_2CH_2SCH_2CH_3$

(e) $CH_3CH_2C(=O)OCH_2CH_2CH_3$

(f) $CH_3CH_2CH_2N_3$

(g) $CH_3CH_2CH_2N^+(CH_3)_3\ Br^-$

(h) $CH_3CH_2CH_2C{\equiv}N$

(i) $CH_3CH_2CH_2SH$

6.24 할로젠화 메틸, 할로젠화 에틸, 그리고 할로젠화 사이클로펜틸을 유기 출발 물질로 하고 필요한 용매와 무기 시약을 사용하여 아

래 각각을 어떻게 합성할 수 있는지 보이시오. 한 단계 이상이 필요할 수도 있고 이미 앞 문제에서 수행한 단계는 반복하지 마시오.

(a) CH_3I
(b)  (ethyl iodide, line structure) I
(c) CH_3OH
(d) 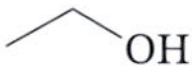 (ethanol, line structure) OH
(e) CH_3SH
(f) 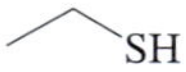 (ethanethiol, line structure) SH
(g) CH_3CN
(h) 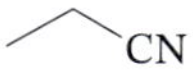 (propanenitrile, line structure) CN
(i) CH_3OCH_3
(j) 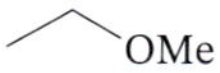 (line structure) OMe

6.25 가상적인 친핵성 치환 반응을 아래에 수록하였다. 생성물이 상당한 속도로 만들어지지 않으므로 합성으로는 유용하지 못하다. 각 경우에서 반응이 일어나지 않는 까닭을 설명하시오.

(a) $NH_3 + CH_3OCH_3 \not\rightarrow CH_3NH_2 + CH_3OH$

(b) $NH_3 + CH_3OH_2^+ \not\rightarrow CH_3NH_3^+ + H_2O$

(c) Cyclobutane + $OH^- \not\rightarrow {}^-CH_2CH_2CH_2CH_2OH$

(d) $CH_3CH_2—C(CH_3)_2—Br + CN^- \not\rightarrow CH_3CH_2—C(CH_3)_2—CN + Br^-$

(e) $CH_3CH_2CH_3 + OH^- \not\rightarrow CH_3CH_2OH + CH_3^-$

(f) $CH_3CH_2CH_3 + OH^- \not\rightarrow CH_3CH_2CH_2OH + H^-$

6.26 적절한 할로젠화 알킬로 시작해서 필요한 다른 시약을 사용하여 아래 각각의 합성을 요약하시오. 합성에서 대체 가능성이 있을 경우 가장 수율이 좋은 것을 택하시오.

(a) Methyl neopentyl ether
(b) (*S*)-2-Pentanol
(c) (*R*)-2-Iodo-4-methylpentane
(d) *cis*-4-Isopropylcyclohexanol
(e) *trans*-1-Iodo-4-methylcyclohexane
(f) 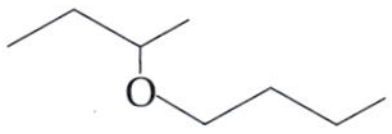 (line structure: sec-butyl butyl ether) O
(g) 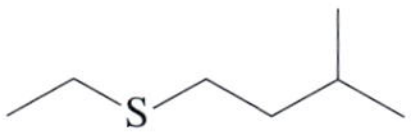 (line structure) S
(h) 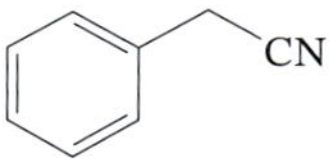 (benzene ring–CH_2) CN
(i) 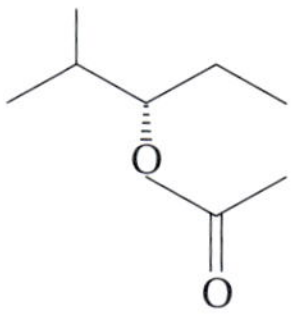 (line structure, ester) O, O
(j) 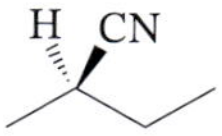 H, CN (line structure)
(k) 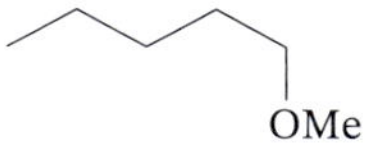 (line structure) OMe

일반적인 S_N1과 S_N2

6.27 아래의 중수소로 표시된 화합물에 대한 치환 반응 생성물의 형태 구조를 그리시오.

(a) 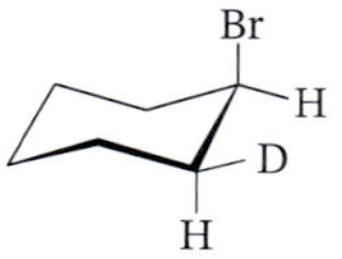 (cyclohexane chair: Br, H, D, H) $\xrightarrow[MeOH]{I^-}$

(b) 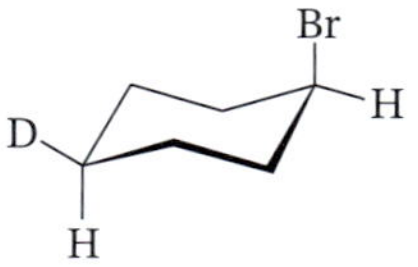 (cyclohexane chair: Br, H, D, H) $\xrightarrow[MeOH]{I^-}$

(c) 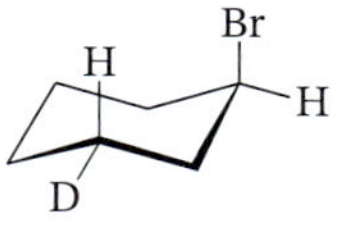 (cyclohexane chair: Br, H, H, D) $\xrightarrow[MeOH]{I^-}$

(d) (cyclohexane chair: Br, CH_3, H, D) 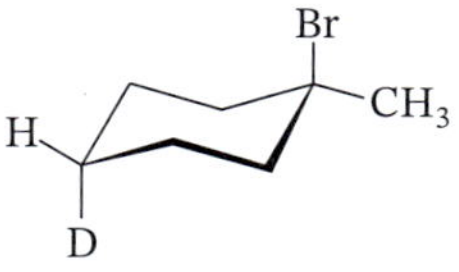 $\xrightarrow[MeOH]{}$

6.28 4가지 1차 할로젠화 알킬의 가에탄올 분해 반응의 상대적 속도는 다음과 같다: CH_3CH_2Br, 1.0; $CH_3CH_2CH_2Br$, 0.28; $(CH_3)_2CHCH_2Br$, 0.03; $(CH_3)_3CCH_2Br$, 0.00000042.

(a) 이들 각 반응은 S_N2일까 S_N1일까?

(b) 관찰된 상대적 반응성에 대한 설명을 제시하시오.

6.29 아래의 각 쌍 중에서 어느 것이 극성 비양성자성 용매에서 더 강한 친핵체인가?

(a) $CH_3\bar{N}H$ 또는 CH_3NH_2

(b) CH_3O^- 또는 $CH_3CO_2^-$ (^-OAc)

(c) CH_3SH 또는 CH_3OH

(d) $(C_6H_5)_3N$ 또는 $(C_6H_5)_3P$

(e) H_2O 또는 H_3O^+

(f) NH_3 또는 $^+NH_4$

(g) H_2S 또는 HS^-

(h) $CH_3CO_2^-$ (^-OAc) 또는 HO^-

6.30 아래의 반응에서 생성물을 설명하는 메커니즘을 쓰시오.

(a) HO〜〜Cl $\xrightarrow[H_2O]{HO^-}$ (에폭사이드, O)　　**(b)** HO〜〜〜〜Cl $\xrightarrow[H_2O]{HO^-}$ (고리, O)

6.31 사이안화 음이온($N{\equiv}C{:}^-$)과 클로로프로페인 사이의 S_N2 반응에 대한 전이 상태를 모든 비결합 전자쌍과 전하의 전부 또는 일부를 나타내는 삼차원 식으로 그리시오. 또한 1차 할로젠화 알킬이 나이트릴 염과 반응하여 RNO_2와 RONO를 둘 다 생성하는 것에 대하여 설명하시오.

6.32 염화 알킬과 브로민화 알킬의 많은 S_N2 반응들이 아이오딘화 소듐 또는 아이오딘화 포타슘을 첨가하면 촉진된다. 예를 들면, 브로민화 메틸의 가수 분해는 아이오딘화 소듐의 존재하에서 매우 빨라진다. 이것을 설명하시오.

6.33 1-브로모바이사이클로[2.2.1]헵테인은 S_N2나 S_N1 반응에 대한 반응성이 거의 없다. S_N2와 S_N1 두 메커니즘에 의한 분자의 치환에 대한 장벽을 설명하시오.

6.34 브로민화 에틸이 사이안화 포타슘과 반응하면 주 생성물은 CH_3CH_2CN이다. 그러나 CH_3CH_2NC도 형성된다. 사이안화 이온과 두 생성물의 Lewis 구조를 쓰고, 반응 과정을 설명하는 메커니즘을 제시하시오.

6.35 다음 각 반응의 생성물의 구조를 쓰시오.

(a) (H, Br, F, H 치환 사이클로펜테인) $\xrightarrow[acetone]{NaI\ (1\ mol)}$ C_5H_8FI + NaBr

(b) Cl〜〜〜(Cl)〜〜 (1 mol) $\xrightarrow[acetone]{NaI\ (1\ mol)}$ $C_7H_{14}ClI$ + NaCl

(c) Br〜〜Br (1 mol) $\xrightarrow{NaO\sim\sim ONa}$ $C_4H_8O_2$ + 2 NaBr

(d) Br〜〜〜〜OH $\xrightarrow[Et_2O]{NaH\ (-H_2)}$ C_4H_8BrONa $\xrightarrow{Et_2O,\ 가열}$ C_4H_8O + NaBr

(e) —≡ $\xrightarrow[액체\ NH_3]{NaNH_2\ (-NH_3)}$ C_3H_3Na $\xrightarrow{CH_3I}$ C_4H_6 + NaI

6.36 브로민화 *tert*-뷰틸이 S_N1 가수 분해를 할 때 '공통 이온'(예: NaBr)을 수용액에 가해도 속도에는 영향이 없다. 한편 $(C_6H_5)_2CHBr$이 S_N1 가수 분해를 할 때 NaBr을 가하면 반응은 느려진다. $(C_6H_5)_2CH^+$ 양이온은 $(CH_3)_3C^+$보다 더욱 안정한 사실을 미루어 볼 때 (15.12A절 참조) 이 두 화합물의 다른 행동에 대해 설명하시오.

6.37 브로민화 알킬(아래에 수록)을 에탄올–물 용액(80% C_2H_5OH/20% H_2O)에서, 55 ℃에서 가수 분해시킬 때 반응 속도는 다음 순서와 같다.

$$(CH_3)_3CBr > CH_3Br > CH_3CH_2Br > (CH_3)_2CHBr$$

이 반응성의 순서를 설명하시오.

6.38 아래의 할로젠화 알킬을 DMSO 속에서 아자이드화 소듐(NaN_3)과 S_N2 반응에 참여하는 순서대로 나열하시오.

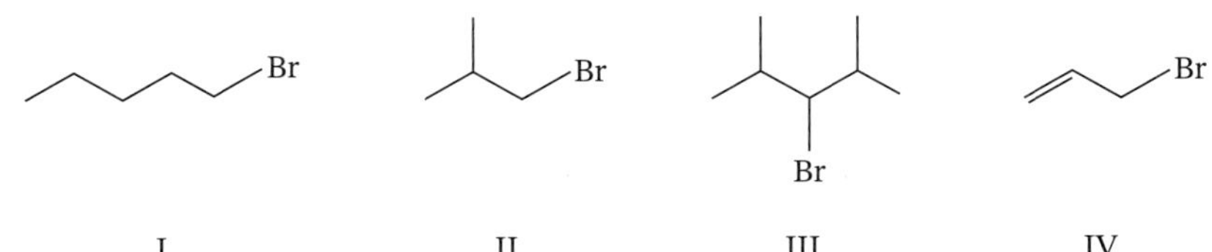

6.39 아래의 화학종을 양성자성 용매에서 친핵성도가 감소하는 순서대로 나열하시오.

$CH_3CO_2^-$　　CH_3O^-　　CH_3S^-　　CH_3SH　　CH_3OH

6.40 경쟁 실험이란 두 반응물이 같은 농도(또는 두 반응 부위를 지닌 한 반응물)에서 한 시약과 경쟁하는 것이다. 아래 각각의 경쟁 실험으로부터 주 생성물을 예상하시오.

(a) 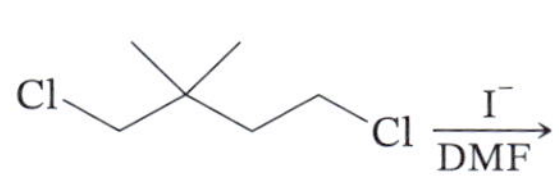 Cl Cl $\xrightarrow[\text{DMF}]{I^-}$ **(b)** 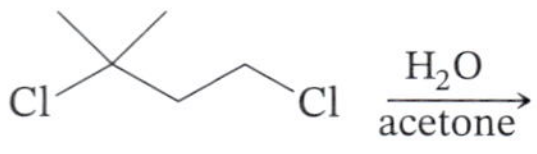 Cl Cl $\xrightarrow[\text{acetone}]{H_2O}$

6.41 S_N2 반응과는 대조적으로 S_N1 반응은 친핵체 선택성을 거의 보이지 않는다. 즉, 반응 매체 중 한 가지 이상의 친핵체가 존재할 경우 S_N1 반응은 약한 친핵체와 강한 친핵체를 구별하는 경향이 매우 작은데 S_N2 반응은 이를 구별할 능력이 뚜렷이 있다.

(a) 이러한 행동에 대하여 설명하시오.

(b) **(a)**의 답이 아래의 반응을 어떻게 설명할 수 있는가?

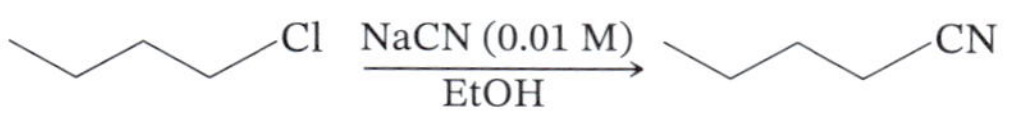

Cl $\xrightarrow[\text{EtOH}]{\text{NaCN (0.01 M)}}$ CN (주 생성물) Cl $\xrightarrow[\text{EtOH}]{\text{NaCN (0.01 M)}}$ OEt (주 생성물)

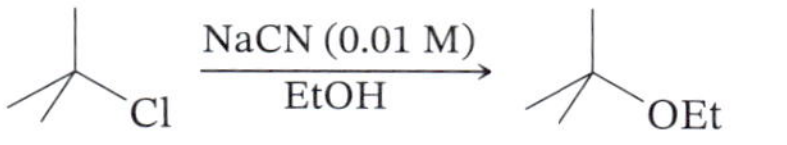

화학 상담자가 필요한 물음

6.42 만자민 A(manzamin A)라고 알려진 독특한 다중 고리 알칼로이드의 실험실적 합성의 일부로서, 목표물의 큰 고리 두 개, 8-환 고리와 13-환 고리가 같은 일반적인 두 단계의 순서에 의해서 합성되었다. 이들 각각의 합성에서 알코올기에 의해서 제시된 도전에 대해서 논하시오. 각각의 치환 반응에 대해서 성공하려면 무슨 변화가 필요한가? (참조: *J. Am. Chem. Soc.* **1998**, *120*, 6425).

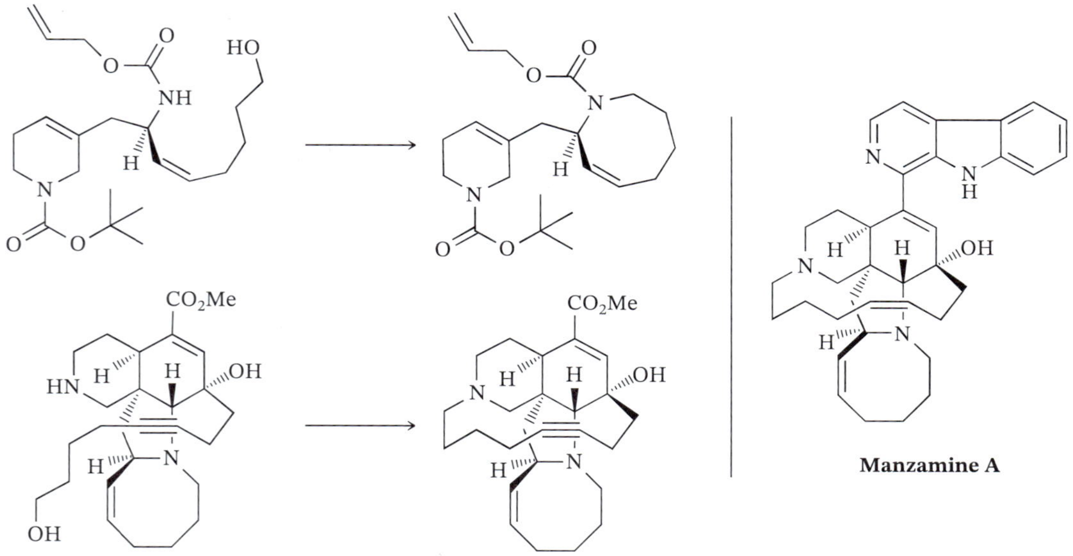

O HO NH O H N O O → O O N H N O O

CO_2Me HN H H OH H N OH → CO_2Me N H H OH H N

N N H N H H OH H N

Manzamine A

6.43 laurefucin이라고 알려진 분자는 prelaurefucin으로부터 물이 친핵체로 관여하는 S_N2 반응에 의해서 만들어진다. laurefucin 내의 새로운 하이드록실기가 그것이 대체한 브로민 원자와 같은 배위인 것이 어떻게 가능한가? 이러한 전환을 설명할 수 있는 S_N2 화학에 기반을 둔 메커니즘을 제시하시오. 힌트로 prelaurefucin 내의 한 원자가 참여하고 있다. (참조: *Tetrahedron Lett.* **1990**, *31*, 4895; *Chem. Lett.* **1994**, 2307; *J. Am. Chem. Soc.* **2008**, *130*, 16807.)

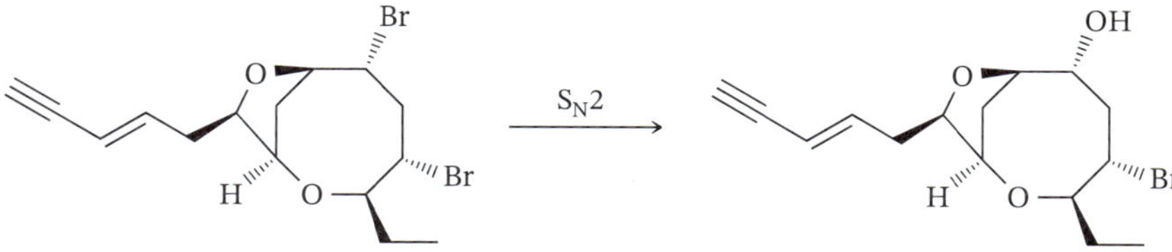

Br O H O Br $\xrightarrow{S_N2}$ OH O H O Br

Prelaurefucin **Laurefucin**

도전 물음

6.44 (*S*)-2-브로모프로판산[(*S*)-$CH_3CHBrCO_2H$]이 진한 수산화 소듐과 반응하면(산성화시킨 후) (*R*)-2-하이드록시프로판산[(*R*)-$CH_3CHOHCO_2H$, 보통 (*R*)-락트산이라고 알려졌음]이 형성된다. 물론 이것은 S_N2 반응에 대한 정상적인 입체 화학적인 결과이다. 그러나 같은 반응을 Ag_2O(Ag^+는 Lewis 산으로 작용)의 존재하에서 낮은 농도의 수산화 소듐으로 진행시키면 전체적으로 **배위 보존**이 일어나면서 (*S*)-2-하이드록시프로판산이 형성된다. 이 반응의 메커니즘에는 소위 '**이웃하는 작용기의 참여**' 현상이 관여하고 있다. Ag^+와 낮은 농도의 OH^- 사용 시 전체적으로 배위가 보존되는 것을 설명하는 메커니즘을 쓰시오.

6.45 화학 반응에 있어서 배위 반전 현상은 1896년 Walden(6.6절)에 의해 발견되었다. Walden의 배위 반전에 대한 증명은 다음과 같은 회로에 근거한 것이다.

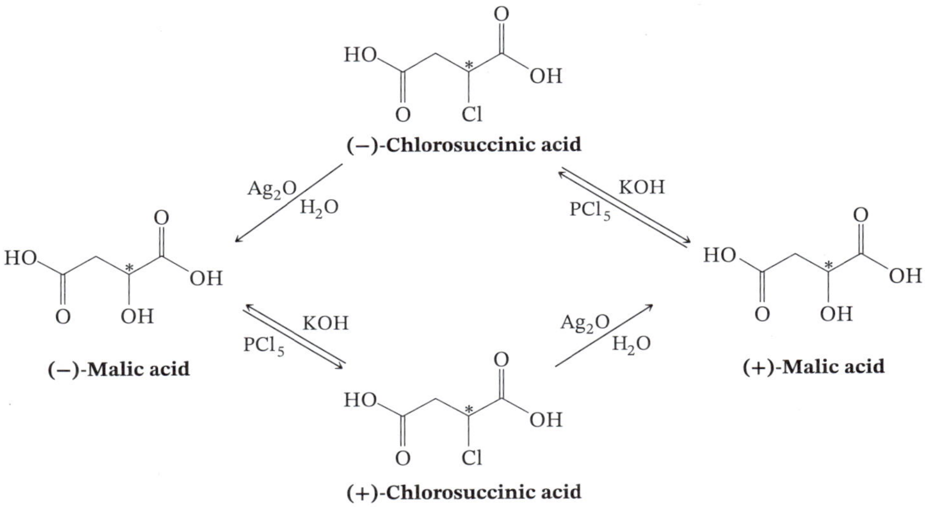

(−)-Chlorosuccinic acid

Ag_2O, H_2O / KOH, PCl_5

(−)-Malic acid

(+)-Malic acid

(+)-Chlorosuccinic acid

(a) 앞서 물음의 답에 근거하여 Walden 회로의 어느 반응이 전체적으로 배위의 반전을 수반하며, 어느 반응이 전체적으로 배위의 보존을 수반하면서 일어날 것인가?

(b) 음의 광학 활성을 지닌 말산은 (*S*) 배위를 지닌 것으로 알려져 있다. Walden 회로에서 다른 화합물들의 배위는 무엇인가?

(c) Walden은 또한 (+)-말산을 $SOCl_2$(PCl_5 대신)로 처리했을 때 생성물은 (+)-클로로숙신산임을 알았다. 이 결과를 어떻게 설명하겠는가?

(d) (−)-말산과 $SOCl_2$의 반응이 같은 입체 화학을 갖는다고 가정하고, PCl_5 대신 $SOCl_2$를 사용한 Walden 회로를 요약하시오.

6.46 (*R*)-(3-클로로-2-메틸프로필) 에틸 에터(**A**)가 에탄올 수용액에서 아자이드화 이온(N_3^-)과 반응하면 (*S*)-(3-아자이도-2-메틸프로필) 에틸 에터(**B**)가 생긴다. 화합물 **A**의 구조는 $ClCH_2CH(CH_3)CH_2OCH_2CH_3$이다.

(a) **A**와 **B** 모두의 쐐기-선쐐기-선구조식을 그리시오.

(b) 이 반응 도중 배위의 변화가 있는가?

6.47 이 반응의 생성물의 구조를 예상해 보시오.

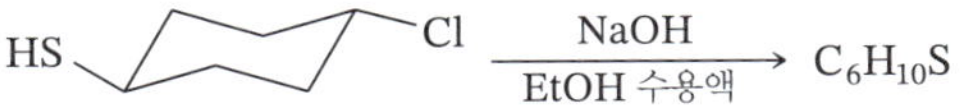

$$\text{HS-}C_6H_{10}\text{-Cl} \xrightarrow[\text{EtOH 수용액}]{\text{NaOH}} C_6H_{10}S$$

생성물은 1620~1680 cm^{-1} 영역에서 적외선을 흡수하지 않는다.

6.48 식물과 동물의 세포에서 일어나는 메틸화 반응은 메틸화 시약인 *S*-아데노실메싸이오닌(*S*-adenosylmethionine, SAM)을 사용하는데, 이것은 메싸이오닌(methionine)이 삼인산 아데노신(adenosine triphosphate, ATP)와 반응하여 생긴 화합물이다. SAM은 CH_3I의 생물학적인 대등체로 큰 이탈기를 지녔다. 아드레날린(adrenaline)은 위험이나 흥분에 대응하여 혈액에 분비되는데, 부신에서 noradrenaline과 SAM 사이의 반응으로 생성된다. 이 변화의 메커니즘을 그리시오.

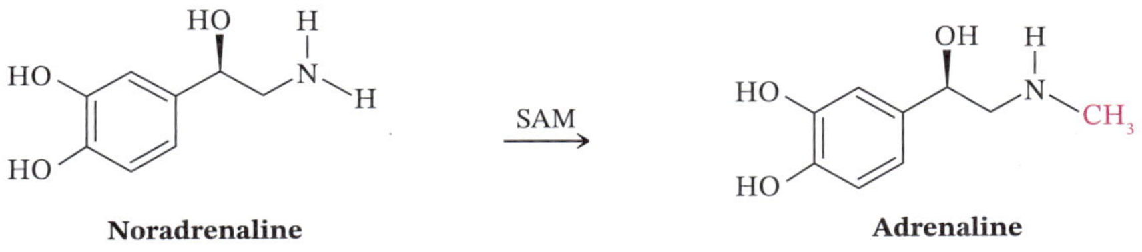

SAM →

Noradrenaline **Adrenaline**

학습 집단을 위한 물음

1. (1*S*,2*R*)-1-브로모-1,2-다이메틸사이클로헥세인을 80% H_2O/20% CH_3CH_2OH와 실온에서 가용매 분해를 시킨다고 생각하시오.

(a) 이 반응으로부터 얻어지는 화학적으로 타당한 모든 생성물의 구조를 쓰고, 어느 것이 주 생성물인지 예상해 보시오.

(b) 주 생성물의 형성 메커니즘을 쓰시오.

(c) 주 생성물의 형성에 관여하는 모든 전이 상태의 구조를 쓰시오.

2. 아프리카 관목에 존재하는 독성인 천연 화합물 ω-플루오로올레산의 합성에서 초기 단계로부터 발췌한 다음 일련의 반응을 고려해 보시오. ω-플루오로올레산은 'ratsbane(쥐약)'이라고도 불리는데, 쥐를 죽이거나 부족 간의 전쟁에서 독화살을 만드는 데도 사용되었다. (아래의 다음에 두 단계를 더 넘으면 그것의 합성을 완결시킬 수 있다.)

(i) 1-브로모-8-플루오로옥테인 + 아세틸린화 소듐(에타인의 소듐 염) → 화합물 **A**($C_{10}H_{17}F$)

(ii) 화합물 **A** + $NaNH_2$ ⟶ 화합물 **B**($C_{10}H_{16}FNa$)

(iii) 화합물 **B** + $I—(CH_2)_7—Cl$ ⟶ 화합물 **C**($C_{17}H_{30}ClF$)

(iv) 화합물 **C** + NaCN ⟶ 화합물 **D**($C_{18}H_{30}NF$)

(a) 위에서 화합물 **A**, **B**, **C**, **D**의 구조를 추정하시오.

(b) 위의 각 반응에 대한 메커니즘을 쓰시오.

(c) 각 반응에 대한 전이 상태 구조를 쓰시오.

[개념 지도]

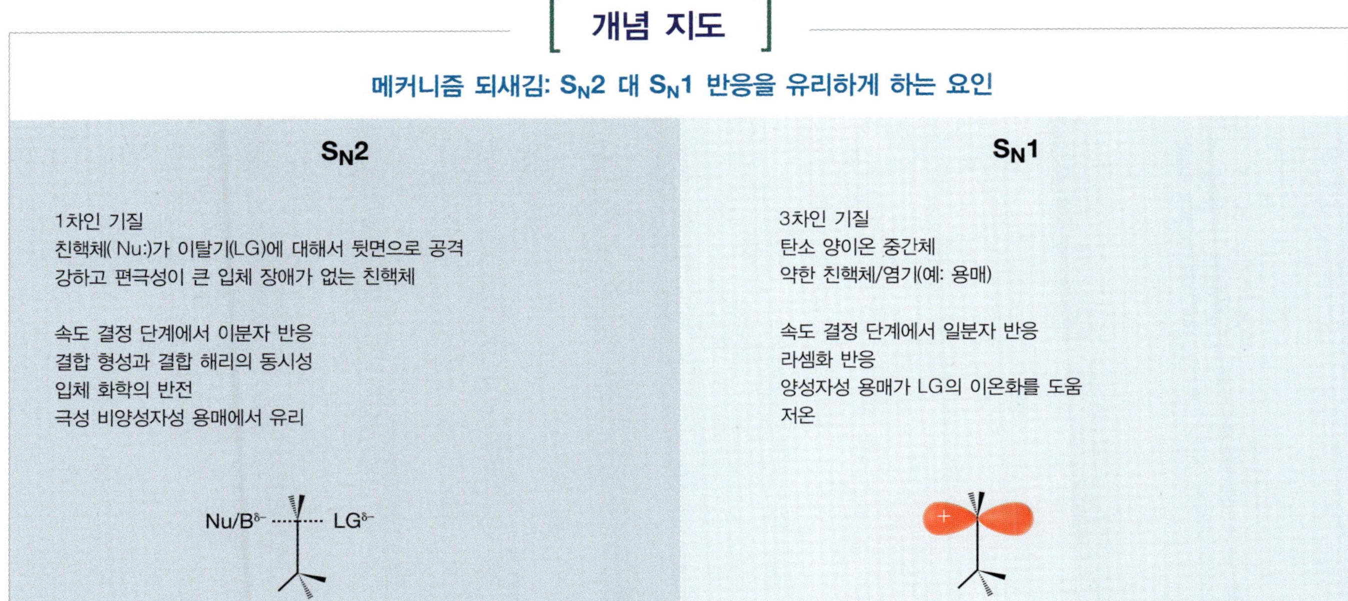

합성 연계: S_N2 반응에 의한 작용기 전환

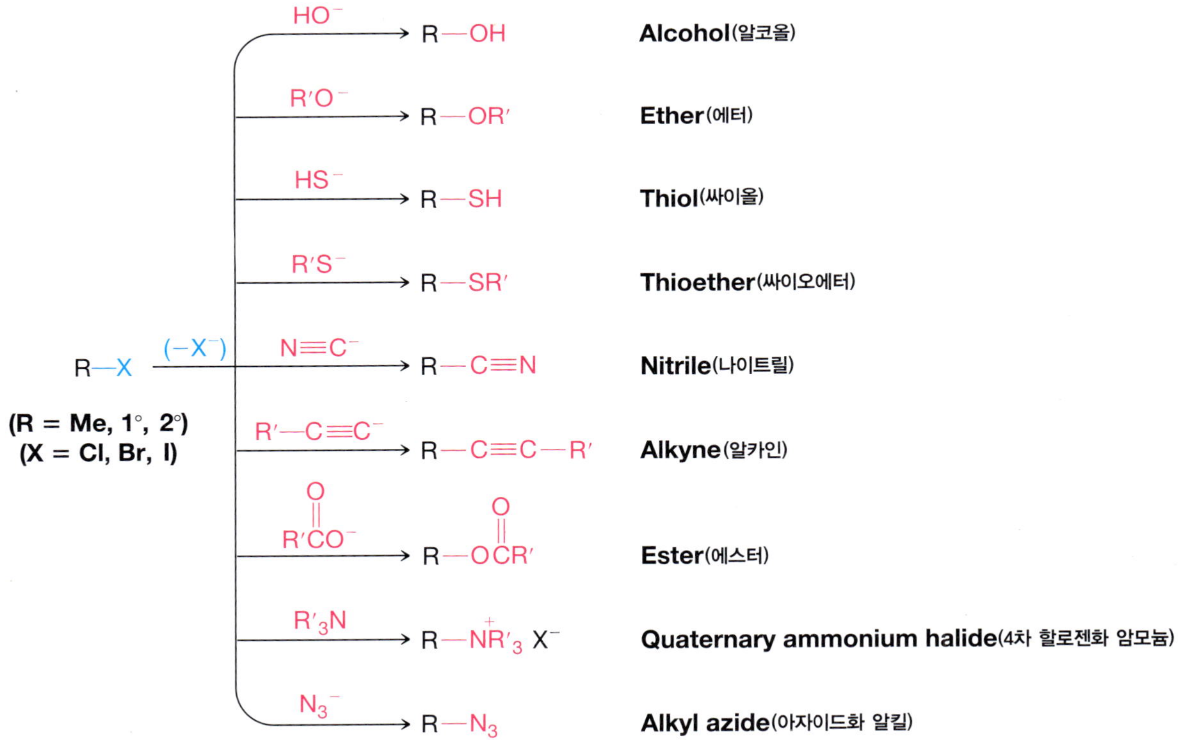

알켄과 알카인 I

성질과 합성. 할로젠화 알킬의 제거 반응

Christian Wilkinson/Shutterstock.com

수십억 인구가 7대륙에 흩어져 살고 있음에도 불구하고 세속적이면서도 증명되지 않은 이론에 의하면 각 사람 사이에는 단지 6도만 떨어져 있다고 한다. 다시 말해서 우리 모두는 한 친구의 친구이고 또 친구이고 그렇다. 이상한 소리로 들리겠지만 유기 분자들은 많이 다르지 않다. 알켄과 알카인은 수많은 다른 작용기에 핵심 연결자이고, 분자의 복잡성을 급격히 만들어 내는 C—C 결합 형성 과정에 핵심이다. 실제로 알켄과 알카인이 분자의 합성에 미치는 역할을 찾는 데 여섯 단계가 거의 걸리지 않는다. 더 전형적으로는 단지 한두 단계만 걸린다.

이 장에서 배울 내용:

- 알켄과 알카인의 성질과 이름 짓기
- 알켄과 알카인을 알케인으로 전환하는 방법
- 유기 분자의 합성 설계하기

이 주제는 왜 중요한가?

이 장의 끝에서 알켄 작용기의 배치가 타이어 고무의 강도로부터 시력에 이르기까지 특별한 성질을 가져옴을 보게 될 것이다.

7.1 서론

알켄은 탄소–탄소 이중 결합을 가진 탄화수소이다. 옛날에는 이 집단의 화합물을 **올레핀** (**olefin**)이라고 불렀다. 가장 간단한 올레핀(알켄)인 에텐(에틸렌)은 기름 기체(라틴어: *oleum*, 기름 + *facere*, 만듦)라고 불렀는데, 이것은 기체 에텐(C_2H_4)이 염소와 반응하여 액체(기름)인 $C_2H_4Cl_2$를 형성하기 때문이다.

탄소-탄소 삼중 결합을 가진 탄화수소를 알카인이라고 부른다. 이 집단에 대한 관용명은 첫 번째 일원인 HC≡CH를 따라서 **아세틸렌(acetylene)**이다.

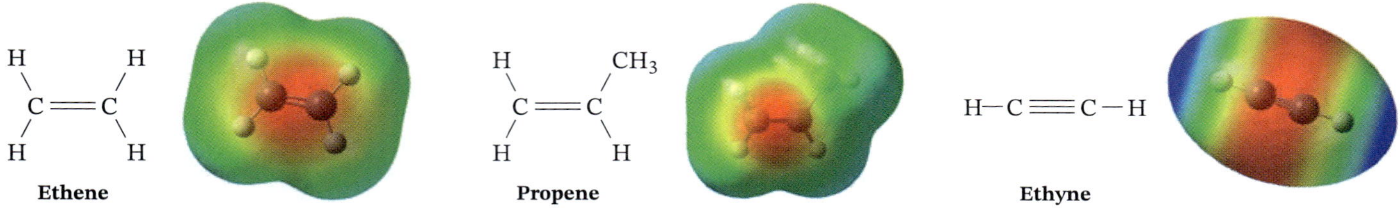

7.1A 알켄과 알카인의 물리적 성질

알켄과 알카인은 대응되는 알케인과 비슷한 물리적 성질을 갖고 있다. 탄소의 수가 4개 이하인 알켄과 알카인(2-뷰타인은 제외)은 상온에서 기체이다. 알켄과 알카인 자체는 비교적 비극성이므로 이들은 비극성 용매나 극성이 낮은 용매에 녹는다. 알켄과 알카인은 물에 매우 조금 녹는다(알카인이 알켄보다 조금 더 녹는다). 알켄과 알카인의 밀도는 물의 밀도보다 작다.

7.2 알켄의 부분 입체 이성질체를 나타내는 (*E*)-(*Z*) 체계

4.5절에서 cis와 trans 같은 용어는 알켄의 부분 입체 이성질체(**cis-trans isomer**)의 입체 화학을 표시하는 데 사용되는 것을 배웠다. 알켄에 치환기가 3개 또는 4개가 있을 때 cis, trans 등은 애매모호하거나 전혀 적용될 수가 없다. 아래의 알켄을 예로 들어 보자. **A**가 cis인지 trans인지를 구별하는 것은 추가적인 규칙이 없이는 전혀 불가능하다.

Br(H)C=C(Cl)F

A

Cahn-Ingold-Prelog 규칙(5.7절)에서 나온 바 있는 그룹들은 우선권에 근거하여 새로운 체계가 만들어졌다. **(*E*)-(*Z*) 체계**라고 부르는 이 체계는 알켄의 모든 형태의 부분 입체 이성질체에 적용할 수가 있다.

7.2A (*E*)-(*Z*) 체계 사용법

1. 이중 결합의 한 탄소 원자에 결합된 두 그룹을 조사하고 어느 그룹이 더 Cahn-Ingold-Prelog 우선권이 높은가를 결정한다.
2. 그 다음 다른 탄소 원자에 대해서도 같은 과정을 밟는다:

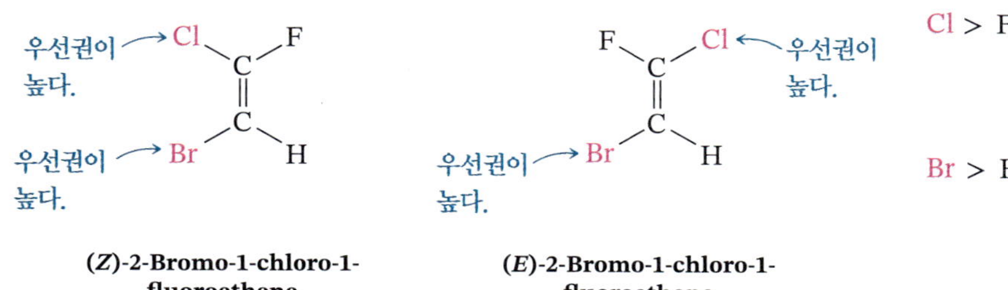

(*Z*)-2-Bromo-1-chloro-1-fluoroethene

(*E*)-2-Bromo-1-chloro-1-fluoroethene

3. 한 탄소 원자에서 우선권이 높은 그룹을 선택하고 그것을 다른 탄소 원자에 있는 우선권이 높은 그룹과 비교해 본다. 우선권이 높은 두 그룹이 이중 결합의 같은 쪽에 있으면 이 알켄은 (*Z*)(독일어의 *zusammen*, 함께)라고 표시한다. 우선권이 높은 두 그룹이 이중 결합의 반대쪽에 있으면 이 알켄은 (*E*)(독일어의 *entgegen*, 반대의)라고 표시한다. 아래의 예들이 이것을 설명해 주고 있다.

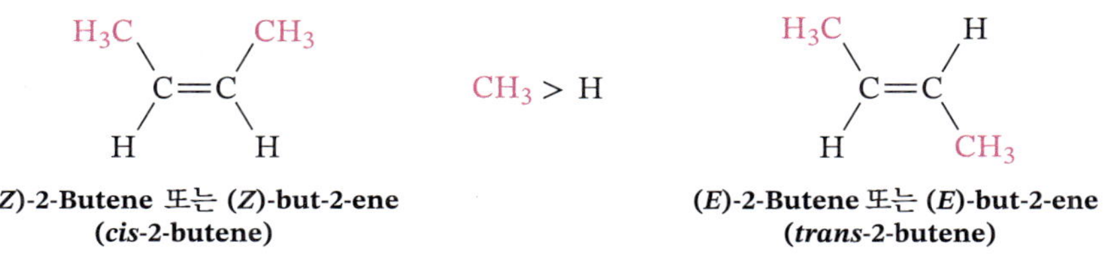

(*Z*)-2-Butene 또는 (*Z*)-but-2-ene
(*cis*-2-butene)

(*E*)-2-Butene 또는 (*E*)-but-2-ene
(*trans*-2-butene)

보기 물음 7.1

1-브로모-1,2-다이클로로에텐의 두 입체 이성질체는 이중 결합에 치환기가 3개이므로 정상적으로는 cis 또는 trans로 표시할 수 없다. 그러나 (*E*)와 (*Z*)로 표시할 수 있다. 각 이성질체의 구조식을 쓰고, 각각에 적당한 표시를 하시오.

풀이

구조식을 쓰고(아래) 염소가 수소보다, 그리고 브로민이 염소보다 우선권이 높다는 것을 알아낸다. C1에서 우선권이 높은 그룹은 브로민이고 C2에서는 염소가 우선권이 높다. 첫 번째 구조에서 우선권이 큰 염소와 브로민은 이중 결합의 반대쪽에 있다. 그러므로 이 이성질체는 (*E*)이다. 두 번째 구조에서는 염소나 브로민 원자들이 같은 쪽에 있다. 그래서 나중 것이 (*Z*)이다.

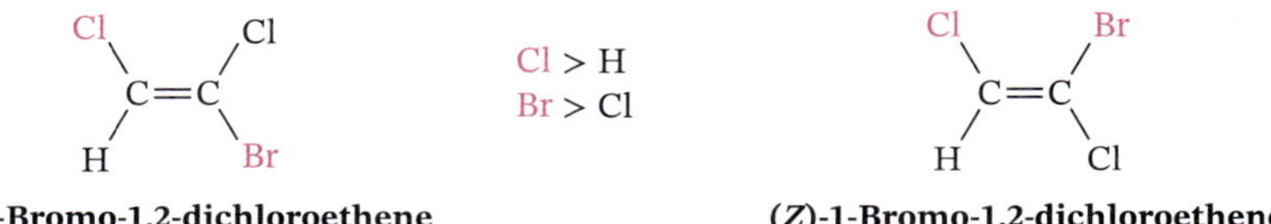

(*E*)-1-Bromo-1,2-dichloroethene

(*Z*)-1-Bromo-1,2-dichloroethene

되새김 물음 7.1

(*E*)−(*Z*) 표시[그리고 **(e)**와 **(f)**에 대해서는 (*R*)−(*S*)도 표시]를 사용하여 아래에 대한 IUPAC 이름을 쓰시오.

(a) Br, H, Cl

(b) Cl, Br, I

(c)

(d) Cl, CH_3, I

(e) H

(f) Br, Br

7.3 알켄의 상대적인 안정도

알켄의 cis와 trans 이성질체들은 안정도가 다르다.

- 두 알킬기가 이중 결합의 같은 쪽에 있어 밀집된 cis 이성질체는 trans 이성질체보다 덜 안정하다(**그림 7.1**).

그림 7.1 cis와 trans 알켄 이성질체. cis 이성질체는 인접 알킬기들이 밀집하여 긴장이 더 크기 때문에 덜 안정하다.

이 효과는 7.3A절에서 보듯이, 알켄이 관여된 실험으로부터 얻은 열역학적 자료를 비교함으로써 정량적으로 측정될 수 있다.

7.3A 반응열

알켄에 수소가 첨가되는 반응[**수소화 반응(hydrogenation)**, 4.16A절과 7.13절]은 발열 반응이며, 이때 관여된 엔탈피의 변화를 **반응열(heat of reaction)**, 특히 이 경우에는 **수소화 반응열(heat of hydrogenation)**이라고 부른다.

$$\mathrm{>C{=}C<} + \mathrm{H{-}H} \xrightarrow{\mathrm{Pt}} \mathrm{-\underset{H}{\overset{|}{C}}-\underset{H}{\overset{|}{C}}-} \qquad \Delta H^\circ \cong -120\ \mathrm{kJ\ mol^{-1}}$$

수소화 반응(수소 첨가 반응)에 의하여 똑같은 알케인 생성물로 전환되는 알켄 집단의 수소화 반응열을 비교함으로써 알켄의 상대적인 안정도를 정량적으로 측정할 수 있다. 세 가지 뷰텐 이성질체들을 가지고 백금 촉매하에서 수소화 반응을 시킨 실험 결과가 **그림 7.2**에 나타나 있다. 세 이성질체는 모두 같은 생성물(뷰테인)을 만들지만, 각각의 경우에서 반응열은 다르다. 뷰테인으로 전환되면서 1-뷰텐은 가장 많은 열(127 kJ $\mathrm{mole^{-1}}$)을 방출하고, *cis*-2-뷰텐

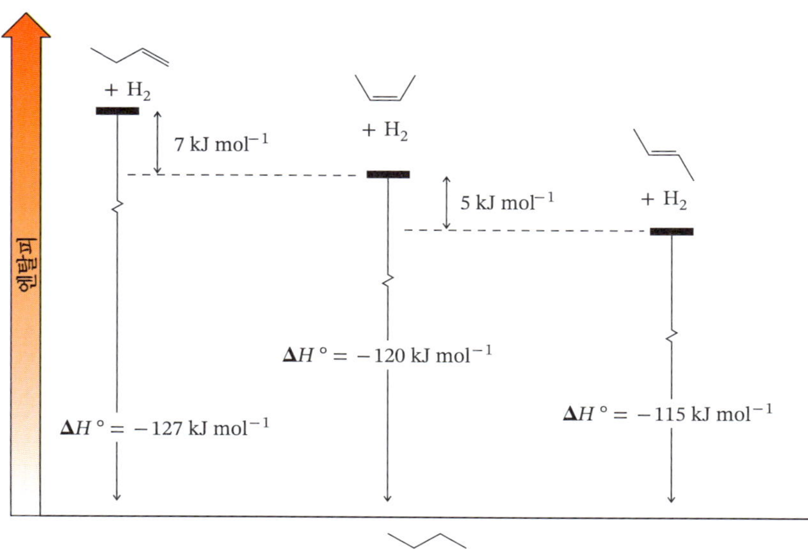

그림 7.2 세 가지 뷰텐 이성질체들의 백금 촉매에 의한 수소화 반응 에너지 도표. 안정도의 순서는 *trans*-2-뷰텐 > *cis*-2-뷰텐 > 1-뷰텐이다.

(120 kJ mol^{-1})이 다음이며, *trans*-2-뷰텐(115 kJ mol^{-1})은 가장 적은 열을 방출한다. 이것은 trans 이성질체가 뷰테인이 될 때 cis 이성질체보다 적은 에너지를 방출함으로써 더 안정함을 나타낸다. 더욱이 말단 알켄인 1-뷰텐은 가장 발열 반응이어서 이치환기의 알켄 두 가지보다 덜 안정하다. 물론 같은 수소화 반응 생성물들을 만들지 않는 알켄들은 각각의 수소화 반응열을 가지고 비교할 수 없다. 그런 경우에는 연소열과 같은 다른 열역학적인 자료를 사용해야 한다. 그러나 여기서는 상세히 다루지 않기로 한다.

7.3B 알켄의 전체적인 상대적 안정도

많은 수의 알켄을 조사한 결과 안정도의 양상은 이중 결합의 탄소 원자에 결합된 치환기의 수와 연관이 있다는 것이 밝혀졌다.

- 결합된 알킬기의 수가 많을수록(즉, 이중 결합의 탄소 원자가 더 많은 치환기를 가진 것일수록) 알켄의 안정도는 더 크다.

안정도의 순서는 다음과 같다.

알켄의 상대적인 안정도

$R_2C{=}CR_2 > R_2C{=}CHR > R_2C{=}CH_2 >$ trans-$RCH{=}CHR >$ cis-$RCH{=}CHR > RCH{=}CH_2 > H_2C{=}CH_2$

사치환기 삼치환기 ⟵ 이치환기 ⟶ 일치환기 치환기 없음

이러한 경향에 대한 설명의 일부는 알킬기의 전자 미는 효과(6.11B절)에 근거하는데, 이중 결합의 sp^2-혼성인 탄소 원자의 전자 끄는 성질은 충족시켜 주는 효과이다.

보기 물음 7.2

두 알켄 2-메틸-1-펜텐과 2-메틸-2-펜텐을 고려해 보자. 어느 것이 더 안정한가?

풀이

먼저 두 알켄의 구조를 쓰고, 각각의 이중 결합에 몇 개의 치환기가 있는지를 정한다.

2-Methyl-1-pentene (이치환체, 덜 안정) **2-Methyl-2-pentene** (삼치환체, 더 안정)

2-메틸-2-펜텐은 이중 결합에 세 개의 치환기를 가지고 있고 2-메틸-1-펜텐은 두 개를 가지고 있기 때문에 2-메틸-2-펜텐이 더 안정하다.

되새김 물음 7.2

아래의 알켄을 안정도가 증가하는 순으로 나열하시오.

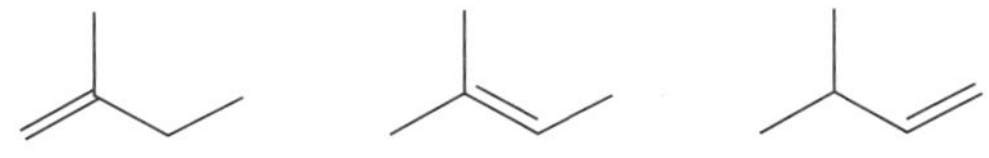

되새김 물음 7.3

아래의 세 가지 알켄의 수소화 반응열로부터

2-메틸-1-뷰텐 (-119 kJ mol^{-1})
3-메틸-1-뷰텐 (-127 kJ mol^{-1})
2-메틸-2-뷰텐 (-113 kJ mol^{-1})

(a) 알켄 각각의 구조를 쓰고, 이중 결합을 이룬 원자는 일치환기, 이치환기, 삼치환기, 또는 사치환기를 가졌는지 말하시오.
(b) 각 알켄이 수소화 반응을 했을 때의 생성물을 쓰시오.
(c) 수소화 반응열로부터 이들의 상대적인 안정도를 정할 수 있는가?
(d) 그렇다면 안정도의 순서는 무엇인가? 그렇지 않다면 그 까닭은 무엇인가?
(e) 이 알켄의 다른 이성질체들은 무엇인가? 그 구조를 쓰시오.
(f) 이 이성질체들의 상대적인 안정도는 무엇인가?

되새김 물음 7.4

각 쌍에서 더욱 안정한 알켄은 어느 것인가?
(a) 2-메틸-2-펜텐 또는 2,3-다이메틸-2-뷰텐 **(b)** *cis*-3-헥센 또는 *trans*-3-헥센 **(c)** 1-헥센 또는 *cis*-3-헥센 **(d)** 1,2-다이메틸-1-사이클로헥센 또는 1,2-다이메틸-2-사이클로헥센

되새김 물음 7.5

4-메틸-2-헵텐에는 몇 개의 입체 이성질체가 가능하고, 이 혼합물을 증류하면 몇 개의 부분이 얻어지겠는가?

7.4 사이클로알켄

5개 이하의 탄소 원자를 가진 사이클로알켄 고리는 cis형(**그림 7.3**)으로만 존재한다. 이렇게 작은 고리에 trans 이중 결합을 도입하면, 고리를 이룬 원자들이 수용할 수 있는 것보다 훨씬 큰 긴장이 생긴다. (분자 모형으로 증명해 보이시오.)

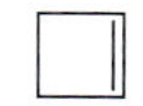

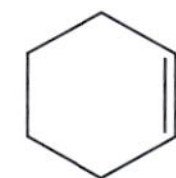

그림 7.3 *cis*-사이클로알켄

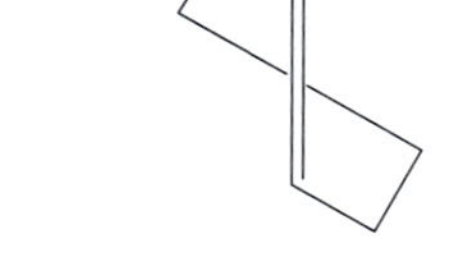

그림 7.4 가상적인 *trans*-사이클로헥센. 이 분자는 너무 긴장이 커서 상온에서 존재할 수 없다.

trans-사이클로헥센은 **그림 7.4**의 구조와 비슷할 것이다. 이와 같은 것이 반응에서 중간체로 매우 짧은 순간 존재한다는 증거는 있지만, 안정한 분자로 분리될 수 없다.

trans-사이클로헵텐은 분광기로 관찰은 되었지만, 수명이 매우 짧은 물질로 분리된 바 없다.

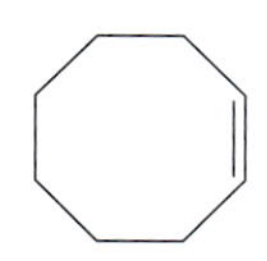

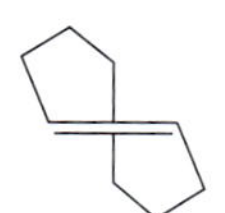

그림 7.5 사이클로옥텐의 cis와 trans 형태

그러나 *trans*-사이클로옥텐(**그림 7.5**)은 분리되었다. 여기서는 고리가 충분히 커서 trans 이중 결합을 상온에서도 수용할 수 있다. *trans*-사이클로옥텐은 카이랄이며 한 쌍의 거울상체로 존재한다. 모형을 만들어 스스로 확인해 보이시오.

도움말
이들 사이클로알켄들을 분자 모형으로 *trans*-사이클로옥텐의 두 거울상체까지 포함해서 살펴보면, 그들의 구조적인 차이점을 이해하는 데 도움이 될 것이다.

7.5 알켄의 합성: 제거 반응

제거 반응(elimination reaction)은 알켄의 합성에 가장 중요한 방법이다. 제거 반응에서 어떤 분자 조각이 반응물의 인접한 원자들로부터 옮겨진다(제거된다). 제거 반응으로 다중 결합이 생성된다.

$$\text{-C(Y)-C(Z)-} \xrightarrow[(-\text{YZ})]{\text{제거}} \text{C=C}$$

이 장에서는 제거 반응을 기초로 하는 두 가지 방법, 즉 할로젠화 알킬의 할로젠화 수소 이탈 반응과 알코올의 탈수 반응을 배운다.

할로젠화 알킬의 할로젠화 수소 이탈 반응

$$H_3C\text{-}CH_2X \xrightarrow[-HX]{\text{염기}} H_2C=CH_2$$

알코올의 탈수 반응

$$H_3C\text{-}CH_2OH \xrightarrow[-HOH]{HA\ (\text{촉매}),\ \text{가열}} H_2C=CH_2$$

7.6 할로젠화 알킬의 할로젠화 수소 이탈 반응

알켄을 합성하는 데 널리 쓰이는 반응은 할로젠화 알킬의 두 인접한 원자로부터 HX를 제거하는 것이다. 할로젠화 알킬을 강염기와 함께 가열하면 제거 반응이 일어난다. 두 가지 예를 아래에 든다.

$$CH_3CH(Br)CH_3 \xrightarrow[C_2H_5OH,\ 55\ ^\circ C]{C_2H_5ONa} \underset{(79\%)}{CH_2{=}CH{-}CH_3} + NaBr + C_2H_5OH$$

$$(CH_3)_3C{-}Br \xrightarrow[C_2H_5OH,\ 55\ ^\circ C]{C_2H_5ONa} \underset{(91\%)}{CH_2{=}C(CH_3)CH_3} + NaBr + C_2H_5OH$$

어떤 형태의 할로젠 원자도 HX의 제거 반응에 참여할 수 있다. 일반적으로 이 반응을 **할로젠화 수소 이탈 반응(dehydrohalogenation)**이라고 부른다.

$$\text{H}-\overset{|}{\underset{|}{\text{C}}}{}^{\beta}-\overset{|}{\underset{\text{:X:}}{\text{C}}}{}^{\alpha}- \; + \; :\text{B}^- \longrightarrow \text{C}=\text{C} \; + \; \text{H:B} \; + \; :\ddot{\text{X}}:^-$$

염기

할로젠화 수소 이탈 반응

이 제거 반응에서도 S_N1 및 S_N2 반응과 같이 이탈기와 전자쌍을 소유하고 있는 공격하는 Lewis 염기가 있다.

치환기를 가진 탄소 원자(앞의 반응에서 할로젠 원자)를 흔히 **알파(α) 탄소 원자**라고 하며, 그에 이웃한 탄소 원자를 **베타(β) 탄소 원자**라고 한다. β 탄소 원자에 연결된 수소 원자를 **β 수소 원자**라고 부른다. 할로젠화 수소 이탈 반응에서 제거되는 수소 원자는 β 탄소 원자로부터 나오므로 이 반응을 흔히 **β 제거 반응(β elimination)**이라고 한다. 이들은 또한 흔히 **1,2 제거 반응(1,2 elimination)**이라고 부르기도 한다.

β 수소와 β 탄소

$$\text{H}-\overset{|}{\underset{|}{\text{C}}}{}^{\beta}-\overset{|}{\underset{\text{LG}}{\text{C}}}{}^{\alpha}-$$

α 탄소와 이탈기

7.6A 할로젠화 수소 이탈 반응에 쓰이는 염기

여러 가지 강력한 염기들을 할로젠화 수소 이탈 반응에 쓸 수 있다. 에틸 알코올에 녹인 수산화 포타슘(KOH/EtOH)을 때때로 쓰기도 하지만, 에톡시화 소듐(EtONa) 같이 알코올의 소듐염이 뚜렷한 이점을 갖고 있다.

알코올의 짝염기(알콕시화 이온)는 알코올을 알칼리 금속과 반응시켜 만든다. 예를 들면,

$$2\,\text{R}-\ddot{\text{O}}\text{H} \;+\; 2\,\text{Na} \longrightarrow 2\,\text{R}-\ddot{\underset{\cdot\cdot}{\text{O}}}:^-\,\text{Na}^+ \;+\; \text{H}_2$$

알코올 / 알콕시화 소듐

이 반응은 **산화-환원 반응(oxidation-reduction reaction)**이다. 금속인 소듐은 산소 원자에 결합된 수소 원자와 반응하여 수소 기체, 소듐 양이온, 그리고 알콕시화 이온을 만든다. 물과의 반응은 격렬하여 때로는 폭발하기도 한다.

$$2\,\text{H}\ddot{\underset{\cdot\cdot}{\text{O}}}\text{H} \;+\; 2\,\text{Na} \longrightarrow 2\,\text{H}\ddot{\underset{\cdot\cdot}{\text{O}}}:^-\,\text{Na}^+ \;+\; \text{H}_2$$

Sodium hydroxide

알콕시화 소듐은 알코올과 수소화 소듐(NaH)을 반응시켜서도 만들 수 있다. 수소 음이온($\text{H}:^-$)은 아주 강한 염기이다(H_2의 pK_a는 35이다.).

$$\text{R}-\ddot{\underset{\cdot\cdot}{\text{O}}}-\text{H} \;+\; \text{Na}^+\,:\text{H}^- \longrightarrow \text{R}-\ddot{\underset{\cdot\cdot}{\text{O}}}:^-\,\text{Na}^+ \;+\; \text{H}-\text{H}$$

알콕시화 소듐(포타슘)은 보통 과량의 알코올을 사용하여 만든다. 과량의 알코올은 반응의 용매가 된다. 에톡시화 소듐은 이런 방법으로 흔히 만들어진다.

$$2\,CH_3CH_2\ddot{\underset{..}{O}}H + 2\,Na \longrightarrow 2\,CH_3CH_2\ddot{\underset{..}{O}}:^- \,Na^+ + H_2$$

Ethanol (과량) → 과량의 에탄올에 용해되어 있음

도움말
EtONa/EtOH는 에탄올에 녹인 에톡시화 소듐에 대한 일반적인 약어이다.

tert-뷰톡시화 포타슘(*t*-BuOK)도 할로젠화 수소 이탈 반응의 강력한 시약이다. 이것은 아래와 같은 반응에 의해서 합성하거나 고체 상태로 구입할 수 있다.

$$2\,CH_3\overset{CH_3}{\underset{CH_3}{C}}-\ddot{\underset{..}{O}}H + 2\,K \longrightarrow 2\,CH_3\overset{CH_3}{\underset{CH_3}{C}}-\ddot{\underset{..}{O}}:^- \,K^+ + H_2$$

***tert*-Butanol** (과량) → **Potassium *tert*-butoxide**

도움말
t-BuOK/*t*-BuOH는 *tert*-뷰틸 알코올에 녹인 *tert*-뷰톡시화 포타슘에 대한 일반적인 약어이다.

7.6B 할로젠화 수소 이탈 반응의 메커니즘

제거 반응은 여러 가지 메커니즘에 의해서 일어난다. 할로젠화 알킬에서 두 가지 메커니즘이 특별히 중요한데, 그것은 앞서 배운 S_N2 및 S_N1 반응과 비슷하기 때문이다. 한 가지 메커니즘은 속도 결정 단계가 이분자인 **E2 반응(E2 reaction)**이며, 또 다른 하나는 속도 결정 단계가 일분자인 **E1 반응(E1 reaction)**이다.

7.7 E2 반응

E2 메커니즘에서 염기는 β 탄소로부터 β 수소를 빼내서 이중 결합이 형성되고 이탈기가 α 탄소로부터 떠나간다.

$$B:^- \; H-C_\beta-C_\alpha-X \xrightarrow{E2} C{=}C + B{:}H + :X^-$$

이 메커니즘에 대한 증거는 브로민화 아이소프로필을 에탄올 용액에서 에톡시화 소듐과 반응시켜 프로펜을 형성하는 반응으로부터 얻어졌다. 반응 속도는 브로민화 아이소프로필의 농도 및 에톡시화 이온의 농도에 의존한다. 즉, 반응 속도는 각 반응물에 대해서 1차이며 전체적으로 2차이다.

$$\text{속도} = k[CH_3CHBrCH_3][C_2H_5O^-]$$

- 반응 차수로부터 속도 결정 단계에 대한 전이 상태는 할로젠화 알킬 및 알콕시화 이온을 모두 포함해야 하며, 따라서 이 반응은 이분자 반응이다. 이런 형태의 반응을 E2 반응이라고 한다.

이 E2 반응은 다음과 같은 방법으로 일어난다는 실험적 증거가 많이 있다.

반응 메커니즘

E2 반응의 메커니즘

반응

$$C_2H_5O^- + CH_3CHBrCH_3 \longrightarrow CH_2{=}CHCH_3 + C_2H_5OH + Br^-$$

메커니즘

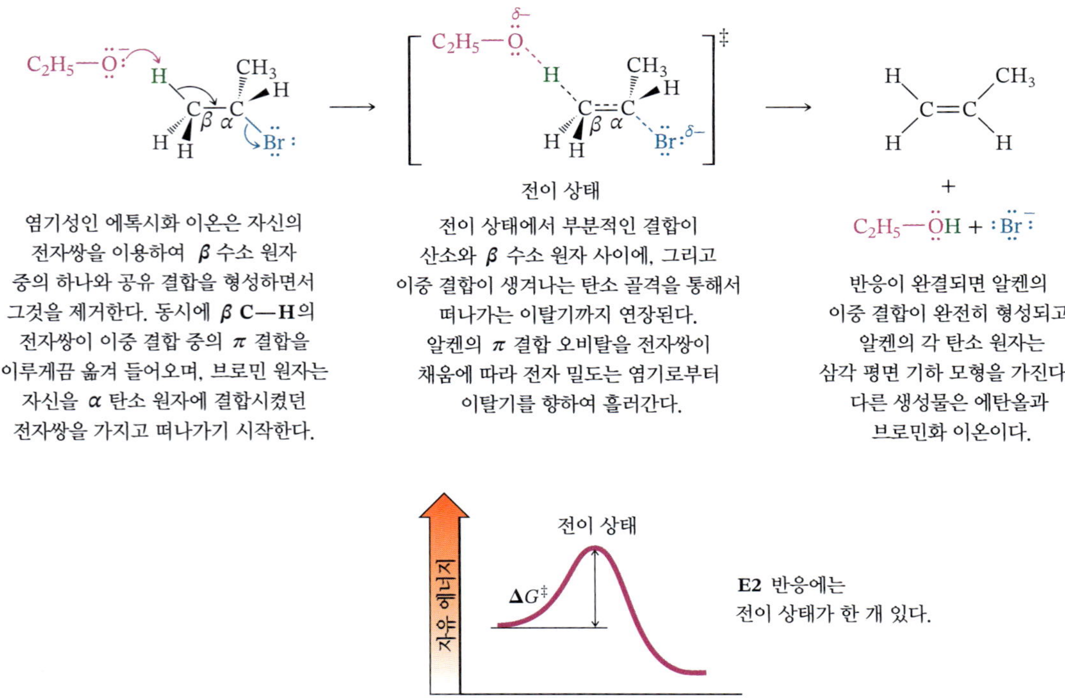

β 수소와 이탈기의 배향이 임의적인 것이 아니다. 위에서 보인 모든 것이 같은 평면에 있는 배향이 필수적이며 아래의 예에서도 그렇다.

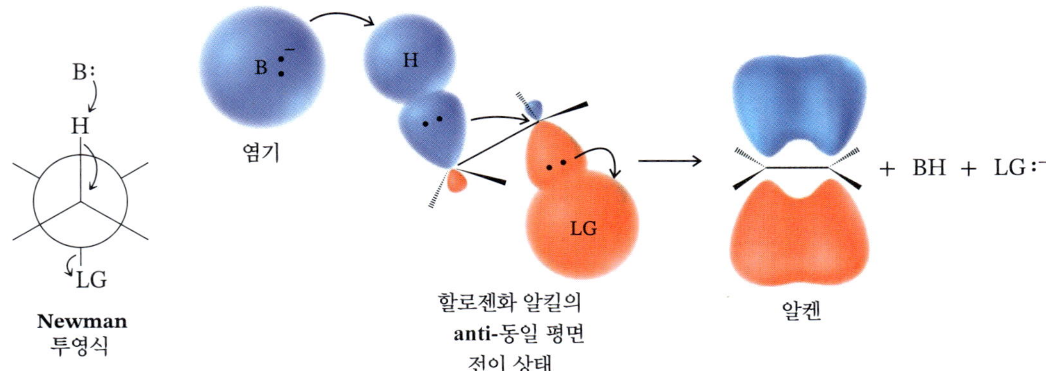

여기서 필요한 기하 구조는 S_N2 반응의 그것과 비슷하다. S_N2 반응(6.6절)에서 친핵체는 이탈기를 반대쪽으로부터 밀어내야 한다. E2 반응에서 C—H 결합의 전자쌍은 염기가 수소를

제거하면서 반대쪽으로부터 이탈기를 밀어낸다. (7.7C절에서 비록 유리하지는 않을지라도 syn-동일 평면 E2 전이 상태가 가능한 것을 알게 될 것이다.)

7.7A Zaitsev 규칙: 작은 염기로는 치환체를 가장 많이 가진 알켄의 형성이 유리함

7.6절에서 나온 할로젠화 수소 이탈 반응에서는 단 한 가지의 제거 반응 생성물만이 가능하다. 아래의 예를 보자.

Br — EtONa / EtOH, 55 °C → (79%)

Br — EtONa / EtOH, 55 °C → (91%)

15 Br — t-BuOK / t-BuOH, 40 °C → 15 (85%)

그러나 대부분의 할로젠화 알킬은 할로젠화 수소 이탈 반응을 하여 한 가지 이상의 생성물이 된다. 예를 들어, 2-브로모-2-메틸뷰테인을 할로젠화 수소 이탈 반응을 시키면 두 가지 생성물인 2-메틸-2-뷰텐 또는 2-메틸-1-뷰텐이 만들어진다. 이것은 경로 (a)와 (b)로 각각 나타내었다.

B: (a) (b) H H Br

(a) → **2-Methyl-2-butene** + B—H + :Br:⁻

(b) → **2-Methyl-1-butene** + B—H + :Br:⁻

2-Bromo-2-methylbutane

- 에톡시화 이온이나 수산화 이온 같은 작은 염기를 사용하면 반응 생성물은 더 많은 치환기를 갖게 된다(이것은 또한 더 안정한 알켄이다).

Br — EtONa / EtOH, 70 °C → **2-Methyl-2-butene (69%)** + **2-Methyl-1-butene (31%)**

삼치환기: 더욱 안정 | 이치환기: 덜 안정

2-메틸-2-뷰텐은 삼치환기의 알켄(3개의 메틸기가 이중 결합의 탄소 원자에 붙어 있는)인 반면, 2-메틸-1-뷰텐은 치환기가 2개이다. 2-메틸-2-뷰텐이 주 생성물이다.

도움말

Zaitsev 생성물은 더 안정한 생성물이다.

- 가장 안정한, 즉 가장 치환기가 많은 알켄을 만들 때 이 제거 반응은 이것을 만든 19세기 러시아의 화학자인 Zaitsev(1841~1910)의 이름을 딴 **Zaitsev 규칙(Zaitsev's rule)**을 따른다고 말한다(Zaitsev의 이름은 Zaitzev, Saytzeff, Saytseff, Saytzev 등으로 번역되었다).

이러한 형태의 까닭은 각 반응의 전이 상태에서 생겨나는 이중 결합 성격과 관련이 있는 것 같다.

EtO^- + H–C–C–Br ⟶ [E2 반응의 전이 상태]‡ ⟶ EtOH + C=C + Br^-

β 수소와 이탈기는 anit 동일 평면상에 있다.

탄소–탄소 결합은 이중 결합의 성격을 다소 가지고 있다.

E2 반응의 전이 상태

2-메틸-2-뷰텐이 되는 반응의 전이 상태(**그림 7.6**)는 반응의 생성물인 삼치환기의 알켄과 흡사하다. 2-메틸-1-뷰텐이 되는 반응의 전이 상태는 생성물인 이치환기의 알켄과 비슷하다. 2-메틸-2-뷰텐으로 되는 전이 상태가 더욱 안정한 알켄을 닮았으므로(Hammond–Leffler 가설을 기억할 것, 그림 6.10) 이 전이 상태가 더 안정하다. 이 전이 상태가 더 안정(자유 에너지가 낮음)하므로 이 반응의 활성화 에너지가 낮으며 2-메틸-2-뷰텐의 형성이 빨라진다. 이런 까닭으로 2-메틸-2-뷰텐이 주로 생성된다.

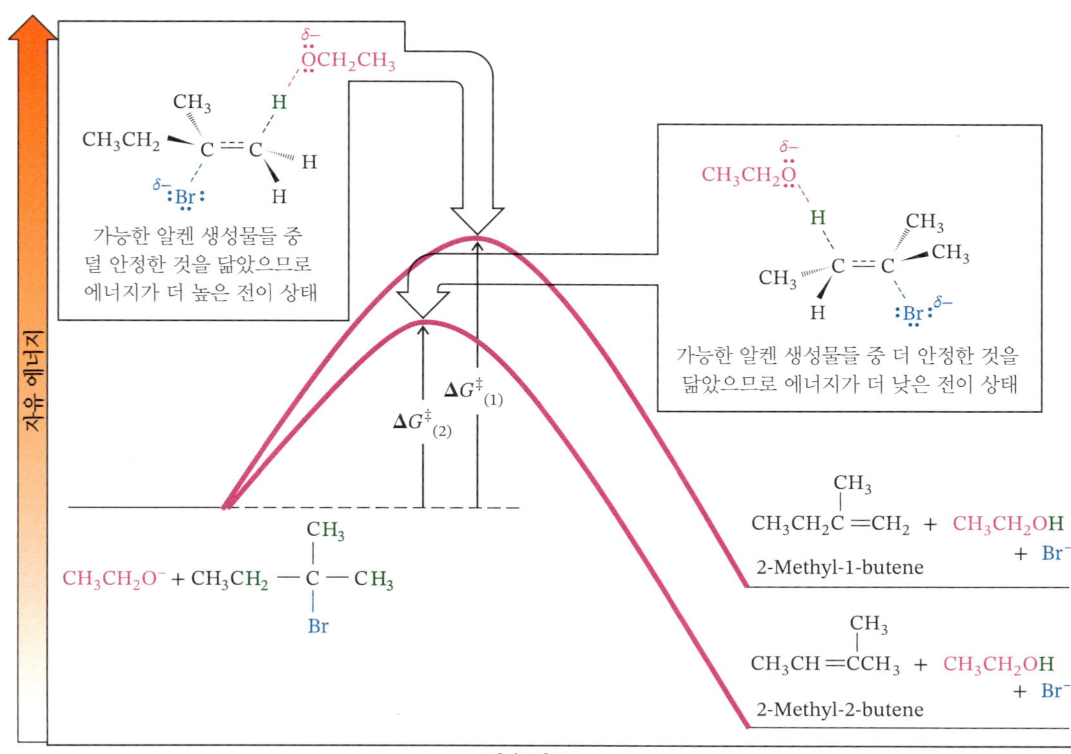

그림 7.6 더 안정한 알켄이 되는 반응 (2)가 덜 안정한 알켄이 되는 반응 (1)보다 더 빠르다: $\Delta G^{\ddagger}(2) < \Delta G^{\ddagger}(1)$.

- 일반적으로 한 생성물이 형성되는 활성화 자유 에너지가 다른 생성물의 형성에 이르는 그것보다 낮아서 우선적으로 빨리 생성될 때, 이러한 반응은 생성물 형성의 **속도론적인 지배(kinetic control)**라고 한다(13.10A절).

보기 물음 7.3

Zaitsev 규칙을 이용하여 다음 반응의 주 생성물을 예상해 보시오.

EtONa / EtOH, 55 °C → **A** 또는 **B**

풀이

알켄 **B**는 삼치환기의 이중 결합을 가졌고 알켄 **A**의 이중 결합은 치환기가 단지 하나이다. 따라서 Zaitsev 규칙에 따르면 알켄 **B**가 더 안정하고 주 생성물이 된다.

되새김 물음 7.6

2-클로로펜테인을 에톡시화 소듐으로 에탄올 용액에서 55 °C로 반응시켜 할로젠화 수소 이탈 반응을 시킬 때 주 생성물을 예상해 보시오.

되새김 물음 7.7

2-브로모-2-메틸뷰테인과 에톡시화 소듐의 반응으로부터 2-메틸-2-뷰텐이 형성되는 전이 상태의 삼차원 그림을 그리시오.

7.7B 덩치가 큰 염기를 써서 가장 적게 치환된 알켄을 형성함

- 할로젠화 수소 이탈 반응을 덩치가 큰 *tert*-뷰톡시화 포타슘(*t*-BuOK)을 사용하여 *tert*-뷰틸 알코올(*t*-BuOH)에서 수행하면 **치환기를 덜 가진 알켄**이 만들어진다.

덩치가 큰 염기

t-BuOK / *t*-BuOH, 75 °C

2-Methyl-2-butene (27.5%) — 치환기가 더 많지만 더 느리게 형성됨

2-Methyl-1-butene (72.5%) — 치환기가 더 적지만 더 빠르게 형성됨

이러한 형태의 원인은 염기의 입체적인 크기 및 *tert*-뷰틸 알코올 용액에서 염기가 용매 분자와 회합되어 그 크기가 더욱 커진 것과 부분적으로 연관되어 있는 것 같다. 큰 *tert*-뷰톡시화 이온이 내부에 있는 (2°) 수소 원자를 제거하기가 힘들 것으로 보인다. 전이 상태에서 그 위치에 더 밀집되어 있기 때문이다. 그래서 대신 더욱 노출된 (1°) 메틸기의 수소 원자를 제거한다.

도움말

2-브로모-2-메틸뷰테인의 모형을 만들어서 메틸기의 1° 수소가 C3에 있는 2° 수소보다 더 접근하기 쉬움을 스스로 확인해 보시오.

- 제거 반응으로 덜 치환된 알켄이 만들어지면 반응은 **Hofmann 규칙(Hofmann rule)**을 따른다고 말한다(20.12A절).

보기 물음 7.4

아래의 합성을 수행하고자 한다. 이 특정한 알켄을 최대한으로 생성시키기 위해서 어떤 염기를 사용해야 하는가?

풀이

여기서는 Hofmann 규칙이 적용되기를 원한다(덜 치환기를 지닌 알켄을 원한다). 그러므로 *t*-BuOK/*t*-BuOH와 같은 조건을 사용한다.

되새김 물음 7.8

보기 물음 7.3을 살펴보시오. 브로민화 수소 이탈 반응에 의해서 가장 최고의 수율로 **A**를 만들고자 한다. 어느 염기를 사용할까?

7.7C E2 반응의 입체 화학: 전이 상태에서 기들의 배향

- E2 반응의 전이 상태(염기를 포함)에서 관여하는 5개의 원자들은 **동일 평면(coplanar)**에 놓여야 한다.

H—C—C—LG 단위가 동일 평면에 있어야 할 필요성은 형성되는 알켄에서 π 결합이 생겨날 때 오비탈이 적절하게 중첩하여야 하기 때문이다. 이렇게 되는 두 가지 방법은 다음과 같다.

anti 동일 평면인 전이 상태(우선함)

syn 동일 평면인 전이 상태(다만 경직된 분자에서만 가능)

- **anti 동일 평면(anti coplanar)** 형태가 더 우세한 전이 상태 기하 구조이다.

도움말

anti 동일 평면 E2 전이 상태의 삼차원 그림을 그릴 수 있어야 한다.

syn 동일 평면(syn coplanar) 전이 상태는 anti 배열을 할 수 없는 경직된 분자에서만 일어난다. 까닭: anti 동일 평면 전이 상태는 엇갈린(따라서 에너지가 낮은) 형태이고, syn 동일 평면 전이 상태는 가려진 형태이다. 되새김 물음 7.9는 이러한 차이를 보여 준다.

되새김 물음 7.9

브로민화 에틸 같은 간단한 분자를 예로 들어 anti 동일 평면 전이 상태가 syn 동일 평면 전이 상태보다 유리한 까닭을 Newman 투영식으로 설명하시오.

고리형 분자들을 가지고 행한 실험으로부터 기들의 anti 동일 평면 배열이 유리하다는 증거들이 얻어졌다. 사이클로헥세인의 의자 형태에서 이웃한 탄소에 수직으로 배향된 두 그룹은 anti 동일 평면이다. 만일 이들 중 하나는 수소이고 다른 하나는 이탈기라면, anti 동일 평면인 E2 전이 상태에 대한 기하학적인 요인이 충족된다. 수직–수평 또는 수평–수평인 배향은 모두 anti 동일 평면 전이 상태의 형성을 허락하지 않는다. (의자 형태에서는 syn 동일 평면인 기들은 없음을 주목하시오.)

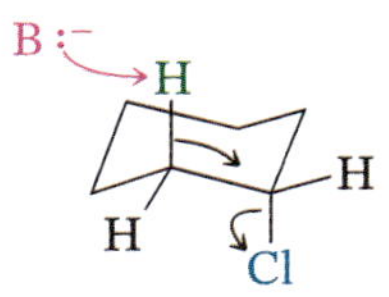

여기서 β 수소와 염소는 모두 수직이다. 이로써 anti 동일 평면인 전이 상태가 가능하다.

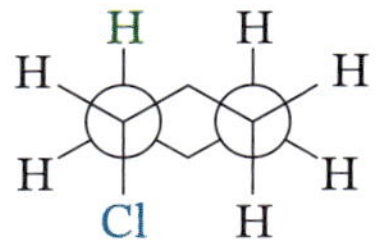

Newman 투영식을 보면 β 수소와 염소가 둘 다 수직일 때 anti 동일 평면을 이룬다.

사이클로헥세인 고리를 가진 두 화합물인 염화 네오멘틸과 염화 멘틸에서 서로 다른 행동을 하는 E2 반응을 예로 들어 보자.

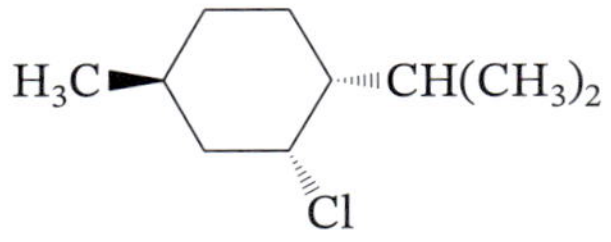

Neomenthyl chloride 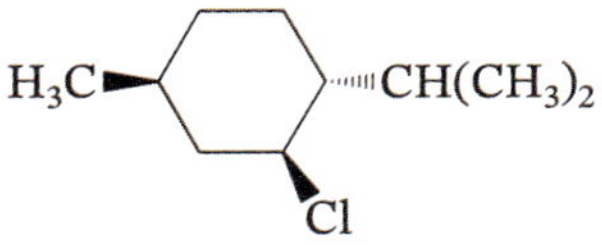 **Menthyl chloride**

염화 네오멘틸의 더 안정한 형태에서(아래 메커니즘을 보시오) 알킬 그룹은 모두 수평이며 염소는 수직이다. C1과 C3에는 수직인 수소 원자들이 있다. 염기는 이 두 수소 원자들을 각각 공격하여 E2 반응의 anti 동일 평면 전이 상태를 이룰 수 있다. 각 전이 상태에 대응되는 생성물(2-멘텐과 1-멘텐)들은 빨리 형성된다. Zaitsev 규칙에 따라 1-멘텐(치환기가 많이 있는 이중 결합을 가짐)이 주 생성물이다.

도움말
분자 모형으로 염화 네오멘틸의 형태를 조사해 보시오.

반응 메커니즘

2개의 수직인 β 수소가 있을 때의 E2 제거 반응

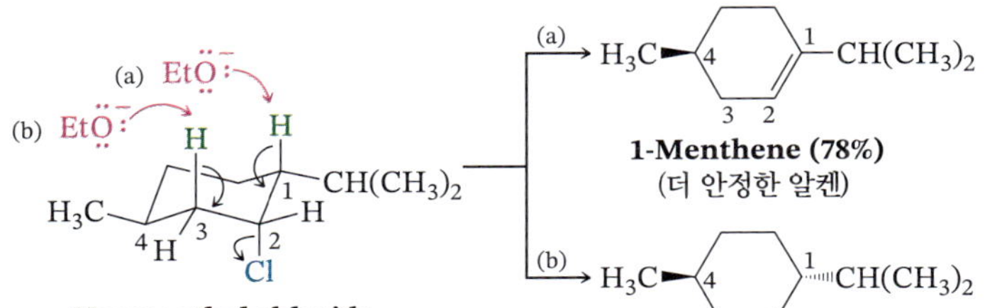

Neomenthyl chloride

이 더 안정한 형태에서 초록색으로 표시한 두 수소 원자들은 염소에 대하여 anti이다. 경로 (a)에 의한 제거 반응으로 1-멘텐이 되고, 경로 (b)는 2-멘텐이 된다.

1-Menthene (78%)
(더 안정한 알켄)

2-Menthene (22%)
(덜 안정한 알켄)

한편, 염화 멘틸의 보다 안정한 구조에서 세 기(염소 포함)는 모두 수평이다. 염소가 수직이 되려면 염화 멘틸은 큰 아이소프로필기와 메틸기가 역시 수직인 형태를 가져야 한다. 이 형태는 에너지가 높으며, 반응의 활성화 에너지는 형태 변화에 필요한 에너지도 포함해야 하므로 매우 높아진다. 결과적으로 염화 멘틸은 E2 반응을 매우 느리게 진행하며, C1의 수소 원자는 염소에 대해서 anti일 수가 없기 때문에 생성물은 전적으로 2-멘텐뿐이다. 이 생성물(또는 덜 치환된 알켄이 얻어지는 제거 반응으로부터 온 생성물)을 **Hofmann 생성물**(Hofmann product)이라고 부른다(7.7B절과 20.12A절).

반응 메커니즘

단지 한 개의 수직인 *β*-수소가 덜 안정한 형태로 있을 때의 E2 제거 반응

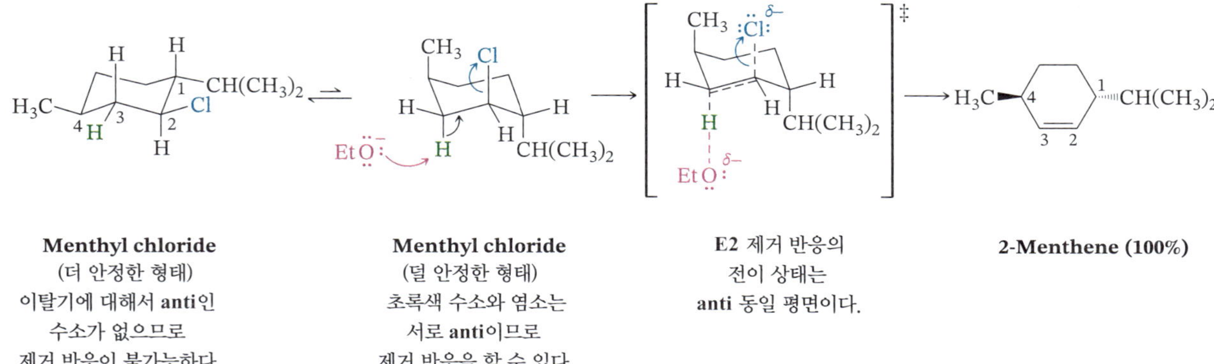

Menthyl chloride
(더 안정한 형태)
이탈기에 대해서 anti인
수소가 없으므로
제거 반응이 불가능하다.

Menthyl chloride
(덜 안정한 형태)
초록색 수소와 염소는
서로 anti이므로
제거 반응을 할 수 있다.

E2 제거 반응의
전이 상태는
anti 동일 평면이다.

2-Menthene (100%)

보기 물음 7.5

아래의 화합물을 에탄올에서 에톡시화 소듐으로 할로젠화 수소 이탈 반응을 수행할 때 주 생성물을 예상해 보시오.

풀이

E2 할로젠화 수소 이탈 반응이 진행되려면 염소는 수직이어야 한다. 다음 형태에서 염소는 수직이며 염소에 대해서 anti 동일 평면인 수소 원자가 두 개 있다. 두 가지 생성물이 형성될 것이나 (**B**)가 더 안정하므로 이것이 주 생성물이다.

A
이치환기, 덜 안정
(부 생성물)

B
삼치환기, 더 안정
(주 생성물)

되새김 물음 7.10

cis-1-브로모-2-아이소프로필사이클로헥세인을 에톡시화 소듐과 에탄올 용액에서 반응시키면 아이소프로필사이클로헥센이 곧 생성된다. 같은 조건에서 *trans*-1-브로모-2-아이소프로필사이클로헥세인은 매우 느리게 반응한다. 형태 구조식을 쓰고, cis–trans 이성질체와 반응성에 있어서 차이점을 설명하시오.

되새김 물음 7.11

(a) *cis*-1-브로모-2-메틸사이클로헥세인이 E2 반응을 하면 두 가지 생성물(사이클로알켄)들이 형성된다. 이 두 알켄은 무엇인가? 어느 것이 주 생성물인가? 각각이 어떻게 형성되는지를 보이는 형태 구조식을 쓰시오.

(b) *trans*-1-브로모-2-메틸사이클로헥세인이 E2 반응을 하면 단 한 가지의 사이클로알켄이 형성된다. 이 생성물은 무엇인가? 왜 그것이 유일한 생성물인지를 보이는 형태 구조식을 쓰시오.

7.8 E1 반응

어떤 제거 반응은 1차 반응 속도를 보이는 경로를 따른다. 이런 형태의 제거 반응을 E1 반응이라고 한다. E1 반응은 S_N1 반응과 경쟁한다. 예를 들어, 염화 *tert*-뷰틸을 80% 에탄올 수용액과 25 ℃에서 반응시키면 83% 수율로 치환 반응 생성물이 S_N1 메커니즘을 따라 만들어지고 제거 반응 생성물(2-메틸프로펜)은 17% 수율로 E1 메커니즘에 의해서 만들어진다.

$$(CH_3)_3C{-}Cl \xrightarrow[20\%\ H_2O,\ 25\ ^\circ C]{80\%\ C_2H_5OH} \begin{cases} \xrightarrow{S_N1} (CH_3)_3C{-}OH + (CH_3)_3C{-}OCH_2CH_3 \\ \xrightarrow{E1} CH_2{=}C(CH_3)_2 \end{cases}$$

***tert*-Butyl chloride** → ***tert*-Butyl alcohol** + ***tert*-Butyl ethyl ether** **(83%)**; **2-Methylpropene** **(17%)**

- 치환 반응과 제거 반응의 경로에서 초기 단계는 둘 다 탄소 양이온의 형성으로 같다. 그것은 두 반응에서 가장 느린 단계이기도 하다. 그러므로 두 반응 모두 1차 반응 속도를 보이며 속도 결정 단계에서 일분자 반응이다.

$$(CH_3)_3C{-}\ddot{\underset{..}{Cl}}{:} \xrightarrow{\text{느림}} (CH_3)_3C^+ + {:}\ddot{\underset{..}{Cl}}{:}^-$$

(용매화됨) (용매화됨)

E1 제거 반응이 일어날 것인가 또는 S_N1 치환 반응이 일어날 것인가 하는 것은 다음 단계(빠른 단계)에 달려 있다.

- 만일 용매 분자가 염기로 작용하여 β 수소 원자를 양성자로 빼내 가면 생성물은 2-메틸프로펜이 되며, 반응은 E1이다.

$$R{-}\ddot{O}(H){:}\ H{-}CH_2{-}C^+(CH_3)_2 \xrightarrow{\text{빠름}} R{-}\dot{O}^+(H){-}H + CH_2{=}C(CH_3)_2$$

2-Methylpropene — **E1 반응**

- 만일 용매 분자가 *tert*-뷰틸 양이온의 양인 탄소 원자에 친핵체로 작용하면 생성물은 *tert*-뷰틸 알코올 또는 *tert*-뷰틸 에틸 에터가 되며, 반응은 S_N1이다.

$$(CH_3)_3C^+ + R\!-\!\ddot{O}H \xrightarrow{\text{빠름}} (CH_3)_3C\!-\!\overset{+}{O}(R)H \;\rightleftharpoons\; (CH_3)_3C\!-\!\ddot{O}\!-\!R + H\!-\!\overset{+}{O}(H)\!-\!R \quad \text{(} S_N1 \text{ 반응)}$$

$(R = CH_3CH_2$ 또는 $H)$

- E1 반응은 항상 S_N1 반응을 동반한다.

반응 메커니즘

E1 반응의 메커니즘

반응

$$(CH_3)_3C\!-\!\ddot{C}l: + H_2O \longrightarrow H_2C\!=\!C(CH_3)_2 + H_3O^+ + Cl^-$$

메커니즘

1 단계

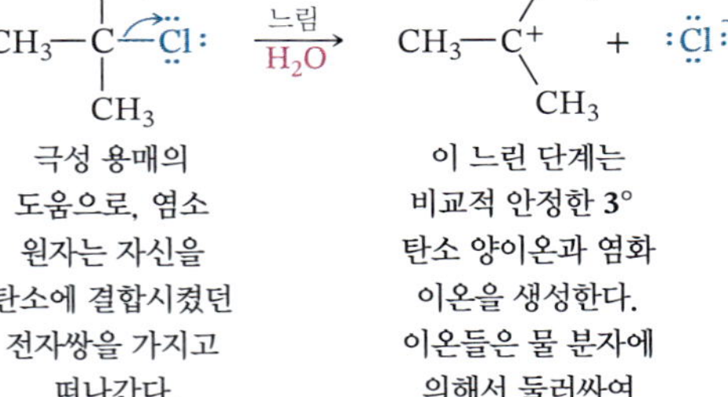

극성 용매의 도움으로, 염소 원자는 자신을 탄소에 결합시켰던 전자쌍을 가지고 떠나간다.

이 느린 단계는 비교적 안정한 **3°** 탄소 양이온과 염화 이온을 생성한다. 이온들은 물 분자에 의해서 둘러싸여 용매화(안정화)된다.

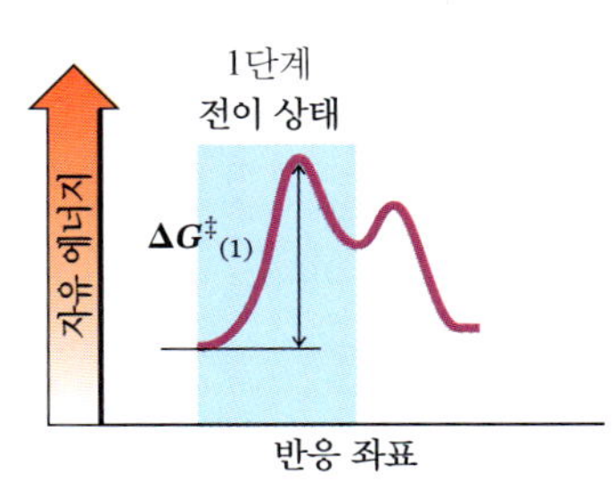

2 단계

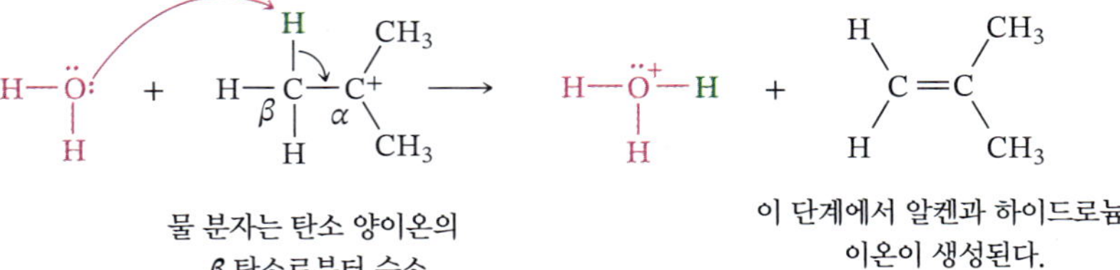

물 분자는 탄소 양이온의 β 탄소로부터 수소 원자 하나를 제거한다. 이 수소는 이웃한 양전하 때문에 산성이다. 전자쌍이 α와 β 탄소 원자 사이로 이동하여 이중 결합을 만든다.

이 단계에서 알켄과 하이드로늄 이온이 생성된다.

2단계
전이 상태 **2**
$\Delta G^{\ddagger}_{(2)}$
자유 에너지
반응 좌표

할로젠화 수소 이탈 반응을 통하여 알켄을 합성하고자 한다면, E2 메커니즘을 선호하는 반응물과 조건들을 택하는 것이 일반적으로 최선이다. E1 제거 반응을 따르는 반응은 그 결과가 너무 다양해서 피하는 것이 좋다. E1 반응에서 수반되는 탄소 양이온은 탄소 골격의 전위(자리 옮김)가 진행될 수도 있으며(7.11절), S_N1 메커니즘으로 치환 반응을 진행할 수도 있는데 E1 경로에 의한 생성물의 형성과 강력하게 경쟁한다.

7.8A E2 메커니즘을 유리하게 하는 방법

1. **가능한 한 2차와 3차 할로젠화 알킬을 사용할 것**
   왜? 입체 장애가 치환 반응을 방해하기 때문이다.
2. **합성을 1차 할로젠화 알킬로 시작해야만 할 때는 덩치가 큰 염기를 사용할 것**
   왜? 염기의 덩치가 크면 치환 반응을 방해한다.
3. **알콕시화 이온 같이 강한 비분극성인 염기를 높은 농도로 사용할 것**
   왜? 약한 분극성인 염기는 반응을 이분자 반응으로 몰고 가서 일분자 과정(S_N1 또는 E1 반응)과 경쟁하도록 한다.
4. **에톡시화 소듐의 에탄올 용액(EtONa/EtOH)과 *tert*-뷰톡시화 포타슘의 *tert*-뷰틸 알코올 용액(*t*-BuOK/*t*-BuOH)은 전형적으로 E2 반응에 사용되는 염기이다.**
   왜? 그들은 위의 기준 3을 충족하기 때문이다. 각 경우에서 알콕시화 이온 염기는 대응되는 알코올에 녹인다. (에탄올이나 *tert*-뷰틸 알코올에 녹인 수산화 포타슘도 때때로 사용되는데, 활성 염기는 평형에 놓인 알콕시화 이온과 수산화 이온이다.)
5. **열은 일반적으로 치환 반응보다는 제거 반응을 선호하므로 높은 온도를 사용할 것**
   왜? 제거 반응이 치환 반응보다 엔트로피적으로 유리하다(왜냐하면 생성물의 수가 반응물의 수보다 크다). 그러므로 Gibbs 자유 에너지 식 $\Delta G^\circ = \Delta H^\circ - T\Delta S^\circ$에서 ΔS°가 막중해진다. 그리고 ΔS°는 고온에서 T가 계수이므로 증가하게 되고 ΔG°는 더 음이 된다(유리하다).

7.9 제거 반응과 치환 반응은 서로 경쟁한다

모든 친핵체는 염기일 수 있고, 또 모든 염기는 친핵체일 수 있다. 친핵체나 염기에서 반응성이 있는 부분은 비공유 전자쌍이기 때문이다. 그러므로 친핵성 치환 반응과 제거 반응이 가끔 서로 경쟁한다는 사실은 당연하다. 치환 반응과 제거 반응에 이르는 한 반응의 잠재적인 가능성을 평가하기는 유기 화학을 배우는 학생들에게 혼란스러운 일일 수 있다. 이 개념을 정복하는 데 도움이 되도록 이제 어느 형태의 반응이 유리할지에 영향을 주는 요인들을 요약하고 몇 가지 예를 살펴본다.

7.9A 치환 반응과 제거 반응의 선호도를 결정하는 방법

S_N2 대 E2 강한 친핵체나 강염기의 농도가 클 때 S_N2와 E2 모두 유리하다. 친핵체(염기)가 β 수소 원자를 공격할 때 제거 반응이 일어난다. 친핵체가 이탈기를 갖고 있는 탄소 원자를 공격하면 치환 반응이 된다.

도움말
이 절에서는 치환 반응과 제거 반응 사이의 경쟁에 영향을 주는 여러 가지 요인들을 함께 제시한다.

(a) 제거 반응 E2: Nu:⁻ + H—C—C—X → C=C + Nu—H + X^-

(b) 치환 반응 S_N2: → H—C—C—Nu + X^-

아래의 예는 치환 반응과 제거 반응에 영향을 주는 인자, 즉 기질에서의 상대적인 입체 장애(할로젠화 알킬의 종류), 온도, 염기/친핵체의 크기(EtONa 대 *t*-BuOK), 그리고 염기도와 편극성도를 설명하고 있다. 또한 유기 반응을 쓰는 매우 일반적인 방법을 도시하고 있는데, 시약은 화살표의 위에 쓰고 용매와 온도는 화살표 아래에 쓰며, 단지 기질과 주 생성물들만 각각 반응 화살표의 왼쪽과 오른쪽에 쓴다. 그리고 유기 화학자들이 전형적으로 사용하는 간략한 기호, 결합선 구조식의 사용과 시약이나 용매에 대하여 흔히 인정되는 약자를 이용한다.

1차인 기질 기질이 **1차** 할로젠화물이고 염기가 에톡시화 이온처럼 장애가 없으면 염기가 이탈기가 붙은 탄소에 쉽게 접근하므로 치환 반응이 잘 일어난다.

Br (1차) —EtONa / EtOH, 55 °C→ O (S_N2 주 생성물 (90%)) + (E2 부 생성물 (10%))

2차인 기질 그러나 **2차** 할로젠화물에서는 기질의 입체 장애로 인하여 치환이 더욱 어려워지기 때문에 제거 반응이 유리하다.

Br (2차) —EtONa / EtOH, 55 °C→ (E2 주 생성물 (79%)) + O (S_N2 부 생성물 (21%))

3차인 기질 **3차** 할로젠화물에서는 기질의 입체 장애가 극심해서 S_N2 반응은 일어날 수 없다. 특별히 반응을 높은 온도에서 진행시키면 제거 반응만 일어난다. 치환 반응이 일어난다면 그것은 아마도 S_N1 메커니즘을 거치는 것이다.

가열하지 않음

Br (3차) —EtONa / EtOH, 25 °C (실온)→ (E2 주 생성물 (91%)) + O (S_N1 부 생성물 (9%))

가열함

Br (3차) —EtONa / EtOH, 55 °C→ (E2 + E1 만 (100%))

온도 온도를 올리면 치환 반응보다 제거 반응(E1과 E2)이 유리해진다. 제거 반응에서는 결합의 변화가 더 크기 때문에 활성화 자유 에너지가 치환 반응의 그것보다 더 크다. 온도를 올리면 치환 반응과 제거 반응의 속도는 둘 다 증가하지만, 제거 반응의 활성화 에너지 장벽을 뛰어넘기에 충분한 에너지를 가진 분자의 분율이 치환 반응을 진행할 분자의 분율보다 더 증가한다. 더욱이 엔트로피 차원에서 볼 때 제거 반응이 치환 반응보다 유리한 까닭은 생성물의 분자 수가 반응물보다 크기 때문이다. 그 외에도 온도는 Gibbs 자유 에너지 식 $\Delta G^\circ = \Delta H^\circ - T\Delta S^\circ$의 엔트로피의 계수이므로 온도의 증가는 엔트로피의 효과를 더욱 크게 만든다.

염기/친핵체의 크기 반응 온도를 높이는 것은 할로젠화 알킬의 제거 반응이 잘 일어나게끔 영향을 주는 한 가지 방법이다. 또 다른 방법은 *tert*-뷰톡시화 이온 같이 **입체적 장애가 큰 염기**를 사용하는 것이다. *tert*-뷰톡시화 이온에서 부피가 큰 메틸기들은 이 이온이 치환 반응을 하는 것을 방해하며, 따라서 제거 반응이 우선하게 된다. 이 효과의 예를 아래 두 반응에서 볼 수 있다. 비교적 장애가 없는 메톡시화 이온은 브로민화 옥타데실과 주로 **치환 반응**을 일으킨다. 부피가 큰 *tert*-뷰톡시화 이온은 주로 **제거 반응**을 일으킨다.

장애가 없는(작은) 염기/친핵체

$$\text{(}\ \ )_{15}\text{-Br} \xrightarrow[\text{CH}_3\text{OH, 65 °C}]{\text{CH}_3\text{ONa}} \underset{\substack{\textbf{E2}\\ \textbf{(1\%)}}}{(\ \ )_{15}\text{=}} + \underset{\substack{\textbf{S}_\textbf{N}\textbf{2}\\ \textbf{(99\%)}}}{(\ \ )_{15}\text{-OCH}_3}$$

장애가 있는 염기/친핵체

$$(\ \ )_{15}\text{-Br} \xrightarrow[t\text{-BuOK, 40 °C}]{t\text{-BuOK}} \underset{\substack{\textbf{E2}\\ \textbf{(85\%)}}}{(\ \ )_{15}\text{=}} + \underset{\substack{\textbf{S}_\textbf{N}\textbf{2}\\ \textbf{(15\%)}}}{(\ \ )_{15}\text{-O}t\text{-Bu}}$$

염기도와 편극성 E2와 S_N2 반응의 상대적인 속도에 영향을 주는 또 하나의 요인은 염기/친핵체의 상대적인 염기도와 편극성이다. 아마이드화 이온(NH_2^-)이나 알콕시화 이온(특별히 장애가 큰 것)처럼 강하지만 편극성이 작은 염기를 쓰면 제거 반응(E2)이 일어날 가능성을 증가시킨다. 염화 이온(Cl^-)이나 아세트산 이온(CH_3COO^-)과 같은 약염기성 이온이나 약염기이지만 편극성이 큰 Br^-, I^-, RS^- 등을 쓰면 치환 반응(S_N2)의 가능성이 커진다. 예를 들어, 아세트산 이온은 브로민화 아이소프로필과 전적으로 S_N2 경로를 따라 반응한다.

$$CH_3COO^- + (CH_3)_2CHBr \xrightarrow[(\sim 100\%)]{S_N2} CH_3COOCH(CH_3)_2 + Br^-$$

더욱 강염기성인 에톡시화 이온(7.6A절)은 같은 화합물과 주로 E2 메커니즘에 의한 반응을 한다.

3차 할로젠화물: S_N1 대 E1 E1과 S_N1 반응들은 공통인 중간체를 형성하면서 일어나므로 두 형태 모두 반응성에 영향을 주는 요인에 똑같이 작용한다. E1 반응은 안정한 탄소 양이온을 형성할 수 있는 기질(예: 3차 할로젠화물)에서 잘 일어난다. 이것은 약한 친핵체(약염기)를 사용할 때 유리하며, 극성 용매를 사용할 때 또한 유리하다.

S_N1 생성물과 E1 생성물 사이의 상대적인 분배에 영향을 주기는 일반적으로 어렵다. 왜냐하면 탄소 양이온의 두 반응(양성자를 잃거나 용매 분자와 결합하는 것)에서 활성화 자유 에너지가 매우 작기 때문이다.

대부분의 일분자 반응에서 특히 온도가 낮을 때 E1보다 S_N1 반응이 유리하다. 그러나 **일반적으로 3차 할로젠화물의 치환 반응은 합성 방법으로서는 쓸모 있는 것이 못된다. 3차 할로젠화물은 제거 반응을 너무 쉽게 일으킨다.**

반응 온도를 높이면 S_N1 메커니즘 대신 E1 메커니즘에 의한 반응이 유리해진다.

- 3차인 기질로부터 제거 반응 생성물을 원할 경우, 강염기를 가하여 경쟁하는 E1과 S_N1 반응 대신 E2 반응을 일으키는 것이 더 바람직하다.

이러한 원리들이 어떻게 적용되는지를 보이는 몇 가지 예를 살펴보기로 하자. 이러한 원리를 요약한 것은 이 장의 끝에 있는 표 7.1에 나와 있다.

보기 물음 7.6

아래의 각 반응으로부터 형성될 것으로 기대되는 생성물(또는 생성물들)을 쓰시오. 각 경우에 있어서 생성물이 형성되는 메커니즘(S_N1, S_N2, E1, E2)을 제시하고, 각각의 상대적인 양을 예측해 보시오. (즉, 생성물은 유일한 것인가, 주 생성물인가, 또는 부 생성물인가?)

(a) Br $\xrightarrow[\text{CH}_3\text{OH, 50 °C}]{\text{CH}_3\text{O}^-}$

(b) Br $\xrightarrow[t\text{-BuOH, 50 °C}]{t\text{-BuO}^-}$

(c) H, Cl $\xrightarrow[\text{CH}_3\text{OH, 50 °C}]{\text{HS}^-}$

(d) Cl $\xrightarrow[\text{CH}_3\text{OH, 50 °C}]{\text{HO}^-}$

(e) Br $\xrightarrow[t\text{-BuOH, 50 °C}]{t\text{-BuO}^-}$

(f) Br $\xrightarrow[\text{CH}_3\text{OH, 25 °C}]{}$

풀이

(a) 기질이 1° 할로젠화물이다. 염기/친핵체는 CH_3O^-로 강한 염기(그러나 입체 장애가 없다)이며 좋은 친핵체이다. 주로 S_N2 반응을 예상할 수 있다. 그리고 생성물은 OCH_3일 것이다. 부 생성물은 E2 경로에 의한 이다.

(b) 다시, 기질은 1° 할로젠화물이다. 그러나 염기/친핵체는 $(CH_3)_3CO^-$로 입체 장애가 큰 강염기이다. 그러므로 주 생성물은 E2 경로에 의한 이다. 그리고 부 생성물은 S_N2 경로에 의한 Ot-Bu이다.

(c) 반응물은 (*S*)-2-클로로뷰테인으로 2° 할로젠화물이며, 이탈기가 카이랄 중심에 붙어 있다. 염기/친핵체는 HS^-로 강한 친핵체이나 약염기이다. 주로 S_N2 반응이 예상되며, 카이랄 중심의 배위가 반전되어 아래의 (*R*)-입체 이성질체가 형성된다.

(d) 시약은 OH^-로 강염기(E2)이며 강력한 친핵체(S_N2)이다. 그러나 기질은 2°이어서 E2와 S_N2 과정을 모두 예상한다. 하지만

E2가 주 생성물이 될 것이다. 염기는 입체 장애가 없으므로 주 생성물은 치환기를 더 많이 가진 알켄인 *trans* 배위의  (Zaitsev 생성물)이 될 것이다(이 반응은 입체 선택적으로 더 안정한 *trans* 이성질체가 *cis* 이성질체보다 우세하다). 부 생성물은 덜 치환된 알켄인 *cis* 이성질체와 S_N2 생성물(배위의 반전이 예상됨)이 된다.

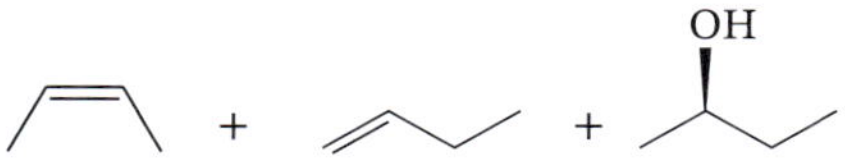

OH

\+ +

(e) 염기/친핵체인 *t*-BuO^-는 강한 입체 장애를 지닌 염기이다. 기질은 3° 할로젠화물이다. 따라서 S_N2 반응은 기대되지 않는다. 주 생성물은 덜 치환된 E2 경로를 따라 얻어진 알켄인 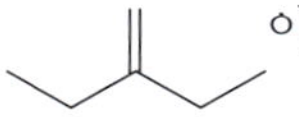 이다. 그리고 치환기가 더 많은 알켄의 cis와 trans 이성질체 \+ 가 부 생성물로 얻어진다. 고온에서 강염기가 존재할 경우 S_N1 가용매 분해 반응 생성물이 상당량 얻어질 것으로 기대되지 않는다. 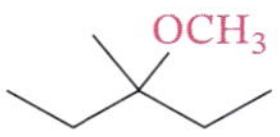 OCH_3

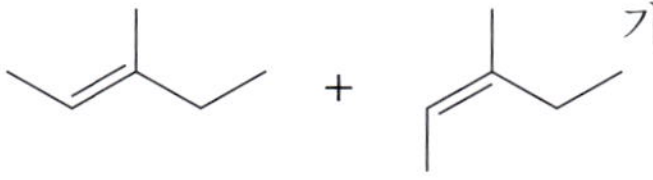

(f) 이것은 가용매 분해 반응이다. 유일한 염기/친핵체는 용매인 CH_3OH인데, 약염기(따라서 E2 반응은 없음)이고 약한 친핵체이다. 기질은 3차(따라서 S_N2 반응은 없음)이다. 이렇게 낮은 온도에서는 주로 S_N1 경로가 예상되며  OCH_3가 된다. 부 생성물은 E1 경로로 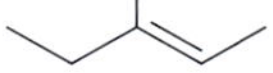 이 될 것이다.

되새김 물음 7.12

아래의 각 반응으로부터 스타이렌을 합성하고자 한다. 스타이렌을 더 나은 수율로 얻기 위해서 어느 반응을 선택해야 할까? 답을 설명하시오.

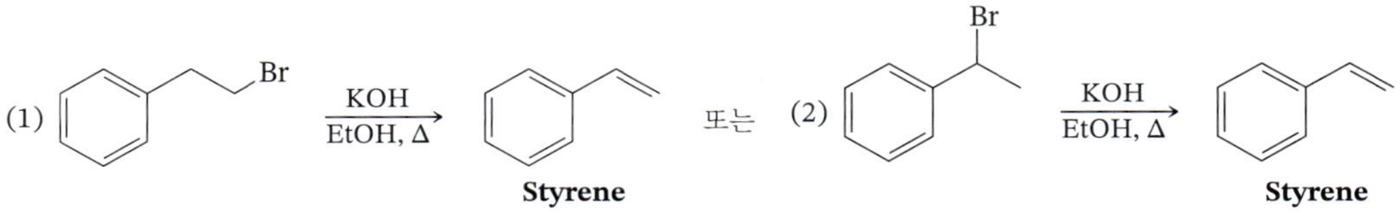

(1) Br $\xrightarrow[\text{EtOH, }\Delta]{\text{KOH}}$ **Styrene** 또는 (2) Br $\xrightarrow[\text{EtOH, }\Delta]{\text{KOH}}$ **Styrene**

되새김 물음 7.13

다음 관찰에 대해서 설명하시오: 브로민화 *tert*-뷰틸을 메톡시화 소듐과 메탄올과 물의 혼합물에서 반응시키면 *tert*-뷰틸 알코올과 *tert*-뷰틸 메틸 에터의 생성 속도는 메톡시화 소듐의 양이 증가해도 뚜렷하게 변하지 않는다. 그러나 메톡시화 소듐의 농도를 증가시키면 혼합물 속에 브로민화 *tert*-뷰틸의 감소 속도는 뚜렷이 증가한다.

7.10 알코올의 제거 반응: 산 촉매에 의한 탈수 반응

- 대부분의 알코올을 강산과 가열하면 물 한 분자를 잃고[**탈수(dehydration)**되어] 알켄을 형성한다.

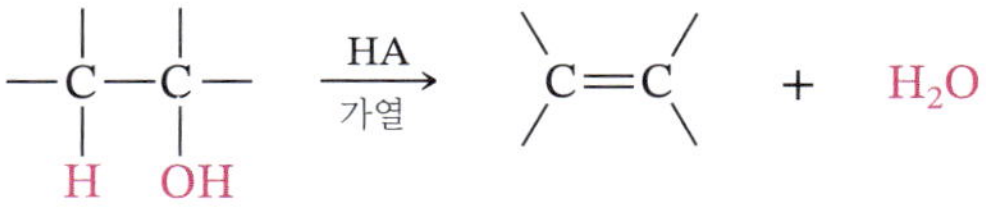

$$-\overset{|}{\underset{|\atop \text{H}}{\text{C}}}-\overset{|}{\underset{|\atop \text{OH}}{\text{C}}}- \xrightarrow[\text{가열}]{\text{HA}} \;\rangle\text{C}=\text{C}\langle\; + H_2O$$

- 알코올의 탈수 반응은 2차와 3차 알코올의 경우 E1 메커니즘을 따르고, 1차 알코올의 경우 E2 메커니즘을 따르거나 전위(자리 옮김) 반응이 일어난다.

이 반응은 하나의 **제거 반응(elimination)**이며 고온에서 잘 일어난다. 실험실에서 가장 흔히 사용되는 산은 Brønsted 산, 즉 양성자 주개인 황산이나 인산 등이다. Lewis 산인 알루미나(Al_2O_3)도 공업적으로 기체 상태에서 탈수 반응을 시킬 때 사용된다.

1. 탈수를 일으키는 데 필요한 온도나 산의 농도는 각 알코올의 구조와 긴밀한 관련이 있다.

(a) 1차 알코올(primary alcohol)은 가장 탈수시키기 어렵다. 에탄올의 예를 보면 진한 황산과 180 °C인 온도를 필요로 한다.

$$\underset{\substack{\textbf{Ethanol}\\ \textbf{(1° 알코올)}}}{H-\underset{H}{\overset{H}{C}}-\underset{OH}{\overset{H}{C}}-H} \xrightarrow[180\ °C]{\text{진한 } H_2SO_4} \underset{\textbf{Ethene}}{H_2C=CH_2} + H_2O$$

(b) 2차 알코올(secondary alcohol)은 보통 온화한 조건에서 탈수된다. 예를 들어, 사이클로헥산올은 85% 인산에서 165~170 °C로 가열하면 탈수된다.

$$\underset{\textbf{Cyclohexanol}}{C_6H_{11}OH} \xrightarrow[165\text{–}170\ °C]{85\%\ H_3PO_4} \underset{\substack{\textbf{Cyclohexene}\\ \textbf{(80\%)}}}{C_6H_{10}} + H_2O$$

(c) 3차 알코올(tertiary alcohol)은 대개 매우 쉽게 탈수되므로 아주 온화한 조건을 사용할 수 있다. 예를 들어, *tert*-뷰틸 알코올은 20% 황산 수용액에서 85 °C로 가열하면 탈수된다.

$$\underset{\substack{\textbf{\textit{tert}-Butyl}\\ \textbf{alcohol}}}{CH_3-\underset{CH_3}{\overset{CH_3}{C}}-OH} \xrightarrow[85\ °C]{20\%\ H_2SO_4} \underset{\substack{\textbf{2-Methylpropene}\\ \textbf{(84\%)}}}{CH_2=C(CH_3)_2} + H_2O$$

- 알코올의 탈수가 일어나기 쉬운 정도는 3° > 2° > 1°이다.

$$\underset{\textbf{3° 알코올}}{R-\underset{R}{\overset{R}{C}}-OH} > \underset{\textbf{2° 알코올}}{R-\underset{H}{\overset{R}{C}}-OH} > \underset{\textbf{1° 알코올}}{R-\underset{H}{\overset{H}{C}}-OH}$$

도움말

알코올을 1°, 2°, 3°로 구별할 수 있고 이에 따라 탈수 반응의 상대적인 용이도를 비교할 수 있어야 한다.

이러한 성질은 7.10B절에서도 나오지만 각 반응에서 형성된 탄소 양이온의 안정도와 관련이 있다.

2. 어떤 1차 및 2차 알코올은 탈수 반응에서 탄소 골격의 전위(자리 옮김)가 일어나기도 한다. 3,3-다이메틸-2-뷰탄올의 탈수 반응에서 그러한 전위가 일어난다.

$$\underset{\textbf{3,3-Dimethyl-2-butanol}}{CH_3-\underset{CH_3}{\overset{CH_3}{C}}-\underset{OH}{CH}-CH_3} \xrightarrow[80\ °C]{85\%\ H_3PO_4} \underset{\substack{\textbf{2,3-Dimethyl-2-butene}\\ \textbf{(80\%)}}}{(H_3C)_2C=C(CH_3)_2} + \underset{\substack{\textbf{2,3-Dimethyl-1-butene}\\ \textbf{(20\%)}}}{H_2C=C(CH_3)-CHCH_3(CH_3)}$$

반응물은 C—C(C)(C)—C—C 이고 생성물은 (C)(C)C=C(C)(C) 임을 주목하라.

탄소 골격이 전위되었다.

7.11절에서 메틸기가 더욱 안정한 탄소 양이온이 형성되도록 한 탄소에서 이웃 탄소로 이동하는 것을 배우게 된다. (대략 같은 에너지의 탄소 양이온으로의 전위(자리 옮김) 반응은 어떤 기질에서 가능할 수도 있다.)

7.10A 2차와 3차 알코올 탈수 반응의 메커니즘: E1 반응

이러한 모든 현상들은 Whitmore(Pennsylvania State University)가 처음 제안한 단계적 반응 메커니즘으로 설명할 수 있다. **메커니즘은 E1 반응으로 기질은 양성자가 첨가된 알코올이다.** *tert*-뷰틸 알코올을 예로 들어 보자.

1단계

$$(CH_3)_3C—\ddot{O}—H + H—\overset{+}{O}(H)—H \rightleftharpoons (CH_3)_3C—\overset{+}{O}(H)—H + H—\ddot{O}—H$$

알코올에 양성자 첨가

양성자가 첨가된 알코올

이 단계에서는 산–염기 반응으로 양성자가 산으로부터 알코올의 비공유 전자쌍들 중 하나에 재빨리 이동된다. 묽은 황산에서 산은 하이드로늄 이온이다. 진한 황산에서 양성자 주개는 황산 자신이다. 이 단계는 모든 알코올과 강산 사이의 반응의 특성이기도 하다.

양성자가 첨가된 알코올에서 산소에 양전하가 존재함으로써 탄소–산소 결합을 포함한 산소 주위의 모든 결합은 약해진다. 그리고 2단계에서 탄소–산소 결합이 깨진다. 이탈기는 물 분자이다.

2단계

$$(CH_3)_3C—\overset{+}{O}(H)—H \rightleftharpoons (CH_3)_2C^+—CH_3 + H—\ddot{O}—H$$

물 분자가 떠나감

탄소 양이온

탄소–산소 결합은 **불균일하게(heterolytically)** 분해된다. 결합 전자는 물 분자와 함께 떠나가며 탄소 양이온이 남게 된다. 물론 탄소 양이온은 중심 탄소 원자가 원자가 준위에 8개가 아닌 6개의 전자를 수용하고 있으므로 매우 반응성이 크다.

마지막으로 3단계에서 탄소 양이온은 β 탄소로부터 양성자를 물 분자에 다음의 과정으로 이동시킨다. 이 결과 하이드로늄 이온과 알켄이 생성된다.

3단계

$$H_3C—C^+(CH_3)_2 + H—\ddot{O}—H \rightleftharpoons CH_2{=}C(CH_3)_2 + H—\overset{+}{O}(H)—H$$

β 수소 제거

2-Methylpropene

3단계에서도 역시 산–염기 반응으로 세 개의 메틸기에 있는 9개의 양성자 중 어느 한 개가 물 분자로 이동될 수 있다. 탄소 양이온에서 탄소 원자에 수소 원자를 맺어 주고 있던 전자쌍이 알켄의 이중 결합의 두 번째 결합이 되는 것이다. 이 단계에서 중심 탄소 원자는 여덟 개의 전자를 갖게 됨을 주목하시오. 이 과정을 오비탈로 전이 상태와 함께 다음과 같이 나타낼 수 있다.

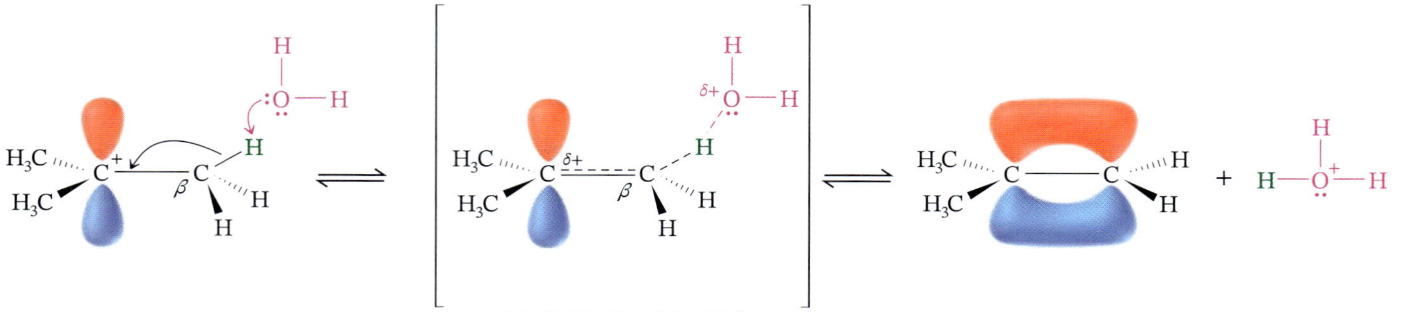

탄소 양이온의 β 탄소로부터 양성자를 제거하는 전이 상태

되새김 물음 7.14 2-프로판올의 탈수 반응은 100 °C, 14 M H_2SO_4에서 일어난다. **(a)** 탈수 반응 메커니즘의 모든 단계를 굽은 화살표를 사용하여 쓰시오. **(b)** 알코올의 탈수 반응에서 산 촉매가 행한 핵심 역할을 설명하시오. (**힌트**: 산이 존재하지 않을 때 무슨 일이 일어날까?)

7.10B 탄소 양이온의 안정도와 전이 상태

6.11B절에서 탄소 양이온의 안정성은 3차 > 2차 > 1차 > 메틸임을 알았다.

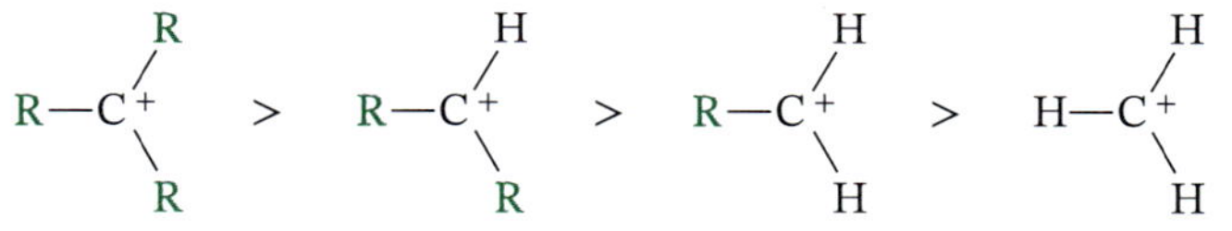

$$\underset{\substack{\textbf{3°}\\(\text{가장 안정})}}{R_3C^+} > \underset{\textbf{2°}}{R_2CH^+} > \underset{\textbf{1°}}{RCH_2^+} > \underset{\substack{\textbf{Methyl}\\(\text{가장 불안정})}}{CH_3^+}$$

2차 알코올과 3차 알코올의 탈수 반응에서 가장 느린 단계는 이 절의 '반응 메커니즘' 상자의 두 번째 단계인 탄소 양이온의 형성이다. 2단계가 속도 결정 단계이므로 이 단계는 탈수 반응에 대한 알코올의 반응성을 결정하게 된다. 이런 사실을 염두에 두고, 왜 3차 알코올이 쉽게 탈수되는지를 알아보자. 3차 탄소 양이온으로 되는 반응인 2단계는 활성화 에너지가 가장 낮으므로 3차 탄소 양이온의 형성이 제일 용이하다(**그림 7.7** 참조). 2차 알코올은 탈수를 위한 활성화 자유 에너지가 높기 때문에, 즉 2차 탄소 양이온은 덜 안정하므로 그리 쉽게 탈수되지 않는다. 1차 알코올이 탄소 양이온을 거쳐 탈수되기 위한 활성화 자유 에너지는 너무 높기 때문에 이것은 다른 메커니즘에 의해서 탈수 반응을 진행한다.

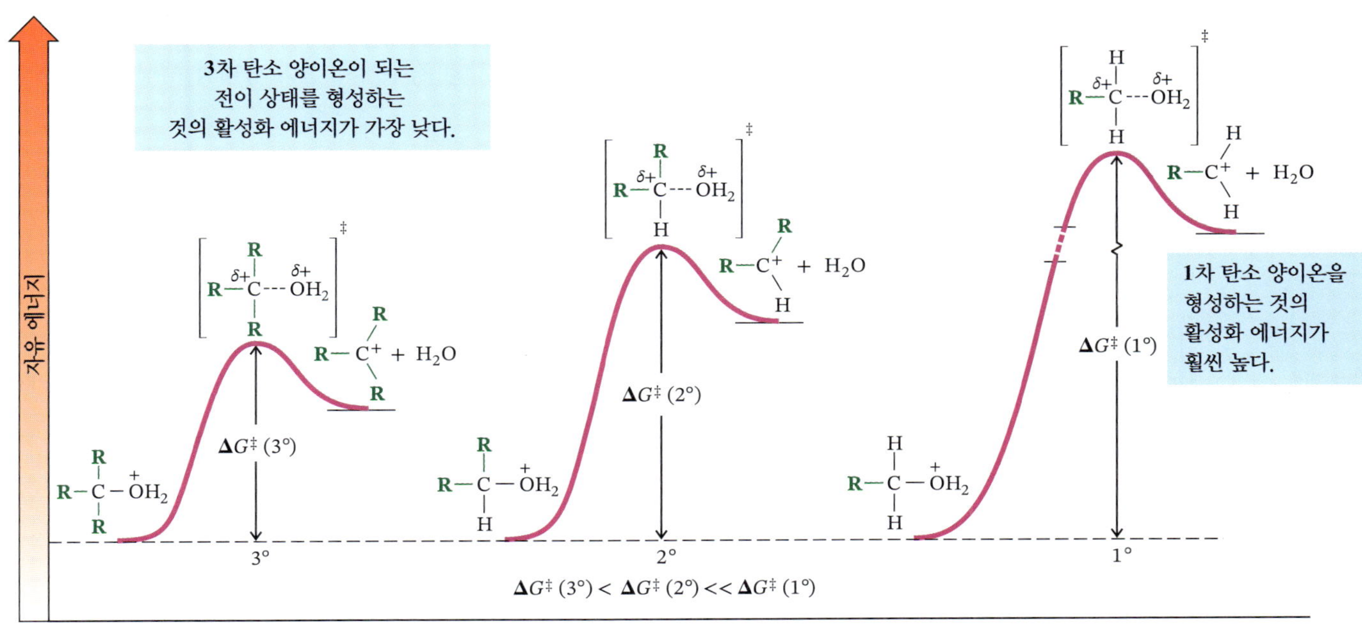

그림 7.7 양성자가 첨가된 3차, 2차 및 1차 알코올로부터 탄소 양이온이 형성될 때의 자유 에너지 도표. 상대적인 활성화 자유 에너지는 3차 < 2차 ≪ 1차이다.

반응 메커니즘

2차와 3차 알코올의 산 촉매에 의한 탈수 반응: E1 반응

1단계

2° 또는 3° 알코올 (R′은 H일 수도 있음) + 산 촉매 (대개 황산 또는 인산) ⇌ (빠름) 양성자가 첨가된 알코올 + 짝염기 ($:A^-$)

알코올이 산으로부터 양성자를 받는 단계로 빠르다.

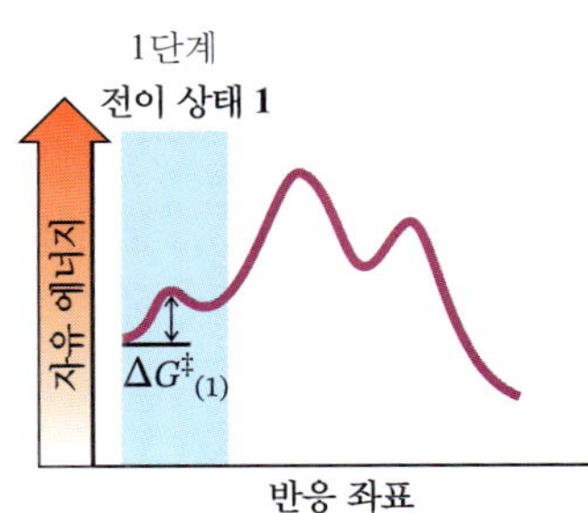

2단계

양성자가 첨가된 알코올 ⇌ (느림, 속도 결정 단계) 탄소 양이온 + H_2O

양성자가 첨가된 알코올은 물 분자를 잃고 탄소 양이온을 형성한다. 이 단계는 느리며 속도 결정 단계이다.

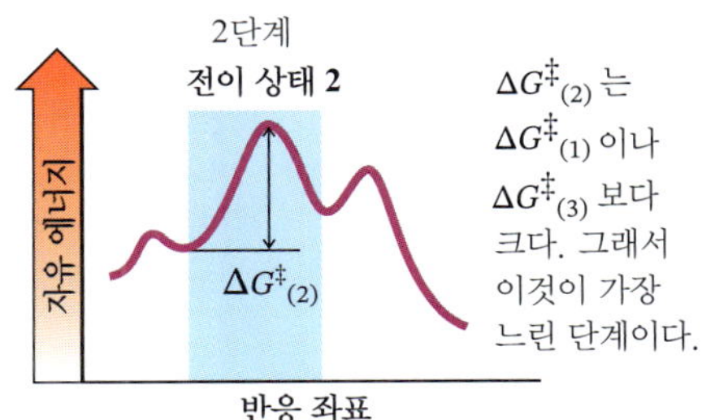

3단계

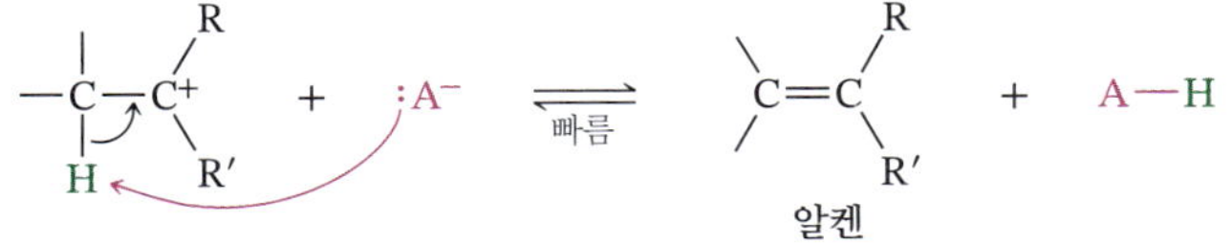

탄소 양이온은 염기에게 양성자를 잃는다. 이 단계에서 염기는 다른 알코올, 물 분자이거나 산의 짝염기일 수 있다. 양성자 전이로 인하여 알켄이 형성된다. 산의 총체적인 역할은 촉매이다(반응에서 사용된 후 재생된다).

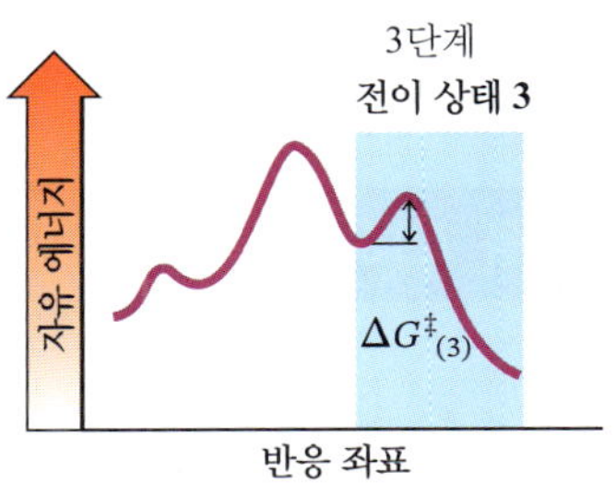

양성자가 첨가된 알코올로부터 탄소 양이온이 형성되는 반응은 매우 높은 **흡열 반응**이다. Hammond–Leffler 가설(6.13A절)에 따르면 각각의 경우에서 전이 상태와 생성물 사이에는 유사성이 커야 한다.

- **3차 탄소 양이온이 되는 전이 상태가 가장 에너지가 낮은 탄소 양이온과 비슷하므로 자유 에너지가 제일 낮다.**

이와는 대조적으로, 1차 탄소 양이온이 되는 전이 상태는 가장 높은 에너지의 탄소 양이온을 닮았으므로 자유 에너지가 제일 높다. 더욱이 각각의 경우에서 전이 상태는 탄소 양이온을 안정화시키는 것과 똑같은 요인에 의해서 안정화된다. 이 요인은 곧 **전하의 비편재화(delocalization of the charge)**이다. 이것은 전이 상태가 형성되는 과정을 살펴보면 곧 알 수 있다.

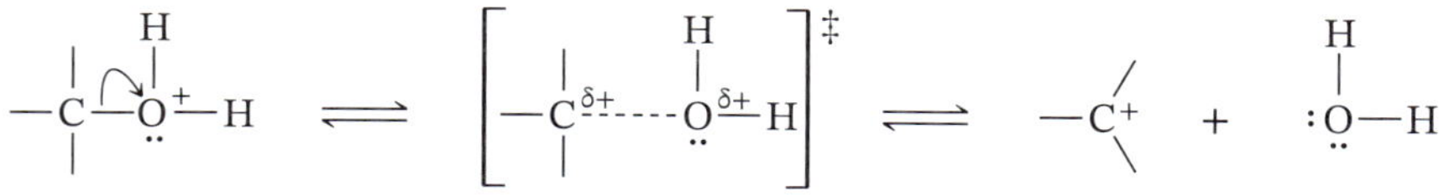

$$-\overset{|}{\underset{|}{C}}-\overset{+}{\underset{\cdot\cdot}{O}}(H)-H \rightleftharpoons \left[-\overset{|}{\underset{|}{C}}{}^{\delta+}\cdots\cdots\underset{\cdot\cdot}{O}(H)^{\delta+}-H\right]^{\ddagger} \rightleftharpoons -C^{+} + :\underset{\cdot\cdot}{O}(H)-H$$

양성자가 첨가된 알코올 전이 상태 탄소 양이온

양성자가 첨가된 알코올의 산소 원자는 온전한 양전하를 띤다. 전이 상태가 만들어지면서 산소 원자는 결합되었던 탄소 원자로부터 떨어져 나가기 시작한다. 탄소 원자는 산소 원자를 맺고 있던 전자들을 잃고 있으므로 부분적인 양전하를 띠기 시작한다. 이렇게 생겨나는 양전하는 **전자를 밀어 주는 세 개의 알킬기가 가상적 짝지음(하이퍼콘쥬게이션, 6.11B절)에 의해서 생겨나는 양전하에게 전자 밀도를 제공해 주므로 3차 탄소 양이온으로 되는 전이 상태에서 가장 효과적으로 분산된다.** 양전하는 2차 탄소 양이온(전자를 미는 그룹이 **두 개**)이 되는 전이 상태에서는 덜 효과적으로 분산되며, 1차 탄소 양이온(전자를 미는 그룹이 **한 개**)이 되는 전이 상태에서는 가장 비효과적으로 분산되는 것이다. 이러한 까닭으로 1차 알코올의 탈수 반응은 다른 메커니즘, 즉 E2 메커니즘으로 진행된다. 일반적으로 1차 알코올의 탈수 반응을 이루기 위해서 산을 사용하는 것은 실험실적 조건에서는 실용적이지 않다. 11장에서 1차 알코올을 다른 시약을 이용해서 E2 반응을 완수하는 방법을 보게 될 것이다.

가상적 짝지음에 의한 안정화(그림 6.7 참조)가 3차 탄소 양이온에서 가장 크다.

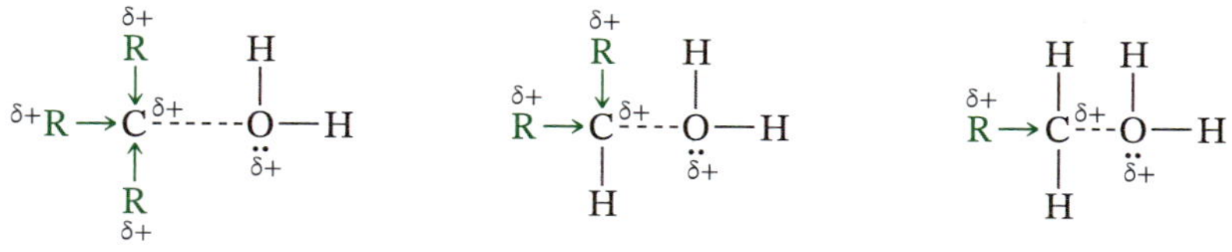

$$\overset{\delta+}{R}\rightarrow, \quad {}^{\delta+}R\rightarrow C^{\delta+}\cdots\cdots\underset{\delta+}{\overset{H}{O}}-H \leftarrow \underset{\delta+}{R}$$

3차 탄소 양이온으로 되는 전이 상태 (가장 안정)

$$\overset{\delta+}{R}\downarrow, \quad \overset{\delta+}{R}\rightarrow \underset{H}{C}{}^{\delta+}\cdots\underset{\delta+}{\overset{H}{O}}-H$$

2차 탄소 양이온으로 되는 전이 상태

$$\overset{\delta+}{R}\rightarrow \overset{H}{\underset{H}{C}}{}^{\delta+}\cdots\underset{\delta+}{\overset{H}{O}}-H$$

1차 탄소 양이온으로 되는 전이 상태 (가장 덜 안정)

되새김 물음 7.15

아래의 알코올을 산 촉매에 의한 탈수 반응의 용이도가 증가하는 순(가장 반응성이 큰 것을 1번)으로 나열하시오.

1-Pentanol 2-Methyl-2-butanol 3-Methyl-2-butanol

7.11 탄소 양이온의 안정도와 분자 전위(자리 옮김) 발생

탄소 양이온의 안정도와 이것이 전이 상태에 미치는 영향을 이해했으니, 이제는 어떤 알코올의 **탈수 반응**에서 일어나는 탄소 골격의 전위에 대한 설명을 해보자.

7.11A 2차 알코올의 탈수 반응 과정에서 전위(자리 옮김) 반응

3,3-다이메틸-2-뷰탄올이 탈수될 때 일어나는 **전위(rearrangement)**를 다시 예로 들어 생각해 보기로 한다.

$$CH_3-C(CH_3)_2-CH(OH)-CH_3 \xrightarrow[\text{가열}]{85\%\ H_3PO_4} (H_3C)_2C{=}C(CH_3)_2 + H_2C{=}C(CH_3)-CH(CH_3)-CH_3$$

3,3-Dimethyl-2-butanol → **2,3-Dimethyl-2-butene** (주 생성물) + **2,3-Dimethyl-1-butene** (부 생성물)

이 탈수 반응의 첫 단계는 일반적인 방법대로 양성자가 첨가된 알코올이 형성되는 것이다.

1단계

$$CH_3-C(CH_3)_2-CH(\ddot{O}H)-CH_3 + H-\overset{+}{O}H_2 \rightleftharpoons CH_3-C(CH_3)_2-CH(\overset{+}{O}H_2)-CH_3 + H_2\ddot{O}:$$

알코올에 양성자가 첨가됨

양성자가 첨가된 알코올

두 번째 단계에서 양성자가 첨가된 알코올은 물을 잃고 2차 탄소 양이온을 만든다.

2단계

$$CH_3-C(CH_3)_2-CH(\overset{+}{O}H_2)-CH_3 \rightleftharpoons CH_3-C(CH_3)_2-\overset{+}{C}H-CH_3 + H_2\ddot{O}:$$

물 분자가 떠나감

2° 탄소 양이온

이제 전위가 일어난다. **덜 안정한 2차 탄소 양이온은 더욱 안정한 3차 탄소 양이온으로 전위(자리 옮김)한다.**

3단계

$$CH_3-C(CH_3)_2-\overset{+}{C}HCH_3 \longrightarrow \left[CH_3-\overset{\delta+}{C}(CH_3)\cdots CH_3\cdots\overset{\delta+}{C}HCH_3\right]^{\ddagger} \longrightarrow (H_3C)_2\overset{+}{C}-CH(CH_3)CH_3$$

2° 탄소 양이온 (덜 안정) → 전이 상태 → 3° 탄소 양이온 (더 안정)

메틸기의 이동에 의한 전위(자리 옮김)

양전하를 띤 탄소에 이웃한 탄소 원자로부터 알킬기(메틸기)가 이동하여 전위가 생기는 것이다. 메틸기는 **전자쌍을 가지고**, 즉 메틸 음이온 $^{-}:CH_3$[**메탄화 이온(methanide)**이라 부름]으로 이동한다. 전이 상태에서, 이동하는 메틸은 가지고 가는 한 쌍의 전자를 써서 두 탄소 원자에 부분적으로 결합되어 있다. 그것은 결코 탄소 골격을 이탈하지 않는다. 이동이 끝나면 메틸 음이온이 떠나간 탄소 원자는 탄소 양이온이 되며, 그것이 이동해 간 탄소 원자의 양전하는 중성으로 된다. 한 기가 한 탄소 원자로부터 다음 탄소 원자로 이동하였으므로 이런 종류의 전위를 흔히 **1,2-이동(1,2 shift)**이라고 부른다.

반응의 마지막 단계는 새로운 탄소 양이온으로부터 양성자를 잃고(반응 혼합물에 있는 Lewis 염기에 의해서) 알켄이 형성되는 것이다. 그러나 이 단계는 두 가지 방법으로 일어날 수 있다.

4단계

A: (a) 또는 (b)

$H-CH_2-\overset{+}{C}(CH_3)-CH(H)(CH_3)-CH_3$

β 수소 제거

(a) ⇌ $H_2C=C(CH_3)-CH(CH_3)-CH_3$ (부 생성물) 덜 안정한 알켄

(b) ⇌ $(H_3C)_2C=C(CH_3)_2$ (주 생성물) 더 안정한 알켄

+ HA

더 유리한 생성물은 형성된 알켄의 안정성에 의해서 정해진다. 반응 조건(열과 산)은 두 형태의 알켄 사이에 **평형을 이루게 한다.** 그리고 **더 안정한 알켄이 위치 에너지가 더 낮기 때문에 주 생성물이다.** 그러한 반응을 **평형** 또는 **열역학적 지배**하에 있다고 말한다. 경로 (b)는 가장 안정한 4개의 치환기를 가진 알켄이 되는 것으로, 대부분의 탄소 양이온은 이 경로를 따른다. 한편 경로 (a)는 덜 안정한 2개의 치환기를 가진 알켄이 되는 것으로 이것의 위치 에너지가 더 높기 때문에 반응의 부 생성물이 만들어지는 경로이다.

도움말

알코올의 탈수 반응은 Zaitsev 규칙을 따른다.

- **더 안정한 알켄이 형성되는 것은 알코올의 산 촉매에 의한 탈수 반응에 있어서 일반적인 규칙(Zaitsev 규칙)이다.**

탄소 양이온을 포함하는 많은 반응에서 앞서 기술한 전위는 일반적인 현상임이 밝혀졌다. **알칸화 이온이나 수소 음이온이 이동하여 더욱 안정한 탄소 양이온이 될 수 있을 때는 언제든지 전위가 일어난다.** 다음은 이러한 예들이다.

$CH_3-C(CH_3)_2-\overset{+}{C}H-CH_3 \xrightarrow{\text{알칸화 이온 이동}} CH_3-\overset{+}{C}(CH_3)-CH(CH_3)-CH_3$

2° 탄소 양이온 → 3° 탄소 양이온

수소 음이온 이동

$CH_3-\overset{H}{C}(CH_3)-\overset{+}{C}H-CH_3 \longrightarrow (H_3C)_2\overset{+}{C}-\overset{H}{C}H-CH_3$

2° 탄소 양이온 → 3° 탄소 양이온

탄소 양이온의 전위로 고리의 크기가 변하는 다음과 같은 예도 있다.

고리 확장

OH, CH_3, $CH-CH_3$ —HA, 가열 $(-H_2O)$→ CH_3, $\overset{+}{C}H-CH_3$ (2° 탄소 양이온) →

CH_3, $CHCH_3$ (3° 탄소 양이온) ≡ CH_3, CH_3, H, $^-$:A —$-HA$→ CH_3, CH_3

고리 확장 과정은 고리 긴장이 해소될 때 더욱 유리하다.

탄소 양이온과 전위(자리 옮김) 반응에 대하여 기억해야 할 일반적인 특징은 다음과 같다: (1) 수소 음이온이나 알칸화 이온의 전위는 처음 형성되었던 탄소 양이온보다 더 안정한 탄소 양이온이 되거나(예: 2°가 3° 양이온으로 이동) 대략 비슷한 안정도를 가진 탄소 양이온이 될 때 일어난다; (2) 여러 가지 β 수소가 제거될 수 있는데, 가장 안정한 알켄이 되도록 진행된다; 또는 (3) 친핵체가 탄소 양이온을 공격하여 치환 반응 생성물을 형성한다. 알코올의 탈수 반응이 고온에서 진행될 때 주 생성물은 치환 반응 생성물이기보다는 알켄이다.

보기 물음 7.7

위에서 탈수 반응의 주 생성물이 1,2-다이메틸사이클로헥센(오른쪽 구조 참조)이지 2,3-다이메틸-1-사이클로헥센이 아닌 까닭을 설명하시오.

풀이

탈수 반응으로 주로 더 안정한 알켄(두 가지가 가능할 때)이 형성됨을 배웠다. 또한 알켄의 안정성은 이중 결합의 탄소에 붙어 있는 알킬기의 수와 관련이 있음을 알고 있다. 1,2-다이메틸사이클로헥센은 4개의 치환기를 지닌 이중 결합을 가지고 있고, 2,3-다이메틸-1-사이클로헥센은 3개의 치환기를 지녔다.

1,2-Dimethylcyclohexene
(주 생성물)

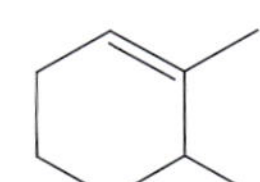

2,3-Dimethyl-1-cyclohexene
(부 생성물)

되새김 물음 7.16

네오펜틸 알코올[$(CH_3)_3CCH_2OH$]을 산 촉매에 의한 탈수 반응을 시키면 2-메틸-2-뷰텐이 주로 생긴다. 이것이 생성되는 모든 단계를 보이는 메커니즘을 쓰시오.

되새김 물음 7.17

2-메틸-1-뷰탄올이나 3-메틸-1-뷰탄올을 산 촉매하에 탈수 반응시키면 2-메틸-2-뷰텐이 주로 생성된다. 이 반응의 메커니즘을 제시하시오.

되새김 물음 7.18

1-사이클로뷰틸에탄올(아래에 보임)을 진한 황산으로 120 °C에서 처리하면 형성된 생성물 중 하나는 메틸사이클로펜텐이다. 형성된 새로운 생성물을 설명할 수 있는 메커니즘을 쓰시오.

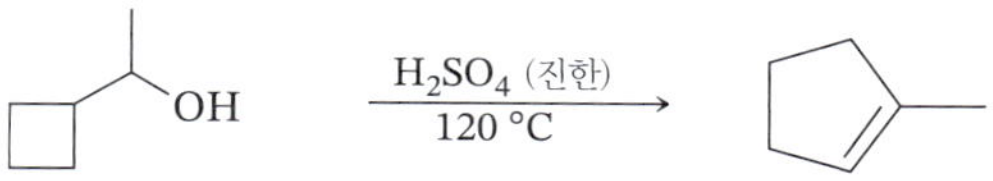

$$\text{1-사이클로뷰틸에탄올 (OH)} \xrightarrow[\text{120 °C}]{H_2SO_4\ (\text{진한})} \text{1-메틸사이클로펜텐}$$

7.12 말단 알카인의 산도

말단 알카인의 탄소에 결합된 수소는 **아세틸렌계 수소 원자(acetylenic hydrogen atom)**라고 불리는데, 알켄이나 알케인의 탄소에 결합된 수소들보다 훨씬 더 산성이다(3.8A절 참조). 에타인, 에텐, 그리고 에테인의 pK_a 값들이 이 점을 잘 나타낸다.

> **말단 알카인은 알켄이나 알케인보다 약 10^{20}배 더 산성이다.**

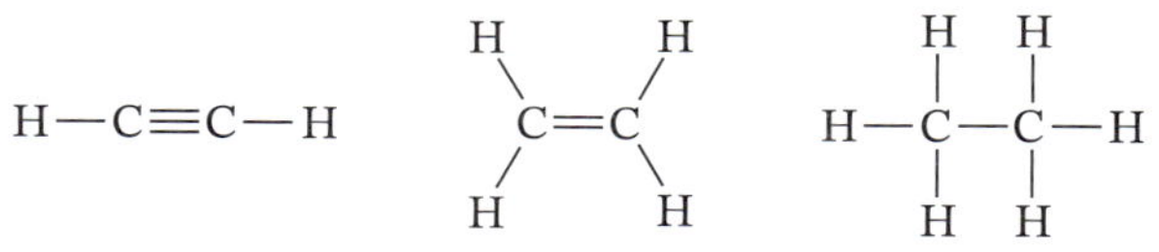

$H-C\equiv C-H$	$H_2C=CH_2$	H_3C-CH_3
pK_a = 25	**pK_a = 44**	**pK_a = 50**

그들의 음이온의 염기도는 상대적인 산도의 정반대이다.

상대적인 염기도

$$CH_3CH_2:^- > CH_2{=}CH:^- > HC{\equiv}C:^-$$

주기율표의 첫 번째 줄에 있는 원소의 수소 화합물들을 비교하면 상대적인 산도와 염기도를 다음과 같이 쓸 수 있다. 이러한 비교는 말단 알카인과 함께 어떤 염 그룹과 용매를 사용할지를 결정하는 데 도움이 된다.

상대적인 산도

가장 강산성 → 가장 약산성

$$H-\ddot{\underset{..}{O}}H > H-\ddot{\underset{..}{O}}R > H-C{\equiv}CR > H-\ddot{N}H_2 > H-CH{=}CH_2 > H-CH_2CH_3$$

pK_a 15.7	16~17	25	38	44	50

상대적인 염기도

가장 약염기성 → 가장 강염기성

$$^-:\ddot{\underset{..}{O}}H < {}^-:\ddot{\underset{..}{O}}R < {}^-:C{\equiv}CR < {}^-:\ddot{N}H_2 < {}^-:CH{=}CH_2 < {}^-:CH_2CH_3$$

이 순서에서 보듯이 말단 알카인은 암모니아보다 더 산성이지만 알코올과 물보다는 덜 산성이다.

보기 물음 7.8

곧 알게 되는 것처럼, 아마이드화 소듐($NaNH_2$)은 특별히 매우 강한 염기를 필요로 하는 반응일 때 유용하다. 아마이드화 소듐을 염기로 사용하여 반응을 수행할 때 메탄올과 같은 용매를 쓸 수 없는 까닭을 설명하시오.

풀이

알코올은 pK_a 값이 16~17이고 암모니아는 pK_a 값이 38이다. 이것은 메탄올이 암모니아보다 월등하게 더 강산임을 의미한다. 그리고 암모니아의 짝염기(NH_2^-)는 알콕시화 이온보다 훨씬 강염기이다. 그러므로 아마이드화 소듐을 메탄올에 녹이는 순간 다음과 같은 산-염기 반응이 일어날 것이다.

$$\underset{\text{더 강산}}{CH_3OH} + \underset{\text{더 강염기}}{NaNH_2} \xrightarrow[CH_3OH]{} \underset{\text{더 약염기}}{CH_3ONa} + \underset{\text{더 약산}}{NH_3}$$

pK_a 차이가 이렇게 크면 메탄올은 모든 아마이드화 소듐을 아마이드화 소듐보다 훨씬 더 약한 염기인 메톡시화 소듐으로 전환시킬 것이다. (이것은 용매의 평준화 효과의 한 예이다.)

되새김 물음 7.19

아래의 산-염기 반응 생성물을 예측해 보시오. 평형에서 생성물이 감지할 만한 양만큼 형성되지 않는다면 이것을 지적하시오. 각각에서 강산, 강염기, 약산, 약염기 등을 표시하시오.

(a) $CH_3CH_2CH_2CH_3 + NaNH_2 \longrightarrow$

(b) $CH_3CH_2CH{=}CH_2 + NaNH_2 \longrightarrow$

(c) $CH_3CH_2C{\equiv}CH + NaNH_2 \longrightarrow$

(d) $CH_3CH_2C{\equiv}C{:}^- + NH_4Cl \longrightarrow$

(e) $CH_3CH_2C{\equiv}C{:}^- + CH_3CH_2OH \longrightarrow$

7.13 제거 반응에 의한 알카인의 합성

- 알카인은 알켄으로부터 이웃한 다이할로젠화물을 거쳐서 합성될 수 있다.

vic(*vicinal*의 약어, 라틴어 *vicinus*에서 유래, '이웃한'이란 뜻)-**다이할로젠화물**은 할로젠들이 인접한 탄소 원자에 놓여 있는 화합물이다. *vic*-다이할로젠화물은 1,2-다이할로젠화물이라고도 한다. 예를 들어, *vic*-다이브로민화물은 알켄에 브로민을 첨가하여 합성될 수 있다(8.1절). 그 다음 *vic*-다이브로민화물을 강염기로 할로젠화 수소 이탈 반응을 두 번 시키면 알카인이 형성된다.

$$-\underset{X}{\overset{|}{\underset{|}{C}}}-\underset{X}{\overset{|}{\underset{|}{C}}}-$$

***vic*-다이브로민화물**

이웃한 다이할로젠화물 형성　　**이중 할로젠화 수소 이탈 반응**

$$RCH{=}CHR + Br_2 \longrightarrow \underset{\textit{vic}\text{-다이브로민화물}}{R-\underset{Br}{\overset{H}{C}}-\underset{Br}{\overset{H}{C}}-R} \xrightarrow{2\,NaNH_2} R-C{\equiv}C-R + 2\,NH_3 + 2\,NaBr$$

할로젠화 수소 이탈 반응은 두 단계로 일어나는데, 첫 단계에서는 브로모알켄이 생기고 두 번째 단계에서는 알카인이 생성된다.

7.13A 이중 할로젠화 수소 이탈 반응에 의한 알카인 합성의 실리적인 고려

이 두 번의 할로젠화 수소 이탈 반응은 별 개의 반응으로 수행되거나 한 혼합물에서 연속적으로 수행될 수 있다. 아마이드화 소듐($NaNH_2$) 같은 강염기는 두 할로젠화 수소 이탈 반응을 하나의 반응 혼합물에서 동시에 일으킬 수 있다. 다이할로젠화물 1몰에 대하여 적어도 2몰 당량의 아마이드화 소듐을 사용해야 한다. 예를 들면, 아래에서 보듯이 1,2-다이페닐에텐에 브로민을 첨가하면 1,2-다이페닐에타인의 합성을 위한 *vic*-다이할로젠화물이 생긴다.

$$C_6H_5CH{=}CHC_6H_5 \xrightarrow{Br_2} C_6H_5{-}CHBr{-}CHBr{-}C_6H_5 \xrightarrow{Na^+ \ :\overset{-}{N}H_2}$$

1,2-Diphenylethene

$$C_6H_5C(Br){=}CHC_6H_5 \xrightarrow{Na^+ \ :\overset{-}{N}H_2} C_6H_5{-}C{\equiv}C{-}C_6H_5$$

1,2-Diphenylethyne

- 다음의 예에서 보듯이 생성물이 사슬의 끝에 삼중 결합을 지닌 알카인(말단 알카인)이면 3몰 당량의 아마이드화 소듐을 사용해야 한다.

반응 메커니즘

vic-다이브로민화물의 할로젠화 수소 이탈 반응을 통한 알카인의 형성

반응

$$R{-}CHBr{-}CHBr{-}R + 2\,\overset{-}{N}H_2 \longrightarrow R{-}C{\equiv}C{-}R + 2\,NH_3 + 2\,Br^-$$

메커니즘

1단계

$$H_2\overset{..}{N}:^- + R{-}CHBr{-}CHBr{-}R \longrightarrow R(Br)C{=}CHR + H{-}\overset{..}{N}H{-}H + :\overset{..}{Br}:^-$$

Amide ion **vic-Dibromide** **Bromoalkene** **Ammonia** **Bromide ion**

강염기인 아마이드화 이온이 **E2** 반응을 일으킨다.

2단계

$$R(Br)C{=}CHR + :\overset{-}{N}H_2 \longrightarrow R{-}C{\equiv}C{-}R + H{-}\overset{..}{N}H{-}H + :\overset{..}{Br}:^-$$

Bromoalkene **Amide ion** **Alkyne** **Ammonia** **Bromide ion**

두 번째 **E2** 반응으로 알카인이 형성된다.

vic-다이할로젠화물이 초기에 할로젠화 수소 이탈 반응으로 두 가지 브로모알켄 혼합물이 생성되는데, 이들은 분리되지 않고 두 번째 할로젠화 수소 이탈 반응을 진행한다. 이 단계에서 말단 알카인이 생기자마자 세 번째 몰의 아마이드화 소듐에 의해서 양성자를 잃게(말단 알카인의 산도 때문) 된다(7.12절 참조). 이 과정을 끝내려면 염화 암모늄을 가해서 알카인화 소듐을 1-뷰타인으로 전환한다.

Br, Br; $NaNH_2$ (3당량), NH_3 → [Br + Br]

첫 번째 할로젠화 수소 이탈 반응의 결과

→ [H] → :⁻ Na^+ + NH_3

두 번째 할로젠화 수소 이탈 반응의 결과

일단 생성된 알카인은 제3당량의 염기에 의해서 양성자가 떨어진다.

NH_4Cl → H + NH_3 + NaCl

1-Butyne

- **gem(geminal)**-다이할로젠화물은 할로젠화 수소 이탈 반응에 의해서 알카인으로 전환될 수 있다.

X, X

***gem*-다이할로젠화물**

***gem*-다이할로젠화물(*gem*-dihalide**, gem은 라틴어 geminus, '쌍둥이'에서 유래)에서 두 개의 할로젠 원자가 같은 탄소 원자에 결합되어 있다. 케톤은 오염화 인과 반응하여 *gem*-다이염화물로 전환될 수 있다. 이 화합물은 알카인의 합성에 사용될 수 있다.

O, C, CH_3 → PCl_5, 0 °C, (– $POCl_3$) → Cl, C—CH_3, Cl → (1) 3 당량 $NaNH_2$, 광유, 가열 (2) HA → C≡CH

Cyclohexyl methyl ketone

***gem*-다이염화물 (70~80%)**

Cyclohexylacetylene (46%)

되새김 물음 7.20

(a) 3,3-다이메틸-1-뷰텐으로부터 3,3-다이메틸-1-뷰타인을, **(b)** 메틸 페닐 케톤으로부터 에타인일벤젠을 어떻게 합성할 수 있는가?

되새김 물음 7.21

다음의 각각으로부터 프로파인을 합성하는 모든 단계를 요약하시오.

(a) Acetone

(b) 1,1-Dichloropropane

(c) 1,2-Dibromopropane

(d) Propylene

7.14 말단 알카인은 탄소–탄소 결합 형성을 위한 친핵체로 전환될 수 있다

- 에타인이나 어떤 말단 알카인의 아세틸렌계 양성자($pK_a = 25$)는 아마이드화 소듐($NaNH_2$)과 같은 강염기에 의해서 제거될 수 있다. 그 결과로 알카인화 이온이 만들어진다.

$$H—C≡C—H + NaNH_2 \xrightarrow{\text{액체 } NH_3} H—C≡C:^- Na^+ + NH_3$$

$$CH_3C≡C—H + NaNH_2 \xrightarrow{\text{액체 } NH_3} CH_3C≡C:^- Na^+ + NH_3$$

- 알카인화 이온은 1차 할로젠화 알킬이나 다른 1차 기질과 탄소–탄소 결합 형성 반응에 유용한 친핵체이다.

다음은 알카인화 이온과 1차 할로젠화 알킬의 알킬화 반응에 의해서 탄소–탄소 결합을 형성하는 일반적인 예와 구체적인 예이다.

일반적인 예

$$R—C≡C:^- Na^+ + R'CH_2—Br \longrightarrow R—C≡C—CH_2R' + NaBr$$

알카인화 소듐 / 1° 할로젠화 알킬 / 일– 또는 이치환기의 아세틸렌

(R 또는 R′은 둘 다 수소일 수도 있다.)

구체적인 예

$$CH_3CH_2C≡C:^- Na^+ + CH_3CH_2—Br \xrightarrow[\text{6시간}]{\text{액체 } NH_3} CH_3CH_2C≡CCH_2CH_3 + NaBr$$

3-Hexyne
(75%)

알카인화 이온은 친핵체로 작용하여 1차 할로젠화 알킬로부터 할로젠화 이온을 치환한다. 이 결과는 S_N2 반응이다(6.5절).

$$RC≡C:^- \; Na^+ + R'CH_2—\ddot{Br}: \xrightarrow[\text{치환 반응 } S_N2]{\text{친핵성}} RC≡C—CH_2R' + NaBr$$

알카인화 소듐 1° 할로젠화 알킬

- 1차 할로젠화 알킬을 알카인화 이온의 알킬화 반응에 사용하여 제거 반응과의 경쟁을 피하도록 한다.

2차와 3차 기질을 사용할 때 알카인화 이온은 친핵체라기보다는 염기로 작용하여 E2 제거 반응이 주로 일어나게 된다.

$$RC≡C:^- + H—C(R')(H)—C(H)(R'')—Br \xrightarrow{E2} RC≡CH + R'CH=CHR'' + Br^-$$

2° 할로젠화 알킬

보기 물음 7.9

1-뷰타인으로부터 5-페닐-3-펜타인의 합성을 요약하시오.

$$CH_3CH_2C{\equiv}C{-}H \longrightarrow CH_3CH_2C{\equiv}C{-}CH_2C_6H_5$$

1-Butyne **1-Phenyl-2-pentyne**

풀이

뷰타인의 아세틸렌계 수소의 산도를 이용하여 그것을 아마이드화 소듐으로 반응시켜 알카인화 이온으로 전환한다. 아마이드화 소듐은 아세틸렌계 수소를 제거하기에 충분한 강염기이다. 그다음 알카인화 이온을 S_N2 반응의 친핵체로 사용하여 브로민화 벤질과 반응시킨다.

$$\text{1-Butyne (H)} \xrightarrow[\text{액체 } NH_3]{NaNH_2} \text{alkynide } {:}^{-}Na^{+} \xrightarrow{C_6H_5CH_2Br} \text{product } (C_6H_5)$$

Benzyl bromide **5-Phenyl-3-pentyne**

되새김 물음 7.22

2,2-다이메틸-3-헥사인을 합성하고자 한다. 다음 네 가지 화합물 중에서 선택할 수 있다고 하자.

$CH_3C{\equiv}CH$ $\quad (CH_3)_3C{-}Br$ $\quad (CH_3)_3C{-}C{\equiv}CH$ $\quad CH_3CH_2I$

아마이드화 소듐 및 액체 암모니아도 사용할 수 있다고 가정하자. 최상의 합성 경로를 제시하시오.

7.14A 알카인화 이온의 알킬화 반응에 의해서 설명되는 구조와 반응성의 일반적인 원리

알카인화 이온의 **알킬화 반응**(**alkylation**)은 구조와 반응성에 관하여 여러 가지 핵심적인 관점을 잘 설명하고 있다.

1. 알카인화 이온의 합성에는 간단한 **Brønsted–Lowry 산–염기 화학**(**Brønsted–Lowry acid–base chemistry**)이 관여한다. 이미 본 바(7.9절과 7.11절)대로, 말단 알카인의 수소는 약산성($pK_a \cong 25$)이므로 아마이드화 소듐 같은 강염기에 의해서 제거될 수 있다. 이 산도의 원인은 3.8A절에서 설명되었다.
2. 일단 형성된 알카인화 이온은 **Lewis 염기**(3.3절)로서 전자쌍 받개(**Lewis 산**)인 할로젠화 알킬과 반응한다. 따라서 알카인화 이온은 **친핵체**(nucleophile, 3.4절과 6.3절)라고 부른다. 왜냐하면 음전하가 말단 탄소에 집중되어 있어서 양전하를 추구하는 시약이기 때문이다.
3. 할로젠화 알킬은 **친전자체**(electrophile, 3.4절과 8.1절)이다. 왜냐하면 할로젠이 붙어 있는 탄소에 부분적인 양전하가 있어서 이것이 음전하를 추구하기 때문이다. 할로젠화 알킬의 극성은 할로젠 원자와 탄소 원자 사이의 전기 음성도 차에 따른 직접적인 결과이다.

그림 7.8에 보인 에타인화 이온(아세틸렌화 이온)과 클로로메테인의 정전기적 퍼텐셜 지도는 전형적인 알카인화 이온과 할로젠화 알킬의 친핵성과 친전자성을 잘 나타내고 있다. 에타

도움말

모든 유기 화학 반응을 공부할 때마다 그렇게 하듯이 그림 7.8에 보인 반응에서 원자가 전자 수와 형식 전하를 잘 헤아려 보아야 한다.

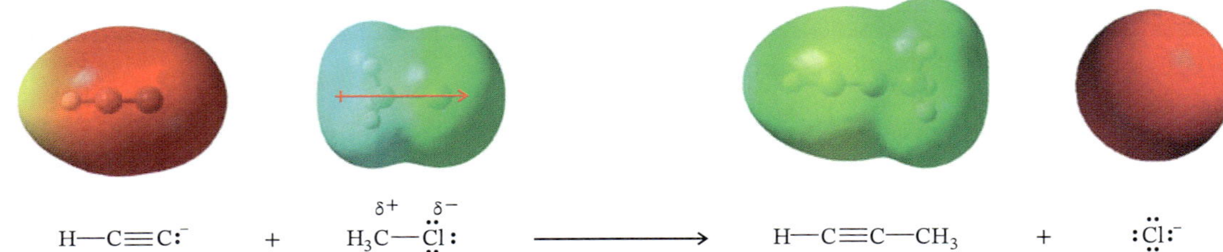

그림 7.8 에타인화(아세틸렌화) 이온과 클로로메테인의 반응. 정전기적 퍼텐셜 지도는 알카인화 이온과 할로젠화 알킬의 상보적인 친핵성과 친전자성을 나타낸다. 클로로메테인의 쌍극자 모멘트는 적색 화살표로 나타냈다.

인화 이온은 음전하를 말단 탄소에 집중적으로 가지고 있다(정전기적 퍼텐셜 지도에서 적색으로 표시됨). 반대로 클로로메테인의 부분적인 양전하는 전기 음성적인 염소 원자가 붙어 있는 탄소에 있다(클로로메테인의 쌍극자 모멘트는 탄소-염소 결합을 따라 놓인다). 따라서 Lewis 염기로 행동하는 알카인화 이온은 1차 할로젠화 알킬의 부분적으로 양인 탄소에 끌려가게 된다. 둘 사이의 충돌이 적당한 방향에서 충분한 운동 에너지를 가지고 일어난다고 가정하면, 알카인화 이온은 할로젠화 알킬에게 전자 2개를 가져와 새로운 결합을 이루게 된다. 할로젠은 이전에 탄소와 결합하여 있던 한 쌍의 전자를 가지고 음이온으로 떠나간다. 이것은 물론 S_N2 반응으로 6장에서 다른 것들과 함께 상세히 논의되었다.

7.15 알켄의 수소화(수소 첨가) 반응

- 알켄은 다양한 금속 촉매의 존재하에서 수소 원자 하나를 이중 결합의 각 탄소에 첨가시킨다(4.16A, 5.10A절).

불용성인 백금, 팔라듐, 또는 니켈 촉매(4.16A절)가 관여하는 수소화 반응은 **불균일 촉매(heterogeneous catalysis)** 작용에 의해 진행된다고 말한다. 이것은 반응 혼합물의 기질은 용해하나 촉매는 용해하지 않기 때문이다. 촉매가 반응 혼합물에서 녹는 수소화 반응은 **균일 촉매(homogeneous catalysis)** 작용에 의해 일어난다고 말한다. 수소화 반응의 전형적인 균일 촉매에는 인과 다른 리간드를 가진 로듐과 루테늄이 포함되어 있다. 가장 잘 알려진 균일 수소화 반응 촉매로는 Wilkinson 촉매인 염화 트리스(트라이페닐포스핀)로듐 $Rh[(C_6H_5)_3P]_3Cl$이 있다. 아래는 불균일 촉매와 균일 촉매를 이용하는 수소화 반응의 예들이다.

도움말
이들은 모두 첨가 반응이다.

$$\text{(propene)} + H_2 \xrightarrow[25\,^\circ C]{Pt,\ Pd\ \text{또는}\ Ni} \text{(propane)}$$

$$\text{(alkene)} + H_2 \xrightarrow{Rh[(C_6H_5)_3P]_3Cl} \text{(alkane)}$$

촉매 수소화 반응은 위에서 보인 것처럼 반응 형태는 **첨가 반응(addition reaction**, 치환 반응이나 제거 반응과 대조)이다. 그리고 또한 환원 반응의 형태이다. 이것은 포화된 화합물과 불포화된 화합물을 구별해 준다.

- 탄소-탄소 단일 결합(알케인이나 다른 물질)만을 지닌 화합물은 **포화 화합물(saturated compound)**이라고 부른다. 주어진 구조식에서 지닐 수 있는 최대한의 수소를 가지고 있기 때문이다.

- 탄소–탄소 다중 결합(알켄, 알카인, 방향족 화합물)을 지닌 화합물은 **불포화 화합물**(**unsaturated compound**)이라고 말한다. 왜냐하면 주어진 분자식에서 가능한 수소 원자의 수보다 작은 수를 가졌기 때문이다.

불포화 화합물은 **촉매 수소화 반응**(**catalytic hydrogenation**)에 의해서 포화 화합물로 **환원**될 수 있다. 아래의 예는 불포화 글리세라이드를 포화 글리세라이드(둘 다 지방)로 촉매 수소화 반응을 통하여 전환하는 것을 보여 주고 있는데, 식품 산업에서 지방의 물리적 성질을 변화시키기 위해서 이용된다.

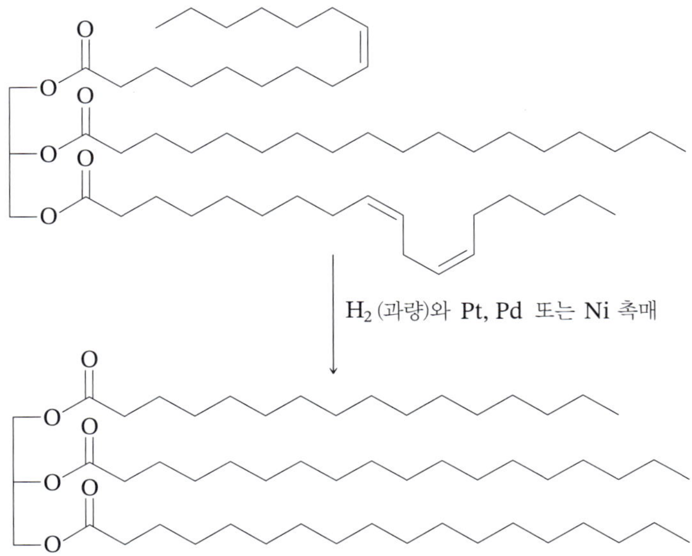

불포화 지방은 수소화 반응으로 포화 지방을 형성한다.

천연 불포화 지방 분자들은 포화 지방 분자들보다 덜 균일하게 배열한다. 불포화 지방에 있는 cis 이중 결합으로부터 '비꼬임' 때문이다. 그래서 불포화 지방 분자들 사이의 분자간 힘은 약하고 포화 지방보다 녹는점이 낮다. '산업 화학… 식품 산업에서의 수소화 반응'을 참조하시오.

공업 화학: 식품 산업에서의 수소화 반응

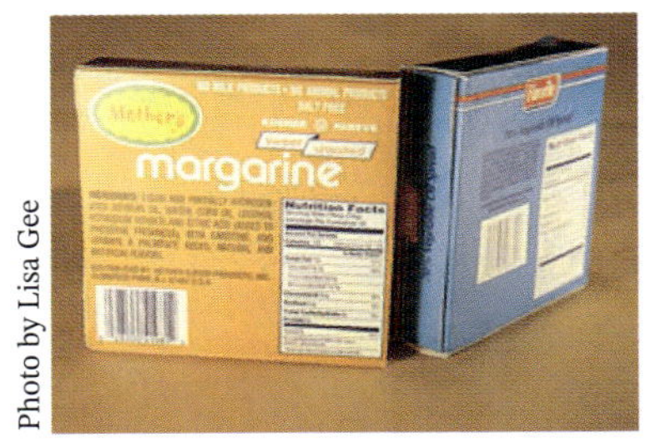

Photo by Lisa Gee

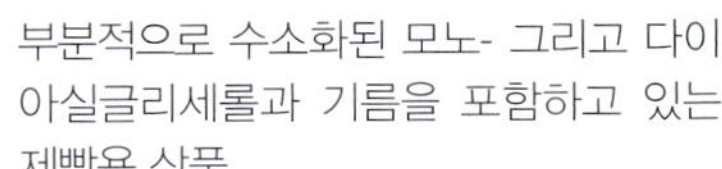
부분적으로 수소화된 모노- 그리고 다이아실글리세롤과 기름을 포함하고 있는 제빵용 상품

© Jonathan Vasata/iStock photo

trans 지방산이 없음(0%)

식품 산업에서는 촉매 수소화 반응을 이용하여 액체인 식물성 기름을 반고형상인 마가린이나 고체인 조리용 지방으로 만든다. 많은 제조된 식품의 라벨을 보면 '부분적으로 수소화된 식물성 기름'이 포함되어 있음을 알 수 있다. 식품에 이런 기름이 포함되는 여러 가지 까닭이 있지만, 부분적으로 수소화된 식물성 기름의 보관 기간이 긴 것이 한 가지 까닭이다.

지방과 기름(23.2절)은 '지방산'이라 불리는 긴 탄소 사슬을 지닌 카복실산의 글리세린 에스터이다. 지방산은 포화되었거나(이중 결합이 없음), 불포화도가 1이거나(이중 결합이 1개), 다중 불포화도(1개 이상의 이중 결합)를 가졌다. 기름은 전형적으로 한 개 또는 그 이상의 이중 결합을 지닌 지방산의 비율이 지방보다 높다. 기름을 수소화 반응시키면 이중 결합들 중 일부가 단일 결합으로 바뀐다. 이러한 전환으로 마가린이나 반고형상의 조리용 지방이 생성되는 것이다.

촉매 수소화 반응으로 부분적으로 수소화된 식물성 기름을 만드는 데 있어서 잠재적인 문제는 수소화 반응이 지방산의 이중 결합(수소를 흡수하지 않은 것)의 이성질화를 유발할 수 있다는 점이다. 모든 천연 지방이나 기름에서 이중 결합은 cis 배위를 하고 있다. 수소화 반응에 쓰인 촉매들이 이들 cis 이중 결합을 비천연적인 trans 배위로 전환한다. trans 지방산이 건강에 미치는 효과는 아직도 연구 중이지만, 지금까지의 실험에 의하면 그들이 혈중 콜레스테롤과 트라이아실글리세롤의 정도를 높이며, 이것들은 심장 혈관 질환을 높인다.

7.16 수소화 반응: 촉매의 기능

알켄의 수소화 반응은 발열 반응($\Delta H^\circ \cong -120$ kJ mol^{-1})이다.

$$\text{R—CH=CH—R} + \text{H}_2 \xrightarrow{\text{수소화 반응}} \text{R—CH}_2\text{—CH}_2\text{—R} + \text{열}$$

비록 과정은 발열 반응이나 촉매 없이 진행되는 수소화 반응은 보통 활성화 에너지가 크다. 알켄과 수소 분자 사이의 반응은 촉매 없이는 상온에서 일어나지 않는다. 그러나 금속 촉매를 넣으면 상온에서 흔히 일어난다. 촉매는 낮은 활성화 자유 에너지를 가진 새로운 반응 경로를 제공하는 것이다(**그림 7.9**).

불균일 수소화 반응에서 가장 흔히 사용되는 촉매는 잘게 부서진 백금, 니켈, 팔라듐, 로듐, 루테늄이 탄소 분말(활성탄) 표면에 흡착된 것이다. 반응 용기의 대기 중으로 유입된 수소 기체는 화학 반응에 의해서, 즉 금속 표면에 있는 쌍을 이루지 않은 전자들이 수소의 전자와 **쌍을 이루어서**(**그림 7.10*a***) 수소를 표면에 잡아매는 것이다. 알켄이 수소가 흡착된 표면과 충돌하면 알켄도 역시 흡착된다(**그림 7.10*b***). 수소 원자가 단계적으로 전달되어 유기 분자가 촉매 표면을 떠나기 전에 알케인이 만들어진다(**그림 7.10*c*, *d***). 이 결과로 **두 수소 원자는 보통 분자의 같은 쪽에서 첨가된다**. 이렇게 첨가되는 모양을 **syn 첨가 반응**이라고 부른다(7.17A절).

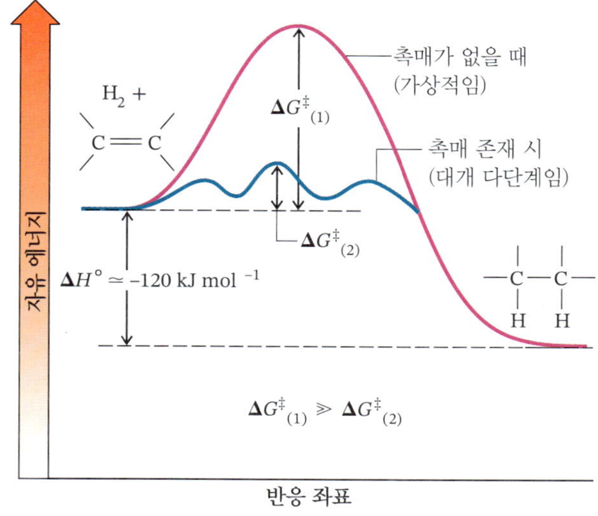

그림 7.9 촉매하의 수소화 반응과 촉매가 없을 때의 가상적인 수소화 반응에 대한 자유 에너지 그림. 촉매가 없는 반응의 활성화 자유 에너지[$\Delta G^{\ddagger}_{(1)}$]는 촉매가 있는 반응의 활성화 자유 에너지[$\Delta G^{\ddagger}_{(2)}$]보다 훨씬 크다. 촉매가 없는 수소화 반응은 일어나지 않는다.

금속 촉매의 표면 + H_2 (과량) ⇌ (a) ⇌ (b) ⇌ (c) ⇌ (d)

그림 7.10 잘게 부서진 백금에 의하여 촉매화되는 알켄의 수소화 반응 메커니즘: (a) 수소 흡착; (b) 알켄 흡착; (c)와 (d) 두 수소 원자를 알켄의 같은 면에 단계적으로 전달(syn 첨가 반응).

$$C{=}C + H{-}H \xrightarrow{Pt} \text{H-C-C-H (같은 쪽)}$$

촉매 수소화 반응은 syn 첨가 반응이다.

7.16A syn 첨가 반응과 anti 첨가 반응

첨가되는 시약의 부분들이 반응물의 같은 쪽(면)에 놓이는 첨가 반응을 **syn 첨가 반응(syn addition)**이라고 한다. 방금 백금 촉매하의 수소(X = Y = H) 첨가가 syn 첨가 반응임을 보았다.

$$C{=}C + X{-}Y \longrightarrow \text{X-C-C-Y}$$

syn 첨가 반응

syn 첨가 반응의 반대는 **anti 첨가 반응(anti addition)**이다. anti 첨가 반응에서는 첨가되는 시약의 부분들이 반응물의 반대쪽에 가서 붙는다.

$$C{=}C + X{-}Y \longrightarrow \text{X-C-C-Y}$$

anti 첨가 반응

다음 8장에서는 알켄과 알카인에 여러 가지 중요한 syn 첨가 반응과 anti 첨가 반응을 공부하게 될 것이다.

7.17 알카인의 수소화 반응

반응 조건과 촉매에 따라 1당량 또는 2당량의 수소가 탄소–탄소 삼중 결합에 첨가된다. 백금을 촉매로 쓰면 알카인은 대개 2당량의 수소와 반응하여 알케인이 된다.

$$CH_3C{\equiv}CCH_3 \xrightarrow{Pt,\ H_2} [CH_3CH{=}CHCH_3] \xrightarrow{Pt,\ H_2} CH_3CH_2CH_2CH_3$$

그러나 알카인을 알켄으로 바꾸는 **수소화 반응(hydrogenation)**도 특별한 촉매나 시약을 쓰면 가능하다. 더욱이 이러한 특별한 방법들에 의하여 (*E*)- 또는 (*Z*)-알켄을 두 개의 치환기를 가진 알카인으로부터 합성할 수 있다.

7.17A 수소의 syn 첨가 반응: *cis*-알켄의 합성

알카인을 알켄으로 수소화 반응시키는 **불균일 촉매**(**heterogeneous**)로 P-2 촉매라고 부르는 붕소화 니켈이 있다. 이 P-2 촉매는 아세트산 니켈을 수소화붕소 소듐으로 환원하여 얻는다.

$$\mathrm{Ni}\left(\mathrm{OCCH_3}\right)_2 \xrightarrow[\mathrm{EtOH}]{\mathrm{NaBH_4}} \underset{\textbf{P-2}}{\mathrm{Ni_2B}}$$

(아세트산 니켈: Ni(OC(=O)CH$_3$)$_2$)

- P-2 촉매 존재하에서 알카인의 수소화 반응은 **수소의 syn 첨가 반응**(**syn addition of hydrogen**)을 한다. 내부 삼중 결합을 가진 알카인으로부터 생성된 알켄은 (*Z*) 또는 cis 배위를 하고 있다.

3-헥사인의 수소화 반응이 이러한 사실을 잘 나타낸다. 반응은 촉매 표면(7.15절)에서 일어나 syn 첨가 반응을 잘 설명해 준다.

알카인에 수소의 syn 첨가 반응

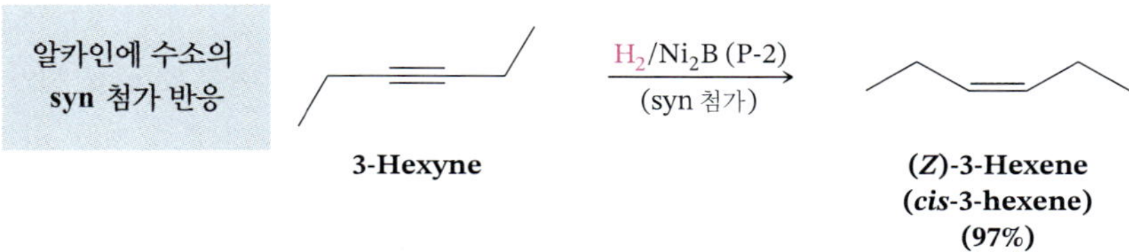

다른 특별히 제조된 촉매들도 이치환기의 알카인으로부터 *cis*-알켄을 합성하는 데 쓸 수 있다. 탄산 칼슘에 퇴적된 팔라듐을 아세트산 납과 퀴놀린(20.1B절)으로 처리한 다음 촉매로 사용하면 cis 첨가가 일어난다. 이 촉매를 **Lindlar 촉매**(**Lindlar's catalyst**)라고 부른다.

$$\mathrm{R{-}C{\equiv}C{-}R} \xrightarrow[\text{quinoline (syn 첨가)}]{\mathrm{H_2,\ Pd/CaCO_3}\ \text{(Lindlar 촉매)}} \text{(R)(H)C=C(H)(R)}$$

7.17B 수소의 anti 첨가 반응: *trans*-알켄의 합성

- 삼중 결합에 수소 원자가 **anti 첨가**를 하는 것은 알카인을 저온에서 암모니아나 에틸아민 용매 속에서 리튬 또는 소듐으로 환원할 때이다.

이 반응은 **용해된 금속 환원**(**dissolved metal reduction**)이라고 하며 (*E*)- 또는 *trans*-알켄이 용액에서 만들어진다. 쌍을 이루지 않은 전자를 지닌 분자인 라디칼이 메커니즘에 관여한다(10장 참조).

알카인에 수소의 anti 첨가 반응

$$\underset{\textbf{4-Octyne}}{\text{4-Octyne}} \xrightarrow[\text{(2) NH}_4\text{Cl}]{\text{(1) Li, EtNH}_2,\ -78\ ^\circ\text{C}} \underset{\textbf{(52\%)}}{\textbf{(E)-4-Octene (trans-4-octene)}}$$

(anti 첨가)

반응 메커니즘

용해된 금속에 의한 알카인의 환원

1단계

Li· + R—C≡C—R ⟶ 라디칼 음이온 —(H—N̈HEt)⟶ 바이닐 자리 라디칼

리튬 원자가 알카인의 π 결합에게 전자를 준다. 전자쌍이 한 탄소로 이동하며 혼성 상태가 ***sp*²**로 바뀐다.

라디칼 음이온이 염기로 작용하여 에틸아민 분자로부터 양성자를 제거한다.

2단계

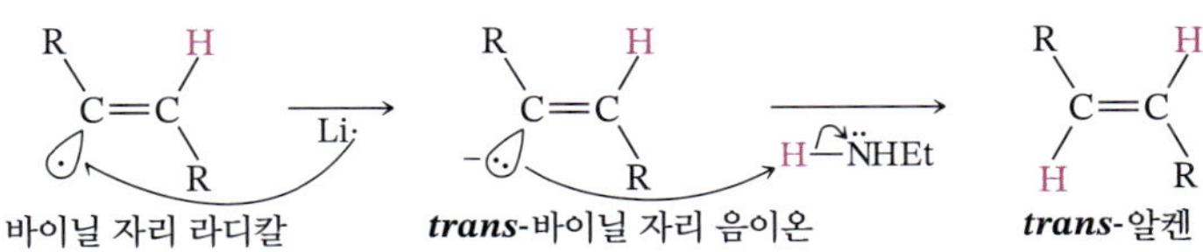

두 번째 리튬 원자가 전자를 바이닐 자리 라디칼에게 준다.

음이온은 염기로 작용하여 두 번째 에틸아민 분자로부터 양성자를 제거한다.

이 환원 반응의 메커니즘은 위의 '반응 메커니즘'에서 보듯이, 리튬(또는 소듐) 원자로부터 전자가 전이되고 아민(또는 암모니아)으로부터 양성자가 연속적으로 전이된다. 첫 단계에서 리튬 원자는 전자를 알카인에 주어 **라디칼 음이온(radical anion)**이라고 부르는, 음전하를 띠고 쌍을 이루지 않은 전자를 가진 중간체를 만든다. 두 번째 단계에서 아민은 양성자를 전달하여 **바이닐 자리 라디칼(vinylic radical)**을 만든다. 그다음 또 하나의 전자가 전달되어 바이닐 자리 음이온(vinylic anion)이 된다. 바로 이 단계에서 반응의 입체 화학이 결정된다. *trans*-바이닐 자리 음이온이 더욱 안정하므로 주로 생성된다. 즉, 부피가 큰 알킬기들이 멀리 떨어져 있는 것이다. *trans*-바이닐 자리 음이온에 양성자가 첨가되어 *trans*-알켄이 된다.

되새김 물음 7.23

버터 지방의 주성분인 올레산의 합성에 사용되는 화합물 **A**의 구조를 쓰고, 이름을 붙이시오.

A —(H_2, Pd/$CaCO_3$ (Lindlar 촉매))⟶ **Oleic acid**

되새김 물음 7.24

어떻게 2-데카인(decyne)을 (*E*)-2-데켄(decene)으로 전환하겠는가?

7.18 유기 합성의 소개

이제까지 유기 합성에 유용한 많은 도구들을 배웠다. 그들 중에는 7.15~7.17절에서 다룬 친핵성 치환 반응, 제거 반응, 그리고 수소화 반응이 있다. 이제 유기 합성의 논리와 역합성 분

석의 중요한 과정들을 고려해 보기로 한다. 그다음 친핵성 치환 반응(구체적인 예로, 알카인화 이온의 알킬화 반응)과 **수소화 반응(hydrogenation)**을 목표 물질의 합성에 응용해 볼 것이다.

7.18A 왜 유기 합성을 하는가?

유기 합성은 간단한 전구체로부터 유기 분자를 만들어 나가는 과정이다. 많은 까닭으로 유기 화합물을 합성하게 된다. 새로운 의약품을 개발하는 유기 합성은 어떤 약리 효과를 증진시키거나 바람직하지 않은 부작용을 줄일 수 있는 구조적 요인을 지닌 분자를 발견하기 위함이다. 예를 들면, 아래에 구조를 보인 Crixivan은 연구실에서 소규모로 합성되었다가 의약품으로 승인됨에 따라 대규모 합성으로 신속히 발전하게 되었다. 또 다른 경우에는 반응 메커니즘이나 어떤 생명체가 화합물을 대사하는 방법에 대한 가설을 시험하기 위해서 특별한 화합물을 합성할 필요가 흔히 있다. 이와 같은 경우에서는 특정 위치에 '표지'된(예: 중수소, 삼중수소, 또는 탄소의 동위 원소를 가지고) 화합물을 합성할 필요가 흔히 있다.

탄소–코발트 σ 결합

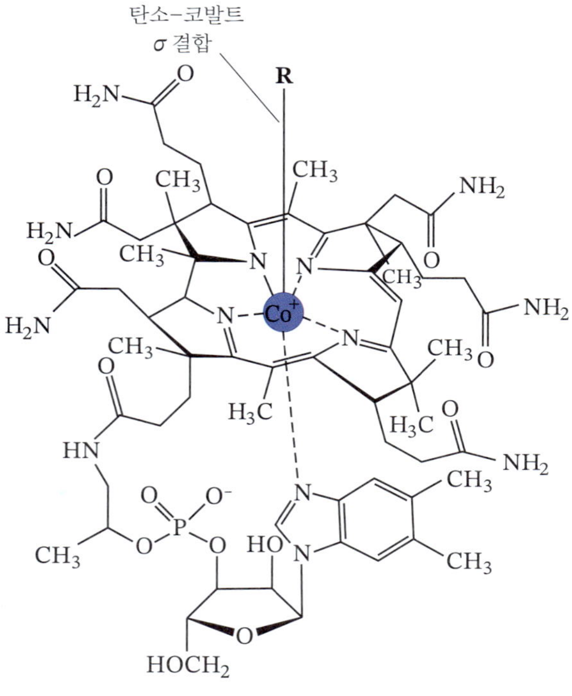

Vitamin B_{12}

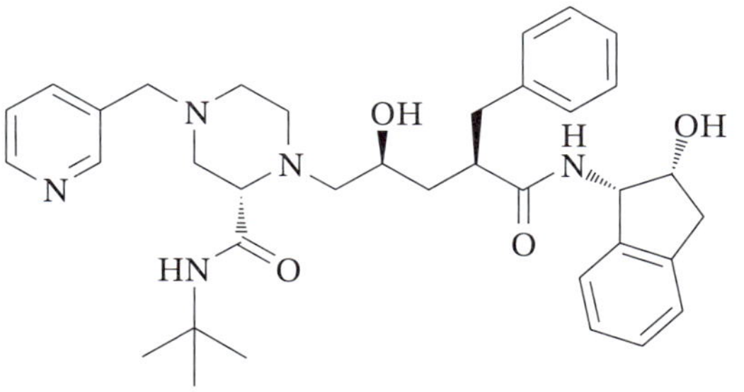

Crixivan (HIV 단백질 가수 분해 효소 저해제)

간단한 유기 합성은 단 한 가지 화학 반응으로도 될 수 있다. 다른 것은 20가지 이상의 단계를 요하기도 한다. 유기 합성의 이정표적인 보기로 1972년 Woodward(Harvard)와 Eschenmoser(Swiss Federal Institute of Technology)에 의해서 발표된 비타민 B_{12}의 합성이 있다. 그들은 이 합성을 11년간 90단계 이상을 거쳐 거의 100명의 연구진이 관여하여 수행하였다. 그러나 여기서는 훨씬 간단한 물질을 가지고 공부하기로 한다.

유기 합성에서는 흔히 두 가지 형태의 변형이 관여한다.

1. 한 작용기를 다른 작용기로 전환하는 반응
2. 새로운 탄소–탄소 결합을 만드는 반응

이 두 가지 형태의 반응은 이미 배웠다. 즉, 알켄이나 알카인의 탄소–탄소 이중 결합이나 삼중 결합인 작용기를 수소화 반응을 통하여 단일 결합으로 전환시키는 것(이 경우는 실제로 작용기를 제거하는 것임)과 알카인화 이온의 알킬화 반응을 통하여 탄소–탄소 결합을 형성하는 것이다. 궁극적으로 유기 합성의 중심에는 작용기의 상호 전환과 탄소–탄소 결합을 형성하는 단계의 협연이 있다. 이러한 일을 달성하기 위해서 많은 방법들이 있다.

7.18B 역합성 분석: 유기 합성의 설계

표적 분자를 자명한 전구체로부터 합성하는 데 필요한 모든 단계를 처음부터 알아내는 것은 때때로 가능하다. 그러나 대개는 원하는 화합물을 만드는 변형의 순서가 너무 복잡해서 처음부터 끝까지 경로를 알 수가 없다. 이럴 경우 표적 물질은 알지만 어디서부터 시작할지를 모르니까 한 단계씩 거꾸로 생각해 보도록 한다. 표적 물질을 만드는 데 필요한 단계의 전구체들을 알아내는 것부터 시작해서 이 전구체는 다음 단계의 표적 물질이 되는 것이며, 그것의 전구체를 그 다음으로 추리해 내는 작업을 반복해 나간다. 이러한 역합성 과정은 매우 단순하여 실험실에서 쉽게 만들 수 있는 화합물에 다다를 때까지 계속한다.

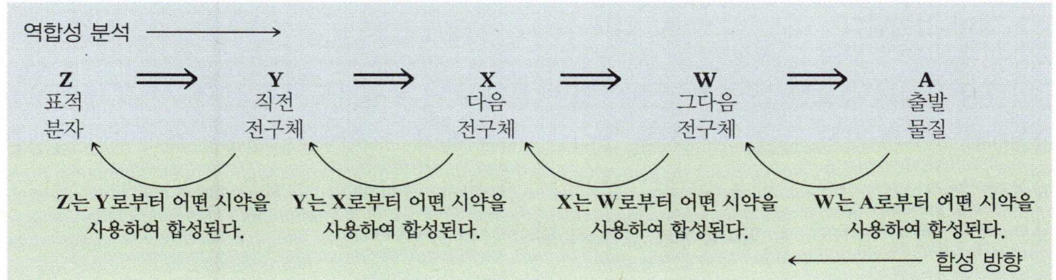

- 이제까지 서술한 과정이 **역합성 분석(retrosynthetic analysis)**이다.
- 여기서 사용된 열린 화살표는 **역합성 화살표(retrosynthesis arrow)**로서 분자가 그 직전의 전구체로부터 화학 반응에 의해서 합성된다는 것을 의미한다.

노벨상

Corey는 유기 화합물을 합성하는 새로운 방법을 찾은 공로로 1990년 Nobel 화학상을 수상하였다. Nobel 위원회의 표현에 의하면 "서구 세계의 삶과 건강의 수준을 높이는 데 기여하였다."

이전의 유기 합성 중 일부는 어떤 형태로든 분석적인 설계가 필요하지만, 역합성 분석이란 용어가 붙여진 과정으로 화학적 합성을 위한 광범위한 원칙을 서술하여 누구나 복잡한 분자의 합성을 설계할 수 있도록 한 사람은 Corey이다. 역합성 분석이 일단 완성되면 실제의 합성을 가장 간단한 전구체로부터 단계적으로 최종 물질에 이를 때까지 수행해 나간다.

- 역합성 분석을 행할 때 가능한 한 많은 전구체와, 따라서 여러 가지 다른 합성 경로를 만들어 내는 것이 좋다(**그림 7.11**).

각 경로의 장점과 단점을 평가하고 합성에 최고 효율적인 경로를 결정한다. 최적 경로에 대한 예상은 반응 순서에서의 제한이나 제약 사항, 시약의 유무, 그리고 다른 요인 등을 고려하여 내리게 된다. 이런 예를 7.18C절에서 볼 것이다. 실제로는 한 경로 이상이 다 잘 될 수도 있다. 그러나 다른 경우에는 가장 효율적이고 성공적인 경로를 알아내기 위해서 실험실에서 여러 경로를 실험해 볼 필요가 있다.

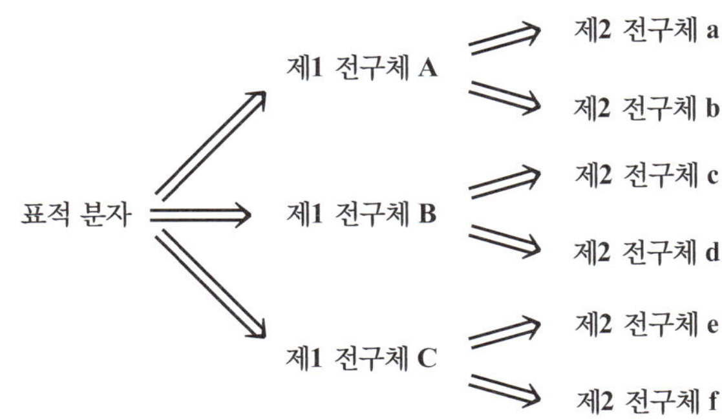

그림 7.11 역합성 분석 과정은 표적 분자로부터 여러 가지 전구체로까지 다양한 경로를 흔히 나타내고 있다.

도움말
앞으로 내내 합성 도구 상자에 두 가지 종류의 조작이 포함되는데, 곧 탄소–탄소 결합 형성과 작용기의 상호 전환이 그들이다.

7.18C 전구체의 확인

작용기의 경우 한 가지 주어진 작용기를 다른 것으로 전환하는 방법을 선택해야 할 연장 상자와 같은 반응들이 필요하다. 유기 화학을 배워나가다 보면 그런 연장 상자와 같은 반응들을 개발하게 된다. 탄소–탄소 결합을 만드는 합성에 있어서도 그런 목적을 가진 반응의 종류들을 개발해야 하는 것이다. 어느 목적이든지간에 구조와 반응성에 대한 기본 원리를 고려해야 한다.

3.3A절과 7.14절에서 언급했듯이,

- 많은 유기 반응들이 상보적으로 전부 또는 일부 전하를 띤 분자들의 상호작용으로 말미암아 일어난다.

도움말
이 장의 끝에 있는 '물질 합성'이란 물음은 이제까지 배운 반응들을 이용하여 전합성과 역합성을 설계하는 훈련을 하는 것들이다.

역합성 분석의 중요한 한 가지 관점은 표적 분자에 있는 원자들이 합성 전구체로서 상보적인(반대) 전하를 띠었는지를 확인하는 것이다. 예를 들어, 1-사이클로헥실-1-뷰타인의 합성을 생각해 보자. 이 장에서 배운 바대로 알카인화 이온과 할로젠화 알킬은 반대 극성을 지니고 있으며, 그들이 반응을 할 때 생성물 분자가 만들어지는 것이다.

역합성 분석

$+ \overset{\delta-}{Br}—\overset{\delta+}{C}H_2CH_3$

알카인화 이온과 할로젠화 알킬은 상보적인 극성을 지녔다.

합성

$\xrightarrow[(-NH_3)]{NaNH_2}$ $:^- Na^+$ $\xrightarrow[(-NaBr)]{Br}$

그러나 때로는 표적 물질의 어느 결합을 역합성적으로 분리하여 반대 전하를 띤 상보적인 전구체가 되는지 분명하지 않다. 알케인의 합성이 그 예이다. 알케인에는 전구체 분자에 반대 전하를 그대로 지닐 수 있는 탄소 원자가 없다. 그러나 만일 알케인의 탄소–탄소 단일 결합이 대응되는 알카인의 수소화 반응(작용기의 상호 전환)을 통해서 왔다면, 알카인의 두 원자는 상보적인 전하(예: 알카인화 이온과 할로젠화 알킬)를 띤 전구체 분자로부터 결합되어 만들어질 수 있을 것이다.

2-메틸헥세인(2-methylhexane)의 역합성 분석을 고려해 보자.

재료 화학: 광물을 유기 화합물로 전환하기

1862년 Wöhler는 탄소를 아연과 칼슘의 합금과 함께 가열하여 탄화 칼슘(CaC_2)을 발견하였다. 그다음 그는 탄화 칼슘이 물과 반응하도록 함으로써 아세틸렌을 합성하였다.

$$C \xrightarrow{\text{zinc-calcium alloy, 가열}} CaC_2 \xrightarrow{2H_2O} HC{\equiv}CH + Ca(OH)_2$$

이렇게 생성된 아세틸렌은 등대불이나 광부의 전조등을 켜는 데 쓰였다. 유기 합성의 관점에서 보면 알카인의 반응을 사용하여 탄소–탄소 결합을 형성시키거나 다른 작용기를 만드는 등 이론적으로는 무엇이든지 합성이 가능하다. 그러므로 Wöhler가 1828년에 사이안산 암모늄을 요소로 전환시킨 것이 무기물 전구체로부터 유기 화합물을 합성한 첫 번째 예이지만(1.1C절), 탄화 칼슘의 발견과 물과의 반응을 통하여 아세틸렌을 형성시킨 것은 무기 재료로부터 유기 합성의 전체적인 영역까지를 공식적으로 연결해 주는 업적이기도 하다.

역합성 분석

(1°, 그러나 두 번째 탄소에 가지가 있음)

할로젠화 알킬의 입체 장애로 말미암아 이 반응의 수율은 낮다.

2-Methylhexane

(2° 할로젠화 알킬)

할로젠화 알킬의 입체 장애로 말미암아 이 반응의 수율은 낮다.

위의 역합성 분석에서 보듯이 합성 방향에 적용되는 반응에 있어서의 제약을 염두에 두어야 한다. 위의 예에서 두 경로는 2차 할로젠화 알킬 또는 두 번째(베타) 탄소에 가지를 지닌 1차 할로젠화물을 사용해야 하기 때문에 배제된다(6.13A, 7.1A절).

보기 물음 7.10

흔한 집파리의 성유인 페로몬인 '머스칼루어(muscalure)'를 가장 간단한 알카인인 에타인(아세틸렌)으로부터 합성하는 경로의 역합성 분석을 요약하시오. 그다음 합성 방법을 제시하시오. 필요한 무기 화합물이나 용매, 그리고 어떤 길이의 할로젠화 알킬을 사용해도 된다.

Muscalure

풀이

이 장에서 배운 두 가지 반응, 즉 알카인에 수소의 syn 첨가 반응과 알카인화 이온의 알킬화 반응을 이용한다.

역합성 분석

Muscalure ⟹ + H_2, syn 첨가 ⟹

$\delta-$ Br, $\delta+$ + Na^+ $^-$: ⟹ + $NaNH_2$

+ $NaNH_2$ ⟹ $:^-$ Na^+ + $\delta-$ Br $\delta+$ 11

syn 첨가

$NaNH_2$ → $:^-$ Na^+ → (Br, 11) → 12 → $NaNH_2$

Na^+ $^-$: 12 → (Br, 6) → 7, 12 → H_2/Ni (P-2), syn 첨가 → 7, 12 Muscalure

되새김 물음 7.25 2-메틸헥세인의 역합성 분석과 관련하여 가능한 합성 경로에 대한 반응을 쓰시오.

되새김 물음 7.26 **(a)** 곤충 페로몬(4장의 '환경 화학: 페로몬'을 참조)인 운데케인과 2-메틸헵타데케인의 합성에 대하여 생각할 수 있는 모든 알카인화 이온의 알킬화 반응 합성에 대한 역합성적인 도표를 그리시오. **(b)** 각 페로몬의 두 가지 가능한 합성 반응을 쓰시오.

7.18D 당위성

역합성 분석을 통하여 합성의 수수께끼를 푸는 것은 유기 화학을 배우는 기쁨이기도 하다. 여기에는 기술과 예술이 함께한다. 오랫동안 화학자들은 유기 합성을 연구하였고, 그러한 노력의 결과로 우리는 모든 번영을 누리고 있는 것이다.

이 주제는 왜 중요한가?

알켄 기하 구조, 고무, 그리고 시력의 화학

치환기를 가진 이중 결합의 (*E*) 또는 (*Z*) 배위는 연습이나 시험의 문제가 아니다. 현실 세계에서 그것은 많은 화합물의 성질을 정해 준다. 예를 들면, 어떤 나무의 즙으로부터 얻어지는 천연고무는 삼치환기를 가진 이중 결합에 대해서 모두 (*Z*) 배위를 가지고 있다. 다른 나무는 모두 (*E*) 모양으로 구타페르카(gutta percha, 수액을 건조한 고무 같은 물질)라고 알려진 화합물이다. 구타페르카는 라텍스 같은 물질이지만, 입체 화학이 바뀌면 실제로 탄성이 없어져서 천연고무 같은 유용성은 없다.

천연고무
(*Z* 배위)

구타페르카
(*E* 배위)

알켄의 입체 화학은 우리의 시력에도 결정적이다. 우리 눈에서 핵심 분자는 *trans*-레틴알(retinal)이라고 불리는 화합물인데, 몸이 합성하기도 하고 당근과 같은 식품에서 오기도 한다.

레틴알이 시각 과정에서 관여하려면 한 개의 특정한 이중 결합이 trans에서 cis로 이성질화되어야 하는데, π 결합이 깨지고 단일 결합에 대해서 회전하고 π 결합이 재형성되는 과정이다. 이러한 새로운 입체 화학적인 배향은 여러 개의 탄소 원자들을 trans 배위에 있을 때와 다른 배향에 놓이도록 한다. 그러나 그러한 변화의 가치는 *cis*-레틴알의 새로운 공간 배열로 인하여 망막에 있는 옵신(opsin)이라고 알려진 단백질에 꼭 들어맞게 된다는 점이다. 그리고 16장에서 배우게 될 일반적인 반응 과정을 거쳐 합쳐진다. 이 단계는 로돕신(rhodopsin)이라는 착물을 만들어 낸다. 그렇지만 여기서 이해해야 될 핵심은 로돕신이 특정 파장의 빛에 노출되었을 때(13장에서 더 배운다) cis 이중 결합은 더 안정한 all trans 배위로 아래에 보인 바대로 여러 단계를 통하여 되돌아가서 메타로돕신 II가 된다. 이성질화 후에 메타로돕신 II의 망막 부분 안에서 사이클로헥센 고리의 재배치가 단백질 내에서 더 형태 변화를 유발한다. 이들 변화는 궁극적으로 신경 자극에 이르게 되고 뇌에 의해서 영상으로 해석되는 것이다. 여기에 보인 것은 전체 과정 중 아주 작은 부분이다. 하지만 이러한 초기의 단계들은 오로지 알켄의 입체 화학에 근거한 것이다. 그래서 이중 결합이 cis 또는 trans, (*E*) 또는 (*Z*)인지는 정말로 중요하다.

***trans*-Retinal** → 알켄 이성질화 → ***cis*-Retinal**

Opsin

(*cis*)

Rhodopsin

hv
알켄 이성질화

(*trans*)

Metarhodopsin II

요약과 복습 도구

이 장에서는 E2와 E1 제거 반응 메커니즘을 소개하였고, 할로젠화 수소 이탈 반응과 알코올의 탈수 반응과 알카인의 환원 반응을 통해 알켄을 합성하는 방법을 서술하였다. 또한 알카인화 이온의 알킬화 반응을 새로운 탄소–탄소 결합 형성 방법으로 소개하였고, 유기 합성을 논리적으로 설계하는 방법으로서 역합성 분석을 소개하였다.

6장에서 공부한 치환 반응은 제거 반응과 경쟁하며 제거 반응도 치환 반응과 경쟁한다. 그러므로 이 장의 보조 자료로 반응이 S_N2, E2, S_N1, E1 메커니즘으로 진행될지에 미치는 요인들을 포함시켰다. 그리고 알켄의 합성을 위해 언급된 방법의 목록과 핵심 용어와 개념도 포함되어 있다. 이 장의 끝 물음 뒤에 S_N2, E2, S_N1, E1 반응을 유리하게 하는 요인, E2와 E1 반응 메커니즘, 알카인, 알켄, 알케인, 할로젠화 알킬, 알코올의 합성 연결 도표들을 개략하여 그래프로 나타냈다.

S_N1, S_N2, E1, E2 반응에 대한 전체적인 요약

간단한 할로젠화 알킬의 치환 반응과 제거 반응에 대한 가장 중요한 반응 경로를 표 7.1에 요약하였다.

표 7.1 S_N1, S_N2, E1, E2 반응의 전체적인 요약

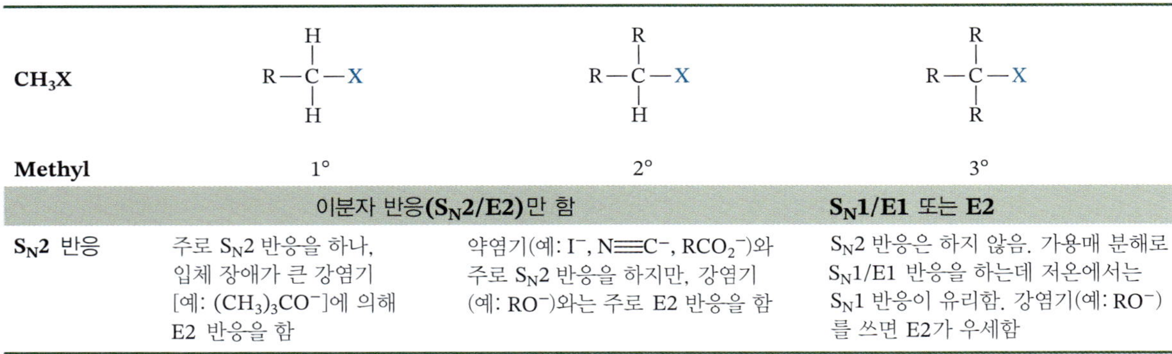

CH_3X	$R-CH_2-X$	R_2CH-X	R_3C-X
Methyl	1°	2°	3°
이분자 반응**(S_N2/E2)**만 함			**S_N1/E1 또는 E2**
S_N2 반응	주로 S_N2 반응을 하나, 입체 장애가 큰 강염기 [예: $(CH_3)_3CO^-$]에 의해 E2 반응을 함	약염기(예: I^-, $N{\equiv}C^-$, RCO_2^-)와 주로 S_N2 반응을 하지만, 강염기(예: RO^-)와는 주로 E2 반응을 함	S_N2 반응은 하지 않음. 가용매 분해로 S_N1/E1 반응을 하는데 저온에서는 S_N1 반응이 유리함. 강염기(예: RO^-)를 쓰면 E2가 우세함

알켄과 알카인의 합성 방법 요약

1. 할로젠화 알킬의 할로젠화 수소 이탈 반응(7.6절)

일반적인 반응

$$\underset{\text{H}\quad\ \text{X}}{-\overset{|}{\underset{|}{C}}-\overset{|}{\underset{|}{C}}-} \xrightarrow[\text{가열}\ (-\text{HX})]{\text{염기}} \ \rangle C{=}C\langle$$

구체적인 예

$$\underset{\text{Br}}{CH_3CH_2CHCH_3} \xrightarrow[\text{EtOH}]{\text{EtONa}} \underset{\text{(cis와 trans, 81\%)}}{CH_3CH{=}CHCH_3} + \underset{(19\%)}{CH_3CH_2CH{=}CH_2}$$

$$\underset{\text{Br}}{CH_3CH_2CHCH_3} \xrightarrow[t\text{-BuOH},\ 70\ °C]{t\text{-BuOK}} \underset{\substack{\text{이치환기의 알켄}\\ \text{(cis와 trans, 47\%)}}}{CH_3CH{=}CHCH_3} + \underset{\substack{\text{일치환기의 알켄}\\ (53\%)}}{CH_3CH_2CH{=}CH_2}$$

2. 알코올의 탈수 반응(7.10, 7.11절)

일반적인 반응

$$\underset{\text{H}\quad\ \text{OH}}{-\overset{|}{\underset{|}{C}}-\overset{|}{\underset{|}{C}}-} \xrightarrow[\text{가열}]{\text{산}} \ \rangle C{=}C\langle \ + H_2O$$

구체적인 예

$$CH_3CH_2OH \xrightarrow[180°C]{\text{진한 } H_2SO_4} CH_2{=}CH_2 + H_2O$$

$$(CH_3)_3C{-}OH \xrightarrow[85°C]{20\%\ H_2SO_4} (H_3C)_2C{=}CH_2 + H_2O$$

(83%)

3. **알카인의 수소화 반응(7.17절)**

일반적인 반응

$$R{-}C{\equiv}C{-}R' \xrightarrow[\text{(syn 첨가)}]{H_2 / Ni_2B\ (P\text{-}2)} \text{(R)(H)C}{=}\text{C(R')(H)}$$

(*Z*)-Alkene

$$R{-}C{\equiv}C{-}R' \xrightarrow[NH_3 \text{ 또는 } RNH_2 \text{ (anti 첨가)}]{Li \text{ 또는 } Na} \text{(R)(H)C}{=}\text{C(H)(R')}$$

(*E*)-Alkene

다음 장들에서 또 다른 알켄 합성법을 배우게 된다.

물음

구조와 이름 짓기

7.27 아래 각각의 이름은 틀린 것이다. 어떻게 틀렸는지를 말하고, 맞는 이름을 쓰시오.

(a) *trans*-4-Hexene
(b) 1,1-Dimethylethene
(c) 2-Methylcyclohexene
(d) 4-chlorocyclobutene
(e) 3-Ethyl-4-propyl hex-5-ene
(f) 5,6-Dichlorocyclohexene

7.28 아래 각각의 구조식을 쓰시오.

(a) 3-Methylcyclobutene
(b) 1-Ethylcyclohexene
(c) 2,3-Dimethyl-2-pentene
(d) (*Z*)-2-Pentene
(e) (*E*)-3-Hexene
(f) 3,3,3-Trichloropropene
(g) (*Z*,4*S*)-3,4-Dimethyl-2-hexene
(h) (*E*)-3,4,5-Trimethyl-3-heptene
(i) (*Z*)-1-Cyclopropyl-1-pentene
(j) (*R*)-4-Chloro-1-methylcyclopentene
(k) (*R*)-4-Chloro-2-pentyne
(l) (*E*)-4-Methylhex-4-en-1-yne

7.29 다른 각각의 이성질체에 대하여 삼차원 구조식을 쓰고, (*R*)−(*S*) 및 (*E*)−(*Z*)를 사용하여 이름을 지으시오.

(a) 4-Bromo-2-hexene
(b) 3-Chloro-1,4-hexadiene
(c) 2,4-Dichloro-2-pentene
(d) 2-Bromo-4-chlorohex-2-en-5-yne

7.30 아래의 각각의 IUPAC 이름을 쓰시오.

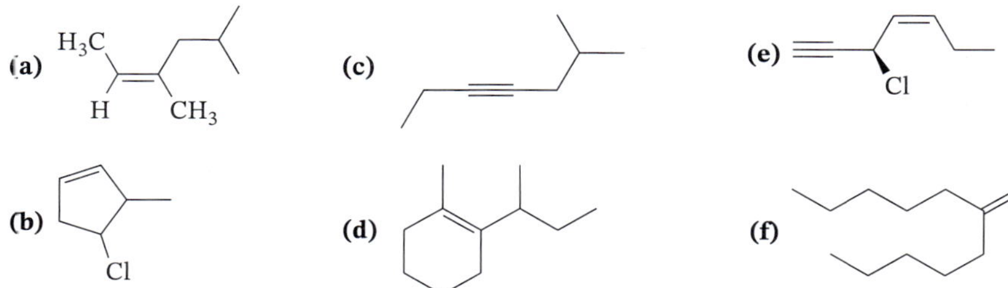

7.31 표를 보지 말고, 아래의 화합물들을 산도가 감소하는 순서대로 나열해 보시오.

Hexane 1-Hexene 1-Hexyne 1-Hexanol

할로젠화 수소 이탈 반응, 탈수 반응, 친핵성 치환 반응의 메커니즘

7.32 아래의 할로젠화 알킬 각각을 에탄올 속에서 에톡시화 포타슘과 반응시켰을 때 생성될 알켄을 적고, Zaitsev 규칙을 사용하여 각 반응의 주 생성물을 예측하시오.

(a) 2-bromo-3-methylbutane **(b)** 2-bromo-2,3-dimethylbutane

7.33 *trans*-2-메틸사이클로헥산올(아래의 반응을 보시오)을 산 촉매하에 탈수시키면 주 생성물은 1-메틸사이클로헥센이다.

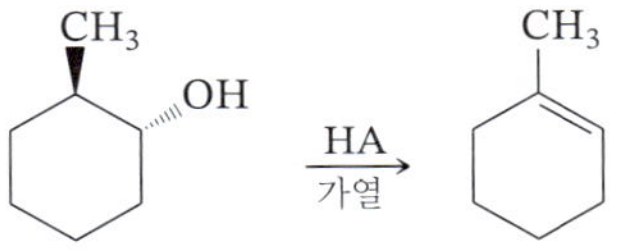

CH_3 OH —HA, 가열→ CH_3

그러나 *trans*-1-브로모-2-메틸사이클로헥세인을 할로젠화 수소 이탈 반응시키면 주 생성물은 3-메틸사이클로헥센이 된다.

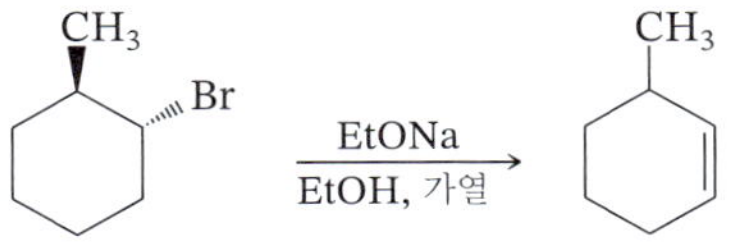

CH_3 Br —EtONa / EtOH, 가열→ CH_3

이 두 반응의 차이점을 설명하시오.

7.34 아래의 각각의 할로젠화 알킬들을 에탄올에서 에톡시화 소듐과 함께 가열할 때 모든 생성물의 구조식을 쓰시오. 한 가지 이상의 생성물이 생기면 주 생성물을 지적하시오(이 물음에서 cis−trans 이성질화 현상은 무시하시오).

(a)  Br **(c)** 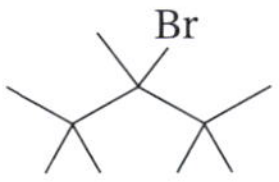 Br **(e)** 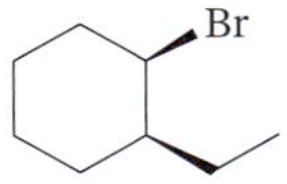 Br

(b)  Br **(d)** 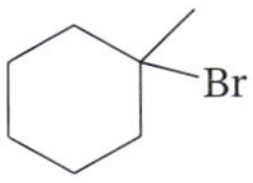 Br **(f)** 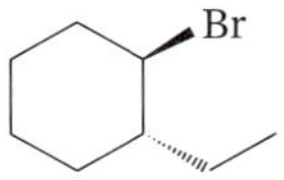 Br

7.35 아래의 할로젠화 알킬들을 *t*-BuOK/*t*-BuOH와 함께 가열하였을 때 얻어지는 모든 생성물의 구조식을 쓰시오. 한 가지 이상의 생성물이 얻어진다면 어느 것이 주 생성물인지 또는 부 생성물인지 표시하시오. cis−trans 이성질화 현상은 무시하시오.

(a) 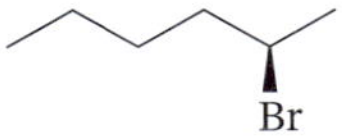 Br **(b)** 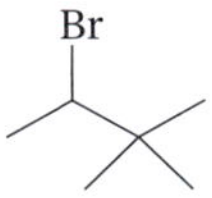 Br **(c)**  Br **(d)** 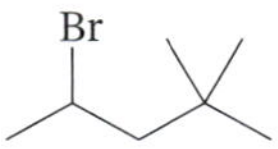 Br **(e)** 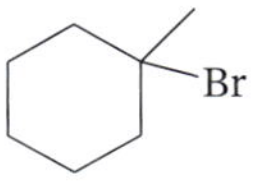 Br

7.36 브로민화 에틸과 브로민화 아이소뷰틸은 둘 다 1차 할로젠화물이지만, 브로민화 에틸은 브로민화 아이소뷰틸보다 S_N2 반응을 10배 이상 빠르게 한다. 각 화합물을 강염기/친핵체(EtO^-)와 반응시키면 브로민화 아이소뷰틸은 치환 반응 생성물보다 제거 반응 생성물의 수율이 더 높다. 한편 브로민화 에틸로는 반대의 행동이 나타난다. 이 결과를 설명해 주는 요인은 무엇인가?

7.37 아래의 반응으로부터 어떤 생성물이 얻어지겠는가? 각 경우에 대하여 생성물이 형성되는 메커니즘(S_N1, S_N2, E1, E2)을 쓰고, 각 생성물의 상대적인 양(즉, 단 한 가지 생성물, 주 생성물, 부 생성물 등)을 정하시오.

(a) 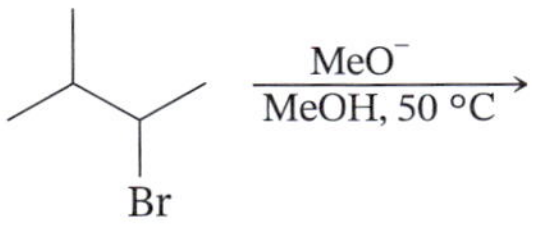 Br —MeO^- / MeOH, 50 °C→

(b) 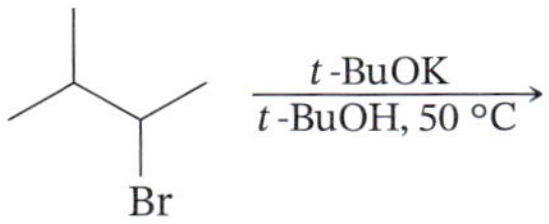 Br —*t*-BuOK / *t*-BuOH, 50 °C→

(c) Br —MeO^- / MeOH, 50 °C→

(d) 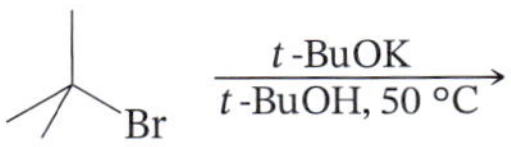 Br —*t*-BuOK / *t*-BuOH, 50 °C→

(e) 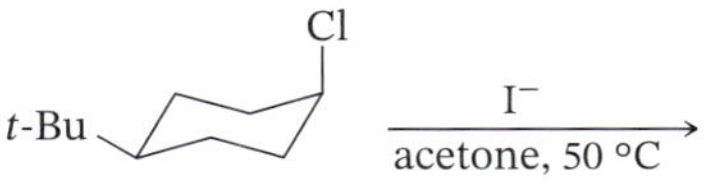 *t*-Bu, Cl —I^- / acetone, 50 °C→

(f) 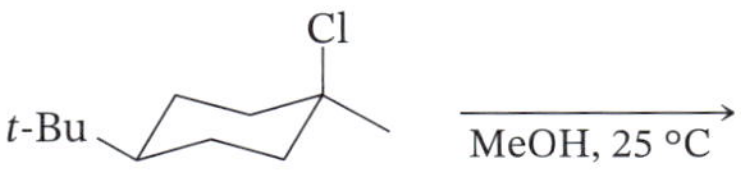 *t*-Bu, Cl —MeOH, 25 °C→

(g) 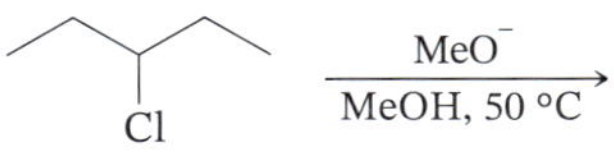 Cl —MeO^- / MeOH, 50 °C→

(h) 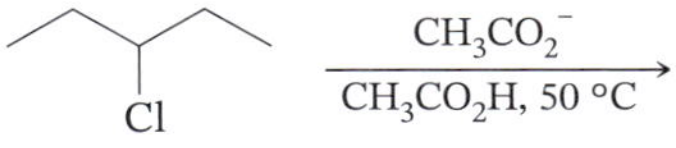 Cl —$CH_3CO_2^-$ / CH_3CO_2H, 50 °C→

(i) Br —$N{\equiv}C^-$→

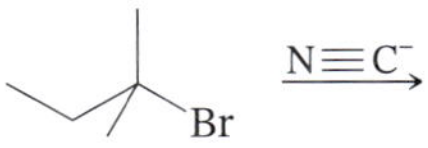

(j) (*R*)-2-bromobutane —HO^- / 25 °C→

(k) (*S*)-3-Bromo-3-methylhexane —MeOH / 25 °C→

(l) (*S*)-2-Bromooctane —I^- / MeOH, 50 °C→

7.38 아래의 알코올들이 산 촉매에 의하여 탈수가 되는 반응성의 순서대로 나열하시오(가장 반응성이 큰 것을 먼저).

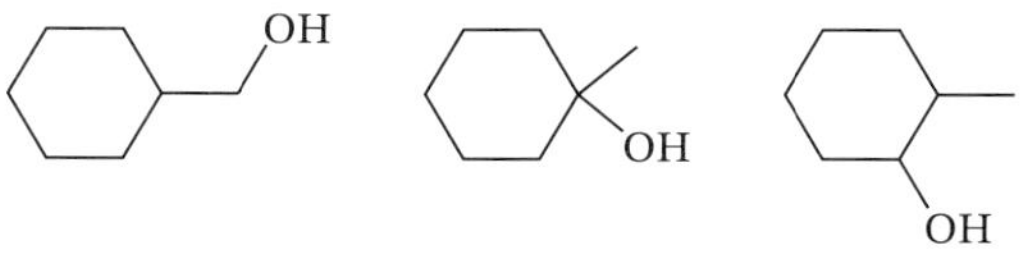

OH OH OH

(a) (b) (c)

7.39 아래 각각의 반응에 대한 메커니즘적인 설명을 제시하시오.

(a) OH 산(촉매) Δ (주 생성물)

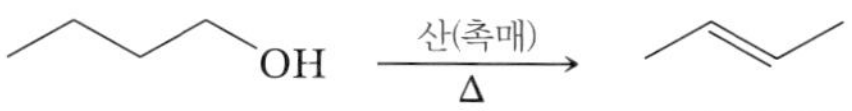

(b) OH 산(촉매) Δ (주 생성물)

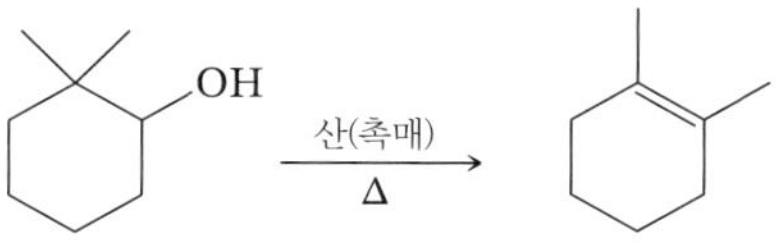

(c) OH 산(촉매) Δ (주 생성물)

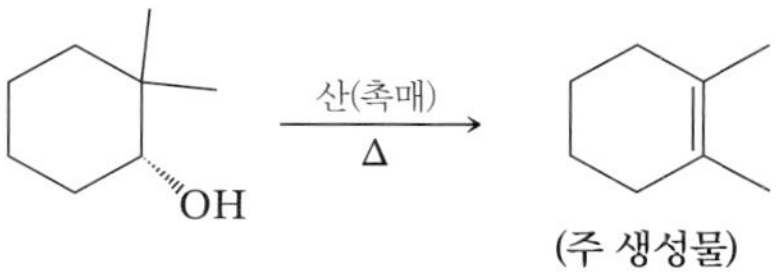

(d) Ph H Ph H Br EtONa EtOH, Δ Ph Ph (*Z*만 생성)

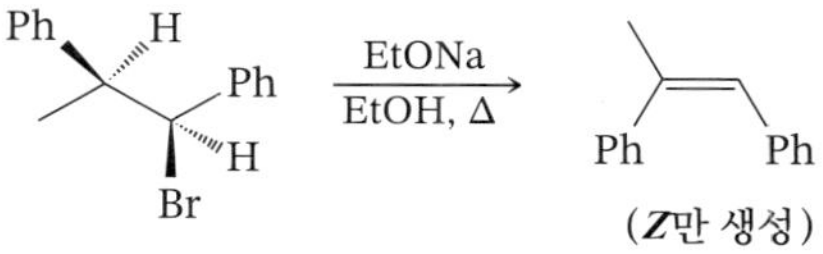

7.40 아래의 중수소-표지된 화합물을 에탄올에서 에톡시화 소듐으로 할로젠화 수소 이탈 반응을 시키면 3-메틸사이클로헥센이 유일하게 얻어진다(생성물에는 중수소가 없다). 이 결과를 설명하시오.

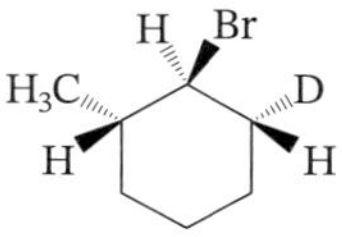

H Br H_3C D H H

7.41 1-브로모바이사이클로[2.2.2]옥테인은 염기와 같이 가열할 때 제거 반응을 하지 않는다(아래). 이 비반응성을 설명하시오. (분자 모형을 만들어 보면 도움이 될 것임.)

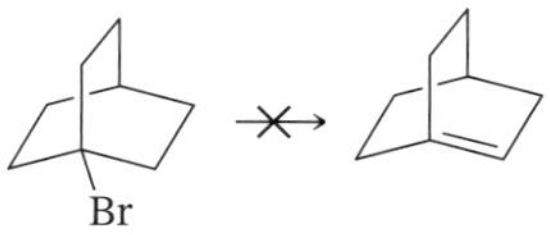

Br

알켄과 알카인의 합성

7.42 **(a)** 3차 할로젠화 알킬을 알켄으로 전환하는 문제를 생각해 보자. 예를 들어, 염화 *tert*-뷰틸을 2-메틸프로펜으로 전환한다고 생각하자. 치환 반응 대신 제거 반응이 유리하게 하기 위하여 어떤 실험 조건을 선택할 것인가? **(b)** 그 반대의 문제, 즉 3차 할로젠화 알킬에 치환 반응을 진행시킨다고 생각하자. 염화 *tert*-뷰틸을 *tert*-뷰틸 에틸 에터로 전환하도록 하자. 에터의 수율이 가장 높게 하기 위해서 무슨 실험 조건을 사용해야 하는가?

7.43 3,3-다이메틸사이클로헥센을 아래 반응 중 하나로 만들려고 한다. 어느 반응의 수율이 더 좋을까? 답을 설명하시오.

(1) Br NaOEt EtOH **3,3-Dimethylcyclohexene** 또는 (2) OH concd H_2SO_4 가열 **3,3-Dimethylcyclohexene**

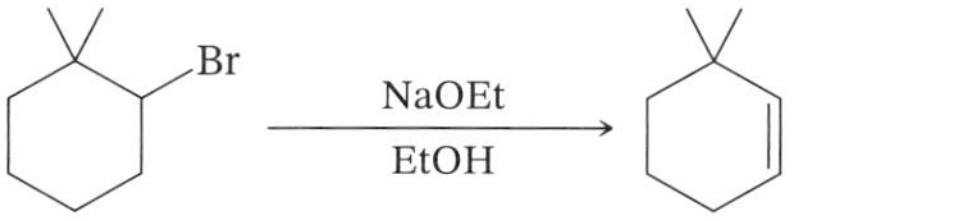

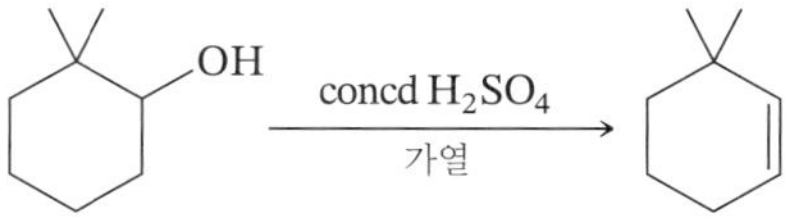

7.44 아래 각각의 알코올로부터 산 촉매 탈수 반응을 통해 만들어지는 알켄의 구조식을 쓰시오. 한 가지 이상의 생성물이 생기면 주 생성물인 알켄을 지적하시오(cis−trans 이성질화 현상은 무시하시오).

(a) OH

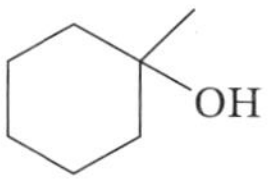

(b) OH

(c) OH

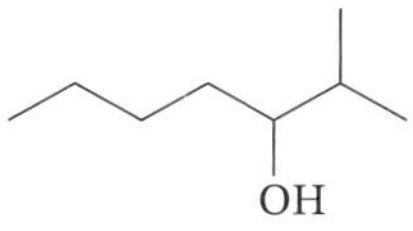

(d) OH

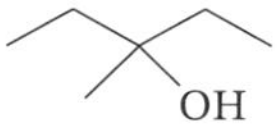

(e) OH

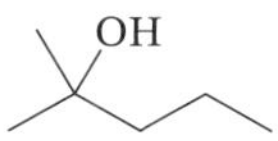

7.45 아래 각각으로부터 프로펜을 합성하는 방법을 제시하시오.

(a) Propyl chloride
(b) Isopropyl chloride
(c) Propyl alcohol
(d) Isopropyl alcohol
(e) 1,2-Dibromopropane
(f) Propyne

7.46 아래 각각으로부터 1-methylcyclohex-l-ene을 합성하는 방법을 제시하시오

(a) 1-Bromo-1-methylcyclohexane
(b) 1-Methylcyclohexanol

7.47 적절한 할로젠화 알킬과 염기를 출발 물질로 하여 아래의 알켄이 주 생성물이 되는 반응을 요약하시오.

(a) 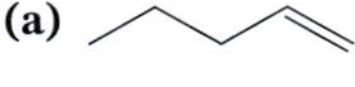
(b) 
(c) 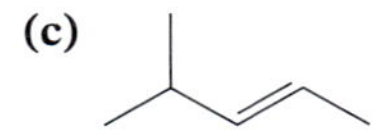
(d) 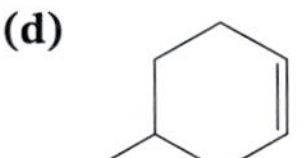
(e) 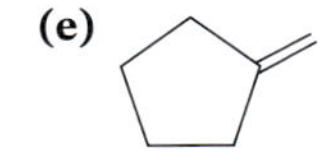

7.48 에타인을 출발 물질로 하여 아래 각각의 합성법을 요약하시오. 다른 필요한 시약은 무엇이나 써도 좋으며, 이 문제의 앞부분에서 만든 화합물들의 합성을 보일 필요는 없다.

(a)
(b)
(c)
(d)
(e)
(f)
(g)
(h)
(i)
(j) 
(k) 

(l) 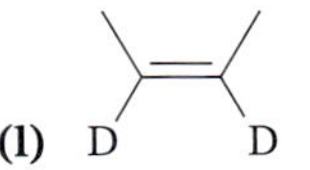

수소 결핍 지수

7.49 아래 각각의 수소 결핍 지수(IHD, 불포화 정도)는 얼마인가?

(a) 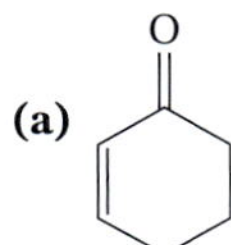

(b) C_6H_5Br
(c) 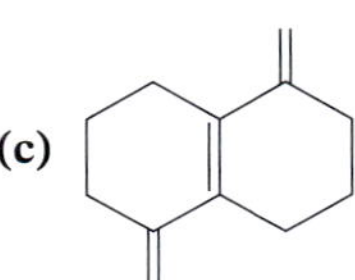

7.50 리모넨(limonene)은 레몬의 껍질에서 발견되는데 분자식이 $C_{10}H_{16}$이며 삼중 결합은 없다. 리모넨을 백금 촉매하에서 과량의 수소와 반응시키면 분자식이 $C_{10}H_{20}$인 화합물이 생성된다. **(a)** 몇 개의 이중 결합이 있는 물질인가? **(b)** 리모넨 분자에는 고리가 몇 개나 있는가?

7.51 스콸렌은 스테로이드의 생합성에서 중요한 중간체로 분자식이 $C_{30}H_{50}$이며 삼중 결합이 없다. **(a)** 스콸렌의 수소 결핍 지수는 얼마인가? **(b)** 스콸렌은 촉매 수소화 반응을 진행하여 분자식이 $C_{30}H_{62}$인 화합물이 된다. 스콸렌에는 몇 개의 이중 결합이 있는가? **(c)** 몇 개의 고리가 있는가?

구조 추정

7.52 화합물 **O**와 **P**는 분자식이 C_7H_{14}이다. **O**와 **P**는 모두 광학적으로 활성이며 평면 편광을 같은 방향으로 회전시킨다. 촉매 수소화 반응으로 **O**와 **P**는 같은 화합물 **Q**(C_7H_{16})을 만든다. **Q**는 광학적으로 활성이다. **O**, **P**, **Q**의 구조를 제시하시오.

$$(+)\text{–O}\ (C_7H_{14}) \xrightarrow{H_2,\ Pt} \text{Q}\ (C_7H_{16})\ (\text{광학적 활성}) \xleftarrow{H_2,\ Pt} (+)\text{–P}\ (C_7H_{14})$$

7.53 화합물 **R**과 **S**는 분자식이 C_7H_{14}이다. 화합물 **R**과 **S**는 광학적으로 불활성이며, 분리될 수 없고 서로 부분 입체 이성질체들이다. 촉매 수소화 반응으로 **R**과 **S**는 **T**가 된다. 화합물 **T**는 광학적으로 불활성이지만 별개의 거울상체로 분리된다. **R**, **S**, **T**의 구조를 제시하시오.

R (C_7H_{14})
(광학적 불활성)
H_2, Pt

S (C_7H_{14})
(광학적 불활성)
(R과 S는 부분 입체 이성질체)
H_2, Pt

T
(광학적 불활성, 분리 가능)

물질 합성

7.54 아래 각각으로부터 페닐에타인의 합성을 요약하시오.

(a) Br Br **(b)** Br Br **(c)** **(d)** O

7.55 아래 각각의 질문에서 출발 물질을 생성물로 전환하는 데 타당한 경로를 제시하시오. 각각의 경우 한 단계 이상이 필요하며, 앞의 장들에서 배운 반응이 필요할 수도 있다.

(a) ⟶ **(b)** O ⟶ **(c)** CH_3 ⟶ D CH_3 D H

7.56 거꾸로 작업을 해서, 지정된 반응을 통해 제시된 생성물에 이르는 출발 물질을 제시하시오.

(a) A (1) $NaNH_2$ (2 당량) (2) Li, $EtNH_2$ (3) NH_4Cl ⟶

(b) B (1) $NaNH_2$ (2) MeI (3) H_2, Pd/C ⟶

7.57 화합물 아이소보니올(*isoborneol*)을 9 M 진한 황산과 함께 가열하면 반응의 생성물은 예상되는 보닐렌(bornylene)이 아니라 캄펜(camphene)이다. 모형의 도움을 받아서 캄펜이 형성되는 메커니즘을 쓰시오.

HO H_3O^+ 가열 ⟶ 이 아님

Isoborneol **Camphene** **Bornylene**

화학 상담자가 필요한 물음

7.58 아래의 전위(자리 옮김)는 둘 다 산에 의해서 촉진된다. 첫 번째 경우에서는 산의 선택에 따라 두 가지 다른 물질이 얻어지지만, 두 번째 경우는 한 개의 생성물이 만들어진다. 이런 다양한 생성물들의 형성을 설명하는 전체 메커니즘을 쓰시오. **힌트:** 첫 번째 식에서 반응은 일반적인 염기에 의해서 종결되어 알켄을 형성하지만, 두 번째 식을 종결하는 것은 내부의 친핵체이다. (참조: *Angew. Chem. Int. Ed.* **2014**, *53*, 5248; *J. Org. Chem.* **1984**, *49*, 4094.)

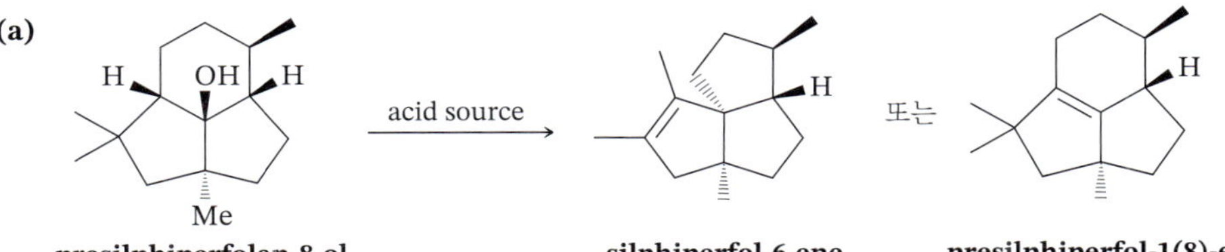

(b)

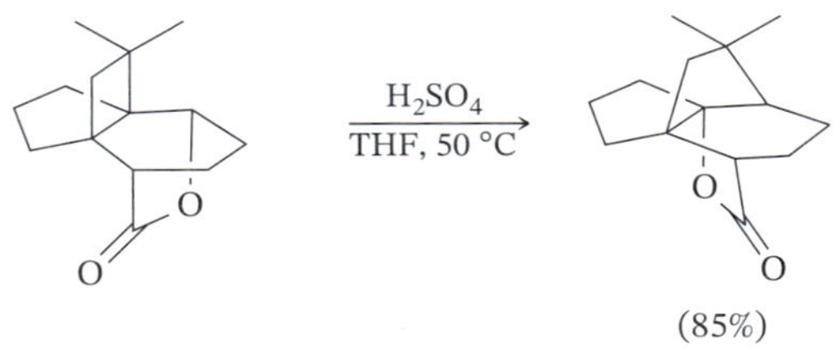

$\xrightarrow[\text{THF, 50 °C}]{H_2SO_4}$

(85%)

7.59 Bredt 규칙은 두 고리 화합물에서 다리목 탄소 원자에 이중 결합이 존재할 수 없다는 실험적인 관찰이다. 예를 들어, 물음 7.41에서 제거 반응은 일어나지 않는데, 그러한 알켄의 형성으로 인하여 분자는 대단히 지나치게 긴장하게 되기 때문이다. 그러나 이 규칙에도 예외가 있는데, 아래에 보인 천연물 CP-263/114의 구조에서 볼 수 있다. **(a)** 이러한 특별한 'anti-Bredt' 알켄이 존재할 수 있는 까닭은? **(b)** 이 장에서 배운 바대로 추리했을 때, 아래 반응을 위해 무슨 조건을 제시하겠는가? (참조: *Angew. Chem. Int. Ed.* **2000**, *39*, 4509)

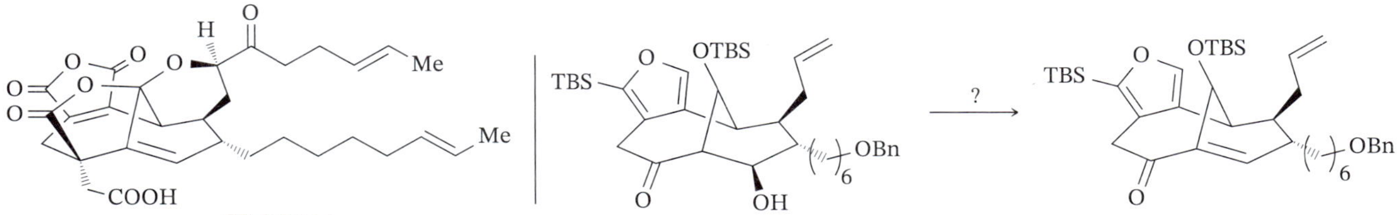

CP-263,114

7.60 알칼로이드인 만자민(manzamine) A(그 구조는 물음 6.42 참조)의 전합성의 일부로서 아래의 반응이 시행되었다. 이러한 전환을 설명하는 메커니즘을 제시할 수 있는가? 이 반응을 더 일반적인 용어로 어떻게 분류할 수 있는가? (참조: *J. Am. Chem. Soc.* **1998**, *120*, 6425)

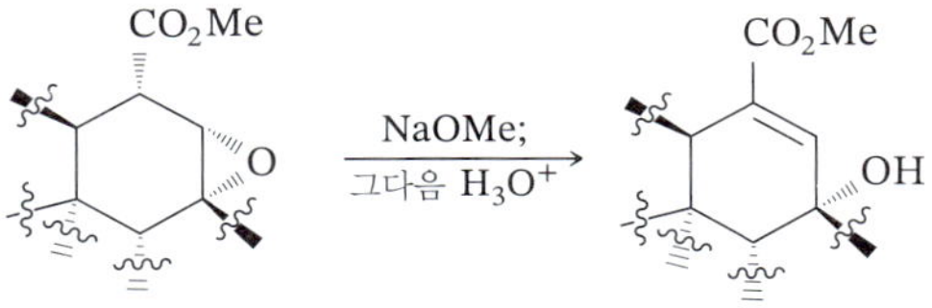

$\xrightarrow[\text{그다음 } H_3O^+]{\text{NaOMe;}}$

도전 물음

7.61 *cis*-4-브로모사이클로헥산올 $\xrightarrow[t\text{-BuOH}]{t\text{-BuO}^-}$ 라셈체 $C_6H_{10}O$ (화합물 **C**)
화합물 **C**는 적외선 흡수를 1620~1680 cm^{-1}과 3590~3650 cm^{-1} 영역에서 보인다. 생성물 **C**의 (*R*)과 (*S*) 거울상체의 구조를 그리고 표시하시오.

7.62 화합물 **E**~**H**의 구조를 제안하시오. 화합물 **E**는 분자식이 C_5H_8이며 광학적으로 활성이다. **E**는 촉매 수소화 반응으로 **F**가 된다. **F**는 분자식이 C_5H_{10}이고 광학적으로 불활성이며, 거울상체로 분리될 수 없다. 화합물 **G**는 분자식이 C_6H_{10}이고 광학적으로 활성이다. **G**에는 삼중 결합이 없다. **G**는 촉매 수소화 반응으로 **H**가 된다. **H**는 분자식이 C_6H_{14}이고 광학적으로 불활성이며, 거울상체로 분리될 수 없다.

7.63 **(a)** (1*R*,2*R*)-1,2-다이브로모-1,2-다이페닐에테인이나 (1*S*,2*S*)-1,2-다이브로모-1,2-다이페닐에테인 거울상체(또는 두 화합물의 라셈체)를 부분적으로 할로젠화수소 이탈 반응을 시키면 (*Z*)-1-브로모-1,2-다이페닐에텐이 된다. 반면에 **(b)** (1*R*,2*S*)-1,2-다이브로모-1,2-다이페닐에테인(메소 화합물)을 부분적으로 할로젠화 수소 이탈 반응을 시키면 단지 (*E*)-1-브로모-1,2-다이페닐에텐만 형성된다. **(c)** (1*R*,2*S*)-1,2-다이브로모-1,2-다이페닐에테인을 아세톤에서 아이오딘화 소듐으로 처리하면 (*E*)-1,2-다이페닐에텐만 얻어진다. 이 결과들을 설명하시오.

7.64 **(a)** 이 장에서 배운 반응들을 사용하여, 이 알카인을 물음 7.39(b)에서 얻어진 생성물의 7각형 고리 동족체로 전환할 수 있는 과정을 보이시오.

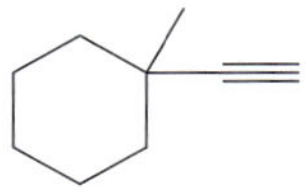

(b) 두 경우에서 얻어진 동족체 생성물들이 1620~1680 cm^{-1} 영역에서 적외선 흡수를 보일까?

7.65 화합물 **A**, **B**, **C**의 구조를 예상해 보시오.

A는 C_6인 가지 없는 알카인이며 1차 알코올이다.

B는 **A**를 붕소화 니켈 촉매하에서 수소와 반응시키거나 용해된 금속 환원 반응으로 얻는다.

C는 **B**를 실온에서 산 수용액으로 처리하여 얻어진다. **C**는 적외선 흡수가 1620~1680 cm^{-1} 혹은 3590~3650 cm^{-1} 영역에서 있다. 이것의 수소 결핍 지수는 1이며 1개의 카이랄 중심이 있고 라셈체로 얻어진다.

학습 집단을 위한 물음

1. 2-클로로-2,3-다이메틸뷰테인이 다음과 같이 반응할 때 얻어지는 생성물을 쓰시오. **(a)** NaOEt/EtOH, 80 °C **(b)** $KOC(CH_3)_3$/$HOC(CH_3)_3$, 80 °C. 만약 한 가지 이상의 생성물이 얻어지면 예상되는 주 생성물을 표시하시오. **(c)** 각 반응에서 주 생성물이 형성되는 상세한 메커니즘을 전이 상태까지 포함하여 제시하시오.

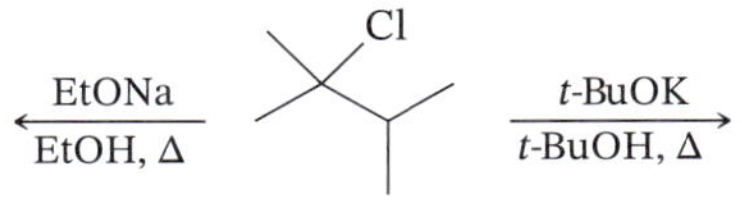

EtONa / EtOH, Δ ← (Cl) → *t*-BuOK / *t*-BuOH, Δ

2. 2-브로모-1,2-다이페닐프로페인(어느 거울상이든)을 EtOH 용액에서 NaOEt와 80 °C로 반응시키면 (*E*)-1,2-다이페닐프로펜이 주로 생성된다. [(*Z*)-부분 입체 이성질체는 거의 생기지 않는다]. 그 까닭을 메커니즘적인 논리로 Newman 투영식이나 다른 삼차원 구조식을 사용하여 설명하시오.

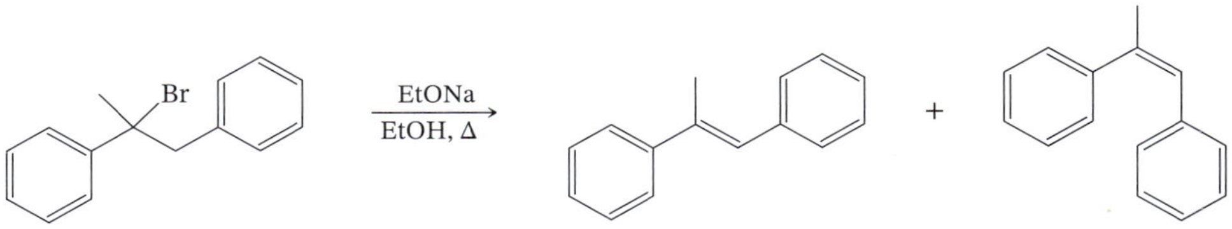

Br — EtONa / EtOH, Δ →

(주 생성물) (부 생성물)

3. **(a)** 1-메틸사이클로헥산올을 85% 진한 H_3PO_4와 150 °C에서 반응시킬 때 형성되는 생성물의 구조를 쓰시오. **(b)** 반응 메커니즘도 상세히 쓰시오.

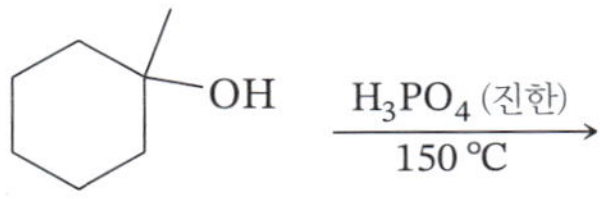

OH — H_3PO_4 (진한) / 150 °C →

4. 아래의 화합물을 고려해 보자.

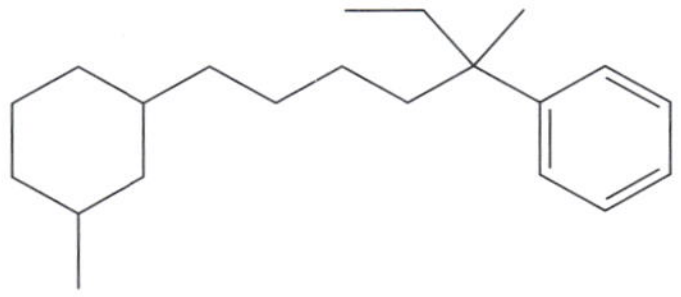

(a) 이 화합물(어느 부분 입체 이성질체도 무방)의 타당한 모든 역합성 분석을 개발해 보시오. 단, 어느 한 단계에서 알카인화 이온의 알킬화 반응을 탄소–탄소 결합 형성에 포함시켜야 한다.

(b) 위에 개발한 역합성 분석에 대응되는 화합물의 합성을 위한 시약, 조건 등을 포함하는 반응을 쓰시오.

(c) 적외선 분광학을 이용하면 합성 과정에서 남거나 하여 최종 생성물 속에 포함된 불순물의 존재를 밝힐 수 있다. 합성 중간체 중 어떤 것이 최종 생성물과 뚜렷이 구별되는 IR 흡수를 보이겠는가? IR 스펙트럼의 어느 영역에서 흡수가 일어나겠는가?

(d) 표적 분자의 cis 또는 trans 형태에 대한 삼차원 구조식을 그리시오. 알킬 곁가지에 대해서는 선쐐기와 쇄선쐐기를 사용하고 고리에 대해서는 의자 형태를 사용하도록 하시오. (**힌트**: 사이클로헥세인 고리에 있는 가장 복잡한 치환체와 그것이 붙어 있는 고리 탄소

가 지면과 같은 평면에 놓이도록 구조를 그린다. 일반적으로 삼차원 구조는 가능한 한 많은 수의 탄소 원자들이 지면에 놓이도록 배향을 한다.)

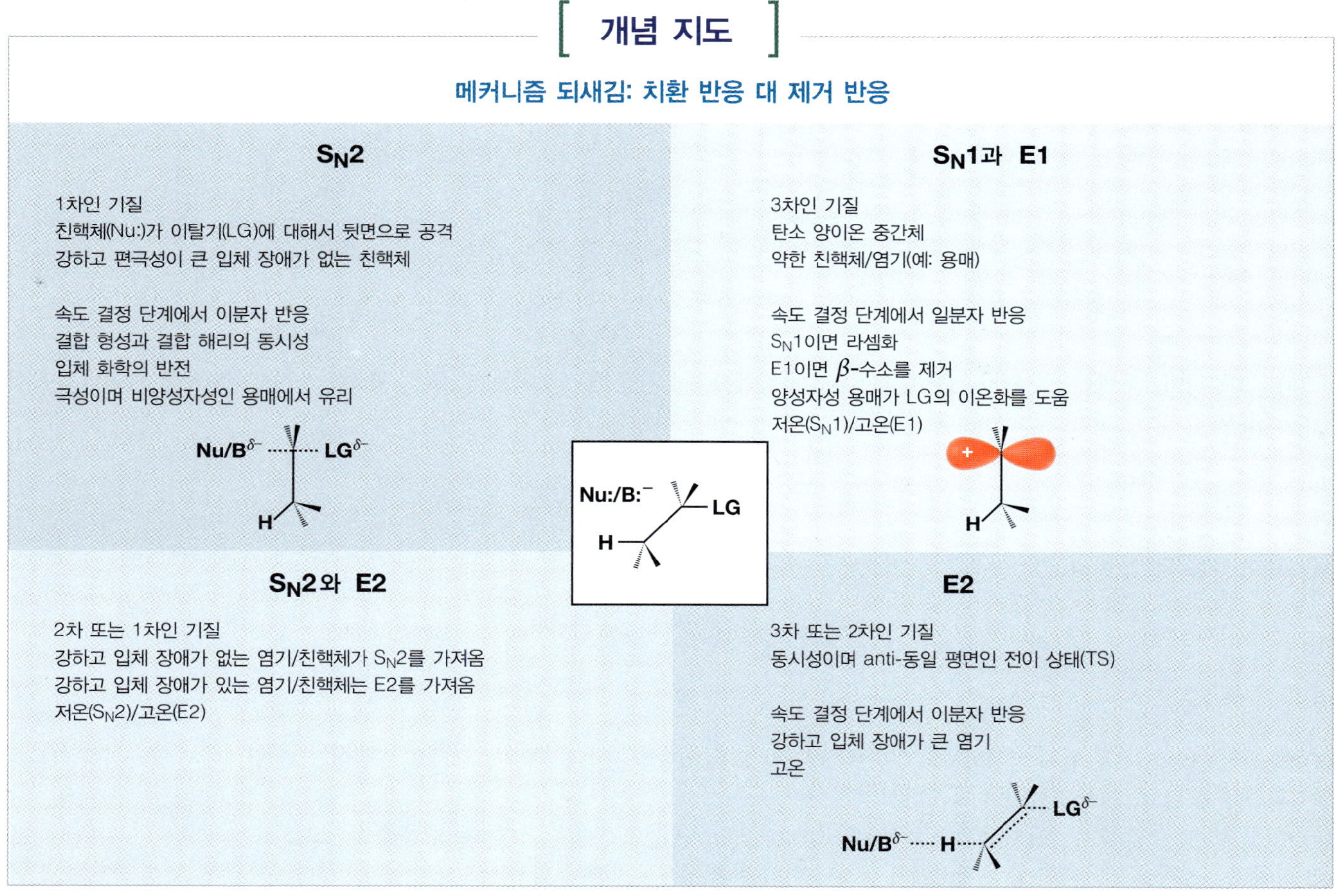

[개념 지도]

E2와 E1 제거 반응에 대한 요약

작은 염기에 의한 E2

- 강하고 **입체 장애가 없는 염기**
  예: CH_3CH_2ONa (EtONa), HO^-
- **치환기를 가장 많이 가진 알켄**이 주로 형성됨 (Zaitsev 생성물)
- anti 동일 평면 전이 상태
- 이분자 속도 결정 단계

덩치 큰 염기에 의한 E2

- 강하고 **입체 장애가 있는 염기**
  예: $(CH_3)_3COK$ (t-BuOK)
- **치환기 수가 가장 적은 알켄**이 주로 형성됨 (Hofmann 생성물)
- anti 동일 평면 전이 상태
- 이분자 속도 결정 단계

E1(알코올의 탈수 반응 포함)

- 강한 염기가 없음(용매가 흔히 염기임)
- 알코올은 **강산 촉매**를 필요로 함
- 탄소양이온 형성은 일분자 속도 결정 단계
- 탄소양이온은 **전위될 수 있음**
- 치환기 수가 가장 많은 알켄이 형성됨 (Zaitsev 생성물)
- 알코올에서 이탈기는 $-\overset{+}{O}H_2$
- 1° 알코올은 E2 메커니즘에 의해서 진행됨

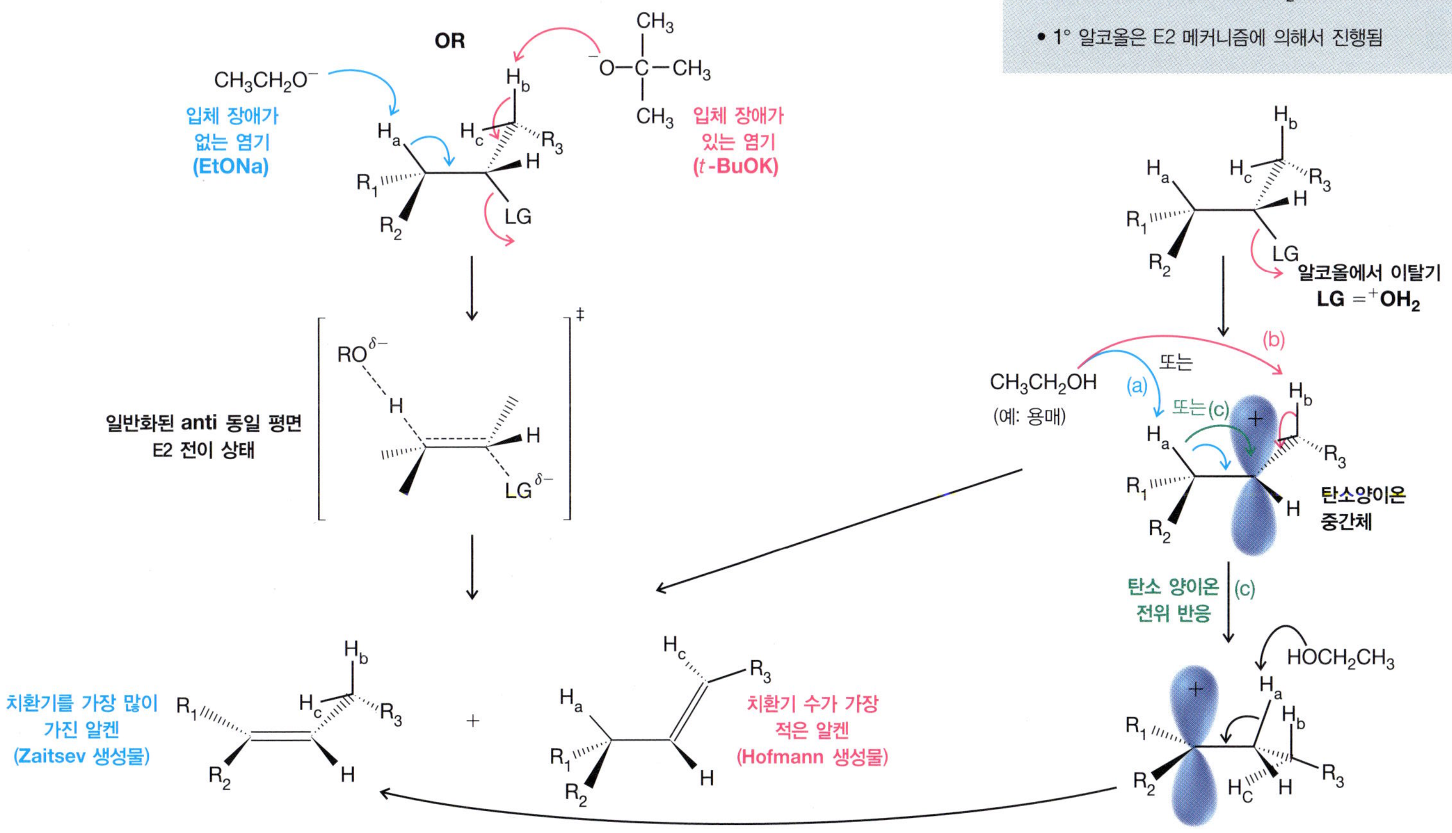

개념 지도

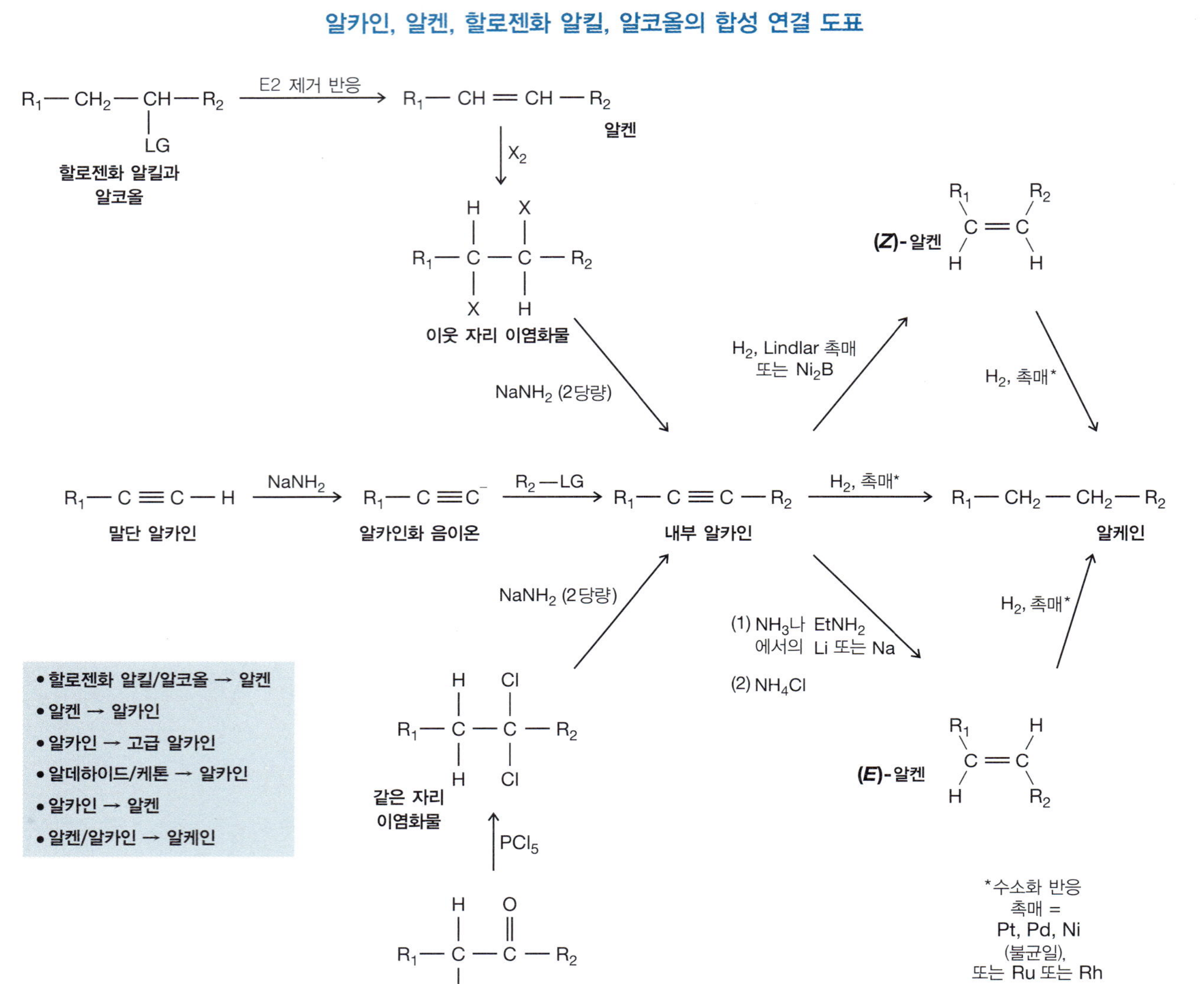
알카인, 알켄, 할로젠화 알킬, 알코올의 합성 연결 도표
E2 제거 반응
할로젠화 알킬과 알코올
알켄
X2
이웃 자리 이염화물
NaNH2 (2당량)
H2, Lindlar 촉매 또는 Ni2B
(Z)-알켄
H2, 촉매*
NaNH2
R2—LG
H2, 촉매*
말단 알카인
알카인화 음이온
내부 알카인
알케인
NaNH2 (2당량)
(1) NH3나 EtNH2 에서의 Li 또는 Na
(2) NH4Cl
H2, 촉매*
같은 자리 이염화물
(E)-알켄
PCl5
알데하이드 또는 케톤
*수소화 반응 촉매 = Pt, Pd, Ni (불균일), 또는 Ru 또는 Rh (균일)
• 할로젠화 알킬/알코올 → 알켄
• 알켄 → 알카인
• 알카인 → 고급 알카인
• 알데하이드/케톤 → 알카인
• 알카인 → 알켄
• 알켄/알카인 → 알케인

CHAPTER 8

알켄과 알카인 II

첨가 반응과 산화 반응

Babin/Shutterstock.com

앞의 장들에서는 치환 반응과 제거 반응의 결합 형성 단계와 결합 분해 단계에서 전자쌍이 관여하는 메커니즘에 대해서 논의하였다. 친핵체와 염기가 이들 반응에서 전자쌍 주개로 작용하였다. 이 장에서는 이중 결합과 삼중 결합이 결합 형성에 있어서 전자쌍 주개로 작용하는 **알켄**과 **알카인**의 반응에 대해서 논의한다. 이 반응을 **첨가 반응**(**addition reaction**)이라고 부른다.

Dactylyne

Laurefucin

알켄과 알카인은 육지나 바다 모든 자연에서 매우 흔하다. 바다로부터의 예로는 dactylyne과 laureatin이 있는데, 이들의 구조는 위에 제시되어 있다. 이 화합물들은 구조에 할로젠을 포함하고 있는데, 많은 다른 천연 해양 화합물들이 또한 그렇다. 어떤 해양 생명체들은 이와 같은 화합물들을 자기 방어 목적으로 생성하는데, 많은 것들이 세포 독성을 지녔기 때문이다. 흥미롭게도 이들 해양 화합물에 있는 할로젠은 이 장(8.11절)에서 배우게 될 것과 유사한 생물학적인 반응에 의해서 들어가게 된다. 그러므로 dactylyne과 laureatin 같은 화합물들은 흥미로운 구조와 성질을 지녔으며, 바다의 아름다운 환경에서 생길 뿐만 아니라 그들의 이면에는 매력적인 화학이 개입되어 있다.

이 장에서 배울 내용:

- 알켄 첨가 반응의 위치 화학과 입체 화학
- 알켄에 물 분자, 할로젠, 탄소, 그리고 다른 작용기를 첨가하는 과정
- 이중 결합을 깨서 더 많이 산화된 화합물 만들기
- 알켄 반응과 유사한 알카인의 반응

이 주제는 왜 중요한가?

이 장의 끝에서는 여기서 논의한 핵심 반응의 판박이와 같은 반응을 통하여 자연에서 특별한 부류의 알켄이 수만 개의 생활성 분자들에 관여함을 보게 될 것이다.

8.1 알켄의 첨가 반응

이 장에서는 알켄과 알카인의 양 끝에 새로운 기를 결합시키는 첨가 반응을 공부한다. 첨가 반응은 전형적으로 알켄이나 알카인 π 결합의 한 끝으로부터 전자쌍을 친전자체에게 주고 친핵체가 다른 끝에 결합하게 되는 과정이다. 이러한 형태의 반응은 시약의 친전자체 부분을 E로, 친핵체적인 부분을 Nu로 써서 일반적으로 다음과 같이 나타낸다.

$$\mathrm{C{=}C} + \mathrm{E{-}Nu} \xrightarrow{\text{첨가 반응}} \mathrm{E{-}C{-}C{-}Nu}$$

이 장에서 배우게 될 이러한 형태의 구체적인 반응에는 할로젠화 수소, 황산, 물(산 촉매 존재 시), 그리고 할로젠의 첨가 반응이 있다. 그 뒤에는 알켄과 첨가 반응을 진행하는 구체적인 시약들을 또한 공부하게 될 것이다.

알켄 $\mathrm{C{=}C}$

- $\xrightarrow{\mathrm{H{-}X}}$ $\mathrm{H{-}C{-}C{-}X}$ 할로젠화 알킬 (8.2, 8.3, 10.9절)
- $\xrightarrow[\mathrm{HA\ (cat.)}]{\mathrm{H{-}OH}}$ $\mathrm{H{-}C{-}C{-}OH}$ 알코올 (8.4절)
- $\xrightarrow{\mathrm{X{-}X}}$ $\mathrm{X{-}C{-}C{-}X}$ 다이할로알케인 (8.11, 8.12절)

8.1A 첨가 반응은 왜 일어나는가?

여러 가지 요인이 첨가 반응이 일어나는 까닭을 이해할 수 있도록 해준다.

1. π 전자는 분자에서 σ 결합 골격의 위아래로 전자 밀도의 노출된 영역을 나타낸다. 그러므로 π 전자는 σ 전자보다 반응에 더 이용될 수 있다.
2. 친전자체는 π 결합의 노출된 전자 밀도에 끌린다.

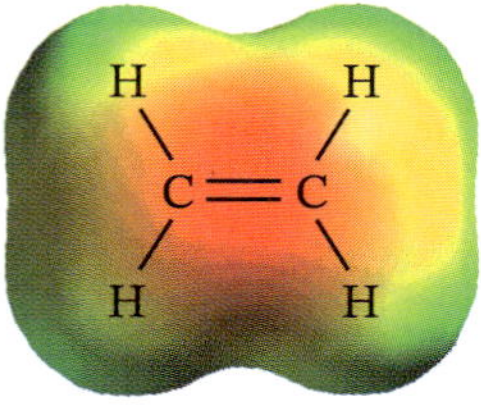

에텐의 정전기적 퍼텐셜 지도는 π 결합 영역 안에서 높은 음전하 밀도를 보여 주고 있다.

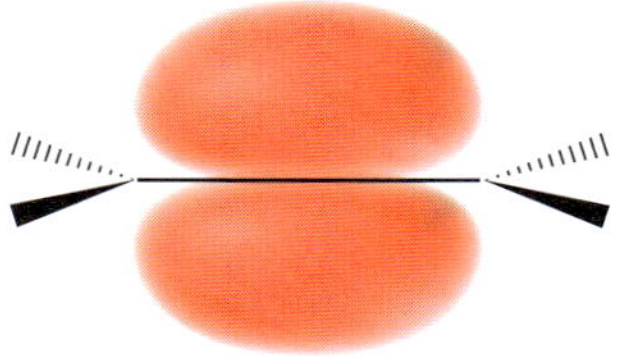

π 결합의 전자쌍은 π 분자 오비탈의 구면 전체에 분산되어 있다.

3. π 전자는 σ 전자보다 더 에너지가 높은 오비탈에 있고, π 결합은 σ 결합보다 약하다. 그러므로 π 결합을 σ 결합으로 전환하는 반응은 대개 에너지적으로 유리하다. 알켄의 첨가 반응에서 한 개의 π 결합과 한 개의 σ 결합이 두 개의 σ 결합으로 전환되어 계의 에너지를 낮춰 준다.

$$\text{C}{=}\text{C} + \text{E}{-}\text{Nu} \longrightarrow -\underset{\text{E}}{\overset{|}{\underset{|}{\text{C}}}}-\underset{\text{Nu}}{\overset{|}{\underset{|}{\text{C}}}}-$$

π 결합 σ 결합 ⟶ 2σ 결합

결합이 깨진다. 결합이 형성된다.

8.1B 알켄에 친전자성 첨가 반응

이미 보았듯이, 알켄 첨가 반응에는 일반적으로 친전자적인 성분과 친핵적인 성분을 가진 반응물의 결합이 관여한다. 각 부분은 처음 알켄기의 각 끝에 결합하게 된다.

- 친전자체(**electrophile**)는 전자를 추구하는 시약이다. 그들은 음전하의 위치로 끌려가며 친전자성인 성질을 지닌다.
- 친핵체(**nucleophile**)는 전자 주개이다. 그들은 양전하의 위치로 끌려가며 친핵성인 성질을 지닌다.

친전자체에는 Brønsted–Lowry 산과 같은 양성자 주개, 브로민(편극화되어 한 끝이 양성임)과 같은 중성인 시약, 그리고 Lewis 산인 BH_3, BF_3, $AlCl_3$ 같은 것이 있다. 빈 오비탈들을 가진 금속 이온, 즉 은 이온(Ag^+), 수은 이온(Hg^{2+}), 그리고 백금 이온(Pt^{2+}) 같은 것도 친전자체로 작용한다. 한편 할로젠화 이온이나 물은 친핵체로 행동한다.

할로젠화 수소는 π 결합으로부터 전자쌍을 받아서 수소와 탄소 원자들 중 하나와 σ 결합을 형성하며 할로젠화 이온을 잃게 된다. 이로써 다른 탄소에는 빈 p 오비탈과 +전하가 남게 된다. 초기의 결과는 알켄과 HX로부터 탄소 양이온과 할로젠화 이온이 생기는 것이다.

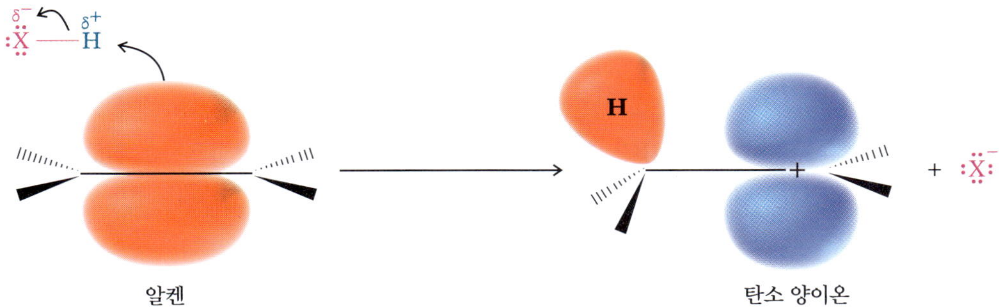

그다음 할로젠화 이온은 반응성이 큰 탄소 양이온에게 전자쌍을 줌으로써 친핵체로 행동한다.

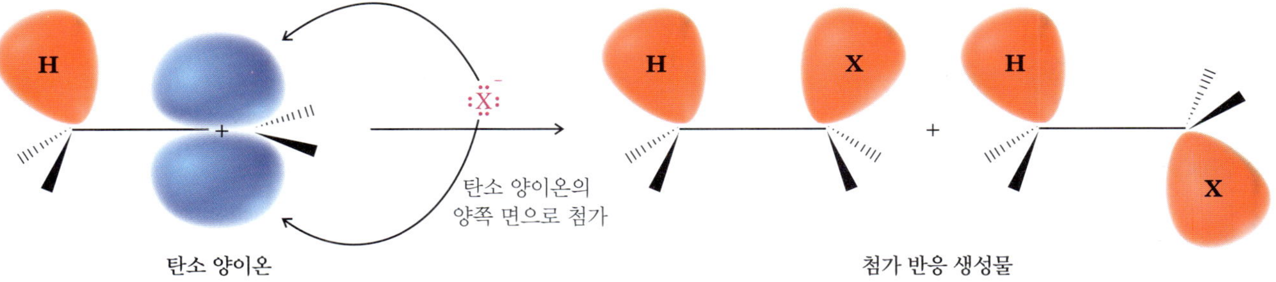

이것을 일반식과 굽은 화살표로 단순화시키면, 알켄의 양성자 첨가에서 친전자체는 산이 제공한 양성자이고 친핵체는 알켄이다.

$$:\ddot{\underset{..}{X}}-H + >C=C< \longrightarrow -\overset{H}{\underset{|}{\overset{|}{C}}}-C^{+}< + :\ddot{\underset{..}{X}}:^{-}$$

친전자체 친핵체

위로부터의 결과는 새로운 친전자체(탄소 양이온)와 새로운 친핵체(할로젠화 이온)가 형성되는 것이다. 그다음 단계로, 친핵성의 할로젠화 이온이 친전자성인 탄소 양이온에게 전자쌍을 제공하게 되고 첨가 반응 생성물이 완성되는 것이다.

$$-\overset{H}{\underset{|}{\overset{|}{C}}}-C^{+}< + :\ddot{\underset{..}{X}}:^{-} \longrightarrow -\overset{H}{\underset{|}{\overset{|}{C}}}-\overset{:\ddot{X}:}{\underset{|}{\overset{|}{C}}}-$$

친전자체 친핵체

8.2 알켄에 할로젠화 수소의 친전자성 첨가 반응: 메커니즘과 Markovnikov 규칙

할로젠화 수소(HI, HBr, HCl, 그리고 HF)는 알켄의 이중 결합에 첨가한다.

$$>C=C< + H-X \longrightarrow -\underset{H}{\underset{|}{\overset{|}{C}}}-\underset{X}{\underset{|}{\overset{|}{C}}}-$$

이 반응을 수행할 때 할로젠화 수소를 아세트산이나 CH_2Cl_2 같은 용매에 녹인 다음 알켄과 혼합하거나, 할로젠화 수소 기체 자체를 용매로 한 알켄에 직접 불어넣어 준다. HF는 피리딘에서 폴리플루오린화 수소로 만들어진다.

- 알켄 첨가 반응에서 할로젠화 수소의 반응성 순서는 HI > HBr > HCl > HF이다.

$$HI > HBr > HCl > HF$$

알켄에 치환체가 많지 않으면 HCl과 너무 느리게 반응하므로 합성 방법으로는 적절하지 않다. HBr은 빨리 첨가한다. 그러나 10.10절에서 보듯이 조심하지 않는 한 다른 경로의 반응이 일어날 수도 있다.

HX가 비대칭 알켄에 첨가할 때 두 가지 방법이 있을 수 있다. 실제로는 그러나 한 생성물이 주로 된다. 예를 들어, HBr이 프로펜에 첨가할 때 1-브로모프로페인이나 2-브로모프로페인이 될 수 있다. 그러나 실제의 생성물은 2-브로모프로페인이다.

+ H—Br ⟶ Br (Br)

2-Bromopropane (주 생성물) **1-Bromopropane** (부 생성물)

2-메틸프로펜이 HBr과 반응하면 1-브로모-2-메틸프로페인이 아니라 2-브로모-2-메틸프로

페인이 생긴다.

+ H—Br ⟶

2-Methylpropene **2-Bromo-2-methylpropane** (주 생성물) **1-Bromo-2-methylpropane** (부 생성물)

이와 같은 많은 예들을 살펴본 결과로 러시아의 화학자인 Markovnikov는 1870년에 소위 Markovnikov 규칙이라고 부르는 것을 정립하였다.

- **Markovnikov 규칙**(**Markovnikov's rule**)을 서술하는 한 가지 방법은 **HX가 알켄에 첨가될 때 수소 원자는 이중 결합의 탄소 원자들 중 수소 원자를 더 많이 가진 탄소 원자에 첨가된다.**[*]

프로펜에 HBr이 첨가하는 반응을 가지고 설명한다.

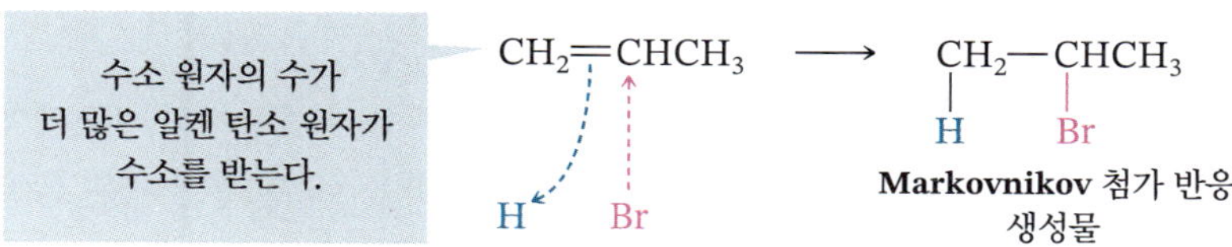

Markovnikov 규칙을 나타내는 반응을 **Markovnikov 첨가 반응**(**Markovnikov addition**)이라고 부른다. 할로젠화 수소가 알켄에 첨가하는 반응 메커니즘은 Markovnikov 첨가 반응으로 아래의 두 단계를 포함한다.

반응 메커니즘

알켄에 할로젠화 수소의 첨가

1단계

느림

알켄의 π 전자는 HX로부터의 양성자와 결합을 형성하여 탄소 양이온과 할로젠화 이온이 된다.

전이 상태 1

$\Delta G^{\ddagger}_{(1)}$는 $\Delta G^{\ddagger}_{(2)}$ 보다 훨씬 크고, 따라서 이것이 가장 느린 단계이다.

$\Delta G^{\ddagger}_{(1)}$

자유 에너지

반응 좌표

2단계

빠름

할로젠화 이온은 전자쌍을 주면서 탄소 양이온과 반응한다. 그 결과 할로젠화 알킬이 생긴다.

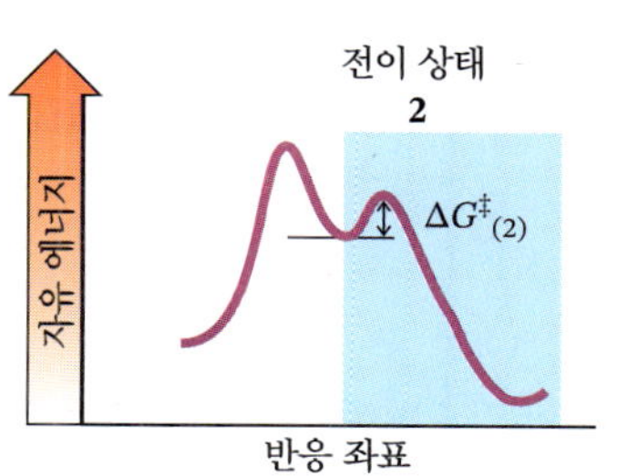

[*] 원래의 논문에서 Markovnikov는 할로젠 원자의 결합 자리와 관련지어 규칙을 이렇게 서술하였다. "비대칭인 알켄이 할로젠화 수소와 결합한다면 할로젠화 이온은 수소 원자의 수가 적은 탄소 원자에 첨가된다."

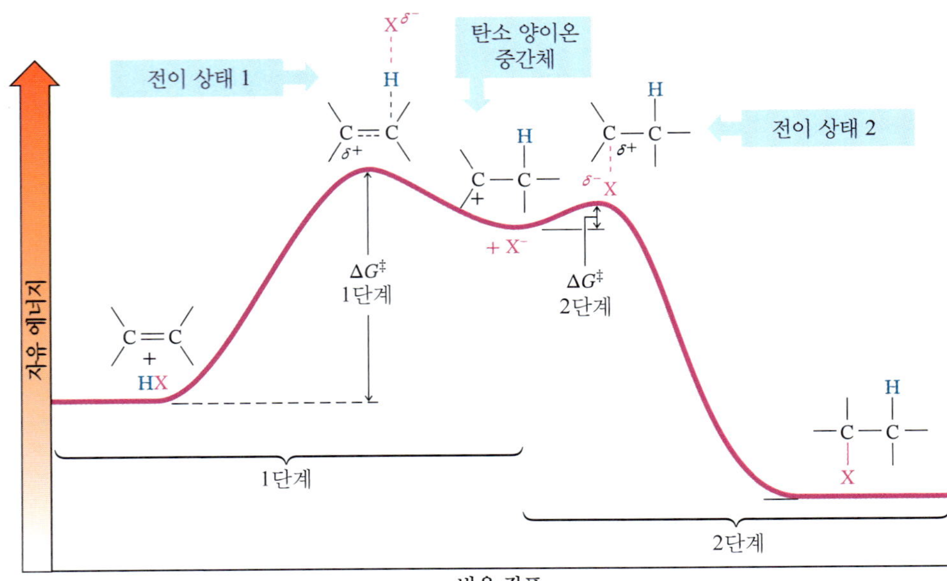

그림 8.1 HX가 알켄에 첨가하는 반응의 자유 에너지 도표. 1단계의 활성화 자유 에너지는 2단계보다 매우 크다.

1단계는 **속도 결정 단계(rate-determining step)**인 때문에 특히 중요하다. 1단계에서 알켄은 할로젠화 수소로부터 양성자를 받아 탄소 양이온을 형성한다. 이 단계는 매우 흡열 반응이며 높은 활성화 에너지를 가진다(**그림 8.1**). 결과적으로 이것은 천천히 일어난다. 2단계에서 매우 반응성이 큰 탄소 양이온이 할로젠화 이온과 결합하여 안정화된다. 발열 반응인 이 단계는 활성화 에너지가 매우 낮아서 빨리 일어난다.

8.2A Markovnikov 규칙의 메커니즘적인 근거

할로젠화 수소의 첨가 반응이 일어나는 알켄이 프로펜 같이 비대칭이면 1단계는 두 가지 다른 탄소 양이온이 될 것으로 생각할 수 있다.

$$X{-}H + CH_3CH{=}CH_2 \longrightarrow CH_3CH(H){-}\overset{+}{C}H_2 + X^-$$

1° 탄소 양이온 (덜 안정)

$$CH_3CH{=}CH_2 + H{-}X \longrightarrow CH_3\overset{+}{C}H{-}CH_2{-}H + X^-$$

2° 탄소 양이온 (더 안정)

그러나 이 두 탄소 양이온의 안정도는 다르다. 2차 탄소 양이온이 **더 안정**하며, 바로 이 사실로 Markovnikov 규칙에 따른 전체적인 첨가 반응이 예상됨을 설명할 수 있다. 예를 들어 HBr이 프로펜에 첨가될 때 반응은 다음의 경로로 일어난다.

$$CH_3CH{=}CH_2 \xrightarrow[\text{느림}]{HBr} CH_3CH_2\overset{+}{C}H_2 \ (1°,\ \text{불리함}) \xrightarrow{Br^-} CH_3CH_2CH_2Br$$

1-Bromopropane (부 생성물)

$$CH_3CH{=}CH_2 \xrightarrow[\text{느림}]{HBr} CH_3\overset{+}{C}HCH_3 \ (2°,\ \text{유리함}) \xrightarrow[\text{빠름}]{Br^-} CH_3CH(Br)CH_3$$

2-Bromopropane (주 생성물)

1단계 ——— 2단계

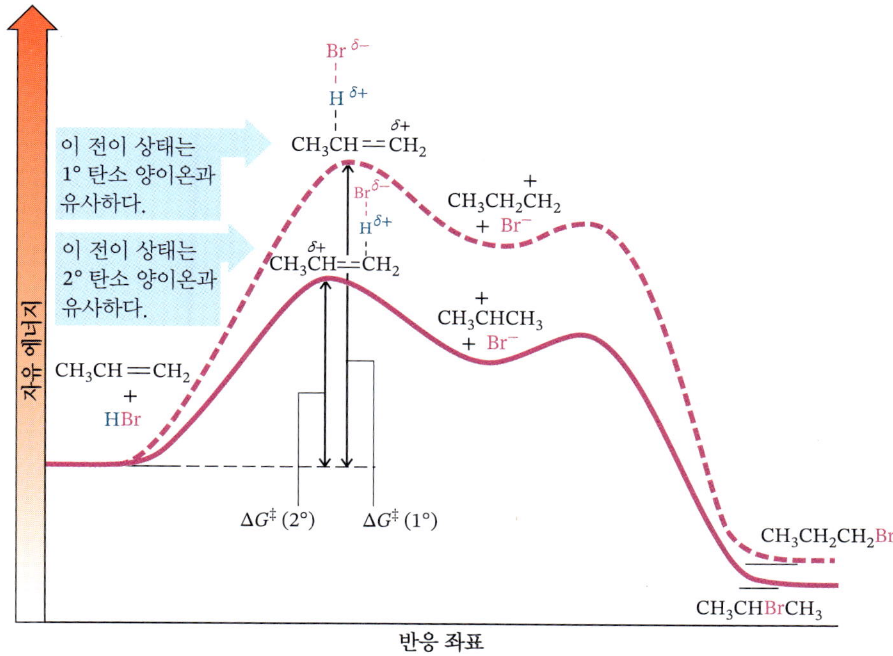

그림 8.2 프로펜에 HBr이 첨가되는 반응의 자유 에너지 도표. $\Delta G^{\ddagger}$(2°)는 $\Delta G^{\ddagger}$(1°)보다 작다.

첫 단계에서 더욱 안정한 2차 탄소 양이온이 우선적으로 생성되었기 때문에 반응의 주 생성물은 2-브로모프로페인이다.

- 더욱 안정한 탄소 양이온은 더욱 빨리 생성되므로 주로 이것이 만들어진다.

그림 8.2에 있는 자유 에너지 도표를 살펴보면 이것이 사실인 것을 알 수 있다.

- 2차 탄소 양이온(결국은 2-브로모프로페인)이 되는 반응(그림 8.2)의 활성화 자유 에너지는 낮다. 이것은 이것의 전이 상태가 더욱 안정한 탄소 양이온과 비슷하므로 타당한 것이다.
- 1차 탄소 양이온(결국은 1-브로모프로페인)이 되는 반응은 전이 상태가 덜 안정한 1차 탄소 양이온과 닮았으므로 높은 활성화 자유 에너지를 가진다. 이 두 번째 반응은 아주 느려서 첫 번째 반응과 경쟁하지 못한다.

탄소 양이온의 안정성에 관한 같은 까닭으로, HBr과 2-메틸프로펜이 반응하면 2-브로모-2-메틸프로페인만 생긴다. 여기서, 첫 단계(양성자 첨가)가 3차 탄소 양이온과 1차 탄소 양이온 중 어느 것을 선택할 것인가는 더욱 자명하다. 그러므로 1차 탄소 양이온의 형성을 필요로 하는 1-브로모-2-메틸프로페인은 반응 생성물로 얻어지지 않는다. 그러한 반응은 3차 탄소 양이온이 되는 반응보다 훨씬 더 큰 활성화 자유 에너지를 갖게 된다.

- HX가 알켄에 첨가 반응하여 탄소 양이온이 초기에 형성되면 더 안정한 탄소 양이온으로 전위(자리 옮김)할 수 있어서 전위(자리 옮김) 반응이 다양하게 발생한다(7.11절과 되새김 물음 8.3).

반응 메커니즘

2-메틸프로펜에 HBr의 첨가

일어나는 반응:

$(CH_3)_2C{=}CH_2 + H{-}Br \longrightarrow (CH_3)_2\overset{+}{C}{-}CH_2{-}H + :Br:^- \longrightarrow CH_3{-}C(CH_3)(Br){-}CH_3$ 주 생성물

3° 탄소 양이온 (더 안정한 탄소 양이온)

2-Bromo-2-methylpropane

일어나지 않는 반응:

$(CH_3)_2C{=}CH_2 + H{-}Br \not\longrightarrow CH_3{-}CH(CH_3){-}\overset{+}{C}H_2 + :Br:^- \not\longrightarrow CH_3{-}CH(CH_3){-}CH_2{-}Br$ 부 생성물

1° 탄소 양이온 (덜 안정한 탄소 양이온)

1-Bromo-2-methylpropane

8.2B Markovnikov 규칙의 일반적인 서술

이제 알켄에 할로젠화 수소가 이온성 첨가 반응을 하는 메커니즘을 알았으니 친전자체가 알켄에 어떻게 첨가하는지를 일반화시킬 수 있다.

- **Markovnikov 규칙**의 일반적인 서술: 이중 결합에 비대칭인 시료가 이온성 첨가 반응을 할 때 첨가하는 시료의 양의 부분은 더욱 안정한 탄소 양이온 중간체가 만들어지도록 이중 결합의 탄소 원자에 붙는다.
- 친전자체의 첨가가 먼저(첨가하는 시료의 음의 부분이 달라붙기 전에) 일어나므로 이 단계가 반응의 전체적인 배향을 결정짓는다.

이러한 Markovnikov 규칙에 의하여 ICl과 같은 시약이 첨가될 때의 결과도 예상할 수 있다. 염소의 전기 음성도가 더 크기 때문에 이 분자의 양의 부분은 아이오딘이다. ICl은 2-메틸프로펜에 다음과 같이 첨가하여 2-클로로-1-아이오도-2-메틸프로페인이 된다.

$(CH_3)_2C{=}CH_2 + \overset{\delta+}{I}{-}\overset{\delta-}{Cl} \longrightarrow (CH_3)_2\overset{+}{C}{-}CH_2{-}I + :Cl:^- \longrightarrow CH_3{-}C(CH_3)(Cl){-}CH_2{-}I$

2-Methylpropene → 2-Chloro-1-iodo-2-methylpropane

되새김 물음 8.1 IBr이 2-메틸프로펜에 이온성 첨가 반응을 할 때 생성물의 구조와 이름을 쓰시오.

되새김 물음 8.2 아래 이온성 첨가 반응의 메커니즘을 쓰시오.

(a) $\xrightarrow{HBr}$ (b) $\xrightarrow{ICl}$ (c) $\xrightarrow{HI}$

되새김 물음 8.3

아래 관찰에 대한 메커니즘을 제시하시오.

(a) HCl → Cl + Cl

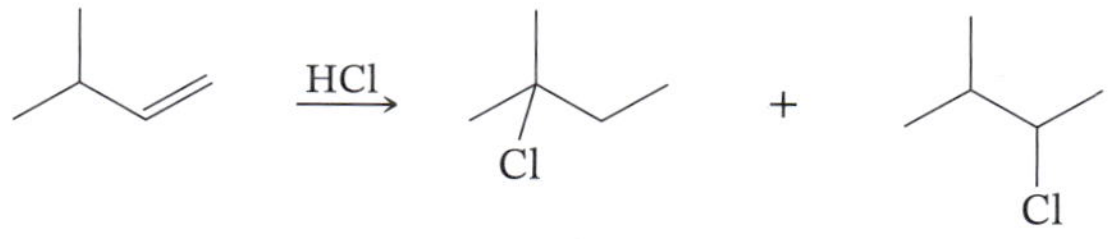

(b) HCl → Cl + Cl

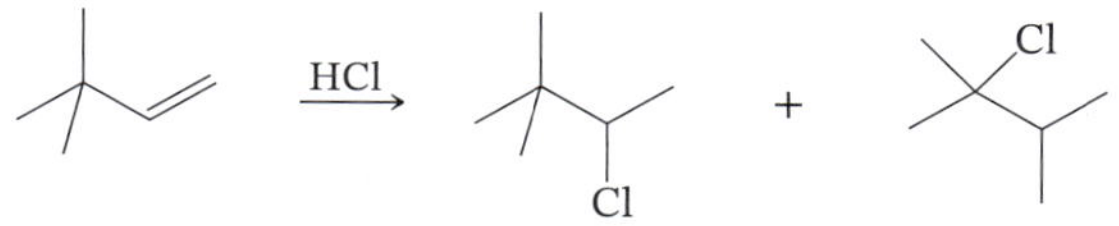

8.2C 위치 선택적인 반응

염화 수소가 알켄에 Markovnikov 첨가 반응을 하는 것과 같은 반응은 위치 선택적(regioselective)이라고 말한다. Regio는 라틴어의 *regionem*에서 나온 말인데 방향이란 뜻이다.

- **위치 선택적인 반응(regioselective reaction)**은 두 가지 이상의 구조 이성질체가 만들어질 수 있는 반응에서 한 가지 생성물만(또는 주로 한 가지가) 되는 반응이다.

예를 들어, HX가 프로펜처럼 비대칭인 알켄에 첨가되면 두 가지 구조 이성질체들이 만들어질 수 있다. 그러나 앞에서 본 것처럼 한 가지만 만들어지며, 따라서 반응은 위치 선택적이다.

8.2D 과산화물 존재하에서 HBr의 anti-Markovnikov 첨가 반응

Markovnikov 규칙의 예외는 10.10절에서 배우게 될 것이다. 이 예외는 알켄에 HBr의 첨가 반응에서 **반응을 과산화물(일반식이 ROOR인 화합물)의 존재하에서 수행할 때이다.**

- 알켄을 과산화물 존재하에서 HBr과 반응시킬 때 **anti-Markovnikov 첨가 반응(anti-Markovnikov addition)**이 진행되는데, 수소 원자가 수소 원자를 적게 가진 탄소 원자에 달라붙는 방법으로 일어난다.

프로펜을 예로 보면 첨가 반응은 다음과 같이 일어난다.

$$CH_3CH{=}CH_2 + HBr \xrightarrow{ROOR} CH_3CH_2CH_2Br$$

10.10절에서 이 첨가 반응은 **라디칼 메커니즘**으로 진행함을 알게 된다. 이것은 8.2절에 나온 이온성 메커니즘이 아니다.

- 이 anti-Markovnikov 첨가 반응은 HBr을 **과산화물 존재하에서 사용할 때만** 일어나고, HF, HCl, HI 등과는 과산화물이 존재해도 거의 일어나지 않는다.

8.3 알켄에 이온성 첨가 반응이 일어날 때의 입체 화학

HX가 1-뷰텐에 첨가되는 아래의 반응에서 카이랄 중심을 가진 2-할로뷰테인이 형성됨을 주목하시오.

$$CH_3CH_2CH{=}CH_2 + HX \longrightarrow CH_3CH_2\overset{*}{C}HCH_3 \ (\text{with } X \text{ on } \overset{*}{C})$$

그러므로 생성물은 한 쌍의 거울상체로 존재할 수 있다. 문제는 이 거울상체들이 어떻게 생성되는가 하는 것이다. 한 거울상체가 다른 것보다 더 많이 생성될 것인가? 이에 대한 대답은 '아니요'이다. 첨가 반응의 첫 단계에서 형성된 탄소 양이온은 삼각 평면(아래 그림을 보시오)이며, **비카이랄**(achiral, 모형을 보면 대칭면이 있음을 알 수 있다)이다. 할로젠화 이온이 비카이랄 탄소 양이온과 두 번째 단계에서 반응할 때 **반응은 양쪽 면에서 똑같이 가능하다**. 두 거울상체가 되는 반응은 같은 속도로 일어나며, 따라서 거울상체는 같은 양, 즉 **라셈 혼합물**(racemic mixture)로 생성된다.

반응의 입체 화학

알켄에 이온성 첨가 반응

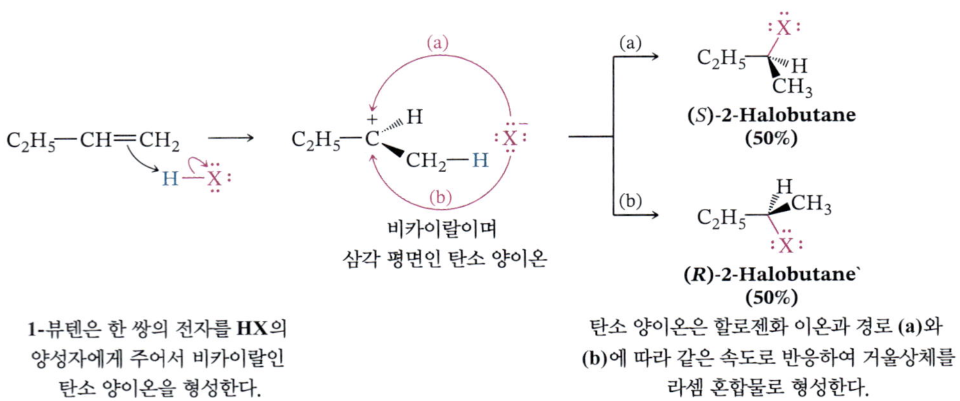

1-뷰텐은 한 쌍의 전자를 HX의 양성자에게 주어서 비카이랄인 탄소 양이온을 형성한다.

탄소 양이온은 할로젠화 이온과 경로 (a)와 (b)에 따라 같은 속도로 반응하여 거울상체를 라셈 혼합물로 형성한다.

8.4 알켄에 물의 첨가 반응: 산 촉매 수화 반응

알켄의 이중 결합에 산 촉매에 의하여 물이 첨가되는 반응[알켄의 **수화 반응(hydration)**]은 분자량이 작은 알코올을 합성하는 방법인데, 대규모 공업적 공정에도 매우 유용성이 크다. 알켄의 수화 반응을 촉매화하는 데 가장 흔히 쓰이는 산은 황산과 인산의 묽은 수용액이다. 이 반응도 역시 위치 선택적이며, 이중 결합에 물이 첨가될 때 Markovnikov 규칙을 따른다. 일반적으로 반응은 아래와 같이 일어난다.

$$\rangle C{=}C\langle \; + \; HOH \xrightarrow{H_3O^+} -\underset{H}{\overset{|}{\underset{|}{C}}}-\underset{OH}{\overset{|}{\underset{|}{C}}}-$$

한 가지 예로 2-메틸프로펜의 수화 반응을 들 수 있다.

$$\text{2-Methylpropene} + HOH \xrightarrow[25\,°C]{H_3O^+} \text{2-Methyl-2-propanol}$$

2-Methylpropene (isobutylene) **2-Methyl-2-propanol (*tert*-butyl alcohol)**

Markovnikov 규칙을 따르므로 산 촉매하의 알켄의 수화 반응은 에텐의 수화 반응과 같은 특별한 경우를 제외하고는 1차 알코올을 만들지 않는다.

$$CH_2{=}CH_2 + HOH \xrightarrow[300\,°C]{H_3PO_4} CH_3CH_2OH$$

8.4A 메커니즘

알켄의 수화 반응 메커니즘은 단순히 알코올의 탈수 반응 메커니즘의 역과정이다. 이것은 2-메틸프로펜의 **수화 반응** 메커니즘을 가지고 7.7A절에 나온 2-메틸-2-프로판올의 **탈수 반응**(**dehydration**) 메커니즘과 비교하여 설명할 수 있다.

반응 메커니즘

산 촉매에 의한 알켄의 수화 반응

1단계

$$(CH_3)_2C{=}CH_2 + H{-}\overset{+}{O}H_2 \underset{}{\overset{\text{느림}}{\rightleftharpoons}} CH_3{-}\overset{+}{C}(CH_3){-}CH_2{-}H + :\ddot{O}H_2$$

알켄은 양성자에게 전자쌍을 주어서 더 안정한 3° 탄소 양이온이 된다.

2단계

$$(CH_3)_3C^+ + :\ddot{O}H_2 \overset{\text{빠름}}{\rightleftharpoons} CH_3{-}C(CH_3)_2{-}\overset{+}{O}H_2$$

탄소 양이온은 물 분자와 반응하여 양성자가 첨가된 알코올이 된다.

3단계

$$CH_3{-}C(CH_3)_2{-}\overset{+}{O}H_2 + :\ddot{O}H_2 \overset{\text{빠름}}{\rightleftharpoons} CH_3{-}C(CH_3)_2{-}\ddot{O}{-}H + H{-}\overset{+}{O}H_2$$

양성자를 물 분자에게 줌으로써 생성물이 된다.

수화 반응 메커니즘에서 속도 결정 단계는 1단계, 즉 탄소 양이온의 형성이다. 이중 결합에 물이 Markovnikov 첨가 반응을 하는 것을 설명해 주는 것도 바로 이 단계이다. 1단계에서 아주 덜 안정한 1차 양이온 대신 더 안정한 3차 양이온이 형성되므로 2-메틸-2-프로판올이 반응 생성물이다.

$$(CH_3)_2C{=}CH_2 + H{-}\overset{+}{O}H_2 \underset{\text{느림}}{\overset{\text{매우}}{\rightleftharpoons}} CH_3{-}CH(CH_3){-}\overset{+}{C}H_2 + :\ddot{O}H_2$$

대부분의 경우 이 반응은 1차 탄소 양이온을 형성하므로 진행되지 않는다.

알켄이 수화되거나 알코올이 탈수되는 반응은 평형의 위치에 따라 최종 생성물이 정해지는 반응들이다. 그러므로 **알코올의 탈수**에서는 진한 황산을 사용하여 물의 농도가 작도록 해야 한다. 물은 형성되자마자 제거되며, 고온에서 하는 것이 유리하다. **알켄의 수화**에서는 묽은 황산을 사용하여 물의 농도를 크게 하는 것이 유리하다. 온도가 낮은 것도 역시 도움이 된다.

보기 물음 8.1

아래의 반응을 설명하는 메커니즘을 쓰시오.

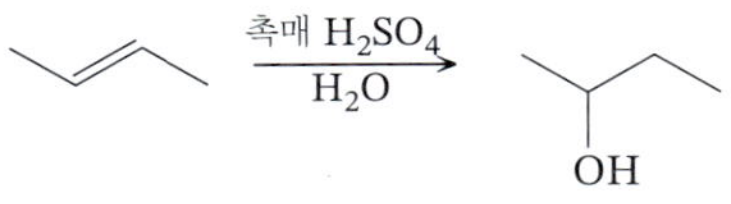

촉매 H_2SO_4, H_2O → OH

풀이

황산과 물로부터 형성된 하이드로늄 이온이 알켄에게 양성자를 제공하여 탄소 양이온이 형성된다. 그다음 탄소 양이온은 물 분자로부터 전자쌍을 받아서 양성자가 첨가된 알코올을 형성한다. 양성자가 첨가된 알코올은 물에게 양성자를 주고 알코올이 된다.

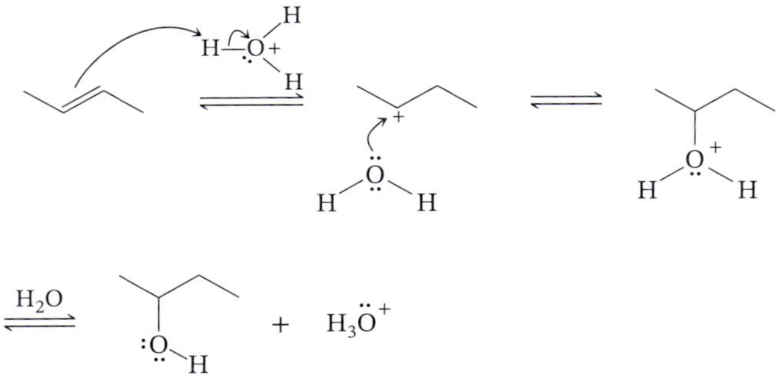

$H-\ddot{O}^+(H)H$ ⇌ $+$, $H\ddot{O}H$ ⇌ $\ddot{O}^+(H)H$

$\overset{H_2O}{\rightleftharpoons}$ $:\ddot{O}H$ + $H_3\ddot{O}^+$

되새김 물음 8.4

(a) 아래 반응의 메커니즘을 쓰시오.

촉매 H_2SO_4, H_2O → OH

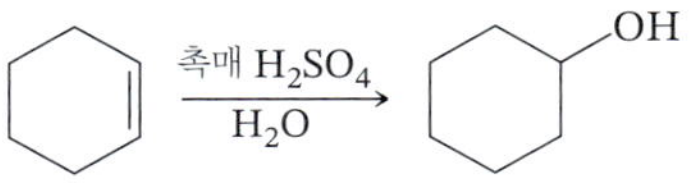

(b) 생성물의 좋은 수율이 확보되는 일반적인 조건은 무엇인가?

(c) 역반응인 사이클로헥산올의 탈수 반응으로 사이클로헥센이 되는 조건은 무엇인가?

(d) 1-메틸사이클로헥센의 산 촉매 수화 반응에서 얻어지는 생성물은 무엇인가? 설명하시오.

되새김 물음 8.5

에탄올의 공업적인 합성에서 에텐은 먼저 황산과 첨가 반응을 진행한 다음 이 생성물이 에탄올로 가수 분해한다. 황산이 에텐에 첨가하는 반응의 메커니즘을 쓰시오.

8.4B 전위(자리 옮김) 반응

- 알켄의 수화 반응에 따른 복잡한 문제는 **전위(자리 옮김) 반응(rearrangement)**이 일어나는 것이다.

이때 첫 단계에서 탄소 양이온이 형성되므로 먼저 형성된 탄소 양이온은 전위가 가능하기만 하면 더욱 안정한 것(또는 에너지가 같은 것)으로 전위해 버린다. 3,3-다이메틸-1-뷰텐이 수화될 때 2,3-다이메틸-2-뷰탄올이 되는 것은 이러한 현상을 잘 설명해 준다.

3-Methyl-1-pentene $\xrightarrow[H_2O]{\text{촉매 } H_2SO_4}$ 3-Methyl-3-pentanol

3-메틸-1-펜텐이 산 촉매하에서 수화하면 3-메틸-3-펜탄올이 형성되는 메커니즘을 쓰시오. **되새김 물음 8.6**

되새김 물음 8.7

아래의 알켄들이 산 촉매 수화 반응을 할 때 아래와 같은 반응성의 순서가 관찰되었다. 이 순서를 설명하시오.

$$CH_2{=}CH_2 < CH_3CH{=}CH_2 < (CH_3)_2C{=}CH_2$$

되새김 물음 8.8

아래 반응의 메커니즘을 쓰시오.

$\xrightarrow[CH_3OH]{\text{촉매 } H_2SO_4}$ OCH_3

보기 물음 8.2

아래 반응의 과정을 설명하는 메커니즘을 쓰시오.

$\xrightarrow[CH_3OH]{\text{촉매 } H_2SO_4}$ OCH_3

풀이

이미 배운 것처럼, 황산 촉매를 포함하고 있는 메탄올과 같이 강한 산성 매체에서 알켄은 양성자를 받아서 탄소 양이온을 형성할 수 있다. 위의 반응에서 처음 형성된 2차 탄소 양이온은 아래에 보인 것처럼 알칸화 이온 이동과 수소 음이온 이동을 진행하여 3차 탄소 양이온이 되는데, 그다음 용매(메탄올)와 반응하여 에터를 형성할 수 있다.

$$H-\ddot{O}-CH_3 + H-OSO_3H \rightleftharpoons H-\overset{H}{\overset{|}{O^+}}-CH_3 + {}^-OSO_3H$$

$+ H-\overset{H}{\overset{|}{O^+}}-CH_3 \rightleftharpoons$ $+ H-\ddot{O}-CH_3$ $\xrightarrow[\text{이동}]{\text{알칸화 이온}}$ $\equiv$ H $\xrightarrow[\text{이동}]{\text{수소 음이온}}$

$\underset{\rightleftharpoons}{CH_3\ddot{O}H}$ $\overset{H}{O^+}-CH_3$ $\underset{\rightleftharpoons}{CH_3\ddot{O}H}$ $\ddot{O}CH_3$ $+ CH_3\overset{+}{O}H_2$

8.5 알켄으로부터 옥시수은 첨가 반응–탈수은 반응에 의한 알코올의 합성: Markovnikov 첨가 반응

알켄으로부터 알코올을 합성하는 데 매우 유용한 실험실적인 방법은 두 단계 방법인 **옥시수은 첨가 반응–탈수은 반응(oxymercuration–demercuration)**이다.

- 알켄은 테트라하이드로퓨란(THF)과 물의 혼합 용액에서 아세트산 수은과 반응하여 (하이드록시알킬)수은 화합물을 만든다. 이 (하이드록시알킬)수은 화합물은 수소화붕소 소듐에 의해서 알코올로 환원된다.

1단계: 옥시수은 첨가 반응

$$>C{=}C< + H_2O + Hg\left(OCCH_3\right)_2 \xrightarrow{THF} -\underset{HO}{\underset{|}{\overset{|}{C}}}-\underset{Hg-OCCH_3}{\underset{|}{\overset{|}{C}}}- + CH_3COH$$

2단계: 탈수은 반응

$$-\underset{HO}{\underset{|}{\overset{|}{C}}}-\underset{Hg-OCCH_3}{\underset{|}{\overset{|}{C}}}- + HO^- + NaBH_4 \longrightarrow -\underset{HO}{\underset{|}{\overset{|}{C}}}-\underset{H}{\underset{|}{\overset{|}{C}}}- + Hg + CH_3CO^-$$

- 첫 번째 단계인 **옥시수은 첨가 반응(oxymercuraton)**에서 물과 아세트산 수은이 이중 결합에 첨가된다.
- 두 번째 단계인 **탈수은 반응(demercuration)**에서 수소화붕소 소듐이 아세톡시수은기를 환원하여 수소로 치환시킨다. (아세트산기는 흔히 —OAc라고 줄여 쓴다.)

도움말

주의: 수은 화합물은 극히 해롭다. 수은이나 수은 화합물이 포함된 반응을 수행하기 전에 사용법과 처치 방법에 대해서 잘 알고 있어야 한다. 수은을 폐기하는 데 만족스러운 방법은 없다.

두 단계 모두 같은 용기에서 수행되며, 두 반응 모두 실온 또는 실온 이하에서 매우 빨리 일어난다. 첫 단계인 옥시수은 첨가 반응은 20초~10분 내에 완결되고, 두 번째 단계인 탈수은 반응도 1시간 이내에 흔히 끝난다. 전체적인 반응은 90% 이상의 좋은 수율로 알코올을 생성한다.

8.5A 옥시수은 첨가 반응–탈수은 반응의 위치 선택성

옥시수은 첨가 반응–탈수은 반응 역시 매우 위치 선택적이다.

- 옥시수은 첨가 반응–탈수은 반응에서 물의 성분인 H—와 —OH가 첨가되는 배향은 **Markovnikov 규칙을 따른다.** H—는 이중 결합의 탄소 원자 중 수소 원자를 더 많이 가진 것에 가서 붙는다.

$$\underset{\text{R}}{\overset{\text{H}}{}}C{=}C\underset{\text{H}}{\overset{\text{H}}{}} + HO{-}H \xrightarrow[(2)\ NaBH_4,\ HO^-]{(1)\ Hg(OAc)_2/THF{-}H_2O} R-\underset{HO}{\underset{|}{\overset{H}{\overset{|}{C}}}}-\underset{H}{\underset{|}{\overset{H}{\overset{|}{C}}}}-H$$

아래의 예가 이것을 잘 설명해 준다. 알코올 생성물은 $NaBH_4$로부터 온 수소를 보여 주지 않는데, 이것은 결합선 구조식으로 그렸기 때문이다.

1-Pentene —[$Hg(OAc)_2$ / THF–H_2O]→ (OH, HgOAc) —[$NaBH_4$ / HO^-]→ 2-Pentanol (93%)

1-Methylcyclopentene —[$Hg(OAc)_2$ / THF–H_2O]→ (OH, HgOAc, H) —[$NaBH_4$ / HO^-]→ 1-Methylcyclopentanol

8.5B 옥시수은 첨가 반응–탈수은 반응에서 전위(자리 옮김) 반응은 거의 일어나지 않음

- 탄소 골격의 전위는 옥시수은 첨가 반응–탈수은 반응에서 거의 일어나지 않는다.

도움말
옥시수은 첨가 반응–탈수은 반응에서 수소 음이온이나 알칸화 이온의 전위는 일어나지 않는다.

아래의 3,3-다이메틸-1-뷰텐이 옥시수은 첨가 반응–탈수은 반응을 하는 것은 이러한 사실을 잘 나타내고 있다. 이것은 앞서(8.4B절) 배운 3,3-다이메틸-1-뷰텐의 **수화 반응(hydration)**과 직접적인 대조가 된다.

$$(H_3C)_3C{-}CH{=}CH_2 \xrightarrow[\text{(2) } NaBH_4,\ HO^-]{\text{(1) } Hg(OAc)_2/THF{-}H_2O} (H_3C)_3C{-}CH(OH){-}CH_3$$

3,3-Dimethyl-1-butene → **3,3-Dimethyl-2-butanol (94%)**

생성된 혼합물을 기체 크로마토그래피를 써서 분석해 보면 2,3-다이메틸-2-뷰탄올의 존재는 나타나지 않는다. 이와 대조적으로 3,3-다이메틸-1-뷰텐을 산 촉매하에 수화 반응시키면 2,3-다이메틸-2-뷰탄올이 주 생성물로 된다.

8.5C 옥시수은 첨가 반응의 메커니즘

옥시수은 첨가 반응 단계에서 첨가 반응의 배향을 설명하며 또한 전위(자리 옮김) 반응이 일반적으로 수반되지 않는 것을 설명하는 메커니즘을 여기에 보인다.

- 이 메커니즘의 핵심은 옥시수은 첨가 반응의 첫 단계에서 수은 화학종인 $\overset{+}{Hg}OAc$가 이중 결합의 덜 치환된 탄소 원자(즉, 수소 원자의 수가 많은 탄소 원자)에 친전자성 공격을 하여 다리형 중간체를 형성하는 것이다.

다음의 예에서 3,3-다이메틸-1-뷰텐을 사용하여 이 단계를 설명하고자 한다.

반응 메커니즘

옥시수은 첨가 반응

1단계

$$Hg(OAc)_2 \rightleftharpoons \overset{+}{Hg}OAc + AcO^-$$

아세트산 수은이 해리하여 $\overset{+}{\mathbf{Hg}}\mathbf{OAc}$ 이온과 아세트산 이온을 형성한다.

2단계

$$CH_3-C(CH_3)_2-CH{=}CH_2 + \overset{+}{Hg}OAc \longrightarrow CH_3-C(CH_3)_2-\overset{\delta+}{C}H-CH_2(HgOAc^{\delta+})$$

3,3-Dimethyl-1-butene 수은-다리의 탄소 양이온

알켄이 친전자성인 $\overset{+}{\mathbf{Hg}}\mathbf{OAc}$에 전자 한 쌍을 주어서 수은-다리의 탄소 양이온을 형성한다. 이 탄소 양이온에서 양전하는 2차 탄소 원자와 수은 원자 사이에 공유된다. 탄소 원자의 전하는 첨가 반응에서 **Markovnikov** 배향을 하기에 충분히 크지만, 전위(자리 옮김) 반응을 유발시킬 만큼 크지 않다.

3단계

$$H_3C-C(CH_3)_2-\overset{\delta+}{C}H-CH_2(HgOAc^{\delta+}) + :\ddot{O}H_2 \longrightarrow H_3C-C(CH_3)_2-CH(\overset{+}{O}H_2)-CH_2HgOAc$$

물 분자가 다리놓은 수은 양이온에서 부분적으로 양전하를 띤 탄소를 공격한다.

4단계

$$H_3C-C(CH_3)_2-CH(\overset{+}{O}H_2)-CH_2HgOAc + :\ddot{O}H_2 \longrightarrow H_3C-C(CH_3)_2-CH(\ddot{O}H)-CH_2HgOAc + H-\overset{+}{\ddot{O}}(H)-H$$

(하이드록시알킬)수은 화합물

산-염기 반응이 다른 물 분자(또는 아세트산 이온)에 양성자를 전달한다. 이 단계에서(하이드록시알킬)수은 화합물이 생성된다.

이 반응에서 형성된 것과 같은 수은-다리를 가진 탄소 양이온(머큐리늄 이온이라 함)은 수은 부분이 양전하 대부분을 그냥 지니고 있다는 사실이 계산에 의해서 알려져 있다. 단지 작은 부분의 양전하만이 치환기를 더 가진 탄소 원자에 머무른다. 이 전하는 Markovnikov 첨가 반응을 하기에 충분할 만큼 양의 성격을 가졌지만, 온전한 탄소 양이온에서 일어나는 탄소 골격의 전위가 일어날 만큼 충분히 양의 성격을 갖지 못하고 있다.

비록 수은-다리 양이온에 물이 공격하면 하이드록실기와 수은기가 anti 첨가 반응을 하지만, 수은을 수소로 치환하는 반응은 입체적 통제가 안 된다(라디칼이 관여했을 것임, 10장 참조). 이 단계는 옥시수은 첨가 반응–탈수은 반응의 전체적인 입체 화학을 뒤섞이게 한다.

- 옥시수은 첨가 반응–탈수은 반응은 결과적으로 알켄에 —H와 —OH가 syn 및 anti 첨가 반응을 한 셈이 된다.

- 이미 보인 것처럼, 옥시수은 첨가 반응–탈수은 반응은 Markovnikov 위치 화학적으로 일어난다.

되새김 물음 8.9

적당한 알켄으로부터 아래의 알코올을 옥시수은 첨가 반응–탈수은 반응에 의하여 합성하는 모든 단계를 보이시오.

(a) OH **(b)** OH **(c)** OH

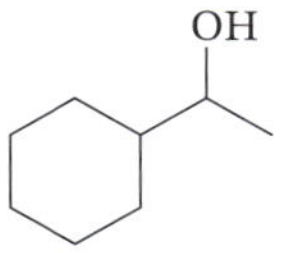

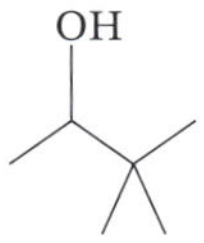

알켄을 알코올(ROH)을 포함하고 있는 THF 용액에서 트라이플루오로아세트산 수은 [$Hg(O_2CCF_3)_2$]과 반응시키면 (알콕시알킬)수은 화합물이 생성된다. 이 생성물은 $NaBH_4$/OH^-로 처리하면 에터가 형성된다.

- 옥시수은 첨가 단계에서 용매 분자가 친핵체로 행동할 때 전체적인 과정은 **용매 수은 첨가 반응–탈수은 반응(solvomercuration–demercuration)**이다.

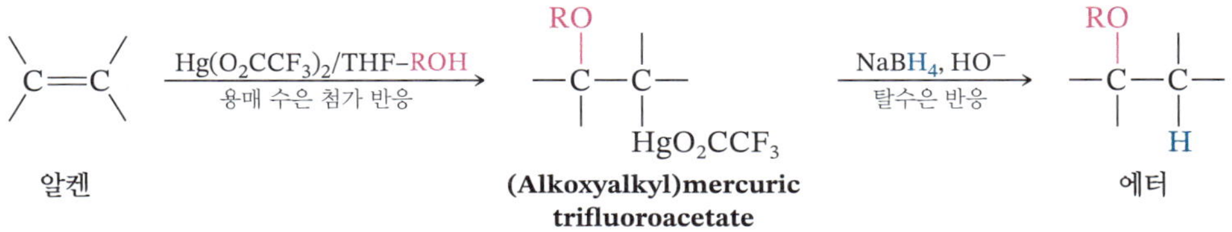

$$\text{C}{=}\text{C} \xrightarrow[\text{용매 수은 첨가 반응}]{Hg(O_2CCF_3)_2/\text{THF–ROH}} \text{–C(RO)–C(HgO}_2\text{CCF}_3\text{)–} \xrightarrow[\text{탈수은 반응}]{NaBH_4,\ HO^-} \text{–C(RO)–C(H)–}$$

알켄 **(Alkoxyalkyl)mercuric trifluoroacetate** 에터

되새김 물음 8.10

(a) 위에 보인 에터 합성에서 용매 수은 첨가 반응 단계에 대한 가능한 메커니즘을 쓰시오.
(b) 왜 $Hg(OAc)_2$ 대신 $Hg(O_2CCF_3)_2$를 사용하는가?
(c) 용매 수은 첨가 반응–탈수은 반응에서 형성된 생성물을 예측하시오.

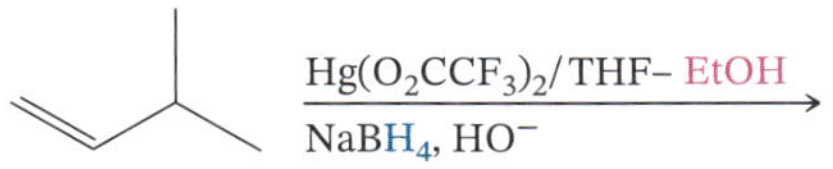

$$\xrightarrow[NaBH_4,\ HO^-]{Hg(O_2CCF_3)_2/\text{THF– EtOH}}$$

8.6 알켄으로부터 수소화붕소 첨가 반응–산화 반응에 의한 알코올의 합성: anti-Markovnikov syn 수화 반응

- 이중 결합의 수화 반응을 **anit-Markovnikov** 형태로 진행시키려면 다이보레인(B_2H_6)이나 테트라하이드로퓨란에 보레인을 녹인 용액(BH_3:THF)을 사용한다.

물의 첨가는 이 과정에서 간접적이며, 두 반응들이 관여되었다. 첫 번째는 붕소 원자와 수소 원자가 이중 결합에 첨가되는 것으로 **수소화붕소 첨가 반응(hydroboration)**이라고 한다. 두 번째는 **산화 반응(oxidation)**과 알킬보레인의 중간체의 가수 분해로 인한 알코올과 붕산의 생성이다. 첨가 반응의 anit-Markovnikov 입체 화학을 프로펜의 수소화붕소 첨가 반응–산화 반응 예에서 알 수 있다.

$$3\ \text{Propene} \xrightarrow[\text{수소화붕소 첨가 반응}]{BH_3:THF} \text{Tripropylborane} \xrightarrow[\text{산화 반응}]{H_2O_2/HO^-} 3\ \text{1-Propanol}$$

- 수소화붕소 첨가 반응–산화 반응은 anti-Markovnikov 위치 화학과 함께 **syn** 입체 화학적으로 진행된다.

이것은 다음의 1-메틸사이클로펜텐을 예로 들어 볼 수 있으며, 아래에 이차원 및 측면 방향이 모두 보여진다.

$$\xrightarrow[\text{(2) } H_2O_2,\ HO^-]{\text{(1) } BH_3:THF}$$

CH$_3$ H OH H

$$\xrightarrow[\text{(2) } H_2O_2,\ HO^-]{\text{(1) } BH_3:THF}$$

CH$_3$ H CH$_3$ HO H

다음 절에서는 수소화붕소 첨가 반응–산화 반응의 anti-Markovinikov 위치 화학과 syn 입체 화학을 설명하는 메커니즘을 상세히 고찰하게 된다.

8.7 수소화붕소 첨가 반응: 알킬보레인의 합성

노벨상
Brown은 수소화붕소 첨가 반응을 발견하여 1979년 Nobel 화학상의 공동 수상자가 되었다.

알켄에 **수소화붕소 첨가 반응**은 방금 언급한 anit-Markovnikov syn **수화 반응**을 포함하는 매우 유용한 수많은 합성 방법의 출발점이기도 하다. 이 첨가 반응은 Brown(Purdue University)에 의해서 발견되었다. 가장 간단히 수소화붕소 첨가 반응을 나타내면 다음과 같다.

$$>C=C< \quad + \quad H-B< \xrightarrow{\text{수소화붕소 첨가 반응}} -\overset{|}{\underset{H}{C}}-\overset{|}{\underset{B<}{C}}-$$

알켄 수소화 붕소 알킬보레인 화합물

수소화붕소 첨가 반응은 보레인(BH_3)의 이합체인 다이보레인(B_2H_6) 기체를 사용하여 수행한다. 그러나 다이보레인의 테트라하이드로퓨란(THF) 용액을 사용하는 것이 훨씬 편리하다. 다이보레인이 THF에 가해지면 보레인(Lewis 산)과 테트라하이드로퓨란이 반응하여 Lewis 산–염기 착물이 생긴다. 이 착물은 BH_3:THF로 나타낸다.

$$B_2H_6 + 2\ :\!O\!: \longrightarrow 2\ H-\overset{H}{\underset{H}{\overset{|}{\underset{|}{B^-}}}}-\overset{+}{O}\!:$$

Diborane **THF (tetrahydrofuran)** **BH_3:THF**

BH_3:THF 착물을 포함한 용액은 상품으로 구입할 수 있다. 수소화붕소 첨가 반응은 흔히

다이에틸 에터나 THF와 같은 에터에서 수행된다. 다이보레인과 알킬보레인을 다룰 때는 이들이 공기 중에서 발화(초록색 불꽃)하므로 특별히 조심해야 된다. BH_3:THF 용액은 불활성 기체(아르곤이나 질소) 내에서 매우 조심스럽게 다루어야 한다.

8.7A 수소화붕소 첨가 반응 메커니즘

프로펜 같은 말단 알켄을 BH_3:THF 착물이 포함된 용액과 반응시키면 수소화붕소는 연속적으로 알켄 세 분자의 이중 결합에 첨가하여 트라이알킬보레인을 형성한다.

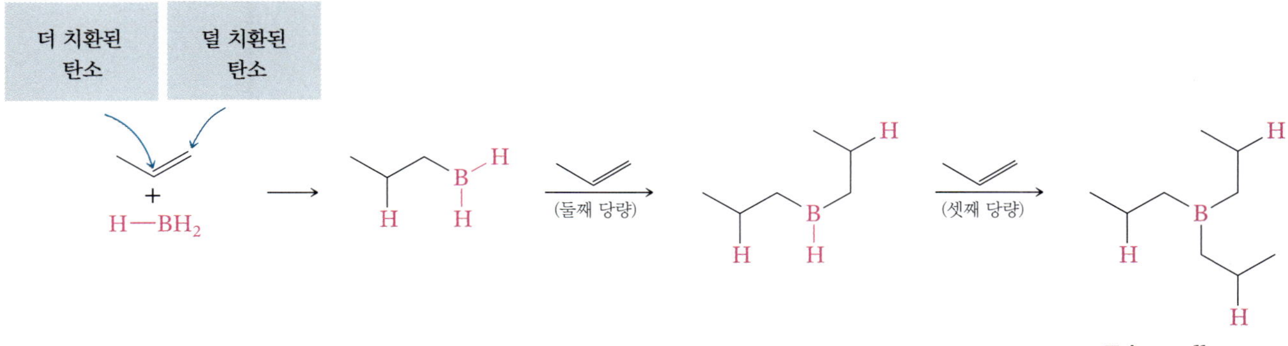

- 첨가 반응의 각 단계에서 **붕소 원자는 이중 결합에서 치환기가 적은 탄소 원자에 달라붙는다**. 수소 원자는 붕소 원자에서 이중 결합의 다른 탄소 원자로 전달된다.
- 수소화붕소 첨가 반응은 **위치 선택적(regioselective)**이며 **anti-Markovnikov**(수소 원자가 수소 원자를 적게 가진 탄소 원자에 달라붙음)이다.

붕소 원자가 덜 치환된 탄소 원자에 달라붙는 성향에 대한 다른 예가 아래에 있다. 퍼센트는 붕소 원자가 달라붙는 곳을 나타낸다.

이 백분율은 이들 출발 물질을 사용했을 때 붕소가 달라붙는 위치를 나타내는데, 붕소가 이중 결합에서 치환기를 덜 가진 탄소에 결합함을 보여 주고 있다.

이중 결합에서 치환기를 덜 가진 탄소 원자에 붕소가 달라붙는 것은 부분적으로 **입체 요인(steric factor)**의 결과인 것처럼 보인다. 즉, 부피가 큰 붕소를 가진 기가 치환기를 덜 가진 탄소 원자에 더 쉽게 접근할 수 있다.

BH_3가 이중 결합에 첨가되는 메커니즘은 이중 결합의 π 전자가 BH_3의 빈 p 오비탈에 제공되는 것부터 시작된다(아래 메커니즘을 보시오). 다음 단계에서 이 착물은 붕소 원자가 이중 결합의 덜 치환된 탄소 원자에 부분적으로 결합하고, 한 수소 원자가 다른 탄소 원자에 부분적으로 결합되어 있는 네 원자 전이 상태를 통하여 첨가 반응물이 형성된다. 이 전이 상태에 접근해 감에 따라 전자들은 붕소 원자의 방향으로 이동하며, 이중 결합에서 치환기를 더 가진 탄소 원자로부터 멀어진다. 이로써 **치환기가 더 많은 탄소 원자는 부분적인 양전하를 갖게 되고, 전자를 밀어 주는 알킬기들이 있으므로 양전하를 더 잘 수용할 수 있다**. 그러므로 전자적

인 요인 또한 덜 치환된 탄소에 붕소가 첨가하는 것을 유리하게 한다.

- **전자적인 요인**과 **입체적인 요인**이 모두 첨가 반응의 anti-Markovnikov 배향을 설명해 준다.

반응 메커니즘

수소화붕소 첨가 반응

수소화붕소 첨가 반응

π 착물

네 원자의 동시성인 전이 상태

H와 **B**의 **syn** 첨가

첨가 반응은 초기에 π 착물의 형성을 통하여 일어난다. 이것은 붕소 원자가 덜 입체 장애를 지닌 탄소 원자에 첨가됨으로써 고리형 네 원자 전이 상태로 변한다.
전이 상태에서 점선으로 된 결합은 부분적으로 형성되거나 깨지는 결합을 나타낸다.
전이 상태는 수소와 붕소가 **syn** 첨가를 하여 알킬보레인으로 된다.
알킬보레인의 다른 **B—H** 결합도 비슷한 첨가 반응을 진행하여 마침내는 트라이알킬보레인이 된다.

수소화붕소 첨가 반응의 오비탈 그림

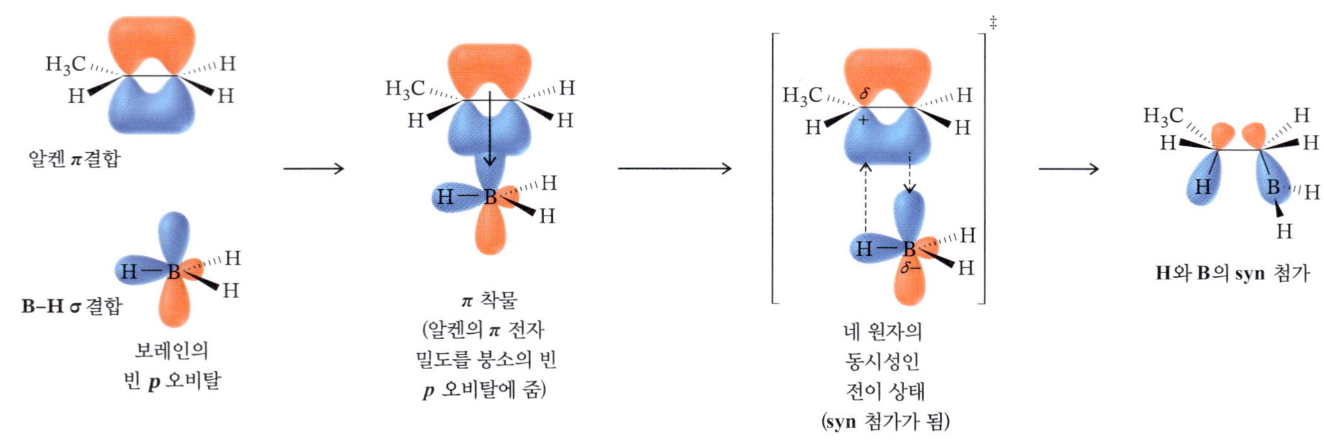

8.7B 수소화붕소 첨가 반응의 입체 화학

- 수소화붕소 첨가 반응의 전이 상태에서 붕소 원자와 수소 원자는 이중 결합의 같은 면으로 첨가된다.

수소화붕소 첨가 반응의 입체 화학

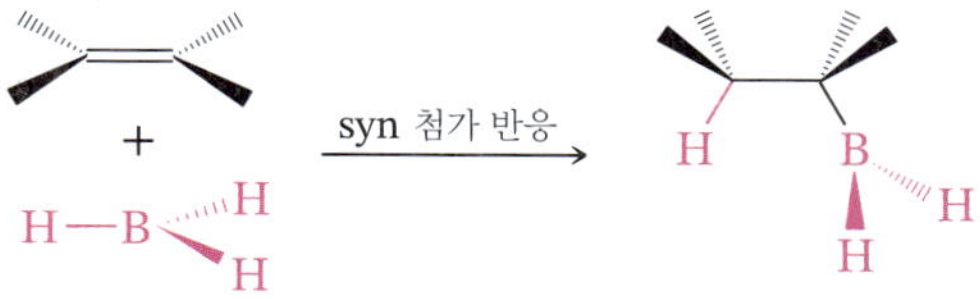

+ H—B(H)(H) —syn 첨가 반응→

1-메틸사이클로펜텐의 수소화붕소 첨가 반응에서 syn 첨가의 결과를 볼 수 있다. 수소화붕소가 1-메틸사이클로펜텐 고리의 윗면에 첨가되면 거울상체가 형성되는데, 그 가능성은 똑같다.

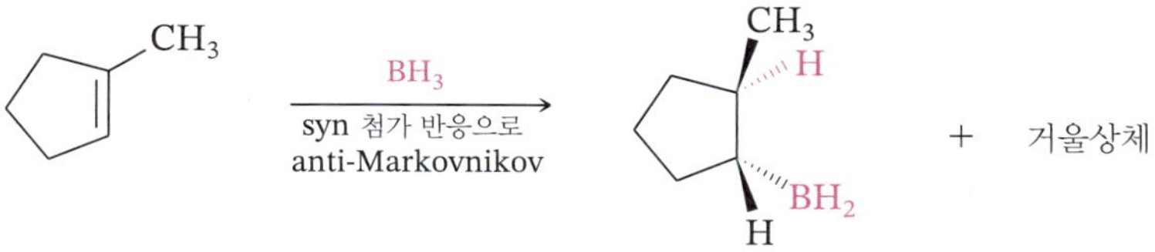

CH_3 —BH_3, syn 첨가 반응으로 anti-Markovnikov→ CH_3, H, BH_2, H + 거울상체

되새김 물음 8.11

아래의 알킬보레인 각각을 수소화붕소 첨가 반응에 의해서 합성하는 데 필요한 적절한 알켄을 보이시오.

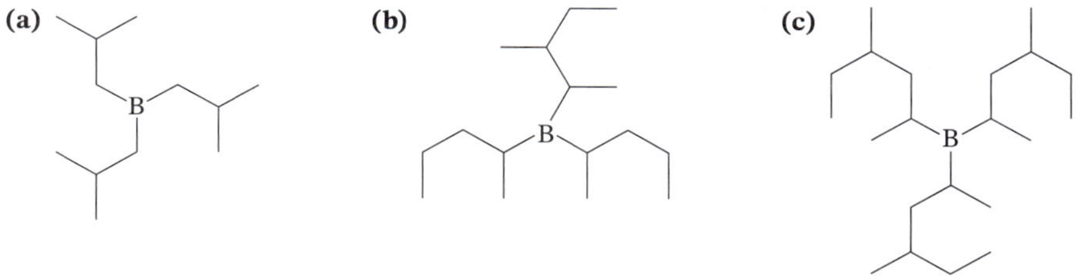

(a) **(b)** **(c)**

(d) 1-메틸사이클로헥센의 수소화붕소 첨가 반응에 관여된 입체 화학을 보이시오.

되새김 물음 8.12

2-메틸-2-뷰텐처럼 장애를 갖는 알켄을 BH_3:THF로 처리하면 트라이알킬보레인 대신 다이알킬보레인이 형성된다. 2몰의 2-메틸-2-뷰텐을 1몰의 BH_3에 첨가하면 '**다이사이아밀보레인**(disiamylborane)'이란 별명을 가진 비스(3-메틸-2-뷰틸)보레인이 생성된다. 그 구조를 쓰시오. 비스(3-메틸-2-뷰틸)보레인은 입체적 장애를 가진 보레인을 필요로 하는 합성에서 유용한 시약이다. ('다이사이아밀'이란 이름은 '다이-sec-아이소아밀'에서 나온 것으로 비체계적이며 인정될 수 없는 이름이다. '아밀'이란 이름은 5개 탄소를 가진 알킬기의 옛 이름이다.)

8.8 알킬보레인의 산화 및 가수 분해 반응

수소화붕소 첨가 반응에서 생성된 알킬보레인은 보통 분리되지 않고, 한 반응 용기 내에서 과산화 수소의 염기성 수용액을 가하면 산화되고 알코올로 가수 분해된다.

$$R_3B \xrightarrow[\text{산화 및 가수 분해 반응}]{H_2O_2,\ aq.\ NaOH,\ 25\ ^\circ C} 3R{-}OH + B(ONa)_3$$

- **산화 및 가수 분해 반응**은 붕소가 붙어 있는, 그래서 나중에는 하이드록실기가 붙게 되는 **탄소의 배위가 보존되면서 일어난다**.

이것은 산화 및 가수 분해 반응의 메커니즘을 고찰함으로써 알게 된다.

알킬보레인의 산화 반응은 하이드로퍼옥시화 음이온(HOO^-)이 3가의 붕소 원자에 첨가하는 것으로 시작된다. 형성된 불안정한 중간체는 붕소에 음의 형식 전하를 가지고 있다. 알킬기가 전자쌍을 가지고 붕소로부터 인접 산소로 이동하면 붕소의 전하는 중화되며 수산화 음이온이 밀려 나간다. 알킬의 이동은 이동하는 탄소의 배위를 보존하면서 일어난다. 하이드로퍼옥시화 음이온의 첨가와 이동 단계가 두 번 반복되면 모든 알킬기는 산소 원자에 붙게 되어 에스터인 붕산 삼알킬[$B(OR)_3$]이 만들어진다. 이 에스터는 염기에 의한 가수 분해로 세 분자의 알코올과 한 분자의 무기 붕산 음이온이 된다.

반응 메커니즘

트라이알킬보레인의 산화 반응

$$R_3B + {}^-:\ddot{O}-\ddot{O}-H \longrightarrow \left[R_3\overset{-}{B}-\ddot{O}-\ddot{O}-H\right] \longrightarrow R_2B-\ddot{O}-R + {}^-:\ddot{O}-H \xrightarrow[\text{반복}]{\text{두 번}} (R\ddot{O})_2B-\ddot{O}-R$$

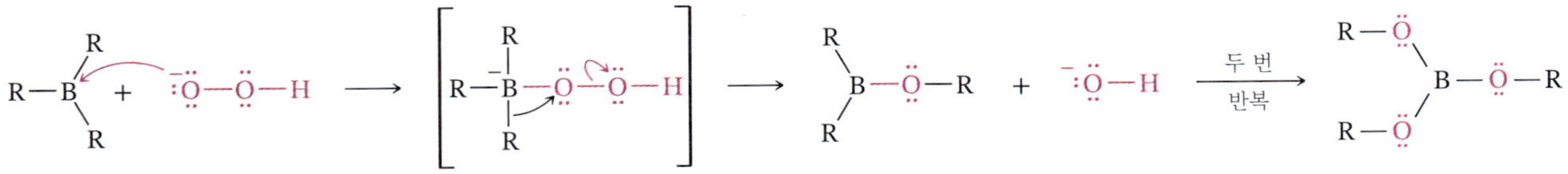

트라이알킬보레인 과산화 이온 불안정한 중간체 붕산 에스터

붕소 원자는 하이드로퍼옥시화 이온으로부터 전자쌍을 받아 불안정한 중간체를 형성한다.

수산화 이온이 떠나가면서 알킬기가 붕소 원자에서부터 인접한 산소 원자로 이동한다. 이동하는 탄소의 배위는 변하지 않는다.

붕산 에스터의 가수 분해 반응

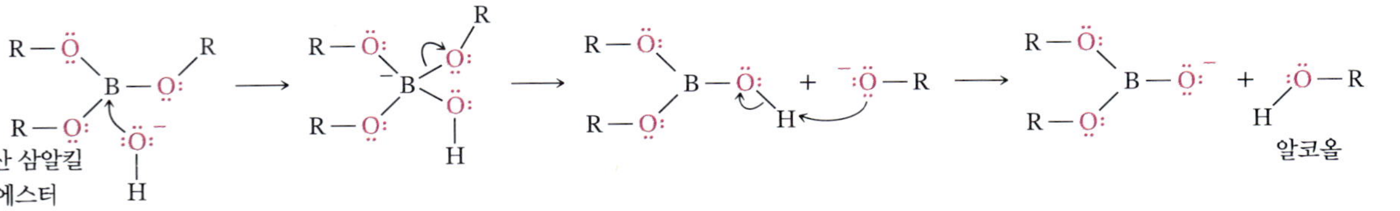

$$(R\ddot{O})_2B-\ddot{O}R + {}^-:\ddot{O}H \longrightarrow (R\ddot{O})_2\overset{-}{B}(\ddot{O}R)(\ddot{O}H) \longrightarrow (R\ddot{O})_2B-\ddot{O}H + {}^-:\ddot{O}-R \longrightarrow (R\ddot{O})_2B-\ddot{O}:^- + H-\ddot{O}-R$$

붕산 삼알킬 에스터 알코올

수산화 이온이 붕산 에스터의 붕소 원자를 공격한다.

알콕시화 이온이 붕산 이온으로부터 떠나가면서 붕소의 형식 전하는 0이 된다.

양성자의 전달로 알코올 한 분자의 형성이 끝난다. 세 알콕시기가 알코올로 모두 나올 때까지 연속 단계가 반복되고 무기 붕산 이온이 남는다.

8.8A 알킬보레인의 산화 및 가수 분해 반응에서의 위치 화학과 입체 화학

- 수소화붕소 첨가 반응–산화 반응은 **위치 선택적(regioselective)**이며, 수소화붕소 첨가 반응–산화 반응의 전체적인 결과는 물이 알켄에 **anti-Markovnikov** 첨가 반응을 한 것이다.
- 결과적으로 수소화붕소 첨가 반응–산화 반응은 알켄을 산 촉매 수화 반응이나 옥시수은 첨가 반응–탈수은 반응을 통하여 얻을 수 없는 알코올을 만드는 방법이다.

예를 들어, 1-헥센을 산 촉매 수화 반응(또는 옥시수은 첨가 반응–탈수은 반응)을 시키면 2-헥산올이 된다.

1-Hexene $\xrightarrow{H_3O^+,\ H_2O}$ 2-Hexanol

Markovnikov 첨가

이와 대조적으로, 수소화붕소 첨가 반응–산화 반응을 시키면 1-헥산올이 된다.

1-Hexene $\xrightarrow[(2)\ H_2O_2,\ HO^-]{(1)\ BH_3{:}THF}$ 1-Hexanol (90%)

Anti-Markovnikov 첨가

2-Methyl-2-butene $\xrightarrow[(2)\ H_2O_2,\ HO^-]{(1)\ BH_3{:}THF}$ 3-Methyl-2-butanol

- 수소화붕소 첨가 반응–산화 반응은 **입체 특이적(stereospecific)**이다. —H와 —OH의 전체적인 첨가는 **syn**이며, 카이랄 중심이 형성될 경우 그들의 배위는 출발 물질인 알켄의 입체 화학에 의존한다.

수소화붕소 첨가 반응–산화 반응에 의하여 알코올을 합성할 때 산화 과정은 배위를 보존하면서 일어나므로 **하이드록실기는 알킬붕소 화합물에서 붕소가 있던 자리에 들어간다**. 이 두 단계(수소화붕소 첨가 반응–산화 반응)의 전체적인 결과는 —H와 —OH의 syn 첨가 반응이다. 1-메틸사이클로펜텐의 수소화붕소 첨가 반응–산화 반응을 살펴보면 이것을 알 수 있다(**그림 8.3**).

CH_3 (1-메틸사이클로펜텐) $\xrightarrow{BH_3{:}THF}$ + 거울상체

수소화붕소 첨가 반응:
anti-Markovnikov와
syn 첨가 반응

$\xrightarrow{H_2O_2,\ HO^-}$ + 거울상체

산화 반응:
붕소기는 그것이
있던 자리에서
거울상체 배위를
보존하면서 치환된다.

전체적으로 anti-Markovnikov와 syn 수화 반응

그림 8.3 1-메틸사이클로펜텐의 수소화붕소 첨가 반응–산화 반응. 첫 번째 반응은 수소화붕소의 syn 첨가이다(이 그림에서는 붕소와 수소가 1-메틸사이클로펜텐의 밑 쪽에서 들어오는 것을 보인다. 위쪽에서도 반응은 같은 속도로 일어나 거울상체를 생성한다). 두 번째 단계에서 붕소 원자는 분자의 같은 쪽에서 하이드록실기로 치환된다. 생성물은 trans 화합물(*trans*-2-메틸사이클로펜탄올)이며, 전체적인 결과는 —H와 —OH의 syn 첨가 반응이다.

되새김 물음 8.13 적당한 알켄을 가지고 아래의 합성을 수행하기 위하여 어떻게 수소화붕소 첨가 반응–산화 반응을 사용할 것인지 설명하시오.

(a) OH (b) OH (c) OH (d) OH (e) CH_3 OH (f) OH

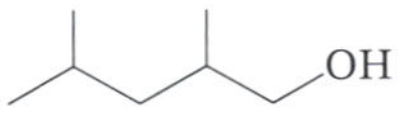

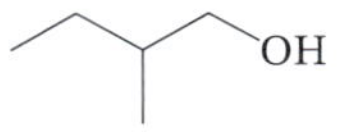

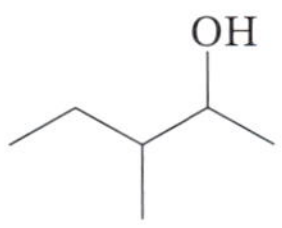

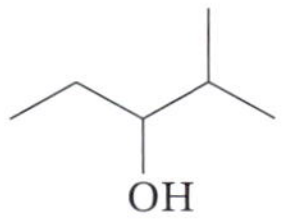

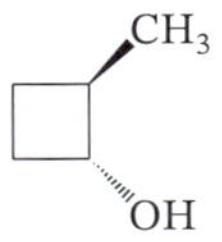

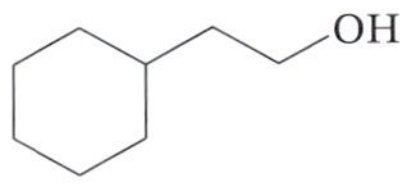

보기 물음 8.3

1-페닐에탄올로부터 2-페닐에탄올을 합성하기 위한 방법을 요약하시오.

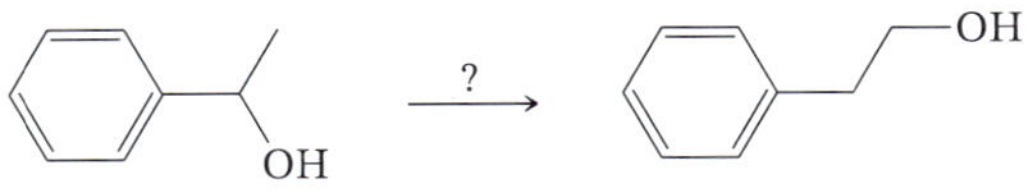

OH ? OH

1-Phenylethanol **2-Phenylethanol**

풀이

역합성 분석을 하면 2-페닐에탄올은 1차 알코올이며 알켄의 anti-Markovnikov 수화 반응에 의해서 합성됨을 알 수 있다. 페닐에텐이 필수적인 전구체이다. 역합성 분석을 계속해 보면 페닐에텐은 제공된 출발 물질인 1-페닐에탄올의 탈수 반응으로 만들 수 있다.

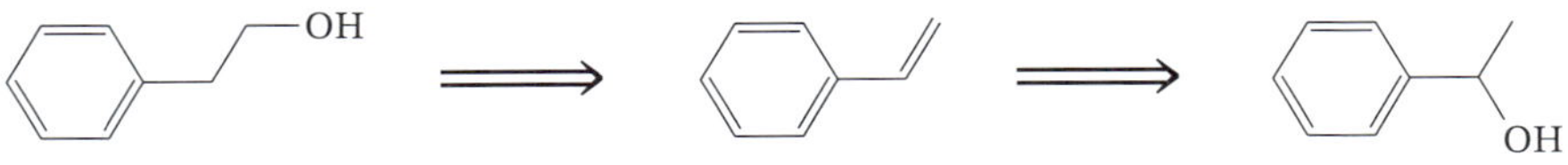

OH ⟹ ⟹ OH

역합성 분석 화살표는 '…로부터 만들어질 수 있다'는 의미이다.

합성에 필요한 반응:

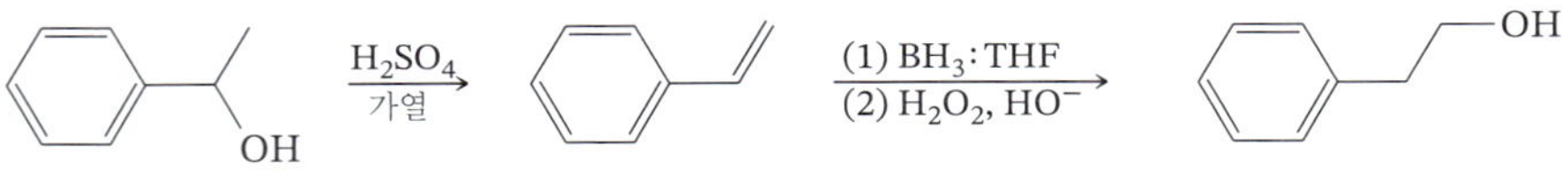

OH $\xrightarrow[\text{가열}]{H_2SO_4}$ $\xrightarrow[(2)\ H_2O_2,\ HO^-]{(1)\ BH_3:THF}$ OH

1-Phenylethanol **Phenylethene** **2-Phenylethanol**

8.9 알켄의 수화 반응 방법에 대한 요약

알코올을 합성하기 위해서 알켄에 첨가 반응을 하는 3가지 방법은 위치 화학적, 그리고 입체 화학적 특성이 다르다.

1. **알켄의 산 촉매 수화 반응**은 Markovnikov 위치 화학을 따라 진행되나, 반응 중간체인 탄소 양이온이 더 안정한 탄소 양이온으로 전위(자리 옮김) 반응을 진행하면 구조 이성질체의 혼합물이 생길 수 있다.
2. **옥시수은 첨가 반응–탈수은 반응**은 Markovnikov 위치 화학을 따라 일어나고, 탄소 양이온

표 8.1 알켄을 알코올로 전환하기 위한 방법의 요약

반응	조건	위치 화학	입체 화학[a]	전위(자리 옮김) 반응 발생
산 촉매 수화 반응	촉매 HA, H_2O	Markovnikov 첨가	통제 불가	자주 발생
옥시수은 첨가 반응–탈수은 반응	(1) $Hg(OAc)_2$, THF—H_2O (2) $NaBH_4$, HO^-	Markovnikov 첨가	통제 불가	거의 불가
수소화붕소 첨가 반응–산화 반응	(1) BH_3:THF (2) H_2O_2, HO^-	anti-Markovnikov 첨가	입체 특이적: —H와 —OH의 syn 첨가 반응	거의 불가

[a] 이들 반응 모두 카이랄적인 영향이 없을 때 라셈 혼합물이 생성된다.

의 전위 없이 알켄을 수화시킨다. Markovnikov 첨가 반응을 위해서는 산 촉매에 의한 수화 반응보다 우월한 방법이다. 산 촉매하의 수화 반응이나 옥시수은 첨가 반응–탈수은 반응에서 첨가의 전체적인 입체 화학은 통제되지 않는다. 둘 다 cis와 trans 첨가 반응 생성물이 얻어진다.

3. **수소화붕소 첨가 반응–산화 반응**은 알켄의 **anti-Markovnikov**와 syn 수화 반응 생성물을 만든다.

이러한 위치 화학과 입체 화학의 상보적인 관점은 특수한 알코올을 알켄의 수화 반응을 통하여 합성하고자 할 때 유용한 대체 방법들이다. 이는 **표 8.1**에 요약되어 있다.

8.10 알킬보레인의 가양성자 분해 반응

알킬보레인을 아세트산과 함께 가열하면 탄소–붕소 결합이 깨지고 수소로 대치된다.

$$R{-}B\langle \xrightarrow[\text{가열}]{CH_3CO_2H} R{-}H + CH_3CO_2{-}B\langle$$

알킬보레인 알케인

- 알킬보레인의 가양성자 분해 반응은 배위를 보존하면서 진행된다. 수소는 알킬보레인의 **붕소가 있던 자리**에 들어가 붕소를 대치한다.
- 따라서 수소화붕소 첨가 반응–가양성자 분해 반응의 전체적인 입체 화학은 (알킬보레인의 산화 반응처럼) **syn**이다.

수소화붕소 첨가 반응을 한 후 생성된 알킬보레인을 가양성자 분해 반응시키면 알켄의 수소화 반응을 대체하는 방법이 될 수 있다. 그러나 촉매 수소화 반응(7.15절)이 더 일반적인 방법이다. 알킬보레인을 중수소나 삼중수소를 가진 아세트산과 반응시키면 이들 동위 원소를 화합물에 특정한 방법으로 도입하는 데 매우 유용하다.

되새김 물음 8.14

1-메틸사이클로헥센을 아래 각각의 시약과 반응시켰을 때 생성물의 삼차원 구조식을 쓰시오. 각각의 경우 중수소와 삼중수소의 위치를 표시하시오.

(a) (1) BH_3:THF, (2) CH_3CO_2T
(b) (1) BD_3:THF, (2) CH_3CO_2D
(c) (1) BD_3:THF, (2) NaOH, H_2O_2, H_2O

8.11 알켄에 브로민 및 염소의 친전자성 첨가 반응

알켄은 염소 또는 브로민과 비친핵성인 용매 속에서 빨리 반응하여 ***vic*-다이할로젠화물(vicinal dihalide)**을 형성한다. 염소가 에텐에 첨가되는 것은 한 가지 예이다.

$$\mathrm{H_2C{=}CH_2} \xrightarrow{Cl_2} \mathrm{ClCH_2{-}CH_2Cl}$$

Ethene → **1,2-Dichloroethane**

1,2-다이클로로에테인은 용매로 쓰이거나 폴리(염화 바이닐)의 출발 물질인 염화 바이닐을 만드는 데도 사용되기 때문에 이 첨가 반응은 유용한 공업적인 공정이다.

$$\mathrm{ClCH_2{-}CH_2Cl} \xrightarrow[\text{염기 }(-HCl)]{E2} \mathrm{H_2C{=}CHCl} \xrightarrow[\text{(10.10절 참조)}]{\text{중합 반응}} \mathrm{{-}[CH_2{-}CHCl]_n{-}}$$

1,2-Dichloroethane → **Vinyl chloride** → **Poly(vinyl chloride)**

할로젠이 이중 결합에 첨가하는 다른 예들은 아래에 있다.

$\xrightarrow{Cl_2}$

***trans*-2-Butene** → ***meso*-1,2-Dichlorobutane**

$\xrightarrow{Br_2}$

Cyclohexene → ***trans*-1,2-Dibromocyclohexane**
(라셈 혼합물)

이들 두 가지 예는 나중에 반응 메커니즘을 살펴볼 때 다루게 될 첨가 반응의 일면을 나타내고 있는데, 곧 **할로젠의 첨가는 이중 결합에 대한 anti 첨가 반응**이다.

브로민을 이 반응에 사용하는 것은 탄소–탄소 다중 결합의 존재를 시험해 보는 데 유용하다. 브로민을 알켄에 가하면 알켄이 과량인 한 브로민의 적갈색이 거의 순식간에 없어진다(알카인도 8.17절에서 보듯이 브로민의 첨가 반응을 진행한다). 이 결과로 이웃한 다이브로민화물이 생긴다(*vic*는 vicinal, '이웃한'의 약자이다).

$$\mathrm{{>}C{=}C{<}} + Br_2 \xrightarrow{\text{실온, 암실}} \mathrm{{-}CBr{-}CBr{-}}$$

알켄(무색) + 브로민(적갈색) → *vic*-다이브로민화물(무색)

Br_2의 색이 신속히 없어지는 것으로 알켄과 알카인을 시험할 수 있다.

이러한 성질은 알케인과 아주 대조적이다. **알케인**은 브로민이나 염소와 실온에서 빛이 없을 때 거의 반응하지 않는다. 이러한 조건하에서 알케인이 반응한다면 첨가 반응이 아니라 치환 반응이며, 10장에서 배울 라디칼 메커니즘에 따르는 것이다.

$$\underset{\text{알케인(무색)}}{R-H} + \underset{\text{브로민(적갈색)}}{Br_2} \xrightarrow{\text{실온, 암실}} \text{거의 반응 안 함}$$

8.11A 할로젠 첨가 반응의 메커니즘

브로민이나 염소가 알켄에 첨가되는 메커니즘의 한 가지는 탄소 양이온의 형성이 관여하는 것이다.

비록 이 메커니즘은 이전에 배운 H—X가 알켄에 첨가되는 것과 비슷하지만, **이것은 한 가지 중요한 사실을 설명하지 못한다.** 방금 본 것(8.11절)처럼 브로민이나 염소의 첨가 반응은 **anti 첨가(anti addition)**이다.

예를 들어, 브로민이 사이클로펜텐에 첨가되면 *trans*-1,2-다이브로모사이클로펜테인이 생길 뿐 *cis*-1,2-다이브로모사이클로펜테인은 생성되지 않는다.

Br—Br, anti 첨가 → 만 형성되고 (… 은 형성 안 됨)

***trans*-1,2-Dibromocyclopentane** (라셈 혼합물)

anti 첨가 반응을 설명하는 메커니즘은 아래의 '반응 메커니즘'에서처럼 브로민 분자가 한 개의 브로민 원자를 알켄에 전달하여 고리형 브로모늄 이온과 브로민화 이온을 형성하는 것이다. 고리형 **브로모늄 이온(bromonium ion)**은 아래와 같이 전체적으로 anti 첨가를 유발한다.

2단계에서 브로민화 이온이 브로모늄 이온의 C1 또는 C2의 뒤쪽을 공격(S_N2 과정)하여 고리를 열고 *trans*-1,2-다이브로민화물을 형성한다. 공격은 **브로모늄 이온의 브로민 반대쪽**으로 일어나는데 이 방향으로는 방해가 없기 때문이다. 고리형 브로모늄 이온의 다른 탄소에 공격을 하면 거울상체가 생성된다.

반응 메커니즘

알켄에 브로민의 첨가 반응

1단계

δ+ Br, δ− Br → 브로모늄 이온 + 브로민화 이온

브로민 분자가 알켄에 접근하면서, 알켄 π 결합의 전자 밀도는 가까이에 있는 브로민의 전자 밀도와 반발하여 브로민 분자는 편극화되며 더 가까이에 있는 브로민 원자는 친전자성을 띠게 된다. 알켄은 더 가까이에 있는 브로민 원자에 전자쌍을 주면서 멀리 있는 브로민 원자를 밀어낸다. 이렇게 되면 새로이 결합된 브로민 원자는 크기와 편극성 때문에 전자쌍을 탄소에 주고, 탄소 양이온이 되었을 것을 양전하를 비편재화시킴으로써 안정화시킨다. 그 결과로 브로모늄 이온 중간체가 형성된다.

2단계

$$\text{C—C (bromonium)} + :\ddot{Br}:^- \longrightarrow \text{C—C (Br, Br)} + \text{거울상체}$$

vic-다이브로민화물
(1,2-다이브로민화물)

브로민화 이온이 브로모늄 이온의 한 탄소 뒤쪽을 S_N2 반응으로 공격하여 고리가 열리고 *vic*-다이브로민화물이 형성된다.

이 과정을 사이클로펜텐에 브로민이 첨가되는 것에 대해서 아래와 같이 나타낼 수 있다.

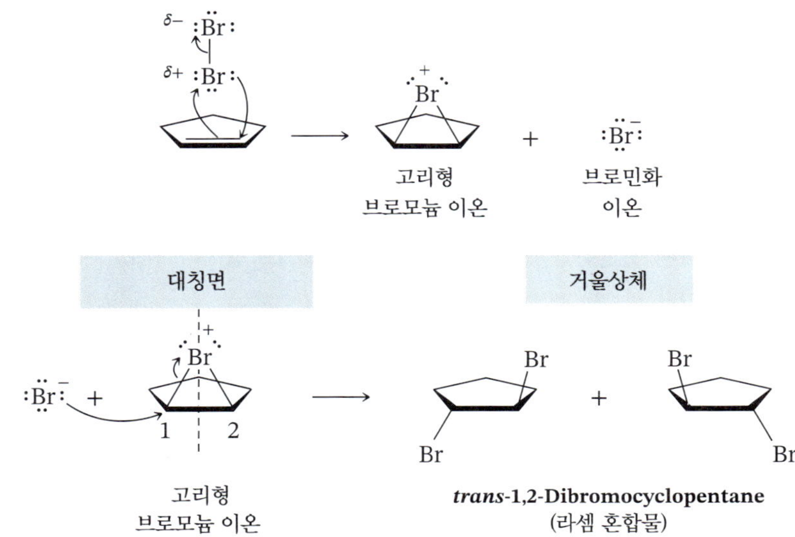

사이클로펜텐 브로모늄 이온의 두 탄소에 공격할 가능성은 고리형 브로모늄 이온이 대칭이므로 똑같다. 이것은 C1과 C2 사이의 절반과 브로민 원자를 지나는 수직인 대칭면을 가지고 있다. 그러므로 *trans*-다이브로민화물은 라셈 혼합물로 형성된다.

생물 화학: 바다–생물 활성을 지닌 천연물의 곳간

활성 천연물

UMI NO KAZE/a.collectionRF/Getty Images

지구의 해양은 용해된 할로젠화 이온의 거대한 저장소이다. 해양에 있는 할로젠화 이온의 농도는 염화 이온이 0.5 M, 브로민화 이온이 1 mM, 그리고 아이오딘화 이온이 1 μM이다. 해양 생성물들이 많은 대사 물질의 구조에 할로젠 원자를 포함하고 있는 것은 아마도 놀라운 일은 아니다. 이들 가운데는 halomon, dactylyne, tetrachloromertensene, laurefucin, peyssonol A, azamerone, 그리고 구조적으로 복잡한 다중염소화된 sulfolipid 족의 천연물들이 있다. 이 대사 물질들에 있는 몇 개의 할로젠 원자들이 경이롭다. 그들을 만드는 생명체에서 어떤 분자들은 먹이 사슬을 위협하거나 경쟁적인 생명체의 성장을 방해함으로써 종의 생존을 증진시키는 보호 메커니즘의 일부이기도 하다. 인간에게 있어서는 해양 천연물의 광대한 자원이 새로운 치료제의 개발 가능성을 더욱 증대시킨다. 예를 들어, Halomon은 특정한 치료 전단계의 평가에서 암세포에 독성을 나타내고 있음이 밝혀졌고, dactylyne은 pentobibital 대사 작용의 저해제이며, peyssonol A는 인간 면역 결여 바이러스의 역전사 효소에 대한 완만한 알로스테릭 저해제이다.

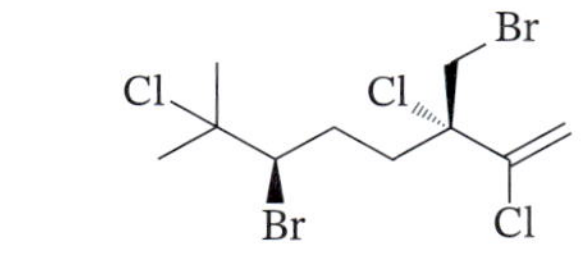

Halomon

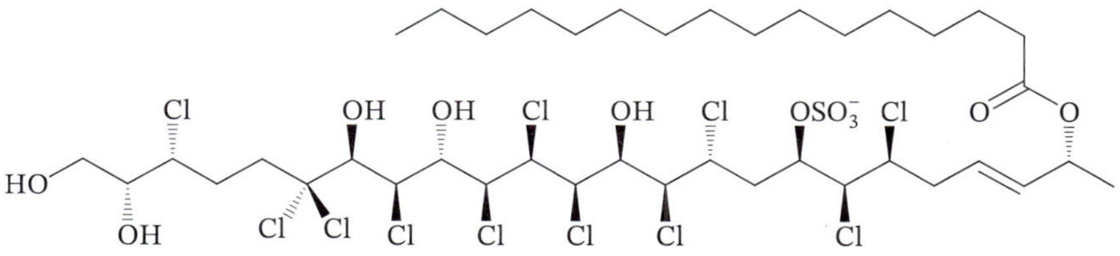

A polychlorinated sulfolipid

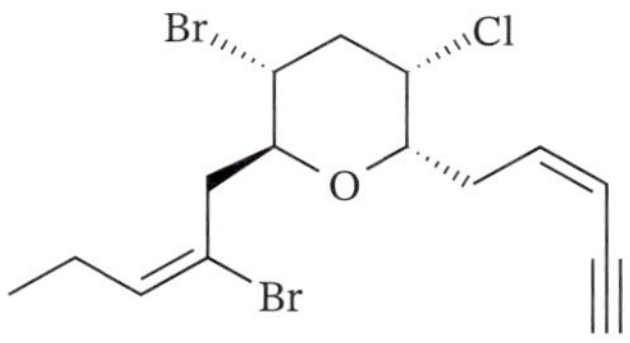

Dactylyne

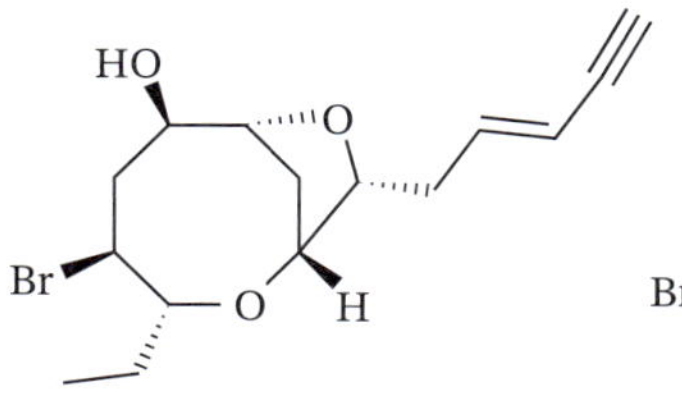

Laurefucin

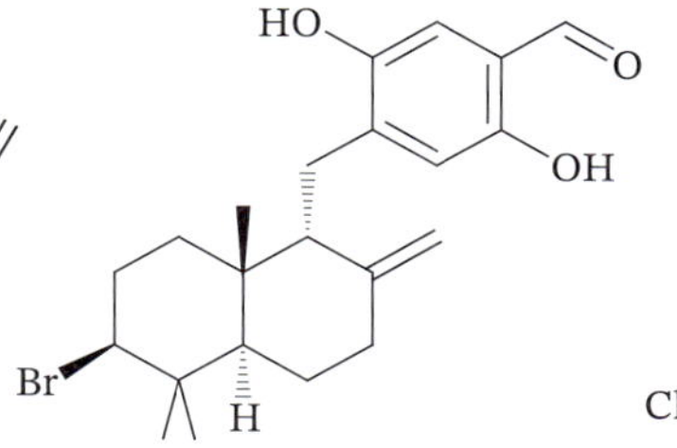

Peyssonol A

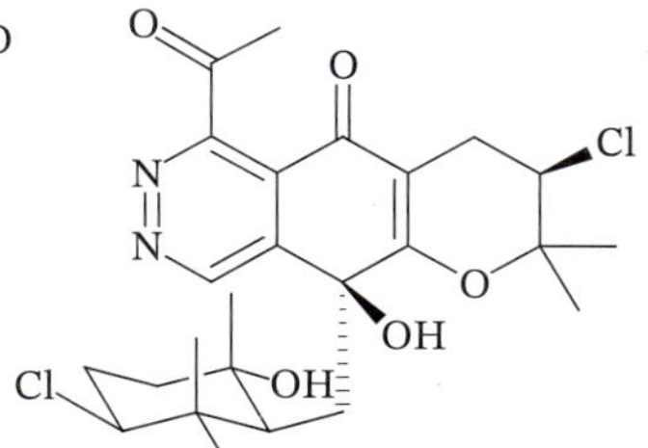

Azamerone

할로젠화된 해양 천연물의 생합성은 흥미롭다. 어떤 할로젠들은 Lewis 염기나 친핵체가 아니라 **친전자체**로 도입된 것처럼 보인다. 이것은 해양수의 용질의 특성이기도 하다. 하지만 해양 생물들이 친핵성인 할로젠화 이온을 대사 물질 속에 들어가도록 친전자체로 어떻게 바꿀까? 많은 해양 생물들은 할로과산화 효소라 불리는 효소를 가지고 있어 친핵성인 I^-, Br^-, 또는 Cl^- 음이온들을 I^+, Br^+, 또는 Cl^+처럼 행동하는 친전자적인 화학종으로 바꾼다. 몇몇 할로젠화된 천연물에 대해서 제안된 생합성 기구에 따르면, 양성인 할로젠 중간체들은 알켄이나 알카인의 π 결합으로부터 온 전자에 의해서 공격을 받는 소위 첨가 반응을 진행한다.

이 장의 '화학 상담자가 필요한 물음'에서 halomon을 간단한 알켄으로부터 형성하는 메커니즘을 확인하도록 되어 있는데, '학습 집단 물음'에서는 해양 천연물인 kumepaloxane의 생합성 경로를 제시하도록 묻고 있다. Kumepaloxane은 물고기 항사육제(antifeedant)로 괌(Guam)의 방울달팽이인 *Haminoea cymbalum*에 의해서 달팽이의 보호 방법으로 합성된다. 이 장에서 치명적인 '적조'와 관련이 있는 brevetoxin B와 탁월한 항암제인 eleutherobin과 같은 괄목할 만한 해양 천연물의 예도 보게 될 것이다.

Cl_2와 I_2가 알켄에 첨가되는 메커니즘은 Br_2의 그것과 비슷하며, 각각 **할로늄 이온(halonium ion)**의 형성 및 고리 열림이 관여한다.

다리놓은 수은 이온처럼 브로모늄 이온은 두 탄소 원자에의 전하 분포가 꼭 대칭적이지 않을 수도 있다.

- 브로모늄 이온의 한 탄소가 다른 탄소보다 더 치환기를 많이 가졌다면, 따라서 양전하를 더 안정화시킨다면 그것은 다른 탄소보다 더 많은 양전하의 부분을 띠게 될 것이다. 결과적으로, 양전하를 지닌 탄소가 친핵체에 의해서 다른 탄소보다 더 공격을 잘 당한다. 그러나 대칭성인 시약(예: Br_2, Cl_2, 그리고 I_2)의 반응에서는 차이점이 관찰되지 않는다.
- 또 다른 친핵체가 존재하면 그 친핵체에 의한 할로늄 이온 공격에 있어서의 위치 선택성을 관찰할 수 있다. 이 점은 8.13절에서 더 논의된다.

8.12 입체 특이성인 반응

할로젠이 알켄에 anti 첨가 반응을 진행하는 것은 소위 **입체 특이성인 반응**의 한 가지 예이다.

- 출발 물질의 특별한 입체 이성질체 형태가 생성물에서 특이한 입체 이성질체의 형

태가 되도록 하는 메커니즘에 의해서 반응이 일어날 때 이 반응은 **입체 특이성인 반응(stereospecific reaction)**이라고 한다.

다음에 보인 *cis*-와 *trans*-2-뷰텐이 브로민과 반응하는 것을 생각해 보자. *trans*-2-뷰텐에 브로민을 첨가할 때 생성물은 메소 화합물인 (2*R*,3*S*)-2,3-다이브로모뷰테인이다. *cis*-2-뷰텐에 브로민을 첨가하면 생성물은 (2*R*,3*R*)-2,3-다이브로모뷰테인과 (2*S*,3*S*)-2,3-다이브로모뷰테인의 **라셈 혼합물**이다.

반응 1

H, CH_3, H_3C, H — Br_2 → Br, CH_3, H, H, H_3C, Br ≡ Br, Br, H, H, H_3C, CH_3

***trans*-2-Butene**

(2*R*,3*S*)-2,3-Dibromobutane
(메소 화합물)

반응 2

H, H, H_3C, CH_3 — Br_2 → Br, H, CH_3, H, H_3C, Br + H, H_3C, Br, H, Br, CH_3

***cis*-2-Butene**

(2*R*,3*R*) **(2*S*,3*S*)**

(한 쌍의 거울상체)

반응물인 *cis*-2-뷰텐과 *trans*-2-뷰텐은 입체 이성질체이다. 그들은 부분 입체 이성질체들인 것이다. 반응 1의 생성물인 (2*R*,3*S*)-2,3-다이브로모뷰테인은 메소 화합물이며, 반응 2의 생성물(2,3-다이브로모뷰테인의 거울상체들)의 입체 이성질체이다. 그러므로 정의에 따라 두 반응은 모두 입체 특이성인 것이다. 반응물의 한 가지 입체 이성질체 형태(예: *trans*-2-뷰텐)는 한 가지 생성물(메소 화합물)을 만들며, 한편 반응물의 다른 입체 이성질체 형태는 입체 이성질적으로 서로 다른 생성물들(거울상체들)을 만든다.

이 두 반응의 결과는 그 메커니즘을 살펴보면 잘 이해할 수 있다. 첫 번째 메커니즘은 어떻게 *cis*-2-뷰텐에 브로민이 첨가되어 비카이랄인 브로모늄 이온 중간체를 만드는지를 나타내고 있다. (브로모늄 이온은 대칭면을 갖고 있는데 이것을 찾을 수 있는가?) 이 브로모늄 이온은 경로 (a)나 경로 (b)에 의하여 브로민화 이온과 반응한다. 경로 (a)에 의한 반응으로 한 가지 2,3-다이브로모뷰테인 거울상체가 만들어진다. 경로 (b)는 다른 거울상체를 만든다. 두 경로의 반응은 같은 속도로 일어나며, 따라서 두 거울상체는 같은 양만큼(라셈 혼합물로) 만들어진다.

두 번째 메커니즘은 *trans*-2-뷰텐이 밑 쪽에서 반응하여 카이랄인 브로모늄 중간체가 되는 것을 보여 주고 있다(다른 쪽에서의 반응으로 거울상체인 브로모늄 이온이 생길 것이다). 이 카이랄인 브로모늄 이온(또는 그 거울상체)이 브로민화 이온과 경로 (a)나 경로 (b)를 따라 반응할 때 같은 화합물인 *meso*-2,3-다이브로모뷰테인이 만들어진다.

반응의 입체 화학

cis-와 *trans*-2-뷰텐에 브로민의 첨가 반응

cis-2-뷰텐이 브로민과 반응하여 2,3-다이브로모뷰테인 거울상체들이 만들어지는 반응 메커니즘

브로모늄 이온
(비카이랄)

(a) **(2*R*,3*R*)-2,3-Dibromobutane**
(카이랄)

(b) **(2*S*,3*S*)-2,3-Dibromobutane**
(카이랄)

거울상체

***cis*-2**-뷰텐은 브로민과 반응하여 비카이랄인 브로모늄 이온과 브로민화 이온을 만든다. [알켄의 다른 면(윗면)에서의 반응도 똑같은 브로모늄 이온을 형성한다.]

브로모늄 이온은 브로민화 이온과 같은 속도로 경로 **(a)**와 경로 **(b)**로 반응하여 두 가지 거울상체를 같은 양 만들어 낸다(라셈 혼합물로 됨).

trans-2-뷰텐이 브로민과 반응하여 _meso_-2,3-다이브로모뷰테인이 되는 반응 메커니즘

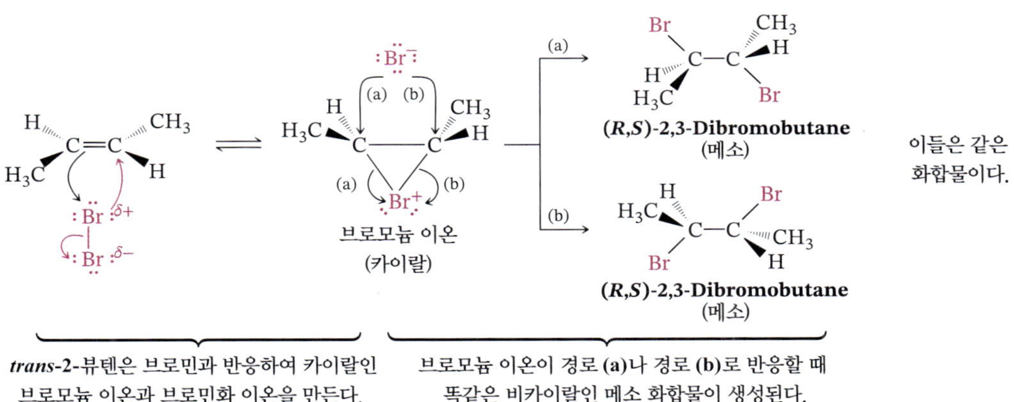

***trans*-2**-뷰텐은 브로민과 반응하여 카이랄인 브로모늄 이온과 브로민화 이온을 만든다. [다른 (위)면에서의 반응으로 여기에 보인 브로모늄 이온의 거울상체가 만들어진다.]

브로모늄 이온이 경로 **(a)**나 경로 **(b)**로 반응할 때 똑같은 비카이랄인 메소 화합물이 생성된다. (중간체인 브로모늄 이온의 거울상체의 반응으로도 똑같은 결과가 얻어진다.)

8.13 할로하이드린의 형성

- 알켄의 할로젠화 반응을 비친핵성 용매가 아니라 수용액에서 진행하면 전체적인 반응의 주 생성물은 *vic*-다이할로젠화물이 아니라 **할로하이드린(halohydrin**, 할로 알코올이라고도 또한 불림)이다.

물 분자는 농도가 커서(용매이므로) 압도적인 친핵체가 되어 할로늄 이온 중간체와 반응한다. 이 결과 주 생성물로 할로하이드린이 형성된다. 할로젠이 브로민이면 **브로모하이드린(bromohydrin)**, 염소이면 **클로로하이드린(chlorohydrin)**이라고 부른다.

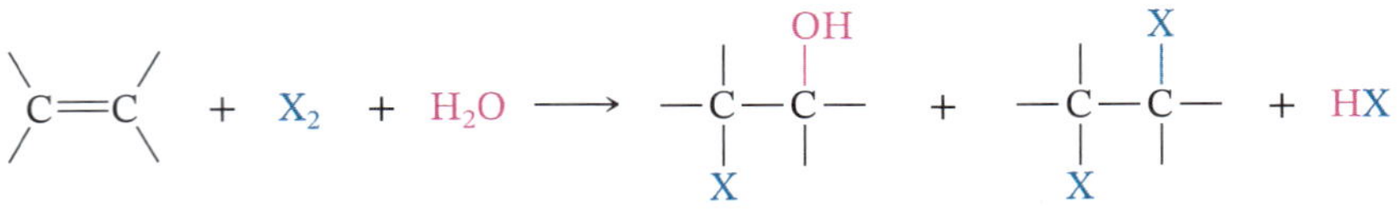

$$\text{>C=C<} + X_2 + H_2O \longrightarrow \text{—C(X)—C(OH)—} + \text{—C(X)—C(X)—} + HX$$

X = Cl 또는 Br

할로하이드린 (주 생성물)

vic-다이할로젠화물 (부 생성물)

할로하이드린의 형성은 다음과 같은 메커니즘으로 설명될 수 있다.

반응 메커니즘

알켄으로부터 할로하이드린 형성

1단계

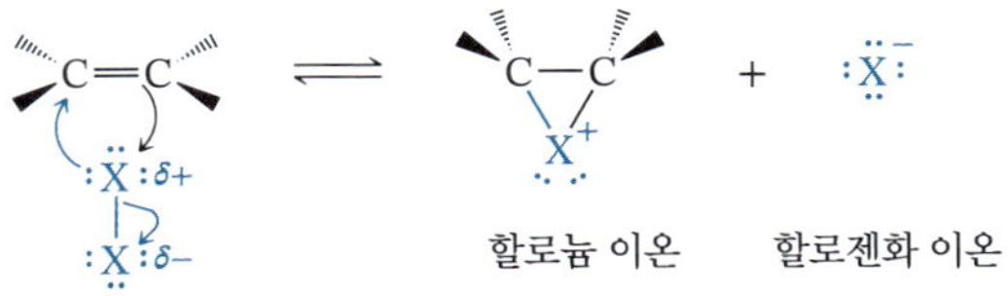

할로늄 이온 할로젠화 이온

이 단계는 알켄에 할로젠의 첨가 반응과 똑같다(8.11A절).

2단계와 3단계

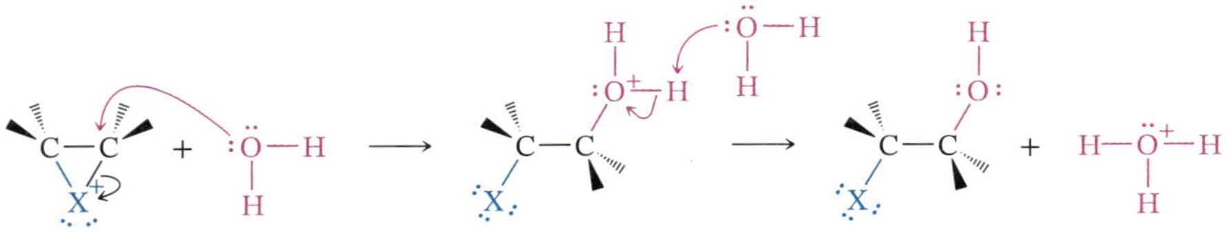

할로늄 이온 양성자가 첨가된 할로하이드린 할로하이드린

그러나 여기서는 물 분자가 친핵체로 행동하여 고리의 탄소 원자를 공격함으로써 양성자가 첨가된 할로하이드린이 형성된다.

양성자가 첨가된 할로하이드린은 양성자를 잃는다(그것은 물 분자에 전달된다). 이 단계에서 할로하이드린과 하이드로늄 이온이 형성된다.

첫 단계는 할로젠 첨가 반응과 같다. 그러나 두 번째 단계에서 두 메커니즘은 서로 다르다. 할로하이드린 형성에서 물 분자가 친핵체로서 할로늄 이온의 한 탄소 원자를 공격한다. 삼각형 고리가 열리고 양성자가 첨가된 할로하이드린이 생성된다. 양성자를 잃으면 할로하이드린 그 자체가 형성된다.

되새김 물음 8.15 아래 반응을 설명하는 메커니즘을 쓰시오.

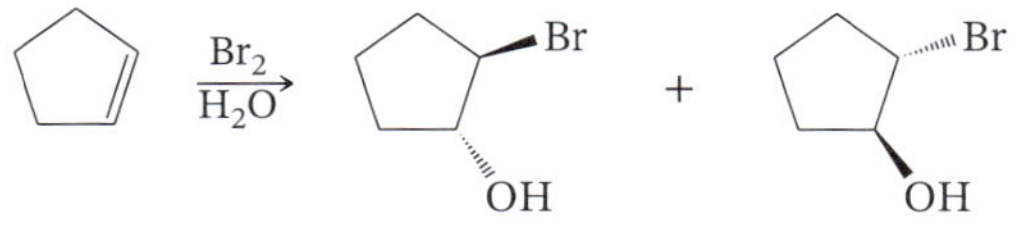

$\xrightarrow[H_2O]{Br_2}$ Br, OH + Br, OH

(라셈 혼합물)

- 알켄이 비대칭일 때 할로젠은 수소 원자의 수가 더 많은 탄소 원자에 붙게 된다.

중간체인 브로모늄 이온에서 결합은 **비대칭**이다. 치환기를 더 많이 가진 탄소 원자들은 양전하를 더 많이 띠게 되는데, 이것은 더욱 안정한 탄소 양이온과 비슷하기 때문이다. 결과적으로 물은 이 탄소 원자를 우선적으로 공격하게 된다. 1차 탄소 원자에 대한 공격이 덜 방해를 받지만 3차 탄소의 더 큰 양전하로 말미암아 낮은 활성화 자유 에너지의 경로가 가능해진다.

3° 탄소 양이온이 1° 탄소 양이온보다 더 많은 양전하를 수용할 수 있기 때문에 브로모늄 이온은 비대칭적으로 가교를 만든다.

Br_2 ⇌ (δ+ … Br δ+) → $\ddot{O}H_2$ → H—O⁺ … Br → $:\ddot{O}H_2$ → HÖ: … Br + $H_3\ddot{O}^+$

(73%)

되새김 물음 8.16

아래 반응에서 생성물의 형성을 설명하는 메커니즘을 쓰시오.

cyclohexene $\xrightarrow{Br_2,\ NaCl,\ H_2O}$ (Br, Br) + (Br, OH) + (Br, Cl)

공업 화학: 감귤 향의 청량 음료

© Donald Erickson/iStockphoto

7장에서 불포화 지방에 있는 이중 결합이 수소 첨가 반응을 진행하여 물리적인 성질을 변화시켜 버터와 같은 물질인 마가린으로 전환되는 것을 논의하였다. 유사한 불포화 지방이 식품 산업에서 다르게도 사용될 수 있다. 예를 들면, 어떤 불포화된 유화제의 성질은 그들의 이중 결합 중 극히 일부만 이 장에서 배운 화학을 통하여 Br_2로 브로민화되었을 때 증진된다. 이 유화제의 밀도가 브로민 원자 때문에 증가되므로 물의 밀도와 더 가까워지고 더 안정하며 뿌연 콜로이드 같은 혼합물을 만들게 된다. 그러나 이 과정의 참 가치는 감귤 향 같은 다른 지용성 분자가 이들 고밀도 유화제의 용해 작용 때문에 수용성인 음식에도 사용될 수 있다는 점이다. 이 결과는 Mountain Dew, Squirt, Fresca와 같은 청량 음료가 이러한 화학의 이점을 살린 것이며, 성분 목록에는 '브로민화된 식물성 기름'이 존재하는 것으로 확인될 수 있다.

8.14 2가 탄소 화합물: 카벤

탄소가 1개의 비공유 전자쌍을 가지고 단지 **2개의 결합**만을 형성하는 일련의 화합물들이 있다. 이런 2가 탄소 화합물을 **카벤(carbene)**이라고 한다. 카벤은 중성이며 형식 전하를 갖지 않는다. 대부분의 카벤은 불안정한 화합물로서 짧은 순간 동안 존재한다. 카벤은 형성되자마자 다른 분자와 반응하는 것이 보통이다. 카벤의 반응은 대부분의 경우 뚜렷한 입체 특이성을 보이기 때문에 매우 흥미 있다. 카벤의 반응은 삼각형 고리 화합물의 합성에도 많이 쓰인다. 다음의 바이사이클로[4.1.0]헵테인은 한 예이다.

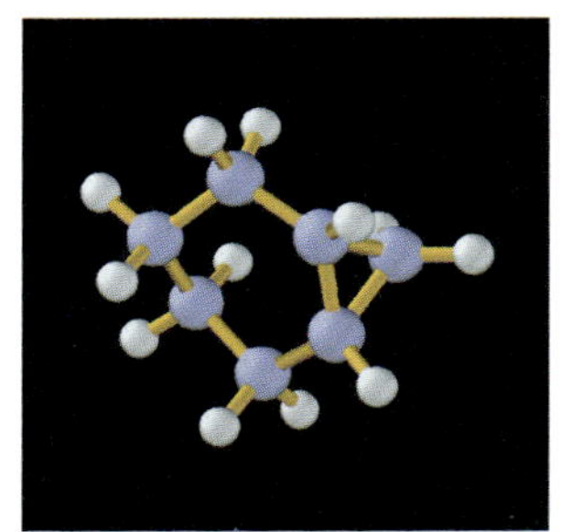

Bicyclo[4.1.0]heptane

8.14A 메틸렌의 구조와 반응

가장 간단한 카벤은 **메틸렌(methylene**, $:CH_2$)이다. 메틸렌은 매우 독성이 크고 황색 기체인 다이아조메테인(CH_2N_2)의 분해에 의해서 만들어진다. 이 분해는 다이아조메테인을 가열하거나(열분해) 그것이 흡수하는 파장의 빛을 쪼여 주면 가능하다(광분해).

$$:\overset{-}{C}H_2-\overset{+}{N}\equiv N: \xrightarrow[\text{또는 빛}]{\text{가열}} :CH_2 + :N\equiv N:$$

Diazomethane Methylene Nitrogen

다이아조메테인의 구조는 다음과 같은 세 구조의 공명 혼성이다.

$$\underset{\textbf{I}}{:\overset{-}{C}H_2-\overset{+}{N}\equiv N:} \longleftrightarrow \underset{\textbf{II}}{CH_2=\overset{+}{N}=\overset{-}{\ddot{N}}:} \longleftrightarrow \underset{\textbf{III}}{:\overset{-}{C}H_2-\ddot{N}=\overset{+}{N}:}$$

공명 구조 **I**을 다이아조메테인의 분해를 설명하는 데 쓰는 까닭은 탄소–질소 결합이 불균일 분해하면 그대로 메틸렌과 질소 분자가 되기 때문이다.

메틸렌은 알켄의 이중 결합에 첨가되어 사이클로프로페인을 형성한다.

$$>C=C< + :CH_2 \longrightarrow \text{cyclopropane}$$

알켄 Methylene Cyclopropane

8.14B 다른 카벤의 반응: 다이할로카벤

다이할로카벤도 알켄으로부터 사이클로프로페인 유도체를 합성하는 데 많이 쓰인다. 다이할로카벤의 대부분의 반응은 **입체 특이성**을 갖는다.

$$\text{trans-RCH=CHR} + :CCl_2 \longrightarrow \text{trans-1,2-dialkyl-3,3-dichlorocyclopropane}$$

+ 거울상체

> $:CX_2$의 첨가는 입체 특이성이 있다. 알켄의 R기들이 trans이면 그들은 사이클로프로페인 생성물에서도 trans이다. (R기가 처음에 cis이면 생성물에서도 cis이다.)

다이클로로카벤은 클로로폼으로부터 염화 수소 성분을 **α 제거(α elimination)**하면 만들어진다. [클로로폼의 수소는 염소 원자들의 유발 효과 때문에 약하게 산성($pK_a \approx 24$)이다.] 이 반응은 할로젠화 알킬로부터 β 제거 반응을 하여 알켄이 만들어지는 것과 비슷하며(6.15절), 이탈기와 제거될 양성자가 같은 탄소에 있다는 점이 다르다.

$$R\ddot{O}:^- K^+ + H-CCl_3 \rightleftharpoons R\ddot{O}-H + K^+ + {}^-:CCl_3 \xrightarrow[\text{느림}]{} :CCl_2 + Cl^-$$

Dichlorocarbene

***β* 수소를 가진** 화합물은 β 제거 반응을 우선적으로 진행한다. β 수소가 없을 경우(클로로폼처럼) α 수소에 의해 α 제거 반응이 일어난다.

다이클로로카벤을 알켄 존재하에서 생성시키면 일련의 사이클로프로페인 유도체가 만들어진다. 사이클로헥센의 예를 보면 클로로폼을 *tert*-뷰톡시화 포타슘으로 처리하여 생성된 다이클로로카벤과 반응하여 두 고리 화합물을 만든다.

$$\text{Cyclohexene} \xrightarrow[\text{CHCl}_3]{\text{KOC(CH}_3)_3} \text{7,7-Dichlorobicyclo[4.1.0]heptane}$$

7,7-Dichlorobicyclo[4.1.0]heptane
(59%)

8.14C 카벤류: Simmons–Smith 사이클로프로페인 합성

Du Pont 회사의 Simmons와 Smith는 사이클로프로페인을 합성하는 유용한 방법을 개발하였다. 이 방법은 다이아이오도메테인과 아연–구리 합금을 알켄과 교반하는 것이다. 다이아이오도메테인과 아연을 반응시켜 **카벤류(carbenoid)**라고 부르는 카벤 모양의 화학종을 만든다.

$$CH_2I_2 + Zn(Cu) \longrightarrow \underset{\text{카벤류}}{ICH_2ZnI}$$

이 카벤류는 이중 결합에 CH_2기를 입체 특이성이 있게 첨가시킨다.

되새김 물음 8.17

아래 각 반응에서 예상되는 생성물을 쓰시오.

(a) 2-butene $\xrightarrow[\text{CHCl}_3]{t\text{-BuOK}}$

(b) cyclopentene $\xrightarrow[\text{CHBr}_3]{t\text{-BuOK}}$

(c) ethylidenecyclohexane $\xrightarrow[\text{diethyl ether}]{\text{CH}_2\text{I}_2/\text{Zn(Cu)}}$

되새김 물음 8.18

사이클로헥센을 Zn–Cu 착물과 함께 1,1-다이아이오도에테인과 반응시키면 두 가지 이성질체가 형성된다. 그들의 구조는 무엇인가?

8.15 알켄의 산화 반응: syn 1,2-다이하이드록실화 반응

알켄은 탄소–탄소 이중 결합이 산화되는 많은 반응을 진행한다.

- **1,2-다이하이드록실화 반응(1,2-dihydroxylation)**은 알켄의 중요한 산화성 첨가 반응이다.

사산화 오스뮴은 알켄을 **1,2-다이올**(***vic*-다이올** 또는 **글라이콜**이라고 불리는 1,2-**다이하이드록실화 반응**의 생성물)을 합성하는 데 널리 쓰인다. 과망가니즈산 포타슘도 쓸 수 있는데, 이것은 더 강한 산화제이므로 다이올을 더 산화시켜 깰 수 있다(8.16절).

(1) OsO_4, pyridine; (2) $NaHSO_3/H_2O$

Propene → 1,2-Propanediol (propylene glycol)

$H_2C{=}CH_2$ + $KMnO_4$ —(HO^- / H_2O, 차가운)→ HO–CH₂–CH₂–OH

Ethene → 1,2-Ethanediol (ethylene glycol)

8.15A 알켄의 syn 다이하이드록실화 반응 메커니즘

- 사산화 오스뮴에 의한 1,2-다이올이 형성되는 반응 메커니즘은 산소 원자들이 **syn 첨가**(**syn addition**)를 하여 생겨난 고리형 중간체를 포함하고 있다(아래 참조).

오스뮴을 포함한 고리형 중간체가 형성된 다음, 두 개의 새로운 C—O 결합의 입체 화학을 변화시키지 않으면서 산소-금속 결합의 분해가 일어난다.

C=C + OsO_4 —pyridine→ 오스뮴산 에스터 —($NaHSO_3$ / H_2O)→ 다이올 (OH, OH) + HO_2OsO_2 (HO, OH, Os, O, O)

이 다이하이드록실화 반응의 syn 입체 화학은 사이클로펜텐과 사산화 오스뮴의 반응에서 곧 관찰된다. 생성물은 *cis*-1,2-사이클로펜테인다이올이다.

사이클로펜텐 + OsO_4 —25 °C, pyridine→ 오스뮴산 에스터 —($NaHSO_3$ / H_2O)→ HO, OH

***cis*-1,2-Cyclopentanediol**
(메소 화합물)

> **도움말**
>
> OsO_4 다이하이드록실화 반응의 촉매적인 방법은 덜 위험하고 정량적인 방법보다 더 친환경적이다.

사산화 오스뮴은 매우 독성이 크고 휘발성이며, 값이 비싸다. 이 때문에 OsO_4를 혼성 산화제와 함께 **촉매처럼** 사용하는 방법이 개발되었다.* 매우 작은 몰 퍼센트의 OsO_4를 다이하이드록실화 단계를 하려는 혼합물에 가하고, 화학량론적으로 존재하는 혼성 산화제가 각 회로에서 쓰여지는 OsO_4를 재산화시킴으로써 모든 알켄이 소모되어 다이올로 전환된다. *N*-메틸모폴린 *N*-옥사이드(NMO)는 OsO_4와 함께 쓰는 가장 흔히 쓰이는 혼성 산화제이다. 이 방법은 Upjon 회사에서 프로스타글랜딘(23.5절)의 합성 과정에서 발견되었다.† 다음의 '녹색 화학'에서 촉매에 의한 거울상체 선택적인 방법을 보시오.

* Nelson, D. W., et al. *J. Am. Chem.* Soc. **1997**, *119*, 1840–1858과 Corey, E. J., et al. *J. Am. Chem. Soc.* **1996**, *118*, 319–329 참조.

† Van Rheenan, V.; Kelley, R. C., and Cha, D. Y. *Tetrahedron Lett.* **1976**, *25*, 1973.

OsO_4 촉매에 의한 1,2-다이하이드록실화 반응

OsO_4 (0.2%), NMO
25 °C

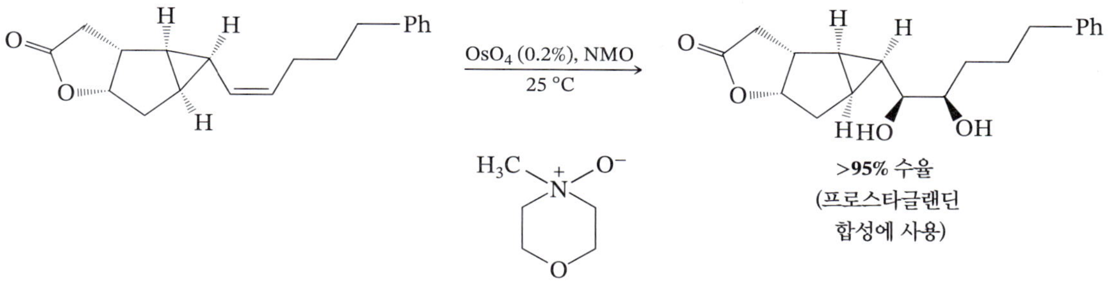

>95% 수율
(프로스타글랜딘 합성에 사용)

NMO
(촉매에 의한 다이하이드록실화 반응에 화학량론적으로 쓰이는 혼성 산화제)

되새김 물음 8.19

아래의 각 다이올을 합성하는 데 필요한 알켄과 시약을 요약하시오.

(a)

(b) (라셈 혼합물)

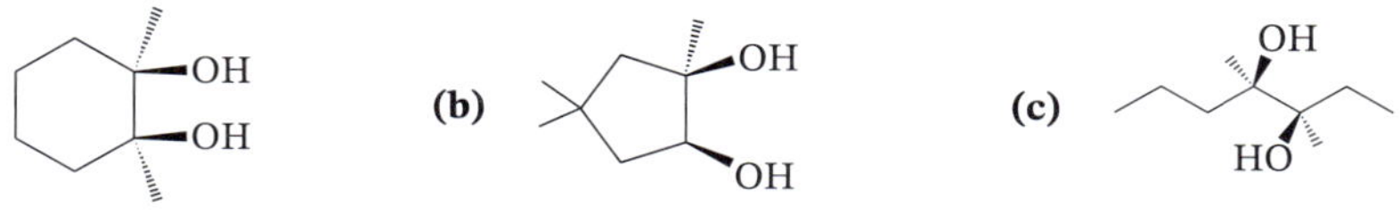

(c) (라셈 혼합물)

보기 물음 8.4

아래의 사실들을 설명하시오: (Z)-2-뷰텐을 OsO_4와 피리딘에서 반응시킨 후 $NaHSO_3$ 수용액으로 처리하면 광학적으로 불활성이며 분리될 수 없는 다이올이 형성된다. (E)-2-뷰텐을 같은 시약으로 처리하면 광학적으로 불활성이지만 거울상체로 분리될 수 있는 다이올이 형성된다.

풀이

어느 경우이던 각 화합물의 이중 결합에 syn 다이하이드록실화 반응이 일어난다. (E)-2-뷰텐의 syn 다이하이드록실화 반응으로 한 쌍의 거울상체가 형성된다. (Z)-2-뷰텐의 syn 다이하이드록실화 반응으로 메소 화합물이 형성된다.

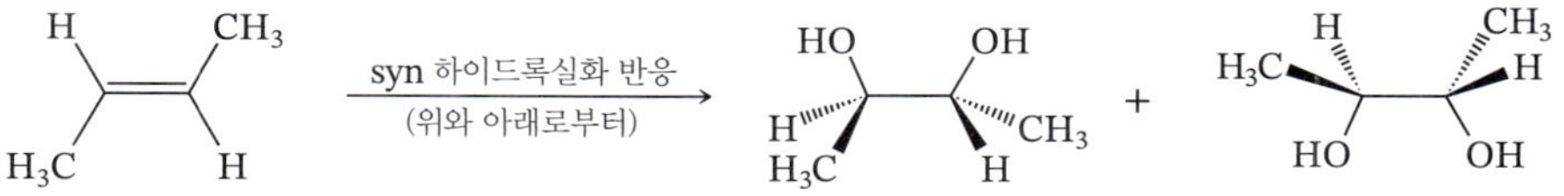

syn 하이드록실화 반응 (위와 아래로부터)

(E)-2-Butene → 거울상체

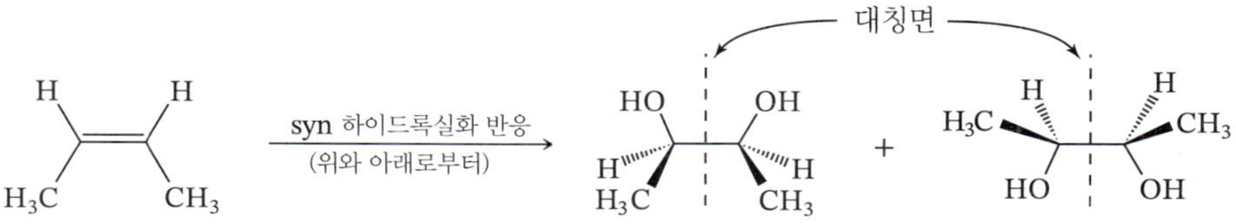

대칭면

syn 하이드록실화 반응 (위와 아래로부터)

(Z)-2-Butene → 같음(메소 화합물)

녹색 화학: 촉매에 의한 비대칭 다이하이드록실화 반응

노벨상
Sharpless는 비대칭 산화 반응 방법을 개발한 공로로 2001년 Nobel 화학상을 수상하였다.

촉매에 의한 **비대칭 syn 다이하이드록실화 반응** 방법이 개발되어 다이하이드록실화 반응의 합성 유용성은 대단히 확장되었다. Sharpless(The Scripps Research Institute)와 그의 연구진은 산화하는 혼합물에 카이랄 이민을 가함으로써 거울상체 선택적인 촉매에 의한 syn 다이하이드록실화 반응에 이르도록 하였다. 비대칭 다이하이드록실화 반응은 복잡한 유기 분자들을 합성하는 데 중요하고도 널리 사용되는 도구가 되었다. 그의 연구진이 이것과 또한 다른 비대칭 산화 과정의 진보를 이룬 업적(11.13절)을 인정받아 Sharpless는 2001년 Nobel 화학상의 공동 수상자가 되었다. (2001년에 함께 수상한 다른 화학자는 촉매에 의한 비대칭 환원 반응을 개발한 Knowles와 Noyori이다; 7.13A절.) 다음 반응은 항암제인 paclitaxel(Taxol)의 곁사슬을 비대칭적으로 합성하는 것인데, Sharpless의 촉매에 의한 비대칭 다이하이드록실화 반응을 잘 나타내고 있다. 이 예에서 촉매량의 $K_2OsO_2(OH)_4$, OsO_4 당량, 카이랄 아민 리간드가 거울상체 선택성을 유도하며 NMO는 정량적인 보조 산화제로 사용된다. 생성물은 99% 거울상체 과량(ee)이다.

비대칭 촉매에 의한 OsO_4의 1,2-다이하이드록실화 반응*

$K_2OsO_2(OH)_4$, (0.2%), NMO
카이랄 아민 리간드 (0.5%)
(아래를 보라)

99% ee
(72% 수율)

여러 단계

Paclitaxel 곁사슬

촉매에 의한 비대칭 다이하이드록실화 반응에 사용된 카이랄 아민 리간드

Paclitaxel

*(*Adapted with permission from Sharpless et al., The Journal of Organic Chemistry, Vol. 59, p. 5104, 1994. Copyright 1994 American Chemical Society.)*

8.16 알켄의 산화성 분해

알켄은 뜨거운 과망가니즈산 포타슘이나 오존(또는 다른 시약)에 의하여 **산화성 분해(oxidative cleavage)**를 한다. 과망가니즈산 포타슘($KMnO_4$)은 강한 산화제가 필요할 때 사용된다. 오존(O_3)은 약한 산화제가 필요할 때 사용된다[알카인과 방향족 고리도 $KMnO_4$나 O_3로 산화된다(8.19절과 15.13D절)].

8.16A 뜨거운 염기성 과망가니즈산 포타슘으로 분해

- 알켄의 이중 결합은 뜨거운 염기성 $KMnO_4$로 처리하면 산화하여 분해된다.

분해는 OsO_4에 의해서 형성된 것과 유사한 고리형 중간체(8.15A절)와 1,2-다이올 중간체를 거쳐 일어나는 것으로 여겨진다.

- 치환기가 한 개인 탄소 원자를 가진 알켄은 산화성 분해를 하여 카복실산 염이 된다.
- 이치환기의 알켄 탄소들은 산화성 분해를 하여 케톤이 된다.
- 치환기가 없는 알켄 탄소들은 이산화 탄소가 된다.

아래의 예들은 $KMnO_4$로 치환기 양상이 서로 다른 알켄의 분해 결과를 보여 주고 있다. 생성물이 카복실산 염일 경우 산성화 단계를 거쳐야 카복실산이 된다.

$$CH_3CH{=}CHCH_3 \xrightarrow[\text{가열}]{KMnO_4,\ HO^-,\ H_2O} 2\ H_3C{-}C({=}O){-}O^- \xrightarrow{H_3O^+} 2\ H_3C{-}C({=}O){-}OH$$

(cis 또는 trans) **아세트산 이온** **Acetic acid**

$$CH_3CH_2C(CH_3){=}CH_2 \xrightarrow[(2)\ H_3O^+]{(1)\ KMnO_4,\ HO^-,\ \text{가열}} CH_3CH_2C(CH_3){=}O + O{=}C{=}O + H_2O$$

알켄의 산화성 분해는 알켄 사슬이나 고리에 있는 이중 결합의 위치를 증명하는 데도 쓰인다. 추리 과정은 역합성 분석에서 이미 해왔던 것처럼 거꾸로 생각을 해나가는 것이다. 생성물로부터 그런 생성물을 만들 수 있는 반응물을 거꾸로 생각한다. 아래의 예를 가지고 이 방법을 설명하기로 한다.

보기 물음 8.5

분자식이 C_8H_{16}인 미지의 알켄은 뜨거운 염기성 $KMnO_4$에 의하여 산화되어 탄소가 3개인 카복실산(프로판산)과 탄소가 5개인 카복실산(펜탄산)이 된다. 처음 알켄의 구조는 무엇인가?

$$C_8H_{16} \xrightarrow[(2)\ H_3O^+]{(1)\ KMnO_4,\ H_2O,\ HO^-,\ \text{가열}} CH_3CH_2COOH + HOOC(CH_2)_3CH_3$$

Propanoic acid **Pentanoic acid**

풀이

생성물의 카보닐기는 산화성 분해가 일어난 곳을 알아내는 열쇠이다. 그러므로 산화성 분해는 아래와 같이 일어나 처음의 알켄은 *cis*- 또는 *trans*-3-옥텐임을 알 수 있으며, 주어진 분자식과도 일치한다.

여기서 분해가 일어난다.

$$CH_3CH_2CH{=}CHCH_2CH_2CH_2CH_3 \xrightarrow[(2)\ H_3O^+]{(1)\ KMnO_4,\ H_2O,\ HO^-,\ \text{가열}} CH_3CH_2COOH + HOOC(CH_2)_3CH_3$$

미지의 알켄
(*cis*- 또는 *trans*-3-octene)

8.16B 오존에 의한 분해

- 알켄을 분해시키는 가장 유용한 방법은 오존(O_3)을 사용하는 것이다.

가오존 분해 반응(ozonolysis)은 알켄을 다이클로로메테인(CH_2Cl_2)에 녹인 차가운(−78 ℃) 용액에 오존을 통과시킨 다음 황화 이메틸(또는 아연과 아세트산)로 처리하는 과정이다. 전체적인 결과는 다음과 같다.

$$\mathrm{RR'C{=}CHR''} \xrightarrow[\text{(2) } Me_2S]{\text{(1) } O_3,\ CH_2Cl_2,\ -78\ °C} \mathrm{RR'C{=}O} + \mathrm{O{=}CHR''}$$

이 반응은 합성 도구로서뿐만 아니라 생성물의 구조를 역추적함으로써 알켄의 이중 결합의 위치를 정하는 데도 유용하다.

- 전체적인 과정(위)은 알켄의 이중 결합에서 분해가 일어나 이중 결합의 각 탄소가 산소 원자와 이중 결합을 이룬 결과이다.

아래의 예는 여러 가지 알켄 형태로부터 생긴 결과들을 보여 준다.

2-Methyl-2-butene $\xrightarrow[\text{(2) } Me_2S]{\text{(1) } O_3,\ CH_2Cl_2,\ -78\ °C}$ **Acetone** + **Acetaldehyde**

3-Methyl-1-butene $\xrightarrow[\text{(2) } Me_2S]{\text{(1) } O_3,\ CH_2Cl_2,\ -78\ °C}$ **Isobutyraldehyde** + **Formaldehyde**

보기 물음 8.6

미지의 알켄 C_7H_{12}는 가오존 분해 반응을 진행하여 산성화 후 아래와 같은 단 한 가지 생성물을 만든다. 미지 화합물의 구조는 무엇인가?

$$C_7H_{12} \xrightarrow[\text{(2) } Me_2S]{\text{(1) } O_3,\ CH_2Cl_2,\ -78\ °C} \mathrm{CH_3CO(CH_2)_4CHO}$$

풀이

단 한 가지 생성물이 반응물과 같은 수의 탄소 원자를 가지고 있으므로 유일하고도 타당한 설명은 반응물이 고리에 포함된 이중 결합을 가졌다는 것이다. 이중 결합의 가오존 분해 반응으로 고리가 열린다.

미지 알켄 **(1-methylcyclohexene)** $\xrightarrow[\text{(2) } Me_2S]{\text{(1) } O_3,\ CH_2Cl_2,\ -78\ °C} \mathrm{CH_3CO(CH_2)_4CHO}$

되새김 물음 8.20

아래의 가오존 분해 반응 생성물을 예상해 보시오.

(a) methylenecyclopentane $\xrightarrow[\text{(2) } Me_2S]{\text{(1) } O_3}$

(b) bicyclo[4.2.0]oct-1(6)-ene $\xrightarrow[\text{(2) } Me_2S]{\text{(1) } O_3}$

(c) 4-ethylidene-1,2-dimethylcyclohexene $\xrightarrow[\text{(2) } Me_2S]{\text{(1) } O_3}$

오존이 알켄에 첨가되는 메커니즘은 **개시 오존화물**(initial ozonide 또는 molozonide)이라고 부르는 불안정한 화합물을 만드는 것으로 시작된다. 과정은 격렬하게(소음을 내면서) 자발적으로 전위하여 **오존화물(ozonide)**이라고 알려진 화합물을 만든다. 이 전위는 개시 오존화물이 해리되어 활성이 큰 토막들로 된 다음 재결합하여 오존화물을 만든다고 생각된다. 오존화물 자체는 매우 불안정하여 분자량이 작은 오존화물은 가끔 격렬히 폭발한다.

반응 메커니즘

알켄의 가오존 분해 반응

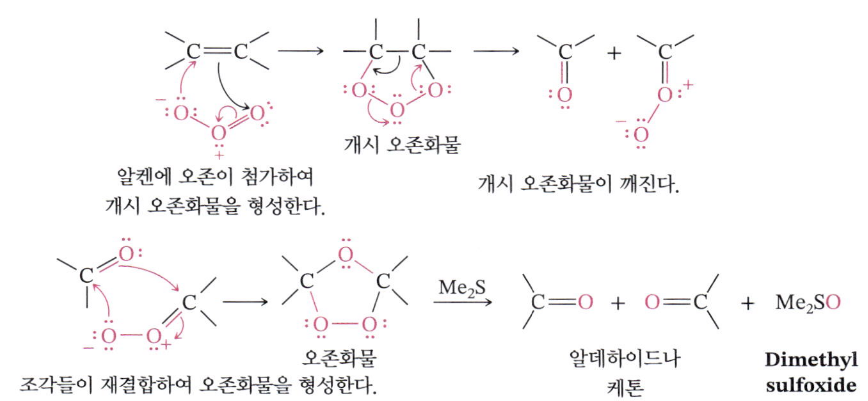

되새김 물음 8.21

오존에 이어 황화 이메틸로 처리할 때 아래와 같은 카보닐 화합물을 만들어 낼 수 있는 알켄의 구조를 쓰시오.

(a) (아세톤) 와 (2-메틸프로판알)

(b) (펜테인-2,4-다이온) (1몰의 알켄으로부터 2몰이 생김)

(c) (사이클로헥산온) 와 (폼알데하이드)

8.17 알카인에 브로민 및 염소의 친전자성 첨가 반응

- 알카인은 알켄처럼 염소나 브로민에 대하여 똑같은 종류의 첨가 반응을 한다.
- 알카인에서는 사용된 할로젠의 몰 당량수에 따라 **첨가 반응이 한 번 또는 두 번 일어날 수 있다.**

$$-C\equiv C- \xrightarrow{Br_2} \text{(Br)C=C(Br)} \xrightarrow{Br_2} -CBr_2-CBr_2-$$

다이브로모알켄 테트라브로모알케인

$$-C\equiv C- \xrightarrow{Cl_2} ClC(=)CCl \xrightarrow{Cl_2} -CCl_2-CCl_2-$$

다이클로로알켄 테트라클로로알케인

다이할로알켄은 간단히 1몰 당량의 할로젠을 첨가하여 만들 수 있다.

$$\xrightarrow[0\ °C]{Br_2\ (1\ equiv.)}$$

- 염소나 브로민 1몰이 알카인에 첨가되는 반응의 대부분은 anti 첨가 반응이며 *trans*-다이할로알켄이 만들어진다.

예를 들어, 브로민을 아세틸렌다이카복실산에 첨가하면 trans 이성질체가 70% 만들어진다.

$$HO_2C-\equiv-CO_2H \xrightarrow[(1\ equiv.)]{Br_2} HO_2C(Br)C=C(Br)CO_2H$$

Acetylenedicarboxylic acid **(70%)**

되새김 물음 8.22 알켄은 친전자성인 시약(예: Br_2, Cl_2, 또는 HCl 등)의 첨가 반응에 대한 반응성이 알카인의 반응성보다 더욱 크다. 그런데도 알카인을 이들 친전자적인 시약 1몰 당량과 반응시키면 첨가 반응은 '알켄 단계'에서 멈춘다. 이것은 매우 역설적인 듯 하지만 사실 그렇지 않다. 이를 설명하시오.

8.18 알카인에 할로젠화 수소의 첨가 반응

- 알카인이 염화 수소나 브로민화 수소와 반응하면 사용된 할로젠화 수소가 1몰 당량, 또는 2몰 당량인가에 따라 할로알켄이나 *gem*-다이할로젠화물이 형성된다.
- 두 첨가 반응은 **위치 선택적(regioselective)**이며 **Markovnikov 규칙(Markovnikov's rule)**을 따른다.

$$-C\equiv C- \xrightarrow{HX} HC=CX \xrightarrow{HX} -CH_2-CX_2-$$

할로알켄 ***gem***-다이할로젠화물

할로젠화 수소의 수소 원자는 수소 원자의 수가 더 많은 탄소에 달라붙는다. 예를 들어, 1-헥사인은 1몰 당량의 브로민화 수소와 반응하여 2-브로모-1-헥센이 되고 2몰 당량과 반응하면 2,2-다이브로모헥세인이 된다.

HBr → HBr →

Br Br Br

2-Bromo-1-hexene **2,2-Dibromohexane**

알카인에 브로민화 아세틸(CH_3COBr)과 알루미나를 사용하면 HBr의 첨가가 촉진된다. 브로민화 아세틸은 알루미나와 반응하여 HBr을 생성함으로써 HBr의 전구체로 행동한다. 예를 들면, 1-헵타인은 이 방법에 의해서 2-브로모-1-헵텐을 좋은 수율로 만든다.

"HBr" CH_3COBr/alumina CH_2Cl_2 → Br

(82%)

알카인에 브로민화 수소의 **anti-Markovnikov 첨가 반응(anti-Markovnikov addition)**은 과산화물이 반응 혼합물 속에 존재할 때 일어난다. 이 반응은 라디칼 메커니즘(10.10절)으로 일어난다.

HBr 과산화물 → H Br

(74%)

8.19 알카인의 산화성 분해

알카인을 오존이나 염기성 과망가니즈산 포타슘과 반응시키면 탄소–탄소 삼중 결합이 깨진다. 생성물은 카복실산이다.

$$R-C\equiv C-R' \xrightarrow[(2)\ HOAc]{(1)\ O_3} RCO_2H + R'CO_2H$$

$$R-C\equiv C-R' \xrightarrow[(2)\ H_3O^+]{(1)\ KMnO_4,\ HO^-} RCO_2H + R'CO_2H$$

보기 물음 8.7

알카인 **X**, **Y**, 그리고 **Z**는 분자식이 C_6H_{10}이다. 백금 촉매하에서 과량의 수소와 반응시키면 각 알카인은 단지 헥세인을 생성한다.

1. **X**의 IR 스펙트럼은 피크들 가운데 3320 cm^{-1}에서 한 개의 피크를, 2800~3000 cm^{-1} 영역에서 여러 개의 피크를, 그리고 2100 cm^{-1} 부근에서 한 개의 피크를 보인다. 뜨거운 $KMnO_4$/KOH 용액으로 산화시킨 후 산성화시키면 **X**는 5개 탄소의 카복실산과 기체를 생성한다.
2. 화합물 **Y**는 3300 cm^{-1} 영역에서 IR 피크가 없다. 그리고 뜨거운 $KMnO_4$ 용액으로 산화시킨 후 산성화시키면 3개 탄소의 카복실산만 생성된다. 화합물 **Y**는 2800~3000 cm^{-1}에서 피크들이 있고, 2100 cm^{-1} 부근에서 피크가 없다.
3. 뜨거운 $KMnO_4$/KOH 용액으로 산화시킨 다음 산 처리를 하면 **Z**는 2개 탄소 카복실산과 4개 탄소 카복실산을 생성한다. **Z**의 IR 스펙트럼은 2800~3000 cm^{-1}에서 피크들이 있고 2100 cm^{-1} 부근에서 한 개의 피크가 있다. 그러나 3300 cm^{-1} 부근에서는 피크가 없다. 2.16A절을 참고하여 각 알카인의 구조를 제시하시오.

풀이

세 가지 알카인 모두 촉매 수소화 반응으로 헥세인이 생성된다는 사실은 모두 가지가 없는 헥사인임을 의미한다.

1. **X**의 IR 스펙트럼에서 3200 cm^{-1}에서 한 개의 피크는 말단 삼중 결합을 나타낸다. 그리고 2100 cm^{-1} 부근에서 한 개의 피크도 삼중 결합과 관련이 있다. 이러한 사실들은 화합물 **X**가 1-헥사인임을 제시한다. 산화 반응 결과 5개 탄소의 카복실산과 이산화 탄소를 생성한 것도 이를 입증한다.
2. 화합물 **Y**가 **산화성 분해**로 3개 탄소의 카복실산만 생성된다는 것은 3-헥사인임을 제시한다. 2100 cm^{-1} 부근에서 피크가 없다는 것도 이를 뒷받침한다. (3-헥사인의 삼중 결합은 대칭으로 치환되었기에 진동에 의해서 쌍극자 모멘트가 변화하지 않으므로 이 영역에서 피크가 없다.)
3. 화합물 **Z**가 2100 cm^{-1} 부근에서 한 개의 피크가 있다는 것은 비대칭적으로 치환된 삼중 결합임을 암시한다. 그리고 산화되었을 때 두 가지(하나는 탄소 2개, 다른 하나는 탄소 4개) 다른 카복실산이 형성되었다는 사실과 일치한다. 그러므로 **Z**는 2-헥사인이다.

되새김 물음 8.23

A, **B**, 그리고 **C**는 알카인이다. 아래의 반응 도표를 이용하여 이들의 구조와 **D**의 구조를 유추하시오.

A (C_8H_{14}) $\xrightarrow{H_2,\ Pt}$ (옥테인) $\xleftarrow{H_2,\ Pt}$ **B** (C_8H_{14}), IR: 3300 cm^{-1}

A → (1) O_3 (2) HOAc → $CH_3CH_2CH_2COOH$ (O, OH)

C (C_8H_{12}) $\xrightarrow{H_2,\ Pt}$ **D** (C_8H_{16})

C → (1) O_3 (2) HOAc → HOOC–$(CH_2)_6$–COOH (HO, O, O, OH)

8.20 합성 설계하기: 접근 방법과 예

합성을 설계하는 데 있어서 4가지 상호 연관되는 관점들을 고려해야 한다.

1. 탄소 골격의 구성
2. 작용기의 상호 전환
3. 위치 화학의 통제
4. 입체 화학의 통제

합성 전략에 대한 처음 두 가지 관점은 이미 살펴보았다.

- 7.18B절에서 **역합성 분석**(retrosynthetic analysis)이란 착안이 소개되었으며, 이러한 착

안을 가지고 알케인이나 사이클로알케인의 골격을 구성하는 법을 배웠다.

- 6.14절에서는 **작용기의 상호 전환**(functional group interconversion)이 무엇을 뜻하는지를 배웠으며, 이러한 목적으로 친핵성 치환 반응을 어떻게 사용하는가에 대해서도 배웠다.

다른 절에서도 아마 일일이 깨닫지는 않았을지라도, 탄소 골격을 구성하는 방법과 작용기의 상호 전환을 할 수 있는 방법을 축적해 왔다. 지금은 이제까지 배운 모든 반응들을 수록한 노트를 작성하여 특별히 합성에의 응용성을 주목하면서 정리를 시작할 때이다. 이 노트는 **유기 합성의 도구 상자(Tool Kit for Organic Synthesis)**가 된다. 이제 몇 가지 새로운 예를 살펴보고 합성에 대한 4가지 관점 모두가 어떻게 설계에 종합적으로 쓰이는지를 알아보기로 한다.

8.20A 역합성 분석

2-브로모뷰테인을 탄소 수가 둘 또는 그 이하인 화합물로부터 합성하는 문제를 생각해 보자. 앞으로 알게 될 것이지만, 이 합성은 탄소 골격의 구성, 작용기의 상호 전환, 그리고 위치 화학의 통제 등을 포함하고 있다.

역합성 분석을 2-브로모뷰테인에 적용하기

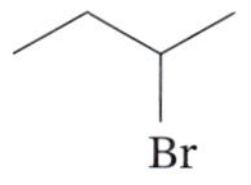

Br

거꾸로 생각해 보자. 2-브로모뷰테인을 만드는 한 가지 방법은 1-뷰텐에 브로민화 수소를 첨가하는 것이다. 그러나 이 작용기의 상호 전환에 있어서 위치 화학은 Markovnikov 첨가이어야 한다.

역합성 분석

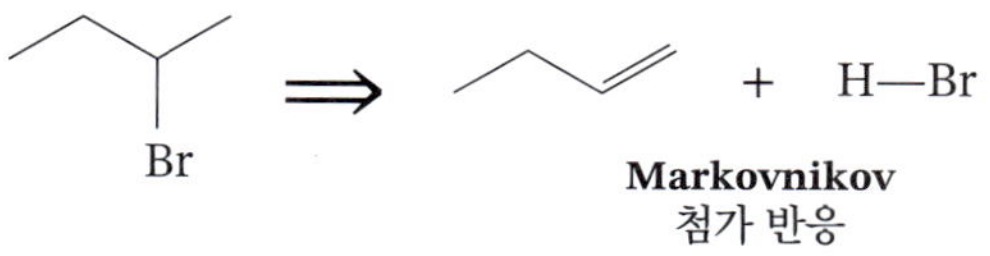

Br $\Rightarrow$ + H—Br

Markovnikov
첨가 반응

합성

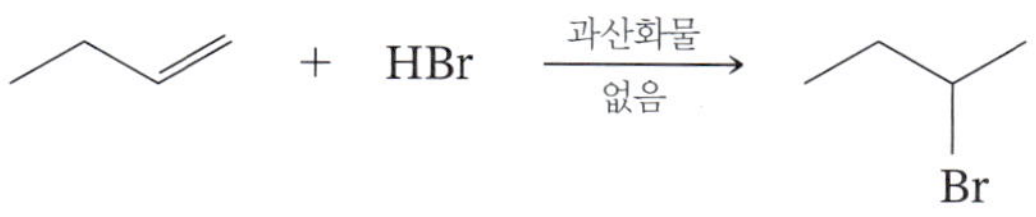

+ HBr $\xrightarrow[\text{없음}]{\text{과산화물}}$ Br

도움말

기억할 것: 역합성 분석에 사용되는 열린 화살표는 제시된 목표 분자가 어떤 전구체(또는 일련의 전구체들)로부터 만들어질 수 있다는 뜻에서 "…로부터 만들어질 수 있는"을 의미한다.

목표 물질 $\Rightarrow$ 전구체들

가상적인 반응을 한 번에 한 가지씩 거꾸로 생각해 나가다 보면 1-뷰텐의 합성 전구체는 1-뷰타인임을 알게 된다. 1-뷰타인에 수소 1몰을 가하면 1-뷰텐이 된다. 1-뷰타인이 새로운 목표 물질이 된다. 그리고 2개 미만의 탄소를 지닌 화합물로부터 탄소 골격을 구성하도록 되어 있으므로, 1-뷰타인을 브로민화 에틸과 아세틸렌으로부터 알카인화 음이온의 알킬화 반응을 통하여 한 단계로 형성시킬 수 있음을 알게 된다.

- **역합성 분석의 핵심**은 궁극적인 목표 물질로부터 거꾸로 작업을 해서 바로 앞의 전구체로

부터 하나의 반응으로 각 목표 물질을 합성하는 방법을 생각해 내는 것이다.

역합성 분석

$$\text{1-butene} \Longrightarrow \text{1-butyne} + H_2$$

$$\text{1-butyne} \Longrightarrow \text{EtBr} + Na^{+\,-}{:}C\equiv C{-}H$$

$$Na^{+\,-}{:}C\equiv C{-}H \Longrightarrow H{-}C\equiv C{-}H + NaNH_2$$

합성

$$H{-}C\equiv C{-}H + Na^{+\,-}NH_2 \xrightarrow[\text{liq. } NH_3,\ -33\ °C]{} Na^{+\,-}{:}C\equiv C{-}H$$

$$\text{EtBr} + Na^{+\,-}{:}C\equiv C{-}H \xrightarrow[\text{liq. } NH_3,\ -33\ °C]{} \text{1-butyne}$$

$$\text{1-butyne} + H_2 \xrightarrow{Ni_2B\ (P\text{-}2)} \text{1-butene}$$

8.20B 절단, 합성 단위체, 합성 대등체

- 역합성 분석에 이르는 한 가지 길은 역합성 단계를 결합들 중 하나를 '절단'하는 것으로 생각하면 된다(7.18B절).*

예를 들면, 방금 시작한 합성에 있어서 한 가지 중요한 단계는 새로운 탄소–탄소 결합이 형성되어 1-뷰타인을 만드는 것이다. 역합성적으로는 다음과 같이 나타낼 수 있다.

$$\text{1-butyne} \Longrightarrow CH_3CH_2^{+} + {}^{-}{:}C\equiv C{-}H$$

이 절단으로 인한 가상적인 조각들은 에틸 양이온과 에타인화 음이온(ethynide)이다.

- 일반적으로, 가상적인 역합성적 절단의 조각들을 **합성 단위체(synthon)**라고 부른다.

이 합성 단위체들을 보면, 이론적으로 에틸 양이온과 에타인화 음이온을 결합하면 1-뷰타인 분자가 합성될 수 있다고 추리할 수 있다. 그러나 탄소 양이온이나 탄소 음이온의 시약병을 실험실에서 찾아볼 수는 없다. 필요한 것은 바로 이들 합성 단위체의 **합성 대등체(synthetic equivalent)**이다. 에타인화 이온의 합성 대등체는 에타인화 소듐인데, 그 까닭은 에타인화 소듐이 에타인화 이온(그리고 소듐 이온)을 포함하고 있기 때문이다. 에틸 양이온의 합성 대등체는 브로민화 에틸이다. 이것이 왜 그런지를 이해하기 위하여 다음과 같이 추론을 해본다. 만일 브로민화 에틸이 S_N1 반응으로 반응한다면 에틸 양이온과 브로민화 이온이 생길 것이

---

* 이러한 접근법을 훌륭하게 다룬 책으로: Warren, S. and Wyatt, P., *Organic Synthesis, The Disconnection Approach*, 2nd Ed. Wiley: New York, 2009와 Warren, S. and Wyatt, P., *Workbook for Organic Synthesis, The Disconection Approach*, 2nd Ed. Wiley: New York, 2009가 있다.

다. 그러나 1차 할로젠화물이므로 브로민화 에틸이 S_N1 반응을 진행할 것 같지는 않다. 그러나 브로민화 에틸은 에타인화 소듐 같은 강력한 친핵체와 S_N2 반응을 진행할 것이다. 그리고 그것이 반응할 때의 생성물은 에틸 양이온과 에타인화 소듐의 반응으로부터 얻어진 것과 같은 생성물이 될 것이다. 그러므로 브로민화 에틸은 이 반응에서 에틸 양이온의 합성 대등체로 작용한다.

2-브로모뷰테인은 탄소가 2개 또는 그 미만인 화합물로부터 (*E*)- 또는 (*Z*)-뷰텐을 중간체로 하는 경로에 따라 합성될 수 있다. 이 합성은 혼자서 스스로 해 보시오.

8.20C 입체 화학을 고려함

입체 화학적인 통제를 필요로 하는 합성으로 다른 예를 더 들어 보자: 2,3-뷰테인다이올의 거울상체인 (2*R*,3*R*)-2,3-뷰테인다이올과 (2*S*,3*S*)-2,3-뷰테인다이올을 탄소 수가 2개 이하인 화합물로부터 메소 입체 이성질체는 생성되지 않는 방법으로 만들려고 한다.

2,3-뷰테인다이올의 거울상체를 설계하는 데 입체 화학적 고려를 적용하기

여기서 거울상체로 가는 가능한 최종 단계는 *trans*-2-뷰텐의 syn 다이하이드록실화 반응임을 알 수 있다. 이 반응은 입체 특이성이며, 원하는 2,3-뷰테인다이올의 거울상체를 라셈 혼합물로 생성시킨다. 여기서 *cis*-2-뷰텐을 사용하지 않기로 선택한 것이 핵심이다. 만약 *cis*-2-뷰텐을 선택했더라면 생성물은 메소 2,3-뷰테인다이올 입체 이성질체이었을 것이다.

역합성 분석

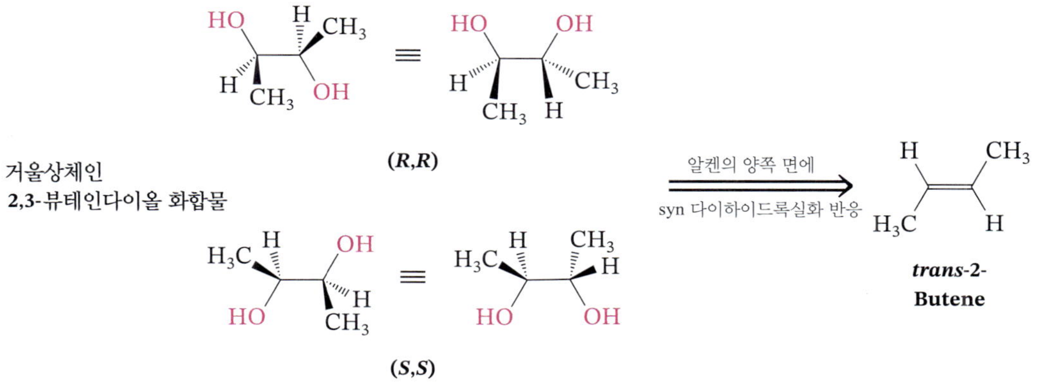

HO H CH$_3$ H CH$_3$ OH ≡ HO OH H CH$_3$ CH$_3$ H

(*R*,*R*)

거울상체인
2,3-뷰테인다이올 화합물

H$_3$C H OH HO H CH$_3$ ≡ H$_3$C H CH$_3$ H HO OH

(*S*,*S*)

⟹ (알켄의 양쪽 면에 syn 다이하이드록실화 반응)

H CH$_3$ H$_3$C H

***trans*-2-Butene**

합성

H CH$_3$ H$_3$C H

***trans*-2-Butene**

(1) OsO_4
(2) $NaHSO_3$, H_2O

HO OH H CH$_3$ CH$_3$ H ≡ HO H CH$_3$ H CH$_3$ OH

(*R*,*R*)

H$_3$C H CH$_3$ H HO OH ≡ H$_3$C H OH HO H CH$_3$

(*S*,*S*)

거울상체인 **2,3-뷰테인다이올 화합물**

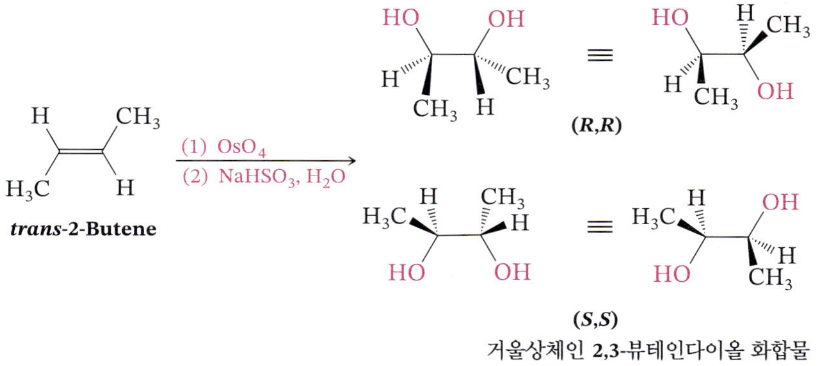

trans-2-뷰텐은 2-뷰타인을 리튬과 액체 암모니아로 반응시켜 합성할 수 있다. 수소의 anti 첨가로 필요한 trans 생성물이 얻어진다.

역합성 분석

$$\text{(H)(H}_3\text{C)C=C(CH}_3\text{)(H)} \xrightarrow[\text{첨가 반응}]{\text{anti}} \text{CH}_3\text{—C≡C—CH}_3 + \text{H}_2$$

***trans*-2-Butene** **2-Butyne**

합성

$$\text{CH}_3\text{—C≡C—CH}_3 \xrightarrow[\text{(2) NH}_4\text{Cl (H}_2\text{의 anti 첨가 반응)}]{\text{(1) Li, EtNH}_2} \text{(H)(H}_3\text{C)C=C(CH}_3\text{)(H)}$$

2-Butyne ***trans*-2-Butene**

- 이 반응은 **입체 선택성인 반응**(**stereoselective reaction**)의 예이다. **입체 선택성인 반응**은 반응물이 반드시 카이랄일 필요는 없다(알카인의 경우처럼). 그러나 한 입체 이성질체인 생성물이 주로 또는 전적으로 형성된다(또는 가능한 모든 것 가운데서 특정한 이성질체 형태의 부류가 생긴다).
- 입체 선택성과 입체 특이성 사이의 차이점을 주목하시오. 입체 특이성인 반응은 특정한 입체 이성질체 형태의 반응물을 사용했을 때 한 입체 이성질체가 주로 또는 전적으로 생성되는 반응이다. (모든 입체 특이성인 반응은 입체 선택성이지만 그 역은 반드시 참이 아니다.)

2-뷰타인은 프로파인을 먼저 프로파인화 소듐으로 전환시킨 다음, 프로파인화 소듐을 아이오딘화 메틸로 알킬화 반응을 시켜 합성할 수 있다.

역합성 분석

$$\text{CH}_3\text{—C≡C}\wr\text{CH}_3 \Rightarrow \text{CH}_3\text{—C≡C:}^-\text{Na}^+ + \text{CH}_3\text{—I}$$

$$\text{CH}_3\text{—C≡C:}^-\text{Na}^+ \Rightarrow \text{CH}_3\text{—C≡C—H} + \text{NaNH}_2$$

합성

$$\text{CH}_3\text{—C≡C—H} \xrightarrow[\text{(2) CH}_3\text{I}]{\text{(1) NaNH}_2\text{/액체 NH}_3} \text{CH}_3\text{—C≡C—CH}_3$$

끝으로, 프로파인은 에타인으로부터 합성할 수 있다.

역합성 분석

$$\text{H—C≡C}\wr\text{CH}_3 \Rightarrow \text{H—C≡C:}^-\text{Na}^+ + \text{CH}_3\text{—I}$$

합성

$$\text{H—C≡C—H} \xrightarrow[\text{(2) CH}_3\text{I}]{\text{(1) NaNH}_2\text{/액체 NH}_3} \text{H—C≡C—CH}_3$$

보기 물음 8.8

입체 특이성을 가진 다단계 합성의 예

탄소 원자가 2개 이하인 화합물로부터 *meso*-3,4-다이브로모헥세인을 입체 특이성을 갖도록 합성하는 방법을 요약하시오.

풀이

생성물로부터 거꾸로 작업을 해나가 보자. 목표 분자가 메소 화합물이므로 아래에서처럼 내부 대칭면을 보이는 구조를 그리면 편리하다. 그러나 알켄에 브로민의 anti 첨가 반응으로 *vic*-다이브로민화물이 형성되므로 알켄에의 첨가 반응 후 브로민 원자들이 서로 anti가 되도록 배열한 목표 분자의 구조를 다시 그린다. 그다음 알킬기가 공간에서의 상대적인 관계를 유지하도록 1,2-다이브로민화물에 알켄 전구체를 다시 그린다. 이 화합물은 (*E*)-3-헥센이다. (*E*)-알켄은 알카인에 리튬을 에틸아민 또는 암모니아 속에서 반응시켜 진행되는 수소의 anti 첨가 반응에 의해서 형성될 수 있다(7.14B절). 그러므로 3-헥사인이 (*E*)-3-헥센의 합성 전구체로 적합하다. 끝으로, 말단 알카인을 알킬화시킬 수 있으므로 3-헥사인은 아세틸렌으로부터 할로젠화 에틸을 사용하여 두 번의 연속적인 알킬화 반응을 통하여 합성할 수 있다. 다음은 역합성 분석이다.

역합성 분석

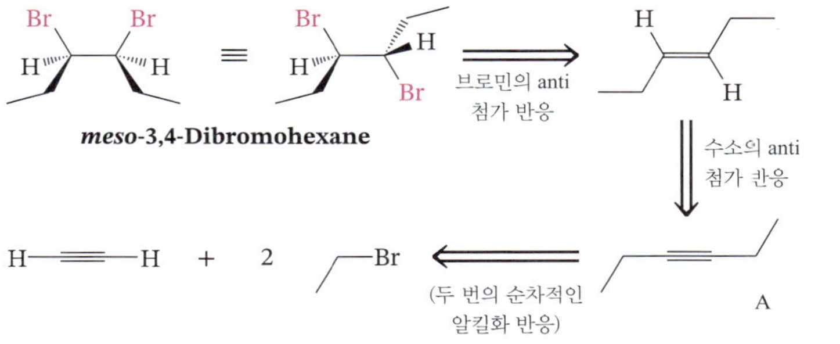

meso-3,4-Dibromohexane
브로민의 anti 첨가 반응
수소의 anti 첨가 반응
H—≡—H + 2 ⁄—Br
(두 번의 순차적인 알킬화 반응)
A

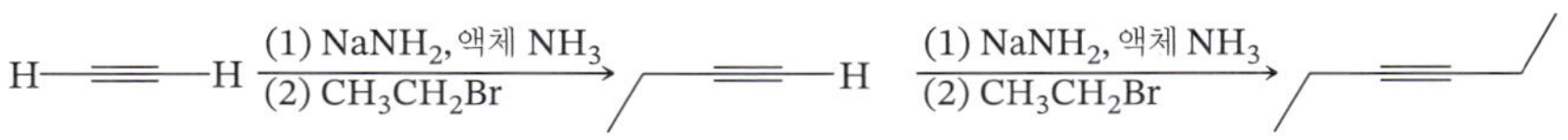

H—≡—H $\xrightarrow[\text{(2) } CH_3CH_2Br]{\text{(1) } NaNH_2\text{, 액체 } NH_3}$ ⁄—≡—H $\xrightarrow[\text{(2) } CH_3CH_2Br]{\text{(1) } NaNH_2\text{, 액체 } NH_3}$

그러면 $\xrightarrow[\text{(2) } NH_4Cl]{\text{(1) Li, } EtNH_2}$

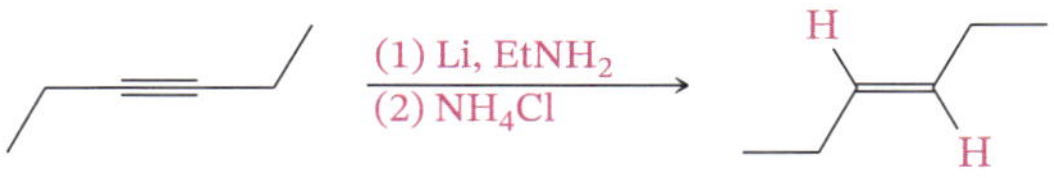

끝으로

Br_2
Br^- (a) (b)
meso-3,4-Dibromohexane

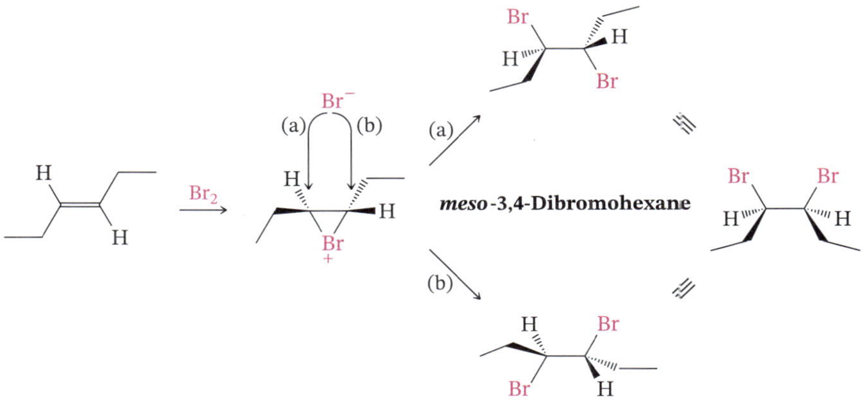

보기 물음 8.8의 과정들을 이용하여 (3*R*,4*R*)- 및 (3*S*,4*S*)-3,4-다이브로모헥세인의 라셈 혼합물을 만들려면 어떻게 반응을 개선해야 하는가?

되새김 물음 8.24

이 주제는 왜 중요한가?

천연적인 화학 합성에서의 알켄

7장과 8장에서 설명했듯이, 분자 내 불포화는 수많은 작용기의 첨가와 C—C 결합의 창조 가능성을 제공한다. 그러므로 자연에서 복잡한 분자들의 합성에는 불포화 위치가 관여하는 것이 당연하다. 알카인이 아니라 알켄이 그러한 과정에서 주인공인데, 흔히 아이소프렌(isoprene) 블록의 형태이다. 5-C 아이소프렌 단위는 불포화된 4개의 탄소 사슬에 메틸 가지가 있어 쉽게 인식된다. 자연에서 여러 개의 아이소프렌 단위들이 결합하여 긴 탄소 사슬을 만드는 데 제라닐제라닐 파이로인산(geranylgeranyl pyrophosphate, GGPP)과 같은 반응성이 큰 파이로인산(pyrophosphate)기로 말단을 이룬다. 그러한 화합물들은 매우 통제된 반응 과정에 참여하여 수만 가지 구별되는 천연물들을 만들어 내는 데 무수히 많은 다른 기능 가운데 결정적인 호르몬과 신호 분자로 기여하는 분자들도 있다.

유칼립톨의 공급원인 유칼립투스 나무

탁솔의 공급원인 서양 주목

Isoprene building block

Geranylgeranyl pyrophosphate (GGPP)

PP = $-\text{P}(=\text{O})(\text{O}^-)-\text{O}-\text{P}(=\text{O})(\text{O}^-)-\text{O}^-$

이 화학은 아이소프렌이 담긴 블록을 특정한 형태로 접는 효소와 함께 시작되는데, OPP기가 S_N2 또는 S_N1 과정에서 이탈기로 작용하게 한다. 어떤 경우에는 이탈기가 C—C 결합 형성 위치를 아래의 유칼립톨(eucalyptol) 합성에서 보듯이 재조정하기도 한다. 하지만 핵심 단계 다음은 모두 이 장에서 본 형태의 화학으로 알켄은 공격하는 친전자성 화학종이고, OPP기는 양성자를 왕복시키는 역할을 하고 있다(빠진 양성자 전달 단계들을 스스로 채워 보시오).

PPO, 효소, OPP, −PPO, H_2O, PPO—H, OH, OH, PPOH, O

Geranyl diphosphate **Eucalyptol**

다른 경우에서는 OPP기가 직접 치환된다. 예를 들면, 아래에 보인 것처럼, 효소에 의한 조직체화로 GGPP의 표시된 양성자를 염기에 의해서 제거하고 이웃 알켄이 OPP기를 치환하게 되어 셈브렌(cembrene) A라고 알려진 분자에 이르게 된다. 그다음 알켄에 기반을 둔 C—C 결합 형성이 더 진행됨(이미 논의된 친핵체와 친전자체의 기본 원리를 사용함)을 통하여, 그리고 산화 반응과 특정한 효소에 의한 통제로 인하여 이 탄소 덩어리는 켐펜(kempene)-2와 같은 물질로 전환될 수 있다. 흰개미에게 이것, 그리고 관련 분자들은 침입자들로부터 핵심적인 보호 물질로 기여한다.

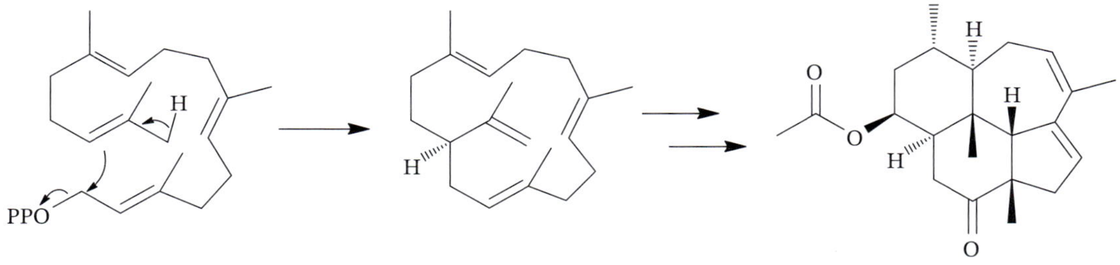

GGPP **Cembrene A** **Kempene-2**

그러나 놀라운 것은 다른 생명체들은 똑같은 출발 물질을 정확히 같은 과정(접음과 산화)을 통해서 완전히 다른 분자로 만든다는 점이다. 예를 들어, 서양 주목(Pacific yew tree)에서 GGPP는 탁솔(Taxol)로 전환된다. 탁솔은 현재 세계에서 선도적인 항암 치료제 중 하나이다. 여러 가지 다른 식물이나 곰팡이는 대조적으로 GGPP를 지베렐산(gibberellic acid) 3이라 알려진 신호물질로 전환한다. 이 과정에서는 많은 복잡한 유기 화학이 이루어지고 있는데, 간직해야 할 메시지는 간단하고도 고상하다. 즉, 한 세트의 출발 물질로부터 많은 수의 다양한 화합물들이 알켄, 한 개의 추가적인 활성기, 그리고 특정한 매우 진화된 효소의 힘을 통해서 모두 합성될 수 있다.

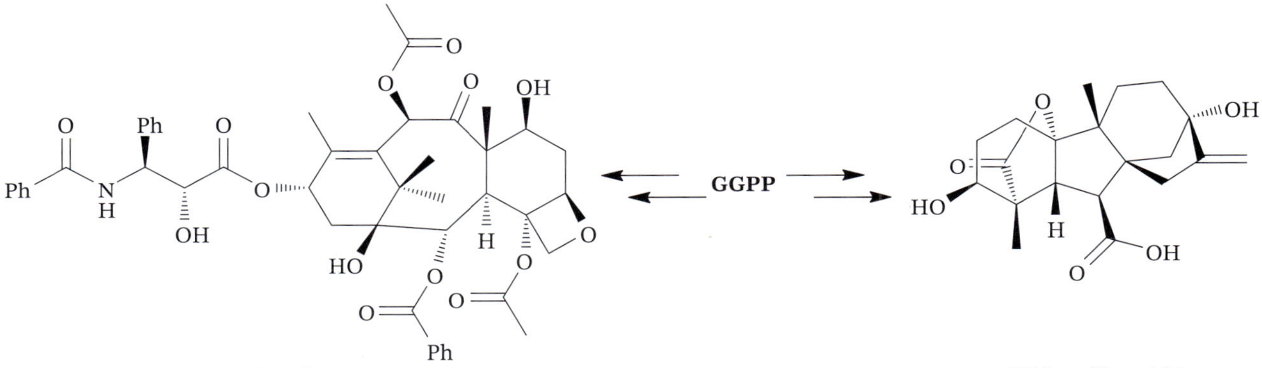

Taxol **Gibberellic acid 3**

이 주제에 대해서 더 알려면 참고하시오.

1. Fischbach, M. A.; Clardy, J. "One pathway, many products" in *Nature: Chem. Bio*. **2007**, *3*, 353–355.

2. Ishihara, Y.; Baran, P. S. "Two-Phase Terpene Total Synthesis: Historical Perspective and Application to the Taxol* Problem" in *Synlett* **2010**, *12*, 1733–1745.

요약과 복습 도구

이 장에 대한 학습 보조 자료에는 핵심 용어와 개념, 알켄 첨가 반응의 메커니즘 복습, 알켄과 알카인을 포함하는 합성 연관성 지도가 포함되어 있다.

물음

알켄과 알카인의 반응 도구 상자

8.25 1-펜텐이 아래 각각의 시약과 반응할 때 생성되는 생성물의 구조식을 쓰시오.

(a) HI
(b) H_2, Pt
(c) H_2O, 촉매 H_2SO_4
(d) HBr
(e) Br_2
(f) Br_2 in H_2O
(g) HCl
(h) O_3, 그다음 Me_2S
(i) OsO_4, 그다음 $NaHSO_3/H_2O$
(j) $KMnO_4$, HO^-, 가열, 그다음 H_3O^+
(k) $Hg(OAc)_2$ / THF와 H_2O, 그다음 $NaBH_4$, HO^-
(l) BH_3:THF, 그다음 H_2O_2, HO^-

8.26 물음 8.25를 1-펜텐 대신 1-메틸사이클로펜텐을 사용하여 대답하시오.

8.27 아래 반응의 주 생성물을 쓰시오. 적용되는 곳에서는 입체 이성질체들을 보이시오.

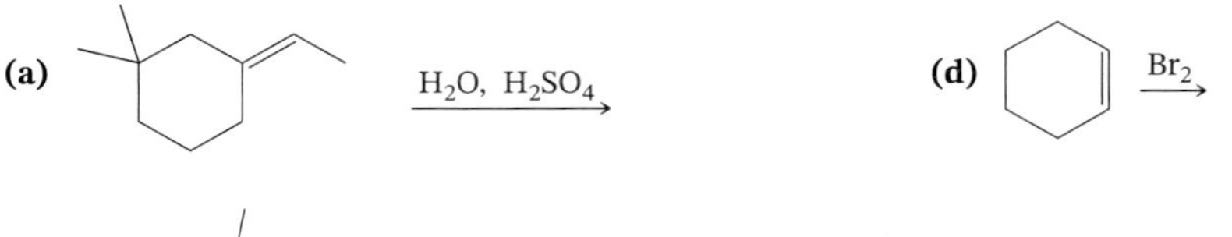

8.28 1-펜타인과 아래 시약과의 반응에서 예상되는 생성물의 구조를 쓰시오.

(a) 1몰 당량의 Br_2
(b) 1몰 당량의 HBr
(c) 2몰 당량의 HBr
(d) H_2(과량)/Pt
(e) H_2, Ni_2B(P-2)
(f) $NaNH_2$/액체 NH_3, 그다음 CH_3I
(g) $NaNH_2$/액체 NH_3, 그다음 $(CH_3)_3CBr$

8.29 2-펜타인과 아래 시약과의 반응에서 예상되는 생성물의 구조를 쓰시오.

(a) 1몰 당량의 HBr
(b) 2몰 당량의 HBr
(c) 1몰 당량의 Br_2
(d) 2몰 당량의 Br_2
(e) H_2, Ni_2B(P-2)
(f) 1몰 당량의 HCl
(g) Li/액체 NH_3
(h) H_2(과량)/Pt
(i) 2몰 당량의 H_2, Pt
(j) 뜨거운 $KMnO_4$, OH^-, 그다음 H_3O^+
(k) O_3, 그다음 HOAc
(l) $NaNH_2$/액체 NH_3

8.30 아래 반응의 주 생성물을 쓰시오. 적용되는 곳에서는 입체 이성질체들을 보이시오.

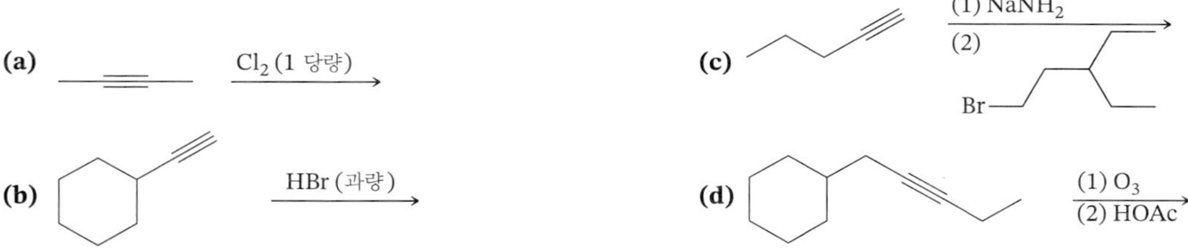

8.31 아래 각 화합물로부터 어떻게 1-헥사인을 합성할 수 있는지를 보이시오

(a) 1-Hexene
(b) 1-Chlorohexane
(c) 1-Chloro-1-hexene
(d) 1,1-Dichlorohexane
(e) Propyne and propyl bromide

8.32 2-메틸프로펜(아이소뷰틸렌)과 다른 필요한 시약들을 사용하여 아래 각각의 물질을 어떻게 합성하는지를 보이시오.

(a) $(CH_3)_3COH$
(b) $(CH_3)_3CBr$
(c) $(CH_3)_2C(OH)CH_2Cl$
(d) $(CH_3)_2CHCH_2OH$

메커니즘

8.33 어떤 필요한 알켄(또는 사이클로알켄)과 듀테리오아세트산(CH_3CO_2D)를 가지고 아래 각각을 합성하는 방법을 보이시오.

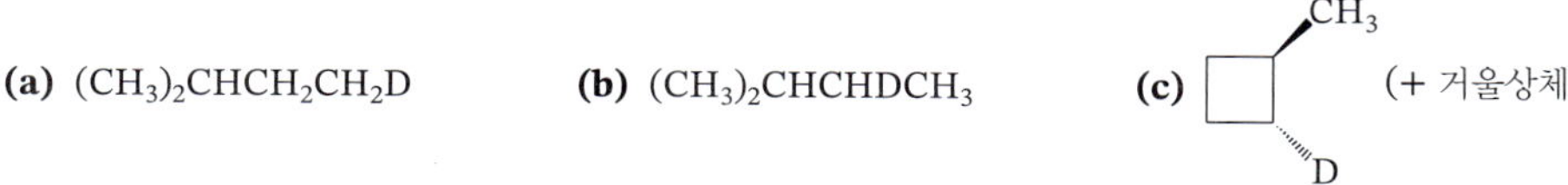

(a) $(CH_3)_2CHCH_2CH_2D$　**(b)** $(CH_3)_2CHCHDCH_3$　**(c)** CH_3, D (+ 거울상체)

(d) BD_3:THF와 CH_3CO_2T 가 있다면 다음을 어떻게 합성하겠는가?

D, CH_3, T, H　(+ 거울상체)

8.34 아래 반응에서 *sec*-뷰틸 에틸 에터의 형성을 설명하는 메커니즘을 쓰시오.

HCl / EtOH → Cl + OEt

8.35 아래의 알켄을 HI와 동일 조건(예: 같은 농도와 온도)하에서 반응시킬 때 상대적인 속도의 순서를 정하시오.

(a)　**(b)**　**(c)**

8.36 아래 반응을 설명하는 메커니즘을 쓰시오.

OH　HI →　I

8.37 알켄에 HX가 첨가하는 반응은 탄소 양이온 중간체를 거쳐서 진행된다. 아래의 알켄에 HI 첨가 반응 생성물로 예상하고, 생성물이 중간체 탄소 양이온의 전위(자리 옮김)에 의해서 형성된 것인지 표시하시오.

(a) 3,3-dimethyl-1-butene　**(b)** 5-methyl-1-pentene　**(c)** 1-methyl-1-cyclohexene　**(d)** 2-methyl-2-pentene

8.38 아래의 각각에서 예상되는 모든 생성물의 입체 화학적 구조를 쓰시오(모형이 도움을 줄 것이다).

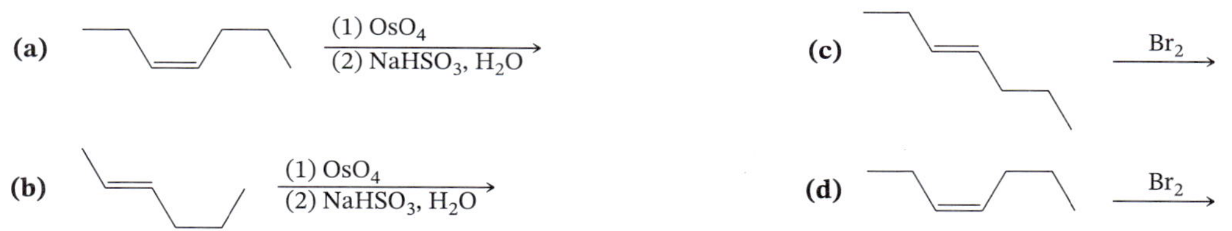

(a) (1) OsO_4 (2) $NaHSO_3$, H_2O →　**(c)** Br_2 →

(b) (1) OsO_4 (2) $NaHSO_3$, H_2O →　**(d)** Br_2 →

8.39 물음 8.38의 답에서 각각의 다른 화합물에 대한 (*R*,*S*) 표시를 하시오.

8.40 프로파인을 2,2,3,3-테트라브로모-7-메틸옥테인으로 전환하는 각 단계의 메커니즘을 지시하시오.

H_3C—≡　(1) Na°, NH_3 (liq.) (2) 1-bromo-4-methylpentane (3) Br_2 (2당량), CCl_4 →　Br Br Br Br

8.41 테트라클로로에텐의 이중 결합은 불포화도에 대한 브로민 시험에 의해서 검출되지 않는다. 이러한 행동에 대해서 타당한 설명을 제시하시오.

8.42 아래의 반응에서 생성물의 형성과 생성물의 분포를 주 생성물과 부 생성물로 설명하는 메커니즘을 제시하시오.

2　H_2SO_4 (촉매) →　+

주 생성물　부 생성물

8.43 아래의 반응을 설명하는 메커니즘을 쓰시오. 알켄의 수소화붕소 첨가 반응은 왜 anti-Markovnikov 배향으로 syn 첨가 반응을 거쳐 진행되는지 설명하시오.

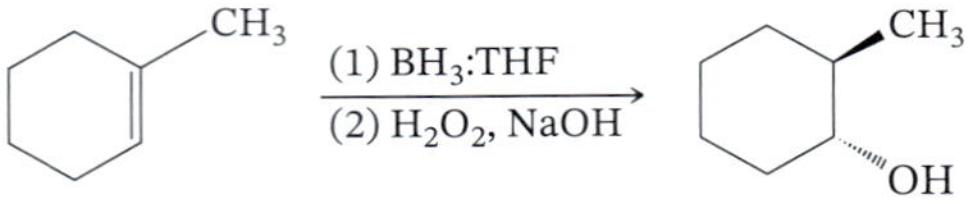

CH_3 (1) BH_3:THF (2) H_2O_2, NaOH CH_3 OH

8.44 아래의 반응에 대한 메커니즘을 쓰시오.

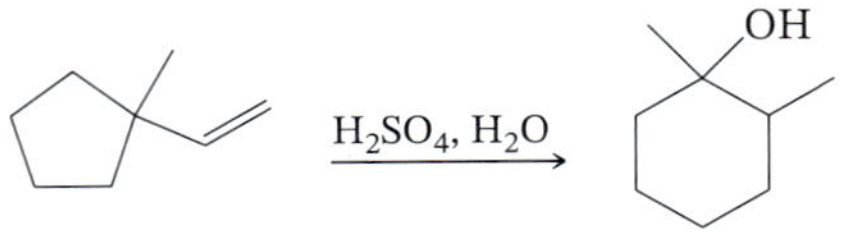

H_2SO_4, H_2O OH

8.45 에텐 기체를 브로민과 염화 소듐을 포함하고 있는 수용액에 통과시키면 아래와 같은 것들이 반응 생성물이다. 각각의 생성물들이 형성되는 메커니즘을 쓰시오.

Br Br Br OH Br Cl

구조 찾기

8.46 마이르센(myrcene)은 야생 정향나무의 밀랍 속에 들어 있는 향료로서 분자식이 $C_{10}H_{16}$이며 삼중 결합은 들어 있지 않다.
(a) 마이르센의 수소 결핍 지수는 얼마인가? 마이르센은 백금 촉매하에서 과량의 수소와 반응하여 분자식이 $C_{10}H_{22}$인 화합물 **A**로 바뀐다.
(b) 마이르센에는 고리가 몇 개가 있는가?
(c) 이중 결합은 몇 개가 있는가? 화합물 **A**는 2,6-다이메틸옥테인임이 밝혀졌다. 마이르센을 가오존 분해 반응을 한 후 아연과 물로 처리하면 2몰의 폼알데하이드(HCHO)와 1몰의 아세톤(CH_3COCH_3), 그리고 분자식이 $C_5H_6O_3$인 제3의 화합물 **B**가 만들어진다.
(d) 화합물 **B**의 구조는 무엇인가?
(e) 마이르센의 구조는 무엇인가?

8.47 파르네센(farnesene)은 사과의 왁스 코팅 피막에서 발견되며, 제라니알(geranial)은 레몬풀 기름과 유사한 구조를 가지는 분자이다. **(a)** 파르네센을 백금 촉매하에 과량의 수소와 반응시켰을 때 생성물의 구조와 IUPAC 이름을 쓰시오. **(b) (a)**에서 얻어진 생성물에는 얼마나 많은 입체 이성질체가 가능한가? **(c)** 제라니알을 오존과 반응시킨 후 황화 이메틸(Me_2S)로 처리하였을 때의 생성물들의 구조를 쓰시오.

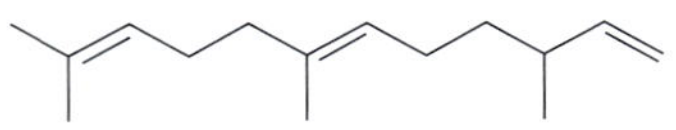

O

Farnesene 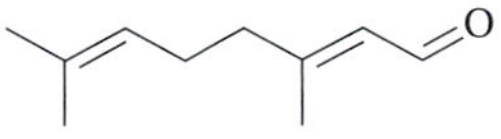 **Geranial**

8.48 화합물 **A**는 분자식이 $C_{10}H_{16}$이며 환원적 가오존 분해 반응을 통해 다음과 같은 생성물을 만든다. **A**의 구조를 제시하시오.

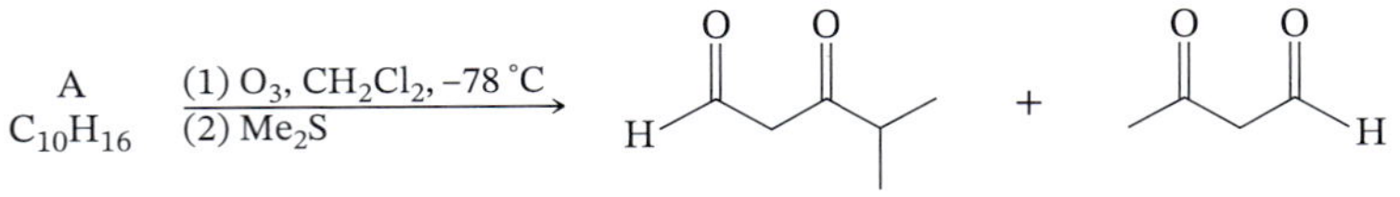

A $C_{10}H_{16}$ (1) O_3, CH_2Cl_2, −78 °C (2) Me_2S O O H + O O H

8.49 페로몬(4.7절)은 동물(특히 곤충)이 분비하는 물질로서 같은 종의 다른 무리에게 특정한 반응 행동을 유발시킨다. 페로몬은 매우 낮은 농도에서도 효과적인데, 성유인 물질, 경고용 물질, 그리고 '군집용' 물질이 있다. 사과좀나방의 성유인 페로몬은 분자식이 $C_{13}H_{24}O$이다. 아래의 반응 도표를 사용하여 사과좀나방의 성유인 페로몬의 구조를 유추하시오. 이중 결합은 다른 증거에 의해서 (2*Z*,6*E*)임이 알려져 있다.

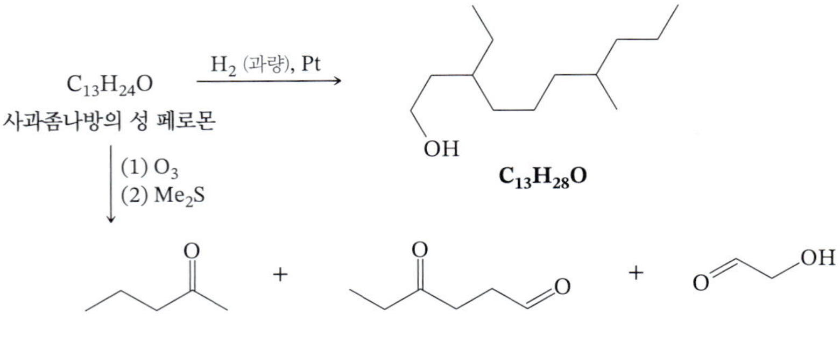

$C_{13}H_{24}O$ 사과좀나방의 성 페로몬 H_2 (과량), Pt OH $C_{13}H_{28}O$

(1) O_3 (2) Me_2S

O + O O + O OH

일반적인 물음

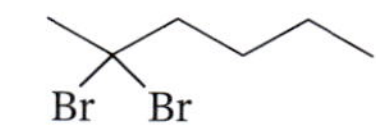

8.50 에타인과 1-브로모뷰테인만으로부터 시작해서(용매는 제외) 필요한 무기 시약을 사용하여 옆에 보인 화합물의 합성 방법을 제시하시오.

8.51 흔한 집파리(*Musch domestica*)의 성유인 물질은 머스칼루어(muscalure)라고 불리는 화합물이다. 머스칼루어는 (Z)-$CH_3(CH_2)_{12}CH{=}CH(CH_2)_7CH_3$이다. 에타인으로부터 시작해서 다른 필요한 시약을 써서 머스칼루어의 합성을 요약하시오.

8.52 아래 각 쌍의 화합물을 구별하는 데 쓰이는 IR 스펙트럼의 특징을 예상하시오. 이 교재의 뒷부분과 표 2.1이 유용하다.

(a) 헥세인과 1-헥사인
(b) 헥세인과 1-헥센
(c) 1-헥센과 1-헥사인
(d) 헥세인과 1-브로모헥세인
(e) 2-헥사인과 1-헥사인
(f) 1-헥센과 1-헥산올
(g) 헥세인과 1-헥산올
(h) 1-브로모-2-헥센과 1-브로모헥세인
(i) 1-헥산올과 2-헥센-1-올

8.53 세 가지 모두 분자식이 C_6H_{10}인 화합물 **A**, **B**, **C**의 구조를 유추하시오. 아래의 정보를 읽으면서 물음 8.23과 8.49와 같은 반응 전개 도표를 그리시오. 이러한 접근 방법은 물음을 푸는 데 도움이 된다. 세 화합물 모두 브로민의 색깔을 신속히 없애 주고, 차가운 진한 황산에 녹는다. 화합물 **A**는 IR 스펙트럼에서 3300 cm^{-1}의 흡수를 보이지만, 화합물 **B**와 **C**는 흡수가 없다. 화합물 **A**와 **B**는 모두 백금 촉매하에서 과량의 수소와 반응하여 헥세인이 된다. 이 조건에서 화합물 **C**는 단지 1몰의 수소만을 흡수하여 분자식이 C_6H_{12}인 화합물이 된다. **A**를 뜨거운 염기성 $KMnO_4$로 산화성 분해를 하면 산성화 후에 (O, OH)만 된다. **B**를 비슷하게 산화하면 (O, OH)만 되고, **C**도 비슷한 반응으로 HO (O, O) OH만 된다.

8.54 스핑고신(sphingosine)은 스핑고리피드(spingolipid)의 핵심 부분을 형성하는 화합물이며 구조는 $CH_3(CH_2)_{12}CH{=}CHCH(OH)CH(NH_2)CH_2OH$이다.
(a) 이 구조에는 몇 개의 입체 이성질체가 가능한가? **(b)** 이 구조들을 쓰시오.

8.55 일반식이 $HO_2CCH{=}CHCO_2H$인 두 가지 다이카복실산이 있다. 하나는 말레산이고 다른 하나는 퓨마르산이다. OsO_4로 처리한 다음 $NaHSO_3/H_2O$로 처리했을 때 말레산은 *meso*-타타르산이 되고 퓨마르산은 (±)-타타르산이 된다. 이러한 지식으로부터 말레산과 퓨마르산의 입체 화학 구조식을 어떻게 쓸 수 있는지를 보이시오.

8.56 앞의 물음에 대한 답으로부터 브로민을 말레산과 퓨마르산에 첨가할 때 입체 화학의 결과를 예측해 보시오. **(a)** 어느 다이카복실산에 브로민이 첨가되어 메소 화합물이 되는가? **(b)** 어느 것이 라셈 혼합물을 만드는가?

8.57 아래의 전개 도표를 사용하여 화합물 **A**–**D**의 입체 화학적인 구조식을 추리해 보시오.

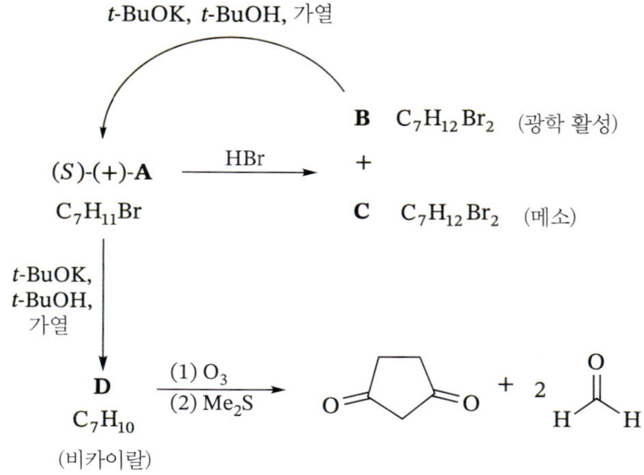

8.58 광학적으로 활성인 화합물 **D**는 분자식이 C_6H_{10}이다. 이 화합물의 IR 스펙트럼은 3300 cm^{-1}에서 피크를 보인다. **D**를 촉매 수소화 반응을 시키면 **E**(C_6H_{14})가 만들어진다. **E**는 광학적 활성이 없고 분리될 수 없다. **D**와 **E**의 구조를 제시하시오.

물질 합성

8.59 아래 각각의 질문에서 출발 물질을 생성물로 전환하는 데 타당한 경로를 제시하시오. 각각의 경우 한 단계 이상이 필요하며, 앞의 장들에서 배운 반응이 필요할 수도 있다.

(a)  O → O (±)

(b) 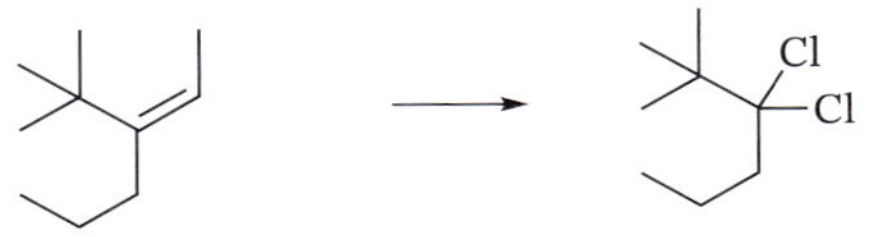 → Cl Cl

(c)  →

(d) 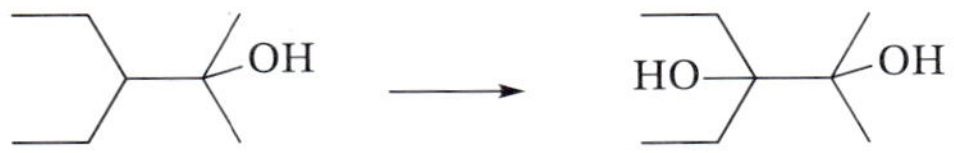 OH → HO OH

8.60 아래 각각에 대하여 주어진 출발 물질로부터 제시된 조건을 통하여 형성되는 생성물(**A**, **B**, **C**로 나타냄)의 구조를 그리시오.

(a) 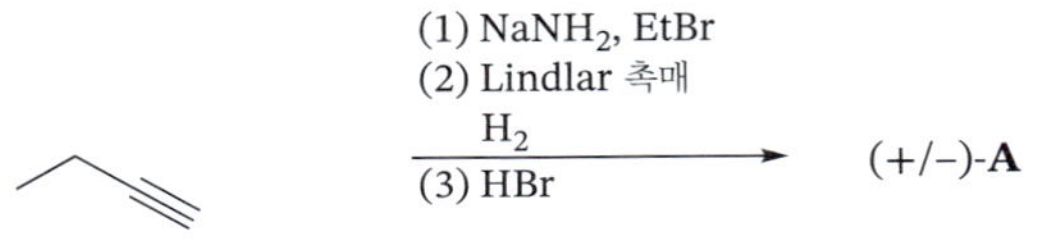 (1) $NaNH_2$, EtBr (2) Lindlar 촉매 H_2 (3) HBr → (+/−)-**A**

(b) 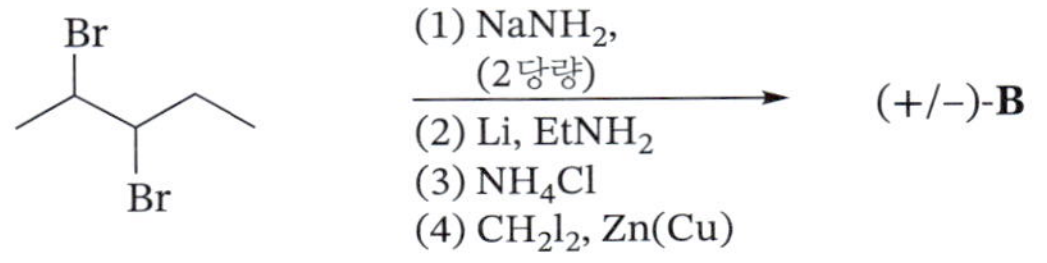 Br Br (1) $NaNH_2$, (2당량) (2) Li, $EtNH_2$ (3) NH_4Cl (4) CH_2I_2, Zn(Cu) → (+/−)-**B**

(c) Br (1) *t*-BuOK (2) BH_3:THF (3) H_2O_2, NaOH → **C**

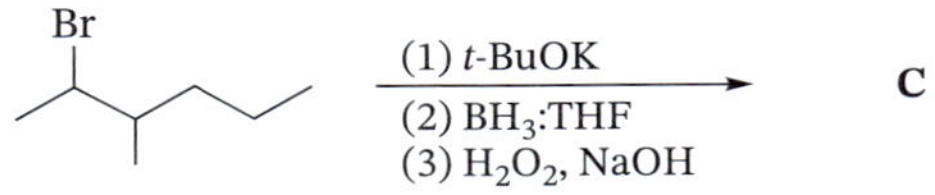

8.61 거꾸로 작업을 해서 지정된 반응을 통하여 제시된 생성물에 이르는 출발 물질을 제시하시오.

(a) 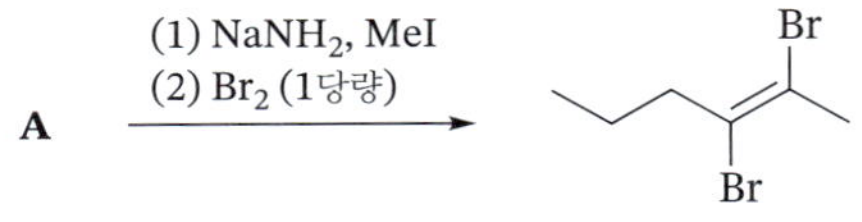 **A** (1) $NaNH_2$, MeI (2) Br_2 (1당량) → Br Br

(b) 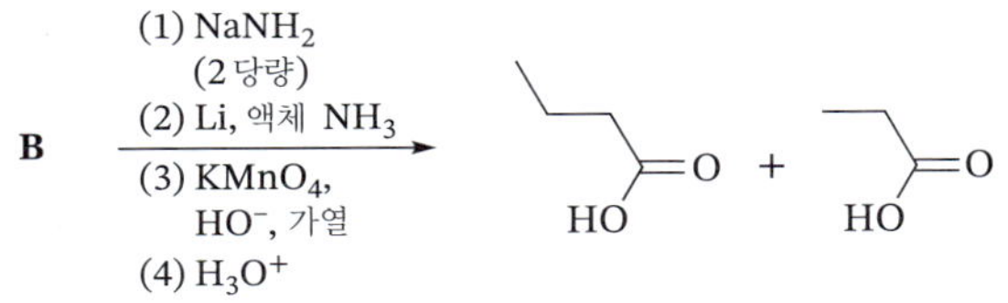 **B** (1) $NaNH_2$ (2당량) (2) Li, 액체 NH_3 (3) $KMnO_4$, HO^-, 가열 (4) H_3O^+ → HO O + HO O

화학 상담자가 필요한 물음

8.62 천연 할로몬(halomon)은 이론적으로는 또 다른 천연물인 마이르센(myrcene)으로부터 나온다. 이것을 완성하기 위해서 BrCl의 합성 대등체를 세 개의 이중 결합 모두에게 제공할 생화학적 과정이 필요하다. **(a)** 3몰 당량의 BrCl을 사용해서 괄호 속의 구조의 형

성을 실망하는 메커니즘을 제시하시오(이 메커니즘에서 입체 화학을 나타낼 필요는 없다). **(b)** HBr이 최종 단계에서 제거되었을 때 이 과정은 E1 또는 E2 메커니즘이 관여하였나? (참조: *Chem. Comm.* **2014**, *50*, 13725.)

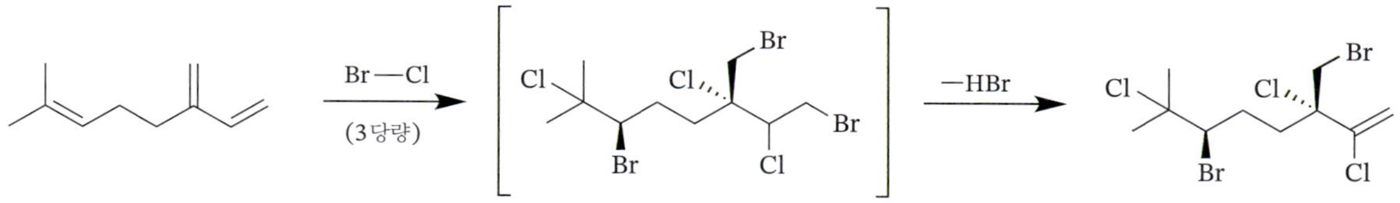

Br—Cl (3당량) −HBr

myrcene **halomon**

8.63 한 큰 회사의 연구자가 아래의 세 가지 변형을 각각 성공하였다. 이러한 전환을 완수할 수 있는 조건(들)을 추천할 수 있는가? 그 외에도 **(a)**나 **(b)**에서 출발 물질의 한 거울상체를 사용할 때 단 한 가지 거울상체 생성물이 얻어진다. 달리 말해서 수행한 반응(들)은 왜 면 선택성을 가졌는가? (참조: *J. Am. Chem. Soc.* **2019**, *141*, 7715; *J. Am. Chem. Soc.* **1996**, *118*, 9509; *J. Am. Chem. Soc.* **1999**, *121*, 6131.)

(a)

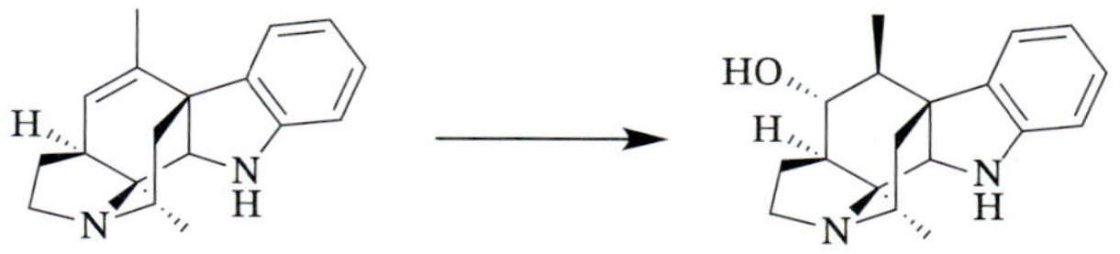

(b)

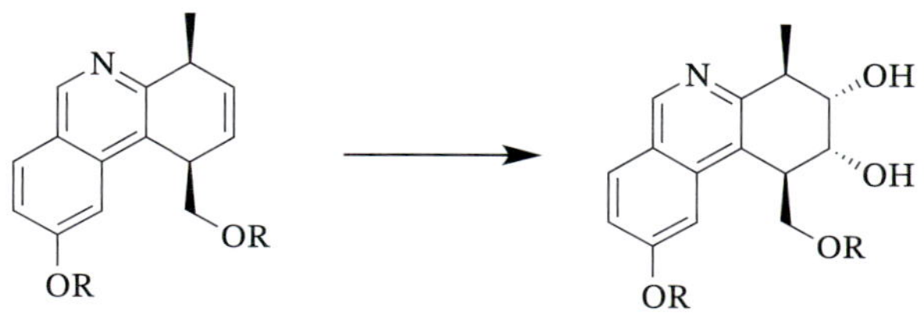

(c)

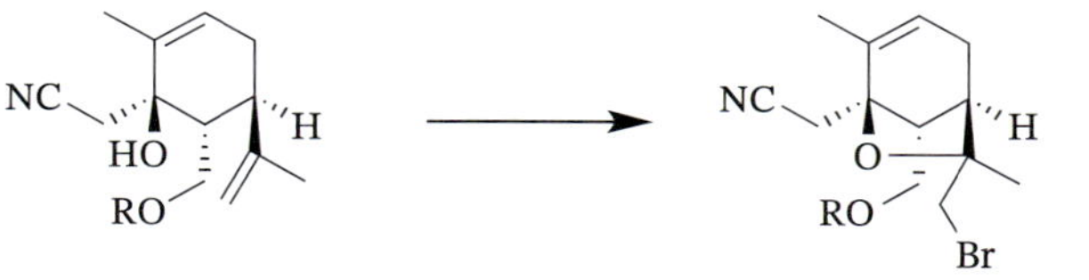

도전 물음

8.64 아래의 변형을 설명하는 메커니즘을 제시하시오.

H_2SO_4

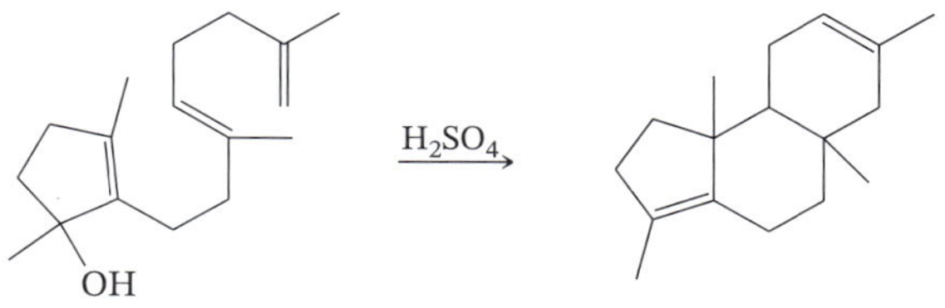

8.65 트라이에틸아민[$(C_2H_5)_3N$]은 다른 아민처럼 비공유 전자쌍을 가진 질소 원자를 가진다. 다이클로로카벤도 비공유 전자쌍을 가지고 있다. 두 가지 모두 아래와 같이 나타낼 수 있다. 화합물 **D**, **E**, **F**의 구조를 그리시오.

$(C_2H_5)_3N\!: + :CCl_2 \longrightarrow$ **D** (불안정한 첨가 반응물)

D $\longrightarrow$ **E** + C_2H_4 (분자내 E2 반응)

E $\xrightarrow{H_2O}$ **F** (물은 *gem*-다이염화물을 만드는 데 쓰인 반응의 역반응을 일으킨다.)

학습 집단을 위한 물음

1. (a) 에타인, 1-클로로-2-사이클로헥실에테인, 브로모메테인, 그리고 다른 필요한 시약을 사용하여 (3*S*,4*R*)-3,4-다이브로모-1-사이클로헥실펜테인(그리고 거울상체, 즉 라셈 혼합물이 형성될 것임)을 합성하시오. (에타인, 1-클로로-2-사이클로헥실에테인, 그리고 브로모메테인을 탄소 원자의 유일한 근원으로 사용하시오.) 역합성 분석을 보임으로써 문제를 시작하시오. 이 과정에서 목표 분자의 어느 원자가 출발 시약의 어느 원자로부터 왔는지 결정하시오. 또한 반응의 입체 특이성을 최종 생성물에 필요한 입체 화학 형태를 얻는 데 어떻게 사용할 수 있을지 염두에 두시오.

(b) 이 합성에서 왜 라셈 혼합물이 얻어지는지를 설명하시오.

(c) (3*R*,4*R*)과 (3*S*,4*S*) 이성질체의 라셈 혼합물을 대신 생성시키기 위해서 합성 과정을 어떻게 수정할 수 있겠는가?

2. 아래의 변형에 대하여 타당하고도 상세한 메커니즘을 쓰시오.

진한 H_2SO_4, 가열 → + H_2O

OH

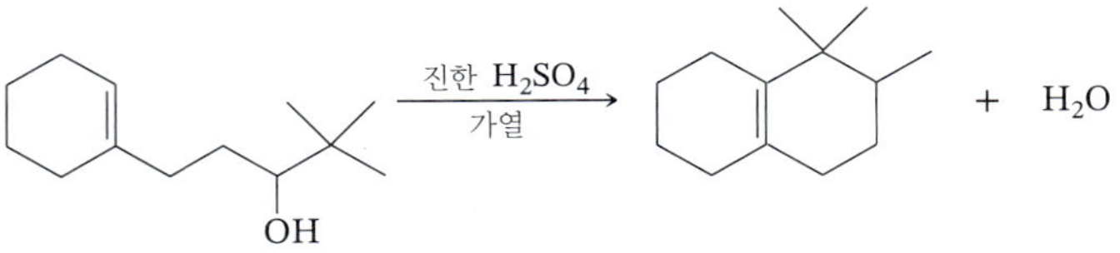

3. 화합물 **A**~**D**의 구조를 유도하시오. 적절한 곳에는 입체 화학을 나타내는 구조를 쓰시오.

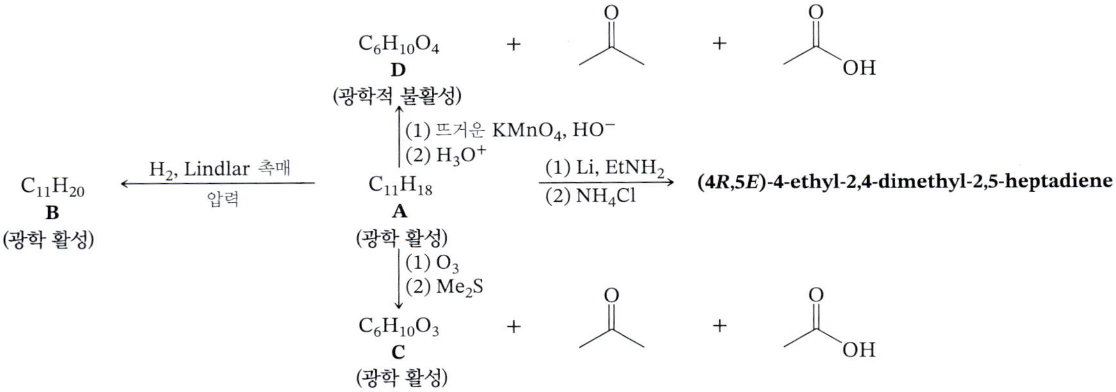

$C_6H_{10}O_4$ **D** (광학적 불활성) + O + O OH

(1) 뜨거운 $KMnO_4$, HO^-
(2) H_3O^+

$C_{11}H_{20}$ **B** (광학 활성) ← H_2, Lindlar 촉매, 압력 — $C_{11}H_{18}$ **A** (광학 활성) → (1) Li, $EtNH_2$ (2) NH_4Cl → **(4*R*,5*E*)-4-ethyl-2,4-dimethyl-2,5-heptadiene**

(1) O_3
(2) Me_2S

$C_6H_{10}O_3$ **C** (광학 활성) + O + O OH

4. 괌(Guam) 버블달팽이(*Haminoea cymbalum*)는 kumepaloxane(아래를 보시오)을 지니고 있다. 이 화학적 신호 물질은 이 연체동물이 육식성 물고기 포식자에 의해서 교란될 때 방출된다. Kumepaloxane과 같은 브로모에터의 생합성은 효소에 의한 중간체 'Br$^+$' 시약을 통하여 진행된다고 여겨진다. Kumepaloxane의 가능한 생합성 전구체를 그리고, Br$^+$와 일반적인 양성자 받개 Y$^-$를 써서 그것이 kumepaloxane으로 전환되는 타당하고도 상세한 메커니즘을 쓰시오.

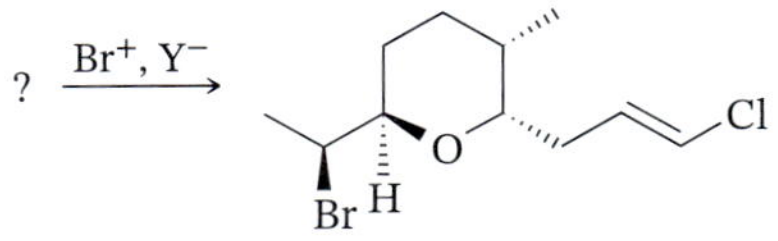

? → Br$^+$, Y$^-$ → O Cl Br H

Kumepaloxane

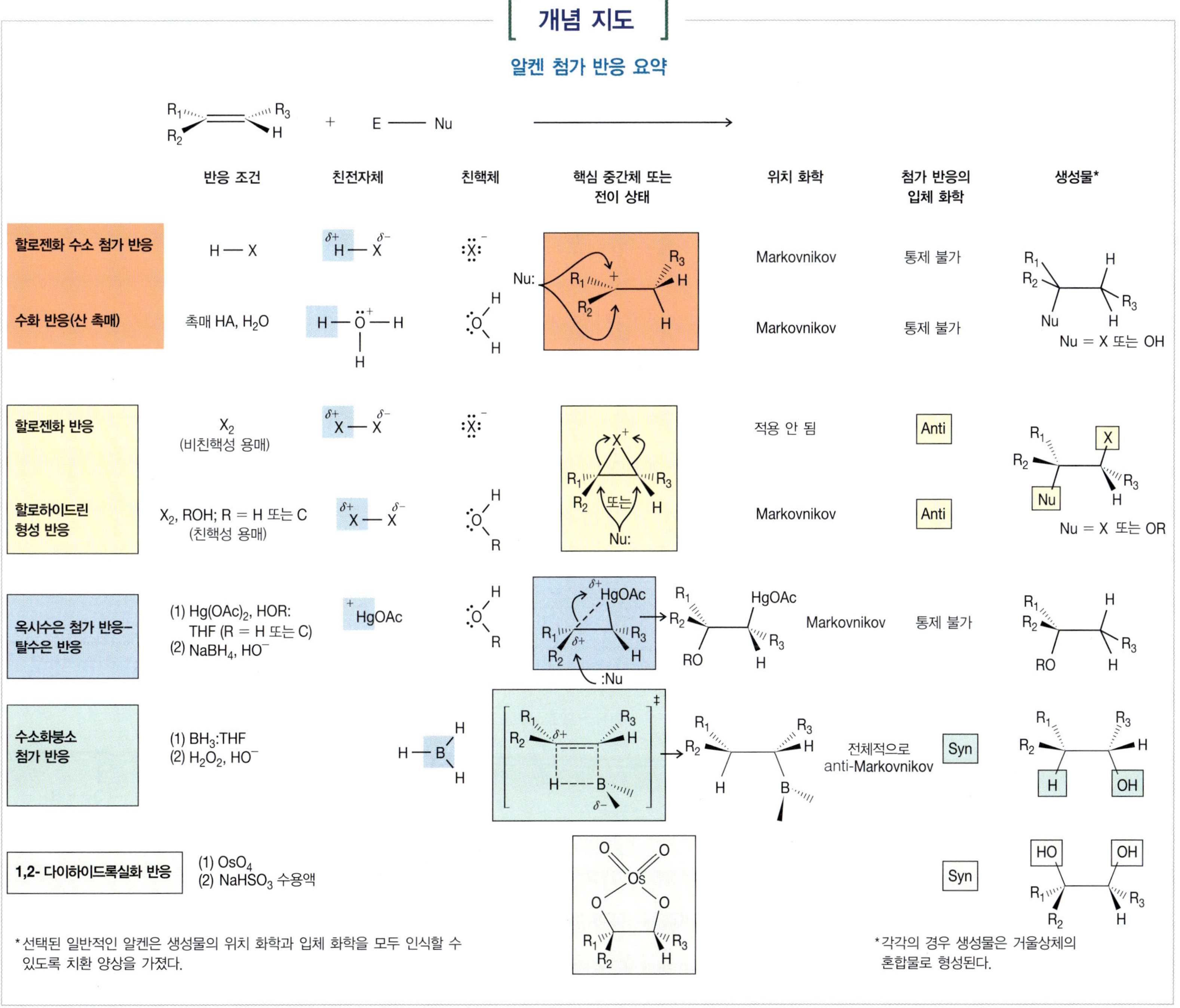
개념 지도
알켄 첨가 반응 요약
E — Nu
반응 조건
친전자체
친핵체
핵심 중간체 또는 전이 상태
위치 화학
첨가 반응의 입체 화학
생성물*
할로젠화 수소 첨가 반응
H — X
Markovnikov
통제 불가
수화 반응(산 촉매)
촉매 HA, H2O
Markovnikov
통제 불가
Nu = X 또는 OH
할로젠화 반응
X2
(비친핵성 용매)
적용 안 됨
Anti
할로하이드린 형성 반응
X2, ROH; R = H 또는 C
(친핵성 용매)
또는
Markovnikov
Anti
Nu = X 또는 OR
옥시수은 첨가 반응–탈수은 반응
(1) Hg(OAc)2, HOR: THF (R = H 또는 C)
(2) NaBH4, HO−
HgOAc
Markovnikov
통제 불가
수소화붕소 첨가 반응
(1) BH3:THF
(2) H2O2, HO−
전체적으로 anti-Markovnikov
Syn
1,2- 다이하이드록실화 반응
(1) OsO4
(2) NaHSO3 수용액
Syn
*선택된 일반적인 알켄은 생성물의 위치 화학과 입체 화학을 모두 인식할 수 있도록 치환 양상을 가졌다.
*각각의 경우 생성물은 거울상체의 혼합물로 형성된다.

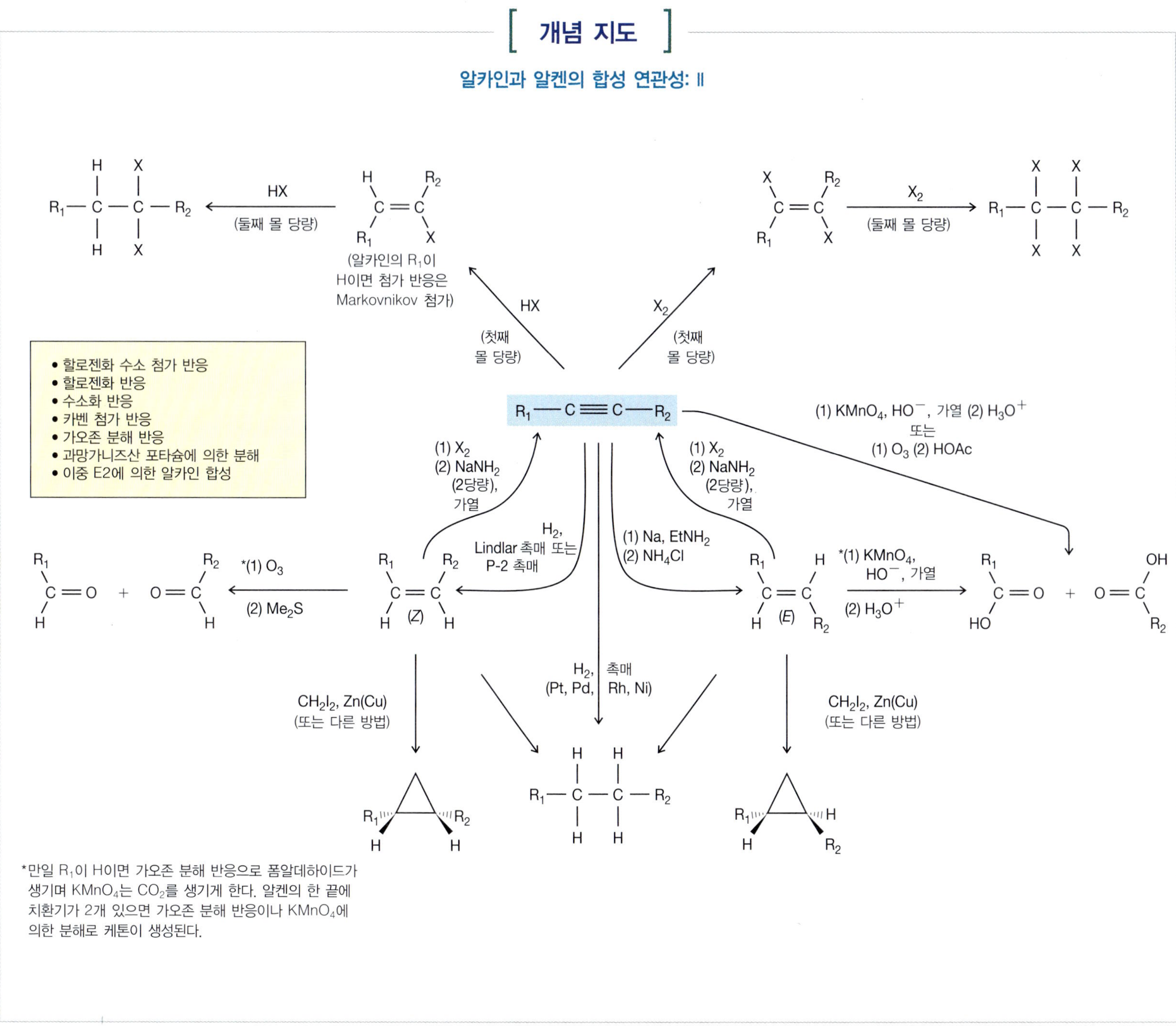
[개념 지도]
알카인과 알켄의 합성 연관성: II
HX
(둘째 몰 당량)
(알카인의 R_1이 H이면 첨가 반응은 Markovnikov 첨가)
X_2
(둘째 몰 당량)
HX
(첫째 몰 당량)
X_2
(첫째 몰 당량)
• 할로젠화 수소 첨가 반응
• 할로젠화 반응
• 수소화 반응
• 카벤 첨가 반응
• 가오존 분해 반응
• 과망가니즈산 포타슘에 의한 분해
• 이중 E2에 의한 알카인 합성
$R_1-C \equiv C-R_2$
(1) $KMnO_4$, HO^-, 가열 (2) H_3O^+ 또는 (1) O_3 (2) HOAc
(1) X_2 (2) $NaNH_2$ (2당량), 가열
H_2, Lindlar 촉매 또는 P-2 촉매
(1) Na, $EtNH_2$ (2) NH_4Cl
(1) X_2 (2) $NaNH_2$ (2당량), 가열
*(1) O_3 (2) Me_2S
(Z)
(E)
*(1) $KMnO_4$, HO^-, 가열 (2) H_3O^+
CH_2I_2, Zn(Cu) (또는 다른 방법)
H_2, 촉매 (Pt, Pd, Rh, Ni)
CH_2I_2, Zn(Cu) (또는 다른 방법)
*만일 R_1이 H이면 가오존 분해 반응으로 폼알데하이드가 생기며 $KMnO_4$는 CO_2를 생기게 한다. 알켄의 한 끝에 치환기가 2개 있으면 가오존 분해 반응이나 $KMnO_4$에 의한 분해로 케톤이 생성된다.

핵자기 공명 분광법과 질량 분석법

구조 결정의 도구

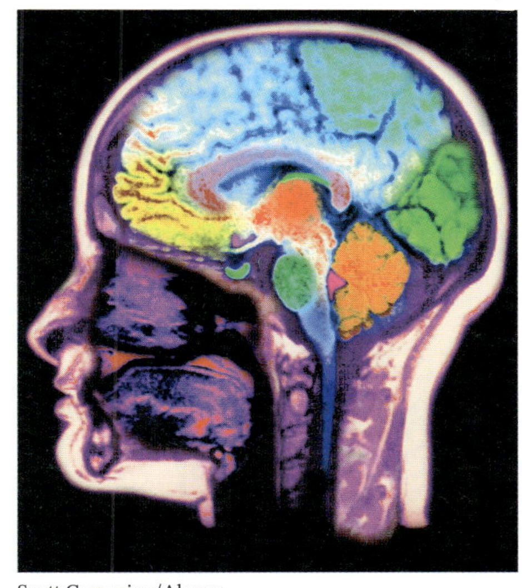
Scott Camazine/Alamy

의료 진단을 위해서 자기 공명 영상(magnetic resonance imaging, MRI)이 필요했다는 사람을 아는가? 아니면 당신 자신이 MRI를 찍은 적이 있는가? 공항 검색대에서 짐을 패드로 쓸어내린 다음 그것을 어떤 분석 기기에 놓는 것을 본 적이 있는가? 과학자들이 자연에서 발견한 화합물의 구조를 어떻게 결정하는지 궁금해 본 적이 있는가? 아니면 실험실에서 학생이 나무껍질, 잎, 또는 열매를 추출하여 천연 화합물을 분리하고 확인하는 것을 안 적이 있는가? 아니면 범죄 사건에서 법적 증거들이 어떻게 분석되는지, 또는 식품 시료에 들어있는 살충제가 어떻게 확인되는지 생각해 본 적이 있는가?

이러한 것들에 대해서 궁금했다면, MRI 영상화와 똑같은 분광학적인 원리가 관여하는 핵자기 공명(nuclear magnetic resonance, NMR) 분광법이나 질량 분석법(mass spectrometry, MS)과 같은 분광학적인 방법을 배움으로써 만족하게 될 것이다. NMR은 MRI와 같은 물리적 원리를 가졌으며, MS는 공항 검색 과정이나 많은 법적 활용에 사용되는 것과 같은 원리이다. NMR과 MS는 생물학적과 비생물학적인 분자 구조의 연구에 일꾼과도 같은 기술이다.

이 장에서 배울 내용:

- 핵자기 공명(nuclear magnetic resonance, NMR): 분광학의 한 가지 형태로 작용기의 확인과 분자 내 원자들 사이의 연결 모습을 결정하기 위한 가장 강력한 도구
- 질량 분석법(mass spectrometry, MS): 크고 작은 분자의 정확한 분자식을 결정하는 방법

이 주제는 왜 중요한가?

이 장의 끝에서 유기 분자의 구조 결정에 이 기술이 얼마나 결정적인지를 보게 될 것이다. 분광학이 없었던 시절에 구조 결정은 실제로 수년 또는 수십 년이 걸렸고, 나중에 Nobel상을 수상한 이들에게조차도 때로는 도전이자 장애물이기도 하였다.

9.1 서론

- **분광학(spectroscopy)**은 에너지와 물질 간의 상호 작용을 연구하는 것이다.

에너지가 물질에 가해지면 에너지는 흡수되거나 방출되거나 화학 변화를 일으키거나 또는 투과되기도 한다. 이 장에서는 에너지와 물질 간의 상호작용의 결과를 해석함으로써 분자 구조에 대한 정보를 얻는 방법을 상세히 배우고자 한다. 핵자기 공명(NMR) 분광법에서는 강한 자기장 안에 놓인 분자가 흡수하는 에너지에 초점을 두게 된다. 질량 분석법(MS)에서는 높은 에너지를 지닌 전자살이 분자에 충돌함으로써 분자 구조를 알아내는 것이다. 이 두 가지 기술(NMR과 MS)은 유기 분자의 구조를 유추하는 데 강력한 방법이다. 적외선(IR) 분광법(2.15절)과 더불어 이 방법들은 유기 화학자들이 사용하는 전형적인 분광학적인 도구이다. 나중에 가서 기체 크로마토그래피(GC)가 질량 분석기와 연결되어 있는 GC−MS 기기를 통하여 혼합물에 있는 각 성분의 질량 분석 자료를 얻는 방법도 간단히 논의하기로 한다.

핵자기 공명 분광법의 논의부터 시작한다.

9.2 핵자기 공명(NMR) 분광법

노벨상

1952년 Nobel 물리학상은 핵자기 공명과 관련된 발견의 공로로 Bloch(Stanford)와 Purcell (Harvard)에게 수여되었다.

^{1}H 핵(양성자)과 ^{13}C(탄소-13) 핵을 포함하여 어떤 원소의 핵들은 어떤 축에 대하여 스핀 운동을 하는 자석처럼 행동한다. ^{1}H와 ^{13}C를 포함한 화합물을 매우 강한 자기장 안에 놓고 동시에 전자기 에너지로 쬐어 주면 화합물의 핵들은 자기 공명이라고 알려진 과정에 의하여 에너지를 흡수하게 된다. 자기장 내에 있는 시료가 특징적인 에너지를 흡수하는 진동수와 세기를 나타내는 그래프를 **핵자기 공명(nuclear magnetic resonance, NMR) 스펙트럼**이라고 부른다. 전형적인 예로서, 브로모에테인의 양성자(^{1}H) NMR 스펙트럼이 그림 9.1에 나와 있다.

대부분의 NMR 분광기는 매우 높은 자기장 세기를 지닌 초전도성 자석을 사용한다. 초전도성 자석은 절대 영도로부터 4.3도 높은 액체 헬륨 통에서 작동하며, 지구 자기장의 세기보다 100,000배 이상의 자기장 세기를 지녔다. 분광기의 자석이 강할수록 기기는 더 예민하다. 옆의 사진은 **Fourier 변환 NMR 분광기[Fourier transform NMR(FT-NMR)]**이다.

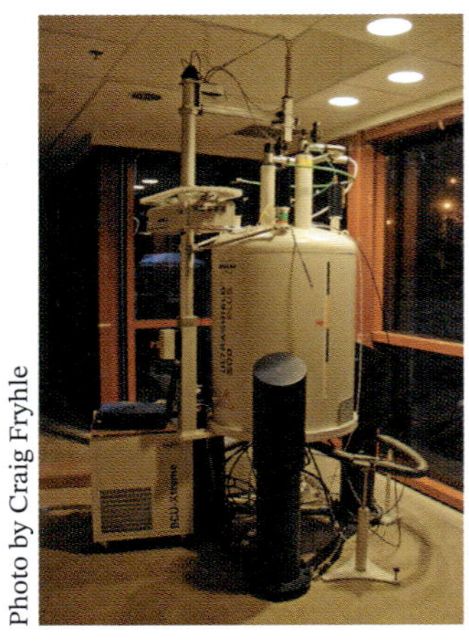

Photo by Craig Fryhle

500 Mhz FT-NMR 분광기의 초전도성 자석

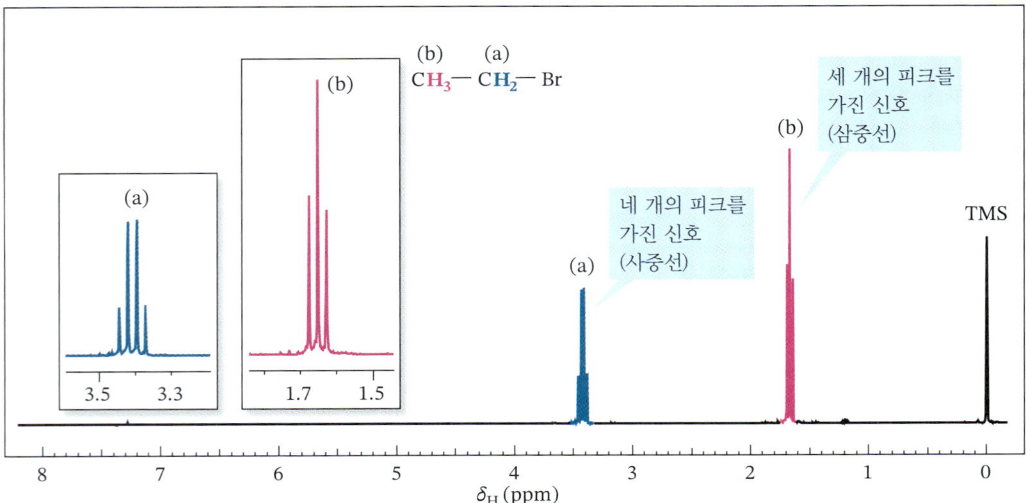

그림 9.1 브로모에테인(브로민화 에틸)의 ^{1}H NMR 스펙트럼. 신호는 확대하여 위에 보여 준다.

NMR 스펙트럼은 연구하고자 하는 분자의 구조에 대한 가치 있는 정보를 제공해 준다. 다음 절에서는 분자의 양성자 NMR 스펙트럼의 네 가지 특성이 어떻게 구조를 추리해 내도록 하는지를 배운다.

1. **스펙트럼에 있는 신호의 수는 분자에 몇 개의 다른 양성자 조합이 있는가를 말해 준다.** 브로모에테인의 스펙트럼(그림 9.1)에서 **두 가지 다른 양성자의 조합으로부터 생긴 두 개의 신호**가 있다. 한 신호(4개의 피크로 이루어짐)는 청색으로 나타냈고 (a)라고 표시되어 있다. 다른 신호(3개의 피크로 이루어짐)는 적색으로 나타냈고 (b)라고 표시되어 있다. 이 신호들은 스펙트럼에서 두 번 보이는데, 바탕 선 스펙트럼에서 작은 크기로 보이고 확대되어 기본 스펙트럼의 왼쪽 위에 옮겨져서 보이고 있다. [스펙트럼의 맨 오른쪽에 있는 신호(TMS라고 표시)에 대해서는 지금 염려하지 마시오. 이것은 브로모에테인에 첨가되어 다른 신호의 눈금을 보정하도록 하는 화합물(테트라메틸실레인)에 해당하는 것이다.]
2. **스펙트럼에서 *x* 축을 따른 신호의 위치**는 양성자 조합 각각의 **구조적 환경**에 대해서 말해 주는데, 대부분 그들이 처한 환경에서 전자 밀도로부터 오는 것이다. 이것에 대해서는 9.2A절에서 더 배울 것이다.
3. **신호 아래의 면적은 측정되는 조합에 있는 양성자의 수**를 말해 준다. 이것을 정하는 방법은 9.2B절에서 배울 것이다.
4. **각 신호의 다중도(또는 갈라짐 양상)는 신호가 측정되는 양성자에 인접한 원자에 있는 양성자의 수**를 말해 준다. 브로모에테인에서 신호 (a)는 조합 (b)의 세 개의 양성자에 의해서 **사중선(quartet)**으로 갈라지고, 신호 (b)는 조합 (a)의 두 개의 양성자에 의해서 **삼중선(triplet)**으로 갈라진다. 갈라짐 양상은 9.2C절에서 설명한다.

9.2A 화학적 이동

- NMR 스펙트럼에서 *x*축 상의 신호의 위치를 그것의 **화학적 이동(chemical shift)**이라고 부른다.

표 9.1 양성자의 대략적인 화학적 이동 값

양성자의 형태	화학적 이동(δ, ppm)	양성자의 형태	화학적 이동(δ, ppm)
1° 알킬, RCH_3	0.8~1.2	브로민화 알킬, RCH_2Br	3.4~3.6
2° 알킬, RCH_2R	1.2~1.5	염화 알킬, RCH_2Cl	3.6~3.8
3° 알킬, R_3CH	1.4~1.8	바이닐 자리, $R_2C{=}CH_2$	4.6~5.0
알릴 자리, $R_2C{=}C(R){-}CH_3$	1.6~1.9	바이닐 자리, $R_2C{=}C(R)H$	5.2~5.7
케톤, $RC(=O)CH_3$	2.1~2.6	방향족, ArH	6.0~8.5
벤질 자리, $ArCH_3$	2.2~2.5	알데하이드, $RC(=O)H$	9.5~10.5
아세틸렌, $RC{\equiv}CH$	2.5~3.1	알코올 하이드록실, ROH	0.5~6.0[a]
아이오딘화 알킬, RCH_2I	3.1~3.3	아미노, $R{-}NH_2$	1.0~5.0[a]
에터, $ROCH_2R$	3.3~3.9	페놀, ArOH	4.5~7.7[a]
알코올, $HOCH_2R$	3.3~4.0	카복실, $RC(=O)OH$	10~13[a]

[a]이들 양성자의 화학적 이동은 용매, 온도, 농도에 의해서 변화한다.

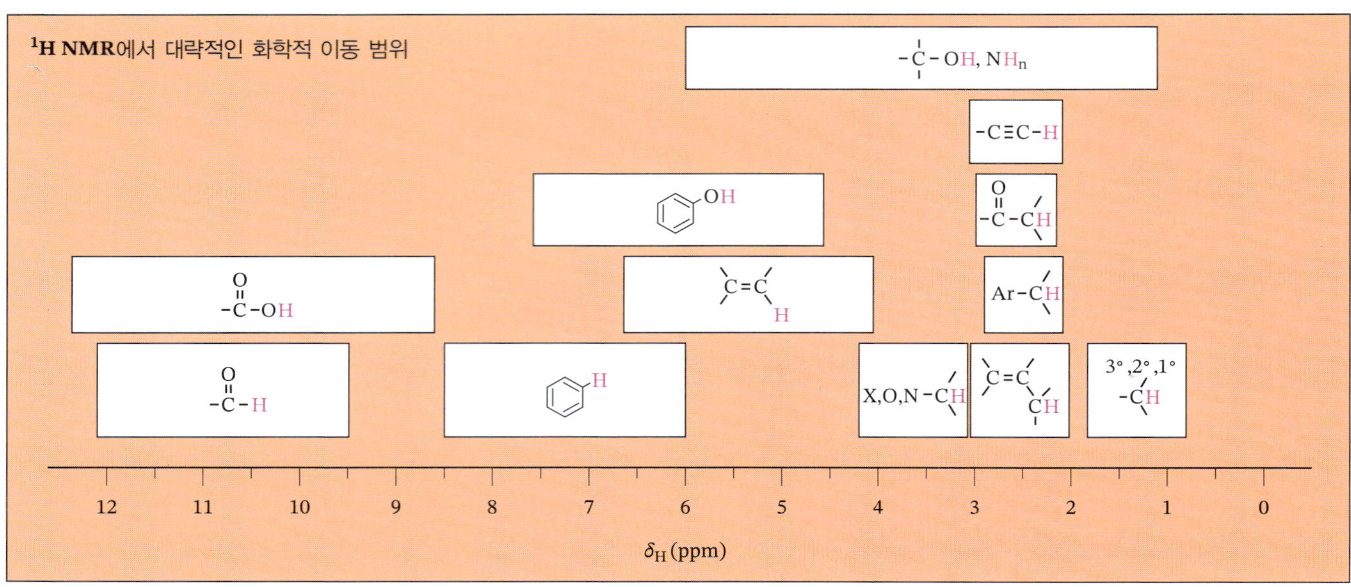

그림 9.2 양성자의 대략적인 화학적 이동

- 각 신호의 화학적 이동은 신호를 만들어 내는 핵의 구조적인 환경에 대한 정보를 제공해 준다.
- ^{1}H NMR 스펙트럼에서 신호의 수는 분자에 있는 독특한 양성자 환경의 수에 대한 일차적인 근사치이다.

NMR 신호의 화학적 이동과 신호를 만들어 낸 핵의 구조적인 환경을 연관 지은 표와 도표들이 개발되었다. 예를 들어, **표 9.1**과 **그림 9.2**는 이러한 목적으로 유용하다. ^{1}H NMR 화학적 이동은 일반적으로 13~0 ppm (δ) 범위에 있다.

NMR 스펙트럼에 있는 신호의 화학적 이동은 신호를 만들어 내는 핵의 국지적인 자기장 환경에 의존된다. 핵의 국지적인 자기장 환경은 전자 밀도와 곧 다르게 될 다른 요인에 의해서 영향을 받는다. 화학적 이동 값의 물리적인 의미는 핵에 의해서 생성된 NMR 신호의 실제 진동수와 관련이 있다. 화학적 이동 정보의 실질적인 중요성은 분자 구조에 대한 중요한 단서를 제공한다는 데 있다. 각 NMR 신호는 다른 자기장 환경에 있는 핵들의 존재를 나타낸다.

화학적 이동은 스펙트럼의 축을 따라 델타(δ) 눈금을 써서 ppm 단위로 측정된다.

- 신호의 ppm이나 델타(δ) 값이 클수록 신호의 진동수는 더 높다.
- 신호의 ppm이나 델타(δ) 값이 작을수록 신호의 진동수는 더 낮다.
- ppm이나 델타(δ) 값이 더 큰 신호는 더 작은 ppm 또는 델타(δ) 값을 가진 신호보다 낮은 장에 있다고 말한다. 그리고 비슷하게 ppm이나 델타(δ) 값이 더 작은 신호는 더 큰 ppm이나 델타(δ) 값을 가진 신호보다 높은 장에 있다고 말한다.

화학적 이동은 더 큰 또는 더 작은 ppm 값과 더 높은 또는 더 낮은 진동수로 불러질 것이다. 어떤 교수는 후자의 용어를 쓰기도 한다.

보기 물음 9.1

브로모에테인의 스펙트럼(그림 9.1)을 살펴보자. CH_2기에 대해서 청색으로 나타낸 신호의 화학적 이동은 무엇인가?

풀이

브로모에테인의 CH_2기에 대한 신호는 네 개의 피크가 대칭 형태로 나타난다. 사중선과 같은 여러 개의 피크로 된 신호에서 화학적 이동은 신호에 있는 피크들의 중간점으로 기록된다. 그림 9.1에서 이동된 확장을 자세히 보면 브로모에테인의 사중선의 화학적 이동은 3.4 ppm이다.

그림 9.3에 보인 1,4-다이메틸벤젠(*p*-자일렌)의 ^{1}H NMR 스펙트럼은 화학적 이동을 해석하는 방법을 배울 수 있는 간단한 예이다. 먼저 0 ppm에 신호가 있음을 주목하시오. 0 ppm의 신호는 1,4-다이메틸벤젠으로부터 온 신호가 아니라 화학적 이동 눈금을 보정하기 위해서 시료에 때때로 첨가되는 화합물인 테트라메틸실레인(tetramethylsilane, TMS)으로부터 온 것이다. 만일 TMS의 신호가 0 ppm에서 나타나면 화학적 이동의 축은 옳게 보정되었다.

CH_3
$CH_3—Si—CH_3$
CH_3

테트라메틸실레인(tetramethylsilane)은 0 ppm에 신호를 가진 화합물로, NMR 시료에 내부 기준 물질로 때때로 사용된다.

그다음 1,4-다이메틸벤젠의 ^{1}H NMR 스펙트럼에서 단지 2개의 신호를 7.0 ppm과 2.3 ppm에서 관찰하게 된다. 단 두 개의 신호가 존재함은 1,4-다이메틸벤젠에 두 개의 독특한 양성자 환경이 있음을 의미한다. 이것은 구조를 살펴보면 곧 증명될 수 있다.

그러면 1,4-다이메틸벤젠에는 '두 가지 형태'의 수소 원자가 있다고 말하며, 이들은 곧 메틸기에 있는 수소 원자와 벤젠 고리의 수소 원자들이다. 두 메틸기는 그들 사이의 대칭면 때문에 동등하므로 단지 한 개의 신호를 낸다. 더욱이 각 메틸기의 세 수소 원자들은 메틸 탄소와 고리 사이의 결합에 대한 자유 회전으로 말미암아 동등하다. 벤젠 고리의 수소 원자들은 서로 대칭에 의해서 동등하기 때문에 단지 한 개의 신호를 낸다.

표 9.1이나 그림 9.2를 보면 벤젠 고리에 결합된 수소 원자의 ^{1}H NMR 신호가 6 ppm과 8.5 ppm 사이에서 나오는 것을 알 수 있다. 그리고 벤젠 고리에 결합된 sp^3 탄소에 있는 수소 원자(벤질 자리 수소)의 신호는 2와 3 ppm 사이에서 나온다. 그러므로 1,4-다이메틸벤젠의 신호에 대한 화학적 이동은 NMR 스펙트럼 상관도표에 따라 예상되는 곳에서 나온다.

그림 9.3 1,4-다이메틸벤젠의 ^{1}H NMR 스펙트럼

이 예의 경우 고려 대상인 화합물의 구조는 시작부터 알고 있었다. 그러나 미리 그 구조를 알지 못했다면 화학적 이동 상관표들을 이용하여 수소 원자들에 대한 비슷한 구조적인 환경을 추리했을 것이다. 또한 다음 절에서 논의될 신호의 상대적인 면적과 신호의 다중도를 고려했었을 것이다.

보기 물음 9.2

표 9.1의 정보에 근거하여 **(a)** 아세톤(CH_3COCH_3)과 **(b)** 에탄올의 양성자를 발견할 것으로 예상되는 ppm 값의 범위는 무엇인가?

풀이

표 9.1과 같은 화학적 이동 표를 써서 다루고자 하는 화합물과 표에 보인 부분적인 구조 사이의 가장 가까운 짝을 찾는다.

(a) 아세톤은 카보닐기 곁에 있는 탄소에 수소를 지닌 케톤이다. 표 9.1에서 케톤은 양성자가 2.1~2.6 ppm의 화학적 이동 범위를 갖는 대표적인 부속 구조로 수록되어 있다. 그러므로 아세톤의 양성자 NMR 신호는 2.1~2.6 ppm 범위에서 예상할 수 있다. 아세톤에 있는 모든 수소에 대해서 한 개의 신호를 예상할 수 있는데, 자유 회전으로 인하여 그들이 어떤 순간이든 동등한 자기적 환경을 점유할 수 있기 때문이다. (실제로, 아세톤의 신호는 높은 장 끝 범위인 2.1 ppm에서 나타난다. 더 복잡한 케톤의 구조들은 낮은 장 영역으로 확대된다.)

(b) 에탄올은 세 가지 독특한 수소 환경 각각에 대해서 하나씩 세 개의 양성자 NMR 신호를 나타낼 것으로 예상된다. 에탄올은 알코올 하이드록실 양성자 한 개가 표 9.1에서 0.5~6.0 ppm 범위로 수록되어 있고, 하이드록실기를 지닌 탄소에 있는 두 개의 양성자가 표 9.1에서 3.3~4.0 ppm으로 예상되며, 아무런 작용기도 결합되어 있지 않은 메틸기가 1차 알킬기로서 0.8~1.2 ppm 범위에서 나타날 것이다.

되새김 물음 9.1

아세트산 메틸($CH_3CO_2CH_3$)의 양성자 NMR 신호를 발견할 것으로 예상되는 화학적 이동 범위는 무엇인가?

9.2B 신호 넓이의 적분

- ^{1}H NMR 스펙트럼에서 각 신호의 면적은 그 신호를 내는 수소 원자의 수와 비례한다.

1,4-다이메틸벤젠의 ^{1}H NMR 스펙트럼(그림 9.3)에서 각 신호 위에 계단을 닮은 것과 같은 곡선을 보았을 것이다. 각 계단의 높이(어떤 측정 단위도 무방)는 NMR 신호 아래의 면적에 비례하며 또한 그 신호를 내는 수소 원자의 수에 비례한다. 한 신호에 속한 계단의 높이와 다른 신호에 대한 계단의 높이의 비를 재면 신호들에 대한 면적의 비가 나오고, 따라서 한 신호를 내는 수소 원자 수와 그것과 비교되는 다른 신호의 수소 원자 수의 비를 나타낼 수 있다. 신호의 높이가 아니라 적분 계단의 높이를 논의하고 있음을 주목하시오. 중요한 것은 신호의 면적[**적분(integration)**]이지 신호의 높이가 아니다.

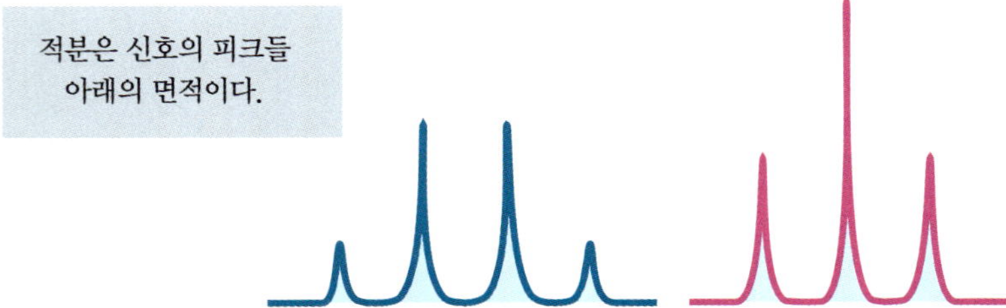

각 신호 아래의 면적(위에서 청색 그늘로 나타냄)이 측정(적분)된 것이고, NMR 스펙트럼에서 각 신호를 생성하는 수소 원자의 상대적인 수를 비교하는 비로 취하게 된다.

그림 9.3에서 상대적인 계단 높이를 1.0과 1.5(단위 없음)로 나타냈다. 이 값들이 주어지지 않았다면 자로 높이를 재서 그들의 비를 취했을 것이다. 신호를 내는 수소 원자의 실제 수가 1과 1.5일 리는 없으니까(한 원자의 일부를 가질 수 없음) 신호를 만든 수소의 실제 수는 아마도 2와 3 또는 4와 6 등일 것이다. 1,4-다이메틸벤젠에 있어서 실제 수는 물론 4와 6이다.

NMR 데이터가 그림 9.3처럼 각 신호 위에 적분 계단으로 주어졌건 혹은 단순히 각 신호의 상대적인 면적을 나타내는 수로 주어졌건, 자료를 해석하는 과정은 똑같다. 왜냐하면 각 신호의 면적은 그 신호를 내는 수소 원자의 수와 비례하기 때문이다. ^{13}C NMR 분광학적 신호의 면적은 통상적인 분석과 관련이 없음을 주의하는 것이 중요하다.

보기 물음 9.3

3-메틸-2-뷰탄온의 양성자 NMR 스펙트럼에서 예상되는 적분 값(총 수의 비)은 무엇인가?

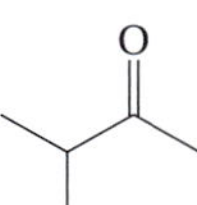

풀이

3-메틸-2-뷰탄온에는 세 가지 독특한 양성자 환경이 있다: C1의 메틸, C3의 메타인 수소, 그리고 C3에 결합된 동등한 두 메틸기. 이들 신호의 비는 나열된 순서대로 3 : 1 : 6이다.

9.2C 짝지음(신호 갈라짐)

짝지음(coupling)은 **신호 갈라짐(signal splitting)** 또는 신호의 다중도라고도 말하는데, ^{1}H NMR 스펙트럼이 화합물의 구조에 대한 정보를 제공해 주는 세 번째 특징이다.

- 짝지음은 신호를 내는 수소와 2개 또는 3개의 결합 이내에 있는 동등하지 않은 수소 원자의 자기적 영향에 의해서 생긴다.

인접한 수소의 영향은 신호가 관찰되는 수소의 에너지 준위를 갈라지게(또는 서로 짝짓게) 하여 그 결과 다중선인 신호가 되는 것이다. ['신호(signal)'와 '피크(peak)'란 단어를 조심스럽게 구별해 왔음을 주목하시오. 동등한 수소 원자들로 된 한 기는 여러 **피크**로 갈라진 하나의 **신호**를 낸다.] 짝지음의 물리적 원인은 9.6절에서 더 설명할 것이다. 그러나 **짝지음의 중요성은 그것이 예상 가능하며, 조사 대상인 분자의 구성에 대한 구체적인 정보를 제공해 주는 것이다.**

비동등한 **이웃한(vicinal)** 수소들, 즉 인접한 탄소에 있는 수소로 신호를 내는 수소로부터 3개의 결합에 의해서 떨어져 있는 경우 전형적인 짝지음이 관찰된다. 짝지음은 비동등한 **같은 자리(geminal)** 수소들(같은 탄소에 결합된 수소들)에서 같은 자리 수소들이 카이랄이거나 형태적으로 제한된 분자에 있다면 관찰된다. (카이랄이거나 형태적으로 제한된 분자의 경우에 대해서는 9.5절과 9.7절에서 배운다.)

- ^{1}H NMR에서 인접한 짝지음으로부터 기대되는 피크의 수를 예상하는 간단한 규칙이 있다.

^{1}H NMR 신호에서 피크의 수 $= n + 1$

n은 신호를 내는 것들과는 동등하지 않은 인접 *vic*-와 *gem*-−수소 원자의 수

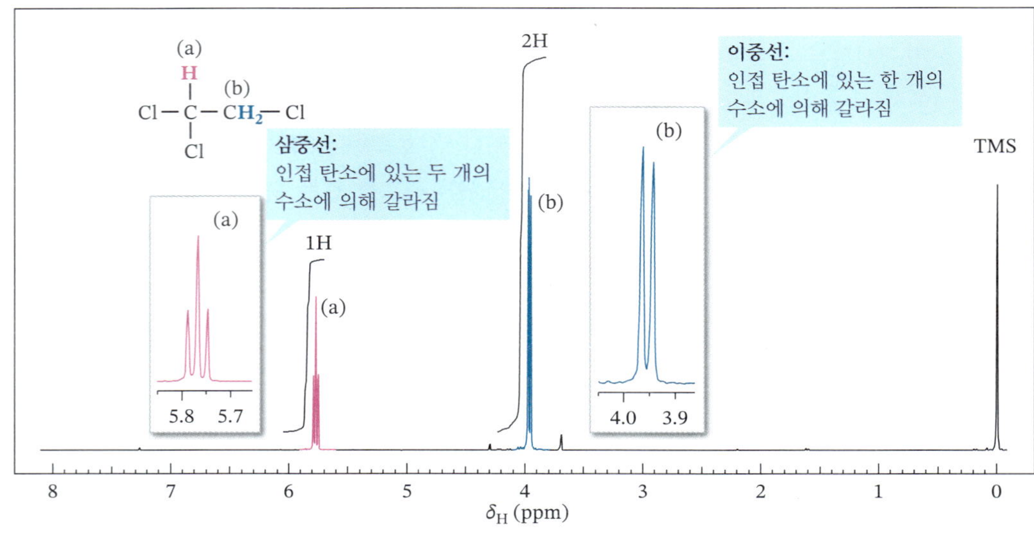

그림 9.4 1,1,2-트라이클로로에테인의 ^{1}H NMR 스펙트럼. 신호는 확대하여 위에 보여 주었다.

이 규칙은 형태적인 장벽이 없는 비카이랄 분자에 일반적으로 적용된다.

1,4-다이메틸벤젠의 ^{1}H NMR 스펙트럼(그림 9.3)은 7.0 ppm과 2.3 ppm에 있는 신호를 내는 수소 원자에 관해서 $n = 0$인 예이다. 메틸기에 인접한 탄소에는 수소 원자가 없고, 따라서 2.3 ppm의 신호에 대해서 $n = 0$인 것이다. 그리고 신호는 단일선[단지 한 개의 피크로 된 신호를 **단일선(singlet)**이라고 부름]이다. 또 고리에 있는 모든 수소 원자들은 대칭에 의해서 동등하고 인접한 비동등한 수소 원자가 없으므로 7.0 ppm의 신호를 내는 고리에 있는 수소에 대해서 $n = 0$이며 이 신호도 마찬가지로 단일선이다.

그림 9.4에 보인 1,1,2-트라이클로로에테인의 ^{1}H NMR 스펙트럼은 n이 0이 아닌 예로 짝지음이 분명하다. 1,1,2-트라이클로로에테인의 스펙트럼에서 2개의 신호가 보이는데 하나는 세 개의 피크, 그리고 하나는 두 개의 피크이다. 이 신호들은 각각 **삼중선(triplet)**과 **이중선(doublet)**이라고 부른다. $—CHCl_2$에 있는 수소의 신호는 이웃 탄소에 2개의 수소 원자가 있기 때문에($n = 2$) 삼중선이고, $—CH_2Cl$에 있는 수소의 신호는 이웃 탄소에 1개의 수소 원자가 있기 때문에($n = 1$) 이중선이다. 이 까닭은 9.6절에서 고려할 것이다.

보기 물음 9.4

에탄올에 대하여 기대하는 화학적 이동 범위(표 9.1의 정보를 근거)와 각 신호의 피크 수를 보이는 양성자 NMR 스펙트럼을 예상하여 그리시오. (한 가지 중요한 사실을 주목할 것: 산소와 질소에 결합된 수소는 대개 짝지음을 보이지 않으며, 그 대신 흔히 하나의 넓은 피크를 보인다. 이것은 나중에 9.7절에서 설명한다.)

풀이

주의해야 될 네 가지 점이 있다: (1) 신호의 수, (2) 신호의 화학적 이동, (3) 신호에서 짝지음 모양(신호 갈라짐), (4) 상대적인 면적비. 이들 중 처음 두 가지는 보기 물음 9.2(b)에서 이미 예상하였다.

1. 에탄올에는 세 가지 구별되는 환경이 있다. 따라서 세 개의 신호가 예상된다.

2. 예상되는 화학적 이동은 알코올 탄소에 있는 양성자는 3.3~4.0 ppm, 메틸의 세 개의 양성자가 0.8~1.2 ppm, 그리고 하이드록실 양성자는 0.5~6.0 ppm(이 넓은 범위 어디이든 타당하며 범위가 넓은 까닭은 9.7절에서 설명함)이다.

3. 짝지음 양상과 관련하여 알코올의 수소는 앞서 언급된 바대로 짝짓지 않는다. 알코올 $-CH_2-$기는 세 개의 인접 양성자(메틸기)가 있다: $n+1$ 규칙에 따라 이들은 사중선으로 나타난다. 메틸기는 두 개의 인접 양성자(알코올 $-CH_2-$기)를 가졌으므로 삼중선으로 나온다.
4. 신호를 만들어 내는 양성자 수에 따라서 상대적인 신호 면적은 1 : 2 : 3이다. 이것은 그림에 1H, 2H, 3H로 나타낸다.

마지막으로 구조식의 양성자들을 스펙트럼에서 그들과 연관된 신호에 지정하는 글자를 쓰면 유용하다. 여기서는 아래와 같다.

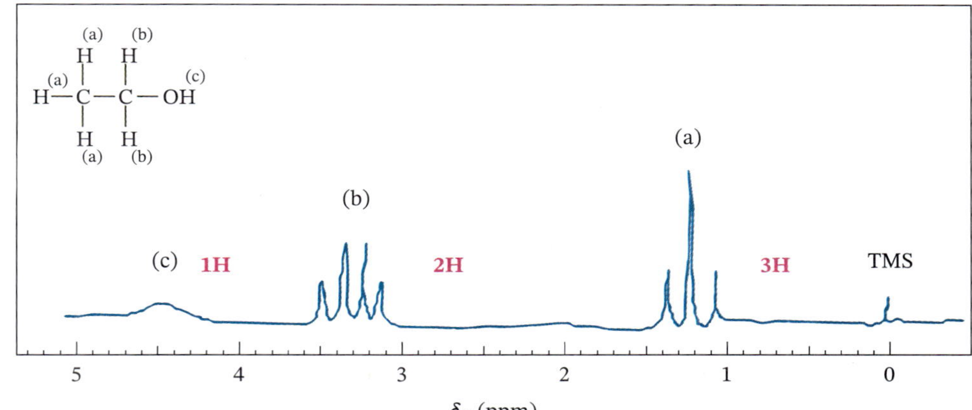

이 그림을 증명하기 위해서 그림 9.17에 보인 에탄올의 실제 NMR 스펙트럼을 살펴본다. $-OH$ 신호는 표 9.1에 나타난 대로 넓은 범위에서 보임을 주목하시오.

9.3 양성자 NMR 스펙트럼의 해석

^1H NMR 스펙트럼의 핵심 관점(화학적 이동, 피크 면적, 그리고 신호 갈라짐)을 소개하였으므로 ^1H NMR 분광법을 미지 화합물의 구조 추정에 응용할 수 있다. 아래의 단계가 이 과정을 요약한다.

1. 분자에 얼마나 많은 독특한 양성자 환경이 있는지를 결정하기 위해서 신호의 수를 세어 본다(당분간은 신호의 중첩을 무시한다).
2. 표 9.1 또는 그림 9.2와 같은 화학적 이동에 대한 표나 도표(또는 자신의 경험)를 써서 화학적 이동과 가능한 구조적 환경을 연관 짓는다.
3. 신호를 내는 양성자들의 상대적인 수를 나타낼 수 있도록 다른 신호의 면적과 비교하여 각 신호의 상대적인 면적을 결정한다.
4. 신호를 내는 수소 원자들에 인접한 수소 원자들의 수를 결정하기 위해서 각 신호 갈라짐 양상을 해석하고 가능한 분자 조각들을 그려 본다.
5. 조각들을 합쳐서 자료와 일치하는 모양으로 분자를 만든다.

시작하는 예로, 분자식이 C_3H_7Br인 화합물에 대해서 **그림 9.5**에 나타낸 ^1H NMR 스펙트럼을 해석해 보자.

1. 첫째로, 화학적 이동 값이 대략 δ 3.4, 1.8, 그리고 1.1 ppm인 뚜렷한 3개의 신호가 보인다. 이들 신호 중의 하나(3.4 ppm)는 다른 것들보다 눈에 띄게 높은 화학적 이동 값이어

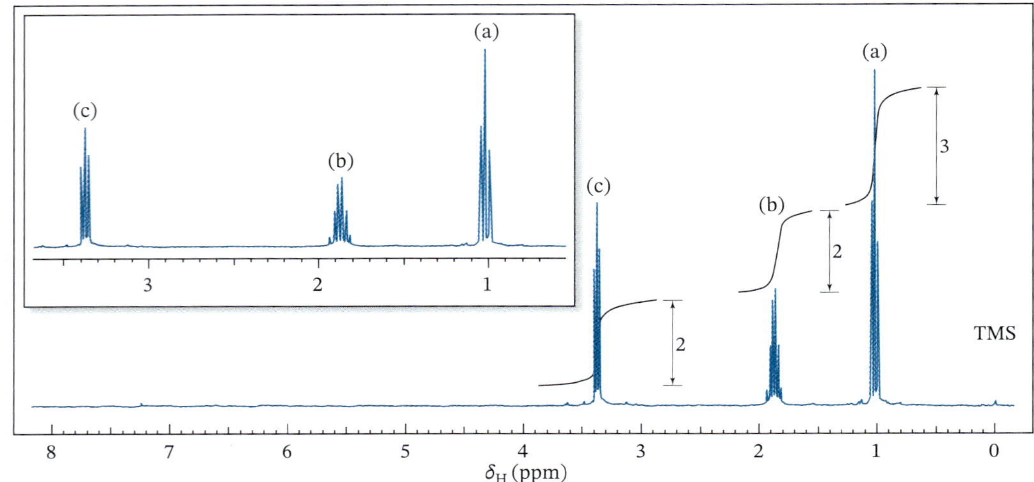

그림 9.5 분자식이 C_3H_7Br인 화합물의 ^1H NMR 스펙트럼. 신호는 확대하여 위에 보여 주었다. (Millipore–Sigma의 허락을 받아 그림을 수정함)

서 전기 음성적인 기 가까이에 있는 수소 원자들이기 쉬움을 나타낸다. 구조식에 브로민이 존재하니까 당연하다. 3개의 뚜렷한 신호가 존재함은 곧 분자에 세 가지 독특한 양성자 환경이 있음을 암시한다. 이 예에서는 이 정보 하나만으로도 화합물의 구조에 대한 결론에 도달할 수 있다. 왜냐하면 분자식이 C_3H_7Br처럼 간단하기 때문이다. (화합물이 무엇인지 아는가? 만일 안다고 할지라도 스펙트럼에 있는 모든 정보가 제시한 구조와 일치하는지를 보여 주어야 한다.)

2. 다음으로 적분 곡선의 계단 높이를 측정(또는 추정)하고 그들을 서로 비교한다. 그렇게 하면 비는 2 : 2 : 3(각 신호는 3.4, 1.8, 1.1 ppm)이다. 분자식에 7개의 수소 원자가 있으므로 이 신호들은 각각 두 개의 CH_2기와 한 개의 CH_3기로부터 나온 것임을 추측한다. CH_2기 중 하나가 브로민을 가지고 있음이 틀림없다. (비록 이쯤에서 화합물의 구조를 거의 확실히 안다고 해도 해석을 계속하기로 하자.) 여기서 원한다면 분자 조각을 그리기 시작할 수도 있다.

3. 그다음에는 신호의 다중도를 따져 본다. 3.4 ppm의 신호는 삼중선으로 이웃 탄소에 두 개의 수소 원자가 있음을 의미한다. 이 신호는 다른 것들보다 뚜렷이 더 높은 진동수(3.4 ppm)이며 두 개의 수소를 나타내는 적분 면적을 가졌으므로, 이 신호는 CH_2Br기로부터 왔으며 그 곁에는 CH_2기가 있다고 결론을 지을 수 있다. δ 1.8 ppm의 신호는 육중선으로 이웃 탄소에 다섯 개의 수소 원자가 있음을 제시한다. 5개의 이웃한 수소 원자($n = 5$, 6개의 피크를 생성함)는 한쪽에 있는 CH_2기와 다른 쪽에 있는 CH_3기로 이루어져 있다. 끝으로, 1.1 ppm의 신호는 삼중선으로 두 개의 이웃한 수소 원자를 의미한다. 이 분자 조각들을 합치면 $BrCH_2CH_2CH_3$가 구조식으로 나온다.

1-Bromopropane

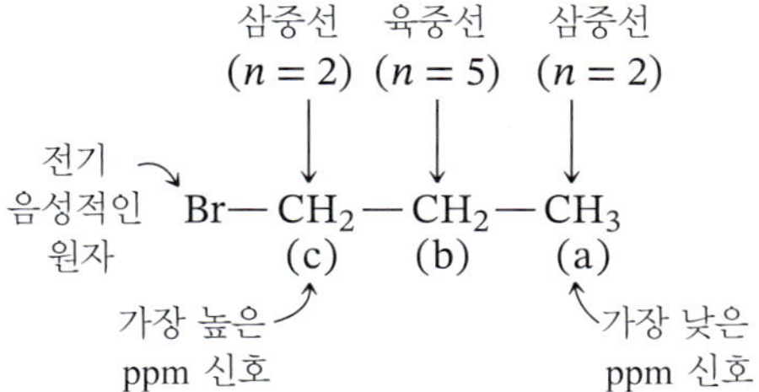

위의 분석에서 자료의 각각의 관점(화학적 이동, 적분, 그리고 신호 갈라짐)을 평가함에 있어서 신중을 기했다. NMR 자료를 해석하는 기술이 축적되어 가면 자료의 단지 일부만이 화합물의 정체를 결정하는 데 충분함을 알게 된다. 그러나 다른 때에는 ^{1}H NMR 자료만으로는 충분하지 않음을 알게 될 것이다. 예를 들면, ^{13}C NMR, IR, 그리고 다른 정보를 합쳐야 할 필요가 있다. 위의 경우에서는 분자식을 아는 것으로 가능한 이성질체를 생각하고 이것들과 신호(즉, 독특한 수소 환경)의 수를 비교하는 것으로 화합물이 1-브로모프로페인이라는 결론에 저절로 도달할 수 있다. 그럼에도 불구하고 문제를 풀 때는 제안된 구조와 모든 자료가 일치하는지를 확인함으로써 최종 결론을 더 살펴보아야 한다.

보기 물음 9.5

분자식이 $C_3H_6Cl_2$이며 ^{1}H NMR 스펙트럼이 **그림 9.6**과 같은 화합물은 무엇인가? 제안된 구조에 스펙트럼의 각각의 관점을 지정하여 자료를 해석하시오.

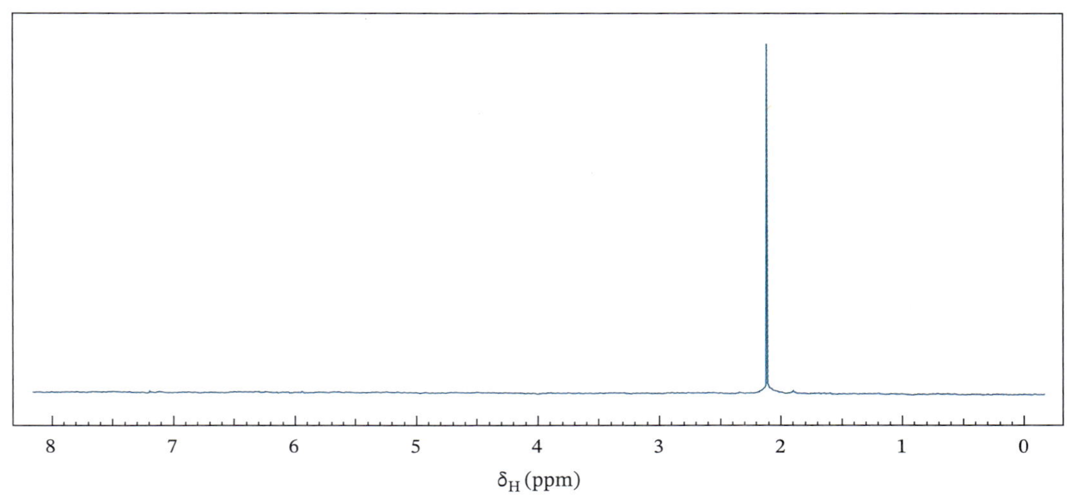

그림 9.6 보기 물음 9.5에서 분자식이 $C_3H_6Cl_2$인 화합물의 ^{1}H NMR 스펙트럼. (Millipore–Sigma의 허락을 받아 그림을 수정함)

풀이

그림 9.6에 보인 스펙트럼은 단 한 개의 신호만 보인다(따라서 적분은 상관이 없으며 보이지 않았다). 이것은 $C_3H_6Cl_2$에 있는 여섯 개의 수소가 모두 같은 자기적 환경에 놓여 있음을 의미한다. 두 개의 동등한 메틸기가 존재하는 것이 여섯 개의 동등한 수소 원자에 대한 그럴듯한 각본이다. 분자식 $C_3H_6Cl_2$를 가지고 두 개의 동일한 메틸기를 갖는 유일한 방법은 두 염소 원자들이 C2에 결합되어 옆과 같은 구조를 갖는 것이다.

Cl Cl

되새김 물음 9.2

분자식이 $C_3H_6Cl_2$이며 ^{1}H NMR 스펙트럼이 **그림 9.7**과 같은 화합물은 무엇인가? 제안된 구조에 스펙트럼의 각각의 관점을 지정하여 자료를 해석하시오. (다시 말해서 화학적 이동, 신호 면적, 그리고 갈라짐 양상이 어떻게 제안된 구조를 증명하는지를 설명하시오.)

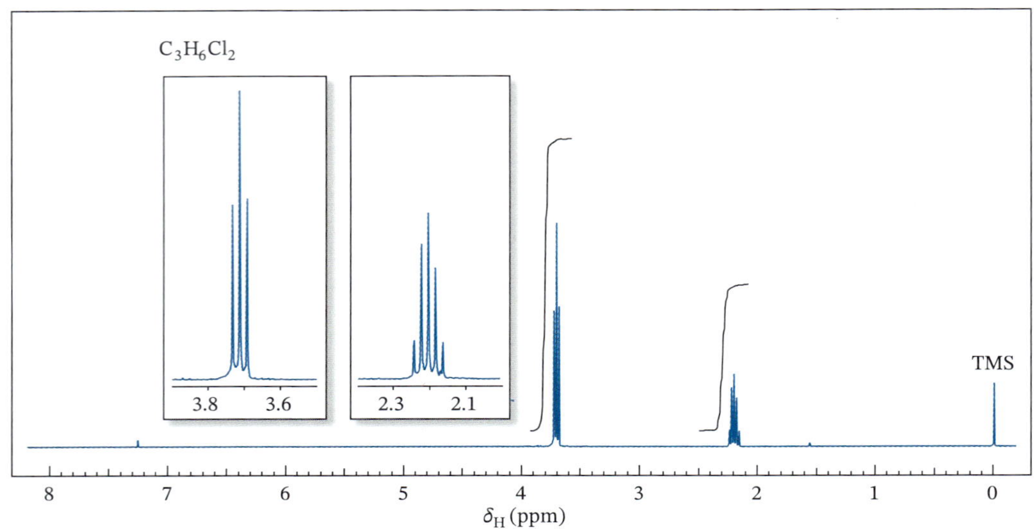

그림 9.7 되새김 물음 9.2에서 분자식이 $C_3H_6Cl_2$인 화합물의 ^1H NMR 스펙트럼. 신호는 확대하여 위에 보여 주었다.

9.4 양성자 가림과 벗김: 화학적 이동을 더 다룸

- 양성자들은 그것들 주위의 전자 밀도와 국지적으로 유발된 자기장의 영향으로 인하여 다른 NMR 진동수에서 흡수한다.

알킬 C—H기에 있는 수소 원자의 양성자

NMR 분광기의 외부(가해진) 자기장은 알킬 C—H 결합의 σ 전자로 하여금 가해진 자기장의 **반대** 방향으로 유발된 국지적인 자기장을 만들어 내도록 한다(**그림 9.8**). 알킬 C—H의 수소는 따라서 가해진 자기장보다 조금 작은 자기장을 맞이하게 되고, 양성자로 하여금 더 낮은 진동수(작은 화학적 이동)에서 공명하도록 한다. 양성자는 σ 전자에 의해서 가해진 자기장으로부터 **가려졌다(shielded)**고 말한다.

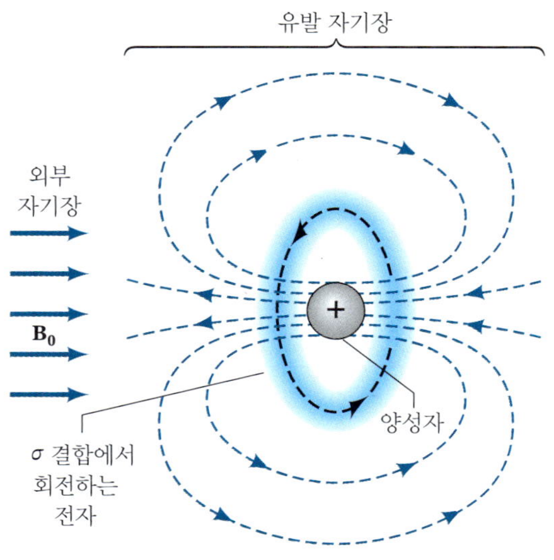

그림 9.8 외부 자기장의 영향하에 있는 C—H 결합 전자들의 회전. 전자 회전으로 작은 자기장(유발된 자기장)이 생겨서 외부 자기장으로부터 양성자를 가린다.

- 치환기가 없는 알케인의 수소 원자의 화학적 이동은 전형적으로 δ 0.8~1.8 ppm 범위이다.

진기 음성적인 기에 가까이 있는 수소의 양성자

진기 음성적인 기는 근처의 수소 원자로부터 전자를 끌어당겨서 맴도는 σ 전자에 의한 가림을 감소시킨다. 전기 음성적인 기 근처의 수소 원자에 있는 양성자는 외부 자기장으로부터 **벗겨졌다(deshielded)**고 말할 수 있고, 더 가려진 양성자보다는 더 높은 진동수(큰 화학적 이동 값)에서 공명하게 된다.

- 산소나 할로젠을 지닌 탄소에 결합된 수소의 화학적 이동은 전형적으로 δ 3.1~4.0 ppm 범위이다.

π 전자에 가까이 있는 수소의 양성자

알켄, 알카인, 벤젠, 그리고 또 다른 π 결합에 있는 π 전자도 맴돌고 있어서 외부 자기장의 존재하에서 유발된 국지적인 자기장을 발생시킨다. 가림 또는 벗김이 일어날지는 유발 자기장 내에서의 양성자의 위치에 의존한다.

예를 들어, 벤젠의 경우 π 전자 계는 닫힌 고리 계(14장에서 상세히 다룸)로 외부 자기장은 국지적인 자기장을 유발시켜 수소가 있는 영역의 외부 자기장을 보강시키게 된다(**그림 9.9**). 그 결과는 양성자에게 벗김 효과로 알킬 C—H기의 양성자에서보다 더 높은 진동수(더 큰 화학적 이동 값)에서 공명하게 된다.

- 벤젠의 수소는 δ 7.27 ppm에서 흡수한다. 치환기를 지닌 벤젠의 수소는 치환기가 전자 미는 기 또는 전자 끄는 기 여부에 따라 δ 6.0~8.5 ppm 범위의 화학적 이동 값을 가진다.

알켄의 π 전자는 π 결합 자체에서 국지적으로 순환하여 유발된 국지 자기장을 발생하며, 알켄 수소 영역에서 외부 자기장에 더해지게 되지만 벤젠에서처럼 상당하지는 않다.

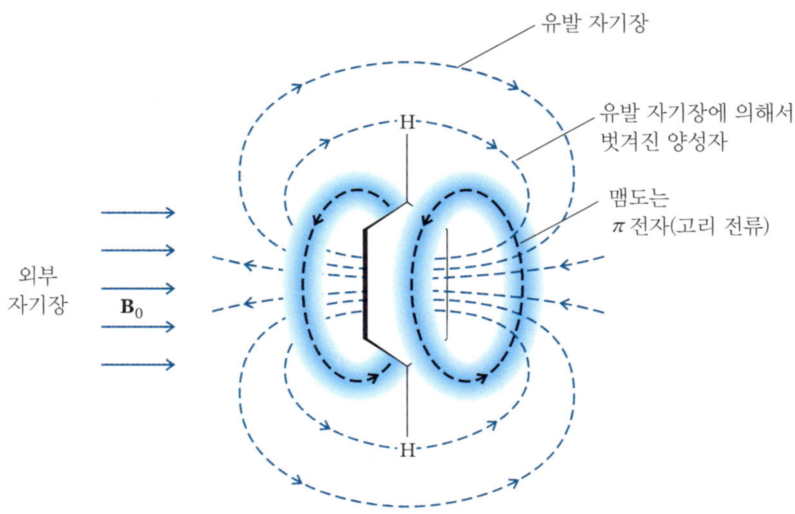

그림 9.9 벤젠의 π 전자의 유발 자기장은 벤젠 양성자를 벗긴다. 양성자의 위치에서 유발 자기장이 외부 자기장과 같은 방향이기 때문에 벗김이 발생하게 된다.

- 알켄 수소의 화학적 이동은 전형적으로 δ 4.0~6.0 ppm 범위이다.

알카인의 π 전자는 그것의 π 결합 주위를 순환하지만, 유발된 자기장이 말단 알카인(아세틸렌 계) 수소 부근의 외부 자기장에 반대가 되는 방식으로 발생된다.

- 알카인 수소의 화학적 이동은 전형적으로 δ 2.5~3.1 ppm 범위이다.

온라인 자료에 있는 특수 주제(Special Topic) B에서 알켄과 알카인의 유발 자기장 도표를 참고하시오.

9.5 화학적 이동이 동등한 양성자와 비동등한 양성자

똑같은 환경에 있는 두 개 이상의 양성자들은 같은 화학적 이동을 가진다. 그러므로 단지 한 가지의 ^{1}H NMR 신호가 생긴다. 양성자들이 같은 환경에 있다는 사실을 어떻게 알 수 있는가? 대부분의 화합물에 있어서 동일 환경에 있는 양성자들은 화학 반응에 있어서도 동등하다. 즉, **화학적으로 동등한** 양성자들은 ^{1}H NMR 스펙트럼에서 **화학적 이동이 동등하다.**

9.5A 대칭 교환자리와 대칭 비교환자리의 원자

한 화합물에서 두 개 이상의 양성자가 동일한 환경에 있는지를 어떻게 결정하는가?

- 결정하는 한 가지 방법은 각 수소를 차례로 다른 원자나 기(실제 또는 가상적인 것)로 대치하고 나서 대치한 결과를 결정하는 데 사용하는 것이다.

수소들을 하나의 다른 원자로 대치하였는데 똑같은 화합물이 되면 수소들은 **대칭 교환자리(homotopic)**에 있다고 말할 수 있다.

- 대칭 교환자리 수소는 동일한 환경을 가졌으며 같은 화학적 이동을 가진다. 그들은 **화학적 이동이 동등하다**고 말한다.

에테인의 수소를 예로 들어 보자. 에테인에 있는 여섯 개의 수소 중 어느 한 개를 다른 원자, 즉 염소로 대치하면 같은 화합물인 클로로에테인이 된다.

$$\underset{\textbf{Ethane}}{CH_3CH_3} \xrightarrow{\text{수소를 Cl로 대치}} \underset{\textbf{Chloroethane}}{CH_3CH_2Cl}$$

에테인의 여섯 수소는 **대칭 교환자리**에 있다. 그리고 따라서 **화학적 이동이 동등하다. 결과적으로 에테인은 그것의 ^{1}H NMR 스펙트럼에서 단지 한 개의 신호를 낸다.** [기억할 것: 에테인의 탄소–탄소 결합의 회전 장벽은 매우 낮으므로(4.8절) 클로로에테인의 여러 가지 형태는 재빨리 상호 전환된다.]

- 수소들을 하나의 다른 원자로 대치하였는데 **다른 화합물**이 되면 수소들은 **대칭 비교환자리(heterotopic)**에 있다고 말할 수 있다.
- **대칭 비교환자리 원자는 다른 화학적 이동을 가지며 화학적 이동 동등하지 않다.**

클로로에테인의 C2에 있는 메틸 수소들을 고려해 보자. 클로로에테인의 CH_3기의 세 수소 중 어느 하나를 염소로 대치하면 똑같은 화합물인 1,2-다이클로로에테인이 된다. CH_3기의 세 양성자들은 서로 **대칭 교환자리**이다. 그리고 CH_3기는 단지 한 개의 ^{1}H NMR 신호를 낸다.

$$CH_3CH_2Cl \xrightarrow[\text{Cl로 대치}]{CH_3\text{의 어느 수소를}} ClCH_2CH_2Cl$$

Chloroethane **1,2-Dichloroethane**

그렇지만, 클로로에테인의 CH_2기의 수소 조합과 CH_3의 수소 조합을 비교하면 CH_3와 CH_2의 수소들은 서로 **대칭 비교환자리**임을 발견하게 된다. CH_2 조합의 두 수소 중 어느 것을 염소로 치환하면 1,1-다이클로로에테인이 되는 반면, CH_3의 수소 셋 중 어느 하나를 치환하면 다른 화합물인 1,2-다이클로로에테인이 된다.

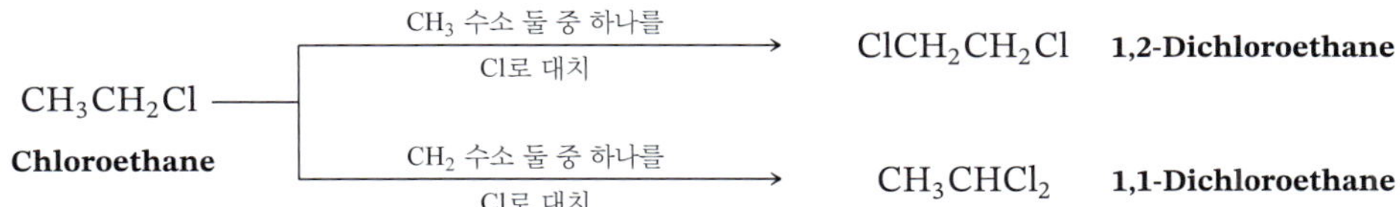

그러므로 클로로에테인은 서로 대칭 비교환자리인 두 조합의 수소, 즉 CH_3 수소와 CH_2 수소를 가지고 있다. 이들 두 조합의 수소들은 화학적 이동이 동등하지 않으며, 클로로에테인은 두 개의 ^{1}H NMR 신호를 낸다.

2-메틸프로펜을 예로 더 들어 보자.

(a) H, (a) H, CH_3 (b), CH_3 (b) — C=C — **H를 Cl로 대치** → 3-Chloro-2-methylpropene (CH_2Cl, CH_3, H, H) + 1-Chloro-2-methylpropene (Cl, H, CH_3, CH_3)

3-Chloro-2-methylpropene **1-Chloro-2-methylpropene**

여섯 개의 메틸 수소(b)가 한 조이고 이들 중 어느 하나를 염소로 대치해도 똑같은 화합물, 즉 3-클로로-2-메틸프로펜이 된다. 두 개의 알켄일 수소(a)는 대칭 교환자리 수소의 또 다른 한 조합인데, 그 중 어느 것을 대치해도 1-클로로-2-메틸프로펜이 된다. 따라서 2-메틸프로펜은 두 개의 ^{1}H NMR 신호를 보인다.

되새김 물음 9.3

9.5A절의 방법을 사용하여 아래 화합물에 대하여 예상되는 신호의 수를 정하시오.

(a) H_3C–C_6H_4–CH_3 (para)

(b) CH_3, CH_3 (ortho)

(c) CH_3, CH_3 (meta)

되새김 물음 9.4

아래 각 화합물의 ^{1}H NMR 스펙트럼에서 몇 개의 신호가 나오는가?

(a) $CH_3CH_2COOCH_3$

(b) (isobutane skeletal structure)

(c) $CH_3-CH(CH_3)-O-CH_3$

(d) 2-Methylpropene

(e) (*Z*)-2-Butene

(f) (*E*)-2-Butene

9.5B 거울상성인 수소 원자와 부분 입체 이성질성인 수소 원자

두 수소 원자 각각을 같은 기로 치환하여 거울상체인 화합물이 만들어지면 두 수소 원자들은 **거울상성 수소 원자들(enantiotopic hydrogens)**이라고 말한다.

- 거울상성 수소 원자들은 화학적 이동이 같으며 단 한 개의 ^{1}H NMR 신호를 낸다.*

브로모에테인의 $-CH_2Br$기에 있는 두 수소 원자들은 거울상성이다.

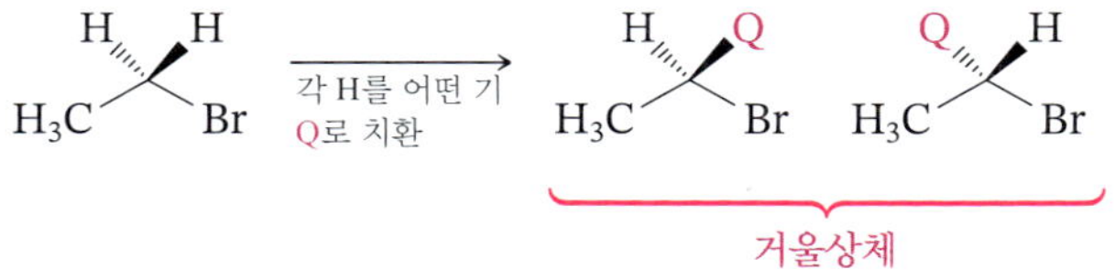

각 H를 어떤 기 Q로 치환

거울상체

그러므로 브로모에테인은 ^{1}H NMR 스펙트럼에서 두 개의 신호가 나온다. $-CH_3$기의 동등한 양성자 3개는 하나의 신호를 내는데, 이웃한 CH_2기에 의해서 신호가 갈라져서 삼중선 피크를 보인다. $-CH_2Br$기에 있는 두 개의 거울상성인 양성자들은 또 다른 신호를 내는데, 이웃한 CH_3기에 의해서 신호가 갈라져서 사중선 피크를 보인다.

두 수소 원자 각각을 한 기 Q로 치환하여 부분 입체 이성질체인 화합물들이 되면, 두 수소들은 **부분 입체 이성질성(diastereotopic)**이라고 한다.

- 우연한 일치인 경우를 제외하고는 부분 입체 이성질성인 양성자들은 같은 화학적 이동을 갖지 않으며 다른 ^{1}H NMR 신호를 나타낸다.

2-뷰탄올의 C3에 있는 ^{a}H와 ^{b}H로 표지된 두 메틸렌 양성자들은 **부분 입체 이성질성(diastereotopic)**이다. 이 사실은 ^{a}H 또는 ^{b}H를 어떤 가상적인 기 Q로 대치한다고 상상하여 설명할 수 있다. 그 결과는 한 쌍의 부분 입체 이성질체이다. 부분 입체 이성질체이므로 그들은 특별히 카이랄 중심 가까이에 있는 양성자들의 화학적 이동을 포함하여 물리적 성질이 다르다.

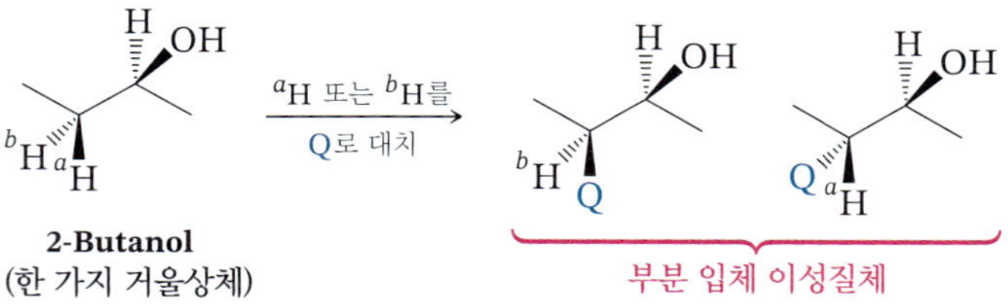

^{a}H 또는 ^{b}H를 Q로 대치

2-Butanol
(한 가지 거울상체)

부분 입체 이성질체

2-뷰탄올의 C3에 있는 ^{a}H와 ^{b}H의 부분 입체 이성질성인 성질은 Newman 투영식으로 보면 또한 이해될 수 있다. 아래에 보인 형태(**그림 9.10**)에서 2-뷰탄올의 모든 가능한 형태에 있어서와 마찬가지로 ^{a}H와 ^{b}H는 C2에 있는 카이랄 중심으로부터 비대칭성 때문에 다른 환경을 느끼게 된다. 즉, 2-뷰탄올의 '분자 풍경'이 이들 각각의 부분 입체 이성질성인 수소에 대해서 다르게 보이는 것이다. ^{a}H와 ^{b}H는 다른 자기적 환경을 느끼게 되고, 따라서 화학적 이동이 동등하지 않다. 다음은 일반적으로 참이다: **부분 입체 이성질성인 수소는 화학적 이동이 동등하지 않다.**

* 거울상성 수소 원자들은 만일 이 화합물이 광학적으로 활성인 용매에 녹아 있다면 똑같은 화학적 이동을 가지지 않을 수도 있다. 그러나 대부분의 ^{1}H NMR 스펙트럼은 광학적으로 불활성인 용매에서 얻어지며, 이러한 상황에서 거울상성 양성자들은 같은 화학적 이동을 가진다.

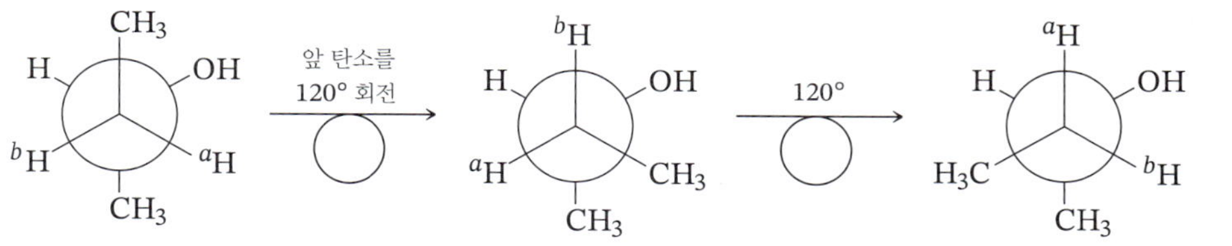

그림 9.10 ^aH와 ^bH(Newman 투영식에서 앞 탄소 C3에 있음)는 C2(Newman 투영식에서 뒤 탄소)에 있는 카이랄 중심 때문에 2-뷰탄올의 모든 가능한 형태들에서와 마찬가지로 이들 세 형태에서 다른 환경을 느끼게 된다. 다시 말해서, 한 부분 입체 이성질성인 수소로부터 바라본 분자의 풍경은 다른 수소 원자로부터 바라본 것과 항상 다르게 나타난다. 따라서 ^aH와 ^bH는 다른 자기적인 환경을 경험하게 되며 화학적 이동이 다르다(그 차이는 매우 적을지도 모른지만). 그들은 화학적 이동이 동등하지 않다.

알켄의 수소들도 부분 입체 이성질성일 수 있다. 클로로에텐에 있는 $=CH_2$기의 두 양성자들은 부분 입체 이성질성이다.

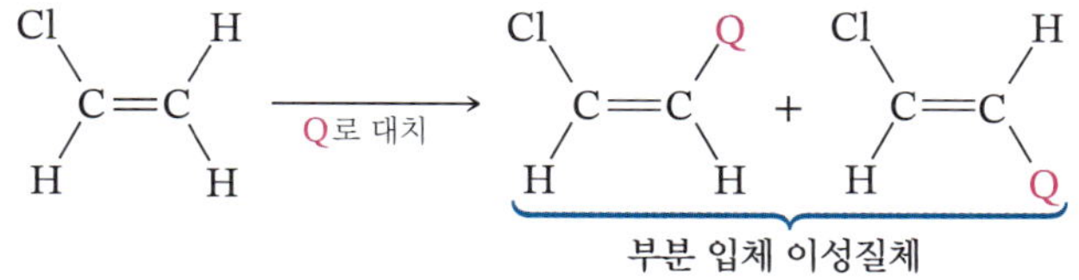

부분 입체 이성질체

그렇다면 클로로에텐은 세 개의 비동등한 양성자들로부터 신호가 생겨나는데, 하나는 ClCH=기의 양성자에 대한 것이며, 다른 것은 $=CH_2$기의 부분 입체 이성질성인 양성자들 각각에 대한 것들이다.

되새김 물음 9.5

(a) 2-뷰탄올의 (*S*) 거울상체에 있는 CH_2 양성자 각각을 Q로 치환하면 부분 입체 이성질체가 된다는 사실을 보이고, (*R*) 거울상체에서도 그러함을 보이시오.

(b) 2-뷰탄올에는 화학적으로 동등하지 않은 양성자 조합이 몇 가지나 있는가?

(c) 2-뷰탄올의 스펙트럼에서 나타날 것으로 예상되는 ^1H NMR 신호는 몇 가지인가?

되새김 물음 9.6

아래 각각의 화합물로부터 몇 가지 ^1H NMR 신호가 나타나겠는가?

(a) 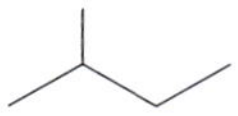 **(b)** 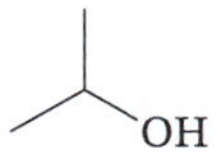 **(c)**  **(d)** 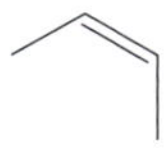 **(e)** 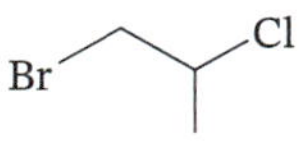 **(f)**  **(g)**  **(h)**  **(i)** 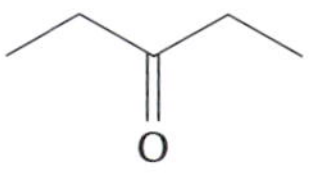 **(j)** 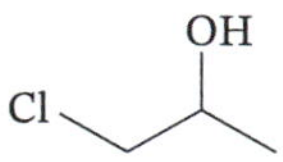 **(k)** 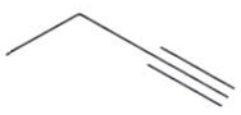 **(l)** 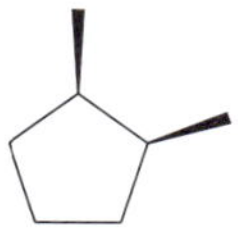 **(m)** 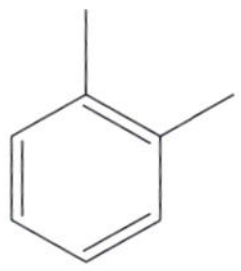 **(n)** 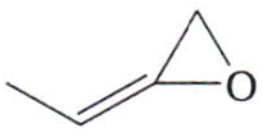 **(o)** 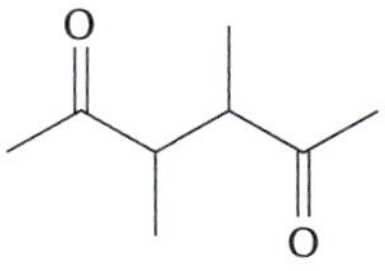 **(p)**

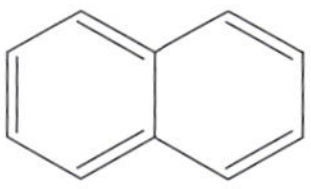

9.6 스핀–스핀 짝지음: 신호 갈라짐과 비동등하거나 동등한 양성자에 대해서 더 다룸

신호 갈라짐(signal splitting, 한 신호가 여러 개의 피크를 가짐)은 스핀–스핀 짝지음이라고 알려진 현상에 기인된다. 스핀–스핀 짝지음 효과는 주로 결합 전자를 통해서 전달되며 **스핀–스핀 갈라짐(spin–spin splitting)**을 가져온다.

- **이웃한 짝지음(vicinal coupling)**은 이웃 탄소에 있는 수소 원자들(이웃한 수소들)이 3개의 σ 결합에 의해서 떨어져 있을 때 그들 사이에서 일어난다.

가장 흔한 짝지음은 이웃한 짝지음이다. 같은 탄소에 결합된 수소[**같은 자리(geminal)** 수소]들도 짝지을 수 있다. 그러나 단지 그들이 부분 입체 이성질성이어야 한다. 장거리 짝지음이 두 고리계 화합물이거나 π 결합이 관여된 계에서처럼 매우 경직된 분자에서 3개의 결합 이상에서 관찰된다. 그러나 이웃한 짝지음만 논의하기로 한다.

9.6A 이웃한 짝지음

- 대칭 비교환자리 양성자들 사이의 이웃한 짝지음은 일반적으로 $n + 1$ 규칙(9.2C절)을 따른다. $n + 1$ 규칙의 예외는 부분 입체 이성질성인 수소나 형태적으로 제약된 계가 관여할 때이다.

1,1,2-트라이클로로에테인의 스펙트럼(그림 9.4)에서 이웃한 짝지음의 예와 $n + 1$ 규칙이 어떻게 논의에 적용되는지를 본 바 있다. 되새겨 보면, 1,1,2-트라이클로로에테인의 $-CH_2Cl$기에 있는 두 개의 동등한 양성자로부터 나온 신호는 $CHCl_2-$기에 있는 한 개의 양성자 때문에 이중선으로 갈라진다. $CHCl_2-$기에 있는 양성자의 신호는 $-CH_2Cl$기에 있는 두 양성자에 의해서 삼중선으로 갈라진다.

이제 신호 갈라짐이 관찰되지 않는 두 경우를 살펴보자. 신호 갈라짐을 이해하는 한 부분은 갈라짐이 관찰되지 않을 때를 아는 것이기도 하다. 에테인과 메톡시아세토나이트릴을 고려해 보자. 에테인의 모든 수소 원자들은 동등하며, 따라서 그들은 같은 화학적 이동을 가졌고 서로 갈라지지 않는다. 에테인의 ^1H NMR 스펙트럼은 단일선인 한 개의 신호로 되어 있다. 메톡시아세토나이트릴의 스펙트럼이 **그림 9.11**에 나와 있다. 메톡시아세토나이트릴의 스펙트럼에서 두 신호가 있지만 짝지음은 관찰되지 않고 따라서 신호는 단일선이다. 그 까닭은 (1) (a)와 (b)로 표시한 수소들은 3개의 단일 결합 이상으로 떨어져 있고, (2) (a)라고 표시된 수소는 대칭 교환자리이며 (b)라고 표시된 수소는 거울상성 자리이다.

- 대칭 교환자리(화학적 이동이 동등)이거나 거울상성자리인 양성자에서는 신호 갈라짐이 관찰되지 않는다.

이제 대칭 교환자리가 아닌 양성자의 짝지음 조합들에서 신호 갈라짐이 어떻게 생기는지 설명하기로 하자.

예를 들어, 1,1,2-트라이클로로에테인(그림 9.4)의 스펙트럼을 되돌려 보면 한 개의 삼중선과 한 개의 이중선으로 되어 있다. C2의 삼중선은 C1에 있는 두 대칭 교환자리(화학적 이동

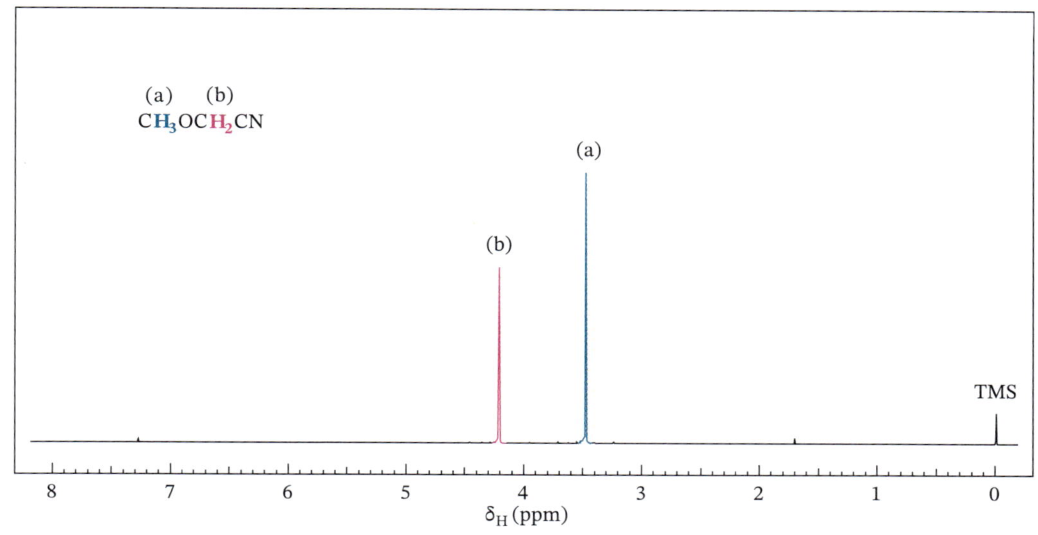

그림 9.11 메톡시아세토나이트릴의 ^{1}H NMR 스펙트럼. 거울상성인 양성자 (b)의 신호는 갈라지지 않는다.

이 동등) 수소에 의해서 갈라진 것이다. 대조적으로 1,1,2,3,3-펜타클로로프로페인(**그림 9.12**)의 스펙트럼도 역시 삼중선 한 개와 이중선 한 개로 되어 있다. 하지만 여기서 C2의 삼중선은 두 개의 대칭 교환자리(화학적 이동이 동등) 수소 조합을 구성한 C1과 C3의 수소들 때문에 갈라진 것이다.

되새김 물음 9.7

1,1,2-트라이클로로에테인(그림 9.4)과 1,1,2,3,3-펜타클로로프로페인(그림 9.12)에서 이중선과 삼중선의 상대적인 위치는 반대로 되어 있다. 이것을 설명하시오.

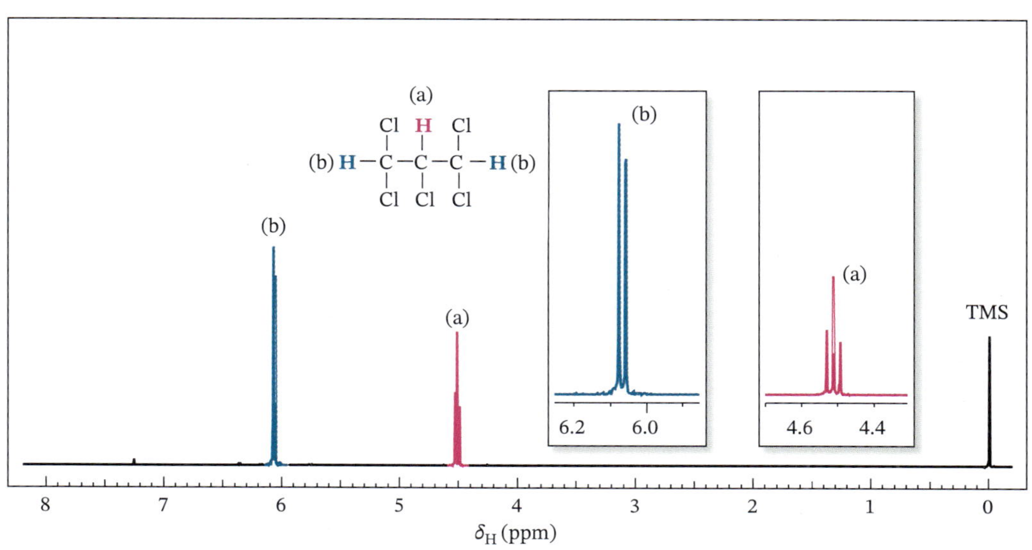

그림 9.12 1,1,2,3,3-펜타클로로프로페인의 ^{1}H NMR 스펙트럼. 신호는 확대하여 위에 보여 주었다.

되새김 물음 9.8 1,1,1,2-테트라클로로프로페인에 대하여 어떤 종류의 ^{1}H NMR 스펙트럼이 예상되는가? 각 신호 갈라짐 양상과 상대적인 위치를 나타내는 스펙트럼을 그리시오.

되새김 물음 9.9 **그림 9.13**의 스펙트럼을 보이는 화합물 **A**와 **B**의 구조를 제시하고, 각 신호 갈라짐 양상을 설명하시오.

여기까지 제시된 종류의 분석은 인접 원자에 더 많은 수의 동등한 양성자를 가진 화합물에 대해서도 확장될 수 있다. **인접 원자에 *n*개의 동등한 양성자가 있을 때 신호는 *n* + 1개의 피크로 갈라진다**(이들 피크 모두를 실제의 스펙트럼에서 다 관찰하지는 못할 수도 있다. 왜냐하면 이들 중 몇몇은 아주 작기 때문이다).

또 다른 예로 1-나이트로프로페인을 고려해 보자.

$$CH_3—CH_2—CH_2—NO_2$$

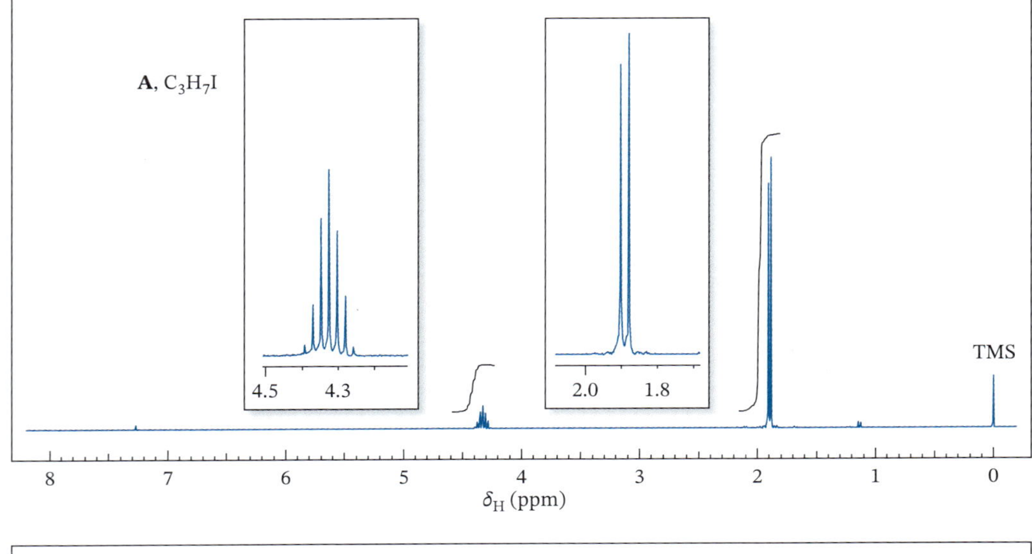

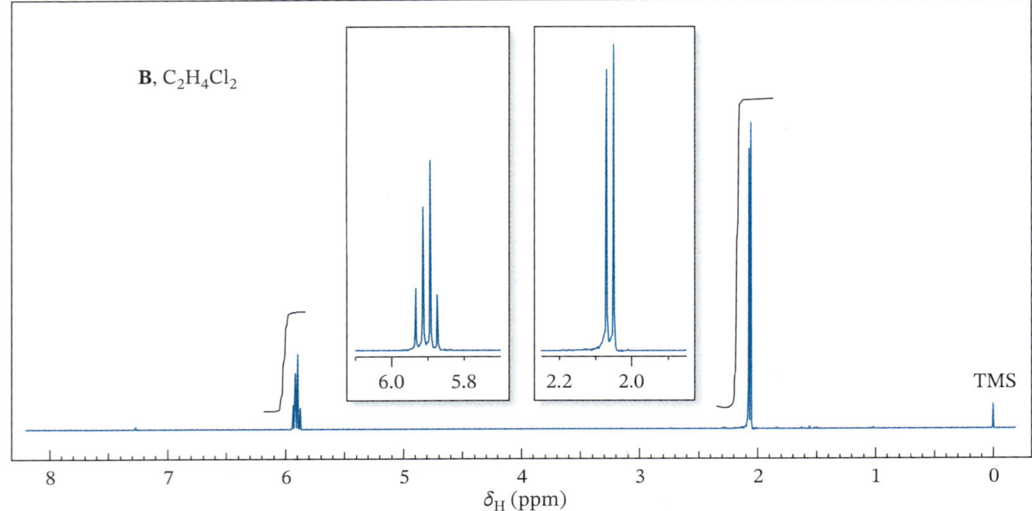

그림 9.13 되새김 물음 9.9의 화합물 **A**와 **B**에 대한 ^{1}H NMR 스펙트럼. 신호는 확대하여 위에 보여 주었다.

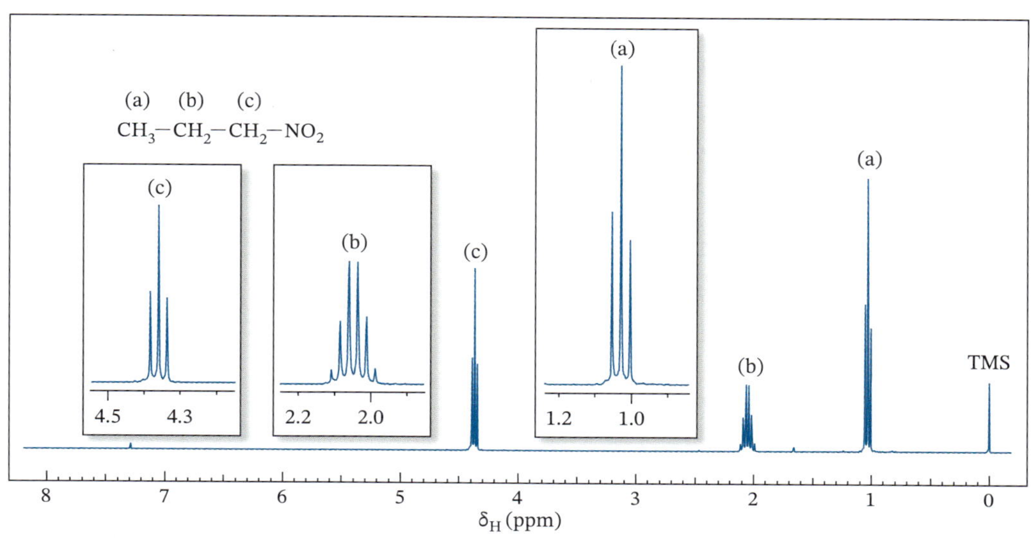

그림 9.14 1-나이트로프로페인의 ^{1}H NMR 스펙트럼. 신호는 확대하여 위에 보여 주었다.

여기서 세 조합의 대칭 교환자리 양성자가 있다. 메틸기는 중앙의 $-CH_2-$기와 스핀-스핀 짝지음을 한다. 그러므로 메틸기는 삼중선으로 나타난다. $-CH_2Z$기의 양성자들은 중앙의 $-CH_2-$기의 양성자와 비슷하게 짝짓는다. 따라서 $-CH_2Z$의 양성자 또한 삼중선을 보인다.

그러나 중앙에 있는 $-CH_2-$기의 양성자들은 어떠할까? 그들은 3개의 메틸 양성자와 2개의 $-CH_2-NO_2$의 양성자들이 스핀-스핀 짝지음을 한다. 따라서 총 5개의 이웃 양성자로 말미암아 $n+1$ 규칙에 따라 총 6개의 피크가 예상되며 실제로 그렇게 관찰된다(**그림 9.14**).

9.6B 짝지음 상수-갈라짐 양상의 인식

서로 짝지은 양성자들은 부호 **J**로 나타내는 **짝지음 상수(coupling constant)**를 공유한다. 짝지음 상수는 신호의 각 피크 사이의 간격을 **헤르츠(Hz)**로 측정하여 결정된다. 예를 들어, J_{ab}는 짝지은 수소 ^aH와 ^bH 사이의 짝지음 상수(coupling constant)를 나타낸다. 전형적인 이웃한 짝지음 상수는 6~8 Hz이다.

브로모에테인의 NMR 스펙트럼(그림 9.1)에서 사중선과 삼중선의 피크 간격을 측정하면 짝지음 상수가 같음을 알게 된다. 이 현상을 **짝지음 상수의 상호관계**(the reciprocity of coupling constants)라고 한다.

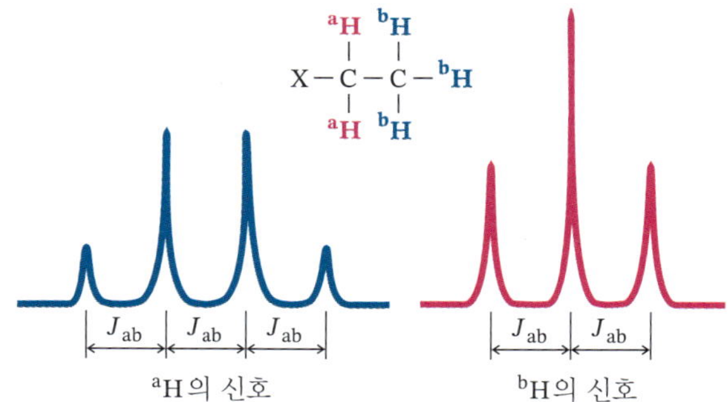

그림 9.15 에틸기의 이론적인 갈라짐 양상. 실제의 예로 브로모에테인의 스펙트럼(그림 9.1)을 보시오.

도움말

NMR 이론과 기기에 대한 더 많은 정보는 온라인 자료의 특수 주제 B에서 볼 수 있다.

브로모에테인에 대한 짝지음 상수의 상호관계를 묘사한 것이 **그림 9.15**에 제시되었다. 이 두 신호의 모든 피크 사이에서 J_{ab}는 같다. 이는 두 신호가 서로 짝지어져 있기 때문이다. 짝지음 상수의 상호 관계는 더 복잡한 분자의 스펙트럼에 있는 짝지은 양성자 조합을 지정하는 데 매우 도움이 된다. 두 양성자 신호가 같은 짝지음 상수를 갖는다면 그들은 서로 짝지을 가능성이 높다.

FT-NMR 분광법에서 다른 기술도 또한 짝지음 관계의 분석을 촉진시킨다. 그러한 기술에는 $^{1}H-^{1}H$ 상관 분광법(**co**rrelation **s**pectroscop**y**)으로 $^{1}H-^{1}H$ COSY라고 알려진 기술이 있다(온라인 자료의 특수 주제 B를 보시오).

9.6C 짝지음 상수의 이면각 의존성

짝지음 상수의 크기는 짝지은 양성자 사이의 **이면각(dihedral angle, ϕ)**을 나타낼 수도 있다. 이러한 사실은 NMR 분광법으로 분자의 기하 구조를 조사하고 형태 분석을 하는 데 사용되어 왔다. 짝지음 상수의 이면각 의존성은 Karplus(Harvard University)에 의해서 연구되었으며, **Karplus 상관관계(Karplus correlation)**라고 잘 알려져 있다. Karplus 상관관계를 나타내는 도표가 **그림 9.16**에 있다.

짝지음 상수에 대한 이면각의 영향은 치환기를 가진 사이클로헥세인의 ^{1}H NMR 스펙트럼에서 흔히 확실하다. 이웃한 수직인 양성자들 사이의 짝지음 상수($J_{ax,ax}$)는 대개 8~10 Hz인데, 전형적으로 2~3 Hz인 이웃한 수직과 수평인 양성자들 사이의 짝지음 상수($J_{ax,eq}$)보다 크다. 그러므로 치환기를 지닌 사이클로헥세인의 NMR 스펙트럼에서 짝지음 상수를 측정하면 화합물에서 가능한 낮은 에너지의 형태에 대한 정보를 얻게 된다.

되새김 물음 9.10

아래 각각의 분자에서 표지된 양성자들 사이의 이면각과 예상되는 짝지음 상수는 얼마인가?

(a) ^{b}H, ^{a}H **(b)** ^{b}H, ^{c}H

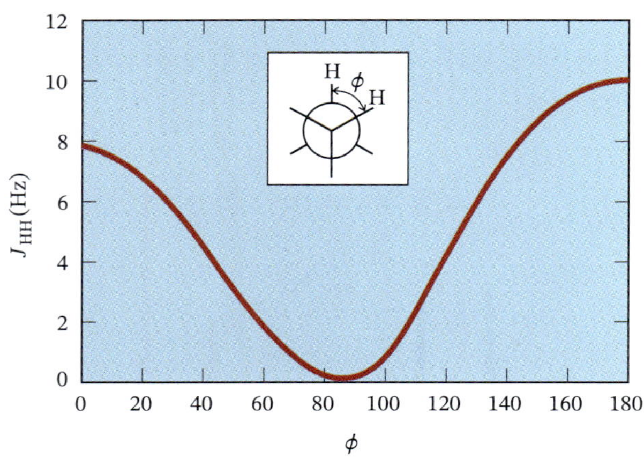

그림 9.16 Karplus 상관관계는 이웃한 양성자들 사이의 이면각(ϕ)과 짝지음 상수 관계를 정한다. (Reprinted with permission of John Wiley & Sons, Inc. From Silverstein, R., and Webster, F. X., *Spectrometric Identification of Organic Compounds*, Sixth Edition, p. 186. Copyright 1998.)

되새김 물음 9.11

C1과 C2의 수소 사이의 짝지음 상수가 7.8 Hz ($J_{1,2}$ = 7.8 Hz)일 때 1-브로모-2-클로로사이클로헥세인의 가장 안정한 형태를 그리시오.

되새김 물음 9.12

NMR 짝지음 상수를 이용하여 아래 두 화합물 사이를 어떻게 구별할 수 있는지 설명하시오. (이 화합물들은 글루코스의 유도체들인데 이들의 반응은 16장과 22장에서 배운다.)

OH, HO, HO, O, HO, OCH_3 — **A**

OH, HO, HO, O, OCH_3, HO — **B**

9.7 양성자 핵자기 공명 스펙트럼과 속도 과정

NMR 분광법을 유기 화학 문제에 응용하는 데 있어서 선구자인 California Institute of Technology의 Roberts는 핵자기 공명 분광기를 셔터 속도가 비교적 느린 카메라에 비유하였다. 셔터 속도가 느린 카메라가 빨리 움직이는 물체의 사진을 흐리게 하는 것처럼, 핵자기 공명 분광기도 빨리 일어나는 분자 과정의 그림을 흐리게 만들 것이다.

유기 분자에서 일어나는 이 빠른 과정들은 무엇인가? 두 가지를 언급하게 되는데, 하나는 헤테로 원자(산소나 질소 등)에 결합된 수소 원자의 화학적 교환이고, 또 하나는 형태의 변화이다.

스핀 짝풀림의 원인이 되는 산-염기 화학적 교환 빨리 일어나는 과정의 또 다른 보기는 에탄올의 ^{1}H NMR 스펙트럼이다. 보통 에탄올의 ^{1}H NMR 스펙트럼에서 하이드록실 양성자는 단일선으로, $-CH_2-$기의 양성자는 사중선으로 나타난다(**그림 9.17**). 보통 에탄올에서 **하이드록실 양성자와 $-CH_2-$기의 양성자는 그들이 인접 원자들 상에 있음에도 불구하고 그들**

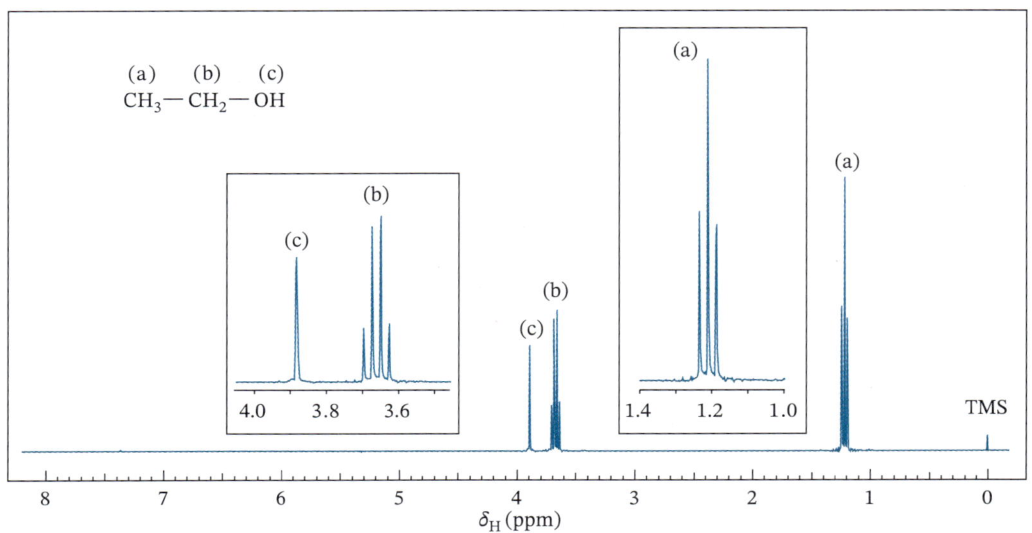

그림 9.17 보통 에탄올의 ^{1}H NMR 스펙트럼. 하이드록실 양성자는 재빠른 화학적 교환을 통하여 신호 갈라짐을 보이지 않는다. 신호는 확대하여 위에 보여 주었다.

사이의 짝지음에 의한 신호 갈라짐은 관찰되지 않는다.

그러나 **아주 순수한** 에탄올의 ^{1}H NMR 스펙트럼을 살펴보면 하이드록실 양성자의 신호가 삼중선으로 갈라짐을 볼 수 있다. 그리고 $-CH_2-$기의 양성자들은 8개 피크의 다중선으로 갈라진다. 아주 순수한 에탄올에서 하이드록실기의 양성자의 스핀이 $-CH_2-$기의 양성자의 스핀들과 분명히 짝짓는 것이다.

하이드록실 양성자와 메틸렌 양성자 사이에 짝지음이 일어나는지의 여부는 양성자가 특정한 에탄올 분자에 머무르는 시간의 길이에 의존한다.

- 산소(또는 질소)처럼 전기 음성도가 크고 고립 전자쌍을 가진 원자에 붙어 있는 양성자는 빠른 **화학적 교환(chemical exchange)**이 일어난다. 즉, 이들은 재빨리 한 분자에서 다른 분자로 이전되며, 따라서 **교환 가능한 양성자(exchangeable proton)**라고 불린다.

아주 순수한 에탄올에서 화학적 교환은 느리고, 그 결과 하이드록실기의 갈라짐을 스펙트럼에서 볼 수 있다. 보통 에탄올에서 산성과 염기성 불순물은 화학적 교환을 촉매화한다. 교환이 매우 빨리 일어나므로 하이드록실 양성자들은 갈라지지 않은 신호로 나타나고, 메틸렌 양성자들은 단지 메틸기의 양성자들과의 짝지음에 의해서만 갈라진다.

- 신속한 교환으로 **스핀 짝풀림(spin decoupling)**이 일어난다.
- 스핀 짝풀림은 알코올, 아민, 그리고 카복실산의 ^{1}H NMR 스펙트럼에서 자주 발견되며, OH와 NH 양성자의 신호들은 보편적으로 갈라지지 않는다.
- 화학적 교환을 재빨리 진행하는 양성자(예: 산소나 질소에 결합된 양성자)는 그 화합물을 D_2O 속에 넣으면 쉽게 검출될 수 있다. 양성자들이 중수소핵으로 재빨리 교환되므로 양성자의 신호가 스펙트럼에서 사라진다.

형태 변화 실온 근처의 온도에서 탄소–탄소 단일 결합에 연결된 기들은 아주 빨리 회전한다(경직된 고리계와 같이 구조적인 제약에 의해서 회전이 금지되지 않는 한). 이 때문에 단일 결합을 가진 화합물의 스펙트럼을 찍을 때 얻어지는 스펙트럼은 평균적인 환경하에 있는 개개의 수소 원자를 흔히 나타낸다. 이 환경은 곧 기의 형태 변화의 결과로 양성자들이 갖는 모든 환경의 평균인 그런 것이다.

이 효과의 예를 보기 위하여 브로모에테인의 스펙트럼을 다시 고려해 보기로 하자. 브로모에테인의 가장 안정한 형태는 기들이 완전히 엇갈린 것이다. 이 엇갈린 형태에서 메틸기의 한 수소(아래 그림에서 적색)는 메틸의 다른 두 수소 원자와는 다른 환경에 있다. NMR 분광기가 브로모에테인의 이 두 특별한 형태를 검출하려면 그것은 메틸기의 양성자들이 브로민에 대한 상대적인 위치가 이면각이 다름으로 인하여 짝지음 상수가 다르고 **화학적 이동이 상이한** 스펙트럼을 보여야 할 것이다. 그러나 브로모에테인의 스펙트럼(그림 9.1)에서 메틸기의 세 개 양성자는 **단일 신호**(인접 탄소의 두 양성자와 스핀–스핀 짝지음에 의해서 삼중선으로 갈라진 신호)를 나타낸다.

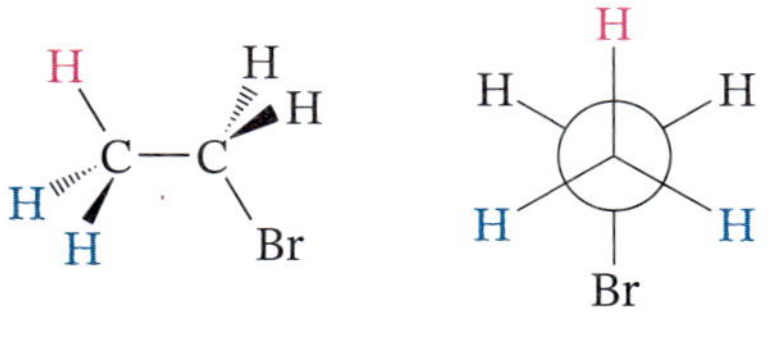

H H H H H Br C C

H H H H H Br

브로모에테인의 메틸 양성자들은 탄소–탄소 단일 결합에 연결된 기들이 실온에서 매초당 약 백만 번쯤 회전하기 때문에 단일 신호를 나타낸다. NMR 분광기의 '셔터 속도'가 이러한 빠른 회전을 '사진 찍기'에는 너무 느린 것이다. 그 대신 기기는 평균 환경에 있는 메틸 수소 원자를 사진 찍는 것이고, 이 점에서 메틸기의 흐린 사진이 나오는 것이다.

단일 결합에 대한 회전은 화합물의 온도가 낮아지면 느려진다. 때로는 이렇게 회전이 느려짐으로 충분히 낮은 온도에서 스펙트럼을 찍을 때 분자의 다른 형태를 '볼' 수 있다.

이러한 현상의 예로, 또한 중수소 표지의 유용성을 보여 주는 예로, 사이클로헥세인과 운데카듀테리오사이클로헥세인의 저온 ^{1}H NMR 스펙트럼을 들 수 있다.

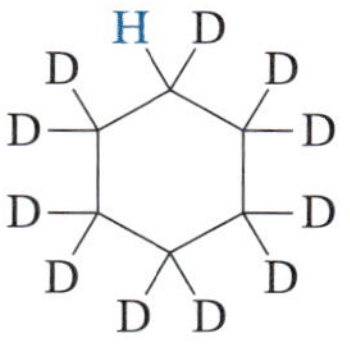

Undecadeuteriocyclohexane

실온에서 보통 사이클로헥세인은 여러 가지 의자 형태들 사이의 상호 전환이 매우 빨리 일어나게 되므로 하나의 신호만 나타낸다. 그러나 보통의 사이클로헥세인은 저온에서 아주 복잡한 ^{1}H NMR 스펙트럼을 나타낸다. 저온에서는 상호 전환이 느리며, 수직과 수평인 양성자들이 다른 화학적 이동을 갖는다. 또 복잡한 스핀–스핀 짝지음도 일어난다.

그러나 $-100\,^\circ$C에서 운데카듀테리오사이클로헥세인은 단지 두 개의 신호만 같은 세기로 나타낸다. 이들 신호들은 아래의 두 의자 형태의 수직과 수평인 수소 원자들에 대응된다. 이들 형태 사이의 상호 전환은 낮은 온도에서도 일어나긴 하지만 너무 느리게 일어나기 때문에 NMR 분광기가 개개의 형태를 검출할 수 있는 것이다. (중수소 원자의 핵은 양성자보다 훨씬 작은 자기 모멘트를 가졌는데, 중수소의 흡수에 기인된 신호는 ^{1}H NMR 스펙트럼에서 나타나지 않는다.)

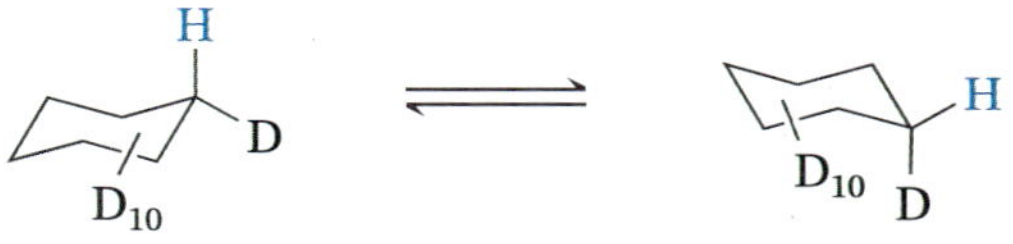

되새김 물음 9.13

실온에서 운데카듀테리오사이클로헥세인의 ^{1}H NMR 스펙트럼으로부터 몇 개의 신호가 얻어지겠는가?

9.8 탄소-13 NMR 분광법

9.8A ^{13}C NMR 스펙트럼의 해석

탄소-13 원자핵으로부터 생겨난 특성 몇 가지를 간략하게 살펴봄으로써 **^{13}C NMR 분광법(^{13}C NMR spectroscopy)**을 공부해 나가기로 한다. 비록 ^{13}C는 자연에 존재하는 탄소의 1.1%에 불과하지만, ^{13}C NMR 신호를 낸다는 사실은 유기 화합물의 분석에 엄청난 중요성을 지니고

도움말

온라인 자료에 있는 특수 주제 A에서 '^{13}C NMR 분광법: 실용적인 소개'를 참고해도 좋다.

있다. ^{13}C 스펙트럼은 **^{1}H NMR 스펙트럼(^{1}H NMR spectrum)**보다 덜 복잡하고 해석하기가 용이하다는 점도 중요하다. 한편, 탄소의 주된 동위 원소인 탄소-12(^{12}C)는 천연에 99% 가량 존재하는데, 자기 스핀이 없어서 NMR 신호를 내지 못한다.

9.8B 자기적으로 별 개인 각 탄소 원자에 대응하는 한 개의 피크

^{13}C NMR 스펙트럼의 해석은 다음 사실에 의해서 단순화된다.

- 별 개의 환경에 있는 각 탄소 원자마다 한 개의 ^{13}C NMR 피크를 만든다.
- ^{13}C 신호가 다중선으로 갈라지는 것은 통상적인 ^{13}C NMR 스펙트럼에서는 관찰되지 않는다.

^{1}H NMR 스펙트럼에서 서로 가까이에 있는(2~3개 결합 이내) 수소 원자의 핵들이 서로 짝지음을 하여 각 수소의 신호가 다중선 피크로 갈라짐을 기억해 보시오. 이러한 현상이 인접 탄소로 인하여 일어나지 않는 것은 100개의 탄소 원자당 단지 한 개의 탄소-13인 원자핵이 존재하기 때문이다(1.1%의 천연 존재비). 그러므로 탄소-13인 원자가 이웃할 확률은 10,000분의 1(1.1% × 1.1%)일 뿐이다. 이로써 두 이웃한 탄소 원자가 서로의 신호를 다중선의 피크로 갈라내는 가능성은 기본적으로 불가능하다.

탄소-탄소 신호 갈라짐은 ^{13}C NMR 스펙트럼에서 볼 수 없지만, 탄소에 결합된 수소 원자들은 ^{13}C NMR 신호를 다중선 피크로 갈라지게 한다. 그러나 기기 작동 과정에서 탄소-수소 상호작용을 짝풀리게 하는 조작을 선택함으로써 ^{1}H–^{13}C 짝지음에 의한 신호 갈라짐을 없앨 수 있다. 양성자 상호작용을 제거한 ^{13}C NMR 스펙트럼을 **넓은 띠(broadband, BB) 양성자-짝풀린(proton-decoupled)** 스펙트럼이라고 말한다.

- 양성자-짝풀린(proton-decoupled) ^{13}C NMR 스펙트럼에서 별 개의 환경에 있는 탄소는 단 한 가지 피크만 타나낸다.

대부분의 ^{13}C NMR 스펙트럼은 이런 단순화된 넓은 띠 짝풀린 방식으로 먼저 얻어지고, 그 다음 ^{1}H–^{13}C 짝지음으로부터의 지식을 제공하는 식으로 얻게 된다(9.8D절).

9.8C ^{13}C 화학적 이동

^{1}H 스펙트럼에서 보았듯이, 어느 핵의 화학적 이동은 그 원자 주위에 있는 상대적인 전자 밀도에 의존한다.

- 원자 주위에 전자 밀도가 감소하면 그 원자는 자기장으로부터 **벗겨지고**, 따라서 그것의 신호가 NMR 스펙트럼에서 더 큰 화학적 이동(δ) 값과 더 높은 진동수인 왼쪽으로 이동한다.
- 전자 밀도가 비교적 크면 그 원자는 자기장으로부터 **가려지고** 신호는 더 작은 화학적 이동(δ) 값과 더 낮은 진동수인 오른쪽으로 이동한다.

예를 들어, 다른 탄소 원자나 수소 원자에만 결합된 탄소 원자는 그 주위의 전자 밀도에 의해서 자기장으로부터 가려지게 되고, 이런 형태의 탄소 원자는 ^{13}C NMR 스펙트럼에서 더 오른

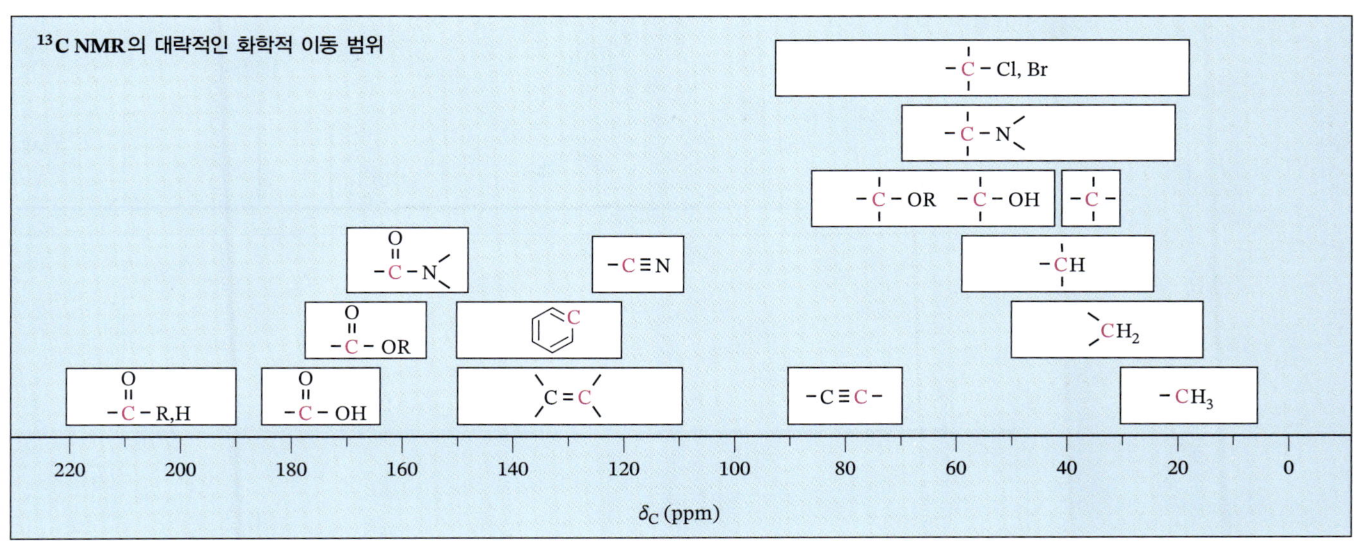

그림 9.18 대략적인 ^{13}C 화학적 이동

쪽에서 신호를 보인다. 한편, 전기 음성적인 기를 지닌 탄소 원자는 전자를 끄는 효과 때문에 자기장으로부터 벗겨지게 되고, 따라서 NMR 스펙트럼의 왼쪽에서 신호를 나타낸다.

- 할로젠, 하이드록실기 같은 전자를 끄는 작용기들은 그들이 붙어 있는 탄소 원자를 벗겨 내기 때문에 이런 치환기가 없는 탄소 원자에 비해 ^{13}C NMR 피크들이 아주 더 큰 화학적 이동(ppm) 값으로 이동하게 한다.

다른 치환기를 지닌 탄소들에 대한 화학적 이동 범위를 대략적으로 수록한 표가 많이 있다. **그림 9.18**과 **표 9.2**가 예들이다. [^{13}C NMR 스펙트럼에서도 기준은 $Si(CH_3)_4$(테트라메틸실레인, TMS)를 0 ppm으로 정한다.]

^{13}C NMR 스펙트럼을 해석하기 위한 첫 번째 예로, 1-클로로-2-프로판올의 ^{13}C 스펙트럼(그림 9.19*a*)을 살펴보기로 하자.

$$\underset{}{Cl}-\overset{(a)}{CH_2}-\overset{(b)}{\underset{\displaystyle OH}{\underset{|}{CH}}}-\overset{(c)}{CH_3}$$

1-Chloro-2-propanol

이 화합물은 3개의 특이한 탄소 원자를 가졌으며, 따라서 이것의 넓은 띠-짝풀린 ^{13}C NMR 스펙트럼에는 단지 3개의 피크만 대략 20, 51, 67 ppm에서 나타난다. **그림 9.19**는 77 ppm에서 세 피크의 밀집된 집단을 나타내고 있다. 이 피크들은 용매로 사용된 듀테리오클로로폼($CDCl_3$)의 신호이다. 많은 ^{13}C NMR 스펙트럼이 이들 피크를 보여 준다. 비록 여기서 관심거리가 되지는 않지만, $CDCl_3$의 탄소에 대응되는 신호가 결합된 중수소에 의해서 세 피크로 갈라진 것이다.

- 77 ppm에서 나타나는 $CDCl_3$ 용매 피크는 ^{13}C 스펙트럼을 해석할 때 무시해야 한다.

여기서 보듯이, 1-클로로-2-프로판올의 세 피크를 나타내는 화학적 이동은 서로 잘 떨어져 있다. 이것은 각 탄소의 COSY 교차 피크 상관관계(COSY Cross-Peak Correlation)의 국지적

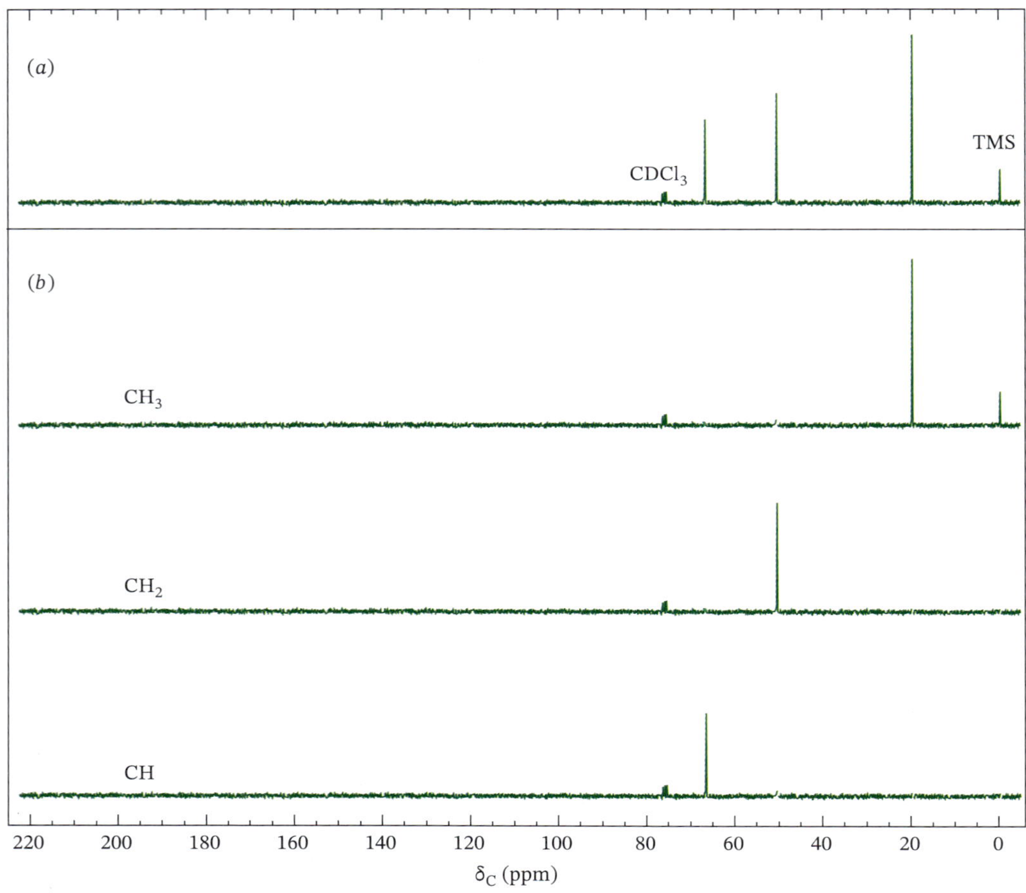

그림 9.19 (a) 1-클로로-2-프로판올의 넓은 띠 양성자-짝풀린 ^{13}C NMR 스펙트럼. (b) 이 세 가지 스펙트럼은 1-클로로-2-프로판올의 DEPT ^{13}C NMR 자료를 보여 주고 있다(9.8D절을 보시오). (이것은 본 교재에서 DEPT 스펙트럼 전체를 유일하게 나타낸 것이다. 다른 ^{13}C NMR은 넓은 띠 양성자-짝풀린 스펙트럼을 보이고 DEPT ^{13}C NMR 정보를 각 피크 가까이에 C, CH, CH_2, 또는 CH_3로 표시한다.)

인 환경에 있어서 회전하는 전자들이 가려 주는 차이가 다른 결과이다.

- 탄소 부근의 전자 밀도가 낮을수록 탄소는 덜 가려질 것이고, 그 탄소의 신호는 더 큰 ppm 값에서 나타나도록 한다(왼쪽으로 이동).

하이드록실기의 산소 원자는 가장 전기 음성적이며 전자를 가장 효과적으로 끌어당긴다. 따라서 —OH기를 갖고 있는 탄소는 가장 **벗겨진** 셈이고 이 탄소의 신호가 가장 낮은 장인 67 ppm에서 나타나는 것이다. 염소는 산소보다 덜 전기 음성적이며 그것이 결합된 탄소의 피크를 더 높은 장인 51 ppm에서 피크를 보인다. 메틸기의 탄소에는 전기 음성적인 기가 곧바로 결합되어 있지 않다. 그래서 그것의 신호는 가장 높은 장인 20 ppm에서 나타난다. 전형적인 화학적 이동 값을 수록한 표(그림 9.18과 표 9.2)를 사용하여 분자에 있는 각 탄소에 대응되는 ^{13}C NMR 신호를 각 탄소에 결합된 작용기에 근거하여 지정할 수 있다.

9.8D DEPT와 APT 스펙트럼

때로는 분자 내의 특정 탄소의 NMR 피크를 지정하기 위해서 화학적 이동의 예측치 이외에

표 9.2 탄소-13의 대략적인 화학적 이동 값

탄소 원자의 형태	화학적 이동 (δ, ppm)
1° 알킬, RCH_3	0~40
2° 알킬, RCH_2R	10~50
3° 알킬, $RCHR_2$	15~50
할로젠화 알킬 또는 아민, —C—X (X = Cl, Br, 또는 N—)	10~65
알코올 또는 에터, —C—O—	50~90
알카인, —C≡	60~90
알킨, >C=	100~170
아릴, (벤젠 고리)C—	100~170
나이트릴, —C≡N	120~130
아마이드, —C(=O)—N—	150~180
카복실산, 에스터, —C(=O)—O—	160~185
알데하이드, 케톤, —C(=O)—	182~215

도 추가 정보가 필요하기도 한다. 다행히도 NMR 분광기는 탄소 원자들을 각각에 결합된 수소 원자의 수에 따라 구별할 수 있다. 이러한 목표를 달성하는 방법에는 여러 가지가 있다. 가장 일반적인 것 두 가지 중 하나는 **DEPT(distortionless enhancement by polarization transfer, 일그러짐 없이 증대된 편극 전이)** 스펙트럼과 **APT(attached proton test, 붙어 있는 양성자 시험)** 스펙트럼이다. 두 가지 형태의 스펙트럼은 해석하기가 매우 간단하다.

- **DEPT ^{13}C NMR** 스펙트럼은 탄소에 결합된 수소 원자의 수를 나타내며, 넓은 띠-짝풀린 ^{13}C NMR 스펙트럼에 들어 있는 화학적 이동에 대한 정보를 또한 제공해 준다. 이에 따라 DEPT 스펙트럼의 탄소 신호는 CH_3, CH_2, CH, 또는 C로 분류된다.

DEPT NMR 데이터로부터 수소의 연결성에 대한 정보는 실제로 같은 시료를 가지고 여러 개의 ^{13}C 스펙트럼을 찍어서 얻어지는데(그림 9.19*b*), 스펙트럼의 전체적인 결과는 각 탄소에 대한 수소 치환 정보를 제공한다(그림 9.19*a*). 이 교재에서는 최종 결과에 이른 총체적인 스펙트럼을 재생하기보다는 DEPT 스펙트럼으로부터 얻어진 정보를 ^{13}C 피크에 C, CH, CH_2, CH_3로 표시하여 단순하게 나타내기로 한다.

- **APT ^{13}C NMR 스펙트럼**은 각 탄소에 수소가 홀수 또는 짝수 개 결합되었는지를 위 또는 아래 방향의 신호로 나타낸다. CH_3와 CH(홀수의 수소) 탄소 신호는 한 방향으로 향하고 CH_2와 C(짝수의 수소) 탄소 신호는 다른 방향으로 향한다.

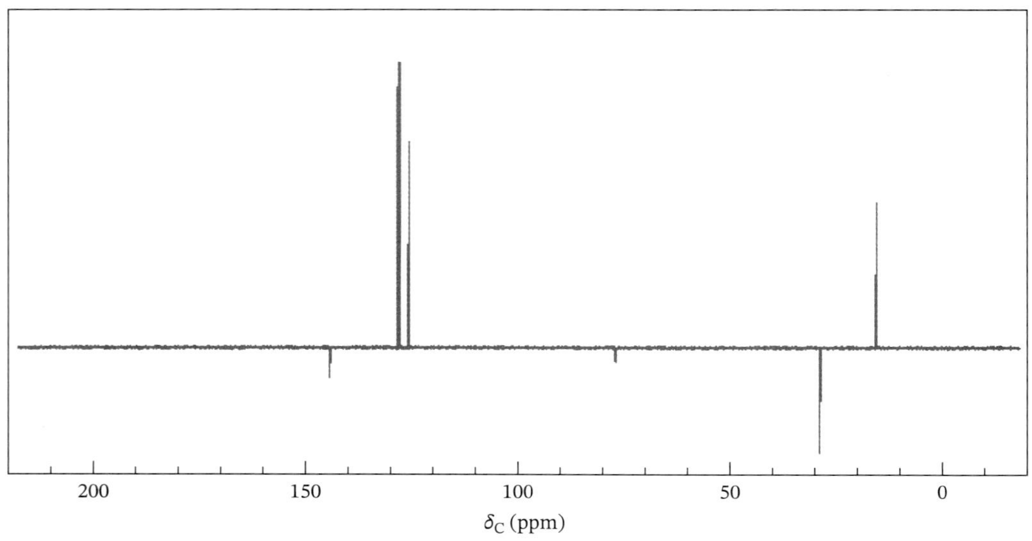

그림 9.20 에틸벤젠의 ATP ^{13}C NMR 스펙트럼

주어진 스펙트럼에서 어느 방향이 CH_3/CH 신호인지와 CH_2/C 신호인지를 정하려면 용매의 신호 방향을 주목한다. 예를 들어, $CDCl_3$(77 ppm) 같은 중수소화된 용매는 붙어 있는 수소 원자가 없어서 용매 신호의 방향은 짝수로 붙어 있는 수소를 가진 탄소의 방향을 나타낸다. APT 스펙트럼의 실용적인 이점은 NMR 분광기에서 단 한 개의 스펙트럼을 얻으면 된다는 것이다. 반면, DEPT 자료에서는 여러 개의 스펙트럼을 얻어서 처리를 해야 한다.

APT 스펙트럼에서 CH_3와 CH의 신호를 구별하는 것과 CH_2와 C의 신호를 구별하는 것은 다른 구조적인 요소들에 근거하여 대개 곧바로 할 수 있다. 한 가지 요소는 수소가 없는 탄소는 수소를 한 개, 두 개, 또는 세 개 지닌 탄소보다 대개 약한 ^{13}C NMR 신호를 낸다(그 까닭은 여기서 설명하지 않기로 한다). 이 요소(용매 신호의 방향 이외에도)는 C와 CH_2 탄소에 대

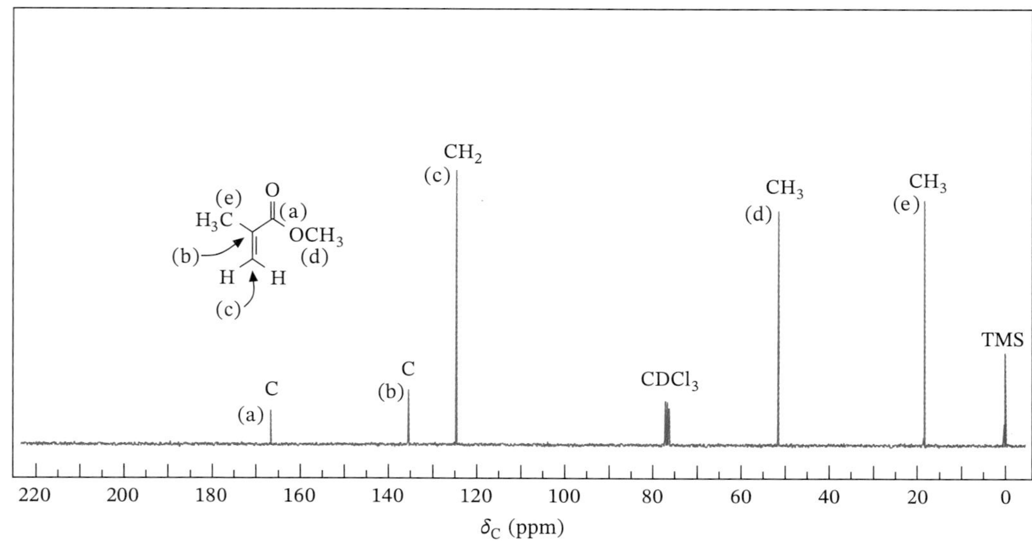

그림 9.21 메타아크릴산 메틸의 넓은 띠 양성자-짝풀린 ^{13}C NMR 스펙트럼. 붙어 있는 양성자에 대한 정보가 각 피크 위에 제시되어 있다.

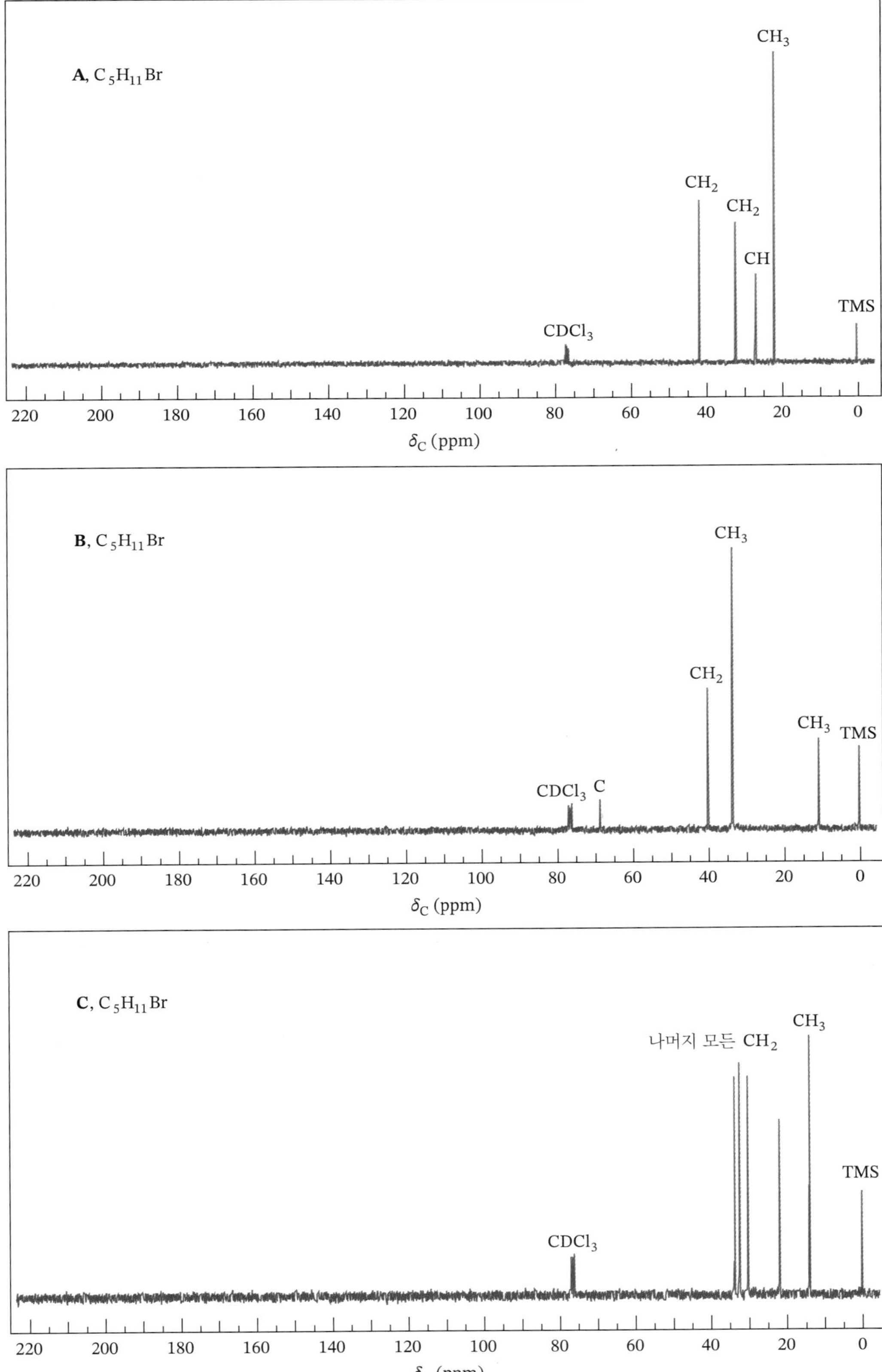

그림 9.22 되새김 물음 9.14의 화합물 **A**, **B**, 그리고 **C**의 넓은 띠 양성자-짝풀린 ^{13}C NMR 스펙트럼. 붙어 있는 양성자에 대한 정보가 피크 위에 제시되어 있다.

응되는 신호를 확인하는 데 도움이 되고, 그 다음으로 CH_3와 CH 신호가 어느 것인지를 분명하게 한다.

하나의 예로 에틸벤젠의 ATP ^{13}C 스펙트럼(**그림 9.20**)을 고려해 보자.

이 스펙트럼에서 77 ppm에서 $CDCl_3$ 신호가 아래로 향함을 보게 되고 CH_2와 C의 신호 또한 아래 방향임을 알 수 있다. 따라서 가장 큰 진동수의 신호(약 145 ppm)는 에틸기가 결합된 벤젠 고리이다. 30 ppm 부근의 아래로 향한 신호는 에틸(CH_2)기이다. 가까이에 있는 위로 향한 신호는 메틸기이다. 125~130 ppm의 위로 향한 세 개의 신호는 벤젠 고리의 나머지 다섯 CH 탄소이다.

^{13}C NMR 스펙트럼을 해석하기 위한 마지막 예로, 메타아크릴산 메틸의 스펙트럼(**그림 9.21**)을 살펴보기로 하자. (이 화합물은 상업용 고중합체인 Lucite나 Plexiglas의 단위체이다. 10장 참조.) 메타아크릴산 메틸의 다섯 탄소는 ^{13}C 스펙트럼의 여러 화학적 이동 영역에 대응되는 탄소 형태를 나타내 주고 있다. 더욱이 이 분자의 구조에는 대칭성이 없기 때문에 모든 탄소 원자들이 독특하며, 따라서 다섯 개의 뚜렷한 탄소 신호들이 보인다. 대략적인 ^{13}C 화학적 이동 표(그림 9.18과 표 9.2)를 활용하여 167.3 ppm의 피크는 에스터 카보닐 탄소에 해당되고, 51.5 ppm은 에스터의 산소에 결합된 메틸 탄소이며, 18.3 ppm은 C_2에 결합된 메틸, 그리고 136.9 ppm과 124.7 ppm의 피크는 알켄의 탄소에 해당됨을 곧 알 수 있다. 그밖에도 붙어 있는 양성자에 대한 정보를 이용하면 알켄 탄소의 신호를 명확하게 지정할 수 있다. 124.7 ppm의 피크가 두 개의 수소를 가졌으며, 따라서 그것은 C_3, 즉 메타아크릴산 메틸의 말단 알켄 탄소임을 확실하게 해준다. 수소가 없는 알켄 탄소는 물론 C_2이다.

되새김 물음 9.14

화합물 **A**, **B**, **C**는 분자식이 $C_5H_{11}Br$인 이성질체들이다. 그들의 넓은 띠 양성자-짝풀린 ^{13}C NMR 스펙트라는 **그림 9.22**와 같다. DEPT ^{13}C NMR 스펙트라로부터 얻은 정보는 각 피크 근처에 표시하였다. **A**, **B**, **C**의 구조를 제시하시오.

생물 화학: 의학에 쓰이는 자기 공명 영상화

^1H NMR 분광법을 의학에 응용하는 중요한 것 중 하나는 **자기 공명 영상화**(**magnetic resonance imaging**) 또는 **MRI**라고 불리는 기술이다. MRI의 큰 이점은 X-선과는 달리 이것은 위험하고도 이온화를 일으키는 방사선을 쓰지 않고 영상의 대조를 위하여 해로울 가능성이 있는 약품을 주사할 필요가 없다는 것이다. MRI에서 환자의 몸은 강력한 자기장 안에 놓이며 라디오파의 진동 에너지를 쬐여 준다.

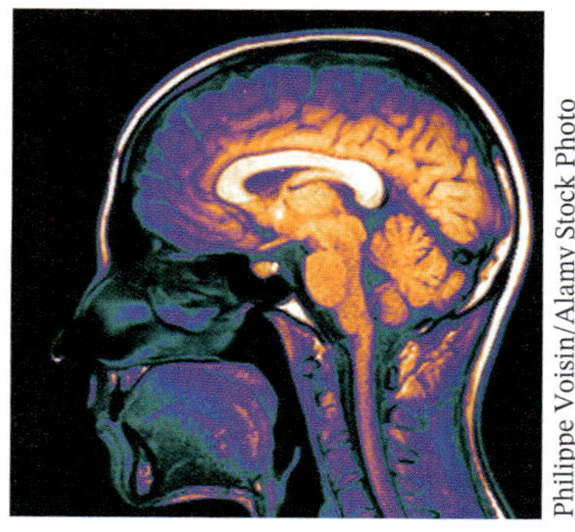
Philippe Voisin/Alamy Stock Photo

MRI에 의해서 얻어진 영상

전형적인 MRI 영상 그림이 오른쪽에 있다. 이와 같은 영상을 만들어 내기 위하여 사용된 기기는 관찰하려는 조직에 있는 양성자를 들뜨게 하며, 정보를 영상으로 전사하는 데 Fourier 변환을 사용한다. 영상의 여러 영역에서의 밝기는 두 가지 사실과 관련이 있다.

첫 번째 요인은 특정한 위치에 있는 조직 속의 양성자 수이다. 두 번째 요인은 양성자의 **이완 시간**(**relaxation time**)이라 불리는 것에 기인된다. 양성자들이 라디오파 진동 에너지의 순간 파동에 의해서 더 높은 에너지 상태로 들뜨게 되면 그들은 에너지를 흡수한다. 그들은 두 번째 순간 파동에 의해서 다시 들뜨기 전에 에너지를 잃고 낮은 에너지 스핀 상태로 돌아가야 한다. 핵들이 에너지를 잃는 과정을 **이완**(**relaxation**)이라 부르며, 이것이 일어나는 데 걸리는 시간이 이완 시간이다. 그러한 시간은 고체, 액체, 그리고 다른 형태의 조직 사이에서 다르다.

라디오파 진동수인 복사선의 순간 파동 사이의 시간에 근거한 여러 가지 기술이 연체 조직 내의 다른 영역 사이에 대조를 이루기 위하여 이완 시간 차를 이용하도록 개발되었다. 연체 조직의 대조는 X-선 기술로 만들어 내는 것보다 더 잘 이루어진다. 자기 공명 영상은 종양, 병해, 그리고 부족의 위치를 확정하는 데 효과적으로 사용된다. 이 기술의 개선이 급속도로 이루어지고 있으며, 그 방법은 양성자의 신호만을 관찰하는 것으로 한정되어 있지 않다.

의학 연구에 있어서 중요한 분야 중 하나는 ^{31}P의 신호를 관찰하는 것이다. 인과 인산 에스터를 포함한 아데노신 삼인산(ATP)과 아데노신 이인산(ADP) 같은 화합물들은 대사 과정에 관여하고 있다. NMR에 근거한 기술을 사용하여 세포에서의 대사 과정을 추적할 수 있는 방법을 정립하게 되었다.

9.9 이차원(2D) NMR 기술

NMR 스펙트럼의 해석을 아주 단순화시켜 주는 많은 NMR 기술들이 나와 있다. **다차원 NMR 분광법(multidimensional FTNMR spectroscopy)**이라고 불리는 기술을 통하여 스핀-스핀 짝지음과 분자 내 원자의 **연결성**에 관한 지식을 이제 아주 쉽게 얻을 수 있다. 가장 일반적인 다차원 기술은 **이차원 NMR(two-dimensional NMR)(2D NMR)**을 이용하는 것으로 **COSY**, HETCOR 또는 **HSQC**, 그리고 다른 여러 가지의 머릿글자로 나타낸다. [삼차원(또는 그 이상)의 기술도 가능하지만 계산적인 요구를 충족시켜 주지 못하고 있다.] 2D NMR 스펙트럼의 이차원의 의미는 지면에 나타나는 방식을 의미하는 것이 아니라, 자료가 두 가지 라디오 진동수인 펄스파를 사용하여 파 사이의 시간 차를 변화시켜 축적된다는 것을 뜻한다. 다른 기기적인 인자들의 첨단화된 응용도 또한 관여되어 있다. 그러나 이 인자들과 다차원 NMR의 뒷받침이 되는 물리학을 논의하는 것은 이 교재의 범위 밖이다. 그러나 결과적으로는 통상적인 일차원 스펙트럼이 수평축과 수직축을 따라 나타나고 그래프의 x–y 영역에 대응 피크들의 집단이 나타나는 NMR 스펙트럼이다.

2D NMR을 ^{1}H NMR에 적용했을 때 **^{1}H–^{1}H 상관 분광학(^{1}H–^{1}H correlation spectroscopy**, 또는 약어로 **^{1}H–^{1}H COSY)**이라고 부른다. ^{1}H–^{1}H COSY 스펙트럼은 양성자–양성자 상관 관계를 유추하는 데 특별히 유용하다. 2D NMR 스펙트럼은 수소와 그들이 연결된 **탄소** 사이의 짝지음도 나타내 준다. 이 경우는 **이종 핵간 상관 분광학(heteronuclear correlation spectroscopy, HETCOR)**이라고 부른다. ^{1}H–^{13}C NMR 상관 데이터의 가장 일반적인 형태의 하나는 **HSQC**(heteronuclear single-quantum correlation spectroscopy)이다. 일차원 ^{1}H와 ^{13}C 스펙트럼이 애매모호할 경우 ^{1}H–^{13}C HETCOR 스펙트럼은 어느 수소와 탄소가 각각의 피크를 만들어 내는지를 정확히 지정해 줄 수 있다.

9.9A ^{1}H–^{1}H COSY 교차 피크 상관관계

그림 9.23은 1-클로로-2-프로판올의 COSY 스펙트럼이다. ^{1}H–^{1}H COSY 스펙트럼에서 통상적인 일차원 ^{1}H 스펙트럼이 수평축과 수직축을 따라 나타나 있다. 그 사이에 ^{1}H–^{1}H COSY 스펙트럼의 x–y 영역은 등고선 지도와 유사하며, 산맥 지도의 등고선을 내려다 보는 것처럼 생각할 수 있다. ^{1}H–^{1}H COSY 스펙트럼에서 대각선상에 있는 한 피크에 대한 1-클로로-2-프로판올의 일차원 스펙트럼은 각 피크가 하나의 산으로 보인다. 대각선의 각 피크에 대응되는 일차원 스펙트럼의 피크는 각 축에서 피크 바로 아래에 놓여 있다. 대각선상의 피크는 각 축을 따라 얻어진 일차원 스펙트럼의 정보와 다를 것이 없다.

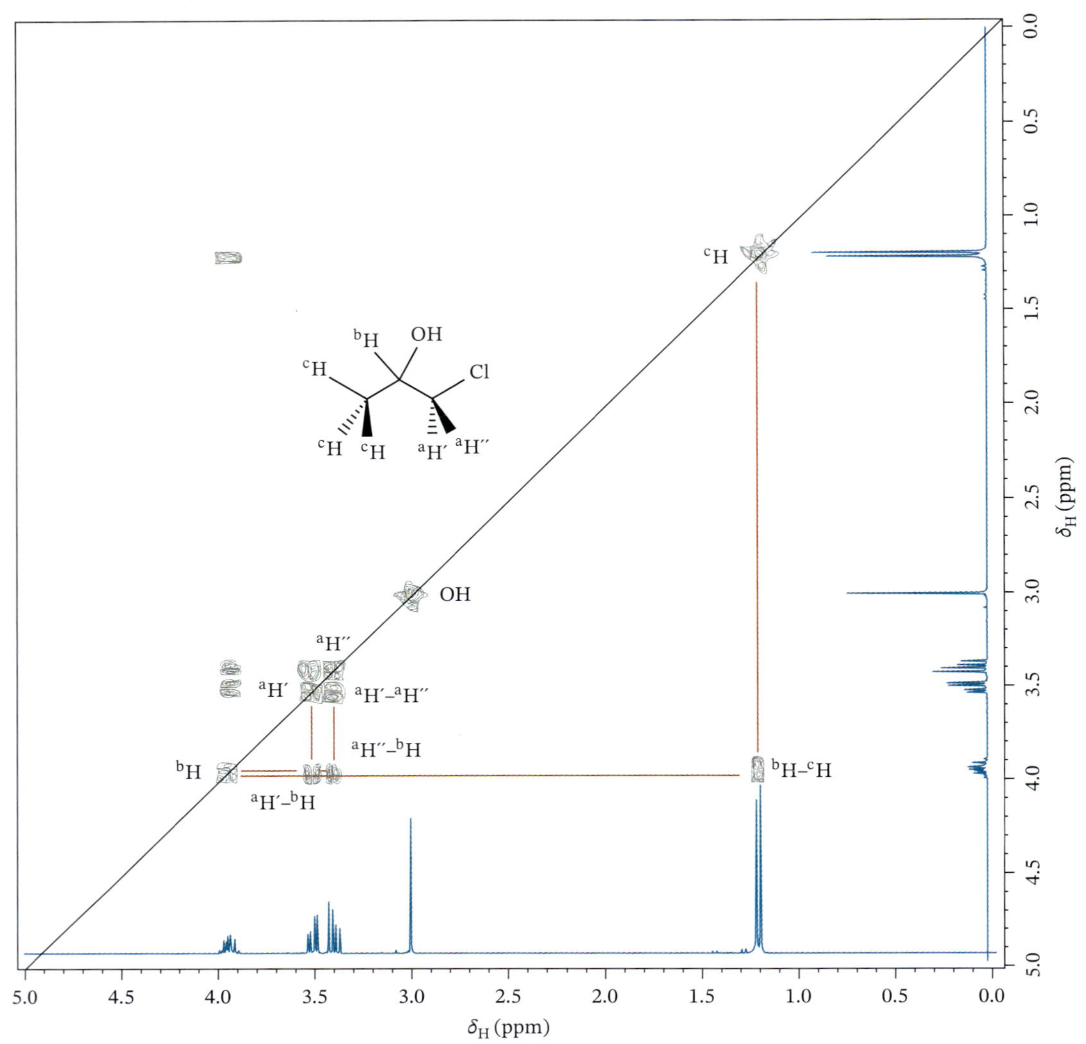

그림 9.23 1-클로로-2-프로판올의 ^{1}H–^{1}H COSY 스펙트럼

^{1}H–^{1}H COSY 스펙트럼(때로는 간단히 COSY라고도 부름)으로부터 얻을 수 있는 중요하고도 새로운 정보는 대각선으로부터 벗어난 곳에 나타나는 상관관계 피크('산맥')로부터 얻을 수 있다.

- 대각선의 한 교차 피크로부터 출발해서 두 개의 수직선(즉, 스펙트럼의 축 각각에 평행인 선)을 거쳐서 대각선으로 되돌아오는 것을 상상해 보자. 그림 9.23에서 적색 선으로 그려져 있다. 수직인 선은 COSY 스펙트럼 원본에서는 대개 나타내지 않는데, 왜냐하면 이들이 포함되었을 때 불필요하게 복잡해 보이기 때문이다.
- 이들 수직선에 의해서 대각선상에 마주치는 피크들은 서로 스핀–스핀 짝지음을 한다.
- 수직선에 의해서 대각선상에서 연관되는 피크 바로 아래에 보이는 일차원 스펙트럼의 신호들은 서로 스핀–스핀 짝지음을 한다.

대각선 위의 교차 피크들은 대각선 아래의 피크들의 거울상이다. 그러므로 정보는 반복되는 것이며, 대각선 한 쪽의 교차 피크들만 수직인 선들과의 연관을 통해서 해석하면 된다.

이제 1-클로로-2-프로판올의 COSY 스펙트럼(그림 9.23)에서 짝지음 관계를 살펴보자. (비록 1-클로로-2-프로판올의 일차원 스펙트럼도 아주 쉽게 풀어낼 수는 있지만, 이 화합물은 COSY 스펙트럼을 해석하는 하나의 좋은 예가 된다.)

1. 먼저 COSY 스펙트럼에서 짝지음 관계를 추적하기 시작한 출발점을 선정한다. 일차원 스펙트럼에서 배정하기가 비교적 쉬운 피크 하나가 좋은 기준점이 된다. 1-클로로-2-프로판올에 있어서 δ 1.2 ppm에 있는 이중선은 메틸기임이 매우 자명하여 쉽게 배정될 수 있다.
2. 메틸 이중선에 대응되는 피크를 대각선에서 찾는다. 이것은 일차원 스펙트럼에서 메틸 이중선 바로 위에 있으며, 그림 9.23에서 ^{c}H라고 표시하였다.
3. 이제 어느 신호가 메틸 이중선과 짝짓는지는 그것과 연관된 교차 피크를 찾아내서 결정한다. 대각선상의 메틸 이중선 피크로부터 어느 한 축과 평행인 선을 긋는다(또는 상상한다). 그렇게 함으로써 이 선이 그림 9.23에서 ^{b}H−^{c}H라고 표시된 교차 피크에 이르게 된다.
4. 교차 피크 ^{b}H−^{c}H로부터 대각선으로 되돌아가는 수직인 선을 취하면 대각선에 ^{b}H라고 표시된 피크에 이르게 된다. 일차원 스펙트럼에서 ^{b}H 대각선 피크 아래에 있는 δ 3.9 ppm의 신호는 메틸 이중선과 스핀−스핀 짝짓는 신호이며, 이 신호가 1-클로로-2-프로판올의 알코올 탄소에 있는 수소로부터의 신호임이 분명해진다.
5. 상관 순서를 계속하면 ^{b}H 대각선 피크로부터 상관되는 교차 피크에 이르는 선을 그을 수 있다. 그렇게 하면 δ 3.5와 3.4 ppm에 있는 일차원 신호 위의 교차 피크를 보게 되는데, 이것은 δ 3.9 ppm의 ^{b}H가 δ 3.5와 3.4 ppm에서 신호를 생성하는 수소와 짝지음을 의미한다. 이들 교차 피크를 ^{a}H′−^{b}H와 ^{a}H″−^{b}H로 표시하였다. 그러므로 δ 3.5와 δ 3.4 ppm의 신호들은 C1에 있는 두 수소에 대응된다. C2가 카이랄 중심이기 때문에 C1에 있는 수소들은 부분 입체 이성질성이며 따라서 화학적 이동 동등체가 아니다. 이들은 ^{a}H′과 ^{a}H″으로 표시하였다. 이것은 같은 자리 짝지음(geminal coupling)이지 **이웃한 짝지음(vicinal coupling)**이 아니다.

9.9B ^{1}H−^{13}C HETCOR 교차 피크 상관관계

^{1}H−^{13}C 이종 핵간 상관(heteronuclear correlation, HETCOR) 스펙트럼에서는 한 축을 따라서 ^{13}C 스펙트럼이, 다른 축을 따라서 ^{1}H 스펙트럼이 나타나 있다. 구체적으로 ^{1}H−^{13}C HETCOR 스펙트럼의 교차 피크는 분자에서 어느 수소가 어느 탄소에 결합되어 있는지를 나타낸다. ^{1}H−^{1}H COSY 스펙트럼에서 발견되는 것과 같은 $x-y$ 영역에서는 대각선 스펙트럼이 없다. 한 교차 피크로부터 ^{1}H−^{13}C 이종 핵간 상관 스펙트럼의 각 축에 가상의 직선을 긋는다면, 교차 피크는 한 축 상의 ^{1}H NMR 신호를 나타내는 수소가 다른 축 상의 ^{13}C NMR 신호에 대응되는 탄소와 짝짓는다(결합되었다)는 사실을 나타낸다. 그러므로 어느 수소가 어느 탄소에 결합되어 있는지를 곧 알 수 있다.

1-클로로-2-프로판올의 HETCOR 스펙트럼(**그림 9.24**)을 살펴보자. ^{1}H−^{1}H COSY 스펙트럼을 이미 풀어보았으므로 1-클로로-2-프로판올의 어느 수소가 ^{1}H 스펙트럼에서 각 신호를 나타내는지를 정확히 알고 있다.

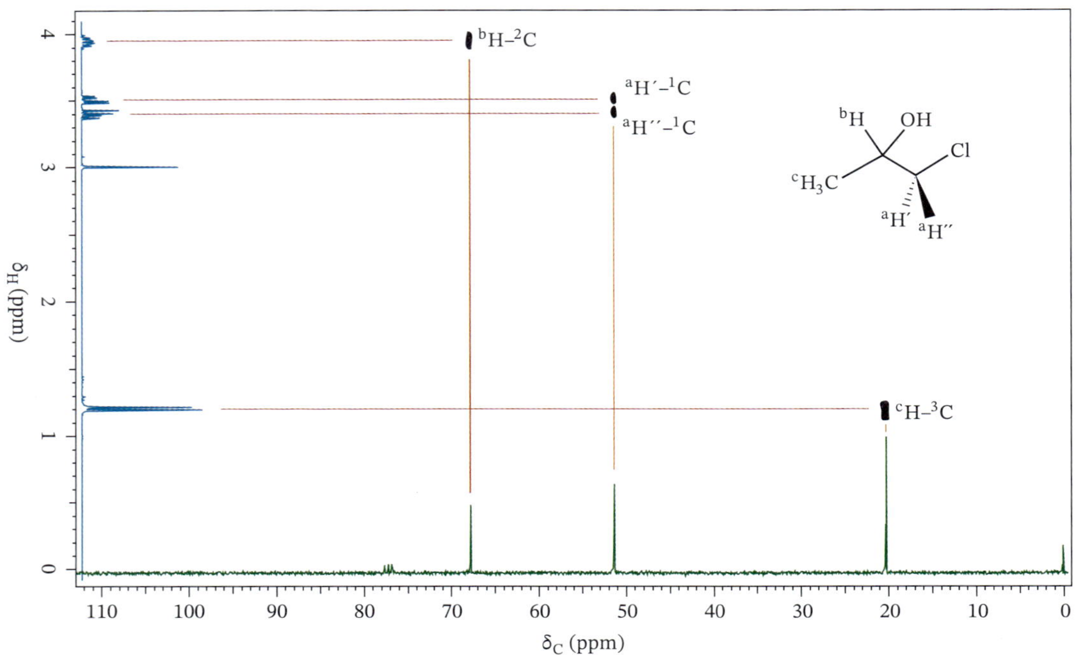

그림 9.24 1-클로로-2-프로판올의 $^1H-^{13}C$ HETCOR 스펙트럼. ^1H NMR 스펙트럼은 청색으로, ^{13}C NMR 스펙트럼은 녹색으로 나타냈다. 일차원 스펙트럼과 $^1H-^{13}C$ 교차 피크의 상관관계를 적색 선으로 나타냈다.

1. 양성자 스펙트럼의 1.2 ppm(수직축)에 있는 메틸 이중선으로부터 가상의 직선을 그어서 $x-y$ 영역에 있는 대응 피크까지 간 다음, ^{13}C 스펙트럼의 축(수평축)까지 내려가면 20 ppm에 있는 ^{13}C 피크는 1-클로로-2-프로판올의 메틸 탄소(C3)에 의해서 생긴 것임이 자명해진다.
2. 3.9 ppm의 ^1H NMR 피크를 그 분자의 알코올 탄소(C2)에 있는 수소라고 지정했으므로 ^{13}C 스펙트럼에 있는 대응 피크를 추적해 나가면 67 ppm에 있는 ^{13}C NMR 신호는 알코올 탄소(C2)로부터 온 것임을 알 수 있다.
3. 마지막으로, 3.4~3.5 ppm에 있는 ^1H NMR 피크는 염소를 지닌 탄소에 있는 두 수소에 기인된 것인데, 교차 피크가 51 ppm에 있는 ^{13}C 피크(C1)에 대응된다.

그러므로 $^1H-^1H$ COSY와 $^1H-^{13}C$ HETCOR 스펙트럼을 배합하여 1-클로로-2-프로판올의 모든 탄소와 수소 원자들을 명확히 지정할 수 있다. 1-클로로-2-프로판올을 사용한 간단한 경우는 COSY와 HETCOR 자료 없이도 스펙트럼의 판독은 가능하다. 그러나 많은 화합물들에 있어서 2D NMR 기술의 도움이 없이는 스펙트럼의 해석이 매우 어렵다.

9.10 질량 분석법의 소개

질량 분석법(mass spectrometry, MS)은 질량 분석기 내에서 이온이 형성된 다음 이온을 분리하고 질량 대 전하에 따라 검출하는 과정이다. 질량 스펙트럼은 x축에 검출된 이온의 화학식량을, y축에는 검출된 이온 각각의 존재량을 나타낸다. x축은 m/z로 표시되는데 m은 질량이고 z는 전하이다. 앞으로 고려할 예에서는 $z = +1$이어서 x축은 검출된 각 이온의 화학식량을

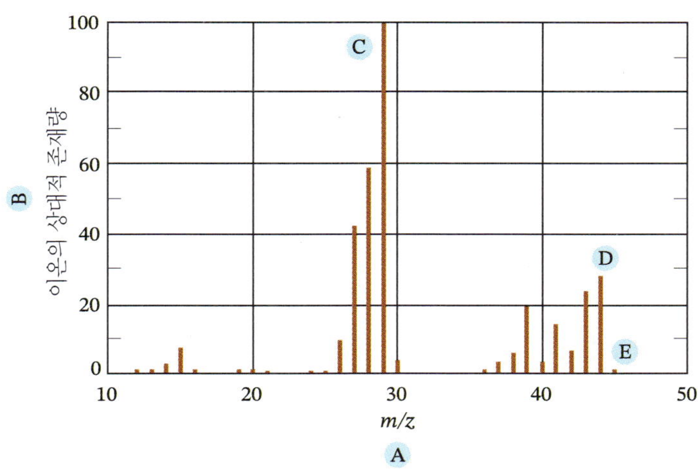

A x축은 단위가 m/z이며, 검출된 이온의 화학식량을 나타낸다. m/z는 질량(m) 대 전하(z)의 비이다. z는 전형적으로 +1이므로 m/z는 각 이온의 화학식량을 나타낸다.

B y축은 검출된 각 이온의 상대적인 존재량을 나타낸다.

C 가장 풍부한 이온(가장 큰 피크)를 **주피크(base peak)**라고 부른다. 주피크는 대개 원래의 화합물로부터 용이하게 생성되는 토막이다. 이 경우에는 에틸($C_2H_5^+$, m/z 29) 토막이다.

D 더 큰 값의 m/z 피크 중 하나는 **분자 이온(molecular ion**, 원래 화합물의 화학식량을 지닌 이온)일 수도 있다. 이것이 존재할 때 분자 이온(프로페인의 경우에는 m/z 44)은 대개 주피크가 아니다. 왜냐하면 원래 분자로부터 나온 이온들은 토막이 나서 스펙트럼의 다른 m/z 피크들을 만들기 때문이다.

E m/z 값이 화합물의 화학식량보다 1 또는 2 더 높은 작은 피크들은 ^{13}C나 다른 동위 원소 때문에 생긴 것이다(9.13절).

그림 9.25 프로페인의 질량 스펙트럼. (NIST Mass Spec Data Center, S. E. Stein, director, "Mass Spectra" in NIST Chemistry WebBook, NIST Standard Reference Database Number 69, Eds. P. J. Linstrom and W. G. Mallard, June 2005, National Institute of Standard and Technology, Gaitherburg, MD, 20899 http://webbook.nist.gov.)

나타낸다. y축은 이온의 상대적 존재량으로 대개 가장 큰 피크에 대한 백분율 또는 검출된 이온의 수로 나타낸다. 가장 큰 피크는 **주피크(base peak)**라고 부른다. 전형적인 예로 프로페인의 질량 스펙트럼을 **그림 9.25**에 보였다.

9.11 이온의 형성: 전자 충격 이온화

질량 분석법에서 이온은 다양한 방법으로 형성될 수 있다. 질량 분석기 내에서 분자를 이온으로 전환하는 방법[**이온화(ionization)**]은 시료를 고진공하에 놓아두고 높은 에너지(~70 eV 또는 ~6.7×10^3 kJ mol^{-1})의 전자 다발로 폭격을 하는 것이다. 이 방법은 **전자 충격(electron impact, EI)** 이온화 질량 분석법이라고 불린다. 전자 다발의 충격으로 기체 상태의 분자로부터 원자가 전자가 떨어져 나오고 분자에는 +1의 전하와 쌍을 이루지 않은 전자가 남는다. 이 화학종을 **분자 이온(molecular ion**, $M^{\dot{+}}$)이라고 부른다. 이 과정을 다음과 같이 표현할 수 있다.

> $\dot{+}$은 비공유 전자와 총 +1의 전하를 나타냄을 주목하라.

$$\underset{\text{분자}}{M} + \underset{\text{높은 에너지의 전자}}{e^-} \longrightarrow \underset{\text{분자 이온}}{M^{\dot{+}}} + 2\,e^-$$

분자 이온은 양전하를 띨 뿐만 아니라 홀수의 전자를 갖고 있으므로 **라디칼 양이온(radical cation)**이다. 프로페인을 예로 들면, 전자 충격 이온화에 의한 분자 이온의 형성은 다음과 같이 나타낼 수 있다.

> 라디칼 양이온

$$CH_3CH_2CH_3 + e^- \longrightarrow [CH_3CH_2CH_3]^{\dot{+}} + 2e^-$$

9.12 분자 이온의 표시

프로페인 라디칼 양이온에 대한 식을 중괄호로 나타냈음을 주목하시오. 프로페인의 어디에서 전자를 잃었는지 정확하게 모르기 때문에 이렇게 쓰는 것이다. 전자 충격에 의해서 프로페인의 원자가 전자 하나가 떨어져 나갔음을 알 뿐이다. 그러나 **분자 이온**을 국지적인 전하와 홀전자로 나타내는 것이 때로는 유용하다(9.13절에서 조각내기 반응을 논의할 것임). 프로페인의 분자 이온에 대해서 국지적인 전하와 홀전자로 나타내는 한 가지 가능한 식은 다음과 같다.

$$CH_3CH_2\overset{+}{\cdot}CH_3$$

그러나 많은 경우에서 어디에 홀전자와 전하를 놓을 것인가 하는 선택은 임의적이다. 프로페인에서와 같이 탄소-탄소, 그리고 탄소-수소 단일 결합만 있는 경우는 더욱 그렇다. 하지만 가능하면 분자 이온은 원래의 분자에서 가장 느슨하게 잡혀 있는 원자가 전자들 중 하나를 제거하였을 때 생길 것을 나타내는 구조를 쓴다. 어떤 전자가 가장 느슨하게 매어 있을지는 대개 이온화 퍼텐셜(**표 9.3**)로부터 추정될 수 있다. [분자의 이온화 퍼텐셜은 분자로부터 원자가 전자 한 개를 떼어 내는 데 드는 에너지(단위 = eV)이다.]

표 9.3 몇 가지 분자의 이온화 퍼텐셜

화합물	이온화 퍼텐셜 (eV)
$CH_3(CH_2)_3NH_2$	8.7
C_6H_6 (benzene)	9.2
C_2H_4	10.5
CH_3OH	10.8
C_2H_6	11.5
CH_4	12.7

예상되는 것처럼 이온화 퍼텐셜은 탄소-탄소, 그리고 탄소-수소의 σ 결합 전자들보다는 질소, 산소, 그리고 할로젠의 비결합 전자와 알켄과 방향족 분자의 π 전자들이 느슨하게 매어 있음을 나타낸다. 그러므로 다음과 같은 일반적인 규칙이 있다.

- 산소, 질소, 또는 π 결합들을 포함하는 분자에서 홀전자와 전하를 놓아두는 곳은 질소, 산소, 할로젠, 또는 π 결합이다. 만일 공명이 가능하면 라디칼 양이온은 비편재화된다.

다음은 이러한 경우의 예이다.

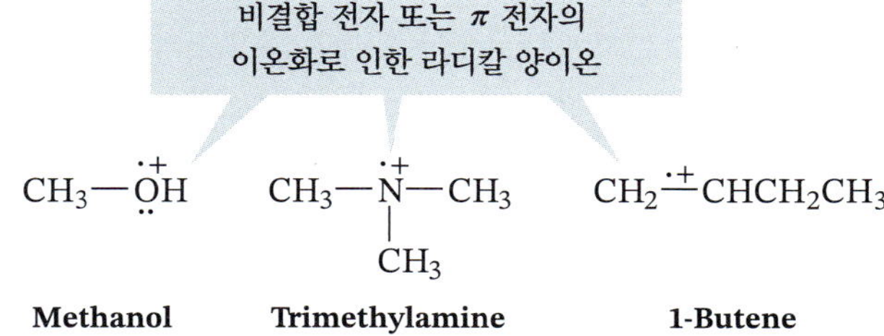

9.13 조각내기 반응

EI 질량 분석법에 의해서 형성된 분자 이온은 매우 큰 에너지를 지닌 화학종으로 **조각내기 반응(fragmentation)**이란 과정에 의해서 더 작은 조각으로 깨진다. 분자 이온은 다양한 방법으로 부서진다. 그렇게 생성된 조각들은 조각내기 반응을 더 진행한다. 가능한 모든 과정들을 살펴볼 수는 없지만 중요한 몇 가지를 조사해 보기로 한다.

세 가지 중요한 원칙을 생각하면서 시작하자.

1. 질량 분석기에서 일어나는 반응은 일분자 반응이다. 즉, 분자나 이온 사이의 충돌이 관여하지 않는다. 압력이 매우 낮으므로(10^{-6} torr) 이분자 충돌이 관여하는 반응은 일어나지 않는다.
2. 전자 한 개의 이동이 관여하는 메커니즘을 나타내기 위해서 홑날(낚시 바늘) 굽은 화살표를 사용한다(10.1절 참조).
3. 피크의 세기로 나타내진 상대적인 이온 존재량은 매우 중요하다. 스펙트럼에서 어떤 특출한 피크가 보이는 것은 생성된 조각의 구조와 그들의 처음 분자에서 있던 위치에 대한 핵심 정보를 제공해 준다.

9.13A 단일 결합의 분해에 의한 조각내기 반응

조각내기 반응의 한 가지 중요한 형태는 단일 결합에서 일어나는 단순한 분해이다. 라디칼 양이온으로부터 두 가지 방법으로 이런 분해가 일어난다. 각각의 방법에 의해 **양이온**과 **라디칼**이 생성되며 양이온만 질량 분석기에서 검출된다(라디칼은 전하를 띠고 있지는 않으므로 이동하지 않는다. 그러므로 검출되지 않는다). 프로페인으로부터 얻어진 분자 이온의 예를 보면, 두 가지 가능한 분해 모습은 다음과 같다.

$$[CH_3CH_2CH_3]^{+\cdot} \longrightarrow CH_3\overset{+}{C}H_2 + \cdot CH_3$$
$$[CH_3CH_2CH_3]^{+\cdot} \longrightarrow CH_3\dot{C}H_2 + {}^{+}CH_3$$

그러나 이 두 가지 모양의 분해는 같은 속도로 일어나지 않는다. 그러한 분해에 의해서 생성된 양이온의 상대적인 존재비는 탄소 양이온의 안정도와 라디칼의 안정도에 의해서 영향을 받는데, **탄소 양이온의 안정도가 더욱 중요하다**. 앞에서 본 프로페인의 스펙트럼(그림 9.25)에서 m/z 29($CH_3CH_2^+$)의 피크는 가장 강한 피크이다. m/z 15(CH_3^+)의 피크는 세기가 5.6% 밖에 되지 않는다. 이것은 CH_3^+보다 $CH_3CH_2^+$가 더욱 안정함을 의미한다.

분해 반응을 나타내기 위해서 메커니즘 화살표를 그릴 때 위의 프로페인에 대해서 한 것처럼 라디칼 이온의 국지적인 표시법을 택하는 것이 편리하다. (그러나 메커니즘이 아닌 단지 분해에 대한 식을 보일 때에는 식 주위에 중괄호를 쓰고 홀전자와 전하는 괄호 밖에 쓴다.) 프로페인의 조각내기 반응의 식은 다음과 같이 쓴다(전자 한 개의 이동을 의미하는 홑날 굽은 화살표 사용을 주의하시오).

$$CH_3CH_2CH_3 \xrightarrow[-e^-]{} CH_3CH_2\overset{+}{\cdot}CH_3 \longrightarrow \underset{m/z\ 29}{CH_3\overset{+}{C}H_2} + \cdot CH_3$$

또는

$$CH_3CH_2\overset{+}{\cdot}CH_3 \longrightarrow CH_3\dot{C}H_2 + \underset{m/z\ 15}{{}^{+}CH_3}$$

도움말

결합의 균일 분해와 라디칼이 관여하는 다른 과정에서와 같이 홑날 굽은 화살표는 전자 한 개의 이동을 나타낸다(10.1절 참조).

보기 물음 9.6

CH_3F의 질량 스펙트럼은 **그림 9.26**과 같다. **(a)** 분자 이온(m/z 34)의 타당한 구조를 제시하시오. **(b)** 스펙트럼에서 두 개의 다른 높은 존재량을 지닌 피크(m/z 33과 m/z 15)의 구조를 정하시오. **(c)** m/z 19의 피크가 낮은 존재량을 지닌 것에 대한 설명을 제시하시오.

풀이

(a) 비결합 전자는 결합 전자보다 이온화 에너지가 낮다. 따라서 CH_3F의 분자 이온은 플루오린 원자로부터 전자 한 개를 잃음으로써 형성된다고 예상할 수 있다.

$$e^- + CH_3-\ddot{F}: \xrightarrow[\text{(EI)}]{\text{전자 충격 이온화}} CH_3-\dot{F}:^{+} + 2e^-$$

(b) m/z 33인 이온은 분자 이온보다 원자 질량 단위가 1 다르다. 따라서 수소 원자가 떨어졌을 것이다. 수소 원자 하나를 잃는 분해는 다음과 같이 일어나 탄소와 플루오린이 모두 원자가 전자 껍질을 채우고 전체적으로 양이온인 화학종이 되도록 했을 것이다.

$$H_3C-\dot{F}:^{+} \xrightarrow{-H\cdot} H_2\dot{C}-\dot{F}:^{+} \longleftrightarrow H_2C=\ddot{F}:^{+}$$

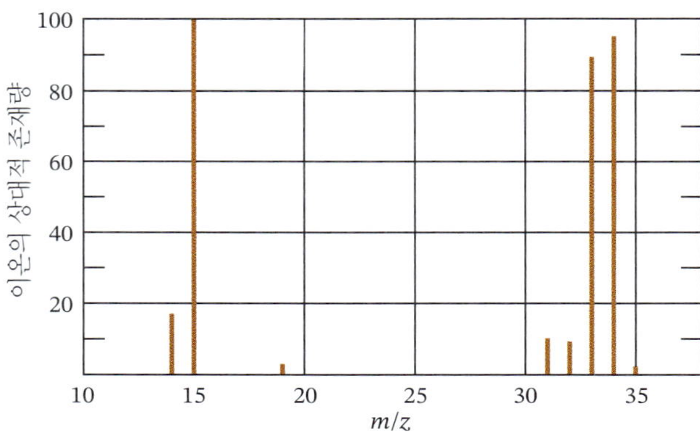

그림 9.26 보기 물음 9.6에 대한 질량 스펙트럼

m/z 15인 이온은 아래에 보인 것처럼 플루오린 원자를 잃고 형성된 메틸 탄소 양이온이다. 메틸 탄소 양이온의 순간적인 존재는 전자 충격 이온화(EI) 질량 분석법(MS)에서 가능한데, 높은 운동 에너지를 가진 전자가 분석을 수행하는 화학종을 폭격하여 용액에서 일어나는 반응보다는 더 높은 에너지의 반응 경로를 허락하기 때문이다.

$$H_3C-\dot{F}:^{+} \longrightarrow CH_3^{+} + \cdot\ddot{F}:$$

(c) 이 스펙트럼에서 m/z 19인 작은 피크는 플루오린 양이온일 것이다. F^+ 이온에 단지 6개의 원자가 전자가 존재하며 플루오린의 강력한 전기 음성도 때문에 F^+ 이온의 형성에 매우 높은 에너지 장벽을 만들 것이다. 그러므로 F^+ 이온은 CH_3F^+의 다른 이온화 반응이나 분해 경로에 비해서 상대적으로 형성 빈도가 낮다.

9.13B 긴 사슬과 가지달린 알케인의 조각내기 반응

그림 9.27에 보인 헥세인의 질량 스펙트럼은 긴 사슬의 알케인이 조각내기 반응을 하는 것을 보여 주고 있다. 여기서 상당히 많은 분자 이온을 m/z 86에서 볼 수 있으며, $M^{\ddagger}$ +1 피크가

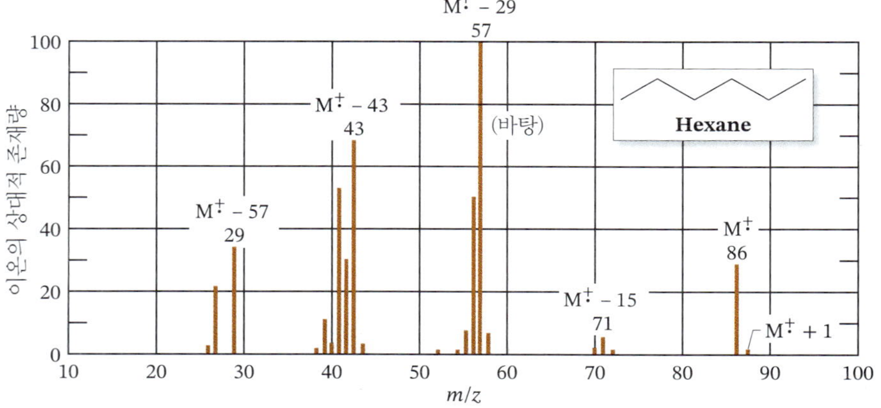

그림 9.27 헥세인의 질량 스펙트럼

이에 조금 수반되어 있음을 알 수 있다. $\cdot CH_3$를 잃음으로써 m/z 71($M^{\ddagger}-15$)에 더 작은 피크가 있고, 주피크는 m/z 57($M^{\ddagger}-29$)에 있으며 $\cdot CH_2CH_3$의 손실에 해당하는 것이다. 다른 현저한 피크들은 m/z 43($M^{\ddagger}-43$)과 m/z 29($M^{\ddagger}-57$)에 있는데 각각 $\cdot CH_2CH_2CH_3$와 $\cdot CH_2CH_2CH_2CH_3$를 잃은 것이다. 중요한 조각내기 반응은 예상한 대로이다.

$$[CH_3CH_2CH_2CH_2CH_2CH_3]^{\ddagger} \longrightarrow \begin{cases} CH_3CH_2CH_2CH_2\overset{+}{C}H_2 + \cdot CH_3 & \boldsymbol{m/z\ 71} \\ CH_3CH_2CH_2\overset{+}{C}H_2 + \cdot CH_2CH_3 & \boldsymbol{m/z\ 57} \\ CH_3CH_2\overset{+}{C}H_2 + \cdot CH_2CH_2CH_3 & \boldsymbol{m/z\ 43} \\ CH_3\overset{+}{C}H_2 + \cdot CH_2CH_2CH_2CH_3 & \boldsymbol{m/z\ 29} \end{cases}$$

사슬 가지는 가지점에서의 분해 가능성을 증가시키는데, 이것은 더 안정한 탄소 양이온이 되기 때문이다. 2-메틸뷰테인(**그림 9.28**)의 질량 스펙트럼을 헥세인의 스펙트럼(그림 9.27)과 비교해 보면 m/z 15에서 더욱 더 강한 피크가 있음을 볼 수 있다. 2-메틸뷰테인으로부터 메틸 라디칼을 잃으면 2차 탄소 양이온이 된다.

$$\left[\begin{matrix} \quad CH_3 \\ \quad | \\ CH_3CHCH_2CH_3 \end{matrix}\right]^{\ddagger} \longrightarrow CH_3\overset{+}{C}HCH_2CH_3 + \cdot CH_3$$

$$\underset{M^{\ddagger}}{\boldsymbol{m/z\ 72}} \qquad\qquad \underset{M^{\ddagger}-15}{\boldsymbol{m/z\ 57}}$$

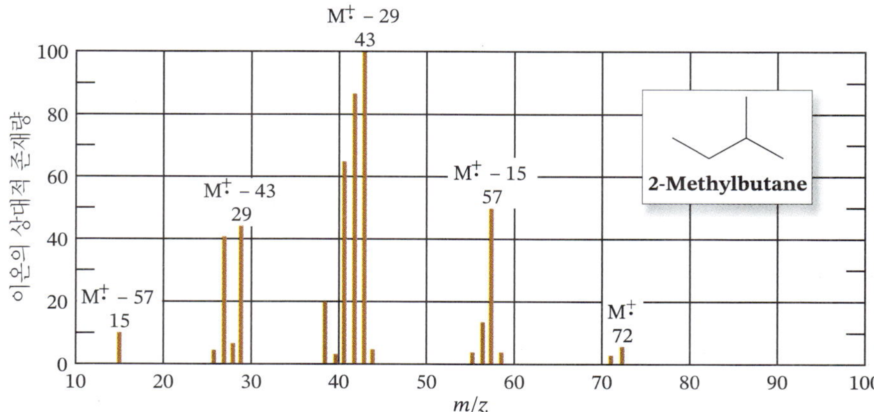

그림 9.28 2-메틸뷰테인의 질량 스펙트럼

반면, 헥세인에서 메틸 라디칼을 잃으면 단지 1차 탄소 양이온이 될 뿐이다.

네오펜테인(**그림 9.29**)에서 이 효과는 더욱 극적이다. 분자 이온에서 메틸 라디칼을 잃게 되면 **3차** 탄소 양이온이 생성된다. 그리고 이 반응은 너무 빨리 일어나므로 분자 이온은 검출될 만큼 충분히 수명이 길지 못하다.

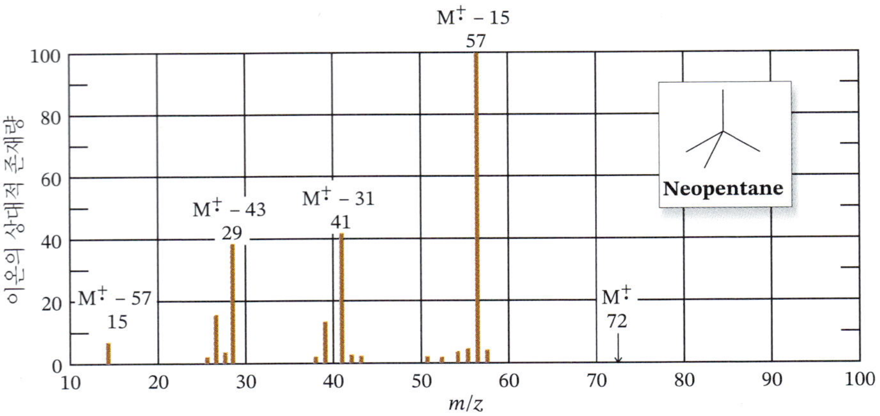

그림 9.29 네오펜테인의 질량 스펙트럼

$$\left[\begin{array}{c} CH_3 \\ | \\ CH_3{-}C{-}CH_3 \\ | \\ CH_3 \end{array}\right]^{+\cdot} \longrightarrow CH_3{-}\overset{CH_3}{\underset{CH_3}{C^+}} + \cdot CH_3$$

m/z 72, $M^{+\cdot}$ → m/z 57, $M^{+\cdot} - 15$

되새김 물음 9.15 2-메틸뷰테인이나 네오펜테인과는 대조적으로 2-메틸펜테인의 스펙트럼은 $M^{+\cdot} - 15$에 매우 낮은 세기의 피크를 가진다. 그러나 $M^{+\cdot} - 43$에는 매우 높은 세기의 피크를 가진다. 이 사실을 설명하시오.

9.13C 공명 안정화된 양이온을 형성하는 조각내기 반응

공명에 의해서 안정화된 탄소 양이온은 질량 스펙트럼에서 대개 아주 뚜렷하다. 공명 안정화된 탄소 양이온이 생성될 수 있는 여러 가지 방법을 아래에 요약한다. 이 예들은 처음 이온화가 가능한 위치(π와 비결합 전자)를 설명하는 것으로 시작한다.

1. 알켄은 공명 안정화된 알릴 자리 양이온이 생기게끔 조각내기 반응을 진행한다.

$$CH_2{=}CH{-}CH_2{-}R \xrightarrow[-e^-]{\text{이온화}} CH_2\overset{+\cdot}{-}CH{-}CH_2{:}R \xrightarrow{\text{조각내기}} {}^+CH_2{-}CH{=}CH_2 \;(m/z\ 41) + \cdot R$$

$${}^+CH_2{-}CH{=}CH_2 \longleftrightarrow CH_2{=}CH{-}\overset{+}{C}H_2$$

2. 헤테로 원자는 비결합 전자 하나를 잃고 헤테로 원자 곁에 있는 탄소–탄소 결합을 깨서 공명 안정화된 탄소 양이온을 형성한다.

$$R{-}\ddot{Z}{-}CH_2{-}CH_3 \xrightarrow[-e^-]{\text{이온화}} R{-}\overset{+\cdot}{Z}{-}CH_2{:}CH_3 \xrightarrow{\text{조각내기}} R{-}\overset{+}{Z}{=}CH_2 + \cdot CH_3$$

$$R{-}\overset{+}{Z}{=}CH_2 \longleftrightarrow R{-}\ddot{Z}{-}\overset{+}{C}H_2$$

여기서 Z = N, O, 또는 S; R은 H일 수도 있다. 그렇게 해서 이런 형태의 조각내기 반응은 에터, 아민, 싸이오에터, 알코올을 포함하는 화합물들에서 흔히 일어난다. 분자 이온으로부터 이런 형태의 조각내기 반응은 **알파-분해(alpha-cleavage**, 또는 **α-분해**)라고 알려져 있는데, 인접한 작용기나 그 기의 α 위치에서 결합이 깨진다.

3. 카보닐 산소 원자는 비결합 전자를 잃고 카보닐기에서 결합이 깨지면서 공명-안정화된 **아실륨 이온(acylium ion)**이 된다. 이러한 형태도 **α-분해**의 또 다른 예이다.

이온화 $-e^-$; 조각내기 ; $R'-C\equiv\overset{+}{O}: + R\cdot$ ↔ $R'-\overset{+}{C}=O$ 아실륨 이온

또는 조각내기 ; $R-C\equiv\overset{+}{O}: + R'\cdot$ ↔ $R-\overset{+}{C}=O$ 아실륨 이온

4. 알킬 치환기를 가진 벤젠은 수소 원자나 메틸기를 잃고 비교적 안정한 트로필륨 이온(14.7C절 참조)을 만든다. 이 조각내기 반응은 m/z 91에 특출한 피크(때로는 주피크)를 만든다.

CH_3 이온화 $-e^-$; CH_3 조각내기와 전위 $-H\cdot$; **m/z 91** ≡ **트로필륨 이온**

CH_3, CH_3 조각내기와 전위 $-CH_3\cdot$; **m/z 91**

5. 알킬기 이외의 일치환기를 가진 벤젠은 π 전자를 잃고 이온화한 다음 치환기를 잃고 m/z 77인 페닐 양이온이 된다.

Y 이온화 $-e^-$; Y 조각내기 $-Y+$; **m/z 77** Y = 할로젠, $-NO_2$, $-\overset{O}{\overset{\|}{C}}R$, $-CN$, 등등

되새김 물음 9.16

4-메틸-1-헥센의 질량 스펙트럼은 m/z 57과 m/z 41에 강한 피크를 보인다. 이들 피크를 설명할 수 있는 구조와 조각내기 반응을 제시하시오.

이온화 (π 전자를 잃음) ; **m/z 57** ; **m/z 41**

보기 물음 9.7

아래의 2차 알코올인 2-뷰탄올의 질량 스펙트럼에서 관찰될 것으로 예상되는 주된 α-분해는 무엇인가?

OH

풀이

알코올 작용기를 지닌 분자는 α-분해 생성물을 보이기 쉬운데, 분해 생성물이 공명 안정화된 양이온이기 때문이다. 2-뷰탄올은 하이드록실 작용기 양쪽으로 탄소 사슬이 비대칭이므로 두 가지 다른 α-분해 생성물들이 형성될 수 있다. 두 가지 각각은 m/z 값이 다르게 형성될 것이다(여기서는 m/z 45와 m/z 59).

m/z **74** → m/z **45** 그리고 m/z **59**

되새김 물음 9.17

뷰틸 아이소프로필 에터와 뷰틸 프로필 에터의 질량 스펙트럼은 **그림 9.30**과 **9.31**에 있는 스펙트럼을 아래에 보인 대응되는 화합물과 연결시키고, 설명하시오.

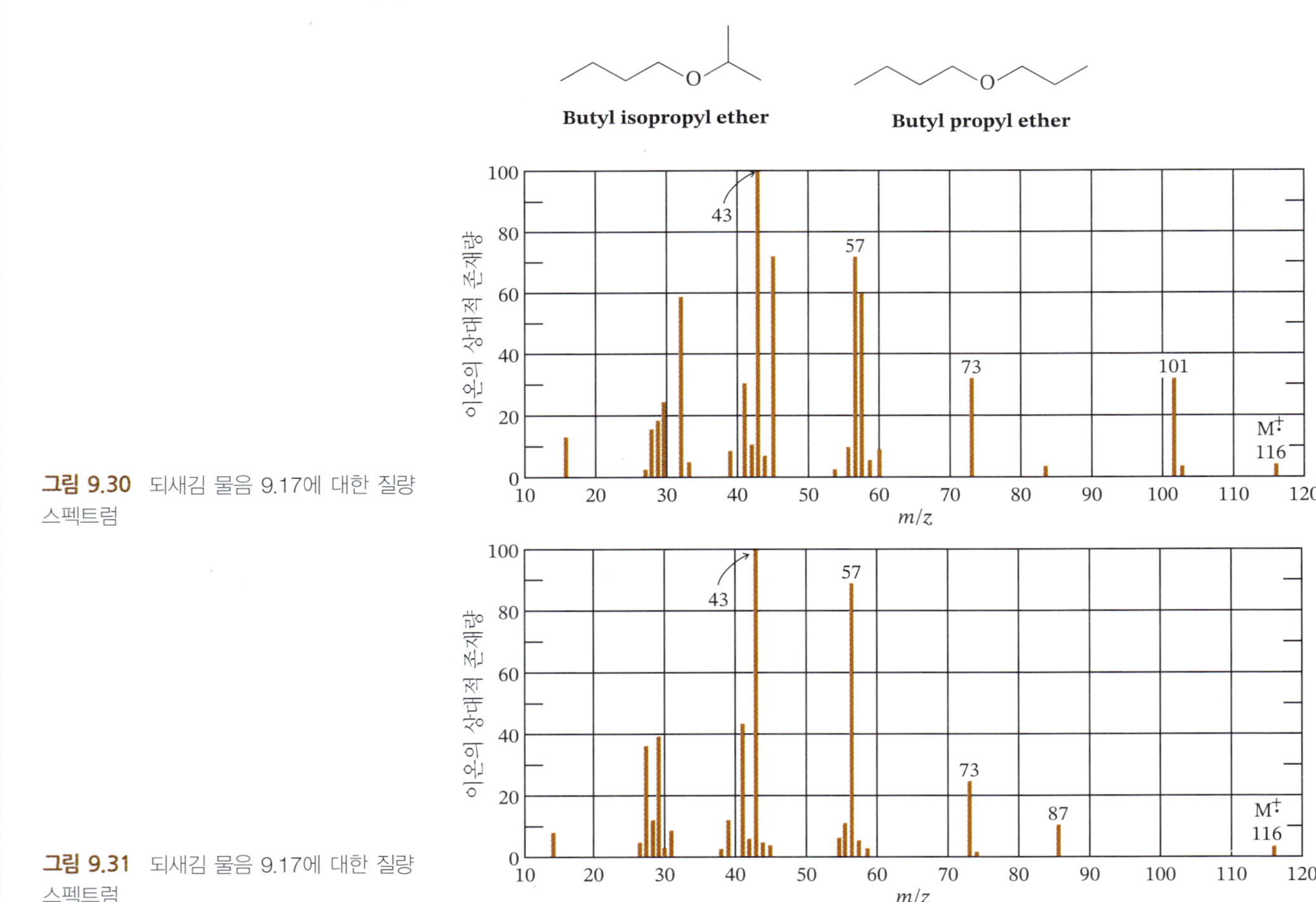

그림 9.30 되새김 물음 9.17에 대한 질량 스펙트럼

그림 9.31 되새김 물음 9.17에 대한 질량 스펙트럼

9.13D 두 결합의 분해에 의한 조각내기 반응

질량 스펙트럼의 많은 피크들은 두 공유 결합이 깨지는 조각내기 반응에 의해서 설명될 수 있다. 라디칼 양이온이 이런 형태의 조각내기 반응을 진행하면 새로운 **라디칼 양이온과 중성인 분자**가 형성된다. 초기 라디칼 양이온으로 시작한 몇 가지 중요한 예들은 아래와 같다.

1. 알코올은 흔히 $M^{\cdot+} - 18$에서 독특한 피크를 보인다. 이것은 물 분자를 잃은 것에 해당된다(보기 물음 9.7을 보시오).

$$\underset{\mathbf{M^{\cdot+}}}{R-\ddot{C}H(H)-CH_2(\overset{+\cdot}{\ddot{O}}H)} \longrightarrow \underset{\mathbf{M^{\cdot+}-18}}{R-CH\overset{\cdot+}{-}CH_2} + H-\ddot{\underset{\cdot\cdot}{O}}-H$$

이것은 다음과 같이 쓸 수 있다.

$$\underset{\mathbf{M^{\cdot+}}}{[R-CH_2-CH_2-OH]^{\cdot+}} \longrightarrow \underset{\mathbf{M^{\cdot+}-18}}{[R-CH=CH_2]^{\cdot+}} + H_2O$$

2. γ 탄소에 수소가 있는 카보닐 화합물은 **McLafferty 전위**(McLafferty rearrangement)라고 부르는 조각내기 반응을 진행한다.

$$Y-C(=\overset{+}{\ddot{O}}\cdot)-CH_2-CH_2-CH(H)-R \longrightarrow Y-C(=CH_2)-\overset{+}{\ddot{O}}\cdot-H + CH(R)=CH_2$$

여기서 Y는 R, H, OR, OH 등이다.

이들 반응 이외에도 다른 작은 안정한 중성 분자, 예를 들어 H_2, NH_3, CO, HCN, H_2S, 알코올, 알켄 등을 제거함으로써 생기는 피크들을 질량 스펙트럼에서 흔히 볼 수 있다.

9.14 질량 스펙트럼에서의 동위 원소

모든 천연에 존재하는 분자들은 그들을 구성하는 원자들의 동위 원소 형태를 포함하고 있다. 각 동위 원소의 분율은 천연 존재량(**표 9.4**의 몇 가지 일반적인 예를 참조)에 의해서 결정된다. 질량 스펙트럼에서의 피크는 시료의 동위 원소 존재를 나타낸다.

^{13}C와 ^{12}C 모든 탄소의 약 1.1%만이 ^{13}C 동위 원소이다. 이것은, 예를 들어 메테인의 질량 스펙트럼에서 대부분의 메테인 분자의 분자량이 16 원자 질량 단위임을 의미한다. m/z 17에서 작은 피크가 m/z 16 옆에 있을 것이다. 시료에 있는 메테인 분자의 약 98.9%는 ^{12}C를 포함하고 있고 다른 1.1%가 ^{13}C를 포함하고 있다. **그림 9.32**는 메테인 시료의 질량 스펙트럼인데 작은 m/z 17 피크가 $M^{\cdot+} + 1$ 이온임을 보이고 있다.

한 개 이상의 탄소를 지닌 분자에서 $M^{\cdot+}$ 피크에 비례하는 $M^{\cdot+} + 1$ 피크의 세기는 분자 내의 탄소 원자의 수에 대한 근사치가 될 수 있다. 이것은 분자의 각 탄소가 ^{13}C 동위 원소일 확률

표 9.4 일반적인 원소의 안정한 동위 원소*

원소	가장 흔한 동위 원소	%	다른 동위 원소의 천연 존재량	%		%
탄소	^{12}C	98.93	^{13}C	1.07		
수소	^{1}H	99.99	^{2}H	0.011		
질소	^{14}N	99.63	^{15}N	0.368		
산소	^{16}O	99.76	^{17}O	0.038	^{18}O	0.205
플루오린	^{19}F	100				
실리콘(규소)	^{28}Si	92.23	^{29}Si	4.68	^{30}Si	3.09
인	^{31}P	100				
황	^{32}S	94.93	^{33}S	0.76	^{34}S	4.29
염소	^{35}Cl	75.78	^{37}Cl	24.22		
브로민	^{79}Br	50.69	^{81}Br	49.31		
아이오딘	^{127}I	100				

[a]자료 출처: 1997 Technical Report of the International Union of Pure and Applied Chemistry (IUPAC), Rosman, K. J. R., Taylor, P. D. P. *Pure and Applied Chemistry*, **1998**, Vol. 70, No. 1, 217–235.

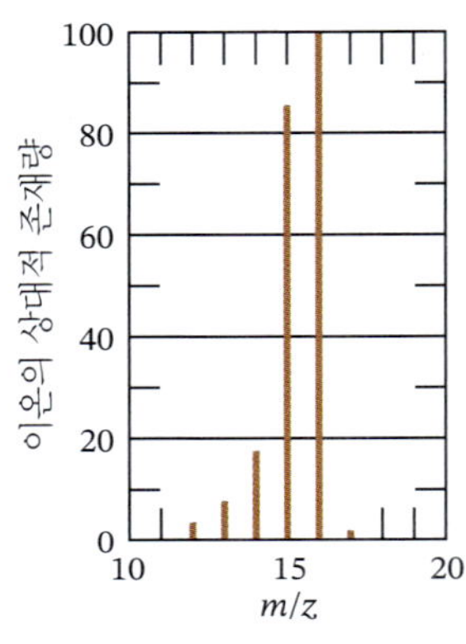

그림 9.32 메테인의 질량 스펙트럼

이 1.1%이기 때문이다. 그렇지만 큰 분자에서는 $(M^{+\cdot} + 1)/(M^{+\cdot})$ 비가 ^{2}H, ^{17}O처럼 명목 질량이 가장 풍부한 형태의 질량보다 1 더 큰 동위 원소의 존재로 말미암아 달라진다. 그러므로 큰 분자에 있어서는 $(M^{+\cdot} + 1)/(M^{+\cdot})$ 비를 탄소 수를 나타내는 것으로 신뢰할 수 없다.

^{35}Cl와 ^{37}Cl, ^{79}Br과 ^{81}Br 유기 분자에서 흔한 원소들은 원자 질량 단위가 2 다른 동위 원소를 가지고 있다. 이들 중에는 ^{16}O와 ^{18}O, ^{32}S과 ^{34}S, ^{35}Cl와 ^{37}Cl, ^{79}Br과 ^{81}Br가 있다. 염소와 브로민의 동위 원소들은 상대적으로 풍부하기 때문에 이들의 존재를 질량 분석 스펙트럼을 이용하여 확인하는 것은 특별히 쉽다.

- ^{35}Cl의 자연 존재량은 75.5%이고 ^{37}Cl은 24.5%이다.
- 염소를 포함하는 시료의 질량 스펙트럼에서 질량 단위가 2 떨어진 피크들의 대략적인 비가 3:1(75.5%:24.5%)인 **분자 이온(molecular ion)**이나 염소를 포함하는 조각 이온에서 관찰된다.

그림 **9.33*a***는 클로로벤젠의 질량 스펙트럼이다. *m/z* 112와 *m/z* 114에서 대략 3:1의 세기 비를 보이는 피크는 염소 원자가 존재함을 분명하게 나타내고 있다. 페닐 양이온 조각에 대한 *m/z* 77의 한 개의 피크도 또한 증거이다.

- ^{79}Br의 자연 존재량은 51.5%이고 ^{81}Br의 자연 존재량은 49.5%이다.
- 브로민을 포함하는 시료의 질량 스펙트럼에서 질량 단위가 2만큼 차이 나는 두 피크가 대략 1:1의 비(49.5%:51.5%)로 나타나리라 예상된다.

그림 **9.33*b***는 브로모벤젠의 질량 스펙트럼이다. *m/z* 156과 *m/z* 158에서 대략 1:1의 세기 비를 보이는 피크는 브로민 원자가 존재함을 분명하게 나타내고 있다.

만약 두 개의 브로민이나 염소가 분자에 존재한다면 $M^{+\cdot} + 2$와 $M^{+\cdot}$ 외에도 $M^{+\cdot} + 4$가 나타날 것이다. 예를 들어, 두 개의 브로민 원자가 있으면 두 ^{81}Br 원자로 인한 $M^{+\cdot} + 4$ 피크의 세기와 두 ^{79}Br 원자로 인한 $M^{+\cdot}$ 피크의 세기는 같다. 그러나 한 개의 ^{79}Br과 한 개의 ^{81}Br을 가질 확률은 두 배가 된다(각 브로민 원자가 각 동위 원소가 될 수 있기 때문). 따라서 브로민 원

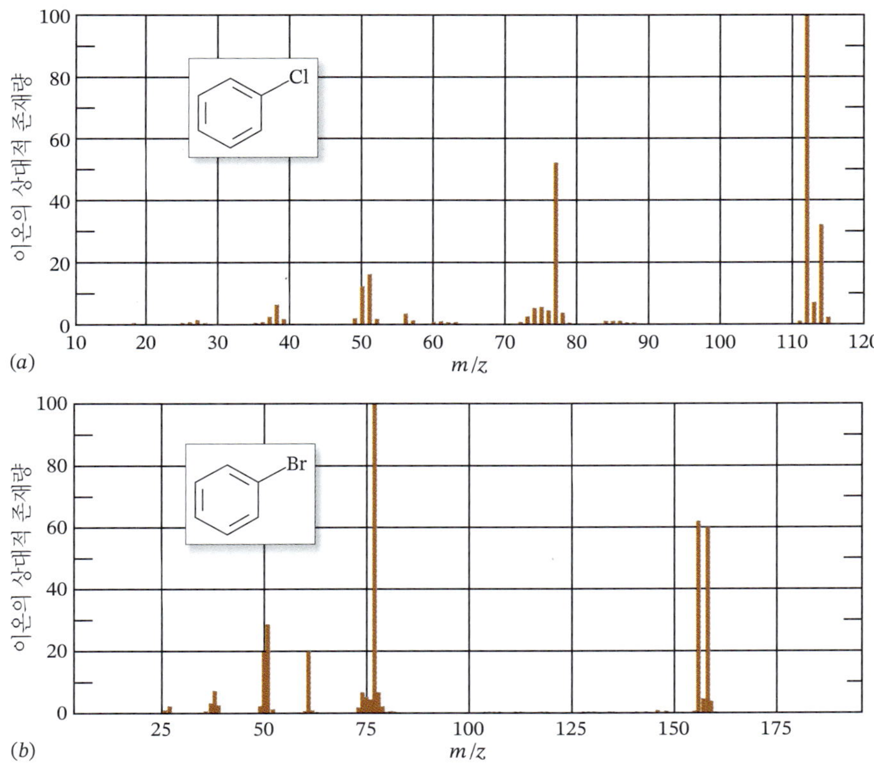

그림 9.33 (*a*) 클로로벤젠의 질량 스펙트럼. m/z 112와 m/z 114에서 대략 3:1의 세기 비는 ^{35}Cl와 ^{37}Cl의 존재 때문이다. (*b*) 브로모벤젠의 질량 스펙트럼. m/z 156과 m/z 158에서 대략 1:1의 세기 비는 ^{79}Br과 ^{81}Br의 존재 때문이다. (a,b: P. J. Linstrom and W. G. Mallard, Eds., NIST Chemistry WebBook, NIST Standard Reference Database Number 69, National Institute of Standards and Technology, Gaithersburg, MD 20899, http://webbook.nist.gov.)

자가 2개 존재할 경우 $M^{\dagger}$, $M^{\dagger}+2$, $M^{\dagger}+4$ 피크의 상대적인 세기 비는 1 : 2 : 1이 된다.

보기 물음 9.8

(a) $C_2H_4Cl_2$의 $M^{\dagger}$, $M^{\dagger}+2$, $M^{\dagger}+4$의 예상되는 상대적인 세기는 무엇인가?

(b) CH_2Br_2의 $M^{\dagger}$과 $M^{\dagger}+2$, $M^{\dagger}+4$의 예상되는 상대적인 세기는 무엇인가?

(c) 한 유기 화합물이 m/z 78에서 $M^{\dagger}$ 피크를 보이는데 1/3rd 세기로 m/z 80의 피크가 보인다. 이 화합물의 가능한 분자식은 무엇인가?

풀이

(a) 먼저 화합물의 예상 질량을 계산한다: $C_2H_4 + {}^{35}Cl + {}^{35}Cl(M) = 98\ m/z$, $C_2H_4 + {}^{35}Cl + {}^{37}Cl(M+2) = 100\ m/z$, $C_2H_4 + {}^{37}Cl + {}^{37}Cl(M+4) = 102\ m/z$. ^{35}Cl와 ^{37}C의 상대적인 존재량이 3 : 1이다. 그러므로 분자에 두 개의 염소가 있으면 식은 간단히 (3 : 1)(3 : 1) = 9 : 6 : 1이다.

(b) 화합물의 예상 질량을 계산한다: $CH_2 + {}^{79}Br + {}^{79}Br(M) = 172\ m/z$, $CH_2 + {}^{79}Br + {}^{81}Br(M+2) = 174\ m/z$, $CH_2 + {}^{81}Br + {}^{81}Br(M+4) = 176\ m/z$. ^{79}Br 대 ^{81}Br의 상대적인 비는 1 : 1이다. 그러므로 한 분자에 브로민이 2개 있으면 식은 간단히 (1 : 1)(1 : 1) = 1 : 2 : 1이다.

(c) $M^{\dagger}$와 $M^{\dagger}+2$가 1/3rd 세기라면 이 화합물은 염소를 포함하고 있다. 그러므로 C_3H_7Cl이 가능한 분자식이다.

$$C_3H_7{}^{35}Cl: 36 + 7 + 35 = 78\ (m/z)$$
$$C_3H_7{}^{37}Cl: 36 + 7 + 37 = 80\ (m/z)$$

되새김 물음 9.18

아래의 화합물에 대해서 $M^{\dagger}$과 $M^{\dagger}+2$의 예상되는 비는 무엇인가?

(a)

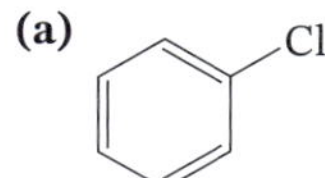

(b)

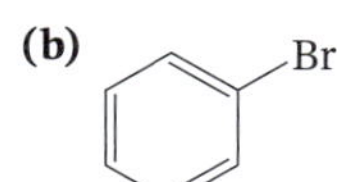

되새김 물음 9.19 질량 스펙트럼이 **그림 9.34**와 같으며 ^1H NMR 스펙트럼에서 단지 큰 이중선 한 개와 작은 칠중선을 보이는 화합물에 대하여 구조식은 무엇인가? 그 까닭을 설명하시오.

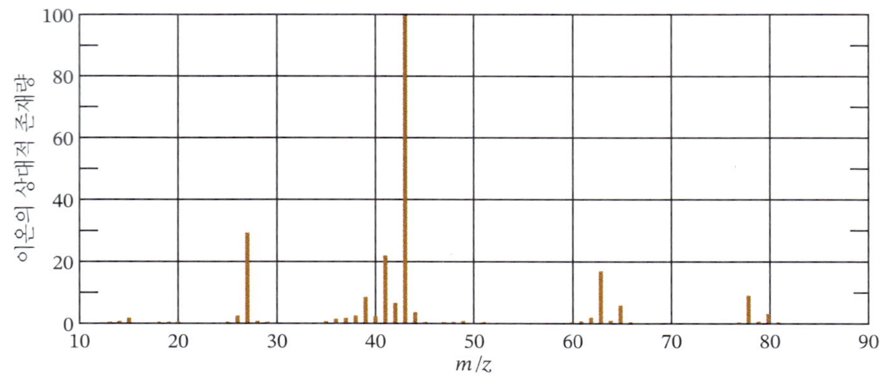

그림 9.34 되새김 물음 9.19의 화합물에 대한 질량 스펙트럼. (P. J. Linstrom and W. G. Mallard, Eds., NIST Chemistry WebBook, NIST Standard Reference Database Number 69, National Institute of Standards and Technology, Gaithersburg, MD 20899, http://webbook.nist.gov.)

9.14A 고분별능 질량 분석법

이제까지 설명한 것은 모두 소위 '저분별능' 질량 분석기에 의해서 정해지는 것들이었다. 이들 분석기는 앞서 언급한 대로 m/z 값을 정수인 질량 단위로 측정한다. 대부분의 실험실에서는 이런 종류의 질량 분석기를 쓰고 있다.

그러나 더욱 비싼 '고분별능 질량 분석기'가 설치된 실험실도 많이 있다. 이 분석기는 m/z 값을 소수점 이하 3~4자리까지 측정하므로 분자량을 결정하는 데 대단히 정확한 방법이 되기도 한다. 그리고 분자량이 아주 정확하게 측정되므로 분자식을 정확히 측정할 수도 있다.

분자량을 정확히 측정함으로써 분자식을 결정하는 것이 가능한 까닭은 원자 입자(핵)의 실제 질량은 정수가 아니기 때문이다(**표 9.5** 참조). 예를 들어, O_2, N_2H_4, 그리고 CH_3OH 등 세 분자를 고려해 보자. 이들의 실제 원자량은 다 다르다(이들은 대개 분자량이 32로 같다고 하지만).

표 9.5 핵들의 정확한 질량

동위 원소	질량
^{1}H	1.00783
^{2}H	2.01410
^{12}C	12.00000 (std)
^{13}C	13.00336
^{14}N	14.0031
^{15}N	15.0001
^{16}O	15.9949
^{17}O	16.9991
^{18}O	17.9992
^{19}F	18.9984
^{32}S	31.9721
^{33}S	32.9715
^{34}S	33.9679
^{35}Cl	34.9689
^{37}Cl	36.9659
^{79}Br	78.9183
^{81}Br	80.9163
^{127}I	126.9045

$$O_2 = 2(15.9949) = 31.9898$$
$$N_2H_4 = 2(14.0031) + 4(1.00783) = 32.0375$$
$$CH_4O = 12.00000 + 4(1.00783) + 15.9949 = 32.0262$$

고분별능 질량 분석기는 질량을 40,000분의 1만큼이나 정확하게 측정할 수 있다. 그러므로 그러한 질량 분석기는 세 가지 분자를 쉽게 구별할 수 있고 실제로 분자식을 말해 줄 수 있다.

고분별능 기기가 정확한 질량을 측정할 수 있는 기능은 단백질이나 핵산 같은 생체 분자의 분석에 크게 쓰인다. 예를 들면, 올리고펩타이드의 아미노산 서열을 결정하는 데 사용하는 방법은 최초의 올리고펩타이드로부터 얻어진 조각들의 정확한 질량을 측정하는 것이다. 여기서 조각들의 혼합체에는 길이가 한 개의 아미노산 잔기만이 다른 올리고펩타이드를 포함하고 있다. 각 조각 사이에서 정확한 질량의 차이는 천연의 올리고펩타이드에서 그 자리를 점유한 아미노산 잔기를 나타낸다(24.5E절 참조). 정확한 질량 결정 방법의 또 다른 응용으로 혼합물 속에 있는 펩타이드의 식별에 질량 스펙트럼 자료를 알려진 펩타이드의 정확한 질량 데이터베이스와 비교하는 것이다. 이 기술은 단백질체학(proteomics) 분야에 날로 중요해지고 있다(24.14절).

9.15 GC/MS 분석

기체 크로마토그래피가 질량 분석법과 연계되어 **GC/MS 분석(GC/MS analysis)**이라 불리는 기술이 흔히 이용된다. 기체 크로마토그래프(GC)는 혼합물의 성분을 분리하고 질량 분석기(MS)는 각각에 대한 구조적인 정보를 제공해 준다(**그림 9.35**). GC/MS는 일정 농도의 표준물질을 미지 물질과 함께 사용함으로써 정량적인 자료를 제공해 주기도 한다.

GC 분석에서는 분석하고자 하는 시료의 용액 혼합물의 극소량, 대개 0.001 mL(1.0 μL)를 주사기로 기체 크로마토그래프의 가열된 주입구에 주입한다. 시료는 주입구에서 기체화하고 비활성 기체에 의해서 모세관 안으로 유입된다. 모세관은 대개 길이가 10~30 m, 반지름이 0.1~0.5 mm인 가는 관이다. 이것은 시료의 휘발성에 따라 온도가 가변하는 가마통 속에 놓여 있게 된다. 모세관의 내부는 비극성인 '고정상'(기본적으로 끓는점이 높고 매우 점도가 큰 액체로 대개 비극성인 실리콘-바탕의 고분자)의 피막이 씌워져 있다. 혼합물 분자들이 헬륨에 의해서 관 내부로 휩쓸려 들어가면 분자들은 그들의 끓는점이나 고정상에 대한 친화도에 따라 다른 속도로 이동하게 된다. 끓는점이 높거나 고정상에 대한 친화도가 큰 물질은 관을 지나가는 데 더 긴 시간이 필요하다. 끓는점이 낮거나 비극성인 물질은 매우 빨리 이동한다. 각 성분이 관을 통과하는 데 소요되는 시간을 머무름 시간(retention time)이라고 말한다. 머무름 시간은 대개 1~30분이며 시료와 사용된 관의 특성에 따라 다르다.

혼합물의 각 성분이 GC관을 빠져 나오면 그것은 곧 질량 분석기로 들어간다. 여기서 시료 분자는 전자에 의한 폭격을 받게 된다. 분자 이온과 조각들이 형성되고 앞서서 배운 바대로 질량 스펙트럼이 얻어지는 것이다. 그러나 중요한 사실은 분리된 각 성분에 대한 질량 스펙트럼이 얻어진 것이다. GC/MS는 혼합물을 분리하여 각 성분의 구조에 대한 정보를 제공함으로써 분석학, 범죄 수사학, 그리고 유기 합성 실험실에서 필수 불가결한 기기이다.

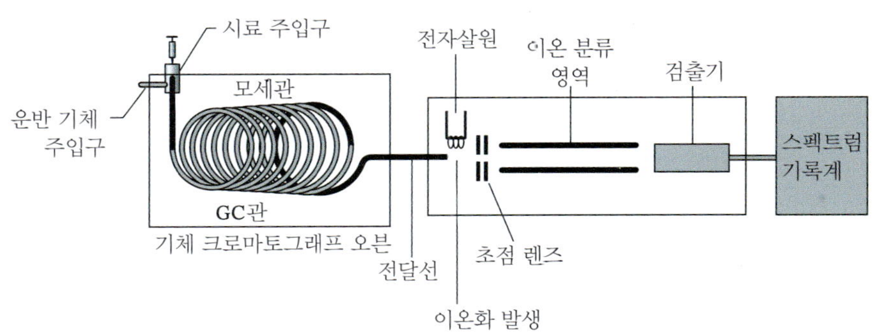

그림 9.35 모세관 기체 크로마토그래프/질량 분석기(GC/MS)의 일반적인 구성 도면

9.16 LC/MS 분석

액체 크로마토그래피-질량 분석법(LC-MS)은 혼합물을 성분별로 분리하고, 이어 각 분리된 성분을 질량 검출하는 GC-MS와 유사한 분석 기술이다. 차이점은 LC-MS에서는 이동상으로 액체를 사용하고, GC-MS는 비활성 기체를 사용한다. 분석 시료는 이동상이라고 부르는 유체 용매 속으로 주사된다. 이동상에 실린 분석물은 고정상이라고 부르는 실리카가 충진된 관 속으로 주입된다. 성분들은 고정상과의 상호작용이 다름으로 인하여 분리된다. 이동상은 관으로부터 나와서 검출기로 향하는데, 이것이 감응을 신호 또는 '피크'로 잡아낸다. 이들 피크로부터 두 종류의 정보를 얻을 수 있는데: (a) 피크의 수는 혼합물에 존재하는 성분의 수에 해당되며, (b) 피크의 높이는 존재하는 성분의 양에 대응된다. 이 정보들은 혼합물 속에 존

재하는 성분의 확인을 돕는다. 액체 관으로부터 분리된 분석물(이동상에 존재하는 것)은 질량 분석기로 향하여 용리액이 먼저 용매를 없앤 다음 에너지원을 이용하여 이온화되면 전하를 띤 이온이 생성된다. 전하를 띤 분석물은 고진공하에서 전자기장으로 들어가 그들의 질량 대 전하(m/z) 비에 따라 분리된다. 이 기술의 이점은 다양한 화합물을 분리하여 질량을 결정하는 특이성, 감응성, 다양성이다. LC-MS는 분자량이 크거나 극성이 있거나 열적으로 불안정하거나 본질적으로 비휘발성인 화합물들을 분석할 수 있다. GC-MS는 시료 분석에 매우 높은 에너지를 부과하기 때문에 비휘발성 시료 분석을 하지 못한다. 이 기술은 환경, 생물학적인 시료, 약품, 그리고 구조 결정과 같은 여러 가지 분야에서 극미량 분석에 응용된다. 이것은 발색단을 가지지 않은 분석물에도 유용하다.

9.17 생체 분자의 질량 분석법

질량 분석법의 발전으로 이것은 거대한 생체 분자의 분석에 있어서 탁월한 도구가 되었다. 비휘발성 화합물과 거대 분자에 대한 **전기 분무 이온화(Electrospray ionization)**, **MALDI(matrix-assisted laser desorption ionization)**, 그리고 다른 '온화한 이온화' 기술은 분자량이 100,000까지, 또는 그 이상을 넘는 단백질, 핵산, 그리고 다른 생체 분자 화합물의 분석을 가능하도록 만들었다. 전기 분무 이온화와 사중극자 질량 분석은 MALDI-TOF 기기를 사용하는 분석 방법처럼 생체 분자 분석에 통상적으로 쓰이고 있다. Fourier 변환-이온 사이클로트론 공명(FT ICR, 또는 FTMS)을 사용하면 분해능을 매우 높일 수 있다. 24.5E, 24.13B, 그리고 24.14절에서 단백질 서열화와 분석에 ESI와 MALDI 질량 분석법을 응용하는 것을 논의할 것이다.

이 주제는 왜 중요한가?

NMR 없는 구조 결정

이 장에서 배운 첨단 기술을 가지고 화학자들은 수 밀리그램의 시료만 있으면 비교적 짧은 시간에 대부분의 작은 분자에 대한 완벽한 구조를 결정할 수 있다. 하지만 1950년대 말기와 1960년대에 분광학이 도입되기 이전에는 아주 다른 얘기였다. 그 시대에는 화합물 수 그램이 필요했으며, 어떤 경우에는 화합물의 구조 결정에 수십 년이 걸리기도 하였다.

분광학이 없는 구조 결정은 시료의 분자식을 정하는 데 사용되는 연소 분석으로 시작되었는데, 이것은 문자 그대로 시료를 태워서 물이나 이산화 탄소 같은 연소 생성물의 상대적인 양을 측정하는 것이다. 그다음 고통스러운 탐색을 통하여 화학자들은 화합물을 더 작은 성분으로 분쇄되도록 다양한 화학 반응을 수행하였다. 그러고 나서 이 물질들을 원자의 원래의 화합물로 재구성하여 원자들의 연결 모습을 결정하였다. 특이하거나 특별히 복잡한 화합물의 구조 결정은 매우 더뎠다. 예를 들어, 세계 최초의 항말라리아 치료제인 퀴닌(quinine)의 원자 연결 순서를 결정하는 데는 54년이나 걸렸다.

구조 결정이 특별히 어렵고도 고비용인 다른 예는 항생제 페니실린으로 1928년에 Fleming에 의해서 처음 분리되었다. 이것이 발견되자 곧 과학자들은 이 분자야말로 이전에는 치료가 불가능한 전염병과의 싸움에서 엄청난 가치를 지닐 것임을 알았다. 이것을 필요로 하는 모든 사람들에게 충분한 공급량을 확보하는 것이 과제였는데, 제2차 세계 대전 동안 수만 명의 부상병을 치료하는데 있어서 막중한 문제가 되었다. 이에 대응하여 미국과 영국 정부는 대서양 양안에서 수백 명의 과학자들이 참여하는 광대한 연구 과제를 시작하여 실험실에서 유기 합성을 통하여 페니실린을 만들고자 하였다. 문제는 페니실린의 구조가 아직도 결정되지 않았고, 후일 Nobel상 수상자를 포함한 미국과 영국의 연구진들은 일반적으로 연결 순서에 대하여 서로 다르고 틀린 이론들을 가지고 있었다. 결과적으로 전쟁 동안 페니실린은 합성되지 못했고 곰팡이의 발효를 통한 공급이 위주였다.

궁극적으로 미래의 다른 Nobel상 수상자인 Dorothy Crowfoot Hodgkin과 X-선 결정학이란 다른 기술이 문제를 해결하는 데 필요하였다. 이 방법은 물질을 정상적인 결정형으로 고체화하고 결정에 빛을 쬐어 주면, 빛이 결정 속의 원자들과 상호작용을 함으로써 생겨난 회절 양상에 근거하여 수소가 아닌 모든 원자들의 연결 순서가 정해지는 것이다. X-선 결정학에 의하면 페니실린은 사각형 고리를 지녔는데, 앞서 논의된 바대로 긴장으로 인해서 존재하지 않으리라고 예상했던 부분이다. 이 고리는 실제로 17장에서 논의하는 것처럼, 궁극적인 화학 합성의 주된 과제였으며 합성이 이루어지기까지는 구조가 확정된 후 10년이 더 걸려야 했다.

Quinine
($C_{20}H_{24}N_2O_2$)

[1854]

54 years

[1908]

미국 연구진에 의한 페니실린의 구조 제안

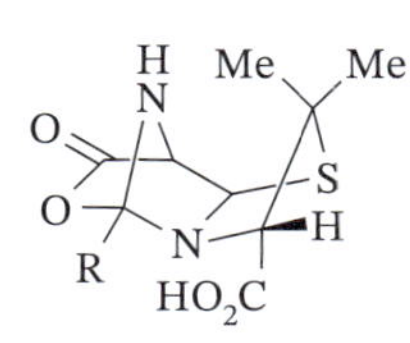

R. B. Woodward
1965년 Nobel 화학상

영국 연구진에 의한 페니실린의 구조 제안

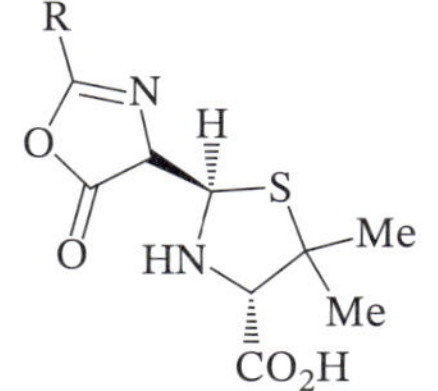

Sir Robert Robinson
1947년 Nobel 화학상

페니실린의 정확한 구조

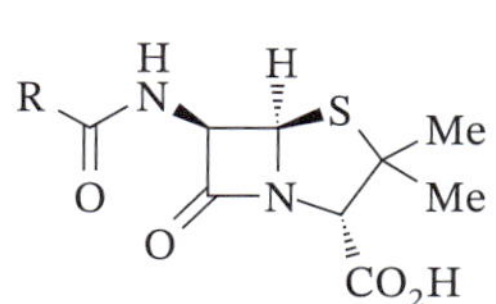

Dorothy Crowfoot Hodgkin
1964년 Nobel 화학상

이 주제에 대해서 더 알려면 참고하시오.

1. Sheehan, J. C. *The Enchanted Ring: The Untold Story of Penicillin,* MIT Press: Cambridge, **1984**, p. 224.
2. Nicolaou, K. C.; Montagnon, T. *Molecules that Changed the World*, Wiley-VCH: Weinheim, **2008**, p. 366.

요약과 복습 도구

이 장의 학습 보조 자료에는 핵심 용어와 개념(굵은 청색으로 표시된 용어와 이 책의 끝에 용어 해설에서 정의됨)과 NMR 화학적 이동 상관 도표가 포함되어 있다.

물음

NMR 분광학

다음은 분광학적인 자료를 보고할 때 사용되는 약어이다.

^{1}H NMR: s = 단일선, d = 이중선, t = 삼중선, q = 사중선, bs = 넓은 단일선, m = 다중선

IR 흡수: s = 강함, m = 보통, br = 넓음

9.20 아래 각 화합물에서 몇 개의 ^{1}H NMR 신호를 예상하는가? (화학적 이동이 동등하지 않은 모든 양성자들을 고려하시오.)

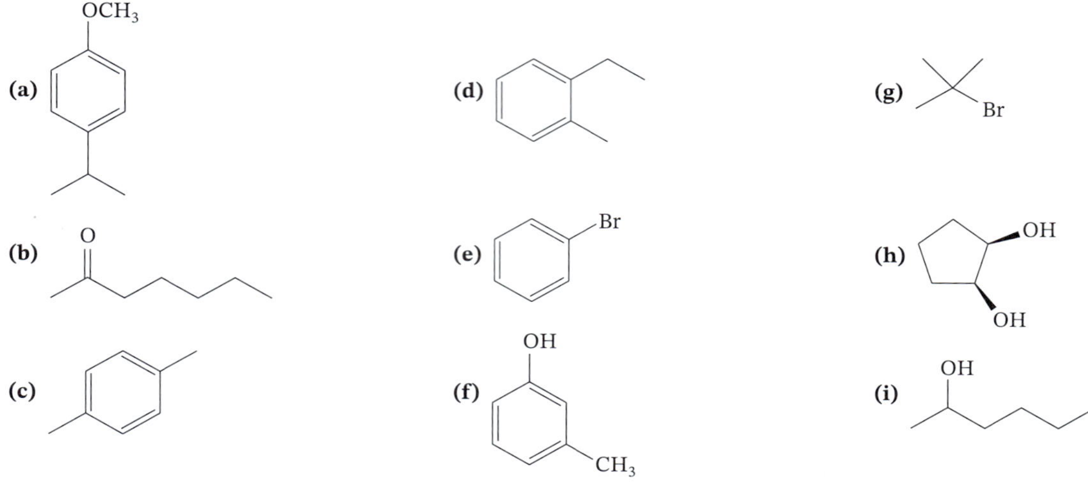

9.21 물음 9.20에 보인 각 화합물에서 몇 개의 ^{13}C NMR 신호를 예상하는가?

9.22 분자식이 $C_5H_{12}O$이며 ^{1}H NMR 스펙트럼이 **그림 9.36**과 같은 알코올의 구조를 제시하시오. 제시하고자 하는 구조를 특정하기 위한 화학적 이동과 갈라짐 양상을 지정하시오.

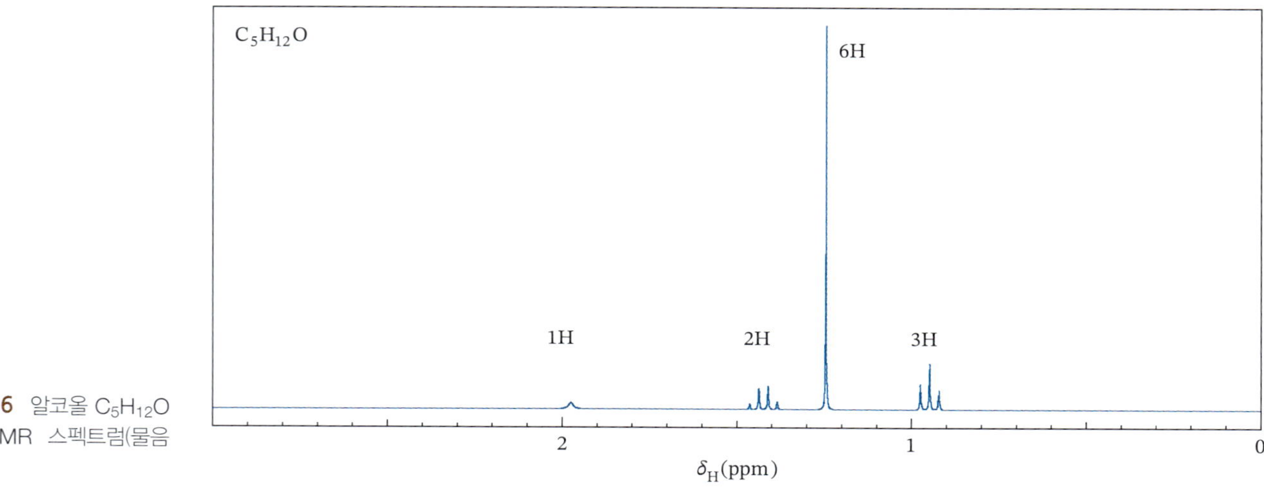

그림 9.36 알코올 $C_5H_{12}O$의 ^{1}H NMR 스펙트럼(물음 9.22)

9.23 **그림 9.37**과 **9.38**에 보인 ^{1}H NMR 스펙트럼을 가진 화합물 **G**와 **H**의 구조를 제시하시오.

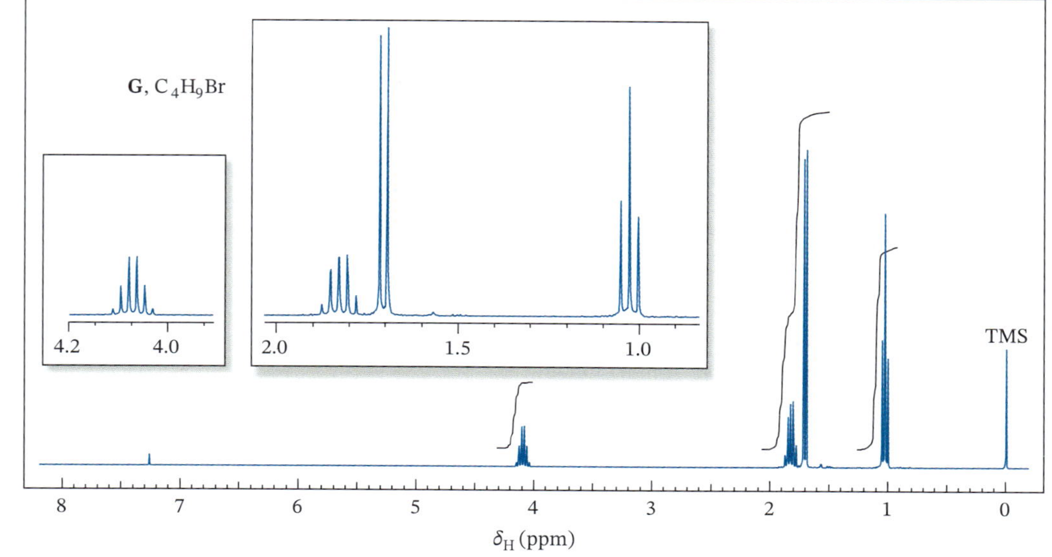

그림 9.37 물음 9.23의 화합물 **G**의 ^{1}H NMR 스펙트럼. 신호는 확대하여 위에 보여 주었다.

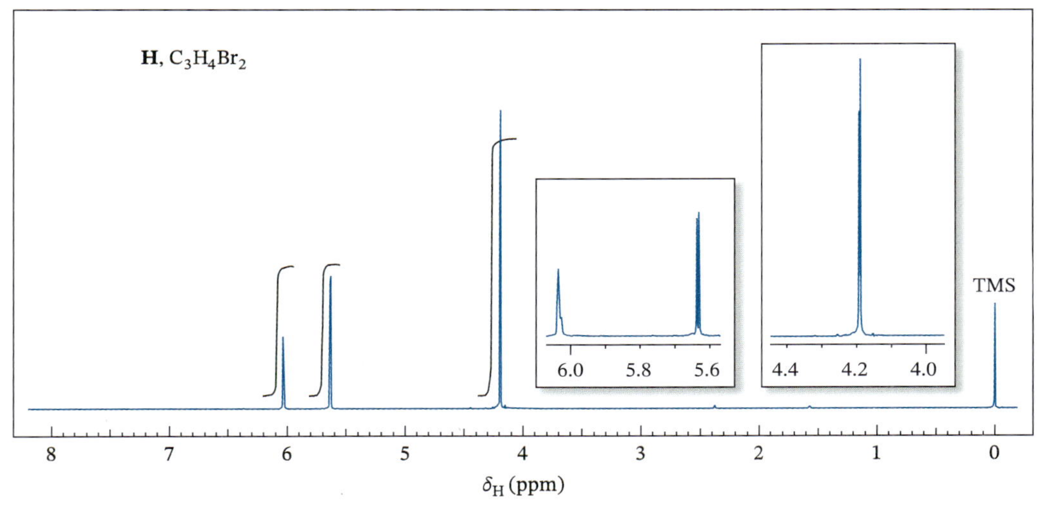

그림 9.38 물음 9.23의 화합물 **H**의 ¹H NMR 스펙트럼. 신호는 확대하여 위에 보여 주었다.

9.24 아래의 정보와 일치하는 화합물 **O**와 **P**의 구조를 제안하시오.

$$\underset{\mathbf{O}}{C_6H_8} \xrightarrow[\text{Pt}]{H_2\,(2\text{당량})} \underset{\mathbf{P}}{C_6H_{12}}$$

화합물 **O**의 ^{13}C NMR	δ (ppm)	DEPT
	26.0	CH_2
	124.5	CH

9.25 ¹H NMR 스펙트럼에서 두 피크가 대략 같은 세기를 보인다고 가정하자. 이 두 피크들이 다른 화학적 이동인 짝짓지 않은 양성자들로부터 나온 것인지, 아니면 한 개의 이웃한 양성자와 양성자 짝지음에 기인된 **이중선**인 두 피크인지 확실하지 않다. 이런 두 가지 가능성을 구별하기 위해서는 어떤 간단한 실험을 하겠는가?

9.26 아래의 화합물 사이를 구별하기 위해서 지시된 분광학적인 방법을 어떻게 사용하는지 자세히 설명하시오.

(a) ¹H NMR **(c)** ¹³C NMR **(b)** ¹³C 와 ¹H NMR

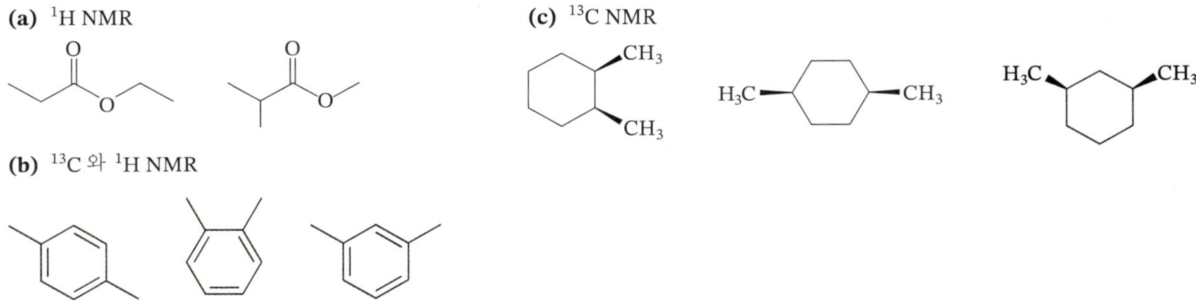

9.27 화합물 **S**(C_8H_{16})는 1몰의 브로민과 반응하여 분자식이 $C_8H_{16}Br_2$인 화합물을 형성한다. **S**의 넓은 띠 양성자-짝풀린 스펙트럼은 **그림 9.39**와 같다. **S**의 구조를 제시하시오.

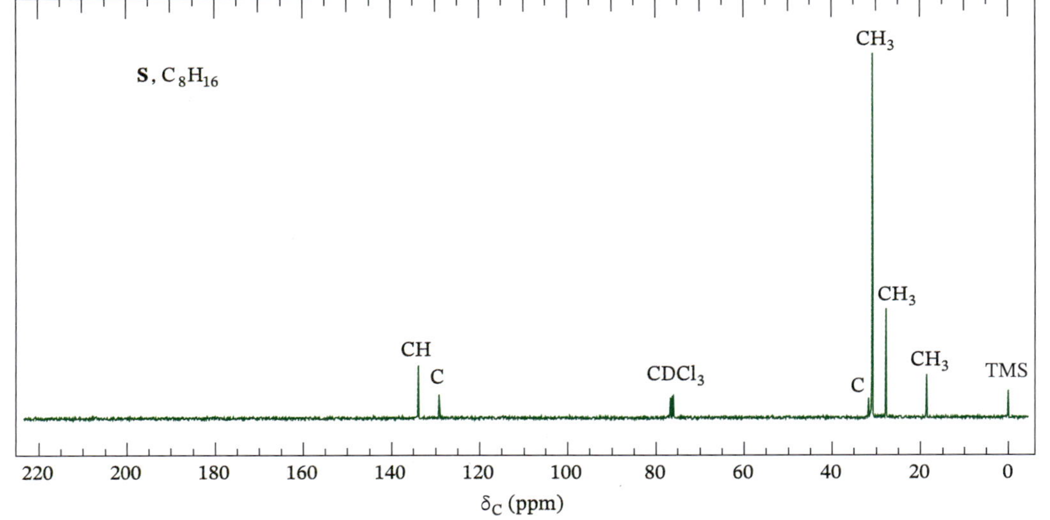

그림 9.39 물음 9.27의 화합물 **S**의 넓은 띠 양성자-짝풀린 ¹³C NMR 스펙트럼. 붙어 있는 양성자에 대한 정보를 각 피크 위에 나타냈다.

질량 분석법

9.28 분자식이 $C_6H_{12}O$인 화합물은 1730 cm^{-1}에서 강한 IR 흡수를 가진다. 이것의 질량 스펙트럼은 *m/z* 43에서 주피크가 있고 *m/z* 58이다. 화합물의 구조를 제시하고, 이들 *m/z* 값을 가진 피크들이 생기는 조각내기 반응의 식을 쓰시오.

9.29 3,3-다이메틸-2-뷰탄올의 질량 스펙트럼에서 뚜렷한 피크들은 *m/z* 84, 57, 그리고 45에서 나온다. 이들 조각 이온의 적절한 구조를 제안하시오.

HO

9.30 2-헵탄온의 질량 스펙트럼에서 하나의 McLafferty 전위(자리 옮김) 반응과 두 가지 다른 주요 조각내기 경로가 일어난다. 조각 이온의 적절한 구조를 제안하고, 각각에 대한 *m/z* 값을 명시하시오.

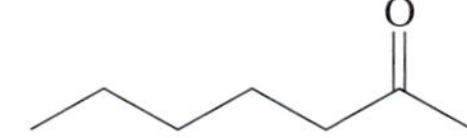

9.31 아래의 분해 경로에서 생성되는 이온의 질량과 구조는 무엇인가?

(a) 2-메틸-4-헵탄온의 α 분해(두 가지 경로)

(b) 사이클로헥산올의 탈수 반응

(c) 4-메틸-2-옥탄온의 McLafferty 전위(자리 옮김) 반응(두 가지 경로)

9.32 화합물 $(Cl)CH_2CH_2CH_2Br$의 분자 이온 영역에서 피크들의 질량과 상대적인 세기를 예상해 보시오.

9.33 브로민화 에틸과 메톡시벤진(아래 참조)의 분자량은 같고 *m/z* 108에서 독특한 피크를 보인다. 분자 이온과 관련하여 이들의 질량 스펙트럼에 근거하여 두 화합물을 구별할 수 있는 다른 특징은 무엇인가?

9.34 1차 아민 $CH_3(CH_2)_nNH_2$의 동족열인 CH_3NH_2로부터 $CH_3(CH_2)_{13}NH_2$까지 모두는 주피크가 *m/z* 30이다. 이 피크는 무슨 이온을 나타내며, 이것은 어떻게 형성되었는가?

종합적인 구조 유추

9.35 각 조의 ^{1}H NMR 자료와 합치되는 구조를 제시하시오. 어떤 경우에는 IR 자료도 제시되어 있다.

	분자식	δ (ppm)	갈라짐	적분
(a)	C_2H_6O	1.23	t	3H
		2.61	bs	1H
		3.69	q	2H
(b)	C_4H_8O	0.97	t	3H
		1.64	m	2H
		2.37	q	2H
		9.76	s	1H
(c)	C_7H_8O	2.25	s	3H
		5.20	s	1H
		6.72	d	2H
		7.00	d	2H
(d)	$C_4H_6O_2$	2.28	t	2H
		2.48	m	2H
		4.35	t	2H
(e)	$C_9H_8O_2$	6.47	m	1H
		7.40	m	2H
		7.42	m	1H

		7.56	m	2H
		7.81	m	1H
		11.0	bs	1H
(f)	C_5H_8	1.00	t	3H
		1.55	m	2H
		1.94	s	1H
		2.15	t	2H
(g)	C_4H_9I	0.93	t	3H
		1.42	m	2H
		1.80	m	2H
		3.20	t	2H
(h)	$C_5H_6O_2$	1.26	t	3H
		2.85	s	1H
		4.12	q	2H
(i)	$C_5H_{10}O$	0.93	t	3H
		1.60	m	2H
		2.13	s	3H
		2.40	t	2H
(j)	C_8H_9NO	2.14	s	3H
		7.10	m	1H
		7.30	m	2H
		7.49	m	2H
		7.79	bs	1H
(k)	C_4H_9Cl	1.62	s	9H
(l)	C_2H_6O	3.24	s	6H
(m)	$C_8H_{19}N$	0.88	t	3H
		1.28	m	10H
		1.43	m	2H
		1.69	bs	2H
		2.68	t	2H

9.36 화합물 **E**와 **F**의 구조를 제안하시오. 화합물 **E**(C_8H_6)는 2몰의 브로민과 반응하여 화합물 **F**($C_8H_6Br_4$)를 형성한다. **E**의 IR 스펙트럼은 **그림 9.40**과 같다. **E**와 **F**의 구조는 무엇인가?

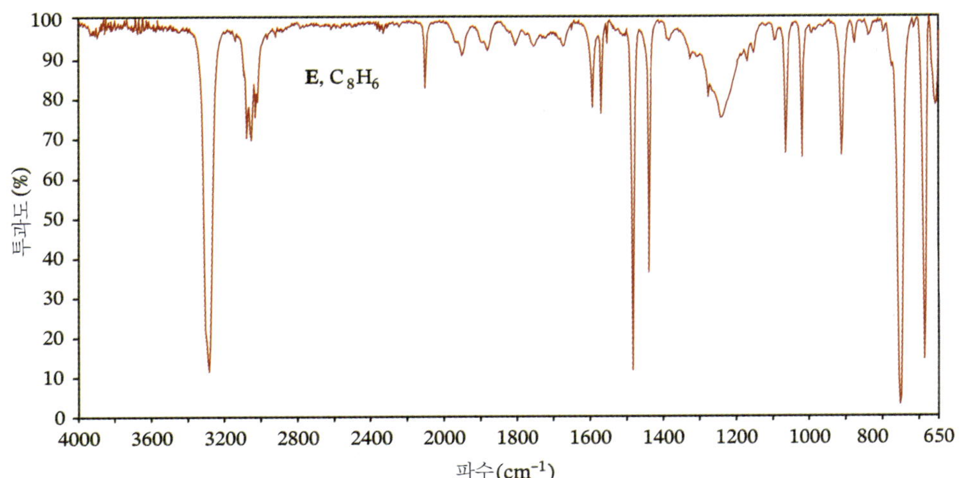

그림 9.40 물음 9.36의 화합물 **E**의 IR 스펙트럼.
(© Bio-Rad Laboratories, Inc., Informatics Division, Sadtler Software & Databases (2012). All rights reserved. Permission for the publication herein of Sadtler Spectra has been granted by Bio-Rad Laboratories, Inc., Informatics Division.)

9.37 분자식이 $C_2H_xCl_y$인 아래의 화합물에 대하여 아래에 수록된 ^{1}H NMR과 IR 자료와 일치하는 입체 화학적인 구조식을 제시하시오.

^{1}H NMR

δ (ppm)	갈라짐	적분
6.3	s	—

IR

3125 cm^{-1}
1625 cm^{-1}
1280 cm^{-1}
820 cm^{-1}
695 cm^{-1}

9.38 화합물 M, $C_2H_xCl_y$와 관련하여 ^{1}H NMR과 IR 자료를 이용하여 자료와 일치하는 입체 화학적인 구조를 제시하시오.

^{1}H NMR

δ (ppm)	갈라짐	적분
6.3	s	—

IR

3125 cm^{-1}
1625 cm^{-1}
1280 cm^{-1}
820 cm^{-1}
695 cm^{-1}

9.39 화합물 **O**($C_6H_{10}O$)는 1745 cm^{-1}에서 강한 IR 흡수를 보인다. **O**의 넓은 띠 양성자-짝풀린 ^{13}C 스펙트럼은 3개의 신호를 δ 212(C), 42 (CH_2), 27(CH_2), 25(CH_2)에서 보인다. **O**의 구조를 제시하시오.

9.40 아래의 ^{1}H, ^{13}C, 그리고 IR 스펙트럼(**그림 9.41~9.43**)을 보이는 화합물의 구조를 유추하시오. 제시된 구조에 대해서 모든 ^{1}H와 ^{13}C 스펙트럼의 관점을 지정하시오. 문자를 사용해서 양성자들을 ^{1}H NMR 스펙트럼의 신호와 짝지으시오. 그리고 숫자를 사용해서 탄소들을 ^{13}C 스펙트럼의 신호와 짝지으시오. 이 화합물의 질량 스펙트럼은 m/z 96에서 분자 이온을 보인다.

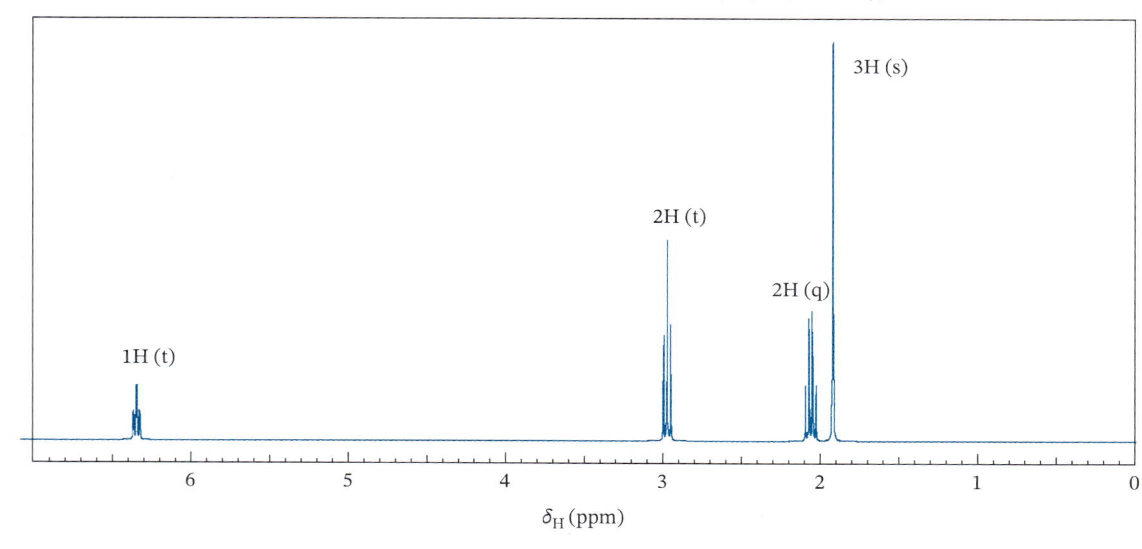

그림 9.41 물음 9.40에 대한 ^{1}H NMR 스펙트럼

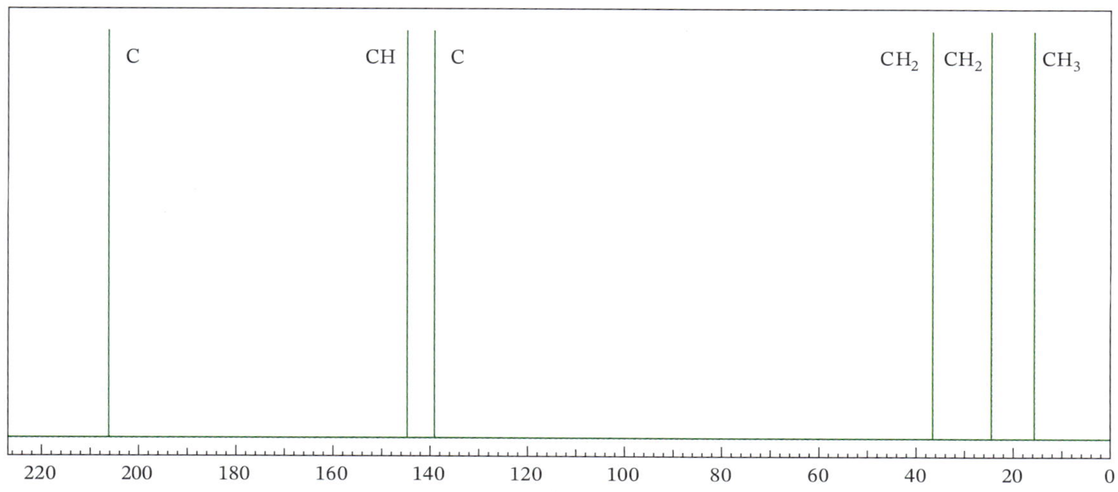

그림 9.42 물음 9.40에 대한 넓은 띠 양성자-짝풀린 ^{13}C NMR 스펙트럼. 붙어 있는 양성자에 대한 정보를 각 피크 위에 나타냈다.

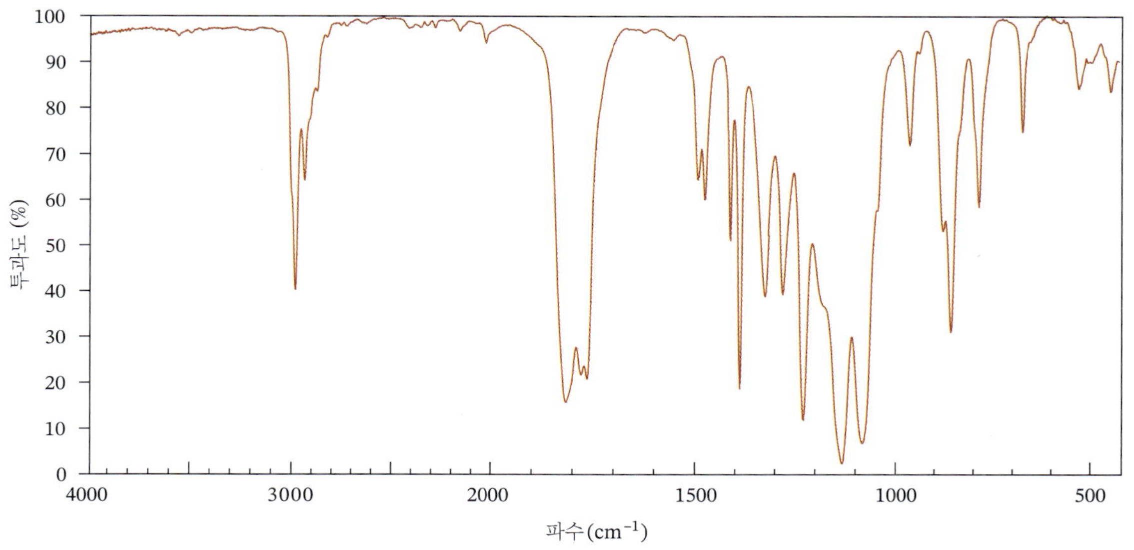

그림 9.43 물음 9.40에 대한 IR 스펙트럼. (Millipore–Sigma.의 허락을 받아 그림을 수정함)

9.41 아래의 ^{1}H, ^{13}C, 그리고 IR 스펙트럼(**그림 9.44~9.46**)을 보이는 화합물의 구조를 유추하시오. 제시된 구조에 대해서 모든 ^{1}H와 ^{13}C 스펙트럼의 관점을 지정하시오. 문자를 사용해서 양성자들을 ^{1}H NMR 스펙트럼의 신호와 짝지으시오. 그리고 숫자를 사용해서 탄소들을 ^{13}C 스펙트럼의 신호와 짝지으시오. 이 화합물의 질량 스펙트럼은 m/z 148에서 분자 이온을 보인다.

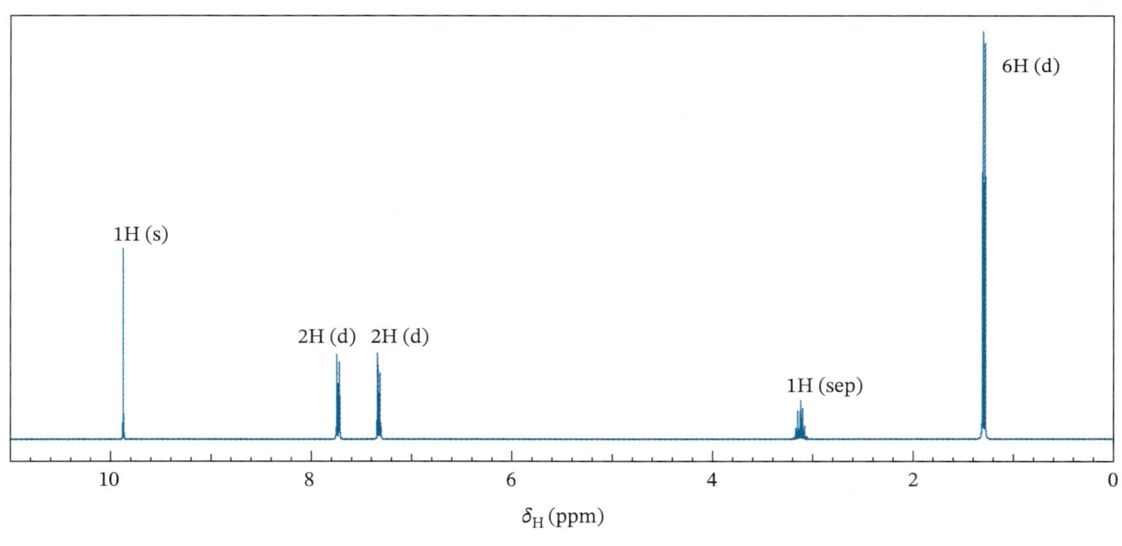

그림 9.44 물음 9.41에 대한 ^{1}H NMR 스펙트럼(가상적임)

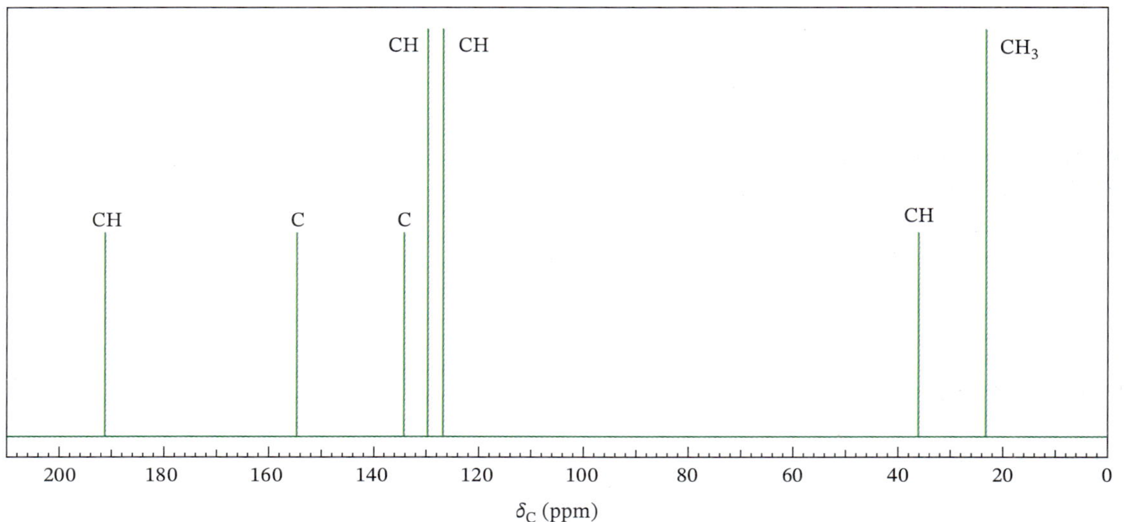

그림 9.45 물음 9.41에 대한 넓은 띠 양성자-짝풀린 ^{13}C NMR 스펙트럼. 붙어 있는 양성자에 대한 정보를 각 피크 위에 나타냈다.

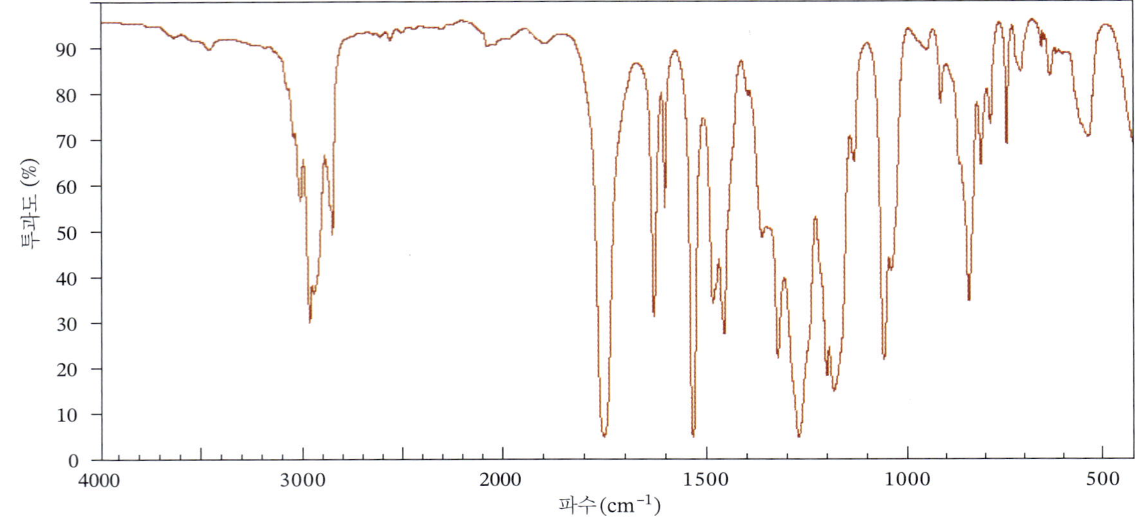

그림 9.46 물음 9.41에 대한 IR 스펙트럼. (SDBS, National Institute of Advanced Industrial Science and Technology)

9.42 아래의 ^{1}H, ^{13}C, 그리고 IR 스펙트럼(**그림 9.47~9.49**)을 보이는 화합물의 구조를 유추하시오. 제시된 구조에 대해서 모든 ^{1}H와 ^{13}C 스펙트럼의 관점을 지정하시오. 문자를 사용해서 양성자들을 ^{1}H NMR 스펙트럼의 신호와 짝지으시오. 그리고 숫자를 사용해서 탄소들을 ^{13}C 스펙트럼의 신호와 짝지으시오. 이 화합물의 질량 스펙트럼은 m/z 204에서 분자 이온을 보인다.

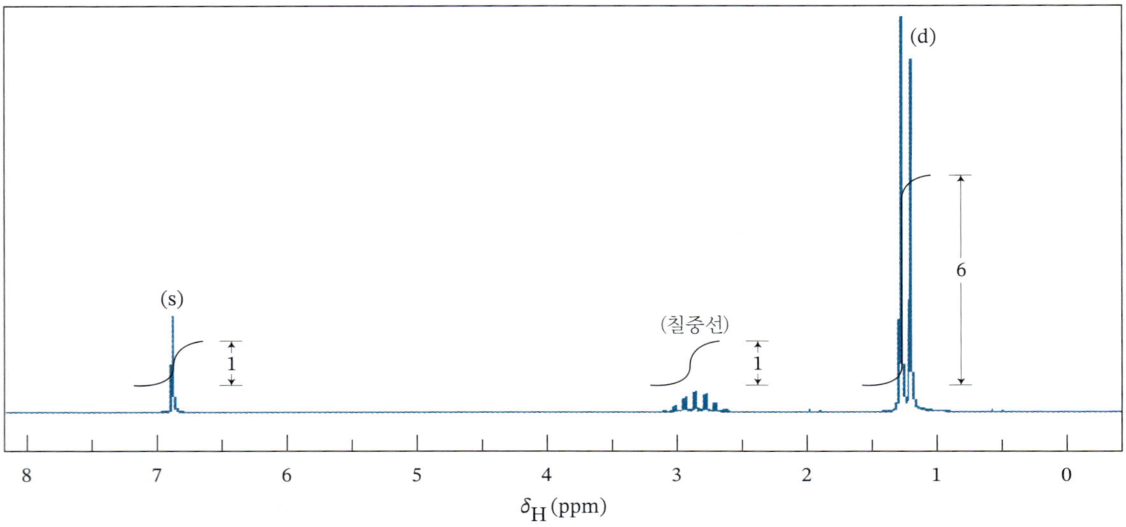

그림 9.47 물음 9.42에 대한 ^{1}H NMR 스펙트럼(가상적임)

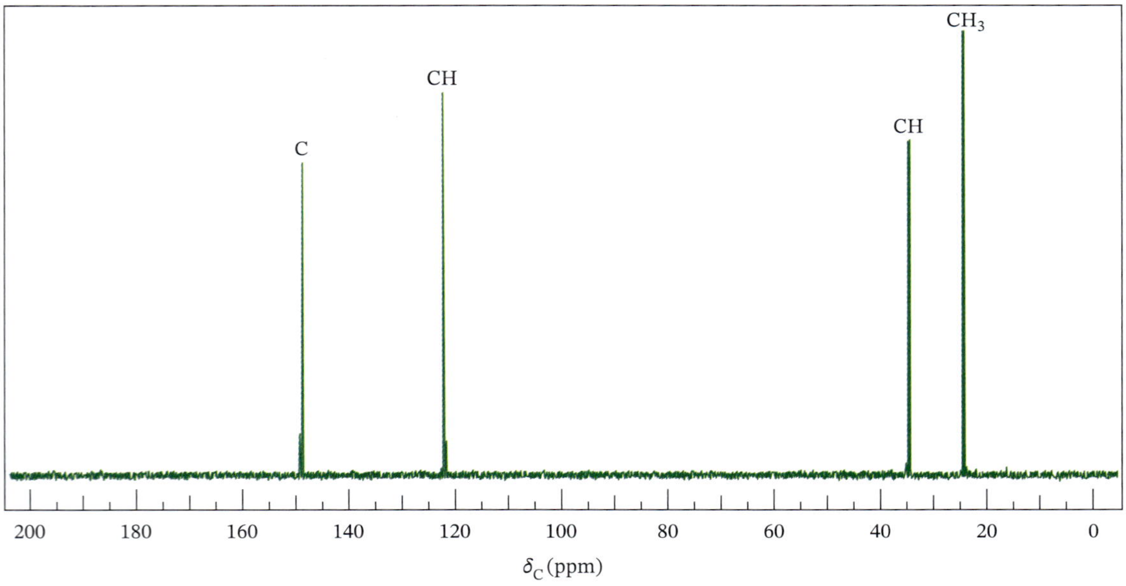

그림 9.48 물음 9.42에 대한 넓은 띠 양성자-짝풀린 ^{13}C NMR 스펙트럼(가상적임)

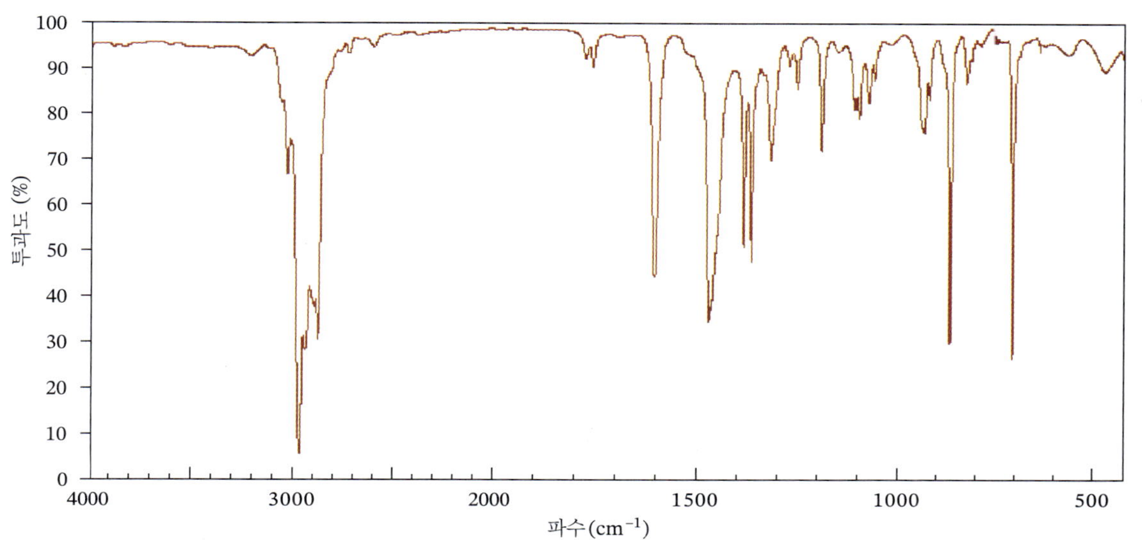

그림 9.49 물음 9.42에 대한 IR 스펙트럼. (SDBS, National Institute of Advanced Industrial Science and Technology)

9.43 아래의 ^{1}H, ^{13}C, 그리고 IR 스펙트럼(**그림 9.50~9.52**)을 보이는 화합물의 구조를 유추하시오. 제시된 구조에 대해서 모든 ^{1}H와 ^{13}C의 관점을 지정하시오. 문자를 사용해서 양성자들을 ^{1}H NMR 스펙트럼의 신호와 짝지으시오. 그리고 숫자를 사용해서 탄소들을 ^{13}C 스펙트럼의 신호와 짝지으시오.

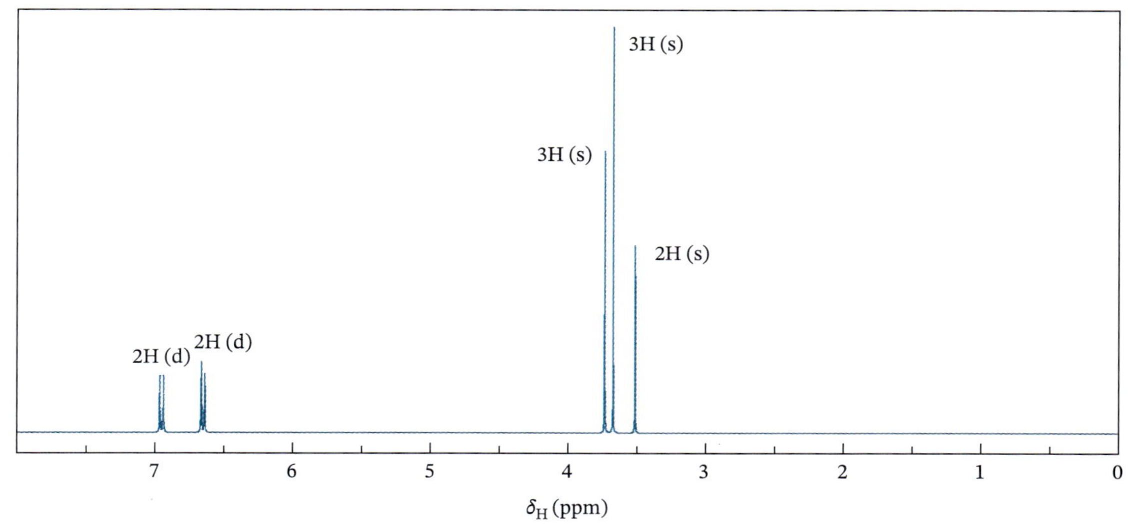

그림 9.50 물음 9.43에 대한 ^{1}H NMR 스펙트럼(가상적임)

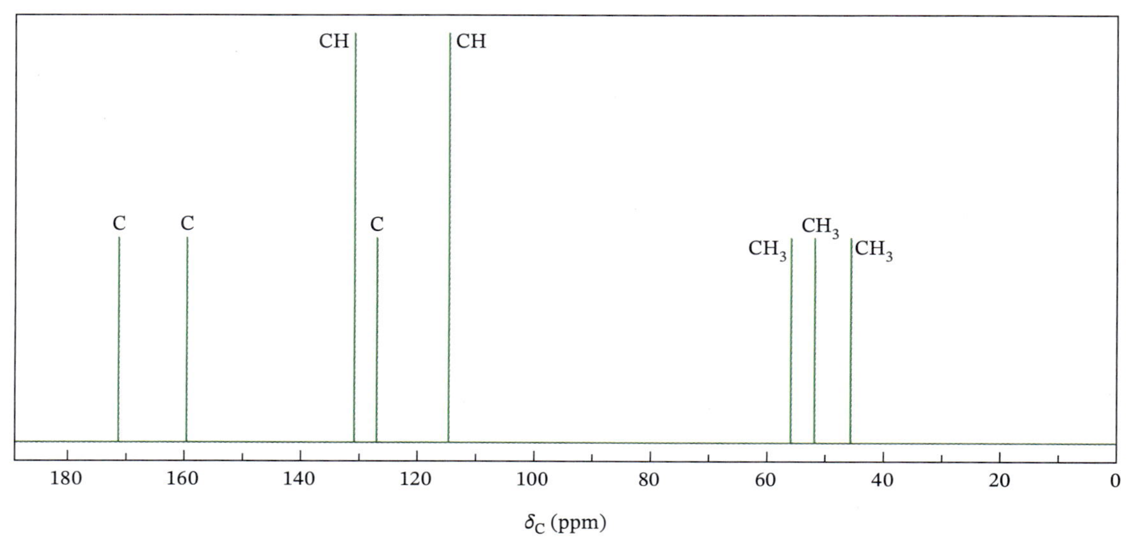

그림 9.51 물음 9.43에 대한 넓은 띠 양성자-짝풀린 ^{13}C NMR 스펙트럼(가상적임)

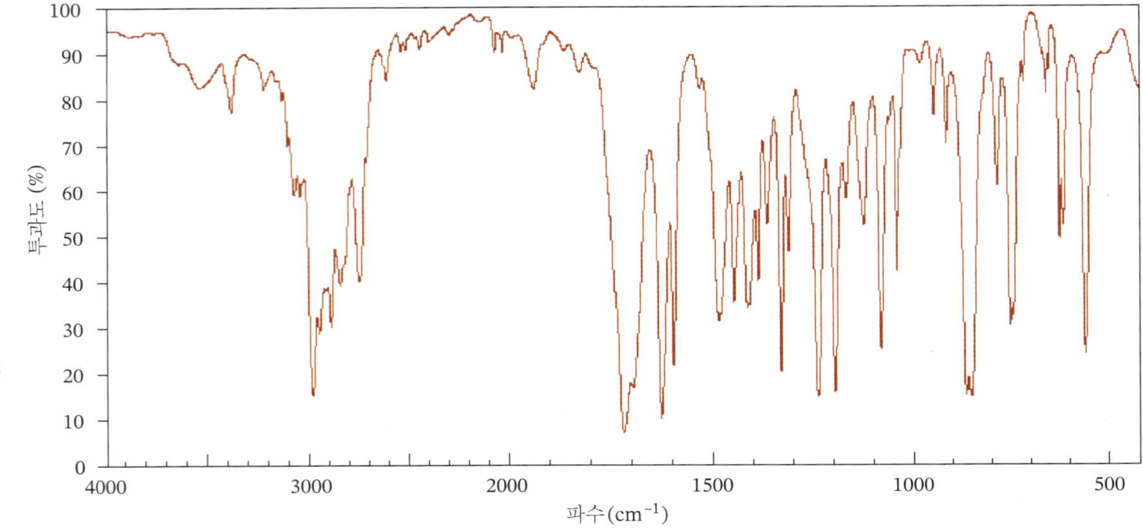

그림 9.52 물음 9.43에 대한 IR 스펙트럼. (SDBS, National Institute of Advanced Industrial Science and Technology)

화학 상담자가 필요한 물음

9.44 학교에 전기가 나가서 모든 분광기가 작동되지 않고 컴퓨터로는 상용 스펙트럼 자료에 접근할 수 없다. 이런 상황에서 아래 각각의 분자에 대해서 얻어질 스펙트럼을 그려서 동료 화학자에게 제공할 수 있도록 발표 자료를 만들 수 있는가?

(a) OH

(b) O O

^{13}C NMR

(c) $COOCH_2CH_3$ NH_2

9.45 실험실 청소 도중 C_9H_9N이라고 표시된 액체가 담긴 병이 발견되었다. 병의 내용물 시료를 가지고 다음과 같은 IR과 ^{1}H NMR 스펙트럼을 얻었다. 병에 순수한 화합물이 들어 있다고 가정하고 구조를 결정할 수 있을까?

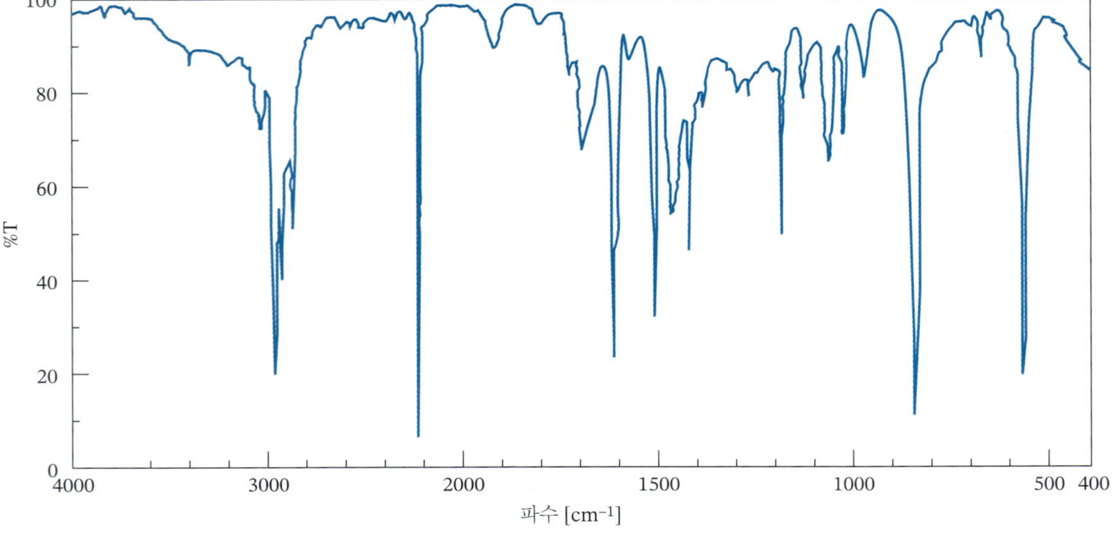

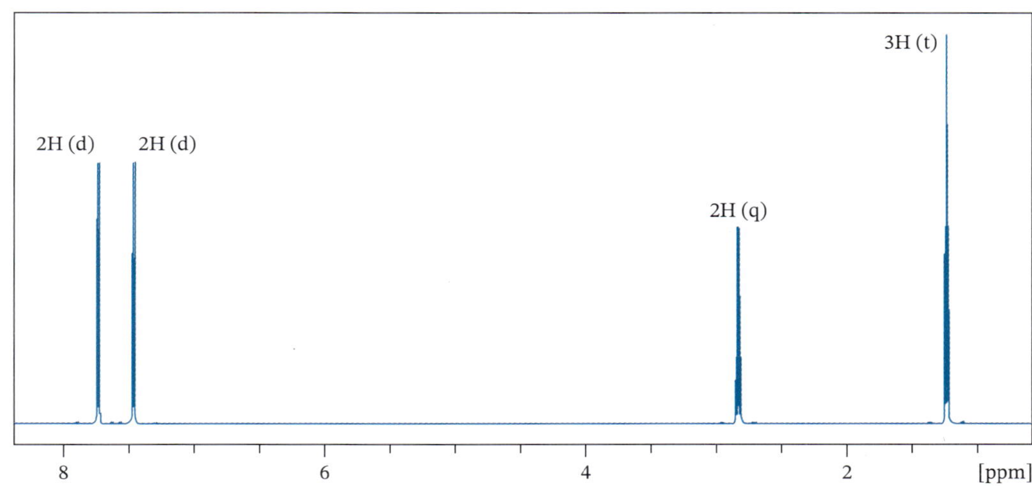

도전 물음

9.46 1,3-다이메틸사이클로펜타다이엔의 진한 황산 용액을 ^{1}H NMR로 스펙트럼을 얻으니 세 개의 피크가 6 : 4 : 1로 나타났다. 스펙트럼의 양상에 대하여 무슨 설명을 할 수 있는가?

9.47 아세트산의 질량 스펙트럼에서 분자 이온 피크는 m/z 60에서 보인다. 4개 이상의 탄소 원자를 지닌 가지가 없는 다른 산들도 m/z 60에서 흔히 강한 피크를 보인다. 이것이 어떻게 생기는지 보이시오.

9.48 아민의 양성자에 대한 ^{1}H NMR 피크는 1~5.5 ppm 어디에서든 발견될 수 있다. 이런 다양성에 대하여 설명하시오.

9.49 *N*,*N*-dimethylacetamide의 ^{1}H NMR은 온도에 따라 다른 스펙트럼을 보인다. 실온에서는 세 메틸기의 양성자에 대응되는 세 개의 신호가 관찰된다. 그러나 높은 온도(328 K)에서는 적분 면적이 6H와 3H에 해당되는 두 개의 단일선이 관찰된다. 이 차이를 설명하시오.

9.50 많은 벤젠 유도체들의 질량 스펙트럼에서는 m/z 91, 77, 65, 또는 51에서 피크를 보인다. 이것을 설명하시오.

9.51 아래의 정보를 고려하시오.

(a) 옆에 보인 분자는 ^{1}H NMR 스펙트럼에서 총 몇 개의 신호를 보이겠는가?

(b) H_a는 ^{1}H NMR 스펙트럼에서 1.32 ppm에서 (dd)로 나타난다. H_a에 대해서 위에 제시한 짝지음 상수를 이용하여 갈라짐 나무 도표를 그리시오.

Br, O, H_a, H_b, H_c

J_{ab} = 5.3 Hz
J_{ac} = 8.2 Hz
J_{bc} = 10.7 Hz

학습 집단을 위한 물음

1. 아래의 정보를 가지고 화합물 **A**와 **B**의 구조를 유추해 내시오. 두 화합물 모두 묽은 염산 수용액에 녹고, 둘 다 분자식이 같다. **A**와 **B**의 질량 스펙트럼은 $M^{+\cdot}$ 149가 있다. **A**와 **B**의 다른 분광학적인 자료는 아래에 주어져 있다. 제안된 구조를 정당화하도록 자료를 구조에 지정하시오. NMR 스펙트럼을 그리시오.

(a) 화합물 **A**의 IR 스펙트럼은 3300~3500 cm^{-1} 영역에 두 흡수띠를 보인다. 넓은 띠 양성자-짝풀린 ^{13}C NMR 스펙트럼은 다음 신호를 보인다(붙어 있는 양성자에 대한 정보는 ^{13}C 화학적 이동 옆에 괄호로 표시하였다).

A: ^{13}C NMR (ppm): 140 (C), 127 (C), 125 (CH), 118 (CH), 24 (CH_2), 13 (CH_3)

(b) 화합물 **B**의 IR 스펙트럼은 3300~3500 cm^{-1} 영역에서 흡수띠가 없다. 넓은 띠 양성자-짝풀린 ^{13}C NMR 스펙트럼은 다음 신호를 보인다(붙어 있는 양성자에 대한 정보는 ^{13}C 화학적 이동 옆에 괄호로 표시하였다).

B: ^{13}C NMR (ppm): 147 (C), 129 (CH), 115 (CH), 111 (CH), 44 (CH_2), 13 (CH_3)

2. 분자식이 $C_5H_{10}O$인 두 화합물은 아래와 같은 ^1H와 ^{13}C NMR 자료를 가지고 있다. 두 화합물 모두 1710~1740 cm^{-1}에서 강한 IR 흡수띠를 보인다. 이 두 화합물의 구조를 추정해 내고, 스펙트럼을 해석하시오. 각 NMR 스펙트럼을 그리시오.

(a) ^1H NMR (ppm): 2.55 (칠중선, 1H), 2.10 (단일선, 3H), 1.05 (이중선, 6H); ^{13}C NMR (ppm): 212.6, 41.5, 27.2, 17.8.

(b) ^1H NMR (ppm): 2.38 (삼중선, 2H), 2.10 (단일선, 3H), 1.57 (육중선, 2H), 0.88 (삼중선, 3H); ^{13}C NMR (ppm): 209.0, 45.5, 17.0, 13.2.

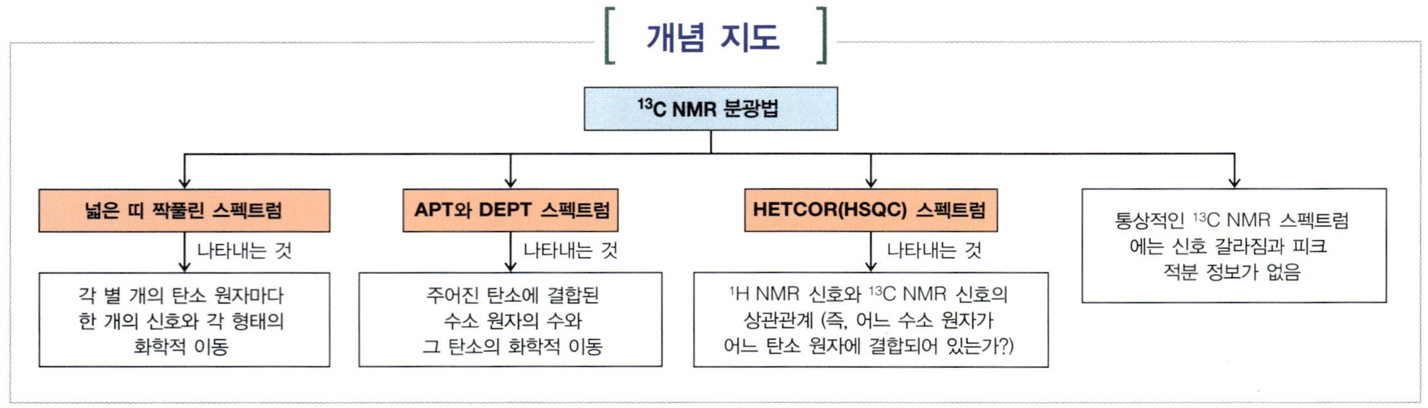

개념 지도

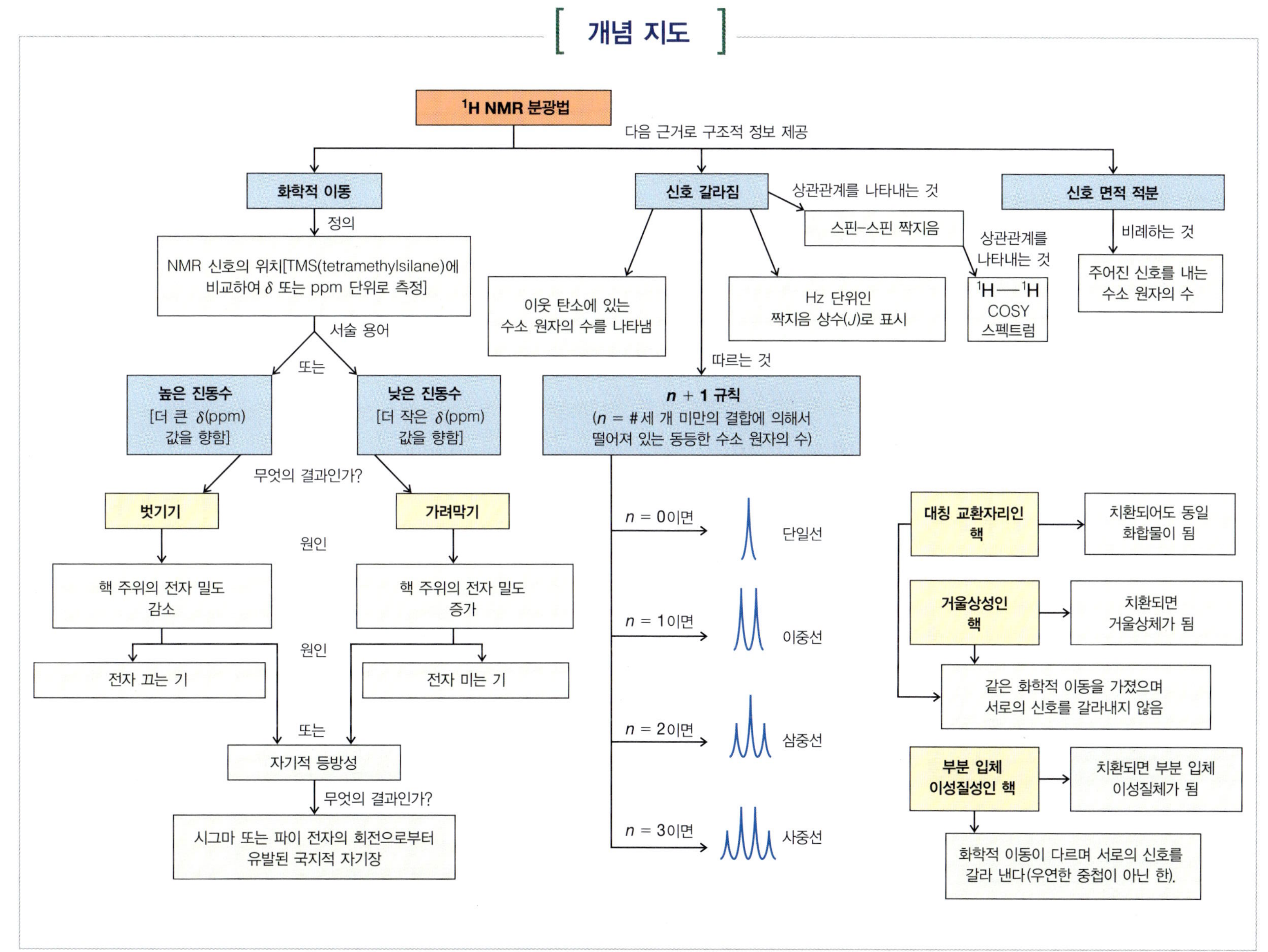

¹H NMR 분광법
다음 근거로 구조적 정보 제공
화학적 이동
정의
NMR 신호의 위치[TMS(tetramethylsilane)에 비교하여 δ 또는 ppm 단위로 측정]
서술 용어
또는
높은 진동수 [더 큰 δ(ppm) 값을 향함]
낮은 진동수 [더 작은 δ(ppm) 값을 향함]
무엇의 결과인가?
벗기기
가려막기
원인
핵 주위의 전자 밀도 감소
핵 주위의 전자 밀도 증가
원인
전자 끄는 기
전자 미는 기
또는
자기적 등방성
무엇의 결과인가?
시그마 또는 파이 전자의 회전으로부터 유발된 국지적 자기장
신호 갈라짐
상관관계를 나타내는 것
스핀-스핀 짝지음
상관관계를 나타내는 것
¹H—¹H COSY 스펙트럼
이웃 탄소에 있는 수소 원자의 수를 나타냄
Hz 단위인 짝지음 상수(J)로 표시
따르는 것
n + 1 규칙
(n = # 세 개 미만의 결합에 의해서 떨어져 있는 동등한 수소 원자의 수)
n = 0이면
단일선
n = 1이면
이중선
n = 2이면
삼중선
n = 3이면
사중선
신호 면적 적분
비례하는 것
주어진 신호를 내는 수소 원자의 수
대칭 교환자리인 핵
치환되어도 동일 화합물이 됨
거울상성인 핵
치환되면 거울상체가 됨
같은 화학적 이동을 가졌으며 서로의 신호를 갈라내지 않음
부분 입체 이성질성인 핵
치환되면 부분 입체 이성질체가 됨
화학적 이동이 다르며 서로의 신호를 갈라 낸다(우연한 중첩이 아닌 한).

CHAPTER 10

라디칼 반응

Daniil Petrov/Shutterstock.com

쌍을 이루지 않은 전자는 라디칼 형태의 반응에 대한 불같은 질문을 던진다. 실제로 쌍을 이루지 않은 전자를 지닌 화학종은 라디칼이라 불리며, 연소, 노화, 질병, 오존층의 파괴에 이르는 반응, 그리고 인간의 생활을 증진시키는 제품의 합성과 같은 화학에 관여하고 있다. 예를 들면, 폴리에틸렌은 수천에서 수백만에 이르는 분자량을 지니는데 플라스틱 필름으로부터 물병 포장제, 방탄 조끼, 그리고 엉덩이와 무릎의 대체 용품에 이르기까지 광범위하게 이용되며, 라디칼이 관여하는 반응에 의해서 만들어진다. 우리가 호흡하는 산소나 몇 가지 근본적인 생물학적인 과정에서 화학적인 신호 전달제인 산화 질소는 쌍을 이루지 않은 전자를 지닌 분자들이다. 블루베리나 당근에서 발견되는 매운 진한 색깔을 지닌 화합물은 라디칼과 반응하여 원치 않는 생물학적인 라디칼 반응으로부터 인간을 보호해 주기도 한다. 경제의 상당 부분은 라디칼에 의존하고 있는데, 폴리에틸렌과 같은 폴리머를 만드는 반응으로부터 산화 질소의 생물학적 신호 경로에 작동하는 의약품의 표적 작용에 이르기까지 다양하다.

이 장에서 배울 내용:

- 라디칼의 성질, 형성, 반응성
- 자연에서 라디칼을 바탕으로 한 반응

이 주제는 왜 중요한가?

이 장의 끝에서는 라디칼 화학과 분자 모양이 합쳐져서 세포를 죽게 하는 천연 분자를 보게 될 것이다. 화학자들은 이 지식을 이용하여 인류 보건에 영향을 주는 항암 약품을 만들었다.

10.1 서론: 라디칼의 형성과 반응

이제까지 메커니즘을 배운 반응들은 모두 **이온 반응**(**ionic reaction**)이다. 이온 반응에서는 공유결합이 **불균일 분해**(**heterolysis**)를 하며 이온들이 반응물, 중간체, 그리고 생성물로 관여한다.

또 다른 넓은 범주의 반응들은 공유 결합의 **균일 분해(homolysis)**로 인하여 **라디칼**[또는 **자유 라디칼(free radical)**]이라 불리는 쌍을 이루고 있지 않은 전자를 가진 중간체가 생성되는 메커니즘으로 진행한다.

각 원자는 그들을 잡아매고 있던 공유 결합으로부터 한 개의 전자를 취한다.

$$A:B \xrightarrow{\text{균일 분해}} A\cdot + \cdot B$$

라디칼

이 간단한 예는 **한 개의 전자**가 이동함(앞서 해왔던 것처럼 한 전자쌍이 이동하는 것이 아님)을 나타내기 위해서 **홑날(낚시 바늘) 굽은 화살표**를 쓰는 방법을 보여 주고 있다. 이 경우에 있어서 A와 B 각 기는 그들을 연결했던 공유 결합의 전자들 중 하나를 가지고 나간다.

10.1A 라디칼의 생성

- 공유 결합의 균일 분해를 위해서는 에너지가 열 또는 빛의 형태로 공급되어야 한다.

예를 들어, **과산화물(peroxide)**이라 불리는 산소–산소 단일 결합을 가진 화합물들은 산소–산소 결합이 약하기 때문에 가열해 주면 곧 균일 분해를 일으킨다. 이 생성물은 알콕실 라디칼이라 불리는 두 개의 라디칼이다.

도움말

홑날 굽은 화살표 ⌒는 전자 한 개의 이동을 나타낸다.

$$R-\ddot{\underset{\cdot\cdot}{O}}:\ddot{\underset{\cdot\cdot}{O}}-R \xrightarrow{\text{가열}} 2\,R-\ddot{\underset{\cdot\cdot}{O}}\cdot$$

과산화 다이알킬 알콕실 라디칼

과산화 다이알킬의 균일 분해

할로젠 분자(X_2)도 또한 비교적 약한 결합을 가지고 있다. 곧 알게 되겠지만, 할로젠도 가열을 하거나 할로젠 분자가 흡수할 수 있는 파장의 빛을 쬐어 주면 곧 균일 분해를 일으킨다.

$$:\ddot{\underset{\cdot\cdot}{X}}:\ddot{\underset{\cdot\cdot}{X}}: \xrightarrow[\text{열 또는 빛}(h\nu)]{\text{균일 분해}} 2\,:\ddot{\underset{\cdot\cdot}{X}}\cdot$$

할로젠 분자의 균일 분해

이 균일 분해의 생성물은 할로젠 원자들이다. 할로젠 원자는 쌍을 이루지 않은 전자를 가지고 있으므로 라디칼이다.

10.1B 라디칼의 반응

- 거의 모든 조그만 라디칼들은 수명이 짧고 반응성이 매우 큰 화학종이다.

라디칼이 다른 분자와 부딪히면 쌍을 이루지 않은 전자가 쌍을 이루도록 반응을 하는 경향이 있다. 그렇게 하는 한 가지 방법은 다른 분자로부터 한 원자를 떼내는 일이다. 원자를 떼낸다는 것은 그 원자가 다른 라디칼과 결합을 형성하면서 결합의 균일 분해에 의해서 원자가 제거되는 것이다. 예를 들면, 할로젠 원자는 알케인으로부터 수소 원자 하나를 떼낸다. **수소 원자 떼냄(hydrogen abstraction)**으로써 할로젠 원자는 자신의 쌍을 이루지 않은 전자와 짝을 지을 전자를(수소 원자로부터) 얻게 된다. 그러나 이 반응의 다른 생성물은 **또 다른 라디칼 중간체**로 여기서는 알킬 라디칼 R•로 반응을 더 진행하게 된다. 이 과정이 **라디칼 반응(radical**

reaction)의 특징으로 이 장에서 보게 될 것이다.

라디칼이 반응하는 또 다른 방법을 보여 주고 있는 다른 예를 생각해 보자. 라디칼은 다중 결합을 갖고 있는 화합물과 결합하여 새로운 라디칼을 생성하여 반응을 더 진행한다(이런 형태의 반응은 10.10절에서 배운다).

반응 메커니즘

수소 원자 떼냄

일반적인 반응

$$:\ddot{\underset{..}{X}}\cdot + H:R \longrightarrow :\ddot{\underset{..}{X}}:H + R\cdot$$

활성인 라디칼 중간체 — 알케인 — 알킬 라디칼 중간체 (더 반응함)

구체적인 예

$$:\ddot{\underset{..}{Cl}}\cdot + H:CH_3 \longrightarrow :\ddot{\underset{..}{Cl}}:H + \cdot CH_3$$

염소 원자 (라디칼) — 메테인 — 메틸 라디칼 중간체 (더 반응함)

반응 메커니즘

π 결합에 라디칼 첨가 반응

$$R\cdot + C{=}C \longrightarrow R{-}C{-}\dot{C} \longrightarrow \text{더 반응함(10.11}$$

활성인 알킬 라디칼 중간체 — 알켄 — 새로운 라디칼 중간체

생물학 및 공업 화학: 여드름 치료제

어떤 과산화물은 라디칼 반응을 개시하는 데 훌륭하지만, 과산화 라디칼은 그 자체로 값진 가치가 있다. 예를 들면, 퍼옥시화 벤조일은 많은 여드름 치료제에서 전형적으로 발견되는 활성 성분인데, 피부의 열이나 빛에 노출되어 깨짐으로써 라디칼을 형성하게 된다. 이 라디칼은 여드름을 유발하는 박테리아를 죽일 수 있다.

같은 화합물이 표백제로도 사용된다. 13장에서 보듯이, 많은 유색 화합물들은 짝지어진 이중 결합을 가지고 있다. 퍼옥시화 벤조일은 그들 결합에 첨가되어 짝지음을 깨뜨리고 색깔을 없애고 흰색 물질만 남게 한다. 여드름 치료제를 사용한 후에 색깔 있는 수건으로 닦으면 이 효과를 이미 보았을 것이다.

Benzoyl peroxide

10.2 균일 결합 해리 에너지($DH°$)

원자들이 결합하여 분자를 형성할 때, 공유 결합이 형성됨에 따라 에너지가 방출된다. 생성물 분자는 개개의 원자보다 엔탈피가 낮다. 수소 원자가 결합하여 수소 분자를 형성할 때 반응은 발열 반응이며, 생성된 수소 1몰당 436 kJ mol^{-1}의 열이 방출된다. 비슷하게, 염소 원자가 결합하여 염소 분자가 될 때 반응은 생성된 염소 분자의 1몰당 243 kJ mol^{-1}의 열을 방출한다.

$$H\cdot + H\cdot \longrightarrow H{-}H \qquad \Delta H° = -436\ \text{kJ mol}^{-1}$$
$$Cl\cdot + Cl\cdot \longrightarrow Cl{-}Cl \qquad \Delta H° = -243\ \text{kJ mol}^{-1}$$

결합 형성은 발열 과정이다. $\Delta H°$가 음이다.

결합이 깨지기만 하는 반응은 항상 흡열 과정이다. 수소나 염소의 공유 결합을 깨는 데 필요한 에너지는 개개의 원자들이 결합하여 분자를 형성할 때 방출된 에너지와 꼭 같은 양이다. 그러나 결합이 깨지는 반응에서 $\Delta H°$는 +이다.

$$H{-}H \longrightarrow H\cdot + H\cdot \qquad \Delta H° = +436\ \text{kJ mol}^{-1}$$
$$Cl{-}Cl \longrightarrow Cl\cdot + Cl\cdot \qquad \Delta H° = +243\ \text{kJ mol}^{-1}$$

결합 분해는 흡열 과정이다. $\Delta H°$가 양이다.

- 공유 결합을 분해하려면 에너지를 공급해야 한다.
- 공유 결합을 분해하는 데 필요한 에너지를 **균일 결합 해리 에너지(homolytic bond dissociation energy)**라고 부르며 보통 약자로 ***DH°***라고 쓴다.

예를 들어, 수소와 염소의 균일 결합 해리 에너지 값들을 다음과 같이 쓸 수 있다.

H—H (**$DH°$ = 436 kJ mol^{-1}**)　　Cl—Cl (**$DH°$ = 243 kJ mol^{-1}**)

여러 가지 공유 결합의 균일 결합 해리 에너지는 실험적으로 결정되었고, 관련 데이터로부터 계산되었다. 몇 가지 균일 결합 해리 에너지를 **표 10.1**에 수록하였다.

10.2A 균일 결합 해리 에너지를 사용하여 라디칼의 상대적인 안정도를 결정하기

균일 결합 해리 에너지는 라디칼의 상대적인 안정도를 추정할 수 있는 편리한 방법을 제공하기도 한다. 표 10.1로부터 프로페인의 1차 및 2차 C—H 결합에 대한 $DH°$ 값을 알 수 있다.

H (**$DH°$ = 423 kJ mol^{-1}**)　　H (**$DH°$ = 413 kJ mol^{-1}**)

이것은 C—H 결합이 균일 분해를 하는 반응에서 $\Delta H°$ 값이 바로 여기에 주어진 것임을 의미한다.

H ⟶ + H· $\Delta H° = +423\ \text{kJ mol}^{-1}$

Propyl 라디칼
(1° 라디칼)

$$(CH_3)_2CH{-}H \longrightarrow (CH_3)_2\dot{C}H + H\cdot \quad \Delta H° = +413 \text{ kJ mol}^{-1}$$

Isopropyl 라디칼 (2° 라디칼)

이 반응들은 두 가지 관점에서 서로 같다. 즉, 이들은 모두 같은 알케인(프로페인)에서 시작하여 알킬 라디칼과 수소 원자를 생성한다. 그러나 이들은 필요한 에너지의 양과 생성된 탄소 라디칼의 형태가 다르다. 이 두 차이점은 서로 연관이 있다.

- 알킬 라디칼들은 쌍을 이루지 않은 전자를 가진 탄소 원자에 따라 1°, 2°, 또는 3°로 구별한다. 이것은 탄소 양이온을 양전하를 가진 탄소 원자에 따라 구별하는 것과 같다.

표 10.1 25 °C에서 단일 결합 균일 해리 에너지($DH°$)[a]

$$A{:}B \longrightarrow A\cdot + B\cdot$$

깨질 결합 (적색으로 표시)	kJ mol^{-1}	깨질 결합 (적색으로 표시)	kJ mol^{-1}	깨질 결합 (적색으로 표시)	kJ mol^{-1}
H—H	436	CH_3CH_2—OCH_3	352	CH_2═$CHCH_2$—H	369
D—D	443	$CH_3CH_2CH_2$—H	423	CH_2═CH—H	465
F—F	159	$CH_3CH_2CH_2$—F	444	C_6H_5—H	474
Cl—Cl	243	$CH_3CH_2CH_2$—Cl	354	HC≡C—H	547
Br—Br	193	$CH_3CH_2CH_2$—Br	294	CH_3—CH_3	378
I—I	151	$CH_3CH_2CH_2$—I	239	CH_3CH_2—CH_3	371
H—F	570	$CH_3CH_2CH_2$—OH	395	$CH_3CH_2CH_2$—CH_3	374
H—Cl	432	$CH_3CH_2CH_2$—OCH_3	355	CH_3CH_2—CH_2CH_3	343
H—Br	366	$(CH_3)_2CH$—H	413	$(CH_3)_2CH$—CH_3	371
H—I	298	$(CH_3)_2CH$—F	439	$(CH_3)_3C$—CH_3	363
CH_3—H	440	$(CH_3)_2CH$—Cl	355	HO—H	499
CH_3—F	461	$(CH_3)_2CH$—Br	298	HOO—H	356
CH_3—Cl	352	$(CH_3)_2CH$—I	222	HO—OH	214
CH_3—Br	293	$(CH_3)_2CH$—OH	402	$(CH_3)_3CO$—$OC(CH_3)_3$	157
CH_3—I	240	$(CH_3)_2CH$—OCH_3	359		
CH_3—OH	387	$(CH_3)_2CHCH_2$—H	422	$C_6H_5C(=O)O$—$OC(=O)C_6H_5$	139
CH_3—OCH_3	348	$(CH_3)_3C$—H	400	CH_3CH_2O—OCH_3	184
CH_3CH_2—H	421	$(CH_3)_3C$—Cl	349	CH_3CH_2O—H	431
CH_3CH_2—F	444	$(CH_3)_3C$—Br	292	$CH_3C(=O)$—H	364
CH_3CH_2—Cl	353	$(CH_3)_3C$—I	227		
CH_3CH_2—Br	295	$(CH_3)_3C$—OH	400		
CH_3CH_2—I	233	$(CH_3)_3C$—OCH_3	348		
CH_3CH_2—OH	393	$C_6H_5CH_2$—H	375		

[a]자료들은 2001년 7월에 공개된 National Institute of Standard (NIST) Standard Reference Database Number 69에서 온 것으로 NIST Chemistry WebBook(http://webbook.nist.gov/chemistry) Copyright 2000에 접속하여 얻었다. CRC Handbook of Chemistry and Physics, 3rd Electronic Edition에서 개정, Lide, David R., ed. $DH°$ 값은 바로 얻거나 생성열(H_f) 자료를 사용하고 $DH°\,[A-B] = H_f\,[A.] + H_f\,[B.] - H_f\,[A-B]$ 식을 써서 구할 수 있다.

프로페인으로부터 1차 알킬 라디칼(프로필 라디칼)을 생성하기 위해서는 같은 화합물로부터 2차 탄소 라디칼(아이소프로필 라디칼)을 생성하는 데 필요한 것보다 더 큰 에너지가 공급되어야 한다. 이것은 1차 라디칼이 더 많은 에너지를 흡수하여 **위치 에너지(potential energy)**가 더 큰 것을 의미한다. 화학종의 상대적인 안정도는 위치 에너지에 역비례하므로 2차 라디칼이 **더욱 안정한** 라디칼이어야 한다(**그림 10.1*a***). 실제로 2차인 아이소프로필 라디칼은 1차인 프로필 라디칼보다 10 kJ mol^{-1} 더 안정하다.

표 10.1의 자료로부터 아이소뷰테인에 대한 *tert*-뷰틸 라디칼(3° 라디칼)과 아이소뷰틸 라디칼(1° 라디칼)의 비교도 비슷하게 할 수 있다.

Isobutane → ***tert*-Butyl radical** (3° 라디칼) + H· $\Delta H° = +400$ kJ mol^{-1}

Isobutane → **Isobutyl radical** (1° 라디칼) + H· $\Delta H° = +422$ kJ mol^{-1}

여기서(**그림 10.1*b***) 두 라디칼의 안정도 차이는 더 크다. 3차 라디칼이 1차 라디칼보다 22 kJ mol^{-1} 더 안정하다.

이와 같은 모양의 안정도는 알킬 라디칼에 대하여 일반적으로 관찰된다.

- **전체적으로 라디칼의 상대적인 안정도의 순서는 3° > 2° > 1° > 메틸이다.**

도움말

라디칼의 상대적인 안정도를 아는 것은 반응을 예상하는 데 중요하다.

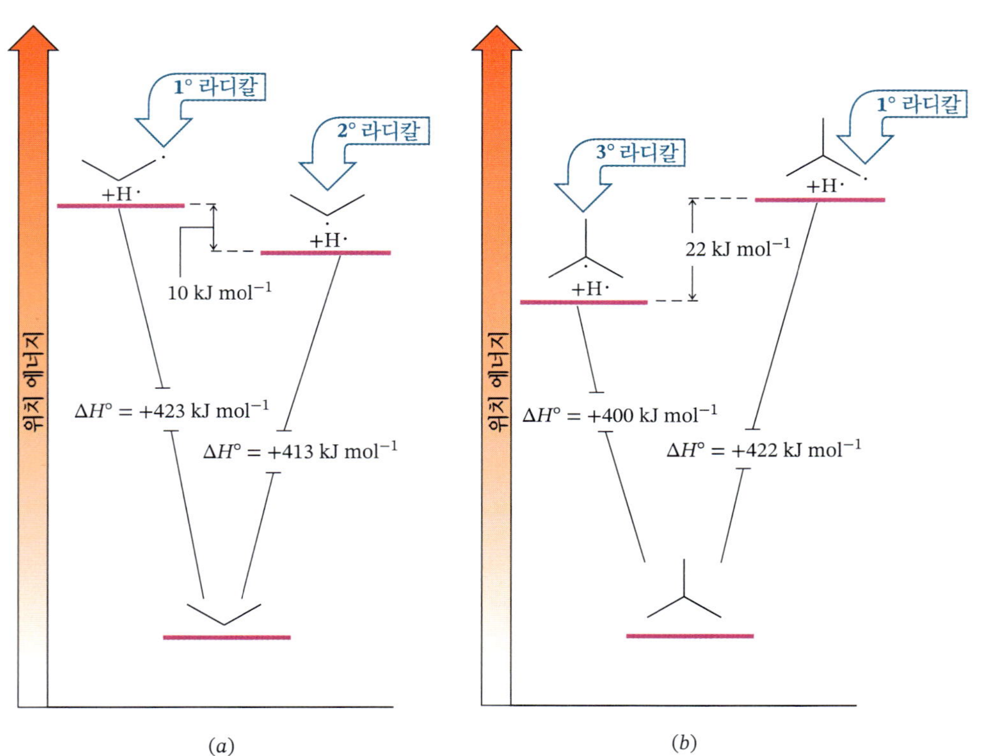

그림 10.1 (*a*) 프로페인을 기준으로 한 프로필 라디칼(+H·)과 아이소프로필 라디칼(+H·)의 위치 에너지의 비교. 아이소프로필 라디칼(2° 라디칼)이 1° 라디칼보다 10 kJ mol^{-1} 더 안정하다. (*b*) 아이소뷰테인을 기준으로 한 *tert*-뷰틸 라디칼(+H·)과 아이소뷰틸 라디칼(+H·)의 위치 에너지의 비교. 3° 라디칼이 1° 라디칼보다 22 kJ mol^{-1} 더 안정하다.

3차 (3°) > 2차 (2°) > 1차 (1°) > 메틸

$C{-}\dot{C}(C)(C)$ > $C{-}\dot{C}(H)(C)$ > $C{-}\dot{C}(H)(H)$ > $H{-}\dot{C}(H)(H)$

- **알킬 라디칼의 안정성은 탄소 양이온의 안정성과 같다**(6.11B절).

비록 알킬 라디칼은 전하를 띠고 있지 않지만 홀전자를 가진 탄소는 **전자가 부족**하다. 그러므로 이 탄소에 결합된 알킬기는 가상적 짝지음을 통하여 안정성을 제공한다. 알킬기가 더 많을수록 라디칼은 더 안정하다. 그러므로 라디칼과 탄소 양이온의 상대적인 안정도에 대한 까닭은 비슷하다.

보기 물음 10.1

아래의 라디칼을 1°, 2°, 또는 3°로 구별한 다음 안정도가 감소하는 순서대로 나열하시오.

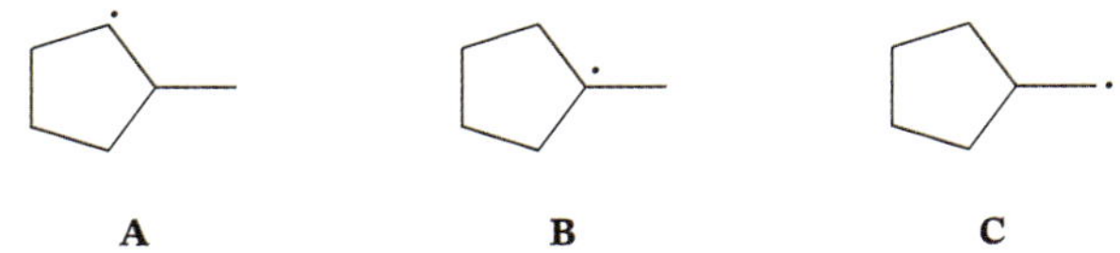

풀이

각 라디칼에서 쌍을 이루지 않은 전자를 지닌 탄소를 그것의 형태에 따라 구별한다. **B**는 3차 라디칼(쌍을 이루지 않은 전자를 지닌 탄소가 3차)이고, 따라서 가장 안정하다. **C**는 1차 라디칼이고 가장 불안정하다. **A**는 2차 라디칼이고 그 사이에 있다. 안정도 순서는 **B** > **A** > **C**이다.

되새김 물음 10.1

2-메틸뷰테인으로부터 수소를 떼냄으로써 얻어지는 라디칼의 안정도가 감소하는 순으로 나열하시오.

10.3 알케인과 할로젠의 반응

- 알케인은 할로젠 분자와 반응하여 할로젠화 알킬을 생성하는데, 이것은 **라디칼 할로젠화 반응(radical halogenation)**이라 불리는 **치환 반응(substitution reaction)**이다.

라디칼 할로젠화 반응에 의해서 모노할로알케인을 형성하는 일반적인 반응을 아래에 나타냈다. 이것을 라디칼 할로젠화 반응이라고 부르는 까닭은 나중에 보겠지만, 메커니즘에 라디칼이라 불리는 쌍을 이루지 않은 전자를 지닌 화학종이 관여하기 때문이다. 이 반응은 친핵성 치환 반응이 아니다.

$$R{-}H \;+\; X_2 \;\longrightarrow\; R{-}X \;+\; HX$$

- 할로젠 원자는 알케인의 수소 원자를 한 개 또는 그 이상 치환하며 대응되는 할로젠화 수소가 부산물로 형성된다.

단지 플루오린, 염소, 그리고 브로민만이 이런 방식으로 알케인과 반응한다. 아이오딘은 반응

에너지적으로 불리하여 근본적으로 반응하지 않는다.

10.3A 다중 할로젠 치환 반응

알케인의 할로젠화 반응에서 한 가지 복잡한 특성은 과량의 알케인을 사용하지 않는 한 다중 치환 반응이 항상 일어나는 것이다(보기 물음 10.2를 보시오). 아래의 예는 이 현상을 보여 준다. 같은 몰비의 메테인과 염소(둘 다 상온에서 기체임)를 섞고 나서 혼합물을 가열하거나 적당한 파장의 빛을 쬐어 주면 반응이 격렬하게 일어난다. 그리고 궁극적으로 다음과 같은 생성물들의 혼합물이 형성된다.

$$\underset{\textbf{Methane}}{CH_4} + \underset{\textbf{Chlorine}}{Cl_2} \xrightarrow[\text{또는 빛}]{\text{가열}} \underset{\textbf{Chloromethane}}{CH_3Cl} + \underset{\textbf{Dichloromethane}}{CH_2Cl_2} + \underset{\textbf{Trichloromethane}}{CHCl_3} + \underset{\textbf{Tetrachloromethane}}{CCl_4} + \underset{\textbf{Hydrogen chloride}}{H{-}Cl}$$

(각각의 생성된 염소화된 메테인의 몰수의 합은 반응한 메테인의 몰수와 같다.)

이 혼합물의 형성을 이해하려면 반응이 진행됨에 따라 반응물과 생성물의 농도가 어떻게 변화하는지를 알아야 한다. 반응의 초기에는 혼합물 속에 존재하는 화합물이 염소와 메테인뿐이며, 이때 일어날 수 있는 유일한 반응은 클로로메테인과 염화 수소를 생성하는 것뿐이다.

$$CH_4 + Cl_2 \longrightarrow CH_3Cl + H{-}Cl$$

그러나 반응이 진행됨에 따라 혼합물 속에 있는 클로로메테인의 농도가 증가하게 되고, 두 번째 치환 반응이 일어나기 시작한다. 클로로메테인이 염소와 반응하여 다이클로로메테인을 형성하는 것이다.

$$CH_3Cl + Cl_2 \longrightarrow CH_2Cl_2 + H{-}Cl$$

생성된 다이클로로메테인은 그다음 반응하여 트라이클로로메테인을 생성할 수 있다. 그리고 그것이 혼합물 속에 축적되면 염소와 더 반응하여 테트라클로로메테인을 생성한다. 매번 —H를 —Cl로 치환하는 반응이 일어나며 H—Cl 한 분자가 생성된다.

보기 물음 10.2

합성의 목표가 클로로메테인(CH_3Cl)을 만드는 것이라면, 반응 혼합물 속에 과량의 메테인을 사용함으로써 그것의 형성을 극대화시키고 CH_2Cl_2, $CHCl_3$, CCl_4의 형성을 극소화시킬 수 있다. 이것이 왜 가능한지를 설명하시오.

풀이

과량의 메테인을 쓰면 혼합물 속의 메테인의 농도가 항상 상대적으로 크기 때문에 염소가 메테인을 공격할 확률은 극대화된다. 또한 CH_3Cl, CH_2Cl_2, $CHCl_3$ 등의 농도는 항상 상대적으로 작으므로 염소가 이들을 공격할 확률은 극소화된다. 반응이 끝난 후에 과량의 메테인은 회수하여 재사용될 수 있다.

되새김 물음 10.2

CCl_4의 합성을 극대화하는 것이 목표라면 과량의 염소를 사용하여 달성할 수 있다. 설명하시오.

10.3B 염소의 선택성이 없음

대부분의 고급 알케인의 **염소화 반응(chlorination)**에서 염소가 한 개 붙어 있는 이성질체들과 염소화가 많이 일어난 화합물의 혼합체가 생긴다.

- 염소는 비교적 **비선택적**(unselective)이다. 즉, 알케인에 있는 다른 형태의 수소(1차, 2차, 3차)들은 잘 구별하지 못한다.

  아이소뷰테인의 광에 의한 염소화 반응이 한 예이다.

Isobutane $\xrightarrow[\text{빛}]{Cl_2}$ Isobutyl chloride (48%) + *tert*-Butyl chloride (29%) + 다염소화된 생성물 (23%) + HCl

- 알케인의 염소화 반응은 대개 복잡한 혼합체의 생성물을 만들기 때문에 특정한 염화 알킬을 제조하는 것이 목표일 경우에는 합성 방법으로 쓸모가 없다.

도움말
염소화 반응은 비선택적이다.

알케인(또는 사이클로알케인) 할로젠화 반응의 예외는 수소 원자가 **모두 동등한 경우**(대칭 교환자리)이다. 9.5A절에서 논의했듯이, 동등한 수소 원자란 다른 기(예: 염소)로 그들을 대치했을 때 똑같은 화합물이 생성되는 그런 수소 원자들로 정의한다.

예를 들면, 네오펜테인은 단 한 가지 모노할로젠화 반응 생성물을 형성할 수 있으며, 과량의 네오펜테인을 사용하면 다중 염소화 반응을 극소화시킬 수 있다.

Neopentane (과량) + Cl_2 $\xrightarrow[\text{또는 빛}]{\text{열}}$ Neopentyl chloride + HCl

- 브로민은 알케인과의 반응에 있어서 염소보다 반응성이 덜하다. 그리고 브로민은 반응할 때 공격하는 위치를 **더욱 선택적**(more selective)으로 택한다.

브로민화 반응의 선택성에 대해서는 10.5A절에서 배우기로 한다.

10.4 메테인의 염소화 반응: 반응 메커니즘

메테인과 염소의 반응(기체 상태에서)은 라디칼 **할로젠화 반응(halogenation)**의 메커니즘을 공부하기 위한 좋은 예이다.

$$CH_4 + Cl_2 \longrightarrow CH_3Cl + HCl \ (+\ CH_2Cl_2,\ CHCl_3,\ \text{and}\ CCl_4)$$

몇 가지 중요한 실험적 관찰이 이 반응의 메커니즘을 이해하는 데 도움이 된다.

1. **이 반응은 열이나 빛에 의하여 촉진된다.** 실온에서 메테인과 염소는 빛이 없는 한 감지할 만한 속도로 반응하지 않는다. 그러나 메테인과 염소의 기체 혼합물에 Cl_2가 흡수하는 파장의 자외선을 쬐어 주면 실온에서 반응이 일어나며, 암실에서 기체 혼합물을 100 °C 이상의 온도로 가열해 주면 반응이 일어난다.
2. **빛에 의해서 촉진되는 반응은 매우 효율적이다.** 비교적 적은 수의 광양자로 많은 양의 염소화된 생성물이 얻어진다.

이러한 관찰과 일치하는 메커니즘은 아래에 보인 여러 단계로 되어 있다. 첫 번째 단계에서 염소 분자가 빛이나 열에 의해서 두 개의 염소 원자로 분열된다. 두 번째 단계는 염소 원자가 수소를 떼내는 것이다.

반응 메커니즘

메테인의 라디칼 염소화 반응

반응

$$CH_4 + Cl_2 \xrightarrow[\text{또는 빛}]{\text{열}} CH_3Cl + HCl$$

메커니즘

연쇄 개시

1단계: 할로젠의 해리

$$:\ddot{Cl}:\ddot{Cl}: \xrightarrow[\text{또는 빛}]{\text{열}} :\ddot{Cl}\cdot + \cdot\ddot{Cl}:$$

열이나 빛의 영향으로 염소 분자가 해리한다. 각 원자는 결합 전자 하나씩을 갖는다.

이 단계는 반응성이 매우 큰 두 염소 원자를 생성한다.

연쇄 전파

2단계: 수소 떼냄

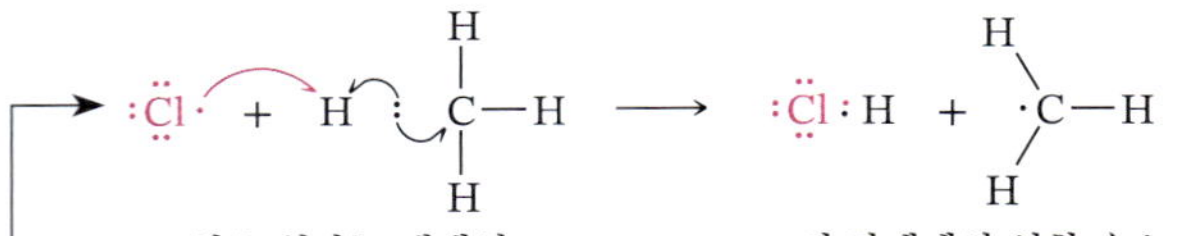

$$:\ddot{Cl}\cdot + H-CH_3 \longrightarrow :\ddot{Cl}:H + \cdot CH_3$$

염소 원자는 메테인 분자로부터 수소 원자를 하나 떼낸다.

이 단계에서 염화 수소 분자와 메틸 라디칼이 형성된다.

3단계: 할로젠 떼냄

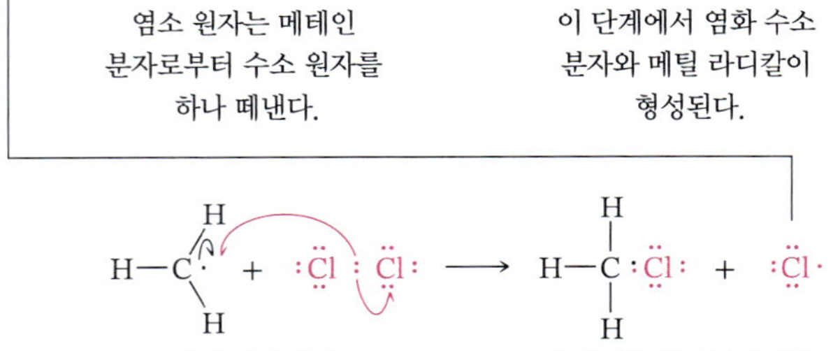

$$H_3C\cdot + :\ddot{Cl}:\ddot{Cl}: \longrightarrow H_3C:\ddot{Cl}: + :\ddot{Cl}\cdot$$

메틸 라디칼이 염소 분자로부터 염소 원자를 떼낸다.

이 단계는 클로로메테인 분자와 염소 원자를 만든다. 이제 염소 원자는 2단계를 반복한다.

연쇄 종결

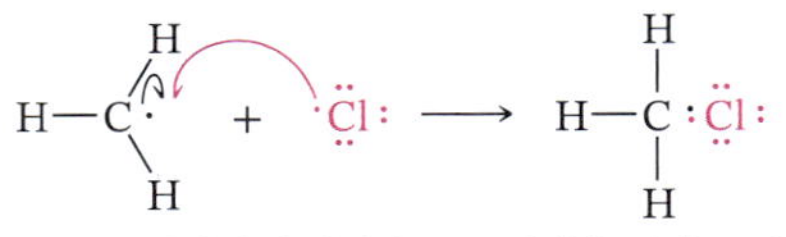

$$H_3C\cdot + \cdot\ddot{Cl}: \longrightarrow H_3C:\ddot{Cl}:$$

어느 두 라디칼의 짝지음으로 활성을 지닌 중간체의 공급은 중단되고 연쇄 반응은 종결된다. 라디칼 짝지음 종결 단계에서 여러 가지 짝지음이 가능하다(본문 참조).

도움말

기억할 것: 이 교재에서 반응 메커니즘을 설명하는 데 다음 규약이 사용된다.

1. 굽은 화살표 ⌒이나 ⌒은 전자의 이동 방향을 나타낸다.
2. 홑날 화살표 ⌒는 쌍을 이루지 않은 전자의 공격(또는 이동)을 나타낸다.
3. 겹날 화살표 ⌒는 전자쌍의 공격(또는 이동)을 나타낸다.

3단계에서 매우 반응성이 큰 메틸 라디칼은 염소 분자와 반응하여 염소 원자 하나를 떼내간다. 이로써 클로로메테인(반응의 최종 생성물 중 하나)과 **염소 원자**가 생성된다. 이 후자의 생성물은 특별히 의의가 있는데, 3단계에서 생성된 염소 원자가 다른 메테인 분자를 공격하여 2단계를 반복할 수 있게 한다. 그러면 3단계도 반복되며 이런 반응은 수천 번 반복된다(3단계가 반복될 때마다 클로로메테인은 생성된다).

- 이와 같이 각 단계가 반응성이 큰 중간체를 생성하여 다음 단계가 일어나도록 하는 연속적인 단계적 메커니즘을 **연쇄 반응(chain reaction)**이라고 부른다.

1단계를 **연쇄 개시 단계(chain-initiating step)**라고 부른다. 연쇄 개시 단계에서는 라디칼이 생성된다. 2단계와 3단계는 **연쇄 전파 단계(chain-propagating step)**라고 한다. 연쇄 전파 단계에서 **한 라디칼은 다른 라디칼을 만든다.**

연쇄 개시: 라디칼의 생성

1단계 $Cl_2 \xrightarrow[\text{또는 빛}]{\text{가열}} 2\,Cl\cdot$

연쇄 전파: 라디칼의 반응과 재생성

2단계 $CH_4 + Cl\cdot \longrightarrow \cdot CH_3 + H{-}Cl$

3단계 $\cdot CH_3 + Cl_2 \longrightarrow CH_3Cl + Cl\cdot$

반응의 연쇄성은 빛에 의해서 촉진되는 반응이 매우 능률적임을 잘 설명해 준다. 어느 순간에 비교적 작은 수의 염소 원자가 존재하기만 하면 수천 개의 클로로메테인을 형성할 수 있도록 한다.

무엇이 연쇄성을 종결시키는가? 왜 한 개의 광자가 존재하는 모든 메테인 분자의 **염소화 반응**을 촉진시키지 못하는가? 낮은 온도에서 연속적으로 빛을 쬐어 주지 않으면 반응은 느려지면서 멈춘다는 사실로부터 한 개의 광자만으로는 반응이 일어나지 않음을 알고 있다. 이러한 물음에 대한 대답은 곧 **연쇄 종결 단계(chain-terminating step)**가 존재한다는 것이다. 이 단계는 가끔 일어나지만 반응성이 큰 중간체를 써버리기에 충분할 만큼 자주 일어난다. 연쇄 종결 단계에서 중간체를 계속해서 없애버리기 때문에 연속적으로 빛을 쬐어 주어야 하는 것이다. 가능한 연쇄 종결 단계들은 다음과 같다.

연쇄 종결: 라디칼의 소모(예: 짝지음에 의함)

$\cdot CH_3 + \cdot Cl \longrightarrow CH_3Cl$

$\cdot CH_3 + \cdot CH_3 \longrightarrow CH_3CH_3$ **(Ethane 부산물)**

$:\ddot{Cl}\cdot + \cdot\ddot{Cl}: \longrightarrow :\ddot{Cl}:\ddot{Cl}:$

라디칼 메커니즘은 메테인과 염소의 반응에서 어떻게 할로젠이 더 많이 치환된 생성물, CH_2Cl_2, $CHCl_3$, CCl_4 등이 만들어지는지도 설명할 수 있다(이때 HCl도 더 생성된다). 반응이 진행됨에 따라 클로로메테인(CH_3Cl)이 혼합물 속에 축적되며, 그것의 수소 원자도 역시 염소 원자에 의해서 떼내질 수 있다. 따라서 클로로메틸 라디칼이 생기며, 다이클로로메테인(CH_2Cl_2)이 된다.

부반응: 다중 할로젠화된 부산물의 형성

2단계 $Cl\cdot + H{:}CH_2Cl \longrightarrow H{:}Cl + \cdot CH_2Cl$

3단계 $ClCH_2\cdot + Cl{:}Cl \longrightarrow H_2C(Cl){:}Cl + Cl\cdot$

(Dichloromethane)

그러면 2단계가 반복되고 3단계가 반복된다. 2단계가 반복될 때마다 HCl 한 분자가 생기며, 3단계가 반복될 때마다 CH_2Cl_2 한 분자가 생긴다.

보기 물음 10.3

메테인이 염소화될 때 생성물 중에는 미량의 클로로에테인이 발견된다. 이것은 어떻게 생긴 것인가? 이것의 형성이 갖는 중요성은 무엇인가?

풀이

두 메틸 라디칼의 짝지음으로 소량의 에테인이 형성된다.

$$2\,\cdot CH_3 \longrightarrow H_3C{:}CH_3$$

짝지음으로 형성된 에테인 부산물은 염소와 라디칼 할로젠화 반응(10.5절)을 하여 클로로에테인을 형성한다. 이러한 관찰의 중요성은 메테인의 염소화 반응에서 두 메틸 라디칼의 짝지음이 연쇄 종결 단계라는 제안에 대한 증거가 된다는 점이다.

되새김 물음 10.3

메테인을 염소화 반응시켜서 형성된 CH_3Cl, CH_2Cl_2, $CHCl_3$, 그리고 CCl_4의 혼합물을 나눠서 분리할 수 있는 방법을 제시하시오. (이 화합물들의 물리적 성질을 참조할 것) 이 혼합물을 분리하기 위해서 사용될 수 있는 분석 방법은 무엇이며, 또한 각 성분의 구조에 관한 정보를 제시하시오.

10.5 고급 알케인의 할로젠화 반응

고급 알케인은 방금 배운 것과 똑같은 종류의 **연쇄 메커니즘(chain mechanism)**으로 할로젠과 반응한다. 예를 들어, 에테인은 염소와 반응하여 클로로에테인(염화 에틸)을 생성한다. 반응 메커니즘은 다음과 같다.

반응 메커니즘

에테인의 라디칼 할로젠화 반응

연쇄 개시

1단계

$$Cl_2 \xrightarrow[\text{또는 가열}]{\text{빛}} 2\,Cl\cdot$$

연쇄 전파

2단계

$$CH_3CH_2{:}H + \cdot Cl \longrightarrow CH_3CH_2\cdot + H{:}Cl$$

3단계

$$CH_3CH_2\cdot + Cl{:}Cl \longrightarrow CH_3CH_2{:}Cl + Cl\cdot$$

2단계, 3단계, 2단계, 3단계 등으로 반복되면서 연쇄 전파가 계속된다.

연쇄 종결

$$CH_3CH_2\cdot + \cdot Cl \longrightarrow CH_3CH_2{:}Cl$$

$$CH_3CH_2\cdot + \cdot CH_2CH_3 \longrightarrow CH_3CH_2{:}CH_2CH_3$$

$$Cl\cdot + \cdot Cl \longrightarrow Cl{:}Cl$$

되새김 물음 10.4

에테인을 염소화 반응시키면 혼합물에는 1,1-다이클로로에테인과 1,2-다이클로로에테인이 염소가 더 많이 붙은 에테인들과 같이 생성된다(10.3A절). 1,1-다이클로로에테인과 1,2-다이클로로에테인이 형성됨을 설명할 수 있는 연쇄 반응 메커니즘을 쓰시오.

두 개 이상의 탄소 원자를 가진 대부분의 알케인을 **염소화 반응**시키면 일염화 생성물의 이성질체들이(염소가 많이 붙은 화합물과 함께) 만들어진다. 몇 가지 예를 아래에 든다. 퍼센트 양은 각 반응에서 생성된 일염화 생성물의 총량에 기준한 것이다.

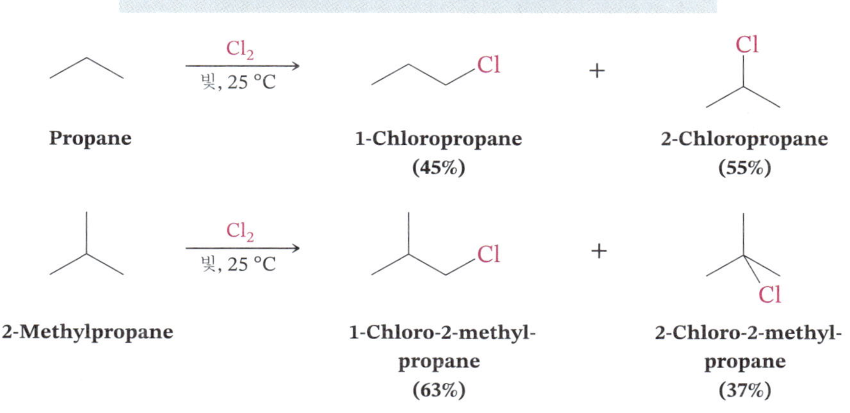

도움말

염소화 반응은 비선택적이다.

2-Methylbutane → (Cl_2, 300 °C) 1-Chloro-2-methylbutane (30%) + 2-Chloro-2-methylbutane (22%) + 2-Chloro-3-methylbutane (33%) + 1-Chloro-3-methylbutane (15%)

고급 알케인의 염소화 반응으로부터 얻어진 생성물의 비율은 알케인의 모든 수소 원자가 똑같은 반응성을 가졌을 경우 예상되는 것과 같지 않다. 서로 다른 수소 원자들의 반응성과 치환되는 수소 원자의 종류(1°, 2°, 3°) 사이에는 상관관계가 있음을 알 수 있다. 알케인의 3차 수소 원자는 가장 반응성이 크고, 2차 수소 원자의 반응성은 그 다음이고, 1차 수소 원자는 가장 반응성이 작음을 알 수 있다(되새김 물음 10.5를 보시오).

되새김 물음 10.5

(a) 프로페인의 염소화 반응에서 1차와 2차 수소 원자가 똑같은 반응성을 지녔다면 1-클로로프로페인과 2-클로로프로페인은 몇 퍼센트가 얻어지는가?

Cl (Cl_2, $h\nu$) → Cl + Cl

(b) 2-메틸프로페인의 1차와 3차 수소 원자의 반응성이 같다면 1-클로로-2-메틸프로페인과 2-클로로-2-메틸프로페인은 몇 퍼센트가 얻어지는가?

(Cl_2, $h\nu$) → Cl + Cl

(c) 계산 결과와 실제로 얻어진 것을 비교하고, 수소 원자의 반응성 순서가 3° > 2° > 1°임을 증명하시오.

염소화 반응에서 1차, 2차, 그리고 3차 수소 원자의 상대적인 반응성은 앞서 보았던(표 10.1) 균일 결합 해리 에너지에 근거하여 설명될 수 있다. 이 세 가지 형태 중 3차 C—H 결합을 깨는 데 가장 작은 에너지가 필요하며 1차 C—H 결합을 깨는 데 가장 에너지가 많이 든다. C—H 결합이 깨지는 단계(예: 수소 원자를 떼내는 단계)가 염소화 반응의 위치나 방향을 결정하게 되므로 3차 수소 원자를 떼는 데 필요한 E_{act}가 가장 작을 것이고, 1차 수소 원자를 떼는 데 드는 E_{act}가 가장 클 것으로 예상할 수 있다. 그러므로 3차 수소 원자가 가장 반응성이 크고, 2차 수소 원자의 반응성은 그 다음이며, 1차 수소 원자가 가장 반응성이 작을 것이다.

그러나 1차, 2차, 그리고 3차 수소 원자가 염소로 치환되는 속도의 차이는 그리 크지 않을 것이다.

- 염소는 다른 형태의 수소 원자를 구별하지 않으며, 고급 알케인의 염소화 반응은 일반적으로 유용한 실험실적 제법이 되지 못한다.

보기 물음 10.4

분자식이 C_5H_{12}인 알케인이 염소화 반응을 진행하여 분자식이 $C_5H_{11}Cl$인 단 한 가지 생성물만 형성하였다. 이 알케인의 구조는 무엇인가?

풀이

알케인의 모든 수소 원자는 동등해야 한다. 그래야 그들 중 어느 한 개를 치환하면 같은 생성물이 된다. 탄소 수가 5개인 알케인으로 이렇게 되려면 네오펜테인뿐이다.

$$\begin{array}{c} CH_3 \\ | \\ H_3C-C-CH_3 \\ | \\ CH_3 \end{array}$$

되새김 물음 10.6

어떤 알케인의 염소화 반응은 실험실적인 제법으로도 쓰인다. 사이클로뷰테인으로부터 클로로사이클로뷰테인을 합성하거나 사이클로펜테인으로부터 클로로사이클로펜테인을 합성하는 것이 그 예이다. 이 분자들의 어떤 구조적인 특성이 이것을 가능케 하는가?

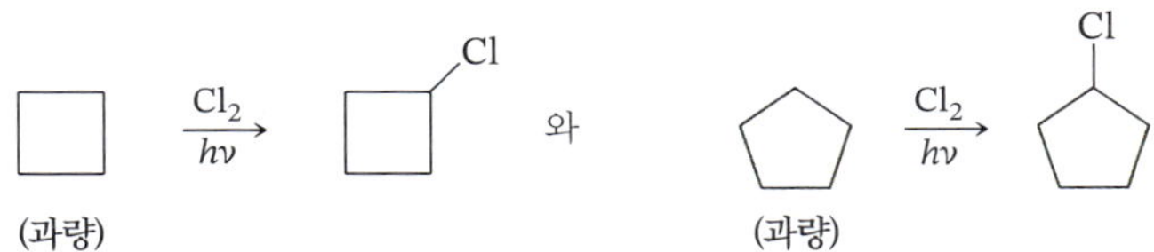

되새김 물음 10.7

아래 각각의 알케인은 염소와 반응하여 한 가지의 일염화 치환 반응 생성물을 만든다. 이 사실로부터 각 알케인의 구조를 구하시오.

(a) C_6H_{12} **(b)** C_5H_{12}

10.5A 브로민의 선택성

브로민은 다른 형태의 수소 원자를 구별하는 데 훨씬 더 큰 능력을 가졌다.

도움말

브로민화 반응은 선택적이다.

- 브로민은 알케인에 대한 반응성이 염소보다 작다. 그러나 브로민이 반응할 때 공격하는 위치에 대한 선택성이 크다.
- 브로민화 반응은 가장 안정한 라디칼 중간체가 형성될 수 있을 때 치환 반응이 선택적이다.

2-메틸프로페인과 브로민의 반응을 예로 들어 보면 거의 전적으로 3차 수소 원자를 치환한다.

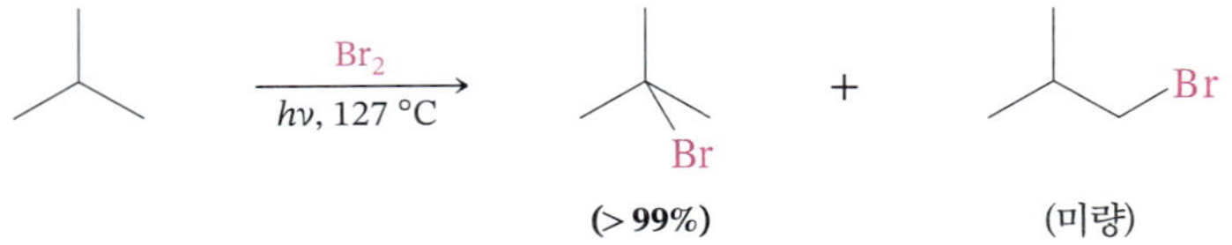

$$\text{2-methylpropane} \xrightarrow[h\nu,\ 127\ °C]{Br_2} \text{tert-butyl bromide}\ (>99\%) + \text{isobutyl bromide}\ (\text{미량})$$

(> 99%) (미량)

2-메틸프로페인을 염소와 반응시킬 때는 아주 다른 결과가 얻어진다.

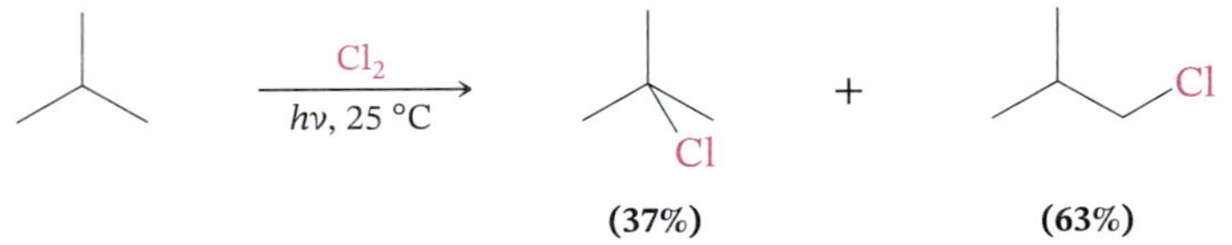

$$\text{2-methylpropane} \xrightarrow[h\nu,\ 25\ °C]{Cl_2} \text{tert-butyl chloride} + \text{isobutyl chloride}$$

(37%) (63%)

플루오린은 염소보다 더욱 반응성이 크므로 **염소보다 선택성이 작다**. 플루오린 원자가 어떤 형태의 수소 원자이든지 그것을 떼내는 데 필요한 **활성화 에너지(energy of activation)**가 낮기 때문에 플루오린과 반응하는 1°, 2°, 또는 3° 수소의 반응 속도에는 차이가 거의 없다. 알케인과 플루오린의 반응에서는 알케인의 모든 수소 원자가 반응성이 똑같을 때 예상되는 이성질체들의 생성 분포를 (거의) 갖는다.

보기 물음 10.5

아래에서 생성물의 상대적인 분포를 각 생성물에 이르도록 하는 수소 떼냄 단계에 대한 반응 에너지 도표를 사용**하여 설명하시오.** (라디칼 할로젠화 반응에서 속도 결정 단계는 수소 떼냄 단계이다.) 두 반응 경로에 대한 에너지 도표에서 전이 상태의 상대적인 에너지와 각 경우가 되도록 하는 알킬 라디칼 중간체의 상대적인 에너지를 보이시오.

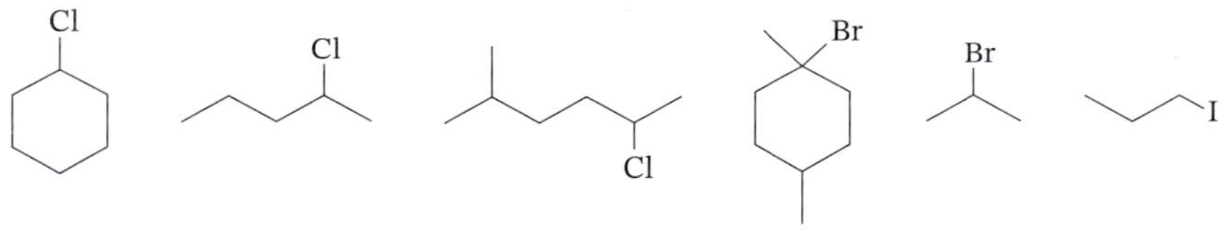

Cl Cl Cl Br Br I

풀이

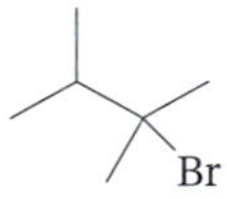

(Br) 의 형성에서 속도 결정 단계는

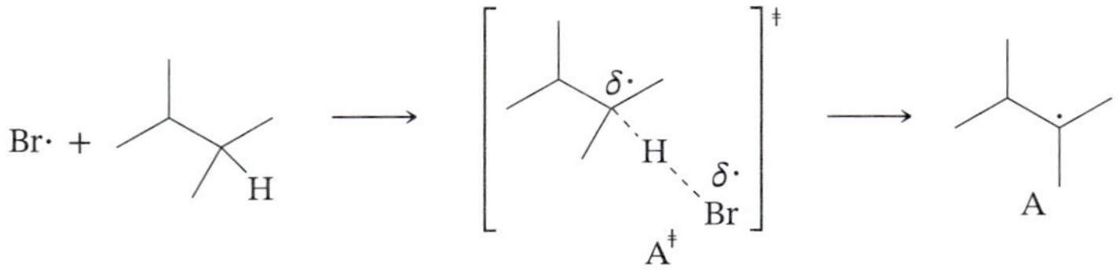

$$Br\cdot + \text{(H)} \longrightarrow [\ \delta\cdot \cdots H \cdots \delta\cdot Br\ ]^{\ddagger}\ (A^{\ddagger}) \longrightarrow A$$

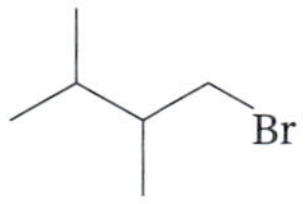

(Br) 의 형성에서 속도 결정 단계는

$$Br\cdot + \text{(H)} \longrightarrow [\ \delta\cdot \cdots H \cdots \delta\cdot Br\ ]^{\ddagger}\ (B^{\ddagger}) \longrightarrow B$$

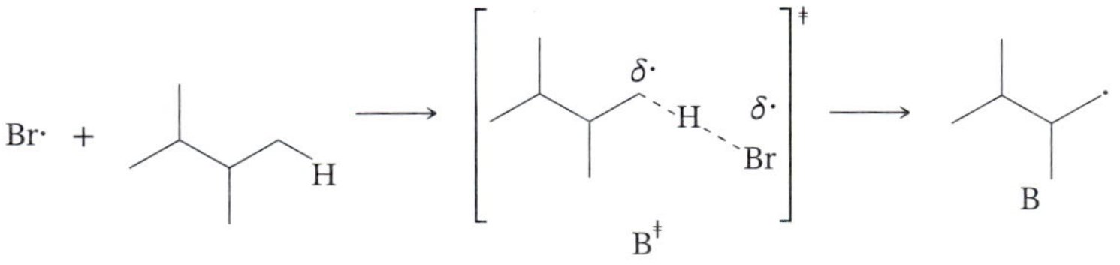

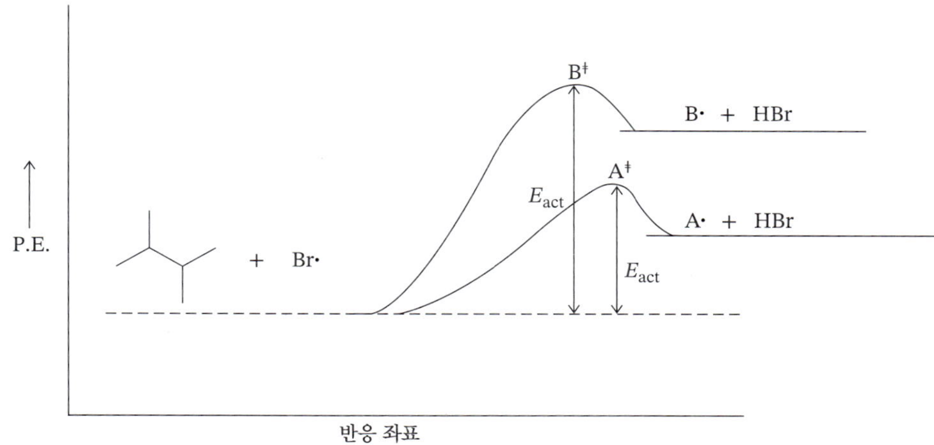

A·는 3차 알킬 라디칼이며 1차 알킬 라디칼인 B·보다 더 안정하며, 전이 상태의 상대적인 에너지에 의해서 차이점이 예상된다.

위의 에너지 도표에서 나타낸 것처럼 A‡의 형성을 위한 활성화 에너지는 B‡의 형성을 위한 것보다 적을 것이다. A‡의 에너지가 더 낮다는 것은 브로민 원자의 더 큰 분율과 알케인이 충돌하여 B·보다는 A·를 더 생기게 한다.

B·의 형성은 통계적(6:1)으로 이점이 있다. 그러나 이것은 3차 수소의 고유한 더 큰 반응성에 의해서 압도되는 것이다.

10.6 알킬 라디칼의 기하 모형

대부분의 알킬 **라디칼(radical)**의 기하 구조는 쌍을 이루지 않은 전자를 가진 탄소 원자가 삼각 평면이라는 사실이 실험적으로 증명되었다. 이 구조는 sp^2-혼성을 가진 탄소 원자르 수용될 수 있다. 알킬 라디칼에서 p 오비탈이 쌍을 이루지 않은 전자를 가지고 있다(**그림 10.2**).

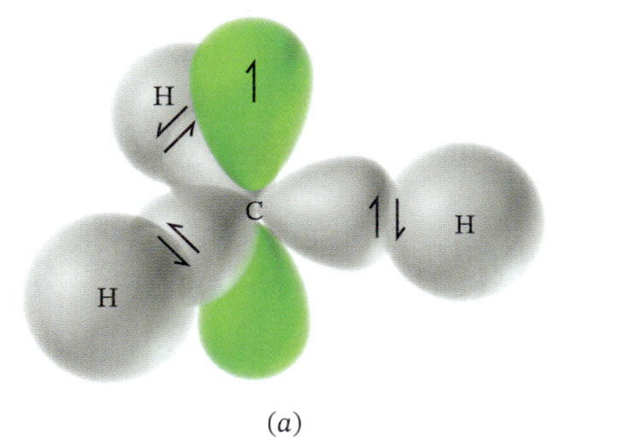

(*a*)

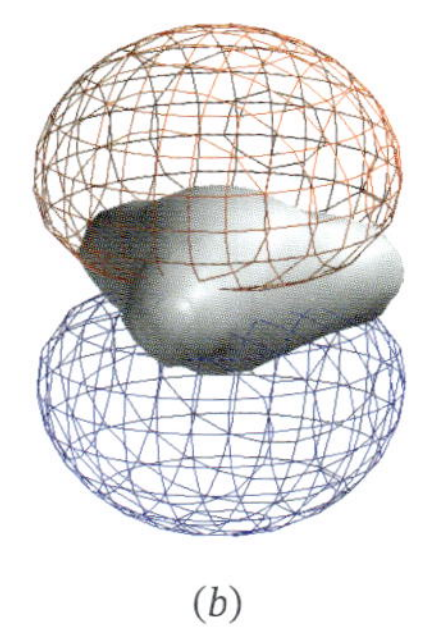

(*b*)

그림 10.2 (*a*) 메틸 라디칼의 그림으로 중앙에 sp^2-혼성인 탄소 원자, 반만 채워진 p 오비탈에 있는 쌍을 이루지 않은 전자, 그리고 공유 결합에 관여하는 세 쌍의 전자를 나타내고 있다. (*b*) 전자가 채워진 분자 오비탈 중 에너지가 가장 높은 오비탈에 쌍을 이루지 않은 전자가 머무르고 있는 것을 적색과 청색으로 보여 주는 메틸 라디칼의 계산된 구조. 탄소와 수소 주위에 결합 전자 밀도 영역이 회색으로 나타나 있다.

10.7 카이랄 중심을 만드는 반응

- **비카이랄 분자(achiral molecule)**가 반응하여 한 개의 **카이랄 중심(chiral center)**인 화합물을 만들 때 생성물은 **라셈 형태(racemic form)**로 얻어진다.

효소나 카이랄 시약 또는 용매를 사용하는 등의 어떤 카이랄 영향이 없는 한 이것은 항상 사실이다.

이 원리를 설명하는 또 다른 반응의 예로 펜테인의 라디칼에 의한 염소화 반응을 고찰해 보자.

$\xrightarrow[\text{(비카이랄)}]{Cl_2}$

Pentane (비카이랄) → 1-Chloropentane (비카이랄) + (±)-2-Chloropentane (라셈 형태) + 3-Chloropentane (비카이랄)

이 반응은 여기에 보인 생성물과 염소가 더 많이 붙은 생성물들을 만든다(과량의 펜테인을 사용하여 다중 염소화 반응을 최소화할 수 있다). 1-클로로펜테인이나 3-클로로펜테인은 카이랄 중심을 갖지 않는다. 그러나 2-클로로펜테인은 카이랄 중심을 갖고 있으며 라셈 형태로 얻어진다. 메커니즘을 살펴보면 그 까닭을 알 수 있다.

반응 메커니즘

펜테인의 C2의 염소화 반응에서 입체 화학

$\xrightarrow{Cl\cdot}$ + HCl $\xrightarrow{Cl_2}$ + + Cl·

삼각 평면 라디칼 (비카이랄)

(*S*)-2-Chloropentane(50%)와 (*R*)-2-Chloropentane (50%) (거울상체)

C2로부터 수소 원자 하나를 떼내면 비카이랄 삼각 평면의 자유 라디칼이 된다. 이 라디칼은 양쪽 면에서 염소와 반응하여 같은 양의 두 거울상체를 생성한다. 2-클로로펜테인의 라셈 혼합물이 된다.

펜테인의 C2 수소는 **거울상성(enantiotopic)**이라고 말할 수 있다. 왜냐하면 각 C2 수소에서의 반응에 의해서 거울상체가 형성되기 때문이다.

10.7A 라디칼 할로젠화 반응에서 두 번째 카이랄 중심의 형성

이제 카이랄인 분자(한 개의 카이랄 중심을 가진 것)가 반응하여 두 번째 카이랄 중심이 생겨날 때 일어나는 현상을 조사해 보자. 한 가지 예로 (*S*)-2-클로로펜테인이 C3에 염소화 반응을 일으킬 때(물론 다른 탄소 원자에도 염소화 반응이 일어나 다른 생성물들이 만들어지겠지만) 어떻게 되는지 살펴보자. C3에 염소화 반응이 된 결과를 다음에 보였다.

반응 생성물은 (2*S*,3*S*)-2,3-다이클로로펜테인과 (2*S*,3*R*)-2,3-다이클로로펜테인이다. 이 두 화합물들은 **부분 입체 이성질체(diastereomer)**이다(그들은 입체 이성질체이나 서로 거울상이 아니다). 그들은 C3에 있는 부분 입체 이성질성인 수소 중 하나에 각각 치환되어 생긴 것이다. 두 부분 입체 이성질체는 같은 양이 생기지 않는다. 중간체인 자유 라디칼 자체가 카이랄이므로 양면에서의 반응 경향이 똑같지 않다. 라디칼은(비록 어느 면이라고 예상할 수는 없지만) 다른 면보다 어느 한 면에서 더 많이 반응할 것이다. 즉, 라디칼에서 카이랄 중심인 탄소(C2에)가 존재하므로 새로운 카이랄 중심인 탄소(C3에)가 생기는 반응에 영향을 끼친다.

2,3-다이클로로펜테인의 부분 입체 이성질체 둘 다 카이랄이므로 각각은 광학적인 활성을 나타낸다. 더욱이, 두 화합물들은 **부분 입체 이성질체**이므로 물리적 성질이 다르며(예: 녹는점과 끓는점이 다름) 일상적인 방법(기체 크로마토그래피나 분별 증류)으로 분리될 수 있다.

반응 메커니즘

(*S*)-2-클로로펜테인의 C3에서 일어나는 염소화 반응의 입체 화학

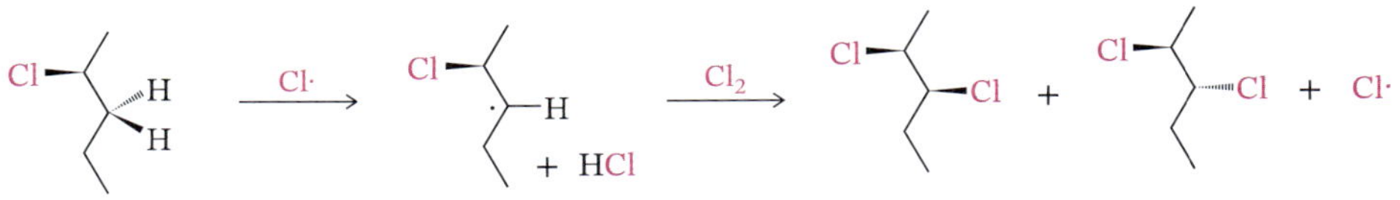
Cl
H
H
Cl·
Cl
H
+ HCl
Cl_2
Cl
Cl
+
Cl
Cl
+ Cl·

(*S*)-2-Chloropentane　　삼각 평면 라디칼 (C2에 카이랄성 보존)　　(2*S*,3*S*)-와 (2*S*,3*R*)-Dichloropentane

(*S*)-2-클로로펜테인의 C3으로부터 수소 원자 하나를 떼내면 C2에는 아직도 카이랄 중심을 가진 삼각 평면 라디칼을 생성한다. C3에서의 라디칼은 그다음 반응하여 (2*S*,3*S*)-2,3-다이클로로펜테인과 (2*S*,3*R*)-2,3-다이클로로펜테인이 된다. 이 두 화합물들은 부분 입체 이성질체이며 같은 양이 형성되지 않는다. 각 생성물은 카이랄이며 그 자체가 광학적 활성을 갖는다.

되새김 물음 10.8

(*S*)-2-클로로펜테인의 C4에 염소화 반응을 시킨다고 생각하자. **(a)** 얻어진 화합물의 모든 카이랄 중심에서 삼차원을 나타내는 입체 구조식을 쓰고, 적절한 (*R*)−(*S*) 표기를 하시오. **(b)** 이 생성물 사이의 입체 이성질체 관계는 무엇인가? **(c)** 두 생성물은 모두 카이랄인가? **(d)** 두 생성물은 모두 광학적으로 활성인가? **(e)** 생성물들은 일상적인 방법으로 분리할 수 있는가? **(f)** (*S*)-2-클로로펜테인의 염소화 반응에 의해서 얻어지는 또 다른 다이클로로펜테인은 무엇인가? **(g)** 이들 중 어느 것이 광학적 활성을 지녔는가?

보기 물음 10.6

뷰테인의 브로민화 반응에서 과량의 브로민을 사용하여 다이브로민화물이 형성되었다고 생각하자. 반응 후 모든 다이브로민화 이성질체들을 기체 크로마토그래피나 분별 증류를 통하여 분리한다. 몇 개의 성분이 얻어지며, 각 성분에는 무슨 화합물들이 있는가? 만약 광학 활성을 지닌 성분이 있다면 어느 성분이겠는가?

풀이

모형을 만들면 이 물음을 푸는 데 도움이 될 것이다. 먼저, 뷰테인의 두 수소를 두 브로민 원자로 치환함으로써 몇 개의 구조 이성질체가 가능한지를 정한다. 모두 6가지가 있다: 1,1-다이브로모뷰테인, 1,2-다이브로모뷰테인, 2,2-다이브로모뷰테인, 2,3-다이브로모뷰테인, 1,3-다이브로모뷰테인, 그리고 1,4-다이브로모뷰테인. 그다음 구조 이성질체는 다른 물리적 성질(예: 끓는점, 기체 크로마토그래피에서의 머무름 시간)이 다르므로 적어도 6가지 부분이 존재한다. 실제로는 7가지가 있다. 아래의 **(a)**~**(g)** 부분을 보자. 카이랄 중심과 입체 이성질체들을 찾아가면서 각 구조 이성질체를 조사해 보면 7가지의 부분이 있음을 알게 된다. **(a)**, **(c)**, 그리고 **(g)** 이성질체에는 카이랄 중심이 없다. 그러므로 비카이랄이며 광학적으로 불활성이다. **(b)** 부분의 1,2-다이브로모뷰테인과 **(f)** 부분의 1,4-다이브로모뷰테인은 한 개의 카이랄 중심을 가지고 있는데, 반응에서 카이랄인 영향이 없으므로 그들은 50 : 50의 거울상체 혼합물(라셈 혼합물)로 형성될 것이다. 라셈 혼합물은 증류나 통상적인 기체 크로마토그래피에 의해서 분리되지 않는다. 그러므로 **(b)**와 **(f)** 부분은 광학 활성이 없다. 2,3-다이브로모뷰테인은 두 개의 카이랄 중심을 가지고 있다. 따라서 라셈 혼합물[**(d)** 부분]과 메소 화합물인 **(e)** 부분이 형성될 것이다. 두 부분 모두 광학적으로 불활성이다. 메소 화합물은 **(d)** 부분인 거울상체의 부분 입체 이성질체이다(그리고 그들과 다른 물리적 성질을 지닌다). 따라서 그들로부터 증류나 기체 크로마토그래피에 의해서 분리된다.

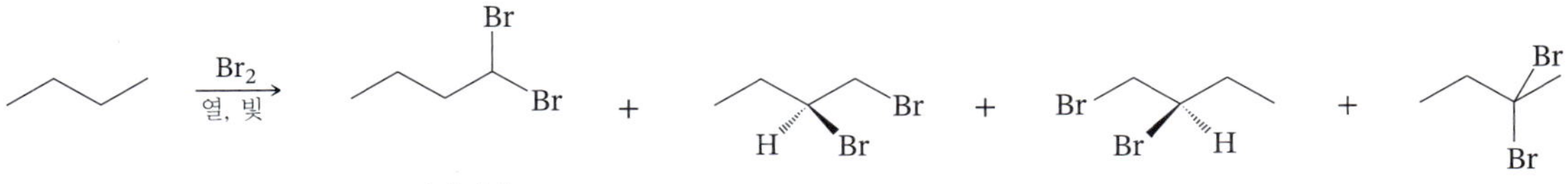
Br_2
열, 빛
Br
Br
+
Br
H
Br
+
Br
Br
H
+
Br
Br

비카이랄 **(a)**　　거울상체 **(b)**　　비카이랄 **(c)**

거울상체 **(d)** 비카이랄 (메소 화합물) **(e)** 거울상체 **(f)** 비카이랄 **(g)**

되새김 물음 10.9 뷰테인의 염소화 반응은 더 많은 염소화된 뷰테인 외에도 화학식이 C_4H_9Cl인 혼합물이 생성된다.

$$\xrightarrow[h\nu]{Cl_2} C_4H_9Cl \text{ (multiple isomers)}$$

(a) 입체 화학을 고려하여 화학식 C_4H_9Cl은 몇 가지의 이성질체가 예상되는가? **(b)** 혼합물을 분별 증류(또는 기체 크로마토그래피)시키면 몇 개의 부분(또는 피크)이 예상되는가? **(c)** 어느 부분이 광학 **활성**을 가졌는가? **(d)** 이 중 어느 부분이 이론적으로 거울상체로 분리될 수 있는가? **(e)** 증류나 GC에 의해서 분리된 이성질체들 가운데 ^{1}H NMR 스펙트럼으로 구별할 수 있는 특징을 예상해 보시오.

10.8 알릴 자리 치환 반응과 알릴 자리 라디칼

- 알켄 이중 결합 옆에 있는 sp^3-혼성인 탄소에 결합된 원자나 그룹을 **알릴 자리 그룹(allylic group)**이라고 한다. 이 그룹은 **알릴 자리 위치(allylic position)**에 결합되었다고 한다.

아래에 몇 가지 예가 있다.

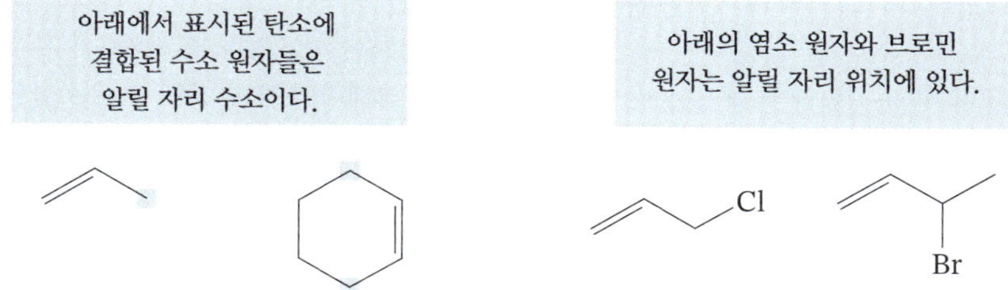

알릴 자리 수소는 라디칼 치환 반응에서 특별히 반응성이 크다. 알릴 자리 할로젠화물은 알릴 자리 수소의 치환 반응에 의해서 합성될 수 있다. 예를 들면, 프로펜을 브로민이나 염소와 고온에서 또는 라디칼 조건으로 할로젠의 농도가 작을 경우 반응시키면 알릴 자리 치환 반응이 일어난다.

$$\text{Propene} + X_2 \xrightarrow{\text{고온과 저농도의 } X_2} \text{(allyl–X)} + HX$$

고온(또는 라디칼 개시제 존재하)과 X_2의 농도가 낮을 때 치환 반응이 일어난다.

한편, 프로펜이 브로민 또는 염소와 저온에서 반응하면 8장에서 배운 형태의 첨가 반응이 일어난다.

$$\text{CH}_2{=}\text{CHCH}_3 + X_2 \xrightarrow{\text{저온}} \text{XCH}_2\text{CHXCH}_3$$

저온에서 첨가 반응이 일어난다.

알릴 자리 치환 반응으로 차별화하기 위해서 라디칼 형성을 선호하는 반응 조건이 필요하고 할로젠의 농도는 낮게, 그러나 일정하게 제공되어야 한다.

10.8A 알릴 자리 염소화 반응(고온)

프로펜과 염소가 기체 상태에서 400 °C로 반응할 때 프로펜은 알릴 자리 염소화 반응을 진행한다.

$$\underset{\textbf{Propene}}{\text{CH}_2{=}\text{CHCH}_3} + Cl_2 \xrightarrow[\text{기체 상태}]{400\ ^\circ\text{C}} \underset{\textbf{3-Chloropropene (allyl chloride)}}{\text{CH}_2{=}\text{CHCH}_2\text{Cl}} + HCl$$

알릴 자리 치환 반응의 메커니즘은 이 장 앞에서 본 알케인 **할로젠화 반응**의 연쇄 반응 메커니즘과 같다. 연쇄 개시 단계에서 염소 분자는 염소 원자로 해리된다.

연쇄 개시 단계

$$:\ddot{\text{Cl}}{-}\ddot{\text{Cl}}: \longrightarrow 2\ :\ddot{\text{Cl}}\cdot$$

첫 번째 연쇄 전파 단계에서 염소 원자는 알릴 자리 수소 원자를 떼내간다. 이 단계에서 생성된 라디칼이 **알릴 자리 라디칼(allylic radical)**이다.

첫 번째 연쇄 전파 단계

$$\text{CH}_2{=}\text{CHCH}_2{-}\text{H} + \cdot\ddot{\text{Cl}}: \longrightarrow \underset{\textbf{알릴 라디칼}}{\text{CH}_2{=}\text{CH}\dot{\text{C}}\text{H}_2} + \text{H}{-}\ddot{\text{Cl}}:$$

두 번째 연쇄 전파 단계에서 알릴 라디칼은 염소 분자와 반응한다.

두 번째 연쇄 전파 단계

$$\text{CH}_2{=}\text{CH}\dot{\text{C}}\text{H}_2 + :\ddot{\text{Cl}}{-}\ddot{\text{Cl}}: \longrightarrow \underset{\textbf{Allyl chloride}}{\text{CH}_2{=}\text{CHCH}_2\ddot{\text{Cl}}:} + :\ddot{\text{Cl}}\cdot$$

이 단계는 염화 알릴(2-클로로-1-프로펜) 분자와 염소 원자를 형성한다. 염소 원자는 첫 번째 연쇄 전파 단계를 반복한다. 연쇄 반응은 연쇄 종결 단계(10.4절)까지 계속되어 라디칼이 소진된다. 그러나 이 반응에 필요한 높은 온도를 감안하면 이것은 알릴 자리 할로젠화물을 형성하는 데 실용적인 방법이 아니다. 다음 절에서는 훨씬 낮은 온도에서 일어날 수 있는 더 유용한 방법이 자세히 나와 있다.

10.8B *N*-브로모석신이미드에 의한 알릴 자리 브로민화 반응(낮은 농도의 Br_2)

프로펜은 *N*-브로모석신이미드(*N*-bromosuccinimide, NBS)와 과산화물 또는 빛의 존재하에서 반응하여 알릴 자리 브로민화 반응을 진행한다.

빛 또는 ROOR

N-Bromosuccinimide (NBS) **3-Bromopropene (allyl bromide)** **Succinimide**

이 반응은 소량의 Br· 형성으로 시작된다(아마도 NBS의 N—Br 결합의 해리에 의해서 생성되었을 것). 주요 전파 단계는 알릴 자리 염소화 반응과 같다.

H + ·Br ⟶ · + HBr

· + Br—Br ⟶ Br + ·Br

N-브로모석신이미드는 고체이며 반응 혼합물에서 일정하게 낮은 농도의 브로민을 제공한다. 이것이 치환 반응에서 형성된 HBr과 매우 빨리 반응하여 브로민을 생성하는 것이다. HBr 각 분자는 Br_2 한 분자로 대치된다.

+ HBr ⟶ + Br_2

이 조건하에서, 즉 **비극성 용매와 매우 낮은 브로민 농도에서** 브로민은 이중 결합에 거의 첨가되지 않는다. 대신 치환 반응에 의해서 알릴 자리 수소 원자를 대체한다.

아래의 사이클로헥센과의 반응은 NBS로 알릴 자리 브로민화 반응을 하는 또 다른 예이다.

NBS, ROOR

Br

82~87%

- 일반적으로 NBS는 알릴 자리 브로민화 반응에 사용되는 좋은 시약이다.

10.8C 알릴 자리 라디칼은 전자의 비편재화에 의해서 안정화된다

알릴 자리 탄소–수소 결합의 결합 해리 에너지를 살펴보고, 이것과 다른 탄소–수소 결합의 결합 해리 에너지와 비교해 보자.

반응물		생성물		DH°
Propene	⟶	알릴 라디칼	+ H·	$DH^\circ = 369\ \text{kJ mol}^{-1}$
Isobutane	⟶	3° 라디칼	+ H·	$DH^\circ = 400\ \text{kJ mol}^{-1}$
Propane	⟶	2° 라디칼	+ H·	$DH^\circ = 413\ \text{kJ mol}^{-1}$
Propane	⟶	1° 라디칼	+ H·	$DH^\circ = 423\ \text{kJ mol}^{-1}$
Ethene	⟶	바이닐 라디칼	+ H·	$DH^\circ = 465\ \text{kJ mol}^{-1}$

표 10.1에 있는 추가적인 결합 해리 에너지 참조

프로펜의 알릴 자리 탄소–수소 결합은 아이소뷰테인의 3차 탄소–수소 결합보다도 더 쉽게 깨지고, 바이닐 자리 탄소–수소 결합보다는 매우 더 쉽게 깨진다.

H + ·X: ⟶ 알릴 라디칼 + HX $DH^\circ = 369\ \text{kJ mol}^{-1}$

:X· + H ⟶ 알릴 라디칼 + HX $DH^\circ \cong 465\ \text{kJ mol}^{-1}$

- 알릴 자리 탄소–수소 결합이 깨지는 용이성은 1차, 2차, 3차, 그리고 바이닐 자리 자유 라디칼에 비해서 알릴 자리 라디칼이 가장 안정함을 의미한다(**그림 10.3**).

상대적인 안정도: 알릴 자리 또는 알릴 > 3° > 2° > 1° > 바이닐 또는 바이닐 자리

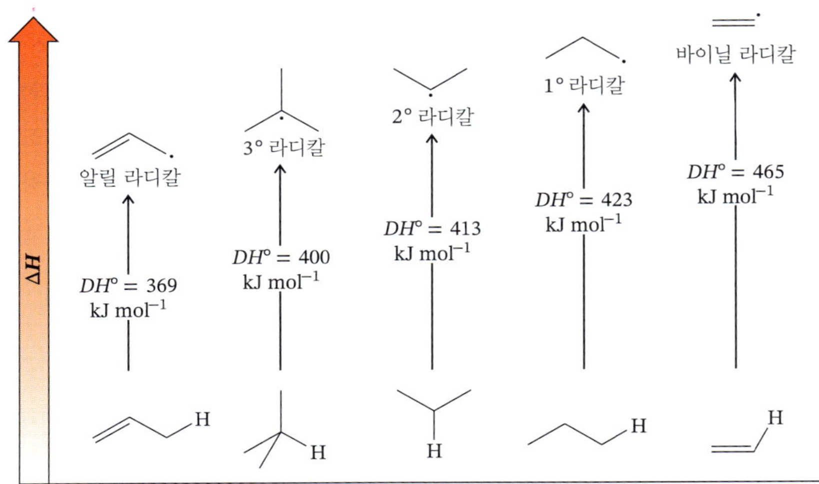

그림 10.3 1°, 2°, 3°, 그리고 바이닐 라디칼과 비교된 알릴 라디칼의 상대적인 안정도. (라디칼의 안정도는 그것으로부터 형성된 탄화수소와 상대적이며, 전체적인 안정도의 순서는 알릴 > 3° > 2° > 1° > 바이닐이다.)

알릴 자리 라디칼이 알킬 라디칼보다 더 안정한 까닭은 전자의 비편재화에 기인된다. 예를 들어, 프로펜으로부터 온 알릴 자리 라디칼에 대해서 아래와 같은 기여하는 공명 구조와 대응되는 공명 혼성을 그릴 수 있다.

δ· δ·

기여하는 공명 구조 공명 혼성

알릴 자리 라디칼의 공명 비편재화는 할로젠의 결합이 알릴 자리 라디칼의 어느 끝에서도 생길 수 있음을 의미한다. 프로펜으로부터 온 알릴 자리 라디칼을 가지고 두 가지 가능한 치환 반응은 같지만 비대칭인 알릴 자리 라디칼은 구조 이성질체를 만든다.

되새김 물음 10.10

(a) 아래 각 화합물을 NBS로 과산화물이나 빛 존재하에서 알릴 자리 브로민화 반응을 시킬 때 무슨 일브로모 알릴 자리 치환 반응 생성물이 얻어지겠는가?
(b) 어떤 반응에서 이성질체 생성물이 얻어질 경우, 생성물에 있는 이중 결합에 근거하여 어느 것이 가장 안정할 것으로 예상하는가?
(c) 각 반응에 관여하는 알릴 자리 라디칼에 대한 공명 혼성을 그리시오.

(i) **(ii)** **(iii)**

10.9 벤질 자리 치환 반응과 벤질 자리 라디칼

- 벤젠 고리에 이웃한 sp^3-혼성인 탄소에 결합된 어떤 원자나 그룹을 **벤질 자리 그룹(benzylic group)**이라고 한다. 이 그룹은 **벤질 자리 위치(benzylic position)**에 결합되었다고 한다.

아래는 몇 가지 예이다.

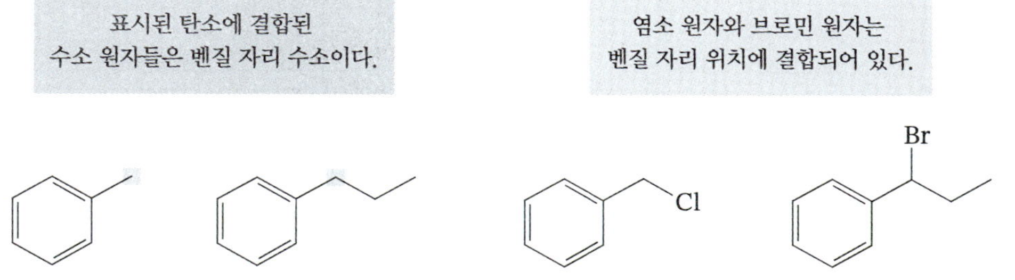

벤질 자리 수소는 라디칼 치환 반응에서 알릴 자리 수소보다 더 활성이 크며, 그것은 **벤질 자리 라디칼(benzylic radical)** 중간체에 대해서 추가적인 비편재화가 가능하기 때문이다(되새김 물음 10.11 참조).

메틸벤젠(톨루엔)이 NBS와 빛 존재하에서 반응하면 주 생성물은 브로민화 벤질이다. NBS는 낮은 농도의 Br_2를 제공해 주고, 10.8B절에서 배운 알릴 자리 브로민화 반응과 유사하다.

Methylbenzene (Toluene) + NBS —빛→ Benzyl bromide (α-bromotoluene) (64%) + N—H

메틸벤젠의 벤질 자리 염소화 반응은 자외선 존재하에서 일어난다. 과량의 염소를 사용하면 곁가지에 다중 염소화 반응이 일어난다.

$\xrightarrow[\text{빛}]{Cl_2}$ Benzyl chloride $\xrightarrow[\text{빛}]{Cl_2}$ Dichloromethyl benzene $\xrightarrow[\text{빛}]{Cl_2}$ Trichloromethyl benzene

할로젠화 반응은 10.4절에서 알케인에 대해서 보았던 똑같은 라디칼 메커니즘을 통하여 진행한다. 할로젠이 해리하여 할로젠 원자를 만들고 할로젠 원자가 메틸기의 수소를 빼앗는 것으로 연쇄 반응이 개시된다.

되새김 물음 10.11

벤질 자리 라디칼은 인접한 벤젠 고리 때문에 알릴 자리 라디칼보다 비편재화 가능성이 더 크다. 메틸벤젠으로부터 얻어진 벤질 자리 라디칼의 비편재화를 보이는 공명 구조를 그리시오. (**힌트**: 이 벤질 자리 라디칼에는 4개의 기여하는 공명 구조가 있다.)

벤질 자리 라디칼의 더 큰 안정성은 에틸벤젠이 할로젠화되었을 때 주 생성물이 1-할로-1-페닐에테인이라는 사실로도 설명된다. 벤질 자리 라디칼은 1° 라디칼보다 아주 더 빨리 형성된다.

X· (−HX)

빠르다 → 벤질 자리 라디칼 (더 안정) $\xrightarrow{X_2}$ 1-Halo-1-phenylethane (주 생성물)

느리다 → 1° 라디칼 (덜 안정) $\xrightarrow{X_2}$ 1-Halo-2-phenylethane (부 생성물)

되새김 물음 10.12

뷰틸벤젠을 UV 복사선하에서 염소와 반응시키면 주 생성물은 1-클로로-1-페닐뷰테인이다. 2-클로로-1-페닐뷰테인과 2-클로로-4-페닐뷰테인, 1-클로로-4-페닐뷰테인은 부 생성물이다. 각 생성물에 이르게 하는 라디칼의 구조를 쓰시오. 그리고 1-클로로-1-페닐뷰테인이 주 생성물인 것을 설명하시오.

벤질 자리 할로젠화 반응은 이전에 존재하지 않았던 이탈기를 도입하는 데 유용하다. 아래의 보기 물음에서 이탈기의 도입이 필요한 다단계 합성을 고려해 보시오.

보기 물음 10.7

다단계 합성을 보임

에틸벤젠(페닐에테인)으로부터 페닐아세틸렌($C_6H_5C{\equiv}CH$)을 합성하는 방법을 보이시오. 역합성 분석을 쓰는 것으로 시작해서 합성에 필요한 반응을 쓰시오.

풀이

역합성 분석을 이용하여 거꾸로 작업을 하면 페닐아세틸렌 합성을 두 가지로 할 수 있음을 알 수 있다. 1,1-다이브로모-1-페닐에테인의 할로젠화 수소 이탈 반응에 의해서 페닐아세틸렌을 만들 수 있는데, 이것은 에틸벤젠(페닐에테인)을 2몰의 NBS와 반응시켜 얻을 수 있다. 다른 방법으로는 페닐아세틸렌을 1,3-다이브로모-1-페닐에테인으로부터 만들 수 있는데, 이것은 스타이렌(페닐에텐)으로부터 얻을 수 있다. 스타이렌은 1-브로모-1-페닐에테인으로부터 만들 수 있는데, 이것은 에틸벤젠으로부터 얻어질 수 있다.

Br Br ⇒ ⇒ Br Br ⇒ ⇒ Br

아래는 위의 두 가지 역합성 분석에 대한 합성 반응이다.

NBS (2당량), 빛 → Br Br

Br Br → (1) $NaNH_2$, 가열 (2) H_3O^+

또는

NBS, 빛 → Br → KOH, 가열 → → Br_2 → Br Br

Br Br → (1) $NaNH_2$, 가열 (2) H_3O^+

되새김 물음 10.13

아래의 화합물들이 페닐아세틸렌($C_6H_5C{\equiv}CH$)으로부터 합성되는 방법을 보이시오: **(a)** 1-페닐프로파인, **(b)** 1-페닐-1-뷰타인, **(c)** (*Z*)-1-페닐프로펜 **(d)** (*E*)-1-페닐프로펜. 각 합성을 역합성 분석을 쓰는 것부터 시작하시오.

10.10 알켄에 라디칼의 첨가 반응: 브로민화 수소의 anti-Markovnikov 첨가 반응

1933년 이전에는 브로민화 수소가 알켄에 첨가하는 배향에 대하여 많은 혼란이 있었다. 때로는 첨가 반응이 Markovnikov 규칙에 따라 일어나고 또 다른 때에는 그 반대로 일어났다. 같은 반응 조건처럼 보임에도 한 실험실에서는 Markovnikov 첨가가 일어나는 반면, 다른 실험실에서는 anti-Markovnikov 첨가가 일어났다. 어떤 때는 같은 화학자가 같은 반응 조건을 사용했음에도 불구하고 다른 결과를 얻기도 하였다.

이러한 의문은 1933년 Kharasch와 Mayo(University of Chicago)의 연구에 의해서 풀렸다. 이를 설명해 주는 요인은 알켄에 존재하는 유기 과산화물, 즉 대기 중의 산소가 알켄과 반응하여 생긴 과산화물이었다(10.12D절).

R—Ö—Ö—R (유기 과산화물)　　R—Ö—Ö—H (유기 과산화 수소 화합물)

- 과산화물이나 과산화 수소 화합물이 포함된 알켄이 브로민화 수소와 반응할 때 브로민화 수소의 anti-Markovnikov 첨가가 일어난다.

예를 들어, 과산화물이 존재할 때 프로펜은 1-브로모프로페인이 된다. 과산화물이 없거나 라디칼을 잡아둘 수 있는 화합물이 존재하면 정상적인 Markovnikov 첨가 반응이 일어난다.

HBr, ROOR (과산화물이 존재) → Br (1-브로모프로페인) **Anti-Markovnikov 첨가 반응**

HBr (과산화물이 없을 때) → Br (2-브로모프로페인) **Markovnikov 첨가 반응**

- HBr은 과산화물이 존재할 때 anti-Markovnikov 첨가 반응을 하는 유일한 할로젠화 수소이다.

HF, HCl, 그리고 HI는 과산화물이 존재하여도 **anti-Markovnikov 첨가 반응을 하지 않는다.**

브로민화 수소의 **anti-Markovnikov 첨가 반응(anti-Markovnikov addition)** 메커니즘은 과산화물에 의해서 개시된 **라디칼 연쇄 반응**이다.

반응 메커니즘

HBr의 Anti-Markovnikov 첨가 반응

연쇄 개시

1단계

$$RÖ—ÖR \xrightarrow{\text{가열}} 2\ RÖ\cdot$$

가열하면 약한 산소–산소 결합이 균일 분해한다.

2단계

$$\mathrm{R\ddot{O}\cdot + H{-}\ddot{B}r{:} \longrightarrow R\ddot{O}{-}H + {:}\ddot{B}r\cdot}$$

알콕실 라디칼이 **HBr**로부터 수소 원자를 떼내서 브로민 라디칼을 생성한다.

연쇄 전파

3단계

$$\mathrm{{:}\ddot{B}r\cdot} + \text{propene} \longrightarrow \text{Br-CH}_2\dot{\text{C}}\text{HCH}_3$$

2° 라디칼

브로민 라디칼이 이중 결합에 첨가되어 더 안정한 **2**차 라디칼이 형성된다.

4단계

$$\text{Br-CH}_2\dot{\text{C}}\text{HCH}_3 + \mathrm{H{-}\ddot{B}r{:}} \longrightarrow \text{Br-CH}_2\text{CH(H)CH}_3 + \mathrm{{:}\ddot{B}r\cdot}$$

1-Bromopropane

알킬 라디칼이 **HBr**로부터 수소 원자를 떼낸다. 이로써 생성물이 얻어지고 브로민 라디칼이 재생된다. 그러면 **3**단계와 **4**를 반복하는 연쇄 반응이 진행된다.

1단계는 과산화물 분자가 두 개의 알콕실 라디칼을 생성하는 균일 분해이다. 과산화물의 산소–산소 결합은 약하고, 따라서 이러한 반응은 빨리 일어난다.

$$\mathrm{R{-}\ddot{O}{:}\ddot{O}{-}R \longrightarrow 2\ R{-}\ddot{O}\cdot} \qquad \Delta H^\circ \cong +150\ \mathrm{kJ\ mol^{-1}}$$

과산화물 알콕실 라디칼

2단계는 라디칼이 수소를 떼내는 것으로 발열 반응이며 활성화 에너지가 낮다.

$$\mathrm{R{-}\ddot{O}\cdot + H{:}\ddot{B}r{:} \longrightarrow R{-}\ddot{O}{:}H + {:}\ddot{B}r\cdot} \qquad \Delta H^\circ \cong -96\ \mathrm{kJ\ mol^{-1}}$$

E_{act} 가 낮음

메커니즘의 3단계는 생성물에서 브로민의 최종 위치를 결정한다. **더 안정한 2차 라디칼**이 형성되고 또 **1차인 탄소 원자가 입체적 장애를 덜 받기 때문에** 이런 결과가 되는 것이다. 브로민이 프로펜의 2차 탄소 원자를 공격했다면 덜 안정한 1차 라디칼이 형성되었을 것이며, 2차 탄소 원자를 공격하려면 입체 장애가 더 컸을 것이다.

$$\mathrm{Br\cdot + CH_2{=}CHCH_3 \not\longrightarrow \cdot CH_2CH(Br)CH_3}$$

1° 라디칼
(덜 안정함)

4단계는 3단계에서 형성된 라디칼이 브로민화 수소로부터 수소 원자를 떼내는 것이다. 수소 원자를 떼냄으로써 브로민 원자(물론 쌍을 이루지 않은 전자 때문에 라디칼임)가 생성되어 3단계와 4단계가 재발되는 연쇄 반응이 일어나게 된다.

10.10A HBr과 알켄 사이에서 일어나는 Markovnikov 대 Anti-Markovnikov 첨가 반응에 대한 요약

도움말

알켄 첨가 반응을 통한 위치 선택적인 할로젠화 알킬의 합성 방법

HBr이 알켄에 첨가되는 두 가지 대조적인 방법을 배웠다. 과산화물이 **없으면** 양성자가 이중 결합을 먼저 공격한다. 그것은 이온성 메커니즘으로 탄소 원자에 붙게 되어 더 안정한 탄소 양이온을 형성하도록 한다. 그 결과는 Markovnikov 첨가이다. 극성, 양성자성 용매가 이 과정을 유리하게 한다.

이온성 첨가 반응

H—Br → (+, H) Br⁻ → Br

더 안정한 탄소 양이온이 형성되도록 첨가

Markovnikov 생성물

과산화물의 **존재 시** 이중 결합을 먼저 공격하는 것은 크기가 큰 브로민 원자이다. 이것은 라디칼 메커니즘에 의해서 덜 입체 장애를 가진 탄소 원자에 달라붙어 더욱 안정한 라디칼 중간체가 형성되도록 한다. 그 결과는 anti-Markovnikov 첨가이다. 라디칼이 관여하는 반응에는 비극성 용매가 유리하다.

라디칼 첨가 반응

Br· → (H—Br, Br) → H, Br + Br·

더 안정한 라디칼이 형성되도록 첨가

Anti-Markovnikov 생성물

10.11 알켄의 라디칼 중합 반응: 사슬 성장 중합체

중합체(polymer)는 많은 반복되는 소단위체로 이루어진 **고분자(macromolecule)**라고 부르는 커다란 분자로 되어 있다. 중합체를 합성하는 데 쓰이는 분자 소단위체를 **단위체(monomer)**라고 부르며, 단위체가 합쳐지는 반응을 **중합 반응(polymerization)**이라고 부른다. 많은 중합 반응이 라디칼에 의해서 개시된다.

예를 들어, 에틸렌(에텐)은 **폴리에틸렌**이라고 부르는 흔히 알려진 중합체를 만드는 데 쓰이는 단위체이다. 폴리에틸렌은 1943년 이래로 상업적으로 생산되었다. 이것은 유연한 병, 필름, 시트, 그리고 전선 피막으로 사용된다.

단위체의 단위

$$m\,CH_2{=}CH_2 \xrightarrow{\text{중합 반응}} -CH_2CH_2\!\left(CH_2CH_2\right)_n\!CH_2CH_2-$$

Ethylene 단위체 — **Polyethylene** 중합체

(m과 n은 큰 수이다.)

폴리에틸렌 같은 중합체는 첨가 반응에 의해서 만들어지므로 **사슬 성장 중합체(chain-growth polymer)** 또는 **첨가 반응 중합체(addition polymer)**라고 부른다. 이제 폴리에틸렌이 어떻게 만들어지는지를 살펴보기로 하자.

에틸렌(에텐)은 1000기압에서 소량의 유기 과산화물(예: 다이아실 과산화물)과 함께 가열하면 라디칼 메커니즘에 의해서 중합한다.

반응 메커니즘

에텐(에틸렌)의 라디칼 중합 반응

연쇄 개시

1단계

다이아실 과산화물 $\longrightarrow$ 2 RCOO· $\longrightarrow$ 2 CO_2 + 2 R·

2단계

R· + $CH_2{=}CH_2$ $\longrightarrow$ $RCH_2CH_2\cdot$

다이아실 과산화물이 분해하여 이산화 탄소 기체를 방출한다.
알킬 라디칼이 생성되고, 이것이 연쇄 반응을 개시한다.

연쇄 전파

3단계

$RCH_2CH_2\cdot$ + $(CH_2{=}CH_2)_n$ $\longrightarrow$ $R(CH_2CH_2)_nCH_2CH_2\cdot$

연쇄 반응은 연속적으로 에틸렌 단위를 첨가하면서 계속되고,
조합 반응이나 불균등화 반응에 의해서 성장이 멈춘다.

연쇄 종결

4단계

조합 반응

불균등화 반응

성장하는 중합체의 끝에 있는 라디칼은 '되물림'에 의해서 그 자신으로부터 수소 원자를 빼낼 수 있다.
이것으로 사슬의 가지치기가 일어난다.

사슬 가지치기

라디칼 중합 반응에 의하여 생성된 폴리에틸렌은 분자량이 거의 1,000,000 정도 되지 않으면 일반적으로 유용하지 못하다. 분자량이 매우 큰 폴리에틸렌은 개시제의 농도를 적게 사용

하면 만들 수 있다. 이때는 몇 개의 사슬만이 성장하도록 개시되어 각 사슬이 이용할 수 있는 소단위체가 과량이 되는 것이다. 사슬이 중합 반응 중 종결되면 개시제를 좀 더 넣어 주어 새 사슬이 시작되도록 한다.

폴리에틸렌은 **Ziegler–Natta 촉매(Ziegler–Natta catalyst)**라고 부르는 전이 금속의 유기 금속 착물인 촉매를 사용하여(온라인 자료에서 특수 주제 C 참조) 다른 방법으로 합성할 수도 있다. 이 과정에서 라디칼은 생성되지 않는다. 또 되물림도 일어나지 않는다. 그러므로 사슬의 가지도 일어나지 않는다. 이렇게 생성된 폴리에틸렌은 밀도가 크고 녹는점이 높고 강도가 크다.

노벨상

1963년 Nobel상은 중합체에 대한 연구로 Ziegler와 Natta에게 수여되었다.

또 다른 흔한 중합체는 **폴리스타이렌**이다. 폴리스타이렌 합성의 소단위체는 페닐에텐으로 **스타이렌**이라고 알려진 물질이다.

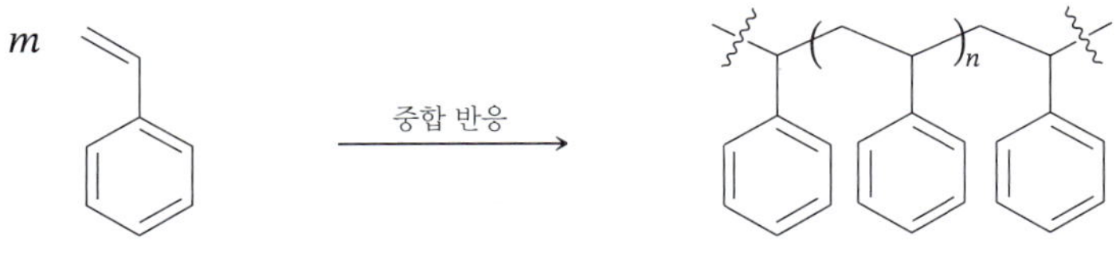

m **Styrene** —중합 반응→ **Polystyrene**

다른 일반적인 첨가 반응 중합체들을 **표 10.2**에 수록하였다. 더 많은 정보는 특수 주제 C에 제공되어 있다.

표 10.2 일반적인 사슬 성장 중합체

단위체	중합체	이름
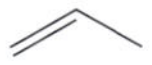	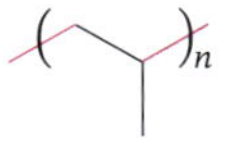 n	Polypropylene
 Cl	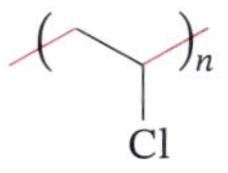 Cl, n	Poly(vinyl chloride), PVC
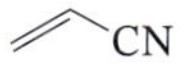 CN	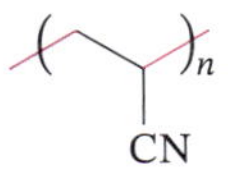 CN, n	Polyacrylonitrile, Orlon
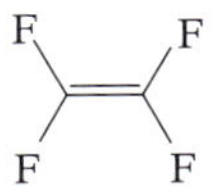 F F F F	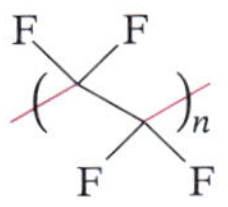 F F F F, n	Poly(tetrafluoroethene), Teflon
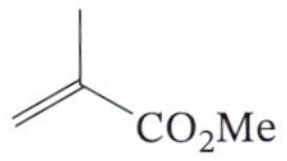 CO_2Me	 CO_2Me, n	Poly(methyl methacrylate), Lucite, Plexiglas, Perspex

되새김 물음 10.14

스타이렌($C_6H_5CH{=}CH_2$)의 라디칼 중합 반응으로 폴리스타이렌이 생성될 때 머리 → 머리 방식이 아니라

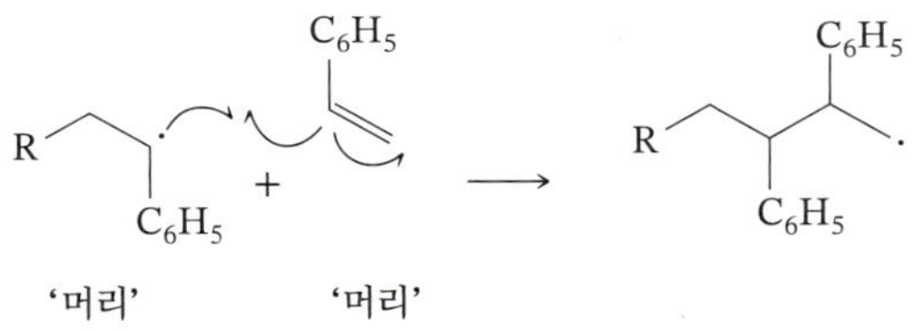

R C_6H_5 + C_6H_5 → R C_6H_5 C_6H_5

'머리' '머리'

머리 → 꼬리 방식으로 진행된다는 사실을 설명할 수 있는가?

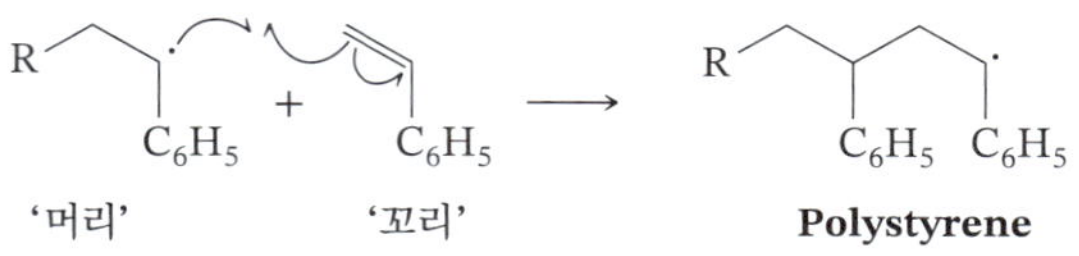

되새김 물음 10.15

아래의 중합체를 라디칼 중합 반응에 의해서 합성하는 일반적인 방법을 요약하시오. 사용되는 단위체를 보이시오.

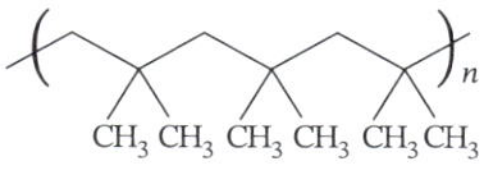

알켄은 강산으로 처리했을 때도 중합한다. 산 촉매에 의한 중합 반응에서 성장하는 사슬은 라디칼이 아니라 **양이온**이다. 아래 반응은 아이소뷰틸렌의 양이온 중합 반응을 보여 주고 있다.

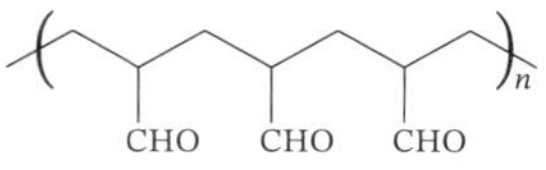

1단계 $H-\ddot{O}(H): + BF_3 \rightleftharpoons H-\overset{+}{O}(H)-\bar{B}F_3$

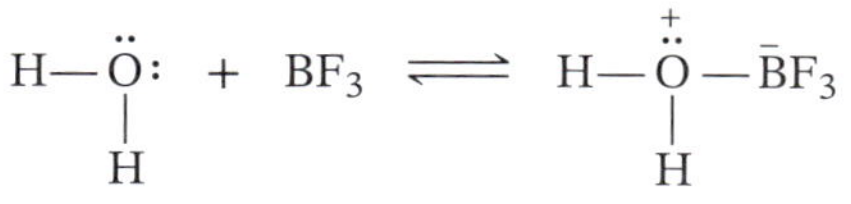

2단계 $H-\overset{+}{O}(H)-\bar{B}F_3$ + (아이소뷰틸렌) → (tert-뷰틸 양이온)

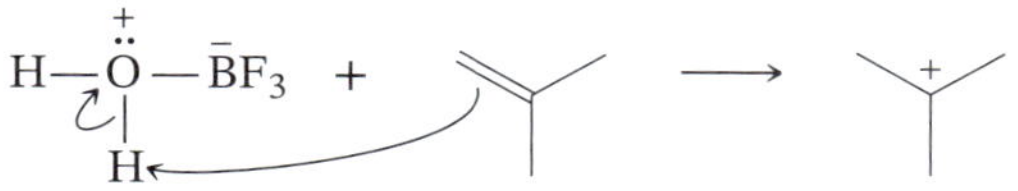

3단계

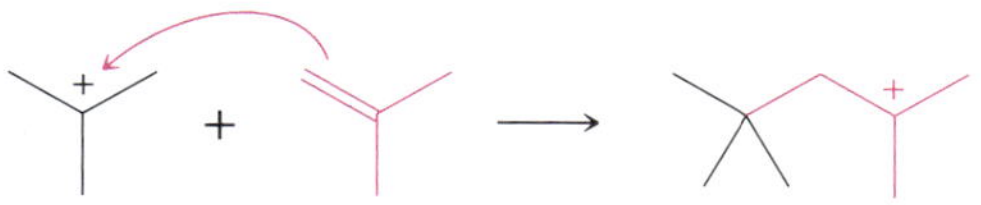

4단계

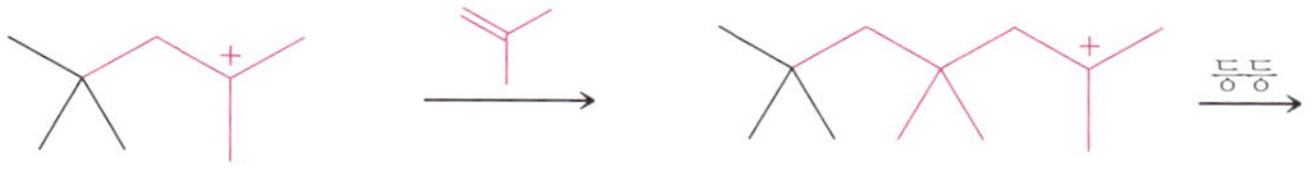

양이온 중합 반응에서 사용되는 촉매는 대개 Lewis 산으로 소량의 물을 포함하고 있다. 아이소뷰틸렌의 중합 반응은 촉매(BF_3와 H_2O)가 어떻게 성장하는 양이온 사슬을 만드는지를 보여 주고 있다.

되새김 물음 10.16

에텐, 염화 바이닐, 그리고 아크릴로나이트릴과 같은 알켄은 양이온 중합 반응을 매우 빨리 진행하지 않는다. 한편, 아이소뷰틸렌은 양이온 중합 반응을 빨리 진행한다. 이러한 행동에 대한 설명을 제시하시오.

전자를 끄는 기를 지닌 알켄은 강염기 존재하에서 중합한다. 예를 들어, 아크릴로나이트릴은 액체 암모니아 속에서 아마이드화 소듐($NaNH_2$)과 처리하면 중합한다. 이 중합 반응에서 성장하는 사슬은 음이온이다.

아크릴로나이트릴의 음이온 중합 반응은 상업적인 생산에 있어서 특수 주제 C에서 보인 라디칼 공정보다 그리 중요하지 않다.

보기 물음 10.8

'슈퍼글루'라고 불리는 특별한 접착제는 음이온 중합 반응의 결과이다. 슈퍼글루는 정제된 α-사이아노아크릴산 메틸(methyl α-cyanoacrylate)을 포함하는 용액이다.

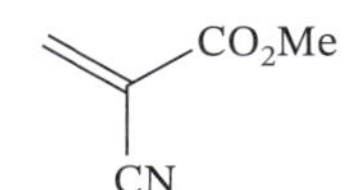

Methyl cyanoacrylate

사이아노아크릴산 메틸은 수산화 이온과 같은 음이온에 의해서 중합한다. 그러나 이것은 접착시키고자 하는 두 물체의 표면에 있는 미량의 물에 의해서도 중합한다. (이 두 물체는 불행하게도 흔히 접착 작업을 하는 사람의 두 손가락이기도 하다.) α-사이아노아크릴산 메틸이 음이온 중합 반응을 어떻게 진행하는지 보이시오.

풀이

10.12 다른 중요한 라디칼 반응

라디칼 메커니즘은 많은 유기 반응을 이해하는 데 중요하다. 다른 예들은 뒷장에 나오겠지만, 여기서는 몇 가지 예로 산소와 초과산화물, 알케인의 연소, DNA의 분해, 자동 산화 반응, 항산화물, 그리고 성층권에 있는 오존의 보호막을 위협하는 클로로플루오로메테인의 반응을 살펴보기로 한다.

10.12A 산소 분자와 초과산화물

가장 중요한 라디칼 중 하나(우리 생애에 매 순간 부딪히는 것)는 산소 분자이다. 바닥 상태의 산소 분자는 다이라디칼로서 각 산소가 쌍을 이루지 않은 전자를 하나씩 가지고 있다. 라디칼이므로 산소는 수소 원자를 떼낸다. 산소가 자동 산화 반응(10.12C절)이나 연소 반응(10.12D절)에 관여하는 것도 이런 식이다. 생체에서 산소는 전자 받개이다. 산소 분자가 전자 한 개를 받으면 라디칼 이온인 초과산화물($O_2^{\cdot-}$)이 된다. 초과산화물은 유익하거나 불익한 생리적 역할에 모두 관여한다. 면역 체계는 병원균에 대항하여 방어하는 데 초과산화물을 사용한다. 그러나 초과산화물은 건강한 세포를 노화시키거나 산화성 피해를 입히는 질환에도 관여하는 것으로 알려져 있다. 초과산화물 변성 효소는 초과산화물을 과산화 수소와 산소 분자로 전환하는 반응을 촉매화한다. 과산화 수소도 하이드록실(HO·) 라디칼을 형성하므로 해롭다. 카탈레이스는 과산화 수소를 물과 산소로 전환시킴으로써 하이드록실 라디칼의 생성을 방지한다.

노벨상

1998년 Nobel 의학상은 NO가 중요한 신호 분자임을 발견한 공로로 R. F. Furchgott, L. J. Ignarro, 그리고 F. Murad에게 수여되었다.

$$2\,O_2^{\cdot -} + 2\,H^+ \xrightarrow{\text{과산화물 변성 효소}} H_2O_2 + O_2$$

$$2\,H_2O_2 \xrightarrow{\text{카탈레이스}} 2\,H_2O + O_2$$

10.12B 산화 질소

아미노산인 아르지닌으로부터 합성되는 산화 질소는 혈압 조절과 면역 감응 등 다양한 생물학적인 과정에 화학적 전달자로 작용한다. 혈관 조직에서 연근의 이완에 관여하는 역할을 그림 10.4에 보였다.

10.12C 자동 산화 반응

리놀레산은 **다중 불포화 지방산**의 한 예이다. 이것은 **다중 불포화 지방**(7.15절의 '공업 화학: 식품 산업에서의 수소화 반응'과 23장)에서 에스터로 존재하는 다중 불포화산의 일종이다. 다중 불포화란 화합물이 두 개 이상의 이중 결합을 가졌다는 뜻이다.

CO_2R'

Linoleic acid
(에스터)

다중 불포화 지방은 음식의 성분인 지방과 기름에 널리 존재한다. 이들은 인체의 조직에 널리 분포되어 있어 무수히 많은 중요한 작용을 수행한다.

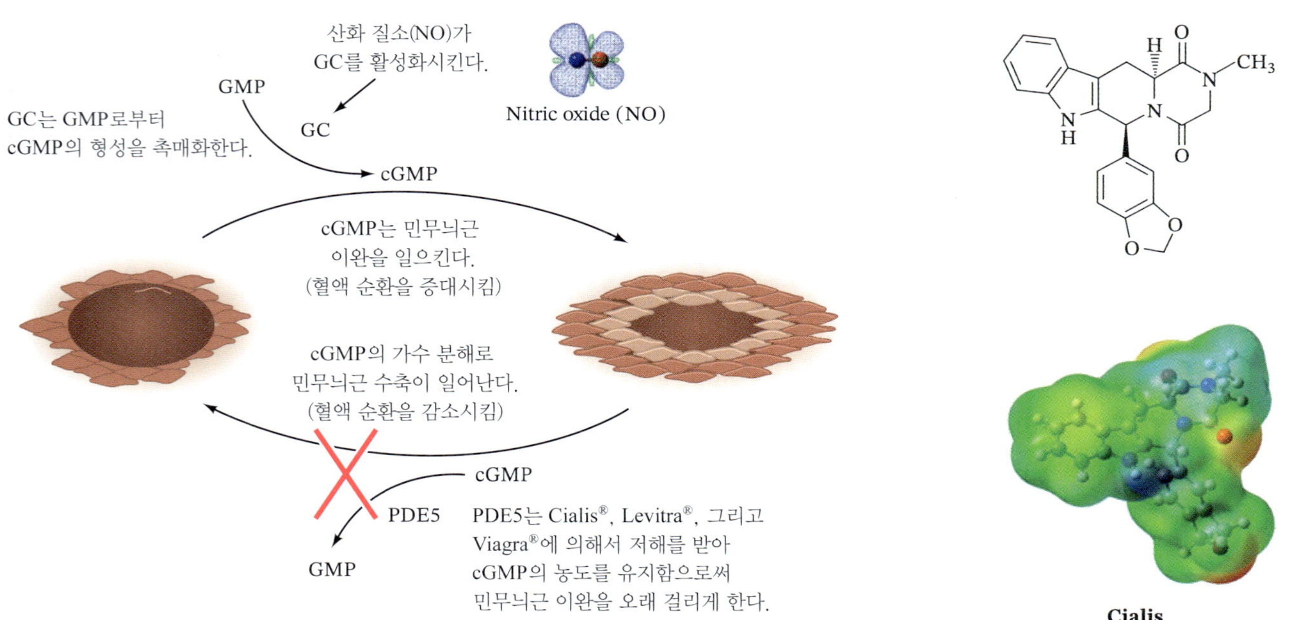

그림 10.4 산화 질소(NO)는 구아닐산 고리화 효소(guanylase cyclase, GC)를 활성화시켜 고리형 구아노신일인산(cGMP)을 생산하도록 한다. cGMP는 민무늬근 이완을 일으키는 과정에 신호를 보내서 특정 조직에 혈액의 순환을 증대시킨다. 포스포다이에스터화 효소 V(phosphodiesterase, PED5)는 cGMP를 분해하고 민무늬근 수축과 혈액 순한 감소를 가져오게 한다. PDE5는 Cialis, Levitra, 그리고 Viagra는 PDE5를 저해함으로써 cGMP의 농도를 유지하도록 하고 민무늬근 수축과 조직 충혈을 지연시킨다. (Reprinted with permission from Christianson, *Accounts of Chemical Research*, *38*, p 197, Figure 6b 2005. Copyright 2005 American Chemical Society.)

1단계 연쇄 개시

1단계

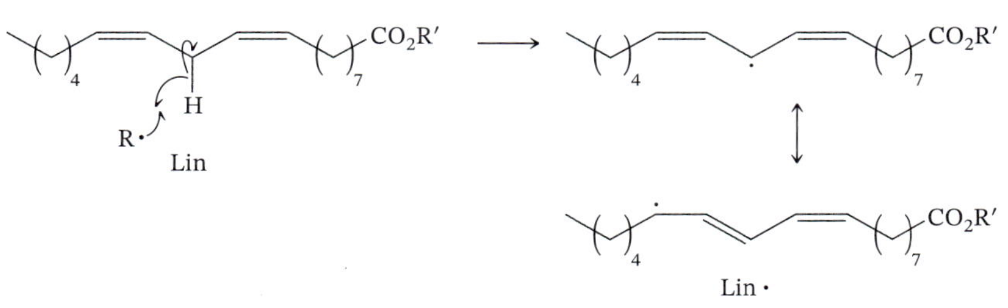

R· Lin

Lin·

2단계 연쇄 전파

2단계

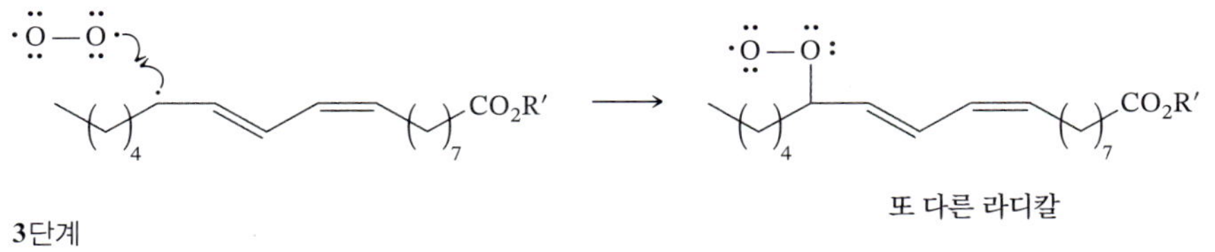

또 다른 라디칼

3단계

또 다른 분자의 리놀레산 에스터로부터 수소를 떼냄

과산화 수소 화합물

+ Lin·

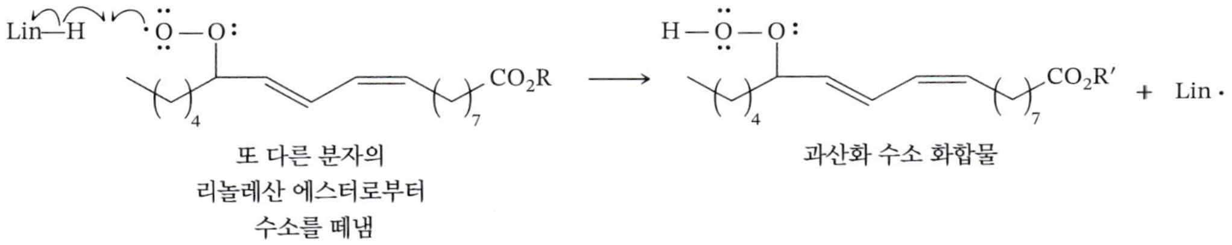

그림 10.5 리놀레산 에스터의 자동 산화 반응. 1단계에서 라디칼이 두 이중 결합 사이에 있는 $-CH_2-$기의 한 수소 원자를 공격하여 반응은 개시된다. 이 수소 원자가 빠져나가면 공명 혼성인 라디칼을 형성한다. 2단계에서는 이 라디칼이 두 가지 연쇄 전파 단계 중 첫 번째에서 산소와 반응하여 산소를 포함하는 라디칼을 생성한다. 이것은 3단계에서 또 다른 리놀레산 에스터(Lin—H) 분자로부터 수소 원자를 떼낸다. 두 번째 연쇄 전파 단계의 결과로 과산화 수소 화합물과 라디칼(Lin·)이 형성된다. 이것은 2단계를 반복한다.

리놀레산 에스터(Lin—H)의 두 이중 결합 사이에 놓여 있는 $-CH_2-$기의 수소 원자는 라디칼에 의해서 쉽게 빠져나간다(그 까닭은 13장에서 배운다). 이 수소 원자들 중 하나가 빠져나가면 새로운 라디칼(Lin·)이 생기게 되는데, 이것은 **자동 산화 반응(autoxidation, 그림 10.5)**이라 불리는 일반적인 형태의 반응에 속하는 연쇄 반응을 통하여 산소와 반응한다. 자동 산화 반응의 결과로 과산화 수소 화합물이 형성된다. 자동 산화 반응은 많은 물질에 존재하는 과정이다. 예를 들면, 지방과 기름이 부패할 때 생기는 악취도 자동 산화 반응 때문이다. 자동 산화 반응은 인체에서도 일어날 수 있으며, 되돌릴 수 없는 피해를 끼치기도 한다.

공업 화학: 항산화제

특별히 자동 산화 반응처럼 유해한 경우에 라디칼이 더 많은 라디칼을 생성할 수 있는 능력을 멈추게 하기를 원한다면, 적합한 함정 시약(trapping reagent)을 찾아야 한다. 그러한 물질은 항산화제(antioxidant)라고 알려져 있는데, 이들은 새로운 더 안정한 라디칼을 만들어 연쇄 반응이 더 이상 일어나지 않게 하거나, 활성인 라디칼을 소진시켜 라디칼이 아닌 화학종을 더 만들기도 한다. 그러한 화합물에는 바이타민 E(α-토코페롤)과 BHT(butylated hydroxytoluene)가 있다.

바이타민 E는 식물성 기름에 들어 있다.

Vitamin E
(α-tocopherol)

두 가지 모두 라디칼 화학종과의 초기 반응에서 아래에 BHT를 가지고 보인 것처럼 과산화 라디칼과의 반응으로 펜옥시 라디칼(ROO·)이 된다. 이것은 항산화 작용의 핵심인데, 반응성이 매우 큰 라디칼 화학종을 반응성이 덜한 완전한 공유 결합 분자로 전환시키고, 새로이 형성된 페녹시 라디칼은 인접한 방향족 고리와 *tert*-뷰틸기의 입체적인 덩치의 도움으로 안정화되었다.

$$\text{BHT} \xrightarrow{\text{ROO}\cdot} \text{BHT 라디칼} + \text{ROOH}$$

BHT **BHT 라디칼**

바이타민 E는 천연 항산화제로 많은 식품에 존재하고 인체에서 해로운 라디칼을 제거하는 일을 한다. BHT는 합성된 물질로 많은 식품에 보존제로 첨가된다.

10.12D 알케인의 연소

알케인이 산소와 반응할 때(예: 석유로나 자동차의 내연 기관) 복잡한 일련의 반응이 일어나서 궁극적으로는 알케인을 이산화 탄소와 물로 전환한다. 연소 반응의 자세한 메커니즘을 알 수는 없지만, 아래 반응과 같은 연쇄 개시와 연쇄 전파 단계를 가진 라디칼 연쇄 반응 메커니즘에 의해서 중요한 반응이 일어난다고 알려져 있다.

$$\text{RH} + O_2 \longrightarrow \text{R}\cdot + \cdot\text{OOH} \quad \text{개시 반응}$$

$$\left.\begin{array}{l} \text{R}\cdot + O_2 \longrightarrow \text{R—OO}\cdot \\ \text{R—OO}\cdot + \text{R—H} \longrightarrow \text{R—OOH} + \text{R}\cdot \end{array}\right\} \text{전파 반응}$$

두 번째 단계의 한 생성물은 과산화 수소 알킬이라고 부르는 R—OOH이다. 과산화 수소 알킬의 산소–산소 결합은 아주 약해서 깨어질 수 있고, 다른 연쇄 반응을 개시할 수 있는 라디칼을 만든다.

$$\text{RO—OH} \longrightarrow \text{RO}\cdot + \cdot\text{OH}$$

환경 화학: 오존의 제거와 클로로플루오로카본(CFC)

약 25 km 고도의 성층권에서 매우 높은 에너지(매우 짧은 파장)의 자외선이 이원자 분자인 산소(O_2)를 오존(O_3)으로 전환한다. 이때 일어나는 반응은 다음과 같이 나타낼 수 있다.

1단계 $O_2 + h\nu \longrightarrow \text{O}\cdot + \text{O}\cdot$

2단계 $\text{O}\cdot + O_2 + \text{M} \longrightarrow O_3 + \text{M} + \text{열}$

여기서 M은 두 번째 단계에서 방출된 에너지를 흡수할 수 있는 다른 입자들이다.

2단계에서 생성된 오존은 아래와 같이 높은 에너지의 자외선과 반응할 수 있다.

3단계 $O_3 + h\nu \longrightarrow O_2 + O +$ 열

3단계에서 형성된 산소 원자는 2단계를 반복할 수 있고 반응은 계속된다. 이들 단계의 전체적인 결과는 매우 높은 에너지의 자외선을 열로 전환하는 것이다. 이러한 순환이 있음으로 말미암아 지구는 생명체를 파괴시킬 수 있는 자외선으로부터 보호를 받게 된다. 이 보호 덕분에 지구 표면에 생명체가 존재할 수 있는 것이다. 비교적 적은 양의 높은 에너지를 가진 자외선이 지구 표면에 도달할지라도 피부암의 발생은 크게 증가한다.

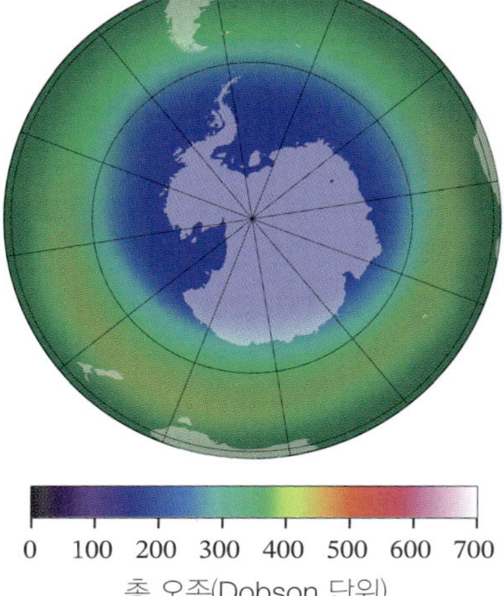

프레온(freon)이라고 부르는 클로로플루오로메테인(그리고 클로로플루오로에테인)의 생산은 1930년에 시작되었다. 이 화합물은 냉매, 용매, 에어로솔 캔의 압축 가스 등으로 사용되어 왔다. 전형적인 프레온은 트라이클로로플루오로메테인 $CFCl_3$(Freon-11)과 다이클로로플루오로메테인 CF_2Cl_2(Freon-12)이다. 이때 일어나는 반응은 다음과 같다(Freon-12를 예로 들었다). 연쇄 개시 단계에서 자외선은 프레온의 C—Cl 결합의 균일 분해를 유발한다. 이렇게 생성된 염소 원자가 무서운 악한으로 행동한다. 이것은 성층권 밖으로 확산되어 나오거나 다른 물질과 반응하기 전에 수천 분자의 오존을 파괴하는 연쇄 반응을 일으킨다.

연쇄 개시

1단계 $CF_2Cl_2 + h\nu \longrightarrow CF_2Cl\cdot + Cl\cdot$

연쇄 전파

2단계 $Cl\cdot + O_3 \longrightarrow ClO\cdot + O_2$

3단계 $ClO\cdot + O\cdot \longrightarrow O_2 + Cl\cdot$

노벨상

1974년에 이르러서는 프레온 생산량이 연간 20억 파운드를 넘었다. 대부분의 프레온은 냉장고에 사용된 것조차도 변함없이 대기권으로 빠져나간다. 1974년 6월, Rowland와 Molina는 성층권에 있는 프레온이 천연의 오존 균형을 깨뜨릴 수 있게끔 자유 라디칼 연쇄 반응을 개시할 수 있다는 논문을 발표하였다. 1995년도 Nobel 화학상은 Crutzen, Molina, Rowland에게 이 분야에 대한 공로로 수여되었다.

1975년에 미국의 National Academy of Science가 행한 연구에 의해서 Rowland와 Molina의 예상은 입증되었고, 1978년부터 미국에서 에어로솔의 사용이 금지되었다.

1985년에 남극 위의 오존층에 구멍이 발견되었다. 그 후로 수행한 연구에 의하여 오존을 염소 원자가 파괴한 것이 구멍이 생긴 원인인 것으로 제시되기도 했다. 이 오존의 구멍은 북극의 오존층에서도 발견되었다. 오존층이 파괴될수록 태양의 해로운 광선이 지구 표면으로 침투해 올 것이다.

이러한 지구상의 문제점을 인식하고 1987년에 'Montreal 협정'이 시작되었다. 이 조약에 서명한 국가들은 클로로플루오로카본의 생산과 소비를 감축시켜야 한다. 따라서 세계의 산업화된 국가들은 1996년부터 클로로플루오로카본의 생산을 중단하였으며, 200개국 이상이 이 협정에 서명하였다. 성층권의 오존 파괴 문제의 이해가 증대됨에 따라 이 클로로플루오로카본의 소멸 속도가 가속화되었다.

이 주제는 왜 중요한가?

Bergman 고리화 방향족화 반응으로부터의 라디칼

1972년 Berkeley에 있는 University of California에서 Bergman의 지도를 받고 있던 화학자들이 두 개의 알카인 삼중 결합이 cis 이중 결합에 의해서 연결된 출발 물질로부터 벤젠 고리를 합성하는 데 이용될 수 있는 화학 반응을 발견하였다. 이러한 원자의 배열을 엔다이아인이라고도 한다. 이 과정은 방향족 고리를 만들기 때문에 고리화 방향족화 반응이라고 알려져 있는데, 새로운 결합을 만드는 과정에서, 그리고 벤젠 고리를 만들기 위해 수소 원자를 첨가하는 과정에서 라디칼들이 관여한다.

더 많은 연구를 통해서 반응 온도가 두 알카인의 말단 사이의 거리와 직접적인 상관이 있다는 발견은 똑같이 흥미롭다. 대부분의 분자에 있어서 이 거리는 3.6 Å보다 크고 온도는 200 ℃를 넘어야 반응이 개시된다. 그렇지만 알카인을 억제된 고리에 넣음으로써 길이를 짧게 만들 수 있다면 이 과정은 200 ℃보다 더 낮은 온도에서 진행될 수 있다. 전형적으로 3.2~3.3 Å 사이의 거리이면 고리화 방향족화 반응은 일반적인 온도(예: 37 ℃)에서 일어나고, 3.0 Å보다도 더 짧은 거리이면 반응은 실온(25 ℃)에서도 일어난다.

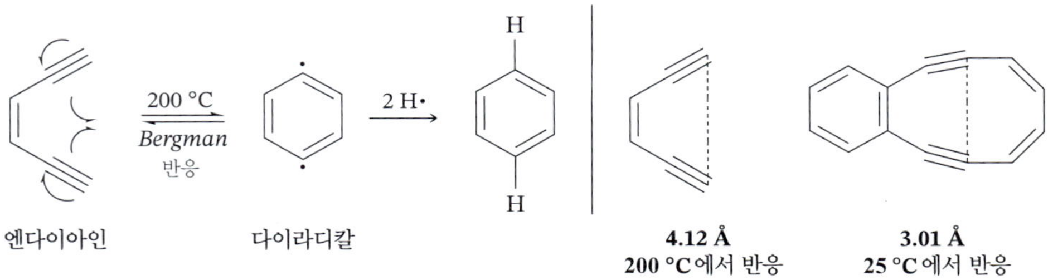

200 °C
Bergman
반응
2 H•
엔다이아인
다이라디칼
4.12 Å
200 °C에서 반응
3.01 Å
25 °C에서 반응

세계적으로 화학자들이 새로운 반응성을 발견하고 정교한 수준에서 분자의 과정들을 이해하는 능력은 돋보인다. 그렇지만 그러한 과정들은 자연에서 진행되고 있으며, 그러한 사실을 화학자들이 박테리아 종으로부터 천연물인 칼리치아마이신 γ_1^I을 분리하기까지는 알지 못하였다.

아래의 구조에서 보듯이, 칼리치아마이신 γ_1^I은 무척 복잡하다. 이것은 엔다이아인 골격을 가졌으며 37 ℃(체온)에서 안정하다. 두 알카인 단위의 끝 사이 거리가 3.3 Å보다 더 길기 때문이다. 그러나 이 화합물을 세포핵 안으로 가져오면 분자의 특이한 삼황화 부분이 황화 이온 친핵체로 전환될 수 있다. 일단 벗겨지면 이 반응성이 큰 기는 이웃 기의 원자를 19장에서 배울 화학 반응을 통하여 공격할 수 있다. 지금 알아야 할 중요한 것은 이 반응이 분자의 오른쪽 전체 절반의 형태를 바꿔서 두 알카인을 더 가까이 ~3.3 Å 거리로 가져온다는 점이다. 이제 Bergman 고리화 방향족화 반응이 37 ℃에서 일어나서 DNA로부터 수소를 빼앗고, 새로운 DNA 라디칼이 세포의 죽음을 가져오게 하는 것이다.

이 화학은 Bergman 반응이 자연적으로 발생할 수 있다는 것과, 다른 엔다이아인 사이의 반응성 차이를 유리하게 이용하는 특수한 방아쇠 같은 계를 지닌 분자의 형성에서 작용한다는 것을 보여 주고 있다. 제약 산업에 종사하는 과학자들은 이 방아쇠 계를 다른 연관된 천연 엔다이아인 분자를 이용하여 새로운 약품을 만들어 급성 루키미아 같은 수많은 암을 표적으로 하는 의학 시험을 수행하고 있다.

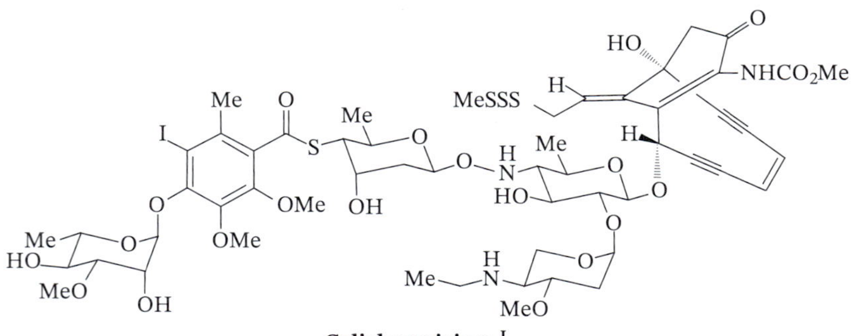

Calicheamicin γ_1^I

친핵체 → Bergman 반응 → 다이라디칼 → DNA 수소 떼냄 → DNA·

다당류

이 주제에 대해서 더 알려면 참고하시오.

1. Bergman, R. G. "Reactive 1,4-Dehydroaromatics" in *Acc. Chem. Res.* **1973**, *6*, 25-31.

2. Nicolaou, K. C.; Smith, A. L.; Yue, E. W. "Chemistry and biology of natural and designed enediynes" in *Proc. Natl. Acad. Sci. USA* **1993**, *90*, 5881–5888, 그리고 여기에 수록된 참고문헌.

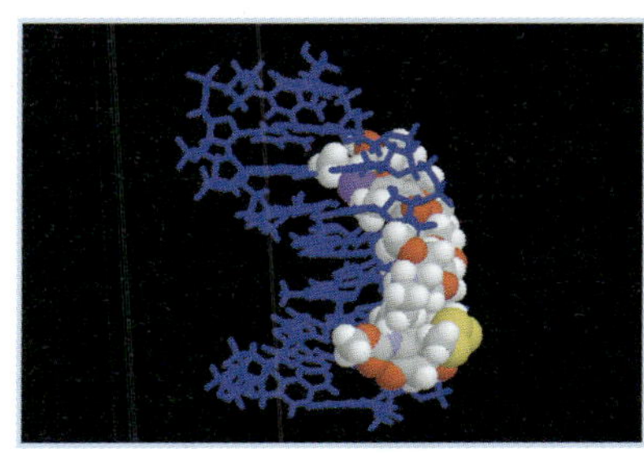

DNA에 결합된 칼리치아마이신(PDB ID: 2PIK. Kumar, R. A.; Ikemoto, N.; Patel, D. J., Solution structure of the calicheamicin $\gamma_1{}^{I}$–DNA complex, *J. Mol. Biol.* **1997**, 265, 187.) [Calicheamicin $\gamma_1{}^{I}$ structure from *Chemistry and Biology* **1994**, 1(1). Nicolaou, K.C.; Pitsinos, E.N.; Theodorakis, A.; Saimoto, H.; Wrasidio, W.; *Chemistry and Biology of the Calicheamicins*, pp. 25–30. Copyright Elsevier 1994.]

요약과 복습 도구

이 장에 대한 학습 보조 자료에는 핵심 용어와 개념과 라디칼 반응에 관한 메커니즘 복습이 있다.

물음

라디칼의 메커니즘과 성질

10.17 아래의 라디칼 할로젠화 반응에 대한 메커니즘을 쓰시오.

$\xrightarrow[h\nu]{Br_2}$ (Cl, Br)

10.18 $PhCH_2CH_3$가 Br_2 및 Cl_2와 빛을 쬐어 주어 반응할 때 반응 생성물을 비교하고, 차이점을 설명하시오.

10.19 아래의 어느 화합물이 이성질체 부산물의 형성에 의한 복잡함이 없이 라디칼 할로젠화 반응에 의해서 만들어질 수 있는가?

(Cl, Br, Cl, Br, Br, I)

10.20 뷰테인과 염소의 라디칼 반응에 의해서(할로젠이 많이 붙은 화합물 이외에도) 1-클로로뷰테인과 2-클로로뷰테인이 만들어진다.

각 화합물이 형성되는 것을 보이는 연쇄 개시 단계 및 연쇄 전파 단계를 쓰시오.

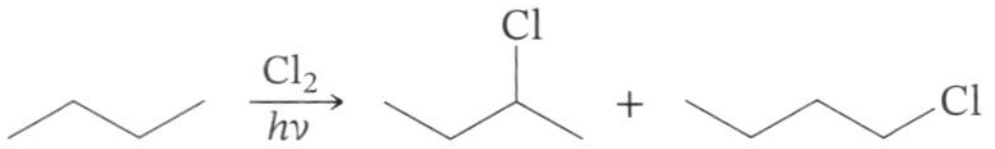

10.21 2-메틸뷰테인의 일염소화 반응을 고려해 보자.

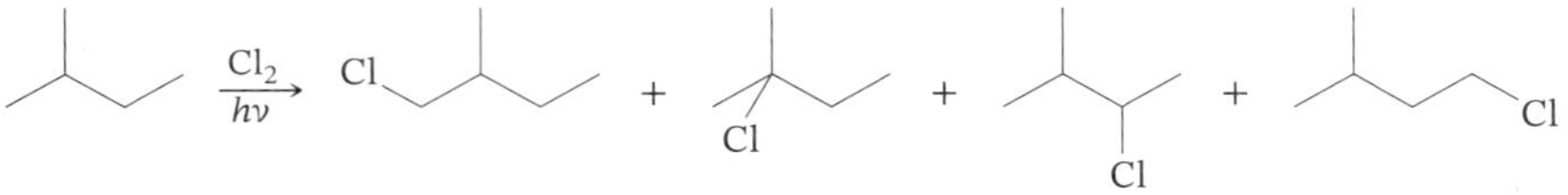

(a) 혼합 생성물을 분별 증류하였을 때 어느 부분이 만약 가능하다면 광학 활성을 보일까?

(b) 이들 부분들은 이론적으로 거울상체로 분리될 수 있을까?

(c) 증류로부터 얻어진 각 부분들의 성분은 ^{1}H NMR 분광학으로 확인될 수 있을까? 각 부분의 ^{1}H NMR 스펙트럼에서 어떤 특징이 그 부분의 성분을 확인해 주겠는가?

10.22 2-메틸뷰테인과 염소의 라디칼 반응은 4가지 일염소화 생성물들을 구조 이성질체로 만든다. 그러나 같은 알케인을 브로민과 반응시키면 한 개의 모노브로민화 생성물만 생긴다. 설명하시오.

10.23 과산화물은 아래와 같은 라디칼 할로젠화 반응처럼 라디칼 연쇄 반응을 개시하는 데 흔히 쓰인다.

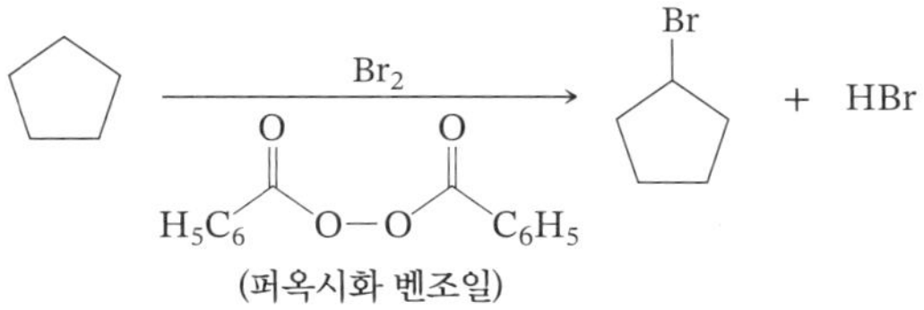

(퍼옥시화 벤조일)

(a) 표 10.1의 결합 에너지를 살펴보고, 왜 과산화물이 라디칼 개시체로서 효율적인지를 설명하시오.

(b) 퍼옥시화 벤조일에 의해서 개시되는 방법을 보이는 위의 반응 메커니즘을 쓰시오.

10.24 아래의 라디칼들을 안정도가 감소하는 순서대로 나열하시오.

10.25 항종양제인 칼리치아마이신 $\gamma_1{}^{1}$('이 주제는 왜 중요한가?' 참조)의 DNA-해리 작용을 일으키는 것으로 여겨지는 다이라디칼에 이르게 하는 Bergman 고리화 방향족화 반응에서 전자의 이동을 나타내는 화살표 메커니즘을 그리시오.

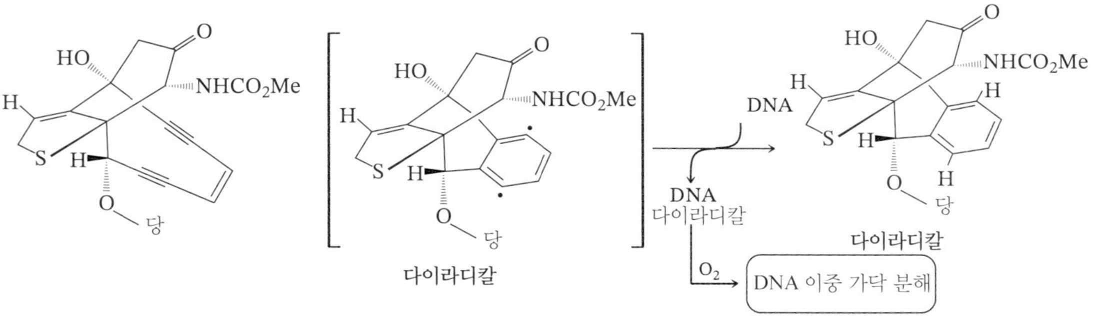

다이라디칼 다이라디칼

10.26 아래의 분자에서 H_a, H_b, H_c에 결합된 것과 가능한 한 유사한 C—H 결합 해리 에너지의 예를 표 10.1에서 찾으시오. 이 값들을 사용하여 다음 질문에 답하시오.

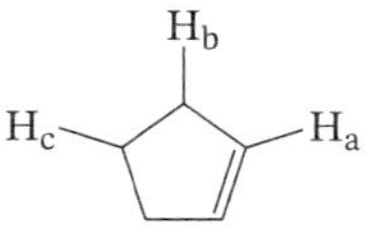

(a) H_a의 라디칼 할로젠화 반응의 용이성에 대해서 무슨 결론을 내릴 수 있는가?

(b) H_b와 H_c를 비교할 때 어느 것이 더 쉽게 라디칼 할로젠화 반응에 의해서 치환될 수 있는가?

10.27 아래의 반응(Hunsdiecker 반응)에 대한 라디칼 연쇄 반응 메커니즘을 쓰시오.

O Br 가열 Br + CO_2

합성

10.28 주어진 화합물(들)로 시작해서 다른 필요한 시약을 사용하여 아래의 화합물을 합성하는 방법을 제시하시오(앞에서 수행한 단계는 반복할 필요가 없다).

(a) CH_3CH_3 ⟶ I

(b) CH_3CH_3 ⟶ O

(c) ⟶ OH OH

(d) ⟶ Br

(e) CH_4 + ≡ ⟶

(f) CH_3CH_3 + ≡ ⟶ OH

(g) CH_3CH_3 ⟶ N_3

10.29 아래의 합성 전환에 필요한 시약을 제시하시오. 한 단계 이상이 필요할 수 있다.

(a) ⟶ OH

(b) ⟶ Br

(c) ⟶ OH

(d) ⟶ OCH_3

(e) ⟶

(f) ⟶ OH

(g) ⟶ Br

10.30 아래의 각 화합물을 NBS를 사용하는 알릴 자리 브로민화 반응을 이용하여 합성하시오. 출발 탄소가 4개 이하인 물질을 사용하시오. 역합성 분석을 써서 시작하시오.

(a) O

(b) OH Br CN

(c) O

물질 합성

10.31 아래의 각 화합물을 NBS를 사용하는 알릴 자리 또는 벤질 자리 브로민화 반응과 다른 필요한 합성 단계들을 이용하여 합성하시오. 역합성 분석을 써서 시작하시오.

(a)

(b) CN Br

(c) 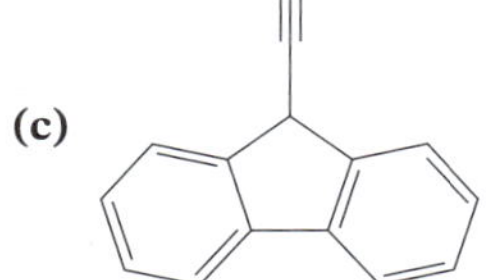

(d)

10.32 아래 각각의 질문에서 출발 물질을 생성물로 전환하는 데 타당한 경로를 제시하시오. 각각의 경우 한 단계 이상이 필요하며, 앞의 장들에서 배운 반응이 필요할 수도 있다.

(a) → Polystyrene

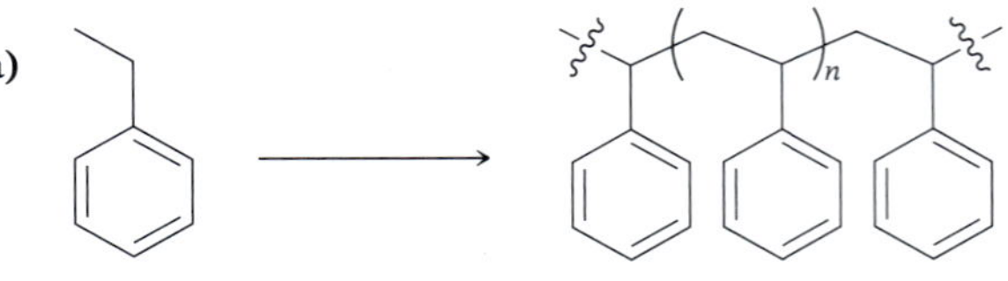

(b)

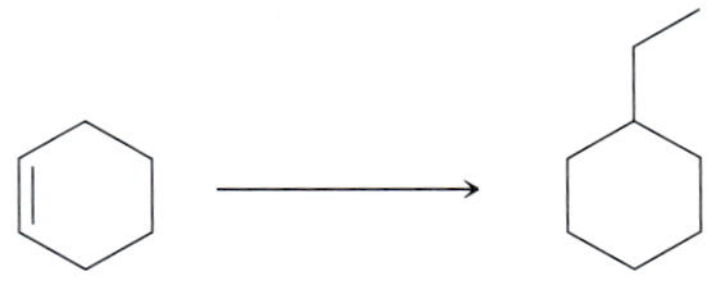

10.33 아래 각각에 대하여 주어진 출발 물질로부터 제시된 일련의 단계를 통하여 형성되는 생성물(**A**, **B**로 나타냄)의 구조를 그리시오.

(a) (1) NBS, ROOR, Δ (2) H_2, Pd/C (3) KO*t*-Bu, *t*-BuOH → **A**

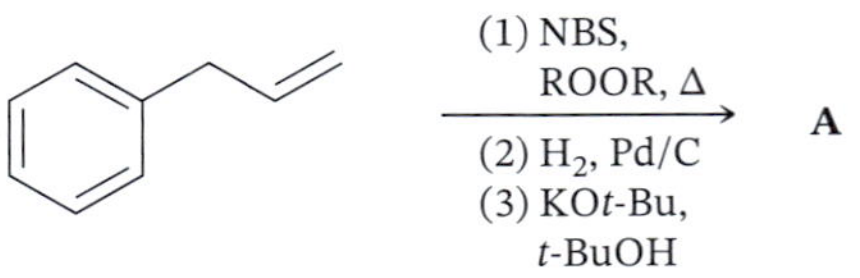

(b) MeO (1) Br_2, $h\nu$ (2) NaOEt, EtOH, Δ (3) BH_3:THF (4) H_2O_2, HO^- → **B**

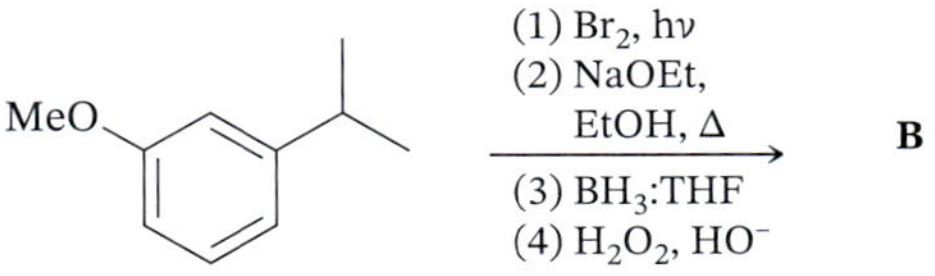

10.34 거꾸로 작업을 해서 지정된 반응을 통하여 제시된 생성물에 이르는 출발 물질을 제시하시오.

(a) **A** (1) Br_2, $h\nu$ (2) CH_3OH, CH_3ONa, 가열 (3) O_3, CH_2Cl_2, −78 °C (4) Me_2S → CHO, O

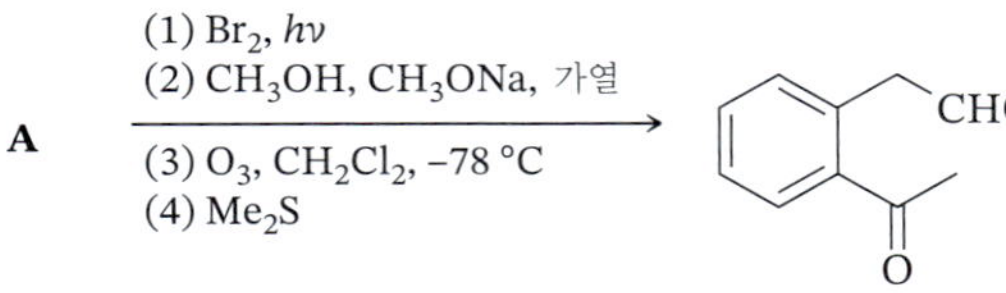

(b) **B** (1) $NaNH_2$, EtI (2) Lindlar 촉매, H_2 (3) NBS, ROOR, Δ (4) NaOMe, MeOH → OMe

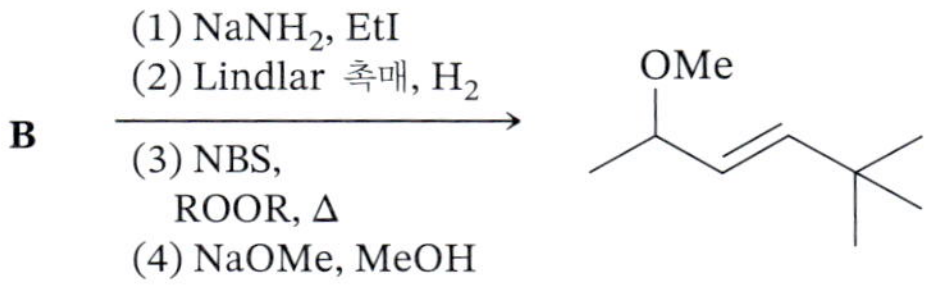

화학 상담자가 필요한 물음

10.35 아래에서 보듯이, 일반적인 알킬 라디칼(R·)은 알켄에 첨가하여 새로운 라디칼을 만들며 C—C 결합 형성이 뒤따른다. 그러나 알켄에의 첨가 반응 속도는 그것의 치환기의 본질에 크게 의존한다. 세 개의 특수한 알켄이 H_3C·과 반응할 때 관찰되는 상대 속도를 설명할 수 있는가? k_{rel} 값이 클수록 반응 속도는 더 빠르다는 것을 의미함을 주목하시오.

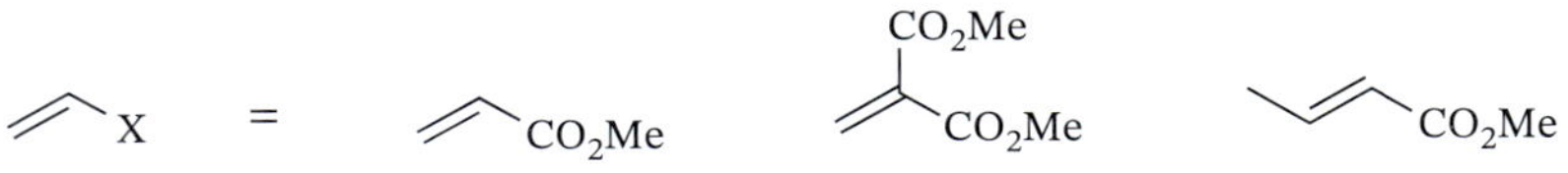

R· + X → R X

X = CO₂Me, CO₂Me/CO₂Me, CO₂Me

k_{rel}	1	150	0.01

10.36 라디칼 반응을 개시하는 현대적인 방법은 AIBN(2,2′-azobisisobutyronitrile)이라고 알려진 화합물을 사용하는 것인데, 이것은 충분한 온도에서 가열하면 두 개의 새로운 isobutyronitrile 라디칼과 질소 분자 한 개를 만든다. AIBN의 열분해로 그러한 새로운 화학종이 되는 메커니즘을 제시하시오. 그다음 isobutyronitrile 라디칼이 산소와 isobutylbenzene 존재하에서 만들어졌을 때 두 번째 반응식에서 보인 산소화된 생성물이 되는 것을 보이시오. 이것은 페놀(C_6H_5OH)과 아세톤의 공업적인 합성의 첫 단계이다. (참조: *Petroleum Chemistry* **2007**, *47*, 273.)

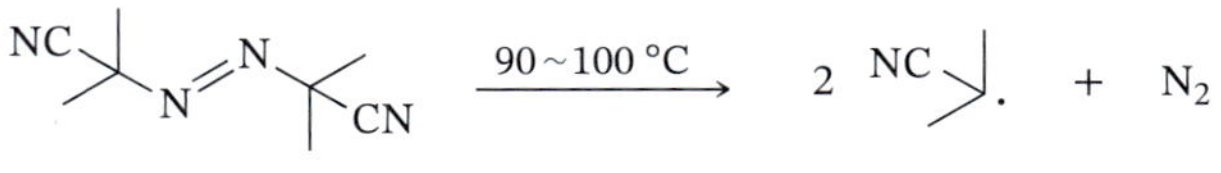

NC, N=N, CN → (90~100 °C) 2 NC· + N_2

AIBN

→ (O_2, AIBN) O–OH

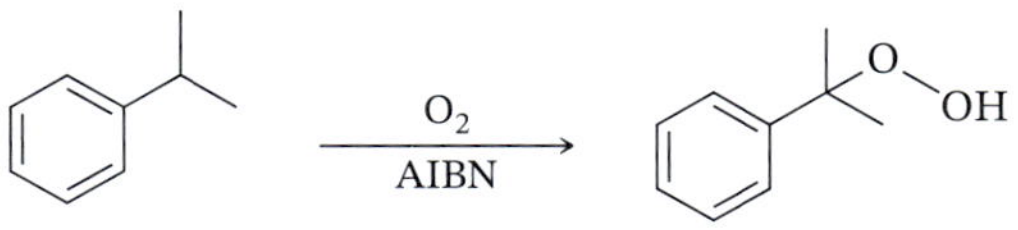

10.37 할로젠화 알킬의 할로젠 원자는 수소화 트라이뷰틸틴(Bu_3SnH)의 주석에 결합된 수소에 의해서 대체될 수 있다. 탈할로젠화 반응이라고 불리는 이 과정은 라디칼 반응이며, AIBN(2,2′-azobisisobutyronitrile)에 의해서 개시된다. AIBN은 분해되어 질소 기체와 두 개의 isobutyronitrile 라디칼이 되는데, 이것이 반응을 개시한다. 이 반응의 메커니즘을 쓰시오.

I + Bu_3SnH AIBN

AIBN CN N N CN

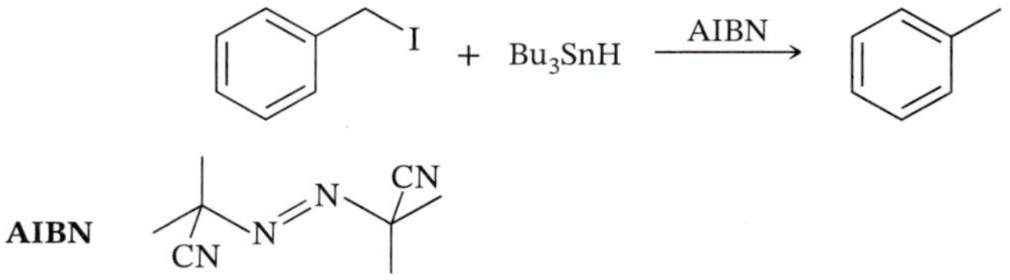

도전 물음

10.38 아래의 반응을 설명하는 메커니즘을 쓰시오. 수소화 트라이뷰틸주석(Bu_3SnH)의 주석에 결합된 수소 원자는 라디칼 메커니즘에서 빨리 전달됨을 주목하시오. (참조: *Tetrahedron* **1975**, *31*, 1737−1744.)

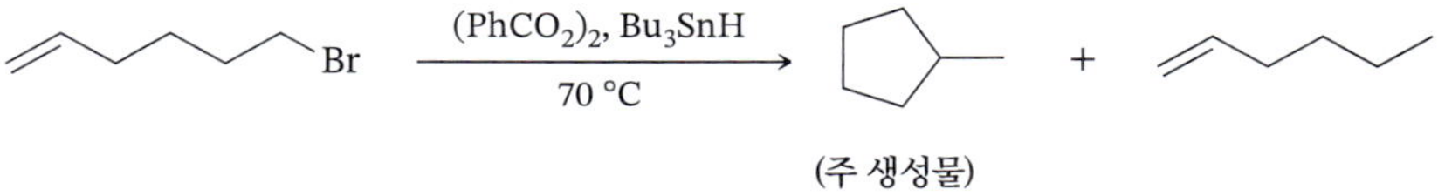

Br $(PhCO_2)_2$, Bu_3SnH 70 °C +

(주 생성물)

10.39 2,2-다이메틸헥세인의 라디칼 염소화 반응에서 염소 치환 반응은 전형적인 2차 탄소(예: 뷰테인의 C2)보다는 C5에서 더 빨리 일어난다. 라디칼 중합 반응의 메커니즘을 고려해서 2,2-다이메틸헥세인의 C5에서 치환 반응 속도가 증가되는 까닭을 설명하시오.

10.40 아래 반응의 메커니즘을 쓰시오.

H O $(PhCO_2)_2$, 가열 + CO

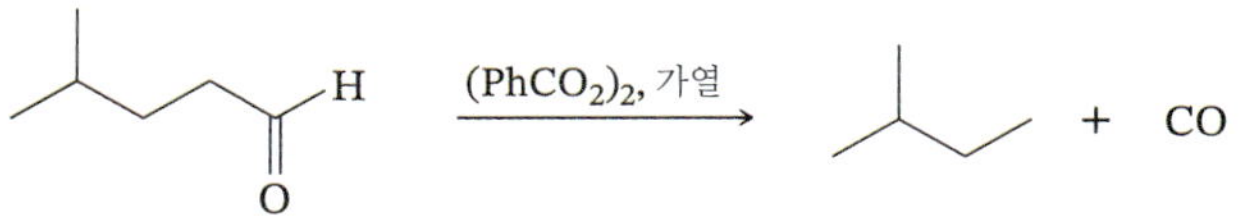

10.41 과산화 수소와 황산 철(II)이 반응하면 하이드록실 라디칼(HO·)이 생성된다(1894년에 화학자인 Fenton이 보고). *tert*-뷰틸 알코올을 이렇게 만든 HO·와 반응시키면 결정성 고체 **X**, mp 92 °C가 생성되며 스펙트럼은 다음과 같다.

MS: m/z 131에서 가장 강한 피크

IR: 3620, 3350(broad), 2980, 2940, 1385, 1370 cm^{-1}

^{1}H NMR: δ 1.22, 1.58, 그리고 2.95에서의 단일선(면적비 = 6 : 2 : 1)

^{13}C NMR: δ 28(CH_3), 35(CH_2), 68(C)

X의 구조를 그리고, 그것의 형성 메커니즘을 쓰시오.

학습 집단을 위한 물음

1. (a) 과량의 *cis*-1,3-다이메틸사이클로헥세인이 열과 빛 존재하에서 Br_2와 반응할 때 생성될 수 있는 모든 유기물의 구조를 그리시오. 삼차원 구조식으로 입체 화학을 나타내시오.

(b) 과량의 *cis*-1,3-다이메틸사이클로헥세인이 열과 빛 존재하에서 Cl_2와 반응할 때 생성될 수 있는 모든 유기물의 구조를 그리시오. 삼차원 구조식으로 입체 화학을 나타내시오.

(c) 다른 반응으로 *cis*-1,2-다이메틸사이클로헥세인을 사용해서 위의 **(a)**와 **(b)**에 대한 답을 쓰시오.

2. (a) 프로페인과 메테인을 유일한 탄소의 자원으로 시작해서 2-메톡시프로펜을 합성하는 과정을 제안하시오. 다른 필요한 시약은 써도 좋다. 먼저 역합성 분석을 쓰시오.

(b) 2-메톡시프로펜은 라디칼 개시제로 처리하면 중합체가 생성된다. 이 중합체의 구조를 쓰고, 과산화 다이아실에 의해서 개시된 라디칼 메커니즘으로 고분자가 형성되는 구조를 쓰시오.

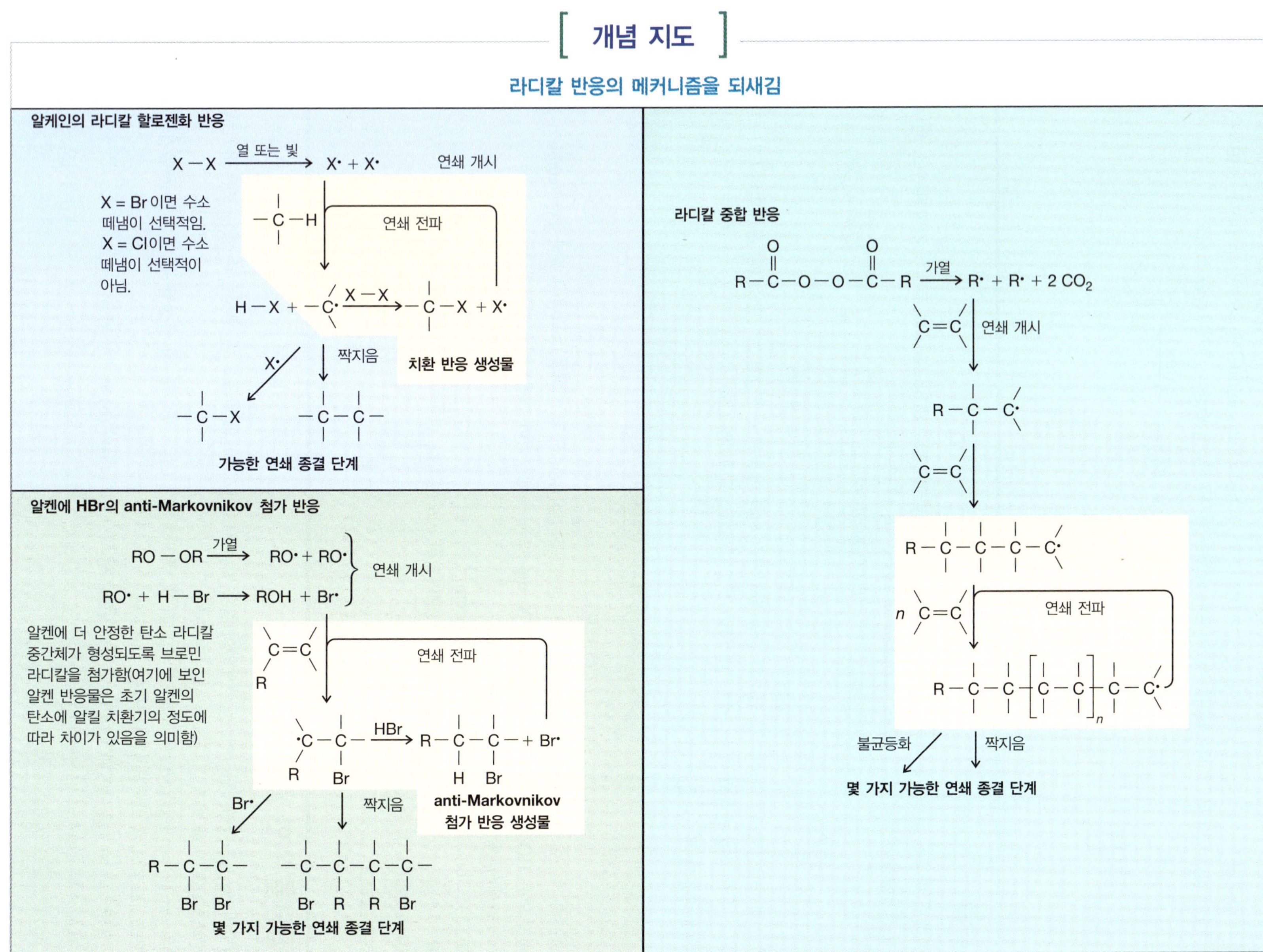
개념 지도
라디칼 반응의 메커니즘을 되새김
알케인의 라디칼 할로젠화 반응
X − X → X· + X· (열 또는 빛)
연쇄 개시
X = Br이면 수소 떼냄이 선택적임. X = Cl이면 수소 떼냄이 선택적이 아님.
연쇄 전파
H − X + −C·
X − X
−C−X + X·
X·
짝지음
치환 반응 생성물
가능한 연쇄 종결 단계
알켄에 HBr의 anti-Markovnikov 첨가 반응
RO − OR → RO· + RO· (가열)
RO· + H − Br → ROH + Br·
연쇄 개시
알켄에 더 안정한 탄소 라디칼 중간체가 형성되도록 브로민 라디칼을 첨가함(여기에 보인 알켄 반응물은 초기 알켄의 탄소에 알킬 치환기의 정도에 따라 차이가 있음을 의미함)
연쇄 전파
HBr
Br·
짝지음
anti-Markovnikov 첨가 반응 생성물
몇 가지 가능한 연쇄 종결 단계
라디칼 중합 반응
가열
R· + R· + 2 CO_2
연쇄 개시
연쇄 전파
불균등화
짝지음
몇 가지 가능한 연쇄 종결 단계

CHAPTER 11

알코올과 에터

합성과 반응

mahirates/123 RF

제과점에 들어가 케이크나 파이로부터 품어 나오는 바닐라 또는 페퍼민트의 향을 맡아본 적이 있는가? 달콤한 간식을 먹고 싶을지도 모른다. 이들 향과 맛은 생활에서 매일 접하는 수많은 다른 것들과 함께 알코올이나 에터 작용기를 지닌 천연 분자로부터 나온다. 그러한 분자들은 수백 개가 알려져 있고 맛으로 사용되는 것 말고도 다른 상업적인 역할이 있는데, 예를 들면 부동액이나 의약품 등이다. 이러한 화합물들의 물리적 성질과 반응성을 알면 이들이 상이하면서도 더 가치있는 특성을 지닌 새로운 물질을 만드는 데 어떻게 사용되는지를 알게 될 것이다.

OH

(−)-Menthol
(박하로부터)

H_3CO O H HO

Vanillin
(바닐라 콩으로부터)

OCH_3

Anethole
(회향으로부터)

이 장에서 배울 내용:

- 일반적인 알코올과 에터의 구조, 성질과 이름 짓기
- 이러한 그룹을 포함하고 있는 핵심 분자
- 알코올, 에터, 그리고 에폭시화물이라고 알려진 특수한 그룹인 에터의 반응성

이 주제는 왜 중요한가?

이 장의 끝에서는 에폭시화물의 반응성이 고리가 아닌 전구체로부터 한 단계로 여러 개의 고리를 가진 매우 복잡한 분자를 만들 뿐만 아니라, 구운 고기, 담배, 땅콩으로부터 온 암 유발 물질의 독성을 없애는 것을 보게 될 것이다.

11.1 구조와 이름 짓기

알코올은 **포화된** 탄소 원자에 하이드록실(—OH)기가 붙어 있는 화합물이다. 알코올의 탄소 원자는 아래의 예처럼 간단한 알킬기의 일부이거나 콜레스테롤처럼 더욱 복잡한 분자의 일부분이기도 하다. 알코올은 알코올 탄소에 결합된 탄소의 수에 따라 1°, 2°, 3°로 분류한다.

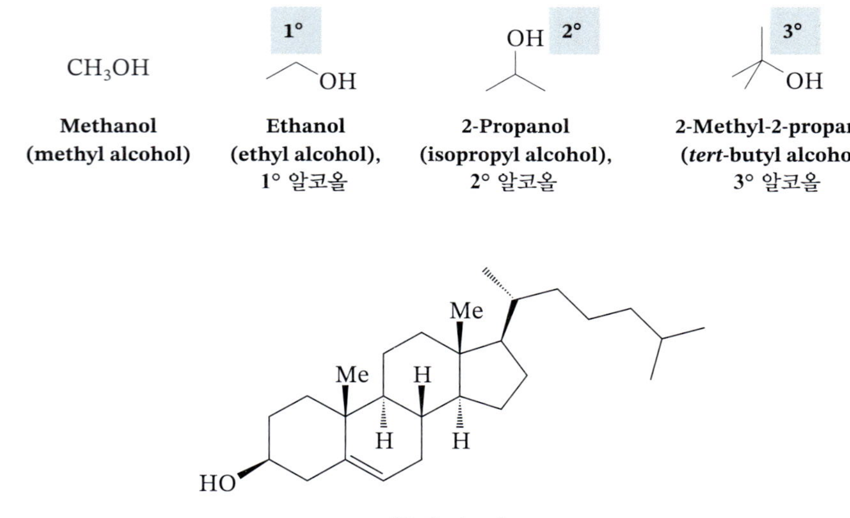

Methanol (methyl alcohol)

Ethanol (ethyl alcohol), 1° 알코올

2-Propanol (isopropyl alcohol), 2° 알코올

2-Methyl-2-propanol (*tert*-butyl alcohol), 3° 알코올

Cholesterol

탄소 원자는 알켄일 그룹에 인접한 포화된 탄소 원자일 수 있는데 이 경우 알릴 자리라고 하고, 탄소 원자가 벤젠 고리에 붙어 있는 포화된 탄소 원자이면 벤질 자리라고 부른다.

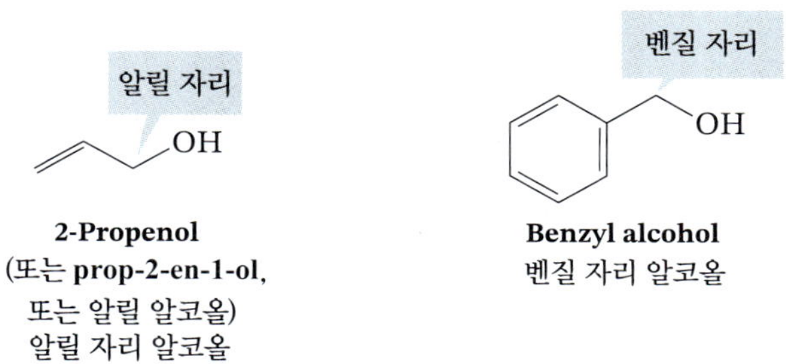

2-Propenol (또는 **prop-2-en-1-ol**, 또는 알릴 알코올) 알릴 자리 알코올

Benzyl alcohol 벤질 자리 알코올

하이드록실기가 벤젠 고리에 **직접** 붙어 있는 화합물은 **페놀**(**phenol**)이라고 부른다.

OH　　H_3C—⟨⟩—OH　　Ar—OH

Phenol

***p*-Methylphenol,** 치환기를 가진 페놀

페놀의 일반적인 구조식

에터는 알코올과 달리 산소 원자가 두 탄소 원자에 결합되어 있다. 탄화수소 그룹은 알킬, 알켄일, 바이닐, 알카인일, 아릴 등이다. 몇 가지 예를 여기에 든다.

O　　OCH_3　　OCH_3　　O　　OCH_3

Diethyl ether　**Allyl methyl ether**　***tert*-Butyl methyl ether**　**Divinyl ether**　**Methyl phenyl ether**

11.1A 알코올의 이름 짓기

알코올을 IUPAC 체계에 의해서 이름 짓는 것은 2.6절과 4.3F절에서 배웠다. 아래의 물음을 가지고 복습해 보기로 한다.

보기 물음 11.1

아래의 알코올에 대한 IUPAC 이름을 쓰시오.

(a) OH (b) OH C_6H_5 (c) OH

풀이

하이드록실기가 붙어 있는 가장 긴 사슬이 기본 이름이 된다. 끝은 '-올'이다. 가장 긴 사슬에 대하여 하이드록실기가 붙어 있는 탄소가 가장 작은 수가 되도록 한쪽 끝에서부터 번호를 붙인다. 따라서 인정되는 IUPAC 이름은 다음과 같다.

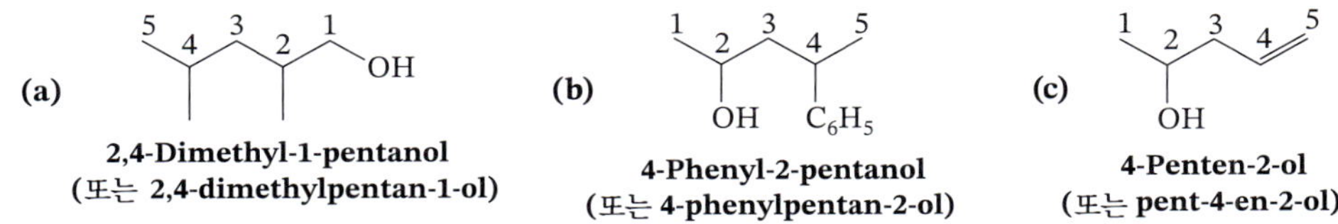

(a) **2,4-Dimethyl-1-pentanol** (또는 **2,4-dimethylpentan-1-ol**)

(b) **4-Phenyl-2-pentanol** (또는 **4-phenylpentan-2-ol**)

(c) **4-Penten-2-ol** (또는 **pent-4-en-2-ol**)

- 하이드록실기는 [위의 보기 (c)를 보시오] 어느 작용기를 접미사로 쓸 것인가를 결정함에 있어서 이중 결합이나 삼중 결합에 우선한다.

일반적인 작용기의 이름 짓기(2.6절)로는 알코올을 메틸 알코올, 에틸 알코올 등과 같이 **알킬 알코올(alkyl alcohol)**이라고 부른다.

'아이소프로판올'이나 '*tert*-뷰탄올'이란 이름은 무엇이 잘못되었나? **되새김 물음 11.1**

11.1B 에터의 이름 짓기

간단한 에터는 흔히 일반적인 작용기 이름으로 부른다. 산소 원자에 붙어 있는 두 기를 간단히 알파벳 순서로 부른 다음 **에터**란 단어를 붙인다.

OCH_3 O OC_6H_5

Ethyl methyl ether **Diethyl ether** ***tert*-Butyl phenyl ether**

그러나 복잡한 에터나 한 개 이상의 에터 결합을 가진 것에 대해서는 IUPAC 이름을 쓴다. IUPAC 체계에서는 에터를 알콕시알케인, 알콕시알켄, 알콕시아렌 등으로 부른다. —OR기는 **알콕시(alkoxy)**기이다.

OCH_3 O H_3C H_3CO OCH_3

2-Methoxypentane **1-Ethoxy-4-methylbenzene** **1,2-Dimethoxyethane (DME)**

고리형 에터는 여러 가지 방법으로 이름을 짓는다. 한 가지 방법은 **치환체 이름(replacement nomenclature)**을 쓰는 것인데, 고리형 에터를 대응되는 탄화수소 고리와 연관을 짓고 CH_2기를 산소가 대치하였다고 하여 접두사 **옥사-(oxa-)**를 사용한다. 다른 체계에서는 고리형 삼각형 에터를 **옥시레인(oxirane)**이라고 부르고, 사각형 에터는 **옥시테인(oxetane)**이라고 부른다. 몇 가지 간단한 고리형 에터는 관용명을 가지고 있고, 그 예는 아래와 같이 관용명을 괄호에 나타냈다. 테트라하이드로퓨란(THF)과 1,4-다이옥세인은 유용한 용매이다.

Oxacyclopropane 또는 oxirane (ethylene oxide)

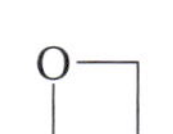
Oxacyclobutane 또는 oxetane

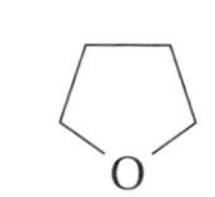
Oxacyclopentane (tetrahydrofuran or THF)

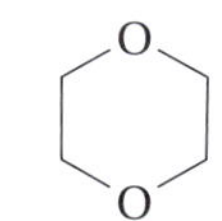
1,4-Dioxacyclohexane (1,4-dioxane)

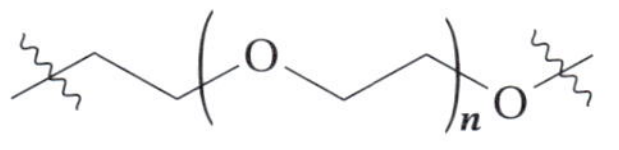
Polyethylene oxide (PEO) (산화 에틸렌으로부터 만들어진 수용성 폴리머)

Blend/Image Source

산화 폴리에틸렌은 피부 크림에도 사용된다.

산화 에틸렌은 산화 폴리에틸렌(polyethylene oxide, PEO, 또한 폴리에틸렌 글라이콜, PEG라고도 함)의 출발 물질이다. 산화 폴리에틸렌은 다양한 용도를 가졌는데, 인터페론과 같은 치료용 단백질에 공유 결합적으로 부착시켜 약물의 순환 수명을 연장시키기도 한다. PEO는 피부용 크림이나 소화기 내장 검사 전 설사제로도 쓰인다.

재료 화학: PEG화된 백신과 제약학

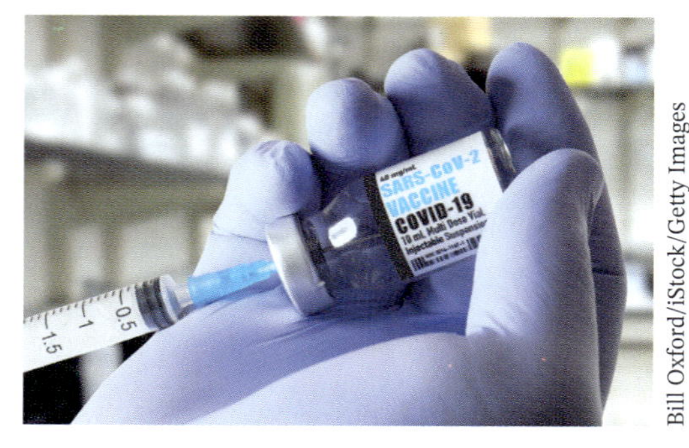

Bill Oxford/iStock/Getty Images

백신과 제약학에서의 주된 과제는 약의 효과를 내는 위치의 세포에 활성 분자를 배달하는 것이다. 예를 들어, 전령 RNA(messenger RNA, mRNA)는 Covid-19와 같은 질병에 대한 백신의 핵심인데, 상대적으로 불안정한 분자이다. 백신 속의 mRNA는 주사로 몸속에 들어갈 때와 혈류를 통하여 이동해 갈 때 보호되어야 한다. 그러면 그것은 세포 속으로 전달되어 mRNA를 면역 감응을 촉진하는 데 사용된다. 나노 입자와 PEG가 이 일을 해낸다.

PEG(polyethylene glycol)는 화장품, 건강 관리, 제약학에서 광범위하게 사용되는 폴리머이다. 'PEG화된' 지방은 mRNA 백신을 포함하는 나노 입자 비방의 핵심 성분이다. PEG화된 나노 입자는 mRNA를 분해되지 않도록 보호하고 표적 세포의 막을 넘어 전달되도록 촉진하고 면역 감응을 더 강력하게 촉진하도록 하는 보호제로 행동한다. 아래의 PEG화된 지방은 Pfizer SARS-CoV-2 백신에 사용되는 나노 입자의 일부이다.

n = 400-500

2[(polyethylene glycol)-2000]-*N*,*N*-ditetradecylacetamide

보기 물음 11.2

알뷰테롤(Albuterol, 흔히 처방되는 호흡기 의약품에 쓰임)과 바닐린(바닐라 콩으로부터 얻음)은 각각 여러 작용기를 지닌다. 알뷰테롤과 바닐린에 있는 작용기들의 이름을 쓰고, 적절한 곳에 대해서 1차, 2차, 3차로 분류하시오.

Albuterol
(천식 치료제)

Vanillin
(바닐라 콩으로부터 얻음)

Photo by Lisa Gee for John Wiley & Sons, Inc

알뷰테롤은 호흡기 약품에도 쓰인다.

풀이

알뷰테롤에는 1차 알코올, 2차 알코올, 페놀, 그리고 2차 아민이 있다. 바닐린은 알데하이드, 에터, 그리고 페놀 작용기가 있다. 2장을 복습하여 알코올의 분류법과 아민 작용기를 1차, 2차, 그리고 3차로 분류하는 법을 복습하시오.

되새김 물음 11.2

아래의 분자식을 가진 알코올과 에터에 대하여 결합선 구조식과 적절한 이름을 쓰시오.

(a) $C_5H_{12}O$ **(b)** $C_4H_{10}O$

11.2 알코올과 에터의 물리적 성질

- 알코올은 비슷한 분자량을 가진 에터나 탄화수소보다 끓는점이 훨씬 높다.

예를 들어, 다이에틸 에터(MW = 74)의 끓는점은 34.6 ℃이며 펜테인(MW = 72)의 끓는점

표 11.1 알코올의 물리적 성질

이름	화학식	mp (°C)	bp (°C) (1 atm)	물에 대한 용해도 (g/100 mL H_2O)
	모노하이드록시 알코올			
Methanol	CH_3OH	−97	64.7	∞
Ethanol	CH_3CH_2OH	−117	78.3	∞
Propyl alcohol	$CH_3CH_2CH_2OH$	−126	97.2	∞
Isopropyl alcohol	$CH_3CH(OH)CH_3$	−88	82.3	∞
Butyl alcohol	$CH_3CH_2CH_2CH_2OH$	−90	117.7	8.3
Isobutyl alcohol	$CH_3CH(CH_3)CH_2OH$	−108	108.0	10.0
sec-Butyl alcohol	$CH_3CH_2CH(OH)CH_3$	−114	99.5	26.0
tert-Butyl alcohol	$(CH_3)_3COH$	25	82.5	∞
	다이올과 트라이올			
Ethylene glycol	CH_2OHCH_2OH	−12.6	197	∞
Propylene glycol	$CH_3CHOHCH_2OH$	−59	187	∞
Trimethylene glycol	$CH_2OHCH_2CH_2OH$	−30	215	∞
Glycerol	$CH_2OHCHOHCH_2OH$	18	290	∞

은 36 ℃이다. 뷰틸 알코올(MW = 74)의 끓는점은 117.7 ℃이다.

몇 가지 알코올과 에터의 물리적 성질을 **표 11.1**과 **표 11.2**에 수록하였다.

- 알코올 분자들은 **수소 결합(hydrogen bonding)**을 하여 회합될 수 있지만, 에터나 탄화수소는 그럴 수가 없다.

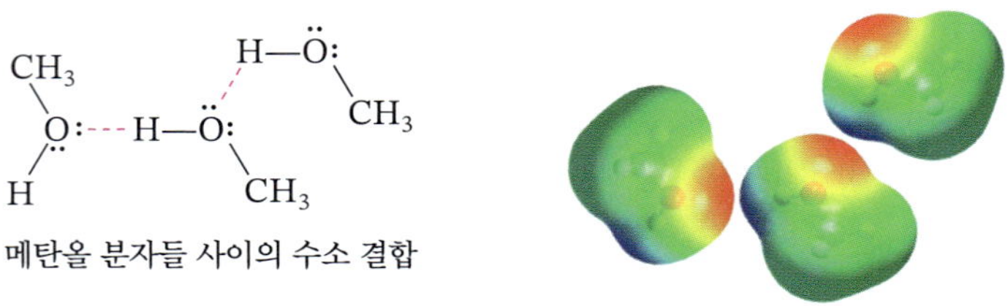

메탄올 분자들 사이의 수소 결합

Photo courtesy of AMSOIL, INC.

프로필렌 글라이콜(1,2-프로페인다이올)은 친환경적인 엔진 냉매로 쓰인다. 이것은 미생물에 의해 분해되며, 끓는점이 높고, 물과 섞이기 때문이다.

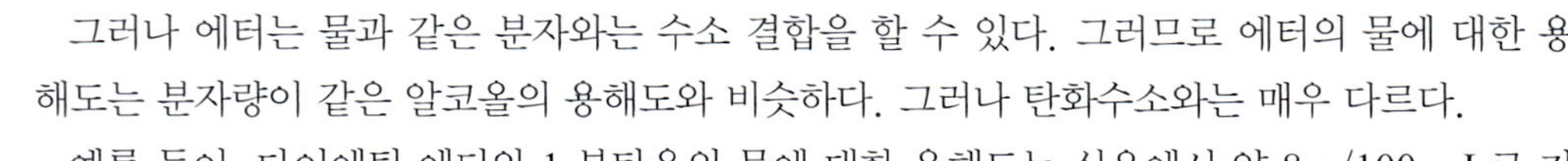

그러나 에터는 물과 같은 분자와는 수소 결합을 할 수 있다. 그러므로 에터의 물에 대한 용해도는 분자량이 같은 알코올의 용해도와 비슷하다. 그러나 탄화수소와는 매우 다르다.

예를 들어, 다이에틸 에터와 1-뷰탄올의 물에 대한 용해도는 실온에서 약 8 g/100 mL로 거의 같다. 이와는 대조적으로 펜테인은 물에 거의 안 녹는다.

표 11.2 에터의 물리적 성질

이름	화학식	mp (°C)	bp (°C) (1기압)
Dimethyl ether	CH_3OCH_3	−138	−24.9
Ethyl methyl ether	$CH_3OCH_2CH_3$		10.8
Diethyl ether	$CH_3CH_2OCH_2CH_3$	−116	34.6
1,2-Dimethoxyethane (DME)	$CH_3OCH_2CH_2OCH_3$	−68	83
Oxirane	O	−112	12
Tetrahydrofuran (THF)	O	−108	65.4
1,4-Dioxane	O O	11	101

메탄올, 에탄올, 프로판올 두 가지, 그리고 *tert*-뷰틸 알코올은 완전히 물에 섞인다(표 11.1). 알코올의 물에 대한 용해도는 분자의 탄화수소 부분이 길어질수록 점차로 감소한다. 긴 사슬의 알코올은 더욱 '알케인 같은' 성질을 가지며, 따라서 물 같은 성질은 더욱 적어진다.

보기 물음 11.3

1,2-프로페인다이올(프로필렌 글라이콜)과 1,3-프로페인다이올(트라이메틸렌 글라이콜)은 뷰틸 알코올과 분자량이 대략 같지만, 어느 뷰틸 알코올보다도 끓는점이 더 높다(표 11.1 참조). 이를 설명하시오.

풀이

각 다이올에 두 개의 하이드록실기가 존재하여 분자로 하여금 뷰틸 알코올보다 수소 결합을 더 많이 형성하도록 한다. 수소 결합 형성이 더 많다는 것은 1,2-프로페인다이올과 1,3-프로페인다이올이 더 많이 회합되어 있음을 의미하며, 따라서 그들의 끓는점이 더 높다.

11.3 중요한 알코올과 에터

11.3A 메탄올

메탄올은 한때는 목재를 분해 증류(목재를 고온에서 공기 없이 가열)하여 얻었다. 이러한 제법 때문에 메탄올을 '목정'이라고 불렀다. 오늘날 대부분의 메탄올은 일산화 탄소를 촉매 수소화 반응을 시켜 만든다. 이 반응은 고압과 300~400 °C의 온도에서 일어난다.

$$CO + 2\,H_2 \xrightarrow[\substack{200\sim300\ \text{atm} \\ ZnO\text{–}Cr_2O_3}]{300\sim400\ °C} CH_3OH$$

메탄올은 독성이 매우 크다. 극소량의 메탄올을 마셔도 눈이 멀거나 다소 과량을 마시면 죽게 된다. 메탄올 중독은 증기에 오랫동안 노출되거나 피부에 접촉해도 발생한다.

11.3B 에탄올

에탄올은 당류를 발효해서 만들 수 있다. 이것은 모든 알코올성 음료의 성분이다. 과일 주스의 성분을 발효시켜 포도주의 형태로 에탄올을 합성한 것은 인간이 유기 합성 분야에서 이룩한 첫 번째 업적이기도 하다. 여러 가지 원료로부터 얻은 당분들은 알코올 음료의 제조에 사용할 수 있다. 이 당분은 흔히 곡류인데, 에탄올의 다른 이름이 '곡정'인 것도 이 때문이다.

발효는 당과 물의 혼합물에 효모(누룩)를 가하여 대개 수행한다. 효모는 일련의 긴 반응들을 촉진시키는 효소들을 가지고 있는데, 궁극적으로 간단한 당($C_6H_{12}O_6$)을 에탄올과 이산화 탄소로 전환시킨다.

$$C_6H_{12}O_6 \xrightarrow{\text{효모}} 2\ \text{/\textbackslash OH} + 2\,CO_2$$

(~95% 수율)

발효만으로는 에탄올 함량이 12~15% 이상인 음료를 만들 수 없다. 이보다 높은 농도에서는 효모가 파괴되기 때문이다. 알코올 함량이 높은 음료를 얻기 위해서는 수용액을 증류해야 된다.

에탄올은 중요한 화공약품이다. 대부분의 산업용 알코올은 에텐을 산 촉매 수화 반응시켜 만든다.

$$= + H_2O \xrightarrow{\text{산}} \text{/\textbackslash OH}$$

전 세계 에탄올의 5%는 이 방법으로 생산된다.

에탄올은 **수면제**이다. 에탄올은 흥분제 같은 환상을 주기도 하지만 뇌의 활동을 억제한다. 에탄올은 독성이 있기는 하지만 메탄올보다는 훨씬 작다. 쥐에 대한 에탄올의 치사량은 무게로 13.7 g kg^{-1}이다.

Photo Disc, Inc./Getty Images.

발효에 사용되는 포도

11.3C 에틸렌 글라이콜과 프로필렌 글라이콜

에틸렌 글라이콜($HOCH_2CH_2OH$)은 분자량이 작고 끓는점이 높으며 물에 섞인다(표 11.1). 이러한 성질 때문에 에틸렌 글라이콜은 자동차의 부동액으로 이상적이다. 그러나 불행하게도 에틸렌 글라이콜은 독성을 가졌다. 에틸렌 글라이콜의 대용품으로 독성이 적고 환경친화적인 프로필렌 글라이콜(1,2-프로페인다이올)이 이제 널리 사용되고 있다.

환경 화학: 바이오 연료로서의 에탄올

Media Bakery

에탄올은 곡물 또는 스위치그래스나 사탕수수와 같은 농산 자원의 발효에 의해서 만들어질 수 있음으로 재생 가능한 에너지라고 한다. 물론 곡식들은 태양으로부터의 빛 에너지를 광합성에 의해서 화학 에너지로 전환하여 자란다. 얻어진 에탄올은 가솔린과 다양한 비율로 혼합되어 내연 기관에 사용된다. 2013년 한 해 동안 미국은 에탄올 생산량이 133억 갤런으로 세계 1위이며, 브라질이 63억 갤런으로 뒤따르고 있다.

가솔린의 대체품으로 사용되었을 때 에탄올은 에너지 함량이 단위 부피당 약 34% 낮다. 이것과 다른 요인, 특히 옥수수와 같은 농산물을 생산하는 데 드는 에너지 비용 같은 것이 에탄올을 바탕으로 하는 프로그램의 지혜에 대한 의구심을 일으키기도 하였다. 옥수수로부터 에탄올을 생성하는 것은 사탕수수로부터 생산하는 것보다 5~6배 더 비효율적이다. 이것은 또한 식량의 생산을 에너지 자원으로 전환한다. 세계의 식량 부족 사태가 생길지도 모른다.

11.3D 다이에틸 에터

다이에틸 에터는 끓는점이 낮은 인화성 액체이다. 실험실에서 다이에틸 에터를 사용할 때는 전기 스위치의 불꽃이나 불똥이 다이에틸 에터와 공기의 혼합물을 폭발적으로 연소시킬 수도 있으므로 매우 조심해야 한다.

대부분의 에터는 자동 산화 반응(10.12D절을 보시오)이라 불리는 라디칼 과정에 의하여 산소와 천천히 반응하여 과산화 수소 화합물과 과산화물을 만든다.

1단계 $\cdot\ddot{O}-\ddot{O}\cdot \;+\; H-\overset{|}{\underset{|}{C}}-OR' \longrightarrow \cdot\ddot{O}-\ddot{O}-H \;+\; -\dot{C}(OR')$

에터의 산소에 인접한 수소를 떼내는 것이 신속하게 일어난다.

2단계 $-\dot{C}(OR') \;+\; O_2 \longrightarrow -\overset{OO\cdot}{\underset{|}{C}}-OR'$

3단계 3a $-\overset{OO\cdot}{\underset{|}{C}}-OR' \;+\; H-\overset{|}{\underset{|}{C}}-OR' \longrightarrow -\overset{OOH}{\underset{|}{C}}-OR' \;+\; -\dot{C}(OR')$

과산화 수소 화합물

또는

3단계 3b $-\overset{OO\cdot}{\underset{|}{C}}-OR' \;+\; -\dot{C}(OR') \longrightarrow R'O-\overset{|}{\underset{|}{C}}-OO-\overset{|}{\underset{|}{C}}-OR'$

과산화물

과산화 수소와 과산화물은 폭발할 수도 있다.

에터를 공기(병 위의 공기로도 충분함)와 접촉한 채로 오랫동안 내버려 두면 이들 과산화 수소 화합물과 과산화물이 축적되는데 위험하게 폭발할 수 있다. 에터 용액을 거의 졸아들 때까지 증류할 때 갑자기 폭발할 수도 있다. 에터는 추출하는 데 많이 쓰이기 때문에 증류 전에 반드시 과산화물이 존재하는지 시험해 보고 또 파괴하여야 한다(실험 지침서를 참조할 것).

다이에틸 에터는 한때 수술용 마취제로 사용되었다. 요즈음 가장 흔히 쓰이는 마취제는 할로테인($CF_3CHBrCl$)이다. 이것은 다이에틸 에터와는 달리 인화성이 없다. ('생의학 화학: 일반적인 마취제로서의 에터', 2.7절에서 더 많은 정보 참조.)

의학 화학: 콜레스테롤과 심장 질환

콜레스테롤(아래, 23.4B절 참조)은 스테로이드 호르몬의 전구체이며 세포막의 필수 성분이다. 이것은 생명에 필수적이다. 한편, 동맥에 콜레스테롤이 축적되면 심장 질환과 동맥 경화증의 원인이 되는데, 인간이 죽는 두 가지 주된 원인이다. 생명체가 건강을 유지하려면 콜레스테롤의 생합성과 이용 사이에 세밀한 균형이 있어야 하며, 그래서 축적이 최소화되어야 한다.

몸에서 콜레스테롤의 생합성은 여러 단계를 거쳐 일어나는데, 한 단계는 **HMG-CoA 환원 효소**라는 효소에 의해서 촉매화되고 메발론산 이온을 기질로 사용한다. 스타틴(statin)은 이 단계를 방해하여 혈액의 콜레스테롤 수준을 낮춰 준다.

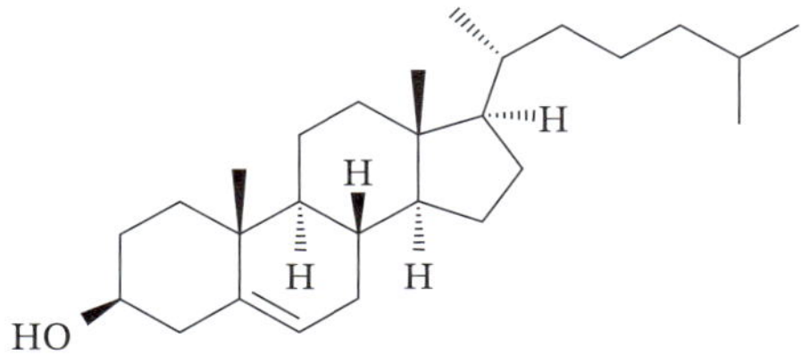

HO H H H H

Cholesterol

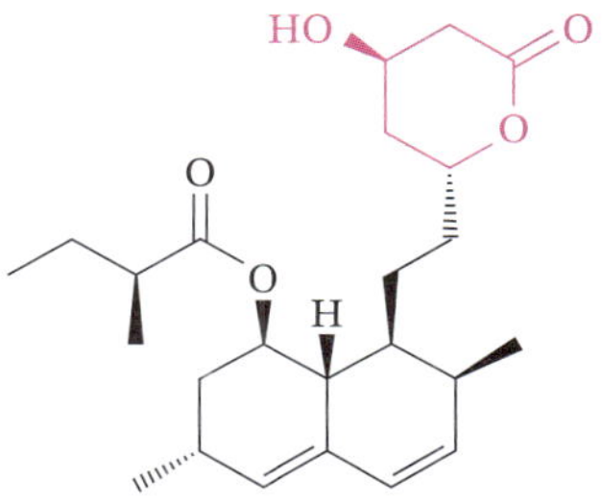

O HO O O O H

Lovastatin

HO CO_2^- OH

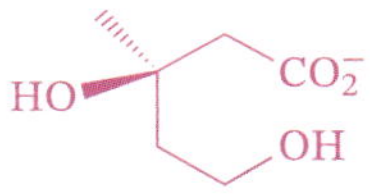

Mevalonate ion

혈액 콜레스테롤 수준이 높은 사람에게는 콜레스테롤과 지방이 낮은 식사를 하는 것이 간단한 해결책이다. 유전적인 까닭으로 혈액 콜레스테롤 수준이 높은 사람에게는 다른 방법으로 콜레스테롤 감소가 필요하다. 한 가지 해결책은 콜레스테롤의 생합성을 방해하는 스타틴(statin)이란 약을 복용하는 것이다.

*Aspergillus terreus*라는 균으로부터 분리된 화합물인 로바스타틴(lovastatin)은 처음으로 시판된 스타틴이다. 지금은 많은 다른 약들이 사용되고 있다. 로바스타틴은 구조의 일부가 메발론산 이온과 유사하기 때문에 HMG-CoA 환원 효소의 활성 위치에 결합하여 이 효소의 경쟁적인 방해자로 행동하며, 따라서 콜레스테롤 생합성을 감소시킨다.

11.4 알켄으로부터 알코올의 합성

알코올을 합성하는 방법으로 알켄의 산 촉매 **수화 반응(hydration)**, **옥시수은 첨가 반응-탈수은 반응**, 그리고 **수소화붕소 첨가 반응-산화 반응**을 이미 배웠다(8.4, 8.5, 그리고 8.6절을 각각 보라). 아래에 이 방법들을 요약한다.

수소화붕소 첨가 반응-산화 반응(8.6~8.8, 11.4절): 알켄에 BH_3가 첨가되고 이어 산화되어 알코올이 되는데, 이는 anti-Markovnikov 수화이다.

1. **알켄의 산 촉매 수화 반응.** 알켄은 산 촉매 존재하에서 물을 첨가하여 알코올을 만든다(8.5절). 이 첨가 반응은 **Markovnikov 위치 선택성(Markovnikov regioselectivity)**을 따라 일어난다. 이 반응은 가역적이며, 알켄의 산 촉매 수화 반응 메커니즘은 단순히 알코올의 탈수 반응의 역과정이다(7.7절).

알켄 + HA ⇌ 탄소 양이온 + A^- ⇌ ($+H_2O$ / $-H_2O$) 옥소늄 이온 + A^- ⇌ 알코올 + HA

탄소 양이온 중간체는 수소 음이온이나 알케인화 이온의 이동에 의해서 더 안정한 탄소 양이온으로 전위(자리 옮김)하므로 산 촉매에 의한 알켄의 수화 반응은 실험실 방법으로 제한성을 지니고 있다. 알코올 이성질체 혼합물이 생길 수 있다.

2. **옥시수은 첨가 반응–탈수은 반응.** 알켄은 물과 테트라하이드로퓨란(THF) 혼합 용매에서 아세트산 수은과 반응하여 (하이드록시알킬)수은 화합물을 생성한다. 이것은 수소화붕소 소듐에 의해서 알코올로 환원된다(8.5절).

수은 화합물은 위험하다. 수은이나 그 화합물을 가지고 실험을 하기 전에 사용법과 폐기법에 관해서 잘 알고 있어야 한다.

옥시수은 첨가 반응(**oxymercuration**)

$$\mathrm{C{=}C} \xrightarrow[\mathrm{THF}]{\mathrm{Hg(OAc)_2,\ H_2O}} \mathrm{-C(OH)-C(HgOAc)-} + \mathrm{AcOH}$$

탈수은 반응(**demercuration**)

$$\mathrm{-C(OH)-C(HgOAc)-} \xrightarrow{\mathrm{NaBH_4,\ HO^-}} \mathrm{-C(OH)-C(H)-} + \mathrm{Hg} + \mathrm{AcO^-}$$

도움말

옥시수은 첨가 반응–탈수은 반응과 수소화붕소 첨가 반응–산화 반응은 상보적인 위치 선택성을 지닌다.

옥시수은 첨가 반응 단계에서 물과 아세트산 수은[$Hg(OAc)_2$]이 이중 결합에 첨가된다. 탈수은 반응 단계에서 수소화붕소 소듐($NaBH_4$)이 아세톡시수은기를 환원하여 수소로 치환한다. 전체적으로 H—와 —OH가 **Markovnikov 위치 선택성**을 가지고 첨가되는 것이며, 전위(자리 옮김) 반응의 복잡성이 없이 진행한다. 이것은 산 촉매에 의한 알켄의 수화 반응에서 때때로 진행되는 것과 대조적이다. 전체적인 알켄의 수화는 입체 선택적이지는 않은데, 비록 옥시수은 첨가 반응이 anti 첨가 반응으로 일어난다고 할지라도 탈수은화 단계는 입체 선택적이지 않기 때문이다(라디칼이 관여한다고 여겨진다). 따라서 syn과 anti 생성물의 혼합물이 생기게 된다.

3. **수소화붕소 첨가 반응–산화 반응.** 알켄은 BH_3:THF나 다이보레인과 반응하여 알킬보레인을 생성한다. 알킬보레인을 과산화 수소로 산화시키고 염기로 가수 분해하면 알코올이 만들어진다(8.6절).

수소화붕소 첨가 반응

1-methylcyclopentene (CH_3, H) —[BH_3:THF; **anti-Markovnikov와 syn 첨가**]→ trialkylborane (R_2B, H, CH_3) + 거울상체

R = 2-methylcyclopentyl

산화 반응

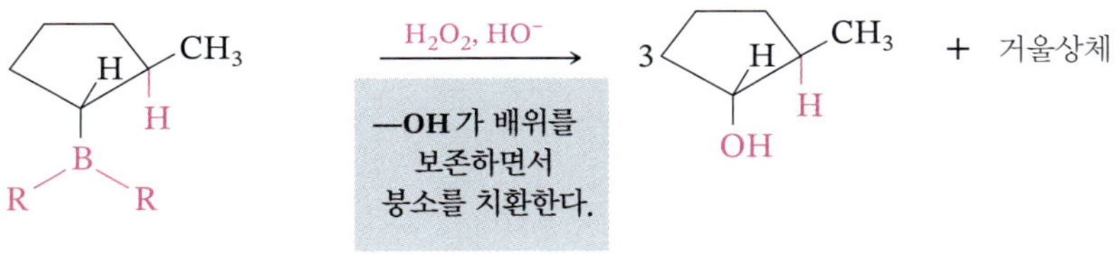
H
CH3
H
B
R
R
H2O2, HO−
—OH가 배위를
보존하면서
붕소를 치환한다.
3
H
CH3
H
OH
+ 거울상체

첫 번째 단계에서 붕소와 수소는 알켄에 syn 첨가 반응을 한다. 두 번째 단계에서 과산화 수소와 염기로 처리하여 붕소를 —OH로 배위를 보존하면서 치환시킨다. 전체적으로 —H와 —OH가 **anti-Markovnikov 위치 선택성**과 **syn 입체 선택성**을 가지고 첨가된다. 그러므로 수소화붕소 첨가 반응–산화 반응은 옥시수은 첨가 반응–탈수은 반응의 유용한 위치 화학적인 보조가 되는 셈이다.

보기 물음 11.4

각 반응에 사용할 조건은 무엇인가?

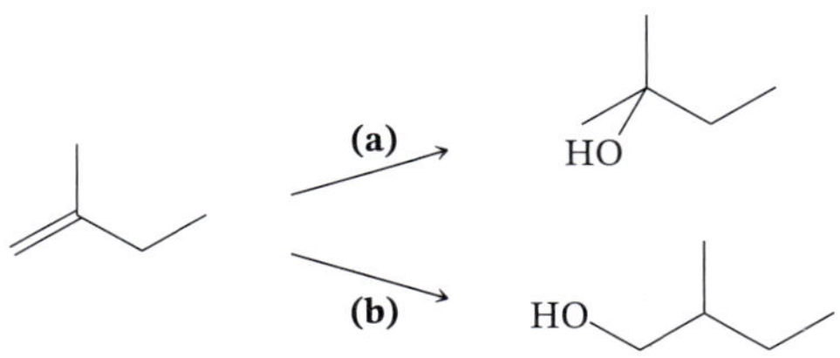
(a)
HO
(b)
HO

풀이

경로 (a)에 의한 합성은 물이 알켄에 Markovnikov 첨가를 해야 한다. 그러므로 산 촉매 수화 반응이나 옥시수은 첨가 반응–탈수은 반응을 사용한다.

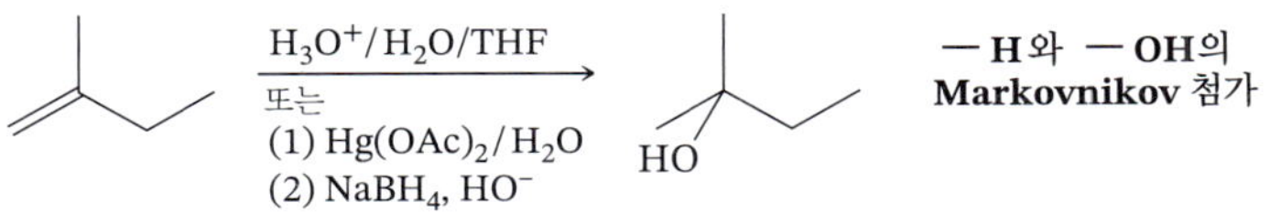
H3O+/H2O/THF
또는
(1) Hg(OAc)2/H2O
(2) NaBH4, HO−
HO
—H와 —OH의
Markovnikov 첨가

경로 (b)에 의한 합성은 anti-Markovnikov 첨가 반응이 필요하므로 수소화붕소 첨가 반응–산화 반응을 선택한다.

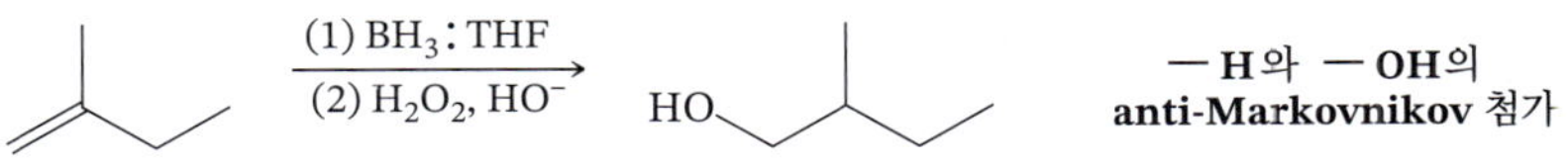
(1) BH3 : THF
(2) H2O2, HO−
HO
—H와 —OH의
anti-Markovnikov 첨가

되새김 물음 11.3

아래 반응의 생성물을 예상해 보시오.

(a) 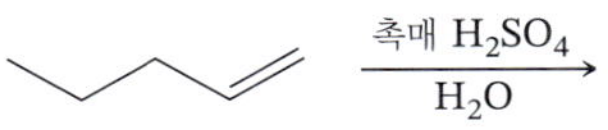
촉매 H2SO4
H2O

(c) 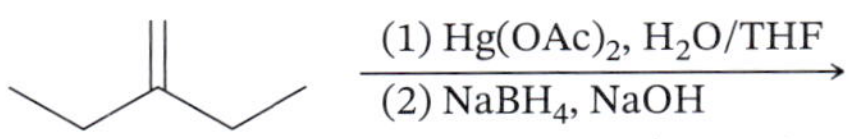
(1) Hg(OAc)2, H2O/THF
(2) NaBH4, NaOH

(b) 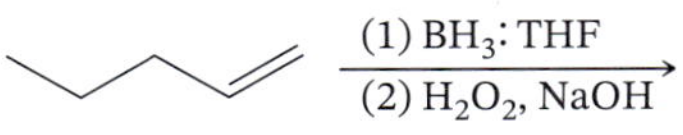
(1) BH3: THF
(2) H2O2, NaOH

되새김 물음 11.4 3,3-다이메틸-1-뷰텐의 산 촉매 수화 반응으로 2,3-다이메틸-2-뷰탄올이 생성된다. 이 반응의 메커니즘을 보이시오.

11.5 알코올의 반응

알코올의 반응은 다음과 주로 관련된다.

- 하이드록실기의 산소 원자는 친핵체이며 약염기이다.
- 하이드록실기의 수소 원자는 약산이다.
- 하이드록실기를 이탈기로 전환하여 치환 반응이나 제거 반응이 일어나도록 할 수 있다.

알코올의 반응을 이해하기 위해서 먼저 알코올 작용기의 전자 분포를 살펴보고, 이 분포가 알코올의 반응성에 어떻게 영향을 주는가를 살펴볼 필요가 있다. 알코올의 산소 원자는 C—O 결합과 O—H 결합을 모두 극성화시킨다.

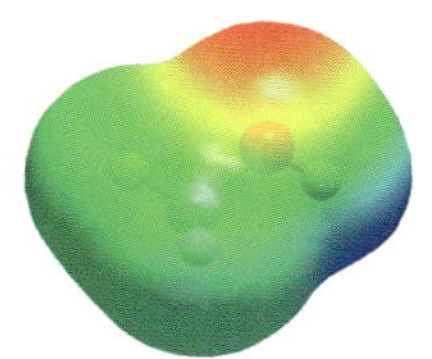

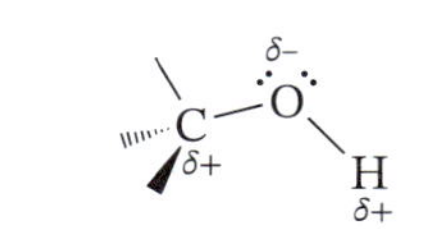

알코올의 **C—O**와 **O—H** 결합은 극성화되어 있다.

메탄올의 정전기적 퍼텐셜 지도는 산소에 부분적인 음전하와 하이드록실 양성자에 부분적인 양전하를 보여 주고 있다.

O—H 결합의 극성화로 수소는 부분적인 양성을 띠는데, 이것이 알코올이 약산인 까닭이다(11.6절). C—O 결합의 극성화로 탄소 원자가 부분적인 양성을 띠는데, 만일 OH^-가 강염기이며 따라서 아주 나쁜 이탈기인 사실만 아니라면 이 탄소는 친핵성 공격을 받을 것이다.

산소 원자에 있는 전자쌍은 **염기성**이며 또한 **친핵성**이다. 강산과 함께 있으면 알코올은 염기로 행동하며 다음과 같이 양성자를 받아들인다.

알코올에 양성자 첨가

$$-\overset{|}{\underset{|}{C}}-\ddot{O}-H + H-A \rightleftharpoons -\overset{|}{\underset{|}{C}}-\overset{H}{\overset{|}{\ddot{O}^{+}}}-H + A^-$$

알코올 강산 양성자가 첨가된 알코올

- 알코올에 양성자 첨가가 일어나면 나쁜 이탈기(HO^-)가 좋은 이탈기(H_2O)로 바뀐다.

양성자 첨가로 탄소 원자는 더욱 양성이 되며($-\overset{+}{O}H_2$가 —OH보다 더욱 전자를 끌기 때문), 따라서 친핵성 공격을 잘 받게 된다.

- 알코올에 일단 양성자가 첨가되면 치환 반응이 가능해진다(알코올의 종류에 따라 S_N2 또는 S_N1, 11.8절).

양성자가 첨가된 하이드록실기는 좋은 이탈기(H_2O)이다.

$$Nu:^- + -\overset{|}{\underset{|}{C}}-\overset{H}{\overset{|}{O}}{}^{+}-H \xrightarrow{S_N2} Nu-\overset{|}{\underset{|}{C}}- + :\overset{H}{\overset{|}{O}}-$$

양성자가 첨가된 알코올

알코올도 또한 친핵체이므로 양성자가 첨가된 알코올과 반응한다. 이것은 11.11A절에서 보는 바와 같이 에터의 합성에 중요한 단계이다.

$$R-\underset{H}{\underset{|}{\ddot{O}}}: + -\overset{|}{\underset{|}{C}}-\overset{H}{\overset{|}{O}}{}^{+}-H \xrightarrow{S_N2} R-\underset{H}{\underset{|}{\ddot{O}}}{}^{+}-\overset{|}{\underset{|}{C}}- + :\overset{H}{\overset{|}{O}}-H$$

양성자가 첨가된 에터

충분히 높은 온도와 좋은 친핵체가 없을 때 양성자가 첨가된 알코올은 E1 또는 E2 반응을 진행한다. 이것이 알코올의 탈수 반응(7.7절)에서 일어나는 것이다.

알코올은 PBr_3와 $SOCl_2$ 등과 반응하여 브로민화 알킬과 염화 알킬을 형성한다. 11.9절에서 배울 이 반응성은 알코올의 비공유 전자쌍을 친핵체로 행동하게 함으로써 가능하다.

11.6 산으로서의 알코올

이제 알코올의 산으로서의 능력을 고려해 보자.

- 알코올의 산도는 물의 산도와 비슷하다.

메탄올은 물(pK_a = 15.7)보다 약간 강산이다. 그러나 대부분의 알코올은 다소 약한 산이다. 여러 가지 알코올과 다른 약산의 pK_a 값을 **표 11.3**에 수록하였다.

표 11.3 몇 가지 약산의 pK_a 값

산	pK_a
CH_3OH	15.5
H_2O	15.74
CH_3CH_2OH	15.9
$(CH_3)_3COH$	18.0

$$R-\ddot{O}-H + :\overset{H}{\overset{|}{O}}-H \rightleftharpoons R-\ddot{O}:^- + H-\overset{H}{\overset{|}{O}}{}^{+}-H$$

알코올   알콕시화 이온

(만일 R이 크면 용매화에 의해서 알콕시화 이온의 안정화가 덜 되므로 평형은 알코올 쪽으로 치우쳐 있다.)

- *tert*-뷰틸 알코올처럼 입체 장애가 있는 알코올은 입체 장애가 없는 에탄올이나 메탄올보다 덜 산성이며, 따라서 그들의 짝염기는 더 염기성이다.

그 까닭은 용매화 효과 때문이다. 입체 장애가 없는 알코올에서 물 분자는 알코올이 양성자를 염기에 잃어서 생긴 알콕시화 이온을 쉽게 둘러싸서 용매화하고, 따라서 안정화시킬 수 있다. 이런 안정화의 결과는 알코올의 짝염기의 형성을 용이하게 하며, 따라서 알코올의 산도를 증가시킨다. 만일 알코올의 R기가 덩치가 크면 알콕시화 이온의 용매화가 저해되고, 짝염기는 효과적으로 안정화되지 않는다. 결과적으로 알코올은 약산이다. 입체 장애를 가진 알코올이 덜 산성인 또 다른 까닭은 알킬기의 전자를 미는 유발 효과와 관련이 있다. 입체 장애를 지닌 알코올의 알킬기는 전자 밀도를 증가시킴으로써 알콕시화 이온의 형성이 입체 장애가 덜 한 알코올보다 더욱 어려워지는 것이다.

도움말

기억할 것: 산의 짝염기를 안정화시키는 어떤 요인이라도 그 산의 산도를 증가시킨다.

- 모든 알코올은 말단 알카인보다 훨씬 더 강산이며, 수소, 암모니아, 그리고 알케인보다는 아주 훨씬 더 강산이다(표 3.1 참조).

상대적인 산도

이 시리즈에서 물과 알코올은 가장 강산이다.

$$H_2O > ROH > RC{\equiv}CH > H_2 > NH_3 > RH$$

알콕시화 소듐과 포타슘은 알코올을 소듐이나 포타슘 금속으로 처리하거나 금속의 수소 화합물로 처리하여 만들 수 있다(7.6A절). 대부분의 알코올이 물보다 약한 산이므로 대부분의 알콕시화 이온은 수산화 이온보다 더 강한 염기이다.

- 알코올보다 더 큰 pK_a 값을 지닌 화합물의 짝염기는 알코올의 양성자를 떼어낼 것이다.

상대적인 염기도

$$R^- > H_2N^- > H^- > RC{\equiv}C^- > RO^- > HO^-$$

이 시리즈에서 수산화 이온은 가장 약염기이다.

되새김 물음 11.5

에탄올을 아래 각각의 화합물에 가할 때 일어나는 산–염기 반응에 대한 반응식을 쓰시오. 각 반응식에서 강산, 강염기 등을 표시하시오(표 3.1 참조).

(a) $NaNH_2$ **(b)** —≡:$^-Na^+$ **(c)** CH_3CO_2Na (O, ONa) **(d)** NaOH

소듐과 포타슘의 알콕시화물은 유기 합성의 염기로서 흔히 쓰인다(7.6A절). 수산화 이온보다 더 강한 염기가 필요하지만, 아마이드화 이온이나 알케인의 음이온처럼 예외적으로 강한 염기를 필요로 하는 것은 아닐 때 에톡시화 이온이나 *tert*-뷰톡시화 이온과 같은 알콕시화물을 사용한다. 물보다는(용해도 때문에) 알코올을 용매로하여 반응을 수행할 때도 알콕시화 이온을 사용한다.

11.7 알코올의 할로젠화 알킬로의 전환

여기와 다음에 오는 몇 절에서는 알코올의 하이드록실기를 치환하는 반응을 다루게 된다.

- 하이드록실기는 매우 나쁜 이탈기(수산화 이온으로 떠나가야 함)이므로 이들 반응의 공통적인 주제는 하이드록실기를 약염기로 떠나갈 수 있는 기로 전환하는 것이다.

이 과정은 알코올의 산소가 염기나 친핵체로 작용하는 반응으로부터 시작하는데, 그렇게 변형된 산소기가 치환 반응을 하게 된다. 먼저 알코올을 할로젠화 알킬로 전환하는 반응을 고려해 보자.

알코올을 할로젠화 알킬로 전환하는 데 가장 흔히 사용되는 시약은 다음과 같다.

- 할로젠화 수소(HCl, HBr, HI)
- 삼브로민화 인(PBr_3)
- 염화 싸이오닐($SOCl_2$)

이들 시약을 사용한 예들을 아래에 보인다. 이들 모든 반응에서 알코올의 C—O 결합이 깨진다. 각각의 경우 하이드록실기는 먼저 적당한 이탈기로 바뀐다. 각 형태의 반응을 공부할 때 이것이 어떻게 진행되는지를 알게 될 것이다.

$$(CH_3)_3C\text{-}OH + HCl\text{(진한)} \xrightarrow{25\ °C} (CH_3)_3C\text{-}Cl\ (94\%) + H_2O$$

$$CH_3CH_2CH_2CH_2OH + HBr\text{(진한)} \xrightarrow{\text{환류}} CH_3CH_2CH_2CH_2Br\ (95\%) + H_2O$$

$$3\ (CH_3)_2CHCH_2OH + PBr_3 \xrightarrow{-10 \sim 0\ °C,\ 4\text{시간}} 3\ (CH_3)_2CHCH_2Br\ (55 \sim 60\%) + H_3PO_3$$

$$m\text{-}H_3CO\text{-}C_6H_4\text{-}CH_2OH + SOCl_2 \xrightarrow[\text{(유기 염기)}]{\text{pyridine}} m\text{-}H_3CO\text{-}C_6H_4\text{-}CH_2Cl + SO_2 + HCl$$

(HCl: 피리딘과 염을 형성)

11.8 알코올과 할로젠화 수소의 반응에 의한 할로젠화 알킬의 합성

알코올이 할로젠화 수소와 반응하면 치환 반응이 일어나 할로젠화 알킬과 물이 생성된다.

$$R\text{—}OH + HX \longrightarrow R\text{—}X + H_2O$$

- 알코올의 반응성 순서는 3° > 2° > 1° > 메틸이다.
- 할로젠화 수소의 반응성 순서는 HI > HBr > HCl(HF는 반응하지 않음)이다.

이 반응은 산성인 조건에서 일어난다. 알코올은 강산성인 할로젠화 수소 HCl, HBr, 그리고 HI와 반응하지만, 산성이 아닌 NaCl, NaBr, 또는 NaI와 반응하지 않는다. 1차와 2차 알코올은 할로젠화 소듐 및 황산의 혼합물과 반응하면 염화 또는 브로민화 알킬이 된다.

$$ROH + NaX \xrightarrow{H_2SO_4} RX + NaHSO_4 + H_2O$$

11.8A 알코올과 HX의 반응 메커니즘

- 2차, 3차, 알릴 자리 및 벤질 자리 알코올들은 탄소 양이온의 형성을 포함하는 메커니즘, 즉 3.13절에 처음 기술한 바 있는 **양성자가 첨가된 알코올이 기질로 행동하는 S_N1 형태의 반응**을 하는 것처럼 보인다.

tert-뷰틸 알코올과 염산(H_3O^+, Cl^-) 수용액의 반응으로 이 메커니즘을 설명한다.

S_N1 치환 반응 메커니즘에서 처음 두 단계는 알코올의 탈수 반응 메커니즘과 같다(7.10절).

1단계

빠름

알코올이 양성자를 받는다.

2단계

느림

양성자가 첨가된 하이드록실기가 이탈기로 떠나가면서 탄소 양이온과 물이 형성된다.

3단계에서 알코올의 탈수 반응 메커니즘과 할로젠화 알킬의 형성 메커니즘이 달라진다. 탈수 반응에서 탄소 양이온은 E1 형태의 반응으로 양성자를 잃고 알켄을 형성한다. 할로젠화 알킬의 형성에서 탄소 양이온은 친핵체(할로젠화 이온)와 S_N1 형태의 반응을 한다.

3단계

빠름

할로젠화 음이온이 탄소 양이온과 반응한다.

이 경우에서의 S_N1 반응과 다른 경우에서의 제거 반응을 어떻게 설명할 수 있을까?

알코올을 탈수할 때, 반응은 대개 진한 황산 용액에서 그리고 고온에서 일어난다. 이 반응 혼합물에 존재하는 알코올에 양성자 첨가가 일어난 후 존재하는 황산수소 이온(HSO_4^-)은 약한 친핵체이다. 고온에서 반응성이 큰 탄소 양이온은 양성자를 잃고 알켄이 되어 안정화된다. 더욱이 알켄은 휘발성이며 형성되자마자 반응 혼합물로부터 증류되어 평형이 알켄의 형성 쪽으로 이동하게 된다. 전체적인 반응은 **E1 반응**이다.

역과정인 알켄의 수화 반응에서(8.5절) 탄소 양이온은 친핵체와 반응한다. 그것은 물과 반응한다. 알켄의 수화 반응은 묽은 황산에서 수행하는데, 이때 물의 농도는 매우 크다. 어떤 경우에는 탄소 양이온이 HSO_4^- 이온과 반응하거나 황산 그 자체와 반응하여 황산수소 알킬($R-OSO_2OH$)을 만들기도 한다.

알코올을 할로젠화 알킬로 전환할 때, 반응은 산과 **할로젠화 이온의 존재하**에서, 그리고 고온이 아닌 조건에서 수행된다. 할로젠화 이온은 좋은 친핵체이다(물보다 훨씬 강한 친핵체임). 그리고 이것이 큰 농도로 존재하므로 대부분의 탄소 양이온은 할로젠화 이온으로부터 전자쌍을 받아서 안정화된다. 전체적인 결과는 S_N1 반응이다.

이 두 가지 반응, 즉 탈수 반응과 할로젠화 알킬의 형성 반응은 친핵성 치환 반응과 제거 반응이 경쟁을 하는 또 하나의 예이다. 알코올을 할로젠화 알킬로 전환할 때 아주 흔히 약간의 알켄이 형성된다(제거 반응에 의함). 탄소 양이온의 이 두 가지 반응에 대한 활성화 자유 에너지는 서로 크게 다르지 않다. 그러므로 모든 탄소 양이온이 친핵체와 반응하여 안정한 생성물이 되는 것이 아니고, 어떤 것은 β 양성자를 잃고 알켄을 형성하기도 한다.

1차 알코올 알코올을 산 촉매하에 할로젠화 알킬로 전환하는 반응 모두가 탄소 양이온의 형성을 거치는 것은 아니다.

- 1차 알코올과 메탄올은 산 조건하에서 S_N2 메커니즘을 통하여 반응하여 할로젠화 알킬

을 형성한다.

이 반응에서 산의 기능은 **양성자가 첨가된 알코올**을 생성하는 것이다. 그다음 할로젠화 이온이 탄소로부터 물 분자(좋은 이탈기임)를 밀어낸다. 이렇게 하여 할로젠화 알킬이 생성된다.

$$:\ddot{X}:^- + R-CH_2-\overset{+}{\ddot{O}}H_2 \longrightarrow :\ddot{X}-CH_2-R + :\ddot{O}H_2$$

(양성자가 첨가된 1° 알코올 혹은 메탄올) (좋은 이탈기)

산이 필요함 할로젠화 이온(특히 아이오딘화 이온과 브로민화 이온)은 강력한 친핵체이지만, 알코올 자체와 치환 반응을 할 만큼 강력하지는 못하다.

- 다음과 같은 모양의 반응은 거의 일어나지 않는다. 이것은 이탈기가 강염기성인 수산화 이온이기 때문에 일어나지 않는다.

$$:\ddot{Br}:^- + -\overset{|}{\underset{|}{C}}-\ddot{O}H \not\longrightarrow :\ddot{Br}-\overset{|}{\underset{|}{C}}- + ^-:\ddot{O}H$$

도움말

역반응, 즉 할로젠화 알킬과 수산화 이온의 반응은 알코올의 합성 방법이지만 일어나지 않는다. 이 반응을 6장에서 보았다.

이제 알코올과 할로젠화 수소 사이의 반응이 왜 산에 의해서 촉매화되어야 하는지를 알 수 있게 되었다.

- 산은 알코올의 하이드록실기에 양성자를 첨가시켜 그것을 좋은 이탈기로 만든다.

염화 이온은 브로민화 이온이나 아이오딘화 이온보다 약한 친핵체이므로 염화 수소는 염화 아연 또는 이와 비슷한 Lewis 산이 반응 혼합물 속에 함께 가해지지 않는 한 1차 또는 2차 알코올과 반응하지 않는다. 염화 아연은 좋은 Lewis 산인데, 산소 원자에 있는 비공유 전자쌍을 가진 알코올과 회합하여 착물을 형성한다. 이것은 하이드록실기의 이탈기 능력을 충분히 증대시켜 염화 이온이 그것을 대치하도록 한다.

$$R-\ddot{O}(H): + ZnCl_2 \rightleftharpoons R-\overset{+}{\ddot{O}}(H)-\bar{Z}nCl_2$$

$$:\ddot{Cl}:^- + R-\overset{+}{\ddot{O}}(H)-\bar{Z}nCl_2 \longrightarrow :\ddot{Cl}-R + [Zn(OH)Cl_2]^-$$

$$[Zn(OH)Cl_2]^- + H_3O^+ \rightleftharpoons ZnCl_2 + 2\,H_2O$$

- 예상되는 바처럼 알코올과 할로젠화 수소의 많은 반응들 중 특별히 탄소 양이온이 형성되는 반응에서는 **전위(자리 옮김) 반응이 수반된다.**

2차 알코올을 할로젠화 수소와 반응시켰을 때 전위(자리 옮김) 반응이 일어날 수 있는지 어떻게 아는가? 보기 물음 11.5에서와 같은 결과는 이런 경우임을 보여 준다.

보기 물음 11.5

3-메틸-2-뷰탄올(아래 반응 참조)이 HBr과 반응하면 2-브로모-2-메틸뷰테인이 유일한 생성물로 얻어진다. 반응 경로를 설명할 수 있는 메커니즘을 제안하시오.

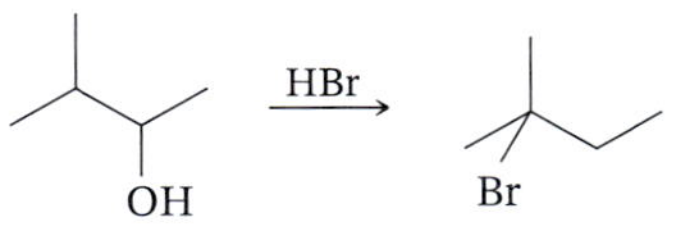

OH → (HBr) → Br

풀이

초기에 형성된 탄소 양이온으로부터 수소 음이온의 이동에 의한 전위(자리 옮김) 반응이 관여하여야 한다.

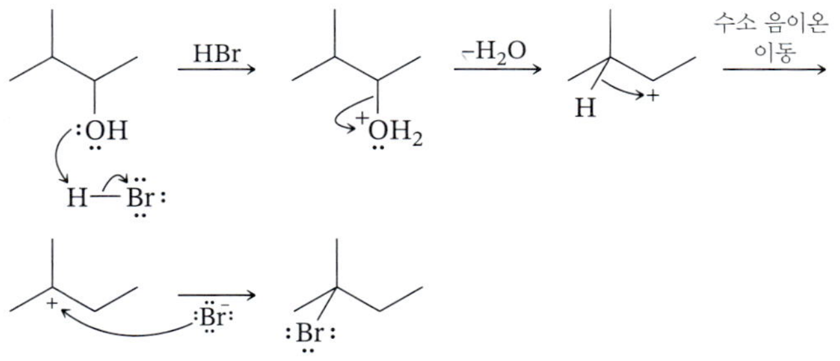

:OH, H—Br: → (HBr) → $^{+}OH_2$ → ($-H_2O$) → H, + → (수소 음이온 이동)

+ → (:Br:) → :Br:

되새김 물음 11.6 아래 반응의 상세한 메커니즘을 쓰시오.

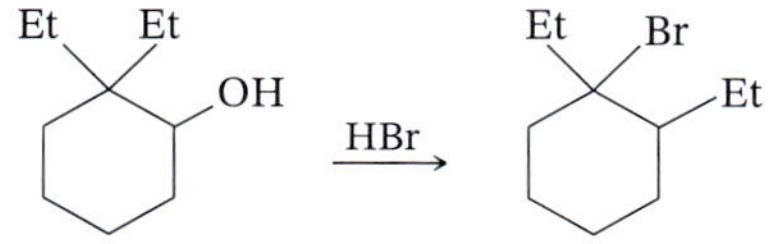

Et Et OH → (HBr) → Et Br Et

되새김 물음 11.7 **(a)** 3차 알코올이 2차 알코올보다 더 빨리 HX와 반응한다는 사실은 무슨 요인으로 설명하겠는가?
(b) 메탄올이 1차 알코올보다 더 빨리 HX와 반응한다는 사실은 무슨 요인으로 설명하겠는가?

어떤 알코올을 할로젠화 수소로 처리하면 전위(자리 옮김) 반응이 일어날 수 있기 때문에 2차 알코올을 전위(자리 옮김) 반응 없이 할로젠화 알킬로 전환하는 방법은 무엇일까? 이 질문에 대한 답은 다음 절에서 염화 싸이오닐($SOCl_2$)과 삼브로민화 인(PBr_3)과 같은 시약을 사용하는 것으로부터 얻을 수 있다.

11.9 알코올과 PBr_3 또는 $SOCl_2$의 반응으로부터 할로젠화 알킬의 합성

1차와 2차 알코올은 삼브로민화 인과 반응하여 브로민화 알킬을 생성한다.

$$3\ R—OH + PBr_3 \longrightarrow 3\ R—Br + H_3PO_3$$

(1° 또는 2°)

- 알코올과 HBr 사이의 반응과는 달리 알코올과 PBr_3 사이의 반응에서 탄소 양이온은 형성되지 않으며, 보통 탄소 골격의 **전위(자리 옮김) 없이 반응이 일어난다**(특히 온도를 0 ℃ 이하로 유지할 경우).
- 알코올을 대응되는 브로민화 알킬로 전환하는 데 PBr_3가 흔히 선택된다.

도움말
PBr_3: 1° 또는 2° 브로민화 알킬을 합성하는 시약

반응 메커니즘은 알코올 세 분자가 연속적으로 PBr_3에 있는 브로민 원자를 치환하면서 트라이알킬아인산 $P(OR)_3$과 세 분자의 HBr이 형성되는 것이다.

$$ROH + PBr_3 \longrightarrow P(OR)_3 + 3\,HBr$$

트라이알킬아인산은 세 분자의 HBr과 반응하여 세 분자의 브로민화 알킬과 한 분자의 포스폰산을 형성한다.

$$P(OR)_3 + 3\,HBr \longrightarrow 3\,RBr + H_3PO_3$$

염화 싸이오닐($SOCl_2$)도 1차 및 2차 알코올을 염화 알킬로 전환한다. 반응을 촉진시키기 위해서 피리딘(C_5H_5N)이 흔히 포함된다. 기질인 알코올은 아래에 보인 것처럼 염화 싸이오닐을 공격하여 염화 이온이 방출되면서 양성자를 피리딘 분자에게 잃는다. 그 결과 알킬클로로아황산(alkylchlorosulfite)이 된다.

도움말
$SOCl_2$: 1° 또는 2° 염화 알킬을 합성하는 시약

$$R-\ddot{O}-H + Cl-S(=O)-Cl \longrightarrow R-\overset{+}{O}(H)-S(O^-)(Cl)Cl \xrightarrow{-Cl^-} R-\overset{+}{O}(H)-S(=O)-Cl \xrightarrow{C_5H_5N:} R-\ddot{O}-S(=O)-Cl + C_5H_5\overset{+}{N}H$$

알킬클로로아황산 중간체는 원래 알코올과 똑같은 모양으로 다른 피리딘 분자와 재빨리 반응하여 두 번째 염화 이온을 내놓으면서 알킬아황산 피리디늄 중간체를 만든다. 그다음 염화 이온이 기질의 탄소를 공격하여 아황산 이온 이탈기를 치환하고 이탈기는 기체인 SO_2와 피리딘을 방출하면서 깨진다. (피리딘이 없으면 반응은 배위를 보존하면서 진행된다. 물음 11.60 참조)

$$R-\ddot{O}-S(=O)-Cl \xrightarrow[-Cl^-]{+C_5H_5N:} R-\ddot{O}-S(=O)-\overset{+}{N}C_5H_5 \xrightarrow{Cl^-} R-Cl + {}^-:\ddot{O}-S(=O)-\overset{+}{N}C_5H_5 \longrightarrow O=S=O + C_5H_5N:$$

보기 물음 11.6

알코올로부터 시작하여 다음 화합물 각각을 합성하시오: **(a)** 브로민화 벤질 **(b)** 염화 사이클로헥실 **(c)** 브로민화 뷰틸.

풀이

(a) $C_6H_5CH_2OH \xrightarrow{PBr_3} C_6H_5CH_2Br$

(b) 사이클로헥산올(–OH) $\xrightarrow{SOCl_2}$ 염화 사이클로헥실(–Cl)

(c) $CH_3CH_2CH_2CH_2OH \xrightarrow{PBr_3} CH_3CH_2CH_2CH_2Br$

11.10 토실산, 메실산 및 트리플산 에스터: 알코올의 이탈기 유도체

알코올의 하이드록실기를 **설폰산 에스터(sulfonate ester)**로 전환함으로써 좋은 이탈기로 바꿀 수 있다. 이 목적으로 가장 흔한 설폰산 에스터로는 메테인설폰산 에스터('**메실산 에스터, mesylate**'), *p*-톨루엔설폰산 에스터('**토실산 에스터, tosylate**'), 그리고 트라이플루오로메테인설폰산 에스터('**트리플산 에스터, triflate**')가 있다.

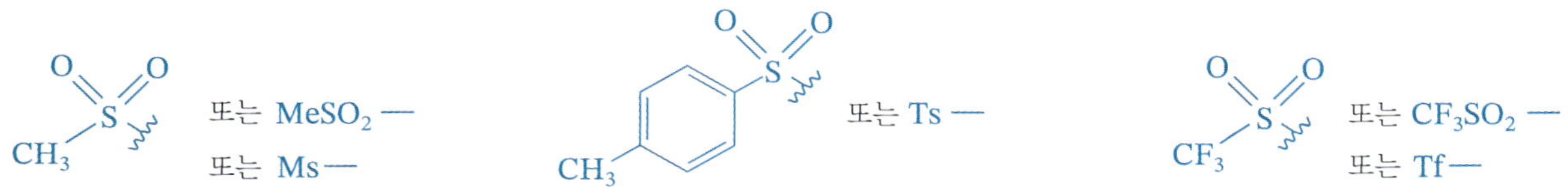

CH_3SO_2– 또는 $MeSO_2$— 또는 Ms— **메실기**

p-$CH_3C_6H_4SO_2$– 또는 Ts— **토실기**

CF_3SO_2– 또는 CF_3SO_2— 또는 Tf— **트리플기**

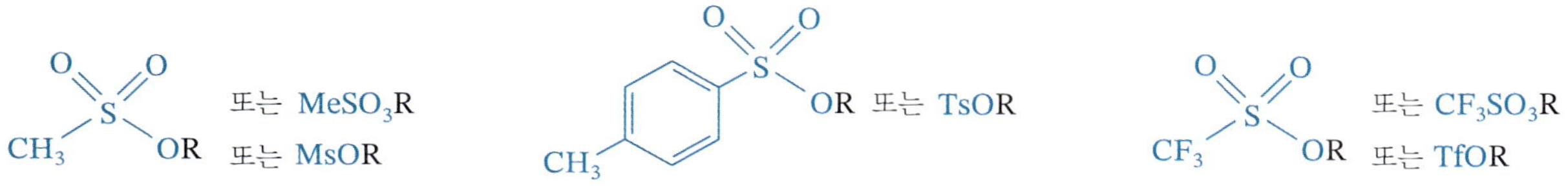

CH_3SO_2OR 또는 $MeSO_3R$ 또는 MsOR **메실산 알킬**

p-$CH_3C_6H_4SO_2OR$ 또는 TsOR **토실산 알킬**

CF_3SO_2OR 또는 CF_3SO_3R 또는 TfOR **트리플산 알킬**

도움말
설폰산 에스터: 알코올의 하이드록실기를 이탈기로 만드는 방법

원하는 설폰산 에스터는 알코올을 피리딘에서 적절한 염화 설폰일과 반응시켜 얻는다. 즉, 메실산 에스터를 만들려면 염화 메테인설폰일(염화 '메실')을, 토실산 에스터는 염화 *p*-톨루엔설폰일(염화 '토실')을, 그리고 트리플산 에스터를 위해서는 염화 트라이플루오로메테인설폰일[또는 무수 트라이플루오로메테인설폰산('트리플'산 무수물)]을 사용한다. 피리딘(C_5H_5N, pyr)은 용매로, 그리고 생성된 HCl을 중화하기 위해서 사용한다. 예를 들어, 에탄올을 염화 메테인설폰일과 반응시키면 메테인설폰산 에틸이 되고 염화 *p*-톨루엔설폰일과 반응시키면 *p*-톨루엔설폰산 에틸이 된다.

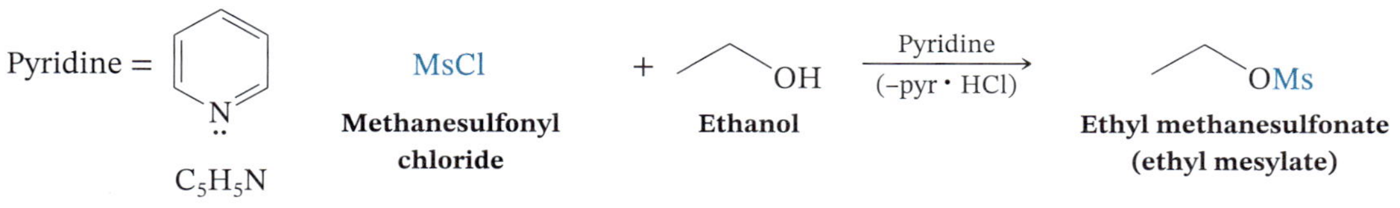

Pyridine = C_5H_5N

MsCl (**Methanesulfonyl chloride**) + CH_3CH_2OH (**Ethanol**) $\xrightarrow[(-\text{pyr}\cdot\text{HCl})]{\text{Pyridine}}$ CH_3CH_2OMs (**Ethyl methanesulfonate (ethyl mesylate)**)

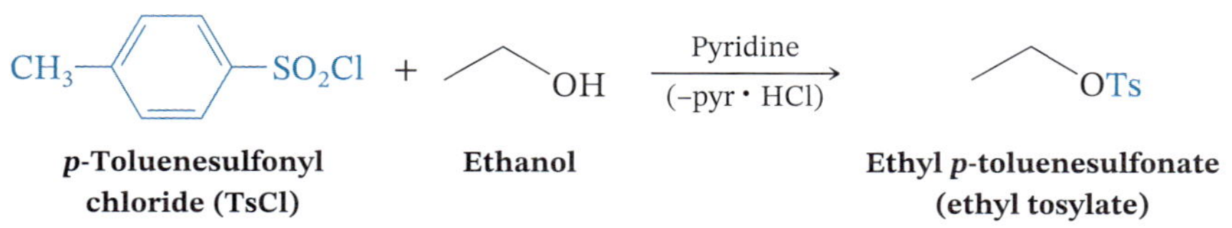

$CH_3C_6H_4SO_2Cl$ (***p*-Toluenesulfonyl chloride (TsCl)**) + CH_3CH_2OH (**Ethanol**) $\xrightarrow[(-\text{pyr}\cdot\text{HCl})]{\text{Pyridine}}$ CH_3CH_2OTs (**Ethyl *p*-toluenesulfonate (ethyl tosylate)**)

설폰산 에스터의 형성에는 C—O 결합이 관여하지 않기 때문에 알코올 탄소의 입체 화학에 영향을 주지 않는다. 그러므로 알코올 탄소가 카이랄 중심일 때 설폰산 에스터의 형성 반응에서는 배위의 변화가 없다. 즉, **배위가 보존**(retention of configuration)되며 반응이 진행된다. 설폰산 에스터가 친핵체와 반응하면 친핵성 치환 반응의 모든 요인들이 관여하게 된다.

친핵성 치환 반응의 기질 메실산, 토실산, 그리고 트리플산의 에스터는 아주 좋은 이탈기이므로 친핵성 치환 반응의 기질로 흔히 쓴다. 그들은 떨어지고 나면 매우 약염기인 설폰산 이온이 되기 때문에 좋은 이탈기이다. 트리플산 이온이 부류에서 가장 약한 염기이며, 따라서 이들 중 가장 좋은 이탈기이다.

$$Nu:^- + R\diagdown OSO_2R' \longrightarrow Nu\diagdown R + R'SO_3^-$$

설폰산 알킬 (토실산, 메실산 등)

설폰산 이온 (아주 약한 염기이며 좋은 이탈기이다.)

- 알코올에 친핵성 치환 반응을 일으키려면, 알코올을 먼저 설폰산 알킬로 전환한 다음 두 번째 반응에서 설폰산 에스터를 친핵체와 반응하도록 한다.
- 만일 메커니즘이 S_N2라면 아래의 예에서 두 번째 반응처럼 처음에 알코올 하이드록실기를 가졌던 탄소에서 **배위의 반전(inversion of configuration)**이 일어난다.

1단계 (R)(R')(H)C–OH + TsCl —보존 (−pyr · HCl)→ (R)(R')(H)C–OTs

2단계 $Nu:^-$ + (R)(R')(H)C–OTs —반전 S_N2→ Nu–C(R)(R')(H) + TsO^-

알코올의 C—O 결합이 설폰산 에스터의 형성 동안 깨지지 않는다는 사실은 다음의 메커니즘으로 설명된다. 염화 메테인설폰일을 예로 한다.

반응 메커니즘

알코올을 메실산 에스터(메테인설폰산 알킬)로 전환

$MeSO_2Cl$ + $H—\ddot{O}—R$ —C_5H_5N: (pyridine)→ [중간체] —$-Cl^-$→ $MeSO_2$–$O^+(H)R$ + C_5H_5N: → $MeSO_2$–$\ddot{O}$–R + $C_5H_5\overset{+}{N}H$

염화 메테인설폰일 · 알코올 · 메테인설폰산 알킬

알코올의 산소가 염화 설폰일의 황 원자를 공격한다.

중간체는 염화 이온을 잃는다.

양성자를 잃고 생성물이 만들어진다.

보기 물음 11.7

빠진 시약을 제시하시오.

(4-메틸사이클로헥산올)–OH —?→ –OMs —?→ –CN

풀이

전체적인 변형은 두 단계로 알코올의 하이드록실기를 사이아노기로 배위의 반전을 수반하도록 치환하는 것이다. 이것을 달성하기 위해서 알코올의 하이드록실기를 첫 번째 단계에서 좋은 이탈기로 전환할 필요가 있는데, 염화 메테인설폰일을 피리딘에서 사용하여 메테인설폰산 에스터(메실산 에스터)를 만들면 된다. 두 번째 단계는 메테인설폰산(메실)기의 S_N2 치환 반응으로 다이메틸폼아마이드(DMF)와 같은 극성 비양성자성 용매에서 사이안화 포타슘 또는 소듐을 사용한다.

되새김 물음 11.8 적절한 염화 설폰일을 사용하여 아래의 화합물을 어떻게 만들 수 있는지 보이시오.

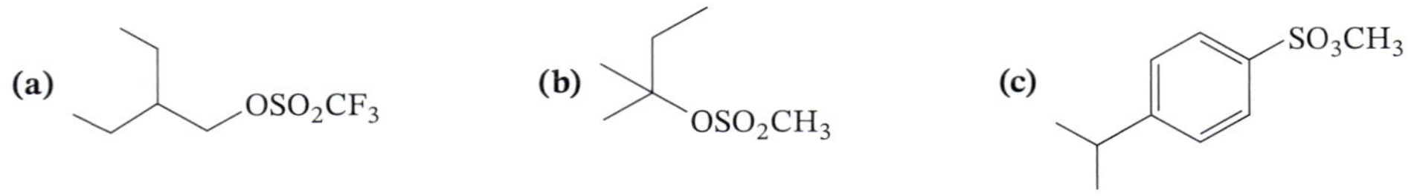

(a) OSO_2CF_3 (b) OSO_2CH_3 (c) SO_3CH_3

되새김 물음 11.9 생성물 **A**, **B**, **C**, 그리고 **D**의 구조를 입체 화학을 포함하여 쓰시오.

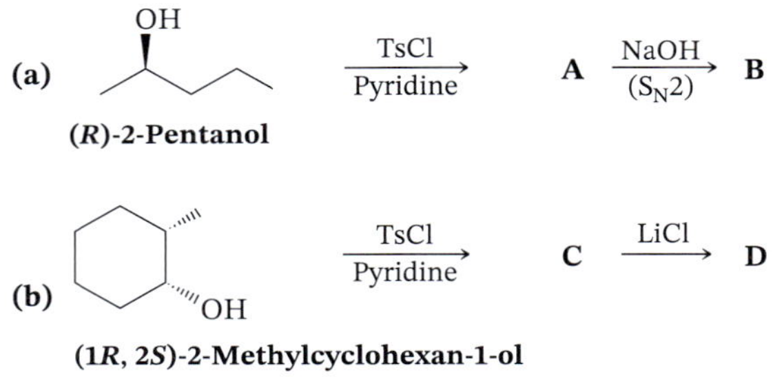

(a) OH — (*R*)-2-Pentanol $\xrightarrow[\text{Pyridine}]{\text{TsCl}}$ A $\xrightarrow[(S_N2)]{\text{NaOH}}$ B

(b) OH — (1*R*, 2*S*)-2-Methylcyclohexan-1-ol $\xrightarrow[\text{Pyridine}]{\text{TsCl}}$ C $\xrightarrow{\text{LiCl}}$ D

되새김 물음 11.10 동위 원소로 표지된 알코올을 사용하여 설폰산 알킬의 형성에 있어서 알코올의 C—O 결합이 깨지지 않는 것을 증명할 수 있는 실험을 제안하시오.

11.11 $POCl_3$로 알코올의 탈수 반응

어떤 알코올을 진한 황산을 사용하여 고온에서 탈수시키는 방법을 전에 보았지만(7.10절) 그런 방법은 때로는 다소 격렬하고 모든 작용기에 적합하지 않다. 보조적이고도 온화한 방법으로 똑같은 전환을 성취하는 방법은 삼염화 포스포릴(phosphorus oxychloride, $POCl_3$)과 피리딘을 사용하는 것이다.

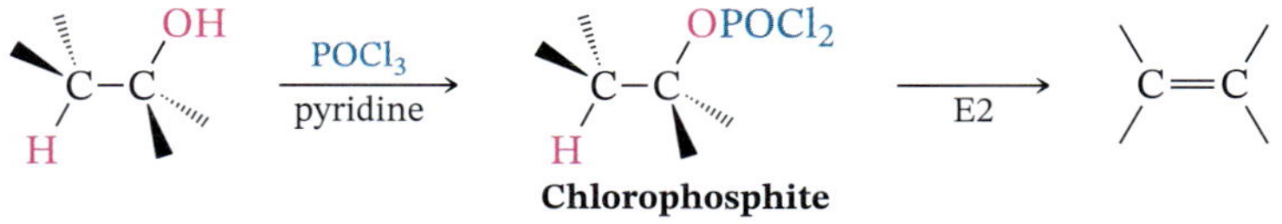

H–C–C–OH $\xrightarrow[\text{pyridine}]{POCl_3}$ H–C–C–$OPOCl_2$ (**Chlorophosphite**) $\xrightarrow{\text{E2}}$ C=C

이 반응의 메커니즘은 앞의 절에서 전환하는 것과 유사하게 알코올로부터 새로운 이탈기인 클로로아인산(—$OPOCl_2$)을 초기에 형성하는데, 이것은 아주 좋은 이탈기이다. 그러나 친핵체에 의해서 곧바로 치환되는 대신 클로로아인산기가 피리딘에 의해 촉진되는 E2 제거 반응에 의해서 새로운 알켄을 형성한다. 이것은 이탈기와 anti-동일 평면 배열을 하는 수소만이 제거될 수 있음을 의미한다. 그러므로 E2 메커니즘에 따른 *E* 알켄이 우세하다. 그러나 β-수소의 존재 여부에 따라 *Z* 알켄이 생길 수도 있다.

반응 메커니즘

$POCl_3$로 알코올의 탈수 반응

Phosphorous oxychloride + 이웃한 수소 원자를 지닌 알코올 —C_5H_5N: (pyridine)→ —$-Cl^-$→ Chlorophosphite —$-C_5H_5\overset{+}{N}H$→ … —E2→ 알켄 그리고/또는 알켄 + $C_5H_5\overset{+}{N}H$

클로로아인산(chlorphosphite)이라고 알려진 좋은 이탈기를 형성한 후, 피리딘은 anti-동일 평면의 수소 원자를 가지고 E2 제거 반응을 진행하여 새로운 알켄을 형성한다. *E*-알켄이 우세할 것으로 예상하지만 *E*-와 *Z*-알켄도 모두 가능하다.

11.12 에터의 합성

11.12A 알코올의 분자간 탈수 반응에 의한 에터의 합성

두 알코올 분자는 산 촉매하에 탈수 반응을 진행하여 물을 잃고 에터를 형성할 수 있다.

$$\mathrm{R{-}OH + HO{-}R \xrightarrow[-H_2O]{HA} R{-}O{-}R}$$

이 반응은 알코올의 산 촉매 탈수 반응에 의한 알켄 형성 반응과 경쟁한다(7.7절과 7.8절). 알코올의 분자간 탈수 반응은 대개 알켄이 되는 탈수 반응보다 낮은 온도에서 일어나며, 에터로의 탈수 반응은 에터가 생성되자마자 증류해 내면 용이해진다. 예를 들면, 다이에틸 에터는 상업적으로 에탄올을 탈수시켜 만든다. 140 °C에서는 다이에틸 에터가 주 생성물이지만, 180 °C에서는 에텐이 주 생성물이다.

$$\text{EtOH} \xrightarrow[180\ ^\circ\text{C}]{H_2SO_4} \text{Ethene}$$

$$\text{EtOH} \xrightarrow[140\ ^\circ\text{C}]{H_2SO_4} \text{Diethyl ether}$$

알코올 한 분자가 친핵체로 작용하고 양성자가 첨가된 다른 알코올이 기질로 작용하는 S_N2 메커니즘에 의해서도 에터가 형성된다(11.5절 참조).

반응 메커니즘

알코올의 분자간 탈수 반응에 의한 에터의 형성

1단계

$$CH_3CH_2\ddot{O}H + H{-}OSO_3H \rightleftharpoons CH_3CH_2\overset{+}{\ddot{O}}H_2 + {}^{-}OSO_3H$$

이것은 알코올이 황산으로부터 양성자를 받아들이는 산-염기 반응이다.

2단계

$$CH_3CH_2\ddot{O}H + CH_3CH_2\overset{+}{\ddot{O}}H_2 \rightleftharpoons CH_3CH_2\overset{+}{\ddot{O}}(H)CH_2CH_3 + :\ddot{O}H_2$$

다른 한 알코올 분자가 친핵체로 작용하여 S_N2 반응으로 양성자가 첨가된 알코올을 공격한다.

3단계

$$CH_3CH_2\overset{+}{\ddot{O}}(H)CH_2CH_3 + H{-}\ddot{O}{-}H \rightleftharpoons CH_3CH_2\ddot{O}CH_2CH_3 + H{-}\overset{+}{\ddot{O}}(H){-}H$$

또 다른 산-염기 반응으로 양성자가 물 분자(또는 다른 알코올 분자)에 전달됨으로써 양성자가 첨가된 에터는 에터로 전환된다.

분자간 탈수 반응의 복잡성 분자간 탈수 반응으로 에터를 합성하는 방법은 중요한 제한이 있다.

- 2차 알코올로부터 분자간 탈수 반응에 의해서 2차 알킬기를 가진 에터를 만들려고 하면 알켄이 너무 쉽게 형성되기 때문에 대개 실패하고 만다.
- 3차 알킬기를 가진 에터를 만들려고 하면 전적으로 알켄만 생성된다.
- 이 방법으로는 1차 알코올로부터 비대칭인 에터를 만들 수가 없다. 왜냐하면 이 반응으로부터 혼합 생성물이 만들어지기 때문이다.

$$\underbrace{ROH + R'OH}_{1°\ \text{알코올}} \xrightleftharpoons{H_2SO_4} ROR + ROR' + R'OR' + H_2O$$

되새김 물음 11.11 방금 언급한 것에 대한 예외로 한 알킬기가 *tert*-뷰틸기이고 다른 것은 1차인 비대칭 에터를 합성하는 것이 있다. 이 합성은 실온에서 1차 알코올과 황산의 혼합물에 *tert*-뷰틸 알코올을 가하면 된다.

$$RCH_2OH + HOC(CH_3)_3 \xrightarrow{\text{촉매 } H_2SO_4} RCH_2OC(CH_3)_3 + H_2O$$

이 반응의 가능한 메커니즘을 쓰고, 이것이 왜 성공할 수 있는지를 말하시오.

11.12B Williamson 에터 합성 방법

비대칭 에터의 합성에 있어서 중요한 방법은 **Williamson 에터 합성(Williamson ether synthesis)**이라고 알려진 친핵성 치환 반응이다.

- Williamson 에터 합성은 알콕시화 소듐과 할로젠화 알킬 또는 설폰산 알킬 사이의 S_N2 반응으로 구성되어 있다.

반응 메커니즘

Williamson 에터 합성

$$R-\ddot{O}:^- \ Na^+ + R'-LG \longrightarrow R-\ddot{O}-R' + Na^+ \ :LG^-$$

알콕시화 소듐 (또는 알콕시화 포타슘) | 할로젠화 알킬 또는 설폰산 알킬 | 에터

알콕시화 이온은 기질과 S_N2 반응을 하여 에터를 형성한다.
기질은 입체 장애가 없고 좋은 이탈기를 지녀야 한다.
전형적인 기질로는 1° 또는 2° 할로젠화 알킬과 설폰산 알킬이 있다.

$-LG = -\ddot{Br}:$, $-\ddot{I}:$, 또는 $-OSO_2R''$

아래의 반응은 Williamson 에터 합성의 구체적인 예이다. 알콕시화 소듐은 알코올과 NaH의 반응으로 얻어진다.

Propyl alcohol (OH) + NaH ⟶ Sodium propoxide (ONa) + H—H

Sodium propoxide + 아이오도에테인(I) ⟶ Ethyl propyl ether (70%) + NaI

S_N2 반응의 일반적인 제한점은 여기서도 적용된다.

- 할로젠화 알킬, 설폰산 알킬 등이 1차(또는 메틸)일 때 가장 좋은 결과를 얻을 수 있다. **기질이 3차이면 제거 반응이 전적으로 일어난다.** 저온에서는 제거 반응보다 치환 반응이 우세하다.

도움말
Williamson 에터 합성에 유리한 조건

되새김 물음 11.12

(a) Williamson 합성에 의하여 *tert*-뷰틸 메틸 에터를 합성하는 두 가지 방법을 요약하시오.
(b) 한 가지 방법이 다른 방법보다 훨씬 좋은 에터 수율을 주는 데 어느 것이 더 좋은 것인지 그 까닭을 설명하시오.

보기 물음 11.8

고리형 에터인 테트라하이드로퓨란(tetrahydrofuran, THF)은 4-클로로-1-뷰탄올을 수산화 소듐(NaOH) 수용액으로 처리하여 합성될 수 있다. 이 반응의 메커니즘을 제시하시오.

$$HO\text{—}(CH_2)_4\text{—}Cl \xrightarrow[H_2O]{HO^-} \text{Tetrahydrofuran} + NaCl + H_2O$$

Tetrahydrofuran

풀이

4-클로로-1-뷰탄올의 하이드록실기로부터 양성자를 제거하면 알콕시화 이온이 되는데, 이것이 자신과 분자내 S_N2 반응을 하여 고리를 형성한다.

비록 알코올을 수산화 이온으로 처리하면 알콕시화 이온의 평형 농도가 크게 유리하지는 않지만, 존재하는 알콕시화 이온이 분자내 S_N2 반응을 신속하게 진행한다. 알콕시화 이온이 치환 반응에 의해서 소모됨에 따라 그들의 평형 농도는 다른 알코올의 양성자 이탈 반응에 의해서 보충된다. 그래서 반응은 완결되는 것이다.

되새김 물음 11.13

할로하이드린을 염기 수용액과 반응시키면 에톡시화물이 합성된다. 반응 **(a)**와 **(b)**에 대한 메커니즘을 제시하고, **(c)**에서 에폭시화물의 형성이 관찰되지 않는 까닭을 설명하시오.

(a) HO⁄⁄Br —NaOH, H_2O→ (에폭시화물)

(b) (cis-2-브로모사이클로헥산올) —NaOH, H_2O→ (사이클로헥센 옥사이드)

(c) (trans-2-브로모사이클로헥산올) —NaOH, H_2O→ 에폭시화물이 관찰 안 됨

되새김 물음 11.14

생성물 **A**, **B**, **C**, 그리고 **D**의 구조를 입체 화학을 포함하여 쓰시오. (**힌트**: **B**와 **D**는 입체 이성질체임)

(1-페닐-2-프로판올) —K^0 $(-H_2)$→ **A** —(Br)→ **B**

↓ TsCl, pyr

C —(OH), K_2CO_3→ **D**

11.12C Williamson 에터 합성에서의 페놀

페놀도 Williamson 에터 합성을 통하여 에터로 전환될 수 있다. 페놀은 알코올보다 더 산성이기 때문에 약염기인 NaOH나 더 강염기인 NaH와 반응하여 페녹시화 이온으로 전환될 수 있다. 알킬 반응물에서의 이탈기는 할로젠화 이온이나 설폰산 이온(예: OTs, OMs, 또는 OTf)일 수 있다. 아래의 반응은 한 가지 예이다.

(p-크레솔, OH / CH_3) —NaOH→ (O^-Na^+ / CH_3) —TfO⁄, Tf = SO_2CF_3→ (O-에틸 / CH_3) + NaOTf

11.12D 알콕시수은 첨가 반응–탈수은 반응에 의한 에테르의 합성

알콕시수은 첨가 반응–탈수은 반응은 에테르를 합성하는 또 다른 방법이다.

- 알켄은 아세트산 수은 또는 트라이플루오로아세트산 수은 존재하에서 알코올과 반응시키면 알콕시수은 중간체가 되는데, 이것을 수소화붕소 소듐과 반응시키면 에테르가 만들어진다.

알코올 반응물이 용매일 때 이 방법은 용매수은 첨가 반응–탈수은 반응이라고 부른다. 이 방법은 옥시수은 첨가 반응–탈수은 반응(8.5절)과 직접 대조된다.

(1) $Hg(O_2CCF_3)_2$, t-BuOH
(2) $NaBH_4$, HO^-

(98% 수율)

11.12E 알코올의 알킬화 반응에 의한 *tert*-뷰틸 에테르의 합성: 보호기

1차 알코올을 황산과 같은 강산에 녹인 다음 이 혼합물에 아이소뷰틸렌을 가해 주면 *tert*-뷰틸 에테르로 전환된다(이 방법이 아이소뷰틸렌의 이합체화 반응과 중합 반응을 극소화시킨다). 반응은 알켄 첨가 반응 메커니즘에 의해 일어난다.

R OH + → (H_2SO_4) R O } *tert*-뷰틸 보호기

- *tert*-뷰틸 에테르는 1차 알코올의 하이드록실기를 '보호'하고 분자의 다른 부분에서 반응을 수행하고자 할 때 쓰인다.
- **보호기(protecting group)**인 *tert*-뷰틸기는 에테르를 묽은 산 수용액으로 처리하면 쉽게 제거될 수 있다. *tert*-뷰틸 에테르의 분해는 S_N1 메커니즘으로 진행한다.

예를 들어, 3-브로모-1-프로판올과 아세틸렌화 소듐으로부터 4-펜타인-1-올을 만든다고 하자. 이들을 직접 반응시키면 강염기인 아세틸렌화 소듐이 하이드록실기와 먼저 반응하여 알킬화 반응은 실패할 것이다.

HO Br + ≡:⁻ Na^+ ⟶ NaO Br + ≡

3-Bromo-1-propanol

산–염기 반응과 경쟁하기 때문에 알킬화 반응은 실패한다.

그러나 —OH기를 먼저 보호해 주면 합성은 가능해진다.

HO Br → ((1) H_2SO_4 (2)) t-BuO Br → (≡:⁻ Na^+)

산성인 기를 먼저 보호하였기 때문에 알킬화 반응은 성공한다.

t-BuO → (H_3O^+/H_2O) HO + t-BuOH

4-Pentyn-1-ol

보호기를 제거하여 원하는 생성물을 얻는다.

되새김 물음 11.15 아래 반응의 메커니즘을 제시하시오.

(a) $Br(CH_2)_4OH$ + $(CH_3)_2C{=}CH_2$ $\xrightarrow{\text{촉매 } H_2SO_4}$ $Br(CH_2)_4OC(CH_3)_3$

(b) $C_6H_5OC(CH_3)_3$ $\xrightarrow[\Delta]{\text{촉매 } H_2SO_4}$ C_6H_5OH + $(CH_3)_2C{=}CH_2$

11.12F 실릴 에터 보호기

- 하이드록실기는 **실릴 에터(silyl ether)**기로 전환하여 산-염기 반응으로부터 보호될 수 있다.

실릴 에터 **보호기(protecting group)**로 가장 흔한 것 중 한 가지는 *tert*-뷰틸다이메틸실릴 에터기[*t*-Bu(Me)$_2$Si—O—R, 또는 TBS—O—R]이다. 트라이에틸실릴, 트라이아이소프로필실릴, *tert*-뷰틸다이페닐실릴, 그리고 다른 것들도 쓰인다. *tert*-뷰틸다이메틸실릴 에터는 대체로 pH 4~12 범위에서 안정하다. TBS기는 알코올을 이미다졸이나 피리딘과 같은 방향족 아민(염기) 존재하에 *tert*-뷰틸클로로다이메틸실레인과 반응시키면 첨가된다.

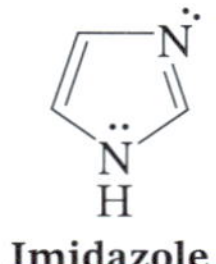
Imidazole

Pyridine

R—O—H + t-Bu(Me)$_2$SiCl $\xrightarrow[\text{DMF (–HCl)}]{\text{Imidazole}}$ R—O—Si(Me)$_2$(t-Bu)

***tert*-Butylchlorodimethylsilane (TBSCl)** **(R—O—TBS)**

- TBS 보호기는 플루오린화 이온으로 처리하여 제거할 수 있다. 플루오린화 테트라뷰틸암모늄(tetrabutylammonium fluoride, TBAF)이나 HF 수용액이 흔히 쓰인다. 이러한 조건들은 다른 작용기에 영향을 주지 않기 때문에 TBS 에터가 좋은 보호기로 쓰이는 이유이다.

R—O—Si(Me)$_2$(t-Bu) $\xrightarrow[\text{THF}]{Bu_4N^+F^-}$ R—O—H + F—Si(Me)$_2$(t-Bu)

(R—O—TBS)

알코올을 실릴 에터로 전환하면 휘발성이 커진다. 휘발성이 증가하면 (실릴 에터로서의) 알코올은 기체 크로마토그래피에 의해서 쉽게 분석될 수 있다. 트라이메틸실릴 에터가 흔히 이러한 목적으로 사용된다. 그러나 트라이메틸실릴 에터기는 너무 쉽게 떨어져 나가므로 대부분의 반응에 보호기로 쓰이지 못한다.

보기 물음 11.9

빠진 시약과 중간체 **A**~**E**를 제시하시오.

A (C_4H_9BrO) —B→ TBSO/\/\/Br —C→ TBSO/\/\/≡/ —D→ E —$Bu_4N^+F^-$, DMF→ HO/\/\/=/

풀이

몇 가지를 주목하면서 시작하자. TBS(*tert*-뷰틸다이메틸실릴) 보호기가 관여하고 있고, **A**에 있는 탄소 사슬은 4개의 탄소에서 최종 생성물에는 7개로 증가하였으며, 알카인이 trans 알켄으로 환원되었다. **A**는 실리콘을 포함하고 있지 않지만, **B** 조건하에서의 반응 생성물에는 실리콘이 포함되어 있다. 그러므로 **A**는 알코올이며 **B**라고 지정된 조건에 의해서 TBS 에터로 보호된다. 따라서 **A**는 4-브로모-1-뷰탄올이다. 그리고 조건 **B**는 TBSCl(염화 *tert*-뷰틸다이메틸)과 이미다졸, DMF이다. 조건 **C**는 브로민을 잃고 알카인이 들어가서 사슬의 탄소가 3개 늘어나도록 하는 것이다. 그러므로 **C**의 반응 조건은 프로파인화 소듐이 개입되어야 한다. 이것은 프로파인을 $NaNH_2$ 또는 CH_3MgBr과 같은 적당한 염기를 사용하여 양성자 제거를 통하여 얻는다. **E**로부터 최종 생성물에 이르는 조건은 TBS기를 제거하는 것이며, 알카인을 trans 알켄으로 전환하는 것이 아니다. 그러므로 **E**는 아직도 TBS 에터를 포함하고 있어야 하지만 이미 trans 알켄을 지니고 있어야 한다. 따라서 조건 **D**는 (1) Li, Et_2NH, (2) NH_4Cl로 알카인을 trans 알켄으로 전환하는 데 필요한 것들이다. 그러므로 **E**는 5-헵타인-1-올의 TBS 에터(다른 이름: 1-*tert*-butyldimethylsiloxy-5-heptynol)이어야 한다.

11.13 에터의 반응

다이알킬 에터는 산 이외의 거의 모든 시약과 반응하지 않는다. 다이알킬 에터 분자에서 반응하는 위치는 알킬기의 C—H 결합과 에터 결합의 —O—기뿐이다. 에터는 친핵체나 염기에 의한 공격을 받지 않는다(그 까닭은?). 이렇게 반응성이 없는 것과 양이온을 용매화(산소 원자로부터 전자쌍을 제공하여)하는 능력 때문에 에터는 많은 반응의 좋은 용매이다.

에터는 알케인과 같이 할로젠화 반응을 하지만(10장) 이것은 합성에 거의 쓸모가 없다. 그들은 천천히 자동 산화 반응을 하여 폭발성이 있는 과산화물을 만든다(11.3D절 참조).

에터 결합에 있는 산소는 에터를 염기성으로 만든다. 에터는 양성자 주개와 반응하여 **옥소늄 염(oxonium salt)**을 형성한다.

$$\text{Et}_2\ddot{\text{O}}: + \text{HBr} \rightleftharpoons \text{Et}_2\overset{+}{\text{O}}\text{H} + \text{Br}^-$$

옥소늄 염

11.13A 에터의 분해

다이알킬 에터를 강산(HI, HBr, H_2SO_4)과 같이 가열하면 탄소–산소 결합이 깨지는 반응이 일어난다. 예를 들어, 다이에틸 에터를 뜨거운 진한 브로민화 수소산과 반응시키면 2몰 당량의 브로민화 에틸이 된다.

$$\text{Et}_2\ddot{\text{O}}: + 2\,\text{HBr} \longrightarrow 2\,\text{EtBr} + H_2O$$

에터의 분해

이 반응의 메커니즘은 옥소늄 이온을 형성하는 것부터 시작한다. 그다음 브로민화 이온이 친핵체로 작용하여 S_N2 반응에 의해서 에탄올과 브로모에테인을 만든다. 과량의 HBr은 생성된 에탄올과 반응하여 두 번째 몰 당량의 브로모에테인을 만든다.

반응 메커니즘

강산에 의한 에터의 분해

1단계

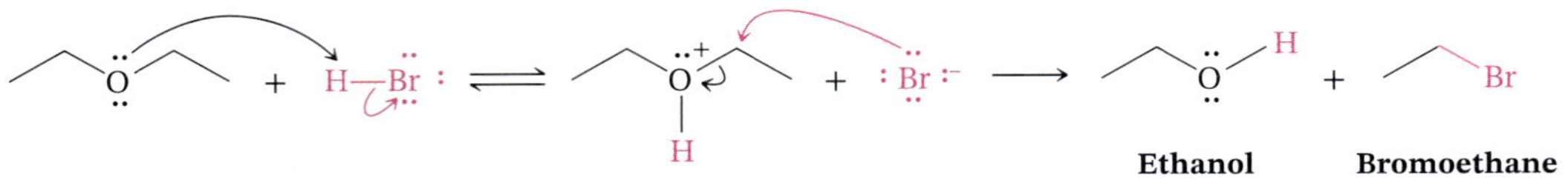

Ethanol Bromoethane

2단계

2단계에서 막 생성된 에탄올이 HBr(과량으로 존재)과 반응하여 두 번째 몰 당량의 브로모에테인이 형성된다.

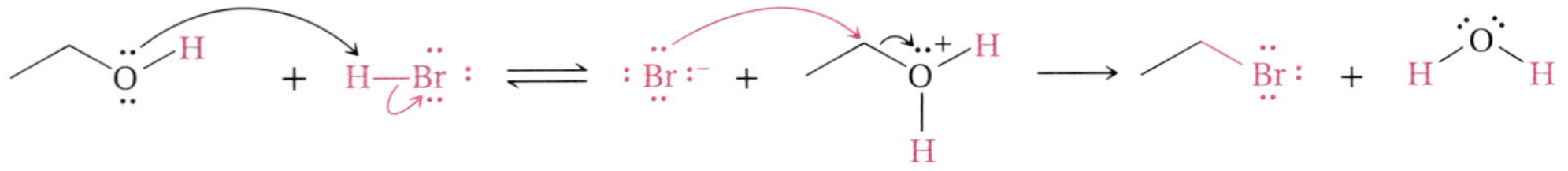

되새김 물음 11.16

에터를 차가운 진한 HI와 반응시키면 다음과 같은 분해가 일어난다.

$$\text{R—O—R} + \text{HI} \longrightarrow \text{ROH} + \text{RI}$$

혼합된 에터를 사용할 때 형성되는 알코올과 아이오딘화 알킬은 알킬기의 본질에 의존한다. 메커니즘을 이용하여 아래와 같은 관찰을 설명하시오.

(a) OMe —HI→ OH + MeI **(b)** OMe —HI→ I + MeOH

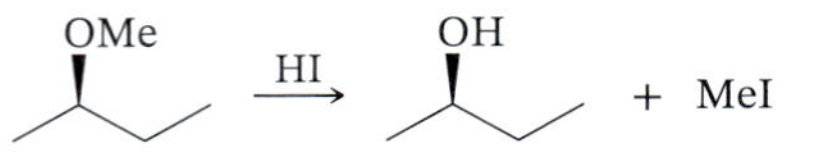

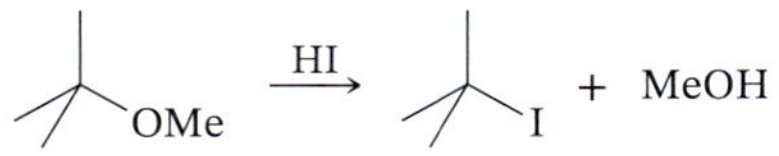

되새김 물음 11.17

아래의 반응에 대한 상세한 메커니즘을 쓰시오.

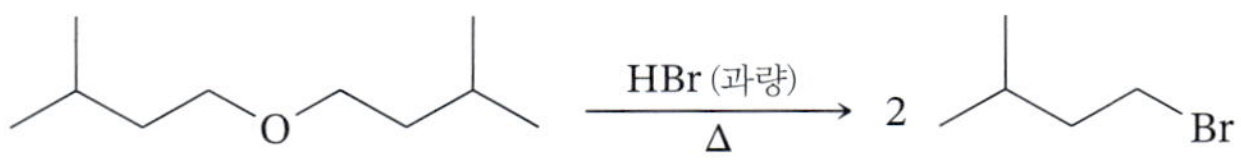

O —HBr (과량), Δ→ 2 Br

되새김 물음 11.18

아래의 반응에 대한 메커니즘을 제시하시오.

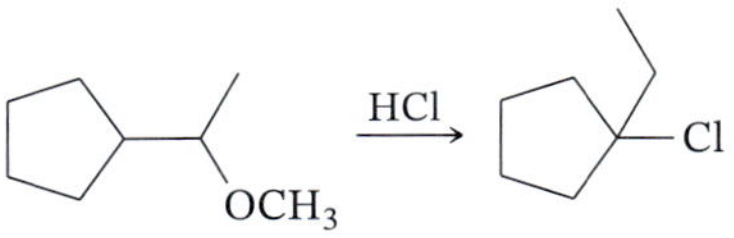

OCH_3 —HCl→ Cl

11.13B 알킬 아릴 에터의 분해

알킬 아릴 에터가 HI와 HBr 같은 강산과 반응하면 할로젠화 알킬과 페놀이 생성된다. 페놀은 더 반응하여 할로젠화 아릴을 생성하지 않는데, 페놀의 탄소–산소 결합이 매우 강하고 페닐 양이온이 쉽게 형성되지 않기 때문이다. 다시 말하면 페놀의 sp^2 탄소에서는 S_N2나 S_N1 모두 진행하지 않고, 에터의 알킬 탄소에서 그러한 반응들이 진행된다. 아래 반응은 한 예이다.

$CH_3-C_6H_4-OCH_3 \xrightarrow{HBr} CH_3-C_6H_4-OH + CH_3Br$

p-Methylanisole **4-Methylphenol** **Bromomethane**

11.14 에폭시화물

에폭시화물(epoxide)은 삼각형 고리를 가진 고리형 에터이다. IUPAC 이름으로 에폭시화물을 **옥시레인(oxirane)**이라고 부른다. 가장 간단한 에폭시화물의 일반적인 이름은 산화 에틸렌이다.

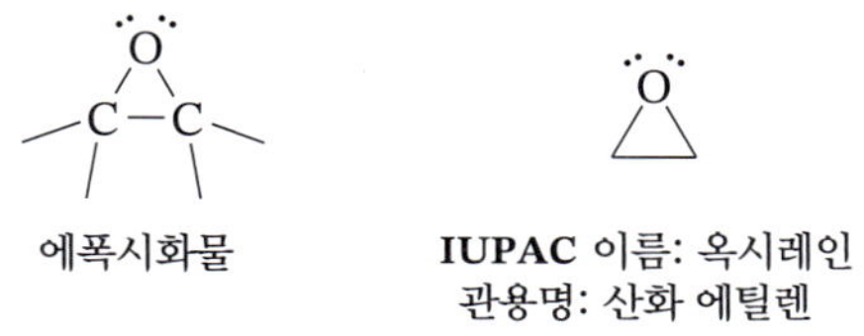

에폭시화물 **IUPAC 이름: 옥시레인**
관용명: 산화 에틸렌

11.14A 에폭시화물의 합성: 에폭시화 반응

에폭시화물은 알켄을 유기 **퍼옥시산**(RCO_3H, **peroxy acid**, 때로는 **peracid**라고 부름)과 반응시키는 것인데, 이 과정을 **에폭시화 반응(epoxidation)**이라고 부른다. *meta*-클로로퍼옥시벤조산(*m*CPBA)은 에폭시화 반응에 흔히 사용되는 퍼옥시산이다. 아래의 반응은 한 예이다.

1-Octene + ***m*CPBA** ⟶ **(81%)** + ***meta*-Chlorobenzoic acid**

meta-클로로벤조산이 반응의 부산물이다. 이것은 흔히 화학 반응식에 쓰이지 않는다. 아래의 예가 이를 잘 나타내고 있다.

$\xrightarrow{mCPBA}$ **(77%)**

첫 번째 예가 나타내듯이, 퍼옥시산은 산소 원자를 알켄에 전달한다. 다음과 같은 메커니즘이 이러한 변형을 설명하기 위해서 제시되었다.

반응 메커니즘

알켄의 에폭시화 반응

퍼옥시산은 고리형 일단계 메커니즘을 통하여 산소 원자를 알켄에게 전달한다. 그 결과 산소는 알켄에 syn 첨가 반응을 하고 에폭시화물과 카복실산이 형성된다.

11.14B 에폭시화 반응의 입체 화학

- 알켄과 퍼옥시산의 반응은 필연적으로 **syn** 첨가 반응이며 **입체 특이적(stereospecific)**이다. 더욱이 산소 원자는 알켄의 양쪽 면으로 첨가한다.

예를 들어, *trans*-2-뷰텐은 *trans*-2,3-다이메틸옥시레인의 라셈 혼합물만을 만드는데, 산소 원자가 알켄의 각 면에 첨가하면 거울상체가 되기 때문이다. 한편, *cis*-2-뷰텐은 알켄의 어느 쪽이 산소를 받던 관계없이 단지 *cis*-2,3-다이메틸옥시레인만 생성하는데, 반응물과 생성물에 대칭면이 존재하기 때문이다. 카이랄 중심이 기질에 더 있으면 부분 입체 이성질체가 될 것이다.

***trans*-2-Butene** 거울상체인 ***trans*-2,3-dimethyloxiranes**

***cis*-2-Butene** ***cis*-2,3-Dimethyloxirane** (메소 화합물)

특수 주제 E(온라인 자료 E.3절)에서 알데하이드와 케톤으로부터 에폭시화물을 합성하는 방법을 제시하였다.

Nobel상을 수상하게 된 화학: Sharpless 비대칭 에폭시화 반응

1980년 Sharpless(당시 MIT, 현재 The Scripps Research Institute)와 그의 연구진은 카이랄 합성에 가장 중요한 도구 중 하나인 방법을 보고하였다. Sharpless 비대칭 에폭시화 반응은 알릴 자리 알코올(11.13절)을 카이랄 에폭시 알코올로 고도의 거울상체 선택성(라셈 혼합물이 아니라 한 거울상체를 선호함)을 가지고 전환시키는 방법이다. 이것과 또 다른 비대칭 산화 반응(8.16A절 참조)에 대한 업적으로 Sharpless는 2001년 Nobel 화학상을 공동 수상하였다(다른 수상자는 Knowles와 Noyori이다, 7.14절 참조). Sharpless 비대칭 에폭시화 반응은 알릴 자리 알코올을 하이드로퍼옥시화 *tert*-뷰틸, 테트라아이소프

A (+)-dialkyl tartrate ester

로폭시화 타이타늄(IV)[Ti(O-*i*-Pr_4)], 그리고 타타르산 에스터의 구체적인 입체 이성질체와 반응시키는 것이다. (타타르산 입체 이성질체는 원하는 에폭시화물의 구체적인 거울상체에 따라 선택된다.) 다음은 한 예이다.

Geraniol → *t*-BuOOH, Ti(O-*i*-$Pr)_4$ / CH_2Cl_2, −20 °C / (+)-diethyl tartrate → 77% 수율 (95% 거울상체 과량)

(+)-dialkyl tartrate → (*S*)-Methylglycidol

(−)-dialkyl tartrate → (*R*)-Methylglycidol

Sharpless 비대칭 에폭시화 반응

(7*R*, 8*S*)-Disparlure

에폭시화물을 형성하기 위해서 알릴 자리 알코올로 전달된 산소는 하이드로퍼옥시화 *tert*-뷰틸에서 온 것이다. 이 반응의 거울상체 선택성은 시약들 가운데 거울상적으로 순수한 타타르산 에스터를 리간드로 포함하고 있는 타이타늄 착물에 기인한다. (+) 또는 (−)-타타르산 에스터 중 어느 것을 사용할지는 원하는 에폭시화물의 거울상체에 따라 정해진다. [(+)와 (−)-타타르산 에스터는 다이에틸 또는 다이아이소프로필 에스터 중 하나이다.] 이 반응의 입체 화학적 선호성은 잘 연구되어 있으며, 각각의 거울상체는 카이랄 리간드로 (+)- 또는 (−)-타타르산 이성질체를 선택함으로써 합성될 수 있다.

이러한 일반적인 구조의 화합물들은 매우 유용하고도 다양한 합성 단위체들이다. 왜냐하면 한 분자 내에 에폭시화물 작용기(매우 반응성이 큰 친전자성 위치), 알코올 작용기(친핵적인 위치로서의 가능성), 그리고 높은 거울상체 순도로 존재하는 적어도 한 개의 카이랄 중심 등이 조합되어 있기 때문이다. Sharpless 비대칭 에폭시화 반응으로 만들어진 카이랄 에폭시알코올 합성 단위체의 합성 유용성은 많은 중요한 화합물의 거울상체 선택적인 합성에서 계속적으로 확인되고 있다. 이러한 예로 Corey(Harvard)에 의한 폴리에터 항생제 X-206의 합성, J. T. Baker사의 집시나방성 유인물인 (7*R*,8S)-disparlure의 상업적인 합성, 그리고 Nicolaou(Rice University)에 의한 zaragozic acid A의 합성 등이 있다. Zaragozic acid A는 squalestatin S라고도 불리는데, 실험 동물의 혈청 콜레스테롤 수준을 스콸렌 생합성을 저해함으로써 낮추어 준다고 알려져 있다. 온라인 자료의 '화학의 단면: 콜레스테롤의 생합성' 참조).

Antibiotic X-206

Zaragozic acid A (squalestatin S1)

11.15 에폭시화물의 반응

에폭시화물의 제법을 보았으므로 그들의 반응성을 고려해 보자. 반응성이 거의 없는 에터와는 달리 에폭시화물은 다르게 행동한다.

- 에폭시화물 분자는 매우 긴장된 삼각형 고리 때문에 다른 에터보다 더욱 친핵성 치환 반응을 잘한다.

산 촉매는 공격을 받는 탄소 원자에 더 좋은 이탈기(알코올)를 제공하여 고리가 열리는 것을 도와준다. 이 촉매는 친핵체가 물이나 알코올처럼 약한 친핵체일 때 특별히 중요하다. 한 가지 예로 산 촉매에 의한 에폭시화물의 가수 분해가 있다.

반응 메커니즘

산 촉매에 의한 에폭시화물의 고리 열림

에폭시화물 양성자가 첨가된 에폭시화물

산은 에폭시화물과 반응하여 양성자가 첨가된 에폭시화물을 만든다.

양성자가 첨가된 에폭시화물 약한 친핵체 양성자가 첨가된 **1,2**-다이올 **1,2**-다이올

양성자가 첨가된 에폭시화물은 약한 친핵체(물)와 반응하여 양성자가 첨가된 **1,2**-다이올을 형성한다. 이것은 양성자를 물 분자에게 주어서 **1,2**-다이올과 하이드로늄 이온이 형성된다.

에폭시화물은 염기 촉매에 의한 고리 열림 반응도 진행한다. 그러한 반응은 다른 에터에서는 일어나지 않지만, 공격하는 친핵체가 알콕시화 이온 같이 강염기일 때 에폭시화물에서는 (고리 긴장 때문에) 가능하다.

반응 메커니즘

염기 촉매에 의한 에폭시화물의 고리 열림

강한 친핵체 에폭시화물 알콕시화 이온

알콕시화 이온이나 수산화 이온 같이 강한 친핵체는 긴장된 에폭시화물의 고리를 S_N2 반응에 의해서 열 수 있다.

- 에폭시화물이 비대칭이면 **염기 촉매에 의한 고리 열림**은 친핵체는 주로 **덜 치환된 탄소 원자**를 공격하여 일어난다.

예를 들어, 메틸옥시레인은 알콕시화 이온과 주로 1차 탄소에서 반응한다.

1° 탄소 원자는 덜 장애를 받는다.

$EtO^- + $ (Methyloxirane) $\longrightarrow$ ... $\xrightarrow{EtOH}$ (1-Ethoxy-2-propanol) $+ EtO^-$

Methyloxirane **1-Ethoxy-2-propanol**

이것은 바로 예상한 대로이다. 이 반응은 S_N2이며 앞서 배운 대로(6.13A절) 1차인 기질이 입체적 장애가 적어서 S_N2 반응을 더 빨리 진행한다.

- 비대칭 에폭시화물이 **산 촉매하에 고리 열림** 반응을 할 때 친핵체는 **주로 치환기가 더 많은 탄소**를 공격한다.

도움말
에폭시화물의 고리 열림에서 위치 선택성

예를 들면,

MeOH + (epoxide) $\xrightarrow{\text{HA 촉매}}$ MeO ... OH

까닭: 양성자가 첨가된 에폭시화물(아래의 반응을 보시오)의 결합이 비대칭이어서 치환기를 더 많이 가진 탄소 원자가 상당히 양전하를 띠게 된다. 이 반응은 S_N1과 같다. 그러므로 친핵체는 이 탄소가 비록 치환기를 많이 가졌지만 이 탄소를 공격한다.

이 탄소는 3° 탄소 양이온을 닮았다.

MeOH + (protonated epoxide, O^+–H) $\longrightarrow$ MeO^+(–H) ... OH

양성자가 첨가된 에폭시화물

치환기를 더 많이 가진 탄소 원자는 더욱 안정한 3차 탄소 양이온을 닮았으므로 양전하를 더 많이 띠고 있다. [이 반응(그리고 그것에 대한 설명)이 8.13절에 나온 비대칭 알켄으로부터 할로하이드린이 형성되는 반응이나 수은 양이온에서 일어나는 공격과 어떻게 비슷한지를 주목하시오.]

되새김 물음 11.19

옥시레인(산화 에틸렌)으로부터 얻어지는 아래 각각의 생성물의 구조를 쓰시오.

(a) Oxirane $\xrightarrow[\text{MeOH}]{\text{촉매 HA}}$ $C_3H_8O_2$ **Methyl cellosolve**

(b) Oxirane $\xrightarrow[\text{EtOH}]{\text{촉매 HA}}$ $C_4H_{10}O_2$ **Ethyl cellosolve**

(c) Oxirane $\xrightarrow[H_2O]{KI}$ C_2H_5IO

(d) Oxirane $\xrightarrow{NH_3}$ C_2H_7NO

(e) Oxirane $\xrightarrow[\text{MeOH}]{\text{MeONa}}$ $C_3H_8O_2$

되새김 물음 11.20 아래의 관찰에 대한 메커니즘적인 설명을 하시오.

O MeONa / MeOH → MeO OH

되새김 물음 11.21 구조 **I**에서 *로 표시한 ^{14}C-표지된 1-(클로로메틸)옥시레인(에피클로로하이드린이라고도 함)이 에톡시화 소듐과 반응하면 구조 **II**에서 표지된 것과 같은 에폭시화물이 주 생성물이 된다. 이 반응을 설명하시오.

Cl O * EtONa → O * OEt

I
1-(Chloromethyl)oxirane
(epichlorohydrin)

II

11.15A 에폭시화물로부터 폴리에터

산화 에틸렌을 메톡시화 소듐(미량의 메탄올 존재하에)과 반응시키면 **폴리에터(polyether)**가 형성된다.

폴리에틸렌 글라이콜의 응용에 관한 정보는 11.1B절과 '재료 화학: PEG화된 백신과 제약학'을 참조하시오.

MeO⁻ + O → MeO O⁻ + O → MeO O O⁻ —m O→

MeO O (O)$_n$ O⁻ —MeOH→ MeO O (O)$_n$ OH

Poly(ethylene glycol)
(폴리에터)

이것은 **음이온성 중합 반응(anionic polymerization)**의 예(10.11절)이다. 폴리머 사슬은 메탄올이 사슬 끝의 알콕시화 이온에 양성자를 첨가시킬 때까지 계속 커진다. 성장하는 사슬의 평균 길이와, 따라서 중합체의 평균 분자량은 존재하는 메탄올의 양에 의해서 통제된다. 중합체의 물리적 성질은 평균 분자량에 의존한다.

폴리에터는 물 분자와 다중 수소 결합을 이룰 수 있기 때문에 물에 녹는다. 이 중합체는 상표명이 **카보왁스(carbowax)**인데, 기체 크로마토그래피의 관에서 화장품까지 다양하게 응용된다.

11.16 에폭시화물을 통한 알켄의 anti 1,2-다이하이드록실화 반응

사이클로펜텐을 퍼옥시산으로 에폭시화 반응시키면 1,2-에폭시사이클로펜테인이 된다.

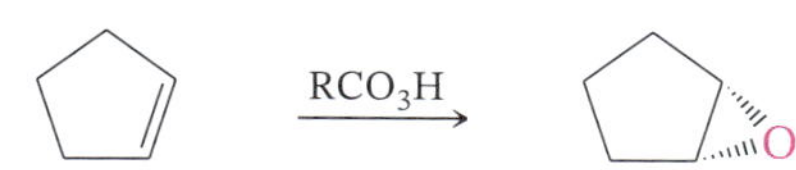

Cyclopentene **1,2-Epoxycyclopentane**

1,2-에폭시사이클로펜테인을 산 촉매하에서 가수 분해하면 *trans*-다이올인 *trans*-1,2-사이클로펜테인다이올이 된다. 친핵체로 작용하는 물은 에폭시기의 반대쪽으로부터 양성자가 첨가된 에폭시화물을 공격한다. 공격당한 탄소 원자의 배위는 반전된다. 여기서는 한 개의 탄소 원자만이 공격당하는 것을 보였지만, 다른 탄소 원자에 대한 공격도 가능하며 trans-1,2-사이클로펜테인다이올의 거울상체가 만들어진다.

도움말

anti 1,2-다이하이드록실화 반응의 합성 방법

+ 거울상체

***trans*-1,2-Cyclopentanediol**

에폭시화에 이어 산 촉매에 의한 가수 분해를 하는 반응은 이중 결합을 **anti 1,2-다이하이드록실화(anti 1,2-dihydroxylation)**시키는 방법(8.15절의 syn 1,2-다이하이드록실화 반응과 반대임)이다. 이 방법에서 입체 화학은 앞서 나온(8.15절) 사이클로펜텐의 브로민화 반응의 입체 화학과 아주 비슷하다.

되새김 물음 11.22

방금 나온 것과 같은 메커니즘으로 *trans*-1,2-사이클로펜테인다이올의 거울상체들이 어떻게 만들어지는지를 보이시오.

보기 물음 11.10

11.14B절에서 *cis*-2-뷰텐을 에폭시화 반응시키면 *cis*-2,3-다이메틸옥시레인이 되고, *trans*-2-뷰텐의 에폭시화 반응으로는 *trans*-2,3-다이메틸옥시레인이 생기는 것을 알았다. 이제 이 두 에폭시화물의 산 촉매에 의한 가수 분해를 생각해 보고, 각각으로부터 무슨 생성물이 만들어지는지를 보이시오. 이 반응들은 입체 특이성인가?

풀이

(a) 메소 화합물인 *cis*-2,3-다이메틸옥시레인(**그림 11.1**)은 가수 분해에 의하여 (2*R*,3*R*)-2,3-뷰테인다이올과 (2*S*,3*S*)-2,3-뷰테인다이올이 된다. 이 생성물들은 거울상체들이다. 물이 두 탄소 원자[그림 11.1의 경로 **(a)** 또는 경로 **(b)**]를 공격하는 속도는 같으므로 생성물은 라셈 혼합물로 얻어진다.

trans-2,3-다이메틸옥시레인의 거울상체 중 어느 것이든 산 촉매에 의한 가수 분해를 할 때 유일한 생성물은 메소 화합물인 (2*R*,3*S*)-2,3-뷰테인다이올이다. 한 거울상체의 가수 분해를 **그림 11.2**에 나타냈다. (다른 거울상체의 가수 분해를 나타내는 비슷한 도표를 그려서 똑같은 생성물이 되는 것을 스스로 확인해 보시오. 또한 분자 모형을 만들어 결과를 생각해 보시오.)

(b) 알켄을 1,2-다이올(글라이콜)로 전환하는 이 방법에서 두 단계(즉, 에폭시화 단계와 산 촉매에 의한 가수 분해 단계) 모두 입체 특이성이므로 전체적인 결과는 이중 결합의 입체 특이성을 가진 anti 1,2-다이하이드록실화 반응이다(**그림 11.3**).

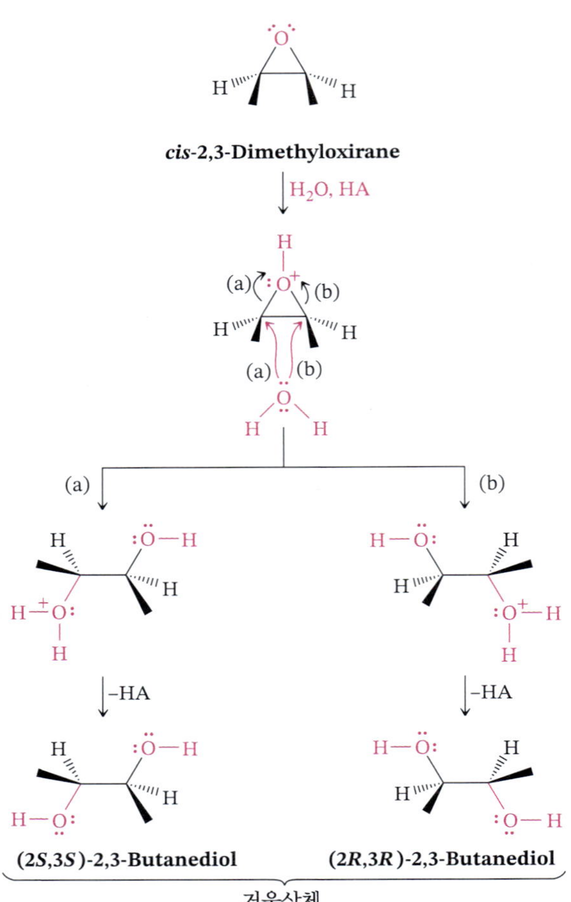

그림 11.1 *cis*-2,3-다이메틸옥시레인을 산 촉매하에 가수 분해하면 경로 (*a*)에 따라 (2*R*,3*R*)-2,3-뷰테인다이올과 경로 (*b*)에 따라 (2*S*,3*S*)-2,3-뷰테인다이올이 된다(모형을 사용하여 확인해 보시오).

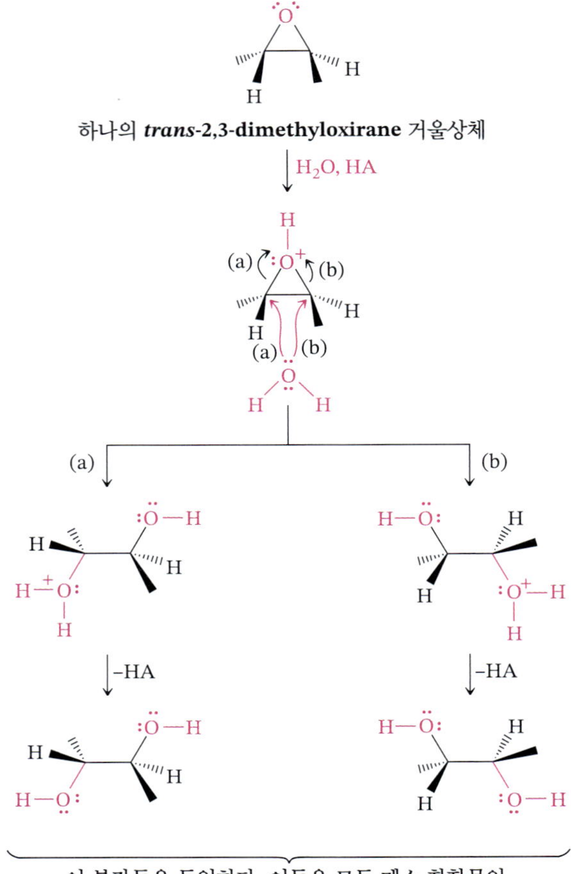

그림 11.2 *trans*-2,3-다이메틸옥시레인을 산 촉매하에 가수 분해하면 경로 (*a*)나 (*b*) 모두 메소 화합물인 (2*R*,3*S*)-2,3-뷰테인다이올이 된다. 다른 거울상체의 가수 분해로도 똑같은 생성물이 만들어진다(모형을 사용하여 여기에 나온 두 구조가 같은 화합물임을 확인해 보시오).

cis-2-Butene — (1) RCOOH, (2) HA, H_2O (anti 1,2-다이하이드록실화 반응) → 거울상체인 **2,3-butanediols**

trans-2-Butene — (1) RCOOH, (2) HA, H_2O (anti 1,2-다이하이드록실화 반응) → ***meso*-2,3-Butanediol** 이것은 ... 와 같다.

그림 11.3 에폭시화에 이어 산 촉매에 의한 가수 분해 반응의 전체적인 결과는 이중 결합에 입체 특이성인 anti 1,2-다이하이드록실화 반응이 일어난 것이다. *cis*-2-뷰텐은 2,3-뷰테인다이올의 거울상체가 되며, *trans*-2-뷰텐은 메소 화합물이 된다.

되새김 물음 11.23

빠진 시약과 중간체 **A**~**E**를 제시하시오.

A (C_4H_6) —**B**→ (cis-2-butene) —**C**→ **D** (C_4H_8O) —**E**→ HO, OCH_3 (라셈 형태)

녹색 화학: 촉매에 의한 알켄의 산화 방법

환경친화적인 합성 방법을 개발하려는 노력은 화학 연구에서 매우 활발하다. 친환경 화학 공정을 개발하려는 노력은 해롭거나 독성이 있는 시약의 사용을 더 환경친화적인 시약으로 대치할 수 있는 방법뿐만 아니라, 다른 마땅한 방법이 없을 때 해로운 시약의 사용을 최소화하는 촉매의 개발에 기울이기도 한다. 8.16절에서 서술한 촉매에 의한 syn 1,2-다이하이드록실화 반응(Sharpless 비대칭 다이하이드록실화 과정도 포함)은 단지 소량의 OsO_4 또는 다른 중금속 산화제를 필요로 하기 때문에 원래의 방법을 환경친화적으로 변형한 것이다.

자연은 환경적으로 건전한 산화 반응을 수행하는 방법에 대한 암시를 주기도 한다. 메테인 일산소화 효소(methane monooxygenase, MMO)는 작은 탄화수소를 과산화 수소로 산화시켜 알코올이나 에폭시화물을 생성하는 반응을 촉매화하기 위해서 철을 사용한다. 이 예는 알켄 산화 반응의 새로운 실험실적 방법을 개발하는 데 계기가 되었다. Que(University of Minnesota)에 의해서 개발된 1,2-다이하이드록실화 반응 방법은 알켄에 철 촉매와 과산화 수소가 작용하여 1,2-다이올과 에폭시화물의 혼합물을 생성한다. (형성된 다이올과 에폭시화물의 비는 반응 조건에 의존하며, 다이하이드록실화 반응의 경우 거울상체 선택성도 어느 정도 나타난다.) 또 다른 환경친화적인 에폭시화 반응은 Jecobsen(Harvard University)에 의해서 개발되었다. Jacobsen 방법은 과산화 수소와 유사한 철 촉매를 사용하여 알켄을 에폭시화시킨다(다이올이 형성되지 않음). Que와 Jacobsen의 방법은 비독성인 금속 촉매와 저렴하고도 비교적 안전하며 반응 도중 물로 전환될 수 있는 산화제를 사용하므로 환경친화적이다.

R = *hexyl* —H_2O_2 (20당량), Que의 철 촉매 (0.1 mol %), CH_3CN, 30 °C→ diol **81% (60% ee)** + epoxide **13%**

R = *hexyl* —H_2O_2 (1.5당량), Jacobsen의 철 촉매 (3 mol %), CH_3CO_2H (30 mol %), CH_3CN, 4 °C, 5 min.→ epoxide **85%**

Que의 철 촉매

Jacobsen의 철 촉매

무해한 시약과 부산물, 촉매 과정, 그리고 고수율을 추구하는 친환경적 방법에 대한 탐구는 현재와 미래의 화학 연구를 이끌어갈 것이 틀림없다. 앞으로 나올 장에서는 이미 사용 중이거나 개발 중인 친환경적인 화학을 더 보게 될 것이다.

11.17 크라운 에터

크라운 에터(crown ether)는 아래의 18-크라운-6 같은 구조를 가진 화합물이다. 18-크라운-6은 에틸렌 글라이콜의 고리형 중합체이다. 크라운 에터의 이름은 *x*-크라운-*y*라고 하는데, *x*는 고리에 있는 모든 원자의 수이며 *y*는 산소 원자의 수이다. 크라운 에터의 핵심이 되는 성질은 18-크라운-6과 포타슘 이온에 대해서 아래에 보인 것처럼 양이온과 결합되는 능력이다.

18-Crown-6

크라운 에터는 염을 무극성 용매에 잘 녹도록 한다. 이 때문에 이것은 **상전이 촉매(phase transfer catalyst)**라고 부른다. 크라운 에터가 금속 이온과 배위하면 금속 이온은 탄화수소와 같은 외장을 한 화학종으로 바뀐다. 18-크라운-6은 구멍의 크기가 꼭 알맞고 여섯 개의 산소 원자가 전자쌍을 중앙에 있는 이온에 잘 줄 수 있도록 놓여 있기 때문에 Lewis 산–염기 착물로 포타슘 이온과 아주 효과적으로 배위한다.

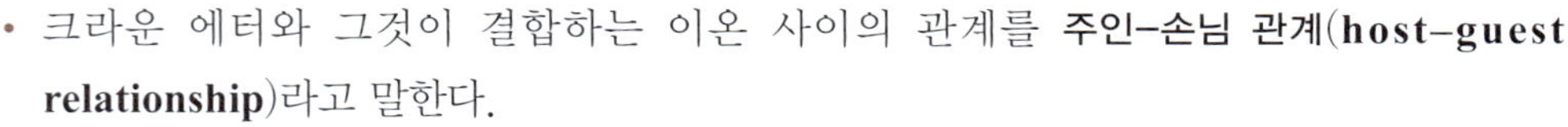

- 크라운 에터와 그것이 결합하는 이온 사이의 관계를 **주인–손님 관계(host–guest relationship)**라고 말한다.

Scott A. Snyder

그림 11.4 $KMnO_4$를 톨루엔에 가하면 왼쪽 바이알에 있는 무색인 액체와 고체처럼 녹지 않는다. 그러나 18-C-6이 가해지면 $KMnO_4$ 약간이 곧 녹아서 오른쪽 바이알에서처럼 자주색이 보인다.

KF, KCN, $KMnO_4$, KOAc 등과 같은 염은 촉매량의 18-크라운-6을 사용하면 비양성자성 용매로 전달된다(**그림 11.4**). 크라운 에터를 무극성 용매에서 사용하여 S_N2 반응을 매우 유리하게 할 수 있다. 왜냐하면, 친핵체(F^-, CN^-, MnO_4^-, AcO^- 같은 방금 수록한 화합물로부터 온 것)가 무극성 용매에서는 용매에 의해서 에워싸이지 않고, 양이온은 크라운 에터에 의해서 친핵체와 회합되는 것이 막아지기 때문이다. 다이사이클로헥산오-18-크라운-6은 상전이 촉매의 다른 예이다. 이것은 가외의 탄화수소 그룹 때문에 18-크라운-6보다 무극성 용매에 더 잘 녹는다. 상전이 촉매는 산화 반응과 같은 반응에도 사용된다. (크라운 에터가 아닌 상전이 촉매도 있다.)

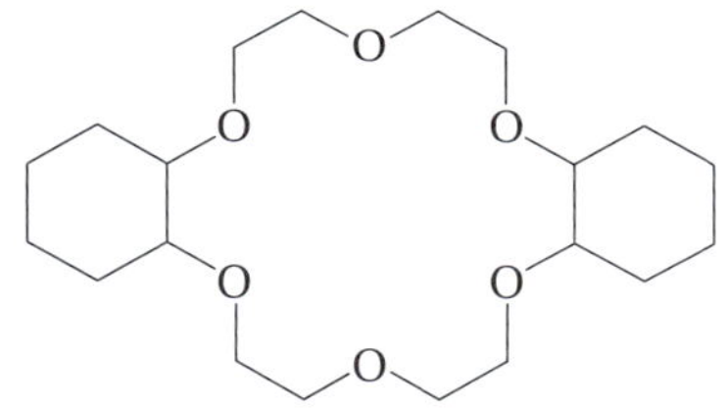

Dicyclohexano-18-crown-6

노벨상

1987년 Nobel 화학상은 Pedersen, Cram, 그리고 Lehn에게 분자 인식 업적으로 수여되었다.

크라운 에터와 '높은 선택성을 지닌 특별한 상호작용'을 하는 분자들을 개발한 데 대한 공로로 1987년도 Nobel 화학상은 Pederson(DuPont Co., 작고), Cram(University of California, Los Angeles, 작고), 그리고 Lehn(Louis Pasteur University, Strasbourg, France)에게 수여되었다. 오늘날 '분자 인식'이라 불리는 지식에 대한 그들의 기여는 효소가 기질을 인식하는 방법, 호르몬이 작용하는 방법, 항체가 항원을 인식하는 방법, 신경 전달 물질이 신호를 전달하는 방법, 그리고 생화학의 여러 관점에 있어서 중대한 의미를 가지고 있다.

되새김 물음 11.24

아래 물질의 구조를 쓰시오.

(a) 9-크라운-3 **(b)** 21-크라운-7

생물 화학: 전달 항생 물질과 크라운 에터

이온 전달체(ionophore)라 불리는 여러 가지 항생제들이 있다. 모넨신(monensin), 노낙틴(nonactin), 그라미시딘(gramicidin)과 발리노마이신(valinomycin) 같은 것들이 주목할 만한 예이다. 모넨신과 노낙틴의 구조가 아래에 제시되어 있다. 모넨신과 노낙틴 같은 이온 전달체 항생제들은 크라운 에터와 비슷하게 금속 양이온을 배위한다. 그들의 작용 방식은 세포막의 양쪽에 있는 이온의 천연적인 성분비를 파괴하는 것과 관련이 있다.

Monensin

Nonactin

세포막의 내부 영역은 주로 지방의 탄화수소 부분으로 구성되어 있기 때문에 탄화수소와 같은 성질을 갖는다(23장). 정상적으로 세포는 세포벽 안팎에서 소듐과 포타슘 이온 사이의 농도 성분비를 유지해야 한다. 포타슘 이온이 밀어 들어가고 소듐 이온이 밀려나온다.* 이러한 성분은 신경의 기능, 세포 내로 영양소 전달, 그리고 적절한 세포 부피를 유지하는 데 필수적이다.

모넨신은 소듐 이온과 결합하여 그들을 세포막을 건너 운반하기 때문에 운반 이온 전달체라 불린다. 그라미시딘과 발리노마이신은 막을 통하는 구멍을 열기 때문에 통로 형성 항생제이다. 모넨신의 이온 포획 능력은 그것의 많은 에터 작용기로부터 오는 결과이며, 그래서 폴리에터 항생제의 예가 되는 것이다. 그것의 산소 원자는 소듐 이온과 Lewis 산-염기 상호작용에 의해서 결합하며, 아래의 분자 모형이 보이듯이 정팔면체 착물을 형성한다. 이 착물은 양이온에 대해서는 소수성 '주인'으로, 모넨신의 '손님'으로 세포막의 한 쪽으로부터 다른 쪽으로 운반되도록 한다. 전달 과정은 세포 기능에 필요한 결정적인 소듐 농도를 파괴한다. 노낙틴은 또 다른 이온 전달체로서 포타슘 이온과 강하게 배위하므로 이 성분비를 틀리게 만든다. 세포막은 포타슘 이온이 통과할 수 있도록 되며 필수적인 농도 성분비는 파괴된다.

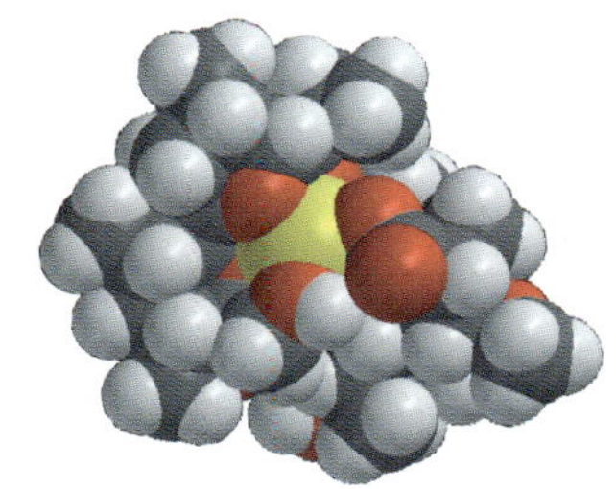

소듐 양이온과 착물을 형성한 이온 전달체 항생제인 모넨신

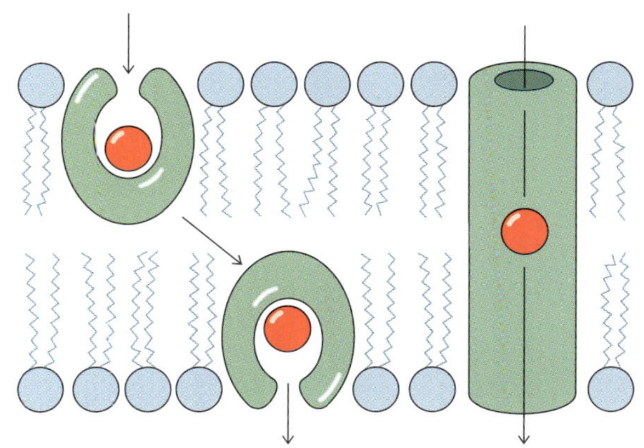

운반 이온 전달체의 운송(왼쪽)과 통로 형성 방식
(Reprinted with permission of John Wiley & Sons, Inc. from Voet, D. and Voet, J. G. Biochemistry, Second Edition. Copyright 1995 Voet, D., and Voet, J. G.)

* 소듐과 포타슘 농도 변화도(Na^+, K^+-ATPase)를 정하는 실제의 펌프 분자를 발견하고 동정한 공로로 Skou(Aarhus University, 덴마크)는 1997년 Nobel 화학상을 공동 수상하였다. 다른 공동 수상자는 Boyer(UCLA)와 Walker(Cambridge)로 ATP 합성에 대한 효소 반응 메커니즘을 유도해 냈다.

11.18 알켄, 알코올, 그리고 에터의 반응에 대한 요약

이 장과 8장에서 합성 설계에 매우 유용한 반응들을 배웠다. 알코올과 에터를 포함하는 대부분의 반응을 이 장의 끝에 '요약 복습 도구'에 요약하였다.

도움말
합성을 위한 몇 가지 도구

- 알코올을 사용하여 할로젠화 알킬, 설폰산 에스터, 에터, 그리고 알켄을 합성할 수 있다.
- 알켄은 산화시키면 에폭시화물, 다이올, 알데하이드, 케톤, 그리고 카복실산(알켄의 특성이나 조건에 따름)을 합성할 수 있다.
- 알켄으로부터 알케인, 알코올, 그리고 할로젠화 알킬을 합성할 수 있다.
- 적당한 *vic*-다이할로젠화물로부터 만들어진 말단 알카인을 가지고, 먼저 알카인화 이온을 형성시킨 다음 친핵성 치환 반응을 통하여 탄소–탄소 결합을 형성시킬 수 있다.

모두 통틀어 이제까지 배운 작용기들을 거의 대부분 직접 또는 간접적으로 상호 전환시킬 수 있는 다양한 반응 항목들을 소유하게 된 것이다. 11.18A절에 알켄의 몇 가지 반응들을 요약하였다.

도움말

알켄은 거의 모든 작용기를 만들 수 있다.

11.18A 합성에서 알켄을 이용하기

- 알켄은 이제까지 배운 거의 모든 다른 작용기의 출발점이다.

이러한 까닭으로, 그리고 많은 반응들이 생성물의 위치 화학적 내지 입체 화학적 통제를 가능하게 하므로, 알켄은 합성의 다양한 중간체이다.

- **이중 결합을 Markovnikov 배향으로 수화시키려면** 두 가지 방법이 있다: (1) **옥시수은 첨가 반응–탈수은 반응**(8.5절), (2) **산 촉매에 의한 수화 반응**(8.4절).

이 방법들 가운데 옥시수은 첨가 반응–탈수은 반응이 실험실에서 가장 유용하다. 그것은 수행하기가 쉽고 **전위(자리 옮김) 반응이 일어나지 않기 때문**이다.

- **이중 결합을 anti-Markovnikov 배향으로 수화시키려면 수소화붕소 첨가 반응–산화 반응**(8.6절)을 이용한다. 수소화붕소 첨가 반응–산화 반응을 통하여 **—H**와 **—OH기**의 **syn 첨가 반응**도 이룰 수 있다.

또한 **유기붕소의 붕소기는 수소, 중수소, 또는 삼중 수소로 치환될 수 있으며**(8.10절), 수소화붕소 첨가 반응 자체는 **—H**와 **—B의 syn 첨가 반응**을 진행함도 기억하시오.

- **HX를 이중 결합에 Markovnikov식**(8.2절)으로 **첨가**하려면 알켄을 HF, HCl, HBr, 또는 HI와 반응시키면 된다.
- **HBr를 이중 결합에 anti-Markovnikov식**(10.9절)으로 **첨가**하려면 알켄을 HBr 및 과산화물과 함께 반응시킨다(다른 할로젠화 수소는 과산화물이 존재할 때 anti-Markovnikov 첨가 반응을 하지 않는다).
- **브로민과 염소를 이중 결합에 첨가**할 수 있다(8.11절). 이것은 anti 첨가 반응이다(8.12절).
- 브로민화 반응과 염소화 반응을 물속에서 진행시키면(8.13절) **—X**와 **—OH**를 이중 결합에 또한 **첨가**할 수 있다(즉, 할로하이드린을 합성할 수 있다). 이 첨가 반응도 또한 **anti 첨가 반응**이다.
- **이중 결합에 syn 1,2-다이하이드록실화 반응**을 수행하고 싶으면 $KMnO_4$를 차갑고 묽은 염기성 용액에서 사용하거나, OsO_4를 사용한 후 $NaHSO_3$로 처리한다(8.15절). 이 두 방법 중에서 나중의 것이 더 유리한데, 왜냐하면 $KMnO_4$가 알켄을 지나치게 산화시켜 이

중 결합을 절단해 버릴 수도 있기 때문이다.

- **이중 결합의 anti 1,2-다이하이드록실화 반응**은 알켄을 **에폭시화물**로 전환한 후 산 촉매에 의한 가수 분해를 수행한다(11.16절).

이 반응들 대부분에 대한 식들을 7장, 8장, 그리고 이 장의 합성 상관도표에 수록하였다.

이 주제는 왜 중요한가?

중요하지만 숨겨져 있는 에폭시화물

에폭시화물의 긴장과 반응성으로 인하여 자연으로부터 에폭시화물 고리를 실제로 분리한 것은 아주 드물다. 그것은 이 작용기가 다양한 목적에 이바지하지 못한다는 것을 의미하지는 않는다. 실제로, 에폭시화물이 복잡한 천연물 안에서 새로운 결합의 형성에 결정적인 역할을 하는 경우가 많이 있다. 예를 들면, 아래에 보인 것과 같은 긴 알켄 사슬은 모든 이중 결합에서 입체 통제 방법으로(효소를 사용하는 것처럼) 에폭시화되고, 그다음에 말단 에폭시기가 양성자로 활성화되면 폭포나 도미노처럼 고리화 반응을 시작하여 완전히 입체 화학이 통제된 많은 새로운 고리의 계를 만들게 된다. 이 과정은 여기서 구체적으로 짐노신(gymnocin) B에 대하여 보였는데, 고리형 폴리에터라고 알려진 거대한 부류의 해양 천연물의 하나이다. 이 화합물들은 강력한 신경 독소이다.

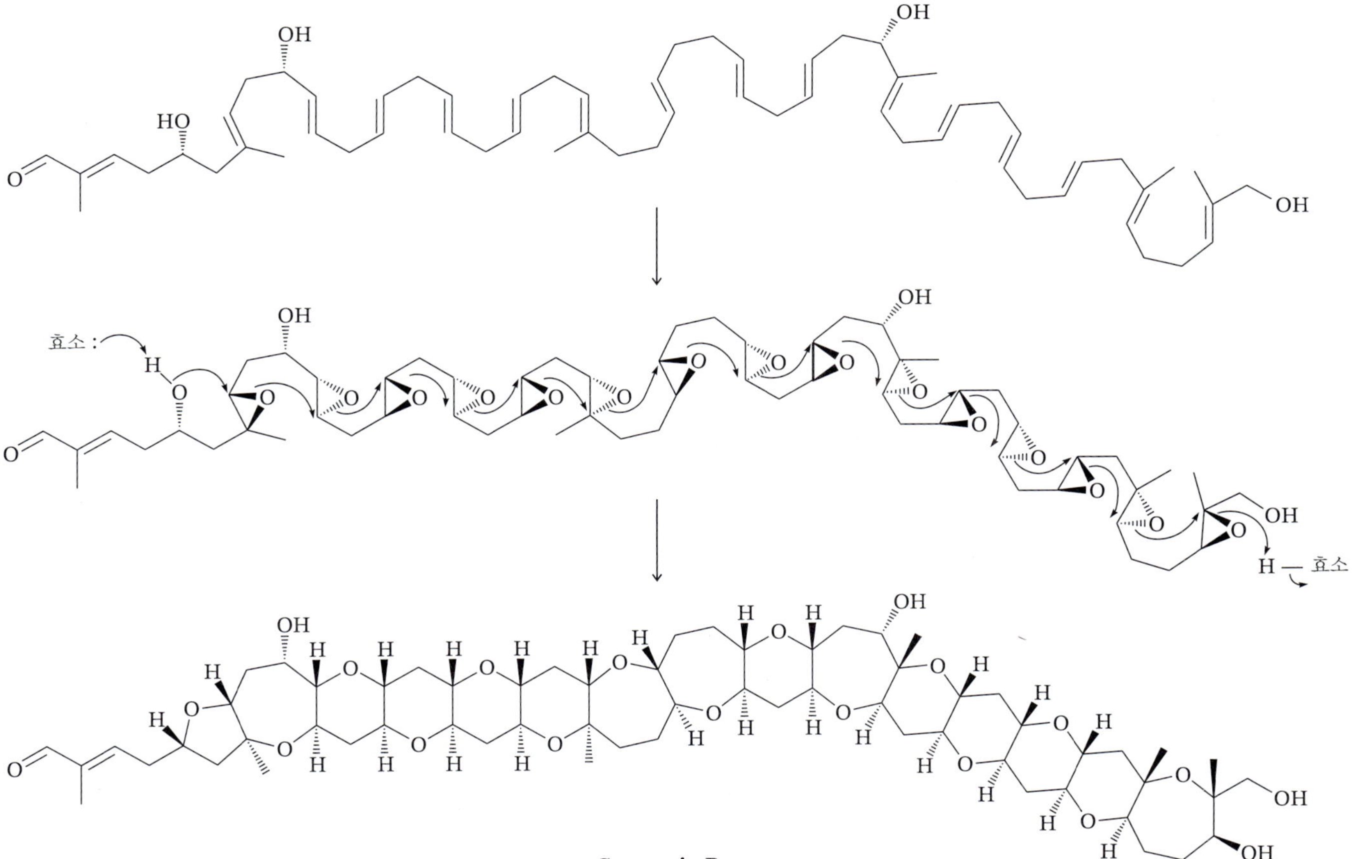

Gymnocin B

Above structure from Vilotijevic, I.; Jamison, T.F.: Epoxide-Opening Cascades Promoted by Water. *Science* **2007**, *317*, 1189.

에폭시화물은 사람이 섭취한 위험한 분자를 제거하는 데 핵심적인 역할을 하는데, 만일 출발 물질과 생성물만 보면 그 역할은 숨겨져 있다. 두 가지 화합물을 고려한다. 첫 번째는 아플라톡신(aflatoxin) B_1으로, 곡물이 자라는 토양 조건에 따라 땅콩과 시리얼 곡물을 오염시키는 화합물이다. 두 번째는 벤조[a]파이렌(benzo[a]pyrene)으로, 담배 연기와 구운 고기에서 발견되는 물질(흑연필의 성분)이다. 아플라톡신 B_1은 발암 물질이고, 벤조[a]파이렌은 DNA에 삽입되어 유전자 전사(25장에서 상세히 다룰 주제)를 막는다.

Michael Patrick O'Neill/Science Source

Foodcollection/ Image Source

인체 조직은 이러한 독성인 물질을 제거할 때 사이토크롬(cytochrome) P450이라고 알려진 효소를 사용하여 탄소 골격을 산화시키는 것으로 시작한다. 이 효소들은 간과 내장에서 발견된다. 아플라톡신 B_1과 벤조[a]파이렌 모두 최소한 한 개의 이중 결합이 아래에 보인 것처럼 에폭시화물로 전환된다. 다음 단계는 글루타싸이온(glutathione)과 같은 매우 극성인 친핵체가 활성인 고리 계에 첨가되어 생성된 분자로 하여금 물에 녹아서 빠르게 배설되도록 하는 것이다. 그렇지만 이 반응은 다른 친핵체도 공격할 수 있어서 위험하기도 하다. 예를 들면, DNA에 있는 뉴클레오타이드 염기가 이 에폭시화물과 반응할 수도 있다. 그렇게 되면 벤조[a]파이렌에서 보듯이 암이 된다. 그러므로 이 경우의 에폭시화물은 양날의 칼이다. 그것은 잠재적으로 독성인 분자를 제거하기도 하고, 때로는 원래 물질보다도 더 위험하고 반응성이 큰 물질을 만들기도 하는 것이다. 도전적인 질문으로 두 친핵체가 왜 표시된 위치로만 첨가하는지를 생각해 보시오.

Aflatoxin B_1 —cytochrome P450s→ (epoxide) —Glutathione (Gt)→ [배설될 수 있다]

Benzo[a]pyrene —cytochrome P450s→ **[carcinogenic]** —DNA→ (DNA adduct)

이 주제에 대해서 더 알려면 참고하시오.

1. Vilotijevic, I.; Jamison, T. F. "Eposide-Opening Cascades Promoted by Water" in *Science* **2007**, *317*, 1189 그리고 여기에 수록된 참고문헌.
2. Nakanishi, K. "The Chemistry of Brevetoxins: A Review" in *Toxicon* **1985**, *23*, 473-479.

요약과 복습 도구

11.18절에 알켄, 알코올, 그리고 에터에 대해서 요약한 것 외에도 이 장에 대한 학습 보조 자료에는 핵심 용어와 개념, 그리고 합성 연관 도표가 있다.

물음

이름 짓기

11.25 아래 각 알코올에 대하여 IUPAC 치환기의 이름을 제시하시오.

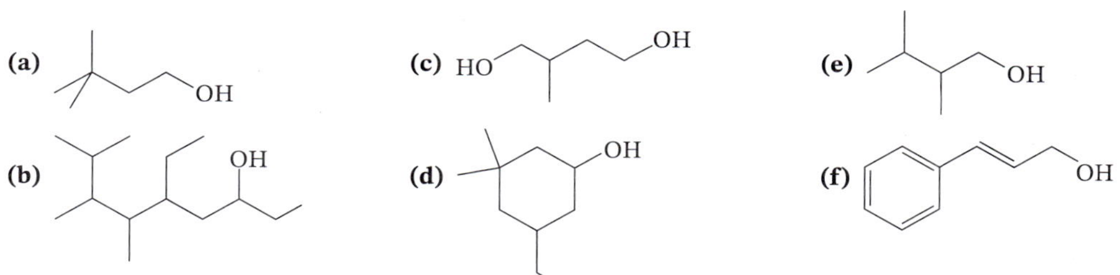

11.26 아래 화합물 각각에 대한 구조식을 쓰시오.

(a) (*Z*)-But-2-en-1-ol
(b) *trans*-4-*tert*-Butylcyclohexanol
(c) 2-Methyl-2-propanol
(d) 1-Ethylcyclobutanol
(e) 1-Ethynlcyclohexanol
(f) Tetrahydrofuran
(g) 2-Ethoxypentane
(h) 2,2-Dimethyoxypropane
(i) 3-Buten-2-ol
(j) 2,2-Dimethylcyclopentanol

반응과 합성

11.27 아래의 각각을 옥시수은 첨가 반응–탈수은 반응을 이용하여 합성할 때 필요한 알켄을 제시하시오.

(a)  **(b)** 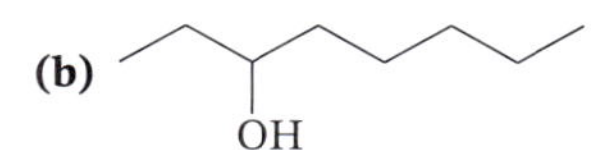 **(c)** 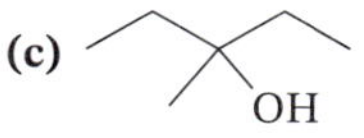 **(d)**

11.28 아래의 각각을 수소화붕소 첨가 반응–산화 반응을 이용하여 합성할 때 필요한 알켄을 제시하시오.

(a)  **(b)** **(c)** 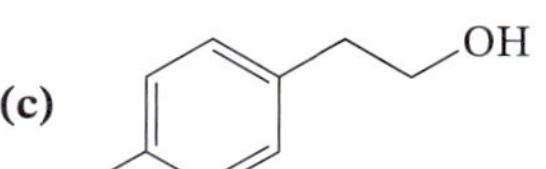 **(d)**

11.29 1-뷰탄올로부터 출발하여 아래의 각 화합물을 만드는 데 필요한 시약들을 보이시오.

(a) 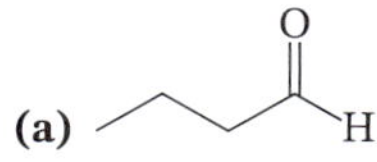 **(b)** **(c)** 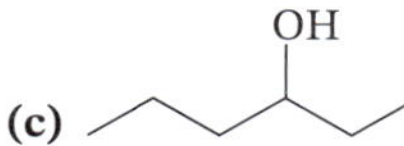 **(d)** 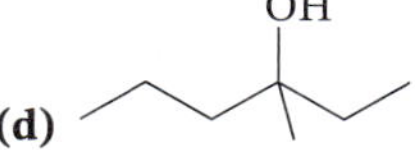 **(e)** 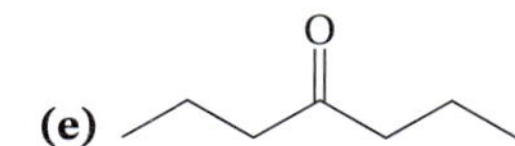

11.30 아래의 물질로부터 2-브로모뷰테인을 어떻게 만들 수 있는지 보이시오.

(a) 2-Pentanol **(b)** 1-Pentanol **(c)** 1-Pentene **(d)** 1-Pentyne

11.31 2-메틸프로펜(아이소뷰틸렌)으로부터 다른 필요한 시약들을 사용하여 아래 각 화합물을 합성하시오(T = 삼중 수소, D = 중수소).

(a) **(b)**  **(c)** **(d)**

11.32 아래의 변환을 어떻게 할 수 있겠는지 보이시오.

(a) OH →

(b) OH → Br

(c) OH → CN

(d) → OH

(e) Br → OH

(f) OH →

11.33 아래의 각 에터를 과량의 진한 HBr과 환류시켰을 때 예상되는 생성물은 무엇인가?

(a) (b) (c) **(THF)** (d) **(1,4-dioxane)** (e)

11.34 **A~L**은 아래의 각 반응에서 생성되는 주 생성물을 나타낸다고 생각하고, **A~L** 각각의 구조를 제시하시오. 주어진 반응에서 한 가지 이상의 생성물이 타당하다고 생각된다면 그것들도 모두 제시하시오.

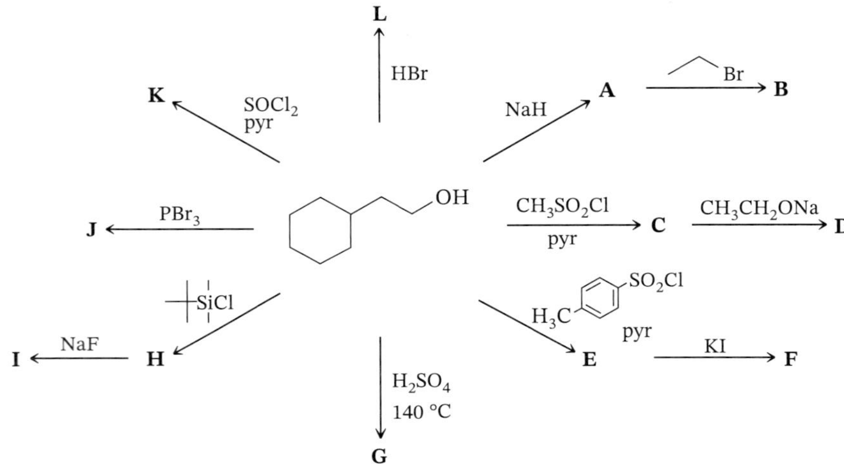

11.35 1-헥산올이 물음 11.34에 수록된 조건에서 반응할 출발 물질로 사용되었다면 생성되는 물질의 구조를 쓰시오. 한 가지 이상의 생성물이 생길 수 있다면 그것들도 모두 쓰시오.

11.36 아이소뷰테인으로부터 아래의 각 물질들을 합성하는 방법을 제시하시오(이 문제의 앞에서 만든 화합물의 합성법은 반복할 필요가 없음).

(a) *tert*-Butyl bromide

(b) 2-Methylpropene

(c) Isobutyl bromide

(d) Isobutyl iodide

(e) Isobutyl alcohol (2가지 방법)

(f) *tert*-Butyl bromide

(g) Isobutyl methyl ether

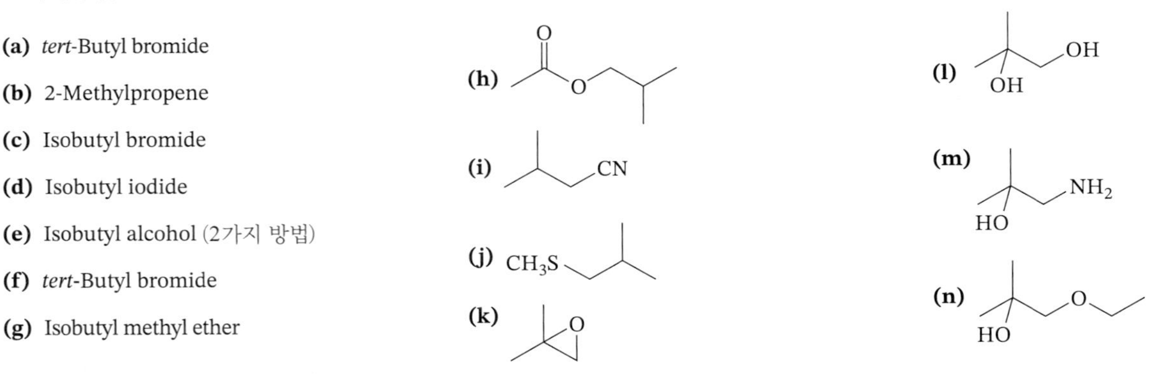

11.37 아래의 변환을 수행하는 데 필요한 시약은 무엇인가?

(a) O, H → O

(b) O, H → OH

(c) → OH

(d) → O

(e) OH → OH

(f) → O

11.38 아래의 반응으로부터 주 생성물을 예상하시오.

(a) OH $\xrightarrow[\text{가열}]{H_2SO_4}$

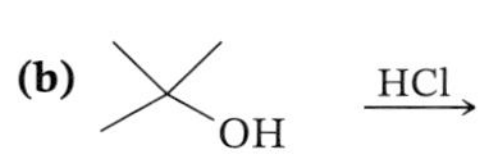

(c) OH $\xrightarrow{K_2Cr_2O_7}$

(d) OH $\xrightarrow[\text{pyr}]{SOCl_2}$

(e) OH $\xrightarrow{PBr_3}$

(f) OH $\xrightarrow[\text{(2) EtSNa}]{\text{(1) TsCl, pyr}}$

11.39 아래의 반응으로부터 생성물을 예상하시오.

(a) O $\xrightarrow{\text{HI (과량)}}$

(b) O $\xrightarrow{HI}$

(c) O $\xrightarrow[\text{(2) } H_3O^+\text{, } H_2O]{\text{(1) } CH_3CH_2CH_2CH_2Li}$

(d) O $\xrightarrow{\text{MeONa}}$

(e) O $\xrightarrow{\text{MeOH, 촉매 } H_2SO_4}$

(f) O $\xrightarrow[\text{(2) } H_2O]{\text{(1) EtSNa}}$

(g) O $\xrightarrow{HBr}$

(h) O + HBr 과량 $\xrightarrow[\text{가열}]{H_2SO_4}$

(i) O $\xrightarrow[\text{(2) MeI}]{\text{(1) EtONa}}$

(j) O $\xrightarrow{HI}$

(k) OH $\xrightarrow[\text{(2) PhCH}_2\text{Br}]{\text{(1) NaH}}$ Br

(l) OH $\xrightarrow[\text{(2) epoxide}]{\text{(1) NaOH}}$ O

11.40 아래의 합성을 완수하는 데 필요한 시약을 제시하시오.

(a) O → MeO, SEt + MeO, SEt

(b) O → O

(c) O → HO, I

(d) O → O + O

11.41 아래의 합성을 완수하는 데 필요한 시약을 제시하시오.

(a) (propene) ⟶ Glycerol (HO–CH₂–CH(OH)–CH₂–OH)

(b) (propene) ⟶ Epichlorohydrin

Glycerol

Epichlorohydrin

11.42 화합물 **A**~**J**의 구조를 입체 화학을 보이도록 쓰시오.

(a) (1-methylcyclobutene) $\xrightarrow[\text{(2) } H_2O_2,\ HO^-]{\text{(1) } BH_3:THF}$ **A** $\xrightarrow{\text{TsCl, pyr}}$ **B**; **B** $\xrightarrow{\text{KOH}}$ **C**; **B** $\xrightarrow{\text{KI}}$ **D**

A와 **C**의 입체 화학적인 관계는 무엇인가?

(b) (trans-4-methylcyclohexanol, OH) $\xrightarrow[\text{pyr}]{\text{MsCl}}$ **E** $\xrightarrow{\text{HC}\equiv\text{CNa}}$ **F**

(c) (2-butanol, OH) $\xrightarrow{\text{NaH}}$ **G** $\xrightarrow{\text{MeI}}$ **H**

$\xrightarrow[\text{pyr}]{\text{MsCl}}$ **I** $\xrightarrow{\text{MeONa}}$ **J**

H와 **J**의 입체 화학적인 관계는 무엇인가?

11.43 톨리프롤올(toliprolol)이라고 부르는 β-수용체 저해제의 합성은 3-메틸페놀과 에피클로로하이드린 사이의 반응으로부터 시작된다. 아래에 합성이 요약되어 있다. 중간체와 톨리프롤올의 구조를 제시하시오.

3-Methylphenol + Epichlorohydrin (Cl) ⟶ $C_{10}H_{13}O_2Cl$ $\xrightarrow{HO^-}$

Epichlorohydrin

$C_{10}H_{12}O_2$ $\xrightarrow{(CH_3)_2CHNH_2}$ toliprolol, $C_{13}H_{21}NO_2$

11.44 살균제 **2,4-D**는 2,4-다이클로로페놀과 클로로아세트산으로부터 합성될 수 있다. 관여된 단계들을 요약하시오.

2,4-D (2,4-dichlorophenoxyacetic acid) (O, OH, Cl, Cl)

Chloroacetic acid (Cl, O, OH)

11.45 Pedersen(DuPont Co.)에 의한 크라운 에터(11.17절)의 첫 합성은 1,2-벤젠다이올을 다이(2-클로로에틸) 에터($ClCH_2CH_2O$)와 NaOH 존재하에서 가열하는 것이었다. 생성물은 다이벤조-18-크라운-6이다. 다이벤조-18-크라운-6의 구조를 쓰고, 이것이 형성되는 메커니즘을 제시하시오.

메커니즘

11.46 아래의 반응에 대한 타당한 메커니즘을 쓰시오.

(a) HO, Cl, H_3C, CH_3 $\xrightarrow[H_2O]{\text{KOH}}$ (epoxide) O, CH_3, CH_3

(b) (hex-5-en-1-ol) OH $\xrightarrow{\text{촉매 } H_2SO_4}$ (2-methyltetrahydropyran) O

(c) (3-methylhex-5-en-1-ol) OH $\xrightarrow{\text{촉매 } H_2SO_4}$ (2,4-dimethyltetrahydropyran) O

(d) (1-methyl-6-oxabicyclo[3.1.0]hexane) O $\xrightarrow{\text{촉매 } H_3PO_4\text{, EtOH}}$ OH, O (ethoxy)

11.47 이웃한 할로 알코올(할로하이드린)은 에폭시화물을 HX로 처리하면 합성될 수 있다. **(a)** 이 방법을 이용하여 사이클로헥센으로

부터 2-클로로사이클로헥산올을 합성하는 방법을 보이시오. **(b)** 이 생성물은 *cis*-2-클로로사이클로헥산올 또는 *trans*-2-클로로사이클로헥산올 중 어느 것인가? 즉, 전체적으로 —Cl과 —OH가 syn 첨가인가, 아니면 anti 첨가인가? 설명하시오.

11.48 1,2-클로로하이드린 **1**을 염기 촉매에 의해서 가수 분해하면 카이랄인 글라이콜 2가 배위를 보존하면서 된다. 이 변환을 설명하는 타당한 메커니즘을 제시하시오. 모든 형식 전하와 전자의 이동을 보이는 굽은 화살표를 나타내시오.

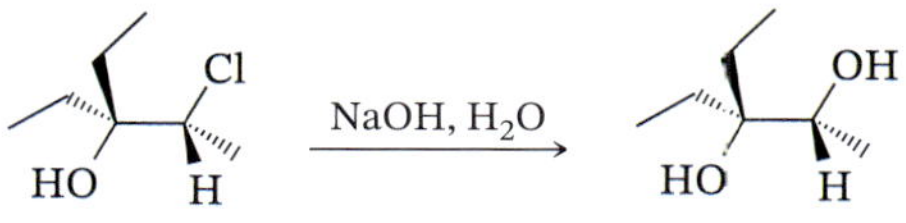

Cl, HO, H, NaOH, H_2O, OH, HO, H

1 **2**

11.49  HO, X, R, R′ 형태의 화합물은 α-할로알코올이라 하며 불안정하여 분리될 수 없다. 왜 그런지를 설명하는 메커니즘을 제시하시오.

11.50 단순한 알코올을 탈수성을 지닌 산과 반응시키면 알켄이 되지만, 다이올은 카보닐 화합물을 만든다. 다음 반응의 결과를 메커니즘으로 설명하시오.

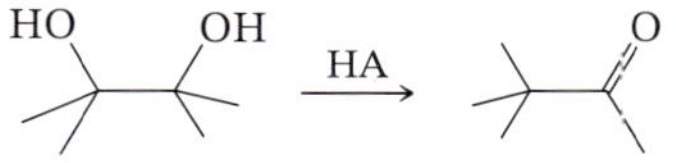

HO, OH, HA, O

11.51 *trans*-데칼린 유도체인 이 두 고리 알켄 **I**이 퍼옥시산과 반응하면 **II**가 주 생성물이다. **III**보다 **II**가 형성되는 요인은 무엇인가? (분자 모형을 만들어 보는 것이 도움이 될 것이다.)

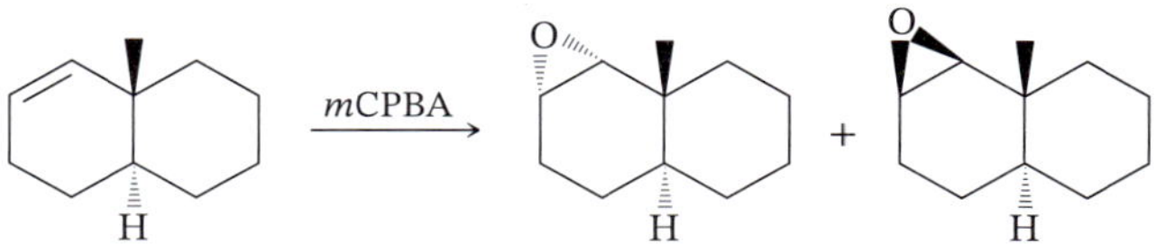

H, *m*CPBA, O, H, +, O, H

I **II (major)** **III (minor)**

11.52 에틸렌 글라이콜(1,2-에테인다이올)과 뷰테인의 Newman 투영식을 사용하여 에틸렌 글라이콜의 빗놓인(gauche) 형태가 그것의 형태 이성질체들 중에서 기여하는 정도가 뷰테인에서 빗놓인 형태가 기여하는 것보다 훨씬 더 클 것으로 예상되는 까닭을 설명하시오.

물질 합성

11.53 아래에는 집시나방의 성 유인물 디스파루어(disparlure, 페로몬의 일종)의 합성을 요약하였다. 디스파루어의 구조와 중간체 **A**~**D**의 구조를 쓰시오.

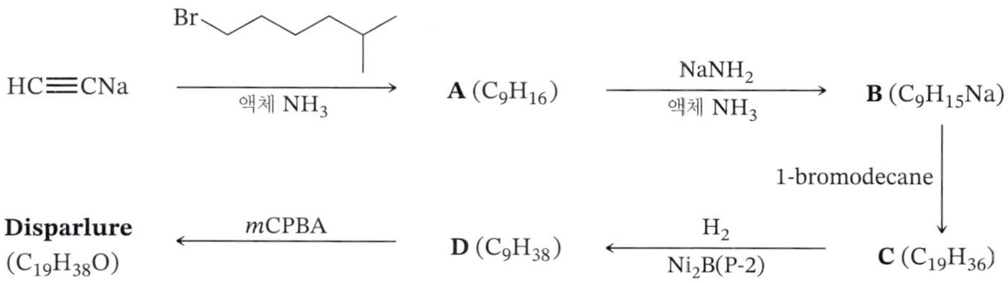

Br

HC≡CNa → (액체 NH_3) → **A** (C_9H_{16}) → ($NaNH_2$, 액체 NH_3) → **B** ($C_9H_{15}Na$)

→ (1-bromodecane) → **C** ($C_{19}H_{36}$) → (H_2, Ni_2B(P-2)) → **D** (C_9H_{38}) → (*m*CPBA) → **Disparlure** ($C_{19}H_{38}O$)

11.54 아래 각각의 질문에서 출발 물질을 생성물로 전환하는 데 타당한 경로를 제시하시오. 각각의 경우 한 단계 이상이 필요하며, 앞의 장들에서 배운 반응이 필요할 수도 있다. 모든 경우에서 모든 물질은 라셈 혼합물이며, 입체 화학은 각 카이랄 중심에 있는 기의 상대적인 배위를 나타낸다.

(a) 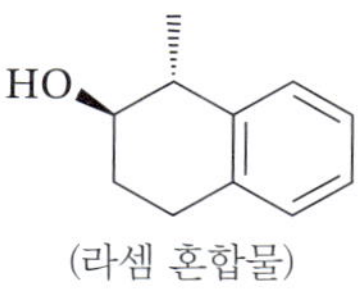 HO → MeO, OH

(라셈 혼합물) 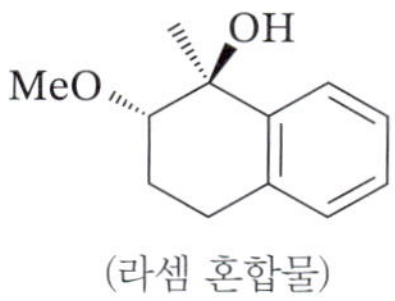 (라셈 혼합물)

(b)

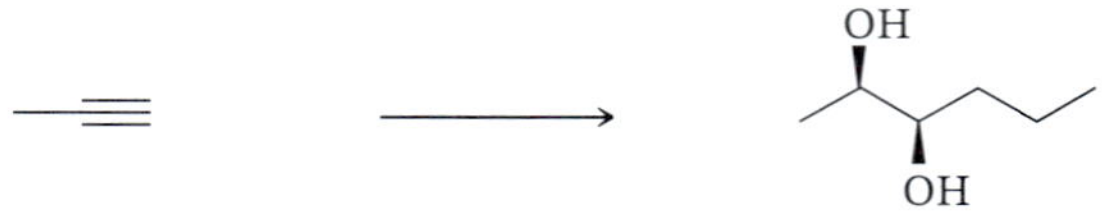

OH

OH

(c) HO

OH

11.55 아래 각각에 대하여 주어진 출발 물질로부터 제시된 일련의 단계를 통하여 형성되는 생성물(**A**, **B**, **C**로 나타냄)의 구조를 그리시오. 생성된 카이랄 중심의 입체 화학을 나타내는 데 주의하시오.

(a) (1) NBS, ROOR, Δ (2) MgBr (3) BH_3:THF (4) H_2O_2, HO^- → **A**

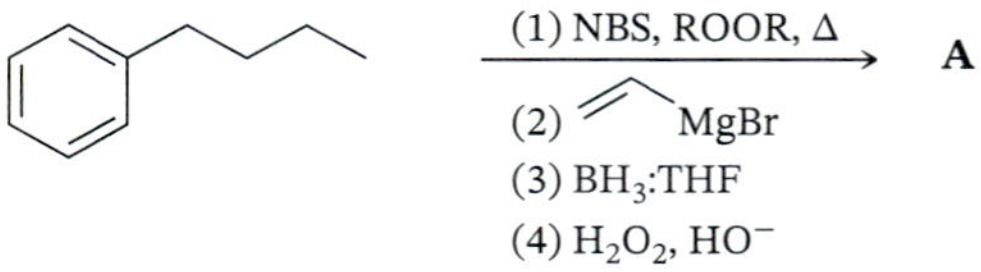

(b) MeO (1) *m*CPBA (2) HBr (3) PBr_3, pyridine → **B**

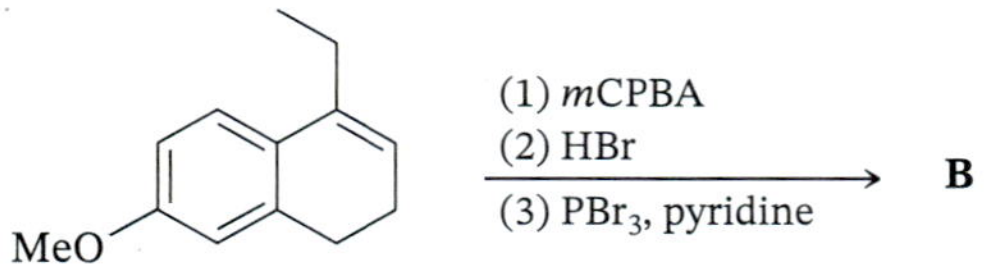

(c) (1) $Hg(OAc)_2$ (2) $NaBH_4$, HO^- (3) *p*-TsCl, pyridine (4) KCN, 18-C-6 → **C**

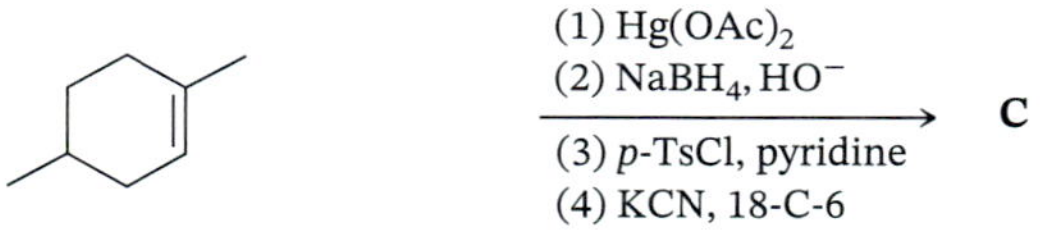

11.56 거꾸로 작업을 해서 지정된 반응을 통하여 제시된 생성물에 이르는 출발 물질을 제시하시오.

(a) **A** (1) *t*-BuOK, *t*-BuOH (2) NBS, ROOR, Δ (3) Na≡ →

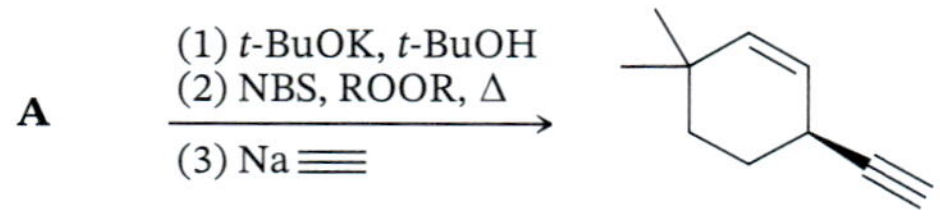

(라셈 혼합물)

(b) **B** (1) PBr_3, pyridine (2) *t*-BuOK, *t*-BuOH (3) $KMnO_4$, HO^- →

CO_2H

CO_2H

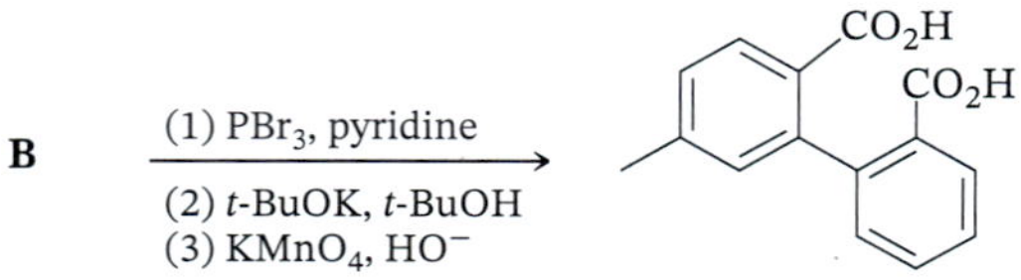

화학 상담자가 필요한 물음

11.57 화합물 dynemicin A의 암 궤사 성질을 구현하려면 에폭사이드가 열려야 하고 친핵체가 첨가되어야 한다. 이 행위는 dynemicin A가 **A**로 환원된 후에 발생한다. 입체 장애를 염두에 두고, 최종 입체 화학이 에폭사이드의 S_N2 열림과는 일치하지 않는다는 것에 주목하면서 이 최종 전환을 설명할 수 있는 메커니즘을 제시할 수 있는가? (참조: *Tetrahedron Lett.* **1990**, *31*, 151; *Biochemistry* **1991**, *30*, 2989; *Angew. Chem. Int.* Ed. **1991**, *30*, 1387.)

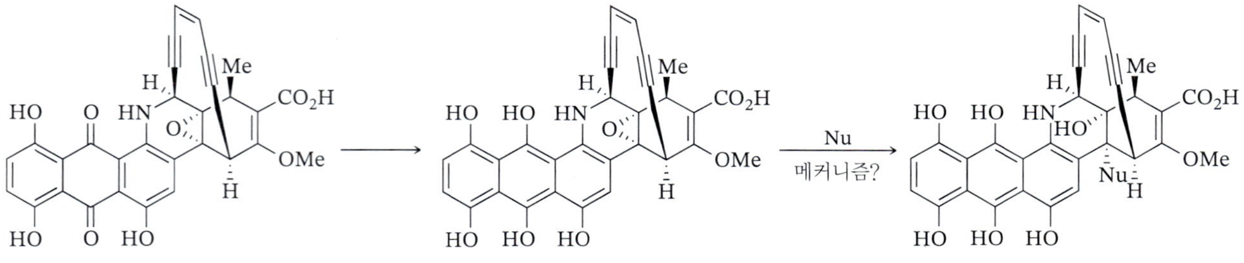

H, Me CO_2H HO O HN O OMe H HO O HO

dynemicin A

H, Me CO_2H HO HO HN O OMe H HO HO HO

A

Nu

메커니즘?

H, Me CO_2H HO HO HN HO OMe Nu H HO HO HO

B

11.58 아래에 그려진 변환 각각은 여러 개의 에터-바탕을 한 고리를 포함하는 복잡한 천연물의 실험실적 합성의 일부로 수행되었다. 그러한 전환에 필요한 조건을 제시하시오. 각 경우에서 하나 또는 두 단계가 필요하다(참조: *Tetrahedron Lett*. **1988**, *29*, 3171; *J. Am. Chem. Soc.* **1995**, *117*, 10227; *J. Am. Chem. Soc*. **1995**, *117*, 10239; *J. Am. Chem. Soc*. **1995**, *117*, 10252).

(a)

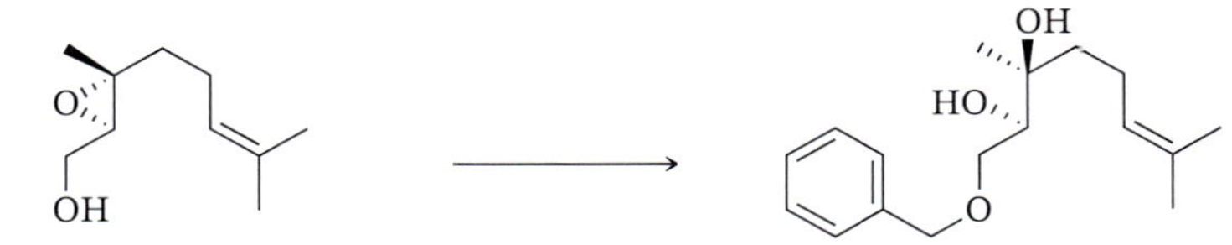

(b)

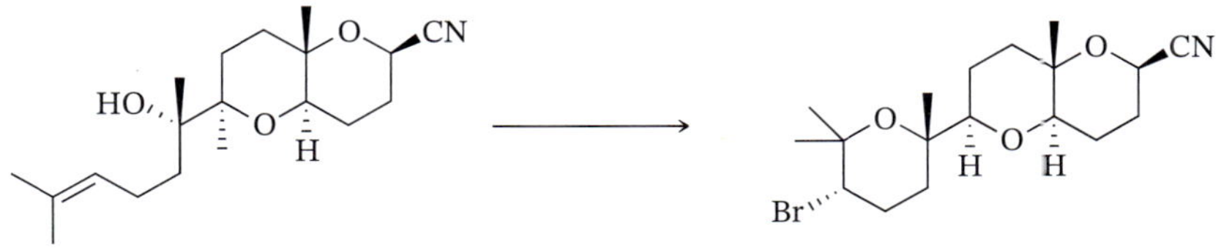

(c)

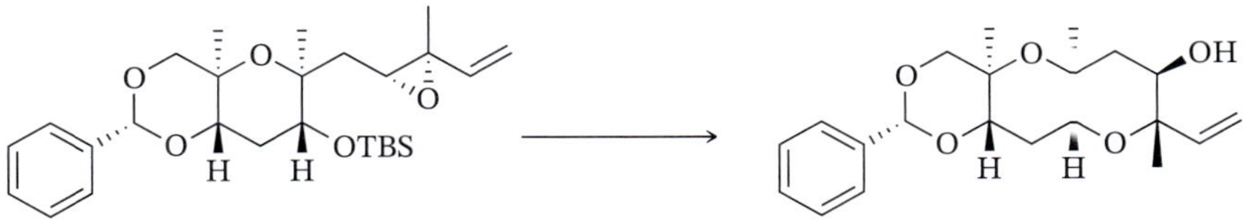

도전 물음

11.59 **A**와 같은 입체 화학적 구조식을 가진 3-브로모-2-뷰탄올을 진한 HBr과 반응시키면 *meso*-2,3-다이브로모뷰테인이 된다. 3-브로모-2-뷰탄올 **B**로 비슷한 반응을 하면 (±)-2,3-다이브로모뷰테인이 된다. 1939년에 Winstein과 Lucas가 행한 이 고전적인 실험은 **인접기 효과**(neighboring group effect)라고 부르는 일련의 연구의 시발점이 되었다. 이 반응의 입체 화학을 설명하는 메커니즘을 제안하시오.

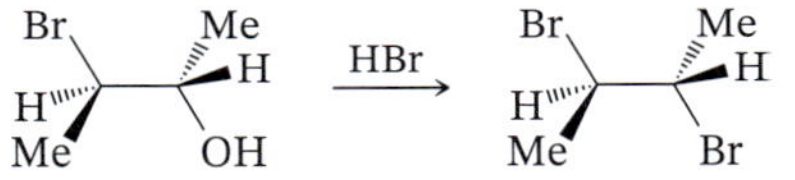

A → HBr → **2,3-Dibromobutane** (메소)

versus

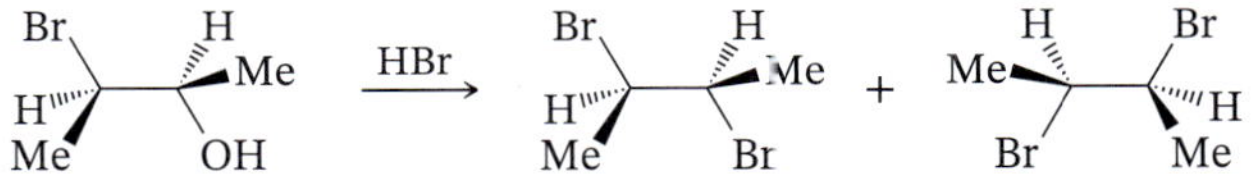

B → HBr → **2,3-Dibromobutane** (라셈 혼합물)

11.60 알코올이 3차 아민(예: 피리딘) 존재하에서 염화 싸이오닐과 반응하면 OH기가 Cl로 **배위의 반전**과 함께 치환된다(11.9절). 그러나 아민이 없으면 치환은 배위를 보존하면서 일어난다. 두 경우 모두 염화 아황산 중간체가 관여되어 있다. 이 중간체가 반전 없이 염화물을 형성하는 메커니즘을 제시하시오.

11.61 1,2,3-사이클로펜테인트라이올의 모든 가능한 입체 이성질체를 그리시오. 카이랄 중심을 표시하고 어느 것이 거울상체인지, 부분 입체 이성질체인지 말하시오.

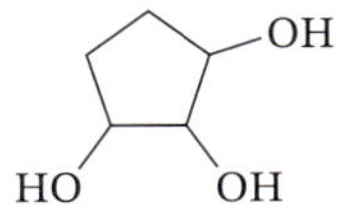

(**힌트**: 어떤 이성질체들은 '유사 비대칭 중심'을 지니고 있는데, 두 가지 배위가 가능하고 각각은 다른 입체 이성질체를 만들 때 서로 거울상과 동일하다. 그러한 입체 이성질체는 유사 비대칭 중심에 붙어 있는 ***R***과 ***S***의 순서에 따라 구별된다. 이들 가운데 ***R***은 ***S***보다 더 높은 우선권을 갖는다. 그리고 배위를 유사 비대칭을 나타내는 소문자 ***r***과 ***s***로 표시한다.)

11.62 다이메틸다이옥시레인(DMDO, 아래의 구조를 보시오)은 알켄의 에폭시화 반응에 흔히 쓰이는 또 다른 시약이다. (*Z*)-2-펜텐을 DMDO로 에폭시화 반응시키는 메커니즘을 가능한 전이 상태의 구조와 함께 쓰시오. DMDO의 에폭시화 반응에서 부산물은 무엇인가?

O, O, CH_3, CH_3

Dimethyldioxirane
(DMDO)

학습 집단을 위한 물음

1. 아세틸렌(에타인)과 메테인을 출발 물질로 하여 *meso*-2,3-뷰테인다이올을 합성하는 두 가지 방법을 고안하시오. 두 방법은 생성물에 필요한 입체 화학의 근원을 통제하기 위해서 반응 과정에서 서로 다른 접근 방법을 택해야 한다.

2. (a) 에틸 2-메틸프로필 에터(에틸 아이소뷰틸 에터)를 화학적으로 합성할 수 있는 방법을 가능한 한 많이 쓰시오. 합성의 한두 과정에서 다음 시약들을 반드시 사용하시오(그러나 한 합성법에서 모두를 사용하는 것은 아님): PBr_3, $SOCl_2$, 염화 *p*-톨루엔설폰일(염화 토실), NaH, 메탄올, 2-메틸-1-프로판올(아이소뷰틸 알코올), 진한 H_2SO_4, $Hg(OAc)_2$, 에텐(에틸렌).
(b) 제시된 합성 방법의 상대적인 가치를 선택성과 효율성의 측면에서 평가해 보시오. [어느 것이 '가장 좋은' 합성 방법인지, 그리고 어느 것이 '가장 나쁜' 합성 방법인지 정하시오.]

3. 메틸사이클로헥세인과 2-메틸프로페인을 탄소 원자의 근원으로 삼고 필요한 다른 시약들을 써서 아래에 보인 화합물을 합성하시오. 사용될 수 있는 합성 도구는 Markovnikov 또는 anti-Markovnikov 수화 반응, Markovnikov 또는 anti-Markovnikov 브로민화 수소 첨가 반응, 라디칼 할로젠화 반응, 제거 반응, 그리고 친핵성 치환 반응이다.

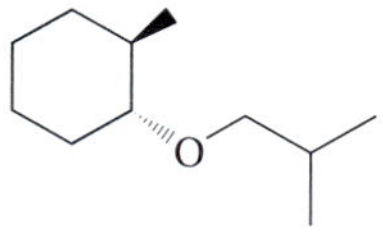

O

개념 지도

알켄, 알카인, 알코올, 할로젠화 알킬, 에터의 합성 연관 도표

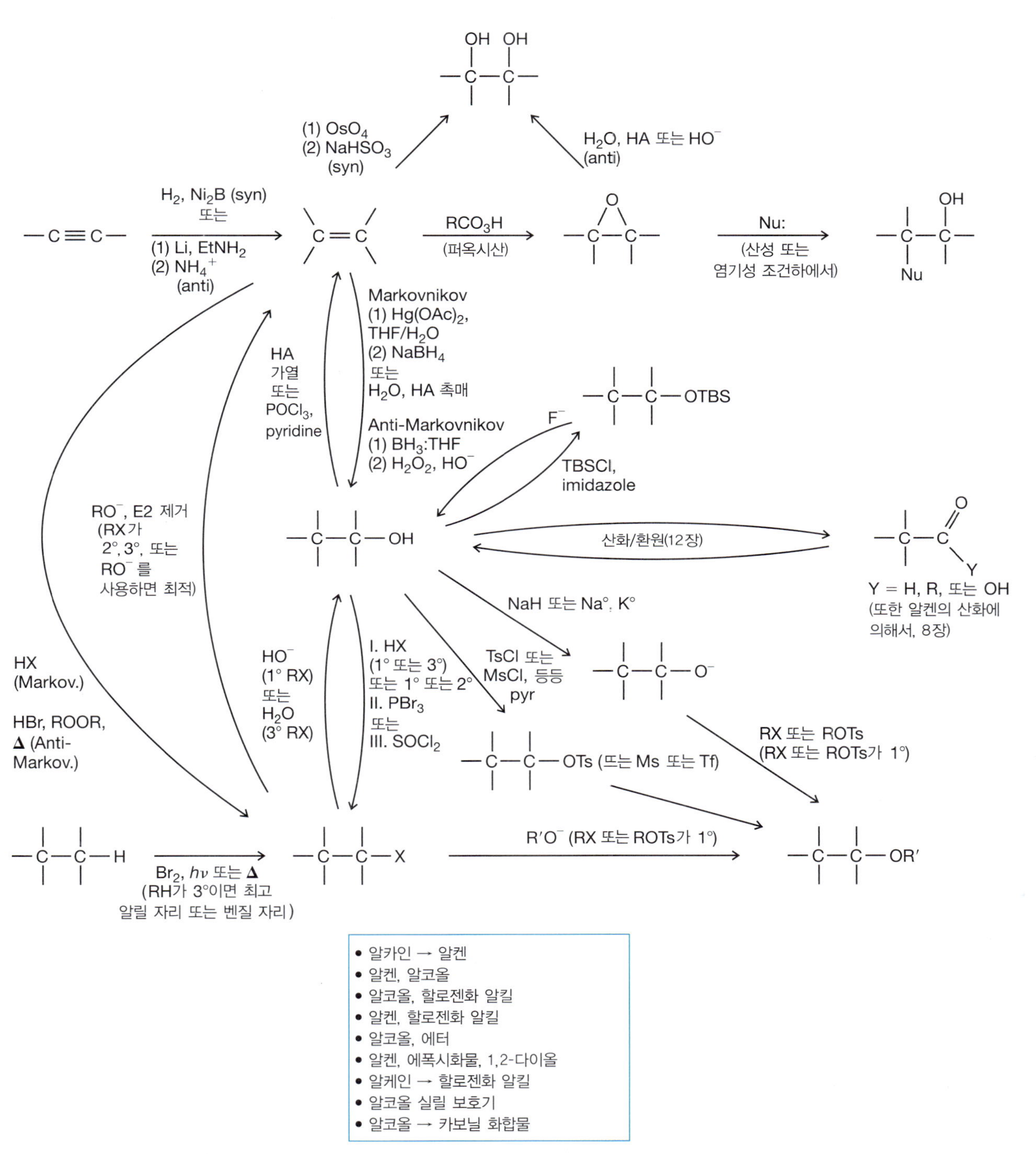

CHAPTER 12

카보닐 화합물로부터 얻어지는 알코올

산화-환원 반응과 유기금속 화합물

Kristof Hegedüs - labphoto.tumblr.com

유기 화학자들에게 선호하는 작용기가 무엇이냐고 물으면 많은 사람들이 카보닐기를 포함하는 기를 말할 것이다. 왜일까? 카보닐기는 알데하이드, 케톤, 카복실산, 에스터 아마이드 등과 같은 많은 핵심 작용기의 중심이기 때문이다. 카보닐기는 또한 매우 다양하다. 이것은 많은 작용기 사이에 상호 교환을 위한 연계 역할을 한다. 이 밖에도 카보닐기의 반응은 두 가지 매혹적이면서도 연관된 메커니즘적 경로인 친핵성 첨가 반응과 친핵성 첨가 반응-제거 반응이 포함되어 있어서 화학으로 말하자면 하나의 대박인 셈이다.

앞의 장들에서 보았듯이 카보닐기는 많은 천연물의 필수적인 성분이며, 나일론과 같은 합성된 화합물들의 본질이며, 생명체의 유기 화학에서 탄수화물의 형태로 또는 DNA로, 또는 핵심 생화학 과정의 활발한 놀이꾼으로 중심이 된다.

이 장에서 배울 내용:

- 카보닐 화합물의 구조와 반응성
- 산화-환원 반응을 통한 카보닐 작용기와 알코올의 상호 전환
- 카보닐기와 유기금속 시약 사이의 반응에 의한 새로운 C—C 결합 형성

이 주제는 왜 중요한가?

이 장의 끝에서 알코올로부터 케톤으로 맞바꾸는 간단한 변화가 성질을 어떻게 변화시키는지와 자연에서 그러한 반응이 일어나는 몇 가지 경우를 보게 될 것이다.

12.1 카보닐기의 구조

카보닐 화합물은 알데하이드, 케톤, 카복실산, 에스터, 그리고 아마이드를 포함하는 광범위한 화합물의 집단이다.

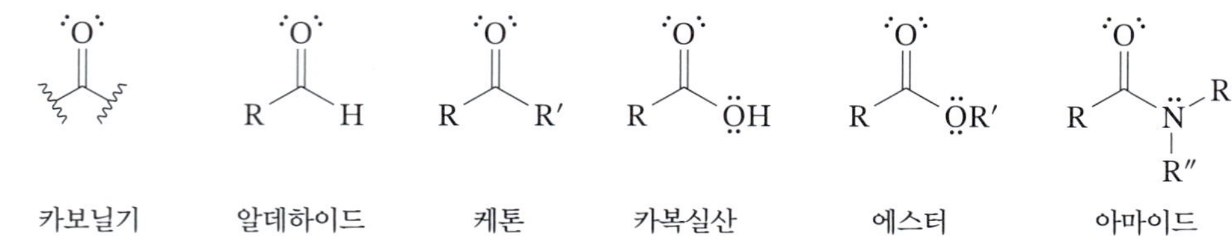

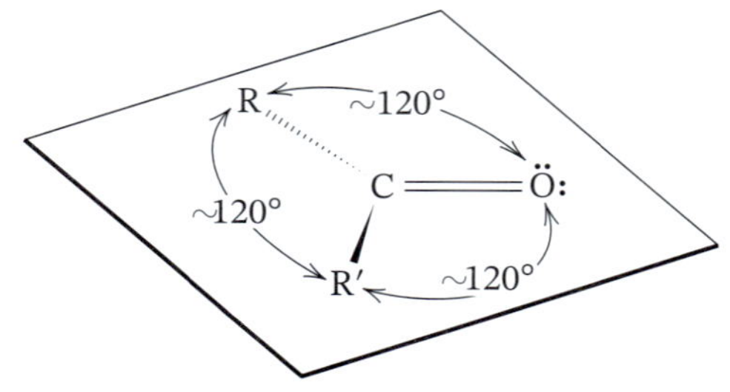

카보닐 탄소는 sp^2의 혼성 오비탈을 가진다. 이 탄소에 3개의 원자들이 붙어 있으며, 동일 평면상에 놓인다. 붙어 있는 세 원자들 사이의 결합각은 삼각 평면 구조에서 예상될 수 있는 것으로 약 120°이다.

탄소–산소 이중 결합은 한 개의 σ 결합에 있는 2개의 전자와 한 개의 π 결합에 있는 2개의 전자로 되어 있다. π 결합은 탄소의 p 오비탈과 산소 원자에 있는 한 p 오비탈의 중첩에 의하여 생긴 것이다. π 결합에 있는 전자쌍은 두 구면(σ 결합의 평면 위와 아래)을 모두 차지하고 있다.

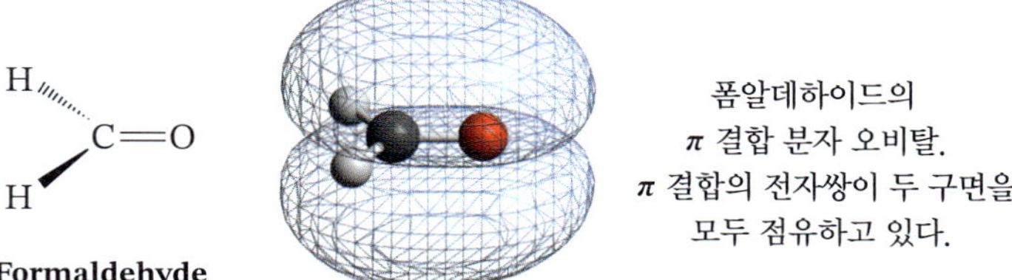

폼알데하이드의 π 결합 분자 오비탈. π 결합의 전자쌍이 두 구면을 모두 점유하고 있다.

- 더욱 전기 음성적인 산소는 σ 결합과 π 결합에 있는 전자를 모두 강력하게 끌어당기기 때문에 카보닐기는 매우 극성화되어 있다. 탄소 원자는 상당한 양전하를 띠며, 산소 원자는 상당한 음전하를 띤다.

π 결합의 극성화는 카보닐기에 대한 아래와 같은 공명 구조로 나타낼 수 있다.

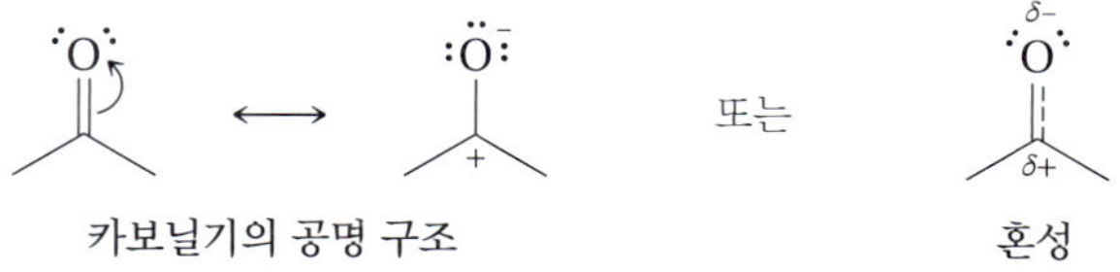

탄소–산소 결합의 극성에 대한 증거를 카보닐 화합물의 다소 큰 쌍극자 모멘트에서부터 발견할 수 있다.

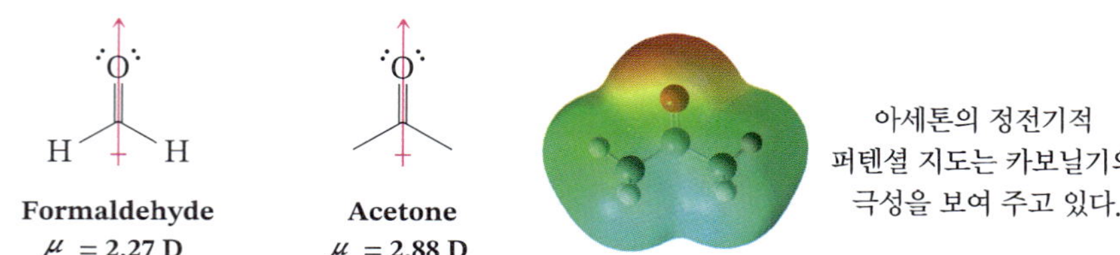

아세톤의 정전기적 퍼텐셜 지도는 카보닐기의 극성을 보여 주고 있다.

12.1A 카보닐 화합물과 친핵체 사이의 반응

카보닐 화합물의 가장 중요한 반응 중 하나는 **카보닐기**에 대한 **친핵성 첨가 반응(nucleophilic addition)**이다. 카보닐기는 방금 본 바와 같이 카보닐 탄소가 부분적인 양전하를 띠고 있기 때문에 친핵체의 공격을 받기 쉽다.

- 친핵체가 카보닐기에 첨가되면 친핵체는 자신의 전자쌍을 사용하여 카보닐 탄소 원자에 결합을 형성한다. 탄소–산소 이중 결합에 있는 한 쌍의 전자들이 산소로 이동해 나갈 수 있기 때문에 카보닐 탄소는 친핵체의 전자쌍을 받아들일 수 있는 것이다.

Nu:⁻ + (C=O) ⟶ (Nu–C–O⁻)

반응이 진행됨에 따라 탄소 원자는 자신의 기하 구조와 혼성 상태를 변화시킨다. 그것은 삼각 평면인 기하 구조와 sp^2 혼성으로부터 정사면체와 sp^3 혼성으로 바뀐다.

- 카보닐 화합물에 첨가하는 두 가지 중요한 친핵체는 $NaBH_4$나 $LiAlH_4$(12.3절)와 같은 화합물로부터 오는 **수소 음이온(hydride ion)**과 RLi나 RMgX(12.7C절)와 같은 화합물로부터 오는 **탄소 음이온(carbanion)**이다.

또 다른 관련된 반응으로는 알코올과 카보닐 화합물이 **산화**되거나 **환원**되는 반응이다(12.2~12.4절). 예를 들면, 1차 알코올은 산화하여 알데하이드가 되고 알데하이드는 환원되어 알코올이 된다.

1차 알코올 ⇌ (산화 / 환원) 알데하이드

유기 화합물의 산화 반응과 환원 반응에 적용되는 일반적인 원리 몇 가지를 살펴보기로 하자.

12.2 산화–환원 반응

- 유기 분자의 **환원 반응(reduction)**은 대개 그 수소의 양이 증가하거나 산소의 양이 감소하는 것이다.

예를 들면, 카복실산을 알데하이드로 전환하는 것은 산소의 양이 감소하므로 환원 반응이다.

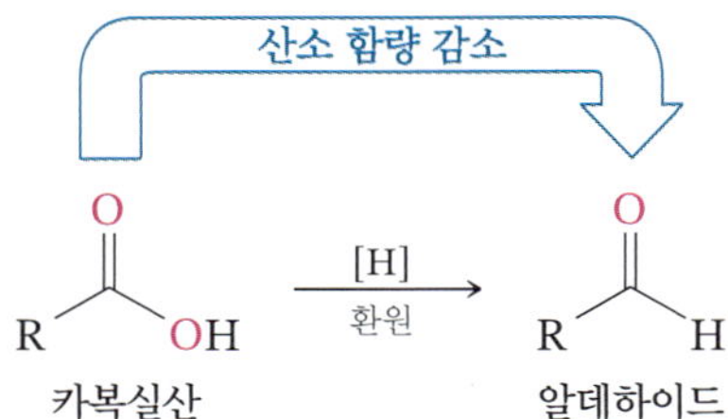

알데하이드를 알코올로 전환하는 것도 환원 반응이다.

수소 함량 증가

$$\mathrm{RCHO} \xrightarrow[\text{환원}]{[H]} \mathrm{RCH_2OH}$$

알코올을 알케인으로 바꾸는 것도 환원 반응이다.

산소 함량 감소

$$\mathrm{RCH_2OH} \xrightarrow[\text{환원}]{[H]} \mathrm{RCH_3}$$

이들 예에서 기호 [H]를 써서 유기 화합물의 환원이 일어났음을 나타냈다. 대개 환원제를 명시하지 않고 일반적인 반응을 쓸 때 이렇게 쓴다.

- 환원 반응의 반대는 **산화 반응(oxidation)**이다. 그러므로 유기 분자에서 산소의 양이 증가하거나 수소의 양이 감소하면 산화 반응이다.

앞서 언급된 각 반응의 역은 유기 분자의 산화 반응이며, 이 산화–환원 반응을 다음과 같이 요약할 수 있다. 기호 [O]를 사용하여 유기 분자가 산화되는 일반적인 방법을 나타낸다.

$$\mathrm{RCH_3} \underset{[H]}{\overset{[O]}{\rightleftharpoons}} \mathrm{RCH_2OH} \underset{[H]}{\overset{[O]}{\rightleftharpoons}} \mathrm{RCHO} \underset{[H]}{\overset{[O]}{\rightleftharpoons}} \mathrm{RCOOH}$$

가장 낮은 산화 상태 … 가장 높은 산화 상태

도움말
유기 화합물의 산화–환원 반응에 대한 일반적인 해석에 주목하시오.

- 유기 화합물의 산화 반응은 탄소보다 더 전기 음성인 어떤 원소의 양이 증가하는 반응이라고 폭넓게 정의할 수 있다.

예를 들면, 수소 원자를 염소 원자로 대치하는 것은 산화 반응이다.

$$\mathrm{Ar{-}CH_3} \underset{[H]}{\overset{[O]}{\rightleftharpoons}} \mathrm{Ar{-}CH_2Cl} \underset{[H]}{\overset{[O]}{\rightleftharpoons}} \mathrm{Ar{-}CHCl_2} \underset{[H]}{\overset{[O]}{\rightleftharpoons}} \mathrm{Ar{-}CCl_3}$$

물론 유기 분자가 환원될 때 다른 것 — **환원제(reducing agent)** — 이 산화되어야 한다. 그리고 유기 분자가 산화될 때 다른 것 — **산화제(oxidizing agent)** — 이 환원되어야 한다. 산화제와 환원제는 흔히 무기 화합물이다.

12.3 카보닐 화합물의 환원에 의하여 만들어지는 알코올

1차와 2차 알코올은 카보닐기를 포함하는 여러 가지 화합물의 환원 반응으로부터 합성될 수 있다. 몇 가지 일반적인 예를 아래에 든다.

카복실산 (R–COOH) $\xrightarrow{[H]}$ 1° 알코올 (R–CH₂–OH)

Ester (R–CO–OR′) $\xrightarrow{[H]}$ 1° 알코올 (R–CH₂–OH) (+ R′OH)

알데하이드 (R–CHO) $\xrightarrow{[H]}$ 1° 알코올 (R–CH₂–OH)

케톤 (R–CO–R′) $\xrightarrow{[H]}$ 2° 알코올 (R–CH(OH)–R′)

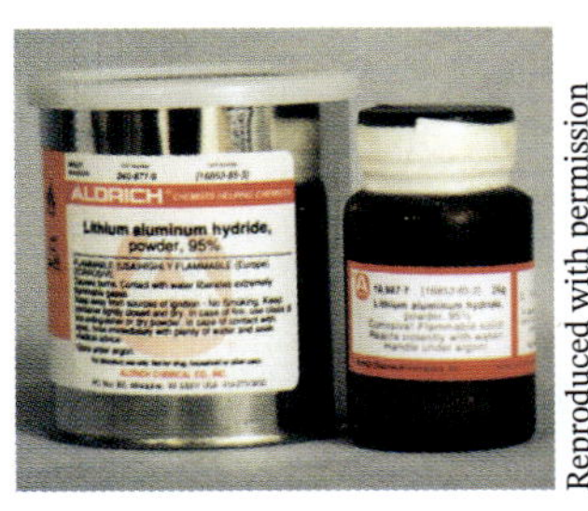

특별히 조심하지 않으면 $LiAlH_4$에 의한 환원 반응은 매우 위험하다. 환원 반응을 시도하기 전에 실험 지침서를 살펴보고, 반응을 소규모로 수행해야 한다.

12.3A 수소화알루미늄 리튬(Lithium Aluminum Hydride)

- 수소화알루미늄 리튬($LiAlH_4$, 약자로 LAH)는 카복실산과 에스터를 1차 알코올로 환원시킨다.

수소화알루미늄 리튬으로 2,2-다이메틸프로판산을 2,2-다이메틸프로판올(네오펜틸 알코올)로 환원하는 예는 다음과 같다.

$$(CH_3)_3C{-}CO_2H \xrightarrow[(2)\ H_2O/H_2SO_4]{(1)\ LiAlH_4\ \text{in}\ Et_2O} (CH_3)_3C{-}CH_2OH$$

2,2-Dimethylpropanoic acid → **Neopentyl alcohol (92%)**

카복실산의 $LiAlH_4$에 의한 환원

에스터는 $LiAlH_4$에 의해서 환원되어 두 개의 알코올을 형성하는데, 하나는 에스터기의 카보닐 부분에서, 다른 하나는 에스터의 알코올 부분에서 온 것이다.

$$R{-}CO{-}OR' \xrightarrow[(2)\ H_2O/H_2SO_4]{(1)\ LiAlH_4\ \text{in}\ Et_2O} R{-}CH_2{-}OH + R'OH$$

에스터의 $LiAlH_4$에 의한 환원

카복실산과 에스터는 알데하이드와 케톤보다 환원하기가 더 어렵다. 그렇지만 $LiAlH_4$는 이러한 전환을 수행하기에 충분히 강력한 **환원제**이다. 곧 논의할 수소화붕소 소듐($NaBH_4$)은 알데하이드와 케톤을 환원하는 데 흔히 쓰이지만, 이것은 카복실산과 에스터를 환원하기에는 약하다.

$LiAlH_4$를 사용할 때 물이나 약산성인 용매(예: 에탄올)가 존재하지 않도록 아주 조심해야 한다. **$LiAlH_4$는 양성자 주개와 격렬하게 반응하여 수소 기체를 발생한다.** 무수 다이에틸 에터(Et_2O)나 테트라하이드로퓨란(THF)이 $LiAlH_4$ 환원 반응에 일반적으로 사용되는 용매이다. 그러나 $LiAlH_4$가 반응의 환원 단계에서 모두 소모된 다음 물과 산을 가하여 생성된 염을 중화시키고 알코올 생성물의 분리를 촉진시킨다.

12.3B 수소화붕소 소듐(Sodium Borohydride)

- 알데하이드와 케톤은 수소화붕소 소듐($NaBH_4$)에 의해서 쉽게 환원된다.

수소화붕소 소듐($NaBH_4$)은 알데하이드와 케톤의 환원에 있어서 $LiAlH_4$보다 대개 더 선호된다. 수소화붕소 소듐($NaBH_4$)은 물이나 메탄올과 같은 알코올 용매에서 안전하고도 효과적인 데 비하여 $LiAlH_4$를 사용할 때는 특별한 주의가 필요하다.

Butanal $\xrightarrow[\text{MeOH}]{NaBH_4}$ 1-Butanol (85%)

알데하이드의 $NaBH_4$에 의한 환원

Butanone $\xrightarrow[\text{MeOH}]{NaBH_4}$ 2-Butanol (87%)

케톤의 $NaBH_4$에 의한 환원

알데하이드와 케톤은 수소와 금속 촉매, 그리고 소듐 금속을 알코올 용매에서 사용하여 환원될 수 있다.

수소화알루미늄 리튬이나 수소화붕소 소듐에 의한 카보닐 화합물의 환원에서 가장 중요한 단계는 금속으로부터 **수소 음이온**이 카보닐 탄소로 이동하는 것이다. 이 이동에서 수소 음이온은 **친핵체**로 작용한다. $NaBH_4$에 의한 케톤의 환원 반응 메커니즘은 다음과 같다.

반응 메커니즘

수소 음이온 전이에 의한 알데하이드와 케톤의 환원 반응

BH_4^- + $R(C{=}O)R'$ ($\delta+$ C, $\delta-$ O) ⟶ $R_2CH{-}O^-$ + H—OH ⟶ $R_2CH{-}OH$

수소 음이온 전이 / 알콕시화 이온 / 알코올

이 단계는 붕소에 붙어 있는 모든 수소 원자들이 다 전이될 때까지 반복된다.

생물 화학: 알코올 탈수소 효소—생화학적인 수소 음이온 시약

알코올 탈수소 효소가 아세트알데하이드를 에탄올로 전환시킬 때 NADH는 니코틴아마이드 고리의 C4로부터 수소 음이온을 아세트알데하이드의 카보닐기에 전달해 주는 환원제로 행동한다. 니코틴아마이드 고리의 질소는 자신의 비결합 전자쌍을 고리에 줌으로써 이 과정을 촉진시킨다. 이와 함께 수소 음이온을 잃으면 고리를 NAD^+에서 보이는 것처럼 에너지적으로 더 안정한 고리로 전환시킨다(이것이 더 안정한 까닭은 14장에서 배운다). 아세트알데하이드에 수소 음이온이 전달된 결과로 생긴 에폭시화 이온은 효소에 의해서 양성자가 첨가되어 에탄올이 된다.

비록 수소 음이온을 받는 아세트알데하이드의 카보닐 탄소는 전기 음성적인 산소 때문에 원래 친전자성이지만, 효소는 아연 이온을 Lewis 산으로 카보닐 산소에 배위시킴으로써 친전자성을 증가시킨다. Lewis 산은 전이 상태에서 산소에 생겨나는 음전하를 안정화시킨다. 효소 단백질 골격의 역할은 아연 이온, 조효소, 그리고 기질을 전이 상태의 에너지를 낮추는 데 필요한 삼차원 배열로 잡아매는 것이다. 물론 반응은 완전히 가역적이다. 그래서 에탄올의 상대적인 농도가 높으면 알코올 탈수소 효소는 수소 음이온을 제거함으로써 에탄올의 산화 반응을 진행시킨다. 이러한 알코올 탈수소 효소의 역할은 해독 작용에 매우 중요하다. '카이랄 화학: 카보닐기의 입체 선택성인 환원'에서 알코올 탈수소 효소의 입체 화학적인 관점을 다룬다.

12.3C 수소화 다이아이소뷰틸알루미늄(Diisobutylaluminium Hydride)

- 수소화 다이아이소뷰틸알루미늄(i-Bu_2AlH, 약어로 DIBAL-H, DIBAL, 또는 DIBALH)은 유기알루미늄 화합물로 알데하이드, 케톤, 카복실산, 그리고 에스터를 대응되는 알코올로 환원시킨다. 대개 DIBAL-H는 다리로 된 이합체로 존재한다.

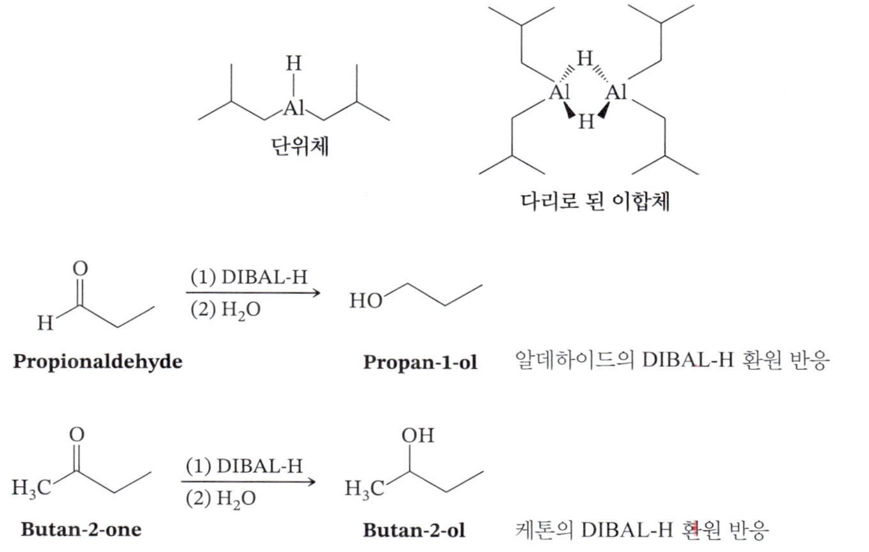

알데하이드의 DIBAL-H 환원 반응

케톤의 DIBAL-H 환원 반응

반응 메커니즘

DIBAL-H에 의한 알데하이드와 케톤의 환원 반응

환원 반응의 첫 단계는 카보닐 산소의 비공유 전자쌍과 DIBAL-H의 알루미늄의 배위 결합이다. 두 번째 단계에서만 수소 음이온 전달이 일어나서 헤미아세탈이 되는데 물로 처리하여 알코올이 된다.

배위 → 수소 음이온 전달 → 헤미아세탈 —H_2O→ 알코올 +

DIBAL-H의 또 다른 중요한 응용으로는 α,β-불포화 알데하이드를 고온에서 알릴 자리 알코올로 선택적으로 환원하는 것이다.

Cinnamaldehyde —DIBAL-H, toluene, 70 °C→ **(*E*)-3-Phenylprop-2-en-1-ol**

DIBAL-H는 친전자성 환원제이며, 따라서 전자가 풍부한 카보닐과 우선적으로 반응한다. 대조적으로, LAH나 $NaBH_4$는 친핵성인 환원제이므로 전자가 결핍된 카보닐과 반응한다.

DIBAL-H의 공기와 물에 대한 민감성 때문에 환원 반응은 공기나 수분이 없는 데서 수행한다. 그러므로 알데하이드나 케톤을 알코올로 환원하는 데는 DIBAL-H 대신 $NaBH_4$가 우세하다. DIBAL-H는 카복실산 에스터와 나이트릴을 저온에서 대응되는 알데하이드로 부분적으로 환원시키는 데 흔히 사용된다(16장 참조).

12.3D $LiAlH_4$와 $NaBH_4$의 반응성에 대한 전체적인 요약

수소화붕소 소듐은 수소화알루미늄 리튬보다 더 약한 환원제이다. 수소화알루미늄 리튬은 산, 에스터, 알데하이드, 그리고 케톤을 환원한다. 그러나 수소화붕소 소듐은 단지 알데하이드와 케톤만 환원한다.

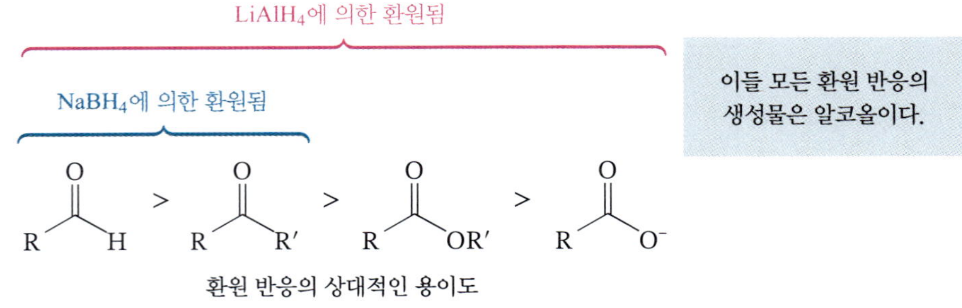

환원 반응의 상대적인 용이도

수소화알루미늄 리튬은 물과 격렬하게 반응한다. 그러므로 수소화알루미늄 리튬에 의한 환원 반응은 수분이 없는 용액, 대개 무수 에터 속에서 수행된다(반응 후에 아세트산 에틸을 조심스럽게 가해서 과량의 $LiAlH_4$를 파괴하고, 그다음 물을 가해서 알루미늄 착물을 파괴시킨다). 수소화붕소 소듐에 의한 환원 반응은 대조적으로, 물이나 알코올 용액에서 수행할 수 있다.

12.3E 할로젠화 알킬을 탄화수소로 환원: RX → RH

할로젠화 알킬의 할로젠 원자를 수소로 치환하는 것은 할로젠화 알킬을 $LiAlH_4$(12.3A절)로 처리하면 된다. 산화 상태가 높은 할로젠 원자가 산화 상태가 낮은 수소 원자로 치환되기 때문에 이 반응은 환원 반응이다. 거의 모든 형태(1°, 2°, 3°)의 할로젠화 알킬은 $LiAlH_4$로 환원될 수 있다. $LiAlD_4$는 할로젠 원자를 중수소 원자로 치환하는 데 사용된다.

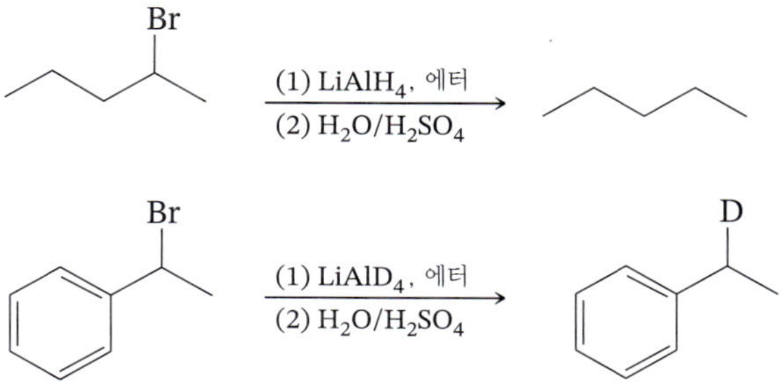

Br

(1) $LiAlH_4$, 에터
(2) H_2O/H_2SO_4

Br

D

(1) $LiAlD_4$, 에터
(2) H_2O/H_2SO_4

되새김 물음 12.1

아래의 변환을 시키려면 $LiAlH_4$ 또는 $NaBH_4$ 중 어느 환원제를 써야 될까?

(a) O, OH → OH

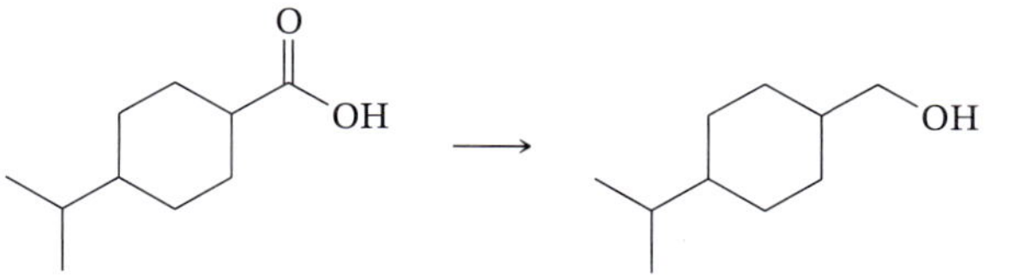

(b) O, OH, O → OH, OH

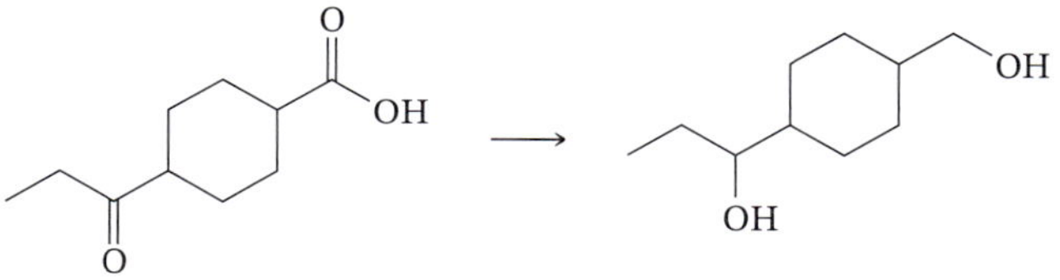

(c) O, OEt, H, O → O, OEt, HO

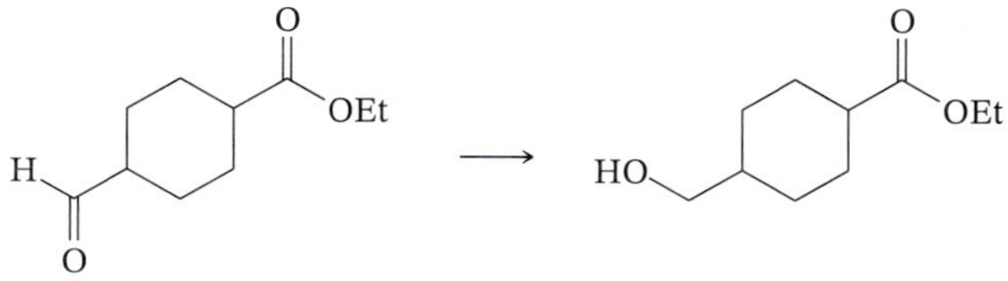

(d) Br →

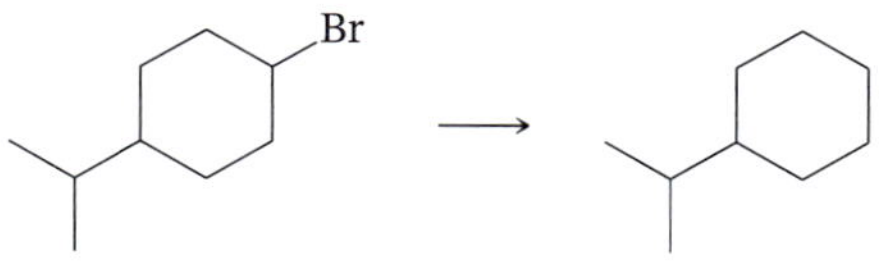

(e) O, OMe, Br → OH

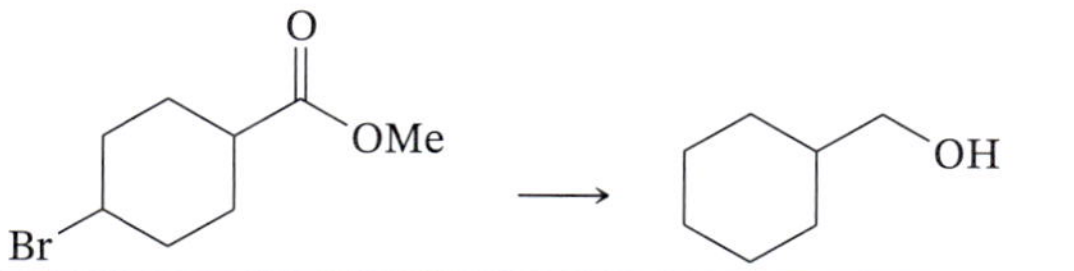

카이랄 화학: 카보닐기의 입체 선택성인 환원

Simon Terry/Science Source

Yellowstone 국립 공원과 같은 온천에서 자라는 친열성 박테리아는 extremozyme이라 불리는 열에 안정한 효소를 생산하는데, 이 효소는 다양한 화학 공정에 유용함이 밝혀졌다.

거울상체 선택성

카보닐기의 **입체 선택성(stereoselective)**인 환원 가능성은 많은 합성에 있어서 가장 중요한 고려 대상이다. 환원될 카보닐기의 구조에 따라 수소 음이온의 전이로 인하여 생성된 정사면체인 탄소는 새로운 카이랄 중심이 될 수 있다. 카이랄이 아닌 $NaBH_4$나 $LiAlH_4$와 같은 시약은 비카이랄성의 삼각 평면인 기질의 양쪽 면에서 같은 속도로 반응하여 라셈 혼합물의 생성물을 만든다. 그러나 효소와 같은 예는 카이랄이며, 카이랄성 반응물이 관여하는 반응은 전형적으로 카이랄인 생성물의 한 거울상체를 주로 형성한다. 그러한 반응을 **거울상 이성질 선택성(enantioselective)**이라고 말한다. 그러므로 알코올 탈수소 효소와 같은 효소가 조효소로 NADH('생물 화학: 알코올 탈수소 효소' 참조)를 써서 카보닐기를 환원하면, 삼각 평면인 카보닐 기질의 두 면 사이를 구별한다. 그래서 정사면체인 생성물의 두 가지 가능한 입체 이성질체 중 한 가지만 얻어지는 것이다. [만일 처음 반응물이 카이랄이면 새로운 카이랄 중심의 형성으로 인하여 한 가지 부분 입체 이성질체가 주로 얻어진다. 이럴 경우 반응은 **부분 입체 이성질 선택성(diastereoselective)**이라고 말한다.]

여러 NADH-의존 효소가 다양한 기질의 거울상체 선택성 능력을 지녔음이 알려져 있다. 이러한 지식으로 말미암아 이 효소 중 몇 가지는 합성에 있어서 탁월한 입체 선택성인 시약으로 이용될 수 있다. 가장 널리 쓰이는 것들 중 하나는 효모 알코올 탈수소 효소이다. 다른 중요한 것들로는 친열성 박테리아(높은 온도에서 자라는 박테리아)로부터 얻어진 효소이다. 열에 안정한 효소(**extremozyme**이라고 함)는 고온(어떤 경우는 100 ℃ 이상)의 속도 증대 요인 때문에 반응을 빨리 완결되도록 한다. 그러나 거울상체 선택성은 저온에서 더 크다.

Thermoanaerobium brockii (ketone → HO H alcohol)

96% 거울상체 과량
(85% 수율)

카보닐기의 입체 선택성인 환원을 진행시킬 목적으로 카이랄인 수많은 화학시약들이 개발되었다. 이들 대부분은 알루미늄이나 붕소의 수소 화합물 환원제인데, 한 개 또는 그 이상의 카이랄성 유기 리간드가 들어 있다. 예를 들면, (S)-Alpine-Borane과 (R)-Alpine-Borane은 다이보레인(B_2H_6)과 ($-$)-α-pinene이나 ($+$)-α-pinene(거울상체인 천연 탄화수소)으로부터 각각 합성되었다. $LiAlH_4$와 카이랄성 아민으로부터 개발된 시약들도 있다. 효소에 의한 환원이나 카이랄인 환원제에 의한 환원에 의해서 얻을 수 있는 입체 선택성의 정도는 기질의 구체적인 구조에 의존한다.

(R)-Alpine-Borane

이상적인 입체 선택성을 얻기 위해서는 여러 가지 반응 조건을 실험해 볼 필요가 있다.

(S)-(–)Alpine-Borane

97% 거울상체 과량
(60~65% 수율)

선구 카이랄성(prochirality)

NADH 반응에서 입체 화학의 두 번째 측면은 NADH의 C4에 두 수소가 있다는 사실에 기인된다. 원칙대로라면 두 개 중 어느 것이나 환원 과정에서 수소 음이온으로 전달될 수 있다. 그러나 한 효소 반응에서 NADH의 C4로부터 한 가지 특정한 수소 음이온만 전달된다. 어느 수소 음이온이 전달될지는 관여된 효소의 특성에 따르며, 입체 화학적인 이름 짓기의 연장선상에서 표시한다.

NADH의 C4에 있는 수소들은 **선구 카이랄성(prochiral)**이라고 말한다. 하나는 **pro-*R***, 다른 하나는 **pro-*S***라고 표시하는데, 각각을 수소보다 우선성이 더 큰 기로 대치했을 때 배위가 *R* 또는 *S* 중 어느 것이 될지를 상상해서 정한 것이다. 이렇게 해서 *R* 배위가 만들어지면 '대치'된 그 수소는 pro-*R*이고 *S* 배위가 만들어지면 pro-*S*이다. 일반적으로 **선구 카이랄 중심(prochiral center)**은 삼각 평면인 원자에 한 기를 더하거나(케톤의 환원처럼) 두 동등한 기 중 하나를 대치하였을 때 새로운 카이랄 중심이 만들어지는 것이다.

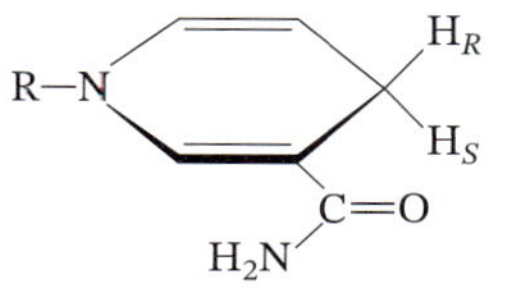

R—N, H_R, H_S, C=O, H_2N

NADH의 nicotinamide 고리. pro-*R*과 pro-*S*인 수소를 나타냄

12.4 알코올의 산화 반응

1차 알코올은 알데하이드로 산화될 수 있고, 알데하이드는 카복실산으로 산화될 수 있다.

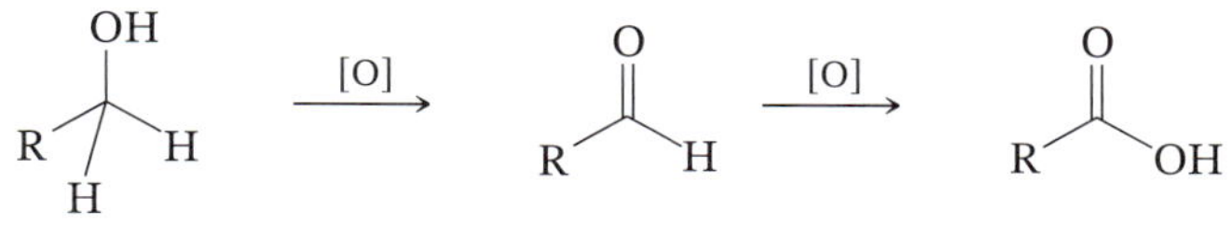

$$\mathrm{RCH_2OH} \xrightarrow{[O]} \mathrm{RCHO} \xrightarrow{[O]} \mathrm{RCOOH}$$

1° 알코올 → **알데하이드** → **카복실산**

2차 알코올은 케톤으로 산화될 수 있다.

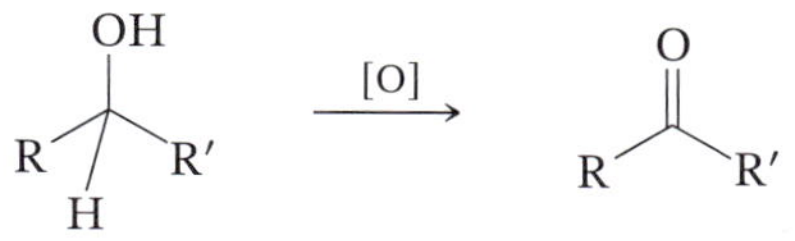

$$\mathrm{RCH(OH)R'} \xrightarrow{[O]} \mathrm{RC(=O)R'}$$

2° 알코올 → **케톤**

3차 알코올은 카보닐 화합물로 산화될 수 없다.

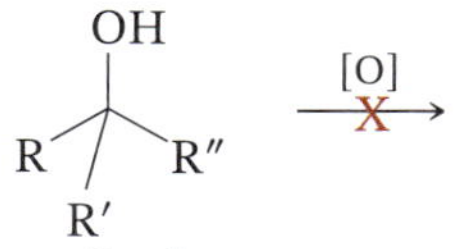

$$\mathrm{RR'R''C{-}OH} \xrightarrow[\times]{[O]}$$

3° 알코올

이 예들은 하나의 공통점이 있다. **산화**가 일어날 때 알코올이나 알데하이드의 탄소가 수소 원자 한 개를 잃는다. 3차 알코올은 알코올 탄소에 수소가 없어서 이런 방식으로는 산화될 수 없는 것이다.

12.4A 공통적인 메커니즘적 주제

1차와 2차 알코올의 산화는 위에서 보듯이 어떤 시약을 썼을 때 공통적인 메커니즘 경로를 따른다. 이들 시약은 아래에서 다룰 것인데, 반응 도중 하이드록실 산소에 이탈기를 부착시킨다. 하이드록실 탄소로부터 수소가 없어지고 산소로부터 이탈기가 떠나가는 제거 반응의 결과로 C=O π 결합이 형성된다. 카보닐 이중 결합의 형성은 알켄 이중 결합이 제거 반응을 통해 형성되는 것과 유사하다. 일반적인 경로를 여기에 보인다.

제거 반응에 의한 알코올의 산화

1° 또는 2° 알코올은 시약과 반응하여 알코올 산소에 이탈기(LG)를 부착시킨다.

$\xrightarrow{-HA}$

제거 단계에서 염기가 알코올 탄소로부터 수소를 없애고 C=O 결합이 형성되며, 이탈기가 떠나가고 산화된 생성물이 얻어진다.

C=O + B—H + LG:

1차와 2차 알코올은 필요한 수소 원자를 알코올 탄소에 가지고 있다. 또한 이탈기를 도입할 때 없어져야 할 하이드록실 수소도 위에서 보듯이 있다.

알데하이드는 위에서 보인 바대로 참여할 하이드록실기를 가지고 있지 않은데도 이 메커니즘에 따라 산화되는 방법이 의문시 될 수 있다. 그 답은 알데하이드의 반응 혼합물에 물이 존재하는지의 여부이다. 물이 존재하면 알데하이드는 수화물[16장에서 배울 **첨가 반응(addition reaction)**에 의함]을 형성할 수 있다.

$$\text{RCHO} \underset{}{\overset{+\,H_2O}{\rightleftharpoons}} \text{RCH(OH)OH} \xrightarrow{[O]} \text{RCOOH}$$

알데하이드 알데하이드 수화물 카복실산

알데하이드 수화물의 탄소는 제거 반응에 필요한 하이드록실기와 수소 원자를 모두 가지고 있다. 비록 알데하이드 수화물이 낮은 농도로 존재한다고 해도 수화물의 형태로 있는 분자는 위에 보인 메커니즘에 따라 산화될 수 있고, Le Chatelier 원리에 따라 궁극적으로 알데하이드 분자 모두를 대응되는 카복실산으로 산화시키는 반응으로 이끌어간다.

알데하이드는 물이 없다면 위의 일반적인 메커니즘에 의해서 산화될 수 없다. 이러한 사실은 1차 알코올로부터 구체적으로 알데하이드 또는 카복실산에 이르게 하는 조건을 선택할 때 유용하다.

이제 위에 보인 일반적인 메커니즘에 연관된 특정한 산화 방법인 Swern 산화 반응과 크로뮴산 에스터가 관여하는 산화 반응을 고려해 보자.

12.4B Swern 산화 반응

Swern 산화 반응은 1차와 2차 알코올로부터 알데하이드와 케톤을 각각 합성하는 데 광범위하게 유용하다. 이 반응은 물이 없이 수행하므로 1차 알코올로부터 카복실산이 아니라 알데하이드를 형성시킨다. 2차 알코올은 케톤으로 산화된다.

$$\xrightarrow[\text{(2) }Et_3N]{\text{(1) DMSO, }(COCl)_2,\text{ 저온}}$$

1° 알코올의 Swern 산화 반응으로 알데하이드가 된다.

$$\xrightarrow[\text{(2) }Et_3N]{\text{(1) DMSO, }(COCl)_2,\text{ 저온}}$$

2° 알코올의 Swern 산화 반응으로 케톤이 된다.

반응 메커니즘

Swern 산화 반응

1단계

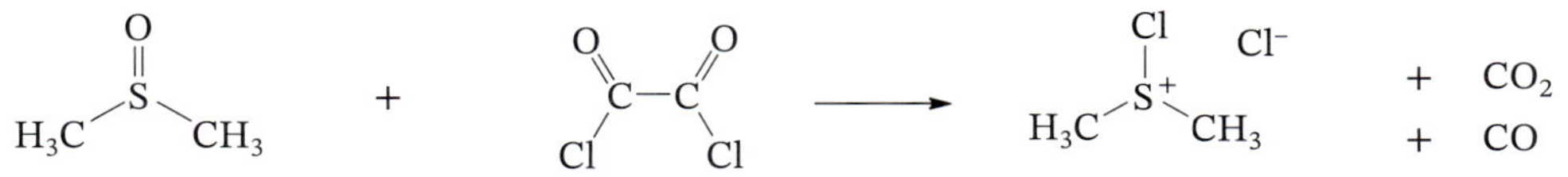

Dimethylsulfoxide (DMSO) + Oxalyl chloride $(COCl)_2$ ⟶ Chlorodimethylsulfonium 염 + CO_2 + CO

DMSO와 염화 옥살릴이 반응하여 클로로 다이메틸설포늄 염이 형성된다.

2단계

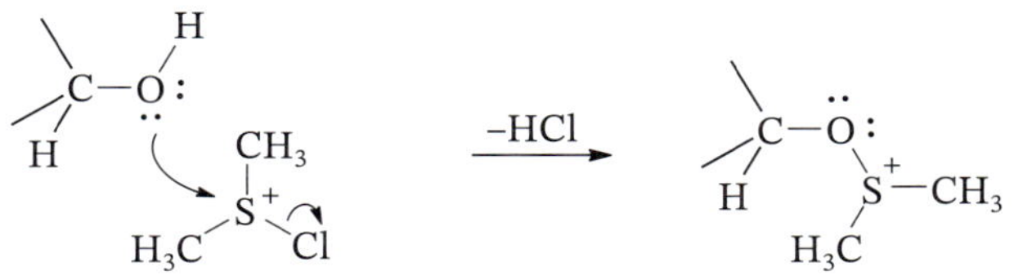

$-HCl$

1° 또는 2° 알코올이 설포늄 염과 반응하여 알코올 산소 원자에 이탈기를 부착시키고 하이드록실 양성자를 잃게 된다.

이제 산소는 제거 반응에서 잃게 될 수 있는 이탈기를 가지고 있다.

3단계

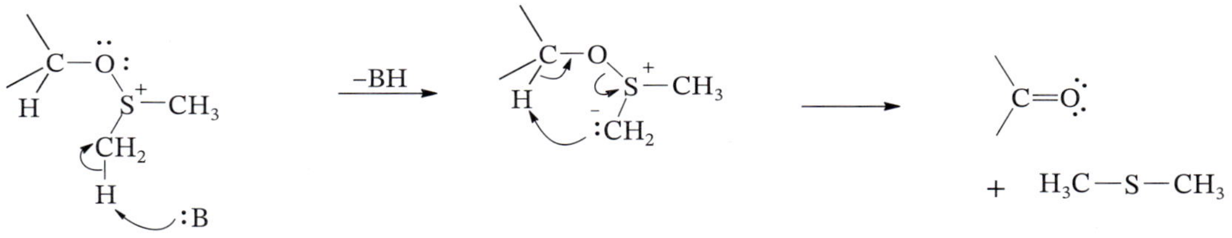

$-BH$

$+ H_3C-S-CH_3$

염기(대개 트라이에틸아민 또는 다이아이소프로필아민)가 양전하를 띤 황과 인접한 메틸기로부터 수소를 제거한다.

음이온인 메틸기는 알코올 탄소로부터 양성자를 제거하여 C=O π 결합을 형성한다. 다이메틸설파이드가 이탈기로 떠나가고 산화된 생성물이 얻어진다.

이 반응은 연속적인 조작으로 진행된다. 먼저 염화 옥살릴(ClCOCOCl)을 DMSO에 대개 저온에서 가해서 클로로다이메틸설포늄 염(부산물로 CO_2, CO, HCl)을 형성한다. 그다음 알코올 기질이 클로로다이메틸설포늄 염에 가해지고, 이때 다이메틸설포늄기가 하이드록실 산소에 이탈기로 부착된다. 셋째로 아민이 염기로 첨가되어 제거 반응을 촉진시킨다.

되새김 물음 12.2

아래 화합물을 Swern 산화 반응을 시킬 때 반응 조건과 생성물을 쓰시오

(a) Myrtenol

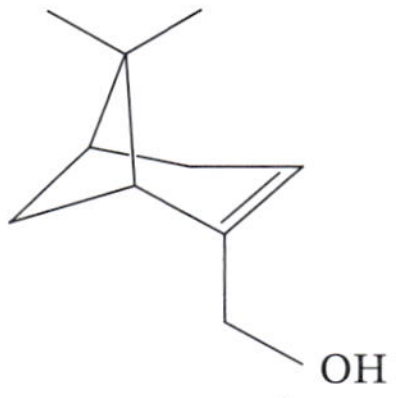

(b) Chrysanthemyl alcohol

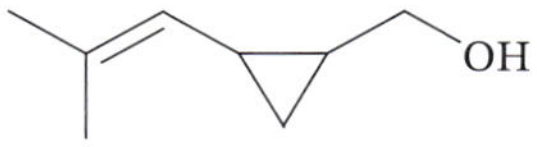

12.4C 크로뮴산(H_2CrO_4) 산화 반응

크로뮴산(H_2CrO_4)과 같은 크로뮴(VI) 시약이 관여하는 산화 반응은 수행하기 간단하고 널리 사용된다. 이 반응은 크로뮴산 에스터 형성이 관여하며 12.4A절에서 보인 일반적인 메커니즘과 유사한 제거 반응 단계가 포함되어 있다. 그러나 크로뮴(VI)는 발암 물질이며 환경 유해물질이다. 이러한 까닭으로 Swern 산화 반응과 다른 것들이 점점 더 중요해지고 있다.

Jones 시약(Jones reagent)은 크로뮴(VI) 산화 화학종인 H_2CrO_4의 근원으로 유명하다. 이것은 CrO_3나 Na_2CrO_4를 황산 수용액에 가하여 만든다. 일반적으로 Jones 시약을 알코올이나 알데하이드의 아세톤 또는 아세트산(산화되지 않는 용매) 용액에 가하여 수행한다. 1차 알코올은 위에서 언급한 알데하이드 수화물을 거쳐 카복실산으로 산화된다. 2차 알코올은 케톤으로 산화된다. 다음은 Jones 시약으로 산화시키는 예이다.

OH → (H_2CrO_4, acetone, 35 °C) → O

Cyclooctanol **Cyclooctanone (92~96%)**

반응 메커니즘

크로뮴산에 의한 산화

크로뮴산 에스터의 형성

1단계

1° 와 2° 알코올은 크로뮴산과 반응하여 물을 잃고 크로뮴산 에스터를 형성하여 이탈기를 알코올 산소에 부착시킨다.

산소는 이제 제거 반응에서 잃게 되는 이탈기를 지녔다.

H_2CrO_3의 제거 반응에 의한 산화

2단계

물 분자가 알코올 탄소로부터 양성자를 제거하여 **C=O** π 결합이 형성된다. 크로뮴 원자는 **H_2CrO_3**로 떠나가면서 환원되고 산화 생성물이 얻어진다.

앞서 언급한 것처럼, 크로뮴산 산화 반응 메커니즘은 먼저 알코올과의 크로뮴산 에스터 형성이 관여한다. 그다음 H_2CrO_3 분자가 제거 반응 단계에서 이탈기로 작용하여 카보닐 화합물의 C=O 결합을 형성한다.

크로뮴산 용액은 오렌지색–빨간색이다. 그리고 Cr(III)을 포함하고 있는 생성물 혼합물은 녹청색이다. 그러므로 Jones 시약과 같은 시약은 색깔에 근거한 작용기 시험 시약으로 이용될 수 있다. 1차와 2차 알코올과 알데하이드는 Jones 시약에 의해서 신속하게 산화되어 수 초 내에 용액을 불투명한 녹청색으로 변하게 한다. 이들이 존재하지 않으면 용액은 다른 부반응이 색깔을 변화시키기 전까지 오렌지색–빨간색으로 남아 있다. 이 색깔 변화는 원조적인 **음주 측정기(breathalyzer alcohol test)**의 근거이다.

$$H_2CrO_4 \xrightarrow{\text{1° 또는 2° 알코올 또는 알데하이드를 첨가}} H_2CrO_3 + \text{산화 반응 생성물}$$

투명한 오렌지색–빨간색 용액 → 불투명한 녹청색 용액

12.4D 클로로크로뮴산 피리디늄(PCC)

클로로크로뮴산 피리디늄(PCC)은 Cr(VI) 염으로 피리딘(C_5H_5N), HCl, CrO_3 사이의 반응으로부터 형성된다. PCC는 CH_2Cl_2에 녹는다. 그래서 물이 배제된 조건에서 사용되어 1차 알코올을 알데하이드로 산화시키도록 한다. 왜냐하면 무수 조건에서는 알데하이드 수화물이 존재하지 않기 때문이다. 한편 Jones 시약은 수용성 시약이므로 1차 알코올을 카복실산으로 산화시킨다. 다음은 PCC 산화 반응의 일반적인 예이다.

Pyridinium chlorochromate (PCC)

$$\text{2-Ethyl-2-methyl-1-butanol} \xrightarrow[CH_2Cl_2]{PCC} \text{2-Ethyl-2-methylbutanal}$$

1° 알코올의 PCC 산화 반응으로 알데하이드가 된다.

$$\text{3-pentanol} \xrightarrow[CH_2Cl_2]{PCC} \text{3-pentanone}$$

2° 알코올의 PCC 산화 반응으로 케톤이 된다.

12.4E 과망가니즈산 포타슘($KMnO_4$)

1차 알코올과 알데하이드는 과망가니즈산 포타슘($KMnO_4$)에 의해서 대응되는 카복실산으로 산화된다. 2차 알코올은 케톤으로 산화된다. 이 반응은 위에서 서술한 메커니즘으로 진행하지 않는다(그리고 메커니즘을 여기서 논하지 않는다). 이 반응은 대개 염기성 수용액에서 수행되며 산화가 진행됨에 따라 MnO_2가 침전된다. 산화가 완결된 후 여과하여 MnO_2를 제거하고 여액을 산성화시키면 카복실산이 된다.

$$RCH_2OH \xrightarrow[H_2O,\ \Delta]{KMnO_4,\ HO^-} RCOO^-K^+ \xrightarrow{H_3O^+} RCOOH + MnO_2$$

보기 물음 12.1

아래의 변환을 수행하기 위해서 어떤 시약을 사용하겠는가?

풀이

(a) 1차 알코올을 카복실산으로 산화시키려면 (1) 과망가니즈산 포타슘의 염기성 수용액, 그다음 (2) H_3O^+를 사용하거나 크로뮴산 (H_2CrO_4)을 사용한다.

(b) 카복실산을 1차 알코올로 환원하기 위해서 $LiAlH_4$를 사용한다.

(c) 1차 알코올을 알데하이드로 산화시키려면 클로로크로뮴산 피리디늄(PCC)을 사용한다.

(d) 알데하이드를 1차 알코올로 환원시키려면 $NaBH_4$(선호함)나 $LiAlH_4$를 사용한다.

OH (a) (b) O OH OH (a) (b) O H

되새김 물음 12.3 아래의 각 변환을 어떻게 완수할 수 있는지 보이시오.

(a) OH ? H O

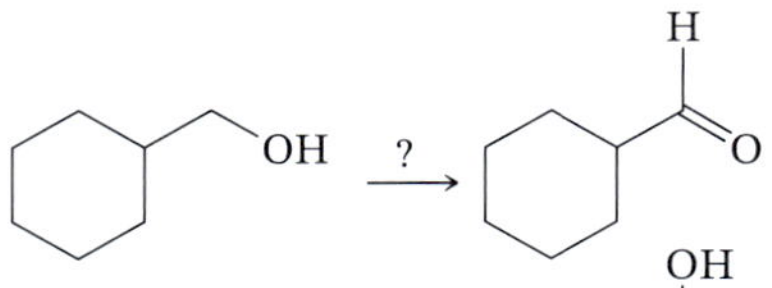

(b) OH ? OH O

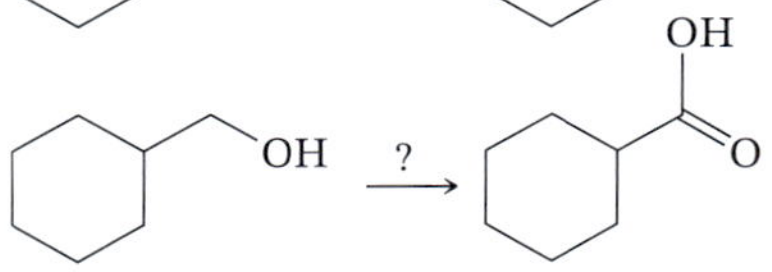

(c) OH ? O

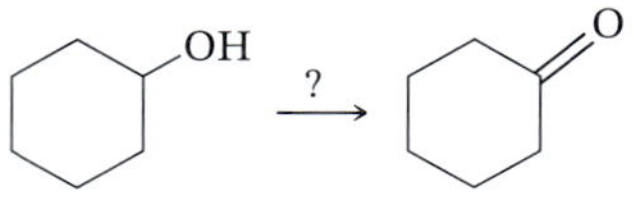

(d) ? O H H O

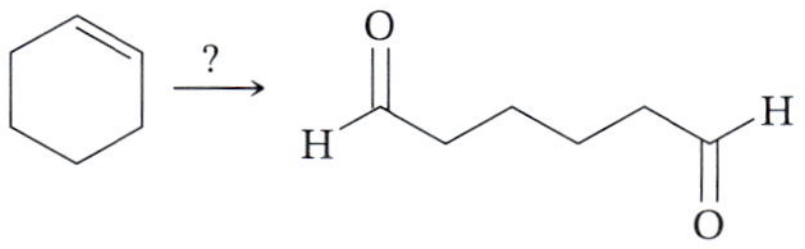

(e) Br ?

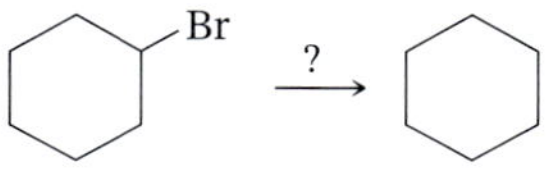

12.4F 알코올의 분광학적 증거

- 알코올의 IR 스펙트럼은 O—H 신축 진동 흡수를 3200~3600 cm^{-1}에서 나타낸다.
- 알코올의 하이드록실 수소는 ^1H NMR 넓은 신호를 다양한 화학적 이동 값에서 보여 주고 있는데, D_2O를 사용하면 중수소로 교환되어 없어진다(9.7절 참조).
- 1차와 2차 알코올의 탄소에 있는 수소는 ^1H NMR 신호를 δ 3.3~4.0 ppm에서 보이며(표 9.1과 그림 9.2 참조) 각각 2개와 1개의 수소에 해당하는 적분 비를 나타낸다.
- 알코올의 ^{13}C NMR 스펙트럼은 알코올 탄소의 신호를 δ 50~90 ppm에서 보인다(표 9.2와 그림 9.18 참조).

12.5 유기금속 화합물

- 탄소–금속 결합을 포함하고 있는 화합물은 **유기금속 화합물(organometallic compound)**이라고 부른다.

탄소–금속 결합의 본질은 근본적으로 이온성인 결합으로부터 주로 공유 결합인 것에 이르기까지 널리 변화한다. 유기금속 화합물 중에 있는 유기 부분의 구조가 탄소–금속 결합의 본질에 다소 영향을 주긴 하지만, 금속 자체가 훨씬 더 중요하다. 탄소–소듐과 탄소–포타슘 결합들은 대부분 이온성이다. 탄소–납, 탄소–주석, 탄소–탈륨, 그리고 탄소–수은 결합들은 본질적으로 공유 결합이다. 탄소–리튬과 탄소–마그네슘 결합들은 이 두 극한적인 결합의 중간이다.

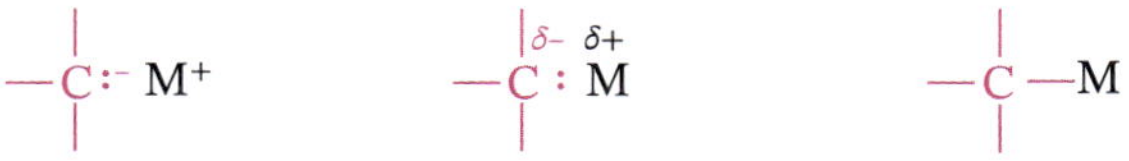

—C:⁻ M⁺ | $\delta-$ $\delta+$ —C : M | —C—M

주로 이온성 (M = Na^+ 또는 K^+) | **(M = Mg 또는 Li)** | **주로 공유성 (M = Pb, Sn, Hg, 또는 Tl)**

유기금속 화합물의 반응성은 탄소–금속 결합의 이온성이 커지면 증가한다. 알킬소듐과 알킬포타슘 화합물은 대단히 반응성이 크며 가장 강력한 염기들이다. 이들은 물과 폭발적으로 반응하며 공기 중에 노출되었을 때 불꽃을 내며 폭발한다. 유기수은 화합물과 유기납 화합물은 훨씬 반응성이 작다. 이들은 흔히 휘발성이며 공기 중에서 안정하다. 이들은 모두 맹독성이다. 이들은 무극성 용매에서 일반적으로 녹는다. 예를 들어, 테트라에틸납은 가솔린의 '노킹 억제'제로 쓰인다. 그러나 환경에 미치는 납 오염 때문에 다른 노킹 억제제로 대치되었다. *tert*-뷰틸 메틸 에터가 다른 노킹억제 첨가제인데, 환경에 이것의 존재가 염려되기는 하지만 현재 사용되고 있다.

리튬과 마그네슘의 유기금속 화합물은 유기 합성에 매우 중요하다. 이들은 에터 용액에서 비교적 안정하다. 그러나 이들의 탄소–금속 결합은 상당히 이온성을 지니고 있다. 이 이온성 때문에 유기리튬이나 유기마그네슘 화합물에서 금속과 결합한 탄소 원자는 강한 염기이며 강력한 친핵체이다. 이와 같은 성질들을 설명하는 반응들을 곧 보게 될 것이다.

도움말

수많은 유기금속 시약들은 탄소–탄소 결합을 형성하는 데 매우 유용하다(12.7, 12.8절과 21장 참조)

12.6 유기리튬과 유기마그네슘 화합물의 합성

12.6A 유기리튬 화합물

유기리튬 화합물은 흔히 유기 할로젠화물을 리튬 금속으로 환원하여 합성한다. 이 환원 반응들은 에터 용매 속에서 보통 수행되며, 유기리튬 화합물은 강한 염기이므로 수분이 없도록 조심해야 한다(왜 그럴까?). 가장 흔히 쓰이는 용매는 다이에틸 에터와 테트라하이드로퓨란이다.

Diethyl ether (Et_2O) | **Tetrahydrofuran (THF)**

- 유기리튬 화합물은 다음과 같은 방법으로 만들 수 있다.

$$\underset{(\text{또는 Ar—X})}{\text{R—X}} + 2\,\text{Li} \xrightarrow{Et_2O} \underset{(\text{또는 ArLi})}{\text{RLi}} + \text{LiX}$$

할로젠화물의 반응성은 RI > RBr > RCl이다(알킬과 아릴 플루오린 화합물은 유기리튬 화합물을 만드는 데 거의 쓰이지 않는다).

예를 들어, 브로민화 뷰틸은 다이에틸 에터 속에서 리튬 금속과 반응하여 뷰틸리튬의 용액을 만든다.

$$\text{Butyl bromide (CH}_3\text{CH}_2\text{CH}_2\text{CH}_2\text{Br)} + 2\,\text{Li} \xrightarrow[-10\ ^\circ\text{C}]{\text{Et}_2\text{O}} \text{Butyllithium (80\sim90\%)} + \text{LiBr}$$

Butyl bromide **Butyllithium (80~90%)**

여러 가지 알킬리튬 또는 아릴리튬 시약들은 헥세인이나 다른 탄화수소 용매로 판매되고 있다.

12.6B Grignard 시약

유기마그네슘 할로젠화물은 프랑스 화학자인 Grignard가 1900년에 발견하였다. Grignard는 이 발견 때문에 1912년에 Nobel상을 받았다. 그리고 유기마그네슘 할로젠화물을 그의 이름을 따라서 **Grignard 시약(Grignard reagent)**이라고 부른다. Grignard 시약은 유기 합성에 대단히 널리 이용된다.

- Grignard 시약은 유기 할로젠화물을 무수 에터 용매 속에서 마그네슘 금속(조각)과 반응시켜 만든다.

$$\left.\begin{array}{l} \text{RX} + \text{Mg} \xrightarrow{\text{Et}_2\text{O}} \text{RMgX} \\ \text{ArX} + \text{Mg} \xrightarrow{\text{Et}_2\text{O}} \text{ArMgX} \end{array}\right\} \text{Grignard 시약}$$

할로젠화물과 마그네슘 사이의 반응성 순서는 RI > RBr > RCl이다. 유기마그네슘 플루오린화물은 거의 만들어지지 않는다. 아릴 Grignard 시약은 아릴 염화물보다는 아릴 브로민화물이나 아릴 아이오딘화물로부터 더 쉽게 만들어진다. 아릴 염화물은 매우 느리게 반응한다. 일단 Grignard 시약이 만들어지면 몇 가지는 보관될 수도 있지만, 대개 다음 반응을 하는 데 바로 쓰인다.

Grignard 시약의 실제 구조는 일반식 RMgX가 나타내는 것보다 훨씬 더 복잡하다. 대부분의 Grignard 시약에 있어서 알킬마그네슘 할로젠화물과 다이알킬마그네슘 사이에 평형이 이루어지는 것이 실험적으로 확인되었다.

$$\underset{\text{알킬마그네슘 할로젠화물}}{2\,\text{RMgX}} \rightleftharpoons \underset{\text{다이알킬마그네슘}}{\text{R}_2\text{Mg}} + \text{MgX}_2$$

그러나 이 교재에서는 편의상 Grignard 시약의 식을 간단히 RMgX라고 쓰기로 한다.

Grignard 시약은 에터 용매와 착물을 형성한다. 이 착물의 구조는 아래와 같이 나타낼 수 있다.

$$\begin{array}{c} \text{R}_2\ddot{\text{O}} \\ \vdots \\ \text{R—Mg—X} \\ \vdots \\ \ddot{\text{O}}\text{R}_2 \end{array}$$

에터 분자와 착물이 형성되는 것은 Grignard 시약의 형성이나 안정도에 있어서 중요한 요인이다.

Grignard 시약이 형성되는 메커니즘은 복잡하며 논란거리이다. 라디칼이 관여되었으며 아래와 비슷한 메커니즘이 관여하는 것처럼 보인다.

$$\mathrm{R{-}X} + :\mathrm{Mg} \longrightarrow \mathrm{R\cdot} + \cdot\mathrm{MgX}$$
$$\mathrm{R\cdot} + \cdot\mathrm{MgX} \longrightarrow \mathrm{RMgX}$$

12.7 유기리튬 및 유기마그네슘 화합물의 반응

12.7A 산성인 수소 원자를 가진 화합물과의 반응

이 시약들의 반응성을 살펴보자.

- Grignard 시약과 유기리튬 화합물은 아주 강한 염기이다. 이들은 산소, 질소, 황과 같은 전기 음성적인 원자에 붙은 수소 원자를 가진 어떤 화합물과도 반응한다.

Grignard 시약과 유기리튬 화합물을 다음과 같이 나타내면 이러한 반응이 어떻게 일어나는지를 알 수 있다.

$$\overset{\delta-}{\mathrm{R}}:\overset{\delta+}{\mathrm{MgX}} \quad \text{와} \quad \overset{\delta-}{\mathrm{R}}:\overset{\delta+}{\mathrm{Li}}$$

이 식으로부터 Grignard 시약과 물과 알코올의 반응은 산–염기 반응에 지나지 않는다는 것을 볼 수도 있다. 즉, 이들은 더 약한 짝염기와 더 약한 짝산을 형성하게 된다.

- Grignard 시약은 **탄소 음이온**처럼 행동한다.

$$\underset{\text{강염기}}{\overset{\delta-}{\mathrm{R}}{-}\overset{\delta+}{\mathrm{MgX}}} + \underset{\substack{\text{강산}\\(\mathbf{p}\boldsymbol{K}_\mathbf{a}\ \mathbf{15.7})}}{\overset{\delta+}{\mathrm{H}}{-}\overset{\delta-}{\ddot{\mathrm{O}}}{-}\mathrm{H}} \longrightarrow \underset{\substack{\text{약산}\\(\mathbf{p}\boldsymbol{K}_\mathbf{a}\ \mathbf{40{\sim}50})}}{\mathrm{R{-}H}} + \underset{\text{약염기}}{\mathrm{H\ddot{O}}:^-} + \mathrm{Mg^{2+}} + \mathrm{X^-}$$

$$\underset{\text{강염기}}{\overset{\delta-}{\mathrm{R}}{-}\overset{\delta+}{\mathrm{MgX}}} + \underset{\substack{\text{강산}\\(\mathbf{p}\boldsymbol{K}_\mathbf{a}\ \mathbf{15{\sim}18})}}{\overset{\delta+}{\mathrm{H}}{-}\overset{\delta-}{\ddot{\mathrm{O}}}{-}\mathrm{R}} \longrightarrow \underset{\substack{\text{약산}\\(\mathbf{p}\boldsymbol{K}_\mathbf{a}\ \mathbf{40{\sim}50})}}{\mathrm{R{-}H}} + \underset{\text{약염기}}{\mathrm{R\ddot{O}}:^-} + \mathrm{Mg^{2+}} + \mathrm{X^-}$$

보기 물음 12.2

페닐리튬을 물로 처리했을 때 일어나는 반응의 반응식을 쓰시오. 강산과 강염기를 지정하시오.

풀이

페닐리튬은 Grignard 시약처럼 마치 강력한 염기(pK_a = 40~50)인 탄소 음이온으로 행동하는 것을 깨닫고 나면 아래의 산–염기 반응이 일어난다고 결론을 내릴 수 있다.

$$\underset{\text{강염기}}{\overset{\delta-}{\mathrm{Ar}}{-}\overset{\delta+}{\mathrm{Li}}} + \underset{\text{강산}}{\mathrm{H}:\ddot{\mathrm{O}}\mathrm{H}} \longrightarrow \underset{\text{약산}}{\mathrm{Ar{-}H}} + \underset{\text{약염기}}{\mathrm{H\ddot{O}}:^-} + \mathrm{Li^+}$$

되새김 물음 12.4 아래의 산–염기 반응 생성물을 제시하시오. pK_a를 이용하여 각 평형 반응에서 어느 쪽이 유리한지 나타내시오. 각각의 경우에서 강산과 강염기를 표시하시오.

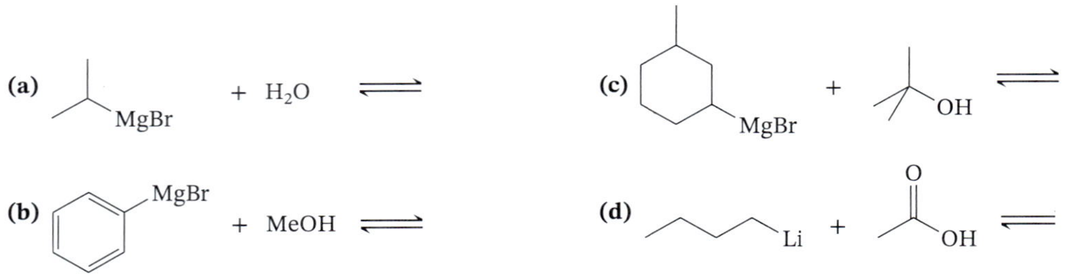

(a) (isopropyl)MgBr + H_2O ⇌

(b) (phenyl)MgBr + MeOH ⇌

(c) (3-methylcyclohexyl)MgBr + (tert-butyl)OH ⇌

(d) (butyl)Li + CH_3COOH ⇌

되새김 물음 12.5 아래의 변환을 이루기 위해 필요한 시약을 제시하시오.

(a) 4-bromotoluene → 4-deuteriotoluene (D = deuterium)

(b) 3-ethylpentane → 3-deuterio-3-ethylpentane (D)

Grignard 시약과 유기리튬 화합물은 물이나 알코올의 양성자들보다도 더욱 산성이 작은 양성자들을 빼낸다.

- Grignard 시약은 1-알카인의 말단 수소 원자와 산–염기 반응을 한다. 이것은 알카인일 마그네슘 할로젠화물과 알카인일리튬 화합물을 합성하는 데 있어서 유용한 방법이다.

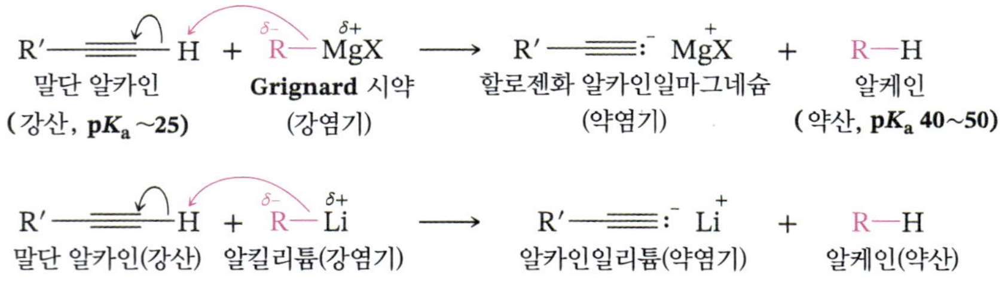

$$R'-C\equiv C-H + \overset{\delta-}{R}-\overset{\delta+}{MgX} \longrightarrow R'-C\equiv C:^{-}\ \overset{+}{MgX} + R-H$$

말단 알카인 (강산, pK_a ~25) / Grignard 시약 (강염기) / 할로젠화 알카인일마그네슘 (약염기) / 알케인 (약산, pK_a 40~50)

$$R'-C\equiv C-H + \overset{\delta-}{R}-\overset{\delta+}{Li} \longrightarrow R'-C\equiv C:^{-}\ \overset{+}{Li} + R-H$$

말단 알카인(강산) / 알킬리튬(강염기) / 알카인일리튬(약염기) / 알케인(약산)

알케인의 pK_a가 40~50인 반면 말단 알카인의 pK_a는 ~25(표 3.1)인 사실을 상기하면 이 반응이 완결된다는 것이 당연함을 알 수 있다.

Grignard 시약은 강한 염기일 뿐만 아니라 **강력한 친핵체**이기도 하다.

- Grignard 시약이 친핵체로 작용하는 반응은 가장 최고로 중요하다. 다음에는 이에 대하여 고찰하기로 한다.

12.7B Grignard 시약과 에폭시화물(옥시레인)의 반응

- Grignard 시약은 친핵체로 에폭시화물(옥시레인)과 반응하여 알코올을 합성하는 편리한 방법을 제공해 준다.

Grignard 시약의 친핵적인 알킬기가 옥시레인 고리에 있는 부분적으로 양성인 탄소를 공격한다. 이 고리는 매우 긴장되어 있으므로 열리게 되며, 이 반응으로 알코올의 알콕시화 염이 형성된다. 이어 산성화시키면 알코올이 만들어진다. (이 반응을 11.15절에서 배운 염기 촉매에 의한 고리 열림 반응과 비교해 보시오.) 다음은 옥시레인과의 예이다.

$$R^{\delta-}-MgX^{\delta+} + \text{옥시레인} \longrightarrow R\text{CH}_2\text{CH}_2\ddot{O}:^{-}\ {}^{+}MgX \xrightarrow{H_3O^+} R\text{CH}_2\text{CH}_2OH \text{ (1차 알코올)}$$

$$C_6H_5MgBr + \text{옥시레인} \xrightarrow{Et_2O} C_6H_5CH_2CH_2OMgBr \xrightarrow{H_3O^+} C_6H_5CH_2CH_2OH$$

- Grignard 시약은 치환된 옥시레인(에폭시화물)의 고리에서 치환기를 적게 가진 탄소 원자와 주로 반응한다.

$$C_6H_5MgBr + \text{메틸옥시레인} \xrightarrow{Et_2O} C_6H_5CH_2CH(OMgBr)CH_3 \xrightarrow{H_3O^+} C_6H_5CH_2CH(OH)CH_3$$

12.7C Grignard 시약과 카보닐 화합물의 반응

- Grignard 시약과 유기리튬 화합물의 가장 중요한 반응은 이 시약들이 친핵체로서 불포화된 탄소 — **특히 카보닐기의 탄**소를 공격하는 것이다.

12.1A절에서 카보닐기를 가진 화합물은 매우 친핵성 공격을 당하기 쉽다는 것을 알았다. Grignard 시약은 카보닐 화합물(알데하이드와 케톤)과 다음과 같이 반응한다.

반응 메커니즘

Grignard 반응

반응

$$R-MgX + R_2C{=}O \xrightarrow[(2)\ H_3O^+X^-]{(1)\ ether^*} R_3C\text{-}OH + MgX_2$$

메커니즘

1단계

$$R^{\delta-}-MgX^{\delta+} + C^{\delta+}{=}O^{\delta-} \longrightarrow R\text{-}C\text{-}\ddot{O}:^{-}\ {}^{+}MgX$$

Grignard 시약 　 카보닐 화합물 　 알콕시화 할로마그네슘

친핵성이 강한 **Grignard** 시약은 자신의 전자쌍을 탄소 원자와 결합을 형성하는 데 사용한다. 카보닐기의 한 전자쌍이 산소로 이동한다. 이 반응은 카보닐기에 대한 친핵성 첨가 반응이며, $\mathbf{Mg^{2+}}$와 $\mathbf{X^-}$와 함께 회합된 알콕시화 이온을 형성한다.

2단계

$$R\text{-}C\text{-}\ddot{O}:^{-}\ {}^{+}MgX + H\text{-}\overset{+}{O}H_2 + X^- \longrightarrow R\text{-}C\text{-}\ddot{O}H + H-\ddot{O}-H + MgX_2$$

알콕시화 할로마그네슘 　 알코올

두 번째 단계에서 수용성 **HX**의 첨가로 알콕시화 이온에는 양성자가 첨가되고 알코올과 $\mathbf{MgX_2}$가 형성된다.

* 화살표 위에 '(1) 에터', 화살표 아래에 '(2) $H_3O^+X^-$'라고 쓰는 것은 첫 번째 실험 단계에서 Grignard 시약과 카보닐 화합물이 에터 용매 속에서 반응하도록 한다는 뜻이다. 그러면 두 번째 단계에서, Grignard 시약과 카보닐 화합물의 반응이 끝난 후에 산 수용액(예: 묽은 HX)을 가함으로써 알코올의 염(ROMgX)이 알코올로 전환됨을 의미한다.

12.8 Grignard 시약으로부터 알코올의 제법

카보닐 화합물의 Grignard 첨가 반응이 특히 유용한 것은 1차, 2차, 그리고 3차 알코올을 합성하는 데 쓸 수 있기 때문이다.

1. Grignard 시약은 폼알데하이드와 반응하여 1차 알코올이 된다.

$$\overset{\delta-}{R}-\overset{\delta+}{MgX} + H_2C{=}O \longrightarrow R-CH_2-O^-\ \overset{+}{MgX} \xrightarrow{H_3O^+} R-CH_2-OH$$

Formaldehyde 1° 알코올

2. Grignard 시약은 모든 다른 알데하이드와 반응하여 2차 알코올이 된다.

$$\overset{\delta-}{R}-\overset{\delta+}{MgX} + R'CH{=}O \longrightarrow R-CH(R')-O^-\ \overset{+}{MgX} \xrightarrow{H_3O^+} R-CH(R')-OH$$

고급 알데하이드 2° 알코올

3. Grignard 시약은 케톤과 반응하여 3차 알코올이 된다.

$$\overset{\delta-}{R}-\overset{\delta+}{MgX} + R'C(O)R'' \longrightarrow R-C(R')(R'')-O^-\ \overset{+}{MgX} \xrightarrow{H_3O^+} R-C(R')(R'')-OH$$

케톤 3° 알코올

4. 에스터는 2몰 당량의 Grignard 시약과 반응하여 3차 알코올을 형성한다. Grignard 시약이 에스터의 카보닐기에 첨가되면 처음 생성물은 불안정하여 알콕시화 마그네슘을 잃고 케톤을 형성한다. 그러나 케톤은 에스터보다 Grignard 시약에 대한 반응성이 더 크다. 그러므로 혼합물 속에서 케톤이 형성되자마자 제2 분자의 Grignard 시약과 반응한다. 가수 분해하면 **생성물은 두 개의 동일한 알킬기를 가진 3차 알코올**이다. 이때 알킬기는 Grignard 시약의 알킬 부분에 해당된다.

$$\overset{\delta-}{R}-\overset{\delta+}{MgX} + R'C(O)OR'' \longrightarrow \left[R'C(R)(OR'')-O^-\ \overset{+}{MgX}\right] \xrightarrow[\text{자발적}]{-R''OMgX}$$

에스터 초기 생성물 (불안정)

$$\left[R'C(O)R\right] \xrightarrow{RMgX} R'C(R)(R)-O^-\ \overset{+}{MgX} \xrightarrow{H_3O^+} R'C(R)(R)-OH$$

케톤 알코올의 염 (분리 안 됨) 3° 알코올 (둘 또는 세 개의 동일한 **R**기)

이 반응들의 구체적인 예는 다음과 같다.

폼알데하이드와의 반응

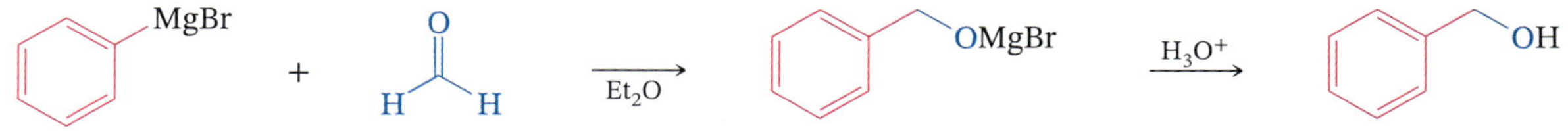

MgBr + O, H H →(Et_2O) OMgBr →(H_3O^+) OH

Phenylmagnesium bromide　Formaldehyde　Benzyl alcohol (90%)

고급 알데하이드와의 반응

MgBr + O, H →(Et_2O) OMgBr →(H_3O^+) OH

Ethylmagnesium bromide　Acetaldehyde　2-Butanol (80%)

케톤과의 반응

MgBr + O →(Et_2O) OMgBr →(H_3O^+) OH

Butylmagnesium bromide　Acetone　2-Methyl-2-hexanol (92%)

에스터와의 반응

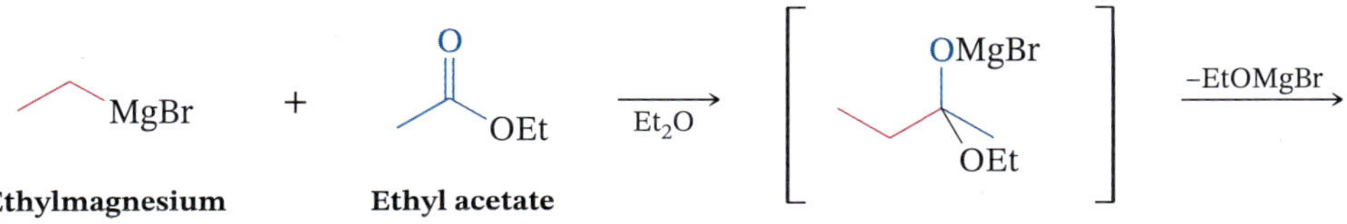

MgBr + O, OEt →(Et_2O) [OMgBr, OEt] →(–EtOMgBr)

[O] →(MgBr) OMgBr →(H_3O^+) OH

Ethylmagnesium bromide　Ethyl acetate 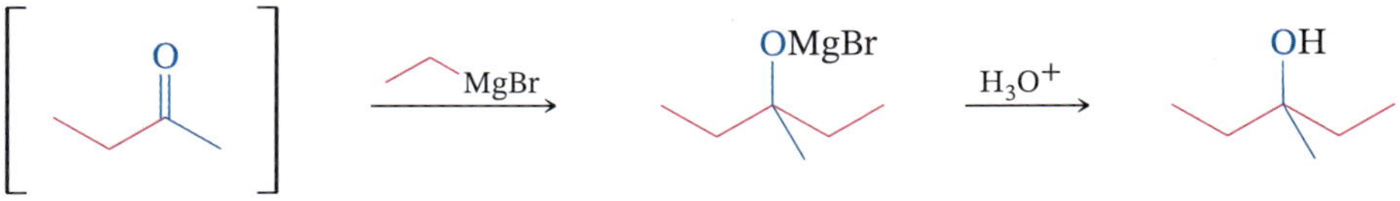　3-Methyl-3-pentanol (67%)

보기 물음 12.3

아래의 합성을 어떻게 수행하겠는가?

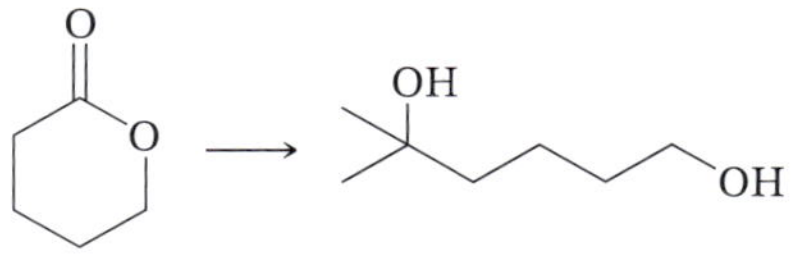

O, O → OH, OH

풀이

여기서 에스터를 **두 개의 동일한 알킬기(메틸기)가 있는 3차 알코올**로 전환한다. 그러므로 필요한 알킬기를 지닌 Grignard 시약 2몰 당량을 사용해야 한다. 여기서는 아이오딘화 메틸마그네슘이다.

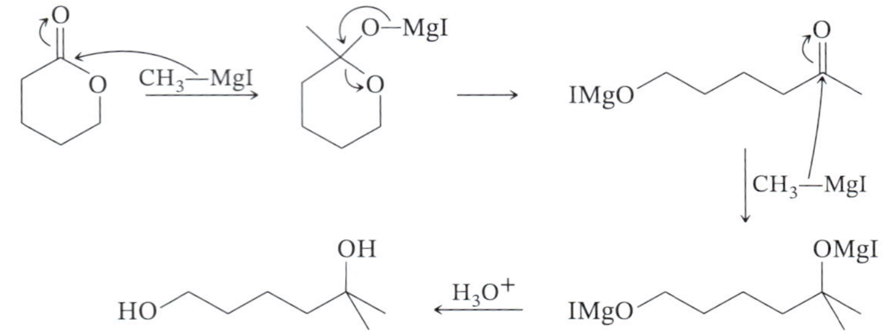

CH_3—MgI, IMgO, O—MgI, CH_3—MgI, OMgI, IMgO, H_3O^+, OH, HO

되새김 물음 12.6

Grignard 시약과 에스터 사이의 반응에 관한 지식을 바탕으로 하여 아래 반응의 메커니즘을 제시하시오.

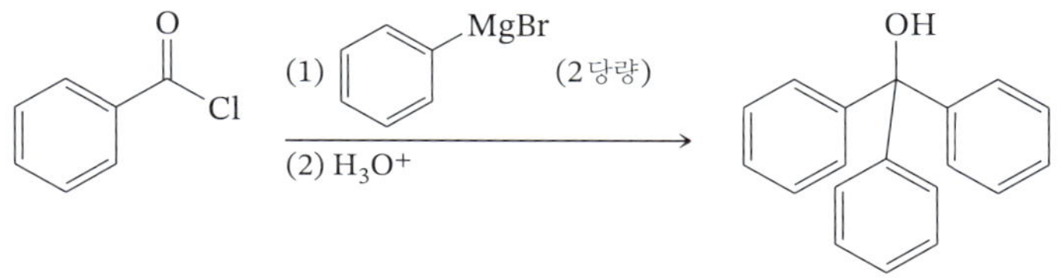

O, Cl, (1) MgBr (2당량), (2) H_3O^+, OH

12.8A Grignard 합성의 계획

Grignard 합성을 기술적으로 사용하면 원하는 거의 모든 알코올을 합성할 수 있다. Grignard 합성을 설계할 때 단순히 적합한 Grignard 시약과 알데하이드, 케톤, 에스터, 혹은 에폭시화물 등을 선택하면 된다. 합성하고자 하는 알코올을 살펴보고 —OH기가 결합된 탄소에 붙어 있는 기들을 주의해서 보면 되는 것이다. 어느 경우든 합성을 수행하는 방법은 한 가지 이상일 수 있다. 이러한 때에 최종적으로 선택하는 방법은 출발 물질이 이용 가능한 것인지에 의해서 정해질 것이다. 한 가지 예를 살펴보자.

3-페닐-3-펜탄올을 합성하고 싶다고 하자. 이 구조를 살펴보면 —OH를 갖고 있는 탄소에 붙어 있는 기들은 **한 개의 페닐기**와 **두 개의 에틸기**임을 알 수 있다.

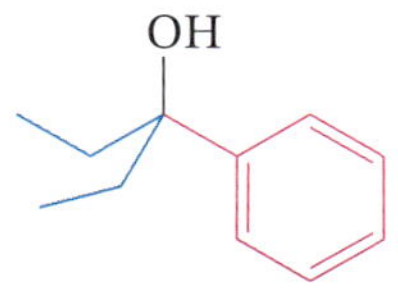

OH

3-Phenyl-3-pentanol

이것은 이 화합물이 여러 가지 다른 방법으로도 합성될 수 있음을 의미한다.

1. 두 개의 에틸기를 가진 케톤(3-펜탄온)과 브로민화 페닐마그네슘이 반응하도록 한다.

역합성 분석

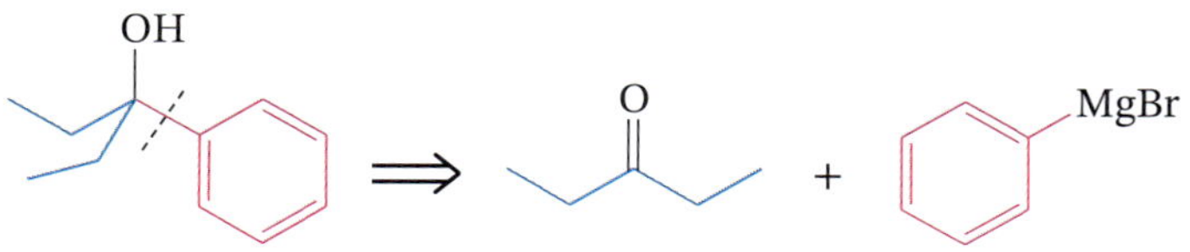

합성

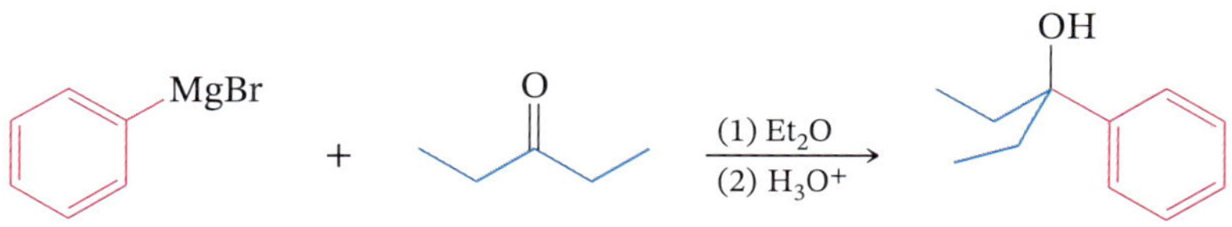

Phenylmagnesium bromide + 3-Pentanone $\xrightarrow[(2)\ H_3O^+]{(1)\ Et_2O}$ 3-Phenyl-3-pentanol

2. 에틸기와 페닐기를 가진 케톤(에틸 페닐 케톤)을 사용하여 브로민화 에틸마그네슘과 반응하도록 한다.

역합성 분석

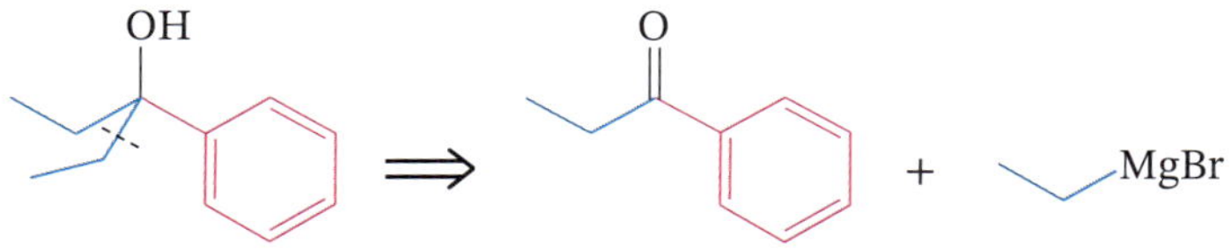

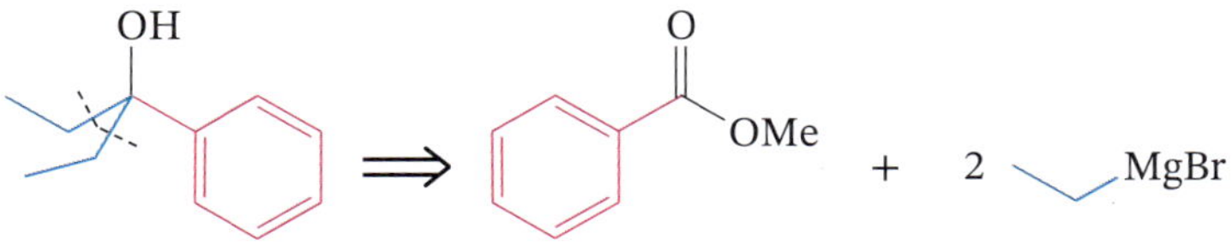

합성

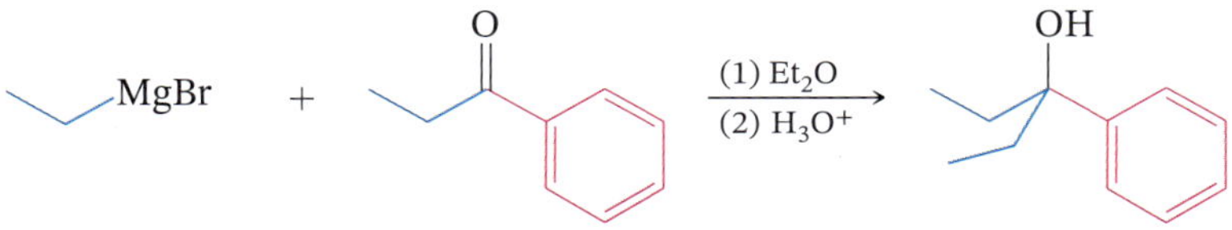

Ethylmagnesium bromide + Ethyl phenyl ketone $\xrightarrow[(2)\ H_3O^+]{(1)\ Et_2O}$ 3-Phenyl-3-pentanol

3. 벤조산의 에스터와 2몰 당량의 브로민화 에틸마그네슘이 반응하도록 한다.

역합성 분석

합성

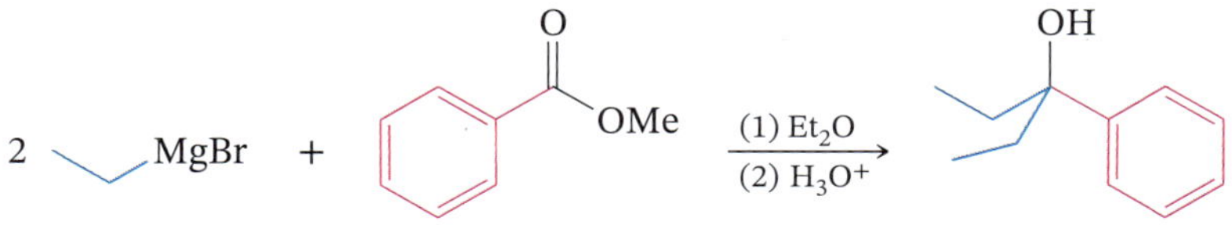

2 Ethylmagnesium bromide + Methyl benzoate $\xrightarrow[(2)\ H_3O^+]{(1)\ Et_2O}$ 3-Phenyl-3-pentanol

이 모든 방법들은 원하는 화합물을 높은 수율로 만들어 준다.

보기 물음 12.4

다단계 합성의 예

유기 출발 물질로 4개 이하의 탄소 원자를 가진 알코올을 사용하여 A의 합성법을 요약하시오.

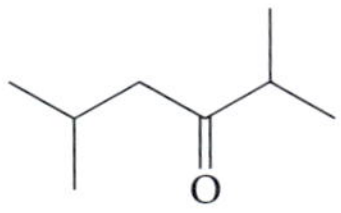

A

풀이

Grignard 반응을 사용하여 4개의 탄소 원자로 된 화합물 두 가지로부터 탄소 골격을 만들 수 있다. 그다음 생성된 알코올을 산화하면 원하는 케톤이 만들어진다.

역합성 분석

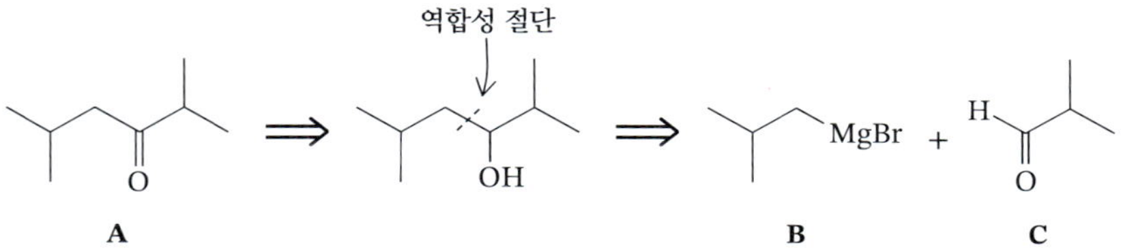

역합성 절단

A ⟹ (OH) ⟹ MgBr + H (O)

A **B** **C**

합성

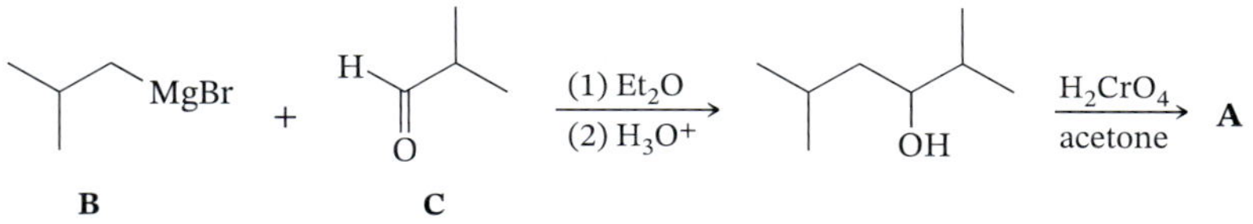

B (MgBr) + C (H, O) $\xrightarrow[(2)\ H_3O^+]{(1)\ Et_2O}$ (OH) $\xrightarrow[\text{acetone}]{H_2CrO_4}$ **A**

Grignard 시약(**B**)과 알데하이드(**C**)는 아이소뷰틸 알코올로부터 합성할 수 있다.

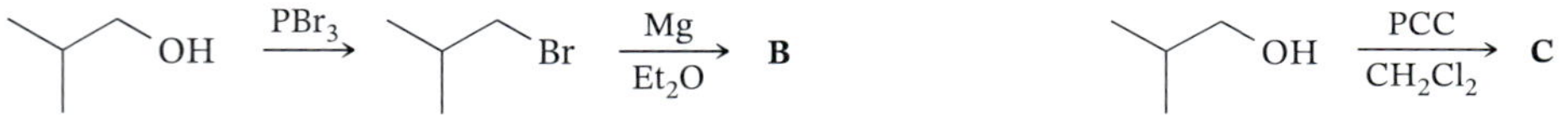

OH $\xrightarrow{PBr_3}$ Br $\xrightarrow[Et_2O]{Mg}$ **B**

OH $\xrightarrow[CH_2Cl_2]{PCC}$ **C**

보기 물음 12.5

다단계 합성의 예

브로모벤젠과 다른 필요한 시약들로부터 아래의 알데하이드를 합성하는 방법을 요약하시오.

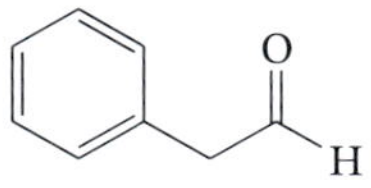

O H

풀이

거꾸로 작업을 하면, 알데하이드는 대응되는 알코올을 Swern 산화 반응이나 PCC(12.4B,D절)로 산화시켜 합성할 수 있다. 알코올은 브로민화 페닐마그네슘을 옥시레인과 반응시켜 만들 수 있다. [옥시레인을 Grignard 시약에 첨가하는 것은 유기 집단에 $-CH_2CH_2OH$ 단위를 더하는 좋은 방법이다(12.7B절).] 브로민화 페닐마그네슘은 통상적인 방법으로 브로모벤젠을 에터 용매 속에서 마그네슘과 처리하여 만들 수 있다.

역합성 분석

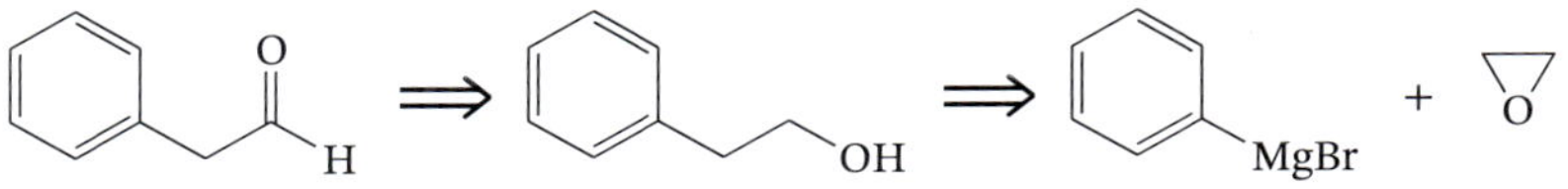

MgBr OH H O

합성

Br Mg Et_2O MgBr (1) O (2) H_3O^+ OH PCC CH_2Cl_2 O H

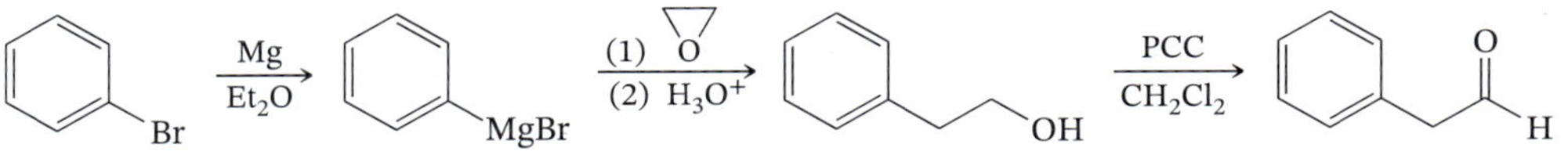

되새김 물음 12.7

적절한 알킬 또는 할로젠화 아릴로부터 아래의 각 알코올에 대한 역합성 분석과 합성을 제시하시오.

(a)  OH (세 가지 방법)

(b)  OH (세 가지 방법)

(c) 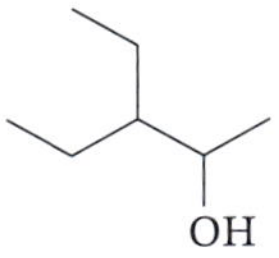 OH (두 가지 방법)

(d) 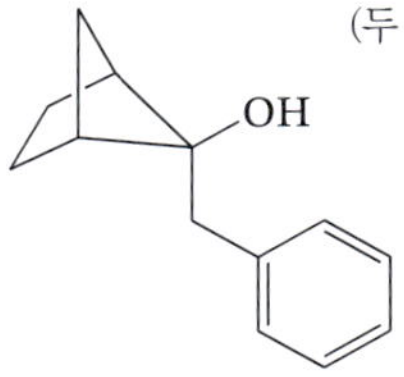 OH (두 가지 방법)

(e) 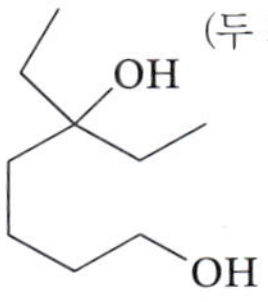 OH OH (두 가지 방법)

(f) 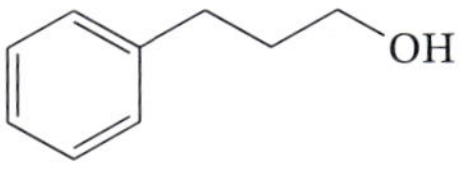 OH (두 가지 방법)

되새김 물음 12.8

아래 각각의 화합물에 대하여 역합성 과정과 사용될 수 있는 합성 반응을 제시하시오. 출발 물질로는 브로민화 페닐마그네슘, 옥시레인, 폼알데하이드, 탄소 수가 4개 이하인 알코올이나 에스터를 쓸 수 있다. 무기 시약이나 Swern 산화 반응 또는 클로로크로뮴산 피리디늄(PPC) 같은 산화제는 사용해도 무방하다.

(a) 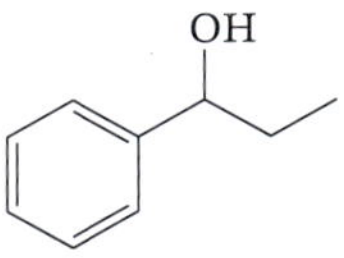 OH (b) 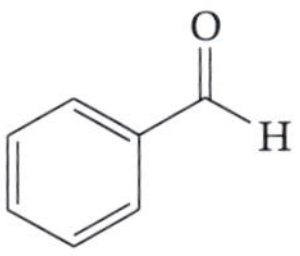 O H (c) 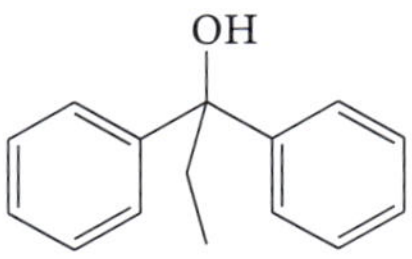 OH (d) 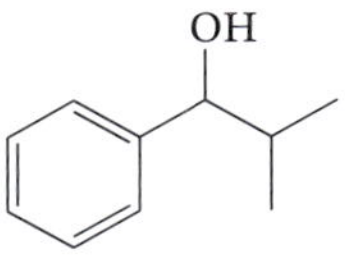 OH

12.8B Grignard 시약의 사용상 제한점

Grignard 합성이 모든 일반적인 합성 방법에서 가장 다양한 방법 중의 하나임은 틀림없으나 여기에도 제한성이 있다. 이 제한성의 대부분은 Grignard 시약을 가장 유용한 것으로 만든 특성, 즉 **친핵체와 염기로서의 이례적인 반응성**으로부터 생기는 것이다.

Grignard 시약은 아주 강력한 염기이다. 실제로 이것은 탄소 음이온을 갖고 있다.

- 알케인이나 알켄의 수소 원자보다 더 산성인 수소를 지닌 화합물로부터 Grignard 시약을 만들 수는 없다.

예를 들어, —OH, —NH—, —SH, $-CO_2H$, 또는 $-SO_3H$기를 가진 화합물로부터는 Grignard 시약을 만들 수 없다. 이들 기 중 어느 하나를 가진 유기 할로젠화물로부터 Grignard 시약을 합성하려고 시도한다면 Grignard 시약의 형성이 단순히 이루어지지 않을 것이다(Grignard 시약이 형성됐다고 할지라도 그것도 곧 산성인 기와 반응해 버릴 것이다).

- Grignard 시약은 강력한 친핵체이므로 카보닐, 에톡시, 나이트로, 또는 사이아노(—CN) 기를 가진 유기 할로젠화물로부터 Grignard 시약을 합성할 수 없다.

이런 종류의 반응을 시도한다면 형성된 Grignard 시약은 단지 미처 반응하지 않은 출발 물질과 반응할 것이다.

도움말

함께 할 수 없는 기의 반응성을 가리기 위해서 보호기가 때때로 사용되기도 한다(11.12E, 11.12F, 12.9절 참조).

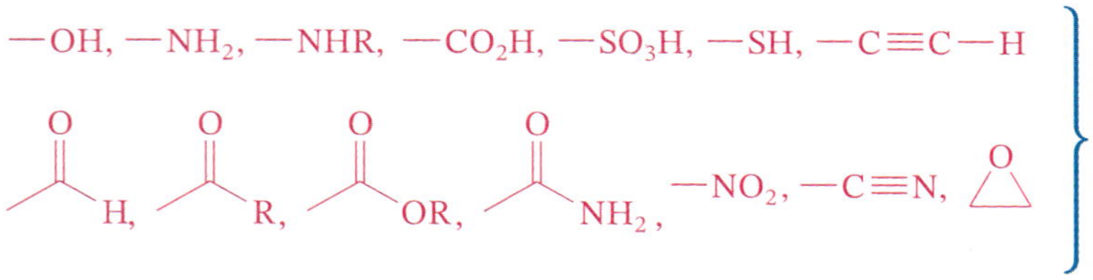

—OH, —NH_2, —NHR, —CO_2H, —SO_3H, —SH, —C≡C—H

(C=O)H, (C=O)R, (C=O)OR, (C=O)NH_2, —NO_2, —C≡N, epoxide

이런 기들을 가진 Grignard 시약은 만들어질 수 없다.

- Grignard 시약을 만들 때 할로젠화 알킬이나 탄소–탄소 이중 결합, 내부에 있는 삼중 결합, 에터 결합, 그리고 —NR_2기를 가진 유기 할로젠화물에만 국한되어 있음을 의미한다.

Grignard 반응은 산성인 화합물에 너무 예민하므로 Grignard 시약을 만들 때 기구에서 습기를 제거하는 데 특별히 조심해야 한다. 그리고 무수 에터를 용매로 사용해야 한다. 앞에서 보았듯이, 아세틸렌 계의 수소는 Grignard 시약과 반응할 만큼 충분히 산성이다. 그러나 이런 제한성은 쓸모가 있는 것이기도 하다.

- 말단 알카인을 Grignard 시약과 반응시켜 아세틸렌계의 Grignard 시약을 만들 수 있다 (12.7A절 참조).

그다음 아세틸렌계의 Grignard 시약을 다른 합성에 쓸 수 있다. 예를 들어,

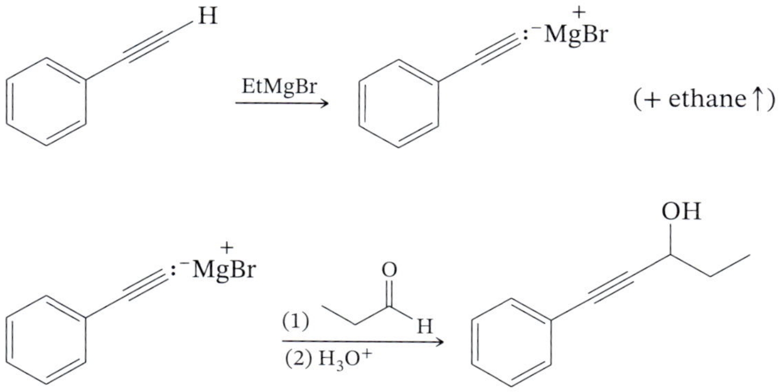

Ph—C≡C—H $\xrightarrow{\text{EtMgBr}}$ Ph—C≡C:$^-$ $\overset{+}{\text{MgBr}}$ (+ ethane↑)

Ph—C≡C:$^-$ $\overset{+}{\text{MgBr}}$ $\xrightarrow[\text{(2) } H_3O^+]{\text{(1) } CH_3CH_2CHO}$ Ph—C≡C—CH(OH)—CH_2CH_3 **(52%)**

- Grignard 반응을 계획할 때 Grignard 시약이 산성인 기(말단 알카인과 의도적으로 반응하는 경우는 예외)을 포함하고 있는 알데하이드, 케톤, 에폭시화물, 그리고 에스터와 반응하지 않도록 조심해야 된다.

이렇게 하면 Grignard 시약은 간단히 염기로서 산성인 수소와 반응하고 친핵체로서 카보닐이나 에폭시화물의 탄소와는 반응하지 않는다. 예를 들어, 4-하이드록시-2-뷰탄온을 브로민화 메틸마그네슘과 반응시키면 아래와 같은 반응이 먼저 일어난다.

HO ... → (CH$_3$MgBr) BrMgO ... + CH$_4$↑

4-Hydroxy-2-butanone

그리고 다음 반응은 일어나지 않는다.

HO ... ⟶ (CH$_3$MgBr, ✗) HO ... OMgBr

1몰 당량의 Grignard 시약을 낭비할 작정이라면, 4-하이드록시-2-뷰탄온을 2몰 당량의 Grignard 시약과 반응시켜 카보닐기에 첨가 반응이 일어나게 할 수도 있다.

HO ... → (2 CH$_3$MgBr, (−CH$_4$)) BrMgO ... OMgBr → (H_3O^+) HO ... OH

이 기술은 때로 소규모 반응에서 Grignard 시약의 값이 싸고 다른 시약은 값이 비쌀 때 사용되기도 한다.

12.8C 리튬 시약의 용도

유기리튬 시약(RLi)도 Grignard 시약과 똑같은 방법으로 카보닐 화합물과 반응하므로 알코올을 합성하는 또 하나의 방법이 되기도 한다.

$\overset{\delta-}{R}$—$\overset{\delta+}{Li}$ + O= ⟶ OLi, R → (H_3O^+) OH, R

유기리튬 시약   알데하이드 또는 케톤   알콕시화 리튬   알코올

유기리튬 시약은 Grignard 시약보다 만들거나 다루기는 더 어렵지만, 다소 더 반응성이 큰 장점이 있기도 하다.

12.8D 알카인화 소듐의 용도

알카인화 소듐도 알데하이드나 케톤과 반응하여 알코올을 만든다. 한 가지 예가 아래에 있다.

—≡—H → ($NaNH_2$, $-NH_3$) —≡:$^-$ Na$^+$

—≡:$^-$ Na$^+$ + O= ⟶ ONa → (H_3O^+) OH

보기 물음 12.6

다단계 합성의 예

아래의 화합물에 대하여 역합성 과정과 사용될 수 있는 합성 반응을 쓰시오. 6개 이하의 탄소 원자를 가진 탄화수소, 유기 할로젠화물,

알코올, 알데하이드, 케톤, 혹은 에스터로부터 시작하여 다른 필요한 시약을 사용할 수 있다.

(a) (b) (c)

풀이

(a)

역합성 분석

합성

(b)

역합성 분석

합성

(c)

역합성 분석

합성

12.9 보호기

- 반응물이 어떤 변환에 필요한 반응 조건에 견디지 못하는 작용기를 가지고 있을 때 **보호기(protecting group)**를 사용한다.

예를 들어, 알코올의 하이드록실기를 지닌 할로젠화 알킬로부터 Grignard 시약을 만들고자 한다면 알코올을 먼저 Grignard 시약의 존재하에서도 안정한 작용기, 이를테면 *tert*-뷰틸다이메틸실릴(TBS) 에터(11.12F절)로 전환하여 보호해야 한다. Grignard 반응을 수행하고 원래의 알코올기는 실릴 에터를 플루오린화 이온으로 분해하여 재생시킨다(물음 12.31 참조). 한 예로 1,4-펜테인다이올의 합성이 아래에 있다. 같은 전략은 유기리튬 시약이나 알카인화 음이온을 부적절한 기의 존재 시 만들어야 할 때 사용될 수 있다. 나중에 여러 가지 반응 도중 다른 작용기를 보호하는 데 사용될 수 있음을 알게 될 것이다(16.7C절 참조).

HO–(CH₂)₃–Br $\xrightarrow[\text{DMF (–HCl)}]{\text{TBSCl, imidazole}}$ TBSO–(CH₂)₃–Br $\xrightarrow[Et_2O]{Mg}$ TBSO–(CH₂)₃–MgBr $\xrightarrow[(2)\ H_3O^+]{(1)\ CH_3CHO}$ TBSO–(CH₂)₃–CH(OH)CH₃ $\xrightarrow[\text{THF}]{Bu_4N^+F^-}$ HO–(CH₂)₃–CH(OH)CH₃

1,4-Pentanediol

TBS = Si(Me)(Me)(*t*-Bu)

Imidazole =

DMF = HC(=O)N(Me)Me

Dimethyl formamide
(극성 비양성자성 용매)

보기 물음 12.7

보호기를 사용하여 아래의 합성을 어떻게 완수할 수 있는지 보이시오.

3-하이드록시사이클로헥산온(HO, O) ⟶ 1-에틸-1,3-사이클로헥산다이올(HO, OH)

풀이

먼저 —OH기를 *tert*-뷰틸다이메틸실릴(TBS) 에터(11.12F절)로 전환하여 보호하고, 그다음 생성물을 브로민화 에틸마그네슘으로 반응시킨 후 이어 묽은 산으로 처리한다. 그다음 보호기를 제거한다.

HO–(cyclohexanone) $\xrightarrow[\text{(11.12F절)}]{\text{TBSCl, imidazole}}$ TBSO–(cyclohexanone) $\xrightarrow[(2)\ H_3O^+]{(1)\ EtMgBr}$ TBSO–(cyclohexane)–C(OH)Et $\xrightarrow[\text{THF (11.12F절)}]{Bu_4N^+F^-}$ HO–(cyclohexane)–C(OH)Et

이 주제는 왜 중요한가?

산화 상태를 바꿈으로 성질을 바꾸기

비록 1차와 2차 알코올을 알데하이드, 케톤, 카복실산으로 전환하는 도구들은 배웠지만, 완전히 깨닫지 못한 것은 그러한 과정이 화합물의 성질을 어떻게 바꾸느냐는 것이다. 구체적으로 변화란 녹는점, 끓는점, 극성, 물리적인 모양(고체 대 액체)과 같은 표준 성질과는 다른 작용기의 변화에 따른 성질을 의미한다. 실제로, 하이드록실기로부터 카보닐기로, 또는 그 반대의 변화는 많은 분자들로 하여금 완전히 다른 생화학적 특성을 갖도록 하는데, 자연에서 빈번히 일어나는 것이다. 여기서는 단지 몇 가지만 고려하기로 한다.

코데인(codeine)은 양귀비에서 발견되는 천연물로 완만한 통증의 치료제(진통제)로 처방된다. 그러나 이것의 2차 알코올을 케톤으로 산화시키면 코데이논(codeinone)이라고 알려진 화합물이 된다. 이것도 통증 치료제로 사용되지만 코데인의 효과는 33% 정도이다. 비슷하게 프리그네놀론(pregnenolone)은 인체에서 프로제스테론(progesterone)의 핵심 합성 전구체로 주로 사용되는 스테로이드이다. 필요한 산화 반응에서 알코올이 산화되는 것뿐만 아니라 이웃한 이중 결합들이 짝지어지게 되는데, 13장을 읽었다면 더 뜻이 통하게 될 것이다. 그러나 지금 중요하게 주목해야 하는 것은 만들어진 새로운 분자가 월경 주기와 임신에 핵심적인 역할을 한다는 점이다. 실제로 프로제스테론은 많은 다른 형태로 처방되는데, 특별히 여성이 체외 수정(*in vitro* fertilization, IVF) 과정에서 임신을 하도록 돕는다. 프리그네놀론 자체는 그러한 중요한 성질들을 가진 것처럼 보이지 않지만, 흥미롭게도 이것의 알코올 작용기의 한 유도체는 뇌의 해마회(hippocampus)에서 뉴런의 생성을 촉진시키는데, 해마회는 알츠하이머병에 의해서 영향을 받는 뇌의 영역이다.

NHPA/Avalon

H_3CO … HO … [O] … H_3CO … O

Codeine **Codeinone**

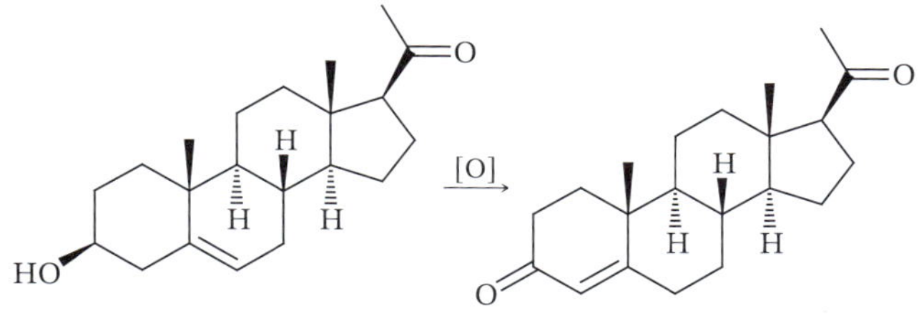

Pregnenolone **Progesterone**

마지막 예로, 보르네올(borneol)의 구조를 고려해 보자. 이것은 여러 가지 식물에서 발견되는 화합물로 전통적인 한의학 의약품이다. 이 화합물은 여러 가지 정유(essential oil)의 성분이고 천연적인 벌레 퇴치제이다. 이것이 산화되면 새로운 천연물인 장뇌(camphor)가 된다. 장뇌는 많은 추가적인 용도를 가졌는데 가소제로, 음식의 향료로, Vicks VapoRub®와 같은 상품의 활성 성분으로 쓰인다. 흥미롭게도 장뇌에 있는 케톤을 $NaBH_4$와 같은 간단한 시약으로 환원시키면 보르네올이 아니라 아이소보르네올(isoborneol)이 만들어지는데, 위쪽 탄소 다리에 있는 메틸기들의 입체적인 덩치가 수소 음이온으로 하여금 아래 면으로부터 첨가하게 하기 때문이다. 아이소보르네올은 실제로 장뇌와 성질이 비슷하다. 전체적으로 산화 상태에 있어서 작은 조절이 무엇을 할 수 있는지는 실로 놀랍다.

H, OH → [O] → O → $NaBH_4$ → OH, H

Borneol **Camphor** **Isoborneol**

요약과 복습 도구

이 장에 대한 학습 보조 자료에는 핵심 용어와 개념, 그리고 산화, 환원, 알코올과 카보닐 화합물을 연관 짓는 탄소–탄소 결합 형성 반응에 대한 합성 연관 요약이 있다.

물음

시약과 반응

12.9 브로민화 프로필마그네슘($CH_3CH_2CH_2MgBr$)이 아래 각각의 시약과 반응할 때 예상되는 생성물은 무엇인가?

(a) H_2O

(b) D_2O

(c) PhC(=O)H, 그다음 H_3O^+

(d) PhC(=O)Ph, 그다음 H_3O^+

(e) PhC(=O)OMe, 그다음 NH_4Cl, H_2O

(f) PhC(=O)CH₃, 그다음 NH_4Cl, H_2O

(g) $CH_3CH_2C≡C$–H, 그다음 $CH_3CH_2C(=O)$H, 그다음 H_3O^+

12.10 아래 각각의 시약과 프로필리튬($CH_3CH_2CH_2Li$)이 반응할 때 형성되는 화합물은 무엇인가?

(a) $CH_3C(=O)$OD

(b) HO–(4-hydroxycyclohexyl)–C(=O)CH_3, 그다음 H_3O^+

(c) 1-butyne, 그다음 $CH_3C(=O)CH_2CH_3$, 그다음 H_3O^+

(d) Ethanol

(e) $CH_3C(=O)$OD

12.11 1-브로모-2-메틸프로페인(브로민화 아이소뷰틸)이 아래 각각의 조건으로 반응할 때 생성물(들)은 무엇인가?

(a) HO^-, H_2O

(b) NC^-, ethanol

(c) *t*-BuOK, *t*-BuOH

(d) MeONa, MeOH

(e) (1) Li, Et_2O; (2) $CH_3C(=O)CH_3$; (3) H_3O^+

(f) Mg, Et_2O, 그다음 $CH_3\overset{O}{\overset{\|}{C}}H$, then H_3O^+

(g) (1) Mg, Et_2O; (2) $CH_3C(=O)$OMe; (3) H_3O^+

(h) (1) Mg, Et_2O; (2) ethylene oxide; (3) H_3O^+

(i) (1) Mg, Et_2O; (2) HC(=O)H; (3) H_3O^+

(j) Li, Et_2O; (2) MeOH

(k) Li, Et_2O; (2) H—C≡C—H

12.12 아래 각각의 변환을 위해서 어떤 산화제 또는 환원제를 사용하겠는가?

(a) $CH_3C(=O)CH_2CH_2C(=O)OCH_3$ ⟶ $CH_3CH(OH)CH_2CH_2CH_2OH$

(b) $CH_3C(=O)CH_2CH_2C(=O)OCH_3$ ⟶ $CH_3CH(OH)CH_2CH_2C(=O)OCH_3$

(c) HOC(=O)$CH_2CH_2CH_2CH_2$C(=O)OH ⟶ HO$CH_2CH_2CH_2CH_2CH_2CH_2$OH

(d) HO$CH_2CH_2CH_2CH_2CH_2CH_2$OH ⟶ HOC(=O)$CH_2CH_2CH_2CH_2$C(=O)OH

(e) HO$CH_2CH_2CH_2CH_2CH_2CH_2$OH ⟶ HC(=O)$CH_2CH_2CH_2CH_2$C(=O)H

12.13 아래의 각 반응으로부터 얻어지는 산화 반응 생성물은 무엇인가?

(a) 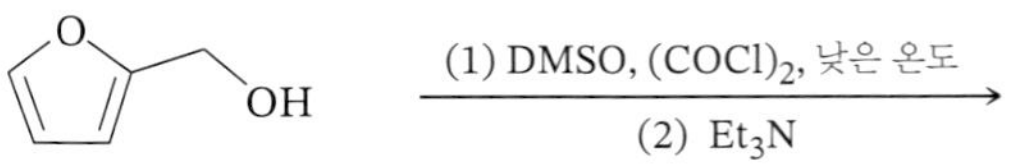 OH (1) DMSO, $(COCl)_2$, 낮은 온도 (2) Et_3N

(c)  OH HO (1) DMSO (2 당량), $(COCl)_2$ (2 당량), 낮은 온도 (2) Et_3N (과량)

(b) 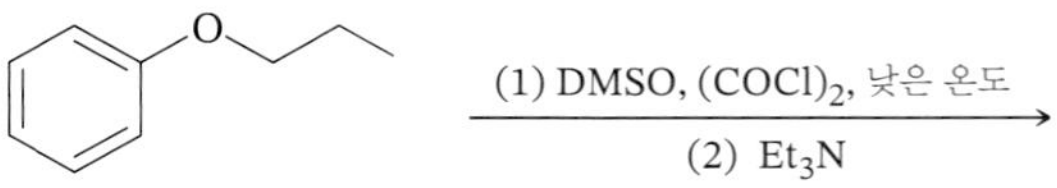 O (1) DMSO, $(COCl)_2$, 낮은 온도 (2) Et_3N

12.14 아래의 반응에서 예상되는 생성물은 무엇인가?

(a) 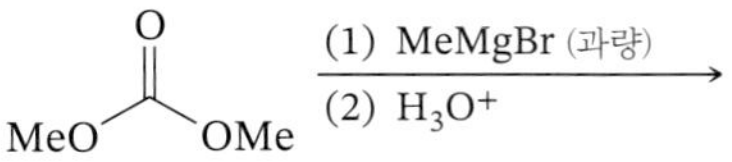 O MeO OMe (1) MeMgBr (과량) (2) H_3O^+

(b) 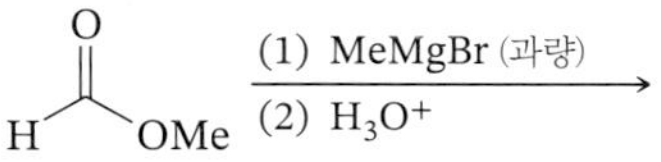 O H OMe (1) MeMgBr (과량) (2) H_3O^+

12.15 아래의 각 환원 반응에서 예상되는 생성물은 무엇인가?

(a) 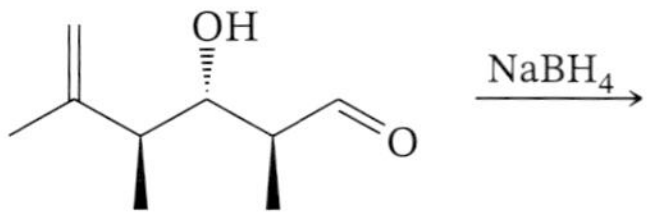 OH O $NaBH_4$

(b)  O O OCH_3 (1) $NaBH_4$, CH_3OH (2) H^+, H_2O

(c) 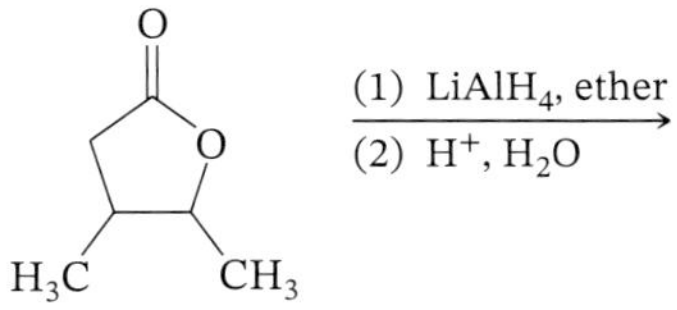 O O H_3C CH_3 (1) $LiAlH_4$, ether (2) H^+, H_2O

12.16 아래의 각 산화 반응에서 예상되는 생성물은 무엇인가?

(a) 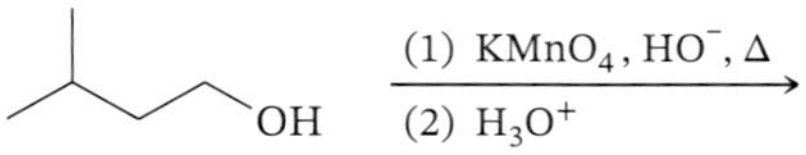 OH (1) $KMnO_4$, HO^-, Δ (2) H_3O^+

(c) 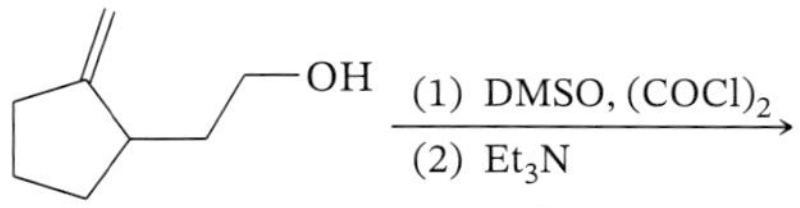 OH (1) DMSO, $(COCl)_2$ (2) Et_3N

(e) 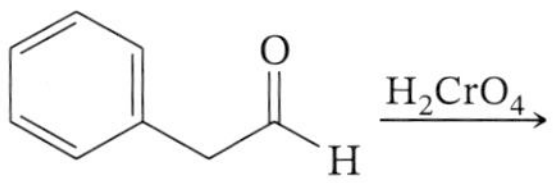 O H H_2CrO_4

(b) 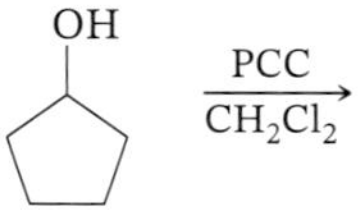 OH PCC CH_2Cl_2

(d) 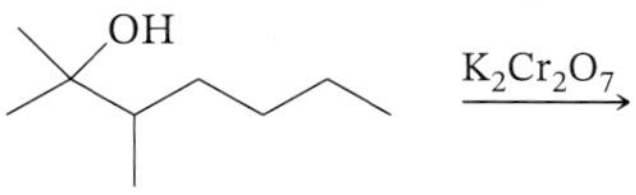 OH $K_2Cr_2O_7$

12.17 아래의 각 산화 반응과 환원 반응에서 예상되는 생성물은 무엇인가?

(a) 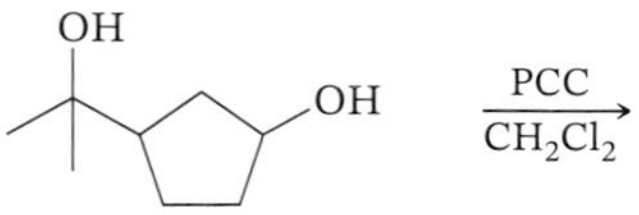 OH OH PCC CH_2Cl_2

(c) 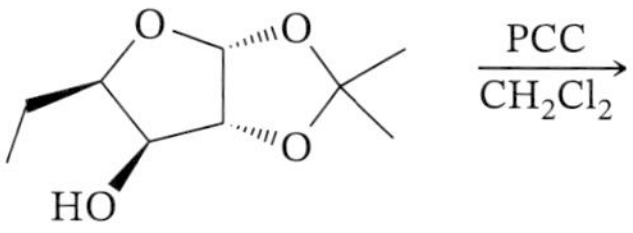 O O O HO PCC CH_2Cl_2

(e) 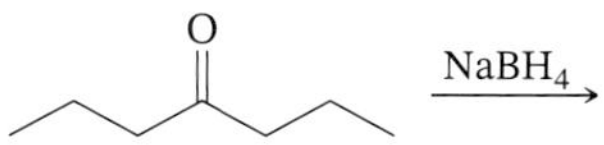 O $NaBH_4$

(b) 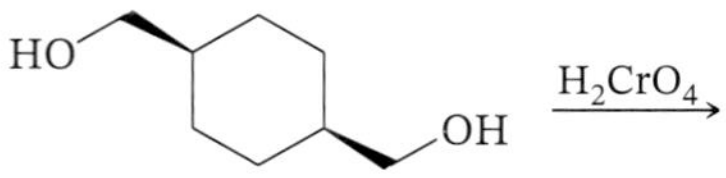 HO OH H_2CrO_4

(d) 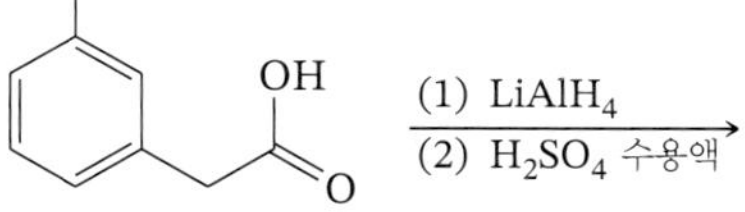 OH O (1) $LiAlH_4$ (2) H_2SO_4 수용액

12.18 아래의 각 반응으로부터 예상되는 주된 유기 생성물은 무엇인가?

(a) 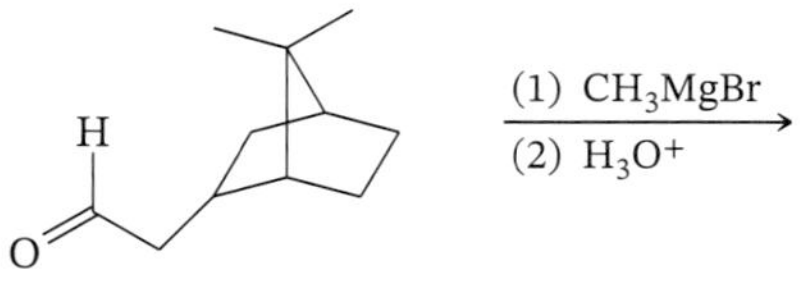 H O (1) CH_3MgBr (2) H_3O^+

(b) 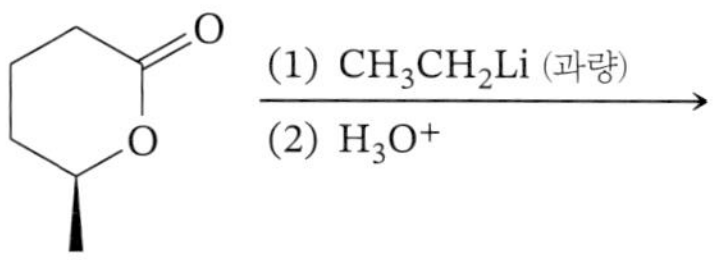 O O (1) CH_3CH_2Li (과량) (2) H_3O^+

메커니즘

12.19 사이클로펜탄온으로부터 아래의 각 화합물을 합성하시오. 적절한 시약이나 용매에서 수소 대신 들어갈 중수소는 D라고 표시하시오.

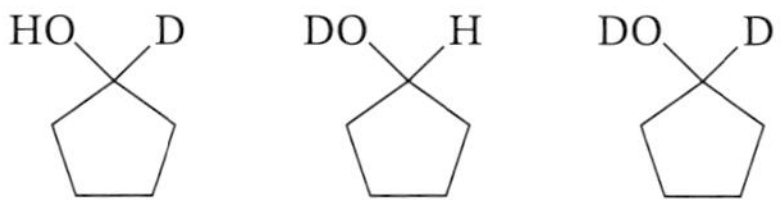

HO D   DO H   DO D

12.20 아래의 반응에 대한 메커니즘을 쓰시오. 모든 단계에서 전자의 이동을 나타내기 위해서 형식 전하와 굽은 화살표를 사용하시오.

O
MgBr
OH
O (1) (과량)
HO
(2) H_3O^+

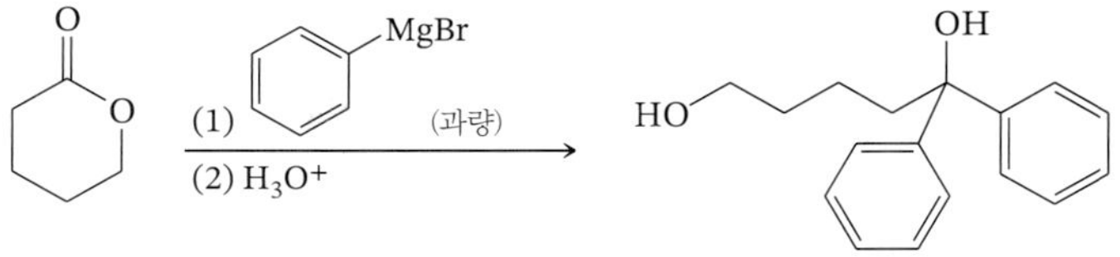

12.21 아래 반응에 대한 메커니즘을 쓰시오. 메커니즘에서 $LiAlH_4$로부터 온 수소 음이온을 H^-라고 나타내시오. 모든 단계에서 전자의 이동을 나타내기 위해서 형식 전하와 굽은 화살표를 사용하시오.

O
(1) $LiAlH_4$
O
HO OH
(2) H_2SO_4 수용액

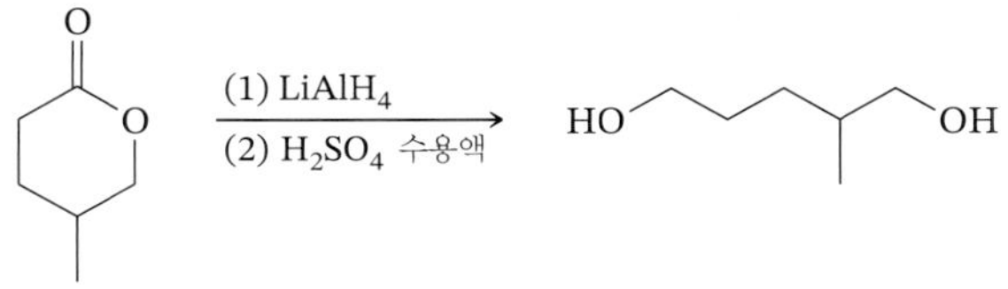

12.22 옥시레인(옥사사이클로프로페인)과 옥시테인(옥사사이클로뷰테인)은 Grignard와 유기리튬 시약과 반응하여 알코올을 형성함에도 불구하고, 이 반응에서 테트라하이드로퓨란(옥사사이클로펜테인)은 매우 반응성이 없어서 이들 유기금속 화합물을 제조하는 반응의 용매로 사용될 수 있다. 이들 산소 헤테로 고리 화합물들의 반응성 차이를 설명하시오.

합성

12.23 아래의 각 반응에서 예상되는 유기 생성물 **A~H**는 무엇인가?

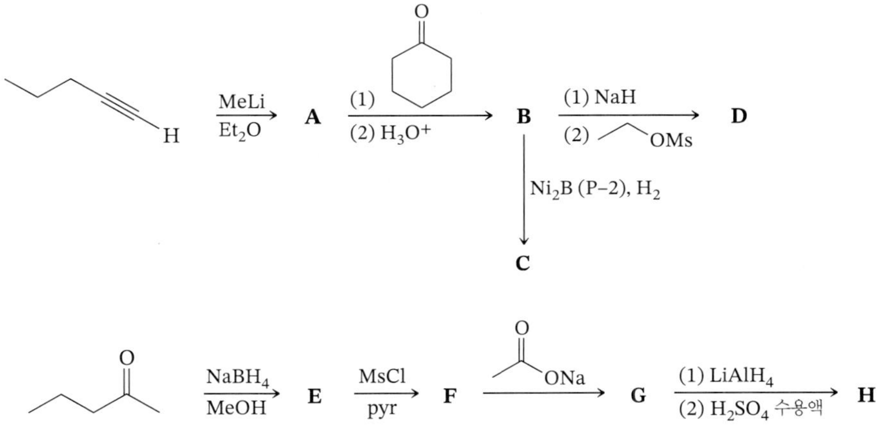

O
MeLi
Et_2O
H
A
(1)
(2) H_3O^+
B
(1) NaH
(2) OMs
D
Ni_2B (P–2), H_2
C

O
O
NaBH$_4$
MeOH
E
MsCl
pyr
F
ONa
G
(1) $LiAlH_4$
(2) H_2SO_4 수용액
H

12.24 2-프로판올(아이소프로필 알코올)을 아래 각각의 화합물로 전환하는 합성에서 모든 단계를 쓰시오.

(a) 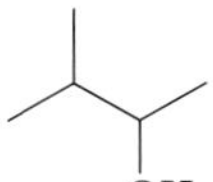 OH **(b)** 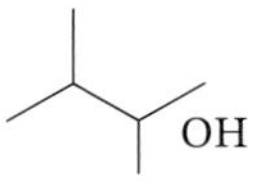 OH **(c)** 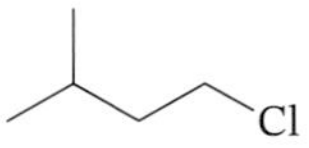 Cl **(d)** 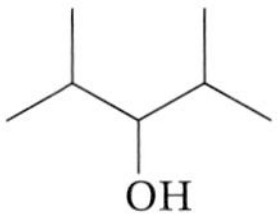 OH **(e)** 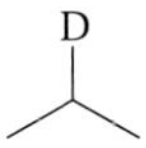 D

12.25 1-펜탄올을 아래 각각의 화합물로 전환하는 방법을 보이시오(필요한 무기 시약은 사용할 수 있으며, 특별한 화합물의 합성은 한 번만 보이면 된다).

(a) 1-Bromopentane
(b) 1-Pentene
(c) 2-Pentanol
(d) Pentane
(e) 2-Bromopentane
(f) 1-Hexanol
(g) 1-Heptanol
(h) Pentanal
(i) 2-Pentanone
(j) Pentanoic acid
(k) Dipentyl ether (두 가지 방법)
(l) 1-Pentyne
(m) 2-Bromo-1-pentene
(n) Pentyllithium
(o) 4-Methyl-4-nonanol

12.26 (a)~(g) 전환을 완수하는 데 필요한 시약을 제시하시오. 한 단계 이상이 필요할 수 있다.

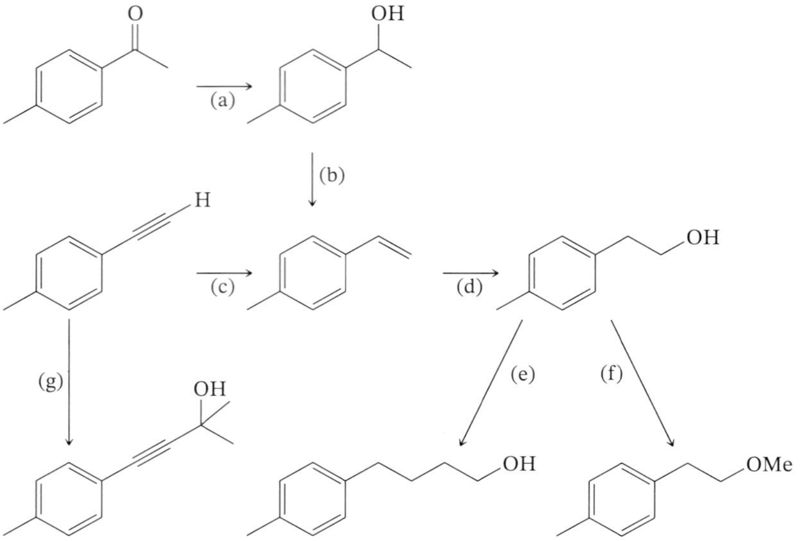

(a) (b) (c) (d) (e) (f) (g)

H OH OH OH OH OMe

12.27 4개 이하의 탄소 원자를 가진 알코올이나 에스터로부터 아래의 화합물을 합성하는 방법을 보이시오. 각각에 대해서 역합성 분석을 쓰는 것부터 시작하시오. 각 합성의 한 단계에서 Grignard 시약을 사용해야 한다. 필요하다면 옥시레인이나 브로모벤젠을 사용할 수 있다. 그러나 다른 필요한 유기 화합물은 합성해야 한다. 모든 필요한 용매, 산화제, 환원제를 포함한 무기 화합물 등은 쓸 수 있다.

(a) 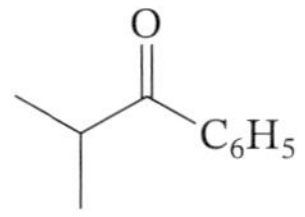 O C_6H_5 **(c)** OH **(e)** 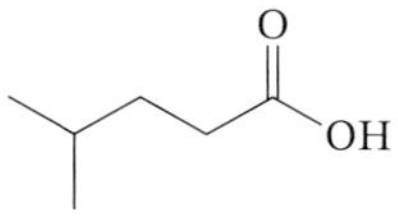 O OH **(g)** 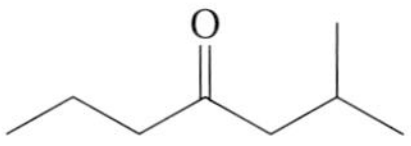 O

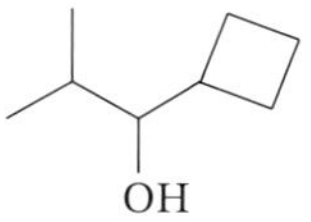

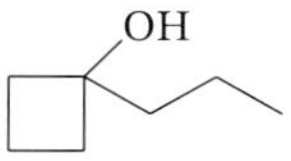

(b) 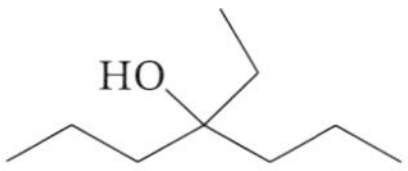 HO **(d)** 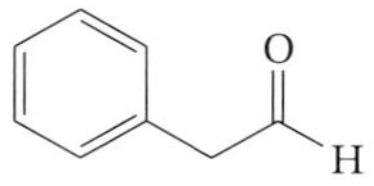 O H **(f)** OH **(h)** Br

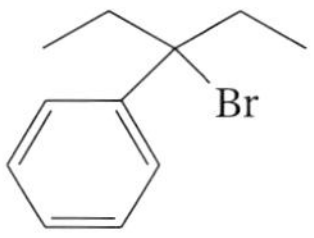

12.28 아래의 알코올에 대하여 적절한 유기금속 시약(Grignard 또는 알킬리튬 시약)이 관여하는 역합성 분석과 합성을 쓰시오.

(a) 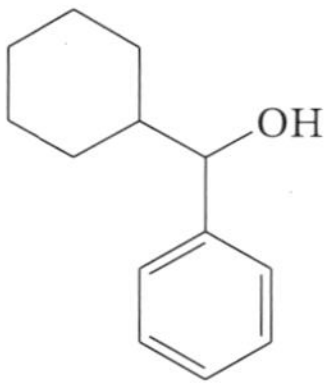 OH **(b)** 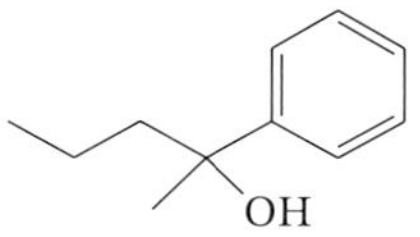 OH **(c)** 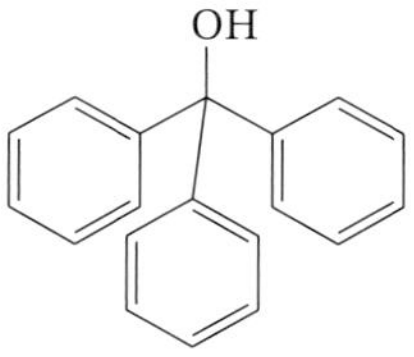 OH

12.29 7개 이하의 탄소를 지닌 1차 또는 2차 알코올과 필요하다면 브로모벤젠으로부터 출발하여 아래 각각의 화합물을 합성하시오.

(a) 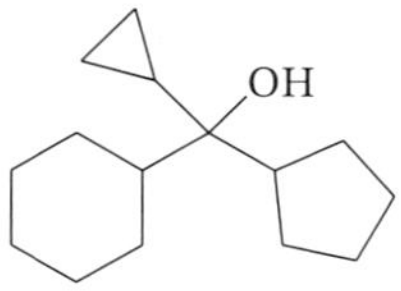 OH **(b)** 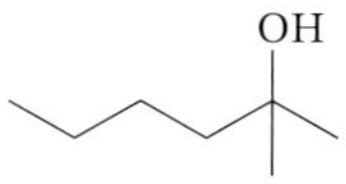 OH **(c)** 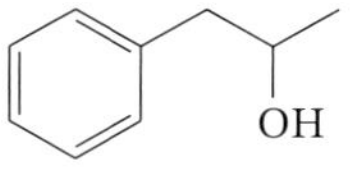 OH

12.30 여기에 보인 알코올은 향수를 만드는 데 사용된다. 역합성 분석과 그다음 이 알코올을 브로모벤젠과 1-뷰텐으로부터 합성하는 방법을 제시하시오.

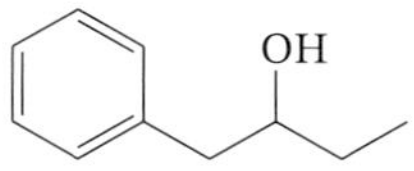

OH

12.31 탄소 수가 4개 이하인 화합물로부터 시작하여 약한 최면제(잠들게 하는 시약)인 메파피놀(Meparfynol)의 라셈 혼합물을 합성하는 방법을 요약하시오.

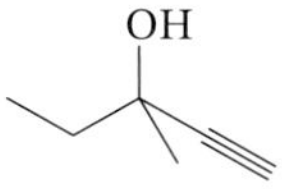

OH

Meparfynol

12.32 아래의 전환에 대한 역합성 분석과 합성을 쓰시오.

물질 합성

12.33 아래의 반응 순서에서 주된 유기 생성물을 예상하시오.

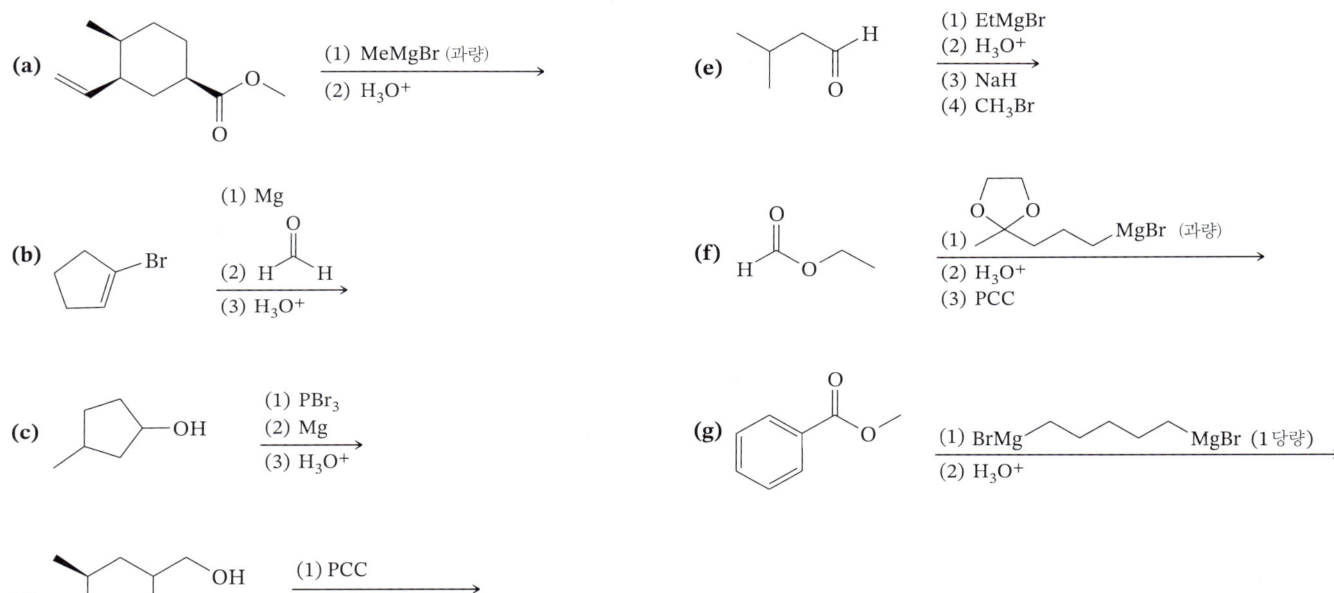

12.34 아래의 화합물을 사이클로펜테인과 에타인(아세틸렌)만을 탄소의 근원으로 하여 합성하시오.

12.35 아래 각각의 질문에서 출발 물질을 생성물로 전환하는 데 타당한 경로를 제시하시오. 각각의 경우 한 단계 이상이 필요하며, 앞의 장들에서 배운 반응이 필요할 수도 있다. 필요한 추가적인 탄소 원자의 자원을 사용할 수도 있다.

(a) (b)

12.36 거꾸로 작업을 해서 지정된 반응을 통하여 제시된 생성물에 이르는 출발 물질을 제시하시오.

(a) A

(1) BrMg :≡—
(2) H_3O^+
(3) MsCl, pyr.
(4) KOt-Bu, t-BuOH
(5) Lindlar 촉매, H_2

(b) B

(1) MeMgBr (과량)
(2) H_3O^+
(3) Swern 산화 반응
(4) PhMgBr
(5) H_3O^+
(6) PBr_3, pyr

Br

(c) C

(1) NBS, ROOR, Δ
(2) Mg, Et_2O
(3) D_3O^+
(4) H_2, Pd/C

D

화학 상담자가 필요한 물음

12.37 아래의 작업은 만자민 A(manzamine A)라고 알려진 분자의 실험실적 합성의 일부이다. **A**를 **B**로 전환하기 위한 조건을 제시하고, **C**에 알킬리튬 화학종을 첨가하여 **D**를 생성하는 것을 설명하는 메커니즘을 제시하시오. 약자 TBDPS는 t-뷰틸다이페닐실릴을 의미하며, 하나의 보호기로 이미 배운 TMS와 TBS처럼 실리콘 바탕의 보호기이다. (참조: *J. Am. Chem. Soc.* **2002**, *124*, 8584.)

CO_2Me, H, H, N, O, O, N, Ot-Bu, O, OTBDPS, OTBDPS

A

?

CO_2Me, H, H, N, O, O, N, Ot-Bu, O, O, O

B

MeO, OMe, H, H, N, O, N, Ot-Bu, O

C

Li
−78 → −20 °C,
Et_2O, 15분
(전체적으로 55%)

MeO, OMe, H, H, N, O, N, O

D

12.38 아래에 그려진 각각의 변환은 복잡한 천연물의 실험실적 합성의 일부로 수행되었다. 그러한 전환을 만들기 위한 조건을 제시하시오. 각각의 경우 2~3단계가 필요하다. (참조: *J. Am. Chem. Soc.* **1998**, *120*, 6425; *Chem. Eur. J.* **1999**, *5*, 2584; *J. Am. Chem. Soc.* **2002**, *124*, 2202; *Angew. Chem. Int. Ed.* **1997**, *36*, 166.)

(a)

CO_2Me, O, t-BuO, N, H, H, O, H, N, OTBS

CO_2Me, OMs, t-BuO, N, H, H, O, H, N, OTBS

(b)

(c)

(d)

도전 물음

12.39 아래의 화합물들을 구별하는 데 ^{1}H NMR, ^{13}C NMR , 그리고 IR 분광법이 어떻게 사용될 수 있는지 설명하시오.

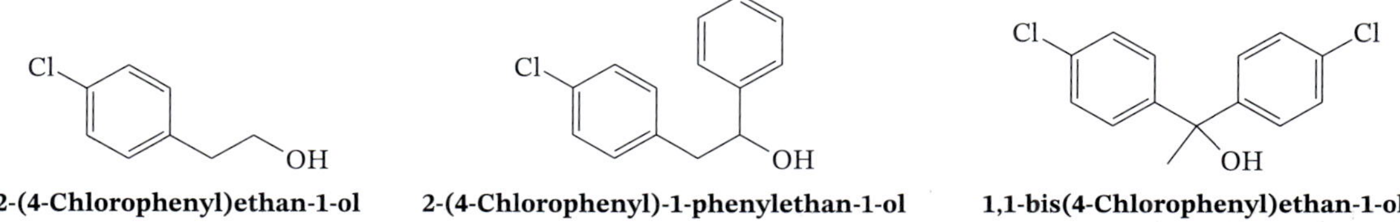

2-(4-Chlorophenyl)ethan-1-ol **2-(4-Chlorophenyl)-1-phenylethan-1-ol** **1,1-bis(4-Chlorophenyl)ethan-1-ol**

2,2-bis(4-Chlorophenyl)acetic acid **benzyl 2-(4-Chlorophenyl)acetate**

12.40 미지 시료 **X**는 IR에서 3200~3550 cm^{-1} 영역에 넓은 흡수띠를 가지지만 1620~1780 영역에는 흡수띠가 없다. 이것은 C, H, O로만 된 분자이다. **X**의 시료 116 mg을 과량의 CH_3MgBr과 반응시키면 20 °C, 750 mmHg에서 48.7 mL의 메테인 기체가 생성된다. **X**의 질량 분석 스펙트럼은 분자 이온을 *m/z* 116(겨우 검출됨)에서, 그리고 토막내기 피크를 98에서 보인다. 이러한 정보는 **X**의 구조에 대하여 무엇을 말해 주고 있는가?

학습 집단을 위한 물음

아래의 물음은 Crixivan(Merck사의 HIV 단백질 가수 분해 효소 저해제)의 비고리형 중심 부분을 합성하기 위한 가상적인 경로를 고안하는 과정이다. 이 합성에서 각 단계의 입체 화학적인 통제는 적절하지 않지만, 이 특별한 연습에서 그것은 기대하지는 않음을 주목하시오.

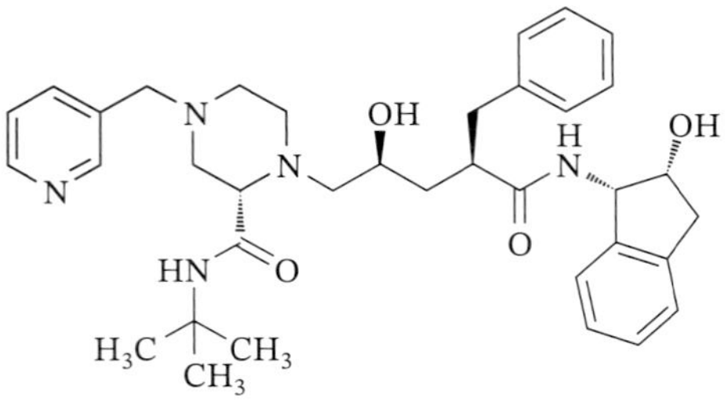

Crixivan (HIV 단백질 가수 분해 효소 저해제)

Crixivan의 비고리형 중심 부분을 합성하기 위한 아래의 가상적인 줄거리에서 빠진 화합물과 시약을 넣으시오. 아래에 제시된 구조들 사이에서 한 가지 이상의 중간체 화합물이 관여할 수도 있음을 주목하시오.

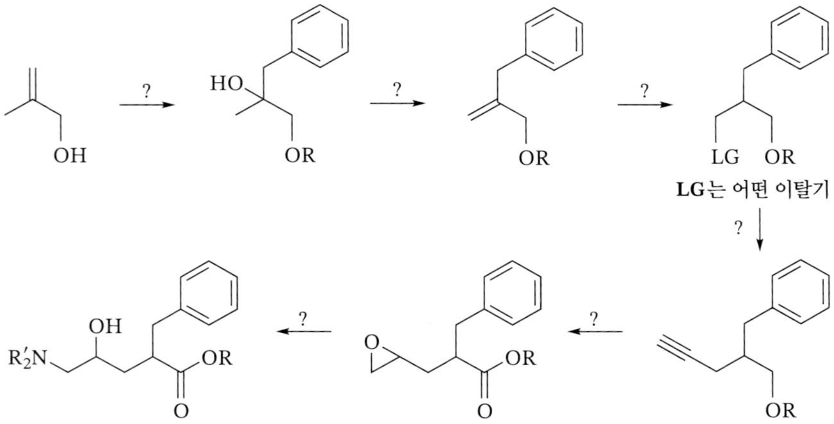

LG는 어떤 이탈기

(R은 처음에는 H이다. 그다음 명시할 필요가 없는 반응에 의해서 알킬기로 전환될 것이다.)

반응 요약

이 장에서 논의된 반응들을 아래에 요약하였다. 요약된 반응들의 상세한 반응 조건은 각각이 논의된 절에 나와 있다.

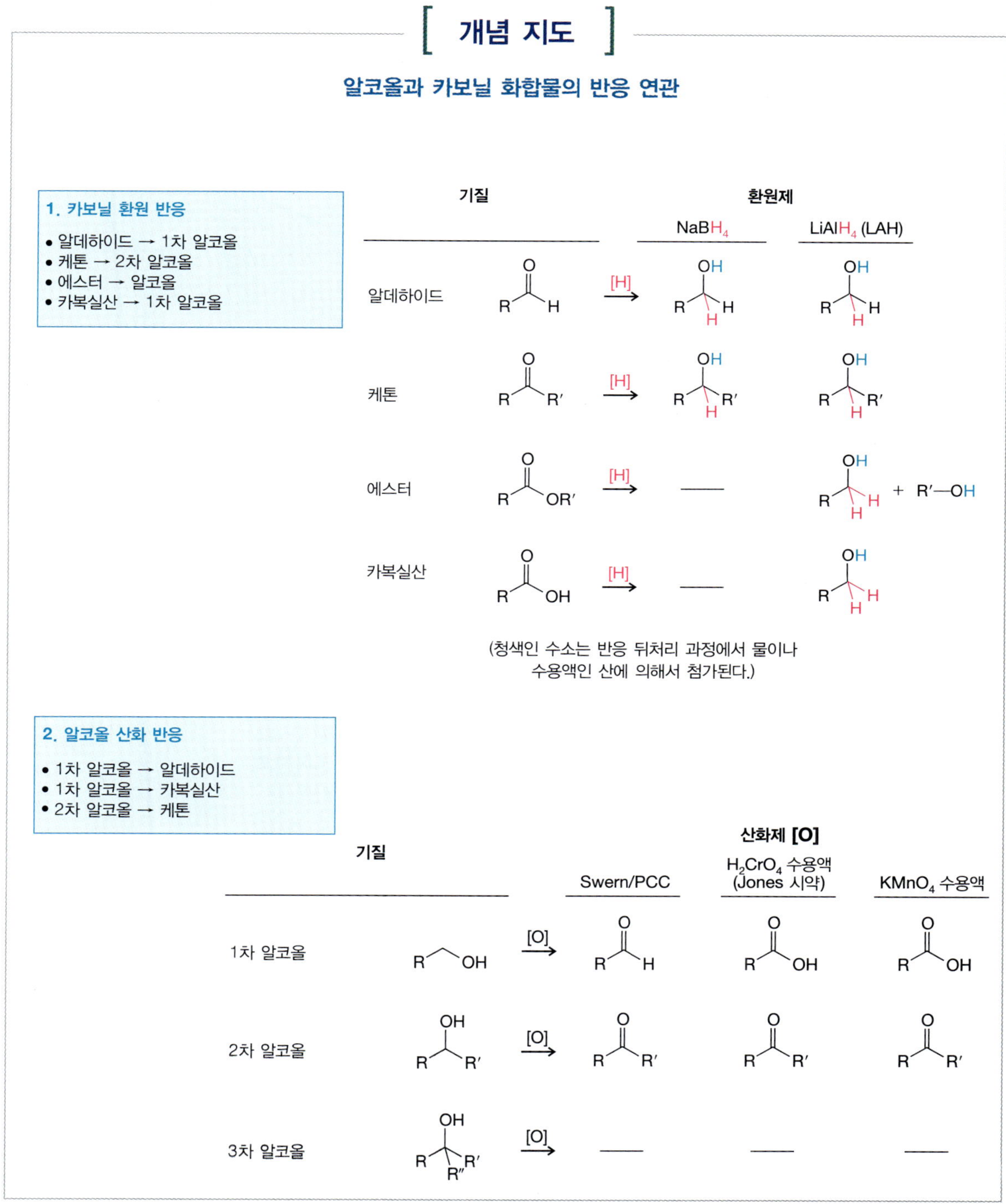

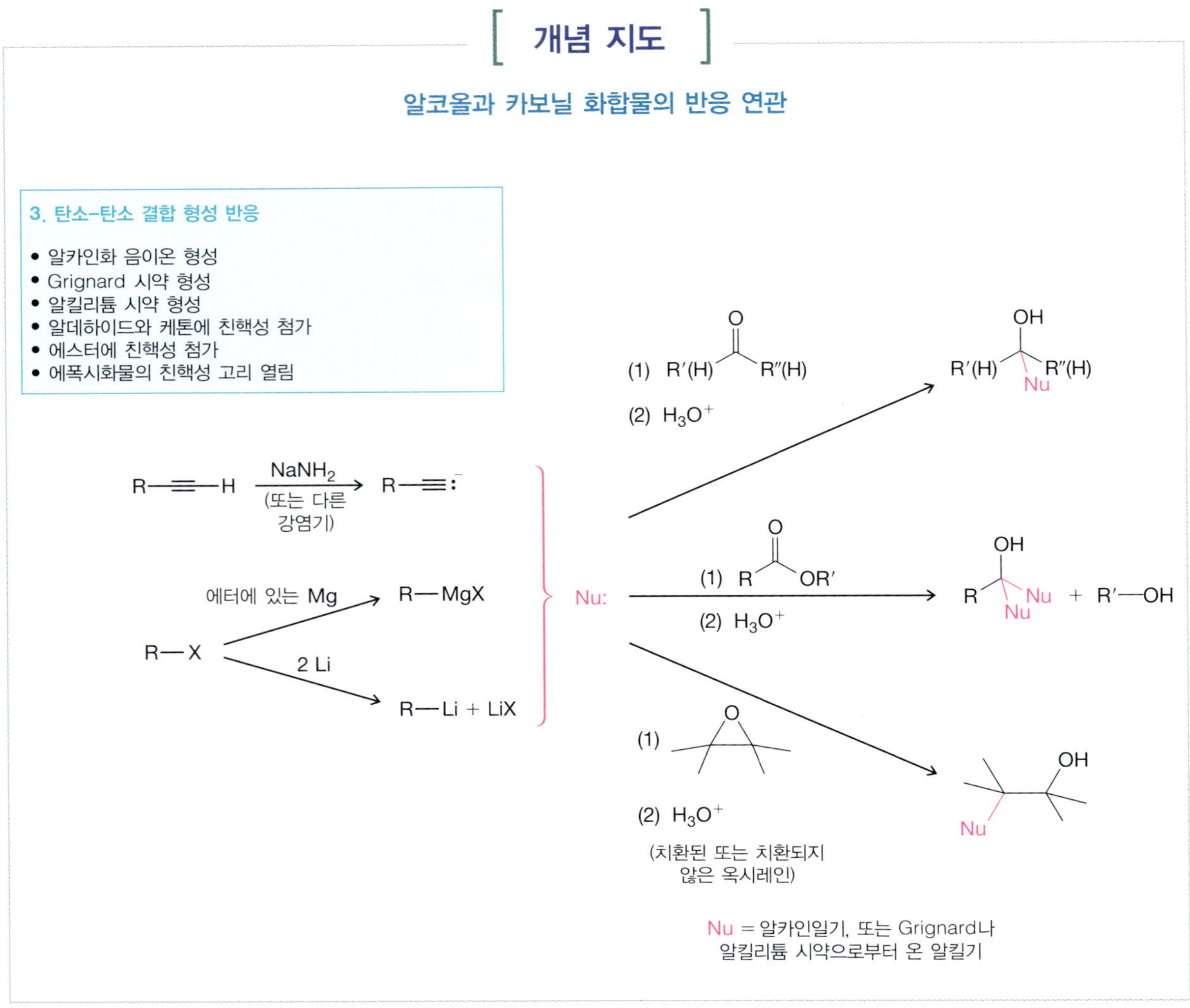

| 온라인 자료에서 **First Review Problem Set**를 참조하시오. |

CHAPTER 13

짝불포화계

(house plant) Chansom Pantip/123 RF; (carrot) Robyn Mackenzie/iStockphoto; (blue jeans) Billion Photos/Shutterstock.com

식물인 당근과 즐겨 입는 블루진, 그리고 시력의 색깔들에서 공통점은 무엇일까? 그들은 모두 이중 결합과 단일 결합이 순서대로 교대하는 분자로부터 오는 결과이다. 이러한 결합 양상은 짝지음이라고 알려진 현상을 가져온다. 짝지은 화합물에는 당근의 오렌지색을 만드는 β-카로텐(carotene), 광합성을 수행하는 녹색 색소인 클로로필(chlorophyll) a, 그리고 블루진의 독특한 색을 내는 색소인 인디고(indigo) 등이 있다. 그들의 이중 결합들이 짝지음과 이 화합물들이 빛(가시광선과 자외선)과 상호작용을 하는 방식이 그들의 색을 만드는 것이다. 더욱이 그러한 분자는 독특한 반응성의 일면을 지니는데, 음이온, 양이온, 그리고 라디칼 화학종이 이들로부터 형성되면 정상보다는 더 큰 안정성을 지니기 때문이다. 그 결과 그들은 유기 화학에서 특이하고도 광범위하게 관여한다.

이 장에서 배울 내용:

- 라디칼, 양이온, 그리고 음이온에 근거한 짝지음과 공명 구조
- 짝지은 계의 독특한 물리적 성질과 특별히 UV-Vis 분광학에서 관찰되는 성질
- Diels-Alder 반응이라 불리는 매우 특별한 변형을 통하여 1,3-다이엔이라고 알려진 분자와 특정한 짝 사이에 육각형 고리가 만들어져 최대 4개의 카이랄 중심이 새로 형성되는 반응

이 주제는 왜 중요한가?

이 장의 끝에서는 Diels와 Alder가 그들의 이름을 따른 반응이자 그들에게 Nobel상을 받도록 한 반응을 볼 것인데, 수많은 다른 사람들도 똑같은 화학을 수행하였으나 무엇을 만들었는지를 몰랐던 것을 주목하게 될 것이다.

13.1 서론

짝지은 계(conjugated system)의 핵심은 적어도 한 개 이상의 π 결합에 인접한 p 오비탈을 가진 원자가 적어도 한 개 있다는 것이다. p 오비탈을 지닌 인접 원자는 1,3-뷰타다이엔에 있는 다른 π 결합의 일부이거나 또는 라디칼, 양이온, 혹은 음이온인 반응 중간체일 수 있다. 프로펜일기로부터 특별히 생긴 예라면 이 기의 관용명은 **알릴(allyl)**이다. 일반적으로, 프로펜 이외의 분자에 있는 한 개 이상의 π 결합에 인접한 라디칼, 양이온, 또는 음이온을 고려할 때 그 인접한 위치를 **알릴 자리(allylic)**라고 부른다. 아래에는 뷰타다이엔의 구조식, 알릴 라디칼과 **알릴 자리 탄소 양이온(allylic carbocation)**의 공명 혼성, 그리고 각각에 대한 분자 오비탈 표현을 보였다.

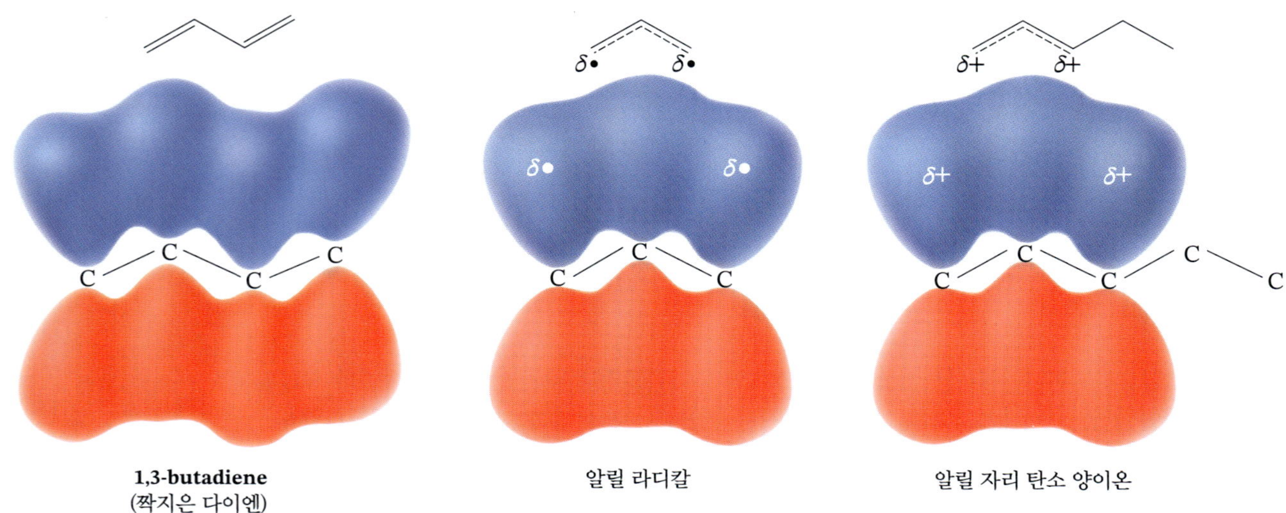

1,3-butadiene (짝지은 다이엔) | 알릴 라디칼 | 알릴 자리 탄소 양이온

10장에서 보았듯이, 알릴 자리에서의 라디칼 치환 반응은 중간체인 라디칼이 짝지은 계의 일부이기 때문에 특별히 유리하다.

보기 물음 13.1

크립토잔틴(cryptoxanthin, 천연 색소)에 있는 알릴 자리 수소 원자를 지닌 위치를 모두 정하시오.

풀이

크립토잔틴의 알릴 자리 수소 원자는 π 결합에 인접한 sp^3-혼성인 탄소에 있는 수소 원자들이다. 위치는 아래의 식에 표시되어 있다.

HO

Cryptoxanthin(알릴 자리 수소 원자를 상자에 넣어 위치를 보임)

13.2 알릴 라디칼의 안정도

알릴 라디칼의 안정도에 대한 설명은 두 가지 방법으로 할 수 있다. 하나는 분자 오비탈 이론을 써서, 또 하나는 공명 이론(1.8절)을 써서 할 수 있는 것이다. 곧 알게 되겠지만, 두 방법 모두 알릴 라디칼에 대해서 대등한 설명을 하고 있다. 분자 오비탈을 이용하는 것이 눈으로 보기 쉽기 때문에 이것부터 시작해 보기로 하자(이 절을 공부하기 위한 준비로 1.11절과 1.13절의 분자 오비탈 이론을 복습해 보는 것도 좋다).

13.2A 알릴 라디칼의 분자 오비탈 이론적인 설명

프로펜으로부터 알릴 자리의 수소 원자가 떼내지면(아래의 도표 참조) 메틸기의 sp^3-혼성인 탄소 원자는 혼성 상태를 sp^2(10.6절)로 바꾸어 라디칼이 된다. 이 새로운 sp^2-혼성의 탄소 원자에 있는 p 오비탈은 중심 탄소 원자의 p 오비탈과 중첩한다.

- 알릴 라디칼에서 세 개의 p 오비탈은 중첩하여 세 탄소 원자를 포용하는 π 분자 오비탈 한 세트를 형성한다.
- 알릴 라디칼의 새로운 p 오비탈은 이중 결합의 p 오비탈과 **짝지어졌다**(conjugated)고 말하며, 알릴 라디칼은 **짝불포화계**(conjugated unsaturated system)라고 할 수 있다.

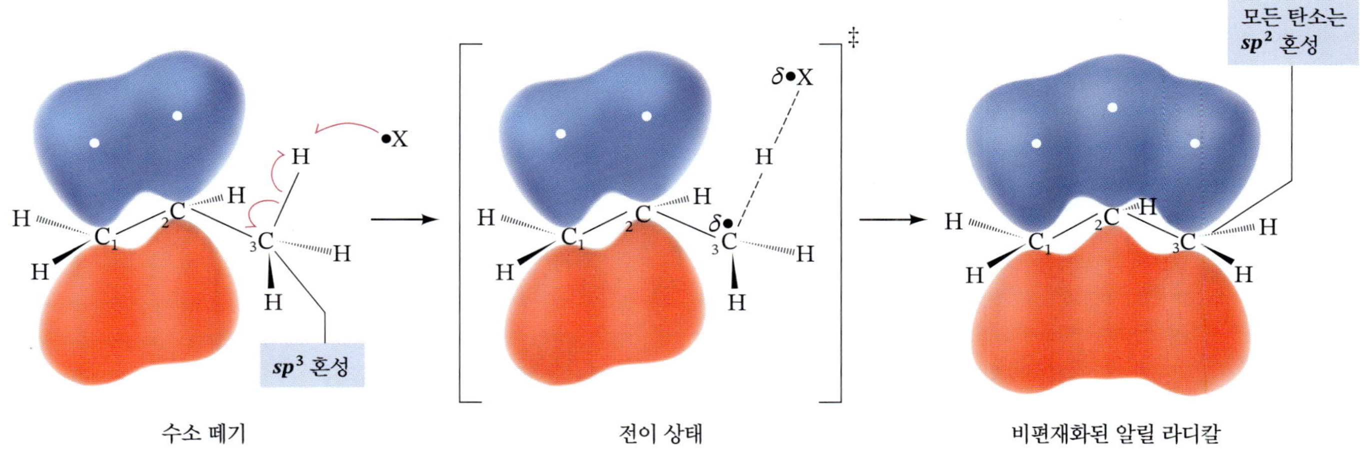

- 알릴 라디칼의 쌍을 이루지 않은 전자와 π 결합의 두 전자들은 모두 세 탄소 원자에 **비편재화**(**delocalized**)되어 있다.

이렇게 쌍을 이루지 않은 전자의 비편재화로 말미암아 알릴 라디칼은 1차, 2차, 그리고 3차 라디칼보다 더욱 안정하다. 1차, 2차 및 3차 라디칼에서도 비편재화는 일어나지만, 그것은 σ 결합과 가상적 짝지음(하이퍼콘쥬게이션)(6.11B절)을 통하여 일어나므로 그리 효과적이지는 못하다.

그림 13.1의 도표는 알릴 라디칼에 있는 3개의 p 오비탈이 혼성하여 3개의 π 분자 오비탈을 형성하는 방법을 설명해 준다(기억할 것: 분자 오비탈의 수는 결합하는 원자 오비탈의 수와 항상 같다. 1.11절 참조). 결합 π 분자 오비탈은 에너지가 제일 낮다. 이것은 세 개의 탄소 원자를 모두 포용하며, 두 개의 스핀쌍을 이룬 전자로 채워져 있다. 이 결합 π 오비탈은 같은 결합 부호의 구면을 갖는 p 오비탈들이 인접 탄소 원자 사이에서 중첩한 결과이다. 이런 모양의 중첩은 원자들 사이의 영역에서 결합에 필요한 π 전자 밀도를 증가시켜 준다. 비결합 π 오비탈은 한 개의 쌍을 이루지 않는 전자가 점유하고 있으며, 중심 탄소 원자에 마디(node)를 가

지고 있다. 이 마디는 쌍을 이루지 않은 전자가 1번과 3번 탄소 원자에만 놓여 있음을 뜻한다. 반결합 π 분자 오비탈은 반대 부호의 오비탈 구면들이 인접 탄소 원자 사이에서 중첩할 때 생긴다. 이러한 중첩은 반결합 π 오비탈에서 각 쌍의 탄소 원자 사이에 마디가 존재함을 의미한다. 이 알릴 라디칼의 반결합 오비탈은 에너지가 가장 높고, 라디칼의 바닥 상태에서는 비어 있다.

분자 오비탈 이론으로 얻어진 알릴 라디칼의 그림을 아래 구조와 같이 나타낼 수 있다.

여기서 점선은 탄소–탄소 결합이 부분적으로 이중 결합임을 나타낸다. 이것은 분자 오비탈이 말해 주는 사실 중 하나를 수용하고 있다. 즉, **세 개의 원자를 모두 포용하는 π 결합이 있다.** C1과 C3 탄소 원자 곁에 $\frac{1}{2}\cdot$을 표시한다. 이것은 분자 오비탈이 말해 주는 두 번째 사실이다.

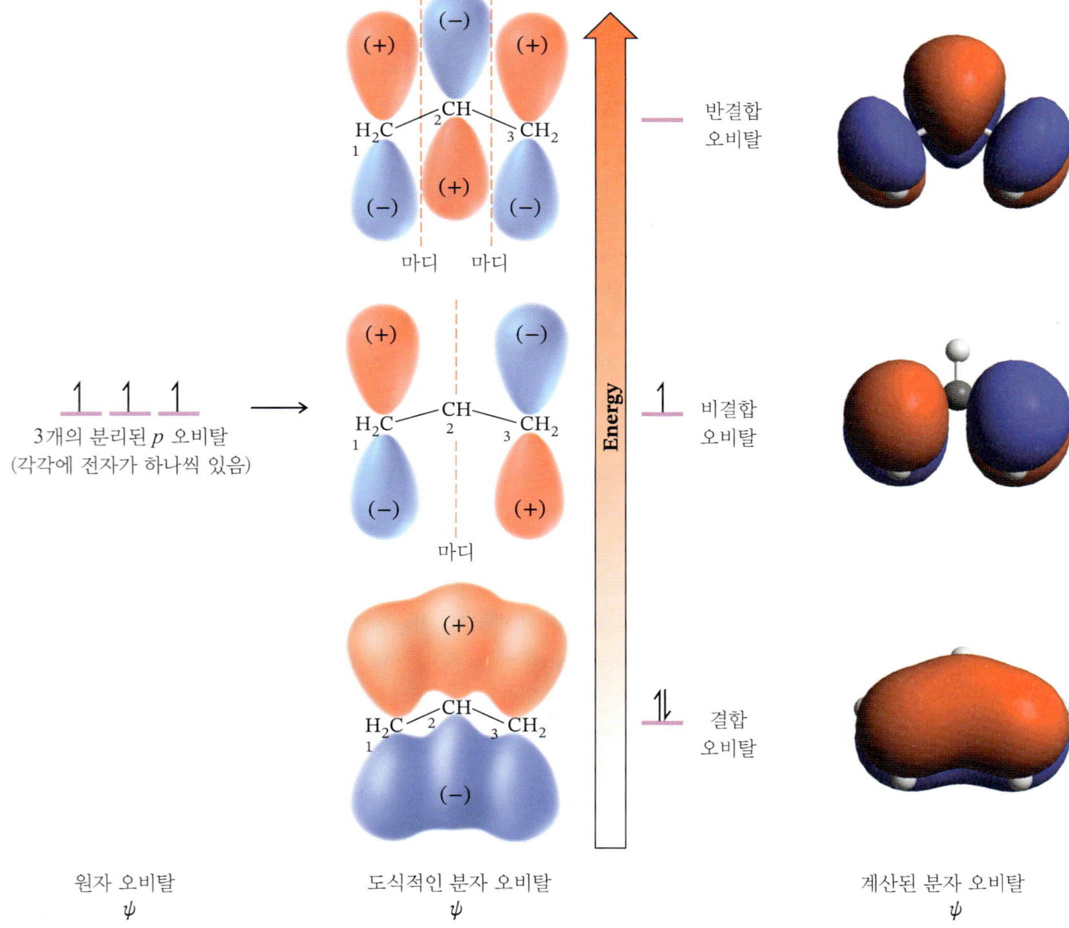

그림 13.1 알릴 라디칼에서 세 개의 p 원자 오비탈이 세 개의 π 분자 오비탈을 형성하는 배합. 결합 π 분자 오비탈은 같은 부호의 구면을 가진 세 개의 p 오비탈이 원자 평면 위 아래로 중첩하면서 배합되어 생긴다. 비결합 π 분자 오비탈은 C2에 마디가 있다. 반결합 π 분자 오비탈은 C1과 C2 탄소 원자 사이와 C2와 C3 탄소 원자 사이에 각각 마디를 가진다. 양자 역학적인 원리를 사용하여 계산된 알릴 라디칼의 분자 오비탈의 모양은 도식적인 오비탈에 나타냈다.

즉, **쌍을 이루지 않은 전자로 인한 C1과 C3 부근의 전자 밀도는 같다**. 끝으로 알릴 라디칼의 분자 오비탈 그림이 뜻하는 바는 알릴 라디칼의 두 끝이 **동등하다**는 것이다. 이러한 분자 오비탈의 이론적인 관점은 방금 주어진 식에서도 잘 나타나고 있다.

13.2B 알릴 라디칼에 대한 공명 이론

알릴 라디칼의 구조를 **A**처럼 쓸 수 있다.

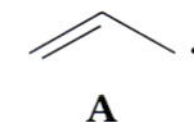

A

그러나 동등한 구조 **B**도 쓸 수가 있다.

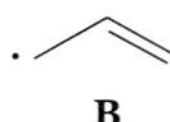

B

구조 **B**를 썼을 때 단순히 구조 **A**를 취하여 회전한 것은 아니다. 여기서는 핵을 움직이는 것은 아니고 전자를 다음과 같이 이동시킨 것이다.

하나의 화학적인 실체에 대하여 **전자의 위치만 다른** 두 가지 구조를 쓸 수 있을 때, 그 실체는 둘 중의 한 구조만으로 나타낼 수 없으며 두 가지의 **혼성**이라고 말하는 것이 공명 이론이다(1.8절). 혼성을 두 가지 방법으로 나타낼 수 있다. 즉, 두 구조 **A**와 **B**를 쓰고 그들이 공명 구조임을 나타내도록 공명 이론에서의 특수한 기호인 이중 화살표로 연결해 준다.

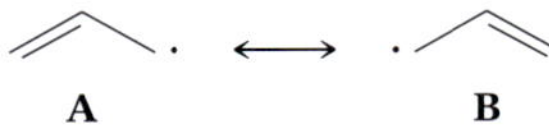

A **B**

또는 두 공명 구조의 양상을 혼성한 구조 **C** 하나로 나타낼 수도 있다.

C

그러면 공명 이론은 분자 오비탈 이론으로부터 얻은 것과 똑같은 알릴 라디칼의 그림을 만들어 낸다. 구조 **C**는 라디칼의 탄소-탄소 결합이 부분적으로 이중 결합임을 뜻한다. 공명 구조 **A**와 **B**는 쌍을 이루지 않은 전자가 C1과 C3 탄소 원자에만 있다는 것을 나타낸다. 이것을 구조 **C**에서는 C1과 C3 탄소 원자 옆에 δ로 표시하였다. 공명 구조 **A**와 **B**가 동등하므로 쌍을 이루지 않은 전자로부터 온 전자 밀도는 C1과 C3에 의해서 똑같이 공유한다.

공명 이론에서 또 다른 규칙은 다음과 같다.

- 한 화학종에 대하여 동등한 **공명 구조(resonance structure)**를 쓸 수 있을 때 화학종은 하나의 공명 구조만 나타내는 것보다 훨씬 더 안정하다.

A나 **B**만을 따라 살펴보면 이들은 1차 라디칼과 흡사하다고 할 수 있다. 그러므로 알릴 라디칼의 안정도가 1차 라디칼의 안정도와 비슷한 것으로 추정될 수 있다. 그렇게 하면 알릴 라디칼의 안정도를 아주 과소평가하는 것이 된다. 그러나 공명 이론에 의하면 **A**와 **B**는 **동등한 공**

명 구조이므로 알릴 라디칼은 둘 중의 어느 것보다도 더 안정하다. 즉, 1차 라디칼보다 더욱 더 안정하다고 할 수 있다. 이것은 실험적으로 사실임이 밝혀졌다. **알릴 라디칼은 3차 라디칼보다도 더욱 안정하다.**

아래에 나타낸 것과 같이, 알릴계의 중심 탄소에 쌍을 이루지 않은 전자 하나가 있음을 나타내는 구조는 적합한 공명 구조는 아니다. 왜냐하면 모든 공명 구조들이 같은 수의 쌍을 이루지 않은 전자를 가져야 한다는 것이 공명 구조의 이론이기 때문이다(13.4A절). 이 구조는 3개의 쌍을 이루지 않은 전자를 보이고 있고, 다른 알릴 라디칼의 공명 구조는 단지 한 개의 쌍을 이루지 않은 전자를 가지고 있다.

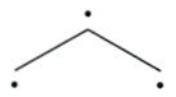

틀린 공명 구조

보기 물음 13.2

1번 탄소를 ^{13}C로 표지한 프로펜을 알릴 자리 염소화 반응시키면 C1과 C3에 표지된 1-클로로프로펜의 50 : 50 혼합물이 된다(아래 참조). 이 결과를 설명하는 메커니즘을 쓰시오. (탄소 원자 옆에 * 표시는 탄소 원자가 ^{13}C임을 의미한다.)

Cl_2, 고온

풀이

알릴 자리 염소화 반응에는 염소 원자가 알릴 자리 수소 원자를 떼냄으로써 생성된 공명 안정화된 라디칼의 형성이 관여함을 기억하자(10.8A절). 이 경우에 생성된 라디칼은 두 가지 구조(표지의 위치를 제외하고 동등함)의 혼성이므로 이것은 두 끝에서 Cl_2와 반응하여 다르게 표지된 생성물의 50:50 혼합물이 된다.

(−HCl) Cl_2 **50%** **50%**

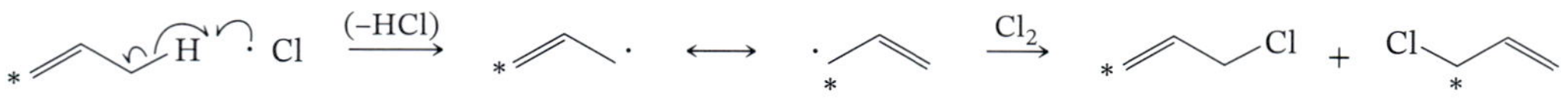

되새김 물음 13.1

C3에 ^{13}C로 표지된 4,5-다이메틸사이클로헥센의 알릴 자리 브로민화 반응을 고려해 보자. 입체 이성질체는 무시하고 이 반응으로부터 예상되는 생성물은 무엇인가?

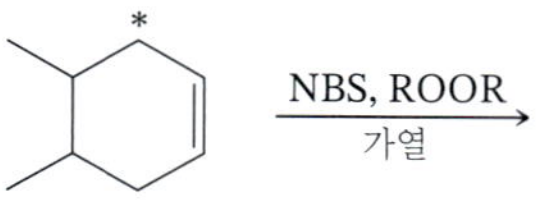

NBS, ROOR, 가열

(* = ^{13}C-표지된 위치)

13.3 알릴 양이온

탄소 양이온도 알릴 자리일 수 있다.

- **알릴(프로펜일) 양이온[allyl(propenyl) cation**, (⁺)]은 2차 탄소 양이온보다 더욱 안정하며, 3차 탄소 양이온만큼 안정하다.

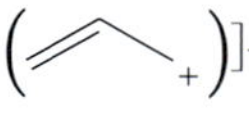

일반적으로 탄소 양이온의 안정도 순서는 다음과 같다.

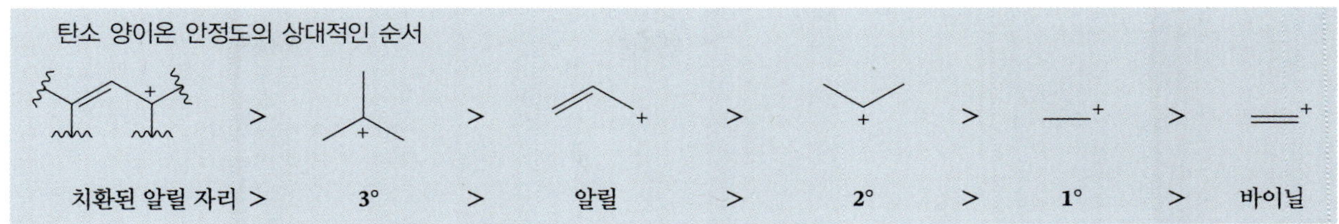

알릴 양이온의 분자 오비탈을 **그림 13.2**에 나타냈다.

알릴 양이온의 결합 π 분자 오비탈도 **알릴 라디칼(allyl radical)**처럼(그림 13.1) 두 개의 스핀쌍을 이룬 전자를 갖는다. 그러나 알릴 양이온의 비결합 π 분자 오비탈은 비어 있다.

공명 이론으로는 알릴 양이온을 구조 **D**와 **E**로 나타낼 수 있다.

D ⟷ **E**

D와 **E**는 **동등한** 공명 구조이므로 공명 이론은 알릴 양이온이 특별히 안정할 것임을 예측할 수 있게 해준다. 양전하는 **D**에서는 C3에, **E**에서는 C1에 놓여 있으므로 공명 이론은 양전하

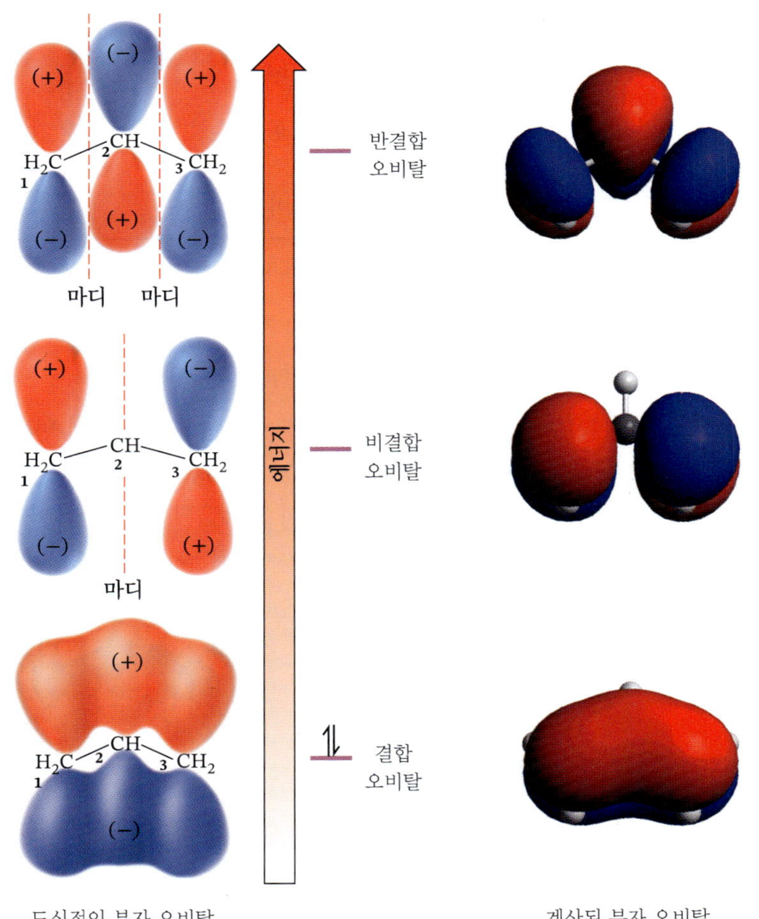

그림 13.2 알릴 양이온의 π 분자 오비탈. 알릴 양이온도 알릴 라디칼처럼(그림 13.1) 짝불포화계이다. 양자 역학적인 원리를 사용하여 계산된 분자 오비탈의 모양을 도식적인 분자 오비탈 옆에 보여주고 있다.

가 두 탄소 원자에 비편재화되어 있음도 말해 주고 있다. 2번 탄소 원자는 양전하를 갖지 않는다. 혼성 구조 **F**는 **D**와 **E**의 전하와 결합 양상을 모두 포함하고 있다.

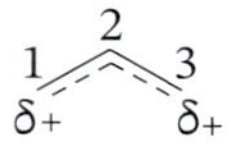

1 2 3
δ+ δ+
F

보기 물음 13.3

브로민화 알릴(3-브로모-1-프로펜)은 탄소 양이온을 재빨리 형성한다. 예를 들면, 이것은 S_N1 반응을 진행한다. 이러한 관찰에 대해서 설명하시오.

풀이

브로민화 알릴의 이온화 반응으로 알릴 양이온(오른쪽)이 생성되는데, 이것은 공명 안정화되어 특별히 안정하다(단순한 1차 탄소 양이온보다 훨씬 더 안정하다).

Br $\xrightarrow{H_2O}$ + ⟷ +

공명 안정화된 탄소 양이온

되새김 물음 13.2

(a) *p*-브로모벤젠설폰산 (*E*)-2-뷰텐일[(*E*)-2-butenyl *p*-bromobenzenesulfonate]로부터 형성될 수 있는 탄소 양이온에 대한 공명 구조를 쓰시오.

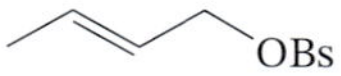

OBs

(b) 이 탄소 양이온의 공명 구조 중 하나는 다른 것보다 공명 혼성에 더 중요한 기여체이다. 어느 공명 구조가 더 큰 기여체인가?

(c) 이 탄소 양이온이 염화 이온과 반응하면 무슨 생성물이 생기는가?

도움말

공명은 구조와 반응성을 논의할 때 자주 쓰이는 중요한 도구이다.

13.4 공명 이론을 다시 봄

앞의 장들에서 **공명** 이론은 이미 사용되었으며, 이 장에서는 π 결합 안에 비편재화된 전자(그리고 전하)를 가진 라디칼과 이온을 기술하는 데도 널리 사용되었다. 공명 이론은 이와 같은 계에서 특히 유용하며 앞으로 나올 장에서도 계속 사용하게 될 것이다. 1.8절에서 공명 이론과 공명 구조를 쓰고 몇 가지 규칙을 소개한 바 있다. 이제 탄소 양이온의 상대적인 안정도, 라디칼, 그리고 짝지은 계를 이해함에 있어서 앞서 논의된 것에 비추어 공명 구조를 쓸 때의 규칙과 한 구조가 전체적인 혼성에 기여하는 정도를 추정하는 규칙 등을 다시 살펴보고 확대해 보기로 한다.

13.4A 공명 구조를 쓰는 규칙

1. **공명 구조는 지면상에만 존재한다.** 그 자체가 실제로 존재하는 것은 아니다. **공명 구조(resonance structure)**는 하나의 Lewis 구조만으로는 불충분한 분자, 라디칼, 이온 등을 설명하는 데 유용하다. 두 가지 또는 그 이상의 Lewis 구조를 쓰고 이들을 공명 구조 또

는 공명 기여체라고 부른다. 이 구조들을 이중 화살표(⟷)로 연결하고 실제의 분자, 라디칼, 이온 등은 이들 모두의 혼성이라고 말한다.

2. **공명 구조를 쓸 때 전자들만을 이동시킬 수 있다.** 원자의 핵의 위치는 모든 구조에서 그대로 남아 있어야 한다. 예를 들어, 구조 3은 알릴 양이온의 공명 구조가 되지 못하는데, 이 구조가 되기 위해서는 수소 원자를 이동시켜야만 하고 그러한 이동은 허용되지 않기 때문이다.

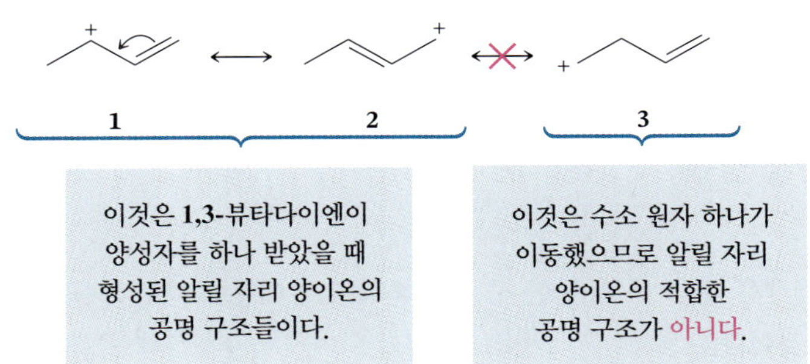

일반적으로 말해서 전자를 이동할 때 π 결합에 있는 전자(위의 예처럼)와 비공유 전자쌍만을 이동한다.

3. **모든 구조들은 Lewis 구조로 적합해야 한다.** 예를 들어, 탄소가 5개의 결합을 가진 구조를 쓸 수 없다.

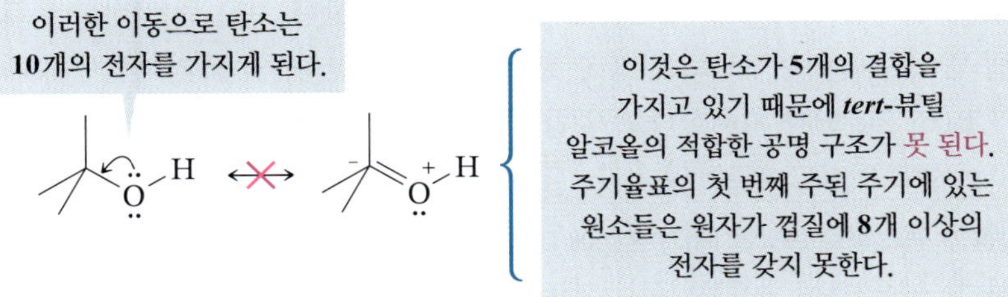

4. **모든 공명 구조는 같은 수의 쌍을 이루지 않은 전자를 가져야 한다.** 아래 구조는 알릴 라디칼의 공명 구조가 될 수 없는데, 이것은 3개의 쌍을 이루지 않은 전자가 있어 알릴 라디칼이 단 하나의 전자를 갖는 것과 다르기 때문이다.

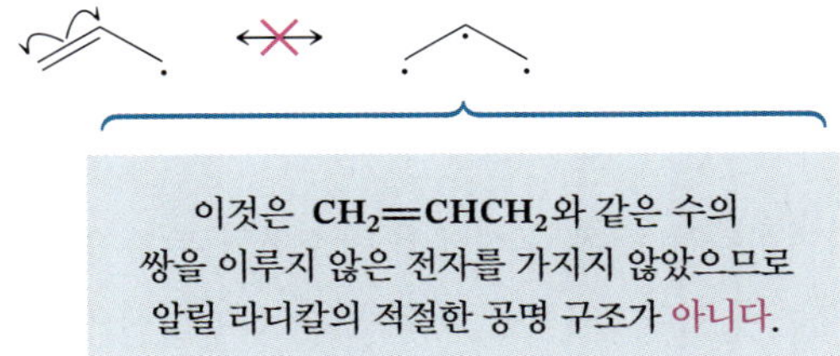

5. **비편재화된 π 전자계를 이루는 모든 원자들은 한 평면에 놓이거나 거의 평면이어야 한다.** 예를 들어, 2,3-다이-*tert*-뷰틸-1,3-뷰타다이엔은 **짝을 이루지 않은** 다이엔처럼 행동한다. 왜냐하면 큰 *tert*-뷰틸기가 구조를 비틀어서 이중 결합들이 같은 평면에 놓이지 못하도록 하기 때문이다. 같은 평면에 있지 못하므로 C2와 C3에 있는 p 오비탈들은 중첩하지 않으며 비편재화(공명)가 저해된다.

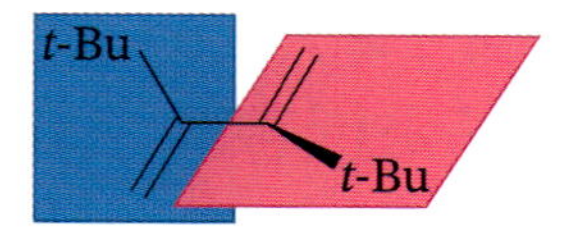

2,3-di-*tert*-butyl-1,3-butadiene

6. 실제 분자의 에너지는 어떤 기여하는 구조에 대해서 추정한 것보다 낮다. 예를 들어, 실제의 알릴 양이온은 공명 구조 **4**나 **5**를 따로 생각했을 때보다 더 안정하다. 구조 **4**나 **5**는 1차 탄소 양이온과 흡사하지만 알릴 양이온은 2차 탄소 양이온보다 더 안정하다(에너지가 낮다). 이와 같은 종류의 안정화를 **공명 안정화**(resonance stabilization)라고 부른다.

14장에서 벤젠은 다음 두 동등한 구조의 혼성이기 때문에 대단히 공명 안정화되어 있음을 알게 될 것이다.

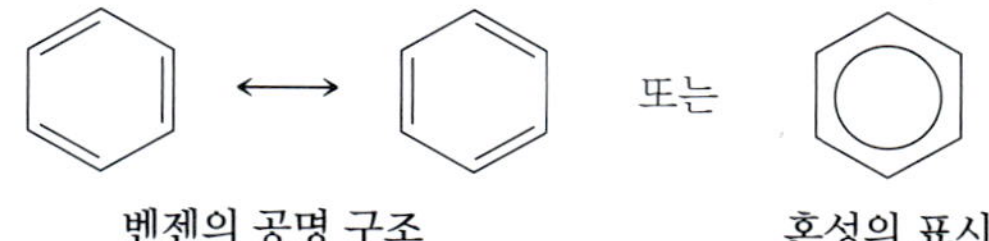

7. 동등한 공명 구조는 혼성에 똑같이 기여한다. 이들에 의해서 표현되는 계는 공명 안정화가 크다. 구조 **4**와 **5**는 동등하기 때문에 알릴 양이온에 똑같이 기여한다. 이들은 안정화에 크게 기여하며 알릴 양이온이 이례적으로 안정한 원인이 되기도 한다. 알릴 라디칼에서도 동등한 구조 **A**와 **B**(13.2B절)가 기여한다고 말할 수 있으며, 벤젠에서도 동등한 구조에 의한 기여가 이루어지고 있다고 할 수 있다.

8. 더욱 안정한 구조(따로 보았을 때)가 혼성에 더욱 기여한다. 동등하지 않은 구조는 똑같이 기여하지 못한다. 예를 들어, 아래의 양이온은 구조 **6**과 구조 **7**의 혼성이다. 구조 **6**은 구조 **7**보다 더욱 기여를 많이 하는데, 구조 **6**은 더 안정한 3차 알릴 자리 탄소 양이온이고, 구조 **7**은 1차 알릴 자리 탄소 양이온이기 때문이다.

구조 **6**이 더 크게 기여한다는 것은 혼성에서 탄소 b의 부분 양전하가 탄소 d의 부분 양전하보다 더 클 것이라는 뜻이다. 이것은 또한 탄소 c와 d 사이의 결합이 탄소 b와 c 사이의 결합보다 더 이중 결합에 가깝다는 것을 의미한다.

13.4B 공명 구조의 상대적인 안정도에 대한 예측

아래의 규칙들은 공명 구조와 상대적인 안정도를 결정하는 데 도움이 될 것이다.

a. 한 구조에 공유 결합의 수가 많을수록 그것은 더 안정하다. 공유 결합을 형성하면 원자의 에너지

가 낮아지므로 이것은 예상한 대로이다. 이것은 아래의 1,3-뷰타다이엔의 구조들 중 구조 **8**이 결합을 하나 더 가지고 있어 가장 안정하며 가장 기여를 많이 함을 의미한다(이것은 규칙 c의 까닭으로도 가장 안정하다).

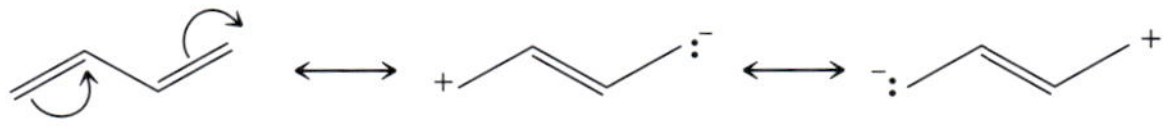

8 9 10

이것은 공유 결합을 더 많이 가지고 있으므로 가장 안정한 구조이다.

b. 원자들 모두가 완전한 껍질(예: 비활성 기체 구조) 전자 배치를 할 때 그런 구조는 특히 안정하며 혼성에 많은 기여를 한다. 이것도 결합에 대한 지식들로부터 다시금 예상되는 바이다. 이것은 아래의 구조 **12**에서 모든 원자들이 완전한 원자가 껍질을 가졌기 때문에 양이온의 안정성에 구조 **11**보다 더 크게 기여함을 의미한다(구조 **12**는 **11**보다 공유 결합을 더 많이 가지고 있음도 주목하시오. 규칙 a 참조).

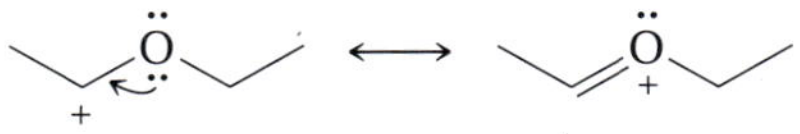

11 12

여기서 이 탄소는 단지 6개의 전자를 가지고 있다.

이 탄소는 8개의 전자를 가지고 있다.

c. 전하가 분리되면 안정도는 감소한다. 반대 전하를 분리하려면 에너지가 필요하다. 그러므로 반대 전하들이 떨어져 있는 구조는 전하의 분리가 없는 구조보다 에너지를 많이 가지고 있다(안정도가 낮다). 이것은 아래의 염화 바이닐의 구조에서 구조 **13**이 전하의 분리가 없기 때문에 더 큰 기여를 함을 의미한다. 이것은 구조 **14**가 혼성에 기여하지 않는다는 뜻은 아니다. 다만 구조 **14**에 의한 기여도가 작다는 것뿐이다.

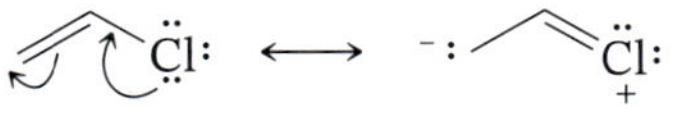

13 14

보기 물음 13.4

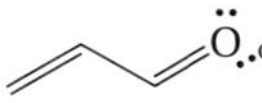

O에 대한 공명 구조를 쓰고, 어느 구조가 공명 혼성에 더 기여하는지 말하시오.

풀이

분자의 구조를 쓰고 전자쌍을 아래에 보인 대로 이동한다. 그다음 두 구조를 살펴본다. 두 번째와 세 번째 구조는 분리된 전하(분자를 덜 안정하게 함)를 가지고 있다. 첫 번째 구조는 더 많은 결합을 가지고 있어 분자를 더 안정하게 한다. 결과적으로 그것이 더 큰 기여체이다. (여러 개의 공명 구조를 더 그릴 수 있지만, 여기에 보인 형식 전하가 없는 구조보다 더 월등한 것은 없다.)

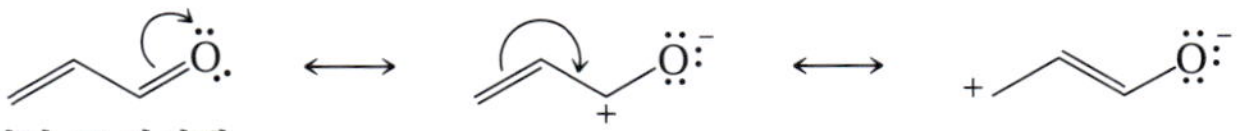

가장 큰 기여체

되새김 물음 13.3 아래 각각에 대하여 중요한 공명 구조들을 쓰시오.

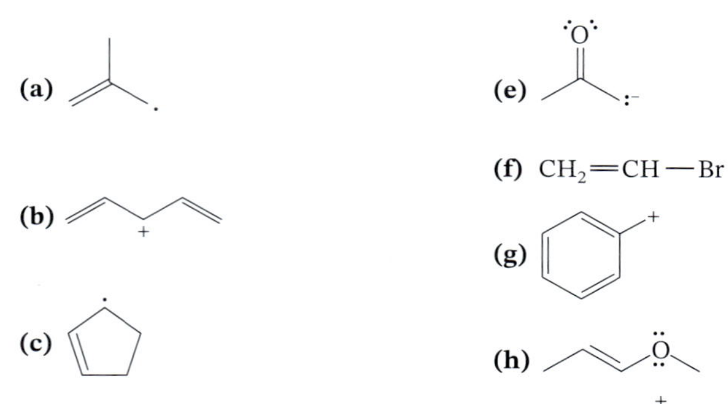

되새김 물음 13.4 아래의 각 조에 있는 공명 구조로부터 혼성에 가장 기여하는 구조를 정하고, 그 까닭을 설명하시오.

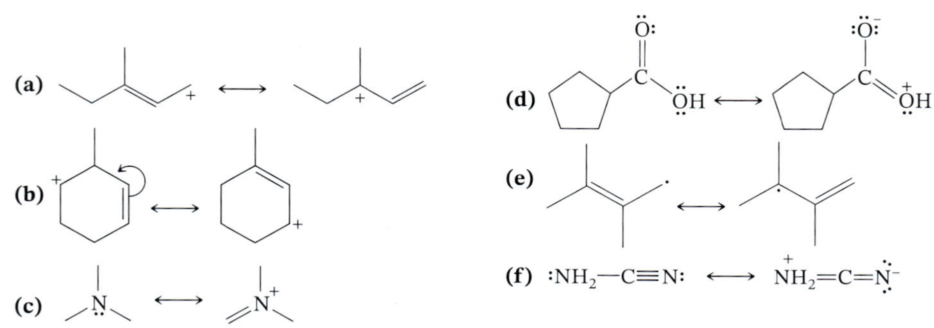

되새김 물음 13.5 C_2H_4O에 대한 아래의 엔올(알**켄**–알코**올**)과 케토(**케톤**) 형태는 전자의 위치가 다르지만 공명 구조는 아니다. 왜 그런지를 설명하시오.

엔올 형태 케토 형태

13.5 알카다이엔과 다중 불포화 탄화수소

한 개 이상의 이중 또는 삼중 결합을 가진 분자로 된 탄화수소들이 많이 알려져 있다. 이중 결합이 둘 있는 탄화수소를 **알카다이엔(alkadiene)**이라고 부른다. 이중 결합이 셋 있으면 **알카트라이엔(alkatriene)**이다. 흔한 말로 이들은 다이엔 또는 트라이엔이라고 한다. 삼중 결합이 둘 있는 탄화수소는 **알카다이아인(alkadiyne)**이며 이중 결합과 삼중 결합이 있는 탄화수소는 **알켄아인(alkenyne)**이다.

아래의 다중 불포화 탄화수소의 예는 이름들이 어떻게 지어지는지를 잘 나타내고 있다.

IUPAC 규칙(4.5절과 4.6절)에서 이중 결합과 삼중 결합의 위치를 나타내는 숫자는 이름 앞이나 또는 각각의 접미사 바로 앞에 쓴다는 것을 기억해야 한다. 두 가지 방식으로 아래의 예를 나타낸다.

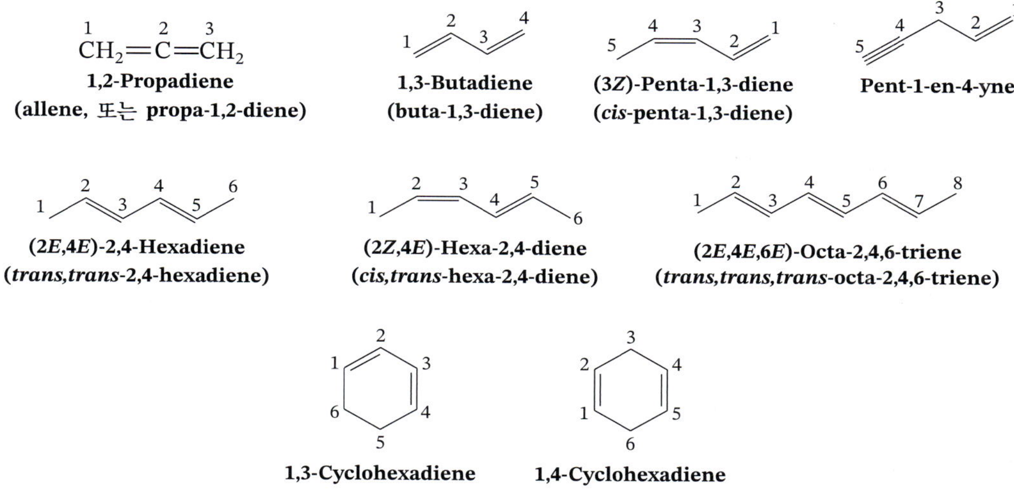

다중 불포화 화합물의 다중 결합은 **누적된(cumulated)**, **짝지은(conjugated)** 또는 **분리된(isolated)** 결합으로 구분한다.

- 1,2-다이엔(1,2-프로파다이엔 같은 것, 알렌이라고도 부름)의 이중 결합들은 한 탄소(중심 탄소)가 두 개의 이중 결합에 참여하므로 **누적된** 이중 결합이다.

누적된 이중 결합을 가진 탄화수소 분자를 **큐물렌(cumulene)**이라고 부른다. **알렌(allene**, 5.18절)이란 이름도 두 개의 누적된 이중 결합을 가진 분자에 대해서 쓴다.

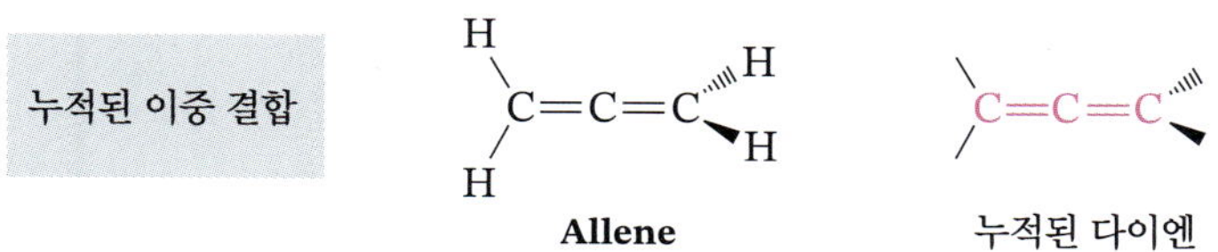

짝지은 다이엔의 예로 1,3-뷰타다이엔이 있다.

- **짝지은** 폴리엔에서는 이중 결합과 단일 결합이 사슬을 따라 **교대한다**.

짝지은 이중 결합

1,3-Butadiene

짝지은 다이엔

(2*E*,4*E*,6*E*)-2,4,6-옥타트라이엔은 짝지은 알카트라이엔의 한 예이다.

- 하나 또는 둘 이상의 포화된 탄소 원자가 알카다이엔의 이중 결합들 사이에 있을 때 이중 결합들은 **분리되었다(isolated)**고 말한다.

분리된 다이엔의 예로 1,4-펜타다이엔이 있다.

분리된 이중 결합

(CH$_2$)$_n$
분리된 다이엔
($n \neq 0$)

1,4-Pentadiene

되새김 물음 13.6

(a) 13.5절에 있는 화합물 중 어느 것이 짝지은 다이엔인가?
(b) 분리된 다이엔은 어느 것들인가?
(c) 분리된 엔아인은 어느 것인가?

5장에서 적절하게 치환된 누적된 다이엔(알렌)이 카이랄 분자가 됨을 배웠다. 누적된 다이엔은 상업적으로 중요하며, 천연물 분자에서도 누적된 이중 결합이 때때로 발견된다. 일반적으로 누적된 다이엔은 분리된 다이엔보다 덜 안정하다.

분리된 다이엔의 이중 결합들은 그 이름이 뜻하는 것처럼 별개의 '엔'으로 작용한다. 이들은 알켄의 모든 반응을 진행하며, 두 번 반응한다는 사실 이외에는 특별히 달리 행동하지 않는다. 짝지은 다이엔은 이중 결합들이 서로 작용하기 때문에 더욱 흥미가 있다. 이러한 상호작용은 예기치 않은 성질과 반응을 가져온다. 그러므로 짝지은 다이엔의 반응을 자세히 고찰하기로 한다.

13.6 1,3-뷰타다이엔: 전자의 비편재화

13.6A 1,3-뷰타다이엔의 결합 길이

1,3-뷰타다이엔의 탄소–탄소 결합 길이는 다음과 같다.

이중 결합은 단일 결합보다 짧다.

1.34 Å
1 2 3 4
1.47 Å

C1—C2 결합과 C3—C4 결합은(실험 오차 내에서) 에텐의 탄소–탄소 이중 결합 길이와 같다. 그러나 1,3-뷰타다이엔의 가운데 결합(1.47 Å)은 에테인의 단일 결합(1.54 Å)보다 상당히 더 짧다.

이것은 놀랄 만한 것이 아니다. 1,3-뷰타다이엔의 모든 탄소 원자는 sp^2 혼성을 하여 뷰타다이엔의 가운데 결합도 sp^2 오비탈들의 중첩에 의해서 생긴다. 그리고 sp^3–sp^3로 된 시그마

표 13.1 탄소–탄소 단일 결합 길이와 혼성 상태

화합물	혼성 상태	결합 길이 (Å)
H_3**C**—**C**H_3	sp^3–sp^3	1.54
H_2C═**C**H—**C**H_3	sp^2–sp^3	1.50
H_2C═**C**H—**C**H═CH_2	sp^2–sp^2	1.47
HC≡**C**—**C**H_3	sp–sp^3	1.46
HC≡**C**—**C**H═CH_2	sp–sp^2	1.43
HC≡**C**—**C**≡CH	sp–sp	1.37

결합은 **더 길다**는 것을 알고 있다. 실제로 결합된 원자의 혼성 상태가 sp^3에서 sp로 바뀌면(**표 13.1**) 탄소–탄소 단일 결합의 길이는 계속 더 짧아진다.

13.6B 1,3-뷰타다이엔의 형태

1,3-뷰타다이엔에는 두 가지 가능한 평면 형태가 있는데 s-cis와 s-trans 형태이다.

C2—C3에 대해서 회전

1,3-뷰타다이엔의 s-cis 형태 → **1,3-뷰타다이엔의 s-trans 형태**

1,3-뷰타다이엔에서 s-cis와 s-trans 형태는 단일 결합을 따라 회전을 하여 서로 바뀌질 수 있으므로 진정한 의미의 cis와 trans 형태는 아니다(단일 결합을 접두사 s로 표시). 실온에서는 s-trans 형태가 우세하다. 1,3-뷰타다이엔이나 다른 1,3-짝지은 알켄의 s-cis 형태는 Diels–Alder반응(13.10절)에 필요하다.

보기 물음 13.5

1,3-뷰타다이엔의 s-trans 형태를 평형에서 더 많은 분자들이 취하고 있는 사실을 설명하시오.

풀이

1,3-뷰타다이엔의 s-cis 형태는 s-trans 형태보다 덜 안정하고 따라서 덜 조밀하다. 왜냐하면 이것은 C1과 C4의 수소 사이에 입체적인 반발 때문이다. 이런 종류의 방해는 s-trans 형태에서는 존재하지 않는다. 그래서 s-trans 형태가 더 안정하고 평형에서 더 조밀하다.

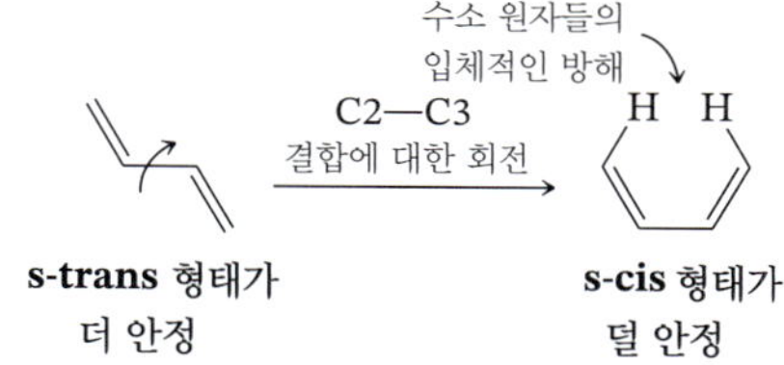

13.6C 1,3-뷰타다이엔의 분자 오비탈

1,3-뷰타다이엔의 가운데 탄소 원자들은(**그림 13.3**) C2와 C3의 p 오비탈들 사이에 중첩이 일어날 만큼 충분히 가까이 있다. 이 중첩은 C1과 C2(그리고 C3와 C4)의 오비탈 사이에서의 중첩만큼 크지 않다. 그러나 C2–C3 오비탈의 중첩으로 가운데의 결합은 부분적인 이중 결합의 성격을 띠며, 1,3-뷰타다이엔의 4개의 π 전자가 네 개의 원자에 모두 비편재화하게 된다.

그림 13.4는 1,3-뷰타다이엔의 p 오비탈 4개가 배합하여 4개의 π 분자 오비탈 한 세트를 만드는 모양을 보여 주고 있다.

- 1,3-뷰타다이엔의 π 분자 오비탈 중 두 개는 결합 분자 오비탈이다. 바닥 상태에서 이들 오비탈들은 각각 두 개의 스핀 쌍을 이룬 전자가 있어서 모두 4개의 전자를 수용하고 있다.
- 다른 두 π 분자 오비탈은 반결합 분자 오비탈이다. 바닥 상태에서 이 오비탈들은 비어 있다.

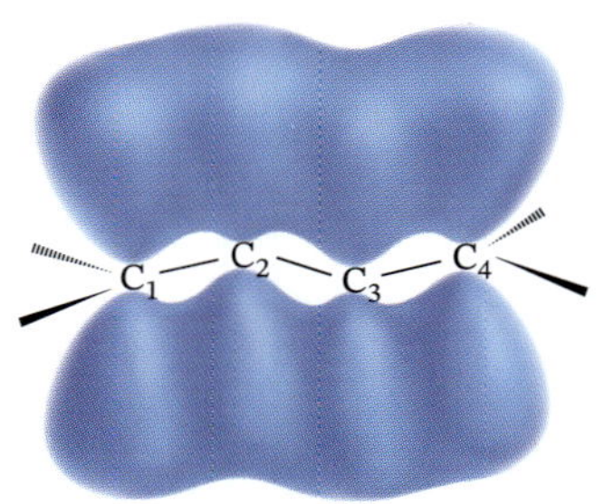

그림 13.3 1,3-뷰타다이엔의 p 오비탈. (1,3-뷰타다이엔의 계산된 분자 오비탈의 모양은 그림 13.4를 보시오.)

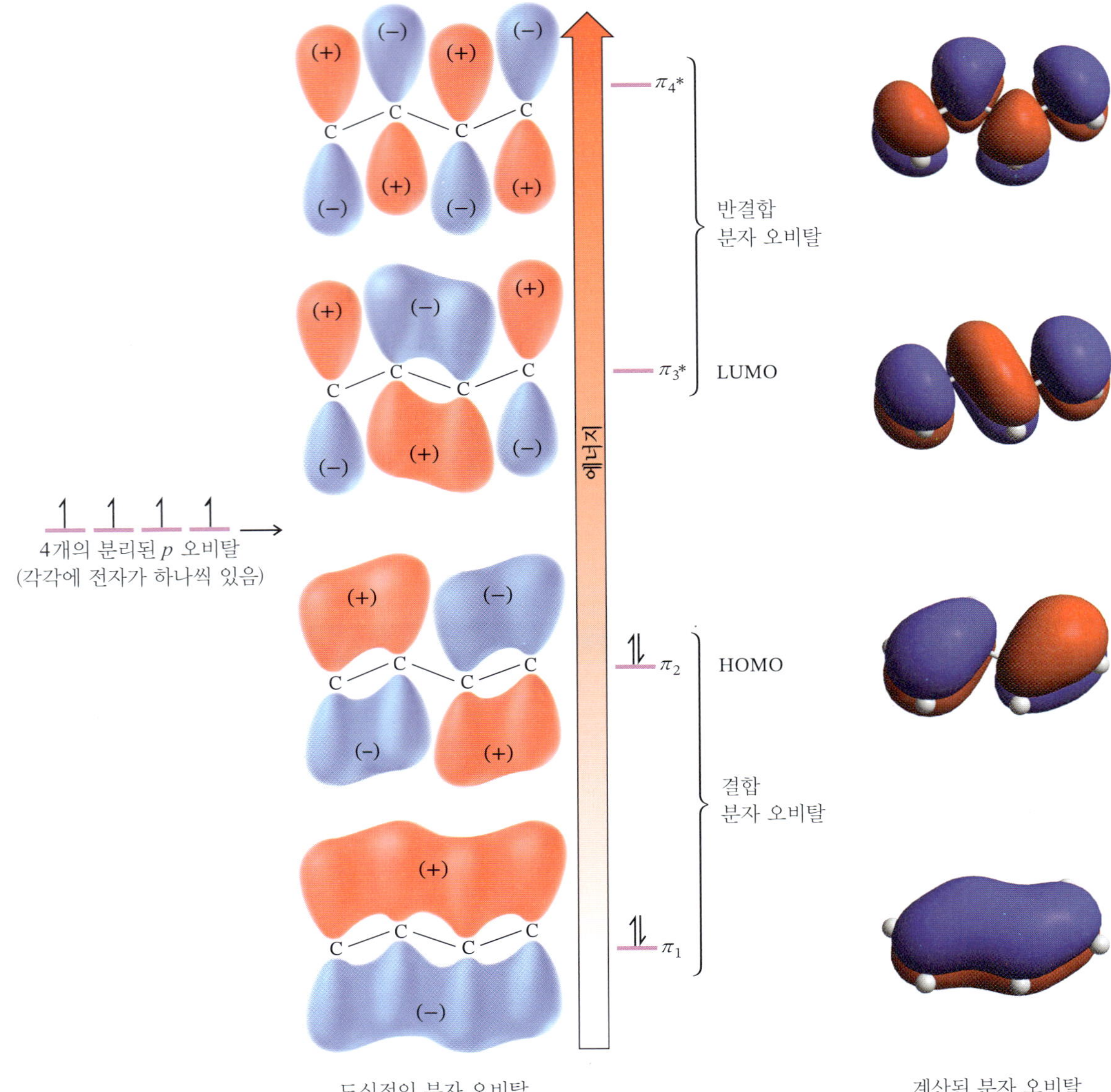

그림 13.4 4개의 분리된 p 오비탈로부터 1,3-뷰타다이엔의 π 분자 오비탈이 형성되는 모양. 양자 역학적인 원리를 사용하여 계산된 분자 오비탈을 도식적인 분자 오비탈 옆에 보여 주고 있다.

1,3-뷰타다이엔이 217 nm의 파장을 가진 빛을 흡수하면 최고 점유 분자 오비탈(HOMO)로부터 전자 하나가 들떠서 최저 비점유 분자 오비탈(LUMO)로 들어간다(불포화된 분자가 빛을 흡수하는 것에 대해서는 13.8절에서 배우기로 한다).

- 1,3-뷰타다이엔에 대하여 방금 기술한 비편재화된 결합은 모든 짝지은 폴리엔의 특성이다.

13.7 짝지은 다이엔의 안정도

- 짝지은 알카다이엔은 분리된 알카다이엔보다 열역학적으로 더 안정하다.

짝지은 다이엔의 가외의 안정도에 대한 두 가지 예를 **표 13.2**에 수록된 수소화 반응열을 분

표 13.2 알켄과 알카다이엔의 수소화 반응열

화합물	H_2 (mol)	$\Delta H°$ (kJ mol^{-1})
1-Butene	1	−127
1-Pentene	1	−126
trans-2-Pentene	1	−115
1,3-Butadiene	2	−239
trans-1,3-Pentadiene	2	−226
1,4-Pentadiene	2	−254
1,5-Hexadiene	2	−253

석해 보면 알 수 있다.

1,3-뷰타다이엔 자체는 사슬 길이가 같은 분리된 다이엔과 직접 비교할 수 없다. 그러나 1,3-뷰타다이엔의 수소화 반응열과 1-뷰텐 2몰이 수소화 반응을 할 때 얻어지는 열을 비교할 수 있다.

$\Delta H°$ (kJ mol^{-1})

2 (1-Butene) + 2 H_2 ⟶ 2 (butane) 2 × (−127) = −254

(1,3-Butadiene) + 2 H_2 ⟶ (butane) = −239

차 15 kJ mol^{-1}

1-뷰텐은 1,3-뷰타다이엔의 한 이중 결합과 똑같은 종류의 치환기가 하나인 이중 결합을 가졌으므로, 1,3-뷰타다이엔을 수소화 반응시키면 2몰의 1-뷰텐을 수소화 반응했을 때와 똑같은 양의 열(254 kJ mol^{-1})을 방출할 것이라고 예상할 수 있다. 그러나 1,3-뷰타다이엔은 단지 239 kJ mol^{-1}, 즉 15 kJ mol^{-1} **적은** 열을 방출한다. 그러므로 짝지음이 짝지은 계에 가외의 안정도를 제공해 준다고 할 수 있다(**그림 13.5**).

짝지음으로 *trans*-1,3-펜타다이엔에 생긴 안정도를 추정하기 위하여 *trans*-1,3-펜타다이엔의 수소화 반응열과 1-펜텐과 *trans*-2-펜텐의 수소화 반응열의 합을 비교해 보기로 한다. 이렇게 함으로써 비슷한 형태의 이중 결합을 비교하는 셈이 된다.

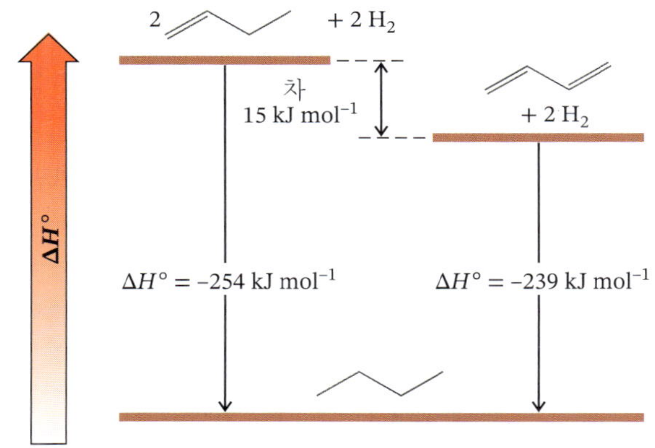

그림 13.5 1-뷰텐 2몰과 1,3-뷰타다이엔 1몰의 수소화 반응열

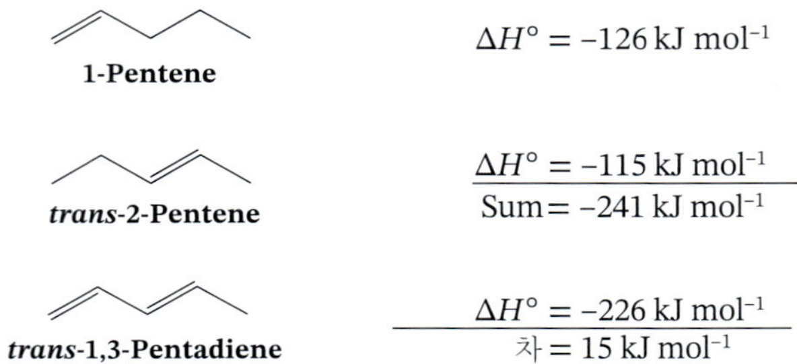

이 계산으로부터 짝지음이 *trans*-1,3-펜타다이엔에 15 kJ mol^{-1}만큼의 가외의 안정도를 제공함을 알 수 있는데, 이 값은 1,3-뷰타다이엔에서 얻은 값(15 kJ mol^{-1})과 매우 비슷하다.

다른 짝지은 다이엔에 대해서도 이와 같은 계산을 하면 비슷한 결과를 얻게 된다. 즉, **짝지은 다이엔은 분리된 다이엔보다 더 안정하다.** 그러면 이와 같은 짝지은 다이엔과 관련된 가외의 안정도는 어디로부터 오는가? 하는 문제가 제기된다. 이에 기여하는 두 가지 요인이 있다. 짝지은 다이엔의 가외의 안정도는 그들이 가진 더 강한 중심 결합으로부터 일부 나오고, 또 일부는 짝지은 다이엔에 존재하는 π 전자의 비편재화로부터 오는 것이다.

보기 물음 13.6

1,3-사이클로헥사다이엔 또는 1,4-사이클로헥사다이엔 중 어느 것이 더 안정하다고 예상하는가? 그 까닭은 무엇인가? 무슨 실험을 통하여 이에 대한 답을 증명할 것인가?

풀이

1,3-사이클로헥사다이엔은 짝지은 계이다. 이런 근거로 더 안정할 것으로 예상된다. 두 화합물의 수소화 반응열을 결정한다. 두 화합물을 수소화 반응시키면 같은 생성물이 되므로 수소화 반응열이 적은 다이엔이 더 안정한 다이엔이다.

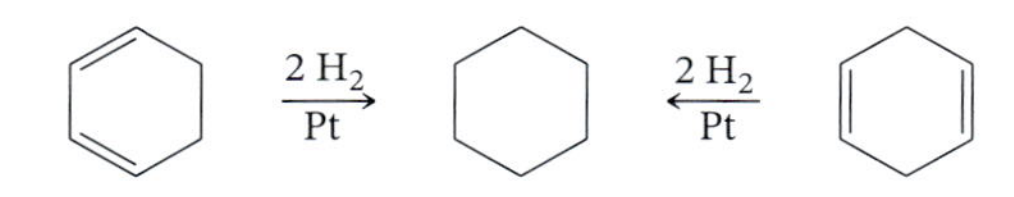

1,3-Cyclohexadiene (짝지은 다이엔) **Cyclohexane** **1,4-Cyclohexadiene** (분리된 다이엔)

13.8 자외선과 가시광선 분광법

짝지은 다이엔이 대응되는 짝짓지 않은 다이엔에 비하여 더 안정하다는 것은 **자외선–가시광선 (UV–Vis) 분광법[ultraviolet–visible(UV–Vis) spectroscopy]**에서 얻어진 자료에서도 알 수 있다. 자외선과 가시광선 영역의 전자기 복사선이 다중 결합을 포함하고 있는 화합물을 지나갈 때 복사선의 일부가 화합물에 의해서 보통 흡수된다. 복사선이 얼마만큼이나 흡수됐는가 하는 것은 복사선의 파장과 화합물의 구조에 의존한다.

- UV–Vis 복사선의 흡수는 복사선의 빛살로부터 에너지를 더 높은 에너지 오비탈로 들뜰 수 있는 전자에게로 전달함으로써 생기는 것이다.

13.8C절에서 UV–Vis 분광법으로부터 얻은 자료를 가지고 짝지은 다이엔의 부가적인 안정도를 보여 주는 방법을 논의할 것이다. 먼저 13.8A절에서 전자기 복사선의 성질을 간단히 복

습하고, 13.8B절에서 UV−Vis 분광계로부터 자료를 얻는 방법을 살펴보기로 하자.

13.8A 전자기 스펙트럼

양자 역학에 따르면 전자기 복사선은 이중성의, 얼핏 보기에 서로 상충되는 성질을 갖고 있다.

- 전자기 복사선은 전기장과 자기장에서 동시에 발생하는 파동이라고 기술할 수 있다. 그것은 양자(quanta) 또는 광양자(photon)라고 부르는 입자로 되어 있다.

전자기 복사선의 이 두 가지 다른 국면이 다른 실험에 의해서 밝혀졌다. 같은 실험에서는 두 국면이 함께 나타나지 않는다.

- 파동은 대개 **파장(wavelength**, λ)과 **진동수(frequency**, ν)로 기술한다.

간단한 파동을 **그림 13.6**에 보였다. 연속적인 마루(또는 골) 사이의 거리가 파장이다. 파장이 공간을 이동함에 따라 매초당 일정한 점을 지나가는 파동의 완전한 주기의 수를 **진동수**(frequency)라고 하며, 대개 사이클/초 또는 **헤르츠(hertz, Hz)***로 표시된다.

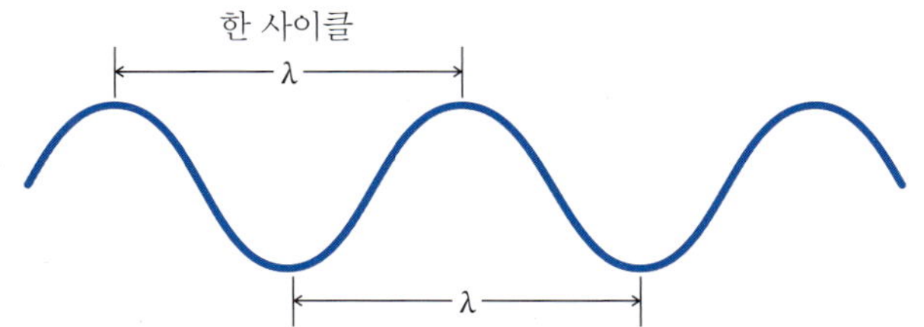

그림 13.6 간단한 파동과 파장 λ

모든 전자기 복사선은 진공 속을 같은 속도로 이동한다. 이 속도(c)를 광속도라고 부르며, 2.99792458×10^8 m s^{-1}이며, $c = \lambda\nu$이다. 전자기 복사선의 파장을 미터(m), 밀리미터(1 mm = 10^{-3} m), 마이크로미터(1 μm = 10^{-6} m), 또는 나노미터(1 nm = 10^{-9} m) 등으로 표시한다. [마이크로미터에 대한 옛 용어는 **마이크로론**(μ)인데, 나노미터는 옛 용어로 **밀리마이크론**이다.]

전자기 에너지의 양자의 에너지는 이것의 진동수와 관련이 있다.

$$E = h\nu$$

여기서 h = Planck 상수, 6.63×10^{-34} J s
ν = 진동수(Hz)

복사선의 진동수(ν)가 클수록 그것의 에너지는 크다.

예를 들면, X-선은 가시광선보다 훨씬 에너지가 크다. X-선의 진동수는 10^{19} Hz 정도인데, 가시광선은 10^{15} Hz 정도이다.

$\nu = c/\lambda$이므로 전자기 복사선의 에너지는 파장에 역비례한다. 여기서 c는 광속도이다.

* 헤르츠(독일 물리학자 Hertz의 이름을 딴 것)는 Hz로 표시하며 **사이클/초**(cps) 대신 흔히 쓴다. 전자기 복사선의 진동수는 **파수**, 즉 센티미터당 파동의 수로 표현하기도 한다.

$$E = \frac{hc}{\lambda}$$

복사선의 파장(λ)이 짧을수록 그것의 에너지는 크다.

X-선의 파장은 0.1 nm 정도인데, 가시광선은 400~750 nm 사이의 파장을 갖는다. 그러므로 가시광선은 X-선보다 에너지가 낮다.*

가시광선에서 파장(따라서 진동수)은 우리가 지각하는 색깔과 연관이 있음도 지적해 둘 필요가 있다. 붉은색 빛이라고 부르는 빛은 약 650 nm의 파장을 가졌다. 자주색 빛은 약 400 nm의 파장을 갖는다. 가시 스펙트럼(무지개)에 있는 모든 다른 빛깔은 이들 파장 사이에 있다.

전자기 스펙트럼(electromagnetic spectrum)의 다른 영역들은 **그림 13.7**에 나타냈다. X-선 영역부터 마이크로파 및 라디오파의 영역까지 모든 전자기 스펙트럼이 원자 및 분자의 구조를 도출해 내는 데 사용된다. 기기에 사용되는 전자기 스펙트럼의 영역에 따라 기술이 다르기도 하지만 기본적인 원리는 동일하다.

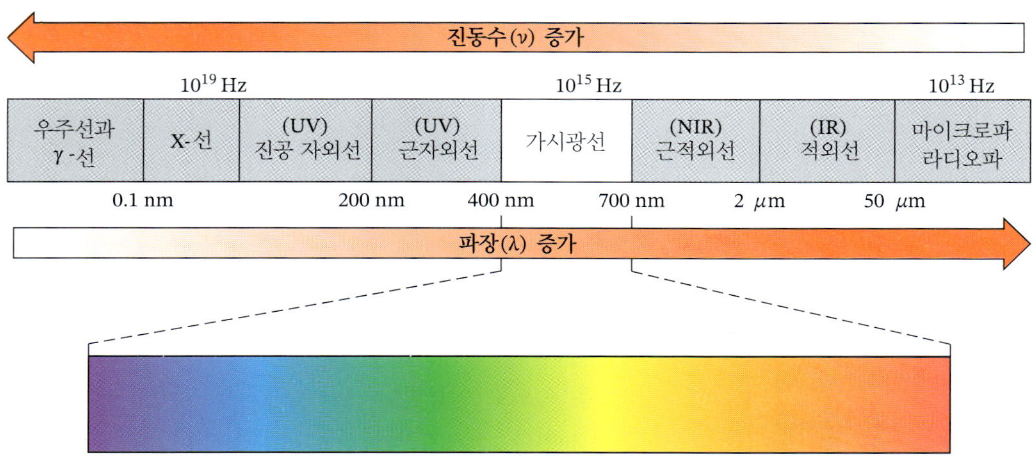

그림 13.7 전자기 스펙트럼

13.8B UV-Vis 분광계

- UV-Vis 분광계(**그림 13.8**)라고 부르는 기기는 전자기 스펙트럼에서 자외선과 가시광선 영역의 각 파장에서 흡수된 빛의 양을 측정한다.

자외선과 가시광선은 적외선(IR 분광법에 쓰임)이나 라디오 진동파(NMR에 쓰임)보다 에너지가 크다(파장이 짧다). 그러나, X-선만큼 에너지가 크지 못하다(그림 13.7).

표준 UV-Vis 분광계(그림 13.8)에서 빛살은 갈라지는데, 빛살의 절반(시료 빛살)은 분석하고자 하는 화합물이 담긴 투명한 용기를 지나가고, 다른 절반(기준 빛살)은 화합물은 없고 용매만 담긴 똑같은 용기를 지나가게 된다. 용매는 분석이 이루어지는 영역에서 빛이 투과하는 것을 선택한다. 이 영역의 각 파장에서 두 빛살의 세기가 비교될 수 있도록 기기가 고안되어 있다. 화합물이 특정 파장의 빛을 흡수할 때 시료 빛살의 세기(I_S)는 기준 빛살의 세기(I_R)보다

* 전자기 복사선의 에너지를 파장과 연계시키는 편리한 식은 다음과 같다.

$$E\,(\text{kJ mol}^{-1}) = \frac{1.20 \times 10^{-9}\ \text{kJ mol}^{-1}}{\text{파장(nm)}}$$

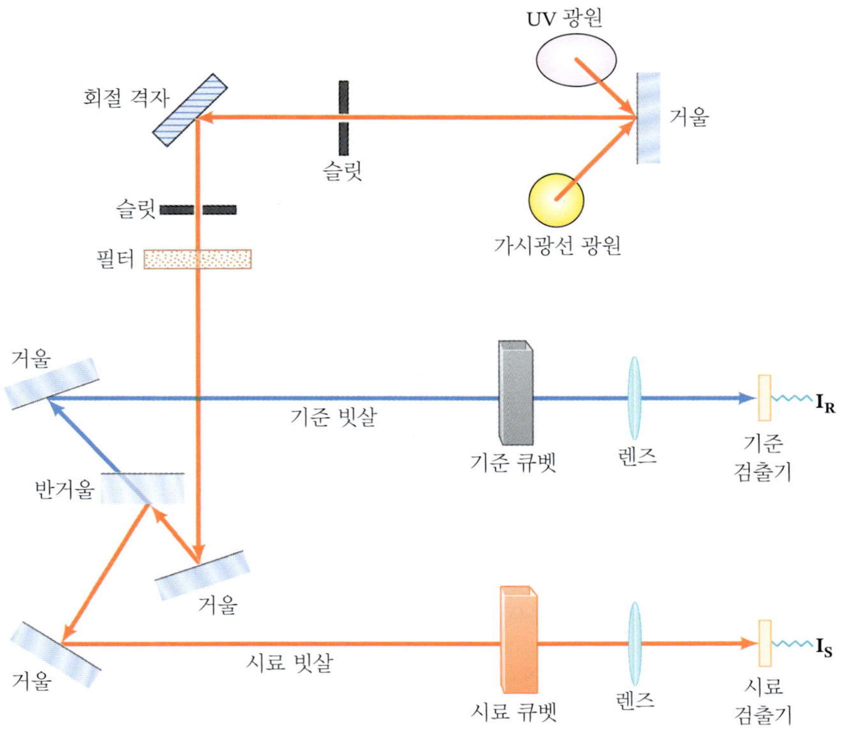

그림 13.8 UV–Vis 분광계의 전개도.
(Courtesy William Reusch, http://www2.chemistry.msu.edu/faculty/reusch/VirtTxtJml/Spectrpy/UV-Vis/uvspec.htm#uv1.© 1999)

작을 것이다. 기기는 이것을 전 영역의 파장 대 각 파장에서의 빛의 흡광도(A)를 그리는 그래프를 만들어 나타내 준다. 특정한 파장에서 흡광도는 방정식 $A_\lambda = \log(I_R/I_S)$로 나타낸다.

- UV–Vis 분광계로부터 얻어진 자료는 **흡수 스펙트럼(absorption spectrum)**으로 나타내는데, 이것은 파장(λ) 대 스펙트럼 영역에 있는 각 파장에서의 흡광도(A)의 그래프이다.

이극관 배열(diode array) UV–Vis 분광계는 분석하고자 하는 영역에 있는 모든 파장의 빛을 광이극관의 배열에 의해서 동시에 흡수한다. 먼저 용매의 흡수를 모든 파장에 걸쳐 측정하고, 그다음 시료의 흡수를 같은 범위에서 측정한다. 용매의 자료를 시료의 자료로부터 전자적으

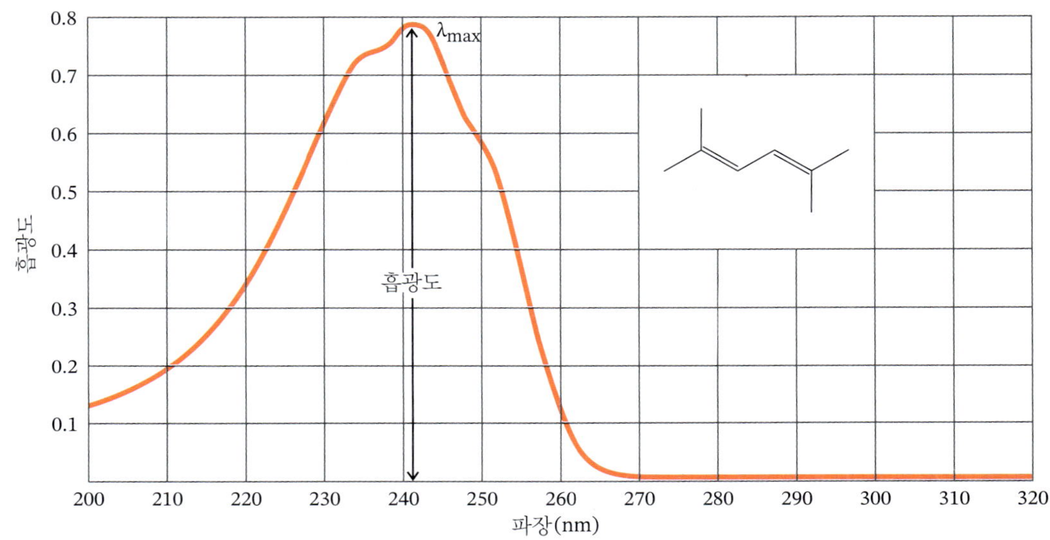

그림 13.9 2,5-다이메틸-2,4-헥사다이엔의 메탄올 용액에서 농도 = 5.95 × 10^{-5} M, 1.00 cm 셀을 이용한 자외선 흡수 스펙트럼.
(©Bio-Rad Laboratories, Inc. Informatics Division, Sadtler Software & Databases. (2012) All Rights Reserved. Permission for the publication herein of Sadtler Spectra has been granted by Bio-Rad Laboratories, Inc., Informatics Division.)

로 뺀다. 그 차이를 시료의 흡수 스펙트럼으로 나타낸다.

전형적인 자외선 흡수 스펙트럼으로 2,5-다이메틸-2,4-헥사다이엔의 스펙트럼을 **그림 13.9**에 나타냈다. 이것은 210~260 nm 사이의 영역에서 넓은 흡수 띠를 보인다. 242.5 nm에서 흡수는 최대이다.

- 스펙트럼에서 최대 흡수 파장을 화학 문헌에서는 보통 λ_{max}로 보고된다.

최대 흡수 파장(λ_{max})을 보고하는 것 이외에도 흡수의 강도를 나타내는 양인 몰흡광 계수 ε을 흔히 기록하기도 한다. 이전의 문헌에는 몰흡광 계수 ε을 몰흡수 계수라고도 흔히 언급하였다.

- **몰흡광 계수(molar absorptivity**, ε, 단위 = M^{-1} cm^{-1})는 시료가 주어진 파장에서 흡수하는 세기를 나타낸다. 이것은 시료의 몰농도(M)에 따른 흡광도와 빛살이 시료 용기를 통과한 거리, 그리고 빛살이 시료 용기를 통과한 거리(l, 단위 = cm)와 관련이 있는 비례 상수이다.
- 흡광도(A)와 시료의 몰농도(C), 그리고 통과 거리(l, 단위 = cm)를 몰흡광 계수와 연관시키는 식을 **Beer 법칙(Beer's law)**이라고 부른다.

$$A = \varepsilon \times C \times l \quad \text{또는} \quad \varepsilon = \frac{A}{C \times l}$$ **Beer 법칙**

메탄올에 용해된 2,5-다이메틸-2,4-헥사다이엔의 몰흡광 계수는 최대 흡수 파장(242.5 nm)에서 13,100 M^{-1} cm^{-1}이다. 화학 문헌에서는 다음과 같이 보고된다.

2,5-Dimethyl-2,4-hexadiene, $\lambda_{max}^{methanol}$ 242.5 nm (ε = 13,100)

13.8C 짝짓지 않은 다이엔과 짝지은 다이엔의 최대 흡광도

앞서 언급했듯이 화합물이 자외선이나 가시광선 영역에 있는 빛을 흡수하면 전자는 낮은 전자 에너지 준위로부터 높은 에너지 준위로 들어간다. 이러한 까닭으로 가시광선과 자외선 스펙트럼을 **전자 스펙트럼(electronic spectrum)**이라고 부른다. 2,5-다이메틸-2,4-헥사다이엔의 흡수 스펙트럼은 흡수띠(또는 피크)가 매우 넓기 때문에 전형적인 전자 스펙트럼이다. 가시광선과 자외선 영역에서 대부분의 흡수띠는 넓다. 왜냐하면 각 전자 에너지 준위는 진동 및 회전 에너지 준위들과 제휴되어 있기 때문이다. 그러므로 전자 전이는 한 전자 에너지 준위의 여러 가지 회전 및 진동 에너지 상태 중 어느 것에서부터 더 높은 에너지 준위에 있는 여러 가지 진동 및 회전 에너지 상태 중의 어느 것으로 일어나게 되는 것이다.

- 알켄이나 짝을 짓지 않은 다이엔은 보통 200 nm 이하에서 흡수 최댓값(λ_{max})을 갖는다.

예를 들어, 에텐은 171 nm에서 최대 흡수가 일어나며, 1,4-펜타다이엔은 178 nm에서 최대 흡수를 한다. 이러한 흡수는 공기 중의 산소가 흡수하는 영역에서 일어나기 때문에 대부분의 가시광선-자외선 분광계의 작동 범위 밖에 있는 파장에서 일어나는 셈이다. 이들을 측정하려면 공기가 없는 조건을 사용해야 하는 특별한 기술이 필요하다.

- **짝지은** 다중 결합을 가진 분자로 된 화합물은 200 nm 이상의 파장에서 흡수 최댓값(λ_{max})을 갖는다.

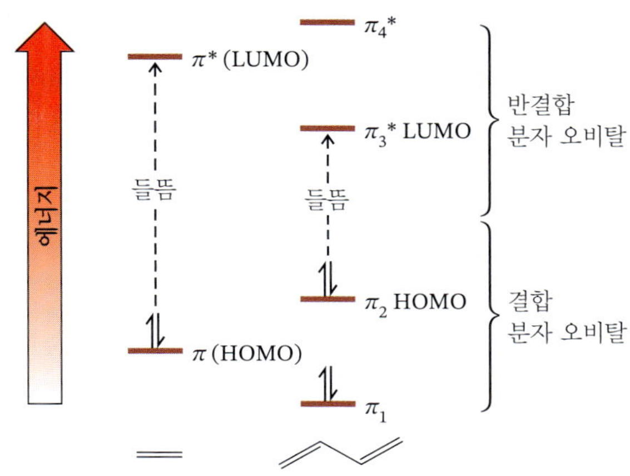

그림 13.10 에텐과 1,3-뷰타다이엔(13.6C절)의 π 분자 오비탈의 상대적인 에너지

예를 들어, 1,3-뷰타다이엔은 217 nm에서 흡수한다. 이렇게 짝지은 다이엔이 장파장에서 흡수하는 것은 짝지음의 직접적인 결과이기도 하다.

다중 결합의 짝지음이 어떻게 장파장의 빛을 흡수하도록 하는가는 **그림 13.10**을 살펴보면 이해할 수 있다.

- 한 분자가 가장 긴 파장에서 빛을 흡수할 때 전자는 **최고 점유 분자 오비탈(highest occupied molecular orbital, HOMO)**로부터 **최저 비점유 분자 오비탈(lowest unoccupied molecular orbital, LUMO)**로 들어간다.
- 대부분의 알켄과 알카다이엔에 있어서 HOMO는 결합 π 오비탈이며, LUMO는 반결합 π^* 오비탈이다.

도움말

UV-Vis 스펙트럼에서의 λ_{max}는 짝지은 것과 짝짓지 않은 π 전자계의 존재에 대한 증거가 된다.

최대 흡수 파장은 두 준위 사이의 에너지 차에 의해서 결정된다. 에텐의 HOMO와 LUMO 사이의 에너지 간격은 1,3-뷰타다이엔에서의 대응되는 에너지 간격보다 더 크다. 그러므로 에텐에서 $\pi \rightarrow \pi^*$ 전자 들뜸이 일어나려면 1,3-뷰타다이엔에서 $\pi_2 \rightarrow \pi_3{}^*$ 전자 들뜸이 일어나는 데 필요한 것보다 더 큰 에너지(더 짧은 파장)의 빛을 흡수해야 한다. 두 화합물의 HOMO와 LUMO의 에너지 차는 그들의 흡수 스펙트럼에서 잘 반영된다. 즉, 에텐의 λ_{max}는 171 nm이고, 1,3-뷰타다이엔은 λ_{max}가 217 nm이다.

1,3-뷰타다이엔에서 HOMO와 LUMO 사이의 간격이 더 좁은 것은 이중 결합의 짝지음으로부터 나온 결과이다. 분자 오비탈 계산에 의하면 더 큰 간격이 분리된 알카다이엔에서 존재해야 한다. 이것은 실험적으로 드러난 것이다. 분리된 알카다이엔의 흡수 스펙트럼은 알켄의 스펙트럼과 비슷하다. 그들의 λ_{max}는 단파장에서 일어나며 대개 200 nm 이하이다. 이미 언급한 바대로 1,4-펜타다이엔은 λ_{max}가 178 nm이다.

짝지은 알카트라이엔은 짝지은 알카다이엔보다 더 장파장에서 흡수한다. 이것도 분자 오비탈 계산으로 설명될 수 있다. 알카트라이엔에서 HOMO와 LUMO 사이의 에너지 간격은 알카다이엔에서의 간격보다 더욱 작다.

- 일반적으로 한 화합물에 포함된 짝지은 다중 결합의 수가 클수록 그 화합물의 λ_{max}는 길어진다.

8개 이상의 짝지은 이중 결합을 가진 폴리엔은 스펙트럼에서 가시광선 영역의 빛을 흡수한다. 예를 들어, 바이타민 A의 전구체이며 당근의 오렌지 빛깔을 내게 하는 화합물인 β-카로텐(carotene)은 11개의 짝지은 이중 결합을 가지며, β-카로텐은 497 nm에서 최대 흡수가 나타난다. 497 nm의 빛은 청록색 빛깔을 낸다. 이 빛이 바로 β-카로텐에 의해서 흡수되고, 청록색의 보색인 적갈색이 눈에 보이는 것이다.

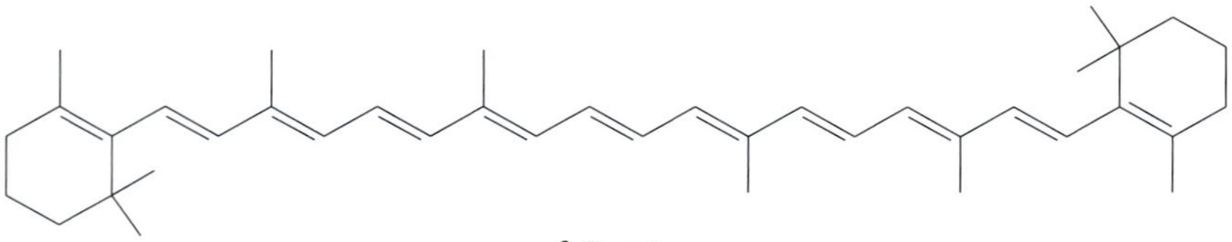

β-Carotene

토마토의 적색을 내는 데 일부 원인이 되는 화합물인 리코펜(lycopene)도 11개의 짝지은 이중 결합을 가지고 있다. 리코펜은 505 nm에서 최대 흡수를 하며 매우 강하게 흡수한다(신선하게 잘 익은 토마토 1 kg으로부터 약 0.02 g의 리코펜이 분리된다).

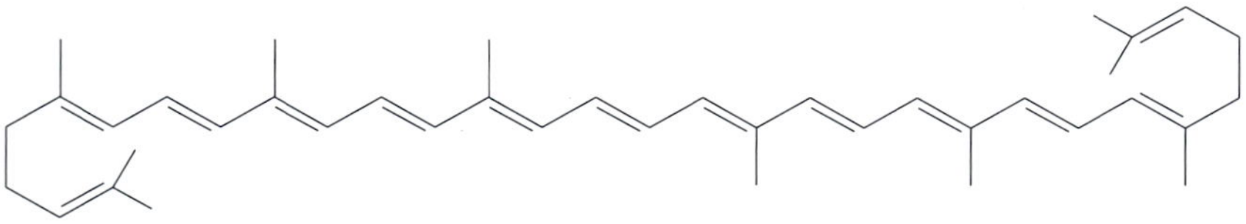

Lycopene

몇 가지 불포화 화합물의 λ_{max} 값을 **표 13.3**에 수록하였다.

표 13.3 불포화 탄화수소의 최대 장파장 흡수치

화합물	구조	λ_{max} (nm)	ε_{max} (M^{-1} cm^{-1})
Ethene	$H_2C{=}CH_2$	171	15,530
trans-3-Hexene		184	10,000
Cyclohexene	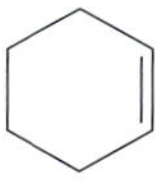	182	7,600
1-Octene		177	12,600
1-Octyne	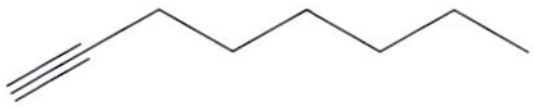	185	2,000
1,3-Butadiene		217	21,000
cis-1,3-Pentadiene		223	22,600
trans-1,3-Pentadiene	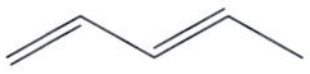	223.5	23,000
But-1-en-3-yne	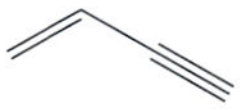	228	7,800
1,4-Pentadiene		178	17,000
1,3-Cyclopentadiene		239	3,400
1,3-Cyclohexadiene		256	8,000
trans-1,3,5-Hexatriene		274	50,000

생물 화학: 청색 게

청색 게를 돈을 더 주고 사겠는가? 그것들은 보기가 드문데, 현재의 추정으로는 약 200만의 게 중 하나가 청색을 띤다고 한다. 조리되지 않은 불그스레한 갈색 색소 대신 이들 게의 독특한 색깔은 특별한 효소의 과잉 생산에 기인되었다고 과학자들이 최근에 결정하였다. 청색 게에서 과량의 효소는 게의 외부 골격의 색의 원인이 되는 주된 폴리엔 분자[아스타잔틴(astaxanthin)이라고 알려진 화합물]의 착물 형성을 아래에서 보듯이 청색 게와 효소의 2:2 착물로 완성시킨다. 이 화학종이 이런 희귀 생물의 청색을 제공하는 것이다. 그러나 이 게를 요리(1.25 파운드의 게를 끓는 물에 6~7분 정도)하면 다른 게들에게서 관찰되는 전형적인 붉은색이 이것들로부터도 또한 관찰된다. 왜냐하면 요리 과정에서 효소가 끊어지고 착색제 분자가 다른 요리된 게들에게서처럼 11개의 짝지은 이중 결합 형태로 빠져나오기 때문이다.

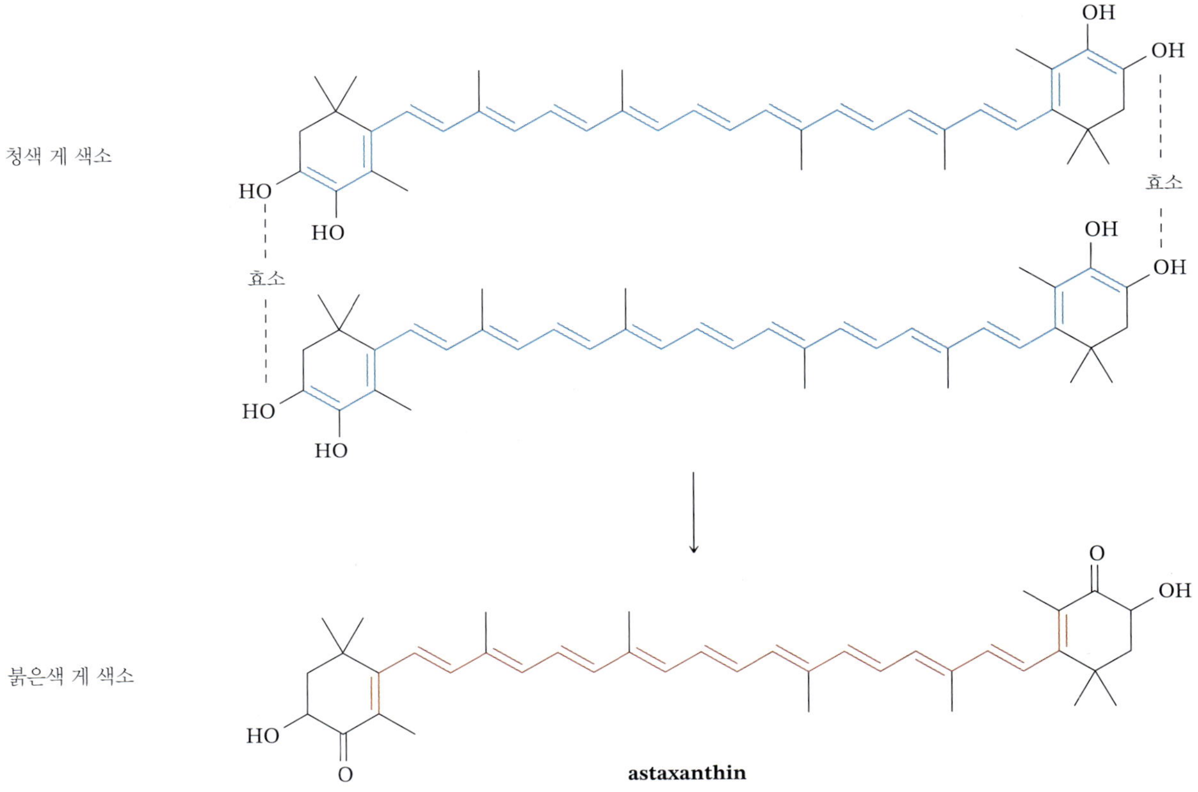

청색 게 색소

HO, HO, OH, OH, 효소, 효소

붉은색 게 색소

HO, O, OH, O

astaxanthin

탄소–산소 이중 결합을 가진 화합물도 자외선 영역에서 빛을 흡수한다. 예를 들어, 아세톤은 비공유 전자쌍 중 하나의 전자(비결합, 또는 'n' 전자)가 탄소–산소 이중 결합의 π^* 오비탈로 들뜸에 대응되는 280 nm에서 넓은 흡수 피크를 갖는다.

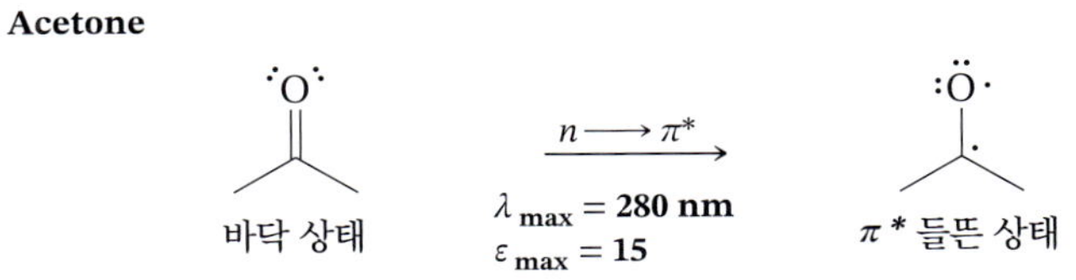

Acetone

바닥 상태 $\xrightarrow{n \longrightarrow \pi^*}$ π^* 들뜬 상태

λ_{max} = 280 nm
ε_{max} = 15

탄소–산소 이중 결합이 탄소–탄소 이중 결합과 짝지은 화합물은 $n \rightarrow \pi^*$ 들뜸과 $\pi \rightarrow \pi^*$ 들뜸에 대응되는 최대 흡수를 갖는다. $n \rightarrow \pi^*$ 최대 흡수가 더 장파장에서 일어나지만 훨씬 약하다[즉, 몰흡광 계수(ε) 값이 더 작다].

$n \longrightarrow \pi^*$ $\lambda_{max} = 324$ nm, $\varepsilon_{max} = 24$
$\pi \longrightarrow \pi^*$ $\lambda_{max} = 219$ nm, $\varepsilon_{max} = 3600$

13.8D Woodward–Fieser 규칙

앞서 이 절에서 짝지은 이중 결합을 가진 화합물은 UV–Vis 영역에서 흡수하는 것을 보았다. 분자의 일부(짝지은 π 결합)이 이 영역에서 흡수를 하는 원인으로 발색단(chromophore)이라고 하며, 발색단에 붙어 있는 기가 흡수에 영향을 주어 조색단(auxochrome)이라고 부른다. 주어진 화합물에서 짝지은 이중 결합 계(적색)가 발색단을 나타내며, 붙어 있는 치환기(알킬기)가 조색단이다.

조색단은 발색단의 λ_{max}에 상당한 영향을 준다. Woodward–Fieser는 짝지음 수와 조색단 기의 본질에 따른 짝지은 계의 λ_{max} 값의 이동을 예상하는 광범위한 규칙을 만들었다. 1,3-뷰타다이엔을 기준 화합물로 사용하여 여러 가지 알킬 치환체의 존재에 따라 λ_{max}가 더 높은 파장으로 이동(장파장쪽 이동, bathochromic shift)하는 값을 예상하는 실험적 방법을 개발하였다. 몇 가지 중요한 규칙을 아래에 요약하였는데 간단한 예상값을 구하는 데 사용된다.

- 짝지음을 연장시키는 이중 결합 각각은 30 nm씩 장파장 이동을 일으킨다.
- 다이엔 모태에 붙어 있는 각 알킬기나 고리 잔기는 흡수를 장파장 쪽으로 5 nm 이동시킨다.
- 고리 밖 이중 결합이 만들어지면 추가로 5 nm 장파장 이동을 일으키며, 만일 이중 결합이 두 개의 고리에 대해 고리 밖 이중 결합이 되면 10 nm 이동한다.
- 동일고리 계에서 이중 결합이 한 개의 고리에 포함되어 있어서 고리가 s-cis 배위가 되면 기본 값으로부터 39 nm 장파장 이동을 일으킨다. 이종고리 계에서 짝지은 이중 결합이 다른 고리에 있으면 두 번째 이중 결합은 고리밖 이중 결합으로 간주한다.
- 극성인 기에 따른 흡수의 장파장 이동: –OR (6 nm), –SR (30 nm), $-NR_2$ (60 nm), –Cl (5 nm), –Br (5 nm).

표 13.4는 몇 가지 짝지은 폴리엔 화합물에 대한 흡수 값(λ_{max})을 계산하는 규칙을 응용하는 예이다. 몇 가지 경우에서 예상된 값은 관찰된 실제 값과 매우 가깝지만, 다른 경우에는 차이를 보이기도 한다. 이 규칙은 짝지은 이중 결합이 6개 이상인 화합물들에서는 잘 맞지 않는다. 그러한 계에 대해서는 Fieser–Kuhn 규칙이 사용된다.

표 13.4 짝지은 폴리엔(π) 계에 대한 λ_{max}를 예상하는 Woodward–Fieser 규칙

예	조색단 모습	λ_{max} (nm)	계산된 값(nm)
	짝지은 다이엔	217	217
	이중 결합 두 개 추가	각각 +30	기준: 217 + 2 × 30 277 nm (관찰된 값 = 290 nm)
	조색단인 알킬기 두 개	각각 +5	기준: 217 + 2 × 5 227 nm (관찰된 값 = 227 nm)
	고리 밖 이중 결합 (한 개의 바이닐 자리 위치는 고리의 일부, 다른 것은 고리 밖)	+5	기준: 217 + 2 × 5 알킬기 + 5 고리 밖 이중 결합 232 nm (관찰된 값 = 230 nm)
	동일고리 다이엔	+39	기준: 217 + 4 × 5 알킬기 + 39 동일고리 다이엔 276 nm (관찰된 값 = 269 nm)
	이종고리 다이엔	+5 세 알킬기 각각 +15 고리 밖 C=C	이종고리 다이엔 = 214 nm 3 알킬 치환기(3 × 5) +15 nm 1 고리 밖 C=C +15 nm 234 nm 실험값 235 nm

13.8E UV–Vis 분광법을 이용한 분석

UV–Vis 분광법은 유기 분자의 구조 결정에서 짝지음의 존재 여부를 정하는 데 쓰인다. IR, NMR, 또는 질량 분석법 등도 분자 내 짝지음을 나타내기도 하지만, UV–Vis 분석은 상보적인 정보를 제공해 준다.

그러나 UV–Vis 분광법은 미지 시료의 농도를 정하는 데 더 널리 쓰인다. 13.8B절에서 언급한 바대로, 식 $A = \varepsilon Cl$은 시료가 특정 파장에서 흡수한 양이 시료의 농도에 의존함을 나타낸다. 이 식은 분석을 위한 농도 구간의 범위 내에서 대개 직선 관계를 이룬다. 시료의 미지 농도를 정하려면 기지 농도의 표준 세트에 대한 흡광도 대 농도를 나타내는 그래프를 만든다. 분석에 사용되는 파장은 대개 시료의 λ_{max}이다. 시료의 농도는 시료의 흡광도를 측정하고 기지 농도의 그래프로부터 대응되는 농도 값을 정함으로써 구해진다. UV–Vis 분광법을 이용하

는 정량 분석은 생화학 연구에서 효소 반응의 속도를 재는 데 널리 쓰인다. 반응에 관여하는 물질의 농도(UV−Vis 흡광도와 연관됨)를 시간에 따라 도시하여 반응 속도를 구한다. UV−Vis 분광법은 환경 화학에서 여러 가지 금속 이온(때로는 금속과 유기 착물의 흡수 스펙트럼)들의 농도를 결정하는 데도 사용된다. 그리고 고성능 액체 크로마토그래피(HPLC)의 검출 방법으로도 쓰인다.

보기 물음 13.7

두 이성질체인 화합물 **A**와 **B**는 분자식이 C_7H_{12}이다. 화합물 **A**는 UV−Vis 영역에서 흡수를 보이지 않는다. **A**의 ^{13}C NMR 스펙트럼은 단지 3개의 신호를 보인다. 화합물 **B**는 180 nm 영역에서 UV−Vis 피크를 보이며, ^{13}C NMR 스펙트럼은 4개의 신호를 보이고, DEPT ^{13}C NMR 자료에서는 어느 탄소 원자도 메틸기가 아님을 보인다. 과량의 수소로 촉매에 의한 수소화 반응을 시키면 **B**는 헵테인이 된다. **A**와 **B**의 구조를 제시하시오.

풀이

분자식으로부터 두 화합물의 수소 결핍 지수는 2이다(4.17절). 그러므로 이 근거만으로도 각각은 2개의 이중 결합, 1개의 이중 결합과 1개의 고리, 2개의 고리, 또는 1개의 삼중 결합을 가질 수 있다. 먼저 **A**를 고려해 보자. **A**가 UV−Vis 영역에서 흡수하지 않는다는 것은 이것이 π 결합을 갖지 않았음을 의미한다. 그러므로 이것은 2개의 고리를 가져야 한다. 고리를 2개 가졌으면서 ^{13}C 스펙트럼에서 3개의 신호를 보인다면 그것은 바이사이클로[2.2.1]헵테인이다(왜냐하면 이것은 단지 3개의 구별되는 탄소 원자를 가졌기 때문이다).

이제 **B**를 고려해 보자. **B**를 촉매하에 수소화 반응으로 헵테인으로 전환할 수 있다는 사실은 **B**가 가지가 없는 사슬의 헵타다이엔이거나 헵타인임을 암시한다. 180 nm 영역에서 UV−Vis 흡수를 한다는 것은 **B**가 짝지은 π 결합을 가지지 않았음을 의미한다. **B**의 DEPT ^{13}C 자료에서 메틸기가 없다는 것과 단지 4개의 ^{13}C 신호를 보인다는 사실로 보아 **B**는 1,6-헵타다이엔임에 틀림없다.

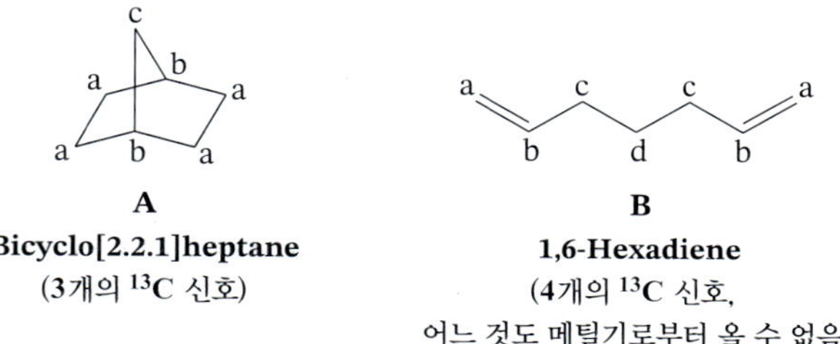

A
Bicyclo[2.2.1]heptane
(3개의 ^{13}C 신호)

B
1,6-Hexadiene
(4개의 ^{13}C 신호, 어느 것도 메틸기로부터 올 수 없음)

되새김 물음 13.7

두 화합물 **A**와 **B**는 같은 분자식 C_6H_8을 갖는다. **A**와 **B**는 모두 백금 존재하에서 2몰 당량의 수소와 반응하여 사이클로헥세인이 된다. A의 넓은 띠−짝풀린 ^{13}C NMR 스펙트럼은 세 개의 신호를 보인다. 화합물 **B**는 단지 2개의 ^{13}C NMR 신호를 보인다. **A**는 최대 흡수가 256 nm에서 나타나는 반면, **B**는 200 nm 너머에서는 최대 흡수가 없다. **A**와 **B**의 구조는 무엇인가?

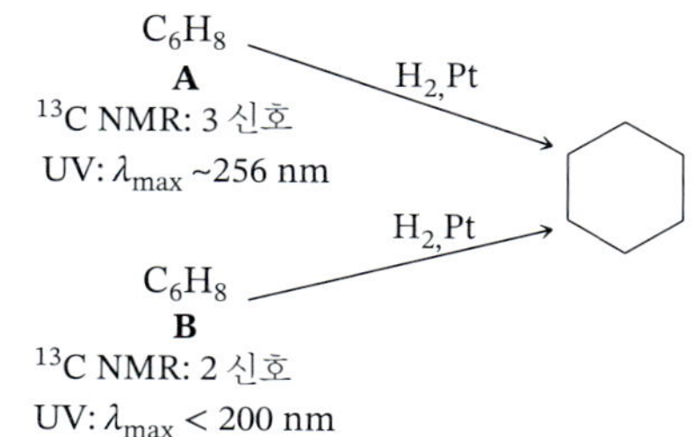

되새김 물음 13.8

D, **E**, **F**의 구조를 제시하시오.

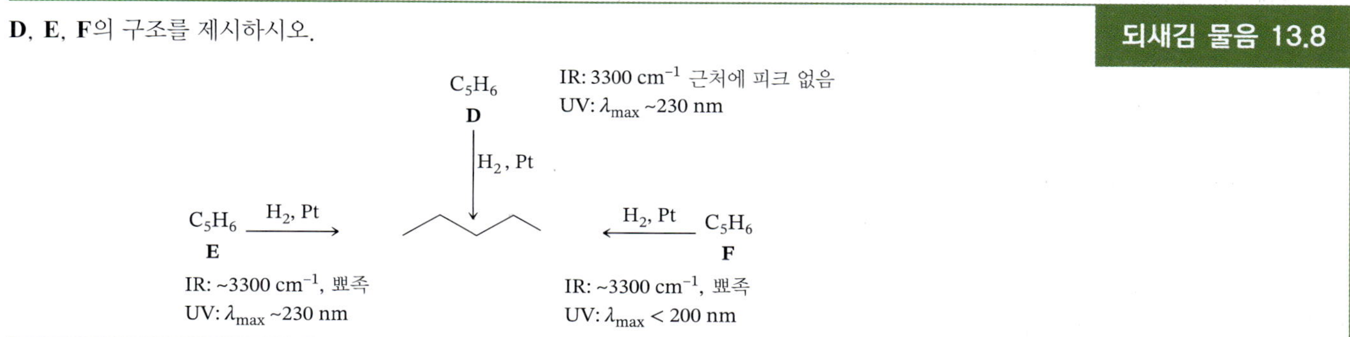

13.9 짝지은 다이엔에의 친전자성 공격: 1,4-첨가 반응

짝지은 다이엔은 그렇지 않은 다이엔보다 더욱 안정할 뿐만 아니라 이들이 친전자성 시약과 반응할 때도 특이한 현상을 보인다.

- 짝지은 다이엔은 공통적인 알릴 자리 중간체를 거쳐서 1,2-와 1,4-첨가 반응을 진행한다.

예를 들면, 1,3-뷰타다이엔은 1몰 당량의 염화 수소와 반응하여 2가지 생성물, 즉 3-클로로-1-뷰텐과 1-클로로-2-뷰텐을 생성한다.

1,2-첨가 **1,4-첨가**

HCl, 25 °C

1,3-Butadiene → **3-Chloro-1-butene (78%)** + **1-Chloro-2-butene (22%, 주로 *E*)**

만일 첫 번째 생성물(3-클로로-1-뷰텐)만 형성되었다면 크게 놀랄 것이 없다. 염화 수소가 1,3-뷰타다이엔에 일상적인 방법으로 첨가했다고 결론지으면 된다. 특이한 것은 두 번째 생성물인 1-클로로-2-뷰텐이다. 이것은 이중 결합이 가운데 원자들 사이에 있다. 그리고 염화 수소의 성분들이 C1과 C4 원자에 첨가되었다.

1,2-와 1,4-첨가 반응 생성물 둘 다 1,3-뷰타다이엔과 HCl의 반응으로부터 어떻게 얻어졌는지를 이해하기 위해서 다음 메커니즘을 고려해 보자.

1단계

:Cl—H + (1,3-뷰타다이엔) ⟶ (알릴 자리 양이온 공명 구조) + :Cl:⁻

알릴 자리 양이온으로 (δ+ … δ+) **와 대등하다.**

2단계

(δ+ … δ+ 알릴 양이온) + :Cl:⁻ —(a)→ **1,2-첨가**; —(b)→ **1,4-첨가**

1단계에서 양성자는 1,3-뷰타다이엔의 맨 끝 탄소 원자에 첨가하여 보통대로 더 안정한 탄소 양이온, 여기서는 공명으로 안정화된 알릴 자리 양이온을 형성한다. 안쪽의 탄소 원자에 첨가하면 훨씬 덜 안정한 1차 양이온을 생성하게 될 것이다. 이것은 공명에 의해 안정화될 수 없다.

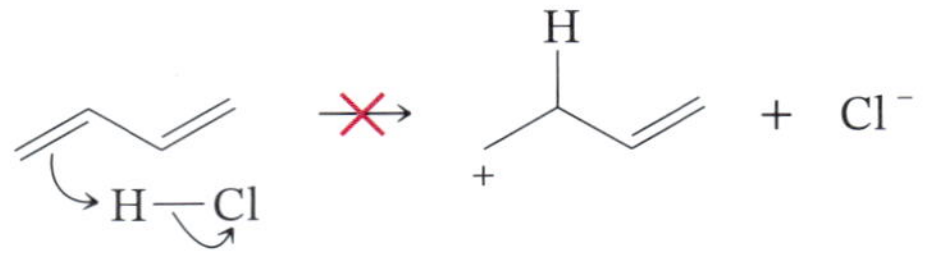

H—Cl, H, +, + Cl^-

친전자체가 이런 방식으로 첨가하면 (공명 안정화된) 알릴 자리 탄소 양이온이 되지 않는다.

2단계에서 염화 이온은 부분적으로 양전하를 띠고 있는 알릴 자리 양이온의 탄소 원자들 중 어느 하나와 결합을 형성하게 된다. 한 탄소 원자와 반응하면 1,2-첨가 반응 생성물이 되고, 다른 탄소 원자와 반응하면 1,4-첨가 반응 생성물이 된다.

1,2와 1,4 표시는 이 예에서는 단지 우연하게도 탄소 원자의 IUPAC 번호 매김과 연관됨을 주목하시오.

- 화학자들은 어떤 짝지은 다이엔 계에서 일어나는 첨가 반응의 방식을 언급할 때, 분자 전체에서 짝지은 이중 결합들이 어디에 있는가에 관계없이 1,2와 1,4를 전형적으로 사용한다.

그러므로 2,4-헥사다이엔의 첨가 반응도 1,2-와 1,4-첨가 방식을 따르게 된다.

되새김 물음 13.9

아래 반응의 생성물을 예상하시오.

(a) 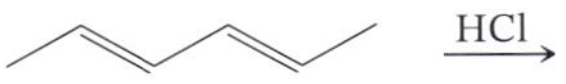 HCl → **(b)**  DCl →

1,3-뷰타다이엔은 염화 수소 이외의 친전자성 시약과 1,4-첨가 반응을 한다. 두 가지 예로 브로민화 수소의 첨가 반응(과산화물이 존재하지 않을 때)과 브로민의 첨가 반응을 아래에 든다.

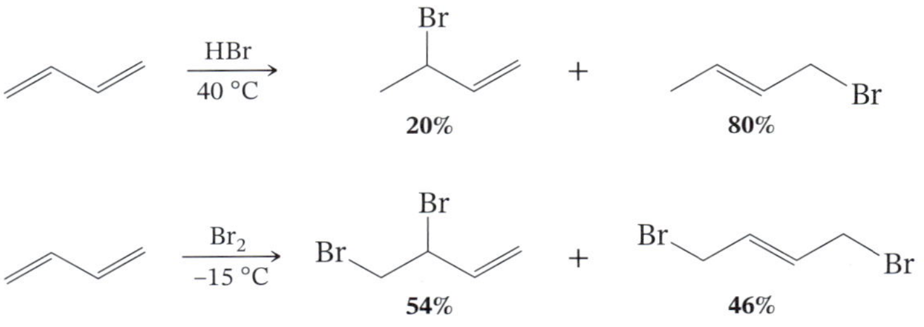

HBr, 40 °C → Br (**20%**) + Br (**80%**)

Br_2, −15 °C → Br, Br (**54%**) + Br, Br (**46%**)

이러한 모양의 반응은 다른 짝지은 다이엔에서도 아주 일반적인 것이다. 짝지은 트라이엔은 1,6-첨가 반응을 한다. 브로민이 1,3,5-사이클로옥타트라이엔에 1,6-첨가 반응을 하는 것이 한 가지 예이다.

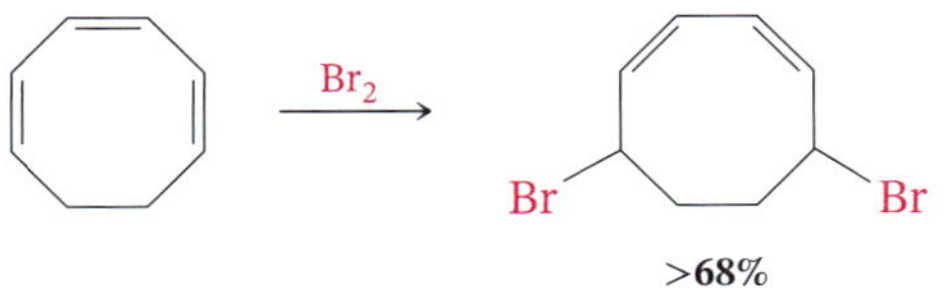

Br_2 → Br, Br **>68%**

13.9A 속도론적 지배 반응 대 열역학적 지배 반응

브로민화 수소가 1,3-뷰타다이엔에 첨가하는 반응은 반응성에 있어서 또 다른 중요한 관점을 보여 주고 있다. 즉, 여러 가지 경로로 일어나는 반응에서 생성물의 분포는 온도에 의존하는 것이다. 일반적으로:

- **저온**에서 일어나는 반응에서는 활성화 장벽이 가장 작은 경로에 의해서 형성되는 생성물이 유리하다. 이럴 경우 반응은 **속도론적**(또는 **속도**) **지배**[**kinetic**(**또는 rate**) **control**]하에 있다고 말하며, 주 생성물은 **속도론적 생성물**(**kinetic product**)이라고 한다.
- **고온**에서 일어나는 **가역**적인 반응에서는 가장 안정한 것이 주 생성물이다. 이럴 경우 반응은 **열역학적**(또는 **평형**) **지배**[**thermodynamic**(**또는 equilibrium**) **control**]하에 있다고 말하며, 주 생성물은 **열역학적(또는 평형) 생성물**[**thermodynamic**(**or equilibrium**) **product**]이라고 한다.

브로민화 수소가 1,3-뷰타다이엔에 이온성 첨가 반응을 하는 구체적인 반응 조건을 고려해 보자.

> **경우 1.** 1,3-뷰타다이엔과 브로민화 수소를 낮은 온도(−80 ℃)에서 반응시키면 1,2-첨가가 주로 일어난다. 이때 80%의 1,2-생성물과 20% 1,4-생성물이 얻어진다.
>
> **경우 2.** 1,3-뷰타다이엔과 브로민화 수소를 높은 온도(40 ℃)에서 반응시키면 주 생성물은 1,4-첨가에 의해서 형성된다. 이때 80%의 1,4-생성물과 20%의 1,2-생성물이 얻어진다.
>
> **경우 3.** 낮은 온도에서 형성된 혼합물을 높은 온도로 가열하면 생성물들의 분포는 반응을 높은 온도에서 수행하였을 때와 같다. 즉, 1,4-생성물이 주로 얻어진다.

이러한 개요를 요약하면 다음과 같다.

+ HBr

−80 °C → Br (80%) + Br (20%)

40 °C (↓)

40 °C → Br (20%) + Br (80%)

더욱이 3-브로모-1-뷰텐(저온에서의 주 생성물)의 순수한 시료를 고온 반응 조건하에 두면 1,4-첨가 반응 생성물이 주가 되는 평형 혼합물이 얻어진다.

Br ⇌ (40 °C, HBr) Br

1,2-첨가 반응 생성물   **1,4-첨가 반응 생성물**

이 평형은 1,4-첨가 반응 생성물을 선호하므로 **그것이 더 안정함에 틀림없다.**

브로민화 수소와 1,3-뷰타다이엔 사이의 반응은 화학 반응의 결과가 어느 한 경우에는 경쟁

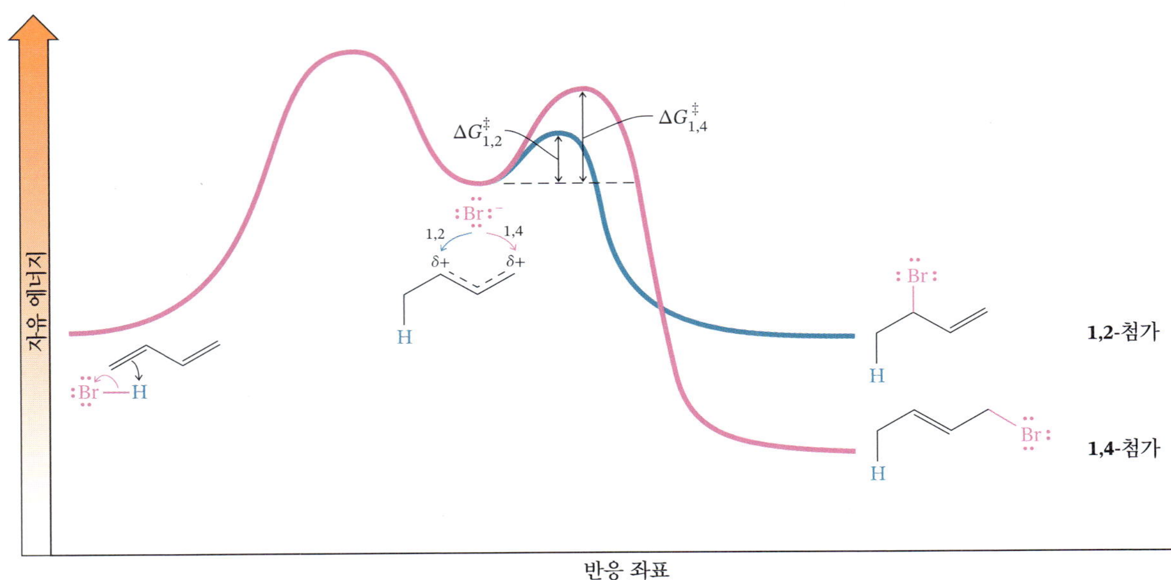

그림 13.11 HBr이 1,3-뷰타다이엔에 1,2-와 1,4-첨가를 하는 것에 대한 자유 에너지 대 반응 좌표에 대한 도표. 두 경로 모두에서 알릴 자리 탄소 양이온이 공통이다. 알릴 자리 양이온에 브로민화 이온이 공격하여 1,2-첨가 반응 생성물을 형성하는 에너지 장벽은 1,4-첨가 반응 생성물을 형성하는 에너지 장벽보다 낮다. 1,2-첨가 반응 생성물이 속도론적으로 유리하다. 1,4-첨가 반응 생성물은 더 안정하므로 열역학적으로 유리한 생성물이다.

하는 반응의 상대적 속도에 의해서 정해지고, 또 다른 경우에는 최종 생성물의 상대적인 안정도에 의해서 결정되는 것에 대한 아주 뚜렷한 예이다. 낮은 온도에서 첨가 반응 생성물의 상대적인 양은 두 첨가 반응이 일어나는 상대적인 속도에 의존한다. 즉, 1,2-첨가 반응이 더 빨리 일어나며 1,2-첨가 반응 생성물이 주 생성물이 된다. 고온에서 생성물의 상대적인 양은 평형의 위치에 의해서 결정된다. 즉, 1,4-첨가 반응 생성물이 더욱 안정하며 이것이 주 생성물이다.

1,3-뷰타다이엔과 브로민화 수소의 이와 같은 행동은 그림 13.11의 도표를 살펴보면 좀 더 분명히 알 수 있다.

- 반응의 전체적인 결과를 결정하는 단계는 혼성된 알릴 자리 양이온이 브로민화 이온과 결합하는 단계이다.

HBr
δ+ δ+
Br^-
Br
1,2-생성물
Br^-
Br
1,4-생성물

브로민화 이온과 알릴 자리 양이온의 반응이 반응의 위치 선택성을 결정한다.

그림 13.11에서 보듯이, 이 단계에서 비록 1,4-첨가 반응 생성물이 더 안정할지라도 1,2-첨가 반응 생성물로 되는 활성화 에너지가 1,4-첨가 반응 생성물로 되는 활성화 에너지보다 더 낮다.

- **낮은 온도**에서는 1,4-생성물의 형성에 이르는 에너지 장벽을 넘을 수 있는 충돌의 분율이 1,2-생성물의 형성에 이르는 장벽을 넘을 수 있는 분율보다 더 적다.

- **낮은 온도**에서 1,2-와 1,4-생성물의 형성은 본질적으로 **비가역적**이다. 왜냐하면 어느 생성물이든 알릴 자리 양이온을 재형성하기 위하여 장벽을 넘기에 충분한 에너지가 없기 때문이다. 그러므로 1,2-생성물이 저온에서 더 빨리 형성되고 비가역적으로 형성되므로 주를 이룬다. 그것은 이 반응은 **속도론적 생성물(kinetic product)**이다.
- **높은 온도**에서 중간체 이온들 사이의 충돌은 1,2-와 1,4-생성물 모두가 신속히 형성되도록 충분한 에너지를 가지고 있다. 그러나 두 생성물 모두 **알릴 자리 탄소 양이온(allylic carbocation)**으로 되돌아가기에 충분한 에너지가 있다.
- 1,2-생성물이 알릴 자리 탄소 양이온으로 되돌아가기 위한 에너지 장벽은 1,4-생성물의 그것보다 더 낮기 때문에 1,2-생성물이 1,4-생성물보다 더 많이 되돌아간다. 그러나 고온에서는 1,4-와 1,2-생성물 모두 알릴 자리 양이온으로부터 빠르게 형성되기 때문에 궁극적으로 이 평형은 더 안정한 1,4-생성물이 주로 존재하게 된다. 1,4-생성물은 이 반응의 **열역학적(thermodynamic)** 또는 **평형 생성물(equilibrium product)**이다.

되새김 물음 13.10

(a) 1,3-뷰타다이엔과 브로민화 수소의 1,2-첨가 반응이 1,4-첨가 반응보다 더 빨리 일어난다는 사실을 설명할 수 있는가? (**힌트**: 두 가지 형태, [구조식]와 [구조식]가 알릴 자리 양이온의 공명 혼성을 이루는 데 기여하는 상대적인 정도를 생각해 보시오.)

(b) 1,4-첨가 반응 생성물이 더 안정하다는 사실은 어떻게 설명할 수 있겠는가?

13.10 Diels–Alder 반응: 다이엔의 1,4-고리화 첨가 반응

1928년에 독일의 화학자인 Diels와 Alder가 다이엔의 **1,4-고리화 첨가 반응(1,4-cycloaddition)**을 개발한 것에 대해 그 이름이 붙게 된 이 반응은 그 다양성과 합성에 유용함이 널리 알려진 반응이다. Diels와 Alder는 1950년에 Nobel 화학상을 받았다.

Diels–Alder 반응의 한 가지 예로, 1,3-뷰타다이엔과 말레산 무수물을 100 °C에서 가열하면 반응이 일어난다.

1,3-Butadiene (다이엔) + Maleic anhydride (친다이엔체) → (benzene, 100 °C) 첨가 생성물

- 일반적인 용어로, **Diels–Alder 반응(Diels–Alder reaction)**은 짝지은 **다이엔(diene**, 하나의 4π-전자계)과 **친다이엔체(dienophile**, diene + 그리스어: *philia*, 사랑하는)라고 불리는 이중 결합(하나의 2π-전자계)을 가진 화합물 사이의 반응이다. Diels–Alder 반응 생성물을 흔히 **첨가 생성물(adduct)**이라고 부른다.

Diels–Alder 반응에서 두 개의 새로운 σ 결합이 다이엔과 친다이엔체의 두 π 결합 대신 형성된다. 첨가 반응 생성물은 이중 결합을 하나 가진 육각형 고리를 포함한다. σ 결합이 π 결

도움말

Diels–Alder 반응은 사이클로헥센 고리를 합성하는 데 매우 유용한 합성 도구이다.

합보다 더 강하므로 첨가 생성물이 형성되는 것은 에너지적으로 유리하다. 그러나 **대부분의 Diels–Alder 반응은 가역적이다.**

Diels–Alder 반응에서 모든 결합의 변화를 굽은 화살을 사용하여 아래와 같이 나타낼 수 있다.

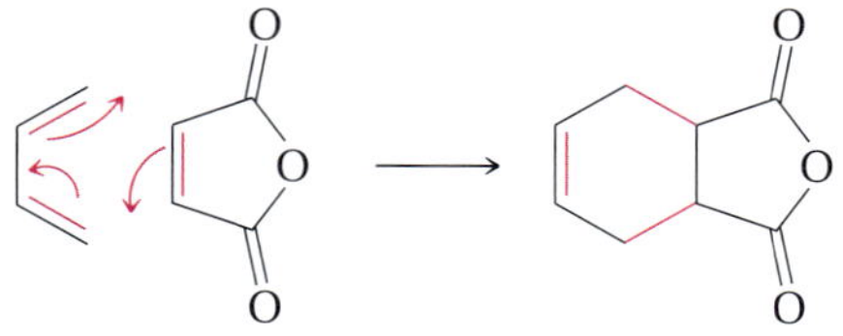

다이엔 친다이엔체 첨가 생성물

Diels–Alder 반응은 **페리 고리 협동 반응(pericyclic reaction)**의 예이다(온라인 자료에서 특수 주제 D 참조). **페리 고리 협동 반응**은 분자 오비탈의 대칭성이 반응 경로를 지배하는 고리형 전이 상태를 거쳐서 한 단계로 일어나는 동시성 반응이다.

Diels–Alder 반응의 분자 오비탈 관점에서 본 메커니즘은 온라인 자료에서 특수 주제 D에서 논의한다. 지금은 Diels–Alder 반응을 결합과 굽은 화살표로 전자 이동이 일어나는 것을 서술한다.

Diels–Alder 반응의 가장 간단한 예는 1,3-뷰타다이엔과 에텐 사이의 반응이다. 그러나 이 반응은 뷰타다이엔과 말레산 무수물 사이의 반응보다 훨씬 느리게 일어나서 고압하에서 수행해야 된다.

밀폐된 관, 200 °C

20%

또 다른 복잡한 예는 Nicolaou(Rice University)에 의한 항암제 Taxol의 합성에서 중간체를 만드는 것이다.

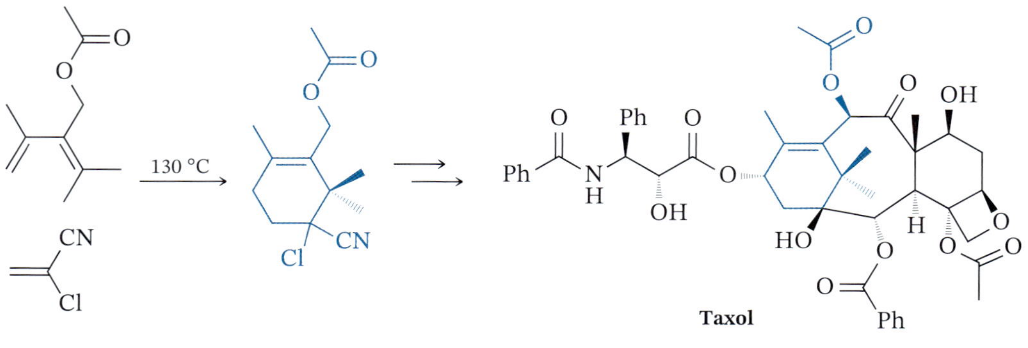

130 °C

Taxol

일반적으로 친다이엔체가 짝지은 다이엔과 1,4-첨가 반응에 의해서 육각형 고리를 형성한다. 이 과정을 [4 + 2] **고리화 첨가 반응(cycloaddition)**이라고 하는데, 고리를 형성하기 위해서 맺어지는 반응물 각각에 있는 원자의 수에 따라 이름 지어진 것이며, 열에 의해서 진행된다(가열 반응). 다이엔과 친다이엔체는 어느 위치에도 치환기가 있을 수 있다. 친다이엔체의 일부가 되는 대표적인 전자 끄는 기를 아래에 Z와 Z′으로 나타냈다.

가열 또는 가열

Z와 Z′: CHO, COR, CO_2H, CO_2R, CN, Ar, CO-O-CO, 또는 할로젠 등등

두 개의 알켄이 결합하는 페리 고리화 반응으로 다음과 같은 반응도 알려져 있다.

빛

이것들은 [2+2] 고리화 첨가 반응으로 빛 에너지가 필요하다(광화학 반응이다). 이것은 온라인 자료에서 특수 주제 D에서 논의한다.

13.10A Diels–Alder 반응을 유리하게 하는 요인

Alder는 처음 Diels–Alder 반응이 친다이엔체에는 전자를 끄는 기가 존재하고 다이엔에는 전자를 밀어내는 기가 존재하면 잘 일어난다고 말하였다. 말레산 무수물은 매우 강력한 친다이엔체인데, 두 개의 전자를 끄는 카보닐기가 이중 결합 옆에 있는 탄소 원자에 있다.

전자를 밀어내는 기가 다이엔에 미치는 도움 효과도 곧 알 수 있다. 예를 들어, 2,3-다이메틸-1,3-뷰타다이엔은 1,3-뷰타다이엔보다 Diels–Alder 반응에서 반응성이 5배나 더 크다. 알킬기가 탄소 양이온을 안정화시키듯이 (여기서는 탄소 양이온이 관여된 것은 아니지만) 메틸기는 유발 효과에 의해서 전자를 밀어 준다. 2,3-다이메틸-1,3-뷰타다이엔이 프로펜알(아크로레인)과 단지 30 ℃에서 반응할 때도 첨가 생성물은 정량적으로 얻어질 수 있다.

메틸기는 전자 밀도를 밀어 준다.

30 °C

2,3-Dimethyl-1,3-butadiene **Propenal** **100%**

상보적으로 전자를 미는 성질을 지닌 다이엔과 전자를 끄는 성질을 지닌 친다이엔체를 사용하는 것 이외에도 Diels–Alder 반응의 속도를 증진시키는 요인으로는 고온과 고압이 있다. 또 다른 널리 쓰이는 방법으로는 Lewis 산을 촉매로 사용하는 것이다. 아래의 반응은 Diels–Alder 반응 첨가물이 상온에서 Lewis 산 촉매에 의해서 쉽게 생성되는 많은 예들 중 하나이다.

$AlCl_3$, Et_2O, 25 °C (+/−)

13.10B Diels–Alder 반응의 입체 화학

이제 Diels–Alder 반응의 입체 화학적 특성을 고려해 보자. Diels–Alder 반응이 합성에서 매우 특별한 까닭 중에는 아래의 요인들이 있다.

1. **Diels–Alder 반응은 대단히 입체 특이성을 갖는다. 이 반응은 syn 첨가 반응이며, 친다이엔체의 배위는 생성물에서 보존된다.** 이와 같은 점을 나타내는 두 가지 반응은 다음과 같다.

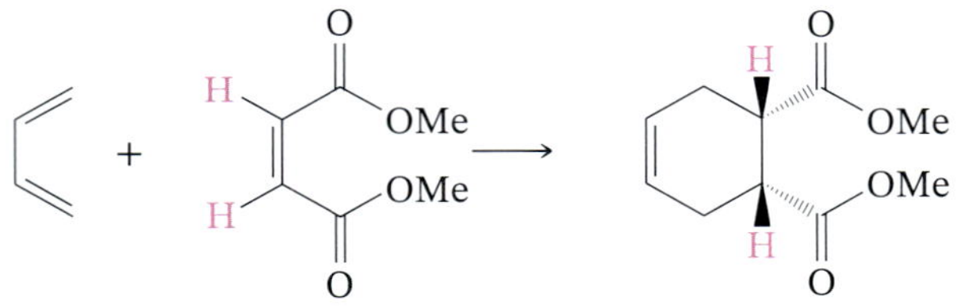

Dimethyl maleate (*cis*-친다이엔체) **Dimethyl cyclohex-4-ene-*cis*-1,2-dicarboxylate**

거울상체

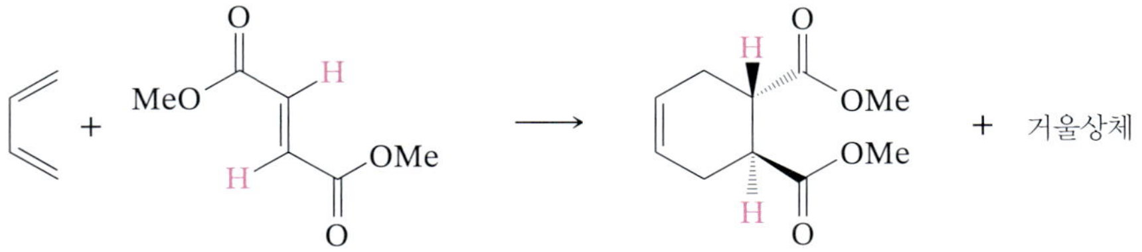

Dimethyl fumarate (*trans*-친다이엔체) **Dimethyl cyclohex-4-ene-*trans*-1,2-dicarboxylate**

첫 번째 예에서 cis 에스터기를 가진 친다이엔체는 1,3-뷰타다이엔과 반응하여 cis 에스터기를 가진 첨가 생성물을 만든다. 두 번째 예는 정반대이다. 즉, trans 친다이엔체는 trans 첨가 생성물을 만든다.

2. **다이엔은 s-trans보다는 s-cis 형태로 반응해야만 한다.**

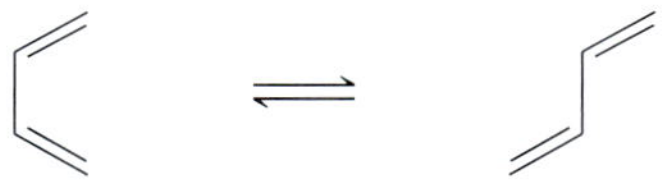

s-cis 형태 **s-trans 형태**

s-trans 형태에서 반응이 일어난다면 매우 긴장된 trans 이중 결합을 가진 육각형 고리가 만들어질 것이다. 이런 경로의 Diels–Alder 반응은 관찰된 적이 없다.

도움말
분자 모형을 사용하여 가상적인 *trans*-cyclohexene의 긴장된 성질을 조사하시오.

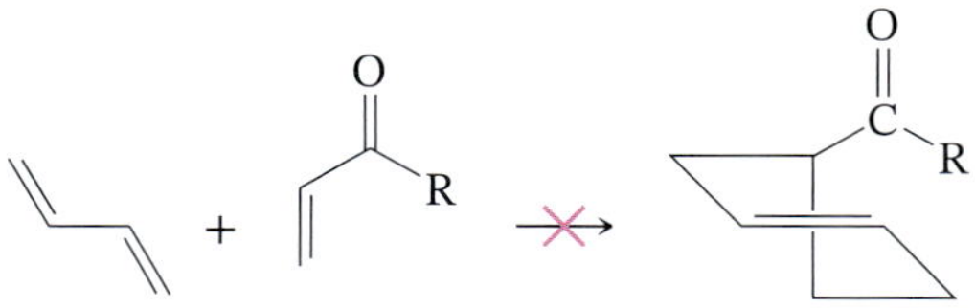

매우 긴장되어 있음

이중 결합들이 s-cis 배위를 한 고리형 다이엔은 Diels–Alder 반응의 반응성이 대단히 크다. 예를 들어, 사이클로펜타다이엔은 말레산 무수물과 실온에서 반응하여 아래와 같은 첨가 생성물을 정량적으로 생성한다.

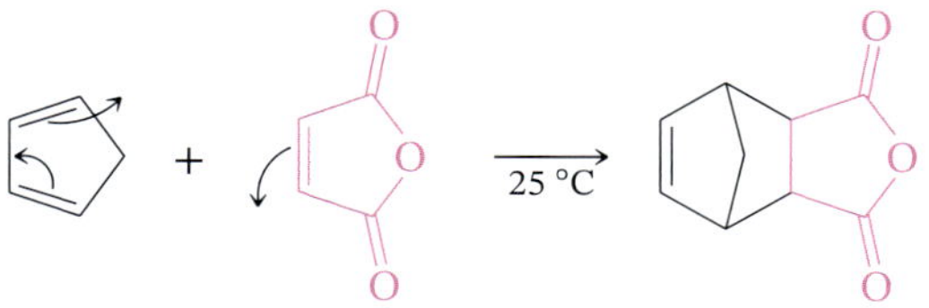

25 °C

사이클로펜타다이엔은 너무 반응성이 커서 실온에서 방치해 두면 자신들끼리 Diels–Alder 반응을 천천히 진행한다.

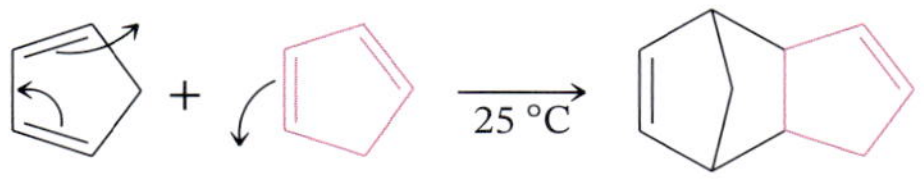

25 °C

Dicyclopentadiene

그러나 이 반응은 가역적이다. 다이사이클로펜타다이엔을 증류하면 2몰 당량의 사이클로펜타다이엔으로 '분해(균열)'된다.

사이클로펜타다이엔의 반응은 Diels–Alder 반응의 세 번째 입체 화학적 특성을 설명해 주고 있다.

3. **Diels–Alder 반응은 속도론적으로 지배될 때 exo 형태보다는 endo 형태로 우선적으로 일어난다.** 친다이엔체는, 아래의 예와 이제까지 본 모든 예에서 그렇듯이, π 전자와 함께 흔히 카보닐이나 다른 전기 음성적인 기와 같은 전자 끄는 기를 지니고 있다.
   - Diels–Alder 반응에서 endo와 exo는 친다이엔체와 그것에 있는 전자 끄는 기가 다이엔과 반응할 때의 배향을 말한다.
   - 친다이엔체가 그것의 전자 끄는 기의 π 전자 오비탈이 다이엔의 π 전자 오비탈의 아래(또는 위)에 줄지어 있을 때, 그러한 접근 배향은 **endo**이다.

(a)

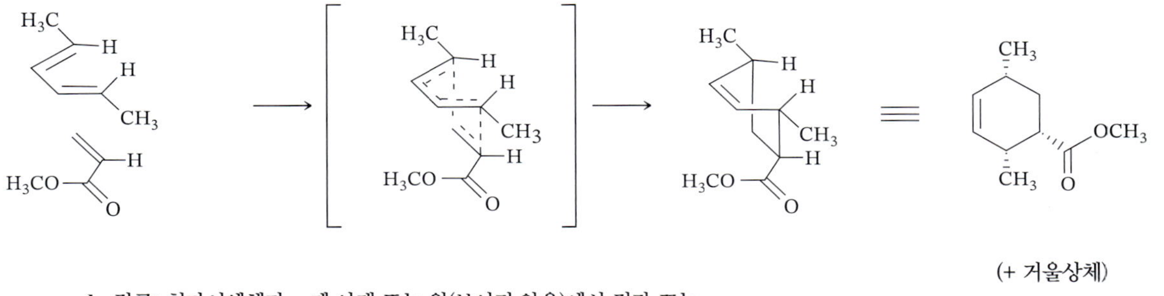

H_3C H H CH_3 H_3CO H O → H_3C H H CH_3 H H_3CO O → H_3C H H CH_3 H H_3CO O ≡ CH_3 OCH_3 CH_3 O

(+ 거울상체)

endo 접근: 친다이엔체가 π 계 아래 또는 위(보이지 않음)에서 전자 끄는 치환기와 줄지어 있다. 두 가지 가능한 endo 접근으로 거울상체가 얻어진다.

(b)

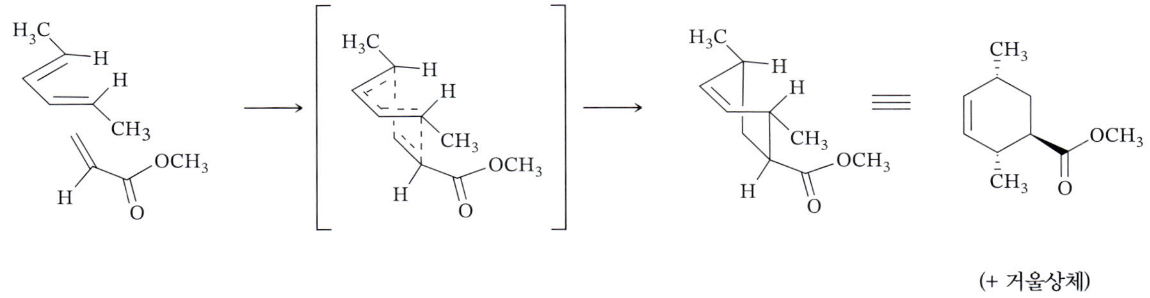

H_3C H H CH_3 OCH_3 H O → H_3C H H CH_3 OCH_3 H O → H_3C H H CH_3 OCH_3 H O ≡ CH_3 OCH_3 CH_3 O

(+ 거울상체)

exo 접근: 친다이엔체가 π 계 아래 또는 위(보이지 않음)에서 전자 끄는 치환기와 멀어져 있다. 두 가지 가능한 exo 접근으로 거울상체가 얻어진다.

그림 13.12 (2*E*,4*E*)-헥사-2,4-다이엔과 프로펜산 메틸의 Diels–Alder 반응에서 (*a*) endo, (*b*) exo 접근을 보임. endo 전이 상태가 exo보다 유리한데, 친다이엔체에 있는 전자 끄는 기의 π 전자 오비탈이 다이엔의 π 전자 오비탈에 더 가까이 줄지어 있기 때문이다.

- 친다이엔체의 전자 끄는 기가 전이 상태에서 다이엔의 π 전자 오비탈과 멀리 줄지어 있을 때, 그러한 접근 배향은 **exo**이다.
- Diels–Alder 반응이 일어날 때 endo와 exo 전이 상태로부터 온 생성물이 모두 형성되지만 endo 생성물이 전형적으로 우세하며, 이것은 endo 전이 상태가 대개 낮은 에너지를 가졌기 때문이다.

여기서 상세히 설명하지는 않겠지만, endo 접근이 일반적으로 유리한 까닭은 오비탈 중첩이 endo 배향에서 전이 상태의 에너지를 낮추어 주는 것과 관련이 있다. 이러한 까닭으로 endo 생성물이 더 빨리 형성된다(반응 속도론적인 생성물이다).

그림 13.12에서 (2*E*,4*E*)-헥사-2,4-다이엔과 프로펜산 메틸의 반응 예를 고려해 보자. endo 또는 exo로 접근하는 방법이 친다이엔체로부터 온 전자 끄는 기의 입체 화학에 영향을 주는 것을 주목하시오.

그림 13.12에 보인 예에서 친다이엔체는 다이엔에 아래로부터 접근하고 있지만, 그것은 위로부터 접근할 수도 있다. 이것이 생성물의 거울상체가 각각의 경우 생성되는 까닭이다. 일반적으로 Diels–Alder 반응은 반응물의 하나 또는 둘 다 카이랄이 아니거나 카이랄성 촉매를 사용하지 않는 한 거울상체를 형성한다.

되새김 물음 13.11

말레산 무수물과 1,3-사이클로헥사다이엔 사이의 endo와 exo Diels–Alder 반응에 대한 전이 상태를 그리시오. 각각의 경우 한 가지 거울상체에 이르는 데 필요한 전이 상태만을 보일 필요가 있다.

되새김 물음 13.12

(2*E*,4*E*)-헥사-2,4-다이엔과 프로펜산 메틸의 반응에 대한 화학 반응식을 쓴다면 아래에 보인 것처럼 쓸 수 있다. **(a)** endo와 exo 생성물이 거울상체 쌍으로 각각 형성되는 까닭을 설명하시오. **(b)** endo 거울상체 중 하나와 exo 거울상체 중 하나 사이의 입체 화학적 관계는 무엇인가?

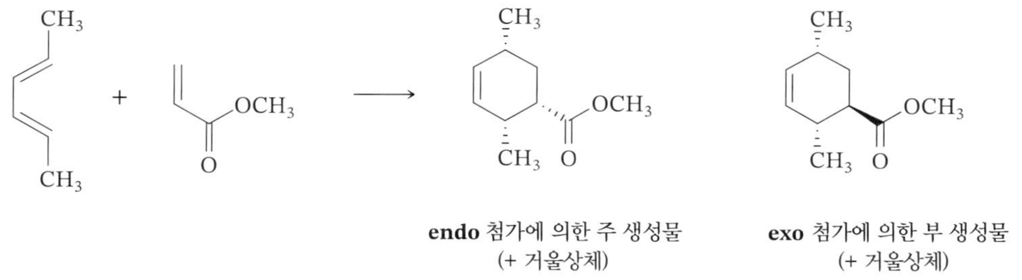

CH_3 CH_3 + OCH_3 O ⟶ CH_3 OCH_3 CH_3 O CH_3 OCH_3 CH_3 O

endo 첨가에 의한 주 생성물 (+ 거울상체)

exo 첨가에 의한 부 생성물 (+ 거울상체)

endo와 **exo**라는 용어는 두 고리 계의 다리에서 정사면체인 탄소에 있는 치환기의 배향을 나타내는 데도 사용된다.

- 두 고리 계에서 치환기는 그것이 다리에 붙어 있는 결합이 두 개의 남은 다리 중 가장 긴 것과 멀리 배향되어 있으면 exo이고, 치환기로의 결합이 두 남은 고리 중 가장 긴 것을 향해서 배향되어 있으면 endo이다.

다음의 그림은 R기가 exo 위치에 있는 것과 endo 위치에 있는 것을 보여 준다.

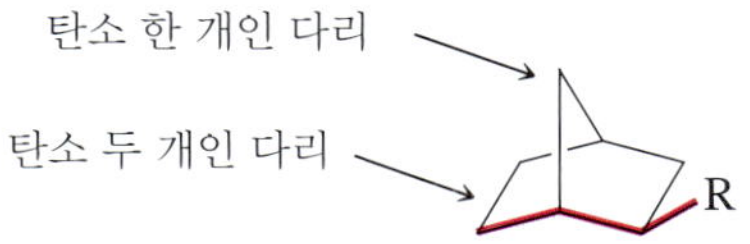

탄소 한 개인 다리
탄소 두 개인 다리

R은 exo
(가장 긴 다리로부터 멀어지도록 배향)

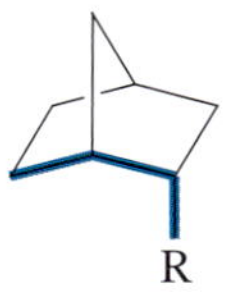

R은 endo
(가장 긴 다리에 가까워지도록 배향)

아래에 보인 사이클로펜타다이엔과 프로펜산 메틸의 Diels–Alder 반응을 고려해 보자. 주 생성물에서 에스터기는 endo인데, 에스터 치환기가 한 개 탄소(더 짧은 것) 다리보다는 두 개 탄소(더 긴 것) 다리에 더 가까이 있기 때문이다. 부 생성물에서 에스터 치환기는 exo인데 치환기가 가장 긴 다리로부터 멀어져 있기 때문이다.

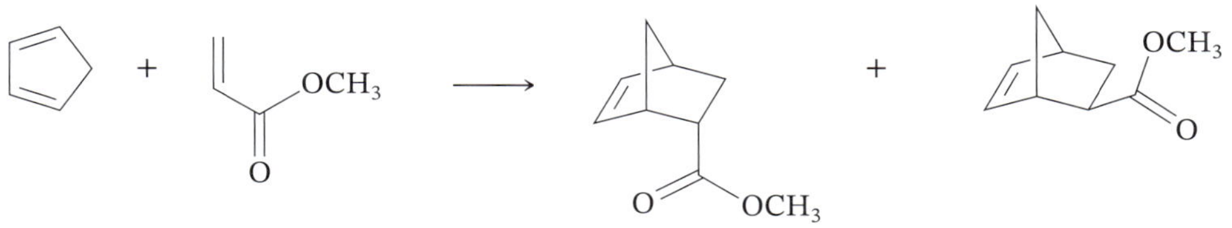

endo 생성물–주 생성물
(+ 거울상체)

exo 생성물–부 생성물
(+ 거울상체)

4. **Diels–Alder 반응에서 다이엔의 배위는 보존된다.** Diels–Alder 반응의 생성물에서 친다이엔체의 배위가 보존되는 것처럼(위의 1 참조) 다이엔의 배위도 또한 보존된다. 이것은 다이엔과 친다이엔체의 *E*,*Z* 알켄 입체 화학이 Diels–Alder 첨가물에서 새로운 정사면체 카이랄 중심에 옮겨짐을 의미한다. 아래에 말레산 무수물과 (2*E*,4*E*)-헥사-2,4-다이엔 사이의 반응과 알켄 부분 입체 이성질체인 (2*E*,4*Z*)-헥사-2,4-다이엔 사이의 반응을 고려해 보자. 각 경우 endo 생성물(주 생성물)을 나타내고 있다.

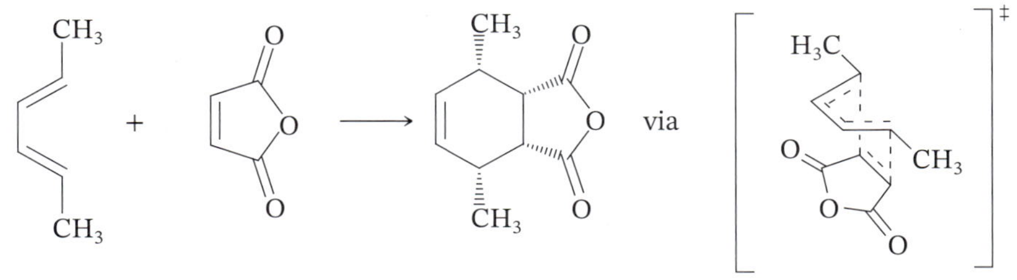

(2*E*,4*E*)–Hexa-2,4-diene + **Maleic anhydride** → **endo 주 생성물 (+ 거울상체)** via [전이 상태]‡

다이엔의 입체 화학이 바뀌면, 첨가물의 입체 화학이 이에 따라 아래에 보인 것처럼 달라진다.

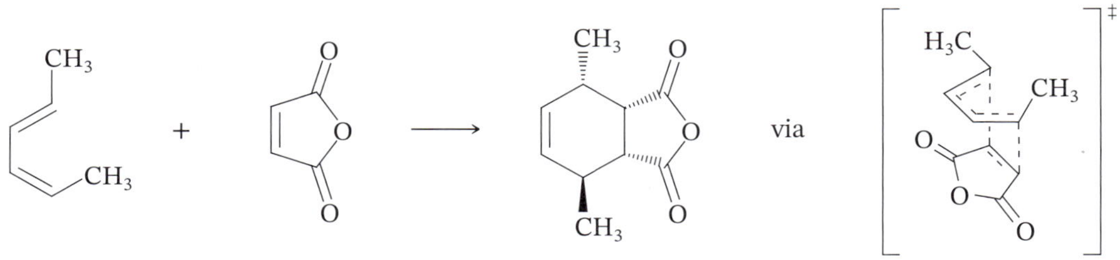

(2*E*,4*Z*)–Hexa-2,4-diene + **Maleic anhydride** → **endo 주 생성물 (+ 거울상체)** via [전이 상태]‡

다이엔이 s-cis 형태일 때 만약 다이엔 치환체가 둘 다 다이엔 성분의 바깥쪽에 있다면 치환기는 cis일 것이다.

각 반응의 전이 상태를 고려해 보면, 위에 보인 것처럼 각 경우에 입체 화학이 다이엔으로부터 첨가물로 어떻게 옮겨졌는지를 알 수 있다.

되새김 물음 13.13

(2*Z*,4*Z*)-헥사-2,4-다이엔이 프로펜산 메틸과 Diels–Alder 반응을 진행할 수 있다면 생성물은 무엇인가? (**힌트**: 두 쌍의 거울상체로 이루어진 4개의 생성물이 있다. 한 거울상체 쌍이 주로 생긴다.) 현실적으로는 이 Diels–Alder 반응은 쓸모가 없다. 왜냐하면 반응에 필요한 다이엔의 s-cis 형태가 메틸기들 사이의 입체 장애로 인하여 에너지가 높기 때문이다.

13.10C Diels–Alder 반응 생성물을 예상하는 방법

질문: 아래 화합물들 사이의 Diels–Alder 반응 생성물을 예상해 보시오.

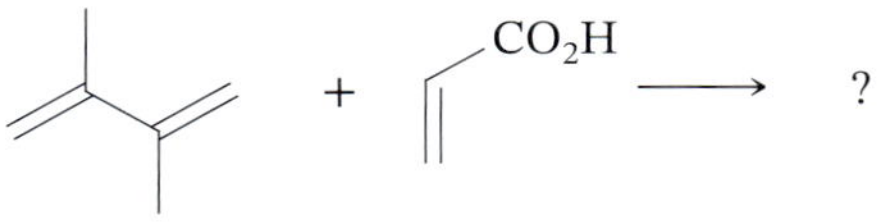

CO_2H ?

전략과 해답: 다이엔 성분을 s-cis 형태로 그려서 각 이중 결합의 끝이 친다이엔체의 이중 결합에 가까이 오도록 한다. 그다음 두 분자를 한 개의 고리형 분자로 전환할 수 있도록 전자쌍의 이동을 보인다.

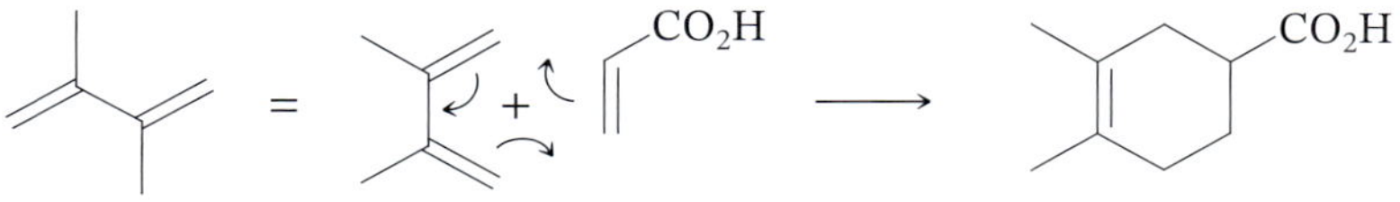

= + CO_2H CO_2H

13.10D Diels–Alder 반응을 역합성 분석에 이용하기

질문: 1,2,3,4-테트라메틸사이클로헥세인의 all-cis 입체 이성질체의 입체 특이성적인 합성을 요약하시오(즉, 모든 메틸기들이 고리에서 같은 쪽에 있다).

역합성 분석과 해답: 이 합성을 고안해 내는 것은 Diels–Alder 반응이 합성에서 특정한 입체 화학을 전수하는 방법을 아는 데 도움이 될 것이다. 또한 방금 배웠던 반응들을 복습하는 데도 도움이 될 것이다. 다음은 역합성 도표이다.

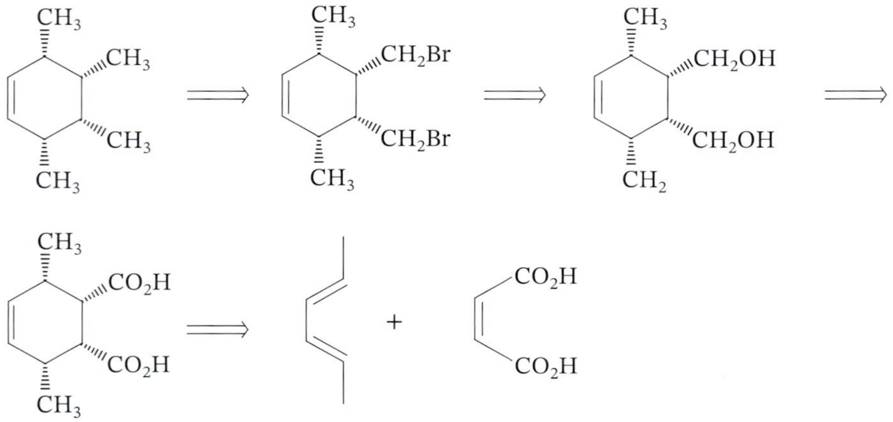

CH_3 CH_3 CH_3 CH_3 ⟹ CH_3 CH_2Br CH_2Br CH_3 ⟹ CH_3 CH_2OH CH_2OH CH_2 ⟹

CH_3 CO_2H CO_2H CH_3 ⟹ + CO_2H CO_2H

친다이엔체로는 메틸기를 바로 지닌 것 대신 다이카복실산을 지닌 것으로 시작하는데, 친다이엔체가 전자 끄는 기를 갖게 되어 Diels–Alder 반응이 가능하도록 돕는다.

합성은 이렇다. all-cis 입체 화학을 지닌 육각형 고리를 endo 생성물로부터 만들어 내기 위해서 Diels–Alder 반응을 이용한다. 그다음 두 개의 $-CO_2H$기를 $-CH_2OH$기로, 그다음 $-CO_2Br$기로, 그리고 최종적으로 $-CH_3$기로 전환한다.

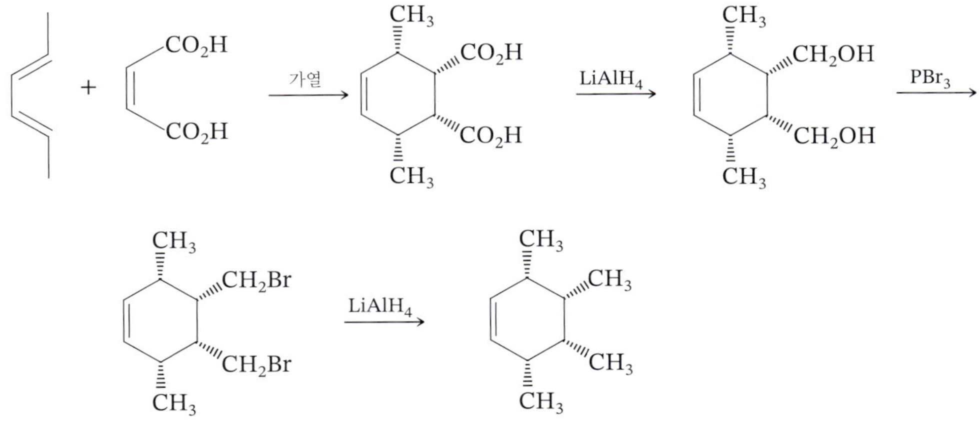

CO_2H + CO_2H →(가열) CH_3, CO_2H, CO_2H, CH_3 →($LiAlH_4$) CH_3, CH_2OH, CH_2OH, CH_3 →(PBr_3)

CH_3, CH_2Br, CH_2Br, CH_3 →($LiAlH_4$) CH_3, CH_3, CH_3, CH_3

되새김 물음 13.14

아래 반응에서 예상되는 생성물은 무엇인가?

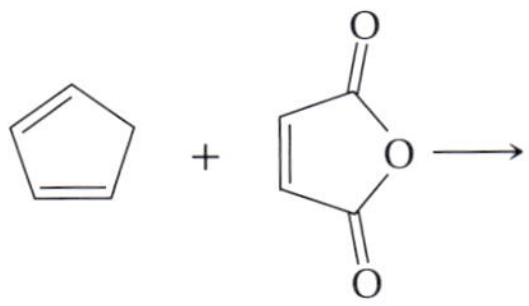

(a) 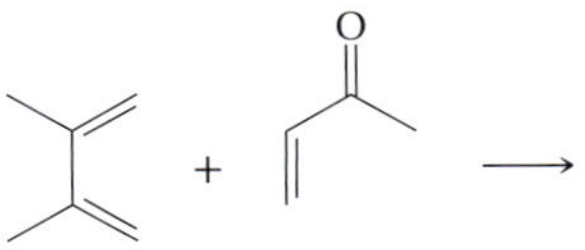 + O →

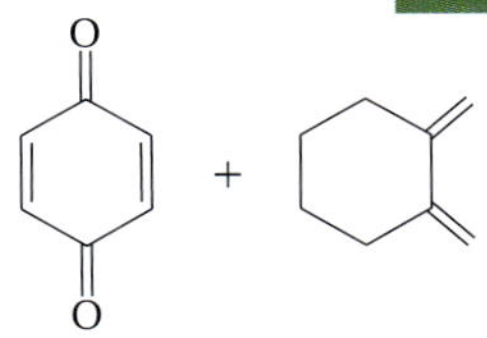

(b) 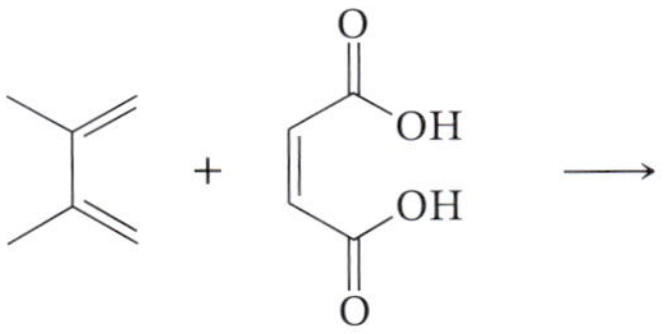 + O, OH, OH, O →

(c) + O, O, O →

(d) 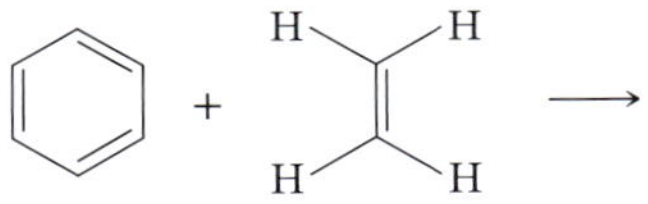 + H, H, H, H →

(e) O, O +

되새김 물음 13.15

아래 화합물을 합성하려면 무슨 다이엔과 친다이엔체를 써야 하는가?

(a) 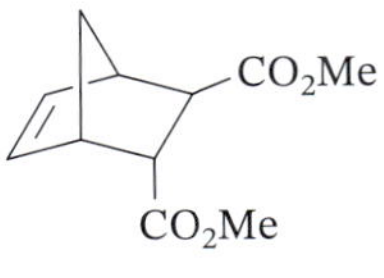 CO_2Me, CO_2Me

(b) 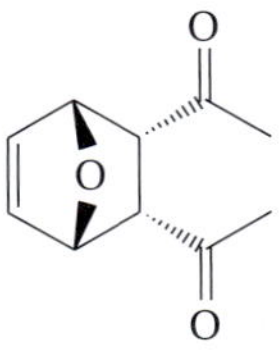 O, O, O

되새김 물음 13.16

Diels–Alder 반응은 삼중 결합(아세틸렌계)의 친다이엔체로도 일어난다. 어느 다이엔과 친다이엔체를 사용하면 다음 물질을 합성할 수 있겠는가?

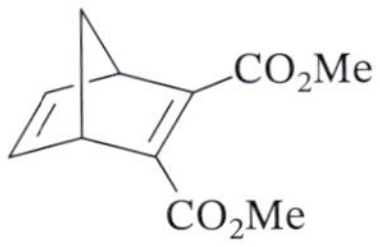

CO_2Me, CO_2Me

되새김 물음 13.17

1,3-뷰타다이엔과 아래에 보인 친다이엔체는 Eschenmoser와 Woodward가 바이타민 B_{12}의 합성에 이용한 것이다. 이 반응에서 생성되는 Diels–Alder 첨가 생성물의 거울상체 구조를 그리고, 그들이 만들어지는 두 전이 상태도 그리시오.

화학: 합성 계보에 Nobel상이 함께 한 분자들

합성의 최대 목표가 되는 많은 유기 분자들은 그들의 합성 계보에 Diels–Alder 반응을 포함하고 있다. 배운 바와 같이, Diels–Alder 반응은 비고리형 전구체로부터 최대한 4개의 새로운 카이랄 중심이 단 한 단계에서 입체 특이성을 지니면서 육각형 고리가 형성될 수 있다. 이 반응에서는 이중 결합이 만들어져서 다른 작용기의 도입도 가능하다. 이 반응은 Diels–Alder 반응이며, Diels와 Alder는 이 반응을 개발한 공로로 1950년에 Nobel상을 받았다.

Cortisone

Morphine

Reserpine

Diels–Alder 반응(그리고 연구를 수행한 화학자들)을 사용하여 합성된 분자들에는 수술 후 많이 사용되는 수면 진통제인 모르핀(Gates); 의약용으로 쓰이는 진정제인 reserpine(Woodward); 인체의 모든 스테로이드 전구체인 콜레스테롤과 소염제인 cortisone(둘 다 Woodward); 혈액과 신경세포 생성에 쓰이는 바이타민 B_{12}(7.18A절, Eschenmoser와 Woodward); 그리고 강력한 항암 치료제인 Taxol(화학명은 paclitaxel, 13.10절, Nicolaou) 등이 있다. 이 목록만으로도 기념비적인 합성의 업적에 대한 증거가 되는데, 다른 많은 분자도 Diels–Alder 반응을 사용하여 합성되었다. 이들 화합물 모두는 그 계보에 Nobel상을 받을 만큼 고상함이 있다고 말할 수 있겠다.

이 주제는 왜 중요한가?

다른 이름을 가졌었을 반응

Diels(교수)와 Alder(대학원생)가 1928년 그 유명한 논문에서 보고한 구체적인 반응은 아래에 보여 준 것처럼, 두 분자의 사이클로펜타다이엔이 벤조퀴논과 합쳐지는 것이었다. 이 일반적인 반응 과정이 복잡한 분자의 합성을 촉진시킴에 있어서의 중요성과 탁월성은 이미 강조한 바 있다. 이것은 Diels와 Alder가 발견했을 당시 그들 스스로도 인정했던 바이다: "그러므로 터펜(terpene), 세스퀴터펜(sesquiterpene), 아마도 알칼로이드(alkaloid)까지 천연물과 관련되었거나, 동일한 복잡한 화합물의 합성 가능성이 가까운 현실로 전망되는 것처럼 우리들에게도 보입니다." 실제로 이 반응의 광범위한 응용성과 유용성 때문에 그들은 1950년에 Nobel상을 받았다.

Otto Diels

Kurt Alder

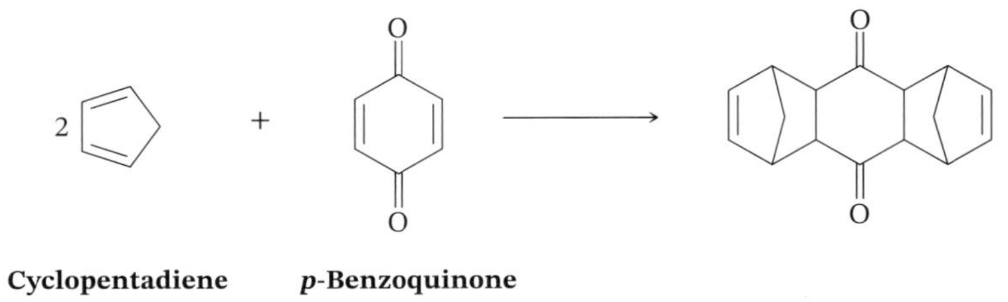

2 Cyclopentadiene + p-Benzoquinone →

Cyclopentadiene ***p*-Benzoquinone**

그렇지만 사이클로펜타다이엔이 벤조퀴논에 첨가하는 반응을 탐색했던 것은 Diels와 Alder가 처음이 아니었다. 실제로 여러 다른 사람들이 그들 이전에 같은 반응을 수행하였다. 최초는 Thiele과 그의 대학원생이었던 Albrecht로 이전의 연구를 바탕으로 하여 1906년에 그들의 연구를 하였다. Thiele은 이들 두 반응물이 합쳐져서 아래에 보인 분자가 될거라고 생각하였고 Albrecht는 다른 첨가 생성물이라고 믿었다. 이 반응을 조사한 다음 사람은 Staudinger로 1912년에 생성물에 대하여 세 번째 구조를 제안하였다. 우리 모두가 아는 바대로 이전의 구조들은 모두 틀렸다. 그래도 구조 결정을 위한 분광학적인 도구가 없었던 데다가 1,4-고리화 첨가 반응은 당시에는 전례가 없었던 터라 이 연구자들을 나무라기는 어렵다. 그러므로 Diels와 Alder의 진정한 천재성은 실험에서 무엇이 형성되었는지를 처음으로 인식하였고, 관여된 반응은 일반적인 과정임을 제안했다는 것이 주된 부분이다.

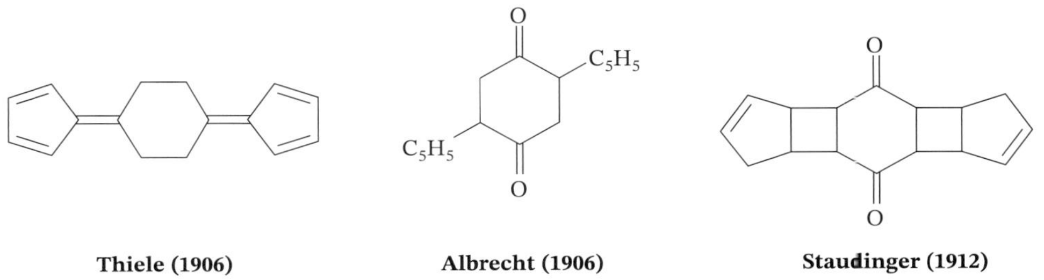

C_5H_5 C_5H_5

Thiele (1906) **Albrecht (1906)** **Staudinger (1912)**

이야기의 마지막 반전으로 Diels와 Alder보다 8년 전에 유사한 실험을 수행하고 1,4-고리화 첨가 반응을 정확하게 예측한 또 다른 교수–학생 팀이 있었다. Euler와 Josephson의 연구를 아래에 보였다. 하지만 그들은 구조 설정이 잠정적이었고 그들의 제안을 입증하기 위한 연구를 더 하겠다고 논문에서 약속하였지만 무슨 까닭에서건 그 연구는 더 보이지 않았다. 대조적으로 Diels와 Alder는 이 과정에 대한 많은 연구를 수행하였고 그것을 극적으로 확장시켰다. 그래서 이 반응은 그들의 이름을 띠게 된 것이다.

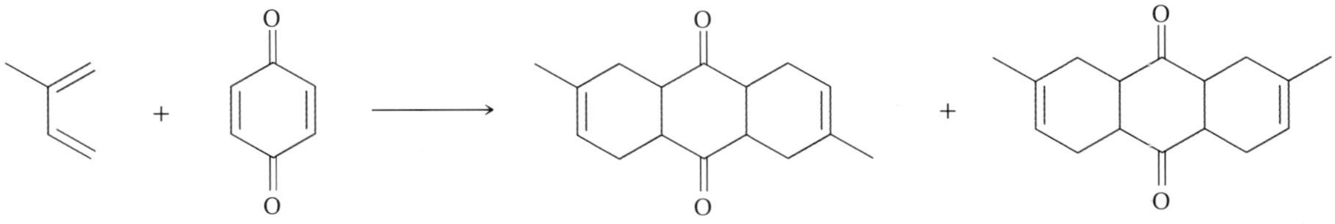

+ → +

Above structure adapted with permission from Berson, J., *Tetrahedron* **1992**, *48*, 3-17, Wiley-VCH and Berson, J., *Chemical Creativity: Ideas from the Work of Woodward, Hückel, Meerwein, and Others,* © **1999**, Wiley-VCH.

이 주제에 대해서 더 알려면 참고하시오.

1. Berson, J. "Discoveries missed, discoveries made: creativity, influence, and fame in chemistry" in *Tetrahedron* **1992**, *48*, 3-17.
2. Berson, J. *Chemical Creativity: Ideas from the Work of Woodward, Hückel, Meerwein, and Others.* Wiley-VCH: Weinheim, **1999**, p. 198.

요약과 복습 도구

이 장에 대한 학습 보조 자료에는 핵심 용어와 개념과 짝지은 계의 성질과 반응성, 그리고 Diels–Alder 반응이 연계된 개념 지도가 있다.

물음

짝지은 계

13.18 1,3-뷰타다이엔을 다음으로부터 합성하는 데 필요한 시약을 제시하시오.

(a) 1,4-Dibromobutane
(b) HO–$CH_2CH_2CH_2CH_2$–OH
(c) (구조식) OH
(d) (구조식) Br
(e) (구조식) Br
(f) (구조식) OH
(g) (구조식)

13.19 아래 반응의 생성물을 예상하고, 관찰된 실험 결과에 대해 설명을 제시하시오.

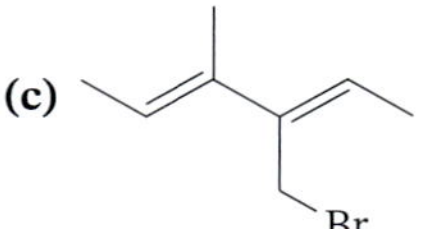

13.20 1몰의 1,3-뷰타다이엔이 아래의 각각과 반응할 때 생성물은 무엇인가? (반응이 안 일어나는 것은 그렇다고 표시하시오)

(a) Br_2 1몰
(b) Br_2 2몰
(c) Br_2 1몰, H_2O
(d) H_2 2몰, Ni
(e) 뜨거운 $KMnO_4$(과량)
(f) H_2O, 촉매 H_2SO_4

13.21 3,4-다이메틸-2,4-헥사다이엔을 아래의 각 화합물로 전환하는 데 필요한 시약을 제시하시오.

(a) (구조식)
(b) (구조식) O O
(c) (구조식) Br
(d) (구조식) Br

13.22 아래 각각의 변환을 위한 시약을 제시하시오. 어떤 변환에서는 여러 단계가 필요할 수도 있다.

(a) 1-Butene ⟶ 1,3-butadiene
(b) 1-Pentene ⟶ 1,3-pentadiene
(c) HO (구조식) OH ⟶ (구조식) + (구조식) + (구조식)
(d) (구조식) ⟶ (구조식) Br
(e) (구조식) ⟶ (구조식) Br
(f) (구조식) ⟶ (구조식) Br, OH

13.23 1,3,5-헵타트라이엔과 1,3,6-헵타트라이엔 중 어느 화합물이 더 안정한가? 설명을 제시하시오.

13.24 UV–Vis, IR, NMR, 그리고 질량 분석법은 화합물의 구조적 정보를 얻기 위해 쓰이는 분광학적인 도구이다. 아래 각 쌍의 화

합물에서 각각을 구별하기 위해서 사용해야 할 두 가지 분광학적인 방법(UV−Vis, IR, NMR, 또는 질량 분석법)에 있어서의 적어도 한 가지 측면을 말하시오.

(a) 1,3-Hexadiene과 1-hexyne
(b) 1,3-Hexadiene과 hexane
(c) Hexane과 (구조식, OH)
(d) 1,3-Hexadiene과 (구조식, Br)
(e) 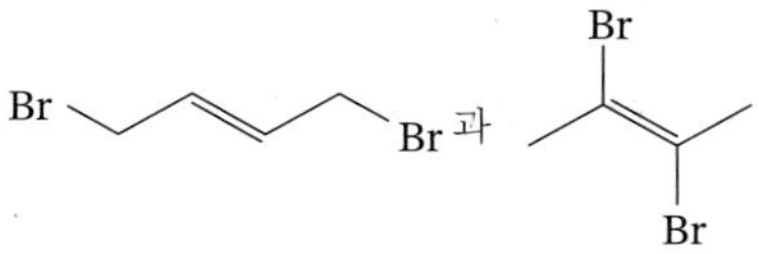 (구조식, Br, Br)과 (구조식, Br, Br)

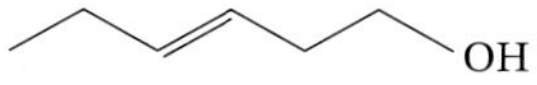

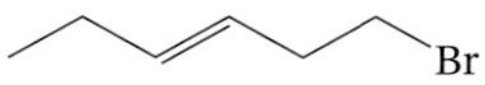

13.25 2-메틸-1,3-뷰타다이엔(아이소프렌)이 염화 수소와 1,4-첨가 반응을 할 때 형성된 주 생성물은 1-클로로-3-메틸-2-뷰텐이다. 1-클로로-2-메틸-2-뷰텐은 거의 생성되지 않는다. 이것을 어떻게 설명하겠는가?

13.26 1-헥센을 *N*-브로모석신이미드(NBS)와 반응시키면 분자식이 $C_6H_{11}Br$인 두 생성물이 얻어진다. 이들 생성물은 무엇이며 어떻게 형성되었는가?

13.27 **(a)** 1,4-펜타다이엔의 C3에 결합된 수소 원자는 라디칼에 의해서 쉽게 떼어질 수 있다. 이 사실을 어떻게 설명하겠는가? **(b)** 1,4-펜타다이엔의 C3에 결합된 양성자는 프로펜의 메틸 수소 원자보다 더 산성인 까닭을 설명할 수 있겠는가?

13.28 아래의 생성물들이 형성되는 메커니즘을 제시하시오. 모든 중간체, 형식 전하, 그리고 전자 이동을 나타내는 화살표를 포함하여 쓰시오.

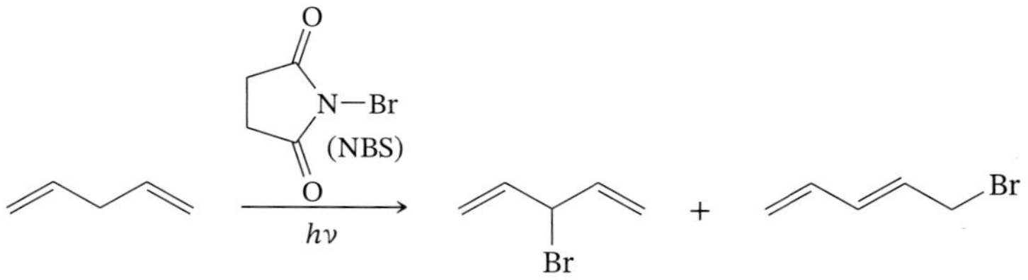

(반응식: O, N−Br, (NBS), O, $h\nu$, Br, +, Br)

13.29 아래 반응의 메커니즘을 쓰시오. 이 반응에 대한 속도론적 경로와 열역학적 경로를 나타내는 반응 에너지 좌표 도표를 그리시오.

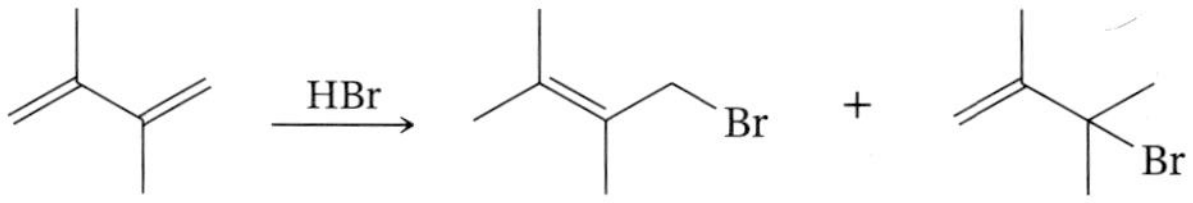

(반응식: HBr, Br, +, Br)

13.30 아래 반응의 생성물을 예상하시오.

(a) 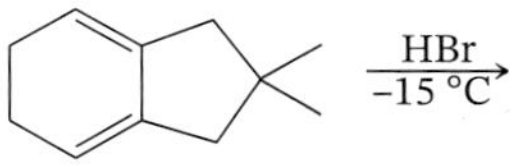 (구조식) $\xrightarrow[-15\ °C]{HBr}$ **(b)** (구조식) $\xrightarrow[40\ °C]{HBr}$ **(c)** (구조식) $\xrightarrow[h\nu,\ 가열]{NBS}$

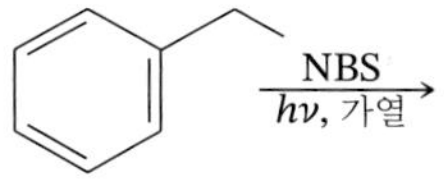

13.31 아래의 생성물들이 형성되는 메커니즘을 제시하시오.

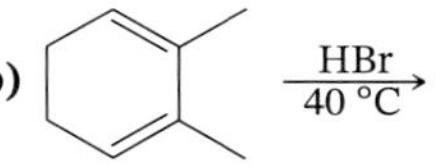

(반응식: OH, 진한 HCl, Cl, +, Cl)

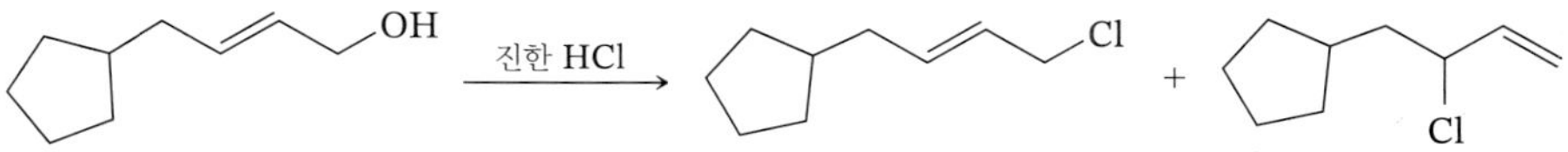

13.32 아래의 화합물에 몰 당량의 브로민이 가해졌을 때의 생성물을 예상하시오.

(a) 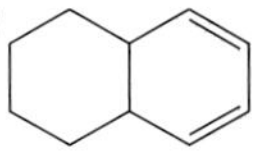 (구조식) **(b)** 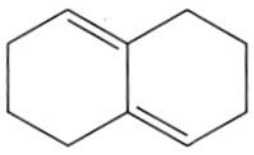 (구조식)

13.33 1-클로로-3-메틸-2-뷰텐이나 3-클로로-3-메틸-1-뷰텐을 물속에서 Ag_2O와 반응시키면(AgCl 외에) 알코올의 혼합물이 얻어진다.

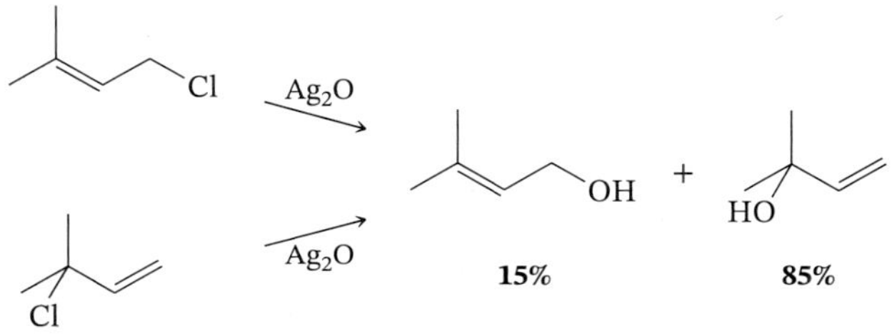

(반응식: Cl, Ag_2O, Cl, Ag_2O, OH, +, HO, 15%, 85%)

(a) 이들 생성물의 형성을 설명할 수 있는 메커니즘을 쓰시오.
(b) 형성된 두 알켄의 상대적인 성분비는 무엇을 설명하고 있는가?

13.34 1,2-다이할로젠화물을 (2몰 당량의 HX가 이탈되는) 탈할로젠화 수소 반응을 시키면 짝지은 다이엔이 되기보다는 알카인이 된다. 그러나 1,2-다이브로모사이클로헥세인을 탈할로젠화 수소 반응을 시킬 때는 1,3-사이클로헥사다이엔이 높은 수율로 생성되고 사이클로헥사인은 생성되지 않는다. 이것을 설명할 수 있는 요인은 무엇인가?

13.35 알렌의 수소화 반응열은 298 kJ mol^{-1}이고, 프로파인의 수소화 반응열은 290 kJ mol^{-1}이다.

(a) 어느 화합물이 더 안정한가?

(b) 알렌을 강염기로 처리하면 프로파인으로 이성질화한다. 이것을 설명하시오.

13.36 1-브로모뷰테인과 4-브로모-1-뷰텐은 둘 다 1차 할로젠화물이지만 후자가 더 빨리 제거 반응을 한다. 이 성질을 어떻게 설명하겠는가?

Diels–Alder 반응

13.37 아래 화합물에 대한 분자 오비탈 도표를 그리시오.

(a) 1,3,5-hexatriene

(b) cyclopentadiene

13.38 아래의 화합물 중 어느 것도 말레산 무수물과 Diels–Alder 반응을 하지 않는다는 사실을 설명하시오.

HC≡C—C≡CH 또는 $=CH_2$

13.39 아래의 다이엔을 Diels–Alder 반응의 반응성이 증가하는 순으로 나열하시오(1 = 가장 약한 반응성, 4 = 가장 강한 반응성). 순서를 간략하게 설명하시오.

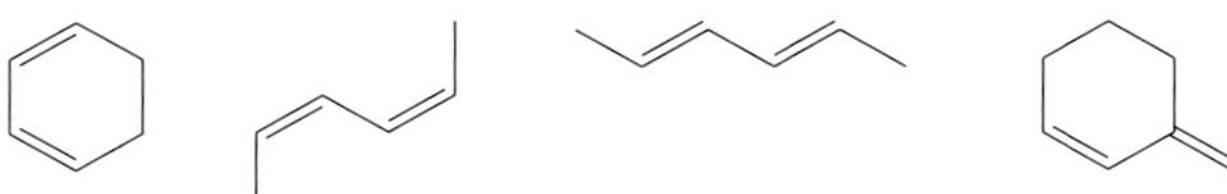

13.40 1,3-사이클로헥사다이엔이 아래 각 화합물과 반응할 때의 생성물의 구조를 쓰시오.

(a) O, OCH_3 **(b)** O, OCH_3 **(c)** CN **(d)** CN

13.41 아세틸렌계 화합물은 Diels–Alder 반응에서 친다이엔체로 사용된다(되새김 물음 13.16 참조). 1,3-뷰타다이엔이 각각 아래와 반응할 때의 첨가 생성물을 쓰시오.

(a) O, O, EtO, OEt **(b)** O, O, HO, OH

13.42 아래 반응의 생성물을 예상하시오.

(a) + O, OMe $\xrightarrow{\Delta}$

(c) + O $\xrightarrow{\Delta}$

(b) + CN $\xrightarrow{\Delta}$

(d) O + O, OMe, OMe $\xrightarrow{\Delta}$

(e) 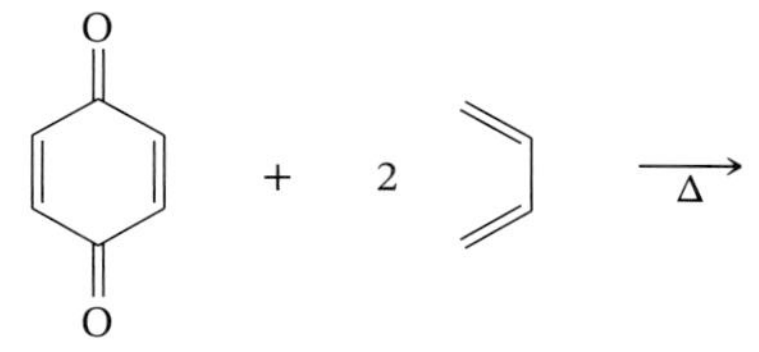 + 2 $\xrightarrow{\Delta}$

(g) 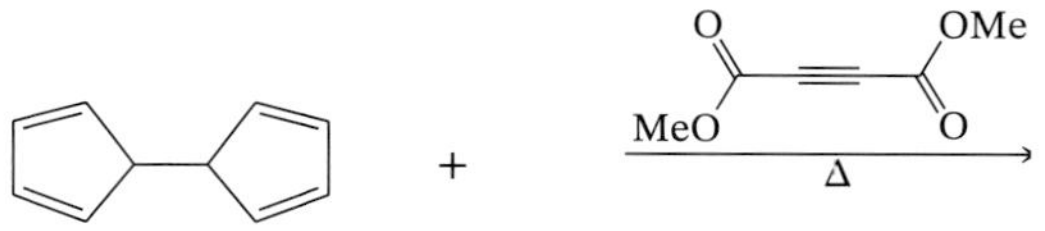 + MeO, O, OMe $\xrightarrow{\Delta}$

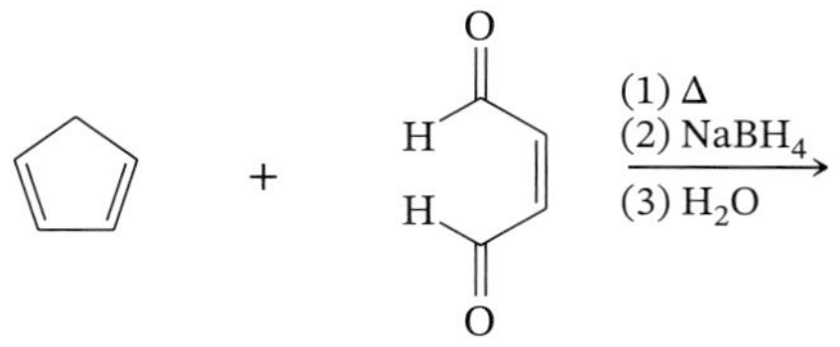

(f) + H, H, O, O $\xrightarrow{(1)\ \Delta\ (2)\ NaBH_4\ (3)\ H_2O}$

(h) + CN, CN $\xrightarrow{\Delta}$

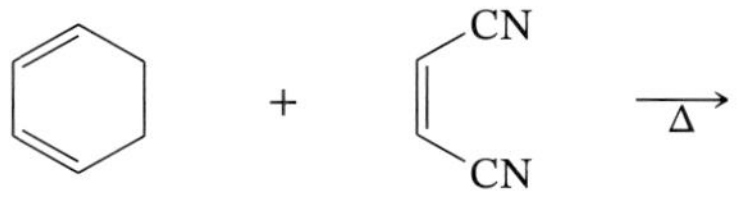

13.43 아래 각각을 합성하기 위해서 사용해야 할 다이엔과 친다이엔체는 어떤 것인가?

(a) 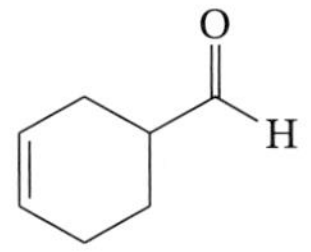 (c) 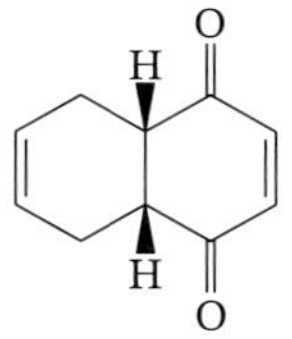 (e) 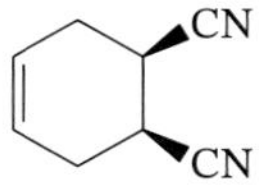 (g)

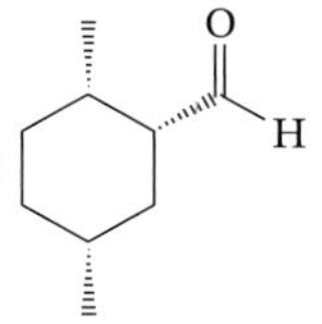

(b) 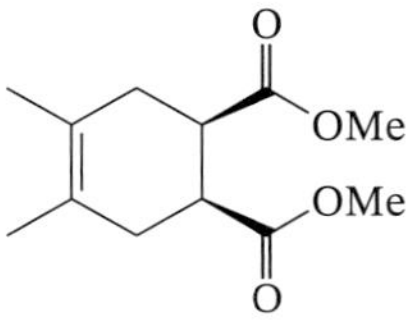 (d) 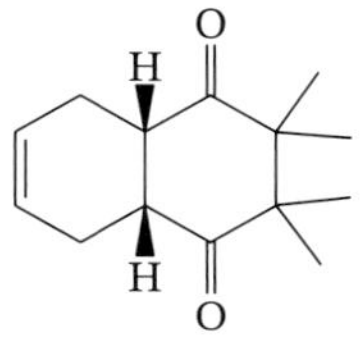 (f)

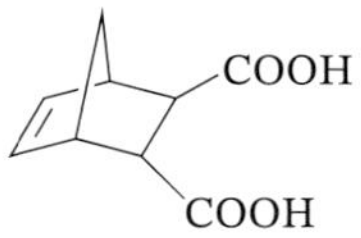

13.44 퓨란과 말레이미드가 25 ℃에서 Diels–Alder 반응을 할 때 주 생성물은 endo 첨가 생성물 **G**이다. 그러나 반응을 90 ℃에서 수행하면 주 생성물은 exo 이성질체인 **H**이다. endo 첨가 생성물은 90 ℃에서 가열되었을 때 exo 첨가 생성물로 이성질화한다. 이 결과들을 설명할 수 있는 메커니즘을 제시하시오.

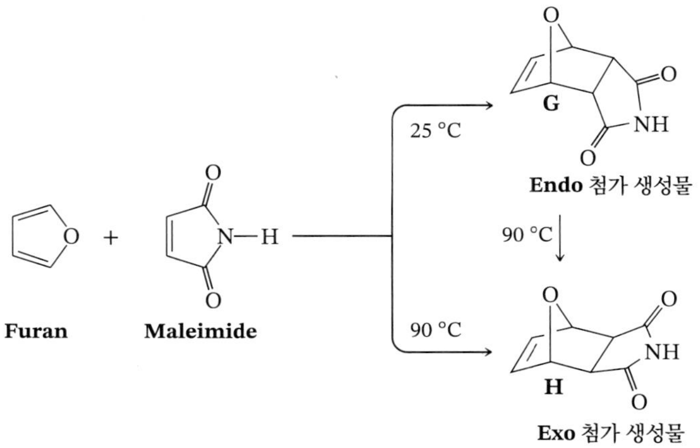

Furan + Maleimide → 25 °C → **G** **Endo 첨가 생성물**; 90 °C → **H** **Exo 첨가 생성물**

13.45 알드린과 다이엘드린은 논란이 많은 두 가지 살충제이다[미국의 환경보호기구(EPA)에서는 이들 살충제의 유해한 부작용과 이들이 생물에 의한 분해를 하지 않기 때문에 사용을 금지시켰다]. 알드린의 상업적인 합성은 헥사클로로사이클로펜타다이엔과 노보나다이엔으로부터 시작된다. 다이엘드린은 알드린으로부터 합성된다. 이러한 합성은 어떻게 수행할 수 있는지를 보이시오.

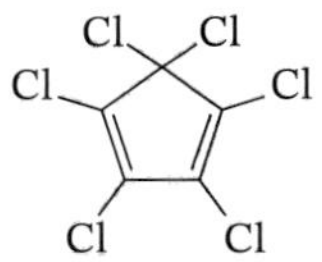

Hexachlorocyclopentadiene  **Norbornadiene** 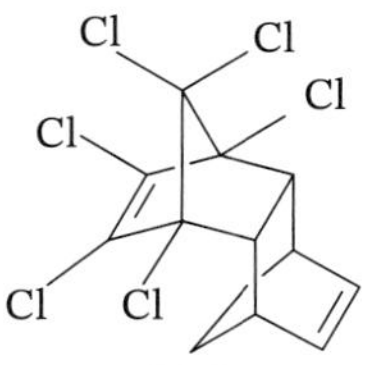 **Aldrin** 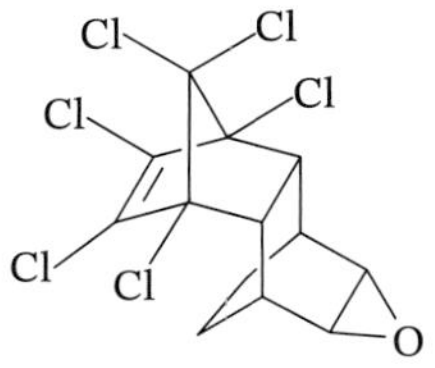 **Dieldrin**

13.46 **(a)** 알드린 합성을 위한 노보나다이엔(물음 13.45)은 사이클로펜타다이엔과 아세틸렌 사이의 반응으로부터 합성할 수 있다. 이때 관여되는 반응을 보이시오. **(b)** 이것은 또한 사이클로펜타다이엔을 염화 바이닐과 반응시킨 다음 생성물을 염기로 처리하면 만들어질 수 있다. 이 합성을 요약하시오.

13.47 다른 두 가지 살충제(물음 13.45 참조)로는 클로단과 헵타클로르가 있다. 이들의 합성은 사이클로펜타다이엔과 헥사클로로사이클로펜타다이엔으로부터 시작된다. 이와 같은 합성을 어떻게 할 수 있는지를 보이시오.

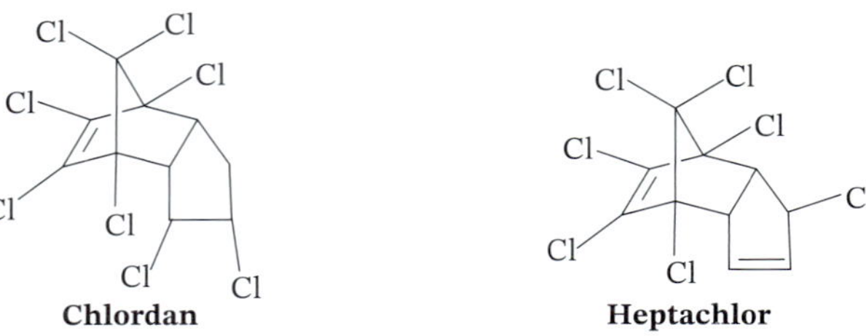

물질 합성

13.48 아래 각각의 합성을 위한 변환에 필요한 시약을 제시하시오(어떤 변환에서는 여러 단계가 필요할 수도 있다).

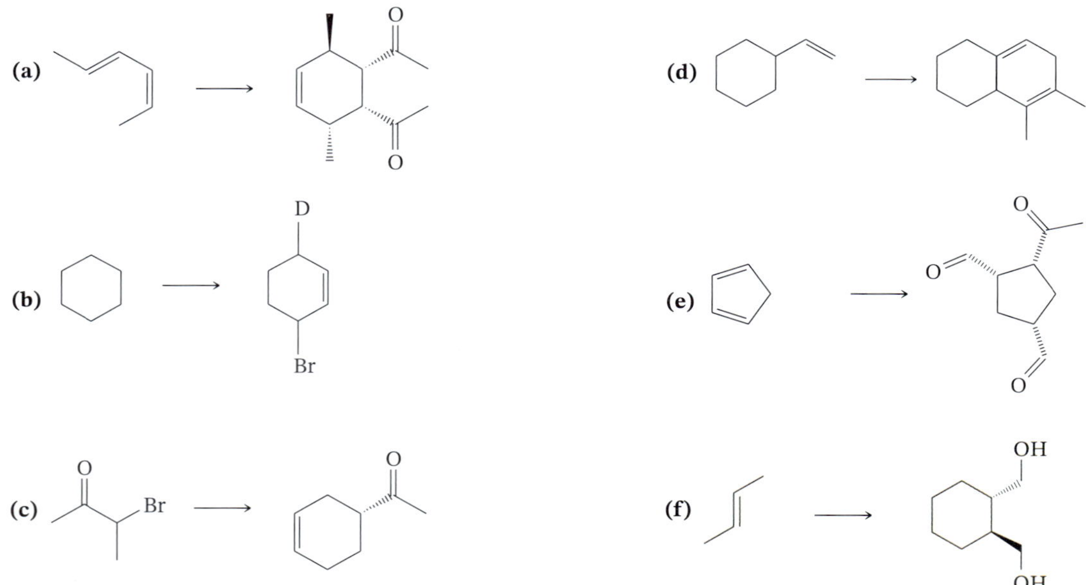

13.49 거꾸로 작업을 해서, 지정된 반응을 통하여 제시된 생성물에 이르는 출발 물질을 제시하시오.

(a) **A** (1) ethylene, 가열 (2) O_3 (3) Me_2S (4) $NaBH_4$ (과량) →

OH

OH

(b) **B** (1) *m*CPBA (2) KOH, H_2O (3) NaH, MeI (각각 과량) →

MeO

MeO

13.50 아래 각각의 반응에서 주어진 출발 물질로부터 제시된 단계 순서를 통하여 형성되는 생성물(**A**와 **B**로 표시)을 제시하시오.

(a) (1) $NaNH_2$, EtI (2) Lindlar 촉매, H_2 (3) 1,3-butadiene, 가열 (4) Br_2 → **A**

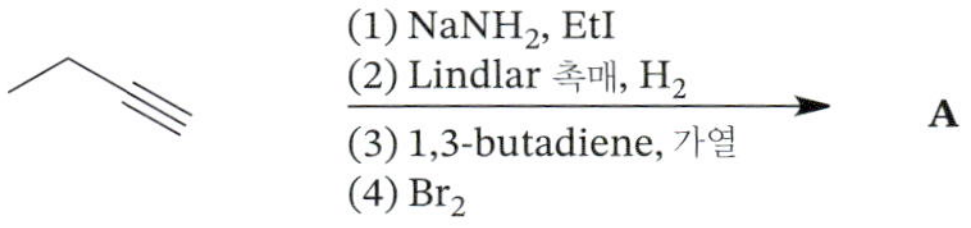

(b) (1) MgBr (2) H_3O^+ (3) Swern 산화 반응 (4) , 가열 → **B**

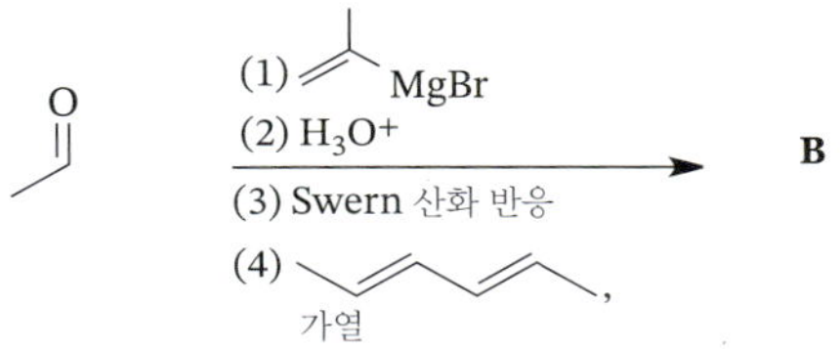

화학 상담자가 필요한 물음

13.51 콜롬비아신 A(colombiasin A)은 산호초로부터 분리된 항결핵 활성을 지닌 실험실적 합성의 일부로서 **A**와 **B**로부터 **C**를 생성하고 **D**로부터 **E**를 생성하기 위해서 Diels–Alder 반응이 사용되었다. 이 두 Diels–Alder 반응에서 **A**, **B**, **D**의 구조는 무엇인가? (참조: *Angew. Chem. Int. Ed.* **2001**, *40*, 2482.)

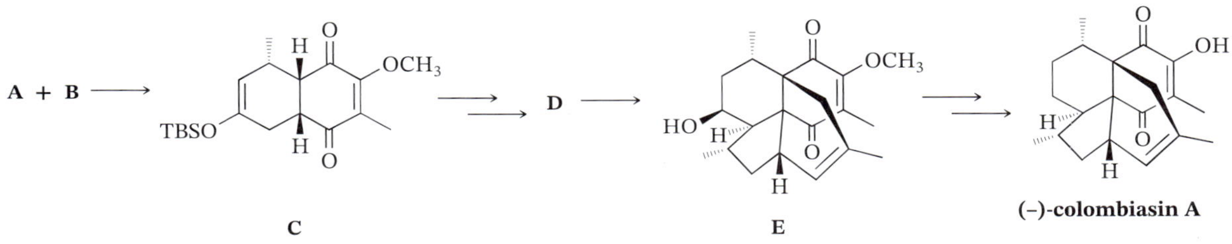

A + **B** → **C** → **D** → **E** → **(–)-colombiasin A**

13.52 자연은 여러 개의 사각형 고리가 단일 골격에 겹쳐진 경이로운 화합물을 만든다. Pentacycloanammoxic acid의 메틸 에스터의 한 가지 예이다. 이 분자들은 일반적으로 ladderane이라고 알려져 있는데, 그들의 중심 결합들이 사다리의 단과 비슷하기 때문이다. 세 개의 사각형 고리로 구성된 ladderane을 만들기 위하여 Diels–Alder 반응을 사용하는 방법을 상상할 수 있는가? 여기서 고리들은 아래에 보인 두 가지 삼차원 형태 중 하나이다. (참조: *Angew. Chem. Int. Ed.* **2003**, *42*, 2822; *Proc. Natl. Acad. Sci*. **2018**, *115*, 9098.)

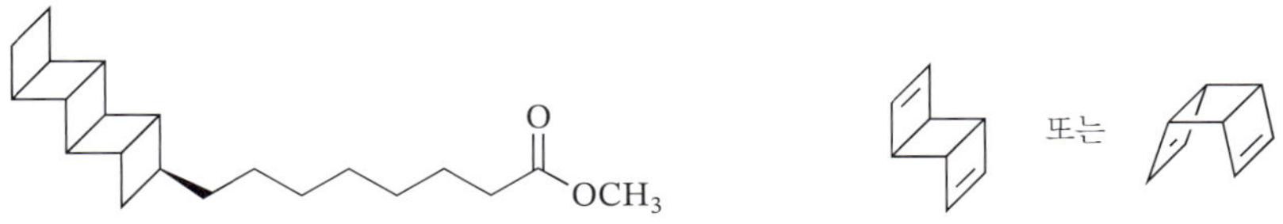

pentacycloanammoxic acid methyl ester

또는

13.53 다이엔이나 친다이엔체에 있는 원자들의 모양이나 반응 조건에 따라 때로는 전형적인 Diels–Alder 반응 생성물처럼 보이지 않는 생성물이 얻어진다. 아래 각각에서 초기에 Diels–Alder 반응이 진행된 다음 궁극적으로 제시된 생성물이 얻어지는 과정에서 무엇이 일어났는지 알 수 있을까? (참조: *Angew. Chem. Int. Ed.* **2008**, *47*, 4373; *J. Am. Chem. Soc.* **2006**, *128*, 3908.)

(a) + → (40 °C, 그다음 H_3O^+)

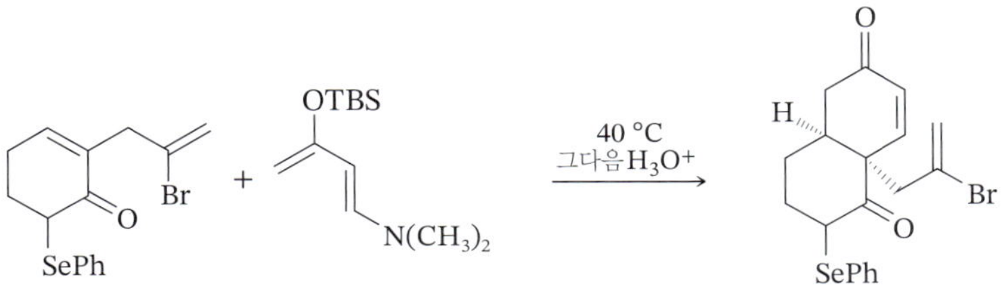

(b)

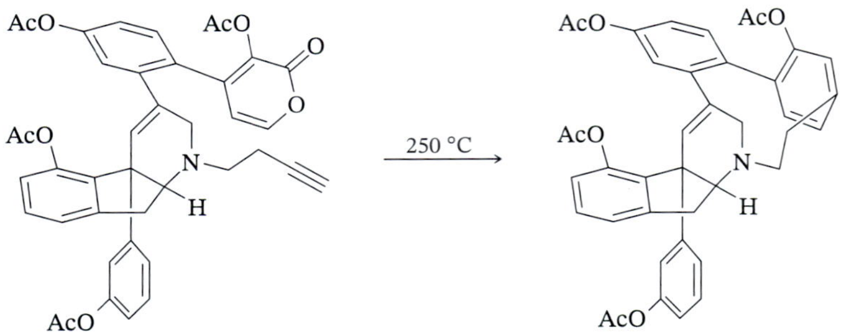

도전 물음

13.54 아래 각각의 공명 구조 기여도로부터 예상되는 다이엔과 친다이엔체의 극성에 근거하여 생성물의 분포를 설명하시오.

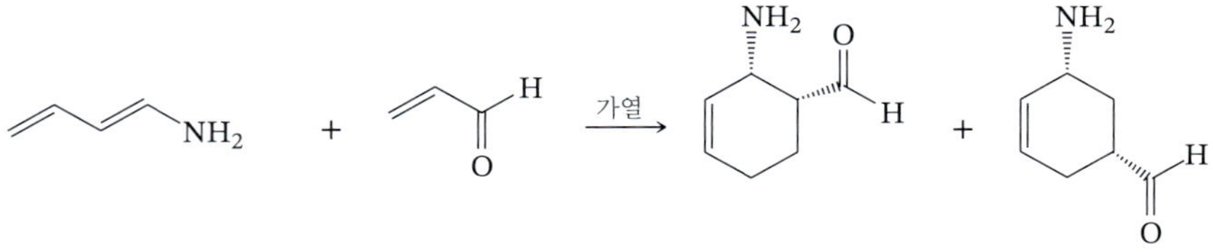

주 생성물 (+ 거울상체)　　부 생성물 (+ 거울상체)

13.55 퓨란(물음 13.44)을 말레산 무수물과 다이에틸 에터 속에서 혼합하면 녹는점이 125 ℃인 결정성 고체가 생긴다. 그러나 이 화합물이 녹을 때 기체가 발생하는 것을 볼 수 있다. 용해물을 다시 응고하도록 방치하면, 이것은 더 이상 125 ℃에서 녹지 않고 그 대신 56 ℃에서 녹는다. 퓨란과 말레산 무수물의 물리적 성질을 참고하여 무엇이 일어나고 있는지를 설명하시오.

13.56 아래의 반응(Nicolaou에 의해서 endiandric acid 중 하나를 합성할 때 형성됨)으로부터 생성물의 구조를 쓰시오.

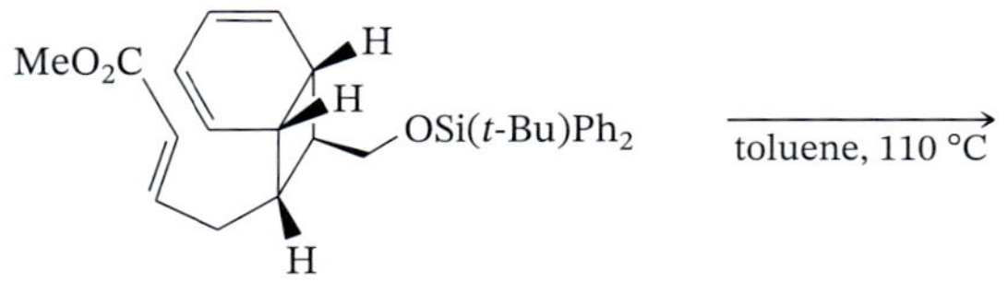

13.57 5-브로모-1,3-펜타다이엔으로부터 브로민을 이온화시켜 생겨난 탄소 양이온의 공명 구조와 공명 혼성을 그리시오. 탄소 양이온의 상대적 안정성에 대한 지식에 근거할 때 어느 것이 가장 기여가 큰 공명 구조인가?

학습 집단을 위한 물음

1. 아래의 '길지도' 물음에서 화합물 A~I의 구조를 유추해 내시오. 빠진 시약이 있으면 넣으시오.

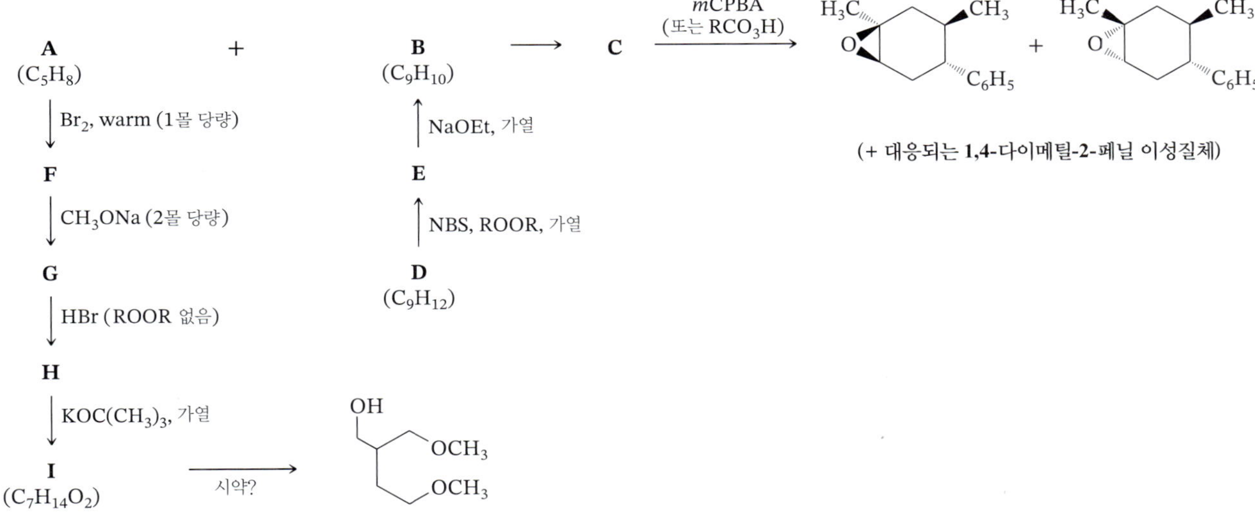

2. (a) 2-메틸-2-뷰텐을 2-메틸-1,3-뷰타다이엔으로 전환시키는 방법을 나타내는 반응식을 쓰시오.

(b) 에틸벤젠을 아래의 화합물로 전환시키는 방법을 나타내는 반응식을 쓰시오.

CN

C_6H_5

(c) 2-메틸-1,3-뷰타다이엔과 **(b)**에서 보인 화합물 사이에서 얻어지는 다양한 Diels–Alder 첨가 반응 생성물(들)의 구조를 쓰시오.

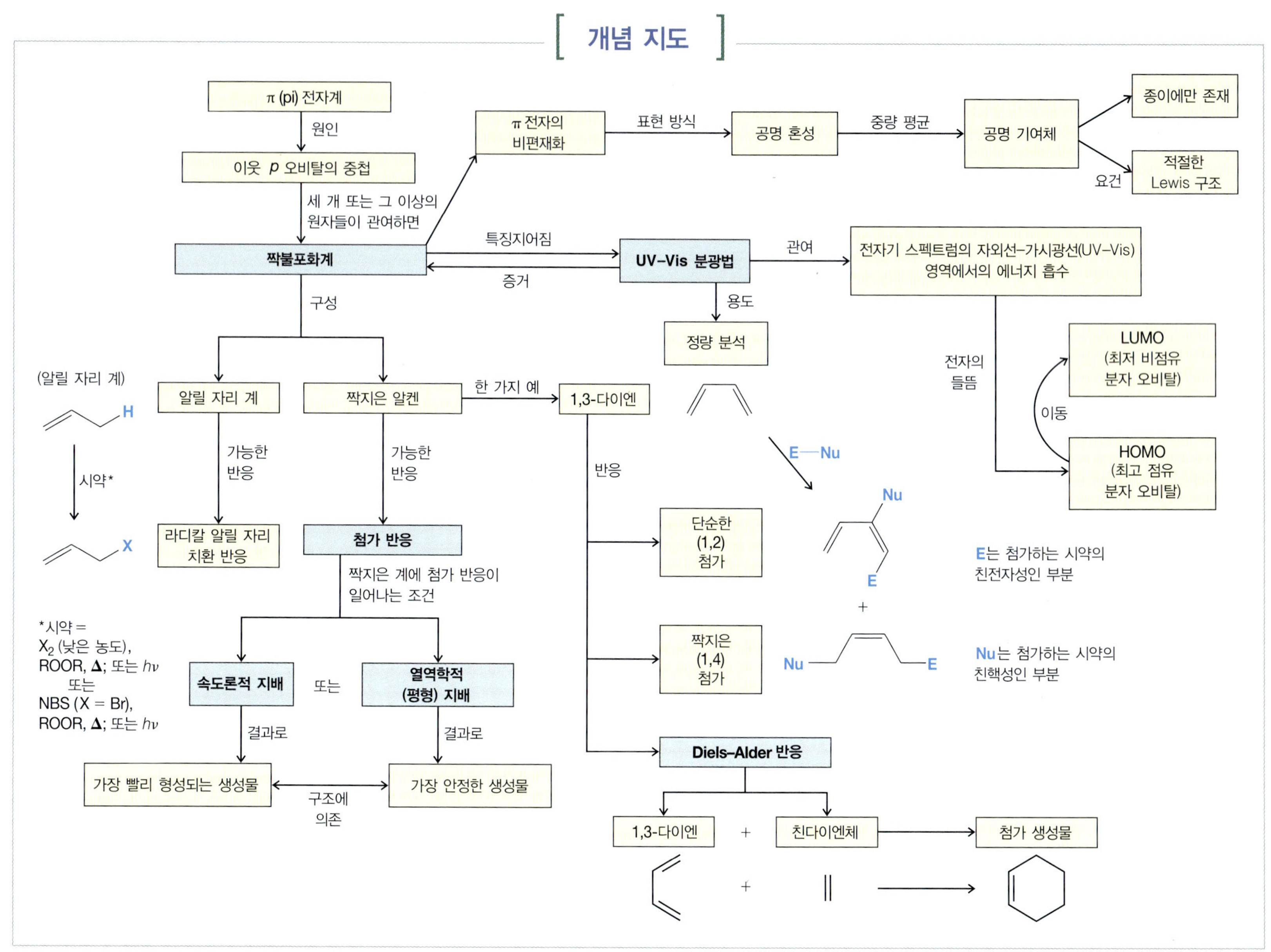

| 온라인 자료에서 특수 주제 D를 참조하시오. |

CHAPTER 14

방향족 화합물

일상 대화에서 '방향성'이란 말은 갓 내린 커피나 갓 구어 낸 시나몬 빵, 새로 잘라낸 소나무의 냄새와 같은 기분 좋은 것을 연상시킨다. 유기 화학의 초기 역사에서도 '방향성' 화합물은 식물에 의해서 생성된 천연 기름으로부터 분리되었기에 비슷한 연관성이 있다고 할 수 있다. 이 화합물들의 구조가 정립됨에 따라 그들 다수가 벤젠에서 발견되는 불포화된 6개 탄소의 구조 단위를 지니고 있음이 밝혀졌다. 이 특별한 고리 구조는 벤젠 고리라고 알려졌다. 벤젠 고리를 포함하는 방향성 화합물은 이제 냄새가 아니라(고리를 가진 많은 화합물들이 냄새가 없기 때문: 아스피린이 한 예) 특별한 전자 구조에 근거하여 방향족이라고 분류된다.

(pine needles) yuliyakhvosch/123 RF; (bottles with essential oils): JPC-PROD/Shutterstock.com

이 장에서 배울 내용:

- '방향족'이란 용어가 사용되는 바탕이 되는 구조적인 원리
- 벤젠의 정확한 구조를 결정하기 위한 초기의 도전
- 방향족의 특별한 성질을 지니는 분자를 예상할 수 있는 규칙
- 방향족인 특별한 기의 분자들

이 주제는 왜 중요한가?

이 장의 끝에서는 분자가 방향성을 지니면서도 얼마나 커질 수 있는지를 탐구할 것이다. 화학자들은 자연으로부터 얻을 수 있는 것보다 더 크게 만들 수가 있지만, 천연 분자들로부터 얻어진 디자인의 실마리를 주로 이용한다는 사실에 주목하여 살펴보게 될 것이다.

14.1 벤젠의 발견

아래에는 벤젠을 포함하여 방향족 화합물의 예가 수록되어 있다. (14.6A절에서 벤젠을 표현하는 원의 의미를 설명할 것이다.)

또는

Benzene

Benzaldehyde (아몬드 기름)

Methyl salicylate (윈터그린 기름)

Eugenol (클로버 기름)

Cinnamaldehyde (계피 기름)

Vanillin (바닐라 기름)

Acetylsalicylic acid (아스피린)

유기 화학자들이 방향족 화합물(2.1D절)이라고 부르는 계통의 화합물에 대한 연구는 영국의 화학자였던 Faraday(Royal Institution)에 의하여 새로운 탄화수소가 1825년에 발견되면서부터 시작되었다. Faraday는 이 새로운 탄화수소를 '수소의 bicarburet'이라고 했는데 지금은 벤젠(benzene)이라고 불린다. Faraday는 고래 기름의 열분해에 의해서 얻어진 압축된 조명 기체로부터 벤젠을 분리하였다.

1834년에 독일의 화학자인 Mitscherlich(University of Berlin)는 벤조산을 산화 칼슘과 함께 가열하여 벤젠을 합성하였다. 기체 밀도 측정으로부터 Mitscherlich는 벤젠의 분자식이 C_6H_6임도 알아냈다.

$$\underset{\textbf{Benzoic acid}}{C_6H_5CO_2H} + CaO \xrightarrow{\text{가열}} \underset{\textbf{Benzene}}{C_6H_6} + CaCO_3$$

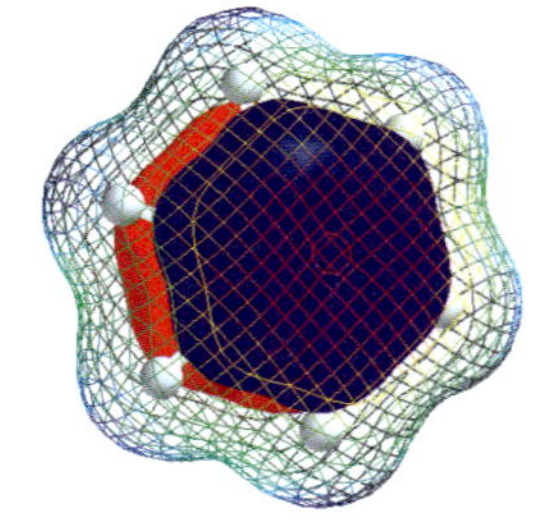

van der Waals 표면에서 정전기적 퍼텐셜의 망사 구조를 통해서 본 벤젠의 π 분자 오비탈 중 하나

분자식 자체는 뜻밖이었다. **벤젠은 탄소 원자의 수만큼 수소 원자를 가진다.** 그 당시 알려졌던 대부분의 화합물들은 수소의 분율이 거의 두 배에 가깝게 훨씬 더 컸다. 분자식이 C_6H_6인 벤젠은 수소 결핍 지수가 4로서 매우 불포화된 화합물이다. 얼마 안 가서 화학자들은 벤젠이 비정상적인 성질을 지녔음을 알게 되었고, 마침내는 벤젠이 독특하고도 흥미 있는 성질을 가진 새로운 부류의 유기 화합물임을 깨닫게 되었다. **14.3절에서 벤젠이 매우 불포화된 화합물로부터 예상되는 모든 성질을 갖고 있지 않음을 알게 된다.**

19세기 말엽 Kekulé–Couper–Butlerov의 원자가 이론이 모든 알려진 유기 화합물에 체계적으로 적용되었다. 이러한 노력의 한 가지 결과는 유기 화합물을 **지방족(aliphatic)** 또는 **방향족(aromatic)**의 두 가지 큰 계통으로 분류하게 되었다. 지방족으로 분류된다는 뜻은 화합물의 화학적 성질이 '지방과 같음'을 의미한다(지금의 의미는 화합물이 알케인, 알켄, 알카인, 그리고 이들의 유도체처럼 반응한다는 것이다). 방향족으로 분리된다면 화합물은 수소 대 탄소의 비가 작으며 '향기가 남'을 의미한다. 최초의 방향족 화합물 대부분은 발삼, 수지, 정유(휘발성 식물유) 등에서부터 얻어졌다.

Kekulé는 초기의 방향족 화합물들이 모두 여섯 개의 탄소 단위를 가지며, 이 여섯 개의 탄소 단위가 화학적 변형이나 분해 과정에서 보존된다는 사실을 처음 알았다. 결국에는 벤젠이 이 새로운 계통의 화합물의 모체가 됨을 알게 되었다. 그러나 1920년대에야 비로소 양자 역학의 발달로 인하여 벤젠의 구조에 대하여 상당히 분명한 이해가 부상되기 시작하였다.

14.2 벤젠 유도체의 이름 짓기

치환기가 하나 있는 벤젠은 두 가지 방법으로 부른다.

- 많은 간단한 화합물에서 **벤젠(benzene)**은 모체가 되는 이름이고 치환기는 단순히 접두사로 나타낸다.
  예를 들면 아래와 같다.

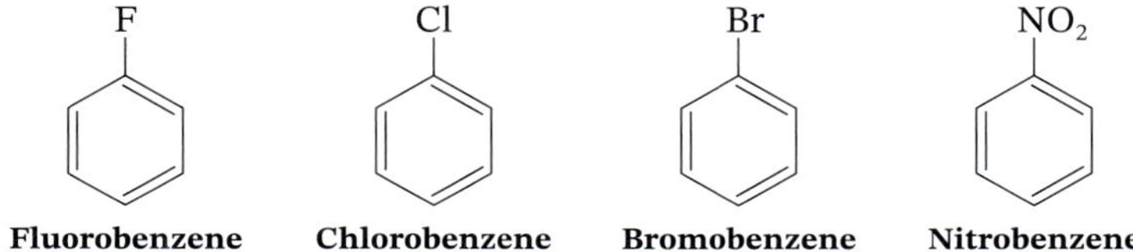

- 다른 간단하고도 흔한 화합물에서는 치환기와 벤젠 고리가 합해서 새로운 모체 이름을 이룬다.

메틸벤젠은 대개 **톨루엔(toluene)**이라고 부르고, 하이드록시벤젠은 거의 항상 **페놀(phenol)**이라고 부르며, 아미노벤젠도 거의 항상 **아닐린(aniline)**이라고 부른다. 이들과 또 다른 예들이 아래에 있다.

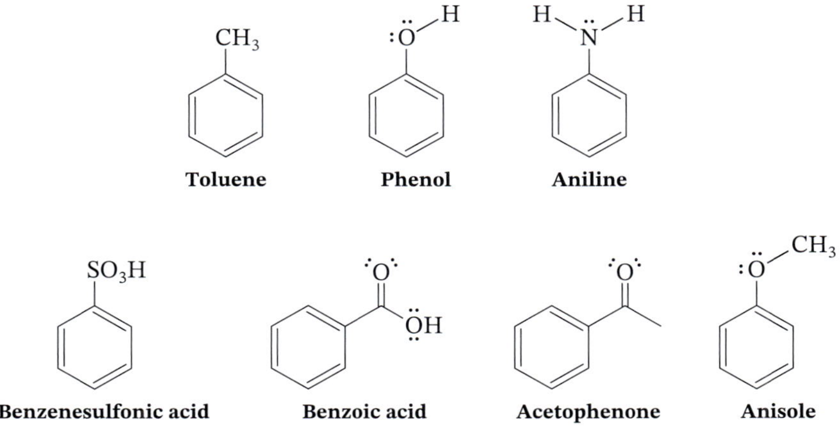

- 두 개의 치환기가 있을 때 이들의 상대적인 위치는 ***ortho***, ***meta***, 그리고 ***para***(***o***-, ***m***-, 그리고 ***p***-라고 줄여 씀) 또는 숫자를 써서 표시한다.
  다이브로모벤젠에 대하여

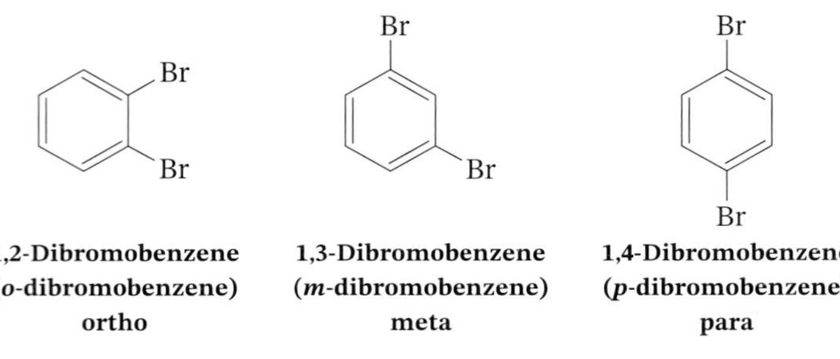

1,2-Dibromobenzene **(*o*-dibromobenzene)** **ortho** | **1,3-Dibromobenzene** **(*m*-dibromobenzene)** **meta** | **1,4-Dibromobenzene** **(*p*-dibromobenzene)** **para**

그리고 나이트로벤조산에 대하여

2-Nitrobenzoic acid **(*o*-nitrobenzoic acid)** | **3-Nitrobenzoic acid** **(*m*-nitrobenzoic acid)** | **4-Nitrobenzoic acid** **(*p*-nitrobenzoic acid)**

다이메틸벤젠은 흔히 **자일렌(xylene)**이라고 부른다.

1,2-Dimethylbenzene **(*o*-xylene)** | **1,3-Dimethylbenzene** **(*m*-xylene)** | **1,4-Dimethylbenzene** **(*p*-xylene)**

- 벤젠 고리에 3개 이상의 치환기가 있으면 그 위치를 반드시 **숫자**로 나타내야 한다.

아래의 두 화합물을 예로 들어 보자.

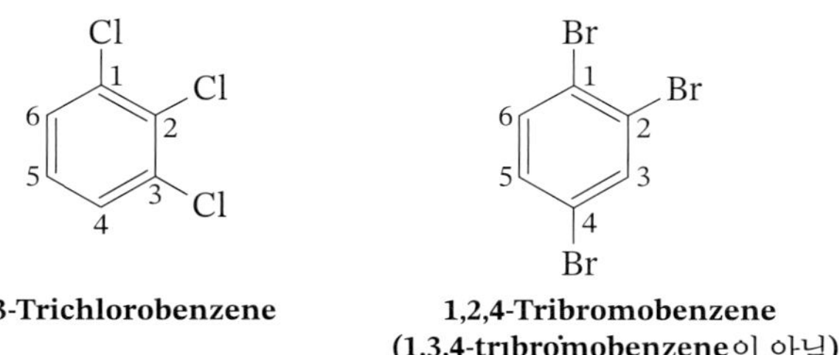

1,2,3-Trichlorobenzene | **1,2,4-Tribromobenzene** **(1,3,4-tribromobenzene**이 아님)

- **치환기가 가능한 한 작은 숫자를 갖도록** 벤젠 고리에 숫자를 붙인다.
- 두 개 이상의 서로 다른 치환기가 있으면 이들은 알파벳 순서로 수록한다.
- 치환기와 벤젠 고리를 함께하여 새로운 기본 이름이 주어졌을 때, 치환기는 1 위치에 있다고 가정하고 새로운 모체 이름을 사용한다.

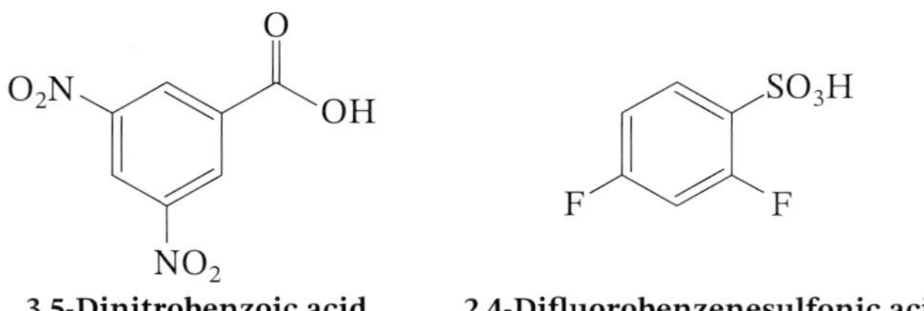

3,5-Dinitrobenzoic acid | **2,4-Difluorobenzenesulfonic acid**

- C_6H_5—기를 하나의 치환기로 부를 때 **페닐(phenyl)**기라고 부른다. 페닐기는 흔히 C_6H_5—, Ph—, 또는 φ—로 표시한다.

도움말
흔한 방향족기에 대한 약어를 주목하시오.

탄화수소가 한 개의 포화된 사슬과 한 개의 벤젠 고리를 가지고 있을 때 대개 더 큰 구조 단위의 유도체로 삼아 이름을 짓는다. 그러나 사슬이 불포화이면 그 화합물은 고리의 크기에 관계없이 사슬의 유도체로 이름을 붙인다. 다음은 이러한 예들이다.

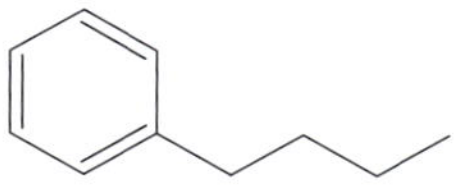

C_6H_5

Butylbenzene 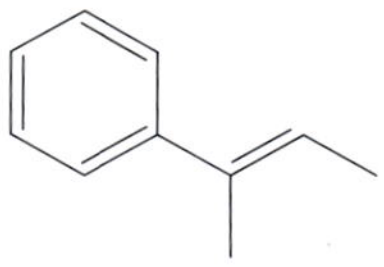 **(*E*)-2-Phenyl-2-butene** 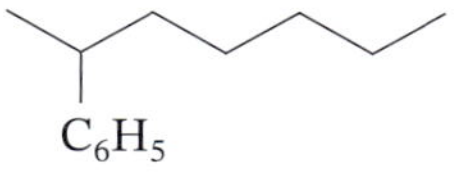 **2-Phenylheptane**

- **벤질(benzyl)**이란 이름은 페닐메틸기에 대한 또 다른 이름이다. 그것은 때때로 Bn으로 줄여서 쓰기도 한다.

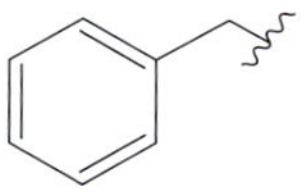

Cl

벤질기
(페닐메틸기)

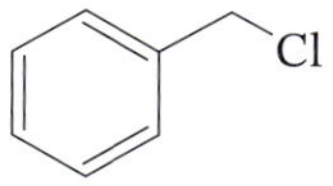

Benzyl chloride
(phenylmethyl chloride
또는 BnCl)

보기 물음 14.1

아래 화합물 각각의 이름을 제시하시오.

(a) O (b) NO_2 (c) Cl (d) O

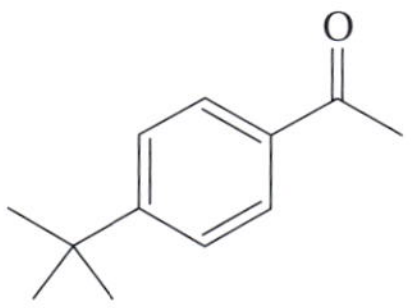

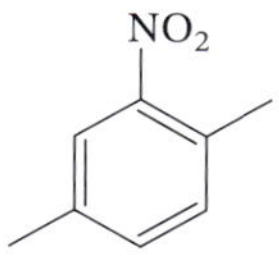

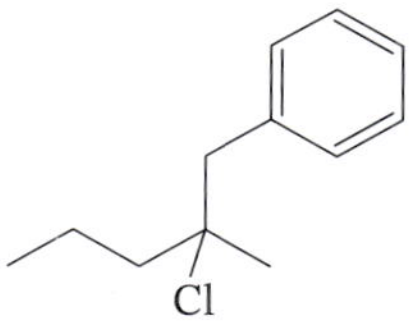

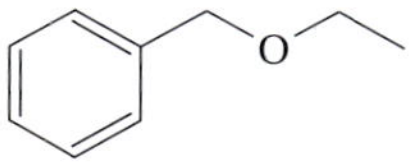

풀이

각 화합물에서 벤젠 고리를 포함하는 흔히 이름 지어진 단위가 있는지 살펴본다. 없으면 화합물이 벤젠의 단순한 유도체인지 혹은 화합물이 벤젠 고리를 페닐 또는 벤질기로 들어 있는지 고려해 본다. **(a)**에서 아세토페논의 일반적인 구조 단위를 인식하고, *tert*-뷰틸기가 para 위치에 있다. 그러므로 이름은 *p-tert*-뷰틸아세토페논 또는 4-*tert*-뷰틸아세토페논이다. 화합물 **(b)**는 고리에 3개의 치환기가 있으므로 치환기는 알파벳 순으로, 위치는 숫자로 나타낸다. 이름은 1,4-다이메틸-2-나이트로벤젠이다. **(c)**에는 벤질기가 있는 것처럼 보인다. 그러나 벤젠 고리는 알킬 사슬에 있는 치환기로 생각할 수 있다. 그래서 이 경우에는 페닐이다. 이름은 2-클로로-2-메틸-1-페닐펜테인이다. **(d)**는 에터 작용기를 가지고 있으므로 에터 산소에 결합된 기에 따라서 이름을 짓는다. 이름은 벤질 에틸 에터 또는 에틸 페닐메틸 에터이다.

되새김 물음 14.1

아래 화합물 각각의 이름을 제시하시오.

(a) O_2N O OH Br (b) 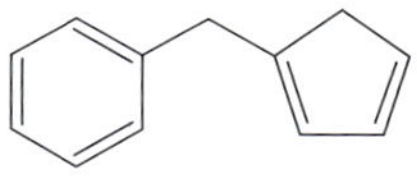 (c) 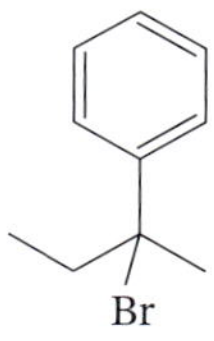 Br (d) O

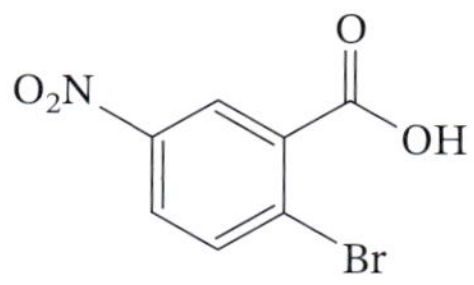

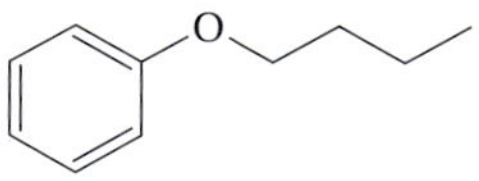

14.3 벤젠의 반응

19세기 중엽 벤젠은 화학자들에게 정말로 수수께끼였다. 벤젠 분자는 대단히 불포화되었으므로(14.1절) 이에 따른 반응이 일어날 것임이 예상되었다. 예를 들면, 벤젠은 브로민과 **첨가** 반응을 할 것으로 예상되었다. 또 벤젠은 과망가니즈산 포타슘 수용액에 의해 **산화**되고, 금속 촉매의 존재하에 **수소가 쉽게 첨가**되거나, 강산의 존재하에 **물이 첨가**될 것으로 예상되었다.

벤젠은 이러한 반응을 하지 않는다. 벤젠을 암실에서 브로민과 반응시키거나 과망가니즈산 포타슘 수용액 또는 묽은 산과 반응시킬 때 기대되는 반응들이 전혀 일어나지 않는다. 벤젠은 잘 분쇄된 니켈 존재하에서 수소를 첨가하지만 매우 높은 온도와 압력 하에서만 반응이 일어난다.

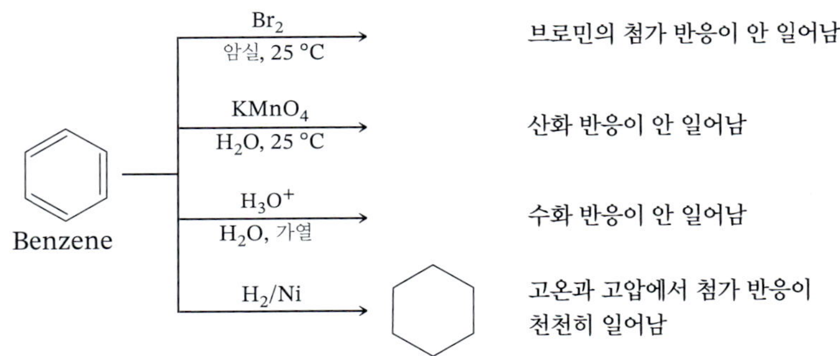

벤젠은 브로민과 반응하기는 하나 다만 브로민화 철(III) 같은 LewIs 산 촉매하에서만 가능하다. 더욱 놀라운 것은 첨가 반응이 아니라 치환 반응, 즉 **벤젠의 치환 반응**(**benzene substitution**)이 일어나는 것이다.

치환 반응

+ Br_2 —$FeBr_3$→ Br + HBr

첨가 반응

+ Br_2 ✗→ Br Br + Br Br Br Br + Br Br Br Br Br Br

벤젠을 브로민과 반응시키면 **단지 하나의 모노브로모벤젠**(monobromobenzene)만 형성된다. 즉, 분자식이 C_6H_5Br인 단 한 가지 화합물만이 생성물 가운데서 발견되는 것이다. 비슷하게 벤젠을 염소화 반응시키면 **단 하나의 모노클로로벤젠**이 형성된다.

이러한 관찰에 대해서 두 가지 설명이 가능하다. 첫 번째 설명은 벤젠에 있는 6개의 수소 원자 중 단 하나만이 이들 시약에 반응성을 갖는다는 것이다. 두 번째 설명은 벤젠에 있는 6개의 수소 원자가 모두 동등하며, 이 중 어느 하나만을 치환기로 대치하면 같은 생성물이 된다는 것이다. 이제 알게 되겠지만 두 번째 설명이 옳다.

되새김 물음 14.2

다음은 분자식이 C_6H_6인 네 가지 화합물들이다. 이들 중 어느 것이 단 한 가지의 일치환체 생성물, 예를 들면 수소 한 개를 브로민으로 치환한 모노브로모 화합물을 형성하겠는가?

(a)  (b) 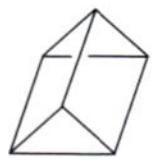 (c) 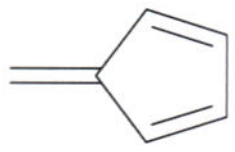 (d)

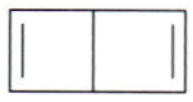

14.4 벤젠의 Kekulé 구조

1865년에 구조론(1.3절)의 창시자인 Kekulé는 벤젠에 대한 최초의 확실한 구조를 제안하였다.* 이 구조는 오늘날에도 쓰인다(앞으로 배우게 되겠지만, 이 구조의 현대적인 의미는 Kekulé가 처음 부여했던 것과는 다르다). Kekulé는 벤젠의 탄소 원자들이 고리를 이룬다는 것과 이들이 교차하는 단일 결합과 이중 결합으로 연결되어 있고, 각 탄소 원자에는 수소 원자가 하나씩 붙어 있다고 하였다. 이 구조는 탄소 원자가 4개의 결합을 형성해야 한다는 것과 벤젠의 모든 수소 원자들이 다 동격이라는 조건을 만족시킨다.

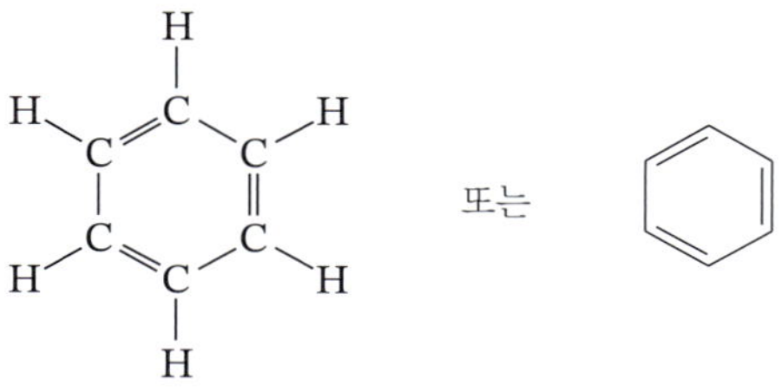

또는

벤젠의 Kekulé 구조

그러나 **Kekulé의 구조(Kekulé structure)**에서 곧 문제가 제기된다. Kekulé의 구조로는 두 가지 다른 1,2-다이브로모벤젠이 있을 것으로 예상된다. 이 가상적인 화합물(아래)에서 하나는 브로민을 가진 탄소 원자들이 단일 결합으로 분리되어 있고, 다른 하나는 이중 결합으로 분리되어 있다.

Br Br 와 Br Br

이들 1,2-다이브로모벤젠은 이성질체로 존재 않음

- 그러나 **단지 한 가지의 1,2-다이브로모벤젠만이 발견되었다.**

이러한 문제를 수용하기 위해서 Kekulé는 벤젠(그리고 벤젠 유도체)의 두 형태가 평형 상태에 놓여 있고, 이 평형이 아주 빨리 성립되어 별개의 화합물을 분리할 수 없게 한다고 제안하였다. 그러므로 두 1,2-다이브로모벤젠은 재빨리 평형에 도달될 것이며, 이 때문에 두 형태를 분리할 수 없는 것이라고 설명하였다.

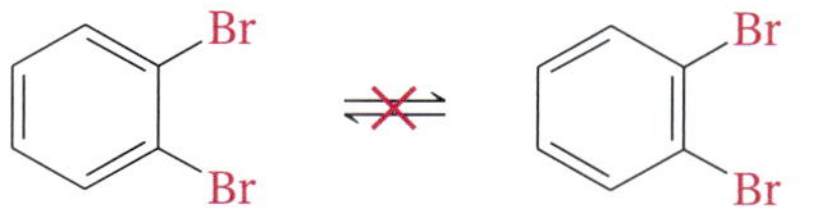

Br Br Br Br

벤젠 고리 결합 이성질체 사이의 평형이 없음

* 1861년에 오스트리아의 화학자 Loschmidt는 벤젠 고리를 원으로 나타냈다. 그러나 탄소 원자들이 고리에서 실제로 어떻게 배열되었는지를 나타내지 않았다.

- 이제 이러한 제안은 틀렸으며, **그러한 평형도 존재하지 않는다**는 사실을 알고 있다.

그럼에도 불구하고, 벤젠에 대한 Kekulé의 구조식은 매우 중요한 일보 전진으로, 실용적인 면에 있어서 오늘날까지도 쓰이고 있다. 이것의 의미는 다르게 이해된다.

벤젠이 첨가 반응보다 치환 반응을 하는 경향은 **방향성(aromaticity)**의 또 하나의 개념이기도 하다. 한 화합물이 방향성이라고 하는 말은 이것이 대단히 불포화임에도 불구하고 실험적으로 첨가 반응보다 치환 반응이 일어남을 뜻한다.

1900년 이전에는 교차하는 단일 결합과 이중 결합을 가진 고리의 구조가 방향성의 원인이 된다고 생각했었다. 이때까지는 벤젠과 벤젠 유도체(즉 육각형 고리 화합물)만이 방향족 화합물로 알려져 있었으므로 화학자들은 자연적으로 다른 예를 찾으려 하였다. 사이클로옥타테트라엔 화합물이 좋은 대상일 것으로 보였다.

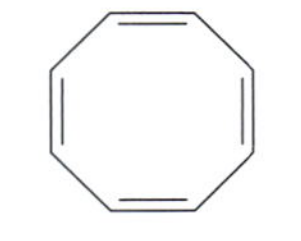

Cyclooctatetraene

1911년에 Willstätter가 사이클로옥타테트라엔을 합성하는 데 성공하였다. 그러나 Willstätter는 이것이 벤젠과는 모두 같지 않다는 것을 알게 되었다. 사이클로옥타테트라엔은 브로민과 첨가 반응을 쉽게 하며, 수소가 빨리 첨가되고 과망가니즈산 포타슘 용액을 탈색한다. 그러므로 이것은 **방향족이 아니다**. 이러한 사실들은 Willstätter에게는 큰 실망이었지만, 그러한 반응들이 입증하지 못했던 현상 때문에 더욱 중요한 것이었다. 즉, 화학자들은 벤젠의 방향성에 대하여 좀 더 깊은 원인을 찾아내야만 하게 되었다.

14.5 벤젠의 열역학적인 안정성

벤젠은 Kekulé의 구조에 의하면 첨가 반응을 진행해야 함에도 불구하고 치환 반응을 하는 특수한 행태를 보인다는 사실을 알았다. 벤젠은 또 다른 의미에서 특이하다. 즉 Kekulé 구조가 나타내는 것보다 **더욱 열역학적으로 안정하다**. 어떻게 그런지를 알기 위해서 아래의 열역학적인 결과를 살펴보기로 하자.

사이클로헥센은 한 개의 이중 결합을 가진 육각형 고리 화합물로 쉽게 수소 첨가 반응을 하여 사이클로헥세인이 된다. 이 반응의 ΔH°는 -120 kJ mol^{-1}로, 비슷하게 치환된 알켄의 그것과 거의 같다.

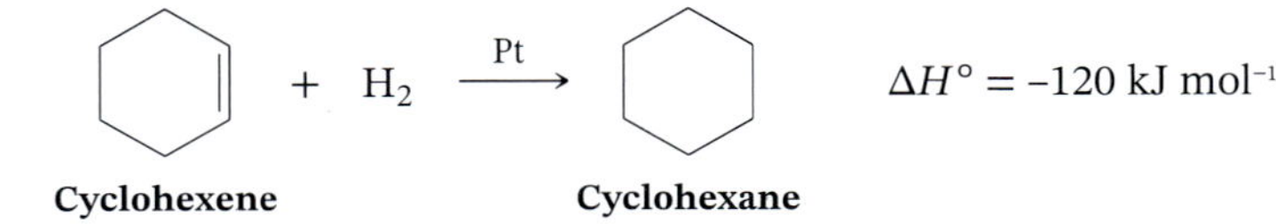

Cyclohexene **Cyclohexane**

1,3-사이클로헥사다이엔의 수소화 반응에서 대충 2배만큼의 열이 발생하여 ΔH°는 약 -240 kJ mol^{-1}과 같을 것으로 생각할 수 있다. 이 실험을 해보면 $\Delta H^\circ = -232$ kJ mol^{-1} 이다. 이 결과는 계산된 것과 아주 비슷하다. 그리고 이 차이는 짝지은 이중 결합을 가진 화합물이 분리된 이중 결합을 가진 화합물보다 다소 더 안정하다는 사실로 설명될 수 있다(13.8절).

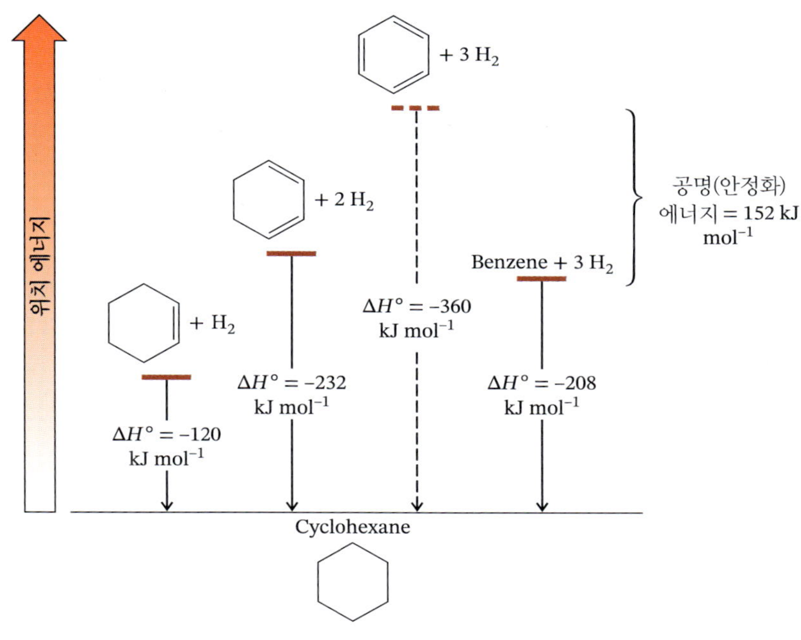

그림 14.1 사이클로헥센, 1,3-사이클로헥사다이엔, (가상적인) 1,3,5-사이클로헥사트라이엔과 벤젠의 상대적인 안정도

1,3-Cyclohexadiene + $2\ H_2$ $\xrightarrow{Pt}$ **Cyclohexane**

계산값
$\Delta H° = 2 \times (-120) = -240$ kJ mol^{-1}
측정값
$\Delta H° = -232$ kJ mol^{-1}

이러한 생각을 확장해서 벤젠을 단순히 1,3,5-사이클로헥사트라이엔이라고 하면, 이것이 수소화 반응을 할 때 대략 360 kJ mol^{-1}[$3 \times (-120)$]을 방출할 것이라고 예상할 수 있다. 실험을 실제로 해보면 결과는 놀라울 만큼 다르다. 이 반응은 단지 208 kJ mol^{-1}만큼의 발열 반응이다.

Benzene + $3\ H_2$ $\xrightarrow{Pt}$ **Cyclohexane**

계산값
$\Delta H° = 3 \times (-120) = -360$ kJ mol^{-1}
측정값 $\Delta H° = -208$ kJ mol^{-1}
차 $= 152$ kJ mol^{-1}

이 결과를 그림 14.1처럼 나타내 보면 벤젠은 계산했던 것보다 훨씬 더 안정한 것이 분명해진다. 실제로 이것은 가상적인 1,3,5-사이클로헥사트라이엔보다 152 kJ mol^{-1} 더 안정하다. 실제로 방출된 열량과 Kekulé의 구조에 의해서 계산된 열량 사이의 차를 이 화합물의 **공명 에너지**(**resonance energy**)라고 부른다.

14.6 벤젠의 구조에 대한 현대적인 이론

1920년대에 양자 역학의 발전이 있기까지는 벤젠의 특이한 반응과 안정도에 대한 이해가 이루어지지 않았다. 이미 배운 대로 양자 역학은 분자 내의 결합을 두 가지 관점, 즉 공명 이론과 분자 오비탈 이론으로 이해할 수 있게 하였다. 이 두 가지 이론을 벤젠에 적용해 보기로 하자.

14.6A 공명 이론에 의한 벤젠 구조의 설명

공명 이론의 기본적인 가정은(1.8절, 13.4절) 한 분자에 대하여 **전자의 위치만 다른** 2가지 이상의 구조를 쓸 수 있을 때 어느 구조도 그 화합물의 화학적, 물리적 성질과 완전히 합치하지 않는다는 것이다. 이것을 깨닫는다면 벤젠에 대한 두 Kekulé 구조(**I**과 **II**)의 본질을 이해할 수 있다.

- 두 Kekulé 구조 **I**과 **II**는 전자의 위치만이 다르다. 그들은 Kekulé가 제안했던 것처럼 평형에 있는 두 별개의 분자를 나타내는 것이 아니다.

오히려 구조 **I**과 **II**는 분자식, 고전적인 원자가 규칙, 그리고 6개의 수소 원자가 모두 화학적으로 동등하다는 사실의 범위 내에서 벤젠의 구조에 가장 가까운 것이다. Kekulé 구조의 문제는 전자가 편재화되어 있음을 나타내는 Lewis 구조라는 점이다. (벤젠에서는 전자가 비편재화되어 있음을 곧 알게 된다.) 공명 이론은 다행히도 이러한 문제가 언제 예상될지를 말해 주는 것으로 끝나는 것이 아니라 이에 대한 해결책도 제공해 준다.

- 공명 이론에 따르면, 아래의 Kekulé 구조 **I**과 **II**를 벤젠의 실제 구조에 대한 **공명 기여체**(resonance contrivutor)로 고려해야 한다. 그러므로 **I**과 **II**는 이중 화살표로 연결하며 두 개의 화살표로 연결하지 않는다(왜냐하면 두 개의 화살표는 화학 평형을 표시하는 데 쓰기로 약속했기 때문이다).

공명 기여체는 평형에 있는 것이 아님을 다시 강조해 둔다. 그들은 실제 분자의 구조는 아니다. 그들은 단순한 원자가의 규칙 범위에서 우리가 얻을 수 있는 가장 가까운 구조이며, 실제 분자를 혼성으로 눈에 확 들어오도록 보여 주는 데 도움이 된다.

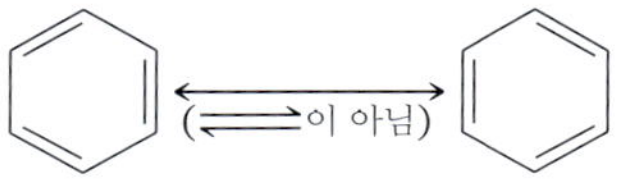

구조를 조심스럽게 들여다 보자. 구조 **I**의 모든 단일 결합은 구조 **II**에서는 이중 결합이다.

- **I**과 **II**를 섞으면, 즉 이들을 혼성해 보면 벤젠의 탄소–탄소 결합은 단일 결합도 이중 결합도 아니다. 오히려 그것들은 단일 결합과 이중 결합 사이의 결합 차수를 갖는다.

이것은 실험적으로 정확히 관찰된다. 분광학적으로 측정해 보면 벤젠 분자들은 평면이고 모든 탄소–탄소 결합들의 거리가 같음을 알 수 있다. 더욱이 벤젠에서의 탄소–탄소 결합 길이는(**그림 14.2**) 1.39 Å으로, sp^2-혼성인 원자들 사이의 탄소–탄소 단일 결합에 대한 값(1.47 Å)(표 13.1 참조)과 탄소–탄소 이중 결합 길이의 값(1.34 Å)의 사이에 있는 값이다.

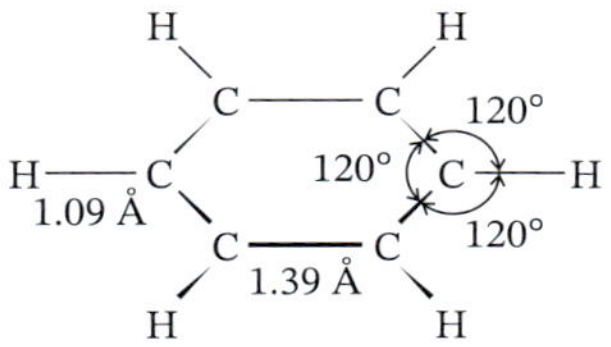

그림 14.2 벤젠의 결합 길이와 결합각(σ 결합만 나타냄)

- 벤젠의 혼성 구조는 아래의 구조식 **III**처럼 육각형 안에 원을 그려 넣어 표시한다.

공명 혼성인 전자에 대하여 실선이 특별히 사용되었음을 주목하시오. 혼성이 방향족 화합물임을 나타낼 때 이런 식으로 한다. 벤젠의 경우 실선인 원은 6개의 π 전자를 나타낸다.

그러나 π 전자쌍을 셀 목적으로 Kekulé의 구조 **I**과 **II** 중 하나를 쓰기도 한다. 이것은 Kekulé 구조에서는 전자쌍과 π 전자를 세는 것은 분명하지만, 원으로 표시된 π 전자의 수는 불분명하기 때문이다. 이 장의 뒤에서 보게 되지만, 다른 고리 크기와 다른 수의 비편재화된 π 전자를 가진 계에서도 역시 원으로 표시할 수 있다. 벤젠에서 원은 6개의 π 전자가 벤젠 고리의 6개 탄소 원자에 비편재화되어 있음을 나타낸다.

- 벤젠의 실제 분자(공명 혼성인 **III**으로 나타낸 것)는 기여하는 공명 구조 어느 것보다도 더 안정하다. 왜냐하면, 벤젠에 대하여 한 가지 이상의 동등한 공명 구조(위의 **I**과 **II**)를 그릴 수 있기 때문이다.

공명 이론은 가상적인 1,3,5-사이클로헥사트라이엔(만일 존재한다면 더 큰 에너지를 가질 것임)과 벤젠 사이의 에너지 차를 **공명 에너지**(resonance energy)라고 부른다. 이것은 전자의 비편재화로 인하여 벤젠이 가외의 안정도를 갖는다는 것을 설명해 준다.

되새김 물음 14.3

벤젠이 1,3,5-사이클로헥사트라이엔이라면 탄소–탄소 결합은 다음 그림처럼 교대로 길고 짧고 할 것이다. 그러나 그 구조를 공명 기여체로 생각하는 것(또는 두 구조를 이중 화살표로 연결하는 것)은 공명 이론의 기본 원리에 어긋난다. 이를 설명하시오.

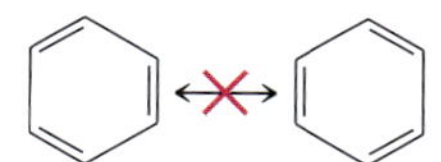

14.6B 분자 오비탈 이론에 의한 벤젠 구조의 설명

벤젠에서 탄소 원자들의 결합각이 120°라는 사실이 탄소 원자가 sp^2 혼성임을 강력히 암시해 준다. 이러한 암시를 인정하고 sp^2 탄소 원자로 평면인 육각형 고리를 구성해 보면 **그림 14.3*a*** 와 ***b*** 같은 형태가 나타난다. 이 모형에서 각 탄소는 sp^2 혼성이고 이웃 탄소의 p 오비탈과 중첩할 수 있는 p 오비탈을 하나 가지고 있다. 이 p 오비탈들이 고리 둘레에서 중첩하는 모습은

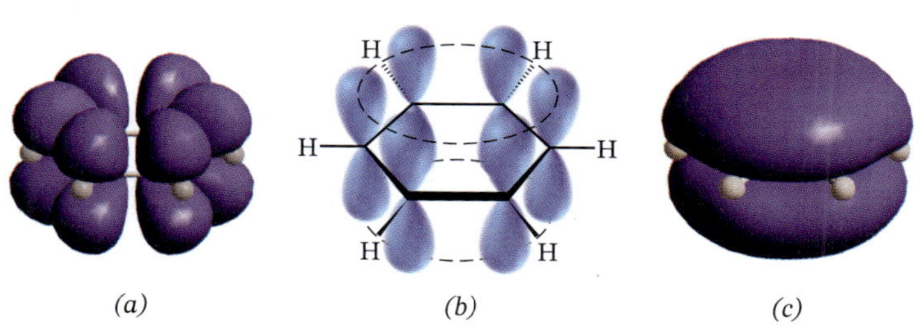

그림 14.3 (*a*) 고리 안에 연결되어 있는 여섯 개의 sp^2-혼성인 탄소 원자(각 탄소들은 수소 원자를 하나씩 가지고 있다). 각 탄소는 고리 평면의 위 아래로 구면이 놓인 p 오비탈을 가지고 있다. (*b*) (*a*)에 있는 p 오비탈을 선명하게 표시. (*c*) 고리 둘레에서 p 오비탈들의 중첩으로 고리의 위아래 면을 둘러싼 분자 오비탈이 생김. (이 그림에서는 수학적인 오비탈 구면의 상이 다름을 나타내지 않음)

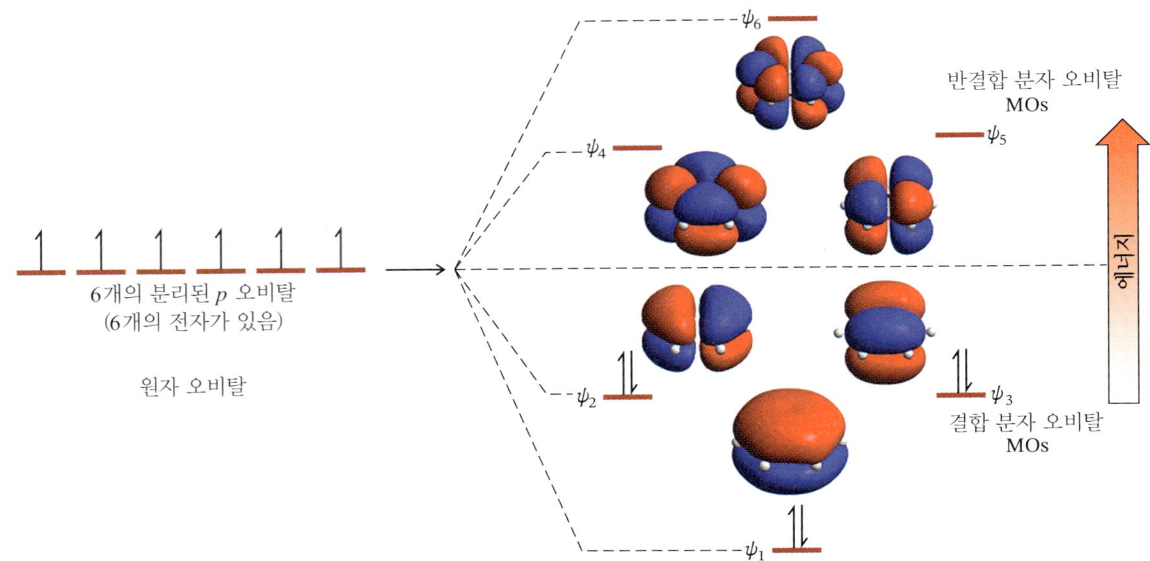

그림 14.4 6개의 p 원자 오비탈(벤젠 고리의 각 탄소로부터 하나씩)이 배합하여 6개의 π 분자 오비탈을 형성하는 방법. 분자 오비탈 중 3개는 분리된 p 오비탈보다 에너지 준위가 낮다. 이들은 결합 분자 오비탈들이다. 나머지 3개는 분리된 p 오비탈보다 높은 에너지를 가지며 이들은 반결합 분자 오비탈이다. ψ_2와 ψ_3 오비탈들은 같은 에너지를 가지며 축퇴되었다고 말한다. ψ_4과 ψ_5 오비탈들도 마찬가지이다.

그림 14.3c와 같은 모형이 된다.

- 양자 역학(1.11절)에 따르면 분자에 있는 분자 오비탈 수는 분자를 형성하는 원자 오비탈 수와 같으며, 각 오비탈은 스핀이 반대인 두 개의 전자를 수용할 수 있다.

벤젠의 탄소 원자들이 기여하는 p 원자 오비탈만을 고려한다면 6개의 π 분자 오비탈이 있다. 이 오비탈들을 **그림 14.4**에 나타냈다.

벤젠의 바닥 상태의 전자 구조는 그림 14.4에 나타낸 것처럼 낮은 에너지 오비탈부터 시작하여 π 분자 오비탈에 6개의 π 전자를 채우면 된다. 벤젠에서 에너지가 가장 낮은 π 분자 오비탈은 같은 상부호인 p 오비탈들이 고리의 면의 위와 아래로 중첩한 것으로, 고리에 있는 원자에 수직인 마디면(오비탈의 상부호가 바뀌는 면)이 없다. 그다음으로 에너지가 높은 오비탈들에는 마디면이 하나씩 있다. (일반적으로 더 높은 에너지를 가진 π 분자 오비탈 각 조에는 마디면이 하나씩 추가된다.) 이들 각 오비탈은 또한 한 쌍의 전자로 채워진다. 이 오비탈들은 둘 다 마디면을 하나씩 가지므로 에너지가 같다(축퇴되었다). 이 세 오비탈들이 벤젠의 결합 π 분자 오비탈을 이룬다. 그다음으로 에너지가 높은 π 분자 오비탈들에는 2개의 마디면이 있으며, 가장 에너지가 큰 π 분자 오비탈에는 마디면이 3개 있다. 이 세 오비탈은 벤젠의 반결합 π 분자 오비탈들이며, 바닥 상태에서는 비어 있다. 모든 결합 오비탈은 스핀쌍을 이룬 전자들로 채워져 있고, 반결합 오비탈에서는 전자가 발견되지 않기에 벤젠은 비편재화된 π 전자의 닫힌 결합 껍질을 가졌다고 말한다. 이 닫힌 결합 껍질이 벤젠의 안정성을 부분적으로 설명한다.

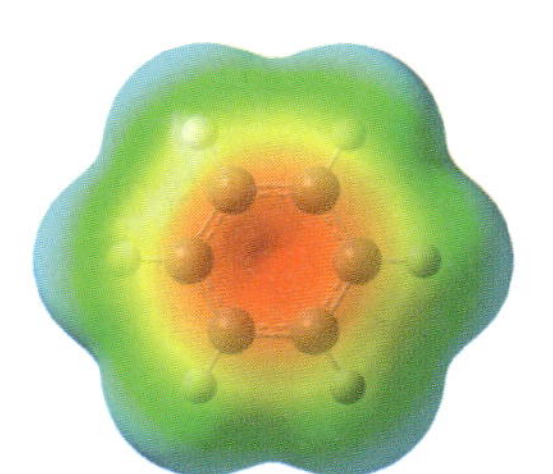

그림 14.5 벤젠의 정전기적 퍼텐셜 지도

벤젠의 분자 오비탈을 살펴보았으므로 양자 역학의 원리로부터 또한 계산된, 벤젠의 van der Waals 표면의 정전기적 퍼텐셜 지도(**그림 14.5**)를 들여다보는 것도 도움이 된다. 이러한 모형은 벤젠의 π 전자들이 편재화된 것이 아니라 탄소 고리의 윗면과 아랫면(보이지 않음)에 균일하게 분포되어 있음과도 잘 일치한다.

14.7 Hückel 규칙: (4*n*+2) π 전자 규칙

1931년에 독일의 물리학자인 Hückel은 방금 기술한 것과 같은 이론에 근거하여 일련의 수학적인 계산을 하였다. **Hückel 규칙(Hückel's rule)**은 벤젠처럼 **고리의 각 원자가 *p* 오비탈을 가진 평면이며 고리가 하나만 있는** 상황을 고려한다. 그의 계산에 따르면 $n = 0, 1, 2, 3, \cdots$일 때 $(4n+2)$ π 전자를 가진 평면인 고리는 벤젠처럼 비편재화된 전자의 닫힌 껍질을 가지며, 상당한 공명 에너지를 갖는다.

- 다시 말해서, Hückel 규칙은 **평면이며** 2, 6, 10, 14, ⋯ **등의 비편재화된 전자를 가진 단일 고리는 방향성이라는 것이다.**

14.7A Hückel 규칙에 근거하여 단일 고리계에 있는 π 분자 오비탈의 상대적인 에너지 도표 만들기

짝지은 단일 고리계의 π 분자 오비탈의 상대적인 에너지를 Hückel 규칙에 근거하여 비교적 쉽게 구하는 방법이 있다. 그러기 위해서 다음 절차를 이용한다.

도움말
다각형-원 방법을 사용한 도형은 Frost 도형 또는 Frost 원이라고 부르기도 한다.

1. 고리 안에 대응되는 탄소 수의 **다각형을 한 꼭짓점이 아래에 오도록** 그린다.
2. 다각형의 각 꼭짓점에 닿도록 다각형을 원으로 둘러싼다.
3. 다각형이 원과 만나는 점에서 수평으로 짧은 선을 원의 밖에 긋는다. 각 선의 높이는 각 π 분자 오비탈의 상대적인 에너지를 나타낸다.
4. 그다음 원의 중간을 가로지르는 점선을 긋는다. 결합 π 분자 오비탈의 에너지는 이 선 아래에 있다. 반결합 π 분자 오비탈의 에너지는 위에, 그리고 비결합 오비탈의 에너지는 점선에 놓이게 된다.
5. 고리에 있는 π 전자의 수에 따라 가장 에너지가 낮은 오비탈부터 전자를 화살표로 표시하여 채워나간다. 이때 축퇴된 오비탈들은 전자를 각각 하나씩 넣은 다음 스핀이 반대가 되도록 더한다.

예를 들어, 벤젠에 이 방법을 적용하면(**그림 14.6**) 앞서 양자 역학적인 계산에 의해서 얻어진 그림 14.4의 에너지 준위와 똑같은 에너지 준위를 얻을 수 있다.

이제 사이클로옥타테트라엔이 방향성이 아닌 까닭을 알 수 있다. 사이클로옥타테트라엔은 모두 8개의 π 전자를 가지고 있다. 8은 Hückel 수가 아니다. 이것은 **4*n* 수이며 4*n*+2 수가 아니다.** 다각형-원 방법(**그림 14.7**)을 사용하면 사이클로옥타테트라엔은 평면일 경우 벤젠과 같은 π 전자의 닫힌 껍질을 갖지 않고, 두 비결합 오비탈에 각각 한 개씩의 쌍을 이루지 않은

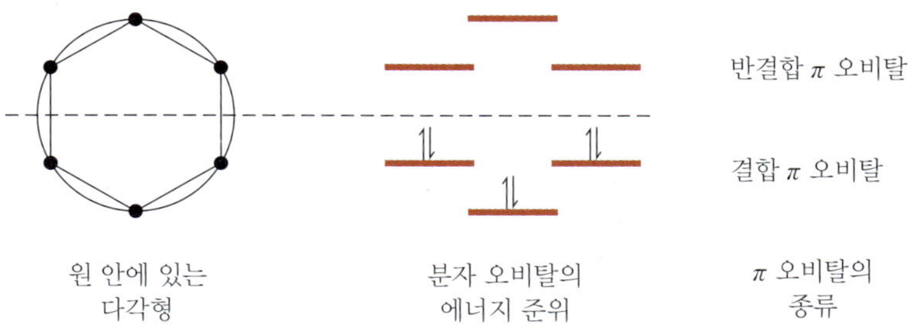

그림 14.6 벤젠의 π 분자 오비탈의 상대적인 에너지를 얻기 위한 다각형-원 방법. 중간에 있는 수평선은 결합 오비탈과 반결합 오비탈을 나눈다. 오비탈이 이 선에 놓이면 비결합 오비탈이다. 이 방법은 Coulson(Oxford University)에 의해서 개발되었다.

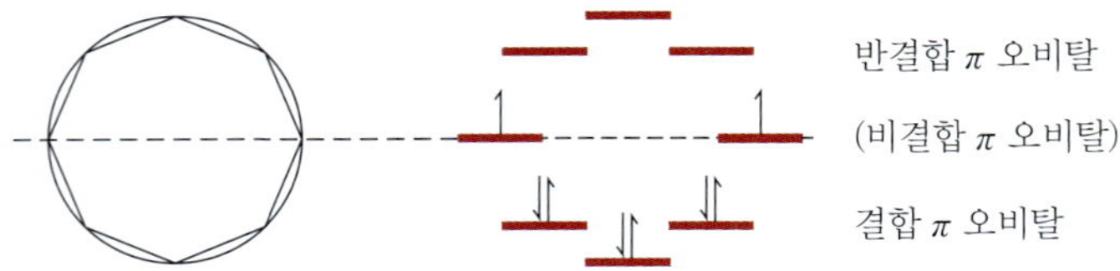

그림 14.7 사이클로옥타테트라엔이 평면일 경우 갖는 π 분자 오비탈. 벤젠과는 달리, 이 분자는 두 개의 비결합 오비탈을 가짐을 주목하시오. 이 분자에 8개의 π 전자가 있으므로 두 비결합 오비탈 각각에 한 개의 쌍을 이루지 않은 전자들이 있게 된다(Hund 규칙, 1.11절). 그러한 계는 방향성이 아니다.

전자를 갖게 된다. 쌍을 이루지 않은 전자를 갖는 분자(라디칼)는 매우 불안정하다. 이들은 반응성이 매우 크다. 그러므로 사이클로옥타테트라엔의 평면 구조는 벤젠과 같지 않으며 방향성이 아니다.

사이클로옥타테트라엔은 평면이 됨으로써 얻어지는 안정도가 없으므로 아래에 보인 것처럼 함지박 모양으로 존재한다. 사이클로옥타테트라엔의 결합은 교대로 길고 짧다. X-선 연구에 의하면 각각 1.48과 1.34 Å이다.

14.7B 방향성, 반반향성, 그리고 비방향성 화합물

방금 본 예들과 아래의 다음 절에서 볼 것들로부터 완전하게 짝지은 고리형 분자들을 세 가지로 분류할 수 있다: 방향성, 반방향성, 비방향성.

- **방향성(aromatic)** 화합물은 **$4n+2$ π 전자**들이 고리 전체에 **비편재화되어 있다.** n은 정수로 비편재화된 전자의 수를 풀어 준다. 방향성 화합물은 π 전자의 비편재화로 인하여 **안정해진다.**
- **반방향성(antiaromatic)** 화합물은 **$4n$ π 전자**가 평면 고리 전체에 **비편재화되어 있으며** n은 비편재화된 전자의 수를 풀어 주는 정수이다. 반방향성 화합물은 π 전자 비편재화에 의해서 **불안정화된다.** 그리고 대개 매우 불안정하고 반응성이 커서 일반적으로 매우 드물다. 사이클로뷰타다이엔(14.8절)은 반방향성 화합물의 예이다.
- **비방향성(nonaromatic)** 화합물은 위의 규칙 어느 것에도 맞지 않는다. 예를 들어, 어떤 완전히 짝지은 분자는 그들의 π-계가 평면이 아니기 때문에 비방향성이다. 그것에 대한 예로 사이클로옥타테트라엔을 방금 들었다. 헥세인과 같은 간단한 분자는 고리나 짝지음이 없기 때문에 비방향성이다. 그러므로 유기 분자 대부분은 비방향성이다. 그것들은 특별히 안정하지도 불안정하지도 않음을 의미한다.

14.8 안눌렌

안눌렌(annulene)이란 이름은 교대로 단일 결합과 이중 결합을 가진 구조로 나타낼 수 있는 단일 고리 화합물의 일반적인 이름으로 제안되었다. 안눌렌의 고리의 크기는 [ ] 안에 숫자로 나타낸다. 그러므로 벤젠은 [6]안눌렌이며, 사이클로옥타테트라엔은 [8]안눌렌이다.

- Hückel 규칙에 의하면 안눌렌이 $4n+2$ π 전자를 가지며, 평면인 탄소 골격을 이루면 방향성이 될 것이다.

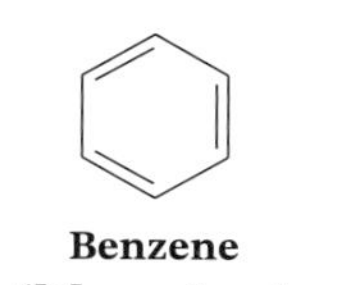

Benzene **([6]annulene)**　　**Cyclooctatetraene** **([8]annulene)**

1960년 이전에 Hückel의 예상을 시험해 보는 데 쓸 수 있었던 안뉼렌은 벤젠과 사이클로옥타테트라엔 뿐이었다. 1960년대에 Sondheimer의 연구에 의해서 많은 수의 거대 고리 안뉼렌이 합성되었으며, Hückel 규칙의 예상이 입증되었다.

[12], [14], [16], [18], [20], [22], [24]안뉼렌을 예로 생각해 보자. **Hückel 규칙이 예상하는 대로** 이 중에서 [14], [18]과 [22]안뉼렌($4n+2$, $n=3$, 4, 5)만이 방향성임이 밝혀졌다. [12], [16], [20], 그리고 [24]안뉼렌은 반방향성이다. 이들은 $4n+2$ 화합물이 아니라 $4n$ 화합물이다.

> **도움말**
> 이러한 이름은 10개 이상의 탄소 원자를 가진 화합물에 대해서 사용되지만, 벤젠과 사이클로옥타테트라엔에 대해서는 거의 사용되지 않는다.

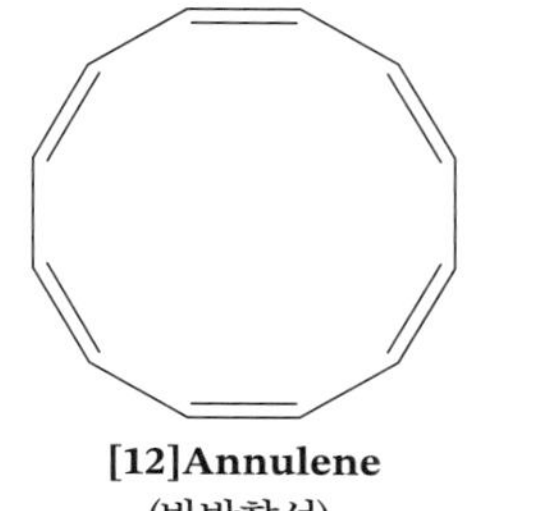

[12]Annulene (반방향성)

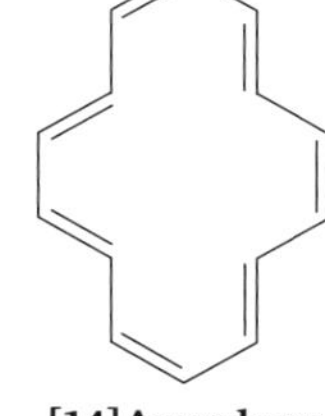

[14]Annulene (방향성)

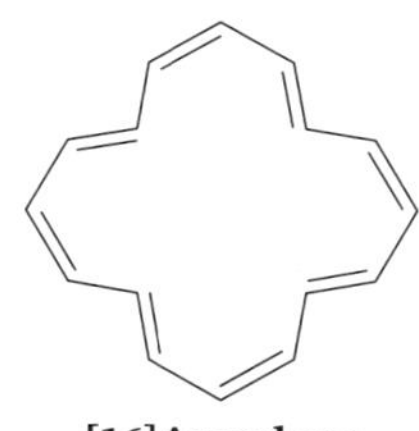

[16]Annulene (반방향성)

[18]Annulene (방향성)

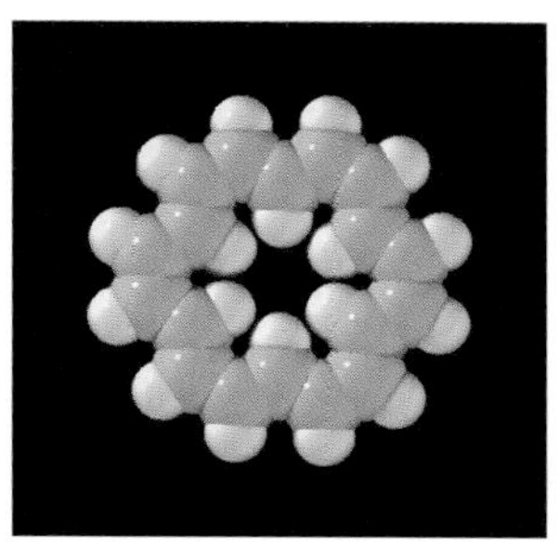

[18]Annulene

아래의 [10]안뉼렌(아래 **I**, **II**, **III**)은 전자만 세어 보면 방향성일 것으로 예상된다. 그러나 고리가 평면이 아니다. 탄소 원자의 p 오비탈은 평행이 아니므로 고리 둘레에서 방향성 계의 π 분자 오비탈을 효과적으로 중첩할 수 없다. [8]안뉼렌인 사이클로옥타테트라엔에서도 마찬가지이다.

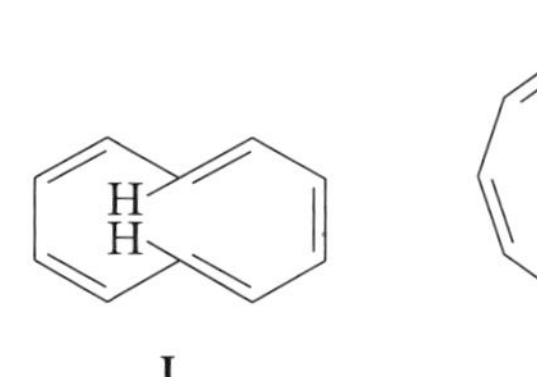

I

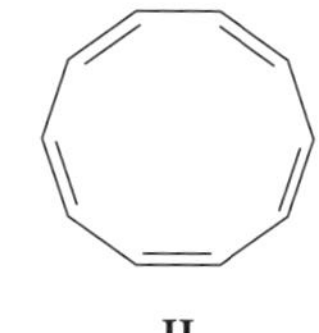

II

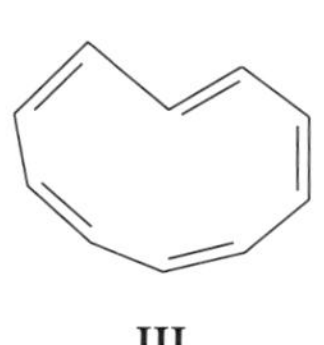

III

[10]Annulenes

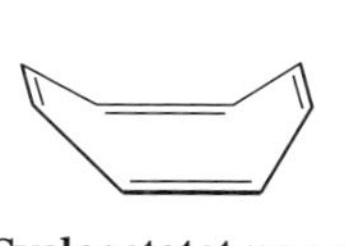

Cyclooctatetraene **[8]안뉼렌**

입체 장애나 각긴장 때문에 어느 것도 평면이 아니므로 방향성이 아니다.

사이클로뷰타다이엔은 $4n$ 분자이지 $4n+2$ 분자가 아니다. 그래서 예상되는 바대로 매우 불안정한 화합물이다. 이것은 **반반향성**이다. 많은 실패를 거듭한 끝에 1965년 [4]안뉼렌(또는 사이클로뷰타다이엔)이 University of Texas, Austin의 Pettit와 그의 연구진에 의해서 합성되었다.

Cyclobutadiene
또는 [4]annulene
(반방향성)

실제로 사이클로뷰타다이엔은 한 번 합성되었다. 이것은 매우 저온에서 그 자체가 다이엔과 친다이엔체로 행동하여 Diels−Alder 반응을 신속하게 진행하는 것이 관찰되었다(물음 13.52 참조).

이들 예가 전체적으로 보여 주는 것은 분자들은 어떤 대가를 치르더라도 반방향성을 피한다. 고리가 충분히 크면 사이클로옥타테트라엔과 위에서 논의된 더 큰 안눌렌에서 보듯이 반방향성은 단순히 굽힘을 통하여 π-계가 더 이상 짝짓지 않게 함으로써 피할 수 있다. 비평면인 분자로서 이 구조들은 특별히 안정하지도 불안정하지도 않기 때문에 비방향성이라 보여진다. 굽힐 수 없는 사이클로뷰타다이엔 같은 작은 계에서는 반방향성을 피하는 대신 화학 반응을 진행하여 새로운 비방향성 분자로 전환된다.

보기 물음 14.2

다각형−원 방법을 이용하여 사이클로뷰타다이엔의 분자 오비탈을 요약하시오. 그리고 이를 근거로 하여 왜 이 물질이 방향성이 아닌지 설명하시오.

풀이

원 안에 한 꼭짓점을 밑으로 하여 정사각형을 넣는다.

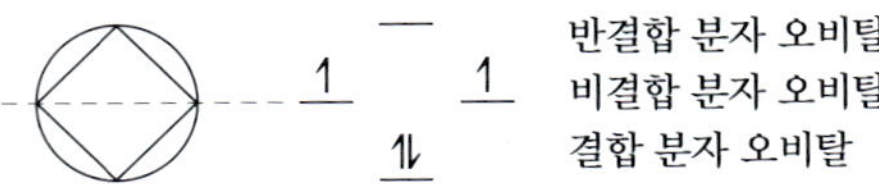

이 모형에 따르면, 사이클로뷰타다이엔은 두 개의 비결합 분자 오비탈에 각각 하나의 쌍을 이루지 않은 전자를 가진다. 그러므로 사이클로뷰타다이엔은 방향족이라고 예상되지 않는다.

14.9 NMR 분광법: 방향족 화합물에서 전자의 비편재화 증거

벤젠의 ^{1}H NMR 스펙트럼은 7.27 ppm에서 단일선으로만 되어 있다. 이 단일선은 벤젠에 있는 모든 수소가 동등하다는 사실에 대한 또 다른 증거이기도 하다. 그렇게 낮은 세기 자기장(높은 진동수)에서 신호가 나타난다는 사실은 벤젠의 π 전자들이 비편재화되어 있음을 확실하게 하는 증거이다.

9.6절에서 C—H 결합의 σ 전자의 회전이 알케인의 양성자를 NMR 분광기에 의해 가해진 자기장으로부터 **가려진다**는 것을 배웠다. 그 결과로 이 양성자들은 높은 세기의 자기장(낮은 진동수)에서 흡수한다. 이제 벤젠의 양성자가 낮은 세기의 자기장에서 흡수하는 것을 **벤젠의 π 전자의 회전으로 인한 벗김** 때문으로 설명하려 하며, 이러한 설명은 π 전자들이 비편재화되어야만 가능함을 알게 될 것이다.

벤젠 분자를 NMR 분광기의 강한 자기장에 놓으면 전자들은 그림 14.8에서 보인 방향으로 회전한다. 그렇게 함으로써 전자들은 **고리 전류(ring current)**를 발생한다. (물리학에서 왜 전자가 이런 식으로 회전하는지를 배웠을 것이다.)

- 이 π 전자의 회전으로 유발 자기장이 생겨서 **벤젠의 양성자의 위치에서는 가해진 자기장을 보강시키게 된다.** 이러한 보강 때문에 양성자들은 매우 강하게 **벗겨지게** 되며, 상대적으로 높은 진동수(~7 ppm)에서 흡수를 갖는다.

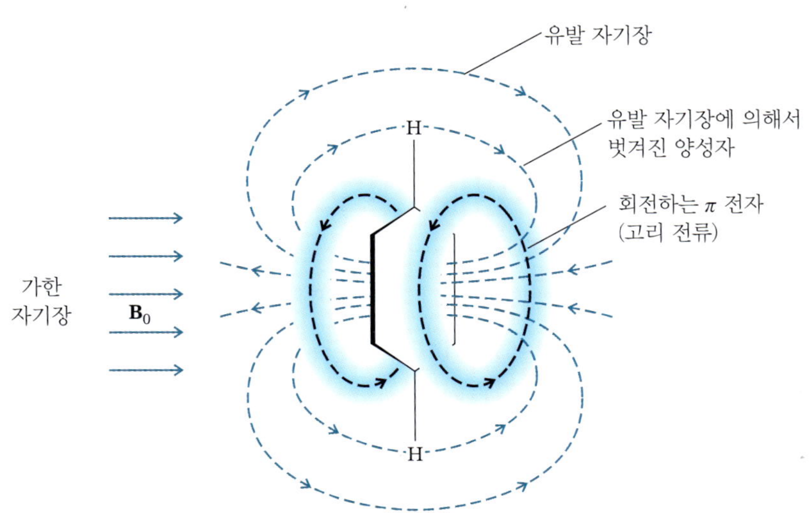

그림 14.8 벤젠의 π 전자에 의한 유발 자기장은 벤젠의 양성자들을 벗긴다. 양성자들의 위치에서 유발 자기장이 외부 자기장과 같은 방향에 있으므로 벗김이 일어난다.

'벗김'이란 의미는 양성자가 두 자기장의 합을 느끼게 되므로 결과적으로 외부 자기장의 세기가 유발 자기장이 없을 때 필요한 만큼 강할 필요가 없다는 것이다. **비편재화된** π 전자에 의해서 생겨난 고리 전류로 말미암은 강한 벗김이 방향족 양성자가 상대적으로 높은 진동수에서 흡수하는 까닭을 설명해 준다.

고리 전류로 인한 바깥에 있는 방향족 양성자의 벗김은 방향족 고리에 있는 π 전자의 비편재화를 설명하는 가장 좋은 물리적 증거이기도 하다. 실제로 비교적 높은 진동수에서 양성자 흡수가 일어나는 것은 새로이 합성된 짝지은 고리 화합물의 방향성에 대한 기준으로 흔히 사용되기도 한다.

그러나 모든 방향족 화합물들이 높은 진동수에서 흡수하는 것은 아니다. 거대 고리의 방향족 화합물들은 고리 안쪽(π 전자 동공)에 수소를 가지고 있는데, 이 내부에 있는 양성자들은 고리 중심에서 반대로 유발된 자기장에 의해서 매우 가려지게 되므로 유달리 낮은 진동수에서 흡수를 한다(그림 14.8 참조). 한 예가 [18]안눌렌이다(**그림 14.9**). [18]안눌렌의 내부에 있는 양성자들은 TMS(tetramethylsilane) 신호로부터 위쪽으로 −3.0 ppm인 높은 장에서 흡수를 한다. 한편, 외부의 양성자들은 아주 낮은 장인 9.3 ppm에서 흡수한다. [18]안눌렌이 $4n + 2$ π 전자를 가졌음을 생각할 때 이러한 증거는 π 전자의 비편재화가 방향성의 기준이며, Hückel 규칙의 예측 능력에 대한 강력한 자료가 된다.

그림 14.9 [18]안눌렌. 내부의 양성자들은 대단히 가려져 있어서 δ −3.0 ppm에서 흡수한다. 바깥의 양성자들은 대단히 벗겨져 있어서 δ 9.3 ppm에서 흡수한다.

14.10 방향성 이온

이제까지 논의된 중성 분자 이외에도 양전하나 음전하를 띤 단일 고리 화학종이 많이 있다. 이들 중 어떤 것은 예상 밖의 안정도를 보여 주므로 역시 **방향성 이온(aromatic ion)**임을 암시한다. Hückel 규칙은 이들 이온의 성질마저 설명하는 데 아주 도움이 된다. 여기서 두 가지 예로 사이클로펜타다이엔일 음이온과 사이클로헵타트라이엔일 양이온을 살펴보기로 하자.

사이클로펜타다이엔은 방향성이 아니다. 그러나 이것은 탄화수소치고는 이례적으로 산성이다(사이클로펜타다이엔의 pK_a는 16이고, 이와 대조적으로 사이클로헵타트라이엔의 pK_a는 36이다). 이 산도 때문에 사이클로펜타다이엔을 중간 정도의 강염기로 처리하면 이것의 음이온으로 된다. 더욱이 사이클로펜타다이엔일 음이온은 유달리 안정하며, 핵자기 공명(NMR) 분광법에 의하면 사이클로펜타다이엔일 음이온에 있는 모든 5개의 수소는 동등하며 낮은 장에서 흡수한다.

강염기

H H → H

Cyclopentadiene **Cyclopentadienyl anion**

사이클로펜타다이엔의 오비탈 구조를 보면(**그림 14.10**) 이것 자체는 방향성이 아닌 까닭을 알 수 있다. 이것은 π 전자의 수가 적합하지 않을 뿐만 아니라, p 오비탈이 없는 sp^3-혼성의 $-CH_2-$기가 사이에 들어가 있기 때문에 π 전자들이 고리 전체에 비편재화될 수 없다.

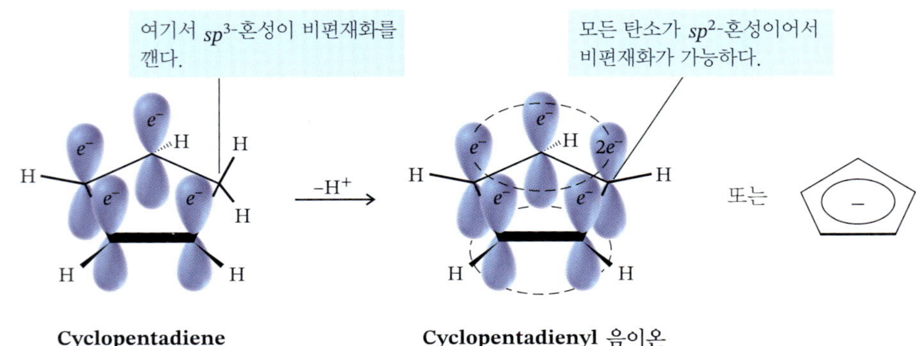

그림 14.10 사이클로펜타다이엔은 4개의 π 전자만 가졌으며, sp^3-혼성인 탄소가 고리 주위로 완전한 비편재화를 막기 때문에 방향성이 아니다. 양성자를 제거하면 사이클로펜타다이엔일 음이온이 생성되는데, 이것은 6개의 π 전자를 가졌으며 모든 탄소 원자들이 p 오비탈을 가졌으므로 방향성이다.

한편, $-CH_2-$ 탄소 원자가 양성자를 잃고 난 다음 sp^2 혼성이 되면(그림 14.10), 남겨진 2개의 전자는 새로 생겨난 p 오비탈을 차지하게 된다. 더욱이 새로운 p 오비탈은 그것의 양쪽에 있는 p 오비탈들과 중첩하여 6개의 비편재화된 π 전자의 고리가 되도록 한다. 전자들이 비편재화되었으므로 모든 수소 원자들은 동등하며, 이것은 NMR 분광법이 말해 주는 것과 일치한다. 사이클로펜타다이엔일 음이온의 계산된 정전기적 퍼텐셜 지도(**그림 14.11**) 또한 음전하가 고리 안에 대칭으로 분배되어 있으며 고리 구조가 전체적으로 대칭임을 보여 주고 있다.

사이클로펜타다이엔일 음이온에 있는 π 전자의 수 6은 물론 Hückel 수($4n+2$, $n = 1$)이다.

- 따라서 사이클로펜타다이엔일 음이온은 **방향성 음이온(aromatic anion)**이며, 사이클로펜타다이엔의 이례적인 산성도는 그것의 음이온의 이례적인 안정도의 결과이다.

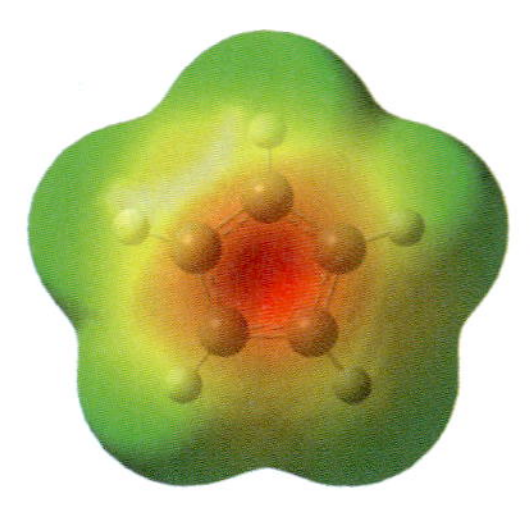

그림 14.11 사이클로펜타다이엔일 음이온의 정전기적 퍼텐셜 지도. 물론 이온은 음전하를 전체적으로 띠고 있지만, 가장 많이 음의 퍼텐셜을 지닌 영역은 적색으로, 가장 적게 음의 퍼텐셜을 지닌 영역은 청색으로 나타냈다. 윗면과 아랫면(보이지 않음)의 중심에 음의 퍼텐셜 농도는 이온의 가외의 전자가 방향족 π 전자계에 포함되어 있음을 보이고 있다.

사이클로헵타트라이엔(**그림 14.12**)은 트로필리덴이란 일반적인 이름을 가진 화합물로 6개의 π 전자를 가졌다. 그러나 6 π 전자들은 p 오비탈을 갖지 않는$-CH_2-$기가 존재하기 때문에 완전히 비편재화될 수 없다(그림 14.12).

사이클로헵타트라이엔은 적절한 시약과 반응시켜 수소 음이온을 떼내면 사이클로헵타트라이엔일(트로필륨, tropylium) 양이온으로 전환된다. 사이클로헵타트라이엔에서 수소 음이온을 잃는 것은 예상 밖으로 쉽다. 그리고 생성된 사이클로헵타트라이엔일 양이온은 이례적으로 안정하다. 사이클로헵타트라이엔일 양이온의 NMR 스펙트럼은 7개의 수소 원자들이 동등

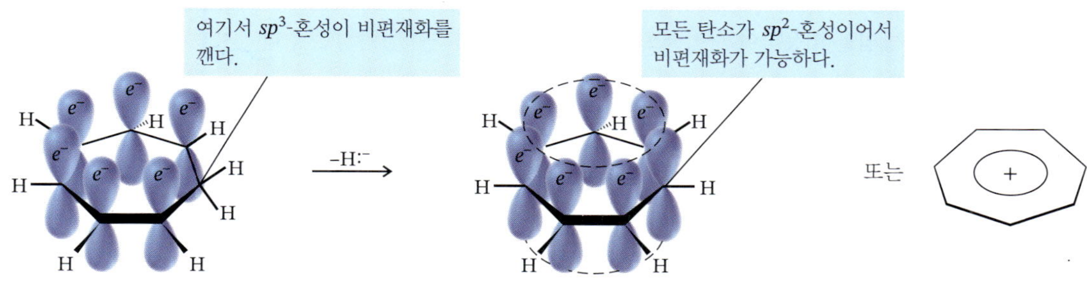

그림 14.12 사이클로헵타트라이엔은 6개의 π 전자를 가졌을지라도 sp^3-혼성인 탄소가 고리 주위로 완전한 비편재화를 막기 때문에 방향성이 아니다. 수소 음이온($H:^-$)을 제거하면 사이클로헵타트라이엔일(트로필륨) 양이온이 형성되는데, 이것의 모든 탄소 원자들은 p 오비탈을 가졌으며 아직도 6개의 π 전자를 가졌으므로 방향성이다.

함을 나타내 주고 있다. 그림 14.12를 자세히 살펴보면 이러한 관찰들을 잘 설명할 수 있다.

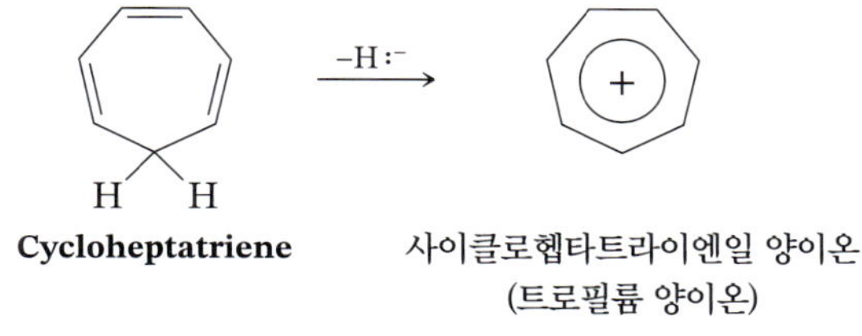

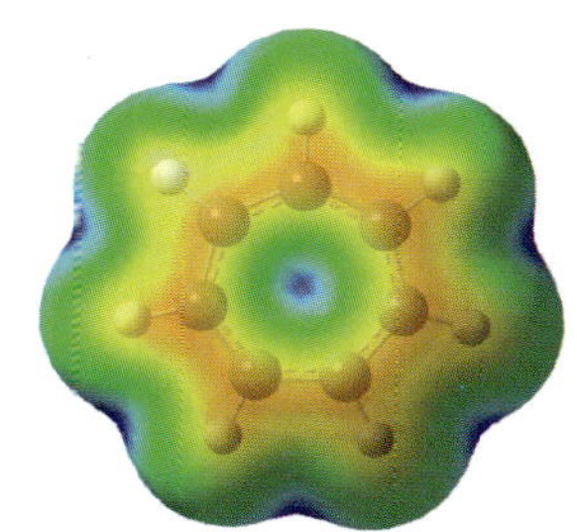

그림 14.13 트로필륨 양이온의 정전기적 퍼텐셜 지도. 물론 이온은 전체적으로 양이지만, 음의 정전기적 퍼텐셜이 비교적 더 큰 영역은 전자들이 방향족 고리의 π 계를 기룬 고리 윗면(그리고 아랫면, 보이지는 않음) 주위에서 뚜렷하게 보인다.

사이클로헵타트라이엔의 $-CH_2-$기로부터 수소 음이온을 제거하면 비어 있는 p 오비탈이 생긴다. 그리고 탄소 원자는 sp^2 혼성이 된다. 이렇게 생성된 양이온은 6개의 비편재화된 π 전자를 가진 7개의 p 오비탈이 중첩하는 것이다. 그러므로 사이클로헵타트라이엔일 양이온은 방향성인 양이온이며, 모든 수소 원자들은 동등하고 또다시 이것은 실험적으로 관찰되는 것과 정확히 같다.

사이클로헵타트라이엔일(트로필륨) 양이온의 계산된 정전기적 퍼텐셜 지도(**그림 14.13**)는 이 이온의 대칭을 보여 주고 있다. 방향족인 계에 관여한 π 전자로부터의 정전기적 퍼텐셜은 탄소 골격의 윗면(그리고 아랫면, 보이지 않음)에 비교적 적색으로 나타나 있다. 물론 이온 전체가 양이며, 가장 큰 양의 퍼텐셜은 이온의 가장자리에 청색으로 나타나 있다.

보기 물음 14.3

사이클로펜타다이엔일 음이온이 방향성인 까닭을 설명하기 위해서 다각형-원 방법을 응용해 보시오.

풀이

원 안에 오각형을 한 꼭짓점이 아래에 오도록 그리면 분자 오비탈의 에너지 준위는 세 개의 분자 오비탈이 결합이고 두 개는 반결합임을 알게 된다.

반결합 분자 오비탈

결합 분자 오비탈

사이클로펜타다이엔일 음이온은 6 π 전자를 가지고 있는데 이것은 Hückel 수이며, 그들은 모두 결합 오비탈을 채운다. 쌍을 이루지 않은 전자는 없고 반결합 오비탈에도 전자가 없다. 이것은 방향성 이온에서 예상되는 바이다.

되새김 물음 14.4 다각형-원 방법을 이용하여 사이클로펜타다이엔일 양이온이 방향성인지 아닌지를 설명하시오.

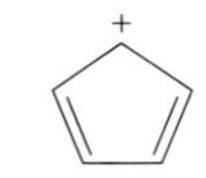

사이클로펜타다이엔일
양이온

되새김 물음 14.5 사이클로펜타다이엔일 양이온이 평면이라고 가정하고, 이것이 방향성, 반방향성, 비방향성인지를 분류하고 설명하시오.

되새김 물음 14.6 사이클로헵타트라이엔일 음이온과 양이온에 다각형-원 방법을 적용하여 각각이 방향성인지 아닌지를 설명하시오.

(a) 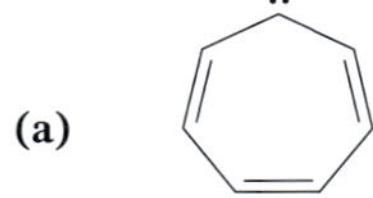

Cycloheptatrienyl
anion

(b) 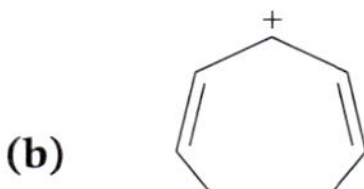

Cycloheptatrienyl
cation

되새김 물음 14.7 1,3,5-사이클로헵타트라이엔은 1,3,5-헵타트라이엔보다 덜 산성이다. 이러한 실험적 관찰이 앞서 물음에 대한 답을 어떻게 확인해 줄지 설명하시오.

되새김 물음 14.8 1967년에 Breslow(Columbia University)는 $SbCl_5$를 3-클로로사이클로프로펜의 CH_2Cl_2 용액에 가하여 성분이 $C_3H_3^+SbCl_6^-$인 흰색 침전을 얻었다. 이 염의 용액의 NMR 분광법은 모든 수소 원자가 동등함을 보여 주고 있다. **(a)** Breslow가 만든 새로운 방향족 이온은 무엇인가? **(b)** 이 이온에 대해서 몇 개의 ^{13}C NMR 신호가 예상되는가?

되새김 물음 14.9 다각형-원 방법을 적용하여 아래의 각 화합물에 대한 오비탈 도표를 그리시오.

(a) 

(b) 

14.11 다른 방향족 화합물

14.11A 벤젠류 방향족 화합물

이제까지 살펴본 것 이외에도 다른 많은 방향성 화합물의 예가 있다. **다중 고리 방향족 탄화수소(polycyclic aromatic hydrocarbon, PAH)**라고 부르는 한 가지 넓은 부류의 **벤젠류 방향족 화합물(benzenoid aromatic compound)**의 대표적인 것들을 **그림 14.14**에 나타냈다.

- 벤젠류 다중 고리 **방향성** 탄화수소에는 두 개 또는 그 이상의 벤젠 고리들이 서로 **접합되**

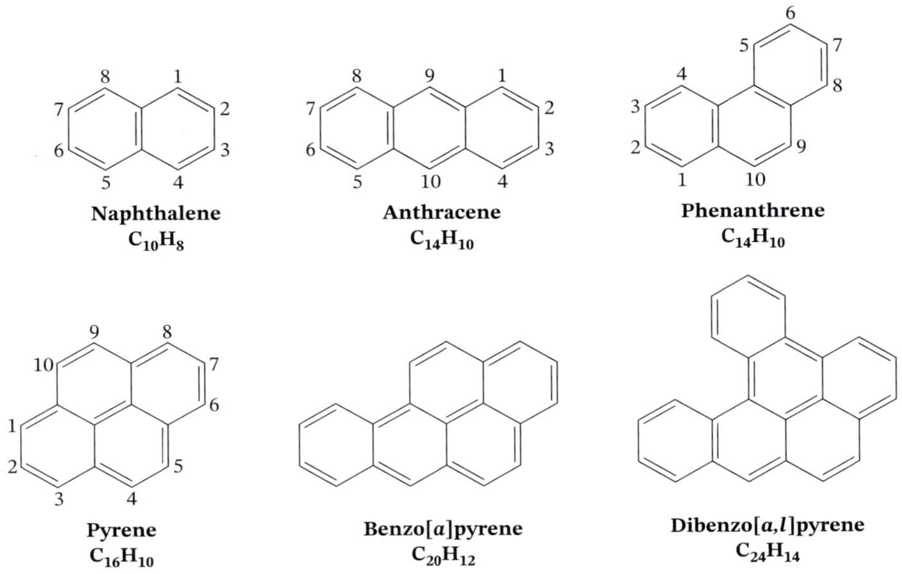

Naphthalene
$C_{10}H_8$

Anthracene
$C_{14}H_{10}$

Phenanthrene
$C_{14}H_{10}$

Pyrene
$C_{16}H_{10}$

Benzo[*a*]pyrene
$C_{20}H_{12}$

Dibenzo[*a,l*]pyrene
$C_{24}H_{14}$

그림 14.14 벤젠류 방향족 탄화수소. 다이벤조[*a,l*]파이렌 같은 다중 고리 방향족 탄화수소는 발암 물질이다(11장의 끝에 '중요하지만 숨겨져 있는 에폭시화물'을 참조).

어 있다.

나프탈렌 하나를 자세히 살펴보면 이것이 무슨 뜻인지를 알 수 있다. 공명 이론에 의하면 나프탈렌 분자는 세 가지 Kekulé 구조의 혼성으로 생각할 수 있다. 이들 Kekulé 구조 중의 가장 중요한 하나를 **그림 14.15**에 나타냈다. 나프탈렌의 두 탄소 원자(C4a와 C8a)는 양쪽 고리에 공동으로 포함되어 있다. 이 두 원자는 **고리 접합점**(**ring fusion**)에 있다고 말한다. 이들은 다른 탄소 원자와만 결합하여 수소 원자를 갖고 있지 않다.

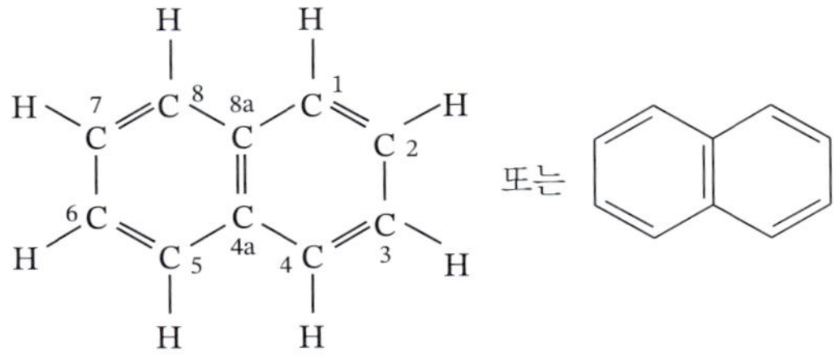

또는

그림 14.15 나프탈렌의 Kekulé 구조 한 가지

보기 물음 14.4

아세나프틸렌(acenaphthylene)에 대해서 예상되는 ^{13}C NMR 신호는 몇 개인가?

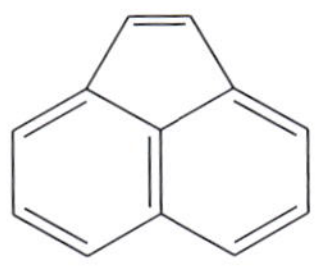

Acenaphthylene

풀이

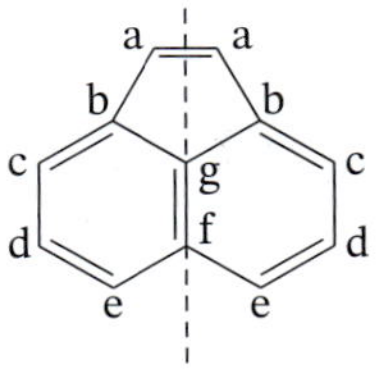

아세나프틸렌은 대칭면을 가지고 있어서 왼쪽에 있는 다섯 탄소 원자(오른쪽 그림에서 a~e)는 오른쪽에 있는 것들과 동등하다. f와 g 탄소 원자는 독특하다. 결과적으로 아세나프틸렌은 7개의 ^{13}C NMR 신호를 낸다.

Acenaphthylene

되새김 물음 14.10 아래에 대해서 예상되는 ^{13}C NMR 신호는 몇 개인가?

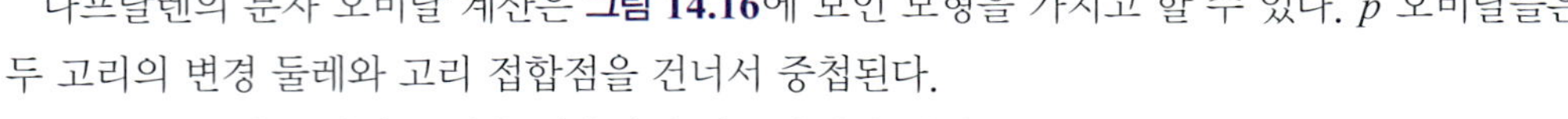

(a) naphthalene **(b)** anthracene **(c)** phenanthrene **(d)** pyrene

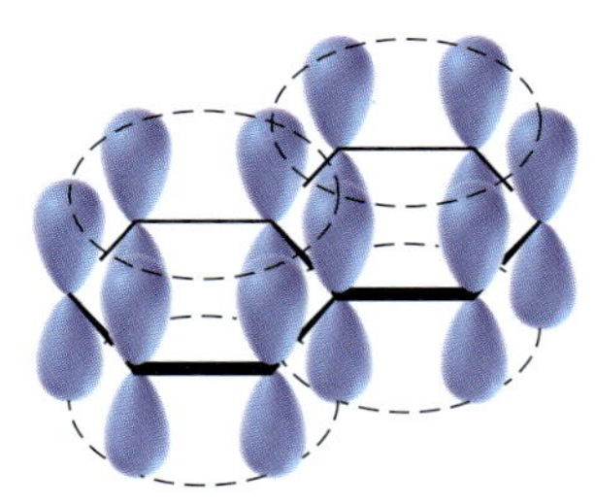

그림 14.16 나프탈렌의 *p* 오비탈

나프탈렌의 분자 오비탈 계산은 **그림 14.16**에 보인 모형을 가지고 할 수 있다. *p* 오비탈들은 두 고리의 변경 둘레와 고리 접합점을 건너서 중첩된다.

그림 14.16에 보여진 모형을 사용하여 나프탈렌에 대한 분자 오비탈 계산을 하면 그 결과는 나프탈렌에 대한 실험적 결과와 잘 일치함을 알 수 있다. 10개 π 전자가 두 고리에 비편재화되면 그 구조는 개개의 Kekulé 구조에 대해서 계산한 것보다 더욱 낮은 에너지를 갖는다. 따라서 나프탈렌은 상당한 공명 에너지를 갖는다. 벤젠에 대해서 알고 있는 바에 근거하여 나프탈렌이 첨가 반응 대신 치환 반응을 하며 방향성 화합물과 관련된 다른 성질을 보이는 경향을 이해할 수 있다.

안트라센(anthracene)과 페난트렌(phenanthrene)은 이성질체(그림 14.14)이다. 안트라센에서 세 개의 고리는 직선으로 접합되어 있는데, 페난트렌에서는 각 모양의 분자가 되도록 접합되어 있다. 이들 분자 모두 큰 공명 에너지를 가지며 전형적인 방향족 화합물의 화학적 성질을 나타낸다.

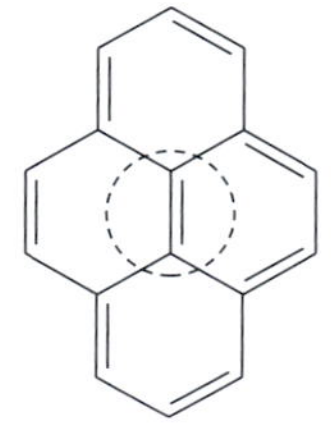

그림 14.17 파이렌의 Kekulé 구조 한 가지. 내부의 이중 결합을 강조하기 위하여 점선 원으로 표시하였다.

파이렌(pyrene, **그림 14.17**)도 역시 방향족이다. 파이렌 자체는 오래 전부터 알려져 있었지만, 파이렌 유도체들은 Hückel 규칙을 또 달리 흥미 있게 응용하는 연구의 대상이 되었다.

이 특수한 연구를 이해하려면 파이렌의 Kekulé 구조에 대하여 특별히 주의를 할 필요가 있다(그림 14.17). 파이렌에서 π 전자의 총수는 16개(8개 이중 결합 = 16개 π 전자)이다. 16은 Hückel 수가 아니다. 그러나 **Hückel 규칙은 단일 고리 화합물에만 적용되는 것**이며, 파이렌은 분명히 사중 고리 화합물이다. 파이렌의 안에 있는 이중 결합을 무시하고 둘레만 본다면 둘레는 14 π 전자의 단일 고리와 닮았다. 실제로 이 둘레는 [14]안뉼렌과 매우 흡사하다. 14는 Hückel 수 ($4n+2$, $n=3$)이며, 파이렌의 둘레는 내부 이중 결합이 없을 때 방향성이라고 예상할 수 있다.

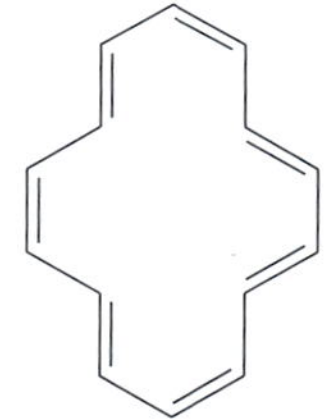

[14]Annulene

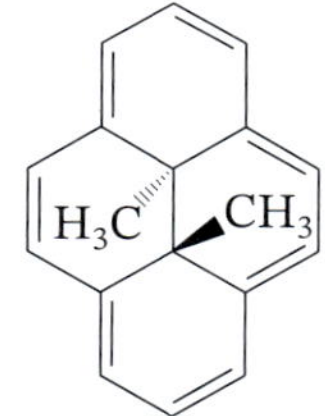

***trans*-15,16-Dimethyldihydropyrene**

이러한 예상은 Boekelheide(University of Oregon)가 매우 이례적인 *trans*-15,16-다이메틸다이하이드로파이렌을 합성하고 이것이 방향성임을 보인 것으로 입증되었다.

되새김 물음 14.11 *trans*-15,16-다이메틸다이하이드로파이렌의 ^{1}H NMR 스펙트럼은 낮은 장에서의 신호 이외에도 ~4.2 ppm에서도 신호를 보인다. 이 높은 장의 신호가 존재함을 설명하시오.

14.11B 비벤젠류 방향족 화합물

나프탈렌, 페난트렌, 안트라센 등은 **벤젠류** 방향족 화합물이다. 한편 사이클로펜타다이엔일 음이온, 사이클로헵타트라이엔일 양이온, *trans*-15,16-다이메틸다이하이드로파이렌, 그리고 방향성 안뉼렌([6]안뉼렌은 예외) 등은 **비벤젠류 방향족 화합물(nonbenzenoid aromatic compound)**로 분류된다.

비벤젠류 방향족 화합물의 또 다른 예는 아줄렌 화합물이다. 아줄렌의 공명 에너지는 205 kJ mol^{-1}이다. 아줄렌에서 두 고리 사이에 상당한 전하의 분리가 있다. **그림 14.18**에 보인 정전기적 퍼텐셜 지도에서도 잘 나타나 있다. 방향성과 관련된 요인들이 아줄렌의 이러한 성질을 설명해 준다(되새김 물음 14.12 참조).

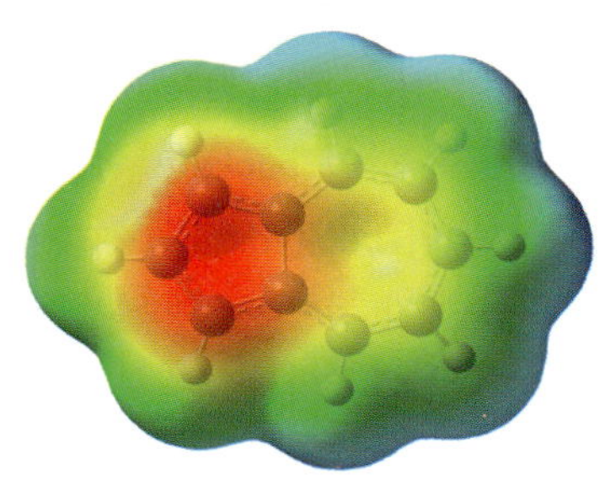

그림 14.18 아줄렌의 계산된 정전기적 퍼텐셜 지도(적색 부분은 더 음이고, 청색 부분은 덜 음이다.)

되새김 물음 14.12

아줄렌의 모든 중요한 공명 구조를 그리고, 방향성과 상당한 쌍극자 모멘트를 설명하시오.

14.11C 풀러렌

1990년 Krätschmer(Max Plack Institute, Heidelberg)와 Huffman(University of Arizona) 등은 축구공 모양을 한 버크민스터풀러렌(buck minsterfullerene)이라 불리는 분자인 C_{60}의 실질적인 합성을 처음 서술하였다. 흑연을 비활성 기체하에서 전기 저항으로 가열하여 형성된 C_{60}은 **풀러렌(fullerene)**이라 불리는 새로운 흥미 있는 방향족 화합물의 하나이다. 풀러렌은 새장 같은 분자로 모서리가 없는 이십면체 또는 측지학의 돔과 같은 기하 구조를 가졌으며, 측지학의 돔과 같은 건축물의 개발로 유명한 건축가 Buckminster Fuller의 이름을 딴 것이다. C_{60}의 구조와 그것의 존재는 5년 전에 Kroto(University of Sussex), Smalley와 Curl(Rice University)에 의해서 이미 확립되었다. Kroto, Curl, 그리고 Smalley는 C_{60}과 C_{70}(**그림 14.19**)이 흑연을 레이저에 의해서 증기화하여 형성되는 탄소 다발의 혼합물 속에서 존재하는 매우 안정한 성분임을 알았다. 1990년 이래로 화학자들은 많은 고급과 저급 풀러렌을 합성하여 그들의 흥미 있는 화학을 연구하기 시작하였다.

노벨상

1996년도 Nobel 화학상은 풀러렌의 발견에 대한 공로로 Curl, Kroto, 그리고 Smalley 교수에게 수여되었다.

측지학의 돔처럼 풀러렌은 펜타곤과 헥사곤의 망상 조직으로 되어 있다. 구형으로 닫히려면 오각형인 면은 정확히 12개 있어야 하지만 육각형 면은 다양하게 바뀔 수 있다. C_{60}의 구조에는 육각형인 면이 20개, C_{70}에는 25개가 있다. 풀러렌의 각 탄소는 sp^2 혼성이며 세 개의 다른 탄소와 δ 결합을 하고 있다. 각 탄소에 있는 나머지 전자는 분자 오비탈에 비편재화되어 분자 전체가 방향성을 지니게 된다.

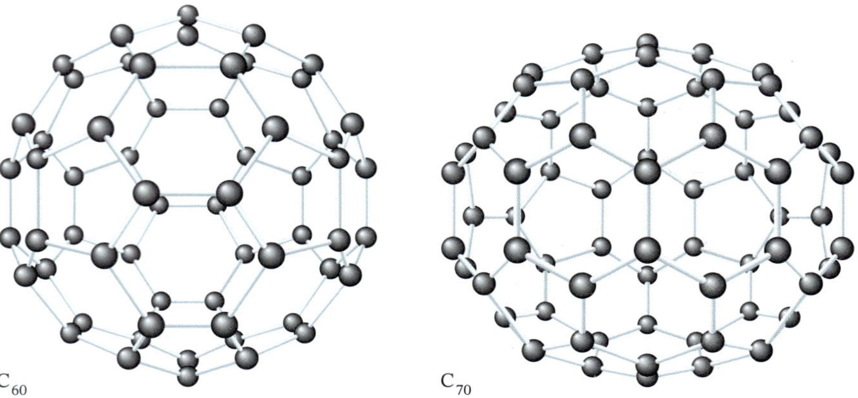

그림 14.19 C_{60}과 C_{70}의 구조 (Reprinted with permission from Diederich, F., and Whetten, R. L. *Accounts of Chemical Research*, *Vol. 25*, pp. 119–126. Copyright 1992 American Chemical Society.)

풀러렌의 화학은 그것의 합성보다도 더 매력이 있다. 풀러렌은 전자 친화도가 커서 알칼리 금속으로부터 전자를 쉽게 받아들여서 새로운 금속 상인 'buckide' 염을 형성한다. 한 가지 염인 K_3C_{60}은 안정한 금속 결정으로 면심 입방 구조의 'buckyball'들과 그 사이의 포타슘 원자로 구성되어 있다. 이 염은 18 K로 냉각하면 초전도체가 된다. 금속 원자가 탄소 원자 우리 안에 갇힌 풀러렌도 합성되었다.

재료 화학: 나노튜브

나노튜브는 버크민스터풀러렌과 연관된 비교적 새로운 부류의 탄소를 바탕으로 하는 물질이다. **나노튜브(nanotube)**는 흑연 모양의 탄소판(융합된 벤젠 고리의 평평한 골격은 닭장 철망을 닮음)을 굴려서 관 모양을 만들고 양 끝은 버키볼 절반으로 막아서 형성된 것처럼 보이는 구조이다. 나노튜브는 매우 강하다—강철의 100배 정도 강하다. 새로운 구성 소재의 강화제로서의 잠재력뿐만 아니라, 어떤 나노튜브는 그들의 정확한 형태에 따라 전기 전도체나 반도체로 행동하기도 한다. 그들은 또한 원자력 현미경(atomic force microscopy, AFM) 탐침으로 쓰이기도 한다. 다른 응용성으로 분자 크기의 시험관이나 약물 전달 캡슐로의 용도 같은 것도 또한 예상된다.

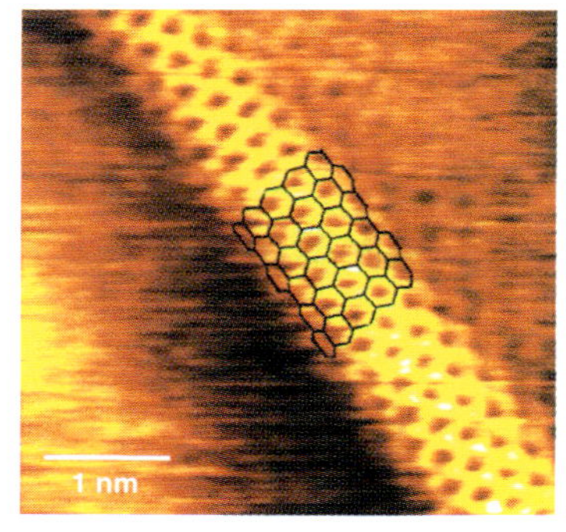

Image courtesy of C. M. Lieber, Harvard University

나노튜브의 벽은 벤젠 고리의 골격으로 구성되어 있는데, 주사터널링 현미경(STM) 사진에서 흑색으로 표시되어 있다.

14.12 헤테로 고리 방향족 화합물

이제까지 논의된 거의 모든 고리 화합물들은 고리가 단지 탄소 원자만으로 이루어졌다. 그러나 많은 고리 화합물 분자들은 고리에 탄소 이외의 원소를 가지고 있다.

- 탄소 이외의 원소를 포함하고 있는 고리 화합물들을 **헤테로 고리 화합물(heterocyclic compound)**이라고 부른다.

헤테로 고리 화합물들은 자연에서 아주 흔히 대두된다. 이 때문에, 그리고 이들 분자의 몇몇은 방향성이므로 여기서 **헤테로 고리 방향족 화합물(heterocyclic aromatic compound)**의 몇 가지 예를 기술하기로 한다.

질소, 산소, 황 등을 포함하는 헤테로 고리 화합물들이 가장 중요하다. 4가지 중요한 예를 Kekulé 식으로 여기에 나타낸다. **이 4가지 화합물은 방향성이다.**

- 피리딘은 전자론적으로 벤젠과 연관되어 있다.
- 피롤, 퓨란, 싸이오펜 등은 사이클로펜타다이엔일 음이온과 연관이 있다.

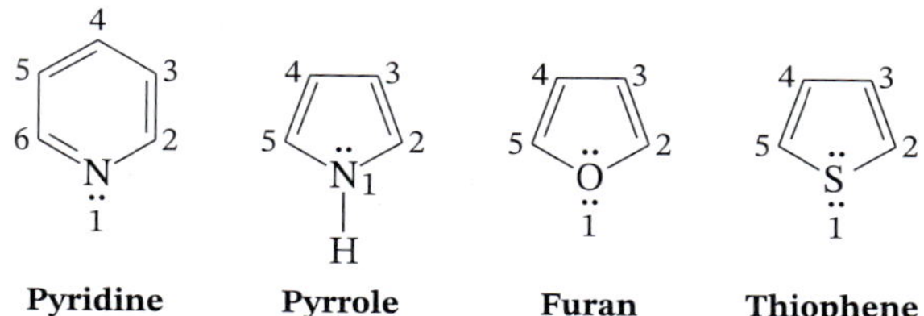

피리딘과 피롤의 질소 원자들은 모두 sp^2 혼성이다. 피리딘(그림 14.20)에서 sp^2-혼성인 질소가 결합 전자 하나를 π 계에 제공한다. 이 전자와 다섯 개의 탄소 원자 각각에서 온 전자 하나가 피리딘으로 하여금 벤젠처럼 6개의 전자를 갖도록 한다. 피리딘의 질소에 있는 두 개의 비공유 전자들은 sp^2 오비탈에 있으며 고리의 원자들과 같은 평면에 놓여 있다. 이 sp^2 오비탈은 고리의 p 오비탈과 중첩하지 않는다(따라서 p 오비탈에 **수직**이라고 말한다). 질소에 있는 비공유 전자쌍은 π 전자계의 한 부분이 아니다. 이들 전자는 피리딘에게 약한 염기의 성질을 부여한다.

피롤에서 전자들은 다르게 배열되어 있다(그림 14.21). 단지 4개의 π 전자만이 피롤 고리의 탄소 원자에 의해서 기여되므로, 방향성인 6개 전자가 되려면 sp^2-혼성인 질소가 두 개의 전자를 제공해야만 한다. 이 전자들이 방향성인 6개 전자의 일부분이므로 이들은 양성자에게 제공될 수 없다. 그러므로 수용액에서 피롤은 감지할 만큼 염기성이 못된다.

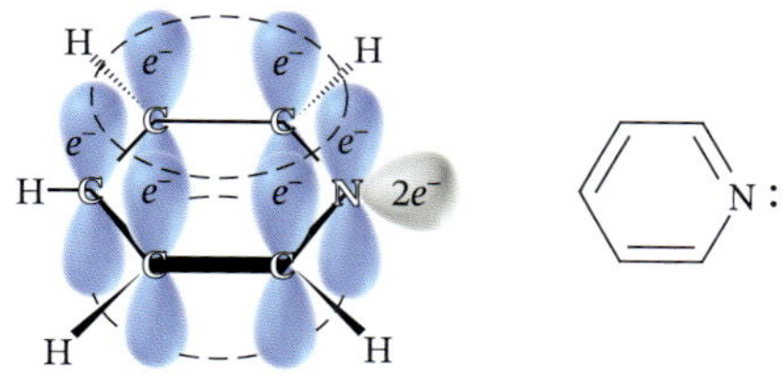

그림 14.20 피리딘은 방향족이며 약염기이다. 이것의 질소 원자는 방향족 계의 일부가 아닌 sp^2 오비탈(회색으로 표시)에 비공유 전자쌍을 가지고 있다.

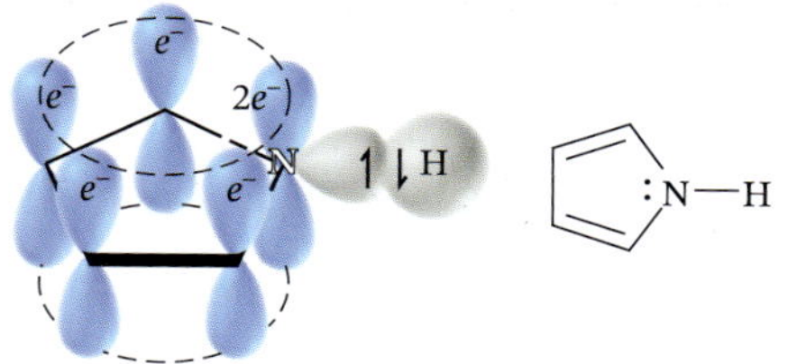

그림 14.21 피롤은 방향족이나 염기는 아니다. 이것은 비공유 전자쌍을 가지고 있지 않다. 질소에 있는 전자쌍은 방향족 계의 일부이다.

보기 물음 14.5

이미다졸(다음의 구조)은 두 개의 질소를 가지고 있다. N3은 비교적 염기성(피리딘의 질소처럼)이나 N1은 비교적 비염기성(피롤의 질소처럼)이다. 두 질소의 다른 염기성을 설명하시오.

비염기성인 질소

염기성인 질소

풀이

이미다졸이 N3에 양성자를 받아들이면 양성자를 받아들인 전자쌍은 이미다졸을 방향성으로 만드는 6 전자 π 계의 일부가 아니다. 따라서 형성된 짝염기는 아직도 방향성이며(이것은 방향족 양이온임), 안정화를 위한 공명 에너지를 보존하고 있다.

(방향성) (방향성)

한편, 이미다졸이 N1에 양성자를 받아들이면 생성된 이온(실제로 생성되지 않음)은 방향성이 **아니며** 매우 더 큰 퍼텐셜 에너지를 갖게 된다(이것의 공명 안정화를 잃게 됨). 그러므로 N1은 감지할 만큼 염기성이 아니다.

(방향성) **6 π 전자** (비방향성) **4 π 전자**

퓨란과 싸이오펜은 구조적으로 피롤과 아주 비슷하다. 퓨란의 산소 원자와 싸이오펜의 황 원자는 sp^2 혼성이다. 두 화합물에서 헤테로 원자의 p 오비탈은 두 개의 전자를 π 계에 제공한다. 퓨란과 싸이오펜의 산소와 황 원자는 π 계에 수직인 sp^2 오비탈에 비공유 전자쌍을 가지고 있다(**그림 14.22**).

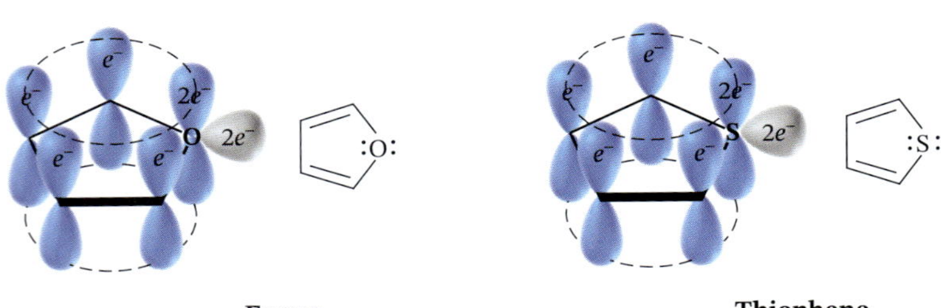

그림 14.22 퓨란과 싸이오펜은 방향성이다. 각각의 경우 헤테로 원자는 방향족인 계에 한 쌍의 전자를 제공하지만, 또한 방향족 계의 일부가 아닌 sp^2 오비탈에 비공유 전자쌍을 가지고 있다.

14.13 생화학에서의 방향족 화합물

방향족 고리를 가진 화합물은 생체계 내에서 일어나는 많은 중요한 반응을 점유하고 있다. 이들을 이 장에서 모두 서술할 수는 없다. 그러나 여기서는 몇 가지 예만 지적하고 다른 것들은 나중에 보기로 한다.

단백질 합성에 필요한 두 아미노산은 벤젠 고리를 포함하고 있다.

Phenylalanine

Tyrosine

세 번째 아미노산은 벤젠 고리와 접합된 피롤 고리를 가진 트립토판이다(이 방향족 고리계를 인돌계라고 부른다. 20.1B절 참조).

Tryptophan

Indole

Media Bakery

낙농산물, 콩, 생선, 소고기, 그리고 돼지고기는 필수 아미노산의 식용 자원이다.

인간은 진화 과정 때문에 벤젠 고리를 합성할 수 있는 생화학적인 능력을 갖고 있지 않은 것 같다. 그 결과로 페닐알라닌과 트립토판 유도체들은 식품에서 필수적인 요소이다. 타이로신은 페닐알라닌으로부터 **페닐알라닌 수산화 효소(phenylalanine hydroxylase)**라는 효소에 의해서 합성되므로 페닐알라닌이 존재하는 한 식품에 필수적인 것은 아니다.

헤테로 고리 방향족 화합물은 많은 생화학계에서도 존재한다. 퓨린과 피리미딘은 DNA와 RNA의 필수 요소이다.

Purine

Pyrimidine

DNA는 유전 정보를 보관하는 역할을 하는 분자이며, RNA는 효소를 합성하는 데 주로 관여하는 분자이다(25장).

되새김 물음 14.13

(a) —SH기는 흔히 **머캅토(mercapto)기**라고 불린다. 6-머캅토퓨린은 급성 루키미아의 치료에 쓰인다. 이것의 구조를 쓰시오. **(b)** 알로퓨린올(allopurinol)은 통풍 치료제로 6-하이드록시퓨린이다. 그 구조를 쓰시오.

생화학적인 산화–환원 반응에서 가장 중요한 보조 효소(24.9절) 중의 하나인 **니코틴아마이드 아데닌 다이뉴클레오타이드(nicotinamide adenine dinucleotide)**는 피리딘 유도체(니코틴아마이드)와 퓨린 유도체(아데닌)를 포함하고 있다. 이 분자는 **그림 14.23**에 보인 NAD^+로, 방향성 고리인 피리디늄을 포함하고 있는 산화 형태이다. 보조 효소의 환원 형태인 NADH는 고리에 수소와 2개의 전자가 추가로 있기 때문에 더 이상 방향성이 아니다.

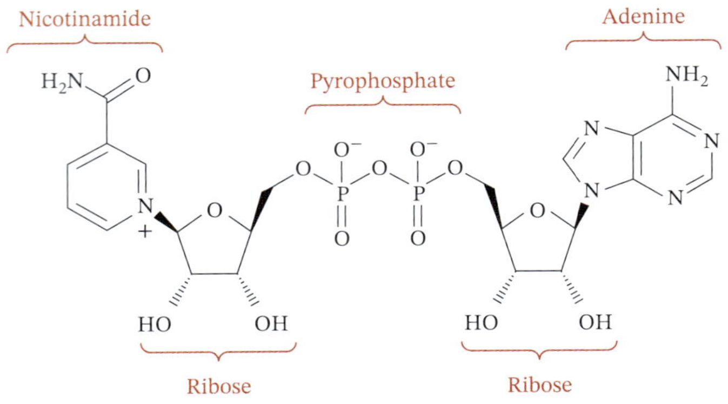

그림 14.23 니코틴아마이드 아데닌 다이뉴클레오타이드(NAD^+)

대사 과정에서 NAD^+의 핵심 역할은 에너지 생산을 위해 포도당이 분해되는 당분해 과정에서 글리세르알데하이드-3-인산 탈수소 효소(glyceraldehyde-3-phosphate dehydrogenase, GAPDH)를 위한 보조 효소로 작용하는 것이다. GAPDH(그림 14.24)가 촉매 작용을 하는 반응에서 글리세르알데하이드-3-인산(GAP)의 알데하이드기는 카복실기(인산의 무수물 형태)로 산화되어 1,3-비스포스포글리세르산 이온(1,3-bisphosphoglycerate, 1,3-BPG)이 된다. 동시에 NAD^+의 방향성인 피리디늄 고리는 높은 에너지 형태인 NADH로 환원된다. 비방향성 고리인 NADH에 저장된 화학 에너지가 사용되는 방법 중의 하나는 싸이토크롬(cytochrome) 전자 전달과 산화적 인산화가 일어나는 미토콘드리아에서의 ATP의 생성이다. 여기서 NADH는 더 안정한 방향성 형태인 NAD^+로 산화되면서 에너지를 방출하고 양성자가 미토콘드리아의 내벽을 건너도록 펌프질한다. 미토콘드리아의 벽면을 가로질러 전기 화학적 변화가 생기면서 ATP 합성 효소에 의한 ATP의 합성이 진행되도록 하는 것이다.

NADH에 저장된 화학 에너지는 많은 다른 생화학 반응을 일으키는 데도 사용된다. 피루브산의 케톤기를 락트산의 알코올로 환원시키는 락트산 탈수소 효소라고 불리는 효소에도 NADH가 있다. 여기서도 NADH의 비방향성 고리가 NAD^+의 방향성 고리로 전환된다.

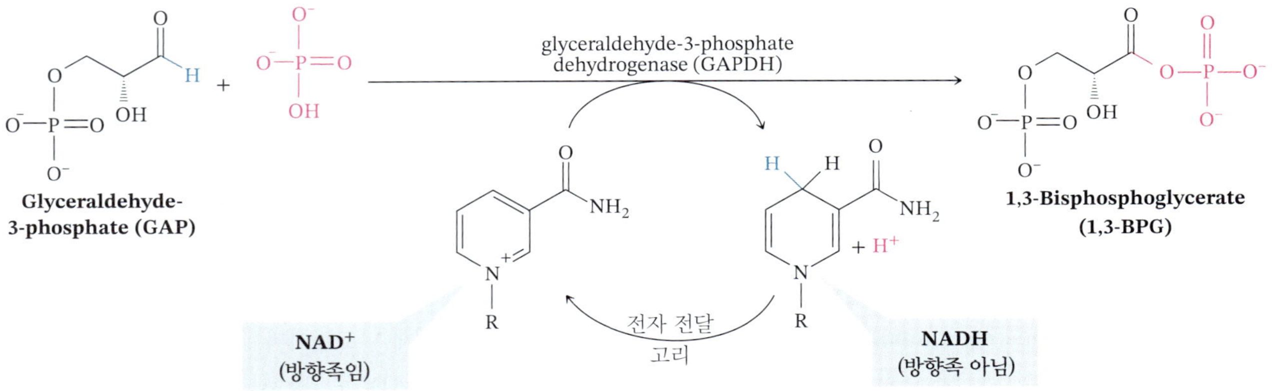

그림 14.24 GADPH에 있는 보조 효소로서의 NAD^+는 포도당의 당분해 과정에서 GAP를 1,3-비스포스포글리세르산 이온으로 산화시킨다. NADH가 NAD^+로 재산화하는 방법 중의 하나는 미토콘드리아에서 호기성 조건하에서 진행되는 전자 전달 과정에 의해서 NADH의 재방향족화로 말미암아 ATP가 합성되는 것이다.

이 과정은 산소가 부족한 조건(혐기성 대사 과정)에서 근육이 작용할 때 중요하다. 여기서 NADH에 의해서 피루브산이 락트산으로 환원되면서 ATP의 당분해적인 합성이 계속되는 데 필요한 NAD^+의 재생이 이루어지는 것이다.

NADH, NAD^+, Pyruvic acid, Lactic acid

락트산 탈수소 효소 (혐기성 조건하에서 근육에서 NAD^+가 재생된다.)

혐기성 조건(발효)에서 자라는 효모도 NADH로부터 NAD^+를 재생하는 경로를 갖고 있다. 산소가 결핍된 조건에서 효모는 탈카복실 반응을 통하여 피루브산을 아세트알데하이드로 전환한다(CO_2가 방출된다. '화학의 단면: Thiamine'을 온라인 자료에서 참조). 그러면 알코올 탈수소 효소에 있는 NADH가 아세트알데하이드를 에탄올로 환원시킨다. 산소가 고갈된 근육에서와 마찬가지로 이 경로도 당분해적인 ATP 합성에 필요한 NAD^+를 재생시키려는 목적으로 진행되는 것이다.

Pyruvic acid → (CO_2; 피루브산 탈카복실 효소 (싸이아민을 보조 효소로 씀)) → Acetaldehyde → (NADH → NAD^+; 알코올 탈수소 효소 (혐기성 조건하에서 효모에 있는 NAD^+를 재생시킴)) → Ethanol

비록 많은 방향족 화합물이 생명에 필수적이지만 해로운 것도 있다. 많은 벤젠류는 아주 독성이며, 벤젠을 포함한 여러 가지 벤젠류의 화합물들은 **발암 물질(carcinogenic)**이다. 두 가지 다른 예로 벤조[*a*]파이렌과 7-메틸벤즈[*a*]안트라센이 있다.

Benzo[*a*]pyrene   7-Methylbenz[*a*]anthracene

탄화수소인 벤조[*a*]파이렌은 담배 연기와 자동차 배기 가스 중에 들어 있다. 이것은 또한 석유의 불완전 연소에서도 생긴다. 또한 숯불고기나 더운 여름날 아스팔트 위에서도 발견된다. 벤조[*a*]파이렌은 매우 발암성이며, 쥐의 몸뚱이를 면도한 후 이 물질을 발라 주면 틀림없이 피부암이 발생된다.

도움말

벤조[*a*]파이렌과 같은 화합물의 발암 작용 메커니즘은 11장의 끝에 '중요하지만 숨겨져 있는 에폭시화물'에 나와 있다.

공업 화학: 할로젠화 아릴-이들의 이용과 환경 문제

제초제인 유기 할로젠화물

몇몇 할로젠화 아릴은 제초제로 광범위하게 사용되어 왔다. 두 가지 예는 2,4-D와 2,4,5-T이다.

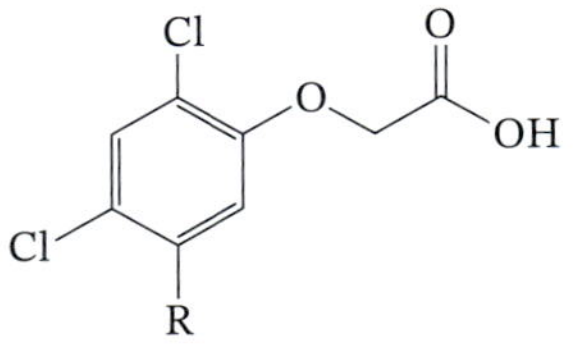

이 두 화합물의 막대한 양이 약 1:1 혼합물로 고엽제 Agent Orange로 베트남 전쟁에서 사용되었다. 어떤 2,4,5-T의 시료는 태아기형발생성(태아 기형 물질)임이 밝혀져 미국에서는 사용이 금지되었다.

R = H; 2,4-D (2,4-dichlorophenoxy-acetic acid)

R = Cl; 2,4,5-T (2,4,5-trichlorophenoxy-acetic acid)

아래에 보인 다이옥신(dioxin)도 매우 안정하다. 이것은 환경에 남아 있어서 지방에 녹기 때문에 식량 순환 과정을 통과하게 된다. 치사량에 가까운 양으로 피부 변형 질병인 녹반증(chloracne)을 유발한다.

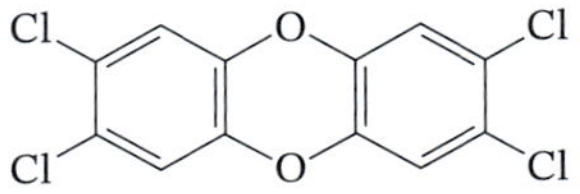

2,3,7,8-Tetrachlorodibenzodioxin (also called TCDD)

다중 염소화된 바이페닐(Polychlorinated Biphenyls, PCBs)

다중 염소화된 바이페닐 혼합물들은 1929년 이래로 생산되고 상업적으로 사용되었다. 이 혼합물에는 염소 원자들이 번호를 붙인 어느 위치에건(아래 구조 참조) 붙어 있는 바이페닐 화합물이 존재한다. 모두 210가지 화합물이 가능하다. 전형적인 혼합물 상품에는 50가지나 되는 다른 PCB들이 있는 것도 있다. 혼합물들은 염소의 양에 따라 분류되는데, 대부분이 공업제품들은 40~60%의 염소를 가지고 있다.

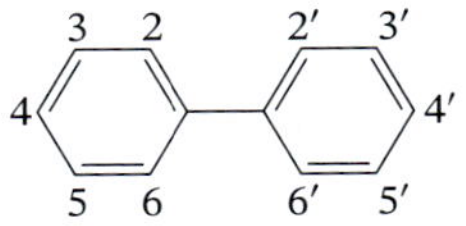

Biphenyl

PCB의 용도는 다양하다. 변압기에서 열 교환제, 축적기, 온도 조절기, 수압계 등의 열 교환제, 폴리스타이렌 커피 컵, 냉동 식품 봉지, 빵 포장지, 아기 우유병 등의 가소제 등으로 쓰인다. 인쇄 잉크, 탄소 없는 묵지, 금속 주조를 위한 조형품 등에도 사용되어 왔다. 1929~1972년 사이 약 500,000미터톤의 PCB가 생산되었다.

PCB는 환경적으로 매우 내성이 강하고 지방에 녹으므로 식량 순환 과정에서 축적이 된다. PCB는 빗물, 여러 종의 물고기, 새, 지구 전역의 여러 동물(북극곰 포함)에서, 그리고 인간의 조직에서 발견되어 왔다. 예를 들어, PCB로 오염된 물을 먹는 고기에는 PCB의 정도가 주위의 물속에 있는 양보다 1000~100,000배나 된다. 그리고 이 양은 물고기를 먹는 새에게서는 더욱 커진다. PCB의 독성은 개개의 혼합물의 구성에 의존한다.

1975년까지도 공업계의 관심거리는 PCB를 합법적으로 Hudson 강에 버리는 것이었다. 1977년에 EPA는 수로로 직접 방류하는 것을 금지시켰고, 1979년 이후부터 PCB의 제조, 사용, 유포 등을 금지시켰다. 2000년에는 EPA가 Hudson 강의 특정 지역에서 PCB를 제거하도록 고시하였다. 2009년에 Hudson 강의 일부 바닥을 긁어내어 오염을 제거하는 계획이 마침내 실행되었다.

다중 브로민화된 바이페닐(Polybrominated Biphenyls, PBBs)과 바이페닐 에터(PBEDs)

다중 염소화된 바이페닐(PCB)과 마찬가지로 다중 브로민화된 방향족 화합물들이 20세기 초반 이래로 산업에서 사용되었다. 예를 들면, 다중 브로민화, 그리고 다중 염소화된 바이페닐이나 바이페닐 에터의 방화 성질 때문에 건축자재, 가구, 의복, 그리고 다른 소비재 등에 이들이 이용된 것이다. 그러나 1970년대에 미시간에서 다중 브로민화된 바이페닐(PBBs)이 가축 사료에서 발견되고, 따라서 정육과 유제품에서 발견됨으로 인하여 1979년에 PPB의 사용이 금지되었다.

그러는 동안 다중 브로민화된 다이페닐 에터(PBDEs)에 대한 우려가 쌓이고 있다. 비록 PBDEs의 화염 저항성은 인명과 재산을 지켜낼 수 있지만, 이 화합물들은 이제 환경에 널리 퍼지고 있고, 그 독성이 인간과 동물에 심각한 우려를 가져온다는 연구 결과가 있다. PCBs처럼 다중 브로민화된 바이페닐과 다중 브로민화된 다이페닐 에터는 환경에 남아 있어 지방 생물 조직에 축적된다.

PBDEs는 새, 물고기, 그리고 우유에서 발견되었다. 이들은 많은 지역에서 사용이 금지되었다.

Br_x Br_y

$x + y = 1 - 10$
다중 브로민화된 바이페닐
(PBBs)

O
Br_x Br_y

$x + y = 1 - 10$
다중 브로민화된 다이페닐 에터
(PBDEs)

(x와 y는 각 고리에 있는 다중 브로민 치환 위치의 가능성을 나타낸다.)

14.14 방향족 화합물의 분광학

14.14A ¹H NMR 스펙트럼

- 벤젠 유도체의 고리에 있는 수소는 6.0~9.5 ppm의 낮은 장에서 흡수한다.

14.8절에서 흡수가 낮은 장에서 일어나는 까닭을 알았는데, 벤젠 고리에서 발생한 고리 전류가 '유발 자기장'이라 불리는 자기장을 만들어서 고리의 양성자가 있는 위치에 외부 자기장을 보강시켜 주기 때문이다. 이러한 보강으로 벤젠의 양성자는 매우 벗겨지게 되는 것이다.

14.8절에서 [18]안뉼렌처럼 거대 고리인 **방향족** 화합물의 내부 수소는 그 위치로 인하여 유발 자기장에 의해서 매우 가려지게 된다는 사실도 배웠다. 그러므로 그들은 흔히 음의 δ 값을 지닌 유달리 낮은 진동수에서 흡수한다.

14.14B ¹³C NMR 스펙트럼

- 벤젠 고리의 탄소는 ¹³C NMR 스펙트럼의 100~170 ppm 영역에서 흡수한다.

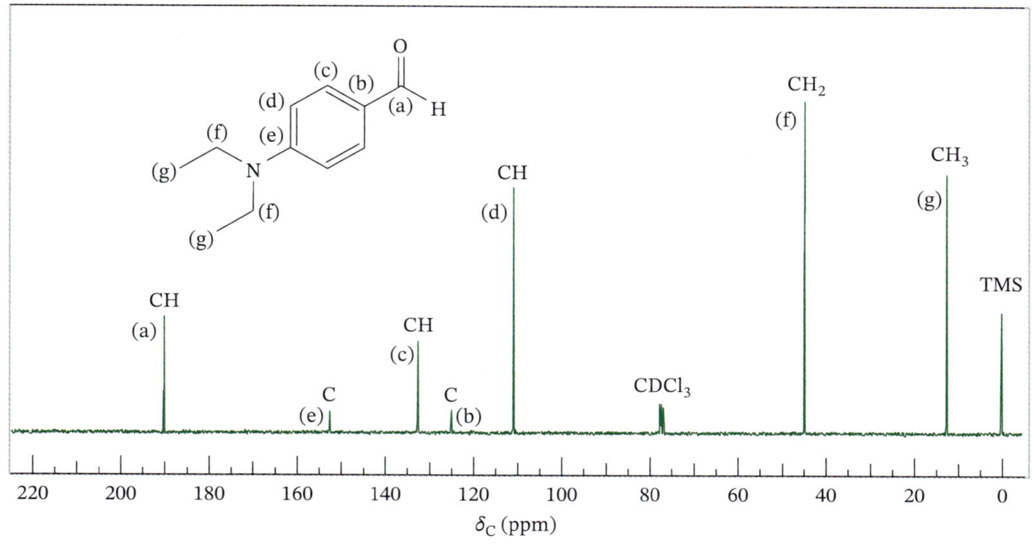

그림 14.25 4-*N*,*N*-다이에틸아미노벤즈알데하이드의 넓은 띠 양성자-짝풀린 ¹³C NMR 스펙트럼. 각 피크에 DEPT 정보와 탄소에 대한 지정을 표시한다.

그림 14.25는 4-*N*,*N*-다이에틸아미노벤즈알데하이드의 넓은 띠 양성자-짝풀린 ^{13}C NMR 스펙트럼인데, 방향족과 지방족 탄소를 모두 가진 화합물의 ^{13}C 피크 지정을 연습할 수 있는 예이다.

DEPT 스펙트라(지면 절약상 생략)는 45 ppm의 신호가 CH_2기이고 13 ppm이 CH_3기임을 나타낸다. 이 두 신호는 곧 동등한 에틸기의 두 탄소에 대응됨을 알 수 있다.

126 ppm과 153 ppm의 신호는 DEPT로부터 수소가 없는 탄소임이 밝혀졌고, 따라서 탄소(b)와 (e)이다(그림 14.25를 보시오). 질소의 전기 음성도가(탄소에 비해서) 더 크기 때문에 (e)의 신호가 더 낮은 장(153 ppm)에서 나타난다. 190 ppm의 신호는 DEPT에서 CH기로 나타나는데, 알데하이드기의 탄소에 해당되는 것이다. 그것의 화학적 이동은 모든 다른 피크보다 가장 낮은 장에서 나타나는데, 산소의 큰 전기 음성도와 아래에 보인 두 번째 공명 구조가 상당히 기여를 하기 때문이다. 두 요인 모두 이 탄소의 전자 밀도를 매우 낮게 만들며, 따라서 탄소는 매우 벗겨져 있다.

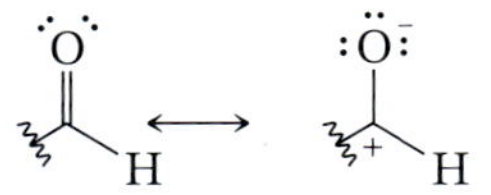

알데하이드기의 공명 기여체

이제 남은 112 ppm와 133 ppm의 신호는 벤젠 고리에 (c)와 (d)로 표시된 탄소 원자 두 조에 해당된다. 두 신호 모두 DEPT에서 CH기임을 나타낸다. 그러나 어느 신호가 어느 조의 탄소에 해당하는가? 여기서 공명 이론이 다시금 흥미롭게 응용되는 것을 볼 수 있다.

아미노기의 비공유 전자쌍을 포함하는 공명 구조 **A**~**D**를 써 보면 **B**와 **D**에 의한 기여로 (d)로 표시된 탄소 원자 조의 전자 밀도가 증가하는 것을 볼 수 있다.

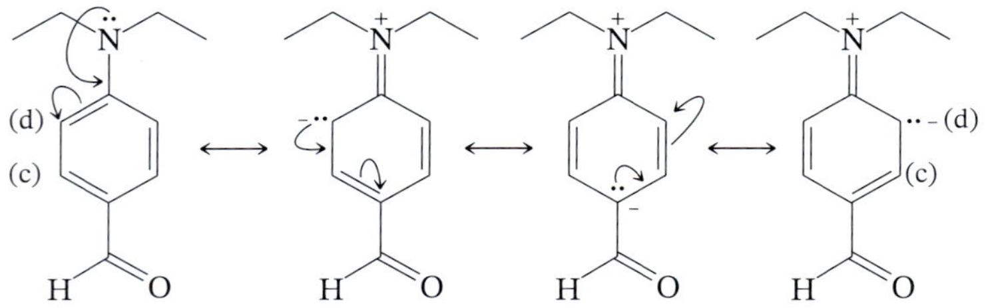

A **B** **C** **D**

한편 알데하이드기를 포함하는 구조 **E**~**H**를 써보면 **F**와 **H**에 의한 기여로 (c)로 표시된 탄소 원자 조의 전자 밀도가 감소하는 것을 볼 수 있다. (다른 공명 구조도 가능하지만 여기서의 논리에는 꼭 관련이 없다.)

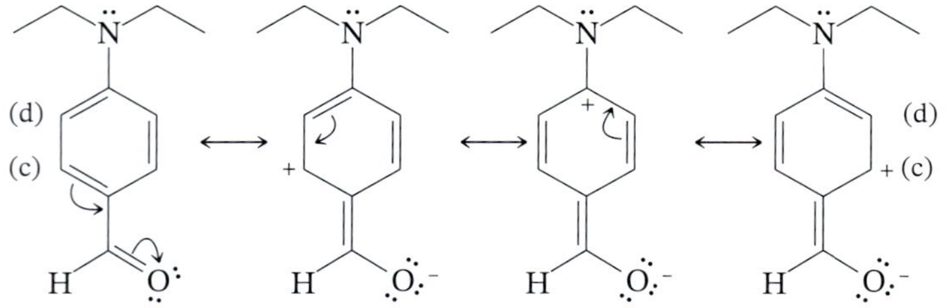

E **F** **G** **H**

탄소의 전자 밀도를 증가시키면 가림이 커지고 신호는 높은 장으로 이동한다. 그러므로

112 ppm의 신호는 (d)로 표시된 탄소 원자에 해당된다. 반대로, 탄소의 전자 밀도가 감소하면 신호는 낮은 장으로 이동하게 되고, 133 ppm의 신호는 (c)에 해당된다.

^{13}C NMR 분광학은 대칭성이 큰 화합물을 인식하는 데 특히 유용하다. 다음의 보기 물음은 그러한 응용을 설명해 주고 있다.

보기 물음 14.6

그림 14.26의 넓은 띠 양성자-짝풀린 ^{13}C 스펙트럼은 트라이브로모벤젠($C_6H_3Br_3$)의 것이다. 어느 트라이브로모벤젠인가?

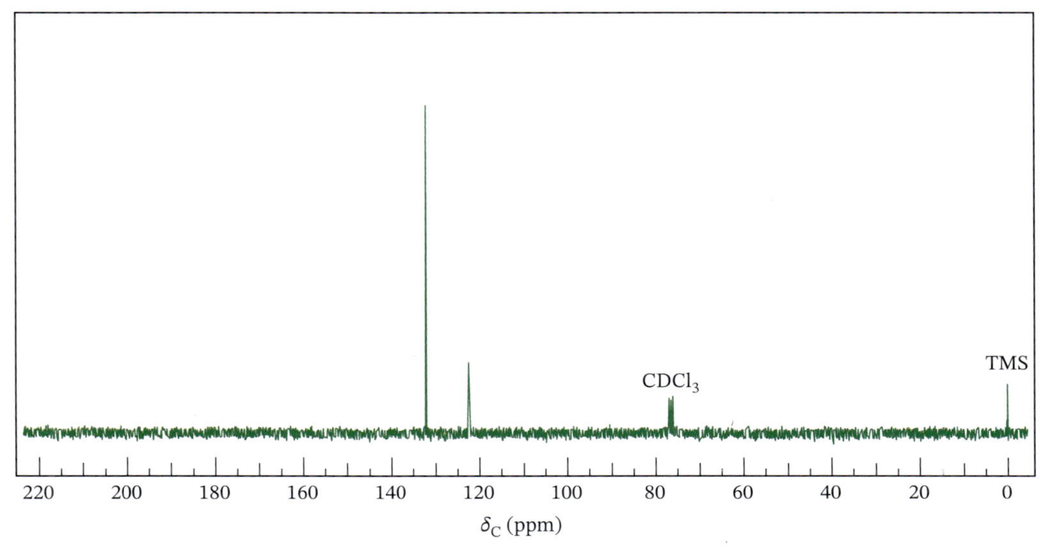

그림 14.26 트라이브로모벤젠의 넓은 띠 양성자-짝풀린 ^{13}C NMR 스펙트럼

풀이

3가지 가능한 트라이브로모벤젠이 있다.

1,2,3-Tribromobenzene **1,2,4-Tribromobenzene** **1,3,5-Tribromobenzene**

스펙트럼(그림 14.26)은 단지 2개의 신호로만 되어 있는데, 이 화합물에는 단지 2가지 다른 탄소 원자만 들어 있음을 타나낸다. 1,3,5-트라이브로모벤젠만이 두 개의 신호를 나타낼 만큼 대칭성을 가지고 있다. 그러므로 이것이 정답이다. 1,2,3-트라이브로모벤젠은 4개의 ^{13}C 신호를, 1,2,4-트라이브로모벤젠은 6개의 신호를 나타낼 것이다.

되새김 물음 14.14

^{13}C NMR 분광법으로 *ortho*-, *meta*-, *para*-다이클로로벤젠 이성질체를 어떻게 구별하는지 설명하시오.

14.14C 치환기를 지닌 벤젠의 적외선 스펙트럼

벤젠 유도체들은 특징적인 C—H 신축 진동 피크를 3030 cm^{-1}(표 2.7)에서 보인다. 벤젠의 복잡한 운동으로 인하여 1450~1600 cm^{-1} 영역에 4개의 띠가 나올 수 있고 1500과 1600 cm^{-1}의 두 피크는 더 강하다.

680~860 cm^{-1} 영역의 흡수 피크는 평면 밖 C—H 굽힘 진동에 기인된 것으로 흔히(그러나 항상 그렇지는 않음) 벤젠 화합물의 치환 양상을 정해 준다(**표 14.1**). **일치환기의 벤젠**은 두 개의 피크를 690~710 cm^{-1}과 730~770 cm^{-1} 사이에 나타낸다.

***ortho*-이치환기의 벤젠**은 C—H 결합의 굽힘 운동에 기인한 흡수를 750~770 cm^{-1}에서 강하게 나타낸다. ***meta*-이치환기의 벤젠**은 2개의 피크를 나타내는데, 680~725 cm^{-1}에서 강한 피크와 750~810 cm^{-1}에서의 아주 강한 피크이다. ***para*-이치환기의 벤젠**은 하나의 강한 흡수를 800~860 cm^{-1}에서 보인다.

되새김 물음 14.15

4개의 벤젠 화합물은 분자식이 모두 C_7H_7Br이고 680~860 cm^{-1} 영역에서의 IR 피크는 아래와 같다.

A. 740 cm^{-1}(강함)
B. 800 cm^{-1}(아주 강함)
C. 680 cm^{-1}(강함)과 760 cm^{-1}(아주 강함)
D. 693 cm^{-1}(아주 강함)과 765 cm^{-1}(아주 강함)

A, **B**, **C**, **D**의 구조를 제시하시오.

표 14.1 680~860 cm^{-1} 영역의 적외선 흡수[a]

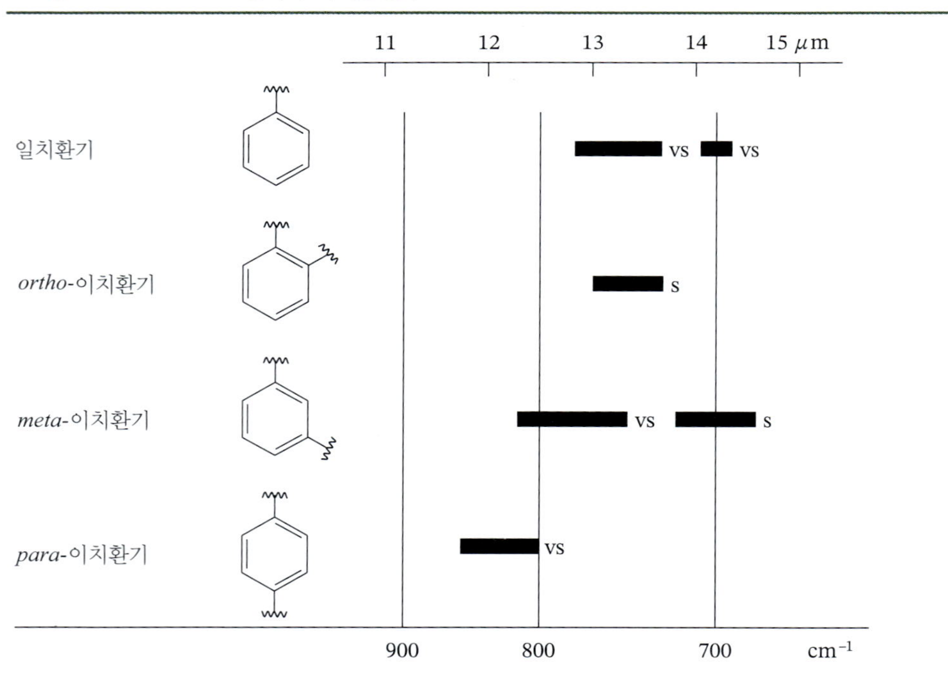

[a]s, 강함; vs, 아주 강함

14.14D 방향족 화합물의 자외선-가시광선 스펙트럼

벤젠 고리의 짝지은 π 전자는 미지 물질에 벤젠 고리가 존재하는지를 알려 주는 특징적인 자외선 흡수를 보인다. 한 흡수띠는 205 nm에서 중간 정도의 세기로, 또 덜 강한 띠가 250~275 nm 범위에서 나타난다. 벤젠 고리 밖의 짝지음으로 인하여 다른 파장에서 흡수가 일어나기도 한다.

재료 화학: 자외선 차단제(햇볕을 잡아 생기는 일)

최근 자외선에의 노출로 인한 피부암과 다른 상황에 대한 염려로 인하여 자외선 차단제(sunscreen)의 사용이 증가하고 있다. 예를 들면, 자외선은 DNA에서 인접 타이민 염기들이 변성 이합체를 형성하는 원인이 된다. 자외선 차단제는 전자기 복사선 중 자외선 영역의 에너지를 흡수하기 때문에 자외선으로부터 보호하는 역할을 한다. 이 분자들이 자외선을 흡수하면 π 전자와 비공유 전자를 높은 에너지 준위(13.9C절)로 들뜨게 한 후 에너지는 분자 진동을 통하여 방출된다. 핵심은 자외선이 열(적외선)로 전환되는 것이다.

Sari O'Neal/Shutterstock

광범위한 자외선 차단제의 활성 성분은 Homosalate, Oxybenzone과 Octocrylene(구조식은 아래의 본문에 있음)이다.

자외선 차단제는 최대 흡광도가 발생하는 자외선의 부분에 따라 분류된다. 자외선의 세 영역이 전형적으로 논의된다. 320~400 nm 영역은 UV-A, 280~320 nm 영역은 UV-B, 그리고 100~280 nm 영역은 UV-C라고 부른다. UV-C 영역이 가장 위험한데, UV 파장이 가장 짧고 따라서 에너지가 가장 크기 때문이다. 그러나 지구의 대기에 있는 오존과 다른 성분들이 UV-C 파장을 흡수한다. 그래서 지구 대기가 오존을 파괴하는 공해 물질에 의해서 더 이상 손상되지 않는 한 이 영역의 자외선으로부터 인류는 보호된다. 대부분의 UV-A와 어느 정도의 UV-B 복사선은 대기를 통과하여 인간에게 미치게 되는데, 자외선 차단제는 이 복사선 영역에 대항해서 만들어진 것이다. 햇볕에 그을리거나 타는 것은 UV-B 때문이다. 피부암의 위험은 비록 어떤 UV-A 파장도 중요하겠지만 주로 UV-B 복사선과 관련이 있다.

자외선 차단제가 제공하는 특수한 보호 영역은 자외선을 흡수하는 기의 구조에 의존한다. 대부분의 자외선 차단제에는 다음과 같은 모체 화합물로부터 유도된 구조들이 들어 있다: *p*-aminobenzoic acid(PABA), cinnamic acid(3-phenylpropenoic acid), benzophenone(diphenyl ketone), salicylic acid(*o*-hydroxybenzoic acid). 가장 흔한 자외선 차단제 몇 가지의 구조와 λ_{max} 값이 아래에 주어져 있다. 공통적인 소재는 다른 작용기들에 결합된 방향족인 핵심이다.

Me_2N — O — O

Octyl 4-*N,N*-dimethylaminobenzoate (Padimate O), λ_{max} 310 nm

MeO — O — O

2-Ethylhexyl 4-methoxycinnamate (Parsol MCX), λ_{max} 310 nm

O OH OMe

2-Hydroxy-4-methoxybenzophenone (Oxybenzone), λ_{max} 288 and 325 nm

O O OH

Homomenthyl salicylate (Homosalate), λ_{max} 309 nm

NC O O

2-Ethylhexyl 2-cyano-3,3-diphenylacrylate (Octocrylene), λ_{max} 310 nm

14.14E 방향족 화합물의 질량 분석 스펙트럼

알킬기로 치환된 벤젠의 질량 분석 스펙트럼에서 주 이온은 흔히 m/z 91($C_6H_5CH_2^+$)로, 고리에 붙어 있는 알킬 사슬의 첫 번째와 두 번째 탄소 사이에서 분해가 일어난 것이다. 이 이온은 처음에는 벤질 자리 양이온이었는데, 트로필륨 양이온($C_7H_7^+$ 14.10절)으로 전위한 것으로 추정된다. 모노알킬벤젠의 또 다른 흔한 이온으로는 m/z 77로 $C_6H_5^+$에 대응된다.

이 주제는 왜 중요한가?

더 큰 방향족 분자 만들기

비록 Hückel 규칙을 분자의 방향성 여부에 바로 이용할 수는 있다고 하더라도 분자의 모양을 예측할 수 없기 때문에 항상 정확하지는 않다. 예를 들면, 앞에서 논의한 것처럼 [10]안눌렌은 방향족이 아니다. 왜냐하면 이 계가 평평하기 위해서 두 수소 원자가 같은 공간을 점유해야 하기 때문이다. 대신에 분자는 짝지음을 벗어나 비꼬여 있어 수소들을 위한 공간을 만든다. [18]안눌렌처럼 더 큰 분자는 그 문제를 극복할 수 있어서 그 결과 방향족이다($4n+2$, $n = 4$). 오랜 세월 동안 Hückel 규칙을 따르면서 방향성을 지닌 큰 분자의 최고 한계는 무엇일지에 대한 예측이 있어 왔다. 1980년대 말까지는 22 π 전자를 지닌 계가 방향성($4n+2$, $n = 5$)을 유지하는 최대라는 것이 실험과 이론적 계산에 의해서 밝혀졌다. 더 큰 고리들은 너무 유연해서 그들의 모든 π 계를 평평한 평면인 짝지은 배열을 하기 어렵다고 생각되었다. 그러나 많은 문제들이 그렇듯이, 자연은 화학자들에게 방향성의 경계를 예상되는 것보다 더 멀리 밀고 나가는 방법에 대한 영감을 주었다.

많은 중요한 생체 분자들은 포피린(porphyrin)이란 [18]안눌렌 계를 포함하고 있는데, 클로로필(chlorophyll)과 헴(heme)에서 표시한 구조이다. 중요한 점은 짝지은 올레핀을 지녔다는 사실보다는 이 분자들이 피롤(pyrrole) 같은 고리 안에 있는 이중 결합들을 많이 가지고 있어서 구조를 경직되게 하고 평면성을 확보함으로 말미암아 방향성을 증진시킨다는 것이다. 그들은 또한 질소 원자들을 제공하여 마그네슘과 철과 같은 금속 이온을 중심에 놓아 결합할 수 있다. 이들 금속은 광합성의 산화-환원 화학을 수행하거나 인체의 모든 세포에 산소를 운반하는 데 필요하다. 18개 이상의 전자를 가진 포피린은 아직까지 자연에서 발견되지 않았지만 고리를 사용하여 경직성을 진작시킨다는 발상은 화학자들로 하여금 더 클 뿐만 아니라 가설화된 22 전자 방향성이란 장벽을 깨는 인조 포피린을 설계하게 하였다.

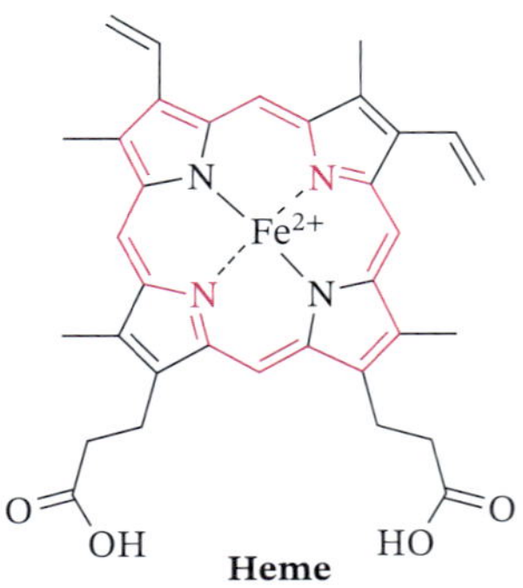

Heme
[18 전자 계, $n = 4$]

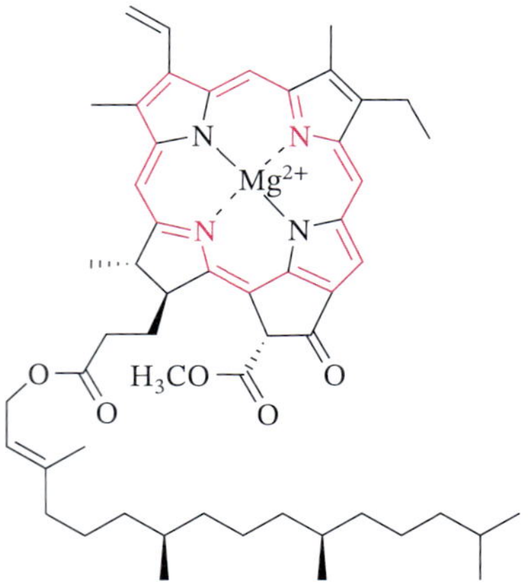

Chlorophyll a
[18 전자 계, $n = 4$]

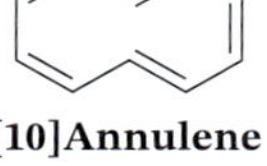

[10]Annulene
$n = 2$
not aromatic

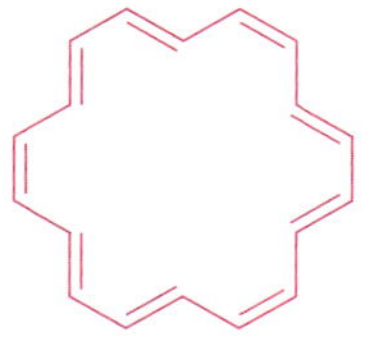

[18]Annulene
$n = 4$

© Spencer Berger/iStockphoto

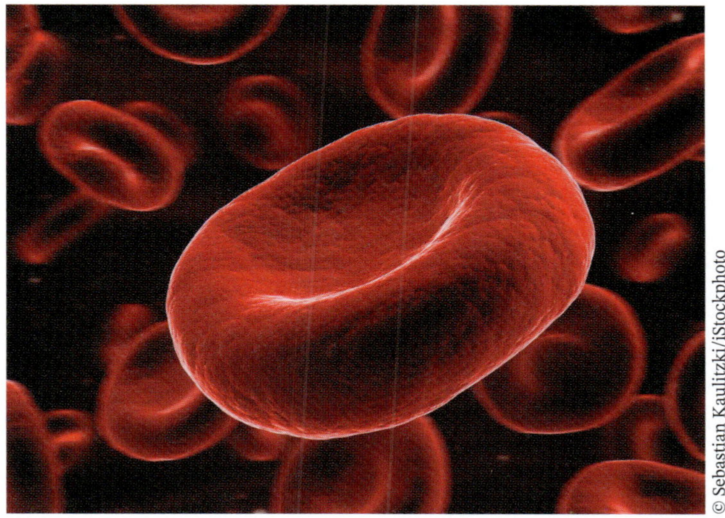

© Sebastian Kaulitzki/iStockphoto

아래에 보인 한가지 예는 2001년에 합성된 분자로 8개의 피롤 고리를 가지고 있다. 이 계는 표시된 원자에 따르면 Hückel 규칙 $4n+2$의 명제에서 $n = 7$임을 보여 주고 있다. 다른 예로는 독일의 화학자들로부터 제시되었는데, 34 π 전자를 포함하는 분자를 만들었다. ^{1}H NMR 스펙트럼은 고리 전류에 근거하여 방향성임을 보여 주고 있어 Hückel 규칙이 $n = 8$이나 되는 크기의 계에도 적용됨을 의미한다. 이것의 중심 공간은 매우 커서 실제로 수많은 분자들이 그 안에 들어맞는다. Hückel 규칙의 상한이 무엇이지는 아무도 모른다. 그러나 분명 큰 분자도 방향족의 특성을 보일 가능성은 있다.

NH N HN NH $\cdot H_2SO_4$ HN NH N HN

Octaporphyrin
[30 전자 계; *n* = 7]

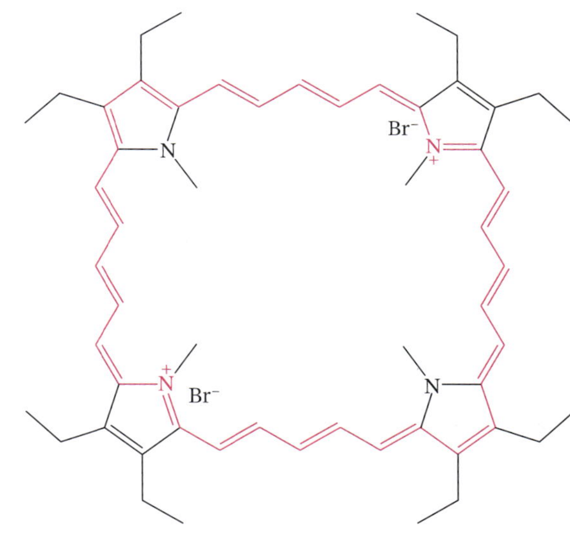

[34 전자 계; *n* = 8]

이 주제에 대해서 더 알려면 참고하시오.

1. Milgrom, L. "How big can aromatic compounds grow?" In *New Scientist*, 18 February **1989**, *32*.
2. Seidel, D.; Lynch, V.; Sessler, J. L. "Cyclo[9]pyrrole: A Simple-to-Make Expanded Porphyrin with No Meso Bridges" In *Angew. Chem. Int. Ed.* **2002**, *41*, 1422-1425.
3. Knubel, G.; Franck, B. "Biomimetic Synthesis of an Octavinylogous Porphyrin with an Aromatic [34]Annulene System" In *Angew. Chem. Int. Ed. Engl.* **1988**, *27*, 1170-1172.

요약과 복습 도구

이 장에 대한 학습 보조 자료에는 핵심 용어와 개념, 그리고 방향족 화합물의 성질과 반응성이 연계된 개념 지도가 있다.

물음

이름 짓기

14.16 아래의 구조식을 쓰시오.

(a) *iso*-Propyl benzene
(b) *o*-Cresol
(c) *p*-Dinitrobenzene
(d) *o*-Nitroanisole
(e) 4-Phenyl-1-butene
(f) 2-Bromo-5-nitrobenzoic acid
(g) 3-Chloro-1-ethoxybenzene
(h) *p*-Ethylbenzoic acid
(i) *p*-Chlorobenzenesulfonic acid
(j) Benzyl bromide
(k) *p*-Nitroaniline
(l) 2,4,6-Tribromophenol
(m) 1,4-Diisopropylbenzene
(n) 4-Amino-2-chlorophenol
(o) *p*-Bromoacetophenone
(p) 3-Phenylcyclohexanol
(q) 2-Methyl-3-phenyl-1-butanol
(r) 2,6-Dibromo-4-chloroanisole

14.17 아래에 대한 모든 구조식을 그리고, 인정될 만한 이름을 쓰시오.

(a) Xylenes
(b) Nitroanilines
(c) Tribromobenzenes
(d) Dinitrophenols
(e) Methylbenzenesulfonic acids
(f) Isomers of $C_6H_5—C_4H_9$

14.18 아래의 분자들 중 어느 것이 방향족인가?

(a) **(d)** **(g)** **(j)**

(b) 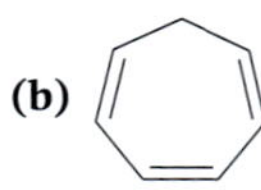

(e) 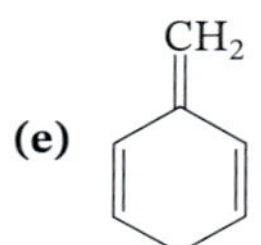

(h) 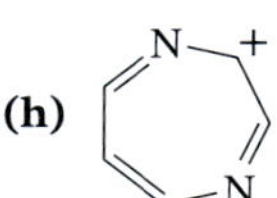

(k) 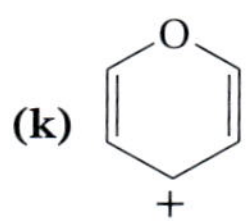

(c) 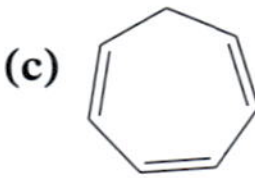

(f) 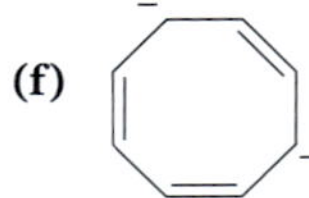

(i) 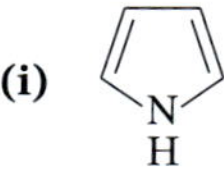

(l)

14.19 1,3,5-사이클로헵타트라이엔을 1몰 당량의 브로민과 0 °C에서 반응시키면 1,6-첨가 반응을 진행한다. **(a)** 생성물의 구조를 쓰시오. **(b)** 가열하면 1,6-첨가 반응 생성물은 곧 HBr을 잃고 분자식이 C_7H_7Br인 화합물을 형성하는데 이를 브로민화 트로필륨(tropylium bromide)이라고 부른다. 브로민화 트로필륨은 무극성 용매에는 녹지 않지만 물에 녹는다. 녹는점은 예상 밖으로 높다(mp 203 °C). 그리고 질산 은으로 처리하면 브로민화 트로필륨 수용액은 AgBr 침전을 낸다. 이러한 실험 결과는 브로민화 트로필륨의 결합에 대해서 무엇을 제시하는가?

14.20 아래의 화합물 각각을 1몰 당량의 HCl로 반응시킬 때 생성물의 구조를 쓰시오.

(a) 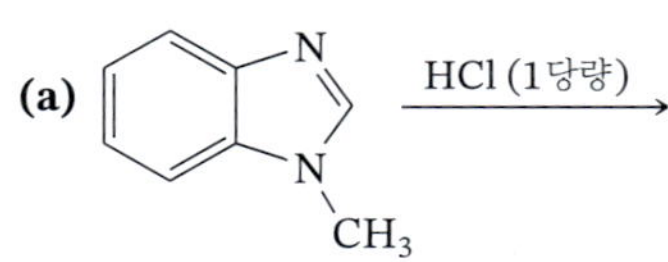

(b) 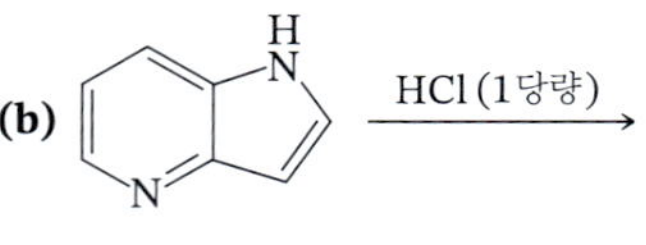

14.21 아래에 보인 수소 원자들 중 어느 것이 더 산성인가? 설명하시오.

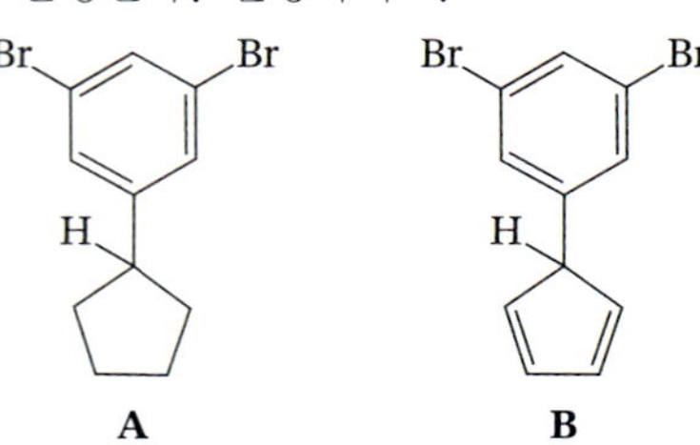

14.22 아래의 고리들은 한 개의 이중 결합으로 연결되었는데, cis−trans 이성질화 반응을 전형적인 알켄의 결합보다 더 잘 진행한다. 이를 설명하시오.

14.23 Hückel 규칙(14.7절)은 단지 단일 고리 화합물에만 적용되지만, 아래의 나프탈렌 경우처럼 공명 구조가 둘레의 이중 결합만을 포함한다면 두 고리 화합물에도 응용될 수 있다.

나프탈렌(14.11A절)과 아줄렌(14.11B절)은 둘 다 10 π 전자를 가졌으며 방향족이다. 아래의 펜탈렌은 반방향성이며 −100 ℃에서조차도 불안정하다. 헵탈렌은 합성되었지만 브로민을 첨가시키고, 산과 반응하며, 평면이 아닌 분자이다. 이 화합물들에 Hückel 규칙을 적용시킬 수 있는가? 그렇다면 방향성이 없다는 것을 설명하시오.

Pentalene **Heptalene**

14.24 **(a)** 1960년 Katz(Columbia University)는 사이클로옥타테트라엔을 포타슘 금속으로 처리하면 전자 2개가 첨가되어 안정하고도 평면이며 2가 음이온인 $C_8H_8^{2-}$($2K^+$의 염)을 형성함을 알았다.

$$\xrightarrow[\text{THF}]{\text{2 당량 K}} 2\,K^+\ C_8H_8^{2-}$$

그림 14.7에 보인 분자 오비탈을 이용하여 이 결과를 설명하시오.

(b) 1964년 Katz는 아래의 화합물에서(뷰틸리튬을 염기로 사용하여) 양성자 2개를 제거하면 안정한 2가 음이온인 $C_8H_6^{2-}$($2Li^+$의 염)이 형성됨을 알았다.

생성물의 타당한 구조를 제시하고, 그것이 안정한 까닭을 설명하시오.

14.25 14.7B절의 [10]안뉼렌 어느 것도 방향족이 아니지만 아래의 10 π 전자 계는 방향족이다.

H H

I **II**

무슨 요인이 이것을 가능하게 하였는가?

14.26 사이클로프로펜온(**I**)은 매우 안정하다. 사이클로펜타다이엔온(**II**)은 대조적으로 아주 불안정하고 그 자체끼리 Diels−Alder 반응을 곧 진행한다.

(a) 이 두 화합물의 다른 반응성을 설명하시오.

(b) 사이클로펜타다이엔온의 Diels−Alder 첨가 생성물의 구조를 쓰시오.

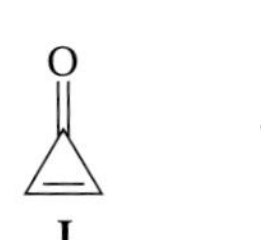

I **II**

14.27 5-클로로-1,3-사이클로펜타다이엔(아래 구조)은 염소가 이중으로 알릴 자리임에도 불구하고 은 이온의 존재하에서 아주 천천히 S_N1 가용매 분해를 진행한다. 이러한 행동에 대하여 설명하시오.

Cl

6-클로로-1,4-사이클로헥사다이엔(아래)의 S_N1 가용매 분해 속도는 5-클로로-1,3-사이클로펜타다이엔의 반응 속도와 어떻게 다른가?

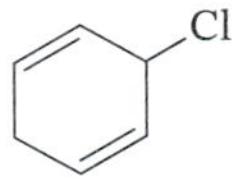

Cl

14.28 다음을 설명하시오: **(a)** 사이클로노나테트라엔일 음이온은 평면(각 긴장에도 불구하고)이며 방향성이다. **(b)** [16]안뉼렌은 방향성이 아니지만 2개의 전자를 첨가하여 방향성인 2가 음이온이 곧 형성된다.

14.29 사이클로뷰타다이엔은 4개의 π 전자를 지녀서 $4n+2$ 식의 n에 대한 정수를 주지 못한다. 사각형 고리 화합물로서 방향성을 지닌 구조를 이중 결합과 비공유 전자쌍을 포함하여 그리시오.

분광학과 구조 유추

14.30 아래의 각 쌍에 대하여 ^1H NMR 스펙트럼이 한 화합물을 다른 것과 구별해 주는 구체적인 점을 예상하시오.

(a) OH, CH_3 OH, CH_3

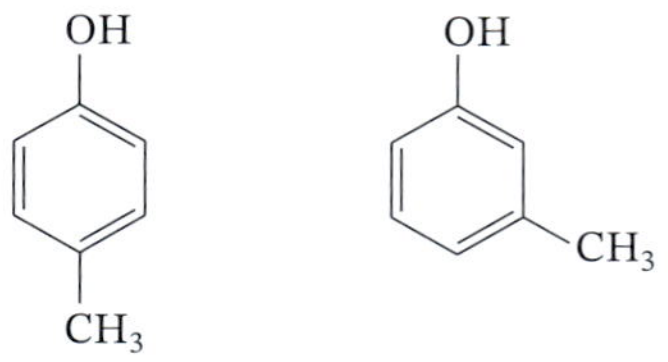

(c) Br   Br

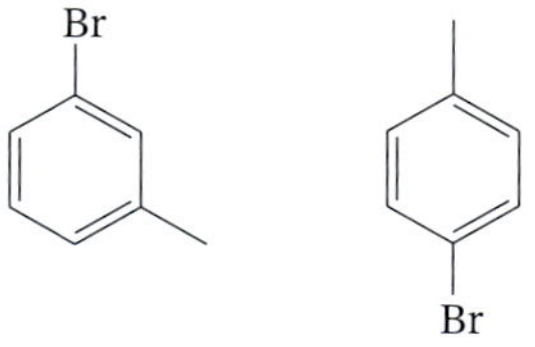

(b) O, O   O, O

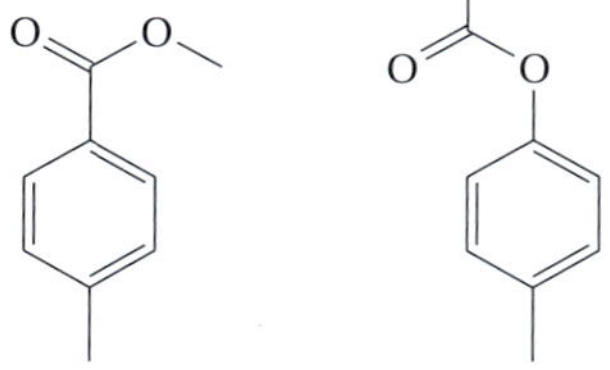

(d) OH, NO_2 OH, NO_2

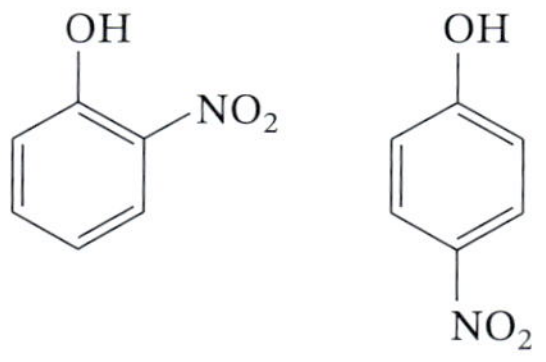

14.31 ^1H NMR 스펙트럼을 **그림 14.27**에 보인 화합물 A, B, 그리고 C의 구조를 정하시오.

14.32 사이클로데카펜타엔의 ^1H NMR 스펙트럼은 5.67 ppm에서 단일선으로 이루어져 있다. 이 신호의 위치는 사이클로데카펜타엔의 전자 비편재화에 대해서 무엇을 제시하는가?

14.33 **그림 14.28**에 ^1H NMR과 IR 스펙트럼을 보인 화합물 **F**의 구조를 쓰시오. IR 흡수는 3020, 2965, 2940, 2870, 1517, 1463, 818 cm^{-1}에서 보인다.

14.34 화합물 **L**은 분자식이 C_9H_{10}이고 브로민과 반응하며, IR 스펙트럼은 3035 cm^{-1}(m), 3020 cm^{-1}(m), 2925 cm^{-1}(m), 2853 cm^{-1}(w), 1640 cm^{-1}(m), 990 cm^{-1}(s), 915 cm^{-1}(s), 740 cm^{-1}(s), 695 cm^{-1}(s)이다. **L**의 ^1H NMR 스펙트럼은 아래와 같다.

이중선 3.1 ppm(2H)   다중선 5.1 ppm   다중선 7.1 ppm(5H)   다중선 4.8 ppm   다중선 5.8 ppm

UV 스펙트럼은 255 nm에서 최대 흡광도를 보인다. **L**의 구조를 제시하고, IR의 각 피크를 지정하시오.

14.35 화합물 **M**은 분자식이 C_9H_{12}이다. **M**의 ^1H NMR 스펙트럼은 **그림 14.29**이고 IR 스펙트럼은 **그림 14.30**이다. **M**의 구조를 제시하시오.

14.36 화합물 **N**은 분자식이 $C_9H_{10}O$이고, 사산화 오스뮴과 반응한다. ^1H NMR 스펙트럼은 **그림 14.31**에, IR 스펙트럼은 **그림 14.32**에 보였다. **N**의 구조를 제시하시오.

14.37 화합물 **Y**($C_9H_{12}O$)의 IR과 ^1H NMR 스펙트럼을 **그림 14.33**에 보였다. **Y**의 구조를 제시하시오.

14.38 **(a)** 타이몰(thymol)의 ^1H NMR 스펙트럼에서 몇 개의 신호를 예상하는가? **(b)** 타이몰의 IR 스펙트럼에서 무슨 특징적인 피크를 예상하는가?

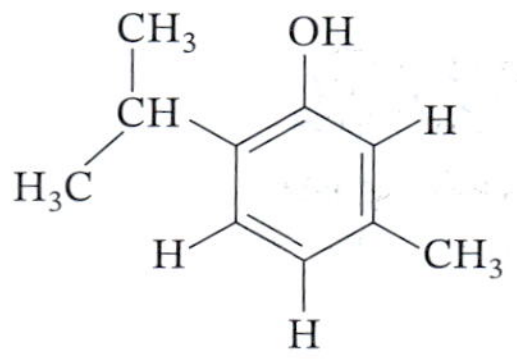

CH_3, OH, CH, H, H_3C, H, CH_3, H

Thymol

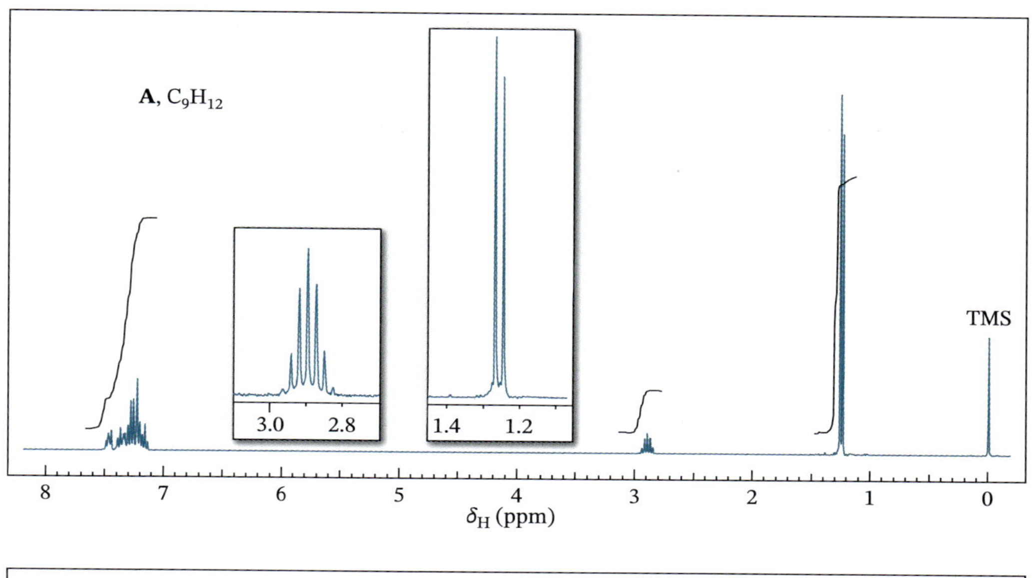

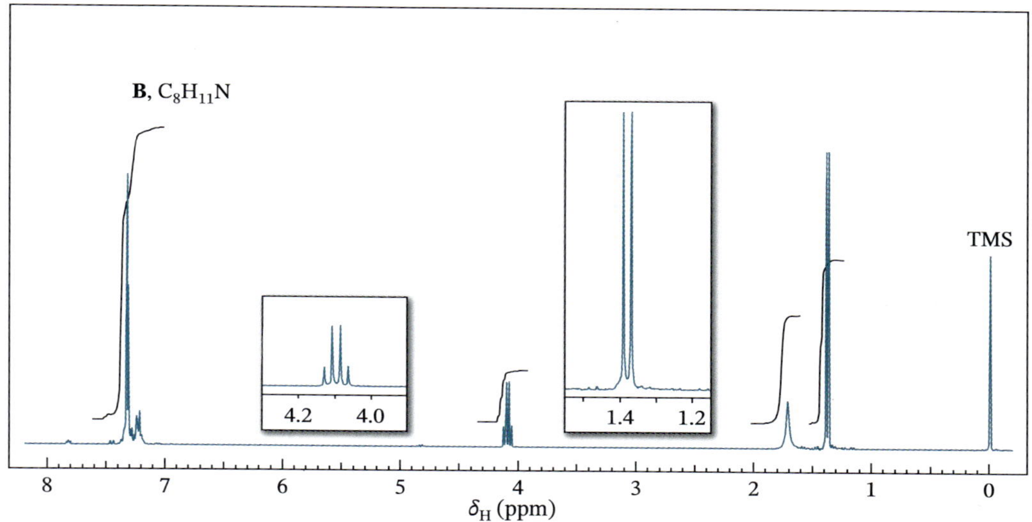

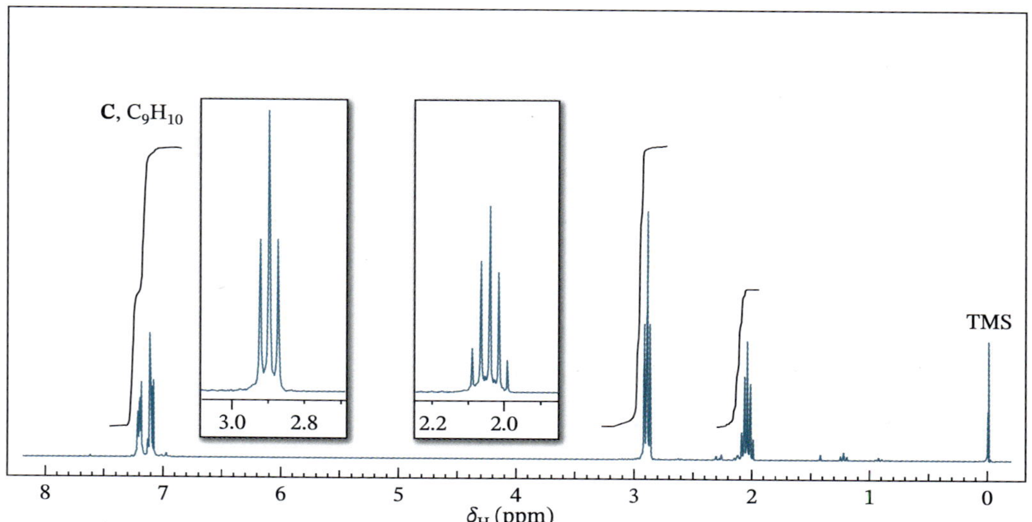

그림 14.27 물음 14.31에 대한 ^{1}H NMR 스펙트럼. 확대한 신호를 위에 보여 주었다.

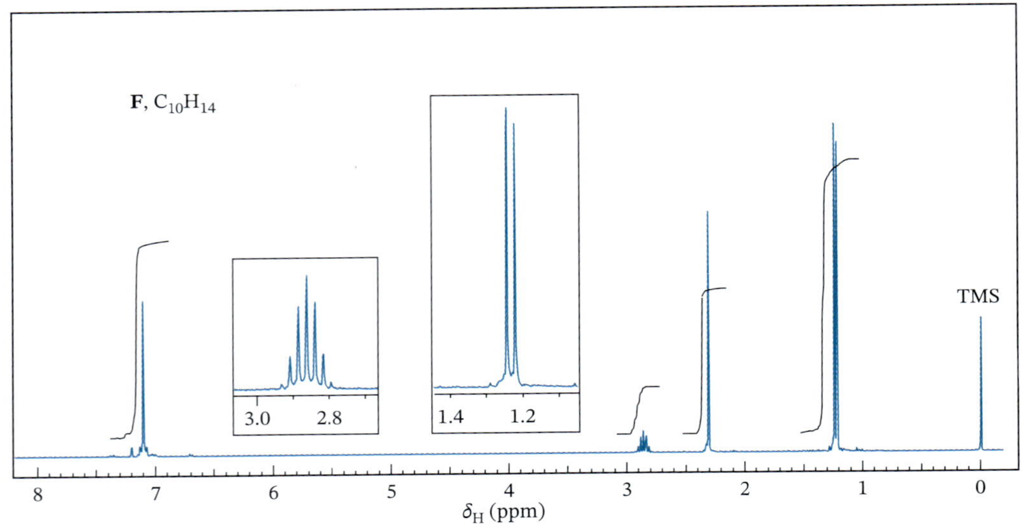

그림 14.28 화합물 **F**(물음 14.33)의 ¹H NMR 스펙트럼. 확대한 신호를 위에 보여 주었다.

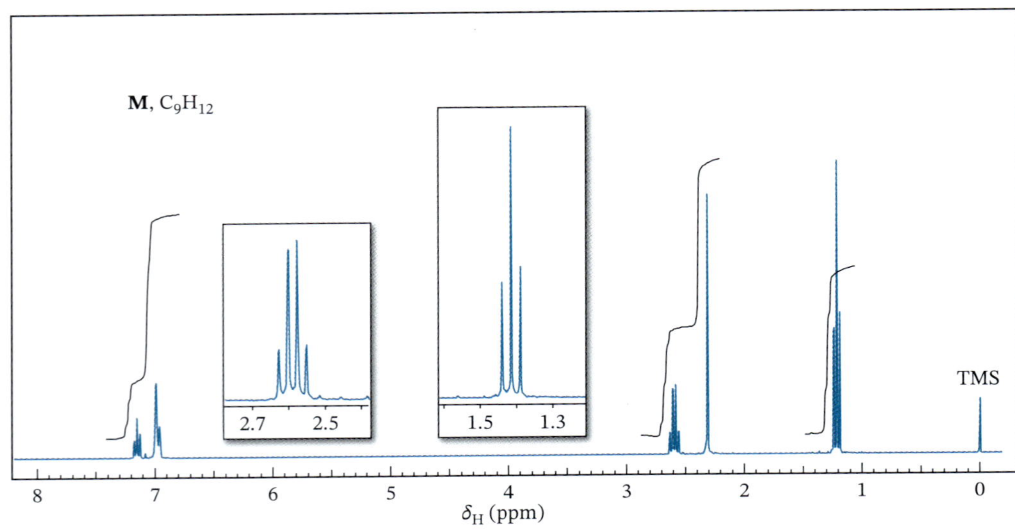

그림 14.29 화합물 **M**(물음 14.35)의 ¹H NMR 스펙트럼. 확대한 신호를 위에 보여 주었다.

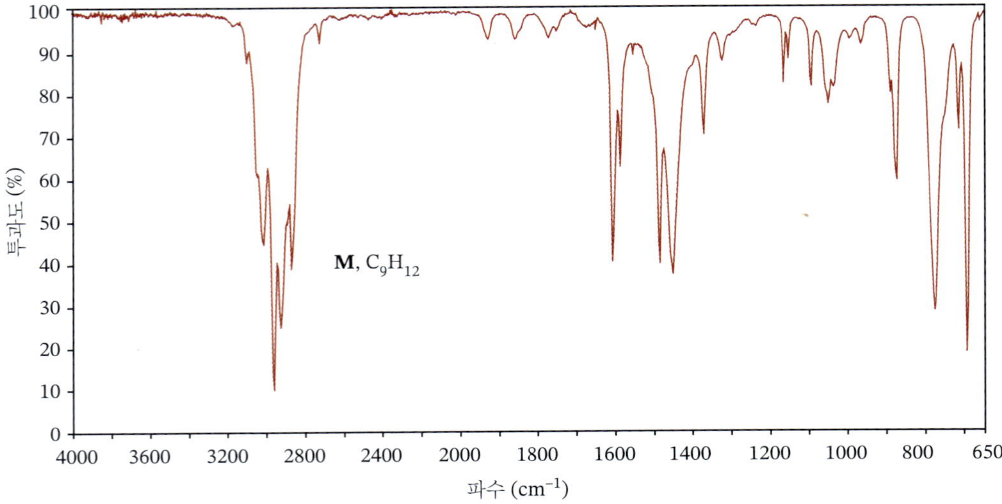

그림 14.30 화합물 **M**(물음 14.35)의 IR 스펙트럼

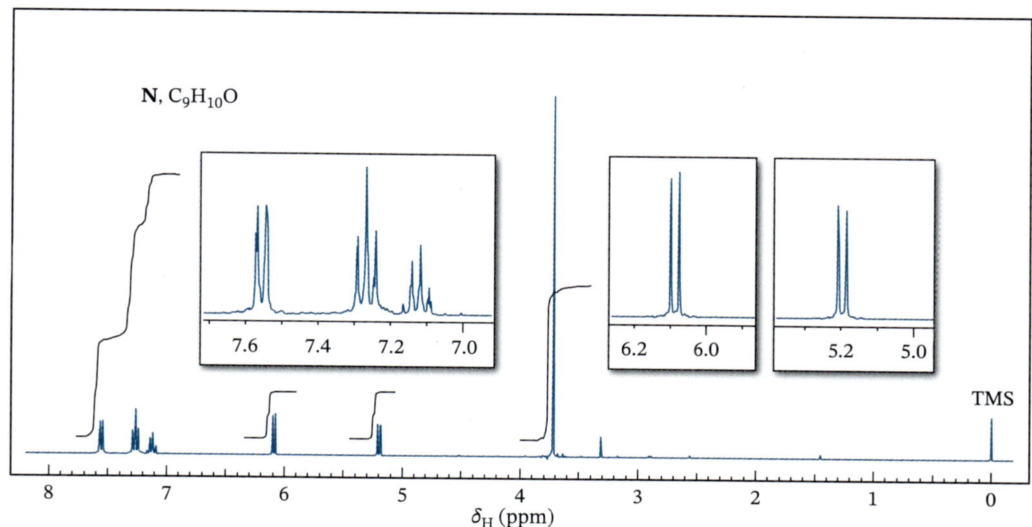

그림 14.31 화합물 **N**(물음 14.36)의 300-MHz ^{1}H NMR 스펙트럼. 확대한 신호를 위에 보여 주었다.

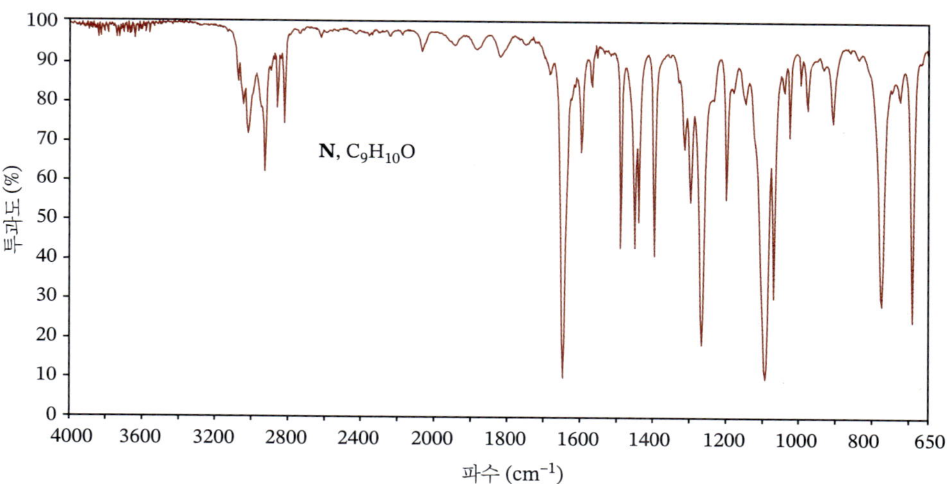

그림 14.32 화합물 **N**(물음 14.36)의 IR 스펙트럼

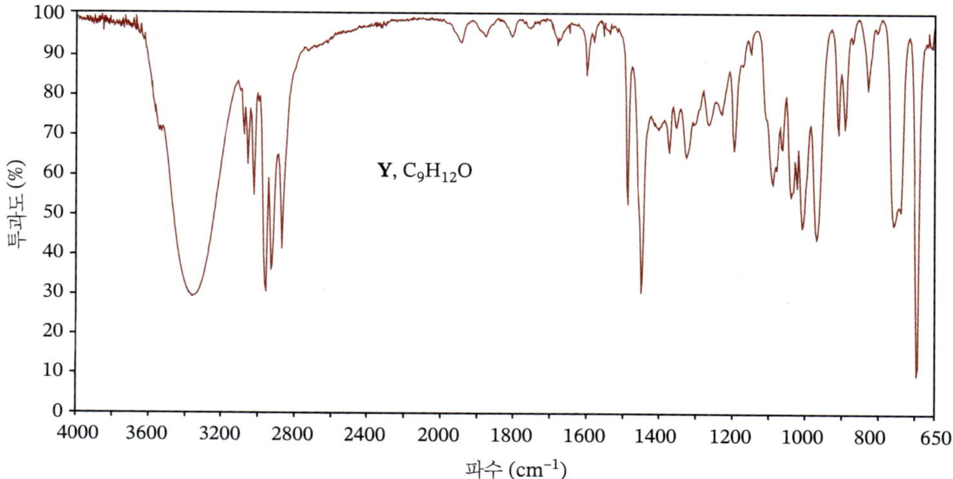

그림 14.33 화합물 **Y**(물음 14.37)의 IR 스펙트럼과 ^{1}H NMR 스펙트럼. 확대한 신호를 위에 보여 주었다.

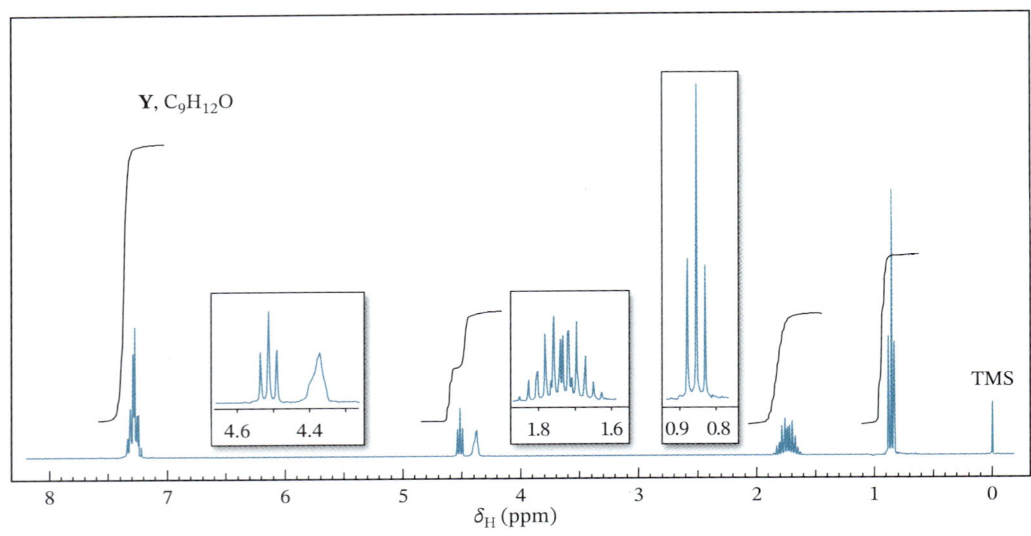

그림 14.34 (계속)

화학 상담자가 필요한 물음

14.39 아래의 구조 각각에 대하여 방향성을 지녔을 것으로 예상하는가? 왜 그럴까?

(a) **(b)** **(c)** **(d)**

14.40 아래 각각의 분자들은 Hückel의 방향성 규칙을 어긴 π 전자 수를 가졌음에도 방향성을 지녔다. 이러한 역설을 어떻게 설명하겠는가? (참조: *J. Phys. Chem. A* **2018**, *122*, 8585.)

(a) **(b)**

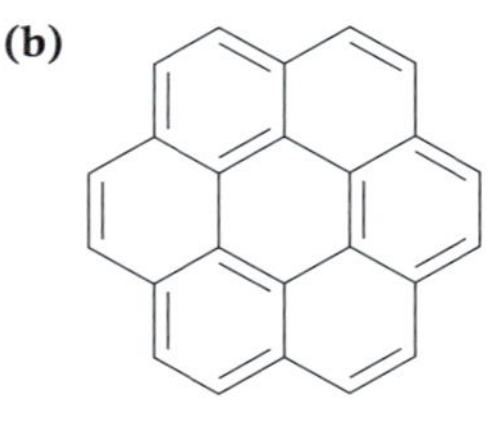

Coronene

(c)

Octaethylporphyrin

도전 물음

14.41 아래 주어진 정보로부터 *p*-클로로스타이렌의 바이닐 수소 원자들의 ^{1}H NMR 스펙트럼의 모습을 예측하시오. 고리의 유발 자

기장에 의한 벗김은 양성자 (c)에서 가장 크고 (δ 6.7 ppm), 양성자 (b)에서 가장 작다(δ 5.3 ppm). (a)의 화학적 이동은 δ 5.7 ppm 이다. 짝지음 상수는 대략 다음과 같다: $J_{ac} \cong 18$ Hz, $J_{bc} \cong 11$ Hz, $J_{ab} \cong 2$ Hz(이 짝지음 상수는 바이닐 자리 계의 전형적인 값이다: trans 수소 원자들의 짝지음 상수는 cis 수소 원자들의 짝지음 상수보다 크고, *gem*-바이닐 수소 원자들의 짝지음 상수는 아주 작다.)

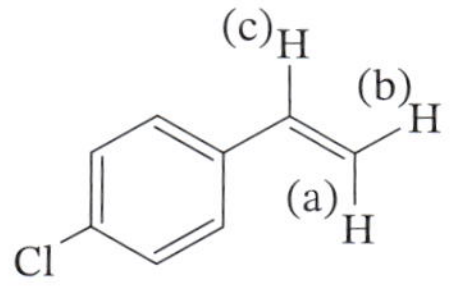

(c)H (b)H (a)H Cl

14.42 아래의 반응을 고려해 보자.

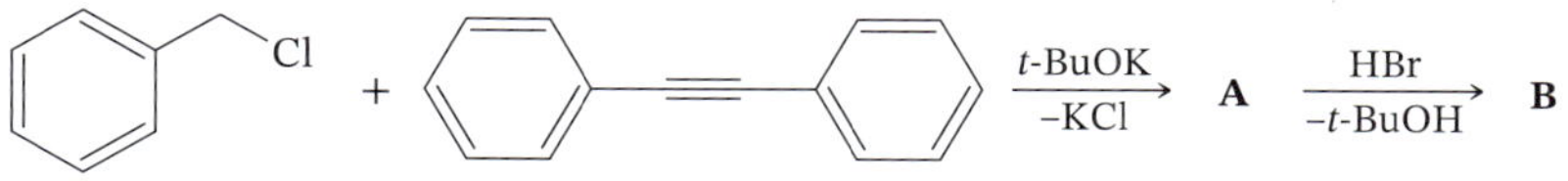

Cl + [diphenylacetylene] $\xrightarrow[\text{-KCl}]{t\text{-BuOK}}$ **A** $\xrightarrow[-t\text{-BuOH}]{\text{HBr}}$ **B**

중간체 A는 공유 결합 화합물이고 ^{1}H NMR은 방향족 고리의 수소에 대응되는 피크와 1.21 ppm에 한 개 신호가 있는데 면적비는 5 : 3 이다. 생성물 **B**는 이온성이고 단지 방향성인 수소의 피크만 있다. **A**와 **B**의 구조는 무엇인가?

14.43 아래의 연속 반응에서 최종 물질인 **D**는 오렌지색 결정성 고체로 174 °C에서 녹고 분자량은 186이다.

$$\text{Cyclopentadiene} + \text{Na} \longrightarrow \textbf{C} + H_2$$

$$2\,\textbf{C} + FeCl_2 \longrightarrow \textbf{D} + 2\,NaCl$$

D의 ^{1}H와 ^{13}C NMR 스펙트럼에서 단 한 가지 종류의 수소와 탄소를 각각 보여 준다. **C**의 구조를 그리고, **D**가 고도의 대칭성을 지니는 까닭을 설명할 수 있는 구조를 제시하시오.

14.44 화합물 **E**는 아래와 같은 분광학적 특징이 있다. 구조는 무엇인가?

MS: m/z 202, 가장 강한 피크

IR: 3030~3080, 2150(매우 약함), 1600, 1490, 760, 690 cm^{-1}

^{1}**H NMR**: δ 7.34 ppm에 중심을 둔 좁은 다중선

UV: 287(ε = 25,000), 305(ε = 36,000), 326(ε = 33,000) nm

학습 집단을 위한 물음

1. 적자주색 애스터(국화 일종)로부터 분리된 염료인 염화 칼리스테핀(callistephin chloride)의 화학적인 합성(A. Robertson과 R. Robinson, *J. Chem. Soc.* **1928**, 1455–1472)에서 아래의 단계에 대한 메커니즘을 화살표로 쓰시오. 이러한 변형이 왜 타당한 과정인지 설명하시오.

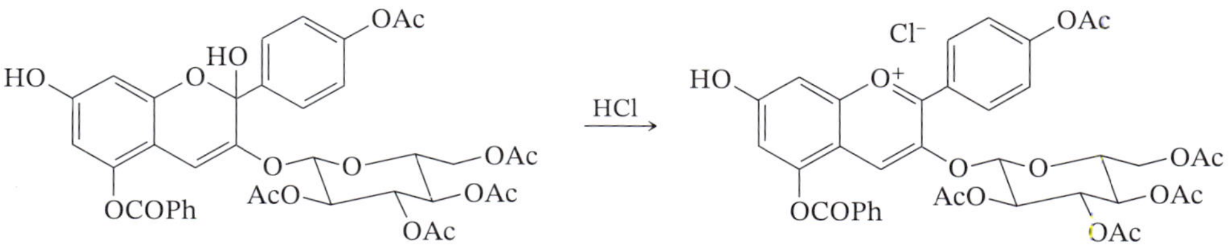

HO, HO, O, OAc, O, O, OAc, AcO, OAc, OAc, OCOPh $\xrightarrow{\text{HCl}}$ Cl$^-$, HO, O$^+$, OAc, O, O, OAc, AcO, OAc, OAc, OCOPh

Callistephin chloride

2. 아래의 반응 순서는 프로스타글란딘 $F_{2\alpha}$와 프로스타글란딘 E_2의 합성 초기에 사용되었다(E. J. Corey, *J. Am. Chem. Soc.* **1969**, *91*, 5675–5677). 이 반응에서 무엇이 관여했는지, 그리고 그것이 왜 타당한 과정인지를 설명하시오.

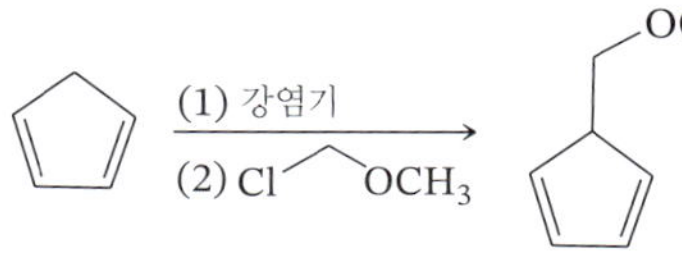

[cyclopentadiene] $\xrightarrow[\text{(2) Cl}\diagup\text{OCH}_3]{\text{(1) 강염기}}$ OCH$_3$ [cyclopentadienyl]

3. *p*-메틸아세토페논(*p*-methylacetophenone)의 방향성 수소의 ^{1}H NMR 신호는 약 7.84와 7.23 ppm에서 두 개의 이중선으로 나타난다. 두 이중선을 그 신호를 만드는 각 수소에 지정하시오. 기여하는 공명 구조에 근거하여 상대적인 전자 밀도 논리를 써서 지정의 당위성을 말하시오.

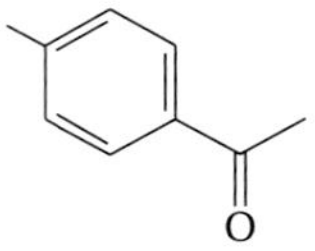

O

4. DNA의 구조에 들어 있는 헤테로 고리 방향족 화합물인 아데닌의 구조를 그리시오. 아데닌의 고리에서 방향족 계의 일부가 아닌 비결합 전자쌍을 찾아내시오. 고리의 어느 질소 원자가 더 염기성이고 어느 것이 덜 염기성인가?

5. NADH와 NAD^+에 있는 니코틴아마이드 고리의 구조를 그리시오. NADH를 NAD^+로 변환할 때 NAD^+의 방향성인 피리디늄 이온을 만들기 위하여 수소는 무슨 형태로 전달되어야 하는가?

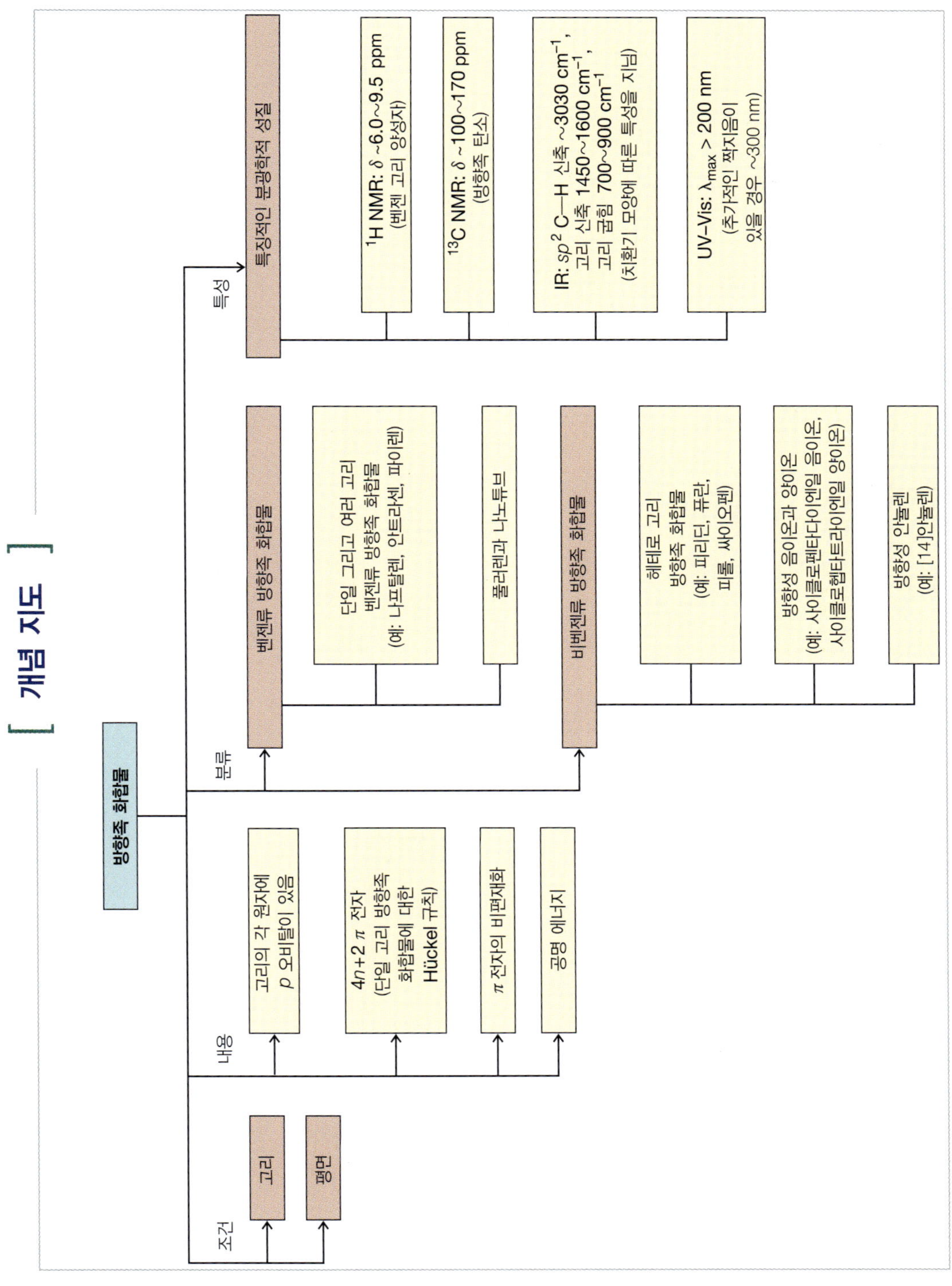

개념 지도
방향족 화합물
조건
고리
평면
내용
고리의 각 원자에 p 오비탈이 있음
$4n+2$ π 전자 (단일 고리 방향족 화합물에 대한 Hückel 규칙)
π 전자의 비편재화
공명 에너지
분류
벤젠류 방향족 화합물
단일 그리고 여러 고리 벤젠류 방향족 화합물 (예: 나프탈렌, 안트라센, 파이렌)
풀러렌과 나노튜브
비벤젠류 방향족 화합물
헤테로 고리 방향족 화합물 (예: 피리딘, 퓨란, 피롤, 싸이오펜)
방향성 음이온과 양이온 (예: 사이클로펜타다이엔일 음이온, 사이클로헵타트라이엔일 양이온)
방향성 안눌렌 (예: [14]안눌렌)
특성
특징적인 분광학적 성질
^{1}H NMR: δ ~6.0~9.5 ppm (벤젠 고리 양성자)
^{13}C NMR: δ ~100~170 ppm (방향족 탄소)
IR: sp^2 C—H 신축 ~3030 cm^{-1}, 고리 신축 1450~1600 cm^{-1}, 고리 굽힘 700~900 cm^{-1} (치환기 모양에 따른 특성을 지님)
UV–Vis: λ_{max} > 200 nm (추가적인 짝지음이 있을 경우 ~300 nm)

CHAPTER 15

방향족 화합물의 반응

Lezh/E+/Getty Images

방향족 화합물은 표준적인 반응 조건에 불활성으로 만드는 특별한 전자적 성질을 지녔지만, 친전자성 방향족 치환 반응 과정에 의해서 계에 결합된 원자들을 변화시킬 수 있는 많은 방법들이 있다. 예를 들면, 벤젠에 있는 여섯 개의 수소 원자들은 모두 다른 기 — 예를 들면 할로젠, 카보닐기, 또는 지방족 사슬로 치환될 수 있다. 그러한 과정으로 실온에서 액체이며 용매인 벤젠은 아스피린 같은 약품이나 TNT 같은 폭약을 포함한 수천 가지의 다른 물질로 변화될 수 있다. 생합성에서는 유사한 반응으로 대사에 관여하는 호르몬인 타이록신(thyroxine)이나 포도가 만드는 화합물인 팔리돌(pallidol) 같은 생체 분자를 합성한다. 나중에 이러한 과정에 대해 배울 것이다. 합성 가능성은 거의 무한하지만, 그 가능성을 열려면 이들 반응의 개념, 논리, 규약 등에 대한 이해가 달성되어야 한다.

이 장에서 배울 내용:

- 벤젠의 치환 반응이 일어나는 일반적인 요인
- 벤젠에 있는 치환기가 추가적인 치환 반응의 반응성과 능력에 미치는 영향
- 주어진 치환기를 새로운 작용기로 전환하는 반응

이 주제는 왜 중요한가?

이 장의 끝에서는 같은 반응을 다른 모습으로 진행하는 특수한 그룹의 분자들을 탐구해 볼 것인데, 자연에서나 실험실에서 비슷한 출발 물질로부터 다양한 구조의 집단이 생성되는 것을 살펴보게 될 것이다.

15.1 친전자성 방향족 치환 반응

방향족 화합물의 가장 중요한 반응은 친전자체가 고리에 있는 수소 원자를 치환하는 것이다.

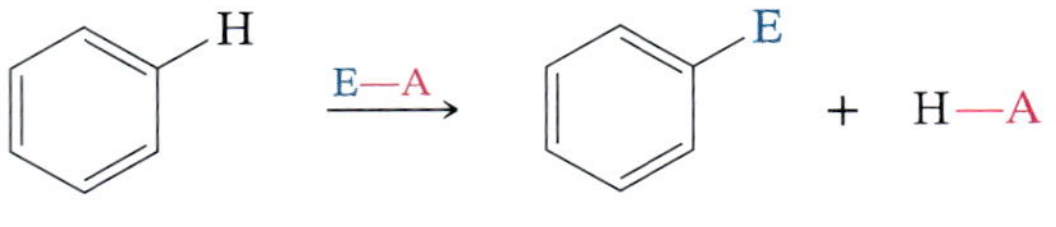
H
E—A
E
+ H—A

(E—A는 친전자적인 반응물)

이 반응은 **친전자성 방향족 치환 반응**(**electrophilic aromatic substitution**, **EAS**)이라고 하는데, 작용기를 벤젠과 같은 방향족 고리에 바로 도입하도록 하며, 많은 중요한 화합물에 대한 합성 경로를 제공해 준다. **그림 15.1**은 이 장에서 배울 다섯 가지 다른 형태의 친전자성 방향족 치환 반응을 요약하고 있는데, 탄소–탄소 결합 형성 반응과 할로젠화 반응도 포함되어 있다.

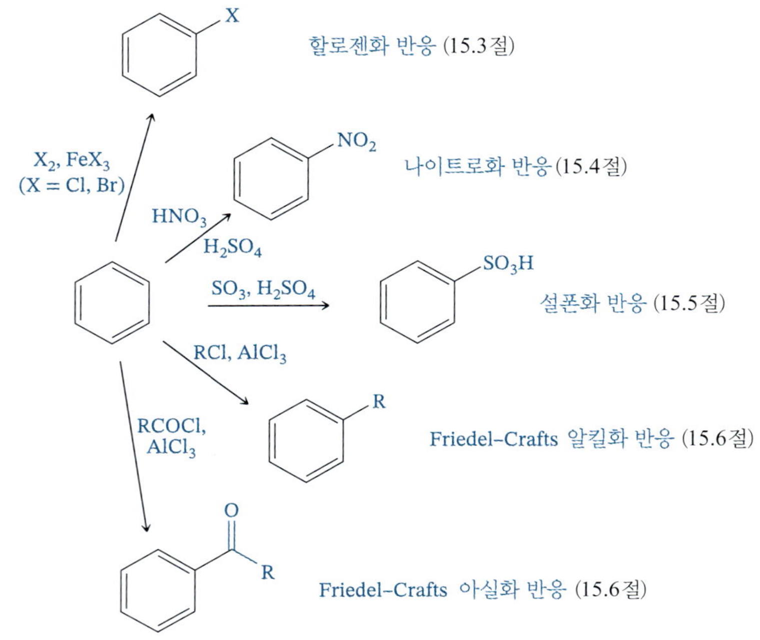
X
할로젠화 반응 (15.3절)
X2, FeX3
(X = Cl, Br)
NO2
나이트로화 반응 (15.4절)
HNO3
H2SO4
SO3H
SO3, H2SO4
설폰화 반응 (15.5절)
RCl, AlCl3
R
RCOCl,
AlCl3
Friedel–Crafts 알킬화 반응 (15.6절)
O
R
Friedel–Crafts 아실화 반응 (15.6절)

그림 15.1 친전자성 방향족 치환 반응

자연에서 일어나는 친전자성 방향족 치환 반응의 주목할 만한 예는 갑상선 호르몬인 타이록신의 생합성인데, 아이오딘이 타이로신으로부터 유도된 벤젠 고리에 들어가는 것이다.

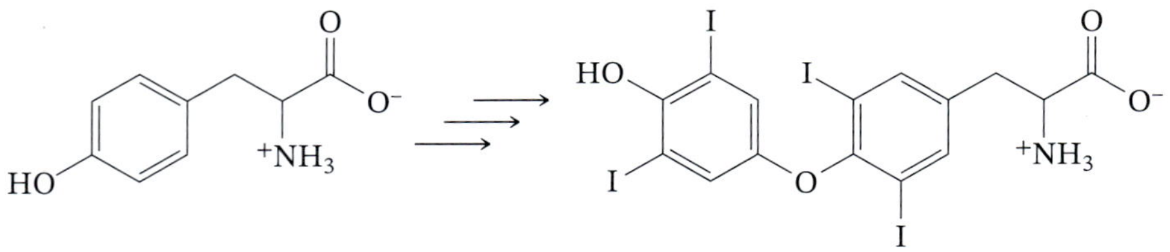
O
O⁻
⁺NH3
HO
I
HO
I
O
O
O⁻
⁺NH3
I
I

Tyrosine
(음식물의 아미노산)

Thyroxine
(갑상선 호르몬)

다음 절에서는 친전자체가 벤젠 고리와 반응하는 방식에 대한 일반적인 메커니즘을 배우게 된다. 그다음 15.3~15.6절에서는 친전자체의 구체적인 예와 반응 혼합물에서 그들이 어떻게 형성되는지를 알게 될 것이다.

15.2 친전자성 방향족 치환 반응의 일반적인 메커니즘

벤젠의 π 전자는 강한 친전자체와 반응한다. 이 점에 있어서 벤젠은 알켄과 흡사하다. 알켄이 친전자체와 반응할 때 HBr의 첨가 반응(8.2절)에서처럼 알켄의 π 결합에 있는 전자는 친전자체와 반응하여 탄소 양이온 중간체를 만든다.

알켄으로부터 형성된 탄소 양이온은 친핵체인 브로민화 이온과 반응하여 첨가 반응 생성물을 형성한다.

하지만 벤젠의 반응성이 알켄의 반응성과 유사한 점은 친핵체의 공격이 있기 전인 탄소 양이온 단계에서 끝난다. 14장에서 보았듯이, 6개의 π 전자로 된 벤젠의 고리는 특별한 안정도를 제공한다.

- 벤젠이 친전자성 공격을 당하기는 쉽지만, 그것은 **첨가 반응**보다 **치환 반응**을 진행한다.

치환 반응으로 친전자체에 의한 공격 후 벤젠의 방향성 6π 계를 재생시킨다. **친전자성 방향족 치환 반응(electrophilic aromatic substitution)**에 대한 메커니즘을 살펴보면 이것이 어떻게 일어나는지를 알 수 있다.

도움말

공명 구조(여기서 아렌윰 이온에 대해서 쓴 것과 같은 것)는 친전자성 방향족 치환 반응을 공부하는 데 매우 중요하다.

친전자체가 벤젠의 π 계를 공격하여 **아렌윰 이온(arenium ion)**이라고 알려진 **비방향성 사이클로헥사다이엔일 탄소 양이온**을 형성한다는 실험적 증거들이 있다. 이 단계를 보일 때 Kelulé 구조를 사용하는 것이 편리한데, 이 구조가 π 전자를 헤아리기가 쉽기 때문이다.

- 1단계에서 친전자체는 6전자 π 계에 있는 2개의 전자를 취하여 자신과 벤젠 고리에 있는 한 탄소 원자 사이에 σ 결합을 형성한다.

이로써 π 전자의 고리계는 깨진다. 왜냐하면 아렌윰 이온이 형성되면서 친전자체가 결합한 탄소는 sp^3 혼성이 되고, 따라서 더 이상 p 오비탈을 가지고 있지 않기 때문이다. 이제 고리에 있는 다섯 원자만이 sp^2 혼성이며 아직도 p 오비탈을 가지고 있다. 아렌윰 이온의 4개의 π 전자들은 다섯 개의 p 오비탈에 비편재화된다. 브로민이 벤젠에 친전자성 첨가 반응을 하여 형

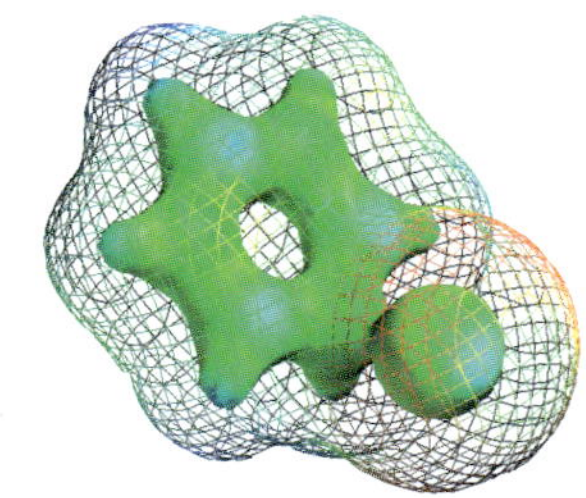

그림 15.2 브로민이 벤젠에 친전자성 첨가 반응을 하여 생성된 아렌윰 이온 중간체에 대하여 계산된 구조(15.3절). 결합 전자의 주 위치를 나타내는 정전기적 퍼텐셜 지도(진한 표면으로 나타냄)에서 양전하(청색)는 친전자체가 결합한 위치로부터 주로 ortho와 para 탄소에 놓여 있음을 보여 준다. 이 전하의 분포는 아렌윰 이온의 공명 모형과도 일치한다. (van der Waals 표면은 망상 구조로 나타냄.)

성된 아렌윰 이온에 대하여 계산된 정전기적 퍼텐셜 지도를 보면, 양전하가 공명 기여체 구조에서와 같이 아렌윰 이온의 고리에 분배된 것을 알 수 있다(**그림 15.2**).

- 2단계에서 아렌윰 이온은 친전자체가 결합된 탄소로부터 양성자를 잃고 고리의 방향성을 회복한다.

2단계 (반응식: 아렌윰 이온 + :A⁻ ⟶ 치환 벤젠(E) + H—A)

이 양성자와 탄소 원자를 결합시켰던 두 전자들은 π 계의 일부가 된다. 친전자체와 결합한 탄소 원자는 다시 sp^2 혼성이 되고 완전히 비편재화된 6개의 π 전자를 가진 벤젠 유도체가 형성된다. 양성자는 존재하는 어떤 염기, 예를 들면 친전자체로부터 온 음이온에 의해서 제거된다.

되새김 물음 15.1

아렌윰 이온에 대한 세 가지 공명 구조를 사용하여 양성자가 떨어져 나가는 방법을 나타내고, 각 표현 방법이 세 개의 교차하는 이중 결합(즉 완전히 비편재화된 6개의 π 전자)을 가진 벤젠 고리를 어떻게 만드는지 보이시오.

Kelulé 구조는 친전자성 방향족 치환 반응과 같은 메커니즘을 쓰는 데 더 적당하다. 왜냐하면, 그 구조들이 공명 이론을 사용할 수 있도록 하기 때문인데, 나중에 알게 되겠지만 이해하는 데 정말 도움이 된다. 그러나 만일 간단히 하기 위해서 벤젠에 대한 현대적인 식으로 메커니즘을 나타낸다면 아래와 같이 할 수 있다. 아렌윰 이온을 비편재화된 사이클로헥사다이엔일 양이온으로 그린다.

도움말

화학식을 색깔로 나타내는 도표에서 청색은 일반적으로 친전자적이거나 전자를 끄는 성질을 지닌 기를 나타낸다. 적색은 Lewis 염기이거나 염기가 되거나 아니면 전자를 주는 성질을 지닌 기를 나타낸다.

1단계 (반응식: 벤젠 + E—A ⟶ 아렌윰 이온(δ+, δ+, δ+; E, H) + :A⁻)

아렌윰 이온

2단계 (반응식: 아렌윰 이온(δ+) + :A⁻ ⟶ 치환 벤젠(E) + H—A)

아렌윰 이온이 친전자성 치환 반응의 진짜 **중간체**임을 확인하는 확실한 실험적인 증거가 있다. 그것은 전이 상태가 아니다. 이 사실은 자유 에너지 도표(**그림 15.3**)에서 아렌윰 이온이 두 전이 상태 사이의 에너지 골짜기에 놓여 있음을 의미한다.

1단계 반응의 활성화 자유 에너지 $\Delta G^{\ddagger}_{(1)}$은 2단계의 활성화 자유 에너지 $\Delta G^{\ddagger}_{(2)}$보다 그림 15.3에서 보듯이 훨씬 더 크다. 이것은 예상되는 바와 일치한다. 벤젠과 친전자체로부터 아렌

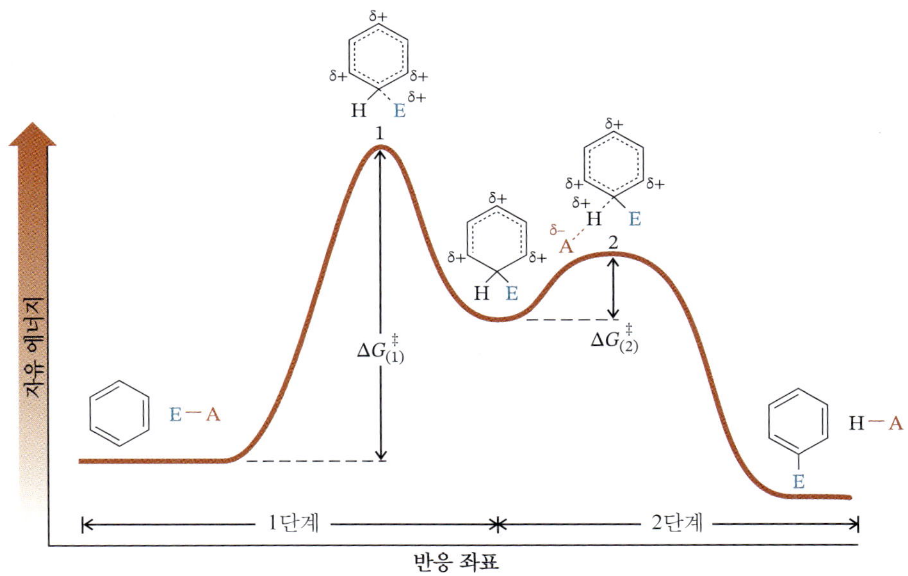

그림 15.3 친전자성 방향족 치환 반응의 자유 에너지 도표. 아렌윰 이온은 두 전이 상태 1과 2 사이에 놓여 있는 진짜 중간체이다. 전이 상태 1에서 친전자체와 벤젠 고리의 한 탄소 원자 사이의 결합은 단지 부분적으로만 형성되어 있다. 전이 상태 2에서 같은 벤젠 탄소 원자와 수소 원자 사이의 결합이 부분적으로 깨진다. 수소 원자와 짝염기 사이의 결합은 부분적으로 형성된다.

윰 이온이 되는 반응은 벤젠의 방향성 안정도를 잃게 되어 매우 흡열 반응이다. 아렌윰 이온에서 치환기를 가진 벤젠으로 가는 반응은 대조적으로 벤젠 고리에 방향성을 회복시켜 주어 매우 발열 반응이다.

아래의 두 단계 중 1단계(아렌윰 이온의 형성)가 더 높은 활성화 자유 에너지 때문에 친전자성 방향족 치환 반응의 속도 결정 단계이다.

1단계 벤젠 + E—A ⟶ (δ+ 아렌윰 이온, H E) + :A⁻ **느림, 속도 결정 단계**

2단계 (δ+ 아렌윰 이온, H E, :A⁻) ⟶ (벤젠–E) + H—A **빠름**

양성자를 잃는 2단계는 1단계보다 빨리 일어나며 반응의 전체 속도에 영향을 주지 않는다.

15.3 벤젠의 할로젠화 반응

Lewis 산이 존재할 때 벤젠은 브로민이나 염소와 신속히 반응하여 브로모벤젠이나 클로로벤젠을 높은 수율로 만든다.

$$\text{벤젠} + Cl_2 \xrightarrow[25\ ^\circ C]{FeCl_3} \text{C}_6\text{H}_5\text{Cl} + HCl$$

Chlorobenzene (90%)

$$C_6H_6 + Br_2 \xrightarrow[\text{가열}]{FeBr_3} C_6H_5Br + HBr$$

Bromobenzene (75%)

가장 흔히 쓰이는 Lewis 산은 염소화 반응에서는 염화 알루미늄($AlCl_3$)과 염화 철($FeCl_3$), 그리고 브로민화 반응에서는 브로민화 철($FeBr_3$)이다. Lewis 산의 목적은 할로젠을 더 강한 친전자체로 만들려는 것이다. 방향족 브로민화 반응의 메커니즘은 다음과 같다.

반응 메커니즘

친전자성 방향족 브로민화 반응

1단계

$$:\ddot{Br}-\ddot{Br}: + FeBr_3 \rightleftharpoons :\ddot{Br}-\overset{+}{\ddot{Br}}-\overset{-}{FeBr_3}$$

브로민은 $\mathbf{FeBr_3}$ 와 결합하여 착물을 형성한다.

2단계

$$C_6H_6 + :\ddot{Br}-\overset{+}{\ddot{Br}}-\overset{-}{FeBr_3} \xrightarrow{\text{느림}} [\text{아레늄 이온}] + \overset{-}{FeBr_4}$$

아레늄 이온

벤젠 고리는 전자쌍을 말단 브로민에 제공하여 아레늄 이온을 형성하고 다른 브로민에 있는 형식적인 양전하를 중성화한다.

3단계

$$[\text{아레늄 이온}] + :\ddot{Br}-\overset{-}{FeBr_3} \longrightarrow C_6H_5Br + H-\ddot{Br}: + FeBr_3$$

양성자가 아레늄 이온으로부터 제거되어 브로모벤젠이 되고 촉매는 재생된다.

도움말

아레늄 이온의 정전기적 퍼텐셜 지도는 그림 15.2에 나와 있다.

염화 철(III) 존재하에서 벤젠의 염소화 반응 메커니즘도 브로민화 반응 메커니즘과 비슷하다.

플루오린은 벤젠과 너무 빨리 반응하므로 방향족 플루오린화 반응을 위해서는 특별한 반응 조건과 용기가 필요하다. 그렇게 해도 반응을 모노플루오린화 반응으로 제한시키기는 어렵다. 그러나 플루오로벤젠은 20.7D절에서 다루는 간접적인 방법으로 합성될 수 있다.

한편 아이오딘은 너무 반응성이 작아서 직접적인 아이오딘화 반응을 위해서는 특별한 기술이 필요하다. 이 반응은 질산과 같은 산화제의 존재하에서 수행해야 한다.

$$C_6H_6 + I_2 \xrightarrow{HNO_3} C_6H_5I$$

86%

타이록신의 생합성에서처럼 생화학적인 이이오딘화 반응은 효소 촉매와 함께 일어난다.

환경 화학: 친환경적인 EAS 할로젠화 반응

할로젠 분자(Cl_2, Br_2, I_2)는 유해하고 다루기가 어려운 물질이다. 염소는 치명적인 기체이며, 브로민은 짙고 매운 액체이고, 아이오딘은 증기압이 높은 고체이다. 이것들의 사용은 산업이나 실험실에서조차도 인간과 환경에 위험하다. 그러나 친전자성 방향족 치환 반응(EAS)을 위하여 친전자성인 할로젠을 더 안전한 물질로부터 반응 혼합물 속에서 생성시키는 방법이 있다. 아래의 반응에서 보듯이, 브로민은 브로민화 수소와 과산화 수소의 반응에 의해서 만들 수 있다. 친전자성인 아이오딘은 아이오딘화 소듐과 가정용 표백제로부터 생성시킬 수 있다. 두 경우 모두 그렇게 생성된 친전자성인 할로젠은 반응 혼합물에 주어져 있는 방향성 기질과 곧바로 EAS를 진행할 수 있다.

$$2\,HBr + H_2O_2 \longrightarrow Br_2 + 2\,H_2O$$

EAS에 의한 브로민화 반응

$$NaI + HOCl \longrightarrow \overset{\delta+}{I}-\overset{\delta-}{Cl} + NaOH$$

EAS에 의한 아이오딘화 반응

15.4 벤젠의 나이트로화 반응

벤젠은 진한 질산과 진한 황산의 혼합물과 함께 반응하여 나이트로화 반응이 일어난다.

$$C_6H_6 + HNO_3 + H_2SO_4 \xrightarrow[50\sim55\ °C]{} C_6H_5NO_2 + H_3O^+ + HSO_4^-$$

85%

진한 황산은 다음 메커니즘의 두 단계에서 보듯이 친전자체인 나이트로늄 이온(NO_2^+)의 농도를 증가시킴으로 반응 속도를 증가시킨다.

반응 메커니즘

벤젠의 나이트로화 반응

1단계

$$H-O-SO_2-O-H\ (H_2SO_4) + H-\ddot{O}-N^+(=O)-O^- \rightleftharpoons H-O^+(H)-N^+(=O)-O^- + H-O-SO_2-O^-$$

이 단계에서 질산은 더 강산인 황산으로부터 양성자를 받는다.

2단계

$$H-O^+(H)-N^+(=O)-O^- \rightleftharpoons H_2O + O=N^+=O$$

나이트로늄 이온

이제 양성자가 첨가된 질산은 해리하여 나이트로늄 이온을 생성한다.

3단계

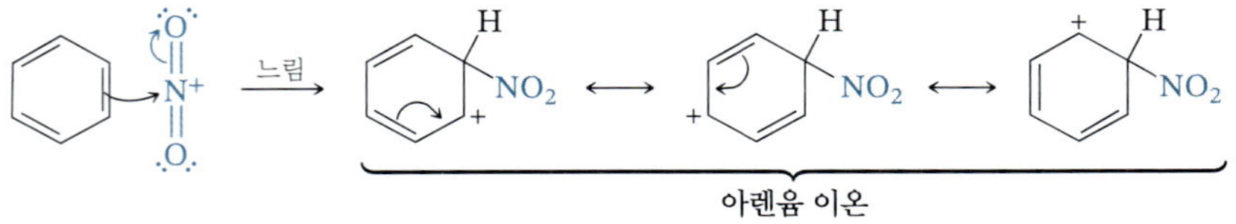

느림

아렌윰 이온

나이트로늄 이온은 나이트로화 반응에서 실제 친전자체이다.
이것이 벤젠과 반응하여 공명 안정화된 아렌윰 이온을 형성한다.

4단계

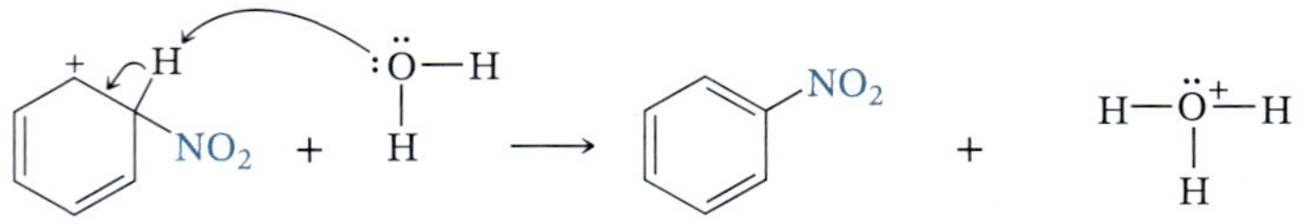

아렌윰 이온은 Lewis 염기에 양성자를 잃고 나이트로벤젠이 된다.

되새김 물음 15.2 H_2SO_4의 pK_a는 −9이고 HNO_3의 pK_a는 −1.4라는 사실로부터 나이트로화 반응이 진한 질산만 썼을 때보다 진한 질산과 황산의 혼합물에서 더 빨리 일어나는 까닭을 설명하시오.

15.5 벤젠의 설폰화 반응

벤젠은 발연 황산과 실온에서 반응하여 벤젠설폰산을 생성한다. 발연 황산은 삼산화 황(SO_3)을 포함하는 황산이다. 설폰화 반응은 진한 황산만으로도 일어나지만 매우 천천히 진행된다. 어느 반응이건 친전자체는 삼산화 황인 것처럼 보인다.

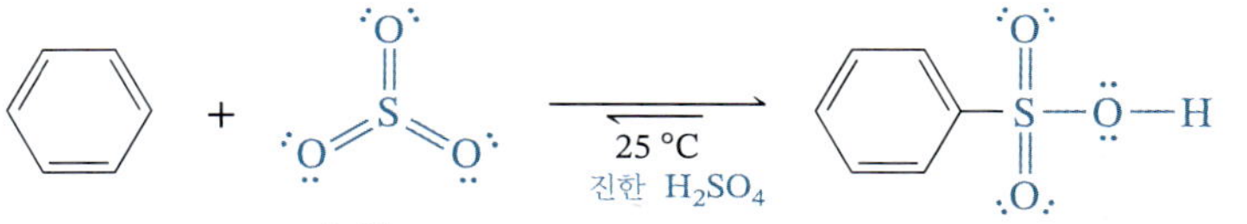

25 °C
진한 H_2SO_4

Sulfur trioxide

Benzenesulfonic acid (56%)

반응 메커니즘

벤젠의 설폰화 반응

1단계

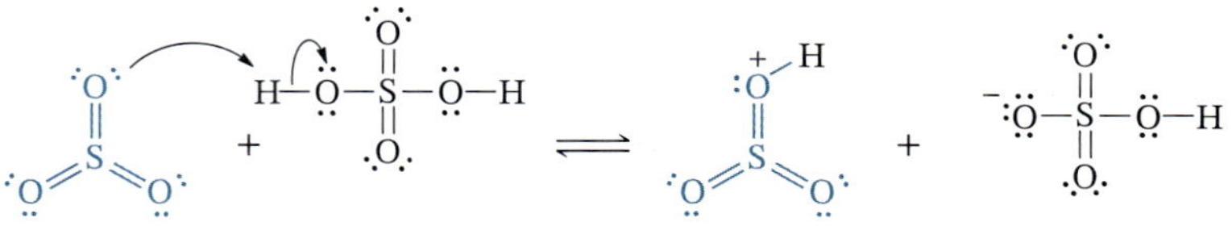

SO_3에 양성자가 첨가되어 $^+SO_3H$를 형성한다.

2단계

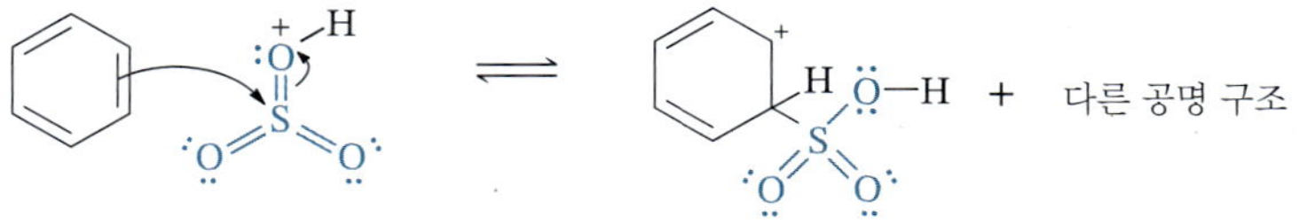

다른 공명 구조

$^+SO_3H$가 친전자체로 벤젠 고리와 반응하여 아렌윰 이온을 형성한다.

3단계

양성자가 아레늄 이온으로부터 제거되어
고리에 방향성이 복원되고 산 촉매가 재생된다.

진한 황산에서 H_2SO_4가 산과 염기로 모두 작용하는 평형에 의해서 삼산화 황이 만들어진다 (위의 메커니즘에서 1단계 참조).

설폰화 반응의 모든 단계들은 평형에 놓여 있는데, 이것은 전체적인 반응이 가역적임을 의미한다. 평형의 위치는 반응 조건에 따라 영향을 받을 수 있다.

$$C_6H_6 + H_2SO_4 \rightleftharpoons C_6H_5SO_3H + H_2O$$

- **고리를 설폰화**(설폰산기를 도입)시키려면 진한 황산을 사용하거나 발연 황산을 쓰면 더욱 좋다. 이런 조건하에서 평형의 위치는 상당히 오른쪽에 놓여 있고 벤젠설폰산이 좋은 수율로 얻어진다.
- **고리로부터 탈설폰화**(설폰산기를 제거)할 때는 묽은 황산을 사용하고 수증기를 혼합물 속으로 통과시킨다. 이 조건하에서 물의 농도는 대단히 크며 평형은 상당히 왼쪽으로 놓여 있어 탈설폰화 반응이 일어난다.
- 때로는 설폰산기를 **보호기(protecting group)**로 도입하여 그 위치를 친전자성 방향족 치환 반응으로부터 차단하고, 또는 **배향기(directing group)**로서 다음 치환 반응의 위치에 영향을 주게 한다(15.12B절). 설폰산기는 더 이상 필요하지 않을 때 제거될 수 있다.

도움말
설폰화–탈설폰화 반응은 친전자성 방향족 치환 반응이 관여하는 합성에 중요한 도구이다.

15.6 Friedel–Crafts 반응

Friedel–Crafts 반응은 알킬벤젠(ArR)과 아실벤젠(ArCOR)을 합성하는 방법이다. 이 반응을 Friedel–Crafts **알킬화 반응(alkylation)**과 Friedel–Crafts **아실화 반응(acylation)**이라고 부른다.

15.6A Friedel–Crafts 알킬화 반응

- **Friedel–Crafts 알킬화 반응(Friedel–Crafts alkylation)**의 일반식은 다음과 같다.

$$C_6H_6 + R-X \xrightarrow{AlCl_3} C_6H_5R + HX$$

- 이 반응의 메커니즘은 탄소 양이온의 형성으로 시작된다.
- 탄소 양이온은 친전자체로 작용하여 벤젠 고리를 공격하여 아레늄 이온을 형성한다.
- 그다음 아레늄 이온은 양성자를 잃는다.

이 메커니즘은 2-클로로프로페인과 벤젠을 사용하여 아래에 나와 있다.

반응 메커니즘

Friedel–Crafts 알킬화 반응

1단계

이것은 Lewis 산–염기 반응이다(15.3절 참조).

이 착물은 해리하여 탄소 양이온과 $AlCl_4^-$를 생성한다.

2단계

탄소 양이온은 친전자체로 행동하여 벤젠과 반응해서 아렌윰 이온을 형성한다.

양성자가 아렌윰 이온으로부터 제거되어 아이소프로필벤젠이 된다. 이 단계는 또한 $AlCl_3$를 재생하고 HCl을 발생시킨다.

- R—X가 1차 할로젠화물이면 단순한 탄소 양이온은 형성되지 않는다. 오히려 염화 알루미늄이 할로젠화 알킬과 착물을 형성하여 이 착물이 친전자체로 행동한다.

$$\overset{\delta+}{RCH_2}\text{----}\overset{\delta-}{\ddot{Cl}}\!:\!AlCl_3$$

착물은 탄소–할로젠 결합이 거의 깨져 있는 것으로 탄소 원자가 상당히 양전하를 띠고 있다. 이 착물은 단순한 탄소 양이온은 아니지만, 이것은 마치 탄소 양이온처럼 행동하여 양의 알킬기를 방향성인 고리에 전달해 준다.

- 이 착물들은 탄소 양이온과 매우 같기 때문에 전형적인 탄소 양이온의 전위(자리 옮김) 반응도 진행한다(15.6C절).
- Friedel–Crafts 알킬화 반응은 할로젠화 알킬과 염화 알루미늄을 쓰는 것만으로 제한되어 있지 않다. 탄소 양이온(또는 탄소 양이온 같은 화학종)을 형성할 수 있는 많은 다른 쌍의 시약들도 Friedel–Crafts 알킬화 반응에 역시 쓸 수 있다.

알켄과 산의 혼합물을 사용하는 것도 이러한 가능성에 속한다. 알코올과 산의 혼합물도 쓸 수 있다.

Benzene + Cyclohexene $\xrightarrow[0\,°C]{HF}$ Cyclohexylbenzene (62%)

Benzene + Cyclohexanol $\xrightarrow[60\,°C]{BF_3}$ Cyclohexylbenzene (56%) + H_2O

Friedel–Crafts 알킬화 반응에는 몇 가지 중요한 제한이 있다. 이것은 15.6C절에서 논의될 것이다.

되새김 물음 15.3

sec-뷰틸벤젠(또는 2-페닐뷰테인)이 2-클로로뷰테인, 벤젠과 산 촉매(포괄적으로 HA로 표시)로부터 형성되는 모든 단계적인 메커니즘을 제시하시오.

공업 화학: 친환경 화학의 기회인 스타이렌 합성

공업적으로 생산되는 화합물 중 스타이렌은 가장 중요하며, 매년 110억 파운드 이상이 생산되고, 아래에 보인 것처럼 매우 낯익은 플라스틱인 폴리스타이렌을 만드는 고분자 화학에 궁극적으로 많이 사용된다. 상세한 내용은 특수 주제 C에 있다.

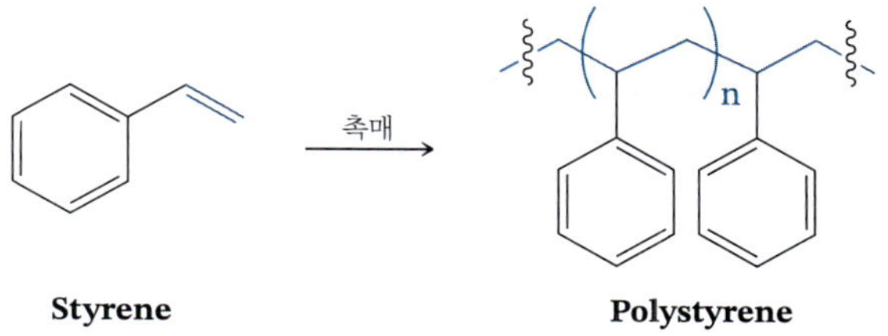

촉매

n

Styrene **Polystyrene**

스타이렌의 산업적 합성의 출발 물질은 에틸벤젠으로 벤젠의 Friedel–Crafts 알킬화 반응에 의해서 고온에서 적절한 촉매(흔히 산화 아연이나 산화 크로뮴)를 사용하여 생성된다. 비록 이 화학은 규모대로, 고온과 Friedel–Crafts 단계에서 사용되는 양성자성 Lewis 산을 사용하지만, 환경에 주는 영향의 관점에서 보면 무해하거나 온화한 조건은 아니다. 그리고 상상할 수 있다시피 Friedel–Crafts 반응 초기에 다중 알킬화 반응이 주된 부산물로 얻어진다. 그다음 에틸벤젠은 촉매하에 탈수소화 반응을 하여 스타이렌을 생성한다.

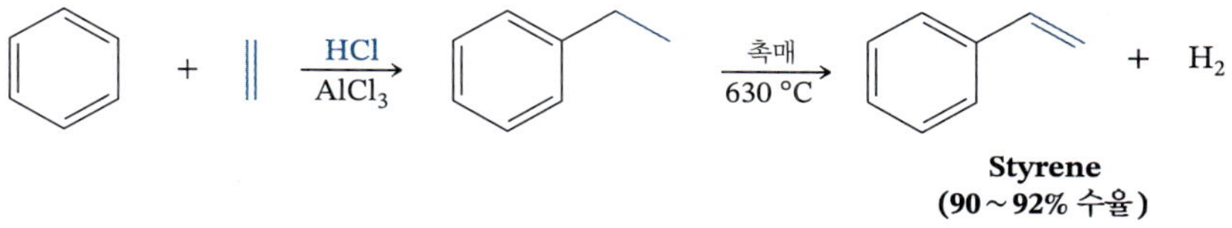

$$+ \quad \xrightarrow[\text{AlCl}_3]{\text{HCl}} \quad \xrightarrow[630\ ^\circ\text{C}]{\text{촉매}} \quad + \ H_2$$

Styrene
(90~92% 수율)

화학과 환경

그래서 이 과정을 개선하는 것이 활발한 연구 분야이다. 최근의 진보된 바는 University of Virginia의 화학자들에 의해서 서술되었는데, Rh(I)을 기반으로 하여 적당한 전이 금속 촉진제로 $Cu(OAc)_2$를 넣어 200 °C 이하에서 에틸렌과 벤젠을 곧바로 스타이렌으로 전환하였다. 이러한 대체가 공업적으로 가치가 있을지는 시간이 말해 줄 것이지만, 화학자들이 이처럼 널리 상품으로 쓰이는 물질을 만드는 데 더 나은 공정을 개발하는 미래를 지향하고 있다.

15.6B Friedel–Crafts 아실화 반응

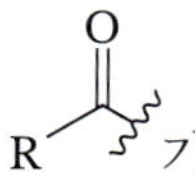

$R-C(=O)-$ 기를 **아실기(acyl group)**라고 부르며, 한 화합물에 아실기를 도입하는 반응을 **아실화 반응(acylation)**이라고 부른다. 아세틸기와 벤조일기는 두 가지 흔한 아실기이다. (벤조일기는 벤질기, $-CH_2C_6H_5$와 혼동하지 말아야 한다, 14.2절 참조.)

CH_3 O

아세틸기(에탄오일기) 벤조일기

Friedel–Crafts 아실화 반응(Friedel–Crafts acylation)은 대개 방향족 화합물을 **할로젠화 아실(acyl halide**, 흔히 염화 아실)과 처리하여 진행시킨다. 방향족 화합물의 반응성이 매우 크지 않는 한 적어도 1당량의 Lewis 산($AlCl_3$ 같은 것)을 첨가해야만 반응이 일어난다. 생성물은 아릴 케톤이다.

$$\text{Benzene} + \underset{\text{Acetyl chloride}}{CH_3COCl} \xrightarrow[\text{benzene, } 80\,°C]{AlCl_3 \text{ 과량}} \underset{\substack{\text{Acetophenone} \\ \text{(methyl phenyl ketone)} \\ (97\%)}}{C_6H_5COCH_3} + HCl$$

염화 아실은 **산 염화물**이라고 부르며, 카복실산을 염화 싸이오닐($SOCl_2$) 또는 오염화 인(PCl_5) 등과 반응시켜서 쉽게 합성할 수 있다(18.5절).

$$\underset{\text{Acetic acid}}{CH_3COOH} + \underset{\text{Thionyl chloride}}{SOCl_2} \xrightarrow{80\,°C} \underset{\substack{\text{Acetyl chloride} \\ (80\sim90\%)}}{CH_3COCl} + SO_2 + HCl$$

$$\underset{\text{Benzoic acid}}{C_6H_5COOH} + \underset{\text{Phosphorus pentachloride}}{PCl_5} \longrightarrow \underset{\substack{\text{Benzoyl chloride} \\ (90\%)}}{C_6H_5COCl} + POCl_3 + HCl$$

Friedel–Crafts 아실화 반응은 카복실산 무수물을 사용해도 할 수 있다. 예를 들어,

$$\text{Benzene} + \underset{\substack{\text{Acetic anhydride} \\ \text{(카복실산 무수물)}}}{(CH_3CO)_2O} \xrightarrow[\text{80 °C}]{AlCl_3 \text{ 과량의 벤젠}} \underset{\substack{\text{Acetophenone} \\ (82\sim85\%)}}{C_6H_5COCH_3} + CH_3COOH$$

대부분의 Friedel–Crafts 아실화 반응에서 친전자체는 할로젠화 아실로부터 다음과 같이 생성된 **아실륨 이온(acylium ion)**이다.

1단계

$$R\text{–}C(=\ddot{O})\text{–}\ddot{Cl}: + AlCl_3 \rightleftharpoons R\text{–}C(=\ddot{O})\text{–}\overset{+}{\ddot{Cl}}\text{–}\overset{-}{Al}Cl_3$$

2단계

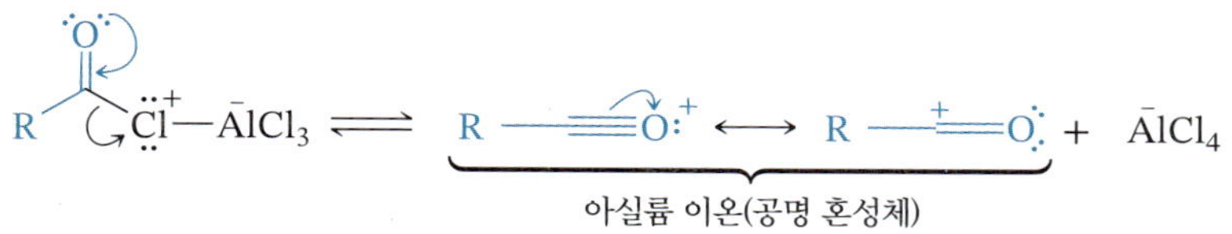

아실륨 이온(공명 혼성체)

보기 물음 15.1

아실륨 이온이 $AlCl_3$ 존재하에서 아세트산 무수물로부터 어떻게 형성되는지를 보이시오.

풀이

$AlCl_3$는 Lewis 산이며 산 무수물은 여러 개의 비공유 전자쌍을 지녔으므로 Lewis 염기임을 알아낸다. 타당한 메커니즘은 Lewis 산–염기 반응으로부터 시작해서 다음과 같이 아실륨 이온을 형성하도록 진행한다.

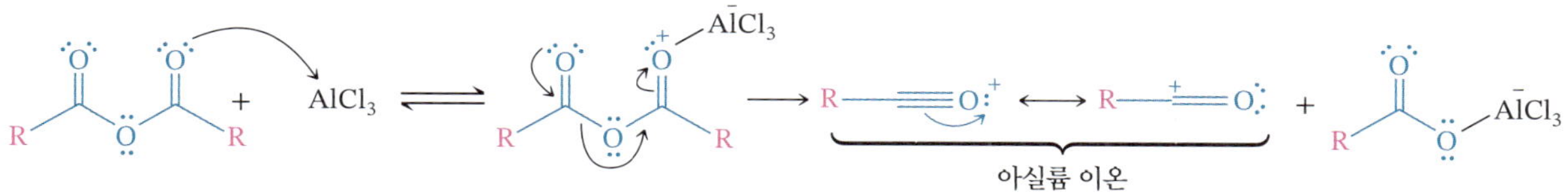

아실륨 이온

벤젠의 Friedel–Crafts 아실화 반응에서 나머지 단계들은 다음과 같다.

반응 메커니즘

Friedel–Crafts 아실화 반응

3단계

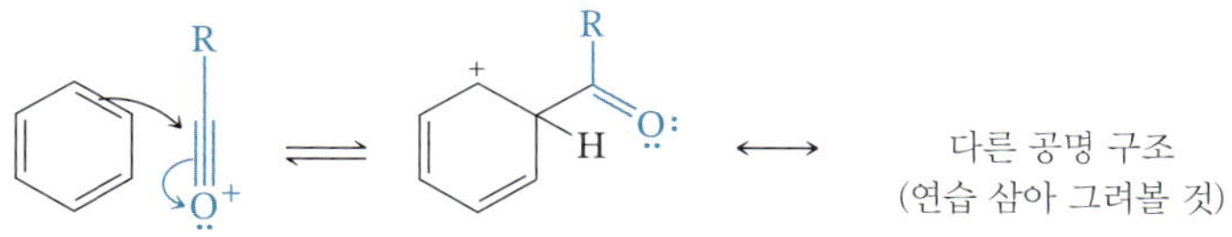

다른 공명 구조
(연습 삼아 그려볼 것)

친전자체인 아실륨 이온은 벤젠과 반응하여 아렌윰 이온을 형성한다.

4단계

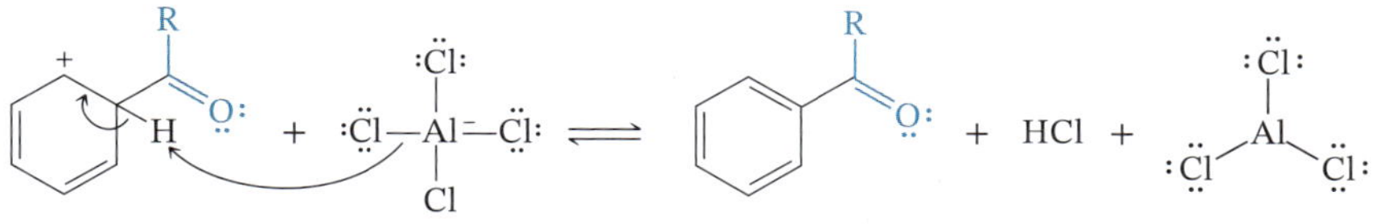

아렌윰 이온으로부터 양성자가 제거되어 아릴 케톤이 형성된다.

5단계

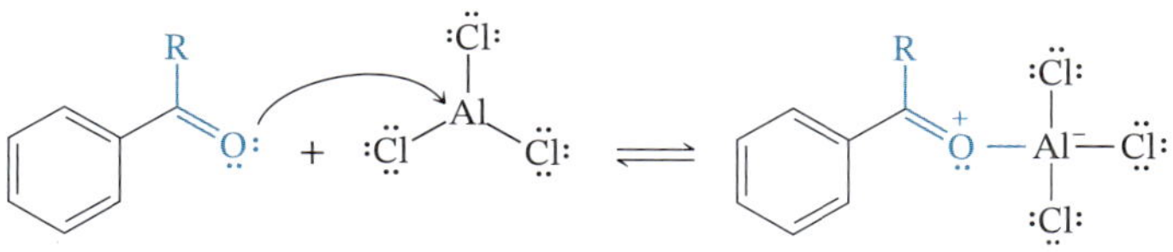

Lewis 염기로 작용하는 케톤 화합물은
염화 알루미늄(**Lewis** 산)과 반응하여 착물을 형성한다.

6단계

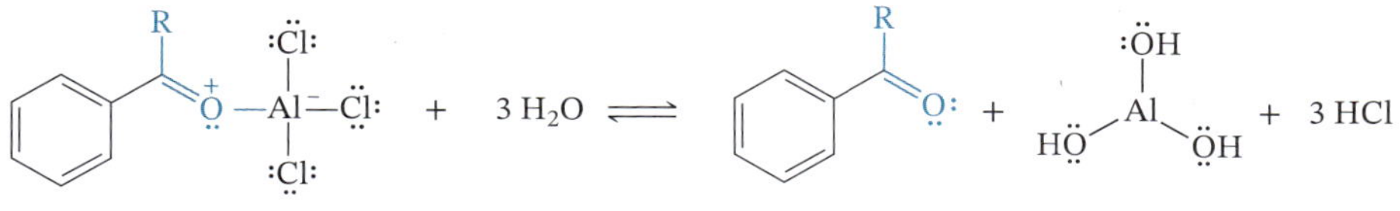

착물을 물로 처리하면 케톤이 생성되고 **Lewis** 산을 가수 분해한다.

Friedel–Crafts 아실화 반응을 합성에 응용하는 몇 가지 중요한 것을 15.7절에 수록하였다.

15.6C Friedel–Crafts 반응의 제한성

여러 가지 제약으로 말미암아 Friedel–Crafts 반응의 유용성에는 한계가 있다.

1. **할로젠화 알킬, 알켄, 또는 알코올 등으로부터 형성된 탄소 양이온이 더욱 안정한 탄소 양이온으로 전위(자리 옮김)될 수 있을 때 전위가 일어나는 것이 보통이며, 반응의 주 생성물은 더욱 안정한 탄소 양이온으로부터 생긴 것이다.**

   예를 들어, 벤젠이 브로민화 뷰틸과 알킬화 반응을 할 때 생겨난 뷰틸 양이온의 일부는 수소 음이온 이동에 의하여 생겨난 1° 탄소 양이온의 일부가 전위되어 더욱 안정한 2° 탄소 양이온으로 된다(아래 반응을 보시오). 벤젠은 두 가지 탄소 양이온과 모두 반응하여 뷰틸벤젠과 *sec*-뷰틸벤젠이 모두 형성된다.

AlCl$_3$; H ; δ+ ; Br ; δ− ; AlCl$_3$; 탄소 양이온 전이 ; (−$\bar{A}$lBrCl$_3$) ; (−AlCl$_3$) (−HBr) ; (−H$^+$)

Butylbenzene
(혼합물의 **32~36%**)

***sec*-Butylbenzene**
(혼합물의 **64~68%**)

2. **방향족 고리에 강력한 전자 끄는 기**(15.8B절, 표 15.1)**가 존재할 때 Friedel–Crafts 반응의 수율은 대개 낮다.**

NO_2 ; $\overset{+}{N}(CH_3)_3$; O OH ; O R ; CF_3 ; SO_3H

이것들은 고리에 전자가 부족하기 때문에 Friedel–Crafts 반응의 수율이 매우 낮다.

고리에 —NH_2, —NHR, 또는 —NR_2기가 있어도 수율은 낮은데, 이들이 반응 혼합물에서 Lewis 산과 반응하여 강력한 전자 끄는 기로 변하기 때문이다.

(R)H H(R) N + AlCl$_3$ ⟶ H(R) (R)H—$\overset{+}{N}$—$\bar{A}$lCl$_3$

Friedel–Crafts 반응을 하지 않음

아미노기들은 Friedel–Crafts 반응을 촉매화하기 위해서 사용된 Lewis 산에 의해서 강력한 전자 끄는 기로 바뀐다.

3. 아릴과 바이닐 자리 할로젠화물은 탄소 양이온을 쉽게 생성하지 못하므로(6.14A절 참조) **할로젠화물의 성분으로 사용되지 못한다.**

또는

$AlCl_3$

할로젠화 이온이 *sp*² 탄소에 있으므로 Friedel–Crafts 반응을 하지 않음

4. 다중알킬화 반응이 흔히 일어난다. 알킬기는 전자를 밀어내는 기이다(15.8, 15.9절). 한 개의 알킬 기가 일단 고리에 들어가면 고리는 활성화되어 치환 반응이 더 일어난다.

OH

BF_3, 60 °C

Isopropylbenzene (24%) **p-Diisopropylbenzene (14%)**

다중아실화 반응은 Friedel–Crafts 아실화 반응에서 문제되지 않는다. 아실기(—COR) 자체는 전자 끄는 기이므로 반응의 마지막 단계에서 $AlCl_3$와 착물을 형성하면(15.6B절) 더욱 전자 끄는 기가 된다. 이것은 치환 반응이 더 일어나는 것을 강력하게 막으며, 아실화 반응이 한 번만 일어난다.

보기 물음 15.2

벤젠이 1-클로로-2-메틸뷰테인과 염화 알루미늄 존재하에서 반응할 때 두 생성물은 2-메틸-2-페닐뷰테인과 2-메틸뷰틸벤젠이다. 이 결과를 설명하시오.

풀이

$AlCl_3$와 1-클로로-2-메틸뷰테인 사이의 착물을 고려해 보자.

Cl + $AlCl_3$ ⇌ $\overset{+}{Cl}—\overset{-}{AlCl_3}$

벤젠에 친전자성 방향족 치환 반응이 일어날 두 가지 가능성이 있다. 착물은 벤젠과 곧바로 반응하여 2-메틸뷰틸벤젠을 만들거나,

$\overset{\oplus}{Cl}—\overset{\ominus}{AlCl_3}$

착물은 수소 음이온 이동을 통하여 전위하고 그다음 벤젠과 반응하여 2-메틸-2-페닐뷰테인을 형성한다. 이것이 3° 카보 양이온의 더 큰 반응성 때문에 주 생성물이 되기 쉽다.

H $\overset{+}{Cl}—\overset{-}{AlCl_3}$ → 수소 음이온 이동 → +

되새김 물음 15.4 아래의 결과를 설명하는 메커니즘을 쓰시오.

$$\text{Benzene} + \text{CH}_3\text{CH}_2\text{CH}_2\text{OH} \xrightarrow{BF_3} \text{Isopropylbenzene} + \text{Propylbenzene}$$

15.7 Friedel–Crafts 아실화 반응의 합성 응용: Clemmensen 환원 반응과 Wolff–Kishner 환원 반응

- Friedel–Crafts 아실화 반응에서 탄소 사슬의 전위(자리 옮김)는 일어나지 않는다.

아실륨 이온은 공명에 의해서 안정화되므로 다른 탄소 양이온보다 더 안정하다. 그러므로 전위를 할 추진력이 없다. 전위가 없기 때문에 Friedel–Crafts 아실화 반응에 이어 카보닐기를 CH_2기로 환원하는 반응은 곁가지가 없는 알킬벤젠을 합성하는 데 있어서 Friedel–Crafts 알킬화 반응보다 더 좋은 경로이다.

- 아릴 케톤의 카보닐기는 CH_2기로 환원될 수 있다.

$$\text{PhC(=O)R} \xrightarrow{[H]} \text{PhCH}_2\text{R}$$

예를 들어, 프로필벤젠을 합성하는 문제를 고려해 보자. 이것은 Friedel–Crafts 알킬화 반응을 통하여 합성하려면 전위가 일어나서 주 생성물은 아이소프로필벤젠이 된다(되새김 물음 15.4 참조).

$$\text{Benzene} + \text{CH}_3\text{CH}_2\text{CH}_2\text{Br} \xrightarrow{AlCl_3} \text{Isopropylbenzene} + \text{Propylbenzene} + \text{HBr}$$

Isopropylbenzene (주 생성물) **Propylbenzene** (부 생성물)

이와 대조적으로, 벤젠을 염화 프로판오일과 Friedel–Crafts 아실화 반응을 시키면 전위하지 않은 탄소 사슬을 가진 케톤이 월등한 수율로 얻어진다.

$$\text{Benzene} + \text{CH}_3\text{CH}_2\text{C(=O)Cl} \xrightarrow{AlCl_3} \text{PhC(=O)CH}_2\text{CH}_3 + \text{HCl}$$

Propanoyl chloride **Ethyl phenyl ketone (90%)**

이 케톤은 여러 가지 방법에 의해서 프로필벤젠으로 환원될 수 있는데, Clemmensen 환원 반응(15.7A절)과 Wolff–Kishner 환원 반응(15.7B절)이 있다.

15.7A Clemmensen 환원 반응

케톤을 메틸렌기로 환원시키는 한 가지 일반적인 방법으로 **Clemmensen 환원 반응**(**Clemmensen reduction**)이 있는데, 케톤을 아연 아말감이 포함된 염산과 환류시키면 된다. [**주의**: 나중에 나오지만(20.4B절) 아연과 염산은 나이트로기를 아미노기로 환원한다.]

Clemmensen 환원 반응

Zn(Hg) / HCl, 환류

Ethyl phenyl ketone → **Propylbenzene (80%)**

일반적으로,

Zn(Hg) / HCl, 환류

R R

도움말

Friedel–Crafts 아실화 반응에 이어 케톤의 환원 반응은 Friedel–Crafts 알킬화 반응과 합성적으로 대등하다.

15.7B Wolff–Kishner 환원 반응

케톤을 메틸렌기로 환원시키는 또 다른 방법은 **Wolff–Kishner 환원 반응**으로 케톤을 하이드라진과 염기와 함께 가열하는 것이다. Wolff–Kishner 환원 반응은 Clemmensen 환원 반응과 상보적인데, 전자가 염기성 조건에서 수행되는 데 반해 후자는 산성인 조건이 관여한다. Wolff–Kishner 환원 반응은 하이드라존 중간체(16.8B절)를 거쳐서 진행되는데, 반응 도중에 분리되지 않는다. 예를 들어, 에틸 페닐 케톤은 Wolff–Kishner 환원 반응에 의해서 다음과 같이 환원되어 프로필벤젠이 된다.

Wolff–Kishner 환원 반응

H_2NNH_2, KOH / 가열

NH_2 N

하이드라존 중간체 (16.8B절 참조)

82% + N_2 + H_2O

고리형 무수물을 한 성분으로 사용하면 Friedel–Crafts 아실화 반응으로 방향족 화합물에 새 고리를 더하는 방법이 될 수 있다. 한 가지 예를 여기에 보인다. Clemmensen 환원 단계에서 단 한 개의 케톤만 환원됨을 주목한다. 카복실산은 영향을 받지 않는다.

Benzene (과량) + **Succinic anhydride** —$AlCl_3$ (88%)→ **3-Benzoylpropanoic acid** —Zn(Hg), HCl / 환류 (83~90%)→

$SOCl_2$, 80 °C (>95%) → $AlCl_3$ (74–91%)

4-Phenylbutanoic acid → **4-Phenylbutanoyl chloride** → **α-Tetralone**

되새김 물음 15.5 벤젠과 적당한 아실 염화물 또는 산 무수물을 사용하여 아래의 각각을 합성하는 방법을 요약하시오.

(a) **(b)** **(c)** **(d)**

환경 화학: DDT

살충제인 유기 할로젠화물

모기, 벼룩 등과 같은 벌레들은 역사상 무수히 많은 죽음을 가져왔다. 유럽 인구의 거의 3분의 1을 앗아간 중세의 선페스트 혹은 '흑사병'은 벼룩에 의해서 생겼다. 20세기에 수백만의 생명을 죽게 한 말라리아와 황열병과 같은 질병은 모기에 의해서 생긴 병이다.

살충제의 성질로 널리 알려진 한 가지 화합물로 DDT[1,1,1-트라이클로로-2,2-비스(4-클로로페닐)에테인, 1,1,1-trichloro-2,2-bis(4-chlorophenyl)ethane]이 있다.

[1, 1, 1-trichloro-2, 2-bis(4-chlorophenyl)ethane]

1940년대 초부터 그 사용이 미국에서 금지된 1970년대 초까지 막대한 양의 DDT가 벌레들을 박멸하기 위해서 전 세계의 곳곳에 뿌려졌다. 이러한 노력은 특별히 말라리아, 황열병, 수면병(체체 파리에 의해서 생김), 그리고 티프스와 같은 질병을 운반하는 벌레를 전 세계의 광범위한 지역에서 퇴치하는 데 대단한 성공을 거두었다. 1970년까지 말라리아는 선진국에서는 거의 제거되었고, National Academy of Science의 추정에 의하면 DDT의 사용으로 단지 말라리아에 의해서만 5억 명 이상의 죽음을 막을 수 있었다.

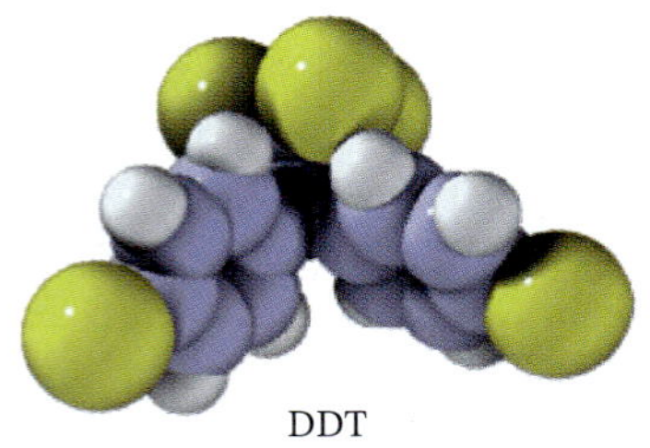

DDT

그러나 시간이 지남에 따라 DDT를 막대하게 사용한 것이 해로운 부작용을 가져왔음을 알게 되었다. 할로젠화 아릴은 대개 매우 안정한 화합물로서 환경에서 자연적인 과정에 의해서 매우 천천히 분해된다. 그 결과 많은 유기염소 살충제들이 환경 속에 수십 년간 머물러 있게 된다. 이들은 '내성이 강한 살충제' 혹은 '경화된 살충제'라고 부른다. 미국환경보호국(U. S. Environmental Protection Agency, EPA)는 1973년부터 DDT의 사용을 금지시켰다.

할로젠화 아릴은 지방에도 녹기 때문에 대부분의 동물의 지방 조직에 축적되기 쉽다. 플랑크톤으로부터 작은 물고기로, 더 큰 물고기나 새로, 그리고 사람을 포함한 더 큰 동물에 이르는 식량 순환계에 있어서 각 단계마다 할로젠화 아릴의 농도는 더욱 커지기 마련이다.

염소화된 탄화수소인 DDT는 값이 싼 출발 물질인 클로로벤젠과 트라이클로로아세트알데하이드로부터 만들어진다. 이 반응은 산이 촉매화한다.

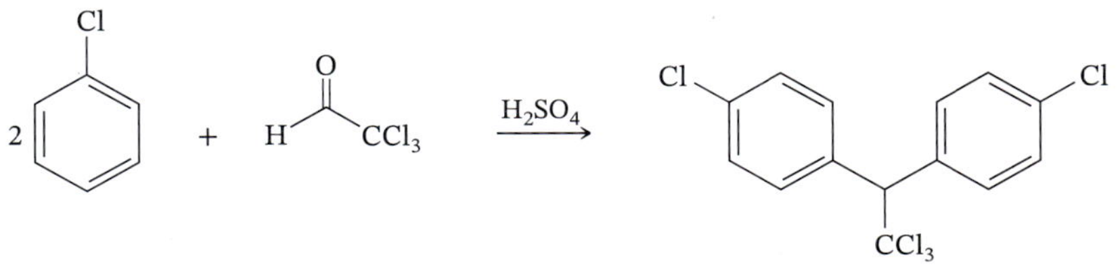

2 Cl-벤젠 + H-C(=O)-CCl_3 $\xrightarrow{H_2SO_4}$ DDT

DDT
[1, 1, 1-trichloro-2, 2-bis(4-chlorophenyl)ethane]

자연에서 DDT가 분해되면 주 생성물은 DDE이다.

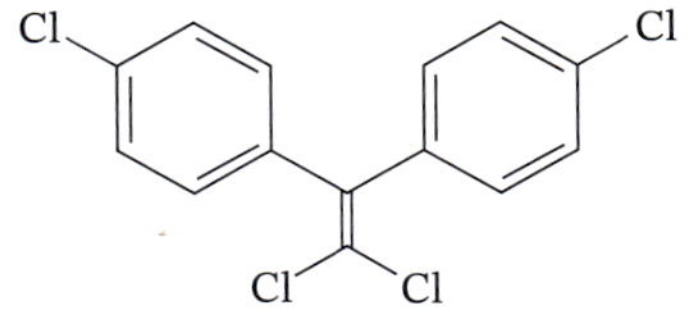

DDE
[1, 1-dichloro-2, 2-bis(4-chlorophenyl)ethene]

거의 10억 파운드의 DDT가 현재 세계의 생태계에 퍼져 있다는 추정이 나와 있다. DDT로부터 전환된 후에 DDE가 갖는 환경에 대한 심각한 효과는 이것이 많은 새들의 알 껍질 형성에 작용한다는 사실이다. DDE는 껍질 형성에 있어 칼슘의 공급을 조절하는 **탄산 탈수 효소**를 방해한다. 그 결과 껍질은 매우 깨지기 쉽고 알이 부화될 때까지 견디지를 못한다. 1940년대 후반에 독수리, 송골매, 매 등의 수가 급격하게 떨어졌다. DDT가 주 원인임에는 거의 의심할 여지가 없다. DDE는 사람의 지방 조직에도 축적된다. 사람은 DDE의 보통 양에는 단시간 견디어 낼 수 있는 것처럼 보이지만, 장시간에 걸친 영향은 확실치 않다.

학습 물음 1 황산 속에서 클로로벤젠과 트라이클로로아세트알데하이드로부터 DDT가 합성되는 메커니즘에는 두 가지 친전자성 방향족 치환 반응이 관여하고 있다. 첫 번째 친전자성 치환 반응에서 친전자체는 양성자가 첨가된 트라이클로로아세트알데하이드이다. 두 번째에서는 탄소 양이온이 친전자체이다. DDT의 형성 메커니즘을 제안하시오.

학습 물음 2 DDT를 DDE로 전환할 때 어떤 종류의 반응이 관여하는가?

15.8 기존의 치환기에 의한 친전자성 방향족 치환 반응의 위치 지정

벤젠 고리에 이미 있던 기는 친전자성 방향족 치환(EAS) 반응에 의해서 더해지는 새로운 기의 위치를 지정한다.

- **ortho−para 지향기(ortho−para director)**는 도입되는 기를 주로 ortho 또는 para 위치에 향하게 한다.

G는 ortho−para 지향기

Ortho 생성물

Para 생성물

- **meta 지향기(meta director)**는 도입되는 기를 주로 meta 위치에 향하게 한다.

G는 meta 지향기

Meta 생성물

지향 효과는 첫 치환기의 전자를 미는 또는 전자를 끄는 성질로부터 나온다. 전자를 밀거나 끄는 효과는 공명, 유발, 또는 두 요인 모두에 의해서 생긴다. 이 두 효과가 모두 가능한 경우 공명이 유발보다 더 큰 역할을 한다. 앞으로 보게 되겠지만, 전자를 미는 기는 고리의 친전자성 방향족 치환 반응에 대한 반응성을 활성화(증가)시키고 전자를 끄는 기는 친전자성 방향족 치환 반응에 대한 반응성을 불활성화(감소)시킨다. 다음에는 한 기가 ortho−para 지향기가 되거나 meta 지향기가 되는 요인을 논의할 것이다.

15.8A Ortho−Para 지향기

- 고리에 결합된 원자에 있는 비공유 전자쌍은 친전자성 방향족 치환 반응이 ortho와 para 위치에서 일어나게 한다. Para 치환이 입체 효과 때문에 ortho 치환보다 더 우세하다.

예를 들면, 아세트아닐라이드는 나이트로화 반응을 주로 para 위치에서 진행하며, 단지 미량의 ortho 생성물이 형성된다.

HNO_3, H_2SO_4

Acetanilide

***p*-Nitro-acetanilide (90%)**

***o*-Nitro-acetanilide (trace)**

- 강력한 활성화기는 치환 반응이 ortho와 para에 모두 일어나도록 한다.

예를 들면, 아닐린과 페놀은 둘 다 브로민과 반응하여 그들의 ortho와 para 위치에 완전히 치환된 생성물이 얻어진다.

아미노와 하이드록실 치환체는 강력한 활성화기이다.

$$\text{Aniline} \xrightarrow[H_2O]{Br_2} \text{2,4,6-Tribromoaniline } (\sim 100\%)$$

$$\text{Phenol} \xrightarrow[H_2O]{Br_2} \text{2,4,6-Tribromophenol } (\sim 100\%)$$

2,4,6-Tribromoaniline
(~100%)

2,4,6-Tribromophenol
(~100%)

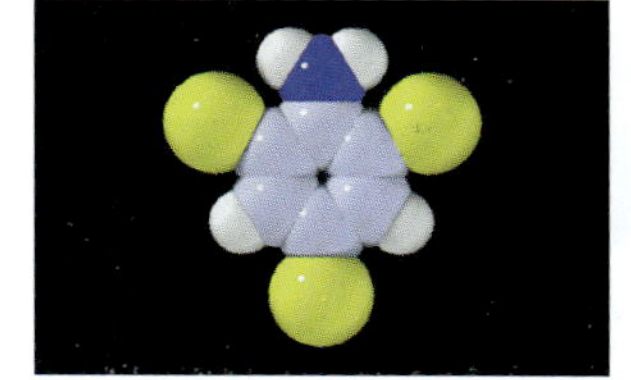
2,4,6-Tribromoaniline

ortho와 para 대 meta 치환 반응에서의 우월성과 아세트아닐라이드보다 상대적으로 아닐린과 페놀의 더 큰 반응성은 아래에서 보듯이, 아닐린에 통상적인 친전자체 E^+가 ortho, meta, para 위치에 공격함으로써 생성되는 아렌윰 이온에 대한 공명 구조를 고려하면 설명될 수 있다.

Ortho 공격

상대적으로 안정한 기여체

Meta 공격

Para 공격

상대적으로 안정한 기여체

여기서 보듯이, ortho와 para 공격의 결과인 아렌윰 이온에 대해서는 4개의 공명 구조를 쓸 수 있지만, meta 공격의 결과인 아렌윰 이온에는 3개의 공명 구조만이 가능하다. 이 관찰 자체로도 ortho와 para에 치환기가 있는 아렌윰 이온이 더 안정함을 암시한다. 그렇지만 더 중요한 것은 ortho와 para에 치환된 아렌윰 이온에서 혼성에 기여하는 상대적으로 안정한 구조이다. 이들 구조에서 질소로부터 온 비결합 전자쌍은 고리의 탄소에 추가로 공유 결합을 형성한다. 이 가외의 결합 — 그리고 이 구조에서 모든 원자들이 최외각에 완전히 8전자를 가졌다는 사실—이 이들 구조를 모든 기여체 중 가장 안정한 구조로 만든다. 이 구조들이 특별하게 안정하므로 그들은 혼성에 큰—**그리고 안정화시키는**—기여체가 된다. 물론 이것은 ortho와 para에 치환된 아렌윰 이온 자체가 meta 공격으로부터 얻어진 아렌윰 이온보다 더 안정함을 의미한다. 결과적으로 친전자체는 ortho와 para 위치에서 매우 빠르게 반응한다.

되새김 물음 15.6

공명 이론을 사용하여 페놀의 하이드록실기가 활성화기이며 ortho-para 지향기인 까닭을 설명하시오. 페놀이 Br^+와 ortho, meta, 그리고 para 위치에서 반응할 때 형성되는 아렌윰 이온을 보임으로써 설명하시오.

- 고리로의 공명에 의한 전자 주기는 고리로부터 멀어지는 교차적인 공명 경로가 있을 때 감소한다.

아세트아닐라이드가 아닐린이나 페놀에 비해서 반응성이 낮은 것도 아세트아닐라이드의 카보닐기가 포함된 공명에 근거하여 설명할 수 있다. 아세트아닐라이드에서 질소에 있는 비공유 전자쌍은 아마이드 작용기의 카보닐로 비편재화될 수 있으므로 전자쌍이 아렌윰 이온의 공명 구조에 기여할 여유가 감소한다 아닐린이나 페놀에서는 카보닐기가 없으므로 이러한 공명 효과는 불가능하다. 그러므로 아세트아닐라이드의 아마이드기는 아닐린의 아미노기나 페놀의 하이드록실기보다 덜 활성화시킨다.

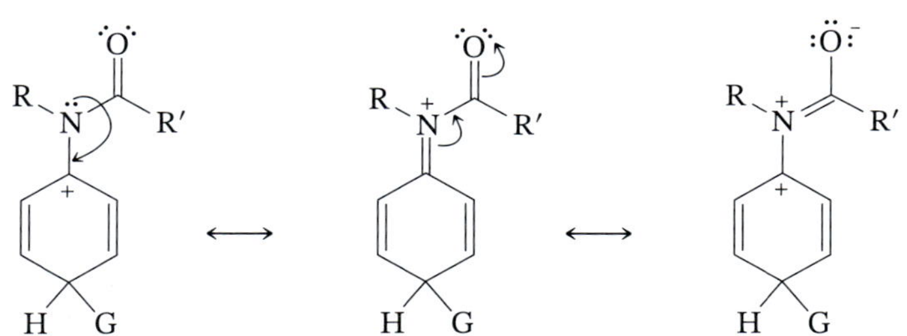

고리로의 공명에 의한 전자 주기는 고리로부터 멀어지는 교차적인 공명 경로가 있을 때 감소한다.

되새김 물음 15.7

페놀은 아세트산 소듐 존재하에서 아세트산 무수물과 반응하여 에스터인 아세트산 페닐이 된다.

Phenol $\xrightarrow[CH_3CO_2Na]{(CH_3CO)_2O}$ **Phenyl acetate**

아세트산 페닐의 $-OCOCH_3$기는 페놀의 $-OH$기처럼 ortho-para 지향기이다(되새김 물음 15.6).

(a) $-OCOCH_3$기의 무슨 구조적 특성이 이것을 설명해 주는가?

(b) 아세트산 페닐은 비록 ortho와 para 위치에서 반응을 하지만 페놀보다는 친전자성 방향족 치환 반응의 반응성이 덜하다. 공명 이론을 사용하여 왜 그런지 설명하시오.

- 할로젠 원자도 공명에 의해서 ortho와 para 지향기이다. 그러나 이들은 전기 음성도 때문에 친전자성 방향족 치환 반응에서 고리를 불활성화시킨다.

그들의 비공유 전자쌍은 아렌윰 이온을 공명에 의해서 안정화시키지만, 이러한 안정화는 탄소와 할로젠(플루오린은 예외) 사이의 원자의 크기가 대등하지 않고 오비탈 중첩이 탄소와 산소 또는 질소 사이의 오비탈 중첩보다 덜 효과적이다. 그러므로 할로젠은 그들의 전기 음성도 때문에 아렌윰 이온을 불안정화시키면서도 공명의 결과로 ortho−para 지향기이다.

- 알킬기도 ortho−para 지향기이다.

알킬기는 전자를 내놓는 유발 효과를 통하여 아렌윰 이온을 안정화시킨다. 이것은 통상적인 탄소 양이온(즉, 아렌윰 이온처럼 짝짓지 않은 탄소 양이온)이 인접한 알킬기에 의해서 안정화되는 것과 비슷하다. 예를 들면, 톨루엔이 친전자성 치환 반응을 할 때 대부분의 치환은 그것의 ortho와 para 위치에서 일어난다. 톨루엔을 질산과 황산으로 나이트로화시키면 모노나이트로톨루엔을 다음과 같은 상대적인 비율로 얻는다.

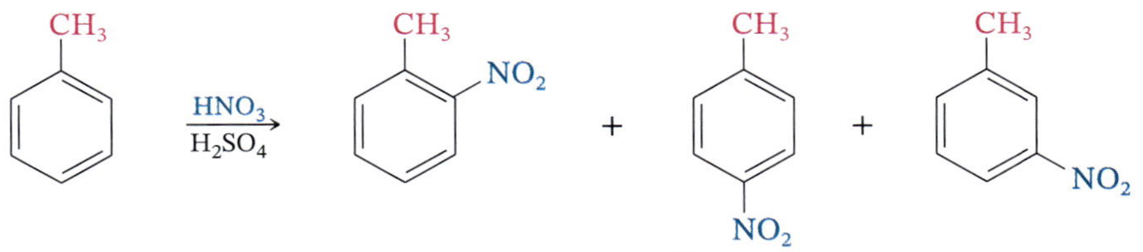

CH_3 (toluene) $\xrightarrow[H_2SO_4]{HNO_3}$ **o-Nitrotoluene (59%)** + **p-Nitrotoluene (37%)** + **m-Nitrotoluene (4%)**

생성된 모노나이트로톨루엔의 96% (59% + 37%)가 나이트로기를 ortho와 para 위치에 가지고 있다. 단지 4%만이 meta 위치에 있다.

톨루엔에 치환이 ortho와 para 위치에서 압도적으로 일어나는 것은 나이트로화 반응에 국한된 것이 아니다. 같은 행태는 할로젠화 반응, 설폰화 반응 등에서도 관찰된다.

톨루엔에서 ortho와 para 치환의 우월성을 이해하기 위해서 통상적인 친전자체 E^+가 ortho, meta, para 위치에 공격함으로써 생성되는 아렌윰 이온에 대하여 고려해 보자.

Ortho 공격

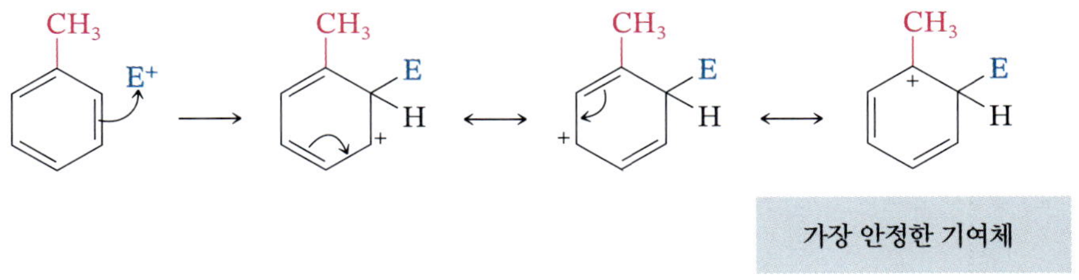

CH_3, E^+ ⟶ CH_3, E, H, + ⟷ CH_3, E, H, + ⟷ CH_3, E, H, +

가장 안정한 기여체

Meta 공격

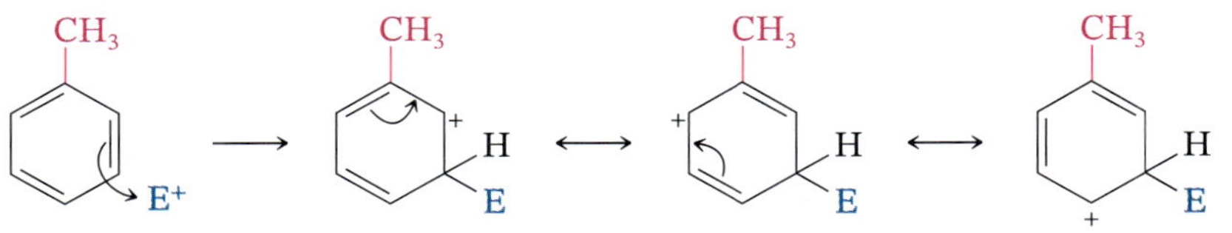

CH_3, E^+ ⟶ CH_3, H, E, + ⟷ CH_3, H, E, + ⟷ CH_3, H, E, +

Para 공격

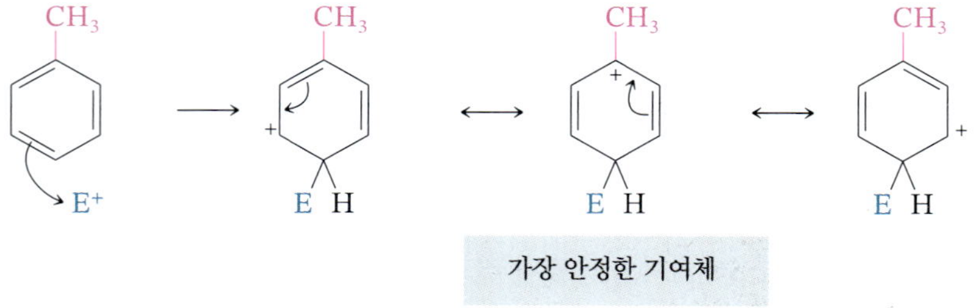

가장 안정한 기여체

ortho와 para 공격에서 메틸기가 양전하를 지닌 고리의 탄소에 바로 연결되어 있는 공명 구조를 쓸 수 있다. 이 구조는 다른 구조들보다 더 **안정**한데, 메틸기의 안정화 효과(유발에 의한 전자 주기)가 가장 효율적이기 때문이다. 그러므로 이 구조들이 ortho와 para에 치환된 아렌윰 이온의 전체적인 혼성에 큰(안정화시키는) 기여를 한다. meta에 치환된 아렌윰 이온에는 그러한 상대적으로 안정한 구조가 혼성에 기여하는 것이 없다. 그 결과 이것은 ortho와 para에 치환된 아렌윰 이온보다 덜 안정하다. ortho와 para에 치환된 아렌윰 이온이 더 안정하므로 그들에 이르는 전이 상태의 에너지는 낮으며, ortho와 para 치환 반응이 가장 빨리 일어나게 된다.

되새김 물음 15.8

톨루엔(메틸벤젠)이 Br^+ 이온($Br_2/FeBr_3$로부터 형성)과 반응할 때 형성되는 ortho와 para 아렌윰 이온의 공명 구조를 쓰시오.

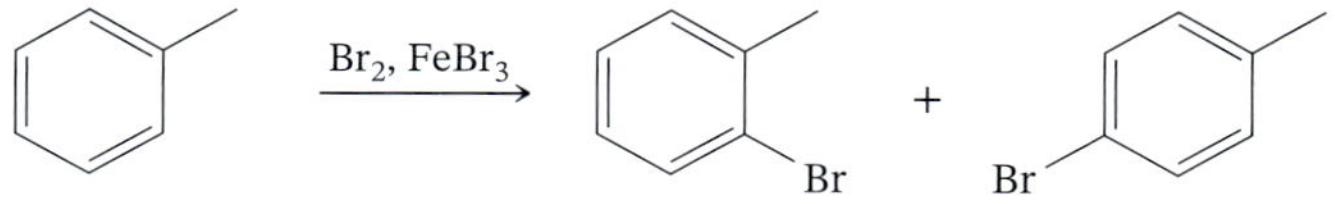

Br_2, $FeBr_3$

되새김 물음 15.9

벤조산 페닐의 한 고리는 다른 고리보다 친전자성 방향족 치환 반응을 아주 더 빨리 진행한다. **(a)** 어느 고리인가? **(b)** 답을 설명하시오.

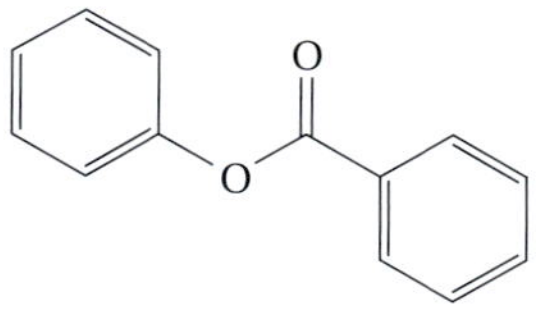

Phenyl benzoate

표 15.1에는 ortho-para 지향기가 요약되어 있다.

15.8B Meta 지향기

- Meta 치환 반응은 전자 끄는 기가 벤젠 고리에 이미 존재할 때 일어난다. 전자 끄는 기의 효과는 공명이나 유발을 통해서이다.

나이트로벤젠의 나이트로화 반응은 *m*-다이나이트로벤젠이 주 생성물인데, 이 반응을 고려해 보자.

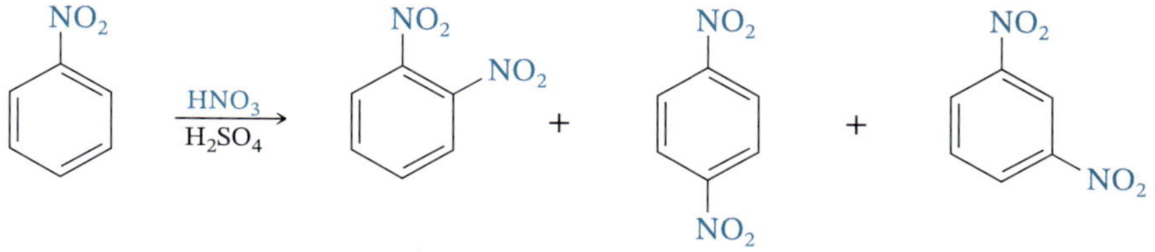

6% 1% 93%

기존의 나이트로기의 전자를 끄는 효과가 meta 위치로의 치환을 어떻게 지정하는지를 이해하기 위해서 통상적인 친전자체 E^+가 ortho, meta, para 위치에 공격함으로써 생성되는 아렌윰 이온에 대하여 고려해 보자.

Ortho 공격

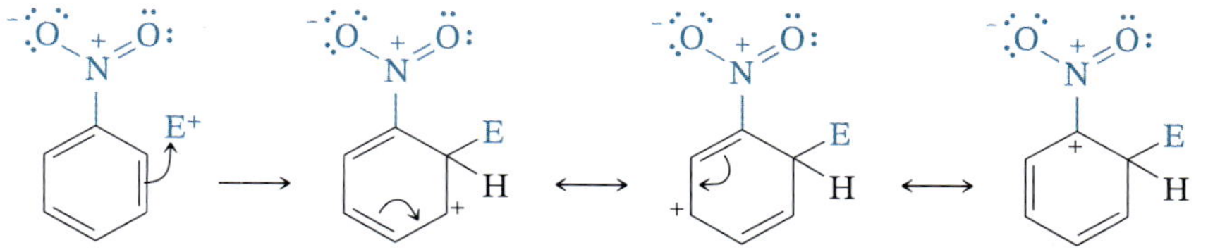

매우 불안정한 공명 기여체

Meta 공격

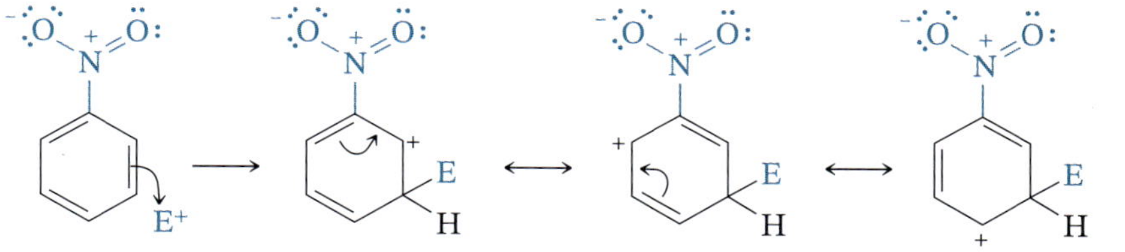

Para 공격

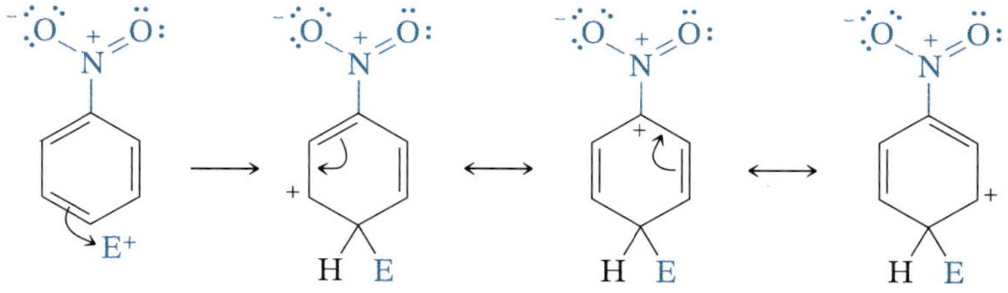

매우 불안정한 공명 기여체

- 전자 끄는 기 각각에 ortho–para 공격으로부터 생긴 아렌윰 이온의 공명 구조에 **기여하는 구조 한 가지는 다른 것들에 비하여 양전하가 전자 끄는 기를 가진 고리의 탄소에 놓이므로 매우 불안정하다.**
- meta 공격으로부터 생긴 아렌윰 이온에는 그렇게 매우 불안정한 공명 구조가 **없다.**
- 이것은 meta 치환된 아렌윰 이온으로 가는 전이 상태가 가장 안정할 것으로 예상되며, 따라서 meta 공격이 유리하다.

이것은 정확히 실험적으로 관찰되는 것이기도 하다. 나이트로기는 강력한 meta 지향기이다.

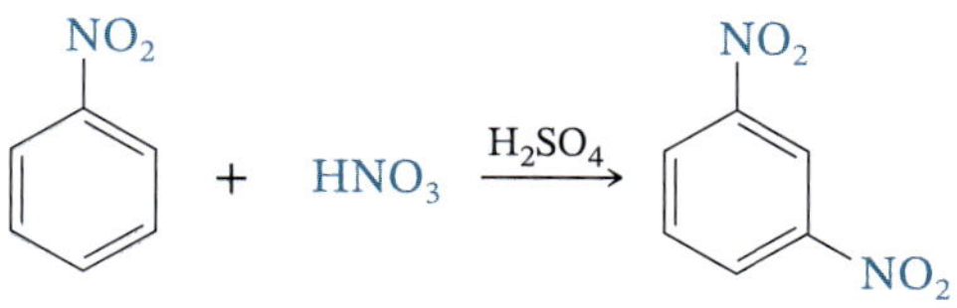

$$\text{Nitrobenzene} + HNO_3 \xrightarrow{H_2SO_4} \text{m-dinitrobenzene (93\%)}$$

Nitrobenzene **93%**

그러나 meta 치환 반응은 단지 그것이 **세 가지 불리한 경로 중 가장 덜 불리한 것**이기 때문에 유리하다는 사실을 기억해야 한다. 나이트로벤젠의 meta 위치에 치환 반응이 일어나는 활성화 에너지는 ortho나 para 위치에 공격하는 것보다 작다. 그러나 이것은 벤젠을 공격하는 데 필요한 활성화 자유 에너지보다 훨씬 크다. 나이트로벤젠의 meta 위치에 일어나는 치환 반응은 ortho나 para 위치에서 일어나는 것보다 더 빠르지만, 벤젠에서 일어나는 것보다는 훨씬 느리게 일어난다.

- 카복실기, 트라이플루오로메틸기, 그리고 다른 meta 지향기들은(표 15.1 참조) 모두 강력한 전자 끄는 기이며, 모두 비슷한 방법으로 작용한다.

Meta 치환 반응은 전자 끄는 치환기의 존재로 인하여 벤젠의 친전자성 치환 반응보다 더 느리게 일어난다. 핵심은 전자 끄는 기가 존재할 때 meta 치환이 우세한 것은 단지 ortho와 para 치환보다 덜 불리하기 때문이다.

보기 물음 15.3

벤즈알데하이드가 meta 위치에 나이트로화 반응을 진행할 때 형성되는 아렌윰 이온에 대한 공명 기여체와 공명 혼성을 쓰시오.

풀이

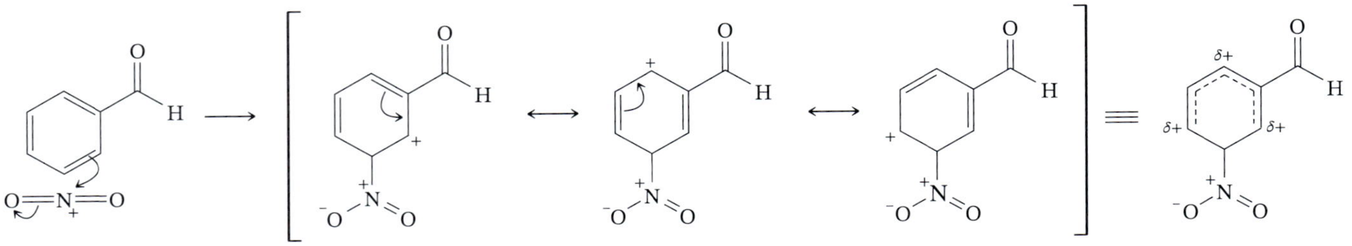

O H O=N=O + → [O H + ↔ + O H ↔ O H +] ≡ O H δ+ δ+ δ+

되새김 물음 15.10

트라이플루오로메틸기는 meta 지향기이다. 그 까닭을 트라이플루오로메틸벤젠의 ortho, meta, para 위치에 브로민화 반응이 일어날 때 생기는 아렌윰 이온의 공명 구조를 사용하여 설명하시오.

표 15.1은 meta-지향기에 대한 요약을 제공하고 있다.

보기 물음 15.4

아래의 각 방향족 고리를 결합된 치환기에 근거하여 활성화기 또는 활성 감소기로 표시하고, 그다음 이 기들이 ortho–para 지향기인지 또는 meta 지향기인지 말하시오.

(a) 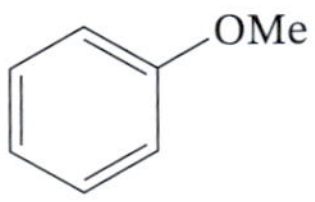 OMe

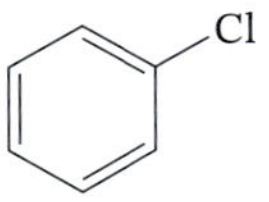

(b) 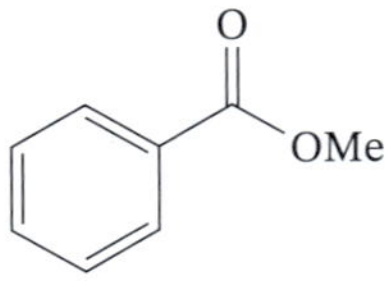 O OMe

(c) O O

(d) 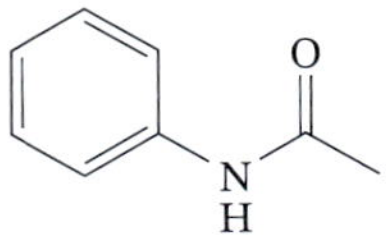 O N H

(e) Cl

(f) 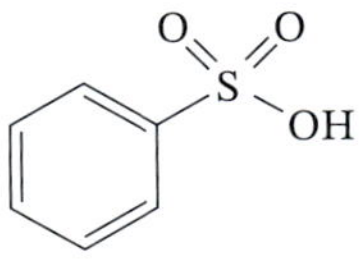 O O S OH

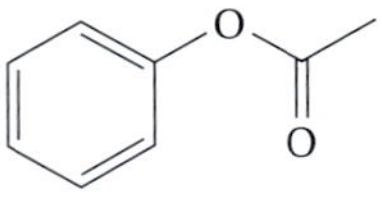

표 15.1 친전자성 방향족 치환 반응에서 치환기의 효과

Ortho-Para 지향기	**Meta** 지향기
강한 활성화	활성 감소 보통
$-\ddot{N}H_2$, $-\ddot{N}HR$, $-\ddot{N}R_2$	$-C\equiv N$
$-\ddot{O}H$, $-\ddot{O}:^-$, $-\ddot{O}R$	$-SO_3H$
보통 활성화	
$-\ddot{N}(H)-C(=O)R$	$-C(=O)OH$, $-C(=O)OR$
$-\ddot{O}-C(=O)R$	$-C(=O)H$, $-C(=O)R$
약한 활성화	강한 활성 감소
$-R$(alkyl)	$-NO_2$
$-C_6H_5$(phenyl)	$-\overset{+}{N}R_3$
약한 활성 감소	$-CF_3$, $-CCl_3$
$-\ddot{F}:$, $-\ddot{Cl}:$, $-\ddot{Br}:$, $-\ddot{I}:$	

풀이

치환기가 전자 밀도를 제공하면 고리는 활성화되고 ortho와 para 치환 반응을 일으킨다. 치환기가 전자 밀도를 끌어내면 고리의 활성은 감소하고 meta 치환 반응을 일으킨다(단, 할로젠은 전자를 끌어내지만 ortho-para 치환 반응을 유발한다). **(a)** 활성화; 에터는 ortho-para 지향기; **(b)** 활성 감소; 에스터 카보닐은 meta 지향기; **(c)** 활성화; 에스터의 단일 결합인 산소가 고리에 바로 결합되어 있고, 따라서 ortho-para 지향기; **(d)** 활성화; 아마이드의 질소는 ortho-para 지향기; **(e)** 활성 감소; 그러나 할로젠은 공명을 통하여 ortho-para 지향기; **(f)** 활성 감소; 설폰산기는 meta 지향기.

되새김 물음 15.11

아래 반응의 주 생성물을 예상하시오. 만일 주 생성물이 ortho와 para 이성질체의 혼합물이면 그렇다고 쓰시오.

(a) 페놀의 설폰화 반응

(b) 나이트로벤젠의 브로민화 반응

(c) 아니솔의 나이트로화 반응

(d) 아이소프로필벤젠의 염화 아세틸과 $AlCl_3$와의 반응

15.9 활성화-불활성화 효과: 전자 미는 기와 전자 끄는 기가 친전자성 방향족 치환 반응(EAS)의 속도에 미치는 효과

친전자성 방향족 치환 반응의 속도 결정 단계는 아렌윰 이온의 형성 단계이다. 치환기를 가진 벤젠 가운데 반응 속도의 차이는 아렌윰 이온이 형성되는 전이 상태를 살펴보면 설명될 수 있다.

- 전이 상태의 에너지를 감소시키는 치환기는 활성화 자유 에너지를 낮추고 상대적인 반응 속도를 증가시킨다.
- 전이 상태의 에너지를 증가시키는 치환기는 활성화 자유 에너지를 높이고 상대적인 반응 속도를 감소시킨다.

이 개념을 설명하기 위해서, 수소를 포함한 모든 고리의 치환기를 G라고 표시하고 그다음 아렌윰 이온의 형성을 고려해 보자. 반응의 상대적인 속도는 G가 **전자를 끄는가 또는 미는가**에 의존함을 알 수 있다.

- G가 아렌윰 이온에다 전자를 밀면 반응은 빠르게 일어난다.
- G가 아렌윰 이온으로부터 전자를 당기면 반응은 느리게 일어난다.

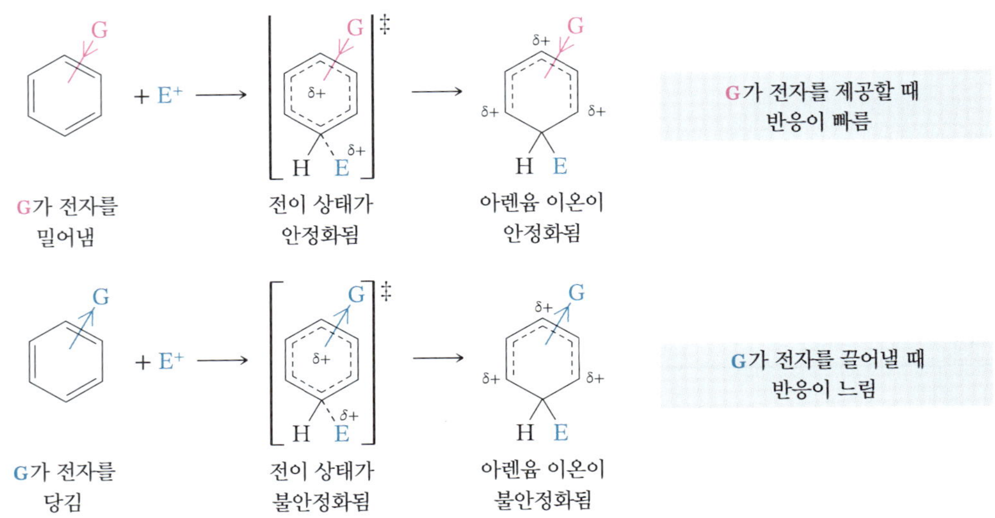

치환기의 효과는 전이 상태와 관련이 있다.

- **전자 미는 기(electron-donating group)**는 아렌윰 이온 형성에 이르는 전이 상태를 안정하게 한다.
- **전자 끄는 기(electron-withdrawing group)**는 아렌윰 이온 형성에 이르는 전이 상태를 덜 안정하게 한다.

그림 15.4는 치환기의 전자를 끄는 능력과 전자를 미는 능력이 친전자성 방향족 치환 반응의 상대적인 활성화 자유 에너지에 어떻게 영향을 주는지를 보여 준다.

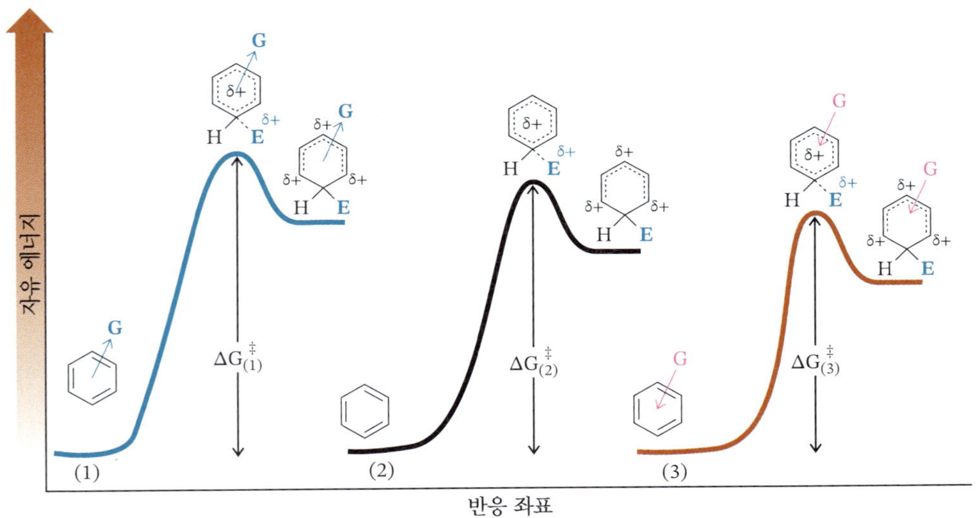

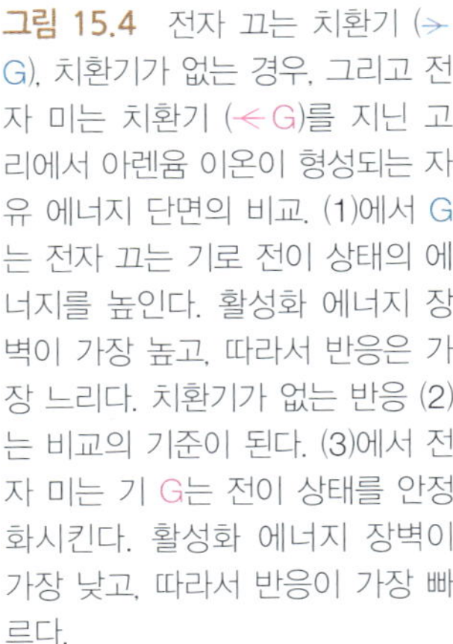
그림 15.4 전자 끄는 치환기 (→G), 치환기가 없는 경우, 그리고 전자 미는 치환기 (←G)를 지닌 고리에서 아렌윰 이온이 형성되는 자유 에너지 단면의 비교. (1)에서 G는 전자 끄는 기로 전이 상태의 에너지를 높인다. 활성화 에너지 장벽이 가장 높고, 따라서 반응은 가장 느리다. 치환기가 없는 반응 (2)는 비교의 기준이 된다. (3)에서 전자 미는 기 G는 전이 상태를 안정화시킨다. 활성화 에너지 장벽이 가장 낮고, 따라서 반응이 가장 빠르다.

15.10 이치환기의 벤젠에서 지향 효과

- 벤젠 고리에 두 가지 다른 기가 존재할 때 더 강한 활성화기(**activating group**, 표 15.1)가 일반적으로 반응의 결과를 결정한다.

한 예로, *p*-메틸아세트아닐라이드의 친전자성 치환 반응이 배향을 고려해 보자. 아마이드기는 메틸기보다 훨씬 더 강한 활성화기이다. 아래의 예는 아마이드기가 반응의 결과를 결정함을 보여 준다. 치환은 아마이드에 대해서 주로 ortho 위치에서 일어난다.

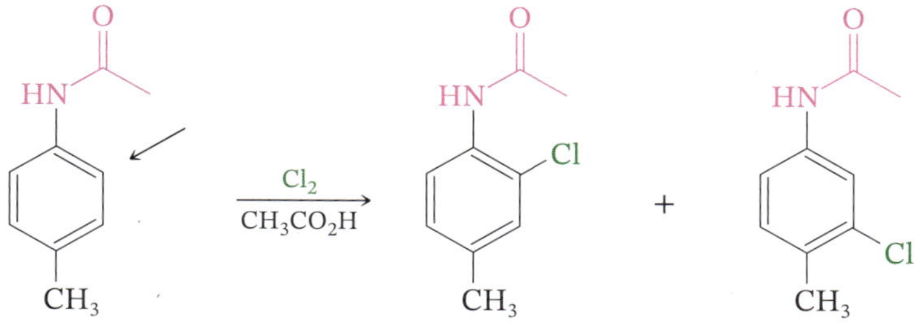

Cl_2, CH_3CO_2H

주 생성물 부 생성물

- ortho-para 지향기가 치환의 위치를 결정할 때 meta 치환기에 우선한다. ortho-para 지향기가 meta 지향기보다 더 활성화기이기 때문이다.

입체 효과는 방향족 치환 반응에서 또한 중요하다.

- 만일 다른 위치가 열려 있다면 치환 반응은 meta 치환기들 사이에서는 거의 생기지 않는다.

이 효과의 좋은 예로 *m*-브로모클로로벤젠의 나이트로화 반응이 있다.

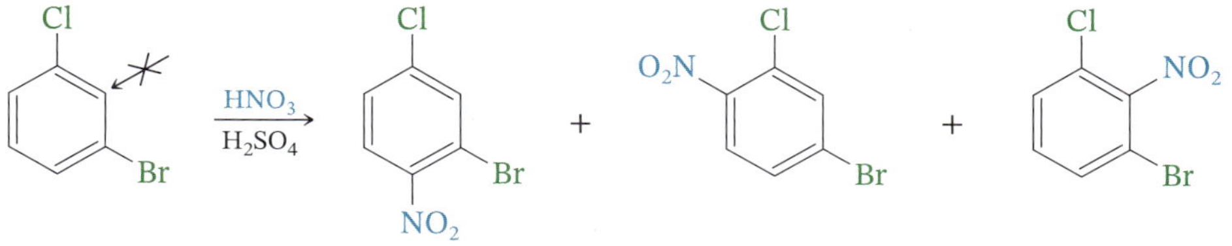

HNO_3, H_2SO_4

62% 37% 1%

단지 1%의 모노나이트로 생성물이 브로민과 염소 사이에 나이트로기를 가지고 있다.

되새김 물음 15.12

아래 화합물들이 각각 나이트로화 반응을 했을 때의 주 생성물(들)을 예상하시오.

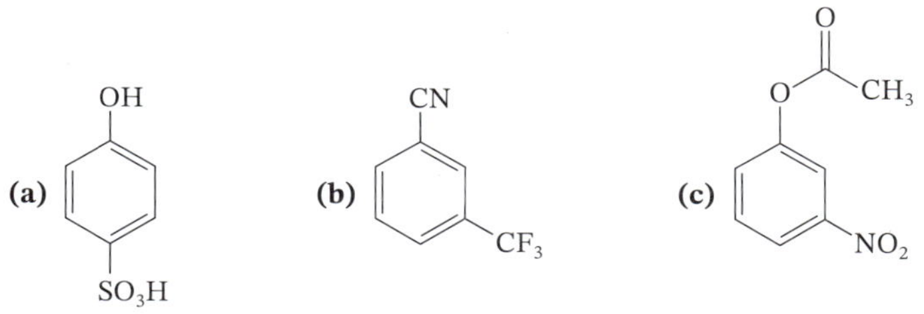

(a) (b) (c)

15.11 알킬 벤젠에서 곁사슬의 반응

지방족과 방향족 기로 된 탄화수소를 **아렌**(**arene**)이라고 부른다. 톨루엔, 에틸벤젠, 그리고 아이소프로필벤젠은 **알킬벤젠**(**alkylbenzene**)이다.

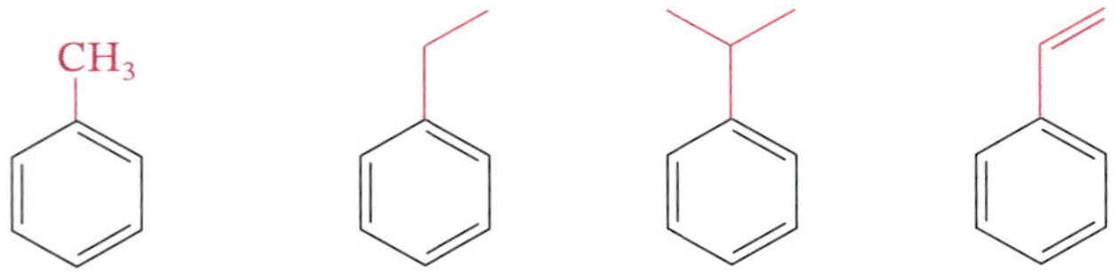

Methylbenzene (toluene) **Ethylbenzene** **Isopropylbenzene (cumene)** **Phenylethene (styrene 또는 vinylbenzene)**

페닐에텐은 보통 스타이렌이라 불리며 **알켄일벤젠**(**alkenylbenzene**)의 한 예이다. 이들 화합물의 지방족 부분을 일반적으로 **곁사슬**(**side chain**)이라고 부른다.

15.11A 곁사슬의 벤질 자리 할로젠화 반응

톨루엔이나 다른 알킬 방향족 화합물의 벤젠 고리에 있는 수소 원자를 친전자성 방향족 치환 반응을 이용하여 브로민이나 염소로 치환할 수 있음을 이미 알고 있다. 10장(10.9절)에서 배운 것처럼, **벤질 자리** 탄소에 있는 수소 원자를 열, 빛, 또는 퍼옥시화물과 같은 라디칼 개시제의 존재하에서 라디칼 반응에 의해 염소와 브로민으로 치환할 수도 있다. 이것은 **벤질 자리 라디칼**(**benzylic radical**) 중간체의 특별한 안정성 때문에 가능하다. 예를 들면, 톨루엔의 벤질 자리 염소화 반응은 여기에 보인 것처럼, 기체 상태로 400~600 ℃에서 반응시키거나 자외선 존재하에서 반응시키면 일어난다. 과량의 염소를 쓰면 염소화 반응이 여러 번 일어나기도 한다. 메커니즘은 메테인의 할로젠화 반응에 대하여 10.4절에서 보았던 것과 같다.

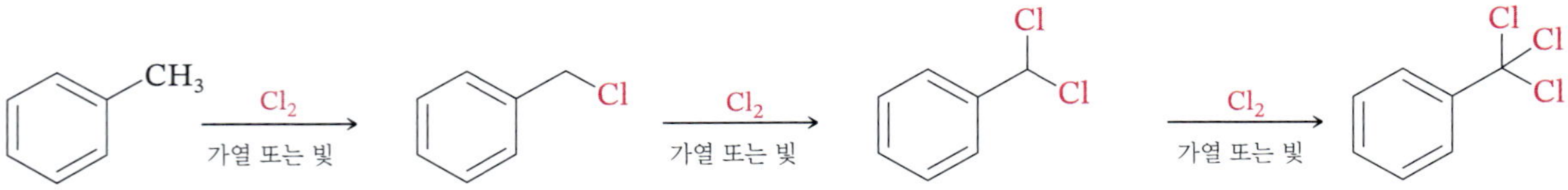

CH_3 —(Cl_2, 가열 또는 빛)→ **Benzyl chloride** —(Cl_2, 가열 또는 빛)→ **Dichloromethylbenzene** —(Cl_2, 가열 또는 빛)→ **Trichloromethylbenzene**

벤질 자리에 할로젠을 한 개만 도입하고자 한다면 NBS(*N*-bromosuccinimide, 10.9절)를 사용하는 것이 좋은 방법이다. NBS는 화학량론적인 양만큼의 브로민을 낮은 농도로 제공해 주므로 벤질 자리 브로민화 반응에 사용된다.

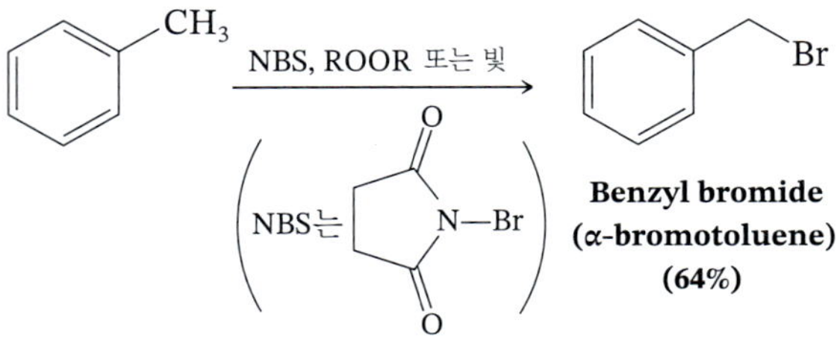

CH_3 —(NBS, ROOR 또는 빛)→ Br

(NBS는 N—Br)

Benzyl bromide (α-bromotoluene) (64%)

벤질 자리 할로젠화 반응은 친핵성 치환 반응이나 제거 반응에서 이탈기가 필요할 때 이탈기를 도입하는 방법으로 쓸모가 있다. 예를 들면, 톨루엔으로부터 벤질 에틸 에터를 합성하고자 할 때 브로민화 벤질을 위에서처럼 합성하고 그다음 브로민화 벤질을 에톡시화 소듐으로 아래와 같이 반응시킨다.

15.11B 제거 반응으로 알켄일벤젠이 형성될 때 짝지음이 유리함

- 곁사슬 이중 결합이 벤젠 고리와 짝지은 알켄일벤젠은 그렇지 않은 것보다 안정하다.

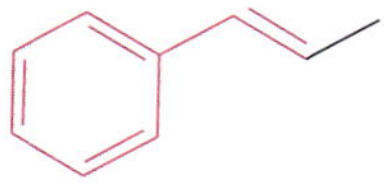

이 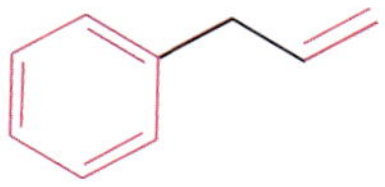 보다 더 안정하다.

짝지은 계 **짝짓지 않은 계**

이에 대한 증거는 산 촉매에 의한 탈수 반응에서 얻을 수 있는데, 가장 안정한 알켄이 생성된다(7.11A절). 예를 들면, 아래에 보인 것과 같은 알코올의 탈수 반응으로 짝지은 계가 전적으로 얻어진다.

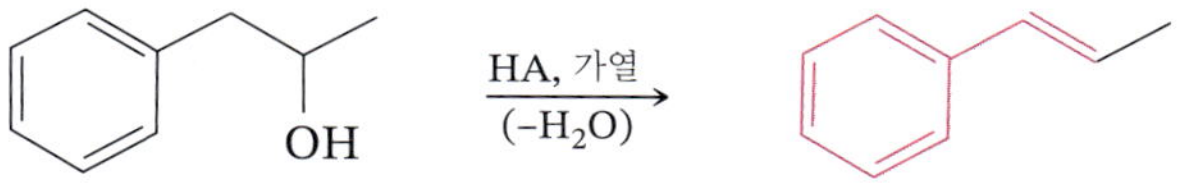

OH

HA, 가열

($-H_2O$)

짝지음은 항상 π 전자의 비편재화를 허용함으로 인하여 불포화계를 안정화시키기 때문에 이러한 행태는 예상될 수 있다. 일반적으로 제거 반응으로 벤젠 고리에 짝지은 이중 결합과 짝짓지 않은 이중 결합이 형성된다면 아래의 E2 제거 반응의 예에서 보듯이 짝지은 이중 결합의 형성을 선호한다.

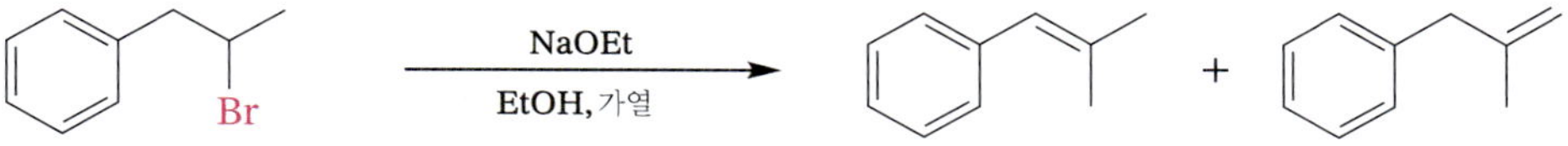

Br

NaOEt

EtOH, 가열

+

주 생성물 (짝지음)

부 생성물

15.11C 알켄일벤젠의 이중 결합의 첨가 반응

과산화물이 존재할 때 HBr은 1-페닐프로펜에 첨가되어 2-브로모-1-페닐프로페인을 주 생성물로 형성한다.

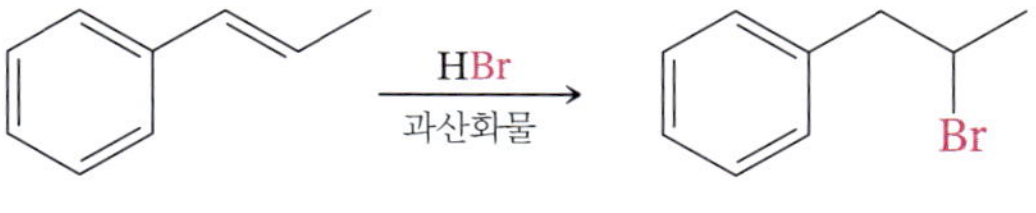

HBr

과산화물

Br

1-Phenylpropene **2-Bromo-1-phenylpropane**

과산화물이 없을 때 HBr은 정반대로 첨가된다.

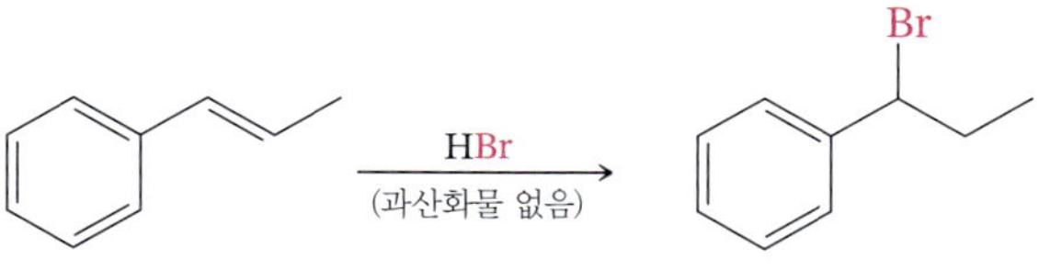

Br

HBr

(과산화물 없음)

1-Phenylpropene **1-Bromo-1-phenylpropane**

브로민화 수소가 1-페닐프로펜에 첨가하는 반응은 과산화물 존재 시에는 벤질 자리 라디칼을 통하여, 과산화물이 없을 때는 벤질 자리 양이온을 통하여 진행한다(되새김 물음 15.13과 10.9절 참조).

되새김 물음 15.13

HBr이 1-페닐프로펜에 첨가하는 반응 메커니즘을 **(a)** 과산화물이 존재할 때와 **(b)** 과산화물이 없을 때도 각각 쓰시오. 각각의 경우에 있어서 첨가 반응의 위치 화학을 설명하시오(즉, 과산화물 존재 시 주 생성물은 2-브로모-1-페닐프로페인이며, 과산화물이 없을 때는 1-브로모-1-페닐프로페인이 생성되는 까닭을 설명하시오).

되새김 물음 15.14

(a) 1-페닐프로펜이 HCl과 반응할 때 주 생성물은 무엇인가?
(b) 이것을 옥시수은 첨가 반응–탈수은 반응을 시키면 그 결과는 어떻게 될까?

15.11D 곁사슬의 산화 반응

강한 산화제는 톨루엔을 벤조산으로 산화한다. 산화 반응은 뜨거운 알칼리성 과망가니즈산 포타슘의 작용에 의해서 수행될 수 있다. 이 방법으로 벤조산이 거의 정량적으로 생성된다.

CH_3 (1) $KMnO_4$, HO^-, 가열 (2) H_3O^+ → O, OH

Benzoic acid
(~100%)

곁사슬 산화 반응의 한 가지 중요한 특성은 산화 반응이 우선적으로 벤질 자리 탄소에서 일어난다는 것이다.

- 메틸보다 긴 알킬기를 가진 알킬벤젠은 궁극적으로 벤조산으로 분해된다.

CH_2R (1) $KMnO_4$, HO^-, 가열 (2) H_3O^+ → O, C, OH

알킬벤젠 **Benzoic acid**

곁사슬 산화 반응은 벤질 자리 할로젠화 반응과 비슷하다. 왜냐하면 첫 단계에서 산화제가 벤질 자리 수소를 떼내기 때문이다. 일단 벤질 자리 탄소에서 산화가 시작되면 그 위치에서 계속된다. 궁극적으로 산화제는 벤질 자리 탄소를 카복실기로 산화하고, 이 과정에서 곁사슬의 나머지 탄소 원자들을 떼어내 버린다(*tert*-뷰틸벤젠은 곁사슬 산화 반응을 하지 않는다. 그 까닭은?).

- 곁사슬 산화 반응은 알킬기에만 국한된 것은 아니다. 알켄일, 알카인일, 그리고 아실기도 뜨거운 알칼리성 과망가니즈산 포타슘에 의해서 똑같은 방법으로 산화된다.

$$\left.\begin{array}{c} C_6H_5CH{=}CHCH_3 \\ \text{또는} \\ C_6H_5C{\equiv}CCH_3 \\ \text{또는} \\ C_6H_5\overset{\overset{\displaystyle O}{\|}}{C}CH_3 \end{array}\right] \xrightarrow[(2)\ H_3O^+]{(1)\ KMnO_4,\ HO^-,\ \text{가열}} C_6H_5\overset{\overset{\displaystyle O}{\|}}{C}OH$$

15.11E 벤젠 고리의 산화 반응

알킬기가 결합된 벤젠 고리 탄소는 가오존 분해 후 과산화 수소로 처리하면 카복실기로 전환될 수 있다.

$$R{-}C_6H_5 \xrightarrow[(2)\ H_2O_2]{(1)\ O_3,\ CH_3CO_2H} R{-}\overset{\overset{\displaystyle O}{\|}}{C}OH$$

15.12 합성에의 응용

방향성 고리의 치환 반응과 알킬- 및 알켄일벤젠의 곁사슬의 반응을 함께 이용하면 유기 합성을 위한 훌륭한 반응 조건을 제공해 준다. 이 반응들을 기술적으로 이용함으로써 수많은 벤젠 유도체들을 합성할 수 있다.

15.12A 반응 순서의 선택

- 합성을 고안하는 기술의 한 부분은 반응을 수행해 내는 순서를 정하는 것이다.

예를 들어, *o*-브로모나이트로벤젠을 합성하고 싶다고 하자. 브로민은 ortho−para 지향기이기 때문에 고리에 먼저 도입해야 함을 곧 알 수 있다.

$$C_6H_6 \xrightarrow[FeBr_3]{Br_2} C_6H_5Br \xrightarrow[H_2SO_4]{HNO_3} o\text{-}BrC_6H_4NO_2 + p\text{-}BrC_6H_4NO_2$$

o-Bromonitrobenzene **p-Bromonitrobenzene**

ortho와 para 생성물들은 서로 다른 물리적 성질을 지녔기 때문에 여러 가지 방법에 의해서 분리될 수 있다. 그러나 나이트로기를 먼저 도입했었다면 *m*-브로모나이트로벤젠이 주 생성물로 얻어졌을 것이다.

반응의 순서를 잘 택해야 함이 중요하다는 것을 나타내는 다른 예로 *ortho*-, *meta*-, 그리고 *para*-나이트로벤조산의 합성을 들 수 있다. 톨루엔의 메틸기는 전자 미는 기(아래에서 적색으로 표시)이기 때문에 톨루엔을 나이트로화하고 *ortho*-와 *para*-나이트로톨루엔을 분리해 낸 다음 메틸기를 카복실기로 산화시키면 *ortho*-와 *para*-나이트로벤조산을 합성할 수 있다.

CH_3 / HNO_3, H_2SO_4 → **p-Nitrotoluene** (ortho와 para를 분리) → (1) $KMnO_4$, HO^-, 가열 (2) H_3O^+ → **p-Nitrobenzoic acid**

→ **o-Nitrotoluene** → (1) $KMnO_4$, HO^-, 가열 (2) H_3O^+ → **o-Nitrobenzoic acid**

m-나이트로벤조산은 반응의 순서를 반대로 하면 합성할 수 있다. 메틸기를 카복실산으로 산화시키고, 카복실기를 전자 끄는 기(아래에 청색으로 표시)로 사용하여 meta 위치에 나이트로화 반응을 지향하도록 한다.

CH_3 → (1) $KMnO_4$, HO^-, 가열 (2) H_3O^+ → **Benzoic acid** (CO_2H) → HNO_3, H_2SO_4, 가열 → **m-Nitrobenzoic acid** (CO_2H, NO_2)

보기 물음 15.5

톨루엔으로부터 시작하여 아래 화합물의 합성 과정을 요약하시오.

(a) 1-브로모-2-트라이클로로메틸벤젠

(b) 1-브로모-3-트라이클로로메틸벤젠

(c) 1-브로모-4-트라이클로로메틸벤젠

풀이

화합물 **(a)**와 **(c)**는 톨루엔의 고리를 브로민화한 다음 3몰 당량의 염소로 곁사슬의 염소화 반응을 하면 된다.

CH_3 → Br_2, Fe → (CH_3, Br) (분리) → Cl_2, *hν* 또는 가열 → (CCl_3, Br) **(a)**

→ (CH_3, Br) → Cl_2, *hν* 또는 가열 → (CCl_3, Br) **(c)**

화합물 **(b)**를 합성하려면 반응의 순서를 바꾸면 된다. 곁사슬을 먼저 $-CCl_3$로 바꾸면 meta 지향기가 되는데, 이것이 브로민을 원하는 위치에 들어가도록 한다.

CH_3 (톨루엔) $\xrightarrow[h\nu \text{ 또는 가열}]{Cl_2}$ CCl_3 (벤젠) $\xrightarrow[Fe]{Br_2}$ CCl_3, Br **(b)**

되새김 물음 15.15

m-브로모프로필벤젠을 벤젠으로부터 합성하고자 한다.

벤젠 $\xrightarrow{?}$ Br (m-브로모프로필벤젠)

벤젠을 먼저 브로민화 반응을 시키고, 그다음 클로로프로페인과 $AlCl_3$를 사용하여 Friedel–Crafts 알킬화 반응을 시키거나, 아니면 Friedel–Crafts 알킬화 반응을 시킨 다음 이어 염소화 반응을 시킬 수도 있다. 그러나 어느 방법도 원하는 물질을 만들지 못한다.

(a) 왜 어느 방법도 원하는 생성물을 만들지 않는가?

(b) 세 단계의 방법이 바른 순서로 실행되면 원하는 물질을 만들 수 있다. 이 방법은 무엇인가?

15.12B 보호기와 막음기의 이용

- 아미노기나 하이드록실기 같이 매우 강력한 활성화기는 벤젠 고리의 반응성을 너무 크게 하므로 원하지 않는 반응도 일어나게 된다.

질산과 같은 친전자성 치환 반응에 사용되는 어떤 시약들은 강한 **산화제**이기도 하다. 친전자체와 산화제는 모두 전자를 추구한다. 그러므로 아미노기나 하이드록실기는 친전자성 치환 반응을 하도록 고리를 활성화시킬 뿐만 아니라 산화 반응을 하도록 활성화시키기도 한다. 아닐린의 나이트로화 반응을 예로 들면, 질산에 의한 산화 반응으로 벤젠 고리가 상당히 파괴된다. 결과적으로 아닐린을 직접 나이트로화하는 것은 *o*-와 *p*-나이트로아닐린을 합성하는 데 있어 만족스러운 방법이 못 된다.

아닐린을 염화 아세틸(CH_3COCl)이나 아세트산 무수물[$(CH_3CO)_2O$]로 처리하면 아닐린의 아미노기는 아마이드기(구체적으로 아세트아마이도기, $-NHCOCH_3$)로 전환되어 아세트아닐라이드가 형성된다. 아마이드기는 고리를 단지 완만하게 활성화시키며, 또 나이트로화 반응 동안 고리가 쉽게 산화되지 않도록 한다. 그러므로 아닐린의 아미노기가 아세트아닐라이드로 보호된 것을 가지고 직접 나이트로화 반응을 할 수 있다.

Aniline → (CH_3COCl, 염기) → Acetanilide → (HNO_3, H_2SO_4) → p-Nitro-acetanilide (90%) + o-Nitro-acetanilide (극미량)

(1) H_2O, H_2SO_4, 가열
(2) HO^-

이 단계에서 $CH_3C(=O)—$ 기가 제거되고 —H로 치환된다.

→ p-Nitroaniline + $CH_3CO_2^-$

아세트아닐라이드의 나이트로화 반응으로 *p*-나이트로아세트아닐라이드가 훌륭한 수율로 생성되며, ortho 이성질체는 극미량만 생성된다. *p*-나이트로아세트아닐라이드를 산으로 가수 분해하여(17.8F절) 아세틸기를 제거하면 *p*-나이트로아닐린이 높은 수율로 얻어진다.

그러나 *o*-나이트로아닐린이 필요하다고 가정해 보자. 방금 기술한 방법으로는 나이트로화 반응으로부터 극미량의 *o*-나이트로아세트아닐라이드가 형성되므로 좋은 방법이 아님은 자명하다(아세트아마이도기는 많은 반응에 있어서 para 지향기이다. 예를 들어, 아세트아닐라이드를 브로민화 반응시키면 *p*-브로모아세트아닐라이드만 오직 얻어진다). *o*-나이트로아닐린은 다음과 같은 반응을 통하여 합성할 수 있다.

Acetanilide → (진한 H_2SO_4) → (p-SO_3H) → (HNO_3) → (o-NO_2, p-SO_3H) → ((1) H_2O, 가열, H_2SO_4 (2) HO^-) → o-Nitroaniline (56%)

여기서 설폰산기는 **막음기(blocking group)**로 사용될 수 있다. 설폰산기는 나중에 탈설폰화 반응에 의해서 제거될 수 있다. 이 예에서 탈설폰화 반응에 쓰인 시약(묽은 H_2SO_4)은 벤젠 고리를 질산에 의한 산화로부터 '보호'하기 위해서 썼던 아세틸기도 역시 편리하게 제거한다.

15.13 S_NAr 메커니즘: 첨가–제거 반응에 의한 친핵성 방향족 치환 반응

한 개 이상의 강한 전자 끄는 치환기와 이탈기를 가진 방향족 화합물들은 친전자성 치환 반응 대신 친핵성 치환 반응을 진행한다. 표준적인 S_N2나 S_N1 메커니즘은 벤젠 고리의 탄소들이 sp^2-혼성이므로 불가능하지만, 친핵성 첨가 반응 후에 제거 반응이 관여하는 메커니즘은 가능하다. 이 메커니즘을 **S_NAr(nucleophilic aromatic substitution, 친핵성 방향족 치환 반응)**이라고 한다. 예를 들어, 클로로벤젠은 수산화 이온에 의한 S_N2나 S_N1 치환 반응이 불가능하다.

Cl + NaOH —(H_2O, 가열)→ 치환 반응 안 함

그러나 만일 한 개 이상의 전자 끄는 기가 이탈기에 대해서 ortho나 para 위치에 있으면 친핵성 치환 반응이 아래의 예에서처럼 가능하다.

Cl, NO_2 + HO^- —($NaHCO_3$ 수용액, 130 °C)→ —(H_3O^+)→ OH, NO_2

Cl, NO_2, NO_2 + HO^- —($NaHCO_3$ 수용액, 100 °C)→ —(H_3O^+)→ OH, NO_2, NO_2

Cl, O_2N, NO_2, NO_2 + HO^- —($NaHCO_3$ 수용액, 35 °C)→ —(H_3O^+)→ OH, O_2N, NO_2, NO_2

- 메커니즘은 전이 상태에서 비편재화된 음이온이 동시에 결합 형성과 결합 해리를 하는 것으로 여겨진다.

반응 메커니즘

S_NAr 메커니즘

Cl, NO_2 + ^-OH ⟶ [Cl, OH, −, NO_2]‡ ⟶ OH, NO_2 + Cl^-

음이온성 전이 상태

페놀은 초기에는 과량의 염기에 의해서 탈양성자화되어 산으로 처리할 때까지 그대로 있다.

이탈기가 플루오린화 이온처럼 약할 때 메커니즘은 Meisenheimer 중간체를 거치는 친전자성 **첨가-제거 반응**이 관여할 것이다. 다음의 예에서 메톡시화 음이온이 *p*-나이트로플루오로벤젠에 첨가하면 탄소 음이온이 생성된다. 그다음 플루오린화 이온이 제거되고 방향성이 회복되면서 치환 반응 생성물이 만들어진다.

반응 메커니즘

Meisenheimer 중간체를 가진 S_NAr

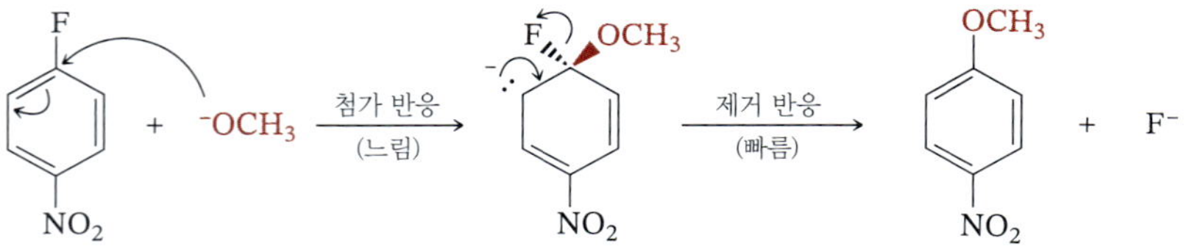

F, NO_2 + $^-OCH_3$ → 첨가 반응 (느림) → F, OCH_3, NO_2 → 제거 반응 (빠름) → OCH_3, NO_2 + F^-

Meisenheimer
탄소 음이온 중간체
(기여하는 공명 형태의 구조는 아래에 보였다.)

Meisenheimer 중간체의 탄소 음이온은 치환 위치에 대해서 ortho와 para 위치에 있는 전자 끄는 기의 공명에 의해서 안정화된다.

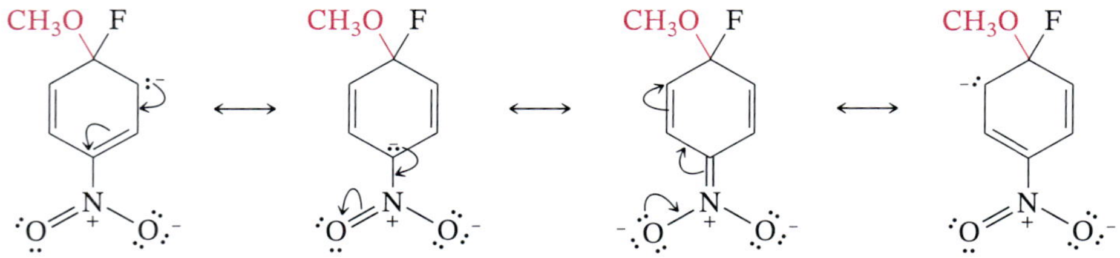

CH_3O F ⟷ CH_3O F ⟷ CH_3O F ⟷ CH_3O F

특별히 안정
(음전하들이 모두 산소 원자에 놓여 있다.)

보기 물음 15.6

아래 반응의 생성물은 무엇인가?

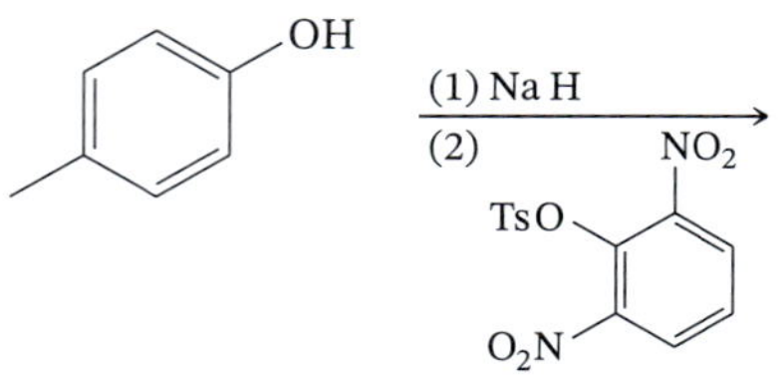

OH → (1) Na H (2) TsO, NO_2, O_2N

풀이

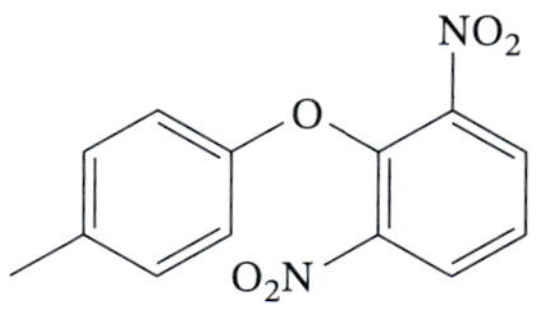

NaH는 강염기여서 4-메틸페놀을 그것의 페녹시화 염으로 전환한다. 1-(*p*-톨루엔설폰일)-2,6-다이나이트로벤젠은 좋은 이탈기와 두 개의 강한 전자 끄는 기를 가지고 있다. 그러므로 가능한 반응은 친핵성 방향족 치환 반응(S_NAr)으로 오른쪽과 같은 다이아릴 에터를 만든다.

NO_2, O, O_2N

되새김 물음 15.16

1-플루오로-2,4-다이나이트로벤젠은 S_NAr 메커니즘을 따라 친핵성 치환 반응을 잘 한다. (24.5B절에서 이 시약이 단백질의 구조를 결정하는 Sanger법에 어떻게 쓰이는지를 배운다.) 1-플루오로-2,4-다이나이트로벤젠이 아래의 각 시약과 반응할 때 형성되는 생성물은 무엇인가?

(a) EtONa **(b)** NH_3 **(c)** $C_6H_5NH_2$ **(d)** EtSNa

생물 화학: 박테리아에 의한 PCB 유도체의 탈할로젠화 반응

다중염소화된 바이페닐(polychlorinated biphenyl, PCB)은 다양한 전기기구, 공업 제품, 그리고 폴리머에 한때 사용되었다. 그러나 PCB의 독성과 그들의 먹이 사슬에서의 축적 경향 때문에 1979년에 그들의 생산과 사용이 금지되었다.

화학과 환경

4-클로로벤조산은 어떤 PCB의 분해 생성물이다. 어떤 박테리아는 효소가 관여하는 친핵성 방향족 치환 반응에 의해서 4-클로로벤조산을 탈할로젠화시킨다는 사실이 이제 알려져 있다. 생성물은 4-하이드록시벤조산이다. 이 효소-촉매화된 S_NAr 메커니즘이 협동성인지 Meisenheimer 중간체를 포함하는지는 명확하지 않다. Meisenheimer 중간체를 포함하는 메커니즘이 아래에 있다. 이 순서는 조효소 A(CoA)로부터 유도된 4-클로로벤조산의 싸이오에스터로부터 시작된다.

SCoA O C Cl O⁻ O=C Enz → O⁻ SCoA C O Cl O=C Enz → O SCoA C O O=C Enz O H H ⁻B → O SCoA C O⁻ O C H—B Enz OH → O SCoA C OH O⁻ O=C Enz ⁻B

이 효소에 의한 S_NAr 메커니즘의 핵심 양상은 다음과 같다. 염소화된 벤젠 고리를 공격하는 친핵체는 효소의 카복실산 음이온이다. 카복실산 이온이 공격을 하면 효소 안에 있는 양전하를 띤 기는 Meisenheimer 중간체의 싸이오에스터 카보닐기에서 생겨나는 추가적인 전자 밀도를 안정화시킨다. Meisenheimer 중간체가 깨지면서 고리의 재방향족화가 일어나고 염화 이온이 떨어져 나가면 기질이 에스터로서 효소에 공유 결합을 한 중간체가 생긴다. 이 에스터 결합의 가수 분해에는 물 분자가 관여하는데, 물 분자의 친핵성도는 효소 안에 있는 염기성 위치에 의해서 증대되어 있다. 에스터의 가수 분해로 4-하이드록시벤조산이 방출되고, 효소는 다른 반응 회로를 촉매화할 준비를 하게 된다.

15.14 벤자인: 제거–첨가 반응에 의한 친핵성 방향족 치환 반응

비록 클로로벤젠이나 브로모벤젠과 같은 할로젠화 아릴이 대부분의 친핵체와 보통 조건에서는 반응하지 않지만, 매우 강력한 조건에서는 반응을 한다. 클로로벤젠은 수산화 소듐 수용액과 가압 반응기에서 350 °C로 가열하면 페놀로 전환된다.

Cl → (NaOH, 350 °C) ONa → (H_3O^+) OH

Phenol

브로모벤젠은 매우 강력한 염기인 $^{-}NH_2$와 액체 암모니아에서 반응한다.

$$C_6H_5Br \xrightarrow[-33\ ^\circ C]{K^+\ {:}\ddot{N}H_2^-} C_6H_5\ddot{N}H_2 + KBr$$

Aniline

- 이 반응들은 **벤자인**(benzyne, 또는 디하이드로벤젠)이라고 부르는 매우 불안정한 중간체가 관여하면서 **제거–첨가 반응(addition–elimination)** 메커니즘으로 일어난다.

이 메커니즘은 브로모벤젠과 아마이드화 이온 사이의 반응을 가지고 설명될 수 있다. 첫 번째 단계에서(다음 메커니즘 참조) 아마이드화 이온은 가장 산성이 큰 ortho 양성자 중 하나를 빼내는 제거 반응을 개시한다. ortho 탄소에 생겨난 음전하는 브로민의 유발 효과에 의해서 안정화된다. 그다음 음이온은 브로민화 이온을 잃는다. 이 제거 반응으로 매우 불안정한, 따라서 반응성이 큰 **벤자인(benzyne)**이 형성된다. 그다음 벤자인은 이용 가능한 친핵체(이 경우, 아마이드화 이온)와 두 단계 첨가 반응을 하여 아닐린을 형성한다.

반응 메커니즘

벤자인 제거–첨가 반응 메커니즘

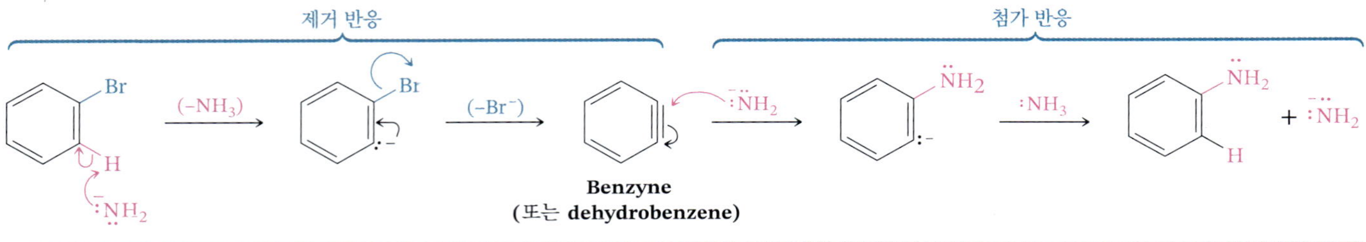

벤자인의 큰 반응성과 불안정한 본질은 이것의 전자 구조를 살펴보면 더 잘 이해할 수 있다.

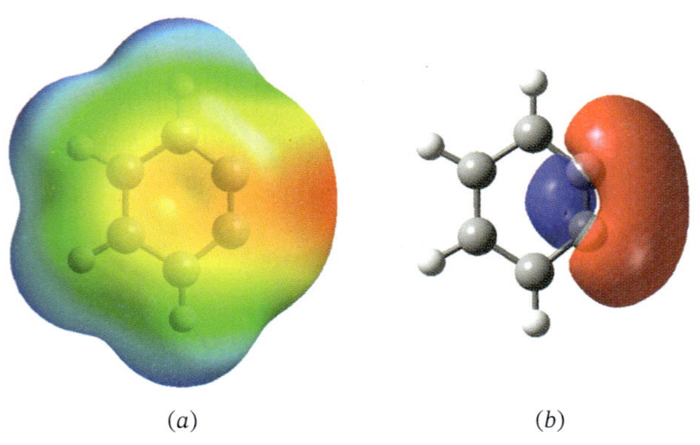

그림 15.5 (*a*) 벤자인의 계산된 정전기적 퍼텐셜 지도는 고리의 가장자리에 비교적 더 큰 음전하를 보여 주는데(적색), 이것은 벤자인의 가외의 π 결합의 전자 밀도에 대응되는 것이다. (*b*) 벤자인의 가외의 π 결합과 관련된 분자 오비탈의 표현(적색과 청색은 오비탈의 상을 나타낼 뿐, 전하의 분포를 나타내지 않음). 이 오비탈은 고리와 동일 평면에 놓이지만 방향족인 π 계와는 수직임을 주목하시오.

그림 15.5*a*에 보인 벤자인의 계산된 정전기적 퍼텐셜 지도에서, 비교적 더 큰 음전하가 고리의 가장자리에 있으면 곧 벤자인에 있는 가외의 π 결합의 전자 밀도에 대응되는 것이다. 그림 15.5*b*는 가외의 π 결합과 관련된 오비탈을 나타내고 있다. 이 모형에서 벤자인의 가외의 π 결합오비탈이 고리와 동일 평면에 놓이며, 방향성 π계의 축과는 수직임을 보여 주고 있다. 또한 그림 15.5에서 탄소 고리는 벤젠처럼 정육각형이 아니며, 벤자인 구조에 각긴장이 존재함을 알 수 있다. 가외의 π 결합을 이루는 탄소 원자 사이의 길이는 다른 탄소들 사이의 길이보다 짧고 결합각도 이상적인 값에서 벗어나 있다. 그 결과 벤자인은 매우 불안정하고 매우 반응성이 크다. 그것은 한 번도 분리된 적이 없다. 그러나 그것은 검출되거나 여러 가지 방법에 의해서 포획되기도 하였다.

첫 번째로 분명한 증거는 1953년에 Roberts(9.7절)가 행한 실험인데, 이것은 벤자인 화학의 효시이기도 하다. Roberts는 ^{14}C-표지(C*)된 브로모벤젠을 아마이드화 이온으로 액체 암모니아에서 처리하여 생성된 아닐린에서 표지가 1번과 2번 위치 사이에 똑같이 나누어져 있음을 보였다. 이 결과는 아래쪽의 제거–첨가 반응 메커니즘과 일치한다. 그러나 직접 치환 반응이나 첨가–제거 반응 메커니즘과는 물론 전혀 일치하지 않는다. (왜 그럴까?)

$K^+\bar{N}H_2$; $\bar{N}H_2$ / NH_3

NH₂ 50%

NH₂ 50%

제거 반응 첨가 반응

더욱 분명한 설명은 다음 반응에서 볼 수 있다. ortho 유도체 **1**을 아마이드화 소듐으로 처리하면 *m*-(트라이플루오로메틸)아닐린이 유일하게 얻어진다.

CF_3, Cl; $NaNH_2$ / NH_3 (–NaCl); CF_3, NH_2

1 ***m*-(Trifluoromethyl)aniline**

이 결과는 제거–첨가 반응 메커니즘으로 설명될 수 있다. 첫 단계에서 벤자인 **2**가 생성된다.

CF_3, Cl, H; $NaNH_2$ / NH_3 (–HCl); CF_3

1 **2**

이 벤자인은 덜 안정한 탄소 음이온 **4**보다는 더 안정한 탄소 음이온 **3**이 생성되게끔 아마이드화 이온을 첨가한다.

CF₃ 2 — $\ddot{N}H_2^-$ →

4
덜 안정한
탄소 음이온

3
더 안정한 탄소 음이온
(음전하가 전기 음성적인
트라이플루오로메틸기에 가까이 있다.)

:NH_3 → + $:\ddot{N}H_2^-$

그다음 탄소 음이온 **3**은 암모니아로부터 양성자를 받아들여서 *m*-(트라이플루오로메틸)아닐린을 형성한다.

탄소 음이온 **3**이 **4**보다 더 안정한 것은 음전하를 띤 탄소 원자가 매우 전기 음성적인 트라이플루오로메틸기에 더 가까이 있기 때문이다. 트라이플루오로메틸기는 유발 효과를 통하여 음전하를 안정화시킨다(공명 효과는 여기서 중요하지 않은데, 전자쌍을 포함하고 있는 sp^2 오비탈이 방향성인 계의 π 오비탈과 중첩하지 않기 때문이다).

벤자인 중간체는 Diels–Alder 반응을 통하여 '붙잡히기도 한다'. 벤자인을 만드는 한 가지 편리한 방법은 안트라닐산(2-아미노벤조산)을 다이아조화시킨 다음 CO_2와 N_2를 제거하는 것이다.

다이아조화 반응 → $-CO_2$, $-N_2$ →

Anthranilic acid

벤자인 (분리되지 않고 붙잡힘)

벤자인을 다이엔인 퓨란 존재하에서 발생시키면 Diels–Alder 첨가 생성물이 얻어진다.

벤자인 (제거 반응에 의하여 생성됨) + **Furan** → **Diels–Alder 첨가 생성물**

재료 화학: 벤자인의 주인–손님 함정

노벨상

Donald Cram은 주인–손님 화학에 대한 업적으로 1987년 Nobel 상을 공동 수상하였다.

믿기 어렵도록 높은 반응성에도 불구하고 벤자인은 매우 낮은 온도하에서 헤미카세란드라 불리는 특수한 분자 용기 안에서 붙잡혔다. 이 물질들은 1987년 Nobel 화학상 공동 수상자인 고(故) D. Cram에 의해서 개발되었는데, 초분자 화학 또는 주인–손님 화학이라고 알려진 것을 확인하기 위함이었다. 헤미카세란드가 하는 일은 벤자인과 새로운 착물을 형성하고 그것을 분자간 인력을 통하여 붙잡아 둠으로써 반응성이 충분히 안정화되어 ^{1}H와 ^{13}C NMR을 찍게 해준다(**그림 15.6**). 그러한 착물은 영구히 지속하지는 못할지라도 궁극적으로 벤자인이 용기 분자 자체와 Diels–Alder 반응을 진행할 것이다. 그러나 확인된 독특한 물질과 이 물질이 초기 착물을 형성하는 능력 때문에 벤자인의 존재에 대한 분광학적인 증거를 얻게 되었다.

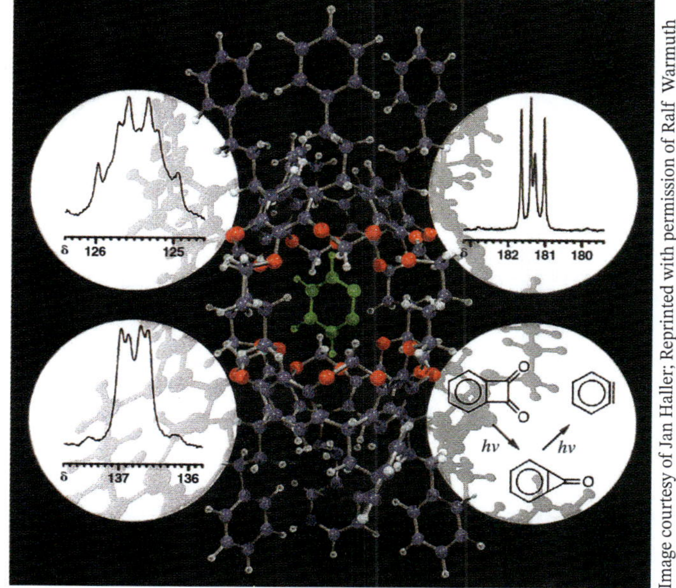

그림 15.6 헤미카세란드 안에 붙잡힌 벤자인(녹색)의 분자 그림. 벤자인과 그것을 합성하는 데 쓰인 반응으로부터 얻은 ^{13}C NMR 자료가 백색 원 안에 그려져 있다.

되새김 물음 15.17

p-클로로톨루엔의 아마이드화 소듐으로 액체 암모니아에서 반응시키면 두 가지 생성물이 얻어진다. 각 생성물의 형성을 설명할 수 있는 메커니즘을 쓰시오.

되새김 물음 15.18

2-브로모-1,3-다이메틸벤젠을 아마이드화 소듐으로 액체 암모니아 속에서 처리하면 치환 반응은 일어나지 않는다. 이것은 제거–첨가 반응 메커니즘에 대한 증거로 해석되어 왔다. 이것을 설명하시오.

15.15 방향족 화합물의 환원 반응

벤젠을 고압하에서 금속 촉매를 사용하여 수소화 반응시키면 3몰 당량의 수소가 첨가되어 사이클로헥세인을 형성한다(14.3절). 중간체인 사이클로헥사다이엔과 사이클로헥센은 벤젠보다 더 빨리 수소화 반응을 진행하므로 분리되지 않는다.

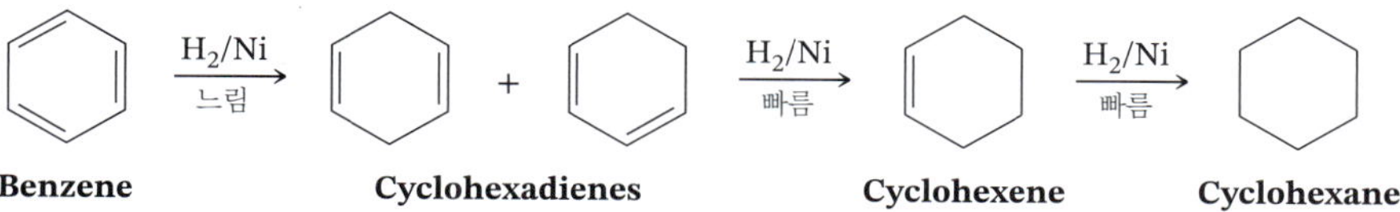

15.15A Birch 환원 반응

벤젠을 액체 암모니아와 알코올의 혼합물 속에서 알칼리 금속(소듐, 리튬, 포타슘)과 반응시키면 1,4-사이클로헥사다이엔으로 환원된다. 이 반응은 이것을 개발한 오스트레일리아의 화학자 A. J. Birch의 이름을 따라 **Birch 환원 반응**(**Birch reduction**)이라고 불린다.

Na

NH_3, EtOH

Benzene **1,4-Cyclohexadiene**

Birch 환원 반응은 용해된 금속에 의한 환원의 또 다른 예로, 그 메커니즘은 7.17B절에서 배운 알카인의 환원 메커니즘과 유사하다. 알칼리 금속으로부터 전자의 전이와 알코올로부터 양성자의 전이가 연속적으로 일어나서 1,4-사이클로헥사다이엔이 된다. 그러나 이것이 더욱 안정한 짝지은 1,3-사이클로헥사다이엔보다 우선적으로 생기는 까닭은 알려져 있지 않다.

반응 메커니즘

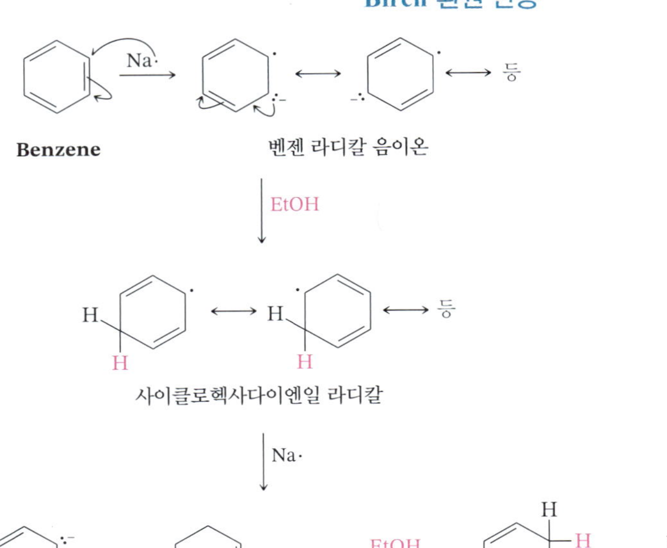

첫 번째 전자의 전이로 비편재화된 벤젠 라디칼 음이온이 생성된다.

양성자 첨가로 사이클로헥사다이엔일 라디칼 (역시 비편재화된 화학종)이 만들어진다.

H H 등 EtOH H H H

사이클로헥사다이엔일 음이온 **1,4-Cyclohexadiene**

또 하나의 전자가 전이되면 비편재화된 사이클로헥사다이엔일 음이온이 형성되고, 여기에 양성자의 첨가로 1,4-사이클로헥사다이엔이 된다.

벤젠 고리에 있는 치환기가 나머지 짝짓지 않은 이중 결합의 위치를 결정함으로써 반응 경로에 영향을 준다. 예를 들면, 메톡시벤젠(아니솔)의 Birch 환원 반응으로 1-메톡시-1,4-사이클로헥사다이엔이 얻어진다. 이 물질은 방향성을 잃었기 때문에 몇 가지 새로운 생성물로 쉽게 전환될 수 있다. 예를 들어, 가오존 분해 반응에 의해 두 개의 다이카복실 화합물이 되기도 하고, 묽은 산과 처리하면 2-사이클로헥센온이 된다. 후자의 과정은 18장을 읽어 보면 분명해질 것이다.

OMe — Li, 액체 NH_3, EtOH → OMe — (1) O_3; (2) Me_2S → OMe, O, O + O, O; H_3O^+ → O

Methoxybenzene (anisole) **1-Methoxy-1,4-cyclohexadiene (84%)** **2-Cyclohexenone**

되새김 물음 15.19

큐멘(아이소프로필벤젠)의 Birch 환원 반응으로 분자식이 C_9H_{14}인 생성물이 얻어진다. 이 생성물을 가오존 분해 반응 후 황화 다이메틸로 환원하면 [구조식]H와 [구조식] 가 된다. Birch 환원 반응 생성물의 구조는 무엇인가?

이 주제는 왜 중요한가?

logoboom/iStock/Getty Images

건축학적으로 독특한 천연물을 합성하기

포도나무와 같은 식물이 박테리아나 균과 같은 병원균의 공격을 받으면, 그 식물은 레스베라트롤(resveratrol)이라는 화합물을 마치 레고 조각처럼 다른 레스베라트롤 분자와 서로 다른 여러 가지 모양으로 결합하여 수십 개의 새로운 큰 분자를 만든다. 생물학적 활성을 지니는 화합물 적어도 한 가지를 합성하는 목표는 병원균을 퇴치하거나 병원균의 활동을 지연시킴으로써 식물이 살아남도록 하는 것이다. 이러한 화합물의 몇 가지 예가 아래에 주어져 있는데, 이 집단이 지닌 아주 작은 건축학적인 다양성을 보여 주고 있다. 실제로 열 개의 레스베라트롤 분자를 포함하는 것도 있다. 특별히 매혹적인 것은 이들 분자의 합성에 두 가지 주된 형태의 결합 형성, 즉 라디칼 화학과 친전자성 방향족 치환 반응이 관여하고 있다는 점이다. 여기서는 후자에 초점을 두기로 한다.

Resveratrol → **Ampelopsin B**, **ε–Viniferin**, **Carasiphenol C**, **α–Viniferin**

레스베라트롤 이합체인 쿼드란굴라린 A(quadrangularin A)와 암펠롭신 D(ampelopsin D)가 적절한 산을 접하게 되면 그들의 알켄이 양성자에 의해서 활성화되어 새로운 탄소 양이온을 만드는데, 여기서는 이웃한 *para*-페녹시 고리계로부터 전자들이 이동한 공명 안정화된 형태를 나타내고 있다. 이웃한 전자가 풍부한 3,5-다이페녹시 고리계가 Friedel–Crafts 반응에 의한 공격으로, 아래에 보인 대로 새로운 C—C 결합(청색으로 표시)이 만들어지고, 팔리돌(pallidol)과 암펠롭신 F 형태인 완전히 다른 구조가 된다. 모든 벤젠 고리들은 각각의 경우 표시가 되어 있어서 그들이 어디로 가는지를 알 수 있도록 하였다. 새 구조들이 형성될 뿐만 아니라 새롭고도 다른 생물학적 성질이 얻어진다. 쿼드란굴라린은 훌륭한 라디칼 포집제(제거제)이고 팔리돌은 항암 성질이 있다.

Quadrangularin A → → **Pallidol**

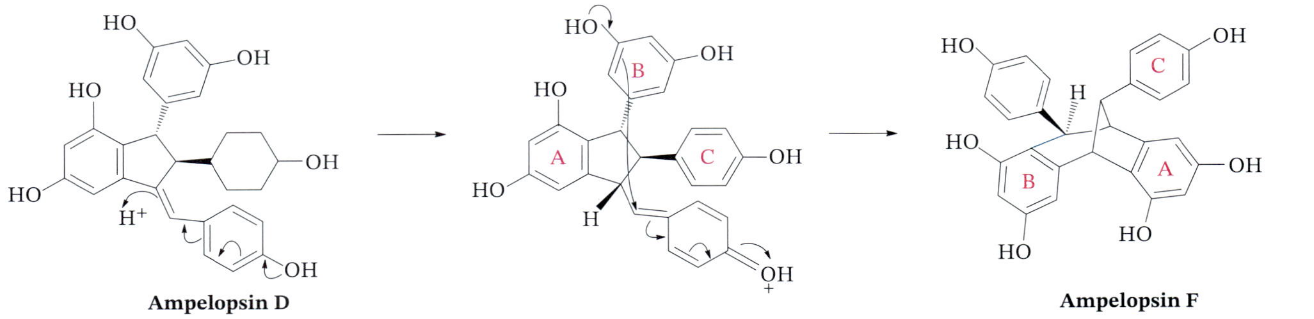

Ampelopsin D → → Ampelopsin F

비슷한 방식으로 레스베라트롤 이합체인 ε-비니페린(viniferin)이 산을 만나면 Friedel–Crafts 화학을 통해서 다른 골격에 이르게 된다. 핵심인 중간체를 아래에 보였다. 암펠롭신 D와 암펠롭신 F가 어떻게 형성되었는지를 알아내는 것은 하나의 도전이다.

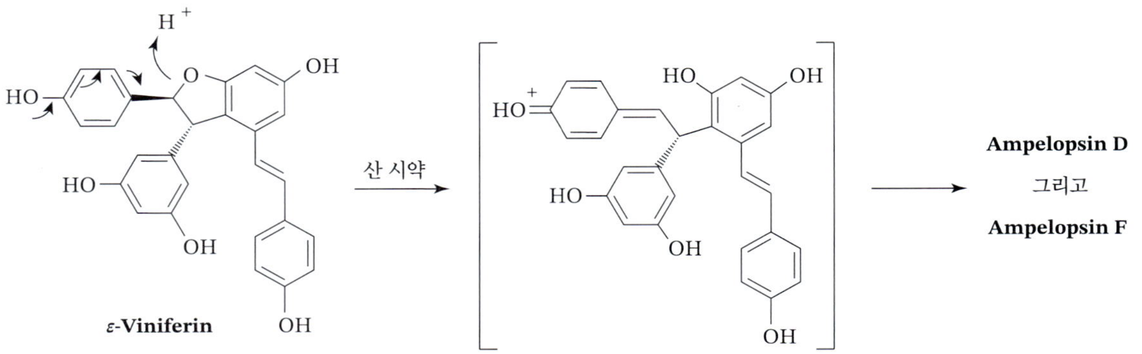

ε-Viniferin —산 시약→ [ ] → Ampelopsin D 그리고 Ampelopsin F

이 주제에 대해서 더 알려면 참고하시오.

1. Snyder, S. A.; Zografos, A. L.; Lin, Y. "Total Synthesis of Resveratrol-based Natural Products: A Chemoselective Solution" in *Angew. Chem. Int. Ed.* **2007**, *46*, 8186-8191.
2. Snyder, S. A.; Breazzano, S. P.; Ross, A. G.; Lin, Y.; Zografos, A. L. "Total Synthesis of Diverse Carbogenic Complexity within the Resveratrol Class from a Common Building Block" in *J. Am. Chem. Soc.* **2009**, *131*, 1753-1765.
3. Snyder, S. A.; Gollner, A.; Chiriac, M. I. "Regioselective Reactions for Programmable Resveratrol Oligomer Synthesis" in *Nature* **2011**, *474*, 461-466과 수록된 참고 문헌.

요약과 복습 도구

이 장에 대한 학습 보조 자료에는 핵심 용어와 개념, 친전자성 방향족 치환 반응에 관한 개념 지도, 벤젠과 다양한 아릴 유도체들을 연결해 주는 합성 연관 도표가 있다.

물음

반응과 합성

15.20 아래의 화합물을 Cl_2와 $FeCl_3$로 반응시킬 때 얻어지는 주 생성물(들)의 구조를 쓰시오.

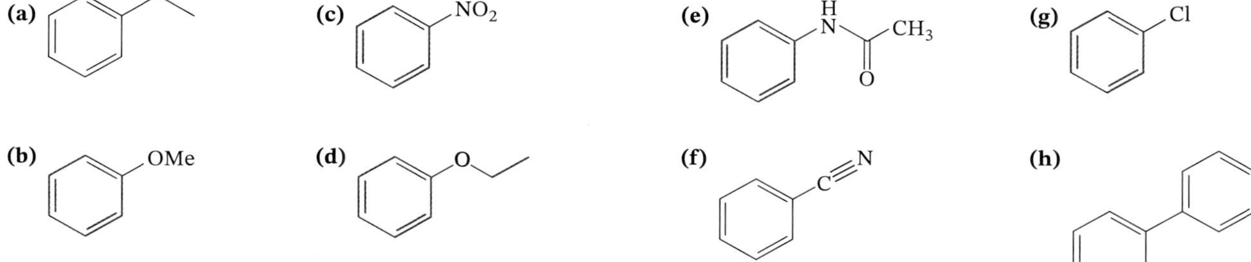

15.21 아래 화합물을 진한 HNO_3와 H_2SO_4로 반응시킬 때 얻어지는 주 생성물(들)의 구조를 쓰시오.

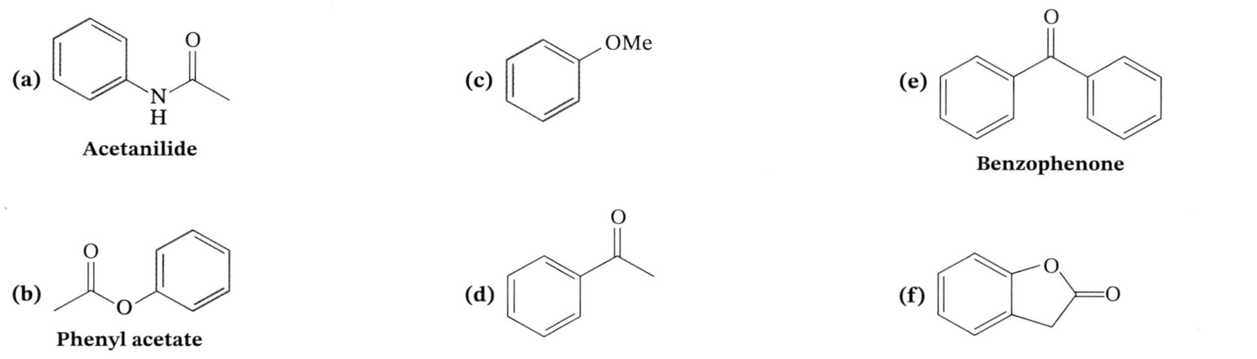

15.22 아래 화합물의 고리에 Br_2와 $FeBr_3$에 의한 브로민화 반응이 진행될 때 얻어지는 모노브로민화 반응 생성물(들)은 무엇인가?

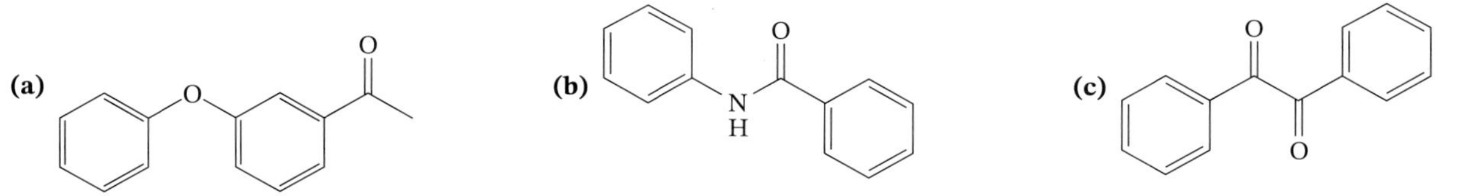

15.23 아래 반응의 주 생성물의 구조를 쓰시오.

(a) (styrene) $\xrightarrow{HBr}$

(b) 2-Bromo-1-phenylpropane $\xrightarrow{n\text{-PrONa}}$

(c) (CH_3, OH) $\xrightarrow{HA/\text{가열}}$

(d) (CH_3, OH) $\xrightarrow{PCC}$

(e) (c)의 생성물 + HBr $\xrightarrow{\text{과산화물}}$

(f) (c)의 생성물 + H_2O $\xrightarrow{HA/\text{가열}}$

(g) (c)의 생성물 $\xrightarrow[(2)\ (CH_3)_2S]{(1)\ O_3}$

(h) (H_3C, OH) $\xrightarrow[H_2O]{Br_2\ (\text{과량})}$

15.24 벤젠으로부터 출발하여 아래 각각의 합성 방법을 요약하시오.

(a) Isopropylbenzene
(b) *tert*-Butylbenzene
(c) Butylbenzene
(d) 1-*tert*-Butyl-4-chlorobenzene
(e) 1-Phenylcyclohexene
(f) *trans*-2-Phenylcyclohexanol
(g) *m*-Dinitrobenzene
(h) *m*-Bromonitrobenzene
(i) *p*-Bromonitrobenzene
(j) *p*-Chlorobenzenesulfonic acid
(k) *o*-Chlorotoluene
(l) *m*-Toluidine acid
(m) *o*-Bromoaniline

15.25 스타이렌으로부터 출발하여 아래 각각의 합성 방법을 요약하시오.

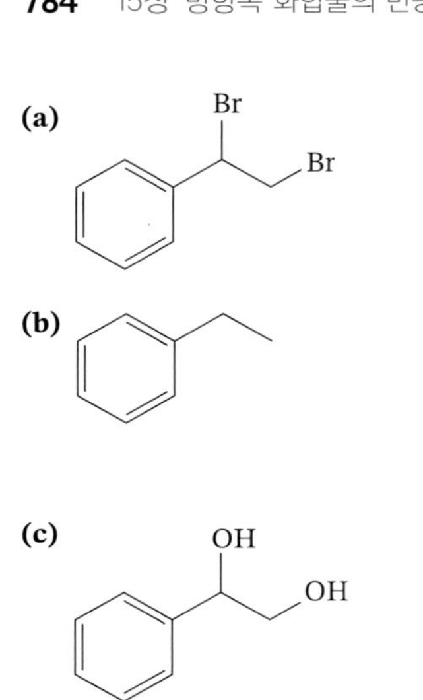

(c) (d) (e) (f) (g) (h) (i) (j) (k) (l) (m) (n)

15.26 톨루엔으로부터 출발하여 아래 각각의 합성 방법을 요약하시오.

(a) (b) (c) (d) (e) (f) (g) (h) (i)

15.27 아닐린으로부터 출발하여 아래 각각의 합성 방법을 요약하시오.

(a) *p*-Chloroanisole

(b) *o*-Chloroanisole

(c) 2-Chloro-4-nitroanisole

(d) 4-Chloro-2-nitroanisole

(e) 2,4,6-Trichloroanisole

15.28 아래의 합성은 둘 다 실패한다. 각각 무엇이 잘못되었는지 설명하시오.

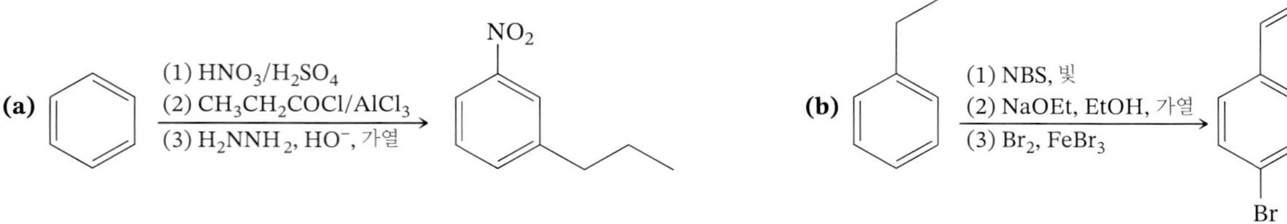

15.29 **G**~**I**의 구조를 제시하시오.

OH / OH (1,3-dihydroxybenzene) $\xrightarrow[60\sim65\ °C]{\text{진한 } H_2SO_4}$ **G** $(C_6H_6S_2O_8)$ $\xrightarrow[\text{진한 } H_2SO_4]{\text{진한 } HNO_3}$ **H** $(C_6H_5NS_2O_{10})$ $\xrightarrow[\text{가열}]{H_3O^+,\ H_2O}$ **I** $(C_6H_5NO_4)$

15.30 2,6-다이클로로페놀이 두 가지 종의 진드기(*Amblyomma americanum*과 *A. maculatum*)의 암컷으로부터 분리되었다. 이것은 성 유인물로 작용함이 틀림없다. 진드기의 암컷 한 마리당 5 ng의 2,6-다이클로로페놀이 생산된다. 이것보다는 더 많은 양이 필요하다고 가정하고 페놀로부터 2,6-다이클로로페놀을 합성하는 방법을 요약하시오. (**힌트**: 페놀을 100 ℃에서 설폰화시키면 주로 *p*-하이드록시벤젠설폰산이 만들어진다.)

15.31 α-테트랄온(15.7절)으로부터 아래 각 화합물을 합성하는 방법을 보이시오.

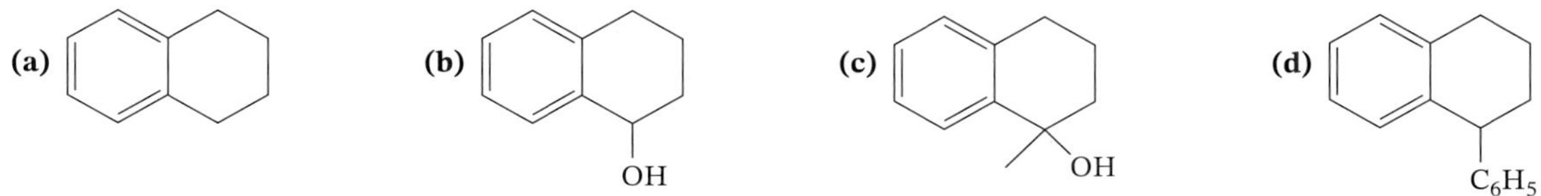

15.32 화합물 **A**~**G**의 구조(적절한 곳에 입체 화학도 표시)를 제시하시오.

(a) propanoyl chloride (O, Cl) + Benzene $\xrightarrow{AlCl_3}$ **A** $\xrightarrow[0\ °C]{PCl_5}$ **B** $(C_9H_{10}Cl_2)$ $\xrightarrow[\text{가열}]{2\ NaNH_2}$ **C** (C_9H_8) $\xrightarrow{H_2,\ Ni_2B\ (P\text{-}2)}$ **D** (C_9H_{10})

(7.10절)

[**힌트**: 화합물 C의 ^1H NMR 스펙트럼은 δ 7.20 (5H)의 다중선과 δ 2.0 (3H)의 단일선으로 되어 있다.]

(b) **C** $\xrightarrow[(2)\ NH_4Cl\ (7.15B절)]{(1)\ Li,\ EtNH_2}$ **E** (C_9H_{10})

(c) **D** $\xrightarrow[2\sim5\ °C]{Br_2}$ **F** + 거울상체(주 생성물)

(d) **E** $\xrightarrow[2\sim5\ °C]{Br_2}$ **G** + 거울상체(주 생성물)

메커니즘

15.33 아래의 각 반응에 대한 상세한 메커니즘을 제시하시오. 아렌윰 이온 중간체에 대한 기여하는 공명 구조와 공명 혼성을 함께 쓰시오.

(a) ethoxybenzene (O) $\xrightarrow{HNO_3,\ H_2SO_4}$ 4-nitroethoxybenzene (O, NO_2)

(b) benzonitrile (CN) $\xrightarrow[FeBr_3]{Br_2}$ 3-bromobenzonitrile (CN, Br)

(c) benzene $\xrightarrow[AlBr_3]{\text{(cyclobutylmethyl bromide, Br)}}$ cyclopentylbenzene

15.34 아래의 반응에 대한 상세한 메커니즘을 제시하시오.

benzene + 2,5-dimethylhexane-2,5-diol (OH, OH) $\xrightarrow{H_2SO_4}$ 1,1,4,4-tetramethyltetralin + H_2O

15.35 아래의 반응에 대한 메커니즘을 제시하고, 이 화합물이 벤젠의 나이트로화 반응보다 왜 빠른지 설명하시오.

biphenyl $\xrightarrow{HNO_3,\ H_2SO_4}$ 2-nitrobiphenyl (NO_2) + 4-nitrobiphenyl (O_2N)

15.36 많은 다중 고리 방향족 화합물들은 **Bradsher 반응** 또는 **방향족 고리화 탈수 반응**이라고 알려진 고리화 반응에 의해서 합성된다. 이 방법은 아래의 9-메틸페난트렌의 합성을 가지고 나타내 보일 수 있다.

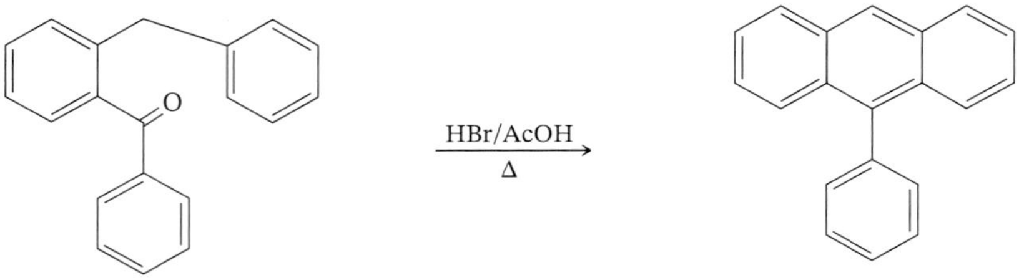

HBr/AcOH, Δ

아렌윰 이온이 이 반응의 중간체이며, 마지막 단계는 알코올의 탈수 반응을 포함하고 있다. Bradsher 반응의 메커니즘을 제시하시오.

15.37 아래의 반응에 대한 생성물을 설명할 수 있는 메커니즘을 쓰시오.

(a) OH; HA ($-H_2O$) **(b)** HA

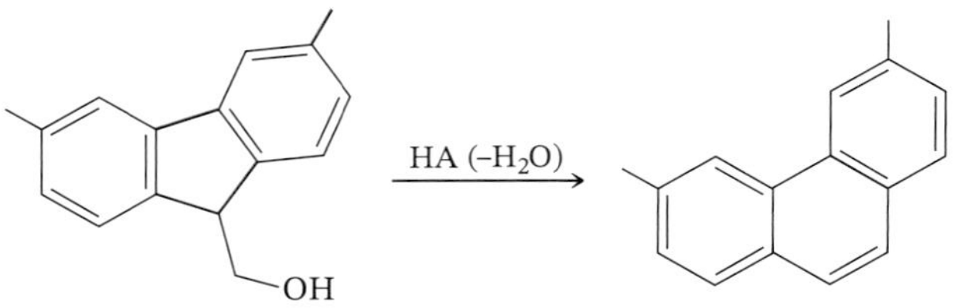

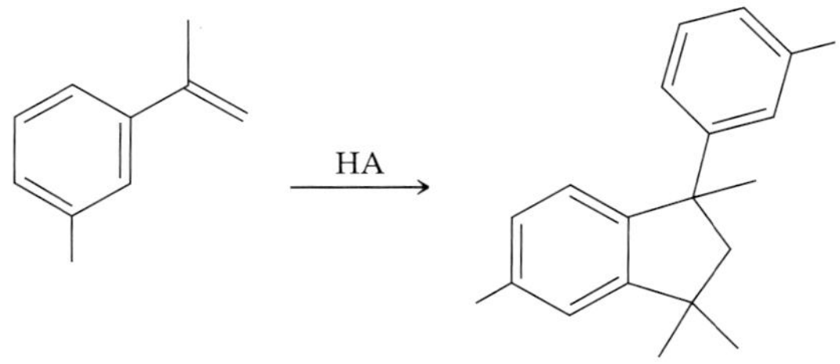

15.38 1-페닐-1,3-뷰타다이엔에 할로젠화 수소(브로민화 수소 또는 염화 수소)를 첨가하면 (단지) 1-페닐-3-할로-1-뷰텐이 생성된다. **(a)** 이 생성물이 형성되는 메커니즘을 쓰시오. **(b)** 이것은 뷰타다이엔계의 1,4 첨가 반응인가? 아니면 1,2 첨가 반응인가? **(c)** 반응 생성물은 가장 안정한 탄소 양이온 중간체가 형성된다는 것과 일치하는가? **(d)** 이 반응은 속도론적인 지배인가, 아니면 평형에 의한 지배인가? 설명하시오.

15.39 아래의 반응에 대한 메커니즘을 쓰시오.

(a) O; H_2SO_4, H_2O; OH **(b)** O; H_2SO_4, H_2O; OH

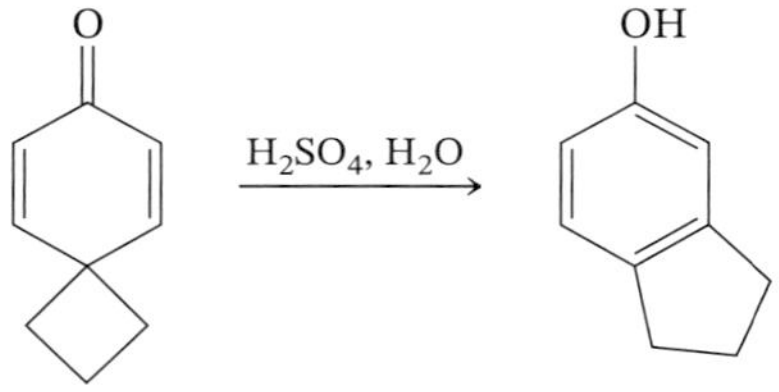

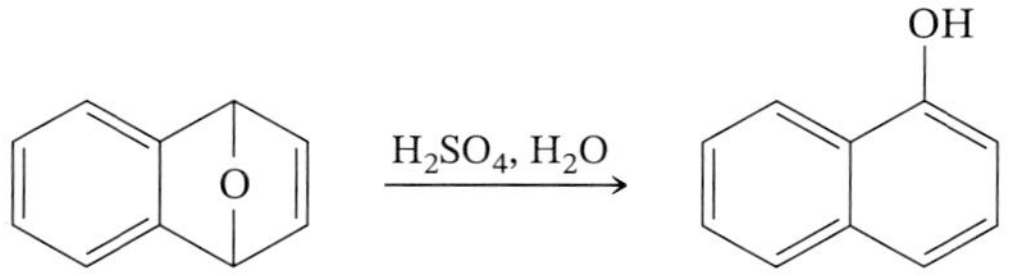

벤자인과 친핵성 방향족 치환 반응(S_NAr)

15.40 아래의 반응에 대한 생성물을 예상하시오.

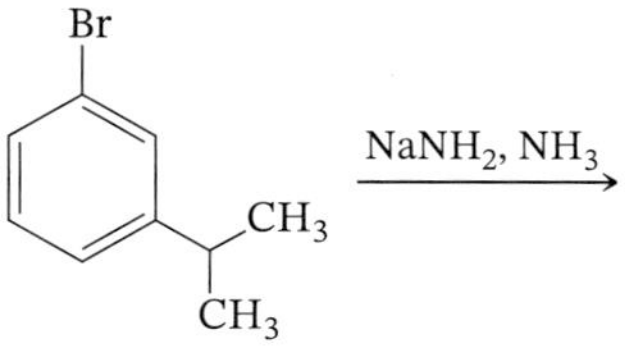

Br; CH_3; CH_3; $NaNH_2$, NH_3

15.41 *o*-클로로톨루엔을 NaOH 수용액과 함께 350 °C로 고압에서 처리했을 때 반응의 생성물은 *o*-크레졸(2-메틸페놀)과 *m*-크레졸(3-메틸페놀)이다. 이 결과는 반응 메커니즘에 무엇을 제시하는가?

15.42 아래 반응의 결과를 예상하시오.

(a) CN; Cl; 2당량 KNH_2, 액체 NH_3, −33 °C

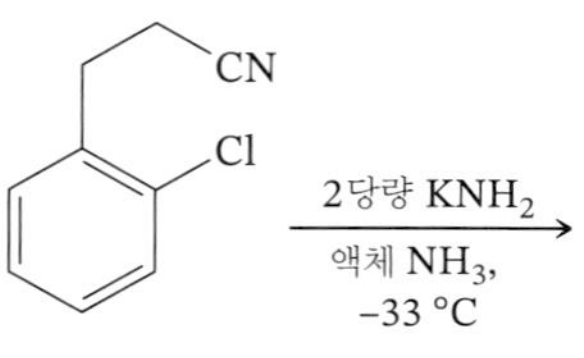

(b) $\ddot{N}H$; CH_3; Cl; 2당량 $NaNH_2$, 액체 NH_3, −33 °C

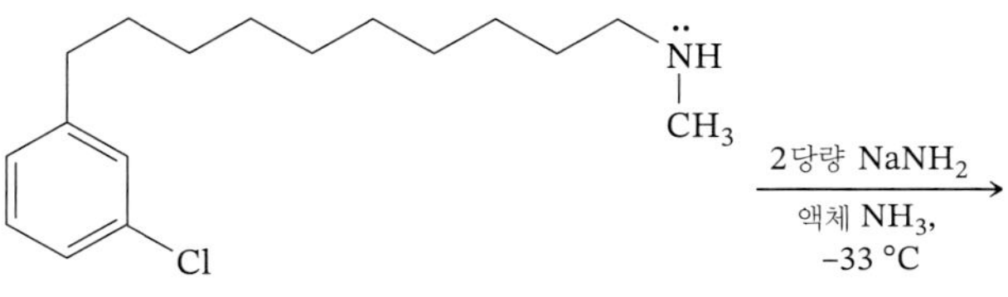

15.43 *p*-클로로나이트로벤젠을 2,6-다이-*tert*-뷰틸페녹시화 소듐과 반응시켜 다이페닐 에터 **1**을 만들고자 하였다. 생성물은 **1**이 아니라 **1**의 이성질체로 아직도 페놀의 하이드록실기를 가지고 있다.

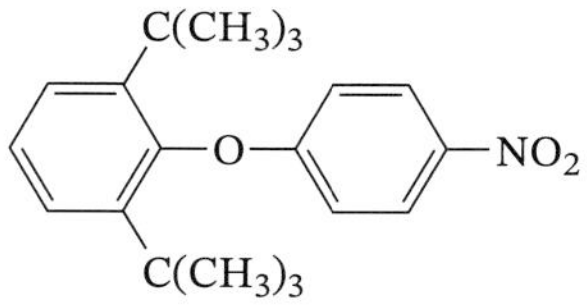

생성물은 무엇이며, 이것의 형성을 어떻게 설명하겠는가?

15.44 아래 반응의 메커니즘을 제안하시오.

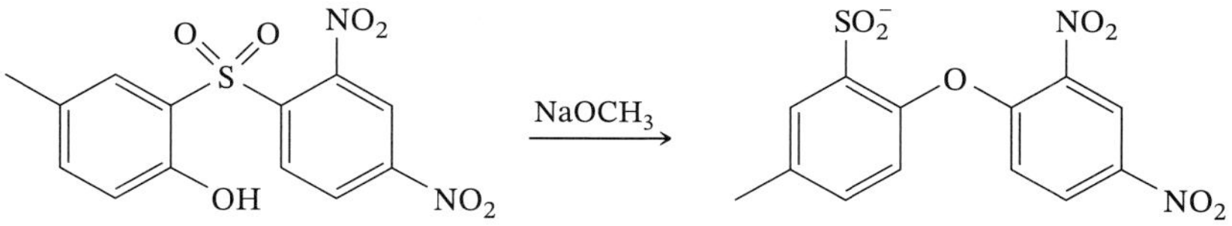

일반적인 물음

15.45 브로민화 벤질 또는 브로민화 알릴을 출발 물질로 하여 아래의 화합물을 합성하는 방법을 보이시오.

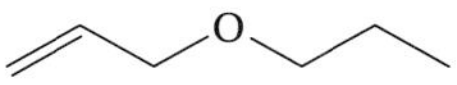

15.46 화합물 **A**와 **B**의 구조를 제시하시오.

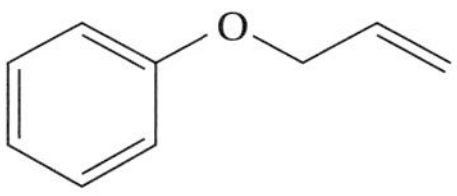

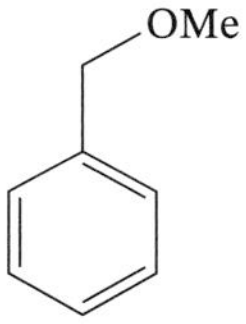

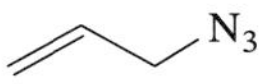

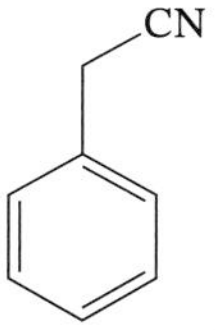

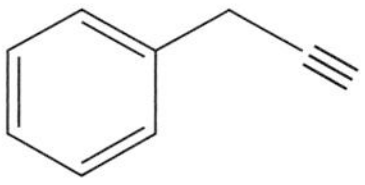

$$\text{Benzene} \xrightarrow[\text{액체 } NH_3,\ EtOH]{Na} \mathbf{A}\ (C_6H_8) \xrightarrow{NBS} \mathbf{B}\ (C_6H_7Br)$$

15.47 다이메틸벤젠(자일렌)의 고리에 나이트로화 반응을 시키면 단 한 가지의 나이트로다이메틸벤젠이 형성된다. 다이메틸벤젠의 어느 이성질체가 반응물이었는가?

15.48 사이클로헥센을 염화 프로판오일과 $AlCl_3$로 처리하면 분자식이 $C_9H_{15}ClO$인 화합물이 형성된다. 이것을 염기로 처리하면 1-사이클로헥센일-1-프로판온이 된다. 이 연속적인 반응의 두 단계에 대한 메커니즘을 제시하시오.

15.49 *tert*-뷰틸기는 방향족 화합물의 합성에 막음기로 쓰일 수 있다. **(a)** *tert*-뷰틸기를 도입하는 방법과 **(b)** 제거하는 방법, 그리고 (c) *tert*-뷰틸기가 $-SO_3H$기보다 막음기로 무슨 이점이 있는지를 쓰시오.

15.50 에틸벤젠을 실온에서(진한 H_2SO_4로) 설폰화 반응을 시키면 주로(약 총 95%) ortho와 para 치환 반응이 일어난다. 고온(150~200 ℃)과 반응 시간이 긴 조건에서는 meta(주)와 para 치환 반응이 생성물의 95%를 점유한다. 이 차이점을 속도론적 경로와 열역학적 경로의 관점으로 설명하시오. (**힌트:** *m*-에틸벤젠설폰산이 가장 안정한 이성질체이다.)

15.51 **BHA**(뷰틸화된 하이드록시아니솔)라고 부르는 산화 방지제 및 식품 방부제로 널리 쓰이는 물질은 실제로 2-*tert*-뷰틸-4-메톡시페놀과 3-*tert*-뷰틸-4-메톡시페놀의 혼합물이다. BHA는 *p*-메톡시페놀과 2-메틸프로펜으로부터 합성된다. **(a)** 이 합성 방법을 제시하시오. **(b)** 또 다른 산화 방지제로 BHT(뷰틸화된 하이드록시톨루엔)가 있다. BHT는 실제로 2,6-다이-*tert*-뷰틸-4-메틸페놀이다. 그리고 이것의 합성 원료는 *p*-크레졸과 2-메틸프로펜이다. 무슨 반응이 여기서 사용되었는가?

물질 합성

15.52 2-메틸나프탈렌은 톨루엔으로부터 아래와 같은 연속적인 반응에 의해서 합성될 수 있다. 각 중간체의 구조를 쓰시오.

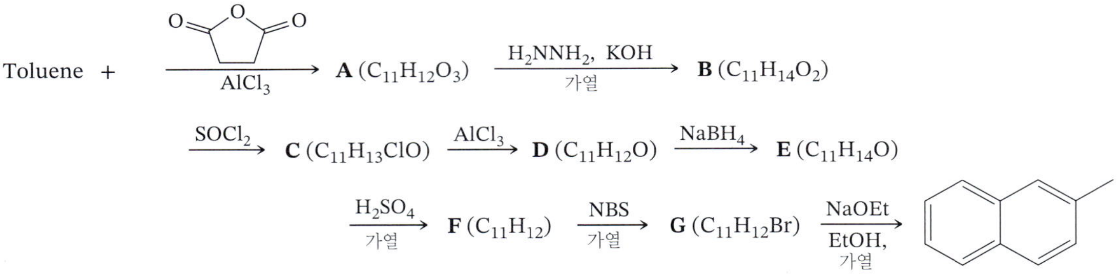

Toluene + (succinic anhydride), $AlCl_3$ → **A** ($C_{11}H_{12}O_3$) —H_2NNH_2, KOH, 가열→ **B** ($C_{11}H_{14}O_2$)

—$SOCl_2$→ **C** ($C_{11}H_{13}ClO$) —$AlCl_3$→ **D** ($C_{11}H_{12}O$) —$NaBH_4$→ **E** ($C_{11}H_{14}O$)

—H_2SO_4, 가열→ **F** ($C_{11}H_{12}$) —NBS, 가열→ **G** ($C_{11}H_{12}Br$) —NaOEt, EtOH, 가열→ (2-methylnaphthalene)

15.53 아래 각각의 질문에서 출발 물질을 생성물로 전환하는 데 타당한 경로를 제시하시오. 각각의 경우 한 단계 이상이 필요하며, 앞의 장들에서 배운 반응이 필요할 수도 있다.

(a)

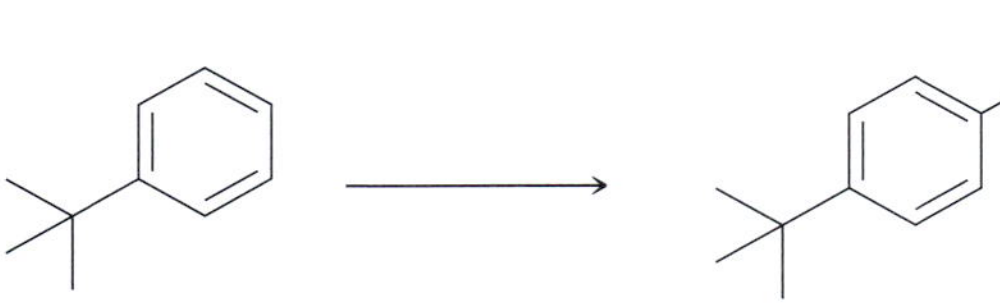

(b)

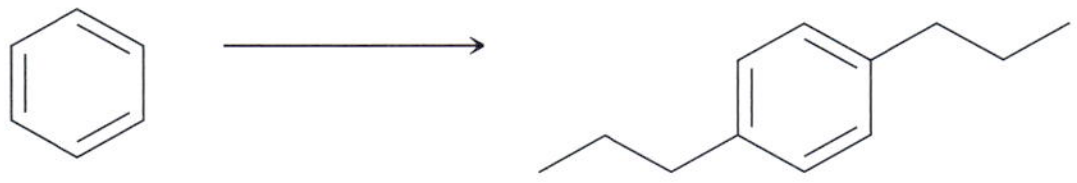

15.54 아래 각각에 대하여 주어진 출발 물질로부터 제시된 조건을 통하여 형성되는 생성물(**A**, **B**로 나타냄)의 구조를 그리시오.

(a) 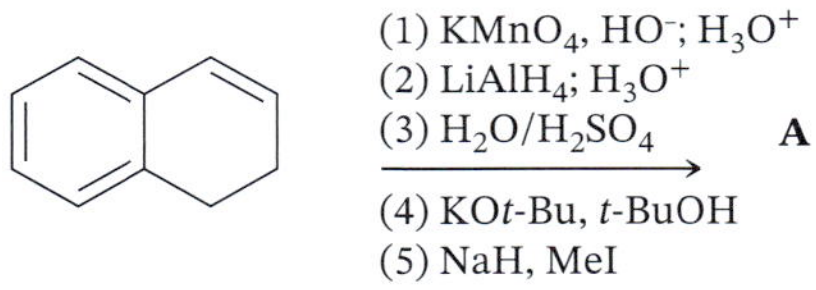 (1) $KMnO_4$, HO^-; H_3O^+
(2) $LiAlH_4$; H_3O^+
(3) H_2O/H_2SO_4
(4) KO*t*-Bu, *t*-BuOH
(5) NaH, MeI
→ **A**

(b) (1) (butadiene), 가열
(2) H_2, Pd/C
(3) Br_2, $FeBr_3$
→ **B**

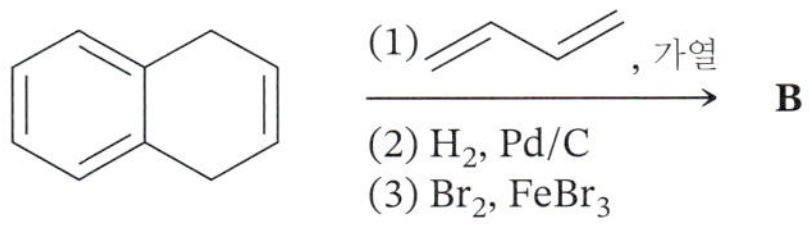

15.55 거꾸로 작업을 해서 지정된 반응을 통하여 제시된 생성물에 이르는 출발 물질을 제시하시오.

(a) 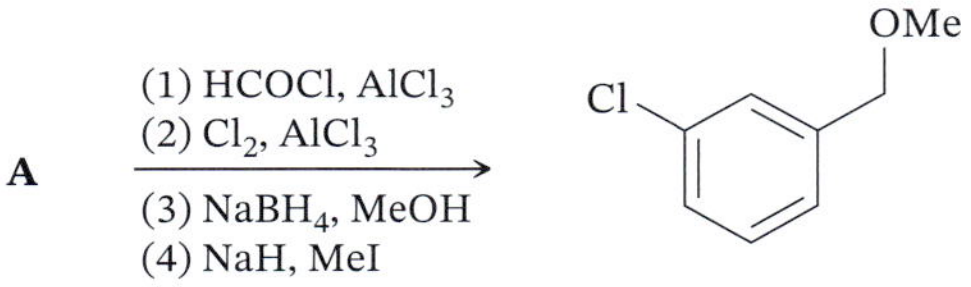 A (1) HCOCl, $AlCl_3$
(2) Cl_2, $AlCl_3$
(3) $NaBH_4$, MeOH
(4) NaH, MeI
→ (Cl, OMe)

(b) 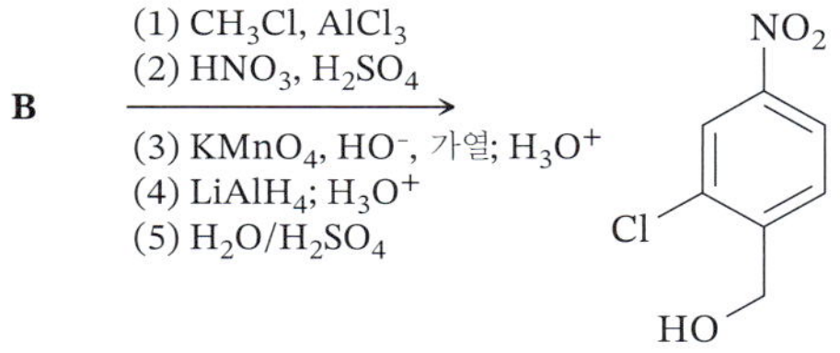 B (1) CH_3Cl, $AlCl_3$
(2) HNO_3, H_2SO_4
(3) $KMnO_4$, HO^-, 가열; H_3O^+
(4) $LiAlH_4$; H_3O^+
(5) H_2O/H_2SO_4
→ (NO_2, Cl, HO)

화학 상담자가 필요한 물음

15.56 다이노캡(dinocap)은 구조가 아래와 같은 일반적인 살균제인데, 수십 년 동안 곰팡이 제거제로 보급되었다. 주요 농약 회사의 화학자들이 이 약품의 새로운 유도체를 만드는 데 관심이 있었다. 그래서 화합물 **A**를 대량으로 얻는 방법에 접근하고자 했다. 이 물질을 벤젠으로부터 시작하여 효과적인 합성에 이르기까지의 경로를 제시하시오. (참조: *J. Mol. Struc.* **1995**, *349*, 3610.)

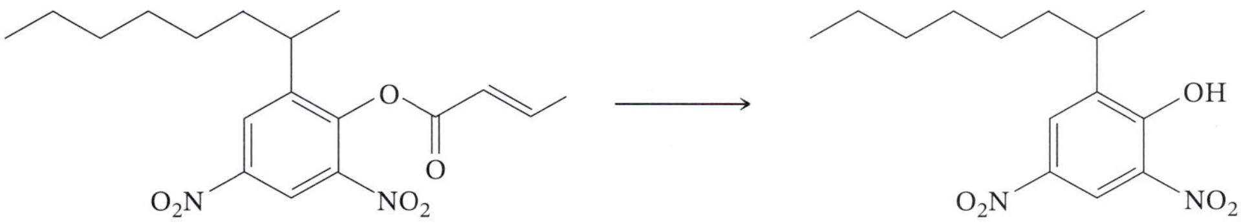

(O, O, O_2N, NO_2) → (OH, O_2N, NO_2)

Dinocap **A**

15.57 항생제인 반코마이신(vancomycin, 더 많은 정보를 알려면 2장의 "이 주제는 왜 중요한가?" 부분을 참조)의 실험실적 합성의 일부로 화학자들은 두 개의 다른 16각형 고리를 포함하는 화합물을 얻고자 했다. 고리 둘 다 고리가 아닌 전구체로부터 S_NAr 화학

을 이용하여 만들 수 있을까? 만약 그렇다면 어떤 전구체를 만들어야 할까? (참조: *J. Chem. Soc. Chem. Commun.* **1994**, 439; *Chem. Commun.* **1996**, 1029.)

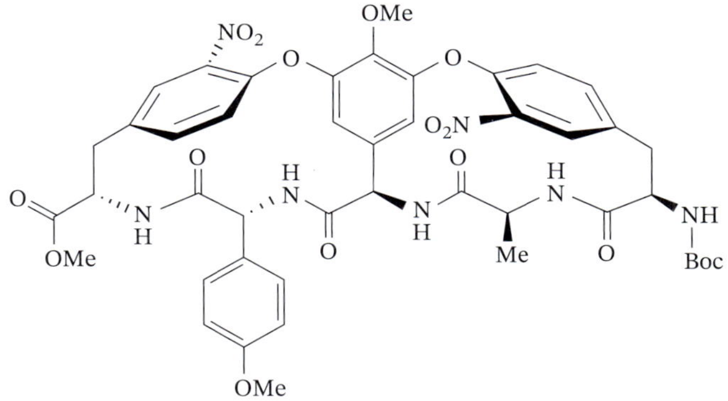

15.58 실험실 정리 일환으로, 한 학생이 "톨루엔의 완전히 친전자성 방향족 치환 반응을 통하여 얻어진 일할로젠화된 생성물"이라고 표시된 큰 병을 보았다. 이 학생이 이 신비로운 물질의 구조를 결정하고 적절하게 폐기하기 위해서 무슨 분석 실험을 해야 한다고 제의하겠는가? 가용할 수 있는 기술은 IR, ^{1}H NMR, ^{13}C NMR, 그리고 질량 분석이다. 그러나 이들 네 가지 선택 중 데이터를 얻을 시간은 단 두 가지 밖에 없음을 유의하시오.

도전 물음

15.59 헥사클로로펜은 시험 결과 실험 동물의 뇌에 손상을 일으키는 것이 알려진 후로 1972년에 사용 금지되기 전까지 살균제로 널리 사용되었다. 이 화합물을 벤젠으로부터 어떻게 합성할 수 있는지 보이시오.

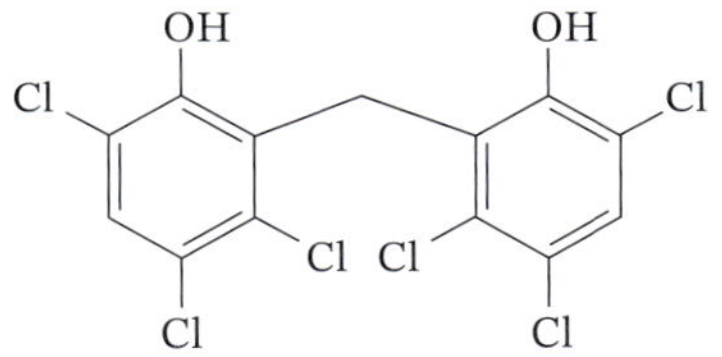

15.60 할로젠이 치환된 아쥴렌에서 C6에 있는 할로젠 원자는 친핵체에 의해서 치환되지만 C1에 있는 것은 친핵체와 반응하지 않는다. 이 차이점을 설명하시오.

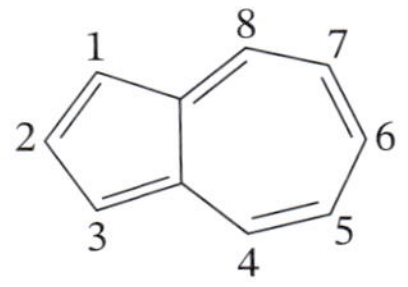

15.61 피롤은 친전자성 방향족 치환 반응을 한다. 가능한 아렌윰 이온 중간체에 대한 공명 구조를 사용하여 피롤이 브로민화 반응을 C2 또는 C3에서 더 빨리 진행하는지 예상하시오.

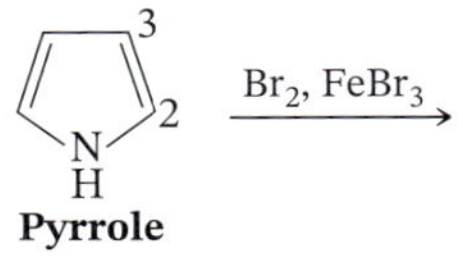

$\xrightarrow{Br_2,\ FeBr_3}$

Pyrrole

15.62 C—D 결합은 C—H 결합보다 깨지기 힘들다. 역으로 C—D 결합이 깨지는 반응은 C—H 결합이 깨지는 반응보다 느리다. 과중수소화한 벤젠 C_6D_6이 보통 벤젠 C_6H_6와 같은 속도로 나이트로화한다는 사실로부터 메커니즘에 대한 어떤 정보를 얻을 수 있는가?

15.63 아세트아닐라이드에 다음 일련의 반응을 시켰다: (1) 진한 H_2SO_4; (2) HNO_3, 가열; (3) H_2O, H_2SO_4, 가열, 그다음 OH^-. 최종 생성물의 ^{13}C NMR 에는 6개의 신호가 있다. 최종 생성물의 구조를 쓰시오.

15.64 페닐벤젠($C_6H_5—C_6H_5$)은 **바이페닐**(biphenyl)이라고 부른다. 이 고리의 탄소는 아래와 같은 방법으로 번호를 붙인다.

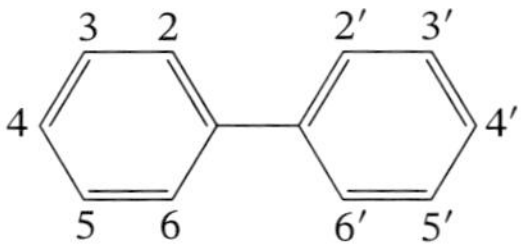

3 2 2′ 3′
4 4′
5 6 6′ 5′

치환기를 가진 바이페닐에 대한 질문에 답하기 위하여 모형을 사용하도록 하시오. **(a)** 어떤 큰 기들이 3개 또는 4개의 ortho 위치(즉 2, 6, 2′, 그리고 6′)를 점유하고 있으면 치환기를 가진 바이페닐은 거울상체 형태로 존재할 수 있다. 거울상체 형태로 존재하는 바이페닐의 예는 다음과 같은 치환기가 있는 화합물이다: 2-NO_2, 6-CO_2H, 2′-NO_2, 6′-CO_2H. 이것은 어떤 요인으로 설명할 수 있는가? **(b)** 2-Br, 6-CO_2H, 2′-CO_2H, 6′-H인 바이페닐은 거울상체 형태로 존재할 것인가? **(c)** 2-NO_2, 6-NO_2, 2′-CO_2H, 6′-Br을 가진 바이페닐을 거울상체 형태로 분리될 수 없다. 이것을 설명하시오.

15.65 2,2′-다이하이드록시-1,1′-바이나프틸(아래)이 거울상체 형태로 어떻게 존재하는지를 설명하시오.

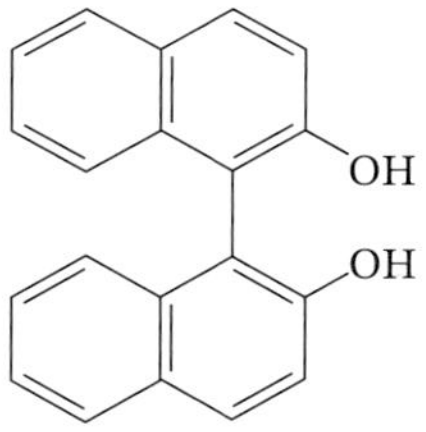

OH
OH

15.66 리그닌은 여러 형태의 목재의 주성분으로 셀룰로스 섬유를 천연 성분으로 연결해 준다. 리그닌은 다양한 작은 분자(대부분 페닐프로페인 골격을 지님)로 구성되어 있다. 이 전구체 분자들은 다양하게 공유 결합으로 연결되어 있고, 따라서 리그닌의 복잡성 요인이 된다. 리그닌을 오존화 반응을 시켜서 생긴 많은 생성물 중 하나인 화합물 B의 형성을 설명하기 위해서 리그닌 모형 화합물인 **A**를 아래와 같이 처리하였다. 아래의 정보를 사용하여 **B**의 구조를 결정하시오.

B를 GC/MS(9.15절) 시료로서 휘발성을 지니게 하기 위해서 그것을 먼저 tris(*O*-트라이메틸실릴) 유도체를 전환하였는데 이것의 $M^{+\cdot}$은 308 m/z였다. ['tris'의 의미는 표시된 복잡한 기(여기서는 트라이메틸실릴기)이 세 개 존재한다는 것] 대문자 이탤릭체 *O*는 이 기들이 모체 화합물의 산소에 수소 대신 붙어 있다는 뜻이다. 유사하게, 접두사 'bis'는 복잡한 기 두 개가 존재하며, 'tetrakis' (아래 물음에서 쓰임)는 네 개임을 의미한다.] **B**의 IR 스펙트럼은 3400 cm^{-1}에서 넓은 흡수를 보이고, ^1H NMR 스펙트럼은 δ 3.6 ppm에서 하나의 다중선을 보인다. **B**의 구조는 무엇인가?

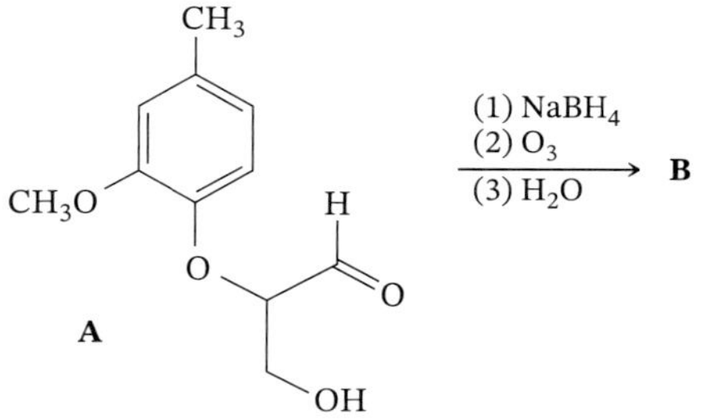

CH_3
CH_3O H
O O
A
OH

(1) $NaBH_4$
(2) O_3
(3) H_2O
→ **B**

15.67 화합물 **C**는 리그닌에서 흔히 존재하는 단위체의 모형으로 흔히 쓰인다. 리그닌 **C**를 오존 처리하면 생성물 **D**가 얻어진다. 리그닌 단위체에서 3개 탄소 곁사슬의 입체 화학이 아래와 같은 산화 반응 동안 거의 바뀌지 않고 대부분 남아 있다는 사실은 다양한 방법으로 정립되어 있다.

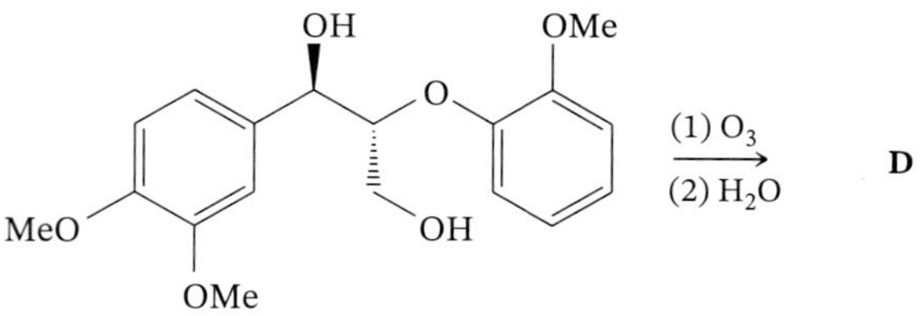

OH OMe
O
MeO OH
OMe
C

(1) O_3
(2) H_2O
→ **D**

GC/MS를 위해서 **D**는 tetrakis(*O*-트라이메틸실릴) 유도체로 전환되었는데 그것의 $M^{+\cdot}$은 424 *m*/*z*이다. **D**의 IR 스펙트럼은 3000 cm^{-1}(넓고 강함)와 1710 cm^{-1}(강함)에 띠를 보인다. ^{1}H NMR 스펙트럼은 D_2O로 처리한 후 δ 3.7 ppm(다중선, 3H)과 δ 4.2 ppm(이중선, 1H) 피크를 보인다. DEPT ^{13}C NMR 스펙트럼은 δ 64 ppm(CH_2), δ 75 ppm(CH), δ 82 ppm(CH), 그리고 δ 177 ppm(C)를 보인다. 입체 화학을 포함하여 **D**의 구조는 무엇인가?

학습 집단을 위한 물음

1. 대사 속도를 조절하는 갑상선 호르몬인 타이록신의 구조는 천연 타이록신과 똑같은 구조를 가졌을 것으로 믿어지는 합성된 화합물과 비교하여 결정되었다. 아래에 보인 Harington과 Barger에 의한 타이록신의 실험실적 합성의 최종 단계에는 친전자성 방향족 치환 반응이 관여하고 있다. 이 단계에 대한 상세한 메커니즘을 그리고, 아이오딘 치환이 페놀의 하이드록실기에 대해서 ortho 위치에서 일어나며 아릴 에터의 산소에 대해서 ortho인 위치에서는 일어나지 않는 까닭을 설명하시오. [음식에 아이오딘(예: 아이오딘화된 소금)이 필요한 한 가지 이유는 물론 타이록신의 생합성을 위함이다.]

HO–C₆H₄–O–(3,5-diiodophenyl)–CH₂CH(⁺NH₃)CO₂⁻ $\xrightarrow{I_2,\ HO^-}$ Thyroxine

Thyroxine

2. 벤젠과 다른 필요한 시약으로부터 2-브로모-3-프로필아닐린을 합성하시오. 역합성 분석을 써서 시작하시오.

3. 다음의 경로에서 화합물 **E**~**L**의 구조를 유추하시오.

E ($C_8H_{13}Br$) $\xrightarrow[\text{(과산화물 없음)}]{HBr}$ **F** ($C_8H_{14}Br_2$) 메소 + **G** ($C_8H_{14}Br_2$) 라셈 혼합물

E $\xrightarrow{t\text{-BuOK},\ t\text{-BuOH},\ \text{heat}}$ **H** (C_8H_{12})

H $\xrightarrow[\text{가열}]{Br_2}$ 1,2-bis(bromomethyl)cyclohexene (Br, Br)

H + EtO₂C–CH=CH–CO₂Et → **I** $\xrightarrow{(1)\ O_3\ (2)\ Me_2S}$ 대환 다이케톤 다이에스터 (CO_2Et, CO_2Et)

H + 말레산 무수물 → **J** ($C_{12}H_{14}O_3$)

J + 톨루엔 (CH_3), $AlCl_3$ → **K** ($C_{19}H_{22}O_3$) $\xrightarrow{(1) H_2NNH_2,\ KOH,\ \text{가열}\ (2)\ SOCl_2\ (3)\ AlCl_3}$ **L** $\xrightarrow{H_2NNH_2,\ KOH,\ \text{가열}}$ 사환 탄화수소 (CH_3)

개념 지도

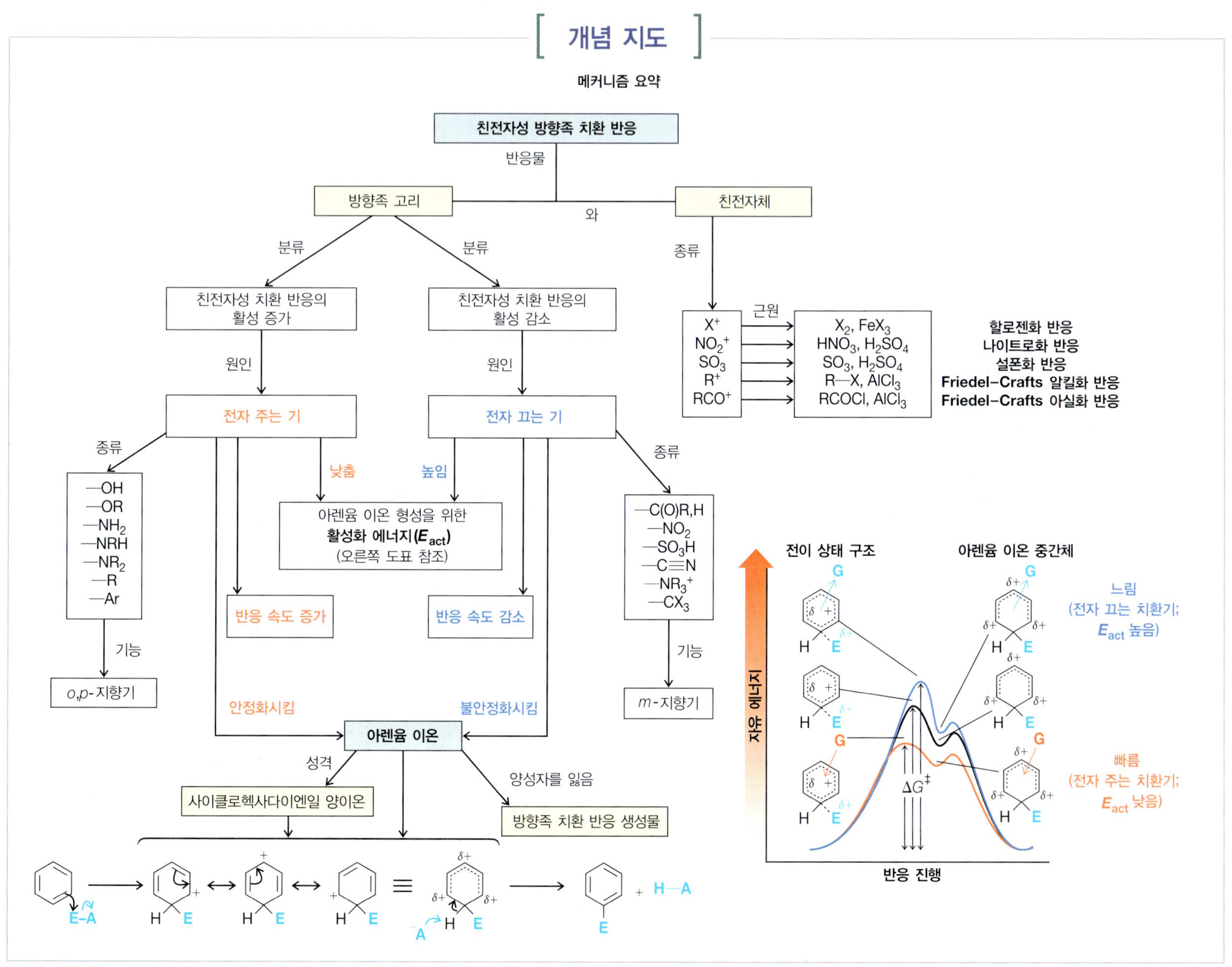
메커니즘 요약
친전자성 방향족 치환 반응
반응물
방향족 고리
와
친전자체
분류
분류
친전자성 치환 반응의 활성 증가
친전자성 치환 반응의 활성 감소
원인
원인
전자 주는 기
전자 끄는 기
종류
—OH
—OR
—NH_2
—NRH
—NR_2
—R
—Ar
기능
o,p-지향기
낮춤
높임
아렌윰 이온 형성을 위한
활성화 에너지(E_{act})
(오른쪽 도표 참조)
반응 속도 증가
반응 속도 감소
종류
—C(O)R,H
—NO_2
—SO_3H
—C≡N
—NR_3^+
—CX_3
기능
m-지향기
안정화시킴
불안정화시킴
아렌윰 이온
성격
사이클로헥사다이엔일 양이온
양성자를 잃음
방향족 치환 반응 생성물
종류
근원
X^+
NO_2^+
SO_3
R^+
RCO^+
X_2, FeX_3
HNO_3, H_2SO_4
SO_3, H_2SO_4
R—X, $AlCl_3$
RCOCl, $AlCl_3$
할로젠화 반응
나이트로화 반응
설폰화 반응
Friedel–Crafts 알킬화 반응
Friedel–Crafts 아실화 반응
E–A
H—A
전이 상태 구조
아렌윰 이온 중간체
느림
(전자 끄는 치환기;
E_{act} 높음)
빠름
(전자 주는 치환기;
E_{act} 낮음)
자유 에너지
$\Delta G^‡$
반응 진행

개념 지도

벤젠과 아릴 유도체의 합성 연관도

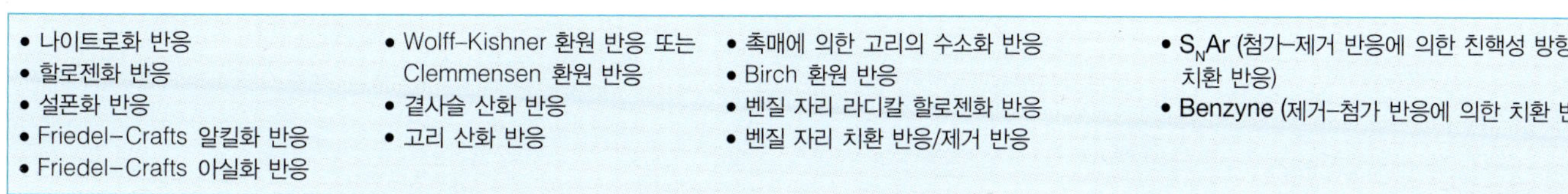

- 나이트로화 반응
- 할로젠화 반응
- 설폰화 반응
- Friedel–Crafts 알킬화 반응
- Friedel–Crafts 아실화 반응
- Wolff–Kishner 환원 반응 또는 Clemmensen 환원 반응
- 곁사슬 산화 반응
- 고리 산화 반응
- 촉매에 의한 고리의 수소화 반응
- Birch 환원 반응
- 벤질 자리 라디칼 할로젠화 반응
- 벤질 자리 치환 반응/제거 반응
- S_NAr (첨가–제거 반응에 의한 친핵성 방향족 치환 반응)
- **Benzyne** (제거–첨가 반응에 의한 치환 반응)

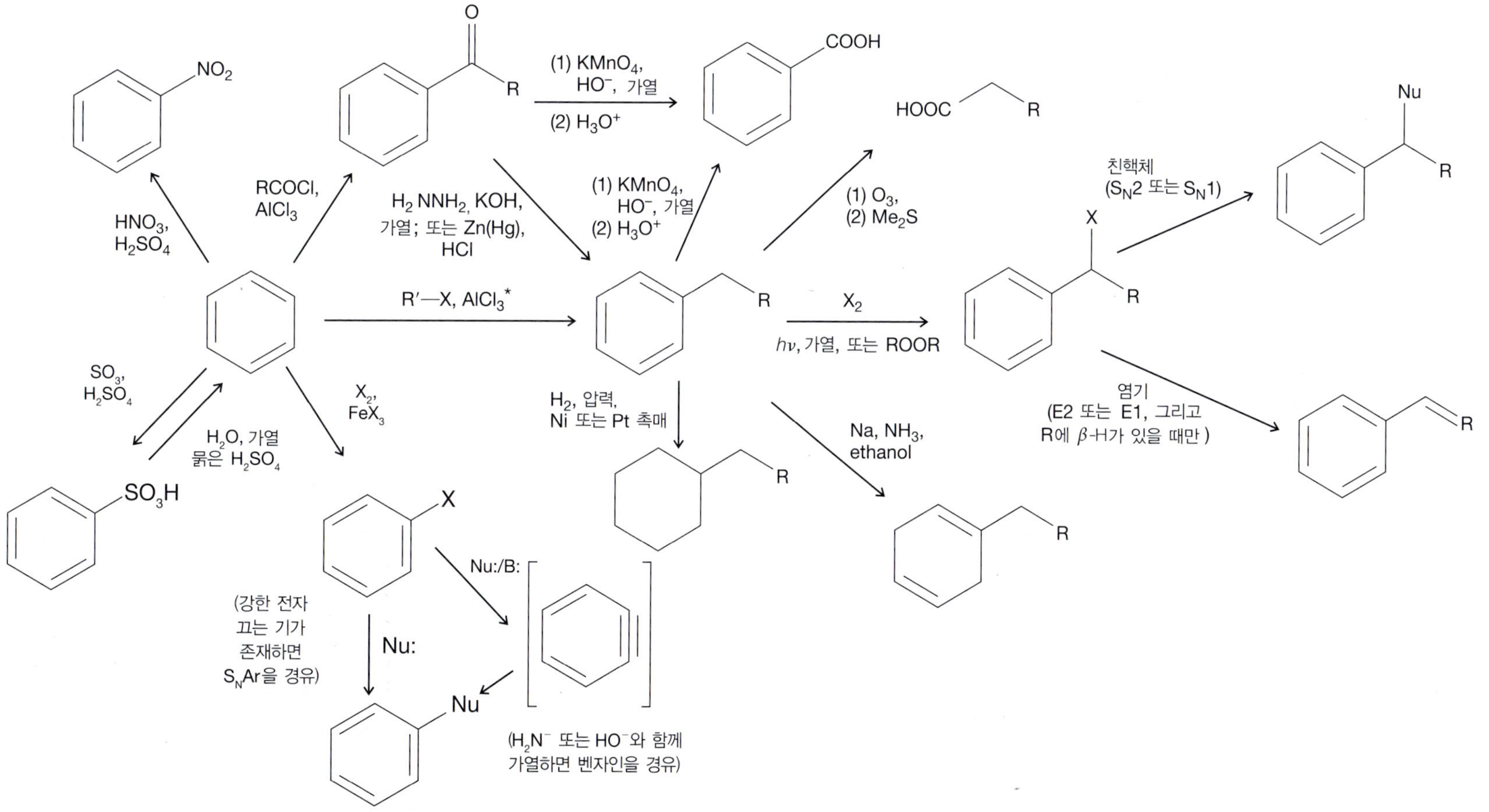

HNO_3, H_2SO_4

NO_2

RCOCl, $AlCl_3$

O

R

(1) $KMnO_4$, HO^-, 가열
(2) H_3O^+

COOH

H_2NNH_2, KOH, 가열; 또는 Zn(Hg), HCl

(1) $KMnO_4$, HO^-, 가열
(2) H_3O^+

(1) O_3,
(2) Me_2S

HOOC R

R′—X, $AlCl_3$*

R

X_2
$h\nu$, 가열, 또는 ROOR

X

R

친핵체
(S_N2 또는 S_N1)

Nu

R

염기
(E2 또는 E1, 그리고 R에 β-H가 있을 때만)

R

SO_3, H_2SO_4

H_2O, 가열
묽은 H_2SO_4

SO_3H

X_2, FeX_3

X

H_2, 압력, Ni 또는 Pt 촉매

R

Na, NH_3, ethanol

R

Nu:/B:

(강한 전자 끄는 기가 존재하면 S_NAr을 경유)

Nu:

Nu

(H_2N^- 또는 HO^-와 함께 가열하면 벤자인을 경유)

*여기에 보인 Friedel–Crafts 알킬화 반응 예에서 R′은 1차 알킬 할로젠화물이다. 만일 탄소 양이온의 전위 반응이 일어날 수 있다면 Friedel–Crafts 아실화 반응 후에 Wolff–Kishner 환원 반응이나 Clemmensen 환원 반응을 사용해서 1차 알킬기를 도입해야 한다.

CHAPTER 16

알데하이드와 케톤

카보닐기에 대한 친핵성 첨가 반응

Yaroslav Domnitsky/123 RF

누구나 알데하이드와 케톤을 알지는 못해도 냄새를 맡거나 맛을 본 것들에 근거하여 그것에 대해서 경험을 했을 것이다. 바닐린은 바닐라의 냄새를 내고, 벤즈알데하이드로부터 아몬드, 신남알데하이드로부터 신남온, (*R*)-카본으로부터 스페어민트의 향이 나온다. 불쾌한 향이나 감각도 알데하이드나 케톤에 의해서 생기는데, 예를 들어 폼알데하이드와 아세톤의 자극적인 냄새나 알코올류의 음료를 섭취한 결과로 생긴 불쾌한 숙취를 일으키는 아세트알데하이드도 그러하다.

Vanillin **Benzaldehyde** **Cinnamaldehyde** **(*R*)-Carvone**

Formaldehyde **Acetone** **Acetaldehyde**

이 장에서 배울 내용:

- 알데하이드와 케톤의 구조와 반응성
- 이들을 다른 작용기로부터 합성하는 방법
- 알데하이드와 케톤으로부터 온 그들 자체로서 특성적인 반응성을 지닌 독특한 작용기

이 주제는 왜 중요한가?

이 장의 끝에서 알데하이드와 케톤으로부터 얻어질 수 있는 작용기들이 해면으로 하여금 먹이사슬을 죽이거나 해치게 하는 분자들에서 사용하는 방아쇠 같은 도구를 어떻게 제공하는지에 대해서 보게 될 것이다. 놀랍게도, 이와 같은 분자와 작용기들은 여러 가지 형태의 인간 암에 대한 잠재적인 치료법을 제공한다.

16.1 서론

Acetone

- 알데하이드는 **카보닐기**의 한쪽은 탄소, 다른 한쪽은 수소를 가지고 있다. (폼알데하이드는 예외로 양쪽에 모두 수소 원자를 가졌다.)
- 케톤 화합물은 카보닐기 양쪽에 모두 탄소를 가지고 있다.

RCHO
알데하이드의
일반적인 구조식

RCOR′
케톤의
일반적인 구조식

앞장에서 이미 몇몇 카보닐 화합물의 화학에 대한 몇 가지 관점을 다루기는 했지만, 지금부터 카보닐 화학에 대하여 좀 더 자세히 논하게 될 것이다. 까닭: 카보닐기의 화학은 이제부터 나오는 대부분의 장에서 중심이다.

이 장에서는 알데하이드와 케톤 화합물의 제법 및 물리적 성질을 다루며, 특히 **카보닐기에서 일어나는 친핵성 첨가 반응**을 중점적으로 다루려고 한다.

16.2 알데하이드와 케톤의 이름 짓기

- 지방족 알데하이드는 IUPAC 체계에서 알케인(alkane)의 '**에인(-ane)**' 대신 '**안알(-anal)**'로 바꾸어 부른다.

알데하이드기는 탄소 원자들의 사슬 맨 끝에 오기 때문에 번호를 사용하여 그 위치를 나타낼 필요는 없지만, 다른 치환체와 함께 존재할 경우 카보닐기의 탄소는 1번이 되도록 번호를 붙이면 된다. 많은 알데하이드 화합물 역시 일반적인 이름이 있는데, 다음의 예에서 괄호 속에 표기되어 있다. 이 이름들은 대응되는 카복실산(17.2A절)의 일반적인 이름으로부터 유래되었고, 이들 중 어떤 것은 IUPAC 이름으로 그대로 사용되는 것도 있다.

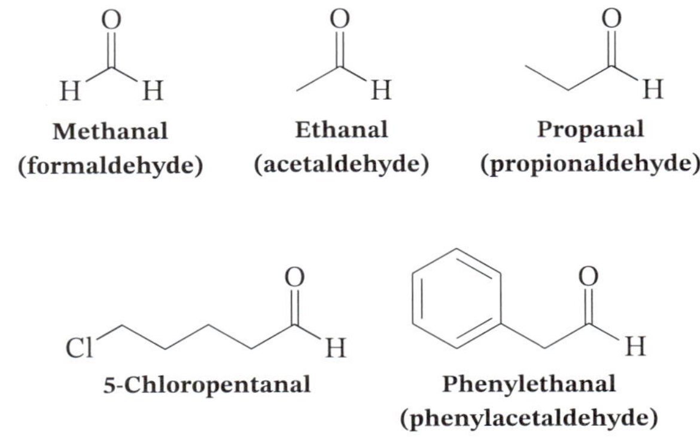

- —CHO기가 고리에 붙어 있는 알데하이드는 접미사 **카브알데하이드(carbaldehyde)**를 덧붙여 치환체처럼 이름을 짓는다. 몇 가지 예는 다음과 같다.

Benzenecarbaldehyde (benzaldehyde) **Cyclohexanecarbaldehyde** **2-Naphthalenecarbaldehyde**

C_6H_5CHO의 이름은 벤젠카브알데하이드보다 **벤즈알데하이드**(benzaldehyde)가 더욱 흔히 쓰인다. 그리고 그 이름을 이 교과서에서 쓸 것이다.

- 지방족 케톤 화합물은 대응되는 알케인(alkane)의 접미사 '**에인**(**-ane**)' 대신 '**안온** (**-anone**)'으로 바꾸어 부른다.

카보닐 탄소 원자가 가능한 한 작은 번호가 되도록 사슬에 번호를 붙인 후 카보닐기의 위치를 번호로 표기해 주면 된다.

Butanone (ethyl methyl ketone) **2-Pentanone (methyl propyl ketone)** **Pent-4-en-2-one (1-penten-4-one이 아님) (allyl methyl ketone)**

케톤 화합물의 일반 이름(위에서 괄호 안에 표기)들은 카보닐기의 양쪽에 붙은 기들을 각각 명명한 후 **케톤**(**ketone**)이란 말을 덧붙여서 부르면 된다.

몇몇 케톤은 IUPAC에서도 인정하는 관용명을 가지고 있다.

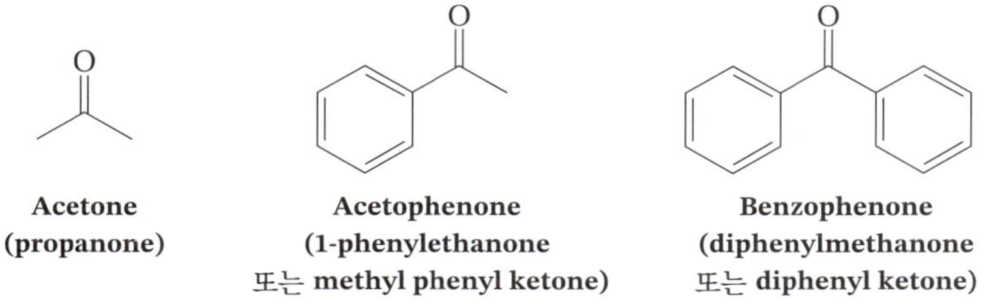

Acetone (propanone) **Acetophenone (1-phenylethanone 또는 methyl phenyl ketone)** **Benzophenone (diphenylmethanone 또는 diphenyl ketone)**

만일 H기를 접두사로 불러야 할 경우, 이것은 **메탄오일**(**methanoyl**) 혹은 **폼일기**(**formyl group**)라고 부른다. 기는 **에탄오일**(**ethanoyl**) 혹은 **아세틸기**(**acetyl group**, 흔히 약자로 Ac)이라고 부른다. R기를 치환체로 부를 때는 **알칸오일기**(**alkanoyl group**) 또는 **아실기** (**acyl group**)라고 한다.

보기 물음 16.1

분자식이 C_4H_8O인 카보닐 화합물의 이성질체 3가지에 대한 결합선 구조식을 쓰시오. 그들의 IUPAC 이름을 쓰시오.

풀이

구조식을 쓰고 화합물의 이름을 짓는다.

Butanal Butanone 2-Methylpropanal

되새김 물음 16.1

(a) 분자식이 $C_5H_{10}O$인 일곱 가지 알데하이드와 케톤 이성질체의 IUPAC 이름을 제시하시오.

(b) 분자식이 C_8H_8O이고 벤젠 고리를 가진 모든 알데하이드와 케톤의 구조와 이름(관용명과 IUPAC 이름)을 제시하시오.

16.3 물리적 성질

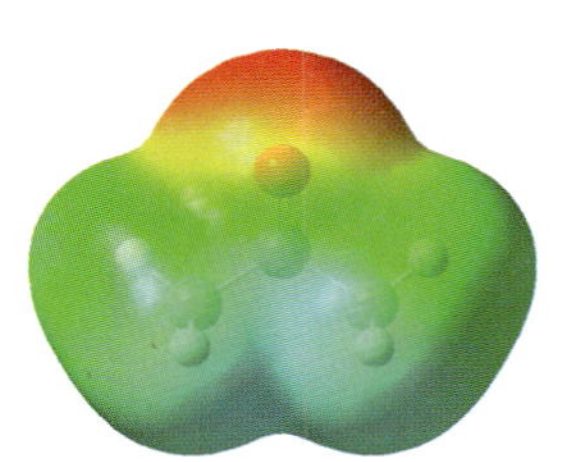

아세톤의 정전기적 퍼텐셜 지도는 카보닐 C=O 결합의 극성을 보여 주고 있다.

카보닐기는 극성인 기이며, 따라서 알데하이드나 케톤 화합물은 같은 분자량을 가진 탄화수소 화합물보다 끓는점이 높다. 그러나 대응되는 알코올보다 낮은 끓는점을 가지는데, 그것은 **분자들 사이에** 강한 수소 결합을 하지 못하기 때문이다. 아래의 화합물들은 분자량이 비슷하며 이러한 성질을 나타내는 예이다.

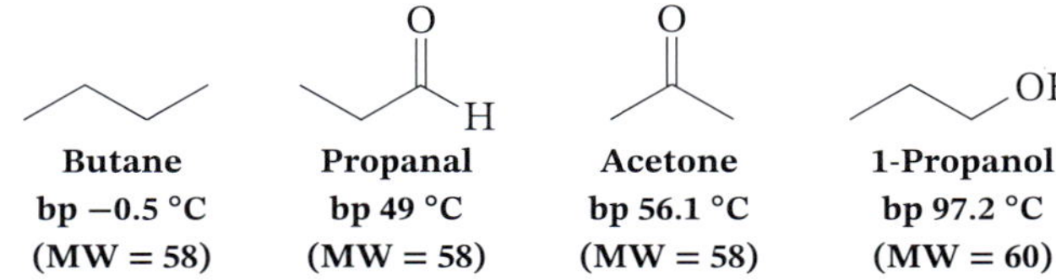

되새김 물음 16.2

아래의 쌍 중에서 더 높은 끓는점을 가지는 화합물은 어느 것인가? (수록된 표를 참고하지 않고 답하시오.)

(a) Butanal 또는 1-Butanol

(b) 2-Butanone 또는 2-Butanol

(c) Butane 또는 Butanal

(d) Acetophenone 또는 2-phenylethanol

(e) Benzaldehyde 또는 benzyl alcohol

물 분자와 아세톤 사이의 수소 결합(적색으로 표시)

표 16.1 알데하이드와 케톤 화합물의 물리적 성질

구조식	이름	mp (°C)	bp (°C)	물에 대한 용해도
$HCHO$	Formaldehyde	−92	−21	잘 녹음
CH_3CHO	Acetaldehyde	−125	21	무한대로 녹음
CH_3CH_2CHO	Propanal	−81	49	잘 녹음
$CH_3(CH_2)_2CHO$	Butanal	−99	76	녹음
$CH_3(CH_2)_3CHO$	Pentanal	−92	102	약간 녹음
$CH_3(CH_2)_4CHO$	Hexanal	−51	131	약간 녹음
C_6H_5CHO	Benzaldehyde	−26	178	약간 녹음
$C_6H_5CH_2CHO$	Phenylacetaldehyde	33	193	약간 녹음
CH_3COCH_3	Acetone	−95	56	무한대로 녹음
$CH_3COCH_2CH_3$	Butanone	−86	80	잘 녹음
$CH_3COCH_2CH_2CH_3$	2-Pentanone	−78	102	녹음
$CH_3CH_2COCH_2CH_3$	3-Pentanone	−39	102	녹음
$C_6H_5COCH_3$	Acetophenone	21	202	안 녹음
$C_6H_5COC_6H_5$	Benzophenone	48	306	안 녹음

카보닐 산소는 알데하이드와 케톤이 물 분자와 강한 수소 결합을 하도록 하는 역할을 한다. 그 결과 분자량이 작은 알데하이드와 케톤은 물에 상당히 녹는다. 아세톤과 아세트알데하이드는 물에 얼마든지 녹는다.

표 16.1에는 일반적인 알데하이드와 케톤 화합물의 물리적 성질을 수록하였다. 몇몇 알데하이드들은 자연으로부터 얻어지는데 아주 좋은 향기를 가지고 있다. 아래의 화합물들은 이 장의 서두에 언급된 것 외의 것들이다.

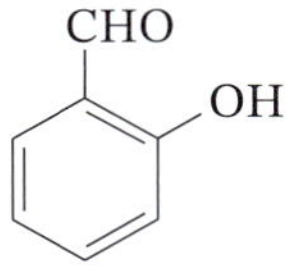

CHO, OH

Salicylaldehyde
(조팝나무로부터 얻어짐)

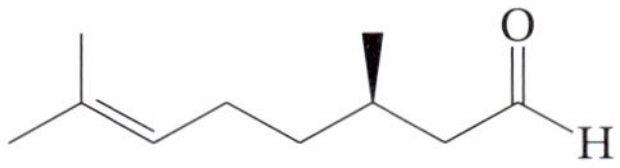

O, H

Citronellal
(어떤 식물에 있는 레몬 향)

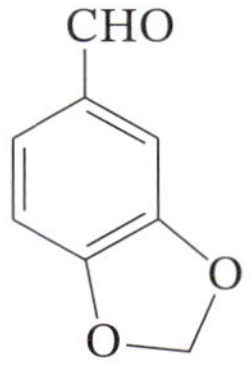

CHO, O, O

Piperonal
(헬리오트로프의 냄새로 사푸롤에서 얻어짐)

공업 화학: 향료에 있는 알데하이드와 케톤

많은 알데하이드와 케톤들은 기분 좋은 냄새를 가지고 있기 때문에 향료에 쓰인다. 원래 향의 성분은 정유(23.3절)와 같은 천연물에서 온다. 하지만 19세기에 들어 유기 합성 화학이 개발되면서 오늘날 향료에 쓰이는 많은 성분들은 합성 화학자들의 창의성으로부터 얻어진 것이다.

향료 예술 전문가들은 향료들을 혼합하면서 그 성분을 음악으로부터 온 언어로 말한다. 향을 다루는 이들은 화합물이 담긴 병들의 진열장을 '오르간'이라고 부른다. 성분 자체가 특정한 '음표'를 가졌다고 서술한다. 예를 들면, 매우 휘발성이 큰 물질은 '높은 음'을 나타내고, 덜 휘발성을 지녔으면서 꽃과 관련이 있는 것들은 '중간 음'을, 그리고 가장 비휘발성인 성분은 대개 목재, 발삼, 혹은 사향 같은 냄새를 가졌는데 '낮은 음'이라고 설명한다.*

(*Z*)-자스몬(자스민의 냄새를 지님)과 α-다마스콘(장미 냄새)은 아이오논(바이올렛의 향기)과 마찬가지로 '중간 음'을 가진다. 이 케톤들은 모두 천연자원으로부터 얻을 수 있다.

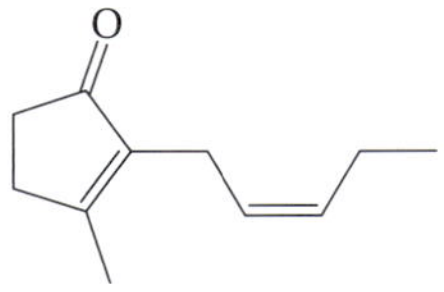

O

***Z*-Jasmone**

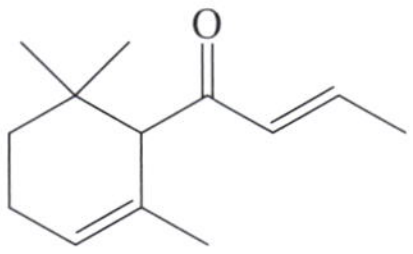

O

***α*-Damascone**

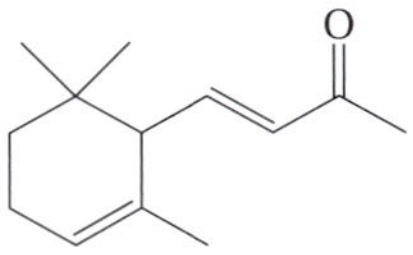

O

***α*-Ionone**

O

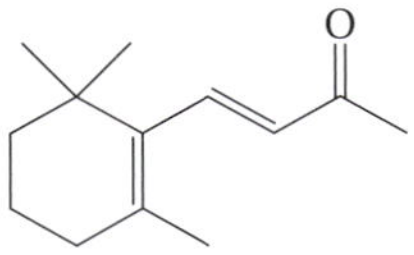

***β*-Ionone**

머스콘(히말라야의 사향노루에서 온 것)과 시베톤(아프리카의 사향고양이에서 온 것) 같은 두 케톤은 이국적인 천연자원으로부터 생긴 것이다.

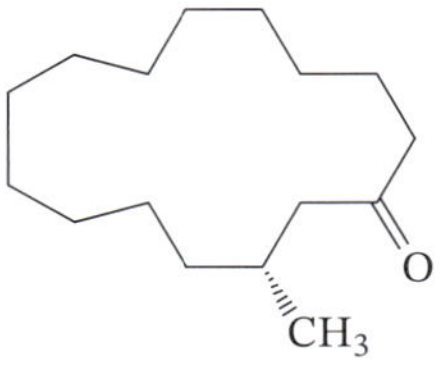

O, CH_3

Muscone

O

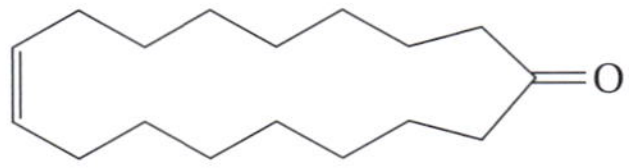

Civetone

입체 화학은 냄새에 뚜렷한 영향을 준다. 예를 들면, 머스콘(위에 구조 있음)의 (*R*)-거울상체는 '짙고 강력한 사향' 냄새를 가졌지만, (*S*)-거울상체는 '안 좋고 덜 강한' 냄새를 가졌다고 말한다. *α*-다마스콘의 (*R*)-거울상체는 (*S*)-거울상체보다 더 장미꽃 냄새에 사과와 과일 향을 더 가졌다고 말한다.

* 향료 산업의 깊이 있는 논의는 다음을 보시오: Fortineau, A.-D. "Chemistry Perfumes Your Daily Life," *J. Chem. Educ.*, **2004**, *81*, 45–50.

16.4 알데하이드의 합성

16.4A 1° 알코올의 산화에 의한 알데하이드의 합성

- 알데하이드의 산화 상태는 1° 알코올과 카복실산의 산화 상태 사이에 놓여 있다(12.4A절).

R–CH₂OH ⇌[O]/[H] RCHO ⇌[O]/[H] RCOOH

1° 알코올 알데하이드 카복실산

알데하이드는 1° 알코올을 Swern 산화 반응(12.4B절)이나 클로로크로뮴산 피리디늄(PCC, 12.4D절)으로 산화시켜 얻을 수 있다.

R–CH₂OH → (1) DMSO, $(COCl)_2$ (2) Et_3N → RCHO

1° 알코올의 Swern 산화 반응으로 알데하이드가 된다.

R–CH₂OH (**1° 알코올**) → PCC, CH_2Cl_2 → RCHO (알데하이드)

1° 알코올의 PCC 산화 반응으로 알데하이드가 된다.

다음은 알데하이드를 합성하는 데 Swern 산화 반응과 PCC를 사용하는 예이다.

Benzyl alcohol → (1) DMSO, $(COCl)_2$ (2) Et_3N → **Benzaldehyde**

1-Heptanol → PCC, CH_2Cl_2 → **Heptanal**

16.4B 알켄의 가오존 분해 반응에 의한 알데하이드의 합성

- 알켄의 이중 결합은 가오존 분해 반응에 의해서 깨져서(8.16B절) 알데하이드와 케톤을 생성할 수 있다.

아래의 예는 알켄의 가오존 분해 반응을 통하여 알데하이드를 합성하는 것을 보여 준다.

1-cyclohexylpropene → (1) O_3 (2) Me_2S → cyclohexanecarbaldehyde + CH_3CHO

methylenecyclopentane → (1) O_3 (2) Me_2S → cyclopentanone + HCHO

16.4C 염화 아실, 에스터 및 나이트릴의 환원에 의한 알데하이드의 합성

이론적으로는 카복실산을 환원시켜 알데하이드를 합성할 수 있어야 한다. 실제로 이것은 카복실산을 환원시킬 수 있는 통상적인 시약인 수소화알루미늄 리튬($LiAlH_4$)으로는 불가능하다.

- 카복실산을 $LiAlH_4$로 처리하면 이것은 끝까지 환원되어 1° 알코올이 된다.
- $LiAlH_4$가 강력한 환원제이고 알데하이드는 아주 쉽게 환원되기 때문이다.

반응 혼합물에서 형성된 알데하이드는 곧 $LiAlH_4$에 의해서 1° 알코올로 환원된다. (화학량론적인 $LiAlH_4$의 양을 사용한다 하여도 처음 형성된 알데하이드 분자를 아직 반응하지 않은 $LiAlH_4$가 곧 환원시켜 버리기 때문에 소용이 없다).

$$\text{RCOOH} \xrightarrow{LiAlH_4} [\text{RCHO}] \xrightarrow{LiAlH_4} \text{RCH}_2\text{OH}$$

카복실산 알데하이드 **1° 알코올**

이 환원을 성공시킬 수 있는 비결은 카복실산 그 자체를 사용하지 말고 더 잘 환원이 되는 카복실산 유도체를 사용하고, $LiAlH_4$보다는 환원력이 덜한 수소화 알루미늄 유도체를 사용하는 것이다.

- 염화 아실(RCOCl), 에스터(RCO_2R'), 그리고 나이트릴(RCN) 등은 카복실산(17장)으로부터 쉽게 만들어질 수 있고, 이들은 모두 더 쉽게 환원된다.
- $LiAlH_4$보다 환원성이 덜한 두 가지 수소화 알루미늄 유도체(그 까닭 중 일부는 매우 입체적인 장애가 있으므로 수소 음이온을 전달하기가 어렵다)로 **$LiAlH(Ot\text{-}Bu)_3$(수소화 트라이-*tert*-뷰톡시알루미늄 리튬)**과 **$i\text{-}Bu_2AlH$(수소화 다이아이소뷰틸알루미늄, DIBAL-H)**이 있다.

$$Li^+ \left[H\text{—}Al(Ot\text{-}Bu)_3 \right]^-$$

Lithium tri-*tert*-butoxy-aluminum hydride ($LiAlH(Ot\text{-}Bu)_3$)

Diisobutylaluminum hydride ($i\text{-}Bu_2AlH$ 또는 DIBAL-H)

- 아래의 도표는 수소화트라이-*tert*-뷰톡시알루미늄 리튬과 DIBAL-H를 사용하여 산 유도체로부터 알데하이드를 합성하는 방법을 요약한 것이다.

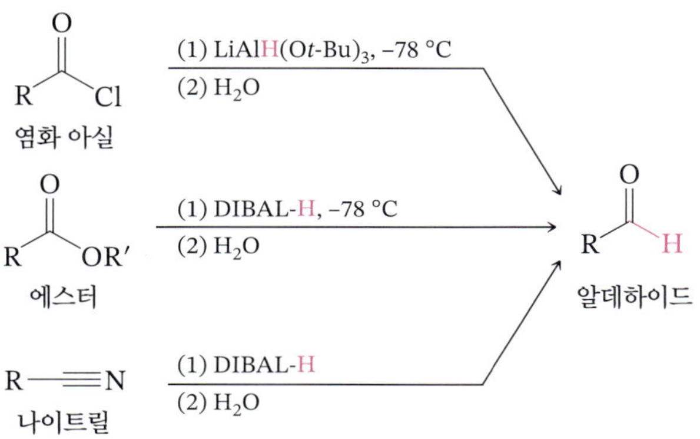

이제 알데하이드 합성법을 각각 살펴보기로 하자.

염화 아실로부터 알데하이드의 합성: RCOCl ⟶ RCHO

- 염화 아실은 −78 °C에서 수소화트라이-*tert*-뷰톡시알루미늄 리튬 $LiAlH(t\text{-}BuO)_3$를 사용하여 알데하이드로 환원될 수 있다.
- 카복실산은 $SOCl_2$를 사용하여 염화 아실로 전환될 수 있다(15.6B절 참조).

$$\text{RCOOH} \xrightarrow{SOCl_2} \text{RCOCl} \xrightarrow[(2)\ H_2O]{(1)\ LiAlH(Ot\text{-}Bu)_3,\ -78\ °C} \text{RCHO}$$

다음은 한 가지 구체적인 예이다.

$$\text{3-Methoxy-4-methylbenzoyl chloride} \xrightarrow[(2)\ H_2O]{(1)\ LiAlH(Ot\text{-}Bu)_3,\ -78\ °C} \text{3-Methoxy-4-methylbenzaldehyde}$$

3-Methoxy-4-methylbenzoyl chloride **3-Methoxy-4-methylbenzaldehyde**

메커니즘을 살펴보면, 알루미늄 원자로부터 하나의 수소 음이온을 염화 아실의 카보닐 탄소에 전달하므로 환원 반응이 일어나며(12.3절 참조), 뒤를 이어 가수 분해로 알데하이드가 유리된다.

반응 메커니즘

염화 아실을 알데하이드로 환원하는 반응

$$\text{RCOCl} + LiAlH[Ot\text{-}Bu]_3 \longrightarrow \text{RC(=}\overset{+}{O}\text{–Li)Cl} + \bar{A}lH[Ot\text{-}Bu]_3$$

수소 음이온을 카보닐 탄소로 전달하여 환원이 일어난다.

Lewis 산으로 행동하는 알루미늄 원자가 산소로부터 전자쌍을 받는다.

$$[\text{R–CH(Cl)–O–}\bar{A}l[Ot\text{-}Bu]_3\ \ Li^+] \xrightarrow{-LiCl} [\text{RCH=}\overset{+}{O}\text{–}\bar{A}l[Ot\text{-}Bu]_3] \xrightarrow{H_2O} \text{RCHO}$$

산소로부터 전자쌍이 도움을 주어 중간체에서 염화 이온이 떠나간다.

물을 첨가하면 알루미늄 착물의 가수 분해가 일어나서 알데하이드가 생성된다(여러 단계가 관여한다).

보기 물음 16.2

아래의 (1), (2), 그리고 (3) 변형을 위한 시약을 제시하시오.

(1) → (2) → (3) → CHO + HCHO

풀이

(1)에서 에틸벤젠을 1-클로로-1-페닐에테인으로 전환해야 한다. 이러기 위해서는 Cl_2/햇빛을 사용한다. (2)를 위해서 클로로기를 제거하여 알켄으로 전환해야 한다. 이러한 변환을 위해서는 에톡시화 포타슘(EtOK)을 사용한다. (3)을 위해서는 알켄을 알데하이드로 산화시켜야 한다. 여기에는 O_3/Me_2S가 쓰인다.

에스터와 나이트릴로부터 알데하이드의 합성: $RCO_2R' \longrightarrow RCHO$와 $RC{\equiv}N \longrightarrow RCHO$

- 에스터와 나이트릴은 모두 DIBAL-H에 의해 알데하이드로 환원된다.

과도한 환원 반응이 일어나지 않도록 하기 위하여 DIBAL-H의 양을 조심스럽게 통제하여야 하며, 에스터의 환원은 반드시 낮은 온도에서 반응을 진행시켜야 한다. 에스터의 카보닐 탄소와 나이트릴의 $—C{\equiv}N$기의 탄소에 수소 음이온을 첨가함으로써 이 두 반응으로부터 비교적 안정한 중간체들이 형성된다. 이 중간체를 가수 분해하여 알데하이드를 유리시킨다. 이 반응을 도표로 그려서 나타내면 아래와 같다.

반응 메커니즘

에스터를 알데하이드로 환원하는 반응

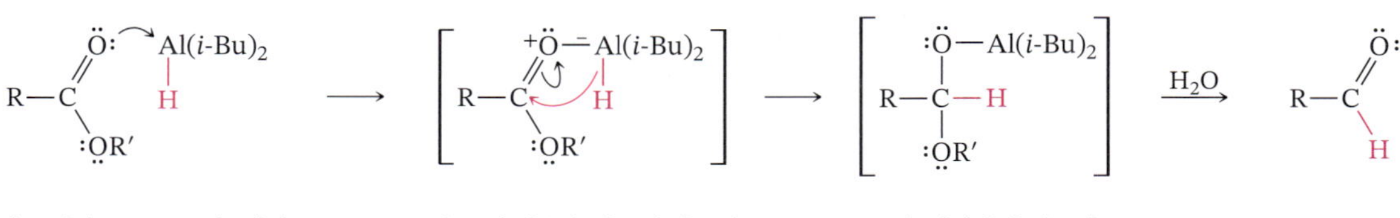

알루미늄 원자는 **Lewis** 산-염기 반응에서 카보닐 산소 원자로부터 전자쌍을 받는다.

수소 음이온을 카보닐 탄소에 전달함으로써 환원이 일어난다.

물을 첨가하면 알루미늄 착물의 가수 분해가 일어나서 알데하이드가 생성된다.

반응 메커니즘

나이트릴을 알데하이드로 환원하는 반응

$R—C{\equiv}N: + Al(i\text{-}Bu)_2H \longrightarrow [R—C{\equiv}\overset{+}{N}—\overset{-}{Al}(i\text{-}Bu)_2H] \longrightarrow [R—CH{=}N—Al(i\text{-}Bu)_2] \xrightarrow{H_2O} R—CHO$

알루미늄 원자는 **Lewis** 산-염기 반응에서 나이트릴로부터 전자쌍을 받는다.

수소 음이온을 나이트릴 탄소에 전달함으로써 환원이 일어난다.

물을 첨가하면 알루미늄 착물의 가수 분해가 일어나서 알데하이드가 생성된다(여러 단계가 관여한다. 이민과 관련하여 **16.8**절을 보시오).

다음 구체적인 예들이 이러한 합성을 나타내고 있다.

OEt; $(i\text{-Bu})_2AlH$, −78 °C; $OAl(i\text{-Bu})_2$, H, OEt, 9; H_2O; H; 88%

CN; $(i\text{-Bu})_2AlH$; $NAl(i\text{-Bu})_2$, H; H_2O; O, H

보기 물음 16.3

아래 반응의 생성물은 무엇인가?

O; (1) DIBAL-H, −78 °C (2) H_2O ?

풀이

출발 물질은 고리형 에스터이다. 따라서 생성물은 알코올의 하이드록실기를 포함하고 있는 알데하이드이다.

HO, O, H

보기 물음 16.4

벤질 알코올로부터 출발하여 페닐에탄알을 합성하는 방법을 요약하시오.

OH ? O

풀이

벤질 알코올을 PBr_3을 이용하여 브로민화 벤질로 전환한 다음 브로민을 S_N2 반응에 의해서 사이안화기로 치환시킨다. 끝으로 나이트릴을 환원하여 페닐에탄알을 합성한다.

OH; PBr_3; Br; NaCN; CN; (1) DIBAL-H (2) H_2O; O

되새김 물음 16.3

아래 각 물질들로부터 어떻게 뷰탄알을 합성하는지 나타내시오.

(a) 1-Butanol

(b) Butanoic acid($CH_3CH_2CH_2CO_2H$)

16.5 케톤의 합성

16.5A 알켄, 아렌, 그리고 2° 알코올로부터 케톤의 합성

앞선 장들에서 케톤을 합성하는 3가지 실험실적인 방법을 배웠다.

1. 알켄의 가오존 분해 반응으로부터 케톤(그리고 알데하이드)의 합성(8.16B절에서 논의)

R R′ R″ H (1) O_3 (2) Me_2S → R R′ =O + O= R″ H

케톤 알데하이드

2. Friedel–Crafts 아실화 반응으로부터 케톤의 합성(15.6B절에서 논의). 예를 들어:

벤젠 + RCOCl (O, R, Cl) —$AlCl_3$→ (O, R) + HCl

알킬 아릴 케톤

3. 2차 알코올의 Swern 산화 반응으로부터 케톤의 합성(12.4절에서 논의)

OH R R′ —(1) DMSO, $(COCl)_2$ (2) Et_3N→ O R R′

16.5B 나이트릴로부터 케톤의 합성

Grignard 시약이나 유기리튬 시약을 나이트릴(R—C≡N)과 반응시킨 후 가수 분해하면 케톤이 된다.

일반적인 반응

R—C≡N + R′—MgX → $N^{-}Mg^{+}X$ R R′ —H_3O^+→ O R R′ + $\overset{+}{N}H_4$ + Mg^{2+} + X^-

R—C≡N + R′—Li → $N^{-}Li^{+}$ R R′ —H_3O^+→ O R R′ + $\overset{+}{N}H_4$ + Li^+

산에 의한 가수 분해 단계의 메커니즘은 16.8A절에 있는 이민 형성 반응의 역과정이다.

구체적인 예

CN (벤조나이트릴) + Li (뷰틸리튬) —(1) Et_2O (2) H_3O^+→ O (페닐 케톤)

2-Cyanopropane

2-Methyl-1-phenylpropanone (isopropyl phenyl ketone)

나이트릴 화합물이 삼중 결합을 가지고 있기는 하지만 Grignard 시약이나 리튬 시약의 첨가는 단지 한 번만 일어난다. 그 까닭은: 만일 첨가가 두 번 생긴다면 질소 원자 위에 −2가의 전하가 놓이게 되기 때문이다.

(2가 음이온이 형성되지 않음)

보기 물음 16.5

다단계 합성의 예

1-뷰탄올을 유일한 유기 화합물로 시작하여 5-노난온의 합성을 요약하시오. 역합성 분석을 쓰는 것부터 시작하시오.

풀이

5-노난온은 9개의 탄소를 포함하지만 뷰탄올은 단지 4개의 탄소를 포함하므로, 뷰탄올 두 분자와 탄소가 1개인 화합물이 필요할 것 같다. 사이안화물은 1개의 탄소만 제공한다. 나이트릴 화합물이 Grignard 시약과 반응하면 케톤을 형성하므로, 5-노난온은 역합성 분석을 해보면 펜테인나이트릴과 브로민화 뷰틸마그네슘이 최종 전구체이다. 브로민화 뷰틸마그네슘은 1-브로모뷰테인으로부터 만들어질 수 있다. 펜테인나이트릴은 1-브로모뷰테인과 사이안화 소듐을 가지고 S_N2 반응에 의해 합성될 수 있다. 합성 시작을 위한 1-브로모뷰테인은 1-뷰탄올과 삼브로민화 인의 반응으로부터 합성된다.

역합성 분석

합성

되새김 물음 16.4

아래 각각의 합성에서 시약과 표시된 중간체를 제시하시오.

(b) 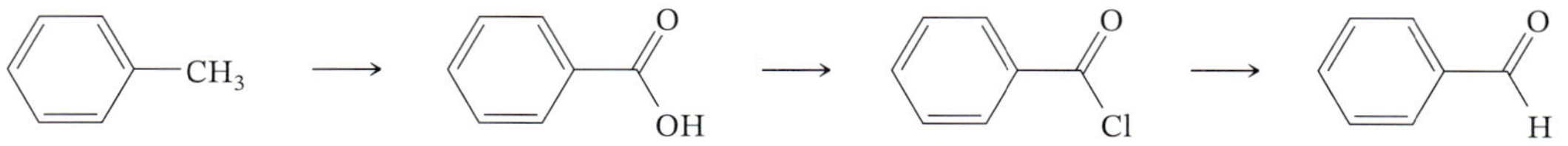 (c) 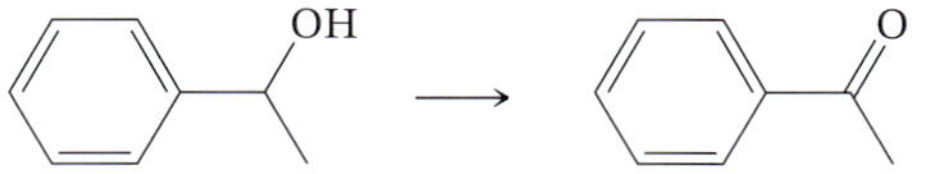 (d) 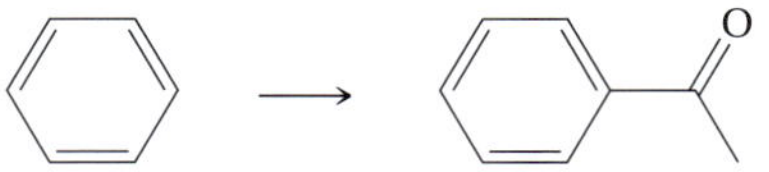 (e) 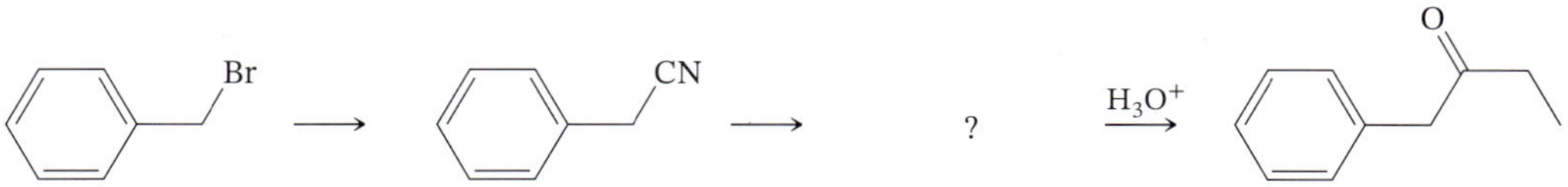 (f)

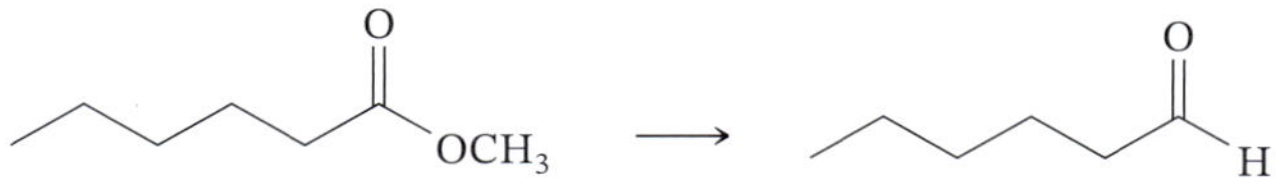

$\xrightarrow{H_3O^+}$

16.6 탄소–산소의 이중 결합에 대한 친핵성 첨가 반응: 메커니즘적인 주제

- 알데하이드와 케톤의 가장 특성적인 반응 중의 하나는 탄소–산소의 이중 결합에 대한 **친핵성 첨가 반응**이다.

일반적인 반응

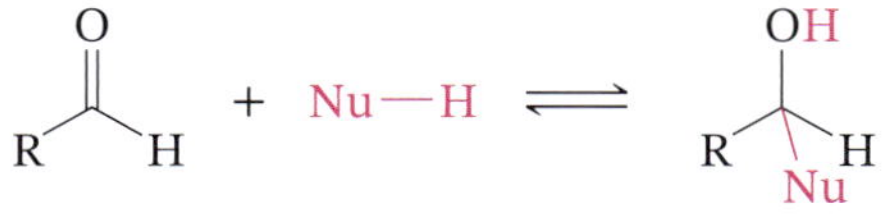

R–CHO + Nu—H ⇌ R–CH(OH)(Nu)

구체적인 예

CH_3CHO + EtO—H ⇌ $CH_3CH(OH)(OEt)$

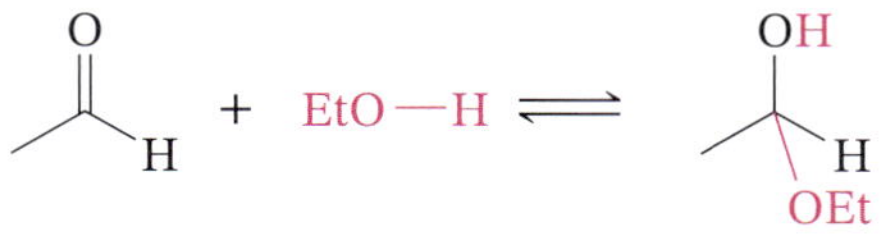

헤미아세탈 (16.7절 참조)

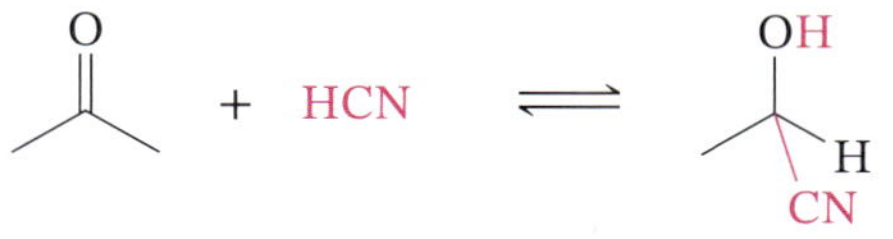

CH_3COCH_3 + HCN ⇌ $CH_3CH(OH)(CN)$

사이아노하이드린 (16.9절 참조)

12.1절에서 언급한 특성 때문에 알데하이드와 케톤은 친핵성 첨가 반응을 하기가 특별히 쉽다. 이 구조를 다음에 나타냈다.

알데하이드 또는 케톤 (R 또는 R′은 H) 또는 친핵체는 위나 아래로부터 공격한다.

- 카보닐 탄소 원자 주변의 기들이 삼각 평면 배열을 하고 있다는 것은 카보닐 탄소 원자가 위와 아래로부터 공격을 받게끔 비교적 열려진 상태임을 의미한다(위를 참조).
- 카보닐 탄소에 부분적인 양전하가 있음으로써 친핵체의 공격은 특히 쉽게 일어난다.
- 카보닐 산소에 있는 비공유 전자쌍은 양성자 첨가를 허용하여 카보닐 탄소로 하여금 산 조건하에서 더 친전자성으로 만든다.

탄소–산소의 이중 결합에 대한 친핵성 첨가 반응은 2가지 일반적인 방법으로 묘사할 수 있다.

1. **시약이 대단히 강한 친핵체**(Nu:⁻)**일 때**, 첨가 반응은 대개 다음과 같이 일어나며 삼각 평면인 알데하이드나 케톤을 정사면체인 생성물로 전환한다.
   이러한 형태의 반응에서 친핵체는 자신의 전자쌍을 카보닐 탄소와 결합하는 데 사용한다. 이때 탄소–산소의 π 결합에 있는 한 전자쌍은 전기 음성적인 카보닐 산소 원자 쪽으로 밀려나가 탄소와 산소의 혼성 상태는 sp^2로부터 sp^3로 변한다. **이 단계의 중요한 관점은 카보닐의 산소 원자가 탄소–산소의 이중 결합의 전자쌍을 수용할 수 있는 능력이다.**

반응 메커니즘

강한 친핵체가 알데하이드나 케톤에 첨가

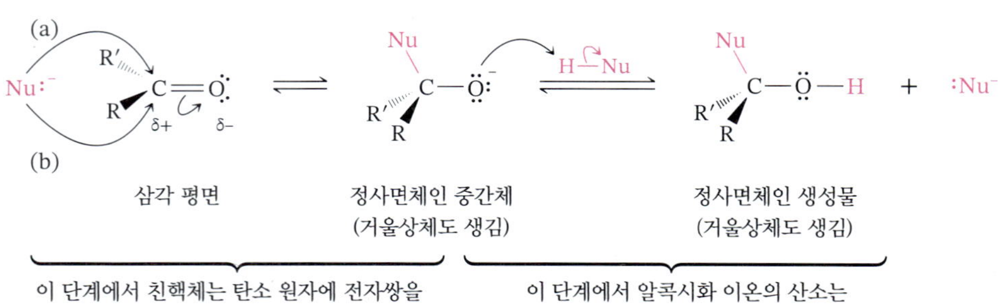

이 단계에서 친핵체는 탄소 원자에 전자쌍을 위 또는 아래로 **(a)** 또는 **(b)** 경로를 통하여 제공함으로써 결합을 형성한다. 전자쌍 하나가 산소 쪽으로 이동되어 간다.

이 단계에서 알콕시화 이온의 산소는 그것이 매우 강염기이므로 **H—Nu**로부터 혹은 다른 산으로부터 양성자를 제거한다.

두 번째 단계에서 산소 원자는 양성자와 결합한다. 이것은 산소 원자가 이제 대단히 염기성을 띠고 있기 때문이다. 이때 산소는 완전한 음전하를 띠고, 마치 알콕시화 이온의 산소 원자와 흡사하다.

2. **산 촉매가 존재하며 약한 친핵체일 때**, 카보닐 산소와 산의 반응으로 카보닐기의 친전자성이 증대된다.

반응 메커니즘

산 촉매에 의한 알데하이드나 케톤에 친핵성 첨가 반응

1단계

$$\mathrm{R'R}\overset{\delta+}{\mathrm{C}}{=}\overset{\delta-}{\ddot{\mathrm{O}}}\!: + \mathrm{H{-}A} \rightleftharpoons \left[\mathrm{R'RC{=}\ddot{O}^{+}H} \longleftrightarrow \mathrm{R'R\overset{+}{C}{-}\ddot{O}H}\right] + \mathrm{A}{:}^{-}$$

(또는 Lewis 산)

카보닐 산소의 한 전자쌍은 산(혹은 Lewis 산과 연관된 것)으로부터 양성자를 받아들인다. 양성자가 첨가된 카보닐의 탄소는 친핵성 공격을 당하기가 더 쉽다.

2단계

$$\mathrm{R'RC{=}\ddot{O}^{+}H} \; {:}\mathrm{Nu{-}H} \rightleftharpoons \mathrm{H{-}\overset{+}{N}u{-}CR'R{-}\ddot{O}{-}H} \overset{:\mathrm{A}^{-}}{\rightleftharpoons} \mathrm{Nu{:}{-}CR'R{-}\ddot{O}{-}H} + \mathrm{H{-}A}$$

양성자가 첨가된 카보닐은 친핵체의 공격을 받는다. 그리고 염기가 양전하를 띤 원자로부터 양성자를 제거하여 산을 재생시킨다.

이 메커니즘은 **약한 친핵체**의 존재하에 있는 카보닐 화합물을 강산으로 처리할 때 작동한다. 첫 단계에서 산은 카보닐 산소 원자의 전자쌍에 양성자를 제공해 준다. 이렇게 해서 양성자가 첨가된 카보닐 화합물, 즉 **옥소늄 양이온(oxonium cation)**은 카보닐 탄소 원자에 친핵성 공격이 일어나는 반응성이 매우 크다. 왜냐하면 카보닐 탄소 원자는 양성자가 첨가되지 않은 화합물에서보다 더욱 양전하를 띠고 있기 때문이다.

도움말

세 개의 공유 결합을 형성하여 양전하를 띤 산소 원자를 지닌 화합물은 옥소늄 양이온이다.

16.6A 탄소–산소의 이중 결합에 대한 친핵성 첨가 반응의 가역성

- 탄소–산소 이중 결합에서 일어나는 많은 친핵성 첨가 반응은 가역적이다. 그러므로 이 반응들의 전체적인 결과는 평형의 위치에 의해 결정된다.

이러한 행동은 탄소–탄소 이중 결합에서 일어나는 대부분의 친전자성 첨가 반응이나 포화된 탄소 원자에서 일어나는 친핵성 치환 반응과 두드러진 차이를 나타낸다. 나중의 두 반응들은 원래 비가역적이고, 전체적인 결과는 상대적인 반응 속도의 함수이다.

16.6B 상대적인 반응성: 알데하이드 대 케톤

- 일반적으로 알데하이드는 케톤보다 친핵성 첨가 반응의 반응성이 더 크다. 입체적 그리고 전자적 요인 모두 알데하이드에서 유리하다.

입체적인 요인 한 기가 작은 수소 원자인 알데하이드로부터 형성된 정사면체 생성물의 중심 탄소는 덜 운집되어 있으며, 생성물은 더 안정하다. 그러므로 생성물의 형성이 평형에서 유리하다. 케톤에서는 카보닐 탄소에 있는 두 알킬 치환기가 정사면체인 중간체의 입체적 운집을 일으켜 덜 안정하게 만든다. 그러므로 평형에서 생성물은 소량 농도만이 존재하게 된다.

전자적인 요인 알킬기는 전자 미는 기이므로 알데하이드가 전자적 요인으로 볼 때도 더 반응성이 더 크다. 알데하이드는 전자 미는 알킬기가 하나만 있기 때문에 카보닐 탄소 원자에 있는 부분적인 양전하를 안정화시키는 데 도움이 된다. 케톤은 두 개의 알킬기가 있어 카보닐 탄소의 부분적인 양전하가 더 안정화된다. 케톤(반응물)이 더 안정화된다는 것은 케톤으로부터 정사면체인 생성물이 형성되는 평형 상수가 더 작아서 반응은 덜 유리함을 의미한다.

$O^{\delta-}$, R, $\delta+$, H
알데하이드

$O^{\delta-}$, R, $\delta+$, R′
케톤

케톤의 카보닐 탄소는 두 개의 전자를 미는 알킬기를 지녔으므로 덜 양이다.

한편, 전자를 끄는 치환기(예: $-CF_3$기 또는 $-CCl_3$기)는 카보닐 탄소를 더 양으로 만들고 (따라서 출발 물질을 덜 안정하게 하고) **첨가 반응(addition reaction)**이 더 유리하도록 한다.

16.6C 첨가 반응 생성물의 연속적인 반응

카보닐기에 대한 친핵성 첨가 반응으로 사용된 반응 조건하에서 안정한 생성물이 만들어지기도 한다. 이런 경우, 다음과 같은 일반적인 구조를 가진 생성물을 분리해 낼 수 있다.

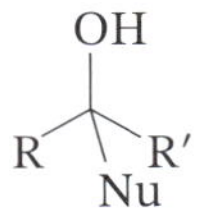

OH, R, R′, Nu

다른 경우에는, 초기에 형성된 생성물은 불안정하며 자발적으로 연속적인 반응을 진행하게 된다. 예를 들어, 질소가 친핵체이면 한 가지 흔한 연속 반응은 **제거 반응**인데 특별히 탈수 반응으로 16.8절에서 보게 될 것이다.

되새김 물음 16.5

알데하이드나 케톤과 Grignard 시약 사이의 반응(12.8절)은 탄소–산소 이중 결합에 대한 친핵성 첨가 반응이다.

(a) 친핵체는 무엇인가?

(b) 이 반응에서 Grignard 시약 속의 마그네슘은 중요한 역할을 한다. 그것의 역할은 무엇인가?

(c) 처음에 만들어진 생성물은 무엇인가?

(d) 물을 가할 때 형성되는 생성물은 무엇인가?

되새김 물음 16.6

알데하이드나 케톤에 $LiAlH_4$나 $NaBH_4$(12.3절)를 사용하는 반응들은 카보닐기에 대한 친핵성 첨가 반응이다. 이 반응들에서 친핵체는 무엇인가?

16.7 알코올의 첨가 반응: 헤미아세탈과 아세탈

- 알데하이드와 케톤은 알코올과 반응하여 **헤미아세탈(hemiacetal)**과 **아세탈(acetal)**을 형성하는데, 이것은 평형 반응이다.

16.7A 헤미아세탈

- **헤미아세탈**의 구조에서 핵심적인 특징은 —OH기와 —OR기가 같은 탄소 원자에 결합된 것이다.

헤미아세탈은 알코올의 산소가 알데하이드나 케톤의 카보닐 탄소에 친핵성 첨가 반응을 한 결과이다.

$$\text{R}'(\text{(H)R})\text{C}{=}\ddot{\text{O}}\!: \;+\; \text{H}\ddot{\text{O}}{-}\text{R}'' \;\rightleftharpoons\; \text{R}'(\text{(H)R})\text{C}(\ddot{\text{O}}{-}\text{R}'')(\ddot{\text{O}}{-}\text{H})$$

알데하이드 또는 케톤 헤미아세탈

- 헤미아세탈의 형성은 산이나 염기에 의해서 촉매화된다.

반응 메커니즘

산 촉매에 의한 헤미아세탈 형성

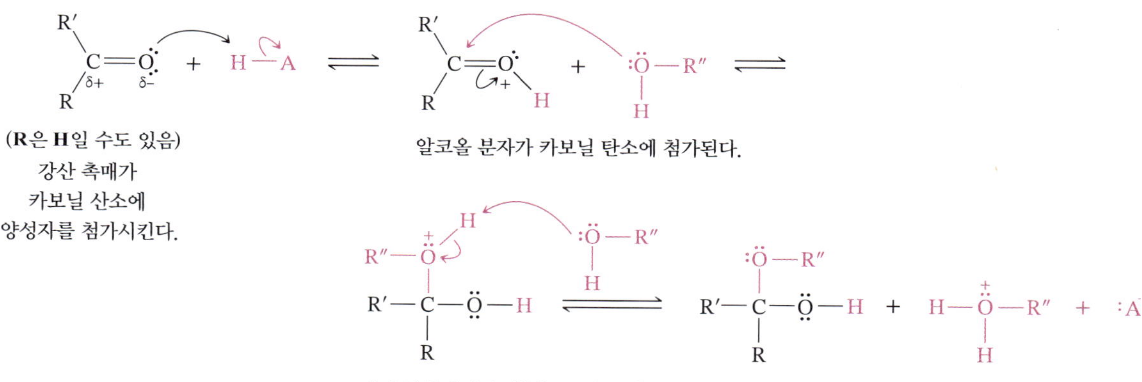

- 오각형 혹은 육각형의 고리형 헤미아세탈은 매우 빨리 형성되며 분리될 수 있다.

4-Hydroxybutanal ⇌ ⟶ 고리형 헤미아세탈

헤미아세탈: OH기와 OR기가 같은 탄소 원자에 결합되어 있다.

대부분 간단한 당류들(22장)은 주로 고리형 헤미아세탈 형태로 존재한다. 글루코스가 한 예이다.

헤미아세탈: OH기와 OR기가 같은 탄소 원자에 결합되어 있다.

(+)-Glucose
(고리형 헤미아세탈)

별개의 알코올과 알데하이드나 케톤으로부터 형성된 헤미아세탈은 대개 분리될 수 없고, 16.7B절에서 보듯이 아세탈이 형성되도록 반응은 계속된다.

16.7B 아세탈

- 아세탈은 같은 탄소 원자에 결합된 두 개의 —OR기를 가지고 있다.

아세탈은 알데하이드나 케톤을 과량의 알코올과 산 촉매하에서 반응시킬 때 형성된다. 비록 헤미아세탈이 중간체이기는 하지만, 분리되지 않고 계속하여 아세탈이 된다.

도움말
평형 조건이 헤미아세탈과 아세탈의 형성과 가수 분해를 지배한다.

$$\text{RC(=O)R}' \xrightleftharpoons{R''OH} \text{R(R}')\text{C(OH)(OR}'') \xrightarrow[\text{HA (촉매)}]{R''OH} \text{R(R}')\text{C(OR}'')_2 + \text{HOH}$$

헤미아세탈 (R′은 H일 수 있음) 아세탈 (R′은 H일 수 있음)

- 메커니즘에는 산 촉매에 의한 헤미아세탈의 형성, 그다음 산에 의한 물의 제거, 그리고 다시 두 번째 알코올의 첨가 반응이 포함된다.
- 알데하이드로부터 아세탈을 만드는 모든 단계들은 가역적이다.

반응 메커니즘

산 촉매에 의한 아세탈 형성

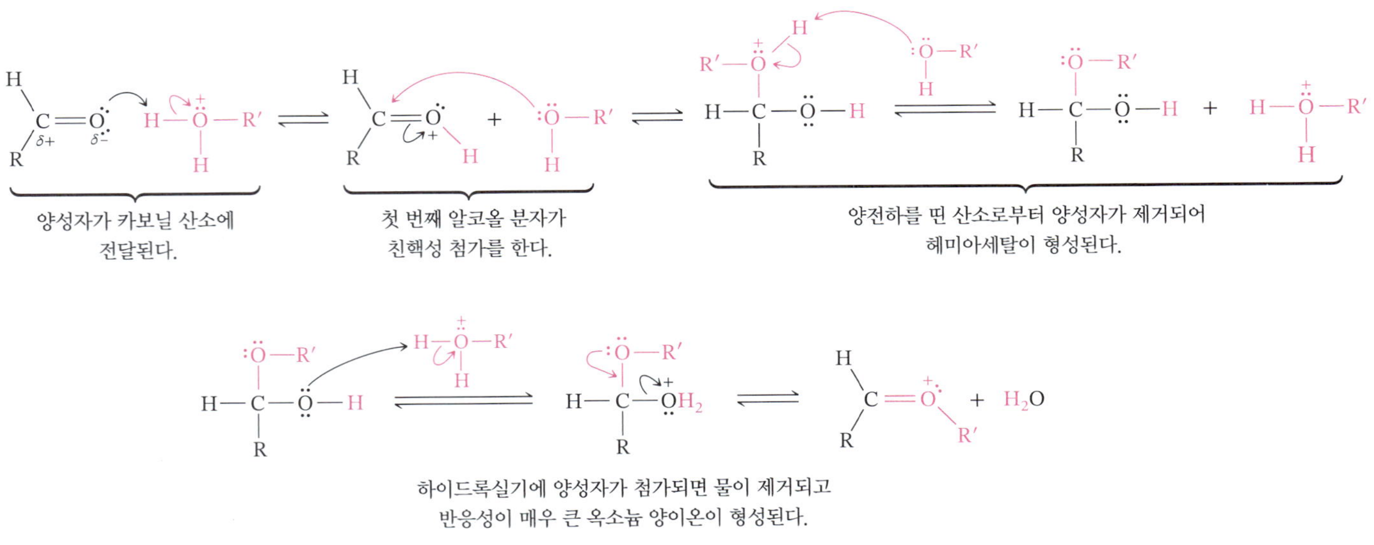

양성자가 카보닐 산소에 전달된다.

첫 번째 알코올 분자가 친핵성 첨가를 한다.

양전하를 띤 산소로부터 양성자가 제거되어 헤미아세탈이 형성된다.

하이드록실기에 양성자가 첨가되면 물이 제거되고 반응성이 매우 큰 옥소늄 양이온이 형성된다.

두 번째 알코올 분자가 옥소늄 이온의 탄소를 공격하고, 이어 양성자가 제거되면 아세탈이 된다.

만일 아세탈을 물속에 넣고 적은 양의 산을 첨가시키면 모든 단계는 반대로 진행된다. 이런 조건(과량의 물이 존재)하에서 평형은 알데하이드를 만드는 쪽으로 유리하게 진행된다. 아세탈은 **가수 분해**(hydrolysis)를 일으킨다.

R″O OR″ / R R′ (아세탈) + H_2O ⇌ (H_3O^+, (위의 메커니즘의 역과정)) O / R R′ (알데하이드 또는 케톤) + 2 R″OH

산 촉매하에서 아세트알데하이드와 에탄올로부터 아세탈이 만들어지는 메커니즘을 쓰시오. **되새김 물음 16.7**

되새김 물음 16.8 아래에 보인 것은 말토스의 구조이다. 말토스는 한 개의 아세탈기와 한 개의 헤미아세탈기를 가지고 있다. 그것들을 확인해 보시오.

고리형 아세탈

- 케톤이나 알데하이드를 과량의 1,2- 또는 1,3-다이올과 미량의 무수 산으로 반응시키면 고리형 아세탈이 잘 형성된다.

O / R R′ (알데하이드 또는 케톤) + HO~OH ((과량)) ⇌ (HA) O O / R R′ (고리형 아세탈) + H_2O

이 반응 역시 아세탈과 산 수용액을 반응시키면 역반응이 일어날 수 있다.

O O / R R′ + H_2O ⇌ (H_3O^+) O / R R′ + HO~OH

HCl 기체 존재하에서 2-뷰탄온과 에틸렌 글라이콜(1,2-에테인다이올)과의 반응으로부터 고리형 아세탈을 형성하는 메커니즘의 모든 단계를 쓰시오. **되새김 물음 16.9**

16.7C 보호기로서 아세탈

- 아세탈은 산이 관여하지 않는 모든 조건에서 안정하다.

도움말

보호기는 합성을 위한 전략적인 도구이다. 11.12E, 11.12F, 그리고 12.9절 참조.

- 아세탈은 염기성 용액에서 일어나는 원치 않는 반응으로부터 알데하이드와 케톤을 보호하는 데 이용된다. 아세탈기는 더 이상 필요가 없으면 산으로 가수 분해하여 제거될 수 있다.

예를 들어, **A**를 **B**로 변환시키는 문제를 생각해 보자.

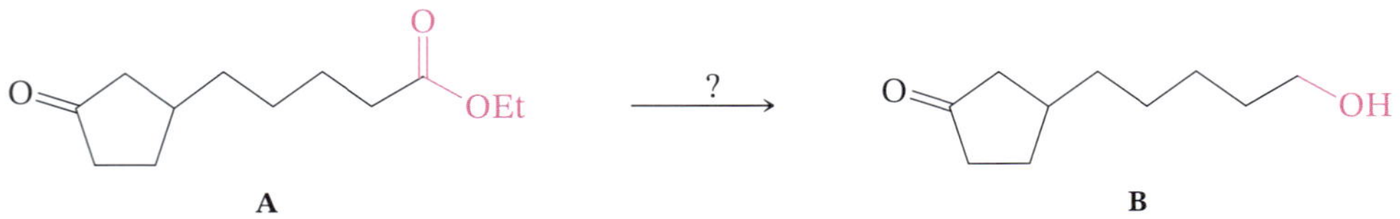

A → ? → B

케토기는 에스터기보다 훨씬 쉽게 환원된다. **A**의 에스터기를 환원시키는 어떤 환원제(예: $LiAlH_4$나 H_2/Ni)도 케토기를 환원시킬 것이다. 만일 케토기를 고리형 아세탈(에스터는 반응하지 않는다)로 변환시킴으로써 '보호'한다면, 염기성 용액에서 고리형 아세탈에는 아무런 영향도 주지 않고 에스터기만 환원시킬 수 있다. 에스터의 환원 반응을 끝낸 후, 고리형 아세탈을 가수 분해시킴으로써 원하는 생성물 **B**를 얻을 수 있다.

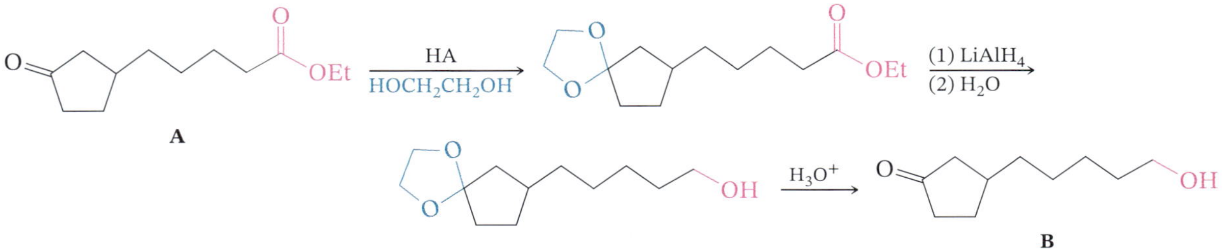

A → (HA, $HOCH_2CH_2OH$) → (1) $LiAlH_4$ (2) H_2O → H_3O^+ → B

되새김 물음 16.10 만일 **A**를 고리형 아세탈로 먼저 변환시키지 않고 $LiAlH_4$로 환원시킨다면 어떤 생성물이 얻어지는가?

되새김 물음 16.11 **(a)** 아래와 같은 변형을 하기 위해 고리형 아세탈을 어떻게 이용하는지 나타내시오.

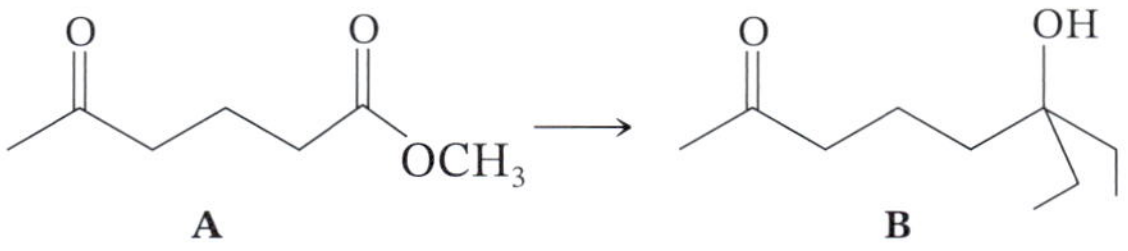

A (OCH_3) → B (OH)

(b) **A**에 브로민화 에틸마그네슘을 직접 첨가하면 왜 **B**가 만들어지지 않는가?

되새김 물음 16.12 다이하이드로피란은 미량의 무수 HCl이나 H_2SO_4 존재하에서 알코올과 쉽게 반응하여 테트라하이드로피라닐(THP) 에테르를 생성한다.

Dihydropyran + ROH → (HA) → Tetrahydropyranyl ether (OR)

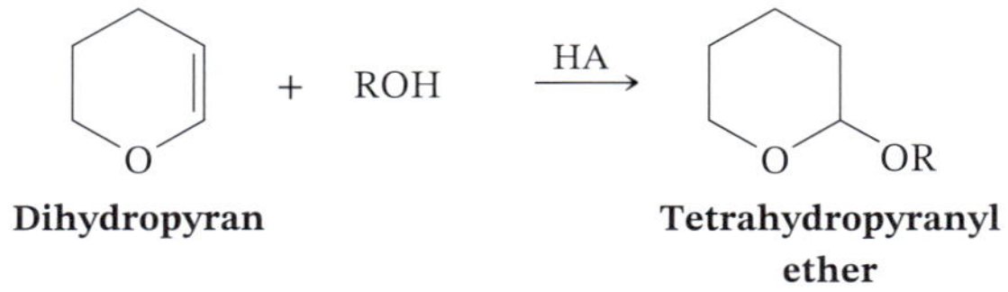

(a) 이 반응에 대한 가능한 메커니즘을 쓰시오

(b) 테트라하이드로피라닐 에테르는 염기성 용액에서 안정하나, 산성 용액에서는 쉽게 가수 분해하

여 원래의 물질인 알코올과 다른 화합물로 바뀐다. 이 반응을 설명하시오(그 다른 화합물은 무엇인가?)

(c) 테트라하이드로피라닐기는 알코올과 페놀에 대한 보호기로서 사용될 수 있다. 4-클로로-1-뷰탄올을 가지고 5-메틸-1,5-헥산다이올을 합성할 때 이 보호기를 어떻게 사용하는지 보이시오.

16.7D 싸이오아세탈

- 알데하이드와 케톤은 싸이올과 반응하여 아래의 예에서 보듯이 싸이오아세탈을 생성한다.

$$RCHO \xrightarrow{\text{2 EtSH, HA}} RCH(SEt)_2 + H_2O$$

싸이오아세탈

$$RCOR' \xrightarrow[\text{BF}_3]{\text{HSCH}_2\text{CH}_2\text{SH}} \text{(cyclic) } RR'C(SCH_2CH_2S) + H_2O$$

고리형 싸이오아세탈

싸이오아세탈은 유기 합성에 있어 아주 중요한 물질인데, 그것은 그들이 Raney 니켈과 반응하여 탄화수소를 만들기 때문이다. Raney 니켈은 흡착된 수소를 지닌 특수한 니켈 촉매이다.

도움말
알데하이드와 케톤의 카보닐기를 $-CH_2-$기로 환원하는 방법

- 싸이오아세탈의 형성에 이어서 수소와 Raney 니켈에 의한 '탈황 반응'은 알데하이드나 케톤의 카보닐기를 $-CH_2-$기로 전환시키는 또 하나의 방법을 제공해 준다.

$$RR'C(SCH_2CH_2S) \xrightarrow{\text{H}_2\text{, Raney Ni}} RR'CH_2 + HSCH_2CH_2SH + NiS$$

이미 배운 다른 방법은 **Clemmensen 환원 반응(Clemmensen reduction**, 15.7A절)과 **Wolff–Kishner 환원 반응(Wolff–Kishner reduction**, 15.7B절)이다. 16.8C절에서 Wolff–Kishner 환원 반응 메커니즘을 논의한다.

되새김 물음 16.13

싸이오아세탈 형성과 Raney 니켈의 탈황 반응을 사용하여 아래 물질들의 변환이 어떻게 이루어지는지를 나타내시오.

(a) 사이클로펜탄온 → 사이클로펜테인 **(b)** 프로판알 → 프로페인

16.8 1차 및 2차 아민의 첨가 반응

- 알데하이드와 케톤은 1차 아민(RNH_2)과 반응하여 **이민(imine)**을 형성하고, 2차 아민과 반응하여 **엔아민(enamine)**을 형성한다.

이민은 탄소–질소 이중 결합을 가지고 있다. 엔아민은 탄소–탄소 이중 결합에 아미노기가 결합되어 있다. (이들을 **알켄아민**이라고 부른다.)

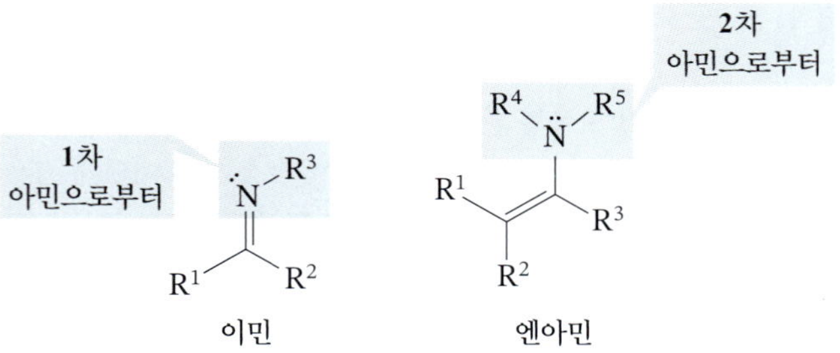

R^1, R^2, R^3 = C 또는 H;
R^4, R^5 = C

16.8A 이민

1차 아민과 알데하이드 또는 케톤으로부터 이민이 형성되는 일반적인 반응식은 아래와 같다. 이 반응은 산 촉매에 의한 반응이며, (*E*)와 (*Z*) 이성질체의 혼합물을 형성할 수 있다.

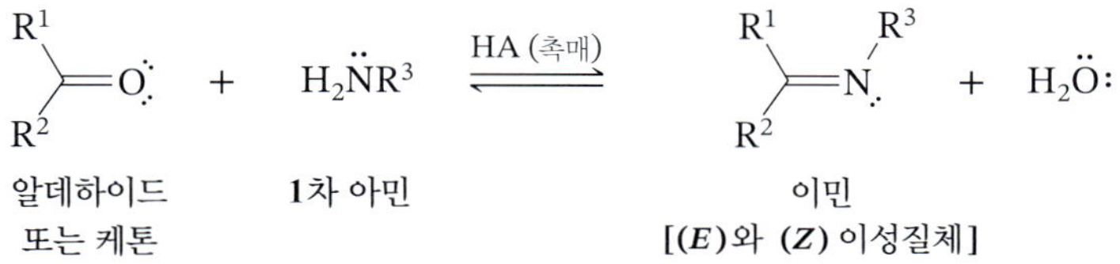

$$R^1R^2C{=}O + H_2NR^3 \xrightleftharpoons{\text{HA (촉매)}} R^1R^2C{=}NR^3 + H_2O$$

알데하이드 또는 케톤 / 1차 아민 / 이민 [(*E*)와 (*Z*) 이성질체]

이민은 일반적으로 pH 4~5에서 잘 형성되고 매우 낮거나 매우 높은 pH에서는 느리게 형성된다. 산 촉매가 필요한 까닭은 이민 형성 메커니즘을 살펴보면 알 수 있다. 중요한 단계는 양성자가 첨가된 아미노알코올(헤미아민알)이 물 분자를 잃고 이민윰 이온이 되는 것이다. 하이드록실기에 양성자를 첨가함으로써 나쁜 이탈기(—OH기)가 좋은 이탈기(—$^+OH_2$기)로 전환된다. 양성자가 첨가된 아미노알코올로부터 물 분자를 잃으면 이민윰 이온이 된다.

반응 메커니즘

이민 형성

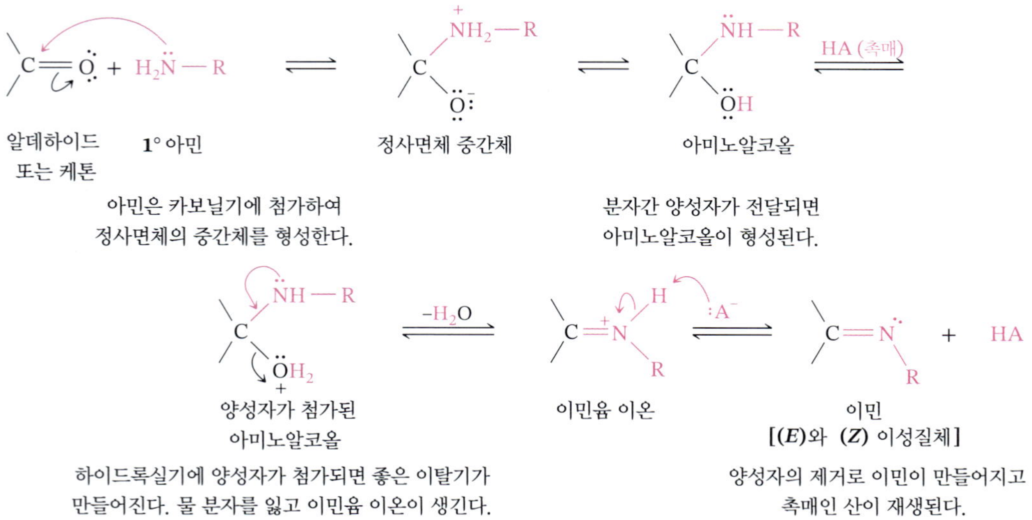

산의 농도가 너무 높으면 아민 자체에 양성자 첨가가 상당히 일어나기 때문에 반응은 느리게 진행된다. 이것은 첫 단계에서 필요한 친핵체의 농도를 감소시키는 효과가 있다. 산의 농도가 너무 낮으면 양성자가 첨가된 아미노알코올의 농도가 낮아지므로 반응은 느리다. pH 4~5가 가장 효과적인 타결점이다.

이민의 형성은 많은 생화학 반응에서 일어난다. 효소가 $-NH_2$기로 알데하이드나 케톤과 반응하기 때문이다. 이민 결합은 인산 피리독살[pyridoxal phosphate, 바이타민 B_6과 관련된 화합물, 820쪽에서 '생물 화학: 매우 다양한 바이타민, 피리독신(바이타민 B_6)' 참조]의 생화학에서 중요하다.

이민은 20.4절에서 배울 아민의 실험적 제법에서도 유용한 중간체이다.

16.8B 옥심과 하이드라존

하이드록실아민(NH_2OH), 하이드라진(NH_2NH_2), 그리고 페닐하이드라진($C_6H_5NHNH_2$)이나 2,4-다이나이트로페닐하이드라진과 같은 치환기를 가진 하이드라진 화합물은 알데하이드나 케톤의 C=N 유도체를 형성한다. 이 유도체들을 각각 **옥심(oxime)**, **하이드라존(hydrazone)**, 페닐하이드라존, 그리고 2,4-다이나이트로페닐하이드라존이라고 한다. 이 C=N 유도체들이 형성되는 메커니즘은 1차 아민으로부터 이민이 형성되는 메커니즘과 유사하다. 이민에서처럼 (*E*)와 (*Z*) 이성질체의 형성도 가능하다. **표 16.2**에는 아민과 알데하이드 및 케톤과 관련된 화합물들의 반응을 요약하였다.

표 16.2 암모니아 유도체와 알데하이드 및 케톤의 반응

1. 이민 형성—1차 아민과 반응

$$\mathrm{>C{=}O} \;+\; \mathrm{H_2\ddot{N}{-}R} \longrightarrow \mathrm{>C{=}\ddot{N}{-}R} \;+\; \mathrm{H_2O}$$

알데하이드 또는 케톤 | 1° 아민 | 이민 [(*E*)와 (*Z*) 이성질체]

2. 옥심 형성—하이드록실아민과 반응

$$\mathrm{>C{=}O} \;+\; \mathrm{H_2N{-}OH} \longrightarrow \mathrm{>C{=}\ddot{N}{-}OH} \;+\; \mathrm{H_2O}$$

알데하이드 또는 케톤 | Hydroxylamine | 옥심 [(*E*)와 (*Z*) 이성질체]

3. 하이드라존과 치환기를 가진 하이드라존 형성[각 유도체는 (*E*)와 (*Z*) 이성질체로 형성됨]

$$\mathrm{>C{=}O} \;+\; \mathrm{H_2NNH_2} \longrightarrow \mathrm{>C{=}\ddot{N}{-}NH_2} \;+\; \mathrm{H_2O}$$

알데하이드 또는 케톤 | Hydrazine | 하이드라존

$$\mathrm{>C{=}O} \;+\; \mathrm{H_2NNHR} \longrightarrow \mathrm{>C{=}NNHR} \;+\; \mathrm{H_2O}$$

치환기를 지닌 하이드라존

4. 엔아민 형성—2차 아민과 반응

$$\mathrm{H{-}\overset{|}{\underset{|}{C}}{-}C(=\ddot{O})} \;+\; \mathrm{H{-}\ddot{N}(R){-}R} \xrightleftharpoons{\text{HA 촉매}} \mathrm{>C{=}C{-}\ddot{N}R_2} \;+\; \mathrm{H_2O}$$

2차 아민 | 엔아민

16.8C Wolff–Kishner 환원 반응

하이드라존의 한 가지 중요한 용도는 Wolff–Kishner 환원 반응으로 15.7B절에서 처음 언급되었는데, 케톤을 메틸렌기로 전환하는 방법이다. 메커니즘은 초기에 하이드라존이 형성되고 이어서 염기-촉진에 의한 토토머화와 질소 제거 반응으로 구성되어 있다. Wolff–Kishner 환원 반응은 산이 관여하는 Clemmensen 환원 반응(15.7A절) 및 촉매에 의한 수소화 반응이 관여하는 다이싸이오아세탈의 환원 반응(16.7D절)과 상보적이다.

예를 들면, 벤조페논은 Wolff–Kishner 환원 반응에 의해서 다이페닐메테인으로 환원될 수 있다.

Wolff–Kishner 환원 반응

Benzophenone $\xrightarrow[\text{가열}]{H_2NNH_2,\ KOH}$ Diphenylmethane (83%) + N_2 + H_2O

Wolff–Kishner 환원 반응의 메커니즘은 아래와 같다.

반응 메커니즘

Wolff–Kishner 환원 반응

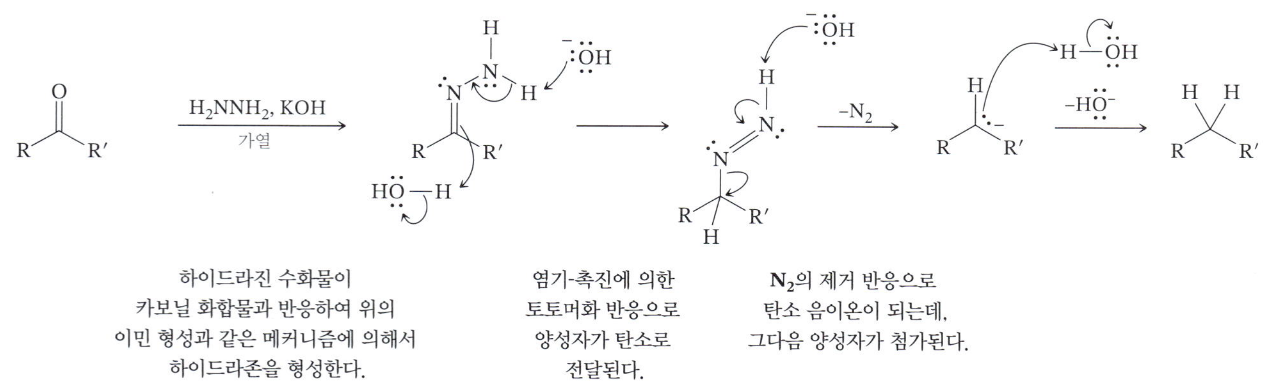

16.8D 엔아민

알데하이드와 케톤은 2차 아민과 반응하여 엔아민을 형성한다. 엔아민 형성의 일반적인 반응식은 다음과 같다.

$R^1R^2CH{-}C(=O){-}R^3$ + $H{-}\ddot{N}R^4{-}R^5$ (2차 아민) $\underset{}{\overset{\text{촉매 HA}}{\rightleftharpoons}}$ $R^1R^2C{=}C(NR^4R^5){-}R^3$ (엔아민) + H_2O

반응 메커니즘은 다음과 같다. 앞서 서술한 이민 형성 메커니즘과 여기서 보인 엔아민 형성 메커니즘 사이의 차이점을 주목하시오. 엔아민 형성에서는 2차 아민이 관여하는데, 이민윰 양이온 중간체의 질소로부터 제거할 양성자가 없다. 그러므로 중성인 이민은 형성되지 않는다. 그 대신 이전의 카보닐기에 이웃한 탄소로부터 양성자가 제거되어 엔아민이 되는 것이다. 18장에서는 엔아민이 탄소–탄소 결합 형성에 매우 유용함을 배우게 된다(18.9절).

3차 아민은 알데하이드나 케톤과 안정한 첨가 반응 생성물을 형성하지 않는다. 정사면체인 중간체가 형성되면서 양전하를 중화시키게끔 양성자를 제거할 수 없기 때문이다.

반응 메커니즘

엔아민 형성

1단계

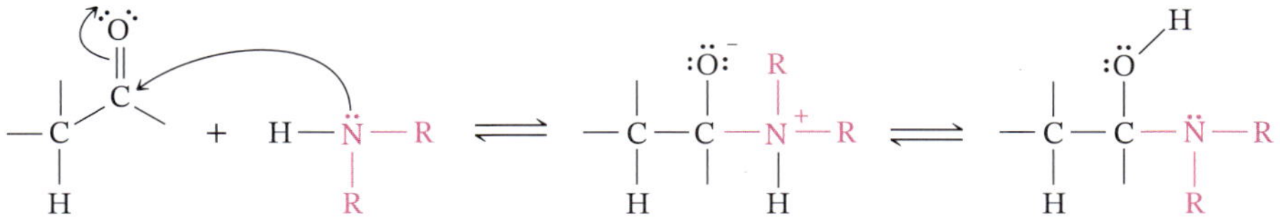

알데하이드 또는 케톤 + 2차 아민 ⇌ ⇌ 아미노알코올 중간체

아민이 케톤이나 알데하이드의 카보닐에 첨가되어 정사면체 첨가 반응물을 형성한다. 분자간 양성자 전달로 인하여 아미노알코올 중간체가 형성된다.

2단계

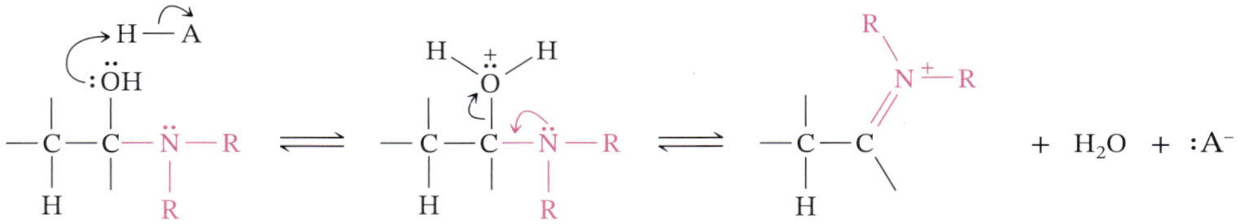

아미노알코올 중간체 ⇌ ⇌ 이민윰 이온 중간체 + H_2O + :A^-

촉매인 산으로부터 온 양성자가 아미노알코올 중간체에 첨가되고 물 분자가 떠나간다. 질소 원자에 있는 비공유 전자쌍의 기여로 이민윰 양이온 중간체가 형성된다.

3단계

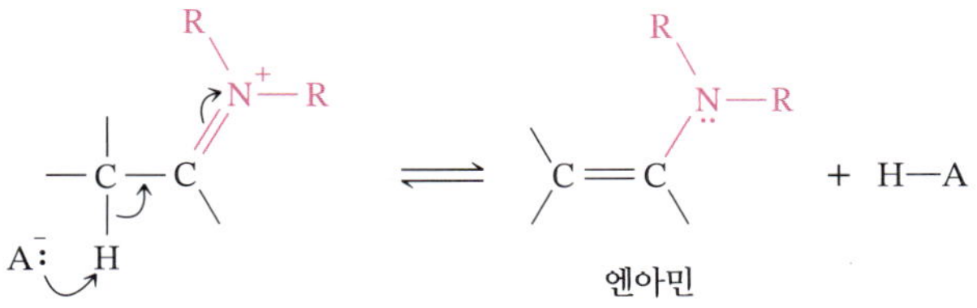

⇌ 엔아민 + H—A

이민윰기 곁에 있는 탄소로부터 양성자가 제거된다. 이민윰 양이온의 질소로부터 제거될 양성자가 없기 때문에 탄소로부터 양성자가 제거되는 것이다(1차 아민을 사용했더라면 제거될 양성자가 있었을 것이다). 이 단계에서 엔아민이 형성되고 전하를 중화시키며, 촉매인 산이 재생된다. (이민윰 양이온의 질소에 제거될 양성자가 있었더라면 최종 생성물은 이민이 되었을 것이다.)

생물 화학: 매우 다양한 바이타민, 피리독신(바이타민 B_6)

인산 피리독살(PLP)은 수많은 효소에 의해서 수행된 화학의 중심에 있다. 조효소인 인산 피리독살은 음식에서 얻어지는 바이타민인 피리독신(pyridoxine) 혹은 바이타민 B_6과 연관된 것으로 알려져 있다. 밀은 바이타민 B_6의 훌륭한 영양원이다. 비록 인산 피리독살(아래의 식과 옆의 모형을 보시오)은 알데하이드 족에 속하지만, 이것이 생물 화학에 관여할 때는 흔히 탄소–질소 이중 결합을 지닌 이민이라 불리는 작용기와 밀접한 관련이 있다.

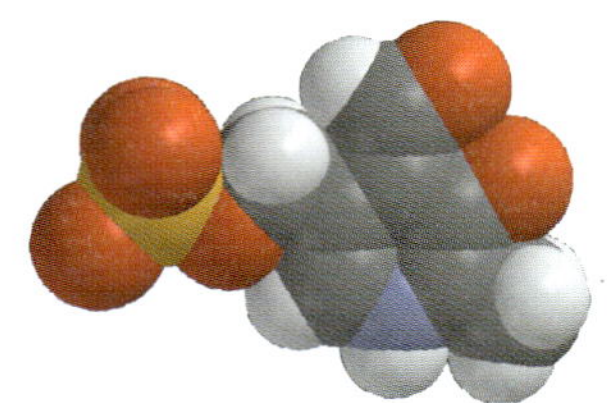

Pyridoxal phosphate (vitamin B_6)

PLP가 관여하는 효소 반응에는 시트르산 회로와 다른 경로에서 아미노산을 케톤으로 전환하는 **아민 전달 반응**(transamination), 히스타민, 도파민, 그리고 세로토닌과 같은 신경 전달 물질의 생합성을 위한 아미노산의 **탈카복실 반응**(decarboxylation), 그리고 박테리아에서 세포벽의 생합성에 필요한 아미노산의 카이랄 중심의 반전 반응이 있다.

α-아미노산 → (아민 전달 반응) R–CO–COOH; → (반전 반응) R–CH(NH_2)–COOH; → (탈카복실 반응) R–CH_2–NH_2

Pyridoxal phosphate (PLP)

Pyridoxine

이민기를 지닌 PLP

16.9 사이안화 수소의 첨가 반응: 사이아노하이드린

- 사이안화 수소는 알데하이드와 대부분 케톤의 카보닐기에 첨가될 때 **사이아노하이드린**(**cyanohydrin**)이라는 화합물을 생성한다. (입체 장애가 큰 카보닐기를 가진 케톤은 이 반응을 하지 않는다.)

$$\mathrm{RC(=O)H(R')} \underset{}{\overset{\mathrm{HCN}}{\rightleftharpoons}} \mathrm{RC(OH)(CN)H(R')}$$

사이아노하이드린

사이아노하이드린은 사이안화 이온이 친핵체로 행동할 때 가장 빨리 형성된다. 사이안화 포타슘이나 HCN으로부터 사이안화 음이온을 형성할 수 있는 염기를 사용하면 HCN만을 사용하는 경우에 비해서 반응 속도가 증가한다. 카보닐기에 사이안화 수소 자체를 가하면 반응은 느리다. 왜냐하면, 약산인 HCN(pK_a ~9)으로부터 단지 작은 농도의 친핵성인 사이안화 음이온이 나오기 때문이다. 사이아노하이드린 형성 메커니즘은 아래와 같다.

반응 메커니즘

사이아노하이드린 형성

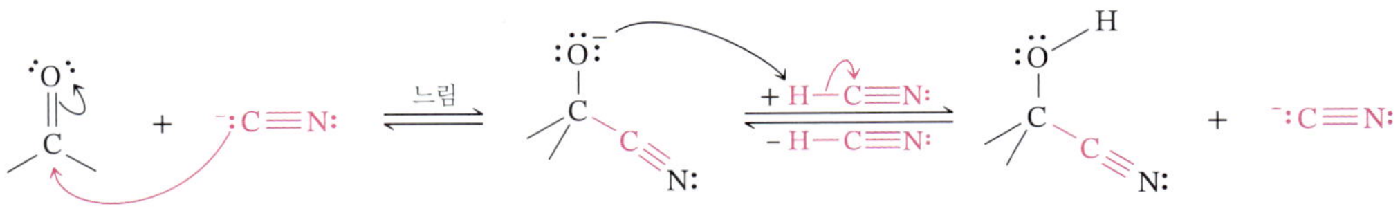

사이안화 수소는 매우 유독하고 휘발성이 있기 때문에 사용 시 철저한 주의가 필요하다.
HCN이 관여되는 반응은 반드시 성능이 좋은 후두 안에서 진행되어야 한다.

사이아노하이드린은 여러 가지 다른 작용기로 전환될 수 있기 때문에 유기 합성에서 아주 유용한 중간체이다.

- 사이아노하이드린을 산으로 가수 분해시키면 α-하이드록시 산이나, α,β-불포화 산으로 전환된다.

이 반응의 메커니즘은 17.8H절에서 논한다. 사이아노하이드린으로부터 α-하이드록시 산을 만드는 것은 Kiliani–Fischer 당류 합성법의 일부이기도 하다(22.9A절).

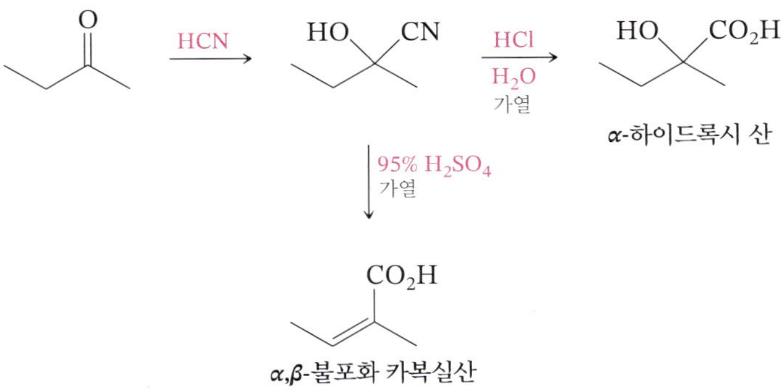

α-하이드록시 산

α,β-불포화 카복실산

- 수소화알루미늄 리튬에 의한 사이아노하이드린의 환원으로 β-아미노알코올이 생성된다.

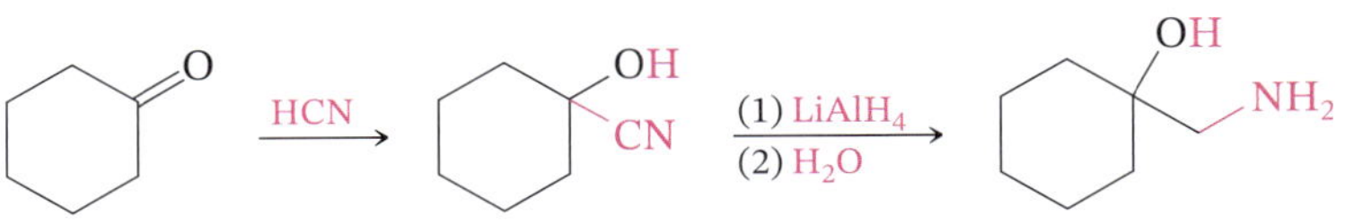

보기 물음 16.6

아래의 합성에서 없는 시약이나 중간체를 제시하시오.

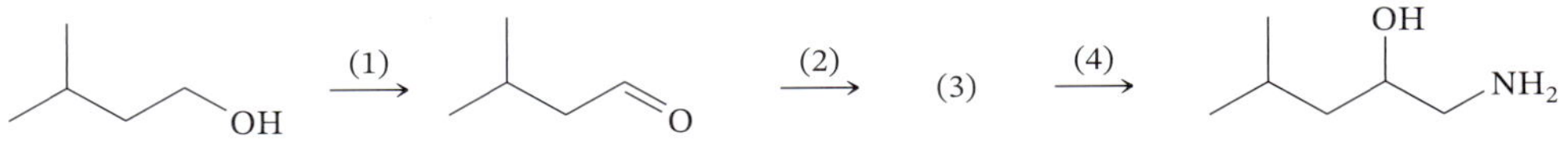

풀이

단계 (1)에서 1차 알코올은 알데하이드로 산화되어야 한다; PCC 사용(12.4D절). 알데하이드로부터 최종 생성물에 이르기 위해서 사슬에 탄소 원자 1개를 추가해야 하고 1차 아민을 도입해야 한다. 이러한 조합은 나이트릴의 사용을 제안해 준다. 나이트릴은 1차 아민으로 환원될 수 있다. 그러므로 단계 (2)에서 알데하이드에 HCN을 첨가하여 아래에 보인 것처럼 사이아노하이드린(3)을 만든다. 이 단계는 또한 최종 생성물에 존재하는 알코올기도 제공해 준다. 단계 (4)에서 나이트릴은 $LiAlH_4$에 의해서 1차 아민으로 환원된다.

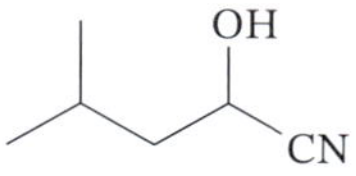

OH
CN

되새김 물음 16.14

(a) 아세트알데하이드로부터 사이아노하이드린 중간체를 거쳐 락트산($CH_3CHOHCO_2H$)을 어떻게 만드는지 보이시오.

(b) 락트산의 무슨 입체 이성질체들이 얻어질 것으로 예측하는가?

O, H → OH, CO_2H

16.10 일라이드(ylide)의 첨가 반응: Wittig 반응

- 알데하이드와 케톤은 인 일라이드(phosphorus ylide)와 반응하여 알켄과 산화 트라이페닐포스핀(부산물)을 만든다. 이 반응은 **Wittig 반응(Wittig reaction)**이라고 알려져 있다.

Wittig 반응은 알켄의 합성에 대단히 가치 있는 방법임이 입증되어 왔다. **일라이드(ylide)**는 탄소에 음전하를, 헤테로 원자에 양전하를 띤 중성 분자로, Wittig 반응에서는 인 원자가 그것이다. 인 일라이드는 또한 포스포레인이라고도 부른다.

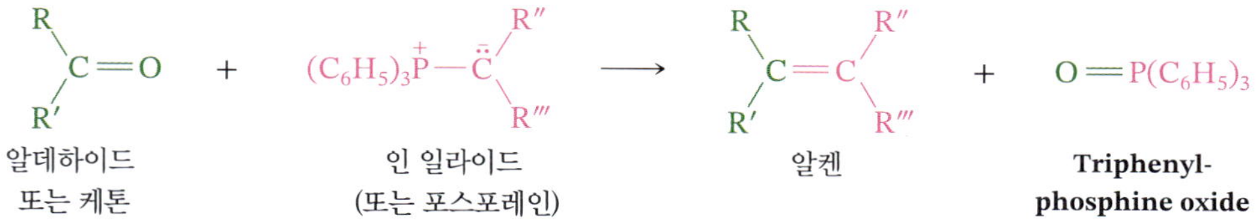

$$\underset{\text{알데하이드 또는 케톤}}{RR'C{=}O} + \underset{\text{인 일라이드 (또는 포스포레인)}}{(C_6H_5)_3\overset{+}{P}{-}\ddot{C}^{-}R''R'''} \longrightarrow \underset{\text{알켄}}{RR'C{=}CR''R'''} + \underset{\text{Triphenyl-phosphine oxide}}{O{=}P(C_6H_5)_3}$$

R, R′, R″, R‴ 중 최소한 하나는 수소 원자이어야 한다.
(*Z*) 알켄이 주로 우세하다.

Wittig 반응은 다양한 종류의 화합물에 응용할 수 있다. Wittig 반응은 **생성물에 있는 이중 결합 위치를 분명히 알 수 있다**는 점에서 많은 다른 알켄 합성법에 비해 큰 장점을 가지고 있다. 일-, 이- 그리고 삼치환기를 지닌 알켄이 만들어질 수 있다. R′, R″, R‴ 중에 적어도 하나는 수소 원자이어야 하고, (*E*) 또는 (*Z*) 이성질체가 가능할 경우 (*Z*) 알켄이 압도적이다. [이 반응은 전위(자리 옮김) 반응을 통하여 더 안정한 탄소 양이온이 됨으로 인하여 여러 가지 알켄 화합물을 생성하는 E1 제거 반응과 대조적이다. 또한 제거되는 β 수소가 서로 다른 경우 여러 가지 화합물이 얻어지는 E1과 E2 제거 반응과도 대조가 된다.]

인 일라이드는 트라이페닐포스핀과 1차 또는 2차 할로젠화 알킬로부터 쉽게 만들어질 수 있다. 이 제법에는 두 가지 반응이 관여하고 있다.

일반적인 반응

반응 1

$$(C_6H_5)_3P: + R''R'''CH{-}X \longrightarrow (C_6H_5)_3\overset{+}{P}{-}CHR''R'''\ X^-$$

Triphenylphosphine　　　할로젠화 알킬트라이페닐포스포늄

반응 2

$$(C_6H_5)_3\overset{+}{P}{-}CR''R'''{-}H\ :\bar{B} \longrightarrow (C_6H_5)_3\overset{+}{P}{-}\ddot{C}^-R''R''' + H{-}B$$

인 일라이드

구체적인 예

반응 1

$$(C_6H_5)_3P: + CH_3Br \longrightarrow (C_6H_5)_3\overset{+}{P}{-}CH_3\ Br^-$$

Methyltriphenylphosphonium bromide (89%)

반응 2

$$(C_6H_5)_3\overset{+}{P}{-}CH_3\ Br^- \xrightarrow{RLi} (C_6H_5)_3\overset{+}{P}{-}\ddot{C}H_2^-$$

Methylenetriphenylphosphorane ylide

첫 번째 반응은 친핵성 치환 반응이다. 트라이페닐포스핀은 좋은 친핵체이며 약염기이다. 이것은 1°와 2° 할로젠화 알킬과 S_N2 메커니즘에 의한 반응을 하여 할로젠화 알킬의 할로젠화 이온을 대치하고, 알킬트라이페닐포스포늄 염을 만든다. **두 번째 반응은 산–염기 반응이다.** 강한 염기(주로 알킬리튬 혹은 페닐리튬)는 인에 인접한 탄소로부터 양성자를 제거하여 일라이드를 만든다.

인 일라이드는 여기에 보여진 것처럼 두 개의 공명 구조를 가진 혼성으로 나타낼 수 있다. 양자 역학적인 계산에 의하면 첫 번째 구조가 별로 중요하지 않은 것으로 알려져 있다.

$$(C_6H_5)_3P{=}CR''R''' \longleftrightarrow (C_6H_5)_3\overset{+}{P}{-}\ddot{C}^-R''R'''$$

연구에 의하면 Wittig 반응은 두 단계로 진행된다. 첫 번째 단계에서 알데하이드나 케톤은 일라이드와 고리화 첨가 반응을 통하여 결합하여 옥사포스피테인(oxaphosphetane)의 사각형 고리를 형성한다. 이것은 두 번째 단계에서 분해하여 산화 트라이페닐포스핀과 알켄이 된다. Wittig 반응의 추진력은 매우 강력한 인–산소 결합($\Delta H^\circ = 540\ \text{kJ mol}^{-1}$)이 산화 트라이페닐포스핀에서 만들어지는 것이다.

Wittig 반응은 복잡하게 보이지만 실제로는 수행하기 간단하다. 대부분의 반응 단계는 같은 반응 용기에서 수행될 수 있고 전체적인 합성이 수 시간 안에 끝낼 수 있다. Wittig 합성의 최종적인 결과는 아래와 같이 요약될 수 있다. 생성물은 R기가 알킬 치환체일 때 대개 (*Z*) 이성질체이다.

$$RR'C{=}O + X(H)C R''R''' \xrightarrow[\text{단계}]{\text{여러}} RR'C{=}CR''R'''$$

반응 메커니즘

Wittig 반응

R, R′, R″ / C=O 알데하이드 또는 케톤 + $^{-}$:C—R‴ / R″ / $\overset{+}{P}(C_6H_5)_3$ 일라이드 ⟶ [R′ R″ / R—C—C—R‴ / :O—$P(C_6H_5)_3$] 옥사포스피테인 ⟶ R′ R / C=C / R″ R‴ 알켄 + $O{=}P(C_6H_5)_3$ **Triphenylphosphine oxide**

R, R′, R″, R‴ 중 최소한 하나는 수소 원자이어야 한다.
(*Z*) 알켄이 주로 우세하다.

구체적인 예

Cyclohexanone + $:\overset{-}{C}H_2—\overset{+}{P}(C_6H_5)_3$ ⟶ (CH$_2$ / :O—$P(C_6H_5)_3$) ⟶ =CH$_2$ + $O{=}P(C_6H_5)_3$

Methylenecyclohexane
(86%)

16.10A Wittig 합성 설계

Wittig 합성을 계획하려면 원하는 알켄을 만들 때 어디가 알데하이드나 케톤의 부분이고 어디가 할로젠화물 부분인지를 먼저 식별하는 것부터 시작한다. R기의 어느 하나, 혹은 모두가 수소일 수도 있다. 할로젠화물의 종류는 1차이거나 2차 혹은 할로젠화 메틸이어야 한다.

보기 물음 16.7

2-메틸-1-페닐프로프-1-엔(2-methyl-1-phenylprop-1-ene)의 Wittig 합성법을 요약하시오. 역합성 분석을 쓰는 것부터 시작하시오.

풀이

이 화합물의 구조를 조사하여 이중 결합의 양쪽에 있는 기들을 주목한다.

2-Methyl-1-phenylprop-1-ene

이 합성에 있어 두 가지 역합성 분석이 가능하다.

역합성 분석

(a) ⟹ $\overset{..}{C}$—$\overset{+}{P}(C_6H_5)_3$ + H—C(=O)—Ph

⇓

X + $:P(C_6H_5)_3$

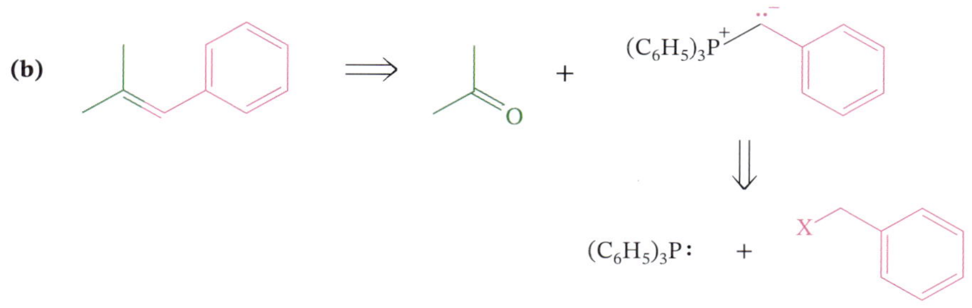

(b) ⟹ + $(C_6H_5)_3P^+$

⇓

$(C_6H_5)_3P$: + X

합성

역합성 분석에 따르면, (a)에서는 2-할로프로페인으로부터 일라이드를 만들고, 그것이 벤즈알데하이드와 반응하도록 만든다.

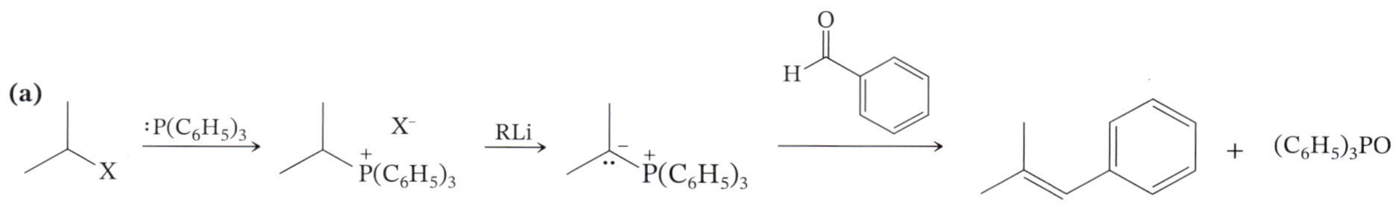

(a) X $\xrightarrow{:P(C_6H_5)_3}$ X^- $\overset{+}{P}(C_6H_5)_3$ $\xrightarrow{RLi}$ $\overset{+}{P}(C_6H_5)_3$ $\xrightarrow{}$ + $(C_6H_5)_3PO$

역합성 분석에 따르면, (b)에서는 할로젠화 벤질로부터 일라이드를 만들고 아세톤과 반응하도록 한다.

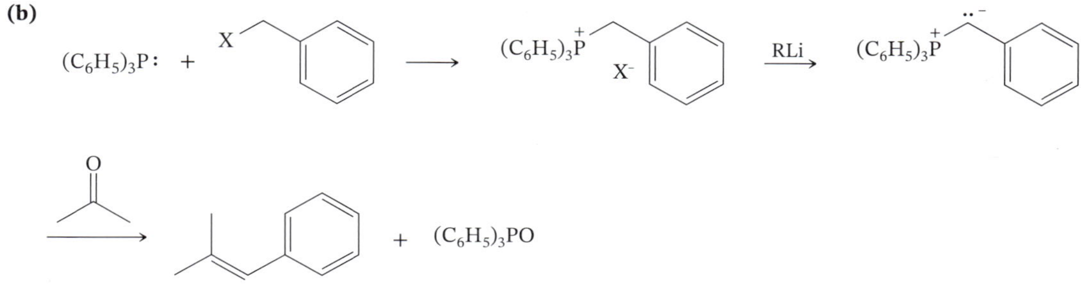

(b) $(C_6H_5)_3P$: + X ⟶ $(C_6H_5)_3\overset{+}{P}$ X^- $\xrightarrow{RLi}$ $(C_6H_5)_3\overset{+}{P}$

⟶ + $(C_6H_5)_3PO$

되새김 물음 16.15

트라이페닐포스핀과 어떤 필요한 알데하이드나 케톤, 그리고 유기 할로젠화물을 출발 물질로 가지고 있다고 가정하시오. Wittig 반응을 이용하여 다음과 같은 알켄을 어떻게 합성하는지를 보이시오.

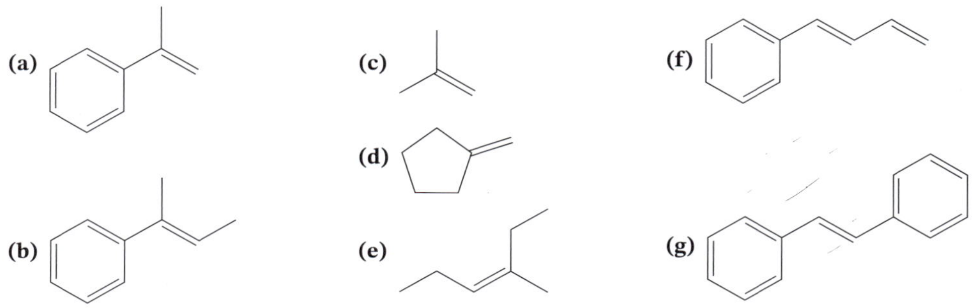

(a) (c) (f)

(d)

(b) (e) (g)

16.10B Horner–Wadsworth–Emmons 반응: Wittig 반응의 개선된 방법

Wittig 반응의 변형으로 널리 쓰이는 것은 **Horner–Wadsworth–Emmons** 개선된 방법이다.

- Horner–Wadsworth–Emmons 반응에서는 트라이페닐포스포늄 염 대신 포스폰산 에스터를 쓴다. 주 생성물은 Wittig 반응과는 대조적으로 대개 (*E*)-알켄이다.

포스폰산 에스터의 탄소 음이온을 형성시키는 데 쓰이는 염기는 NaH, *tert*-C_4H_9OK, *n*-C_4H_9Li 등이다. 다음 일련의 반응이 한 예이다.

1단계

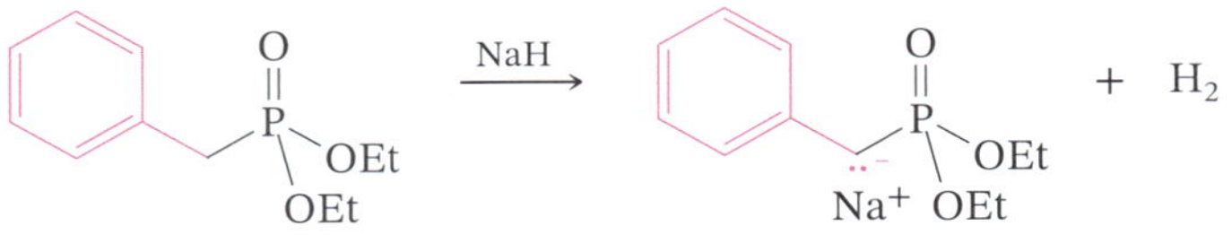

포스폰산 에스터

2단계

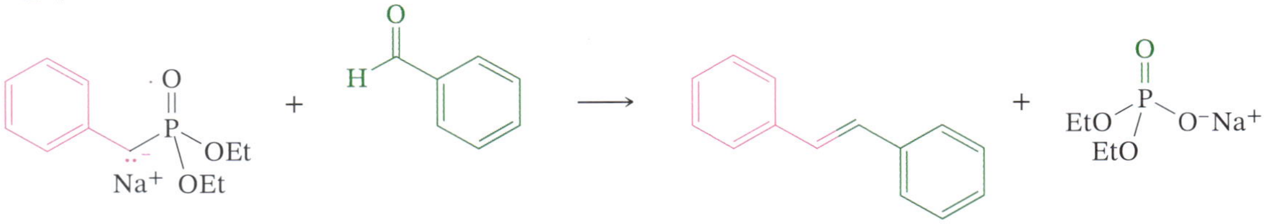

84%

포스폰산 에스터는 아인산 삼알킬[$(RO)_3P$]과 적절한 할로젠화 알킬의 반응(Arbuzov 반응)에 의해서 만들어진다. 다음은 한 예이다.

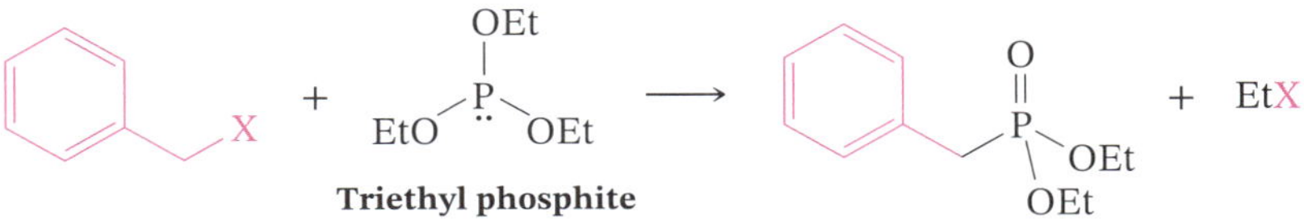

Triethyl phosphite

되새김 물음 16.16 트라이페닐포스핀은 에폭시화물을 알켄으로 전환시킬 수 있다. 예를 들면 아래와 같다.

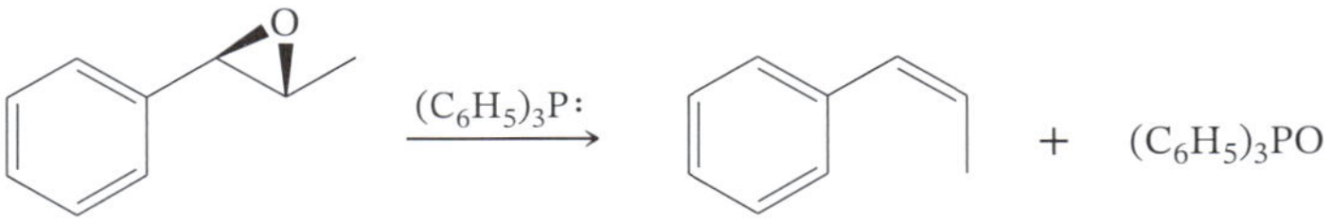

$(C_6H_5)_3P:$ + $(C_6H_5)_3PO$

이 반응에 대한 가능한 메커니즘을 제시하시오.

16.11 알데하이드의 산화 반응

알데하이드는 케톤보다 훨씬 쉽게 산화된다. 알데하이드는 과망가니즈산 포타슘 같은 강한 산화제에 의해 쉽게 산화되고, 산화 은과 같은 약한 산화제에도 산화가 일어난다.

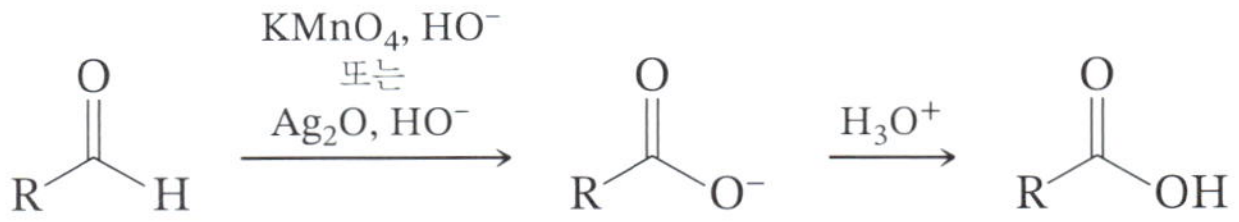

$$RCHO \xrightarrow[\text{Ag}_2\text{O, HO}^-]{\text{KMnO}_4\text{, HO}^-\text{ 또는}} RCOO^- \xrightarrow{H_3O^+} RCOOH$$

이러한 산화 반응에서 알데하이드는 카보닐 탄소 원자에 붙어 있는 수소를 잃는다는 것을 주목하시오. 케톤은 이러한 수소가 없기 때문에 산화 반응을 잘 하지 않는다. 알데하이드는 공기 중에서 천천히 산화 반응을 진행한다. 따라서 오래 보관된 알데하이드 시료는 대응되는 카복실산을 불순물로 가지고 있다.

16.12 Baeyer–Villiger 산화 반응

Baeyer–Villiger 산화 반응은 알데하이드나 케톤을 퍼옥시카복실산(RCO_3H)으로부터 온 산소를 삽입시켜 에스터로 전환하는 유용한 방법이다. 예를 들면, 아세토페논을 퍼옥시카복실산으로 처리하면 에스터인 아세트산 페닐이 된다.

(퍼옥시카복실산)

Acetophenone **Phenyl acetate**

Baeyer–Villiger 산화 반응은 고리형 케톤으로부터 락톤(고리형 에스터)을 합성하는 데도 많이 이용된다. Baeyer–Villiger 산화 반응을 수행하는 데 흔히 쓰이는 시약은 *meta*-클로로퍼옥시벤조산(*meta*-chloroperoxybenzoic acid, *m*CPBA)이다. 다른 퍼옥시카복실산도 또한 이용된다. Baeyer–Villiger 산화 반응의 메커니즘은 다음과 같다.

반응 메커니즘

Baeyer–Villiger 산화 반응

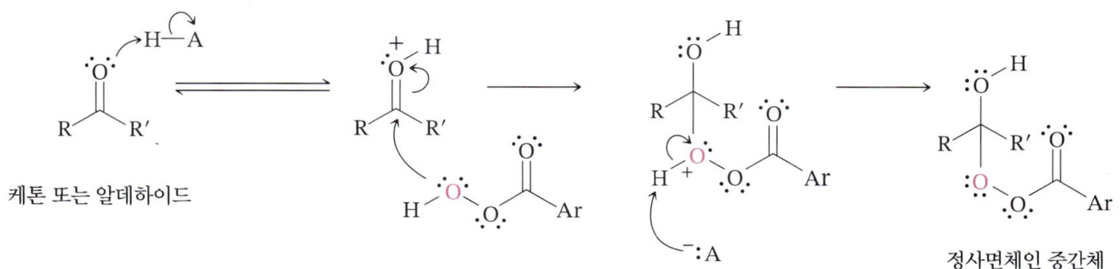

퍼옥시카복실산(예: *m*CPBA, Ar = 3-클로로페닐기)이 양성자가 첨가된 케톤이나 알데하이드의 카보닐 탄소를 공격하여 정사면체인 중간체가 된다.

정사면체인 중간체

에스터(고리형이면 락톤)

처음 케톤이나 알데하이드의 탄소에 결합된 그룹 하나가 산소로 이동하여 에스터(또는 락톤)를 생성하고 퍼옥시카복실산은 카복실산으로 떠나간다.

처음 케톤이나 알데하이드의 탄소로부터 퍼옥시카복실산의 산소로 이동하는 기는 '이동 용이도(경향)'의 함수이다. 연구 결과 기의 이동 용이도는 H > 페닐 > 3° 알킬 > 2° 알킬 > 1° 알킬 > 메틸이며, 더 치환된 쪽으로 산소가 첨가됨을 의미한다.

되새김 물음 16.17 벤즈알데하이드가 퍼옥시산과 반응할 때 생성물은 벤조산이다. 이 반응의 메커니즘은 아세토페논의 산화에 대해서 방금 제시된 것과 유사하며, 이 결과는 수소 원자의 이동 용이도가 페닐에 비해 더 큰 것을 나타낸다. 관여된 모든 단계를 그리시오.

되새김 물음 16.18 사이클로펜탄온의 Baeyer–Villiger 산화 반응 생성물의 구조를 쓰시오.

되새김 물음 16.19 3-메틸-2-뷰탄온의 Baeyer–Villiger 산화 반응에서 주 생성물은 무엇인가?

16.13 알데하이드와 케톤의 화학적 분석

16.13A 알데하이드와 케톤의 유도체

알데하이드와 케톤은 암모니아 유도체와의 반응(16.8B절)을 통하여 카보닐이 없는 화합물과 구분될 수 있다. 2,4-다이나이트로페닐하이드라진과 하이드록실아민은 알데하이드와 케톤과 반응하여 침전물을 만든다. 옥심은 대개 무색인 반면, 2,4-다이나이트로페닐하이드라존은 대체적으로 주황색을 나타낸다. 이들 유도체의 녹는점은 특정 알데하이드나 케톤을 확인하는 데 사용될 수 있다.

16.13B Tollens 시험(은거울 반응 시험)

알데하이드가 쉽게 산화하는 것은 알데하이드를 대부분의 케톤으로부터 구별하는 유용한 시험 방법을 제공해 준다. 암모니아 수용액과 질산 은 수용액을 혼합하면 Tollens 시약이라고 알려진 용액이 만들어진다. 이 용액은 다이아미노은(I) 이온 $Ag(NH_3)_2^+$을 포함하고 있다. 이 이온은 비록 매우 약한 산화제이지만, 이것은 알데하이드를 카복실산 음이온으로 산화시킨다. 이렇게 되면 은의 산화수는 $Ag(NH_3)_2^+$에서 +1로부터 금속인 은으로 환원된다. 만일 반응 속도가 느리고 반응 용기의 벽이 깨끗하다면, 금속인 은은 거울처럼 시험관 벽을 도금시킨다. 만일 그렇지 않으면, 이 반응은 회색 내지 검은색 침전을 만들 것이다. Tollens 시약은 α-하이드록시 케톤을 제외한 모든 케톤에 음성 반응을 한다.

$$\underset{\text{알데하이드}}{RCHO} \xrightarrow[H_2O]{Ag(NH_3)_2^+} RCO_2^- + \underset{\text{은거울}}{Ag\downarrow}$$

16.14 알데하이드와 케톤의 분광학적인 성질

16.14A 알데하이드와 케톤의 IR 스펙트럼

- 알데하이드와 케톤의 카보닐기는 IR 스펙트럼 영역인 1665~1780 cm^{-1}에서 매우 강한 C=O 신축 흡수띠를 나타낸다.

그 피크의 정확한 위치는 알데하이드나 케톤의 구조에 따라 달라지고(**표 16.3**), IR 스펙트럼에서 가장 유용하고 특징적인 흡수이다.

- 포화된 사슬형 알데하이드는 전형적으로 1730 cm^{-1}에서 흡수하고 유사한 케톤은 1715 cm^{-1}에서 흡수한다.
- 카보닐기가 이중 결합이나 벤젠 고리와 짝지으면 C=O의 흡수는 약 40 cm^{-1} 낮은 진동수로 이동한다.

이것은 짝지은 화합물의 카보닐 이중 결합이 단일 결합 성격을 더 가지기 때문이다(아래의 공명 구조를 보시오). 그리고 단일 결합은 이중 결합보다 더 신축하기 쉬워진다.

고리형 케톤의 카보닐 흡수 위치는 고리의 크기에 의존한다(표 16.3의 고리형 화합물을 비교하시오). 고리가 작아질수록 C=O 신축 진동 피크는 높은 진동수로 이동한다.

알데하이드 CHO의 C—H 진동은 두 개의 약한 띠를 2700~2775 cm^{-1}와 2820~2900 cm^{-1}에서 나타나므로 쉽게 확인될 수 있다.

그림 16.1은 페닐에탄알의 IR 스펙트럼이다.

16.14B 알데하이드와 케톤의 NMR 스펙트럼

^{13}C NMR 스펙트럼

- 알데하이드와 케톤의 카보닐 탄소 원자는 ^{13}C 스펙트럼에서 180~220 ppm 영역에서 특징적인 NMR 신호를 보인다.

표 16.3 알데하이드와 케톤의 카보닐 신축 흡수띠

C=O 신축 진동수			
화합물	범위 (cm^{-1})	화합물	범위 (cm^{-1})
R—CHO	1720~1740	RCOR	1705~1720
Ar—CHO	1695~1715	ArCOR	1680~1700
C=C—CHO	1680~1690	C=C—COR	1665~1680
		Cyclohexanone	1715
		Cyclopentanone	1751
		Cyclobutanone	1785

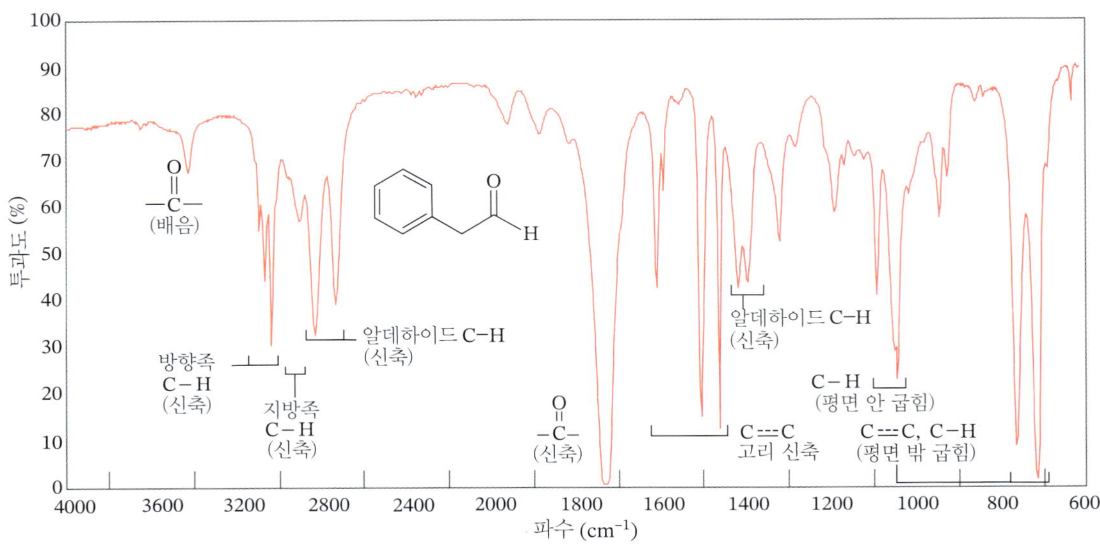

그림 16.1 페틸에탄알의 IR 스펙트럼

이 영역에서는 다른 신호가 보이지 않으므로 **이 영역(200 ppm 부근)에 신호가 존재하면 카보닐기가 있음을 강하게 암시하는 것이다.**

¹H NMR 스펙트럼

- 알데하이드의 양성자는 ¹H NMR 스펙트럼의 매우 낮은 장 영역인 9~12 ppm에서 신호를 낸다. 이 영역에서는 어느 양성자도 흡수하지 않기 때문에 쉽게 확인이 된다.

지방족 알데하이드의 양성자는 이웃한 α 탄소에 있는 양성자와 스핀-스핀 짝지음을 보이는데, 갈라짐 양상을 보면 α 탄소의 치환 정도를 알 수 있다. 그렇지만 짝지음 상수는 작다(약 3 Hz로 전형적인 이웃한 갈라짐의 7 Hz와 비교되며, 때로는 거의 보기가 어렵다). 예를 들어, 아세트알데하이드(CH_3CHO)에서 알데하이드 양성자는 세 개 메틸 양성자 때문에 사중선으로 갈라지고, 메틸 양성자의 신호는 알데하이드 양성자 때문에 이중선으로 갈라진다.

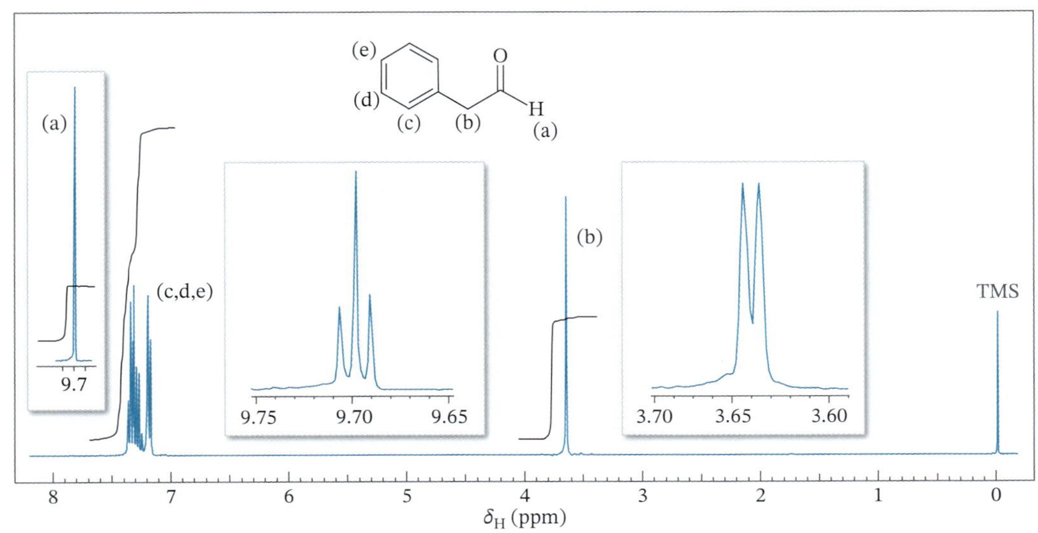

그림 16.2 페닐에탄알의 ¹H NMR 스펙트럼. 알데하이드와 메틸렌 양성자들 사이의 작은 짝지음(2.6 Hz)은 위에 확대된 그림에 나타나 있다.

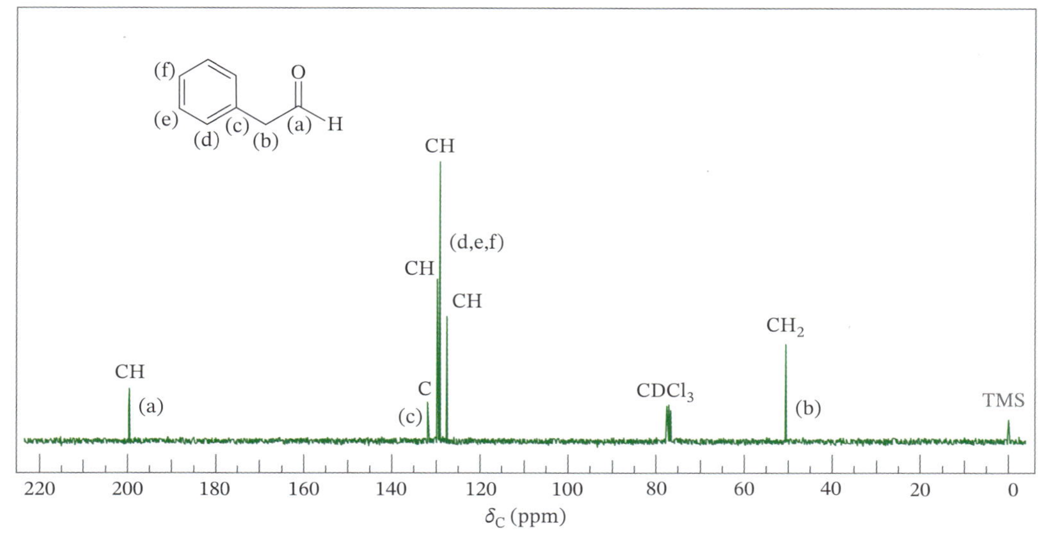

그림 16.3 페닐에탄알의 넓은 띠 양성자-짝풀린 ^{13}C NMR 스펙트럼. 붙어 있는 양성자에 대한 정보를 각 피크 위에 표시하였다.

- α 탄소의 양성자는 카보닐기에 의해서 벗겨져서 그 신호가 2.0~2.3 ppm 영역에서 나온다.
- 메틸 케톤은 특징적인 (3H) 단일선이 2.1 ppm에서 보인다.

그림 16.2와 16.3은 페틸에탄알의 ^{1}H와 ^{13}C 스펙트럼이다.

16.14C 알데하이드와 케톤의 질량 분석 스펙트럼

케톤의 질량 분석 스펙트럼은 대개 분자 이온에 해당하는 피크를 보인다. 알데하이드는 알데하이드 수소의 분해로 인한 $M^{\ddagger} - 1$ 피크를 뚜렷하게 보인다. 케톤은 대개 카르보닐기의 양쪽에서 분해가 일어나 아실륨 이온 $RC{\equiv}O{:}^{+}$을 생성하는데, R은 케톤 카보닐기의 양쪽에 있는 알킬기이다. McLafferty 전위(9.16D절)도 많은 알데하이드나 케톤에서 가능하다.

16.14D UV 스펙트럼

알데하이드나 케톤의 카보닐기는 270~300 nm 사이의 UV 영역에서 약한 흡수를 보인다. 이 띠는 카보닐기가 이중 결합과 짝지을 때 더 장파장(300~350 nm)으로 이동한다.

16.15 알데하이드와 케톤의 첨가 반응에 대한 요약

이제까지 배운 알데하이드와 케톤의 카보닐 탄소 원자에서 일어나는 친핵성 첨가 반응을 아래에 요약하였다. 18장과 19장에서 다른 예들을 볼 것이다.

알데하이드와 케톤의 친핵성 첨가 반응

1. 유기금속 화합물의 첨가 반응(12.7C절)

일반적인 반응

$$\overset{\delta-}{R}{-}\overset{\delta+}{M} + {:}\ddot{O}{:} \longrightarrow {:}\ddot{O}{:}^{-}M^{+} \xrightarrow{H_3O^+} {:}\ddot{O}H$$

Grignard 시약을 사용한 구체적인 예(12.7C절)

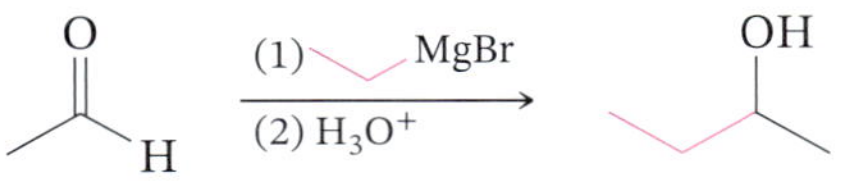

(1) MgBr (2) H_3O^+

67%

2. 수소 음이온의 첨가 반응(12.3절)

일반적인 반응

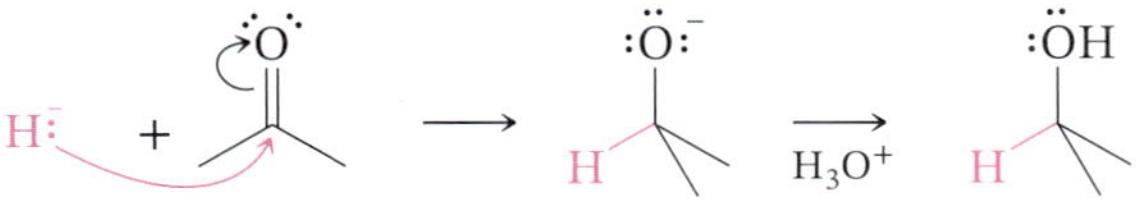

H:⁻ + → H → H_3O^+ H

수소화 금속을 사용한 구체적인 예(12.3절)

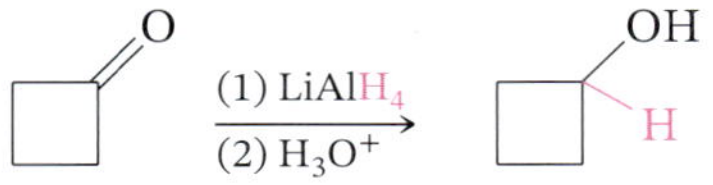

(1) $LiAlH_4$ (2) H_3O^+

(90%)

$NaBH_4$ MeOH

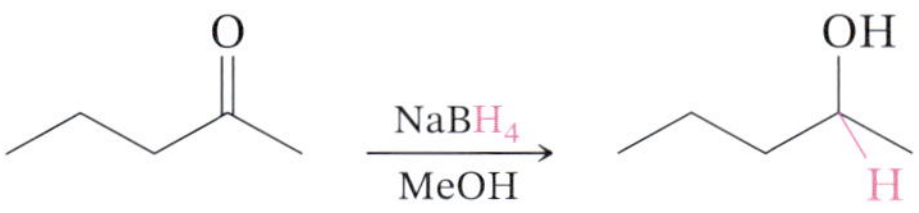

(100%)

3. 사이안화 수소의 첨가 반응(16.9절)

일반적인 반응

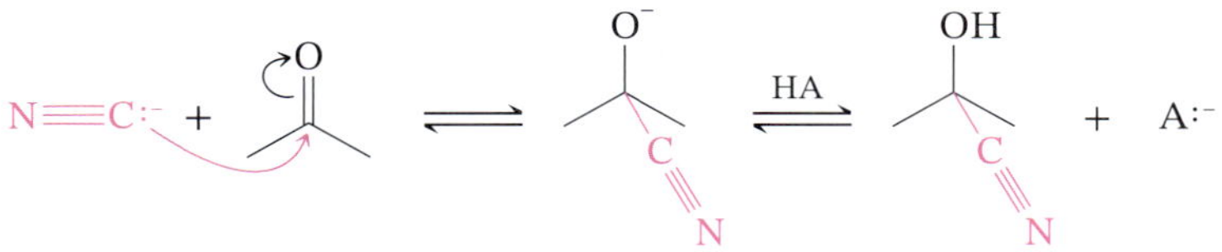

N≡C:⁻ + ⇌ HA ⇌ + A:⁻

구체적인 예

(1) NaCN (2) HA

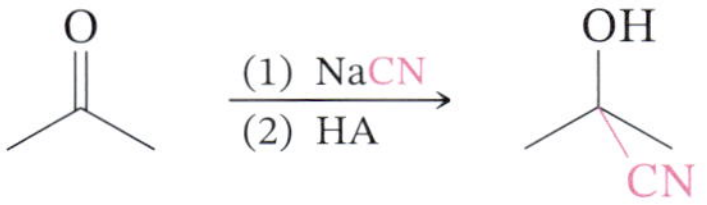

Acetone cyanohydrin
(78%)

4. 일라이드의 첨가 반응(16.10절)

Wittig 반응

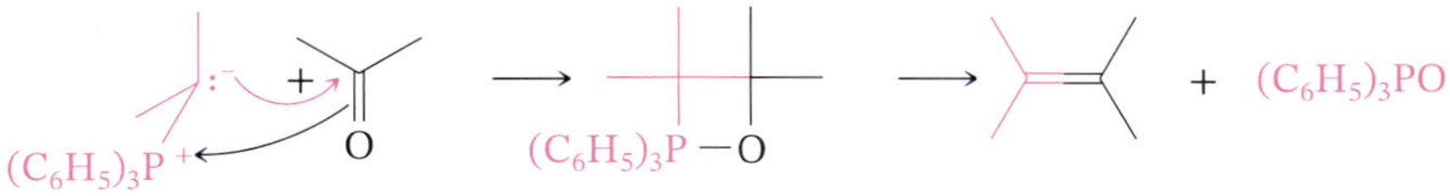

$(C_6H_5)_3P^+$ → $(C_6H_5)_3P-O$ → + $(C_6H_5)_3PO$

일라이드나 카보닐 반응물의 최소한 한 기는 수소이어야 하고, (*Z*) 알켄이 주로 우세하다.

5. 알코올의 첨가 반응(16.7절)

일반적인 반응

ROH / ROH, HA / H_2O

헤미아세탈　　아세탈

구체적인 예

EtOH / EtOH, HA

6. 암모니아 유도체의 첨가 반응(16.8절)

이민

$R-\ddot{N}H_2$ + ... H_3O^+ ... + H_2O

1° 아민　　알데하이드 또는 케톤　　이민 [(*E*)와 (*Z*) 이성질체]

엔아민

촉매 HA ... + H_2O

2° 아민　　엔아민

이 주제는 왜 중요한가?

생화학적인 반응성의 방아쇠

산호초를 매우 아름답게 구성하는 해면과 다른 생물들을 만드는 것들 중 하나는 밝고도 다양한 색이다. 그러나 바로 그 특징은 그들이 이동할 수 없다는 것과 연계되어 먹이 사슬의 표적이 되기도 한다. 그래도 그들이 살아남는 까닭은 작고도 매우 독성인 분자를 먹어치울 해양생물을 방어하거나 해치거나 죽이기도 하는 데 이용하는 화학적 방어 체계가 있기 때문이다. 더 놀라운 사실은 많은 이러한 화합물들이 사람에게는 매우 다른 효과, 즉 비정상적으로 복제되는 세포를 공격하여 암을 치료하는 능력을 가졌다는 것이다. 더욱이 이러한 일이 생기는 방식은 때로는 이 장에서 배운 작용기의 이점을 취하는 것이기도 하다.

엑타이나시딘(ecteinascidin)과 사프라마이신(saframycin)이 두 가지 그러한 기의 화합물들이다. X와 Y로 표시한 위치에 있는 원자들의 정체에 따라 이들 화합물의 여러 가지 변형이 있다. 생리 활성의 핵심 요소는 Y를 포함하는 원자의 표시된 배위이다. Y 위치의 기는 가장 흔한 것이 CN이나 OH로 사이아노하이드린이나 헤미아세탈(헤미아민알이라 알려짐)의 질소 작용기 유사체를 만들어 내는 것들이다. 이미 본 바대로, 그러한 작용기는 여러 가지 반응에 참여할 수 있고 이 반응성은 그들에게 암 세포와 싸울 수 있는 능력을 부여한다.

Ecteinascidins

Saframycins

사프라마이신 A에서 아래에 보인 것처럼, 나이트릴 작용기가 양성자에 의해서 활성화되면 더 좋은 이탈기가 생겨나고 인접 질소 원자의 참여를 통하여 이민윰 이온을 형성시키게 된다. 활성인 이민윰 화학종은 물에 의해서 가역적으로 잡혀서(경로 a) 헤미아민알을 만들거나 세포의 핵 안에 있으면 DNA의 구아닌 잔기의 친핵성인 아미노기의 공격을 받게 된다(경로 b). 후자가 일어날 경우 사프라마이신 A에 있는 다른 방향족 고리는 산소 분자를 새로운 활성 라디칼 화학종으로 전환하여 DNA를 손상시키고 세포가 죽도록 한다.

Saframycin A

물 첨가물

경로 (a)

경로 (b)

세포 독성인 DNA 첨가물

지금 이해해야 할 것은 활성을 위한 훌륭하게 공작된 방아쇠 계가 전적으로 카보닐기에서 비롯된 작용기에 근거하였다는 사실이다. 이러한 설계 능력을 조망해 보면 이 화합물들은 해양 자원으로부터 얻어진 가장 강력한 항암 물질에 속한다. 실제로, 어떤 화합물 5 mg의 투약으로 여러 가지 형태의 인간의 암을 없앨 수 있다는 연구가 있다. 임상 실험이 현재 그러한 가능성을 평가 중이다.

이 주제에 대해서 더 알려면 참고하시오.

1. Lown, J. W.; Joshua, A. V.; Lee, J. S. "Molecular mechanisms of binding and single-strand scission of deoxyribonucleic acid by the antitumor antibiotics saframycins A and C" in *Biochemistry* **1982**, *21*, 419-428.
2. Nicolaou, K. C.; Snyder, S. A. *Classics in Total Synthesis II*. Wiley-VCH: Weinheim, **2003**, pp 109-136과 수록된 참고문헌.

요약과 복습 도구

이 장에 대한 학습 보조 자료에는 핵심 용어와 개념, 알데하이드와 케톤이 아민 및 다른 친핵체와 반응하는 것에 대한 메커니즘 요약과 알데하이드와 케톤의 변형에 관한 합성 연관 도표가 있다.

물음

반응과 이름 짓기

16.20 아래 각 화합물에 대해 구조식과 인정할 만한 다른 이름을 쓰시오.

(a) Formaldehyde
(b) Propionaldehyde
(c) Phenylacetaldehyde
(d) Valeraldehyde
(e) Capronaldehyde
(f) Dibenzyl ketone
(g) Ethyl *tert*-butyl ketone
(h) Salicylaldehyde
(i) Vanillin
(j) Methyl isobutyl ketone
(k) Ethyl isopropyl ketone
(l) Methyl neopentyl ketone
(m) Dibutyl ketone
(n) Allyl phenyl ketone
(o) Cinnamaldehyde

16.21 3-펜탄온이 아래 각 시약과 반응할 때 생성물의 구조를 쓰시오.

(a) 에탄올에서 $NaBH_4$
(b) C_6H_5MgBr, 그다음 H_3O^+
(c) $LiAlH_4$, 그다음 THF에서 H_3O^+
(d) Phenylhydrazine
(e) $(C_6H_5)_3\overset{+}{P}-\overset{-}{\ddot{C}}H_2$
(f) $Ph_3P{=}CH-C(=O)-O-CH_2CH_3$
(g) $HO\diagup\diagdown\diagup\diagdown OH$, H^+
(h) $HS\diagup\diagdown\diagup\diagdown SH$, H^+
(i) H_2/Ni
(j) $K_2Cr_2O_7/H^+$
(k) *m*CPBA
(l) $\overset{-}{Br}Ph_3\overset{+}{P}\diagup\diagdown Ph$
(m) Ag_2O, HO^-
(n) Hydroxylamine

16.22 프로판알이 물음 16.21에 수록된 각 시약과 반응할 때 생성물의 구조를 쓰시오.

16.23 아래와 같은 벤즈알데하이드의 각 반응 조건에서 얻어질 수 있는 생성물은 무엇인가?

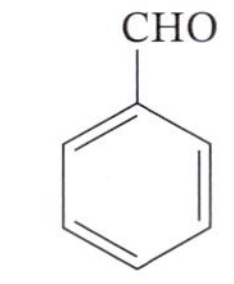

Benzaldehyde

(a) $\xrightarrow[H_2SO_4]{HNO_3}$
(b) $\xrightarrow[HA]{\text{Dinitrophenyl hydrazine}}$
(c) $\xrightarrow{\overset{-}{C}H_2-\overset{+}{P}Ph_3}$
(d) $\xrightarrow[CH_3OH]{LiAlH_4}$
(e) $\xrightarrow[(2)\ NH_4Cl]{(1)\ CH_3MgBr}$
(f) $\xrightarrow[HCl]{Zn/Hg}$

16.24 아래의 각 반응으로부터 예상되는 주 생성물을 쓰시오.

(a) 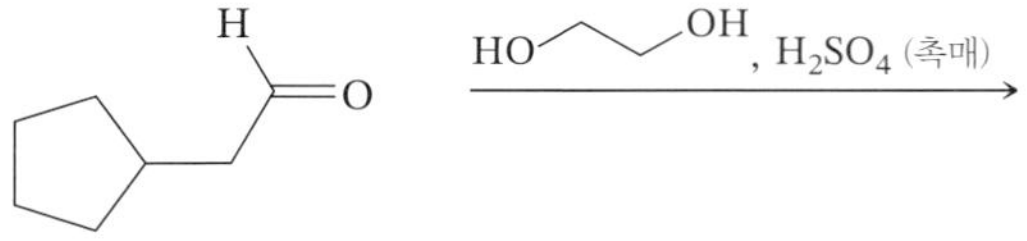 HO‿OH, H_2SO_4 (촉매)

(b) 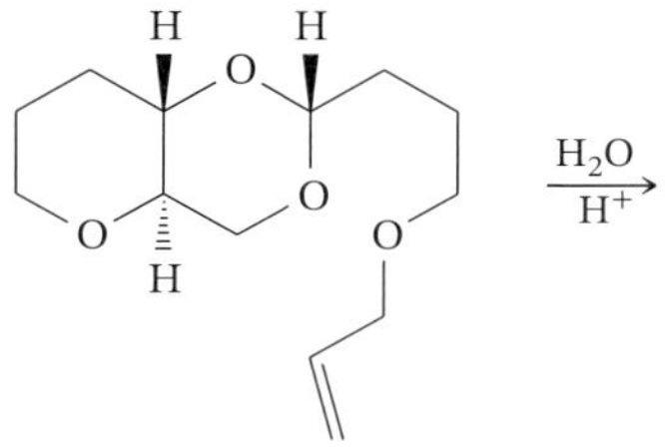 H_2O, H^+

(c) 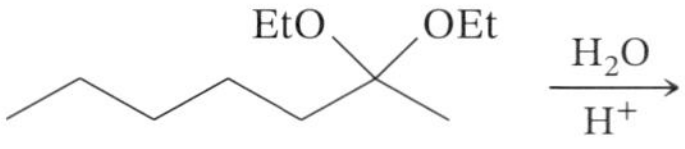 EtO OEt; H_2O, H^+

(d) 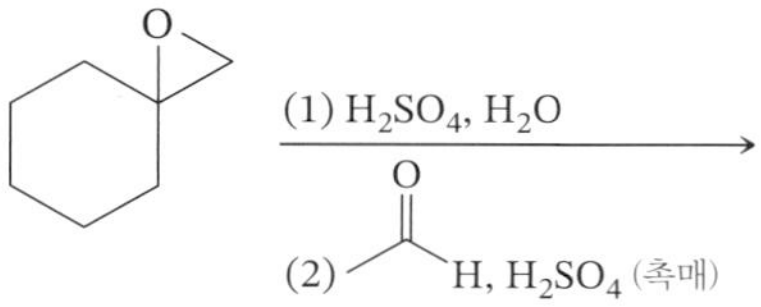 (1) H_2SO_4, H_2O (2) H, H_2SO_4 (촉매)

(e) 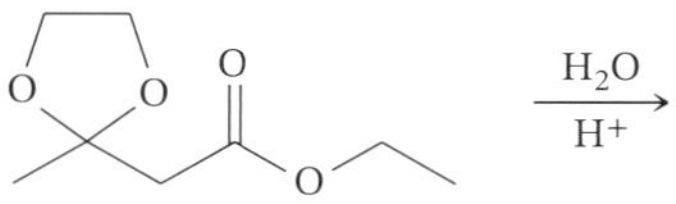 H_2O, H^+

(f) 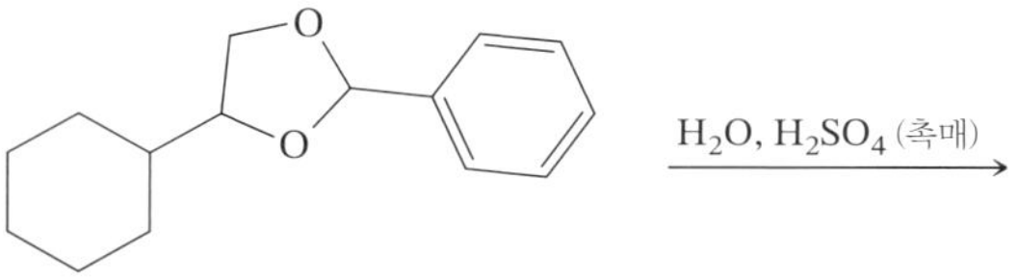 H_2O, H_2SO_4 (촉매)

(g) 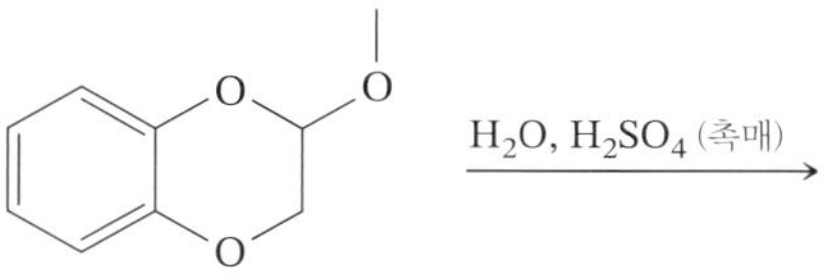 H_2O, H_2SO_4 (촉매)

16.25 아래의 각 반응으로부터 예상되는 주 생성물을 쓰시오.

(a) 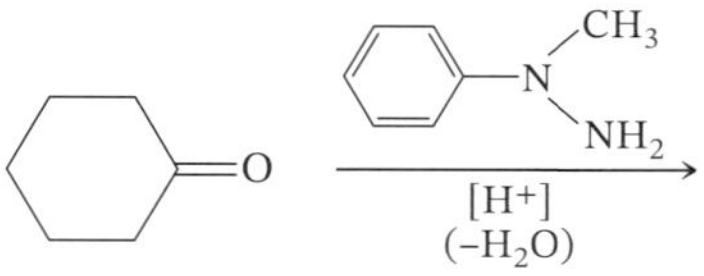 CH_3, N, NH_2; $[H^+]$ $(-H_2O)$

(b) 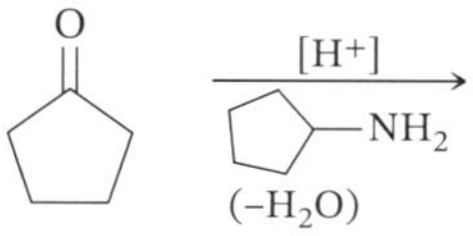 $[H^+]$; NH_2; $(-H_2O)$

(c) 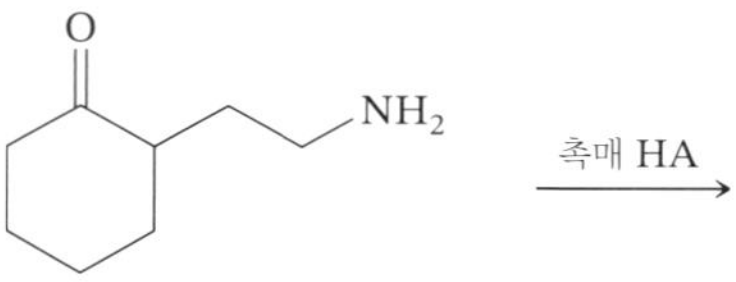 NH_2; 촉매 HA

(d) 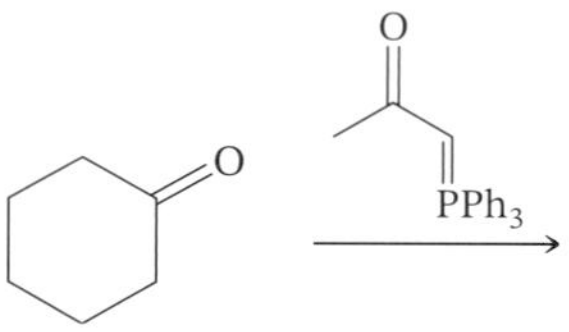 PPh_3

(e) 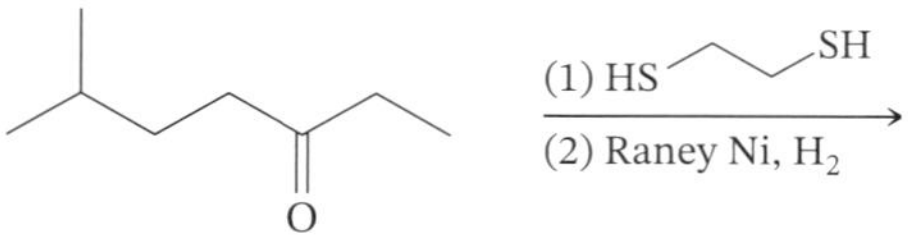 (1) HS‿SH (2) Raney Ni, H_2

(f) 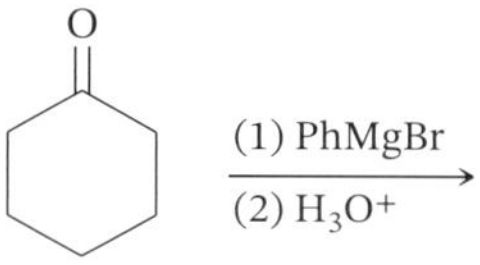 (1) PhMgBr (2) H_3O^+

(g) 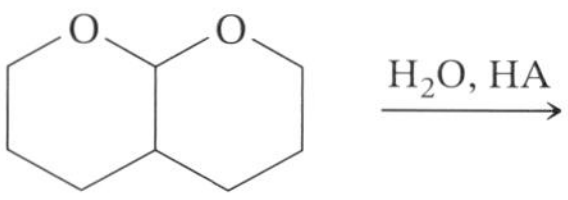 H_2O, HA

(h) *m*CPBA

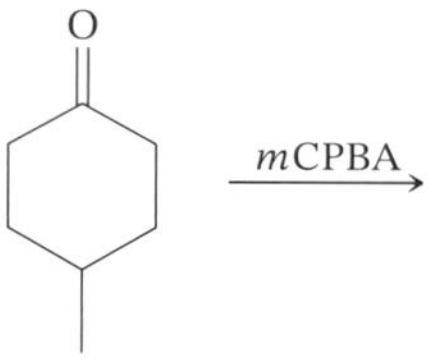

(i) 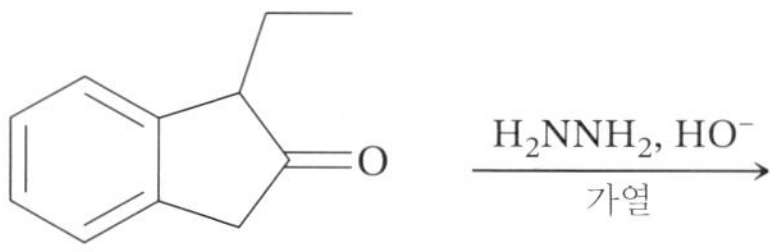 H_2NNH_2, HO^- 가열

16.26 아래 각각의 전환을 위한 효율적인 합성을 제시하시오.

(a)

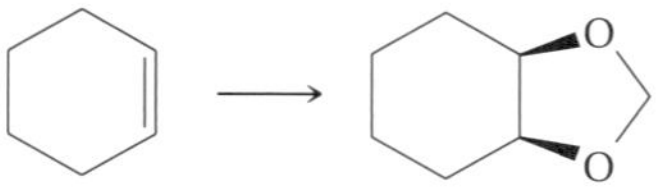

(b) 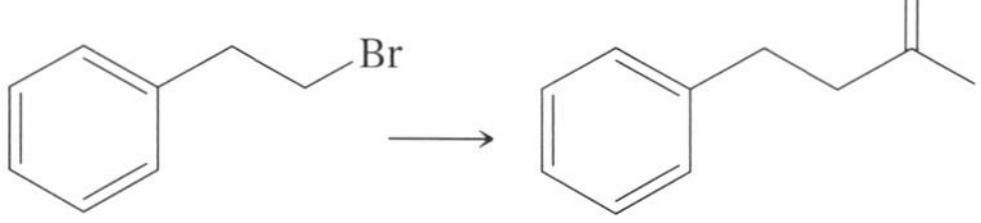 Br

(c)

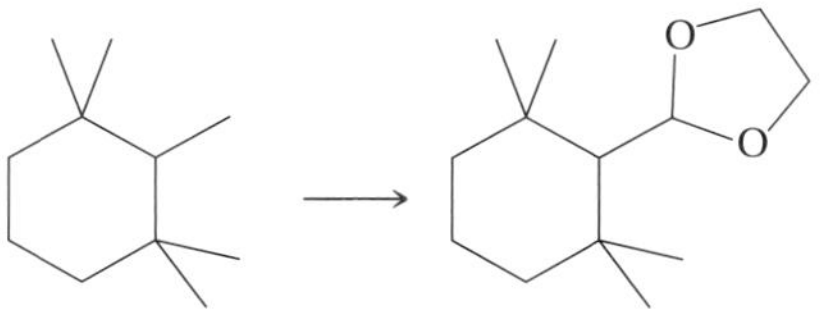

(d)

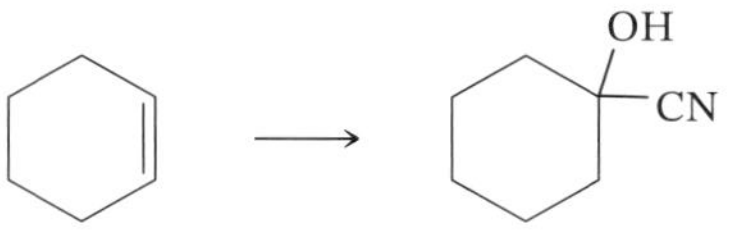

(e)

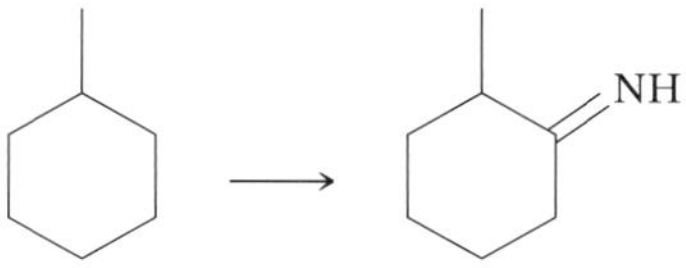

(f)

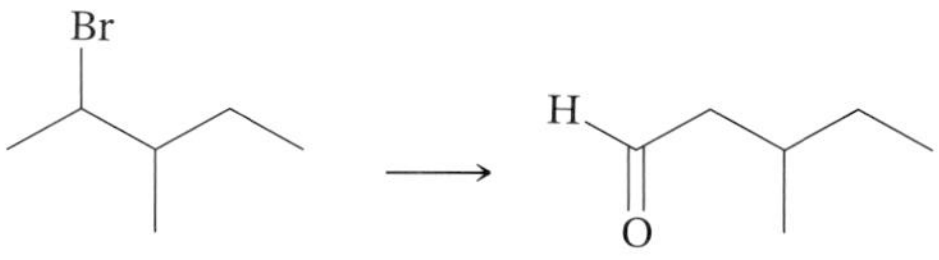

(g)

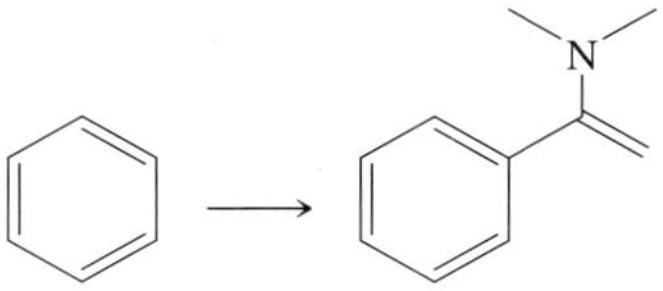

(h)

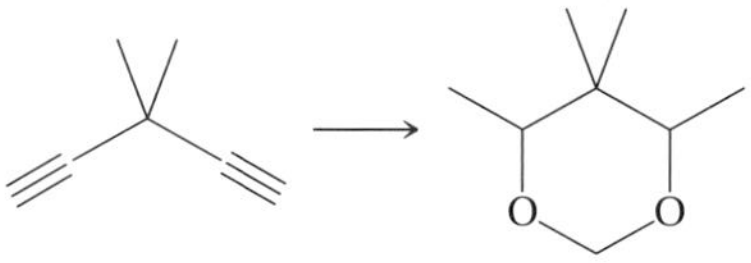

16.27 아래의 각 전환에 필요한 시약을 제시하시오.

(a)

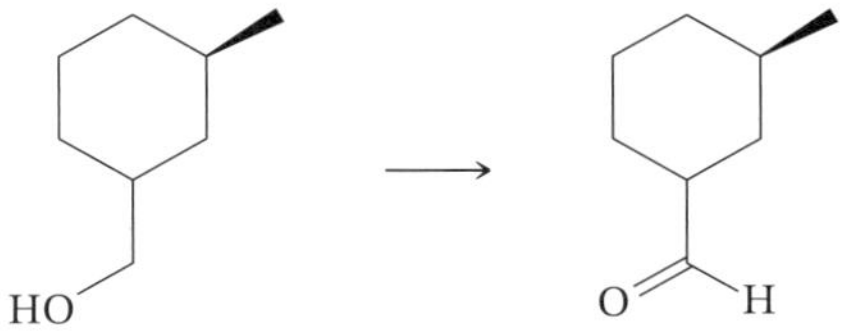

(b)

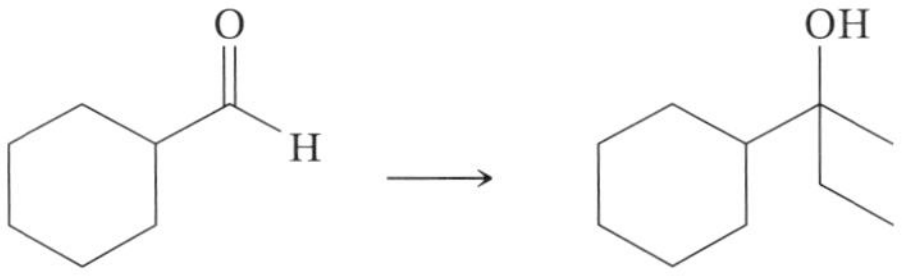

(c)

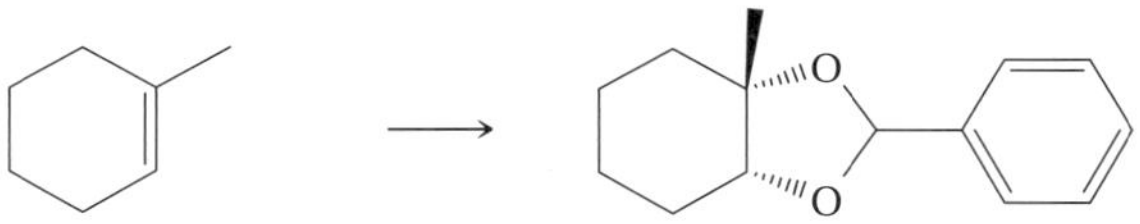

(d)

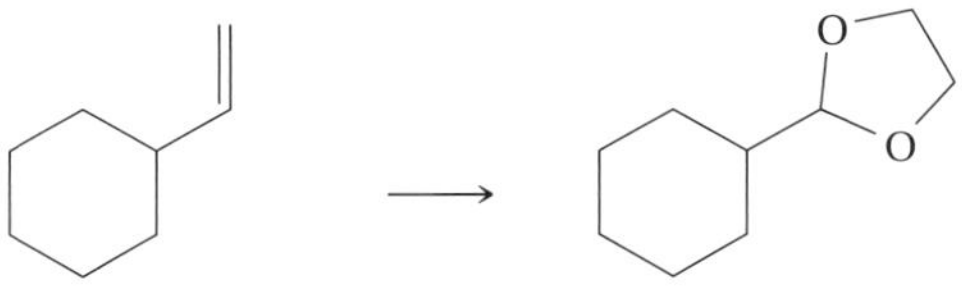

(e)

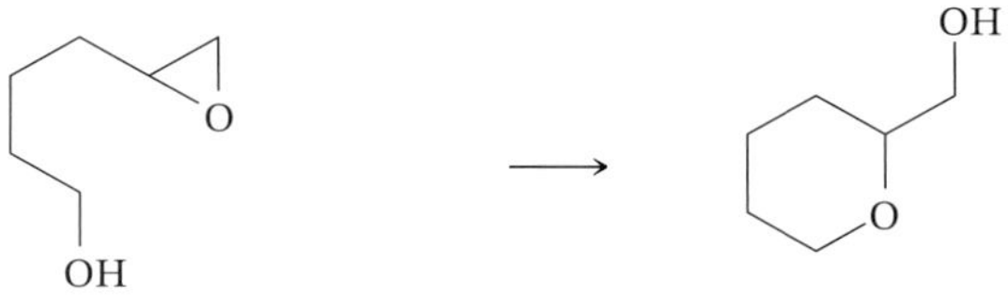

(f)

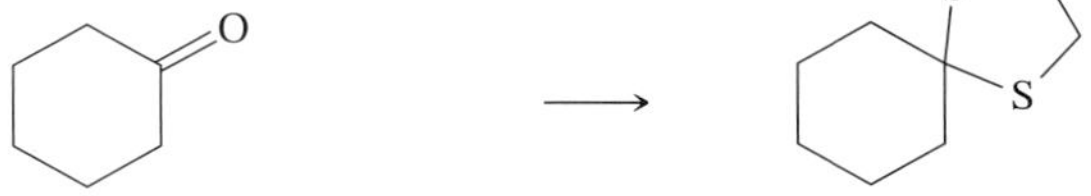

(g)

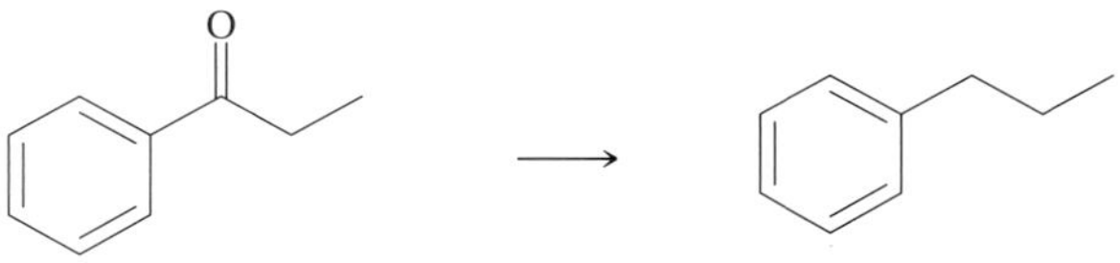

(h)

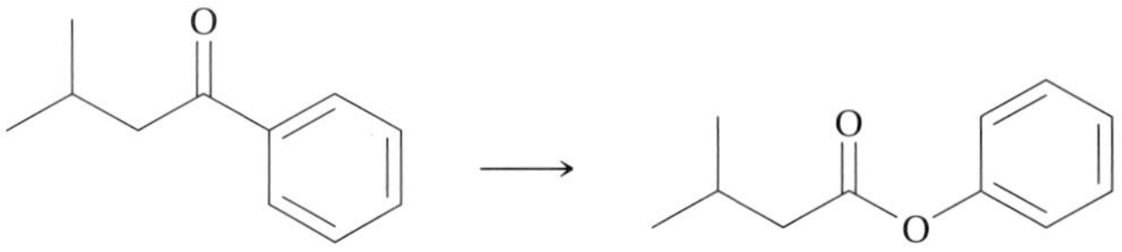

16.28 아래의 각 반응에 대한 메커니즘을 쓰시오.

(a) 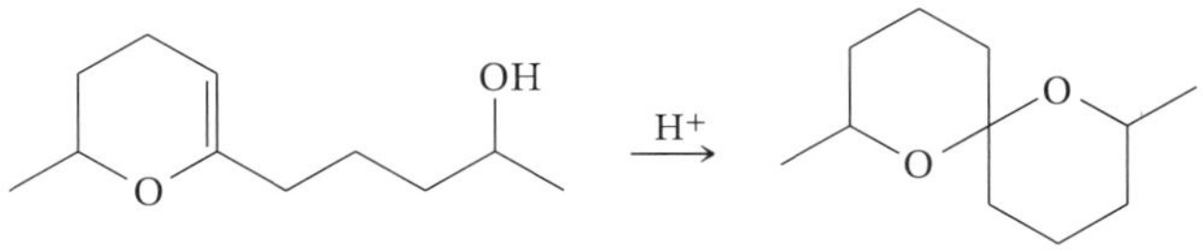 $\xrightarrow{H^+}$

(b) 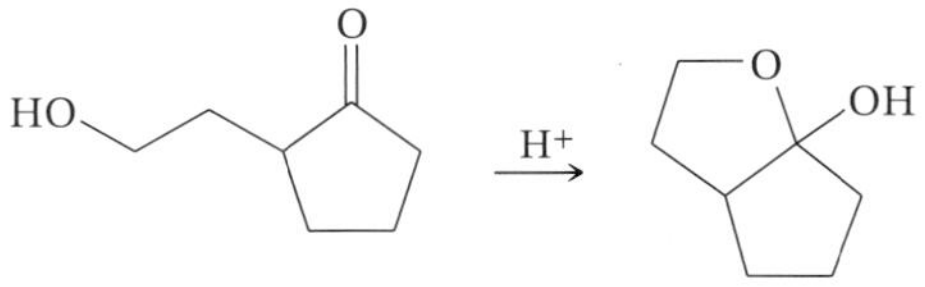 $\xrightarrow{H^+}$

(c) 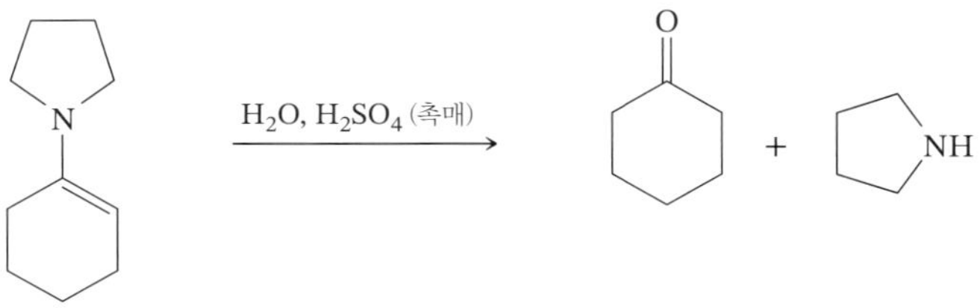 $\xrightarrow{H_2O,\ H_2SO_4\ (\text{촉매})}$ +

(d) 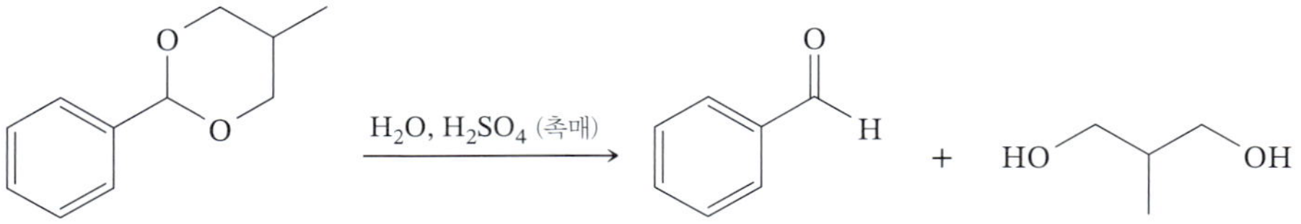 O O H H_2O, H_2SO_4 (촉매) O H + HO OH

16.29 아래의 합성에 필요한 시약을 제시하시오.

출발 물질: 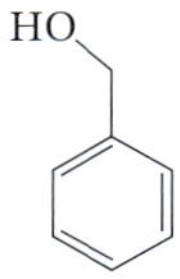 HO 생성 물질: OH

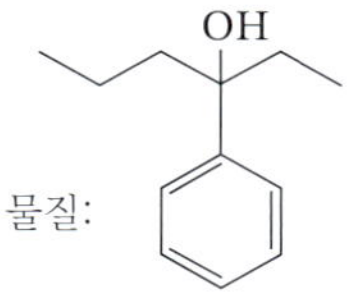

합성

16.30 **(a)** 벤젠과 다른 필요한 무기 시약으로부터 벤조페논을 합성하시오. **(b)** 벤조페논을 다이페닐메테인으로 전환하는 두 가지 방법을 제시하시오.

16.31 벤즈알데하이드를 아래 각각의 물질로 전환하는 방법을 보이시오. 필요한 다른 시약을 사용해도 좋으며, 한 단계 이상이 되도록 하여도 무방하다.

(a) Benzyl alcohol
(b) Benzoic acid
(c) Benzoyl chloride
(d) Benzophenone
(e) 1-Phenylethanol
(f) 3-Methyl-1-phenyl-1-butanol
(g) Benzyl bromide
(h) Toluene
(i) $C_6H_5CH(OCH_3)_2$
(j) C_6H_5CHDOH
(k) $C_6H_5CH(OH)CN$
(l) $C_6H_5CH{=}NOH$
(m) $C_6H_5CH{=}NNHC_6H_5$
(n) $C_6H_5CH{=}CHCH{=}CH_2$

16.32 에틸 페닐 케톤($C_6H_5COCH_2CH_3$)으로부터 아래 각각을 합성하는 방법을 보이시오.

(a) Benzene
(b) Benzonitrile, C_6H_5CN
(c) Benzaldehyde

16.33 벤즈알데하이드를 아래와 같은 물질로부터 어떻게 합성하는지 보이시오.

(a) Benzyl alcohol
(b) Benzoic acid
(c) Phenylethyne
(d) Phenylethene (styrene)
(e) $C_6H_5CO_2CH_3$
(f) $C_6H_5C{\equiv}N$

16.34 **A~E** 화합물의 구조를 쓰시오.

Cyclohexanol $\xrightarrow[\text{acetone}]{H_2CrO_4}$ **A** ($C_6H_{10}O$) $\xrightarrow[(2)\ H_3O^+]{(1)\ CH_3MgI}$ **B** ($C_7H_{14}O$) $\xrightarrow[\text{가열}]{HA}$ **C** (C_7H_{12}) $\xrightarrow[(2)\ Me_2S]{(1)\ O_3}$ **D** ($C_7H_{12}O_2$) $\xrightarrow[(2)\ H_3O^+]{(1)\ Ag_2O,\ HO^-}$ **E** ($C_7H_{12}O_3$)

16.35 피페론알(16.3절)을 묽은 HCl 수용액과 함께 따뜻하게 가열하면 $C_7H_6O_3$의 분자식을 가진 화합물로 전환된다. 이 화합물은 무엇이며 어떤 형태의 반응이 관여되었는가?

16.36 브로민화 *p*-*t*-뷰틸벤질을 가지고 아래와 같은 물질이 어떻게 합성되었는지 보이시오.

(a) 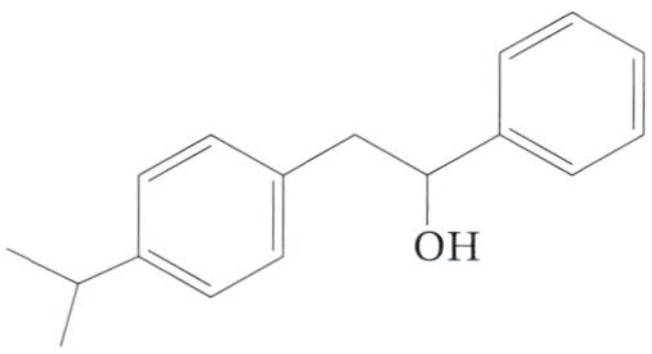 OH

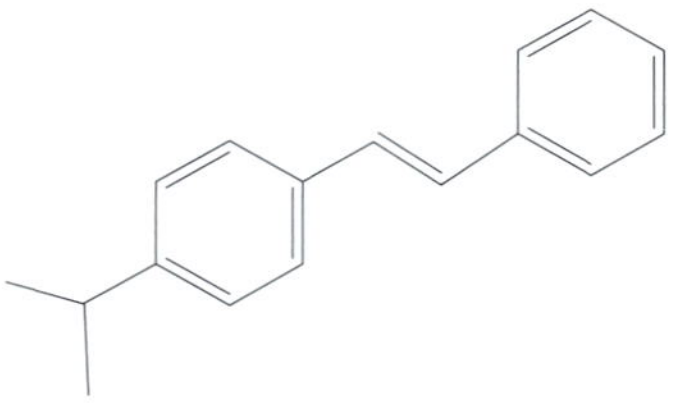

(c) 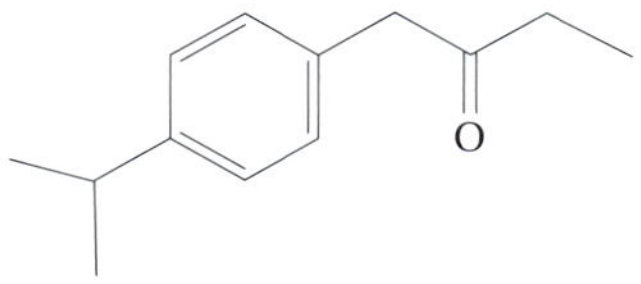 O

(b)

(d) 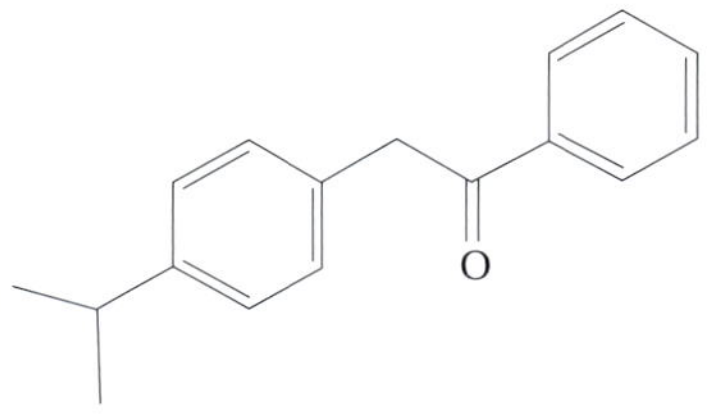 O

16.37 화합물 **A**와 **D**는 9∼12 ppm에서 ^{1}H NMR 신호가 없지만 화합물 **C**는 신호가 있다. **A**∼**D**의 구조를 나타내시오.

$$\text{4-Bromobutanal} \xrightarrow[\text{HA}]{\text{HOCH}_2\text{CH}_2\text{OH}} \textbf{A}\,(C_6H_{11}O_2Br) \xrightarrow{\text{Mg, Et}_2\text{O}} [\textbf{B}\,(C_6H_{11}MgO_2Br)] \xrightarrow[\text{(2) H}_3\text{O}^+\text{, H}_2\text{O}]{\text{(1) H}_3\text{CCHO}} \textbf{C}\,(C_6H_{12}O_2) \xrightarrow[\text{HA}]{\text{CH}_3\text{OH}} \textbf{D}\,(C_7H_{14}O_2)$$

16.38 다이안아케론(dianeackerone)은 성숙한 아프리카 난쟁이 악어의 분비샘에서 분리된 휘발성인 천연물이다. 이 화합물은 둥지치기와 짝짓기에 관련된 페로몬이라고 여겨진다. 다이안아케론은 자연사 분야의 저자이자 생물 다양성의 보존이 중요함을 역설한 Diane Ackerman의 이름을 따라 지어진 것이다. 다이안아케론의 IUPAC 이름은 3,7-다이에틸-9-페닐노난-2-온이며, (3*S*,7*S*)와 (3*S*,7*R*) 입체 이성질체들이 모두 발견된다. 다이안아케론의 두 이성질체의 구조를 그리시오.

16.39 아래에 글리세르알데하이드(5.15A절)의 합성이 요약되어 있다. 중간체 **A**∼**C**는 무엇이며, 글리세르알데하이드의 어떤 입체 이성질체가 얻어질 것으로 기대하는가?

$$\text{CH}_2{=}\text{CHCH}_2\text{OH} \xrightarrow[\text{CH}_2\text{Cl}_2]{\text{PCC}} \textbf{A}\,(C_3H_4O) \xrightarrow{\text{CH}_3\text{OH, HA}} \textbf{B}\,(C_5H_{10}O_2) \xrightarrow[\text{차갑고 묽은 용액}]{\text{KMnO}_4\text{, HO}^-} \textbf{C}\,(C_5H_{12}O_4) \xrightarrow[\text{H}_2\text{O}]{\text{H}_3\text{O}^+} \text{glyceraldehyde}$$

16.40 (*R*)-3-메틸-2-헥산온의 수소화붕소 소듐에 의한 환원 반응을 생각하자. 환원이 완료된 후, 혼합물은 기체-액체 크로마토그래피에 의해 두 성분으로 분리된다. 이 성분들은 이성질체 혼합물을 포함하고 있고 각 이성질체는 광학적으로 활성이다. 두 이성질체들은 무엇이며, 그들 사이에 입체 이성질적인 관계는 어떤 것인가?

16.41 암컷 체체파리(잠자는 병을 매개하는 아프리카의 집파리)의 성페로몬(유인물)의 구조는 아래와 같은 합성에 의해 확인되었다. 화합물 **C**는 모든 점(수컷 체체파리의 반응을 포함한)에서 자연의 페로몬과 동일하게 나타났다. **A**, **B**, **C**의 구조들을 제시하시오.

$$\text{Br}(\text{CH}_2)_{2}(\text{CH}_2)_7\text{Br}\ (\text{Br}\!\!\frown\!\!(\ )_7\!\!\frown\!\!\text{Br}) \xrightarrow[\text{(2) 2 RLi}]{\text{(1) 2 (C}_6\text{H}_5)_3\text{P}} \textbf{A}\,(C_{45}H_{46}P_2) \xrightarrow{2\ \text{CH}_3(\text{CH}_2)_{11}\text{COCH}_3} \textbf{B}\,(C_{37}H_{72}) \xrightarrow{\text{H}_2\text{, Pt}} \textbf{C}\,(C_{37}H_{76})$$

16.42 아래의 합성을 완성할 수 있는 방법을 제시하시오. 역합성 분석부터 쓰시오.

(a) 4-bromo-1,2-benzenediol (HO, OH, Br) ⟶ HO, OH 치환 벤젠–CH=CH–N(pyrrolidine)

(b) 2-(hydroxymethyl)cyclohexanol (OH, CH_2OH) ⟶ 2-ethylcyclohex-1-enyl–CH(OH)–phenyl

메커니즘과 구조 추정

16.43 아래의 반응에 대하여 상세한 메커니즘을 설명하시오.

5-(hydroxymethyl)tetrahydrofuran-2-ol (OH, O, HO) $\xrightarrow{\text{H}_2\text{SO}_4\text{(촉매), H}_2\text{O}}$ tetrahydropyran-2,5-diol (OH, O, OH)

16.44 **(I)** 세미카바자이드($H_2NNHCONH_2$)가 **(a)** 아세톤 **(b)** 벤즈알데하이드와 반응하여 세미카바존이라고 알려진 유도체를 만들 때 생성물을 쓰시오. **(II)** 두 질소 원자 중 하나만 친핵체로 행동하여 카보닐기의 카보닐 탄소 원자를 공격한다. 세미카바자이드의 두 질소 원자들이 상대적으로 비친핵적이라는 사실을 설명해 주는 요인은 무엇인가?

16.45 느릅나무 입고병은 느릅나무좀에 의해서 나무에 전파된 곰팡이에 의해서 생기는 병이다. 딱정벌레 암컷은 느릅나무를 보고 여

러 가지 페로몬을 방출하는데, 아래의 multistriatin도 그중 하나이다. 이 페로몬은 치명적인 곰팡이를 가져오는 수컷 딱정벌레를 유인한다.

Multistriatin

Multistriatin을 실온에서 묽은 산으로 처리하면 생성물은 $C_{10}H_{20}O_3$가 만들어지는데, 이것의 IR 피크는 1715 cm^{-1}에서 강하게 나타난다. 이 생성물의 구조를 제시하시오.

16.46 아래의 구조는 Corey(Harvard University)가 합성한 프로스타글란딘 $F_{2\alpha}$와 E_2의 중간체이다. (*E*)-알켄을 형성하기 위해 Horner–Wadworth–Emmons 반응이 사용되었다. 이 과정에서 쓰인 포스폰산 에스터와 카보닐 반응물의 구조를 쓰시오. (주목: 반응의 카보닐 성분은 사이클로펜틸기가 포함되어 있다.)

16.47 화합물 **W**와 **X**는 이성질체이다. 그들의 분자식은 C_9H_8O이다. 각 물질들의 IR 스펙트럼은 1715 cm^{-1} 부근에서 강한 흡수띠를 나타낸다. 어느 화합물이든지 뜨거운 염기성 과망가니즈산 포타슘 용액으로 산화시킨 후, 산성화하면 프탈산이 생긴다. **W**의 ^{1}H NMR 스펙트럼은 δ 7.3 ppm에서 다중선, 그리고 δ 3.4 ppm에서 단일선을 보인다. **X**의 ^{1}H NMR 스펙트럼은 δ 7.5 ppm에서 다중선, δ 3.1 ppm에서 삼중선, 그리고 δ 2.5 ppm에서 삼중선을 나타낸다. **W**와 **X**의 구조를 제시하시오.

Phthalic acid

16.48 화합물 **Y**와 **Z**는 $C_{10}H_{12}O$의 분자식을 가진 이성질체들이다. 각 물질의 IR 스펙트럼은 1710 cm^{-1} 부근에서 강한 흡수띠를 나타낸다. **Y**와 **Z**의 ^{1}H NMR 스펙트럼은 **그림 16.4**와 **16.5**에 나타나 있다. **Y**와 **Z**의 구조를 제시하시오.

16.49 화합물 **A**($C_9H_{16}O$)의 IR 스펙트럼은 1710 cm^{-1} 부근에 강한 띠를 나타낸다. **A**는 9~12 ppm 영역에서 ^{1}H 흡수를 보이지 않는다. **A**의 양성자-짝풀린 ^{13}C NMR 스펙트럼은 **그림 16.6**과 같다. **A**의 구조를 제시하시오.

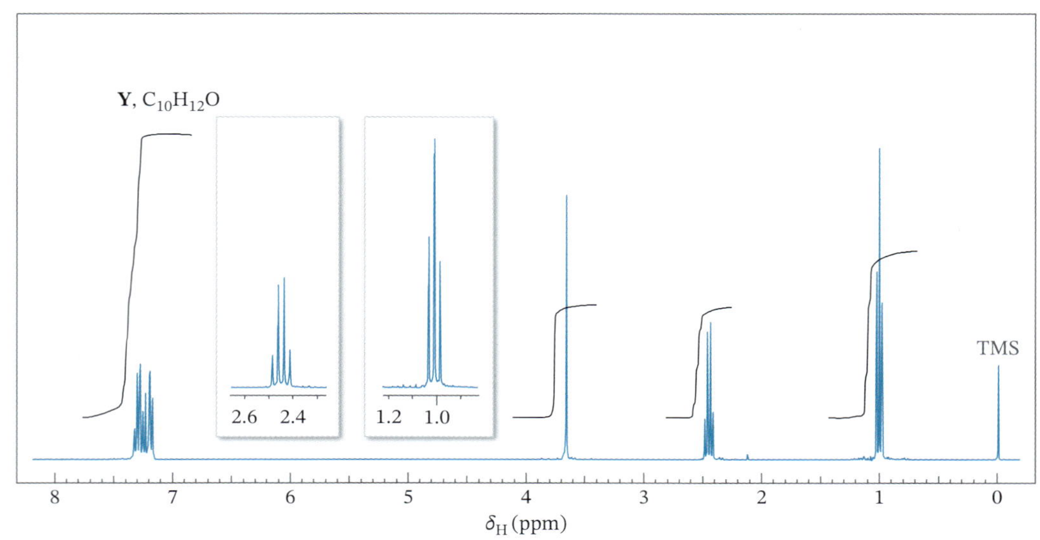

그림 16.4 물음 16.48의 화합물 **Y**의 ^{1}H NMR 스펙트럼. 확대한 신호를 위에 보여 주었다.

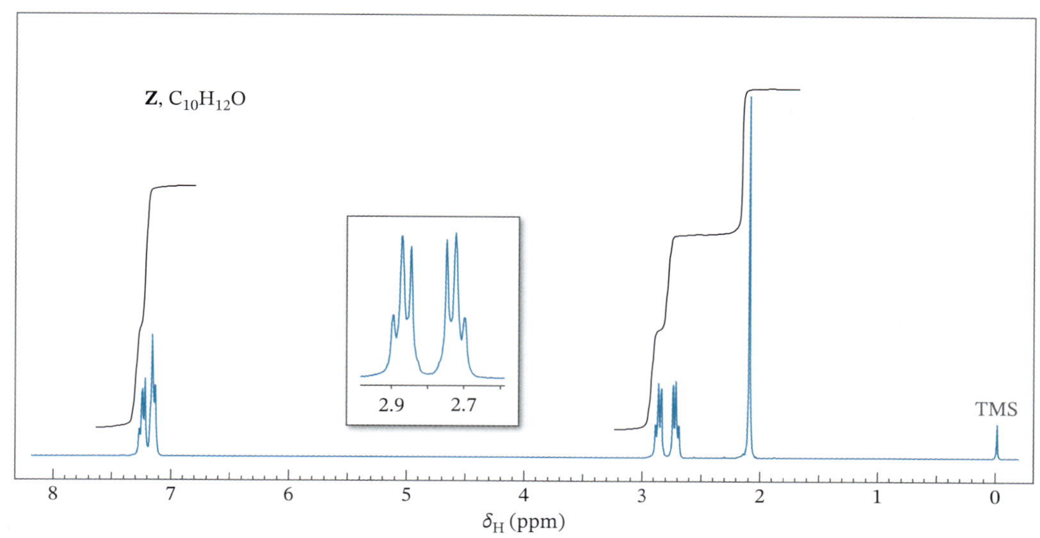

그림 16.5 물음 16.48의 화합물 **Z**의 ^{1}H NMR 스펙트럼. 확대한 신호를 위에 보여 주었다.

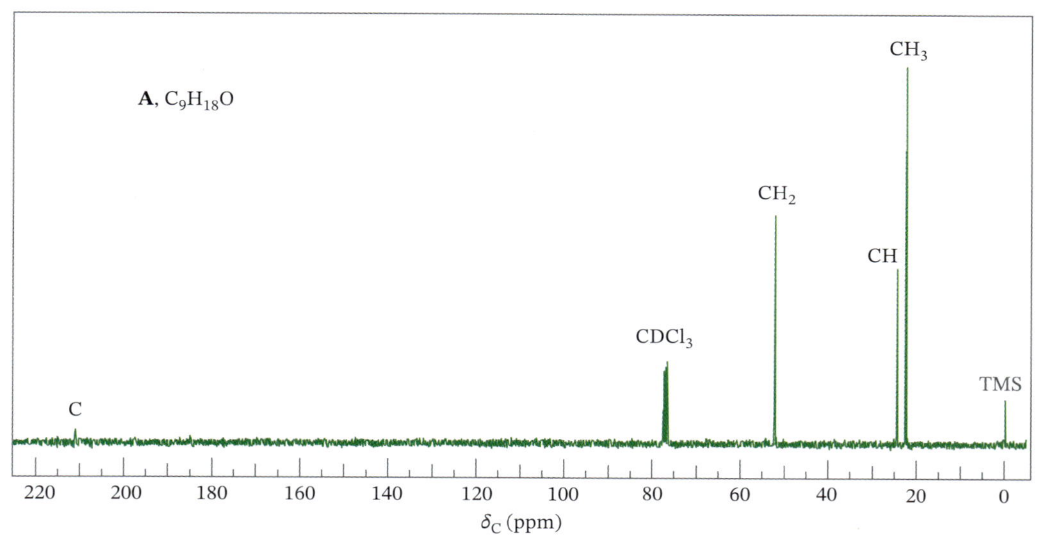

그림 16.6 물음 16.49의 화합물 A의 넓은 띠 양성자–짝풀린 ^{13}C NMR 스펙트럼. 붙어 있는 양성자에 대한 정보를 각 피크 위에 표시하였다.

16.50 화합물 **B**($C_8H_{12}O_2$)의 IR 스펙트럼은 강한 카보닐 흡수를 나타낸다. **B**의 양성자–짝풀린 ^{13}C NMR 스펙트럼은 3개의 신호를 19 ppm (CH_3), 71 ppm (C), 그리고 216 ppm (C)에서 보인다. **B**의 구조를 제시하시오.

물질 합성

16.51 아래 각각의 질문에서 출발 물질을 생성물로 전환하는 데 타당한 경로를 제시하시오. 각각의 경우 한 단계 이상이 필요하며, 앞의 장들에서 배운 반응이 필요할 수도 있다.

(a) O →

(b) → NEt_2

(c) + Br ⟶ OH (d) MeO O O ⟶ O

16.52 아래 각각에 대하여 주어진 출발 물질로부터 제시된 조건을 통하여 형성되는 생성물(**A**, **B**, **C**로 나타냄)의 구조를 그리시오.

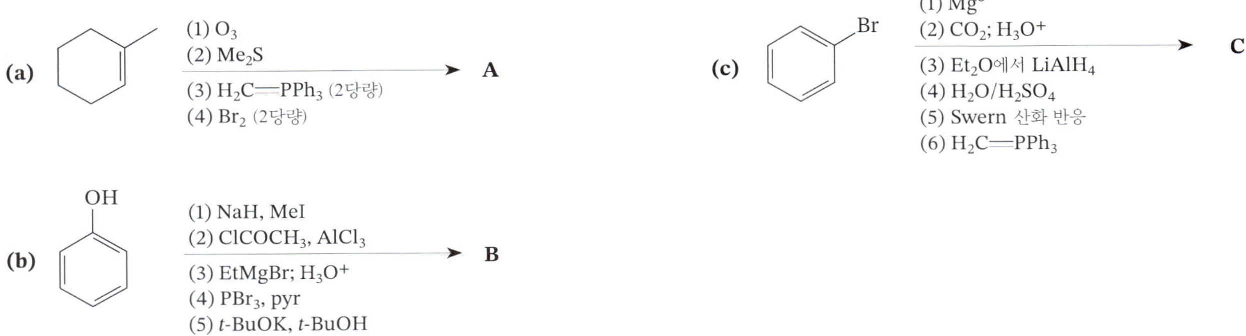

16.53 거꾸로 작업을 해서, 지정된 반응을 통하여 제시된 생성물에 이르는 출발 물질을 유도하시오.

(a) A — (1) (a) NaH; (b) $HCOCH_3$ (2) *m*CPBA (3) EtMgBr; H_3O^+ (4) NaH, MeI ⟶ OMe

(b) B — (1) MsCl, pyr (2) KCN, DMF (3) MeMgBr; H_3O^+ (4) H_2NNH_2, 촉매 HA (5) KOH, 가열 ⟶

화학 상담자가 필요한 물음

16.54 고리 열림은 입체 화학과 작용기의 복잡성을 지닌 새로운 분자를 만들어 내는 강력한 방법이다. Baeyer–Villiger 반응은 그러한 목표를 이루는 탁월한 반응이다. 아래 두 일련의 반응에서 다른 단계들과 합치면 새로운 생성물을 제공하는 도구임이 입증되었다. 첫 번째 연속적인 반응에서 **B**의 구조를 제시하고, 새로운 생성물이 어떻게 고리가 열린 **C**로 되는지를 설명하는 메커니즘을 제시하시오. 두 번째 연속적인 반응에서 제시된 조건들로부터 생성물 **E**의 구조를 밝힐 수 있는가? (참조: *J. Am. Chem. Soc.* **1999**, *121*, 3791; *J. Org. Chem.* **2001**, *66*, 2072.)

(a) **A** (O, Me, OH, OTBDPS) — *m*CPBA ⟶ **B** — MeOH, K_2CO_3 ⟶ **C** (OH, OH, Me, MeO_2C, OTBDPS)

(b) **D** (O) — (1) *m*CPBA (2) $LiAlH_4$; H_3O^+ (3) MsCl, 과량의 염기 ⟶ **E**

16.55 아래의 작업은 복잡한 분자의 실험실적 합성의 일부분이다. 물음표로 표시한 화합물 위에 제시된 전환을 이룰 수 있는 조건들을 제공하시오. 약자 TBDPS는 *t*-butyldiphenylsilyl을 나타내며, TMS와 TBS 같은 이미 아는 실리콘에 기반한 보호기이다. (참조: *J. Am. Chem. Soc.* **2002**, *124*, 8584; *Angew. Chem. Int. Ed.* **2020**, *59*, 13521; *J. Am. Chem. Soc.* **2019**, *141*, 7776.)

(a)

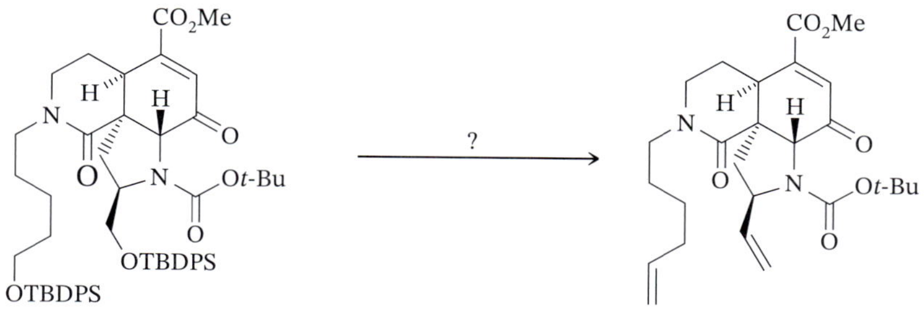

?

(b)

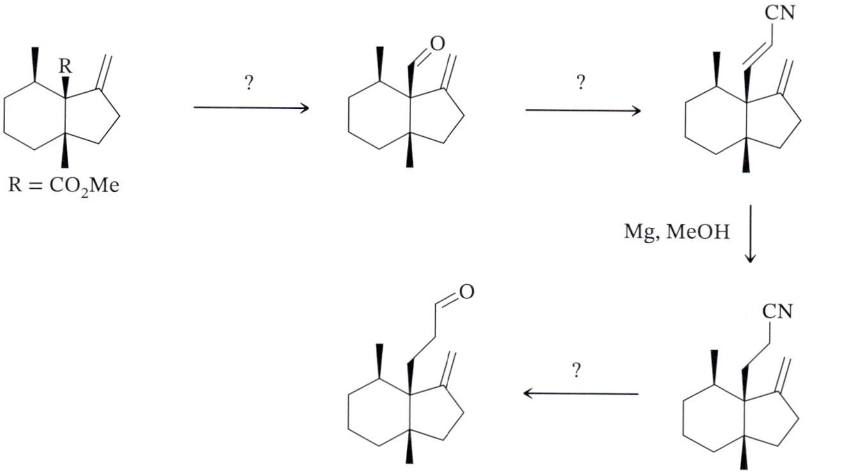

R = CO_2Me

?

?

Mg, MeOH

?

(c)

?

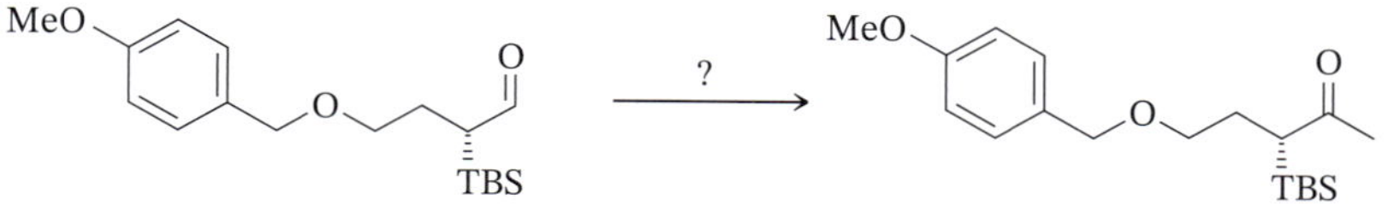

도전 물음

16.56 **(a)** 4-하이드록시사이클로헵탄온의 IR 스펙트럼에서 가장 뚜렷할 것으로 기대되는 두 흡수띠의 진동수는 무엇인가?
(b) 실제로 이 둘 중 낮은 진동수의 띠는 매우 약하다. 4-하이드록시사이클로헵탄온과 평형에 놓인 이성질체의 구조를 그리고, 이러한 관찰에 대해 설명하시오.

16.57 벤질 자리 알코올, 에터, 그리고 에스터의 중요한 반응 중 하나는 수소화 반응 동안 벤질–산소 결합의 분해가 쉽다는 것이다. 이것은 수소에 의해서 분해가 일어나는 '가수소 분해 반응'의 또 다른 예이다. 이 반응은 산이 존재하면 촉진된다. 가수소 분해 반응은 긴장된 고리 화합물에서도 일어난다.

화합물 **A**(아래를 보시오)를 Raney Ni 촉매하에, 묽은 염화 수소의 다이옥세인과 물 용액에서 수소화 반응시키면 대부분의 생성물은 곁가지 사슬에 붙어 있는 3,4-다이메톡시페닐기를 가지고 있다. 이들 가운데 흥미 있는 생성물은 **B**로 가수소 분해 반응뿐만 아니라 페닐기의 이동 용이도도 설명해 준다. 생성물 **B**의 중요 스펙트럼 자료는 다음과 같다.

MS (m/z): 196.1084 ($M^{+\cdot}$ 고분해능), 178
IR (cm^{-1}): 3400 (넓음), 3050, 2850 (CH_3—O 신축)
^1H NMR (ppm, $CDCl_3$에서): 1.21(d, 3H, J = 7 Hz), 2.25(s, 1H), 2.83(m, 1H), 3.58(d, 2H, J = 7 Hz), 3.82(s, 6H), 6.70(s, 3H)
화합물 **B**의 구조는 무엇인가?

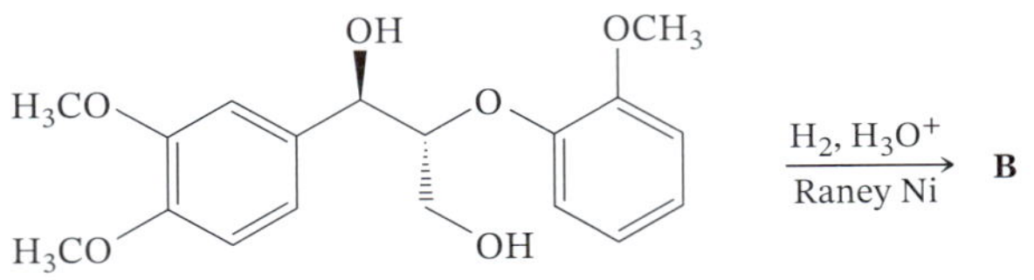

A

$\xrightarrow[\text{Raney Ni}]{H_2,\ H_3O^+}$ B

학습 집단을 위한 물음

D-(+)-갈락토스(**2**)를 출발 물질로 하여 아스코르브산(바이타민 C, **1**)을 합성하는 방법을 아래에 보였다(Haworth, W. N., et al., *J. Chem. Soc.*, **1933**, 1419–1423). 합성에 사용된 설계와 반응에 대하여 아래의 질문을 고려해 보시오.

(a) Haworth와 연구진들은 왜 **3**에서 아세탈 작용기를 도입하였는가?

(b) 아세탈 형성 메커니즘을 쓰시오.

(c) 아세탈 중의 하나(**4** 또는 **5**)를 가수 분해하는 메커니즘을 쓰시오. 물이 반응 혼합물에 존재한다고 가정하시오.

(d) **5**를 **6**으로 전환하는 반응에서 소듐 아말감과 함께 산(예: HCl)이 존재하였다고 가정할 수 있다. 여기서 무슨 반응이 일어나는가? 그리고 반응은 무슨 작용기로부터 실제로 진행되는가?

(e) **7**의 알데하이드 카보닐로부터 페닐하이드라존을 형성하는 메커니즘을 쓰시오. [C2에 있는 페닐하이드라존기는 염려하지 말라. 비스하이드라존(오사존이라 부름)의 형성은 22장에서 공부하게 될 것이다.]

(f) 궁극적으로 아스코르브산 (**1**)의 락톤 카보닐 탄소가 될 탄소 원자를 첨가하기 위해서 무슨 반응이 쓰였는가?

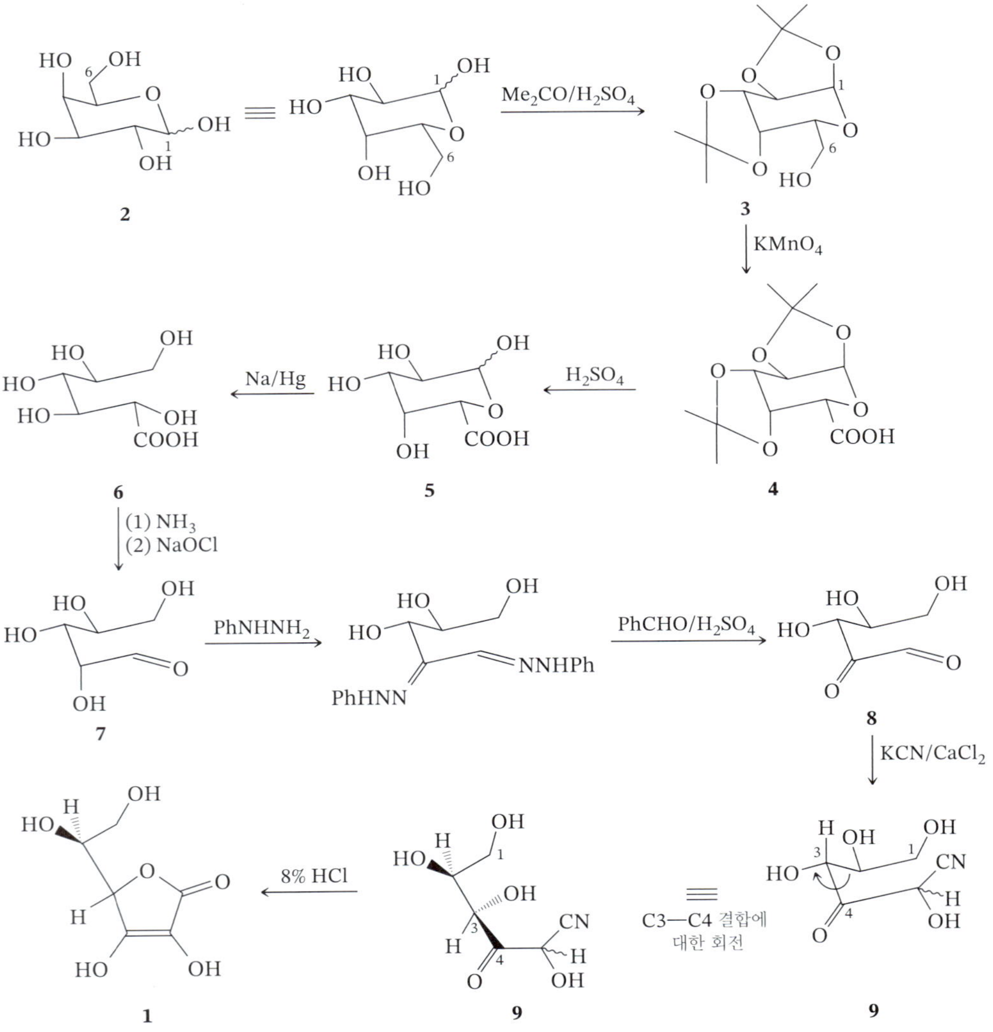

2 $\xrightarrow{Me_2CO/H_2SO_4}$ **3** $\xrightarrow{KMnO_4}$ **4** $\xrightarrow{H_2SO_4}$ **5** $\xrightarrow{Na/Hg}$ **6** $\xrightarrow{(1)\ NH_3\ (2)\ NaOCl}$ **7** $\xrightarrow{PhNHNH_2}$ (PhHNN, NNHPh) $\xrightarrow{PhCHO/H_2SO_4}$ **8** $\xrightarrow{KCN/CaCl_2}$ **9** ≡ (C3—C4 결합에 대한 회전) **9** $\xrightarrow{8\%\ HCl}$ **1**

개념 지도

아세탈, 이민, 그리고 엔아민: 산 촉매에 의해서 알데하이드와 케톤으로부터 형성될 때의 일반적인 메커니즘의 흐름

알데하이드와 케톤이 알코올이나 아민과 산 촉매하에서 반응할 때 많은 단계들이 거의 같다. 메커니즘을 수직으로 비교하여서 유사점과 차이점을 인식하시오. 각 형태의 생성물에 있어서 메커니즘을 완결할 때의 차이점을 주목하시오.

I. 헤미아세탈과 아세탈 형성: 알코올과의 반응

헤미아세탈

아세탈 형성에서 옥소늄 이온은 두 번째 알코올 분자에 의해서 공격당한다.

아세탈

II. 이민 형성: 1차 아민과의 반응

이민 형성에서 처음 이민윰 이온의 양성자가 제거되어 안정한 이민 생성물이 된다.

이민

III. 엔아민 형성: 2차 아민과의 반응

엔아민

엔아민 형성에서 이민윰 탄소에 인접한 탄소로부터 양성자가 제거된다 (질소로부터 제거될 양성자가 없다).

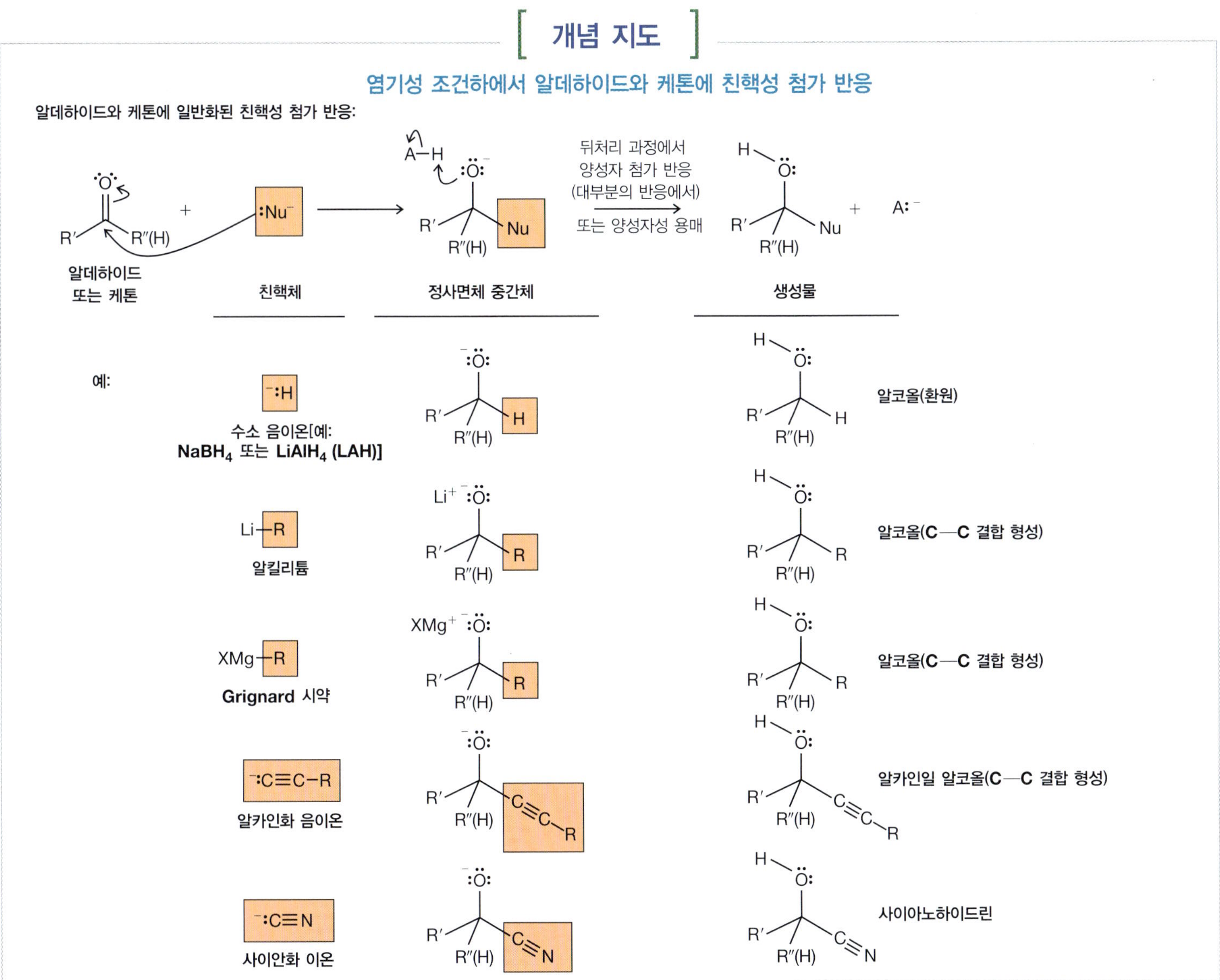
개념 지도
염기성 조건하에서 알데하이드와 케톤에 친핵성 첨가 반응
알데하이드와 케톤에 일반화된 친핵성 첨가 반응:
알데하이드 또는 케톤
:Nu⁻
친핵체
정사면체 중간체
뒤처리 과정에서 양성자 첨가 반응 (대부분의 반응에서)
또는 양성자성 용매
생성물
A:⁻
예:
⁻:H
수소 음이온[예: NaBH4 또는 LiAlH4 (LAH)]
알코올(환원)
Li—R
알킬리튬
알코올(C—C 결합 형성)
XMg—R
Grignard 시약
알코올(C—C 결합 형성)
⁻:C≡C—R
알카인화 음이온
알카인일 알코올(C—C 결합 형성)
⁻:C≡N
사이안화 이온
사이아노하이드린

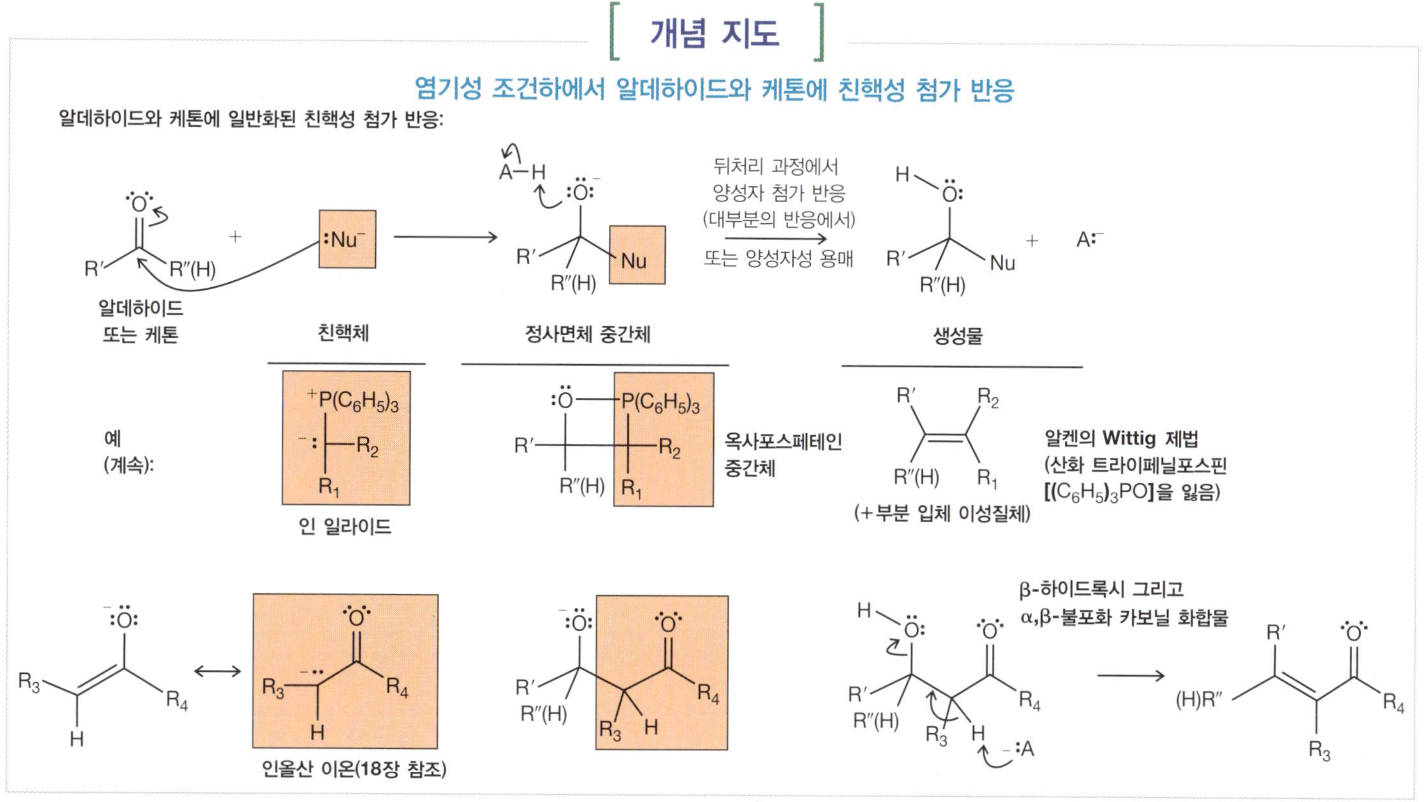

개념 지도
염기성 조건하에서 알데하이드와 케톤에 친핵성 첨가 반응
알데하이드와 케톤에 일반화된 친핵성 첨가 반응:
알데하이드 또는 케톤
친핵체
정사면체 중간체
뒤처리 과정에서 양성자 첨가 반응 (대부분의 반응에서)
또는 양성자성 용매
생성물
예 (계속):
인 일라이드
옥사포스페테인 중간체
(+부분 입체 이성질체)
알켄의 Wittig 제법 (산화 트라이페닐포스핀 [(C6H5)3PO]을 잃음)
인올산 이온(18장 참조)
β-하이드록시 그리고 α,β-불포화 카보닐 화합물

합성 연관 도표

알데하이드, 케톤, 그리고 다른 작용기들의 합성 연관 도표

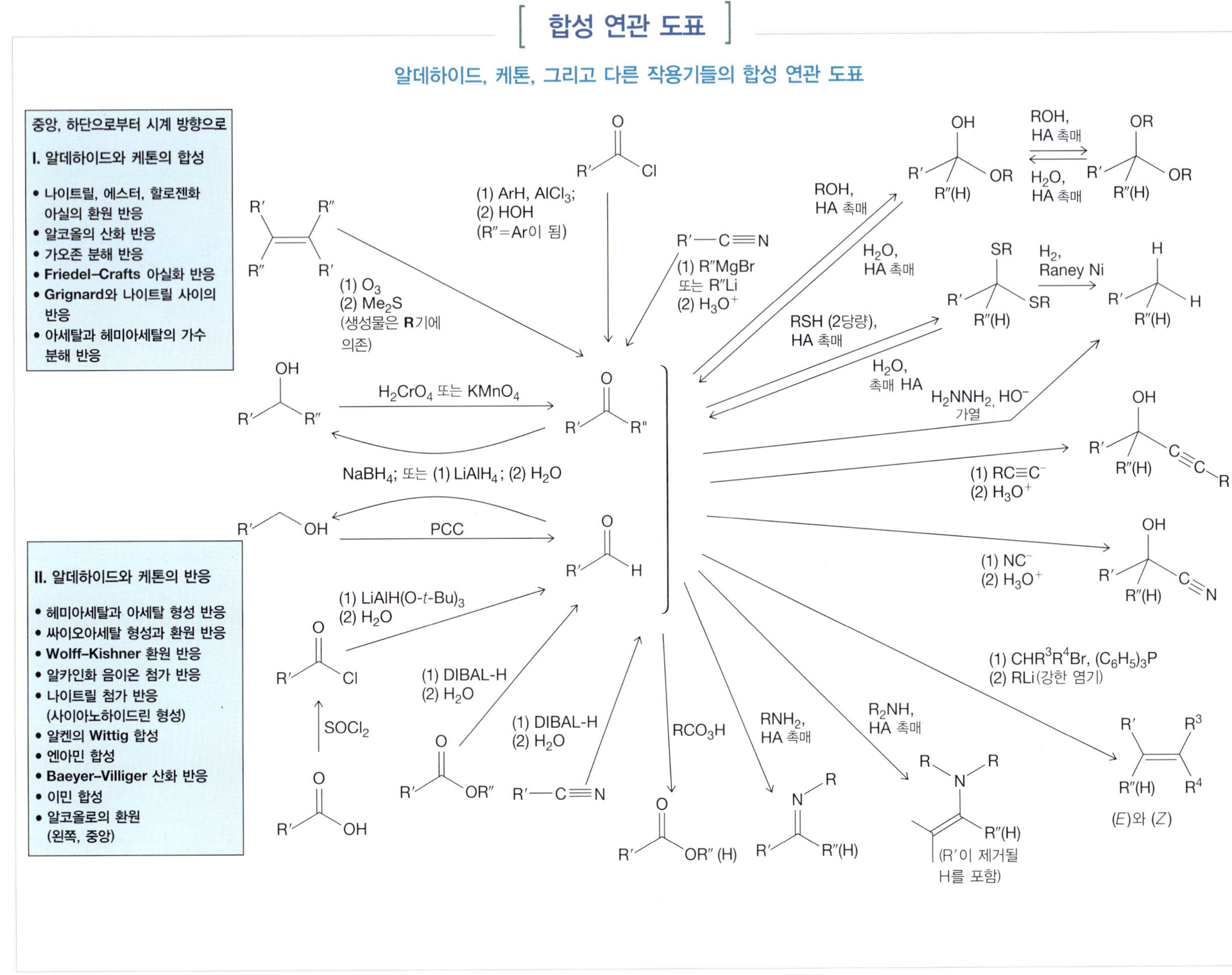

CHAPTER 17

카복실산과 그 유도체

아실 탄소에서의 친핵성 첨가 반응-제거 반응

kosmos111/Shutterstock.com　　Adie Bush/Cultura/Getty Images

카복실산의 다양한 유도체들이 있지만, 수백만의 독특한 유기 분자를 설명할 수 있는 변수는 공통적이고도 기계적인 결합 형성 과정으로부터 생긴 것이다. 이 사건은 친핵성 아실 치환 반응으로 카보닐기에 친핵성적인 첨가와 제거에 의한 새 결합의 형성이 관여하고 있다. 이 과정은 산업적으로 등산과 같은 스포츠 용품에 사용되는 나일론이나 폴리에스터처럼 복잡한 고분자의 합성에 이용되기도 한다(온라인 자료에서 특수 주제 D 참조). 이것은 또한 대사 과정, 단백질, 지방, 스테로이드 전구체의 합성, 에너지를 위한 음식의 분해, 그리고 생합성의 출발 물질을 위해서도 사용된다(온라인 자료에서 특수 주제 G 참조). 카복실산의 다양성은 실로 경이롭다.

이 장에서 배울 내용:

- 여러 가지 카복실산과 그 유도체들의 구조와 반응성
- 모두 유사한 메커니즘으로 진행되지만 상이한 생성물을 만드는 친핵성 아실 치환 반응의 많은 서로 다른 예
- 나이트릴처럼 다른 작용기로부터 카복실산과 그 유도체를 합성하는 방법

이 주제는 왜 중요한가?

이 장의 끝에서는 친핵성 아실 치환 반응을 필요로 하는 화학적인 합성—페니실린의 실험실적 합성—에서 핵심적인 문제가 많은 환경에서 아마이드의 합성을 용이하게 하는 강력한 부류의 시약 개발을 어떻게 가능하게 만들었는지를 보게 될 것이다.

17.1 서론

카복실기(—C(=O)—OH, 약자는 $—CO_2H$ 혹은 —COOH)는 화학과 생화학에서 가장 폭넓게 존재하는 작용기들 중의 하나이다. 카복실산 그 자체도 중요할 뿐 아니라, 카복실기는 **표 17.1**에서 보듯이 **아실 화합물(acyl compound)** 또는 **카복실산 유도체(carboxylic acid derivative)**와 관련되는 화합물들의 대집합체에서 모체가 되는 작용기이다.

표 17.1 카복실산 유도체들

구조	이름	구조	이름
R—C(=O)—Cl	Acyl (또는 acid) chloride (염화 아실)	R—C(=O)—NH_2	Amide (아마이드)
R—C(=O)—O—C(=O)—R′	Acid anhydride (산 무수물)	R—C(=O)—NHR′	
R—C(=O)—O—R′	Ester (에스터)	R—C(=O)—NR′R″	
R—C≡N	Nitrile (나이트릴)		

17.2 이름 짓기와 물리적 성질

17.2A 카복실산

- 카복실산의 IUPAC 이름이나 치환기로서의 이름은 산에 있는 가장 긴 사슬에 해당되는 알케인의 이름 다음에 '산'을 붙이면 된다(영어로는 alkane의 *-e* 대신 oic acid를 붙인다). 카복실 탄소 원자가 1번이 된다.

아래의 예들은 이름 붙이는 방법들을 잘 나타내고 있다.

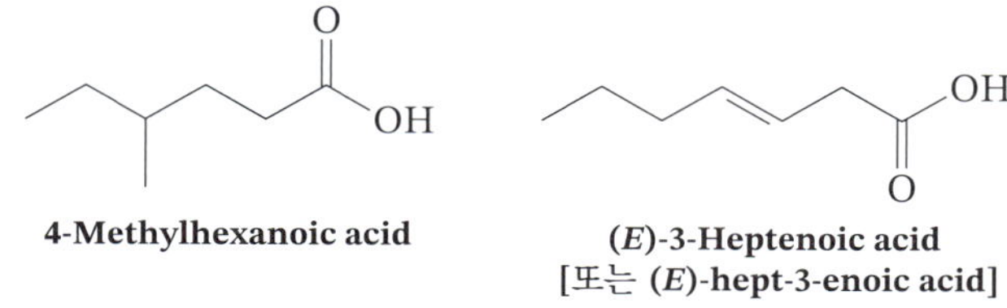

Emilio Ereza/Age Fotostock

발러리안(valerian)은 발레르산의 근원이다.

많은 카복실산들은 라틴어나 그리스어로 된 자연적인 원천을 나타내는 관용명을 가지고 있다. 메탄산을 **폼산**(라틴어의 *formica*, 개미)이라고 부른다. 에탄산은 **아세트산**(라틴어의 *acetum*, 식초)이라고 한다. 뷰탄산은 버터의 썩은 맛을 나타내는 한 화합물로서 관용명은 **뷰티르산**(라틴어의 *butyrum*, 버터)이다. 펜탄산은 다년생 식물인 쥐오줌풀(valerian)에 존재하는 까닭으로 **발레르산**이라고 부른다. 헥산산은 염소의 냄새와 관련되는 한 화합물로서 관용명은 **카프로산**(라틴어의 *caper*, 염소)이다. 옥타데칸산은 수지양초에 대한 그리스어 *stear*로부터 유래된 **스테아르산**이란 일반적인 이름을 가진다.

이러한 관용명 대부분이 오랫동안 사용되어 왔고 어떤 것은 더 오랫동안 일상생활에 사용되도록 남아 있을 것 같기 때문에 이러한 이름들과 익숙해지는 것이 더 많은 도움이 된다. 이 교재에서는 메탄산과 에탄산을 항상 폼산과 아세트산으로 부를 것이다. 그러나 다른 예에서는 IUPAC 이름이나 대치된 이름을 사용할 것이다.

카복실산은 극성 물질이다. 분자들은 자기들끼리, 그리고 물과 강한 수소 결합을 만든다. 그 결과 일반적인 카복실산은 끓는점이 높으며, 작은 분자량을 가진 카복실산은 물에 대한 용해도가 상당히 크다. 그러나 탄소 사슬의 길이가 증가함에 따라 물에 대한 용해도는 감소한다.

17.2B 카복실산 염

카복실산 염은 '산'(영어로는 -ate)으로 명명된다. 영어의 일반 이름이나 IUPAC 이름에서는 -*ic* acid를 -*ate*로 대치한다. 그래서 CH_3COONa는 아세트산 소듐(sodium acetate) 혹은 에탄산 소듐(sodium ethanoate)이다.

대부분의 카복실산의 소듐이나 포타슘 염은 물에 쉽게 녹는다. 이것은 긴 사슬을 가진 카복실산의 경우도 마찬가지다. 긴 사슬을 가진 카복실산의 소듐이나 포타슘 염은 비누의 주성분이다(23.2C절 참조).

보기 물음 17.1

아래의 화합물에 대한 IUPAC 체계적인 이름을 쓰시오.

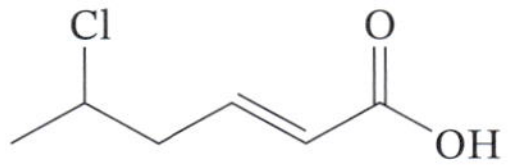

Cl O OH

풀이

먼저 카복실산기의 탄소부터 시작해서 번호를 붙인다.

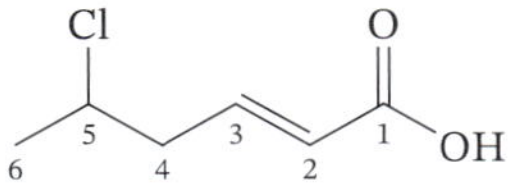

Cl O OH 6 5 4 3 2 1

이 사슬은 6개의 탄소와 1개의 이중 결합을 가졌으므로 기본 이름은 헥센산(hexenoic acid)이다. 그다음 이중 결합의 위치와 그것의 입체 화학, 그리고 치환기의 위치와 이름을 쓴다. 따라서 이름은 (*E*)-5-클로로-2-헥센산[(*E*)-5-chloro-2-hexenoic acid]이다.

되새김 물음 17.1

아래 각 물질의 IUPAC 이름을 쓰시오.

(a) O OH

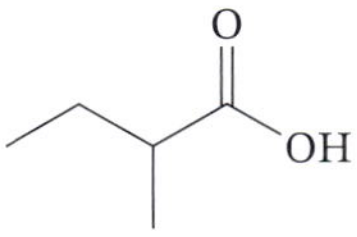

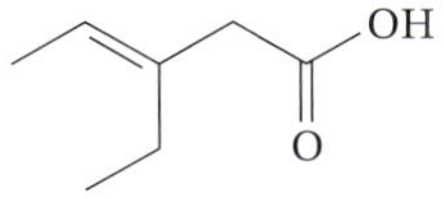

(b) O OH

(c) Br ONa O

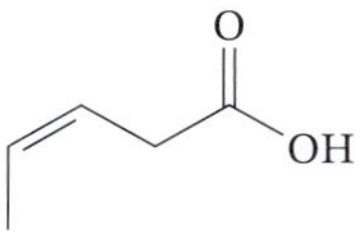

(d) C_6H_5 O OH

(e) OH O

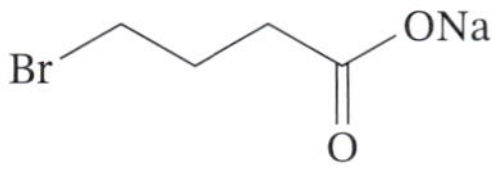

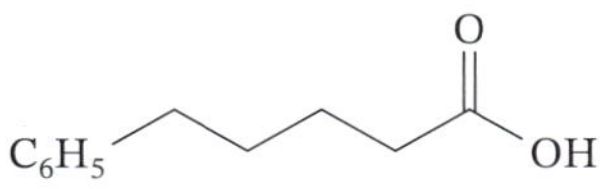

17.2C 카복실산의 산도

대부분의 치환기가 없는 카복실산은 10^{-4}~10^{-5} 범위의 pK_a 값(pK_a 4~5)을 갖는다. 물의 pK_a는 16이며 H_2CO_3의 pK_a는 약 7이다. 이러한 상대적인 산도는 카복실산이 수산화 소듐이나 탄산수소 소듐 수용액과 쉽게 반응하여 용해하는 소듐 염을 만들 것임을 의미한다. 그러므로 물에 녹지 않는 카복실산을 페놀 및 알코올과 구별하기 위해 용해도 시험을 이용할 수 있다.

- 물에 녹지 않는 카복실산은 수산화 소듐 수용액이나 탄산수소 소듐 수용액에서 용해된다.

도움말
이와 같은 용해도 시험은 미지 화합물을 분류하는 데 신속하고도 유용한 방법이다.

Benzoic acid (물에 녹지 않음) $\xrightarrow[NaHCO_3\ 수용액]{NaOH\ 수용액\ 또는}$ Sodium benzoate (O^-Na^+) (물에 녹음)

- 물에 녹지 않는 페놀은 수산화 소듐 수용액에서 용해되나, 탄산수소 소듐 수용액에서는 전자 끄는 치환기가 고리에 붙어 있지 않는 한 용해되지 않는다.
- 물에 녹지 않는 알코올은 수산화 소듐 수용액이나 탄산수소 소듐 수용액에서 용해되지 않는다.

전자 끄는 기를 가진 카복실산은 치환기가 없는 산보다 더 강산이다. 예를 들어, 클로로아세트산들은 다음과 같은 산도의 순서를 보이고 있다.

산도: Cl_3CCOOH > $Cl_2CHCOOH$ > $ClCH_2COOH$ > H_3CCOOH

pK_a	0.70	1.48	2.86	4.76

3.10절에서 보았듯이 전자 끄는 기의 산도 증가 효과는 유발 효과와 엔트로피 효과가 어우러져 생기는 것이다. 유발된 전하의 비편재화는 **그림 17.1**에서 보듯이, 아세트산과 트라이클로로아세트산의 카복실산 음이온들의 정전기적 퍼텐셜 지도를 비교하면 알 수 있다. 음전하는 트라이클로로아세트산의 카복실기보다는 아세트산의 카복실기에 더 놓여 있다. 트라이클로로아세트산 이온의 음전하는 세 염소 원자의 전자 끄는 효과에 의해서 비편재화되어 이것을 아세트산보다 더 강산으로 만든다.

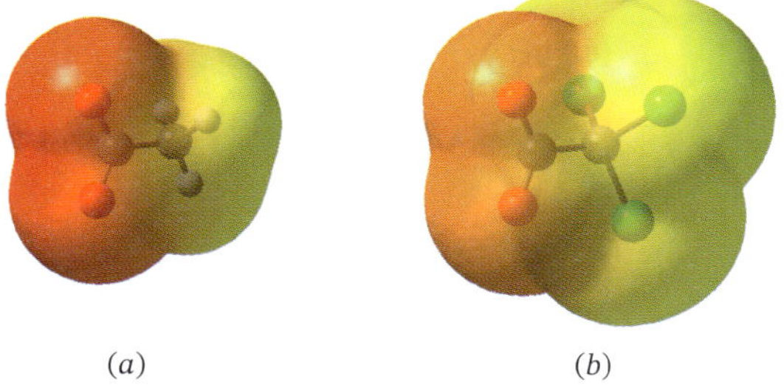

그림 17.1 (*a*) 아세트산과 (*b*) 트라이클로로아세트산의 카복실산 이온들의 정전기적 퍼텐셜 지도. 트라이클로로아세트산 이온에 있는 세 개의 염소 원자의 전자를 끄는 유발 효과로 인하여 트라이클로로아세트산 이온의 비편재화가 더 크다.

- 일반적으로 짝염기의 전하가 더 비편재화될수록 음이온은 더 안정화되고, 따라서 산은 더 강산이 된다.

유발 효과는 공유 결합을 통하여 효과적으로 전파되지 않으므로 전자 끄는 기와 카복실기 사이의 거리가 증가함에 따라 산도 증가 효과는 감소한다. 아래에 있는 클로로뷰탄산 중에서 2-클로로뷰탄산이 가장 강한 산이다.

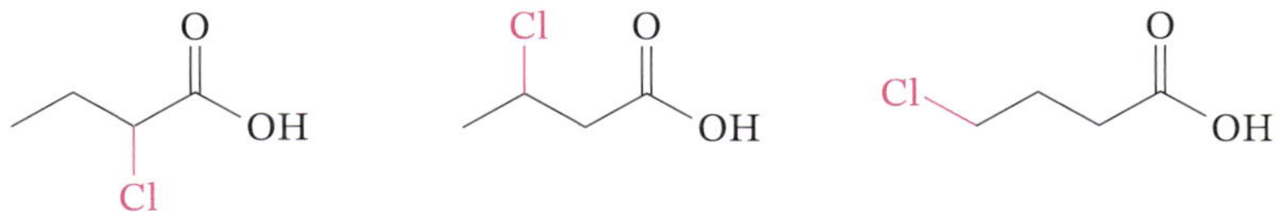

2-Chlorobutanoic acid ($pK_a = 2.85$)　**3-Chlorobutanoic acid** ($pK_a = 4.05$)　**4-Chlorobutanoic acid** ($pK_a = 4.50$)

보기 물음 17.2

카복실산 **A**와 **B** 중 어느 것이 더 강산인가?

CO_2H (A) 또는 O_2N … CO_2H (B)

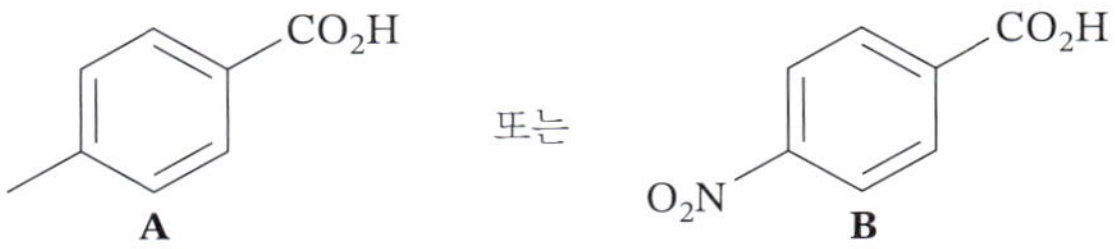

풀이

나이트로기의 전자를 끄는 효과가 **B**의 짝염기를 안정화시키는 반면, **A**의 메틸기의 전자를 미는 효과는 짝염기를 불안정화시킨다. 따라서 **B**가 더 강산이다.

되새김 물음 17.2

아래의 각 쌍의 산 중 어느 것이 더 강산인가?

(a) 또는

(b) 또는

(c) 또는

(d) 또는

(e) 또는

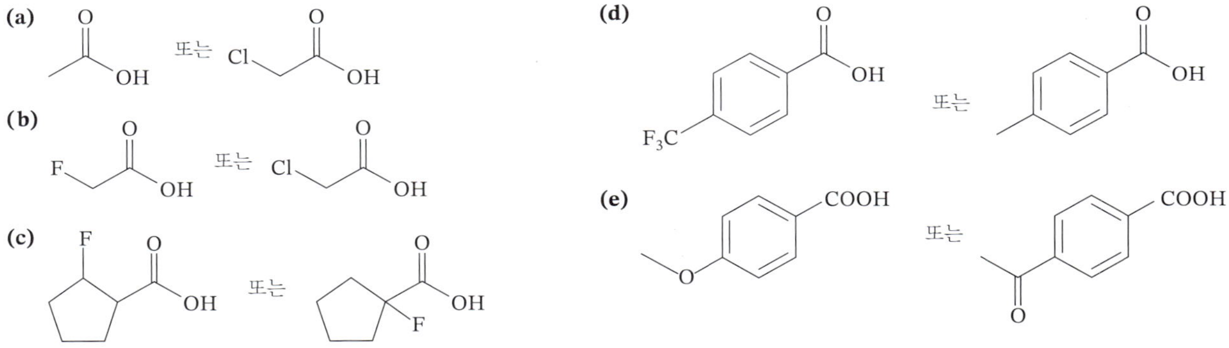

17.2D 다이카복실산

다이카복실산은 IUPAC계나 대치된 계에서 **알케인이산(alkanedioic acid)**으로 이름이 지어진다. 대부분 간단한 다이카복실산은 관용명을 가지고 있다(**표 17.2**).

표 17.2 다이카복실산

구조	관용명	mp (°C)	pK_a (25 °C 에서)	
			pK_{a1}	pK_{a2}
$HO_2C—CO_2H$	Oxalic acid	189 분해	1.2	4.2
$HO_2CCH_2CO_2H$	Malonic acid	136	2.9	5.7
$HO_2C(CH_2)_2CO_2H$	Succinic acid	187	4.2	5.6
$HO_2C(CH_2)_3CO_2H$	Glutaric acid	98	4.3	5.4
$HO_2C(CH_2)_4CO_2H$	Adipic acid	153	4.4	5.6
cis-$HO_2C—CH{=}CH—CO_2H$	Maleic acid	131	1.9	6.1
trans-$HO_2C—CH{=}CH—CO_2H$	Fumaric acid	287	3.0	4.4
CO_2H, CO_2H	Phthalic acid	206~208 분해	2.9	5.4
CO_2H, CO_2H	Isophthalic acid	345~348	3.5	4.6
HO_2C—⟨벤젠 고리⟩—CO_2H	Terephthalic acid	승화	3.5	4.8

석신산과 퓨마르산은 시트르산 경로에서 핵심 대사 물질이다. 아디프산은 나일론의 합성에 쓰인다. 프탈산의 이성질체들은 폴리에스터 제조에 쓰인다. 중합체에 대한 더 많은 정보는 온라인 자료에서 특수 주제 E를 보시오.

보기 물음 17.3

다음 사실에 대하여 설명하시오. **(a)** 표 17.2에 모든 다이카복실산에 대한 pK_{a1}은 같은 수의 탄소 원자를 가진 모노카복실산의 pK_a보다 작다. **(b)** $HO_2C(CH_2)_nCO_2H$ 형태의 다이카복실산에서 pK_{a1}과 pK_{a2} 의 차이는 n이 증가할 때 감소한다.

풀이

(a) 카복실기는 전자 끄는 기이다. 따라서 표 17.2에 수록된 다이카복실산에서 한 카복실산기는 다른 카복실산기의 산도를 증가시킨다. **(b)** 카복실기 사이의 거리가 멀어질수록 산도를 증가시키는 유발 효과는 감소한다.

17.2E 에스터

에스터는 카복실산과 알코올 사이에서 물 분자 하나가 빠져나가면서 생성되는 것으로 생각할 수 있다. 에스터의 이름은 알코올(끝이 '일', **-yl**)과 산(끝이 '산' **-oate**)으로부터 유도된다. 영문 이름에서는 알코올로부터 유도된 이름의 부분이 먼저 온다.*

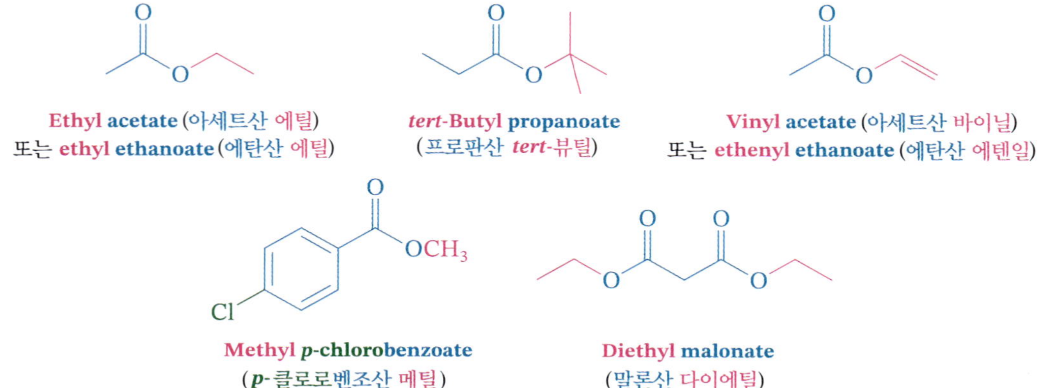

* 에스터의 영문 이름과 우리말 이름에 있어서 순서가 바뀜을 조심해야 한다. 즉, 영문 이름은 '알코올(−yl)+산(−oate)'이고, 우리말 이름은 '산(−산)+알코올(−일)'이다.

에스터는 극성 화합물이다. 그러나 산소에 붙어 있는 수소가 없기 때문에 분자들은 서로 강한 수소 결합을 형성할 수 없다. 그 결과 에스터는 비슷한 분자량의 카복실산이나 알코올보다 낮은 끓는점을 가지고 있다. 에스터의 끓는점은 분자량이 비슷한 알데하이드나 케톤이 끓는점들과 거의 같다. 작은 분자량의 산과는 달리, 에스터는 대체적으로 과일에서 나는 향기와 비슷한 향기로운 냄새를 가지고 있어서 이것들은 합성 향신료로 이용된다.

Isopentyl acetate (아세트산 아이소펜틸)
(바나나 향료 합성에 이용)

Isopentyl pentanoate (펜탄산 아이소펜틸)
(사과 향료 합성에 이용)

17.2F 카복실산 무수물

카복실산 무수물(산 무수물이라고도 부름)들은 두 카복실산기 사이에서 물 분자 하나가 빠져나가면서 생기는 것으로 생각할 수 있다. 두 카복실산이 동일하면 카복실산의 이름에서 **'산'**을 빼고 **'무수물'**을 붙인다(영어로는 **acid**를 빼고 **anhydride**를 붙인다). 두 개의 다른 카복실산 전구체가 포함되면 혼합된 무수물로 이름 붙인다.

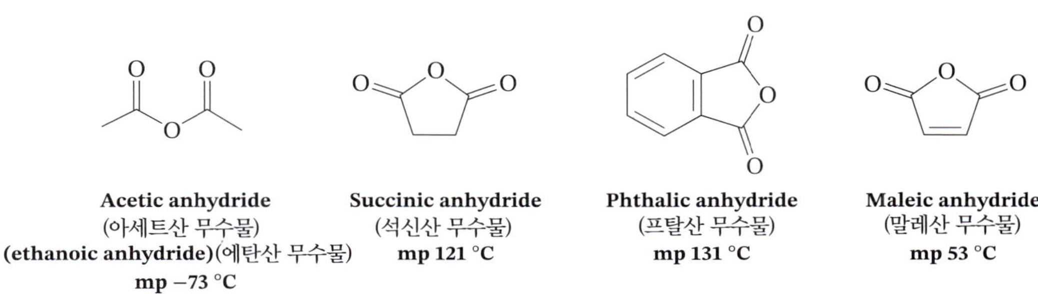

Acetic anhydride
(아세트산 무수물)
(ethanoic anhydride)(에탄산 무수물)
mp −73 °C

Succinic anhydride
(석신산 무수물)
mp 121 °C

Phthalic anhydride
(프탈산 무수물)
mp 131 °C

Maleic anhydride
(말레산 무수물)
mp 53 °C

17.2G 염화 아실

염화 아실은 **산 염화물**(**acid chloride**)이라고도 하는데, 카복실산에서 하이드록실기가 염소로 대치되어 유도된다. 이것들은 산의 이름으로부터 '산'을 떼어내고 **'염화 -일'**을 붙인다(영어로는 **-ic acid** 대신 **-yl chloride**를 쓴다). 예를 들면,

Acetyl chloride (염화 아세틸)
(ethanoyl chloride)(염화 에탄오일)
mp −112 °C; bp 51 °C

Propanoyl chloride
(염화 프로판오일)
mp −94 °C; bp 80 °C

Benzoyl chloride
(염화 벤조일)
mp −1 °C; bp 197 °C

염화 아실과 카복실산 무수물의 끓는점들은 분자량이 비슷한 에스터와 같은 범위의 값을 갖는다.

17.2H 아마이드

아마이드는 카복실산과 아민 사이에서 물 분자 하나가 빠져나가면서 생성되는 것으로 생각할 수 있다. 질소에 치환체를 갖지 않은 아마이드는 산의 일반명의 '**산**'을 빼고 '**아마이드**'를 붙인다(영어로는 **-ic acid** 또는 **-oic acid** 대신 **-amide**를 쓴다). 아마이드의 질소에 있는 알킬기는 치환체로서 명명되고, 치환된 이름은 *N*- 혹은 *N*,*N*-이란 접두사를 붙인다. 예를 들면,

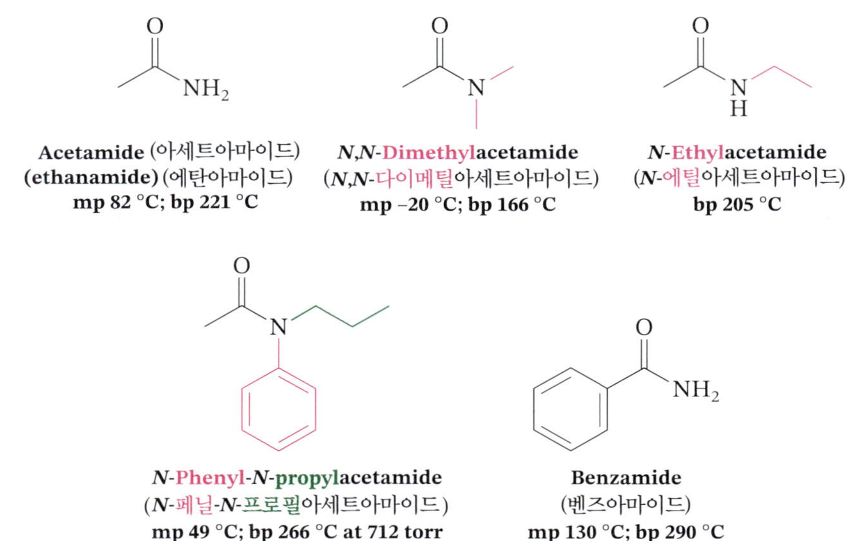

- 질소 원자에 한 개 또는 두 개의 수소 원자를 가진 아마이드 분자들은 서로 수소 결합을 형성할 수 있다.

그러한 아마이드는 녹는점과 끓는점이 높다. 한편 *N*,*N*-이치환기의 아마이드 분자들은 서로 수소 결합을 형성할 수 없기 때문에 녹는점과 끓는점이 낮다. 위에 제시된 녹는점과 끓는점은 이러한 추세를 나타내고 있다.

- 아마이드기 사이의 수소 결합은 단백질과 펩타이드가 겹쳐져서 전체적인 구조를 이루는 데 핵심 역할을 한다(24장).

단백질과 펩타이드(짧은 단백질)는 아미노산들이 아마이드기로 연결된 고분자이다. 많은 단백질의 구조에서 흔한 한 가지 형태는 아래에 보인 β 판상형이다.

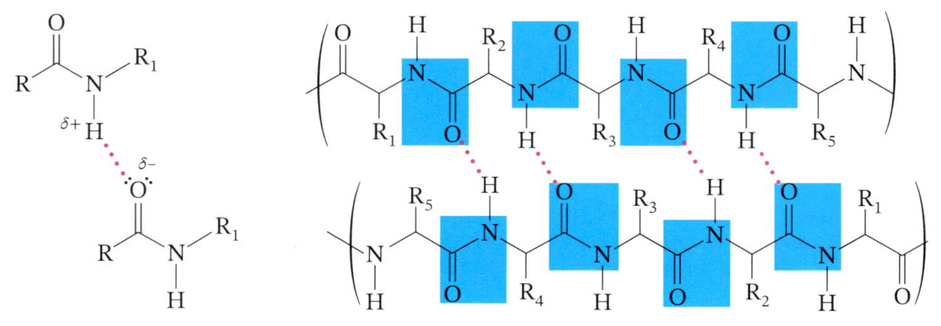

아마이드 분자 사이의 수소 결합
(적색 점선)

펩타이드 사슬의 아마이드기들 사이의
수소 결합. 사슬 사이의 상호 작용(β 판상형)은
많은 단백질 구조에서 중요하다.

17.2I 나이트릴

카복실산과 나이트릴은 상호 전환될 수 있다. IUPAC의 치환기 이름 짓기에서 비고리형 나이트릴은 대응되는 탄화수소의 이름에 '-나이트릴(nitrile)'이라는 접미사를 붙여 이름 짓는다. —C≡N기의 탄소 원자를 1번으로 정한다. 아세토나이트릴은 CH_3CN에 대하여 수용된 관용명이며, 아크릴로나이트릴은 $CH_2{=}CHCN$에 대하여 수용된 관용명이다.

$$\overset{2}{C}H_3—\overset{1}{C}≡N:$$

Ethanenitrile (에테인나이트릴)
(acetonitrile) (아세토나이트릴)

$$\overset{3}{C}H_2{=}\overset{2}{C}H—\overset{1}{C}≡N:$$

Propenenitrile (프로펜나이트릴)
(acrylonitrile) (아크릴로나이트릴)

보기 물음 17.4

N,N-다이에틸-3-메틸벤즈아마이드(*N,N*-다이에틸-*m*-톨루아마이드 또는 DEET라고도 부름)는 많은 벌레 퇴치제로 사용된다. 이것의 구조를 쓰시오.

풀이

O
N

DEET

되새김 물음 17.3

아래 물질의 구조식을 쓰시오.

(a) Propyl butanoate
(b) Ethyl *p*-nitrobenzoate
(c) Dimethyl malonate
(d) *N,N*-Diphenylpropanamide
(e) 3-Methylpentanenitrile
(f) Dimethyl phthalate
(g) 2,3-Dimethylbutyl ethanoate
(h) *N,N*-Dimethylformamide
(i) 2-Methylpropanoyl bromide
(j) Dipropyl succinate

17.2J 아실 화합물의 분광학적인 성질

IR 스펙트럼 적외선 분광학은 카복실산과 그 유도체들을 확인하는 데 상당히 중요한 역할을 한다. C=O 신축 띠는 항상 강한 띠이기 때문에 이 화합물들의 적외선 스펙트럼에서 가장 현저한 것 중의 하나이다. 대부분의 아실 화합물의 C=O 띠 위치를 그림 17.2에 수록하였다.

도움말
적외선 분광학은 아실 화합물을 분류하는 데 유용하다.

- C=O 신축 띠는 산, 에스터, 아마이드들에 대해 각각 다른 진동수에서 일어나기 때문에 그들의 정확한 위치는 구조 결정에 자주 도움을 준다.
- 카보닐에 결합된 짝지음과 전자를 미는 기로 인하여 C=O 흡수띠는 낮은 진동수로 이동한다.
- 카보닐에 결합된 전자를 끄는 기로 인하여 C=O 흡수띠는 높은 진동수로 이동한다.
- 카복실산의 하이드록실기는 또한 O—H의 신축 진동 때문에 2500~3100 cm^{-1} 영역에서 넓은 피크를 나타낸다.

작용기	대략적인 진동수 범위 (cm^{-1})	1840 1820 1800 1780 1760 1740 1720 1700 1680 1660 1640 1620 1600
산 염화물	1815~1785 1800~1770 (짝지음)	*
산 무수물	1820~1750 1775~1720 (짝지음)	(두 개의 C=O 흡수)
에스터/락톤	1750–1735 1730–1715 (짝지음)	또한 C—O (1300~1000); O—H 흡수가 없음
카복실산	~1760 또는 1720~1705 1710~1680 (짝지음)	(단위체) (이합체) 또한 C—O (1315~1280) 그리고 O—H (~3300, 넓은 띠)
알데하이드	1740~1720 1710~1685 (짝지음)	또한 C—H (2830~2695)
케톤	1720~1710 1685~1665	
아마이드/락탐	1700~1620	(고체) (용액)
카복실산 염	1650~1550	(두 개의 C=O 흡수)

*오렌지 색 막대는 짝지은 화학종의 흡수 범위를 나타낸다.

그림 17.2 대략적인 카보닐의 적외선 흡수 진동수.
(Frequency ranges based on Silverstein and Webster, reprinted with permission of John Wiley & Sons, Inc. from Silverstein, R. and Webster, F. X., *Spectrometric Identification of Organic Compounds*, Sixth Edition. Copyright 1998.)

- 아마이드의 N—H 신축 진동은 3140~3500 cm^{-1} 영역에서 흡수한다.

O—H 또는 N—H 흡수띠가 있고 없고는 미지 시료에 어느 카보닐 작용기가 존재하는가에 대한 중요한 실마리가 된다.

그림 17.3은 프로판산의 주석을 단 스펙트럼이다. 나이트릴은 강하고도 특징적인 흡수띠를 2250 cm^{-1}에서 보인다. 이것은 탄소–질소 삼중 결합의 신축에 기인한 흡수이다.

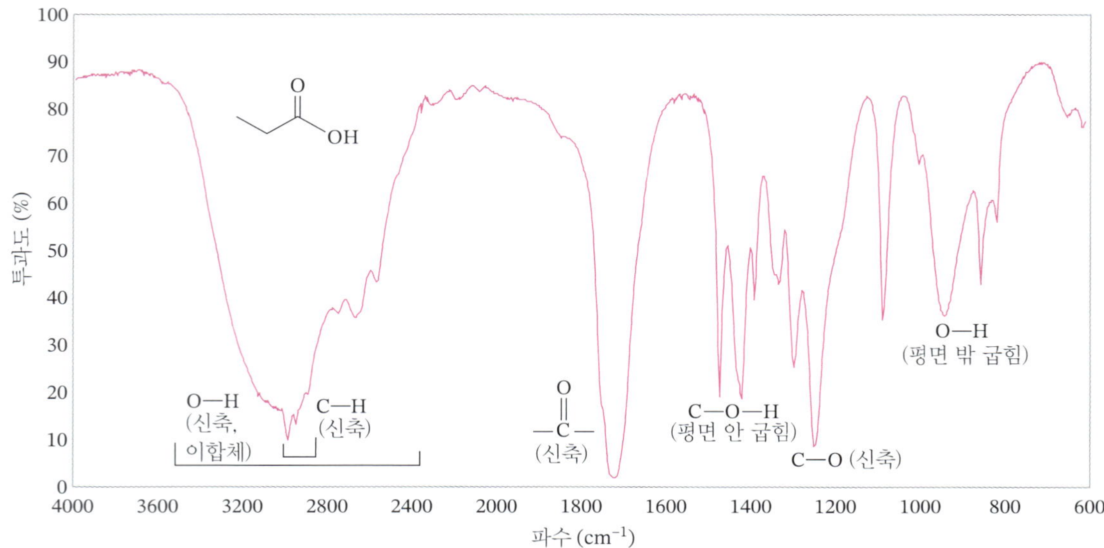

그림 17.3 프로판산의 적외선 스펙트럼

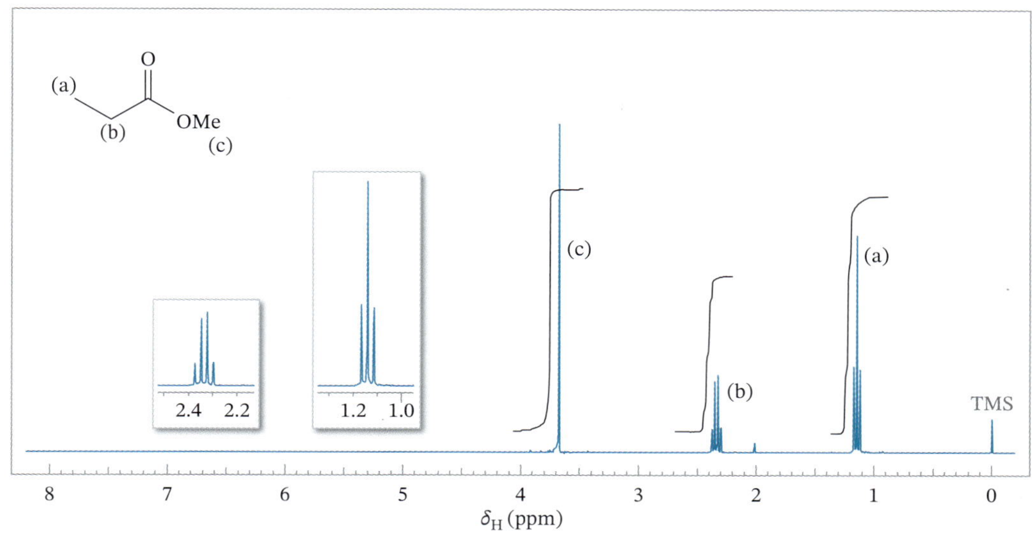

그림 17.4 프로판산 메틸의 ^{1}H NMR 스펙트럼. 확대된 신호를 위에 보여 주었다.

^{1}H NMR 스펙트럼

- 카복실산의 산성인 양성자는 매우 벗겨져서 아주 낮은 장인 10~12 ppm에서 흡수한다.
- 카복실산의 α 탄소에 있는 양성자는 2.0~2.5 ppm 영역에서 흡수한다.

그림 17.4는 에스터인 프로판산 메틸의 ^{1}H NMR 스펙트럼이다. 에틸기의 정상적인 갈라짐 양상(사중선과 삼중선)이 보이고, 메틸기의 단일선도 예상한 대로이다.

^{13}C NMR 스펙트럼

- 카복실산과 그 유도체의 카보닐 탄소는 매우 낮은 장인 160~180 ppm 영역에서 나타난다(아래의 예를 보시오). 그러나 알데하이드나 케톤처럼 아주 낮은 장(180~220 ppm)은 아니다.
- 나이트릴 탄소는 그렇게 낮은 장으로 이동하지 않고 115~120 ppm 영역에서 나온다.

$H_3C-C(=O)-OH$	$H_3C-C(=O)-OCH_2CH_3$	$H_3C-C(=O)-Cl$	$H_3C-C(=O)-NH_2$	$H_3C-C\equiv N$
177.2 ppm	**170.7 ppm**	**170.3 ppm**	**172.6 ppm**	**117.4 ppm**

카보닐 또는 나이트릴 탄소 원자의 ^{13}C NMR 화학적 이동

카복실산과 그 유도체의 알킬기의 탄소는 훨씬 더 높은 장으로 이동한다. 펜탄산의 각 탄소의 화학적 이동은 다음과 같다.

CH_3 (13.5) – CH_2 (22.0) – CH_2 (27.0) – CH_2 (34.1) – $C(=O)OH$ (179.7)

^{13}C NMR 화학적 이동 (ppm)

17.3 카복실산의 제법

카복실산의 합성에 대한 방법들은 낯익은 것들이 많다.

1. **알켄의 산화(oxidation of alkene)**. 8.17A절에서 뜨거운 염기성 $KMnO_4$로 알켄을 산화하여 카복실산을 만들 수 있음을 배웠다.

$$\text{RCH=CHR}' \ (E \text{ 또는 } Z) \xrightarrow[\text{(2) } H_3O^+]{\text{(1) } KMnO_4,\ HO^-,\ \text{가열}} \text{RCOOH} + \text{R}'\text{COOH}$$

또한 오존화물을 산화성 처리 과정을 거쳐 카복실산을 만들 수 있음도 배웠다(8.16B절).

$$\text{RCH=CHR}' \ (E \text{ 또는 } Z) \xrightarrow[\text{(2) } H_2O_2]{\text{(1) } O_3} \text{RCOOH} + \text{R}'\text{COOH}$$

2. **알데하이드나 1차 알코올의 산화(oxidation of aldehyde and 1° alcohol)**. 알데하이드는 $Ag(NH_3)_2{}^+OH^-$와 같은 약한 산화제에 의해서 카복실산으로 산화될 수 있다(16.11절). 1차 알코올은 $KMnO_4$로 산화시킬 수 있다. 알데하이드와 1차 알코올은 크로뮴산(H_2CrO_4)의 아세톤 수용액에 의해서 산화되어 카복실산이 된다(Jones 산화 반응, 12.4C절).

$$\text{RCHO} \xrightarrow[\text{(2) } H_3O^+]{\text{(1) } Ag_2O \text{ 또는 } Ag(NH_3)_2{}^+HO^-} \text{RCOOH}$$

$$\text{RCH}_2\text{OH} \xrightarrow[\text{(2) } H_3O^+]{\text{(1) } KMnO_4,\ HO^-,\ \text{가열}} \text{RCOOH}$$

$$\text{RCHO 또는 RCH}_2\text{OH} \xrightarrow{H_2CrO_4} \text{RCOOH}$$

3. **알킬벤젠의 벤질 자리 산화(benzylic oxidation of alkylbenzene)**. 벤젠에 직접 붙어 있는 1차와 2차 알킬기(3차는 안 됨)은 $KMnO_4$에 의해서 $-CO_2H$로 산화된다(15.11D절).

$$C_6H_5\text{R} \xrightarrow[\text{(2) } H_3O^+]{\text{(1) } KMnO_4,\ HO^-,\ \text{가열}} C_6H_5\text{COOH}$$

4. **벤젠 고리의 산화(oxidation of the benzene ring)**. 알킬벤젠의 벤젠 고리는 가오존 분해 후 과산화 수소로 처리하면 카복실기로 전환될 수 있다(15.11E절).

$$\text{R}-C_6H_5 \xrightarrow[\text{(2) } H_2O_2]{\text{(1) } O_3,\ CH_3CO_2H} \text{RCOOH}$$

5. **사이아노하이드린과 다른 나이트릴의 가수 분해(hydrolysis of cyanohydrin and other nitrile)**.

16.9절에서 알데하이드나 케톤이 사이아노하이드린(**cyanohydrin**)으로 전환될 수 있고 이것은 다시 α-하이드록시산으로 가수 분해될 수 있다는 것을 배웠다. 가수 분해에서 —CN기는 —CO_2H기로 전환된다. 가수 분해에 대한 메커니즘은 17.8H절에서 논의될 것이다.

$$RC(=O)R' + HCN \rightleftharpoons R(R')C(OH)CN \xrightarrow[H_2O]{HA} R(R')C(OH)CO_2H$$

나이트릴은 또한 할로젠화 알킬과 사이안화 소듐의 친핵성 치환 반응에 의해 만들어질 수 있다. 나이트릴의 가수 분해로 원래의 할로젠화 알킬보다 **탄소 수가 하나 더 많은** 카복실산이 만들어진다.

일반적인 반응

$$RCH_2X + {}^-C{\equiv}N \longrightarrow RCH_2CN \xrightarrow[H_2O,\ \text{가열}]{HA} RCH_2COOH + \overset{+}{N}H_4$$

$$RCH_2CN \xrightarrow[H_2O,\ \text{가열}]{HO^-} RCH_2COO^- + NH_3$$

구체적인 예

$$HOCH_2CH_2Cl \xrightarrow[(80\%)]{NaCN} HOCH_2CH_2CN \xrightarrow[(2)\ H_3O^+\ (75\sim80\%)]{(1)\ HO^-,\ H_2O} HOCH_2CH_2COOH$$

3-Hydroxypropanenitrile → **3-Hydroxypropanoic acid**

$$Br(CH_2)_3Br \xrightarrow[(77\sim86\%)]{NaCN} NC(CH_2)_3CN \xrightarrow[(77\sim86\%)]{H_3O^+} HOOC(CH_2)_3COOH$$

Pentanedinitrile → **Glutaric acid**

이 합성법은 일반적으로 **1차 할로젠화 알킬**만 사용하도록 제한되어 있다. 사이안화 이온은 비교적 강한 염기로, 2차나 3차의 할로젠화 알킬을 쓰면 나이트릴(S_N2 치환 반응에 의한)이 만들어지기보다는 주로 알켄(E2 제거 반응에 의한)이 만들어진다. 할로젠화 아릴(*o*-와 *p*-나이트로기를 가진 것들을 제외한)은 사이안화 소듐과 반응하지 않는다.

6. Grignard 시약에 의한 탄산화 반응(carbonation of Grignard reagent). Grignard 시약은 이산화 탄소와 반응하여 카복실산 마그네슘을 만든다. 산성화시키면 카복실산이 생성된다.

$$R{-}Cl \xrightarrow[Et_2O]{Mg} R{-}MgCl \xrightarrow{CO_2} RC(=O)OMgCl \xrightarrow{H_3O^+} RC(=O)OH$$

$$Ar{-}Br \xrightarrow[Et_2O]{Mg} Ar{-}MgBr \xrightarrow{CO_2} ArC(=O)OMgBr \xrightarrow{H_3O^+} ArC(=O)OH$$

이 카복실산 합성 방법은 1차, 2차, 3차 알킬, 알릴, 벤질, 그리고 할로젠화 아릴에 적용할 수 있다. 이때 이 물질은 Grignard 반응에 부적합한 어떤 작용기도 가지고 있지 않아야 한다(12.8B절 참조).

tert-Butyl chloride $\xrightarrow[\text{Et}_2\text{O}]{\text{Mg}}$ (CH$_3$)$_3$CMgCl $\xrightarrow[(2)\ H_3O^+]{(1)\ CO_2}$ **2,2-Dimethylpropanoic acid** **(전체적으로 79~80%)**

Butyl chloride $\xrightarrow[\text{Et}_2\text{O}]{\text{Mg}}$ CH$_3$CH$_2$CH$_2$CH$_2$MgCl $\xrightarrow[(2)\ H_3O^+]{(1)\ CO_2}$ **Pentanoic acid** **(전체적으로 80%)**

Bromobenzene $\xrightarrow[\text{Et}_2\text{O}]{\text{Mg}}$ C$_6$H$_5$MgBr $\xrightarrow[(2)\ H_3O^+]{(1)\ CO_2}$ **Benzoic acid** **(85%)**

되새김 물음 17.4 아래의 화합물을 벤조산으로 전환하는 방법을 보이시오.

(a) Ethylbenzene **(b)** Bromobenzene (Br) **(c)** Acetophenone (O) **(d)** Styrene **(e)** Benzyl alcohol (OH) **(f)** Benzaldehyde (O, H)

되새김 물음 17.5 아래의 각 카복실산은 나이트릴 합성을 이용해서 어떻게 만드는지 보이시오. 이 카복실산 중 어느 것이 Grignard 시약을 사용하여 만들 수 있는가?

(a) C$_6$H$_5$CH$_2$COOH (OH, O) **(b)** CH$_3$CH$_2$CH$_2$C(CH$_3$)$_2$COOH (O, OH) **(c)** CH$_2$=CHCH$_2$COOH (O, OH) **(d)** p-CH$_3$C$_6$H$_4$COOH (O, OH) **(e)** CH$_3$(CH$_2$)$_4$COOH (O, OH)

되새김 물음 17.6 **(a)** 되새김 물음 17.5에 있는 카복실산의 어느 것들이 나이트릴 합성에 의해서도 만들어질 수 있는가? **(b)** HO(CH$_2$)$_4$Br 로부터 HO(CH$_2$)$_4$COOH를 만드는 데 Grignard 합성과 나이트릴 합성 중 어느 것을 선택하겠는가? 그 까닭은?

17.4 아실 치환 반응: 아실 탄소에서의 친핵성 첨가–제거 반응

카복실산과 그 유도체들의 반응은 아실(카보닐) 탄소 원자에서 일어나는 **친핵성 첨가–제거 반응(nucleophilic addition–elimination)**이 특징이다. 그 결과는 아실 탄소에 치환 반응이다. 이 메커니즘의 핵심은 **정사면체인 중간체(tetrahedral intermediate)**가 형성되면 제거 반응 후에 카보닐기로 되돌아간다는 것이다. 다음과 같은 일반적인 형태의 반응을 많이 보게 될 것이다.

반응 메커니즘

친핵성 첨가–제거 반응에 의한 아실 치환 반응

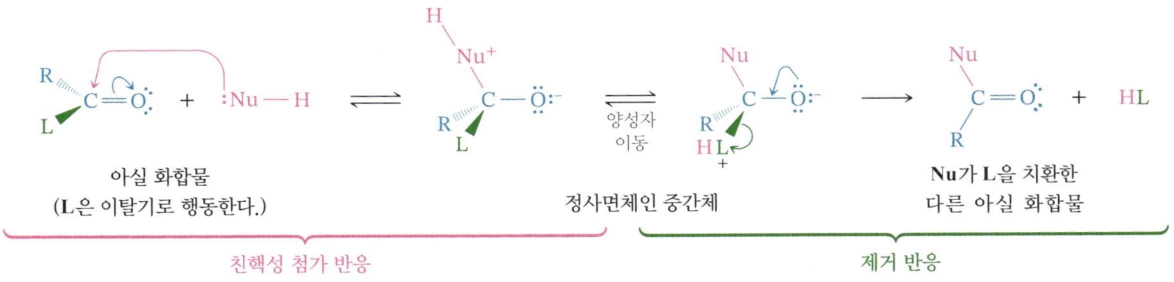

이러한 형태의 많은 반응들이 생명체에서 일어나며, 생화학자들은 이것을 **아실 전달 반응(acyl transfer reaction)**이라고 부른다. 온라인 자료의 특수 주제 G에서 논의된 아세틸–조효소 A가 흔히 생화학적 아실 전달 시약으로 작용한다. **아실 치환 반응(acyl substitution reaction)**은 '새 장을 열며'와 온라인 자료의 특수 주제 E에서 서술된 것처럼 산업에서도 매우 중요하다.

> **도움말**
> 아실 치환 반응의 일반적인 메커니즘을 염두에 두고 있으면 이 장에 나오는 반응들의 공통적인 주제를 알게 될 것이다.

- 아실 치환 반응에서 첫 단계는 카보닐 탄소 원자에 친핵성 첨가 반응이 일어나는 것이다. 이 단계는 카보닐 탄소의 상대적인 입체 개방 정도와 탄소–산소 이중 결합의 전자쌍을 카보닐 산소가 수용할 수 있는 능력에 의해서 촉진된다.
- 두 번째 단계에서 정사면체인 중간체는 이탈기(위의 메커니즘에서 L)를 제거한다. 이 **제거 반응(elimination)**으로 탄소–산소 이중 결합은 재생되고 치환 반응 생성물이 얻어지게 된다.

그러므로 전체적인 과정은 **친핵성 첨가–제거 반응(nucleophilic addition–elimination)** 메커니즘에 의한 **아실 치환 반응(acyl substitution)**이다.

아실 화합물은 카보닐 탄소 원자에 좋은 이탈기가 붙어 있기 때문에(또는 양성자가 첨가되어 좋은 이탈기가 되기 때문에) 이와 같은 반응을 하는 것이다.

- 아실 치환 반응은 카보닐 탄소에 결합된 이탈기를 필요로 한다.

예를 들어, 염화 아실은 대개 **염화 이온** — 매우 약한 염기이며, 따라서 좋은 이탈기 — 을 잃는 반응을 한다. 염화 아실과 물과의 반응이 한 예이다.

구체적인 예

$$\mathrm{R{-}C(=O){-}Cl} + \mathrm{H_2O} \rightleftharpoons \mathrm{R{-}C(O^-)(Cl)(OH_2^+)} \longrightarrow \mathrm{R{-}C(=O){-}OH_2^+} + \mathrm{Cl^-} \xrightarrow{H_2O} \mathrm{R{-}C(=O){-}OH} + \mathrm{H_3O^+}$$

염화 이온을 이탈기로 잃음

산 무수물은 대개 **카복실산 이온**이나 **카복실산** 분자 — 둘 다 약한 염기이며 좋은 이탈기임 — 를 잃는 반응을 한다.

나중에 알게 되겠지만, 대체로 에스터는 **알코올** 분자를 잃는 친핵성 첨가-제거 반응을 하고(17.7B절), 산은 **물** 분자를 잃는 반응을(17.7A절), 그리고 아마이드는 **암모니아** 분자나 **아민** 분자를 잃는 반응을 한다(17.8F절). 이러한 반응에서 잃는 분자들은 모두 약한 염기들이고 대체적으로 좋은 이탈기들이다.

알데하이드나 케톤이 친핵성 첨가-제거 반응을 하려면, 정사면체인 중간체는 수소 음이온(H:⁻)이나 알칸화 이온(R:⁻)을 떼어 버려야만 한다. 둘 다 **매우 강력한 염기**이고, 따라서 **매우 약한 이탈기**들이다.

$$\mathrm{R{-}C(O^-)(H){-}Nu} \not\longrightarrow \mathrm{R{-}C(=O){-}Nu} + \mathrm{H:^-}$$

수소 음이온

$$\mathrm{R{-}C(O^-)(R){-}Nu} \not\longrightarrow \mathrm{R{-}C(=O){-}Nu} + \mathrm{R:^-}$$

알칸화 음이온

이 반응들은 일어나지 않는다.

할로폼 반응(18.3C절)은 알칸화 이온이 이탈기로 행동하는 드문 경우이다. 그러나 이탈기가 약염기성인 트라이할로메틸 음이온이므로 가능하다.

17.4A 아실 화합물의 상대적인 반응성

이 장에서 배울 산 유도체 중에서 염화 아실은 친핵성 첨가-제거 반응에 대해 가장 반응성이 좋으며, 아마이드는 가장 반응성이 작다. 일반적으로 전체적인 반응성 순서는 다음과 같다.

$$\underset{\text{염화 아실}}{\mathrm{R{-}C(=O){-}Cl}} > \underset{\text{산 무수물}}{\mathrm{R{-}C(=O){-}O{-}C(=O){-}R'}} \gg \underset{\text{에스터}}{\mathrm{R{-}C(=O){-}OR'}} > \underset{\text{아마이드}}{\mathrm{R{-}C(=O){-}NH_2}}$$

위의 구조에 있는 녹색 기는 17.4절을 시작할 때 반응 메커니즘 상에 있는 녹색 **L**기와 연관되어 있다.

- 산 유도체의 반응성에 대한 일반적인 순서는 이탈기의 염기도를 고려함으로써 설명될 수 있다.

염화 아실이 반응할 때, 이탈기는 **염화 이온**이다. 산 무수물이 반응할 때 이탈기는 카복실산 또는 카복실산 이온이다. 에스터가 반응할 때 이탈기는 알코올이며, 아마이드가 반응할 때 이탈기는 아민(혹은 암모니아)이다. 이러한 염기들 가운데서 염화 이온이 **가장 약한 염기**이고, 따라서 염화 아실이 **가장 반응성이 큰** 아실 화합물이다. 아민(혹은 암모니아)은 **가장 강한 염기**이며, 따라서 아마이드는 **가장 반응성이 약한** 아실 화합물이다.

17.4B 산 유도체들의 합성

이제 카복실산 유도체의 합성을 조사하기 시작해 보면, 많은 경우에 있어서 하나의 산 유도체는 다른 산의 친핵성 첨가-제거 반응을 통해서 합성될 수 있다는 것을 알게 될 것이다. 앞서 나왔던 반응성의 순서는 어느 방법이 실용적인지, 또 어느 것이 그렇지 않을 것인지에 대한 단서를 제공해 준다. 일반적으로, **반응성이 덜한 아실 화합물은 반응성이 더 큰 아실 화합물로부터 합성될 수 있으나, 그 반대 과정은 어렵고 가능하게 하려면 특별한 조건이 필요하다.**

- 아실 치환 반응에 의한 산 유도체의 합성에서 반응물에 있는 이탈기가 생성물에 있는 것보다 더 좋은 이탈기여야 한다.

17.5 염화 아실

17.5A 염화 아실의 합성

염화 아실은 산 유도체들 가운데 반응성이 가장 크기 때문에, 이들을 합성하려면 특별한 시약을 사용해야 한다. 다른 산 염화물, 즉 **무기산의 산 염화물**인 PCl_5, PCl_3, 그리고 $SOCl_2$ 등을 사용한다. 이 화합물들 모두 카복실산과 반응하여 염화 아실을 좋은 수율로 만들어 낸다.

일반적인 반응

$$RCOOH + SOCl_2 \longrightarrow RCOCl + SO_2 + HCl$$

$SOCl_2$: **Thionyl chloride**

$$3\ RCOOH + PCl_3 \longrightarrow 3\ RCOCl + H_3PO_3$$

PCl_3: **Phosphorus trichloride**

$$RCOOH + PCl_5 \longrightarrow RCOCl + POCl_3 + HCl$$

PCl_5: **Phosphorus pentachloride**

이 반응들은 대단히 반응성이 큰 중간체, 즉 양성자가 첨가된 클로로아황산 아실, 양성자가 첨가된 클로로아인산 아실, 혹은 양성자가 첨가된 클로로인산 아실에 염화 이온이 친핵성 첨가–제거 반응을 하는 것이다. 이들 중간체는 염화 아실 생성물보다 더 나은 아실 이탈기를 가졌다. 예를 들면, 염화 싸이오닐은 다음과 같은 방법으로 카복실산과 반응한다.

반응 메커니즘

염화 싸이오닐을 사용한 염화 아실의 합성

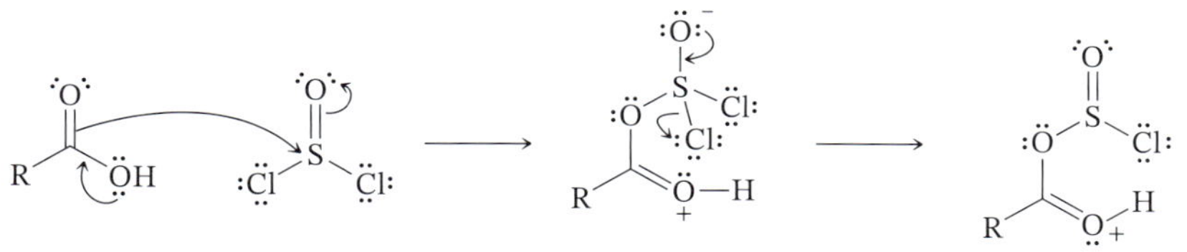

카복실산이 $SOCl_2$와 반응하여 염화 이온을 내쳐버리는 중간체가 된다.

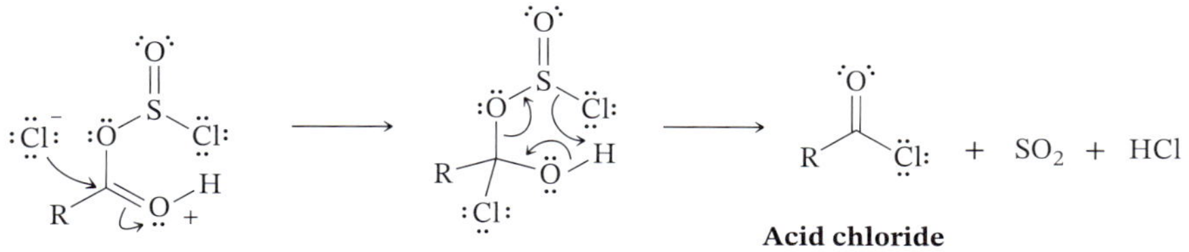

Acid chloride

염화 이온이 카복실산의 탄소에 반응하여 정사면체인 중간체를 만들고, 이로부터 SO_2와 HCl이 풀려나오면 산 염화물이 형성된다.

17.5B 염화 아실의 반응

염화 아실은 가장 반응성이 큰 아실 유도체이기 때문에 아주 쉽게 반응성이 덜한 물질로 전환된다.

- 흔히 무수물, 에스터, 혹은 아마이드를 합성하는 최상의 경로는 카복실산으로부터 먼저 염화 아실을 만든 다음, 염화 아실을 원하는 물질로 전환하는 것이다.

그림 17.5에 주어진 도표는 이런 방법들을 나타내고 있다. 이 반응들을 17.6~17.8절에서 자세히 배우기로 한다.

염화 아실은 물과 반응하고 염기 수용액과는 더 빨리 반응한다. 그러나 이 반응은 고의로 수행되지는 않는다. 유용한 염화 아실 반응물을 카복실산 또는 그것의 염으로 전환시키기 때문이다.

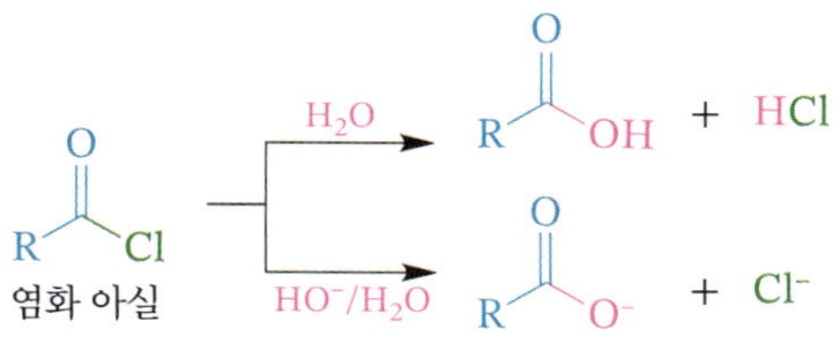

염화 아실 $\xrightarrow{H_2O}$ RCOOH + HCl

염화 아실 $\xrightarrow{HO^-/H_2O}$ $RCOO^-$ + Cl^-

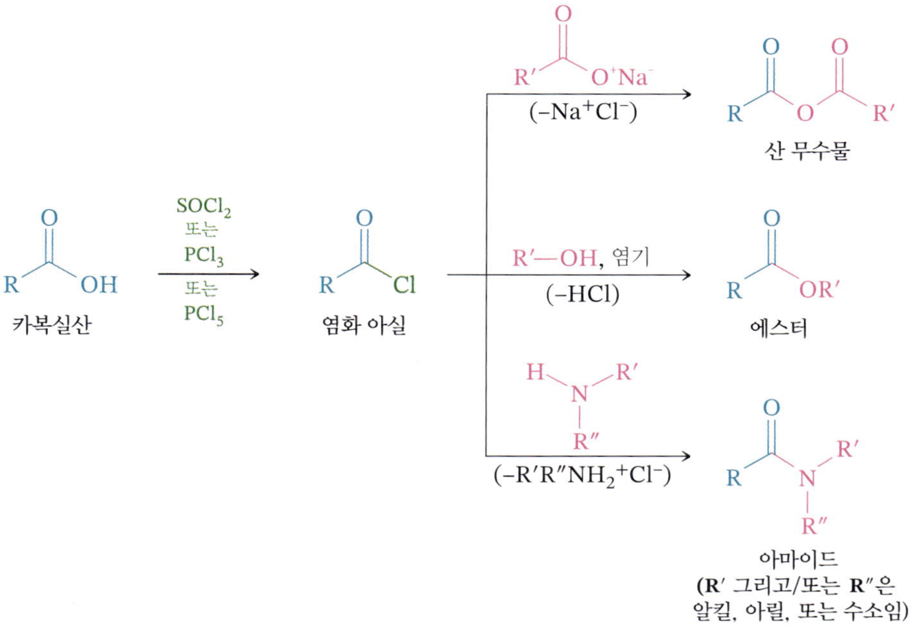

그림 17.5 염화 아실의 합성과 염화 아실의 반응

17.6 카복실산 무수물

17.6A 카복실산 무수물의 합성

카복실산은 피리딘 존재하에서 염화 아실과 반응하여 카복실산 무수물을 만든다. 피리딘은 카복실산으로부터 양성자를 떼어내어 그것의 친핵성도를 증가시킨다.

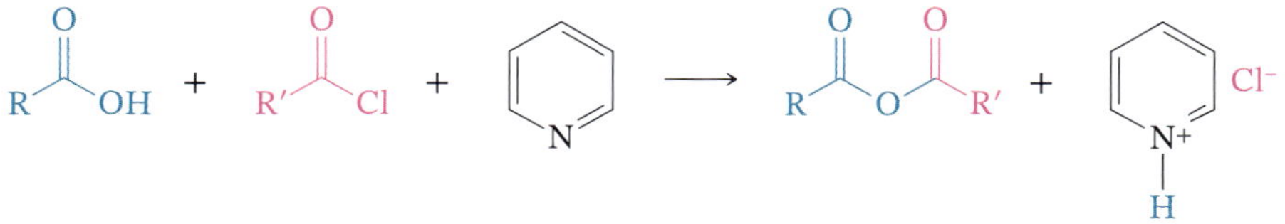

$$RCOOH + R'COCl + \text{pyridine} \longrightarrow RCOOCOR' + \text{pyridinium}^{+}\ Cl^-$$

이 방법은 실험실에서 무수물 제법으로 흔히 사용된다. 이 방법은 아주 일반적이어서, 혼합된 무수물($R \neq R'$)이나 대칭인 무수물 ($R = R'$)을 만드는 데 사용될 수 있다.

카복실산의 소듐 염 또한 염화 아실과 반응하여 무수물을 만든다.

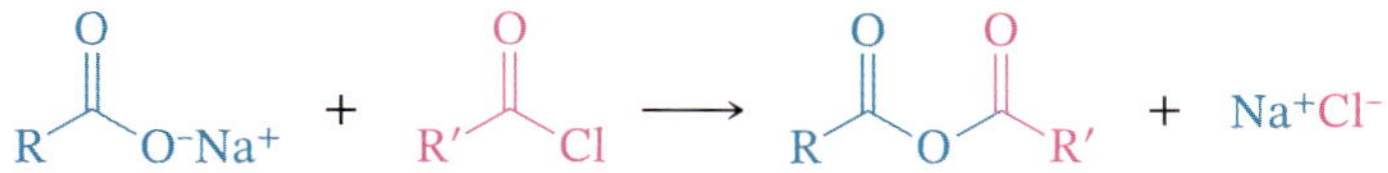

$$RCOO^-Na^+ + R'COCl \longrightarrow RCOOCOR' + Na^+Cl^-$$

고리형 무수물(**cyclic anhydride**)은 간혹 다이카복실산을 단순히 가열함으로써 만들 수 있다. 하지만 이 방법은 무수물이 오각형이나 육각형 고리를 형성할 수 있을 때만 성공할 수 있다.

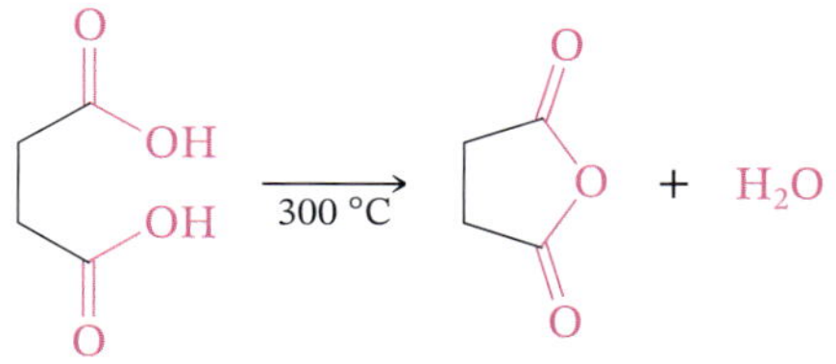

$$\text{Succinic acid} \xrightarrow{300\ °C} \text{Succinic anhydride} + H_2O \qquad \text{Phthalic acid} \xrightarrow{230\ °C} \text{Phthalic anhydride} + H_2O$$

Succinic acid **Succinic anhydride** 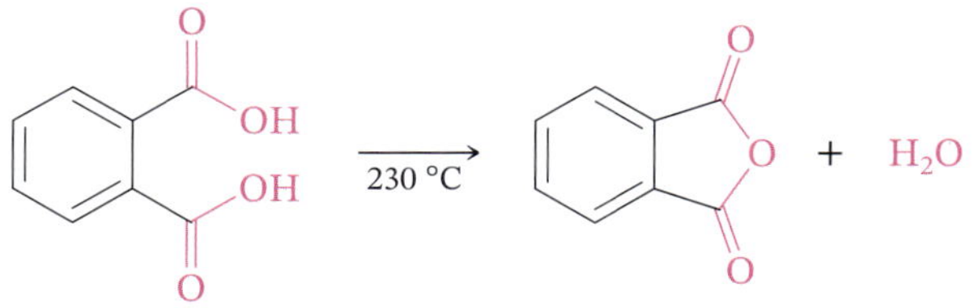 **Phthalic acid** **Phthalic anhydride (~100%)**

되새김 물음 17.7 말레산이 200 °C로 가열되면 물을 잃고 말레산 무수물이 된다. 말레산의 부분 입체 이성질체인 퓨마르산을 탈수시키려면 훨씬 더 높은 온도가 필요하다. 탈수가 일어나면 그것도 말레산 무수물을 생성한다. 이러한 관찰에 대하여 설명하시오.

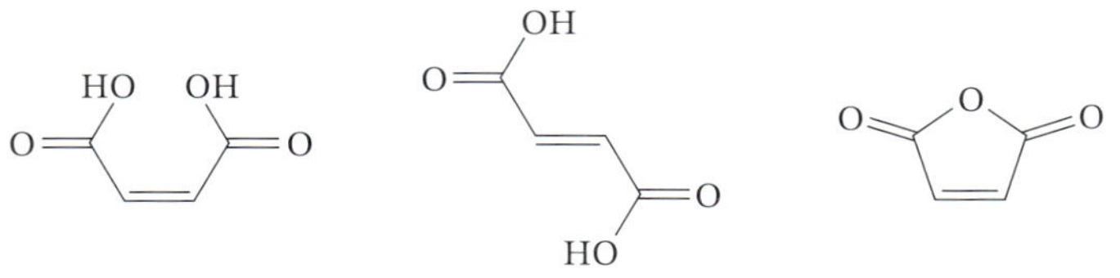

Maleic acid　　Fumaric acid　　Maleic anhydride

17.6B 카복실산 무수물의 반응

카복실산 무수물은 매우 반응성이 크기 때문에 에스터와 아마이드의 합성에 쓰인다. 이 반응들에 대하여는 17.7절과 17.8절에서 자세히 다룬다.

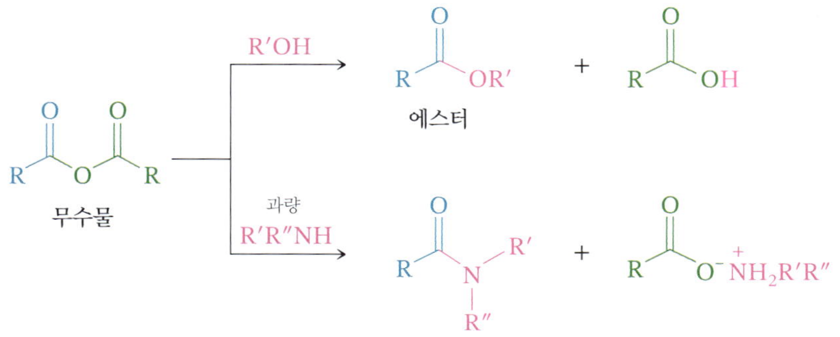

무수물 —(R′OH)→ 에스터 + RCOOH

무수물 —(과량 R′R″NH)→ 아마이드 (R′, R″ = H 또는 C) + 부산물 ($RCOO^- \ \overset{+}{N}H_2R'R''$)

카복실산 무수물은 또한 가수 분해도 진행한다.

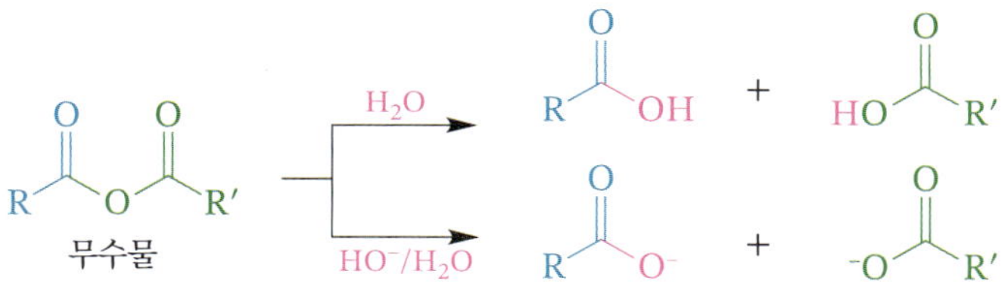

무수물 —(H_2O)→ RCOOH + HOOCR′

무수물 —(HO^-/H_2O)→ $RCOO^-$ + $^-OOCR'$

17.7 에스터

17.7A 에스터의 합성: 에스터화 반응

에스터화 반응(**esterification**)은 카복실산, 산 염화물, 또는 산 무수물과 알코올 또는 페놀이 반응하여 에스터를 생성하는 반응이다.

산 촉매에 의한 에스터화 반응 먼저 카복실산과 알코올 또는 페놀이 산 촉매하에서 반응하여 에스터를 형성하는 것을 고려해 보자. 이 방법은 흔히 **Fischer 에스터화 반응(Fischer esterification)**이라고 한다.

$$\text{RCOOH} + \text{R'}{-}\text{OH} \overset{\text{HA}}{\rightleftharpoons} \text{RCOOR'} + H_2O$$

구체적인 예

$$\underset{\textbf{Acetic acid}}{CH_3COOH} + \underset{\textbf{Ethanol}}{\text{EtOH}} \overset{\text{HA}}{\rightleftharpoons} \underset{\textbf{Ethyl acetate}}{CH_3COOEt} + H_2O$$

$$\underset{\textbf{Benzoic acid}}{C_6H_5COOH} + \underset{\textbf{Methanol}}{\text{MeOH}} \overset{\text{HA}}{\rightleftharpoons} \underset{\textbf{Methyl benzoate}}{C_6H_5COOMe} + H_2O$$

산 촉매에 의한 에스터화 반응은 적은 양의 진한 황산이나 염화 수소의 존재하에 카복실산과 알코올이 환류되면 2~3시간 안에 평형에 도달한다. 강한 산 촉매가 없을 때는 매우 천천히 진행된다. 평형의 위치가 에스터의 생성량을 조절하기 때문에, 카복실산이나 알코올을 과량 사용하면 제한 시약에 준한 수율을 증가시킨다. 과량으로 사용할 성분을 어느 것으로 할 것인지는 그 물질의 사입 조건과 가격에 달려 있다. 에스터화 반응의 수율은 혼합물로부터 물이 형성되는 대로 제거함으로써 또한 높일 수 있다.

벤조산이 ^{18}O로 표지된 메탄올과 반응하면, 표지된 산소가 에스터에 나타난다. 이 결과는 에스터화 반응에서 어느 결합이 깨어졌는지를 드러내 준다.

$$C_6H_5CO{\not -}OH + \text{Me}{}^{18}\text{O}{\not -}\text{H} \overset{\text{HA}}{\rightleftharpoons} C_6H_5CO{}^{18}\text{OMe} + H_2O$$

표지 실험의 결과와 에스터화 반응이 산 촉매 반응이라는 사실은 다음 메커니즘과 모두 일치한다. 이 메커니즘은 산 촉매에 의해서 아실 탄소 원자에서 일어나는 전형적인 친핵성 첨가–제거 반응이다.

반응 메커니즘

산 촉매에 의한 에스터화 반응

$$H{-}\ddot{O}^{+}H_2 + C_6H_5C(=\ddot{O})\ddot{O}{-}H \rightleftharpoons C_6H_5C(=\ddot{O}^{+}{-}H)\ddot{O}{-}H \underset{-CH_3-\ddot{O}H}{\overset{+CH_3-\ddot{O}H}{\rightleftharpoons}} C_6H_5{-}C(\ddot{O}H)(\ddot{O}H){-}\ddot{O}^{+}(H){-}CH_3 \rightleftharpoons$$

카복실산은 강산 촉매로부터 양성자를 받는다.

알코올이 양성자가 첨가된 카보닐기를 공격하여 정사면체인 중간체가 된다.

한 산소 원자는 양성자를 잃고 다른 산소 원자는 양성자를 얻는다.

물 분자를 잃고 양성자가 첨가된 에스터가 된다.

염기에게 양성자를 전달하면 에스터가 된다.

만일 역반응을 따라가면 **에스터의 산 촉매에 의한 가수 분해 반응** 메커니즘이 된다.

산 촉매에 의한 에스터의 가수 분해

$$RCOOR' + H_2O \underset{}{\overset{H_3O^+}{\rightleftharpoons}} RCOOH + R'O-H$$

에스터가 합성될 것인가 아니면 가수 분해될 것인가는 선택한 조건에 달려 있다.

- 산에 대한 에스터화를 원하면 알코올을 과량으로 사용하고 물은 생성되는 대로 제거시키면 된다.
- 에스터의 가수 분해를 원하면 물을 과량으로 사용한다. 즉, 에스터를 묽은 HCl 수용액이나 묽은 H_2SO_4 수용액과 환류시키면 된다.

되새김 물음 17.8 만일 ^{18}O-표지된 물속에서 벤조산 메틸을 산 촉매에 의한 가수 분해를 시킨다면 표지된 산소는 어디에서 발견될 것인가? 제시한 답을 입증할 수 있는 상세한 메커니즘을 쓰시오.

입체 요인은 에스터의 산 촉매에 의한 가수 분해 반응 속도에 상당히 영향을 준다. 그것이 알코올 성분이든 산 성분이든 반응 위치 근처에 큰 기가 있으면 두 반응은 현저하게 느려진다. 예를 들어, 3차 알코올에서는 에스터화 반응이 너무 느리기 때문에 대체로 제거 반응이 대신 진행된다. 그러나 3차 알코올도 다음에 보이는 방법대로 염화 아실과 무수물을 사용하여 에스터로 안전하게 전환될 수 있다.

염화 아실로부터 에스터

- 에스터는 염화 아실과 알코올 또는 페놀의 반응으로부터 합성되는 것이 최상의 방법 중 하나이다.

염화 아실과 알코올 또는 페놀의 반응은 재빨리 일어나 에스터를 형성한다. 흔히 피리딘을 반응 혼합물에 첨가하여 생성된 HCl과 반응하도록 만든다. (피리딘은 염화 아실과 반응하여 아실피리디늄 이온이 될 수 있다. 이 중간체는 염화 아실보다도 더 잘 친핵체와 반응한다.)

$$RCOCl + R'-O-H \xrightarrow{\text{pyridine}} RCOO-R' + Cl^- + \text{pyr-}H^+$$

구체적인 예

Benzoyl chloride + EtOH —(pyridine)→ Ethyl benzoate (80%) + Cl^- + pyr-H^+

카복실산 무수물로부터 에스터 카복실산 무수물 또한 알코올이나 페놀과 반응하여 산 촉매 없이도 에스터를 만든다.

$$RC(=O)OC(=O)R + R'OH \longrightarrow RC(=O)OR' + RC(=O)OH$$

구체적인 예

Acetic anhydride + Benzyl alcohol ⟶ Benzyl acetate + CH_3COOH

고리형 무수물은 1몰 당량의 알코올과 반응하여 **에스터**와 **산**을 둘 다 가진 화합물을 생성한다.

Phthalic anhydride + *sec*-Butyl alcohol —(110 °C)→ *sec*-Butyl hydrogen phthalate (97%)

되새김 물음 17.9

에스터는 또한 **에스터 교환 반응(transesterification)**에 의해 합성될 수 있다.

$$RC(=O)OR' + R''OH \underset{}{\overset{\text{HA, 가열}}{\rightleftharpoons}} RC(=O)OR'' + R'OH$$

끓는점이 높은 에스터	끓는점이 높은 알코올	끓는점이 더 높은 에스터	끓는점이 더 낮은 알코올

이 방법에서 반응 혼합물로부터 끓는점이 낮은 알코올을 증류해 내면 평형은 오른쪽으로 이동될 수 있다. 에스터 교환 반응의 메커니즘은 산 촉매에 의한 에스터화 반응(혹은 산 촉매에 의한 에스터 가수 분해 반응) 메커니즘과 유사하다. 아래의 에스터 교환 반응에 대한 메커니즘을 쓰시오.

Ethyl acrylate ($CH_2{=}CHCOOCH_2CH_3$) + Propyl alcohol $\overset{\text{HA}}{\rightleftharpoons}$ Propyl acrylate (94%) + Ethanol (CH_3CH_2OH)

17.7B 에스터의 염기 촉진에 의한 가수 분해 반응: 비누화 반응

- 에스터는 산에 의한 가수 분해 반응을 할 뿐 아니라 **염기 촉진에 의한 가수 분해**도 한다.

염기 촉진에 의한 가수 분해는 때때로 비누화 반응(**saponification**, 라틴어 *sapo*는 '비누'란 뜻, 23.2C절 참조)이라고 부르기도 한다. 예를 들면, 에스터를 수산화 소듐과 환류시키면, 알코올과 산의 소듐 염이 생성된다.

$$\underset{\text{에스터}}{RC(=O)OR'} + NaOH \xrightarrow{H_2O} \underset{\text{카복실산 소듐}}{RC(=O)O^-Na^+} + \underset{\text{알코올}}{R'OH}$$

카복실산 이온은 음전하를 띠고 있기 때문에 친핵성 치환 반응에 대한 반응성이 매우 작다. 그 결과 에스터의 염기 촉진에 의한 가수 분해는 근본적으로 비가역적 반응이다. 에스터의 염기 촉진에 의한 가수 분해 반응 메커니즘은 또한 아실 탄소에 친핵성 첨가-제거 반응이 관여된다.

반응 메커니즘

염기 촉진에 의한 에스터의 가수 분해

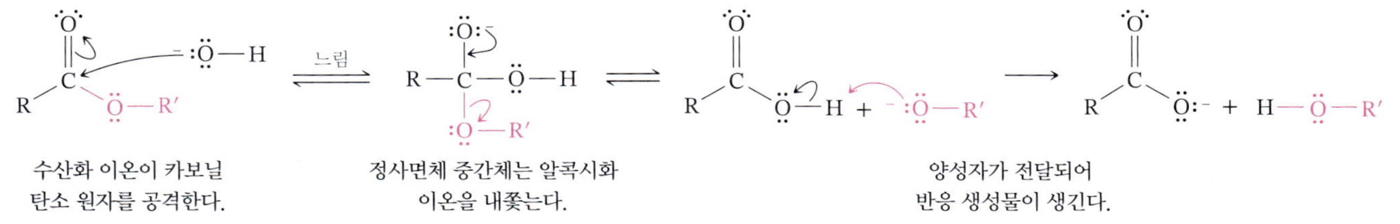

이 메커니즘에 대한 증거는 동위 원소로 표지된 에스터로 연구한 것에서 볼 수 있다. 에스터의 에터형 산소가 ^{18}O로 표지된 프로판산 에틸을 NaOH 수용액으로 가수 분해시키면 모든 ^{18}O는 생성된 에탄올에서 나타난다. ^{18}O는 프로판산 이온에서 전혀 나타나지 않는다.

$$CH_3CH_2C(=O){}^{18}OCH_2CH_3 + NaOH \xrightarrow{H_2O} CH_3CH_2C(=O)O^-Na^+ + H{}^{18}OCH_2CH_3$$

이 표지 실험 결과는 위에 주어진 메커니즘과 완전히 일치한다.(스스로 각 단계를 요약해 가면서 생성물에 이르기까지 표지된 산소를 추적해 보시오.) 만일 수산화 이온이 아실 탄소 대신 알킬 탄소를 공격했다면 알코올은 표지가 되지 않았을 것이다. 알킬 탄소를 공격하는 일은 거의 전혀 관찰되지 않는다(한 가지 예외로 되새김 물음 17.11을 보시오).

$$CH_3CH_2C(=O){}^{18}OCH_2CH_3 + {}^-OH \xrightarrow[H_2O]{\times} CH_3CH_2C(=O){}^{18}O^- + HOCH_2CH_3$$

카복실산의 에스터의 알킬 탄소에 친핵성 공격이 좀처럼 일어나지 않는다 하더라도, 설폰산 에스터에 대해서는 오히려 우선하는 공격 형태이다(예: 토실산 에스터와 메실산 에스터, 그리고 트리플산 에스터; 11.10절).

$$\text{R}-\text{SO}_2-\text{O}-\text{CR}'\text{R}''\text{H} + {}^{-}\text{:}\ddot{\text{O}}\text{—H} \xrightarrow{\text{S}_\text{N}2\ \text{배위의 반전}} \text{R}-\text{SO}_2-\text{O}^- + \text{R}'\text{R}''\text{HC}-\text{OH}$$

설폰산 알킬

보기 물음 17.5

A~**D**에 대하여 입체 화학적인 구조식을 쓰시오. (**힌트**: **B**와 **D**는 서로 거울상체이다.)

$$(R)\text{-2-Butanol} \xrightarrow{C_6H_5SO_2Cl} \mathbf{A} \xrightarrow{HO^-/H_2O} \mathbf{B} + C_6H_5SO_3^-$$

$$(R)\text{-2-Butanol} \xrightarrow{C_6H_5COCl} \mathbf{C} \xrightarrow{HO^-/H_2O} \mathbf{D} + C_6H_5CO_2^-$$

풀이

화합물 **A**는 벤젠설폰산 에스터로 (*R*)-2-뷰탄올로부터 배위를 보존하면서 형성된다. **B**는 수산화 이온과의 반응에 의해서 형성된 S_N2 생성물로 배위의 **반전**이 수반된다. **C**는 벤조산 에스터인데, 이것이 생성될 때 카이랄 중심의 배위에는 영향이 없다. **C**의 비누화 반응으로 **D**가 되는데, 아실 치환 반응이므로 카이랄 중심에는 영향이 없다.

$OSO_2C_6H_5$ OH   O–C(=O)–C_6H_5 OH

A   **B**   **C**   **D**

되새김 물음 17.10

(a) 화합물 **A**에서 **F**까지 입체 화학적인 구조식을 쓰시오.

1. *cis*-3-Methylcyclopentanol + $C_6H_5SO_2Cl \longrightarrow$ **A** $\xrightarrow[\text{가열}]{HO^-}$ **B** + $C_6H_5SO_3^-$

2. *cis*-3-Methylcyclopentanol + $C_6H_5C(=O)—Cl \longrightarrow$ **C** $\xrightarrow[\text{환류}]{HO^-}$ **D** + $C_6H_5CO_2^-$

3. (*R*)-2-Bromooctane + $CH_3CO_2^-Na^+ \longrightarrow$ **E** + NaBr $\xrightarrow[\text{(환류)}]{HO^-,\ H_2O}$ **F**

4. (*R*)-2-Bromooctane + $HO^- \xrightarrow[\text{acetone}]{}$ **F** + Br^-

(b) 마지막 **3**과 **4**의 두 방법 중에서 어느 것이 더 좋은 수율로 **F**를 만들겠는가? 그 까닭은?

되새김 물음 17.11

메시토산 메틸의 염기 촉진에 의한 가수 분해는 아실 탄소 대신 알코올 탄소에 공격하는 것을 통해서 일어난다.

$$\text{ArC(=O)O—CH}_3 + {}^-\text{OH} \longrightarrow \text{ArC(=O)O}^- + \text{CH}_3\text{OH}$$

Methyl mesitoate

(a) 이렇게 이례적인 행동을 설명할 수 있는 까닭을 제시할 수 있는가?

(b) 이러한 형태의 공격을 확인할 수 있도록 표지된 화합물로 실험하는 방법을 제시하시오.

17.7C 락톤

γ-나 δ-탄소에 하이드록실기를 가진 카복실산 분자는 분자내 에스터화 반응을 하여 γ- 혹은 δ-락톤이라고 알려진 고리형 에스터를 만든다. 이것은 산 촉매 반응이다.

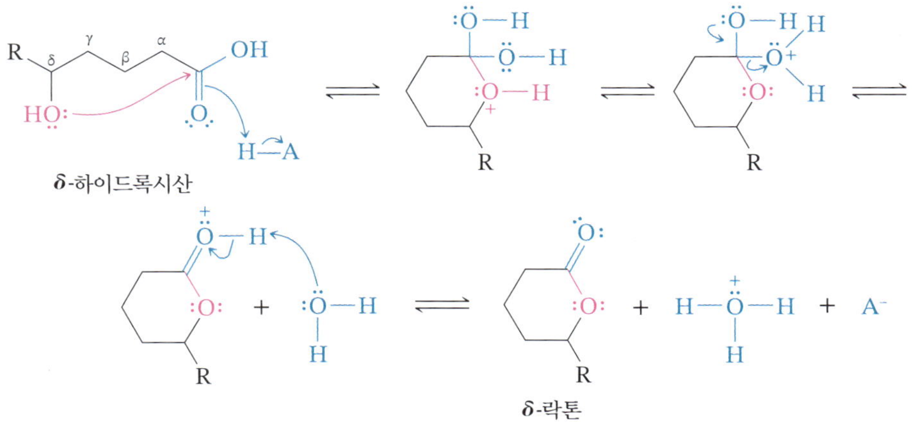

δ-하이드록시산

δ-락톤

락톤(lactone)은 다른 에스터처럼 염기성 수용액에서 가수 분해된다. 그러나 소듐 염을 산성화시킬 때 만일 산이 과량 사용된다면 자발적으로 역반응을 일으켜 γ- 혹은 δ-락톤으로 되돌아갈 수 있다.

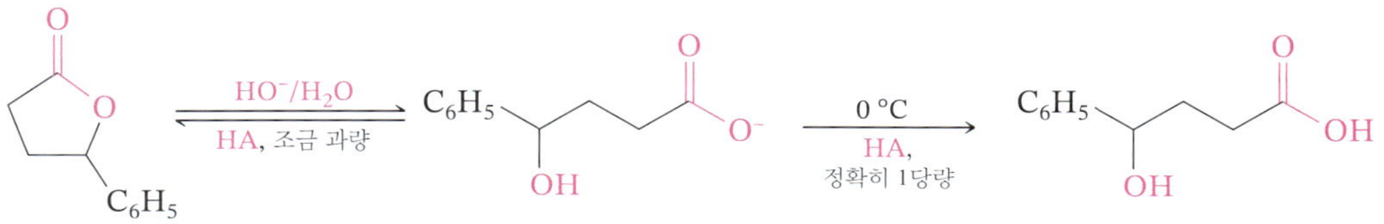

많은 락톤들이 자연에 존재한다. 예를 들어, 바이타민 C(아래)는 γ-락톤이다. 에리트로마이신이나 노낙틴(11.16절) 같은 어떤 항생제들은 매우 커다란 고리들을 가진 락톤(거대 고리 락톤이라 부름)들이나, 대부분 자연에 존재하는 락톤들은 γ-나 δ-락톤들이다. 즉, 대부분이 오각형이나 육각형 고리를 포함하고 있다.

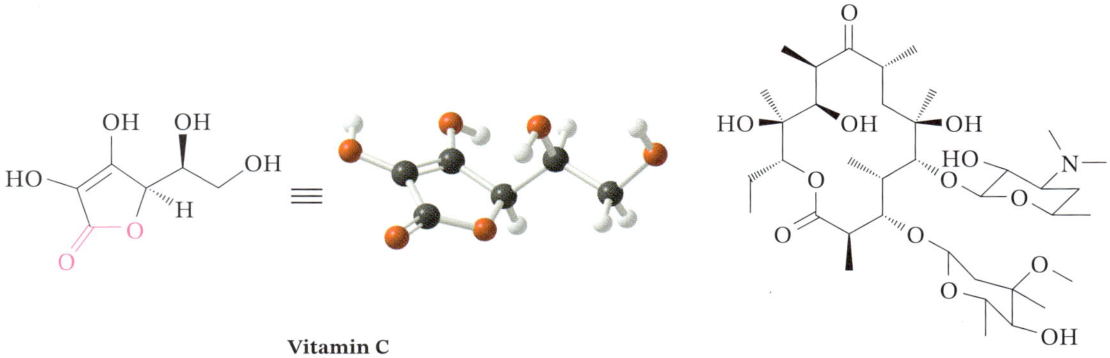

Vitamin C (ascorbic acid)

Erythromycin A

β-락톤(사각형 고리인 락톤)은 어떤 반응에서는 중간체로서 발견된다. 몇몇은 분리도 되었다. 그러나 그것들은 대단히 반응성이 크다. 만일 β-하이드록시산으로부터 β-락톤을 만들려고 시도한다면, 대부분 β-제거 반응이 대신 일어난다.

되새김 물음 17.12

cis-4-하이드록시사이클로헥세인카복실산을 가열하면 락톤이 형성되지만, *trans*-4-하이드록시사이클로헥세인카복실산을 가열하면 형성되지 않는다. 설명하시오.

17.8 아마이드

17.8A 아마이드의 합성

아마이드는 염화 아실, 산 무수물, 에스터, 카복실산, 그리고 카복실산 염으로 출발하여 다양한 방법으로 만들어질 수 있다. 이 방법들 모두에서 아실 탄소에 암모니아나 아민의 친핵성 첨가-제거 반응이 관여한다. 예상되는 것처럼 산 염화물이 가장 반응성이 좋으며, 카복실산 이온이 가장 반응성이 작다.

17.8B 염화 아실로부터 아마이드 합성

1차, 2차 아민과 암모니아는 모두 산 염화물과 재빠르게 반응하여 아마이드를 형성한다. 과량의 암모니아나 아민을 사용하여 생성된 HCl을 중화시킨다.

반응물
암모니아; **R′, R″ = H**
1° 아민; **R′ = H, R″** = 알킬, 아릴
2° 아민; **R′, R″** = 알킬, 아릴

생성물
치환기가 없는 아마이드; **R′, R″ = H**
***N*-**치환기의 아마이드; **R′ = H, R″** = 알킬, 아릴
***N,N*-**이치환기의 아마이드; **R′, R″** = 알킬, 아릴

- 염화 아실은 카복실산으로부터 쉽게 만들어지기 때문에, 염화 아실과 아민의 반응은 아마이드 합성법으로 실험실에서 널리 사용되는 방법들 중의 하나이다.

염화 아실과 아민(혹은 암모니아) 사이의 반응은 보통 실온(혹은 보다 낮은 온도)에서 일어나며, 높은 수율로 아마이드를 생성한다.

염화 아실 역시 3차 아민과 함께 친핵성 첨가-제거 반응으로 반응한다. 그러나 생성된 아실 암모늄 이온은 물이나 어떤 하이드록시 용매의 존재하에서 안정하지 못하다.

아실피리디늄 이온은 염화 아실을 피리딘 존재하에서 반응시킬 때 아마 중간체로서 관여할 가능성이 크다.

보기 물음 17.6

아래의 합성에서 빠진 화합물 **A**~**C**를 제시하시오.

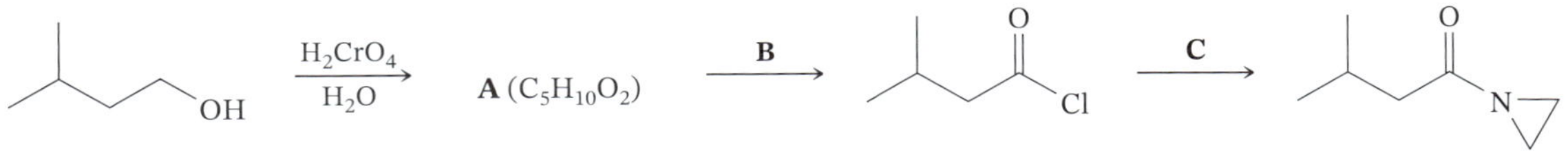

$\xrightarrow[H_2O]{H_2CrO_4}$ **A** ($C_5H_{10}O_2$) $\xrightarrow{\textbf{B}}$ $\xrightarrow{\textbf{C}}$

풀이

첫 번째 반응은 크로뮴산에 의한 산화 반응으로 $C_5H_{10}O_2$가 되는데, 이것은 3-메틸-1-뷰탄올로부터 유도된 카복실산과 일치한다. **B**는 산 염화물을 만들 수 있는 시약이다. 최종 생성물이 아마이드이므로 **C**는 적절한 아민이어야 한다. 따라서 화합물 **A**~**C**는 아래와 같다.

A = 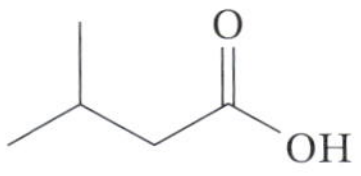 **B** = $SOCl_2$ **C** = N—H

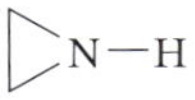

17.8C 카복실산 무수물로부터 아마이드 합성

산 무수물은 암모니아, 1차 및 2차 아민과 반응하여 염화 아실과 유사한 반응을 통해 아마이드를 생성한다.

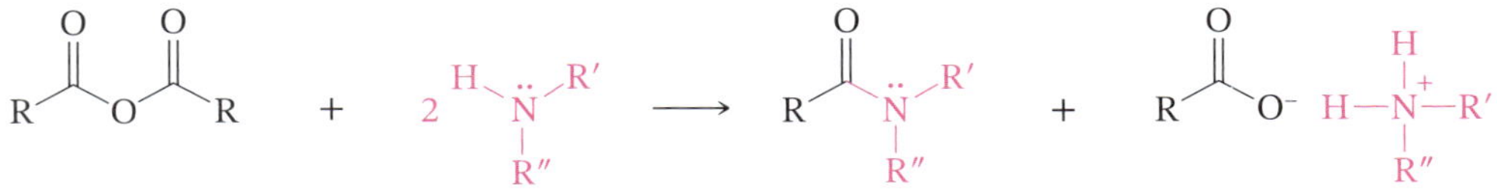

R′, R″ = H, 알킬, 또는 아릴

고리형 무수물은 비고리형 무수물에서와 같은 방법으로, 암모니아나 아민과 반응한다. 그러나 생성물은 아마이드와 암모늄 염이다. 암모늄 염을 산성화시키면 아마이드와 산 화합물이 만들어진다.

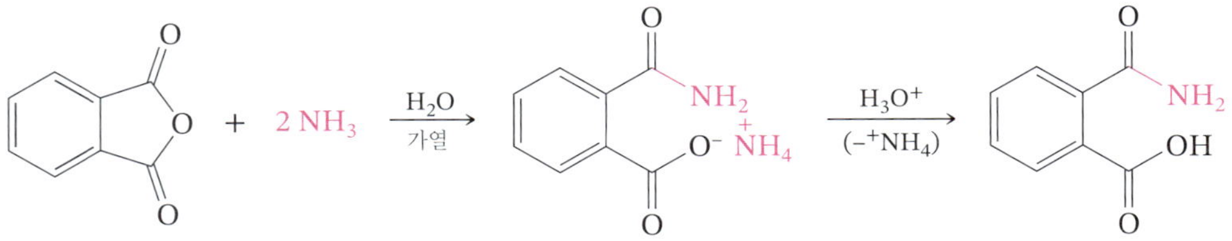

Phthalic anhydride + 2 NH_3 $\xrightarrow[\text{가열}]{H_2O}$ **Ammonium phthalamate (94%)** $\xrightarrow[(-^+NH_4)]{H_3O^+}$ **Phthalamic acid (81%)**

아마이드를 가열하면 산은 탈수 반응을 일으켜서 **이미드**를 만든다. 이미드는

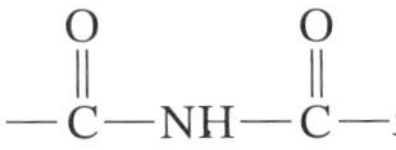

—C(=O)—NH—C(=O)—의 결합을 포함하고 있다.

$$\text{Phthalamic acid} \xrightarrow{150\sim160\ ^\circ\text{C}} \text{Phthalimide } (\sim100\%) + H_2O$$

Phthalamic acid

Phthalimide
(~100%)

17.8D 에스터로부터 아마이드 합성

에스터를 암모니아나 1차, 2차 아민과 반응시키면 아실 탄소에서 친핵성 첨가-제거 반응이 진행된다(**가암모니아 분해 반응**, ammonolysis). 이 반응은 염화 아실과 무수물인 경우보다 훨씬 늦게 일어난다. 그러나 이 반응은 합성적으로 아주 유용하다.

$$RCO_2R''' + HNR'R'' \longrightarrow RCONR'R'' + R'''OH$$

R′이나 R″은 H일 수 있다.

$$ClCH_2CO_2C_2H_5 + NH_3(aq) \xrightarrow{0\sim5\ ^\circ\text{C}} ClCH_2CONH_2 + C_2H_5OH$$

Ethyl chloroacetate

Chloroacetamide (62~87%)

17.8E 카보다이이미드 짝지음 반응에 의한 아마이드 합성

아마이드는 생화학에서 아주 중요하다. 각각의 아미노산을 함께 연결하여 단백질을 형성하는 결합은 주로 아마이드 결합이다. 그 결과로 새롭고도 온화한 방법으로 아마이드를 합성하려는 연구가 널리 진행되고 있다. 특별히 유용한 아마이드 합성 시약으로는 다이알킬카보다이이미드(R—N=C=N—R)인 다이아이소프로필카보다이이미드와 다이사이클로헥실카보다이이미드(DCC)가 있다. 다이알킬카보다이이미드는 산의 카복실기와 반응하여 친핵성 첨가-제거 반응을 하도록 활성화시킴으로써 아마이드 형성을 촉진한다. 이 장의 끝에 페니실린계 항생제의 실험실적 합성을 이루기 위한 중요한 개발의 예를 보시오.

반응 메커니즘

DCC 촉진에 의한 아마이드 합성

$$RCOOH + C_6H_{11}N{=}C{=}NC_6H_{11} \longrightarrow RCOO^- + C_6H_{11}NH^+{=}C{=}NC_6H_{11} \longrightarrow RC(O)O{-}C(NHC_6H_{11}){=}NC_6H_{11}$$

Carboxylic acid

Dicyclohexyl-carbodiimide (DCC)

$R'{-}NH_2$

아민

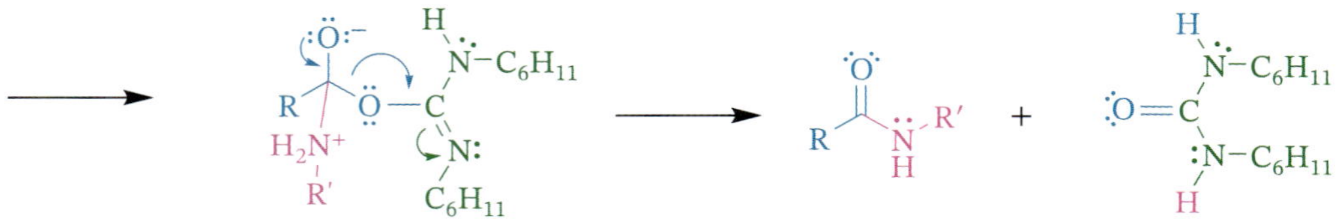

정사면체 중간체의 붕괴와 양성자 전달 아마이드 ***N,N′*-Dicyclohexylurea**

이 합성에서 중간체는 분리할 필요가 없으며 두 단계는 실온에서 일어난다. 아미드는 매우 높은 수율로 얻어진다. 24장에서 다이아이소프로필카보다이이미드가 펩타이드의 자동화된 합성에 어떻게 사용될 수 있는가를 배울 것이다.

생물 화학: 구조와 반응성에 연관된 몇 가지 뜨거운 주제

작용기를 다루면서 알게 된 것은 분자의 구조를 바꾸면 활성의 변화를 일으킬 수 있다는 것이다. 그러나 때로는 아주 작은 구조적인 변화가 활성에서의 극단적인 변화에 이르게 한다는 사실은 더욱 놀랍다. 마치 잘 알려진 지킬 박사가 하이드로 변하는 것처럼. 이러한 상념을 아주 잘 설명해 주는 화합물의 집단이 자연에서 발견되었다. 16장에서 바닐라의 기분 좋은 향과 맛의 근원인 바닐린 같은 알데하이드를 공부하였다. 이 화합물은 식품과 향료 산업에서 대량으로 사용된다.

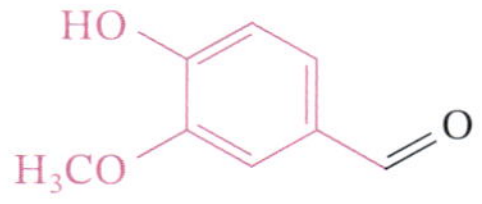

Vanillin

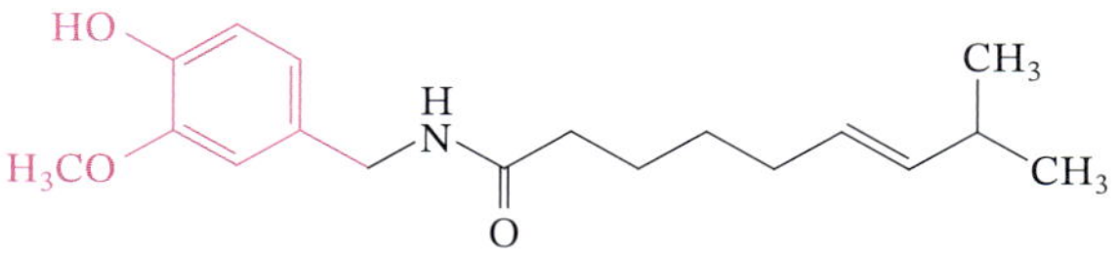

Capsaicin

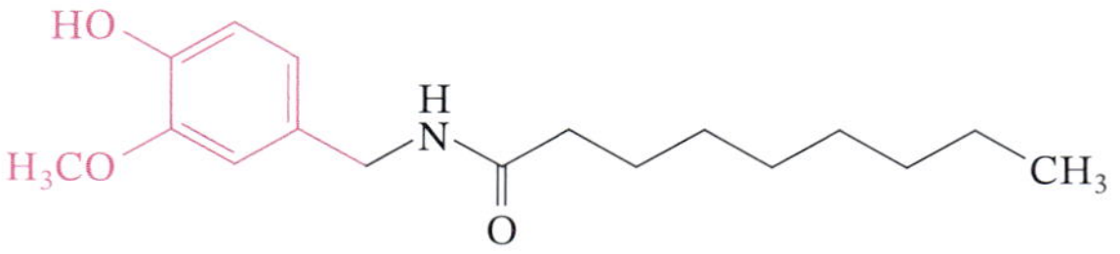

Nonivamide

노벨상

2021년도 Nobel 생리학/의학상은 D. Julius와 A. Patapoutian에게 온도와 촉감의 수용체를 발견한 공로로 공동 수상되었는데, 캡사이신이 핵심 역할을 하였다.

만일 바닐린의 알데하이드기를 캡사이신의 알킬 조각이 연결된 아마이드로 전환하면 많은 고추에서 발견되는 천연물을 얻게 된다. 이 화합물은 기분 좋은 맛 대신 입 안의 통증 수용체를 활성화시켜서 열을 감지하도록 정해진 두뇌에 신호를 보낸다. 아마도 할라페뇨(jalapeño) 고추를 먹어 보았다면 이런 경험을 했을 것이다. 이 통증 수용체를 충분한 시간 동안 활성화시키면 끝내는 그들의 효율성을 파괴시켜 입으로 하여금 더 많은 '열'을 견디도록 훈련을 시킨다. 그러나 캡사이신은 그리 나쁜 것만은 아니다. 실제로, [의약품 캡자신(Capzacin)에 있는 활성 성분으로] 피부에 바르면 통증 수용체를 활성화 시키고 더 뜨거운 것으로부터 보호함으로써 통증을 완화시켜 주는 진통제로 쓰인다. 흥미롭게도, 캡사이신의 구조를 약간 바꾸면 그 효력은 줄어든다. 예를 들면, 천연물 노니바마이드(nonivamide)는 고추에서 또한 발견되는데, 캡사이신의 말단 메틸기 중 한 개와 이중 결합이 없다. 이러한 변화는 적지만, 그것은 화합물의 '매운' 정도를 거의 절반으로 줄이기에 충분하다. 그래도 노니바마이드는 아직도 충분히 매워서 고추 분산제의 성분으로 사용된다.

이 분자들 사이에서 한결같은 핵심 구조적 성분은 아릴 고리, 페놀, 그리고 메틸 에터인데 집단적으로 바닐로이드(vanilloid, 적색으로 표시)라고 하며, 우리 몸 전체에서 수많은 결정적인 수용체들에 의해서 인식된다. 결과적인 활성을 지각하는 핵심은, 기분 좋은 냄새이건 고통이던 간에 벤젠 고리의 반대쪽에 붙어 있는 남은 원자들이다.

이러한 개념의 마지막 예로 천연물인 레시니페라톡신(resiniferatoxin)을 고려해 보자. 이것은 꽃피는 선인장 종의 라텍스(유액)로부터 온 에스터인데, 똑같은 바닐로이드기를 지녔지만 오른쪽 절반은 매우 더 복잡하다. 이러한 구조적 변화는 이 화합물을 캡사이신보다 1000배 더 강력하게 만들며, 이 물질은 2000년 이상 천연 진통제로 사용되었다.

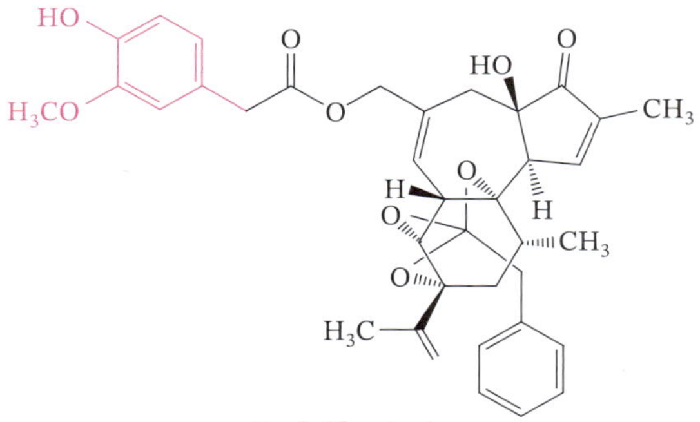

Resiniferatoxin

이 주제에 대해서 더 알려면 참고하시오.

1. Walpole, C. S. J. et al. *Similarities and Differences in the Structure-Activity Relationships of Capsaicin and Resiniferatoxin Analogues. J. Med. Chem.* **1996**, *39*, 2939–2952.

2. Nicolaou, K. C.; Montagnon, T. *Molecules that Changed the World*. Wiley−VCH: Weinheim, **2008**, p 262.

17.8F 아마이드의 가수 분해

- 아마이드가 산 수용액이나 염기 수용액에서 가열되면 가수 분해가 일어난다.

산성 가수 분해

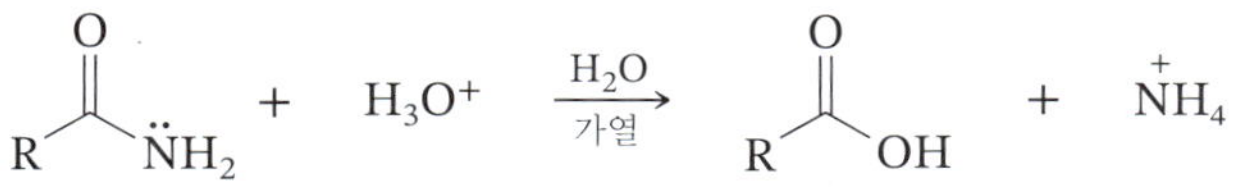

$$\mathrm{RC(=O)\ddot{N}H_2} + \mathrm{H_3O^+} \xrightarrow[\text{가열}]{\mathrm{H_2O}} \mathrm{RC(=O)OH} + \mathrm{\overset{+}{N}H_4}$$

염기성 가수 분해

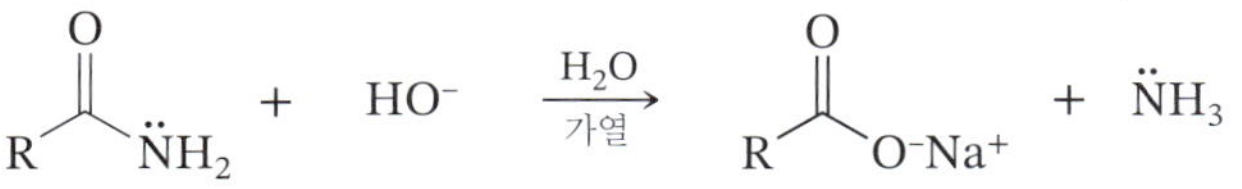

$$\mathrm{RC(=O)\ddot{N}H_2} + \mathrm{HO^-} \xrightarrow[\text{가열}]{\mathrm{H_2O}} \mathrm{RC(=O)O^-Na^+} + \mathrm{\ddot{N}H_3}$$

N-치환된 아마이드와 *N,N*-이치환된 아마이드 역시 산이나 염기 수용액에서 가수 분해를 한다. 두 방법에 의한 아마이드 가수 분해는 에스터의 가수 분해 경우보다 훨씬 느리게 일어난다. 그러므로 일반적으로 아마이드 가수 분해는 열과 강산 또는 강염기를 사용하는 보다 강압적인 조건이 요구된다.

아마이드의 산에 의한 가수 분해 메커니즘은 17.7A절에 주어진 에스터의 산에 의한 가수 분해 경우와 유사하다. 물은 친핵체로서 작용하고 양성자가 붙은 아마이드를 공격한다. 아마이드의 산에 의한 가수 분해에서 이탈기는 암모니아(혹은 아민)이다.

반응 메커니즘

산에 의한 아마이드의 가수 분해

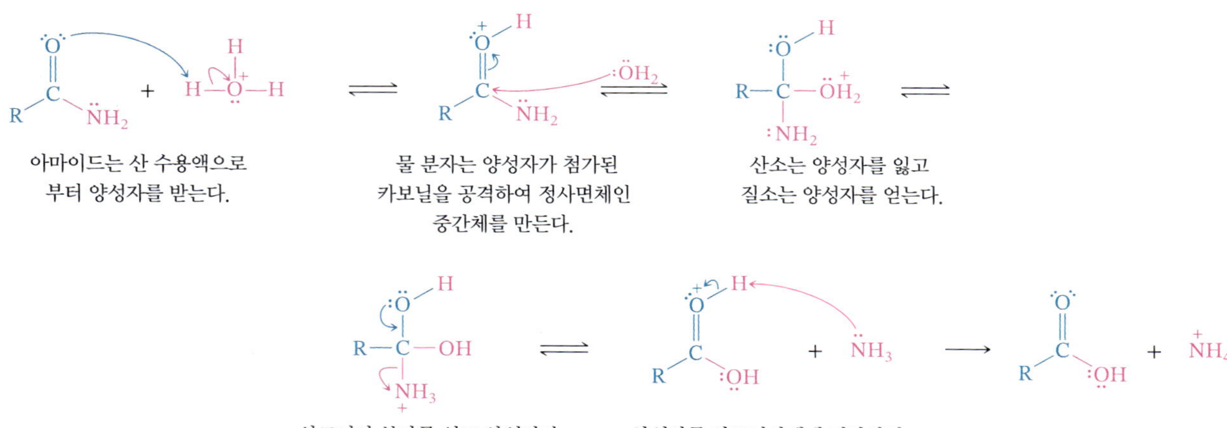

아마이드의 염기에 의한 가수 분해에서 수산화 이온은 친핵체이면서 염기로 행동한다.

반응 메커니즘

염기에 의한 아마이드의 가수 분해

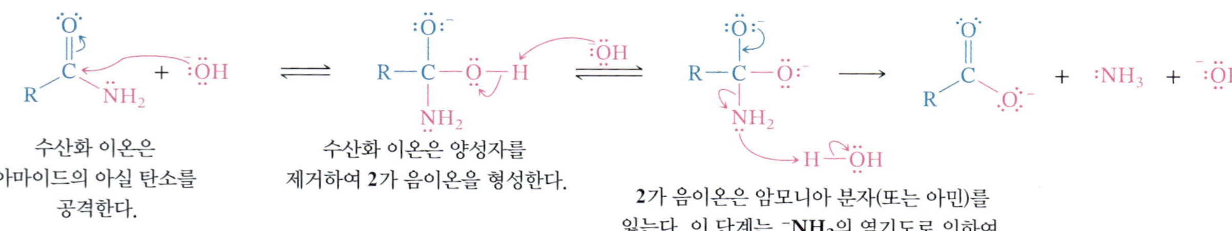

효소에 의한 아마이드의 가수 분해는 단백질의 소화에서 핵심이다. 효소 카이모트립신에 의해서 단백질이 가수 분해되는 메커니즘은 24.11절에 제시하였다.

되새김 물음 17.13 다음의 각 아마이드를 산성 또는 염기성 가수 분해하면 어떤 생성물이 얻어지겠는가?

(a) $C_6H_5C(=O)N(CH_3)_2$

(b) (2-피롤리디논, N–H 고리 아마이드)

(c) HO–C(=O)–CH(CH_3)–NH–C(=O)–CH(NH_2)–$CH_2C_6H_5$ (다이펩타이드)

17.8G 아마이드의 탈수 반응으로부터 나이트릴 합성

아마이드는 P_4O_{10}(오산화 인이라고 부르며 P_2O_5로 쓰기도 한다)과 반응하거나 끓는 아세트산 무수물과 반응하면 나이트릴을 생성한다.

$$\mathrm{RC(=O)NH_2} \xrightarrow[\text{가열}\ (-H_2O)]{P_4O_{10}\ \text{또는}\ (CH_3CO)_2O} \underset{\text{나이트릴}}{R-C\equiv N:} + H_3PO_4\ (\text{또는}\ CH_3CO_2H)$$

이것은 할로젠화 알킬과 사이안화 이온 사이의 친핵성 치환 반응에 의해서 얻기가 쉽지 않은 나이트릴을 합성하는 유용한 방법이다.

보기 물음 17.7

얼핏 보기에 브로모벤젠을 벤젠나이트릴로 전환시키는 것은 간단해 보인다. 즉, 사이안화 이온을 친핵체로 사용하여 친핵성 치환 반응을 수행하면 된다. 그런데 브로모벤젠은 S_N1 또는 S_N2 반응을 진행하지 않는 것을 알고 있다(6.14A절). 하지만 전환은 비록 여러 단계를 거쳐서라도 가능하다. 가능한 단계들을 요약하시오.

풀이

$$C_6H_5Br \xrightarrow[(3)\ H_3O^+]{(1)\ Mg,\ Et_2O\quad (2)\ CO_2} C_6H_5C(=O)OH \xrightarrow{PCl_5} C_6H_5C(=O)Cl \xrightarrow{NH_3} C_6H_5C(=O)NH_2 \xrightarrow{P_4O_{10}} C_6H_5CN$$

되새김 물음 17.14

(a) 아래의 변환을 수행하는 데 있어서 필요한 모든 시약들을 제시하시오.

$$(CH_3)_3C-CO_2H \longrightarrow (CH_3)_3C-CN$$

(b) 아래와 같은 방법을 사용하여 나이트릴을 합성하려고 시도한다면 어떤 생성물이 얻어질 것인가?

$$(CH_3)_3C-Br \xrightarrow{NC^-}$$

17.8H 나이트릴의 가수 분해

- 나이트릴은 카복실산의 유도체로서 간주하는데, 그것은 나이트릴의 완전한 가수 분해로 카복실산이나 카복실산 이온이 생성되기 때문이다(16.9절과 17.3절).

$$R-C\equiv N \xrightarrow[H_2O,\ \text{가열}]{H_3O^+} RC(=O)OH$$

$$R-C\equiv N \xrightarrow[H_2O,\ \text{가열}]{HO^-} RC(=O)O^-$$

이러한 가수 분해에 대한 메커니즘은 아마이드의 산성 또는 염기성 가수 분해와 연관되어 있다.

나이트릴의 **산성 가수 분해(acidic hydrolysis)**에서(다음의 메커니즘 참조) 첫 단계는 질소 원자에 양성자 첨가가 일어나는 것이다. 이 양성자 첨가로 나이트릴기는 극성화되고, 탄소 원자는 물 같은 약한 친핵체에 의해서도 잘 공격을 당하게 된다. 그다음, 산소 원자에서 양성자를 잃어 아마이드의 토토머 형태가 생성된다. 질소 원자가 양성자를 얻음으로써 **양성자가 첨가된 아마이드(protonated amide)**를 만들고, 이 시점에서부터 모든 단계는 17.8F절에 있는 아마이드의 산에 의한 가수 분해 반응 메커니즘과 똑같다(진한 황산에서 반응은 양성자가 첨가된 아마이드에서 멈춘다. 이것은 나이트릴로부터 아마이드를 합성하는 좋은 방법이다).

반응 메커니즘

산에 의한 나이트릴의 가수 분해

염기성 가수 분해(basic hydrolysis)에서, 수산화 이온은 나이트릴 탄소를 공격하고, 뒤이어 양성자 첨가로 아마이드의 토토머가 된다. 수산화 이온이 또 한 번 공격을 하면 아마이드의 염기성 가수 분해와 유사한 방법(17.8F절)으로 가수 분해가 일어난다.

반응 메커니즘

염기에 의한 나이트릴의 가수 분해

17.8I 락탐

고리형 아마이드를 **락탐(lactam)**이라고 부른다. 락탐 고리의 크기는 그리스 문자로 락톤의 이름 짓기와 비슷한 방법으로 표시한다(17.7C절).

β-락탐　　γ-락탐　　δ-락탐

γ-락탐과 δ-락탐은 가끔 γ-와 δ-아미노산으로부터 자발적으로 생성된다. 그러나 β-락탐은 대단히 반응성이 크다. 친핵성 시약이 존재하면 긴장된 사각형 고리는 쉽게 열린다.

생물 화학과 의학 화학: 페니실린

페니실린 항생제(아래의 구조를 보시오)는 β-락탐 고리를 지니고 있다.

R	
$R = C_6H_5CH_2—$	**Penicillin G**
$R = C_6H_5CH(NH_2)—$	**Ampicillin**
$R = C_6H_5OCH_2—$	**Penicillin V**

페니실린은 박테리아의 세포벽을 합성하는 것을 방해하는 것이 분명하다. 그들은 세포벽 생합성 경로의 필수 효소에 있는 아미노기와 반응함으로써 이러한 작용을 하는 것으로 생각된다. 이 반응은 β-락탐 고리 열림과 효소의 아실화 반응으로 효소를 불활성화 시키는 것이 관여하고 있다.

활성인 효소　　페니실린　　불활성인 효소　　불활성인 효소

박테리아의 페니실린 항생제에 대한 저항성은 감염 치료에 심각한 문제이다. 페니실린 내성인 박테리아는 페니실리네이스(penicillinase)라고 불리는 효소를 생산한다. 페니실리네이스는 페니실린의 β-락탐 고리를 가수 분해하여 페니실산(penicilloic acid)을 만든다. 페니실산은 아실화 반응 시약으로 행동할 수 없기 때문에 위에 보인 메커니즘에 의해서 박테리아의 세포벽을 합성할 수 없도록 한다.

페니실린　　Penicilloic acid

Alexey Rezvykh / Alamy Stock Photo

항생제 생산을 위한 산업적 규모의 반응기

17.9 탄산의 유도체

탄산 HO–C(=O)–OH은 불안정한 화합물로서, 자발적으로 분해되어 이산화 탄소와 물을 생성하므로 분리될 수 없다. 그러나 탄산으로부터 유도된 많은 염화 아실, 에스터, 그리고 아마이드들은 중요한 응용성을 가진 안정한 화합물들이다.

포스젠(phosgene)이라고 부르는 매우 독성인 화합물인 이염화 카보닐(ClCOCl)은 탄산의 염화 다이아실로 간주될 수 있다. 이염화 카보닐은 알코올 2몰 당량과 반응하여 **탄산 다이알킬**(**dialkyl carbonate**)을 만든다.

탄산 무수화 효소

탄산 무수화 효소는 물과 이산화 탄소를 탄산으로 전환시킨다. 탄산 2가 음이온은 위의 탄산 무수화 효소의 구조 안에서 적색으로 나타냈다.

$$ClC(=O)Cl + 2\ CH_3CH_2OH \longrightarrow CH_3CH_2OC(=O)OCH_2CH_3 + 2\ HCl$$

Carbonyl dichloride **Diethyl carbonate**

대개 3차 아민을 첨가하여 생성된 HCl을 중화시킨다.

이염화 카보닐은 암모니아와 반응하여 **요소**(**urea**, 1.1C절)를 생성한다.

$$ClC(=O)Cl + 4\ NH_3 \longrightarrow H_2NC(=O)NH_2 + 2\ NH_4Cl$$

요소는 대부분 포유동물에서 질소를 포함한 화합물의 대사 과정의 최종 생성물로서 오줌으로 배출된다.

17.9A 클로로폼산 알킬과 카밤산(유레테인)

이염화 카보닐을 1몰 당량의 알코올과 반응시키면 클로로폼산 알킬이 만들어진다.

$$ROH + ClC(=O)Cl \longrightarrow ROC(=O)Cl + HCl$$

클로로폼산 알킬

구체적인 예

$$C_6H_5CH_2OH + ClC(=O)Cl \longrightarrow C_6H_5CH_2OC(=O)Cl + HCl$$

Benzyl chloroformate

클로로폼산 알킬은 암모니아나 아민과 반응하여 **카밤산 화합물**(carbamates) 또는 **유레테인**(urethanes)이라고 부르는 화합물을 생성한다.

$$\text{ROC(=O)Cl} + \text{R'NH}_2 \xrightarrow{\text{HO}^-} \text{ROC(=O)NHR'}$$

카밤산
(또는 유레테인)

클로로폼산 벤질은 아미노기에 벤질옥시카보닐(BOC)기라고 부르는 보호(차단)기를 부착시키는 데 사용된다. 24.7A절에서, 이 보호기를 펩타이드와 단백질 합성에 어떻게 사용하는지 공부하게 될 것이다. BOC기의 한 가지 장점은 온화한 조건하에서 제거될 수 있다는 것이다. BOC 유도체를 수소와 촉매 혹은 아세트산 속에 찬 HBr을 사용하여 반응시키면 보호기가 제거된다.

보호기 도입

$$\text{R—NH}_2 + \text{PhCH}_2\text{OC(=O)Cl} \xrightarrow{\text{HO}^-} \text{RNHC(=O)OCH}_2\text{Ph}$$

보호된 아민

보호기 제거

$$\text{RNHC(=O)OCH}_2\text{Ph} \xrightarrow{\text{H}_2,\ \text{Pd}} \text{R—NH}_2 + \text{CO}_2 + \text{PhCH}_3$$

$$\text{RNHC(=O)OCH}_2\text{Ph} \xrightarrow[\text{CH}_3\text{CO}_2\text{H}]{\text{HBr}} \text{R—}\overset{+}{\text{N}}\text{H}_3 + \text{CO}_2 + \text{BrCH}_2\text{Ph}$$

카밤산 화합물은 알코올을 아이소사이안산 화합물 R—N=C=O과 반응시켜 역시 합성할 수 있다. 이 반응은 아실 탄소에 일어나는 친핵성 첨가 반응의 예이다.

$$\text{ROH} + \text{O=C=N—Ph} \longrightarrow \text{ROC(=O)NHPh}$$

Phenyl isocyanate

이 방법은 폴리유레테인 중합체의 합성에 사용되는데, 이것은 산업용 고중합체 중 가장 중요한 것 중 하나이다. 17.11절과 특수 주제 E를 보시오. 살충제인 **세빈**(Sevin)은 1-나프톨을 아이소사이안산 메틸과 반응시켜 만들어진 카밤산 에스터이다.

$$\text{CH}_3\text{—N=C=O} + \text{1-Naphthol (HO)} \longrightarrow \text{H}_3\text{C—NH—C(=O)—O—(1-naphthyl)}$$

Methyl isocyanate **1-Naphthol** **Sevin**

1984년 인도의 보팔(Bhopal)에서 일어난 비극적인 사고는 생산 공장에서 아이소사이안산 메틸이 새어 나왔기 때문이다. 아이소사이안산 메틸은 독성이 매우 강하여 공장 부근에 사는 1800여명의 목숨을 앗아갔다.

되새김 물음 17.15

아래 반응 생성물의 구조를 쓰시오.

(a) $C_6H_5CH_2OH + CH_3—N=C=O \longrightarrow$

(b) $ClCOCl + CH_3NH_2$ (과량) $\longrightarrow$

(c) $NH_3^+CH(CH_3)COO^- + C_6H_5CH_2OCOCl \xrightarrow{HO^-}$

(d) (c)의 생성물 $+ H_2, Pd \longrightarrow$

(e) (c)의 생성물 $+$ HBr (찬), $CH_3CO_2H \longrightarrow$

(f) Urea $+ HO^-, H_2O,$ 가열

탄산 유도체들은 하이드록실기가 카보닐에 결합되어 있을 때 분해하여 이산화 탄소를 방출한다. 이런 방식으로 분해되는 화합물에는 탄산 자체와 여기에 보인 것들과 같은 유도체들이 있다. 하이드록실 이외의 기들은 이탈기 역할을 한다.

$$HO-C(=O)-OH \longrightarrow H_2O + CO_2$$

Carbonic acid
(불안정)

$$HO-C(=O)-Cl \longrightarrow HCl + CO_2$$

Chloroformic acid
(불안정)

$$RO-C(=O)-OH \longrightarrow ROH + CO_2$$

탄산수소 알킬
(불안정)

$$HO-C(=O)-NH_2 \longrightarrow NH_3 + CO_2$$

카밤산
(불안정)

17.10 카복실산의 탈카복실 반응

카복실산이 CO_2를 잃는 반응을 **탈카복실 반응(decarboxylation)**이라고 한다.

$$R-C(=O)-OH \xrightarrow{\text{탈카복실 반응}} R-H + CO_2$$

이산화 탄소의 특별한 안정성 때문에 탈카복실 반응은 발열 반응이라 할지라도 실제로 이 반응은 매우 느리기 때문에 쉽게 일어나는 것은 아니다. 탈카복실 반응이 합성적으로 유용하게 이용되기 위해서는 분자 내에 특별한 기들이 존재해야만 한다.

- 카복실산기에서 탄소 하나 건너에 카보닐기를 가진 산을 **β-케토산(β-keto acid)**이라고 부르는데, 이 산을 100~150 ℃로 가열해 주면 쉽게 탈카복실 반응이 일어난다. 어떤 β-케토산은 실온에서도 천천히 탈카복실 반응이 일어난다.

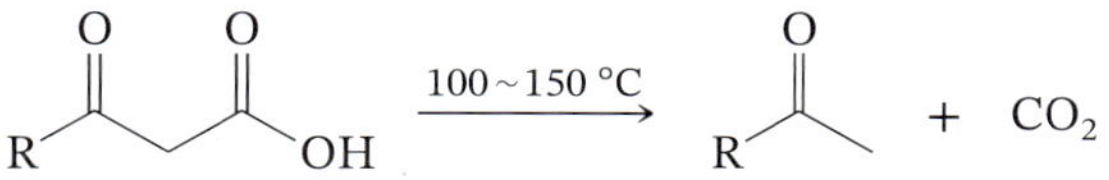

β-케토산 유도체 $\xrightarrow{100\sim150\ °C}$ + CO_2

탈카복실 반응이 이렇게 쉽게 일어나는 데는 두 가지 까닭이 있다.

1. 산 그 자체가 탈카복실화할 때, 육각형 고리의 전이 상태를 경유해서 일어날 수 있다.

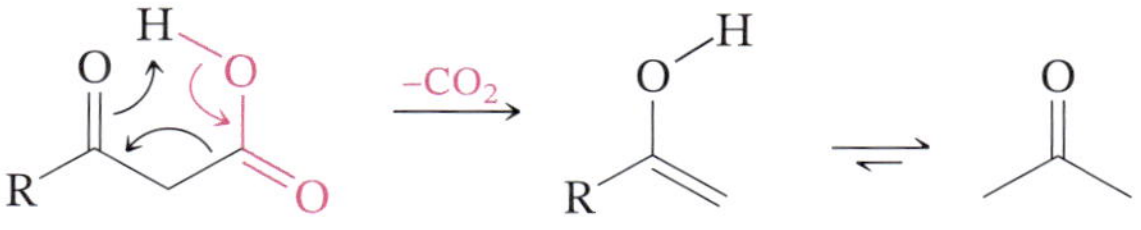

β-케토산 $\xrightarrow{-CO_2}$ 엔올 ⇌ 케톤

이 반응은 직접 엔올을 형성하고 음이온인 중간체가 만들어지는 것을 피할 수 있다. 그다음 엔올은 메틸 케톤으로 토토머화한다.

2. 카복실산 음이온이 탈카복실화할 때, 그것은 공명 안정화된 음이온을 생성한다.

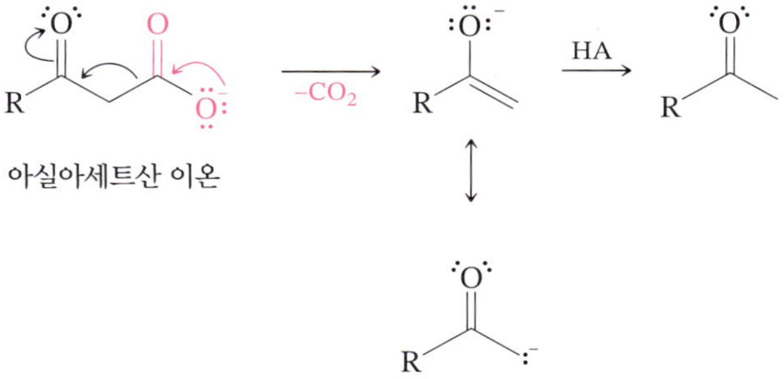

아실아세트산 이온 $\xrightarrow{-CO_2}$ $\xrightarrow{HA}$

공명 안정화된 음이온

카보닐기에 인접한 음이온은 엔올산 이온(enolate)이라고 알려져 있는데, 카보닐기가 없는 $RCH_2{:}^-$보다 훨씬 더 안정하다. 엔올산 이온은 18장에서 배운다.

보기 물음 17.8

A와 **B**의 구조를 제시하시오.

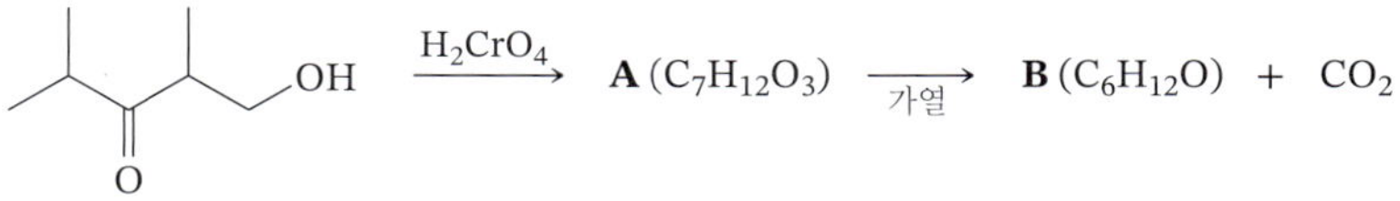

$\xrightarrow{H_2CrO_4}$ **A** $(C_7H_{12}O_3)$ $\xrightarrow{\text{가열}}$ **B** $(C_6H_{12}O)$ + CO_2

풀이

H_2CrO_4는 1차 알코올을 카복실산으로 산화한다. 이것은 **A**에 대해서 제시된 식과 일치한다. **A**가 β-케토카복실산이므로 가열하면 탈카복실하여 **B**가 된다.

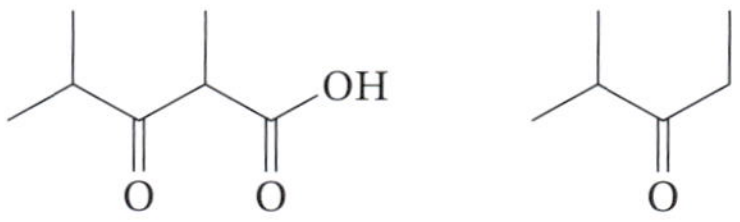

A **B**

β-다이카복실산(1,3-다이카복실산, 또한 말론산이라고도 함)도 역시 β-케토산과 비슷한 까닭으로 쉽게 탈카복실한다.

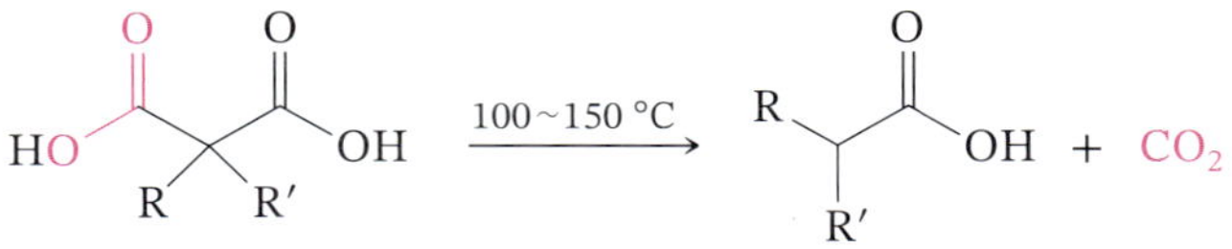

HO(O)C–C(R)(R′)–C(O)OH →(100~150 °C) R(R′)CH–C(O)OH + CO_2

β-다이카복실산

β-다이카복실산은 너무 쉽게 탈카복실 반응을 하기 때문에 고리형 무수물(17.6A절)을 형성하지 않는다.

18.6절과 18.7절에서 β-케토산과 말론산의 탈카복실 반응이 합성에 얼마나 유용한가를 배우게 될 것이다.

17.10A 카복실 라디칼의 탈카복실 반응

단순한 지방족산의 카복실산 이온(RCO_2^-)은 쉽게 탈카복실하지 않지만, 카복실 라디칼($RCO_2\cdot$)은 탈카복실한다. 그들은 CO_2를 잃고 알킬 라디칼을 생성한다. 예를 들어, 과산화 다이아실이 분해되어 라디칼 반응을 시작하는 것이 탈카복실 반응이다(10.11절과 되새김 물음 17.16 참조).

$$RCO_2\cdot \longrightarrow R\cdot + CO_2$$

되새김 물음 17.16

탈카복실 반응을 이용하여, 적당한 출발 물질로부터 다음 물질들에 대한 합성을 요약하시오.

(a) 2-Heptanone
(b) 2-Methylbutanoic acid
(c) Cyclopentanone
(d) Hexanoic acid

되새김 물음 17.17

과산화 다이아실 R–C(=O)–O–O–C(=O)–R은 가열되면 쉽게 분해한다.

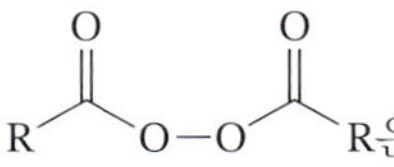

(a) 이러한 불안정성은 무엇 때문인가?
(b) 과산화 다이아실의 분해로 CO_2가 생성된다. 이것은 어떻게 생성되느냐?
(c) 과산화 다이아실은 자유 라디칼 반응, 예를 들면 알켄의 중합 반응을 개시하는 데 가끔 사용된다. 관여된 반응 단계들을 나타내시오.

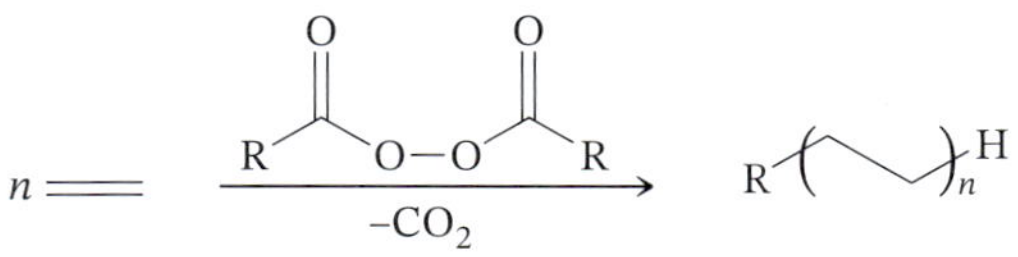

n $CH_2{=}CH_2$ →(R–C(=O)–O–O–C(=O)–R, $-CO_2$) R–(CH_2CH_2)$_n$–H

17.11 아실 화합물에 대한 화학적 시험

카복실산은 약산이며, 이들의 산도가 검출을 돕는다. 수용성인 카복실산은 청색 리트머스 종이로 시험한다. 물에 녹지 않는 카복실산은 수산화 소듐 수용액과 탄산수소 소듐 수용액에 녹는다. 후자의 시약은 카복실산과 대부분의 페놀을 구별하는 데 유용하다. 다이- 그리고 트라이나이트로 페놀을 제외하고는 페놀 화합물들은 탄산수소 소듐 수용액에 녹지 않는다.

카복실산을 탄산수소 소듐 수용액에 녹이면 이산화 탄소가 발생한다.

염화 아실은 물에 가수 분해하며, 생긴 염화 이온은 질산 은 수용액으로 처리하면 침전을 만든다. 산 무수물은 수산화 소듐 수용액과 짧게 가열하면 녹는다.

에스터와 아마이드는 수산화 소듐과 함께 환류하면 천천히 가수 분해한다. 에스터는 카복실산 음이온과 알코올을 생성한다. 아마이드는 카복실산 음이온과 아민 또는 암모니아를 생성한다. 가수 분해 생성물인 산, 알코올, 혹은 아민은 분리되어 확인될 수 있다. 치환기가 없는 아마이드의 염기 촉진에 의한 가수 분해로 암모니아가 생기므로 암모니아는 젖은 붉은 리트머스 종이를 반응 혼합물 위의 증기 위에 들고 있으면 검출된다.

아마이드는 묽은 HCl에 의해서 아민과 구별될 수 있다. 대부분의 아민은 묽은 HCl에 녹지만 아마이드는 녹지 않는다.

17.12 폴리에스터와 폴리아마이드: 단계 성장 중합체

17.7A절에서 카복실산이 알코올과 반응하여 에스터를 형성함을 알았다.

$$\mathrm{CH_3CH_2COOH} + \mathrm{HOCH_2CH_3} \xrightarrow{\text{촉매 HA}} \mathrm{CH_3CH_2COOCH_2CH_3} + \mathrm{H_2O}$$

카복실산 알코올 에스터

비슷한 방법으로 카복실산 유도체(L은 이탈기)는 아민과 반응하여 아마이드를 형성한다(17.8절).

$$\mathrm{CH_3CH_2COL} + \mathrm{H_2NCH_2CH_3} \longrightarrow \mathrm{CH_3CH_2CONHCH_2CH_3} + \mathrm{HL}$$

카복실산 유도체 아민 아마이드

각 반응에서 두 반응물들이 결합되며 작은 분자를 잃는다. 그러한 반응을 흔히 **축합 반응(condensation reaction)**이라고 한다.

유사한 축합 반응을 다이카복실산과 다이올 또는 다이아민으로 시작하면 **폴리에스터(polyester)**나 **폴리아마이드(polyamide)**인 중합체(폴리머)를 형성시키는 데 이용할 수 있다. 이러한 중합체들을 **단계 성장 중합체(step-growth polymer)**라고 부른다. [10.11절과 온라인 자료의 특수 주제 C에서 또 다른 집단의 중합체인 **사슬 성장 중합체(chain-growth polymer)**로 **첨가 반응 중합체(addition polymer)**라고도 하는데, 연쇄 반응을 진행하는 라디칼에 의해서 형성됨을 기억하시오.]

- **폴리에스터.** 다이카복실산이 다이올과 적절한 조건에서 반응할 때 생성물은 폴리에스터이다. 예를 들면, 1,4-벤젠다이카복실산(테레프탈산)이 1,2-에테인다이올과 반응하여 다크론(Dacron), 테리렌(Terelene), 또는 마일라(Mylar)라고 불리는 폴리에스터를 만든다. 체계적인 이름은 폴리(테레프탈산 에틸렌)이다.

Terephthalic acid + 1,2-Ethanediol $\xrightarrow[\text{가열}]{\text{HA}}$ Poly(ethylene terephthalate) (폴리에스터) + $n\,H_2O$

- **폴리아마이드.** 다이카복실산, 산 염화물, 또는 무수물이 적절한 조건에서 다이아민과 반응하면 폴리아마이드가 형성된다. 예를 들면, 1,6-헥세인이산[(1,6-hexanedioic acid, 아디프산(adipic acid)]은 1,6-헥세인다이아민과 가열하는 산업적인 공정에서 잘 알려진 폴리아마이드인 나일론(Nylon)을 형성한다. 이 나일론의 예는 '나일론 6,6′'이라고 하는데, 중합체의 두 성분 모두 6개의 탄소 원자를 가지고 있다. 다른 나일론들도 비슷한 방법으로 만들 수 있다.

1,6-Hexanedioic acid + 1,6-Hexanediamine $\xrightarrow{\text{가열}}$ Nylon 6,6 (폴리아마이드) + $n\,H_2O$

- **폴리유레테인.** 폴리유레테인은 의복, 건축 자재, 그리고 많은 상업 제품에 사용된다. 이것은 **다이올**(diol)을 **다이아이소사이안산**(diisocyananate)과 반응시켜 만든다. 다이올은 전형적인 폴리에스터로 말단기가 —CH_2OH이다. 다이아이소사이안산은 대개 톨루엔 2,4-다이아이소사이안산이다.*

HO—polymer—OH + Toluene 2,4-diisocyanate ⟶ 폴리유레테인

* 톨루엔 2,4-다이아이소사이안산(toluene 2,4-diisocyanate)은 유해한 화학 물질로 폴리유레테인을 합성하는 노동자들 가운데 악성 호흡기 장애를 유발한다.

온라인 자료의 특수 주제 D에서 단계 성장 중합체에 대한 논의를 계속한다.

17.13 카복실산과 그 유도체들의 반응 요약

카복실산과 그 유도체들의 반응을 여기에 요약하였다. 이 요약에 있는 많은(그러나 전부는 아닌) 반응들은 아실 치환 반응이다(그들은 17.5절과 그 이후에 인용된 반응들이다). 이 요약을 사용할 때 17.4절도 복습하는 것이 도움이 될 것이다. 이 절에서는 아실 치환 반응의 친핵성 첨가 반응–제거 반응 메커니즘을 제시하고 있다. 이 메커니즘에 아래에 있는 구체적인 아실 치환 반응의 관점을 연관시키는 것은 유익하다. 어떤 경우에는 양성자 전달 단계가 또한 관여된다. 양성자를 미리 첨가함으로써 이탈기를 더 적합하게 만들고 반응의 어느 지점에서 더 강한 염기에 양성자를 전달할 수 있게 한다. 그러나 모든 아실 치환 반응에서 핵심적인 양성자 첨가–제거 반응 단계는 확인될 수 있다.

카복실산의 반응

1. 산으로서의 반응(3.11과 17.2C절에서 논의):

$$\mathrm{RCOOH} \xrightarrow{\mathrm{NaOH}} \mathrm{RCOO^-\,Na^+} + \mathrm{H_2O}$$

$$\mathrm{RCOOH} \xrightarrow{\mathrm{NaHCO_3}} \mathrm{RCOO^-\,Na^+} + \mathrm{H_2O} + \mathrm{CO_2}$$

2. 환원 반응(12.3절에서 논의):

$$\mathrm{RCOOH} \xrightarrow[(2)\ \mathrm{H_3O^+}]{(1)\ \mathrm{LiAlH_4}} \mathrm{RCH_2OH}$$

3. 염화 아실로의 전환(17.5절에서 논의):

$$\mathrm{RCOOH} \xrightarrow{\mathrm{SOCl_2}\text{ 또는 }\mathrm{PCl_5}} \mathrm{RCOCl}$$

4. 에스터로(Fischer 에스터화 반응) 또는 락톤으로의 전환(17.7A절에서 논의):

$$\mathrm{RCOOH} + \mathrm{R'{-}OH} \underset{}{\overset{\mathrm{HA}}{\rightleftharpoons}} \mathrm{RCOOR'} + \mathrm{H_2O}$$

5. 산 염화물을 거쳐 아마이드로의 전환(17.5절과 17.8B절에서 논의):

$$\mathrm{RCOOH} \xrightarrow{\mathrm{SOCl_2}\text{ 또는 }\mathrm{PCl_5}} \mathrm{RCOCl}$$

$$\mathrm{RCOCl} + \mathrm{R'NHR''}\text{(과량)} \longrightarrow \mathrm{RCONR'R''} + \mathrm{R'\overset{+}{N}H_2R''\,Cl^-}$$

R′과 R″은 H일 수 있다.

6. 탈카복실 반응(17.10절에서 논의):

$$RCOCH_2COOH \xrightarrow{\text{가열}} RCOCH_3 + CO_2\uparrow$$

$$HOCOCH_2COOH \xrightarrow{\text{가열}} HOCOCH_3 + CO_2\uparrow$$

염화 아실의 반응

1. 산으로의 전환(가수 분해)(17.5B절에서 논의):

$$RCOCl + H_2O \longrightarrow RCOOH + HCl$$

2. 무수물로의 전환(17.6A절에서 논의):

$$RCOCl + R'COO^- \longrightarrow RCOOCOR' + Cl^-$$

3. 에스터로의 전환(17.7A절에서 논의):

$$RCOCl + R'\text{—}OH \xrightarrow{\text{pyridine}} RCOOR' + Cl^- + \text{pyr-}H^+$$

4. 아마이드로의 전환(17.8B절에서 논의):

$$RCOCl + R'NHR''\,(\text{과량}) \longrightarrow RCONR'R'' + R'\overset{+}{N}H_2R''Cl^-$$

R′과 R″은 H일 수 있다.

5. 케톤으로의 전환(Friedel–Crafts 아실화 반응, 15.6B~15.7절):

$$RCOCl + C_6H_6 \xrightarrow{AlCl_3} C_6H_5COR$$

6. 알데하이드로의 전환(16.4C절에서 논의):

$$RCOCl \xrightarrow[(2)\ H_3O^+]{(1)\ LiAlH(t\text{-}BuO)_3} RCHO$$

산 무수물의 반응

1. 산으로의 전환(가수 분해)(17.6B절에서 논의):

$$\mathrm{RCOOCOR} + H_2O \longrightarrow 2\ \mathrm{RCOOH}$$

2. 에스터로의 전환(17.6B절과 17.7A절에서 논의):

$$\mathrm{RCOOCOR} + R'OH \longrightarrow \mathrm{RCOOR'} + \mathrm{RCOOH}$$

3. 아마이드로의 전환(17.8C절에서 논의):

$$\mathrm{RCOOCOR} + HNR'R'' \longrightarrow \mathrm{RCONR'R''} + \mathrm{RCOOH}$$

R′과 R″은 H일 수 있다.

4. 케톤으로의 전환(Friedel–Crafts 아실화 반응, 15.6B~15.7절):

$$\mathrm{RCOOCOR} + C_6H_6 \xrightarrow{AlCl_3} C_6H_5COR + \mathrm{RCOOH}$$

에스터의 반응

1. 가수 분해(17.7B절에서 논의):

$$\mathrm{RCOOR'} + H_2O \underset{}{\overset{HA}{\rightleftharpoons}} \mathrm{RCOOH} + R'OH$$

$$\mathrm{RCOOR'} + HO^- \xrightarrow[H_2O]{} \mathrm{RCOO^-} + R'OH$$

2. 다른 에스터로의 전환: 에스터 교환 반응(되새김 물음 17.9에서 논의):

$$\mathrm{RCOOR'} + R''OH \overset{HA}{\rightleftharpoons} \mathrm{RCOOR''} + R'OH$$

3. 아마이드로의 전환(17.8D절에서 논의):

$$\mathrm{RCOOR'} + HNR''R''' \longrightarrow \mathrm{RCONR''R'''} + R'OH$$

R″과 R‴은 H일 수 있다.

4. Grignard 시약과의 반응(12.8절에서 논의):

$$\mathrm{RCOOR'} + 2\,\mathrm{R''MgX} \xrightarrow{\mathrm{Et_2O}} \mathrm{R{-}C(OMgX)(R'')_2} + \mathrm{R'OMgX} \xrightarrow{\mathrm{H_3O^+}} \mathrm{R{-}C(OH)(R'')_2}$$

5. 환원 반응(12.3절에서 논의):

$$\mathrm{RCOOR'} \xrightarrow[(2)\ \mathrm{H_3O^+}]{(1)\ \mathrm{LiAlH_4}} \mathrm{R{-}CH_2OH} + \mathrm{R'OH}$$

아마이드의 반응

1. 가수 분해(17.8F절에서 논의):

$$\mathrm{RCONR'R''} + \mathrm{H_3O^+} \xrightarrow{\mathrm{H_2O}} \mathrm{RCOOH} + \mathrm{H{-}\overset{+}{N}H(R')(R'')}$$

$$\mathrm{RCONR'R''} + \mathrm{HO^-} \xrightarrow{\mathrm{H_2O}} \mathrm{RCOO^-} + \mathrm{HNR'R''}$$

R, R′과 R″은 H일 수 있다.

2. 나이트릴로의 전환: 탈수 반응(17.8G절에서 논의):

$$\mathrm{RCONH_2} \xrightarrow[\text{가열}\ (-\mathrm{H_2O})]{\mathrm{P_4O_{10}}} \mathrm{R{-}C{\equiv}N}$$

나이트릴의 반응

1. 카복실산 또는 카복실산 이온으로의 가수 분해(17.8H절):

$$\mathrm{R{-}C{\equiv}N} \xrightarrow[\text{가열}]{\mathrm{H_3O^+}} \mathrm{RCOOH}$$

$$\mathrm{R{-}C{\equiv}N} \xrightarrow[\mathrm{H_2O},\ \text{가열}]{\mathrm{HO^-}} \mathrm{RCOO^-}$$

2. $(i\text{-Bu})_2$AlH(DIBAL-H)에 의한 알데하이드로의 환원(16.4C절):

$$\mathrm{R{-}C{\equiv}N} \xrightarrow[(2)\ \mathrm{H_2O}]{(1)\ (i\text{-Bu})_2\mathrm{AlH}} \mathrm{RCHO}$$

3. Grignard 또는 유기리튬 시약에 의한 케톤으로의 전환(16.5B절)

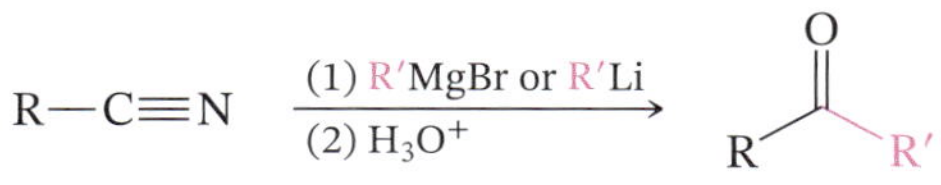

$$R{-}C{\equiv}N \xrightarrow[(2)\ H_3O^+]{(1)\ R'MgBr\ \text{or}\ R'Li} R{-}C({=}O){-}R'$$

이 주제는 왜 중요한가?

페니실린의 독특하고 긴장된 아마이드 만들기

필요는 발명의 어머니라는 속담은 유기 화학자들이 독특한 구조를 합성하려고 애를 쓸 때 진리인 것처럼 울린다. 정말로 잠재적인 활성기가 존재하는 데 있어서 특별한 결합 형태를 만들려는 노력은 새롭고도 선택성이 큰 시약의 개발을 필요로 하게 된다. 페니실린이 바로 그러한 경우인데, 이 분자의 구조 결정은 9장의 끝에서 논의하였고 독특한 락탐 구조는 앞서 제시하였다.

1945년 페니실린의 구조가 마침내 확립되었던 그해 화학자들은 이 장에서 배운 산 할로젠화물과 아민의 친핵성 아실 치환 반응을 포함하여 아마이드 결합을 만드는 여러 가지 방법들을 알고 있었다. 그러나 알려진 어느 과정도 매우 긴장된 계에 있는 필요한 결합을 형성시키기에 충분히 온화하지는 못하였다. 왜냐하면, 그 과정들은 산성인 부산물을 만들거나 연약한 결합을 쉽게 끊어낼 수 있는 높은 온도를 요구했기 때문이다. 정말로 이 문제를 궁극적으로 해결하였던 MIT의 Sheehan이 지적한 것처럼, 그 당시 이용 가능한 방법을 써서 아마이드를 만들려는 시도는 정밀한 시계를 대장간의 망치와 모루로 수리하려고 시도하는 것과 같았다. 실제로 앞서 '생물 화학과 의학 화학: 페니실린'에서 언급했던 것처럼, 락탐 고리의 똑같은 불안정성과 긴장이 바로 이 항생제의 박테리아에 대한 작용과 또 박테리아가 항생제에 대한 저항성을 개발하는 것의 근거가 된다.

화학적으로 필요했던 것은 카복실산을 친핵성 아실 치환 반응에 대하여 더욱 활성화된 화학종으로 바꾸고 낮은 온도와 중성인 pH에서 아민과 합쳐지도록 하는 것이었다. 그렇지 않으면 일단 형성된 긴장된 아마이드 결합은 간단히 가수 분해하여 출발물질인 카복실산과 아민으로 되돌아 갈 것이다. Sheehan과 그의 연구진이 17.8E절에 소개된 다이사이클로헥실카보다이이미드(dicyclohexylcarbodiimide)라는 시약의 형태로 해결책을 찾는 데 10년이 걸렸다. 이 발견의 중요성은 낮추어 말할 수 없다. 이 물질은 페니실린의 대량 생산을 가능하게 했을 뿐 아니라 자연에서 발견된 최초의 구조보다 더욱 탁월하고도 특출한 성질을 지닌 페니실린 유사체인 메티실린(methicillin)을 합성하도록 하였다. 또한 또 다른 부류의 긴장된 락탐 고리를 지닌 세파로스포린(cephalosporin)과 카바펜엠(carbapenem) 같은 항생제에 이르게 하였다. 그리고 이것은 더 안정하고도 강력한 아마이드 결합 형성 시약을 만들어 내는 데 통찰력을 제공했는데, 자동화된 펩타이드 합성(24장)과 여러 가지 인간 면역 결핍 바이러스 치료제를 포함하여 수십만 명의 환자들이 사용하는 펩타이드-바탕의 의약품을 합성하는 도구가 되었다.

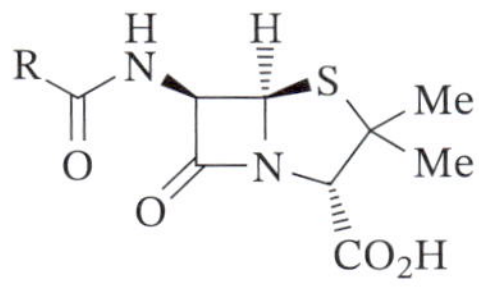

Penicillins [R = 여러 가지 기]

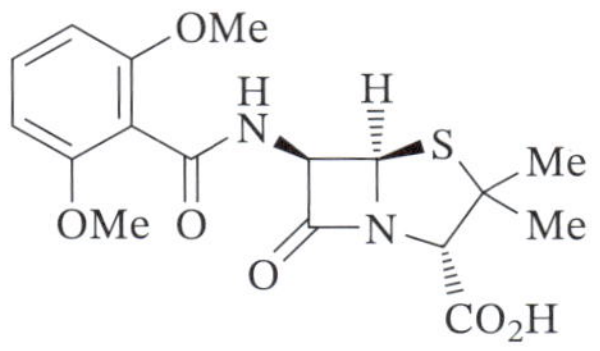

Methicillin

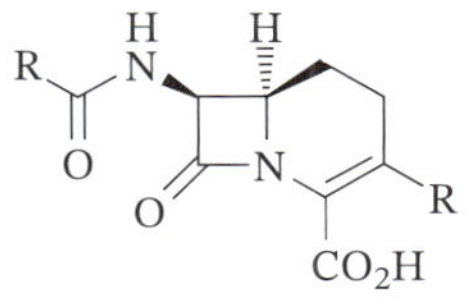

Cephalosporins [R = 여러 가지 기]

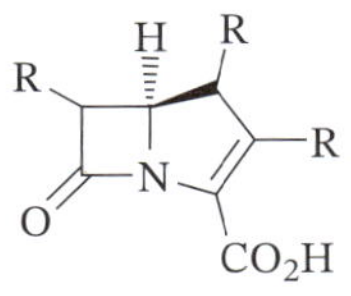

Carbapenem [R = 여러 가지 기]

이 주제에 대해서 더 알려면 참고하시오.

1. Sheehan, J. C. *The Enchanted Ring: The Untold Story of Penicillin*. MIT Press: Cambridge, **1984**, p 224.
2. "Penicillin Synthesis" in *Time magazine*. March 18, 1957.
3. Nicolaou, K. C.; Montagnon, T. *Molecules that Changed the World*. Wiley-VCH: Weinheim, **2008**, pp 97-106.

요약과 복습 도구

이 장에 대한 학습 보조 자료에는 핵심 용어와 개념, 17.12절에 있는 카복실산과 그 유도체의 반응 요약이 있다.

물음

구조와 이름 짓기

17.18 아래 각 화합물의 구조식을 쓰시오.

(a) Octanoic acid
(b) Propanoyl chloride
(c) *N,N*-Dimethylhexanamide
(d) *trans*-3-Phenyl-2-propenoic acid (*trans*-cinnamic acid)
(e) Butanedioic acid
(f) 1,2-Benzenedioic acid (phthalic acid)
(g) 1,4-Benzenedioic acid (terephthalic acid)
(h) Propanoic (propionic) anhydride
(i) Isobutyl propanoate
(j) Benzyl benzoate
(k) 2-Napththoic acid
(l) 3-Methylheptanitrile
(m) Ethyl 3-oxobutanoate (ethyl acetoacetate)
(n) Dimethyl butanedioate (dimethyl succinate)

17.19 아래 각 화합물의 IUPAC 이름이나 관용명을 쓰시오.

(a) 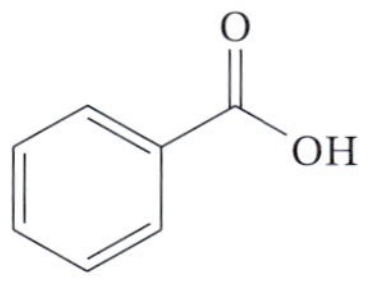 O, OH
(b) 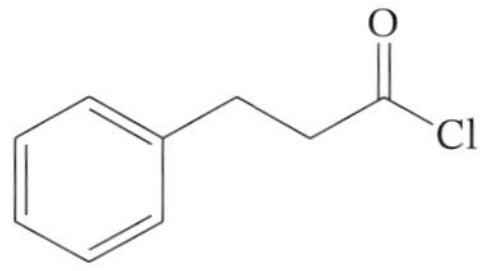 O, Cl
(c) 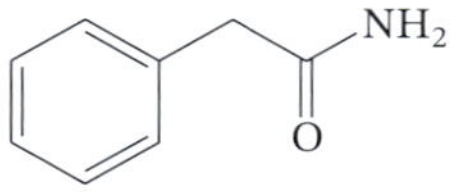 NH_2, O
(d) 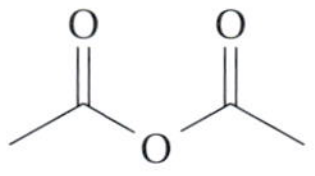 O, O, O
(e) 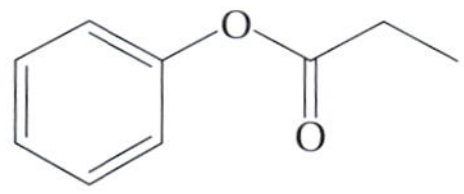 O, O
(f) 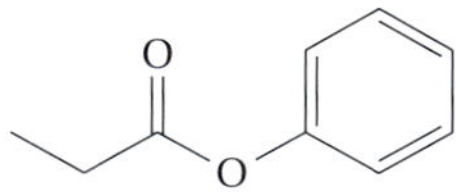 O, O
(g) 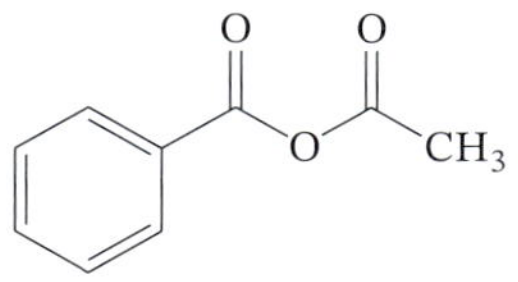 O, O, O, CH_3
(h) 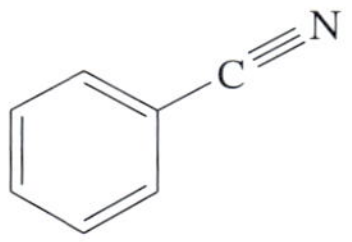 C, N

17.20 에틸아민을 묽은 HCl로 처리하면 염화 에틸 암모늄을 형성한다. 아세트아마이드를 묽은 HCl로 처리하면 염의 형성은 감지되지 않는다. 설명하시오.

17.21 아마이드가 아민보다 훨씬 약한 염기이지만, 그들은 훨씬 강한 산이기도 하다. 아마이드가 14~16 범위의 pK_a 값을 갖는 반면, 아민에서 pK_a = 33~35이다.

(a) 아마이드의 큰 산성도를 설명할 수 있는 요인은 무엇인가?

(b) 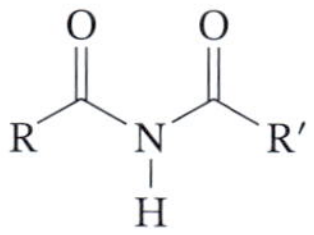 R(C=O)N(H)(C=O)R′ 구조를 가진 화합물인 이미드는 아마이드보다 더 강한 산이다. 이미드에 있어서 pK_a = 9~10이며, 그 결과 물에 불용성인 이미드는 NaOH 수용액 속에서 용해성 소듐염을 형성하여 용해한다. 이미드의 큰 산도를 설명할 수 있는 특별한 요인은 무엇인가?

작용기 전환

17.22 염화 프로판오일이 아래의 각 물질과 반응할 때, 주 생성물로 어떤 유기 물질들이 얻어질 것으로 예상되는가?

(a) H_2O
(b) BuLi (과량)
(c) $CH_3(CH_2)_3OH$
(d) NH_3 (과량)
(e) 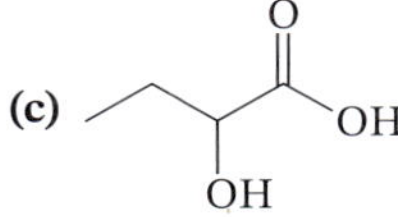

(f) $LiAlH(t\text{-}BuO)_3$
(g) $NaOH/H_2O$
(h) CH_3NH_2 (과량)
(i) $(CH_3)_2NH$ (과량)
(j) EtOH 와 pyridine
(k) $CH_3CO_2^-Na^+$
(l) CH_3CO_2H와 pyridine
(m) EtMgBr (과량), 그다음 H_3O^+

17.23 아세트산 무수물이 아래의 각각과 반응할 때, 주 생성물로 어떤 유기 물질들이 얻어질 것으로 예상되는가?

(a) NH_3 (과량)
(b) H_2O
(c) $CH_3CH_2CH_2OH$
(d) $C_6H_6 + AlCl_3$
(e) $CH_3CH_2NH_2$ (과량)
(f) $(CH_3CH_2)_2NH$ (과량)

17.24 물음 17.23에 주어진 각 시약들이 석신산 무수물과 반응할 때, 주 생성물로 어떤 유기 물질들이 얻어질 것으로 예상되는가?

17.25 뷰탄산 에틸이 아래 각 물질들과 반응할 때 어떤 생성물이 얻어질 것으로 예상되는가?

(a) $H_2{}^{18}O, H^+$
(b) 1-Octanol, HCl
(c) $NaBH_4$, 그다음 H_2O
(d) $LiAlH_4$, 그다음 H_2O
(e) 과량의 C_6H_5MgBr, 그다음 H_2O, NH_4Cl
(f) NaOH, H_2O

17.26 프로판아마이드가 아래의 각 물질과 반응할 때 생성물은 무엇인가?

(a) HO–CH₂CH₂CH₂–C(=O)OH
(b) HO–CH₂–CH(OH)–CH₂–C(=O)OH
(c) CH₃CH₂–CH(OH)–C(=O)OH

17.27 아래의 각 화합물들이 가열되었을 때 어떤 생성물이 얻어질 것으로 예상되는가?

(a) 4-Hydroxybutanoic acid
(b) 3-Hydroxybutanoic acid
(c) 2-Hydroxybutanoic acid
(d) HO–C(=O)–CH₂CH₂CH₂–C(=O)–OH
(e) $\overset{+}{N}H_3$, O, O⁻ (구조식)
(f) O, O⁻, $\overset{+}{N}H_3$ (구조식)

일반적인 물음

17.28 아래의 각 반응에서 주 생성물의 구조식을 쓰시오.

(a) HO (구조식) → (1) $Na_2Cr_2O_7$, H_2SO_4, H_2O (2) $SOCl_2$
(b) OH, O (구조식) → OH (과량), H_2SO_4 (촉매)
(c) C≡N (구조식) → H_2SO_4, H_2O
(d) O, H (구조식) → H_2CrO_4
(e) Br (구조식) → (1) Mg^0 (2) CO_2 (3) H_3O^+
(f) O, O (구조식) → (1) NaOH, H_2O (2) H_3O^+
(g) H, N, O (구조식) → H_2O, H_2SO_4 (촉매)
(h) OH (구조식) → (1) H_2CrO_4 (2) $SOCl_2$
(i) O, O, O (구조식) → (1) NH_3, H_2O (2) 묽은 H^+, 냉각

17.29 아래의 각 합성에 필요한 시약을 보이시오. 한 가지 이상의 반응이 필요할 수도 있다.

(a) OH → OCH$_3$

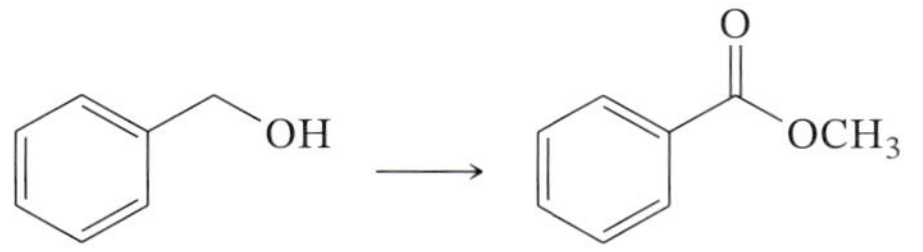

(d) Cl → H

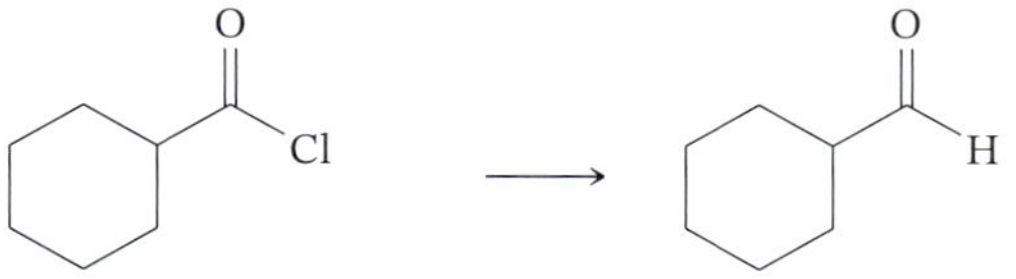

(b) O, O → OH, OH

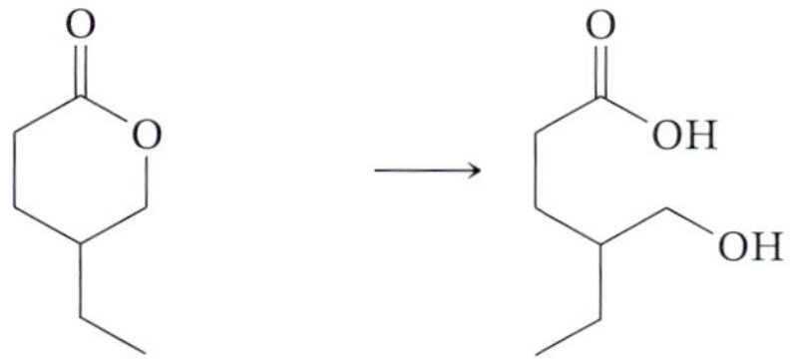

(e) OCH$_3$ → H

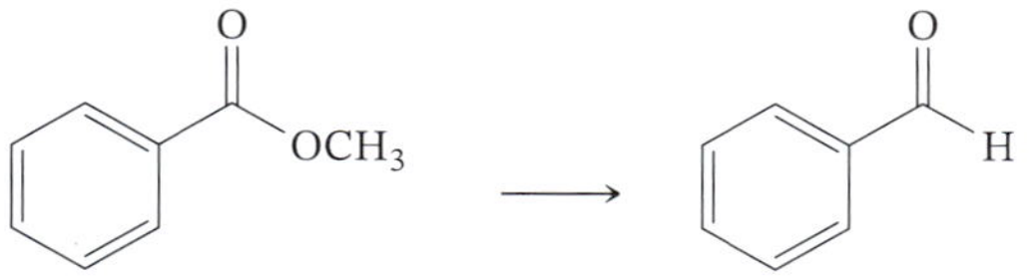

(c) N → Cl

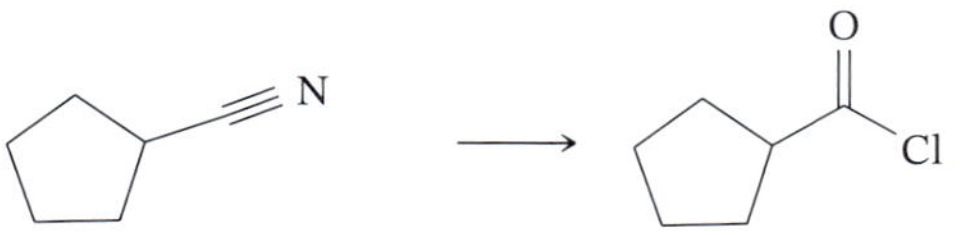

(f) NH → OH + $Et\overset{+}{N}H_3Cl^-$

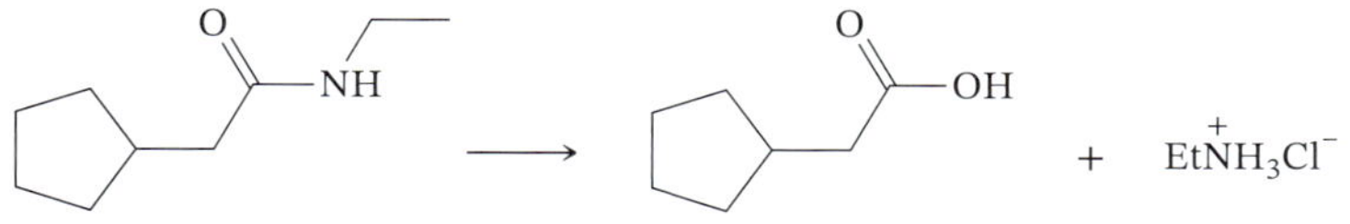

17.30 아래의 각 반응에서 주 생성물의 구조식을 쓰시오.

(a) H_3C, Cl; SH →

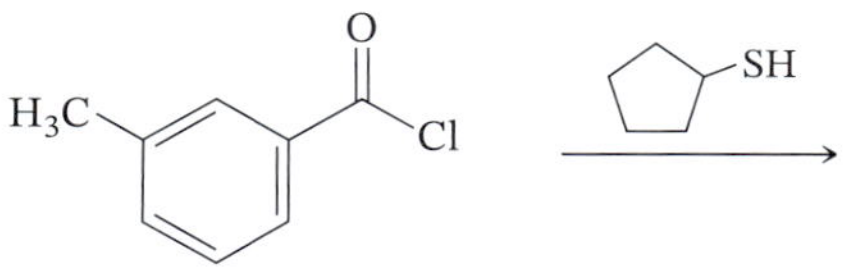

(d) HO, OH; H_2SO_4 (촉매) →

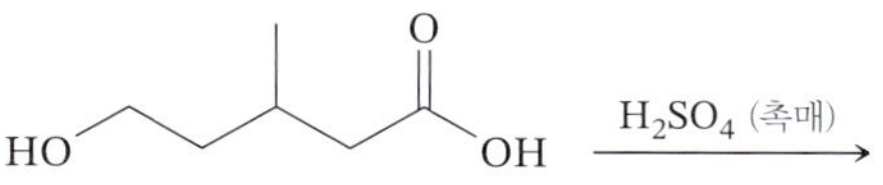

(b) Cl; NH_2 (과량) →

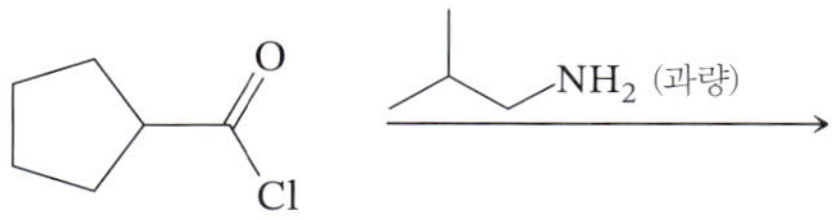

(e) OH; O, O, O →

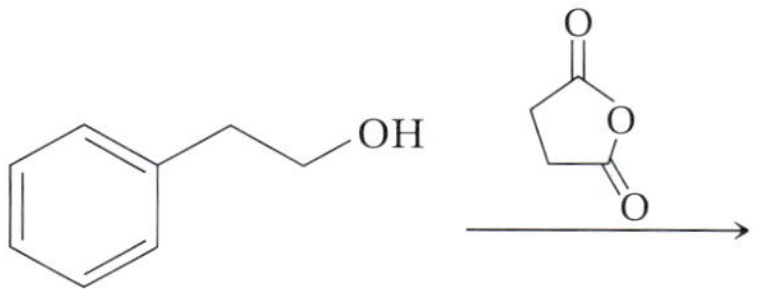

(c) O, O, O; OH →

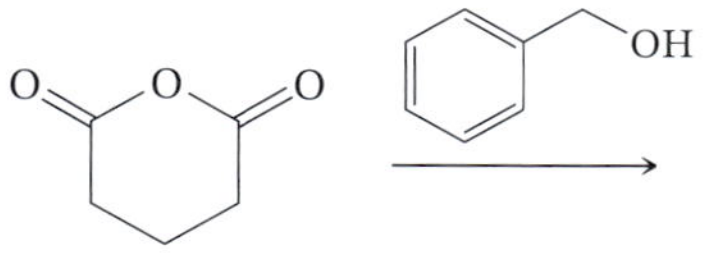

(f) H, N; Cl; Pyridine →

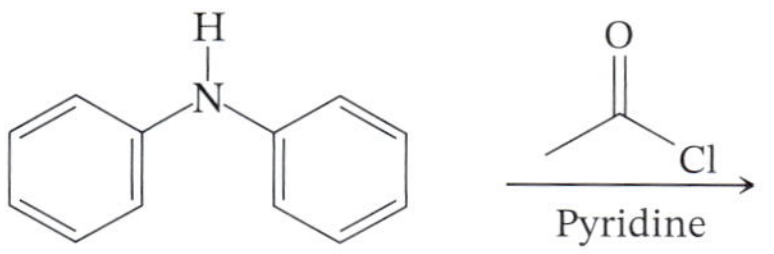

17.31 아래의 각 반응에서 주 생성물의 구조식을 쓰시오.

(a) OH; (1) *p*-TsCl, $CHCl_3$ (2) NaCN, DMSO (3) H_2SO_4, H_2O →

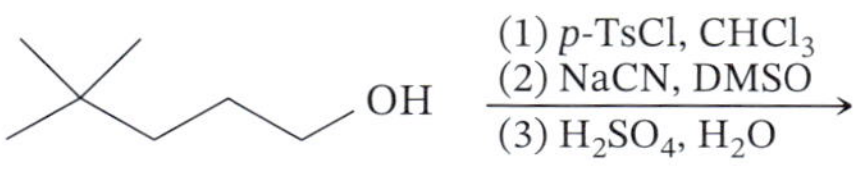

(b) N; (1) DIBAL-H (2) H_2O →

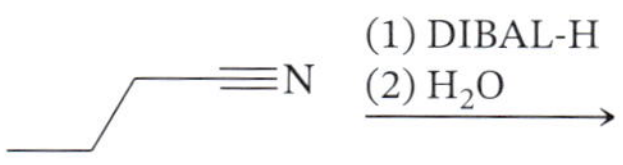

(c) N; (1) CH_3MgBr (2) H_3O^+ →

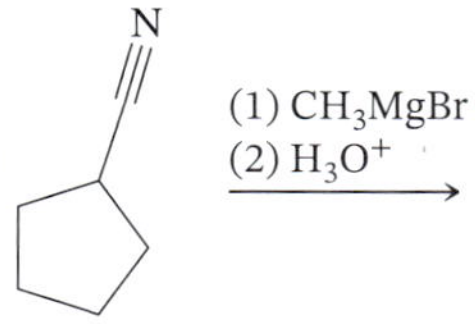

(d) O, O; (1) CH_3MgI (2당량) (2) H_3O^+ →

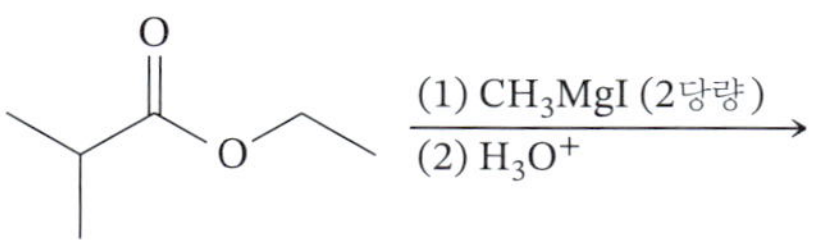

(e) O, O; (1) CH_3CH_2MgBr (과량) (2) H_3O^+ →

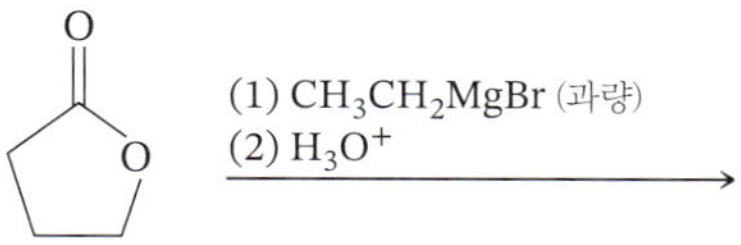

메커니즘

17.32 뷰탄아마이드의 산과 염기에 의한 가수 분해 반응 메커니즘을 쓰시오.

17.33 아래 각 반응의 상세한 메커니즘을 제시하시오.

(a) OH + CH_3OH (과량) $\underset{}{\overset{H_2SO_4\,(촉매)}{\rightleftharpoons}}$ OCH$_3$ + H_2O

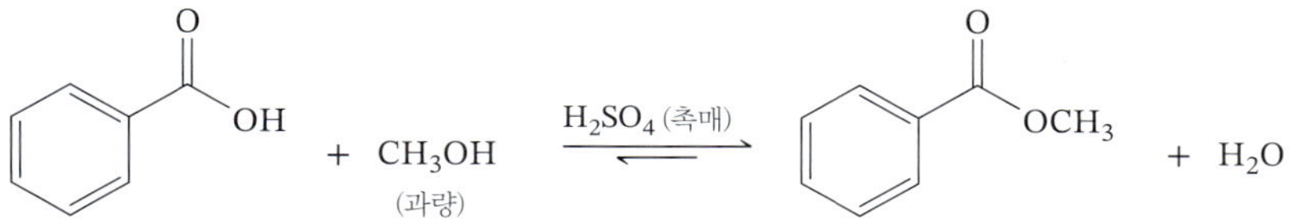

(b) 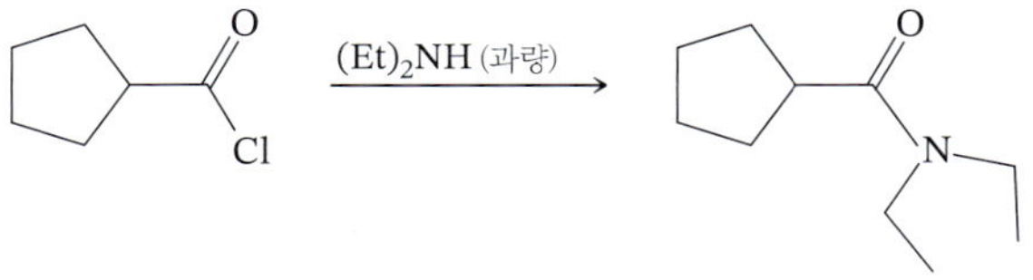 (cyclopentanecarbonyl chloride) $\xrightarrow{(Et)_2NH\text{ (과량)}}$ (N,N-diethylcyclopentanecarboxamide)

(c) 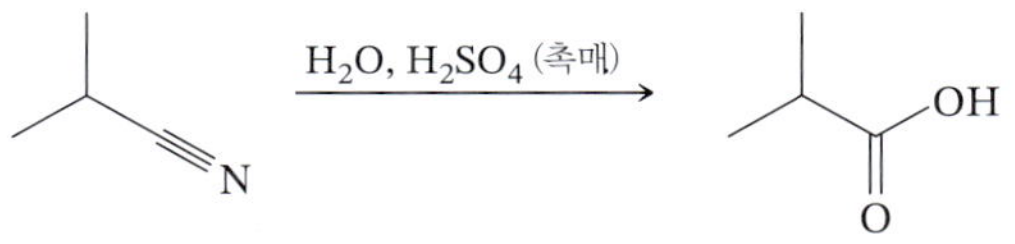 (isobutyronitrile) $\xrightarrow{H_2O,\ H_2SO_4\text{ (촉매)}}$ (isobutyric acid)

합성

17.34 *p*-클로로톨루엔을 아래 각 물질로 전환하는 방법을 보이시오.

(a) 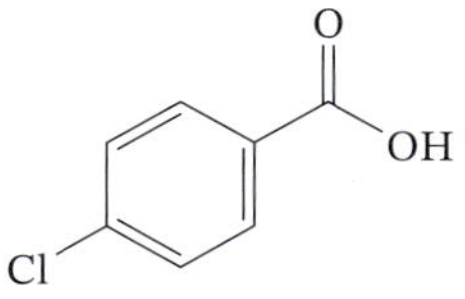 (4-chlorobenzoic acid)

(b) 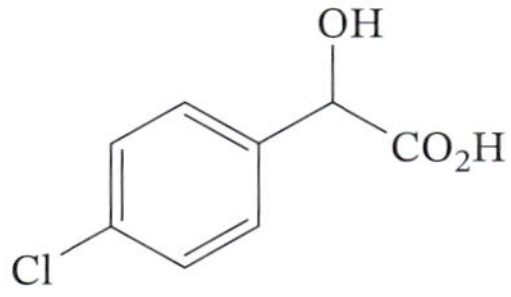 (4-Cl-C₆H₄–CH(OH)–CO_2H)

(c) 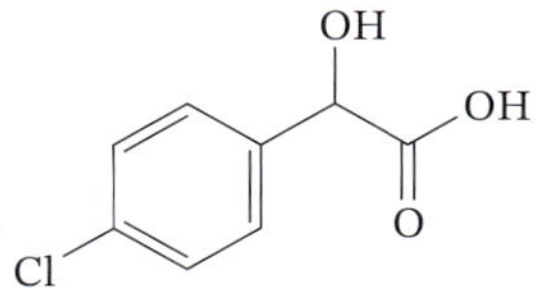 (4-Cl-C₆H₄–CH(OH)–COOH)

(d) 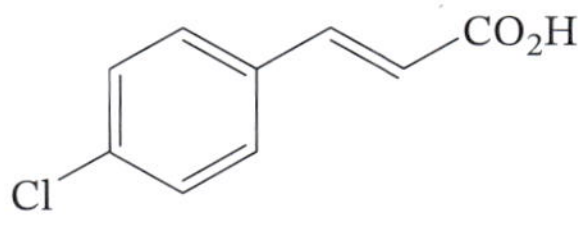 (4-Cl-C₆H₄–CH=CH–CO_2H)

17.35 아래의 각 합성에 필요한 시약을 보이시오. 한 단계 이상이 필요할 수도 있다.

(a) 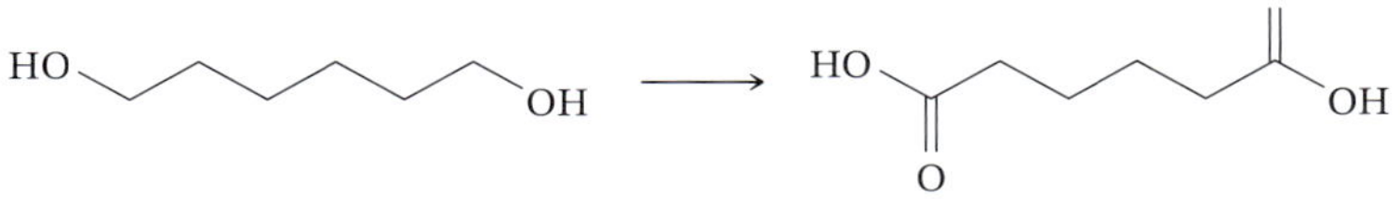 HO(CH₂)₆OH ⟶ HOOC(CH₂)₄COOH

(b) 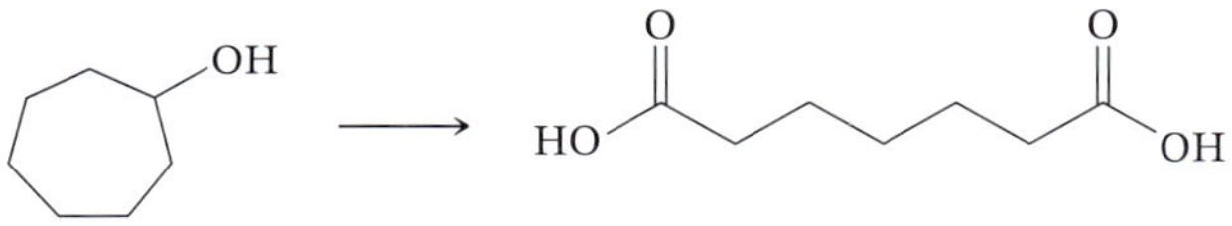 cycloheptanol ⟶ HOOC(CH₂)₅COOH

17.36 아래의 각 물질로부터 헵탄산이 어떻게 만들어지는지를 보이시오.

(a) 1-Heptanol **(b)** 1-Bromohexane (두 가지 방법) **(c)** 7-Tetradecene **(d)** Heptanal

17.37 벌레 퇴치제 Off의 활성 성분은 *N,N*-다이에틸-*m*-톨루아마이드[m-$CH_3C_6H_4CON(CH_2CH_3)_2$]이다. 이 화합물을 3-메틸벤조산(*m*-톨루산)으로부터 시작해서 합성하는 과정을 보이시오.

17.38 벤젠과 필요한 다른 시약들을 써서 진통제 및 해열제로 사용되는 *N*-아세틸-*p*-아미노페놀을 합성하는 방법을 요약하시오.

17.39 *cis*- 또는 *trans*-$HO_2C-CH=CH-CO_2H$(즉, 말레산 또는 퓨마르산)을 출발 물질로 하되, 다른 필요한 화합물들을 사용하여 아래 각 물질의 합성을 요약하시오.

(a) 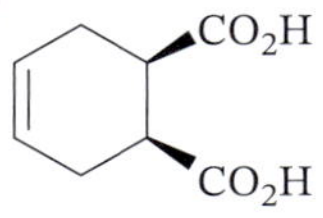 (cis-4-cyclohexene-1,2-dicarboxylic acid, CO_2H, CO_2H)

(b) 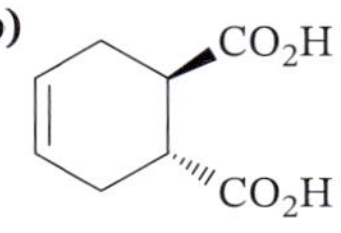 (trans-4-cyclohexene-1,2-dicarboxylic acid, CO_2H, CO_2H)

(c) 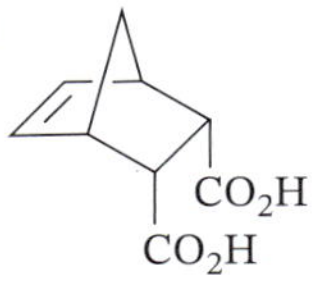 (bicyclo[2.2.1]hept-5-ene-2,3-dicarboxylic acid, CO_2H, CO_2H)

17.40 화합물 **A**에서 **Q**까지 입체 화학 구조식을 그리시오.

(a) (*R*)-(−)-2-Butanol $\xrightarrow[\text{pyridine}]{TsCl}$ **A** $\xrightarrow{NaCN}$ **B** (C_5H_9N) $\xrightarrow[H_2O]{H_2SO_4}$ (+)-**C** ($C_5H_{10}O_2$) $\xrightarrow[(2)\ H_2O]{(1)\ LiAlH_4}$ (−)-**D** ($C_5H_{12}O$)

(b) (*R*)-(−)-2-Butanol $\xrightarrow[\text{pyridine}]{PBr_3}$ **E** (C_4H_9Br) $\xrightarrow{NaCN}$ **F** (C_5H_9N) $\xrightarrow[H_2O]{H_2SO_4}$ (−)-**C** ($C_5H_{10}O_2$) $\xrightarrow[(2)\ H_2O]{(1)\ LiAlH_4}$ (+)-**D** ($C_5H_{12}O$)

(c) **A** $\xrightarrow{CH_3CO_2^-}$ **G** ($C_6H_{12}O_2$) $\xrightarrow{HO^-}$ (+)-**H** ($C_4H_{10}O$) + $CH_3CO_2^-$

(d) (−)-**D** $\xrightarrow{PBr_3}$ **J** ($C_5H_{11}Br$) $\xrightarrow[Et_2O]{Mg}$ **K** ($C_5H_{11}MgBr$) $\xrightarrow[(2)\ H_3O^+]{(1)\ CO_2}$ **L** ($C_6H_{12}O_2$)

(e) HO–CH_2–CH(OH)–CHO $\xrightarrow{\text{HCN}}$ M ($C_4H_7NO_3$) + N ($C_4H_7NO_3$)

(*R*)-(+)-Glyceraldehyde

M + N: 부분 입체 이성질체, 분별 결정법에 의해서 분리될 수 있다.

(f) **M** $\xrightarrow[\text{H}_2\text{O}]{\text{H}_2\text{SO}_4}$ **P** ($C_4H_8O_5$) $\xrightarrow[\text{HNO}_3]{[\text{O}]}$ *meso*-tartaric acid

(g) **N** $\xrightarrow[\text{H}_2\text{O}]{\text{H}_2\text{SO}_4}$ **Q** ($C_4H_8O_5$) $\xrightarrow[\text{HNO}_3]{[\text{O}]}$ (−)-tartaric acid

17.41 (*R*)-(+)-글리세르알데하이드는 아래와 같은 합성 경로에 대해 (+)-말산으로 변환될 수 있다. 각 단계의 생성물에 대한 입체 화학적인 구조를 나타내시오.

$$(R)\text{-}(+)\text{-Glyceraldehyde} \xrightarrow[\text{산화 반응}]{\text{Br}_2,\text{H}_2\text{O}} (-)\text{-glyceric acid} \xrightarrow{\text{PBr}_3}$$

$$(-)\text{-3-bromo-2-hydroxypropanoic acid} \xrightarrow{\text{NaCN}} \text{C}_4\text{H}_5\text{NO}_3 \xrightarrow[\text{가열}]{\text{H}_3\text{O}^+} (+)\text{-malic acid}$$

분광학

17.42 페나세틴($C_{10}H_{13}NO_2$)에 대한 IR과 ^{1}H NMR 스펙트럼이 **그림 17.6**에 주어져 있다. 페나세틴은 해열, 진통제 화합물이고 A–P–C 정제(아스피린–페나세틴–카페인)에서 P에 해당한다. (페나세틴은 독성 때문에 더 이상 의학적으로는 사용되지 않는다.) 페나세틴이 수산화 소듐 수용액과 가열될 때, 페네티딘($C_8H_{11}NO$)과 아세트산 소듐을 생성한다. 페나세틴과 페네티딘에 대한 구조를 제시하시오.

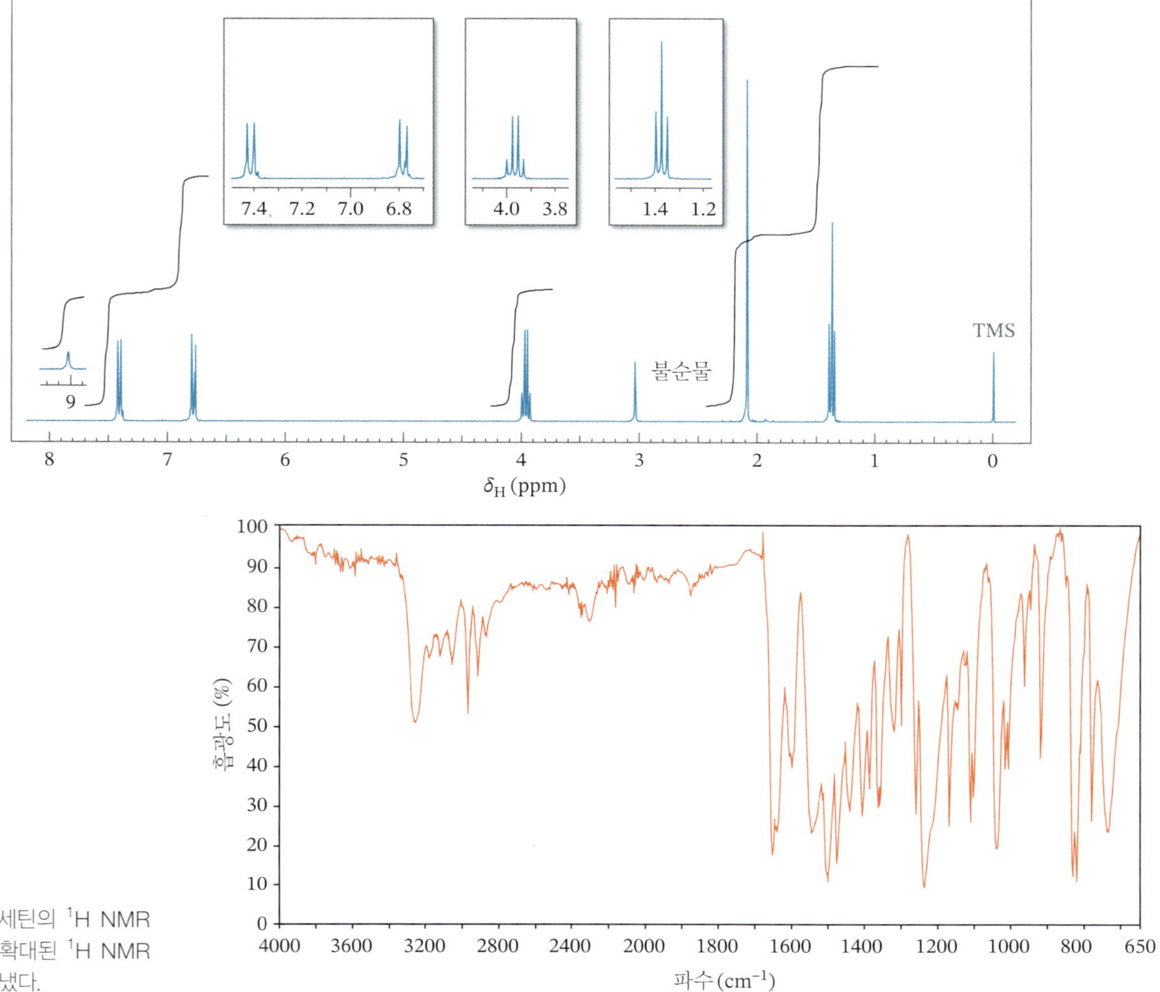

그림 17.6 페나세틴의 ^{1}H NMR과 IR 스펙트럼. 확대된 ^{1}H NMR 신호를 위에 나타냈다.

17.43 다섯 가지 아실 화합물의 ^{1}H NMR 스펙트럼과 카보닐 흡수 피크가 여기에 주어져 있다. 각 구조를 제시하시오.

		^{1}H NMR 스펙트럼		IR 스펙트럼
(a)	$C_8H_{14}O_4$	삼중선	1.2 (6H)	1740 cm^{-1}
		단일선	2.5 (4H)	
		사중선	4.1 (4H)	
(b)	$C_{11}H_{14}O_2$	이중선	1.0 (6H)	1720 cm^{-1}
		다중선	2.1 (1H)	
		이중선	4.1 (2H)	
		다중선	7.8 (5H)	
(c)	$C_{10}H_{12}O_2$	삼중선	1.2 (3H)	1740 cm^{-1}
		단일선	3.5 (2H)	
		사중선	4.1 (2H)	
		다중선	7.3 (5H)	
(d)	$C_2H_2Cl_2O_2$	단일선	6.0	넓은 피크 2500~2700 cm^{-1}
		단일선	11.70	1705 cm^{-1}
(e)	$C_4H_7ClO_2$	삼중선	1.3	1745 cm^{-1}
		단일선	4.0	
		사중선	4.2	

17.44 화합물 **Y**($C_8H_4O_3$)는 탄산수소 소듐 수용액과 함께 따뜻하게 데워지면 천천히 용해한다. **Y**의 IR 스펙트럼은 1779와 1854 cm^{-1}에서 강한 흡수 피크를 가진다. **Y**의 양성자-짝풀린 ^{13}C 스펙트럼이 그림 17.9에 주어져 있다. **Y**의 탄산수소 용액을 산성화시키면 화합물 **Z**가 된다. **Z**의 양성자-짝풀린 ^{13}C NMR 스펙트럼은 네 개의 신호를 보인다. **Y**의 에탄올 용액을 가열하면 화합물 **AA**가 생성된다. **AA**의 ^{13}C NMR 스펙트럼은 10개의 신호를 보인다. **Y**, **Z**, 그리고 **AA**의 구조를 제시하시오.

물질 합성

17.45 칸타리딘은 건조한 딱정벌레(*Cantharis vesicatoria* 혹은 '스페인 파리')로부터 분리될 수 있는 강력한 발포제이다. 아래에는 1953년 Columbia University의 Stork에 의해 보고된 칸타리딘의 입체 특이성을 띤 합성을 요약하였다. 빠진 시약 **(a)**에서 **(j)**를 추가하시오.

(a) CO_2CH_3 CO_2CH_3 (b) CO_2CH_3 CO_2CH_3 (c) CO_2CH_3 CO_2CH_3 (d) OH OH (e) OMs OMs **Ms = methanesulfonyl** (f) S S (g) OH OH S S (h)

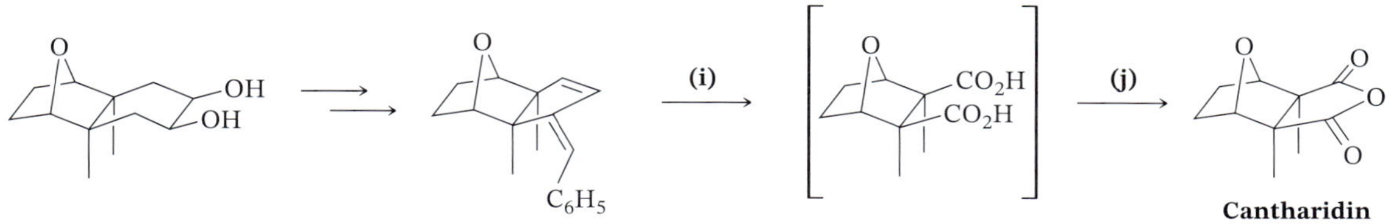

(i)

(j)

CO_2H

CO_2H

C_6H_5

Cantharidin

17.46 아래 각각의 질문에서 출발 물질을 생성물로 전환하는 데 타당한 경로를 제시하시오. 각각의 경우 한 단계 이상이 필요하며, 앞의 장들에서 배운 반응이 필요할 수도 있다.

(a) → $N(CH_2CH_3)_2$

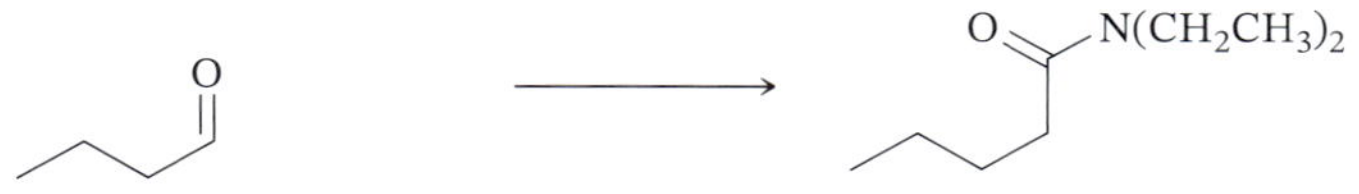

(b) Br →

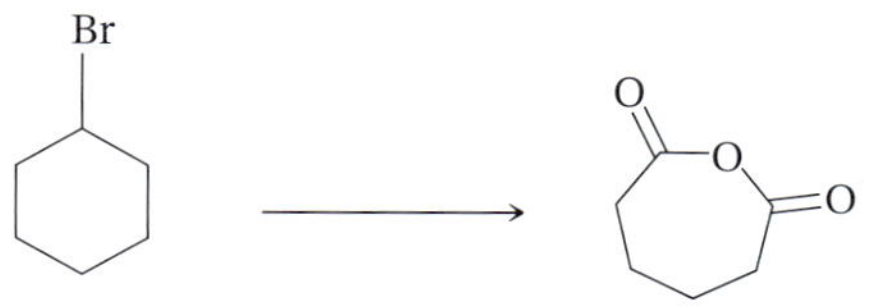

(c) CN →

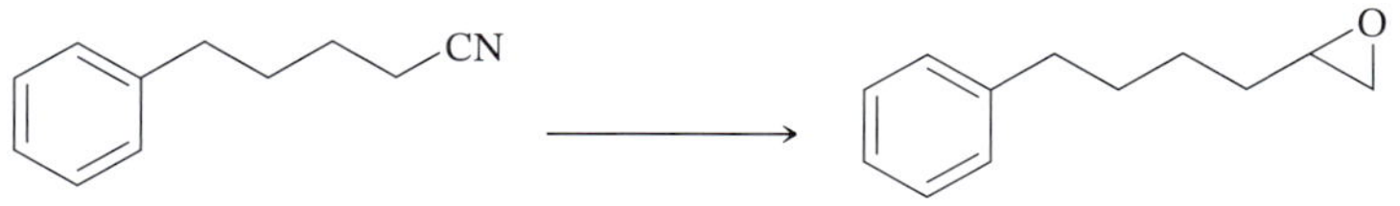

(d) OCH_3 → OCH_3

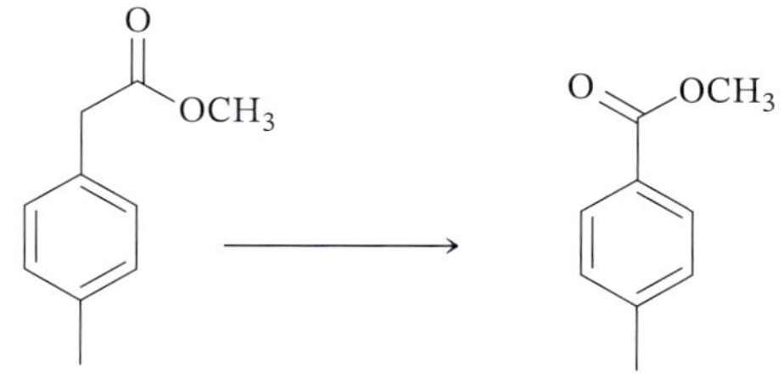

17.47 아래 각각에 대하여 주어진 출발 물질로부터 제시된 조건을 통하여 형성되는 생성물(**A**, **B**, **C**, **D**로 나타냄)의 구조를 그리시오.

(a) (1) *m*CPBA (2) $HNEt_2$, acid (3) Swern 산화 반응 (4) $H_2C{=}PPh_3$ → **A**

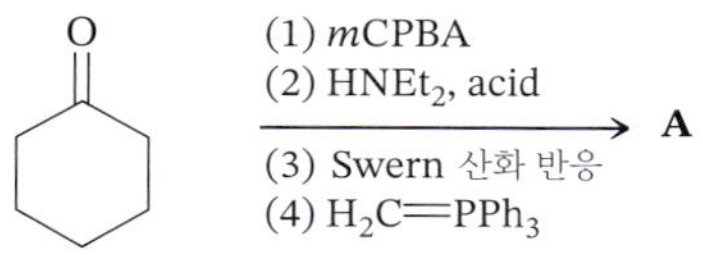

(b) (1) Br_2, $FeBr_3$ (2) Mg^0 (3) CO_2; H_3O^+ (4) $SOCl_2$, pyr (5) NaOAc → **B**

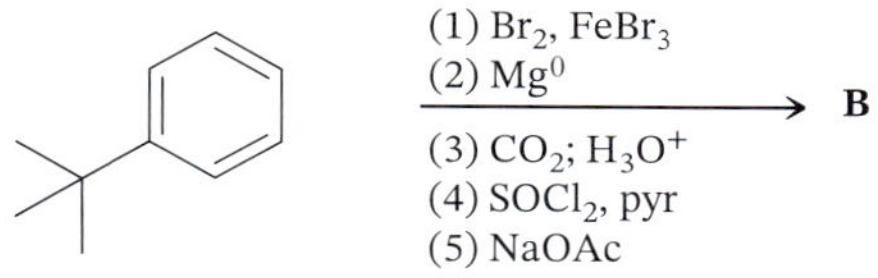

(c) Cl (1) MeMgBr (과량); H_3O^+ (2) NaH, EtI (3) [cyclohexadiene], Δ (4) H_2, Pd/C → **C**

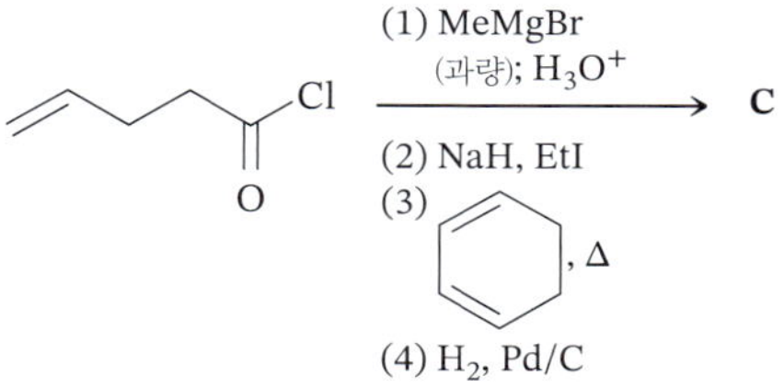

(d) N (1) Cl_2, $AlCl_3$ (2) NaOH, H_2O, Δ (3) H_3O^+ (4) $SOCl_2$, pyr → **D**

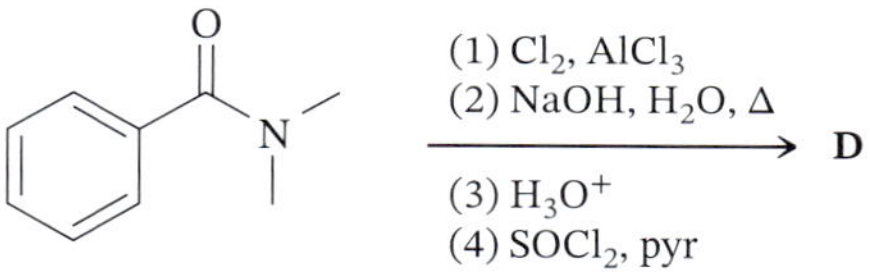

17.48 거꾸로 작업을 해서, 지정된 반응을 통하여 제시된 생성물에 이르는 출발 물질을 제시하시오.

(a) **A** (1) TBAF (2) Swern 산화 반응 (3) NaOH (4) H_3O^+ (5) Δ → O

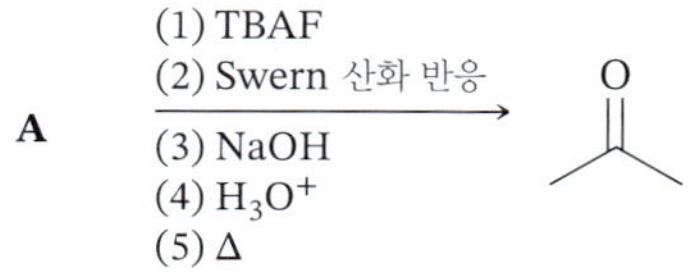

(b) **B** (1) KCN (2) DIBAL-H (3) H_3O^+ (4) H_2NNH_2, HA (촉매) (5) KOH, Δ →

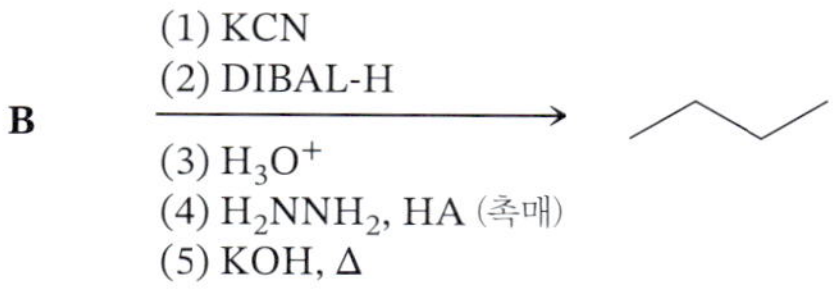

화학 상담자가 필요한 물음

17.49 무당벌레는 화려하고도 매력적이며 무해한(적어도 인간에게는) 곤충으로 보이지만, 그것들은 잠재적인 먹이 사슬에게는 독성인 분자들을 많이 생성한다. 이 중에는 아래에 보인 엑소코민(exochomine)도 포함되어 있다. 이 목표 물질을 실험실에서 합성하기 위한 일환으로 카복실산 유도체들을 포함하는 수많은 반응들이 사용되었다. **A**와 **C**를 각각 **B**와 **D**로 전환하는 조건을 제시하시오. 나중의 두 물질은 여러 단계에 거쳐 짝지어져서 최종 분자를 형성한다. (참조: *Angew. Chem. Int. Ed*. **2016**, *55*, 10301.)

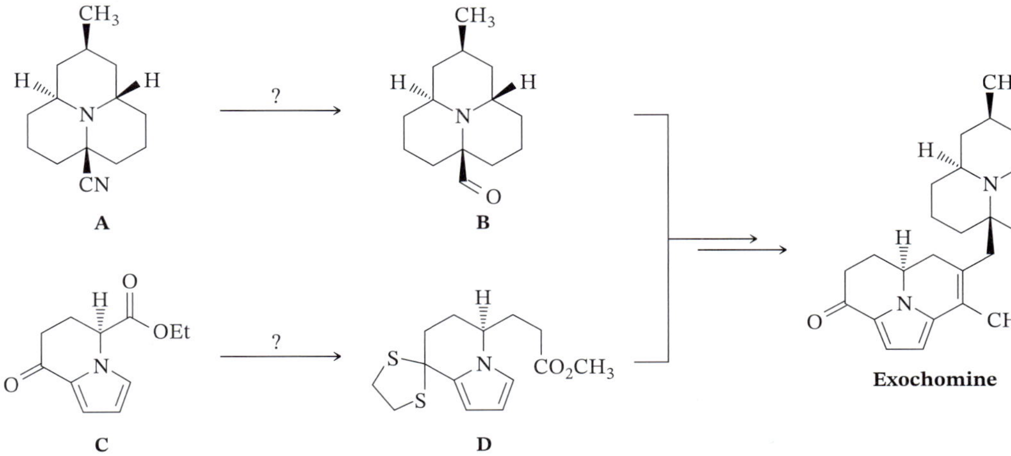

A B C D Exochomine

17.50 카복실산 유도체의 강력한 이점 중 하나는 그들을 특정한 조건하에서 상호 교환을 할 수 있는 능력이다. 아래의 보기 각각에서 산이나 염기의 사용으로 이 기들이 형성되거나 분자 내에서 상호 전환을 이룬다. 이들 중 하나에서 한 천연물 구조는 다른 구조로 선택적으로 바뀌었다. 관찰된 생성물 각각을 설명할 수 있는 메커니즘을 제시하시오. (참조: *Angew. Chem. Int. Ed.* **1999**, *38*, 1669와 1676; *Angew. Chem. Int. Ed.* **2012**, *51*, 4080; *J. Am. Chem. Soc.* **2003**, *125*, 5628.)

(a) CH_3CO_2H 수용액

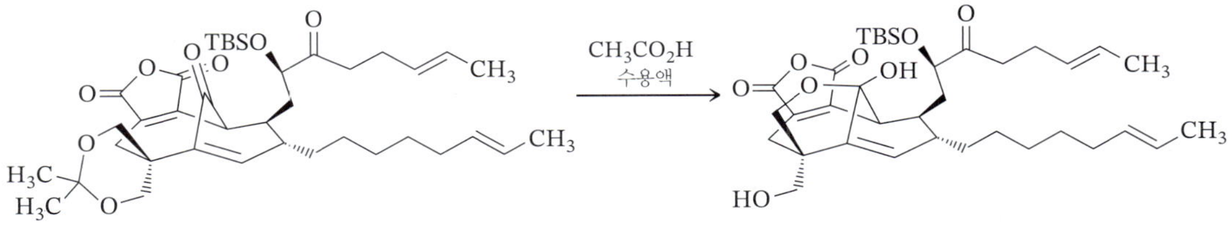

(b) Hopeahainol A → ($NaOCH_3$, CH_3OH) → Hopeanol

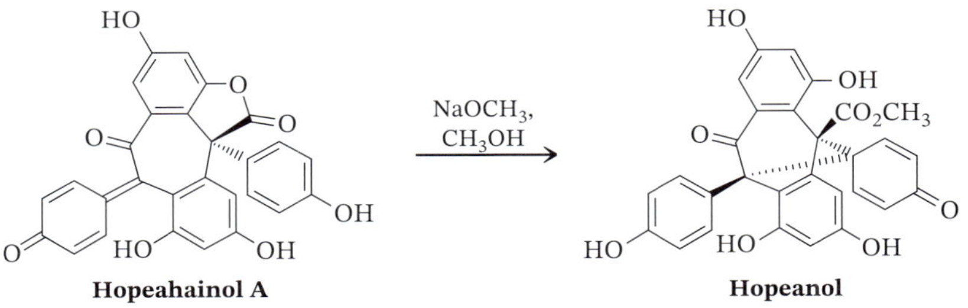

(c) Et_2NH

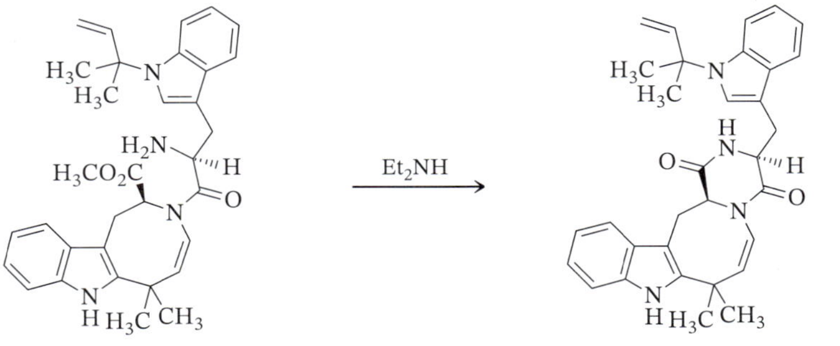

도전 물음

17.51 케텐($H_2C{=}C{=}O$)은 중요한 화공 약품으로, 아세트산을 고온에서 탈수하거나 또는 아세톤의 열분해에 의해서 제조될 수 있다. 케틴이 다음과 반응할 때의 생성물을 쓰시오: **(a)** 에탄올, **(b)** 아세트산, **(c)** 에틸아민(**힌트**: Markovnikov 첨가가 일어남.)

17.52 두 가지 비대칭인 산 무수물이 아래와 같이 에틸아민과 반응한다. 각 반응에서 생성물의 형성을 설명할 수 있는 요인은 무엇인가?

$$HCO{-}O{-}COCH_3 + CH_3CH_2NH_2 \longrightarrow CH_3CH_2NHCHO + CH_3CO_2^- + CH_3CH_2\overset{+}{N}H_3$$

$$F_3CCO{-}O{-}COCH_3 + CH_3CH_2NH_2 \longrightarrow CH_3CH_2NHCOCH_3 + F_3CCO_2^- + CH_3CH_2\overset{+}{N}H_3$$

17.53 1-나프톨을 출발 물질로 하여 살충제인 Sevin의 합성에 대해서 17.9A절에 제시한 것과 다른 합성법을 제시하시오.

17.54 클로로메틸화 반응을 이용하여 벤젠으로부터 ibuprofen(5.11절)의 합성법을 제시하시오. 클로로메틸화 반응은 Friedel-Crafts 반응의 특별한 경우로 HCHO, HCl, $ZnCl_2$ 혼합물이 방향족 고리에 $-CH_2Cl$기를 도입하는 것이다.

17.55 Ibuprofen의 또 다른 합성법이 아래에 주어져 있다. 화합물 **A**~**D**의 구조식을 제시하시오.

$$\text{benzene} \xrightarrow[\text{AlCl}_3]{(CH_3)_2CHCOCl} \mathbf{A} \xrightarrow{\text{HCl, Zn(Hg)}} \mathbf{B} \xrightarrow[\text{AlCl}_3]{CH_3COCl} \mathbf{C} \xrightarrow[H_2SO_4]{\text{NaCN}} \mathbf{D} \xrightarrow[\text{붉은 P}]{\text{HI}} \text{ibuprofen (라셈 혼합물)}$$

17.56 신남알데하이드(3-페닐-2-프로펜알)를 합성하는 방법은 3-페닐-2-프로펜-1-올을 $K_2Cr_2O_7$으로 황산 속에서 처리하는 것이다. 이 반응으로부터 얻어진 생성물은 ^{13}C NMR 스펙트럼에서 δ 164.5 ppm에 신호를 보인다. 이와 달리 3-페닐-2-프로펜-1-올을 CH_2Cl_2 속에서 PCC와 반응시키면 생성물의 ^{13}C NMR 스펙트럼은 δ 193.8 ppm에서 신호를 나타낸다. (두 화합물의 스펙트럼에서 모든 다른 피크들은 비슷한 화학적 이동을 보인다.) **(a)** 어느 반응이 신남알데하이드를 생성하는가? **(b)** 또 다른 생성물은 무엇인가?

학습 집단을 위한 물음

펩타이드의 화학적 합성 카복실산과 카복실 작용기의 아실 유도체들은 생화학에서 매우 중요하다. 예를 들어, 카복실산 작용기는 지방산이라 불리는 지방의 집단에 존재한다. 글리세라이드라고 불리는 지방은 카복실산 유도체인 에스터 작용기를 지니고 있다. 더욱이 단백질이라고 불리는 생중합체의 모든 부류는 반복적인 아마이드 작용기 결합들을 포함하고 있다. 아마이드도 카복실산 유도체이다. 단백질의 실험실적 그리고 생화학적인 합성에는 활성화된 아실 탄소에서의 치환 반응이 관여한다.

이 학습 집단을 위한 물음은 펩타이드라 불리는 작은 단백질의 화학적인 합성에 초점을 두었다. 펩타이드나 단백질의 합성의 핵심은 활성화된 카복실산 유도체와 아민의 반응에 의해서 아마이드 작용기를 형성하는 것이다.

먼저 펩타이드의 전통적인 화학적 합성에 쓰이는 반응들을 살펴보고, 그다음 자동화된 고체상 펩타이드 합성에서 사용되는 반응을 들여다 보기로 하자. 고체상 펩타이드 합성 방법은 Merrifield(Rockefeller University)에 의해서 발명되었으며, 그는 이 공로로 1984년 Nobel 화학상을 받았다. 고체상 펩타이드 합성 반응은 매우 의존할 만해서 펩타이드 합성기라고 불리는 기계에 응용되었다(24.7D절).

1. 펩타이드 합성의 첫 단계는 아미노산(아민과 카복실산을 모두 포함하는 화합물)의 아민 작용기를 막는(보호하는) 것이다. 그런 반응은 24.7C절에서 Ala(alanine, 알라닌)와 클로로폼산 벤질 사이의 반응으로 나타냈다. Z-Ala라고 표시된 구조에서 형성된 작용기는 카밤산(또는 유레테인)이라고 부른다. (Z는 벤질옥시카보닐기 $C_6H_5CH_2OCO-$이다.)

(a) Ala와 클로로폼산 벤질로부터 수산화 이온 존재하에서 Z-Ala가 형성되는 상세한 메커니즘을 쓰시오.

(b) (a)의 반응에서 왜 아미노기는 카복실산 음이온보다 더 우월한 친핵체로 행동하는가?

(c) 또 다른 널리 쓰이는 아미노 보호기는 9-플루오렌일메톡시카보닐(9-fluorenylmethoxycarbonyl, Fmoc)기이다. Fmoc는 자동화된 고체상 펩타이드 합성에서 가장 흔히 쓰이는 보호기이다(아래의 물음 4를 보시오). 24.7A절에서 주어진 조건하에서 Fmoc-보호된 아미노산의 형성에 대한 상세한 메커니즘을 쓰시오.

2. 24.7C절의 두 번째 단계는 혼성 무수물이 형성되는 것이다. Z-Ala가 클로로폼산 에틸($ClCO_2C_2H_5$)과 트라이에틸아민 존재하에서 혼성 무수물을 형성하는 반응에 대한 상세한 메커니즘을 쓰시오. 이 단계의 목적은 무엇인가?

3. 24.7C절에 있는 일련의 반응에서 세 번째 단계는 새로운 아미노산[이 경우는 루신(leucine, 약자로 Leu)]을 다른 아마이드 작용기에 의해서 실제로 연결하는 것이다. 이 단계(Z-Ala의 혼성 무수물이 Z-Ala−Leu가 되는 것)에 대한 상세한 메커니즘을 쓰시오. 이 메커니즘 과정에서 CO_2와 에탄올이 어떻게 형성되는지 보이시오.

4. 고체상 펩타이드 합성에 공통적으로 쓰이는 반응 순서가 24.7D절에 보인다.

(a) 다이아이소프로필카보다이이미드를 써서 첫 번째 아미노산(Fmoc-보호된 형태)을 중합체인 고체 지지대상에 있는 하이드록실기에 연결시키는 1단계의 상세한 메커니즘을 쓰시오.

(b) 자동화된 합성의 3단계는 Fmoc기를 피페리딘과의 반응으로 제거하는 것이다(24.7A절에서도 보인 반응). 이 단계의 상세한 메커니즘을 쓰시오.

| 온라인 자료에서 특수 주제 **E**를 참조하시오. |

카보닐 화합물의 α 탄소에서의 반응

엔올과 엔올산 이온

Microgen/Shutterstock.com

격렬하게 운동을 할 때 우리 몸은 포도당으로부터 에너지를 얻기 위해서 해당 대사 과정을 크게 의존하게 된다. 해당 과정은 글루코스를 두 개의 C3 분자로 나눈다. 이들 C3 분자 중 하나(글리세르알데하이드-3-인산, GAP)만이 해당 경로를 바로 더 진행할 수 있다. 그러나 다른 C3 분자(다이하이드록시아세톤-3-인산, DHAP)는 낭비되는 것이 아니다. 그것은 이 장에서 공부할 핵심이 되는 중간체 형태인 엔올[중간체가 하나의 알켄(-ene)이자 알코올(-ol)이므로 그렇게 이름이 지어짐]을 거쳐서 두 번째 GAP 분자로 전환된다. 이 장에서는 엔올과 엔올산 이온, 그리고 그들의 짝염기에 대해서 배운다.

16장에서 알데하이드와 케톤이 그들의 카보닐기에서 친핵성 첨가 반응을 어떻게 수행하는지를 보았다. 예를 들면,

$$\mathrm{RC(=O)R'} \; \underset{}{\overset{\mathrm{H{-}Nu}}{\rightleftharpoons}} \; \mathrm{RC(OH)(Nu)R'}$$

친핵성 첨가 반응

17장에서는 적당한 이탈기가 존재할 때 카보닐기에서 치환 반응이 어떻게 일어나는지를 알았다. 이런 형태의 반응을 아실 치환 반응이라고 부른다. 예를 들면,

$$\mathrm{RC(=O)LG} \; \xrightarrow{\mathrm{Nu:}} \; \mathrm{RC(=O)Nu} \; + \; \mathrm{LG:}$$

이 장에서 배울 내용:

- 카보닐기에 인접한 α 탄소 원자에 있는 수소 원자의 약산성으로 인한 반응. 이 수소 원자를 **α 수소(α hydrogen)**라고 하며, 그것이 결합된 탄소를 **α 탄소(α carbon)**라고 부른다.
- α 수소를 제거하여 엔올과 엔올산 이온이 생성되는 과정
- 같은 출발 물질로부터 다른 엔올산 이온을 생성하는 속도론적과 열역학적인 양성자 제거 반응의 개념
- 엔올과 엔올산 이온에 알킬화 반응, 아실화 반응, 그리고 다른 친전자체 첨가 반응
- 엔올의 질소 유사체인 엔아민을 이용한 동일한 화학의 다른 설명

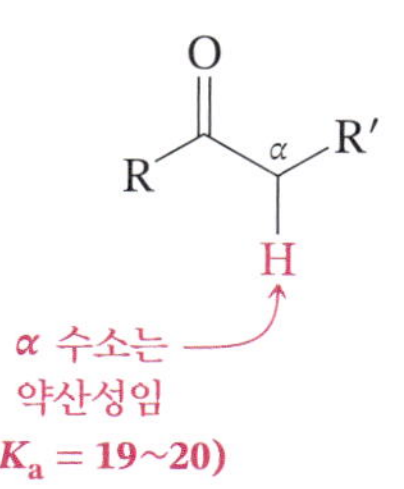

이 주제는 왜 중요한가?

이 장의 끝에서는 엔아민의 화학이 복잡한 생활성 분자의 합성에 필요한 복잡한 결합 형성을 수행하는 능력을 제공하는 방법과 매우 가치 있는 약품을 다량으로 생산하는 데 어떻게 이용되는지를 보게 될 것이다.

18.1 카보닐 화합물에서 α 수소의 산도: 엔올산 이온

카보닐 화합물의 α 수소가 산성이란 말의 의미는 **탄소에 붙어 있는 수소로서는 이례적으로 산성이란 말**이다.

- 대부분의 간단한 알데하이드나 케톤의 α 수소에 대한 pK_a는 19~20이다.

이것은 α 수소가 $pK_a = 25$인 에타인의 수소보다 더 산성이라는 것을 의미하고, 에텐($pK_a = 44$)이나 에테인($pK_a = 50$)보다 훨씬 더 산성이라는 것이다.

카보닐 화합물의 α 수소가 가지는 이례적인 산도에 대한 이유는 아주 분명하다.

- 카보닐기는 강하게 전자를 끄는 기이며, 카보닐 화합물이 α 수소를 잃으면 생성된 음이온은 **엔올산 이온(enolate)**으로 비편재화에 의해 안정화된다.

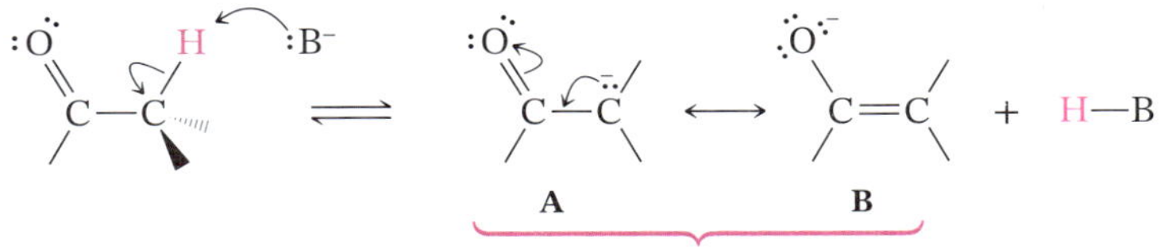

A B

비편재화된 엔올산 이온의 공명 구조

엔올산 이온에 대한 두 개의 공명 구조 **A**와 **B**가 그려질 수 있다. 구조 **A**에서 음전하는 탄소 위에 있고, 구조 **B**에서 음전하는 산소 위에 있다. 두 구조들은 모두 혼성으로 기여한다. 구조 **A**가 구조 **B**의 탄소–탄소 이중 결합보다 훨씬 강한 탄소–산소 π 결합의 세기 때문에 유리하지만, 구조 **B**에서 전기 음성도가 큰 산소가 음전하를 더 잘 수용할 수 있기 때문에 이것이 혼성에 상당한 기여를 한다. 그래서 엔올산 이온의 혼성을 다음과 같이 그릴 수 있다.

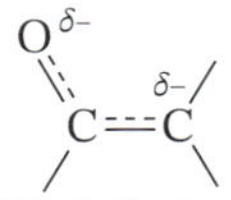

엔올산 이온의 혼성 공명 구조

공명–안정화된 엔올산 이온이 양성자를 받아들일 때 두 방법 중에 하나로 이루어질 수 있다. 즉, 원래의 카보닐 화합물을 형성하기 위해 탄소에 양성자가 붙어 **케토 형태(keto form)**가 되거나 산소에 양성자가 붙어 **엔올(enol**, 알**켄** 알코**올**, alk**ene** alcoh**ol**) 형태가 될 수 있다.

- 엔올산 이온은 엔올 형태와 케토 형태 모두의 짝염기이다.

H⁺가 여기에 첨가 / $O^{\delta-}$ 또는 $\delta-$ / H⁺가 여기에 첨가

C═C + HB

엔올산 이온

HO–C═C + B:⁻ ⇌ 엔올산 이온 ⇌ O═C–C–H + B:⁻

엔올 형태　　　　케토 형태

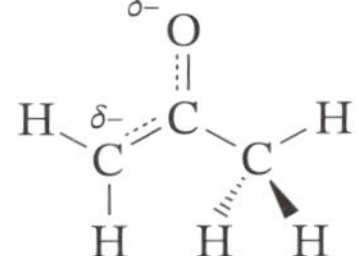

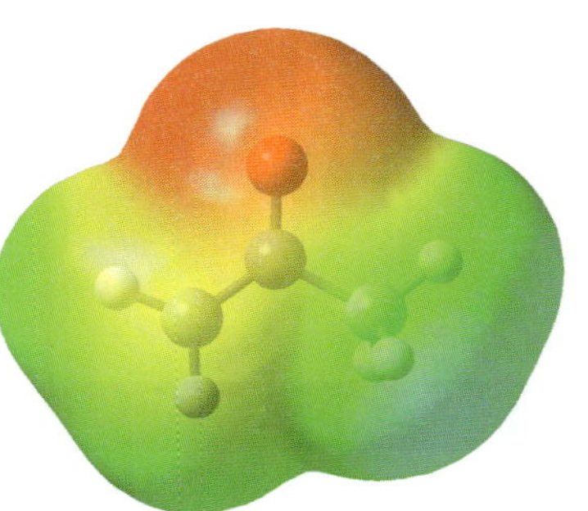

아세톤 엔올산 이온

아세톤의 엔올산 이온에 대해서 계산된 정전기적 퍼텐셜 지도를 아래에 보였다. 이 지도는 아세톤 엔올산 이온의 전자 밀도의 가장 큰 범위(van der Waals 표면)를 대략적으로 나타내고 있다. 산소 부근 적색은 산소가 음이온의 과량의 음전하를 더 잘 안정화시킨다는 사실과 일치한다. α 수소가 제거된 탄소에서의 노란색은 과량의 음전하가 거기에 또한 편재되었음을 나타낸다. 이러한 사실은 비편재화와 전기 음성도 효과로 인한 혼성으로 전하의 분배가 일어난다는 위의 결론과도 평행함을 의미한다.

18.2 케토와 엔올 토토머

카보닐 화합물의 케토와 엔올 형태는 독특한 형태의 구조 이성질체들이다. 그들은 미량의 산이나 염기 존재하에 쉽게 상호 전환되기 때문에, 이런 형태의 구조적인 이성질화 현상을 묘사하기 위해서 특별한 용어가 사용된다.

- 상호 전환될 수 있는 **케토와 엔올 형태**(**keto and enol form**)를 **토토머**(**tautomer**)라고 하며, 그러한 상호 전환을 **토토머화 반응**(**tautomerization**)이라고 부른다.

대부분의 조건하에서 케토와 엔올은 평형 상태에서 있게 된다. 아세톤과 아세트알데하이드 같은 간단한 모노카보닐 화합물은 평형에서 엔올 형태가 **매우 적은 양**으로 존재한다. 아세톤의 경우 1% 미만이다. 아세트알데하이드의 경우 엔올의 농도는 너무 작아 감지하기 어렵다. 아래의 모노카보닐 화합물에서 케토 형태가 더 큰 안정성을 갖는 것은 탄소–탄소 π 결합에 비해 탄소–산소의 π 결합이 더 강하기 때문인 것으로 설명될 수 있다(~364 kJ mol^{-1} 대~250 kJ mol^{-1}).

도움말
케토–엔올 토토머는 공명 구조가 아님을 주목하시오. 그들은 구조 이성질체들이 평형에 있는 것이다(일반적으로 케토 형태를 선호함).

	케토 형태		엔올 형태
Acetaldehyde	(~100%)	⇌	(아주 미량)
Acetone	(>99%)	⇌	(1.5×10^{-4}%)
Cyclohexanone	(98.8%)	⇌	(1.2%)

한 개의 포화된 탄화수소를 사이에 두고 떨어져 있는 두 개의 카보닐기를 가진 화합물(β-다이카보닐 화합물)에서 평형일 때 존재하는 엔올의 양은 상당히 많다. 예를 들면 펜테인 2,4-다이온은 76%가 엔올 형태로 존재한다.

Pentane-2,4-dione (24%) ⇌ **Enol form** (76%)

- β-다이카보닐 화합물의 엔올 형태가 더욱 안정한 것은 짝지은 이중 결합의 공명 안정화와 (고리 형태의) 수소 결합을 통하여 얻어진 안정도 때문이다.

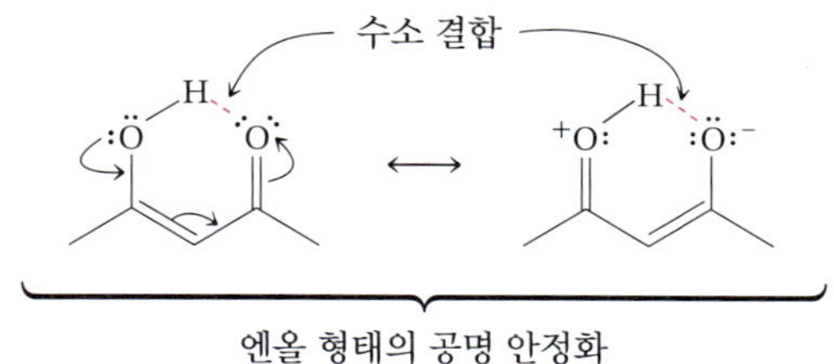

보기 물음 18.1

3-펜탄온의 케토와 엔올 형태에 대한 결합선 구조식을 쓰시오.

풀이

케토 ⇌ 엔올

되새김 물음 18.1

아세틸아세톤(펜테인 2,4-다이온)의 엔올 함량이 여러 가지 용매 중에서 변화하는 것을 설명하시오.

용매	% 엔올
H_2O	15
CH_3CN	58
C_6H_{14}	92
기체 상태	92

18.3 엔올과 엔올산 이온을 경유하는 반응들

18.3A 라셈화 반응

(*R*)-(+)-2-메틸-1-페닐뷰탄-1-온(아래의 반응을 보시오)의 에탄올 수용액을 산이나 염기로 처리하면 용액은 점차적으로 광학적 활성을 잃는다. 얼마 후에 케톤을 분리하면 완전히 라셈화된 것을 알 수 있다. 케톤의 (+) 형태가 엔올 형태를 통하여 같은 양의 거울상체 혼합물로 전

환된 것이다.

엔올을 거치는 라셈화 반응

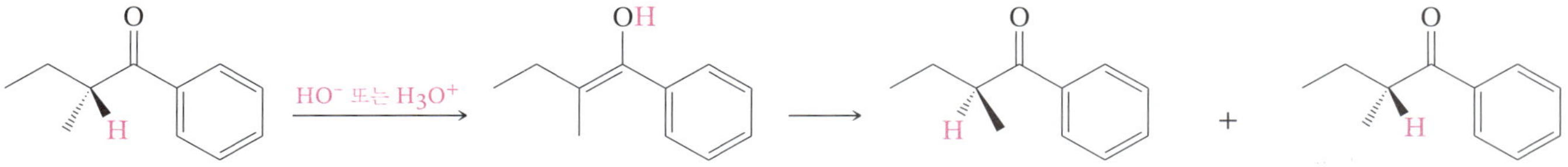

HO⁻ 또는 H_3O^+

(*R*)-(+)-2-Methyl-1-phenylbutan-1-one

엔올 (비카이랄성)

(±)-2-Methyl-1-phenylbutan-1-one (라셈 형태)

- 산 또는 염기 존재하에서 진행하는 α 탄소에서의 라셈화 반응은 케토 형태가 느리지만 가역적으로 엔올 형태로 되며, **엔올은 비카이랄이기 때문이다.** 엔올이 **케토 형태**로 되돌아갈 때 같은 양의 두 가지 거울상체를 생성한다.

염기는 중간체인 **엔올산 이온(enolate)**을 형성하면서 엔올이 형성되는 반응을 촉매화한다.

반응 메커니즘

염기 촉매에 의한 엔올화

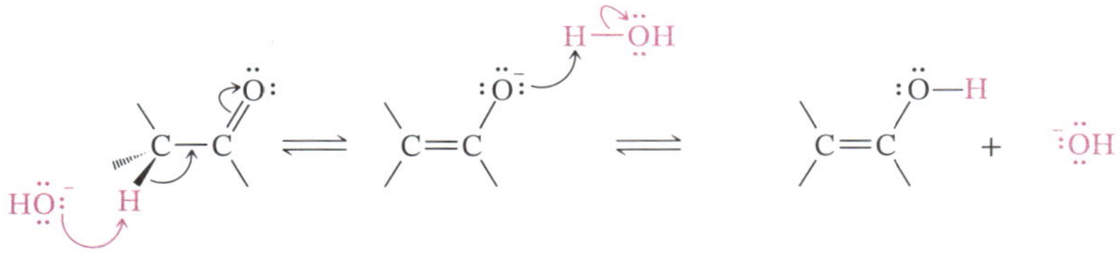

엔올산 이온 (비카이랄성)

엔올 (비카이랄성)

산은 다음과 같은 방법으로 엔올화 반응을 촉매화할 수 있다.

반응 메커니즘

산 촉매에 의한 엔올화

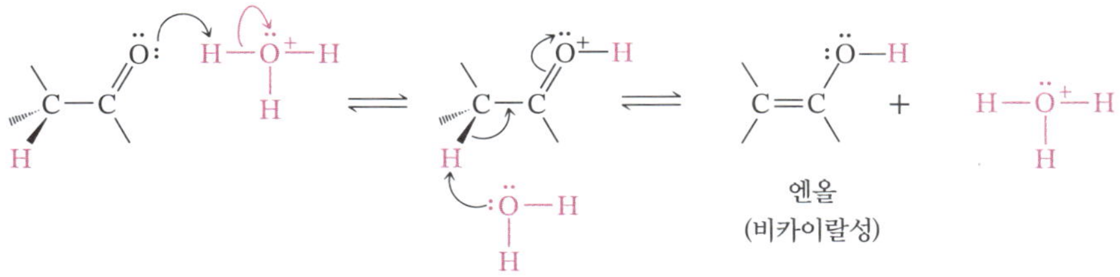

엔올 (비카이랄성)

사슬형 케톤에서 형성된 엔올이나 엔올산 이온은 (*E*) 또는 (*Z*)일 수 있다. 양성자의 첨가가 (*E*) 이성질체의 한쪽 면에서 일어나고 (*Z*) 이성질체의 같은 면에서도 일어나므로 거울상체가 생성된다.

되새김 물음 18.2

아래와 같은 광학적으로 활성인 케톤은 산 혹은 염기의 촉매에 의한 라셈화 반응을 진행할 것이라고 기대하는가? 설명하시오.

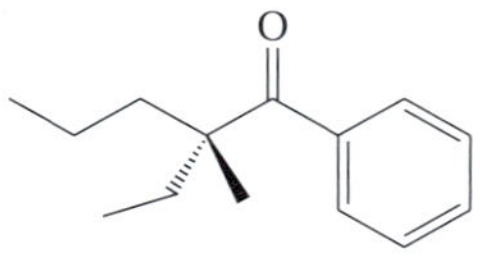

- 여러 개의 카이랄 중심 중 단지 한 개의 배위가 다른 부분 입체 이성질체를 **에피머(epimer)**라고 한다.

케토-엔올 토토머화 반응은 덜 안정한 에피머를 더 안정한 에피머로 전환하는 데 사용된다. 이 평형 과정은 **에피머화 반응(epimerization)**의 예이다. *cis*-데칼온을 *trans*-데칼온으로 에피머화하는 것은 한 예이다.

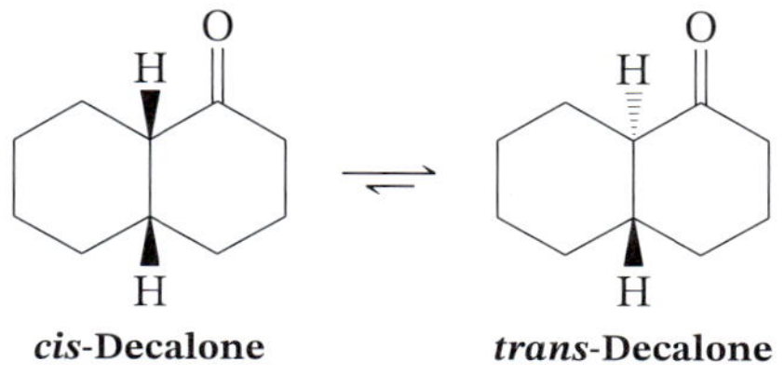

***cis*-Decalone** ⇌ ***trans*-Decalone**

보기 물음 18.2

D_2O 존재하에서 라셈 혼합물인 2-메틸-1-페닐뷰탄-1-온이 NaOD와 반응할 때 중수소-표지된 생성물이 라셈 혼합물로 형성된다. 이러한 결과를 설명할 수 있는 메커니즘을 쓰시오.

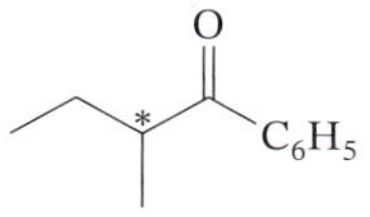

라셈 혼합물

풀이

케톤의 어느 거울상체이든 α 양성자를 ^{-}OD 이온에 전달하여 비카이랄인 엔올산 이온을 형성한다. 이것은 중수소를 받아들여 라셈 혼합물의 중수소가 표지된 생성물을 형성한다.

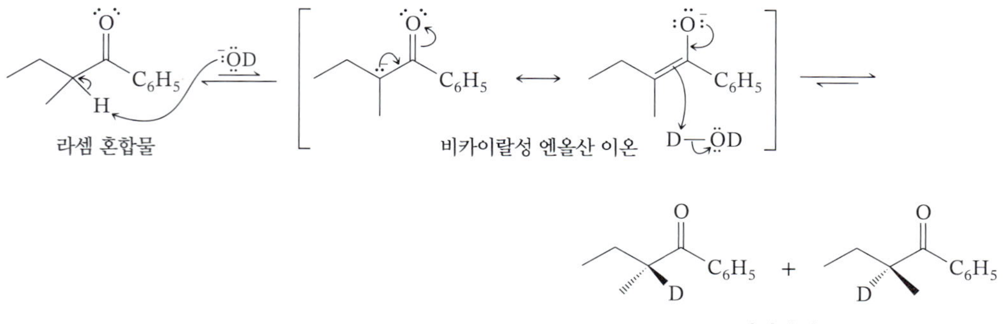

라셈 혼합물 → 비카이랄성 엔올산 이온 → 라셈 혼합물

되새김 물음 18.3

cis-1-데칼온 용액을 염기와 같이 반응시키면 이성질화가 일어난다. 그 계가 평형에 도달할 때, 용액은 95% *trans*-1-데칼온과 5% *cis*-1-데칼온이 포함된 것을 알 수 있다. 이러한 이성질화 반응에 대해 설명하시오.

***cis*-1-Decalone**

18.3B α 탄소에서의 할로젠화 반응

- α 수소를 가진 카보닐 화합물은 산이나 염기 존재하에서 α 탄소에 할로젠 치환 반응을 한다.

$$\text{H–C–C(=O)} + X_2 \xrightarrow[\text{또는 염기}]{\text{산}} \text{X–C–C(=O)} + HX$$

(라셈 혼합물)

염기 촉진에 의한 할로젠화 반응 염기 존재하에서 할로젠화 반응은 엔올산 이온이나 엔올이 느리게 형성된 다음, 엔올산 이온이나 엔올이 재빨리 할로젠과 반응함으로써 일어난다.

반응 메커니즘

알데하이드와 케톤의 염기 촉진에 의한 할로젠화 반응

1단계

$$B:^- + \text{H–C–C(=O)} \underset{}{\overset{\text{느림}}{\rightleftharpoons}} B\text{—}H + \text{C}\overset{\delta-}{=}\text{C–O}^{\delta-} \underset{}{\overset{\text{빠름}}{\rightleftharpoons}} \text{C=C–OH} + B:^-$$

엔올산 이온 (공명 혼성) / 엔올

2단계

$$\text{C=C–O}^- \longleftrightarrow {}^-\text{C–C(=O)} + X\text{—}X \xrightarrow{\text{빠름}} \text{X–C–C(=O)} + X^-$$

엔올산 이온 (기여하는 공명 구조) / (라셈 혼합물)

18.3C절에서 보겠지만 다중할로젠화 반응도 일어날 수 있다.

산 촉매에 의한 할로젠화 반응 산의 존재하에서 할로젠화 반응은 엔올이 느리게 형성되고, 그 뒤에 재빠른 할로젠과의 반응으로 진행된다.

반응 메커니즘

알데하이드와 케톤의 산 촉매에 의한 할로젠화 반응

1단계 $H-B$ (빠름) (느림) 엔올 + $H—B$

2단계 $X—X$ + (빠름) + X^-

3단계 + X^- (빠름) 라셈 혼합물 + HX

이러한 메커니즘들을 입증하는 부분적인 증거는 반응 속도의 연구로부터 비롯된다. 케톤에 대한 염기 촉진에 의한, 그리고 산 촉매에 의한 할로젠화 반응은 둘 다 **할로젠의 농도에 무관한 초기 속도를 나타낸다.** 위에 제시한 메커니즘들은 이러한 관찰과 일치하고 있다. 두 가지 경우에서 메커니즘의 느린 단계는 할로젠이 관여하기 전에 일어나고 있다(초기 속도는 할로젠의 본질과는 무관하다. 되새김 물음 18.5 참조).

되새김 물음 18.4

왜 케톤의 할로젠화 반응은 '염기 촉매에 의한 반응'이라 하지 않고 '염기 촉진에 의한 반응'이라고 말하는가?

되새김 물음 18.5

조금 전에 제시했던 할로젠화 반응 메커니즘에 대한 또 다른 증거는 다음과 같은 사실들로부터 비롯된다. **(a)** 광학적으로 활성인 2-메틸-1-페닐뷰탄-1-온이 산 촉매에 의한 라셈화 반응을 하는 속도가 산 촉매에 의한 할로젠화 반응을 하는 속도와 정확히 같다. **(b)** 2-메틸-1-페닐뷰탄-1-온의 산 촉매에 의한 아이오딘화 반응 속도는 산 촉매에 의한 브로민화 반응 속도와 같다. **(c)** 2-메틸-1-페닐뷰탄-1-온이 염기 촉매에 의한 수소-중수소 교환 반응을 하는 속도는 염기 촉진에 의한 할로젠화 반응을 하는 속도와 같다. 이러한 관찰들이 어떻게 앞서 제시한 메커니즘을 입증할 수 있는지 설명하시오.

18.3C 할로폼 반응

염기 존재하에서 메틸 케톤이 할로젠과 반응할 때 할로젠화 반응이 메틸기의 탄소에서 항상 여러 번 일어난다. 여러 번의 할로젠화 반응은 첫 번째 할로젠이 도입됨으로써(할로젠의 전기 음성도 때문에) 메틸 탄소에 남아 있는 α 수소들을 더욱 산성이 되게 하므로 일어난다. 결과적으로 카보닐에 결합된 CX_3기는 그러나 이탈기가 될 수 있다. 그러므로 수산화 이온이 염기일 때 아실 치환 반응이 뒤따르게 되어 카복실산 염과 할로폼(CHX_3, 예: 클로로폼, 브로모폼, 아이오도폼)이 생성된다. 다음은 한 가지 예이다.

$$\text{PhCOCH}_3 \xrightarrow{3\,X_2,\ 3\,HO^-} \text{PhCOCX}_3 + 3\,X^- \xrightarrow{HO^-} \text{PhCOO}^- + CHX_3$$

할로폼
(X = Cl, Br, I)

할로폼 반응은 탄소 음이온이 이탈기로 행동하는 매우 희귀한 경우의 하나이다. 이 단계는 트라이할로메틸 음이온이 유난히 안정하기 때문에 일어날 수 있다. 즉, 음전하가 세 개의 전기 음성도가 큰 할로젠 원자들에 의해 분산되는 것이다(X = Cl일 때 짝산인 $CHCl_3$의 $pK_a = 13.6$이다). 마지막 단계에서 카복실산과 트라이할로메틸 음이온 사이에서 양성자 전이가 일어난다.

할로폼 반응(haloform reaction)은 메틸 케톤을 카복실산으로 전환시키는 합성적으로 아주 유용한 방법이다. 할로폼 반응이 합성에 사용될 때 염소와 브로민이 할로젠화물로 가장 많이 사용된다. 클로로폼($CHCl_3$)과 브로모폼($CHBr_3$)은 둘 다 액체이며, 물과 섞이지 않아서 카복실산 음이온을 포함한 수용액으로부터 쉽게 분리된다. 아이오딘이 할로젠 성분일 경우 밝은 노란색 고체인 아이오도폼(CHI_3)이 생긴다. 이것이 메틸 케톤과 메틸 2차 알코올(반응 조건하에서 메틸 케톤으로 먼저 산화됨)에 대한 실험적인 분류 시험의 근거가 되는 것이다.

$$\text{RCOCH}_3 \xrightarrow[\text{(둘 다 과량)}]{I_2,\ HO^-} \text{RCOO}^- + CHI_3\downarrow$$

메틸 케톤 — Iodoform (노란색 침전)

반응 메커니즘

할로폼 반응

할로젠화 반응 단계

$$\text{PhCOCH}_2\text{–H} + :B \rightleftharpoons \text{PhCOCH}_2:^- \xrightarrow{X–X} \text{PhCOCH}_2X + X^- \xrightarrow[\text{두 번 반복}]{\text{단계를}} \text{PhCOCX}_3$$

엔올산 이온

아실 치환 반응 단계

$$\text{PhCOCX}_3 + {}^-:\ddot{O}H \rightleftharpoons \text{PhC(O}^-\text{)(OH)CX}_3 \rightleftharpoons \text{PhCOOH} + {}^-:CX_3 \longrightarrow \text{PhCOO}^- + CHX_3$$

카복실산 이온 — 할로폼

환경 화학: 마시는 물에 있는 클로로폼

물을 대중 소비를 위하여 정수 과정에서 염소화시킬 때 물속에 있는 유기 불순물로부터 할로폼 반응을 거쳐서 클로로폼이 생긴다(많은 유기 불순물들은 부패물과 같은 천연적으로 생긴 것이다). 식수에 존재하는 클로로폼은 정수 공장이나 환경 관계 공무원들에게 큰 문제가 된다. 왜냐하면 클로로폼이 발암 물질이기 때문이다. 그러므로 한 가지 문제를 해결하는 기술이 또 다른 문제를 야기하는 것이다. 그러나 물의 염소화 반응이 도입되기 전에는 수천 명의 사람들이 콜레라나 이질 등으로 죽었음을 상기할 필요가 있다.

18.3D α-할로 카복실산: Hell–Volhard–Zelinski 반응

α-할로 카복실산은 Hell–Volhard–Zelinski(또는 HVZ) 반응이라고 알려진 반응에 의해서 합성될 수 있다. 카복실산은 적어도 한 개의 α-수소를 가지고 있어야 한다. 이 반응에는 브로민이나 염소가 인(또는 할로젠화 인)의 존재하에서 관여한다. 메커니즘은 산 할로젠화물과 엔올 중간체를 거쳐 진행된다.

일반적인 반응

$$\text{RCH}_2\text{COOH} \xrightarrow[\text{(2) H}_2\text{O}]{\text{(1) X}_2\text{, P}} \text{RCHXCOOH}$$

α-할로 산

구체적인 예

$$\text{CH}_3\text{CH}_2\text{CH}_2\text{COOH} \xrightarrow{\text{(1) Br}_2\text{, P}} [\text{CH}_3\text{CH}_2\text{CHBrCOBr}] \xrightarrow{\text{(2) H}_2\text{O}} \text{CH}_3\text{CH}_2\text{CHBrCOOH}$$

Butanoic acid **2-Bromobutanoic acid (77%)**

1당량 이상의 브로민이나 염소가 반응에 사용되면 얻어지는 생성물은 α,α-다이할로 산이거나 α,α,α-트라이할로 산이다.

반응의 중요한 단계는 할로젠화 아실의 형성과 할로젠화 아실로부터 엔올 유도체가 형성되는 것이다. 할로젠화 아실이 핵심인데, 카복실산의 양성자가 α 수소보다 먼저 제거되므로 카복실산의 엔올 형성이 쉽지 않기 때문이다. 할로젠화 아실에는 카복실산 수소가 없다.

$$\text{RCH}_2\text{COOH} \xrightarrow[\text{(PBr}_3\text{)}]{\text{P + Br}_2} \text{RCH}_2\text{COBr} \rightleftharpoons \text{RCH=C(OH)Br}$$

브로민화 아실 **엔올 형태**

$$\text{RCH=C(OH)Br} + \text{Br–Br} \longrightarrow \text{RCHBrCOBr} + \text{HBr} \xrightarrow{\text{H}_2\text{O}} \text{RCHBrCOOH} + \text{HBr}$$

엔올 형태

α-할로젠화 반응의 또 다른 방법이 Harpp(McGill University)에 의해서 개발되었다. 카복실산을 $SOCl_2$와 반응시켜 형성된 염화 아실을 적절한 *N*-할로석신이미드와 미량의 HX로 처리하면 α-클로로와 α-브로모 할로젠화 아실이 생성된다.

$$RCH_2COOH + \text{N-X succinimide} \xrightarrow[SOCl_2]{HX} RCH(X)COCl + \text{N-H succinimide}$$

α-아이오도 할로젠화 아실은 아이오딘 분자를 사용하여 비슷한 반응으로 얻을 수 있다.

$$RCH_2COOH + I_2 \xrightarrow[SOCl_2]{HI} RCH(I)COCl$$

α-할로산은 다른 유용한 유도체를 형성하는 다양한 친핵체와 반응할 수 있기 때문에 중요한 합성 중간체이다. 예를 들어, 그것들은 α-하이드록시산과 α-아미노산을 만드는 데 사용된다.

α-하이드록시산으로의 전환

$$\underset{\alpha\text{-할로산}}{RCH(X)COOH} \xrightarrow[(2)\ H_3O^+]{(1)\ HO^-} \underset{\alpha\text{-하이드록시산}}{RCH(OH)COOH} + X^-$$

구체적인 예

$$CH_3CH_2CH(Br)COOH \xrightarrow[(2)\ H_3O^+]{(1)\ K_2CO_3,\ H_2O,\ 100\ °C} CH_3CH_2CH(OH)COOH$$

2-Hydroxybutanoic acid
(69%)

α-아미노산으로의 전환

$$\underset{\alpha\text{-할로산}}{RCH(X)COOH} \xrightarrow{2\ NH_3} \underset{\alpha\text{-아미노산}}{RCH(^+NH_3)COO^-} + NH_4X$$

구체적인 예

$$BrCH_2COOH \xrightarrow{2\ NH_3} H_3\overset{+}{N}CH_2COO^- + NH_4Br$$

Aminoacetic acid
(glycine)
(60~64%)

18.4 엔올산 리튬

엔올산 이온이 형성되는 평형의 위치는 사용하는 염기의 세기에 달려 있다. 만일 사용한 염기가 엔올산 이온보다 약한 염기라면 평형은 왼쪽으로 놓이게 될 것이다. 예를 들면, 케톤이 에톡시화 소듐과 에탄올에서 반응할 때가 바로 이 경우이다.

$$\text{(acetone)} + \text{EtONa} \rightleftharpoons \text{(enolate, } O^{\delta-}\ Na^{+}, \delta-) + \text{EtOH}$$

약한 산 ($\mathbf{p}K_a = 19$) | 약한 염기 | 강한 염기 | 강한 산 ($\mathbf{p}K_a = 16$)

한편 매우 강한 염기를 사용하면 평형은 아주 오른쪽으로 놓이게 될 것이다. 카보닐 화합물을 엔올산 이온으로 전환시키는 매우 유용하고도 센 염기의 하나로 **다이아이소프로필아마이드화 리튬[lithium diisopropylamide(LDA)]** 또는 LiN(*i*-Pr)$_2$를 들 수 있다.

$$\text{(ketone)} + \text{LiN}(i\text{-Pr})_2 \longrightarrow \text{(enolate, } O^{\delta-}\ Li^{+}, \delta-) + \text{HN}(i\text{-Pr})_2$$

Ketone (강한 산) ($\mathbf{p}K_a = 19$) | **LDA** (강한 염기) | **Enolate** (약한 염기) | **Diisopropylamine** (약한 산) ($\mathbf{p}K_a = 38$)

- 다이아이소프로필아마이드화 리튬(약자로 LDA)은 다이에틸 에터나 THF 같은 용매에 다이아이소프로필아민을 녹인 후, 알킬 리튬과 반응시킴으로써 얻어질 수 있다.

$$\text{CH}_3\text{CH}_2\text{CH}_2\text{CH}_2{:}^{-}\text{Li}^{+} + \text{H–N}(i\text{-Pr})_2 \xrightarrow{\text{THF}} \text{Li}^{+}\ {}^{-}{:}\ddot{\text{N}}(i\text{-Pr})_2 + \text{butane}\uparrow$$

Butyllithium (BuLi) | **Diisopropylamine** ($\mathbf{p}K_a = 38$) | **Lithium diisopropylamide [LDA 또는 LiN(*i*-Pr)$_2$]** | **Butane** ($\mathbf{p}K_a = 50$)

18.4A 엔올산 이온의 위치 선택적인 형성

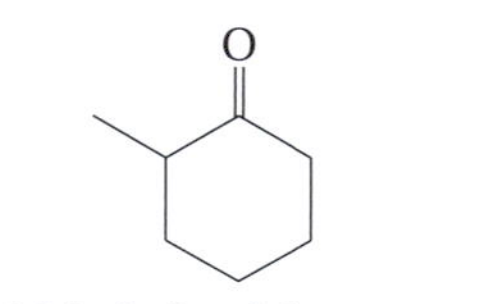

2-Methylcyclohexanone

2-메틸사이클로헥산온과 같은 비대칭의 케톤은 α 수소를 카보닐기의 한쪽 또는 다른 쪽에서 제거하느냐에 따라 2개의 가능한 엔올산 이온들을 생성한다. 어떤 엔올산 이온이 생성될 것인가는 엔올산 이온이 산–염기 평형을 유리하게 하는 조건하에서 형성되는지의 여부에 의존한다.

- 열역학적인 엔올산 이온(**thermodynamic enolate**)은 가능한 엔올산 이온 중 가장 안정한 것이다. 엔올산 이온의 안정도는 알켄의 안정도와 같은 방식으로 정해진다. 즉, 더 많이 치환된 엔올산 이온이 더 안정하다.
- **열역학적인 엔올산 이온**은 양성자 제거–양성자 첨가 평형이 가능한 엔올산 이온들 사이의 상호 전환을 가능하도록 하는 열역학적 지배(**thermodynamic control**) 조건, 즉 궁극적으로 더 안정한 엔올산 이온이 더 높은 농도로 존재하도록 하는 조건에서 우월하다. 이것은 염기의 짝산의 pK_a가 카보닐 화합물의 α 수소의 pK_a와 비슷한 경우이다. 수산화 이온이나 알콕시화 이온을 양성자성 용매에서 사용하면 열역학적인 엔올산 이온의 형성이 유

리하다.

- **속도론적인 엔올산 이온(kinetic enolate)**은 가장 빨리 형성되는 것이다. 그것은 대개 입체 장애가 최소인 α 수소를 제거함으로써 형성된다.
- **속도론적인 엔올산 이온**은 가능한 엔올산 이온들 사이의 평형이 유리하지 않은 **속도론적 지배(kinetic control)** 조건하에서 우월하다. 테트라하이드로퓨란(THF)이나 다이메톡시에테인(DME) 용매에서 LDA와 같은 강하고도 입체 장애가 큰 염기를 사용하면 속도론적인 엔올산 이온의 형성이 유리해진다.

2-메틸사이클로헥산온으로부터 열역학적 그리고 속도론적 엔올산 이온이 형성되는 조건들을 아래에 설명하였다.

양성자성 용매에서 약염기로 열역학적 엔올산 이온의 형성

B:⁻ or

속도론적 (덜 안정한) 엔올산 이온 ⇌ **2-Methylcyclohexanone** ⇌ (약염기 / 양성자성 용매) 열역학적 (더 안정한) 엔올산 이온

이 엔올산 이온은 이중 결합이 더 많이 치환되었기 때문에 더 안정하다. 이 엔올산 이온이 평형에서 주로 존재한다.

비양성자성 용매에서 강염기로 속도론적 엔올산 이온의 형성

2-메틸사이클로헥산온 → ($Li^{+}\,^{-}N(i\text{-}Pr)_2$, DME) 속도론적 엔올산 이온 ($O^{-}Li^{+}$)

입체 장애를 가지고 있으며 강한 염기가 입체 장애가 적은 양성자를 빨리 제거하기 때문에 이 엔올산 이온이 빨리 생성된다.

18.4B 엔올산 리튬을 경유하는 케톤의 직접적인 알킬화 반응

다이아이소프로필아마이드화 리튬(LDA)을 사용하여 엔올산 리튬을 형성하면 케톤을 위치 선택적인 방법으로 알킬화시킬 수 있다. 예를 들면, 2-메틸사이클로헥산온으로부터 형성된 엔올산 리튬은 그것을 LDA와 반응시킨 후 아이오딘화 메틸 또는 브로민화 벤질로 각각 처리하면 장애가 덜한 α 탄소에서 메틸화 또는 벤질화시킬 수 있다.

도움말
엔올산 리튬의 알킬화 반응은 합성에 유용한 방법이다.

2-메틸사이클로헥산온 → (LDA, DME) 엔올산 리튬 (Li^{+} O^{-})
→ (CH_3—I, (−LiI)) 2,6-다이메틸사이클로헥산온 **56%**
→ (브로민화 벤질, (−LiBr)) 2-벤질-6-메틸사이클로헥산온 **42~45%**

도움말
알킬화 반응 시약을 적절하게 선택하는 것이 엔올산 리튬의 알킬화 반응을 성공할 수 있는 열쇠이다.

그러나 이와 같은 알킬화 반응은 중요한 제한이 있다. 왜냐하면, 반응은 S_N2이며 엔올산 이온은 또한 강염기이기 때문이다.

- 1차 알킬, 1차 벤질, 그리고 1차 알릴 자리 할로젠화물을 사용할 때만 알킬화 반응이 성공적으로 진행한다. 2차와 3차 할로젠화물에서는 제거 반응이 주된 반응 경로이다.

18.4C 에스터의 직접적인 알킬화 반응

에스터와 락톤(고리형 에스터)의 **직접적인 알킬화 반응(direct alkylation)**이 아래에 제시되어 있다.

Methyl butanoate → LDA, THF → [enolate] → I → **Methyl 2-ethylbutanoate (96%)**

Butyrolactone → LDA, THF → [enolate] → CH_3–I → **2-Methylbutyrolactone (88%)**

보기 물음 18.3

아래의 합성은 엔올산 리튬을 경유하는 케톤의 알킬화 반응을 보여 주고 있다. 엔올산 이온과 알킬화 시약의 구조를 제시하시오.

(ketone) → LDA → 엔올산 리튬 → 알킬화 시약 → (product)

풀이

$O^- Li^+$ (엔올산 리튬), Br (알킬화 시약)

되새김 물음 18.6

(a) 아래의 화합물(Corey가 알커피에서 발견한 소염제인 cafestol을 합성하는 중간체)에 메틸기를 도입하기 위하여 엔올산 리튬을 사용하는 반응을 쓰시오.

(b) β-케토 에스터에 2당량의 LDA를 사용하면 다이엔올산 이온이 형성된다. 다이엔올산 이온은 두 엔올산 음이온이 있는 탄소에 선택적으로 알킬화 반응을 시킬 수 있다. 아래 화합물을 적절한 다이엔올산 이온과 할로젠화 알킬을 써서 합성하는 반응을 쓰시오.

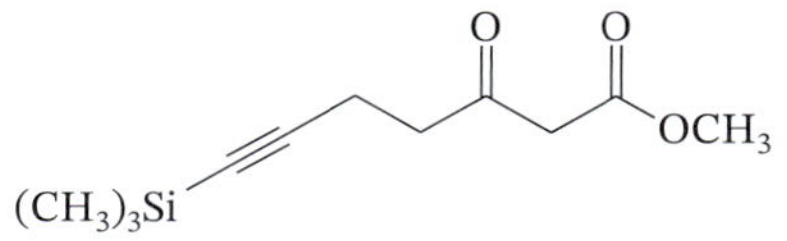

O O
OCH$_3$
$(CH_3)_3Si$

18.5 β-다이카보닐 화합물의 엔올산 이온

- **β-다이카보닐 화합물(β-dicarbonyl compound)**에서처럼 두 개의 카보닐기 사이에 있는 수소 원자는 pK_a 값이 9~11이다. 그러한 α 수소 원자는 한 개의 카보닐기에 인접한 α 수소 원자(pK_a 값이 18~20)보다 훨씬 더 산성이다.

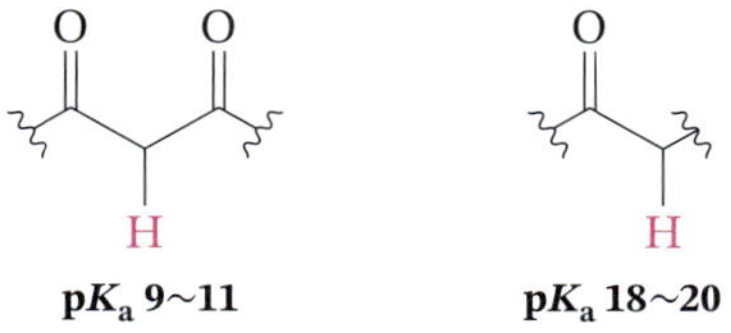

O O H **pK_a 9~11**

O H **pK_a 18~20**

- 알콕시화 이온처럼 LDA보다 훨씬 약한 염기는 β-다이카보닐 화합물로부터 엔올산 이온을 형성시키는 데 쓰일 수 있다.

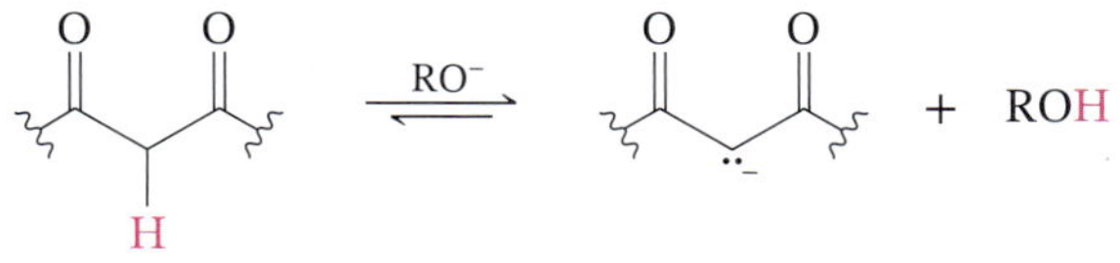

O O H $\xrightarrow{RO^-}$ O O + ROH

β-다이카보닐 계의 산도가 단일 카보닐 계에 비해 더 큰 까닭은 음전하가 한 개가 아닌 두 개의 산소 원자에 분산되기 때문이다. 이러한 비편재화는 β-다이카보닐 엔올산 이온의 공명 기여체와 공명 혼성을 그려서 나타낼 수 있다.

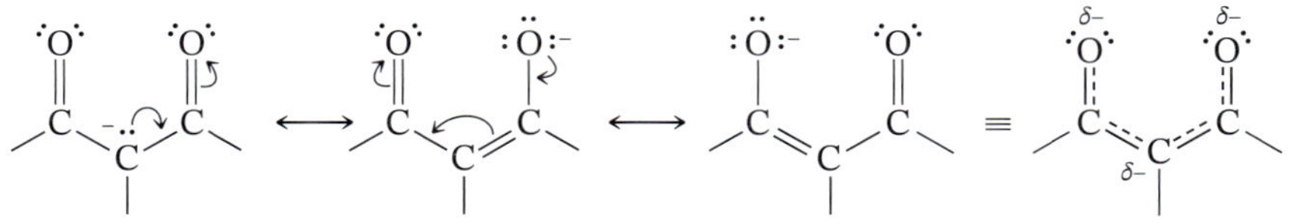

공명 기여체 공명 혼성

β-다이카보닐 엔올산 이온의 전하 분산이 증대된 것은 펜테인-2,4-다이온과 아세톤으로부터 얻어진 엔올산 이온들의 정전기적 퍼텐셜 지도를 살펴보면 알 수 있다. 여기서 아세톤의 엔올산 이온에서는 음전하가 상당 부분 α 탄소 원자에 남아 있는 것과 비교하여, 펜테인-2,4-다이온의 엔올산 이온의 음전하가 두 산소 원자에 상당히 분포되어 있음을 볼 수 있다.

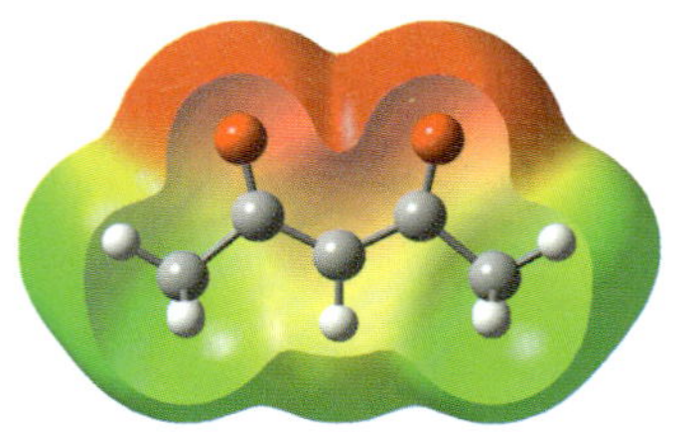

Pentane-2,4-dione enolate

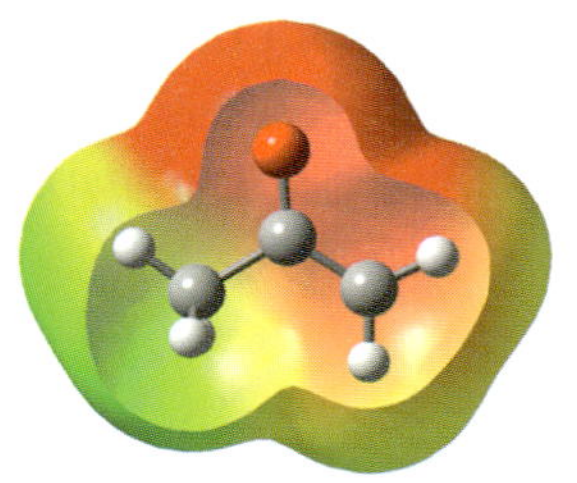

Acetone enolate

두 가지 특수한 β-다이카보닐 화합물들이 유기 합성에 널리 사용되어 왔다. 이들은 아세토아세트산 에틸(아세토아세트산 에스터, 3-옥소뷰탄산 에틸)과 말론산 다이에틸(1,3-프로페인 다이카복실산 다이에틸)로, 전자는 치환기를 지닌 아세톤 유도체를 합성하는 데 사용되며, 후자는 치환기를 지닌 아세트산 유도체를 만드는 데 쓰인다. 이 장의 다음 절들에서는 아세토아세트산 에틸과 말론산 다이에틸이 관여하는 합성을 살펴보기로 한다.

O O
OEt

Acetoacetic ester (ethyl acetoacetate; ethyl 3-oxobutanoate)

O O
EtO OEt

Diethyl malonate (diethyl 1,3-propanedicarboxylic acid)

18.6 아세토아세트산 에틸을 이용한 메틸 케톤의 합성: 아세토아세트산 에스터 합성

아세토아세트산 에틸은 β-다이카보닐 화합물이므로 에톡시화 소듐을 써서 쉽게 엔올산 이온으로 전환시킬 수 있다. 생성된 엔올산 이온(소디오아세토아세트산 에스터)을 그다음 할로젠화 알킬로 알킬화시킬 수 있다. 이 과정을 **아세토아세트산 에스터 합성(acetoacetic ester synthesis)**이라고 한다.

:O: :O: OEt —EtONa⇌→ :O: :O: OEt Na⁺ —R—X→ :O: :O: OEt R + NaX

아세토아세트산 에틸 | 아세토아세트산 에틸 소듐 염 | 모노알킬화된 아세토아세트산 에틸

- 위의 반응에서 알킬화 반응은 S_N2이므로 최상의 수율은 1차 할로젠화 알킬(1차 알릴과 할로젠화 벤질도 포함)이나 할로젠화 메틸로부터 얻어진다. 2차 할로젠화물은 수율이 낮으며, 3차 할로젠화물은 단지 제거 반응을 진행한다.

다이알킬화 반응 위에 보인 모노알킬화된 에스터는 산성이 뚜렷한 수소를 하나 가지고 있고, 만일 원하면 두 번째 알킬화 반응을 수행할 수 있다. 모노알킬화된 아세토아세트산 에틸은 도입된 알킬기의 전자 미는 효과 때문에 아세토아세트산 에틸 그 자체보다 다소 덜 산성적이다. 따라서 2차 알킬화 반응을 위해서는 에톡시화 이온보다 더 강한 염기를 사용하는 것이

바람직하다. *tert*-뷰톡시화 포타슘이 흔히 사용되는데, 이것은 에톡시화 소듐보다 더 강한 염기이기 때문이다. *tert*-뷰톡시화 포타슘은 입체적으로 크기 때문에 에스터 교환 반응을 일으킬 가능성이 거의 없다.

모노알킬화된 아세토아세트산 에틸 —t-BuOK→ (K⁺ 음이온) —R′—X→ 다이알킬화된 아세토아세트산 에틸 + KX

치환기를 지닌 메틸 케톤 만일 치환기가 하나인 메틸 케톤(일치환기의 아세톤)을 만드는 것이 목표라면, 알킬화 반응을 단 한 번만 시킨다. 그러고 나서 모노알킬화된 아세토아세트산 에틸은 묽은 수산화 소듐이나 포타슘 용액을 사용하여 가수 분해시킨다. 계속해서 혼합물을 산으로 처리하여 알킬화된 β-케토산을 만들고, 이 β-케토산을 100 ℃로 가열하면 탈카복실 반응이 일어난다(17.10절).

묽은 NaOH, 가열 → O^-Na^+

에스터기의 염기성 가수 분해

H_3O^+ → OH —가열→ [ ] —($-CO_2$)→

산성화 반응 β-케토산의 탈카복실 반응

구체적인 예로는 다음에서 보인 2-헵탄온의 합성이 있다.

(1) NaOEt/EtOH (2) Br; (1) NaOH 수용액 (2) H_3O^+

Ethyl acetoacetate
(아세토아세트산 에스터)

Ethyl butylacetoacetate
(69~72%)

가열, $-CO_2$

2-Heptanone
(아세토아세트산 에틸로부터 전체적으로 **52~61%**)

만일 이치환기의 아세톤을 만드는 것이 목표라면, 알킬화 반응을 두 번 연속적으로 시키고, 생성된 다이알킬화된 아세토아세트산 에틸은 가수 분해한 다음, 다이알킬화된 β-케토산을 탈카복실한다. 이 방법에 대한 예로 3-뷰틸-2-헵탄온의 합성이 있다.

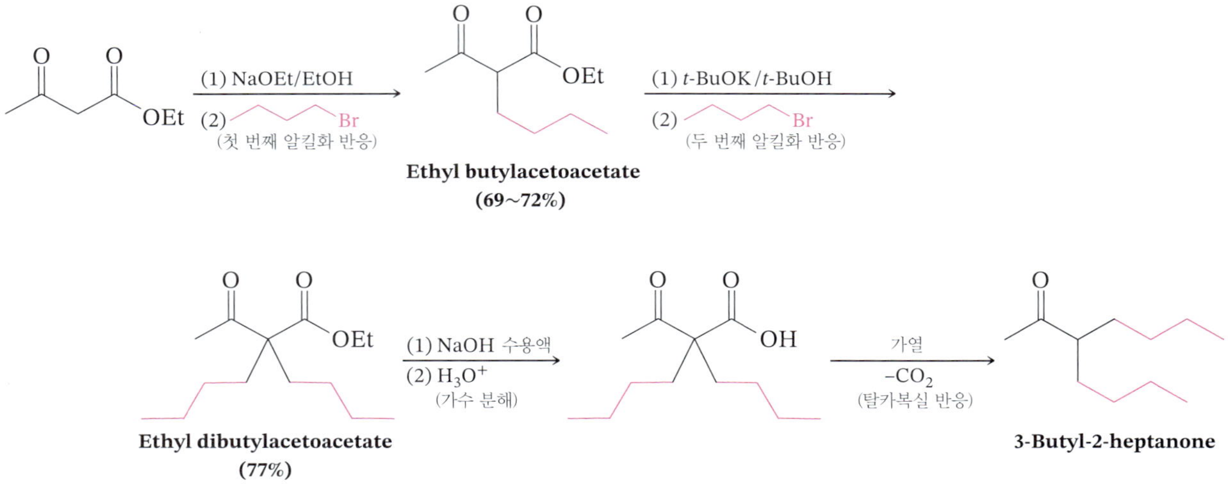

(1) NaOEt/EtOH
(2) Br (첫 번째 알킬화 반응)

Ethyl butylacetoacetate (69~72%)

(1) *t*-BuOK/*t*-BuOH
(2) Br (두 번째 알킬화 반응)

Ethyl dibutylacetoacetate (77%)

(1) NaOH 수용액
(2) H_3O^+ (가수 분해)

가열, $-CO_2$ (탈카복실 반응)

3-Butyl-2-heptanone

주어진 예에서는 두 번의 알킬화 반응이 똑같은 할로젠화 알킬로 이루어졌지만, 필요에 따라서는 다른 할로젠화 알킬을 사용해도 좋다.

- 이제까지 본 바대로 아세토아세트산 에틸은 다음 형태의 치환기를 지닌 아세톤(메틸 케톤)의 합성에 유용하다.

일치환기의 아세톤   이치환기의 아세톤

- 그러므로 아세토아세트산 에틸은 아래에 보인 아세톤의 엔올산 이온의 합성 대등체이다.

합성 대등체(synthetic equivalent)란 반응물 자체로 보면 구조적으로 다른 것으로부터 온 것이지만, 생성물에 도입되어 있을 때 한 형태의 전구체로부터 나온 모양이 되는 것을 말한다. 아세톤의 엔올산 이온을 형성시키는 것이 가능하기는 하지만, 아세토아세트산 에틸을 합성 대등체로 사용하는 것이 흔히 더 편리하다. 왜냐하면, 이것의 α 수소(pK_a 9~11)가 아세톤 자체의 α 수소(pK_a 19~20)보다 더욱 산성이 크기 때문이다. 아세톤으로부터 엔올산 이온을 직접 생성시키려면 매우 더 강력한 염기와 특별한 다른 조건들을 써야 한다(18.4절).

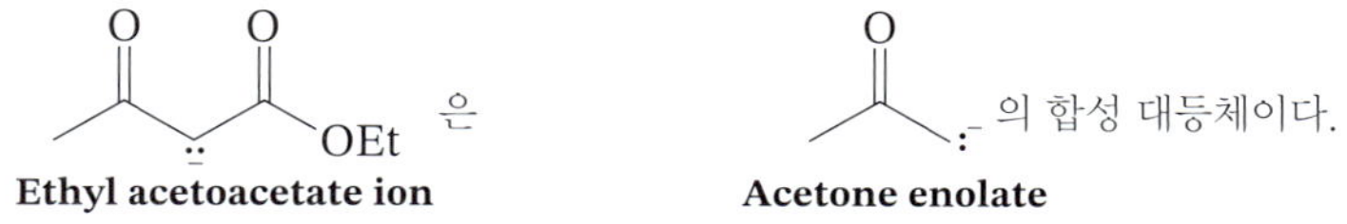

Ethyl acetoacetate ion 은 **Acetone enolate** 의 합성 대등체이다.

보기 물음 18.4

아세토아세트산 에틸의 알킬화 반응에서 때때로 아래와 같은 구조를 가진 화합물이 부 생성물로 어떻게 얻어지는지 설명하시오.

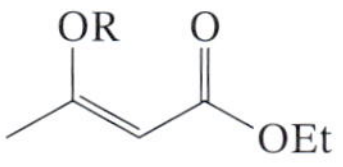

풀이

아세토아세트산 에틸의 엔올산 이온에 있는 부분적으로 음성인 산소 원자가 친핵체로 작용한다.

$$\left[\text{CH}_3\text{COCH}^{-}\text{COOEt} \longleftrightarrow \text{CH}_3\text{C(O}^{-}\text{)=CHCOOEt}\right] \xrightarrow{\text{R—Br}} \text{CH}_3\text{C(OR)=CHCOOEt} + \text{Br}^{-}$$

보기 물음 18.5

아세토아세트산 에틸로부터 2-펜탄온의 역합성 분석과 합성법을 보이시오.

풀이

역합성 분석

$$\text{CH}_3\text{COCH}_2\text{CH}_2\text{CH}_3 + \text{CO}_2 \Rightarrow \text{CH}_3\text{COCH(CH}_2\text{CH}_3\text{)COOH} \Rightarrow \text{CH}_3\text{COCH(CH}_2\text{CH}_3\text{)COOEt} \Rightarrow \text{CH}_3\text{COCH}_2\text{COOEt}$$

합성

$$\text{CH}_3\text{COCH}_2\text{COOEt} \xrightarrow[\text{(2) CH}_3\text{CH}_2\text{Br}]{\text{(1) NaOEt}} \text{CH}_3\text{COCH(CH}_2\text{CH}_3\text{)COOEt} \xrightarrow[\text{(2) H}_3\text{O}^+]{\text{(1) 묽은 NaOH, 가열}} \text{CH}_3\text{COCH(CH}_2\text{CH}_3\text{)COOH} \xrightarrow{\text{가열}} \text{CH}_3\text{COCH}_2\text{CH}_2\text{CH}_3 + \text{CO}_2$$

되새김 물음 18.7

아래 화합물들을 만들기 위해 아세토아세트산 에스터 합성법을 어떻게 사용하는지 보이시오.

(a) 3-ethyl-2-pentanone

(b) 5-phenyl-2-pentanone

되새김 물음 18.8

아세토아세트산 에틸 합성은 일반적으로, 알킬화 반응 단계에서 1차 할로젠화물을 사용했을 때 가장 좋은 수율로 나타낸다. 2차 할로젠화물은 낮은 수율을 나타내고, 3차 할로젠화물은 실제적으로 알킬화 반응을 전혀 하지 않는다.

(a) 이 사실을 설명하시오.

(b) 아세토아세트산 에틸의 엔올산 이온과 브로민화 *tert*-뷰틸의 반응으로부터 어떤 생성물이 만들어진다고 기대하는가?

(c) 브로모벤젠을 이제껏 다루어 왔던 아세토아세트산 에틸 합성에 아릴화 시약으로 사용할 수 없다. 그 까닭은?

또한 아세토아세트산 에틸 합성은 할로 에스터와 할로 케톤을 사용하여도 수행될 수 있다. α-할로 에스터를 사용하면 γ-케토산에 대한 편리한 합성법이 될 수 있다.

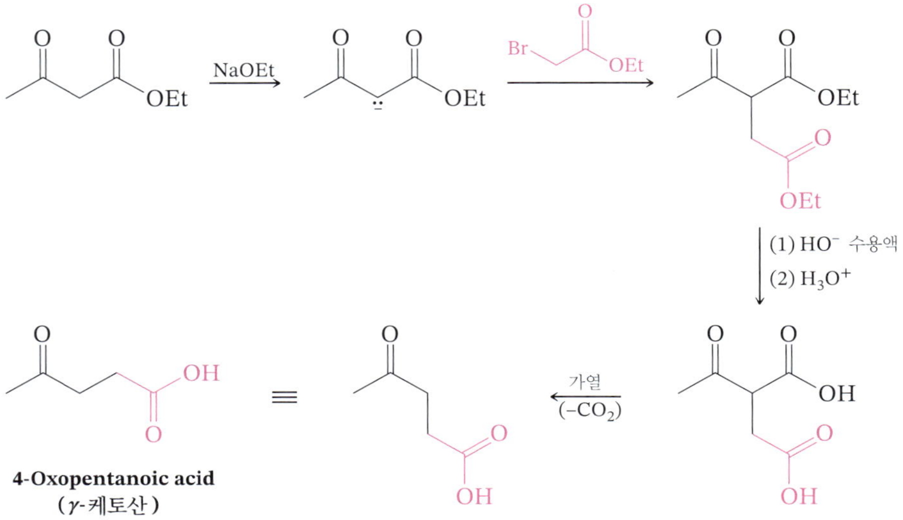

NaOEt

$BrCH_2CO_2Et$

(1) HO^- 수용액
(2) H_3O^+

가열 $(-CO_2)$

4-Oxopentanoic acid
(γ-케토산)

되새김 물음 18.9 방금 주어진 예의 케토산의 합성에서 다이카복실산은 특별한 방법으로 탈카복실 반응을 한다. 그것은

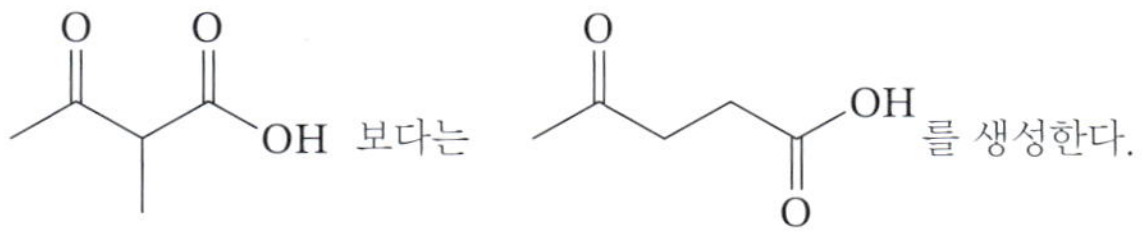

보다는 를 생성한다.

이 사실을 설명하시오.

아세토아세트산 에스터 합성에서 α-할로 케톤을 사용하면 γ-다이케톤을 만드는 일반적인 방법이 될 수 있다.

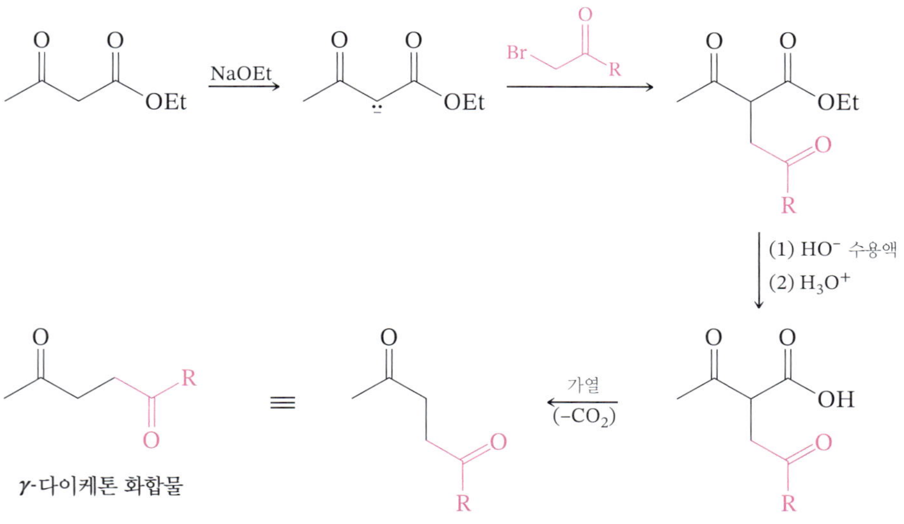

NaOEt

$BrCH_2COR$

(1) HO^- 수용액
(2) H_3O^+

가열 $(-CO_2)$

γ-다이케톤 화합물

되새김 물음 18.10 아래와 같은 물질을 만들기 위해 아세토아세트산 에틸 합성을 어떻게 사용하겠는가?

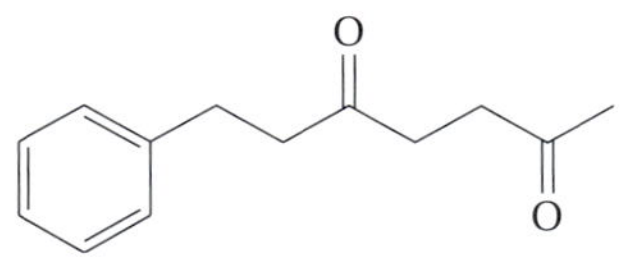

18.6A 아실화 반응

β-케토 에스터로부터 만들어진 엔올산 이온은 염화 아실이나 산 무수물과 반응시키면 아실화 반응을 한다. 두 아실화 시약은 알코올과 반응하기 때문에 아실화 반응을 에탄올에서 진행시켜서는 안 되며, 반드시 DMF나 DMSO 같은 비양성자성 용매(6.13C절)에서 진행시켜야 한다(예를 들어, 만일 반응이 에톡시화 소듐을 사용하고 에탄올에서 진행된다면, 염화 아실은 금방 에틸 에스터로 전환되고 에톡시화 이온은 중화될 것이다). 수소화 소듐은 비양성자성 용매에서 엔올산 이온을 생산하는 데 사용될 수 있다.

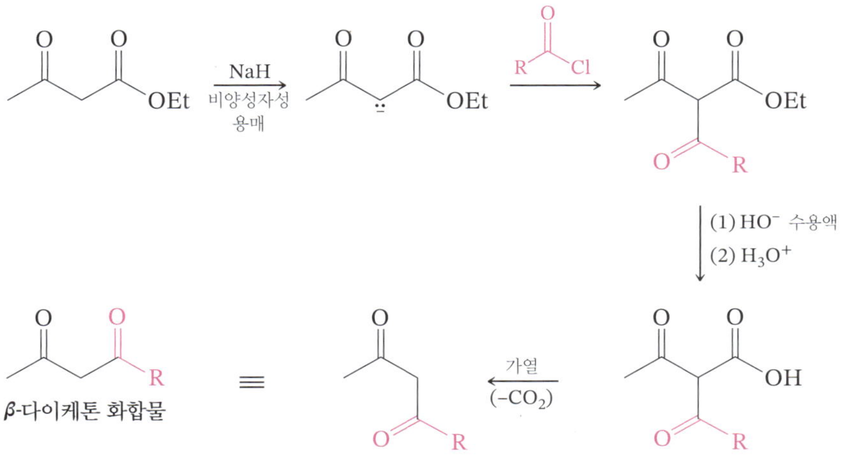

NaH
비양성자성 용매
OEt
(1) HO^- 수용액
(2) H_3O^+
OH
가열
$(-CO_2)$
β-다이케톤 화합물

아래의 물질을 만들려면 아세토아세트산 에틸 합성을 어떻게 이용하겠는가?

되새김 물음 18.11

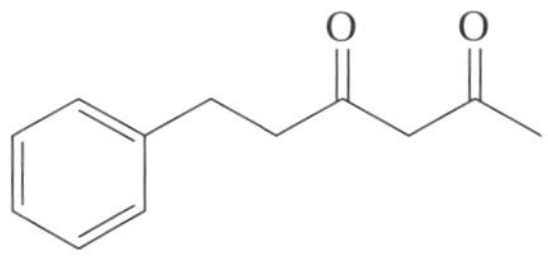

18.7 치환된 아세트산의 합성: 말론산 에스터 합성

아세토아세트산 에틸 합성의 한 가지 유용한 상대로서 **일치환기 혹은 이치환기를 가진 아세트산**을 합성하는 방법인 소위 **말론산 에스터 합성(malonic ester synthesis)**이 있다. 출발 물질은 β-다이카복실산의 다이에스터인 말론산 에스터이다. 가장 흔히 쓰이는 말론산 에스터는 말론산 다이에틸이다.

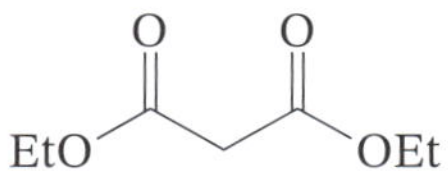

EtO OEt

Diethyl malonate (β-다이카복실산 에스터)

말론산 에스터 합성 메커니즘은 여러 면에서 아세토아세트산 에스터 합성과 유사하다.

반응 메커니즘

치환된 아세트산의 말론산 에스터 합성

1단계 출발 물질인 말론산 다이에틸은 비교적 안정한 엔올산 이온을 만든다.

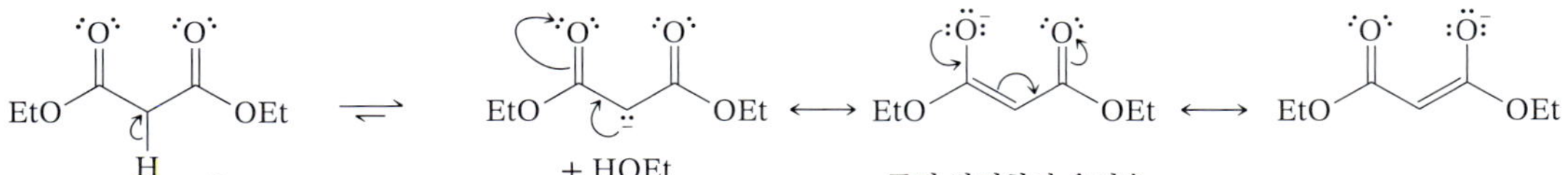

+ HOEt

공명 안정화된 음이온

2단계 이 엔올산 이온은 S_N2 반응에 의해서 알킬화될 수 있고,

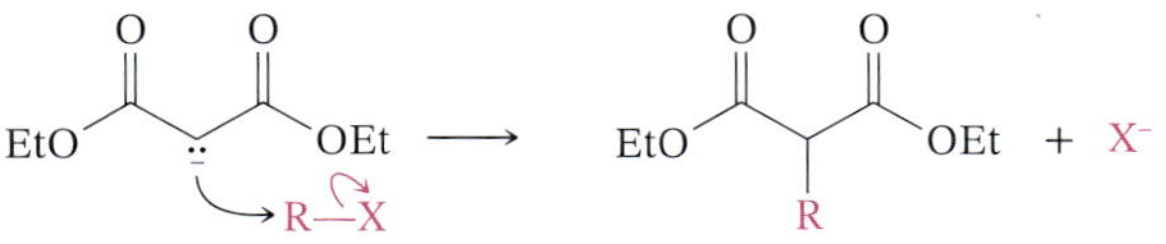

엔올산 이온 → 모노알킬말론산 에스터 + X^-

생성물은 필요하다면 다시 알킬화될 수 있다.

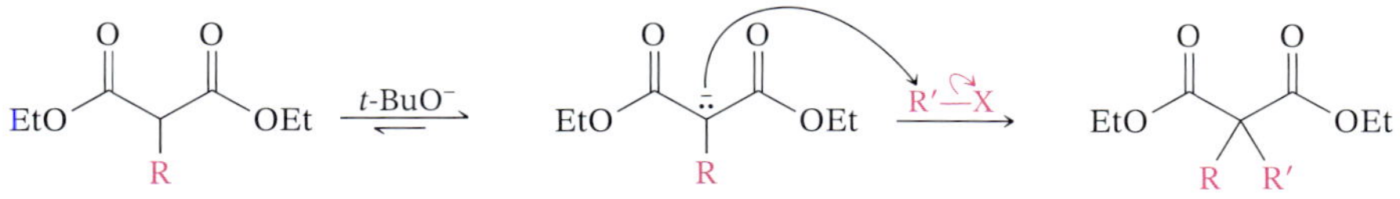

t-BuO⁻ ; R′—X

다이알킬말론산 에스터

3단계 모노- 혹은 다이알킬말론산 에스터는 모노- 혹은 다이알킬말론산으로 가수 분해되고, 치환된 말론산은 금방 탈카복실한다. 탈카복실 반응은 치환기를 하나 또는 둘 가진 아세트산을 만든다.

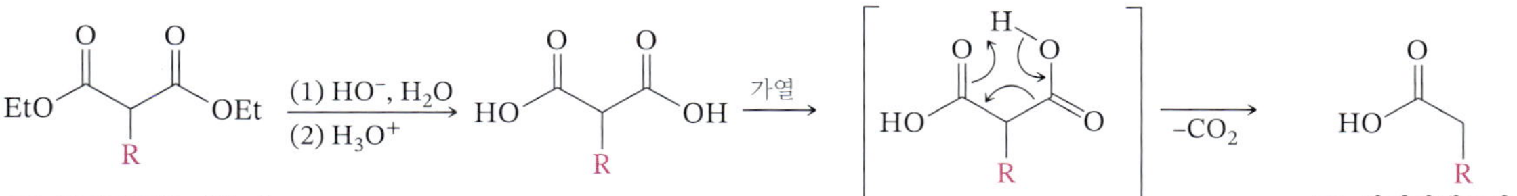

모노알킬말론산 에스터 —(1) HO^-, H_2O (2) H_3O^+→ —가열→ —$-CO_2$→ 모노알킬아세트산

또는 다이알킬화 반응 후,

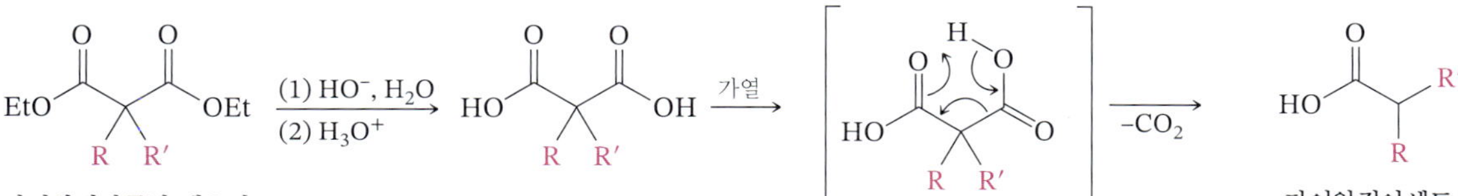

다이알킬말론산 에스터 —(1) HO^-, H_2O (2) H_3O^+→ —가열→ —$-CO_2$→ 다이알킬아세트산

말론산 에스터 합성에 대한 두 가지 구체적인 예로서 헥산산과 2-에틸펜탄산을 다음과 같이 합성한다.

헥산산의 말론산 에스터 합성

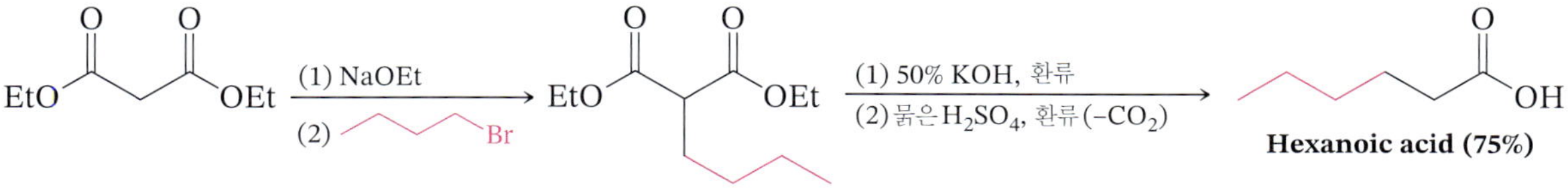

—(1) NaOEt (2) 1-bromobutane→ **Diethyl butylmalonate (80~90%)** —(1) 50% KOH, 환류 (2) 묽은 H_2SO_4, 환류 ($-CO_2$)→ **Hexanoic acid (75%)**

2-에틸펜탄산의 말론산 에스터 합성

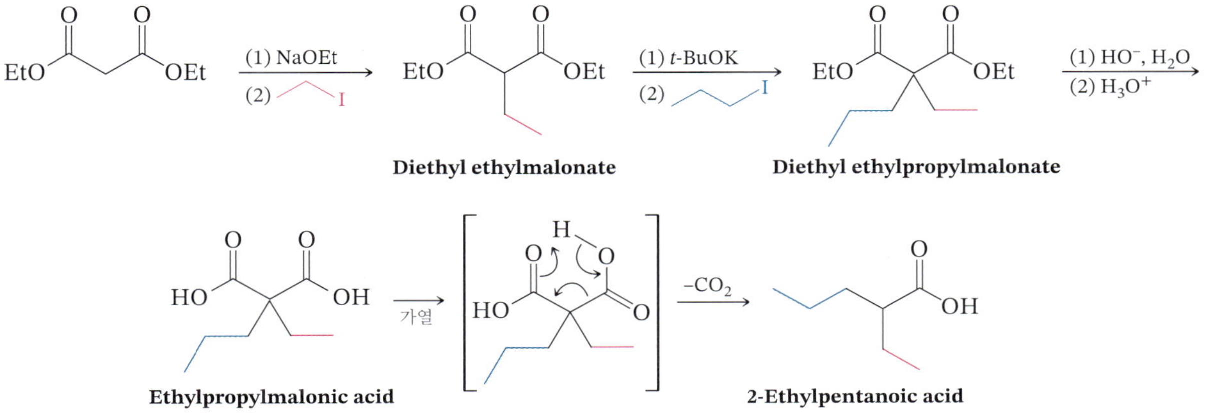

EtO OEt (1) NaOEt (2) I → EtO OEt (1) t-BuOK (2) I → EtO OEt (1) HO^-, H_2O (2) H_3O^+ →

Diethyl ethylmalonate   Diethyl ethylpropylmalonate

HO OH → 가열 [HO H O O O] $-CO_2$ → OH

Ethylpropylmalonic acid   2-Ethylpentanoic acid

보기 물음 18.6

아래의 합성에서 화합물 **A**와 **B**의 구조를 제시하시오.

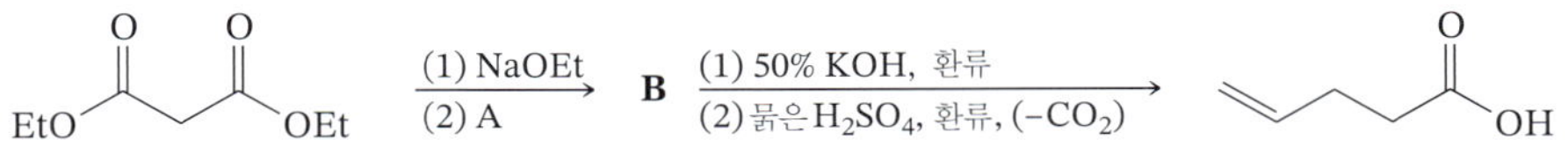

EtO OEt (1) NaOEt (2) A → **B** (1) 50% KOH, 환류 (2) 묽은 H_2SO_4, 환류, $(-CO_2)$ → OH

풀이

A = Br   **B** = OEt OEt

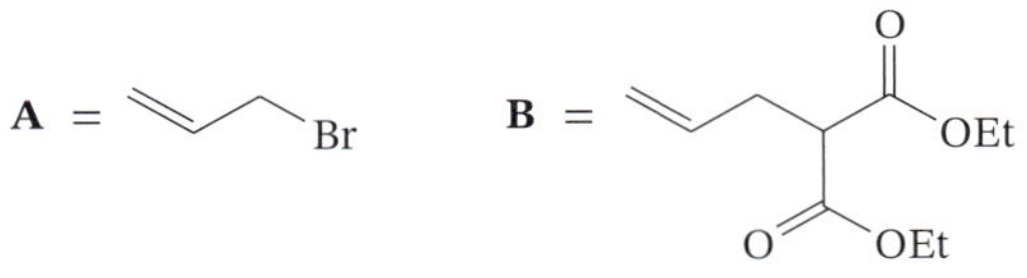

되새김 물음 18.12

아래 각각에 대한 말론산 에스터 합성법의 모든 단계들을 나타내시오.

(a) heptanoic acid **(b)** 2-methylheptanoic acid **(c)** 4-methylheptanoic acid

말론산 에스터 합성을 더 변화시킨 두 가지 방법으로 다이할로알케인을 이용하는 것이 있다. 첫 번째 경우는 2몰 당량의 말론산 에스터의 엔올산 이온을 다이할로알케인과 반응시키는 것이다. 두 번의 연속적인 알킬화 반응이 일어나 테트라에스터가 만들어지고, 테트라에스터를 가수 분해와 탈카복실 반응시키면 다이카복실산이 만들어진다. 글루타르산 합성의 예를 들면 다음과 같다.

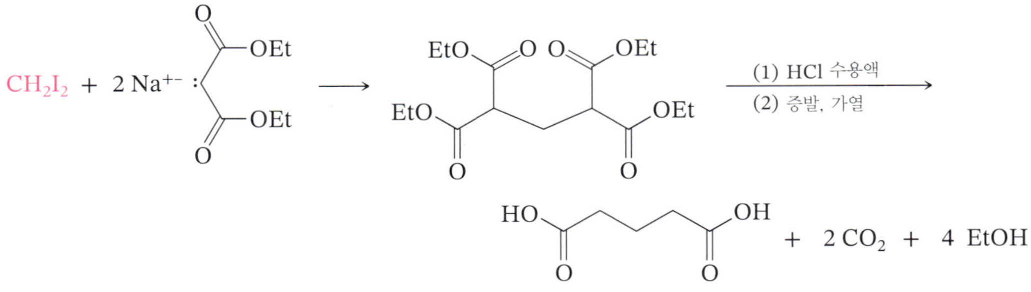

CH_2I_2 + 2 Na^{+-}: (OEt, OEt) → EtO O O OEt / EtO OEt (1) HCl 수용액 (2) 증발, 가열 →

HO OH + 2 CO_2 + 4 EtOH

Glutaric acid
(테트라에스터로부터 80%)

두 번째 경우는 1몰 당량의 말론산 에스터 엔올산 이온을 1몰 당량의 다이할로알케인과 반응시킨다. 이 반응에서 할로알킬말론산 에스터가 만들어지는데, 이것을 에톡시화 소듐과 반응시키면 내부적인 알킬화 반응이 진행된다. 이 방법은 삼각형, 사각형, 오각형, 그리고 육각형 고리를 만드는 방법으로 이용되어 왔다. 사이클로뷰테인카복실산의 합성이 그 한 예이다.

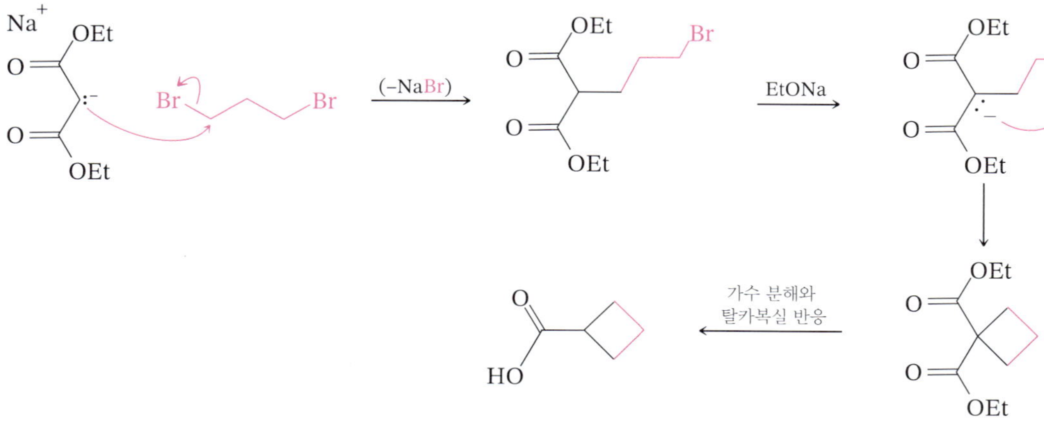

(–NaBr)

EtONa

가수 분해와 탈카복실 반응

도움말

말론산 에스터 합성은 치환기를 가진 아세트산의 합성을 위한 도구이다.

- 이제까지 보았듯이, 말론산 에스터 합성법은 모노- 그리고 다이알킬아세트산의 합성에 유용한 방법이다.

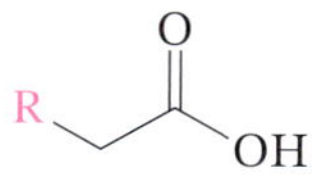

모노알킬아세트산 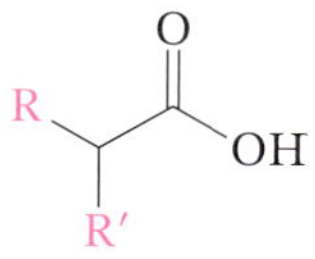 **다이알킬아세트산**

- 말론산 에스터의 합성은 아세트산 에스터의 엔올산 이온이나 아세트산 2가 음이온의 합성 대등체를 제공해 주는 셈이다.

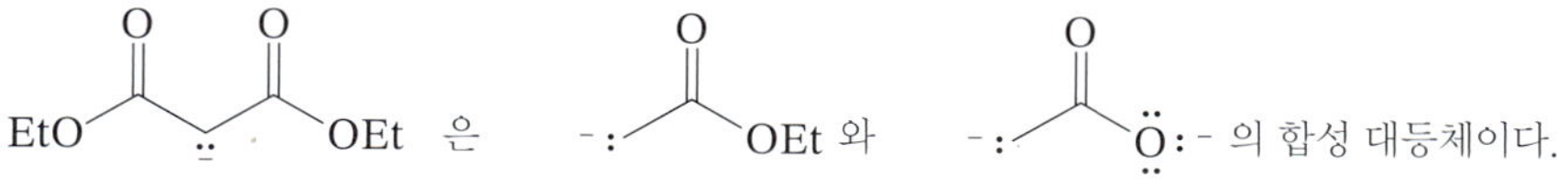

말론산 다이에틸 음이온 은 ... 와 ... 의 합성 대등체이다.

그러한 음이온이 곧바로 합성될 수도 있지만(18.4절) 말론산 다이에틸을 합성 대등체로 쓰는 것이 더 편리한데, 그것의 α 수소가 더 쉽게 제거되기 때문이다.

특수 주제 G(온라인 자료)에서 이들 음이온의 생합성 대등체에 대하여 알게 된다.

18.8 활성화된 수소 화합물의 반응을 더 다룸

말론산 에스터, 아세토아세트산 에스터, 그리고 유사한 화합물들은 그들이 가지고 있는 메틸렌 수소의 산성 때문에 **활성화된 수소 화합물(active hydrogen compound)** 혹은 활성화된 메틸렌 화합물이라고 부른다. 일반적으로 말해서 활성화된 수소 화합물은 같은 탄소 원자에 두 개의 전자를 끄는 기들이 붙어 있다.

활성화된 수소 화합물
(Z 와 Z′ 은 전자를 끄는 기들임)

전자를 끄는 기들은 다음과 같은 다양한 치환체들이 될 수 있다.

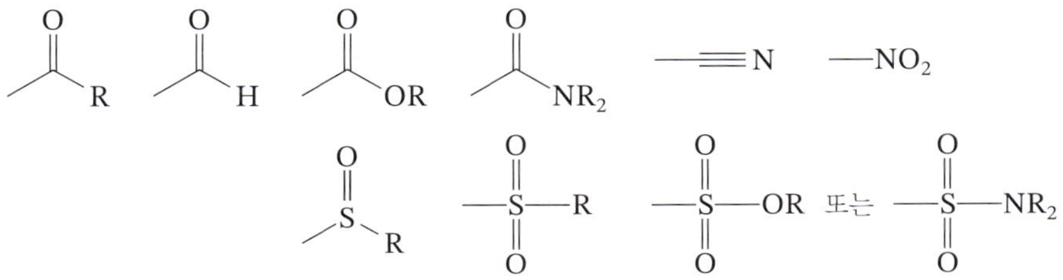

$-C(=O)R$ $-C(=O)H$ $-C(=O)OR$ $-C(=O)NR_2$ $-C\equiv N$ $-NO_2$

$-S(=O)R$ $-SO_2R$ $-SO_2OR$ 또는 $-SO_2NR_2$

이러한 활성화된 메틸렌 화합물의 pK_a 범위는 3~13이다.

예를 들어, 사이아노아세트산 에틸은 염기와 반응하여 공명 안정화된 음이온을 만든다.

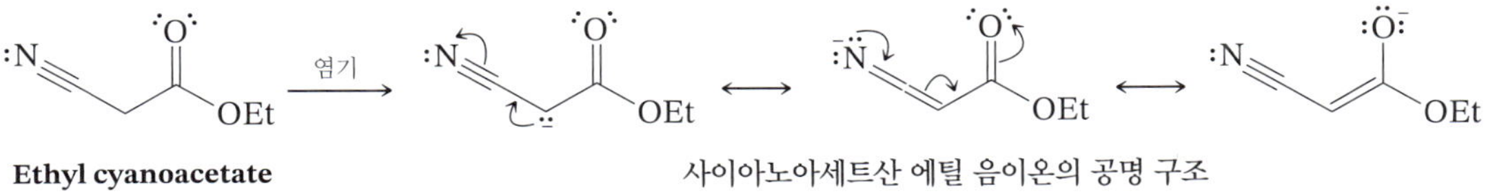

Ethyl cyanoacetate —염기→ **사이아노아세트산 에틸 음이온의 공명 구조**

사이아노아세트산 에틸 음이온은 또한 알킬화 반응을 한다. 예를 들면, 아이오딘화 아이소프로필과 반응하여 다이알킬화될 수 있다.

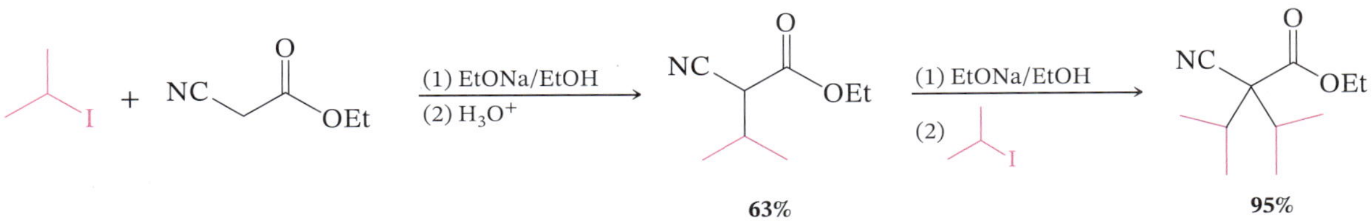

$(CH_3)_2CHI$ + $NCCH_2CO_2Et$ —(1) EtONa/EtOH (2) H_3O^+→ $NCCH(CH(CH_3)_2)CO_2Et$ (**63%**) —(1) EtONa/EtOH (2) $(CH_3)_2CHI$→ $NCC(CH(CH_3)_2)_2CO_2Et$ (**95%**)

되새김 물음 18.13

항간질약인 발프로산(valproic acid)은 2-프로필펜탄산(소듐염으로 투여)이다. 발프로산의 상업적인 합성은 사이아노아세트산 에틸로부터 시작된다. 이 합성의 핵심은 탈카복실 반응이며, 최종 단계는 나이트릴의 가수 분해이다. 이 합성을 요약하시오.

18.9 엔아민의 합성: Stork 엔아민 반응

알데하이드와 케톤은 2차 아민과 반응하여 엔아민(**enamine**)이라고 부르는 화합물을 만든다. 엔아민 합성에 대한 일반적인 반응은 다음과 같이 쓸 수 있다.

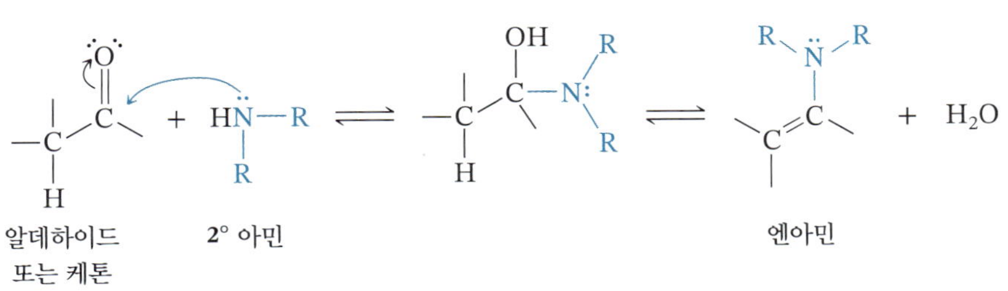

알데하이드 또는 케톤 + HNR_2 (**2° 아민**) ⇌ (카비놀아민) ⇌ **엔아민** + H_2O

엔아민 형성 메커니즘은 16.8D절을 보시오.

엔아민이 형성되려면 물 분자를 잃어야 하기 때문에, 엔아민의 합성은 대개 함께 끓는 혼합물이나 건조제에 의해 물을 제거하는 방법으로 수행된다. 물을 제거함으로써 가역 반응은 완결된다. 엔아민의 형성은 또한 아주 미량의 산 존재에 의해 촉매화될 수 있다. 엔아민을 만들기 위해 일반적으로 사용되는 2차 아민은 피롤리딘, 피페리딘, 그리고 모폴린 같은 고리형 아민들이다.

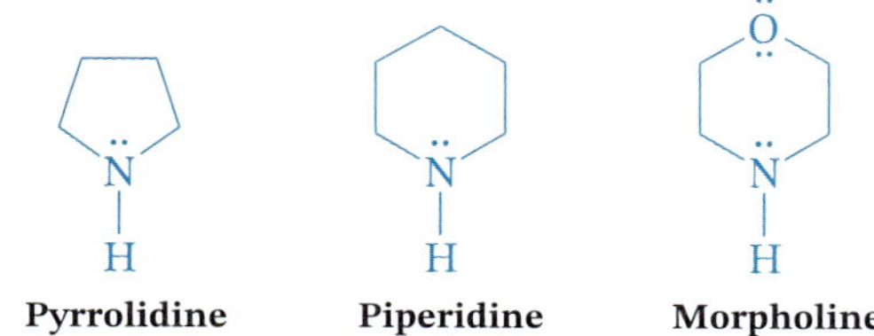

예를 들면, 사이클로헥산온은 피롤리딘과 다음과 같이 반응한다.

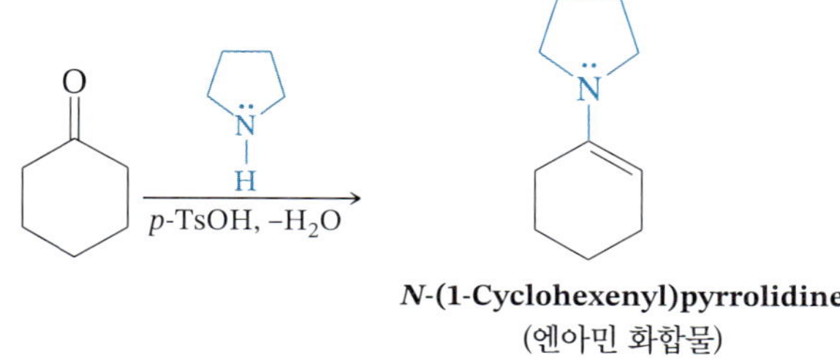

엔아민은 좋은 친핵체이다. 아래에 있는 공명 구조를 살펴보면 엔아민이 친핵성 질소와 **친핵성 탄소**(nucleophilic carbon)를 모두 가지고 있다는 것을 알 수 있다. 엔아민의 정전기적 퍼텐셜 지도는 친핵성 영역을 잘 나타내 준다.

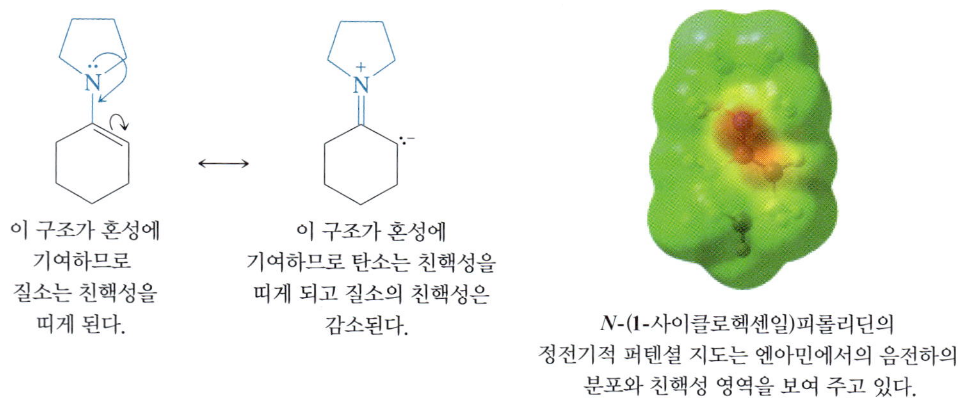

N-(1-사이클로헥센일)피롤리딘의 정전기적 퍼텐셜 지도는 엔아민에서의 음전하의 분포와 친핵성 영역을 보여 주고 있다.

도움말

엔아민은 알데하이드와 케톤의 합성 대등체이다.

엔아민의 탄소가 지닌 친핵성으로 말미암아 이것은 유기 합성에서 특히 유용한 시약이 된다. 왜냐하면, 이들이 **아실화**와 **알킬화**가 될 수 있으며, **Michael 첨가 반응**(**Michael addition**, 19.7A절)에 사용될 수 있기 때문이다. 엔아민의 알켄 탄소는 알데하이드나 케톤의 엔올산 이온의 α 탄소와 똑같은 방법으로 반응하기 때문에 엔아민은 알데하이드나 케톤의 엔올산 이온의 합성 대등체로 사용될 수 있다. 가수 분해 후에는 생성물도 같다. 이 기술은 Columbia University의 Stork의 연구에 의해 개발되었으며, 그를 기리는 뜻으로 **Stork 엔아민 반응**(**Stork enamine reaction**)으로 알려지게 되었다.

엔아민이 할로젠화 아실이나 산 무수물과 반응할 때의 생성물은 *C*-아실화된 화합물이다. 형성된 이민윰 이온은 물이 첨가되면 가수 분해하고 전체적인 반응은 β-다이케톤의 합성이 된다.

이민윰염

2-Acetylcyclohexanone
(β-다이케톤 화합물)

N-아실화 반응이 이 합성에서 일어난다 하더라도 N-아실 생성물은 불안정하여 그 자체가 아실화 시약으로 작용할 수 있다.

엔아민 N-아실화된 엔아민 C-아실화된 이민윰염 엔아민

그 결과 C-아실화된 생성물의 수율이 일반적으로 높다.

엔아민의 아실화 반응은 물론이려니와 알킬화 반응도 일어날 수 있다. 알킬화 반응으로 상당한 양의 N-알킬화 생성물이 만들어지는 반면, N-알킬화 생성물을 가열하면 가끔 C-알킬화 생성물로 전환된다. 이러한 전위(자리 옮김) 반응은 할로젠화 알킬이 할로젠화 알릴, 할로젠화 벤질, 혹은 α-할로아세트산 에스터일 때 특히 유리하다.

N-알킬화 생성물

가열

C-알킬화 생성물

$R =$ 또는 C_6H_5—

엔아민의 알킬화 반응은 S_N2 반응이다. 그래서 알킬화 시약을 선택할 때는 주로 메틸, 1차,

알릴, 그리고 할로젠화 벤질을 사용하는 것으로 제한된다. α-할로 에스터 또한 알킬화 시약으로 사용될 수 있으며, 이 반응은 γ-케토 에스터의 편리한 합성법이 되기도 한다.

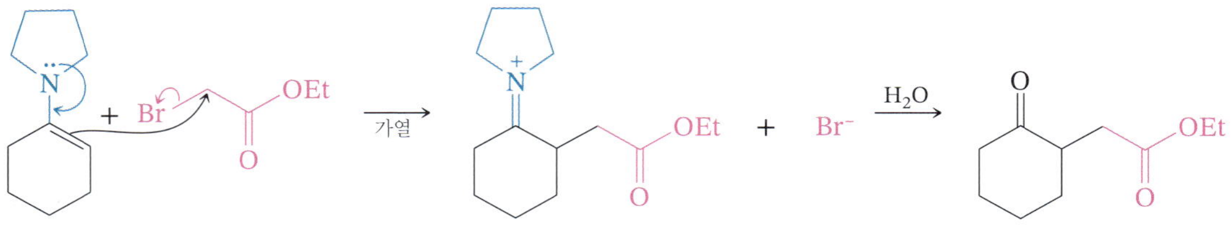

가열

H_2O

γ-케토 에스터 화합물(75%)

되새김 물음 18.14 아래 화합물의 합성에서 엔아민을 어떻게 이용할 수 있는지 보이시오.

(a)

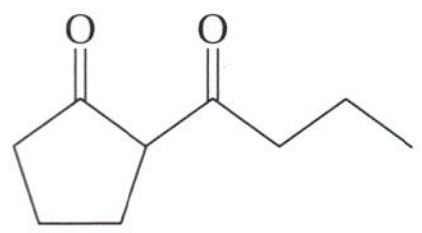

(b)

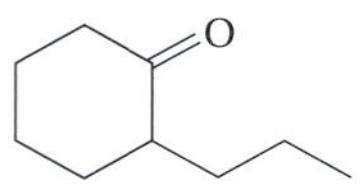

(c)

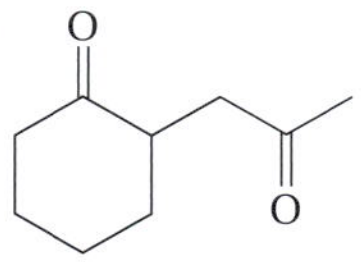

(d)

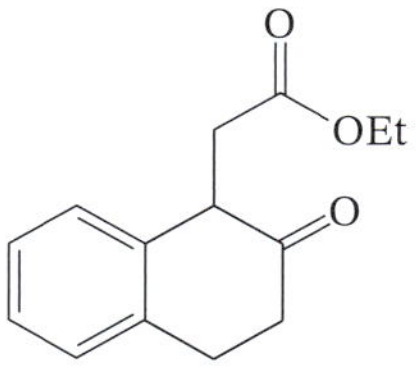

18.10 엔올산 이온 화학에 대한 요약

1. 엔올산 이온의 형성(18.1절)

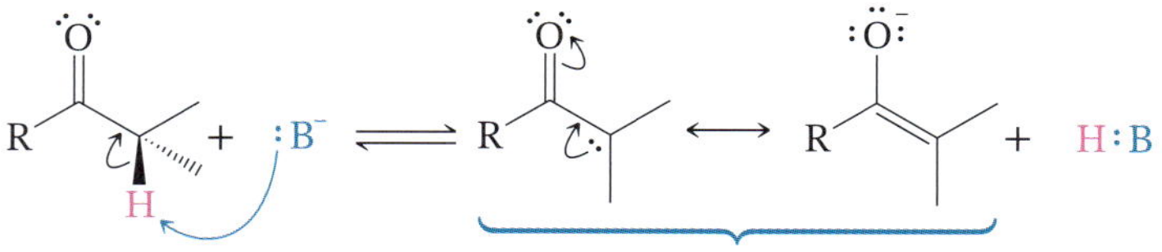

공명 안정화된 엔올산 이온

$:B^- = :\ddot{O}H^-,\ :\ddot{O}R^-$, 또는 $:N(i\text{-}Pr)_2^-$ (18.4절)

2. 라셈화 반응(18.3A절)

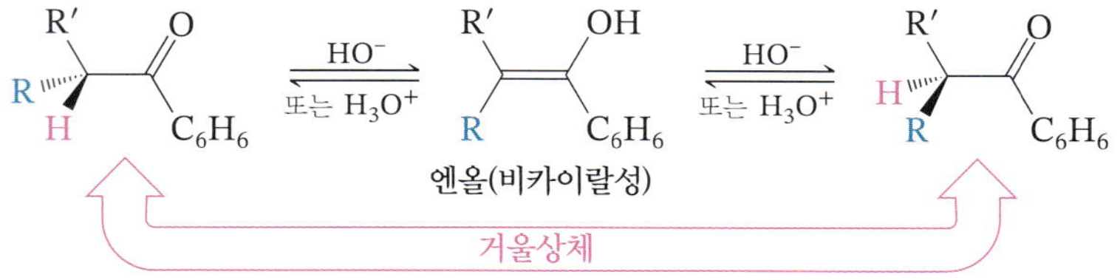

HO^- 또는 H_3O^+

엔올(비카이랄성)

거울상체

3. 알데하이드와 케톤의 할로젠화 반응(18.3B, 18.3C절)

일반적인 반응

$$RC(=O)CH(H)R' + X_2 \xrightarrow[\text{또는 염기}]{\text{산}} RC(=O)CH(X)R'$$

구체적인 예—할로폼 반응

$$C_6H_5C(=O)CH_3 + 3X_2 \xrightarrow[H_2O]{HO^-} C_6H_5C(=O)CX_3 \xrightarrow[H_2O]{HO^-} C_6H_5C(=O)O^- + CHX_3$$

4. 카복실산의 할로젠화 반응: HVZ 반응(18.3D절)

$$RCH_2C(=O)OH \xrightarrow[(2)\ H_2O]{(1)\ X_2,\ P} RCH(X)C(=O)OH$$

5. 엔올산 리튬을 경유하는 직접적인 알킬화 반응(18.4절)

일반적인 반응

$$RCH_2C(=O)H(R') \xrightarrow[\text{THF, }-78\ ^\circ C\ \text{(속도론적 엔올산 이온 형성)}]{LDA} RCH{=}C(O^-Li^+)H(R') \xrightarrow{R''{-}X} RCH(R'')C(=O)H(R')$$

구체적인 예—할로폼 반응

$$\text{2-메틸사이클로헥산온} \xrightarrow[\text{THF, }-78\ ^\circ C]{LDA} \text{엔올산 리튬}\ (O^-Li^+) \xrightarrow{CH_3I} \text{2,6-다이메틸사이클로헥산온}$$

6. 에스터의 직접적인 알킬화 반응(18.4C절)

$$RCH_2C(=O)OEt \xrightarrow[THF]{LDA} R\ddot{C}H^-C(=O)OEt \xrightarrow{R'{-}Br} RCH(CH_2R')C(=O)OEt$$

7. 아세토아세트산 에틸 합성(18.6절)

$$CH_3C(=O)CH_2C(=O)OEt \xrightarrow[(2)\ RBr]{(1)\ NaOEt} CH_3C(=O)CH(R)C(=O)OEt \xrightarrow[\substack{(2)\ H_3O^+ \\ (3)\ \text{가열}\ (-CO_2)}]{(1)\ HO^-,\ \text{가열}} CH_3C(=O)CH_2R$$

$$CH_3C(=O)CH(R)C(=O)OEt \xrightarrow[(2)\ R'Br]{(1)\ t\text{-BuOK}} CH_3C(=O)C(R)(R')C(=O)OEt \xrightarrow[\substack{(2)\ H_3O^+ \\ (3)\ \text{가열}\ (-CO_2)}]{(1)\ HO^-,\ \text{가열}} CH_3C(=O)CH(R)R'$$

8. 말론산 에스터 합성(18.7절)

EtO(C=O)CH₂(C=O)OEt $\xrightarrow[\text{(2) RBr}]{\text{(1) NaOEt}}$ EtO(C=O)CH(R)(C=O)OEt $\xrightarrow[\text{(2) } H_3O^+ \text{ (3) 가열 } (-CO_2)]{\text{(1) } HO^-\text{, 가열}}$ HO(C=O)CH₂R

EtO(C=O)CH(R)(C=O)OEt $\xrightarrow[\text{(2) R}'\text{Br}]{\text{(1) } t\text{-BuOK}}$ EtO(C=O)C(R)(R′)(C=O)OEt $\xrightarrow[\text{(2) } H_3O^+ \text{ (3) 가열 } (-CO_2)]{\text{(1) } HO^-\text{, 가열}}$ HO(C=O)CH(R)R′

9. Stork 엔아민 반응(18.9절)

RCH₂(C=O)CH₂R + R'_2NH ⟶ RCH₂C(NR'_2)=CHR (엔아민) $\xrightarrow[\text{(2) 가열 (3) } H_2O]{\text{(1) R}''\text{CH}_2\text{Br}}$ RCH₂(C=O)CH(R)CH₂R″

이 주제는 왜 중요한가?

복잡성을 만들기 위한 엔아민 화학의 활용

이 장에서 배운 반응들은 단지 학문적인 흥밋거리만은 아니다. 그들은 강력한 의약품과 생활성 분자의 합성을 가능하게 하는 결정적인 도구이다. 어떤 것은 톤 규모이다. 이 반응이 막중한 까닭은 매우 강력한 C—C 결합 형성 방법이기 때문이다. 하지만 여기까지 보아온 반응들 중에 가장 다채로운 것은 Stork 엔아민 반응이다. 이 일반적인 변환은 자연이 C—C 결합을 형성하기 위해서 사용하는 메커니즘을 복사하려는 데서 영감을 얻었다. 반 세기 전 이것이 처음 발견된 이래로 Stork 엔아민 반응은 셀 수 없이 많은 응용이 알려졌다. 여기서는 네 가지를 언급하기로 한다.

우선 아래에 보인 두 반응은 산 염화물과 엔아민의 합침으로 18.9절에서 보인 선을 따라 새로운 C—C 결합(적색으로 나타냄)을 만드는 것을 특색으로 하고 있다. 이러한 변환이 그렇게 중요한 까닭 한 가지는 반응물에 많은 작용기가 포함되어 있다는 점이다. 그 결과 생성물은 최종 목표를 이루기에 필요한 대부분의 손잡이를 가졌다. 여기에 보인 것은 항종양 성질을 가진 자트라폴론 A(jatrapholone A)와 천연물로 약물 중독과 암을 치료하는 데 가치가 있는 것으로 알려진 알칼로이드인 에피보가민(epiibogamine)이다.

BnO, N, O + Cl, O, OAc ⟶ O, OAc, O, BnO ⟹ OH, O

Jatrapholone A

Cl, O, NO_2 + O, N, CO_2R ⟶ O, O, NO_2, CO_2R ⟹ N, H, N, H

Epiibogamine

엔아민 화학은 원래의 엔아민에 있던 질소 원자를 최종 생성물에 남게 할 수도 있다. 비록 아래에 보인 예들은 다음 장에서 배울 반응에 대한 지식을 필요로 하지만, 여기에 지금 제시하는 까닭은 엔아민 작용기의 능력과 결합을 형성하는 짝지음 반응의 이해를 더 쌓기 위함이다. 첫 번째 경우는 배뇨 촉진과 호흡기 자극 활성을 지닌 분자인 아스피도스퍼민(aspidospermine)의 신속한 합성을 제공하며, 두 번째는 AstraZeneca에서 톤 규모로 합성하는 새로운 약물 후보인데, 요실금의 치료제로 임상 실험 평가를 받고 있는 물질이다.

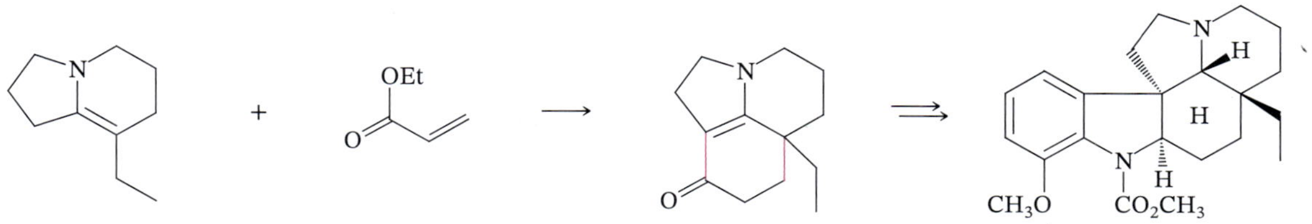

OEt
CH_3O CO_2CH_3
Aspidospermine

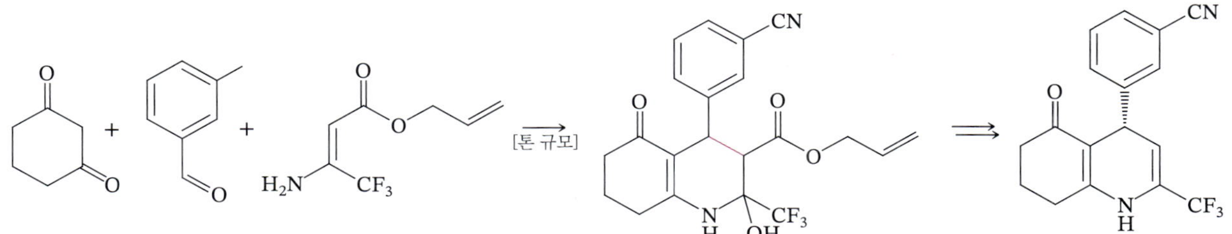

[톤 규모]
H_2N CF_3
[*in situ*로 만들어짐]
CN
약물 후보

이 주제에 대해서 더 알려면 참고하시오.

1. Kürti, L.: Czakó, B. *Strategic Applications of Named Reactions in Organic Synthesis*. Elsevier: London **2005**, pp. 444-445.
2. Kuehne, M. E. "Application of enamines to syntheses of natural products and related compounds" in *Synthesis* **1970**, 510-537.
3. Hopes, P. A.; Parker, A. J.; Patel, I. "Development and optimization of an unsymmetrical Hantzsch reaction for plant-scale manufacture" in *Org. Proc. Res. Dev.* **2006**, *10*, 808-813.
4. Smith, III, A. B.; Liverton, N. J.; Hrib, N. J.; Sivaramakrishnan, H.; Winzenberg, K. "Total Synthesis of (+) Jatropholones A and B: Exploitation of the High-pressure Technique." *J. Am. Chem. Soc.* **1986**, *108*, 3040-3048.

요약과 복습 도구

이 장에 대한 학습 보조 자료에는 핵심 용어와 개념, 18.10절에 있는 반응 형태의 목록, 그리고 엔올산 이온과 α-치환 반응에 대한 메커니즘의 요약 도표가 있다.

물음

엔올산 이온, 엔올, 그리고 카보닐 α 탄소의 반응성

18.15 아래의 화합물들에서 표시(적색)된 수소 원자의 산도가 증가하는 순으로 나열하시오(1 = 산도 최소; 4 = 산도 최강).

(a)

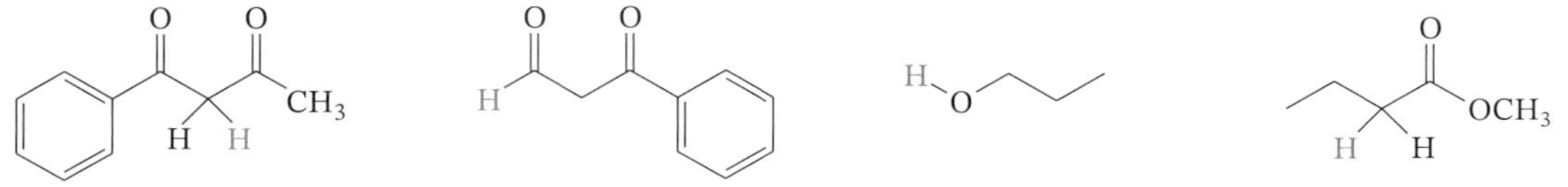

(b)

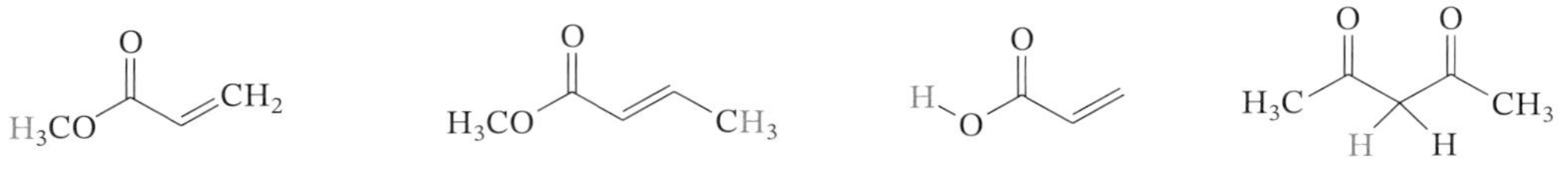

(c)

18.16 *cis*-데칼온을 *trans*-데칼온으로 에피머화하는 반응 메커니즘을 에톡시화 소듐과 에탄올을 사용하여 쓰시오. *trans*-데칼온이 *cis*-데칼온보다 더 안정한 까닭을 나타내는 의자 형태를 그리시오. *cis*-와 *trans*-데칼온의 모형을 들고 살펴보면 도움이 될 것이다.

18.17 대부분의 경우 사이클로헥사-2,4-다이엔-1-온 화합물은 완전히 엔올 형태로 존재한다. 사이클로헥사-2,4-다이엔-1-온의 구조와 엔올 형태의 구조를 그리시오. 엔올 형태의 안정성을 설명할 수 있는 특별한 요인은 무엇인가?

18.18 아래 각각의 반응 생성물에 대한 구조식을 제시하시오.

(a) (1) LDA (2) CH_3CH_2I

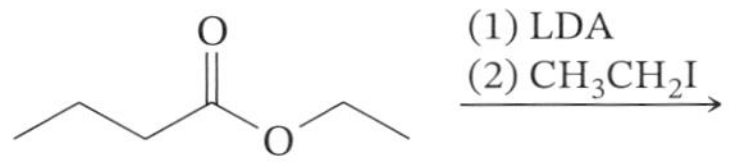

(b) Br_2, CH_3CO_2H

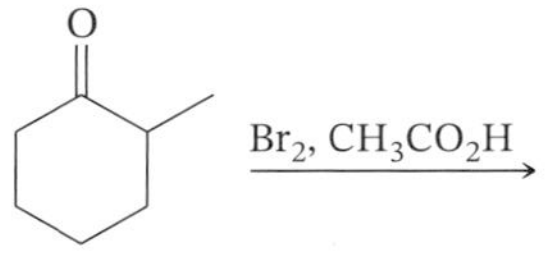

(c) NaH

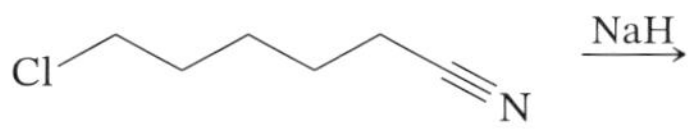

(d) Br_2 (과량), NaOH

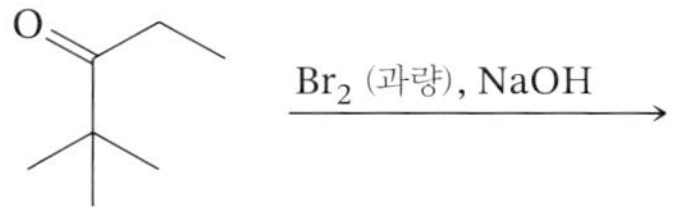

(e) (1) LDA (2) $ClCO_2Me$ (3) H_2O

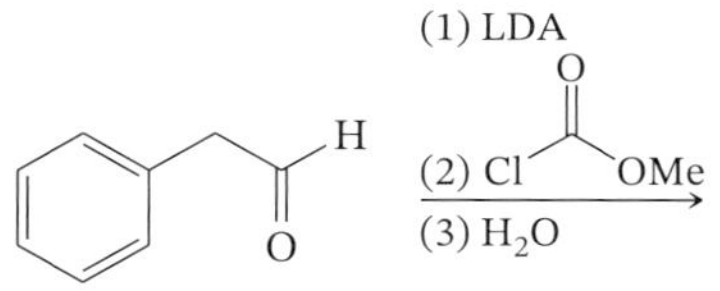

(f) (1) I_2, NaOH (2) H_3O^+

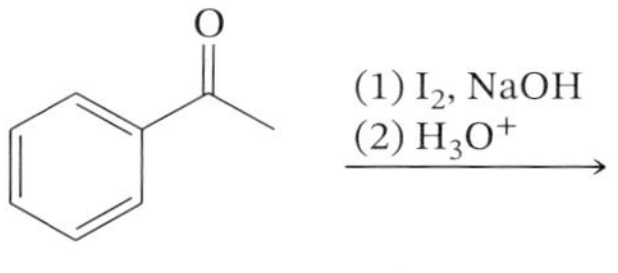

18.19 아래 각각의 반응에 대한 단계별 메커니즘을 쓰시오.

(a) Br_2, CH_3CO_2H

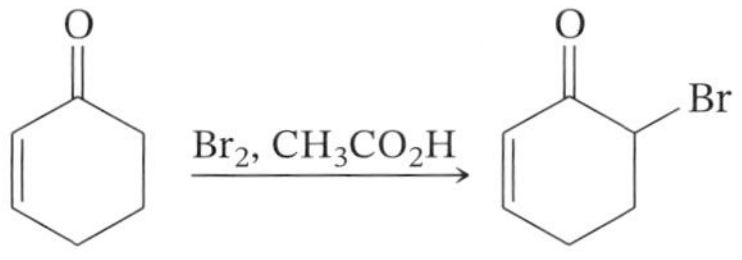

(b) 과량의 Br_2, NaOH → O^-Na^+ + $CHBr_3$

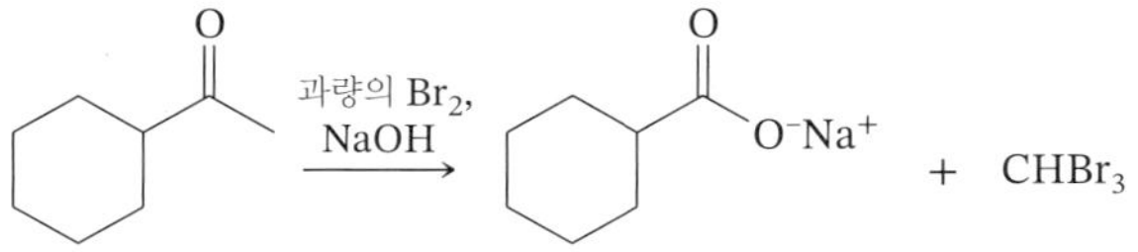

(c) H_3O^+

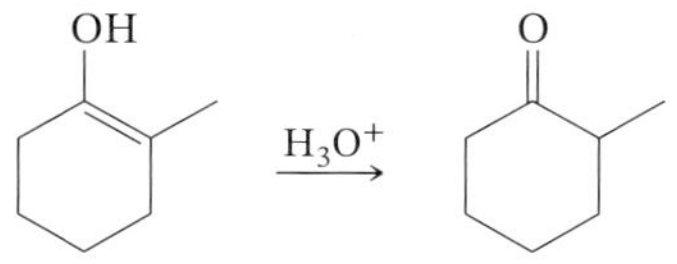

(d) CH_3OH, H_2SO_4 → OCH_3

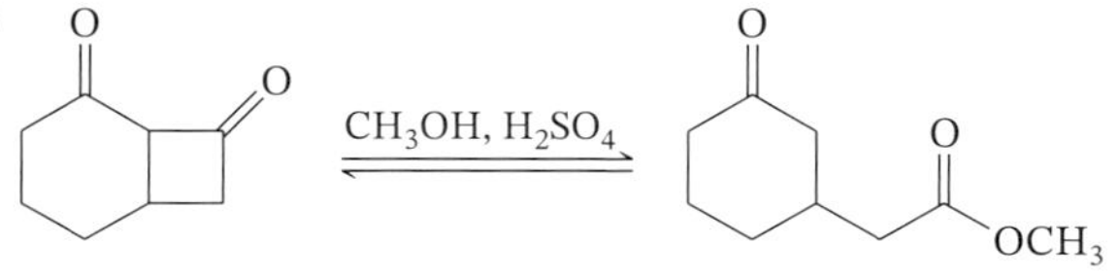

18.20 아래 각각의 반응에 대한 단계별 메커니즘을 쓰시오.

(a) NaOH, H_2O

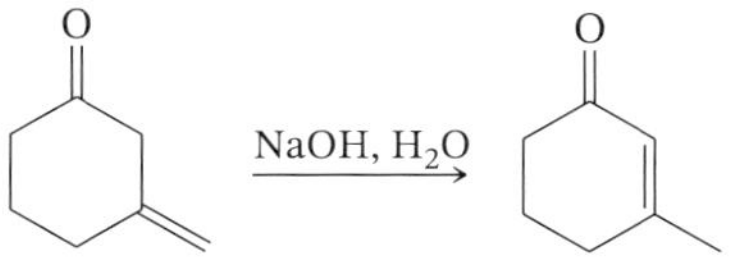

(b) NaOD, D_2O

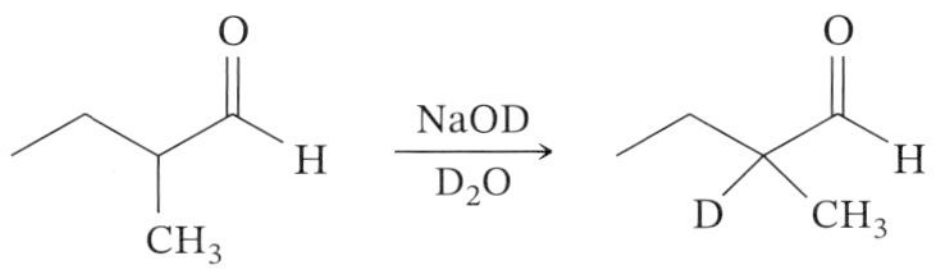

(c) NaOH, H_2O

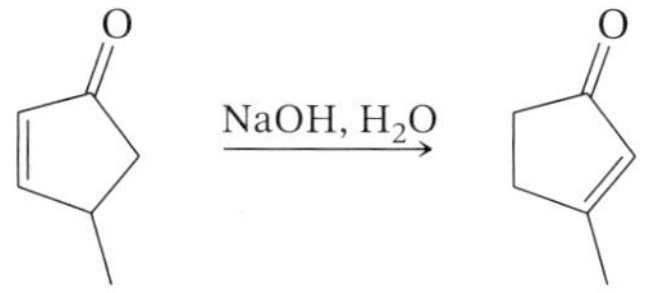

(d) [Reaction scheme: 1-phenyl-2-buten-1-one, (1) LDA, (2) CH_3I → 1-phenyl-2-penten-1-one + 2-methyl-1-phenyl-3-buten-1-one]

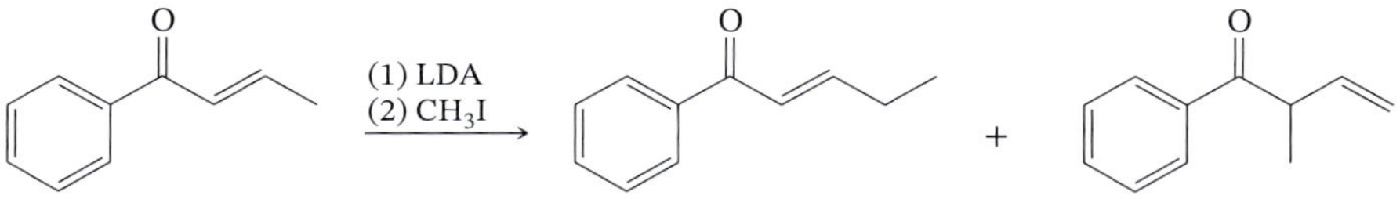

아세토아세트산 에틸과 말론산 에스터 합성

18.21 아세토아세트산 에틸과 그 밖의 필요한 시약들을 사용하여 아래 각 물질들의 합성 방법을 나타내시오.

(a) 3-Ethyl-4-phenyl-2-butanone **(c)** 2,5-Hexanedione **(e)** 2-Ethyl-1,3-butanediol

(b) 3-Methyl-2-pentanone **(d)** 3,5-Dimethyl-2-hexanone **(f)** 1-Phenyl-1,3-butanediol

18.22 말론산 다이에틸과 그 밖의 필요한 시약들을 사용하여 아래 각 물질들의 합성 방법을 나타내시오.

(a) 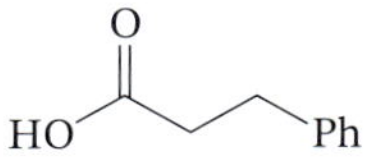 O, HO, Ph **(b)** 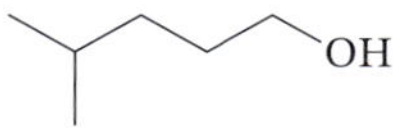 OH **(c)** 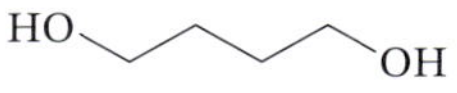 HO, OH **(d)** 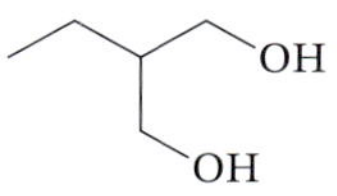 OH, OH

18.23 아래 각 반응의 생성물에 대한 구조식을 쓰시오.

(a) 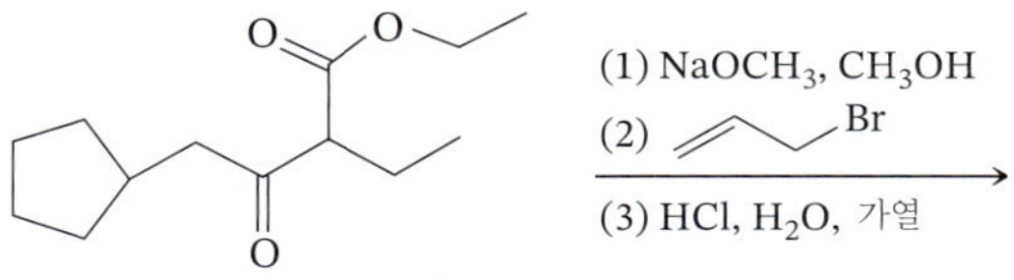 (1) $NaOCH_3$, CH_3OH (2) Br (3) HCl, H_2O, 가열

(b) 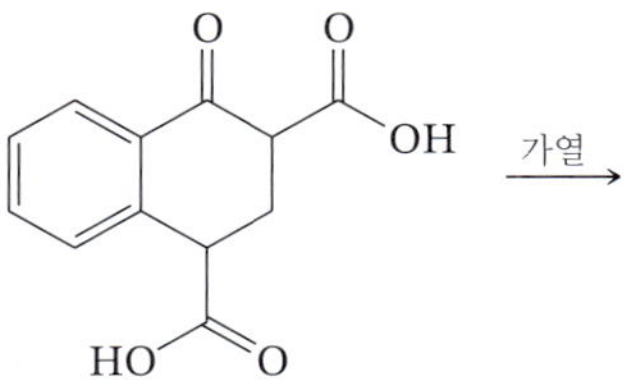 O, O, OH, HO, O → 가열

18.24 18.7절에 주어진 사이클로뷰테인카복실산의 합성은 1883년 Perkin에 의해 처음으로 수행되었는데, 이것은 6개 미만인 탄소 원자 고리를 가진 유기 화합물을 최초로 합성한 것 중의 한 가지를 나타내고 있다(그 당시 그런 화합물은 너무 불안정하여 존재할 수 없다는 것이 일반적인 견해였다). 1883년보다 더 일찍이 Perkin은 실수로 아세토아세트산 에스터와 1,3-다이브로모프로페인이 반응하여 얻어진 것이 사이클로뷰테인 유도체라고 믿고 보고하였다. Perkin이 일어날 것이라고 기대하던 반응은 다음과 같다.

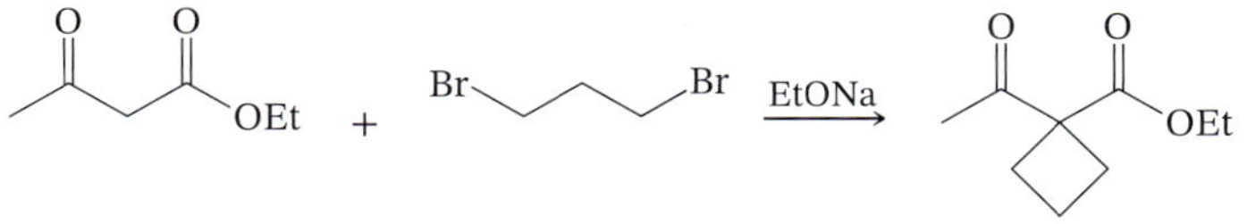

[Reaction scheme: ethyl acetoacetate (O, O, OEt) + Br–(CH₂)₃–Br, EtONa → ethyl 1-acetylcyclobutanecarboxylate (O, O, OEt)]

그가 만든 생성물의 분자식은 앞의 반응에서 주어진 식과 일치하였고, 알칼리 가수 분해와 산성화 반응은 멋진 결정 모양의(또한 기대했던 분자식을 가지고 있는) 산을 만들었다. 그러나 그 산은 아주 안정하여 가열할 수 있고 탈카복실 반응에도 견디었다. 나중에 Perkin은 에스터와 산이 둘 다 육각형으로 구성된 고리들이란 것을 알았다(5개의 탄소 원자와 1개의 산소 원자). 아세토아세트산 에스터로부터 얻어진 엔올산 이온의 전하 분배를 생각하고, Perkin의 에스터와 산의 구조를 제시하시오.

18.25 **(a)** 1884년 Perkin은 말론산 다이에틸의 엔올산 이온과 1,2-다이브로모에테인으로부터 사이클로프로페인카복실산을 성공적으로 합성하였다. 이 합성에 관여한 반응들을 나타내시오.

(b) 1885년에 Perkin은 오각형 탄소 고리 화합물 **D**와 **E**를 다음과 같은 방법으로 합성하였다.

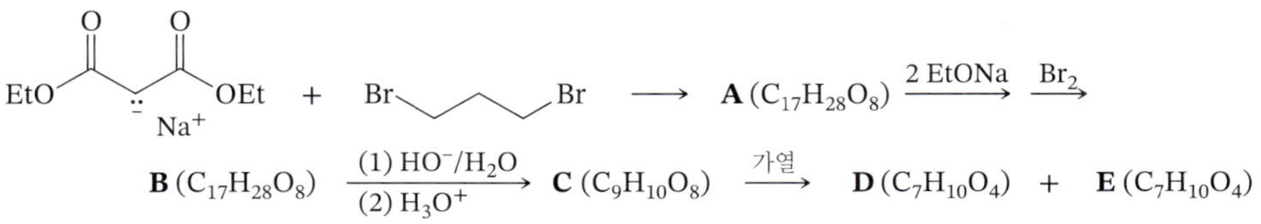

EtO(C=O)C⁻(Na⁺)(C=O)OEt + Br–(CH₂)₃–Br ⟶ **A** ($C_{17}H_{28}O_8$) $\xrightarrow{2\ EtONa}$ $\xrightarrow{Br_2}$

B ($C_{17}H_{28}O_8$) $\xrightarrow[(2)\ H_3O^+]{(1)\ HO^-/H_2O}$ **C** ($C_9H_{10}O_8$) $\xrightarrow{가열}$ **D** ($C_7H_{10}O_4$) + **E** ($C_7H_{10}O_4$)

D와 **E**는 부분 입체 이성질체이다. **D**는 거울상체 형태로 분리할 수 있으나, **E**는 분리할 수 없다. **A**, **B**, **C**, **D**, 그리고 **E**의 구조는 무엇인가?

(c) 10년 후에 Perkin은 1,4-다이브로모뷰테인을 합성할 수 있었다. 그는 후에 이 화합물과 말론산 다이에틸을 사용하여 사이클로펜테인카복실산을 만들었다. 관여된 반응들을 나타내시오.

18.26 말론산 다이에틸이나 아세토아세트산 에틸과 그 밖의 필요한 시약들을 사용하여 다음 각 물질들의 합성 방법을 나타내시오.

(a) 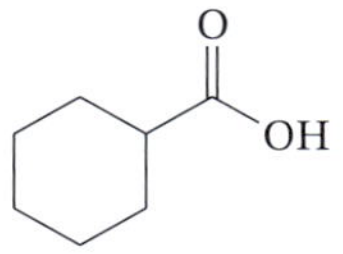 (b) 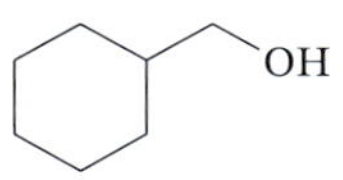 (c) 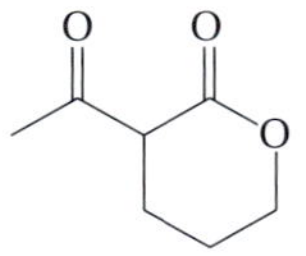 (d) 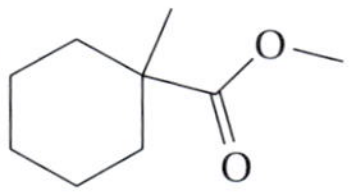 (e) 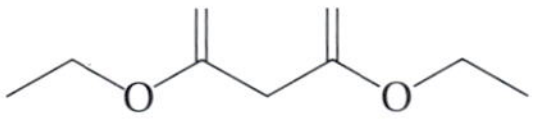 (f)

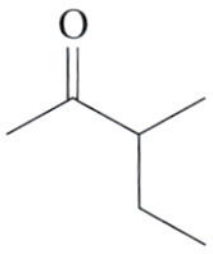

일반적인 물음

18.27 아래 각각의 화합물들을 필요한 유기 또는 무기 시약과 제시된 출발 물질로부터 합성하기 위한 반응 단계를 요약하시오.

(a) 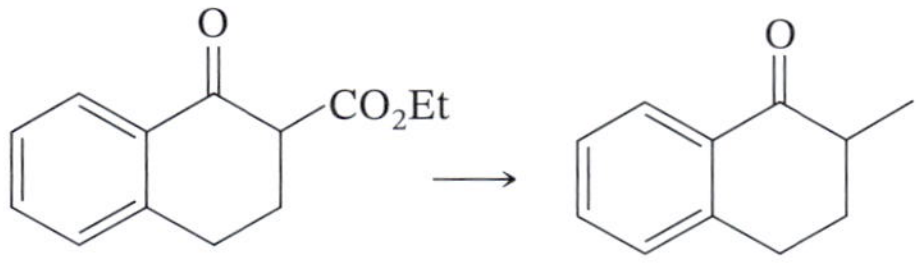 CO_2Et →

(b) 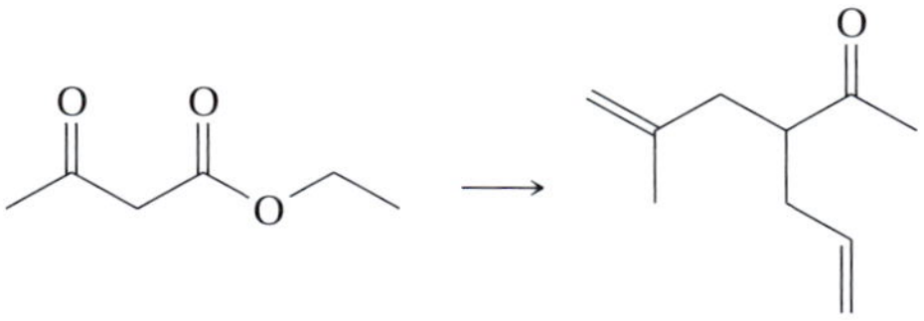 →

(c) 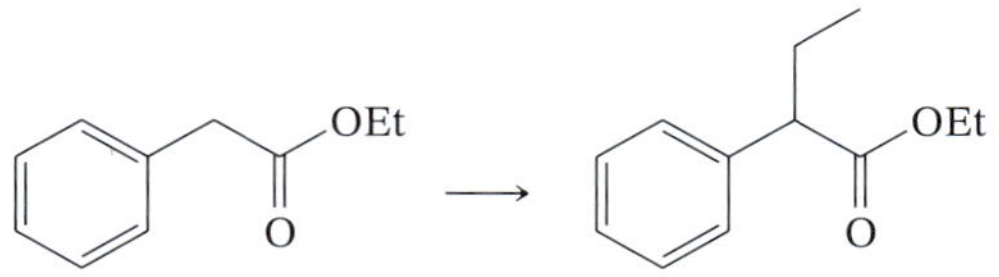 OEt → OEt

(d) 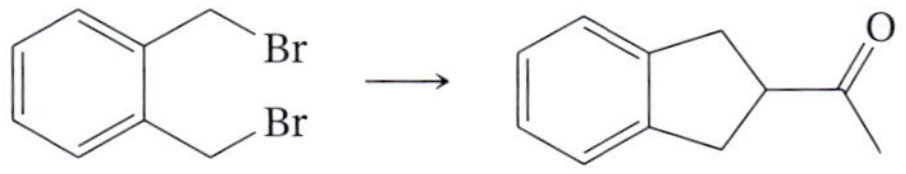 Br Br →

(e) 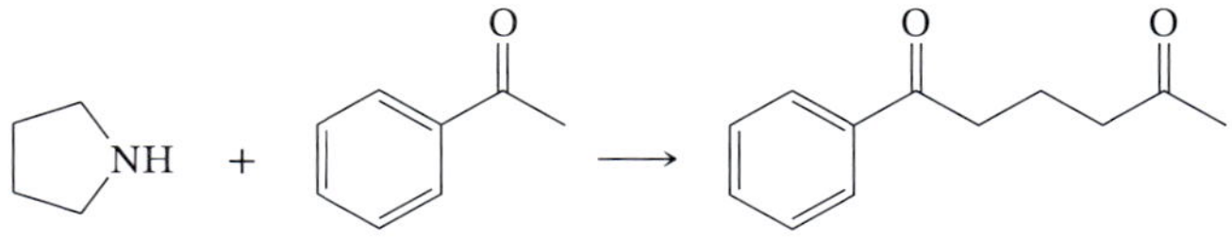 NH + →

(f) 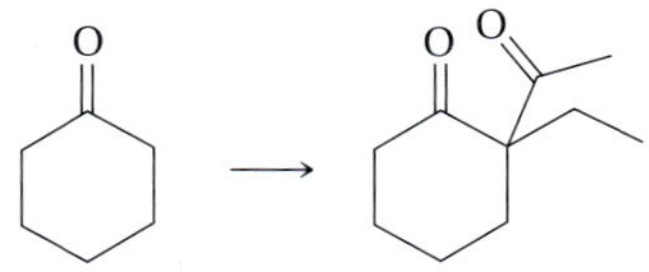 →

18.28 리날로올(linalool)은 여러 가지 식물들로부터 분리해 낼 수 있는 향료 화합물로 3,7-다이메틸-1,6-옥타다이엔-3-올이다. 리날로올은 향수를 만드는 데 사용되며, 아래와 같은 방법으로 합성된다.

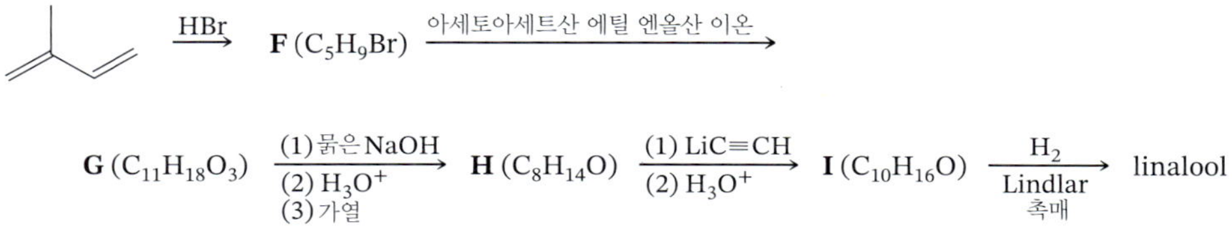

$\xrightarrow{\text{HBr}}$ **F** (C_5H_9Br) $\xrightarrow{\text{아세토아세트산 에틸 엔올산 이온}}$

G ($C_{11}H_{18}O_3$) $\xrightarrow[\text{(2) } H_3O^+ \text{ (3) 가열}]{\text{(1) 묽은 NaOH}}$ **H** ($C_8H_{14}O$) $\xrightarrow[\text{(2) } H_3O^+]{\text{(1) LiC}\equiv\text{CH}}$ **I** ($C_{10}H_{16}O$) $\xrightarrow[\text{Lindlar 촉매}]{H_2}$ linalool

관여된 반응들을 나타내시오(**힌트:** 화합물 **F**는 첫 번째 단계에서 생성될 수 있는 더 안정한 이성질체이다).

18.29 1개의 육각형 고리와 1개의 사각형 고리를 가지고 있는 화합물 **J**는 다음과 같은 경로로 합성되었다. 관여된 단계들을 나타내고 화합물들의 구조를 제시하시오.

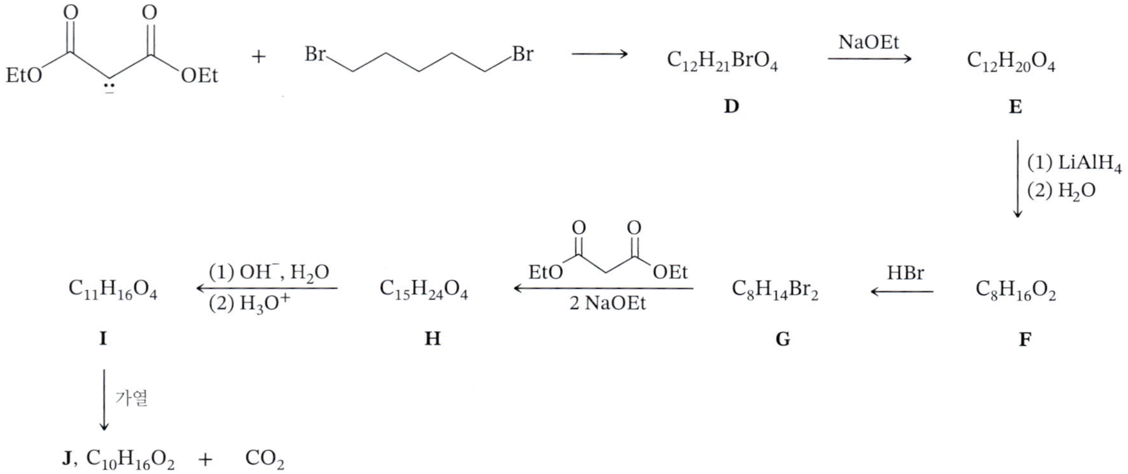

EtO OEt + Br Br → $C_{12}H_{21}BrO_4$ **D** $\xrightarrow{\text{NaOEt}}$ $C_{12}H_{20}O_4$ **E**

E $\xrightarrow[\text{(2) } H_2O]{\text{(1) LiAlH}_4}$ $C_8H_{16}O_2$ **F** $\xrightarrow{\text{HBr}}$ $C_8H_{14}Br_2$ **G** $\xrightarrow[\text{2 NaOEt}]{\text{EtO, OEt}}$ $C_{15}H_{24}O_4$ **H** $\xrightarrow[\text{(2) } H_3O^+]{\text{(1) } OH^-, H_2O}$ $C_{11}H_{16}O_4$ **I**

I $\xrightarrow{\text{가열}}$ **J**, $C_{10}H_{16}O_2$ + CO_2

18.30 Wittig 반응(16.10절)을 다음과 같은 알데히드의 합성에 사용할 수 있다.

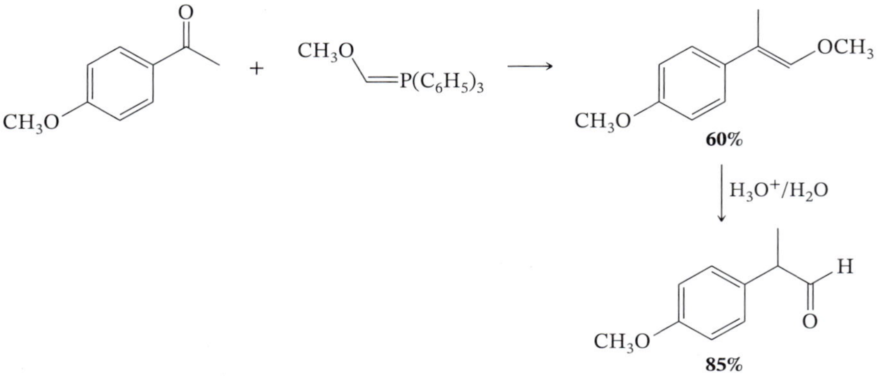

CH_3O CH_3O $=P(C_6H_5)_3$ OCH_3 CH_3O **60%** H_3O^+/H_2O H O CH_3O **85%**

(a) $CH_3OCH{=}P(C_6H_5)_3$를 어떻게 합성하겠는가?

(b) 두 번째 반응으로부터 알데하이드가 어떻게 생성되는지를 메커니즘으로 보이시오.

(c) 이 방법을 이용하여 사이클로헥산온으로부터 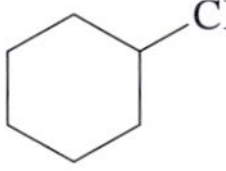 CHO를 만드는 방법을 제시하시오.

18.31 α 수소가 없는 알데하이드는 진한 염기로 처리하면 **Cannizzaro 반응(Cannizzaro reaction)**이라고 하는 분자간 산화–환원 반응을 진행한다. 한 예로 벤즈알데하이드의 반응이 아래에 있다.

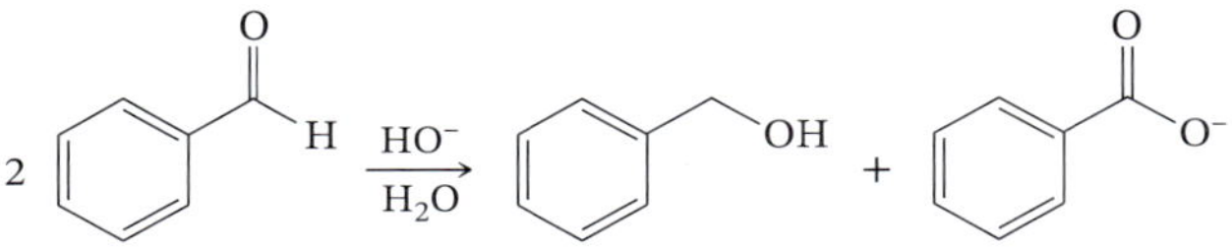

2 O H HO^- H_2O OH + O O^-

(a) 이 반응을 D_2O에서 수행하면 분리된 벤질 알코올은 탄소에 결합된 중수소를 가지고 있지 않는다. 그것은 $C_6H_5CH_2OD$이다. 이것은 이 반응의 메커니즘에 대해서 무엇을 제시하는가?

(b) $(CH_3)_2CHCHO$와 $Ba(OH)_2/H_2O$를 밀폐된 관에서 가열하면 단지 $(CH_3)_2CHCH_2OH$와 $[(CH_3)_2CHCO_2]_2Ba$만 생성된다. 이 생성물들의 형성을 설명하시오.

18.32 아래는 느릅나무 딱정벌레의 페로몬인 multistriatin(물음 16.47 참조)의 합성을 보인 것이다. 화합물 **A**, **B**, **C**, 그리고 **D**의 구조를 쓰시오.

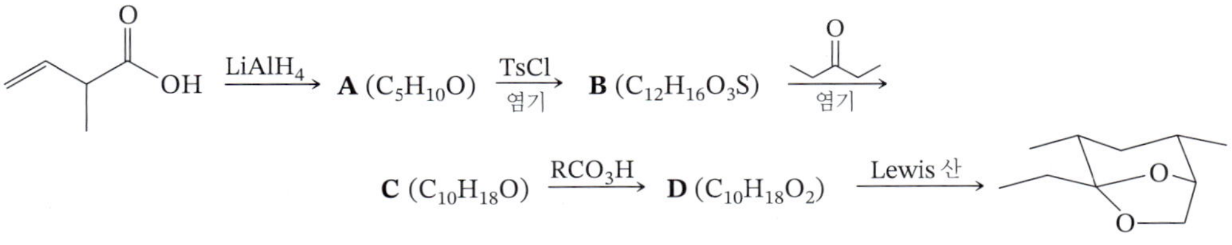

O OH $\xrightarrow{LiAlH_4}$ **A** $(C_5H_{10}O)$ $\xrightarrow[염기]{TsCl}$ **B** $(C_{12}H_{16}O_3S)$ $\xrightarrow[염기]{}$ (O)

C $(C_{10}H_{18}O)$ $\xrightarrow{RCO_3H}$ **D** $(C_{10}H_{18}O_2)$ $\xrightarrow{\text{Lewis 산}}$ O O

Multistriatin

분광학

18.33 **(a)** 화합물 **U**$(C_9H_{10}O)$의 IR 스펙트럼은 1690 cm^{-1}에서 강한 피크를 나타낸다. **U**에 대한 ^1H NMR 스펙트럼은 아래와 같다.

삼중선	1.2 ppm (3H)
사중선	3.0 ppm (2H)
다중선	7.7 ppm (5H)

U의 구조는 무엇인가?

(b) 화합물 **V**는 **U**의 이성질체이다. 화합물 **V**의 IR 스펙트럼은 1705 cm^{-1}에서 강한 피크를 나타낸다. **V**에 대한 ^1H NMR 스펙트럼은 다음과 같다.

단일선	2.0 ppm (3H)
단일선	3.5 ppm (2H)
다중선	7.1 ppm (5H)

V의 구조는 무엇인가?

18.34 화합물 **A**는 분자식 $C_6H_{12}O_3$를 가지고 있으며, 1710 cm^{-1}에서 강한 적외선 흡수 피크를 나타내며 ^1H NMR 스펙트럼은 아래와 같다.

단일선	2.1 ppm (3H)
이중선	2.6 ppm (2H)
단일선	3.2 ppm (6H)
삼중선	4.7 ppm (1H)

구조 **A**를 쓰시오.

물질 합성

18.35 아래 각각의 질문에서 출발 물질을 생성물로 전환하는 데 타당한 경로를 제시하시오. 각각의 경우 한 단계 이상이 필요하며, 앞의 장들에서 배운 반응이 필요할 수도 있다.

(a) OH OH → O

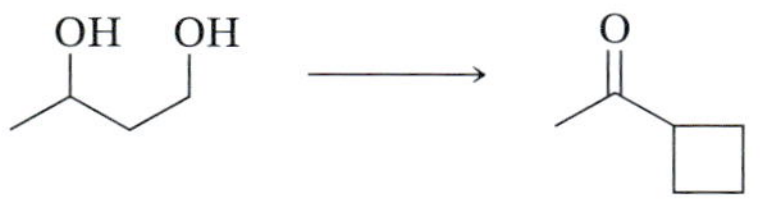

(c) OH → Br, O, N, CH_3, CH_3

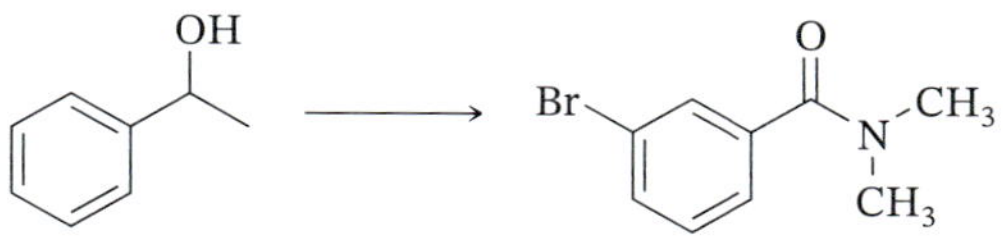

(b) → O, Cl

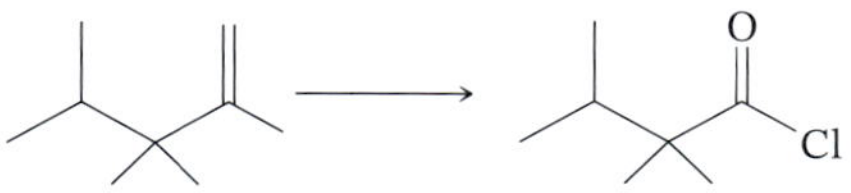

(d) O → O, Cl

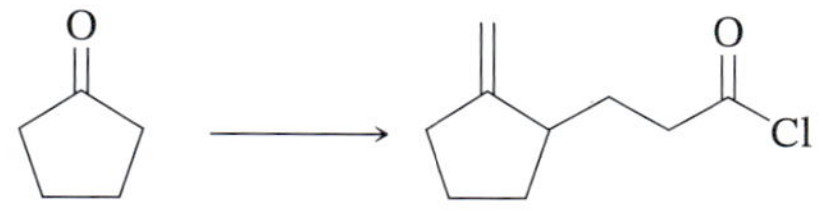

18.36 아래 각각에 대하여 주어진 출발 물질로부터 제시된 조건을 통하여 형성되는 생성물(**A**, **B**, **C**, **D**로 나타냄)의 구조를 그리시오.

(a) O O, OEt, OH → (1) PBr_3, pyr (2) NaOEt (3) NaH, Br_2 (4) NaOEt, EtOH → **A**

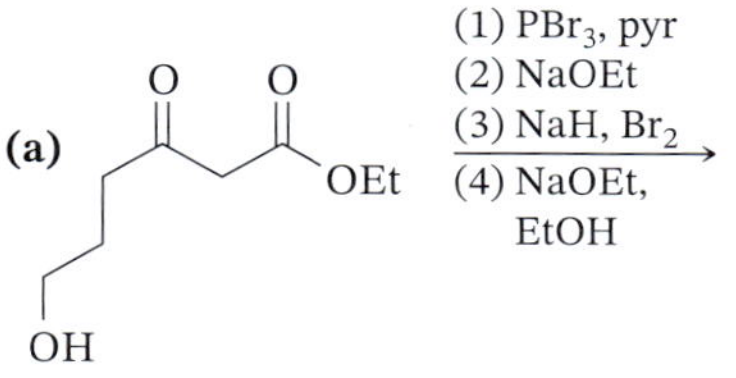

(b) O → (1) N H (pyrrolidine), HA (촉매) (2) O (3) H_3O^+ (4) (a) $LiAlH_4$ (b) H_3O^+ → **B**

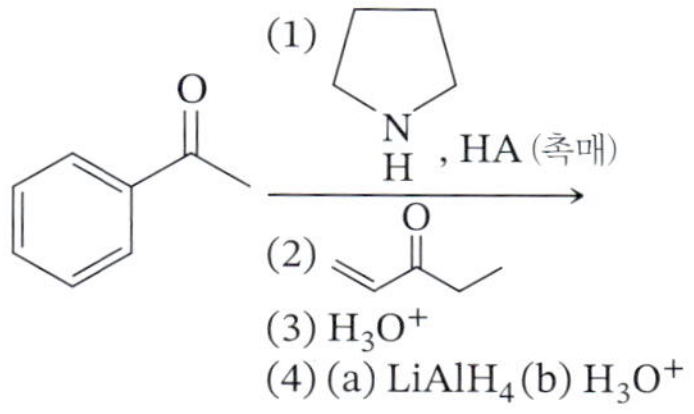

(c) OH O, OH → (1) Δ (2) EtMgBr (과량); H_3O^+ (3) PBr_3, pyr (4) KCN (5) (a) DIBAL-H (b) H_3O^+ → **C**

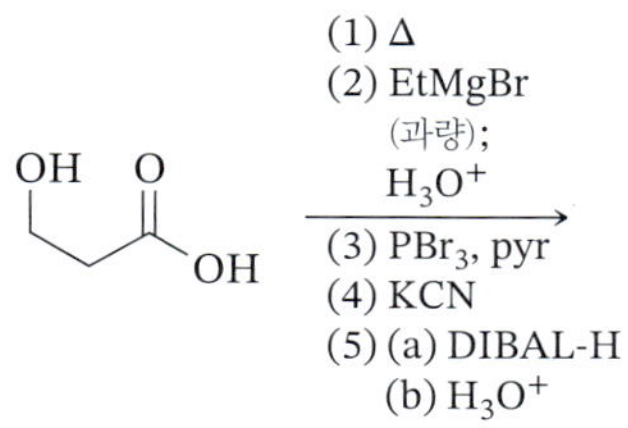

18.37 거꾸로 작업을 해서, 지정된 반응을 통하여 제시된 생성물에 이르는 출발 물질을 제시하시오.

(a) **A** → (1) Br_2, $FeBr_3$ (2) AcCl, $AlCl_3$ (3) LDA; MeI (4) $CH_3CH{=}PPh_3$ (5) H_2, Pd/C → Br

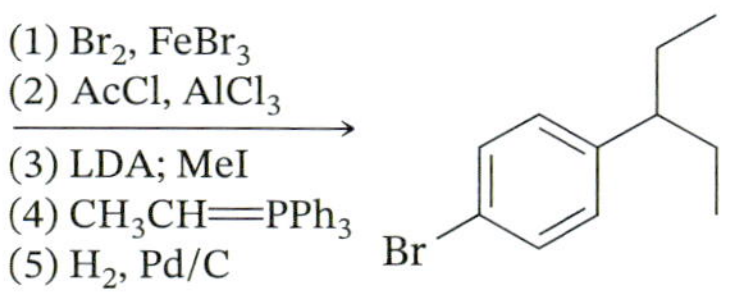

(b) **B** → (1) NaOEt; MeI (2) NaOH, H_2O (3) H_3O^+ (4) HS SH, 산 (5) Raney Ni, H_2 (6) DCC, H_2NCH_3 → O, $NHCH_3$

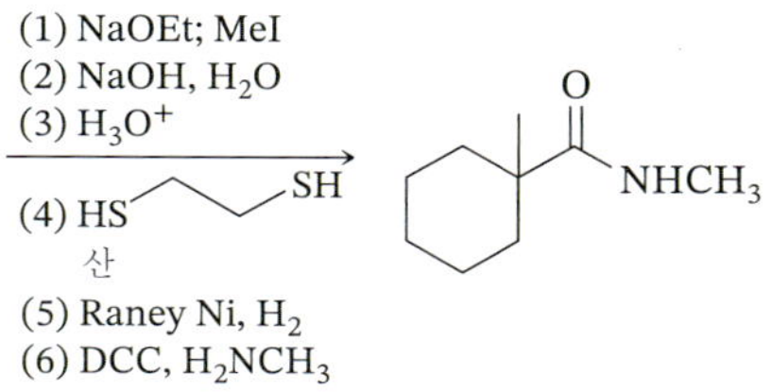

화학 상담자가 필요한 물음

18.38 스테로이드의 고전적인 합성의 일부로 Woodward(Harvard University)는 Diels−Alder 반응을 사용하였는데, 적절한 조건하에서 아래에 보인 생성물의 메틸과 수소 원자(자홍색으로 표시)가 생성물에서 상대적으로 *trans*-배위를 하는 생성물에 접근하게 되었다. 이 반응에서 사용된 다이엔과 전형적인 *cis*-첨가물(색칠을 한 메틸과 수소 원자와 관련하여) 대신 *trans*-배열인 생성물이 얻어지는 과정을 밝힐 수 있는가? (참조: *J. Am. Chem. Soc.* **1952**, *74*, 4223.)

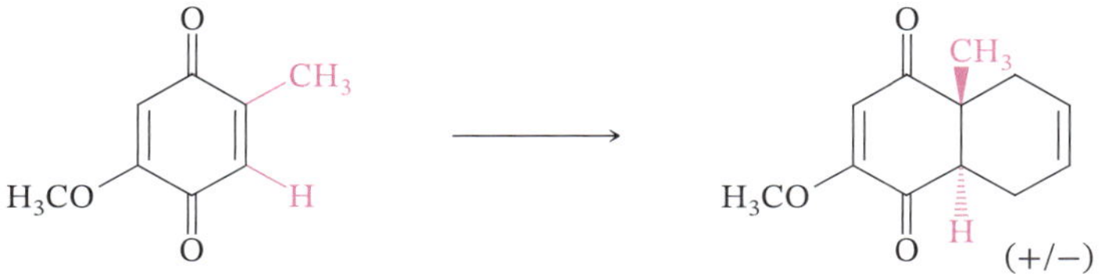

O, CH_3, H_3CO, H, O → O, CH_3, H_3CO, O, H (+/−)

18.39 엔올산 이온 화학을 이용하여 카보닐 바탕 기를 도입하기 위한 산 염화물의 합성 대등체로서 사용될 수 있는 한 가지 시약은 Mander 시약(CH_3OCOCN)이라고 알려져 있다. 아래에 보인 합성의 일부로 이 시약은 화합물 **A**에 메틸 에스터를 첨가하여 **B**를 만드는 데 있어서 LiHMDS(LDA와 비슷한 염기)를 엔올산 이온을 형성하는 데 사용하였다. 생성물 형성을 설명(LiHMDS 염기를 B:$^-$로 표시)하는 메커니즘을 그 기가 첨가되는 위치에 대한 설명과 함께 제시하시오. 그다음 **B**를 α,β-불포화 에스터 **C**로 여러 단계에 걸쳐 전환하기 위한 적절한 시약을 제시하시오. (참조: *J. Am. Chem. Soc.* **1998**, *120*, 6425.)

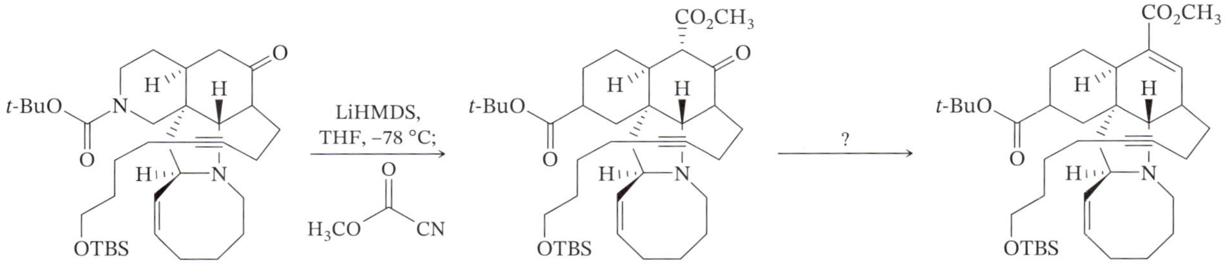

t-BuO, O, N, H, H, O, OTBS, H, N — **A**
LiHMDS, THF, −78 °C; H_3CO–C(=O)–CN
CO_2CH_3, O, t-BuO, O, H, H, OTBS, H, N — **B (92%)**
?
CO_2CH_3, t-BuO, O, H, H, OTBS, H, N — **C**

18.40 엔올산 이온 화학을 이용하여 한 개의 부분 입체 이성질체인 입체 중심을 가진 생성물을 형성하도록 하는 한 가지 방법은 기존의 카이랄 중심을 지닌 카보닐 유도체를 사용하는 것이다. 추가적인 입체 중심을 지닌 기가 다음 단계에서 제거된다면 그것은 '카이랄 보조물'로 간주되며, 새로운 입체 중심을 돕기 위함이 유일한 목적이다. 아래에는 그러한 기(청색)의 예인데, 금속인 화학종(M)이 **A**로부터 형성된 엔올산 이온의 일부분으로 배위되어 **B**로 가는 길을 제공해 주는데, 원하는 친전자체는 앞면으로부터 접근하여 **C**를 단일 부분 입체 이성질체로 생성한다. 화합물 **C**는 그다음 카보닐에 대해서 α인 새로운 카이랄 중심의 생성을 통제하는 부분을 잘라내는 반응을 통하여 **D**로 전환된다. **B**로부터 **C**를 형성하도록 사용되는 반응물의 구조를 제시하고, 그다음 아마이드 **C**를 알데하이드 **D**로 전환시키는 적절한 시약을 제시하시오. (참조: *Angew. Chem. Int. Ed.* **1996**, *35*, 2801.)

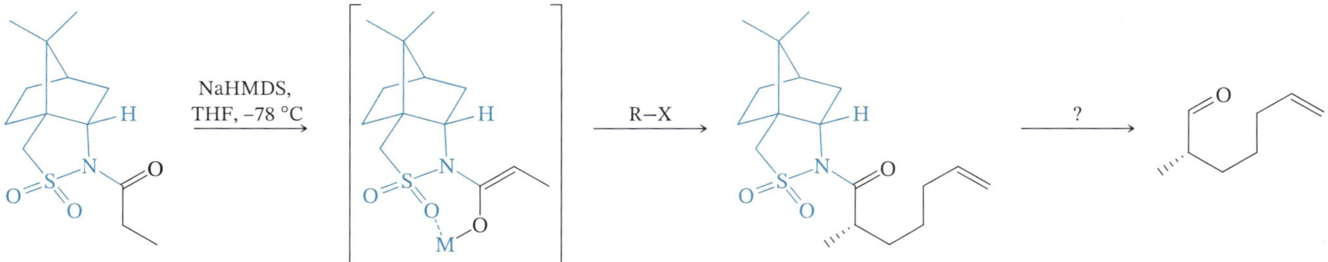

H, N, O, O=S, O — **A**
NaHMDS, THF, −78 °C
[H, N, O=S, O, M, O — **B**]
R−X
H, N, O, O=S, O — **C**
?
O — **D**

도전 물음

18.41 다음은 D'Amico와 Jung(UCLA)이 개발한 일련의 반응으로, 두 개의 새로운 카이랄 중심과 하나의 탄소−탄소 결합이 입체 특이성을 가지고 형성되는 예이다. 이 순서에는 Horner−Wadsworth−Emmons 반응(16.10B절), Sharpless 비대칭 에폭시화 반응(11.13

절), 그리고 새로운 전위(자리 옮김) 반응이 포함되어 궁극적으로 생성물에 이르게 된다. 반응 조건에서 에폭시 알코올이 알돌 생성물을 형성하도록 전위하는 메커니즘을 제시하시오. [**힌트**: 전위(자리 옮김) 반응은 몇 개의 반응에서 우선 에폭시 알코올로부터 트라다이알킬실릴 에터를 만들고, 그다음 생성된 실릴 에터를 Lewis 산 촉매(예: BF_3)로 처리하여도 수행된다.]

(1) $CH_3CHCO_2CH_3$ ($PO(OCH_3)_2$), NaH
(2) DIBAL-H

t-BuOOH, Ti(O-i-Pr)$_4$, D-(−)-diisopropyl tartrate

94%
(95% 거울상체 과량)

TBSOTf (t-butyldimethylsilyl triflate), 1.3당량
N,N-ethyldiisopropylamine, 1.35당량, molecular sieves, −42 °C

TBSO, O, H, CH_3, OH

학습 집단을 위한 물음

β-카로틴(β-Carotene), 디하이드로아비트산(Dehydroabietic Acid)

1. β-카로틴은 황갈색의 매우 짝지은 탄화수소이다. 이것의 생합성은 아이소프렌 경로를 거쳐 진행되며(온라인 자료의 특수 주제 G), 이것은 호박을 비롯한 많은 자원에서 발견된다. β-카로틴의 화학적 합성 중 한 가지는 Ipatiew에 의해서 20세기로 들어설 무렵 완성되었다(*Ber*. **1901**, *34*, 594−6). 처음 몇 단계는 이미 친숙해진 화학이 관여하고 있다. 화합물 **2**에서 **5**로, 그리고 **8**에서 **9**와 **10**으로 전환되는 모든 반응에 대한 메커니즘을 쓰시오.

β-Carotene

2 —HBr (2당량)→ **3** (Br, Br) —(OEt 아세토아세트산 에틸 음이온)→ **4** (CO_2Et)

4 —(1) NaOH (2) H_3O^+, 가열→ **5**

5 —(1) Zn/$BrCH_2CO_2Et$ (2) Ac_2O→ **6** (CO_2Et)

6 —(1) $Ca(OH)_2$ (2) $Ca(O_2CH)_2$→ **7** (CHO)

7 —Me_2CO/NaOEt→ **8**

8 —H_2SO_4→ **9** + **10**

2. 디하이드로아비트산은 *Pinus palustris*에서 분리되는 천연물이다. 이것은 로신(rosin)으로부터 오는 아비트산과 구조적으로 관련이 있다. 다이하이드로아비트산의 합성도 Stork에 의해서 이루어졌다(*J. Am. Chem. Soc.* **1962**, *84*, 284−292). 이 합성 과정에서 Stork는 유명한 엔아민 반응을 발견하였다.

(a) 아래의 화합물 **6**이 **8**로 되는 반응에 대한 상세한 메커니즘을 쓰시오.

(b) 디하이드로아비트산의 Stork 합성에서 화합물 **9**가 화합물 **11**로 되는 모든 반응에 대한 상세한 메커니즘을 쓰시오. **11**은 다이싸이오아세탈을 포함하고 있는데, 이미 배운(16장) 아세탈과 비슷하게 형성된다.

2 → (1) MeMgBr (2) 160 °C → **3** → H_2/Ni → **4** → (1) H_2SO_4 (2) KOH → **5** (HO)

5 → Na/NH_3, EtOH → **6** → pyrrolidine (N–H) → **7** → (1) MeI (2) H_3O^+ → **8** → NaOEt, Et_2N–$CH_2CH_2COCH_2CH_3$ → **9**

9 → (1) *t*-BuOK/C_6H_6 (2) $BrCH_2CO_2Et$ → **10** (CO_2Et) → (1) $(CH_2SH)_2$, HCl (2) KOH (3) HA → **11** (S, S, CO_2H) → (1) Ni (2) H_2/Pd (3) CH_2N_2 → **12** (H, CO_2Me) → (1) PhMgBr (2) AcOH, Ac_2O (3) CrO_3 → **1** (H, CO_2H)

1
Dehydroabietic acid

(Fleming, I., *Selected Organic Synthesis*, p. 76. Copyright John Wiley & Sons, Limited.)

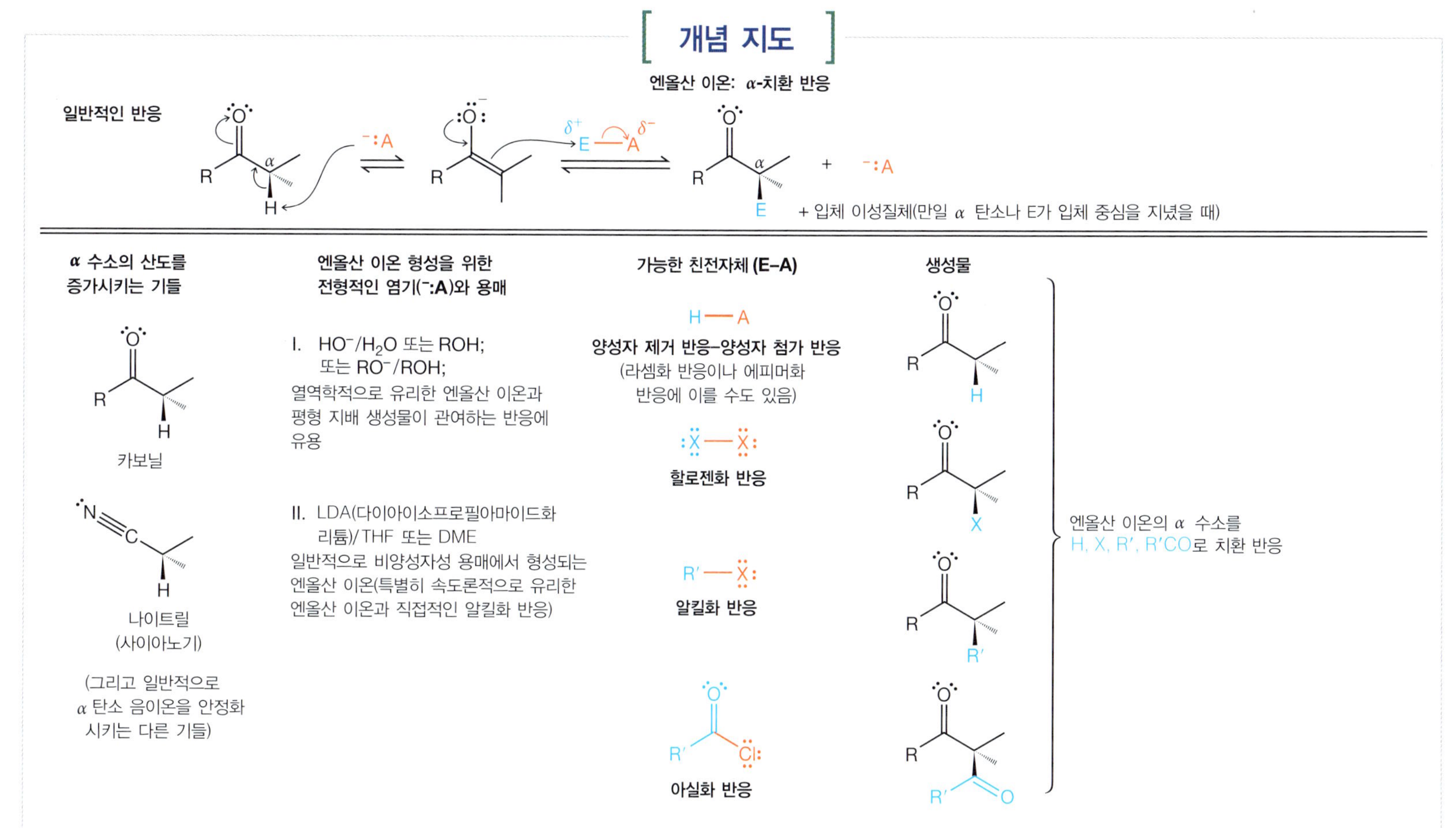
개념 지도
엔올산 이온: α-치환 반응
일반적인 반응
+ 입체 이성질체(만일 α 탄소나 E가 입체 중심을 지녔을 때)
α 수소의 산도를 증가시키는 기들
카보닐
나이트릴 (사이아노기)
(그리고 일반적으로 α 탄소 음이온을 안정화시키는 다른 기들)
엔올산 이온 형성을 위한 전형적인 염기(⁻:A)와 용매
I. HO⁻/H₂O 또는 ROH; 또는 RO⁻/ROH;
열역학적으로 유리한 엔올산 이온과 평형 지배 생성물이 관여하는 반응에 유용
II. LDA(다이아이소프로필아마이드화 리튬)/THF 또는 DME
일반적으로 비양성자성 용매에서 형성되는 엔올산 이온(특별히 속도론적으로 유리한 엔올산 이온과 직접적인 알킬화 반응)
가능한 친전자체 (E–A)
양성자 제거 반응–양성자 첨가 반응
(라셈화 반응이나 에피머화 반응에 이를 수도 있음)
할로젠화 반응
알킬화 반응
아실화 반응
생성물
엔올산 이온의 α 수소를 H, X, R′, R′CO로 치환 반응

카보닐 화합물의 축합 반응과 짝지은 첨가 반응

폭 넓은 엔올산 이온의 화학

skodonnell/Getty Images

어떤 카보닐 작용기에 인접한 탄소에서 엔올산 이온 화학을 통하여, 할로젠화 알킬이나 할로젠과 같은 친전자체를 사용하여 C—C 결합을 형성하는 방법을 이미 배웠다. 하지만 더 좋은 친전자체가 카보닐을 포함하는 분자들 자체라면 어떠할지 아직은 고려하지 않았다. 그러한 친전자체가 두 가지 C—C 결합 형성 반응을 더 가능하게 하는데, 축합 반응과 짝지은 첨가 반응이다. 두 과정 모두 복잡한 분자들을 합성하는 데 매우 유용하며, 이 반응들은 생물학적인 중요성도 있다. 실제로 이 과정들은 5-플루오로유라실의 암 치료와 관련이 있는데, 유라실의 천연 대사 물질로 위장하여 DNA의 복제에 필요한 화합물의 생합성을 차단하는 물질이다.

이 장에서 배울 내용:

- 축합 반응과 짝지은 첨가 반응에서 친핵체로 작용하는 탄소를 지닌 분자의 엔올산 이온의 화학을 더 다룸
- 이러한 개념을 이용하여 다양한 고리의 합성을 가능하도록 하는 반응
- 독특한 카보닐을 지닌 아민을 만드는 질소를 포함하는 반응의 특별한 서술

이 주제는 왜 중요한가?

'생물 화학: 자살 효소 기질'에서 5-플루오로유라실의 작용을 알게 된다. 이 장의 끝에서 이러한 반응들 여러 가지를 일련으로 조합해서 간 단계가 다음 단계를 준비하도록 함으로써, 마치 한 줄에 선 도미노가 쓰러지는 것처럼 매우 중요한 알칼로이드인 트로핀온(tropinone)의 합성을 한 용기에서 가능하도록 하는 것을 보게 될 것이다. 트로핀온은 여러 가지 유용한 의약품의 핵심이다.

19.1 서론

카보닐 **축합 반응(condensation reaction)**에서는 한 카보닐 화합물의 엔올산 이온이나 엔올이 다른 카보닐기와 반응하여 두 반응물을 결합시킨다. 이 과정의 일부로 두 반응물로부터 온 새로운 분자가 '축합'(형성)된다. 이 분자는 흔히 알코올이나 물이다. 축합 반응의 주된 형태는 **Claisen 축합 반응(Claisen condensation)**과 **알돌 축합 반응(aldol condensation)**이다. 알돌 축합 반응은 메커니즘적으로 알돌 첨가 반응이 선행되는데, 이것에 대해서도 배울 것이다. **알돌**이란 이름은 **알데**하이드(**ald**ehyde)와 알코올(alcoh**ol**) 작용기들이 많은 알돌 반응 생성물에 존재한다는 사실로부터 유래되었다.

Claisen 축합 반응의 예

2 R′–CH₂–C(=O)–OR —(1) NaOR, (2) H_3O^+→ R′–CH₂–C(=O)–CH(R′)–C(=O)–OR + ROH

알돌 첨가 반응과 축합 반응의 예

2 R–CH₂–C(=O)–H ⇌(B:⁻) R–CH₂–CH(OH)–CH(R)–C(=O)–H ⟶ R–CH₂–CH=C(R)–C(=O)–H

알돌 첨가 반응 생성물 / 알돌 축합 반응 생성물

짝지은 첨가 반응(conjugate addition)에서는 흔히 엔올산 이온인 친핵체가 α,β-불포화 카보닐 화합물의 β 위치에 첨가된다. 가장 흔한 짝지은 첨가 반응 중의 하나는 Michael 첨가 반응이다. 이제 알게 되는 것처럼, 알돌 축합 반응은 α,β-불포화 카보닐 화합물을 합성하는 한 가지 방법을 제공해 주고, 그다음 그 생성물을 짝지은 첨가 반응에 이용하게 된다.

짝지은 첨가 반응의 예

CH₂=CH–C(=O)–R(OR) —(1) Nu:⁻ (또는 H—Nu), (2) HA→ Nu–CH₂–CH(H)–C(=O)–R(OR)

19.2 Claisen 축합 반응: β-케토 에스터의 합성

Claisen 축합 반응은 C—C 결합 형성 반응으로 β-케토 에스터를 합성하는 데 유용하다. 18장에서 β-케토 에스터가 합성에 얼마나 유용한지를 배웠다. Claisen 축합 반응에서 한 에스터 분자의 엔올산 이온이 다른 분자의 카보닐기에 첨가하여 아실 치환 반응으로 β-케토 에스터와 알코올 분자를 만든다. 형성된 알코올 분자는 에스터의 알콕실기로부터 온 것이다. 고전적인 예로는 아세토아세트산 에틸(아세토아세트산 에스터, 18.6절)이 합성되는 Claisen 축합 반응이다.

2 (acetic acid ethyl ester) —NaOEt→ [아세토아세트산 소듐] + EtOH (증류하여 제거) —HCl→ **Ethyl acetoacetate** (아세토아세트산 에틸) **(76%)**

다른 예로는 펜탄산 에틸 두 분자로부터 3-옥소-2-프로필헵탄산 에틸이 되는 Claisen 축합 반응이다.

2 **Ethyl pentanoate** —NaOEt→ [Na^+ enolate] + EtOH —CH_3CO_2H→ **Ethyl 3-oxo-2-propylheptanoate** **(77%)**

이 예들을 자세히 살펴보면, 결국 두 반응에서 모두 하나의 에스터는 α 수소를 잃고, 또 다른 에스터는 에톡시화 이온을 잃는 축합 반응이 관여하고 있음을 볼 수 있다.

R–CH₂–CO–OEt + R–CH(H)–CO–OEt —(1) NaOEt (2) H_3O^+→ R–CH₂–CO–CH(R)–CO–OEt + 2EtOH

(R은 H일 수도 있다.) **β-케토 에스터 화합물**

반응 메커니즘을 자세히 살펴보면, 이것이 어떻게 일어나는지 알 수 있다. Claisen 축합 반응 메커니즘은 아실 치환 반응[**acyl substitution**, 카보닐기에서 일어나는 친핵성 첨가-제거 반응(**nucleophilic addition-elimination**)]이다.

- 에스터와 알콕시화 이온을 가지고 반응을 설계할 때 에스터의 알콕실기와 똑같은 알킬기를 가진 알콕시화 이온을 사용하는 것이 중요하다.

반응 메커니즘

Claisen 축합 반응

1단계

R–CH(α)(H)–CO–OEt + $^-$:ÖEt ⇌ R–CH⁻–CO–OEt ⟷ R–CH=C(O⁻)–OEt + EtOH

알콕시화 이온 염기가 에스터로부터 *α* 양성자를 뽑아내면 친핵성인 엔올산 음이온이 생성된다.
(엔올산을 형성시키는 데 쓰이는 알콕시화 이온 염기는 에스터의 알킬기와 똑같은 것이어야 한다.
즉, 에틸 에스터에 대해서는 에톡시화 이온을 써야지, 그렇지 않으면 에스터 교환 반응이 일어날 수도 있다.)
비록 에스터의 *α* 양성자가 알데하이드나 케톤만큼 산성은 아니지만,
형성된 엔올산 음이온은 유사한 방법으로 공명에 의해 안정화된다.

2단계

친핵성 첨가 반응

정사면체인 중간체와 제거 반응

엔올산 이온은 두 번째 분자에 있는 에스터의 카보닐 탄소 원자를 공격하여 정사면체인 중간체를 형성한다. 정사면체 중간체는 알콕시화 이온을 밀어내므로 엔올산 이온으로부터 유도된 기가 알콕시화 이온을 치환하게 된다. 총체적인 결과는 에스터 카보닐기에서의 친핵성 첨가–제거 반응이다. 그러나 여기까지의 과정에 있어서 전반적인 평형은 불리하다. 그렇지만 새로운 β-다이카보닐계의 산성인 α 수소를 제거함으로써 최종 생성물로 이동하는 것이다.

3단계

β-케토 에스터	에톡시화 이온	β-케토 에스터	에탄올
(pK_a ~9; 강한 산)	(강한 염기)	(약한 염기)	**(pK_a 16; 약한 산)**

알콕시화 음이온이 새로이 형성된 축합 반응 생성물로부터 α 양성자를 제거하여 공명 안정화된 β-케토 에스터 음이온을 만든다. 이 단계는 매우 유리하여 전체적인 평형을 생성물의 형성 쪽으로 이동하도록 한다. 부산물인 알코올(이 경우는 에탄올)은 형성되자마자 반응 혼합물로부터 증류되어 제거된다. 따라서 평형은 **Le Chatelier** 원리에 따라 더욱 생성물 쪽으로 이동하게 되는 것이다.

4단계

H_3O^+ (빠름)

케토 형태 엔올 형태

산을 가하여 염기를 중화시키고 **Claisen** 축합 반응 생성물에 양성자를 첨가하면 반응은 멈춘다. β-케토 에스터는 케토와 엔올 형태의 평형 혼합물로 존재한다.

에스터 교환 반응 가능성을 피해야 하기 때문에 에스터의 알콕실기와 알콕시화 이온은 같아야 한다(염기 촉진에 의한 가수 분해와 똑같은 메커니즘으로 알콕시화 이온에 의해서 일어난다, 17.7B절). 에틸 에스터와 메틸 에스터가 이런 형태의 합성에 있어서 가장 일반적인 반응물이다. 그러므로 에틸 에스터의 경우는 에톡시화 소듐을, 메틸 에스터의 경우에는 메톡시화 소듐을 사용한다. 다른 염기를 사용해야 하는 경우도 있지만, 이러한 에스터는 나중에 논의하기로 한다.

- α 수소를 단 한 개만 가진 에스터는 일반적인 Claisen 축합 반응을 하지 않는다.

정상적인 Claisen 축합 반응을 하지 않는 에스터의 예로는 2-메틸프로판산 에틸이 있다.

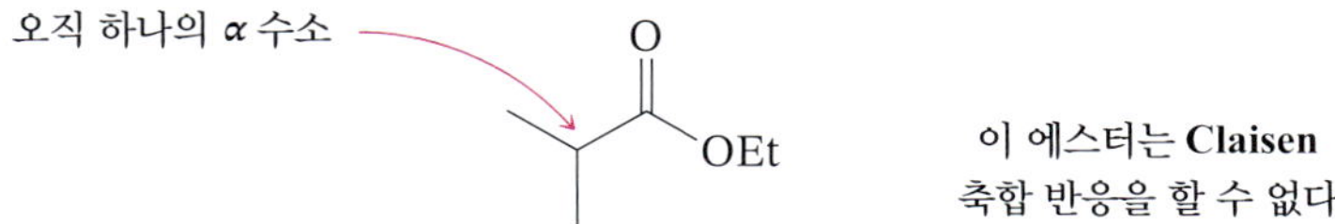

Ethyl 2-methylpropanoate

- 조금 전에 본 메커니즘을 조사해 보면 왜 그렇게 되는가를 분명히 알 수 있다. α 수소를 단 한 개만 가진 에스터는 3단계가 되었을 때 산성인 수소를 가지고 있지 않다. 그런데 3단계가 반응의 성공을 쥐고 있는 유리한 평형을 제공하는 것이다.

19.2B절에서 오직 하나의 α 수소를 가진 에스터가 매우 강한 염기의 사용으로 β-케토 에스터가 되는 것을 보게 될 것이다.

되새김 물음 19.1

(a) 에탄산 메틸과 메톡시화 이온이 반응할 때 일어나는 Claisen 축합 반응에서 모든 단계들에 대한 메커니즘을 쓰시오. **(b)** 반응 혼합물을 산성화시켰을 때 만들어지는 생성물은 무엇인가?

되새김 물음 19.2

Claisen 축합 반응으로부터 얻어진 생성물이 β-케토 에스터이므로 이 생성물을 이어서 가수 분해하고 탈카복실 반응을 시키면 케톤을 합성하는 일반적인 방법이 된다. 이 기술을 이용하여 3-펜탄온을 합성하는 방법을 보이시오.

19.2A 분자내 Claisen 축합 반응: Dieckmann 축합 반응

분자내 Claisen 축합 반응을 **Dieckmann 축합 반응(Dieckmann condensation)**이라고 한다. 예를 들어, 헥세인다이산 다이에틸을 에톡시화 소듐과 함께 가열하고, 뒤이어 반응 혼합물을 산성화시키면 2-옥소사이클로펜테인카복실산 에틸이 생성된다.

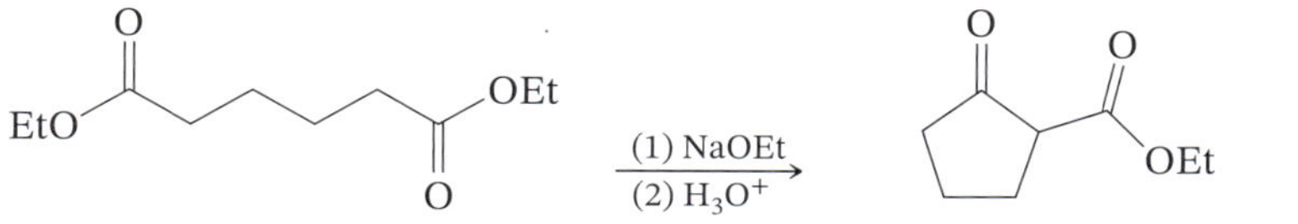

O, EtO, OEt, O → (1) NaOEt (2) H_3O^+ → O, O, OEt

Diethyl hexanedioate (diethyl adipate) → **Ethyl 2-oxocyclopentane-carboxylate (74~81%)**

- 일반적으로 Dieckmann 축합 반응은 단지 오각형과 육각형 고리를 만드는 데만 유용하다.

더 작은 고리들은 각 긴장 때문에 불리하다. 더 큰 고리는 긴 사슬인 전구체의 가능한 형태의 가지 수가 많기 때문에 엔트로피적으로 불리하다. 분자간 축합 반응이 더 강력하게 경쟁하기 시작하는 것이다.

반응 메커니즘

Dieckmann 축합 반응

EtO, O, H, O, ⁻OEt, OEt ⇌ EtO, O, O, OEt ⇌ EtO, O⁻, H, O, OEt ⇌

에톡시화 이온이 α 수소를 제거한다.

엔올산 이온은 사슬의 다른 끝에 있는 카보닐기를 공격한다.

에톡시화 이온이 쫓겨난다.

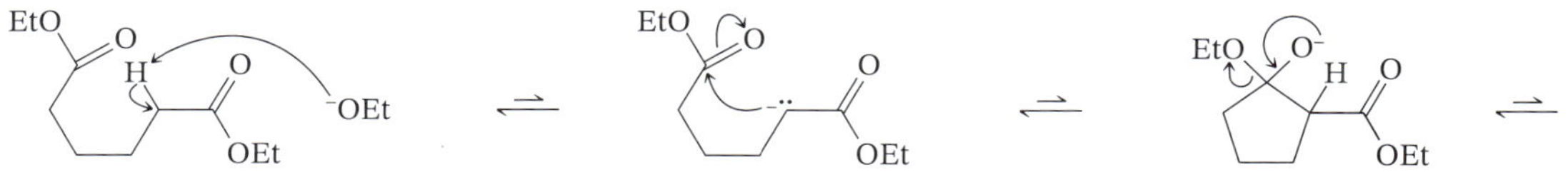

에톡시화 이온은 두 카보닐기 사이에 있는 산성인 수소를 제거한다. 유리한 평형이 이 반응을 촉진시킨다.

산 수용액을 가하면 음이온에 재빨리 양성자가 첨가되고 최종 생성물이 만들어진다.

되새김 물음 19.3

(a) 헵테인다이산 다이에틸에 대한 Dieckmann 축합 반응으로부터 예상되는 생성물은 무엇인가?
(b) 펜테인다이산 다이에틸(글루타르산 다이에틸)이 Dieckmann 축합 반응을 하지 않는 사실을 어떻게 설명하겠는가?

19.2B 교차 Claisen 축합 반응

- 교차 Claisen 축합 반응(교차 알돌 축합 반응 같이)은 **하나의 에스터 성분이 α 수소를 가지고 있지 않으며**, 따라서 엔올산 이온을 형성하지 않아서 자체-축합 반응을 하지 못할 때 가능하다.

예를 들면, 벤조산 에틸은 아세트산 에틸과 축합하여 벤조일아세트산 에틸을 만든다.

$$\text{Ethyl benzoate} + CH_3COOEt \xrightarrow[(2)\ H_3O^+]{(1)\ NaOEt} \text{Ethyl benzoylacetate}$$

Ethyl benzoate
(α 수소가 없음)

Ethyl benzoylacetate
(60%)

페닐아세트산 에틸은 탄산 다이에틸과 축합하여 페닐말론산 다이에틸을 만든다.

$$\text{Ethyl phenylacetate} + \text{Diethyl carbonate} \xrightarrow[(2)\ H_3O^+]{(1)\ NaOEt} \text{Diethyl phenylmalonate}$$

Ethyl phenylacetate

Diethyl carbonate
(α 탄소가 없음)

Diethyl phenylmalonate
(65%)

보기 물음 19.1

벤조산 에틸과 아세트산 에틸 사이의 Claisen 축합 반응에서 모든 단계들을 설명할 만한 메커니즘을 쓰시오.

풀이

1단계

$$CH_3COOEt + EtO^- \rightleftharpoons CH_2{=}C(O^-)OEt + EtOH$$

2단계

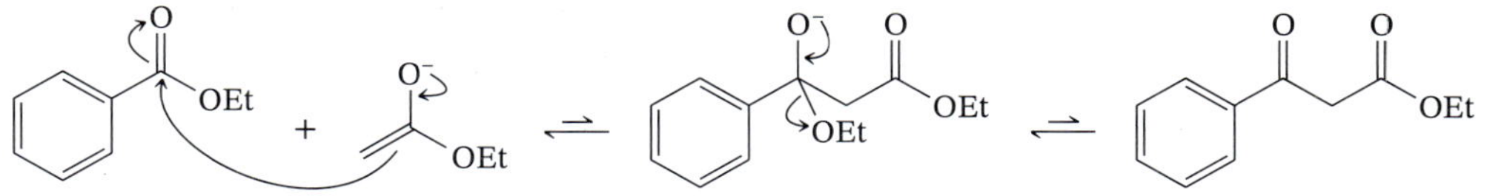

OEt + OEt ⇌ OEt OEt ⇌ OEt

3단계

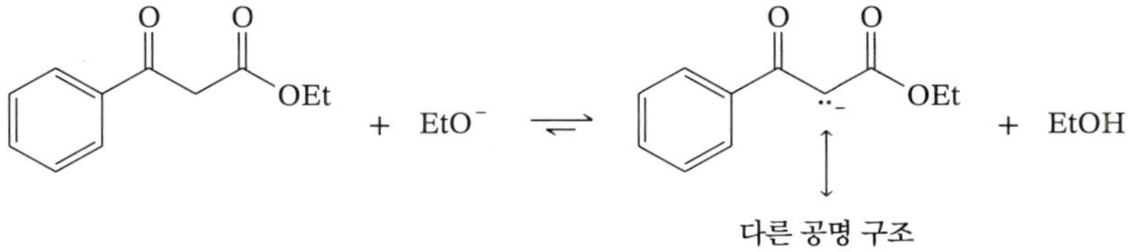

OEt + EtO^- ⇌ OEt + EtOH

다른 공명 구조

4단계

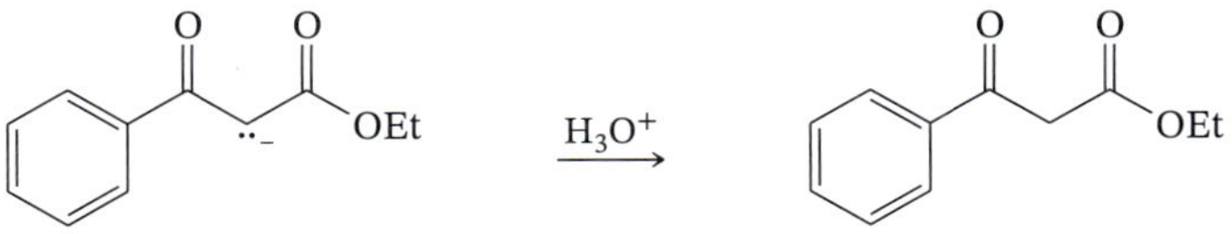

OEt $\xrightarrow{H_3O^+}$ OEt

앞서 보여 준 페닐아세트산 에틸과 카본산 다이에틸 사이의 교차 Claisen 축합 반응에서 형성된 생성물들을 설명할 만한 메커니즘을 쓰시오.

되새김 물음 19.4

아래 각각의 교차 Claisen 축합 반응으로부터 얻어질 수 있는 생성물은 무엇인가?

되새김 물음 19.5

(a) Ethyl propanoate + diethyl oxalate $\xrightarrow[(2)\ H_3O^+]{(1)\ NaOEt}$

(b) 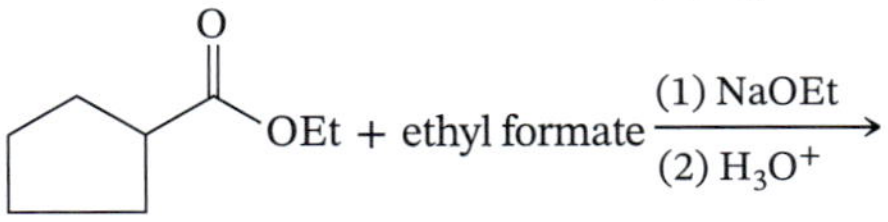 OEt + ethyl formate $\xrightarrow[(2)\ H_3O^+]{(1)\ NaOEt}$

이 절의 앞에서 배웠던 것처럼 단 하나의 α 수소를 가진 에스터는 에톡시화 소듐에 의해 β-케토 에스터로 전환될 수 없다. 그러나 그것들은 다이아이소프로필아마이드화 리튬(LDA, 18.4절)과 같은 매우 강염기를 사용하면 β-케토 에스터로 전환시킬 수 있다. 강염기는 에스터를 거의 정량적인 수율로 대응되는 엔올산 음이온으로 전환한다. 이것을 염화 아실이나 에스터와 함께 반응시켜 엔올산 음이온이 **아실화되도록** 한다. 매우 강력한 염기인 LDA를 이용한 예가 다음에 제시되었다.

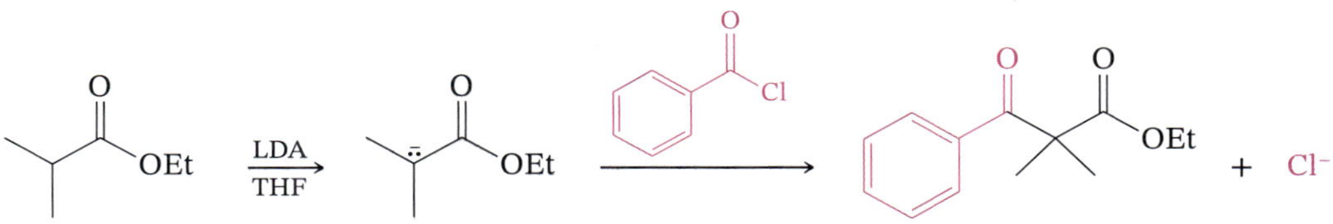

OEt $\xrightarrow[THF]{LDA}$ OEt, Cl $\longrightarrow$ OEt + Cl^-

Ethyl 2,2-dimethyl-3-oxo-3-phenylpropanoate

19.3 케톤 엔올산 이온의 아실화 반응에 의한 β-다이카보닐 화합물

케톤으로부터 유도된 엔올산 음이온은 또한 에스터와 반응할 때 Claisen 축합 반응과 흡사한 친핵성 치환 반응을 한다. 다음의 첫 번째 예에서 케톤과 아마이드화 소듐과의 반응으로부터 두 가지 음이온이 가능하지만, 주 생성물은 1차 탄소 음이온으로부터 온 것이다. 이것은 (a) 1차 α 수소가 2차 α 수소보다 약간 더 산성이고, (b) 비양성자성 용매(Et_2O)에서 강염기($NaNH_2$)가 존재할 때 속도론적인 엔올산 이온이 형성되기 때문이다(18.4절). LDA가 비슷하게 염기로 사용될 수 있다.

2-Pentanone $\xrightarrow[Et_2O]{NaNH_2}$ Na^+ ⁻: enolate ⟷ enolate (O⁻) ; + ethyl butanoate (OEt) →

4,6-Nonanedione
(76%)

Cyclohexanone ⇌(NaOEt) enolate Na^+ $\xrightarrow[(2)\ H_3O^+]{(1)\ EtO(CO)(CO)OEt}$ ethyl 2-oxocyclohexylglyoxylate (OEt)

67%

보기 물음 19.2

케토 에스터는 Dieckmann 축합 반응과 유사한 고리화 반응을 할 수 있다. 아래 반응에서 만들어진 생성물을 설명할 수 있는 메커니즘을 쓰시오.

ethyl 6-oxoheptanoate (OEt) $\xrightarrow[(2)\ H_3O^+]{(1)\ NaOEt}$ **2-Acetylcyclopentanone**

풀이

EtO^- + H (C5), 7, 6, 5, 4, 3, 2, 1, O, OEt ⇌ EtO, 1, O, 2, 3, 4, 5, 6, 7, O ⇌ EtO, O⁻, O ⇌ O, H, O + EtO^- ⟶

[O, O ⟷ O⁻, O ⟷ O, O⁻] + EtOH $\xrightarrow{H_3O^+}$ O, O

출발 물질로 에스터, 케톤, 할로젠화 아실 등을 사용하여, 아래 각 물질들이 어떻게 합성될 수 있는지를 보이시오.

되새김 물음 19.6

(a) 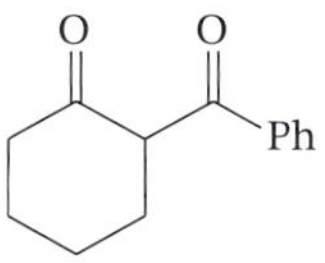 (b) 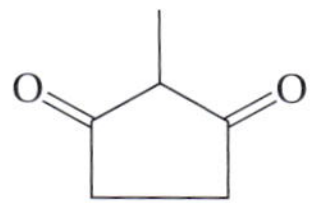 (c)

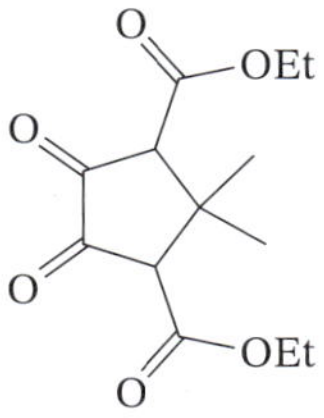

19.4 알돌 반응: 알데하이드와 케톤에 엔올산 이온 및 엔올의 첨가 반응

- 알돌 첨가 반응과 알돌 축합 반응은 함께 한 가지 중요한 부류의 C—C 결합 형성 반응을 대표한다.

알돌 반응(**aldol reaction**)은 엔올산 이온이나 엔올이 알데하이드나 케톤의 카보닐기에 첨가함으로써 시작되어 β-하이드록시 알데하이드 또는 케톤을 초기 생성물로 만든다. 간단한 예가 아래에 제시되었는데, 두 분자의 아세트알데하이드(에탄알)가 반응하여 3-하이드록시뷰탄알을 형성한다. 3-하이드록시뷰탄알은 **알데**하이드와 알코**올**을 모두 포함하고 있기 때문에 '**알돌**(**aldol**)'이다. 이러한 일반적인 형태의 반응은 **알돌 첨가 반응**(**aldol addition**)이라고 알려져 있다.

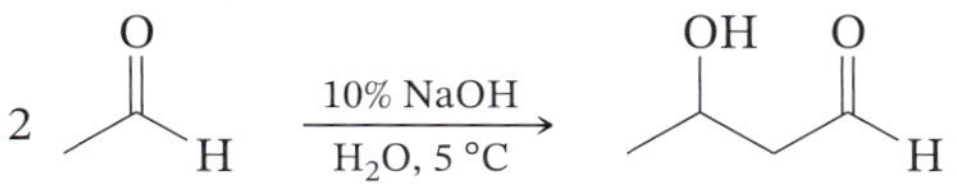

$$2\ CH_3CHO \xrightarrow[H_2O,\ 5\ ^\circ C]{10\%\ NaOH} CH_3CH(OH)CH_2CHO$$

3-Hydroxybutanal
(50%)

나중에 보게 되겠지만, 초기의 알돌 첨가 반응 생성물은 흔히 탈수하여 α,β-불포화된 알데하이드나 케톤을 형성한다. 이것이 반응 결과일 때 전체적인 반응은 **알돌 축합 반응**(**aldol condensation**)이다. 먼저 알돌 첨가 반응 메커니즘부터 고려해 보자.

19.4A 알돌 첨가 반응

알돌 첨가 반응은 양성자성 용매에서 수산화 이온이나 알콕시화 이온을 염기로 하여 수행될 때 평형을 이루는 반응이다. 알데하이드가 관여하는 알돌 첨가 반응 메커니즘은 다음과 같다.

반응 메커니즘

알돌 첨가 반응

1단계 엔올산 이온의 형성

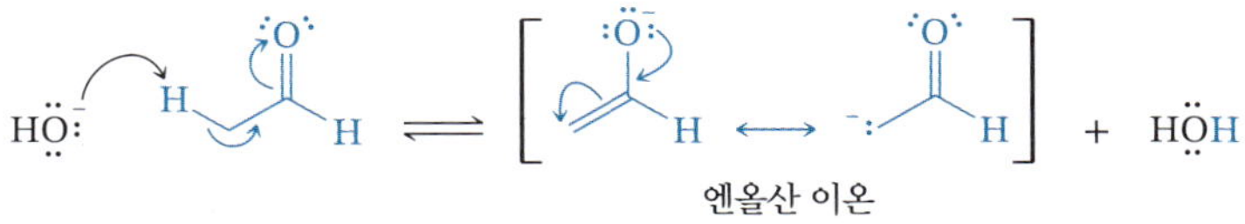

HO:⁻ + H–CH₂CHO ⇌ [엔올산 이온 공명 구조] + HOH

엔올산 이온

이 단계에서, 염기(수산화 이온)는 아세트알데하이드 한 분자의 α 탄소로부터 양성자를 떼어내어 공명 안정화된 엔올산 이온을 만든다.

2단계 엔올산 이온의 첨가 반응

알콕시화 이온

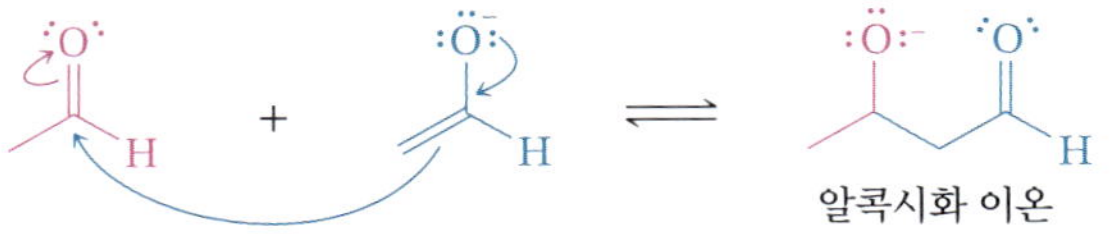

엔올산 이온이 친핵체로 작용하여 두 번째 아세트알데하이드 분자의 카보닐 탄소를 공격하며, 알콕시화 이온이 만들어진다.

3단계 알콕시화 이온의 양성자 첨가 반응

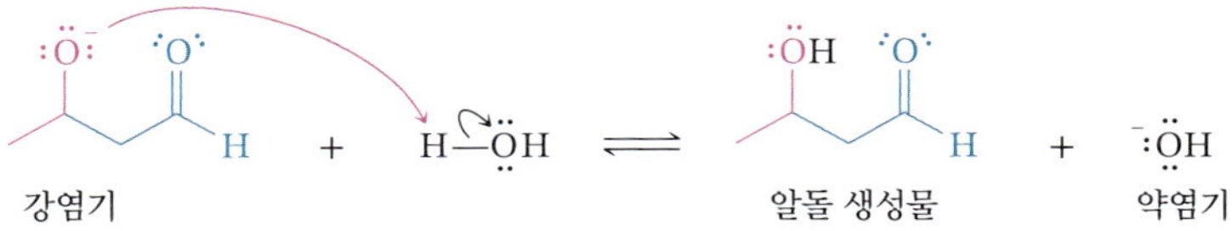

강염기 알돌 생성물 약염기

알콕시화 이온은 물 분자로부터 양성자를 떼어내어 알돌을 만든다.

케톤에서는 알돌이 되는 첨가 반응 단계가 입체 장애 때문에 불리하여 평형은 첨가 반응 생성물보다는 알돌 전구체를 선호한다(19.4B절). 그러나 19.4C절에서 알게 되듯이, 알돌 첨가 반응 생성물의 탈수 반응으로 인하여 반응물이 알데하이드이든 케톤이든 관계없이 평형은 완결 쪽으로 이동하게 된다. 알데하이드와 케톤에 엔올산 이온의 첨가 반응은 강염기(LDA 같은 것)를 비양성자성 용매에서 사용할 때 또한 가능하다(19.5B절).

19.4B 역알돌 반응

도움말

뒤의 '생물 화학: 해당 작용에서의 역알돌 반응—ATP 수율을 배가하기 위한 재산 나누기(960쪽)'를 보시오. 글루코스로부터 에너지 수율을 증대시키는 중요한 생화학적인 응용이다.

알돌 첨가 반응의 모든 단계들은 가역적이므로 **역알돌 반응(retro-aldol reaction)**이 일어나 β-하이드록시 알데하이드나 케톤을 알돌 첨가 반응의 전구체로 되돌려 놓을 수 있다. 예를 들면, 4-하이드록시-4-메틸-2-펜탄온을 수용액에서 수산화 이온과 함께 가열하면 최종 평형 혼합물은 주로 아세톤으로 이루어져 있는데, 바로 역알돌 생성물이다.

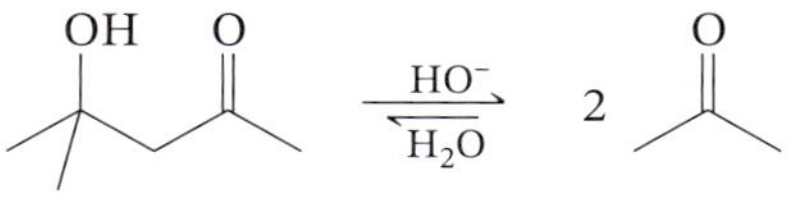

$$\text{OH, O} \underset{H_2O}{\overset{HO^-}{\rightleftharpoons}} 2\ \text{O}$$

이 결과는 당연한 것이다. 왜냐 하면, 알돌 첨가 반응(위에 서술한 반응의 역과정)에 대한 평형은 엔올산 이온이 케톤에 첨가될 때 유리하지 않기 때문이다. 그러나 앞에서 언급한 것처럼 알돌 첨가 생성물의 탈수 반응은 평형을 앞으로 이끌어 낸다. 알돌의 탈수 반응에 대해서는 다음(19.4C절)에 논의한다.

보기 물음 19.3

역알돌 반응에서 C—C 결합 해리 단계는 이탈기가 염기성 조건하에서 엔올산 이온이거나 산성 조건하에서 엔올이다. 4-하이드록시-4-메틸-2-펜탄온이 염기성 조건하에서 역알돌 반응(위에 보임)을 진행하는 메커니즘을 쓰시오.

풀이

염기는 β-하이드록시기로부터 양성자를 제거하여 알돌 첨가 반응의 역과정을 위한 무대를 만든다. 알콕시화 이온이 카보닐기로 되돌아가면서 C—C 결합은 깨지고 엔올산 이온이 이탈기로 떠나간다. 이로써 최초의 카보닐 분자 중 하나가 방출된다. 엔올산 이온에 양성자가 첨가되면 또 다른 카보닐 분자를 형성하게 된다.

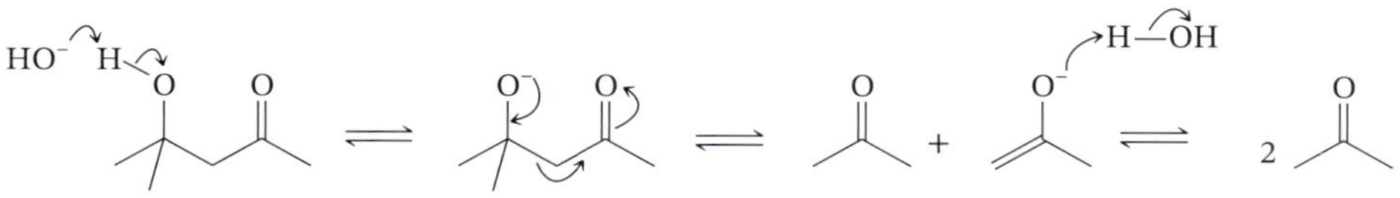

HO⁻ H O O ⇌ O⁻ O ⇌ O + O⁻ H—OH ⇌ 2 O

19.4C 알돌 축합 반응: 알돌 첨가 반응 생성물의 탈수 반응

알돌 첨가 반응 생성물의 탈수 반응으로 짝지은 α,β-불포화된 카보닐계가 된다. 전체적인 과정은 **알돌 축합 반응**(**aldol condensation**)이라고 하며, 생성물은 카보닐기의 종류에 따라 엔알(enal, 알켄 알데하이드) 또는 엔온(enone, 알켄 케톤)이라고 부른다. 짝지은 엔알이나 엔온계의 안정성으로 인하여 탈수 반응의 평형은 대체적으로 비가역적이다. 예를 들어, 19.4절에 보인 3-하이드록시뷰탄알이 되는 알돌 첨가 반응은 가열하면 탈수하여 2-뷰텐알을 형성한다. 탈수 반응의 메커니즘을 아래에 나타냈다.

반응 메커니즘

알돌 첨가 반응 생성물의 탈수 반응

:ÖH :Ö: H H ⁻:ÖH ⇌ :ÖH :Ö:⁻ H ⟶ :Ö: H + HÖH + ⁻:ÖH

2-Butenal
(엔알)

이 α 수소는 산성이다.

알켄과 카보닐기의 이중 결합은 짝지어져 있어서 생성물을 안정화시킨다.

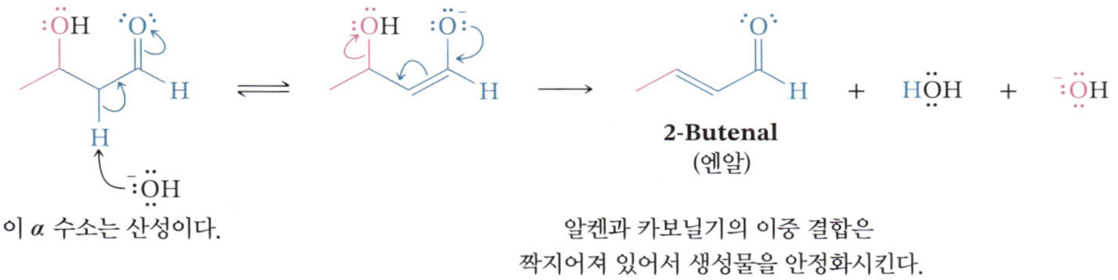

이 반응에서 수산화 이온이 이탈기이나 짝지음에 기인한 생성물의 안정성 때문에 반응이 정반응 쪽으로 진행되도록 한다.

19.4D 산 촉매에 의한 알돌 축합 반응

알돌 반응은 산 촉매하에서도 일어날 수 있는데, 일반적으로 β-하이드록시 알돌 중간체가 바로 탈수되어 α,β-불포화된 생성물이 된다. 이것은 케톤을 알돌 반응에서 성공적으로 이용할 수 있는 한 가지 방법이기도 하다. 다음 예에서는 아세톤을 염화 수소로 처리하였을 때 알돌 축합 반응 생성물인 4-메틸펜트-3-엔-2-온이 형성하는 것을 보여 주고 있다.

반응 메커니즘

산 촉매에 의한 알돌 반응

반응

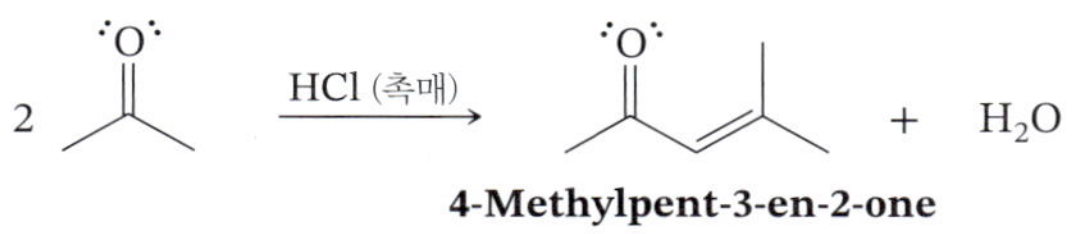

2 :Ö: —HCl (촉매)→ :Ö: + H_2O

4-Methylpent-3-en-2-one

메커니즘

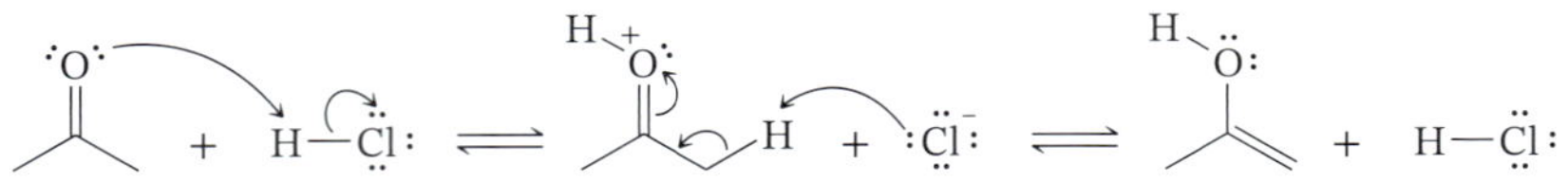

메커니즘은 산 촉매에 의한 엔올의 형성으로부터 시작된다.

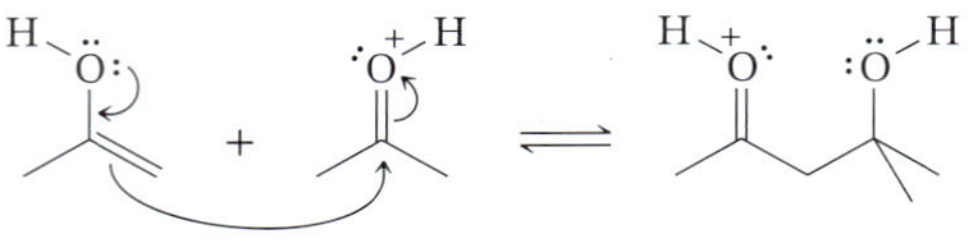

그다음 엔올이 다른 아세톤 분자에 있는 양성자가 첨가된 카보닐기에 첨가된다.

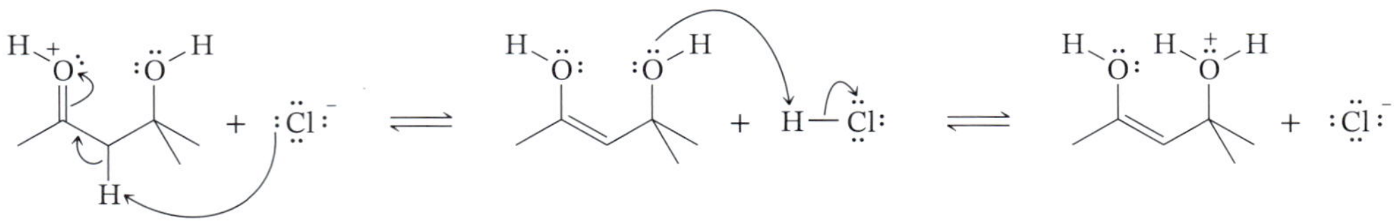

엔올이 재생성되고 β-하이드록실에 양성자가 첨가되어 이탈기가 되도록 준비한다.

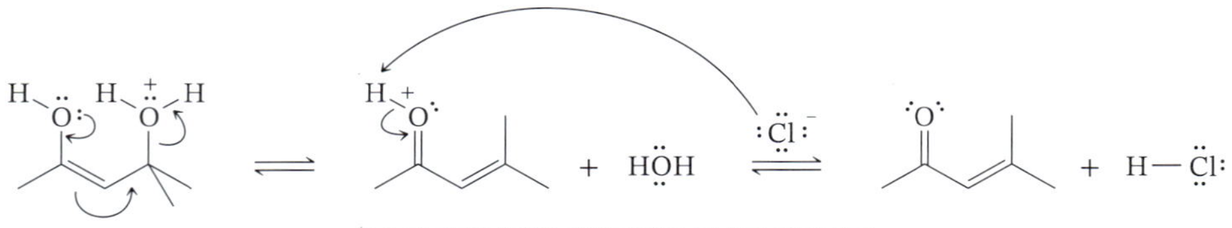

엔올이 카보닐기를 재생하면서 탈수가 일어난다.

산 촉매는 알돌 축합 반응 후에 또 다른 반응을 추진할 수도 있다. 한 가지 예를 되새김 물음 19.8에 제시하였다. 일반적으로 알돌 반응은 산성 조건보다는 염기성 조건하에서 수행되는 것이 보통이다.

되새김 물음 19.7 아세톤의 산 촉매에 의한(바로 앞에서 본) 알돌 축합 반응은 또한 2,6-다이메틸헵타-2,5-다이엔-4-온을 얼마쯤 생성한다. 이 생성물이 형성될 수 있는 메커니즘을 쓰시오.

되새김 물음 19.8 아세톤을 황산과 함께 가열하면 메시틸렌(1,3,5-트라이메틸벤젠)을 생성한다. 이 반응의 메커니즘을 제시하시오.

19.4E 알돌 반응의 합성 응용

도움말

알돌 반응: 합성 도구. 이 장의 끝에 '합성 연관 도표'를 되새겨 보시오.

이제 알게 된 것처럼, 알돌 첨가 반응과 알돌 축합 반응은 탄소–탄소 결합을 형성하는 중요한 방법이다. 생성물은 β-하이드록시 그리고 α,β-불포화된 카보닐 화합물인데, 이들 자체도 더 많은 합성 변환에 유용하다. 대표적인 반응 몇 가지를 다음에 수록하였다.

합성에서의 알돌 반응

2 알데하이드 —염기→ 알돌 —$NaBH_4$→ 1,3-다이올

알돌 —HA 또는 염기, $-H_2O$→ α,β-불포화된 알데하이드

포화된 알코올 ←H_2/Ni, 고압— α,β-불포화된 알데하이드 —$LiAlH_4$→ 알릴 자리 알코올

α,β-불포화된 알데하이드 —H_2, Pd-C→ 알데하이드 —$NaBH_4$→ 포화된 알코올

도움말

$LiAlH_4$는 α,β-불포화 알데하이드와 케톤의 카보닐기를 깨끗하게 환원시킨다. $NaBH_4$는 가끔 탄소–탄소 이중 결합도 환원시킨다.

보기 물음 19.4

산업적인 공정에서 1-뷰탄올의 합성은 에탄알을 가지고 시작한다. 이 합성이 어떻게 수행되는지를 보이시오.

풀이

에탄알은 알돌 첨가 반응을 통하여 알돌로 전환될 수 있다. 그다음 탈수 반응으로 2-뷰텐알이 생성되는데, 수소화 반응을 시키면 1-뷰탄올이 된다.

Ethanal —10% NaOH, 0~10 °C→ **3-Hydroxybutanal** —가열, $-H_2O$→ **2-Butenal** —H_2/Ni, 고압→ **1-Butanol**

되새김 물음 19.9

(a) 프로판알이 염기와 반응할 때 일어나는 알돌 첨가 반응의 모든 단계들을 나타내시오.

2 **Propanal** —HO^-, H_2O, 0~10 °C→ **3-Hydroxy-2-methylpentanal (55~60%)**

(b) 알돌 첨가 반응의 생성물이 4-하이드록시헥산알이 아니고 3-하이드록시-2-메틸펜탄알이라는 사실을 어떻게 설명할 수 있는가?

(c) 반응 혼합물이 가열될 때 무슨 생성물이 형성되겠는가?

되새김 물음 19.10 아래 각 생성물들이 뷰탄알로부터 어떻게 합성되는지 나타내시오.

(a) 3-Hydroxy-2-methylpentanal
(b) 2-Methylpent-2-en-1-ol
(c) 2-Methylpentan-1-ol
(d) 2-Methylpentane-1,3-diol

이제까지 살펴본 알돌 반응들은 반응물이 이합체화에 의해서 생성물을 형성하는 것뿐이었다. 다음 절에서는 알돌 반응으로 더 일반적인 β-하이드록시 그리고 α,β-불포화된 카보닐 화합물을 합성하는 것을 고려할 것이다. 그다음 짝지은 첨가 반응이라 불리는 반응을 공부하여 (19.7절) 알돌 축합 반응의 결과인 α,β-불포화된 카보닐 계 위에 더 많은 조립을 해나가도록 할 것이다.

생물 화학: 해당 작용에서의 역알돌 반응—ATP 수율을 배가하기 위한 재산 나누기

해당 작용(glycolysis)은 생체 계에서 ATP의 생성을 위한 기본 경로이다. 이 경로는 글루코스로부터 시작해서 피루브산 두 분자와 ATP 두 분자를 전체적으로 생성하면서 끝이 난다. 해당 과정의 효소인 알돌레이스는 6개 탄소 화합물인 프럭토스-1,6-이인산(글루코스로부터 얻어진 것)을 각각 세 개의 탄소를 가진 두 화합물, 즉 글리세르알데하이드-3-인산(glyceraldehyde-3-phosphate, GAP)과 1,3-다이하이드록시아세톤 인산(1,3-dihydroxyacetone phosphate, DHAP)으로 나눈다. 이 과정은 해당 작용의 최종 단계를 위한 두 개의 C3 단위를 제공하기 때문에 글루코스당 전체적으로 두 개의 ATP 분자가 생성되는 것이 현실화되는 해당 과정에 있어서 필수적이다. (프럭토스-1,6-이인산을 형성하려면 두 개의 ATP 분자가 소비되어야 한다. 그리고 피루브산당 단지 두 개의 ATP 분자만이 생성된다. 그러므로 글루코스당 ATP 분자 두 개가 전체적으로 얻어지려면 해당 작용의 두 번째 단계를 2회 거쳐야 한다.)

알돌레이스에 의해서 촉매화되는 분해 반응은 전체적으로 역알돌 반응이다. 상세한 메커니즘은 프럭토스-1,6-이인산을 가지고 왼쪽에서부터 시작해서 여기에 나타냈다.

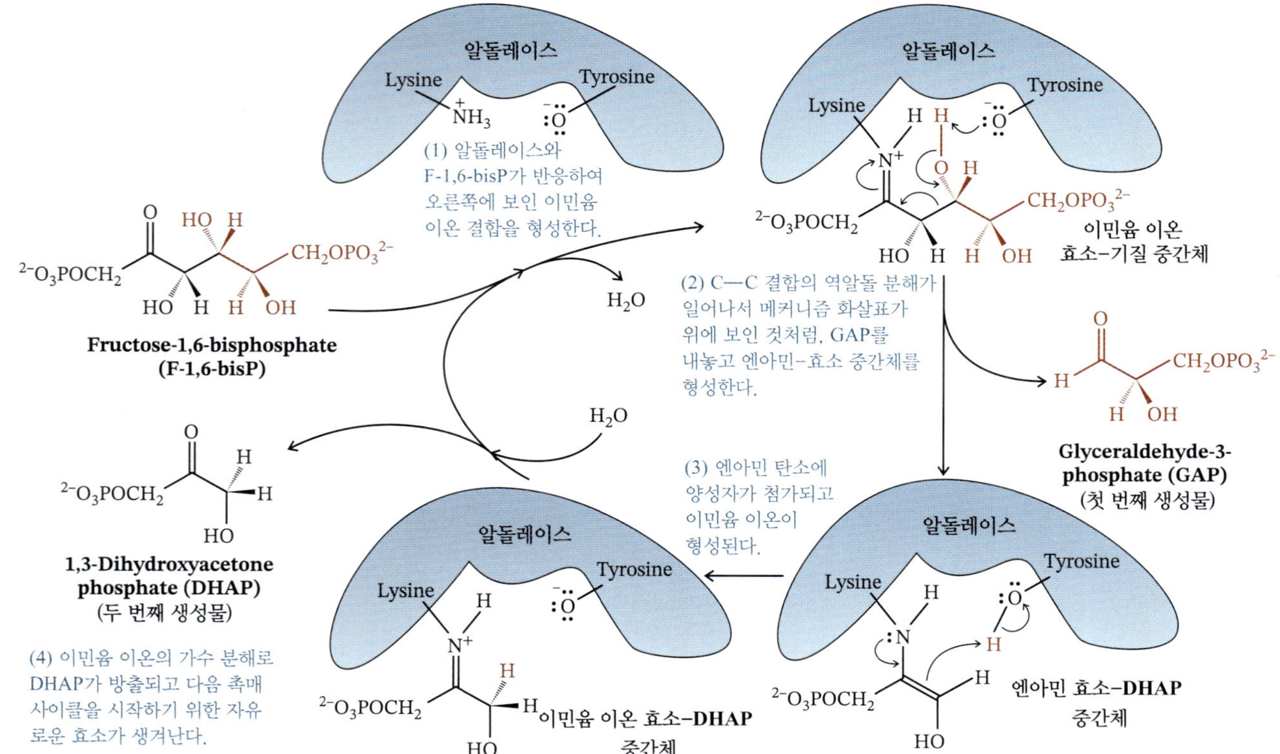

알돌레이스 메커니즘의 두 핵심 중간체는 최근에 배운(16장) 작용기 — 이민(양성자가 첨가된 이민윰 양이온 형태)과 엔아민이 관여하고 있다. 알돌레이스의 메커니즘에서 이민윰 이온은 C—C 결합 분해(2단계) 동안 전형적인 역알돌 반응에서 카보닐기가 그러하듯이, 전자 밀도 저장고처럼 행동한다. 이 단계에서 이민윰 이온은 엔아민으로 전환된다. 이것은 카보닐기가 통상적인 역알돌 반응에서 C—C 결합 분해 도중 전자 밀도를 받아들일 때 형성되는 엔올산 이온이나 엔올에 대응된다. 엔아민 중간체는 알돌레이스의 활성화 위치에 있는 타이로신으로부터 취한 양성자와 결합하는 데 쓰일 전자쌍의 근원이 된다(3단계). 끝으로, 생겨난 이민윰 이온은 가수 분해를 일으켜(4단계) 알돌레이스를 다른 촉매 사이클을 위해서 풀어 주고, 역알돌 반응의 두 번째 생성물인 DHAP를 방출한다. 그다음 삼탄당 인산 이성질화 효소(TIM, Triose Phosphate Isomerase)에 의한 공정으로 DHAP는 GAP로 이성질화를 진행하여 피루브산과 ATP 분자를 두 개 더 합성하게 된다.

알돌레이스에서 본 것처럼, 이민과 엔아민 작용기는 생물 화학에서 광범위한 역할을 담당하고 있다. 하지만 이민과 엔아민의 생물학적인 기능은 본래의 화학적인 반응성에 근거해서 예상하는 것과 똑같다.

19.5 교차 알돌 반응

두 개의 다른 카보닐 화합물을 가지고 수행하는 알돌 반응을 **교차 알돌 반응(crossed aldol reaction)**이라고 한다. 특별한 조건이 관여하지 않는 한 교차 알돌 반응은 카보닐 반응물의 다양한 짝지음으로 인하여 혼합 생성물이 만들어진다. 예를 들면, 에탄알과 프로판알을 가지고 교차 알돌 반응을 시키면 적어도 4개의 생성물이 얻어질 것이다.

따라서 생성물의 분포를 통제할 수 있는 두 가지 일반적인 접근 방법을 따라 교차 알돌 축합 반응을 고려하기로 한다. 첫 번째 접근 방법은 카보닐 반응물의 구조적인 요인과 알돌 첨가 반응 평형이 생성물의 분포를 결정하는 데 있어서 유리한 또는 불리한 역할을 하는가에 달려 있다. 이러한 접근 방법에서는 수산화 이온이나 알콕시화 이온처럼 상대적으로 약한 염기가 물이나 알코올 같은 양성자성 용매에서 사용된다. 두 번째 접근 방법은 지시된 알돌 반응이라고 하는데, LDA와 같은 강염기를 비양성자성 용매에서 사용하는 것이다. 강염기로 한 반응물은 대체적으로 모두 엔올산 이온으로 전환되는데, 그다음 다른 카보닐 반응물과 반응하도록 한다.

보기 물음 19.5

에탄알과 프로판알 사이에서 교차 알돌 첨가 반응을 통하여 생성된 4가지 화합물들이 각각 어떻게 형성되었는지 보이시오.

풀이

염기성 수용액 속에서 4개의 유기물 개체들, 즉 에탄알 분자, 프로판알 분자, 에탄알로부터 생겨난 엔올산 이온, 그리고 프로판알로부터 생겨난 엔올산 이온이 존재할 것이다.

이미 에탄알이 자신의 엔올산 이온과 반응하여 3-하이드록시뷰탄알(알돌)을 생성하는 것을 본 적이 있다(19.4절). 또한 프로판알이 자신의 엔올산 이온과 반응하여 3-하이드록시-2-메틸펜탄알을 만드는 방법도 보았다(되새김 물음 19.9). 다른 두 생성물은 아래와 같이 형성된다.

에탄알이 프로판알의 엔올산 이온과 반응할 때 3-하이드록시-2-메틸뷰탄알이 만들어진다.

Ethanal + 프로판알의 엔올산 이온 ⟶ (H—OH) ⟶ 3-Hydroxy-2-methylbutanal + HO^-

그리고 마지막으로, 프로판알이 에탄알의 엔올산 이온과 반응하여 3-하이드록시펜탄알이 된다.

Propanal + 에탄알의 엔올산 이온 ⟶ (H—OH) ⟶ 3-Hydroxypentanal + HO^-

19.5A 약염기를 이용한 교차 알돌 축합 반응

수산화 이온이나 알콕시화 이온과 같은 약염기를 사용하는 교차 알돌 반응은 한 카보닐 반응물에 α 수소가 없을 때 가능하다. α 수소가 없으면 엔올산 이온을 형성하지 못하기 때문에 자체 축합 반응을 할 수 없다. 염기 속에 α 수소가 없는 반응물을 넣고 그 혼합물에 천천히 α 수소가 있는 반응물을 첨가함으로써 자체 축합 반응을 피할 수 있다. 이런 조건 속에서는 α 수소를 가진 반응물의 농도는 항상 낮게 될 것이고, 그것들의 대부분은 엔올산 이온으로 존재할 것이다. 그래서 이때 일어나는 주 반응은 이 엔올산 이온과 α 수소를 갖지 않은 성분 사이의 반응이다. **표 19.1**에 수록한 반응들은 이것의 활용도를 설명해 준다.

표 19.1에 있는 예들은 반응물들이 둘 다 알데하이드이다. 그러나 케톤을 한 반응물로 쓸 수 있다. 케톤은 입체 장애 때문에 알돌 첨가 반응 단계에서 자체 축합을 감지할 만큼 하지 않는다. 표 19.1 바로 다음에 보인 반응은 한 반응물이 케톤인 교차 알돌 축합 반응의 한 예이다. 이와 같은 반응은 때때로 Claisen–Schmidt 축합 반응이라고 부르기도 한다. Schmidt가 1800년대 후반에 이런 형태의 반응을 발견하였고 Claisen이 개발하였다.

Claisen–Schmidt 축합 반응(Claisen–Schmidt condensation): 반응물이 케톤인 알돌 축합 반응

$\xrightarrow[100\ °C]{HO^-}$

4-Phenylbut-3-en-2-one (benzalacetone)(70%)

$\xrightarrow[20\ °C]{HO^-}$

1,3-Diphenylprop-2-en-1-one (benzalacetophenone)(85%)

이들 반응에서 탈수 반응이 신속하게 진행되는데, 생성된 이중 결합이 카보닐기와 벤젠 고리에 모두 짝짓기 때문이다. 일반적으로 알돌의 탈수는 짝지음이 확대될수록 더욱 잘 일어난다.

또 다른 예로, 바이타민 A의 상업적 합성에서 중요한 단계는 제라니알과 아세톤의 교차 알돌 축합 반응을 이용하는 것이다.

Vitamin A

표 19.1 교차 알돌 반응

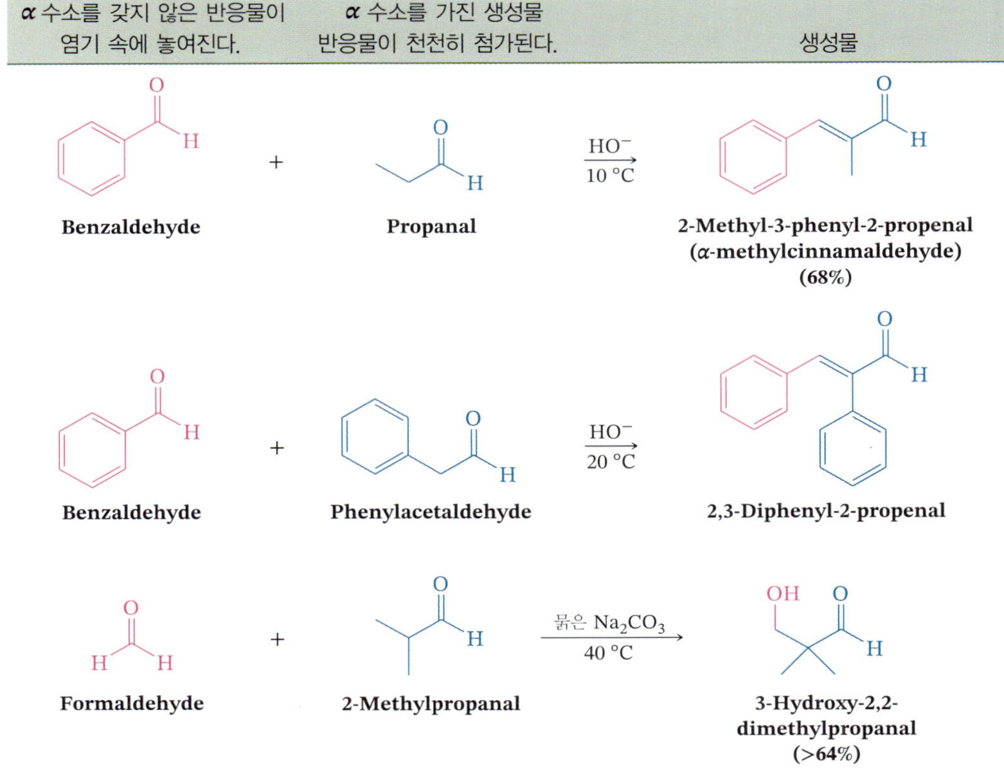

α 수소를 갖지 않은 반응물이 염기 속에 놓여진다.	α 수소를 가진 생성물 반응물이 천천히 첨가된다.		생성물
Benzaldehyde	**Propanal**	$\xrightarrow[10\ °C]{HO^-}$	**2-Methyl-3-phenyl-2-propenal (α-methylcinnamaldehyde) (68%)**
Benzaldehyde	**Phenylacetaldehyde**	$\xrightarrow[20\ °C]{HO^-}$	**2,3-Diphenyl-2-propenal**
Formaldehyde	**2-Methylpropanal**	묽은 Na_2CO_3, 40 °C	**3-Hydroxy-2,2-dimethylpropanal (>64%)**

Geranial + (acetone) $\xrightarrow[\text{EtOH, } -5\ °C]{\text{EtONa}}$ Pseudoionone (49%)

제라니알은 자연에 존재하는 알데하이드로 레몬풀 기름에서 얻어진다. 그것의 α 수소는 **바이닐** 자리이며, 따라서 별로 산성이 아니다. 이 반응 역시 탈수로 인하여 짝지음이 연장되기 때문에 탈수 반응이 쉽게 일어남을 주목하시오.

보기 물음 19.6

아래에 요약한 것은 신남알데하이드(요리에 사용되는 신남온의 향)의 합성에 이용되는 실용적인 교차 알돌 축합 반응이다. 이 재료에서 누락된 성분을 제시하시오.

10% NaOH + **A** $\xrightarrow[5\ °C]{\textbf{B}\text{를 천천히 가함}}$ **C** $\xrightarrow[\text{가열 } (-H_2O)]{}$ Cinnamaldehyde

풀이

화합물 **A**는 벤즈알데하이드이고, **B**는 에탄알(아세트알데하이드)이며, 중간체 **C**는 아래와 같다.

A **B** **C**

되새김 물음 19.11

아래는 향료에 쓰이는 화합물인 백합 알데하이드(lily aldehyde)를 합성하는 방법을 도시한 것이다. 없는 구조를 모두 제시하시오.

p-tert-Butylbenzyl alcohol $\xrightarrow{\text{PCC}}$ $C_{11}H_{14}O$ $\xrightarrow[HO^-]{\text{propanal}}$ $C_{14}H_{18}O$ $\xrightarrow{H_2,\ Pd/C}$ lily aldehyde ($C_{14}H_{20}O$)

되새김 물음 19.12

염기성 용매 속에서 과량의 폼알데하이드가 에탄알과 반응할 때 아래와 같은 반응이 일어난다.

3 HCHO + CH_3CHO $\xrightarrow[40\ °C]{\text{묽은 } Na_2CO_3}$ $(HOCH_2)_3CCHO$ 82%

이와 같은 생성물의 형성 메커니즘을 쓰시오.

되새김 물음 19.13

수도아이오논이 아세트산 속에서 BF_3와 반응할 때 고리 닫힘이 일어나 α-와 β-아이오논이 생성된다. 이것은 바이타민 A의 합성에서 다음 단계이다.

Pseudoionone →(BF_3, HOAc) α-Ionone + β-Ionone

(a) α-와 β-아이오논을 형성하는 메커니즘을 쓰시오.
(b) β-아이오논이 주 생성물이다. 이것을 어떻게 설명할 수 있는가?
(c) 어느 아이오논이 자외선-가시광선 영역에서 더 장파장에서 흡수할 것이라고 생각하는가? 그 까닭을 설명하시오

나이트릴의 α 수소 역시 약한 산성($pK_a \cong 25$)이며, 따라서 나이트릴도 알돌 형태의 축합 반응을 진행한다. 한 예로, 벤즈알데하이드와 페닐아세토나이트릴과의 축합 반응이 있다.

(벤즈알데하이드) + (페닐아세토나이트릴) →(EtO^-, EtOH) (생성물, CN)

되새김 물음 19.14

(a) 아세토나이트릴이 에테인보다 훨씬 더 산성이라는 사실을 설명하기 위한 아세토나이트릴 음이온의 공명 구조를 그리시오.
(b) 아세토페논과 아세토나이트릴의 축합 반응에 대한 단계적인 메커니즘을 쓰시오.

19.5B 강염기를 사용하는 교차 알돌 축합 반응: 엔올산 리튬과 지시된 알돌 반응

교차 알돌 반응을 수행하는 가장 효과적이고도 다양한 방법 중 하나는 한 성분인 케톤으로부터 얻어진 엔올산 리튬과 또 다른 성분으로 알데하이드나 케톤을 이용하는 것이다. 이러한 접근 방법은 **지시된 알돌 반응(directed aldol reaction)**이라고 하는데, 다음 메커니즘으로 나타낼 수 있다.

도움말
엔올산 리튬은 교차 알돌 합성에 유용하다.

반응 메커니즘

엔올산 리튬을 사용한 지시된 알돌 합성

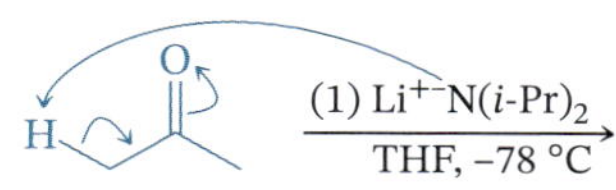

$O^-\ Li^+$ O →((2) H—OH) OH O

케톤이 $Li^{+-}N(i\text{-}Pr)_2$ **(LDA)**에 첨가되면 강염기인 **LDA**가 케톤으로부터 α 수소를 제거하여 엔올산 이온을 만든다.

알데하이드가 첨가되고 나서 엔올산 이온은 알데하이드의 카보닐 탄소에서 반응한다.

맨 끝에 가서 물이 첨가되어 알콕시화 리튬이 이 양성자를 받아들이면, 산-염기 반응이 일어난다.

비대칭 케톤을 지시된 알돌 반응에서 사용할 때 다이아이소프로필아마드화 리튬(LDA)을

사용하여 반응 속도론적 엔올산 이온을 만들면 위치 선택성이 성취될 수 있다(18.4A절). 이로써 덜 치환된 α 탄소로부터 양성자를 제거한 엔올산 이온의 생성을 확실히 할 수 있다. 한 가지의 예는 다음과 같다.

속도론적 엔올산 이온을 통한 알돌 반응(LDA 사용)

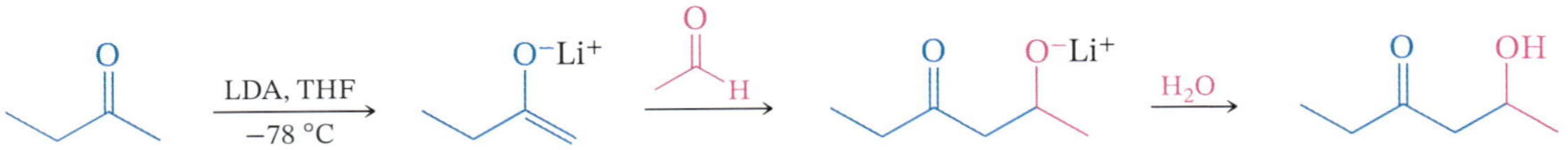

LDA, THF, −78 °C → O^-Li^+ → (H) → O O^-Li^+ → H_2O → O OH

75%
한 가지 교차 알돌 생성물이 얻어진다.

만일 알돌 반응을 고전적인 방법(19.5A절)으로 수산화 이온을 염기로 사용하여 수행하면 적어도 두 가지 생성물이 상당량 형성될 것이다. 케톤으로부터 속도론적인 엔올산 이온과 열역학적인 엔올산 이온이 둘 다 생겼을 것이며, 이들은 알데하이드의 카보닐 탄소에 첨가할 것이다.

속도론적 그리고 열역학적 엔올산 이온을 통하여 혼합물이 만들어지는 알돌 반응 (약염기를 양성자성 조건하에서 사용)

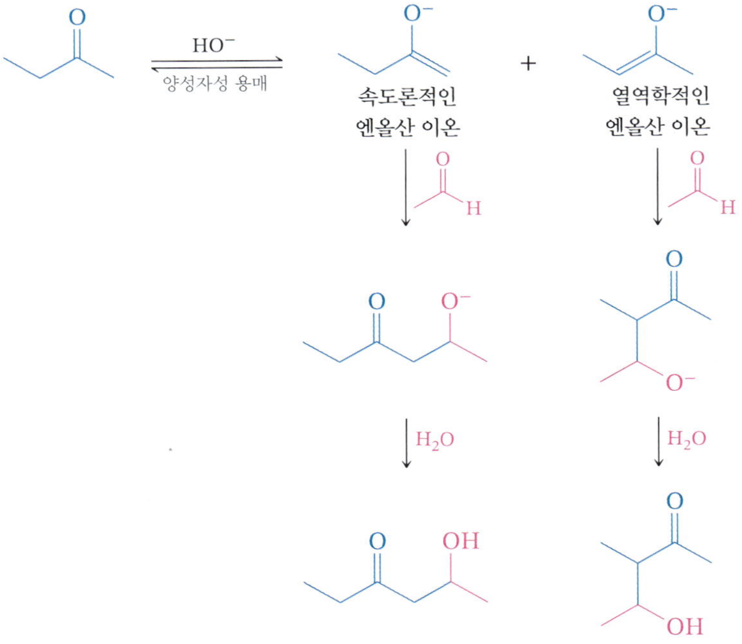

O — HO^- / 양성자성 용매 ⇌ O^- 속도론적인 엔올산 이온 + O^- 열역학적인 엔올산 이온

O H ↓ → O O^- / O O^-

↓ H_2O → O OH / O OH

교차 알돌 생성물들의 혼합물이 생긴다.

보기 물음 19.7

아래의 화합물에 대한 지시된 합성을 요약하시오.

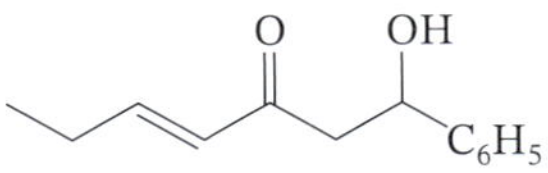

O OH C_6H_5

풀이

역합성 분석

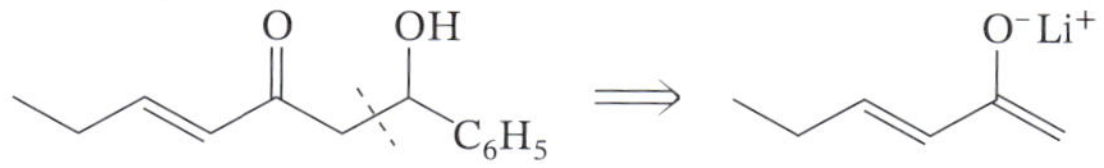

합성

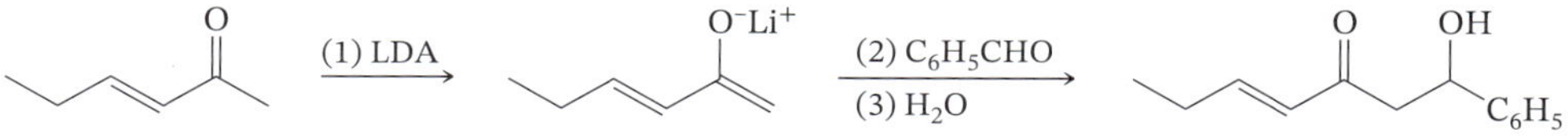

(1) LDA

(2) C_6H_5CHO

(3) H_2O

되새김 물음 19.15

케톤이나 알데하이드를 가지고 아래 각 물질의 엔올산 리튬을 사용한 지시된 알돌 합성법을 요약하시오.

(a) (b) 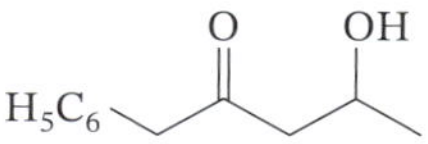 (c)

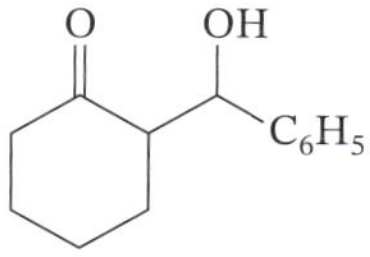

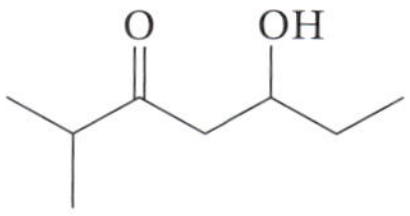

19.6 알돌 축합 반응을 경유하는 고리화 반응

알돌 축합 반응은 오각형과 육각형 고리(때로는 더 다각인 고리)를 가진 분자를 합성하는 편리한 방법을 제공한다. 이것은 기질 물질로 다이알데하이드, 케토 알데하이드 혹은 다이케톤을 기질로 사용하여 분자에 알돌 축합 반응을 함으로써 이루어진다. 예를 들면, 다음 케토 알데하이드는 고리화하여 1-사이클로펜텐일 메틸 케톤을 만든다.

도움말

알돌 고리화 반응의 선택성은 카보닐 형태와 고리의 크기에 영향을 받는다.

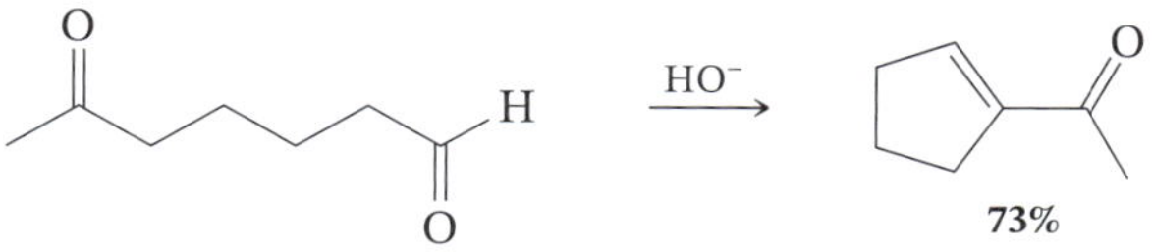

HO^-

73%

이 반응에도 적어도 세 개의 다른 엔올산 이온들의 형성이 관여하고 있는 것이 거의 확실하지만, 분자의 케톤 쪽에서 만들어진 열역학적 엔올산 이온이 알데하이드기에 첨가되어 생성물을 만든다.

알데하이드기가 첨가 반응을 더 잘 일으키는 까닭은 일반적으로 친핵성 첨가 반응에 대한 알데하이드의 더 큰 반응성으로부터 비롯된다. 케톤의 카보닐 탄소 원자는 양쪽에 전자를 주는 두 알킬기들 때문에 덜 양성적(그래서 친핵체에 대해 반응성이 약하다)이고, 또한 두 알킬기에 의해 더 많은 입체 장애를 받고 있다.

도움말

케톤은 알데하이드보다 덜 친전자성이고, 따라서 친핵체와의 반응성이 덜하다. 왜냐하면, 케톤은 전자 미는 알킬기가 두 개 있고 입체 장애가 더 크기 때문이다.

이런 형태의 반응에서 오각형 고리가 칠각형 고리보다 훨씬 쉽게 만들어지고, 육각형 고리는 사각형 또는 팔각형 고리보다 더 잘 만들어진다.

반응 메커니즘

알돌 고리화 반응

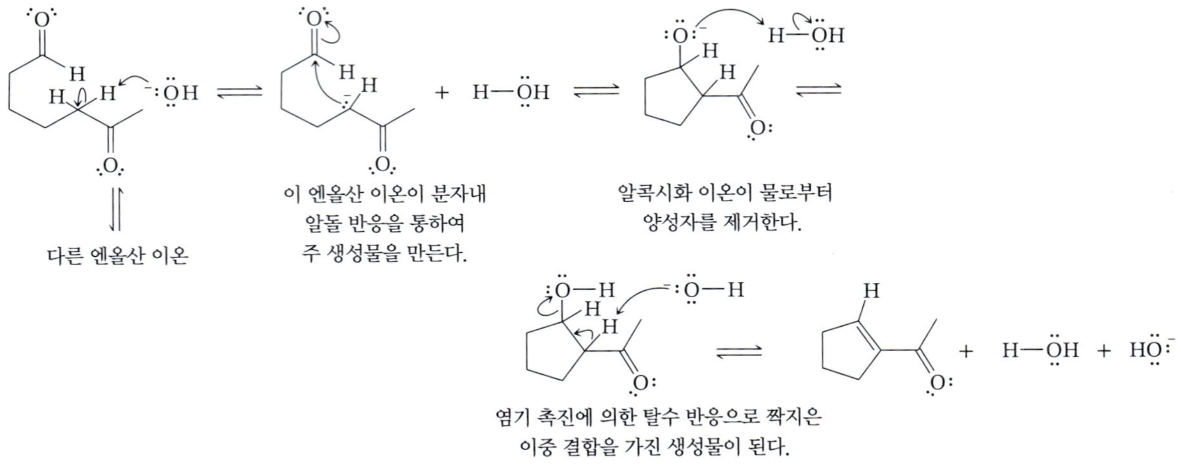

다른 엔올산 이온

이 엔올산 이온이 분자내 알돌 반응을 통하여 주 생성물을 만든다.

알콕시화 이온이 물로부터 양성자를 제거한다.

염기 촉진에 의한 탈수 반응으로 짝지은 이중 결합을 가진 생성물이 된다.

되새김 물음 19.16 탈수 반응이 모든 경우 일어난다고 가정하고, 바로 앞에 언급한 알돌 고리화 반응으로부터 만들어질 두 개의 다른 생성물에 대한 구조를 그리시오(이 생성물 중 하나는 오각형 고리 화합물이고, 다른 하나는 칠각형 고리 화합물이 될 것이다).

되새김 물음 19.17 아래와 같은 각 물질들이 알돌 고리화 반응을 이용하여 만들어질 때 어떤 출발 물질들을 쓰겠는가?

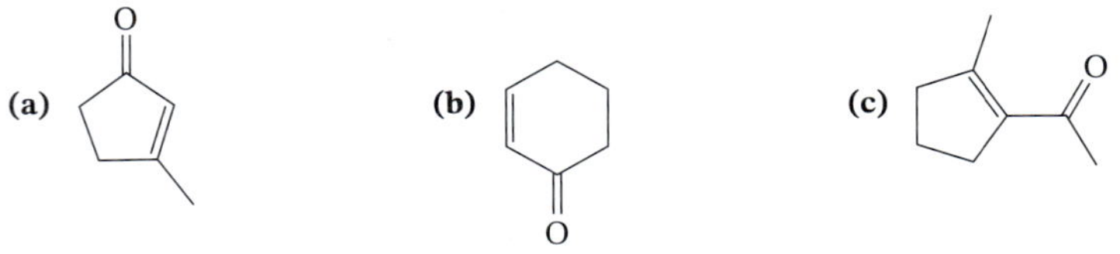

(a) (b) (c)

되새김 물음 19.18 분자내 알돌 반응이 분자간 축합 반응보다 더 유리하게 진행되는 실험 조건은 무엇인가?

생물 화학: 폴리케타이드(Polyketide) 항암 항생제 생합성

독소루비신(Doxorubicin, 아드리아마이신으로도 알려짐)은 페놀 작용기를 지닌 매우 강력한 항암제이다. 이것은 난소, 유방, 방광, 그리고 폐의 종양과 호지킨병(Hodgkin's disease, 악성 육아종증) 및 급성 백혈병 등 여러 가지 형태의 암에 대하여 효과가 있다. 독소루비신은 안트라사이클린 계 항생제의 하나이다. 이 집단에 속하는 다른 것이 다우노마이신(daunomycin)이다. 이 항생제 모두 *Streptomyces* 박테리아 균주가 폴리케타이드 생합성이라 불리는 경로에 의해서 생성하는데, 공부했던 알돌 반응과 아실 반응을 포함한다.

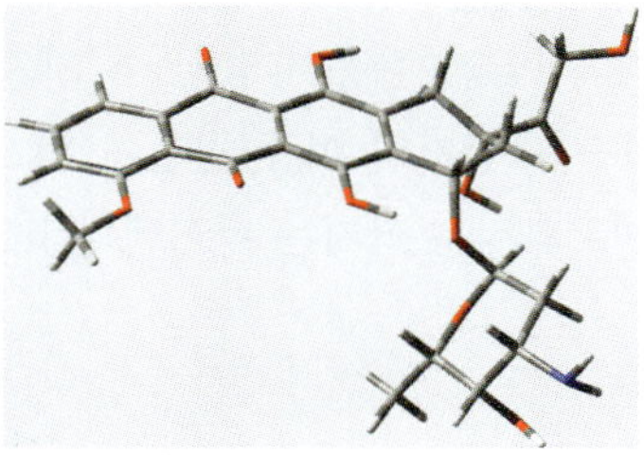

독소루비신의 분자 모형

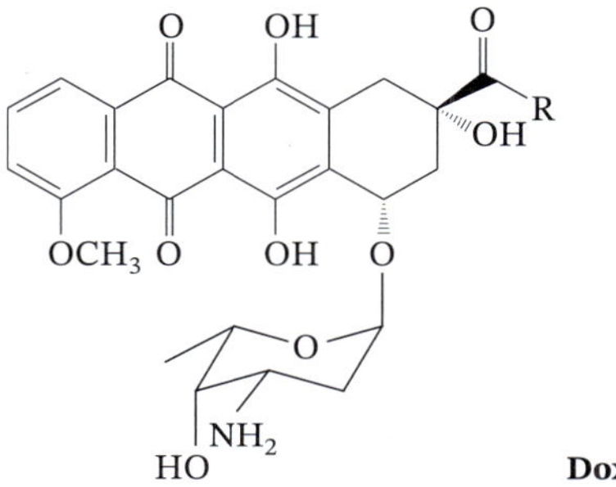

Doxorubicin (R = CH_2OH)
Daunomycin (R = CH_3)

동위 원소 표지 실험에 의하면 다우노마이신은 *Streptomyces galilaeus*에서 아클라비논(aklavinone)이라 불리는 4중 고리 전구체로부터 합성된다. *S. galilaeus*를 탄소-13과 산소-18로 표지된 아세트산 이온을 포함하는 배양액에서 자라게 하면 생성된 아클라비논은 아래에 나타낸 위치에 동위 원소를 가진다. 산소 원자가 구조 둘레의 여러 곳에서 교대하는 탄소에 존재하는 것이 아세트산 이온 단위가 머리–꼬리 모양으로 연결된다는 사실과 일치함을 주목하시오. 이것은 전형적인 방향족 폴리케타이드 생합성이다.

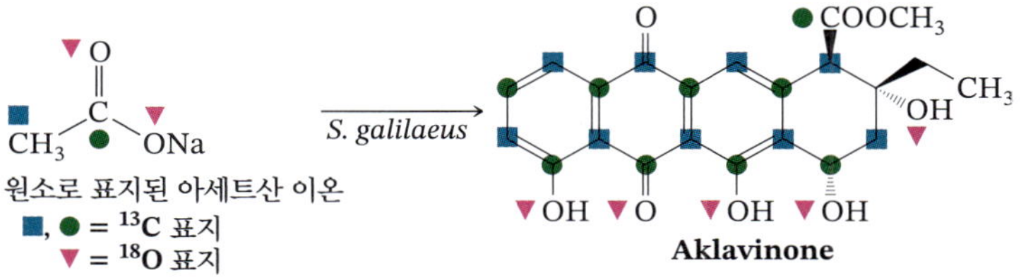

동위 원소로 표지된 아세트산 이온
■, ● = ^{13}C 표지
▼ = ^{18}O 표지

S. galilaeus

Aklavinone

이것과 다른 정보에 의하면 말론일–조효소 A로부터 온 9개의 C2 단위와 프로피온일–조효소 A로부터 온 한 개의 C3 단위가 축합하여 아래에 보인 선형 폴리케타이드를 형성한다. 이 단위들은 18.7절에서 배운 **말론산 에스터 합성**의 생합성 대등체인 아실화 반응에 의해서 연결된다. 이 반응들은 지방산 생합성(특수 주제 G, 온라인 자료)에서 본 아실화 반응 단계들과 비슷하다. 일단 형성되면 선형인 폴리케타이드는 분자내 **알돌 첨가 반응과 탈수 반응**(19.6절)과 유사한 효소 반응에 의해서 고리화된다. 이 단계들이 아클라비논의 4중 고리 핵을 형성한다. 아클라비논의 페놀자리 하이드록실기는 알돌 축합 반응 후에 존재하게 된 케톤 카보닐기의 엔올화 반응에 의해서 생긴다. 몇 가지 다른 변형으로 궁극적으로 다우노마이신에 이르게 된다.

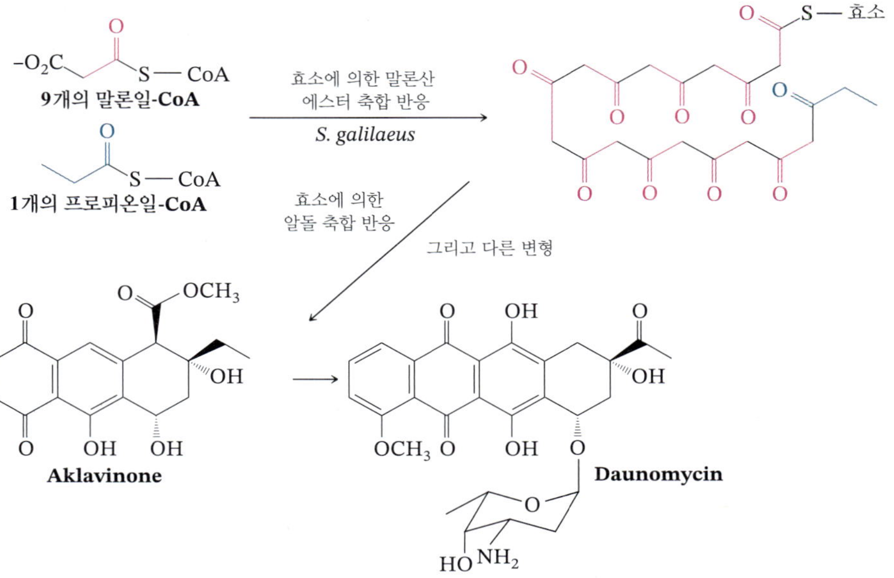

9개의 말론일-CoA

1개의 프로피온일-CoA

효소에 의한 말론산 에스터 축합 반응
S. galilaeus

효소에 의한 알돌 축합 반응

그리고 다른 변형

Aklavinone

Daunomycin

폴리케타이드 생합성에 의해서 형성된 생물 활성을 지닌 중요한 분자들의 예가 많이 있다. 오레오마이신(Aureomycin)과 테라마이신(Terramycin, 2.6절)은 방향족 폴리케타이드 항생제의 다른 예들이다. 에리트로마이신(Erythromycin, 17.7C절)과 발암 물질인 아플라톡신(Aflatoxin, 14장의 '이 주제는 왜 중요한가?' 참조)은 다른 경로로부터 온 폴리케타이드이다.

19.7 α,β-불포화된 알데하이드와 케톤에 대한 첨가 반응

α,β-불포화된 알데하이드와 케톤을 친핵성인 시약과 반응시키면, 두 가지 방법으로 반응이 진행된다. 즉, **단순한 첨가 반응**으로 친핵체가 카보닐기의 이중 결합에 첨가하는 반응을 하거나, **짝지은 첨가 반응**에 의해 반응을 한다. 이 두 과정은 짝지은 다이엔의 1,2-와 1,4-첨가 반응(13.9절)과 유사하다.

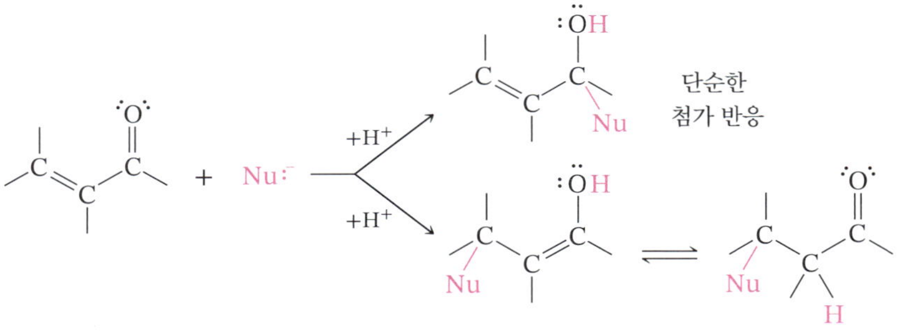

단순한 첨가 반응

$+H^+$

$Nu:^-$

짝지은 첨가 반응

엔올 형태

케토 형태

많은 경우에 이 두 가지 형태의 첨가 반응은 동시에 일어나 혼합물을 만든다. 예를 들어, 여기에 나타낸 Grignard 반응을 생각해 보자.

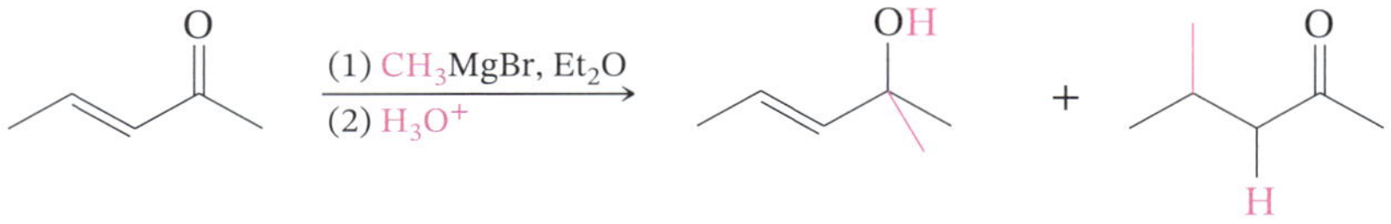

(1) CH_3MgBr, Et_2O
(2) H_3O^+

72%
단순한 첨가 반응
생성물

20%
짝지은 첨가 반응
생성물(케토 형태)

이 예로부터 강한 친핵체를 사용하면 단순한 첨가 반응이 유리하나, 약한 친핵체를 사용할 경우 짝지은 첨가 반응이 유리함을 알 수 있다.

도움말
친핵체의 세기가 짝지은 첨가 반응 대 단순한 첨가 반응에 미치는 영향을 주목하시오.

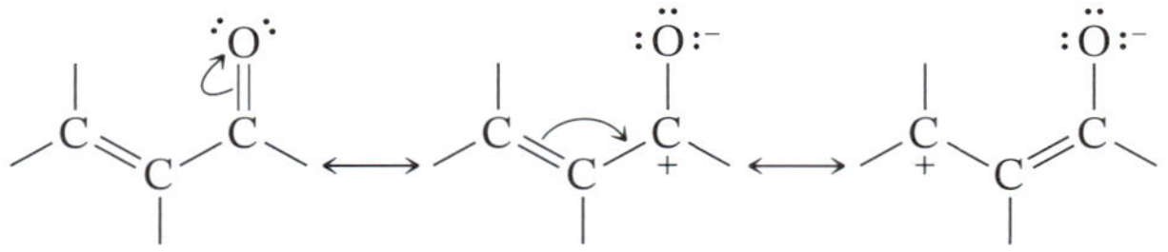

α,β-불포화된 알데하이드나 케톤(구조 **A**~**C** 참조)에 대한 전체적인 혼성에 기여하는 공명 구조를 살펴보면, 이 반응들을 더 잘 이해하게 될 것이다.

A **B** **C**

구조 **B**와 **C**가 비록 분리된 전하를 가지고 있다 하더라도, 그들은 음전하가 전기 음성도가 큰 산소에 있기 때문에 혼성에 대한 기여도가 상당히 크다. 구조 **B**와 **C**는 **카보닐 탄소와 β 탄소들이 모두 부분적인 양전하를 띠고 있다**는 것을 나타내고 있다. 이 혼성은 다음과 같은 방법으로 나타낼 수 있다.

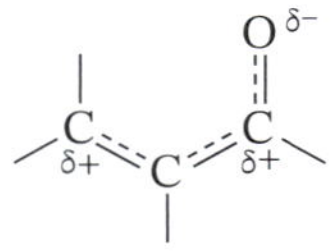

$O^{\delta-}$ $\delta+$ $\delta+$

이 구조는 친핵성 시약이 카보닐 탄소나 β 탄소를 공격할 것임을 말해 준다.

단순한 알데하이드나 케톤의 카보닐 탄소에 첨가되는 대부분의 친핵체들은 α,β-불포화된 카보닐 화합물의 β 탄소에 첨가할 수 있다. 많은 경우에 있어서 짝지은 첨가 반응이 주된 반응 경로이다. 사이안화 수소의 첨가 반응을 고려해 보자.

$^{-}$:CN
EtOH, HOAc

CN O H

95%

반응 메커니즘

HCN의 짝지은 첨가 반응

$^{-}$:CN $\delta-$ O $\delta+$

CN O^{-} CN O

엔올산 이온 중간체

사이안화 이온은 부분적으로 양전하를 띤 β 탄소를 공격한다.
그러면 엔올산 이온 중간체는 두 방법 중 하나로 양성자를 받으며 평형은 케토 형태를 선호한다.

CN O$^{\delta-}$ $\delta-$

H^{+}

CN OH

엔올 형태체

CN O H

케토 형태

이런 형태의 첨가 반응의 다른 예는 다음과 같다.

O

$MeNH_2$
H_2O

O MeNH H

75%

반응 메커니즘

아민의 짝지은 첨가 반응

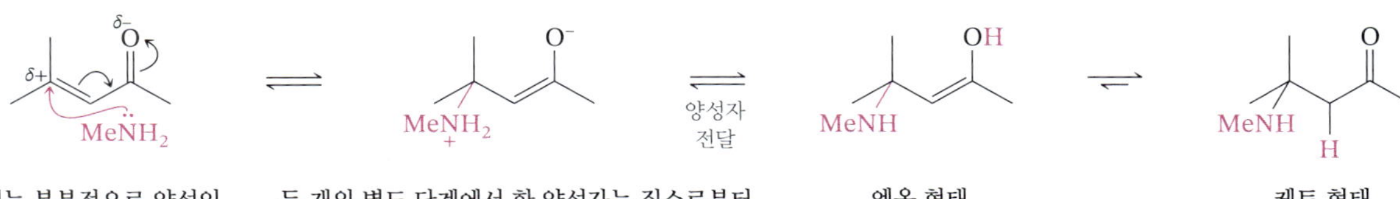

친핵체는 부분적으로 양성인 β 탄소를 공격한다.

두 개의 별도 단계에서 한 양성자는 질소로부터 떨어져 나가고 한 양성자는 산소가 갖는다.

엔올 형태

케토 형태

생화학적으로 관련 있는 짝지은 첨가 반응의 예들을 '약화학: 활성화된 약물에 짝지은 첨가 반응'(19.7B절 참조)와 '생물 화학: 자살 효소 기질'(19.8절)에서 보게 될 것이다.

19.7A 엔올산 이온의 짝지은 첨가 반응: Michael 첨가 반응

α,β-불포화된 카보닐 화합물에 대한 엔올산 이온의 짝지은 첨가 반응은 일반적으로 **Michael 첨가 반응**(**Michael addition**, 1887년에 발견자인 Michael의 이름을 딴 것이다. Michael은 처음 Tufts University의 교수이다가 나중에 Harvard University의 교수였다)으로 알려져 있다. 다음의 메커니즘에 Michael 첨가 반응의 예가 제시되어 있다.

반응 메커니즘

Michael 첨가 반응

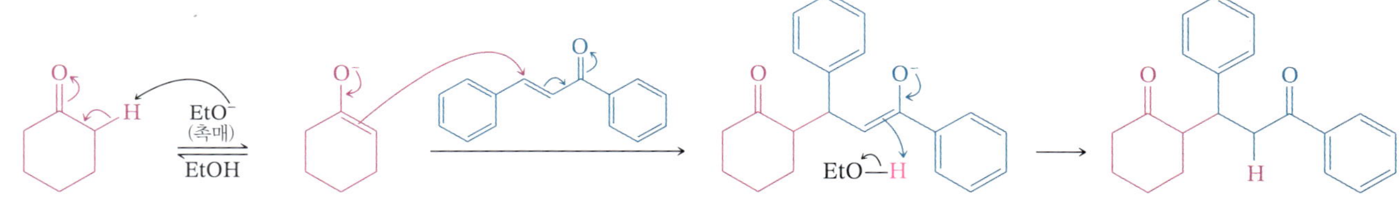

염기가 한 카보닐 반응물로부터 α 양성자를 제거하여 엔올산 이온을 형성한다.

이 엔올산 이온은 α,β-불포화된 카보닐 화합물의 β 탄소에 첨가하여 그들 사이에 새로운 C—C 결합을 형성한다. 이 결합이 형성됨에 따라 α,β-불포화된 화합물의 전자 밀도는 카보닐 산소로 이동하여 새로운 엔올산 이온을 형성하게 된다.

생겨난 엔올산 이온에 양성자가 첨가되면 최종적인 **Michael** 첨가 반응 생성물이 얻어진다.

Michael 첨가 반응은 다양한 여러 가지 시약으로도 진행되는데, 아세틸렌 계 에스터와 α,β-불포화된 나이트릴도 포함된다.

되새김 물음 19.19

아래의 화합물로부터 염기 촉매에 의한 Michael 반응을 통하여 얻어지는 생성물은 어떤 것이라고 예상하는가?

(a) 1,3-다이페닐프로프-2-엔-1-온(19.5A절)과 아세토페논

(b) 1,3-다이페닐프로프-2-엔-1-온과 사이클로펜타다이엔

각 메커니즘의 모든 단계들을 나타내시오.

되새김 물음 19.20

아크롤레인(프로펜알)이 하이드라진과 반응할 때 생성물은 다이하이드로피라졸이다.

이 반응을 설명하는 메커니즘을 제시하시오.

엔아민도 Michael 첨가 반응에 사용될 수 있다. 다음은 한 가지 예이다.

19.7B Robinson 고리 형성 반응

Michael 첨가 반응에 이어 단순한 알돌 축합 반응으로 한 개의 고리가 다른 고리 위에 만들어질 수 있다. 이 과정은 **Robinson 고리 형성 반응**(영국 화학자인 Robinson의 이름을 딴 것. Robinson은 천연물에 관한 연구로 1947년 Nobel상을 받았다)으로 알려져 있다.

되새김 물음 19.21

(a) 바로 앞에 나온 Robinson 고리 형성 반응 순서에서 두 개의 변형에 대한 단계적인 메커니즘을 제시하시오.

(b) 2-메틸사이클로헥세인-1,3-다이온은 사이클로헥산온보다 더 산성인가 혹은 덜 산성인가? 그 답에 대하여 설명하시오.

약화학: 활성화된 약물에 짝지은 첨가 반응

10장의 끝에서 항종양 항생제인 칼리치아마이신 γ_1^{I}에 특별한 반응성에 대해서 고려하였다. 거기서는 화학 반응이 어떻게 안정한 엔다이아인을 Bergman 고리화 방향족화 반응을 수행할 수 있는 화합물로 변형시키는지를 보았다. 19.7절에서 짝지은 첨가 반응에 대해서 고찰했으므로 이제 그 과정을 시작한 반응에 대해서 이해할 수 있다. 짝지은 혹은 Michael 첨가 반응이 결정적인 과정을 시작하도록 하는 많은 상황들이 있다. 여기서 자연으로부터 분리된 물질로 항종양 성질을 지닌 분자인 미토마이신(mitomycin)의 이야기를 보여 주고자 한다.

아래에 나타낸 세 가지 천연물(아이소미토마이신 A, 알보미토마이신 A, 미토마이신 A) 중 어느 하나를 메탄올 같은 알코올 용매에 녹이면 그것은 다른 두 가지 물질들이 포함된 평형 혼합물로 전위(자리 옮김)하며, 유리한 화합물은 미토마이신 A이다. 평형 과정은 여기에 보인 것처럼 일련의 Michael 반응과 역 Michael 반응이다. 모두 효험이 있는 화합물들이지만, 이러한 화학을 통하여 전위할 수 있는 능력 또한 똑같이 놀랍다.

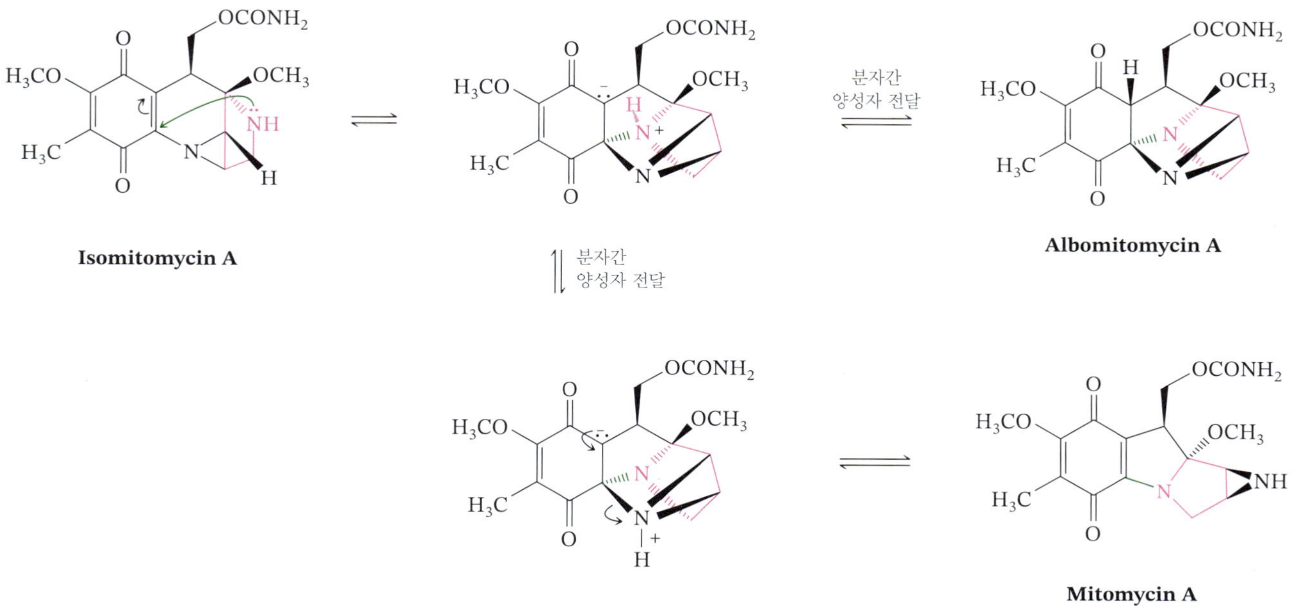

$OCONH_2$, H_3CO, OCH_3, H_3C, NH, N, H, O

Isomitomycin A

분자간 양성자 전달

Albomitomycin A

분자간 양성자 전달

Mitomycin A

19.8 Mannich 반응

엔올을 형성할 수 있는 화합물은 폼알데하이드와 1차 혹은 2차 아민으로부터 형성된 이민과 반응하여 Mannich 염기라 불리는 β-아미노알킬 카보닐 화합물을 만든다. 다음은 아세톤, 폼알데하이드, 그리고 다이에틸아민이 반응한 예이다.

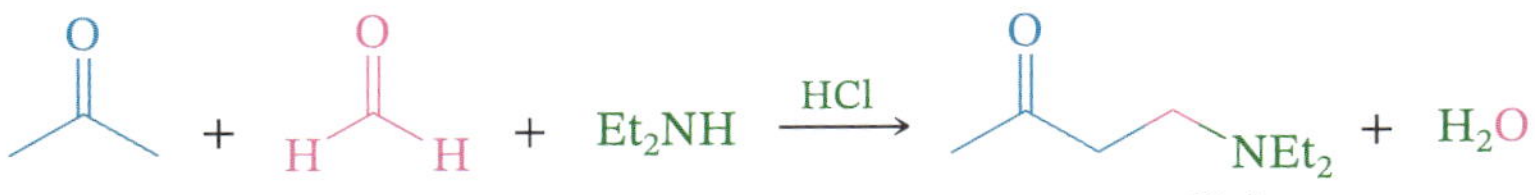

HCl

Mannich 염기

Mannich 반응(Mannich reaction)은 분명히 반응물에 따라 혹은 수행하는 반응 조건에 따라 다양한 메커니즘을 통해 진행된다. 중성이나 산성인 매개체 속에서 작용하는 한 메커니즘은 다음과 같다. 이민의 형성과 엔올과 카보닐기의 반응에 있어서의 공통점을 주목하시오.

반응 메커니즘

Mannich 반응

1단계

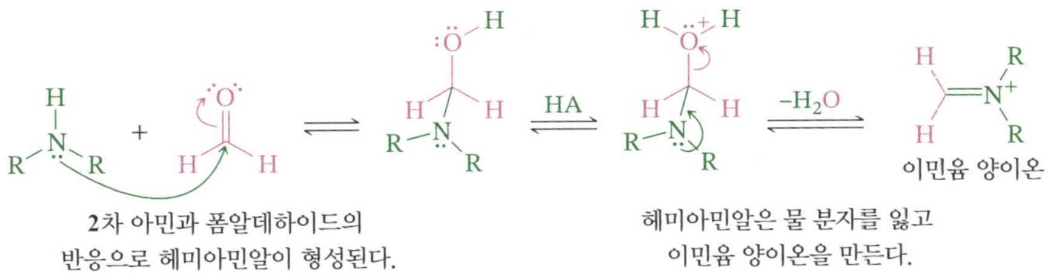

2차 아민과 폼알데하이드의 반응으로 헤미아민알이 형성된다.

헤미아민알은 물 분자를 잃고 이민윰 양이온을 만든다.

이민윰 양이온

2단계

엔올

이민윰 양이온

Mannich 염기

이민윰 양이온이 활성화된 수소 화합물의 엔올 형태와 반응하여 β-아미노카보닐 화합물(Mannich 염기)을 형성한다.

되새김 물음 19.22

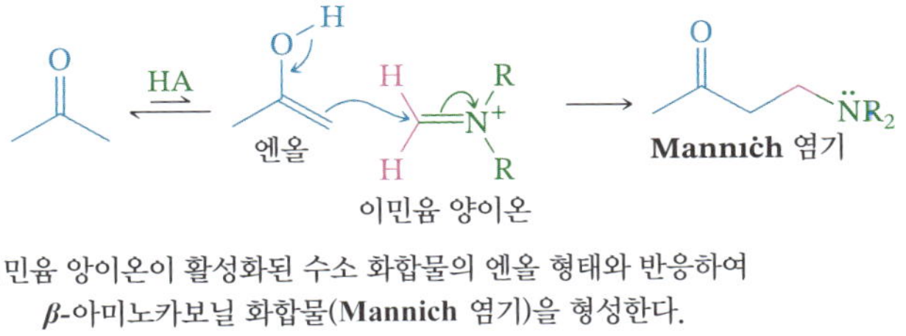

아래 Mannich 반응의 생성물을 설명할 수 있는 합리적인 메커니즘을 나타내시오.

(a)

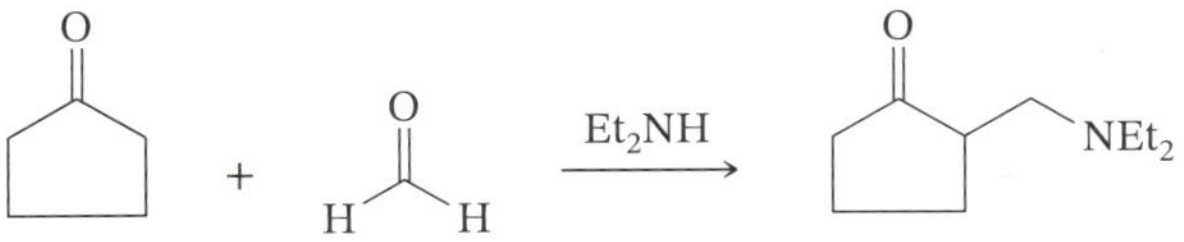

(b)

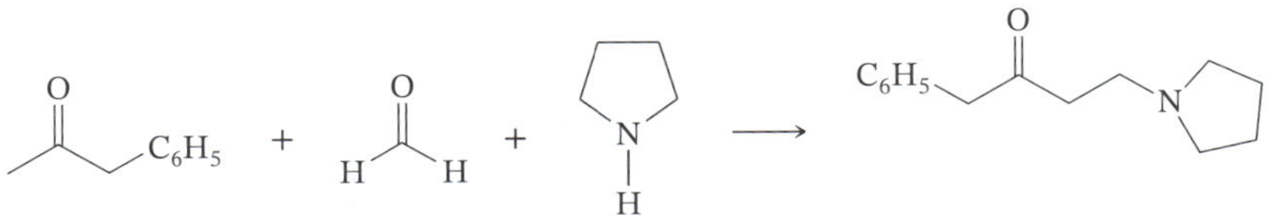

(c)

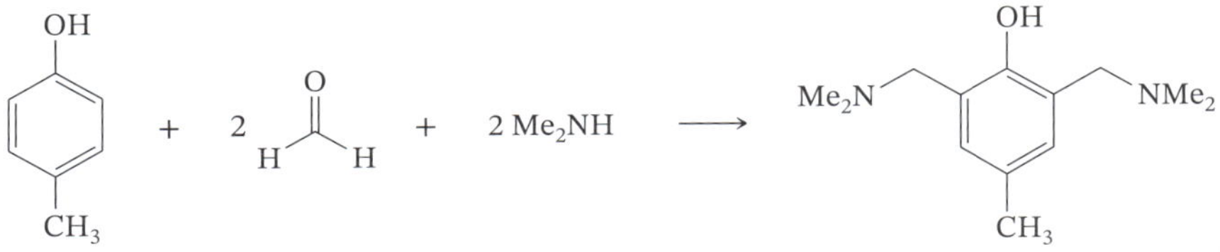

생물 화학: 자살 효소 기질

5-플루오로유라실은 유라실에 대한 화학적 사기꾼이며 강력한 임상 항암제이다. 5-플루오로유라실이 DNA 합성에 필요한 핵심 변환을 촉매화하는 타이미딜산 합성 효소(하나의 효소)의 기능을 비가역적으로 파괴하기 때문에 이러한 효과가 생긴다. 5-플루오로유라실은 메커니즘에 기초한 저해제(혹은 자살 기질)로서 행동한다. 왜냐하면, 그것은 마치 정상적인 기질인양 타이미딜산 합성 효소와 결합하여 자신의 메커니즘적인 경로에 의해서 효소 활성을 자멸에 이르게 하기 때문이다. 최초의 속임수는 저해제에 있는 플루오린 원자가 천연 기질에 있는 수소 원자가 점유하는 것과 대충 같은 양의 공간을 점유하기 때문에 가능하다. 효소 메커니즘의 중단은 수소 원자를 제거하는 것과 같은 방식으로 플루오린 원자가 염기에 의해서 제거되지 않기 때문에 발생한다.

5-Fluorouracil

타이미딜산 합성 효소의 메커니즘에는 정상적인 방식이건 저해제에 의해서 차단되기 직전이건 이민윰 양이온에 엔올산 이온이 공격하는 것이 관여하고 있다. 이 과정은 19.8절에서 논의된 Mannich 반응과 밀접하게 유사하다. 이 공격에서 엔올산 이온은 타이미딜산 합성 효소로부터 온 싸이올기가 기질의 α,β-불포화된 카보닐기에 짝지은 첨가 반응을 해서 생기는 것이다. 이 과정은 Michael 첨가 반응에서 엔올산 이온 중간체가 생기는 것과 비슷하다. 이 과정에서 공격당하는 이민윰 이온은 조효소 N^5,N^{10}-메틸렌테트라하이드로폴산(N^5,N^{10}-methylenetetrahydrofolate, N^5,N^{10}-methylene-THF)으로부터 온 것이다. 이 단계에서 엔올산 이온의 공격으로 말미암아 기질을 효소에 연결하는 공유 결합이 형성된다. 바로 이 결합이 플루오린화된 저해제가 사용되었을 때 깨질 수 없는 것이다. 저해 반응 메커니즘은 오른쪽에 나타나 있다.

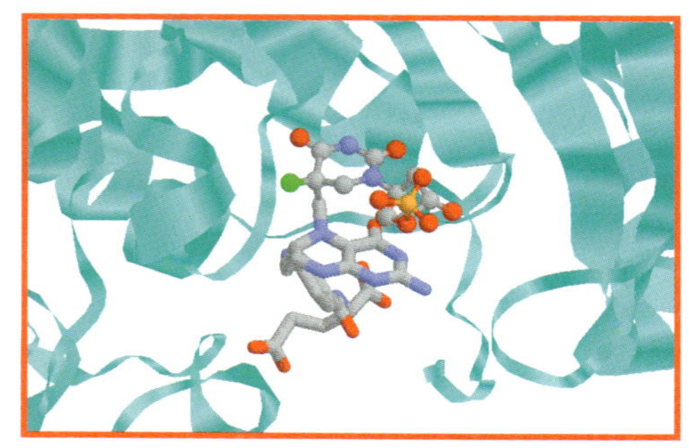

5-플루오로유라실 일인산은 타이미딜산 합성 효소에 있는 테트라하이드로폴산에 공유 결합을 하여 효소의 촉매 활성을 막는다.

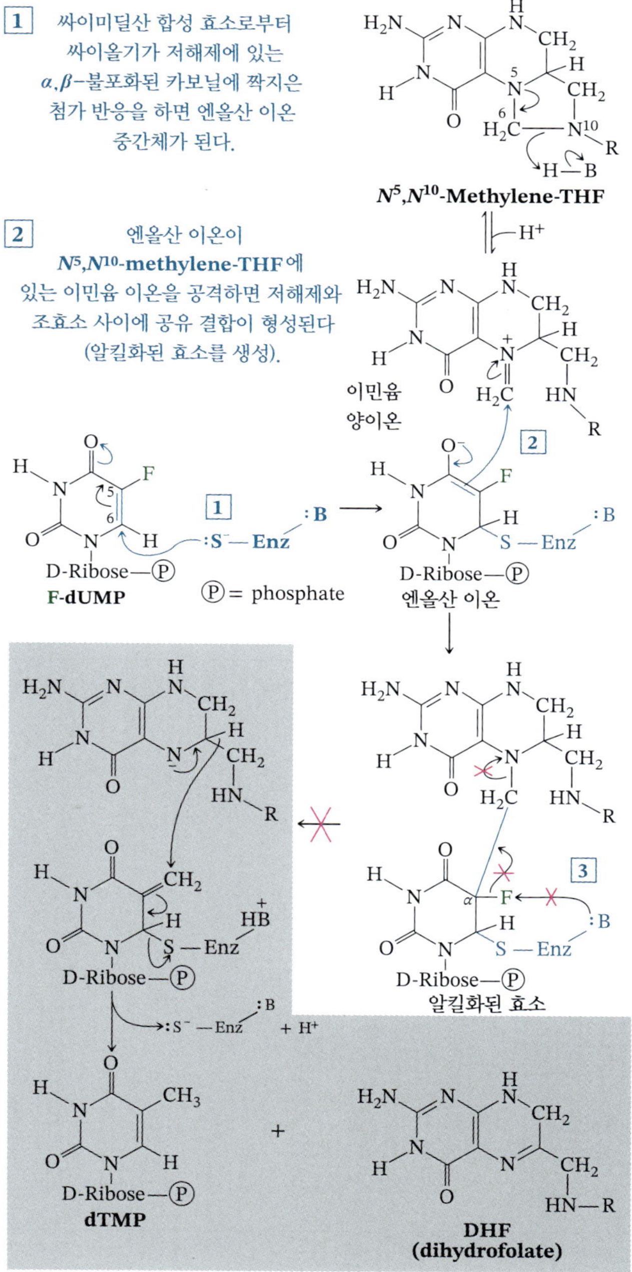

3 정상적인 메커니즘에서 다음 단계는 기질의 카보닐기에서 α 탄소에 있는 양성자를 잃는 제거 반응으로 테트라하이드로폴산 조효소를 이탈기로 방출한다. 플루오린화된 저해제의 경우에는 플루오린 원자가 제거 반응에서 제거될 수소 원자의 위치를 점유하고 있기 때문에 이 단계가 가능하지 않다. 효소는 자신을 테트라하이드로폴산 조효소로부터 떨어지게 하는 데 필요한 제거 반응을 진행할 수 없다. 이렇게 차단된 단계는 ×표로 표시하였다. 그다음에 조효소로부터 기질로의 수소 음이온 전달 반응도 일어나지 않는데, 이것이 일어나야 메틸기가 완전히 형성되고 생성물이 효소의 싸이올기로부터 떨어져 나온다. 이들 차단된 단계들은 회색 영역으로 표시되어 있다. 효소 활성은 효소가 저해제에 비가역적으로 결합되어 있기 때문에 파괴되었다.

19.9 중요한 반응의 요약

1. Claisen 축합 반응(19.2절)

2 RCH_2CO_2Et —(1) NaOEt, (2) H_3O^+→ $RCH_2COCH(R)CO_2Et$

2. 교차 Claisen 축합 반응(19.2B절)

RCH_2CO_2Et
- (1) $C_6H_5CO_2Et$/NaOEt (2) H_3O^+ → $C_6H_5COCH(R)CO_2Et$
- (1) $EtOCOEt$ (C=O)/NaOEt (2) H_3O^+ → $RCH(CO_2Et)_2$
- (1) HCO_2Et/NaOEt (2) H_3O^+ → $RCH(CHO)CO_2Et$
- (1) EtO_2CCO_2Et/NaOEt (2) H_3O^+ → $RCH(COCO_2Et)CO_2Et$

3. 알돌 반응(19.4절)

일반적인 반응

2 RCH_2CHO —HO^-, H_2O→ $RCH_2CH(OH)CH(R)CHO$ —$-H_2O$→ $RCH_2CH{=}C(R)CHO$

구체적인 예

C_6H_5CHO + CH_3CH_2CHO —HO^-, 10 °C→ [$C_6H_5CH(OH)CH(CH_3)CHO$] —$-H_2O$→ $C_6H_5CH{=}C(CH_3)CHO$

4. 엔올산 리튬을 거치는 지시된 알돌 반응(19.5B절)

일반적인 반응

LDA, THF, −78 °C (속도론적인 엔올산 이온의 형성)

(1) R′C(=O)R‴ (2) H_3O^+

구체적인 예

LDA, THF, −78 °C

(1) CH_3CH_2CHO (2) H_3O^+

5. 짝지은 첨가 반응(19.7절)

일반적인 반응

(1) $Nu:^-$(또는 Nu—H) (2) H—A

$Nu:^- = {}^-CN$; 엔올산 이온 (Michael 첨가 반응)

Nu—H = 1° 또는 2° 아민; 엔아민

구체적인 예

^-CN, EtOH, HOAc

구체적인 예(Michael 첨가 반응)

사이클로헥사논, HO^-, MeOH

6. Mannich 반응(19.8절)

촉매 HA

이 주제는 왜 중요한가?

다단계 반응을 한 용기에 넣기

지난 몇 장에 걸쳐서 C—C 결합 형성에 있어서 강력한 도구로 카보닐과 그 유도체를 친핵체와 친전자체로 모두 사용하는 것을 배웠다. 이 반응들은 그들 자체만으로도 강력하지만, 그들을 한 시리즈로 결합했을 때 엄청나게 복잡한 분자를 한 번에 얻을 수 있다. 그러한 과정을 캐스케이드(cascade, '폭포'라는 뜻) 또는 도미노 반응이라고 하는데, 각 단계가 다음 단계를 위한 장치를 모두 한 플라스크에서 만들어 준다. 이런 개념의 가장 최초의 예로 제1차 세계 대전 중(1917년)에 Robinson(후에 Nobel상 수상)에 의해서 완성된 예를 여기서 설명하기로 한다. 그의 목표는 천연물 트로핀온(tropinone)이었다. 이 화합물은 수많은 다른 생활성 물질의 핵심으로 코카인(cocaine)과 아트로핀(atropine)이 여기에 속한다. 전쟁 바로 그 당시 아트로핀은 유기인산 신경 물질로부터의 중독과 싸우는 병사들에게 필사적으로 필요하였다.

어떻게 이 복잡한 두 고리 화합물이 효율적으로 합성될 수 있었을까? 케톤에 대한 질소 원자의 상대적인 위치를 이용하여 Robinson은 분자 전체가 다이알데하이드, 메틸아민, 그리고 아세톤 다이카복실산으로부터 한 단계로 아래에서 색으로 표시한 것처럼 한 용기에서 변환을 통하여 만들어질 수 있다고 믿었다. 실제 회합에서의 핵심 반응은 일련의 조심스럽게 조율된 이민윰 이온 형성과 C—C 결합 형성을 위한 Mannich 반응(녹색)에 이어 카복실산의 탈카복실 반응으로 목표를 완성하는 것이다.

아래에 보인 것처럼 이 생각은 실제로 작동하였다. 단지 절대적인 중간체만을 보였지만, 이제까지 배운 것을 확인하도록 모든 중간 단계들에 대한 메커니즘을 쓸 수 있어야 한다. 핵심은 질소를 포함하는 오각형 고리가 형성된 다음 첫 번째 C—C 결합이 분자간 Mannich 반응에 의해서 형성되는 것이다. 반응 조건이 산성이므로 엔올 토토머가 이 과정에서 핵심 친핵체이다. 이 조각의 핵심인 아세톤에 붙어 있는 두 카복실산이 토토머화를 용이하게 한다. 생성된 아민알(aminal)에 있는 하이드록실기가 산-촉진에 의해서 내쳐지면 새로운 이민윰 이온이 만들어진다. 일단 형성되면 분자내 Mannich 반응으로 두 번째 필요한 C—C 결합이 형성되어 목표 물질의 전체적인 핵심이 완성된다. 끝으로 중심 케톤에 대해서 상대적으로 1,3- 모양으로 전략적으로 위치한 두 개의 카복실산은 가열하면 탈카복실 반응을 진행하여 트로핀온이 얻어진다. 한 시리즈로 된 반응들이 완수할 수 있는 참으로 놀라운 결과가 아닌가!

이 주제에 대해서 더 알려면 참고하시오.

1. Nicolaou, K. C.; Montagnon, T. *Molecules that Changed the World*. Wiley-VCH: Weinheim, **2008**, p. 366.
2. Nicloaou, K. C.; Vourloumis, D.; Winssinger, N.; Baran, P. S. "The Art and Science of Total Synthesis at the Dawn of the Twenty-First Centry" in *Angew. Chem. Int. Ed.* **2000**, *39*, 44–122.

요약과 복습 도구

이 장에 대한 학습 보조 자료에는 핵심 용어와 개념, 19.9절에 있는 반응 형태의 목록, 엔올산 이온과 카보닐 친전자체의 반응에 대한 메커니즘의 요약 도표와 엔올산이 관여하는 합성 연관 도표가 있다.

물음

Claisen 축합 반응

19.23 아래의 각 반응 생성물의 구조를 쓰시오.

(a) H_5C_6…C(=O)O…C_6H_5 $\xrightarrow[\text{EtOH}]{\text{NaOEt}}$

(b) $CH_3COOCH_2CH_3$ + $ClCOOCH_2CH_3$ $\xrightarrow[\text{EtOH}]{\text{NaOEt}}$

(c) CH_3CHO + (1) LDA (2) $H_5C_6CH_2COOCH_3$

(d) $(CH_3CH_2O)_2C=O$ + $CH_3CH_2CH_2COOCH_2CH_3$ $\xrightarrow[\text{EtOH}]{\text{NaOEt}}$

(e) $C_6H_5COCH_2CH_3$ (1) LDA (2) $C_6H_5COOCH_2CH_3$

(f) 사이클로펜탄온 (1) LDA (2) $ClCOOCH_2CH_3$

19.24 아래 합성의 모든 단계를 보이시오. 다른 필요한 어떤 시약을 사용해도 좋지만, 반드시 주어진 화합물로부터 시작해야 한다.

(a) $CH_3CH_2CH_2C(=O)OEt$ ⟶ $CH_3CH_2CH_2COCH_2CH_2CH_3$

(b) $CH_3CH_2CH_2C(=O)OEt$ ⟶ $CH_3CH_2CH_2COC(=O)OEt$

(c)

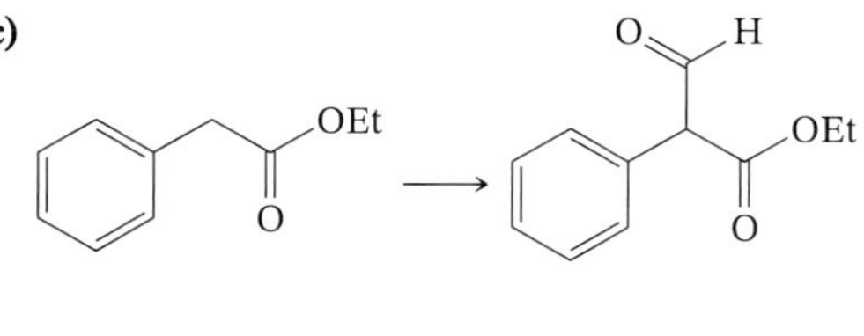

19.25 아래 각 화합물을 엔올산 이온의 아실화 반응에 의해서 합성하고자 할 때 필요한 출발 물질을 제시하시오.

(a) COOEt, O

(b) O, O, H

(c) O, O, O

19.26 아래의 Dieckmann 축합 반응으로부터 얻어지는 두 가지 가능한 생성물을 제시하시오. 그리고 어느 것이 주 생성물인지 예상하시오.

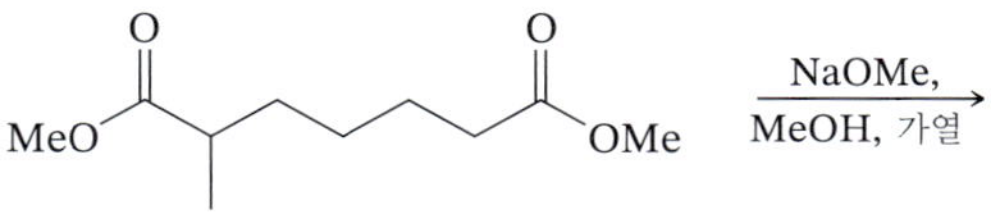

NaOMe, MeOH, 가열

19.27 석신산 다이에틸로 Dieckmann 축합 반응을 시도하니 얻어진 생성물의 분자식은 $C_{12}H_{16}O_6$이다. 생성물의 구조는 무엇인가?

19.28 아래에 보인 다이케톤이 축합 반응을 통하여 어떻게 합성되는지 보이시오.

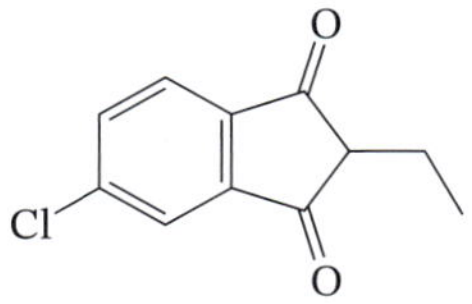

19.29 묽은 알칼리와의 반응(18.6절)과는 대조적으로 NaOH의 진한 용액을 사용하면 아세토아세트산 에스터는 아래에 보인 것과 같은 분해가 일어난다. 2-뷰틸아세토아세트산 에틸과 묽은 알칼리 사이의 반응에 대한 메커니즘을 제시하시오.

$\xrightarrow{OH^-}$ + EtOH

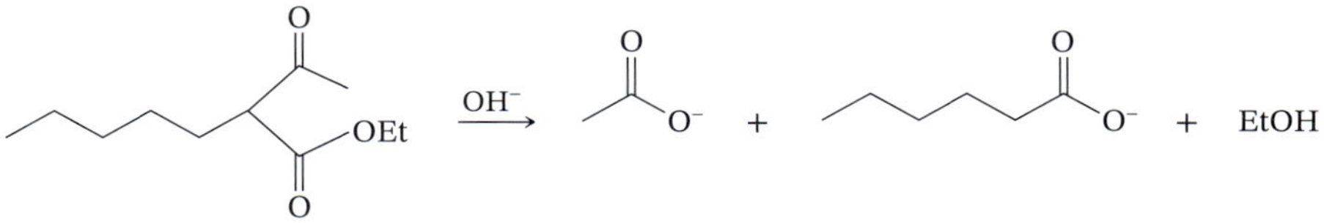

19.30 아래의 반응에 대한 메커니즘을 제시하시오.

NaOEt

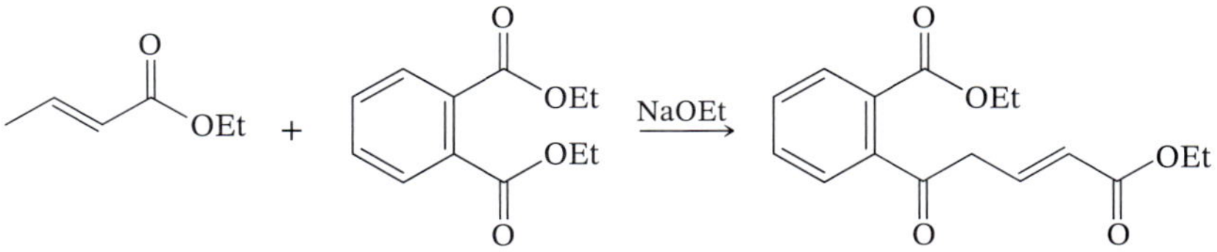

19.31 메톡시화 소듐의 존재하에서 아래의 변형이 일어난다. 설명하시오.

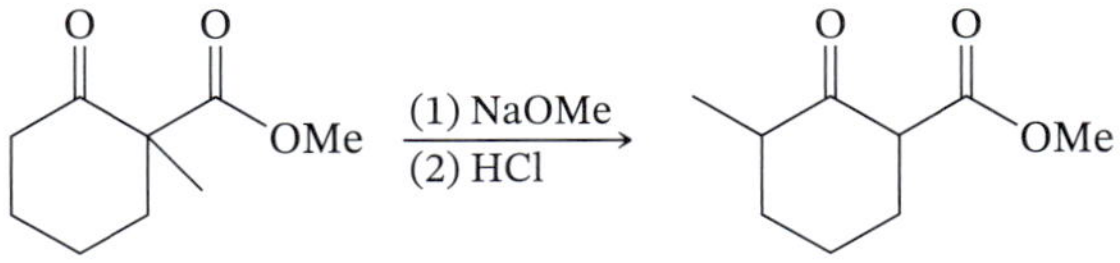

(1) NaOMe (2) HCl

19.32 타이민은 DNA에서 발견된 헤테로 고리인 염기의 하나이다. 프로판산 에틸과 그 밖의 다른 필요한 시약들을 사용하여 타이민이 어떻게 합성되는지 보이시오.

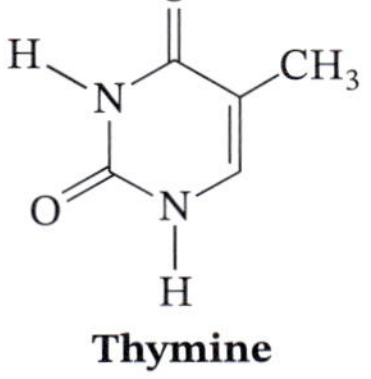

Thymine

알돌 반응

19.33 아래의 알돌 반응 각각에 대한 생성물을 예상하시오.

(a) NaOH, 20 °C

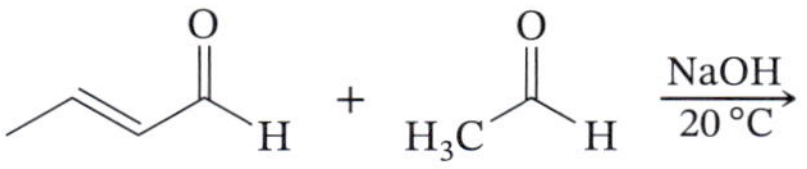

(b) NaOH, 20 °C

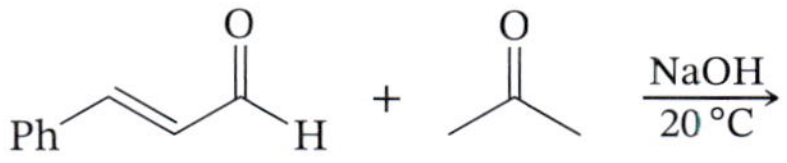

(c) + NaOH, 20 °C →

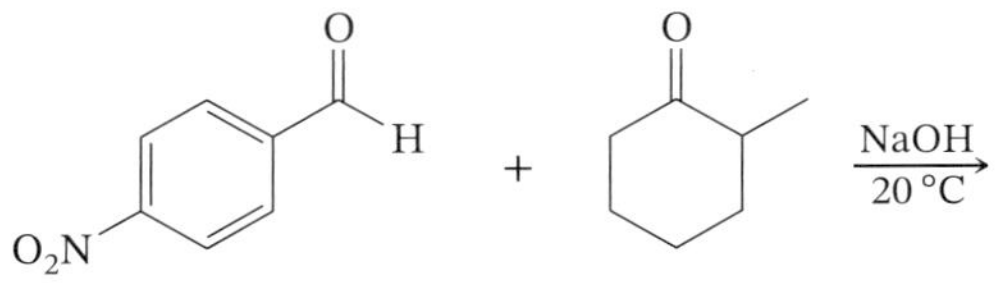

(e) + NaOH, H_2O →

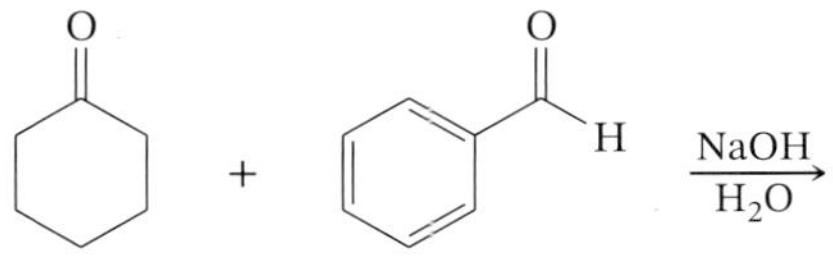

(d) + NaOH, H_2O →

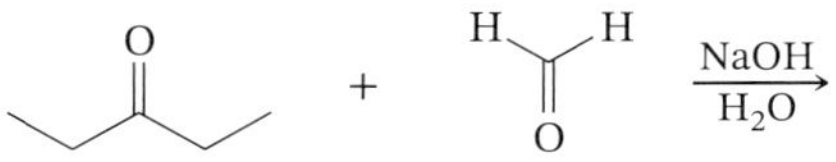

19.34 아래 화합물들 사이의 교차 알돌 반응에 의해서 생성된 4가지 β-하이드록시 알데하이드는 무엇인가?

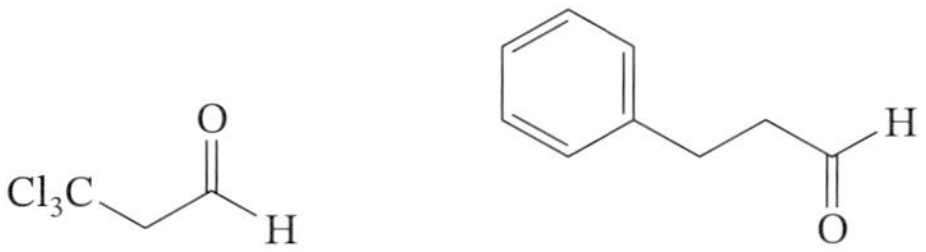

Cl_3C

19.35 아래의 변형을 어떻게 수행하는지 보이시오. 다른 필요한 시약을 사용해도 좋다.

(a) → NO_2

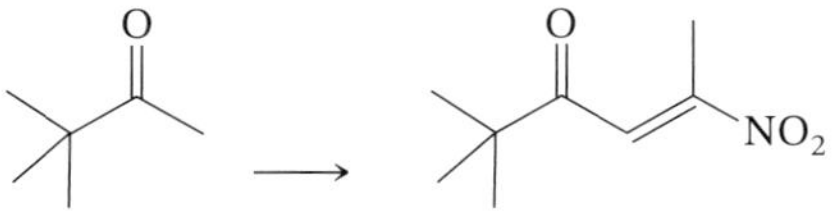

(b) →

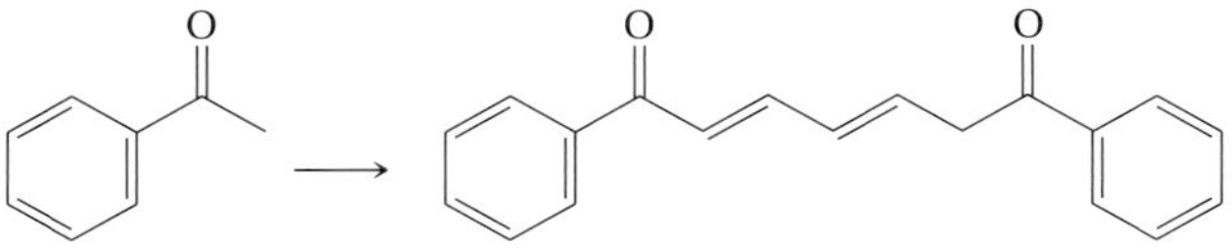

(c) →

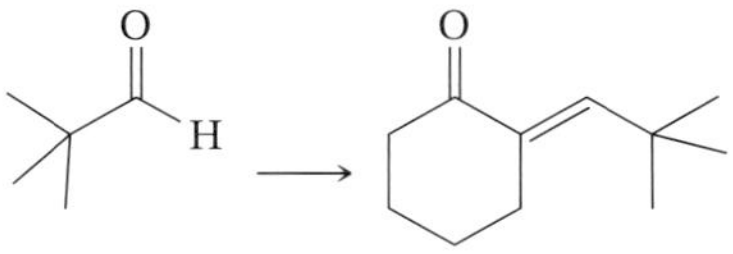

(d) → OH

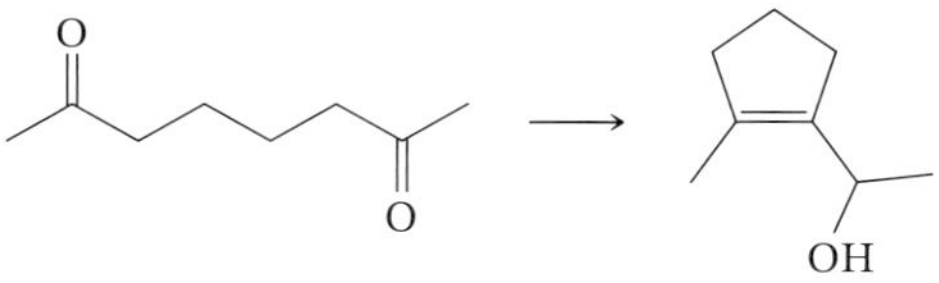

(e) CH_3CN → CN

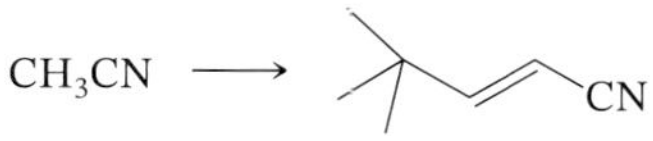

(f) → OH

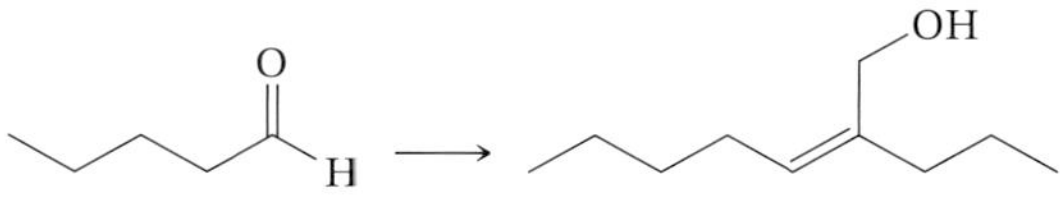

(g) →

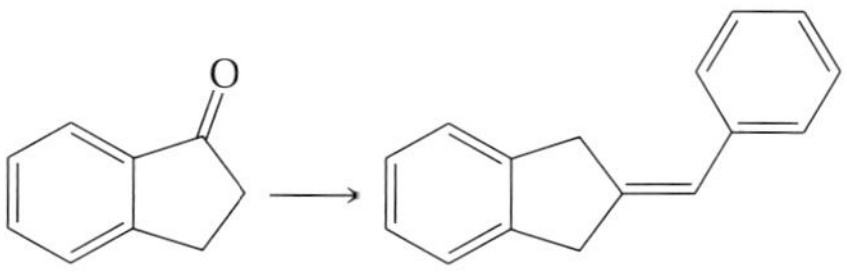

19.36 아래 각 화합물을 알돌 반응에 의해서 합성하고자 할 때 필요한 출발 물질을 제시하시오.

(a) Ph

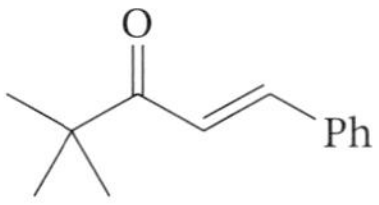

(c)

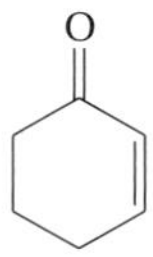

(e) Ph

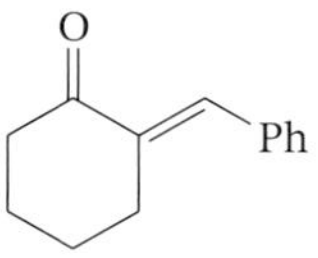

(g) OH

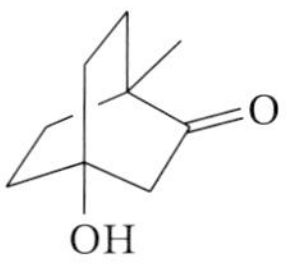

(b)

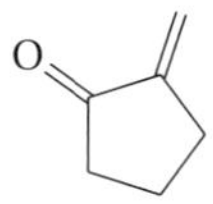

(d)

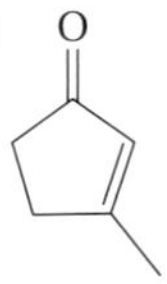

(f) CN

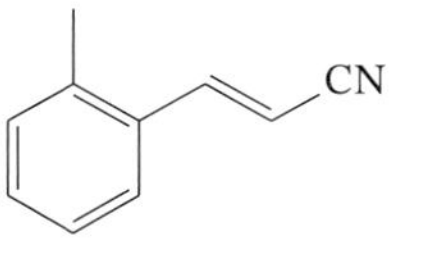

(h)

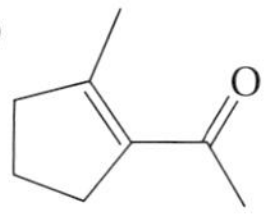

19.37 아래의 합성에서 각 단계를 수행하는 데 사용될 시약은 무엇인가?

(a) → →

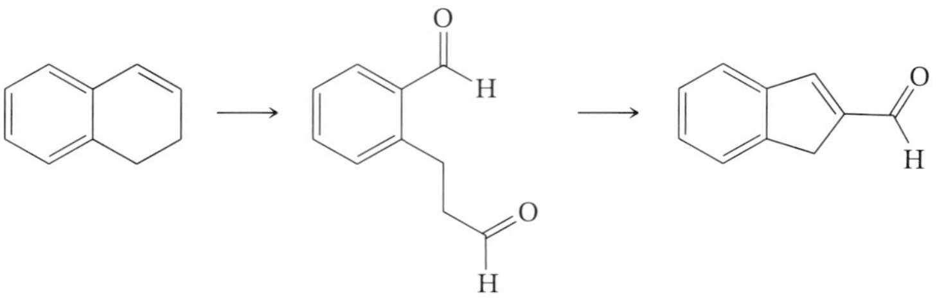

(b)

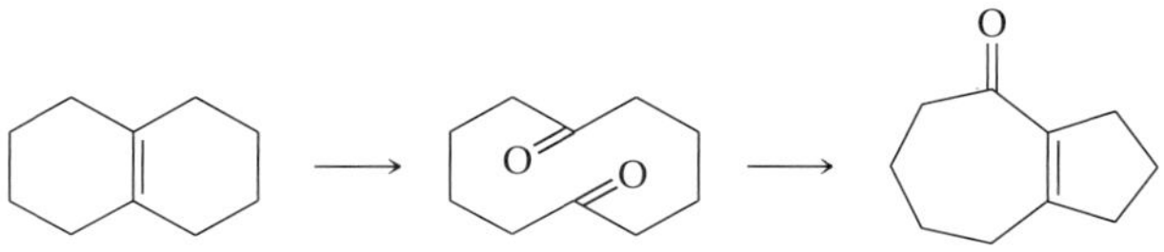

O, O, O

(c)

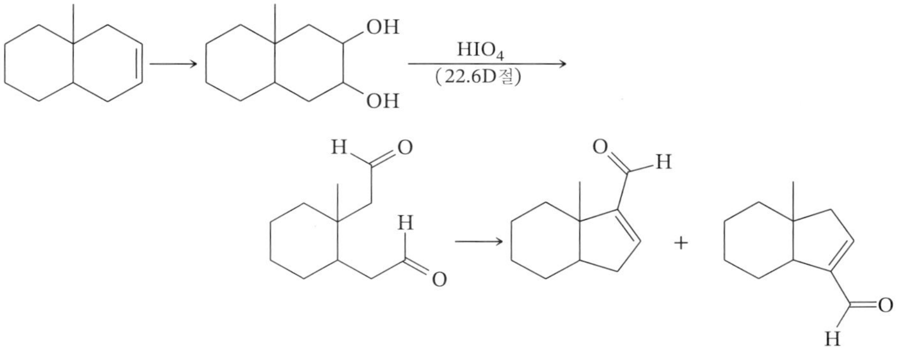

OH, OH, HIO_4 (22.6D절)

H, O, H, O, O, H, H, O, +

(d)

O, $\overset{+}{N}$, N, O, $\overset{+}{N}$, N, O

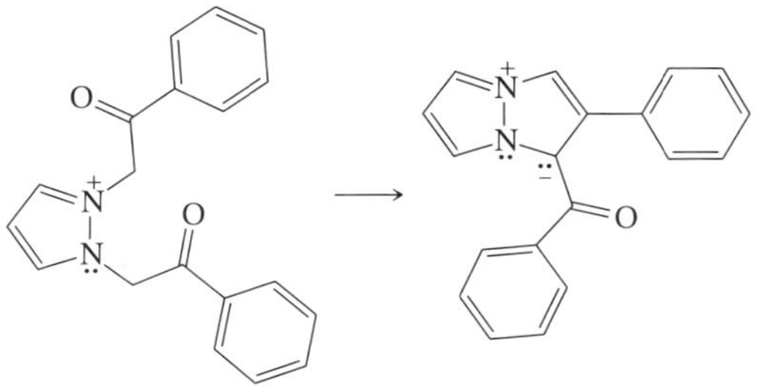

19.38 크로톤알데하이드의 γ 탄소에 붙어 있는 수소 원자들은 상당히 산성이다($pK_a \cong 20$).

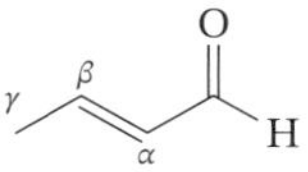

γ, β, α, O, H

Crotonaldehyde

(a) 이 사실을 설명할 수 있는 공명 구조를 그리시오.

(b) 아래의 반응을 설명하는 메커니즘을 그리시오.

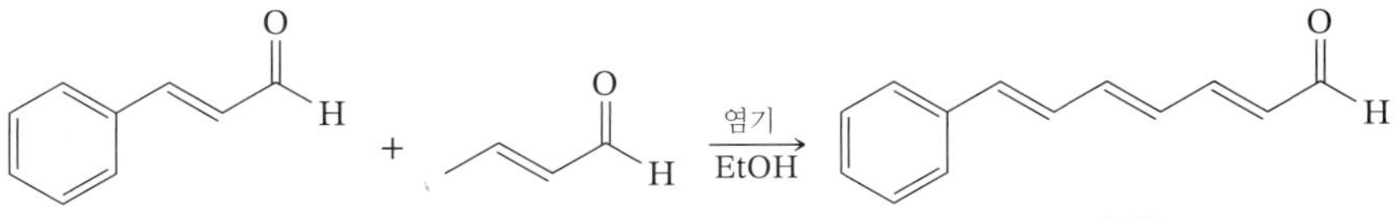

O, H, +, O, H, 염기, EtOH, O, H

87%

19.39 아래의 반응에 대한 메커니즘을 제시하시오.

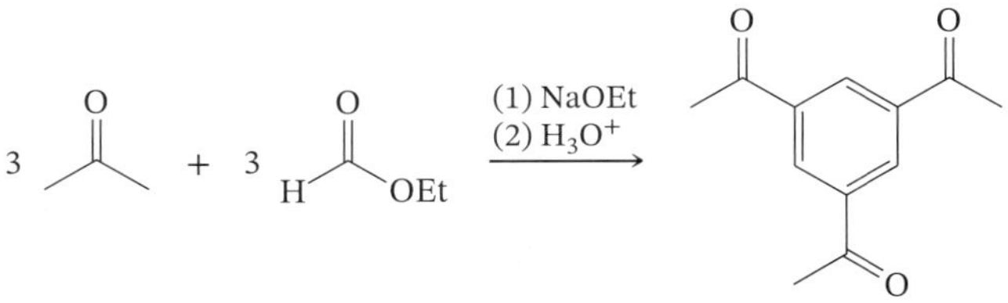

3, O, + 3, O, H, OEt, (1) NaOEt, (2) H_3O^+, O, O, O

19.40 아세트알데하이드의 알돌 반응을 D_2O에서 수행하면 반응하지 않은 알데하이드의 메틸기에서 중수소가 발견되지 않는다. 그러나 아세톤의 알돌 반응에서는 중수소가 반응하지 않은 아세톤의 메틸기에 들어간다. 이러한 거동의 차이점을 설명하시오.

짝지은 첨가 반응

19.41 아래의 반응에서 생성물을 설명할 수 있는 메커니즘을 제시하시오.

(a) COOEt, CN + OEt —EtONa→ EtO, CN, OEt

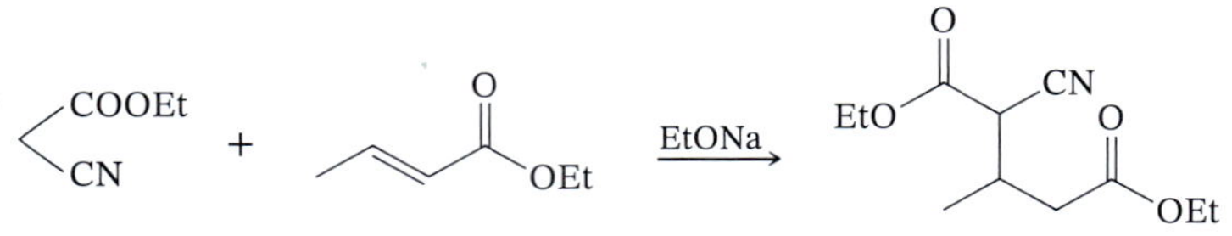

(b) OMe —CH_3NH_2→ MeO, N, CH_3, OMe —염기→ OMe, N, CH_3

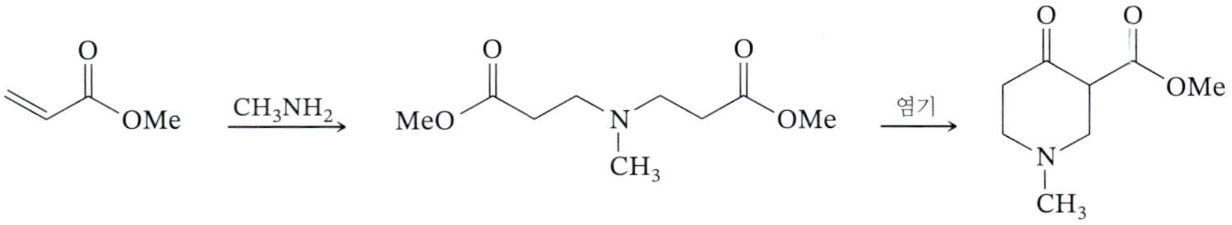

(c) NC, CN, OEt —EtONa (–EtOH)→ – CN CN + OEt

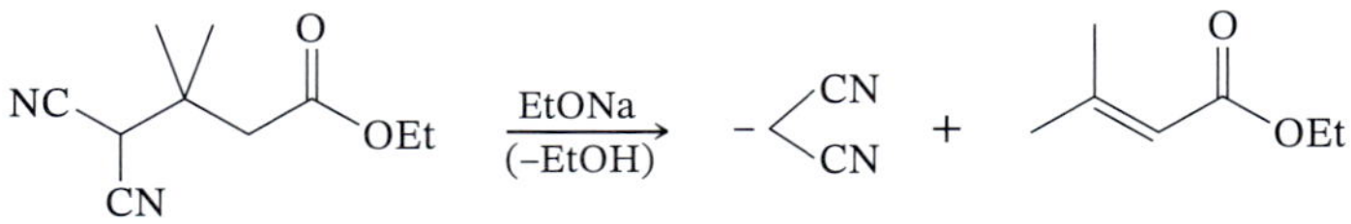

19.42 활성인 수소 화합물이 *β*-케토 에스터, *β*-사이아노 에스터이거나 *β*-다이케톤인 축합 반응은 1분자의 알데하이드나 케톤과 2분자의 활성 메틸렌 성분으로부터 얻어진 생성물이 아래에 보인 것처럼 된다. 이 생성물의 형성을 설명하는 타당한 메커니즘을 제시하시오.

H_5C_6, CH_3 + EtO, CN → CN, COOEt, EtOOC, CN, H_5C_6, CH_3

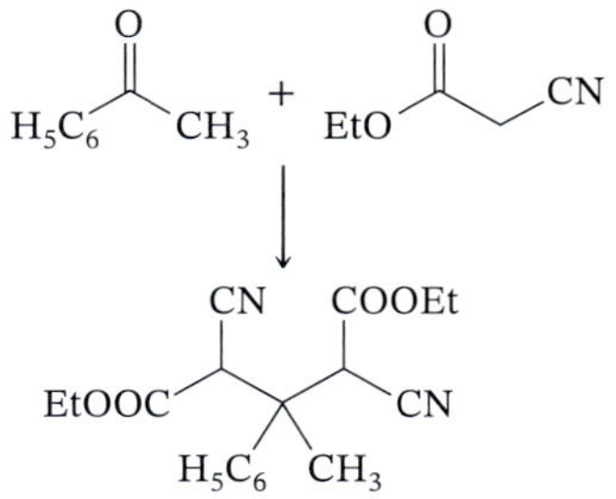

19.43 아래의 반응은 Robinson 고리 형성 반응을 나타낸 것이다(19.7B절). 단계들에 대한 메커니즘을 쓰시오.

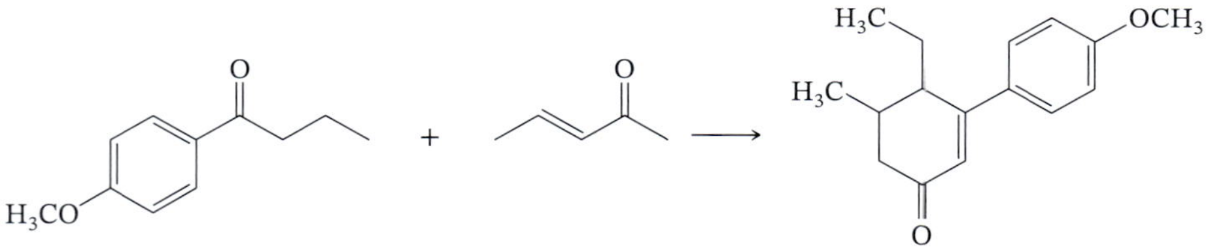

H_3CO + → H_3C, OCH_3, H_3C, O

19.44 에톡시화 소듐 존재하에서 **1**이 **2**에 Michael 첨가 반응을 하여 형성되는 **고리형** 화합물의 구조는 무엇인가?

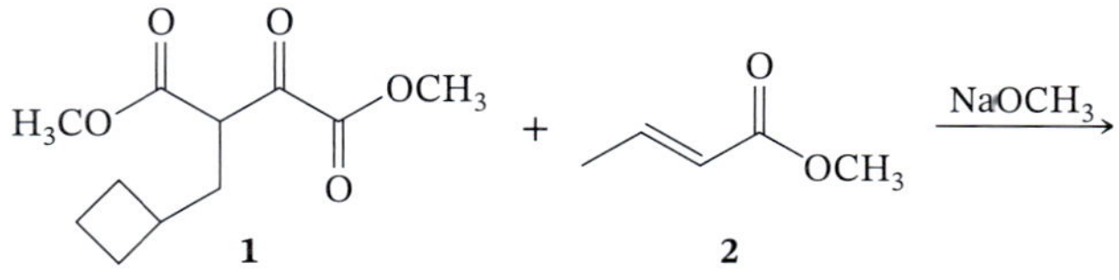

H_3CO, OCH_3 (**1**) + OCH_3 (**2**) —$NaOCH_3$→

일반적인 물음

19.45 아래 **(a)**와 **(b)**를 사이클로펜탄온으로부터, **(c)**는 말론산 다이에틸로부터 합성하시오. 다른 필요한 시약은 사용해도 좋다.

(a) O **(b)** O **(c)** OH, OH

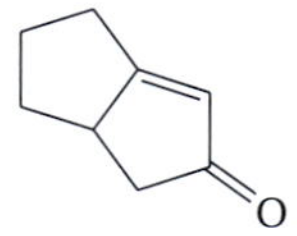

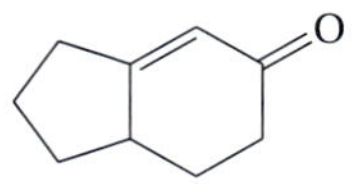

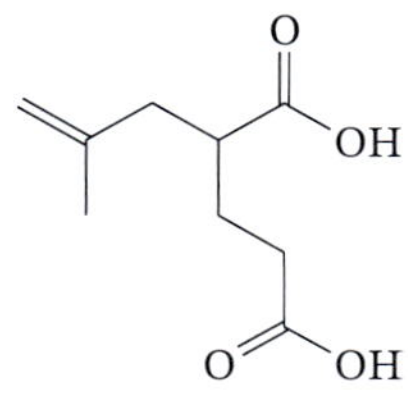

19.46 아래의 반응에 대한 메커니즘을 쓰시오.

3 (acetone) $\xrightarrow[H_2O]{NaOH}$

19.47 아래의 반응에 대한 생성물을 예상하시오.

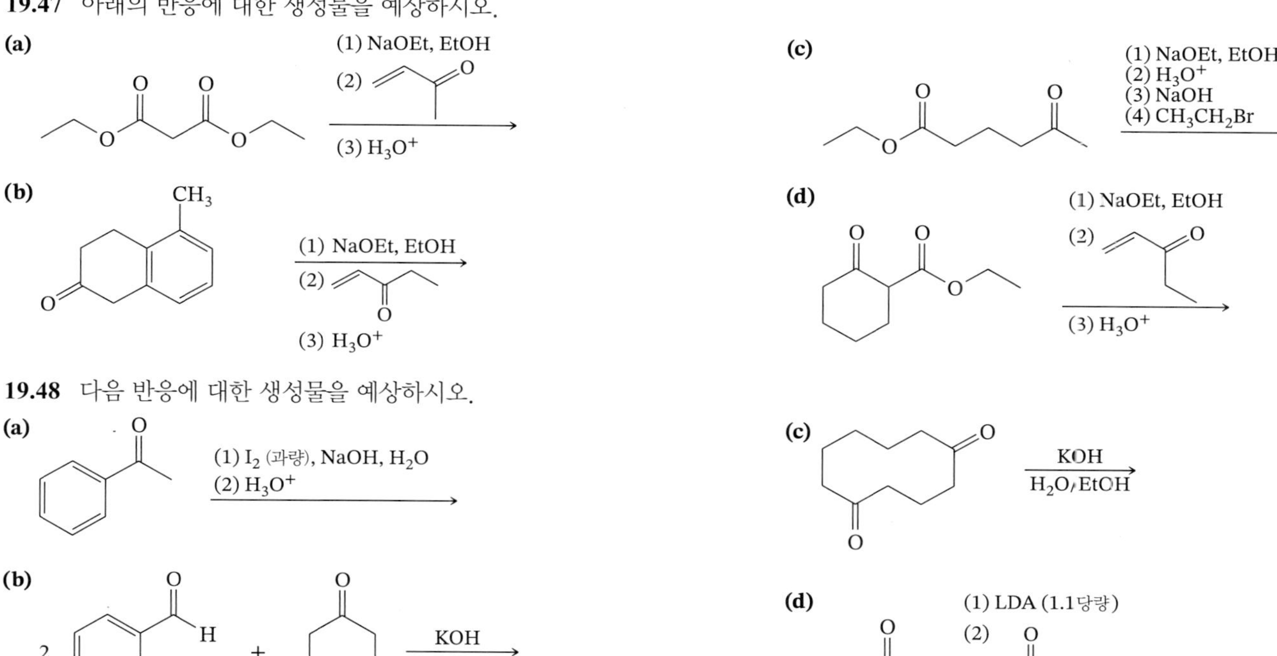

19.48 다음 반응에 대한 생성물을 예상하시오.

(a) (1) I_2 (과량), NaOH, H_2O (2) H_3O^+

(b) 2 ... + ... $\xrightarrow[H_2O/EtOH]{KOH}$

(c) $\xrightarrow[H_2O/EtOH]{KOH}$

(d) (1) LDA (1.1당량) (2) (3) H_3O^+

19.49 여왕벌의 큰턱샘은 '여왕 물질'로 알려진 놀랄 만한 화합물을 포함한 액체를 분비한다. 여왕 물질이 엄청나게 적은 양이라 할지라도 일벌에게 전달되면 그것은 일벌의 난소 발달을 막으며, 일벌이 새로운 여왕을 배지 못하도록 한다. 여왕 물질은 모노카복실산으로 분자식이 $C_{10}H_{16}O_3$이며, 아래와 같은 경로로 합성되었다.

$$\text{Cycloheptanone} \xrightarrow[(2)\ H_3O^+]{(1)\ CH_3MgI} \mathbf{A}\,(C_8H_{16}O) \xrightarrow{HA,\ \text{가열}} \mathbf{B}\,(C_8H_{14}) \xrightarrow[(2)\ Me_2S]{(1)\ O_3}$$

$$\mathbf{C}\,(C_8H_{14}O_2) \xrightarrow[\text{pyridine}]{HOOCCH_2COOH} \text{여왕 물질}\,(C_{10}H_{16}O_3)$$

촉매에 의한 수소화 반응으로 여왕 물질은 화합물 **D**가 되는데, 이것은 아이오딘과 수산화 소듐과 반응시킨 후 산성화하면 다이카복실산 **E**가 된다. 즉,

$$\text{여왕 물질} \xrightarrow[Pd]{H_2} \mathbf{D}\,(C_{10}H_{18}O_3) \xrightarrow[(2)\ H_3O^+]{(1)\ I_2,\ NaOH\ \text{수용액}} \mathbf{E}\,(C_9H_{16}O_4)$$

여왕 물질과 화합물 **A**~**E**의 구조를 제시하시오.

19.50 다본(Darvon)은 진통제로 사용이 중단된 화합물인데, 에틸 페닐 케톤으로부터 시작해서 라셈 혼합물 합성 방법을 요약하시오.

H_3C, N, CH_3, CH_3, C_6H_5, C_6H_5, O

Darvon

19.51 말론산 에스터와 4-메틸-3-펜텐-2-온(산화 메시틸)으로부터 염기성 조건하에서 다이메돈(dimedone)이 합성되는 것을 보이시오.

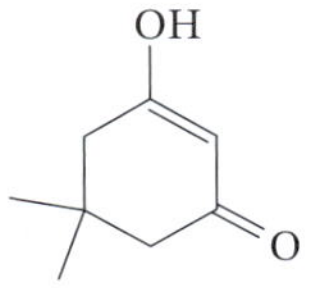

Dimedone

19.52 페닐아세토아세트산 에틸(3-옥소-4-페닐뷰탄산 에틸)이 진한 황산 속에서 고리화하여 나프토레조르시놀(1,3-나프탈렌다이올)을 형성하는 메커니즘을 쓰시오.

19.53 알데하이드나 케톤이 에톡시화 소듐 존재하에서 α-클로로아세트산 에틸과 함께 축합되었을 때 생성물은 글라이시드산 에스터라고 부르는 α,β-에폭시 에스터이다. 이 합성을 Darzens 축합 반응이라고 부른다.

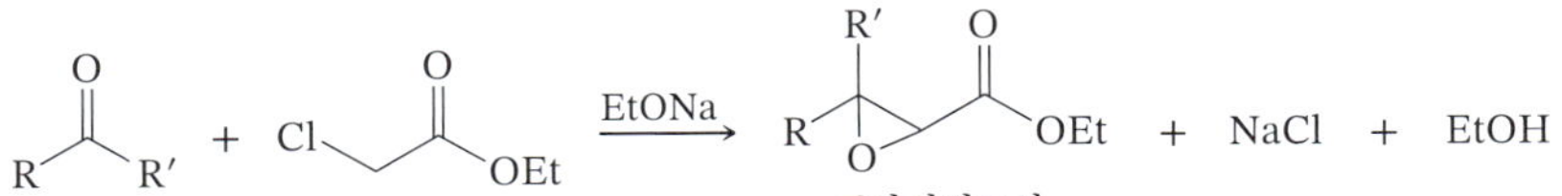

$$\text{RCOR}' + \text{ClCH}_2\text{CO}_2\text{Et} \xrightarrow{\text{EtONa}} \text{글라이시드산 에스터 화합물} + \text{NaCl} + \text{EtOH}$$

글라이시드산
에스터 화합물

(a) Darzens 축합 반응에 대한 합리적인 메커니즘을 요약하시오.

(b) 에폭시 에스터의 가수 분해로 에폭시산이 만들어지는데, 이것을 피리딘과 가열하면 알데하이드가 된다. 여기서 무엇이 일어났는가?

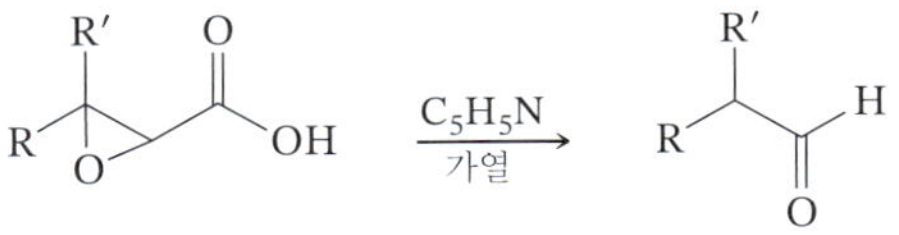

$$\xrightarrow[\text{가열}]{C_5H_5N}$$

(c) β-ionone(되새김 물음 19.13)을 가지고 시작하여, 아래와 같은 알데하이드를 어떻게 합성하는지 보이시오(이 알데하이드는 바이타민 A의 공업적인 합성에서 한 중간체이다).

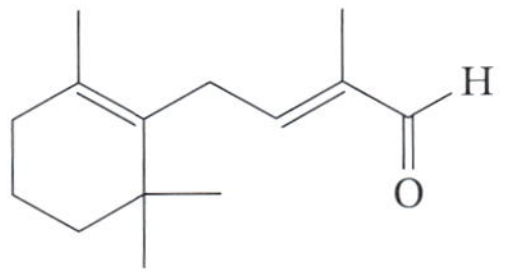

19.54 **Perkin 축합 반응**은 알돌-형태 축합 반응으로서, 방향족 알데하이드(ArCHO)가 카복실산 무수물[$(RCH_2CO)_2O$]과 반응하여 α,β-불포화산($ArCH{=}CRCO_2H$)을 만드는 것이다. 대개 사용되는 촉매는 카복실산의 포타슘염(RCH_2COOK)이다.

(a) 벤즈알데하이드가 에탄산 포타슘 존재하에서 에탄산 무수물과 반응하여 일어나는 Perkin 축합 반응을 요약하시오.

(b) p-나이트로신남산(p-$O_2NC_6H_4CH{=}CHCO_2H$)을 만들기 위해 Perkin 축합 반응을 어떻게 이용할 것인가?

분광학

19.55 **(a)** IR 분광학은 Grignard 시약이 α,β-불포화된 케톤에 첨가할 때 단순 첨가 반응 생성물인지 짝지은 첨가 반응 생성물인지를 결정하는 용이한 방법을 제공해 준다. 이것을 설명하시오(무슨 피크 또는 피크들을 살펴볼까?).

(b) 아래의 반응 속도를 UV 분광학을 이용하여 어떻게 추적할 수 있는가?

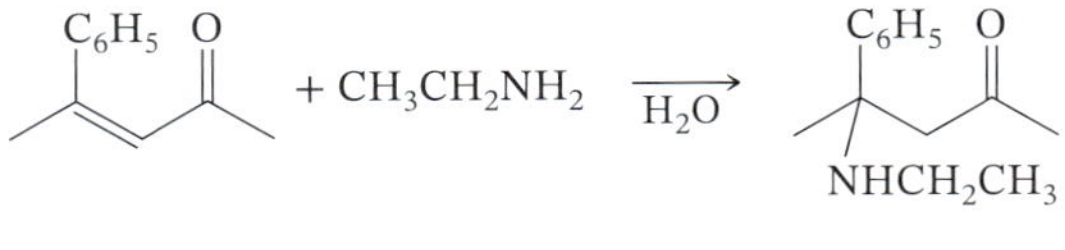

$$+ CH_3CH_2NH_2 \xrightarrow{H_2O}$$

19.56 아세톤을 2몰 당량의 벤즈알데하이드와 KOH 존재하에서 에탄올에서 반응시키면 화합물 **X**가 만들어진다. X의 ^{13}C NMR 스펙트럼은 그림 19.1과 같다. 화합물 **X**의 구조를 제시하시오.

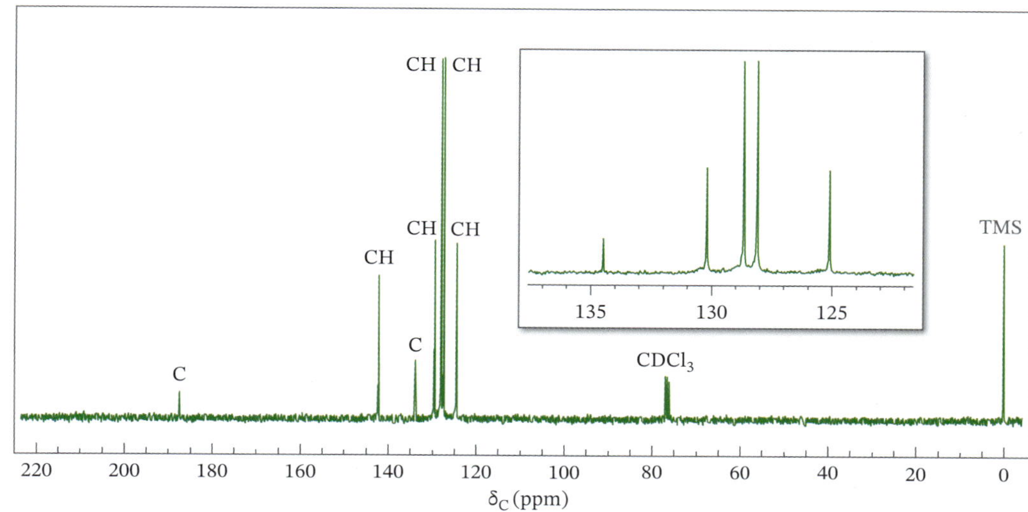

그림 19.1 물음 19.56의 화합물 X의 넓은 띠 양성자-짝풀린 ^{13}C NMR 스펙트럼. 붙어 있는 양성자의 정보를 피크 위에 나타냈다.

물질 합성

19.57 (+)-펜촌은 회향유(약용)로부터 분리될 수 있는 터페노이드이다. (±)-펜촌은 아래와 같은 경로를 통해 합성되어 왔다. 빠진 중간체들과 시약들(**a**~**k**)을 채우시오.

+ **(a)** $\xrightarrow{\Delta}$ CO_2Me $\xrightarrow{(1)\ \mathbf{(b)}\ (2)\ \mathbf{(c)}}$ CO_2Me, CO_2Me, CO_2Me $\xrightarrow{\mathbf{(d)}}$ **(e)**와 **(f)**의 혼합물 $\xrightarrow{(1)\ \mathbf{(g)}\ (2)\ \mathbf{(h)}}$ CO_2H, O $\xrightarrow{\mathbf{(i)}}$ CO_2Me, O ⟶ ⟶ CO_2Me, CO_2Me $\xrightarrow{\mathbf{(j)}}$ O $\xrightarrow{\mathbf{(k)}}$ O

(±)-Fenchone

19.58 아래 각각의 질문에서 출발 물질을 생성물로 전환하는 데 타당한 경로를 제시하시오. 각각의 경우 한 단계 이상이 필요하며, 앞의 장들에서 배운 반응이 필요할 수도 있다.

(a) O ⟶ O

(b) O ⟶

(c) EtO, O, O, OEt ⟶ O, NH_2

(d) OH, O, O, OH ⟶ H_2N, OH

(e)  OEt (f) 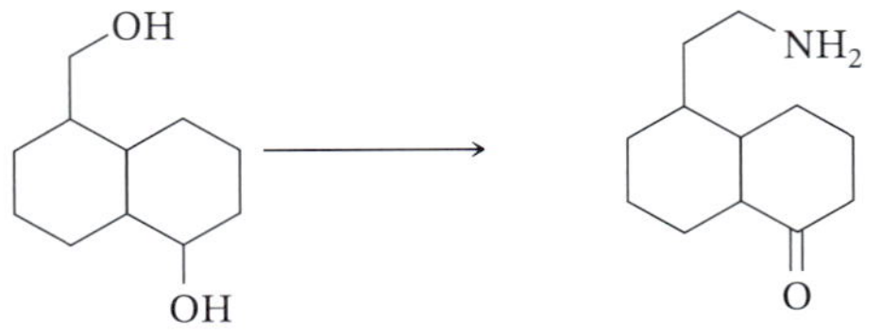 OH OH NH_2 O

19.59 아래 각각에 대하여 주어진 출발 물질로부터 제시된 조건을 통하여 형성되는 생성물(**A**와 **B**로 나타냄)의 구조를 그리시오.

(a) 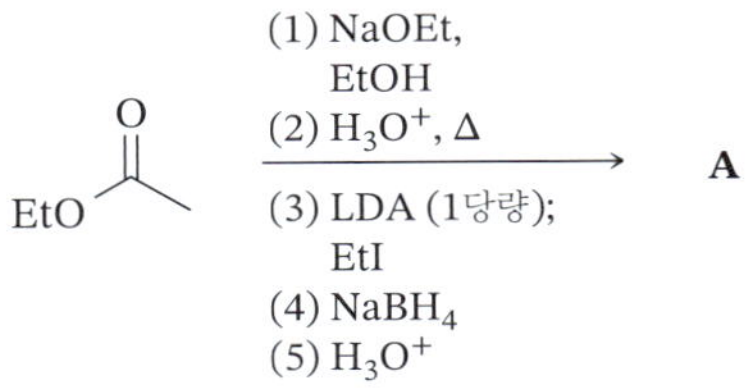 EtO — (1) NaOEt, EtOH (2) H_3O^+, Δ (3) LDA (1당량); EtI (4) $NaBH_4$ (5) H_3O^+ → **A**

(b) (1) pyrrolidine, HA (2) CH_3CH_2Br (3) H_3O^+ (4) pyrrolidine, HA (5) CH_3CH_2COCl (6) H_3O^+ → **B**

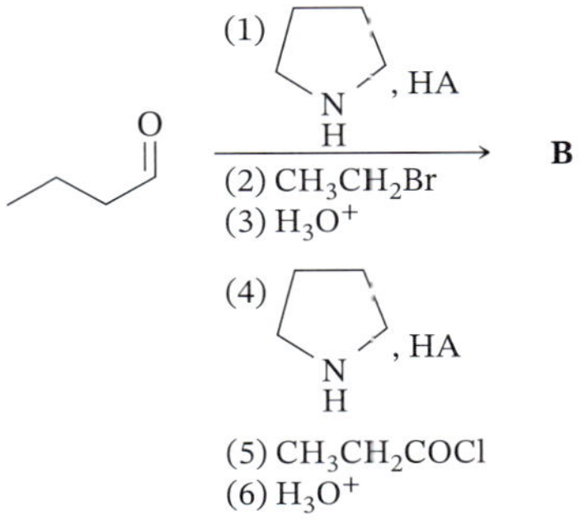

19.60 주어진 물질들만을 최종 생성물에 나타나는 탄소의 출처로 생각하고 아래의 분자의 합성법을 개발하시오. **힌트**: 성공적인 합성을 위해서는 앞의 장들에서 나온 반응들을, 그리고 탄소의 출처를 한 번 이상 사용해야 할지도 모른다.

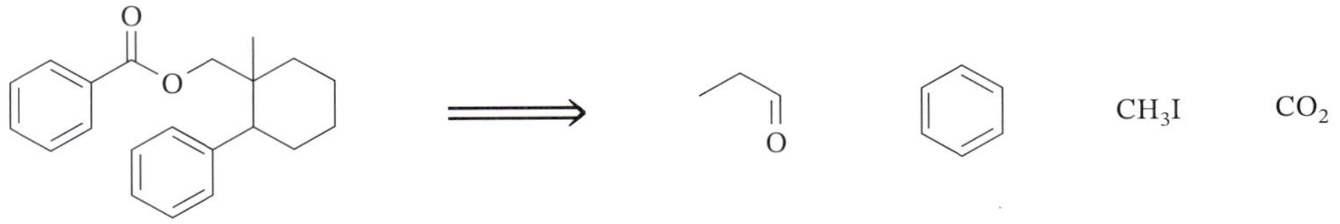

⟹ CH_3I CO_2

화학 상담자가 필요한 물음

19.61 아래의 작업은 모두 복잡한 분자의 실험실적 합성의 일부이다. 이들 중 하나는 프로게스테론(progesterone)으로 여성의 성호르몬이자 피임의 활성 성분이다. 지시된 전환을 달성하기 위한 조건들을 제시하시오. (참조: *J. Am. Chem. Soc.* **1971**, *93*, 4332; *J. Am. Chem. Soc*. **1994**, *116*, 1670.)

(a) 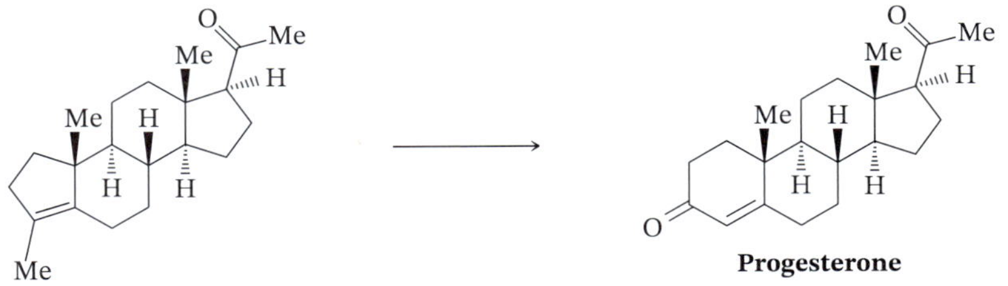 Me Me H H H Me → **Progesterone**

(b) 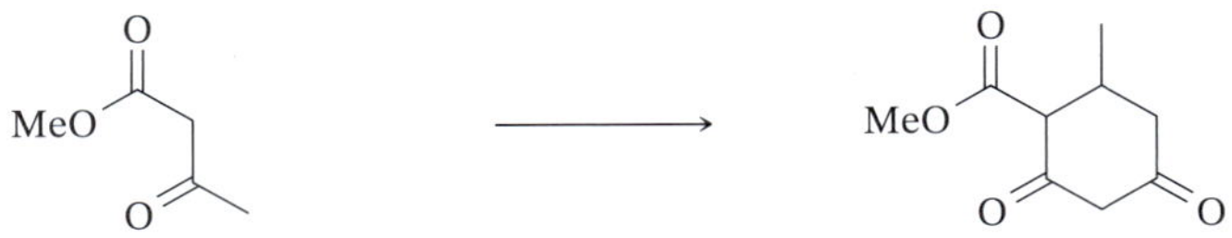 MeO → MeO

19.62 퀴놀린의 고전적인 Skraup 합성은 아닐린과 아크롤레인(글리세롤로부터 in situ로 생성되는데 여기에는 보이지 않았음)을 가지고 산성 조건에서 진행한다. 헤테로 고리 생성물에 이르게 되는 최종 산화 반응에 바로 앞서서 중간체 **A**가 형성된다. 이것의 형성을 설명하는 메커니즘을 제시하시오. (참조: *RSC advances* **2020**, *10*, 20784.)

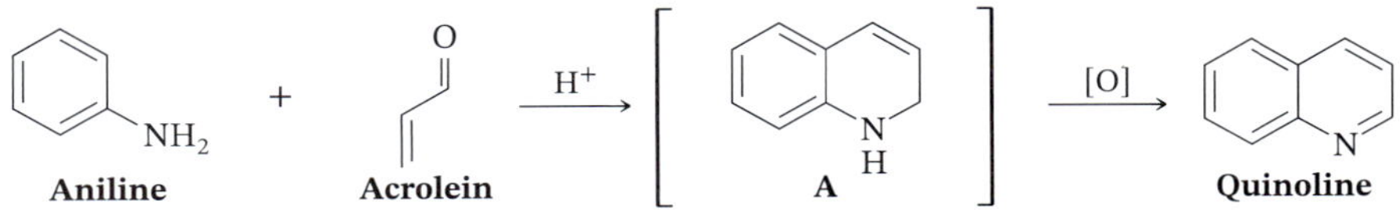

Aniline + **Acrolein** $\xrightarrow{H^+}$ [**A**] $\xrightarrow{[O]}$ **Quinoline**

19.63 트라이플루오로아세트산(CF_3CO_2H) 존재하에서 생성되는 엔아민의 사용은 아래에 보인 세 고리를 포함하는 아민의 형성에 결정적이다. 이 전환을 설명하는 메커니즘을 제시하시오. (참조: *J. Am. Chem. Soc.* **2014**, *136*, 9743.)

CF_3CO_2H

도전 물음

19.64 아래의 각 반응에 대한 메커니즘을 쓰시오.

(a)

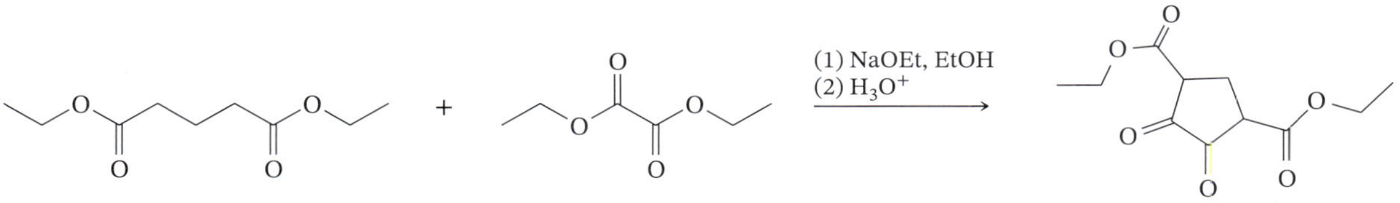

(1) NaOEt, EtOH
(2) H_3O^+

(b)

(1) NaOMe, MeOH
(2) H_3O^+

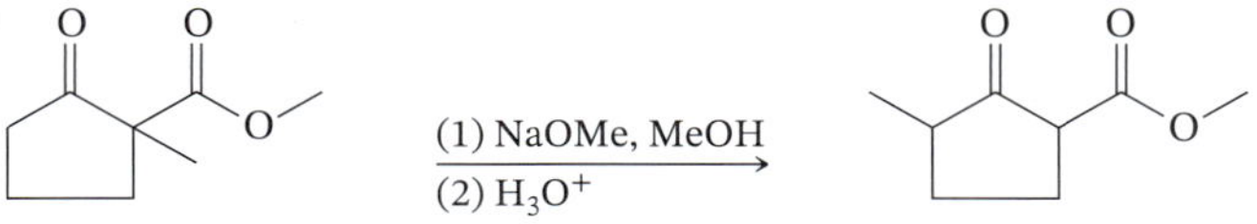

19.65 **(a)** 대단히 대칭인 **A**의 구조를 이끌어 내시오.

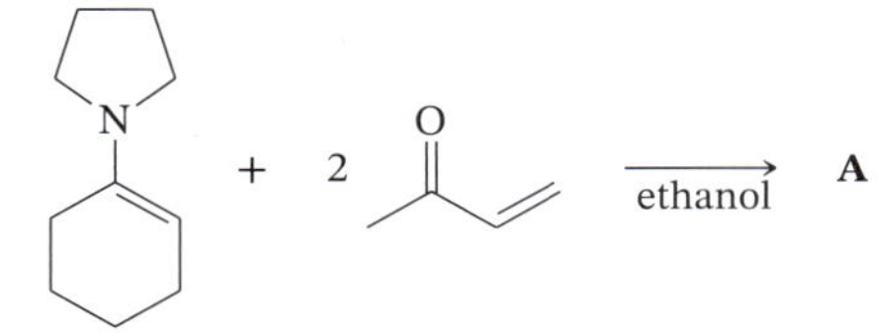

+ 2 ethanol **A**

A의 분광학적인 자료는 다음과 같다.

MS (m/z): 220($M^{\dot{+}}$)

IR (cm^{-1}): 2930, 2860, 1715

^{1}H NMR (ppm): 1.25(m), 1.29(m), 1.76(m), 1.77(m), 2.14(s), 2.22(t) ; (면적비 = 2 : 1 : 2 : 1 : 2 : 2)

^{13}C NMR (ppm): 23(CH_2), 26(CH_2), 27(CH_2), 29(C), 39(CH), 41(CH_2), 46(CH_2), 208(C)

(b) **A**의 형성을 설명하는 메커니즘을 쓰시오.

19.66 **(a)** 같은 생성물에 이르는 아래의 두 가지 변환에 대한 메커니즘을 쓰시오. **(b)** 새로운 생성물이 반응 조건에서 출발 물질보다 더 유리한 까닭은 무엇인가?

(a) NaOEt / EtOH

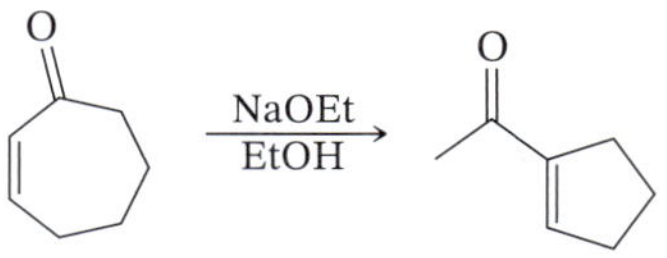

(b) NaOEt / EtOH

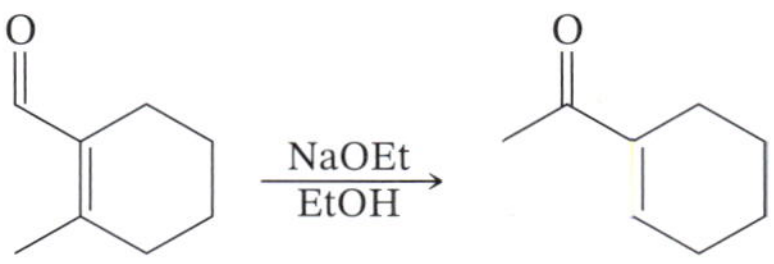

개념 지도

엔올산 이온과 카보닐 친전자체와의 반응

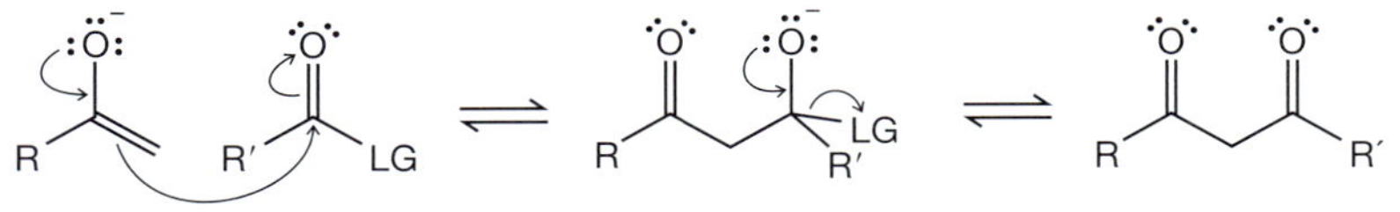

R R′ LG ⇌ R R′ LG ⇌ R R′

아실 치환 반응 (첨가–제거 반응), 예: Claisen 축합 반응, LG = OR일 때

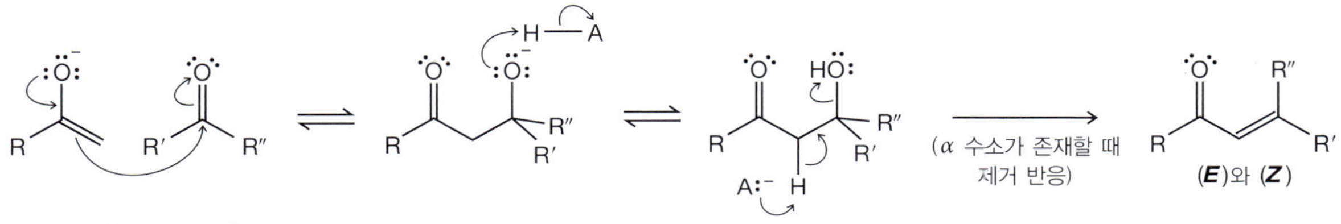

H—A

R R′ R″ ⇌ R R″ R′ ⇌ R R″ R′ A:⁻ H → (α 수소가 존재할 때 제거 반응) R R″ R′ (*E*)와 (*Z*)

알돌 반응(첨가 반응과 축합 반응)

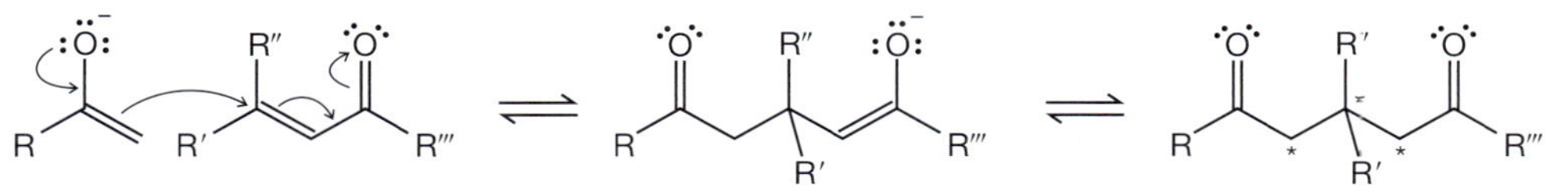

R R″ R′ R‴ ⇌ R R″ R′ R‴ ⇌ R R′ R‴

*카이랄 중심일 수도 있음

Michael (짝지은) 첨가 반응

개념 지도

엔올산 이온을 포함하는 합성 연관 도표

- 엔올산 이온 형성
- 케토-엔올 토토머화
- 할로젠화 반응
- 알킬화 반응
- 아실화 반응

엔올산 이온은 카보닐 화합물의 α 탄소를 작용기화하는 다양한 방법을 제공한다. 가장 중요한 것은 엔올산 이온이 새로운 탄소-탄소 결합을 형성하는 길을 제공하는 것이다. 이것들의 합성 연관성을 아래에 보인다. 앞서 배운 카보닐, 알코올, 그리고 알켄 작용기들의 반응(예: 환원 반응, 산화 반응, 첨가 반응, 치환 반응)들이 아래에 보인 경로에 이르게 하거나 경로로부터 비롯된다.

- Claisen 축합 반응
- 알돌 반응
- Grignard와 RLi 첨가 반응
- Michael 첨가 반응
- HCN의 짝지은 첨가 반응
- 아민의 짝지은 첨가 반응

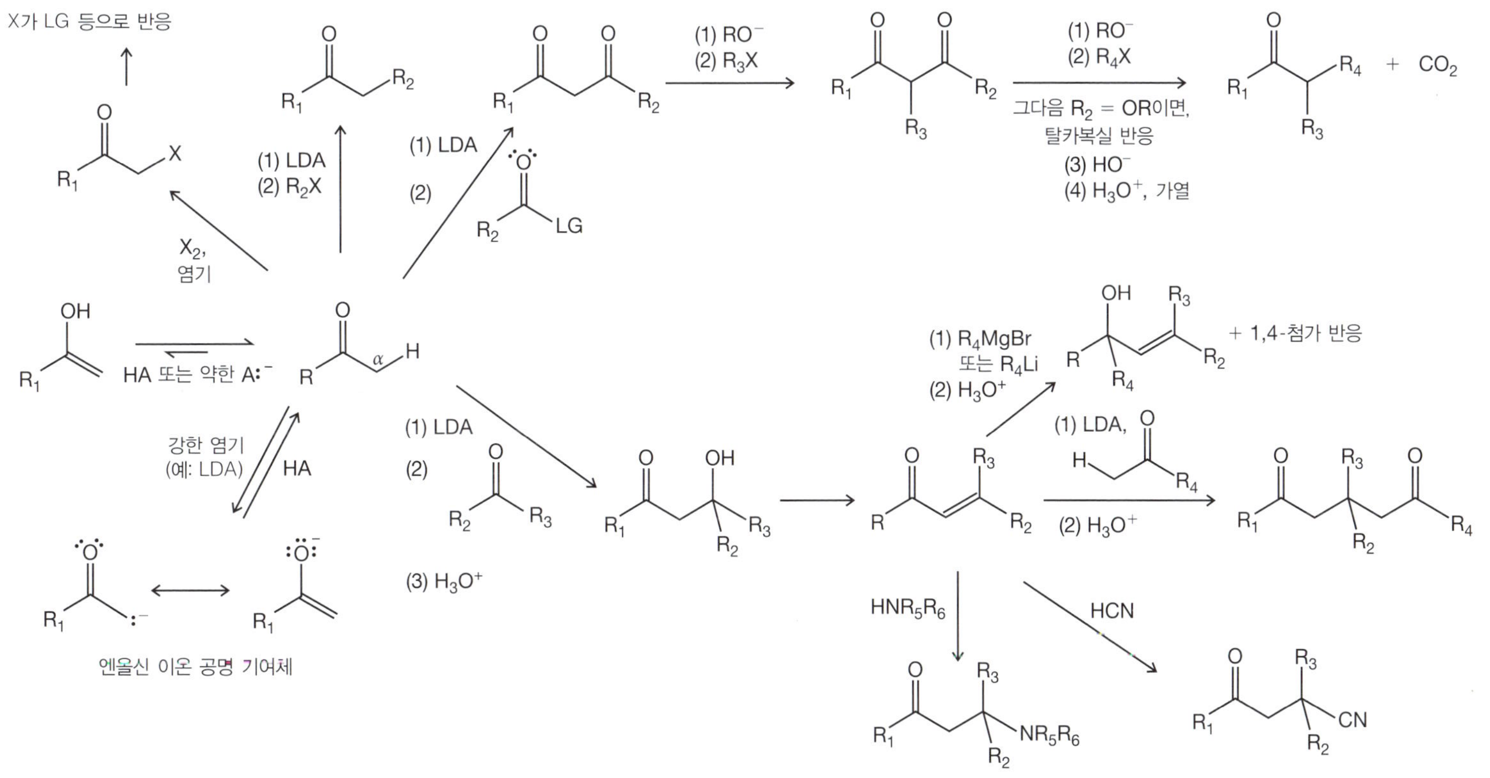

X가 LG 등으로 반응

X_2, 염기

(1) LDA (2) R_2X

(1) LDA (2) R_2COLG

(1) RO^- (2) R_3X

(1) RO^- (2) R_4X 그다음 R_2 = OR이면, 탈카복실 반응 (3) HO^- (4) H_3O^+, 가열

$+ CO_2$

HA 또는 약한 $A:^-$

강한 염기 (예: LDA)

HA

엔올산 이온 공명 기여체

(1) LDA (2) R_2COR_3 (3) H_3O^+

(1) R_4MgBr 또는 R_4Li (2) H_3O^+

+ 1,4-첨가 반응

(1) LDA, HCH_2COR_4 (2) H_3O^+

HNR_5R_6

HCN

아민

dirk ercken/123 RF

아민을 포함하는 화합물들은 엄청난 범위의 생화학적인 성질을 가지고 있다. 아세틸콜린 같은 것은 신경독소로 작용하여 근육의 기능을 통제하고 느낌 지각을 증진시키고, 집중 간격을 유지시킨다. 다른 것들은 더 무시한 역할도 한다. 예를 들어, 콜롬비아에 서식하는 독침 개구리는 작고 아름다우면서도 치명적이다. 그들은 히스트라이오니코톡신(histrionicotoxin)이라는 독을 생산하는데, 마비를 일으키는 이 독은 일종의 아민이다. 피해자의 호흡 근육의 마비로 인한 질식으로 죽음에 이르게 된다. 아세틸콜린이 활동을 할 수 없어 폐의 근육이 기능을 하도록 만드는 전기 신호가 개시되는 것을 차단함으로써 호흡기 근육은 기능이 멈추게 된다. 비슷하게, 아마존의 종족들은 숲속의 큐라레(curare)라고 하는 포도나무로부터 얻은 화합물들의 혼합물을 사냥이나 자신의 보호를 위해서 오래 사용하였다. 이 물질은 또 다른 마비성 신경독소인 *d*-튜보큐라린(*d*-tubocuranine)으로 아세틸콜린의 기능을 차단한다. 이제 보겠지만, 이 예들은 아민이 하는 일들 중 빙산의 일각을 보여 준다고 하겠다.

HO, H, N

Histrionicotoxin

H_3C, H, N^+, HO, OCH_3, $\cdot 2\ Cl^-$, N^+, H_3C, CH_3, O, H_3CO, HO

***d*-Tubocurarine chloride**

O, O, N^+, CH_3, CH_3, CH_3

Acetylcholine

이 장에서 배울 내용:

- 아민의 성질, 구조, 이름 짓기
- 염기, 염, 분리 시약으로서의 아민의 능력
- 아민의 합성과 반응성

이 주제는 왜 중요한가?

이 장의 끝에서는 아민을 포함하는 화합물들이 작은 분자들을 가지고 질병을 치료하는 방법에 대한 혁명적인 아이디어를 어떻게 탄생하도록 하였는지와, 세계 최초로 폐렴과 위장 감염 치료제의 확인에 어떻게 이르게 하였는지를 보게 될 것이다.

20.1 이름 짓기

대부분의 아민은 일반적으로 **알킬아민**(alkylamine)이라고 부른다. 체계적인 이름 짓기(아래에서 괄호 안에 있는 것) 방법은 NH_2기가 붙어 있는 사슬이나 고리계의 끝에 -**아민**이란 접미사(영어로는 -e 대신 -amine)를 붙이는 것이다. 아민은 질소에 결합된 유기 기의 수에 따라 **1차**(**1°**), **2차**(**2°**), 그리고 **3차**(**3°**)로 분류된다(2.8절).

1차 아민

CH_3NH_2

Methylamine (methanamine) | **Ethylamine** (ethanamine) | **Isobutylamine** (2-methyl-1-propanamine) | **Cyclohexylamine** (cyclohexanamine)

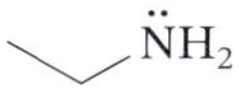

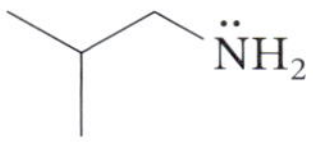

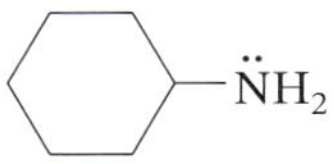

대부분의 **2차 아민**(**secondary amine**) 및 **3차 아민**(**tertiary amine**)도 똑같은 일반적인 방법으로 이름 짓는다. 일반적인 이름에서는 유기 기가 다를 경우 각각을 표시하고, 같을 경우 다이(이) 또는 트라이(삼) 등을 사용한다. 체계적인 이름에서 질소 원자에 붙어 있는 치환기를 나타내기 위해서 *N*을 쓴다.

2차 아민

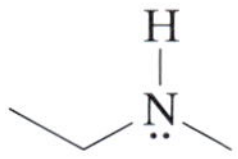

Ethylmethylamine (*N*-methylethanamine) | **Diethylamine** (*N*-ethylethanamine)

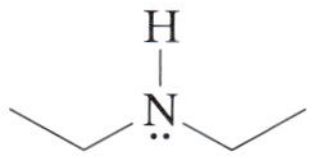

3차 아민

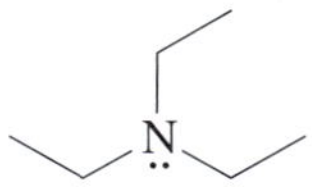

Triethylamine (*N*,*N*-diethylethanamine) | **Ethylmethylpropylamine** (*N*-ethyl-*N*-methyl-1-propanamine)

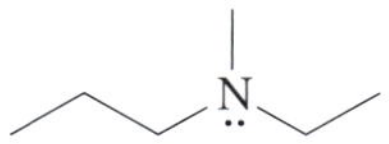

IUPAC 체계에서 치환기 $-NH_2$는 **아미노**기이다. OH기나 CO_2H기를 포함한 아민을 이름 지을 때 이것을 흔히 사용한다.

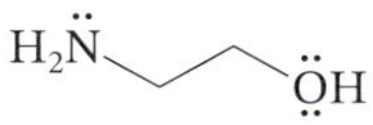

2-Aminoethanol 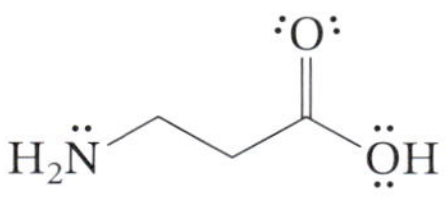 | **3-Aminopropanoic acid**

20.1A 아릴아민

일반적인 아릴아민(**arylamine**)들의 이름은 다음과 같다.

NH_2 $NHCH_3$ NH_2 NH_2

CH_3 OCH_3

Aniline (benzenamine)

***N*-Methylaniline** (*N*-methyl-benzenamine)

***p*-Toluidine** (4-methyl-benzenamine)

***p*-Anisidine** (4-methoxy-benzenamine)

20.1B 헤테로 고리 아민

중요한 헤테로 고리 아민(**heterocyclic amine**)들은 모두 관용명을 가지고 있다. 체계적인 치환기 이름 짓기에서는 접두사 **아자**-(aza-), **다이아자**(diaza-), 그리고 **트라이아자**(triaza-) 등을 써서 대응되는 탄화수소의 탄소 원자를 질소 원자로 치환했음을 나타낸다. 고리의 질소 원자(또는 싸이아졸에서와 같이 원자량이 가장 큰 원자)에 1번을 붙이고 헤테로 원자들의 위치를 나타내는 숫자가 최소가 되도록 번호를 붙여 나간다.

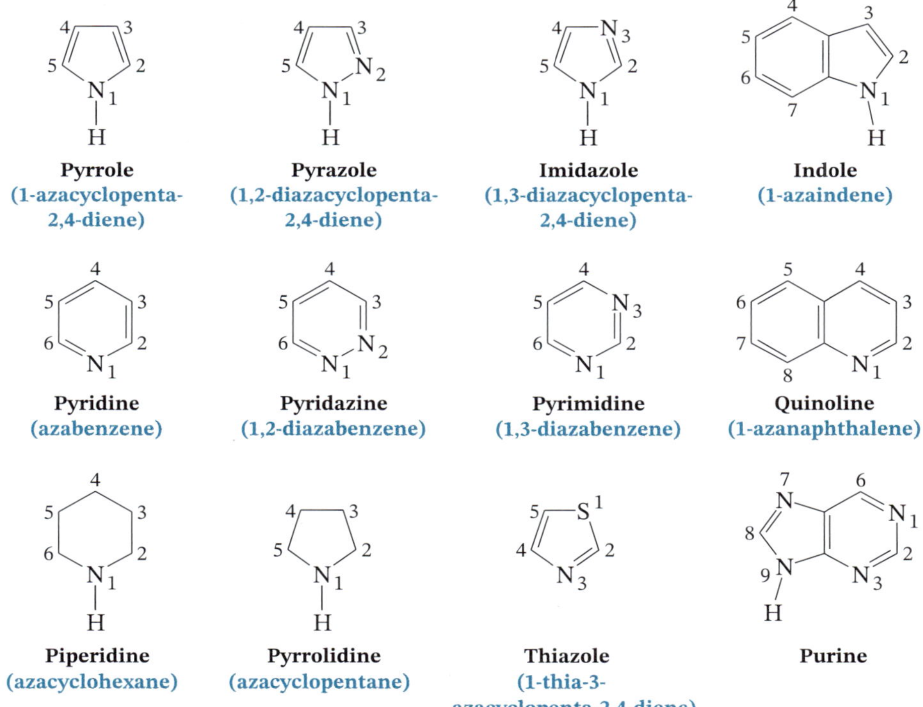

20.2 아민의 물리적 성질과 구조

20.2A 물리적 성질

아민들은 중간 정도로 극성인 물질이다. 그들은 분자량이 대등한 탄화수소보다도 끓는점이 높지만 알코올보다는 일반적으로 끓는점이 낮다. 1차와 2차 아민 분자는 서로끼리, 그리고 물 분자와 강한 수소 결합을 할 수 있다. 3차 아민은 서로끼리 수소 결합을 하지 못하지만, 물 분자나 하이드록실기가 있는 용매와는 수소 결합을 할 수 있다. 이 결과 3차 아민은 분자량이 대등한 1차나 2차 아민보다 낮은 온도에서 끓는다. 그러나 분자량이 작은 모든 아민들은 물에 녹는다. **표 20.1**에 몇 가지 일반적인 아민의 물리적 성질을 수록하였다.

20.2B 아민의 구조

대부분의 아민의 질소 원자는 암모니아의 질소 원자와 비슷하다. 즉, 그것은 대략 sp^3 혼성이다. 세 개의 알킬기(또는 수소 원자)는 정사면체의 꼭짓점을 점유하고 있다. 비공유 전자쌍을 지니고 있는 sp^3 오비탈은 다른 꼭짓점을 향하고 있다. 아민의 기하 모형은 원자의 위치에 의해서 **삼각 피라미드(trigonal pyramidal**, 1.16B절)라고 설명한다. 그러나 비공유 전자쌍을 하나의 기로 생각하면 아민은 정사면체이다. 트라이메틸아민의 van der Waals 표면에 대한 정전기적 퍼텐셜 지도는 비공유 전자쌍이 발견되는 질소에 음전하가 놓이는 것을 나타내고 있다.

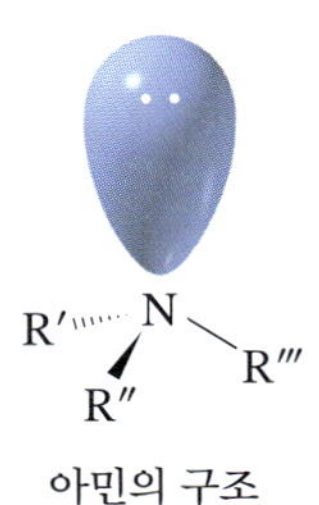

아민의 구조

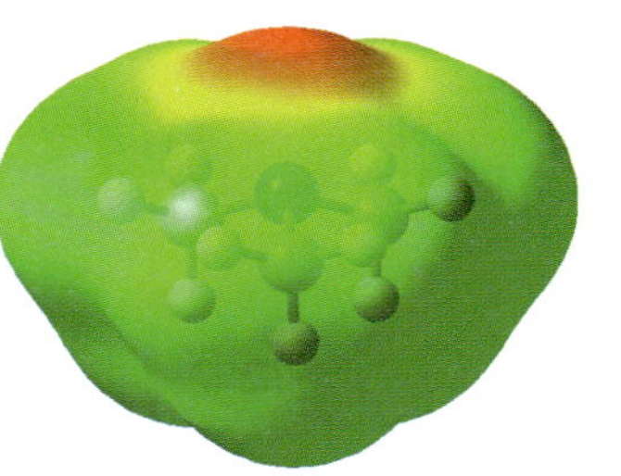
트라이메틸아민의 계산된 구조. 정전기적 퍼텐셜 지도는 질소의 비공유 전자쌍으로 인한 전하를 보여 주고 있다.

결합각은 정사면체 구조로부터 예상되는 것이다. 즉, 그것은 109.5°에 아주 가깝다. 예를 들어, 트라이메틸아민의 결합각은 108°이다.

표 20.1 아민의 물리적 성질

이름	구조	mp (°C)	bp (°C)	물에 대한 용해도 (25 °C)	pK_a (아민윰 이온)
1차 아민					
Ethylamine	$CH_3CH_2NH_2$	−81	17	잘 녹음	10.75
Benzylamine	$C_6H_5CH_2NH_2$	10	185	약간 녹음	9.30
Aniline	$C_6H_5NH_2$	−6	184	약간 녹음	4.58
4-Methylaniline	4-$CH_3C_6H_4NH_2$	44	200	안 녹음	5.08
4-Nitroaniline	4-$NO_2C_6H_4NH_2$	148	332	안 녹음	1.00
2차 아민					
Diethylamine	$(CH_3CH_2)_2NH$	−48	56	잘 녹음	10.98
Diphenylamine	$(C_6H_5)_2NH$	53	302	안 녹음	0.80
3차 아민					
Triethylamine	$(CH_3CH_2)_3N$	−115	90	다소 녹음	10.76
N,N-Dimethylaniline	$C_6H_5N(CH_3)_2$	3	194	약간 녹음	5.06

3차 아민의 모든 알킬기들이 서로 다르다면 아민은 카이랄이다. 3차 아민에는 두 가지 거울상체 형태가 있을 것이며, 이론적으로는 이 거울상체들을 분리할 수도 있을 것이다. 그러나 실제로는 거울상체들이 급속히 상호 전환하므로 분리가 대개 불가능하다.

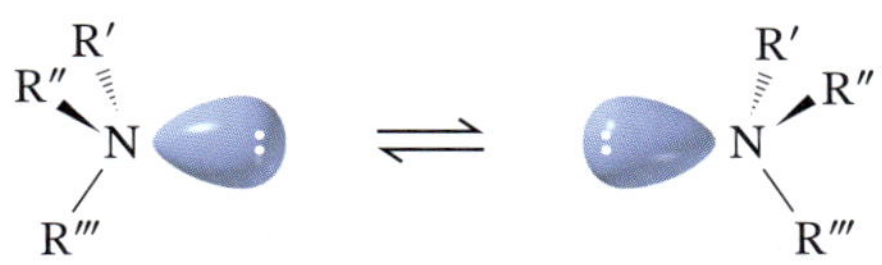

아민 거울상체들의 상호 전환

이 상호 전환은 소위 **피라미드(pyramidal)** 혹은 **질소 반전(nitrogen inversion)**이라 불리는 것을 통하여 일어난다. 상호 전환의 장벽은 대부분의 간단한 아민에 있어서 25 kJ mol^{-1} 이다. 반전의 전이 상태에서 질소 원자는 sp^2 혼성으로 되며, 비공유 전자쌍은 p 오비탈을 점유한다.

암모늄 염은 비공유 전자쌍이 없기 때문에 질소 반전을 하지 않는다. 그러므로 네 개의 기가 다 다른 **4차 암모늄 염(quaternary ammonium salt)**은 카이랄이며, 별개의 거울상체(비교적 안정함)로 분리될 수 있다.

이와 같은 4차 암모늄 염은 분리될 수 있다.

20.3 아민의 염기도: 아민 염

- 아민은 비교적 약한 염기이다. 그들은 물보다는 강한 염기이다. 그러나 수산화 이온, 알콕시화 이온, 그리고 알칸화 음이온보다는 아주 약한 염기이다.

아민의 **염기의 세기(base strength)**를 비교하는 방법은 그들의 짝산, 즉 알킬아민윰 이온의 산도(혹은 pK_a 값)를 비교하는 것이다(3.5C절과 20.3D절).

$$R\overset{+}{N}H_3 + H_2O \rightleftharpoons RNH_2 + H_3O^+$$

$$K_a = \frac{[RNH_2][H_3O^+]}{[RNH_3^+]}$$

$$pK_a = -\log K_a$$

상대적으로 더 염기성인 아민의 화학적 평형은 덜 염기성인 아민의 평형보다는 위의 화학 반응식에서 왼쪽으로 놓이게 된다.

- 더 염기성인 아민의 아민윰 이온은 덜 염기성인 아민의 그것보다는 더 큰 pK_a 값을 가지게 될 것이다.

평형의 관점에서 아민윰 이온의 산도를 비교해 보면 대부분의 1차 알킬아민윰 이온(RNH_3^+)은 암모늄 이온(NH_4^+)보다 다소 약산성인 것을 알 수 있다. 다시 말하면, 1차 아민(RNH_2)은 암모니아(NH_3)보다 더 염기성이다.

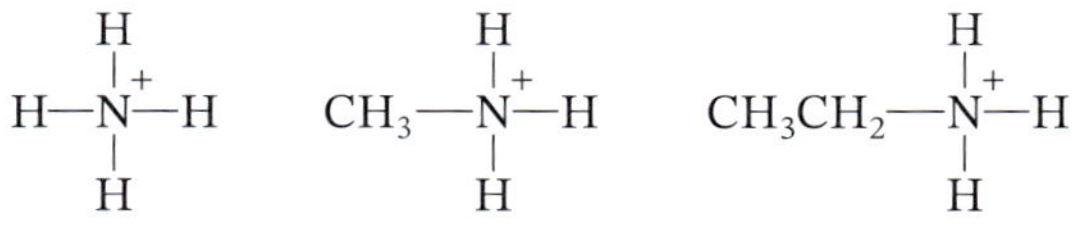

	$H-\overset{+}{N}H_3$	$CH_3-\overset{+}{N}H_3$	$CH_3CH_2-\overset{+}{N}H_3$
아민윰 이온의 pK_a	**9.26**	**10.64**	**10.75**

이것은 알킬기의 전자를 미는 능력으로 설명할 수 있다. 알킬기는 전자를 밀어낸다. 그래서 이것은 산-염기 반응으로부터 생성된 알킬아민윰 이온의 **양전하를 분산시킴**으로써 **안정화**시킨다. 이것은 아민을 안정화시키는 것보다 알킬아민윰 이온을 더 많이 안정화시킨다.

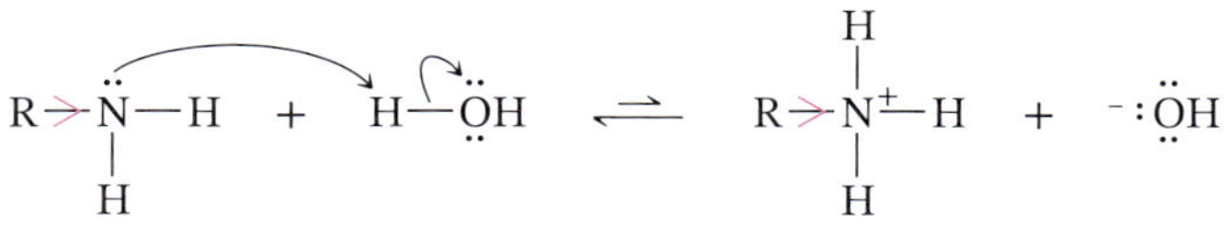

$$R\rightarrow\ddot{N}H_2 + H-\ddot{O}H \rightleftharpoons R\rightarrow\overset{+}{N}H_3 + {}^{-}:\ddot{O}H$$

R → 은 전자를 밀어냄으로써 알킬아민윰 이온을 전하의 분산을 통하여 안정화시킨다.

20.3A 아릴아민의 염기도

- 방향족 아민은 알킬아민보다 훨씬 약염기이다. 대응되는 아민윰 이온의 pK_a 값들이 이러한 사실을 보여 준다.

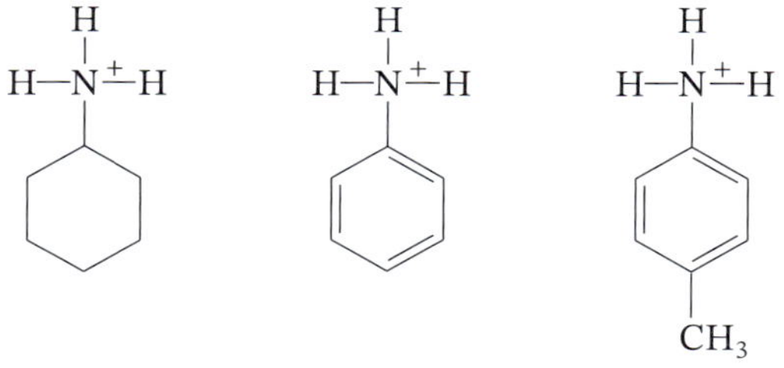

	사이클로헥실아민윰	아닐리늄	p-톨루이디늄 (CH_3)
아민윰 이온의 pK_a	**10.64**	**4.58**	**5.08**

이 효과는 아릴아민의 전체적인 혼성에 미치는 공명 기여도로 설명될 수 있다. 아닐린에서 다음과 같은 기여체들은 중요하다.

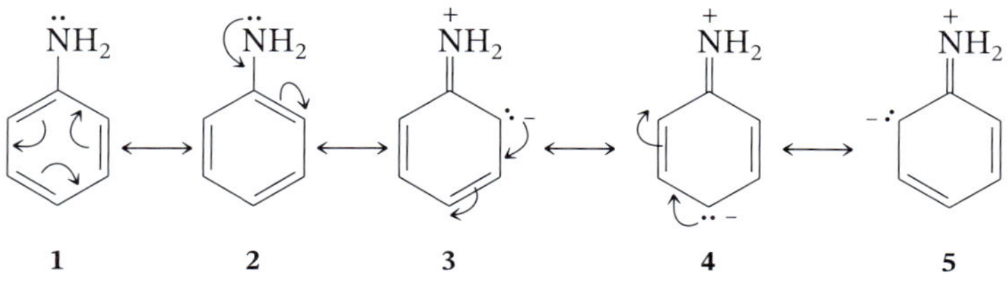

1 ⟷ **2** ⟷ **3** ⟷ **4** ⟷ **5**

구조 **1**과 **2**는 어떤 벤젠 유도체에서라도 기여하는 Kekulé 구조이다. 그러나 구조 **3**~**5**는 질소에 있는 비공유 전자쌍을 고리의 ortho와 para 위치에 **비편재화**시킨다. 이러한 전자쌍의 비편재화로 전자쌍을 양성자에게 줄 수가 없고, **전자쌍의 비편재화로 아닐린이 안정화되는 것이다.**

방향족 아민의 낮은 염기도를 설명하는 데 또 다른 중요한 효과는 **페닐기의 전자 끄는 효과**이다. 페닐기의 탄소 원자는 sp^2 혼성이므로 그들은 알킬기의 sp^3-혼성인 탄소 원자보다 더 전기음성적이다(그리고 따라서 더 전자를 끌어당긴다, 3.7A절).

20.3B 헤테로 고리 아민의 염기도

비방향성인 헤테로 고리 아민은 사슬형 아민과 비슷한 염기도를 가진다.

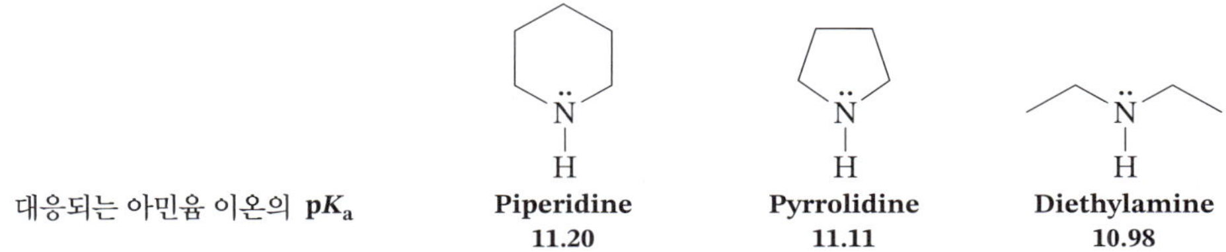

수용액에서 피리딘, 피리미딘, 피롤과 같은 방향성 헤테로 고리 아민들은 비방향성 아민이나 암모니아보다 훨씬 약한 염기이다.

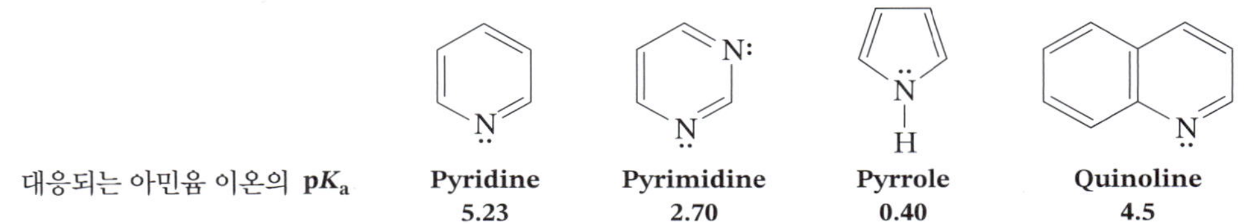

20.3C 아민 대 아마이드

- 아마이드는 아민보다 훨씬 덜 염기성이다(아릴아민보다도 더 염기성이 작다). 전형적인 아마이드 짝산의 pK_a는 대략 0이다.

아민에 비해 아마이드의 염기도가 작은 것은 공명 효과와 유발 효과로 이해될 수 있다. 아마이드는 질소 원자에 있는 비결합 전자쌍을 포함하는 공명에 의해서 안정화된다. 그러나 질소 원자에 양성자가 첨가된 아마이드는 이런 형태의 공명 안정성이 없다. 이것은 다음에 보인 공명 구조로 나타낼 수 있다.

Ethylamine

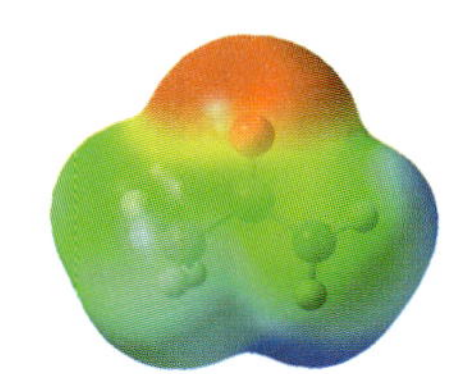

Acetamide

그림 20.1 에틸아민과 아세트아마이드의 계산된 정전기적 퍼텐셜 지도(동일한 전하 척도로 보정함). 에틸아민의 지도는 음전하가 질소의 비공유 전자쌍에 놓여 있음을 보여 준다. 아세트아마이드의 지도는 카보닐기의 전자 끄는 효과 때문에 대부분의 음전하가 질소보다는 산소에 있음을 보여 준다.

아마이드

더 큰 공명 안정화

N-양성자 첨가된 아마이드

더 작은 공명 안정화

그러나 아마이드가 아민보다 더 약한 염기인 것을 설명하는 더 중요한 요인은 아마이드의 카보닐기의 강력한 전자를 끄는 효과이다. 이 효과는 **그림 20.1**에 나타낸 에틸아민과 아세트아마이드의 정전기적 퍼텐셜 지도에서 잘 보이고 있다. 상당한 음전하가 에틸아민에 있는 비공유 전자쌍의 위치에 놓여 있다(적색으로 표시). 그러나 아세트아마이드에서는 에틸아민에서보다 음전하가 질소 부근에 덜 놓여 있다.

다음 평형을 비교해 보면 아마이드의 반응이 대응되는 아민의 반응보다 평형이 더 왼쪽에 놓여 있다. 이것은 아민이 아마이드보다 더 강염기라는 사실과 일치한다.

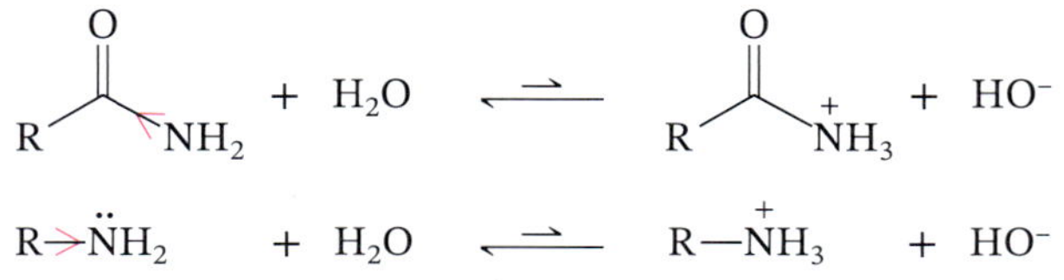

$$\mathrm{RC(=O)NH_2} + H_2O \rightleftharpoons \mathrm{RC(=O)\overset{+}{N}H_3} + HO^-$$

$$\mathrm{R{-}\ddot{N}H_2} + H_2O \rightleftharpoons \mathrm{R{-}\overset{+}{N}H_3} + HO^-$$

아마이드의 질소 원자는 아주 약한 염기이므로 아마이드가 양성자를 받아들이면 그것은 산소 원자에서 대신 받아들이는 것이다(17.8F절의 아마이드 가수 분해 반응 메커니즘 참조). 산소 원자에의 양성자 첨가는 비록 산소 원자가(전기 음성도가 더 크기 때문에) 전형적으로 질소 원자보다 덜 염기성인데도 일어난다. 그러나 아마이드가 양성자를 산소 원자에 받아들이면 질소 원자에 있는 비결합 전자쌍을 포함하는 공명 안정화가 가능하다.

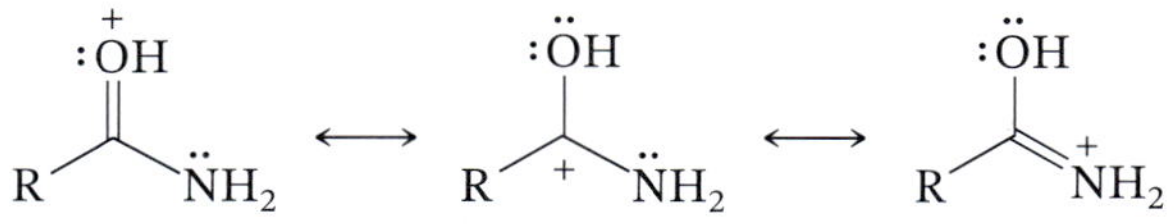

$$\mathrm{RC(=\overset{+}{O}H)\ddot{N}H_2} \longleftrightarrow \mathrm{R\overset{+}{C}(\ddot{O}H)\ddot{N}H_2} \longleftrightarrow \mathrm{RC(\ddot{O}H)=\overset{+}{N}H_2}$$

20.3D 아민윰 염과 4차 암모늄 염

1차, 2차, 그리고 3차 아민이 염기로 작용하여 산과 반응하면 **아민윰 염(aminium salt)**이라고 부르는 화합물이 형성된다. 아민윰 염에서 양전하를 띤 질소 원자에는 적어도 하나의 수소 원자가 붙어 있다.

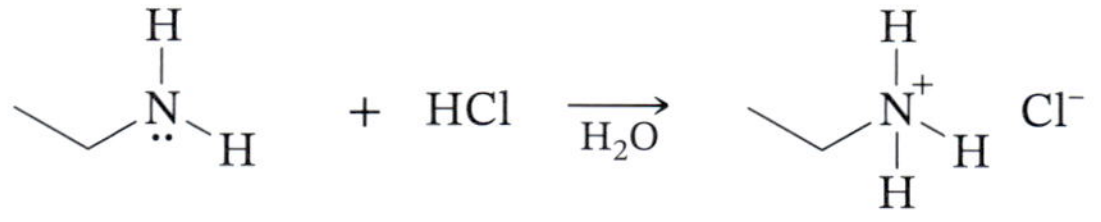

$$CH_3CH_2\ddot{N}H_2 + HCl \xrightarrow{H_2O} CH_3CH_2\overset{+}{N}H_3\ Cl^-$$

Ethylaminium chloride
(아민윰 염)

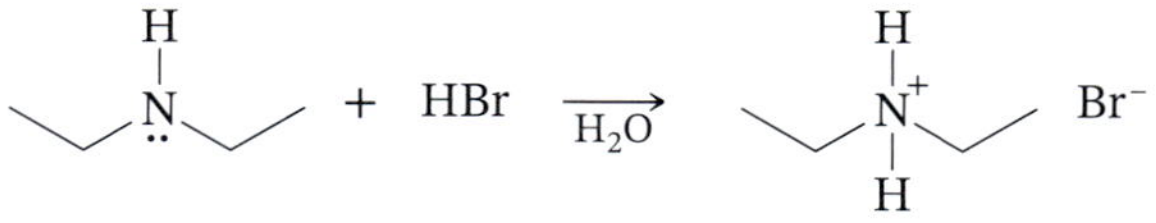

$$(CH_3CH_2)_2\ddot{N}H + HBr \xrightarrow{H_2O} (CH_3CH_2)_2\overset{+}{N}H_2\ Br^-$$

Diethylaminium bromide

$$(CH_3CH_2)_3\ddot{N} + HI \xrightarrow{H_2O} (CH_3CH_2)_3\overset{+}{N}H\ I^-$$

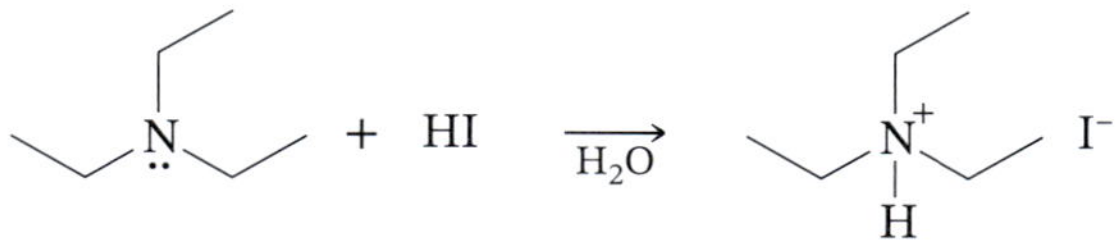

Triethylaminium iodide

중심에 있는 질소 원자가 양전하를 띠고 있으나 **수소 원자가 붙어 있지 않을 때** 그 화합물을 **4차 암모늄 염(quaternary ammonium salt)**이라고 부른다. 한 가지 예로,

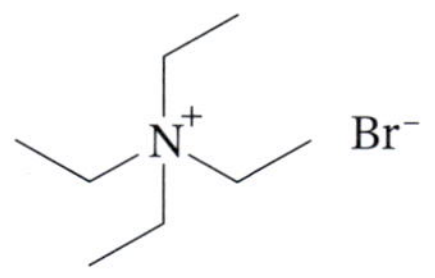

$$(CH_3CH_2)_4\overset{+}{N}\ Br^-$$

Tetraethylammonium bromide
(4차 암모늄 염)

4차 할로젠화 암모늄은 질소 원자에 비공유 전자쌍이 없기 때문에 염기로 작용하지 못한다. 그러나 4차 암모늄 수산화물은 강한 염기이다. 고체이든 용액에서든 이들은 전적으로 4차 암모늄 양이온(R_4N^+)과 수산화 이온(OH^-)으로 되어 있다. 그러므로 이들은 강한 염기이며, 수산화 소듐이나 수산화 포타슘만큼 강한 염기이다. 4차 암모늄 수산화물은 산과 반응하여 4차 암모늄 염을 만든다.

$$(CH_3)_4N^+HO^- \quad + \quad HCl \longrightarrow (CH_3)_4N^+Cl^- \quad + \quad H_2O$$

20.12A절에서 4차 암모늄 염이 **Hofmann 제거 반응**(**Hofmann elimination**)에 의해서 알켄을 형성하는 방법에 대해서 배울 것이다.

20.3E 산 수용액에서 아민의 용해도

- 거의 모든 알킬아민늄 염은 물에 녹는다. 그러므로 물에 안 녹는 1차, 2차, 그리고 3차 아민들은 HCl, HBr, HI, 또는 H_2SO_4의 묽은 수용액에 녹는다.

묽은 산에 대한 용해도는 아민을 물에 녹지 않는 비염기성 화합물로부터 구별하는 데 쓰이는 편리한 화학적 방법이 되기도 한다. 묽은 산에 대한 용해도는 또한 아민을 물에 안 녹는 비염기성 화합물로부터 분리하는 데 유용한 방법을 제공해 주기도 한다. 아민을 산 수용액(묽은 HCl)으로 추출한 다음 수용액을 염기성으로 만들고 아민을 에테나 CH_2Cl_2로 추출해 내는 것이다.

도움말

아민은 염기성이다. 아마이드는 염기성이 아니다. 유기 화학 실험에서 화합물들을 분리하거나 미지 화합물의 확인에 아민의 염기도를 사용하게 될 것이다.

H–X
(또는 H_2SO_4)
X⁻
(또는 HSO_4^-)
물에 안 녹는 아민
물에 녹는 아민늄 염

아마이드는 아민보다 훨씬 덜 염기성이므로 물에 녹지 않는 아마이드는 HCl, HBr, HI, 또는 H_2SO_4의 묽은 수용액에도 녹지 않는다.

되새김 물음 20.1

묽은 HCl, NaOH 수용액, 그리고 다이에틸 에터를 사용하여 2-메틸헥실아민을 헥세인으로부터 분리해 내는 방법을 요약하시오.

되새김 물음 20.2

보통의 실험실적 시약을 사용하여 아닐린, *p*-크레졸, 벤조산, 그리고 톨루엔의 혼합물을 분리하는 방법을 요약하시오.

20.3F 분리 시약으로 쓰이는 아민

- 거울상체적으로 순수한 아민은 산성인 화합물의 부분 입체 이성질성인 염을 형성함으로써 라셈 형태를 분리하는 데 흔히 사용된다.

분리(**resolution**) 방법에 관여된 원리는 단일한 거울상체의 **아민을 분리 시약으로 써서** 유기산의 라셈 형태를 그것의 거울상체들로 분리하는 방법을 보임으로써 설명하기로 한다(**그림 20.2**).

이 방법에서 하나의 아민인 (*R*)-1-페닐에틸아민의 한 가지 거울상체를 라셈 형태인 산의 용액에 가한다. 생성된 염은 **부분 입체 이성질체**(diastereomer)이다. 염의 산 부분의 카이랄 중심은 서로 거울상체의 관계이지만, 아민 부분의 카이랄 중심은 그렇지 않다. 부분 입체 이성질체는 용해도가 다르다. 따라서 조심스러운 결정 방법에 의해 분리될 수 있다. 분리된 염에 염산을 가하여 거울상체인 산이 분리된 용액으로부터 얻어진다. 아민은 용액 속에 염화 수소의 염으로 남아 있다.

분리 시약으로 사용되는 단일 거울상체들은 천연자원에서 쉽게 구할 수 있다. 생명 조직에서 존재하는 대부분의 카이랄성 유기 화합물은 효소가 존재하는 반응에 의해서 합성되므로 대부분은 단일 거울상체로 존재한다. 자연에 존재하는 (−)-퀴닌('생물 화학: 생물학적으로 중요한 아민' 참조), (−)-스트리크닌, 그리고 (−)-부루신 등과 같은 광학적으로 활성인 아민은 라셈 혼합물인 산의 분리 시약으로 흔히 사용된다. (+)- 또는 (−)-타타르산(5.15A절) 같은 산은 라셈 혼합물인 염기를 분리하는 데 흔히 사용된다.

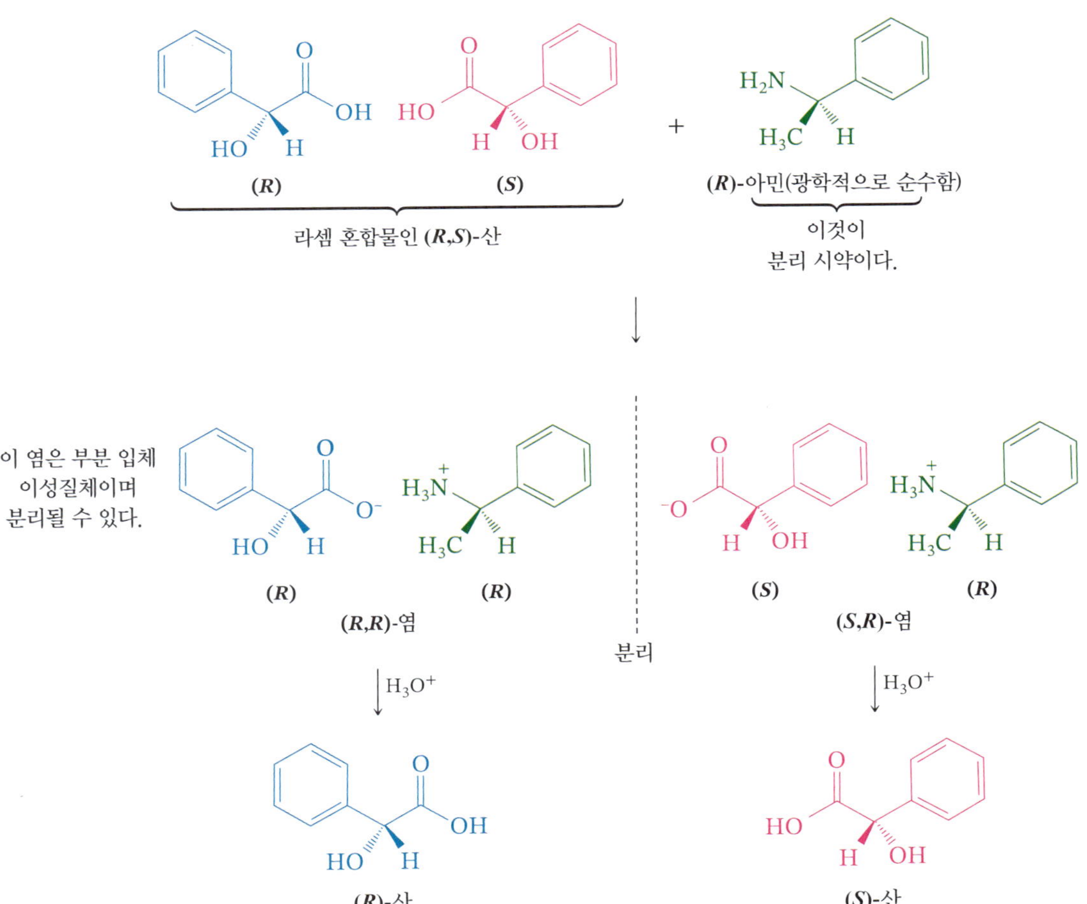

그림 20.2 광학적으로 활성인 아민을 사용하여 유기산의 라셈 형태를 분리하는 방법. 분리된 부분 입체 이성질성인 염을 산성화시키면 거울상체인 산이 침전(물에 불용성인 산이라고 가정)되고 분리 시약은 그것의 짝산으로 용액에 남아 있게 된다.

(−)-Quinine (−)-Strychnine (−)-Brucine

생물 화학: 생물학적으로 중요한 아민

의학적으로나 생물학적으로 중요한 수많은 화합물들은 아민이다. 여기에 몇 가지 중요한 예들이 있다.

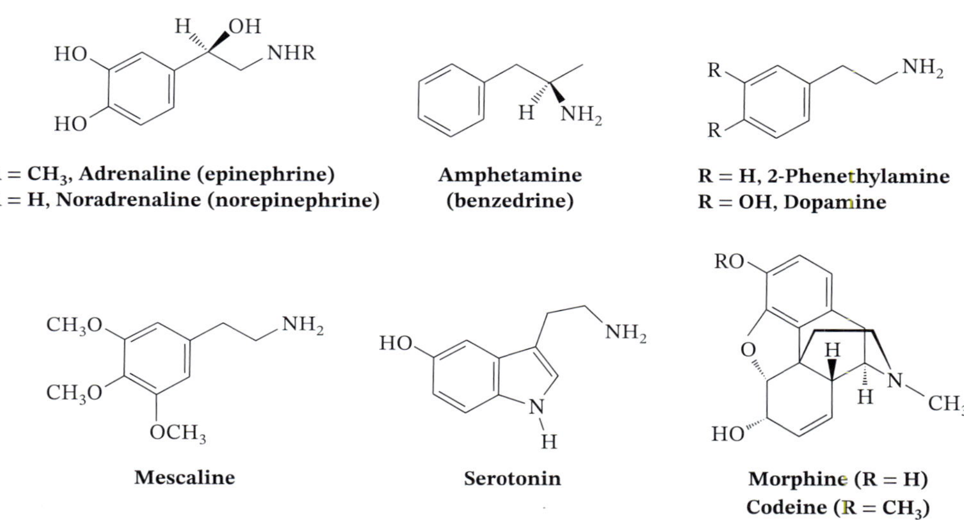

R = CH_3, Adrenaline (epinephrine)
R = H, Noradrenaline (norepinephrine)

Amphetamine (benzedrine)

R = H, 2-Phenethylamine
R = OH, Dopamine

Mescaline

Serotonin

Morphine (R = H)
Codeine (R = CH_3)

2-페닐에틸아민류

많은 2-페닐에틸아민계 화합물들은 강력한 생리학적 그리고 심리학적인 효과를 가지고 있다. 아드레날린과 노르아드레날린은 부신의 수질에서 분비되는 두 가지 호르몬이다. 동물이 위험을 감지했을 때 혈액 속으로 분비되면 아드레날린은 혈압을 증가시키고, 심장의 박동 속도를 강화해 주며, 폐로 들어가는 통로를 넓게 해 준다. 모든 이러한 효과는 동물로 하여금 싸우거나 도망갈 준비를 하게 해 주는 것이다. 노르아드레날린은 혈압을 증가시키고 자극을 한 신경섬유의 끝에서 다른 것으로 전달해 주는 데 관여하고 있다. 도파민과 세로토닌은 뇌에 있는 신경 전달 물질이다. 뇌에서 도파민의 합성에 이상이 생기면 파킨슨병과 같은 심리적 질병을 일으킨다. 도파민은 움직임, 동기, 그리고 인식의 통제에 있어서 핵심 역할을 한다. 세로토닌은 안정한 정신적인 과정을 유지하는 데 중요한 것처럼 보이기 때문에 특히 흥미가 있는 화합물이다. 정신 분열증은 세로토닌의 대사가 비정상적인 것과 관련이 있다고 제안되어 있다.

암페타민(강력한 흥분제)과 메스칼린(환각제)은 세로토닌, 아드레날린, 그리고 노르아드레날린과 비슷한 구조를 가지고 있다. 이들은 모두 2-페닐에틸아민 유도체들이다(세로토닌에서 질소는 벤젠 고리에 연결되어 오각형 고리가 된다). 이들 화합물의 구조적인 유사성은 이들의 생리학적 그리고 심리학적인 효과와도 관련이 있음이 틀림없다. 왜냐하면 비슷한 성질을 가진 많은 다른 화합물들도 역시 2-페닐에틸아민의 유도체들이기 때문이다. 이러한 예로는 *N*-메틸암페타민과 LSD(lysergic acid diethylamide)가 있다(구조 생략). 모르핀이나 코데인 같은 강력한 진통제도 2-페닐에틸아민을 구조의 일부로 가지고 있다. [모르핀과 코데인은 알칼로이드(특수 주제 H)라고 부르는 화합물의 예이다. 그들의 구조에서 2-페닐에틸아민계를 찾아내 보시오.]

바이타민과 항히스타민제

많은 수의 아민은 바이타민이다. 이것들에는 니코틴산, 니코틴아마이드, 그리고 염화 싸이아민 등이 있다. 니코틴은 담배에서 발견되는 독성인 알칼로이드인데 담배 피우는 것을 습관화시키는 물질이다. 히스타민은 또 다른 독성인 아민으로 인체의 거의 모든 조직에서 단백질에 붙어 있는 채로 발견된다. 히스타민이 떨어져 나오면 알레르기 반응이나 감기와 같은 증상이 생긴다. 클로로페니라민은 '항히스타민제'로 일반 감기약의 한 성분이다.

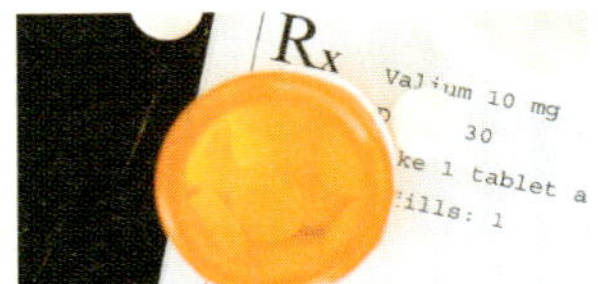

© Mike Filippo / Shutterstock

Pyridoxine (vitamin B_6)

Thiamine chloride (vitamin B_1)

Nicotine

Nicotinic acid (niacin)

Valium (diazepam)

Chlorpheniramine

Histamine

안정제

발륨(다이아제팜)은 널리 처방되는 안정제이다. 클로로다이아제폭사이드는 밀접하게 연관된 화합물이다. 페노바비탈(모형도 또한 보시오)은 간질 억제제, 수면제, 그리고 불안 치료제로 사용된다.

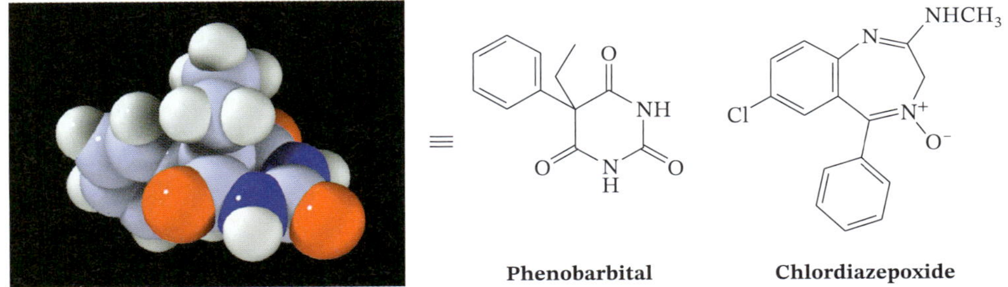
Phenobarbital

Chlordiazepoxide

신경 전달 물질

신경세포는 시냅스(synapse, 신경세포의 연접부)라 불리는 접합점 또는 틈새에서 다른 신경세포나 근육과 상호 작용을 한다. 신경 자극은 **신경 전달 물질**(neurotransmitter)이라 불리는 화학 물질에 의해서 시냅스의 틈새를 건너서 운반된다. 아세틸콜린(아래의 반응을 보시오)은 **콜린계 시냅스**(cholinergic synapse)라 불리는 신경 근육의 시냅스에서 중요한 신경 전달 물질이다. 아세틸콜린은 4차 암모늄기를 가지고 있다. 크기가 작고 이온성이므로 물에 잘 녹고 확산이 잘 되는 신경 전달 물질로서의 역할에 적합한 성질을 지니고 있다. 아세틸콜린은 뉴런에 있는 전구 시냅스 막에 의해서 한꺼번에 10^4개 분자가 방출된다. 이 분자 뭉치는 시냅스 틈새를 건너 확산된다.

Acetylcholine + H_2O $\xrightleftharpoons{\text{acetylcholinesterase}}$ acetic acid + **Choline**

신경 자극을 시냅스를 건너서 근육으로 운반하면 전기적인 감응을 일으키고 아세틸콜린 분자는 수천 분의 일 초 내에(콜린으로) 가수 분해되어 다음 자극이 도착되도록 해야 한다. 이 가수 분해는 **아세틸콜린에스터 가수 분해 효소**(acetylcholinesterase)라 불리는 효소에 의해서 거의 완벽하게 촉매화된다.

근육의 후부 시냅스 막에 있는 아세틸콜린 수용체는 가장 치명적인 신경 독소가 공격할 표적이기도 하다. 이들 중 *d*-튜보큐라린과 히스트리오니코톡신의 구조는 아래와 같다.

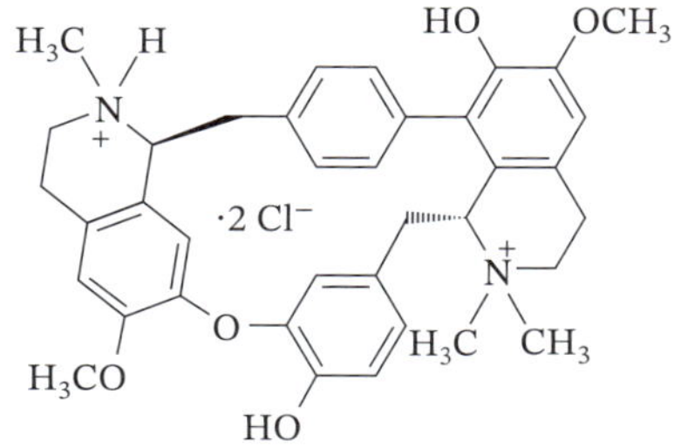

d-Tubocurarine chloride

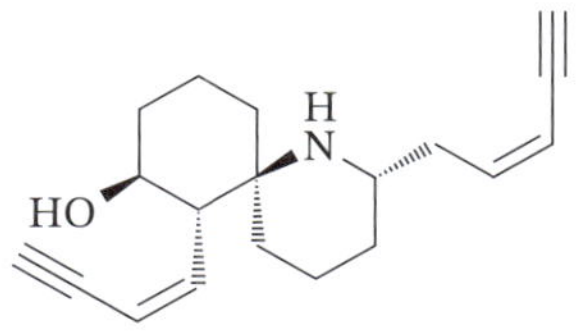

Histrionicotoxin

d-튜보큐라린이 아세틸콜린 수용체 위치에 결합하면 막의 무극성화시키는 이온 통로가 열리지 못하도록 차단한다. 이것은 신경 충동을 차단하여 마비를 초래한다.

d-튜보큐라린과 히스트리오니코톡신이 치명적인 독이라고 할지라도 둘 다 연구에 유용하게 사용되어 왔다. 예를 들면, 정상적인 호흡 양상이 없어야 하는 호흡 생리학 실험에서 큐라레를 써서 연구자의 일시적인(그리고 자발적인) 호흡기 마비를 유도한다. 실험이 진행되는 동안, 그리고 큐라레의 효과가 없어질 때까지 연구자는 병원 호흡기로 살아 있도록 한다. 비슷한 방식으로 *d*-튜보큐라린은 브로민화 석신일콜린과 마찬가지로 수술 도중 근육 이완제로 쓰인다.

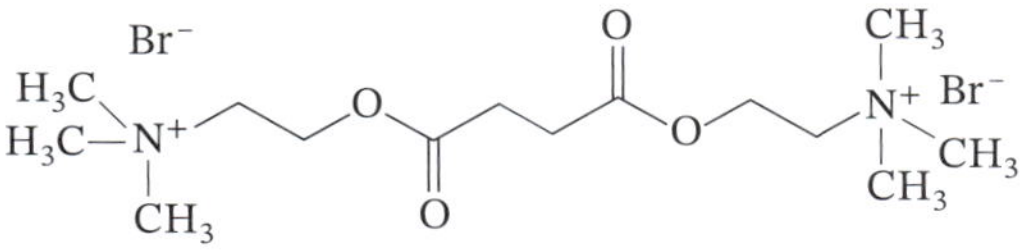

Succinylcholine bromide

20.4 아민의 합성

이 절에서는 아민을 합성하는 다양한 방법을 논의한다. 이들 중 일부는 새로운 것이지만, 다른 방법들은 작용기와 반응과 관련하여 이미 배웠다. 나중에 24장에서는 여기에 나온 방법 및 다른 비대칭 합성 방법을 이용하여 펩타이드와 단백질의 구성 요소인 α-아미노산을 합성하는 방법을 배울 것이다.

20.4A 친핵성 치환 반응을 이용한 아민의 합성

암모니아의 알킬화 반응 1차 아민의 염은 암모니아와 할로젠화 알킬 사이에 친핵성 치환 반응에 의하여 합성된다. 처음 생성된 1차 아민이 더 알킬화 반응을 진행하는 것(2차, 3차 아민, 4차 암모늄 염을 형성하는 것)을 막기 위해서 과량의 암모니아를 사용해야 한다.

$$\ddot{N}H_3 + R-X \longrightarrow [R-\overset{+}{N}H_3\ X^-] \longrightarrow RNH_2 + \overset{+}{N}H_4X^-$$

(아주 과량)

한 가지 예는 알라닌을 2-브로모프로판산으로부터 합성하는 것이다.

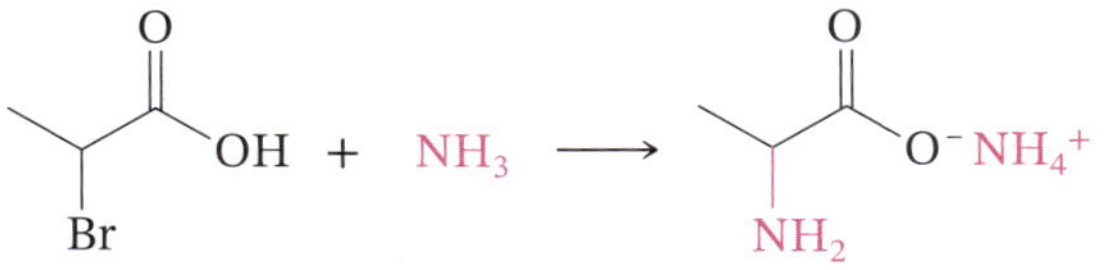

$$CH_3CH(Br)COOH + NH_3 \longrightarrow CH_3CH(NH_2)COO^-\ NH_4^+$$

(1 mol) (70 mol) **Alanine** (65~70%)

- 언급된 바와 같이, 이 방법은 알킬화 반응이 여러 번 일어나기 때문에 합성에 응용이 극히 제한되어 있다.

되새김 물음 20.3 1몰의 브로모메테인과 1몰의 암모니아의 반응에서 순수한 메틸아민 대신 메틸아민, 다이메틸아민, 트라이메틸아민, 그리고 브로민화 테트라메틸암모늄의 혼합물이 어떻게 얻어지는지를 보이는 메커니즘을 쓰시오.

아자이드화 이온의 알킬화 반응과 환원 반응 할로젠화 알킬로부터 1차 아민을 합성하는 더 좋은 방법은 할로젠화 알킬을 친핵성 치환 반응에 의해서 아자이드화 알킬(R—N_3)로 먼저 전환하는 것이다. 그다음 아자이드화 알킬을 수소화알루미늄 리튬을 가지고 환원시켜 1차 아민으로 만드는 것이다.

$$\mathrm{R{-}X} + \ddot{\mathrm{N}}^{-}{=}\mathrm{N}^{+}{=}\ddot{\mathrm{N}}^{-} \xrightarrow[(-\mathrm{X}^-)]{\mathrm{S_N2}} \mathrm{R{-}\ddot{N}{=}N^{+}{=}\ddot{N}^{-}} \xrightarrow{\mathrm{LiAlH_4}} \mathrm{R\ddot{N}H_2}$$

아자이드화 이온 (좋은 친핵체) 아자이드화 알킬

조심해야 될 것: 아자이드화 알킬이 폭발성이 있다는 점과 분자량이 작은 알킬 아자이드 화합물을 분리하지 말고 용액 속에 보관해야 한다는 것이다. 아자이드화 소듐은 자동차의 공기 주머니에 쓰인다.

Gabriel 합성 프탈이미드화 포타슘(아래 반응을 보시오)도 **Gabriel 합성**이라고 알려진 방법을 통하여 1차 아민을 만드는 데 쓰인다. 이 합성도 할로젠화 알킬을 암모니아로 처리할 때 일어나는 다중 알킬화 반응을 피할 수 있다.

1단계: Phthalimide $\xrightarrow{\mathrm{KOH}}$ 프탈이미드 음이온 K^+

2단계: $\xrightarrow[(-\mathrm{KX})]{\mathrm{R{-}X}}$ ***N*-Alkylphthalimide**

3단계: $\xrightarrow[\text{(친핵성 아실 치환 반응)}]{\mathrm{H_2\ddot{N}\ddot{N}H_2}}$ $\xrightarrow{\text{(친핵성 아실 치환 반응)}}$ **Phthalazine-1,4-dione** + $\mathrm{R{-}\ddot{N}H_2}$ (1차 아민)

프탈이미드는 아주 산성이다(pK_a = 9). 이것은 수산화 포타슘에 의해서 프탈이미드화 포타슘으로 전환될 수 있다(1단계). 프탈이미드 음이온은 강한 친핵체이다. 그리고 (2단계에서) 이것은 할로젠화 알킬과 S_N2 메커니즘으로 반응하여 *N*-알킬프탈이미드가 된다. 여기서 *N*-알킬프탈이미드는 산이나 염기 수용액으로 가수 분해될 수 있다. 그러나 가수 분해는 흔히 어렵다. *N*-알킬프탈이미드는 하이드라진(NH_2NH_2)과 에탄올 속에서 환류하면(3단계) 1차 아민과 프탈아진-1,4-다이온이 되는데, 이 방법이 훨씬 편리하다.

되새김 물음 20.4

(a) 프탈이미드의 산도를 설명할 수 있는 프탈이미드 음이온의 공명 구조를 그리시오.
(b) 프탈이미드는 벤즈아마이드보다 더 산성일 것인가 혹은 덜 산성일 것인가? 그 까닭을 설명하시오.
(c) 반응의 3단계에는 여러 단계들이 생략되어 있다. 이 단계들에 대한 메커니즘을 제시하시오.

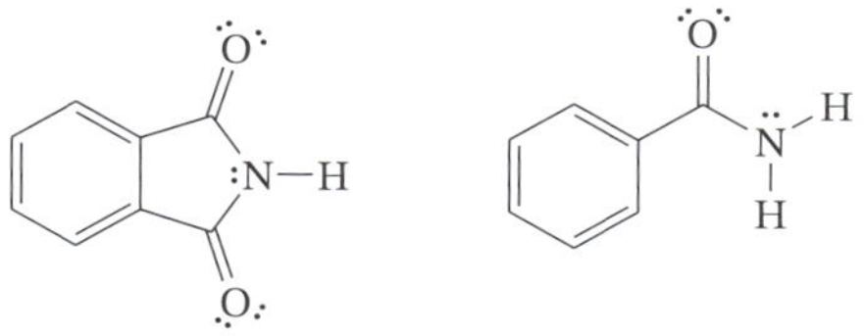

Phthalimide **Benzamide**

Gabriel 합성을 이용하여 아민을 합성하는 것은 메틸, 1차, 그리고 2차 할로젠화 알킬에만 제한되어 있다. 3차 할로젠화 알킬을 사용하면 S_N2 치환 반응이 불가능하므로 제거 반응만 전적으로 일어난다.

보기 물음 20.1

Gabriel 합성을 이용하여 4-메틸펜탄아민을 합성하는 방법을 요약하시오.

풀이

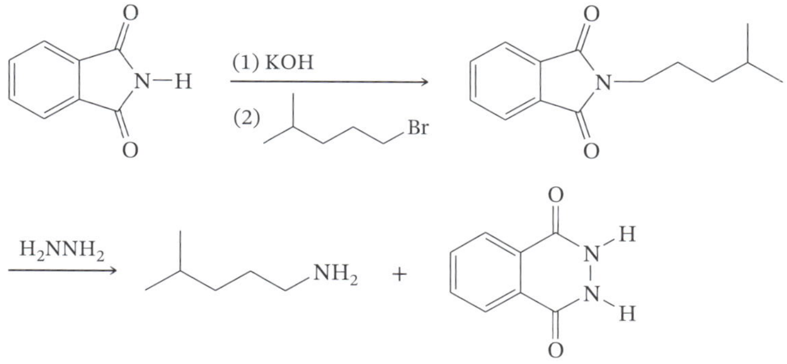

(1) KOH
(2) Br

H_2NNH_2 NH_2 +

되새김 물음 20.5

Gabriel 합성을 이용하여 벤질아민을 합성하는 방법을 요약하시오.

3차 아민의 알킬화 반응 3차 아민이 메틸 또는 1차 할로젠화물로 알킬화될 때 다중 알킬화 반응은 문제가 되지 않는다. 다음과 같은 반응은 아주 좋은 수율로 일어난다.

$$R_3N: + RCH_2-Br \xrightarrow{S_N2} R_3\overset{+}{N}-CH_2R + Br^-$$

20.4B 나이트로 화합물의 환원을 통한 아민의 합성

방향족 아민을 합성하는 데 가장 널리 사용되는 방법은 고리를 나이트로화 반응시킨 다음 나이트로기를 아미노기로 환원시키는 것이다.

$$\mathrm{Ar{-}H} \xrightarrow[\mathrm{H_2SO_4}]{\mathrm{HNO_3}} \mathrm{Ar{-}NO_2} \xrightarrow{[\mathrm{H}]} \mathrm{Ar{-}NH_2}$$

15장에서 고리의 나이트로화 반응을 배웠다. 거기서 이 반응은 다양한 방향족 화합물에 응용할 수 있음도 알았다. 나이트로기의 환원 반응도 여러 가지 방법으로 수행할 수 있다. 가장 흔히 사용되는 방법은 촉매에 의한 수소화 반응이다. 나이트로 화합물을 철과 산으로 처리하는 것이다. 아연, 주석, 또는 $SnCl_2$ 같은 금속염도 사용될 수 있다. 전체적으로 이것은 $6e^-$ 환원 반응이다.

일반적인 반응

$$\mathrm{Ar{-}NO_2} \xrightarrow[\text{또는 (1) Fe, HCl (2) HO}^-]{\mathrm{H_2}\text{, 촉매}} \mathrm{Ar{-}NH_2}$$

구체적인 예

$$\mathrm{C_6H_5NO_2} \xrightarrow[\text{(2) HO}^-]{\text{(1) Fe, HCl}} \mathrm{C_6H_5NH_2}$$

97%

20.4C 환원적 아민화 반응에 의한 1차, 2차, 그리고 3차 아민의 합성

알데하이드와 케톤은 암모니아나 아민 존재하에서 촉매에 의한 환원이나 화학적 환원 방법에 의하여 아민으로 전환될 수 있다. 이 방법으로 1차, 2차, 그리고 3차 아민을 합성할 수 있다.

알데하이드 또는 케톤 (RC(=O)R′)

$\xrightarrow[\text{[H]}]{\mathrm{NH_3}}$ $\mathrm{RR'CH{-}NH_2}$ 1° 아민

$\xrightarrow[\text{[H]}]{\mathrm{R''NH_2}}$ $\mathrm{RR'CH{-}NHR''}$ 2° 아민

$\xrightarrow[\text{[H]}]{\mathrm{R''R'''NH}}$ $\mathrm{RR'CH{-}NR''R'''}$ 3° 아민

이 과정을 알데하이드나 케톤의 **환원적 아민화 반응**(**reductive amination**, 또는 아민의 **환원적 알킬화 반응**)이라고 부르는데, 아래의 일반적인 메커니즘(1° 아민으로 설명하였음)을 따라 진행한다.

반응 메커니즘

환원적 아민화 반응

R(C=O)R' + $H_2\ddot{N}$—R″ ⇌(두 단계) [HO, NHR″ / R, R'] ⇌(−H_2O) [N—R″ / R, R' (이민)] →[H] NHR″ / R, R', H

알데하이드 또는 케톤

1° 아민 (암모니아와의 반응은 1° 아민이 되고, 2° 아민과의 반응은 3° 아민이 된다.)

헤미아민알

이민

2° Amine

암모니아나 1차 아민을 사용할 때는 생성물로 가는 두 가지 경로가 가능한데, 헤미아세탈과 비슷한 아미노 알코올인 **헤미아민알**(hemiaminal)을 거치거나 또는 이민을 거치는 것이다(16.8A절). 2차 아민을 사용하면 이민은 생길 수 없으며, 헤미아민알이나 이민윰 이온을 거치는 경로가 된다.

R‴—$\overset{+}{N}$—R″ / R, R'

이민윰 이온

환원제로는 수소와 촉매(니켈 같은 것), $NaBH_3CN$, 또는 $LiBH_3CN$ 등을 쓴다. 나중의 두 가지는 $NaBH_4$와 비슷하며, 특별히 환원적 아민화 반응에 효과적이다. 환원적 아민화 반응의 세 가지 구체적인 예를 아래에 들었다.

Benzaldehyde →(NH_3, H_2, Ni) Benzylamine (89%)

Benzaldehyde

Benzylamine
(89%)

Benzaldehyde →((1) $CH_3CH_2NH_2$ (2) $LiBH_3CN$) *N*-Benzylethanamine (89%)

Benzaldehyde

***N*-Benzylethanamine**
(89%)

Cyclohexanone →((1) $(CH_3)_2NH$ (2) $NaBH_3CN$) *N,N*-Dimethylcyclohexanamine (52~54%)

Cyclohexanone

***N,N*-Dimethylcyclohexanamine**
(52~54%)

보기 물음 20.2

자극제인 암페타민을 합성하는 방법이 아래에 요약되어 있다. 중간체 **A**와 **B**를 제시하시오.

$$\text{PhCH}_2\text{Br} \xrightarrow{\text{NaCN}} \textbf{A} \xrightarrow[(2)\ H_2O]{(1)\ CH_3Li} \textbf{B} \xrightarrow[(2)\ LiBH_3CN]{(1)\ NH_3} \text{PhCH}_2\text{CH(NH}_2\text{)CH}_3$$

Amphetamine

풀이

A = $PhCH_2CN$ **B** = $PhCH_2COCH_3$

되새김 물음 20.6

환원적 아민화 반응을 통하여 아래 각각의 아민을 합성하는 방법을 보이시오.

(a) $CH_3CH_2CH_2CH_2NH_2$ (b) $CH_3CH_2CH_2CH_2CH_2NHC_6H_5$ (c) $C_6H_5CH_2N(CH_3)_2$

보기 물음 20.3

케톤의 환원적 아민화 반응은 $RCH(R')NH_2$ 형태의 아민을 합성하는 데 있어서 할로젠화 알킬을 암모니아로 처리하는 것보다 항상 더 좋은 방법이다. 이것은 왜 사실인지 설명하시오.

풀이

필요한 할로젠화 알킬을 고려해 보자. 2차 할로젠화물과 암모니아 사이의 반응은 상당한 양의 제거 반응이 수반되는 것을 피할 수 없다. 그래서 2차 아민의 수율은 감소한다. 다중 *N*-알킬화 반응이 또한 일어날 수도 있다.

20.4D 나이트릴, 옥심, 아마이드의 환원을 통한 1차, 2차, 혹은 3차 아민의 합성

나이트릴, 옥심, 그리고 아마이드는 아민으로 환원될 수 있다. 나이트릴이나 옥심의 환원으로 1차 아민이 형성된다. 아마이드를 환원하면 1차, 2차, 또는 3차 아민이 형성된다.

$$\underset{\text{나이트릴}}{R{-}C{\equiv}N} \xrightarrow{[H]} \underset{1^\circ\ \text{아민}}{RCH_2NH_2}$$

$$\underset{\text{옥심}}{RCH{=}NOH} \xrightarrow{[H]} \underset{1^\circ\ \text{아민}}{RCH_2NH_2}$$

$$\underset{\text{아마이드}}{RC(=O)NR'R''} \xrightarrow{[H]} \underset{3^\circ\ \text{아민}}{RCH_2NR'R''}$$

도움말

나이트릴은 할로젠화 알킬과 ^-CN으로부터 만들어지거나(17.3절) 알데하이드나 케톤으로부터 사이아노하이드린의 형태로 합성된다(16.9절). 옥심은 알데하이드와 케톤으로부터 만들어진다(16.8B절). 아마이드는 아실 염화물, 산 무수물, 및 에스터로부터 합성될 수 있다(17.8절).

마지막 예에서 R′과 R″ = H이면 생성물은 1° 아민이다. R′ = H뿐이면 생성물은 2° 아민이다.

이들 모든 환원 반응은 수소와 촉매로, 또는 $LiAlH_4$에 의해서 수행될 수 있다. 옥심은 $LiAlH_4$를 쓰는 것보다는 더 안전한 방법인 소듐과 에탄올을 사용하여 편리하게 환원시킬 수 있다. 구체적인 예는 다음과 같다.

Na / EtOH → NH_2

50~60%

H_2 (2 당량), Ni / 140 °C

2-Phenylethanenitrile (phenylacetonitrile) → 2-Phenylethanamine (71%)

(1) $LiAlH_4$ (2) H_2O

N-Methylacetanilide → *N*-Ethyl-*N*-methylaniline

아마이드의 환원은 **아민의 단일 알킬화 반응(monoalkylation of an amine)**을 위한 유용한 방법에서 마지막 단계이다. 이 과정은 아민을 염화 아실 또는 산 무수물을 사용하여 **아실화 반응**시키고, 그다음 아마이드를 수소화 알루미늄 리튬으로 환원하는 것이다. 예를 들면,

Benzylamine —(CH_3COCl, 염기)→ —(1) $LiAlH_4$ (2) H_2O→ Benzylethylamine

보기 물음 20.4

2-뷰탄아민을 탄소가 4개인 출발 물질, 즉 케톤, 알데하이드, 나이트릴, 또는 아마이드로부터 합성하는 방법을 보이시오.

풀이

2-뷰탄아민은 1차 아민기가 2차 탄소에 결합되어 있다는 사실부터 인지하고 시작한다. 4개 탄소인 나이트릴이나 4개 탄소인 아마이드는 C_4 출발 물질로부터 이 구조적인 단위에 이르게 될 수 없다. 옥심은 타당한 구조에 이르게 할 수는 있지만, 4개 탄소의 알데하이드보다는 케톤으로부터 출발해야 한다. 따라서 뷰탄온을 출발 물질로 선택하여 옥심으로 전환한 다음 옥심을 아민으로 환원시킨다.

되새김 물음 20.7

아마이드, 옥심, 혹은 나이트릴의 환원을 이용하여 아래의 변형을 할 수 있는 방법을 제시하시오.

(a) $CH_3COCl \longrightarrow CH_3-CH_2-N(H)-CH_2CH_3$

(b) 1-bromopentane (Br) ⟶ hexylamine (NH_2)

(c) $C_6H_5CH_2COOH$ ⟶ (benzene ring)–CH_2CH_2–$N(CH_3)_2$

(d) 2-butanone ⟶ 2-butanamine (NH_2)

20.4E Hofmann 전위(자리 옮김) 반응과 Cutius 전위(자리 옮김) 반응을 통한 1차 아민의 합성

Hofmann 전위(자리 옮김) 반응 질소에 치환기가 없는 아마이드는 브로민이나 염소의 수산화 소듐 용액과 반응하여 카보닐 탄소를 잃는 **Hofmann 전위(자리 옮김) 반응** 또는 **Hofmann 분해 반응**이라고 알려진 반응을 통하여 아민을 생성한다.

$$RC(=O)NH_2 + Br_2 + 4\,NaOH \xrightarrow{H_2O} R{-}NH_2 + 2\,NaBr + Na_2CO_3 + 2\,H_2O$$

이 반응식으로부터 아마이드의 카보닐 탄소 원자가 소실(CO_3^{2-}로)되고 아마이드의 R기는 아민의 질소 원자에 붙어 있는 것을 볼 수 있다. 이렇게 만들어진 1° 아민에는 2°나 3° 아민이 오염되어 있지 않다.

이 흥미로운 반응의 메커니즘을 아래의 도식에 나타냈다. 처음 두 단계에서는 아마이드가 염기 촉진에 의한 브로민화 반응을 진행하는데, 이것은 18.3B절에서 배운 염기 촉진에 의한 할로젠화 반응과 비슷한 식으로 일어난다. (아마이드의 전자를 끄는 아실기가 아마이드의 수소를 아민의 수소보다 훨씬 산성으로 만든다.) *N*-브로모 아마이드는 그다음 수산화 이온과 반응하여 음이온을 형성하는데, 즉시 자발적으로 브로민화 이온을 잃고 아이소사이안산 화합물을 형성한다(17.9A절). 전위(자리 옮김) 반응에서 R—기는 자신의 전자를 가지고 아실 탄소로부터 질소 원자로 브로민화 이온이 떠나감과 동시에 이동한다. 이 전위는 또한 이탈기와 이동하는 기 모두에 있는 시그마 결합이 보여진 대로 동일 평면 배열로 놓여져 있다. 혼합물에 생겨 있는 아이소사이안산 화합물은 수용성 염기에 의해 곧 가수 분해되어 카밤산 이온이 되는데, 자발적인 탈카복실 반응으로 아민을 형성하는 것이다.

반응 메커니즘

Hofmann 전위(자리 옮김) 반응

1단계 염기 촉진에 의한 아마이드의 *N*-브로민화 반응

$$RC(=O)NH{-}H + {}^{-}:\ddot{O}H \rightleftharpoons RC(=O)\ddot{N}H^{-} + H_2O \xrightarrow{Br-Br} RC(=O)NH{-}Br + Br^{-}$$

아마이드 　　　　　　　　　　　　　　*N*-브로모 아마이드

2단계 아이소사이이안산 화합물의 생성

N-브로모 아마이드 + H_2O → ($-Br^-$) → $R-N=C=O$ 아이소사이이안산 화합물

3단계 아이소사이이안산 화합물은 가수 분해와 탈카복실 반응을 거쳐 아민을 생성

아이소사이이안산 화합물 → 양성자가 전달되면 카밤산 이온이 형성된다. → $R-NH_2$ + CO_2 + HO^- (아민), CO_2 → HCO_3^-

이 메커니즘의 처음 두 단계를 살펴보면, 반응이 일어나기 위해서 초기에 두 개의 수소 원자가 아마이드의 질소 원자에 존재해야 된다. 결과적으로 Hofmann 전위(자리 옮김) 반응은 $RCONH_2$ 형태의 아마이드에만 국한되어 있다.

카이랄 중심이 카보닐기에 직접 연결된 광학적으로 활성인 아마이드 화합물의 Hofmann 전위(자리 옮김) 반응에 대한 연구로부터 이 반응들이 **배위를 보존**하면서 진행됨을 알게 되었다. 그러므로 R기는 전자를 가지고 질소로 이동하며 **반전은 일어나지 않는다.**

Curtius 전위(자리 옮김) 반응 **Curtius 전위**(자리 옮김)(Curtius rearrangement) 반응은 아실 아자이드에서 아실 탄소를 잃고 일어나는 전위(자리 옮김) 반응으로 1차 아민을 생성한다. 이것은 이탈기가 떠나가면서 R기가 아실 탄소에서 질소 원자로 이동한다는 점에서 Hofmann 전위(자리 옮김) 반응과 비슷하다. 이 경우에 있어서 이탈기는 N_2(N_2는 매우 안정하고, 거의 비염기성이며, 기체인 까닭에 용매로부터 제거가 잘 되기 때문에 가능한 모든 이탈기 중 가장 최상임)이다. 아실 아자이드는 염화 아실과 아자이드화 소듐을 반응시켜 쉽게 만들 수 있다. 아실 아자이드를 가열하면 전위(자리 옮김) 반응이 일어나는데, 그다음 물을 가하면 아이소사이이안산 화합물의 가수 분해와 탈카복실 반응이 위에서 보인 메커니즘과 똑같이 일어난다.

염화 아실 —NaN_3 ($-NaCl$)→ 아자이드화 아실 —가열 ($-N_2$)→ $R-N=C=O$ 아이소사이이안산 화합물 —H_2O→ $R-NH_2$ + CO_2 아민

보기 물음 20.5

아래의 반응 순서는 벤젠 고리에 있는 메틸기를 아미노기로 대체하는 방법을 보여 주고 있다. 빠진 시약과 중간체를 제시하시오.

$$C_6H_5CH_3 \xrightarrow[(2)\ H_3O^+]{(1)\ KMnO_4,\ HO^-,\ \Delta} \mathbf{A} \xrightarrow{\mathbf{B}} C_6H_5COCl \xrightarrow{\mathbf{C}} \mathbf{D} \xrightarrow{\mathbf{E}} C_6H_5NH_2$$

풀이

산 염화물은 **A**를 **B**로 처리하여 생성된다. 따라서 **A**는 카복실산일 가능성이 있으며, 메틸벤젠(톨루엔)으로부터 **A**를 형성시키도록 하는 산화 반응 조건과도 일치한다. **B**는 산 염화물에 이르게 하는 시약이어야 한다. 염화 싸이오닐 또는 PCl_5이면 충분하다. 전체적으로 **C**, **D**, 그리고 **E**는 질소 원자의 도입과 카보닐 탄소를 잃는 것이다. 이 순서는 Hofmann 전위(자리 옮김) 반응에 이은 아마이드의 제조와 일치한다.

$\mathbf{A} = C_6H_5CO_2H$ $\mathbf{B} = SOCl_2$ $\mathbf{C} = NH_3$ $\mathbf{D} = C_6H_5CONH_2$ $\mathbf{E} = Br_2/HO^-$

되새김 물음 20.8

각각에 대해서 다른 방법을 이용하고, 또 가장 좋은 방법을 선택하여 아래의 변형을 어떻게 완성시킬 수 있는지 보이시오.

(a) $H_3CO{-}C_6H_5 \longrightarrow$ p-$H_3CO{-}C_6H_4{-}NH_2$

(b) $H_3CO{-}C_6H_5 \longrightarrow$ p-$H_3CO{-}C_6H_4{-}CH(NH_2)CH_3$

(c) $C_6H_5CH_3 \longrightarrow C_6H_5CH_2N^+(CH_3)_3\ Cl^-$

(d) p-$O_2N{-}C_6H_4{-}CH_3 \longrightarrow$ p-$O_2N{-}C_6H_4{-}NH_2$

(e) $C_6H_5CH_3 \longrightarrow C_6H_5CH_2CH_2NH_2$

20.5 아민의 반응

아민의 수많은 중요한 반응들이 이미 앞에서 나왔다. 20.3절에서 1차, 2차, 그리고 3차 아민이 염기로 작용하는 반응을 보았다. 20.4절에서는 아민이 **알킬화 반응**에서 **친핵체**로 작용하는 것을 보았으며, 17장에서는 **아실화 반응**에서 **친핵체**로 작용하는 것도 보았다. 15장에서 방향족 고리에 있는 아미노기가 **강력한 활성화기**인 동시에 **ortho−para 지향기**임을 보았다.

이들 반응 모두의 밑바탕이 되는 아민의 구조적인 특성과 아민 화학 대부분의 바탕을 이루는 것은 질소가 전자쌍을 공유하는 능력이다.

산-염기 반응

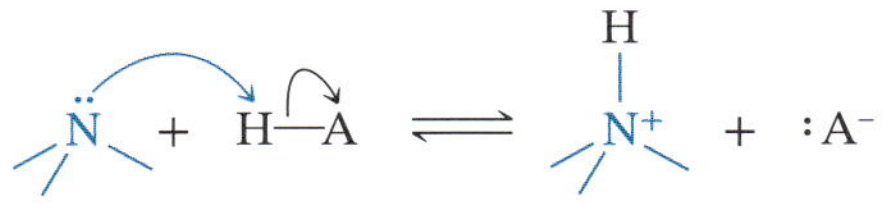

염기로 작용하는 아민

3차 아민의 알킬화 반응

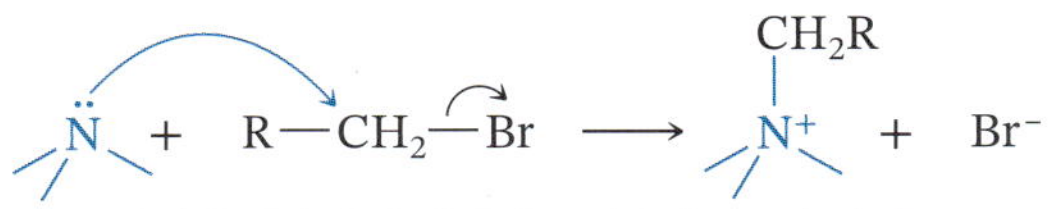

알킬화 반응에서 친핵체로 작용하는 3차 아민

아실화 반응

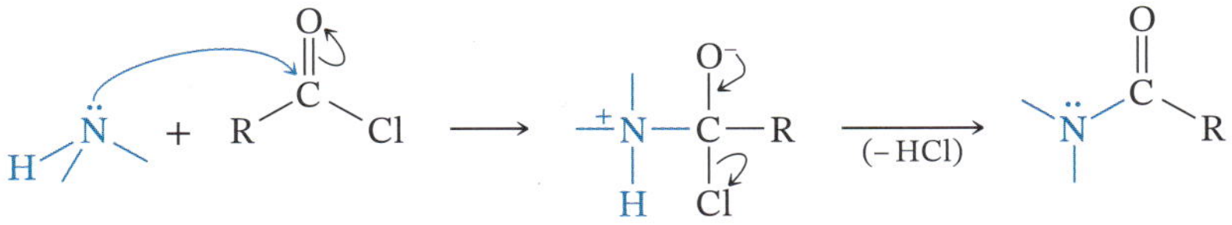

아실화 반응에서 친핵체로 작용하는 1차 및 2차 아민

앞의 예에서 아민은 자신의 전자쌍을 친전자성 시약에 제공하므로 친핵체로 행동한다. 아래의 예에서 질소의 전자쌍을 포함하는 공명 기여는 **탄소** 원자를 친핵성으로 만든다.

친전자성 방향족 치환 반응

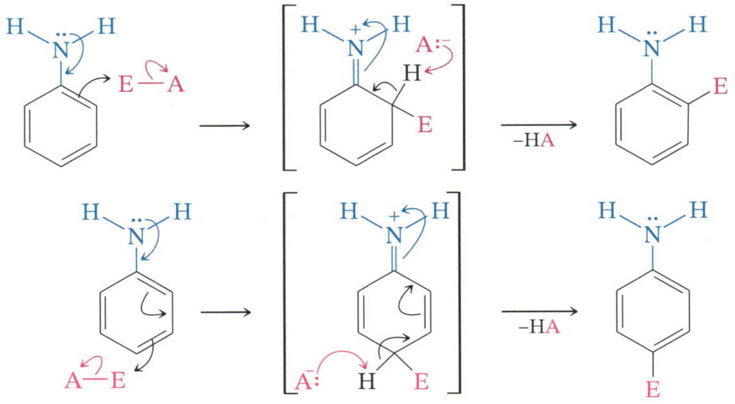

친전자성 방향족 치환 반응에서 활성화기와 ortho-para 지향기로 작용하는 아미노기

되새김 물음 20.9

앞의 절에서 나온 아민의 반응들을 복습하고 앞에 설명된 반응 각각에 대한 구체적인 예를 제시하시오.

20.5A 아민의 산화 반응

1차와 2차 아민은 산화 반응을 하지만, 대개의 경우 유용한 생성물이 얻어지지 않는다. 복잡한 부 반응들이 일어나 혼합물이 형성된다.

3차 아민은 3차 아민 산화물로 깨끗하게 산화된다. 이 변형은 과산화 수소나 퍼옥시산을 사용하면 일어날 수 있다.

$$R_3N: \xrightarrow{H_2O_2 \text{ 또는 } RC(=O)OOH} R_3\overset{+}{N}-\ddot{\underset{..}{O}}:^-$$

3차 아민 산화물

3차 아민 산화물은 20.12B절에서 논의한 바처럼 다른 유용한 제거 반응을 일으킨다.

아릴아민은 공기 중에 있는 산소를 포함한 다양한 시약들에 의해서 쉽게 산화된다. 산화 반응은 아미노기에만 국한되지 않고 고리에서도 일어난다(아미노기는 전자를 제공하는 능력을 통하여 고리의 전자를 풍부하게 만들고, 따라서 쉽게 산화되도록 한다). 방향족 고리에 있는 다른 작용기의 산화 반응은 아미노기가 고리에 존재할 때 쉽게 일어나지 않는다. 왜냐하면, 고리의 산화 반응이 먼저 일어나기 때문이다.

20.6 아민과 아질산 사이의 반응

아질산(HO—N═O)은 약하고 불안정한 산이다. 이것은 항상 반응 과정에서 대개 아질산 소듐($NaNO_2$)과 강산 수용액을 반응시켜 만든다.

$$HCl(aq) + NaNO_2(aq) \longrightarrow HONO(aq) + NaCl(aq)$$
$$H_2SO_4(aq) + 2\,NaNO_2(aq) \longrightarrow 2\,HONO(aq) + Na_2SO_4(aq)$$

아질산은 모든 종류의 아민과 반응한다. 이 반응으로부터 얻어진 생성물은 아민이 1차, 2차 혹은 3차인가에 따라, 그리고 아민이 지방족인가 방향족인가에 따라 다르다.

20.6A 1차 지방족 아민과 아질산의 반응

1차 지방족 아민은 아질산과 **다이아조화 반응**(diazotization)이라고 부르는 반응을 통하여 반응하여 매우 불안정한 지방족 **다이아조늄 염(diazonium salt)**을 만든다. 낮은 온도에서조차 지방족 다이아조늄 염은 자발적으로 분해하여 질소를 잃고 탄소 양이온을 형성한다. 탄소 양이온은 계속하여 H^+을 잃거나, H_2O와 반응하거나, X^-와 반응하여 알켄, 알코올, 그리고 할로젠화 알킬을 생성한다.

일반적인 반응

$$R-NH_2 + NaNO_2 + 2\,HX \xrightarrow[H_2O]{(HONO)} [R-\overset{+}{N}\equiv N:\ X^-] + NaX + 2\,H_2O$$

1° 지방족 아민

지방족 다이아조늄 염 (매우 불안정)

$$\downarrow -N_2 \text{ (i.e., :N≡N:)}$$

$$R^+\,X^-$$

$$\downarrow$$

알켄, 알코올, 할로젠화 알킬

- 1차 지방족 아민의 다이아조화 반응은 대단히 복잡한 혼합물을 생성하기 때문에 합성에의 중요성은 거의 없다.

그러나 1차 지방족 아민의 다이아조화 반응은 질소의 발생이 정량적이기 때문에 분석 방법으로 사용되기도 한다.

20.6B 1차 아릴아민과 아질산의 반응

아민과 아질산의 반응에서 단연 가장 중요한 것은 1차 아릴아민의 반응이다. 그 까닭은 20.7절에서 배울 것이다.

- 1차 아릴아민은 아질산과 반응하여 염을 형성한다.

아렌다이아조늄 염은 불안정하긴 하나 지방족 **다이아조늄 염(diazonium salt)**보다는 훨씬 더 안정하다. 그들은 반응 혼합물을 5 ℃ 이하로 유지시킬 때 눈에 띄는 속도로 분해하지 않는다.

$$\underset{\text{1차 아릴 아민}}{Ar-NH_2} + NaNO_2 + 2\,HX \longrightarrow \underset{\substack{\text{아렌다이아조늄 염} \\ \text{(5 °C 이하로 보존하면 안정함)}}}{Ar-\overset{+}{N}\equiv N\text{:}\ X^-} + NaX + 2\,H_2O$$

다음 메커니즘에서 보인 것처럼 1차 아민의 다이아조화 반응은 일련의 단계를 거쳐서 일어난다. 강산 존재하에서 아질산은 분해하여 ^+NO 이온을 생성한다. 이 이온은 아민의 질소와 반응하여 불안정한 *N*-나이트로소암모늄 이온을 중간체로 형성한다. 그다음 이 중간체는 양성자를 잃고 *N*-나이트로소아민이 되는데, 이것이 그다음 케토-엔올 토토머화와 비슷한 반응에서 양성자 이동에 의해서 다이아조하이드록사이드로 토토머화한다. 그다음 산 존재하에서 다이아조하이드록사이드가 물을 잃고 다이아조늄 이온을 형성한다.

도움말
1차 아민은 다이아조늄 이온을 경유하여 할로젠화 아릴, 나이트릴, 그리고 페놀 유도체들로 전환될 수 있다(20.7절).

반응 메커니즘

다이아조화 반응

$$HO-\ddot{N}=O + H_3O^+ + A\text{:}^- \rightleftharpoons H_2\overset{+}{O}-\ddot{N}=O + H_2O \rightleftharpoons 2\,H_2O + {}^+\ddot{N}=O$$

$$\underset{\substack{\text{1° 아릴} \\ \text{(또는 알킬아민)}}}{Ar-\ddot{N}H_2} + {}^+\ddot{N}=O \longrightarrow \underset{\substack{N\text{-나이트로소} \\ \text{아민윰 이온}}}{Ar-\overset{+}{N}H_2-\ddot{N}=O} \xrightarrow{-H_3O^+} \underset{N\text{-나이트로소아민}}{Ar-\ddot{N}H-\ddot{N}=\ddot{O}}$$

$$Ar-\ddot{N}H-\ddot{N}=\overset{+}{O}H \underset{+H_3O^+}{\overset{-H_3O^+}{\rightleftharpoons}} \underset{\text{다이아조하이드록사이드}}{Ar-\ddot{N}=\ddot{N}-\ddot{O}H} \underset{-H_3O^+}{\overset{+H_3O^+}{\rightleftharpoons}} Ar-\ddot{N}=\ddot{N}-\overset{+}{\ddot{O}}H_2 \rightleftharpoons$$

$$\underbrace{Ar-\overset{+}{N}\equiv N\text{:} \longleftrightarrow Ar-\ddot{N}=\overset{+}{N}}_{\text{다이아조늄 이온}} + H_2O$$

- 1차 아릴아민의 다이아조화 반응은 다이아조늄기 $-\overset{+}{N}\equiv N\text{:}$이 다양한 다른 작용기로 치환될 수 있기 때문에 합성에 매우 중요하다.

이 반응에 대해서는 20.7절에서 공부하기로 한다.

생물 화학: N-나이트로소아민(N-Nitrosoamine)

N-나이트로소아민은 강력한 발암 물질인데, 과학자들은 많은 식품, 특히 아질산 소듐으로 보존 처리한 조리된 육류에 존재할 수도 있다고 두려워하고 있다.

아질산 소듐은 *Clostridium botulinum*(보툴리누스 독소를 생성하는 박테리아)의 성장을 저해하도록, 그리고 적색 육류가 갈색으로 변하는 것을 막도록 육류[예: 베이컨, 햄, 플랭크퍼터(frankfurters, 쇠고기와 돼지고기가 섞인 소시지), 소시지, 그리고 콘드비프(corned beef, 쇠고기 소금절이)]에 첨가된다. (보툴리누스 독소에 의한 식중독은 때로는 치명적이다.) 산 존재하에서, 또는 열에 의해서 아질산 소듐은 육류에 항상 들어 있는 아민과 반응하여 *N*-나이트로소아민을 생성한다. 예를 들면, 조리된 베이컨은 *N*-나이트로소다이메틸아민과 *N*-나이트로소피롤리딘을 포함하고 있음이 알려졌다.

식품에 있는 아질산 화합물은 위에 존재하는 산과 함께 아민과 반응하여 나이트로소아민을 생성할 것이란 염려도 있다. 1976년 FDA는 보존 처리된 육류에서 아질산의 허용치를 200 ppm에서 50~125 ppm으로 감소시켰다. 아질산 화합물(그리고 박테리아에 의해서 아질산 화합물로 전환될 수 있는 질산 화합물)은 많은 식품에 자연적으로 발생하기도 한다.

담배 연기는 *N*-나이트로소다이메틸아민을 포함하고 있는 것이 알려져 있다. 하루에 한 갑의 담배를 피우는 사람은 0.8 μg의 *N*-나이트로소다이메틸아민을 들이킨다. 그리고 간접 흡연에서도 이것이 더 많이 존재한다고 알려져 있다.

20.6C 2차 아민과 아질산의 반응

2차 알킬 및 아릴아민들은 아질산과 반응하여 *N*-나이트로소아민을 만든다. ***N*-나이트로소아민(*N*-nitrosoamine)**은 보통 반응 혼합물로부터 기름 같은 노란 액체로 분리된다.

구체적인 예

$$(CH_3)_2\ddot{N}H + NaNO_2 + HCl \xrightarrow[H_2O]{(HONO)} (CH_3)_2\ddot{N}-\ddot{N}=O$$

Dimethylamine → ***N*-Nitrosodimethylamine** (노란색 기름)

$$C_6H_5\ddot{N}(H)CH_3 + NaNO_2 + HCl \xrightarrow[H_2O]{(HONO)} C_6H_5\ddot{N}(CH_3)-\ddot{N}=O$$

***N*-Methylaniline** → ***N*-Nitroso-*N*-methylaniline** **(87~93%)** (노란색 기름)

20.6D 3차 아민과 아질산의 반응

3차 아릴아민은 아질산과 반응하여 *C*-나이트로소 방향족 화합물을 만든다. 나이트로소화 반응은 para 위치가 열려 있으면 거의 여기서 일어나고, 그렇지 않으면 ortho 위치에서 일어난다. 이 반응(되새김 물음 20.10 참조)은 친전자성 방향족 치환 반응의 또 다른 예이다.

구체적인 예

$$(H_3C)_2\ddot{N}-C_6H_5 + NaNO_2 + HCl \xrightarrow{H_2O,\ 8\ ^\circ C} (H_3C)_2\ddot{N}-C_6H_4-\ddot{N}=O$$

***p*-Nitroso-*N*,*N*-dimethylaniline** **(80~90%)**

되새김 물음 20.10

N,*N*-다이메틸아닐린의 para-나이트로소화 반응(*C*-나이트로소화 반응)은 $\overset{+}{N}O$ 이온의 친전자성 공격을 통하여 일어나는 것으로 여겨진다.

(a) $\overset{+}{N}O$ 이온이 $NaNO_2$와 HCl 수용액에서 어떻게 형성되는지를 보이시오.

(b) *N*,*N*-다이메틸아닐린의 *p*-나이트로소화 반응에 대한 메커니즘을 쓰시오.

(c) 3차 방향족 아민과 페놀은 *C*-나이트로소화 반응을 하는 반면, 대부분의 다른 벤젠 유도체들은 반응을 하지 않는다. 이 차이를 어떻게 설명할 수 있는가?

3차 지방족 아민이 아질산과 섞이면 3차 아민과 이것의 염인 *N*-나이트로소암모늄 화합물 사이에 평형이 이루어진다.

$$\underset{\text{3차 지방족 아민}}{2\,R_3N:} + NaNO_2 + HX \rightleftharpoons \underset{\text{아민 염}}{R_3\overset{+}{N}H\,X^-} + \underset{\text{N-나이트로소암모늄 화합물}}{R_3\overset{+}{N}-\ddot{N}=O\;X^-}$$

N-나이트로소암모늄 화합물은 저온에서 안정하지만, 고온과 산 수용액 내에서 그들은 분해하여 알데하이드와 케톤이 된다. 그러나 *N*-나이트로소암모늄 알킬 화합물의 반응들은 거의 합성에 쓸모가 없다.

20.7 아렌다이아조늄 염의 치환 반응

- 다이아조늄기는 —F, —Cl, —Br, —I, —CN, —OH, 그리고 —H를 포함하는 많은 다른 원자나 원자단으로 치환될 수 있기 때문에, 아렌다이아조늄 염은 방향족 화합물의 합성에 매우 중요하다.

다이아조늄 염(diazonium salt)은 1차 방향족 아민의 다이아조화 반응에 의해서 거의 항상 합성될 수 있다. 1차 아릴아민은 직접적인 나이트로화 반응으로 얻을 수 있는 나이트로 화합물의 환원을 통하여 합성될 수 있다.

20.7A 다이아조늄 염을 이용하는 합성

대부분의 아렌다이아조늄 염은 5~10 ℃ 이상에서 불안정하다. 그리고 건조할 경우 폭발할 수도 있다. 다행히도 다이아조늄 염의 치환 반응에서는 대부분 염을 분리할 필요가 없다. 단순히 다른 시약(CuCl, CuBr, KI 등)을 혼합물에 가하고 용액을 부드럽게 가열해 주면 치환이 (질소가 발생하면서) 일어난다.

$$Ar-NH_2 \xrightarrow[0\sim5\,^\circ C]{HONO} \underset{\text{아렌다이아조늄 염}}{Ar-\overset{+}{N}_2}$$

$$Ar-\overset{+}{N}_2 \xrightarrow{Cu_2O,\ Cu^{2+},\ H_2O} Ar-OH$$
$$Ar-\overset{+}{N}_2 \xrightarrow{CuCl} Ar-Cl$$
$$Ar-\overset{+}{N}_2 \xrightarrow{CuBr} Ar-Br$$
$$Ar-\overset{+}{N}_2 \xrightarrow{CuCN} Ar-CN$$
$$Ar-\overset{+}{N}_2 \xrightarrow{KI} Ar-I$$
$$Ar-\overset{+}{N}_2 \xrightarrow[\text{(2) 가열}]{\text{(1) } HBF_4} Ar-F$$
$$Ar-\overset{+}{N}_2 \xrightarrow{H_3PO_2,\ H_2O} Ar-H$$

다이아조늄기는 —F로 치환할 때만 다이아조늄 염을 분리할 필요가 있다. 그러기 위하여 HBF_4를 혼합물에 가하면 잘 녹지 않으나 비교적 안정한 플루오로붕산 아렌다이아조늄 $ArN_2^+BF_4^-$이 침전한다.

20.7B Sandmeyer 반응: 다이아조늄기가 —Cl, —Br, 혹은 —CN으로 치환하는 반응

아렌다이아조늄 염은 염화 구리(I), 브로민화 구리(I), 그리고 사이안화 구리(I)와 반응하여 다이아조늄기가 각각 —Cl, —Br, 그리고 —CN으로 대치된 화합물을 만든다. 이 반응은 일반적으로 **Sandmeyer 반응**(Sandmeyer reaction)이라고 알려져 있다. 몇 가지 구체적인 예는 다음과 같다. 이 치환 반응의 메커니즘은 완전히 알려져 있지 않다. 반응은 이온성은 아니고 라디칼의 본성을 지닌 것처럼 보인다.

$$o\text{-Toluidine} \xrightarrow[\text{H}_2\text{O}\ (0\sim5\ ^\circ\text{C})]{\text{NaNO}_2,\ \text{HCl}} o\text{-CH}_3\text{C}_6\text{H}_4\overset{+}{\text{N}}_2\text{Cl}^- \xrightarrow[15\sim60\ ^\circ\text{C}]{\text{CuCl}} o\text{-Chlorotoluene} + \text{N}_2$$

o-Toluidine → **o-Chlorotoluene** **(전체적으로 74~79%)**

$$m\text{-Chloroaniline} \xrightarrow[\text{H}_2\text{O}\ (0\sim10\ ^\circ\text{C})]{\text{NaNO}_2,\ \text{HBr}} m\text{-ClC}_6\text{H}_4\overset{+}{\text{N}}_2\text{Br}^- \xrightarrow[100\ ^\circ\text{C}]{\text{CuBr}} m\text{-Bromochlorobenzene} + \text{N}_2$$

m-Chloroaniline → **m-Bromochlorobenzene** **(전체적으로 70%)**

$$o\text{-Nitroaniline} \xrightarrow[\text{H}_2\text{O}\ (25\ ^\circ\text{C})]{\text{NaNO}_2,\ \text{HCl}} o\text{-NO}_2\text{C}_6\text{H}_4\overset{+}{\text{N}}_2\text{Cl}^- \xrightarrow[90\sim100\ ^\circ\text{C}]{\text{CuCN}} o\text{-Nitrobenzonitrile} + \text{N}_2$$

o-Nitroaniline → **o-Nitrobenzonitrile** **(전체적으로 65%)**

20.7C —I에 의한 치환 반응

아렌다이아조늄 염은 아이오딘화 포타슘과 반응하여 다이아조늄기가 —I로 대치된 생성물이 된다. 한 가지 예로 *p*-아이오도나이트로벤젠의 합성이 있다.

$$p\text{-Nitroaniline} \xrightarrow[\text{H}_2\text{O}\ (0\sim5\ ^\circ\text{C})]{\text{NaNO}_2,\ \text{H}_2\text{SO}_4} p\text{-NO}_2\text{C}_6\text{H}_4\text{N}_2^+\ \text{HSO}_4^- \xrightarrow{\text{KI}} p\text{-Iodonitrobenzene} + \text{N}_2$$

p-Nitroaniline → **p-Iodonitrobenzene** **(전체적으로 81%)**

20.7D —F에 의한 치환 반응

다이아조늄 염을 플루오로붕산(HBF_4)으로 처리하면 다이아조늄기를 플루오린이 치환한다. 침전된 플루오로붕산 다이아조늄을 분리하여 건조한 다음 분해가 일어날 때까지 가열한다. 플루오린화 아릴이 생성된다.

CH_3, NH_2 **m-Toluidine** —(1) $NaNO_2$, HCl (2) HBF_4→ CH_3, $N_2^+ BF_4^-$ **m-Toluenediazonium fluoroborate (79%)** —가열→ CH_3, F **m-Fluorotoluene (69%)** + N_2 + BF_3

20.7E —OH에 의한 치환 반응: 페놀의 합성

다이아조늄기는 아주 과량의 질산 구리(II)를 포함하고 있는 다이아조늄 염의 묽은 수용액에 산화 구리(I)를 가하면 하이드록실기로 치환될 수 있다.

H_3C—C₆H₄—$N_2^+ HSO_4^-$ **p-Toluenediazonium hydrogen sulfate** —Cu_2O / Cu^{2+}, H_2O→ H_3C—C₆H₄—OH **p-Cresol (93%)**

페놀을 대응되는 아릴아민으로부터 전체적으로 합성하는 것은 다음의 반응식에서 보여 주고 있다.

NH_2, Br, CH_3 —(1) $NaNO_2$, H_2SO_4 0~5 °C (2) Cu_2O, Cu^{2+}, H_2O→ OH, Br, CH_3 **2-Bromo-4-methylphenol (80~92%)**

되새김 물음 20.11

앞의 다이아조늄 반응에서 **(a)~(d)** 화합물을 가지고 합성을 시작하였다. 아래의 화합물을 벤젠으로부터 합성하는 방법을 보이시오.

(a) *m*-톨루이딘(*m*-toluidine)
(b) *m*-브로모아닐린(*m*-bromoaniline)
(c) *o*-톨루이딘(*o*-toluidine)
(d) *p*-나이트로아닐린(*p*-nitroaniline)

20.7F —H에 의한 치환 반응: 다이아조화 반응에 의한 탈아민화 반응

아렌다이아조늄 염은 하이포아인산(H_3PO_2)과 반응하여 다이아조늄기가 —H로 치환된 생성물을 만든다. 보통 다이아조늄 염을 이용하는 합성은 방향족 화합물을 나이트로화한 다음, 즉 —H를 —NO_2로 치환한 다음 —NH_2로 치환하는 것이기에 다이아조늄기를 —H로 치환하기를 원한다고 하는 것은 자못 이상스러운 것처럼 보일지도 모른다. 그러나 방향족 고리에 아미노기를 도입한 다음 그다음 반응의 배향에 영향을 주게끔 한다. 후에 아미노기는 다이아조화시키고 다이아조늄 염을 H_3PO_2로 처리하여 제거할 수 있다(즉 **탈아민화 반응**을 수행한다).

탈아민화 반응의 유용성은 아래의 *m*-브로모톨루엔의 합성에서 볼 수 있다.

p-Toluidine → (아세트산 무수물) → N-아세틸 유도체 → (1) Br_2 (2) HO^-, H_2O 가열 → 2-브로모-4-메틸아닐린 **(*p*-톨루이딘으로부터 65%)** → $NaNO_2$, H_2SO_4, 0~5 °C → $N_2^+ HSO_4^-$ 다이아조늄 염 → H_3PO_2, H_2O, 25 °C → **m-Bromotoluene** + N_2

(브로모-4-메틸아닐린으로부터 85%)

m-브로모톨루엔은 톨루엔을 직접 브로민화 반응시키거나 브로모벤젠을 Friedel–Crafts 알킬화 반응시켜서 얻을 수 없다. 왜냐하면, 두 반응 모두 *o*-와 *p*-브로모톨루엔을 생성하기 때문이다(CH_3—와 Br—은 둘 다 ortho–para 지향기이기 때문이다). 그러나 *p*-톨루이딘(톨루엔을 나이트로화시킨 다음 para 이성질체를 분리하고 나이트로기를 환원시켜 만든 것)으로 시작하면 위에 보인 순서의 반응을 수행하여 *m*-브로모톨루엔을 좋은 수율로 만들 수 있다. 첫 번째 단계인 *p*-톨루이딘의 *N*-아세틸 유도체를 합성하는 것은 아미노기의 활성 효과를 줄이기 위해서 하는 것이다(그렇지 않으면 두 ortho 위치가 다 브로민화될 것이다). 나중에 아세틸기를 가수 분해로 제거한다.

보기 물음 20.6

앞의 합성을 수정하여 3,5-다이브로모톨루엔을 어떻게 합성하는지 보이시오.

풀이

아미노기는 아미도기보다 더 강력한 활성화기이다. 이미노기를 아미도기로 전환시킨 후가 아니라 아미노기 존재하에서 바로 브로민화 반응을 진행하면 두 ortho 위치를 모두 브로민화할 수 있다. 충분한 양의 브로민을 제공해 주어야 한다.

p-톨루이딘 → Br_2 (과량), H_2O → 2,6-다이브로모-4-메틸아닐린 → $NaNO_2$, HCl (0~5 °C) → $N_2^+ Cl^-$ 다이아조늄 염 → H_3PO_2, H_2O → 3,5-다이브로모톨루엔

되새김 물음 20.12

(a) 20.7D절에서 *m*-톨루이딘으로부터 *m*-플루오로톨루엔을 합성하는 것을 보았다. 톨루엔으로부터 *m*-톨루이딘을 어떻게 합성하겠는가? 또 다음을 어떻게 합성하는지 보이시오. **(b)** *m*-클로로톨루엔, **(c)** *m*-브로모톨루엔, **(d)** *m*-아이오도톨루엔, **(e)** *m*-톨루나이트릴(*m*-$CH_3C_6H_4CN$), **(f)** *m*-톨루산

되새김 물음 20.13

p-나이트로아닐린[되새김 물음 20.11(d)]으로부터 시작하여 1,2,3-트라이브로모벤젠의 합성 방법을 보이시오.

20.8 아렌다이아조늄 염의 짝지음 반응

아렌다이아조늄 이온은 약한 친전자체이다. 그들은 아주 반응성이 큰 방향족 화합물 — 페놀이나 3차 아릴아민 — 과 반응하여 **아조** 화합물을 만든다. 이러한 친전자성 방향족 치환 반응을 흔히 **다이아조 짝지음 반응**(diazo coupling reaction)이라고 부른다.

일반적인 반응

$Q = —NR_2$ 또는 $—OH$

$-HX$

아조 화합물

구체적인 예

Benzenediazonium chloride + Phenol → ($NaOH$, H_2O, $0\ °C$) *p*-(Phenylazo)phenol (오렌지색 고체)

Benzenediazonium chloride + *N,N*-Dimethylaniline → ($CH_3CO^-Na^+$, H_2O, $0\ °C$) *N,N*-Dimethyl-*p*-(phenylazo)aniline (노란색 고체)

아렌다이아조늄 양이온과 페놀 사이의 짝지음 반응은 약알칼리성 용액에서 가장 잘 일어난다. 이 조건하에서 상당량의 페놀이 페녹시화 이온(ArO^-)으로 존재하며, 페녹시화 이온은 페놀 자체보다 친전자성 치환 반응을 더욱 잘 한다. (왜 그런가?) 용액이 너무 알칼리성이면 ($pH > 10$) 아렌다이아조늄 염 자체가 수산화 이온과 반응하여 비교적 반응성이 작은 다이아조하이드록사이드 또는 다이아조트산 이온이 만들어진다.

Phenol (천천히 짝지음) ⇌ (HO⁻ / HA) Phenoxide ion (신속히 짝지음)

$$\text{Ar}-\overset{+}{\text{N}}\equiv\text{N}: \underset{\text{HA}}{\overset{\text{HO}^-}{\rightleftharpoons}} \text{Ar}-\ddot{\text{N}}=\ddot{\text{N}}-\text{OH} \underset{\text{HA}}{\overset{\text{HO}^-}{\rightleftharpoons}} \text{Ar}-\ddot{\text{N}}=\ddot{\text{N}}-\ddot{\text{O}}:^-$$

Arenediazonium ion (짝지음) **Diazohydroxide** (짝짓지 않음) **Diazotate ion** (짝짓지 않음)

아렌다이아조늄 양이온과 아민 사이의 짝지음 반응은 약산성 용액(pH 5~7)에서 가장 신속히 일어난다. 이 조건에서 아렌다이아조늄 염의 농도는 최대가 되고, 동시에 과량의 아민은 반응성이 없는 아민늄 염으로 전환되지 않은 채로 있다.

아민 (짝지음) ⇌ (HA / HO⁻) 아민늄 염 (짝짓지 않음)

용액의 pH가 5 이하이면 아민의 짝지음 속도는 느리다.

페놀과 아닐린 유도체의 para 위치가 열려 있으면 짝지음 반응은 거의 전적으로 para 위치에서 일어난다. 그렇지 않으면 짝지음은 ortho에서 일어난다.

$C_6H_5N_2^+Cl^-$ + **4-Methylphenol (*p*-cresol)** $\xrightarrow[H_2O]{NaOH}$ **4-Methyl-2-(phenylazo)phenol**

아조 화합물은 대개 진한 색을 띠고 있다. 왜냐하면, 아조(다이아젠다이일, diazenediyl) 결합(—N=N—)이 두 방향족 고리를 짝짓게 만들기 때문이다. 이것은 비편재화된 π 전자의 연장된 계가 되며, 가시광선 영역에서 빛을 흡수하도록 한다. 아조 화합물은 짙은 색 때문에, 그리고 비교적 값싼 화합물로부터 합성될 수 있기 때문에 염료로 널리 사용된다.

아조 염료는 거의 항상 한 개 이상의 $-SO_3^-Na^+$기를 가지고 있어 물에 대한 염료의 용해도를 충족시키며 염료가 극성인 섬유(순모, 면, 나일론)의 표면에 달라붙도록 돕게 한다. 많은 염료가 나프틸아민과 나프톨의 짝지음 반응에 의해서 만들어진다. 오렌지 II는 1876년에 도입된 염료로 2-나프톨로부터 만들어졌다.

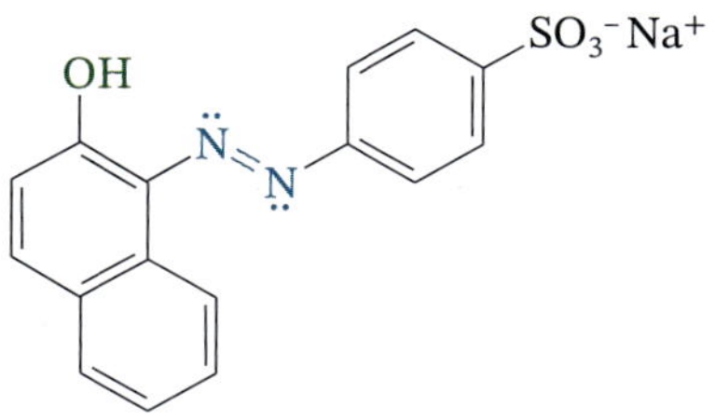

Orange II

되새김 물음 20.14

2-나프톨과 *p*-아미노벤젠설폰산으로부터 오렌지 II를 합성하는 과정을 보이시오.

되새김 물음 20.15

버터 옐로(Butter yellow)는 마가린을 물들이는 데 한때 쓰여진 염료이다. 이것은 발암 물질로 밝혀졌으며, 더 이상 식품에 쓰이지 못하게 되어 있다. 벤젠과 *N,N*-다이메틸아닐린으로부터 버터 옐로를 합성하는 방법을 요약하시오.

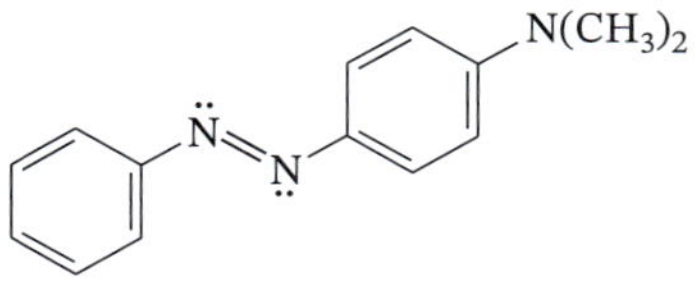

Butter yellow

되새김 물음 20.16

아조 화합물은 염화 주석($SnCl_2$)을 포함한 다양한 환원제를 사용하여 아민으로 환원된다.

$$\text{Ar—N=N—Ar}' \xrightarrow{SnCl_2} \text{ArNH}_2 + \text{Ar}'\text{NH}_2$$

이 환원 반응은 아래의 예에서처럼 합성에 유용할 수도 있다.

$$\text{4-Ethoxyaniline} \xrightarrow[\text{(2) phenol, HO}^-]{\text{(1) NaNO}_2\text{, HCl}} \mathbf{A}\ (C_{14}H_{14}N_2O_2) \xrightarrow{\text{NaOH, CH}_3\text{CH}_2\text{Br}} \mathbf{B}\ (C_{16}H_{18}N_2O_2)$$

$$\mathbf{B}\ (C_{16}H_{18}N_2O_2) \xrightarrow{SnCl_2} \mathbf{C}\ (C_8H_{11}NO)$$

$$\text{2몰 당량의 } \mathbf{C}\ (C_8H_{11}NO) \xrightarrow{\text{acetic anhydride}} \text{phenacetin } (C_{10}H_{13}NO_2)$$

페나세틴과 중간체 **A**, **B**, **C**의 구조를 쓰시오(페나세틴은 진통제이다. 또한 물음 17.45에서도 나온다).

20.9 아민과 염화 설폰일 사이의 반응

1차와 2차 아민은 염화 설폰일과 반응하여 설폰아마이드(**sulfonamide**)를 만든다.

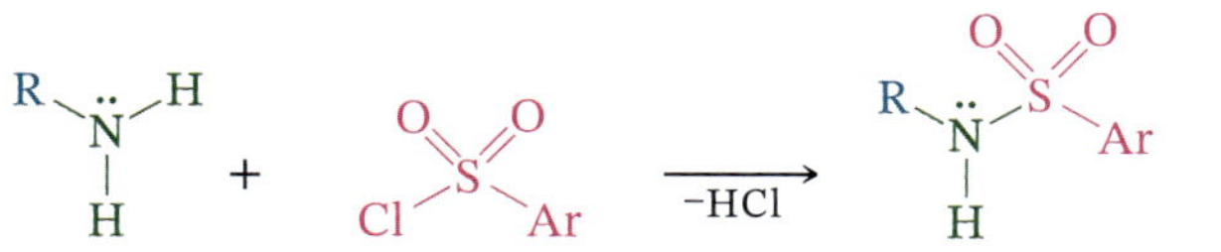

1° 아민 + 염화 설폰일 —(−HCl)→ *N*-치환기를 가진 설폰아마이드 화합물

2° 아민 → (−HCl) *N,N*-이치환기를 가진 설폰아마이드

산 수용액과 함께 가열하면 설폰아마이드는 가수 분해하여 아민이 된다.

(1) H_3O^+, 가열
(2) HO^-

그러나 이 가수 분해는 카복스아마이드의 가수 분해보다 훨씬 느리다.

20.9A 양성자를 지닌 설폰아마이드는 알킬화될 수 있다

설폰아마이드 음이온은 적절한 친전자체와 *N*-알킬화 반응의 친핵체로 사용될 수 있다. 알킬화된 설폰아마이드의 가수 분해로 치환기를 지닌 아민을 생성시킨다.

설폰아마이드 알킬화 반응과 가수 분해

염기 → R′—X → H_3O^+

+ $ArSO_3H$

되새김 물음 20.17 *N*-에틸프로필아민을 에틸아민이나 프로필아민으로부터 설폰아마이드의 알킬화 반응을 통하여 합성되는 방법을 보이시오.

생물 화학: 필수 영양소와 항대사 물질

모든 고등동물과 많은 미생물들은 어떤 필수 유기 화합물을 합성할 생화학적 능력이 결핍되어 있다. 이들 필수 영양소는 바이타민, 어떤 아미노산, 불포화 카복실산, 퓨린과 피리미딘의 화합물 같은 DNA 염기 성분들이다. 예를 들면, 방향족 아민인 *p*-아미노벤조산은 많은 박테리아에 있어서 필수 영양소이다(**그림 20.3** 참조). 이 미생물들은 *p*-아미노벤조산을 핵심 출발 물질로 삼아 여러 가지 다른 화합물들을 사용하여 효소들이 제어하는 과정에 의해서 폴산(folic acid)을 합성한다.

세균의 성장을 저해하는 약품을 항대사 물질(antimetabolite)이라고 부른다. 설파닐아마이드(곧 논의할 것임)라고 알려진 아민을 지닌 화합물은 *p*-아미노벤조산을 필요로 하는 박테리아의 항대사 물질이다. 그 까닭: 전체적인 모양의 동질성과 뒤에서 표시한 핵심 특징. 정말로 박테리아가 폴산의 합성에 사용하는 효소들은 이 두 분자 사이를 구별할 수 없다. 따라서 설파닐아마이드가 *p*-아미노벤조산 대신 기질로 사용되면 폴산은 생기지 않는다. 이로 인하여 충분한 양의 필수 영양소가 합성되지 못하므로 미생물은 죽게 되고 만다. 사람은 설파닐아마이드로 치료를 해도 영향을 받지 않는다. 왜냐하면, 사람은 식품(폴산은 바이타민임)으로부터 폴산을 얻기 때문이다. 그러므로 사람은 폴산을 *p*-아미노벤조산으로부터 합성하는 효소를 가지고 있지 않고, 그 결과 설파닐아마이드 요법에 대해서 부정적으로 영향을 받지 않는다.

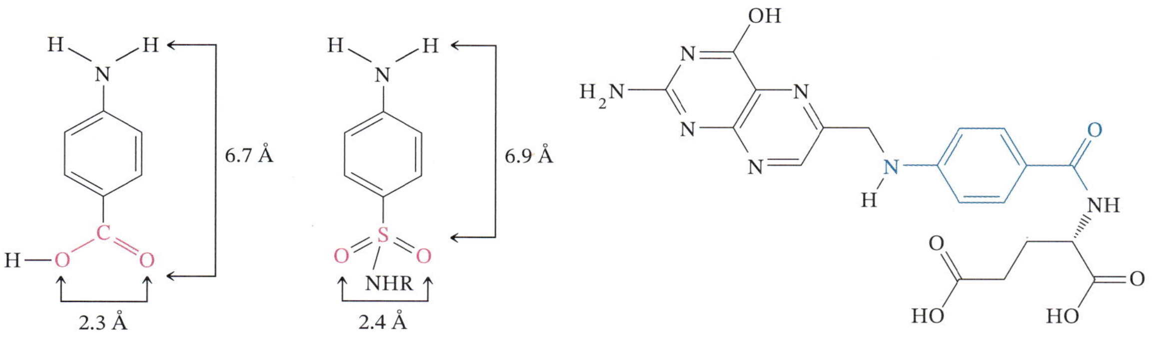

***p*-Aminobenzoic acid** **A sulfanilamide** **Folic acid**

그림 20.3 *p*-아미노벤조산과 설파닐아마이드 사이의 구조적인 유사성
(Reprinted with permission of John Wiley and Sons, Inc. from Korolkovas, *Essentials of Molecular Pharmacology*, Copyright 1970.)

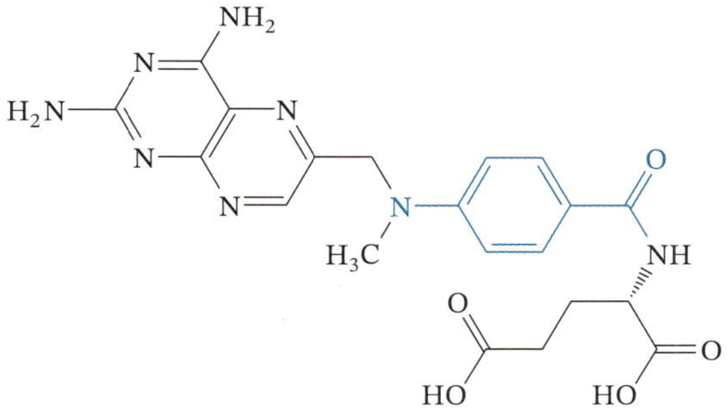

Methotrexate

이러한 개념의 많은 다른 예들이 있다. 최근의 예로는 메토트렉세이트(methotrexate)가 있는데, 폴산의 유도체로 특정한 암이나 류마티스성 관절염의 치료에 성공적으로 사용되고 있다. 메토트렉세이트는 폴산과 유사함 때문에 폴산이 하는 화학 반응에 똑같이 들어갈 수 있다. 그러나 그것은 궁극적으로 똑같은 고유한 기능을 하지 못한다. 여기서 그 역할이란 세포 분열에 결정적인 반응에의 관여이다. 비록 메토트렉세이트는 분열하는 모든 세포에 대하여 독성을 갖고 있지만, 가장 빨리 분열하는 세포—암세포 같은 것—에 더욱 효과가 크다.

20.10 설파 약품의 합성

설파닐아마이드 화합물[**설파 약품(sulfa drug)**]은 아닐린으로부터 아래와 같은 일련의 반응을 통해서 합성될 수 있다.

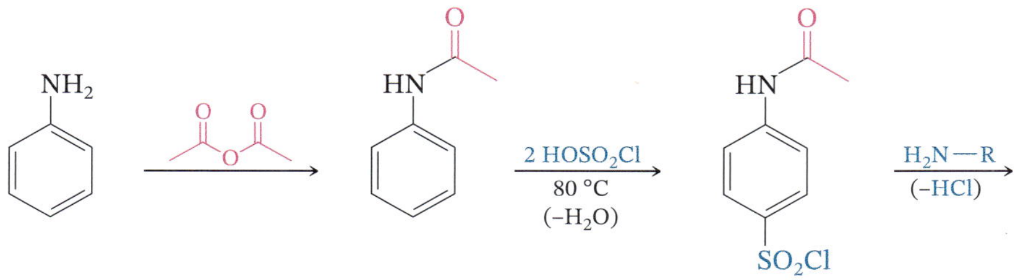

Aniline **Acetanilide** ***p*-Acetamidobenzene-sulfonyl chloride**

HN(C=O)CH₃ 치환 벤젠–SO_2NHR → [(1) 묽은 HCl, 가열 (2) HCO_3^-] → NH_2 치환 벤젠–SO_2NHR

설파닐아마이드 화합물

아닐린은 아세틸화 반응시키면 아세트아닐라이드가 되어 아미노기를 다음 단계에서 사용될 시약으로부터 보호한다. 아세트아닐라이드를 클로로설폰산으로 처리하면 친전자성 방향족 치환 반응이 일어나서 염화 *p*-아세트아미도벤젠설폰산이 형성된다. 암모니아나 1차 아민을 가하면 다이아마이드가 된다(이것은 카복실산과 설폰산 모두의 아마이드이다). 끝으로, 다이아마이드를 묽은 염산과 같이 반응시키면 카복스아마이드 결합이 선택적으로 가수 분해하여 설파닐아마이드가 만들어진다(카복스아마이드의 가수 분해가 설폰아마이드의 가수 분해보다 훨씬 빨리 일어난다).

되새김 물음 20.18

(a) 아닐린으로부터 시작하고 2-아미노싸이아졸을 이용하여 설파싸이아졸의 합성법을 제시하시오.
(b) 설파싸이아졸을 어떻게 석신일설파싸이아졸로 전환할 수 있겠는가? **주의**: 이 생성물들의 구조는 1035쪽에서 확인할 수 있다.

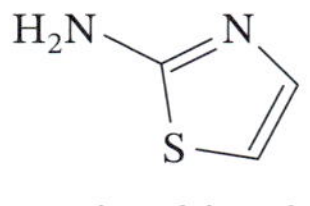

2-Aminothiazole

20.11 아민의 분석

20.11A 화학적 분석

아민은 염기성이며, 따라서 묽은 산 수용액에 녹는 성질을 가지고 있다(20.3A, 20.3E절). 미지 시료에 아민 작용기가 존재하는지의 여부는 촉촉한 pH 종이를 써서 시험해 볼 수 있다. 화합물이 아민이면 pH 종이는 염기성을 보인다. 그다음 미지의 아민이 1차, 2차 또는 3차인지를 IR 분광법(아래를 보시오)으로 곧 구별할 수 있다.

20.11B 분광학적인 분석

IR 스펙트럼 1차 아민과 2차 아민의 IR 스펙트럼은 3300~3555 cm^{-1} 영역에서 N—H 신축 진동에 기인한 흡수띠를 가지는 특성이 있다. 1차 아민은 이 영역에서 두 개의 띠를 보이며(**그림 20.5** 참조), 2차 아민은 일반적으로 단지 한 개의 띠를 보인다. 3차 아민은 N—H가 없기 때문에 이 영역에서 흡수하지 않는다. 지방족 아민의 C—N 신축 진동에 기인된 흡수띠는 1020~1220 cm^{-1} 영역에서 발생되나 보통 약하고 확인하기 어렵다. 방향족 아민의 C—N 신축 진동띠는 1250~1360 cm^{-1} 영역에서 나온다. 그림 20.4는 4-메틸아닐린의 IR 스펙트럼이다.

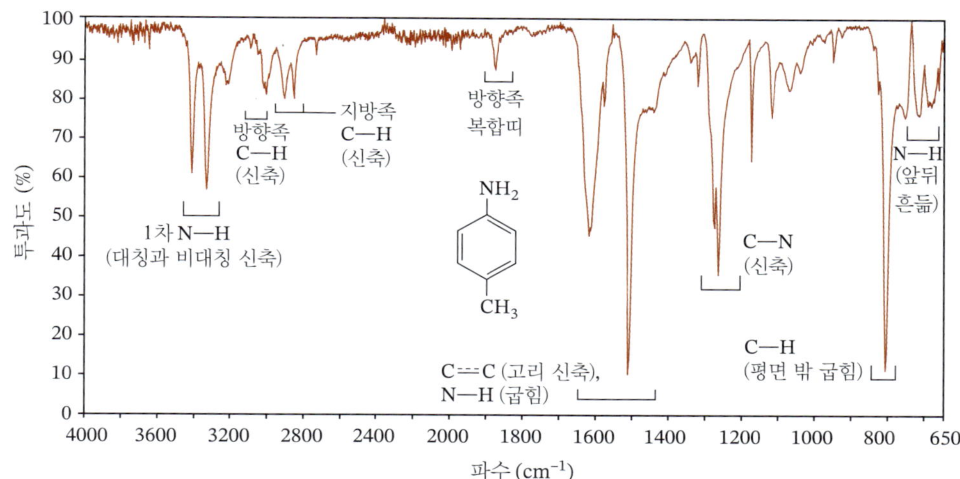

그림 20.4 4-메틸아닐린의 주석을 단 IR 스펙트럼

^{1}H NMR 스펙트럼 1차와 2차 아민의 ^{1}H NMR 스펙트럼은 N—H 양성자 흡수를 0.5~5 ppm 영역에서 보인다. 이 신호들은 대개 넓고 그들의 정확한 위치는 용매, 시료의 순도, 농도 및 온도에 의존된다. 양성자의 교환으로 인하여 N—H 양성자는 인접 탄소의 양성자와 대개 짝짓지 않는다. 그러므로 확인이 어렵고 양성자 수의 계산법이나 소량의 D_2O를 첨가하여 검출되는 것이 고작이다. N—H의 양성자를 N—D의 중수소 핵으로 교환하게 되면 N—H 신호가 스펙트럼에서 없어진다.

지방족 아민의 α 탄소에 있는 양성자는 질소의 전자 끄는 효과에 의해서 벗겨져서 전형적으로 2.2~2.9 ppm 영역에서 흡수한다. β 탄소의 양성자는 그리 많이 벗겨지지 않으며 1.0~1.7 ppm 영역에서 흡수한다.

그림 20.5는 다이아이소프로필아민의 ^{1}H NMR 스펙트럼이다.

^{13}C NMR 스펙트럼 지방족 아민의 α 탄소는 전기 음성적인 질소에 의해서 벗겨지므로 낮은 장으로 이동하여 30~60 ppm에서 흡수가 일어난다. 그러나 알코올의 α 탄소만큼 이동하지는 않는다(대략 50~75 ppm). 왜냐하면, 질소가 산소보다 덜 전기 음성적이기 때문이다. 펜

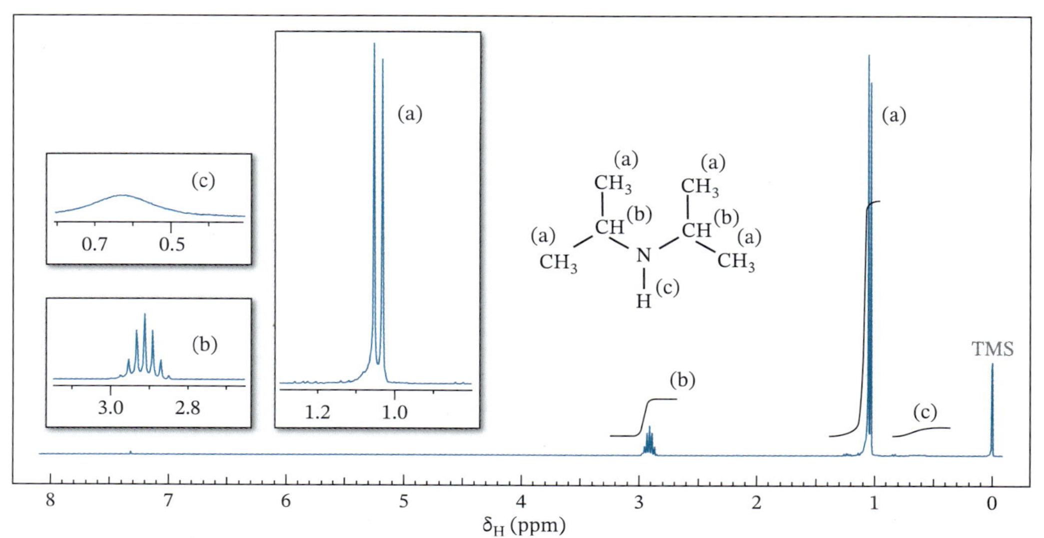

그림 20.5 다이아이소프로필아민의 ^{1}H NMR 스펙트럼. 약 0.7 ppm 부근의 넓은 NH 피크의 적분을 주목하시오. 수직으로 확대한 것은 척도가 없다.

틸 아민의 탄소의 이동에서 보듯이, β 탄소의 낮은 장 이동은 훨씬 덜하며 사슬에서 내려갈수록 더욱 덜하다.

23.0 34.0 NH$_2$
14.3 29.7 42.5

^{13}C NMR 화학적 이동 (ppm)

아민의 질량 분석 스펙트럼 아민의 질량 분석 스펙트럼에서 분자 이온은 홀수(분자 내에 짝수의 질소 원자가 존재하지 않는 한)이다. 방향족과 고리형 지방족 아민의 경우 분자 이온의 피크는 대개 강하다. 그러나 비고리형 지방족 아민에서는 약하다. 지방족 아민의 α와 β 탄소 사이의 분해는 조각내기의 공통적인 양상이다.

20.12 암모늄 화합물을 포함하는 제거 반응

20.12A Hofmann 제거 반응

이제까지 설명한 모든 제거 반응들은 전기적으로 중성인 기질들을 포함하는 것이었다. 그러나 기질이 양의 전하를 띠고 있는 제거 반응도 알려져 있다. 이 중 가장 중요한 것은 4차 암모늄 수산화물을 가열할 때 일어나는 E2 형태의 제거 반응이다. 생성물은 알켄, 물, 그리고 3차 아민이다.

HÖ:⁻ H … $\overset{+}{N}R_3$ —가열→ 알켄 + HOH + :NR$_3$

4차 암모늄 수산화물 **알켄** **3차 아민**

이 반응은 1851년에 Hofmann에 의해서 발견되었고 그의 이름을 따라 **Hofmann 제거 반응**이라고 부른다.

4차 암모늄 수산화물은 4차 할로젠화 암모늄 수용액으로부터 산화 은을 사용하거나 이온 교환 수지를 통하여 만들 수 있다.

$$\text{R}\diagup\!\diagdown\overset{+}{\text{N}}\text{Me}_3\ \text{X}^- \xrightarrow[\text{H}_2\text{O}]{\text{Ag}_2\text{O}} \text{R}\diagup\!\diagdown\overset{+}{\text{N}}\text{Me}_3\ \text{HO}^- + 2\,\text{AgX}\downarrow$$

4차 할로젠화 암모늄 **4차 암모늄 수산화물**

할로젠화 은이 용액으로부터 침전하고 여과에 의하여 제거된다. 그다음 물을 증발시키면 4차 암모늄 수산화물을 얻을 수 있다.

중성인 기질을 포함하는 대부분의 제거 반응이 **Zaitsev 규칙**(7.7A절)을 따르는 데 반해, 전하를 띤 기질의 제거 반응은 소위 **Hofmann 규칙(Hofmann rule)**을 따르는 경향이 있으며 **덜 치환기를 가진 알켄이 생긴다**. 다음의 반응들을 비교해 보면 이러한 행동의 예를 볼 수 있다.

Br (2-브로모뷰테인) —EtONa, EtOH, 25 °C→ (2-뷰텐) **75%** + (1-뷰텐) **25%** + NaBr + EtOH

$^+$NMe$_3$ —$^-$OH, 150 °C→ (2-뷰텐) **5%** + (1-뷰텐) **95%** + NMe$_3$ + H$_2$O

이 차이에 대한 정확한 메커니즘적인 까닭은 복잡하고 충분히 이해되어 있지 않다. 한 가지 가능한 설명은 전하를 띤 기질이 제거 반응에 있어서 전이 상태가 상당히 탄소 음이온 성격을 띠고 있음을 알 수 있다. 그러므로 이 전이 상태들은 최종 알켄 생성물을 거의 닮지 않았다고 할 수 있고, 생겨나는 이중 결합에 의해서 안정화되지도 않는다고 할 수 있다.

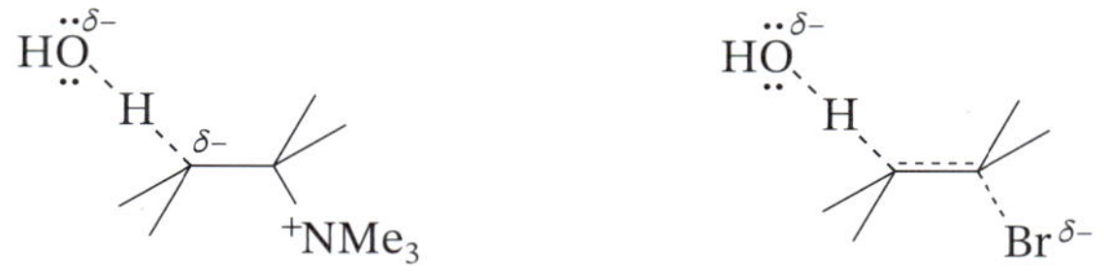
HÖ δ−
H
δ−
+NMe3
HÖ δ−
H
Br δ−

탄소 음이온을 닮은 전이 상태 (Hofmann 배열을 함) 알켄을 닮은 전이 상태 (Zaitsev 배열을 함)

전하를 띤 기질에서 염기는 가장 산성인 수소를 대신 공격하게 된다. 1차 수소는 그것의 탄소가 단지 한 개의 전자 미는 기를 가졌기 때문에 더 산성이다.

20.12B Cope 제거 반응

3차 아민 산화물은 가열되면 다이알킬하이드록실아민의 제거 반응을 일으킨다. 이 반응을 Cope 제거 반응(Cope elimination)이라고 한다. 이 반응은 syn 제거 반응이며, 고리형 전이 상태를 거치면서 진행된다.

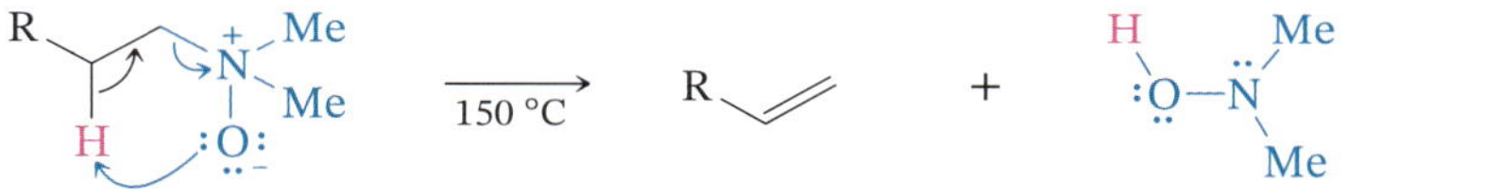
R
Me
N
Me
H
O
150 °C
R
+
H
Me
O
N
Me
3차 아민 산화물
알켄
N,N-다이메틸하이드록실아민

3차 아민 산화물은 3차 아민을 과산화 수소로 처리하여 쉽게 합성한다(20.5A절).

Cope 제거 반응은 합성에서 유용하다. 다음에 있는 메틸렌사이클로헥세인의 합성을 생각해 보시오.

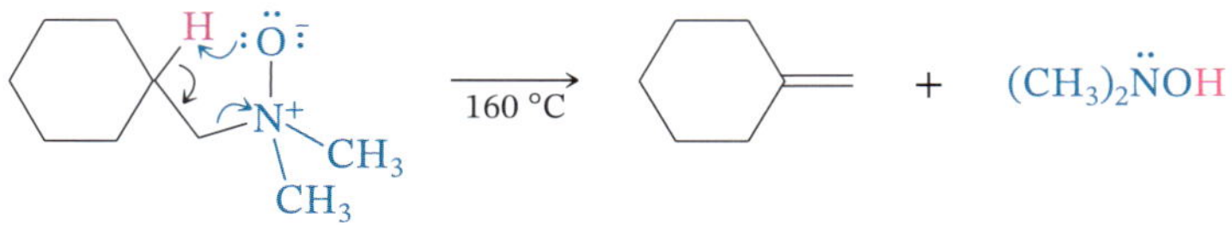
H
O
N+
CH3
CH3
160 °C
+
(CH3)2NOH
98%

20.13 아민의 제법과 반응에 대한 요약

아민의 제법

1. Gabriel 합성(20.4A절에서 논의):

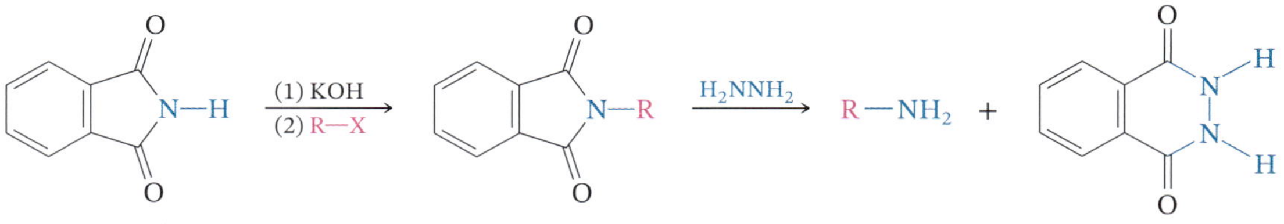
O
N—H
O
(1) KOH
(2) R—X
O
N—R
O
H2NNH2
R—NH2
+
O
N
H
N
H
O

2. 아자이드화 알킬의 환원(20.4A절에서 논의):

$$R{-}Br \xrightarrow{NaN_3} R{-}N{=}\overset{+}{N}{=}\overset{-}{N} \xrightarrow[\text{또는 } LiAlH_4]{Na/\text{알코올}} R{-}NH_2$$

3. 할로젠화 알킬의 아민화 반응(20.4A절에서 논의):

$$R{-}Br + NH_3 \longrightarrow RNH_3^+\,Br^- + R_2NH_2^+\,Br^- + R_3NH^+\,Br^- + R_4N^+\,Br^-$$

(R = 1° 알킬기)

$$\downarrow HO^-$$

$$RNH_2 + R_2NH + R_3N + R_4N^+\,OH^-$$

(혼합 생성물이 얻어짐)

4. 나이트로아렌의 환원(20.4B절에서 논의):

$$Ar{-}NO_2 \xrightarrow[\text{또는 (1) Fe/HCl (2) NaOH}]{H_2,\ \text{촉매}} Ar{-}NH_2$$

5. 환원적 아민화 반응(20.4C절에서 논의):

알데하이드 또는 케톤 (RC(=O)R′)

- NH_3, [H] → $RR'CH{-}NH_2$ (H, H on N) **1° 아민**
- $R''NH_2$, [H] → $RR'CH{-}NHR''$ **2° 아민**
- $R''R'''NH$, [H] → $RR'CH{-}NR''R'''$ **3° 아민**

6. 나이트릴, 옥심, 그리고 아마이드의 환원(20.4D절에서 논의):

$$R{-}CN \xrightarrow[(2)\ H_2O]{(1)\ LiAlH_4,\ Et_2O} R{-}CH_2{-}NH_2 \quad \textbf{1° 아민}$$

$$RR'C{=}N{-}OH \xrightarrow[(2)\ H_2O]{(1)\ LiAlH_4,\ Et_2O} RR'CH{-}NH_2 \quad \textbf{1° 아민}$$

$$R{-}C(=O){-}NH_2 \xrightarrow[(2)\ H_2O]{(1)\ LiAlH_4,\ Et_2O} R{-}CH_2{-}NH_2 \quad \textbf{1° 아민}$$

$$R{-}C(=O){-}NHR' \xrightarrow[(2)\ H_2O]{(1)\ LiAlH_4,\ Et_2O} R{-}CH_2{-}NHR' \quad \textbf{2° 아민}$$

$$\text{RC(=O)NR'R''} \xrightarrow[\text{(2) } H_2O]{\text{(1) } LiAlH_4,\ Et_2O} \text{RCH}_2\text{NR'R''}$$ 3° 아민

7. Hofmann과 Curtius 전위(자리 옮김) 반응(20.4E절에서 논의):

Hofmann 전위(자리 옮김) 반응

$$\text{RC(=O)NH}_2 \xrightarrow{Br_2,\ HO^-} R{-}NH_2 + CO_3^{2-}$$

Curtius 전위(자리 옮김) 반응

$$\text{RC(=O)Cl} \xrightarrow{NaN_3} \text{RC(=O)N}_3 \xrightarrow[\text{가열}]{(-N_2)} R{-}N{=}C{=}O \xrightarrow{H_2O} R{-}NH_2 + CO_2$$

아민의 반응

1. 염기로서의 반응(20.3절에서 논의):

$$R{-}\ddot{N}R'R'' + H{-}A \longrightarrow R{-}\overset{+}{N}HR'R''\ A^-$$

(R, R′, 그리고/또는 R″ 알킬, H, 또는 Ar)

2. 1° 아민의 다이아조화 반응과 다이아조늄기의 치환 또는 짝지음 반응(20.7, 20.8절에서 논의):

$$Ar{-}NH_2 \xrightarrow[0\sim5\ °C]{NaNO_2,\ HCl} Ar{-}\overset{+}{N}_2$$

- Cu_2O, Cu^{2+}, H_2O → $Ar{-}OH$
- $CuCl$ → $Ar{-}Cl$
- $CuBr$ → $Ar{-}Br$
- $CuCN$ → $Ar{-}CN$
- KI → $Ar{-}I$
- (1) HBF_4 (2) 가열 → $Ar{-}F$
- H_3PO_2, H_2O → $Ar{-}H$

$$C_6H_5{-}N_2^+ \xrightarrow[Q\,=\,NR_2 \text{ 또는 } OH]{C_6H_5Q} C_6H_5{-}\ddot{N}{=}\ddot{N}{-}C_6H_4{-}Q$$

3. 설폰아마이드로의 전환(20.9절에서 논의):

$$RNH_2 \xrightarrow[\text{(2) HCl}]{\text{(1) } ArSO_2Cl,\ HO^-} RNHSO_2Ar \qquad RR'NH \xrightarrow{ArSO_2Cl,\ HO^-} RR'NSO_2Ar$$

4. 아마이드로의 전환(17.8절에서 논의):

$$RNH_2 \xrightarrow[\text{염기}]{R''COCl} RNHCOR'' + Cl^- \qquad RNH_2 \xrightarrow{R''COOCOR''} RNHCOR'' + R''COOH$$

$$RR'NH \xrightarrow[\text{염기}]{R''COCl} RR'NCOR'' + Cl^-$$

5. Hofmann과 Cope 제거 반응(20.12절에서 논의):

Hofmann 제거 반응

$$H{-}C{-}C{-}\overset{+}{N}R_3 \quad HO^- \xrightarrow{\text{가열}} C{=}C + H_2O + NR_3$$

Cope 제거 반응

$$CH_3CH(H)CH_2\overset{+}{N}R_2O^- \xrightarrow[\text{가열}]{\text{syn 제거 반응}} CH_3CH{=}CH_2 + R_2NOH$$

이 주제는 왜 중요한가?

화학 요법과 설파 의약품의 기원

화학 요법이란 감염된 생체를 선택적으로 파괴하고 동시에 숙주를 파괴하지 않는 화학 시약을 사용하는 것이다. 경이로운 의약품 시대에 있어서 믿기 어려운 얘기일지도 모르지만, 화학 요법은 비교적 근래의 현상이다. 1900년 이전에는 단지 3가지 화학적인 치료제만이 알려져 있었다: 수은(매독에 사용했지만 흔히 재앙을 가져왔다), 기나수 껍질(말라리아), 토근(이질).

화학 요법이라는 용어 자체는 Ehrlich라는 이름의 의사로 거슬러 올라간다. 의학부 학생 시절, Ehrlich는 어떤 염료들이 조직들을 선택적으로 물들이는 능력을 가졌다는 사실에 깊은 인상을 받았다. 물들음이 조직과 염료 사이에 화학 반응이 일어난 결과라고 믿으며, Ehrlich는 미생물에 선택적인 친화력을 가진 염료를 밝힐 수 있을지 궁리하였다. 그는 이렇게 해서 찾아낸 염료를 수식하여 사람에게는 해가 없지만 미생물에게 특별히 치명적인 것으로 만들려고 하였다. 그는 그러한 물질을 '마술 총알'이라고 불렀다. 1907년 그는 Trypan Red I이라고 부르는 염료를 발견하였다. 이 염료는 트리파노소마균(편모충의 일종)을 치료하는 성질을 가졌으며, 그의 1908년 Nobel 의학상 수상에 이르게

노벨상

Paul Ehrlich는 화학 요법에 대한 연구로 Ilya Mechnikov와 함께 1908년 Nobel 의학상을 공동 수상하였다.

하였다. 1909년에는 살바르산이라고 알려진 그의 두 번째 마술 총알을 처음 발견하게 되는데, 이 물질은 매독의 치료제로 방향족 아민과 비소 원자의 조합으로 되어 있다.

이와 같은 원리에 대한 확실한 증거를 가지고 Ehrlich와 많은 과학자들은 수천 개의 약품(단지 염료뿐만 아니라)들을 시험하여 '마술 총알'을 찾아내려고 하였다. 불행하게도 어떤 가망성이 있어 보이는 효과가 있는 화합물은 거의 없었다. 그러다가 1935년에 독일의 염료 생산 공장에 고용되었던 의사인 Domagk의 딸이 바늘에 찔려 연쇄상 구균에 감염되었다. 그의 딸이 사경에 이르자 Domagk는 Prontosil이라고 부르는 염료를 먹이기로 결심하였다. Prontosil은 Domagk의 회사(I. G. Farbenindustrie)에서 개발되었고 쥐를 가지고 실험한 결과 연쇄상 구균의 성장을 저해하는 것이 밝혀졌었다. 단 시간 이내에 어린 소녀는 회복되었다. Domagk의 모험은 그의 딸의 생명을 구했을 뿐 아니라 현대 화학 요법의 찬란한 새 국면을 시작하였으며, 1939년 Nobel 의학상의 수상자가 되게 하였다.

노벨상
Gerhard Domagk는 프론토실의 항박테리아 효과를 발견한 공로로 1939년 Nobel 의학상을 수상하였다.

1936년에 파리에 있는 Pasteur Institute의 Fourneau는 (1) Prontosil이 인체 안에서 깨져서 설파닐아마이드를 생성하며, (2) 설파닐아마이드가 실제로 연쇄상 구균에 대항하는 시약이라는 사실을 증명하였다. 따라서 Prontosil은 생체 내에서 활성 화합물로 전환되므로 전구 약물이다.

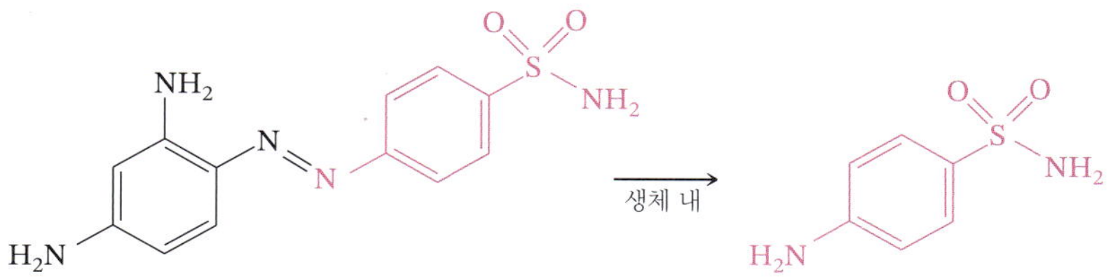

NH_2, H_2N, N, N, O, O, S, NH_2 → 생체 내 → O, O, S, NH_2, H_2N

Prontosil **Sulfanilamide**

Fourneau의 연구 결과에 대한 발표로 더 좋은 화학 요법 효과를 지녔을지도 모르는 설파닐아마이드와 관련된 화학 약품을 찾으려는 연구가 시작되었다. 문자 그대로 수천 개의 약품들이 설파닐아마이드라는 주제와 관련하여 나왔다. 즉, 설파닐아마이드의 구조가 거의 모든 상상할 수 있는 것으로 변형되었던 것이다. 가장 좋은 치료 효과는 $—SO_2NH_2$기의 수소 원자 하나가 다른 기, 보통 헤테로 고리(아래의 구조에서 청색으로 보임)로 치환된 화합물에서부터 얻어졌다. 가장 성공적인 변형들 가운데는 다음과 같은 것들이 있다. 설파닐아마이드 자체는 너무 독성이 커서 쓸 수가 없다.

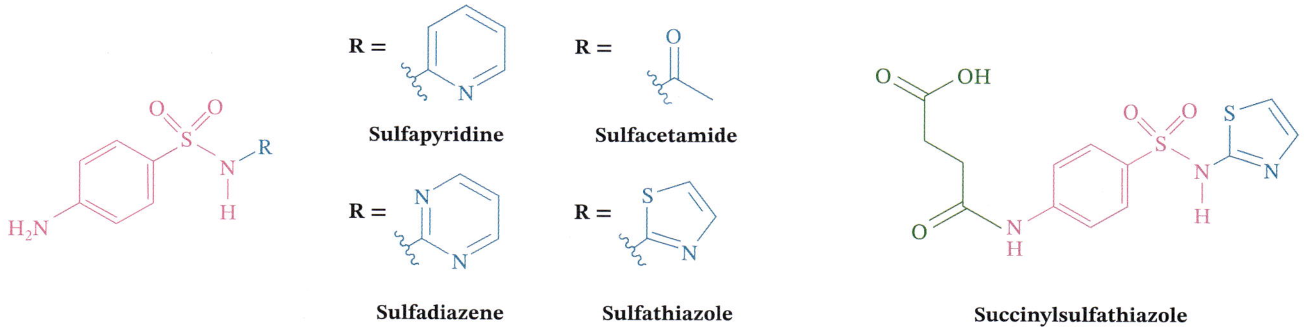

H_2N, O, O, S, N, H, R

R = (N) **Sulfapyridine** R = (O) **Sulfacetamide**

R = (N, N) **Sulfadiazene** R = (S, N) **Sulfathiazole**

O, OH, O, N, H, O, O, S, N, H, S, N

Succinylsulfathiazole

설파피리딘이 폐렴에 효과가 있다는 것이 1938년 밝혀졌다(그 이전까지는 폐렴이란 전염병이 수천 명의 사망을 가져왔었다). 1941년에 설파세트아마이드가 요도선 감염증을 성공적으로 치료하는 데 처음으로 사용되었다. 석신일설파싸이아졸과 이와 관련된 화합물인 프탈릴설파싸이아졸이 위장 전염병의 화학 요법제로 쓰였다. 두 혼합물 모두 내장에서 천천히 가수 분해하여 설파싸이아졸이 되는데, 설파싸이아졸은 제2차 세계대전 중 수많은 부상병들의 생명을 구하기도 했다.

요약과 복습 도구

이 장에 대한 학습 보조 자료에는 핵심 용어와 개념, 그리고 20.13절에 있는 반응 형태의 목록이 있다.

물음

이름 짓기

20.19 아래 화합물 각각의 구조식을 쓰시오.

(a) Triethyl amine
(b) *N*-Ethyl-*N*-methylaniline
(c) *N*,*N*-Dimethylcyclopentanamine
(d) tetra-*n*-Butylammonium bromide
(e) *N*-Ethylpyridinium bromide
(f) *N*,*N*-Diisopropyl ethyl amine
(g) Benzyl trimethylammonium hydroxide
(h) Tetrapropylammonium chloride
(i) Triisopropylamine
(j) 3,3-Diethyl-2-methylcycloheptanamine
(k) *o*-Toluidine
(l) *N*-Methyl-2-naphthylamine
(m) 2-Methylimidazole
(n) *m*-Aminobenzoic acid
(o) *N*,*N*-Dimethyl-*p*-anisidine
(p) Indole
(q) 3-Aminopropan-1-ol
(r) Dimethylaminium chloride
(s) 2,4,6-Trifluoroaniline
(t) *N*-Ethylpiperidine

20.20 아래 화합물 각각의 일반적인 이름이나 체계적인 이름을 쓰시오.

(a)  NH_2
(b) 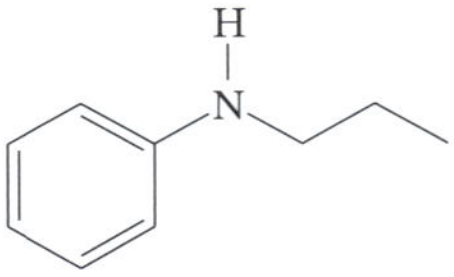 H N
(c) 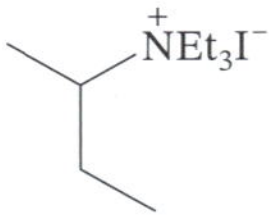 $\overset{+}{N}Et_3I^-$
(d) 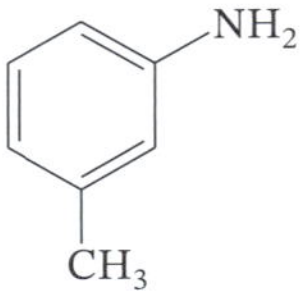 NH_2 CH_3
(e) 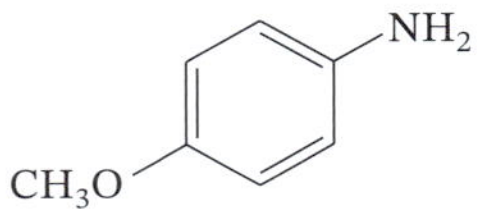 NH_2 CH_3O
(f) 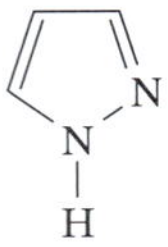 N N H
(g) 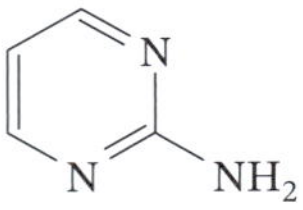 N N NH_2
(h) 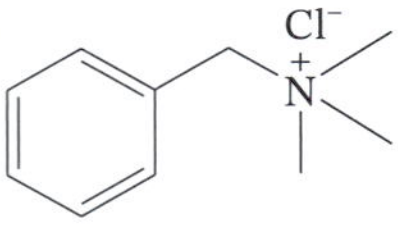 Cl^- $\overset{+}{N}$
(i) 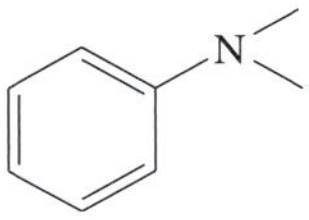 N
(j) 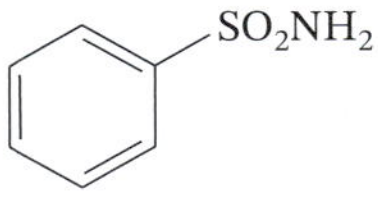 SO_2NH_2
(k) 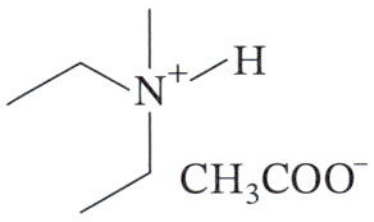 N^+ H CH_3COO^-
(l)  HO NH_2
(m) 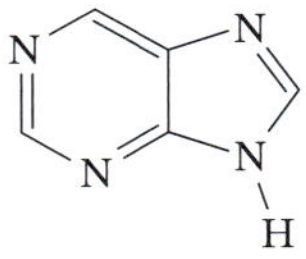 N N N N H
(n) N CH_3

아민의 합성과 반응

20.21 각 화합물에서 가장 염기성인 질소는 어느 것인가? 그 까닭을 설명하시오.

(a) 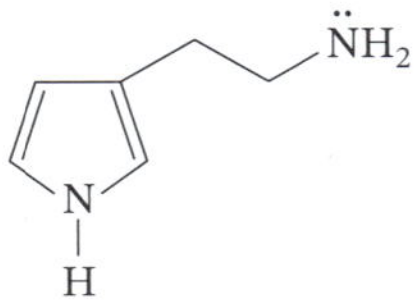 $\ddot{N}H_2$ N H
(b) 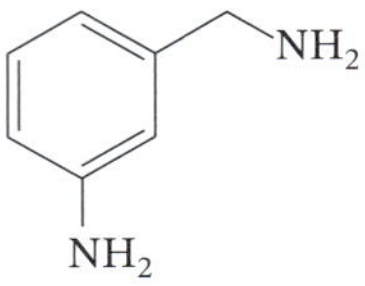 NH_2 NH_2
(c) 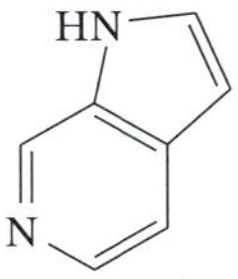 HN N
(d) 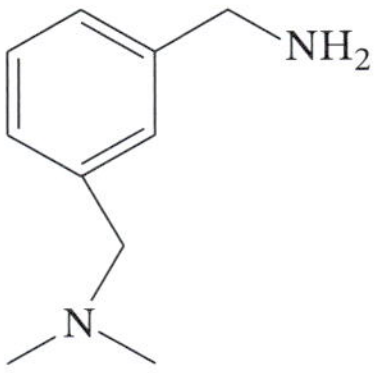 NH_2 N

20.22 아래 각각의 화합물로부터 프로필아민을 합성하는 방법을 보이시오.

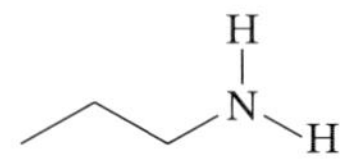

Propylamine

(a) Propanitrile
(b) Propanamide
(c) Propyl bromide
(d) Propyl tosylate
(e) Propanal
(f) Nitropropane
(g) Butanamide

20.23 아닐린을 아래 각각의 화합물로부터 합성하는 방법을 보이시오.

(a) Nitrobenzene **(b)** Bromobenzene **(c)** Benzoic acid

20.24 1-펜탄올로부터 아래 각각의 화합물들을 어떻게 합성할 수 있는지를 보이시오.

(a) Pentylamine (2°와 3° 아민이 없는 것) **(b)** Hexylamine **(c)** Butylamine **(d)** Methylpentylamine

20.25 아닐린을 아래 각각의 화합물로 전환하는 방법을 보이시오. (이 물음의 앞부분에서 수행한 단계들은 반복할 필요가 없다.)

(a) Acetanilide
(b) *N*-Phenylphthalimide
(c) *p*-Nitroaniline
(d) Sulfanilamide
(e) *N*,*N*-Dimethylaniline
(f) Fluorobenzene
(g) Chlorobenzene
(h) Bromobenzene
(i) Iodobenzene
(j) Benzonitrile
(k) Benzoic acid
(l) Phenol
(m) Benzene
(n) OH, N, N
(o) $N(CH_3)_2$, N, N

20.26 아래 각각의 반응에서 주 생성물을 쓰시오.

(a) NH_2, O; (1) 촉매 HA (2) $NaBH_3CN$ →

(b) Br; (1) NaCN (2) $LiAlH_4$ (3) H_3O^+ →

(c) Br; (1) NaN_3 (2) $LiAlH_4$ (3) H_3O^+ →

(d) O; (1) NH_2OH, 촉매 HA (2) $NaBH_3CN$ →

(e) NH_2; (1) O, O, O (2) $LiAlH_4$ (3) H_3O^+ →

20.27 아래 각각의 아민이 아질산 소듐 수용액 및 염산과 반응할 때 예상되는 생성물은 무엇인가?

(a) Propylamine
(b) Dibutylamine
(c) *N*-Propylaniline
(d) *N*,*N*-Diethylaniline
(e) *p*-Butylaniline

20.28 일반적으로 질소 원자는 산소 원자보다 더 염기성이다. 그러나 아마이드를 황산과 같은 강산으로 처리하면 아마이드의 질소 원자보다는 산소 원자에 양성자가 첨가된다. 이러한 관찰을 설명하시오.

20.29 아래 각각의 반응에서 무슨 생성물이 얻어질 것으로 예상되는가?

(a)

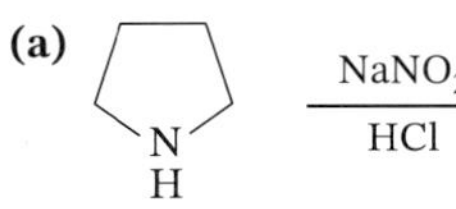

(b)

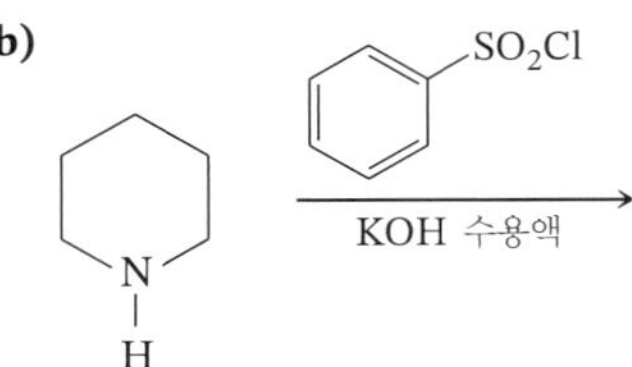

20.30 아래 각각의 반응 생성물의 구조를 쓰시오.

(a) $CH_3CH_2NH_2$ + C_6H_5COCl ⟶

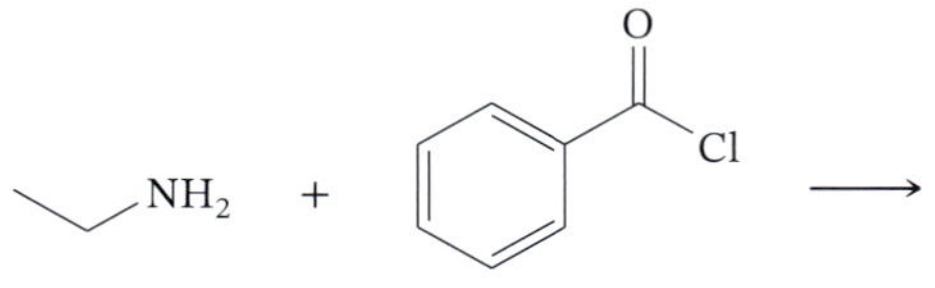

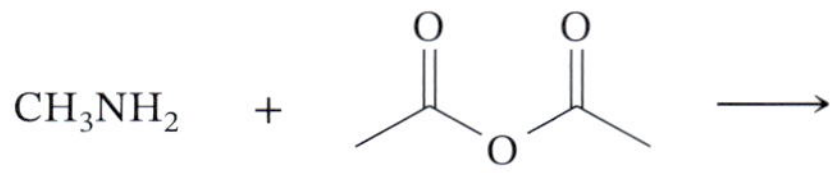

(b) CH_3NH_2 + $(CH_3CO)_2O$ ⟶

(c) CH_3NH_2 + succinic anhydride ⟶

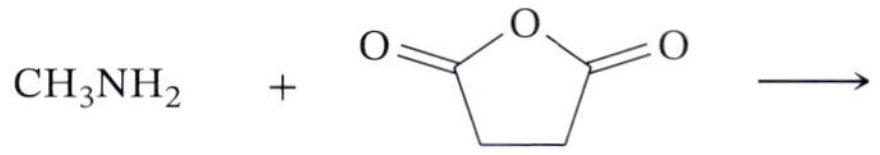

(d) (c) 의 생성물 $\xrightarrow{\text{가열}}$

(e) pyrrolidine + phthalic anhydride ⟶

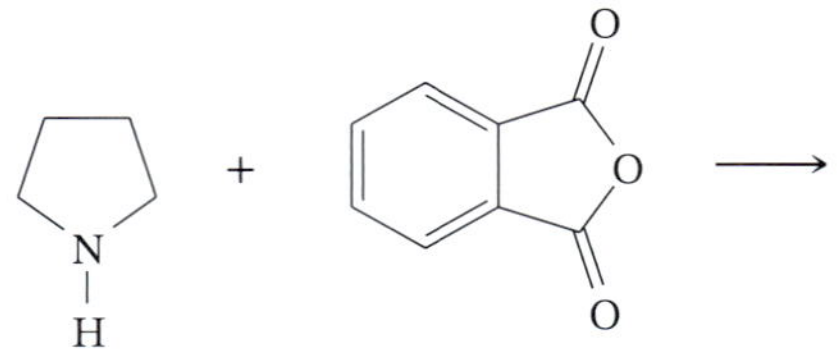

(f) pyrrole + $(CH_3CO)_2O$ ⟶

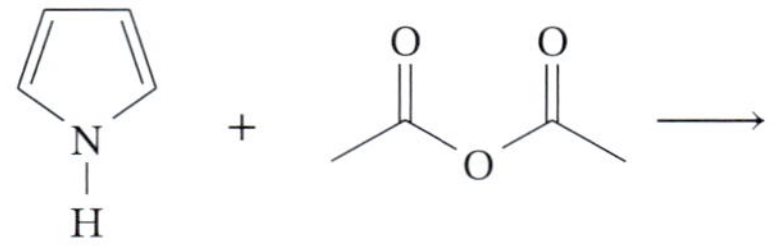

(g) Aniline + propanoyl chloride ⟶

(h) Tetraethylammonium hydroxide $\xrightarrow{\text{가열}}$

(i) *p*-Toluidine + Br_2 (과량) $\xrightarrow{H_2O}$

20.31 벤젠이나 톨루엔으로부터 다이아조늄 염을 중간체로 하여 아래 각 화합물의 합성 방법을 요약하시오. (이 물음의 앞부분에서 수행한 합성을 반복할 필요는 없다.)

(a) Fluorobenzene
(b) *m*-Iodotoluene
(c) Phenol
(d) *m*-Dichlorobenzene
(e) Benzonitrile
(f) *m*-Bromobenzonitrile
(g) 2,6-Dibromotoluene
(h) 3,5-Dibromoaniline
(i) 2,4,6-Tribromophenol
(j) 3,4,5-Tribromobenzonitrile
(k) 2,6-Dibromobenzoic acid
(l) 1,3-Dibromo-2-iodobenzene
(m) CH_3–, CN, Br 치환 벤젠 (구조식)
(n) CH_3–C₆H₄–N=N–C₆H₄–OH (구조식)
(o) CH_3–C₆H₄–N=N–(OH, CH_3 치환 벤젠) (구조식)

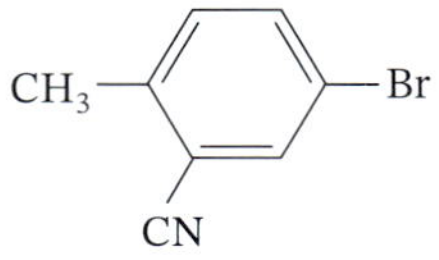

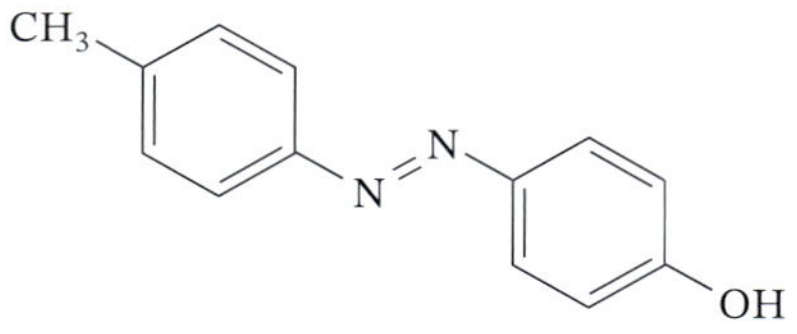

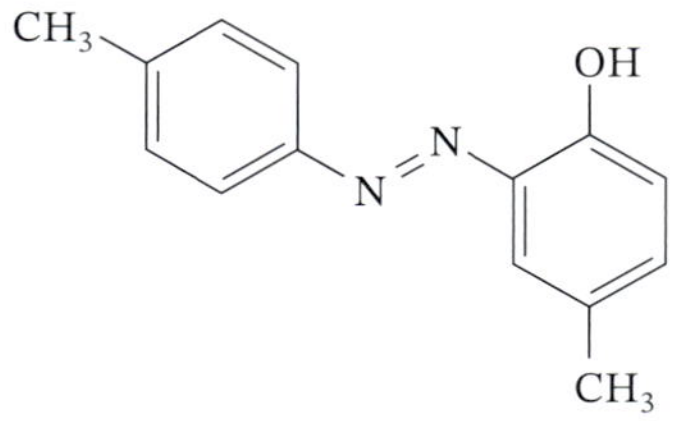

20.32 아래 각 쌍의 화합물을 분명하게 구별할 수 있는 간단한 화학적 시험법을 반응식으로 쓰거나 IR 또는 NMR의 구체적인 양상을 언급하시오.

(a) Benzylamine과 benzamide
(b) Allylamine과 propylamine
(c) *p*-Ethylaniline과 *N*-ethylaniline
(d) Cyclopentylamine과 pyrrolidine
(e) Pyrrole과 benzene
(f) Cyclohexylamine과 aniline
(g) Trimethylamine과 methylamine
(h) Tripropylaminium chloride와 tetrapropylammonium chloride
(i) Tetraethylammonium chloride와 tetraethylammonium hydroxide

20.33 벤조산, 4-메틸페놀, 아닐린, 그리고 벤젠을 산, 염기, 그리고 유기 용매를 이용하여 분리하는 방법을 제시하시오.

메커니즘

20.34 중간체에 대한 언급을 포함하여 아래의 반응에 대한 메커니즘을 제안하시오.

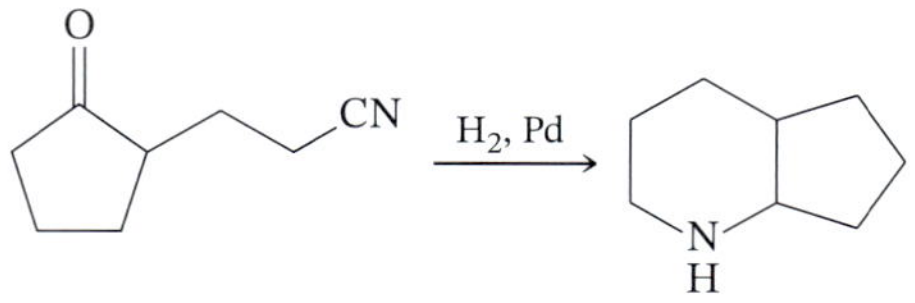

2-(2-cyanoethyl)cyclopentanone (O, CN) $\xrightarrow{H_2, Pd}$ bicyclic amine (N–H)

20.35 아래의 반응에 대한 상세한 메커니즘을 제안하시오.

(a) benzamide ($C_6H_5CONH_2$) $\xrightarrow{Br_2,\ NaOH,\ H_2O}$ aniline ($C_6H_5NH_2$)

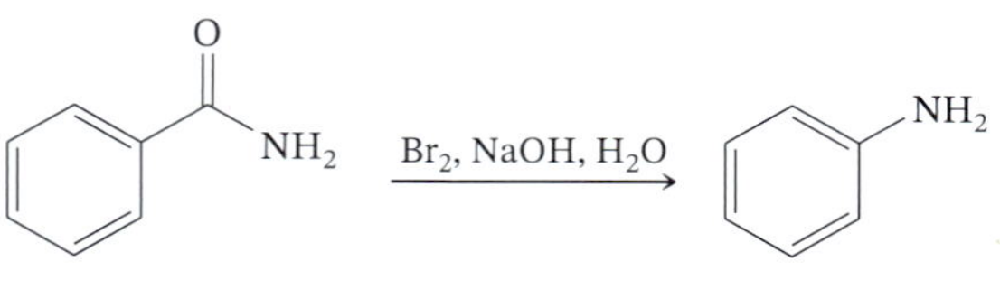

(b) benzamide ($C_6H_5CONH_2$) $\xrightarrow{POCl_3}$ benzonitrile ($C_6H_5C{\equiv}N$)

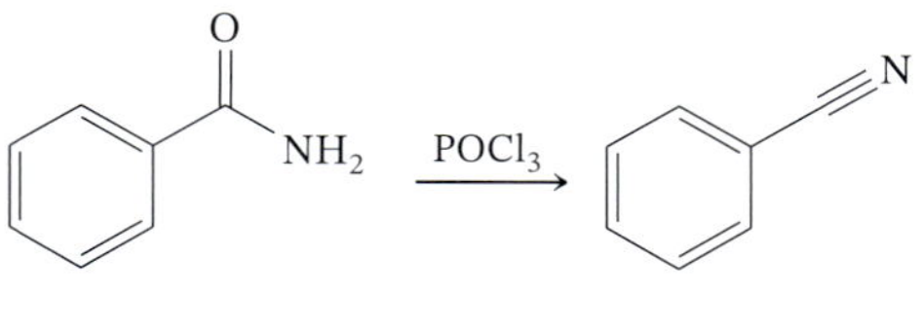

20.36 Hofmann 반응이 분자내 전위(자리 옮김) 반응, 즉 옮겨가는 R기가 아마이드 분자로부터 결코 완전히 분리되지 않는다는 제안을 증명할 수 있는 실험을 제시하시오.

일반적인 합성

20.37 프탈산 무수물로부터 프탈이미드를 합성하는 방법을 보이시오. (프탈이미드는 펩타이드 합성에 사용되는 전구체이며 항염제, 진통제, 경련 방지제 성질을 지닌 의약품이다.)

20.38 아래 각각의 화합물을 주어진 화합물과 다른 필요한 시약을 써서 합성하는 방법을 보이시오.

(a) 1,10-decanediol로부터 $Me_3\overset{+}{N}(CH_2)_{10}\overset{+}{N}Me_3 \cdot 2Br^-$

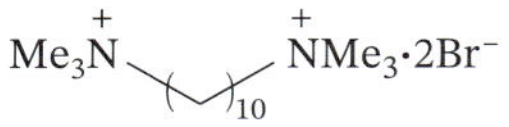

(b) succinic acid, 2-bromoethanol, 그리고 trimethylamine으로부터 succinylcholine bromide(20.3절의 '생물 화학: 생물학적으로 중요한 아민' 참조)

20.39 폴산(그림 20.3의 구조식 참조)의 상업적인 합성은 아래의 세 가지 화합물을 탄산수소 소듐 수용액와 함께 가열하는 것이다. 폴산이 되는 타당한 메커니즘을 제시하시오. (**힌트**: 헤테로 고리 아민의 아래 오른쪽에 있는 NH_2기와 케톤 사이에서 이민이 형성되는 것이 첫 번째 단계이다.)

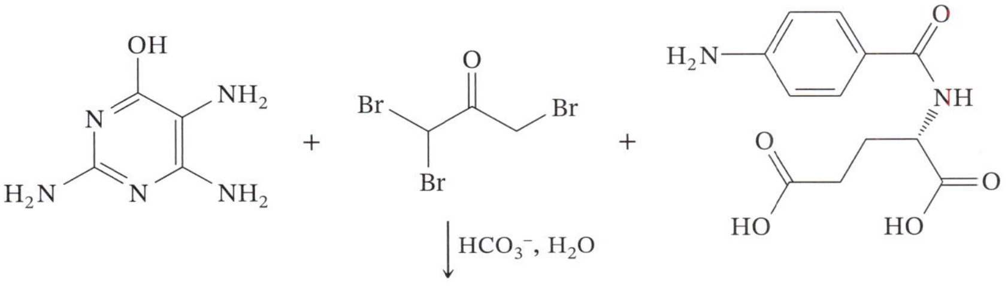

OH, NH_2, N, H_2N, N, NH_2 + Br, O, Br, Br + H_2N, O, NH, O, O, HO, HO

$\downarrow HCO_3^-, H_2O$

Folic acid
(-10%)

20.40 화합물 **R**~**W**의 구조를 쓰시오.

$$N\text{-Methylpiperidine} \xrightarrow{CH_3I} \mathbf{R}\ (C_7H_{16}NI) \xrightarrow[H_2O]{Ag_2O} \mathbf{S}\ (C_7H_{17}NO) \xrightarrow[\text{가열}]{(-H_2O)}$$

$$\mathbf{T}\ (C_7H_{15}N) \xrightarrow{CH_3I} \mathbf{U}\ (C_8H_{18}NI) \xrightarrow[H_2O]{Ag_2O} \mathbf{V}\ (C_8H_{19}NO) \xrightarrow[\text{가열}]{} \mathbf{W}\ (C_5H_8) + H_2O + (CH_3)_3N$$

20.41 다이메틸아민, 옥시레인, 아이오도메테인, 그리고 염화 아세틸을 출발 물질로 사용하여 아이오딘화 아세틸콜린의 합성을 요약하시오.

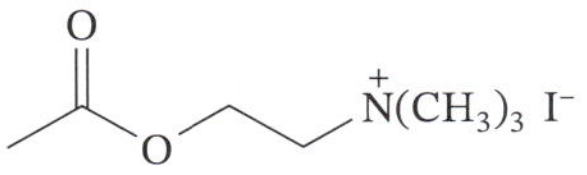

O, O, $\overset{+}{N}(CH_3)_3\ I^-$

Acetylcholine iodide

20.42 프로판올아민($HOCH_2CH_2CH_2NH_2$)은 전형적인 β-길항제 특성을 지녔다. 이 화합물의 합성을 제안하시오.

20.43 부프로피온(bupropion, 아래 구조)은 전형적인 항우울증제이다. 벤젠과 다른 필요한 시약을 사용하여 이 화합물의 합성 방법을 제안하시오.

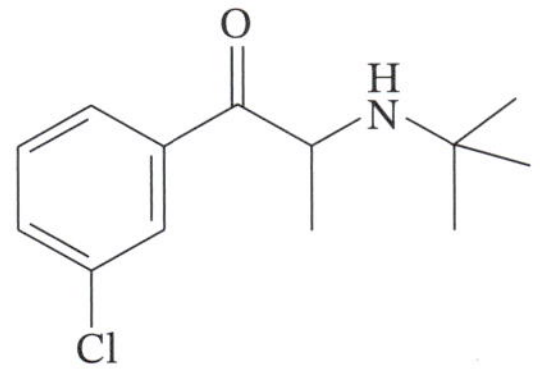

O, H, N, Cl

Bupropion

20.44 2-클로로프로판산, 다이에틸아민, 그리고 2-나프톨을 출발 물질로 하여 나프로파미드(동양에서 논에 쓰는 제초제)의 합성 방법

을 제안하시오.

Napropamide

분광학

20.45 화합물 **W**($C_{15}H_{17}N$)는 묽은 HCl 수용액에 녹고 IR 스펙트럼의 3300~3500 cm^{-1} 영역에서는 피크가 없다. **W**의 ^{1}H NMR 스펙트럼은 **그림 20.6**과 같다. **W**의 구조를 제시하시오.

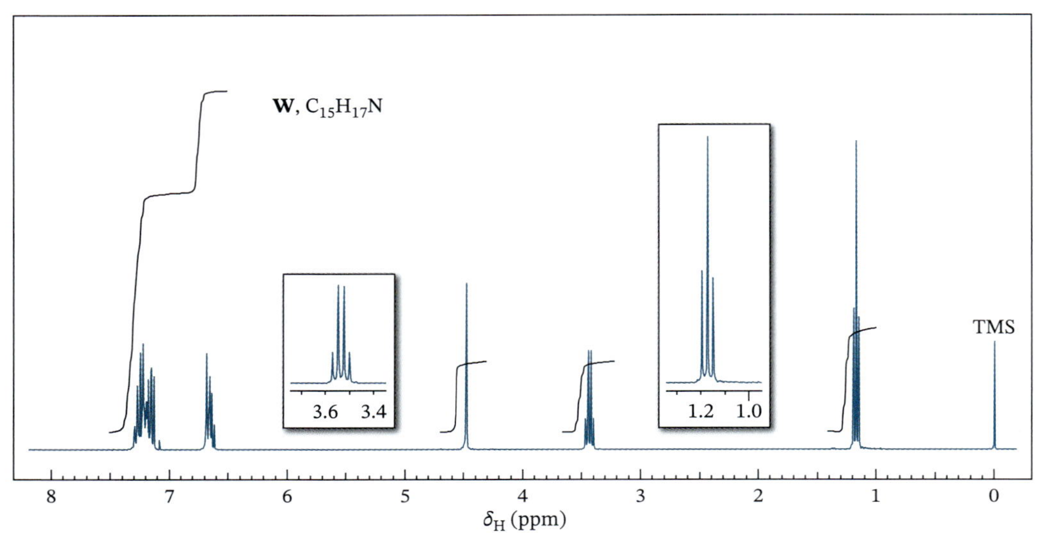

그림 20.6 물음 20.45의 화합물 **W**의 ^{1}H NMR 스펙트럼. 확대한 신호를 위에 보여 주었다.

20.46 **X**, **Y**, 그리고 **Z**의 구조를 제시하시오.

$$\mathbf{X}\,(C_7H_7Br) \xrightarrow{\text{NaCN}} \mathbf{Y}\,(C_8H_7N) \xrightarrow{\text{LiAlH}_4} \mathbf{Z}\,(C_8H_{11}N)$$

X의 ^{1}H NMR 스펙트럼은 두 개의 신호가 7.3 ppm(5H)의 다중선과 4.25 ppm(2H)의 단일선으로 나온다. **X**의 적외선 스펙트럼에서 680~840 cm^{-1} 영역은 690과 770 cm^{-1}에서 피크를 보인다. **Y**의 ^{1}H NMR 스펙트럼은 **X**의 그것과 비슷하다: 7.3 ppm(5H)의 다중선과 3.7 ppm(2H)의 단일선. **Z**의 ^{1}H NMR 스펙트럼은 **그림 20.7**과 같다.

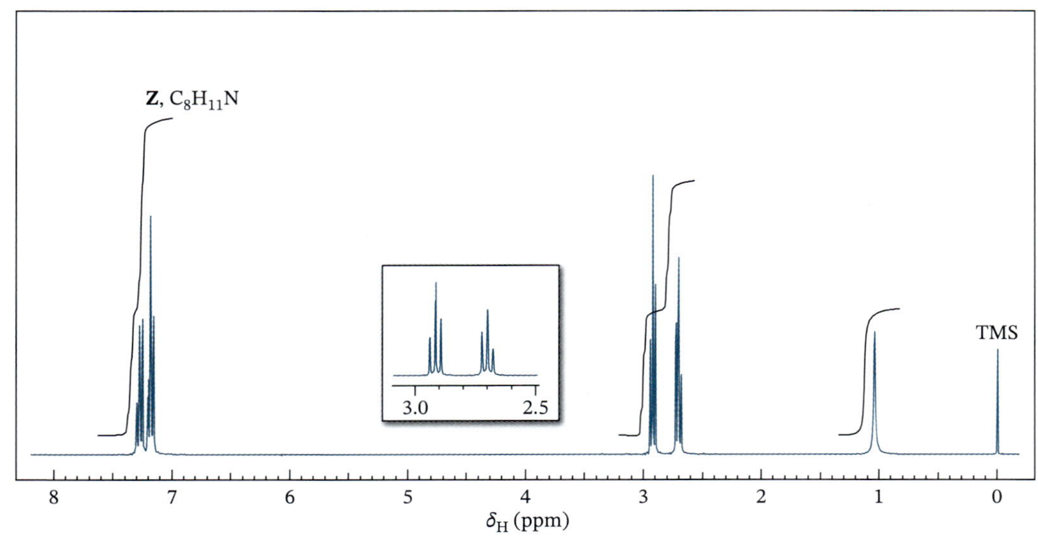

그림 20.7 물음 20.46의 화합물 **Z**의 ^{1}H NMR 스펙트럼. 확대한 신호를 위에 보여 주었다.

20.47 화합물 **A**($C_{10}H_{15}N$)는 묽은 HCl에 녹는다. IR 흡수 스펙트럼은 3300~3500 cm^{-1} 영역에 두개의 피크를 보인다. **A**의 넓은 띠 양성자-짝풀린 ^{13}C 스펙트럼은 **그림 20.8**과 같다. **A**의 구조를 제시하시오.

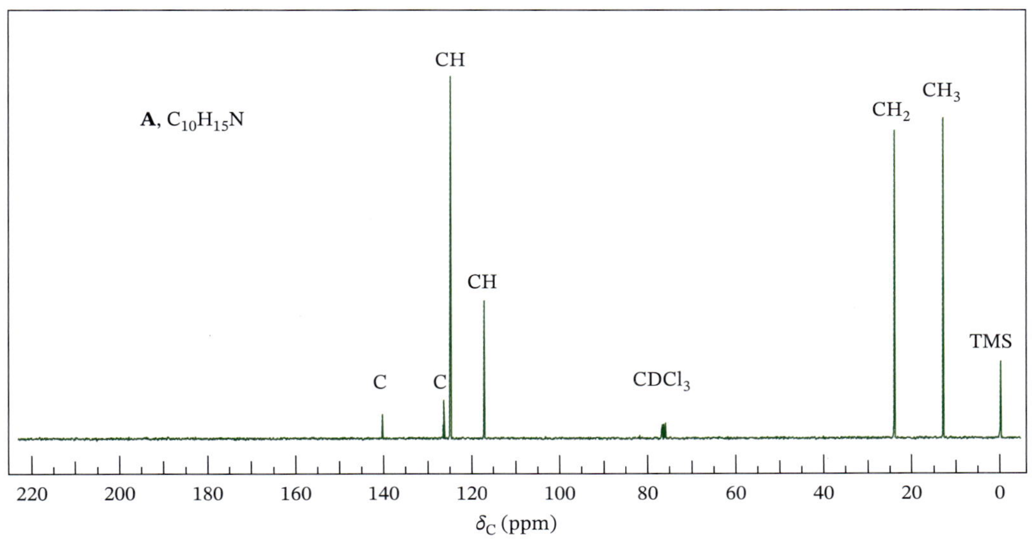

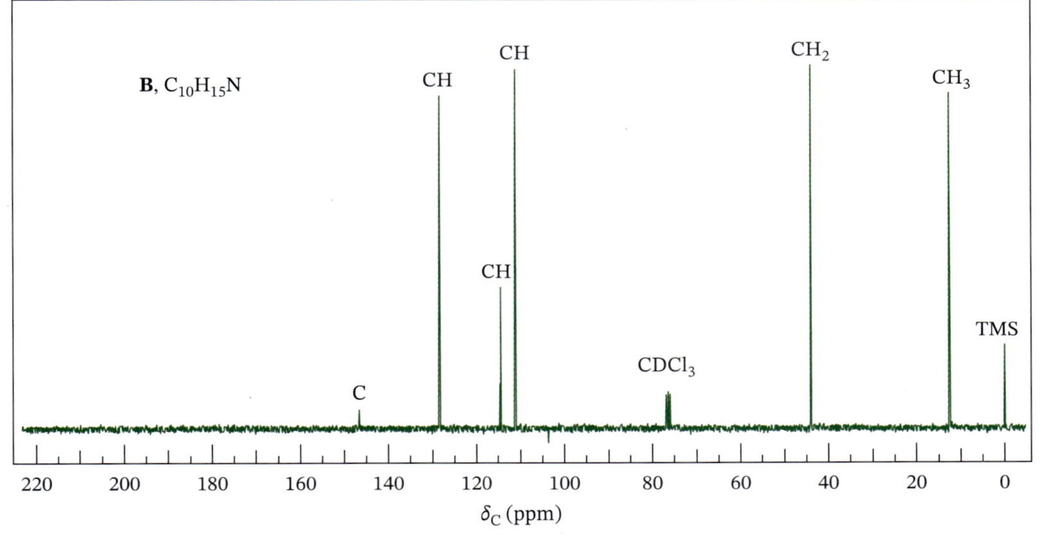

그림 20.8 물음 20.47과 20.48의 화합물 **A**와 **B**에 대한 넓은 띠 양성자-짝풀린 ^{13}C NMR 스펙트럼. 붙어 있는 양성자의 정보를 각 스펙트럼의 신호 위에 나타냈다.

20.48 화합물 **B**는 **A**의 이성질체이며(물음 20.47), 묽은 HCl에 녹는다. **B**의 IR 스펙트럼은 3300~3500 cm^{-1} 영역에 아무런 띠도 보이지 않는다. **B**의 양성자-짝풀린 ^{13}C 스펙트럼은 그림 20.8과 같다. **B**의 구조를 제시하시오.

물질 합성

20.49 아래 각각의 질문에서 출발 물질을 생성물로 전환하는 데 타당한 경로를 제시하시오. 각각의 경우 한 단계 이상이 필요하며, 앞의 장들에서 배운 반응이 필요할 수도 있다.

(a) OH ⟶ NH_2, OH, O

Racemic valine

(b) O, OEt ⟶ O, EtO, NHMe

(c) 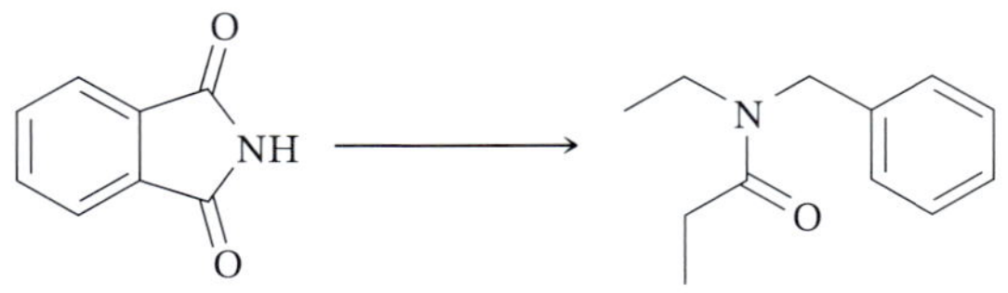 O NH O ⟶ N O

(d) 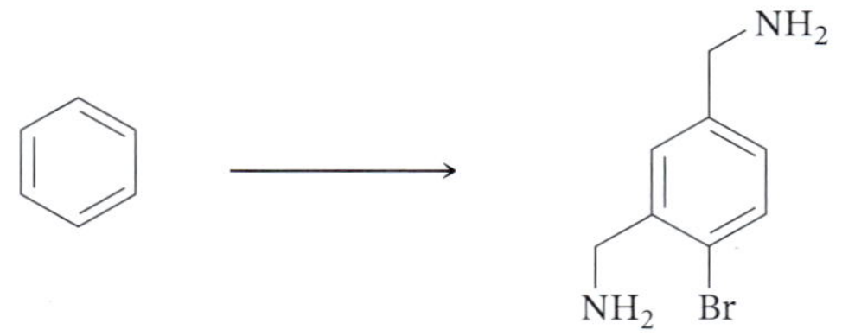 ⟶ NH_2 NH_2 Br

20.50 아래 각각에 대하여 주어진 출발 물질로부터 제시된 조건을 통하여 형성되는 생성물(**A**, **B**, **C**로 나타냄)의 구조를 그리시오.

(a) 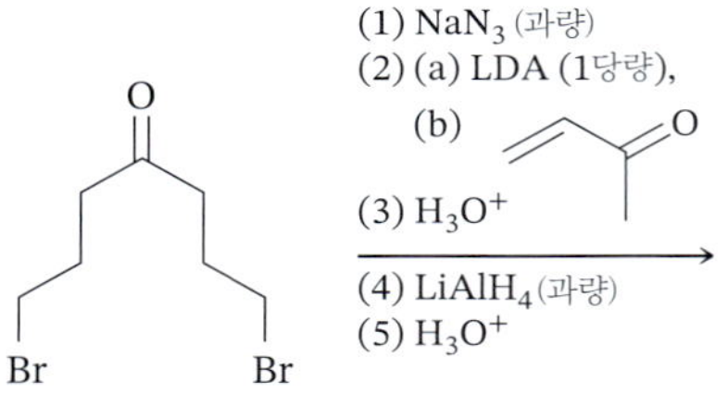 O Br Br

(1) NaN_3 (과량)
(2) (a) LDA (1당량),
(b) O
(3) H_3O^+
(4) $LiAlH_4$ (과량)
(5) H_3O^+

A

(b) 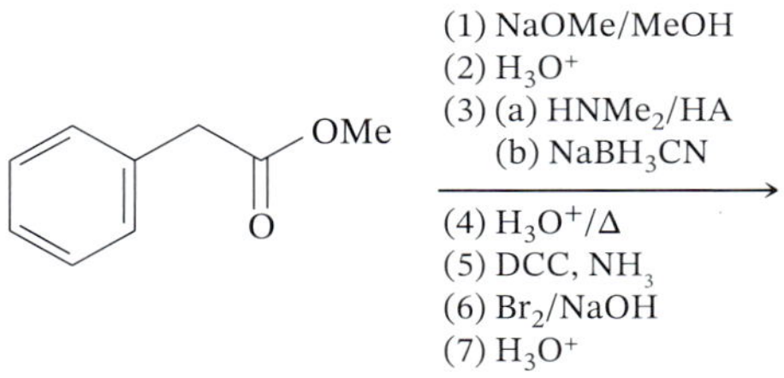 OMe O

(1) NaOMe/MeOH
(2) H_3O^+
(3) (a) $HNMe_2$/HA
(b) $NaBH_3CN$
(4) H_3O^+/Δ
(5) DCC, NH_3
(6) Br_2/NaOH
(7) H_3O^+

B

(c) 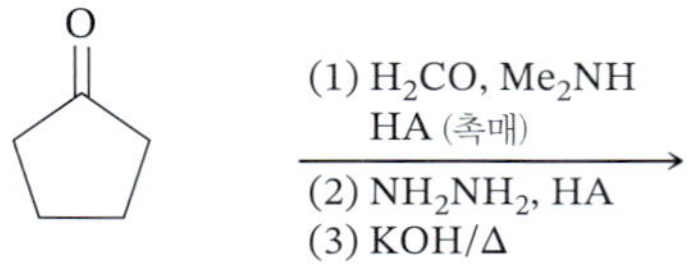 O

(1) H_2CO, Me_2NH
HA (촉매)
(2) NH_2NH_2, HA
(3) KOH/Δ

C

20.51 주어진 물질들만을 사용하여 최종 생성물에 나타나는 탄소의 출처로 생각하고 아래의 분자의 합성법을 개발하시오. **힌트**: 성공적인 합성을 위해서는 앞서의 장들에서 나온 반응들을 그리고, 탄소의 출처를 한 번 이상 사용해야 할지도 모른다. 브로민화 벤질의 S_N2 치환 반응이 대체적으로 잘 일어날 것으로 가정한다.

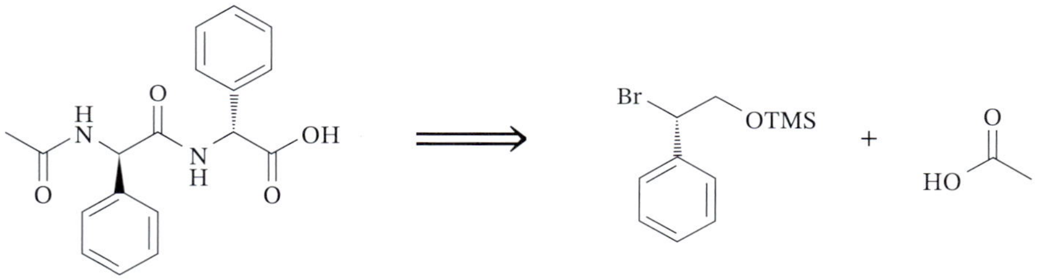

H N O O N H OH O ⟹ Br OTMS + O HO

화학 상담자가 필요한 물음

20.52 아래의 작업은 모두 복잡한 분자의 실험실적 합성의 일부이다. 지시된 전환을 달성하기 위한 조건들을 제시하시오. (참조: *J. Am. Chem. Soc.* **1945**, *67*, 860; *Angew. Chem. Int. Ed.* **2002**, *41*, 2194; *J. Am. Chem. Soc.* **2002**, *124*, 2137; *J. Am. Chem. Soc.* **1999**, *121*, 10004.)

(a) 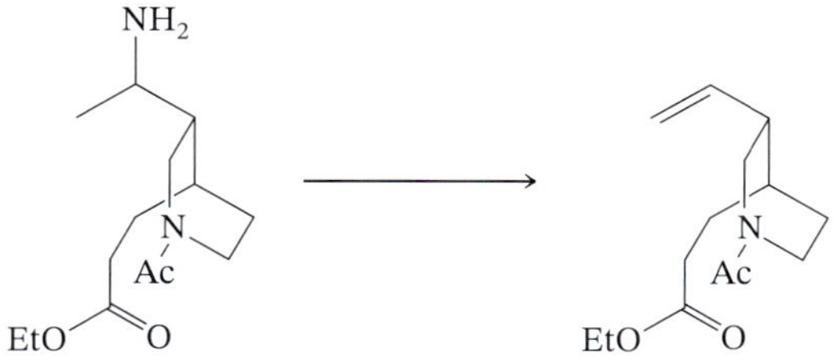 NH_2 N Ac EtO O ⟶ N Ac EtO O

(b)

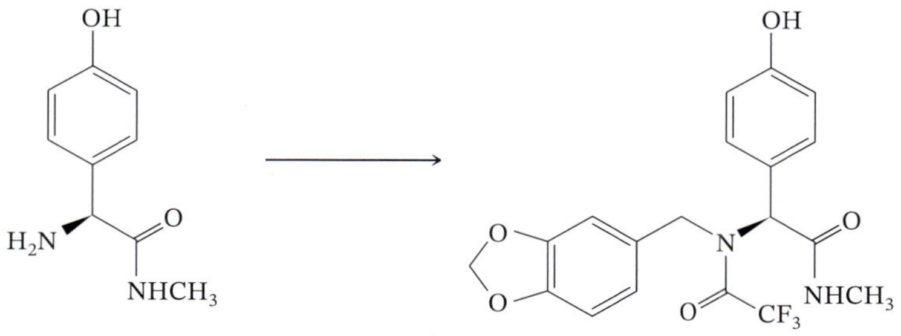

(c)

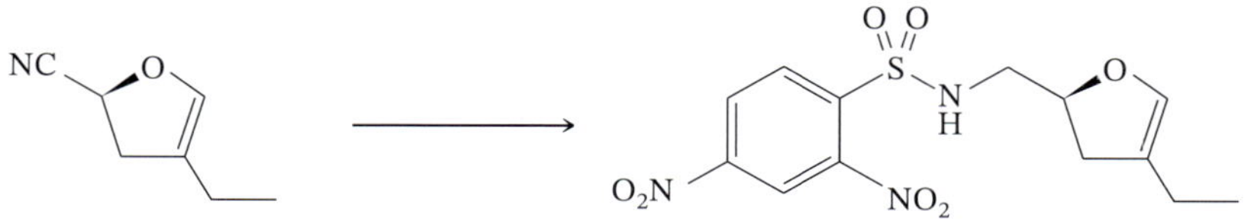

(d)

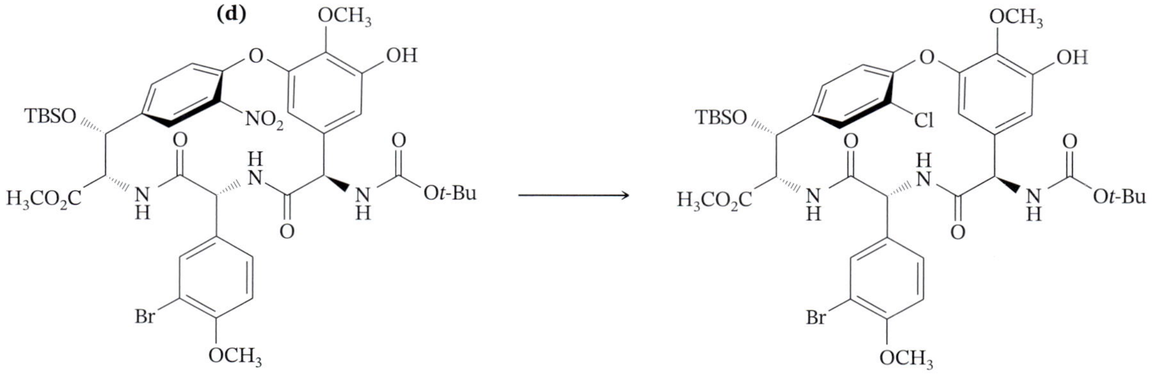

20.53 아래에서 Curtius 전위(자리 옮김) 반응을 이용하는 것은 독특한 생성물에 이르도록 한다. 이러한 형성을 설명할 수 있는 메커니즘을 제시하시오. (참조: *Tetrahedron: Asymmetry* **2002**, *13*, 1005.)

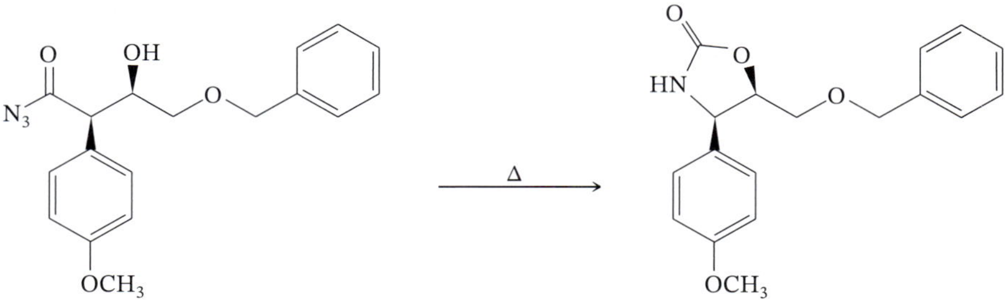

도전 물음

20.54 아이소싸이오사이안산 페닐($C_6H_5N{=}C{=}S$)을 $LiAlH_4$로 환원하여 생성된 물질의 분광학적 자료는 다음과 같다.

MS (*m*/*z*): 107, 106

IR (cm^{-1}): 3330(뾰족함), 3050, 2815, 760, 700

^{1}**H NMR** (ppm): 2.7(s, 3H), 3.5(넓음, 1H), 6.6(d, 2H), 6.7(t, 1H), 7.2(t, 2H)

^{13}**C NMR** (ppm): 30(CH_3), 112(CH), 117(CH), 129(CH), 150(C)

(a) 생성물의 구조는 무엇인가?

(b) *m*/*z* 106의 피크를 설명해 주는 구조는 무엇이며, 그것은 어떻게 형성되었는가?(그것은 이민윰 이온이다.)

20.55 *N*,*N'*-다이페닐유레아(**A**)를 피리딘에서 염화 토실과 반응시키면 **B**가 생성된다.

B의 분광학적인 자료는 다음과 같다.

MS (m/z): 194($M^{+\cdot}$)

IR (cm^{-1}): 3060, 2130, 1590, 1490, 760, 700

^{1}**H NMR** (ppm): 6.9~7.4(m)뿐

^{13}**C NMR** (ppm): 122(CH), 127(CH), 130(CH), 149(C), 163(C)

A

(a) B의 구조는 무엇인가?

(b) B의 형성 메커니즘을 쓰시오.

20.56 아래 반응이 일어나는 메커니즘을 제안하시오.

20.57 아세톤을 무수 염화 칼슘(건조제) 존재하에서 무수 암모니아와 반응시키면 반응 혼합물의 유기 액체상을 농축한 후에 결정형 생성물 **C**가 얻어진다.

C에 대한 분광학적 자료는 다음과 같다.

MS (m/z): 155($M^{+\cdot}$), 140

IR (cm^{-1}): 3350(뾰족함), 2850~2960, 1705

^{1}**H NMR** (ppm): 2.3(s, 4H), 1.7(1H, D_2O에서 없어짐), 1.2(s, 12H)

(a) C의 구조는 무엇인가?

(b) C의 형성 메커니즘을 제안하시오.

20.58 아마이드의 산소 또는 질소가 양성자를 받아서 양전하가 분산됨에 있어서의 차이는 정전기적 퍼텐셜 지도로 나타낼 수 있다. O—H와 N—H에 양성자가 첨가한 아래의 아세트아마이드의 정전기적 퍼텐셜 지도를 고려하시오. 정전기적 퍼텐셜 지도를 근거로 하여 양성자가 첨가된 형태 중 어느 것이 비편재화되었는지, 따라서 형식적인 양전하를 더 효과적으로 안정화시켰는지를 말하시오. 아세트아마이드의 두 가지 가능한 양성자 첨가 형태에 있어서 공명 기여체의 관점으로 논의하시오.

산소에 양성자가 첨가된 아세트아마이드

질소에 양성자가 첨가된 아세트아마이드

학습 집단을 위한 물음

1. 레서핀(Reserpine)은 알칼로이드 집단(온라인 자료에서 특수 주제 E 참조)에 속하는 천연물이다. 레서핀은 뱀 물린 데 좋다는 식물의 뿌리인 *Rauwolfia serpentina*로부터 분리되었다. 레서핀은 임상적으로 고혈압, 신경과 정신 질환의 치료제로 이용되었다. 6개의 카이랄 중심을 지닌 레서핀의 합성은 Woodward가 1955년에 이룬 이정표적인 업적이다. 합성에는 아민과 질소를 포함하는 작용기가 관여하는 여러 반응이 들어 있으며, 다음 쪽에 나와 있다.

(a) 다음 쪽에 있는 도식에서 처음 두 단계의 목표는 아마이드의 형성에 앞서 2차 아민을 합성하는 것이다. 첫 번째 반응과 두 번째 반

응으로부터 각각 **A**와 **B**라고 표시된 생성물의 구조를 그리시오. **A**의 형성 메커니즘을 쓰시오.

(b) 아래 일련의 반응에는 3차 아민의 형성과 함께 새로운 고리 닫힘이 관여하고 있다. 아마이드 작용기가 옥시염화 인($POCl_3$)과 어떻게 반응하여 중괄호로 표시된 중간체에 이탈기를 놓는지를 굽은 화살표로 나타내시오.

(c) 중괄호로 된 중간체로부터 고리가 닫히는 데는 인돌 고리의 특성인 친전자성 방향족 치환 반응 형태가 관여하고 있다. 인돌 고리의 질소 원자가 짝지음을 통해서 인접 탄소에 있는 전자들로 하여금 친전자체를 공격하도록 하는 것을 나타내는 화살표 메커니즘을 쓰시오. 이 경우, 중괄호 중간체에 있는 인돌 고리의 공격은 첨가 반응–제거 반응으로 이탈기를 지닌 카보닐에서 일어나는 반응과 다소 유사하다.

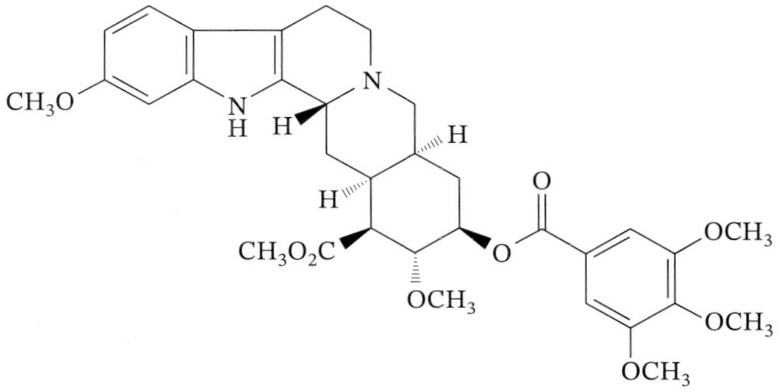

CH_3O NH_2 CH_3O_2C CH_3O_2C OAc OCH_3 → **A** $\xrightarrow{NaBH_4}$ **B**

Cl_2OPO 기는 좋은 이탈기이다.

(phosphorus oxychloride)

Cl^- $NaBH_4$

Reserpine

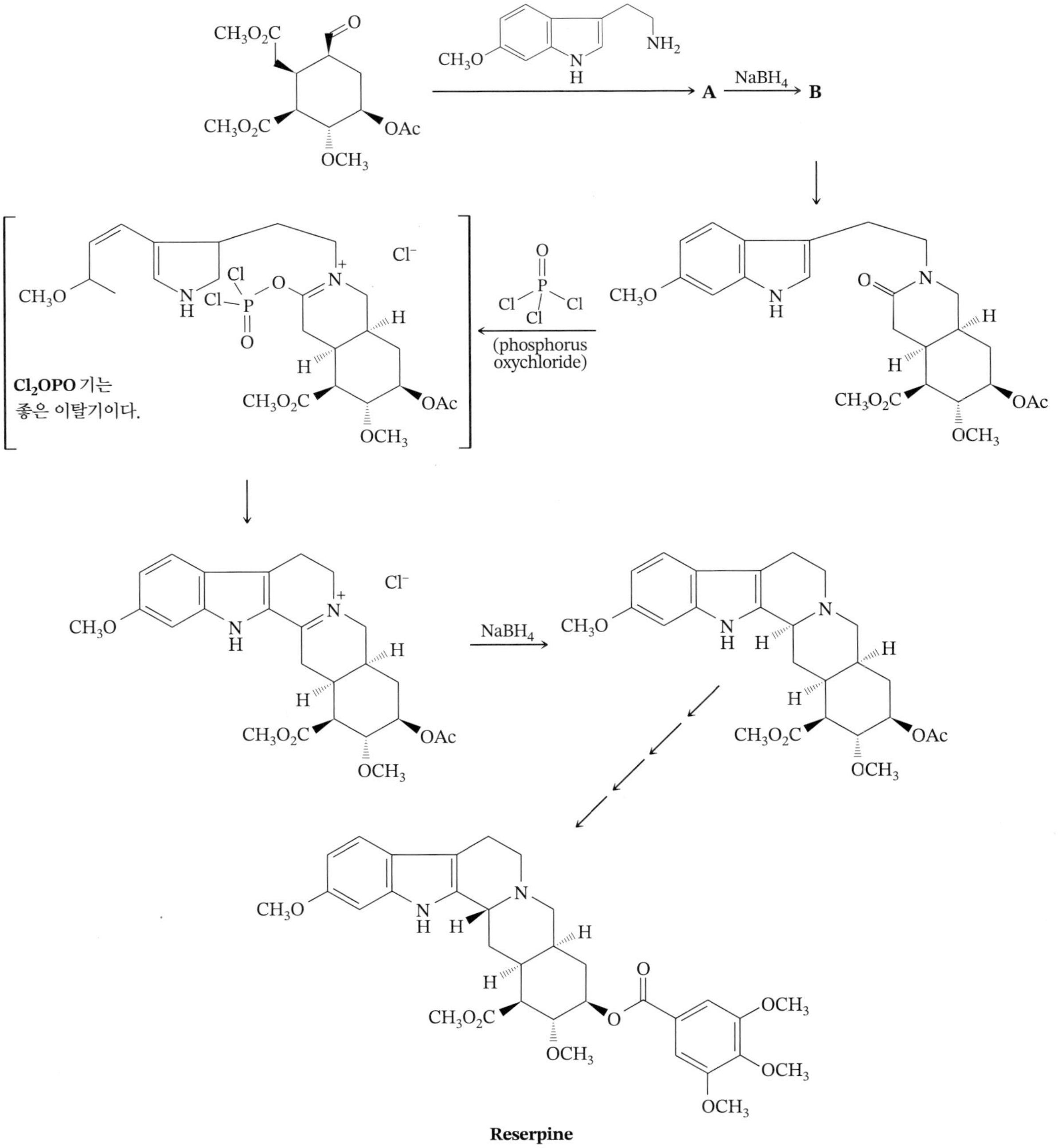

Reserpine

2. (a) 두 가지 미지 화합물의 혼합물을 분리하여 확인하고자 한다. 화합물 중 하나는 아민이고 다른 하나는 중성인 화합물(어느 정도 산성도 염기성도 아님)이다. 다이에틸 에터, 5% HCl 수용액, 그리고 5% $NaHCO_3$ 수용액을 사용하는 추출 기술을 써서 미지 아민을 중성인 화합물로부터 분리하는 방법을 서술하시오. 혼합물은 전체적으로 다이에틸 에터에는 녹지만 어느 성분도 pH 7인 물에 녹지 않는다. 통상적인 아민에 R기를 써서 제시된 산-염기 단계에 대한 반응식을 쓰고, 관심 있는 화합물이 분리 과정의 어느 순간에 왜 수용액 층에 있는지 또는 에터 층에 있는지를 설명하시오.

(b) 일단 아민이 성공적으로 분리되어 정제된 후 IR, NMR, 그리고 MS로 분석되었다. 아래와 같은 자료가 얻어졌다. 이 정보에 근거하여 미지 아민의 구조를 유추하시오. 스펙트럼의 자료를 아민에 대해서 제안된 구조의 구체적인 양상에 지정하시오.

IR (cm^{-1}): 3360, 3280, 3020, 2960, 1604, 1450, 1368, 1021, 855, 763, 700, 538

^{1}H NMR (ppm): 1.35 (d, 3H), 1.8 (bs, 2H), 4.1 (q, 1H), 7.3 (m, 5H)

MS (*m/z*): 121, 120, 118, 106 (바탕 피크), 79, 77, 51, 44, 42, 28, 18, 15

| 온라인 자료에서 특수 주제 **H**를 참조하시오. |

전이 금속 착물

핵심 결합 형성 반응의 촉진제

Ruthenium, SPL/Science Source; *Palladium ingot*, alexlmx/123 RF

앞의 장들에서 서술한 화학의 대부분은 주기율표의 상단 오른쪽 부분에 있는 원소들로 되어 있지만, 왼쪽 중심부에 위치한 원소들도 또한 유기 화학의 괄목할 만한 영역을 달성할 수 있다. 그러한 원소들의 대부분은 전이 금속이라 알려져 있고, 그들로부터 형성된 특별한 착물들은 핵심적인 결합을 형성하는 일에 중요한 촉매나 촉진제로 기여한다. 많은 경우 실제로 이들 전이 금속은 이들이 없다면 이루기가 불가능하지는 않다고 해도 어려운 결합 구성과 작용기화를 달성시킨다. 그 결과로 이들 과정은 필수적인 범용 시약, 의약품, 그리고 고부가가치의 물질을 대규모로 효율적으로 생산하도록 함으로써 현대의 생활을 획기적으로 바꾸었다.

이 장에서 배울 내용:

- 전이 금속과 그들이 특정 리간드와 형성한 착물의 성질
- 팔라듐, 로듐, 몰리브데넘, 루테늄, 구리가 관여하는 전이 금속 촉진 반응
- 전이 금속 화학종의 독특한 능력을 설명하는 메커니즘

이 주제는 왜 중요한가?

이 장의 끝에서는 전이 금속을 사용하는 현대의 연구가 착물 골격에 편입될 수 있는 작용기의 범위를 얼마나 증대시키는지를, 그리고 어떤 것들은 전혀 손댈 수 없었던 C—H 결합의 직접적인 작용기화를 통하여 이전 장에서 논의한 규칙들을 '파괴'하는 것과 같은 과정들을 보게 될 것이다.

21.1 앞의 장들에서 나온 유기금속 화합물

앞의 장들에서 공부한 모든 반응들을 분류한다면 두 가지 주요 기로 배치할 수 있다. 첫째는 작용기의 상호 전환이다. 이들 반응에는 많은 다른 것들 가운데 산화 반응, 환원 반응, 아실과 친핵성 치환 반응, 보호 단계 등이 속한다. 둘째는 C—C 결합 형성 경우이다. 이 부류는 수적으로는 매우 적으며, Diels–Alder 반응, Friedel–Crafts 알킬화 반응과 아실화 반응, 알돌 축합 반응, 그리고 Grignard 또는 유기리튬 시약과 같은 어떤 친핵체가 아래에 보인 것처럼 카보닐에 첨가하는 것이다.

O

(1) CH_3MgBr 또는 CH_3Li

(2) H_3O^+

OH

마지막 경우에서 친핵성 첨가 반응에는 유기금속 화학종이 관여하는데, 유기 성분이 금속과 결합하여 새롭고 활성이 있는 물질을 생성함을 의미한다. 하지만 Grignard와 유기리튬 시약은 합성 화학이 달성할 수 있는 금속을 바탕으로 하는 시약의 빙산의 일각이다. C—C 결합을 만들 수 있고 중요한 작용기의 상호 전환을 수행하는 유기 금속 착물들은 참으로 많이 있다. 대부분의 경우 이 착물들은 주기율표의 넷째, 다섯째, 여섯째 줄에 있는 금속을 포함하고 있는데 전이 금속이라고 알려진 원소들이다.

이 원소들은 아직까지 상세히 보여 주지 않았기 때문에 이 원소들의 성질, 이들이 만드는 착물의 형태, 그리고 이들의 참여로 독특한 반응성이 빛을 발하게 되는 메커니즘적인 단계에 대한 논의부터 시작하기로 한다. 그렇지만 이 장은 학생(또는 교수)이 전이 금속을 가지고 성취할 수 있는 강력한 반응을 보기 원한다면 21.5절로 바로 가서 제시된 일반적 및 구체적 반응에 초점을 맞추고, 상세한 메커니즘이나 전이 금속의 성질을 탐구하고 배우기를 나중에 하고 싶다면 그렇게 하도록 구성되어 있다.

21.2 전이 금속 원소와 착물

전이 금속들은 원소 상태에서나 중요한 화합물에서 부분적으로 채워진 *d*(또는 *f*) 껍질을 가진 원소들로 정의되며, 이 껍질(그리고 추가적인 오비탈)들이 전이 금속으로 하여금 유기 화합물을 가지고 달성할 수 있는 화학의 핵심 역할을 한다. 유기 화학자에게 가장 관심을 주는 전이 금속들은 **그림 21.1**의 주기율표에서 녹색과 노란색 부분 안에 나타난 것들이다. 하지만 실질적으로는 넷째, 다섯째, 여섯째 줄에 있는 원소에 논의의 초점을 둔다.

전이 금속 화학의 핵심은 이들이 **리간드(ligand)**라고 부르는 다양한 기나 분자와 결합하여 **전이 금속 착물(transition metal complex)**을 형성하는 것이다. 착물을 형성할 때에 리간드는 전자를 금속의 빈 오비탈에 제공한다. 리간드와 금속 사이의 결합은 매우 약한 것부터 매우 강한 것까지 다양하다. 이미 공부했던 탄소와 수소, 질소의 결합처럼 이 결합들은 공유 결합이지만 흔히 상당한 극성을 띠고 있다.

중요한 것은 전이 금속 착물은 금속과 금속 주위에 있는 리간드의 수에 따라 여러 가지 기하 구조를 갖는다. 예를 들어, 로듐은 4개의 리간드와 착물을 형성하여 **사각 평면**(square planar)이 된다. 한편 로듐은 5개나 6개의 리간드와 결합하여 **삼각 쌍뿔**(trigonal bipyramidal) 또는 **정팔면체**(octahedral)의 구조를 할 수도 있다. 전형적인 모양은 아래와 같으며 L은 리간

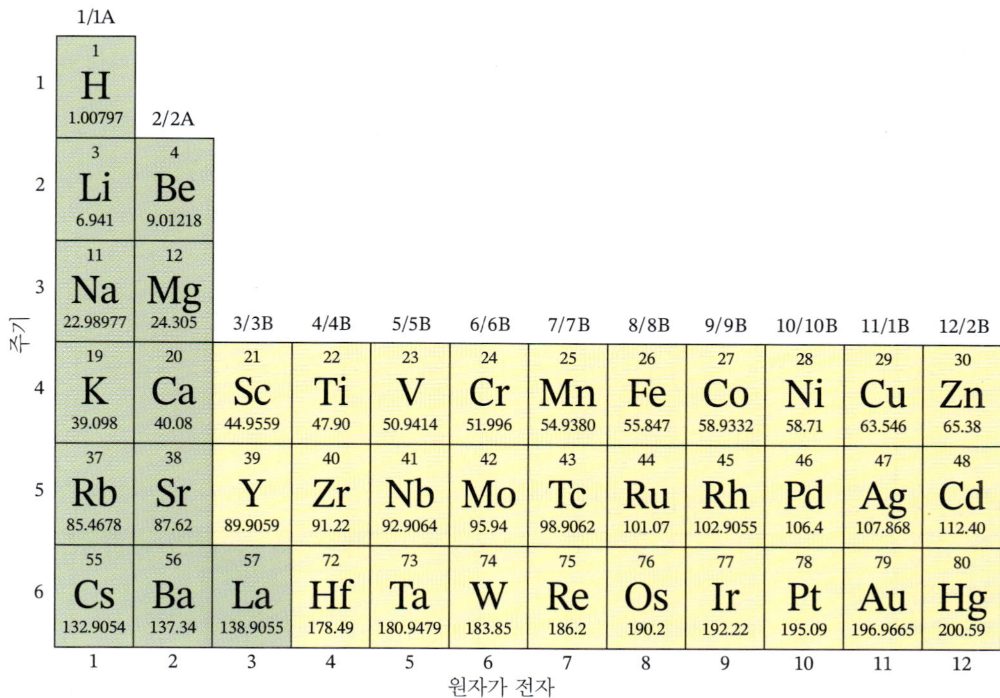

그림 21.1 중요한 전이 원소는 주기율표에서 녹색과 노란색으로 표기하였다. 밑줄에 주어진 것은 각 원소의 원자가 전자(s와 d)의 총수이다.

드를 나타낸다.

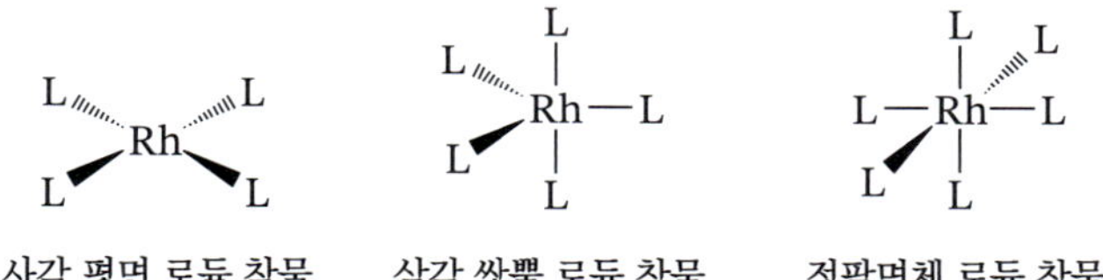

21.3 금속 착물의 전자 계산법

전이 금속도 앞서 배웠던 원소들과 같이 영족 기체의 전자 배치를 가질 때 가장 안정하다. 최대 총 8개의 전자를 수용할 수 있는 s와 p 오비탈 이외에도 전이 금속은 다섯 개의 d 오비탈에 10개의 전자를 수용할 수 있다. 그러므로 전이 금속의 비활성 기체 배치는 탄소, 질소, 산소, 할로젠, 또는 처음 몇 줄에 있는 원소들처럼 8개가 아니라 **18개의 전자**이다. 중요한 것은 8 전자 이상으로 전자를 넣을 수 있어 18개를 목표로 하는 것이 전이 금속으로 하여금 유기 분자와 연관을 지을 때 영향을 준다는 사실이다.

- 전이 금속 착물에서 금속이 18개의 전자를 가질 때 **배위적으로 포화되었다(coordinatively saturated)**고 한다.

도움말
금속 착물의 구조에서 비공유 전자쌍은 표시하지 않는다. 이것을 표시하면 구조는 불필요하게 복잡해진다.

착물에 있는 전이 금속의 원자가 전자를 계산하기 위하여

1. 금속의 산화 상태를 결정하시오. 금속의 산화 상태는 모든 음이온인 리간드(**표 21.1**에 보인 것들)와 상대 이온들이 제거된 후 금속에 남는 전하이다.

2. 주기율표(그림 21.1)에 있는 금속의 족 번호를 택하고 착물에 있는 금속의 산화수를 빼시오. 이 과정으로 ***d* 전자 계산(*d* electron count)** 또는 d^n을 얻는다. 원자가 전자의 이러한 계산이 다른 주 껍질에 있는 *s*와 *d* 전자를 포함할지라도 전이 금속 착물에서 그들 에너지는 가깝고 금속의 원자가 전자를 계산하기 위한 목적으로는 함께 고려한다.

$$d^n = \text{금속의 족 번호 (금속의 원소 상태에 있는 원자가 전자의 총수)} - \text{착물에서 금속의 산화 상태}$$

3. **착물에 있는** 금속의 총 원자가 전자 계산을 하기 위해서 d^n에 모든 리간드로부터 제공된 전자의 수를 더한다. 표 21.1은 몇 가지 가장 흔한 리간드가 제공하는 전자의 수이다.

$$\text{착물에 있는 금속의 원자가 전자의 총수} = d^n + \text{리간드가 제공한 전자 수}$$

표 21.1 전이 금속 착물의 일반적인 리간드[a]

리간드	계산 기준	제공된 전자의 수
음전하를 띤 리간드		
수소 음이온, H	H:⁻	2
알칸화 이온, R	R:⁻	2
할로젠화 이온, X	X:⁻	2
사이안화 이온, CN	⁻:C≡N:	2
알릴 음이온	(allyl anion structure)	4
사이클로펜타다이엔일 음이온, Cp	(cyclopentadienyl anion structure)	6
전기적으로 중성인 리간드		
카보닐(일산화 탄소)	:C≡O:	2
나이트릴	RC≡N:	2
포스핀	R_3P: 또는 Ph_3P:	2
암모니아 또는 아미노	R_3N:	2
물	$H_2\ddot{O}$:	2
알켄	C=C	2
다이엔	(diene structure)	4
벤젠	(benzene structure)	6

[a] Based on data obtained from the *Journal of Chemical Education*, Vol. 57, No. 1, 1980, pp. 170–175.

이것을 바탕으로 하여 이제 두 가지 보기에서 원자가 전자 계산을 해 보기로 하자.

예 A 잘게 분쇄된 철을 일산화 탄소와 반응시켜 얻은 독성을 지닌 액체인 오카보닐 철 $Fe(CO)_5$를 고려해 보자.

$$Fe + 5\,CO \longrightarrow Fe(CO)_5 \quad \text{또는}$$

(structure: Fe with five CO ligands)

Iron pentacarbonyl

그림 21.1로부터 철 원자는 주기율표의 8족에 있으므로 원소 상태에서 8개의 원자가 전자를 가짐을 알 수 있다. 오카보닐 철의 산화 상태는 착물의 전하가 전체적으로 0(이온이 아님)이고, 각 CO 리간드는 착물에 2개의 원자가 전자를 제공한다는 사실로부터 구할 수 있다. 그러므로 철은 0의 산화 상태에 있다.

이 숫자를 사용하여 d^n을 계산하고, 이것으로부터 착물에 있는 철의 원자가 전자 총수를 구한다.

$$d^n = 8 - 0 = 8$$

$$\text{원자가 전자 총수} = d^n + 5(\mathrm{CO}) = 8 + 5(2) = 18$$

$Fe(CO)_5$의 철은 18개의 원자가 전자를 가지며, 따라서 배위적으로 포화되어 있다.

예 B 로듐 착물 $Rh(Ph_3P)_3H_2Cl$은 곧 알게 되겠지만, 어떤 알켄의 수소화 반응의 중간체이다.

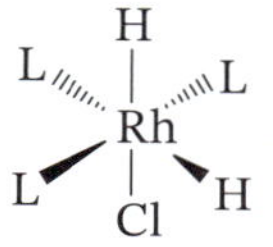

L = Ph_3P [즉, $(C_6H_5)_3P$]

착물에서 로듐의 산화 상태는 +3이다. 표 21.1을 참고하여 두 개의 수소 원자와 염소는 각각 −1로 계산한다(각각 수소 음이온과 염화 이온). 그리고 각 트라이페닐포스핀(Ph_3P) 리간드의 전하는 0이다. 모든 리간드를 제거하면 Rh^{3+} 이온만 남는다. 그림 21.1로부터 원소 상태의 로듐은 9개의 원자가 전자를 갖는다. 이제 착물에 있는 로듐의 d^n을 계산할 수 있다.

$$d^n = 9 - 3 = 6$$

착물에 있는 6개의 리간드는 각각 2개의 원자가 전자를 착물에 있는 로듐에 제공한다. 그러므로 로듐에 있는 원자가 전자의 총수는 18이다. $Rh(Ph_3P)_3H_2Cl$의 로듐은 배위적으로 포화되어 있다.

$$\text{로듐의 원자가 전자의 총수} = d^n + 6(2) = 6 + 12 = 18$$

되새김 물음 21.1

아래의 각 착물에서 금속의 산화 상태, 그리고 그것이 소유한 원자가 전자의 총수를 구하고, 금속이 배위적으로 포화되었는지 또는 불포화되었는지를 말하시오.

(a) **(b)** 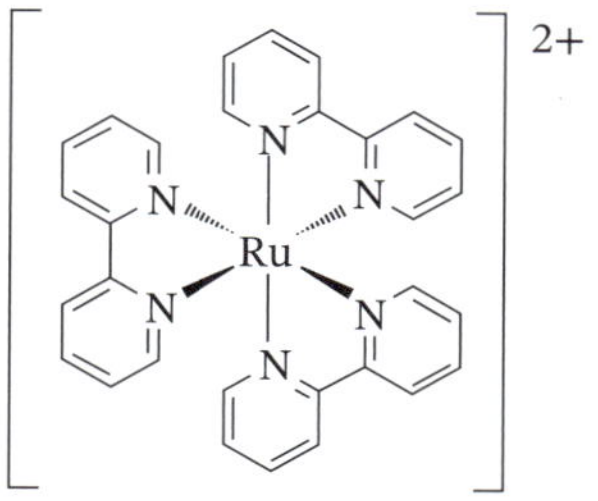 **(c)**

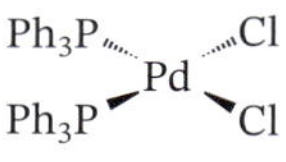

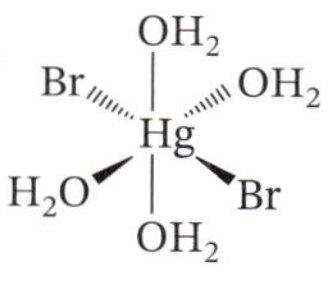

21.4 전이 금속 착물의 반응에서 메커니즘 단계

전이 금속 착물과 전자 계산에 대해서 좀 더 이해하였으므로, 이들 착물과 리간드, 그리고 적합한 유기 분자들에서 발생하는 메커니즘 단계의 형태에 대해서 살펴보자. 이 일은 일련의 반응 순서에 지나지 않는데, 각각은 **전이 금속 착물의 기본적인 반응 형태**를 나타낸다. 단지 2~3개의 핵심 과정이 관여하므로(여기서는 3개를 고려함) 이들을 이해하면 다음 장들에서 보일 여러 가지를 포함하여 많은 중요한 반응을 설명할 수 있게 된다.

이 세 가지의 기본 메커니즘 단계를 설명하기 위해서 여러 가지 수의 리간드와 착물을 형성하는 통상적인 금속을 사용하기로 한다. 6개의 리간드를 가진 화학종은 전자 총수가 18이라고 가정하고 적은 것은 배위적으로 불포화되었다고 가정한다.

1. **리간드의 해리—회합(리간드의 교환)**. 전이 금속 착물은 리간드를 잃고(해리에 의함) 다른 리간드와 결합한다(회합에 의함). 이 과정에서 이것은 **리간드 교환(ligand exchange)**을 진행한다. 예를 들면, 아래에서 보듯이 통상적인 금속 착물은 알켄(이 경우 에텐)과 다음과 같이 반응할 수 있다.

   ML_6 + $=$ ⇌ $ML_5(=)$ + L

   두 단계가 실제로 관여하고 있다. 첫 번째 단계는 한 리간드가 원래의 물질로부터 제거되는 것이다. 깨지는 공유 결합으로 인하여 리간드가 두 개의 전자를 가지고 간다고 가정하면 이 일로써 16개의 전자를 가진 착물이 되고, 따라서 배위적으로 불포화이다.

   ML_6 (18개 전자) ⇌ ML_5 (16개 전자) + L

   리간드 해리 (Ligand Dissociation)

   두 번째 단계에서 금속은 알켄과 회합하여 다시 배위적으로 포화된다.

   ML_5 (16개 전자) + $=$ ⇌ $ML_5(=)$ (18개 전자)

   리간드 회합 (Ligand Association)

   금속과 알켄 사이의 착물을 ***π*-착물**(π-complex)이라고 부른다. 이것에서 알켄은 2개의 전자를 금속에 제공한다. 그래서 π 결합의 중앙으로부터 금속의 중심으로 향하게끔 화살표를 그린다. σ-주개인 Ph_3P:이나 Cl^-가 앞서 몇 가지 착물의 예에서 본 것처럼, 이 리간드들과의 회합으로 형성된 것이 σ 결합인 것과 구별하기 위하여 알켄을 π-주개라고 부른다. 그 밖에도, 방금 보인 것 같은 π-착물에서는 금속의 밀집된 d 오비탈로부터 전자들을 알켄의 빈 π^* 오비탈로 되돌려 주는 것도 있다. 이런 모양의 제공을 '역결합(back bonding)'이라고 하며, 금속 중심에 있는 과량의 음전하를 방출한다. 또한 금속과 알켄 사이의 결합을 그러한 역결합이 없는 경우에 비해 상대적으로 짧게 만들기도 한다.

2. **삽입—탈삽입**. 알켄 같은 불포화 리간드는 착물의 금속에 이미 리간드로 붙어 있던 수소 또는 탄소 사이의 결합 속으로 삽입되기도 한다. 이 반응은 가역적이며, 역과정을 **탈삽입(deinsertion)**이라고 부른다. 아래는 삽입–탈삽입의 예로, 원래 착물에 있던 리간드 중

의 하나는 수소이다.

(18개 전자) 삽입 ⇌ 탈삽입 (16개 전자)

이 과정에서 금속과 알켄 사이의 π 결합과 금속과 수소 사이의 σ 결합은 교환되어 새로운 σ 결합이 위에서 적색으로 표시한 것처럼 두 개 만들어진다. 이 새로운 결합은 금속과 탄소, 탄소와 수소 사이에 있다. 이 결과 금속 중심의 원자가 전자 계산은 18에서 16으로 줄어들고, 기하학적으로 삼각 쌍뿔이 된다.

이 삽입–탈삽입 반응은 M—H 단위가 알켄에 **syn 첨가 반응**을 하는 것처럼 입체 특이성인 방법으로 일어난다.

M—H ⇌ M H

3. **산화성 첨가 반응–환원성 제거 반응.** 배위적으로 불포화인 금속 착물은 아래와 같은 방법으로 다양한 기질의 **산화성 첨가 반응**(oxidative addition)을 한다.*

ML_4 + A—B —산화성 첨가 반응→ $ML_4(A)(B)$

기질 A—B는 H—H, H—X, R—X, RCO—H, RCO—X, 그리고 수많은 다른 화합물일 수 있다.

이런 형태의 산화성 첨가 반응에서 착물의 금속은 원자가 전자 수가 증가하며, **산화 상태도 증가한다.** 아래의 로듐 착물에 수소가 산화성 첨가 반응을 하는 것을 예로 들어 보자(L = Ph_3P).

RhL_3Cl + H—H ⇌ (산화성 첨가 반응 / 환원성 제거 반응) $RhL_3(H)_2Cl$

환원성 제거 반응(reductive elimination)은 산화성 첨가 반응의 역과정이며, 이것은 신속하게 일어나는 과정이다.

이러한 기본 지식을 가지고, 전이 금속 착물이 기초적인 그리고 메커니즘적인 수준에서 수행할 수 있는 구체적인 유기 화학을 살펴보고 이해할 수 있게 되었다.

21.5 균일 수소화 반응: Wilkinson 촉매

지난 장들에서 알켄과 알카인을 Pd/C, Raney Ni, Pt와 Ni를 바탕으로 하는 촉매들을 사용하

* 배위적으로 포화인 착물은 산화성 첨가 반응을 할 수 있다. 그러나 그러한 경우를 여기서는 고려하지 않는다.

여 수소로 포화시키는 여러 가지 방법을 보았다. 이들 경우는 **불균일한**(heterogeneous) **과정**으로 두 가지 상태가 관여하였다. 흡착된 수소를 포함하는 고체 상태인 촉매와 불포화 화합물을 포함하고 있는 액체 상태의 용액이 그들이다. Rh를 바탕으로 하는 용해성인 전이 금속 착물인 Wilkinson 촉매, 즉 $Rh(Ph_3P)_3Cl$은 수소화 반응이 균일한 단일상(모든 것이 용액에 있음)에서 일어나도록 한다. Wilkinson 촉매에 있는 모든 리간드들은 충분한 용해도를 제공하기 때문에 물질 모두가 유기 매체에 녹아서 균일한 수소화 반응이 되도록 한다. 아래의 변환은 수소화 반응의 대표적인 예이다.

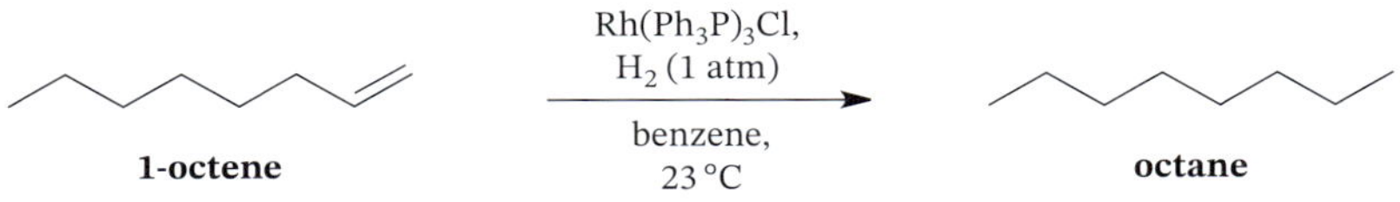

$Rh(Ph_3P)_3Cl$, H_2 (1 atm) / benzene, 23 °C

1-octene → **octane**

이 과정에 대한 메커니즘은 앞의 절에서 보인 많은 단계들을 포함하고 있다. 첫째로, 수소는 착물에 산화성 첨가 반응에 의해서 삽입되고, 그다음 Ph_3P 리간드 중 하나가 해리되어 새로운, 배위적으로 불포화된 6개 전자를 지닌 착물이 된다. 이로 말미암아 알켄이 3단계에서 회합되도록 한다. 여기서부터 삽입, 환원적 제거 반응, 그리고 최종적인 산화성 첨가 반응이 과정을 완결시킨다.

반응 메커니즘

Wilkinson 촉매를 사용하는 균일 수소화 반응

1단계 산화성 첨가 반응

RhL_3Cl + H—H → RhH_2L_3Cl

16개의 원자가 전자 → 18개의 원자가 전자

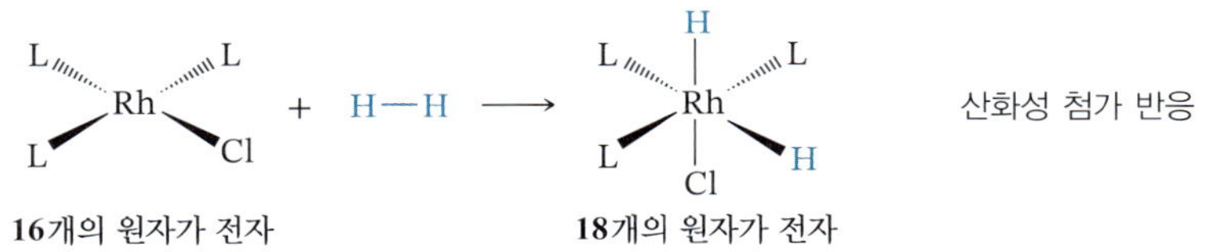

2단계 리간드 해리

RhH_2L_3Cl → RhH_2L_2Cl + L

18개의 원자가 전자 → 16개의 원자가 전자

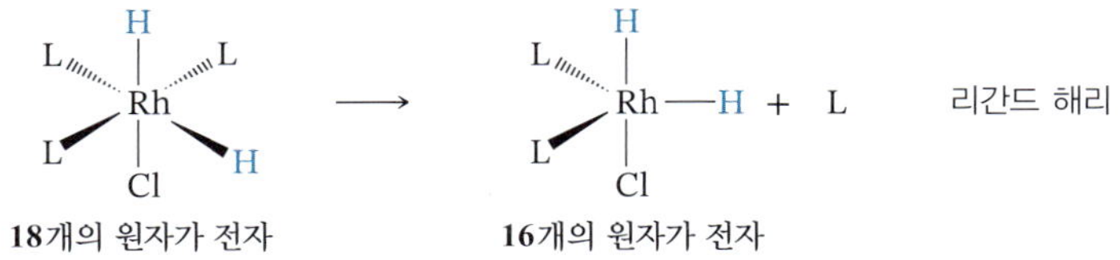

3단계 리간드 회합

RhH_2L_2Cl + $H_2C{=}CH_2$ ⇌ $(H_2C{=}CH_2)RhH_2L_2Cl$

16개의 원자가 전자 → 18개의 원자가 전자

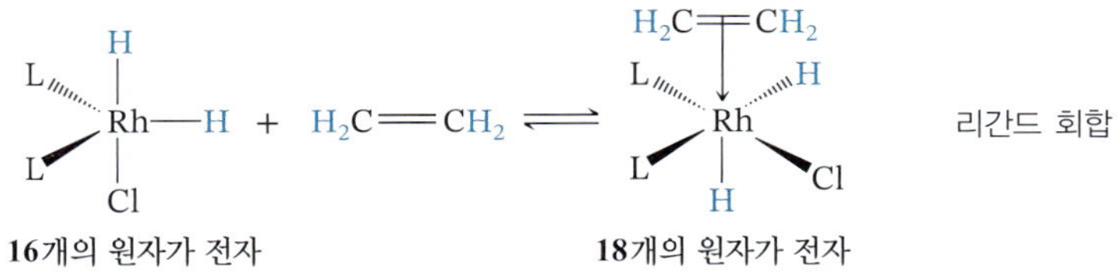

4단계 삽입

$(H_2C{=}CH_2)RhH_2L_2Cl$ ⇌ $RhHL_2Cl(CH_2CH_3)$

18개의 원자가 전자 → 16개의 원자가 전자

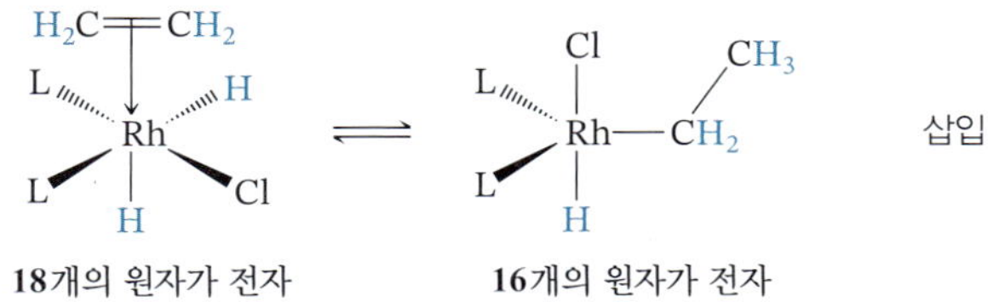

5단계

$L_2Rh(Cl)(H)(CH_2CH_3) \rightleftharpoons L_2RhCl + H_3C—CH_3$ 환원성 제거 반응

16개의 원자가 전자 14개의 원자가 전자

6단계

$L_2Rh—Cl + H_2 \rightleftharpoons L_2Rh(H)_2Cl$ 산화성 첨가 반응

14개의 원자가 전자 16개의 원자가 전자

(3단계부터 반복된다.)

중요한 것은 삽입 단계(4단계)와 환원성 제거 반응 단계(5단계)가 입체 특이성이므로 Wilkinson 촉매를 사용하는 수소화 반응의 전체적인 결과는 수소가 알켄에 syn 첨가 반응을 하는 것이다. 아래의 예에서 H_2 대신 D_2를 사용한 것은 이런 관점을 설명해 주고 있다.

$$\text{EtO}_2\text{C(H)C=C(H)CO}_2\text{Et} + D_2 \xrightarrow{\text{Rh(Ph}_3\text{P)}_3\text{Cl}} \text{EtO}_2\text{C–CHD–CHD–CO}_2\text{Et}$$

***cis*-알켄**
(diethyl maleate)

메소 화합물

6단계는 수소를 지닌 로듐 착물을 재생하여 3단계에서 시작되는 또 다른 알켄 분자의 반응을 가능하도록 한다. 따라서 촉매량만큼의 금속이면 출발 물질을 생성물로 전환시키기에 충분하다.

되새김 물음 21.2

cis-알켄(앞의 반응을 보시오)에 대응되는 *trans*-알켄을 D_2와 Wilkinson 촉매로 수소화 반응시키면 어떤 생성물(들)이 생기겠는가?

약화학: 균일 비대칭 촉매에 의한 수소화 반응: L-DOPA, (*S*)-Naproxen, 그리고 Aspartame을 포함한 예

노벨상

Noyori, Knowles, Sharpless는 2001년 Nobel 화학상을 공동 수상하였다.

Wilkinson은 수소화 반응을 위한 녹는 촉매인 tris(triphenylphosphine)rhodium chloride(21.5절)를 개발하여 1973년 Nobel 화학상을 수상하였다. 그가 University of London의 Imperial College에 재직할 당시 처음 발견한 촉매는 많은 다른 연구자들이 Wilkinson 촉매를 바탕으로 한 새로운 촉매를 개발하는 데 영감을 주었다. 이 연구자들 중 Knowles(Monsanto Corporation)와 Noyori(Nagoya University)가 2001년 Nobel 화학상의 절반을 수상하였다. (2001년 Nobel 화학상의 나머지 절반은 Sharpless에게 비대칭 산화 반응 업적 때문에 수여되었다. 8장 참조.) Knowles, Noyori, 그리고 다른 연구자들은 균일 수소화 반응을 위한 카이랄 촉매를 개발하여 소규모 연구실 반응이나 대규모 산업적인 크기(톤 크기)의 반응에 특별히 유용하도록 하였다. Monsanto Co.의 Knowles와 그의 연구진에 의해서 개발된 L-DOPA의 합성은 중요한 예인데, 파킨슨병 치료에 사용되는 화합물이다.

L-DOPA의 비대칭 합성

H_2 (100%), [(Rh(*R*,*R*)-DIPAMP)COD]$^+BF_4^-$(촉매) → (100% 수율, 95% ee [거울상체 과량]) → H_3O^+ → L-DOPA

Ac = $CH_3C(=O)$—

(*R*,*R*)-DIPAMP
(로듐을 위한 카이랄 리간드)

COD =
1,5-Cyclooctadiene

또 다른 예로, 의사의 처방이 없이도 살 수 있는 진통제인 (*S*)-나프록센의 합성이 있는데 Noyori에 의해서 개발된 BINAP 로듐 촉매를 사용하였다(5.11, 5.18절).

(*S*)-Naproxen의 비대칭 합성

+ H_2 → (*S*)-BINAP-Ru($OCOCH_3$)$_2$ (0.5 mol%), MeOH →

(*S*)-Naproxen
(소염제)
(92% 수율, 97% ee)

(*S*)-BINAP (*R*)-BINAP

(*S*)-BINAP와 (*R*)-BINAP는 회전 장애 이성질체이다(5.18절 참조).

이와 같은 촉매는 아미노산의 비대칭 화학 합성(24.3D절)에도 중요하다. 마지막 예로, 인공 감미료인 아스파탐의 합성에 쓰이는 화합물인 (*S*)-페닐알라닌 메틸 에스터의 합성이 있다. 이 제법에서는 로듐 촉매에 대한 다른 카이랄 리간드를 사용한다.

Aspartame의 비대칭 합성

(1) (*R*,*R*)-PNNP-Rh(I) (촉매), H_2 (83% ee) (촉매에 의한 비대칭 수소화 반응)
(2) MeOH, HA

(*S*)-phenylalanine methyl ester
(재결정 후 97% ee)

(*S*)-aspartic acid →

Aspartame

(*R*,*R*)-PNNP
(로듐을 위한 카이랄 리간드)

21.6 교차 짝지음 반응

이제 여러 가지 짝으로부터 형성되는 C—C 결합 형성 과정을 보기로 한다. 이것을 **교차 짝지음 반응(cross-coupling reaction)**이라고 하며, 그렇게 이름 지어진 까닭은 두 반응물이 다른 작용기를 통하여 적합한 전이 금속 착물과 특정한 단계를 수행하도록 조율이 되어 있어서 자체끼리 결합하지 않고 다른 것들과만 반응하도록 되어 있기 때문이다. 이 반응은 작용기화된 알케인, 알켄, 알카인을 포함한 다양한 짝들 사이에서 가지각색의 결합들을 형성하는 현대적인 방법에서 필수적인 요소이다. 이들은 산업 공정에서도 특별히 활성 의약품 성분을 합성하는 데 널리 이용되고 있다.

21.6A Heck–Mizoroki 반응

첫 번째로 배울 반응은 Heck–Mizoroki 반응이다. 이 과정은 팔라듐이 촉매화하는 알켄과 알켄일 혹은 할로젠화 아릴의 짝지음 반응으로 보통 아민과 같은 염기의 존재하에서 고온에서 진행된다.

일반적인 반응

X + R → (Pd 촉매 / 염기(아민), 가열) → R

X = I, Br, Cl
(상대적인 반응성 순서)

구체적인 예

I + NO_2 → ($Pd(OAc)_2$ (1 mol %) / Bu_3N, 90 °C) → NO_2

일반적인 반응과 구체적인 예 모두에서 보듯이, 알켄 생성물은 일반적으로 *trans* 혹은 *E*-배위이다. 이 결과를 이해하기 위해서는 짝지음 반응의 주요 메커니즘 단계를 논의할 필요가 있다. 그것은 위에 보인 핵심 과정과 앞 장들에서의 결정적인 개념들을 강조해 주고 있다.

아래에 보인 메커니즘에서 보듯이, 활성 팔라듐 화학종은 그것에 결합된 리간드가 단지 2개이다. 그러므로 배위적으로 불포화이다. 때로는 활성 팔라듐 화학종이 배위적으로 포화된 $Pd(Ph_3P)_4$와 같은 시약으로부터 리간드의 해리에 의해서 용액에서 형성된다. 또한 출발 물질에 있는 리간드를 적당한 리간드와 맞바꿈으로써 활성을 지닌 촉매적인 유기금속 중간체가 되게 할 수도 있다.

일단 형성되면 촉매적인 중간체는 탄소–할로젠 결합 속으로 산화성 첨가를 한다. 이 과정에 이어서 알켄 반응물이 삽입하여 아릴 고리와 Pd가 이중 결합 건너에 syn 첨가 반응을 함으로써 새로운 C—C 결합에 이르도록 한다. 최종 생성물은 팔라듐(Pd)의 탈삽입에 의해서 형성되는데, 중앙의 C—C σ 결합이 수소를 필요한 배향이 되도록 회전한 후에 1,2-syn 제거 반응이 일어나게 된다. 보여진 형태체가 유리한데, 이것은 페닐 고리와 R 치환기가 가능한 한 멀리 있어서 입체적인 상호 작용을 최소화하기 때문이다. 이 결과로 최종 생성물은 *trans*-알켄이다. 생성된 Pd 화학종으로부터 종결 단계인 환원성 제거 반응은 아민 염기에 의해서 촉진되고 PdL_2를 재생시킨다. 그러므로 금속은 촉매량만 사용하면 된다.

이 반응에 참여할 수 있는 기질의 범위는 매우 넓고, 분자내 변화도 일어날 수 있다(이 장의 뒤에 '합성 화학: 복잡한 교차 짝지음 반응' 참조)

반응 메커니즘

할로젠화 아릴 기질을 이용한 Heck–Mizoroki 반응

PdL_4

PdL_2
배위적으로
불포화된 착물

1단계
산화성
첨가 반응

2단계
알켄
삽입 반응

C—C 결합 회전

3단계
1,2-*syn* 제거 반응
(즉, 탈삽입 반응)

4단계
환원성
제거 반응

염기—HX
염기

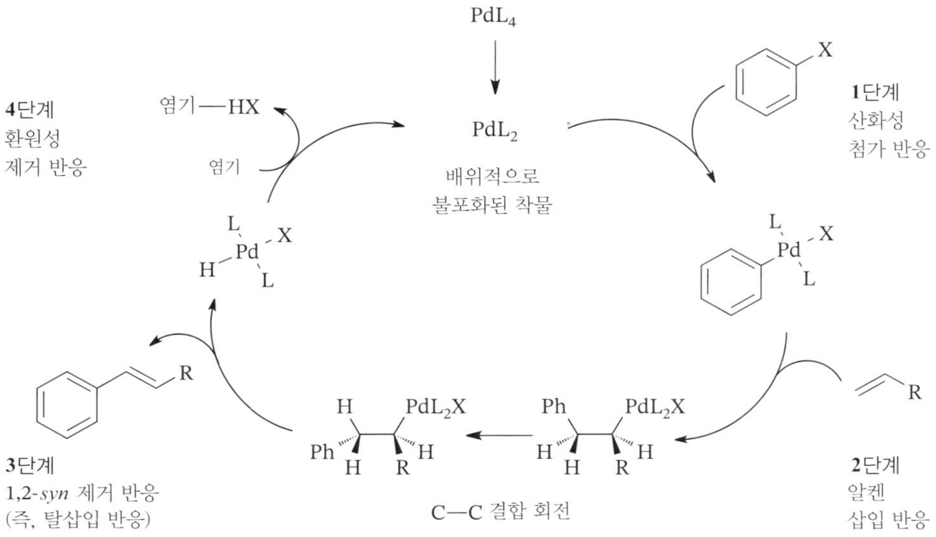

되새김 물음 21.3

아래 각 반응에서 예상되는 생성물은 무엇인가?

(a) CO_2H, Cl + $COCH_3$ $\xrightarrow[\text{염기(아민), 가열}]{\text{Pd 촉매}}$

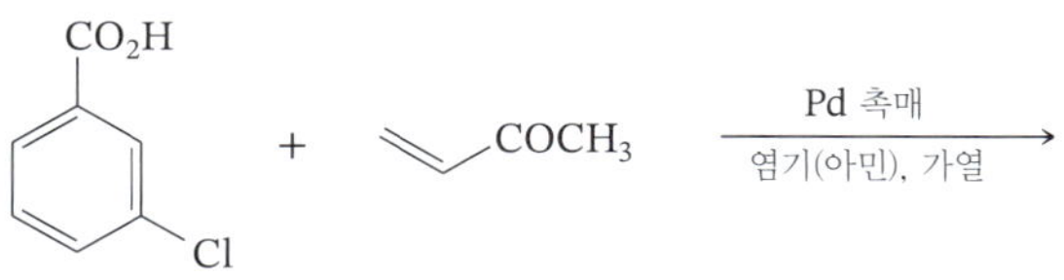

(b) Br—⟨⟩—OCH_3 + O $\longrightarrow$ $\xrightarrow[\text{염기(아민), 가열}]{\text{Pd 촉매}}$

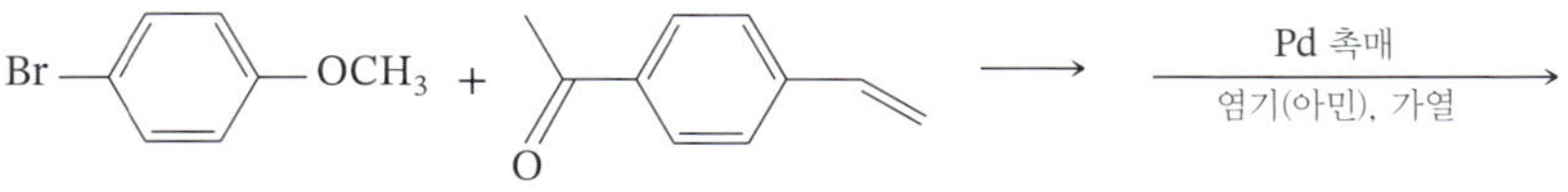

되새김 물음 21.4

아래 각 화합물을 Heck–Mizoroki 반응을 따라 합성하기 위해서 사용될 수 있는 출발 물질은 무엇인가?

(a) O

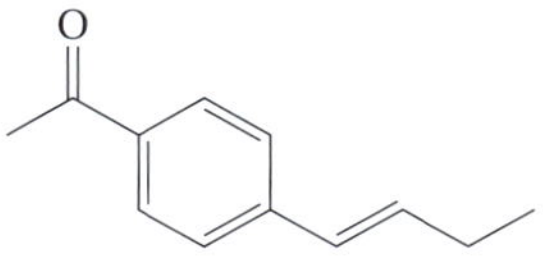

(b) O_2N

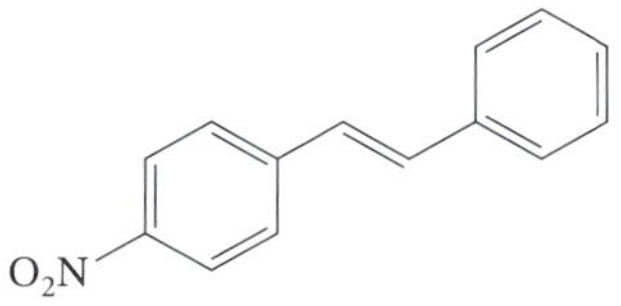

21.6B Suzuki–Miyaura 반응

팔라듐 촉매화된 또 다른 강력한 짝지음 반응은 Suzuki–Miyaura 반응이다. 이 반응은 Heck–Mizoroki 반응과 비슷한 메커니즘에 의해서 작동하지만, 예외적인 것은 짝지음 짝이 붕산 알켄일 또는 붕산 아릴과 할로젠화 알켄일 혹은 할로젠화 아릴이 아래에서 보인 것처럼 반응한다. 중요한 것은 두 반응물의 입체 화학은 최종 생성물에서 보전된다는 점이다. 이 사실은 암 누에의 성호르몬인 봄비콜(bombykol)의 합성에 이르는 예에서 드러나 있다.

일반적인 반응

R^1–CH=CH–$B(OH)_2$ + X–(벤젠) —Pd 촉매, 염기→ R^1–CH=CH–(벤젠)

붕산 알켄일 | 할로젠화 아릴 (또는 할로젠화 알켄일)

(벤젠)–$B(OH)_2$ + X–CH=CH–R^2 —Pd 촉매, 염기→ (벤젠)–CH=CH–R^2

붕산 아릴 | 할로젠화 알켄일 (또는 할로젠화 아릴)

노벨상

Heck, Negishi, Suzuki는 교차 짝지음 반응을 개발한 공로로 2010년도 Nobel 화학상을 수상하였다.

구체적인 예

HO–$(CH_2)_9$–CH=CH–$B(OH)_2$ + Br–CH=CH–CH$_2$CH$_2$CH$_3$ —$Pd(Ph_3P)_4$, EtONa, 가열→ HO–$(CH_2)_9$–CH=CH–CH=CH–CH$_2$CH$_2$CH$_3$

Bombykol
(암 누에가 분비하는 성호르몬)

녹색 화학: Wacker 산화 반응

이 장에서 수많은 방법으로 알켄이 사용되는 것을 보았지만, 가치가 있는 또 다른 과정은 알켄의 어느 탄소 원자도 잃지 않고 선택적으로 알켄을 산화시키는 것이다. 실제로 팔라듐 착물을 사용하는 바로 그 과정은 때로는 반응 도중 팔라듐의 재산화를 위한 적절한 첨가물이 포함되는데, 공업적인 규모로 처음 시행된 유기금속 반응이자 유기팔라듐 반응이다. 이 반응은 Wacker 산화 반응이라고 알려져 있는데, 아래에 최초의 서술대로 에틸렌을 에탄알로 전환하는 것을 보였다.

$CH_2{=}CH_2$ —$PdCl_2$ (촉매), $CuCl_2$ (촉매), O_2, H_2O→ CH_3CHO

$CH_3CH_2CH{=}CH_2$ —$PdCl_2$ (촉매), CuCl (1.0 당량), O_2, DMF/H_2O→ $CH_3CH_2COCH_3$

고급 알켄을 사용하면, 두 번째의 예에서처럼 케톤이 형성된다. 이 경우 수정한 조건인 Wacker–Tsuji 산화 반응이 사용되었음을 주목해야 한다. 전체적으로 이 작업은 한 단계로 이루어지는데, 통상적으로 같은 알켄에서 Markovnikov-선택적인 옥시수은 첨가 반응을 통해서 생성된 알코올을 산화시키는 두 단계 반응에 의해서 진행되는 것을 화학량론적인 양의 독성인 수은을 사용하는 대신 촉매량의 팔라듐을 사용하는 것이다. 최근에는 많은 진보된 개선을 통하여 이 반응의 범위, 유용성, 공정의 효율성, 특히 더욱 복잡한 물질에 대한 용이성이 극적으로 확대되었다.

되새김 물음 21.5 아래의 Suzuki–Miyaura 짝지음 반응의 생성물은 무엇인가?

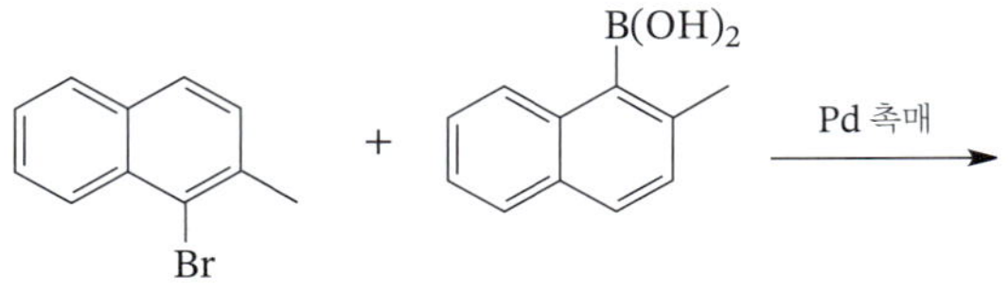

$B(OH)_2$

Br

Pd 촉매

되새김 물음 21.6 아래 각 화합물을 Suzuki–Miyaura 짝지음 반응을 따라 합성하기 위해서 사용될 수 있는 출발 물질은 무엇인가?

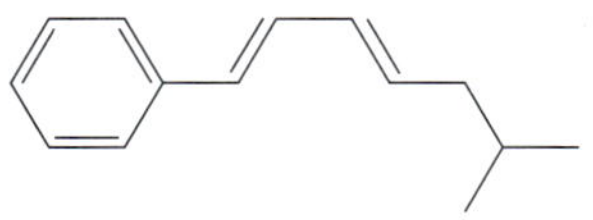

21.6C Stille 짝지음 반응과 카보닐화 반응

유기주석 시약이 붕산 에스터 대신 한 짝지음 짝으로 관여하는 교차 짝지음 반응이 Stille 짝지음 반응이다. 이미 서술한 것과 같은 교차 짝지음 반응에 효과적인 적당한 팔라듐 촉매를 사용하여 알켄일과 아릴 주석 반응물은 결합될 수 있다. 알릴 자리 염화물, 염화 아실, 알켄일 트라이플레이트가 또한 유기주석 화합물과의 반응에 사용된다.

일반적인 반응

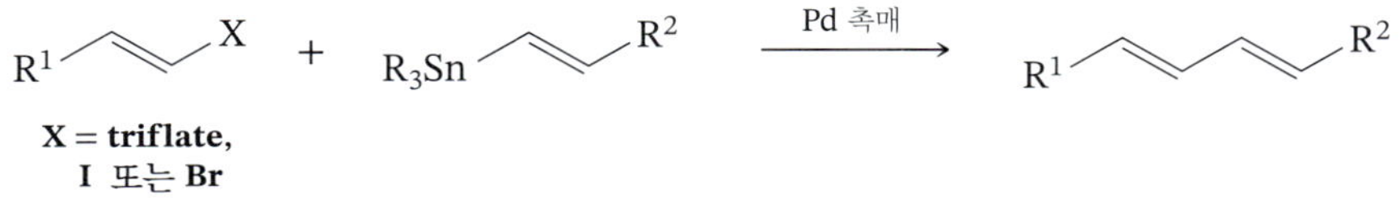

R^1 X + R_3Sn R^2 —Pd 촉매→ R^1 R^2

X = triflate, I 또는 Br

구체적인 예

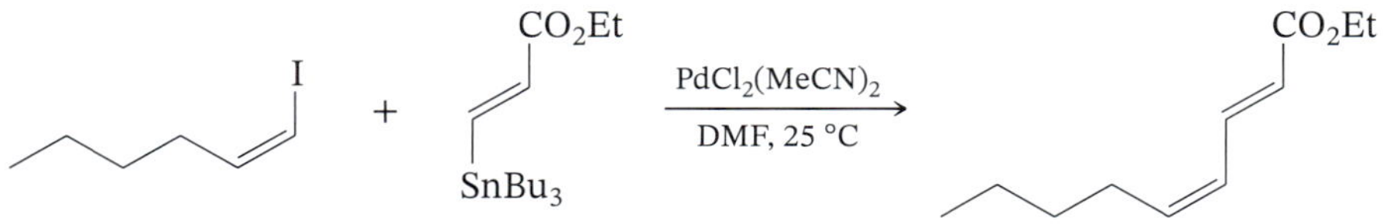

I + CO_2Et $SnBu_3$ —$PdCl_2(MeCN)_2$, DMF, 25 °C→ CO_2Et

추가적인 선택으로, 만일 반응을 일산화 탄소(CO) 존재하에서 수행하면(전형적으로 CO를 용액 속으로 통과시키고 반응 용기 내의 압력을 일정하게 유지해 줌) 표준 조건에서 유기주석 시약과 짝지음 짝 사이에 형성될 결합의 자리에 CO가 삽입된 생성물이 얻어진다. 이 과정은 카보닐화하는 Stille 짝지음 반응이라고 한다.

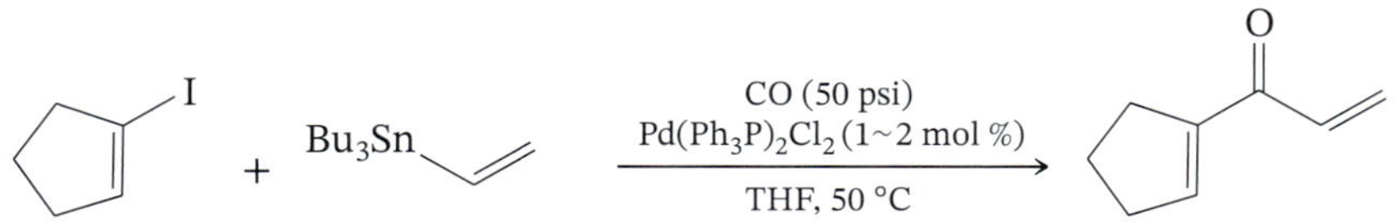

I + Bu_3Sn —CO (50 psi), $Pd(Ph_3P)_2Cl_2$ (1~2 mol %), THF, 50 °C→ O

되새김 물음 21.7

아래의 각 반응에서 생성물은 무엇인가?

(a) O, I, $SnBu_3$, Pd 촉매

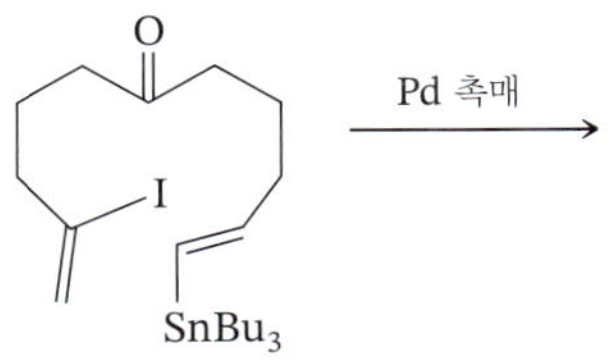

(b) OTf, t-Bu, + $SnBu_3$, Pd 촉매

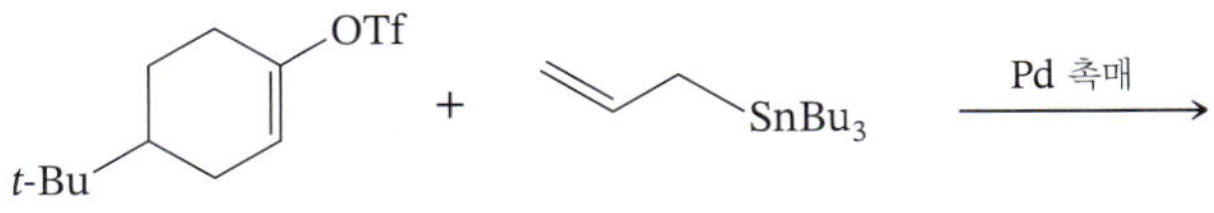

(c) Br + Bu_3Sn — OCH_3, CO, Pd 촉매

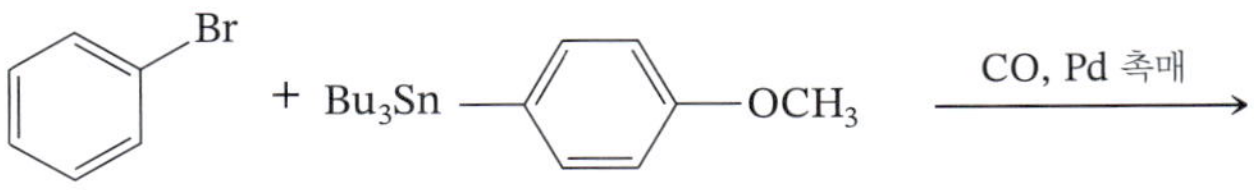

(d) O, Cl, O_2N + Bu_3Sn CO_2Et, Pd 촉매

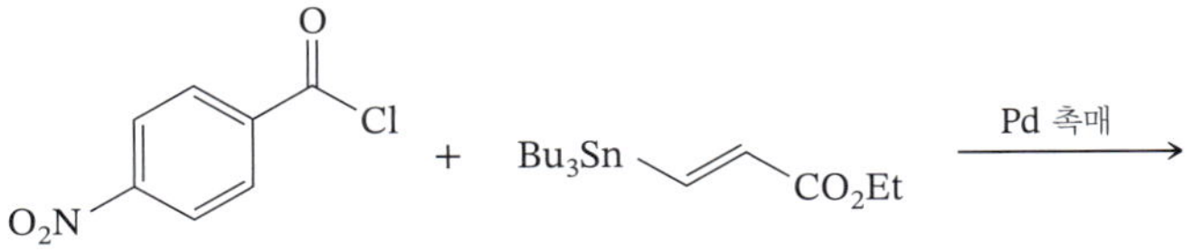

되새김 물음 21.8

아래 각 화합물을 Stille 짝지음 반응을 통해 합성하려면 사용될 수 있는 출발 물질은 무엇인가?

(a) t-Bu, CF_3

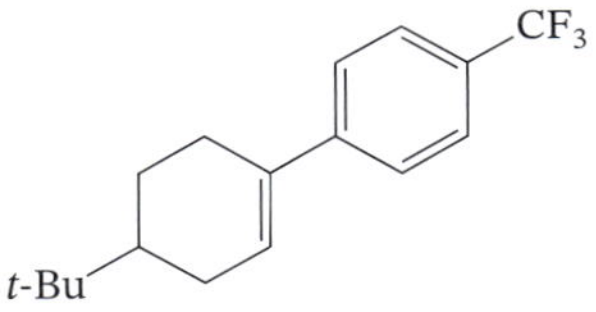

(b)

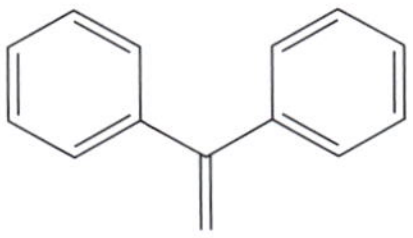

21.6D Sonogashira 짝지음 반응

Sonogashira 짝지음 반응은 팔라듐과 구리(I) 혼합물 촉매 존재하에서 말단 알카인을 할로젠화 알켄일 혹은 할로젠화 아릴과 짝지음 하는 반응이다. 이 과정에 대한 메커니즘을 여기서 상세히 보이지는 않지만 중간체로 알카인화 구리가 생성된다. 실제로 반응은 구리만을 사용해서도 수행될 수 있지만 화학량론적인 양의 구리가 필요하다. 그러한 반응은 Stephens–Castro 짝지음 반응이라고 한다. 아래에 보인 예에서 보듯이, Sonogashira 짝지음 반응은 알카인을 방향족 고리에 바로 연결하는 훌륭한 방법이며 엔아인을 합성하는 방법도 제공해 준다.

일반적인 반응

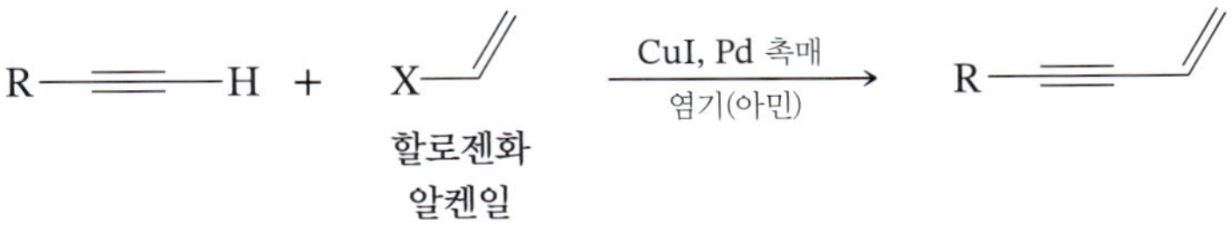

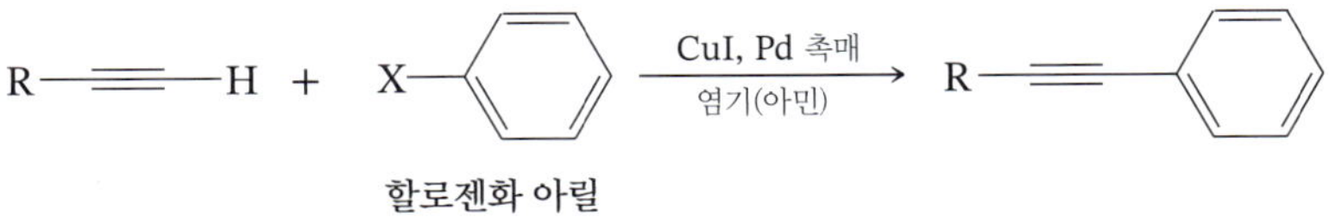

R—≡—H + X— (할로젠화 알켄일) —CuI, Pd 촉매 / 염기(아민)→ R—≡—

R—≡—H + X— (할로젠화 아릴) —CuI, Pd 촉매 / 염기(아민)→ R—≡—

구체적인 예

HO ... H + I ... $(\ )_4$ —[CuI, $Pd(Ph_3P)_4$; Et_2NH, 25 °C]→ HO ... $(\ )_4$

되새김 물음 21.9 아래의 각 반응에서 생성물은 무엇인가?

(a) $(\ )_8$—≡—H + Br, OH —[CuI, Pd 촉매; 염기(아민)]→

(b) H_3CO ... ≡ + I—◯—CO_2CH_3 —[CuI, Pd 촉매; 염기(아민)]→

되새김 물음 21.10 아래 각 화합물을 Sonogashira 짝지음 반응을 따라 합성하기 위해서 사용될 수 있는 출발 물질은 무엇인가?

(a) Cl **(b)** O, EtO, Br, $Si(CH_3)_3$

합성 화학: 복잡한 교차 짝지음

교차 짝지음 화학이 현대 유기 합성에 큰 영향을 준 까닭 중 하나는 이것이 매우 작용기화된 물질과 매우 복잡한 상황에서도 천연물, 의약품, 다양한 물질들의 합성을 가능하게 하는 믿을만한 방법이다. 아래에는 이 장에서 제시된 팔라듐-촉매에 의한 교차 짝지음 반응을 의학적으로도 연구되고 있는 천연물의 합성에 응용한 예들이 제시되어 있다. 많은 기질과 생성물은 낯설은 약어를 가졌는데, 다음 장에서 설명한다. 지금 가장 중요한 것은 핵심 결합 형성 과정이다. 각 경우에서 두 활성 짝들은 청색으로 표시하였고, 새로이 형성된 결합은 적색으로 표시하였다.

첫 번째 예는 Heck 반응을 사용하여 엑테이나시딘(ecteinascidin) 743의 삼중고리 계의 가운데 고리를 합성하였는데, 이 물질은 암과 싸우는 핵심 분자로 16장의 끝에 이것의 사촌쯤 되는 분자들과 함께 논의하였다. 두 번째 예는 Suzuki 반응을 바이아릴 결합을 형성하기 위해 반코마이신(vancomycin)의 실험실적 합성의 일부로 이용한 것인데, 이 물질은 최후 수단으로 쓰이는 항생제로 이것의 작용 양상은 2장의 끝에서 논의되었다.

OCH_3, OBn, MsO, I, N, Boc, O, H, OAc —[$Pd_2(dba)_3$ (5 mol %), $P(o\text{-tol})_3$ (20 mol %); Et_3N, CH_3CN, Δ; 83%; **[Heck 반응]**]→ OCH_3, BnO, MsO, H, N, Boc, O, H, OAc

RNA 분자 **ecteinascidin 743의 전구체**

vancomycin의 전구체

세 번째는 Stille 짝지음 반응을 라파마이신(rapamycin) 합성의 최종 단계에서 두 번 이용하는 것을 보여 주고 있는데, 이 분자는 장기 이식 거부 반응을 막기 위해서 의학적으로 쓰이는 분자이다. 첫 번째 반응은 분자간 짝지음으로 두 번째 단계인 분자내 짝지음이 나머지 짝들을 가지고 일어나도록 준비해 준다. 마지막으로 10장에서 보인 칼리치아마이신 $\gamma_1{}^{I}$과 같은 분자의 엔다이아인 부분을 Sonogashira 반응을 통하여 순탄하게 만들 수 있다.

Rapamycin

칼리치아마이신 $\gamma_1{}^{I}$의 전구체

많은 잠재적인 활성을 지닌 다른 작용기들이 있음에도 그러한 결합을 빨리 순탄하게 만들 수 있는 다른 과정은 거의 상상하기가 어렵다.

21.6E Hiyama 짝지음

Hiyama 짝지음은 유기실레인, 유기금속 시약, 그리고 광범위한 아릴, 알켄일, 또는 알킬 할로젠화물이나 유사 할로젠화물 사이의 C—C 결합 형성 반응을 Pd가 촉매화하는 가장 중요한 반응 중 하나이다. 성공적인 Hiyama 짝지음 반응이 유기(할로)실레인, 유기(알콕시)실레인, 유기실란올, 유기실란산 등을 포함하는 광범위한 유기실리콘 화합물을 사용하여 보고되었다. 유기실리콘 화합물은 덜 극성화된 Si—C 결합의 존재로 인하여 일반적으로 반응성이 덜하여 다른 교차 짝지음 반응과는 대조적으로 높은 수준의 화학 선택성을 보여 준다.

일반적인 반응

$$\mathrm{R{-}SiX_3 + R'{-}X \xrightarrow[\text{F}^-,\ \text{염기}]{\text{Pd 촉매}} R{-}R'}$$

여기서 $SiX_3 = Si(OR)_2$, $SiMe_{(3-n)}Fn$ 등

구체적인 예

$$\text{CH}_2\text{=CH–Si(OMe)}_3 + \text{4-Br–C}_6\text{H}_4\text{–C(=O)CH}_3 \xrightarrow[\text{H}_2\text{O, 120 °C}]{\text{Pd(OAc)}_2\text{, NaOH/TBAB}} \text{4-CH}_2\text{=CH–C}_6\text{H}_4\text{–C(=O)CH}_3$$

$$\text{PhSiEtCl}_2 + \text{4-Br–C}_6\text{H}_4\text{–C(=O)CH}_3 \xrightarrow[\text{NaOH, benzene, 80 °C}]{\text{Pd(OAc)}_2\text{, PPh}_3} \text{4-Ph–C}_6\text{H}_4\text{–C(=O)CH}_3$$

$$\text{Hex–CH=CH–SiMe}_2\text{F} + \text{Hex–CH=CH–I} \xrightarrow[\text{TASF, THF, 60 °C}]{\text{[PdCl (alkyl)]}_2} \text{Hex–CH=CH–CH=CH–Hex}\ (\boldsymbol{E}),(\boldsymbol{Z})$$

Hiyama 짝지음 반응에서 초점은 효과적으로 금속 교환 반응을 진행할 수 있는 실리콘 유기금속 화합물을 고안하는 것으로, 유기실리콘에 기반한 교차 짝지음 반응의 핵심 단계이다. 일반적으로 외부의 플루오린화 염 또는 플루오린화 테트라-*n*-뷰틸암모늄(tetra-*n*-butylammonium fluoride, TBAF)나 트리스(다이메틸아미노) 설포리움 다이플루오로트라이메틸실레인 [tris(dimethylamino) sulforium difluorotrimethylsilane, TASF]과 같은 활성자를 사용하여 금속 교환 반응을 촉진시키고, Hiyama 교차 짝지음 생성물을 만족할 만한 수율로 진행하게 한다. 예를 들어, 마지막 반응에서 플루오로 치환체를 지닌 4-배위된 알켄일실레인은 Pd 촉매와 플루오린화 활성자의 존재하에서 (*Z*)-선택적인 알켄일화 친전자체와 교차 짝지음 반응을 매끈하게 진행하여 Hiyama 교차 짝지음 생성물을 탁월한 수준의 (*E*),(*Z*)-선택성을 가지고 만들어지게 한다.

되새김 물음 21.11

아래 각 반응의 생성물을 제시하시오.

(a) 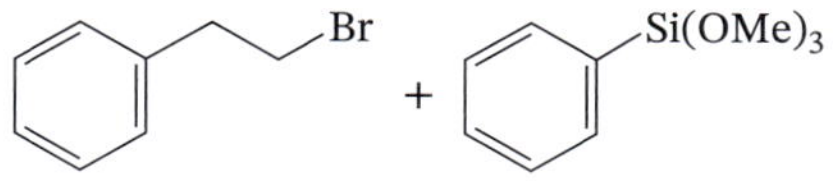 Br + Si(OMe)$_3$

(b) 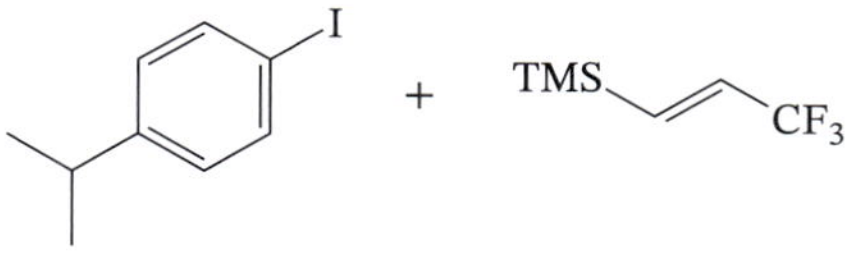 I + TMS CF$_3$

되새김 물음 21.12

Hiyama 짝지음 반응에 의해서 아래 각 화합물을 합성하려면 무슨 출발 물질을 사용하겠는가?

(a) 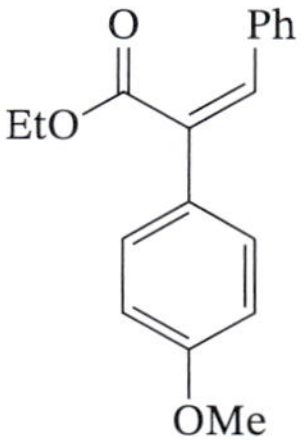 O Ph EtO OMe

(b) 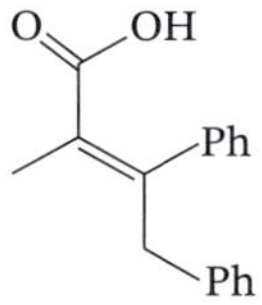 O OH Ph Ph

21.6F Gilman 시약이 매개하는 짝지음

Sonogashira 반응 외에도 두 다른 짝을 맺을 수 있는 구리를 바탕으로 하는 또 다른 과정이 있다. 이 반응은 Gilman 시약으로 알려진 다이알킬구리산 리튬 화합물을 사용한다. 1952년에 Iowa State University에서 처음 개발된 Gilman 시약은 앞서 본 것(12.6A절)처럼 유기할로젠화물을 유기리튬 화학종으로 전환하고 이어서 ½몰 당량의 CuI로 처리하면 다이알킬구리산 리튬이 마치 유기리튬 화학종이나 Grignard 시약처럼 얻어진다. Gilman 시약은 좋은 금속 바탕의 친핵체로 이탈기를 치환하고 카보닐에 첨가하며, 중요한 점은 α,β-불포화 카보닐 유도체에 Michael-형태(또는 1,4-) 첨가 반응을 깨끗하게 진행한다.

유기리튬 화합물의 합성

$$\text{R—X} \xrightarrow{\text{2Li}} \text{R—Li} + \text{LiX}$$

다이알킬구리산 리튬(Gilman) 시약의 합성

$$\text{2R—Li} \xrightarrow{\text{CuI}} \text{R}_2\text{CuLi} + \text{LiI}$$

Gilman 시약이 알킬, 알켄일, 또는 할로젠화 아릴과 반응하면 교차 짝지음 반응이 아래에 보인 것처럼 일반적, 구체적 형태로 발생한다.

일반적인 반응

$$\text{R}_2\text{CuLi} + \text{R}'\text{—X} \longrightarrow \text{R—R}' + \text{RCu} + \text{LiX}$$

다이알킬구리산 리튬 (Gilman 시약)

알켄일, 아릴, 1° 또는 고리형 2° 할로젠화 알킬

구체적인 예

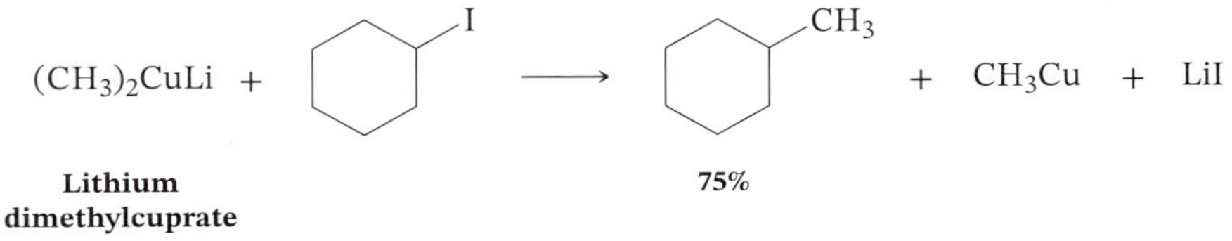

$$(CH_3)_2CuLi + \text{(cyclohexyl iodide)} \longrightarrow \text{(methylcyclohexane)} + CH_3Cu + LiI$$

Lithium dimethylcuprate 　 **75%**

이 짝지음에서 주목할 핵심은 Gilman 시약의 알킬기는 1차, 2차, 또는 3차일 수 있지만 할로젠화물 짝은 더 제한되어 있다. 만일 알킬이면 할로젠화물은 1차이거나 고리형의 2차이어야 한다. 한편, 아릴이나 할로젠화 알켄일은 성공할 가능성이 높다. 이 교차 짝지음 반응의 한 가지 특별한 가치는 sp^3–sp^3 C—C 짝지음이 가능하다는 것이다. 이것은 앞서 언급되었던 다른 짝지음 반응에서 sp 또는 sp^2 혼성인 탄소 사이의 결합 형성이 전형적으로 관여한다는 것과 뚜렷한 대조가 된다. 그렇지만 이러한 과정과는 달리 Gilman 시약이 화학량론적인 짝으로 이용된다. 메커니즘은 이제까지 배운 다른 전이 금속에서 본 것과는 달리 촉매가 관여하지 않는다. 그 밖에도, Gilman 시약이 좋은 친핵체이므로 짝지음 반응에서 견딜 수 있는 작용기의 범위가 제한적이다.

되새김 물음 21.13

1-브로모뷰테인을 Gilman 시약인 다이뷰틸구리산 리튬으로 어떻게 전환하는지를 보이고, 이것이 아래의 화합물의 합성에 어떻게 쓰이는지를 보이시오.

(a) (octane skeletal structure)

(b) (butylbenzene skeletal structure)

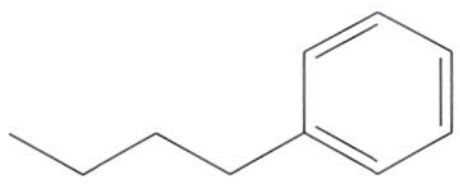

21.7 올레핀 복분해

전이 금속이 매개하는 또 다른 강력한 과정은 **올레핀 복분해(olefin metathesis)**라고 불리는 반응이다. 복분해(metathesis)는 그리스어로 '*meta*, 변화하는'과 '*thesis*, 위치'에서 온 것이다. 일반 화학 과정으로부터 이온성 화합물의 이중 **복분해(metathesis)** 반응을 배웠을 것이다. 이 과정은 두 물질이 그들의 짝을 맞바꾸는 것이다. 올레핀 복분해 반응은 같은 일을 수행하지만 활성인 화학종은 알켄이고 교환되는 것은 그들에게 붙어 있는 기들로 아래와 같다.

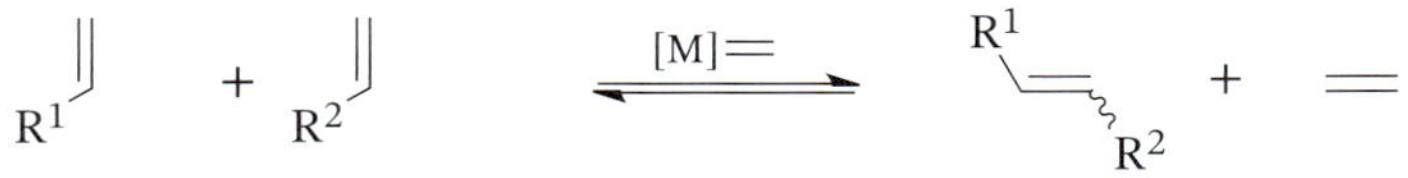

$$R^1\text{–CH=CH}_2 + R^2\text{–CH=CH}_2 \xrightleftharpoons{[M]=} R^1\text{–CH=CH–}R^2 + \text{CH}_2\text{=CH}_2$$

이 과정을 촉진시키는 전이 금속 화학종은 금속 알킬 카벤으로 **알킬라이덴(alkylidene)**이라고도 부른다. Chauvin이 처음 제시한 반응 메커니즘은 다음과 같다.

반응 메커니즘

올레핀 복분해 반응

[M]= [2+2] R^1 [retro 2+2] [M] R^1 [2+2] R^2 [retro 2+2] R^1 R^2

이 과정에서 금속 알킬라이덴은 알켄 중 하나(대개 둘 중 반응성이 더 크고 입체 장애가 적은 것)에 페리 고리 협동 반응(온라인 자료에서 특수 주제 D 참조)을 수행하여 메탈로사이클로뷰테인 중간체를 형성한다. 이것은 [2+2] 반응으로 13장에서 배운 Diels–Alder 반응과 메커니즘이 비슷하지만 총 4개의 π 전자가 관여한다. [2+2] 반응은 거꾸로(즉, 역[2+2] 반응) 새로운 금속 알킬라이덴을 생성하고 이것이 다른 알켄과 또 하나의 [2+2] 반응을 진행하여 새로운 메탈로사이클로뷰테인을 생성한다. 마감을 하는 역[2+2] 반응이 최종 생성물을 만들어 낸다. 여기서 알켄 치환제는 바꾸어졌고, 금속 알킬라이덴은 다음 반응을 위해서 재생된다. 그 결과 금속 알킬라이덴은 촉매량으로 사용된다.

올레핀 복분해의 처음 몇 가지 매우 효과적인 촉진제들이 따로따로 Schrock에 의해서 개발되었다. 몰리브데넘을 바탕으로 한 설계 중 하나를 아래에 보였다. 루테늄을 바탕으로 한 더 최근의 계는 오늘날 가장 널리 이용되는데, Grubbs가 만든 촉진제이다. 그의 촉진제 두 가지도 아래에 보였다.

Cy = cyclohexyl

i-Pr, *i*-Pr, N, Ph, $(F_3C)_2H_3CCO$, Mo, $(F_3C)_2H_3CCO$

Schrock, 1990

PCy_3, Cl, Ru, Cl, Ph, PCy_3

Grubbs, 1995
(일명: Grubbs I)

N, N, Cl, Ru, Cl, Ph, PCy_3

Grubbs, 1999
(일명: Grubbs II)

올레핀 복분해를 통하여 얻을 수 있는 과정의 범위는 아주 놀랍다. 위에 보인 올레핀 복분해에 대한 메커니즘과 통상적인 반응 예에 근거하여 알켄 치환기의 분자간 교환은 이 시약들이 효과적인 한 가지 변형이기도 하다. 그러나 올레핀 복분해는 평형 반응이므로 알켄 반응물 중 하나를 대개 과량으로 사용하여 특정한 혼합 생성물로의 전환을 확실하게 하는데, 아래의 예에서 보듯이 단지 핵심 생성물만 그려져 있다.

[Ru]══ 78%

(1당량) (6 당량)

더 흔한 용도는 한 분자에서 두 알켄 사이의 분자내 반응을 시도하는 것으로 **고리 닫힘 복분해(ring-closing metathesis, RCM)**라 알려져 있다. 아래에 보인 두 예는 Schrock과 Grubbs 계를 모두 사용한다.

Grubbs I (15 mol %) CH_2Cl_2, 40 °C, 72 시간 90%

TBSO TBSO

Schrock 촉매 (20 mol %) C_6H_6, 60 °C, 10 시간 90%

Sch38516의 전구체

올레핀 복분해의 변형에 대한 핵심 요점은 다음과 같다.

- 반응 과정은 다른 작용기와 매우 무관하다.
- 다양한 크기의 고리가 합성될 수 있다.
- 최종 생성물에서의 알켄 기하 구조는 작은 고리에서는 *cis*-선택적이지만 큰 고리에서는 *E*-와 *Z*- 혼합물이 만들어져서 예측하기 어렵다.
- 고리 닫힘 복분해로 단지 이치환기와 삼치환기의 알켄이 생성된다. 모든 촉매가 이치환기의 알켄을 만들지만, 단지 2~3개만이 삼치환기의 알켄을 만든다(여기에는 위에 보인 것과 같은 Schrock 계와 Grubbs II가 속한다).

마지막 응용으로 올레핀 복분해는 중합체의 형성에도 효과적이다. 여기에 보인 한 변형인 매우 효과적인 과정은 **고리 열림 복분해 중합 반응(ring-opening metathesis polymerization, ROMP)**이라고 알려져 있다. 기질로는 긴장된 올레핀을 사용하는데, 아래에 1,5-사이클로옥텐을 사용하여 보인 것처럼, 초기의 메탈로사이클로뷰테인이 형성된 후 긴장이 완화되도록 고리 열림의 엔탈피가 유리해진다. 그다음 활성 중간체는 출발 물질의 다른 분자와 반응하고 또 반응하여 모든 단위체가 다 소모될 때까지 반복된다. 많은 중합 반응들이 성취되었고, 광범위하고 유용한 생성물들이 년간 수 톤 규모로 합성되고 있다.

Grubbs II ROMP

여기에 제시된 응용의 예는 단지 적은 부분일 뿐이며, 2005년 Nobel 화학상이 Chauvin, Grubbs, Schrock에게 이러한 개발과 일반화의 업적을 기려서 수여된 것은 전혀 놀라운 일이 아니다.

노벨상
2005년 Nobel 화학상 수상자는 Chauvin, Grubbs, Schrock이다.

되새김 물음 21.14

아래 각 화합물을 Grubbs 촉매 중 하나인 $(PCy_3)_2Cl_2Ru{=}CHPh$로 처리하면 형성되는 생성물은 무엇인가?

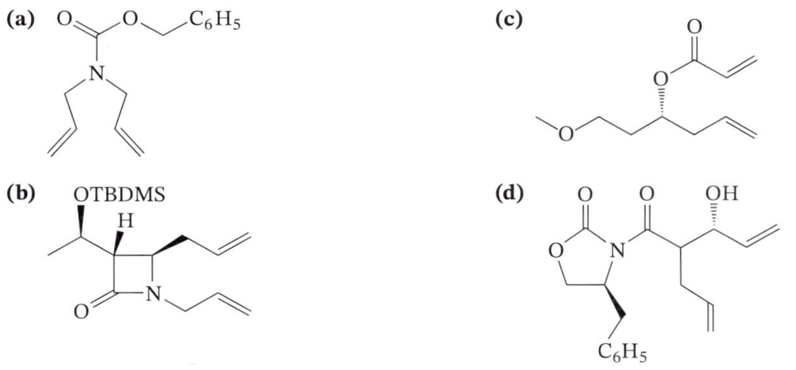

(a) (c) (b) OTBDMS H (d) OH

공업 화학: 유기 화학 연금술 – 간단한 알켄을 '금'으로 바꾸기

올레핀 복분해의 첫 응용은 화학 산업에서 있었는데, 그 당시(1950년대와 1960년대)에는 이 과정에 대한 메커니즘적인 이해가 없었고 금속 알킬라이덴이 반응을 촉진하기 위해서 필요하다는 것은 분명치 않았다. 그 결과 산업계의 과학자들이 복분해를 달성하기 위한 새로운 화학종을 찾고 있을 때, 그것은 근본적으로 순전히 연금술이었으면서 한 가지 결정적인 차이점은 이 반응을 시킬 수 있는 어떤 계는 만약 생성물이 출발물보다 더 가치가 있기만 하면, 알켄을 '금'으로 바꾸는 것이었다. 실제로, 대규모로 가장 널리 이용된 올레핀 복분해는 단지 행운의 산물인 Phillips 트라이올레핀 공정이었다.

이 반응은 아래에 보인 대로 2-뷰텐, 에틸렌, 그리고 프로필렌을 상호 전환시키는 데 WO_3와 SiO_2의 불균일 혼합물을 사용하며, 이 과정에서 금속 알킬라이덴의 어떤 형태가 만들어진다.

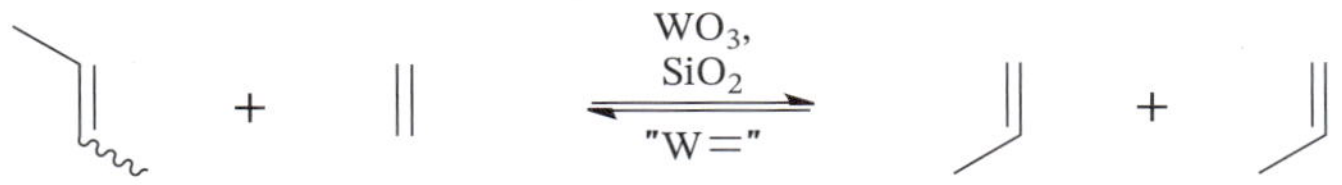

WO_3, SiO_2 "W="

이것은 평형이므로 Le Chatalier 원리를 사용하여 반응을 어느 방향으로 밀어낼 수 있다. 현재 매년 15억 파운드의 프로필렌을 2-뷰텐과 에틸렌으로부터 생산한다. 프로필렌의 대부분은 중합하여 폴리프로필렌이 된다. 주목할 점은 더 현대적이고 별개인 금속 알킬라이덴이 이 화학을 진행할 수 있지만, 원조 '연금술적인' 불균일 계가 아직도 이용되고 있는 것은 저렴하기 때문이다.

21.8 자연에 있는 전이 금속: 바이타민 B_{12}와 바나듐 할로과산화 효소

비록 화학자들이 전이 금속 화학의 이점을 취하기는 하지만, 자연도 그러한데 다만 다른 방식으로 그리고 다른 목적으로 그렇게 한다.

예를 들면, 대량의 간을 섭취하면 악성 빈혈을 치료할 수 있다는 사실이 1926년에 발견되었다. 이 발견으로 원인 물질에 대한 탐색이 촉발되었으며, 1948년에는 치료 인자인 바이타민

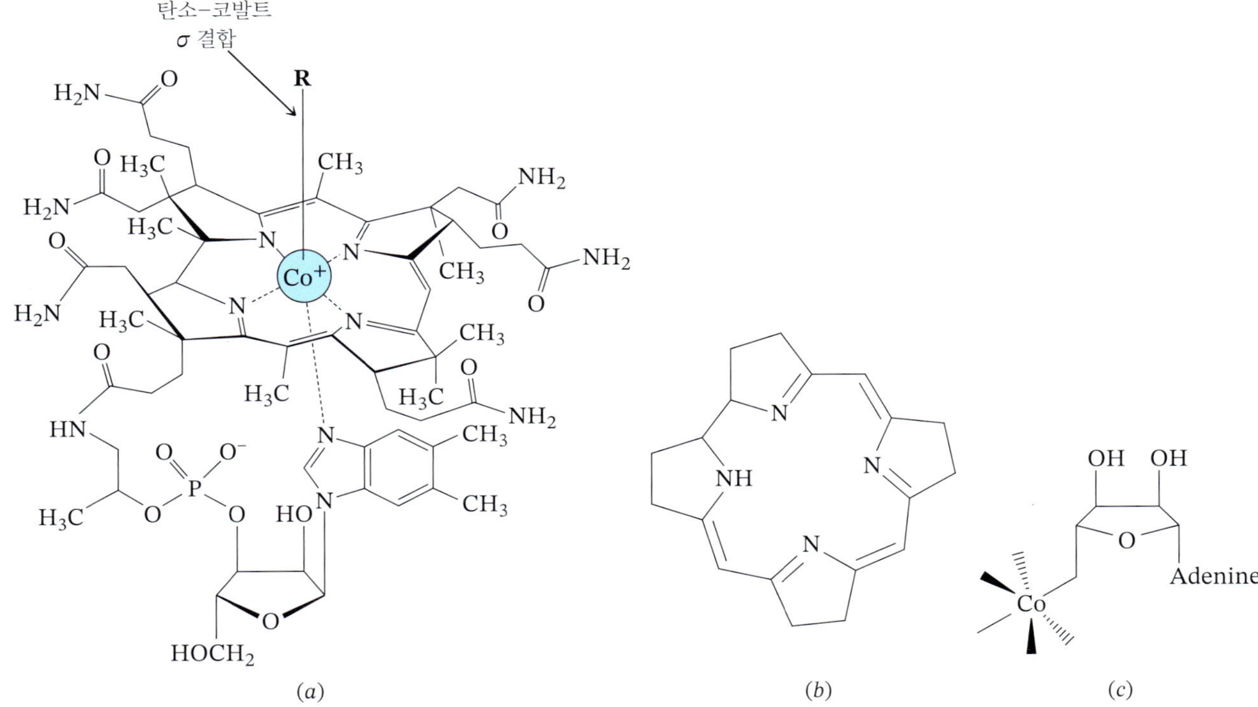

그림 21.2 (*a*) 바이타민 B_{12}의 구조. 시판용 바이타민(사이아노코발아민)에서 R＝CN. (*b*) 코린 고리계. (*c*) 생물 활성인 형태의 바이타민(5′-데옥시아데노실코발아민)에서 5′-데옥시아데노신의 5′-탄소 원자는 코발트 원자와 배위되어 있다. 아데닌의 구조는 25.2절을 보시오.

B_{12}를 분리하게 되었다 이것의 완전한 구조(**그림 21.2*a***)를 결정하기까지는 또 8년이 걸렸는데, Hodgkin(1964년 Nobel상 수상)의 X-선 결정학 연구가 핵심으로 기여하였다. 이것의 실험실적 합성은 1972년까지 이루어지지 않았다. 이 복잡한 분자의 합성이 Woodward(Harvard University)와 Eschenmoser(Swiss Federal Institute of Technology)에 의해서 발표되었는데, 이 합성은 11년이나 걸렸으며 100명의 공동 연구자들이 이 과제에 참여하였고, 90가지 이상의 별 개의 화학 반응이 포함되어 있었다.

결정적으로, 바이타민 B_{12}는 탄소–금속 결합을 포함하는 것으로 알려진 유일한 생체 물질이다. 안정한 시판용 바이타민은 사이아노기가 코발트에 결합되어 있다. 그리고 코발트는 +3의 산화 상태에 있다. 바이타민 B_{12} 분자의 핵심은 여러 가지 곁가지가 붙어 있는 하나의 코린(corrin) 고리(**그림 21.2*b***)이다. 코린 고리는 4개의 피롤 소단위로 구성되어 있는데, 각각의 질소가 중심에 있는 코발트와 배위되어 있다. 여섯째 리간드(**그림 21.2*c***에서 코린 고리 아래)는 5,6-다이메틸벤즈이미다졸(5,6-dimethylbenzimidazole)이라고 부르는 헤테로 고리 분자의 질소이다.

바이타민 B_{12}의 코발트는 +2나 +1의 산화 상태로 환원될 수 있다. 코발트가 +1 산화 상태에 있을 때 바이타민 B_{12}(B_{12s}라고 부른다)는 가장 강력한 친핵체 중의 하나가 된다. 이것은 메탄올보다 1000배 더 친핵성을 갖는다. 친핵체로서 작용하는 바이타민 B_{12s}는 아데노신 삼인산(그림 22.2)과 반응하여 생물 활성인 형태의 바이타민이 된다(그림 21.2c).

자연이 사용하는 전이 금속의 또 다른 예는 바나듐이다. 바다에 있는 여러 생물은 바나듐 금속 중심을 사용하여 할로젠화 이온인 Cl^-와 Br^-를 H_2O_2 존재하에서 Cl^+와 Br^+로 전환하는 효소를 버리고 있다(8장의 '생물 화학: 바다–생물 활성을 지닌 천연물의 곳간' 참조) 이 효소들은 집단 명칭이 할로과산화 효소(haloperoxidase, HPO)인데, 더 구체적으로는 그들이 내놓는 할로젠에 따라 클로로과산화 효소(chloroperoxidase, CPO), 브로모과산화 효소(bromoperoxidase, BPO), 아이오도과산화 효소(iodoperoxidase, IPO)라고 한다. 아래의 전환은 바나듐 바탕의 CPO 효소가 두 개의 염소 원자를 한 특정한 천연물에 집어넣는 두 단계 반응을 보여 주고 있다. 각 경우에서 알켄은 생성된 Cl^+와 반응하고, 또 다른 분자는 새로운 고리를 만들어 내기 위한 친핵체로 행동한다.

CPO "Cl^+" → CPO "Cl^+" + H_2O →

이 주제는 왜 중요한가?

C—H 작용기화로 규칙을 파괴하기

앞의 장들에서 작용기의 존재가 새로운 작용기를 넣거나 새로운 C—C 결합을 만드는 데 얼마나 도움이 되는지를 보았다. 예를 들면, 친전자성 방향족 치환 반응을 공부할 때 강한 전자 끄는 기가 새로 들어오는 친전자체를 벤젠 고리에서 *meta* 위치로 향하도록 하는 것을 배웠다. 알킬 사슬에 있는 이탈기를 사용하여 친핵성 치환 반응으로 다른 분자를 만드는 것도 기억한다. 전이 금속을 이용하는 최신 연구는 작용기가 사전에 존재해야 하는 필요성을 배제시킨다. 정말로 금속 착물은 C—H 결합을 바로 작용기화시키게 하여 때로는 통상적인 반응성의 "규칙을 깬다".

하나의 예로 벤조산을 고려해 보자. 정상적으로는 친전자성 방향족 치환 반응에서 이 강력한 전자 끄는 기가 친전자체로 하여금 *meta* 위치로 향하게 한다. 그러나 +2 산화 상태의 Pd(즉, Pd^{II})와 같은 적합한 전이 금속이 첨가되면 산의 카보닐 산소는 카복실산 형태로 회합을 통하여 착물에 배위된다. 그 결과 새로운 전이 금속 착물이 형성되는데, Pd는 *ortho* C—H 결합에 삽입되어 활성인 화학종을 형성하고 적합한 반응물을 만나게 되면 새로운 생성물이 앞서 보았던 메커니즘 과정에 따라 만들어진다.

PdL_2, NaOAc → (I^+ / O_2 / Cl⌒R / CO) →

위에 보인 네 가지 경우 각각에서 이미 배웠던 방법을 사용하여 벤조산으로부터 단 한 단계로 그러한 생성물을 쉽게 형성한다는 것은 상상하기 어렵다. 이와 같은 과정에 대한 연구는 전 세계의 실험실에서 진행 중이며, 통상 활성이 없는 C—H 결합을 고부가가치의 상품이나 합성 중간체를 만들도록 작용기화하는 형태가 확장되고 있다. 핵심은 정확한 전이 금속과 적합한 배위이다.

이 주제에 대해서 더 알려면 참고하시오.

1. Engle, K. M.; Mei, T.-S.; Wasa, M.; Yu, J.-Q. "Weak Coordination as a Powerful Means for Developing Broadly Useful C—H Functionalization Reactions" in *Acc. Chem. Res*. **2012**, *45*, 788.
2. Newhouse, T.; Baran, P. S. "If C—H Bonds Could Talk: Selective C—H Bond Oxidation" in *Angew. Chem. Int. Ed.* **2011**, *50*, 3362.

요약과 복습 도구

이 장에 대한 학습 보조 자료에는 청색 고딕체로 표기되어 있는 핵심 용어와 개념인데, 이 교과서의 뒤에 부록에서 수록하고 있다.

물음

21.15 아래의 착물 각각에 대해서 금속의 산화 상태와 그것이 소유한 원자가 전자의 총수를 구하시오.

(a) Ph_3P, Cl, Rh, Ph_3P, PPh_3

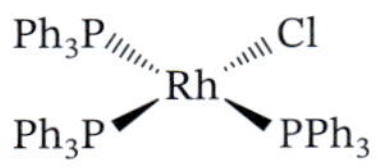

(b) CO, OC, Fe—CO, OC, CO

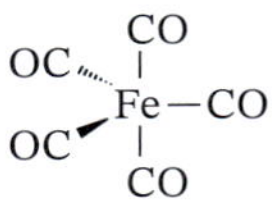

(c) $[Ni(CN)_3(NH_3)_2]^{3-}$: NH_3, NC, Ni—CN, NC, NH_3

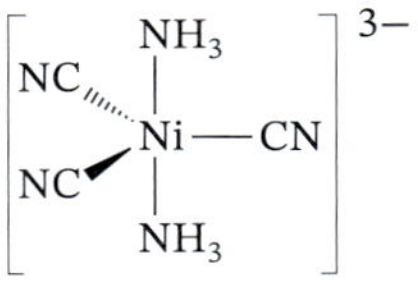

21.16 전하를 띠지 않은 루테늄 바탕의 전이 금속 착물로 원자가 전자를 각각 14, 16, 18개 지녔으며 두 가지 다른 리간드가 각각에 결합된 구조를 그리시오.

21.17 아래의 화합물을 Gilman 시약을 사용하여 합성하는 방법을 보이시오.

(a) **(b)** 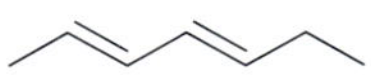 **(c)** O

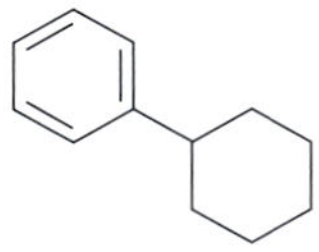

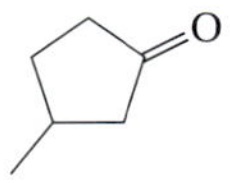

21.18 아래 각각을 합성하기 위해서 두 가지 다른 교차 짝지음 반응을 어떻게 사용할지를 보이시오.

(a) CH_3O, O **(b)** O **(c)**

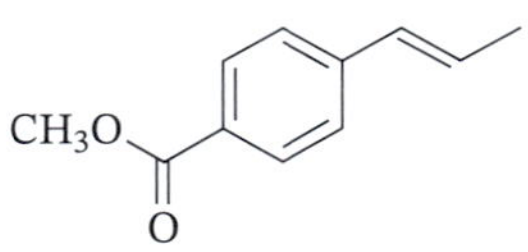

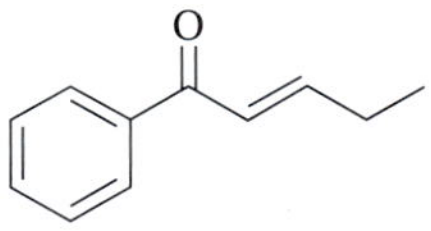

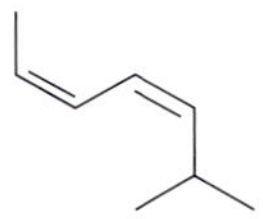

21.19 아래의 반응 생성물을 예상하시오.

(a) D_2, Wilkinson's 촉매 →

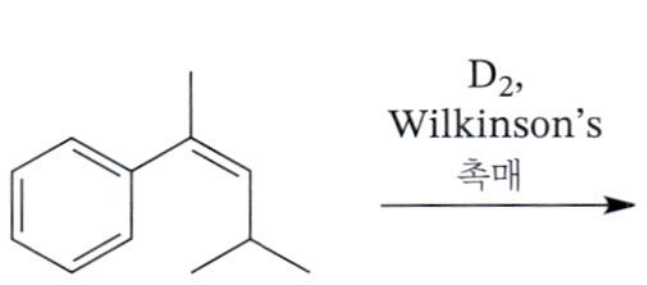

(b) H_3CO — Grubbs I →

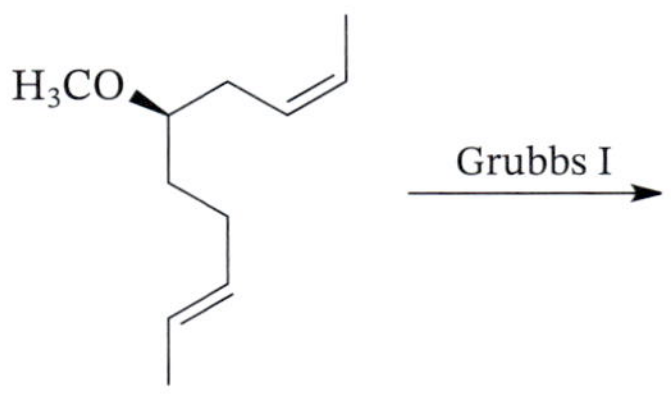

(c) Grubbs I →

(d) Br, O — (1) Et_2CuLi (과량) (2) H_3O^+ →

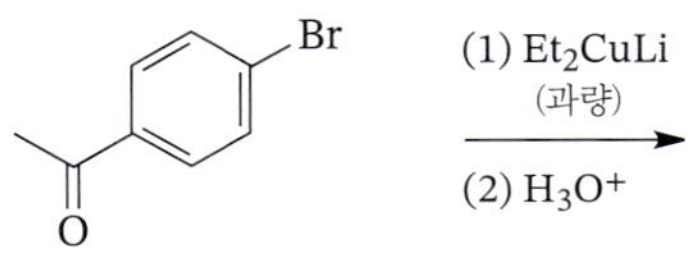

21.20 아래의 반응 생성물을 예상하시오.

(a)

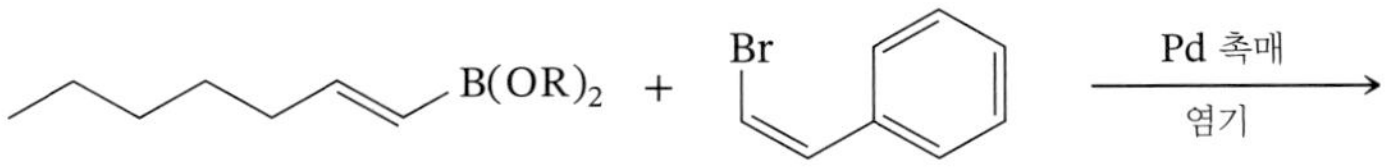

$B(OR)_2$ + Br — Pd 촉매, 염기 →

(b)

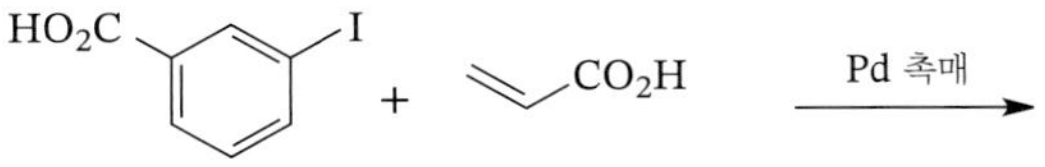

HO_2C — I + CO_2H — Pd 촉매 →

(c)

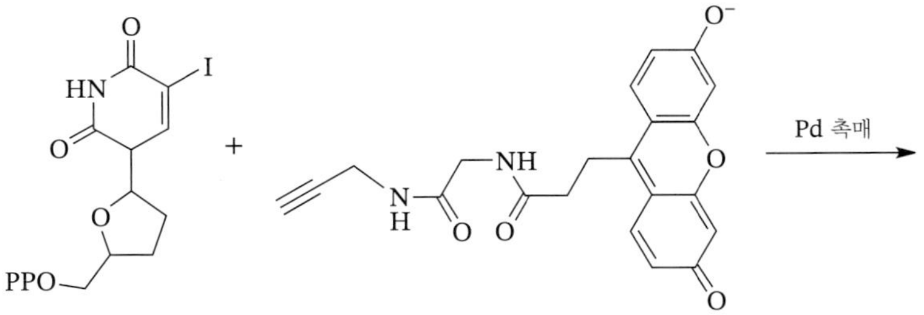

HN, O, I, O, O, PPO + NH, N H, O, O, O, O^-, O — Pd 촉매 → (이 생성물은 자동화된 DNA 서열화에서 형광 표지 물질로 사용된다, 25.6A절 참조)

21.21 일반적으로, 고리를 형성하는 분자내 반응은 엔트로피적으로 불리하다. 왜냐하면, 유연한 출발 물질을 더 경직되도록 만들기 때문이다. 그렇지만 고리 닫힘 복분해의 경우에는 고리 닫힘의 엔트로피 대가는 아래의 항종양성 화합물 에포틸론 A(epothilone A)의 합성에서 일부로 사용한 것처럼 대부분의 계에서 특별히 크지 않다. 왜 그럴까?

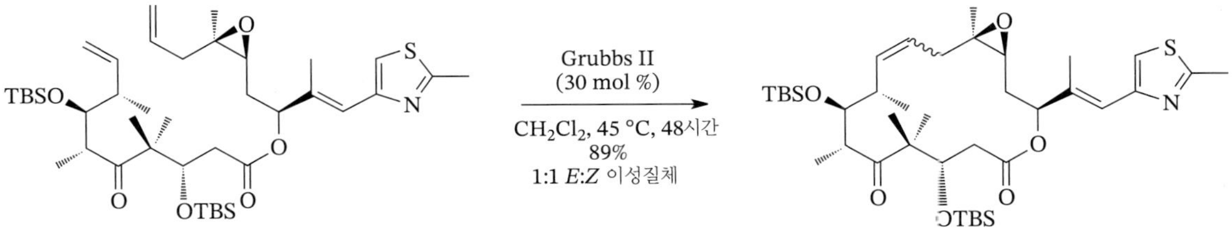

TBSO, O, S, N, O, O, OTBS, O — Grubbs II (30 mol %), CH_2Cl_2, 45 °C, 48시간, 89%, 1:1 *E*:*Z* 이성질체 → TBSO, O, S, N, O, O, OTBS, O

21.22 교차 짝지음 반응은 중합체의 합성에 사용되어 왔다. 이 반응에서 예상되는 중합체의 구조를 예상하시오. 반복 단위를 중괄호와 아래 첨자 n으로 표시하시오.

(a)

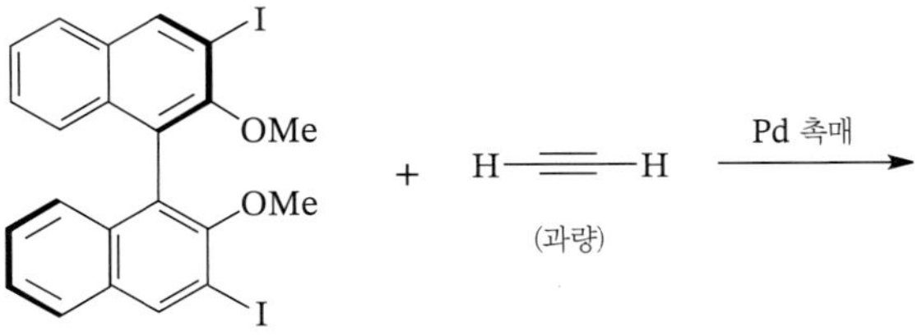

I, OMe, OMe, I + H—≡—H (과량) — Pd 촉매 →

(b)

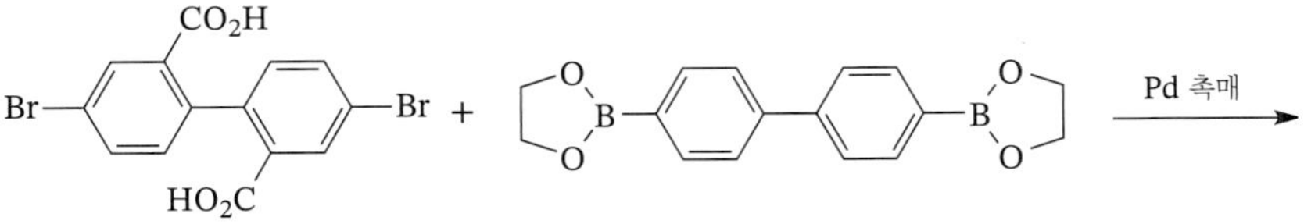

Br, CO_2H, HO_2C, Br + O, B, O, O, B, O — Pd 촉매 →

(c)

O, O, N, O, O, O — Grubbs 촉매 →

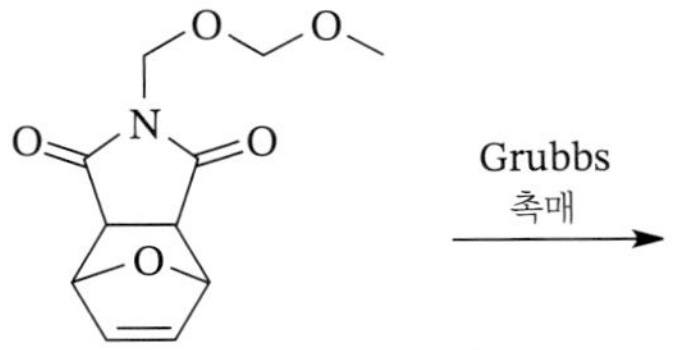

21.23 아래의 긴장된 알켄을 각각 ROMP를 통하여 적절한 금속 알킬라이덴 촉매를 사용해서 형성되는 중합체는 무엇인가?

(a)

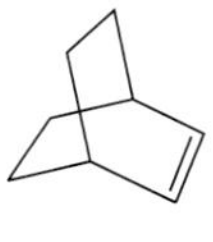

(b)

21.24 주어진 출발 물질로부터 올레핀 복분해 반응을 통하여 아래의 생성물이 형성되는 메커니즘을 쓰시오.

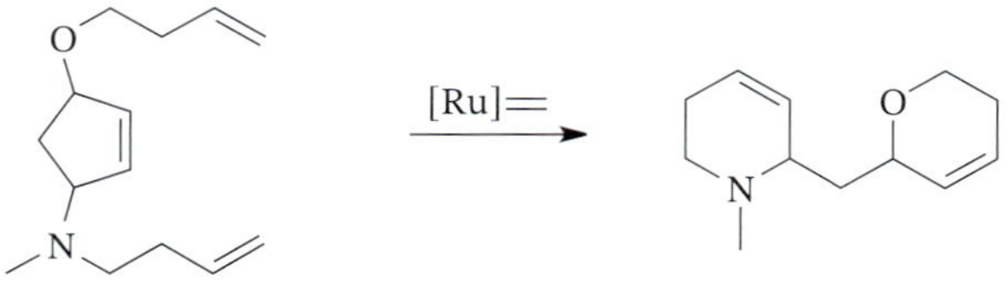

[Ru]=

21.25 아래의 Heck 반응으로 최종 알켄의 입체 화학과 Pd 화학종이 촉매 양만 사용되었는데도 반응이 완결되는 까닭을 설명하는 메커니즘을 쓰시오.

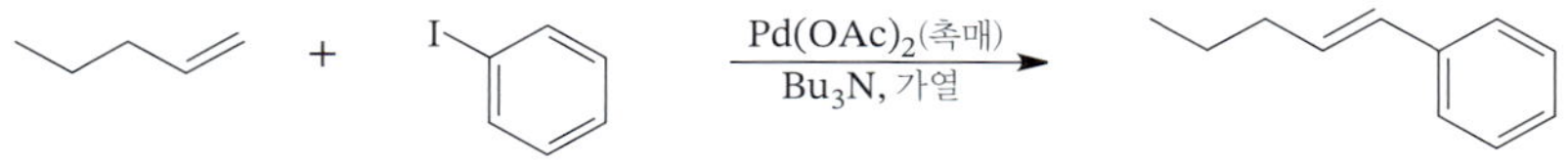

I

$Pd(OAc)_2$(촉매)
Bu_3N, 가열

물질 합성

21.26 아래 각각의 질문에서 출발 물질을 생성물로 전환하는 데 타당한 경로를 제시하시오. 각각의 경우 한 단계 이상이 필요하며, 앞의 장들에서 배운 반응이 필요할 수도 있다.

(a)

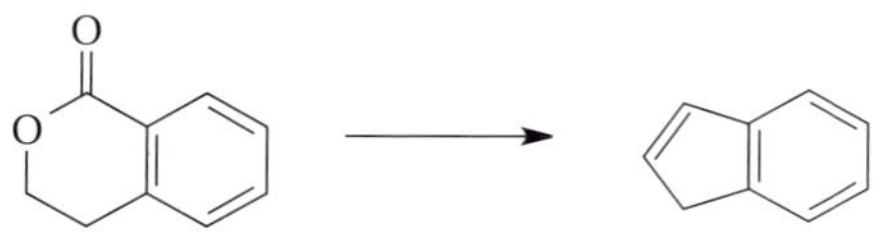

(b) H_3CO → OCH_3, H_3CO

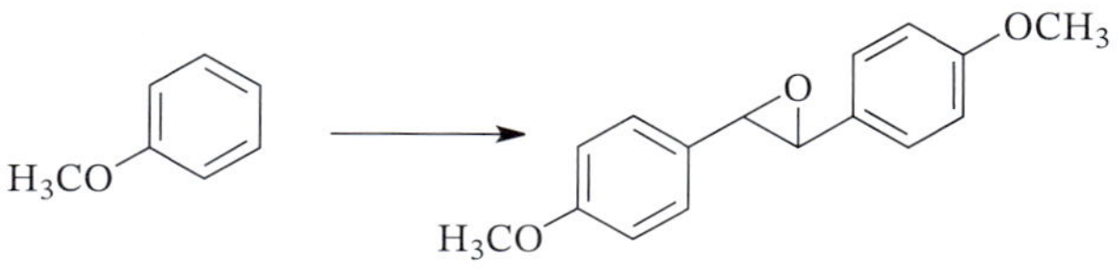

(c) $B(OH)_2$ →

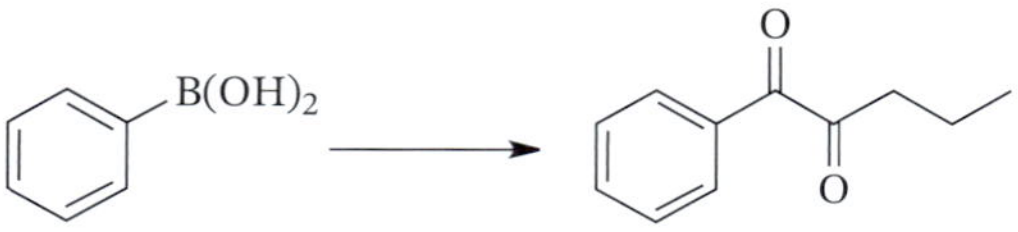

21.27 아래 각각에 대하여 주어진 출발 물질로부터 제시된 조건을 통하여 형성되는 생성물(**A**, **B**, **C**로 나타냄)의 구조를 그리시오.

(a) Cl
(1) HNO_3, H_2SO_4
(2) Fe, HCl; HO^-
(3) DCC, AcCl
(4) $SnBu_3$, $Pd(Ph_3P)_4$, 염기
→ **A**

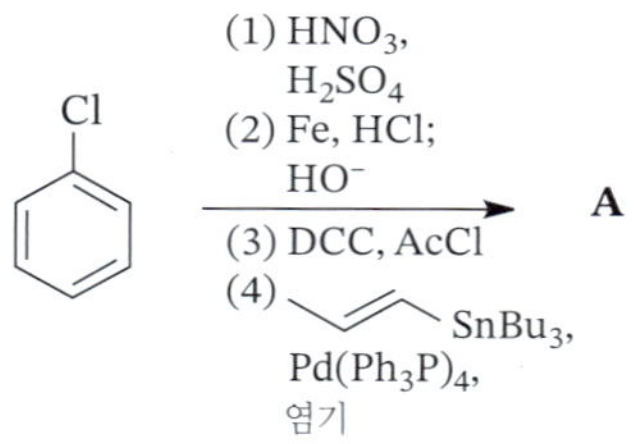

(b) 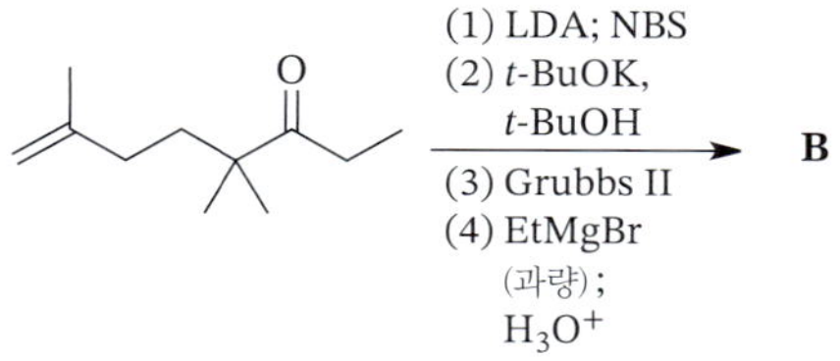
(1) LDA; NBS
(2) *t*-BuOK, *t*-BuOH
(3) Grubbs II
(4) EtMgBr (과량); H_3O^+
→ **B**

(c)
(1) O_3
(2) Me_2S
(3) $H_2C{=}PPh_3$ (과량)
(4) $Pd(Ph_3P)_4$, Bu_3Sn Ph (과량), 염기
→ **C**

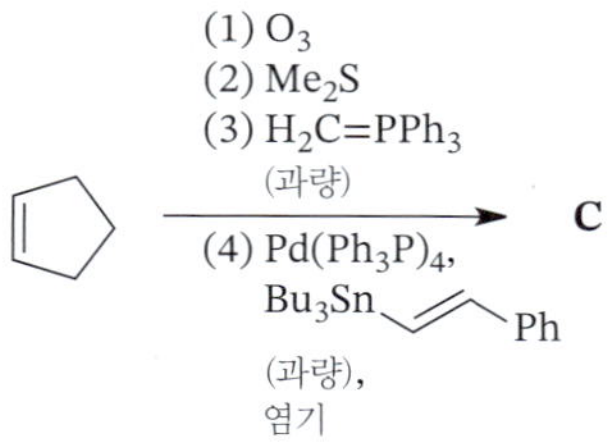

화학 상담자가 필요한 물음

21.28 Heck 반응을 개시하는 또 다른 방법은 아래의 예에서 보듯이 트리플산 바이닐(vinyl triflate)을 사용하는 것이다. 여기서 여러 개의 이중 결합들이 가까이에 있어서 분자내 Heck 반응이 연속적으로 일어나서 두 개의 새로운 고리와 한 개의 남은 이중 결합을 가진 새로운 생성물의 형성에 이르게 된다. 트리플산 바이닐에 팔라듐 화학종의 산화성 첨가로 시작해서 여기에 보인 생성물의 형성을 설명

할 수 있는 메커니즘을 제시하시오. (참조: *J. Am. Chem. Soc.* **2017**, *139*, 5007.)

Pd(OAc)$_2$, 첨가된 ligand, toluene, 90 °C

21.29 독특한 페놀을 포함하는 천연물로 밝은 색을 띠는 색소이며 버섯 종류에서 발견되는 천연물인 찰시트린(chalcitrin)의 실험실적 합성의 일부로 이중 주석화물(bis-stannane) **B**를 아이오딘화 바이닐 **C** 두 분자와 Pd를 매개로 한 Stille 짝지음을 사용하여 합치려는 시도는 **D**를 만드는 데 실패하였다. Stille 짝지음을 사용하여 화합물 **D**에 이를 수 있는 다른 가능한 방법을 생각할 수 있는가? Bn = $-CH_2Ph$임을 주의하시오. (참조: *J. Am. Chem. Soc.* **2019**, *141*, 4515.)

$Pd(Ph_3P)_4$, Me_6Sn_2, LiCl, 50%

A **B** **C** **D** **Chalcitrin**

도전 물음

21.30 아래의 분자가 Grubbs I 개시제에 다른 농도로 노출되었을 때 다른 생성물이 얻어진다. 이런 다른 결과를 어떻게 설명하겠는가?

Grubbs I (29 mol %), 3.8 mM in CH_2Cl_2, 79%

Grubbs I (20 mol %), 108 mM in CH_2Cl_2, 회수된 출발 물질에 근거하여 81%

21.31 1985년에 Katz(Columbia University)는 알카인도 알켄과 유사한 메커니즘적인 과정으로 복분해 반응에 참여할 수 있음을 발견하였다. 아래는 알카인과 알켄이 모두 참여하는 반응이다. 주어진 다이엔 생성물의 형성을 설명하는 메커니즘을 그리시오.

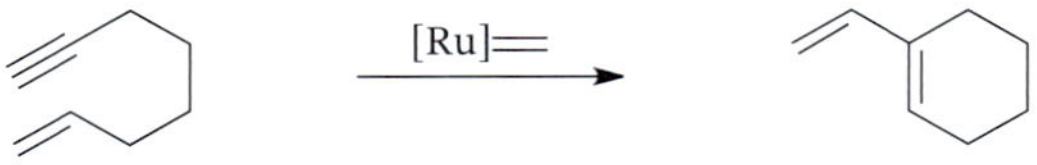

[Ru]═

21.32 아래의 Stille 짝지음 반응 과정에서 제시된 생성물이 형성된다. 이 결과는 어떻게 생긴 것인가?

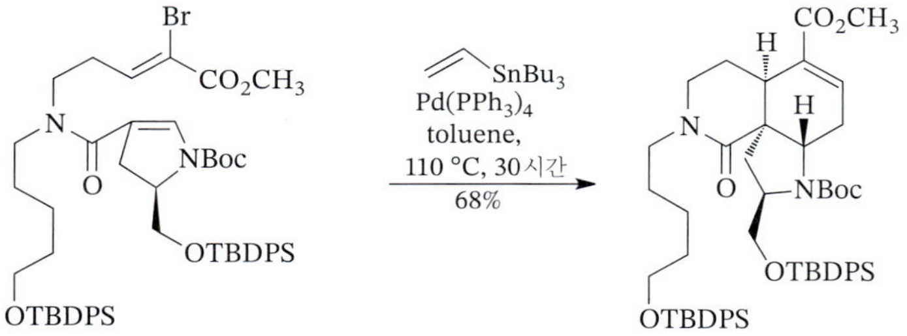

Br, CO_2CH_3, N, O, NBoc, OTBDPS, OTBDPS

$SnBu_3$, $Pd(PPh_3)_4$, toluene, 110 °C, 30시간, 68%

H, CO_2CH_3, H, N, O, NBoc, OTBDPS, OTBDPS

학습 집단을 위한 물음

1. '합성 화학: 복잡한 교차 짝지음'에서 Heck 반응을 엑테이나시딘 743(ecteinascidin 743)의 합성에 사용하는 것을 보였다. 이 물질은 항암 작용을 지녔으며, 해양 피막인 *Ecteinascidia turbinate*로부터 해리되었다. PdL_2를 팔라듐 촉매를 나타내는 것으로 하고, 엑테이나시딘의 합성 중간체를 적당하게 약자로 써서 메커니즘을 설명하시오.

2. 21.8절에서 해양생물에 있는 바나듐 클로로과산화 효소(CPO)에 의해서 발생된 'Cl^+'가 관여하는 합성 단계들을 보았다. Cl^+와 분자내 친핵체 또는 물 둘 중 하나가 관여하여 어떻게 거기서 보인 두 고리화 단계를 설명할 수 있는지를 보이는 메커니즘을 쓰시오.

| 온라인 자료에서 **Second Review Problem Set**를 참조하시오. |

탄수화물

Henrik Jonsson/Getty Images

모든 탄소 원자들이 공식적으로 물 분자가 H와 OH의 형태로 붙어 있는 분자들은 수화된 탄소이기에 탄수화물이라고 알려져 있다. 그들은 때로는 당류라고도 한다. 그러나 이런 막중한 유기 화합물에 대해서 가장 중요한 것은 이들이 많은 다른 형태로 존재하며 믿겨지지 않을 만큼 광범위한 성질을 지녔다는 사실이다. 슈크로스(일반적인 식용 설탕)처럼 거의 모든 탄수화물은 단맛을 가지며 우리가 먹는 음식의 지각이나 쾌락에 결정적이다. 탄수화물은 인체에 화학적 에너지를 저장하는 창고이며, 혈액형을 결정하고, 식물에서는 연합하여 셀룰로스나 아밀로스처럼 중요한 섬유를 만들기도 한다. 이 장에서 나중에 볼 것처럼, 탄수화물은 시알릴 루이스^x 형태로 외상을 입은 조직을 인식하고 치료하는 일을 하기도 한다. 때로는 산소가 아닌 아민의 질소와 같은 원자가 탄수화물의 일부가 될 수도 있고, 이런 물질 중 글루코사민 같은 것은 무릎 통증을 조절하는 능력도 있다.

이 장에서 배울 내용:

- 다른 탄수화물의 구조와 성질
- 단당류가 결합하여 이당류와 다당류가 되는 반응
- 탄수화물에 탄소 원자를 더하거나 제거하는 반응
- 선택된 탄수화물의 기능

이 주제는 왜 중요한가?

이 장의 끝에서 독특한 탄수화물을 지닌 천연물의 구조를 혈액에 포도당을 너무 많이 가진 질병인 당뇨병의 치료에 어떻게 이용하는지를 보게 될 것이다.

22.1 서론

22.1A 탄수화물의 분류

탄수화물이라고 알려진 화합물의 부류는 이들이 흔히 $C_x(H_2O)_y$와 같은 분자식, 즉 '새 장을 열며'에서 언급했듯이 '탄소의 수화물'처럼 보이기 때문에 이와 같은 일반적인 이름이 붙여졌다. 그들은 또한 그들이 지니고 있는 작용기에 의해서도 특정지어진다.

도움말
이제 헤미아세탈과 아세탈의 화학(16.7절)을 복습하면 도움이 될 것이다.

- **탄수화물(carbohydrate)**은 보통 폴리하이드록시 알데하이드와 케톤 또는 가수 분해하여 폴리하이드록시 알데하이드나 케톤이 되는 물질로 정의한다. 이들은 주로 헤미아세탈과 아세탈 형태(16.7절)로 존재한다.

가장 간단한 탄수화물은 **단당류(monosaccharide)**라고 부르는데, 이들은 가수 분해하여 더 간단하고 작은 탄수화물로 될 수 없다. 분자 단위에서 가수 분해하여 두 분자의 단당류를 생성하는 탄수화물은 **이당류(disaccharide)**라고 하며, 세 분자의 단당류를 만들면 **삼당류(trisaccharide)**라고 한다(가수 분해하여 2~10개의 단당류를 생성하는 탄수화물을 때로는 소당류[또는 **올리고당류(oligosaccharide)**]라고 부른다). 많은 수(>10)의 단당류 분자를 만드는 탄수화물은 **다당류(polysaccharide)**라고 알려져 있다.

맥아당과 설탕은 이당류의 예이다. 가수 분해하면 1몰의 맥아당으로부터 2몰의 단당류인 포도당이 만들어지고, 설탕은 1몰의 포도당과 1몰의 단당류인 과당을 만든다. 전분과 셀룰로스는 다당류의 예이다. 둘 다 포도당의 중합체이다. 각각을 가수 분해하면 수많은 포도당 단위들이 생긴다. 다음은 이러한 가수 분해를 계통적으로 보여 주고 있다.

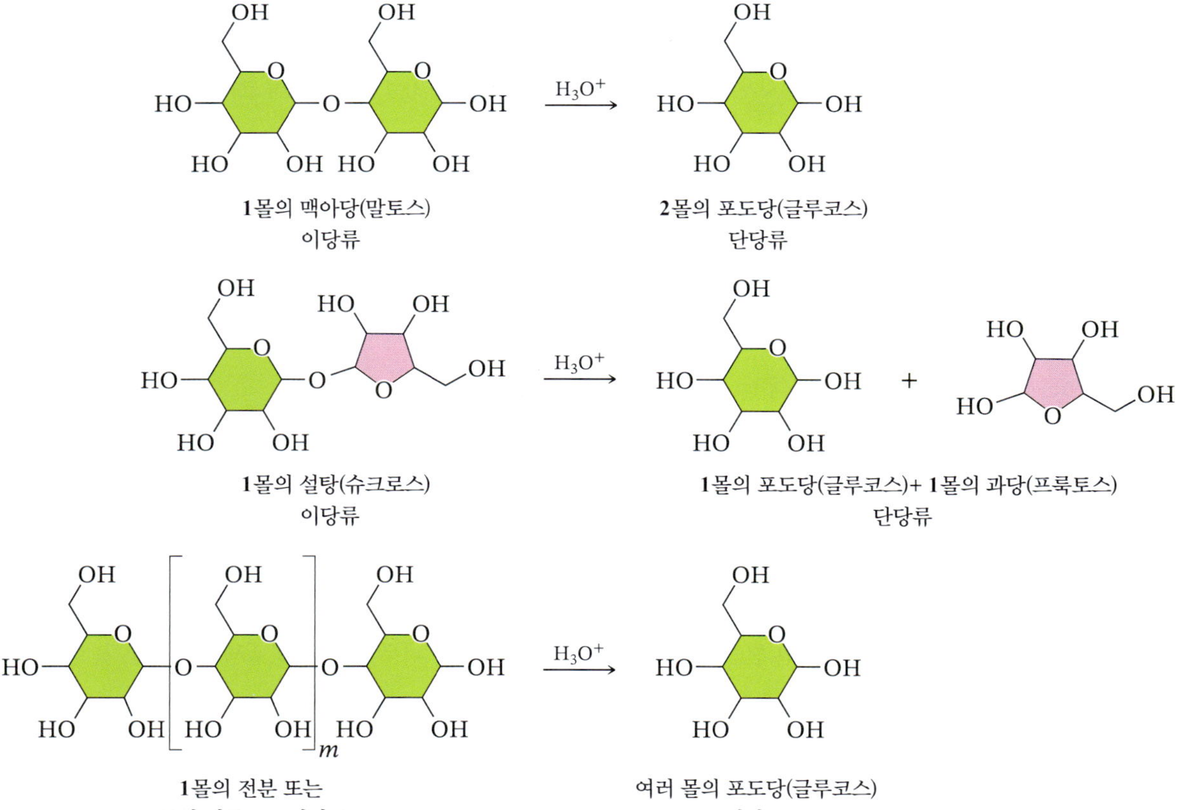

탄수화물은 식물의 가장 풍성한 유기 성분이다. 이들은 생명체에 대한 화학 에너지의 중요한 자원(이 점에서 설탕과 녹말은 매우 중요)일 뿐 아니라, 식물과 몇몇 동물에서 기본 조직의 구성 성분(이것은 목재, 목화, 아마 등에서 발견되는 셀룰로스의 주성분임)이기도 하다.

우리는 탄수화물을 일상생활에서 거의 매번 부딪치게 된다. 이 책이 인쇄된 종이는 대부분 셀룰로스이다. 의복을 만드는 면류나 집을 짓는 목재도 셀룰로스이다. 빵을 만드는 밀가루는 주로 녹말인데, 감자, 쌀, 콩, 옥수수, 팥 같은 식품도 녹말로 되어 있다. 탄수화물은 대사의 핵심이며, 세포의 인식에도 중요하다('새 장을 열며'와 22.16절 참조).

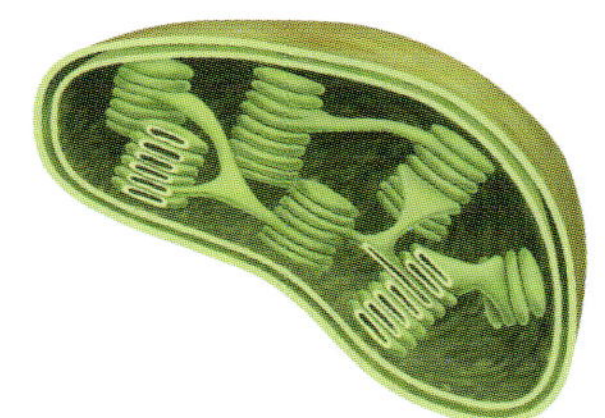

옥수수의 엽록체 도식도.
(Reprinted with permission of John Wiley & Sons, Inc., from Voet, D. and Voet, J. G., *Biochemistry*, Second Edition. © 1995 Voet, D. and Voet, J. G.)

22.1B 광합성과 탄수화물의 대사

탄수화물은 녹색식물에서 **광합성**(photosynthesis)에 의해서 합성된다. 광합성은 태양 에너지를 이용하여 이산화 탄소를 환원 또는 '고정'하는 과정이다. 해초류나 고등식물의 광합성은 엽록체라 불리는 세포 조직에서 일어난다. 광합성의 전체적인 반응식은 아래와 같이 쓸 수 있다.

$$x\,CO_2 \;+\; y\,H_2O \;+\; \text{태양 에너지} \;\longrightarrow\; \underset{\text{탄수화물}}{C_x(H_2O)_y} \;+\; x\,O_2$$

많은 개개의 효소 촉매 반응들이 일반적인 광합성에서 일어나고 있으며, 모두 완전히 밝혀지지 않고 있다. 그러나 광합성이 식물의 중요한 녹색 색소인 클로로필(**그림 22.1**)에 의해서 빛을 흡수함으로써 시작된다는 것이 알려져 있다. 클로로필의 녹색과 그것이 가시광선 영역의 태양 빛을 흡수하는 능력은 주로 연장된 짝지은 계가 존재하기 때문이다. 태양 빛의 광자가 클로로필에 의해서 잡히게 되면 식물에는 화학적 형태의 에너지가 있게 되는데, 이 에너지를 사용하여 이산화 탄소를 탄수화물로 환원시키고 물도 산소로 산화시킨다.

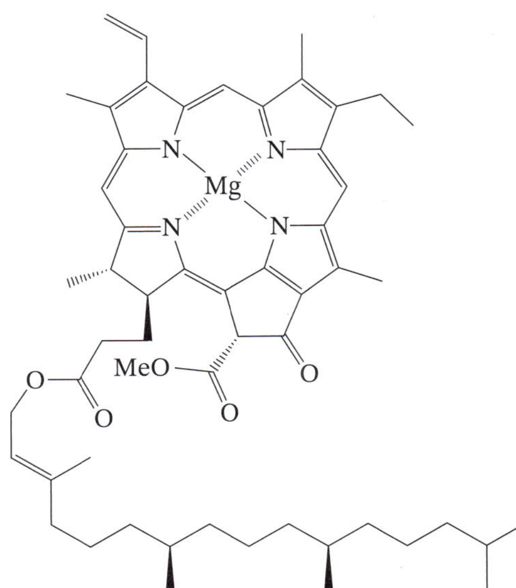

그림 22.1 클로로필-a. [클로로필-a의 구조는 Fischer(Munich), Willstätter(Munich), 그리고 Conant(Harvard)에 의해서 결정되었다. 간단한 유기 화합물로부터 클로로필-a를 합성한 것은 Woodward가 1960년에 이룩한 것으로, 그는 1965년 유기 합성에 기여한 공로로 Noble상을 받았다.]

노벨상

Woodward는 합성 유기 화학에 대한 뛰어난 공로로, 1965년 Nobel상을 수상하였다.

탄수화물은 태양 에너지의 주된 화학적 저장소로 작용한다. 그들의 에너지는 동물이나 식물이 탄수화물을 이산화 탄소와 물로 대사할 때 방출된다.

$$C_x(H_2O)_y \;+\; x\,O_2 \;\longrightarrow\; x\,CO_2 \;+\; y\,H_2O \;+\; \text{에너지}$$

탄수화물의 대사는 일련의 효소 촉매 반응에 의해서 일어나는데, 각 에너지 생성 단계는 산화 반응(또는 산화 반응의 결과)이다.

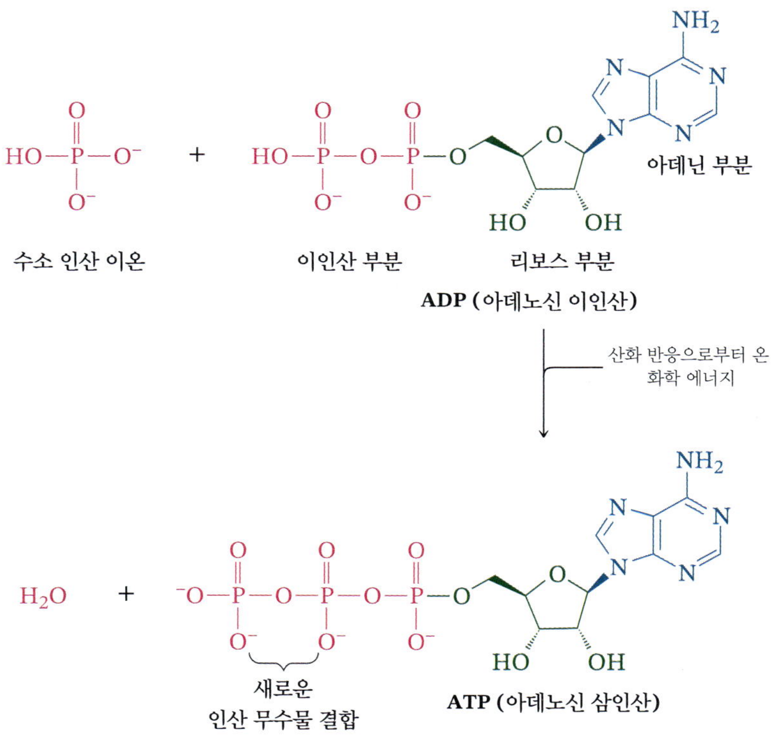

수소 인산 이온 + 이인산 부분 리보스 부분 아데닌 부분

ADP (아데노신 이인산)

산화 반응으로부터 온 화학 에너지

H_2O + 새로운 인산 무수물 결합

ATP (아데노신 삼인산)

그림 22.2 아데노신 이인산(ADP)과 수소 인산 이온으로부터 아데노신 삼인산(ATP)의 합성. 이 반응은 모든 살아 있는 세포에서 일어나며, 아데노신 삼인산은 생물학적인 산화 반응에 의해서 방출된 에너지가 이것으로 변형되는 중요한 화합물이다.

탄수화물의 산화 반응에서 방출된 에너지의 일부는 불가피하게 열로 전환될지라도 이것의 대부분은 아데노신 이인산(ADP)과 무기 인산 이온(P_i)으로부터 아데노신 삼인산(ATP)을 합성하는 반응을 통하여 새로운 화학적 형태로 보존된다(그림 22.2). ADP의 말단 인산기와 인산 이온 사이에 형성된 인산 무수물 결합은 화학 에너지의 또 다른 저장고가 된다. 식물과 동물은 ATP(또는 아주 비슷한 물질)에 보존된 에너지를 그들이 에너지를 필요로 하는 모든 과정을 수행하는 데 사용한다. 예를 들면, 근육의 수축, 거대 분자의 합성 등이다. ATP에 있는 에너지가 사용될 때 두 가지 반응이 일어나는데, ATP가 가수 분해되거나

$$\mathrm{ATP} + \mathrm{H_2O} \longrightarrow \mathrm{ADP} + \mathrm{P_i} + \text{에너지}$$

새로운 산 무수물 결합이 만들어진다.

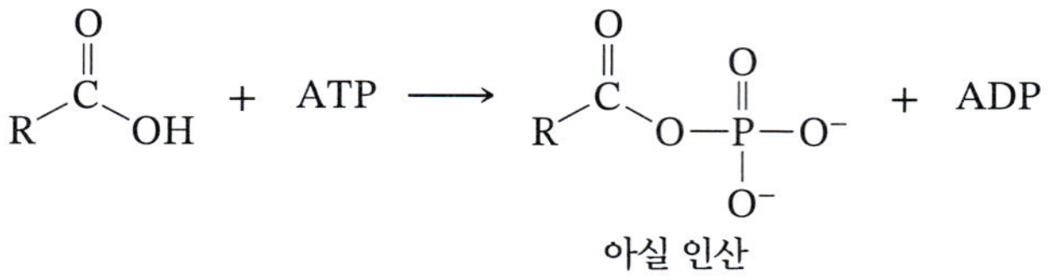

$$\mathrm{RCOOH} + \mathrm{ATP} \longrightarrow \mathrm{RC(=O)OPO_3^{2-}} + \mathrm{ADP}$$

아실 인산

22.2 단당류

22.2A 단당류의 분류

단당류는 (1) 분자 내에 존재하는 탄소의 수에 따라, 그리고 (2) 그들이 알데하이드기를 가졌는지 또는 케토기를 가졌는지에 따라 분류된다. 그러므로 탄소 원자 수가 3개인 단당류는 **트라이오스**(triose), 4개를 가진 것은 **테트로스**(tetrose), 5개를 가진 것은 **펜토스**(pentose), 6개를

가진 것은 **헥소스**(hexose)라고 부른다. 알데하이드기를 가진 단당류는 **알도스**(**aldose**)라고 부르며, 케토기를 가진 것은 **케토스**(**ketose**)라고 부른다. 이 두 가지 분류는 흔히 합쳐져서 4개의 탄소(C_4)인 알도스는 **알도테트로스**(aldotetrose), 5개(C_5)의 탄소인 케토스는 **케토펜토스**(ketopentose)라고 부른다.

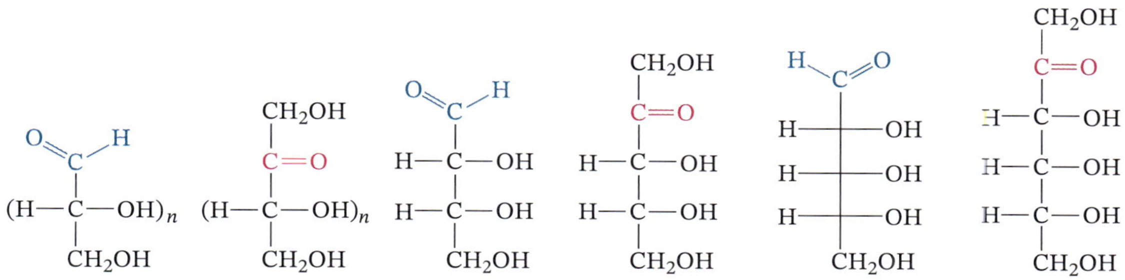

알도스 케토스 알도테트로스 (C_4) 케토펜토스 (C_5) 알도펜토스 케토헥소스

앞에 나온 **(a)** 알도펜토스와 **(b)** 케토헥소스에는 몇 개의 카이랄 중심이 있는가? **(c)** 각각의 일반적인 구조식으로부터 예상되는 입체 이성질체의 수는 몇 개인가?

되새김 물음 22.1

22.2B 단당류의 D와 L 표기 방법

가장 간단한 단당류는 글리세르알데하이드와 다이하이드록시아세톤이다(아래 구조를 보시오). 이 두 화합물 중 글리세알데하이드만이 카이랄 중심을 가지고 있다.

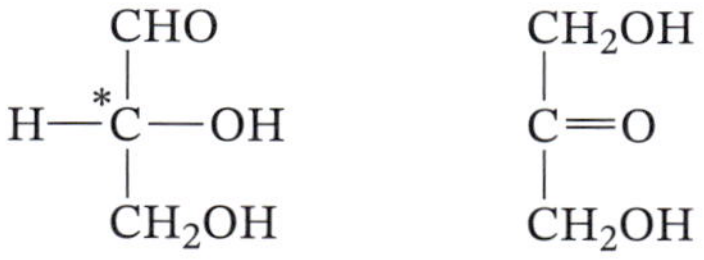

Glyceraldehyde (알도트라이오스) **Dihydroxyacetone** (케토트라이오스)

그러므로 글리세르알데하이드는 두 가지 거울상체로 존재하는데 그들의 절대적인 구조는 다음과 같다.

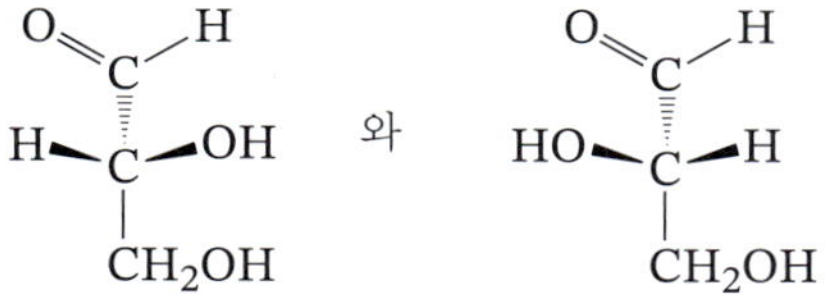

(+)-Glyceraldehyde 와 **(−)-Glyceraldehyde**

5.7절에서 배운 Cahn−Ingold−Prelog 규약을 따르면 (+)-글리세르알데하이드는 (*R*)-(+)-글리세르알데하이드로 표기해야 하고, (−)-글리세르알데하이드는 (*S*)-(−)-글리세르알데하이드라고 나타내야 한다.

유기 화합물의 절대적인 배위가 알려지기 전인 20세기 초에 입체 화학을 표기하는 다른 체계가 도입되었다. 이 체계(1906년 New York University의 Rosanoff가 제의함)에 따르면 (+)-글리세르알데하이드는 D-(+)-글리세르알데하이드라고 표기하고, (−)-글리세르알데하이드는 L-(−)-글리세르알데하이드라고 표기한다. 더욱이 이 두 화합물은 모든 단당류에 대한 형태의 표준이 된다. **가장 큰 번호의 카이랄 중심**(끝에서 두 번째 있는 탄소)이 D-(+)-글리세르알데하이드와 똑같은 배열을 하면 이것은 D인 당으로 표시한다. 관례상 카이랄 중심이 L-글리세르알데하이드와 같은 배열을 하면 이것은 L인 당으로 표시한다. 관례상 비고리형의 단당류는 알데하이드나 케토기를 꼭대기 또는 꼭대기 근처에 오게끔 수직으로 그린다. 이렇게 그렸을 때 D인 당은 밑에서 두 번째 있는 탄소의 —OH가 오른쪽에 있다.

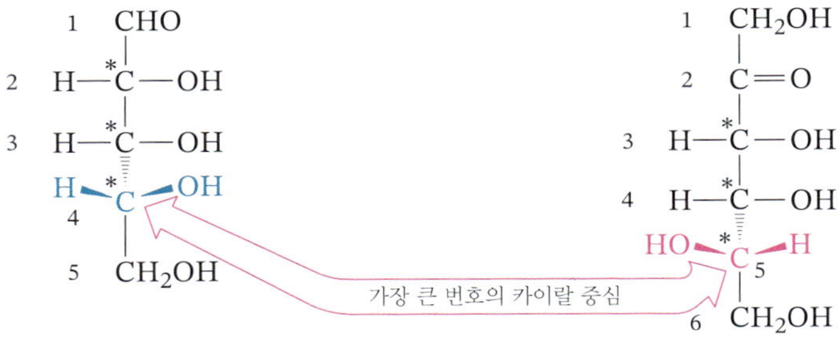

가장 큰 번호의 카이랄 중심

D-알도펜토스

L-케토헥소스

D와 L 표기(D and L nomenclature)는 (*R*)과 (*S*) 표기처럼 이들이 쓰인 당의 광회전과 반드시 연관된 것은 아니다. 그러므로 D-(+)-나 D-(−)-인 당과 L-(+)-나 L-(−)-인 당을 흔히 보게 될 것이다.

D−L 입체 화학 표기법은 탄수화물 화학의 문헌에 완전히 침투되어 있다. 비록 이것이 한 카이랄 중심 — 가장 큰 번호를 가진 카이랄 중심 — 의 배위만을 지정해 주는 결점은 있지만, 탄수화물을 표기할 때 D−L체계를 쓰기로 한다.

되새김 물음 22.2 알도펜토스와 케토펜토스의 각 이성질체에 대한 3차원 구조식을 쓰고, D 또는 L 표기를 하시오.

22.2C 단당류의 구조식

이 장 뒷부분에 가서 위대한 탄수화물 화학자였던 Fischer*가 가장 풍부한 단당류이며 알도헥소스인 D-(+)-글루코스의 입체 화학적인 배위를 확립한 방법을 배우게 될 것이다.

그 동안에는 그러나 단당류의 구조를 나타내는 여러 가지 방법을 설명하는 한 가지 보기로 D-(+)-글루코스를 사용하기로 한다.

Fischer는 D-(+)-글루코스의 구조를 **그림 22.3**의 십자선 구조식(**1**)으로 나타냈다. 이런 형태의 구조식을 **Fischer 투영식(Fischer projection**, 5.13절)이라고 부르며, 아직도 탄수화물에서 유용하게 쓰인다. Fischer 투영식에서 규약상 **수평선들은 독자를 향하여 나온 것이고 수직선은 종이 평면의 뒤로 향한 것이다. 그러나 Fischer 투영식을 쓸 때는 그들의 겹침성을 시험하기 위해서 그들을 지면 밖으로 옮겨서는 안 되고 그들을 90° 회전해서도 안 된다.** 좀 더 익숙한 구조식을 나타내려면 Fischer 투영식은 구조식 **4~7**로 바꿔 쓸 수 있다. IUPAC 이름 짓기와 Cahn−Ingold −Prelog 입체 화학 표기법에 따르면 D-(+)-글루코스의 열린 사슬 형태는 (2*R*,3*S*,4*R*,5*R*)-2,3,4,5,6-펜타하이드록시헥산알이다.

노벨상

Emil Fischer는 1902년에 Nobel 화학상을 수상하였다.

* Fischer(1852~1919)는 University of Berlin의 유기 화학 교수였다. 탄수화물 화학 분야에 불멸의 연구를 하여 대부분의 단당류의 배위를 확립한 것 외에도, 그는 아미노산, 단백질, 퓨린, 인돌, 그리고 입체 화학 등에 일반적으로 중요한 기여를 하였다. 대학원생이었을 때 Fischer는 페닐하이드라진을 발견하였는데, 이 시약은 그가 후에 연구를 하는 데 매우 중요한 것이었다. Fischer는 두 번째 Nobel 화학상의 수상자이기도 하다(1902년).

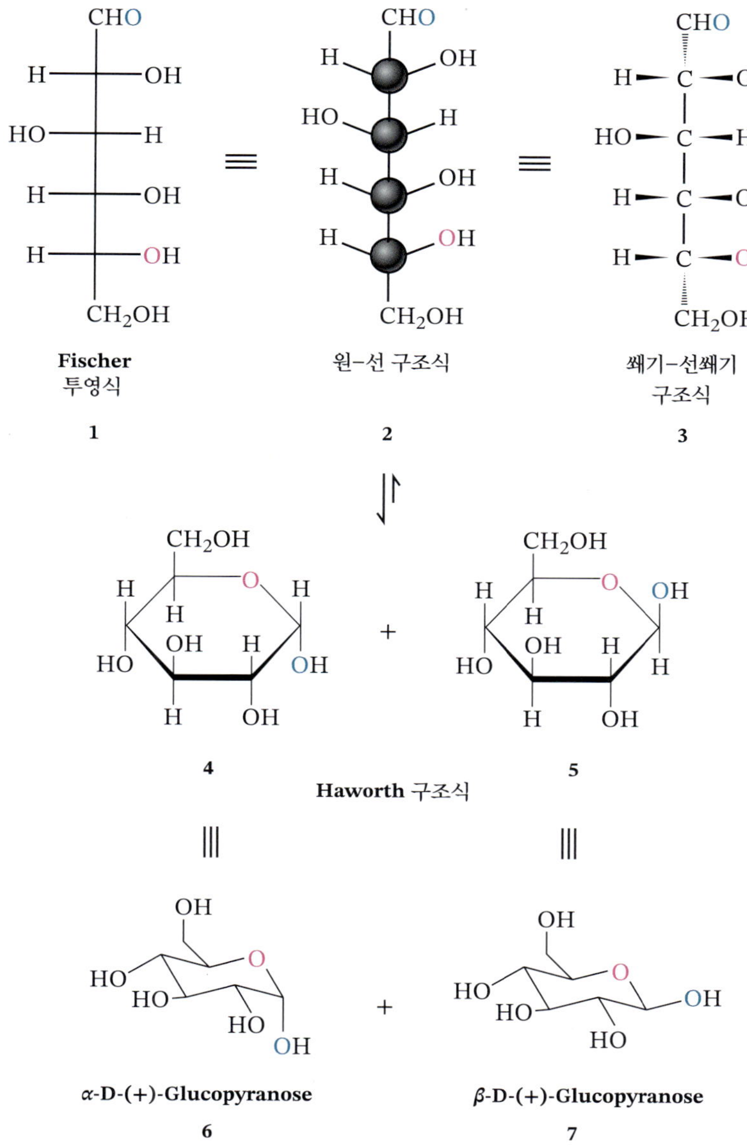

그림 22.3 구조식 **1**~**3**은 D-(+)-글루코스의 열린 사슬 구조를 위하여 사용된 구조식이다. 구조식 **4**~**7**은 D-(+)-글루코스의 두 가지 고리형 헤미아세탈의 구조들이다.

- 구조식 **1**, **2**, 그리고 **3**의 뜻은 분자 모형을 사용하면 가장 잘 알 수 있다. 먼저 6개의 탄소 원자 사슬을 만들어 —CHO기가 위에 있게 하고 —CH_2OH기가 아래에 있게 한다. 그다음 CH_2OH기를 사슬 위로 밀어 올려서 그것이 거의 —CHO기에 닿도록 한다. —CHO와 —CH_2OH기가 멀리 향하도록 하여 모형을 들고 있으면서 나머지 탄소 원자들에 —H와 —OH기를 배치한다. C2의 —OH기는 오른쪽에, C3의 것은 왼쪽에, 그리고 C4와 C5의 것들은 오른쪽에 놓는다.

비록 D-(+)-글루코스의 많은 성질을 열린 사슬 구조(**1**, **2**, **3**)로 설명할 수 있지만, 열린 사슬 구조는 대체로 두 가지 고리형 구조와 평형을 이루며 존재한다는 상당한 증거가 있다. 이 고리형은 **4**와 **5** 또는 **6**과 **7**로 나타낼 수 있다. D-(+)-글루코스의 고리형은 C5에 있는 —OH기와 알데하이드기 사이의 분자내 반응에 의하여 형성된 **헤미아세탈(hemiacetal)**이다(**그림 22.4**). 고리화로 C1에 새로운 카이랄 중심이 생기며, 이 카이랄 중심은 두 가지 고리형이 가능한 까

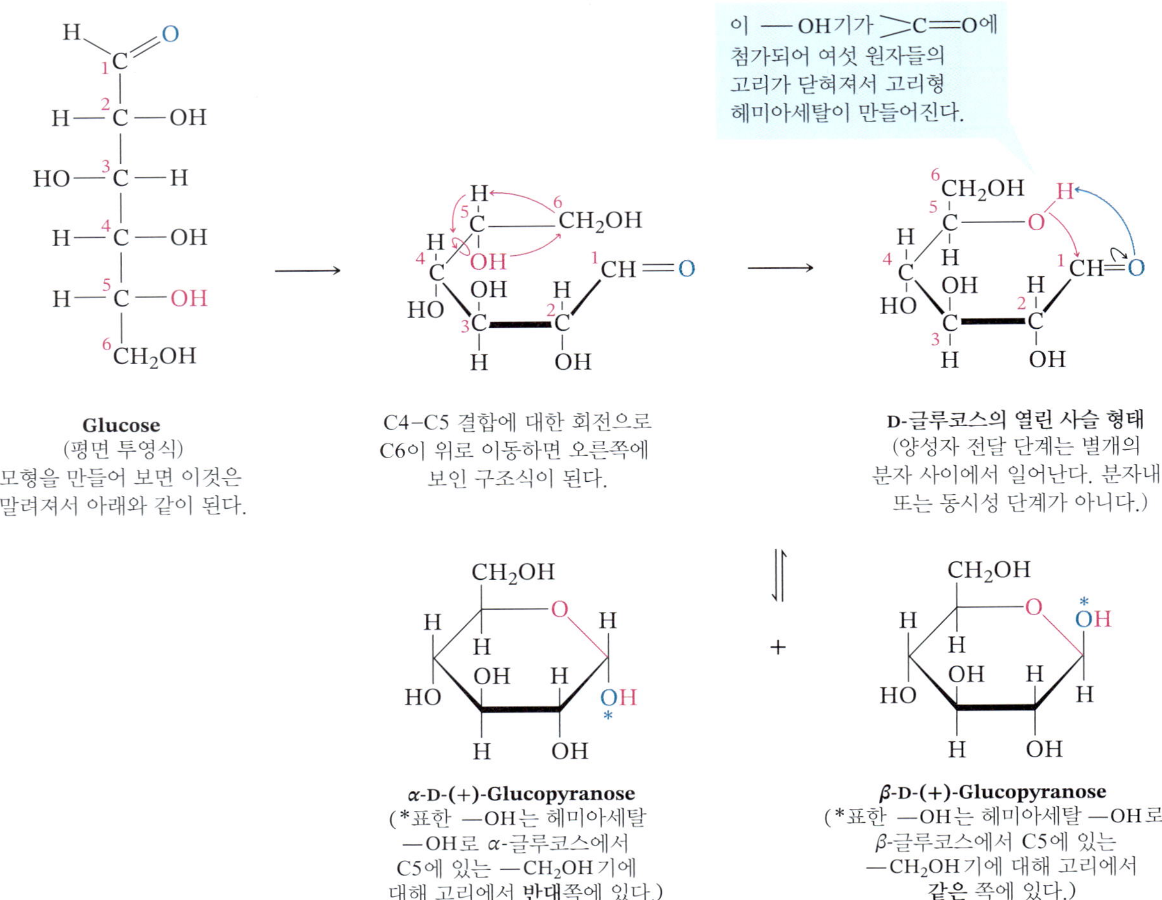

그림 22.4 D-(+)-글루코스의 고리형 헤미아세탈 형태에 대한 Haworth 구조식과 열린 사슬 폴리하이드록시 알데하이드 구조 사이의 관계

닮을 설명해 준다. 이 두 고리형은 C1의 배위만이 다른 **부분 입체 이성질체**이다.

- 탄수화물 화학에서 이런 형태의 부분 입체 이성질체를 **아노머(anomer)**라고 부른다. 헤미아세탈 탄소 원자를 **아노머의 탄소 원자(anomeric carbon atom)**라고 부른다.

글루코스 아노머의 구조 **4**와 **5**를 **Haworth 구조식(Haworth formula)**이라고 부른다.* 이 구조식은 비록 육각형 고리의 정확한 모양을 나타내지는 않지만 실용성이 많이 있다. 그림 22.4는 열린 사슬 형태의 각 카이랄 중심에 대한 표현이 Haworth 구조식에서 어떻게 표현되었는지의 관계를 잘 나타내 주고 있다.

글루코스의 각 아노머는 C1의 헤미아세탈 —OH기의 위치에 따라 **α 아노머(α anomer)** 또는 **β 아노머(β anomer)**로 표시한다. 그림 22.3이나 22.4에 나타낸 배열에서 D인 당의 고리형

노벨상

W. N. Haworth는 1937년 Nobel 화학상을 수상하였다.

* 이 이름은 영국의 화학자인 Haworth(University of Birmingham)의 이름을 딴 것인데, 그는 1926년 Hirst와 같이 글루코스 아세탈의 고리형 구조가 육각형 고리임을 증명하였다. Haworth는 탄수화물 화학 연구의 공로로 1937년 Nobel상을 수상하였다. Haworth 구조식과 이것의 열린 사슬 형태 사이의 관계에 대한 훌륭한 논의를 알고 싶으면 다음 논문을 참조하시오. "The Conversion of Open Chain Structures of Monosaccharides into the Corresponding Haworth Formulas," Wheeler, D. M. S., Wheeler, M. M., and Wheeler, T. S., *J. Chem. Educ.* **1982**, *59*, 969–970.

을 그릴 때에는 α 아노머는 —OH기가 —CH_2OH기에 대해서 trans이고 β 아노머는 —OH가 —CH_2OH기와 cis이다.

X선 분석을 사용하여 D-(+)-글루코스의 고리형 헤미아세탈의 고리를 연구해 본 결과 고리의 실제 형태는 그림 22.3에서 형태 구조식 **6**과 **7**로 나타낸 의자 형태임이 증명되었다. 이 모양도 이미 공부한 사이클로헥세인의 형태(4장)로부터 예상되는 바이다. 그리고 D-글루코스의 β 아노머에서 모든 큰 치환기들인 —OH나 —CH_2OH가 수평임은 특별히 흥미가 있다. α 아노머에서 유일하게 큰 수직인 치환기는 C1에 있는 —OH이다.

단당류의 고리형 구조에서 아노머 탄소 원자의 배위가 α 또는 β인지 여부를 명시하지 않은 것이 때때로 편리하다. 이때 다음과 같은 구조식을 쓰게 된다.

∿은 α 또는 β 배위가 지정되지 않았음을 나타낸다.

모든 탄수화물이 육각형 헤미아세탈 고리와 평형을 이루고 있는 것은 아니다. 여러 경우에 고리가 오각형인 때가 있다(글루코스조차도 극히 적은 정도는 오각형 헤미아세탈 고리와 평형을 이루고 있다). 이와 같은 다양성 때문에 고리의 크기를 표시하는 이름 짓기 체계가 도입되었다.

- 단당류의 고리가 육각형이면 그 화합물은 **피라노스(pyranose)**라고 부르고, 고리가 으각형이면 그 화합물은 **퓨라노스(furanose)**라고 표기한다.

이들 이름은 산소 헤테로 고리인 **피란**(pyran)과 **퓨란**(furan)에 '**오스**(ose)'를 합친 것이다.

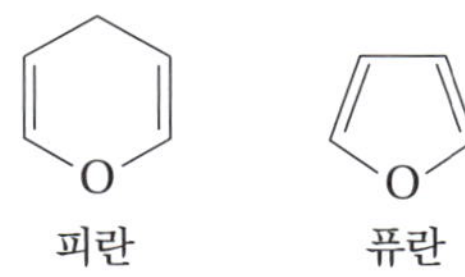

그러므로 화합물 **4**(혹은 **6**)의 전체 이름은 α-D-(+)-글루코피라노스이고, **5**(혹은 **7**)의 전체 이름은 β-D-(+)-글루코피라노스이다.

되새김 물음 22.3

(a)의 β-피라노스 형태를 에너지가 가장 낮은 의자 형태로 그리고, **(b)**에 대해서는 Fischer 투영식을 그리시오.

(a)

(b)

22.3 변광 회전

D-(+)-글루코스의 고리형 헤미아세탈 구조에 대한 증거의 일부는 α와 β형이 모두 분리되는 실험으로부터 나온다. 보통의 D-(+)-글루코스는 146 ℃에서 녹는다. 그러나 D-(+)-글루코스를 98 ℃ 이상을 유지한 수용액에서 증발시켜 결정화하면 녹는점이 150 ℃인 제2 형태의 D-(+)-글루코스가 얻어진다. 이 두 형태의 광회전을 재보면 그들은 뚜렷이 다른 것을 볼 수 있다. 그러나 두 형태 중 어느 것의 수용액을 방치해 두면 그 회전이 변화하는데 — 한 가지 형태의 비선광도는 감소하고, 다른 형태의 회전은 증가하여 — **결국 두 용액은 똑같은** 값을 나타내게 된다. 보통의 D-(+)-글루코스(mp 146 ℃)의 초기 비선광도는 +112이나 궁극적으로는 +52.7로 떨어진다. 두 번째 형태의 D-(+)-글루코스(mp 150 ℃) 용액은 초기의 비선광도가 +18.7이다. 그러나 천천히 용액의 비선광도가 상승하여 +52.7가 된다.

- 평형 값으로 향하여 비선광도가 이렇게 변화하는 것을 **변광 회전(mutarotation)**이라고 한다.

이 변광 회전에 대한 설명은 열린 사슬 형태의 D-(+)-글루코스와 고리형 헤미아세탈의 α와 β 형태 사이에 평형이 존재한다는 사실로부터 이해될 수 있다.

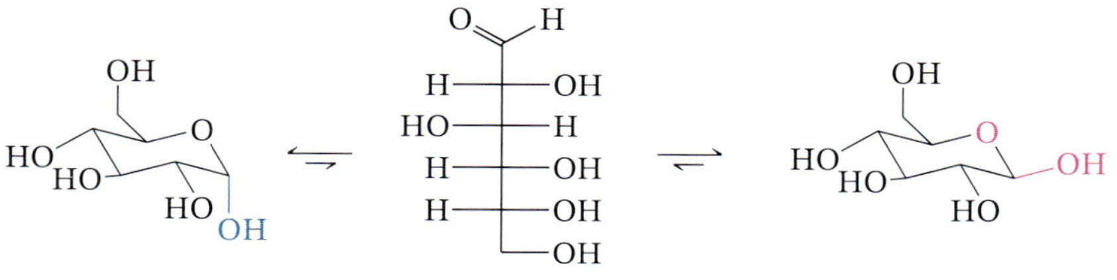

α-D-(+)-Glucopyranose (mp 146 °C; $[\alpha]_D^{25}$ = +112)

D-(+)-glucose의 열린 사슬 형태

β-D-(+)-Glucopyranose (mp 150 °C; $[\alpha]_D^{25}$ = +18.7)

용액에서 열린 사슬형 D-(+)-글루코스의 평형 농도는 매우 작다. D-(+)-글루코스 용액은 카보닐기에 대한 자외선이나 적외선 흡수띠가 보이지 않는다. 열린 사슬 형태의 농도가 무시할 만하다고 생각하고, 앞의 그림에 있는 비선광도를 사용하여 평형에 존재하는 α와 β 아노머의 퍼센트를 구할 수 있다. α 아노머가 36%, β 아노머가 64%인 것은 β-D-(+)-글루코피라노스의 안정도가 더 크다는 사실과도 잘 일치한다. 이런 선호성은 수평인 기들만 가졌다는 근거로도 예상되는 바이다.

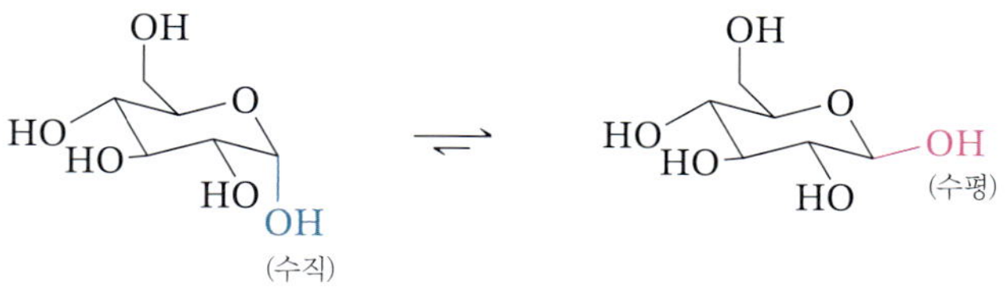

(수직) (수평)

α-D-(+)-Glucopyranose (평형에서 36%)

β-D-(+)-Glucopyranose (평형에서 64%)

그러나 피라노스의 β 아노머가 항상 더 안정한 것만은 아니다. D-만노스는 평형에서 α 아노머가 더 유리하다. 이 결과는 **아노머 효과**(anomeric effect)라고 부른다.

α-D-Mannopyranose
(평형에서 69%)

⇌

β-D-Mannopyranose
(평형에서 31%)

아노머 효과는 가상적인 짝지음(hyperconjugation)에 기인한다고 널리 알려져 있다. 고리 산소의 비결합 전자쌍을 지닌 수직 방향에 있는 오비탈은 고리 밖에 수직으로 있는 C—O 헤미아세탈 결합의 σ^* 오비탈과 중첩될 수 있다. 이 효과는 에테인의 anti 형태가 가장 에너지가 낮은 형태가 되는 것과도 유사하다(4.8절). 아노머 효과는 하이드록실기나 알콕시기와 같은 전기 음성적인 치환기를 흔히 수직인 배향이 되도록 한다.

22.4 글리코사이드 형성

D-(+)-글루코스의 메탄올 용액에 촉매량의 무수 염화 수소 기체를 통과시켜 주면 반응이 일어나 메틸 아세탈 아노머들이 형성된다.

$\xrightarrow[(-\text{HOH})]{\text{CH}_3\text{OH, HCl}}$

D-(+)-Glucose

Methyl α-D-glucopyranoside
(mp 165 °C; $[\alpha]_D^{25}$ = +158)

\+

Methyl β-D-glucopyranoside
(mp 107 °C; $[\alpha]_D^{25}$ = −33)

- 탄수화물 아세탈은 일반적으로 글리코사이드(**glycoside**)라고 부른다(아래의 메커니즘을 보시오). 그리고 글루코스의 아세탈은 **글루코사이드**라고 부른다. [만노스의 아세탈은 **만노사이드**(mannoside), 프룩토스의 케탈은 **프룩토사이드**(fructoside) 등.]

메틸 D-글루코사이드는 육각형 고리를 가진 것으로 알려져 있다(22.2C절). 그러므로 적절한 이름은 메틸 α-D-글루코피라노사이드와 메틸 β-D-글루코피라노사이드이다.

메틸 글루코사이드의 형성 메커니즘은 다음과 같다(β-D-글루코피라노사이드를 가지고 임의로 시작했음).

반응 메커니즘

글리코사이드의 형성

β-D-Glucopyranose

$\underset{-\text{H—A}}{\overset{+\text{H—A}}{\rightleftharpoons}}$

$\underset{+\text{H}_2\text{O}}{\overset{-\text{H}_2\text{O}}{\rightleftharpoons}}$

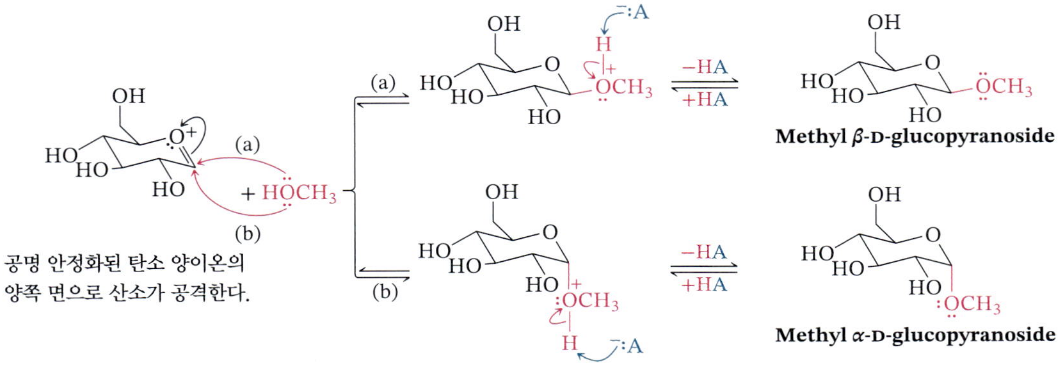

공명 안정화된 탄소 양이온의 양쪽 면으로 산소가 공격한다.

Methyl β-D-glucopyranoside

Methyl α-D-glucopyranoside

16.7B절에 주어진 아세탈 형성 메커니즘을 복습하고 이것과 비교해 보시오. 두 번째 단계에서 형성된 탄소 양이온을 안정화시키는 데 인접 산소 원자의 전자쌍이 중요한 역할을 하는 사실을 주목하시오.

글리코사이드는 아세탈이므로 염기성 수용액에서 안정하다. 그러나 산성 용액에서는 글리코사이드(다시금, 이들이 아세탈이기 때문, 16.7B절)는 가수 분해를 진행하여 당과 알코올이 된다. 글리코사이드로부터 얻어진 알코올은 **아글리콘(aglycone)**이라고 알려져 있다.

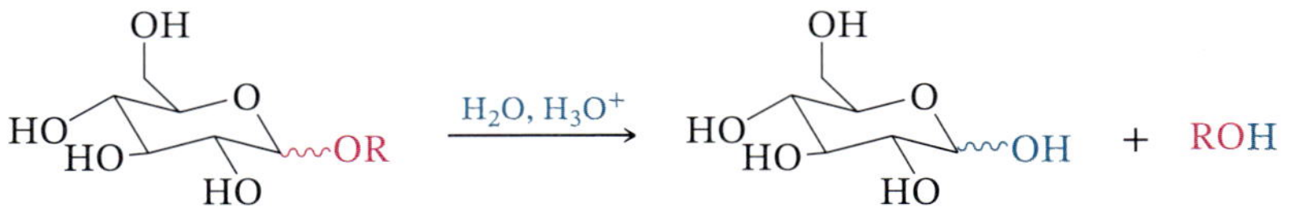

글리코사이드(염기성 용액에서 안정) $\xrightarrow{H_2O,\ H_3O^+}$ 당 + ROH 아글리콘

예를 들면, 메틸 β-D-글루코사이드의 수용액을 산성으로 만들면 글리코사이드는 가수 분해를 진행하여 D-글루코스를 두 가지 피라노스 형태의 혼합물(소량의 열린 사슬 형태와 함께 평형을 이룸)로 생성한다.

반응 메커니즘

글리코사이드의 가수 분해

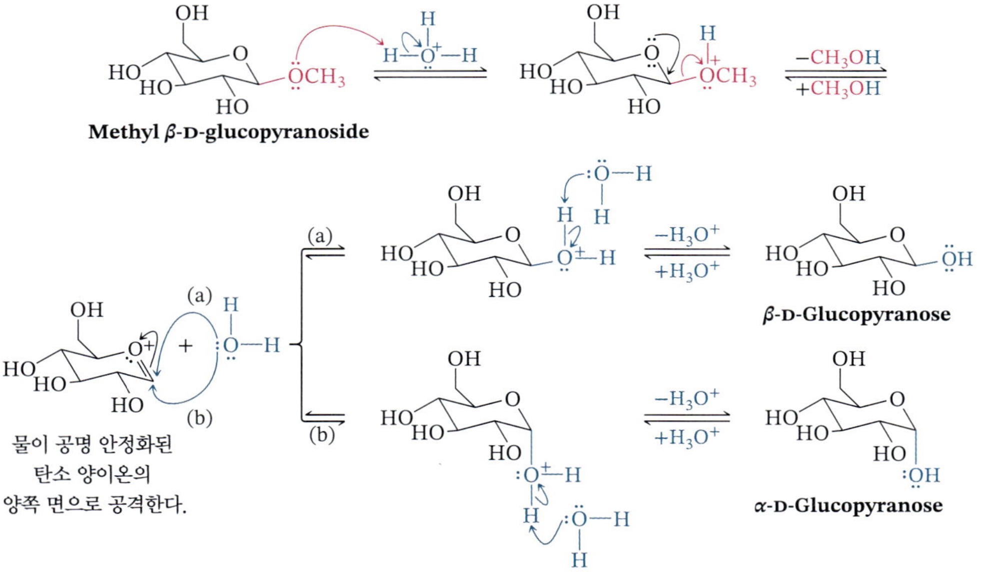

Methyl β-D-glucopyranoside

물이 공명 안정화된 탄소 양이온의 양쪽 면으로 공격한다.

β-D-Glucopyranose

α-D-Glucopyranose

글리코사이드는 방금 공부한 메틸 글루코사이드처럼 간단할 수도 있으나 상당히 더 복잡한 것도 있다. 자연에서 존재하는 많은 화합물들이 글리코사이드이다. 버드나무의 껍질에서 발견된 화합물인 **살리신**(salicin)이 그 예이다.

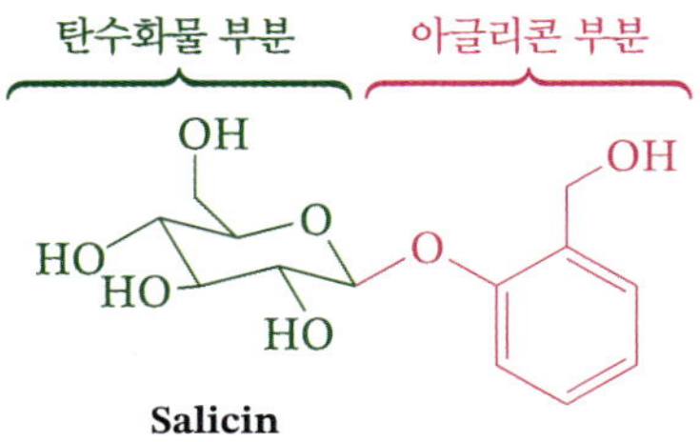

탄수화물 부분 아글리콘 부분

Salicin

일찍이 고대 그리스 시대에도 버드나무 껍질로부터 만들어진 제품이 통증 해소제로 사용되었다. 궁극적으로 화학자들은 다른 식물로부터 살리신을 분리해 냈고, 이것이 버드나무 껍질에서 얻어진 것이 나타내는 진통 효과의 원인임을 증명하였다. 살리신은 살리실산으로 전환될 수 있고, 이것은 다시 현대의 진통제인 아스피린으로 전환될 수 있다.

보기 물음 22.1

중성이거나 염기성인 용액에서 글리코사이드는 변광 회전을 일으키지 않는다. 그러나 용액이 산성이 되면 글리코사이드는 변광 회전을 보인다. 이것은 왜 일어나는지 설명하시오.

풀이

글리코사이드는 아세탈이므로 산 수용액에서 가수 분해를 진행하여 고리형 헤미아세탈을 형성한 다음 변광 회전을 나타낸다. 아세탈은 염기에 안정하다. 따라서 염기성 용액에서는 변광 회전을 나타내지 않는다.

되새김 물음 22.4

(a) 살리신을 묽은 HCl 수용액으로 처리하면 무슨 생성물이 얻어지겠는가?
(b) 그들의 형성에 관여하는 메커니즘을 요약하시오.

되새김 물음 22.5

D-글루코스를 n-프로필 α-D-글루코피라노사이드와 n-프로필 β-D-글루코피라노사이드로 전환하는 방법을 쓰시오. 이 물질들이 형성되는 모든 단계의 메커니즘을 보이시오.

22.5 단당류의 반응

22.5A 엔올화 반응, 토토머화 반응, 그리고 이성질화 반응

단당류를 염기성 수용액에 녹이면 일련의 엔올화 반응과 케토-엔올 토토머화 반응이 일어나 이성질화가 진행된다. 예를 들어, 수산화 칼슘이 포화된 D-글루코스 용액을 여러 날 방치하면 여러 가지 생성물들이 분리되는데, 여기에는 D-프룩토스와 D-만노스도 포함된다(**그림 22.5**). 이런 형태의 반응은 이것을 1895년에 발견한 두 네덜란드의 화학자 이름을 따라 **Lobry de Bruyn–Alberda van Ekenstein 변형**이라고 한다.

단당류를 가지고 반응시킬 때 이러한 이성질화 현상을 막아서 모든 카이랄 중심의 입체 화학을 유지하는 것이 아주 중요하다. 그렇게 하는 한 가지 방법은 단당류를 메틸 글리코사이드

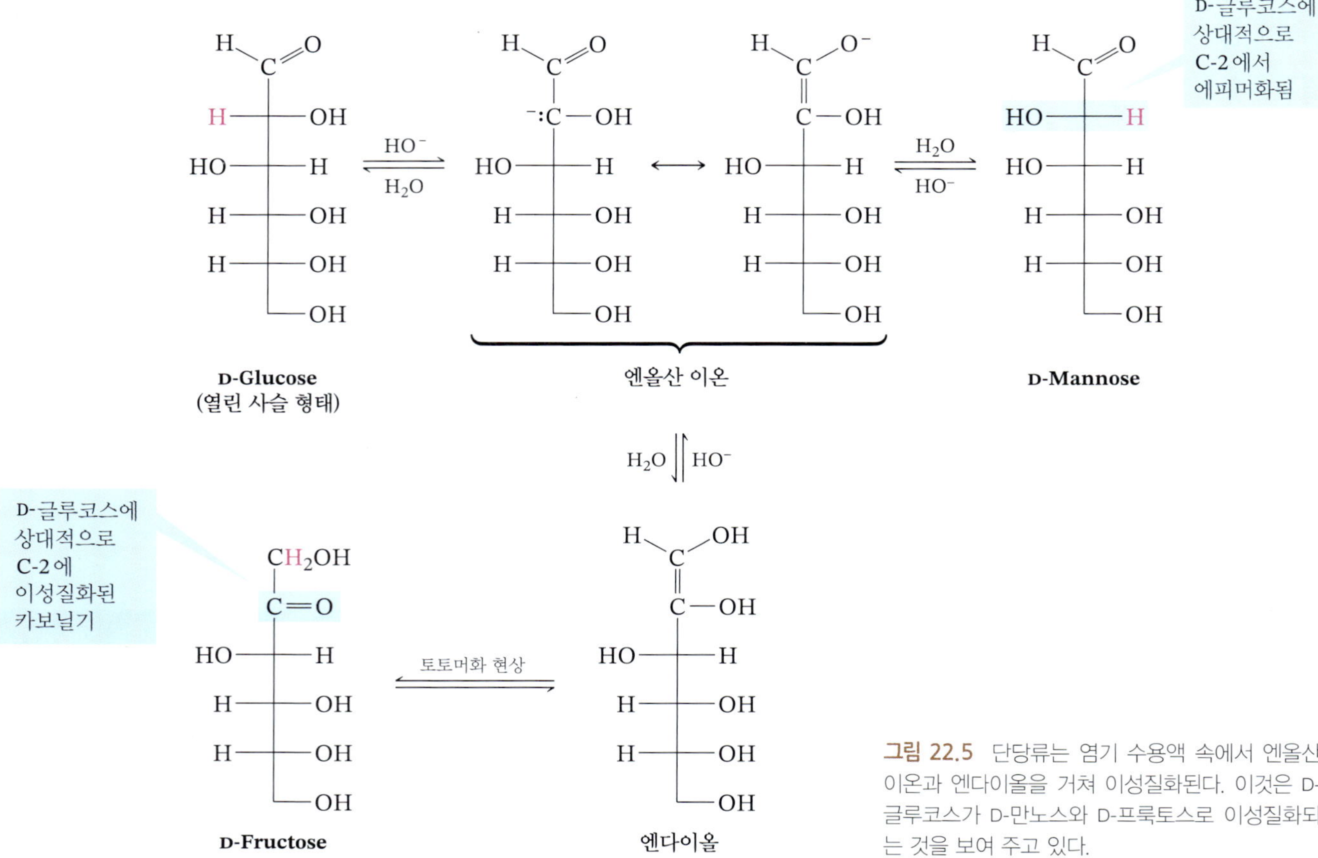

그림 22.5 단당류는 염기 수용액 속에서 엔올산 이온과 엔다이올을 거쳐 이성질화된다. 이것은 D-글루코스가 D-만노스와 D-프룩토스로 이성질화되는 것을 보여 주고 있다.

로 전환하는 것이다. 염기성 매체 속에서 반응을 수행하면 안전한데, 이것은 알데하이드기가 이미 아세탈로 전환되어 있으며, 아세탈은 염기 수용액에서 안정하기 때문이다. 메틸 글리코사이드는 단당류의 헤미아세탈 형태에서 아노머 탄소에 일어날 수 있는 불필요한 반응으로부터 '보호'하는 역할을 한다.

22.5B 탄수화물 합성에서 보호기의 이용

보호기는 분자의 한 부분에서 원하는 변형을 수행하는 동안 다른 위치에서의 반응성을 막기 위해서 선별적으로 도입하는 작용기이다. 원하는 변형이 끝나면 보호기는 제거된다. 탄수화물의 반응을 수행할 때 탄수화물에 존재하는 여러 위치의 반응성 때문에 흔히 보호기를 사용해야 한다. 방금 배운 것처럼 헤미아세탈의 아노머 탄소에서 일어날 수 있는 원치 않는 반응을 막기 위해서 글리코사이드(아세탈)를 형성시킨다. 탄수화물의 알코올기에 대한 일반적인 보호기는 에터, 에스터, 그리고 아세탈이다.

22.5C 에터의 형성

- 당의 하이드록실기는 염기와 할로젠화 알킬을 사용하여 에터로 전환될 수 있다. 이 반응은 Williamson 에터 합성(11.12B절)이 여러 번 일어난 예에 불과하다.

벤질 에터는 당의 하이드록실기를 보호하는 데 흔히 이용된다. 할로젠화 벤질은 S_N2 반응성이 크기 때문에 쉽게 도입된다. 비양성자성 용매인 DMF나 DMSO에서 수소화 소듐이나 수소화 포타슘을 염기로 흔히 사용한다. 벤질기는 나중에 팔라듐 촉매를 사용하여 가수소 분해 반응을 시키면 쉽게 제거된다.

벤질 에터 형성

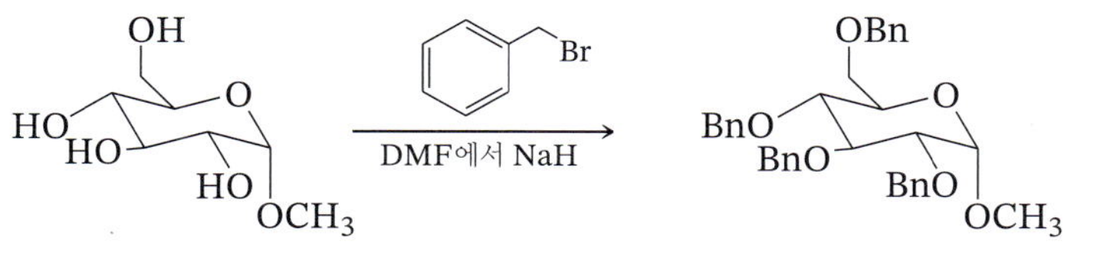

DMF에서 NaH

$Bn = -CH_2C_6H_5$

벤질 에터 분해

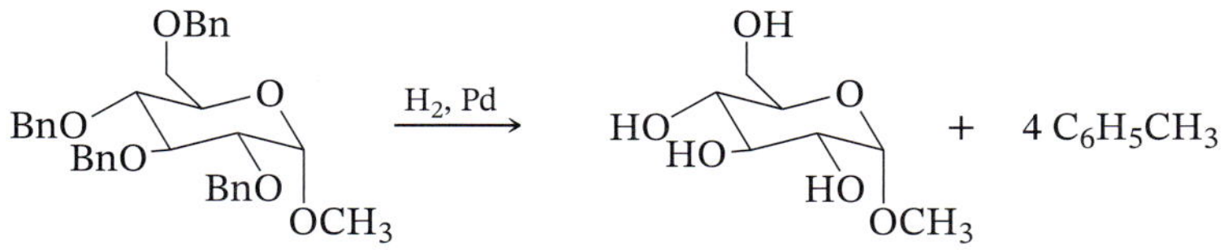

H_2, Pd

$+ \; 4\,C_6H_5CH_3$

메틸 에터도 합성된다. 한 예로 메틸 글루코사이드는 과량의 황산 다이메틸과 수산화 소듐 수용액으로 처리해 주면 글루코피라노스의 펜타메틸 유도체로 전환될 수 있다. 단당류의 하이드록실기는 보통의 알코올보다 더 산성이다. 왜냐하면, 단당류에는 너무도 많은 전기 음성적인 산소 원자들이 있어서 이들 모두가 이웃 하이드록실기에 전자를 끄는 유발 효과를 미치기 때문이다. 이 경우 수산화 소듐은 훌륭한 염기이다. NaOH 수용액에서 하이드록실기는 알콕시화 이온으로 전환되고, 이들 각각은 그다음 황산 다이메틸과 S_N2 반응을 하여 메틸 에터를 만든다. 이 과정을 **전메틸화 반응**(exhaustive methylation)이라고 부른다.

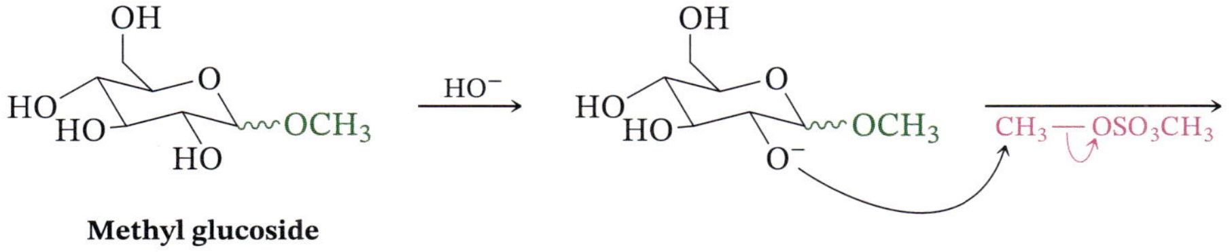

Methyl glucoside

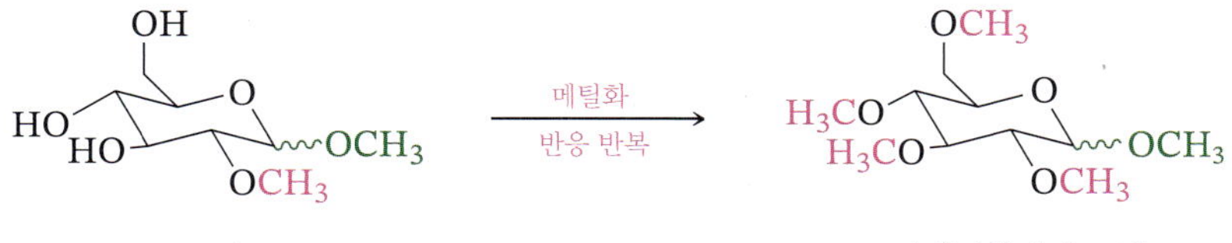

메틸화 반응 반복

과메틸화된 유도체

메틸 에터는 탄수화물의 알코올기 보호기로 흔히 쓰이지는 않지만 당의 구조 결정에 유용하다. 예를 들면, 글루코스의 피라노스 형태에 대한 증거를 전메틸화 반응 후 아세탈 결합을 가수 분해하면 얻을 수 있다. 펜타메틸화된 유도체의 C2, C3, C4와 C6에 있는 메톡시기는 에터기이기 때문에 산 수용액에서 가수 분해되지 않는다. (에터를 깰려면 진한 HBr이나 HI와 함께 가열해야 한다. 11.13절.) 그러나 C1의 메톡시기는 아세탈 결합(글리코사이드)의 일부분으로 산 가수 분해 조건에서 깨진다. 글루코스의 펜타메틸화된 유도체를 가수 분해하면 C5

산소가 고리형 헤미아세탈 형성에 관여하였다는 증거를 얻게 되는 것이다. 왜냐하면, 생성물의 열린 사슬 형태(고리형 헤미아세탈과 평형에 있음)에서 메틸화되지 않은 것은 C5 산소이기 때문이다.

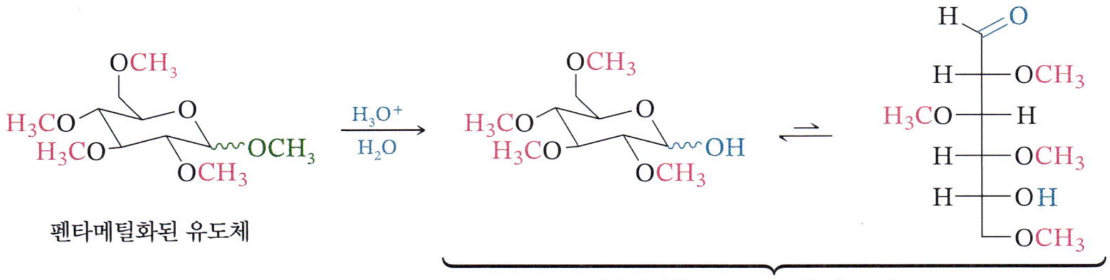

펜타메틸화된 유도체

H_3O^+ / H_2O

2,3,4,6-Tetra-*O*-methyl-D-glucose

tert-뷰틸다이메틸실릴(TBS) 에터(11.12F절)나 페닐 치환기를 가진 에터도 탄수화물 합성에 보호기로 사용된다. *tert*-뷰틸다이페닐실릴(TBDPS) 에터는 헥소피라노스의 C6과 같은 당의 1차 알코올에 대한 탁월한 위치 선택성을 보인다.

위치 선택적인 TBDPS 에터 형성

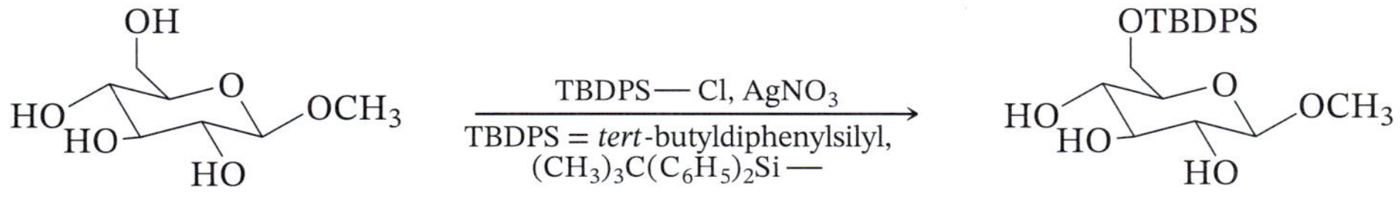

TBDPS—Cl, $AgNO_3$

TBDPS = *tert*-butyldiphenylsilyl, $(CH_3)_3C(C_6H_5)_2Si$—

TBDPS 에터 분해

$Bu_4N^+F^-$ / THF

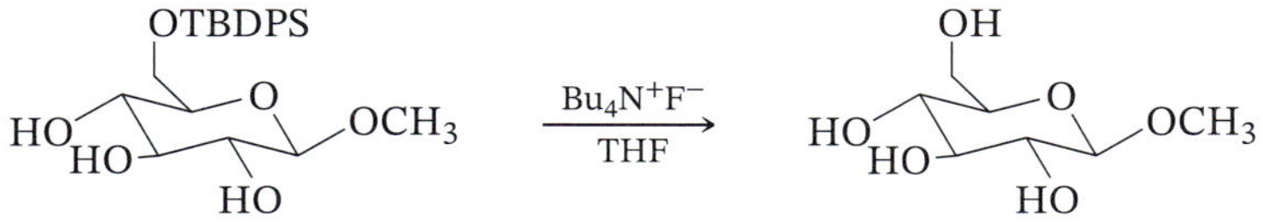

22.5D 에스터로의 전환

단당류를 과량의 아세트산 무수물과 약염기(피리딘 또는 아세트산 소듐과 같은 것)로 처리하면 아노머의 하이드록실을 포함하여 모든 하이드록실기를 에스터기로 전환시킨다. 반응을 낮은 온도(0 ℃)에서 수행하면 입체 특이성으로 반응이 진행되어 α 아노머는 α-아세트산 에스터를, β 아노머는 β-아세트산 에스터를 만든다. 아세트산 에스터는 탄수화물의 하이드록실기에 대한 일반적인 보호기이다.

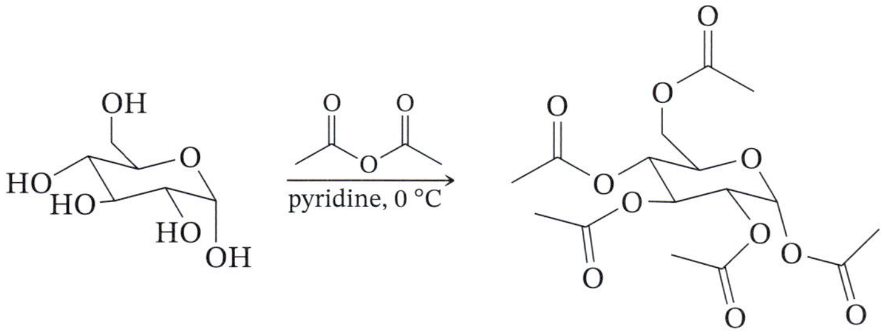

pyridine, 0 °C

22.5E 고리형 아세탈로의 전환

16.7B절에서 알데하이드와 케톤을 열린 사슬인 1,2-다이올과 반응시켜 **고리형 아세탈**(**cyclic acetal**)을 만드는 것을 배웠다.

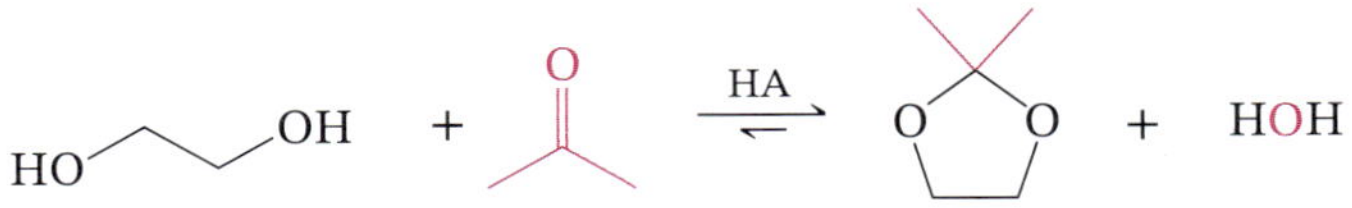

HO⁀⁀OH + (CH₃)₂C=O --HA⇌--> 고리형 아세탈 + HOH

1,2-다이올 **고리형 아세탈**

단당류에서처럼 1,2-다이올이 고리에 붙어 있으면 **이웃 하이드록실기가 서로 cis일 때만 고리형 아세탈이 만들어진다**. 예를 들면, α-D-갈락토피라노스는 아세톤과 다음과 같이 반응한다.

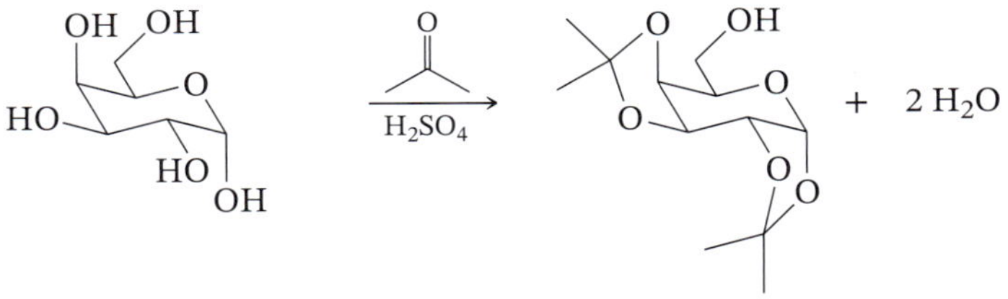

α-D-갈락토피라노스 + 아세톤 --H_2SO_4--> 다이아세토나이드 + 2 H_2O

고리형 아세탈은 당의 다른 부분에서 반응을 하는 동안 이웃간 cis 형태의 하이드록실기를 보호하는 데 흔히 사용된다. 아세톤으로부터 형성된 아세탈을 **아세토나이드**(**acetonide**)라고 부른다.

22.6 단당류의 산화 반응

탄수화물의 작용기를 확인하고 구조를 유도해 내며 합성 등을 위하여 수많은 산화제를 사용한다. 가장 중요한 것들은 (1) Benedict 시약이나 Tollens 시약, (2) 브로민수, (3) 질산, 그리고 (4) 과아이오딘산이다. 이들 각각의 시약은 단당류와 반응하여 서로 다르면서도 특유한 효과를 나타낸다. 이 효과들이 무엇인지를 이제 살펴보기로 하자.

22.6A Benedict 시약 혹은 Tollens 시약: 환원당

Benedict 시약[시트르산 구리(II) 착이온을 포함하는 알칼리성 수용액]과 Tollens 용액 [$Ag^+(NH_3)_2OH^-$]은 **알도스**나 **케토스**를 산화시켜 양성 반응을 한다. 이것은 알도스와 케토스가 고리형 헤미아세탈로 있을 때도 마찬가지이다.

16.13B절에서 Tollens 은거울 반응을 배운 적이 있다. Benedict 용액과 이와 연관이 되는 Fehling 용액(타타르산 구리(II) 착이온을 포함)은 알도스를 산화시킬 때 Cu_2O의 벽돌색 침전을 형성한다. [알칼리 용액에서 케토스는 알도스로 전환되어(22.5A절) 구리 착물에 의해서 산화된다.] 타타르산 구리(II)와 시트르산 구리(II) 용액은 청색이므로 벽돌색 침전이 나타나는 것은 틀림없는 양성 반응이다.

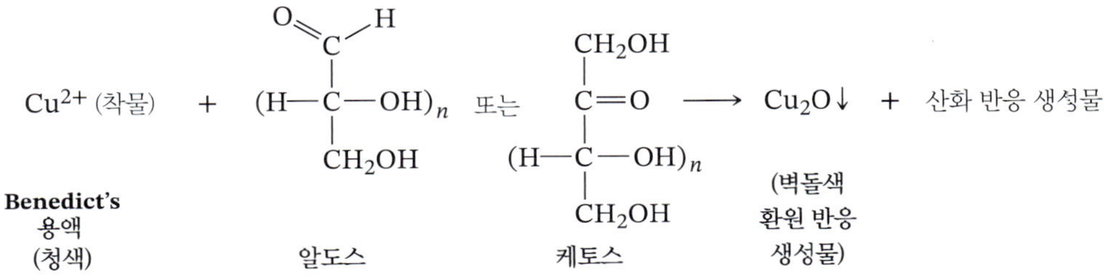

$$Cu^{2+}\text{(착물)} + \underset{\text{알도스}}{\text{OHC}(\text{H—C—OH})_n\text{CH}_2\text{OH}} \text{ 또는 } \underset{\text{케토스}}{\text{CH}_2\text{OH—C=O—}(\text{H—C—OH})_n\text{CH}_2\text{OH}} \longrightarrow Cu_2O\downarrow + \text{산화 반응 생성물}$$

Benedict's 용액 (청색) 알도스 케토스 (벽돌색 환원 반응 생성물)

- Tollens 용액이나 Benedict 용액에 의해서 양성 반응을 나타내는 당은 **환원당(reducing sugar)**이라고 알려져 있다. **헤미아세탈기**(hemiacetal group)를 포함하고 있는 모든 탄수화물은 양성 반응을 한다.

수용액에서 이 헤미아세탈은 평형에서 비교적 작은, 그러나 결코 무시할 만한 것은 아닌 농도의 비고리형 알데하이드나 α-하이드록시 케톤으로 존재한다. 바로 이 비고리형이 산화 반응을 진행하여 평형은 깨지고 더 많은 알데하이드와 α-하이드록시 케톤이 생성되며, 다시 산화 반응을 진행하여 모든 반응물이 다 없어질 때까지 계속된다.

- 아세탈기만을 포함하는 탄수화물은 Tollens 용액이나 Benedict 용액에 양성 반응을 하지 않으며, **비환원당**(nonreducing sugar)이라고 부른다.

아세탈은 검정 시약의 염기성 용액에서 알데하이드나 α-하이드록시 케톤과 평형을 이루지 않는다.

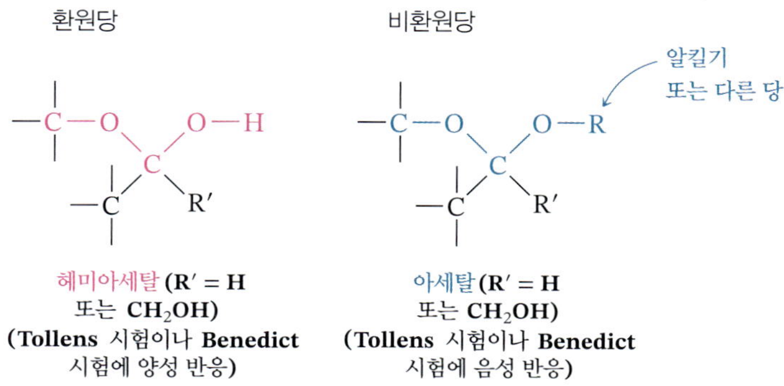

되새김 물음 22.6 메틸 β-D-글루코피라노사이드와 2,3,4,6-tetra-O-메틸-β-D-글루코피라노스를 어떻게 구별할 수 있는가?

비록 Benedict 시약이나 Tollens 시약이 진단 도구로서 유용성은 있다고 할지라도 [Benedict 용액은 혈액이나 소변 속에 있는 환원당(글루코스로 보고됨)을 정량적으로 결정하는 데 쓰임], 이들 시약은 탄수화물의 산화 반응을 위한 합성 시약으로 쓰이지는 않는다. 두 시약에 의한 산화 반응은 알칼리성 용액에서 일어나는데, **알칼리성 용액에서 당은 복잡한 일련의 반응을 진행하여 이성질화 반응을 일으킨다**(22.5A절).

22.6B 브로민수: 알돈산의 합성

단당류는 약한 산성 용액에서 이성질화 반응이나 조각내기 반응을 진행하지 않는다. 그러므로, 합성의 목적에 유용한 산화제는 브로민수(pH 6.0)이다.

- 브로민수는 —CHO기를 —CO_2H기로 선택적으로 산화시키는 일반적인 시약이다. 이것은 알도스를 **알돈산(aldonic acid)**으로 전환한다.

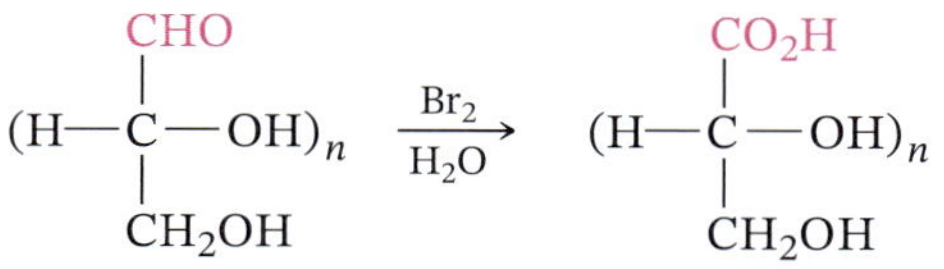

$$(H-\overset{\overset{CHO}{|}}{\underset{\underset{CH_2OH}{|}}{C}}-OH)_n \xrightarrow[H_2O]{Br_2} (H-\overset{\overset{CO_2H}{|}}{\underset{\underset{CH_2OH}{|}}{C}}-OH)_n$$

알도스 → 알돈산

알도피라노스를 가지고 실험해 본 결과 실제 반응 경로는 락톤 중간체를 포함하는 수많은 별개의 변환이 관여하고 있다.

22.6C 질산에 의한 산화 반응: 알다르산

- 브로민수보다 더 강한 산화제인 묽은 질산은 알도스의 $-CHO$기와 말단 $-CH_2OH$기를 모두 $-CO_2H$기로 산화한다. 이들 다이카복실산은 **알다르산(aldaric acid)**이라고 알려져 있다.

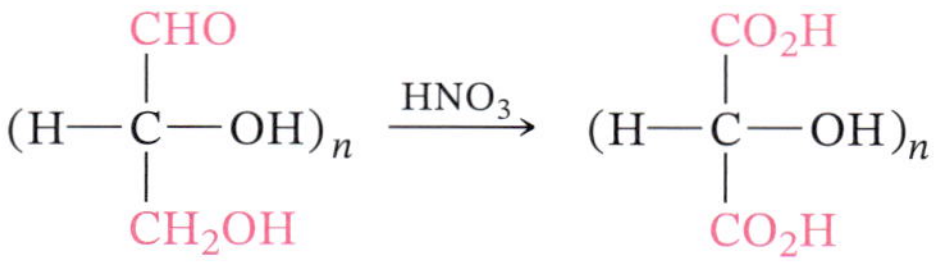

$$(H-\overset{\overset{CHO}{|}}{\underset{\underset{CH_2OH}{|}}{C}}-OH)_n \xrightarrow{HNO_3} (H-\overset{\overset{CO_2H}{|}}{\underset{\underset{CO_2H}{|}}{C}}-OH)_n$$

알도스 → 알다르산

알도스가 알다르산으로 산화될 때 락톤이 중간체인지의 여부는 알려져 있지 않다. 그러나 알다르산은 γ-와 δ-락톤을 쉽게 형성한다.

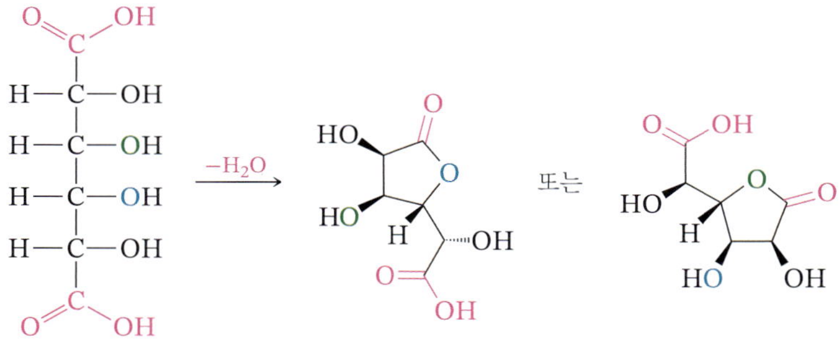

알다르산 (알도헥소스로부터) $\xrightarrow{-H_2O}$ 알다르산의 γ-락톤 (또는)

D-글루코스에서 얻어진 알다르산을 D-글루카르산(D-glucaric acid)이라고 부른다. 알다르산의 옛 이름은 글리카르산(glycaric acid) 또는 사카르산(saccharic acid)이다.

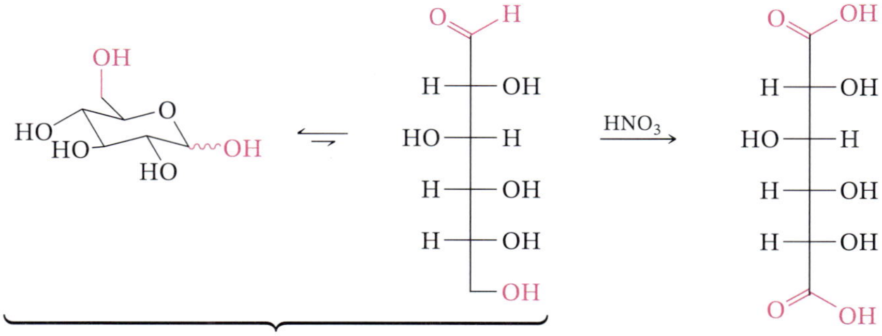

D-Glucose $\xrightarrow{HNO_3}$ D-Glucaric acid

되새김 물음 22.7

(a) D-글루카르산은 광학적으로 활성인가?

(b) D-만노스를 질산으로 산화시켜 얻어지는 알다르산(만나르산)의 열린 사슬 구조를 쓰시오.

(c) 만나르산은 광학적으로 활성인가?

(d) D-에리트로스로부터 얻어지는 알다르산은 무엇인가?

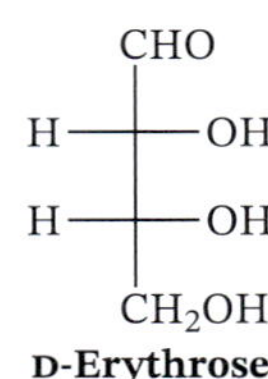

D-Erythrose

(e) (d)의 알다르산은 광학적 활성을 보이겠는가?

(f) D-트레오스는 D-에리트로스의 부분 입체 이성질체인데, 이것을 질산으로 산화 반응시키면 광학적으로 활성인 알다르산이 얻어진다. D-트레오스와 그것의 질산에 의한 산화 반응 생성물의 Fischer 투영식을 쓰시오.

(g) D-에리트로스와 D-트레오스로부터 얻어진 알다르산의 이름은 무엇인가?

되새김 물음 22.8

D-글루카르산은 락톤화 반응을 하여 두 가지 다른 γ-락톤이 된다. 그들의 구조는 무엇인가?

22.6D 과아이오딘산에 의한 산화 반응: 폴리하이드록시 화합물의 산화성 분해 반응

- 인접 원자에 하이드록실기를 가진 화합물을 과아이오딘산(HIO_4) 수용액과 반응시키면 산화성 분해 반응이 일어난다. 이 반응으로 탄소–탄소 결합이 깨지고 카보닐 화합물(알데하이드, 케톤, 또는 산)이 생성된다.

이 과아이오딘산에 의한 산화성 분해 반응의 화학량론은 다음과 같다.

$$\begin{array}{c} -\mathrm{C}-\mathrm{OH} \\ | \\ -\mathrm{C}-\mathrm{OH} \end{array} + HIO_4 \longrightarrow 2\ \mathrm{C}{=}\mathrm{O} + HIO_3 + H_2O$$

이 반응은 보통 정량적으로 일어나기 때문에 이 반응에서 소모된 과아이오딘산의 당량수를 측정하고 카보닐 생성물을 확인하면 아주 가치 있는 지식을 얻을 수 있다.

과아이오딘산 이온에 의한 산화 반응은 고리형 중간체를 거치면서 일어난다고 생각된다.

$$\begin{array}{c} -\mathrm{C}-\mathrm{OH} \\ | \\ -\mathrm{C}-\mathrm{OH} \end{array} + IO_4^- \xrightarrow{(-H_2O)} \begin{array}{c} -\mathrm{C}-\mathrm{O} \quad \mathrm{O}^- \\ | \qquad \diagdown\ \diagup \\ \qquad\quad \mathrm{I}{=}\mathrm{O} \\ | \qquad \diagup\ \diagdown \\ -\mathrm{C}-\mathrm{O} \quad \mathrm{O} \end{array} \longrightarrow \begin{array}{c} \mathrm{C}{=}\mathrm{O} \\ \\ \mathrm{C}{=}\mathrm{O} \end{array} + IO_3^-$$

과아이오딘산을 탄수화물 화학에 응용하는 것을 논의하기 전에 몇 가지 간단한 예를 들어 반응 경로를 보기로 한다. 이들 과아이오딘산 이온에 의한 산화 반응에서 C—C **결합이 하나**

깨질 때마다 각 탄소에 C—O 결합이 형성되는 것을 주목하자.

1. 세 개 이상의 —CHOH기들이 연속적일 때 안쪽의 것은 **폼산**(formic acid)으로 얻어진다. 예를 들어, 글리세롤을 과아이오딘산으로 산화 반응시키면 2몰 당량의 폼알데하이드와 1몰 당량의 폼산이 형성된다.

Glycerol + 2 IO_4^- ⟶ (폼알데하이드) + (폼산) + (폼알데하이드)

2. —OH기가 알데하이드나 케톤의 카보닐기에 인접해 있을 때 산화성 분해가 일어난다(그러나 산이나 에스터의 카보닐기인 경우는 안 된다). 글리세르알데하이드는 2몰 당량의 폼산과 1몰 당량의 폼알데하이드를 생성하고, 다이하이드록시아세톤은 2몰 당량의 폼알데하이드와 1몰 당량의 이산화 탄소를 만든다.

Glyceraldehyde + 2 IO_4^- ⟶ (폼산) + (폼산) + (폼알데하이드)

Dihydroxyacetone + 2 IO_4^- ⟶ (폼알데하이드) + O=C=O (이산화 탄소) + (폼알데하이드)

3. 과아이오딘산은 하이드록실기가 $—CH_2—$기로 떨어져 있을 때는 분해하지 않는다. 하이드록실기가 에터나 아세탈 작용기에 인접해 있을 때도 분해되지 않는다.

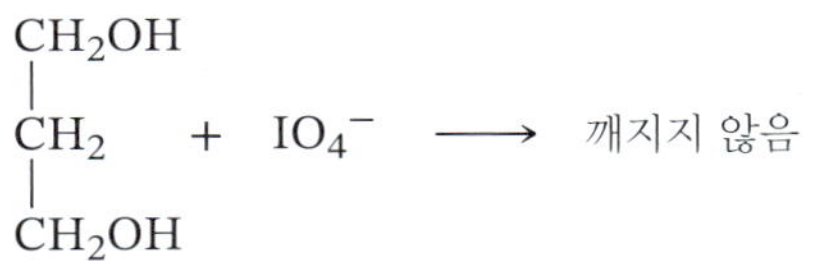

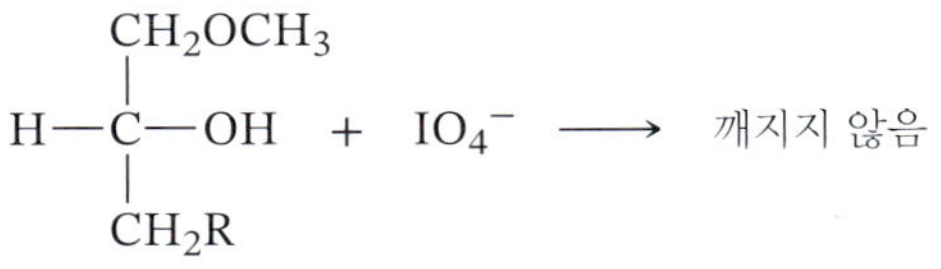

$$\begin{array}{l} CH_2OH \\ | \\ CH_2 \\ | \\ CH_2OH \end{array} + IO_4^- \longrightarrow \text{깨지지 않음}$$

$$\begin{array}{c} CH_2OCH_3 \\ | \\ H-C-OH \\ | \\ CH_2R \end{array} + IO_4^- \longrightarrow \text{깨지지 않음}$$

되새김 물음 22.9

아래 각 화합물을 적당한 양의 과아이오딘산으로 처리했을 때 어떤 화합물이 형성되겠는가? 각각의 경우에 HIO_4 몇 몰이 소모되겠는가?

(a) 2,3-Butanediol

(b) 1,2,3-Butanetriol

(c) HO–CH₂–CH(OH)–CH(OCH₃)–OCH₃ (구조식)

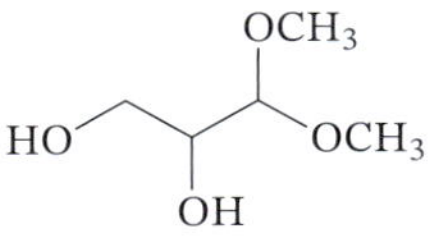

(d) HO–CH₂–CH(OH)–C(=O)–CH₂CH₃ (구조식)

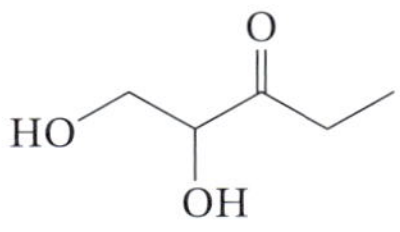

(e) CH₃CH₂–C(=O)–CH(OH)–C(=O)–CH₂CH₃ (구조식)

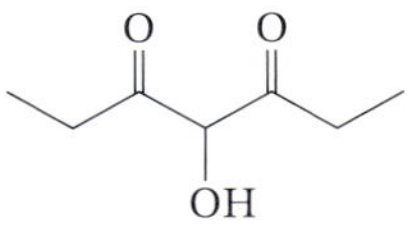

(f) *cis*-1,2-Cyclohexanediol

(g) HO–CH₂–CH(OH)–CH(OH)–CH₂–OH (구조식)

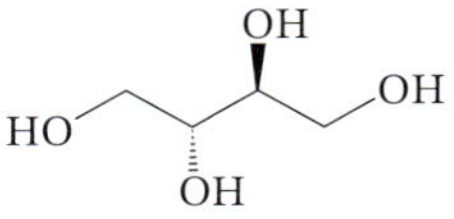

(h) D-Erythrose

되새김 물음 22.10

과아이오딘산을 알도펜토스와 케토펜토스를 구별하는 데 어떻게 사용할 수 있는지를 보이시오. 각각으로부터 무슨 생성물이 생기겠는가? 몇 몰 당량의 HIO_4가 소모되겠는가?

22.7 단당류의 환원 반응: 알디톨

• 알도스(그리고 케토스)는 수소화붕소 소듐에 의해서 **알디톨(alditol)**이라고 하는 화합물로 환원된다.

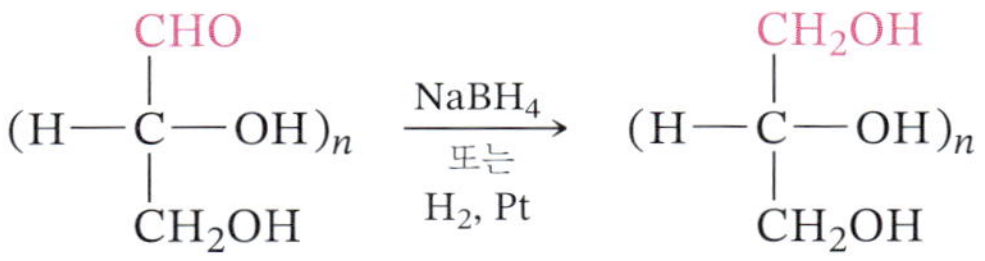

$$\underset{\textbf{Aldose}}{\begin{array}{c} CHO \\ | \\ (H-C-OH)_n \\ | \\ CH_2OH \end{array}} \xrightarrow[\text{또는 } H_2,\ Pt]{NaBH_4} \underset{\textbf{Alditol}}{\begin{array}{c} CH_2OH \\ | \\ (H-C-OH)_n \\ | \\ CH_2OH \end{array}}$$

예를 들어, D-글루코스를 환원하면 D-글루시톨이 된다.

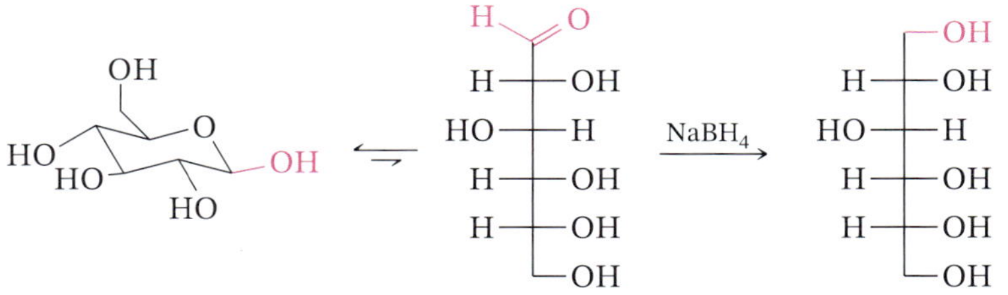

$$\text{D-글루코스(고리형)} \rightleftharpoons \begin{array}{c} CHO \\ H-C-OH \\ HO-C-H \\ H-C-OH \\ H-C-OH \\ CH_2OH \end{array} \xrightarrow{NaBH_4} \begin{array}{c} CH_2OH \\ H-C-OH \\ HO-C-H \\ H-C-OH \\ H-C-OH \\ CH_2OH \end{array}$$

D-Glucitol
(또는 D-sorbitol)

되새김 물음 22.11

(a) D-만니톨은 광학적으로 활성인가?

(b) **광학적으로 활성이 없는 알디톨**이 만들어질 수 있는 모든 D-알도헥소스의 Fischer 투영식을 쓰시오.

22.8 단당류와 페닐하이드라진의 반응: 오사존

알도스의 알데하이드기는 하이드록실아민이나 페닐하이드라진(16.8B절) 같은 카보닐 시약과 반응한다. 하이드록실아민과는 예상되는 옥심이 생성된다. 그러나 과량의 페닐하이드라진과는 3몰 당량의 페닐하이드라진이 반응하고 두 번째 페닐하이드라진기가 C2에 도입된다. 이 생성물을 **페닐오사존**(phenylosazone)이라고 부른다. 페닐오사존은 쉽게 결정화되며(당은 잘 안 됨), 당을 확인하는 데 유용한 유도체이다.

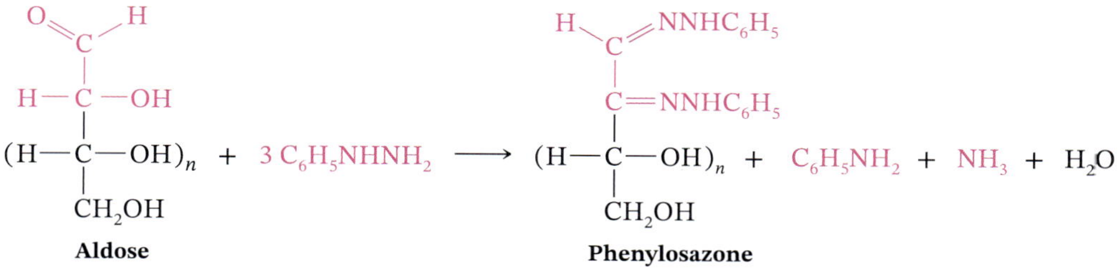

$$\text{Aldose: } \mathrm{HC(=O)-CH(OH)-(H-C-OH)_n-CH_2OH} + 3\,\mathrm{C_6H_5NHNH_2} \longrightarrow \mathrm{HC(=NNHC_6H_5)-C(=NNHC_6H_5)-(H-C-OH)_n-CH_2OH} + \mathrm{C_6H_5NH_2} + \mathrm{NH_3} + \mathrm{H_2O}$$

Aldose　　　Phenylosazone

오사존의 형성 메커니즘은 아마도 >C=N< 이 >C=O와 매우 흡사하게 행동하며 '질소판 엔올' 처럼 일련의 반응을 거친다고 생각된다.

반응 메커니즘

페닐오사존 형성

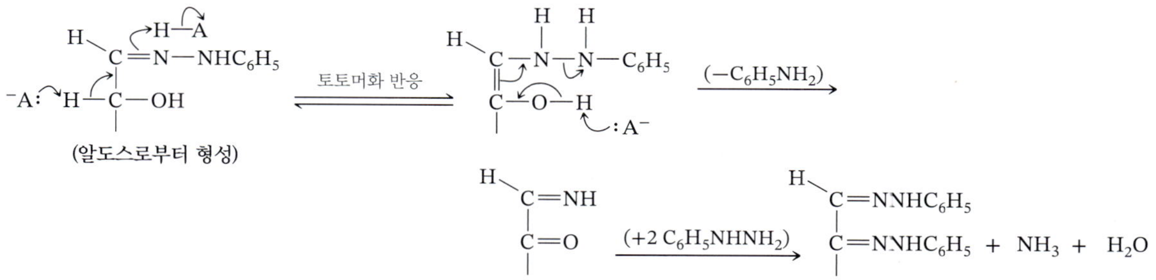

$$\mathrm{HC(=N-NHC_6H_5)-CH(OH)-} \;(\text{알도스로부터 형성}) \xrightleftharpoons{\text{토토머화 반응}} \mathrm{HC(-NH-NH-C_6H_5)=C(OH)-} \xrightarrow{(-\mathrm{C_6H_5NH_2})}$$

$$\mathrm{HC(=NH)-C(=O)-} \xrightarrow{(+2\,\mathrm{C_6H_5NHNH_2})} \mathrm{HC(=NNHC_6H_5)-C(=NNHC_6H_5)-} + \mathrm{NH_3} + \mathrm{H_2O}$$

오사존(osazone)이 형성되면 C2에 카이랄 중심이 없어진다. 그러나 다른 카이랄 중심에는 영향을 미치지 않는다. 예를 들어, D-글루코스와 D-만노스는 같은 페닐하이드라존을 만든다.

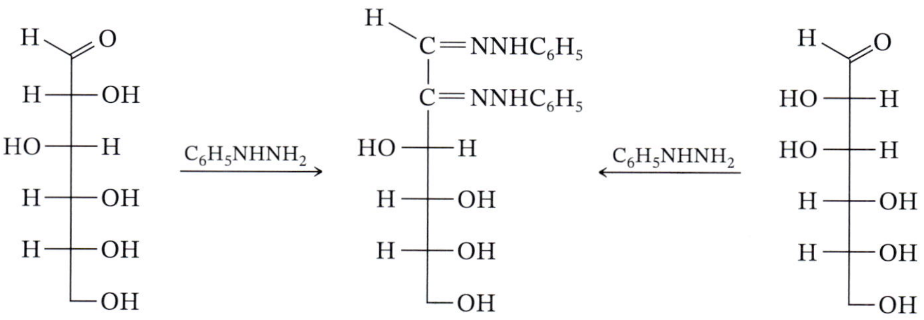

$$\text{D-Glucose} \xrightarrow{\mathrm{C_6H_5NHNH_2}} \mathrm{HC(=NNHC_6H_5)-C(=NNHC_6H_5)-(HO-C-H)-(H-C-OH)-(H-C-OH)-CH_2OH} \xleftarrow{\mathrm{C_6H_5NHNH_2}} \text{D-Mannose}$$

D-Glucose　　　똑같은 페닐오사존　　　D-Mannose

Fischer는 이 실험을 통하여 최초로 D-글루코스와 D-만노스의 C3, C4, 그리고 C5의 배위가 같음을 확정하였다. 단 한 탄소의 배위만이 다른 부분 입체 이성질체인 알도스(D-글루코스와 D-만노스)를 에피머라고 부른다. 일반적으로 단 하나의 정사면체 카이랄 중심 탄소의 배위가 다른 한 쌍을 **에피머(epimer)**라고 부른다.

되새김 물음 22.12

D-프룩토스는 D-글루코스나 D-만노스의 에피머는 아니지만(D-프룩토스는 케토헥소스이다), 세 가지 모두 똑같은 페닐오사존을 만든다.

(a) Fischer 투영식을 사용하여 프룩토스와 페닐하이드라진 사이의 반응에 대한 반응식을 쓰시오.

(b) 이 실험 결과로 D-프룩토스의 입체 화학에 대한 어떤 지식을 알 수 있는가?

22.9 단당류의 합성과 분해

22.9A Kiliani–Fischer 합성

1885년에 Kiliani(Freiburg, Germany)는 알도스에 사이안화 수소를 첨가시킨 다음 생성된 사이아노하이드린 에피머들을 가수 분해하여 탄소 수가 하나 더 증가한 알돌산의 에피머들을 만들었다. 후에 Fischer는 이 방법을 확장시켜 알돈산으로부터 얻어진 알도노락톤을 환원시켜 알도스를 만들었다. 이렇게 탄소 사슬을 연장하는 방법을 오늘날 Kiliani–Fischer 합성이라고 한다.

그림 22.6에는 D-에리트로스와 D-트레오스(둘 다 알도테트로스)를 D-글리세르알데하이드(알도트라이오스)로부터 합성하는 방법을 예로 들어 Kiliani–Fischer 합성 방법을 나타냈다.

사이안화 수소를 글리세르알데하이드에 첨가하면 새로운 카이랄 중심이 생겨나므로 두 가지 사이아노하이드린 에피머들이 생긴다. 사이아노하이드린은 쉽게 분리될 수 있으며(부분 입체 이성질체이기 때문), 가수 분해, 산성화, 락톤화 반응, 그리고 Na–Hg로 pH 3~5에서 환원 반응을 통하여 알도스로 전환될 수 있다. 한 사이아노하이드린은 궁극적으로 D-(−)-에리트로스가 되고 다른 것은 D-(−)-트레오스가 된다.

Kiliani–Fischer 합성 방법으로 얻은 알도테트로스는 출발 물질이 D-글리세르알데하이드이며, 그것의 카이랄 중심이 합성 과정에서 영향을 받지 않으므로 모두 D인 당임을 확실히 알 수 있다. Kiliani–Fischer 합성에 근거하여서는 Fischer 투영식에서 어느 알도테트로스가 두 —OH기를 모두 오른쪽에 가졌는지, 또 어느 것이 맨 위에 —OH기를 왼쪽에 가졌는지 알 수가 없다. 그러나 두 알도테트로스를 알다르산으로 산화시켜 보면 하나[D-(−)-에리트로스]는 **광학적으로 불활성**인 생성물(메소)을 만들고, 다른 것[D-(−)-트레오스]은 **광학적으로 활성인 생성물**을 만들 것이다(되새김 물음 22.7 참조).

되새김 물음 22.13

한 알도펜토스는 Kiliani–Fischer 합성 처리를 하면 두 가지 알도헥소스가 되는데, 질산으로 산화하면 광학 **활성**인 알다르산이 된다.

(a) 출발 물질인 알도펜토스를 밝히시오.

(b) 얻어진 두 알도헥소스의 구조는 무엇인가?

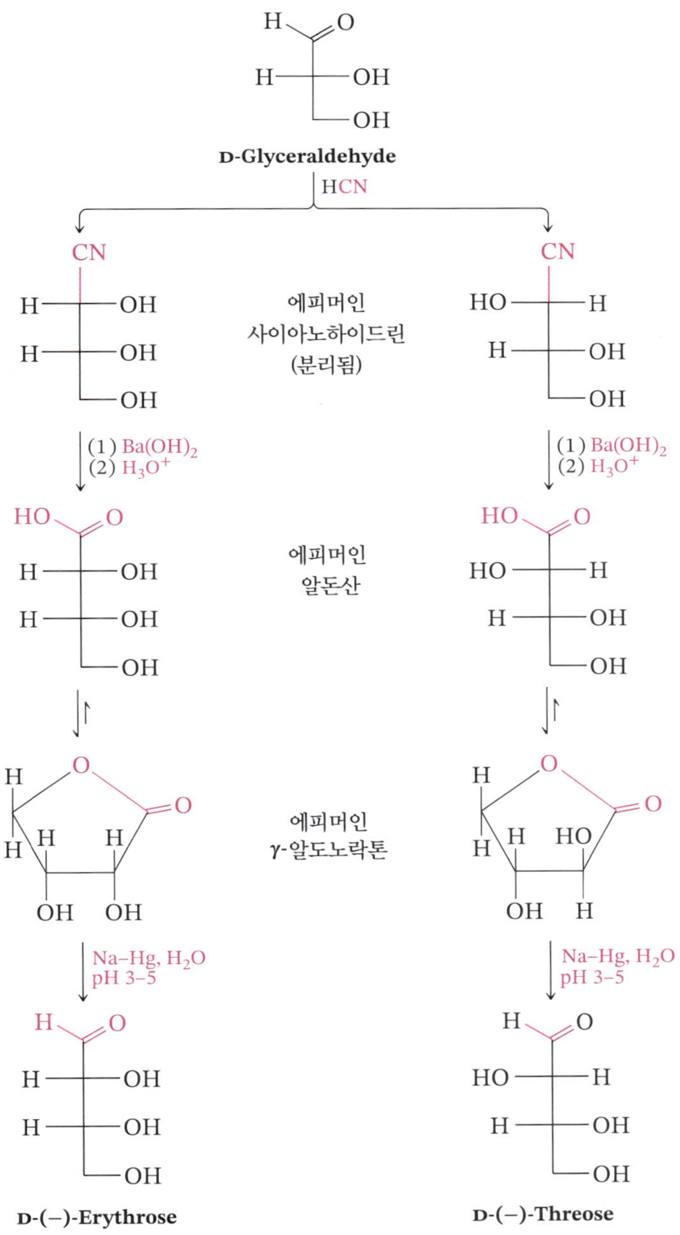

D-Glyceraldehyde
HCN
에피머인 사이아노하이드린 (분리됨)
(1) $Ba(OH)_2$
(2) H_3O^+
에피머인 알돈산
에피머인 γ-알도노락톤
Na–Hg, H_2O
pH 3–5
D-(−)-Erythrose
D-(−)-Threose

그림 22.6 D-글리세르알데하이드로부터 D-(−)-에리트로스와 D-(−)-트레오스를 합성하는 Kiliani–Fischer 합성 방법

되새김 물음 22.14

(a) L-(+)-에리트로스로부터 알도펜토스 에피머들을 만드는 Kiliani–Fischer 합성 방법을 요약하시오(Fischer 투영식을 쓰시오). **(b)** 생성된 두 가지 알도펜토스 에피머들은 L-(+)-아라비노스와 L-(+)-리보스이다. L-(+)-리보스를 질산으로 산화시키면 광학적으로 불활성인 알다르산이 생기지만, L-(+)-아라비노스를 비슷하게 산화시키면 광학적으로 활성인 물질이 생긴다. 이 지식만을 가지고 어느 Fischer 투영식이 L-(+)-아라비노스를 나타내고, 또 어느 것이 L-(+)-리보스를 나타내는지 보이시오.

되새김 물음 22.15

D-(−)-트레오스를 가지고 Kiliani–Fischer 합성을 하면 두 가지 다른 에피머의 알도펜토스인 D-(+)-자일로스와 D-(−)-릭소스가 된다. D-(+)-자일로스는(질산으로) 산화되어 광학적으로 불활성인 알다르산이 되고, 비슷한 산화 반응으로 D-(−)-릭소스는 광학적으로 활성인 생성물이 된다. D-(+)-자일로스와 D-(−)-릭소스의 구조는 무엇인가?

되새김 물음 22.16 알도펜토스는 8가지이다. 되새김 물음 22.14와 22.15로부터 4개의 구조를 알았다. 나머지 4개의 이름과 구조는 무엇인가?

22.9B Ruff 분해 반응

Kiliani–Fischer 합성 방법을 알도스의 탄소 원자를 한 개 늘리는 데 사용할 수 있는 것처럼, Ruff 분해 반응은 사슬을 한 개의 탄소 원자씩 끊는 데 사용할 수 있다.* Ruff 분해 반응은 (1) 알도스를 브로민수에 의해서 알돈산으로 산화시키고, (2) 알돈산을 과산화 수소와 황산 철(III)로 산화성 탈카복실화 반응시켜 다음 저급의 알도스로 만드는 것이다. 예를 들어, D-(−)-리보스는 D-(−)-에리트로스로 분해될 수 있다.

D-(−)-Ribose —(Br_2, H_2O)→ D-Ribonic acid —(H_2O_2, $Fe_2(SO_4)_3$)→ D-(−)-Erythrose + CO_2

되새김 물음 22.17 알도헥소스인 D-(+)-갈락토스를 질산으로 처리하면 광학적으로 불활성인 알다르산이 생긴다. D-(+)-갈락토스를 Ruff 분해시키면 D-(−)-릭소스를 생성한다(되새김 물음 22.15 참조). 이 자료만으로 D-(+)-갈락토스의 Fischer 투영식을 쓰시오.

22.10 알도스의 D-집단

Ruff 분해와 Kiliani–Fischer 합성으로부터 모든 알도스를 D-나 L-글리세르알데하이드와의 관계에 준하여 한 집단(또는 '계보')으로 나열할 수 있다. 그림 22.7은 이러한 계보를 나타내 주고 있으며, D-알도헥소스 **1~8**의 구조들도 포함되어 있다.

- 다 그런 것은 아니지만, 대부분의 자연에서 존재하는 알도스는 D 계보에 속하고 D-(+)-글루코스가 가장 흔하다.

D-(+)-갈락토스는 우유의 당분(락토스)에서 쉽게 얻어질 수 있다. 그러나 L-(−)-갈락토스는 포도원 달팽이 *Helix pomatia*에서 얻어지는 다당류에 존재한다. L-(+)-아라비노스는 널리 발견되나 D-(−)-아라비노스는 드물다. 이것은 어떤 박테리아나 해면에서만 발견된다. 트레오스, 릭소스, 굴로스, 알로스 등은 자연에 존재하지 않는다. 그러나 이들의 두 형태(D, L형)가 각각 합성되었다.

* 독일의 화학자인 Ruff(1871~1939)가 개발한 방법

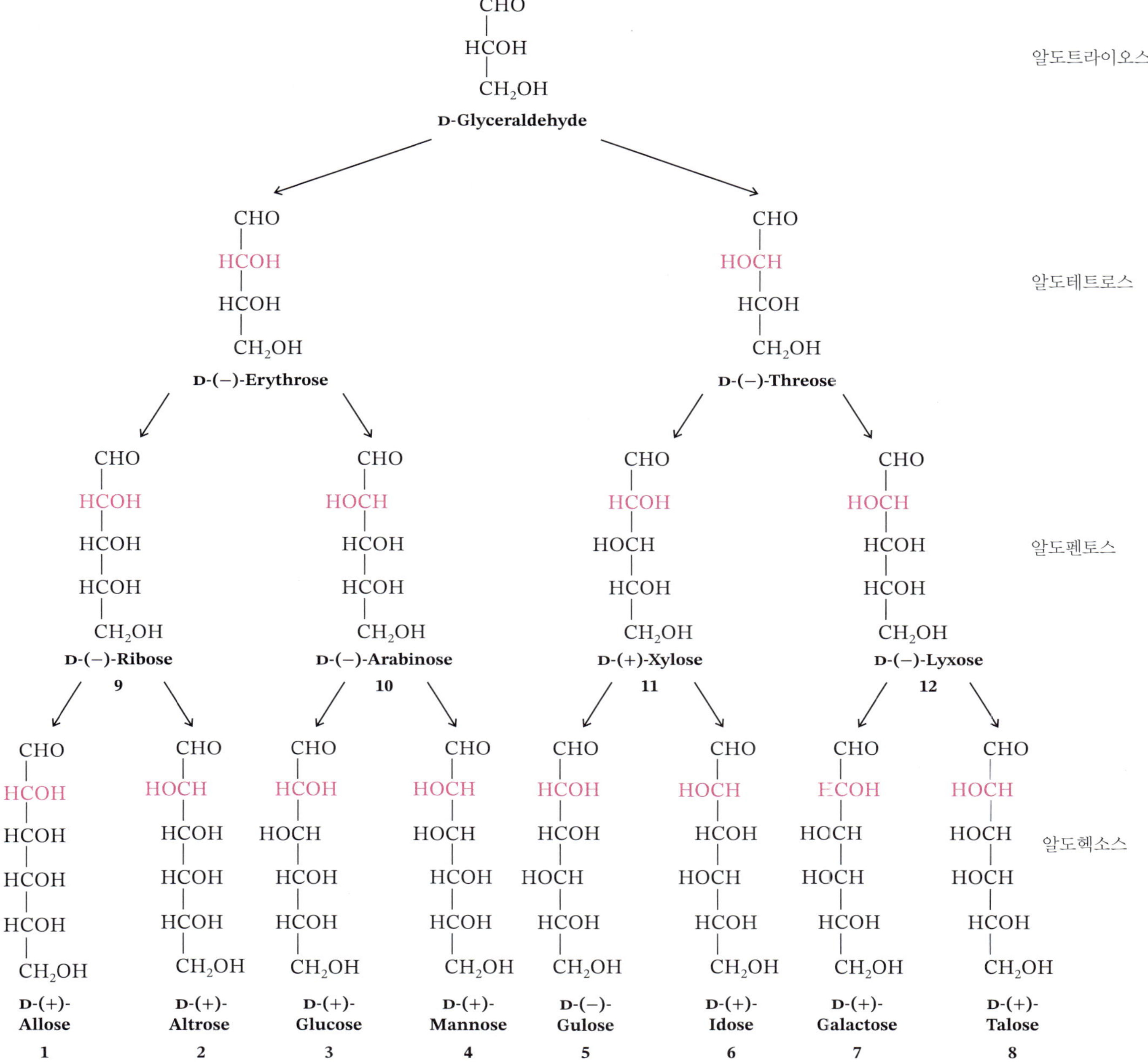

그림 22.7 알도헥소스의 D 계보

22.11 D-(+)-글루코스의 배위에 대한 Fischer의 증명

Fischer는 1888년에 (+)-글루코스의 입체 화학에 대한 연구를 시작하였다. 이것은 van't Hoff와 Le Bel이 탄소의 정사면체 구조에 대한 제의를 한 지 불과 12년 후의 일이었다. 그 당시 Fischer에게는 얼마 안 되는 자료만 있을 뿐이었다. (+)-글루코스, (+)-아라비노스, 그리고 (+)-만노스 등 단지 2~3개의 단당류만 알려져 있었다[(+)-만노스도 Fischer가 막 합성했었다]. (+)-글루코스와 (+)-만노스는 알도헥소스라고 알려져 있었고, (+)-아라비노스가 알도펜토스라는 사실도 알려져 있었다.

알도헥소스는 카이랄 중심이 4개이므로 2^4(혹은 16)개의 입체 이성질체가 가능하며, **이 중 하나가 (+)-글루코스**이다. Fischer는 그림 22.7(구조 **1**~**8**)에 주어진 D 배위를 가진 8개의 구조만을 제안하여 생각하기로 임의로 정하였다. Fischer는 그 당시 유기 화합물의 절대적인 배위를 결정하는 방법이 아직 개발되기 전이었기 때문에 거울상체의 배위를 구별할 수 없음을 알고 있었다. Bijvoet(5.15A절)가 L-(+)-타타르산의 절대적인 배위를 결정하고[따라서 D-(+)-글리세르알데하이드의 배위가 결정되고] Fischer가 (+)-글루코스를 D라고 부르는 계보에 속한다고 임의로 정한 것이 올바른 것이었음을 밝힌 것은 1951년의 일이었다.

Fischer가 구조 3을 (+)-글루코스라고 정한 것은 다음과 같은 추론에 근거한다.

1. (+)-글루코스를 질산으로 산화시키면 광학적으로 활성인 알다르산이 된다. 이 사실로부터 구조 **1**과 **7**을 곧 배제할 수 있다. 왜냐하면, 이들 화합물은 둘 다 메소알다르산이 되기 때문이다.
2. **(+)-글루코스의 분해로 (−)-아라비노스가 되고, (−)-아라비노스를 질산으로 산화시키면 광학적으로 활성인 알다르산이 된다.** 이것은 (−)-아라비노스가 **9**나 **11**의 배위를 가질 수 없고 구조 **10**이나 **12**를 가져야 함을 의미한다. 따라서 (+)-글루코스는 **2**, **5**, 또는 **6**의 배위를 가질 수 없다. 이로써 **3**, **4**, 그리고 **8**의 구조만 (+)-글루코스에 대한 가능성으로 남게 된다.
3. (−)-아라비노스로 시작하는 Kiliani−Fischer 합성을 하면 (+)-글루코스와 (+)-만노스가 된다. (+)-만노스를 질산으로 산화시키면 광학적으로 활성인 알다르산이 된다. 이 사실과 (+)-글루코스로부터 다르기는 하나 광학적으로 활성인 알다르산이 생긴다는 사실로부터 (−)-아라비노스의 구조는 **10**이라고 정해지며, 따라서 구조 **8**은 (+)-글루코스의 가능한 구조로부터 배제된다. (−)-아라비노스가 구조 **12**로 나타내진다면 Kiliani−Fischer 합성으로 두 가지 알도헥소스인 **7**과 **8**이 될 것인데, 이 중의 하나(구조 **7**)는 질산에 의한 산화 반응으로 광학적으로 불활성인 알다르산이 될 것이다.
4. 이제 두 가지 구조 **3**과 **4**만 남는다. 하나는 (+)-글루코스를, 다른 하나는 (+)-만노스를 나타낸다. Fischer는 (+)-글루코스와 (+)-만노스가 서로 에피머(C2가 다름)임을 알았다. 그러나 어느 화합물이 어느 것인지를 결정하기가 매우 어려웠다.
5. Fischer는 이미 **알도스 사슬의 두 끝에 있는 기**(CHO와 CH_2OH)**를 서로 맞바꾸는** 방법을 개발해 둔 터였다. 그리고 아주 탁월한 논리로, Fischer는 만일 (+)-글루코스의 구조가 **4**라면 끝 기들을 교환하면 **똑같은 알도헥소스가 될 것임**을 깨달았다.

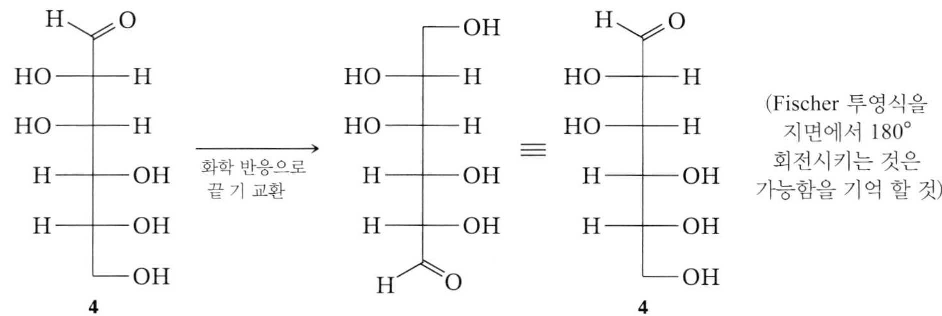

한편, 만일 (+)-글루코스의 구조가 **3**이라면 **끝의 기들을 맞바꾸어 다른 알도헥소스 13이 될 것이다.**

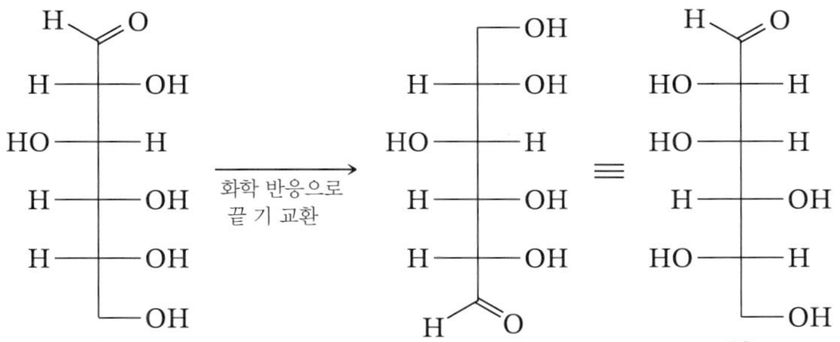

3 → (화학 반응으로 끝 기 교환) ≡ 13 L-Gulose

이 새로운 알도헥소스는 만일 형성되었다면 L-당일 것이고 D-굴로스의 거울상이 될 것이다. 그래서 이것의 이름은 L-굴로스가 된다.

Fischer는 (+)-글루코스를 가지고 끝 기 교환을 수행하였는데, **생성물은 새로운 알도헥소스인 13이었다.** 이 결과로 (+)-글루코스의 구조가 **3**인 것이 입증되었다. 이로써 **4**가 (+)-만노스의 구조임을 확정지었다. 또한 L-(+)-굴로스의 구조는 **13**인 것도 증명되었다.

Fischer가 (+)-글루코스 사슬의 끝들을 교환하는 데 사용한 방법은 D-글루카르산(되새김 물음 22.8 참조)의 γ-락톤 중의 하나로 시작해서 다음과 같이 수행하였다.

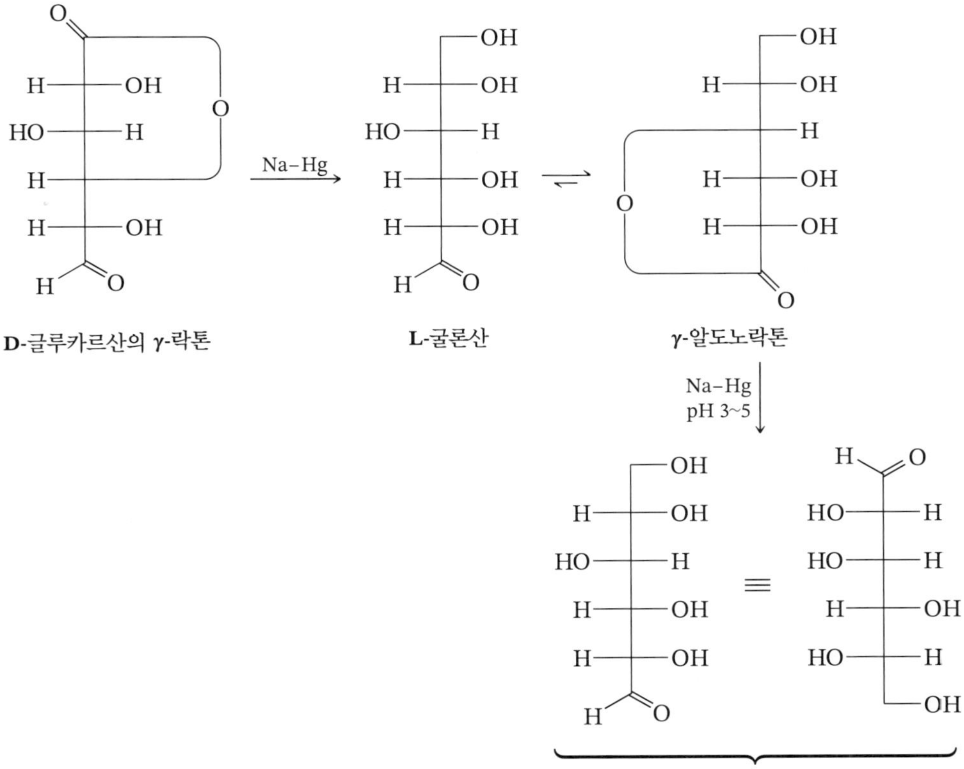

D-글루카르산의 γ-락톤 →(Na−Hg) **L-굴론산** ⇌ **γ-알도노락톤** →(Na−Hg, pH 3~5) **L-(+)-굴로스 13**

이 합성에서 Na−Hg를 가지고 두 번째 환원 반응을 하는 것은 pH 3~5에서 진행함을 주목하시오. 이 조건 하에서 락톤은 환원하여 알데하이드가 되고 1차 알코올은 되지 않는다.

되새김 물음 22.18

Fischer는 실제로 D-글루카르산(되새김 물음 22.8)의 두 가지 γ-락톤을 모두 방금 요약한 방법에 사용하였다. 다른 γ-락톤으로부터 무슨 생성물이 얻어지겠는가?

22.12 이당류

22.12A 슈크로스(설탕)

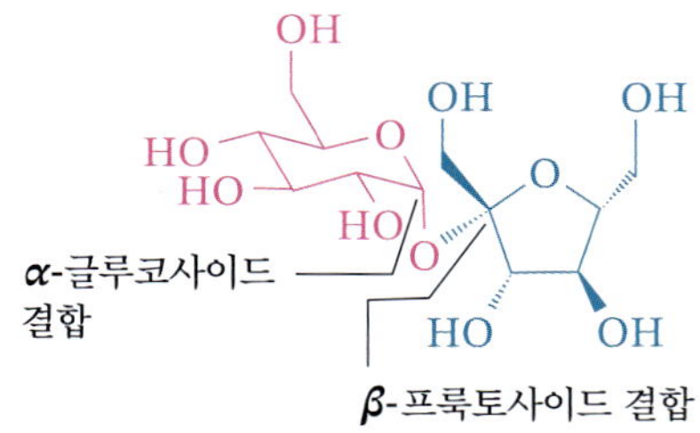

OH
HO O OH OH
HO O
HO O
α-글루코사이드 결합
HO OH
β-프룩토사이드 결합

그림 22.8 (+)-슈크로스[2-*O*-(*α*-D-글루코피라노실) *β*-D-프룩토퓨라노사이드]의 두 가지 글리코사이드 결합을 보이는 구조식

보통의 식용 **설탕(sugar)**은 **슈크로스**(sucrose)라고 부르는 **이당류(disaccharide)**이다. 가장 널리 존재하는 이당류인 슈크로스는 모든 광합성 식물에서 발견되며, 상업적으로는 사탕수수나 사탕무에서 얻어진다. 슈크로스의 구조는 **그림 22.8**과 같다.

슈크로스의 구조는 아래에 증거를 토대로 하여 정해졌다.

1. 슈크로스의 분자식이 $C_{12}H_{22}O_{11}$이다.

2. 1몰의 슈크로스를 산 촉매에 의한 가수 분해를 시키면 1몰의 D-글루코스와 1몰의 D-프룩토스가 생성된다.

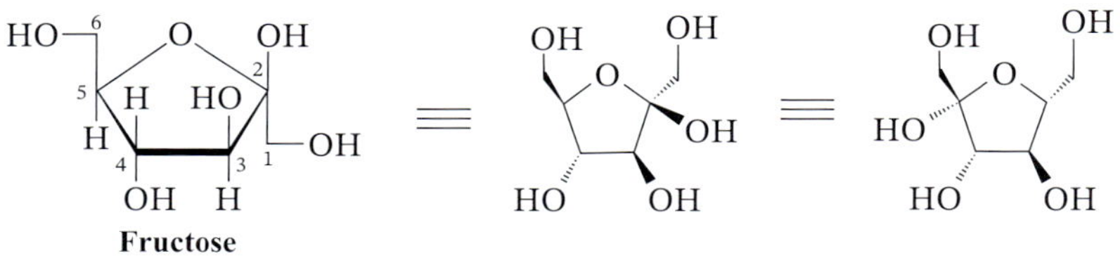

HO—6 O OH
5 H HO 2
H 1 —OH
4 3
OH H
Fructose
(β-퓨라노스)
≡
OH OH
O
OH
HO OH
≡
OH OH
O
HO
HO OH

3. 슈크로스는 비환원당이다. 즉, Benedict 용액이나 Tollens 용액과의 반응이 음성이다. 슈크로스는 오사존을 형성하지 않고 변광 회전도 일으키지 않는다. 이 사실은 슈크로스의 글루코스 부분이나 프룩토스 부분이 헤미아세탈기를 갖고 있지 않음을 의미한다. 그러므로 두 헥소스는 글루코스의 C1과 프룩토스의 C2를 포함하는 글리코사이드 결합을 가져야 한다. 이렇게 되어야만 두 카보닐기는 완전히 아세탈로 존재하게 된다(즉 글리코사이드와 같다).

4. 글리코사이드 결합의 입체 화학은 효소를 가지고 행한 실험으로부터 측정해 낼 수 있다. 슈크로스는 이스트에서 얻어진 ***α*-글루코사이드 가수 분해 효소**에 의해서 가수 분해된다. 그러나 *β*-글루코사이드 가수 분해 효소에 의해서 반응하지 않는다. 이 가수 분해 반응은 **글루코사이드 부분이 *α* 배위를 하고 있음**을 의미한다. 슈크로스는 또한 *β*-프룩토퓨라노사이드는 가수 분해하나 *α*-프룩토퓨라노사이드는 가수 분해하지 않는 것으로 알려진 **슈크로스 가수 분해 효소**에 의해서도 가수 분해된다. 이 가수 분해 반응은 **프룩토사이드 부분이 *β* 배위임**을 나타내고 있다.

5. 슈크로스의 메틸화 반응으로 옥타메틸 유도체가 되는데, 이것을 가수 분해하면 2,3,4,6-테트라-*O*-메틸-D-글루코스와 1,3,4,6-테트라-*O*-메틸-D-프룩토스가 된다. 이 두 생성물의 구조는 글루코스 부분이 **피라노사이드**이고 프룩토스 부분이 **퓨라노사이드**임을 나타낸다.

슈크로스의 구조는 X선 분석과 명확한 합성에 의해서 확인되었다.

22.12B 말토스(맥아당)

전분(22.13A절)이 **다이아스테이스**(diastase)라는 효소에 의해서 가수 분해되면 한 생성물은 **말토스**(maltose, 맥아당)라고 알려진 이당류이다(**그림 22.9**). 말토스의 구조는 다음 증거에 근거하여 유도되었다.

1. 1몰의 말토스는 산 촉매하의 가수 분해로 2몰의 D-(+)-글루코스가 된다.
2. 슈크로스와는 달리, **말토스는 환원당**이다. 즉, Fehling, Benedict, 그리고 Tollens 용액과 양성 반응을 한다. 말토스는 페닐하이드라진과 반응하여 모노페닐오사존을 형성한다(즉, 두 분자의 페닐하이드라진만 들어간다).
3. 말토스는 두 아노머 형태로 존재한다: α-(+)-말토스, $[\alpha]_D^{25} = +168$; β-(+)-말토스, $[\alpha]_D^{25} = +112$. 말토스 아노머들은 변광 회전을 일으켜 평형 혼합물의 $[\alpha]_D^{25} = +136$이 된다.

2와 3의 사실은 말토스의 글루코스 잔기들 중 하나가 헤미아세탈 형태로 존재해야 하며, 따라서 다른 하나는 글루코사이드로 존재해야 함을 나타내고 있다. 이 글루코사이드 결합의 배위는 α일 것으로 추정된다. 왜냐하면, 말토

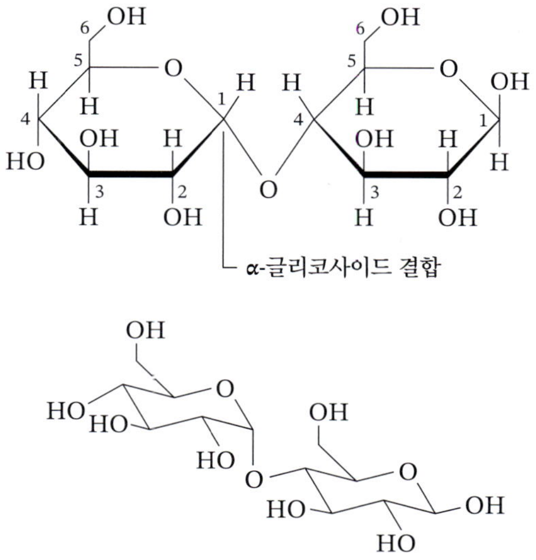

α-글리코사이드 결합

그림 22.9 (+)-말토스[4-*O*-(α-D-글루코피라노실)-β-D-글루코피라노스]의 구조를 2가지 방법으로 나타낸 것

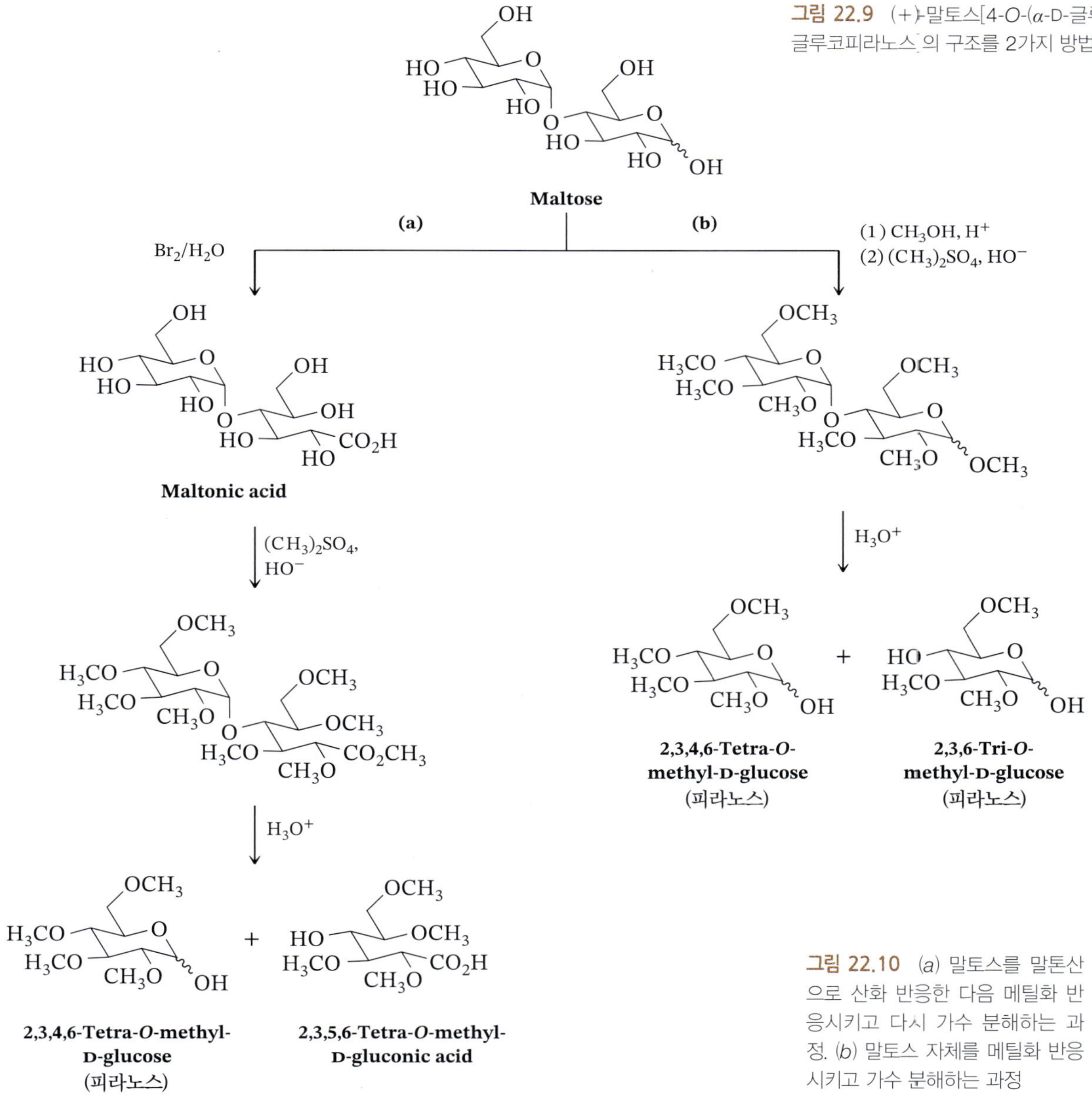

Maltose

(a) Br_2/H_2O

(b) (1) CH_3OH, H^+ (2) $(CH_3)_2SO_4, HO^-$

Maltonic acid

$(CH_3)_2SO_4$, HO^-

H_3O^+

H_3O^+

2,3,4,6-Tetra-*O*-methyl-D-glucose (피라노스)

2,3,6-Tri-*O*-methyl-D-glucose (피라노스)

2,3,4,6-Tetra-*O*-methyl-D-glucose (피라노스)

2,3,5,6-Tetra-*O*-methyl-D-gluconic acid

그림 22.10 (*a*) 말토스를 말톤산으로 산화 반응한 다음 메틸화 반응시키고 다시 가수 분해하는 과정. (*b*) 말토스 자체를 메틸화 반응시키고 가수 분해하는 과정

스가 α-글루코사이드 분해 효소에 의해서 가수 분해되고 β-글루코사이드 분해 효소에 의해서는 가수 분해되지 않기 때문이다.

4. 말토스는 브로민수와 반응하여 모노카복실산인 말톤산을 형성한다(**그림 22.10*a***). 이 사실 역시 단지 한 개의 헤미아세탈기만 존재한다는 사실과 일치한다.
5. 말톤산을 메틸화 반응시키고 가수 분해하면 2,3,4,6-테트라-*O*-메틸-D-글루코스와 2,3,5,6-테트라-*O*-메틸-D-글루콘산이 된다. 첫 번째 생성물에서 C5에 —OH를 가지고 있다는 사실은 비환원성 글루코스 부분이 피라노사이드로 존재하며, 두 번째 생성물인 2,3,5,6-테트라-*O*-메틸-D-글루콘산이 C4에 —OH를 가졌다는 사실은 이 부분이 비환원성 글루코스와 글리코사이드 결합을 하는 데 관여하고 있음을 의미한다. 이제 환원성 글루코스 고리의 크기만 결정하면 된다.
6. 말토스 자체를 메틸화 반응시킨 다음 가수 분해하면(**그림 22.10*b***), 2,3,4,6-테트라-*O*-메틸-D-글루코스와 2,3,6-트라이-*O*-메틸-D-글루코스가 된다. 후자의 C5에 있는 —OH는 이것이 산화물 고리에 관여하였으며, 환원형 글루코스가 **피라노스**(pyranose)로 존재함을 나타내고 있다.

22.12C 셀로비오스

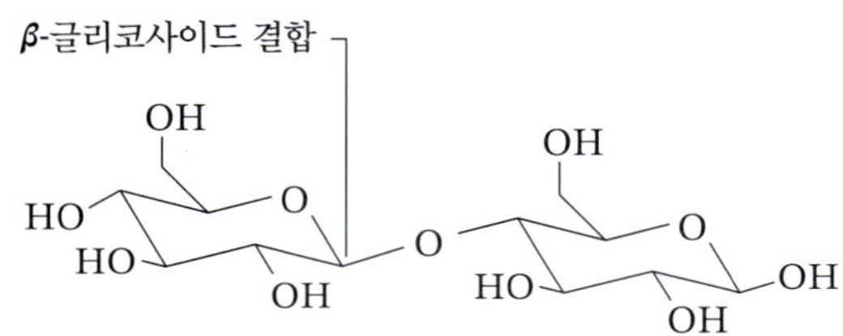

그림 22.11 셀로비오스[4-*O*-(β-D-글루코피라노실)-β-D-글루코피라노스]의 β 아노머의 구조

셀룰로스(22.13C절)를 부분적으로 가수 분해시키면 이당류인 셀로비오스($C_{12}H_{22}O_{11}$)가 된다(**그림 22.11**). 셀로비오스는 말토스와 모든 점에서 비슷하나 단 한 가지 글리코사이드 결합의 배위가 다르다.

셀로비오스는 말토스와 마찬가지로 환원당이며, 산 촉매에 의해 가수 분해하면 2몰의 D-글루코스가 된다. 셀로비오스는 변광 회전을 하며 모노페닐오사존을 형성한다. 메틸화 반응 연구에 의하면 한 글루코스 단위의 C1이 다른 글루코스의 C4와 글리코사이드 결합을 하고 있으며 두 고리가 모두 육각형이다. 그러나 말토스와는 달리, 셀로비오스는 ***β*-글루코사이드 가수 분해 효소**에 의해서 가수 분해되고 α-글루코사이드 가수 분해 효소와는 반응하지 않는다. 이것을 셀로비오스의 글리코사이드 결합이 β임을 나타낸다(그림 22.11).

합성 화학: 인공 감미료(단 정도)

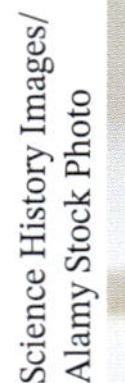

어떤 제품은 인공 감미료인 아스파탐을 포함하고 있다.

슈크로스(설탕)와 프룩토스는 가장 흔한 천연 감미료이다. 하지만 이것들은 칼로리 섭취를 더하게 하고 충치를 촉진시킨다. 이 때문에 많은 사람들이 칼로리에 기여하는 천연 감미료 대신 인공 감미료에 끌리게 된다.

아마도 가장 성공적이고도 널리 사용되는 인공 감미료는 아스파탐(aspartame)으로 페닐알라닌과 아스파트산으로 된 다이펩타이드의 메틸 에스터이다. 아스파탐은 설탕보다 약 100배 더 달다. 그러나 이것은 용액에서 서서히 가수 분해하여 청량음료와 같은 상품의 보존 기간을 제한한다. 이것은 또한 열에 의해서 분해되기 때문에 빵 굽기에는 쓸 수 없다. 더욱이 페닐케톤뇨증(phenylketonuria)이라고 알려진 유전적 질병을 가진 사람들은 아스파탐을 사용할 수 없다. 아스파탐의 대사 과정에서 이것으로부터 온 페닐피루브산이 축적되기 때문이다. 페닐피루브산의 축적은 특히 유아에게 해롭다. 한편, 알리탐은 아스파탐과 관련된 화합물인데 물성이 개선되었다. 이것은 아스파탐보다 더 안정하고 설탕보다는 약 2000배 더 달다.

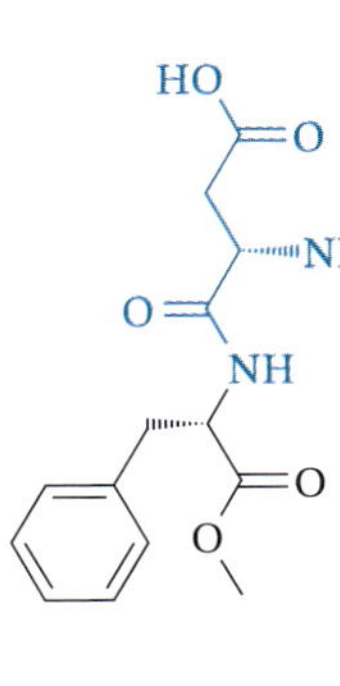

Aspartame 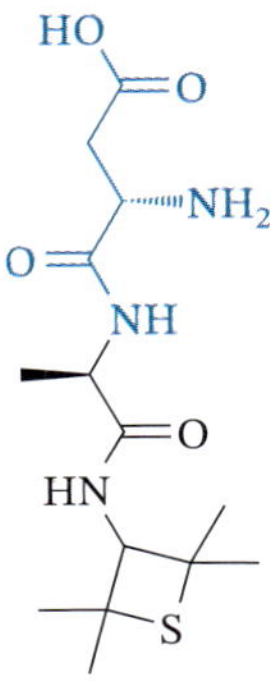 **Alitame**

슈크랄로스는 슈크로스의 삼염화 유도체로 인공 감미료이다. 아스파탐처럼 이것도 미국 식약청(U.S. Food and Drug Administration, FDA)으로부터 허용된다. 슈크랄로스는 설탕보다 약 600배 더 달고 인공 감미료에서 요구되는 많은 성질을 지니고 있다. 슈크랄로스는 보기나 맛이 설탕과 같고, 요리와 빵 굽기에 사용되는 온도에서 안전하며, 충치를 일으키지 않으며, 칼로리도 없다.

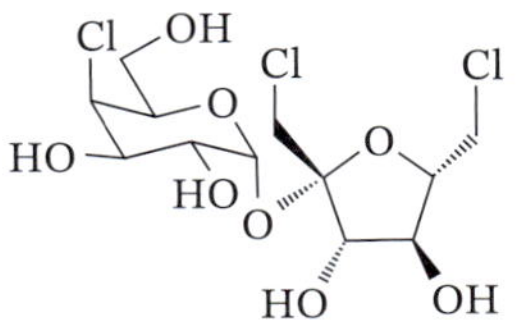

Sucralose

사이클라메이트와 사카린은 소듐이나 칼슘염으로 사용되는데, 한때 인기 있는 감미료였다. 사이클라메이트와 사카린의 10:1 혼합물은 각 화합물이 따로 있을 때보다 더 달다는 것이 밝혀졌다. 그러나 이 혼합물은 동물에서 종양을 생성한다는 것이 실험적으로 알려졌고, 따라서 FAD가 이것을 금지시켰다. 그럼에도 불구하고 규정의 예외 조항 때문에 사카린은 아직도 어떤 제품에서 계속 사용되고 있다.

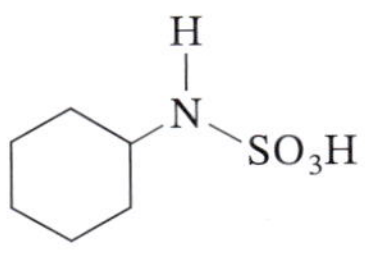

Cyclamate 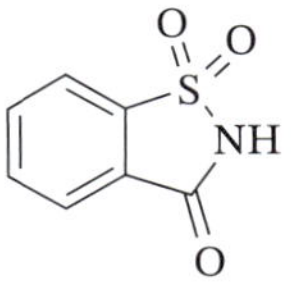 **Saccharin**

많은 다른 화합물들이 인공 감미료로서의 가능성을 지니고 있다. 예를 들면, L 당도 역시 달다. 그리고 우리 몸의 효소들은 이들의 거울상체인 D 당을 선택적으로 대사하기 때문에 이들은 칼로리를 전혀 또는 거의 만들지 않을 것이다. 비록 L 당의 자원은 자연에서 희귀하지만, 8가지 모든 L-헥소스가 Masamune과 Sharpless에 의해서 Sharpless 비대칭 에폭시화 반응(11.14절과 22.11절)과 다른 거울상체 선택적인 합성 방법을 사용하여 합성되었다.

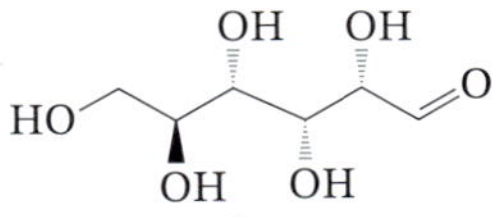

L-Glucose

감미료에 대한 대부분의 연구는 단맛 수용체 위치의 구조를 밝히는 것이다. 단맛 수용체에 대한 한 가지 모형은 수소 결합과 van der Waals 인력이 관여하는 여덟 개의 결합 상호작용이 어우러지는 것이다. 슈크론산(sucronic acid)은 이러한 모형에 근거하여 합성된 화합물이다. 슈크론산은 설탕보다 200,000배 더 달다.

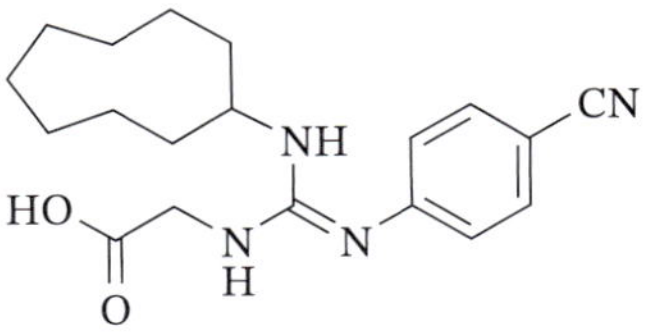

Sucronic acid

22.12D 락토스(젖당)

락토스(그림 22.12)는 이당류로 사람, 소, 그리고 거의 모든 포유동물의 우유 속에 들어 있다. 락토스는 환원당이고 가수 분해하면 D-글루코스와 D-갈락토스가 된다. 글리코사이드 결합은 β이다.

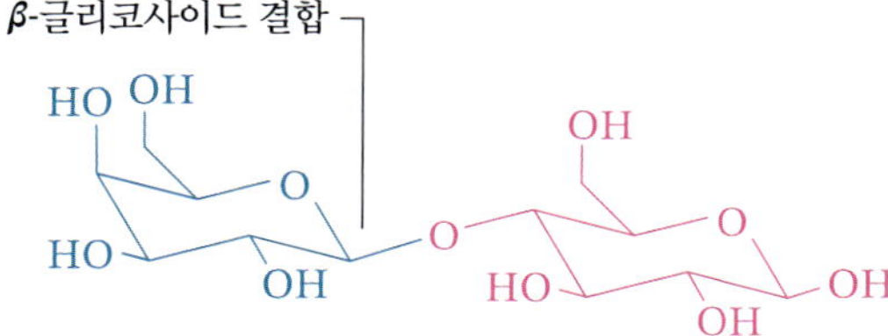

그림 22.12 락토스[4-O-(β-D-갈락토피라노실)-β-D-글루코피라노스]의 β 아노머

22.13 다당류

- 글라이칸(**glycan**)이라고 알려진 다당류(**polysaccharide**)는 글리코사이드 결합에 의해서 연결된 단당류로 되어 있다.

한 가지 단당류의 중합체인 다당류를 **균일 다당류(homopolysaccharide)**라고 부르며, 한 가지 이상의 단당류로 이루어진 것은 **불균일 다당류(heteropolysaccharide)**라고 부른다. 균일 다당류는 단당류 단위에 준하여 분류된다. 글루코스 단당류 단위로 구성된 균일 다당류를 **글루칸(glucan)**이라고 부르며, 갈락토스 단위로 구성된 것은 **갈락탄(galactan)**이라고 부른다.

세 가지 중요한 다당류는 모두 다 글루칸으로 전분, 글리코젠, 그리고 셀룰로스이다.

- 전분은 식물의 주요 식량 저장원이다. 글리코젠은 동물에서 탄수화물의 저장소 기능을 하며, 셀룰로스는 식물의 구조를 이루는 재료이다.

이 세 가지 다당류의 구조를 살펴보면 각각이 그 기능에 특별히 적합하도록 되어 있는 것을 알게 될 것이다.

22.13A 전분

전분은 식물의 뿌리, 줄기, 씨앗 등에 미세한 알갱이로 존재한다. 옥수수, 감자, 밀, 그리고 쌀 등은 전분의 중요한 산업적인 원천이다. 전분을 물과 함께 가열하면 알갱이가 부풀어 올라 콜로이드의 현탁액이 되는데, 이것으로부터 두 가지 주성분이 분리될 수 있다. 한 성분은 **아밀로스**(amylose)이고 또 다른 성분은 **아밀로펙틴**(amylopectin)이다. 대부분의 전분은 10~20%의 아밀로스와 80~90%의 아밀로펙틴으로 되어 있다.

- 아밀로스는 전형적으로 1000개 이상의 D-글루코피라노사이드 단위들이 한 단위인 C1과 다음 단위인 C4 사이에 **α 결합을 한 것**이다(그림 22.13).

그러므로 아밀로스는 글루코스 단위인 고리의 크기와 글리코사이드 결합의 배위가 말토스와 닮은 것을 알 수 있다.

α (1→4) 글리코사이드 결합

$n > 500$

그림 22.13 아밀로스의 부분적인 구조. 아밀로스는 D-글루코스가 $\alpha(1 \rightarrow 4)$ 글리코사이드 결합을 하며 가지가 없는 중합체이다.

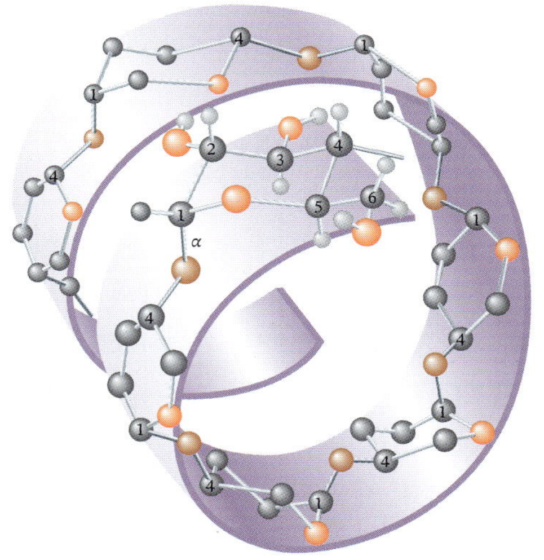

그림 22.14 아밀로스. $\alpha(1 \rightarrow 4)$ 결합 때문에 왼손 나선형 형태를 갖는다. (Illustration, Irving Geis. Image from the Irving Geis Collection, HHMI. Rights owned by Howard Hughes Medical Institute. Not to be reproduced without permission.)

아밀로스의 α-글리코사이드 결합과 같은 α 결합을 가진 D-글루코스 단위로 된 사슬들은 나사선 배열을 한다(**그림 22.14**). 이 배열로 말미암아 아밀로스 분자는 분자량이 아주 큰데도 불구하고(150,000~600,000) 축소된 모양이 된다.

- 아밀로펙틴은 아밀로스의 구조[$\alpha(1 \rightarrow 4)$ 결합]와 비슷한 구조이나 아밀로펙틴에서는 예외적으로 사슬이 가지를 가지고 있다. 한 글루코스의 C6과 다른 것의 C1 사이에 20~25 글루코스 단위 간격마다 가지가 생기게 된다(**그림 22.15**).

가지

주 사슬

α(1→6) 분기점

α(1→4) 결합

그림 22.15 아밀로펙틴의 부분적인 구조

물리적 측정에 의하면 아밀로펙틴의 분자량은 100만~600만이며, 각각 20~25개의 글루코스 단위가 서로 연결된 수백 개의 사슬로 되어 있다.

22.13B 글리코젠

- 글리코젠은 아밀로펙틴과 매우 비슷한 구조로 되어 있다. 그러나 글리코젠에서 사슬들은 가지를 더 많이 가지고 있다.

글리코젠의 메틸화 반응과 가수 분해에 의해서 10~12개의 글루코스 단위마다 한 개의 끝 기가 있음이 알려졌다. 가지는 6개마다 한 개씩 생길 수 있다. 글리코젠은 분자량이 크다. 가수 분해를 최소화하여 분리된 글리코젠을 연구한 결과 분자량이 1억 이상 되는 것도 있다.

글리코젠의 크기와 구조는 동물에서 탄수화물의 저장고의 기능에 아주 적합하도록 되어 있다. 첫째로, 그것은 크기가 너무 커서 세포막을 지나 확산될 수 없다. 그러므로 글리코젠은 에너지 자원으로 이것이 필요한 세포 안에서 남아 있다. 둘째로, 글리코젠은 수천 개의 글루코스 단위가 한 분자에 연합되어 있으므로 세포의 삼투 문제를 해결해 준다. 그렇게 많은 글루코스 단위들이 개개의 분자로 세포 내에 존재한다면 세포 내의 삼투압은 막대할 것이며, 그렇게 되면 세포막은 틀림없이 파괴될 것이다.* 끝으로, 거대하고도 가지가 많은 구조 안에 글루코스 단위가 위치하는 것은 세포의 전술적인 문제를 단순하게 만든다. 즉, 세포의 글루코스 농도가 낮아지면 글루코스의 자원을 쉽게 이용할 수 있고, 세포의 글루코스 농도가 커지면 신속히 저장을 할 수 있도록 하는 것이다. 세포 안에는 글리코젠으로부터 글루코스 단위를 떼어 내거나 도로 붙이는 반응을 촉매화하는 효소가 있다. 이들 효소는 끝 기에서 $\alpha(1 \rightarrow 4)$ 글리코사이드 결합을 가수 분해(또는 형성)하는 작용을 한다. 글리코젠은 매우 가지가 많으므로 이들 효소가 작용하는 끝 기의 수가 아주 많다. 동시에 글리코젠의 분자량이 대단히 크므로 전체적인 농도(몰/리터)는 아주 작다.

아밀로펙틴은 아마도 식물에서 비슷한 기능을 한다. 그러나 아밀로펙틴이 글리코젠보다 덜 가지를 쳐 있다는 사실은 그리 심각한 결점이 아니다. 식물은 동물보다 대사 속도가 아주 느리다. 그리고 식물은 갑자기 다량의 에너지를 필요로 하지도 않는다.

동물들은 글리코젠과 지방(트라이아실글리세롤)으로 에너지를 저장한다. 지방은 더욱 많이 환원되었기 때문에 많은 에너지를 제공할 수 있다. 예를 들면, 전형적인 지방산의 대사로 탄소당 방출되는 에너지의 양은 글루코스나 글리코젠의 2배 이상이다. 그러면 왜 자연은 두 가지 다른 저장소를 갖고 있는가? 라고 물을 것이다. 글루코스(글리코젠으로부터 나온 것)는 금방 쓸 수 있고 물에 녹는다.** 이 결과 글루코스는 수용액 속으로 빨리 확산되어 '즉시 에너지'의 이상적인 원천이 된다. 이와 대조적으로, 긴 사슬의 지방산은 물에 거의 녹지 않으며 세포 내부에서의 농도도 그리 크지 않다. 그들은 세포가 에너지 고갈을 당할 때 이내 쓸 수 있는 에너지원이 못된다. 한편 지방산(트라이아실글리세롤 형태)은 칼로리가 풍부하므로 장기간 에너지를 보존하는 데 아주 좋은 에너지 저장소가 된다.

---

* 삼투압 현상은 농도가 다른 두 용액이 용매는 통과하나 용질은 통과하지 못하는 막에 의하여 분리되어 있을 때 발생한다. 막의 한쪽에서의 삼투압은 용질 입자의 몰수 n과 용액의 부피 V, 그리고 RT(기체 상수×절대 온도)와 관계가 있다: $\pi V = nRT$.

** 글루코스는 실제로 물에 역시 녹는 글루코스-6-인산(G6P)으로 나온다.

β(1→4)
linkage

OH OH
4 O 4 O
HO O O
HO 1 HO HO 1
n

그림 22.16 셀룰로스 사슬의 일부분. 글리코사이드 결합은 β(1→4)이다.

22.13C 셀룰로스

셀룰로스의 구조를 살펴보면 자연이 단위체인 글루코스를 그 기능에 알맞게 배열한 다당류의 또 다른 예를 알 수 있다.

- 셀룰로스는 매우 긴 가지 없는 사슬에서 (1→4) 형태로 연결된 D-글루코피라노스 단위를 가지고 있다. 전분이나 글리코젠과는 달리 셀룰로스의 결합은 **β-글리코사이드 결합**(β-glycosidic linkage)을 가지고 있다(**그림 22.16**).

셀룰로스의 β-글리코사이드 결합은 셀룰로스 사슬을 근본적으로 직선으로 만든다. 이들은 글루코스 중합체가 α(1→4) 모양으로 결합할 때처럼 나선 구조로 꼬이지 않는다.

셀룰로스에서 β 결합인 글루코스 단위인 직선형 배열은 —OH기가 사슬의 바깥쪽으로 균일하게 분배되도록 한다. 두 개 이상의 셀룰로스 사슬이 접촉하면 하이드록실기들이 수소 결합을 형성함으로써 사슬을 '잡아매기'에 적합하도록 놓이게 한다(**그림 22.17**). 이렇게 많은 셀룰로스 사슬들을 잡아매면 식물의 세포벽 물질로 이상적인 불용성이며 딱딱하고 실 같은 중합체가 된다.

셀룰로스 사슬의 이와 같은 특수한 성질은 β(1→4) 글리코사이드 결합 때문만은 아님을 강조해 둔다. 그것은 D-글루코스의 각 카이랄 중심에 있는 입체 화학의 완벽함 때문이다. D-갈

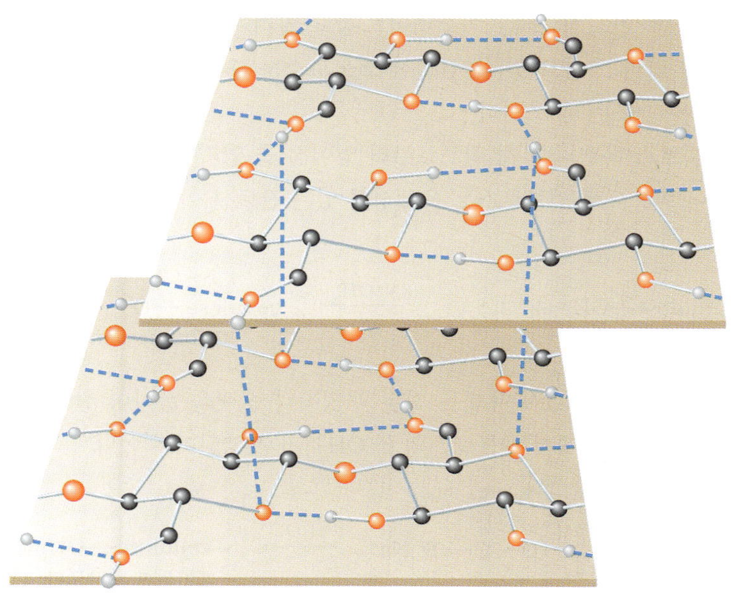

그림 22.17 셀룰로스의 제안된 구조. 셀룰로스 섬유는 β(1→4)로 연결된 글루코스 분자들의 40개의 평행인 가닥으로 되어 있다. 사슬에 있는 각 글루코스 단위는 앞서의 단위에 대해 뒤집혀져 있고, 사슬 사이에 수소 결합(점선)에 의해서 그 위치에 고정되어 있다. 글루칸 사슬은 옆으로 판상을 이루며 배열되어 있고, 이 판들이 수직으로 쌓여져 있어 글루코스 단위의 절반씩 엇갈려 있다(수소 결합을 하지 않는 수소 원자는 선명하게 보이기 위해 나타내지 않았다). (Illustration, Irving Geis. Image from the Irving Geis Collection, HHMI. Rights owned by Howard Hughes Medical Institute. Not to be reproduced without permission.)

락토스나 D-알로스 단위들이 비슷한 모양으로 연결되었다고 하면 셀룰로스 같은 성질을 가진 중간체는 틀림없이 만들어지지 않을 것이다. 그러므로 D-글루코스가 식물이나 동물의 화학에 그토록 중요한 위치를 점유하고 있는 까닭을 다시금 알 수 있다. 이것은 가장 안정한 알도헥소스일 뿐만 아니라(왜냐하면 이것의 모든 큰 치환기들이 수평인 위치를 점유하도록 의자 형태로 존재하기 때문에), 이것의 특수한 입체 화학은 전분과 같은 결합인 경우 나사선 구조를 이루고 셀룰로스처럼 β 결합인 경우 딱딱한 선형 구조를 이루는 것이다.

셀룰로스에 대한 또 다른 흥미롭고도 중요한 사실이 있다. 사람의 소화 효소는 $\beta(1\rightarrow4)$ 결합을 공격하지 못한다. 그러므로 셀룰로스는 전분과는 달리 사람의 식량 자원이 되지 못한다. 그러나 소나 흰개미들은 그들의 소화계에 있는 공생 박테리아가 β-글루코사이드 가수 분해 효소를 제공하기 때문에 셀룰로스(풀이나 나무)를 식량 자원으로 이용할 수 있다.

여기서 아마도 또 하나의 질문이 대두될 수밖에 없다. 왜 자연은 D-(+)-글루코스를 그것의 거울상인 L-(−)-글루코스 대신 특별히 선택했을까? 이에 대한 해답은 확실히 할 수 없다. D-(+)-글루코스를 선택한 것은 효소 촉매의 진화 과정에서 초기에 분별 없이 이루어진 사건일지도 모른다. 그러나 만일 이 선택이 이루어진 후 관여한 효소의 활성 위치의 입체 특이성은 D-(+)-글루코스를 선호하고 L-(−)-글루코스는 싫어하는 편파성을 유지해 왔을 것이다. [왜냐하면 L-(−) 형태는 잘 끼어 맞지 않기 때문이다.] 이러한 편파성이 일단 도입된 다음부터는 다른 촉매에도 파급되었을 것이다.

끝으로, 자연이 한 특정한 분자를 특정한 기능을 갖도록 선택한다는 말의 뜻은 진화가 분자적인 수준에서 일어난다는 것을 내포하는 뜻은 아니다. 진화는 물론 조직 집단의 수준에서 일어나고, 조직이 생존과 번식을 할 가능성을 증가시키게끔 분자를 선택하는 것이다.

22.13D 셀룰로스 유도체

수많은 셀룰로스 유도체들이 상업적으로 이용되고 있다. 이들 대부분은 각 글루코스 단위의 하이드록실기 중 2~3개가 에스터나 에터로 전환된 것이다. 이런 전환으로 물질의 물리적 성질이 대단히 변화되어 유기 용매에 녹게 되거나 실, 필름 등으로 만들 수 있다. 셀룰로스를 아세트산 무수물로 처리하면 '아르넬' 또는 '아세테이트'라고 알려진 삼아세트산 화합물이 되는데, 이것은 섬유 산업에 널리 쓰이고 있다. 삼질산 셀룰로스는 '솜화약' 또는 나이트로셀룰로스라고 부르는데, 폭약을 만드는 데 쓰인다.

레이온(rayon)은 셀룰로스(목화나 목재 펄프로부터 얻어짐)를 염기성 용액에서 이황화 탄소로 처리하여 만든다. 이 반응으로 셀룰로스는 용해성이 있는 잔트산 이온(xanthate)이 된다.

$$\text{Cellulose—OH} + CS_2 \xrightarrow{\text{NaOH}} \text{cellulose}-O-\overset{\overset{\displaystyle S}{\|}}{C}-S^-\,Na^+$$

Cellulose xanthate

Akimov Igor/Shutterstock.com

제조 공장에 있는 롤러 위의 셀로판

그다음 잔트산 셀룰로스 용액을 작은 구멍이나 슬릿을 통하여 산성 용액 속으로 넣는다. 이 과정에서 셀룰로스의 —OH기가 재생되며 실이나 판지가 된다.

$$\text{Cellulose}-O-\overset{\overset{\displaystyle S}{\|}}{C}-S^-\,Na^+ \xrightarrow{H_3O^+} \text{cellulose}-OH$$

레이온 또는 셀로판

이 실을 **레이온**이라고 부르며, 판지를 글리세롤을 가지고 유연하게 만든 것이 **셀로판**이다.

22.14 생물학적으로 중요한 당류

C6에 $-CH_2OH$기가 카복실기로 특별히 산화된 단당류 유도체를 **우론산(uronic acid)**이라고 부른다. 그 이름은 그들이 유도된 단당류에 준하여 짓게 된다. 예를 들면, 글루코스의 C6를 특별히 산화시키면 **글루코스**는 **글루쿠론산(glucuronic acid)**으로 된다. 같은 방법으로 **갈락토스**의 C6를 산화시키면 **갈락투론산(galacturonic acid)**이 만들어진다.

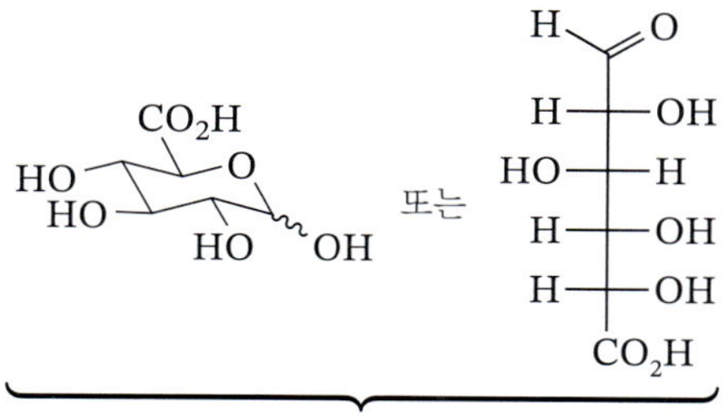

또는

D-Glucuronic acid

또는

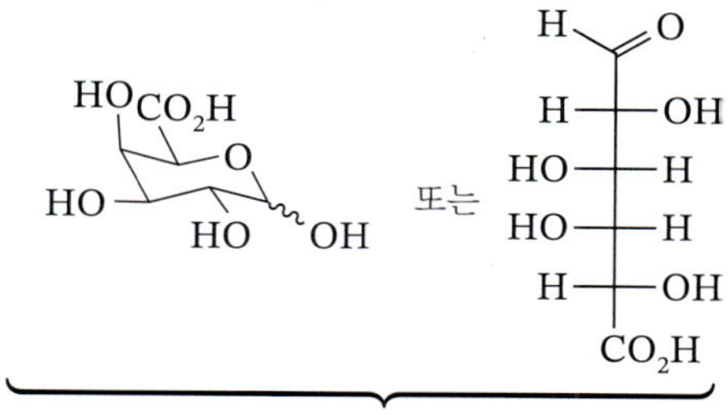

D-Galacturonic acid

> **되새김 물음 22.19**
>
> 알도스를 직접 산화시키면 알데하이드기에 먼저 영향을 주어 그것을 카복실산(22.6B절)으로 전환한다. 또 1° 알코올기를 공격하는 대부분의 산화제는 2° 알코올기도 공격할 것이다. 그렇다면 분명히 알도스로부터 우론산을 만드는 실험실적인 합성에서 이 기들을 산화 반응으로부터 보호해야 한다. 이를 염두에 두고, D-갈락토스를 D-갈락투론산으로 전환하는 특별한 산화 반응을 수행하는 방법을 제시하시오(**힌트**: 22.5E절을 보시오).

- $-OH$기가 $-H$로 대치된 단당류를 **데옥시당(deoxy sugar)**이라고 한다.

DNA에 존재하기 때문에 가장 중요한 데옥시당은 **데옥시리보스**이다. 다당류에 널리 존재하는 데옥시당은 L-람노스와 L-퓨코스가 있다.

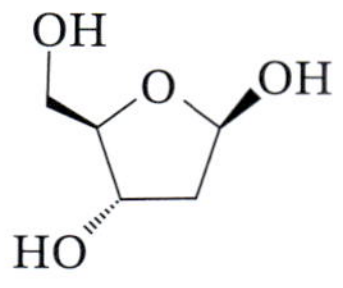

β-2-Deoxy-D-ribose

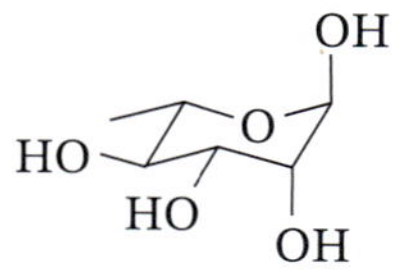

α-L-Rhamnose (6-deoxy-L-mannose)

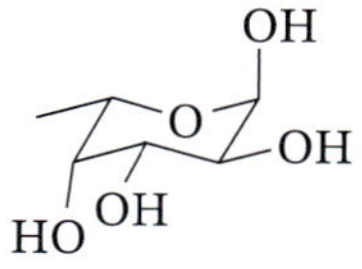

α-L-Fucose (6-deoxy-L-galactose)

22.15 질소를 포함하는 당

22.15A 글리코실아민

아노머 자리의 $-OH$를 아미노기로 치환한 당을 글리코실아민이라고 부른다. β-D-글루코피라노실아민과 아데노신(아래 구조를 보시오)이 그 예이다.

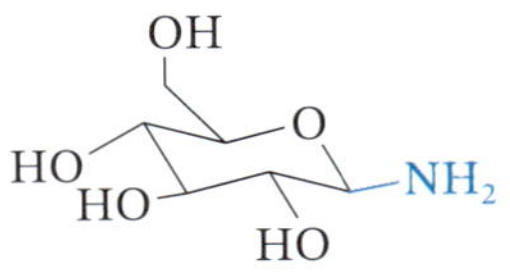

β-D-Glucopyranosylamine 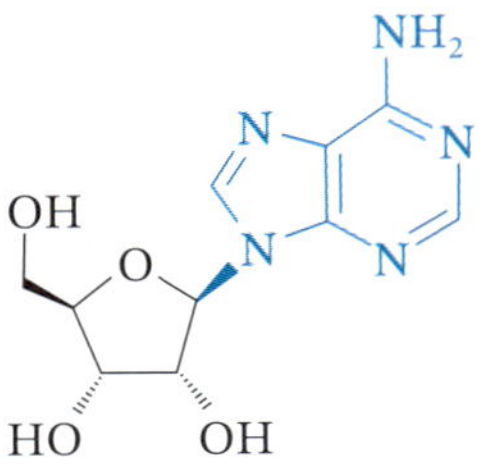 Adenosine

아데노신은 뉴클레오사이드라고 부르는 글리코실아민의 예이다.

- **뉴클레오사이드(nucleoside)**는 아미노 성분이 피리미딘이나 퓨린(20.1B절)이고 당의 성분은 D-리보스 혹은 2-데옥시-D-리보스(즉, D-리보스에서 2 위치의 산소를 뺀 것)인 글리코실아민이다.

뉴클레오사이드는 RNA(리보핵산)과 DNA(데옥시리보핵산)의 중요한 성분이다. 이들의 성질은 25.2절에서 다루게 될 것이다.

22.15B 아미노당

- 아노머 자리에 있지 않은 —OH기를 아미노기로 치환한 당을 **아미노당(amino sugar)**이라고 한다.

D-글루코사민(glucosamine)은 아미노당의 한 예이다. ***N*-아세틸-D-글루코사민(*N*-acetyl-D-glucosamine)**처럼 많은 경우에 있어서 아미노기는 아세틸화되어 있다. ***N*-아세틸뮤람산(*N*-acetylmuramic acid)**은 박테리아의 세포벽의 중요한 성분이다(24.10절).

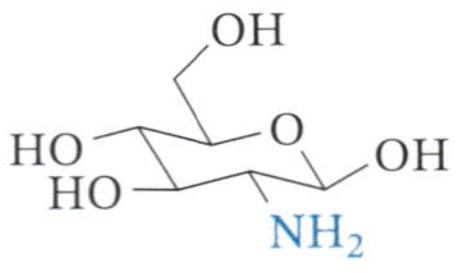

β-D-Glucosamine 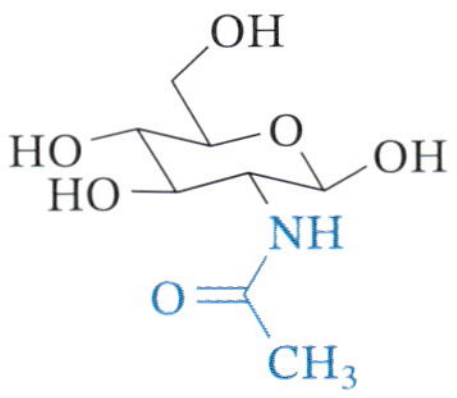 β-*N*-Acetyl-D-Glucosamine (NAG) β-*N*-Acetylmuramic acid (NAM)

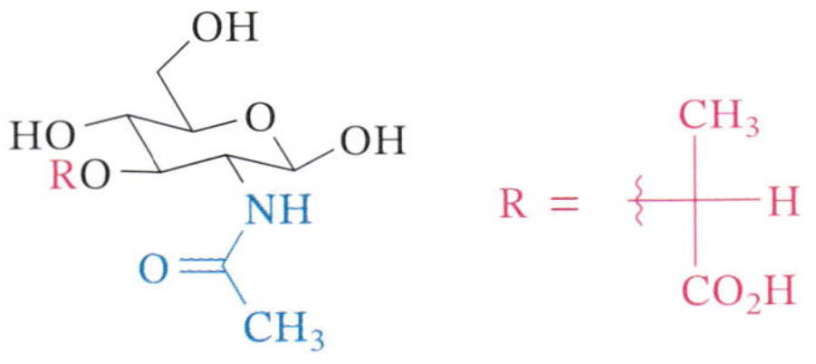

D-글루코사민은 바닷가재나 게의 껍질, 그리고 곤충이나 거미의 외장 골격 등에서 발견되는 다당류인 **키틴(chitin)**을 가수 분해하여 얻는다. 그러나 키틴에 존재하는 D-글루코사민의 아미노기는 아세틸화되어 있다. 그러므로 반복 단위는 실제로 *N*-아세틸글루코사민(**그림 22.18**)이

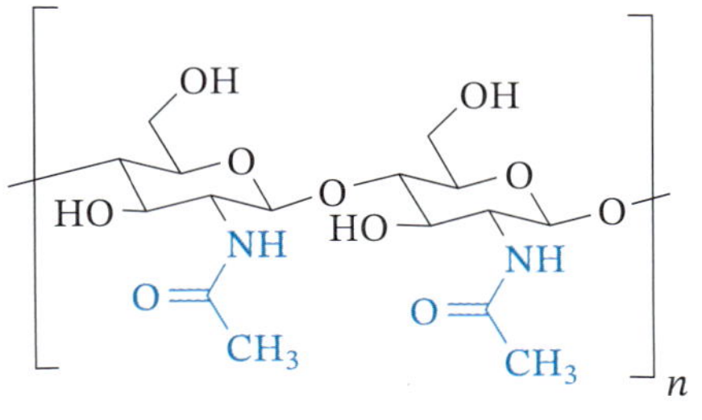

그림 22.18 키틴의 부분적인 구조. 반복 단위는 $\beta(1\rightarrow4)$로 연결된 *N*-아세틸글루코사민이다.

그림 22.19 혈액의 응고를 막는 다당류인 헤파린의 부분적인 구조

다. 키틴에서의 글리코사이드 결합은 $\beta(1\rightarrow4)$이다. X-선 분석에 의하면 키틴의 구조는 셀룰로스의 구조와 비슷하다.

D-글루코사민은 D-글루콘산-2-황산 이온과 *N*-설포-D-글루코사민-6-황산 이온(**그림 22.19**)이 교차되는 단위로 된 황산화된 다당류인 **헤파린(heparin)**으로부터 분리된다. 헤파린은 동맥의 벽에 줄지어 있는 비만 세포의 세포 내 입자 속에 존재하는데, 상처를 입었을 때 분비되는 혈액의 응고를 막아 준다. 그것의 목적은 걷잡을 수 없는 응고를 막아 주는 것 같다. 헤파린은 수술 후 환자의 혈액의 응고를 예방하기 위한 약품으로 많이 쓰인다.

22.16 세포 표면에 있는 당지질과 당단백질: 세포 인식과 면역 시스템

탄수화물은 글리코사이드 결합을 통하여 지방(23장)과 단백질(24장)에 연결되어 있음이 밝혀졌다. 이들은 각각 **당지질**(glycolipid)과 **당단백질**(glycoprotein)이라고 불리는데, 세포 나에서 광범위한 활동 기능을 가지고 있다. 실제로 모든 단백질은 당단백질이며, 탄수화물의 함량은 1% 미만부터 90% 이상까지 다양하다.

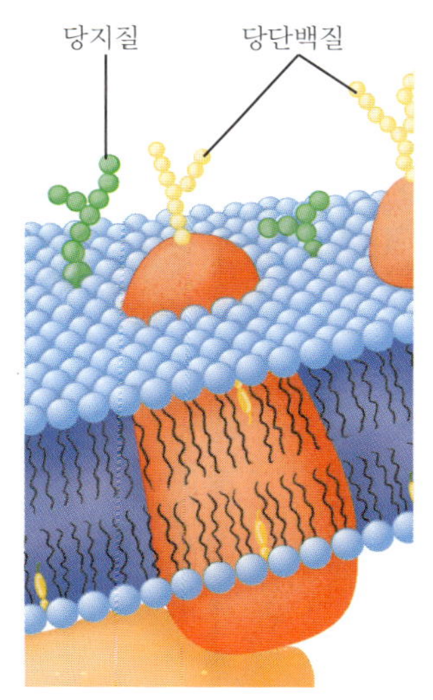

(Reprinted with permission of John Wiley & Sons, Inc., from Voet, D., and Voet, J.G. *Biochemistry*, Second Edition © 1995 Voet, D., and Voet, J.G.)

세포의 표면에 있는 당지질과 당단백질(23.6A)은 세포가 다른 세포와 상호작용하는 위트자로, 그리고 침입한 박테리아와 바이러스에 작용하는 시약처럼 행동한다. 치료와 류마치스성 관절염 같은 자가 면역 질환에 있어서 면역 시스템의 역할은 세포 표면의 탄수화물을 통한 세포 인식이 관여하고 있다. 이 역할을 하는 중요한 탄수화물은 시알릴 루이스^x 산이다('생물 화학: 순찰하는 백혈구와 시알릴 Lewis^x 산' 참조). 종양 세포도 또한 그 표면에 특정한 탄수화물 표지판을 가지고 있다. 이것 때문에 항암 백신의 개발이 가능할지도 모른다.

시알릴 루이스 Lewis^x 산

사람의 혈액형은 당지질과 당단백질 형태의 탄수화물이 생화학적인 표지판으로 행동하는 좋은 예이다. A, B, 그리고 O 혈액형은 각각 혈액 세포 표면에 있는 A, B, 그리고 H 결정 인자에 의해서 정해진다(유별난 이름인 O형은 복잡한 역사적 이유에서 나온 것이다). AB 혈액

형 세포에는 A와 B 결정 인자가 모두 있다. 이 결정 인자들은 A, B 그리고 H **항원(antigen)**의 탄수화물 부분이다.

항원은 동물에게 주입되었을 때 **항체(antibody)**가 생성되도록 하는 특성적인 화합물이다. 각 항체는 대응되는 항원 분자의 적어도 2개에 결합하여 그들이 연결되도록 한다. 적혈구의 결합으로 그들은 응집된다(함께 엉겨 붙는다). 수혈을 할 때 이런 응집으로 말미암아 혈관이 치명적으로 막힐 수도 있다.

혈액 세포에 A형 항원을 가진 사람은 anti-B 항체를 혈청 속에 가지고 있다. 혈액 세포에 B형 항원을 가진 사람은 anti-A 항체를 혈청 속에 가지고 있다. AB형 세포를 가진 사람은 A형 항원과 B형 항원을 모두 가지고 있지만, anti-A 항체나 anti-B 항체를 가지고 있지 않다. O형인 사람은 A형 항원이나 B형 항원 어느 것도 가지고 있지 않지만, anti-A 항체와 anti-B항체를 모두 가지고 있다.

A, B, 그리고 H 항원은 비환원 말단의 단당류 단위만 다르다. H형 항원(그림 22.20)은 A와 B 항원의 전구 올리고당이다. 혈액형이 A인 사람은 H인 항원의 말단 갈락토스의 3-OH기에

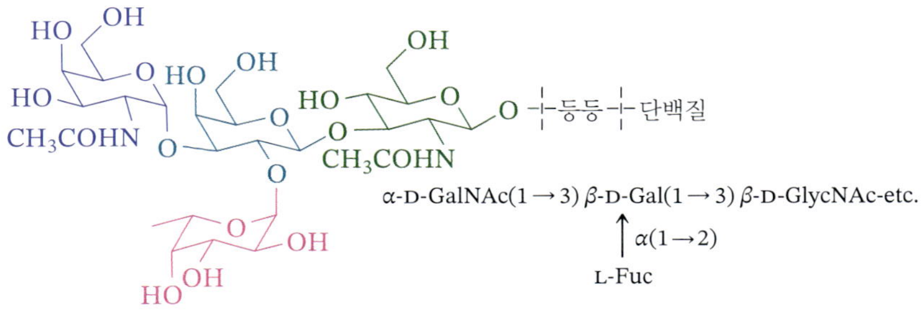

α-D-GalNAc(1 → 3) β-D-Gal(1 → 3) β-D-GlycNAc-etc.
↑ α(1 → 2)
L-Fuc

A형 결정 인자

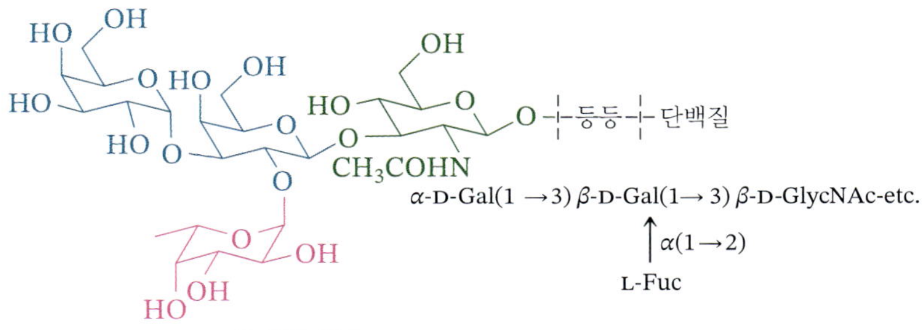

α-D-Gal(1 → 3) β-D-Gal(1 → 3) β-D-GlycNAc-etc.
↑ α(1 → 2)
L-Fuc

B형 결정 인자

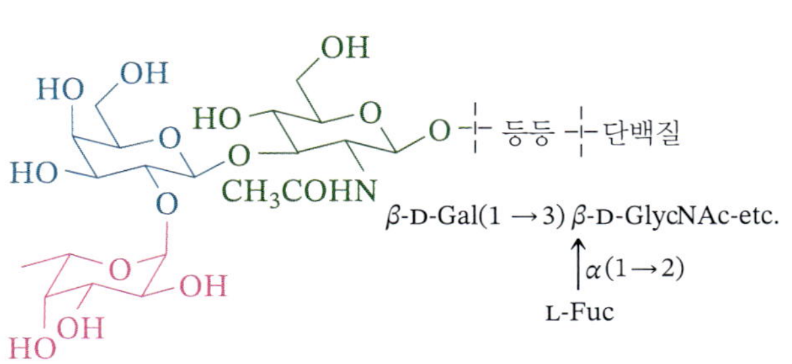

β-D-Gal(1 → 3) β-D-GlycNAc-etc.
↑ α(1 → 2)
L-Fuc

H형 결정 인자

그림 22.20 A, B, 그리고 O 혈액형에 대한 항원 결정 인자의 말단 단당류들. H형 결정 인자는 혈액형이 O형인 사람에게 존재하며 A형과 B형의 전구체이다. 이들 올리고당류 항원들은 운반 지방이나 단백질에 붙어 있고, 이런 지방이나 단백질은 적혈구 세포막에 고정되어 있다(세포막의 그림은 그림 23.9를 보시오). AC = acetyl, Gal = D-galactose, GalNAc = *N*-acetylgalactosamine, GlycNAC = *N*-acetylglucosamine, Fuc = fucose.

N-아세틸갈락토사민 단위를 특별히 첨가하도록 하는 효소를 가지고 있다. 혈액형이 B인 사람은 갈락토스를 대신 특별히 첨가하도록 하는 효소를 가지고 있다. O형인 사람은 효소의 활성이 없다.

항원–항체의 상호작용은 혈액형을 결정하는 상호작용처럼 면역 시스템의 근거가 된다. 이 상호작용은 거의 항상 항체의 당지질이나 당단백질에 의하여 항원에 있는 당지질이나 당단백질을 화학적으로 인식하는 과정이 관여한다. 이 주제에 대해서는 24장의 디자이너 촉매에 관한 서문과 '합성 화학: 촉매성 항체'(24.12절)에서 더 탐구하기로 한다.

생물 화학: 순찰하는 백혈구와 시알릴 Lewis^x 산

백혈구 세포는 순환계와 틈 공간을 계속해서 순찰하여 손상된 위치로 이동하도록 준비한다. 백혈구의 전위대는 그들의 표면에 있는 시알릴 Lewis^{x}라 불리는 탄수화물이다. 부상이 발생하면 손상 위치에 있던 세포는 셀렉틴(selectins)이라 불리는 단백질을 내보인다. 이것이 부상의 위치를 알리며 시알릴 Lewis^x 산과 결합한다. 셀렉틴과 백혈구에 있는 시알릴 Lewis^x 산 사이의 결합은 손상 부위에 백혈구가 달라붙도록 한다. 이렇게 백혈구를 모으는 것은 염증을 떨어뜨리는 데 중요한 단계이다. 이것은 치유 과정과 함께 감염에 자연적으로 대항하는 데 있어서 필수적이다. 시알릴 Lewis^x 산의 분자 모형은 위에 보였으며, 구조식은 22.16절에 나와 있다.

그러나 백혈구를 지나치게 끌어 모음으로 인하여 생기는 질병도 있다. 류마치스 관절염, 뇌졸중, 그리고 수술이나 장기 이식 도중 관류와 관련된 손상 등이 몇 가지 예이다. 이 조건에서 신체는 어떤 세포들이 협박을 받고 있다고 자각하고, 이에 따라서 염증 줄이기를 개시하도록 행동한다. 유감스럽게도 이러한 조건하에서 염증 줄이기는 이점보다는 해가 더 많다.

원치 않는 염증 줄이기의 개시를 막는 전략은 백혈구의 응착을 깨는 것이다. 이것은 시알릴 Lewis^x 산에 대한 셀렉틴의 결합 위치를 차단하면 된다. 화학자들은 결합 과정에 대한 연구를 위해서 시알릴 Lewis^x 산과 그 모즈품을 합성하였다. 이 화합물들을 통하여 인식과 결합에 필요한 시알릴 Lewis^x 산의 핵심 기능기를 확인하게 되었다. 화학자들은 결합 능력이 천연 시알릴 Lewis^x 산보다 더 큰 새로운 화합물들도 고안하고 합성하였다. 이들 중에는 결합에 필수적인 구조적 요건이 반복적으로 나타나는 중합체도 있다. 이러한 중합체는 아마도 여러 개의 시알릴 Lewis^x 산 결합 위치를 한꺼번에 점유하는 것으로 여겨진다. 그렇게 해서 단위체인 시알릴 Lewis^x 산 유사체보다 더 단단하게 결합한다.

섬세하게 조정된 분자 시료를 만들려는 이와 같은 노력은 의약품 발견과 설계에 있어서 전형적이다. 시알릴 Lewis^x 산 유사체의 경우, 화학자들은 불필요한 백혈구 응착을 차단하는 더욱 개선된 물질을 만들므로 만성적인 염증 질환의 치료법을 만들어 내기를 원하고 있다.

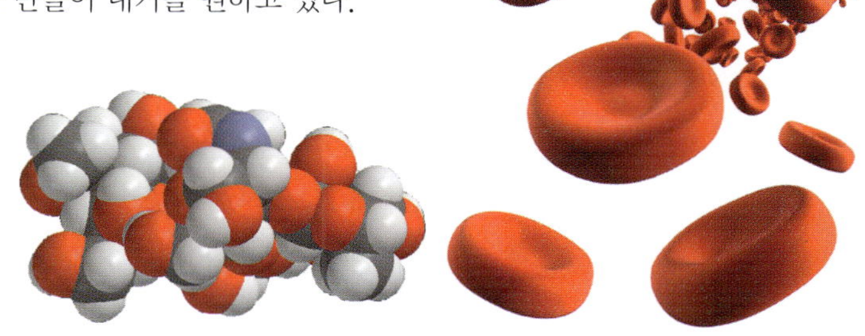
Henrik Jonsson/Getty Images

탄수화물인 시알릴 Lewis^{x}는 손상된 조직의 인식과 치료에 중요하다.

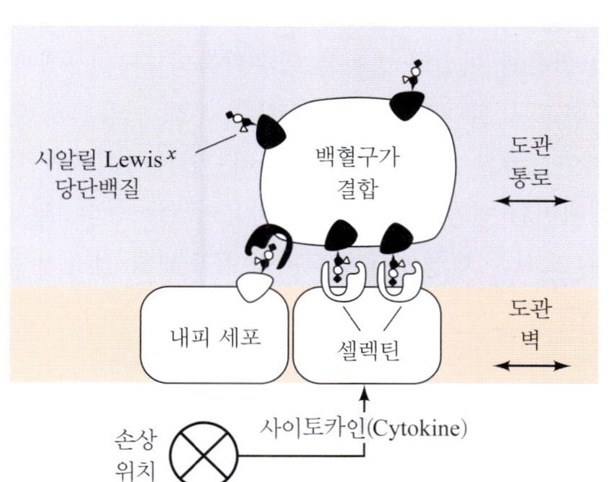

순찰하는 백혈구가 시알릴 Lewis^x 당단백질의 표면과 손상된 세포에 있는 셀렉틴 단백질 사이의 상호작용에 의해서 손상 위치에 결합한다. (Adapted from Simanek, E. E.; McGarvey, G. J.; Jablonowski, J. A.; Wong, C. A., *Chemical Reviews*, **1998**, *98*, 833–862.)

22.17 탄수화물 항생제

탄수화물 화학에서 가장 중요한 발견 중의 하나는 **스트렙토마이신**(streptomycin)이라고 부르는 탄수화물 항생제를 분리한 것이다(1944년). 스트렙토마이신은 박테리아의 단백질 합성을 중단시킨다. 이것의 구조는 아래의 3가지 소단위로 되어 있다.

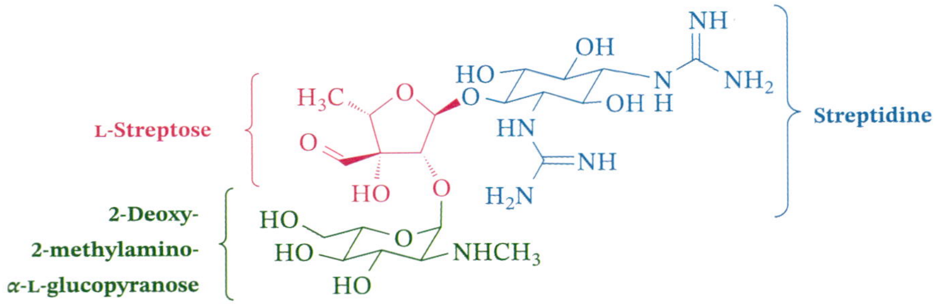

L-Streptose

Streptidine

2-Deoxy-2-methylamino-α-L-glucopyranose

세 가지 성분은 모두 특이하다. 아미노당은 L-글루코스이다. 스트렙토스는 가지 달린 사슬의 단당류이다. 스트렙티딘은 전혀 당이 아니다. 그러나 사이클로헥세인 유도체로 아미노사이클리톨이라고 부른다.

이 집단에 속하는 다른 항생제로는 카나마이신, 네오마이신, 젠타마이신 등이 있다. 이들 모두 아미노사이클리톨이 기본이며 한 개 이상의 아미노당이 연결되어 있다. 글리코사이드 결합은 거의 항상 α이다. 이 항생제는 특히 페니실린에 내성이 있는 박테리아에 대하여 효과적이다.

22.18 탄수화물의 반응에 대한 요약

탄수화물의 반응들은 몇 가지를 제외하고는 앞의 장들에서 배운, 특별히 알데하이드, 케톤, 그리고 알코올과 같은 작용기들의 반응이다. 탄수화물의 가장 중심이 되는 반응은 헤미아세탈과 아세탈의 형성 및 가수 분해 반응이다. 헤미아세탈기는 탄수화물에 있는 피라노스와 퓨라노스 고리를 형성하고, 아세탈기는 글리코사이드 유도체를 형성하며 단당류를 연결하여 이당류, 삼당류, 올리고당류, 그리고 다당류를 형성한다.

탄수화물의 다른 반응으로는 알코올, 카복실산, 그리고 이들의 유도체가 진행하는 반응들이 있다. 탄수화물의 하이드록실기를 알킬화 반응시키면 에터가 된다. 하이드록실기를 아실화 반응시키면 에스터가 생성된다. 알킬화 반응과 아실화 반응은 탄수화물의 다른 곳에서 반응이 일어나는 동안 하이드록실기를 보호하고자 할 때 사용된다. 가수 분해 반응으로 탄수화물의 에스터나 락톤 유도체들은 폴리하이드록실 형태로 되돌아간다. 알데하이드와 케톤의 엔올화 반응으로 알도스와 케토스의 에피머화 반응과 상호 전환 반응이 일어난다. 알데하이드와 케톤의 첨가 반응도 또한 중요한데, 오사존 형성에서 암모니아 유도체의 첨가 반응과 Kiliani–Fischer 합성에서 사이안화 이온의 첨가 등이 있다. Kiliani–Fischer 합성으로부터 얻어진 나이트릴의 가수 분해로 카복실산이 된다.

산화 반응과 환원 반응도 탄수화물의 화학에서 한 위치를 담당한다. 수소화붕소 환원 반응이나 촉매에 의한 수소화 반응과 같은 알데하이드와 케톤의 환원 반응은 알도스와 케토스를 알디톨로 전환시키는 데 사용된다. Tollens 시약이나 Benedict 시약에 의한 산화 반응은 당에 있는 헤미아세탈 결합을 시험하는 데 쓰인다. 브로민수는 알도스의 알데하이드기를 알돈산으로 산화시킨다. 질산은 알도스의 알데하이드기와 말단 하이드록시메틸기를 알다르산(다이카복실산)으로 산화시킨다. 끝으로, 과아이오딘산에 의한 탄수화물의 분해로 산화된 조각들이 생기는데, 이는 구조 결정에 매우 유용하다.

이 주제는 왜 중요한가?

탄수화물 유사체로 당뇨병 치료하기

미국에서는 현재 2600만 명이 당뇨병을 앓고 있고 이 병을 발발할 사람이 5000만명 더 있다고 하니 주변에 당뇨병이 있는 사람을 알게 되는 확률은 매우 높다. 당뇨병은 대사 질병으로 탄수화물인 포도당이 혈액에 지나치게 많이 있는 사람에 의해서 특징이 나타나며, 치료하지 않고 내버려 두면 신부전이나 심장 혈관 질환 같은 수많은 만성적인 문제에 이르게 된다.

당뇨병은 혈류로부터 제거하여 글리코젠으로 저장하도록 세포에게 신호를 보내서 인체의 포도당 총량을 조절하는 핵심적인 역할을 하는 인슐린(24.6B절)이라는 단백질로 인한 질병으로, 인슐린의 충분한 양이 생산되지 않거나(제1형, 또는 소아형 당뇨병) 세포에 의해서 더 이상 효과적으로 포도당 수준을 통제하게끔 인슐린이 사용되지 않을 때(제2형, 또는 성인 당뇨병) 생기는 것이다. 어느 타입이든 혈당을 가능한 한 정상 수준으로 조절하도록 치료가 만성적으로 필요하다. 제1형인 환자는 간단히 인슐린 치료로 목표를 이룰 수 있다. 그러나 제2형인 환자는 대체 요법이 흔히 필요하다. 다행히도 여러 가지 치료법이 이들에게 사용될 수 있는데, 이 방법 대부분은 포도당을 지나치게 제거하는 것(저혈당증)이나 원치 않는 체중 증가 등의 상당한 부작용이 따른다.

전 세계의 제약회사들이 제2형 환자에게서 나타나는 이러한 부작용을 대처하기 위한 치료법을 현재 연구하고 있는데, 몇 가지 최근의 결과로 D-글루코스를 지닌 천연물이 핵심적이다. 그 화합물은 플로리진(phlorizin)이다. 이 천연물은 세포에서 발견되는 여러 가지 형태의 소듐-의존성 포도당 전달 계(sodium-dependent glucose transport system, SDGT)의 방해제이다. SDGT-1이라고 알려진 이들 전달자의 어떤 것들은 몸 전체에서 발견되며, 음식으로부터 포도당 섭취를 통제하는 역할을 한다. 이것이 방해되면 혈액의 포도당이 혈류로 들어가지 않는다. SDGT-2라고 알려진 두 번째 기는 신장에 의해서 여과된 포도당을 혈류로 재섭취하도록 한다. 만일 이런 전달자 기가 방해되면 여과된 포도당은 소변으로 배출될 것이다. 두 가지 중 두 번째가 만약 방해된다면 당뇨병에 더 강력한 영향을 미칠 거라고 여겨진다. 이 화합물들은 기존의 치료법과는 다른 메커니즘으로 작용하기 때문에 원치 않는 체중 증가나 저혈당증을 일으키지 않을 거라고 예상된다.

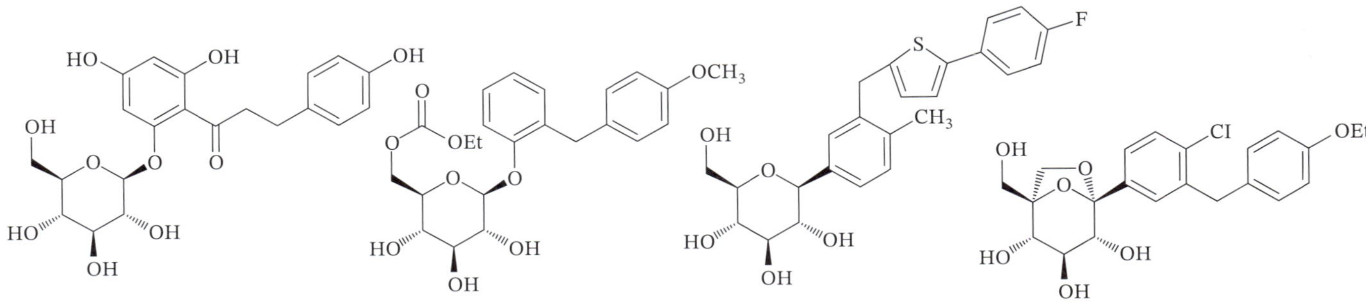

HO, OH, OH, OH, O, HO, OH, OH — **Phlorizin**

O, OEt, OCH$_3$, HO, OH, OH — **Sergliflozin**

S, F, CH$_3$, OH, HO, OH, OH — **Canagliflozin**

OH, O, Cl, OEt, HO, OH, OH — **Ertugliflozin**

기쁘게도 이 천연물의 구조를 변형시킨 새로운 분자인 서글리플로진(sergliflozin)은 세포 실험에서 SDGT-2를 선택적으로 방해하였다. 그렇지만 인간에게 투여하였을 때 이것 및 연관된 분자들은 임상 시험에서 글리코사이드 가수 분해 효소(glycosidase)에 의해서 너무 쉽게 파괴되기 때문에 폐기되었다. 이 효소는 이 약물의 당 부분과 방향족 영역 사이의 글리코사이드 결합(22.4절)을 해리시켜 불활성인 분자로 전환한다. 그렇지만 탄수화물 골격을 산소가 아니라 탄소인 결합으로 바꾼다면 글리코사이드 가수 분해 효소는 동일한 위치에서 결합을 깰 수 없다. 그 결과 새롭고도 수명이 긴 화합물인 카나글리플로진(canagliflozin)과 에르투글리플로진(ertugliflozin)이 합성되었는데, 둘 다 전진된 임상 시험에서 조사되고 있으며 매우 필요한 당뇨병 치료제가 될 것이다. 그렇게 된다면 탄수화물을 지닌 분자가 인체 속의 다른 핵심 탄수화물의 수준을 통제하는 일에 관여하게 되는 것이다.

이 주제에 대해서 더 알려면 참고하시오.

1. V. Mascitti et al, "Discovery of a Clinical Candidate from the Structurally Unique Dioxa-bicyclo[3.2.1]octane Class of Sodium-Dependent Glucose Cotransporter 2 Inhibitors." *J. Med. Chem.* **2011**, *45*, 2952-2960.
2. Chao, E. C. "Canagliflozin." *Drugs of the Future* **2011**, *36*, 351-357.

요약과 복습 도구

이 장에 대한 학습 보조 자료에는 핵심 용어와 개념, 그리고 단당류를 포함하는 반응 요약이 있다.

물음

탄수화물의 구조와 반응

22.20 아래 각각을 설명해 주는 적당한 구조를 쓰시오.

(a) 알도헥소스
(b) 케토테트로스
(c) 글리코사이드
(d) D-단당류
(e) 알디톨
(f) 알다르산
(g) 글루코노락톤
(h) β-피라노스
(i) 피라노사이드
(j) 퓨라노스
(k) 퓨라노사이드
(l) 에피머
(m) 아노머
(n) 페닐오사존
(o) 이당류
(p) 다당류
(q) 비환원당

22.21 아래 각각의 형태 구조식을 그리시오.

(a) α-D-알트로피라노스
(b) 메틸 β-D-알트로피라노사이드
(c) 메틸 2,3,4,6-테트라-*O*-메틸-β-D-알트로피라노사이드

22.22 D-리보스의 퓨라노스와 피라노스 구조를 그리시오. 과아이오딘산 산화 반응을 이용하여 메틸 리보퓨라노사이드와 메틸 리보피라노사이드를 어떻게 구별할 수 있는지 보이시오.

22.23 한 참고서는 D-만노스를 우선성이라고 수록했고 다른 참고서는 좌선성이라고 수록했는데, 둘 다 맞는다. 이 사실을 설명하시오.

22.24 바이타민 C는 상업적으로 합성하기 위한 재료는 L-소르보스(sorbose)이다(아래 반응을 보시오). 이것은 D-글루코스로부터 아래의 반응 순서를 거쳐서 합성될 수 있다.

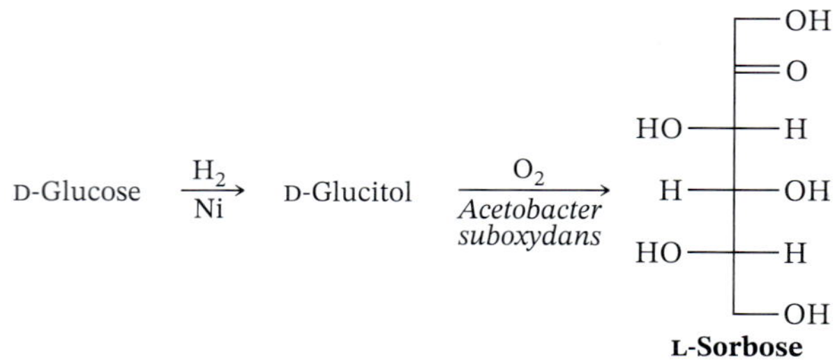

이 순서에서 두 번째 단계는 박테리아에 의한 산화 반응이다. 미생물인 Acetobacter suboxydans는 이 단계를 90% 수율로 완결시킨다. 이 합성의 전체적인 결과는 D-알도헥소스(D-글루코스)를 L-케토헥소스(L-소르보스)로 변형하는 것이다. 이 박테리아에 의한 산화 반응의 특이성은 무엇인가?

22.25 D-소르보스의 페닐오사존과 똑같은 것을 만드는 두 알도스는 무엇인가?

22.26 프룩토스(되새김 물음 22.12)와 소르보스(물음 22.24) 이외에도 두 가지 다른 2-케토헥소스인 사이코스(psicose)와 타가토스(tagatose)가 있다. L-사이코스는 L-알로스(또는 L-알트로스)와 똑같은 페닐오사존을 형성하고, L-타가토스는 L-갈락토스(또는 L-탈로스)와 똑같은 페닐오사존을 만든다. L-사이코스와 L-타가토스의 구조는 무엇인가?

22.27 **A**, **B**, 그리고 **C**는 세 가지 알도헥소스이다. **A**와 **B**는 수소와 촉매에 의해서 환원되어 똑같이 광학적으로 활성인 알디톨을 만든다. **A**와 **B**는 페닐하이드라진과 반응하여 다른 페닐오사존을 만든다. **B**와 **C**는 같은 페닐오사존을 만들지만 다른 알디톨이 된다. 이들 모두 D인 당이라고 가정하고, **A**, **B**, **C**의 구조와 이름을 쓰시오.

22.28 많은 종류의 딸기에서 발견되는 자일리톨은 무당 츄잉껌에 쓰이는 감미료이다. $NaBH_4$로 D-자일로스를 환원시켜 얻을 수 있다는 점을 고려하여 자일리톨의 구조를 그리시오.

22.29 단당류는 염기 속에서 복잡한 이성질화 반응을 일으키지만(22.5A절 참조), 알돈산은 피리딘과 가열되었을 때는 특별히 C2에서 에피머화된다. 이 반응을 이용하여 어떻게 D-글로스로부터 D-아이도스를 합성할 수 있는지 보이시오.

22.30 알도피라노스의 가장 안정한 형태는 가장 큰 기($-CH_2OH$기)가 수평인 것이다. 그러나 D-아이도피라노스는 $-CH_2OH$기가 수직인 형태로 존재한다. α-D-아이도피라노스의 두 가지 의자 형태(하나는 $-CH_2OH$기가 수직인 것과 또 하나는 $-CH_2OH$기가 수평인 것)를 그리고, 설명하시오.

구조 추정

22.31 **(a)** D-알트로스를 묽은 산과 함께 가열하면 비환원성인 **무수당**($C_6H_{10}O_5$)이 생긴다. 이 무수당을 메틸화 반응시키고 산으로 가수 분해하면 2,3,4-트라이-*O*-메틸-D-알트로스가 된다. 무수당은 $-CH_2OH$기가 수직인 β-D-알트로피라노스의 의자 형태를 통하여 형성된다. 무수당의 구조는 무엇이며, 그것은 어떻게 형성되었는가? **(b)** D-만노스로 무수당을 형성하기는 하지만, 반응 조건은 D-알트로스에 대응되는 조건보다 훨씬 격렬해야 한다. 이것을 설명하시오.

22.32 아래의 실험적 증거로 어떻게 락토스(22.12D절)의 구조를 연역해 낼 수 있는지 설명하시오.

1. 락토스($C_{12}H_{22}O_{11}$)의 산 가수 분해로 D-글루코스와 D-갈락토스가 같은 양 생긴다. 락토스는 β-갈락토사이드 가수 분해 효소에 의해서도 비슷한 가수 분해 반응을 한다.
2. 락토스는 환원당이며 페닐오사존을 만든다. 이것을 변광 회전을 한다.
3. 락토스를 브로민수로 산화 반응한 다음 묽은 산으로 가수 분해하면 D-갈락토스와 D-글루콘산이 된다.
4. 락토스를 브로민수에 의한 산화 반응 다음 메틸화 반응과 이어 가수 분해를 하면 2,3,6-트라이-*O*-메틸글루코노락톤과 2,3,4,6-테트라-*O*-메틸-D-갈락토스가 된다.
5. 락토스를 메틸화 반응시키고 가수 분해하면 2,3,6-트라이-*O*-메틸-D-글루코스와 2,3,4,6-테트라-*O*-메틸-D-갈락토스가 된다.

22.33 아래의 자료로부터 이당류인 **멜리비오스**(melibiose)의 구조를 연역해 보시오.

1. 멜리비오스는 환원당이고 변광 회전을 하며, 페닐오사존을 형성한다.
2. 멜리비오스를 산이나 α-갈락토사이드 가수 분해 효소로 가수 분해하면 D-갈락토스와 D-글루코스가 된다.
3. 멜리비오스를 브로민수로 산화시키면 멜리비온산이 된다. 멜리비온산은 가수 분해하면 D-갈락토스와 D-글루콘산이 된다. 멜리비온산을 메틸화 반응시키고 가수 분해하면, 2,3,4,6-테트라-*O*-메틸-D-갈락토스와 2,3,4,5-테트라-*O*-메틸-D-글루콘산이 된다.
4. 멜리비오스를 메틸화 반응시킨 다음 가수 분해시키면 2,3,4,6-테트라-*O*-메틸-D-갈락토스와 2,3,4-트라이-*O*-메틸-D-글루코스가 된다.

22.34 트레할로스(trehalose)는 효모, 곰팡이, 조류, 박테리아, 곤충, 그리고 많은 식물 등으로부터 얻어지는 이당류이다. 아래의 자료로부터 트레할로스의 구조를 연역해 보시오.

1. 트레할로스는 비환원당이다. 이것은 변광 회전을 하지 않고 페닐오사존도 만들지 않으며, 브로민수와도 반응하지 않는다.
2. 트레할로스를 산으로 가수 분해하면 2몰 당량의 D-글루코스가 생긴다.
3. 트레할로스는 α-글루코사이드 가수 분해 효소에 의해서만 가수 분해되고, β-글루코사이드 가수 분해 효소와는 반응하지 않는다.

4. 트레할로스를 메틸화 반응시킨 다음 가수 분해하면 2몰 당량의 2,3,4,6-테트라-*O*-메틸-D-글루코스가 된다.

22.35 아래 각각을 구별하는 화학 시험 방법을 요약하시오.

(a) D-Mannose와 D-mannitol

(b) D-Mannitol과 D-mannaric acid

(c) D-Glucose와 D-fructose

(d) D-Glucose와 D-galactose

(e) Sucrose와 cellobiose

(f) Maltose와 maltonic acid

(g) α-D-Glucopyranose (즉, D-glucose)와 methyl α-D-glucopyranoside

(h) Methyl α-D-ribofuranoside (**I**)과 methyl 2-deoxy-α-D-ribofuranoside (**II**):

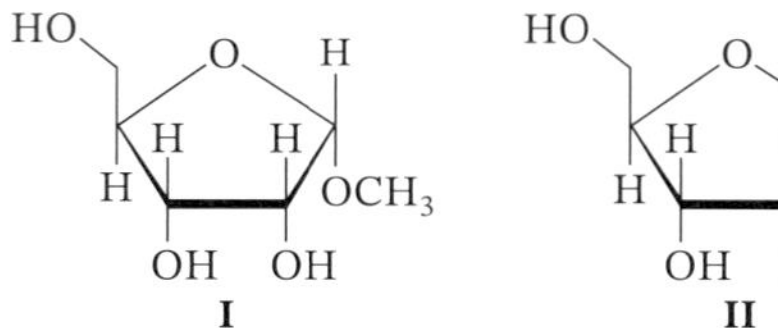

22.36 *Schardinger dextrins*라고 부르는 한 집단의 올리고당이 간상균을 아밀로스가 풍부한 매체에서 배양할 때 *Bacillus macerans*로부터 분리된다. 이 올리고당은 모두 **비환원성**이다. 전형적인 Schardinger dextrin은 산이나 α-글루코사이드 가수 분해 효소로 처리하면 가수 분해하여 6, 7, 또는 8개의 분자의 D-글루코스를 만든다. Schardinger dextrin을 완전히 메틸화 반응시킨 다음 산에 의한 가수 분해를 하면 단지 2,3,6-트라이-*O*-메틸-D-글루코스만 된다. Schardinger dextrin의 일반적인 구조를 제시하시오.

22.37 **아이소말토스**(isomaltose)는 아밀로펙틴의 효소에 의한 가수 분해로 얻어지는 이당류이다.

(a) 아래의 자료로부터 아이소말토스의 구조를 연역해 보시오.

1. 1몰의 아이소말토스를 산이나 α-글루코사이드 가수 분해 효소로 가수 분해하면 2몰의 D-글루코스가 얻어진다.

2. 아이소말토스는 환원당이다.

3. 아이소말토스는 브로민수에 의하여 산화하여 아이소말톤산이 된다. 아이소말톤산을 메틸화 반응시키고 이어 가수 분해하면 2,3,4,6-테트라-*O*-메틸-D-글루코스와 2,3,4,5-테트라-*O*-메틸-D-글루콘산이 된다.

4. 아이소말토스 자체를 메틸화 반응시키고 가수 분해하면 2,3,4,6-테트라-*O*-메틸-D-글루코스와 2,3,4-트라이-*O*-메틸-D-글루코스가 된다.

22.38 **스타키요스**(stachyose)는 여러 종류의 식물의 뿌리에 존재한다. 스타키요스의 구조를 아래의 자료로부터 연역해 보시오.

1. 1몰의 스타키요스를 산으로 가수 분해하면 2몰의 D-갈락토스와 1몰의 D-글루코스, 1몰의 D-프룩토스가 된다.

2. 스타키요스는 비환원당이다.

3. 스타키요스를 α-갈락토사이드 가수 분해 효소로 처리하면 D-갈락토스와 슈크로스, 그리고 비환원성인 **라피노스**(raffinose)라고 부르는 삼당류 등의 혼합물이 된다.

4. 라피노스를 산으로 가수 분해하면 D-글루코스, D-프룩토스, 그리고 D-갈락토스가 된다. 라피노스를 α-갈락토사이드 가수 분해 효소로 처리하면 D-갈락토스와 슈크로스가 된다. 라피노스를 인버테이스(슈크로스를 가수 분해하는 효소)로 처리하면 프룩토스와 **멜리비오스**(물음 22.33 참조)가 된다.

5. 스타키요스를 메틸화 반응한 다음 가수 분해하면 2,3,4,6-테트라-*O*-메틸-D-갈락토스, 2,3,4-트라이-*O*-메틸-D-갈락토스, 2,3,4-트라이-*O*-메틸-D-글루코스, 그리고 1,3,4,6-테트라-*O*-메틸-D-프룩토스가 된다.

분광학

22.39 **아르부틴**(arbutin)은 bearberry(월귤나무 일종), cranberry(덩굴월귤), 그리고 배나무 잎으로부터 분리된 화합물로 분자식이 $C_{12}H_{16}O_7$이다. 아르부틴을 산 수용액이나 β-글루코사이드 가수 분해 효소로 처리하면 D-글루코스와 분자식이 $C_6H_6O_2$인 화합물 **X**가 생긴다. 화합물 **X**의 ^{1}H NMR 스펙트럼은 두 개의 단일선, δ 6.8 ppm(4H)와 δ 7.9 ppm(2H)로 되어 있다. 아르부틴을 메틸화 반응시킨 다음 산 가수 분해하면 2,3,4,6-테트라-*O*-메틸-D-글루코스와 화합물 **Y**($C_7H_8O_2$)가 된다. 화합물 **Y**는 묽은 NaOH 수용액에 녹으며 $NaHCO_3$ 수용액에는 녹지 않는다. **Y**의 ^{1}H NMR 스펙트럼은 δ 3.9 ppm(3H)의 단일선, δ 4.8 ppm(1H)의 단일선, 그리고 δ 6.8 ppm(4H)의 다중선(마치 단일선처럼 보임)으로 되어 있다. 화합물 **Y**를 NaOH 수용액과 $(CH_3)_2SO_4$로 처리하면 화합물 **Z**($C_8H_{10}O_2$)가 된다. **Z**의 ^{1}H NMR 스펙트럼은 두 개의 단일선, δ 3.75 ppm(6H)와 δ 6.8 ppm(4H)로 되어 있다. 아르부틴의 구조와 화합물 **X**, **Y**, **Z**의 구조를 제시하시오.

22.40 D-알도펜토스 **A**를 Ruff 분해시키면 알도테트로스 **B**가 된다. 알도테트로스 **B**를 $NaBH_4$로 환원시키면 광학적 활성을 지닌 알디톨이 된다. 이 알디톨의 ^{13}C NMR 스펙트럼은 단 2개의 신호를 보인다. **A**를 $NaBH_4$로 직접 환원시켜 얻어진 알디톨은 광학적 활성이 없다. **A**를 Kiliani–Fischer 합성법의 출발 물질을 사용하여 두 개의 부분 입체 이성질체인 알도헥소스 **C**와 **D**가 생성된다. $NaBH_4$로 환원시키면 **C**는 알디톨 **E**가 되고, **D**는 **F**가 된다. **E**의 ^{13}C NMR 스펙트럼에는 3개의 신호가 있고 **F**에는 6개가 있다. **A**~**F**의 구조를 제시하시오.

22.41 D-(+)-만노스를 $NaBH_4$로 환원하면 D-만니톨이 형성된다. D-만니톨은 미량의 산이 들어 있는 아세톤에 녹이고 이 반응 생성물을 이어서 $NaIO_4$로 산화시키면, ^{13}C NMR 스펙트럼이 6개의 신호를 가진 화합물이 생성된다. 이 신호 중 하나는 200 ppm 부근에 있다. 이 화합물의 구조는 무엇인가?

22.42 그림 22.21은 D-(+)-만노스를 미량의 산을 포함한 아세톤과 반응시켜 얻은 생성물의 ^{13}C NMR 스펙트럼이다. 이 화합물은 만노퓨라노스로, 몇 개의 하이드록실기는 아세톤 아세탈(아세토나이드)로 보호되어 있다. ^{13}C NMR 스펙트럼을 사용하여 몇 개의 아세토나이드기가 이 화합물에 존재하는지 결정하시오.

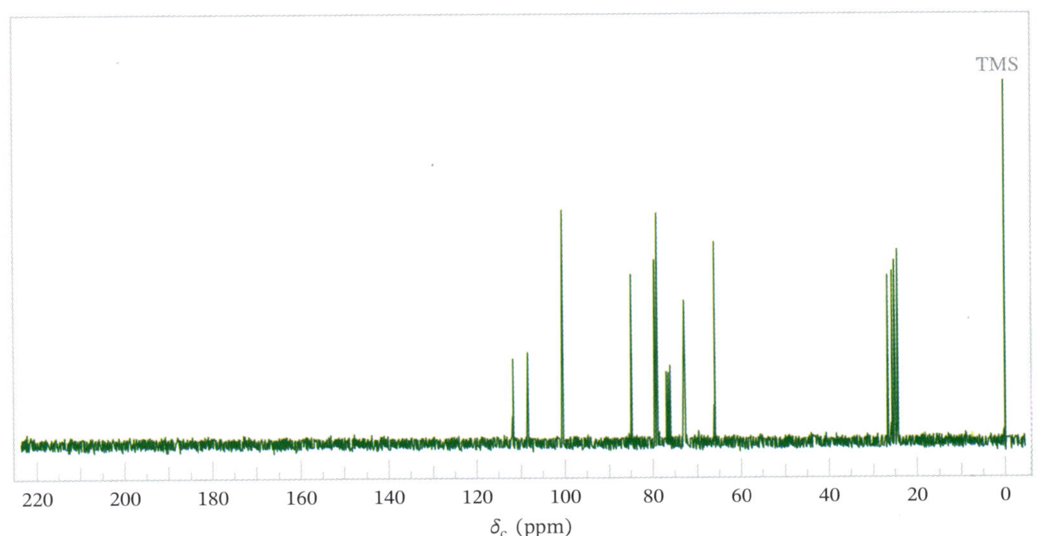

그림 22.21 물음 22.42의 반응 생성물의 넓은 띠 양성자-짝풀린 ^{13}C NMR 스펙트럼

도전 물음

22.43 에틸 2,3-안하이드로-D-리보퓨라노사이드 **I**의 두 아노머 중 α 형태가 유별나게 낮은 끓는점을 가졌다. 구조식을 이용하여 이 사실을 설명하시오.

I

22.44 아래의 반응은 2-데옥시-D-리보스 **IV**의 합성 방법이다(1955년 Smith가 발표).

D-Glucose → (아세톤, 무수 $CuSO_4$) → (MsCl, pyr) → **II** → (H_3O^+) → **III** → (HO^-, H_2O) → **IV**

(a) II와 **III**의 구조는 무엇인가?

(b) III을 **IV**로 전환하는 반응 메커니즘을 제시하시오.

22.45

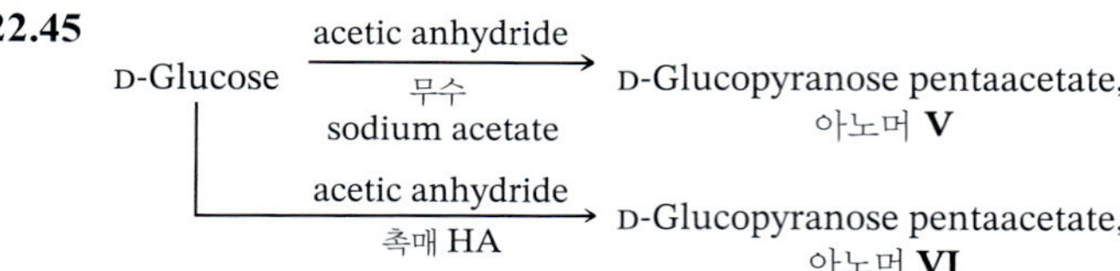

두 아노머의 ^{1}H NMR 자료는 δ 2.0~5.6 ppm 영역에서 매우 비슷한 피크들을 보이지만 가장 큰 δ 피크가 다른데, 아노머 **V**는 δ 5.8 ppm(1H, J = 12 Hz)에서 이중선을, **VI**은 δ 6.3 ppm(1H, J = 4 Hz)에서 이중선을 보인다.

(a) 이 아노머들의 어느 양성자가 가장 높은 δ 값을 가질 것으로 예상되는가?

(b) 이 양성자들의 신호는 왜 이중선으로 나타나는가?

(c) 관찰된 짝지음 상수의 크기와 C—H 결합과 이웃한 C—C 결합 사이의 이면각(Newman 투영식을 사용하여 계산) 사이의 관계는 Karplus 식으로 주어진다. 이 식에 따르면, 수직–수직 관계는 짝지음 상수가 약 9 Hz(관찰된 범위는 8~14 Hz)이고 수평–수직 관계는 짝지음 상수가 약 2 Hz(관찰된 범위는 1~7 Hz)이다. **V**와 **VI** 중 어느 것이 α 아노머이고 어느 것이 β 아노머인가?

(d) V와 **VI** 각각의 가장 안정한 형태를 그리시오.

학습 집단을 위한 물음

1. (a) 저칼로리 감미료 부류 중 하나는 폴리올(polyol)이라고 불린다. 이런 폴리올 감미료 한 가지의 화학적인 합성에는 한 이당류의 환원으로 부분 입체 이성질체인 글리코사이드 혼합물이 되는 반응이 관여한다. 부분 입체 이성질체인 글리코사이드의 알코올(실제로는 폴리올) 부분은 최초 이당류에 있는 당 골격 중의 하나로부터 온 것이다. 감미료의 전메틸화 반응(예로, 수산화 이온 존재하에서 황산 다이메틸과 반응)에 이어 가수 분해를 시키면 2,3,4,6-테트라-O-메틸-α-D-글루코피라노스, 1,2,3,4,5-펜타-O-메틸-D-소르비톨, 그리고 1,2,3,4,5-펜타-O-메틸-D-만니톨이 2 : 1 : 1의 비율로 생성된다. 이러한 정보에 근거하여 이 폴리올 감미료의 부분 입체 이성질체인 혼합물을 이루는 두 가지 이당류 글리코사이드의 구조를 유추하시오.

(b) 이 감미료의 두 이당류 글리코사이드가 한 가지 이당류인 출발 물질의 환원(예: $NaBH_4$에 의한 환원)으로부터 온 것이라는 사실을 알았다면, 환원 단계에 있는 이당류 **반응물**의 구조는 무엇이었는가? 이 화합물의 환원 반응으로 어떻게 두 글리코사이드가 생성되는지를 설명하시오.

(c) 2,3,4,6-테트라-O-메틸-α-D-글루코피라노스에 대한 에너지가 가장 낮은 의자 형태의 구조를 쓰시오.

2. 시킴산(shikimic acid)은 식물이나 미생물에서 핵심적인 생합성 중간체이다. 자연에서 시킴산은 코리슴산(chorismate)으로 전환되는데, 이것은 프리펜산(prephenate)으로 전환되고, 궁극적으로 방향족 아미노산과 식물과 미생물의 다른 대사 물질로 전환된다. 시킴산이 관여하는 생합성에 대한 연구 과정에서 Floss(University of Washington)는 표지된 탄소 원자가 나중에 생화학적인 변형에서 어떻게 되는지를 추적하기 위해서 ^{13}C로 표지된 시킴산이 필요하게 되었다. 표지된 시킴산을 합성하기 위해서 Floss는 Fleet(Oxford University)에 의해서 일찍이 보고된 D-만노스로부터 광학적으로 활성인 시킴산을 합성하는 방법을 응용하기로 하였다. 이 합성은 천연 당이 광학 활성을 지닌 목표 물질을 화학적으로 합성하는 데 어떻게 쓰이는지를 보여 주는 중요한 예이다. 이것은 탄수화물 화학에 있어서 고전적인 반응의 훌륭한 예이기도 하다. D-만노스로부터 D-(−)-[1,7-^{13}C]-시킴산을 합성하는 Fleet–Floss 합성법이 도표 1에 제시되어 있다.

(a) D-만노스와 **2** 사이에서 일어나는 여러 가지 변형에 대해서 언급하시오. 무슨 새로운 작용기가 형성되었는가?

(b) 2 → 3, 3 → 4, 그리고 **4 → 5** 단계에서 무엇이 이루어지고 있는가?

(c) 화합물 **9**(**5**를 **6**으로 전환시키는 데 쓰이는 시약)의 구조를 유추하시오. 이것은 5에 있는 트라이플루오로메테인설폰산 이온(트리플레이트 이온) 기를 치환하는 탄소 음이온이다. 최종 생성물에서 요구된 ^{13}C 원자를 가져온 것이 화합물 **9**였음을 주목하시오.

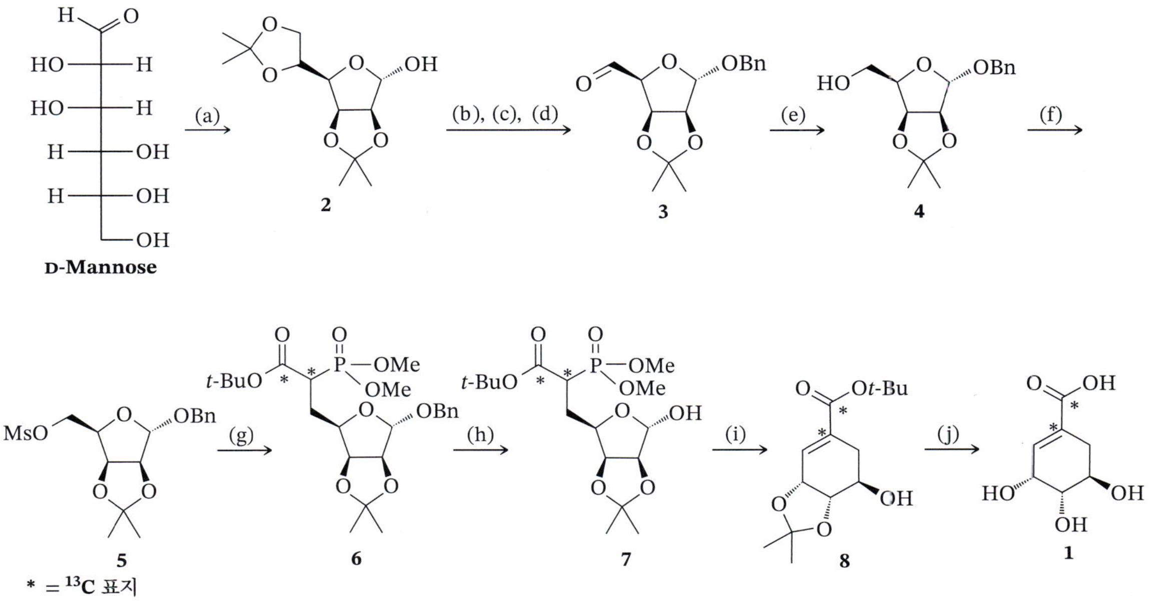

도표 1 Fleet 등의 경로를 바탕으로 하여 Floss가 행한 D-(−)-[1,7-^{13}C]-시킴산 (1)의 합성. 반응 조건 (a) acetone, HA; (b) BnCl, NaH; (c) HCl, MeOH 수용액; (d) $NaIO_4$; (e) $NaBH_4$; (f) $(CF_3SO_2)_2O$, pyridine; (g) **9**, NaH; (h) $HCOO^-NH_4^+$, Pd/C; (i) NaH; (j) 60% CF_3COOH 수용액.

개념 지도

단당류가 관여하는 반응의 요약

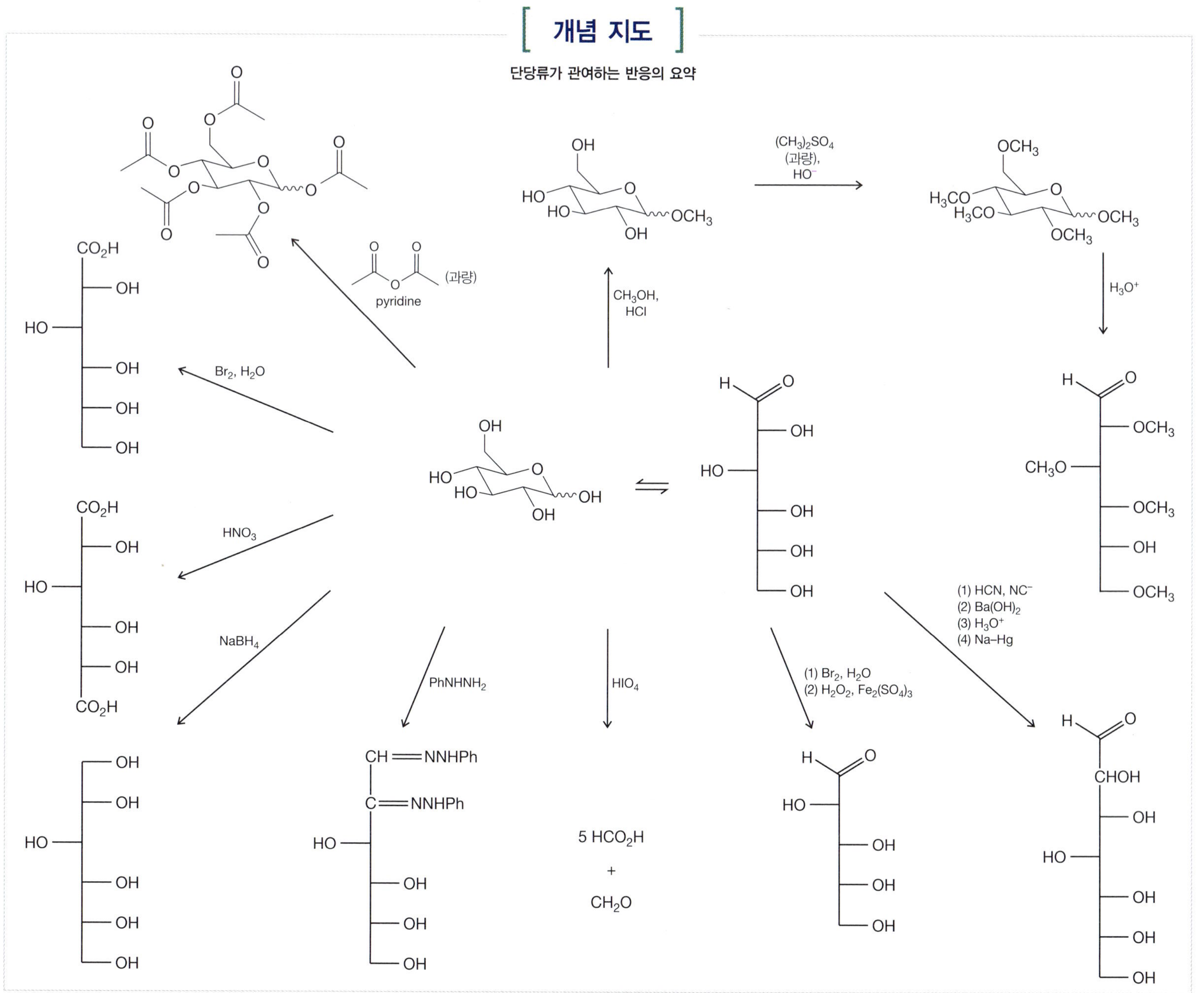

CHAPTER 23

지질

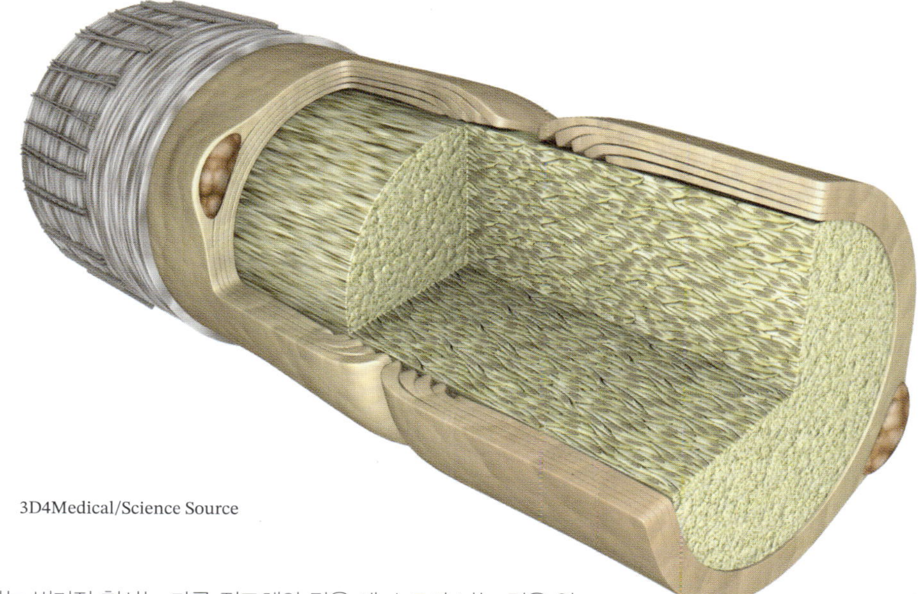

3D4Medical/Science Source

전선으로 작업을 해보았다면 전기가 통하는 벗겨진 철사는 다른 전도체와 닿을 때 쇼트가 나는 것을 안다. 불이 나거나 전기 기사에게 부상을 줄 수 있기 때문에 전기 철사는 플라스틱 같은 비전도체로 절연되어 있다. 인체에서 전기 신호는 신경세포들 사이에 연결을 통해서 유사하게 일어난다. 거기서 덮개는 축삭 돌기라는 길고 가느다란 신경 섬유를 겹겹이 싼 마이엘린 덮개로 이루어진 지방이 풍부한 세포에 의해서 제공된다. 횡단면에서 마이엘린 덮개의 세포는 절단된 나무줄기에 있는 고리와 비슷하다. 그리고 신경세포 축삭 돌기를 절연함으로써 마이엘린 덮개는 전기 신호의 신경계에서 전체적인 속도를 증가시키거나 충격을 준다(속도는 초당 100미터까지 도달할 수 있다). 마이엘린 덮개는 적절한 신경 기능에 있어서 결정적이다. 예를 들면, 탈마이엘린화라고 알려진 조건인 신경을 조금만 덮게 되면 자동 면역 이상인 다발성 경화증을 일으키는데, 이 조건은 여러 장애 가운데 대개 근육 운동에 심각한 장애를 가져온다. 이 지방이 너무 많아도 또한 문제를 일으키는데, 3세 미만의 어린이에게 치명적인 테이삭스병(Tay Sach's disease, 흑내장 가족성 백치)에 걸릴 수 있다. 이 장에서 보겠지만, 지방은 수많은 다양한 생화학적인 역할을 하며, 흔히 천연자원으로부터 얻어지며, 여러 핵심 기능을 조절하는 스테로이드라는 분자들도 지방의 특별한 부류이다.

이 장에서 배울 내용:

- 여러 지질의 구조와 성질
- 중요한 지질의 선별된 예와 그들의 기능
- 지질을 바탕으로 하는 분자들이 스테로이드, 왁스, 다른 신호 분자를 포함한 독특한 탄소 골격의 전구체로 기여하는 방법

이 주제는 왜 중요한가?

이 장의 끝에서 하나의 특별한 스테로이드가 고전 그리스 신화를 설명할 수 있을 뿐만 아니라 새로운 암 치료제로서의 가능성을 갖고 있음을 모두 보게 될 것이다.

23.1 서론

지질(lipid)은 생물로부터 온 것으로 클로로폼이나 다이에틸 에터와 같은 무극성 용매에 녹는다. 지질(lipid)이란 이름은 그리스어 '*lipos*'에서 온 것으로 '지방'이란 뜻이다. 탄수화물이나 단백질이 그들의 구조에 의해서 정의되는 것과는 달리, 지방은 그것을 분리하는 데 사용되는 물리적 과정에 의해서 정의된다. 그러므로 지방이 다양한 구조적인 형태를 포함하고 있을 것임은 전혀 놀라운 것이 못된다. 그 예들은 아래와 같다.

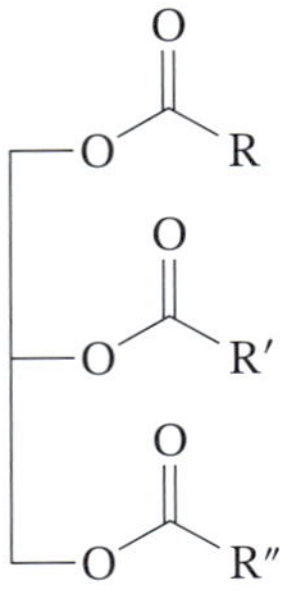

지방이나 유지
(트라이아실글리세롤)

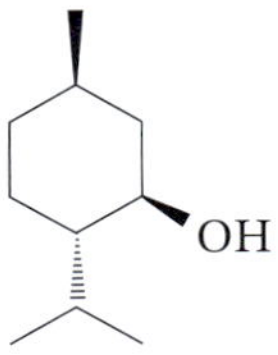

Menthol
(터펜류)

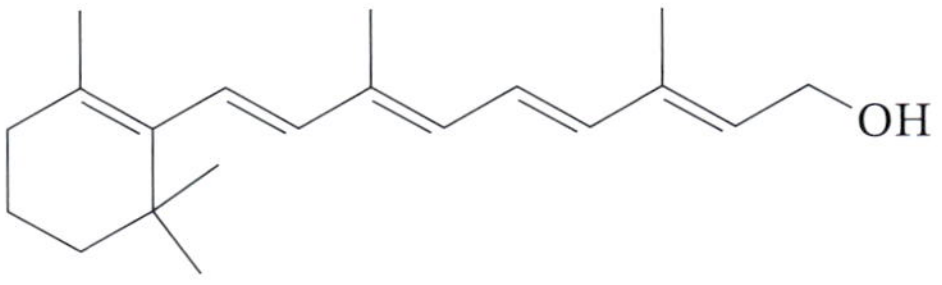

Vitamin A
(터펜류)

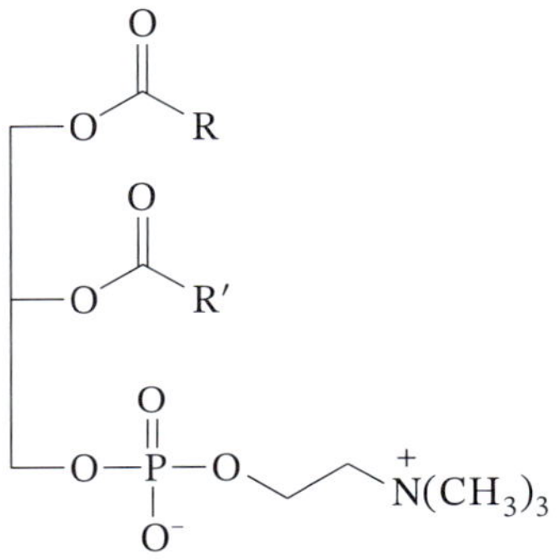

$N(CH_3)_3$

레시틴 화합물
(포스파타이드)

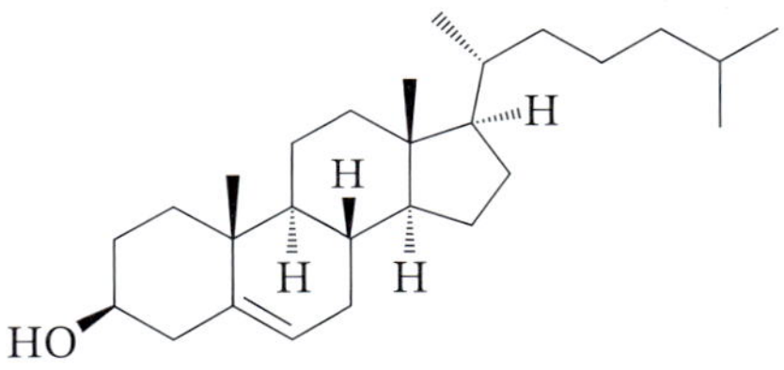

Cholesterol
(스테로이드)

23.2 지방산과 트라이아실글리세롤

전체 지방 성분 중 무극성 용매로 추출하여 얻어진 극히 일부만이 긴 사슬의 카복실산으로 되어 있다. 생명체로부터 온 카복실산의 대부분은 **글리세롤의 에스터**, 즉 **트라이아실글리세롤(triacylglycerol)**로 발견된다(**그림 23.1**).*

트라이아실글리세롤은 식물의 유지나 동물로부터 온 지방이다. 흔한 물질인 땅콩기름, 콩기름, 옥수수기름, 해바라기기름, 버터, 돼지기름, 쇠기름 등이 있다.

- 실온에서 액체인 트라이아실글리세롤은 **유지(oil**, 기름)라고 하며, 고체인 것은 보통 **지방(fat)**이라고 부른다.

* 옛 문헌에는 트라이아실글리세롤을 트라이글리세라이드, 또는 간단히 글리세라이드라고 불렀다. IUPAC 이름 짓기에서는 지방이 글리세롤의 에스터이므로 트라이알칸산 글리세릴 또는 트라이알켄산 글리세릴 등으로 부른다.

트라이아실글리세롤은 세 개의 아실기가 모두 같은 **단순한 트라이아실글리세롤**(**simple triacylglycerol**)일 수 있다. 그러나 더 흔한 것은 아실기가 모두 다른 **혼성인 트라이아실글리세롤**(**mixed triacylglycerol**)이다.

- 지방이나 유지를 가수 분해하면 **지방산**(**fatty acid**)의 혼합물이 생긴다.

(1) HO^-, H_2O, 가열
(2) H_3O^+

지방 또는 유지 → **Glycerol** + **Fatty acids**

- 대부분의 천연 지방산은 **곁가지 사슬**(**unbranched chain**)이 없다. 그리고 이들은 두 개의 탄소 단위로부터 합성되므로 짝수인 탄소 원자를 가지고 있다.

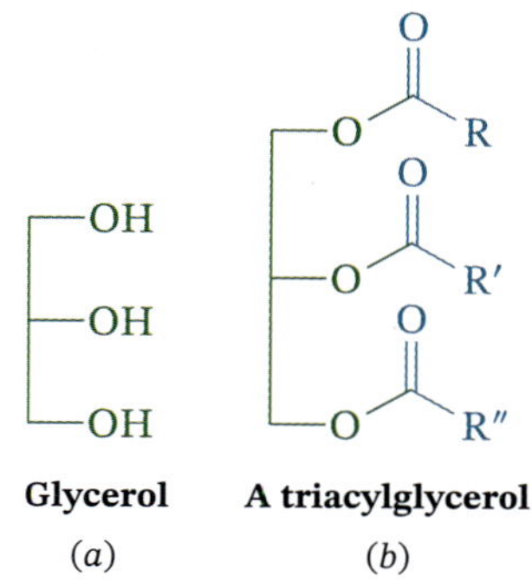

그림 23.1 (*a*) 글리세롤. (*b*) 트라이아실글리세롤. R, R′, R″ 등은 대개 긴 사슬의 알킬기이다. R, R′, R″ 등은 한 개 이상의 탄소–탄소 이중 결합을 포함할 수 있다. 트라이아실글리세롤에서 R, R′, R″ 등은 서로 다를 수도 있다.

표 23.1에는 가장 흔한 지방산들을 수록하였고, **표 23.2**에는 몇 가지 흔한 지방과 유지의 지방산 성분을 수록하였다. 표 23.1의 **불포화 지방산**(**unsaturated fatty acid**)에서 **이중 결합은 모두 cis임**을 주목하시오. 천연에 존재하는 많은 지방산들은 둘 또는 세 개의 이중 결합을 가지고 있다. 이로부터 생긴 지방이나 유지를 **다중 불포화 지방**(**polyunsaturated fat**) 또는 유지라고 부른다. 불포화 지방산의 첫 번째 이중 결합은 C9와 C10 사이에서 흔히 존재하며 나머지 이중 결합들은 C12와 C15(리놀레산과 리놀렌산처럼)에서 시작하는 경향이 있다. 그러므로 이중 결합들은 **짝지어 있지 않다**. 삼중 결합은 지방산에서 거의 존재하지 않는다.

도움말

특수 주제 G(온라인 자료 참조)에서 지방산이 두 탄소 단위로 생합성되는 방법을 보았다.

포화 지방산(**saturated fatty acid**)의 탄소 사슬은 여러 가지 형태를 취할 수 있다. 그러나 충분히 확장되어 있어서 이웃 메틸렌기들 사이의 입체적인 반발을 최소화하려고 한다.

- 포화 지방산은 결정으로 효율적으로 밀집하여 있으며, 분산력에 의한 인력이 크기 때문에 녹는점이 비교적 높다. 분자량이 커질수록 녹는점이 높아진다.
- 불포화 지방산의 이중 결합의 cis 형태는 결정 충진을 방해하는 굽어진 탄소 사슬을 갖는 셈이 되어 분자들 사이의 분산력에 의한 인력을 감소시킨다. 결과적으로 불포화 지방산은 녹는점이 낮다.

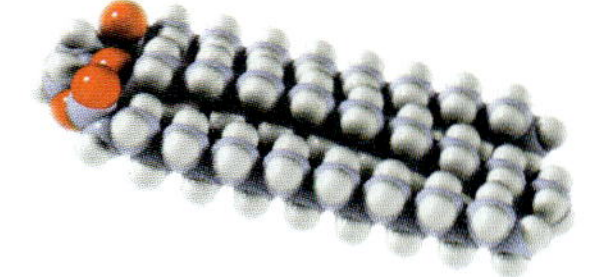

포화된 트라이아실글리세롤

오메가-3 지방산이라고 알려진 지방산은 사슬의 세 번째부터 끝까지가 탄소–탄소 이중 결합의 부분으로 되어 있다. 식품에 첨가된 긴 사슬의 오메가-3 지방산은 치명적인 심장마비의 위험을 줄인다거나 류마티스성 관절염과 건선과 같은 자가 면역 질환을 완화시키는 효과가 있다고 알려져 있다. 참다랭이나 연어 같은 생선의 기름은 오메가-3 지방산의 좋은 자원인데, 그중에는 C_{22} 오메가-3 지방산인 도코사헥사엔산[DHA, IUPAC 이름은 (4*Z*,7*Z*,10*Z*,13*Z*,16*Z*,19*Z*)-4,7,10,13,16,19-docosahexaenoic acid]이 있다. DHA는 모유, 뇌의 회백질(뇌수), 망막 조직에서도 발견된다.

CO_2H

(4*Z*,7*Z*,10*Z*,13*Z*,16*Z*,19*Z*)-4,7,10,13,16,19-Docosahexaenoic acid
(DHA, 오메가-3 지방산)

표 23.1 일반적인 지방산

탄소 수		mp (°C)
	포화 카복실산	
C_{14}	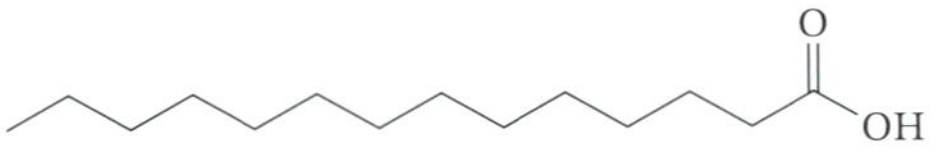 **Myristic acid (tetradecanoic acid)**	54
C_{16}	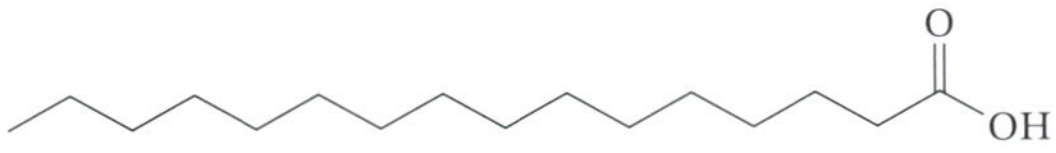 **Palmitic acid (hexadecanoic acid)**	63
C_{18}	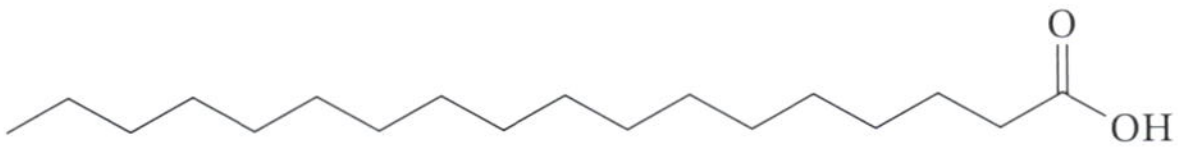 **Stearic acid (octadecanoic acid)**	70
	불포화 카복실산	
C_{16}	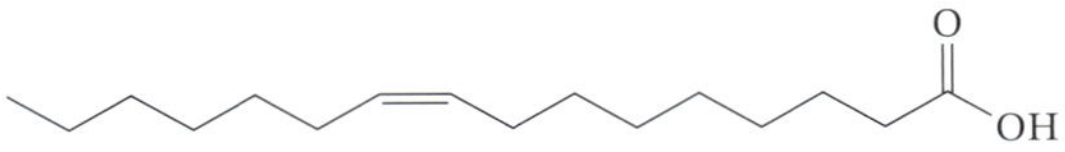 **Palmitoleic acid (*cis*-9-hexadecenoic acid)**	32
C_{18}	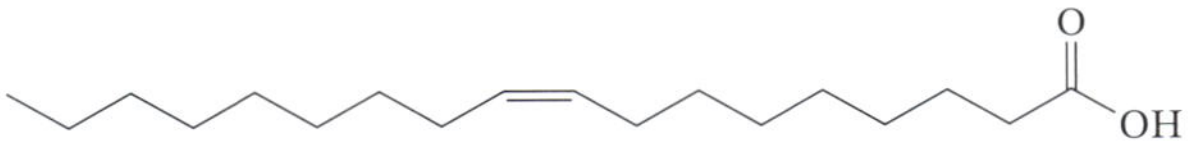 **Oleic acid (*cis*-9-octadecenoic acid)**	4
C_{18}	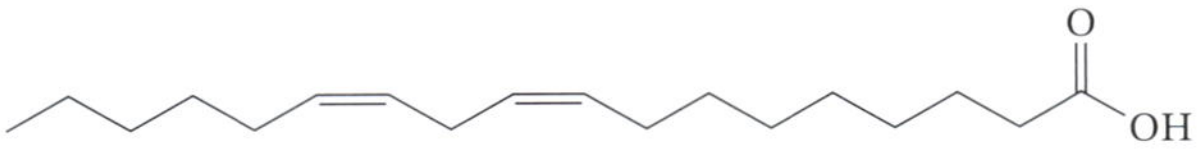 **Linoleic acid (*cis,cis*-9,12-octadecadienoic acid)**	−5
C_{18}	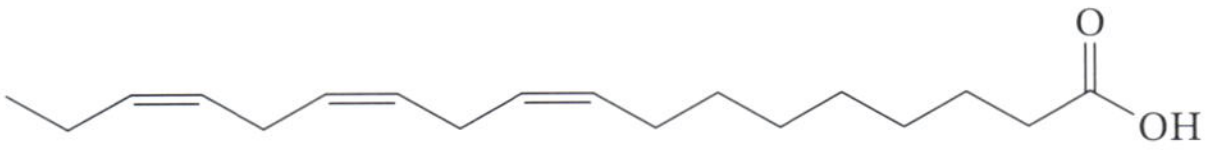 **Linolenic acid (*cis,cis,cis*-9,12,15-octadecatrienoic acid)**	−11
C_{20}	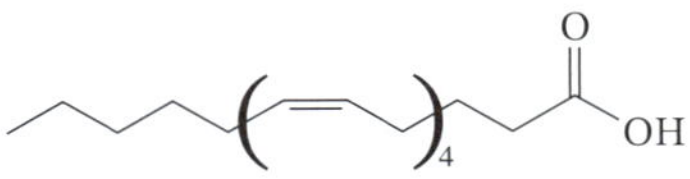 **Arachidonic acid, an omega-6 fatty acid [(5*Z*,8*Z*,11*Z*,14*Z*)-5,8,11,14-eicosatetraenoic acid]**	−49
C_{22}	 **DHA, an omega-3 fatty acid [(4*Z*,7*Z*,10*Z*,13*Z*,16*Z*,19*Z*) - 4,7,10,13,16,19-docosahexaenoic acid]**	−44

표 23.2 일반적인 지방과 유지의 가수 분해로 얻어진 지방산의 성분

	지방산의 평균 성분 (몰 %)											
	포화								불포화			
지방 또는 유지	C_4 Butyric Acid	C_6 Caproic Acid	C_8 Caprylic Acid	C_{10} Capric Acid	C_{12} Lauric Acid	C_{14} Myristic Acid	C_{16} Palmitic Acid	C_{18} Stearic Acid	C_{16} Palmitoleic Acid	C_{18} Oleic Acid	C_{18} Linoleic Acid	C_{18} Linolenic Acid
동물성 지방												
버터	3~4	1~2	0~1	2~3	2~5	8~15	25~29	9~12	4~6	18~33	2~4	
돼지기름						1~2	25~30	12~18	4~6	48~60	6~12	0~1
소기름						2~5	24~34	15~30		35~45	1~3	0~1
식물성 기름												
올리브						0~1	5~15	1~4		67~84	8~12	
땅콩							7~12	2~6		30~60	20~38	
옥수수						1~2	7~11	3~4	1~2	25~35	50~60	
목화씨						1~2	18~25	1~2	1~3	17~38	45~55	
콩						1~2	6~10	2~4		20~30	50~58	5~10
아마인							4~7	2~4		14~30	14~25	45~60
코코넛		0~1	5~7	7~9	40~50	15~20	9~12	2~4	0~1	6~9	0~1	
해유												
대구 간						5~7	8~10	0~1	18~22	27~33	27~32	

Reprinted with permission of John Wiley & Sons, Inc., from Holum, J. R., *Organic and Biological Chemistry*, p. 220. Copyright 1978.

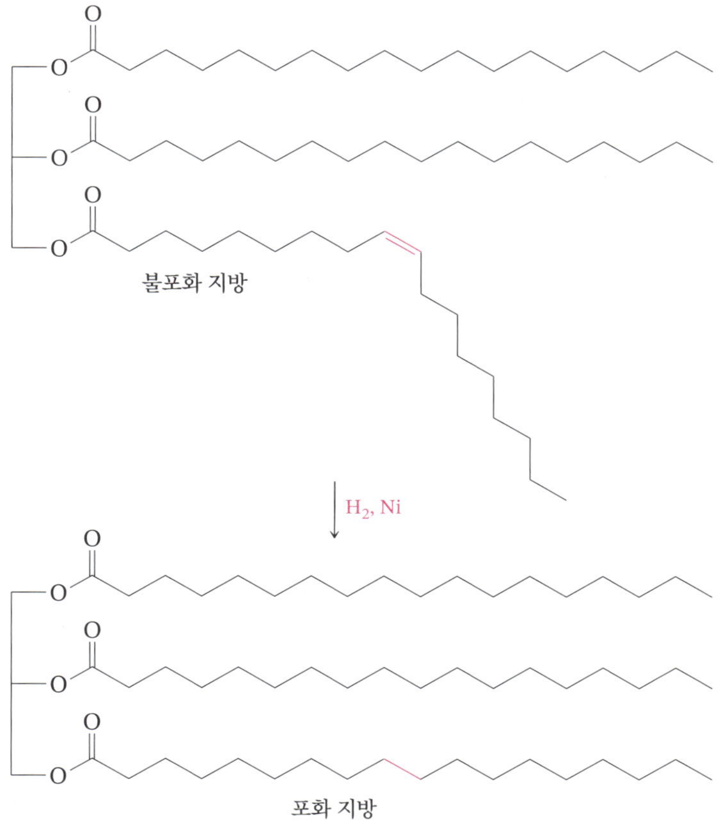

그림 23.2 두 가지 전형적인 트라이아실글리세롤로, 하나는 불포화이고 또 하나는 포화된 것이다. 불포화된 트라이아실글리세롤의 cis 이중 결합은 효율적인 결정 충진을 방해하며 녹는점이 낮아지게 한다. 이중 결합의 수소화 반응으로 불포화된 트라이아실글리세롤은 포화된다.

방금 지방산에 대하여 언급한 것은 트라이아실글리세롤에도 마찬가지로 적용된다. 주로 포화 지방산으로 이루어진 트라이아실글리세롤은 녹는점이 높고 실온에서 고체이다. 이들은 모두 **지방**(fat)이라고 부른다. 불포화와 다중 불포화 지방산의 비율이 큰 트라이아실글리세롤은 녹는점이 낮다. 이들은 **유지**(oil)이다. **그림 23.2**는 한 개의 cis 이중 결합을 도입하였을 때 트라이아실글리세롤의 모양이 어떻게 바뀌는지와 촉매에 의한 수소화 반응이 어떻게 불포화된 트라이아실글리세롤을 포화된 화합물로 전환시키는지를 보여 주고 있다.

23.2A 트라이아실글리세롤의 수소화 반응

고체인 식용 지방의 상품은 식물성 기름을 부분적으로 수소화 반응시킨 것이다. 그 결과로 '부분적으로 수소화된 지방'이 제조된 많은 식품에 존재하는 것이다. 기름을 완전히 수소화 반응시키는 것을 피하는 까닭은 완전히 포화된 트라이아실글리세롤이 딱딱하고 부서지기 때문이다. 전형적으로 식물성 기름을 균일한 반고체형이 될 때까지 수소화 반응을 시킨다. 부분적인 수소화 반응의 상업적인 이점은 지방을 오래 간수할 수 있다는 점이다. 다중 불포화된 유지는 자동 산화 반응(10.12C절)을 하여 냄새가 나기 쉽다. 그러나 부분적인 수소화 반응에서는 촉매가 반응하지 않은 이중 결합을 천연적인 cis로부터 천연적이지 않은 trans 배열로 이성질화시키는 문제도 있다. 그리고 trans인 지방이 심장 질환의 위험성을 증가시킨다는 증거도 있다.

23.2B 트라이아실글리세롤의 생물학적인 기능

동물에서 트라이아실글리세롤의 주 기능은 에너지 저장이다. 트라이아실글리세롤이 생화학 반응에 의해서 이산화 탄소와 물로 전환될 때(즉, 트라이아실글리세롤이 **대사**될 때) 1그램당 생성되는 열량은 탄수화물이나 단백질의 2배나 된다. 이것은 주로 분자당 탄소–수소 결합의 비율이 높기 때문이다.

동물에서는 **지방세포(adipocyte)**라고 알려진 특별한 세포에서 트라이아실글리세롤이 합성되고 저장된다. 이 세포들을 포함하고 있는 조직, 즉 지방 조직은 복강과 피하층에 풍부하게 존재한다. 남성은 지방 함량이 약 21%이고 여성은 약 26%이다. 지방의 함량은 2~3개월을 굶어도 살 수 있기에 충분한 양이다. 이와 대조적으로 탄수화물의 저장고인 글리코젠은 단 하루분의 에너지만을 공급할 수 있다.

인체의 모든 포화된 트라이아실글리세롤과 불포화된 트라이아실글리세롤의 일부는 탄수화물이나 단백질로부터 합성될 수 있다. 그러나 어떤 불포화 지방산은 고등동물의 식사에서 필수적으로 있어야 한다.

음식 속에 지방의 양, 특히 포화된 지방의 비율은 수년간 건강의 문제점으로 생각되어 왔다. 음식에 포화된 지방이 너무 많으면 심장 질환이나 암을 유발한다는 분명한 증거가 많이 있다.

공업 화학: 올레스트라(Olestra)와 다른 지방 대용품

올레스트라는 칼로리가 없는 상업적인 지방 대용체로 모양이나 촉감이 천연 지방과 같다. 이것은 합성된 화합물로 천연 성분의 새로운 조합인 구조를 지니고 있다. 올레스트라의 핵심은 보통 설탕인 슈크로스로부터 온다. 슈크로스 골격의 6~8개의 하이드록실기가 에스터 결합에 의해서 붙어 있는 긴 사슬 카복실산(지방산)을 가지고 있다. 이 지방산은 길이가 C_8~C_{22}이다. 올레스트라의 공업적인 합성에서 지방산은 목화씨기름 혹은 콩기름에서 온 것이다.

(Illustration in center reprinted with permission from Doyle, E. Olestra? The Jury's Still Out. *Journal of Chemical Education*, **1997**, *74*, 370–372. © 1997, Division of Chemical Education, Inc. Copyright 1997 American Chemical Society.)

Roberto Brosan/Time Life Pictures/Getty Images

올레스트라로 만든 식품

올레스트라

올레스트라
R기의 6~8개는 지방산 에스터이고,
나머지는 하이드록실기이다.

올레스트라에 지방산 에스터가 보통 지방의 맛과 요리의 성질을 띠게 한다. 그러나 올레스트라는 전형적인 지방처럼 소화되지 않는다. 올레스트라의 입체적인 덩치가 보통 지방의 가수 분해를 촉매화하는 효소에 받아들여지지 않기 때문이다. 올레스트라는 소화 기관을 그냥 통과하며, 따라서 식사에 칼로리를 더해 주지 않는다. 하지만 이렇게 함으로써 올레스트라는 지용성인 바이타민, 즉 바이타민 A, D, E, 그리고 K를 실어가 버린다. 올레스트라로 만들어진 음식은 이 바이타민들을 보충해서 올레스트라에 의한 추출로 생긴 손실을 보충해 주도록 한다. 올레스트라의 승인 이후 실시된 연구에 의하면 올린(Olean, 올레스트라의 상품명) 스낵을 먹었을 때의 소화 불량이 온전한 지방으로 된 칩을 먹었을 때보다 더 많다는 보고는 없다.

많은 다른 지방 대용품이 고려되어 왔다. 이들 중에는 폴리글리세롤 에스터가 있는데, 이들의 입체적 덩치 때문에 폴리에스터인 올레스트라처럼 소화되지 않을 것으로 여겨진다. 이미 상업적으로 이용되고 있는 또 다른 저칼로리 지방은 글리세롤 골격에 있는 긴 사슬 카복실산을 중간 또는 짧은 사슬의 카복실산(C_2~C_4)으로 대치한 것이다. 이 화합물들은 글리세롤 에스터에 결여된 각 CH_2기가 대사될 때마다 방출하는 에너지(칼로리)를 줄여 주기 때문에 더 적은 칼로리를 만든다. 주어진 글리세롤 에스터의 칼로리 양은 간단히 긴 사슬 대 중간, 그리고 짧은 사슬 카복실산의 비를 조절함으로써 기본적으로 닻추어질 수 있다. 다른 저칼로리 지방 대용체로는 탄수화물과 단백질을 바탕으로 한 화합물들이 있다. 이 물질들은 지방과 비슷한 미각을 만들어 냄으로써 지방처럼 행동하지만, 여러 가지 까닭으로 인하여 더 적은 칼로리를 생성한다.

23.2C 트라이아실글리세롤의 비누화 반응

- 트라이아실글리세롤을 알칼리로 가수 분해(**비누화 반응, saponification**)하면 글리세롤과 긴 사슬의 카복실산 염의 혼합물이 만들어진다.

$$\text{트라이아실글리세롤 (R, R}', \text{R}'') \xrightarrow[\text{H}_2\text{O}]{3\ \text{NaOH}} \underset{\textbf{Glycerol}}{\text{HOCH}_2\text{CH(OH)CH}_2\text{OH}} + \underset{\textbf{카복실산 소듐 ‘비누’}}{\text{Na}^+\ {}^-\text{OCOR} + \text{Na}^+\ {}^-\text{OCOR}' + \text{Na}^+\ {}^-\text{OCOR}''}$$

긴 사슬 카복실산의 염이 **비누(soap)**이다. 그리고 이 비누화 반응으로 대부분의 비누가 제조된다. 지방과 유지를 수산화 소듐 수용액에서 가수 분해가 끝날 때까지 가열한다. 혼합물에 염화 소듐을 가하면 비누가 침전된다(비누를 분리하고 난 다음 수용액상을 증류하면 글리세롤이 분리된다). 불순한 비누는 여러 번 재침전시켜 정제한다. 화장실용 비누를 제조하고 싶으면 향료를 가하면 된다. 모래, 탄산 소듐, 그리고 다른 충진제를 넣어 녹 벗기는 비누를 만

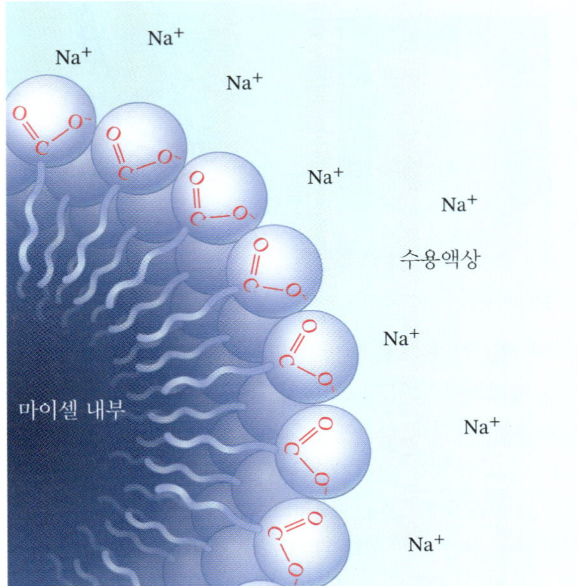

그림 23.3 비누 마이셀의 일부가 극성인 분산매와 접촉하는 모습. (Reprinted with permission of John Wiley & Sons, Inc., from Karp, G., *Cell and Molecular Biology: Concepts and Experiments*, Fourth Edition, Copyright 1999.)

들기도 하고, 물에 뜨는 비누를 만들고 싶으면 용융된 비누에 공기를 불어넣는다.

긴 사슬 카복실산의 소듐 염(비누)은 거의 완전히 물에 섞인다. 그러나 이들은 낱개의 분자로 녹는 것이 아니다. 매우 묽은 용액인 경우를 제외하고는 비누는 **마이셀(micelle)**로 존재한다(**그림 23.3**). 비누 마이셀은 대개 카복실산 음이온의 구형 덩어리로 수용액상 속에 분산되어 있다. 카복실산 음이온은 음전하를 띤(따라서 극성인) 카복실산 이온 기가 표면에 밀집되어 있고 무극성인 탄화수소 사슬이 내부에 있다. 소듐 이온은 수용액상에 용매화된 개개의 이온

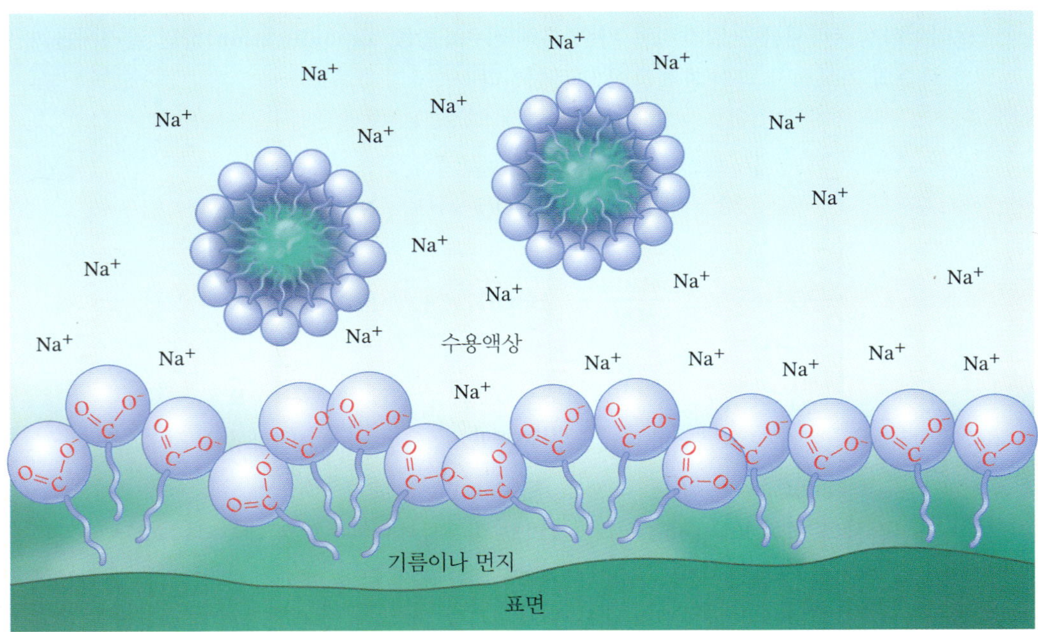

그림 23.4 소수성인 물질(예: 기름, 그리스, 지방)이 비누에 의해서 분산되는 모습. (Adapted with permission of John Wiley & Sons, Inc., from Karp, G., *Cell and Molecular Biology: Concepts and Experiments*, Fourth Edition, Copyright 1999.)

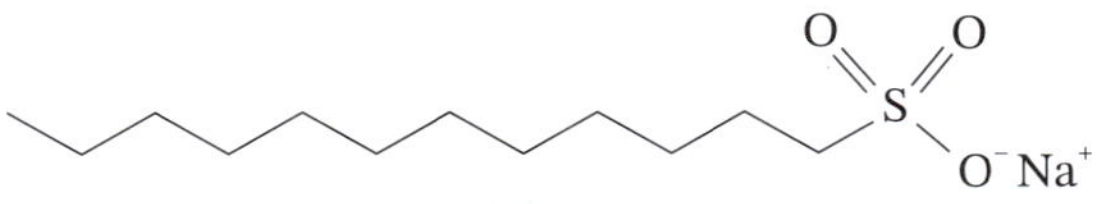

알케인설폰산 소듐

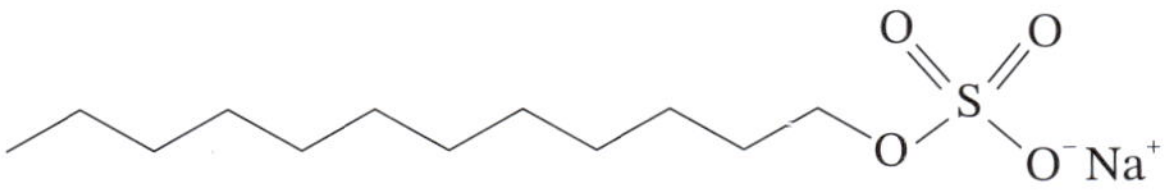

알킬 황산 소듐

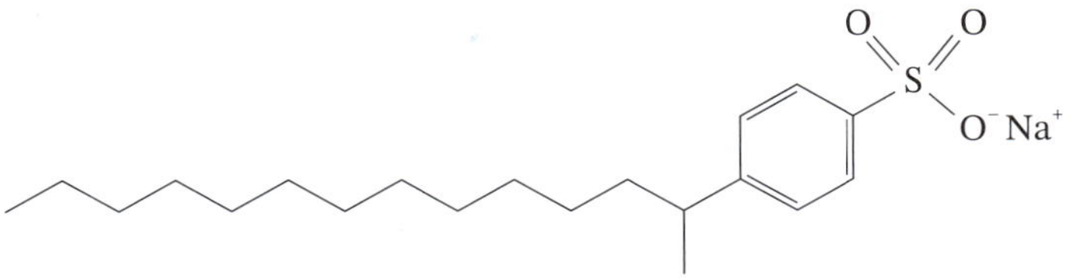

알킬벤젠설폰산 소듐

그림 23.5 전형적인 합성 세제

으로 분산되어 있다.

마이셀의 형성으로 비누가 물에 녹는 사실을 설명할 수 있다. 비누에서 무극성인[따라서 **소수성(hydrophobic)**인] 알킬 사슬은 무극성인 환경, 즉 마이셀의 내부에 남아 있다. 극성인[따라서 **친수성(hydrophilic)**인] 카복실산 이온 기는 극성인 환경, 즉 수용액상에 노출되어 있다. 마이셀의 표면이 음전하를 띠고 있으므로 개개의 마이셀은 서로 밀어내고, 수용액상에서 분산된 채로 남아 있다.

비누는 '먼지 제거' 기능을 비슷한 방법으로 수행한다. 대부분의 먼지 분자(예를 들어 피부에 있는 것)는 유지나 지방의 층으로 둘러싸여 있다. 물 분자만으로는 이들 기름 낀 입자들을 분산시킬 수 없는데, 이것은 물이 기름 층을 뚫고 들어가서 개개의 입자를 서로로부터 혹은 입자들이 달라 붙어 있는 표면으로부터 떼어낼 수 없기 때문이다. 그러나 비누 용액은 그들의 탄화수소 사슬이 기름층에 녹을 수 있기 때문에(**그림 23.4**) 개개의 입자를 떼어놓을 수 있다. 이렇게 되면 개개의 입자는 카복실산 음이온의 외각 층을 만들게 되고, 더욱더 유리한 극성 표면을 가지고 수용액 속에 존재하게 된다. 개개의 입자는 서로 반발하여 수용액상에 분산된다. 조금 후 이들은 하수구로 향하게 된다.

합성 세제(**그림 23.5**)도 비누와 똑같이 작용한다. 이들도 긴 무극성 알케인 사슬과 끝에는 극성인 기를 갖고 있다. 대부분의 합성 세제에서 극성인 기는 설폰산 소듐이나 황산 소듐이다 (한때는 알킬기의 가지가 많은 합성 세제를 널리 사용했었다. 이 세제들은 생물학적으로 분해되지 않으므로 사용이 금지되었다).

합성 세제는 비누보다 장점이 있다. 즉, 이들은 Ca^{2+}, Fe^{2+}, Fe^{3+}, Mg^{2+} 등이 포함된 '센물'에서도 기능을 잘 발휘하는 것이다. 알케인설폰산이나 수소 황산 알킬의 칼슘, 철, 마그네슘의 염은 대부분 물에 녹고, 따라서 합성 세제는 용액 속에 남아 있다. 이와 대조적으로 비누는 센물 속에서 사용될 때 침전—욕조 둘레에 고리—을 형성한다.

생물 화학: 덩굴옻나무

덩굴옻나무의 물집이 생기게 하는 물질(발포제)은 우르시올(urushiol)이라는 화합물로, 긴 탄화수소 꼬리를 지닌 페놀이다. 덩굴옻나무에 닿았을 때 최선의 응급 조치는 감염된 부위를 비누와 물로 꼼꼼히 문질러 주는 것이다. 우르시올의 지방-유도체인 꼬리와 비누의 성질이 비누와 물로 씻어 주는 까닭을 이해하는 데 도움이 될 것이다.

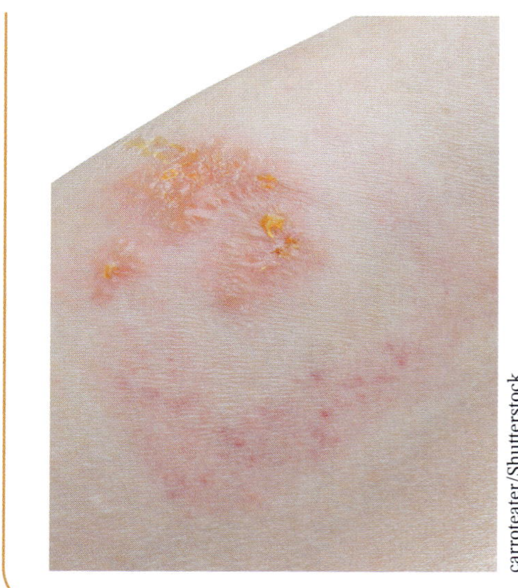

(Urushiols: 1,2-benzenediol with OH, OH, R)

Urushiols

R = $—(CH_2)_{14}CH_3$ 또는
$—(CH_2)_7CH{=}CH(CH_2)_5CH_3$, 또는
$—(CH_2)_7CH{=}CHCH_2CH{=}CH(CH_2)_2CH_3$, 또는
$—(CH_2)_7CH{=}CHCH_2CH{=}CHCH{=}CHCH_3$, 또는
$—(CH_2)_7CH{=}CHCH_2CH{=}CHCH_2CH{=}CH_2$

23.2D 지방산의 카복실기의 반응

도움말

23.2D절과 23.2E절에 나온 지방산과 관련된 반응들은 앞 장들에서 카복실산과 알켄에 대해서 공부한 것과 같다.

예상되는 바와 같이, 지방산은 전형적인 카복실산의 반응을 진행한다(17장 참조). 이들은 $LiAlH_4$와 반응하여 알코올을 형성하고, 알코올과는 에스터를 형성하며, 브로민, 인과는 α-할로산을 형성하고, 염화 싸이오닐과는 염화 아실을 형성한다.

지방산 (RCH_2COOH):

- (1) $LiAlH_4$ (2) H_2O → RCH_2CH_2OH 긴 사슬 알코올
- CH_3OH, HA → RCH_2COOCH_3 메틸 에스터
- Br_2, P → $RCHBrCOOH$ α-할로 산
- $SOCl_2$, pyridine → RCH_2COCl 긴 사슬 염화 아실

23.2E 불포화 지방산의 알켄 사슬의 반응

지방산의 탄소 사슬에 있는 이중 결합은 특성적인 알켄의 첨가 반응을 진행한다(7장과 8장 참조).

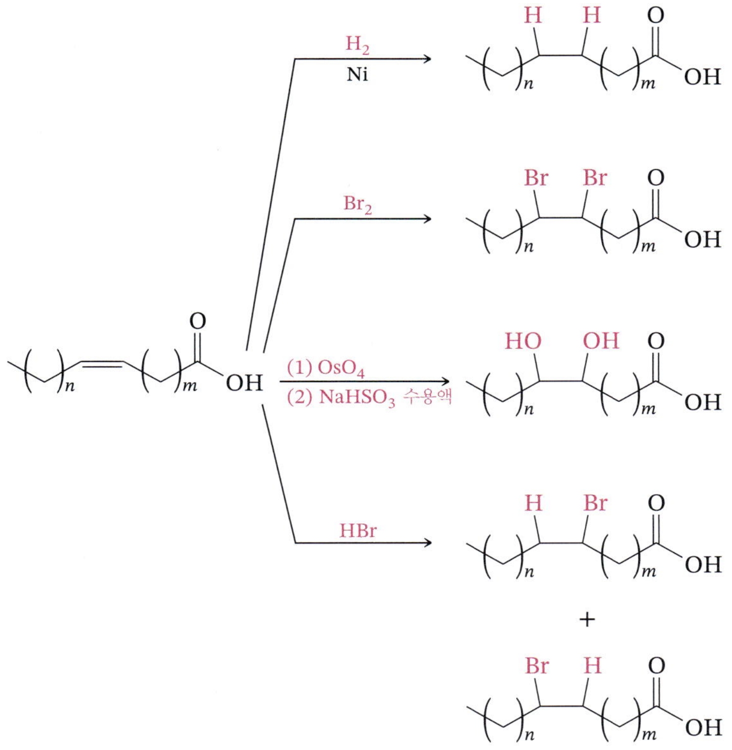

H_2 / Ni

Br_2

(1) OsO_4
(2) $NaHSO_3$ 수용액

HBr

\+

되새김 물음 23.1

(a) 9,10-다이클로로헥사데칸산에서 가능한 입체 이성질체의 수는 몇 개인가?

(b) 팔미트올레산에 브로민을 첨가 반응시키면 주로 한 조의 거울상체인 (±)-*threo*-9,10-다이브로모헥사데칸산이 된다. 브로민의 첨가 반응은 이중 결합에 anti 첨가를 하는 것이다(이것은 분명히 브로모늄 중간체를 거쳐서 일어난다). 팔미트올레산의 이중 결합에 대한 *cis* 입체 화학과 브로민 첨가 반응의 입체 화학을 고려하여 (±)-*threo*-9,10-다이브로모헥사데칸산의 삼차원 구조를 쓰시오.

재료 화학: 자기 조립된 단층—재료 과학과 생명 공학에 있어서의 지방

아래에 보인 그림 (a)는 금 표면에 알케인싸이올이 자기 조립된 단층을 이룬 것을 나타내고 있다. 알케인싸이올 분자는 한 분자 두께(단층)의 층을 자발적으로 형성하는데, 분자들이 금 표면에 금속과의 공유 결합에 의해서 달라붙고 긴 알케인 사슬 사이의 van der Waals 분자간 힘이 사슬들이 금 표면에 대략 수직으로 늘어서게끔 하기 때문이다. 많은 연구자들이 자기 조립된 단층(self-assembled monolayers, SAM)을 의학, 컴퓨터, 그리고 전자 통신에 특별한 용도를 지닌 표면을 제조할 목적으로 개발하고 있다. 한 예로, 생물 의학 공학에서 다양한 머리 기를 지닌 SAM에 대한 세포의 감응을 시험함으로써 수술의 진보를 이끌어 오는 것이 있다. 단층에서 노출된 머리 기의 구조를 변화시킴으로써 세포 결합(*b*)에 친화력 또는 저항력을 지닌 소재를 만들어 낼 수 있을 것이다. 그러한 성질은 장기 이식에서 면역 시스템의 세포에 의한 저항을 막거나 인공 보철 수술에서 인조 장치에 조직의 결합이 필요할 때 유용할 수 있다.

Langmuir–Blodgett(LB) 필름이라고 불리는 단층도 역시 표면에 분자가 자기 조립을 하는 것이다. 그러나 이 경우는 분자가 표면에 공유 결합으로 붙지 않는다. 이들 LB 필름은 공유 결합으로 결합된 단층보다는 원천적으로 덜 안정하지만, 그들은 나노 기술에 응용함에 있어서 유용한 특성을 지니고 있다. 예를 들면, 인지질(23.6절)과 카테네인 분자로부터 만들어진 LB 필름은 '재료 화학: 나노 크기의 모터와 분자 스위치'(4장)에서 논의된 분자 스위치의 배열을 만드는 데 사용되었다. 이 LB 단층(*c*)은 물–공기 접촉면에서 형성되었는데, 인지질에 있는 극성인 인산 이온 머리 부분은 자신을 물속에 묻고, 소수성인 탄소 꼬리는 공기 중으로 솟아나와 있다. 그들 가운데 점철되어 있는 것은 카테네인 분자들이다. 나중 단계에서 이 단층은 물–공기 표면으로부터 들어 올려져서 고체인 금 표면에 전달된다.

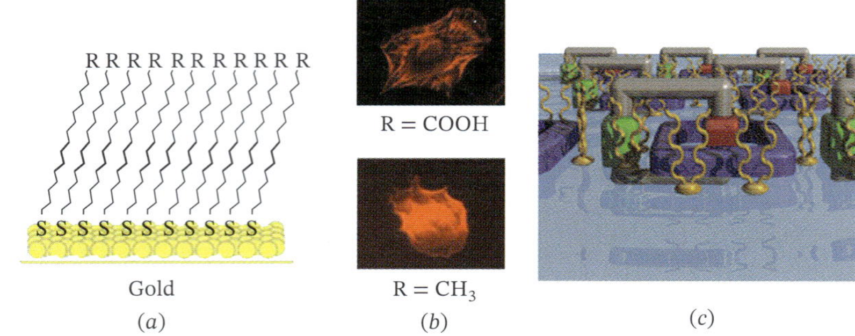

(*a*) 금 표면에 자기 조립된 알케인싸이올 분자들의 단층(R = CH_3 또는 COOH). (*b*) COOH-말단 자기 조립된 단층 위에 붙어 있는 Swiss 3T3 섬유아세포를 늘어 놓으면(위) 표면에서 효과적인 신호를 낸다. CH_3-말단 단층에 있는 섬유아세포는(아래) 표면으로부터 말려 나간다. 세포는 실 모양의 액틴(actin)에 결합된 로다민(rhodamine)으로 표지된 독소로 물들인 다음 형광하에서 영상화시킨다. (*c*) 인지질 분자(금색)와 카테네인 분자(녹색과 적색 기를 지닌 자주색과 회색)로부터 공기–물 접촉면에서 형성된 Langmuir–Blodgett (LB) 필름.

(Part (*c*) is reprinted with permission from Pease, A. R.; Jeppensen, J. O.; Stoddart, J. F.; Luo, Y.; Colier, C. P.; Heath, J. R., *Accounts of Chemical Research*, **2001**, *34*, 433–444.)

23.3 터펜과 터펜류

사람들은 고대로부터 식물에서 유기 화합물을 분리하였다. 어떤 식물 재료를 약하게 가열하거나 수증기 증류를 하면 **정유(essential oil)**라고 부르는 향내 나는 화합물의 혼합물을 얻을 수 있다. 이 화합물들은 다양하게 사용되어 왔는데, 특히 의약품과 향료를 만드는 데 많이 쓰여 왔다.

유기 화학이란 과학이 발달함에 따라 화학자들은 이 혼합물로부터 여러 가지 성분들을 분리해 내고 그들의 분자식을 결정하였으며, 후에는 구조식도 정하였다. 오늘날에도 천연물은 화학자들에게 구조 결정과 합성의 문제를 많이 제기해 주고 있다. 이 분야의 연구로 식물 자체가 이 화합물들을 합성하는 방법에 대한 중요한 정보를 얻게 되었다.

도움말
터펜 생합성은 특수 주제 G에서 서술하였다(온라인 자료 참조).

- 정유의 주요 구성 성분은 일반적인 **터펜(terpene)**이라고 알려진 탄화수소와 **터펜류(terpenoid)**라고 부르는 산소를 포함하는 화합물이다.
- 대부분의 터펜은 탄소 원자의 수가 10, 15, 20, 또는 30개인 골격을 갖고 있으며, 다음과 같이 분류한다.

탄소 원자 수	분류
10	모노터펜
15	세스퀴터펜
20	다이터펜
30	트라이터펜

- 터펜은 **아이소프렌 단위(isoprene unit)**라고 부르는 5개 탄소 단위(C_5)가 둘 또는 그 이상 어우러져서 이루어진 것이라고 할 수 있다. 아이소프렌은 2-메틸-1,3-뷰타다이엔이다.

아이소프렌과 아이소프렌 단위는 여러 가지 방법으로 나타낼 수 있다.

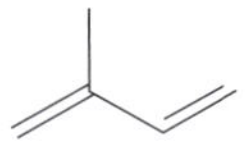

2-Methyl-1,3-butadiene (isoprene)

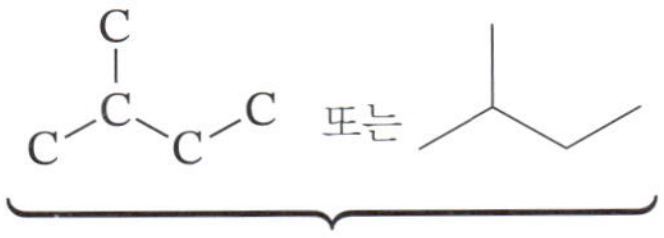

C C C C C 또는

아이소프렌 단위

식물은 아이소프렌으로부터 터펜을 합성하지 않는다(특수 주제 G 참조). 그러나 아이소프렌 단위를 터펜 구조의 성분으로 인지하는 것은 그들의 구조를 밝혀내는 데 큰 도움이 된다. 아래 구조를 보면 이것을 어떻게 할 수 있는지 알게 될 것이다.

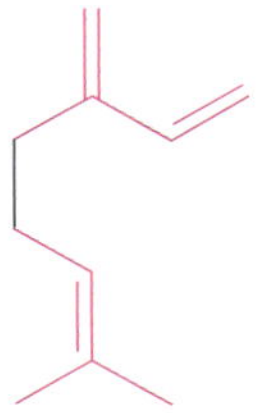

마이르센과 α-파르네센에 있는 아이소프렌 단위를 자홍색으로 표시함

Myrcene
(월계수의 기름으로부터 분리)

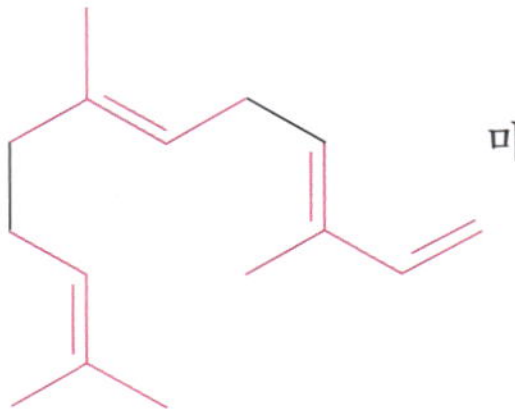

α-Farnesene
(사과의 천연적인 피막)

아이소프렌 단위를 가르기 위해 흑색 선을 사용해 보면 모노터펜(마이르센, myrcene)은 두 개의 아이소프렌 단위를 가졌으며, 세스퀴터펜(*α*-farnesene)은 3개인 것을 알 수 있다. 두 화합물에서 아이소프렌 단위는 머리→꼬리로 연결되어 있다.

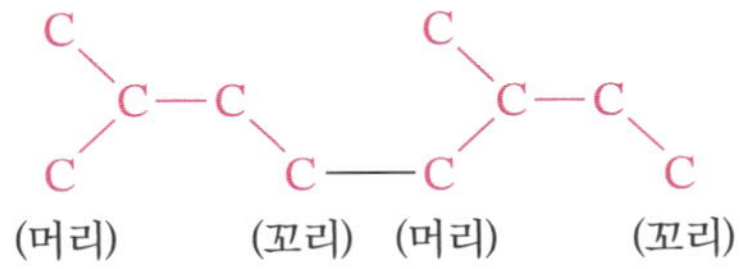

(머리) (꼬리) (머리) (꼬리)

많은 터펜이 고리로 연결된 아이소프렌 단위를 가지고 있고, 다른 것(터펜류)들은 산소를 포함하고 있다.

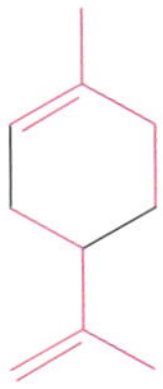

Limonene
(레몬이나 오렌지의 기름)

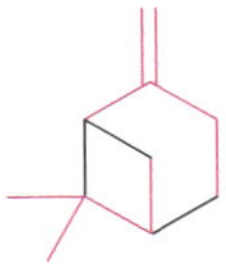

β-Pinene
(테레빈유)

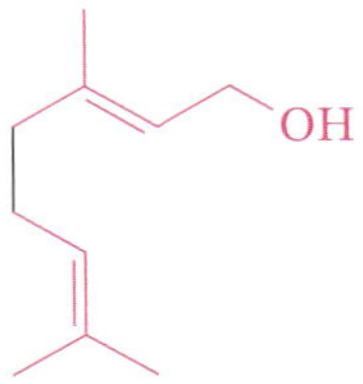

OH

Geraniol
(장미나 다른 꽃)

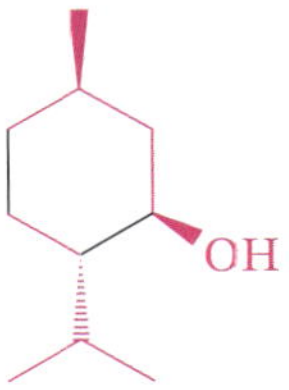

OH

Menthol
(박하)

보기 물음 23.1

세스퀴터펜인 캐리오필렌($C_{15}H_{24}$)의 수소화 반응으로 분자식이 $C_{15}H_{28}$인 화합물이 생성되었다. 이것은 캐리오필렌의 구조에 대하여 무슨 정보를 제시해 주는가?

풀이

캐리오필렌의 분자식은 $C_{15}H_{24}$이다. 따라서 수소 결핍 지수(IHD)가 4이다. 이것이 2몰 당량의 수소와 반응했다는 것은 캐리오필렌이 두 개의 이중 결합 또는 한 개의 삼중 결합을 가져서 수소 결핍 4단위 중 2단위를 설명해 준다. 나머지 수소 결핍 2단위는 고리에 기인된 것이다. (캐리오필렌의 구조는 되새김 물음 23.2에 나와 있다.)

되새김 물음 23.2

(a) 아래의 터펜 각각에서 아이소프렌 단위를 보이시오.

(b) 각각을 모노터펜, 세스퀴터펜, 다이터펜 등으로 분류하시오.

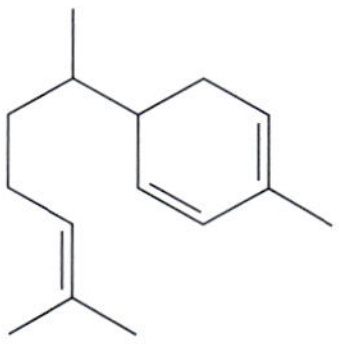

Zingiberene (생강의 기름)　**β-Selinene** (셀러리의 기름)　**Caryophyllene** (클로버의 기름)　**Squalene** (상어간기름)　**Camphor** (녹나무, 수지가 장뇌의 원료)　***R*-Carvone** (녹양박하)

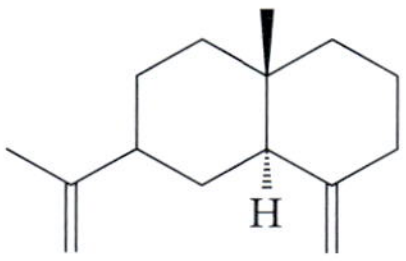

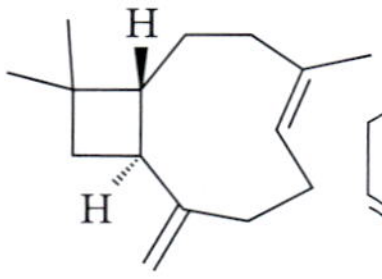

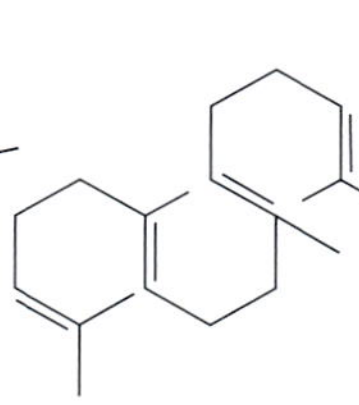

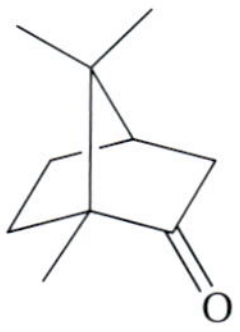

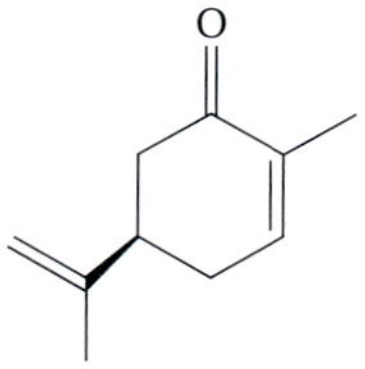

보기 물음 23.2

캐리오필렌을 가오존 분해 반응시킨 후 황화 다이메틸로 처리하여 얻어지는 생성물은 무엇인가?

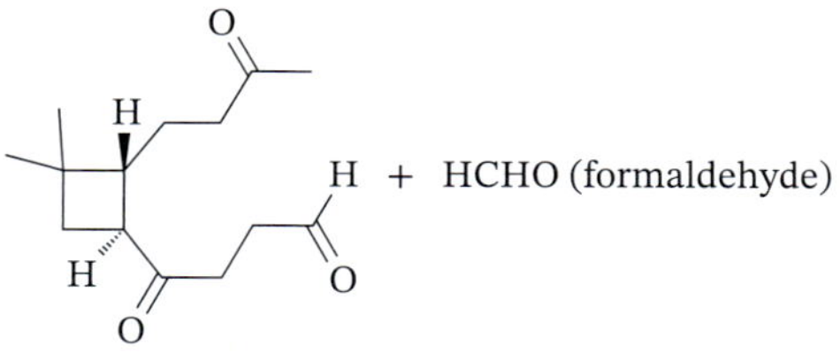

+ HCHO (formaldehyde)

되새김 물음 23.3

아래의 각 터펜을 가오존 분해 반응한 다음 황화 다이메틸로 처리하면 어떤 생성물이 얻어지겠는가?

(a) Myrcene　**(b)** Limonene　**(c)** α-Farnesene　**(d)** Geraniol　**(e)** Squalene

되새김 물음 23.4

아래 반응으로부터 예상되는 생성물의 구조식을 쓰시오.

(a) Limonene $\xrightarrow{\text{Br}_2\text{ (과량)}}$

(b) Zingiberene $\xrightarrow{\text{H}_2\text{, Pt}}$

(c) Caryophyllene $\xrightarrow{\text{HCl}}$

(d) β-Selinene $\xrightarrow[\text{(2) H}_2\text{O}_2\text{, HO}^-]{\text{(1) BH}_3\text{:THF (2당량)}}$

되새김 물음 23.5

리날룰(linalool)과 멘톨(menthol)을 구별하기 위해서 ^{1}H와 ^{13}C NMR의 특징적인 화학적 이동 신호를 어떻게 이용하겠는가?

카로텐은 테트라터펜이다. 이들은 두 개의 다이터펜이 꼬리→꼬리 모양으로 연결되었다고 생각할 수 있다.

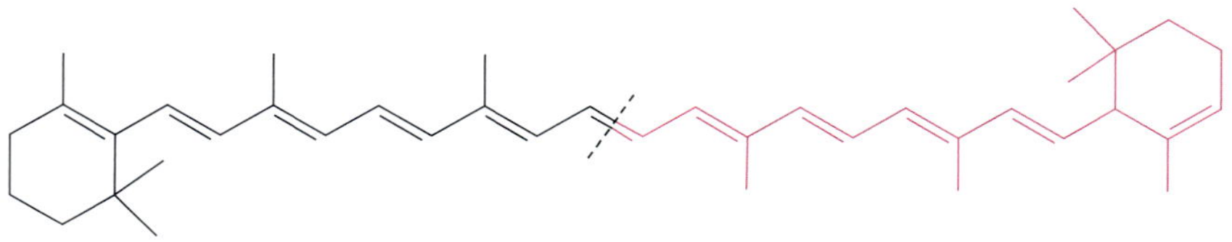

α-Carotene

β-Carotene

γ-Carotene

카로텐은 거의 모든 녹색 식물에 존재한다. 모든 세 가지 카로텐들은 바이타민 A의 전구체이다. 왜냐하면 이들은 모두 간에서 효소에 의해서 바이타민 A로 전환될 수 있기 때문이다.

OH

Vitamin A

이 전환에서 한 분자의 β-카로텐은 두 분자의 바이타민 A를 생성한다. α-와 γ-카로텐은 단지 한 개의 바이타민 A를 만든다. 바이타민 A는 시력뿐만 아니라 많은 다른 점에서도 매우 중요하다. 예를 들어, 바이타민 A가 부족한 식사를 하는 동물은 자라지 않는다. 바이타민 A(β-카로텐)와 바이타민 E('공업 화학: 항산화제', 10.12절)는 기름에 녹는 중요한 항산화제이다.

23.3A 천연고무

천연고무는 아이소프렌의 1,4-첨가 반응 중합체라고 볼 수 있다. 실제로 천연고무를 열분해하면 아이소프렌이 된다. 열분해[pyrolysis, 그리스어 *pyros*(불) + *lysis*(분해)]는 공기가 없이 무엇을 그것이 깨질 때까지 가열하는 것이다. 천연고무의 아이소프렌 단위는 모두 머리→꼬리 모양으로 연결되어 있고 모든 이중 결합은 cis이다.

등 등

천연고무
(*cis*-1,4-polyisoprene)

Ziegler–Natta 촉매(온라인 자료의 특수 주제 C 참조)로 아이소프렌을 중합하여 합성 생성물을 얻을 수 있는데, 이것은 자연에서 얻어지는 고무와 똑같다.

순수한 천연고무는 부드럽고 끈적끈적하다. 따라서 쓸모 있는 것으로 만들려면 **가황 처리**(vulcanized)를 해야 한다. 가황이란 천연고무를 황과 함께 가열하는 것이다. 이때 *cis*-폴리아이소프렌 사슬 사이에 다리 결합이 맺어져 고무는 훨씬 더 단단해진다. 황은 이중 결합에서나 알릴 자리 수소 원자에서 모두 반응한다.

가황 고무

23.3B 유비퀴논류: 생화학적인 전자 이동을 위한 터펜-수식화된 퀴논과 페놀 화합물

하이드로퀴논(1,4-벤젠다이올)의 산화 반응으로 *p*-벤조퀴논이라고 알려진 화합물이 만들어진다. 이 산화 반응은 약한 산화제로도 일으킬 수 있는데, 전체적인 산화 반응은 전자 한 쌍($2e^-$)과 2개의 양성자를 하이드로퀴논으로부터 제거하는 것이다(산화를 드러내 보이는 또 다른 방법은 수소 분자 H:H를 잃는 탈수소화 반응으로 보는 것이다).

$$\text{Hydroquinone} \underset{+2\,e^-}{\overset{-2\,e^-}{\rightleftharpoons}} p\text{-Benzoquinone} + 2\,H^+$$

Hydroquinone **p-Benzoquinone**

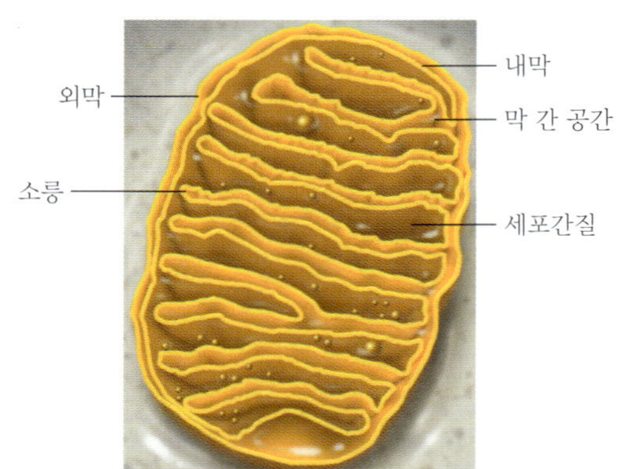

미토콘드리아의 단면

이 반응은 가역적이며 *p*-벤조퀴논은 약한 환원제에 의해서 하이드로퀴논으로 쉽게 환원된다.

자연은 효소 촉매 반응에서 한 쌍의 전자를 한 물질로부터 다른 물질로 전달하는데, 이와 같은 가역적인 산화–환원 반응을 잘 이용한다. 이 점에 있어서 중요한 화합물은 **유비퀴논(ubiquinone**; *ubiquitous* + *quinone* – 이들 퀴논류는 모든 생물 세포의 미토콘드리아 막 내부에서 발견된다)이라고 부르는 화합물들이다. 유비퀴논은 보조 효소Q(CoQ)라고도 부른다.

유비퀴논은 길다란 아이소프렌 유도체인 곁사슬을 가지고 있다(온라인 자료의 특수 주제 G와 23.3절 참조). 인체의 유비퀴논 곁사슬에는 10개의 아이소프렌 단위가 있다. 그 구조에서 이 부분은 매우 무극성이며, 유비퀴논을 미토콘드리아 막 내부의 소수성 이중 틈 사이에서 용해시키는 데 기여한다. 막의 환경에서 용해도는 전자 전달 계통의 한 성분으로부터 다른 성분으로 수평 확산이 일어나는 것을 촉진한다. 전자 전달 계통에서 유비퀴논은 두 개의 전자와 두 개의 수소 원자를 받아들여 하이드로퀴논이 된다. 하이드로퀴논 형태가 전자 두 개를 다음 수용체에 연쇄적으로 가져다 주는 것이다.

$$\text{Ubiquinones} \underset{-2\,e^-,\,-2\,H^+}{\overset{+2\,e^-,\,+2\,H^+}{\rightleftharpoons}} \text{Ubiquinol}$$

Ubiquinones (*n* = 6~10)(보조 효소 Q) **Ubiquinol (hydroquinone 형태)**

혈액의 응고성을 유지하는 기구로 중요한 영양 인자인 바이타민 K_1은 1,4-나프토퀴논 구조를 가지고 있다.

1,4-Naphthoquinone

Vitamin K_1

생물 화학: 저격수 곤충(Bombardier beetle)* 의 고약한 분무

저격수 곤충은 공격자에게 뜨겁고(100 ℃) 고약한 *p*-벤조퀴논의 제트 기류를 분사하여 자신을 보호한다. 이 벌레는 *p*-하이드로퀴논을 한 복부 저장소에 있는 과산화 수소와 다른 저장소에 있는 효소와 함께 혼합한다. 효소는 과산화 수소를 산소로 전환시키는데, 이것이 *p*-하이드로퀴논을 *p*-벤조퀴논으로 산화시키고 자극적인 분무를 공격자에게 폭발적으로 내뿜는다. Eisner와 Aneshansley(Cornell University)가 찍은 사진은 이 놀라운 저격수 곤충이 분무를 어떤 방향으로도, 등과 평행인 방향으로까지도 먹이 사슬을 쫓아버리기 위해 향하게 할 수 있음을 보여 주고 있다.

Thomas Eisner and Daniel Aneshansley, Cornell University

분무 중인 저격수 곤충

* 역자주: 'Bombardier beetle'은 영한사전에는 수록되어 있지 않으나, 영영사전에 의하면 '육지에 사는 Brachinus 종에 속하는 어떤 벌레이든 건드리면 배에 든 휘발성 액체를 퍽 하는 소리와 함께 내뿜는 벌레를 총체적으로 일컫는 말이다. 적을 향해 무기를 쏜다는 뜻에서 '저격수 곤충'이라고 번역하였다.

보기 물음 23.3

아래 화합물의 합성 방법을 요약하시오.

풀이

이중 결합을 지닌 사이클로헥세인 고리의 존재는 화합물이 Diels–Alder 반응에 의해서 만들어질 수 있음을 의미한다. 적절한 반응물은 친다이엔체로 *p*-벤조퀴논, 그리고 다이엔으로 1,3-뷰타다이엔이다.

$$\text{(p-벤조퀴논)} + \text{(1,3-뷰타다이엔)} \xrightarrow{\Delta} \text{(생성물)}$$

되새김 물음 23.6

p-벤조퀴논과 1,4-나프토퀴논은 Diels-Alder 반응에서 친다이엔체로 작용한다. 아래 반응 생성물의 구조를 쓰시오.

(a) 1,4-나프토퀴논 + 2,3-다이클로로-1,3-뷰타다이엔 **(b)** *p*-벤조퀴논 + 사이클로펜타다이엔

되새김 물음 23.7

아래 화합물의 가능한 합성 방법을 요약하시오.

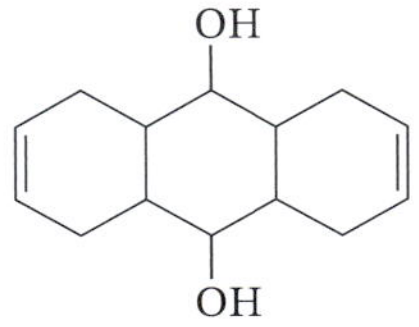

OH

OH

23.4 스테로이드

식물이나 동물로부터 얻어지는 지질 성분 중에는 **스테로이드(steroid)**라고 알려진 또 다른 중요한 집단의 화합물들이 있다. 스테로이드는 생체 조직에 주입되었을 때는 거의 항상 극적인 생리 효과를 나타내는 중요한 '생물학적인 조절제'이다. 이 중요한 화합물 가운데 남성과 여성 호르몬, 부신 피질 호르몬, 바이타민 D, 담즙, 심장 독소 등이 있다.

23.4A 스테로이드의 구조와 체계적인 이름 짓기

스테로이드는 아래의 퍼하이드로사이클로펜타노페난트렌 고리계의 유도체이다.

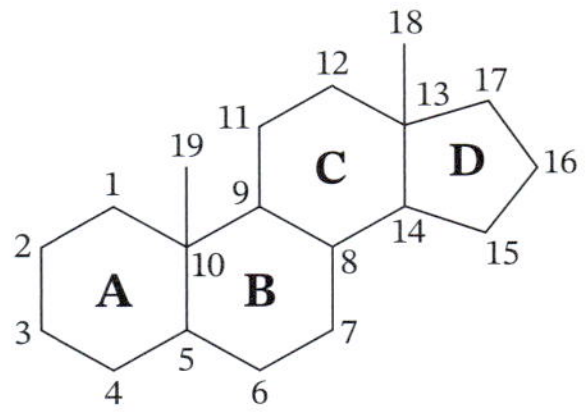

이 고리계의 탄소 원자들은 표시한 대로 번호를 붙인다. 4개의 고리는 문자로 나타낸다. 대부분의 스테로이드에서 B, C, 그리고 C, D 고리의 접점은 trans이다. 그러나 A, B 고리의 접점은 cis 또는 trans이고, 이 가능성 때문에 **그림 23.6**과 같은 삼차원 구조를 가진 두 가지 일반적인 스테로이드가 생기게 된다.

고리의 접점의 위치(18번과 19번)에 붙어 있는 메틸기는 **각메틸기(angular methyl group)**라고 부르며, 입체 화학적인 표시에 있어서 기준점이 된다. 각메틸기는 고리를 그림 23.6에 나타낸 것처럼 썼을 때 고리계의 일반적인 평면 위로 튀어나온다. 규약상 분자에서 각메틸기와 같은 쪽(윗쪽)에 놓인 다른 기들을 **β 치환기(β substituent)**라고 표시한다(이들은 선쐐기로 표시한다). 일반적으로 아래에 놓인 기(즉, 각메틸기에 대해서 trans임)를 **α 치환기(α substituent)**라고 표시한다(이들은 쇄선쐐기로 쓴다). 5번 위치의 수소에 α, β 표시를 적용해 보면 A, B 고리의 접점이 trans인 고리계는 5α 계열이 되고, A, B 고리의 접점이 cis인 고리계는 5β 계열이 된다.

스테로이드의 5α 계열
(모든 고리의 접점은 trans)

스테로이드의 5β 계열
(A,B 고리의 접점은 cis)

그림 23.6 스테로이드 5α와 5β의 기본 고리계

도움말

스테로이드의 5α와 5β 계열에 대한 분자 모형을 만들어서 이 장에서 논의되는 스테로이드의 구조를 조사해 보시오.

되새김 물음 23.8

그림 23.6에 주어진 5α와 5β 계열의 두 기본 고리계에서 사이클로헥세인 고리에 있는 모든 수소 원자를 나타내는 그림을 그리시오. 각 수소 원자가 수직인지 수평인지를 표시하시오.

체계적인 이름 짓기에서 17번 위치에 있는 R기의 본질이(주로) 개개의 스테로이드의 기본 이름을 결정한다. 이 이름들은 **표 23.3**에 수록된 스테로이드 탄화수소 이름으로부터 유도된다. 아래의 두 가지 예는 이 기본 이름들이 사용되는 방법을 설명해 준다.

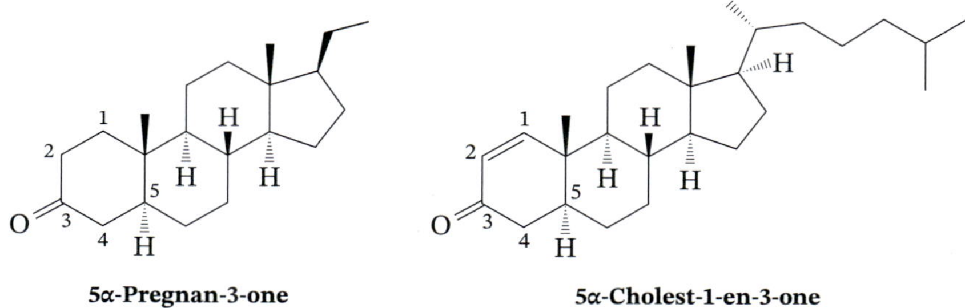

5α-Pregnan-3-one **5α-Cholest-1-en-3-one**

많은 스테로이드들이 또한 일반적인 이름을 갖고 있는데, 표 23.3에 주어진 스테로이드 탄화수소의 이름도 이런 일반적인 이름으로부터 유래된 것이다.

되새김 물음 23.9

(a) 프레드니손(prednisone)은 항염증제 의약품으로 체계적인 이름은 17,21-다이하이드록시프레그나-1,4-다이엔-3,11,20-트라이온이다. 프레드니손에 대하여 카이랄 중심에 필요한 선과 쐐기를 사용하여 구조식을 그리시오.

(b) 노르에타이노드렐(norethynodrel)은 구강 피임약으로 널리 쓰이는 합성 스테로이드이다. 이것의 체계적인 이름은 17α-에타인일-17β-하이드록시-5(10)-에스트렌-3-온이다. 노르에타이노드렐의 구조를 선과 쐐기를 사용하여 카이랄 중심을 나타내는 구조식을 그리시오.

표 23.3 스테로이드 탄화수소의 이름

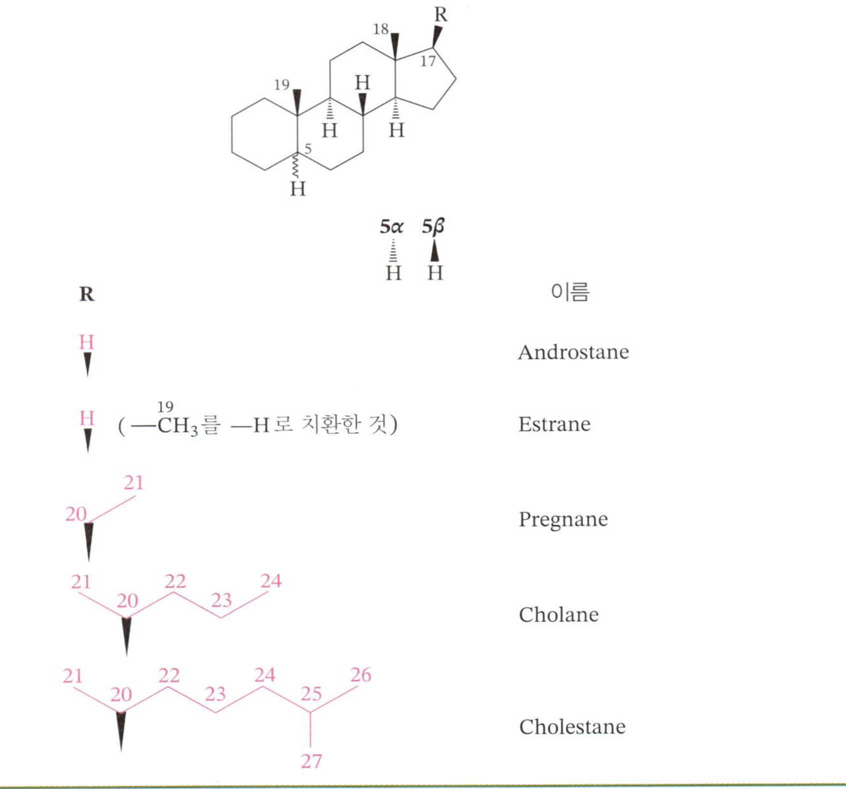

23.4B 콜레스테롤

가장 널리 존재하는 스테로이드 중의 하나인 콜레스테롤은 거의 모든 동물의 조직을 추출하여 분리할 수 있다. 사람의 담석은 특히 풍부한 자원이기도 하다.

콜레스테롤은 1770년에 처음 분리되었다. 1920년대에 독일의 화학자인 Windaus(University of Göttingen)와 Wieland(University of Munich)가 콜레스테롤의 구조를 결정하였다. 그들은 이 업적으로 1927년과 1928년에 Nobel상을 받았다.*

콜레스테롤의 절대적인 구조를 결정하는 데 따른 어려움의 일부는 콜레스테롤에 **8개**의 정사면체 입체 중심이 있기 때문이다. 이것은 2^8 또는 256가지 가능한 입체 이성질체를 가진 기본 구조가 가능하며, **이 중 한 가지만이 콜레스테롤임**을 뜻한다.

5-Cholesten-3β-ol
(콜레스테롤의 절대적인 배위)

* Windaus와 Wieland가 처음 제안한 콜레스테롤의 구조는 틀린 것이다. 이 사실은 1932년에 영국의 물리학자인 Bernal이 X-선 회절 연구를 한 결과 입증되었다. 그러나 1932년 말 영국의 과학자들과 Wieland 자신이 Bernal의 결과를 가지고 콜레스테롤의 올바른 구조를 결정하였다.

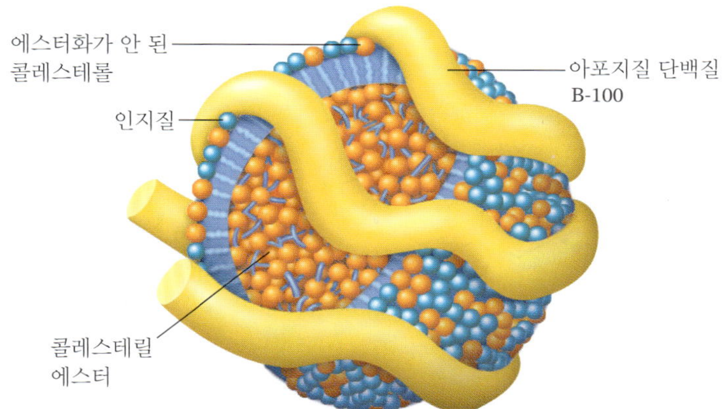

그림 23.7 하나의 LDL이 콜레스테롤 에스터의 핵심과 인지질의 껍질, 그리고 에스터화되지 않은 콜레스테롤(하이드록실기가 노출되어 있음)이 아포지질 단백질(apolipoprotein) 안에 싸여 있다. 인지질 머리 기와 단백질의 친수성 잔기가 LDL 입자로 하여금 물과 조화를 이루게 한다. (Reprinted with permission of John Wiley & Sons, Inc., from Voet, D. and Voet, J. G., *Biochemistry*, Second Edition. © 1995 Voet, D. and Voet, J. G.)

되새김 물음 23.10

콜레스테롤의 8개 카이랄 중심을 별표(*)로 표시하시오.

콜레스테롤이 인체에 널리 존재하지만 인체의 모든 스테로이드 생합성에 중간체로 작용하는 것으로 알려졌다. 그러므로 콜레스테롤은 생명에 필수적이다. 그러나 콜레스테롤을 식사에서 섭취할 필요는 없다. 왜냐하면, 인체가 모든 필요한 것을 합성할 수 있기 때문이다. 콜레스테롤을 섭취하면 인체는 전혀 섭취하지 않을 때보다 덜 합성하게 된다. 그러나 콜레스테롤의 총량은 전혀 섭취를 않을 때보다 더 많다. 몸속에는 스테로이드 생합성에 필요한 것보다 더 많은 양의 콜레스테롤이 존재한다. 혈중 콜레스테롤의 농도가 커지면 동맥경화증이 생기고, 콜레스테롤을 포함하는 혈소판이 심장의 동맥을 막을 때 일어나는 심장마비와 관련이 있는 것으로 알려져 있다. 콜레스테롤의 양을 음식 조절과 의약들을 사용하여 최소화할 수 있는 방법을 찾기 위하여 콜레스테롤 대사 분야에 대한 상당한 연구가 진행되고 있다.

일상 용어인 '콜레스테롤'은 화학자들이 콜레스테롤이라고 부르는 순수한 화합물만을 반드시 의미하는 것은 아님을 유념하는 것이 중요하다. 그것은 대신 흔히 콜레스테롤과 다른 지방, 그리고 단백질을 포함하는 혼합물을 의미한다. 이들 집합체는 카일로마이크론, 고밀도 지질 단백질(HDL), 그리고 저밀도 지질 단백질(LDL)이라고 부른다. 그들은 구형 마이셀을 닮은 구조를 가지며, 콜레스테롤을 인체의 수용성 환경 속으로 운반하는 도구이다. 그들의 성분인 단백질, 인지질, 그리고 콜레스테롤의 하이드록실 치환체 같은 친수성기들이 물을 향해 밖으로 배치되어 지방을 순환계를 통해서 이동하도록 촉진시킨다. HDL(소위 '양질 콜레스테롤')은 지방을 조직으로부터 간으로 운반해서 분해하여 분비되도록 한다. LDL(소위 '악질 콜레스테롤')은 생합성된 지방을 간에서 조직으로 운반한다(그림 23.7).

스테로이드와 연관된 식물로부터 분리된 화합물들이 혈중 콜레스테롤 총량을 낮춘다고 알려져서 FDA의 승인을 받아 식품으로 사용되기도 한다. 피토스탄올(phytostanol)과 피토스테롤(phytosterol)이라 불리는 이 화합물들은 내장에서 식품 콜레스테롤의 흡수를 저해한다. 이들은 식품으로 시판된다. 피토스탄올의 한 예는 다음과 같다.

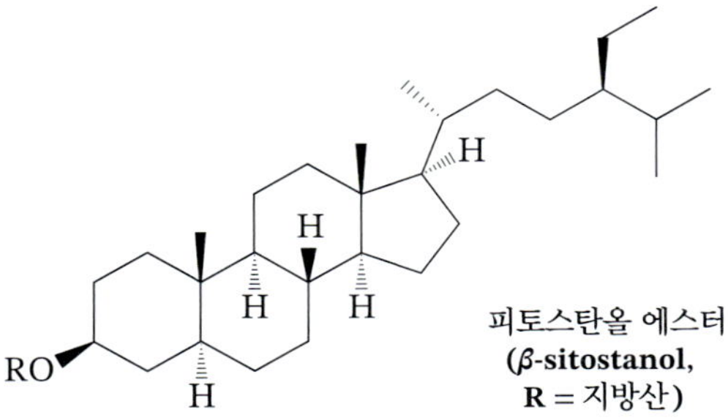

피토스탄올 에스터
(β-sitostanol,
R = 지방산)

23.4C 성호르몬

성호르몬은 세 가지 중요 그룹으로 분류될 수 있다: (1) 여성 호르몬 혹은 **에스트로젠(estrogen)**, (2) 남성 호르몬 혹은 **안드로젠(androgen)**, (3) 임신 호르몬 혹은 **프로제스틴(progestin)**.

최초로 분리된 성호르몬은 에스트로젠인 **에스트론**(estrone)이다. Butenandt(독일, University of Göttingen)와 Doisy(미국, St. Louis University)는 독자적인 연구를 통하여 임신부의 소변으로부터 에스트론을 분리하였다. 그들의 발견의 결과는 1929년에 출판되었다. 후에 Doisy는 더욱 강력한 **에스트라다이올**(estradiol)을 분리하게 되었다. Doisy는 이 연구에서 겨우 12 mg의 에스트라다이올을 얻기 위하여 4톤의 암돼지 난소를 추출하여야만 했다. 에스트라다이올이 진짜 여성 호르몬이고, 에스트론은 분비된 에스트라다이올의 대사된 형태인 것임이 밝혀졌다.

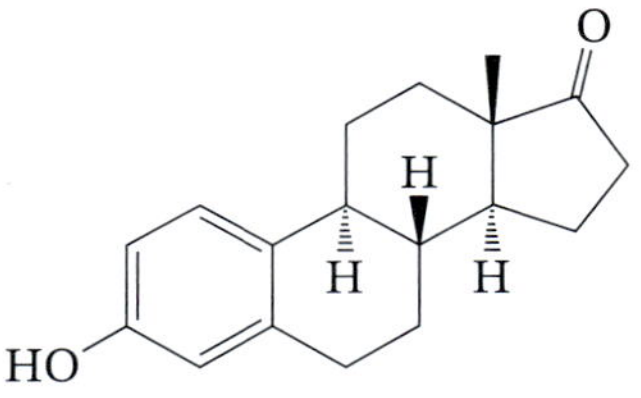

Estrone
[3-hydroxy-1,3,5(10)-estratrien-17-one]

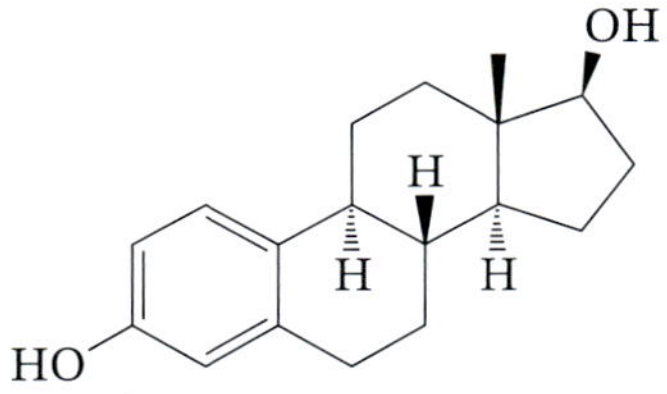

Estradiol
[1,3,5(10)-estratriene-3,17β-diol]

에스트라다이올은 난소에 의해서 분비되며, 사춘기가 시작될 때 나타나는 여성의 2차적인 특성의 개발을 촉진한다. 에스트로젠은 임신 기간 중 유선(젖줄)의 개발을 촉진시키며 동물에 있어서 발정을 유발한다.

1931년에 Butenandt와 Tscherning은 최초로 안드로젠인 **안드로스테론**(androsterone)을 분리하였다. 그들은 약 15,000 L의 남성의 소변을 추출하여 15 mg의 이 호르몬을 얻었다. 그후 곧(1935년) Laqueur(Holland)가 또 하나의 남성 호르몬인 **테스토스테론**(testosterone)을 황소의 고환으로부터 분리하였다. 곧 테스토스테론이 진짜 남성 호르몬이고 안드로스테론은 테스토스테론의 대사 물질이 소변에 분비된 것이라는 사실이 분명해졌다.

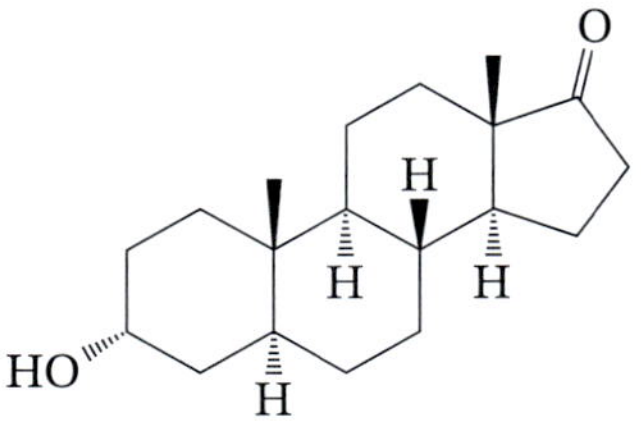

Androsterone
(3α-hydroxy-5α-androstan-17-one)

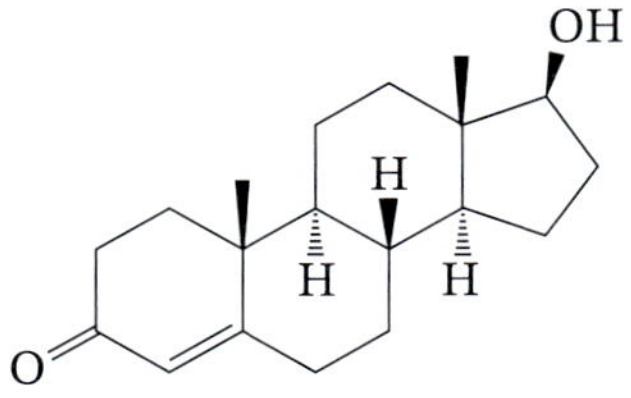

Testosterone
(17β-hydroxy-4-androsten-3-one)

테스토스테론은 고환에서 분비된 호르몬인데 남성의 2차적인 특성, 즉 수염과 몸털의 성장, 음성의 변화, 근육의 발달, 그리고 남성 성기의 성숙 등을 촉진시킨다.

테스토스테론과 에스트라다이올은 '남성다움'과 '여성다움'이 나오는 화학 물질인 것이다. 그들의 구조식을 살펴보고 두 화합물이 얼마나 조금 다른지를 알아보는 것이 특별히 흥미가 있다. 테스토스테론은 A, B 고리의 접점에 각메틸기가 있다. 그러나 에스트라다이올에서는 없다. 에스트라다이올의 A 고리는 벤젠 고리이며, 그 결과 에스트라다이올은 페놀이다. 티스토스테론의 고리 A는 α,β-불포화인 케토기를 가지고 있다.

되새김 물음 23.11

에스트로젠(에스트론과 에스트라다이올)은 안드로젠(안드로스테론과 테스토스테론)으로부터 그들의 화학적 성질에 근거하여 쉽게 분리될 수 있다. 이 성질은 무엇이며, 그러한 분리는 어떻게 달성될 수 있는가?

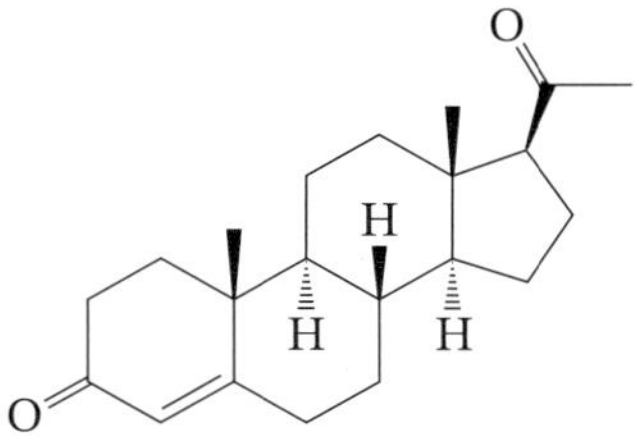

Progesterone
(4-pregnene-3,20-dione)

프로제스테론은 가장 중요한 **프로제스틴**(임신 호르몬)이다. 배란이 일어난 후 파괴된 난소의 난포(*corpus luteum*이라고 부름) 잔해물은 프로제스테론을 분비하기 시작한다. 이 호르돈은 수정된 난자가 착상될 수 있도록 자궁이 준비하게 한다. 그리고 임신의 완성을 위하여 프토제스테론이 계속 분비되어야 한다(프로제스테론은 난포에서 분비가 끝난 후 태반에서 분비된다).

프로제스테론은 또한 **배란을 억제한다**. 임신부가 임신 기간 동안 다시 임신이 되지 않는 사실을 설명해 주는 화학적인 시약이 바로 이것이다. 이러한 관찰에 근거하여 먹는 피임약으로 쓸 수 있는 합성된 프로제스틴을 찾아보려는 시도가 나오게 되었다(프로제스테론 자체는 배란을 억제하기 위해서 과량을 복용해야 하는데, 이것은 내장에서 분해되기 때문이다). 많은 그런 화합물들이 개발되었고 지금 널리 쓰이고 있다. 노르에타이노드렐(되새김 물음 23.9) 이외에도 또 다른 합성된 프로제스틴으로 널리 쓰이는 것은 이중 결합 이성질체인 **노르에틴드론**(*norethindrone*)이다.

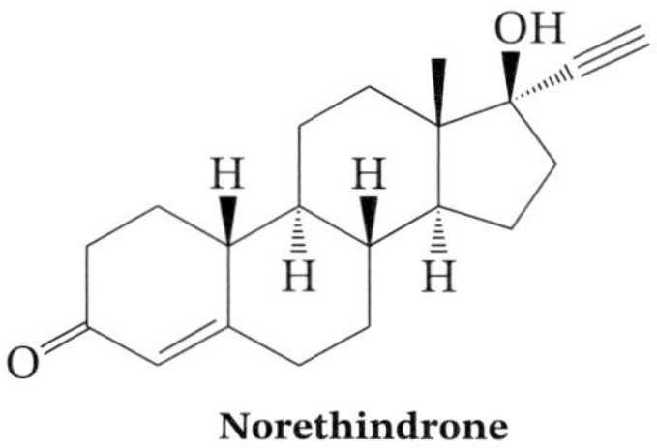

Norethindrone
(17α-ethynyl-17β-hydroxy-4-estren-3-one)

합성된 에스트로젠도 개발되어 먹는 피임약으로 합성된 프로제스틴과 함께 자주 사용된다. 아주 강력한 합성된 에스트로젠은 **에타인일에스트라다이올**(ethynylestradiol) 또는 **노베스트롤**(*novestrol*)이라고 부르는 화합물이다.

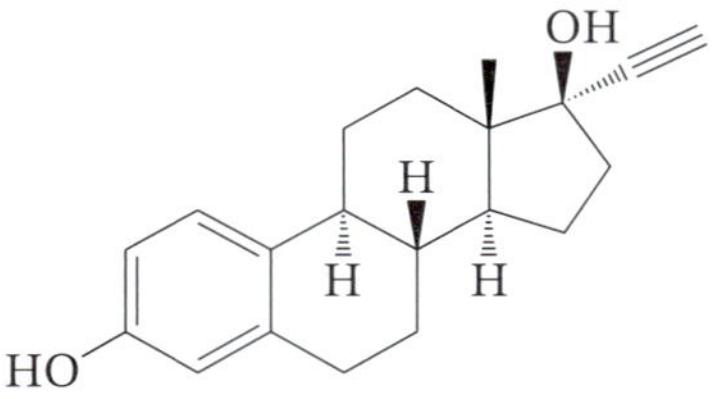

Ethynylestradiol
[17α-ethynyl-1,3,5(10)-estratriene-3,17β-diol]

생물 화학: 방향족화 효소

아래에 있는 테스토스테론과 에스트라다이올의 구조를 보시오. 테스토스테론은 1차적인 남성 호르몬 또는 **안드로젠(androgen)**이다. 이것은 근육의 발달과 남성 성기의 성숙화와 같은 사춘기의 2차적인 남성 특징의 개발을 촉진시킨다. 에스트라다이올은 1차적인 **에스트로젠(estrogen)**이다. 에스트로젠은 사춘기 초기에 생기는 2차적인 여성의 특징을 개발하는 것을 촉진시키고 생식 주기를 조절한다. 두 호르몬 사이에서 뚜렷한 구조적이 차이는 여성의 성호르몬에 벤젠 고리가 존재하는 것이다.

Testosterone —방향족화 효소→ **Estradiol**

방향족화 효소는 남성의 성호르몬인 테스토스테론을 여성의 성호르몬인 에스트라다이올로 전환한다. 이 변환 과정에서 테스토스테론의 고리 A는 에스트라다이올의 벤젠 고리로 전환되는 것이다.

에스트로젠은 남성적 행동의 필수이다. 이것은 직관과 반대인 것처럼 보인다. 그러나 태아가 성장하는 동안 남자 태아에서 생산된 테스토스테론은 태아의 뇌에서 방향족화 효소와 상호작용을 하여 에스트로젠으로 전환된다. 이렇게 국지적으로 생성된 에스트로젠(뇌에서 에스트로젠 수용체와 상호작용을 함)이 남성적 행동의 원인이라는 증거가 많이 있다. 실제로 방향족화 효소 활성이 결핍된 변이된 수컷 쥐는 수컷의 성적인 행동이 심각하게 결핍된 것을 보인다.

폐경에 이르지 않은 여성에게서 에스트라다이올의 주된 근원은 난소이다. 폐경 후 방향족화 효소는 부신에 의해 생산된 테스토스테론을 에스트라다이올로 변화시킨다.

어떤 유방암이 성장하려면 에스트로젠이 필요하다. 방향족화 효소 방해제는 에스트로젠의 합성을 차단하기 때문에 폐경 후 여성의 유방암 치료에 사용되는 신종 약물이다.

23.4D 부신 피질 호르몬

신장 위에 있는 부신 땀샘의 일부인 부신 피질로부터 적어도 28가지의 다른 호르몬이 분리되었다. 이들에 속한 것 중 다음 두 가지가 있다.

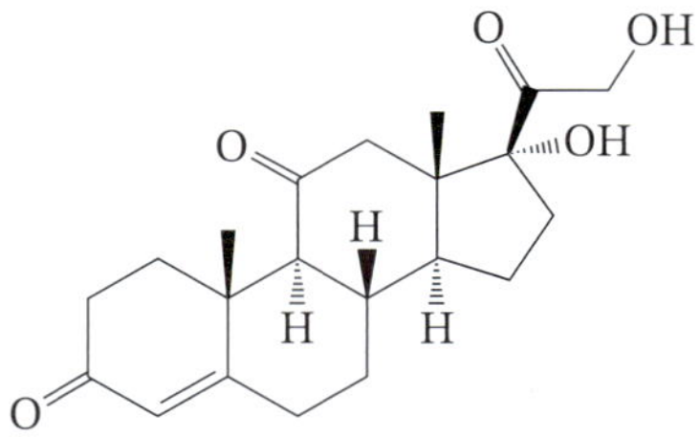

Cortisone
(17α,21-dihydroxy-4-pregnene-3,11,20-trione)

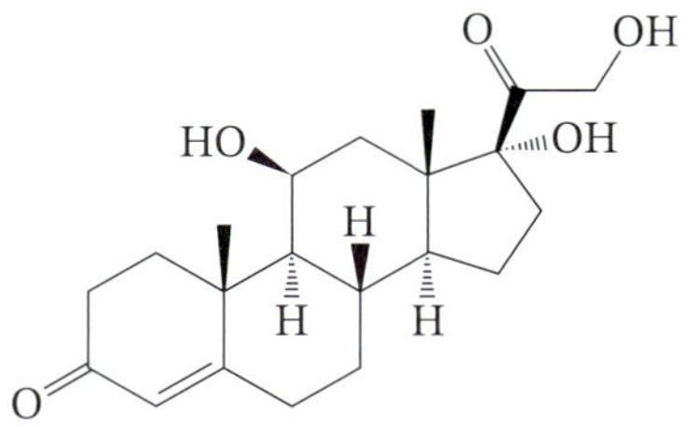

Cortisol
(11β,17α,21-trihydroxy-4-pregnene-3,20-dione)

대부분의 부신 피질 스테로이드는 11번 위치에 산소 기능을 갖고 있다(예: 코티손은 케토기, 코티솔은 β-하이드록실기). 코티솔은 사람의 부신 피질에서 합성되는 주된 호르몬이다.

부신 피질 호르몬은 다수의 생물학적인 활동을 조절하는 데 관여하는 것처럼 여겨진다. 이를테면 탄수화물, 단백질, 그리고 지방의 대사, 물과 전해질의 균형, 알레르기와 염증 현상에 대한 반응 등이 이에 포함된다. 코티솔의 소염 효과와 류마티스성 관절염의 치료에 유용성 등을 1949년에 알게 됨으로써 이 분야에 광범위한 연구가 진행되어 오고 있다. 11번 산소가 있는 많은 스테로이드들이 오늘날 Addison씨병, 천식, 피부염증 등 다양한 질병의 치료에 쓰이고 있다.

23.4E 바이타민 D류

1919년에 햇빛으로 구루병 — 뼈의 성장이 불완전한 어린아이들의 질병 — 을 치료한 사실이 있은 후부터 이에 대한 화학적인 설명을 찾아보려는 연구가 오랫동안 시도되어 왔다. 후속 연구로 D 바이타민이 관여되었음을 알았고, 끝내는 여러 개의 D 바이타민 중 바이타민 D_3가 치료 인자임이 알려졌다. 바이타민 D_3는 7-디하이드로콜레스테롤로부터 두 단계에 의해서 형성된다. 첫 단계(아래)는 UV-B 범위(280~320 nm, 상피층을 투과할 수 있음)에 있는 자외선이 6-전자 동일 방향 회전 전자 고리화 반응을 일으켜서(온라인 자료의 특수 주제 D 참조) 전구 바이타민 D_3를 생성한다. 이를 뒤따라 자발적인 이성질화 반응([1,7] 시그마 결합 수소 이동)으로 바이타민 D_3 자체가 생성된다.

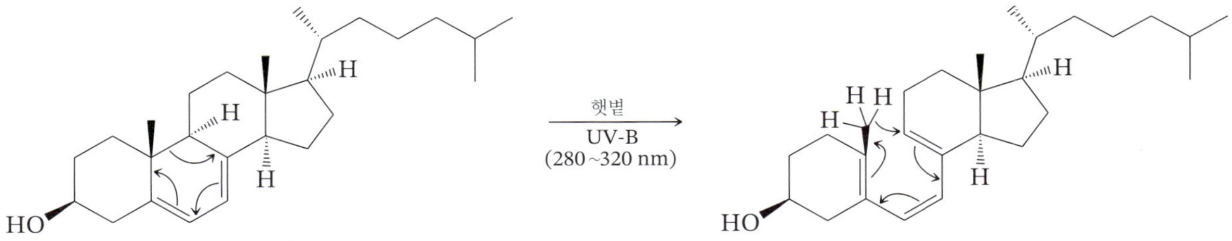

7-Dehydrocholesterol → 햇볕 UV-B (280~320 nm) → Pre-vitamin D_3

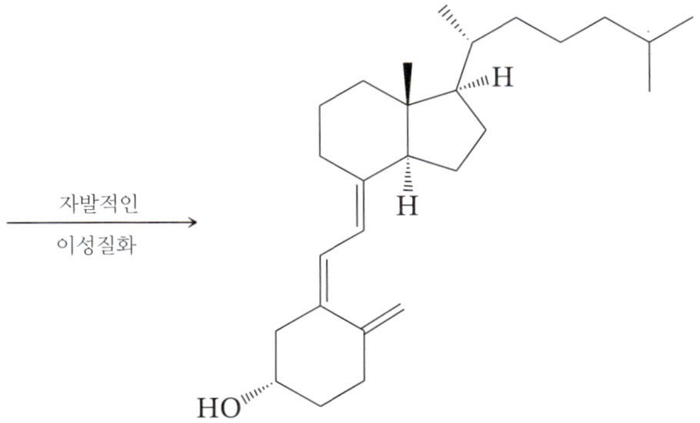

→ 자발적인 이성질화 → Vitamin D_3

바이타민 D_3는 칼슘(Ca^{2+}로)이 장으로부터 흡수되어 적절한 뼈 성장을 이루는 데 필요하므로 건강 유지에 필요하다.

지리적인 위도와 연중 계절 등 여러 가지 요인으로 인하여 햇볕이 부족하게 되며, 따라서 바이타민 D_3가 부족하게 된다. 햇볕은 최북단이나 최남단 위도에서, 그리고 겨울철에 더 적기 때문에, 이러한 조건에서는 여러 나라에서 어린이나 노인들을 위한 식품에 바이타민 D_3 보조제를 첨가하도록 규정을 정하고 있다. 피부에서 바이타민 D_3의 생산에 영향을 미치는 다른 요인으로는 피부 변색, 구름이 낌, 그리고 햇볕 차단제의 사용이 있다.

23.4F 다른 스테로이드

몇 가지 다른 중요한 스테로이드의 구조, 출처, 물리적 성질들을 **표 23.4**에 수록하였다.

표 23.4 중요한 스테로이드 화합물

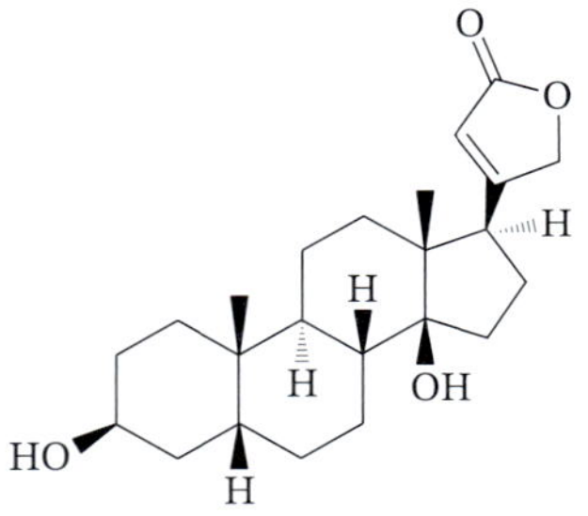 **Digitoxigenin**	디지톡시제닌은 심장병 치료제인데 디지탈리스의 가수 분해로 분리된다. 디지탈리스는 1785년 이래로 심장 질환을 치료하는 데 쓴 약품이다. 디지탈리스에서는 당 분자가 스테로이드의 3-OH기에 아세탈 결합을 하여 붙어 있다. 소량의 디지탈리스는 심장 근육을 강하게 하지만, 과량을 취하면 지독한 심장독이 된다. 아글리콘의 활성은 디지탈리스의 40분의 1에 불과하다.
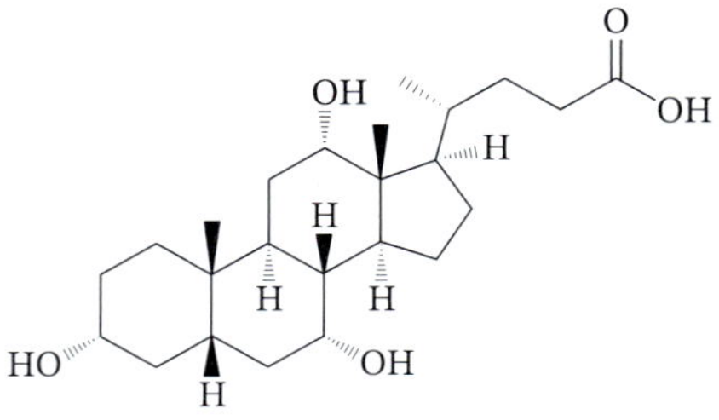 **Cholic acid**	콜산은 인간이나 황소의 담즙을 가수 분해하여 얻어지는 가장 흔한 산이다. 담즙은 간에 의해서 생성되고 쓸개에 저장된다. 담즙이 소장 속으로 분비되면 담즙은 비누처럼 작용하여 지방을 에멀전으로 만들어 소화를 돕는다.
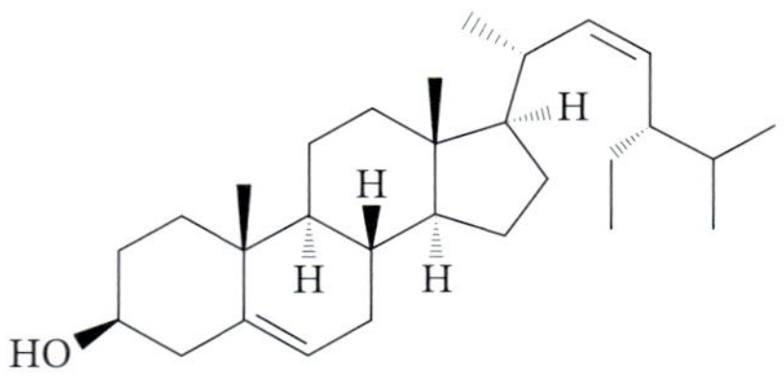 **Stigmasterol**	스티그마스테롤은 식물의 스테로이드에 널리 존재하며, 상업적으로는 콩기름에서 얻는다. β-시토스탄올(하나의 피토스탄올로, 이것의 에스터는 음식의 콜레스테롤 흡수를 방해함)은 포화된 것(C5 수소는 α) 이외에는 같은 구조이다.
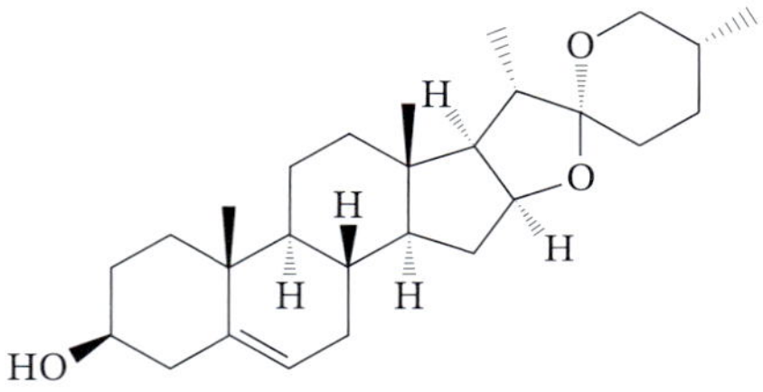 **Diosgenin**	디오스제닌은 마속 식물로부터 얻어진다. 이것은 코티손과 성호르몬의 상업적 합성에서 출발 물질로 쓰인다.

23.4G 스테로이드의 반응

스테로이드는 이중 결합, 하이드록실기, 케톤기 등을 가진 분자에서 예상할 수 있는 모든 반응을 일으킨다. 스테로이드의 반응에서 입체 화학은 흔히 아주 복잡하지만, 분자의 β면에 있는 각메틸기의 입체 장애에 의한 영향을 강력히 받는다. 반응이 특히 각메틸기의 아주 가까운 작용기에서 일어날 때, 그리고 공격하는 기의 크기가 클 때, 비교적 장애를 받지 않는 α면에서 우선적으로 많은 시약들이 반응한다. 이러한 경향을 설명하는 예들은 아래와 같다.

5α,6α-에폭시콜레스탄-3β-올(아래의 반응을 보시오)의 에폭시화 고리가 열릴 때 염화 이온에 의한 공격은 β면에서 일어나야 한다. 그러나 그것은 더 열린 6번 위치에서 일어난다. 생성물에서 5-와 6-치환기가 둘 다 수직임을 주목하시오(8.13절).

되새김 물음 23.12

콜레스테롤을 어떻게 아래의 각 화합물로 전환할 수 있는지를 보이시오.

(a) 5α,6β-Dibromocholestan-3β-ol

(b) Cholestane-3β,5α,6α-triol

(c) 5α-Cholestan-3-one

(d) 6α-Deuterio-5α-cholestan-3β-ol

(e) 6β-Bromocholestane-3β,5α-diol

수평인 기가 (수직인 기에 비해) 비교적 열려 있음도 스테로이드 반응의 입체 화학적 경로에 영향을 줄 수 있다. 5α-콜레스테인-3β,7α-다이올(다음의 반응을 보시오)을 과량의 클로로폼산 에틸(C_2H_5OCOCl)과 반응시키면 단지 수평인 3β-하이드록실만이 에스터화한다. 수직인 7α-하이드록실은 이 반응에 의해서 영향을 받지 않는다.

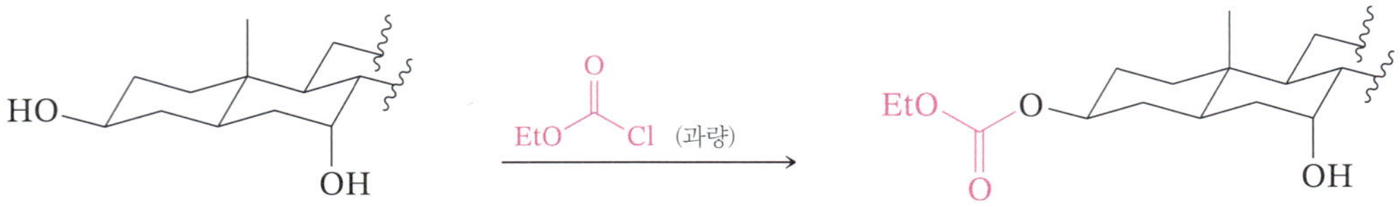

EtO–C(=O)–Cl (과량)

5α-Cholestane-3β,7α-diol

(유일한 생성물)

이와는 대조적으로 5α-콜레스테인-3β,7β-다이올을 과량의 클로로폼산 에틸과 반응시키면 두 하이드록실기가 에스터화한다. 이 경우는 두 기 다 수평이다.

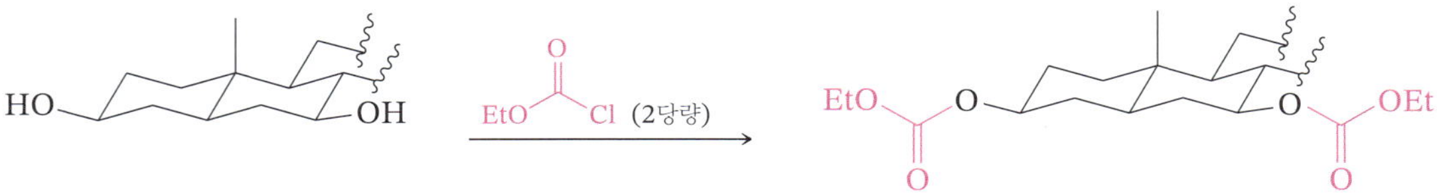

EtO–C(=O)–Cl (2당량)

5α-Cholestane-3β,7β-diol

(유일한 생성물)

23.5 프로스타글란딘

오늘날의 연구에서 매우 활발한 분야는 **프로스타글란딘(prostaglandin)**이라고 부르는 지방의 부류를 다루는 것이다. 프로스타글란딘은 C_{20}-카복실산으로 오각형 고리와 적어도 한 개의 이중 결합, 그리고 여러 가지 산소를 포함하는 작용기를 가지고 있다. 가장 생물학적으로 활성인 두 가지 프로스타글란딘은 프로스타글란딘 E_2와 프로스타글란딘 $F_{1\alpha}$이다.

도움말
이러한 프로스타글란딘에 대한 이름들은 현장에서 일하는 사람들이 사용하는 약어이다. 체계적인 이름은 거의 사용되지 않는다.

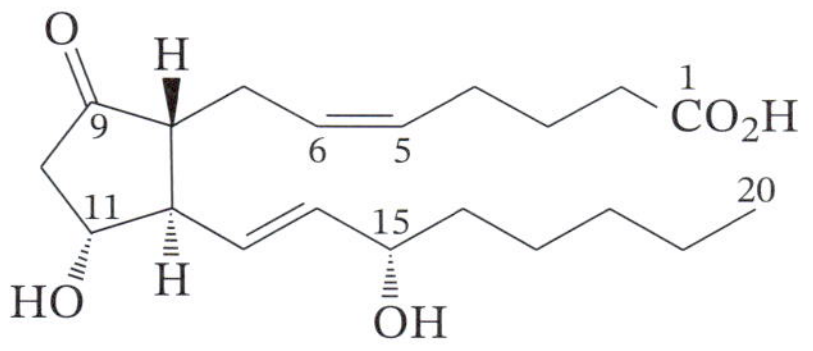

Prostaglandin E_2
(PGE_2)

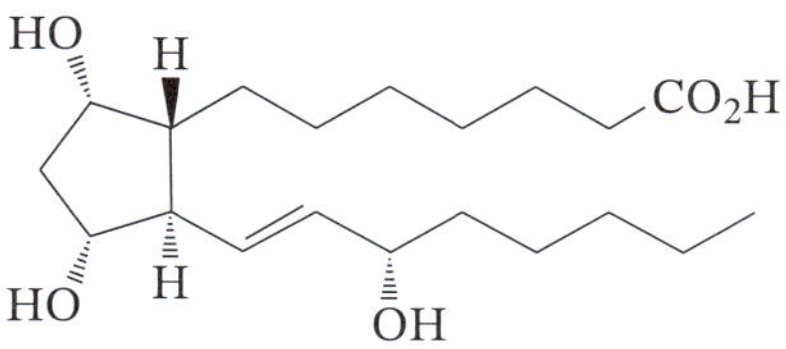

Prostaglandin $F_{1\alpha}$
($PGF_{1\alpha}$)

E형의 프로스타글란딘은 C9에 카보닐기와 C11에 하이드록실기가 있다. F형은 프로스타글란딘은 두 위치에 모두 하이드록실기가 있다. 2 계열의 프로스타글란딘은 C5와 C6 사이에 이중 결합이 있고 1 계열의 프로스타글란딘은 이 결합이 단일 결합이다.

정액으로부터 처음 분리된 프로스타글란딘은 거의 모든 동물 조직에서 발견되고 있다. 그 양은 조직에 따라 다르지만 거의 항상 매우 적다. 그러나 대부분의 프로스타글란딘은 매우 강력한 생리 활성을 갖고 있다. 그리고 이 활성은 광범위한 효과를 갖고 있다. 프로스타글란딘은 심장 속도, 혈압, 혈액 응고, 임신, 생식력, 그리고 알레르기 반응 등에 영향을 주는 것으로 알려져 있다.

최근 프로스타글란딘이 혈액의 응고를 막아 준다는 사실을 발견한 것은 임상적인 의의가 크다. 왜냐하면, 심장마비나 뇌졸중 등은 흔히 비정상적인 혈액의 응고에 기인되기 때문이다. 프로스타글란딘이 어떻게 혈액의 응고를 막는지를 이해하게 되면 심장마비나 뇌졸중을 예방할 수 있는 약품을 개발할 수 있을지도 모른다.

2 계열의 프로스타글란딘의 생합성은 C_{20} 폴리인산인 아라키돈산(오메가-6 지방산)으로 시작한다(1 계열의 프로스타글란딘의 합성은 이중 결합의 수가 하나 더 작은 지방산으로 시작한다). 첫 번째 단계는 두 분자의 산소를 필요로 하며 **고리 산소화 효소**(cyclooxygenase)라는 효소에 의해서 촉매화된다.

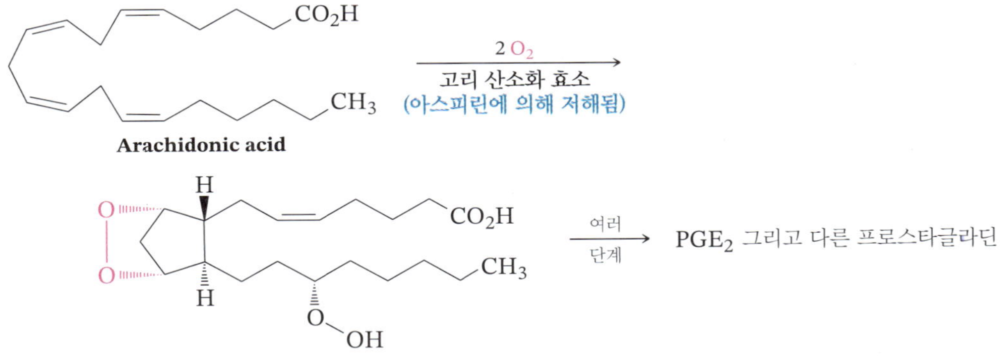

노벨상
1982년도 Nobel 의학상은 Bergstrom과 Samuelsson (Karolinska Institute, Stockholm, Sweden)과 Vane (Wellcome Foundation, Beckenham, England)에게 프로스타글란딘에 대한 연구 공로로 수여되었다.

CO_2H CH_3
Arachidonic acid

$\xrightarrow[\text{고리 산소화 효소 (아스피린에 의해 저해됨)}]{2\ O_2}$

H CO_2H O O CH_3 H O OH

$\xrightarrow[\text{단계}]{\text{여러}}$ PGE_2 그리고 다른 프로스타글라딘

PGG_2 (고리형 엔도퍼옥시화물)

프로스타글란딘이 알레르기나 염증에 관여하는 것도 특별히 흥미가 있다. 어떤 프로스타글란딘은 염증을 유발하고, 또 다른 것은 그들을 제거해 준다. 가장 널리 쓰이는 소염제는 보통 아스피린이다. 아스피린은 효소인 고리 산소화 효소(cyclooxygenase)를 아세틸화시켜 불활성으로 만들기 때문에 아라키돈산으로부터 프로스타글란딘의 합성을 막는다. 이 반응은 아스피린의 소염 성질의 근원이 된다. 다른 프로스타글란딘(PGE_1)은 강력한 열을 유발하는 물질(파이로젠)이다. 그리고 아스피린이 해열 작용을 하는 것도 프로스타글란딘의 합성을 방해하기 때문이다.

23.6 인지질과 세포막

지방의 또 다른 큰 부류는 **인지질(phospholipid)**이라고 부르는 것들이다. 대부분의 인지질은 구조적으로 **포스파타이드산**(phosphatidic acid)이라고 알려진 글리세롤 유도체로부터 온 것이다. 포스파타이드산에서 글리세롤의 두 하이드록실기는 지방산과 에스터 결합을 하고 있고, 한 개의 말단 하이드록실기는 **인산**(phosphoric acid)과 에스터 결합을 하고 있다.

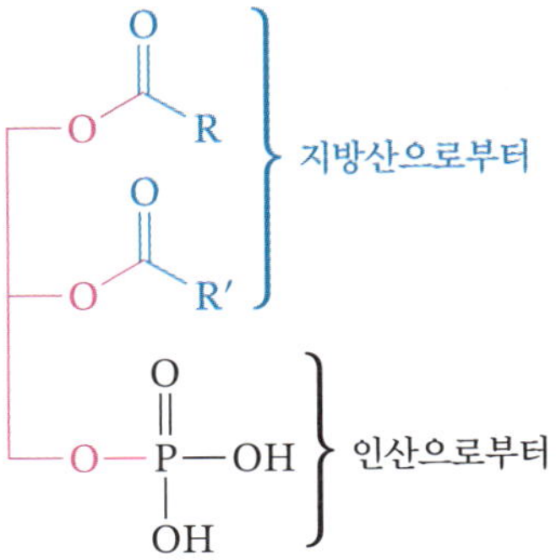

O O R } 지방산으로부터
O O R′
O O—P—OH OH } 인산으로부터

포스파타이드산(인산 다이아실글리세롤)

23.6A 포스파타이드

포스파타이드(phosphatide)에서는 포스파타이드산의 인산기가 또 다른 인산 에스터 결합을 통하여 아래의 질소를 포함하는 화합물 중 어느 하나와 맺어져 있다.

HO–CH2CH2–$\overset{+}{N}(CH_3)_3X^-$ **Choline**

HO–CH2CH2–NH_2 **2-Aminoethanol (ethanolamine)**

L-Serine

가장 중요한 포스파타이드는 **레시틴(lecithin)**, **세팔린(cephalin)**, **포스파타이딜세린(phosphatidylserine)**, 그리고 **플라스말로젠(plasmalogen**, 포스파타이딜 유도체)이다. 이들의 일반적인 구조는 **표 23.5**에 수록되어 있다.

표 23.5 포스파타이드

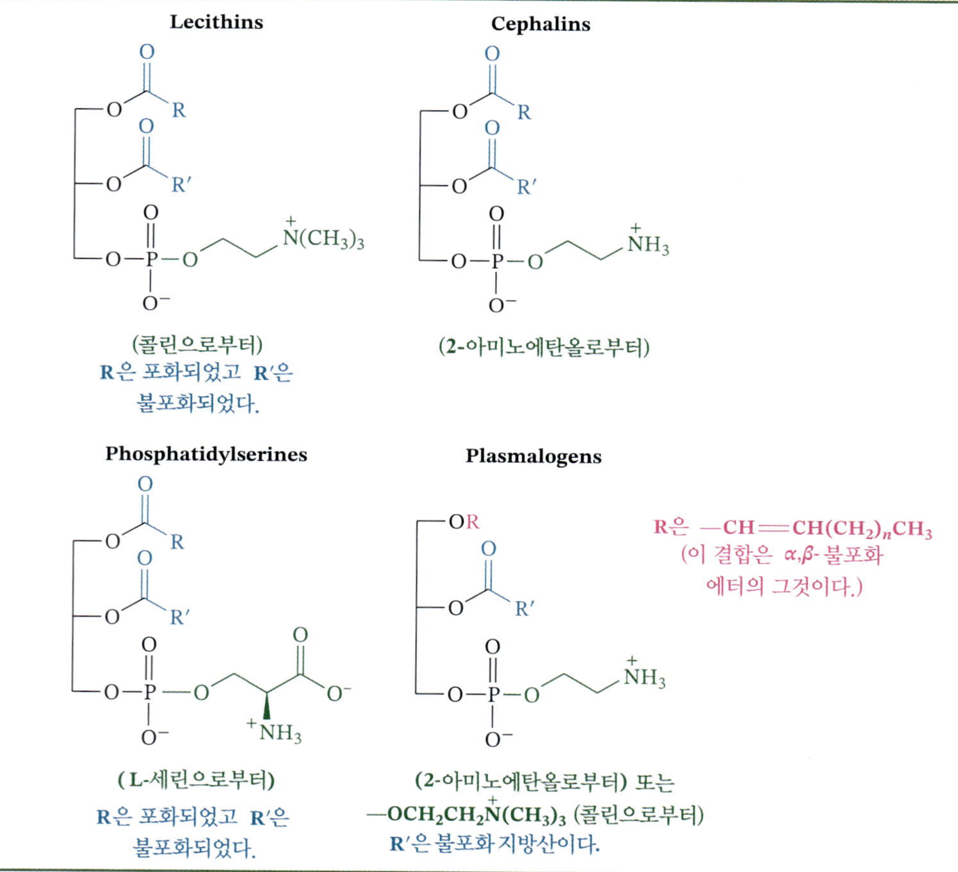

포스파타이드는 분자들이 극성과 무극성인 기를 모두 갖고 있다는 점에서 비누나 세제와 닮았다(**그림 23.8*a***). 비누나 세제처럼 포스파타이드도 수용액에 마이셀을 형성하면서 녹는다. 생물학적인 계에서는 **지질 겹층**(**lipid bilayer**)이라고 기술해도 좋을 '쌓여진' 이분자 마이셀의 삼차원 배열을 하고 있는 것이 우세하다는 증거가 있다(**그림 23.8*b***).

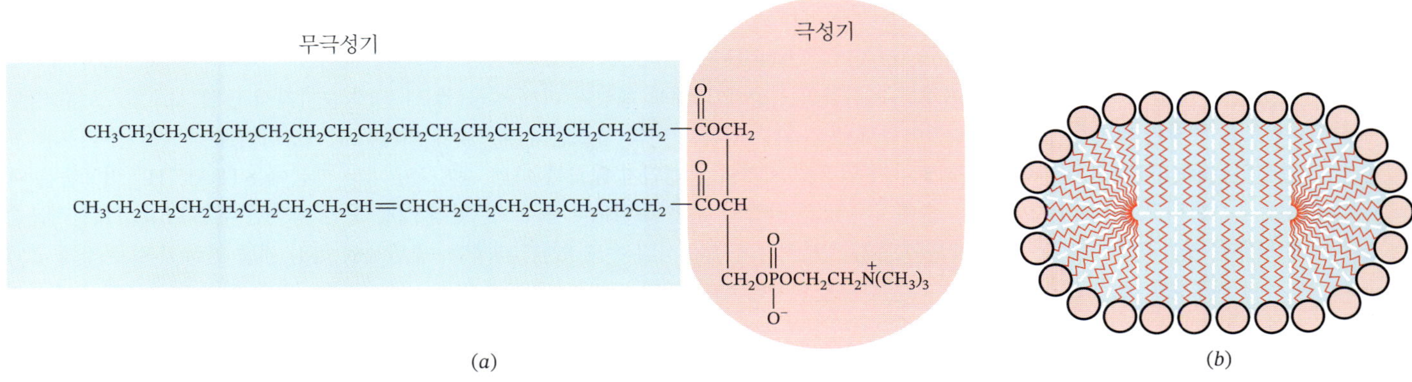

그림 23.8 (*a*) 포스파타이드의 극성과 무극성 단면, (*b*) 포스파타이드 마이셀 또는 지질 겹층

포스파타이드의 친수성과 소수성 부분은 분자의 가장 중요한 생물학적인 기능 중의 한 가지에 적합하도록 만들어진다. 즉, 이들은 유기적인 환경과 수용액적인 환경 사이의 접합면을 만드는 구조적인 단위의 일부를 형성하는 것이다. 이 구조(**그림 23.9**)는 포스파타이드가 단백질 및 당지질과 회합되어 있는 세포벽과 막에서 발견된다(23.6B절).

되새김 물음 23.13

적당한 조건하에서 포스파타이드의 모든 에스터(그리고 에터) 결합은 가수 분해될 수 있다. 다음을 완전히 가수 분해할 때 어떤 유기 화합물들이 얻어질 것으로 예상되는가?

(a) 레시틴 **(b)** 세팔린 **(c)** 콜린-염기의 플라스말로젠

[**주의**: (c)에서 α,β-불포화 에터의 결과에 특히 주의하시오.]

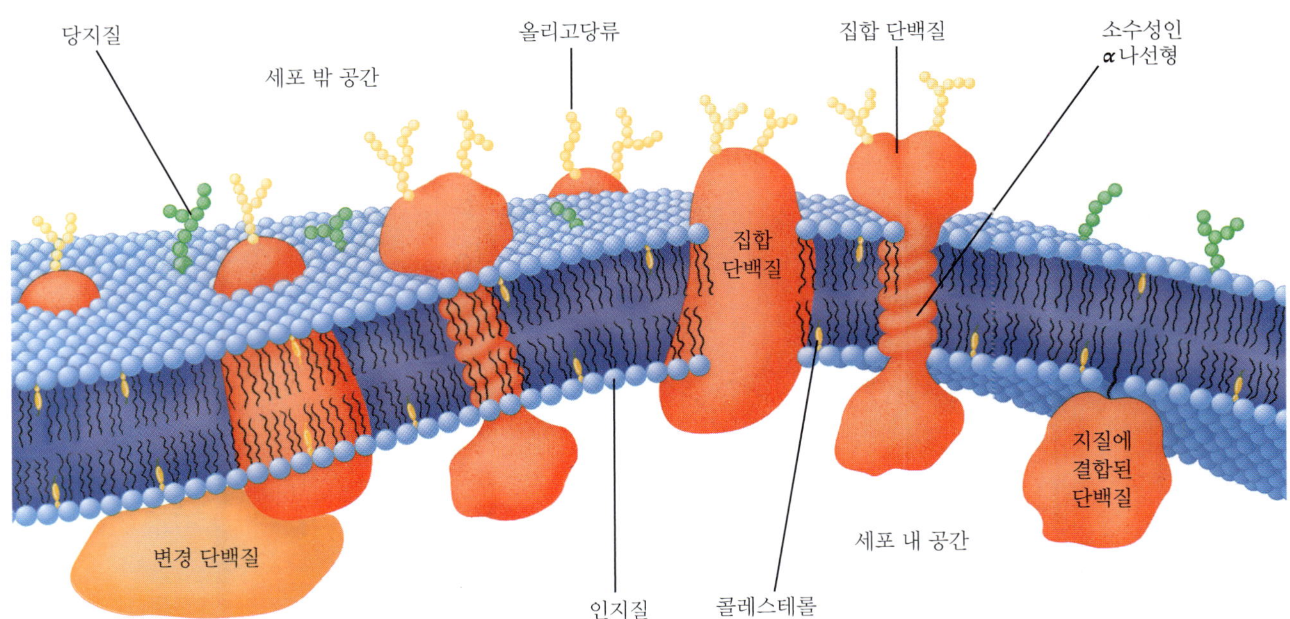

그림 23.9 원형질막의 계통적인 그림. 집합 단백질(오렌지색)은 인지질(두 개의 구부러진 꼬리를 가진 청색 구: 선명히 나타내기 위해서 생물학적인 막에서 가지고 있는 것보다 훨씬 더 큰 비율로 그렸음)과 콜레스테롤(노란색)로 구성된 겹층에 깔려 있다. 당단백질(노란색 구슬 모양의 사슬)과 당지질(녹색 구슬 모양의 사슬)의 탄수화물 성분은 막의 바깥 면에서만 존재한다. (Reprinted with permission of John Wiley & Sons, Inc., from Voet, D.; Voet, J. G.; Pratt, C., *Fundamentals of Biochemistry, Life at the Molecular Level*; © 1999 Voet, D. and Voet, J. G.)

재료 화학: 약물 전달을 위한 STEALTH® 리포솜

항암제인 독실(Doxil)(독소루비신, doxorubicin)은 STEALTH® 리포솜에 포장되어 약물의 각 투여량이 체내에서 작용을 연장하도록 하였다. 약품의 제조 과정에서 이것은 인지질의 겹층에 의해서 형성된 미세 방울(액포) 속에 숨겨져서 면역 시스템으로부터 보호되도록 특별한 피막을 입힌다. 보통 이것과 같은 외부 입자는 면역 시스템의 세포들에 의해서 공격당하여 분해되지만, 리포솜 표면에 있는 폴리에틸린 글라이콜 올리고머의 껍질은 이것이 발견되지 않도록 가려 준다. 이 피막 때문에 STEALTH® 리포솜은 체내에서 순환되고, 이것의 투약 양을 숨겨지지 않은 약품의 순환 수명보다 훨씬 긴 일정 시간 동안 방출한다. STEALTH® 리포솜에 사용된 것과 같은 피막은 어떤 약물의 독성인 부작용을 감소시킬 수도 있다. 더욱이, 중합체에 특정 세포 인식 표지 분자를 붙임으로써 리포솜을 표적 조직의 세포에 특정하게 결합시킬 수도 있다. 표적된 리포솜을 '영리한 비밀 리포솜'이라고 부르고 싶기까지 하다.

23.6B 스핑고신의 유도체

또 다른 중요한 지질은 **스핑고신(sphingosine)**으로부터 유도된 것으로 **스핑고지질(spingolipid)** 라고 부른다. 두 가지 스핑고지질인 전형적인 **스핑고마이엘린**(sphingomyelin)과 전형적인 **세레브로사이드**(cerebroside)를 **그림 23.10**에 나타냈다.

스핑고마이엘린을 가수 분해하면 스핑고신, 콜린, 인산, 그리고 C_{24} 지방산인 리그노세르산이 된다. 스핑고마이엘린에서 이 지방산은 스핑고신의 $-NH_2$기에 결합되어 있다. 스핑고지질은 가수 분해하여 글리세롤을 만들지 않는다.

그림 23.10에 보인 세레브로사이드는 **당지질(glycolipid**, 당지질)의 예이다. 당지질은 **탄수화물**(carbohydrate)로부터 나온 극성기를 갖고 있다. 그들은 가수 분해하여 인산이나 콜린을 만들지 않는다.

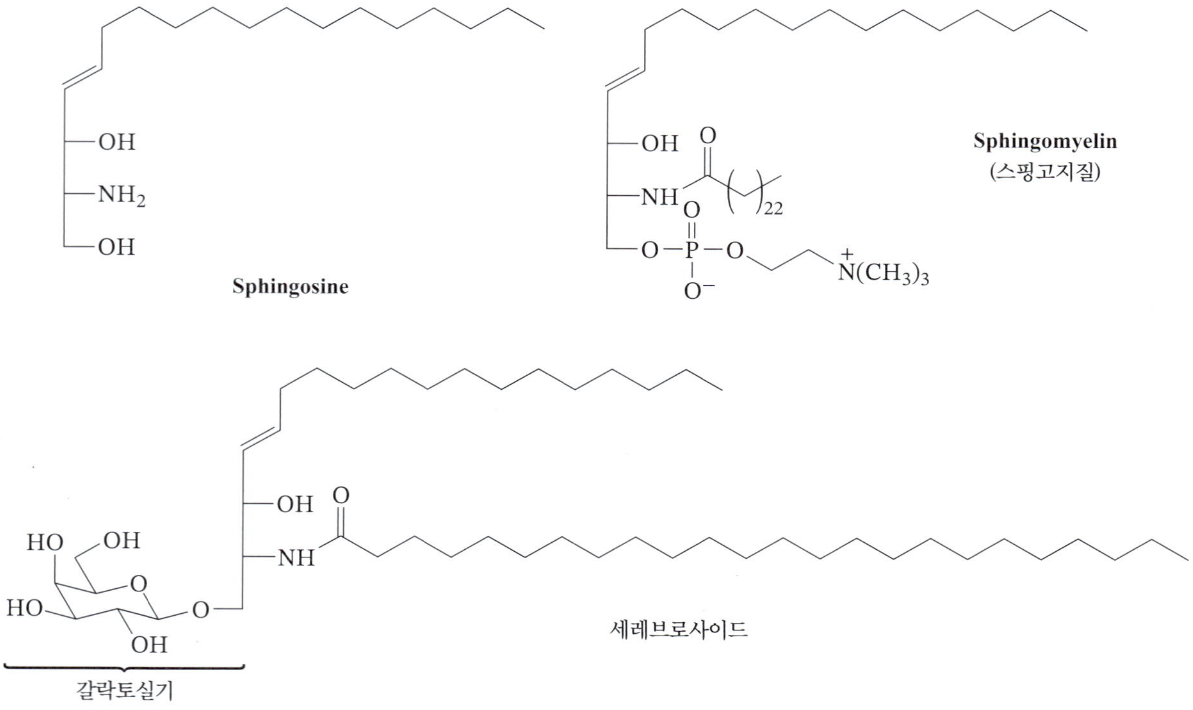

그림 23.10 스핑고신과 두 가지의 스핑고지질

스핑고지질은 단백질과 다당류와 함께 **마이엘린(myelin)**을 만드는데, 마이엘린은 신경 섬유 또는 **축삭돌기(axons)**를 감싸는 보호 피막이 된다. 신경세포의 축삭돌기는 전기적인 신경 자극을 운반한다. 마이엘린은 보통 전선의 절연체와 비슷한 기능을 가진 것으로 알려졌다(이 장의 시작 부분 참조).

23.7 왁스

대부분의 **왁스(wax)**는 긴 사슬 지방산과 긴 사슬의 알코올이다. 왁스는 피부, 털, 동물의 깃털, 식물의 잎이나 과일 등에 보호 피막으로 발견된다. 왁스로부터 분리된 몇 가지 에스터는 다음과 같다.

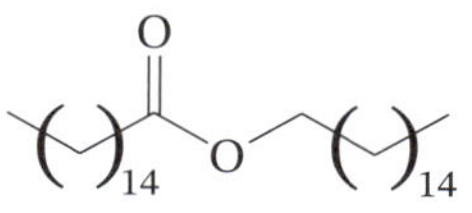

Cetyl palmitate
(경랍으로부터)

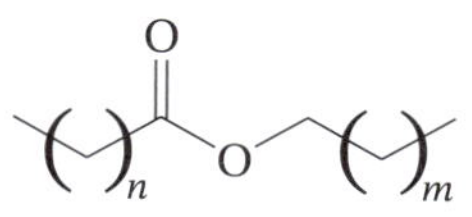

n = 24 또는 26; m = 28 또는 30
(밀랍으로부터)

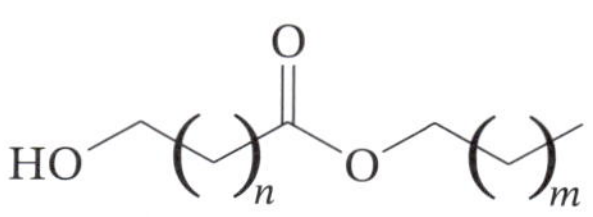

HO
n = 16~28; m = 30 또는 32
(카르누바 왁스로부터)

지질의 반응 요약

지질의 반응들은 앞 장들에서 배운 반응들, 특히 카복실산, 알켄, 그리고 알코올의 반응과 유사하다. 에스터 가수 분해(예: 비누화 반응)로 지방산과 글리세롤이 트라이아실글리세롤로부터 방출된다. 지방산의 카복실산기는 환원되거나, 염화 아실처럼 활성화된 아실 유도체로 전환되거나, 에스터 혹은 아마이드로 전환된다. 불포화 지방산에 있는 알켄 작용기는 수소화 반응, 수화 반응, 할로젠화 반응, 할로젠화 수소 첨가 반응, *vic*-다이올이나 에폭시화물로의 전환, 혹은 산화에 의한 분해 반응을 진행한다. 터펜, 스테로이드, 그리고 프로스타글란딘과 같은 지질에 있는 알코올 작용기는 알킬화, 아실화, 산화, 또는 제거 반응 등을 할 수 있다. 앞서 배운 이 모든 반응들은 작은 분자에 대해서 수행한 것이다.

이 주제는 왜 중요한가?

신화가 현실로 바뀌다

그리스와 로마의 신화에는 키클롭스(cyclops)라는 이마 중심에 눈 하나를 가진 거인 창조물의 이야기가 있다. 한 예로, Homer의 오디세이(Odyssey)는 영웅 오디세우스(Odysseus)와 폴리페무스(Polyphemus)라는 외눈박이 사이의 대면을 서술하고 있다. 그러나 정말 놀라운 것은 이러한 이야기가 아마도 한 톨의 진실을 지녔을 거라는 점이다.

제2차 세계 대전 후 Idaho의 양을 치는 농부들은 일관된 이상한 선천적 기형인 수많은 양을 보게 되었는데, 채 자라지 않은 뇌와 신화의 창조물에 대하여 기술했던 것처럼 이마의 정중앙에 눈 하나를 가졌다. 한 부지런한 과학자에 의해서 이 상태의 원인이 밝혀지는 데는 10년 이상이 걸렸는데, 그는 여러 여름을 양과 같이 살면서 그들의 행동, 특히 그들의 식사 목록을 작성하였다. 핵심적으로 밝혀진 것은 건기 동안 풀을 뜯는 양들은 더 높은 언덕으로 이동하여 풀 대신 옥수수 나리를 먹은 것으로 관찰되었

Findlay Rankin/Getty Images

Cyclopamine

다. 이 꽃은 질소를 지닌 스테로이드를 생성하는데, 위에 보인 구조처럼 그것의 효과 때문에 사이클로파민(cyclopamine)이라고 이름이 지어졌다. 다 자란 양에게는 해가 없는 것 같지만, 태아인 양에게는 발육을 변화시켜 키클롭스 같은 기형을 만들어 낸다. 이 영향은 다른 생명체에서도 마찬가지이다. 하지만 더욱 놀라운 것은 이 분자의 영향 모두가 해로운 것은 아니라는 사실이다. 실제로 이것은 미래의 암 치료제가 될 수도 있다.

1990년대 말부터 시작해서 수많은 제약, 생명공학, 대학 연구실의 과학자들은 사이클로파민이 태아(애벌레)에 미치는 영향을 결정하였다. 이 화합물은 고슴도치라 불리는 핵심적인 신호 전달 경로에 작용하여 이것의 기능을 차단하고 태아의 뇌와 다른 조직의 비정상적인 개발에 이르게 한다. 성인에게는 고슴도치 신호 전달 경로가 중요한 역할을 계속하는데, 주로 생체 조직의 적절한 유지와 재생을 위하여 성인 줄기세포의 분할을 통제한다. 이 경로에서 유전자가 비정상으로 되면 통제되지 못한 세포 분할로 인하여 많은 치명적인 암이 생기게 된다. 이런 지식이 사이클로파민이 암 치료제가 될 수 있다는 생각에 이르게 하였다. 이 화합물이 고슴도치 기능을 차단할 수 있기 때문에 경로가 정상적으로 작동되지 않으면 세포 분할을 막을 수 있는 것이다. 사이클로파민 및 관련된 유사체가 수많은 인간 임상 시험에서 췌장암과 기초 세포 암종을 물리친다는 결과 때문에 이 이론은 현재 서광이 보인다. 그러므로 신화로부터 현실이 되었을 뿐만 아니라 주요 인간 질병 치료에 적합한 중요한 발견이 이루어진 것이다.

이 주제에 대해서 더 알려면 참고하시오.

1. Heretsch, P.; Tzagkaroulaki, L.; Giannis, A. "Cyclopamine and Hedgehog Signaling: Chemistry, Biology, Medical Perspectives" in *Angew. Chem. Int. Ed.* **2010**, *49*, 3418-3427.

요약과 복습 도구

이 장에 대한 학습 보조 자료에는 지질의 반응(23.7절 다음)에 대한 서술적 요약과 핵심 용어와 개념(청색 고딕체로 표기되어 있는데, 이 교재의 뒤쪽 부록에 수록)이 있다.

물음

일반적인 반응

23.14 팔미트산(palmitic acid), $CH_3(CH_2)_{14}CO_2H$를 아래 각각의 화합물로 어떻게 전환시키는가?

(a) Ethyl palmitate,

(b) *tert*-Butyl palmitate,

(c) Palmitamide,

(d) *N*,*N*-Dimethylpalmitamide,

(e) Hexadecylamine,

(f) Pentadecylamine,

(g) Hexadecanal,

(h) Hexadecyl palmitate,

(i) 1-Hexadecanol,

(j) 2-Heptadecanone,

(k) 1-Bromohexadecane,

(l) Heptadecanoic acid,

23.15 도데칸알(dodecanal)을 아래의 각각으로 어떻게 변형시키는가?

(a) **(b)** **(c)** **(d)**

23.16 리놀레산(linoleic acid)을 예로 하여 입체 화학은 무시하고, 이중 결합에서 일어나는 아래 각각의 반응을 설명하시오.

(a) 브로민의 첨가 반응

(b) 수소의 첨가 반응

(c) 다이하이드록실화 반응

(d) HCl의 첨가 반응

23.17 올레산(oleic acid)을 180~200 °C로 가열할 때(소량의 셀레늄 존재하에서), 올레산(oleic acid, 33%)과 일라이드산(elaidic acid, 67%)이라고 부르는 이성질체 화합물 사이에 평형이 이루어진다. 일라이드산의 가능한 구조를 제시하시오.

23.18 아래에 보인 α-파르네센(α-farnesene)에 있는 아이소프렌 단위를 연결하는 결합을 밝히시오. 이들 단위는 머리–머리, 꼬리–머리, 꼬리–꼬리 중 어떻게 연결되었나?

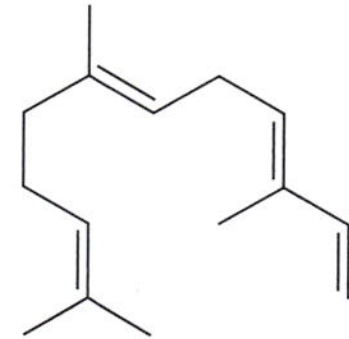

α-Farnesene

23.19 가돌레산(gadoleic acid, $C_{20}H_{38}O_2$)은 대구간기름으로부터 분리되는 지방산으로 하이드록실화 반응과 이어 과아이오드산 처리에 의해서 $CH_3(CH_2)_9CHO$와 $CHO(CH_2)_7CO_2H$로 분해된다. **(a)** 가돌레산의 가능한 두 가지 입체 이성질체 구조는 무엇인가? **(b)** 가돌레산의 실제 구조를 결정하기 위하여 무슨 분광학적인 방법을 써야 하는가? **(c)** 어느 신호를 살펴보아야 하는가?

23.20 화합물 **Z**($C_{10}H_{16}$)는 UV 스펙트럼에서 λ_{max} = 184 nm이다. **Z**는 촉매를 사용한 수소화 반응으로 부분 입체 이성질체의 혼합물이 되는데, 분리해 보니 와 로 밝혀졌다. **Z**의 가오존 분해 반응으로 와 가 생성되었다. 위의 자료와 일치하는 **Z**의 구조를 제시하고, 논리를 분명하게 설명하시오.

합성의 길 안내 지도

23.21 미리스톨레산(myristoleic acid) 또는 9-테트라데센산(9-tetradecenoic acid)은 오메가-5 지방산이다. 이것은 미리스트산

(myristic acid)으로부터 효소 δ-9-desaturase에 의해서 생합성된다. 그러나 이것은 자연에서는 흔하지 않다. 아래에 보인 반응 순서에서 미리스톨레산의 구조와 함께 중간체 **A**~**E**의 구조를 제시하시오.

$$\text{1-Hexyne} \xrightarrow[\text{NH}_3(\text{액체})]{\text{NaNH}_2} \textbf{A}\,(C_6H_9Na) \xrightarrow{\text{I(CH}_2)_7\text{Cl}} \textbf{B}\,(C_{13}H_{23}Cl) \xrightarrow[\text{DMSO}]{\text{NaCN}} \textbf{C}\,(C_{14}H_{23}N) \xrightarrow[H_2O]{\text{KOH}}$$

$$\textbf{D}\,(C_{14}H_{23}O_2K) \xrightarrow{H_3O^+} \textbf{E}\,(C_{14}H_{24}O_2) \xrightarrow[\text{Lindlar}]{H_2,\text{Pd/C}} \textbf{Myristoleic Acid}\,(C_{14}H_{26}O_2)$$

23.22 ω-플루오로올레산은 아프리카에서 자라는 관목인 *Dechapetalum toxicarium*으로부터 분리된다. 이 화합물은 온혈 동물에게 매우 독성이 심하다. 이것은 부족 간의 전쟁에서 화살독으로 사용되었고 적의 수자원에 독을 넣는 데 쓰였다. 식물의 열매 가루는 쥐의 독약으로도 쓰였는데, ω-플루오로올레산의 일반 이름은 '쥐약'이기도 하다. ω-플루오로올레산의 합성은 아래와 같다. 화합물 **F**~**I**의 구조를 쓰시오.

$$\text{1-Chloro-8-fluorooctane + sodium acetylide} \longrightarrow \textbf{F}\,(C_{10}H_{17}F) \xrightarrow[(2)\ \text{I(CH}_2)_7\text{Br}]{(1)\ \text{NaNH}_2}$$

$$\textbf{G}\,(C_{17}H_{30}FBr) \xrightarrow{\text{NaCN}} \textbf{H}\,(C_{18}H_{30}NF) \xrightarrow[(2)\ H_3O^+]{(1)\ \text{NaOH}} \textbf{I}\,(C_{18}H_{31}O_2F) \xrightarrow[\text{Ni}_2\text{B (P-2)}]{H_2}$$

F, ( )8, ( )7, O, OH

ω-Fluorooleic acid
(전체적으로 46% 수율)

23.23 화합물 **A**와 **B**의 구조식과 이름을 쓰시오.

$$5\alpha\text{-Cholest-2-ene} \xrightarrow{m\text{CPBA}} \textbf{A}\,(\text{에폭시화물}) \xrightarrow{\text{HCl}} \textbf{B}$$

(**힌트: B**는 가장 안정한 입체 이성질체가 아니다.)

23.24 1968년에 Corey(7.15B절)와 그의 동료들이 보고한 여러 가지 프로스타글란딘의 실험적인 합성의 초기 단계들을 아래에 요약하였다. 빠진 시약을 제시하시오.

(a) HS, SH, HA, H, S, S, **(b)**, Li, S, S, **(c)**, S, S, **(d)**, NC, O_2N, S, S

(e) 다른 프로스타글란딘의 합성에서 초기 단계는 아래의 반응과 같다. 어떤 명칭의 반응과 조건이 여기에 필요한가?

NO_2, H_3CO, OCH_3, +, H, O, CN, ?, NO_2, CN, H_3CO, OCH_3, H, O

23.25 사이페론(cyperone)이라고 부르는 세스퀴터펜 케톤의 유용한 합성 방법은 아래의 Robinson 고리 형성 과정을 따르는 변형을 통하여 이루어졌다. 이 합성의 각 단계에 대한 메커니즘을 쓰시오.

O, **Dihydrocarvone**, +, O, $\overset{+}{N}R_3I^-$, $NaNH_2$, pyridine–Et_2O, O, OH, HA, 가열, O

cyperone의 일종

도전 물음

23.26 파후(Pahu) 또는 박스피시(boxfish, *Ostracian lentiginosus*)라 불리는 하와이의 생선은 주위의 다른 생선을 죽이는 독소를 분비한다. 분비물에서 활성인 성분은 파후톡신(pahutoxin)이라고 Scheuer가 명명하였다. Boylan과 Scheuer는 이것이 지방 골격의 특이한 배합을 이루고 있음을 알았다. 구조를 증명하기 위해서 다음 경로로 합성을 하였다.

$CH_3(CH_2)_{12}CH_2OH \xrightarrow[\text{chlorochromate}]{\text{pyridinium}}$ **A** $\xrightarrow{BrCH_2CO_2Et,\ Zn}$ $CH_3(CH_2)_{12}CH(OH)CH_2CO_2Et$ (**B**) $\xrightarrow[(2)\ H_3O^+]{(1)\ HO^-}$

C $\xrightarrow[\text{pyridine}]{Ac_2O}$ **D** $\xrightarrow{SOCl_2}$ **E** $\xrightarrow[\text{pyridine}]{\text{choline chloride}}$ pahutoxin

화합물	적외선 흡수띠 **(cm^{-1})**
A	1725
B	3300 (넓음), 1735
C	3300~2500 (넓음), 1710
D	3000~2500 (넓음), 1735, 1710
E	1800, 1735
Pahutoxin	1735

A, **C**, **D**, **E**와 pahutoxin의 구조는 무엇인가?

23.27 아래의 식으로 나타낸 반응은 산, 염기, 그리고 효소 등에 의해서 촉매화되는 아주 일반적인 반응이다. 그러므로 글리세롤이나 당과 같은 폴리하이드록시 화합물의 에스터가 관여하는 합성을 설계할 때 고려해야 할 필요가 있다.

$HOCH_2CH(OCO(CH_2)_{14}CH_3)CH_2OH \xrightarrow[\text{10분, 실온, 90\% 수율}]{\text{미량 } HClO_4/CHCl_3}$ **F**

F의 분광학적인 자료

MS (m/z): (트라이메틸실릴화 반응 후): 546, 531

IR (cm^{-1}): 3200(넓음), 1710

^{1}H NMR (δ, ppm)(D_2O로 교환 반응 후): 4.2(d), 3.9(m), 3.7(d), 2.2(t), 1.7~1 영역의 다른 피크들

^{13}C NMR (δ, ppm): 172(C), 74(H), 70(CH_2), 67(CH_2), 39(CH_2), 그리고 32~14 영역의 다른 피크들

(a) **F**의 구조는 무엇인가?

(b) 반응은 분자내 반응이다. 가능한 메커니즘을 쓰시오.

학습 집단을 위한 물음

1. 올레스트라(Olestra)는 특허를 낸 지방 대용품으로 트라이아실글리세롤의 맛과 느낌을 모방한 것이다(23.2B절의 '공업 화학: 올레스트라와 다른 지방 대용품' 참조). 이것은 소화 효소에 의해서 가수 분해되거나 장에 의해서 흡수되지 않는 대신 곧바로 신체를 변화 없이 빠져나가기 때문에 칼로리가 없다. FDA는 감자칩이나 다른 스낵 식품 같은 전형적으로 지방 함량이 높은 다양한 식품에 올레스트라를 사용하도록 허가하였다. 이것은 가루 반죽이나 튀김 과정에 모두 사용될 수 있다.

(a) 올레스트라는 슈크로스(설탕)의 지방산 에스터 혼합물이다(글리세롤의 지방산 에스터인 트라이아실글리세롤과는 다름). 올레스트라에 있는 각 슈크로스 분자는 6~8개의 지방산으로 에스터화되어 있다. (올레스트라의 한 가지 바람직하지 않은 점은 이것의 높은 친유성 때문에 몸에 필요한 지용성 바이타민을 빼내간다는 것이다.) 슈크로스의 어느 위치이던 6개의 서로 다른 천연 지방산이 에스터화된 것으로 이루어진 올레스트라의 구체적인 구조를 그리시오. 3개의 포화 지방산과 3개의 불포화 지방산을 사용하시오.

(b) 방금 그린 올레스트라 분자의 에스터를 비누화 반응시키는 조건을 쓰고, 비누화 반응으로 생긴 각 지방산의 IUPAC 이름과 관용명을 쓰시오.

(c) 올레스트라는 연속적인 에스터 교환 반응에 의해서 만들어진다. 첫 번째 에스터 교환 반응은 메탄올이 염기성 조건하에서 면실유나 콩기름의 천연 글리세롤(사슬 길이는 C_8~C_{22})과 반응하는 것이다. 두 번째 에스터 교환 반응은 이 지방산 메틸 에스터를 슈크로스와 반응시켜 올레스트라를 형성하는 것이다. 올레스트라의 합성에 쓰인 에스터 교환 반응 각각에 대해서 한 가지 반응 예들을 메커니즘을 포함하여 쓰시오. 올레스트라에 들어가는 지방산을 가진 트라이아실글리세롤을 가지고 시작하시오.

2. 지방산의 생합성은 지방산 합성 효소라 불리는 효소 복합체에 의해서 한 번에 탄소 두 개씩 이루어진다. 지방산 합성에 관여하는 생화학적인 반응은 특수 주제 G(온라인 자료 참조)에서 서술되었다. 이들 생화학 반응 각각은 이제까지 배워 온 합성 반응에 대응된다. 지방산 생합성 도중 각 $-CH_2CH_2-$ 조각을 더하는 데 관여하는 생화학 반응을 고려해 보시오(특수 주제 G에서 아세틸-S-ACP와 말론일-S-ACP로 시작해서 뷰틸일-S-ACP로 끝나는 반응들). 배웠던 시약과 조건들을 사용하여 같은 변형 순서를 이룰 수 있는 실험실적 합성 반응(생합성 반응이 아님)을 쓰시오(예: 축합 반응–탈카복실화 반응, 케톤 환원 반응, 탈수 반응, 그리고 알켄 환원 반응 단계).

3. 어떤 천연 터펜의 질량 스펙트럼에서 m/z 204, 111, 93 (그리고 다른 피크들) 피크들이 보인다. 이것과 아래의 정보를 근거로 하여 이 터펜의 구조를 유추하시오. 결론 각각의 당위성을 말하시오.

(a) 미지 터펜을 백금 존재하에서 수소와 고압으로 반응시키면 분자식이 $C_{15}H_{30}$인 화합물이 된다.

(b) 이 터펜을 오존과 반응시킨 후 아연과 아세트산으로 처리하면 아래의 화합물 혼합체가 생긴다(미지 터펜 1몰당 각각 1몰이 생김).

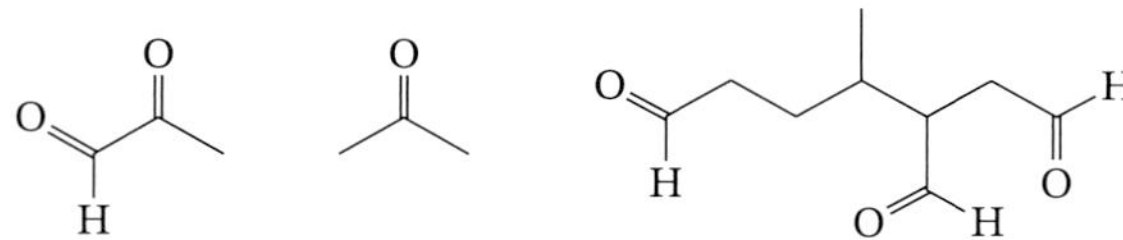

(c) 미지 터펜의 구조를 쓴 다음 이 화합물에 있는 각 아이소프렌 단위를 원으로 표시하시오. 이 화합물은 어느 부류(포함된 탄소 수에 근거)의 터펜에 속하는가?

4. 한 개의 포화 지방산과 한 개의 불포화 지방산을 포함하는 인지질(인지질의 소부류 어느 것도 좋음)의 구조를 그리시오.

(a) 이 인지질을 완전히 가수 분해(산 조건 또는 염기 조건을 선택할 것)하였을 때 형성되는 모든 생성물의 구조를 그리시오.

(b) 인지질의 불포화 지방산(먼저 이것이 인지질로부터 가수 분해에 의해서 모두 방출되었다고 가정함)을 아래의 각 조건하에서 반응시켰을 때 형성되는 생성물의 구조를 그리시오.

(i) Br_2

(ii) OsO_4, 그다음 $NaHSO_3$

(iii) HBr

(iv) 뜨거운 염기성 $KMnO_4$, 그다음 H_3O^+

(v) $SOCl_2$, 그다음 과량의 CH_3NH_2

| 온라인 자료에서 특수 주제 G를 참조하시오. |

아미노산과 단백질

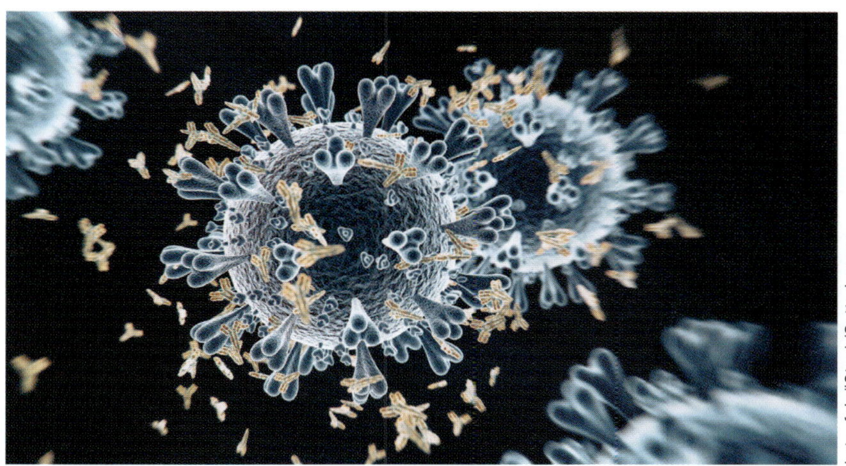

koto_feja/iStock/Getty Images

생체 분자의 주요 부류 중에는 단백질이 가장 다양한 기능을 지니고 있다고 말할 만하다. 단백질은 효소로서 화학 반응을 촉매화하고, 항체로서 질병으로부터 막아 주며, 분자로서 피부, 머리, 손톱 같은 중요한 구조를 형성하고, 호르몬으로서 대사, 성장, 출산과 같은 몸의 기능을 통제한다. 앞으로 나오겠지만, 단벅질은 모든 모양과 크기로 존재할 뿐 아니라 개별적인 단백질 각각은 특정한 성질과 기능에 이르게끔 한 진화 과정의 산물이기도 하다. 단백질의 전체적인 구조와 기능을 배움으로써 화학자들은 그 지식을 매우 가치 있고 전적으로 합성된 단백질의 개발에 응용하고 있다. 예를 들면, 이 장의 뒤에서 보는 것처럼, 효소, 항체, 면역 시스템에 대해서 배운 교훈은 Claisen 전위(자리 옮김) 반응, 알돌 반응, Diels–Alder 반응과 같은 화학 반응을 촉매화하는 항체를 생성하는 화합물의 합성에 이르도록 한다. 오른쪽에 있는 그림은 Diels–Alder 촉매성 항체의 일부를 보여 주고 있다.

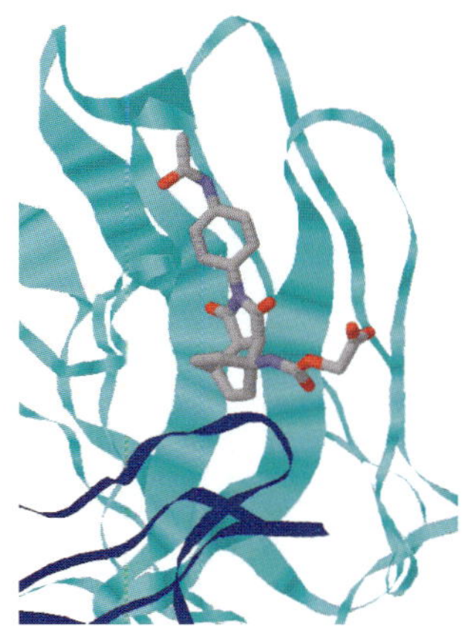

이 장에서 배울 내용:

- 단백질을 구성하는 아미노산의 구조와 성질
- 주어진 단백질의 아미노산 서열을 결정하는 방법과 단백질을 합성하는 방법
- 단백질의 일차, 이차, 삼차, 사차 구조
- 선별된 효소의 예와 기능

이 주제는 왜 중요한가?

이 장의 끝에서 새로운 촉매 항체가 작용하는 방법뿐만 아니라, 자연에서 발견되는 표준적인 아미노산을 넘어서 새롭고도 전적으로 합성된 아미노산을 포함하는 다양한 세포에 존재하는 단백질에 이르게 되는 방법을 보게 될 것이다.

24.1 서론

생물학적인 중합체로는 탄수화물, 단백질, 그리고 핵산 세 그룹이 있다. 탄수화물은 22장에서 배웠는데 그들은 주로 에너지 저장원으로 작용하며, 세포 표면에서 생화학적 표지로 작용하고, 식물에서는 구조적인 물질의 기능도 하고 있다. 25장에서 핵산을 배우면 그들은 두 가지 주요 목적을 가지고 있음을 알게 되는데, 곧 정보의 저장과 전달이다. 세 가지 그룹의 생물 고분자 중 단백질이 가장 다양한 기능을 가지고 있다. 효소와 호르몬으로서 단백질은 몸에서 일어나는 반응들을 조절한다. 근육과 힘줄로서 그들은 몸의 운동 기구가 된다. 피부와 모발로서 그들은 외부를 덮어 주고 있으며, 헤모글로빈으로서 항상 중요한 산소를 먼 곳까지 운반해 준다. 또한 항체로서 질병에 대항하여 보호를 해주며, 뼈에서 다른 물질과 연합하여 구조적인 지주가 되기도 한다.

그렇게 다양한 기능이 주어졌으므로 단백질이 모두 다른 크기와 모양으로 존재하는 것은 지극히 당연하다. 이제까지 배운 분자들을 기준으로 해보면 작은 단백질조차도 분자량이 매우 크다. 효소인 라이소자임(lysozyme)은 비교적 작은 단백질인데도 분자량이 14,600이다. 대부분의 단백질의 분자량은 이보다 훨씬 더 크다. 그들의 모양은 라이소자임이나 헤모글로빈처럼 구형이거나 α-케라틴의 나선 코일(머리카락, 손톱, 양모), 비단 피브로인(fibroin, 고치실의 주성분)의 판지 모양 등 넓은 범위에 걸쳐 있다.

이렇게 크기, 모양, 기능 등이 다양함에도 불구하고 단백질은 공통적인 양상을 띠고 있어서 그들의 구조를 연역해 내고 그들의 성질을 이해할 수 있게 된다. 이 장의 나중에 가서 어떻게 이러한 연구가 이루어지는지를 다룰 것이다.

- 단백질은 **폴리아마이드(polyamide)**이고, 그들의 단위체는 약 20가지 서로 다른 α-아미노산이다.

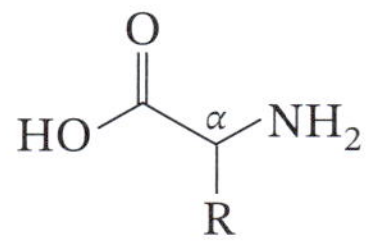

HO, O, α, NH_2, R

α-아미노산

R은 α-탄소에 있는 곁사슬로서 아미노산의 본질을 결정한다(표 24.1)

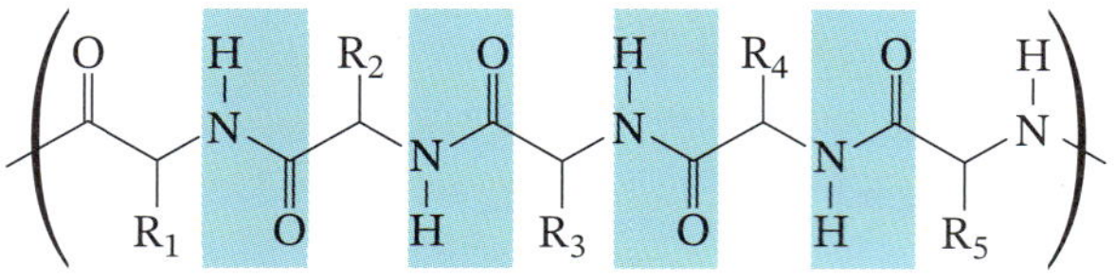

O, H, N, R_1, O, R_2, N, H, O, R_3, H, N, O, R_4, N, H, O, R_5, H, N

단백질 분자의 일부분

아마이드(펩타이드) 결합 부분을 어둡게 칠했다. R_1~R_5는 어떤 가능한 곁사슬이다.

- 단백질 사슬을 따라 배열된 α-아미노산의 정확한 순서를 단백질의 **일차 구조(primary structure)**라고 부른다.

단백질의 일차 구조는 그 이름이 암시하듯 근본적으로 중요하다. 단백질이 특수한 기능을 수행하려면 일차 구조가 정확해야 한다. 일차 구조가 정확하면 폴리아마이드 사슬은 특수한 방법으로 접혀져서 특수한 업무를 위하여 필요한 모양을 갖게 된다.

- 폴리아마이드 사슬이 접힘으로 단백질에는 **이차(secondary)** 그리고 **삼차 구조(tertiary**

structure)라고 부르는 고도의 복잡성이 생기게 된다.

- **사차 구조(quaternary structure)**는 단백질이 한 가지 이상의 폴리아마이드 사슬의 회합체를 가지고 있을 때 생긴다.
- 단백질은 산 또는 염기로 가수 분해하면 여러 아미노산의 혼합물이 된다.

비록 자연에서 존재하는 단백질을 가수 분해하면 22가지의 다른 아미노산이 생기게 되지만, 아미노산들은 구조적으로 공통적인 특징을 가졌다. 즉, 글라이신(분자가 비카이랄임)을 제외하고 거의 모든 천연적으로 존재하는 아미노산은 α 탄소의 배위가 L이다.* 즉, 이들은 L-글리세르알데하이드와 같은 상대적인 배위를 갖는다.

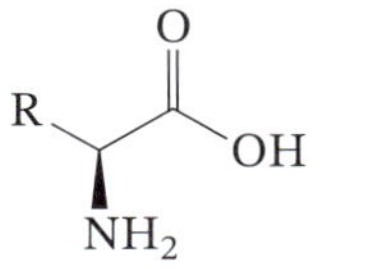

L-α-아미노산
[보통 (*S*)-α-아미노산]

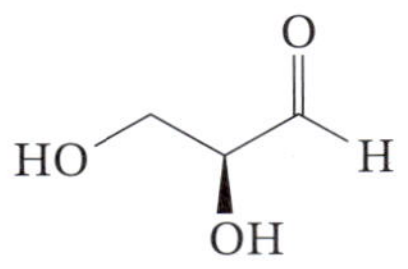

L-글리세르알데하이드
[(*S*)-글리세르알데하이드]

L-α-아미노산과 L-글리세르알데하이드의 Fischer 투영식

24.2 아미노산

24.2A 구조와 이름

- 22가지 α-아미노산은 곁사슬 R의 구조에 따라 세 가지 다른 그룹으로 소분류될 수 있다. 이들을 **표 24.1**에 나타냈다.

표 24.1에 있는 22가지 α-아미노산 중 20가지의 아미노산만이 세포가 단백질을 만드는 데 실제로 쓰인다. 두 개의 아미노산은 폴리아마이드 사슬이 완성된 후 합성된다. 하이드록시프롤린(hydroxyproline, 주로 콜라젠에 존재)은 프롤린(proline)으로부터 합성되고 시스틴(cystine)(대부분의 단백질에 존재)은 시스테인(cysteine)으로부터 합성된다.

시스테인이 시스틴으로 전환되는 것은 더 언급할 필요가 있다. 시스테인의 —SH기 때문에 시스테인은 **싸이올**(thiol)이다. 싸이올의 한 가지 성질은 약한 산화제에 의해서 이황화물르 전환될 수 있는 것이다. 더욱이 이 전환은 약한 환원제에 의해서 역으로 간다.

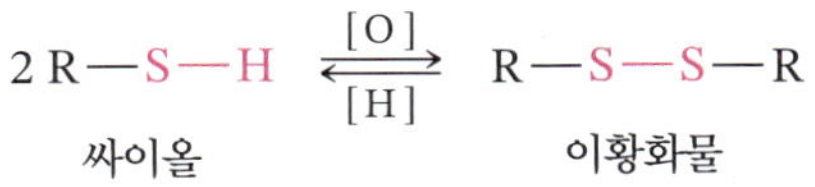

$$2\,R{-}S{-}H \underset{[H]}{\overset{[O]}{\rightleftharpoons}} R{-}S{-}S{-}R$$

싸이올 이황화물

이황화 결합

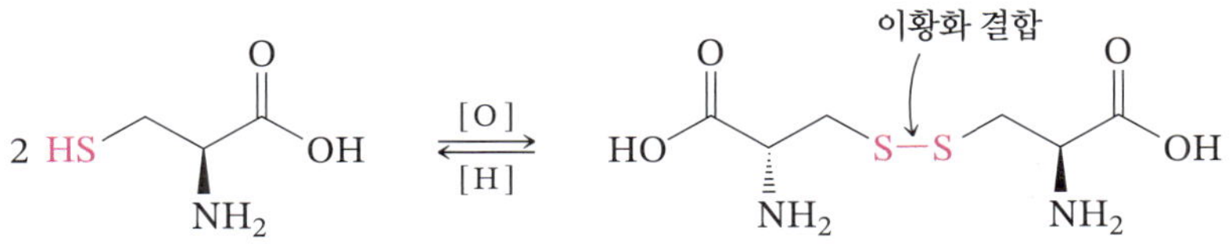

Cysteine **Cystine**

* 몇 가지 D-아미노산도 박테리아의 세포벽을 구성하는 물질이나 어떤 항생제의 가수 분해로부터 얻어졌다.

단백질 사슬 안에 있는 시스테인 사이에 **이황화물 결합(disulfide linkage)**이 단백질의 전체적인 구조와 모양에 기여하는 것은 나중에 배우게 될 것이다.

표 24.1 단백질에서 발견되는 L-아미노산

구조	이름	약자[a]	pK_{a_1} α-CO_2H	pK_{a_2} α-NH_3^+	pK_{a_3} R기	pI
중성인 아미노산						
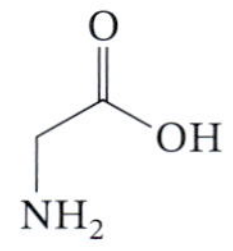	Glycine	G 또는 Gly	2.3	9.6		6.0
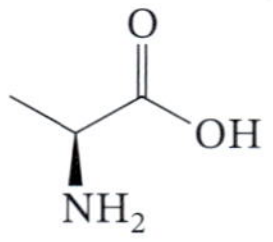	Alanine	A 또는 Ala	2.3	9.7		6.0
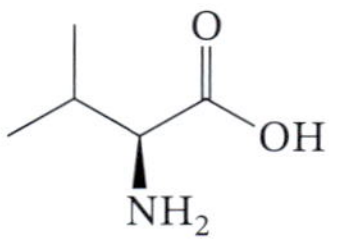	Valine[b]	V 또는 Val	2.3	9.6		6.0
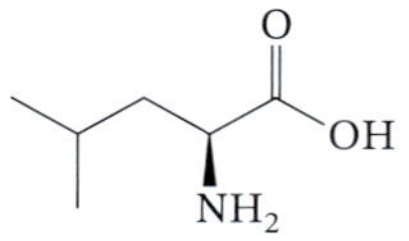	Leucine[b]	L 또는 Leu	2.4	9.6		6.0
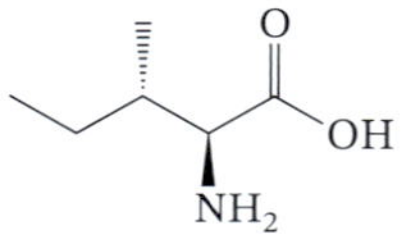	Isoleucine[b]	I 또는 Ile	2.4	9.7		6.1
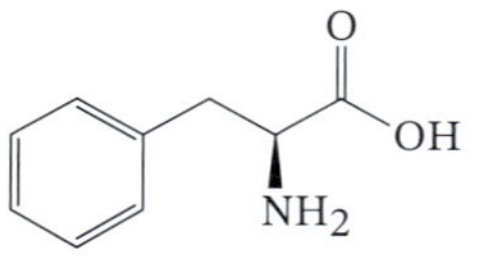	Phenylalanine[b]	F 또는 Phe	1.8	9.1		5.5
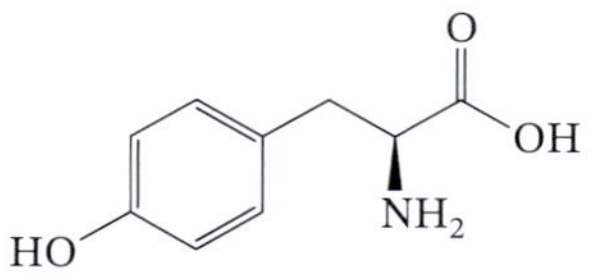	Tyrosine	Y 또는 Tyr	2.2	9.1	10.1	5.7
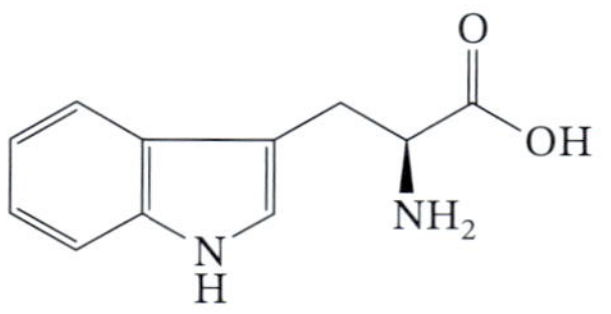	Tryptophan[b]	W 또는 Trp	2.4	9.4		5.9
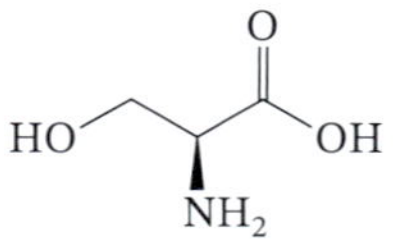	Serine	S 또는 Ser	2.2	9.2		5.7

표 24.1 (계속)

구조	이름	약자[a]	pK_{a_1} α-CO_2H	pK_{a_2} α-NH_3^+	pK_{a_3} R기	pI
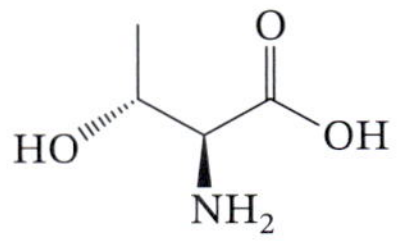	Threonine[b]	T 또는 Thr	2.6	10.4		6.5
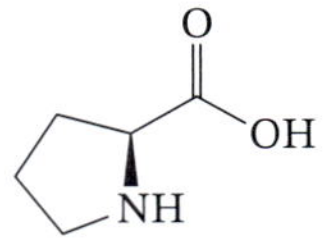	Proline	P 또는 Pro	2.0	10.6		6.3
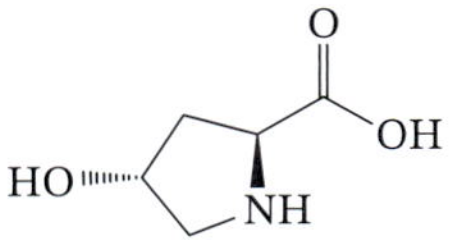	4-Hydroxyproline (cis and trans)	O 또는 Hyp	1.9	9.7		6.3
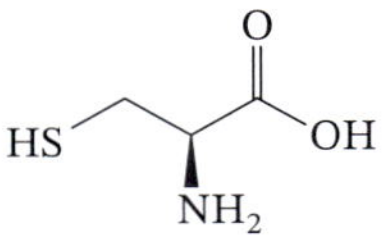	Cysteine	C 또는 Cys	1.7	10.8	8.3	5.0
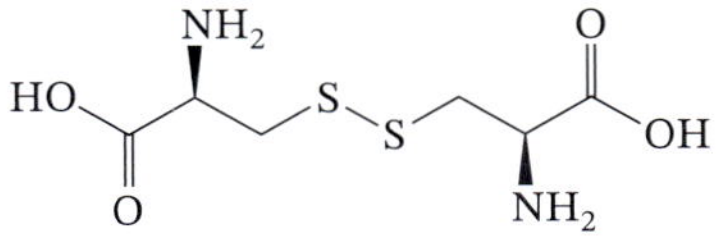	Cystine	Cys-Cys	1.6 2.3	7.9 9.9		5.1
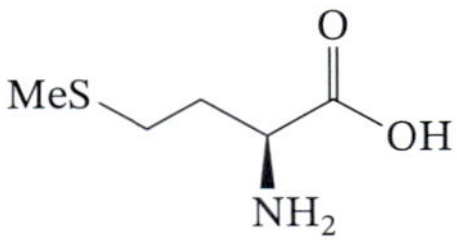	Methionine[b]	M 또는 Met	2.3	9.2		5.8
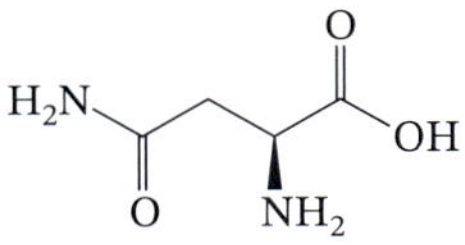	Asparagine	N 또는 Asn	2.0	8.8		5.4
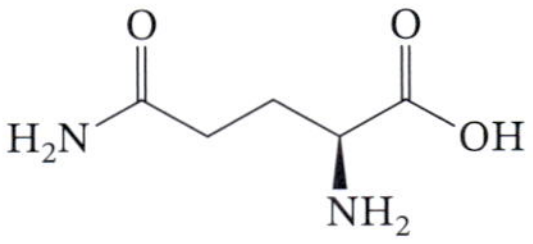	Glutamine	Q 또는 Gln	2.2	9.1		5.7
산성인(카복실) 기를 가진 곁사슬						
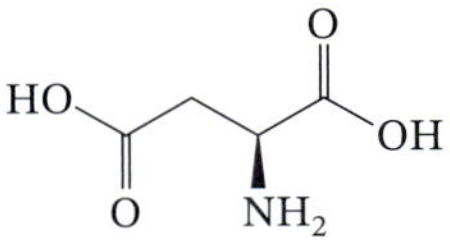	Aspartic acid	D 또는 Asp	2.1	9.8	3.9	3.0
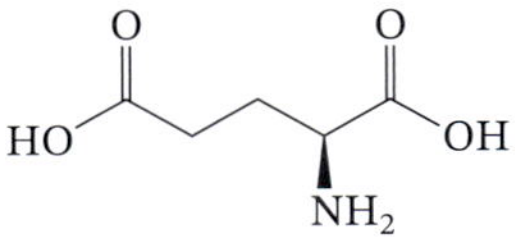	Glutamic acid	E 또는 Glu	2.2	9.7	4.3	3.2

(계속)

표 24.1 (계속)

구조	이름	약자[a]	pK_{a_1} α-CO_2H	pK_{a_2} α-NH_3^+	pK_{a_3} R기	p*I*
염기성인 기를 가진 곁사슬						
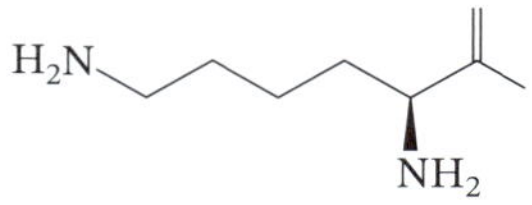	Lysine[b]	K 또는 Lys	2.2	9.0	10.5[c]	9.8
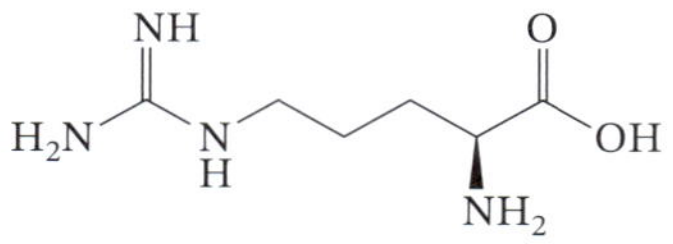	Arginine	R 또는 Arg	2.2	9.0	12.5[c]	10.8
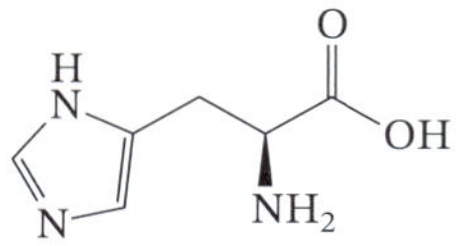	Histidine[b]	H 또는 His	1.8	9.2	6.0[c]	7.6

[a]한 개의 문자로 된 약자는 생화학 문헌에서 가장 흔히 쓰인다.
[b]필수 아미노산
[c]pK_a는 R에 양성자가 첨가된 아민의 pK_a이다.

24.2B 필수 아미노산

아미노산은 모든 살아 있는 조직, 즉 식물과 동물에서 합성될 수 있다. 그러나 많은 고등동물은 단백질에 필요한 모든 아미노산을 합성할 능력을 갖고 있지 않다. 그러므로 이런 고등동물들은 그들이 섭취하는 음식 속에 어떤 아미노산들을 반드시 포함하여야 한다. 성인들에게는 9가지의 필수 아미노산(**essential amino acid**)이 있다. 이것들을 표 24.1에서 위 첨자 b라고 표시하였다.

24.2C 쌍극성 이온인 아미노산

- 아미노산들은 염기성인 기($-NH_2$)와 산성인 기($-CO_2H$)를 모두 포함하고 있다.
- 건조한 고체 상태에서 아미노산은 쌍극성 이온(**dipolar ion**)으로 존재한다. 이 형태는 카복실기가 카복실산 이온($-CO_2^-$)으로, 아미노산기는 아민윰 이온($-NH_3^+$)으로 존재하는 것이다. [쌍극성 이온은 쯔비터 이온(**zwitterion**)이라고도 부른다.]
- 수용액에서는 아미노산의 쌍극성 이온, 음이온, 그리고 양이온 형태들이 평형을 이룬다.

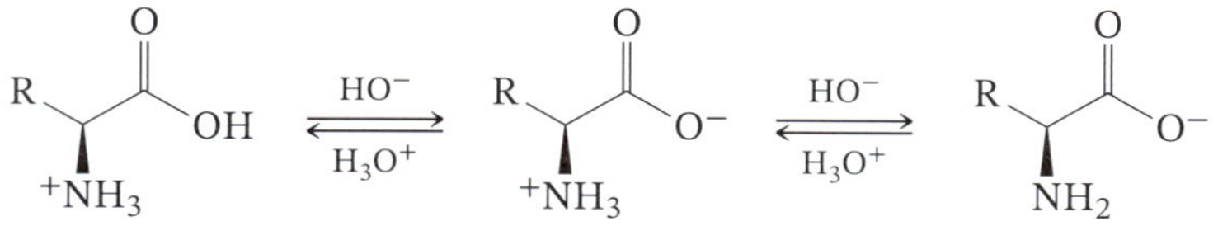

$$\mathrm{RCH(NH_3^+)CO_2H} \underset{H_3O^+}{\overset{HO^-}{\rightleftharpoons}} \mathrm{RCH(NH_3^+)CO_2^-} \underset{H_3O^+}{\overset{HO^-}{\rightleftharpoons}} \mathrm{RCH(NH_2)CO_2^-}$$

양이온 형태 (pH 0 같은 강산성 용액에서 주로 존재) — **쌍극성 이온** — **음이온 형태 (pH 14 같은 강염기성 용액에서 주로 존재)**

용액 속에 존재하는 아미노산의 주된 형태는 용액의 pH와 아미노산의 본질에 의존된다. 강산성 용액에서 모든 아미노산은 주로 양이온으로 존재한다. 강염기성 용액에서 그들은 음이온으로 존재한다.

- **등전점(isoelectric point, p*I*)**이라고 부르는 어느 중간 pH에서 쌍극성 이온의 농도는 최대이며 양이온과 음이온의 농도가 같다.

각 아미노산은 특정한 등전점을 가지고 있으며 이들은 표 24.1에 수록되었다. 단백질도 또한 등전점을 가진다. 나중에 배우겠지만(24.13절과 24.14절) 이러한 성질은 단백질을 분리하고 확인하는 데 중요하다.

먼저 곁사슬에 산성도 염기성도 아닌 기를 가진 아미노산, 예를 들어 알라닌을 생각해 보자.

알라닌을 강산성 용액(예, pH 0)에 녹이면 그것은 주로 양이온 형태로 있을 것이다. 이 상태에서 아민기에는 양성자가 첨가되어 있고(+1의 전하를 지님), 카복실산기는 중성이다(형식 전하가 0임). 전형적인 α-아미노산처럼 알라닌의 카복실산 수소의 pK_a(2.3)는 보통의 카복실산(예: 프로판산, pK_a 4.89)의 pK_a보다 낮다.

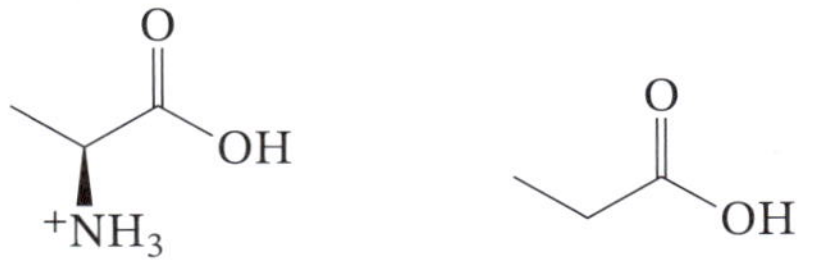

O OH $^+NH_3$ O OH

알라닌의 양이온 형태
$pK_{a_1} = 2.3$

Propanoic acid
$pK_a = 4.89$

α-아미노산의 카복실기의 산도가 증가되는 까닭은 이웃한 아민윰 양이온의 유발 효과 때문이다. 이 양이온은 카복실산이 양성자를 잃고 음이온이 되었을 때 안정화시킨다. 카복실기로부터 양성자를 잃으면 양이온이었던 α-아미노산 분자는 전기적으로 중성(쌍극성 이온 형태)이 된다. 이 평형은 아래의 식에서 적색 음영으로 표시하였다.

α-아미노산의 양성자가 첨가된 아민기도 산성이긴 하지만 카복실산기보다는 덜 산성이다. 알라닌의 아민윰기의 pK_a는 9.7이다. 아민윰 양성자를 잃는 평형은 아래의 식에서 청색으로 표시하였다. α-아미노산에서 카복실산의 양성자는 항상 아민윰기의 양성자보다 먼저 떨어진다.

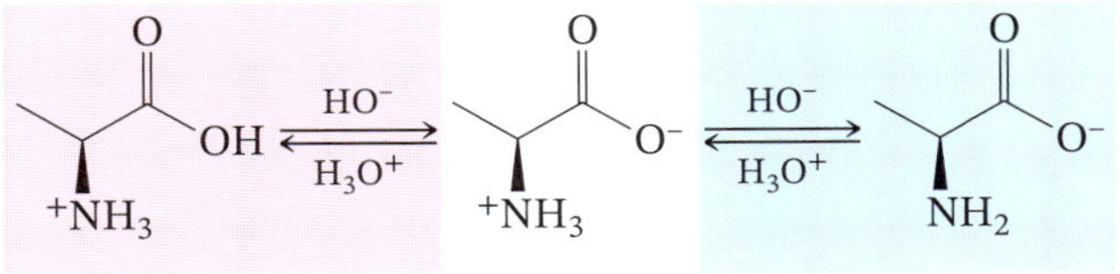

O OH $^+NH_3$ $\underset{H_3O^+}{\overset{HO^-}{\rightleftharpoons}}$ O O^- $^+NH_3$ $\underset{H_3O^+}{\overset{HO^-}{\rightleftharpoons}}$ O O^- NH_2

양이온 형태
($pK_{a_1} = 2.3$)

쌍극성 이온
($pK_{a_2} = 9.7$)

음이온 형태

특정 pH에서 α-아미노산의 상태는 위의 알라닌에 대한 반응식에서 보듯이 두 평형의 조합에 따라 결정된다. 알라닌과 같은 아미노산의 등전점 p*I*는 pK_{a_1}과 pK_{a_2}의 평균값이다.

$$pI = \tfrac{1}{2}(2.3 + 9.7) = 6.0 \qquad \text{(알라닌의 등전점)}$$

전체적으로 양이온 형태인 알라닌 용액(예를 들어 용액의 초기 pH = 0)에 염기를 가하면 카복실산의 양성자가 먼저 제거된다. 알라닌의 경우 pH가 2.3에 도달하면 분자의 카복실산 양성자의 절반이 제거된다. 이 pH는 알라닌의 카복실산 양성자의 pK_a를 나타낸다. 이것은 **Henderson–Hasselbalch 식(Henderson–Hasselbalch equation)**을 사용하여 나타낼 수 있다.

- **Henderson–Hasselbalch 식**에서 산(HA)과 그것의 짝염기(A^-)에 대하여 $[HA] = [A^-]$ 일 때 $pH = pK_a$이다.

$$pK_a = pH + \log\frac{[HA]}{[A^-]}$$ **Henderson–Hasselbalch 식**

산이 절반만 중화되었을 때 $[HA] = [A^-]$, 그리고

$$[HA] = [A^-], \log\frac{[HA]}{[A^-]} = 0, \quad \text{따라서} \quad pH = pK_a$$

이 용액에 염기를 더 가하면 알라닌은 등전점(pI)에 도달하게 된다. 등전점에서는 알라닌의 카복실산의 양성자가 모두 제거되었으나 아민윰 양성자는 제거되지 않았다. 카복실기는 −1의 전하를 띠고 아민윰기는 +1의 전하를 띠었기 때문에 분자는 전기적으로 중성(쌍극성 이온 또는 쯔비터 이온 형태)이다. 알라닌의 pI는 6.0이다.

이제 염기를 계속 가하면 아민윰 이온으로부터 양성자가 제거되기 시작하여 pH 9.7에서는 아민윰기의 절반이 양성자를 잃게 될 것이다. 이 pH가 아민윰기의 pK_a이다. 마침내, 염기가 더 가해짐에 따라 나머지 아민윰 양성자도 다 제거된다. 이 점에서(예: pH 14) 분자는 전체적으로 카복실산 이온의 음전하를 띠게 된다. 아미노기는 이제 전기적으로 중성이다.

그림 24.1은 이 평형의 적정 곡선을 나타낸다. pH의 변화를 염기의 몰 당량 함수로 보여 주고 있다. 알라닌의 양이온 형태에서는 제거될 양성자가 2개 있기 때문에 1몰 당량의 염기가 가해지면 분자는 각각 1개의 양성자를 잃게 되고 전기적으로 중성이 될 것이다(쌍극성 이온 또는 쯔비터 이온 형태).

아미노산의 곁가지가 가외의 산성기나 염기성기를 가지고 있으면 평형은 더욱 복잡해진다. 예를 들어, ε 탄소에 가외의 $-NH_2$기를 가진 아미노산인 라이신을 생각해 보자. 강산성 용액에서 라이신은 두 아미노기에 모두 양성자가 첨가되어 있으므로 2가 양이온으로 존재한다. pH가 증가함에 따라 먼저 잃게 되는 양성자는 카복실기($pK_{a_1} = 2.2$)의 양성자이다. 그다음은 α-아민윰기($pK_{a_2} = 9.0$)로부터이고, 마지막은 ε-아민윰기($pK_{a_3} = 10.5$)로부터 잃게 된다.

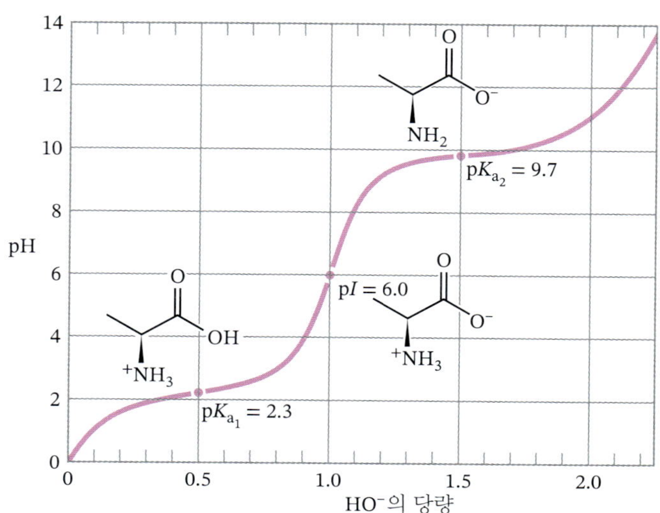

그림 24.1 알라닌의 적정 곡선

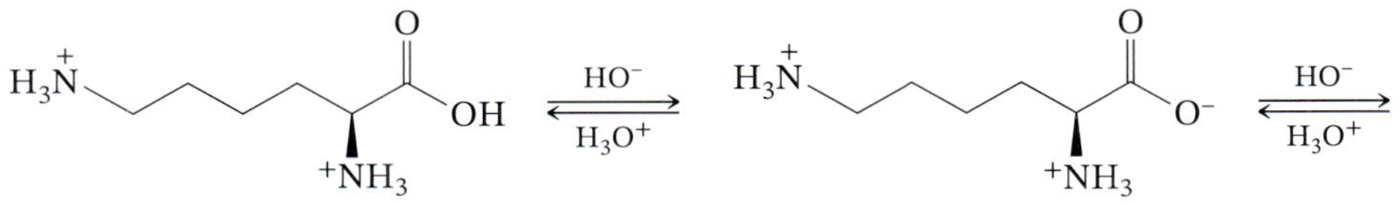

$H_3\overset{+}{N}$–(CH₂)₄–CH($^+NH_3$)–COOH ⇌ (HO⁻ / H_3O^+) $H_3\overset{+}{N}$–(CH₂)₄–CH($^+NH_3$)–CO_2^- ⇌ (HO⁻ / H_3O^+)

라이신의 2가 양이온 형태 (pK_{a_1} = 2.2)

1가 양이온 형태 (pK_{a_2} = 9.0)

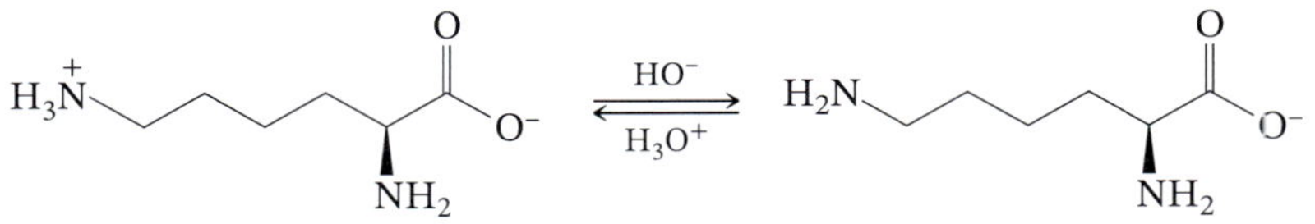

$H_3\overset{+}{N}$–(CH₂)₄–CH(NH_2)–CO_2^- ⇌ (HO⁻ / H_3O^+) H_2N–(CH₂)₄–CH(NH_2)–CO_2^-

쌍극성 이온 (pK_{a_3} = 10.5)

음이온 형태

라이신의 등전점은 pK_{a_2}(1가 양이온)과 pK_{a_3}(쌍극성 이온)의 평균값이다.

$$pI = \tfrac{1}{2}(9.0 + 10.5) = 9.8 \qquad \text{(라이신의 등전점)}$$

되새김 물음 24.1

아스파트산(aspartic acid)의 어느 형태가 **(a)** 강산성 용액, **(b)** 강염기성 용액, **(c)** 등전점($pI = 3.0$)에서 주로 존재할 것으로 예상되는가? **(d)** 아스파라진(asparagine)의 등전점($pI = 5.41$)은 아스파트산의 등전점보다 훨씬 높다. 이를 설명하시오.

되새김 물음 24.2

아르지닌의 구아니디노기 H_2N–C(=NH)–NHR은 모든 유기 기 중 염기성이 가장 강하다. 이를 설명하시오.

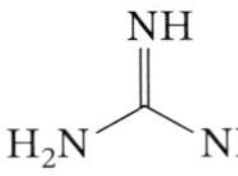

24.3 α-아미노산의 실험실적 제법

α-아미노산을 합성하는 다양한 실험실적 방법들이 개발되었다. 여기서는 모두 전에 배운 것에 근거하여 두 가지 일반적인 방법을 설명하기로 한다. α-아미노산의 천연 거울상체 형태가 지닌 생물 활성 때문에 비대칭 합성은 α-아미노산 합성의 중요한 목표이기도 하다. 그리고 이러한 방법론은 생성물의 상업적 가치 때문에 산업에서 중요하다.

24.3A 프탈이미드화 포타슘으로부터

이 방법은 아민에 대한 Gabriel 합성 방법(20.4A절)을 개량한 것으로 프탈이미드화 포타슘과 α-브로모말론산 다이에틸을 써서 **이미도**(imido) 말론 에스터를 합성한다. 여기에 보인 예는 메싸이오닌의 합성이다.

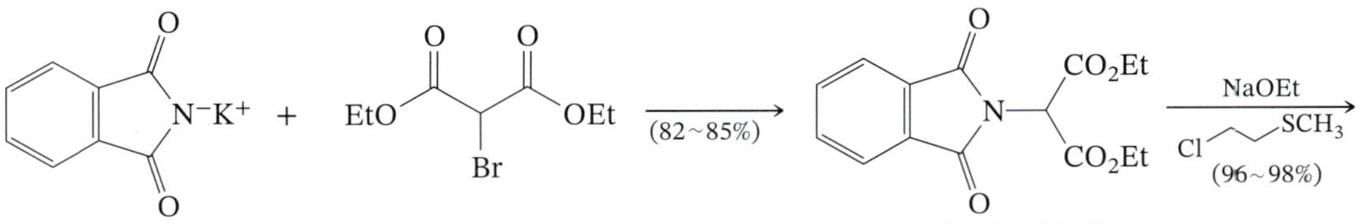

프탈이미드 N^-K^+ + EtO–C(=O)–CH(Br)–C(=O)–OEt —(82~85%)→ 프탈이미도–CH(CO_2Et)₂ —NaOEt, Cl–CH₂CH₂–SCH₃ (96~98%)→

Diethyl α-bromomalonate

프탈이미도말론산 에스터

$\xrightarrow{NaOH}$ $\xrightarrow[(84\sim85\%)]{HCl}$

DL-Methionine

되새김 물음 24.3 α-클로로말론산 다이에틸과 프탈이미드화 포타슘으로부터 시작하여 다른 필요한 시약들을 써서 아래의 물질을 합성하는 방법을 쓰시오.

(a) DL-발린 **(b)** DL-알라닌 **(c)** DL-페닐알라닌

24.3B Stecker 합성

알데하이드를 암모니아와 사이안화 수소와 함께 처리하면 α-아미노나이트릴이 된다. α-아미노나이트릴의 나이트릴기를 가수 분해하면(17.3절) α-아미노산이 된다. 이 합성 방법을 Strecker 합성이라고 한다.

$$RCHO + NH_3 + HCN \longrightarrow RCH(CN)NH_3^+ \xrightarrow[H_2O]{H_3O^+,\ 가열} RCH(CO_2^-)NH_3^+$$

α-아미노나이트릴 α-아미노산

이 합성의 첫 번째 단계는 아마도 알데하이드와 암모니아로부터 이민이 먼저 형성되고, 이어 사이안화 수소의 첨가 반응이 뒤따른다.

반응 메커니즘

Strecker 합성에서 α-아미노나이트릴의 형성

$$RCHO + :NH_3 \rightleftharpoons RCH(O^-)NH_3^+ \rightleftharpoons RCH(OH)NH_2 \underset{}{\overset{-H_2O}{\rightleftharpoons}} RCH{=}NH \xrightarrow{^-CN} RCH(CN)NH^- \overset{H_3O^+}{\rightleftharpoons} RCH(CN)NH_3^+$$

분자간 양성자 전달 이민 α-아미노나이트릴

보기 물음 24.1

DL-히스티딘의 Strecker 합성을 요약하시오.

풀이

$\xrightarrow{NH_3,\ HCN}$ $\xrightarrow[가열]{H_3O^+}$

DL-Histidine

되새김 물음 24.4

(a) DL-루신의 Strecker 합성을 요약하시오.

(b) DL-메싸이오닌도 Strecker 합성 방법에 의해서 합성될 수 있다. 이때 필요한 출발 물질인 알데하이드는 아크롤레인($CH_2{=}CHCHO$)과 메테인싸이올(CH_3SH)로부터 만들어질 수 있다. DL-메싸이오닌의 합성에 관여되는 모든 단계들을 요약하시오.

24.3C DL-아미노산의 분리

여기서 요약한 방법들에 의해서 형성된 아미노산은 카이랄 중심이 없는 글라이신을 제외하고는 모두 라셈 형태로 생성된다. 천연의 L-아미노산을 얻기 위해서는 물론 이 라셈 형태를 분리해야 된다. 이것은 20.3F절에서 요약된 것을 포함한 다양한 방법으로 할 수 있다.

아미노산을 분리하는 특히 흥미 있는 방법 한 가지는 **탈아실화 효소**(deacylase)라고 부르는 효소를 사용하는 것이다. 이 효소는 생체 조직에서 ***N*-아실아미노산**(*N*-acylamino acid)의 가수 분해를 촉매화한다. 효소의 활성인 자리가 카이랄이므로 이것은 L 배위인 *N*-아실아미노산을 가수 분해한다. 이것이 *N*-아실아미노산의 라셈체들과 접촉되면 L-아미노산만 영향을 받게 되어, 결과적으로 쉽게 분리된다.

R, CO_2^-, $^+NH_3$ (라셈 형태) → R, CO_2H, NH → (탈아실화 효소) → OH + R, CO_2^-, $^+NH_3$ **L-아미노산** + R, CO_2^-, NH, O **D-*N*-아실아미노산**

쉽게 분리됨

24.4 폴리펩타이드와 단백질

아미노산들은 한 아미노산의 아미노기를 다른 아미노산의 카복실기에 연결시켜 아마이드 결합을 형성시키는 효소들에 의해서 중합한다.

- 아미노산들을 연결하여 형성된 분자를 **펩타이드(peptide)**라고 하며, 그들에 있는 아마이드 결합을 **펩타이드 결합(peptide bond)** 또는 **펩타이드 연결(peptide linkage)**이라고 부른다. 펩타이드에 있는 각 아미노산을 **아미노산 잔기(amino acid residue)**라고 한다.

아미노산 잔기가 2개, 3개, 여러 개(3~10개), 또는 많이 있는 펩타이드를 **다이펩타이드(dipeptide)**, **트라이펩타이드(tripeptide)**, **올리고펩타이드(oligopeptide)**, 그리고 **폴리펩타이드(polypeptide)**라고 각각 부른다. **단백질(protein)**은 한 개 이상의 폴리펩타이드 사슬을 포함하고 있는 분자이다.

$H_3\overset{+}{N}$, O, O^-, R + $H_3\overset{+}{N}$, O, O^-, R′ → $[-H_2O]$ → $H_3\overset{+}{N}$, O, R′, N, H, O^-, R, O

다이펩타이드

폴리펩타이드는 **선형 중합체(linear polymer)**이다. 폴리펩타이드 사슬의 한 끝은 자유로운 —NH_3^+기를 가진 아미노산 잔기로 끝나며, 다른 끝은 자유로운 —CO_2^-기를 가진 아미노산 잔기로 끝난다. 이들 두 기를 각각 **N-말단(N-terminal)**과 **C-말단(C-terminal)** 아미노산이라고 부른다.

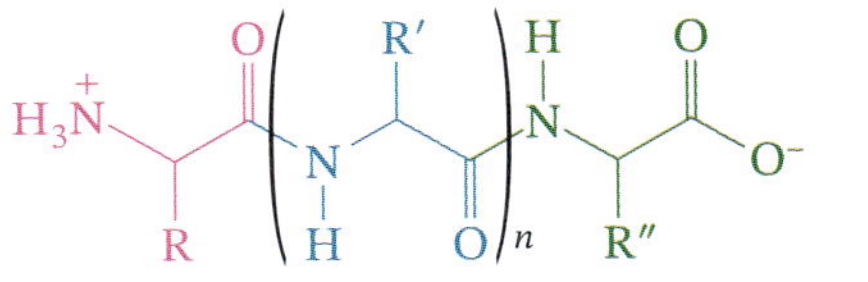

N-말단 아미노산 C-말단 아미노산

- 관례상, 펩타이드와 단백질의 구조에서 N-말단 아미노산 잔기는 왼쪽에, 그리고 C-말단 잔기는 오른쪽에 쓴다.

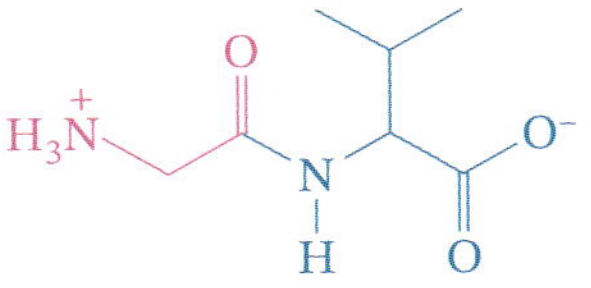

Glycyl valine (GV) Valyl glycine (VG)

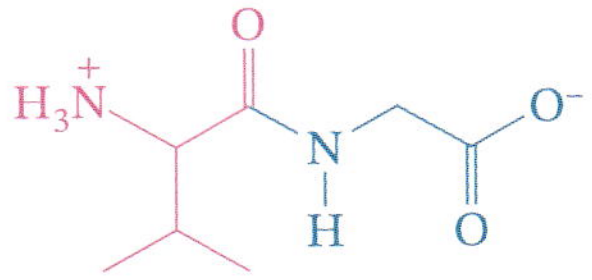

트라이펩타이드인 글라이실발릴페닐알라닌은 아래와 같이 나타낼 수 있다.

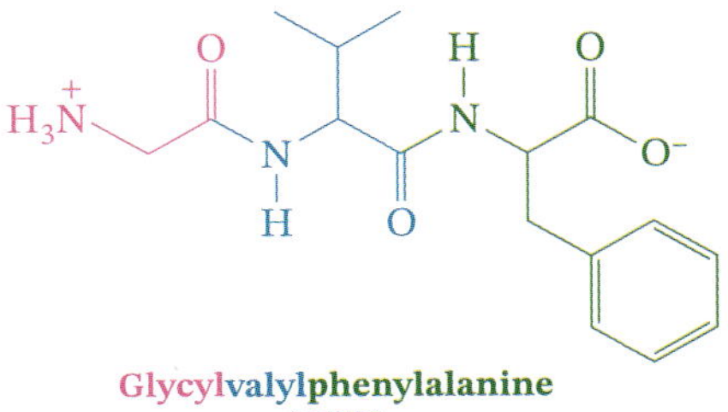

Glycylvalylphenylalanine (GVF)

몇 개 이상의 아미노산 잔기를 포함하는 폴리펩타이드 사슬의 총 구조식을 쓰는 것은 중요한 일이다. 이 경우 한 글자 약어(표 24.1)로 아미노산 서열을 나타내는 것이 규약이다. 매우 짧은 펩타이드는 아직도 세 글자 약어(표 24.1)로 나타낸다.

24.4A 가수 분해

단백질이나 폴리펩타이드를 6 M 염산과 함께 24시간 환류시키면 모든 아마이드 결합의 가수분해가 일어나서 아미노산의 혼합물이 만들어진다. 혼합물을 크로마토그래피로 분리하고 정량적으로 분석하여 원래의 폴리펩타이드를 구성하는 아미노산과 그들의 상대적인 양을 결정할 수 있다.

아미노산 혼합물을 분리하는 크로마토그래피법의 한 가지는 **양이온 교환 수지**(cation-exchange resin, 그림 24.2)를 사용하는 것이다. 이 수지는 설폰산 이온기를 포함하는 불용성 중합체이다. 아미노산 혼합물이 포함된 산성 용액을 양이온 교환 수지가 채워진 관 속으로 통과시키면 음전하를 띤 설폰산 이온기와 양전하를 띤 아미노산 사이의 인력 때문에 아미노산은 수지에 흡착될 것이다. 흡착의 세기는 개개 아미노산의 염기도에 따라 변화할 것이다. 즉,

그림 24.2 아미노산이 흡착된 양이온 교환 수지의 단면

가장 염기성이 강한 것은 가장 강하게 붙어 있을 것이다. 그다음, 관을 일정한 pH의 완충 용액으로 씻어 주면 개개의 아미노산은 다른 속도로 관 아래로 이동할 것이며 궁극적으로 분리될 것이다. 1950년에 Rockefeller University에서 개발된 자동 분석기에서는 용출액이 **닌하이드린(ninhydrin)**과 섞이게 되는데, 이 시약은 대부분이 아미노산과 반응하여 짙은 자주빛(λ_{max} 570 nm)을 내는 유도체를 만든다. 아미노산 분석기는 용출액의 흡광도를(570 nm에서) 계속적으로 측정하고, 이 흡광도를 유출액의 부피에 대한 함수로 기록하도록 설계되어 있다.

아미노산 자동 분석기로부터 얻어지는 전형적인 그래프는 그림 24.3과 같다. 이 방법을 표준화하면 피크의 위치는 개개의 아미노산의 특성이 되며, 피크 아래의 면적은 그들의 상대적인 양에 해당한다.

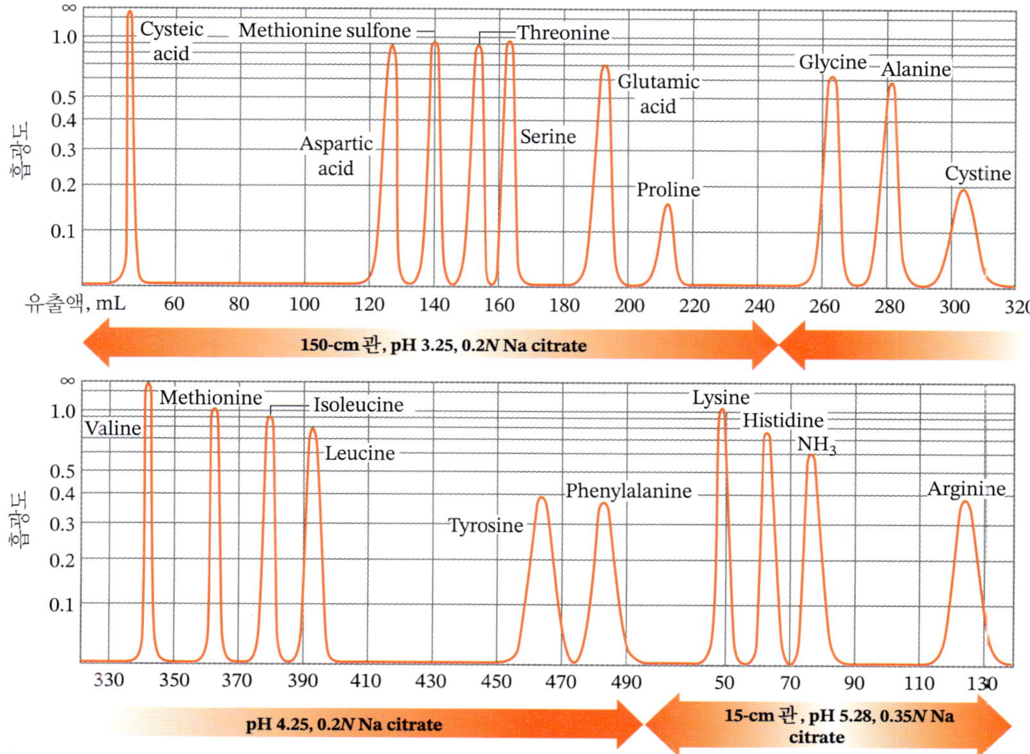

그림 24.3 아미노산 자동 분석기로 얻어지는 전형적인 결과. (Adapted with permission from Spackman, D. H., Stein, W. H., and Moore, S., *Analytical Chemistry*, 1958, 30, 1190–1206, Figure 2. Copyright 1958 American Chemical Society.)

닌하이드린은 인데인-1,2,3-트라이온의 수화물이다. 프롤린과 하이드록시프롤린을 제외하고 단백질에서 발견되는 모든 α-아미노산은 닌하이드린과 반응하여 똑같이 짙은 자주빛 음이온(λ_{max} 570 nm)을 만든다. 여기서 메커니즘을 살펴볼 필요는 없겠으나, α-아미노산으로부터 유리된 음이온의 부분은 질소뿐임을 주목하시오.

Indane-1,2,3-trione $\underset{-H_2O}{\overset{+H_2O}{\rightleftharpoons}}$ Ninhydrin

2 (Indane-1,2,3-trione) + $RCH(CO_2^-)(^+NH_3)$ $\xrightarrow{(-H_3O^+)}$ Purple anion + $RCHO$ + CO_2

프롤린과 하이드록시프롤린은 닌하이드린과 같은 방법으로 반응하지 않는데, 이는 α-아미노기가 오원자 고리의 부분이기 때문이다.

고분해능 액체 크로마토그래피(HPLC)를 이용해서도 아미노산 혼합물을 분석할 수 있는데, 이 방법이 오늘날 가장 흔히 쓰인다. 어떤 HPLC 분석(24.14절 참조)에서는 관 충진제로 양이온 교환 수지를 쓰고, 다른 분석에서는 소수성(역상)인 관 충진제를 필요로 하기도 한다. HPLC로 분리된 아미노산은 표준 시료의 머무름 시간을 비교함으로써 확인될 수 있다. HPLC와 질량 분석기를 연계시킨 기기를 이용하면 직접적인 확인도 가능하다(24.5E절 참조).

24.5 폴리펩타이드와 단백질의 일차 구조

단백질이나 폴리펩타이드의 아미노산 잔기의 서열을 그것의 **일차 구조(primary structure)**라고 부른다. 3가지 다른 아미노산으로 된 간단한 트라이펩타이드는 6가지 다른 아미노산 순서를 가질 수 있다. 테트라펩타이드는 24가지나 되는 순서를 가질 수 있다. 20가지의 다른 아미노산으로 구성된 잔기가 100개인 단일 사슬의 단백질에 있어서 가능한 순서의 수는 $20^{100} = 1.27\times10^{130}$개나 되는데, 이것은 우주에 있는 원자의 수라고 예측된 값(9×10^{78})보다도 더 크다. 그러므로 단백질에서 결정해야 할 가장 중요한 것은 아미노산의 서열이다. 다행히도 폴리펩타이드에 있는 아미노산 순서를 결정할 수 있는 여러 가지 방법이 있다. N-과 C-말단 아미노산을 확인하는 **말단 아미노산 분석(terminal amino acid analysis)**부터 배워 나가기로 한다.

24.5A Edman 분해법

N-말단 아미노산을 확인하는 데 가장 널리 사용되는 방법은 **Edman 분해법(Edman degradation**, 스웨덴의 University of Lund의 Edman이 개발한 것)이다. 이 방법을 반복적으로 사용하면 60여 잔기까지의 펩타이드 서열을 정할 수 있다. 이 과정은 매우 잘 수행되기 때문에 자동화된 아미노산 서열기가 개발되어 Edman 분해 과정을 수행한다.

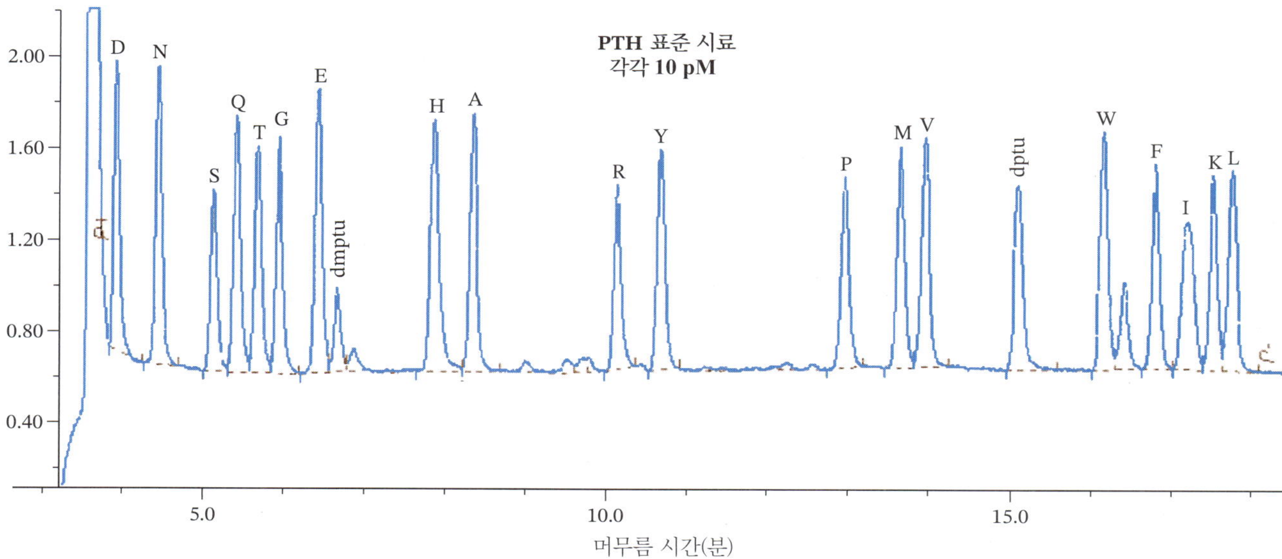

그림 24.4 Procise 기기를 이용한 PTH 아미노산 표준 시료. 아미노산에 대한 약자는 표 24.1을 보시오. cmptu (dimethylphenylthiourea)와 dptu(diphenylthiourea)라고 표시한 피크는 Edman 분해법의 부 생성물을 나타낸다. (Copyright © 2012 Life Technologies Corporation. Used with permission.)

Edman 분해법은 N-말단 아미노기와 아이소싸이오사이안산 페닐($C_6H_5N{=}C{=}S$) 사이의 표지 반응에 기초한 것이다. 아이소싸이오사이안산 페닐은 N-말단 아미노기와 반응하여 페닐싸이오카밤일 유도체를 형성하고, 그다음 산에 의해서 펩타이드 사슬로부터 떨어져 나온다. 그 결과 불안정한 아닐리노싸이아졸리논(ATZ)이 안정한 페닐싸이오하이단토인(PTH) 유도체로 전위된다. 자동화된 과정에서 PTH 유도체들은 HPLC로 곧 주입되어 이미 알려진 아미노산의 PTH 유도체의 머무름 시간을 비교함으로써 확인된다(그림 24.4). 이 과정은 다음에 있는 N-말단 아미노산에 대하여 반복된다. 자동화된 펩타이드 서열 분석기는 Edman 분해를 단지 피코몰(pM) 양의 폴리펩타이드 시료를 사용하여 30분 이내에 한 주기를 수행할 수 있다.

C_6H_5–N=C=S + H_2N–CHR–CO–NH–CHR′–CO– etc. $\xrightarrow{HO^-,\ pH\ 9}$

$\xrightarrow{HA}$

표지된 폴리펩타이드

$\xrightarrow[\text{가열}]{\text{전위 반응}}$

아미노산 잔기가 하나 적은 폴리펩타이드

불안정한 중간체

Phenylthiohydantoin (PTH)은 HPLC로 확인

24.5B Sanger N-말단 분석

노벨상

이 방법은 Cambridge University의 Frederick Sanger에 의해서 1945년에 도입되었다. Sanger는 이 방법을 광범위하게 사용하여 인슐린에 있는 아미노산 서열을 결정하였고, 이 공로로 1958년 Nobel 화학상을 수상하였다.

잔기를 결정하는 다른 한 가지 방법으로 **Sanger N-말단 분석법(Sanger N-terminal analysis)**이 있는데, 이 방법은 2,4-다이나이트로플루오로벤젠(2,4-dinitrofluorobenzene, DNFB)을 사용하는 것이다. 폴리펩타이드를 약염기성 용액에서 DNFB로 처리하면 N-말단 아미노산의 아미노기가 관여하는 친핵성 방향족 치환 반응(S_NAr, 15.13절)이 일어난다. 그다음 폴리펩타이드를 가수 분해하면 N-말단 아미노산이 2,4-다이나이트로페닐기의 표지를 띠고 있는 아미노산들의 혼합물이 생긴다. 이 아미노산을 혼합물로부터 분리한 다음 그것을 표준 물질과 비교하여 확인한다.

2,4-Dinitrofluorobenzene (DNFB) + 폴리펩타이드 $\xrightarrow[(-HF)]{HCO_3^-}$ 표지된 폴리펩타이드 $\xrightarrow{H_3O^+}$ 표지된 N-말단 아미노산 + 아미노산 혼합물

분리 및 확인

물론, 2,4-다이나이트로플루오로벤젠은 라이신의 ε-아미노기를 포함한 펩타이드에 있는 어떤 자유로운 아미노기와도 반응할 것이며, 따라서 Sanger 분석법은 복잡해질 수 있다. 그러나 N-말단 아미노산 잔기만 α-아미노기에 2,4-다이나이트로페닐기를 가질 것이다. 그럼에도 불구하고 Edman 방법이 N-말단 분석에 더 널리 쓰인다.

되새김 물음 24.5

2,4-다이나이트로페닐기의 전자를 끄는 성질 때문에 표지된 아미노산은 쉽게 분리될 수 있다. 이 분리 방법을 제시하시오.

24.5C C-말단 분석

C-말단 아미노산은 **카복시펩타이드 말단 분해 효소**(carboxypeptidase)라고 부르는 소화 효소를 사용하여 확인할 수 있다. 이 효소들은 자유로운 $-CO_2H$기를 가진 아미노산으로 된 아마이드 결합의 가수 분해 반응을 특별히 촉매화하여 그것을 자유로운 아미노산으로 내놓도록 한다. 그러나 카복시펩타이드 말단 분해 효소는 남아 있는 폴리펩타이드 사슬을 계속적으로 공격하여 C-말단 아미노산을 계속적으로 떨어지게 한다. 이 결과로 방출된 아미노산을 시간의 함수로 추적해 나가는 것이 필요하다. 이 방법은 기껏해야 제한된 아미노산 순서에만 적용될 수 있다. 어느 정도 시간이 지난 후에는 너무 혼동이 되어 가려내기가 어렵다.

되새김 물음 24.6

(a) 2,4-다이나이트로플루오로벤젠을 VAG(Val · Ala · Gly)의 N-말단 아미노산을 확인하는 데 사용하는 방법을 나타내는 반응을 쓰시오.

(b) VKG(Val · Lys · Gly)를 2,4-다이나이트로플루오로벤젠으로 처리할 때 생성되는 화합물(가수 분해 후)은 무엇인가?

되새김 물음 24.7

MAR(Met · Ala · Arg)의 연속적인 Edman 분해 과정에 관여된 반응을 쓰시오.

24.5D 서열 분석의 완성

Edman 분해법이나 다른 분석 방법을 큰 단백질이나 폴리펩타이드에 대해서 사용하는 것은 실용적이지 못하다. 다행스럽게도 펩타이드를 다룰 만한 크기의 조각으로 자르는 기술이 있다. 예를 들면, 묽은 산으로 **부분적인 가수 분해(partial hydrolysis)**를 하여 불규칙한 위치에서 절단된 다양한 길이의 펩타이드 집단을 만든다. 이 작은 펩타이드의 서열을 정하고 중첩되는 점을 조사하여 꿰어 맞추면 전체 펩타이드의 서열이 정해지는 것이다.

간단한 예를 생각해 보자. 발린(2개의 잔기), 루신(1개의 잔기), 히스티딘(1개의 잔기), 그리고 페닐알라닌(1개의 잔기)으로 된 펜타펩타이드가 주어졌다고 하자. 이 정보를 가지고 단백질의 '분자식'을 다음과 같이 쓸 수 있다. 콤마(,)는 순서가 알려져 있지 않다는 뜻이다.

2V, L, H, F

그다음, 2,4-다이나이트로플루오로벤젠과 카복시펩타이드 말단 분해 효소를 사용하여 발린과 루신이 각각 N-말단과 C-말단 아미노산들임을 알았다고 가정한다. 여기까지는 아래와 같은 것을 알고 있는 셈이다.

V (V, H, F) L

그러나 세 개의 비말단 아미노산의 순서는 아직도 알려져 있지 않다.

그다음에는 펜타펩타이드를 부분적으로 산 가수 분해를 시켜 아래의 다이펩타이드를 얻는다(개개의 아미노산과 더 큰 조각들, 이를테면 트라이펩타이드나 테트라펩타이드도 또한 얻어진다).

VH + HV + VF + FL

다이펩타이드의 중첩점(예: H, V, 그리고 F)은 원래의 펜타펩타이드가 아래와 같음을 말해주고 있다.

VHVFL

펩타이드 결합의 **위치 특이성 분해(site-specific cleavage)**가 효소나 특수한 시약을 사용해서 가능하며, 지금은 이 방법이 부분적인 가수 분해보다 더 널리 쓰인다. 예를 들면, 트립신은 라이신이나 아르지닌의 C-말단 쪽에 있는 펩타이드 결합의 가수 분해를 우선적으로 촉매화한다. 브로민화 사이아노젠(CNBr)은 메싸이오닌 잔기의 C-말단 쪽에 있는 펩타이드 결합을 깨는 특정 위치를 분해하는 시약이다. 위치 선택적인 분해 방법을 써서 주어진 펩타이드로부터 중첩되는 서열을 가진 조각을 생기게 한다. 낱개의 조각에 대한 서열을 정하고 중첩되는 부분을 따라 배열하면 원래 단백질의 서열이 정해지는 것이다.

24.5E 질량 분석법과 서열 데이터베이스를 이용한 펩타이드의 서열화

폴리펩타이드의 서열을 결정하는 다른 방법으로는 질량 분석법과 완벽한 서열이 알려져 있는 데이터베이스를 가진 부분적인 펩타이드 서열을 비교하는 것이 있다.

사다리 서열화 질량 분석법은 단백질의 질량 분석을 고정확도로 할 수 있는 기술이기에 특별히 강력하다. 한 가지 질량 분석법으로 '**사다리 서열화(ladder sequencing)**'가 있다. 이 방법은 효소로 하여금 한 개의 아미노산 잔기씩 길이가 각각 다른 펩타이드 조각들의 혼합물을 만들게 한다(예: 카복시펩타이드 분해 효소를 사용). 이 집합체는 각각이 원래 사슬에서 아미노산이 연속적으로 하나씩 분해된 결과로 생겨난 펩타이드 집단이다. 이 혼합물을 질량 분석법으로 분석하면 각 펩타이드의 분자량에 해당되는 피크 집단이 얻어진다. 스펙트럼의 각 피크가 이웃 피크와 다른 점은 그들의 구조에서 아미노산의 분자량만큼 다른 질량이다. 이 자료를 가지고 피크들을 가장 질량이 작은 조각으로부터 가장 큰 것까지 사다리처럼 올라가게 할 수 있고, 각 피크 사이의 질량 차로부터 펩타이드의 서열을 '읽게' 되는 것이다. 각 펩타이드 조각 사이의 질량의 차이는 서열을 따라 바로 그 자리에 있는 아미노산을 나타낸다. 따라서 전체적인 서열이 조각 질량의 사다리로부터 읽혀지는 것이다. 이 기술은 올리고뉴클레오타이드의 서열화에도 응용되고 있다.

직렬 질량 분석법(MS/MS) 산에 의한 부분적인 가수 분해와 비슷하게 펩타이드의 불규칙적인 분해도 질량 분석법을 가지고 해낼 수 있다. 질량 분석기에 주입된 원래의 단백질은 질량 분석기 진공 공간 안으로 새어 들어간 기체 분자와 충돌하여 작은 조각들로 깨진다(충돌에 의해서 유발된 분해, CID라고 부르는 기술). 이들 펩타이드 조각들은 **직렬 질량 분석법(tandem mass spectrometry, MS/MS)**이라 불리는 기술을 사용하여 낱낱이 선별적으로 분석된다. 이 불규칙적인 조각들의 질량 분석 스펙트럼을 데이터베이스의 질량 분석 스펙트럼과 비교하여 단백질의 서열을 결정하게 된다.

부분적인 가수 분해와 서열의 비교 어떤 경우에는 미지의 폴리펩타이드의 서열을 단지 2~3개의 아미노산 서열만을 결정하고 이 부분 서열을 온전한 폴리펩타이드나 단백질의 알려진 서열의 데이터베이스와 비교하여 결정하기도 한다. 이 방법은 미지의 펩타이드가 이미 연구된 것으로 판명되었을 때 잘 맞는다(알려진 단백질의 발현에 대한 연구는 단백질체학 분야의 한 부분이다. 24.14절). 많은 서열의 조합이 이론적으로 가능하고 단백질 구조의 특이성 때문에 단지 10~25개 아미노산 잔기의 서열은 이미 알려진 폴리펩타이드의 하나 또는 소수와 일치하기 쉽다. 부분적인 서열은 Edman 방법이나 질량 분석법으로 정해질 수 있다. 예를 들면, 효소인 라이소자임은 129개의 아미노산 잔기(24.10절 참조)로 되어 있는데, 처음 15개의 아미노산 잔기의 서열만 알면 확인될 수 있다. 서열을 컴퓨터의 데이터베이스와 비교하여 구조를 결정하는 것은 생명 정보학의 새로 떠오르는 분야이기도 하다.

데이터베이스를 사용하는 유사한 접근 방법으로 부분적인 펩타이드 서열에 대한 암호문이 되는 DNA의 **서열**과 알려진 DNA 서열의 데이터베이스를 비교하는 것이 있다. 만족스러운 일치가 발견되면 폴리펩타이드의 나머지 서열은 유전 암호를 사용하여 DNA로부터 읽어낼 수 있다(25.5절). 그 밖에도 부분적인 펩타이드에 대응되는 올리고뉴클레오타이드 서열을 화학적으로 합성할 수 있고(25.7절), 단백질을 암호화하는 유전 인자를 찾기 위한 기구로도 쓸 수 있다. 이 기술은 다량의 필요한 단백질을 조작 발현시키는 데 사용되는 분자 생물학적 방법의 일부분이다.

되새김 물음 24.8

글루타싸이온은 대부분의 살아 있는 세포에서 발견되는 트라이펩타이드이다. 글루타싸이온을 부분적으로 산 촉매하에 가수 분해하면 두 개의 다이펩타이드, 즉 CG와 E와 C로 구성된 다른 다이펩타이드가 생긴다. 두 번째의 다이펩타이드를 DNFB로 처리한 다음 산 가수 분해를 하면 *N*-표지된 글루탐산이 된다.

(a) 이 지식만을 가지고 글루타싸이온의 가능한 구조는 무엇인가?

(b) 합성 실험으로 두 번째 다이펩타이드는 아래의 구조를 가졌음이 밝혀졌다.

글루타싸이온의 구조는 무엇인가?

되새김 물음 24.9

부분적인 산 가수 분해에 의해서 주어진 자료만으로 아래 폴리펩타이드의 아미노산 순서를 쓰시오.

(a) Y, O, P, T $\xrightarrow[H_2O]{H_3O^+}$ YT + TO + PY

(b) A, R, C, V, L $\xrightarrow[H_2O]{H_3O^+}$ AC + CR + RV + LA

24.6 폴리펩타이드와 단백질의 일차 구조의 예

- 단백질이나 폴리펩타이드의 공유 결합 구조를 그것의 **일차 구조**라고 부른다(**그림 24.5**).

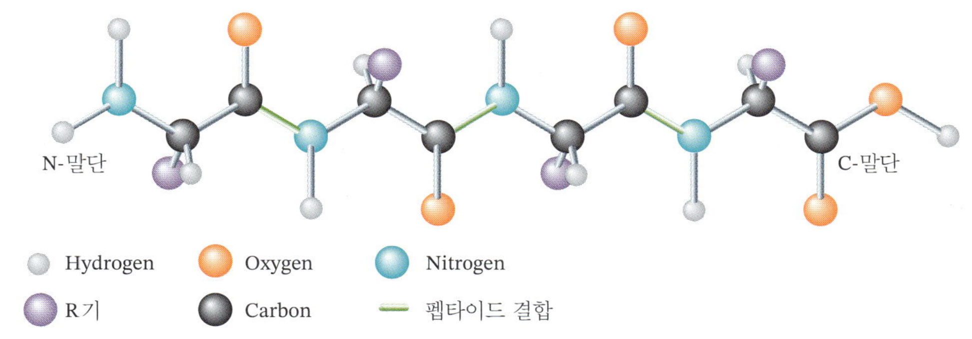

그림 24.5 테트라펩타이드의 일차 구조의 표현

앞 절에서 기술한 방법들을 사용하여 폴리펩타이드나 단백질의 일차 구조를 결정하는 것은 놀랄 만큼 성공적으로 이루어져 왔다. 다음부터 나오는 화합물들은 중요한 예이다.

24.6A 옥시토신(Oxytocin)과 바소프레신(Vasopressin)

옥시토신과 바소프레신(**그림 24.6**)은 두 가지의 다소 작은 폴리펩타이드로 구조적인 유사성이 많다(옥시토신의 루신이 있는 자리에 바소프레신은 아르지닌이 있고, 옥시토신의 아이소루신이 있는 자리에 바소프레신은 페닐알라닌이 있다). 아미노산 순서의 유사성에도 불구하고 이

노벨상

Cornell Medical College의 Vincent du Vigneaud는 1953년에 옥시토신과 바소프레신을 합성하였다. 그는 1955년 Nobel 화학상을 받았다.

두 가지 폴리펩타이드는 아주 다른 생리학적 효과를 나타낸다. 옥시토신은 여성에만 존재하며 출산 과정에서 자궁의 수축을 촉진한다. 바소프레신은 말초혈관의 수축을 일으키며 혈압을 증가시킨다. 그러나 이것의 주 기능은 **항이뇨성**(antidiuretic)이다. 생리학자들은 바소프레신을 흔히 **항이뇨 호르몬**(antidiuretic hormone)이라고 부른다.

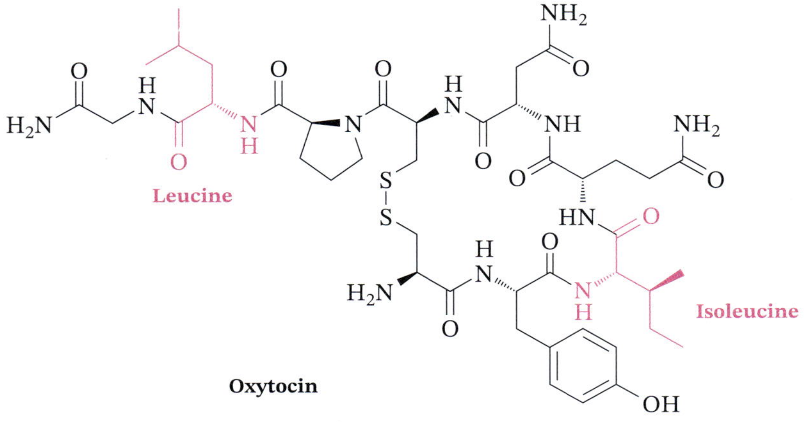

Leucine

Isoleucine

Oxytocin

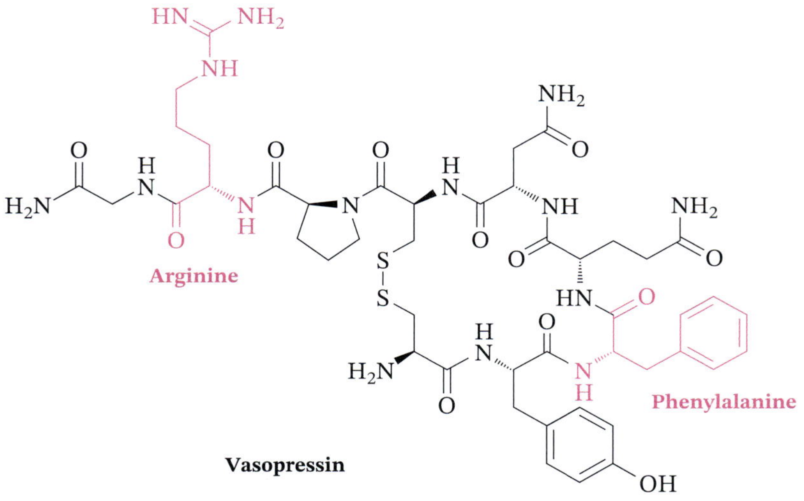

Arginine

Phenylalanine

Vasopressin

그림 24.6 옥시토신과 바소프레신의 구조. 이들 사이의 차이가 되는 아미노산 잔기가 적색으로 보인다.

옥시토신과 바소프레신의 구조는 폴리펩타이드의 전체적인 일차 구조에서 시스테인 잔기들 사이의 이황화 결합의 중요성을 또한 설명해 준다(24.2A절). 이 두 분자에서 이황화 결합은 고리형 구조가 되도록 한다.

되새김 물음 24.10 옥시토신을 환원제(예: 소듐의 액체 암모니아 용액)와 반응시키면 단 한 가지 화학적 변화가 일어나는데, 공기에 의한 산화 반응으로 처음으로 되돌아간다. 무슨 화학적 변화가 관여하고 있는가?

24.6B 인슐린

인슐린은 췌장에서 분비되는 호르몬으로 글루코스 대사를 조절한다. 사람에게서 인슐린의 결핍은 당뇨병의 주된 문제이기도 하다.

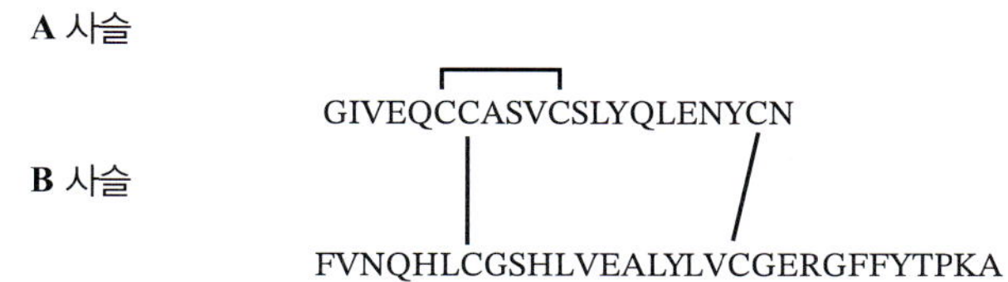

그림 24.7 소의 인슐린의 아미노산 순서. 사슬 사이의 선은 이황화 결합을 나타낸다.

소의 인슐린(그림 24.7)의 아미노산 순서는 1953년에 Sanger의 10년간에 걸친 연구에 의해서 결정되었다. 소의 인슐린은 A 사슬과 B 사슬이라고 부르는 두 가지 폴리펩타이드 사슬에 모두 51개의 아미노산 잔기로 되어 있다. 이 사슬들은 두 개의 이황화 결합으로 맺어져 있다. A 사슬은 6번과 11번 위치에 있는 시스테인 잔기들 사이에 이황화 결합이 더 있다.

사람의 인슐린은 소의 인슐린과 단지 3개의 아미노산 잔기가 다르다. 즉, 트레오닌이 알라닌을 A 사슬(8번 잔기)에서 한 번, 그리고 B 사슬(30번 잔기)에서 한 번 치환하고 아이소루신이 발린을 A 사슬(10번 잔기)에서 한 번 치환한다. 대부분의 포유동물에 있는 인슐린은 구조가 비슷하다.

생물 화학: 낫 모양 적혈구 빈혈증

유전적인 질병인 낫 모양 적혈구 빈혈증(흑인의 유전병)은 헤모글로빈의 β 사슬에 있는 단 한 개의 아미노산의 착오로 생기는 것이다. 정상적인 헤모글로빈에서는 6번 위치에 글루탐산 잔기가 있는 데 반해, 낫 모양 적혈구 헤모글로빈에는 6번 위치를 발린이 차지하고 있다.

이 아미노산 착오를 가진 헤모글로빈을 포함하고 있는 적혈구는 정맥 피에서처럼 산소의 분압이 낮을 때 초승달 모양('낫 모양')이 된다. 심장이 작은 모세관을 통하여 이 변형된 세포들을 펌프질하는 것은 더욱 어렵다. 그들은 한데 뭉쳐져서 모세관을 막아 버리거나 적혈구가 갈라져 버리도록 하기도 한다. 양쪽 부모로부터 이 유전적인 특색을 물려받은 어린이는 심한 질병으로 고생하다가 2살 미만에 죽게 된다. 한 부모에서만 질병을 물려받은 어린이는 일반적으로 훨씬 약한 형태를 갖게 된다. 낫 모양 적혈구 빈혈증은 중부와 서부 아프리카의 주민들에게 생기는데, 묘하게도 이것은 이로운 효과도 있다. 이 질병에 약한 형태를 가진 사람들은 정상적인 헤모글로빈을 가진 사람보다 말라리아에 훨씬 적게 감염된다. 말라리아는 전염성 미생물에 의해서 생기는 병인데, 중부와 서부 아프리카에 특히 많이 있다. 낫 모양 적혈구 빈혈증을 일으키는 것과 같은 돌연변이는 아주 일반적이다. 약 150가지의 다른 변이된 헤모글로빈이 검출되었는데, 다행이도 대부분 무해하다.

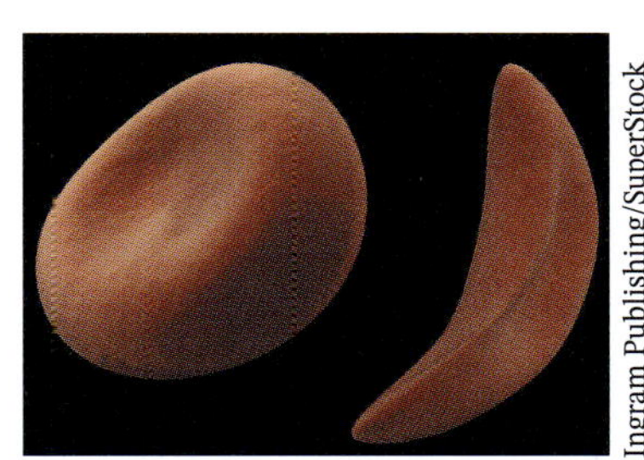
Ingram Publishing/SuperStock

주사 전자 현미경으로 18,000배 확대하서 본 적혈구: 정상(왼쪽), 낫 모양(오른쪽).

24.6C 다른 폴리펩타이드와 단백질

수백 가지의 다른 폴리펩타이드와 단백질을 가지고 서열 분석을 성공적으로 이룩하였다. 이 가운데는 아래와 같은 것들이 있다.

1. **소의 리보핵산 가수 분해 효소.** 이 효소는 리보핵산(25장)의 가수 분해를 촉매화하는데, 단일 사슬에 124개의 아미노산 잔기가 있고 4개의 사슬내 이황화 결합이 있다.
2. **사람의 헤모글로빈.** 이 중요한 산소 운반 단백질에는 4개의 펩타이드 사슬이 있다. 두 개의 동일한 α 사슬에는 141개의 아미노산이 각각 있고, 두 개의 동일한 β 사슬에는 146개의 아미노산이 각각 있다.

3. **소의 트립시노젠과 카이모트립시노젠.** 이 두 효소 전구체들은 단일 사슬로 각각 229개와 245개의 아미노산을 갖고 있다.
4. **감마 글로불린.** 이 면역 단백질은 4개의 사슬에 모두 1320개의 아미노산 잔기를 갖고 있다. 두 사슬은 각각 214개의 아미노산을 가지며, 다른 두 개는 446개의 아미노산을 갖는다.
5. **p53, 항암 단백질.** 393개 아미노산 잔기로 구성된 p53이라 불리는 이 단백질은(p는 단백질을 의미) 다양한 세포 기능을 가지고 있다. 그러나 가장 중요한 기능은 세포 성장을 이루게 하는 단계를 통제하는 것이다. 이것은 정상 세포의 비정상적 성장을 멈추게 하고 그렇게 함으로써 암을 예방하게 되어 **종양 억제자(tumor suppressor)**로 행동한다. 1979년에 발견된 p53은 처음에는 종양 유전자(암을 일으키는 유전자)에 의해서 합성된 단백질이라고 생각되었다. 그러나 처음 암을 일으키는 성질을 가졌다고 생각되는 p53의 형태는 정상적인 단백질의 변이체였다는 것이 밝혀졌다. 변이하지 않은(wild type) p53은 DNA의 변화에 복잡한 조합의 감응을 조정한다. 그렇게 하지 않으면 암에 이르게 된다. p53이 변이되면 그것은 세포에 더 이상 암을 방지하는 역할을 제공하지 못한다. 그것은 정반대의 역할, 즉 비정상적 성장을 증가시켜 암을 일으킨다.

   매년 암 진단을 받은 사람들의 과반수 이상이 p53의 변이 형태를 암에 가지고 있다. 다른 형태의 암은 단백질의 또 다른 변이로 생긴 것이다. p53의 변이와 관련이 있는 암의 형태는 신체 대부분의 암이다: 뇌, 유방, 자궁, 결장, 간, 폐, 난소, 췌장, 전립선, 피부, 위 등등.
6. ***Ras* 단백질.** *Ras* 단백질은 세포의 성장과 세포의 인슐린에 대한 감응과 연관이 있는 수정된 단백질이다. 그들은 프레닐화된 단백질이라 불리는 단백질 부류에 속하는데, 아이소프렌계의 생합성(온라인 자료에서 특수 주제 G)으로부터 유도된 지질기가 시스테인 잔기의 C-말단에 싸이오에터 형태로 달라붙어 있다. *Ras* 단백질의 어떤 변화된 형태는 다양한 진핵세포에서 종양 유전자의 변화를 일으킨다. 단백질의 프레닐화와 다른 지방의 수정 효과는 이 단백질을 세포막에 머무르게 하는 것이다. 프레닐화는 또한 다른 단백질이 프레닐화된 단백질을 인식하는 것을 돕는다.*

24.7 폴리펩타이드와 단백질의 합성

17장에서 보았듯이 아마이드 결합의 합성은 비교적 간단하다. 카복실기를 산 무수물이나 산 염화물로 전환하여 '활성화'시키고 그다음 아민과 반응하도록 한다.

$$\underset{\text{산 무수물}}{RC(=O)OC(=O)R} + \underset{\text{아민}}{R'\text{—}NH_2} \longrightarrow \underset{\text{아마이드}}{RC(=O)NHR'} + RC(=O)OH$$

그러나 아미노산에서처럼 산기와 아미노기가 같은 분자 안에 있을 때, 그리고 특별히 다른 아미노산들의 순서가 전적으로 중요한 자연에서 존재하는 폴리아마이드를 합성하는 것이 목적일 때, 문제는 다소 더욱 복잡해진다. 한 가지 예로, 간단한 다이펩타이드 알라닐글라이신

* Gelb, M. H. "Modification of Proteins by Prenyl Groups," In *Principles of Medical Biology*, Vol. 4(Bittar, E. E., Bittar, N., eds.), JAI press: Greenwich, CT, 1995; Chapter 14, pp. 323–333.

(AG)의 합성을 생각해 보자. 먼저 알라닌의 카복실기를 산 염화물로 전환시킴으로써 활성화시키고 그다음 글라이신과 반응하도록 할 수 있을 것이다. 그러나 불행히도 염화 알라닐이 그 자체와 반응하는 것을 막을 길이 없다. 그러므로 이 반응에서는 AG만 생성되는 것이 아니라 AA도 생성된다. 또한 AAA와 AAG 등도 생성될 수 있을 것이다. 원하는 생성물의 수율은 낮을 것이며, 다이펩타이드, 트라이펩타이드, 그리고 더 큰 펩타이드들을 분리하는 어려운 문제에 부딪치게 될 것이다.

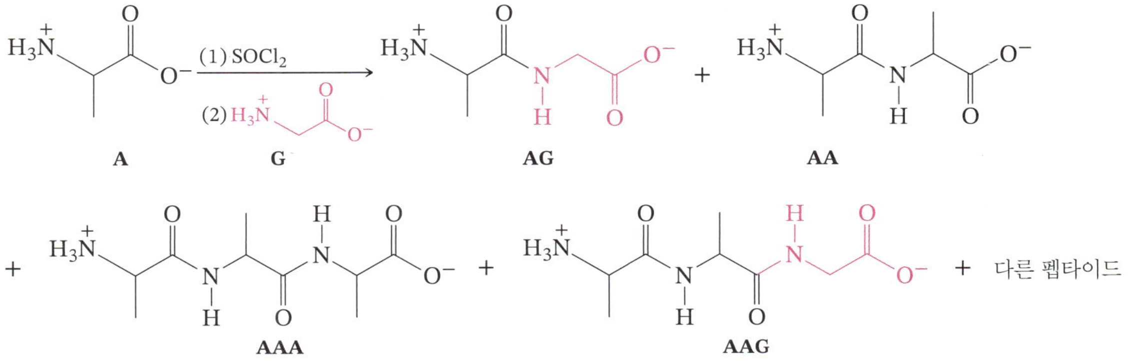

(1) $SOCl_2$
(2) G

A G → AG + AA + AAA + AAG + 다른 펩타이드

24.7A 보호기

이런 문제의 해결 방법은 첫 번째 아미노산을 활성화시키기 전에 그것의 아미노기를 먼저 '보호'하고 그다음 두 번째 아미노산과 반응하도록 하는 것이다. 아미노기를 보호한다는 말은 그것을 친핵성이 작은 다른 기로 전환해야 한다는 것이다. **이런 친핵성이 낮은 기는 반응성이 큰 아실 유도체와 반응하지 않는다.** 보호기(**protecting group**)는 조심스럽게 선택되어야 한다. 왜냐하면, 첫 번째 아미노산과 두 번째 아미노산 사이에 아마이드 결합이 형성된 다음 이 새롭게 생긴 아마이드 결합을 건드리지 않고 보호기를 제거할 수 있어야 하기 때문이다.

이러한 조건을 충족시키는 몇 가지 시약들이 개발되었다. 가장 흔히 쓰이는 세 가지는 클로로폼산 벤질과 카본산 다이-*tert*-뷰틸(약어로 Boc_2O, Boc는 *tert*-뷰틸옥시 카보닐을 나타냄), 그리고 클로로폼산 9-플루오렌일메틸이다.

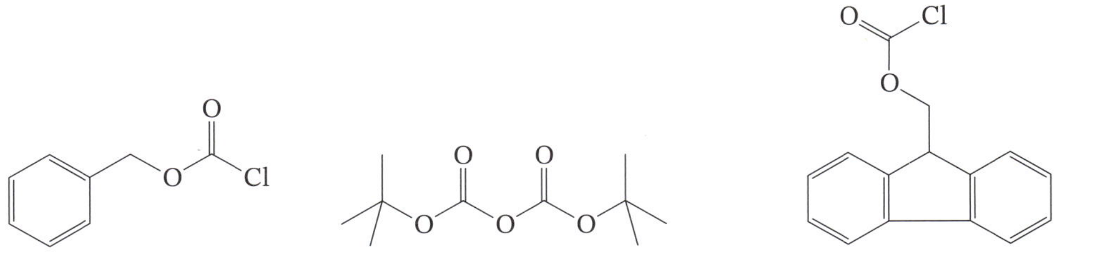

Benzyl chloroformate **Di-*tert*-butyl dicarbonate (Boc_2O)** **9-Fluorenylmethyl chloroformate**

세 시약 모두 아래의 아민과 반응하여 더 이상 아실화 반응을 하지 않도록 막는다. 그러나 이 유도체들은 펩타이드 결합에 영향을 주지 않는 조건하에서 보호기를 제거할 수 있는 형태들이다. 벤질옥시카보닐기(약자로 Z-라고 씀)는 촉매에 의한 수소화 반응이나 아세트산 용액에서 차가운 HBr로 처리하여 쉽게 제거될 수 있다. *tert*-뷰틸옥시카보닐기(Boc)는 아세트산 속에서 트라이플루오로아세트산(CF_3CO_2H)으로 처리하면 제거된다. 9-플루오렌일메톡시카

보닐(Fmoc) 기는 산성 조건에서는 안정하나 약한 염기성 조건인 피페리딘(2차 아민)을 사용하면 제거될 수 있다.

Benzyloxycarbonyl기

아미노기 보호

Benzyl chloroformate + $H_2N—R$ $\xrightarrow{HO^-}$ **Benzyloxycarbonyl 또는 Z기** + Cl^-

탈보호

HBr, $AcOH$ → Benzyl bromide + CO_2 + $H_2N—R$

H_2/Pd → Toluene + CO_2 + $H_2N—R$

tert-Butyloxycarbonyl(Boc)기

아미노기 보호

Di-*tert*-butyl dicarbonate (Boc_2O) + $H_2N—R$ $\xrightarrow{HO^-}$ **Boc-보호된 아민** + *tert*-butyl alcohol + CO_2

탈보호

HCl 또는 CF_3CO_2H 아세트산 용액 → Isobutylene + CO_2 + $H_2N—R$

9-Fluorenylmethoxycarbonyl기

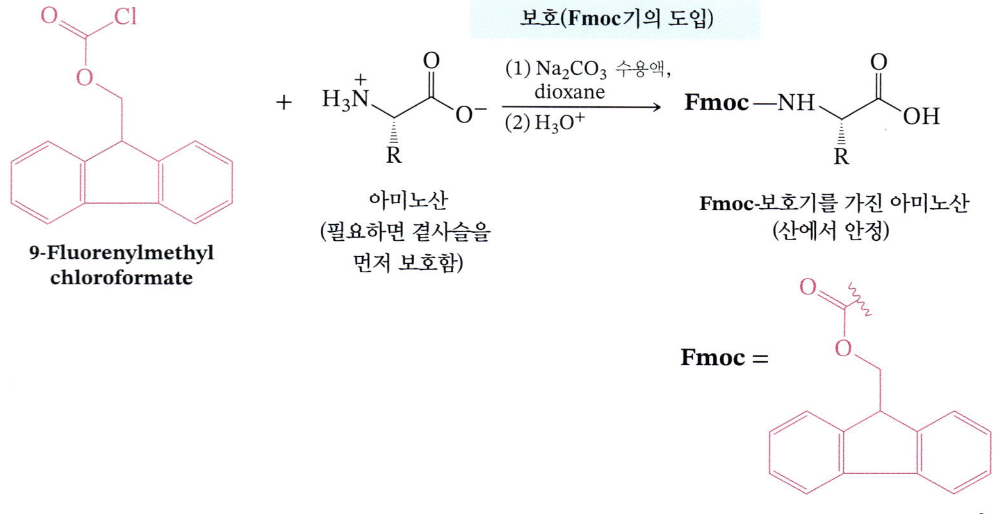

탈보호(Fmoc기의 제거)

Fmoc—NH–CH(R)–COOH + Piperidine $\xrightarrow{DMF}$ $H_3\overset{+}{N}$–CH(R)–CO_2^- + CO_2 + (부 생성물)

Piperidine　보호기가 없는 아미노산　(부 생성물)

산성인 용매 속에서 두 기(Z−와 Boc−)를 쉽게 제거할 수 있는 까닭은 처음 형성되는 탄소 양이온의 특유한 안정성 때문이다. 벤질옥시카보닐기는 벤질 탄소 양이온을 만들고, *tert*-뷰틸옥시카보닐기는 우선적으로 *tert*-뷰틸 양이온을 만든다. 벤질옥시카보닐기를 수소와 촉매에 의해 제거할 수 있는 까닭은 벤질−산소 결합이 약하며, 저온에서 가수소 분해를 할 수 있기 때문이다. 생성물 중 하나는 메틸벤젠(톨루엔)이다.

$$C_6H_5CH_2OC(O)R \xrightarrow{H_2,\ Pd} C_6H_5CH_3 + HOC(O)R$$

벤질 에스터

되새김 물음 24.11

Fmoc기를 피페리딘으로 분해하여 보호기가 없는 아미노산과 플루오린 부 생성물이 되는 데는 무슨 부류의 반응들이 관여하는가? 이 반응들의 메커니즘을 쓰시오.

24.7B 카복실기의 활성화

카복실기를 활성화시키는 가장 분명한 방법은 염화 아실로 전환하는 것이다. 이 방법은 예전에 펩타이드 합성에 쓰였지만, 아실 염화물들은 실제 필요 이상으로 반응성이 크다. 그 결과 이것을 사용하면 복잡한 부 반응들이 생긴다. 훨씬 더 좋은 방법은 보호된 아미노산의 카복실기를 클로로폼산 에틸($ClC(O)OEt$)을 사용하여 혼성 산 무수물로 전환하는 것이다.

$$Z\text{–NH–CH(R)–COOH} \xrightarrow[(2)\ ClCO_2Et]{(1)\ Et_3N} Z\text{–NH–CH(R)–C(O)–O–C(O)–OEt}$$

'혼성 산 무수물'

그다음 혼성 산 무수물은 다른 아미노산을 아실화하여 펩타이드 결합을 형성하는 데 사용된다.

$$Z\text{–NH–CH(R)–C(O)–O–C(O)–OEt} \xrightarrow{H_3\overset{+}{N}\text{–CH(R}'\text{)–CO}_2^-} Z\text{–NH–CH(R)–C(O)–NH–CH(R}'\text{)–C(O)OH} + CO_2 + EtOH$$

다이아이소프로필카보다이이미드와 다이사이클로헥실카보다이이미드(17.8E절)도 아미노산의 카복실기를 활성화시키는 데 사용될 수 있다. 24.7D절에서 이것을 자동화된 펩타이드 합성에 어떻게 쓰이는지 보게 될 것이다.

24.7C 펩타이드 합성

이 시약들을 간단한 다이펩타이드인 AL의 합성에 어떻게 쓸 수 있는지를 살펴보기로 하자. 여기에 관계되는 원리는 물론 더 긴 폴리펩타이드 사슬의 합성에까지 확대시킬 수 있다.

A + **Benzyl chloroformate** $\xrightarrow{HO^-}$ **Z–A** $\xrightarrow[(2)\ ClCO_2Et]{(1)\ Et_3N}$

Z–A의 혼성 산 무수물 $\xrightarrow{\text{L}}$ **Z–AL** + CO_2 + EtOH

Z–AL $\xrightarrow{H_2/Pd}$ **AL** + toluene + CO_2

되새김 물음 24.12	*tert*-뷰틸옥시카보닐(Boc-)기를 보호기로 하여 GVL을 합성하는 모든 단계들을 보이시오.

되새김 물음 24.13	라이신을 포함하는 폴리펩타이드를 합성하려면 두 아미노기들을 모두 보호해야 한다. **(a)** 벤질옥시카보닐기를 보호기로 사용하여 KI의 합성에서 어떻게 할 수 있는지를 보이시오. **(b)** 벤질옥시카보닐기는 아르지닌의 구아니디노기($H_2N-C(=NH)-NHR$)를 보호하는 데도 쓸 수 있다. RA의 합성을 제시하시오.

되새김 물음 24.14	글루탐산과 아스파트산의 말단 카복실기는 흔히 벤질 에스터로 전환시켜 보호된다. 이 보호기를 제거하는 데 쓸 수 있는 온화한 방법은 무엇인가?

24.7D 자동화된 펩타이드 합성 방법

이제까지 기술한 방법들을 인슐린과 같이 커다란 폴리펩타이드를 포함하는 수많은 폴리펩타이드의 합성에 사용되었지만, 이 방법들은 대단히 시간이 많이 걸린다. 각 단계마다 생성물을 분리하고 정제해야 한다. 더구나 각각의 분리 단계마다 상당한 양의 펩타이드가 손실된다. 그러므로 펩타이드 합성의 진정한 발전은 Merrifield(Rockefeller University)가 자동화된 펩타이드 합성 방법을 개발함으로써 이루어졌다. Merrifield는 이 업적으로 1984년 Nobel상을 받았는데, **고체상 펩타이드 합성(solid-phase peptide synthesis, SPPS)**이라 불리는 이 방법은 펩타이드의 한 끝을 불용성인 플라스틱 구슬에 붙여놓고 아미노산을 하나씩 합성하는 것이다. 보호기와 다른 시약들은 아직도 필요하지만, 합성되는 펩타이드가 고체 지지대에 붙어 있기 때문에 부산물과 과량의 시약, 그리고 용매는 각 합성 단계에서 중간체를 정제할 필요 없이 씻어내 버리면 된다. 마지막 단계 후 폴리펩타이드를 고체 지지대로부터 분해해서 HPLC로 최종 정제만 한다. 이 방법은 매우 잘 되기 때문에 자동화 과정으로 개발되었다.

노벨상
고체상 펩타이드 합성법을 개발한 공로로 Merrifield는 1984년 Nobel 화학상을 수상하였다.

고체상 펩타이드 합성(그림 24.8)은 첫 번째 아미노산의 카복실기가 고분자 구슬에 달라붙으면서 시작된다. 그 사이에는 연결 분자 또는 격자 분자가 들어간다. 새로운 아미노산의 카복실기가 고체 지지대에서 자라나고 있는 펩타이드의 N-말단 아미노기와 아마이드 결합을 형성함으로써 각각의 새로운 아미노산이 첨가된다. 다이아이소프로필카보다이이미드(DCC와 비슷한 반응성, 17.8E절)를 아마이드 결합 형성 시약으로 사용한다. 새로운 아미노산이 각각 붙을 때마다 불필요한 반응을 막기 위해서 아미노산의 아미노기를 보호하는 기를 사용한다. 일단 새로운 아미노산이 자라나는 펩타이드에 붙고 나면 다음 아미노산이 첨가되기 전에 N-말단의 보호기를 제거하여 펩타이드로 하여금 다음 번 아마이드 결합 형성 주기를 시작할 준비를 갖추게 만든다.

Merrifield 고체상 펩타이드 합성의 처음 방법에서는 자라나는 펩타이드와 결합하는 아미노산의 α-아미노기를 보호하기 위해서 Boc기를 사용했지만, Fmoc기의 여러 가지 이점 때문에 이것이 주로 사용된다. Fmoc기는 곁사슬을 보호하는 다른 보호기가 존재할 때도 탁월하게 선별적으로 제거되고, 각 주기에서 Fmoc기가 제거될 때마다 분광법을 이용해서 고체상 합성의 진행 정도를 감시할 수 있다.

보호기의 선택에 대해서 더 고찰해 보자. 이미 보았듯이(24.7A절) Fmoc기를 제거하는 데 **염기성 조건**(DMF에서 피페리딘)이 사용된다. 한편 펩타이드 아미노산의 곁사슬을 보호하는 기는 대개 산에 의해서 떨어져 나가는 것들이다. 염기로 제거되는 Fmoc기와 산에 의해서 제거되는 곁사슬 보호기는 서로 **직교하는 보호기(orthogonal protecting group)**라고 말한다. 즉, 한 조의 보호기는 다른 조의 보호기를 제거하는 조건에서 안정한 것이다. 새로운 아미노산의 아미노기에 대한 보호기로 Boc기에 비해서 Fmoc기가 더 유리한 점은, Boc기를 제거하기 위해서 반복적으로 사용되는 산성 조건하에서 어떤 펩타이드 분자는 고체 지지대로부터 일찍 떨어져 나오기도 하고 곁사슬 보호기가 제거되기도 하는 것이다. Fmoc를 제거하는 데 쓰이는 염기성 조건은 이런 부반응의 문제점을 피할 수 있다.

- 고체상 펩타이드 합성의 큰 장점은 각 단계마다 펩타이드를 정제할 때 고체 지지대 구슬을 씻어냄으로써 과량의 시약, 부산물, 그리고 용매를 제거할 수 있는 것이다.
- 더욱이 펩타이드가 구슬에 매달려 있기 때문에 기계가 반복적인 주기로 합성에서의 모든

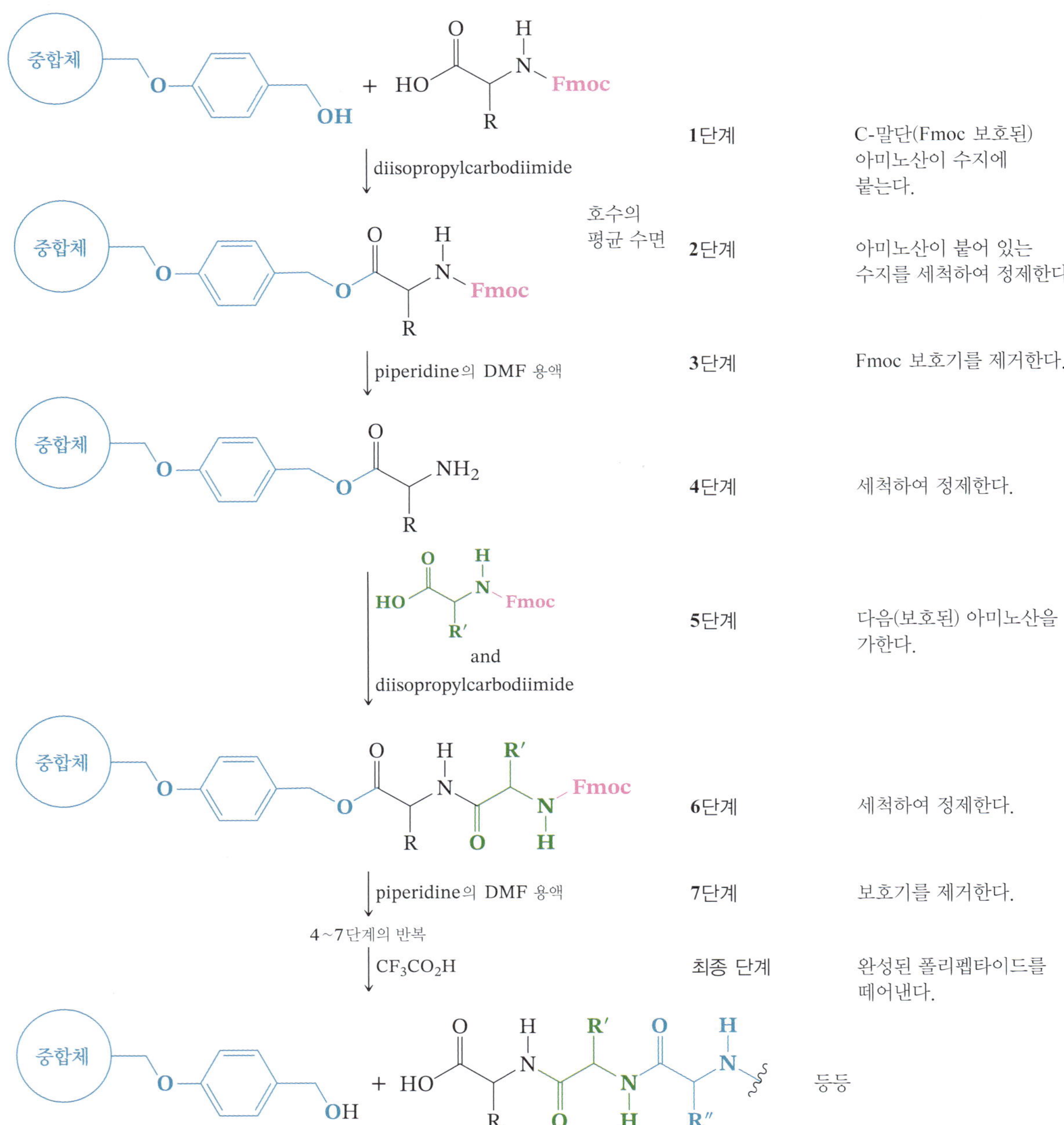

그림 24.8 자동화된 고체상 펩타이드 합성 방법

단계를 수행해 준다.

한 주기를 40분 안에 완결시키고 45주기를 지켜볼 필요 없이 수행하는 자동화된 펩타이드 합성 기기가 시판되고 있다. DNA가 지시하는 효소에 의해서 150개의 아미노산을 가진 단백질이 약 1분 안에 합성되는 인체의 단백질 합성만큼 효율적이지는 못하지만, 자동화된 펩타이드 합성이야말로 펩타이드를 단계별로 손으로 합성하는 데 지지부진한 과정을 탈피하게 하는 획기적인 방법이다. 자동화된 펩타이드 합성의 검증된 예로는 124개의 아미노산 잔기를 가진 단백질인 리보핵산 가수 분해 효소의 합성이다. 이 합성은 369개의 화학 반응과 11,930개의 자동화된 단계들을 포함하고 있는데, 모두 중간체의 분리 없이 수행되었다. 합성된 리보핵산 가수 분해 효소는 천연적인 효소와 물리적 특성이 같을 뿐 아니라 생물 활성 역시 동일하다. 전체적인 수율은 17%였는데 각 단계의 평균 수율이 99% 이상이었음을 의미한다.

되새김 물음 24.15

SPPS에 사용되는 불용성 지지대의 한 가지 형태는 그림 24.8에 보인 'Wang 수지'라고 알려진 폴리머에 붙어 있는 4-벤질옥시벤질 알코올이다. 4-벤질옥시벤질 알코올은 수지 골격과 펩타이드 사이에 연결자의 역할을 한다. 정제 후 완결된 폴리펩타이드는 트라이플루오로아세트산을 사용하여 수지로부터 떨어지게 하는데, 이 조건은 아마이드 결합이 영향을 받지 않을 만큼 온화하다. 이것이 가능한 어떤 구조적인 특성을 이 연결자는 가지고 있는가?

되새김 물음 24.16

Merrifield 방법을 사용하여 트라이펩타이드인 LVA의 합성 단계를 요약하시오.

24.8 단백질의 이차 구조, 삼차 구조, 그리고 사차 구조

아마이드와 이황화 결합이 단백질의 공유 결합 구조 또는 **일차 구조**를 어떻게 구성하는가를 이미 배웠다. 단백질의 기능을 이해하는 데 똑같이 중요한 것은 펩타이드 사슬이 삼차원에서 배열되는 방법을 아는 것이다. 여기서 단백질의 이차와 삼차 구조가 관계된다.

노벨상

미국의 두 과학자 Pauling과 Corey는 단백질의 X-선 분석의 개척자들이었다. 1939년부터 시작해서 Pauling과 Corey는 펩타이드 사슬의 형태에 대한 긴 시리즈의 연구를 개시하였다. 처음에는 단일 아미노산의 결정을 사용하였고, 그다음 다이펩타이드와 트라이펩타이드 등으로 전개하였다. 점점 더 큰 분자로 옮겨가면서 정확하게 구성된 분자 모형을 사용함으로써 그들은 단백질의 이차 구조에 대해서 처음으로 이해할 수 있게 되었다. Pauling은 1954년 Nobel 화학상을 받았고, 1962년에는 Nobel 평화상을 받았다.

24.8A 이차 구조

- 단백질의 **이차 구조**(**secondary structure**)는 폴리펩타이드 골격의 국지적인 형태에 의해서 정의된다.
- 이차 구조는 규칙적인 접힌 모양에 따라 명시되는데, **α 나선**(**α helix**), **β 판**(*β* sheet), 그리고 **코일**(**coil**) 또는 **고리**(**loop**) **형태**(**conformation**) 등이 있다.

이 상호작용들이 어떻게 일어나는지를 알기 위하여 X-선 결정 분석이 펩타이드 결합 자체의 기하 모양에 대해서 무엇을 나타내고 있는지부터 살펴보기로 하자.

- 펩타이드 결합은 아마이드 결합의 여섯 원자들이 동일 평면에 있는 구조를 갖는다(**그림 24.9**).

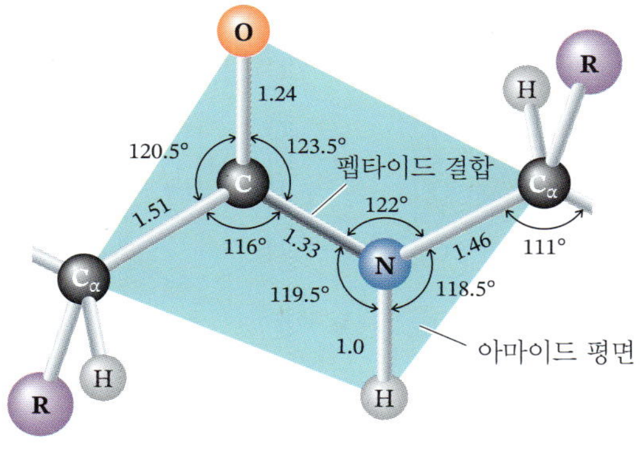

그림 24.9 펩타이드 결합의 기하 구조와 결합 길이(Å). 여섯 개의 내포된 원자들은 동일 평면에 놓이게 되며 'trans 형태(transoid)'의 배열을 한다. (Reprinted with permission of John Wiley & Sons, Inc., from Voet, D. and Voet, J. G., *Biochemistry*, Second Edition. © 1995 Voet, D. and Voet, J. G.)

아마이드 결합의 탄소–질소 결합은 이례적으로 짧다. 이것은 다음과 같은 공명 기여가 중요함을 나타낸다.

아마이드의 기여하는 공명 구조

회전 방해

자유 회전

아마이드의 혼성된 공명 구조

- 탄소–질소 결합은 결과적으로 상당한 이중 결합 성격(~40%)을 띠고 있으며, 이 결합에 대한 회전은 대단히 방해를 받고 있다.
- 그러나 아마이드의 질소와 카보닐의 탄소에 붙어 있는 기들의 회전은 비교적 자유롭다. 그리고 이 회전으로 인하여 펩타이드 사슬은 다른 형태들을 갖게 된다.

비교적 경직된 아마이드 결합 주위에 있는 기들이 trans 형태의 배열을 하면 R기는 하나의 완전히 연장된 펩타이드 사슬의 한 쪽에서 다른 쪽으로 교차하게 된다.

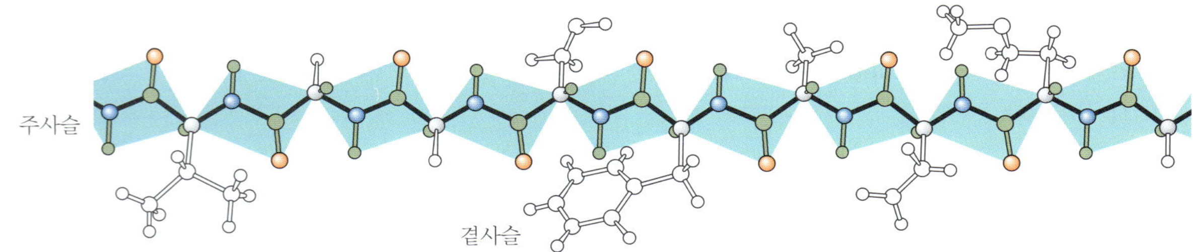

계산에 의하면 폴리펩타이드 사슬의 반복 거리(즉, 교차하는 단위 사이의 거리)는 7.2 Å이다.

완전히 연장된 펩타이드 사슬은 아마도 평평한 판지 구조를 가지며, 각 사슬에서 하나 건너씩에 있는 아미노산들은 인접 사슬에 있는 아미노산과 수소 결합을 하고 있다.

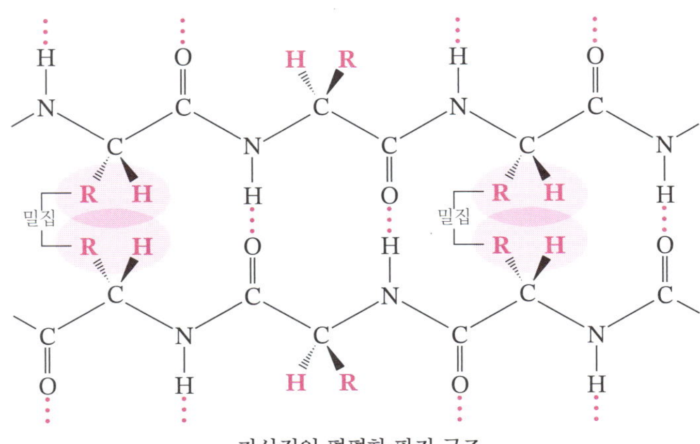

가상적인 평평한 판지 구조
(입체 장애 때문에 형성되지 않음)

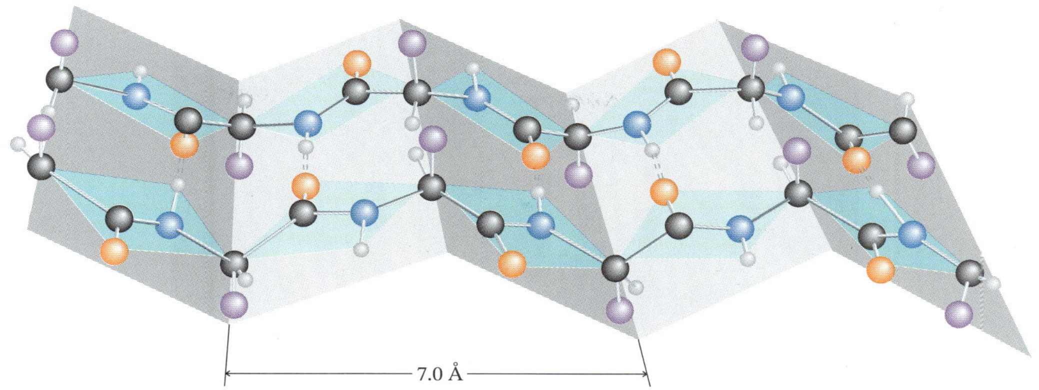

그림 24.10 단백질의 β 판 혹은 β 배위. (Illustration, Irving Geis. Image from the Irving Geis Collection, HHMI. Rights owned by Howard Hughes Medical Institute. Not to be reproduced without permission.)

이 구조는 R기들 사이에 존재할 수 있는 밀집성 때문에 천연적인 단백질에서 존재하지 않는다. 만일 그런 구조가 존재한다면 완전히 연장된 펩타이드 사슬에서와 같은 7.2 Å의 반복 거리를 갖게 될 것이다.

• 많은 단백질들은 β 판 또는 β 배위를 이루고 있다(**그림 24.10**).

β 판 구조에서 한 아마이드 평면이 다음 아마이드 평면으로부터 약간 결합 회전을 하여 작거나 보통인 크기의 R기들이 입체적인 긴장을 해소하도록 한다. 이렇게 해서 인접된 폴리펩타이드 단편들이 사슬들 사이에서 수소 결합을 형성하도록 한다(그림 24.10). β 판 구조는 한 사슬에 있는 아마이드기 사이의 반복 거리가 7.0 Å으로 평평한 판지 구조보다 짧다. 비단 피브로인(48% 글라이신과 38% 세린과 알라닌 잔기)에서 주된 이차 구조는 β 판이다.

• **α 나선(α helix, 그림 24.11)**은 또한 매우 중요한 이차 구조이다.

폴리펩타이드의 α 나선 구조는 오른손 나선 구조로 한 회전당 3.6개의 아미노산 잔기를 갖는다. 사슬에 있는 각 아마이드기는 어느 방향으로든 3개의 아미노산 잔기의 거리에 있는 아마이드기와 수소 결합을 한다. 그리고 R기는 나선의 축으로부터 멀리 떨어져 있다. α 나선에서 반복 거리는 5.4 Å이다.

α 나선 구조는 많은 단백질에서 발견된다. 이것은 섬유형 단백질인 **마이오신**(myosin), 즉 근육 단백질과, 머리털, 순모 그리고 손톱을 형성하는 ***α*-케라틴**(α-keratin) 같은 폴리펩타이드 사슬의 주요 구조이다.

나선 형태와 주름진 판 형태는 평균적인 구형 단백질 구조의 절반만을 설명해 준다. 나머지 폴리펩타이드 부분들은 소위 **코일 형태** 또는 **고리 형태**를 갖고 있다. 이들 비반복형 구조는 마구잡이로 있는 것이 아니고 다만 서술하기가 어려울 뿐이다. 구형 단백질은 또한 **되돌림(reverse turn)** 혹은 ***β* 굽힘(*β* bend)**이라 불리는 팔도 가지고 있다. 여기서 폴리펩타이드 사슬은 갑자기 방향을 바꾼다. 이들은 흔히 β 판지의 연속적인 가닥을 연결시키고 단백질의 표면에서 항상 존재한다.

그림 24.12는 사람의 탄산 무수화 효소의 구조를 X-선 결정학 자료에 근거하여 도식하여 나타낸 것이다. α 나선(적색)과 β 판지(노란색)의 조각들이 되돌림과 비반복형 구조(각각 청색과

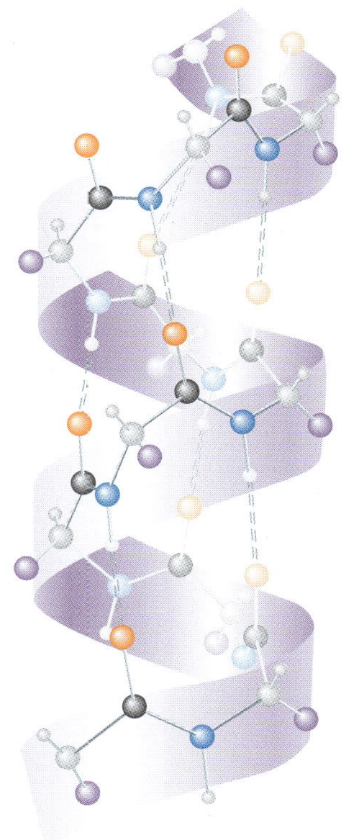

그림 24.11 폴리펩타이드의 β 나선 구조에 대한 그림. 수소 결합은 점선으로 표시하였다. (Illustration, Irving Geis. Image from the Irving Geis Collection, HHMI. Rights owned by Howard Hughes Medical Institute. Not to be reproduced without permission.)

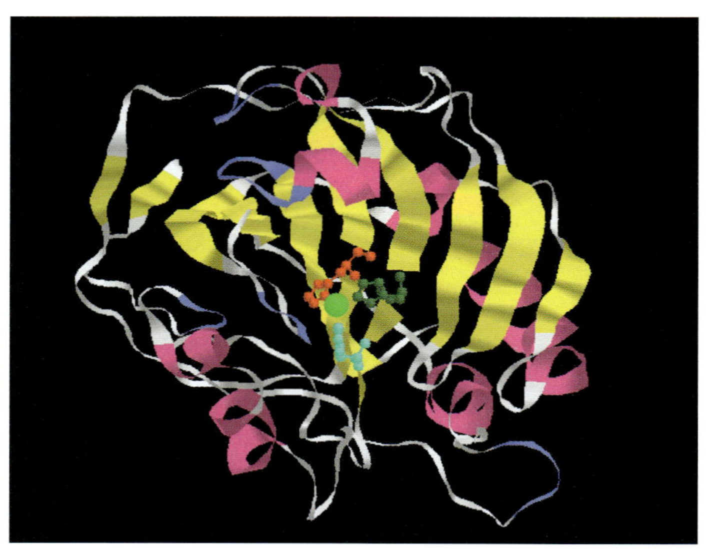

그림 24.12 X-선 결정학 자료에 의한 사람의 탄산 무수화 효소의 구조. α 나선은 적색으로 나타냈고, β 판의 가닥은 노란색으로 나타냈다. 되돌림은 청색으로, 마구잡이 코일은 백색으로 나타냈다. 세 개의 히스티딘 잔기의 곁사슬(적색, 녹색, 청록색으로 나타냄)은 아연 원자(연녹)와 배위되어 있다. C-말단은 폴리펩타이드 사슬의 고리를 통하여 밀어 넣어졌음을 주목하시오. 이것은 탄산 무수화 효소로 하여금 폴리펩타이드 사슬이 매듭을 형성하고 있는 천연 단백질의 드문 예가 되게 하는 요인이다. (PDB ID CA2, http://www.pdb.org. Eriksson, Jones, Liljas, Proteins: Structure, *Function and Genetics*, Volume 4, Issue 4, 1988, pp. 274–282.)

백색) 사이에서 끼어 있다.

- 구형 단백질에 있는 아미노산의 곁사슬 위치는 그들의 극성으로부터 예상되는 대개 그런 위치이다.

1. **발린, 루신, 아이소루신, 메싸이오닌, 그리고 페닐알라닌**과 같은 **무극성, 소수성 곁사슬** 등을 가진 잔기는 거의 항상 단백질의 안쪽에서 발견되는데, 용매인 물과 접촉하지 않도록 되어 있다(이 소수성 상호작용은 24.8B절에서 배울 단백질의 삼차 구조를 이루는 주원인이다).
2. **아르지닌, 라이신, 아스파트산, 그리고 글루탐산**과 같이 **양전하 또는 음전하를 띤 극성 아미노산**을 가진 곁사슬은 단백질의 표면에 보통 존재하여 용매인 물과 접촉한다.
3. **세린, 트레오닌, 아스파라진, 글루타민, 타이로신, 그리고 트립토판**과 같이 **전하를 띠지 않은 극성인 곁사슬**은 주로 표면에서 발견되나 이들 중 몇 가지는 안쪽에서도 발견된다. 안쪽에서 발견될 때 그들은 다른 유사한 아미노산들과 거의 모두 수소 결합을 하고 있다. 수소 결합은 이들 기의 극성을 중화시켜 주는 데 도움이 된다.

어떤 펩타이드 사슬은 **마구잡이 코일 배열(random coil arrangement)**이라고 부르는, 유연성 있고 변화하며 통계적으로 무질서한 구조를 갖는다. 예를 들어, 합성된 폴리라이신은 무질서한 코일로 존재하며 α 나선을 보통 형성하지 않는다. pH 7에서 라이신의 ε-아미노기는 양전하를 띠고 있다. 이 결과 이들 사이의 반발력이 너무 커서 α 나선의 수소 결합을 통하여 얻은 안정도를 능가하게 된다. 그러나 pH 12에서는 ε-아미노기가 전하를 띠지 않고 있으므로 폴리라이신은 자발적으로 α 나선을 형성한다.

폴리펩타이드 사슬에 프롤린이나 하이드록시프롤린이 있으면 또 다른 놀라운 효과가 나타난다. 이들 아미노산에서는 질소 원자가 오원자 고리의 일부분이므로 질소–α 탄소 결합에 붙은 기들은 α 나선 구조를 만들 만큼 충분히 회전할 수 없다. 펩타이드 사슬의 어디에서든지 프롤린이나 하이드록시프롤린이 존재하면 이들이 있음으로 해서 사슬은 굽어지고 α 나선은 끊어진다.

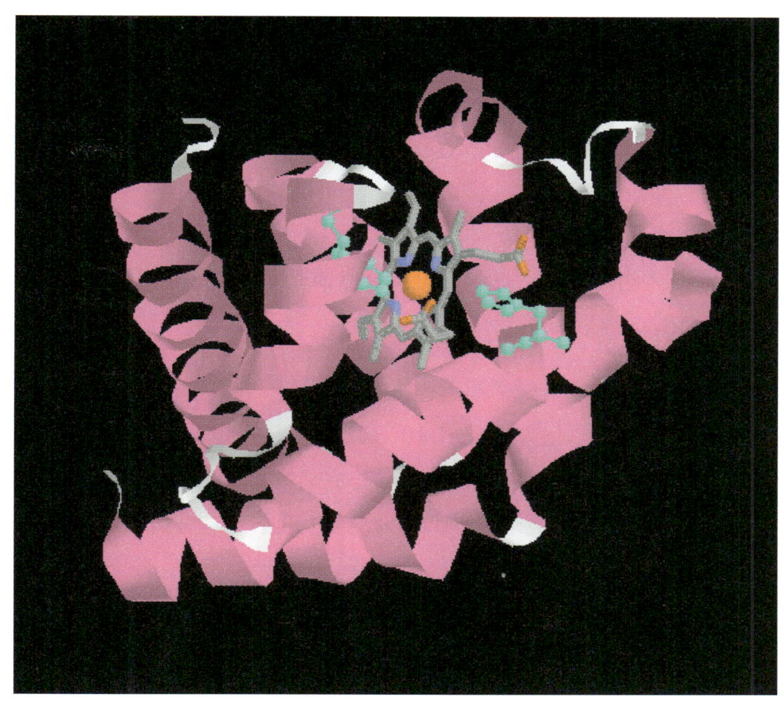

그림 24.13 마이오글로빈의 삼차원 구조. 헴(heme) 고리는 회색으로 나타냈다. 철 원자는 적색 구로, 철과 배우하는 히스티딘 곁사슬은 청록색으로 나타냈다.
(PDB ID 1MBD, *http://www.pdb.org*. Phillips, S.E., Schoenberg, B.P. Neutron diffraction reveals oxygen–histidine hydrogen bond in oxymyoglobin. *Nature* 292, pp. 81–82, 1981.)

24.8B 삼차 구조

- 단백질의 **삼차 구조(tertiary structure)**는 폴리펩타이드 사슬의 모든 이차 구조로부터 생기는 삼차원적 모양이다.

단백질은 전형적으로 **구형(globular)** 또는 **실 모양(fibrous)**의 삼차 구조를 갖는다. 이들 삼차 구조는 마구잡이로 일어나지 않는다. 적당한 환경 조건에서 접힘은 한 가지 특수한 방법으로 일어난다. 이 방법은 특정한 단백질의 특성이며, 그 단백질의 기능에 있어서 매우 중요한 것이다.

일차 구조의 이황화 결합을 포함한 다양한 힘들이 삼차 구조를 안정화시킨다.

- 대부분의 단백질에 있어서 한 가지 특징은 최대 수의 극성(친수성)인 기를 수용액의 환경으로 노출시키고, 최대 수의 무극성(소수성)인 기는 내부로 감추어지도록 접힘이 일어나는 것이다.

수용성인 구형 단백질은 실 모양의 단백질보다 훨씬 더 잘 접히는 경향이 있다. 마이오글로빈(그림 24.13)은 구형 단백질의 한 예이다. 그러나 실 모양의 단백질도 삼차 구조를 갖는다. 예를 들어, α-케라틴의 α 나선 가닥은 '초나선(superhelix, 나선 구조를 가진 두 사슬이 다시 꼬인 것)'으로 꼬인 것이다. 이 초나선은 매 35개의 α 나선마다 초나선이 한 바퀴를 돌 것임을 의미한다. 그러나 삼차 구조는 여기서 끝나지 않는다. 초나선 조차도 여러 가닥이 밧줄 모양 구조로 되도록 꼬일 수 있다.

24.8C 사차 구조

많은 단백질들은 한 개 이상의 폴리펩타이드 사슬이 안정하고도 잘 정돈된 비공유성 집합체로 존재한다. 여러 가지 소단위를 가진 단백질의 전체 구조를 그것의 **사차 구조(quaternary structure)**라고 부른다. 예를 들어, 헤모글로빈의 사차 구조는 4개의 소단위로 되어 있다 (24.12절).

24.9 효소의 소개

- 생체 세포 내에서 일어나는 모든 반응들은 **효소(enzyme)**라 불리는 놀라운 생물학적인 촉매에 의해서 중재된다.

효소는 반응 속도를 엄청나게 증가시키는 능력이 있다. 대부분의 경우에 있어서 효소-촉매화된 반응의 속도는 촉매가 없는 반응보다 $10^6 \sim 10^{12}$배나 빠르다. 생체에 있어서 이와 같은 크기의 속도 증가는 반응들이 생체 세포가 존재하는 온화한 조건(즉, 대략 중성인 pH와 약 35 °C) 하에서조차도 적당한 속도로 진행될 수 있도록 하기 때문에 중요하다.

- 효소는 **기질(substrate)**과 생성물에 대하여 뛰어난 **특이성(specificity)**을 보여 주고 있다.

이 특이성은 대부분의 화학 촉매에서 나타난 것보다 단연 더 크다. 예를 들어 (리보솜에서 일어나는 반응을 통하여, 25.5E절), 효소에 의한 단백질의 합성에서 1000개가 넘는 아미노산 잔기를 가진 폴리펩타이드가 거의 착오 없이 합성된다. 효소가 α-와 β-글리코사이드 결합(22.12절)을 구별하는 능력을 가졌음이 1894년에 Fischer에 의해서 발견되었으며, 이로부터 그는 효소의 특이성에 대하여 **자물쇠–열쇠 가설(lock–and–key hypothesis)**을 수식화하게 되었다.

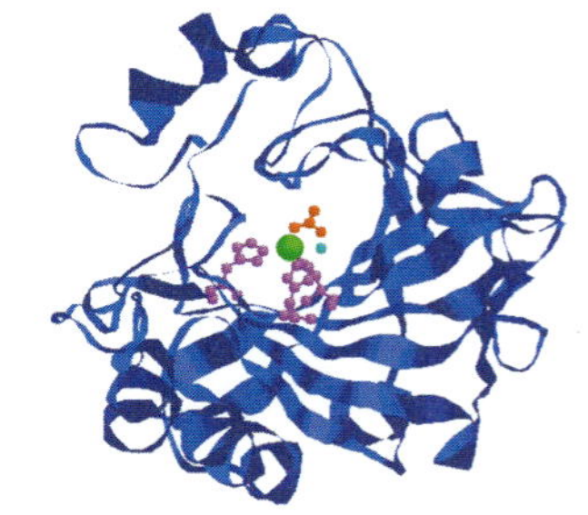

탄산 무수화 효소

탄산 무수화 효소는 다음 반응을 촉매화한다.

$H_2O + CO_2 \rightleftharpoons H_2CO_3$

(PDB ID CA2, *http://www.pdb.org*. Eriksson, Jones, Liljas, *Proteins: Structure, Function and Genetics*, Volume 4, Issue 4, 1988, pp. 274–282.)

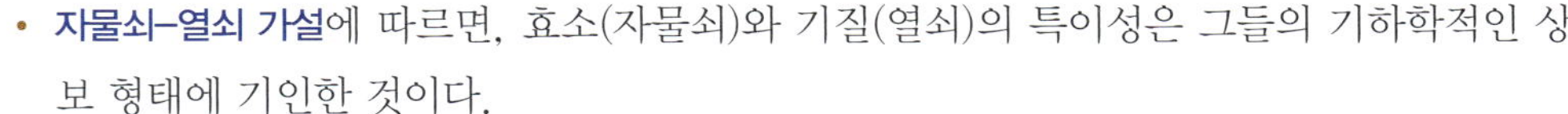

- **자물쇠–열쇠 가설**에 따르면, 효소(자물쇠)와 기질(열쇠)의 특이성은 그들의 기하학적인 상보 형태에 기인한 것이다.
- 효소-촉매화된 반응에서 효소와 기질은 합쳐져서 **효소–기질 착물(enzyme–substrate complex)**을 형성한다.
- 효소–기질 착물이 형성되면 효소의 형태가 흔히 변화하여 기질이 더욱 효과적으로 결합하도록 한다. 이것을 **유발 적합(induced fit)**이라고 부른다.

기질이 결합하면 또한 기질의 결합이 긴장되게도 한다. 그래서 쉽게 깨진다. 반응 생성물은 대개 기질과는 다른 모양을 한다. 그리고 이 변형된 모양이나 또 어떤 경우에 있어서는 다른 분자의 개입으로 착물은 분리된다. 그러면 효소는 또 다른 기질 분자를 받아들이고 전 과정이 다시 반복된다.

노벨상

리보자임이라고 불리는 어떤 RNA 분자도 또한 효소로 행동한다. 1989년 Nobel 화학상은 Sidney Altman(Yale University)과 Thomas R. Cech(University of Colorado, Boulder)에게 리보자임을 발견한 공로로 수여되었다.

$$\text{효소} + \text{기질} \rightleftharpoons \text{효소–기질 착물} \rightleftharpoons \text{효소} + \text{생성물}$$

- 기질이 효소에 달라붙는 위치와 반응이 일어나는 위치를 **활성 자리(active site)**라고 한다.

기질을 활성 자리에 잡아매는 비공유 결합력은 단백질 자체의 형태를 설명해 주는 것과 똑같은 힘, 즉 분산력, 정전기적 인력, 수소 결합, 그리고 소수성 상호작용 등이다. 활성 자리에 놓인 아미노산은 기질과 특이하게 상호작용을 할 수 있도록 배열된다.

- 효소에 의해서 촉매화된 반응은 효소가 카이랄이기 때문에 완전히 **입체 특이성**

(**stereospecific**)이다.

이 입체 특이성은 효소와 기질이 결합하는 방법에 기인된다. α-글리코사이드 분해 효소는 단지 α형과만 결합하며 β형은 결합하지 않는다. 당을 대사시키는 효소들은 D-당만 결합하며, 단백질을 합성하는 효소들은 단지 L-아미노산과만 결합한다.

효소는 반응을 입체 특이적으로 촉매화하지만, 소위 **기하 특이성(geometric specificity)**에 있어서는 가끔 매우 다르다. 기하 특이성이란 기질의 화학적 그룹의 본질과 관계 있는 특이성을 의미한다. 어떤 효소는 단지 한 가지 화합물만을 기질로 받아들인다. 그러나 다른 효소는 비슷한 그룹을 가진 광범위한 화합물들을 받아들인다. 예를 들어, 카복시펩타이드 말단 분해 효소 A(carboxypeptidase A)는 끝에서 두 번째 잔기가 아르지닌, 라이신, 또는 프롤린이 아니고 그다음 앞의 잔기가 프롤린이 아닌 한 모든 폴리펩타이드로부터 C-말단 펩타이드를 가수 분해한다. 카이모트립신(chymotrypsin)은 펩타이드 결합의 가수 분해를 촉매화하는 소화 효소인데, 에스터의 가수 분해도 촉매화한다. 가수 분해의 메커니즘은 24.11절에서 고찰하기로 한다.

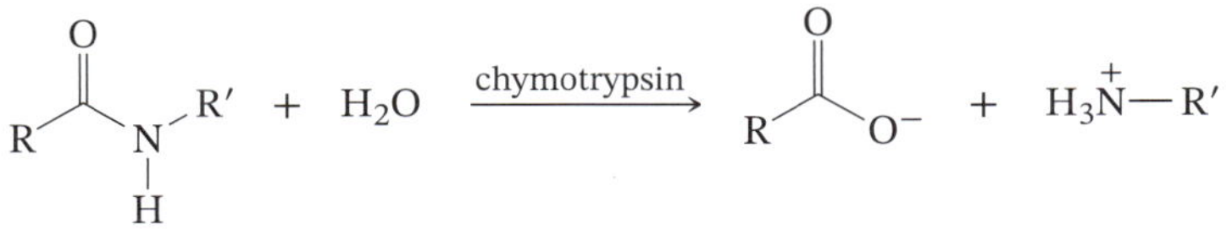

$$\mathrm{RC(=O)NHR'} + H_2O \xrightarrow{\text{chymotrypsin}} \mathrm{RCOO^-} + H_3\overset{+}{N}-R'$$

펩타이드

$$\mathrm{RC(=O)OR'} + H_2O \xrightarrow{\text{chymotrypsin}} \mathrm{RCOOH} + HO-R'$$

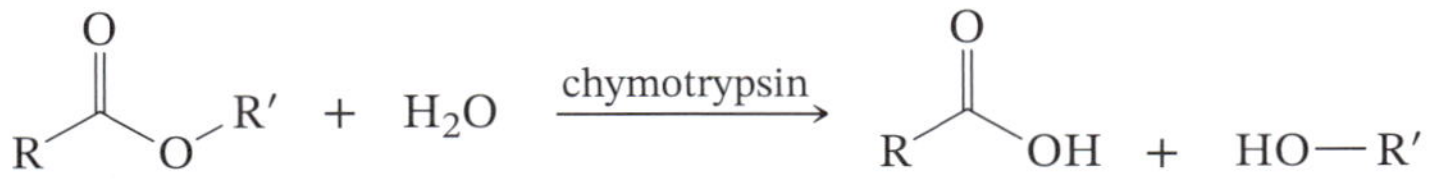

에스터

- 효소의 활성을 반대로 변화시킬 수 있는 화합물을 **방해제(inhibitor)**라고 부른다.

활성 자리를 놓고 기질과 직접 경쟁하는 화합물은 **경쟁적 방해제(competitive inhibitor)**라고 알려져 있다. 한 예로, 20.9절에서 배운 설파닐아마이드는 p-아미노벤조산으로 엽산을 만드는 박테리아 효소에 대하여 경쟁적 방해제이다.

어떤 효소는 **보조 인자(cofactor)**를 필요로 한다. 보조 인자는 금속 이온일 수도 있는데, 인간의 탄산 무수화 효소의 아연 금속이 예이다(24.10절에 있는 '생물 화학'과 그림 24.12 참조). 다른 것은 **조효소(coenzyme)**라 불리는 NAD^+(14.10절) 같은 유기 분자의 존재를 필요로 한다. 조효소는 효소 반응에서 화학적으로 변화된다. NAD^+는 **NADH**로 전환된다. 어떤 효소에서 보조 인자는 효소에 영구히 결합되어 있기도 한데, 그 경우 그것을 **보결 원자단(prosthetic group)**이라고 부른다.

물에 녹는 바이타민의 대부분은 조효소의 전구체이다. 예를 들면, 니아신(니코틴산)은 NAD^+의 전구체이다. 판토텐산은 조효소 A의 전구체이다.

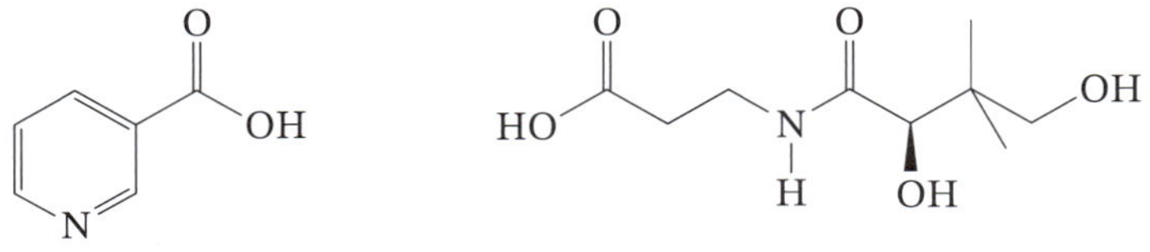

Niacin **Pantothenic acid**

24.10 라이소자임: 효소의 작용 양상

라이소자임은 세포의 펩티도글리칸 중합체 안에 있는 특정한 아세탈 결합을 가수 분해함으로써 그램 양성인 박테리아의 세포벽을 뚫어 세포의 용해와 세포 사멸을 유발하는 효소이다. 이 반응의 메커니즘을 아래에서 논의하기로 한다. 그러나 먼저 라이소자임의 구조를 살펴보기로 하자. 라이소자임의 일차 구조는 **그림 24.14**에 나와 있다.

라이소자임의 이차 구조에는 5~15, 24~34, 그리고 88~96 아미노산에 α 나선, 41~45 그리고 50~54 아미노산에 β 판, 그리고 46~49 아미노산에 급격한 방향 전환이 관여하고 있다. 라이소자임의 나머지 폴리펩타이드 부분들은 코일이나 고리의 배열을 하고 있다. Glu-35와 Asp-52가 라이소자임에 의해서 촉매화되는 가수 분해 반응에 직접 관여하는 아미노산들이다. 라이소자임의 삼차원 구조를 **그림 24.15**에 보였다. 촉매 활성의 근원인 아미노산들을 공–막대 형태로 돋보이게 하였다(Glu-35는 오른쪽, Asp-52는 왼쪽).

앞서 언급되었듯이, 라이소자임은 그램 양성인 박테리아의 세포벽의 펩티도글리칸 중합체에 있는 글리코사이드 결합을 가수 분해한다. 박테리아의 세포벽에서 발견되는 다당류와 유사한 올리고 당류의 구조가 **그림 24.16**에 나와 있다. *N*-아세틸글루코사민(*N*-acetylglucosamine, NAG)과 *N*-아세틸뮤람산(*N*-acetylmuramic acid, NAM)이 이 다당류의 교차하는 반복 단위를 형성하고 있다.

라이소자임은 펩티도글리칸 중합체의 여섯 단위로 된 조각에 선택적으로 결합하여 그림 24.16에 보인 특별히 D와 E 고리(각각 NAM과 NAG 단위)들 사이의 아세탈 결합을 가수 분해한다.

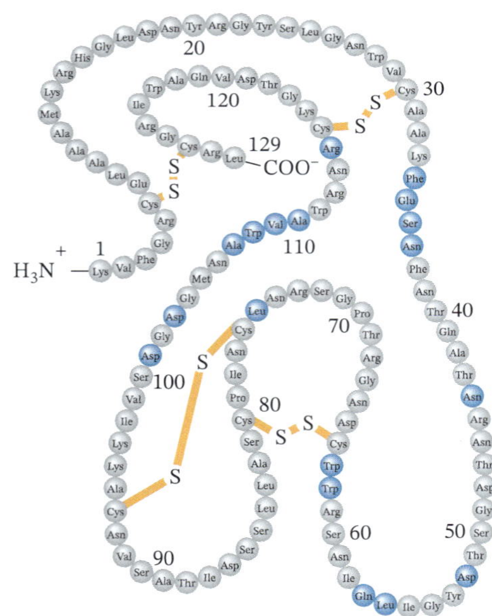

그림 24.14 계란 흰자위의 라이소자임의 일차 구조. 기질-결합 자리에 줄지어 있는 아미노산들은 청색으로 표시하였다. (Reprinted with permission of John Wiley & Sons, Inc. from Voet, D. and Voet, J. G. *Biochemistry*, Second Edition. © 1995 Voet, D. and Voet, J. G.)

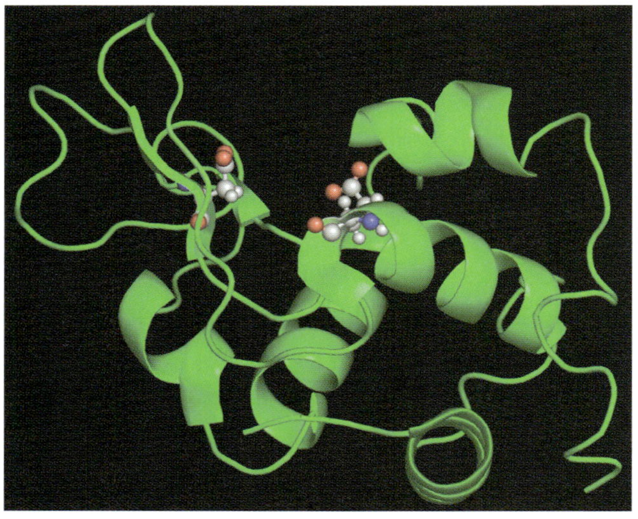

그림 24.15 Asp-52는 왼쪽에, Glu-35는 오른쪽에 공–막대 형태로 돋보이게 한 라이소자임의 리본 도식. (PDB ID: 1AZF. *http://www.pdb.org*. Lim, K., Nadarajah A., Forsythe, E. L., Pusey, M. L. Locations of bromide ions in tetragonal lysozyme crystals. *Acta Crystallogr*., Sect. D, 54, pp. 899–904, 1998.)

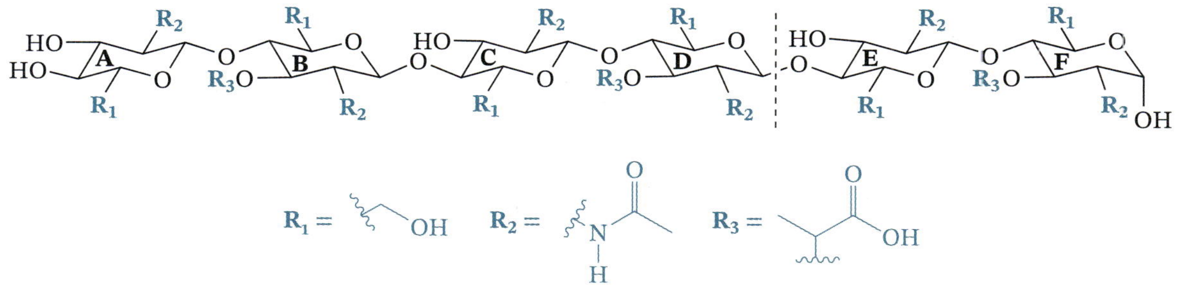

R_1 = OH R_2 = N(H)C(=O)CH₃ R_3 = CH(CH₃)COOH

그림 24.16 라이소자임이 작용하는 세포벽 다당류와 같은 일반 구조를 가진 육당류. 두 가지 다른 아미노당이 존재한다: A, C, 그리고 E 고리는 *N*-아세틸글루코사민이라고 부르는 단당류로부터 유도된 것이다. B, D, 그리고 F 고리는 *N*-아세틸뮤람산이라고 부르는 단당류로부터 유도된 것이다. 라이소자임이 이 올리고당에 작용할 때 가수 분해가 일어나며, D와 E 고리 사이의 글리코사이드 결합이 깨진다.

라이소자임이 촉매화하는 전체적인 반응은 다음과 같다.

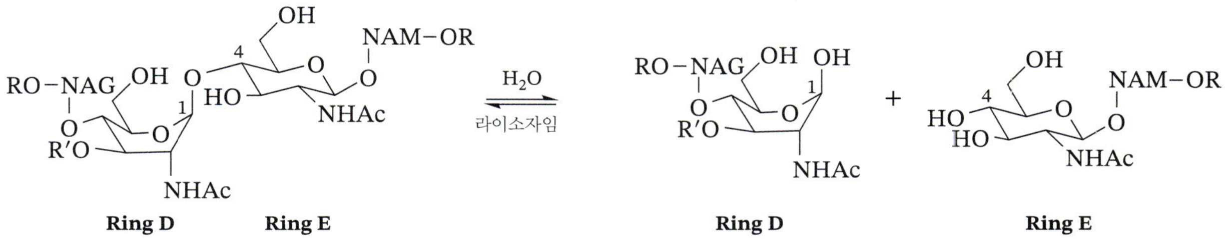

Ring D Ring E → (H_2O, 라이소자임) Ring D + Ring E

R = 세포벽 올리고당류 사슬
R′ = 세포벽 펩타이드 곁사슬

라이소자임은 자신의 삼차 구조 내부의 틈새 안에 있는 세포벽의 기질에 결합하여 Glu-35 잔기가 기질 한쪽에 가까이 있고 Asp-52는 다른 쪽에 가까이 있도록 한다. 두 아미노산 잔기는 모두 다당류의 D~E 글리코사이드 결합과의 반응을 촉진시킬 수 있도록 자리를 잡는다.

질량 분석법에 의한 강력한 증거에 따르면 라이소자임의 메커니즘은 연속적인 S_N2 반응과 공유적인 효소-기질 중간체가 관여하고 있다(University of British Columbia의 Withers와 다른 곳의 동료들의 연구에 근거). 이 메커니즘에서 Asp-52는 기질을 효소에 결합시키는 시작 단계에서 친핵체로 행동한다. 그다음 물 분자가 두 번째 단계에서 친핵체로 행동하여 생성물의 형성을 완성시키고 기질을 활성 자리로부터 떨어지게 한다. 두 단계 모두에서 Glu-35는 일반적인 산-염기 촉매로 기여한다. 상세한 것은 다음과 같다.

라이소자임이 기질에 결합하면 활성 자리 틈새는 약간 닫히게 되고 올리고 당류 기질에 있는 고리 D의 C1은 아래쪽으로 이동한다. Asp-52의 카복실산기는 고리 D의 C1과 아래로부터 결합하여(그림 24.17) 고리 E의 C4 산소를 이탈기로 밀어내면서 동시에 Glu-35의 카복실산기에 의해서 양성자 첨가가 일어난다. 이 S_N2 반응의 전이 상태는 고리 D가 배 형태에서 의자 형태로 변화하는 동안 거의 평평해지는 지점이라고 여겨진다. 이 단계는 S_N2 반응에서 예상되는 것처럼 배위가 반전되며, 기질의 한 부분이 효소에 공유 결합으로 붙어 있도록 남겨 둔다.

두 번째 단계에서 이전에 고리 E에 의해서 점유되었던 자리를 차지하고 있는 물 분자가 C1을 공격하여 Asp-52의 카복실산기를 이탈기로 대체한다. Glu-35 음이온은 물 분자가 고리 D의 C1과 결합할 때 물 분자로부터 양성자를 제거하는 염기로 도움을 준다. 라이소자임 분자 전체는 이탈기로 행동한다. 이것은 반대로도 일어나는데, 기질은 활성 자리로부터 벗어나게

그림 24.17 여기에 보인 라이소자임의 이중 치환 S_N2 메커니즘은 공유성 효소-기질 중간체에 대한 질량 분석적인 증거에 의해서 입증되었다.

되고 라이소자임은 다음 촉매 회로를 위한 준비를 하게 된다. 전체적인 메커니즘은 **그림 24.17**에 나와 있다.

생물 화학: 탄산 무수화 효소–양성자 주고받기

탄산 무수화 효소는 혈액의 산도 조절에 관여하며 혈액의 pH와 관련된 생리적인 조건들을 조절하는 효소이다. 탄산 무수화 효소에 의해서 촉매화되는 반응은 물과 이산화 탄소를 탄산(H_2CO_3)으로 전환시키는 평형 반응이다.

$$H_2O \;+\; CO_2 \;\xrightleftharpoons{\text{탄산 무수화 효소}}\; H_2CO_3 \;\rightleftharpoons\; HCO_3^- \;+\; H^+$$

예를 들어, 호흡을 하는 속도는 상대적인 혈액의 산도에 의해서 영향을 받는다. 높은 고도에 오르는 등산가들은 고도병을 막기 위해서 때때로 '다이아목스(Diamox)'라는 약을 먹는다. 다이아목스는 탄산 무수화 효소의 저해제로 이것이 혈액의 산도를 증가시킨다. 혈액의 산도가 증가되면 호흡을 촉진시키고, 따라서 고도병의 가능성을 감소시킨다.

탄산 무수화 효소

(PDB ID CA2, *http://www.pdb.org. Eriksson, Jones, Liljas, Proteins: Structure, Function and Genetics*, Volume 4, Issue 4, pp. 274–282, 1988.)

탄산 무수화 효소는 260개의 부단위(아미노산) 사슬이 특정한 구형으로 접혀진 덩어리로 이루어진 단백질이다. 그 구조에는 활성 자리라 불리는 틈새와 주머니들이 있어서 여기서 반응물이 생성물로 전환된다. 탄산 무수화 효소의 단백질 사슬은 여기서 청색 리본으로 나타냈다.

탄산 무수화 효소의 활성 자리에서 물 분자는 양성자를 잃고 수산화 이온(OH^-)이 된다. 이 양성자는 탄산 무수화 효소의 일부분인 염기에 의해서 제거된다. 보통 물 분자의 양성자는 그리 산성이지 않다. 하지만 탄산 무수화 효소의 활성 자리에 있는 아연 양이온과 물 분자의 산소 원자 사이의 산-염기 상호작용으로 인하여 물 분자의 산소 원자는 양전하를 띠게 된다. 이렇게 해서 물 분자의 양성자는 더욱 산성이 되는 것이다. 물 분자의 양성자들 중 하나를 제거하면 수산화 이온이 형성되는데, 이것이 이산화 탄소 분자와 활성 자리에서 반응하여 HCO_3^-(탄산수소 이온 혹은 중탄산 이온)을 형성한다. 여기에 보인 (X-선 결정학 자료에 근거한) 탄산 무수화 효소의 구조에서 활성 자리에 있는 중탄산 이온은 적색으로, 활성 자리에 있는 아연은 녹색으로, 물 분자는 청색으로, 그리고 아연 양이온과 배위하거나 물로부터 양성자를 제거하여 수산화 이온(Brønsted-Lowry 염기)을 형성하는 활성 자리는 자홍색(이 염기는 히스티딘 이미다졸 고리에 있는 질소 원자)으로 나타냈다. 이들에서 어느 수소 원자도 나타내지 않았다. 여기서 볼 수 있듯이 Lewis와 Brønsted-Lowry 산-염기 반응이 탄산 무수화 효소의 촉매화 과정에 놀라운 협연을 하고 있다.

24.11 세린 단백질 분해 효소

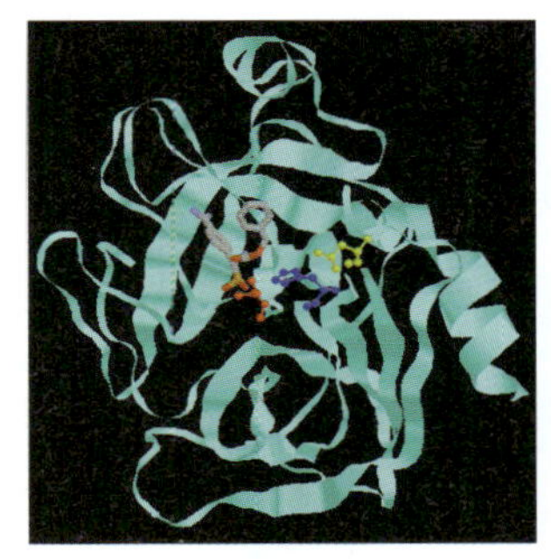

세린 단백질 분해 효소

카이모트립신, 트립신, 그리고 엘라스틴은 췌장에서 소장으로 분비되어 펩타이드 결합의 가수 분해를 촉매화하는 소화 효소이다. 이 효소들은 단백질 분해 활성 메커니즘에 있어서 효소 활성에 필수적인 특별한 세린 잔기가 관여하기 때문에 **세린 단백질 분해 효소(serine protease)** 라고 불린다. 이 효소들이 작용하는 또 다른 예로, 카이모트립신의 작용 메커니즘을 살펴보기로 한다.

카이모트립신은 245개의 아미노산 잔기를 가진 카이모트립시노젠이라는 전구체 분자로부터 형성된다. 카이모트립시노젠의 두 펩타이드 단위를 깨면 카이모트립신이 생성된다. 카이모트립신은 57번 위치에 히스티딘, 102번 위치에 아스파트산, 그리고 195번 위치에 세린이 함께 모여지도록 접혀 있다. 이 잔기들은 함께 활성 자리를 정하는 소위 **세작용기 촉매(catalytic triad)**를 구성한다(그림 24.18). 활성 자리 근처에는 소수성 결합 자리가 있는데, 틈새 모양의 주머니로 Phe, Tyr, 그리고 Trp의 무극성 곁사슬을 우선적으로 수용한다.

카이모트립신이 단백질 기질과 결합한 후 195번 위치의 세린 잔기는 펩타이드 결합의 아실 탄소를 공격하기에 이상적인 위치에 놓이게 된다(그림 24.19). 이 세린 잔기는 자신의 양성자를 57번 위치에 있는 히스티딘의 이미다졸 질소에 전달함으로써 더욱 친핵성이 커진다. 이때 형성된 이미다졸윰 이온은 102번 위치에 있는 아스파트산의 카복실산 이온의 극성화 효과에 의해서 안정화된다. (중성자 회절 연구에 의하면 카복실산 이온은 이미다졸로부터 양성자를 받지 않고 그냥 카복실산 이온으로만 존재함이 밝혀졌다.) 세린의 친핵성 공격으로 정사면체 형인 중간체를 거쳐 아실화된 세린이 만들어진다. 깨어진 폴리펩타이드 사슬의 새 N-말단은 분산되어 나가고 물 분자가 대신 들어온다.

카이모트립신의 활성 자리를 재생하는 모습이 그림 24.20에 나타나 있다. 이 과정에서 물 분자는 친핵체로 작용하며, 그림 24.19에 있는 것과 유사한 일련의 단계를 거쳐 아실-세린 결합을 가수 분해시킨다. 효소는 이제 전체 과정을 반복할 준비가 되어 있다.

지면 관계상 이 메커니즘의 많은 증거들은 무시할 수밖에 없다. 그러나 한 가지 언급해 둘 가치가 있는 증거가 있다. **다이아이소프로필포스포플루오리데이트(diisopropylphosphofluoridate, DIPF)** 같이 세린 단백질 분해 효소를 비가역적으로 방해하는 화합물이 있다. 그것은 Ser 195와만 반응하여 이런 작용을 한다고 밝혀졌다.

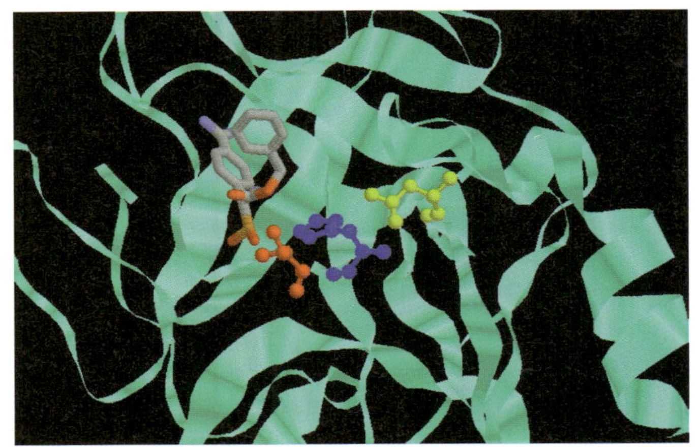

그림 24.18 세린 단백질 분해 효소 내에 있는 세작용기 촉매가 아스파트산 52(황록색), 히스티딘 102(자주색), 그리고 세린 195(적색)에 대해서 공-막대 모형 형태로 강조되어 있다. 활성 자리에 결합된 아인산 저해제는 관 형태로 나타냈다. (This image and that in the margin, PDB ID: 1 MAX, http://www.pdb.org. Bertrand, J. A., Oleksyszyn, J., Kam, C. M., Bodusz, B., Presnell, S., Plaskon, P. R., Suddath, F. L., Powers, J. C., Williams, L. D., Inhibition of trypsin and thrombin by amino(4-amidinophenyl)methanephosphonate diphenyl ester derivatives: X-ray structures and molecular models. *Biochemistry* 35, pp. 3147–3155, 1996.)

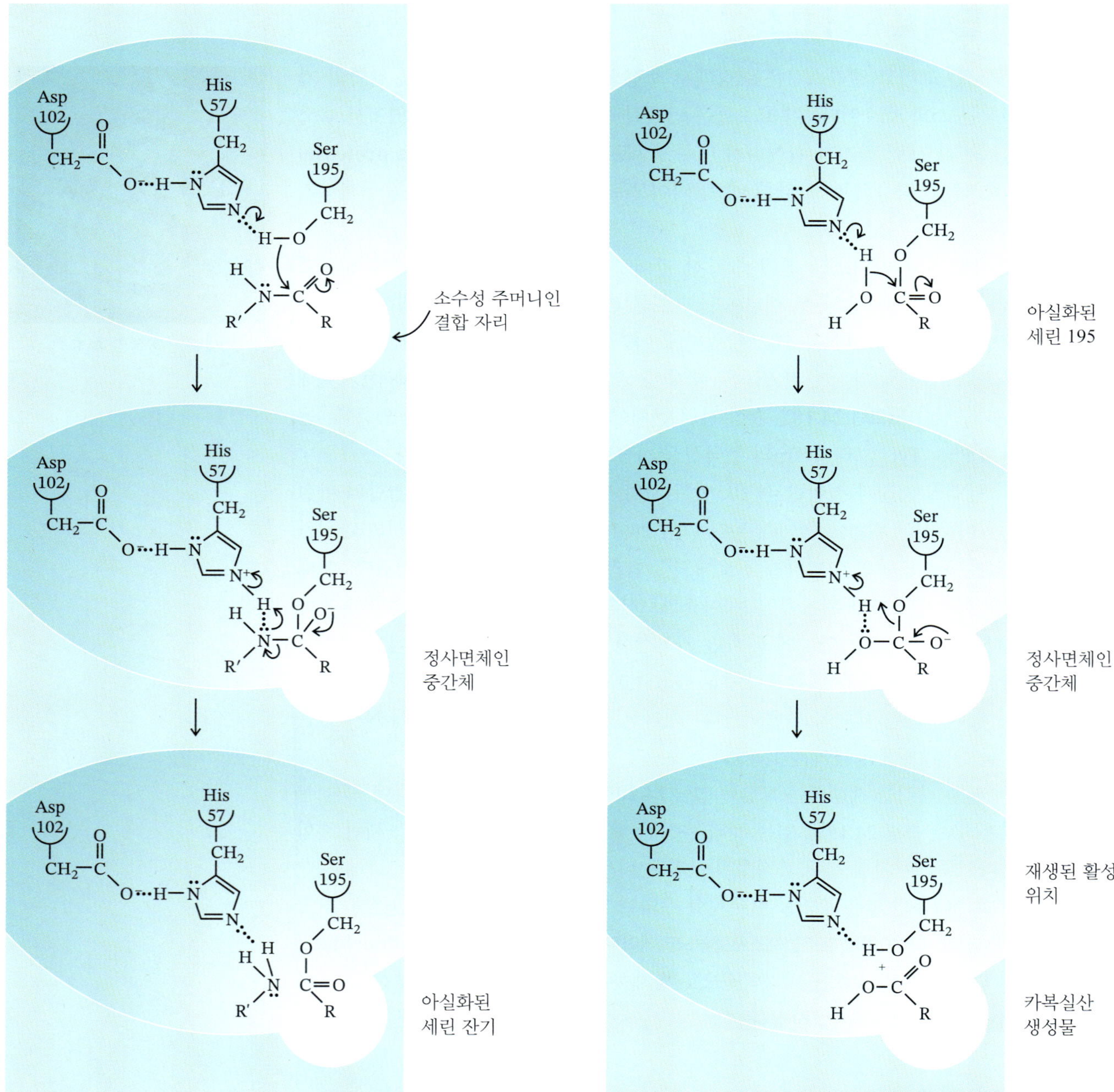

그림 24.19 카이모트립신의 세작용기 촉매가 카이모트립신의 세린 195를 아실화시킴으로써 펩타이드 결합이 깨진다. 활성 자리 근처에는 소수성인 결합 자리가 있어 단백질의 무극성인 곁사슬을 수용한다.

그림 24.20 카이모트립신의 활성 자리를 재생하는 과정. 물이 아실–세린 결합을 가수 분해시킨다.

Ser195–OH + (*i*-PrO)$_2$P(=O)F ⟶ Ser195–O–P(=O)(O*i*-Pr)$_2$

Diisopropylphosphofluoridate (DIPF) **DIP-효소**

DIPF의 불활성화 효과를 알게 된 것은 DIPF가 강력한 **신경 독소(nerve poison)**인 화합물과 관련이 있음을 발견한 결과로부터 비롯되었다. (이것은 군사적 용도의 '신경 가스'로, 액체이지만 기체가 아닌 미세한 입자로 분산시킨다). DIPF는 **아세틸콜린 에스터 가수 분해 효소(acetylcholinesterase,** 20.3절)를 카이모트립신과 반응하는 모습과 똑같이 반응하여 불활성화시킨다. 아세틸콜린 에스터 가수 분해 효소는 세린 단백질 분해 효소이기보다는 **세린 에스터 가수 분해 효소(serine esterase)**이다.

24.12 헤모글로빈: 짝지은 단백질

짝지은 단백질(conjugated protein)이라 불리는 어떤 단백질은 **보결 원자단(prosthetic group)**이라고 부르는 비단백질 그룹을 그들 구조의 일부분으로 가지고 있다. 한 가지 예로 산소 운반 단백질인 헤모글로빈이 있다. 헤모글로빈의 4개의 폴리펩타이드 사슬 각각은 **헴(heme)**이라고 부르는 보결 원자단과 결합하고 있다(그림 24.21). 헤모글로빈의 4개의 폴리펩타이드 사슬은 헤모글로빈이 대체로 구 모양을 하도록 꼬여져 있다(그림 24.22). 더욱이 각 헴 그룹은 그것의 포피린 구조에 있는 소수성 바이닐기들이 소수성 아미노 잔기들에 의해서 둘러싸인 채로 틈새에 놓여 있다. 헴에 있는 두 개의 프로판산 이온 곁사슬은 라이신과 아르지닌 잔기에 있는 양전하를 띤 아미노기 가까이 놓여 있다.

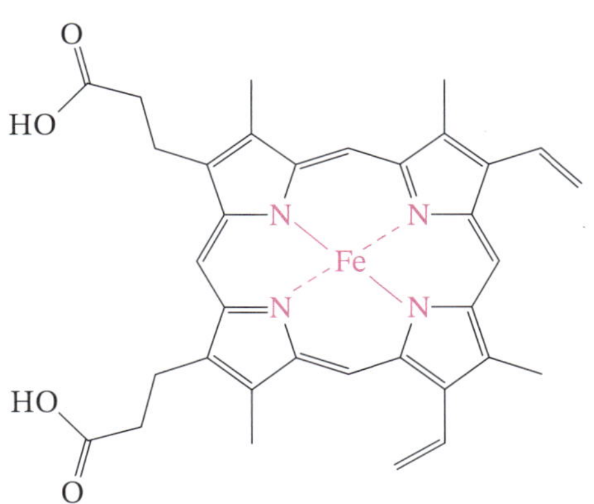

그림 24.21 헤모글로빈의 보결 원자단인 헴의 구조. 헴은 헤테로 고리인 포피린으로부터 유도되었다는 점에서 클로로필(그림 22.1)과 비슷한 구조를 가지고 있다. 헴의 철은 +2가 산화 상태에 있다.

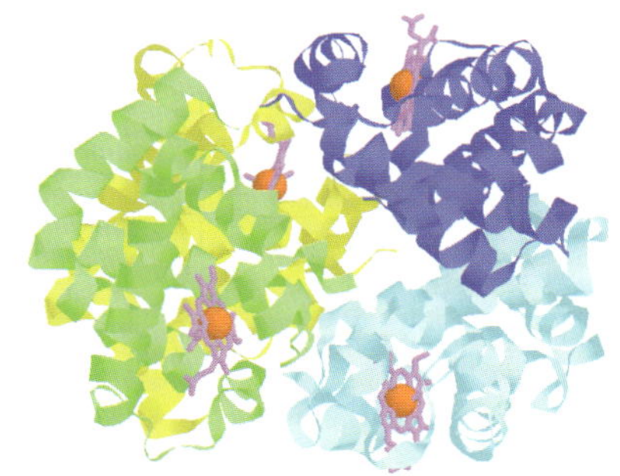

그림 24.22 헤모글로빈. 헤모글로빈의 두 α 소단위는 청색과 녹색으로 나타냈다. 두 β 소단위는 황색과 청록색으로 나타냈다. 네 개의 헴 그룹은 자주색으로, 그들의 철 원자는 적색으로 나타냈다. (PDB ID: IOUU, *http://www.pdb.org*. Tame, J. R., Wilson, J. C., Weber, R. E. The crystal structures of trout Hb 1 in the deoxy and carbonmonoxy forms. *J. Mol. Biol.* volume 259, Issue 4, pp. 749–760, 1996.)

합성 화학: 촉매성 항체

항체는 면역 시스템의 화학적 투사이다. 각 항체는 침입한 화학종(예: 바이러스 표면이나 곡식 포자 표면에 있는 분자)에 대항하여 특정하게 생성된 단백질이다. 항체의 목적은 이들 외부 요원과 결합하여 그들을 조직으로부터 제거하는 것이다. 각 항체가 표적(항원)에 붙는 것은 매우 특정적이다.

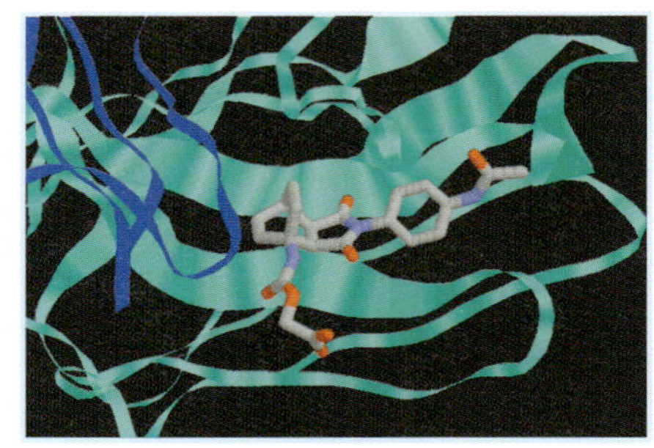

Diels–Alder 촉매성 항체 내부에 결합하고 있는 사이클로헥사다이엔 및 말레이미드로부터의 Diels–Alder 부가물과 관련된 합텐.
(PDB ID: 1A4K, http://www.pdb.org. Romesberg, F. E., Spiller, B., Schultz, P. G., Stevens, R. C. Immunological origins of binding and catalysis in a Diels–Alderase antibody. *Science* 279, pp. 1929–1933, 1998.)

촉매성 항체가 생성되는 한 가지 방법은 한 반응의 전이 상태를 닮은 화학종에 대한 면역 반응을 촉진하는 것이다. 이 관념에 따르면 만일 항체가 전이 상태를 닮은 구조를 지닌 안정한 분자와 우선적으로 결합하도록 만들어진다면, 이 전이 상태를 통하여 반응할 수 있는 다른 분자는 원칙적으로 그 항체와의 결합 때문에 더 빨리 반응한다. (반응물의 회합을 촉진시키고 전이 상태 구조 형성을 유리하게 함으로써 항체는 효소와 비슷한 방식으로 행동한다.) 놀랍게도 정확하게 이 전략이 어떤 Diels–Alder 반응, Claisen 전위 반응, 그리고 에스터 가수 분해 반응을 위한 촉매성 항체를 생성하는 데 작용하고 있다. 화학자들은 이들 반응의 전이 상태를 닮은 안정한 분자들을 합성하였고, 이들 분자[합텐(haptens)이라고 부름]에 대항하여 항체가 만들어지도록 한 다음 생겨난 항체를 분리하였다. 이렇게 생성된 항체는 실제 분자가 주어졌을 때 촉매가 되는 것이다.

다음은 Claisen 전위 반응, 탄산 에스터의 가수 분해 반응, 그리고 Diels–Alder 반응을 위한 촉매성 항체를 만들어 내기 위해 전이 상태 유사체로 사용된 합텐의 예들이다. 각 합텐으로부터 만들어진 항체에 의해서 촉매화되는 반응도 함께 보였다.

Claisen 전위 반응

합텐 ($^{-}O_2C$, O, CO_2^-, OR; R = N_2^+ 치환 페닐 아마이드)

(CO_2^-, O, CO_2^-, OH) → [전이 상태]‡ → ($^{-}O_2C$, CO_2^-, O, OH)

전이 상태

탄산 에스터의 가수 분해 반응

합텐 (O_2N, δ–, δ–, O, O, P, O, O, OH)

O_2N–C$_6$H$_4$–O–C(=O)–OCH_3 + HO^- ⇌ [O_2N, δ– O, δ– OH, OCH_3]‡ ⇌

전이 상태

O_2N–C$_6$H$_4$–O–C($^-$O)(OH)(OCH_3) ⟶ O_2N–C$_6$H$_4$–O^- + CO_2 + CH_3OH

Diels–Alder 반응

합텐 (Fe, C(=O)–N(CH_3)$_2$, NH–C(=O)–CH$_2$CH$_2$CH$_2$–CO_2H)

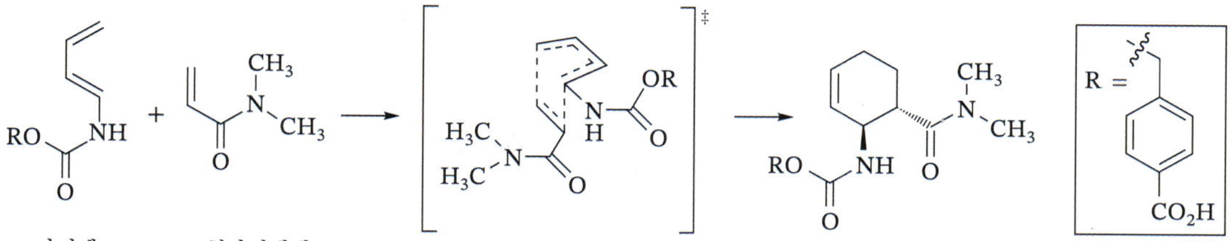

다이엔 친다이엔체 Exo 전이 상태 Exo 생성물

효소학과 면역학의 결합으로 화학적 자식을 낳아 화학과 생물학의 접점에서 신명나는 연구가 이루어지는 것은 바로 한 분야일 뿐이다.

헴 그룹의 철은 +2(ferrous) 산화 상태이며, 폴리펩타이드 사슬에 있는 히스티딘의 이미다졸기의 질소 원자와 배위 결합을 이루고 있다. 이로써 철 이온의 한 원자가는 아래와 같이 산소와 자유롭게 결합할 수 있도록 남게 된다.

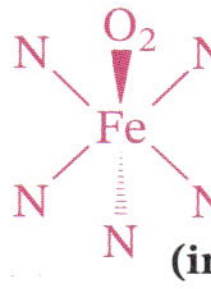

(imidazole)

산소가 첨가된 헤모글로빈의 부분

헴 그룹의 철 이온이 산소와 결합한다는 사실은 특별히 괄목할 만한 것은 아니다. 많은 비슷한 화합물들이 같은 일을 한다. 헤모글로빈에서 괄목할 만한 사실은 헴이 산소와 결합할 때 철 +2가 이온이 철 +3가 상태로 쉽게 산화되지 않는다는 사실이다. 예를 들어, 헴 화합물의 모형을 가지고 수용액에서 수행한 연구에 의하면, 그들은 산소와 신속히 화합하고 또한 철이 Fe^{2+}로부터 Fe^{3+}로 신속히 산화한다는 사실이 밝혀졌다. 그러나 이 똑같은 화합물들이 폴리스타이렌 수지의 소수성 환경에 묻혀 있으면 철은 쉽게 산소와 결합하고 또 쉽게 산소를 떼어내지만, **철의 산화 상태는 변화하지 않는다.** 이 점에서, 헤모글로빈의 X-선 연구 결과 폴리펩타이드 사슬이 각 헴 기에 비슷한 소수성 환경을 제공함이 밝혀졌다는 사실은 자못 흥미가 있다.

24.13 폴리펩타이드와 단백질의 정제와 분석

24.13A 정제

폴리펩타이드와 단백질을 정제하는 여러 가지 방법들이 있다. 단백질의 근원(천연자원으로부터 분리 또는 화학적인 합성), 등전점(p*I*)을 포함한 물리적 성질, 그리고 취급하는 양에 따라 특정한 방법이 선택된다. 초기의 정제 방법으로는 침전법, 다양한 형태의 크로마토그래피, 그리고 전기 이동법 등이 있다. 아마도 가장 중요한 최종 방법은 HPLC를 사용하여 자동화된 펩타이드 합성 기기나 자연으로부터 분리된 펩타이드를 정제하는 것이다.

24.13B 분석

폴리펩타이드나 단백질의 성질을 결정하는 다양한 방법이 있다. 가장 기본적인 것은 분자량을 결정하는 일이다. 단백질의 대략적인 분자량을 알기 위해 젤 전기 이동법이 사용될 수 있다. 젤 전기 이동법에서는 완충 용액에 녹아 있는 펩타이드나 단백질이 고전압의 전기장 영향하에서 다공성 중합체 젤을 이동해 가는 것이다. 완충 용액(대개 pH 9)은 단백질에 전체적으로 음전하를 띠게 하여 단백질로 하여금 양극으로 이동하도록 한다. 이동 속도는 단백질의 총 전하와 크기, 그리고 젤의 구멍의 크기에 의존된다. 분자량은 단백질이 이동한 거리와 표준 시료로 분자량이 이미 알려진 단백질의 이동 정도를 비교하여 구한다. 이 기술은 SDS-PAGE(도데실 황산 소듐-폴리아크릴아마이드 젤 전기 이동법)이라 불리는데, 단백질의 분자량을 대략 5~10% 정밀도 내에서 결정한다.

질량 분석법으로 펩타이드의 분자량을 아주 정확하게 결정할 수 있다. 앞서 질량 분석법을 단백질의 서열 결정과 관련하여 언급하였다. 이제 단백질처럼 분자량이 큰 분자가 질량 분석을 위해서 기체로 전환되는 방법에 대해서 고찰해 보자. 이것은 물론 이 분석이 펩타이드의 서열화에 쓰이던 총체적인 분자의 분석이며 필요한 것이다. 9장에서 논의하였듯이 작은 유기 분자들은 고진공에서 가열하면 기체화한다. 고분자량의 화학종은 단지 고진공하에서 가열한다고만 해서 기체상으로 바뀌지 않는다. 다행이도 거대 분자로부터 파괴되지 않고 기체 상태의 이온으로 전환되는 효과적인 방법이 개발되었다.

노벨상

2002년도 Nobel 화학상의 4분의 1은 John B. Fenn에게 ESI 질량 분석법을 개발한 공로로 수여되었다. 또 다른 4분의 1은 Koichi Tanaku에게 MALDI(matrix-assisted laser desorption ionization, 매트릭스 보조 레이저 탈착 이온화, 아래를 보시오)에 이르도록 한 발견의 공로로 수여되었다.

한 가지 이온화 방법으로 전기 분무 이온화(ESI, **그림 24.23**)가 있는데, 미량의 산을 포함하고 있는 휘발성 용매에 녹아 있는 펩타이드(또는 다른 분석 물질) 용액을 높은 전압의 주입구를 통하여 질량 분석기의 진공 공간 안으로 분산시킨다. 용매에 있던 산이 물질의 유기

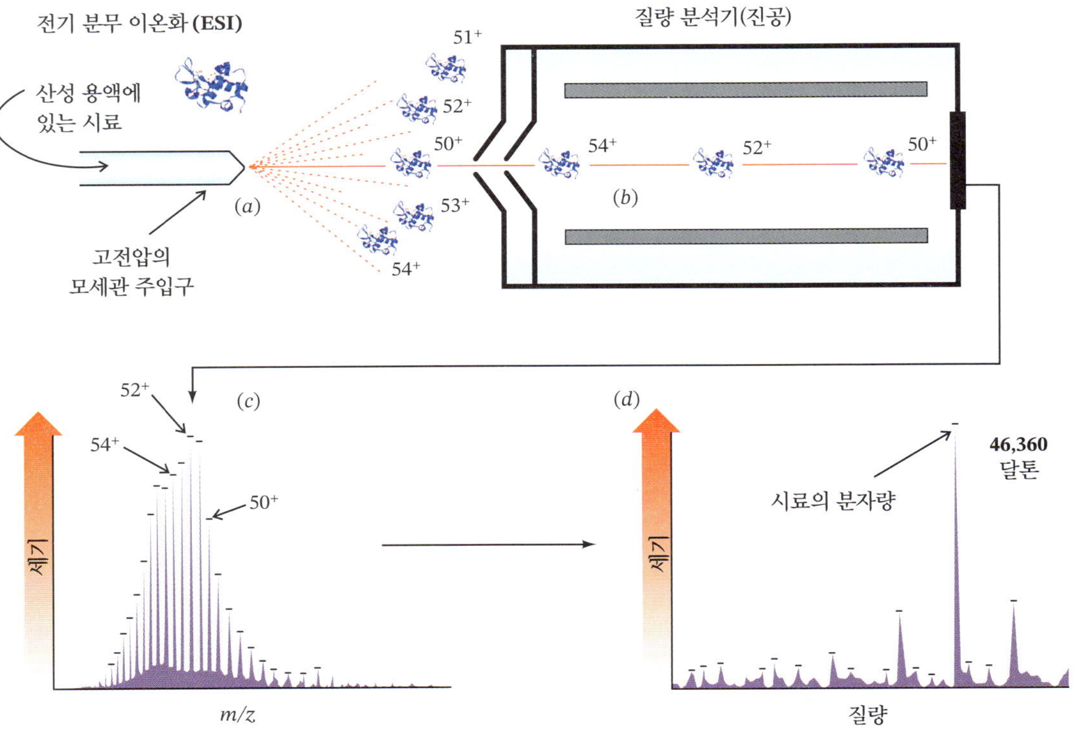

그림 24.23 전기 분무 이온화(ESI) 질량 분석법. (*a*) 시료 이온은 산성인 용매에 의해서 여러 번 양성자 첨가가 일어난 후 고전압의 주입구를 통해서 진공 공간 안으로 분무되고 용매 분자는 증발된다. 다중 전하를 띤 시료 이온은 질량 분석기 안으로 끌려 들어간다. (*b*) 시료 이온은 분석기 관을 통하여 이동하여 비행 시간에 따라 검출된다. (*c*) 검출된 이온의 집단은 스펙트럼에서 m/z 비에 따라 나타내진다. (*d*) m/z 피크를 컴퓨터로 풀어내어 시료의 분자량을 알게 된다.

Lewis기 위치에 양성자를 첨가시킨다. 단백질에는 전형적으로 여러 번 양성자 첨가가 일어난다. 고전압 주입기를 통해서 진공 공간으로 일단 주입되면 용매 분자는 시료 이온으로부터 증발되고[그림 24.23(*a*)], 이온들은 질량 분석기로 끌려 들어간다[그림 24.23(*b*)]. 질량 분석기는 시료 이온을 비행 시간에 따라 검출하고, 그들의 질량 대 전하 비(m/z)를 기록한다[그림 24.23(*c*)]. 질량 스펙트럼의 각 피크는 이온의 분자량을 띠고 있는 전하로 나눈 값을 나타낸다. 이들 일련의 m/z 피크로부터 시료의 분자량이 컴퓨터로 풀이 과정을 통하여 계산된다. 풀어낸 스펙트럼의 예로 분자량이 46,360 원자 질량 단위(달톤)인 것이 그림 24.23(*d*)에 제시되어 있다.

만일 시료 분자의 조각들이 필요하다면 충돌에 의해 유발된 분해(CID, 24.5E절)를 일으키게 한다. 이 경우 질량 분석법이 필요한데, 첫 번째 질량 분석기는 CID로부터 펩타이드의 전체 질량을 지닌 조각을 선택하는 데 사용되고, 둘째 질량 분석기는 선별된 펩타이드 조각의 스펙트럼을 기록하게 된다. CID 과정에서 나온 조각도 이 방법으로 분석될 수 있다. 선택된 각 펩타이드 조각의 스펙트럼은 앞에서 보듯이 이온들의 집단으로 나타내는 것이 전형적이다.

전기 분무에 의한 질량 분석(ESI-MS)은 HPLC와 연결되면 특별히 강력하다. 왜냐하면, 두 기술이 직렬로 사용될 수 있기 때문이다. 그러한 기기에서는 HPLC로부터 나온 용출물이 곧바로 ESI 질량 분석기로 주입된다. 따라서 혼합물에 있는 펩타이드를 크로마토그래피로 분리하여 각각에 대한 구조적인 정보까지 이 기술로 얻게 되는 것이다.

비휘발성 분자의 이온화에 쓰이는 또 다른 방법은 MALDI(matrix-assisted laser desorption ionization, 매트릭스 보조 레이저 탈착 이온화, 9.15절)이다. 시료에 레이저를 쏘아 나온 에너지는 고체인 화학 기질에 흡착되어 기체 상태의 이온을 생성시키고 질량 분석기로 검출하게 된다. MALDI와 ESI는 생체 고분자의 분석에 쓰이는 기술이다.

24.14 단백질체학

단백질체학과 유전체학은 최근에 꽃피고 있는 두 가지 분야이다. **단백질체학(proteomics)**은 주어진 시간에 세포 내에서 발현되는 모든 단백질에 대한 연구이다. **유전체학(genomics**, 25.1절과 25.9절)은 생명체 안에 있는 완벽한 유전 정보의 연구에 초점을 두고 있다. 유전체(genome)가 단백질 합성을 위한 지침을 가지고 있지만, 생명체에서 대부분의 기능을 수행하는 것은 단백질이다. 그런데도 유전체에 의해서 암호화된 수천 수만의 단백질에 비하면, 단지 작은 양의 단백질의 구조와 기능을 알고 있을 뿐이다. 이런 이유로 인간 유전체의 서열화가 끝난 이후로 단백질체학은 새로운 차원의 중요성을 지니게 되었다. 건강 관리나 의학의 잠재적 개발은 세포에서 일정 시간에 발현되는 수많은 단백질을 확인하고, 그 구조와 생화학적 기능을 풀어내는 것에 달려 있다. 단백질체학이 발전함에 따라 의학적 진단이나 약품 설계의 표적을 위한 새로운 도구들이 급속도로 나오게 될 것이 분명하다.

단백질체학의 기본 과업 중의 하나는 세포 추출물에 있는 모든 단백질을 단순히 분리하는 것이다. 다음에 도전해야 할 것은 분리된 단백질을 확인하는 것이다. 세포 추출물의 단백질을 분리하는 것은 전형적으로 이차원의 폴리아크릴아마이드 젤 전기 이동(2D PAGE)법을 이용해서 수행되어 왔다. 2D PAGE는 생명체로부터 추출된 단백질 혼합물을 젤의 일차원에서는 등전점에 의해서 분리하고(등전점 초점 맞추기 기술), 이차원에서는 분자량에 의해서 분리한

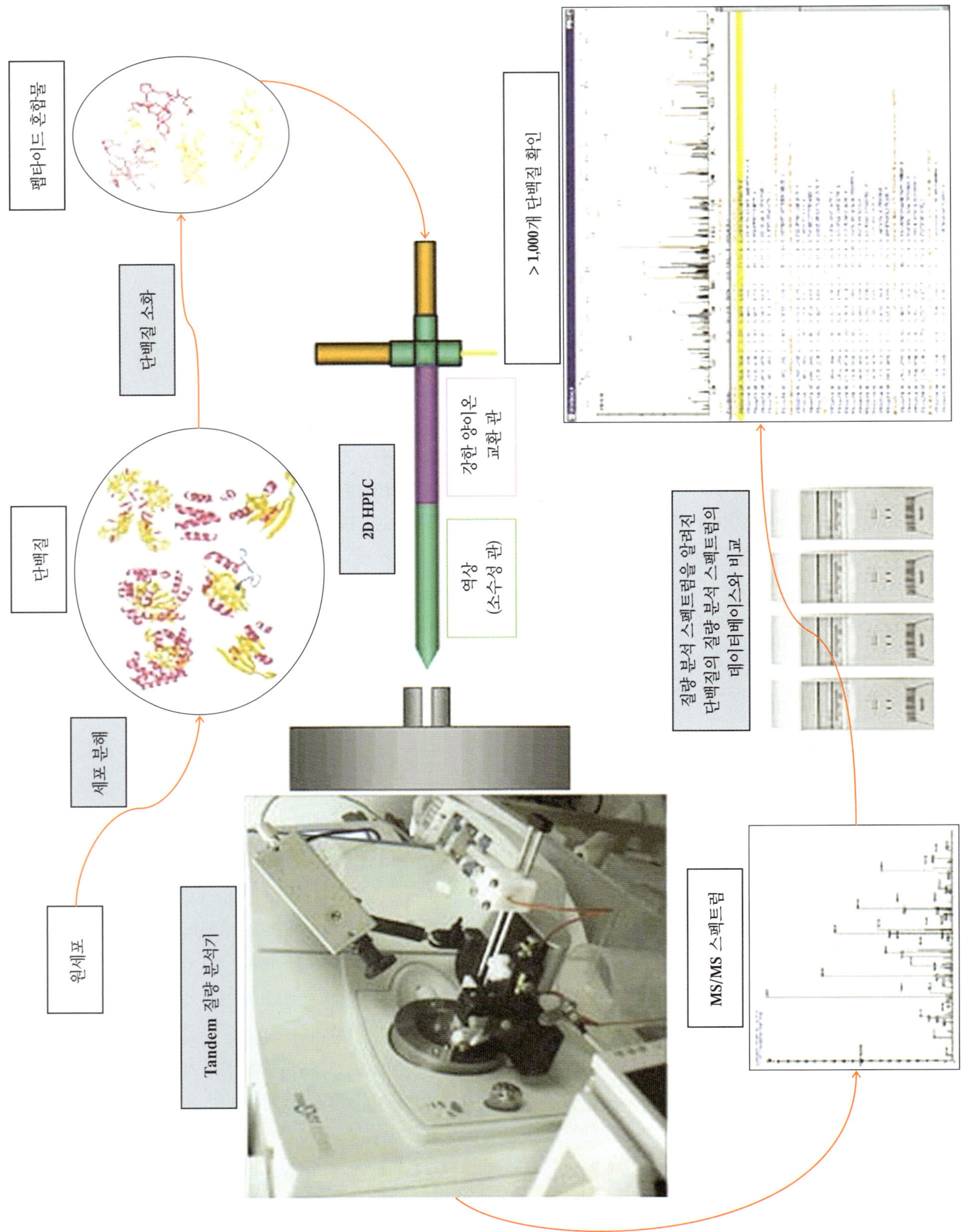

그림 24.24 높은 처리량의 다차원 단백질 확인 기술(MudPIT) 과정. (Reprinted from *International Journal for Parasitology*, December 4, 32(13), Carucci, D.J.; Yates, J. R. 3rd; Florens, L.; Exploring the Proteome of Plasmodium, pp. 1539–1542, Copyright 2002, with permission from Elsevier.)

다. 그 결과는 2차원적인 젤 장 안에서 분리된 단백질의 점으로 나타내어진다. 젤 위의 단백질 점은 추출되어 질량 분석이나 다른 방법으로 단백질 자체 또는 효소 분해물의 형태로 분석된다. 질량 분석 결과를 단백질 질량 분석 데이터베이스와 비교하여 젤에 의해서 분리된 많은 단백질을 확인할 수 있다.

그러나 2D PAGE에 의한 단백질 분리에는 제한점도 있다. 모든 단백질이 크기, 전하, 또는 특정한 성질로 인하여 2D PAGE에 적합한 것은 아니다. 더욱이 한 가지 이상의 단백질이 등전점과 분자량이 비슷할 경우 같은 위치로 이동할 수도 있다. 끝으로 2D PAGE로 낮은 농도의 단백질을 검출할 수 없는 고유한 검출 한계가 있다.

최근에 개선된 2D PAGE는 2차원의 마이크로 모세관 HPLC가 질량 분석기와 연결되어 있다. **그림 24.24**를 보시오. 이 기술은 MudPIT(다차원 단백질 확인 기술, Scripps Research Institute의 Yates가 개발함)라고 불리는데, 마이크로 모세관 HPLC관을 일차로 강한 양이온 교환 수지로 충진한 다음 역상(소수성) 물질로 충진한 것이다. 연속적으로 사용되는 두 충진제는 다른 분해 성질과 더불어 이 기술의 2차원적인 관점을 나타내고 있다. 단백질 추출물이 마이크로 모세관으로 주입되고 pH와 용매의 기울기 용리를 일련의 자동화된 순서에 따라 시키게 된다. 각 단백질의 질량 분석 자료는 단백질 질량 분석 데이터베이스와 비교하여 단백질의 확인이 가능하게 된다. 이렇게 2D HPLC와 연결된 질량 분석법은 2D PAGE보다 더 감응도가 좋고 일반적이다. 이것을 사용한 좋은 예로 Yates와 그의 동료들이 *Saccharomyces cerevisiae*(Baker's yeast)로부터 거의 1500개의 단백질을 한번에 총체적으로 확인한 것이 있다.

단백질의 확인을 넘어서 발현된 단백질의 양을 정량적으로 측정하는 것 또한 단백질체학에서 중요하다. 여러 가지 질병이나 환경적인 요인이 세포로 하여금 발현되는 단백질의 양에 영향을 미칠 것이다. 이러한 변화를 세포의 상태 함수로 정량적으로 추적하는 것은 질병의 연구나 치료제 개발에 긴요하다. 동위 원소로 암호화된 친화성 표지법(isotope-coded affinity tags, ICAT, Washington University에서 개발됨)은 복잡한 단백질 혼합물의 정량 분석과 확인을 가능하게 해준다. ICAT 분석에서는 동위 원소로 표지된 단백질과 표지되지 않은 것으로 친화성 크로마토그래피에 의해서 분리되어 마이크로 모세관 HPLC로 정제된 단백질의 질량 분석 스펙트럼을 비교한다.

단백질의 확인과 정량화가 나란히 이루어지면 단백질의 모든 3차원 구조를 결정할 필요성이 남게 된다. 수천 개의 단백질이 유전체에 암호화되었지만, 몇 가지만이 자세한 구조와 기능에 대해서 깊이 있게 연구되었다. 그러므로 완전한 구조 결정은 단백질체학 분야의 중심으로 이어질 것이다. X-선 결정학, NMR, 그리고 질량 분석법은 가능한 한 많은 단백질의 구조를 밝혀내는 데 있어서 더욱더 집중적으로 응용될 것이다.

이 주제는 왜 중요한가?

20가지 아미노산 이상을 지닌 생명

인체 단백질을 구성하는 20가지 주요 아미노산이 많은 선별된 기능 분자를 만들지만, '왜 20가지 아미노산인가?'라는 질문은 당연하다. 왜 더 많지 않은가? 왜 더 적지 않은가? 그리고 만일 20이 마술적인 숫자라면 왜 특정한 20가지의 아미노산을 사용하는가? 이런 것들은 매우 흥미 있는 질문이다. 비록 단백질에 있는 아미노산들이 무극성, 극성, 완전히 전하를 띤 화학종 등 넓은 범위를 이루고 있지만, 그들 중 많은 것들이 서로 크게 다르지 않다고 논쟁을 할 수도 있다. 예를 들면, 루신과 아이소루신은 한 메틸기의 위치가 다르고, 발린과 루신, 세린과 트레오닌, 아스파라진과 글루타민은 단지 탄소 원자 하나가 다를 뿐이다. 작은 변화가 막중한 차이를 가져온다고 앞의 장들에서 배웠지만, 이 아미노산들은 할 수 있을 만큼 아주 다양한 것 같지 않다. 궁극적으로, 이러한 흥미로운 질문에 대한 답은 대부분 철학적이어서 영영 모를지도 모른다.

그럼에도 불구하고 생화학적인 계와 합성 기술에 대한 현대적인 지식으로 인하여 이런 질문들을 조금 다른 관점에서 살펴보게 되었다. 말하자면 확장된 유전 암호, 즉 추가적인 아미노산이 더해진 생체 단백질을 가진 생명체의 모습은 어떠할까? 하는 것이다. 실제로, 지난 수년간 화학자들은 본래의 생화학 계와 진화된 tRNA 분자(25장에서 논의할 것)를 이용하여 많은 독특한 아미노산을 이스트, 포유동물, *E. coli*와 같은 박테리아를 포함하여 수많은 다른 세포에서 단백질의 원하는 위치에 적재하였다. 비천연적인 아미노산 몇 가지를 아래에 나타냈다. 이들 중에는 특이한 금속(셀레늄 같은 것), 추가적인 화학에 이용될 수 있는 활성인 작용기(케톤이나 아자이드 같은), 그리고 어떤 당과 공유 결합을 하는 데 사용될 수 있는 붕산 같은 것들이 있다. 이 합성된 아미노산들은 모두 페닐알라닌의 유도체들이지만, 다른 아미노산 모태 구조도 또한 사용될 수 있다.

이러한 변형으로 효소의 활성 자리에 있는 아미노산이 바뀌고, 그래서 그들의 기능은 정지되거나 바뀐다. 이것은 효소 활동 메커니즘을 정하거나 변화 결과로 인한 후속적인 효과를 관찰할 수 있도록 한다. 다른 경우에는 활성기로 인하여 표지 실험을 수행하고 단백질이 외부 자극에 감응하여 성취할 수 있는 것은 무엇인지를 알도록 한다. 그러한 추가적인 아미노산이 장기간 협동할 수 있는 모든 장치를 지닌 생명체가 만들어질 수 있을지는 두고 보아야 하지만, 분명한 것은 그러한 비천연적인 아미노산을 단백질에 실을 수 있는 능력은 새롭고도 가치 있는 지식을 풍부하게 만든다. 정말로 이러한 능력이 없이는 어떤 단백질의 기능을 조사할 다른 방법이 없다.

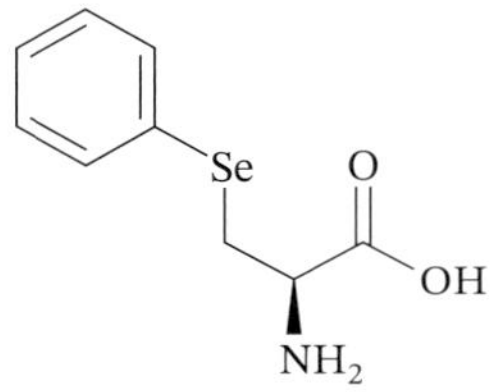

Se O OH NH_2 O OH NH_2 O O OH N_3 NH_2 O OH HO B HO NH_2

독특한 금속:
친황적

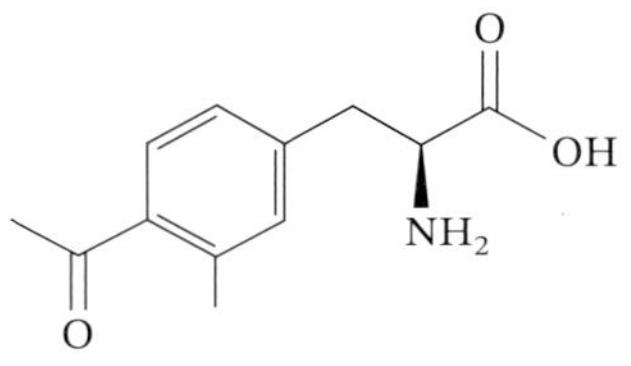

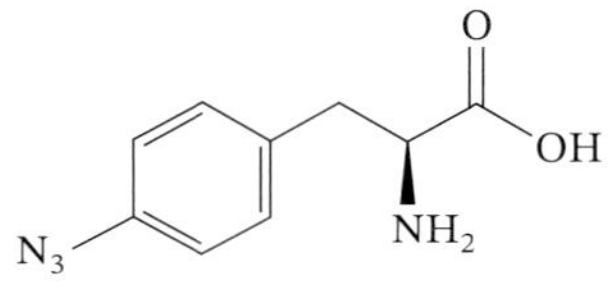

단백질을 표지하기 위한 활성기를 포함

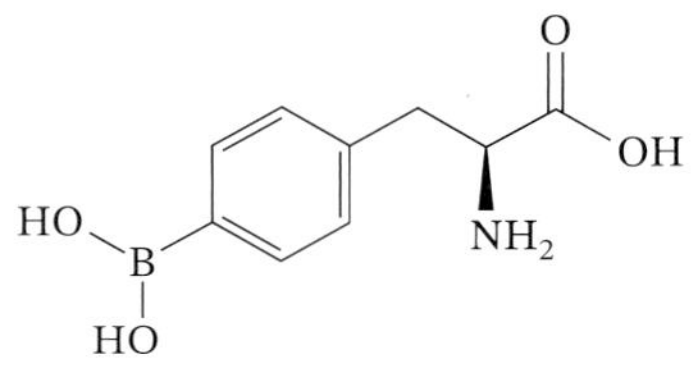

어떤 탄수화물과
결합할 수 있음

이 주제에 대해서 더 알려면 참고하시오.

1. Xie, J.; Schultz, P. G. "Adding amino acids to the genetic repertoire" in *Current Opinion in Chemical Biology* **2005**, *9*, 548-554.
2. Wang, Q.; Parrish, A. R.; Wang, L. "Expanding the genetic code for biological studies." *Chem. Biol*. **2009**, *16*, 323-336.
3. Wang, L.; Brock, A.; Herberich, B.; Schultz, P. G. "Expanding the Genetic Code of Escherichia coli." *Science* **2001**, *292*, 498-500.
4. Brustad, E.; Bushey, M. L.; Lee, J. W.; Groff, D.; Liu, W.; Schultz, P. G. "A Genetically Encoded Boronate Amino Acid." *Angew. Chem. Int. Ed*. **2008**, *47*, 8220-8223.

요약과 복습 도구

이 장에 대한 학습 보조 자료에는 핵심 용어와 개념(청색 고딕체로 표기되어 있는데, 이 책의 뒤쪽 부록에 수록)이 있다.

물음

구조와 반응성

24.17 **(a)** 표 24.1에 있는 어느 아미노산이 카이랄 중심이 없거나 한 개 이상의 카이랄 중심을 갖고 있는가?

(b) 이들 아미노산 각각의 이성질체에 대하여 α 탄소가 D 배위를 한 Fischer 투영식을 그리시오.

(c) 각각의 경우 어떤 종류의 이성질체들을 그렸는지 말하시오.

24.18 **(a)** 타이로신을 과량의 브로민수와 반응시켰을 때 예상되는 생성물은 무엇인가?

(b) L-발린을 메탄올과 HCl 존재하에서 반응시켰을 때 예상되는 생성물은 무엇인가?

(c) 염기성 수용액에서 알라닌과 염화 아세틸 사이의 반응으로부터 예상되는 생성물은 무엇인가?

24.19 **(a)** 아래와 같은 순서의 반응에 의하여 Fischer는 L-(−)-세린과 L-(+)-알라닌이 같은 배위를 가졌음을 증명할 수 있었다. 중간체 **A**~**C**의 Fischer 투영식을 쓰시오.

$$\text{(−)-Serine} \xrightarrow[\text{CH}_3\text{OH}]{\text{HCl}} \textbf{A}\ (\text{C}_4\text{H}_{10}\text{ClNO}_3) \xrightarrow{\text{PCl}_5} \textbf{B}\ (\text{C}_4\text{H}_9\text{Cl}_2\text{NO}_2) \xrightarrow[\text{(2) HO}^-]{\text{(1) H}_3\text{O}^+,\ \text{H}_2\text{O, 가열}} \textbf{C}\ (\text{C}_3\text{H}_6\text{ClNO}_2) \xrightarrow[\text{묽은 H}_3\text{O}^-]{\text{Na—Hg}} \text{L-(+)-alanine}$$

(b) L-(+)-시스테인의 배위는 아래의 반응을 통하여 L-(−)-세린의 배위와 연관이 될 수 있다. **D**와 **E**의 Fischer 투영식을 쓰시오 .

$$\textbf{B}\ \text{[(a)로부터]} \xrightarrow{\text{HO}^-} \textbf{D}\ (\text{C}_4\text{H}_8\text{ClNO}_2) \xrightarrow{\text{NaSH}} \textbf{E}\ (\text{C}_4\text{H}_9\text{NO}_2\text{S}) \xrightarrow[\text{(2) HO}^-]{\text{(1) H}_3\text{O}^+,\ \text{H}_2\text{O, 가열}} \text{L-(+)-cysteine}$$

(c) L-(−)-아스파라진의 배위는 L-(−)-세린의 배위와 아래와 같은 방법으로 연관될 수 있다.

$$\text{L-(−)-Asparagine} \xrightarrow[\text{Hofmann 전위}]{\text{NaOBr/HO}^-} \textbf{F}\ (\text{C}_3\text{H}_7\text{N}_2\text{O}_2)$$

$$\textbf{C}\ \text{[(a)로부터]} \xrightarrow{\text{NH}_3} \textbf{F}$$

24.20 **(a)** DL-글루탐산은 아래와 같은 방법으로 아세트아마이도말론산 다이에틸로부터 합성될 수 있다. 여기에 관여하는 반응을 요약하시오.

$$\text{Diethyl acetamidomalonate} + \text{CH}_2\text{=CHCN} \xrightarrow[\text{EtOH (95\% 수율)}]{\text{NaOEt}} \textbf{G}\ (\text{C}_{12}\text{H}_{18}\text{N}_2\text{O}_5) \xrightarrow[\text{환류 6시간 (66\% 수율)}]{\text{진한 HCl}} \text{DL-glutamic acid}$$

Diethyl acetamidomalonate

(b) 화합물 **G**는 아래와 같은 경로를 따라 DL-오르니틴을 합성하는 데 쓰일 수 있다. 여기에 관여하는 반응을 요약하시오.

$$\textbf{G}\ (\text{C}_{12}\text{H}_{18}\text{N}_2\text{O}_5) \xrightarrow[\text{68 °C, 1000 psi (90\% 수율)}]{\text{H}_2,\ \text{Ni}} \textbf{H}\ (\text{C}_{10}\text{H}_{16}\text{N}_2\text{O}_4,\ \text{a}\ \delta\text{-락탐}) \xrightarrow[\text{환류 4시간 (97\% 수율)}]{\text{진한 HCl}} \text{DL-ornithine hydrochloride}\ (\text{C}_5\text{H}_{13}\text{ClN}_2\text{O}_2)$$

(L-오르니틴은 천연적으로 존재하는 아미노산이나 단백질에는 존재하지 않는다. 한 대사 과정에서 L-오르니틴은 L-아르지닌의 전구체 역할을 한다.)

24.21 합성된 폴리글루탐산은 pH 2~3인 용액에서 α 나선으로 존재한다. 이 용액의 pH를 염기를 가하여 서서히 증가시키면 pH 5에서 광회전의 급격한 변화가 일어난다. 이 변화는 α 나선이 펴지고 무질서한 코일이 형성되는 것과 관련이 있다. 이런 변형에 대한 설명으로 폴리글루탐산의 무슨 구조적인 특징과 어떤 화학적 변화를 제시할 수 있는가?

펩타이드 서열화

24.22 한 펜타펩타이드를 총 아미노산 분석을 하여 발린, 글라이신, 아이소루신, 페닐알라닌, 루신이 포함되었음을 알았다. Edman

분해법을 세 번 연속 시행하여 아이소루신, 발린, 페닐알라닌의 *N*-페닐싸이오하이단토인이 각각 분리되었다. 남은 다이펩타이드는 2,4-다이나이트로플루오로벤젠과 반응시켰다. 이어서 생성된 2,4-DNP-표지된 다이펩타이드를 완전 가수 분해하여 글라이신의 2,4-DNP 유도체가 분리되었다. 처음 펜타펩타이드의 구조를 제시하시오.

24.23 브라디키닌(bradykinin)은 장수말벌에 쏘였을 때 피의 혈장 혈구소(글로불린)에 의해서 분비되는 노나펩타이드이다. 이것은 매우 강력한 통증 유발 물질이다. 이것의 분자식은 2R, G, 2F, 3P, S이다. 2,4-다이나이트로플루오로벤젠과 카복시말단 펩타이드 가수 분해 효소를 써서 양쪽 말단이 모두 아르지닌임이 밝혀졌다. 브라디키닌의 부분적인 산 가수 분해로 아래의 다이펩타이드와 트라이펩타이드가 만들어진다.

FS + PGF + PP + SPF + FR + RP

브라디키닌의 아미노산 순서는 무엇인가?

24.24 한 헵타펩타이드를 완전히 가수 분해하면 아래와 같은 분자식이 얻어진다.

2A, E, L, K, F, V

아래의 자료로부터 이 헵타펩타이드의 아미노산 순서를 연역해 보시오.

1. 헵타펩타이드를 2,4-다이나이트로플루오로벤젠으로 처리한 다음 불완전한 가수 분해를 하면 여러 생성물 중에 다음과 같은 것이 있다: α-아미노기에 표지된 발린, ε-아미노기에 표지된 라이신, 그리고 다이펩타이드인 DNP − VL(DNP = 2,4-다이나이트로페닐-).

2. 헵타펩타이드를 카복시말단 펩타이드 가수 분해 효소로 가수 분해하면 처음에는 알라닌의 농도가 크게 나오다가 이어 글루탐산의 농도가 증가한다.

3. 헵타펩타이드를 효소로 부분적인 가수 분해를 하면 다이펩타이드**(A)**와 트라이펩타이드**(B)**가 된다.

(a) A를 2,4-다이나이트로플루오로벤젠과 반응시킨 다음 가수 분해하면 DNP-표지된 루신과 ε-아미노기에만 표지된 라이신이 만들어진다.

(b) B를 완전히 가수 분해하면 페닐알라닌, 글루탐산, 그리고 알라닌이 된다. **B**를 카복시말단 펩타이드 가수 분해 효소로 처리하면 그 용액은 처음에 큰 농도의 글루탐산을 갖게 된다. **B**를 2,4-다이나이트로플루오로벤젠으로 처리한 다음 가수 분해하면 표지된 페닐알라닌이 생긴다.

도전 물음

24.25 펩타이드 결합에서 탄소−질소 결합에 대한 회전이 제한된 증거의 일부로(24.8A절을 보시오), 간단한 아마이드에 대한 ^1H NMR 스펙트럼을 들 수 있다. 예를 들어, 실온에서 *N*,*N*-다이메틸폼아마이드[$(CH_3)_2NCHO$]의 ^1H NMR 스펙트럼은 2.80 ppm(3H)의 이중선, 2.95 ppm(3H)의 이중선, 그리고 8.05 ppm(1H)의 다중선을 보인다. 스펙트럼을 더 낮은 자기장에서 찍으면 이중선들은 이동하여 한 이중선과 다른 이중선 사이의 거리(Hz 단위)는 점점 작아진다. 스펙트럼을 얻는 온도를 증가시키면 이중선들은 온도가 111 ℃에 이를 때까지 지속된다. 그다음 이중선은 단일선으로 무너져 버린다. 이러한 관찰이 *N*,*N*-다이메틸폼아마이드의 탄소−질소 결합에 대한 비교적 큰 회전 장벽의 존재와 어떻게 일치하는지를 자세히 설명하시오.

학습 집단을 위한 물음

1. 효소 라이소자임과 이것의 메커니즘이 24.10절에 서술되어 있다. 거기에 제시된 정보(그리고 아마도 생화학 교재로부터 추가적인 정보)를 사용하여 라이소자임의 메커니즘을 강의에 제시하기 위한 노트를 만드시오.

2. 카이모트립신은 세린 단백질 분해 효소 부류의 일원이다. 이것의 메커니즘은 24.11절에 서술되었다. 거기에 제시된 정보(그리고 아마도 생화학 교재로부터 추가적인 정보)를 사용하여 카이모트립신의 메커니즘을 강의에 제시하기 위한 노트를 만드시오. 특별히 산−염기 촉매 작용과 관련하여 '세작용기 촉매'의 역할과 여러 기들이 친핵체나 이탈기로 행동하는 상대적인 성향을 고려하시오.

CHAPTER 25

핵산과 단백질 합성

Alfred Pasieka/Science Source

이제까지 두 가지 부류의 생체 거대 분자—탄수화물과 단백질을 공부하였다. 이제 우리의 관심을 데옥시리보핵산(DNA)과 리보핵산(RNA)이라고 알려진 핵산과 고분자로 돌려 보자. DNA는 모든 생명체의 정체와 특성을 결정한다. 이것은 생명체를 만들고 복제하는 데 필요한 모든 정보를 소유한 지식의 보고이다. 한편, RNA는 DNA 정보원(전령 RNA)으로부터 정보를 빌리고, 단백질 구축 단위를 전달하고(운반 RNA), 단백질 합성을 촉매화(리보솜 RNA)한다.

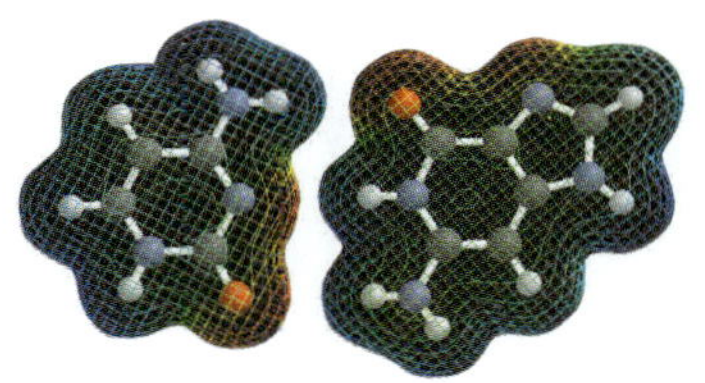
guanine–cytosine 염기쌍

이 장에서는 DNA와 RNA의 상세한 구조를 배운다. 비록 DNA와 RNA는 여러 면에서 유사하지만, 그들의 이름은 기묘하면서도 모든 중요한 차이점과는 모순이 된다. DNA는 그것이 지닌 리보스의 C2에 하이드록실기가 없지만, RNA는 하이드록실기를 가지고 있다. 이 한 가지 구조적인 이면성은 궁극적으로 다른 정보의 화학적 안정도에 이르게 하는데, DNA의 높은 안정도–정보 보관에 필요한 것–와 RNA의 낮은 안정도가 바로 그것이다.

DNA와 RNA의 또 다른 중요한 차이점은 DNA 농도는 세포 안에서 안정하지만, 전령 RNA(mRNA)는 단백질 합성에 필요한 대로 만들어진다. 어떤 단백질에 대한 세포의 필요가 증가하면 단백질로의 전달에 필요한 mRNA의 농도는 증가한다. 그러나 전형적이지 않은 mRNA의 세포적인 역할이 있는데, 백신에서의 mRNA를 사용하는 것이다. COVID-19의 경우에서 코로나바이러스 스파이크 단백질의 유전 암호를 지정한 mRNA로 백신을 접종하면 그 사람이 COVID-19에 감염되지 않고 세포는 COVID-19 바이러스에 대항하는 항체를 생성한다. 그리고 우리가 아는 바대로 생명을 살리는 mRNA의 사용은 전 세계에 대단한 결과를 가져왔다. 다른 mRNA 백신도 독감과 Zika와 같은 바이러스에 큰 가능성을 가지고 있다.

이 장에서 배울 내용:

- 핵산의 구조와 실험실적 제법
- DNA의 일차 및 이차 구조
- RNA와 단백질 합성에서의 역할
- DNA의 서열화 방법

이 주제는 왜 중요한가?

DNA의 신속한 합성과 분석은 많은 의학 발전의 핵심이다. 형광 염료, 방사성 동위 원소, 효소, 젤 전기 이동, 그 발명자로 하여금 1993년 Nobel 화학상을 받도록 한 중합 효소 연쇄 반응(PCR)을 포함하는 화학을 이용하여, DNA 한 분자로부터 수백만 복제품을 쉽게 통상적으로 합성하고, DNA 서열을 신속하고도 편리하게 정하게 되었다. 이 놀라운 과정들이 어떻게 작동하는지를 이해하기 위해서 이 마지막 부류의 생체 분자들을 더욱 자세하게 이해할 필요가 있다. PCR이 어떻게 작동하는지를 보여 줄 뿐만 아니라 화학자들이 수소 결합을 통하여 원하는 특정 DNA 서열에 선택적으로 결합하는 능력을 지닌 작은 분자들을 개발하고 고안해 온 방법을 보여 줄 것이다. 이런 기술을 통하여 화학자들은 약품 분자가 질병 치료에 결정적인 DNA 분자의 어느 부분을 선택적으로 표적 삼을 수 있도록 한다.

25.1 서론

데옥시리보핵산(DNA)과 **리보핵산(RNA)**은 세포에서 유전 정보를 운반하는 분자들이다. DNA는 단백질 합성을 위한 지침을 저장하는 분자이다. RNA 분자는 DNA로부터 단백질 합성 메커니즘을 위한 정보를 복사하며 전달한다. 유전 정보의 보존, 세대에서 세대로 이어지는 정보의 전달, 그리고 유전 정보를 사용하여 세포의 작용 위치를 만드는 일 등은 모두 DNA와 RNA의 분자 구조에 의존한다. 이러기에 **핵산(nucleic acid)**의 구조와 성질, 구성 성분, 뉴클레오사이드와 뉴클레오타이드에 관심을 기울이게 된다.

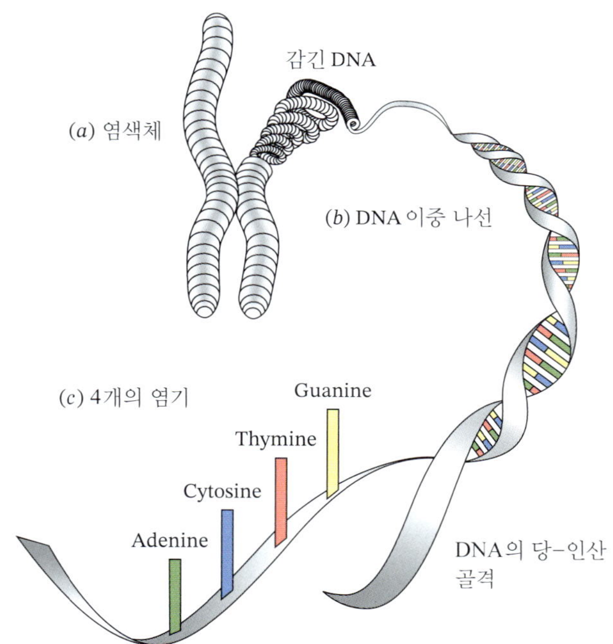

그림 25.1 유전학의 기본 이론. 인체의 각 세포에는 23쌍의 염색체가 있다. 염색체는 유전된다. 각 부모가 그들의 자녀에게 한 쌍당 1개의 염색체를 제공해 준다. (*a*) 각 염색체는 빽빽하게 감긴 DNA 가닥으로 되어 있다. 감기지 않은 상태에 있는 DNA의 구조는 (*b*) 이중 나선 모양을 보여 주고 있다. DNA를 비틀린 사다리로 그린다면 가장자리는 당과 인산 분자로 연결되어 있고, 헤테로 고리 아민 염기로 만들어진 단(*c*)에 의해서 연결되어 있다. DNA는 단지 4개의 염기 — 아데닌(A), 타이민(T), 구아닌(G), 그리고 사이토신(C) — 가 서로 잡아 묶은 쌍을 형성하고 있다. 사다리의 길이를 따른 염기의 순서가 곧 DNA의 서열이다. 전체적인 서열 안에서 유전자는 단백질의 구조를 암호화하고 있다. (*Science and Technology Review*, November 1996, "The Human Genome Project," https://www.llnl.gov/str/Ashworth.html. Credit must be given to Linda Ashworth, the University of California, Lawrence Livermore National Laboratory, and the Department of Energy under whose auspices the work was performed, when this information or a reproduction of it is used.)

DNA는 생물학적 중합체로서 수소 결합에 의해서 서로 매어진 두 분자 가닥으로 되어 있다. 전체적인 구조는 교대하는 당과 인산 단위가 가닥을 이룬 비틀린 사다리 같고 수소 결합을 하는 헤테로 고리 아민 염기(**그림 25.1**)가 사다리의 단을 이루고 있다. DNA 분자는 매우 긴 고분자체이다. 인체의 단일 세포로부터 DNA를 추출하여 처음부터 끝까지 직선으로 늘어놓으면 대략 1미터는 족히 된다. DNA를 세포의 핵이라는 미시적인 용기에 담으면 그것은 지독히 꼬여 있고 23쌍의 염색체 속으로 묶여 있는 것이 전자 현미경으로 관찰된다.

4가지 모양의 헤테로 고리 염기가 DNA 사다리에 단을 이룬다. 단백질 합성을 위한 정보를 운반하는 것은 이 염기의 서열이다. 인간의 DNA는 약 30억 개의 염기쌍으로 이루어졌다. 2000년에 인간 유전체에 있는 30억 개의 염기쌍의 초벌 서열이 발표된 것은 과학사의 이정표를 이루는 노력의 결과이다. 완벽한 최종 서열은 DNA의 구조가 결정된 후 50주년이 되던 해인 2003년에 발표되었다.

- 주어진 단백질에 대한 암호가 되는 DNA의 각 부분을 **유전자(gene)**라고 부른다.
- 생명체의 DNA에 의해서 암호화된 모든 유전 정보의 조합이 그것의 **유전체(genome**, 게놈)이다.

인간 유전체 속의 유전자의 수는 정확히 알려지지는 않았지만, 약 30,000~35,000개가 있는 것으로 추정된다. 생명체의 유전체에서 암호화되고 주어진 시간에 발현되는 모든 단백질의 조합을 **단백질체(proteome**, 24.14절)라고 부른다. 어떤 과학자들은 우리의 몸 조직에는 약 백만 가지의 단백질이 있을 것으로 추정하는데, 이것은 유전체에 있는 유전자의 수보다 훨씬 더 많다. 그 까닭은 단백질 발현과 전사 후 단백질 변형 기간 동안 유전자의 분할이 일어나기 때문이다.

인간 유전체의 서열이 정해졌으므로 그 지식을 가지고 질병 상태(**그림 25.2**)와 관련 있는 유

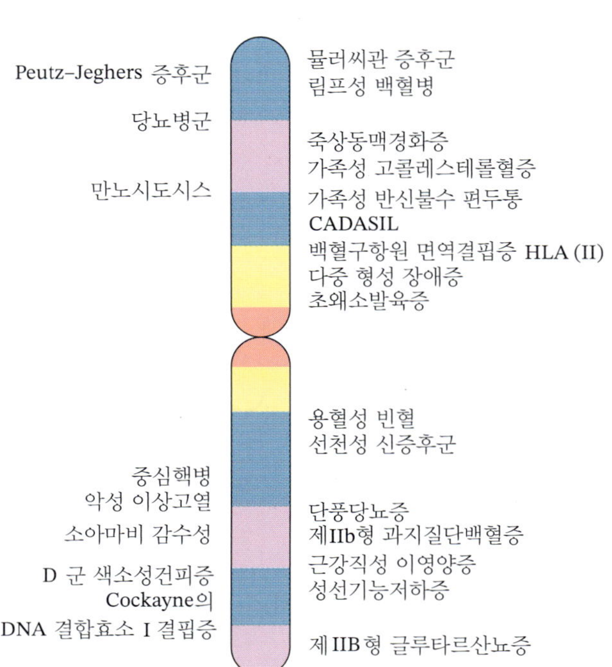

그림 25.2 염색체에 있는 질병 유전자의 위치에 대한 도식적인 지도. *(From Dept. of Energy Joint Genome Institute Website. (http://www.jgi.doe.gov/whoweare/). Credit to the University of California, Lawrence Livermore National Laboratory, and the Department of Energy under whose auspices the work was performed.)*

전자를 확인할 수 있는 방법이 또한 증대된다. 그리고 이들 유전자와 그들에 의해서 만들어진 단백질에 관한 연구는 인간의 건강과 장수에 엄청난 도움을 줄 것이다. 유전체에 있는 암호화된 모든 단백질의 구조를 결정하고, 그들의 기능을 알고, 분자 치료제를 개발하는 것이 앞으로의 연구의 도전 대상이 될 것이다.

핵산의 구조를 공부하는 것부터 시작하자. 각 단위체들은 고리형 아민 염기와 탄수화물 그룹, 그리고 인산 에스터를 포함하고 있다.

25.2 뉴클레오타이드와 뉴클레오사이드

핵산을 온화한 조건에서 분해하면 단위체 성분인 **뉴클레오타이드(nucleotide)**가 된다. 뉴클레오타이드의 일반적인 구조와 아데닐산이라고 부르는 특별한 구조를 **그림 25.3**에 나타냈다.

뉴클레오타이드를 완전히 가수 분해하면 다음과 같은 것이 나온다.

1. 퓨린이나 피리미딘인 헤테로 고리의 염기
2. 5개의 탄소로 된 단당류인 D-리보스나 2-데옥시-D-리보스
3. 인산 이온

뉴클레오타이드의 중심 부분은 단당류인데, 항상 오각형 고리로, 즉 퓨라노사이드로 존재한다. 뉴클레오타이드의 헤테로 고리인 염기는 리보스나 데옥시리보스의 C1′에서 *N*-글리코사이드 결합을 통하여 붙어 있는데, 이 결합은 항상 β이다. 뉴클레오타이드의 인산기는 인산 에스터로 존재하며, 그것은 C5′이나 C3′에 붙어 있다(뉴클레오타이드에서 단당류 부분의 탄소들은 1′, 2′ … 등으로 번호를 붙인다). 뉴클레오타이드에서 인산기를 제거하면 **뉴클레오사이드(nucleoside)**라고 알려진 화합물로 전환된다(22.15A절).

- DNA로부터 얻을 수 있는 뉴클레오사이드는 모두 2-데옥시-D-리보스를 당 성분으로 가지고 있는데, 아데닌, 구아닌, 사이토신, 혹은 타이민 등 네 가지 헤테로 고리 염기 중의 하나를 가지고 있다.

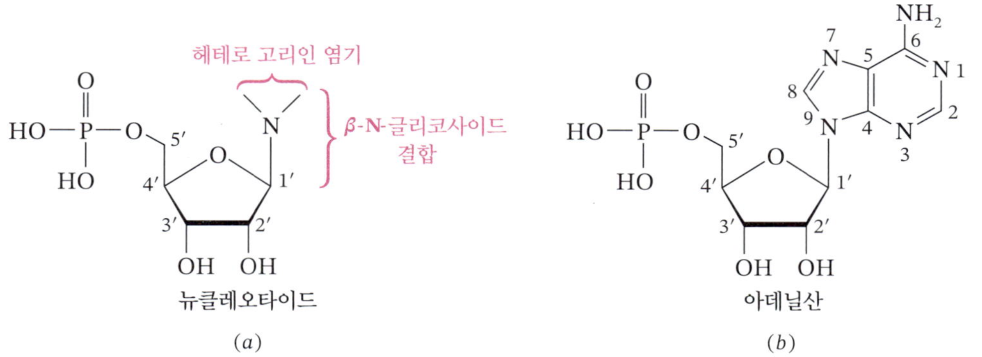

헤테로 고리인 염기
β-N-글리코사이드 결합
뉴클레오타이드
(*a*)
아데닐산
(*b*)

그림 25.3 (*a*) RNA로부터 얻은 뉴클레오타이드의 일반적인 구조. 헤테로 고리 염기는 퓨린 또는 피리미딘이다. DNA로부터 얻어진 뉴클레오타이드에서 당 성분은 2′-데옥시-D-리보스, 즉 2′ 위치에 있는 —OH가 —H로 치환된 것이다. 뉴클레오타이드의 인산기는 C5′에 붙어 있다. 그것은 C3′ 원자에 대신 붙어 있을 수도 있다. 헤테로 고리인 염기는 C1′에서 항상 β-*N*-글리코사이드 결합을 하고 있다. (*b*) 아데닐산은 가장 전형적인 뉴클레오타이드이다.

Adenine (A) Guanine (G) Cytosine (C) Thymine (T)

Purines Pyrimidines

- RNA로부터 얻어진 뉴클레오사이드는 D-리보스를 당 성분으로 가지고 있고 아데닌, 구아닌, 사이토신, 혹은 유라실 중의 하나를 헤테로 고리 염기로 가지고 있다.

RNA 뉴클레오사이드(또는 뉴클레오타이드)에서 유라실이 타이민을 대치한다. 특수한 형태의 RNA로부터 얻어진 어떤 뉴클레오사이드는 퓨린이나 피리미딘과 비슷하면서도 다른 염기를 가지는 것도 있다.

Uracil (피리미딘 화합물)

뉴클레오사이드로부터 얻어진 헤테로 고리 염기는 한 가지 이상의 토토머 형태로 존재할 수 있다. 여기에서 보인 형태는 염기들이 핵산에 존재할 때 가장 많이 갖는 형태이다.

DNA에서 발견되는 뉴클레오사이드의 구조와 이름은 **그림 25.4**에 나타나 있고, RNA에서 발견되는 것들은 **그림 25.5**에 주어져 있다.

아데닌, 구아닌, 사이토신, 타이민, 그리고 유라실의 다른 토토머 형태의 구조를 쓰시오. **되새김 물음 25.1**

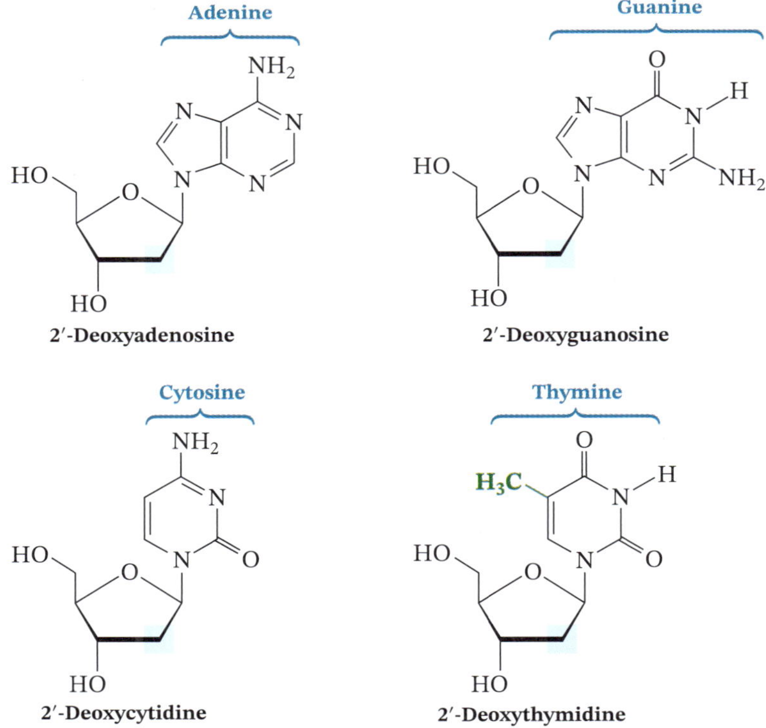

그림 25.4 DNA로부터 얻어지는 뉴클레오사이드. DNA는 청색 네모 표시 부분이 2′-데옥시이다. RNA(그림 25.5를 보시오)는 그 위치에 하이드록실기가 있다. RNA는 타이민의 메틸기가 있는 곳에 수소가 있다. 그래서 유라실이다(그리고 뉴클레오사이드는 유리딘이다).

Adenine Adenosine

Guanine Guanosine

Cytosine Cytidine

Uracil Uridine

그림 25.5 RNA로부터 얻어지는 뉴클레오사이드(그림 25.4를 보시오). DNA로 리보스의 적색인 하이드록실기가 있는 곳에 수소 원자가 있다. (DNA는 리보스 골격에서 2′-데옥시이다.)

되새김 물음 25.2

그림 25.4와 25.5에 보인 뉴클레오사이드는 묽은 염기에서 안정하다. 그러나 묽은 산에서는 신속히 가수 분해하여 당(데옥시리보스 또는 리보스)과 헤테로 고리인 염기를 생성한다.

(a) 이러한 형태를 설명할 수 있는 뉴클레오사이드의 구조적 특징은 무엇인가?

(b) 가수 분해에 대한 타당한 메커니즘을 제시하시오.

뉴클레오타이드는 여러 가지 방법으로 이름을 붙인다. 예를 들어, 아데닐산(그림 25.3)은 대개 AMP라고 부르는데 아데노신 일인산이다. 인산기의 위치를 나타내기 위하여 아데노신 5′-일인산 또는 5′-아데닐산이라고도 부른다. 유리딜산은 유리딘 일인산을 의미하는 UMP라고 부르고, 유리딘 5′-일인산 또는 5′-유리딜산으로 부른다. 뉴클레오타이드가 이인산 또는 삼인산으로 존재하면 이에 따라서 이름을 조정하는데, 아데노신 이인산은 ADP, 구아노신 삼인산은 GTP이다.

뉴클레오사이드와 뉴클레오타이드는 DNA나 RNA의 구조의 부분이 아닌 다른 곳에서도 발견된다. 예를 들면, 아데노신 단위는 두 가지 중요한 보조 효소인 NADH와 보조 효소 A의 구

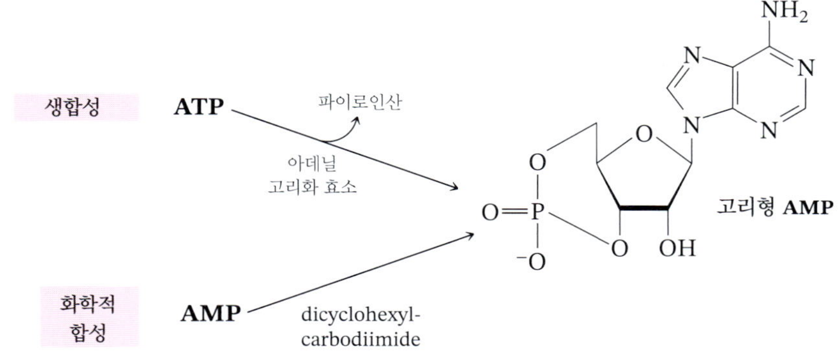

그림 25.6 3′,5′-고리형 아데닐산(고리형 AMP)과 이것의 생합성 및 실험실적 합성 방법

조의 일부분이다. 아데노신의 5′-삼인산은 물론 중요한 에너지원인 ATP(22.1B절)이다. 3′,5′-고리형 아데닐산(또는 고리형 AMP)(**그림 25.6**)이라고 부르는 화합물은 호르몬 활성의 중요한 조절 인자이다. 세포는 이 화합물을 ATP로부터 **아데닐 고리화 효소**(adenylate cyclase)의 작용을 통해서 합성한다. 실험실에서는 5′-아데닐산을 다이사이클로헥실카보다이이미드와 함께 탈수 반응시켜 3′,5′-고리형 AMP를 합성한다.

보기 물음 25.1

고리형 AMP를 수산화 소듐 수용액으로 처리하면 주 생성물로 5′-아데닐산이 아니라 3′-아데닐산(아데노신 3′-인산)이 얻어진다. 이 반응 경로를 설명할 수 있는 메커니즘을 제시하시오.

풀이

이 반응은 S_N2 메커니즘으로 일어난다. 공격은 입체 장애로 인한 차이 때문에 2차인 3′-탄소 원자보다는 1차인 5′-탄소 원자에서 주로 일어난다.

25.3 뉴클레오사이드와 뉴클레오타이드의 실험실적 합성

당과 염기 또는 그 전구체들로부터 뉴클레오사이드를 합성하는 다양한 방법들이 개발되었다. 아래의 한 가지 예는 **Silyl-Hilbert-Johnson 뉴클레오사이드화 반응**인데, 벤조일기로 보호된 당(D-리보스)이 염화 주석(IV) 존재하에서 *N*-벤조일기로 보호된 염기(사이티딘)와 반응하는 것이다. 이 염기는 같은 반응 용기에서 실릴화 반응을 하여 추가로 보호한다.* 염기를 보호하는 트라이메틸실릴 보호기는 *N*,*O*-비스(트라이메틸실릴)아세트아마이드(BSA)를 사용하여 도입한다. 이들은 두 번째 단계에서 산 수용액으로 제거된다. 그 결과 뉴클레오사이드인 사이토신의 보호된 형태가 되는데, 벤조일기는 염기로 쉽게 제거될 수 있다.

HO, O, OBz, BzO, OBz + NHBz, N, N, H, O —(1) BSA, $SnCl_4$, MeCN, 가열 (2) HCl, THF/H_2O→ NHBz, N, N, O, HO, O, BzO, OBz

D-Ribose (Bz 보호기) **N^4-Benzoylcytosine** **Cytidine (Bz 보호기)**

Bz = C_6H_5CO (benzoyl)

BSA = $CH_3C[{=}NSi(CH_3)_3]OSi(CH_3)_3$,
[*N*,*O*-bis(trimethylsilyl)acetamide, 친핵성인 산소와 질소 원자들의 트라이메틸실릴화 반응을 위한 시약]

또 다른 방법은 보호된 리보실아민 유도체로부터 헤테로 고리인 염기를 형성하는 것이다.

* 이 조건들은 L-리보스를 사용하여 RNA의 비천연적인 거울상체를 합성하는 데 적용되었다(Pitsch, S. An Efficient Synthesis of Enantiomeric ribonucleic acids from D-glucose. *Helv. Chim. Acta* **1997**, 80, 2286−2314). 보호기를 가진 거울상체인 사이티딘은 위의 반응에 의해서 94% 수율로 생성되었다. 보호기를 조절한 후 고체상 올리고뉴클레오타이드 합성법을 적용하여(25.7절) 이 화합물과 다른 세 가지 뉴클레오타이드 단위체(L-리보스로부터 유도된 것)를 사용하면 비천연적인 RNA 거울상체를 합성한다. Vorbrüggen, H.; Ruh−Pohlenz, C. *Handbook of Nucleoside Synthesis*; Wiley; Hoboken, NJ, 2001. 참조.

BzO, NH_2, O, BzO, OBz + O, NH, EtO, EtO, O → (−2 EtOH) → BzO, O, N, O, N, H, O, BzO, OBz → HO^- / H_2O → **Uridine**

2,3,5-Tri-*O*-benzoyl-β-D-ribofuranosylamine **β-Ethoxy-*N*-ethoxycarbonylacrylamide**

되새김 물음 25.3 전에 보아 왔던 반응에 대한 답에 근거하여, 앞서 나온 유리딘 합성의 첫 단계에서 축합 반응에 대한 가능한 메커니즘을 제시하시오.

세 번째 방법은 헤테로 고리에 있는 치환기를 다른 기로 치환하는 것이다. 이 방법은 자연에는 존재하지 않는 특이한 뉴클레오사이드를 합성하는 데 광범위하게 사용되고 있다. 아래의 예는 염화 리보퓨라노실과 클로로머큐리퓨린으로부터 얻어진 6-클로로퓨린 유도체들을 이용하는 것들이다.

HO, O, HO, OH, Cl, N, N, N, N → NH_3 → **Adenosine** (NH_2, R)
→ H_2S → (S, N–H, R)
→ H_2, Ni → (H, R)

R = β-D-Ribosyl

수많은 인산화 반응 시약들이 뉴클레오사이드를 뉴클레오타이드로 전환하는 데 사용된다. 가장 유용한 것 중 하나는 염화인산 다이벤질이다.

$(BnO)_2P(O)Cl$ Bn = $C_6H_5CH_2$ **(benzyl)**

뉴클레오사이드의 2′-과 3′-OH기가 아세토나이드기로 보호되어 있을 때 5′-OH만을 특별히 인산화시킬 수 있다(다음 식을 보시오).

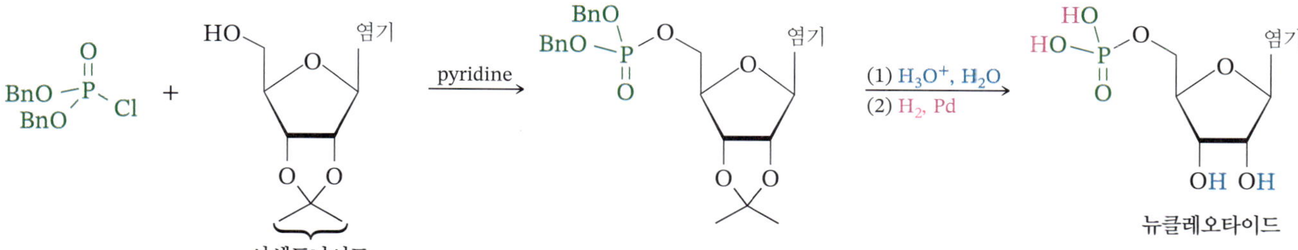

BnO BnO P O Cl + HO 염기 O O O 아세토나이드 보호기 —pyridine→ BnO BnO P O O 염기 O O O —(1) H_3O^+, H_2O (2) H_2, Pd→ HO HO P O O 염기 O OH OH 뉴클레오타이드

약한 산으로 촉매에 의한 가수 분해로 아세토나이드기를 제거할 수 있고 가수소 분해 반응으로 인산 벤질 결합을 깰 수 있다.

되새김 물음 25.4

(a) 보호된 뉴클레오사이드에 있는 아세토나이드기에는 무슨 종류의 결합이 있으며, 왜 그것은 약한 산 촉매에 의한 가수 분해를 쉽게 당하는가? **(b)** 그러한 보호기는 어떻게 배치할 수 있겠는가?

되새김 물음 25.5

아래의 반응 도표는 cordycepin(뉴클레오사이드계의 항생제)과 2′-데옥시아데노신(1958년에 Stanford Research Institute의 Anderson, Goodman, 그리고 Baker가 보고함)의 첫 번째 합성이다.

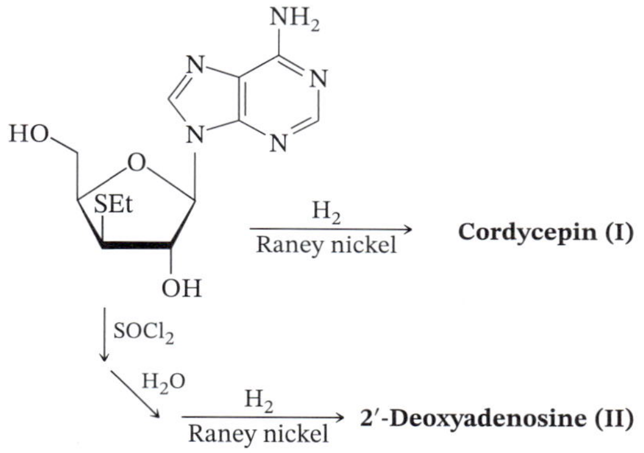

NH_2 N N N N HO O SEt OH —H_2 / Raney nickel→ **Cordycepin (I)**

↓ $SOCl_2$ ↘ H_2O —H_2 / Raney nickel→ **2′-Deoxyadenosine (II)**

(a) cordycepin(**I**과 **II**는 이성질체임)의 구조는 무엇인가?
(b) **II**의 형성을 설명하는 메커니즘을 제시하시오.

25.3A 의학에의 응용

1950년대 초기에 Elion과 Hitchings(Wellcome Research Laboratories)는 6-머캅토퓨린이 항종양 및 항백혈병 성질을 지녔음을 발견하였다. 이 발견으로 뉴클레오사이드를 포함하여 상당히 의학적인 중요성을 띤 다른 퓨린 유도체와 관련이 있는 화합물들이 개발되었다. 세 가지 예는 아래와 같다.

노벨상

Elion과 Hitchings는 퓨린으로부터 유도된 화학요법제를 개발한 공로로 1988년 Nobel 생리 의학상을 수상하였다.

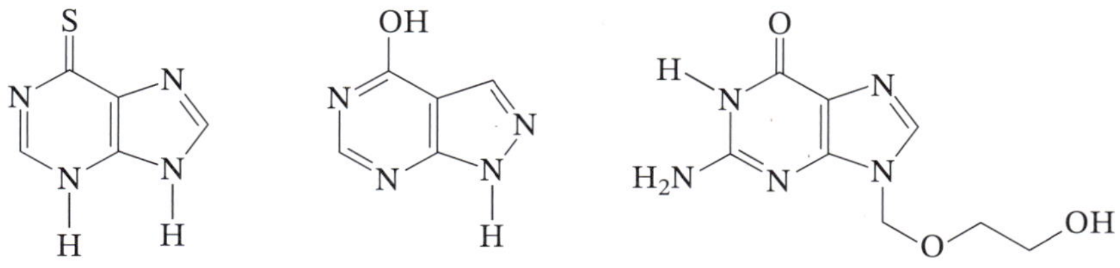

S N N N N H H **6-Mercaptopurine**

OH N N N N H **Allopurinol**

O H N N H₂N N N O OH **Acyclovir**

6-머캅토퓨린은 다른 화학요법제와 함께 어린이들의 급성 백혈병 치료에 쓰인다. 그리고 오늘날 치료를 받은 어린이들의 거의 80%가 완쾌된다. 다른 퓨린 유도체인 알로퓨린올은 통풍의 치료에 표준적으로 쓰인다. 아사이클로비어는 리보스 고리의 두 탄소가 없는 화합물로 허피스 바이러스(herpes virus)에 의해 생긴 질병들의 치료에 쓰인다. 이러한 질병에는 **단순포진** 유형 1(herpes simplex type 1), 유형 2(생식기 포진), 그리고 수두(대상 포진) 등이 있다.

25.4 데옥시리보핵산: DNA

25.4A 일차 구조

뉴클레오타이드와 핵산의 관계는 아미노산과 단백질의 관계와도 같다. 그들은 단위체들이다. 단백질에서의 연결 고리는 아마이드기이다. 핵산에서는 인산 에스터 결합이다. 인산 에스터는 한 리보스의 3′-OH를 다른 리보스의 5′-OH와 연결시킨다. 이로써 핵산은 당과 인산 단위로 된 '골격'을 가진 가지 없는 긴 사슬이 되며 헤테로 고리 염기는 사슬로부터 일정한 간격마다 삐져나온다(**그림 25.7**). 그림 25.7에 있는 염기의 순서는 다음과 같은 방법으로 표시한다.

$$5' \leftarrow \text{A—T—G—C} \rightarrow 3'$$

DNA 사슬을 따라 있는 **염기 서열(base sequence**, 순서)이 암호화된 유전 정보를 지니고 있

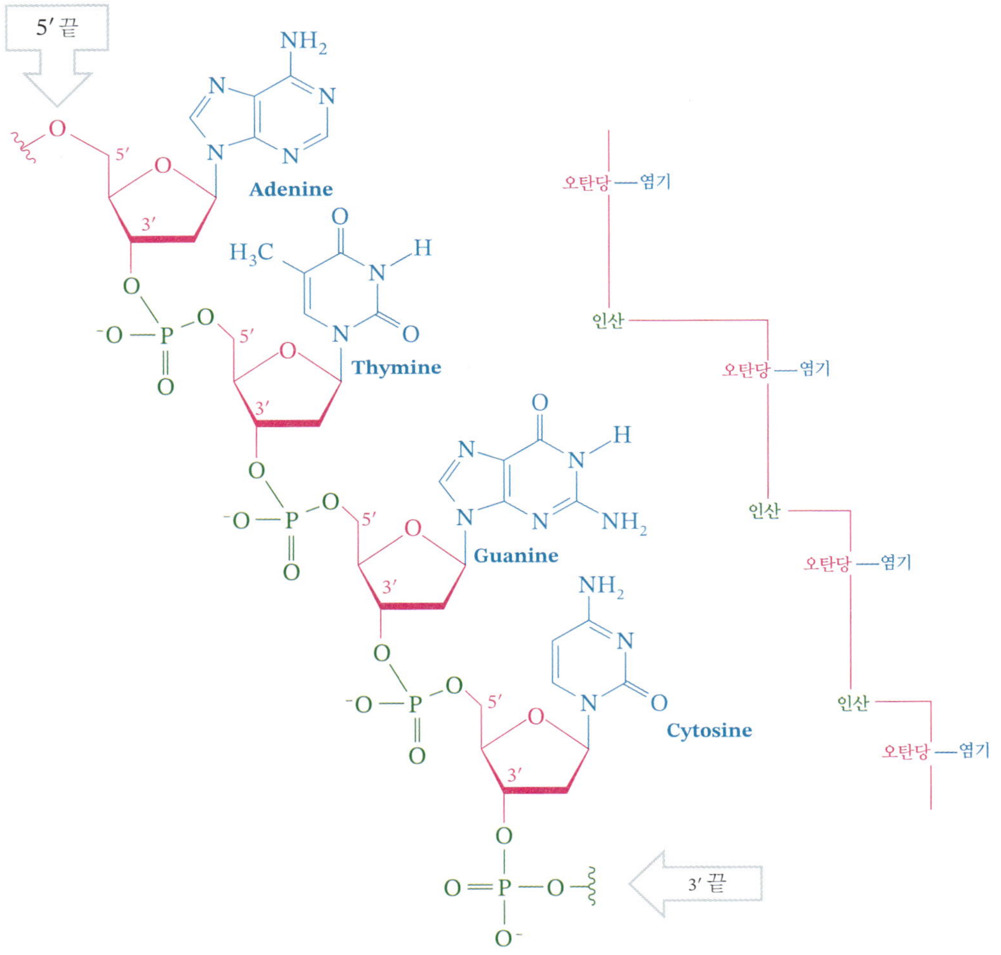

그림 25.7 단일 DNA 사슬의 한 부분으로 인산 에스터기가 데옥시리보스 단위의 3′-과 5′-OH기를 연결하는 모습을 나타내고 있다. RNA도 유사한 구조를 가졌으나 두 가지 점이 예외이다. 즉, 각 리보스 단위의 2′-위치에 하이드록실기가 수소 대신 있으며 타이민 대신 유라실이 있다.

다. 이 염기의 서열은 효소에 의한 방법과 크로마토그래피를 이용하여 결정될 수 있다(25.6절).

25.4B 이차 구조

DNA의 이차 구조에 대한 모형을 제공한 것은 이제는 고전이 된 Watson과 Crick의 제안이었다(이것은 1953년의 일이었는데 그후 Wilkins의 X-선 분석에 의해서 증명되었다). 이 업적으로 Crick, Watson, 그리고 Wilkins는 1962년 Nobel 생리 의학상을 받았다. 많은 사람들은 Rosalind Franklin도 Nobel상을 공동 수상했어야 했다고 믿고 있지만, 그녀가 1958년에 암으로 사망함에 따라 그러지 못하였다. Nobel상은 사후에는 수여되지 않기 때문이다. 그녀의 X-선 자료는 DNA 구조를 푸는 데 또한 핵심이었다. DNA의 이차 구조는 특별히 중요하다. 왜냐하면 이것으로 유전 정보가 어떻게 보존되는지, 유전 정보가 세포 분열 과정에서 어떻게 전파되는지, 그리고 그것이 단백질 합성을 위한 주형을 제공하기 위해서 어떻게 전사되는지를 이해할 수 있도록 하기 때문이다.

노벨상
1962년 Nobel 의학상은 DNA의 구조 결정에 대하여 수여되었다.

Watson과 Crick의 제안에 있어서 으뜸이 되는 중요성은 Chargaff가 일찍이 1940년대 후반에 관찰한 것으로, 여러 가지 종의 DNA로부터 얻어진 헤테로 고리 염기의 퍼센트율에서 어떤 규칙성을 관찰할 수 있는 것이다. **표 25.1**에는 전형적으로 얻어지는 결과를 수록하였다.

Chargaff는 조사한 모든 종에 대하여 다음과 같은 사항을 지적하였다.

1. 퓨린의 총 몰 퍼센트는 대체로 피리미딘의 총 몰 퍼센트와 같다. 즉, (%G + %A)/(%C + %T) ≅ 1이다.

2. 아데닌의 몰 퍼센트는 타이민의 몰 퍼센트와 거의 같다(즉, %A/%T ≅ 1). 그리고 구아닌의 몰 퍼센트는 사이토신의 몰 퍼센트와 거의 같다(즉, %G/%C ≅ 1).

Chargaff는 또한 종에서 종으로 변화하는 비는 (%A + %T)/(%G + %C)임을 알게 되었다. 더욱이 그는 이 비가 주어진 종의 DNA의 특성이기도 하지만 같은 동물의 다른 조직으로부터 얻어진 DNA에서도 같으며, 같은 종 내에서는 개개의 조직의 나이나 성장 조건에 따라 눈에 띄게 변화하지 않는다는 사실도 알게 되었다.

Watson과 Crick는 모델 화합물의 퓨린과 피리미딘에 있는 결합 길이와 결합각을 나타내는

표 25.1 여러 종의 DNA 구성

	염기 성분비 (mol %)							
종	G	A	C	T	$\frac{G+A}{C+T}$	$\frac{A+T}{G+C}$	$\frac{A}{T}$	$\frac{G}{C}$
Sarcina lutea	37.1	13.4	37.1	12.4	1.02	0.35	1.08	1.00
대장균 K12	24.9	26.0	25.2	23.9	1.08	1.00	1.09	0.99
맥아	22.7	27.3	22.8[a]	27.1	1.00	1.19	1.01	1.00
소 가슴샘	21.5	28.2	22.5[a]	27.8	0.96	1.27	1.01	0.96
황색 포도상 구균	21.0	30.8	19.0	29.2	1.11	1.50	1.05	1.11
사람 가슴샘	19.9	30.9	19.8	29.4	1.01	1.52	1.05	1.01
사람 간	19.5	30.3	19.9	30.3	0.98	1.54	1.00	0.98

[a] 사이토신 + 메틸사이토신

Source: Reproduced with permission of The McGraw-Hill Companies, Inc. from Smith, E.L.; Hill, R.L.; Jehman, I.R.; Lefkowitz, R.J.; Handler, P.; and White, A., *Principles of Biochemistry: General Aspects,* 7th edition, ©1982.

X-선 자료도 얻게 되었다. 그 밖에도 Franklin과 Wilkins의 자료로부터 천연 DNA에서의 반복 거리는 이례적으로 길어 34 Å이나 됨을 알았다.

이런 자료로부터 Watson과 Crick는 DNA 이차 구조에 대한 모형으로 이중 나선을 제의하였다. 이 모형에 따르면, 두 핵산의 사슬들은 반대 가닥에 있는 염기쌍들 사이의 수소 결합에 의해서 서로 잡아매져 있다. 이 이중 사슬은 두 사슬이 같은 축을 공유하면서 나선으로 꼬여 들어간다. 염기쌍은 나선의 안쪽에 있으며 당–인산 골격은 바깥쪽에 있다(**그림 25.8**). 나선의 피치는 10개의 연속적인 뉴클레오타이드 쌍이 34 Å(반복 거리) 안에서 완전히 한 바퀴 돌게끔 되어 있다. 나선의 외부 폭은 약 20 Å이고 반대 사슬에 있는 리보스 단위의 1′ 위치들 사이의 내부 거리는 약 11 Å이다.

분자 크기의 모형을 사용하여 Watson과 Crick는 이중 나선의 내부 거리가 염기쌍 사이에 퓨린–피리미딘 형태의 수소 결합만을 허용하게끔 하는 거리임을 관찰하였다. 퓨린–퓨린 염기쌍은 너무 커서 끼어 맞기가 어렵기 때문에 생기지 않으며, 피리미딘–피리미딘 염기쌍은 너무 멀리 떨어져 있어서 효과적인 수소 결합을 할 수 없다.

도움말
Watson과 Crick이 DNA의 삼차원 구조를 연구하여 Nobel상을 수상한 데에는 모형 사용이 결정적이었다.

Watson과 Crick은 한 단계 더 나아가 결정적인 제안을 하게 된다. 산소를 포함하고 있는 헤테로 고리 염기가 케토 형태로 존재한다고 가정하고, 그들 사이에 수소 결합을 통한 염기쌍 형성은 단지 특수한 방법, 즉 아데닌(A)과 타이민(T), 그리고 사이토신(C)과 구아닌(G) 사이

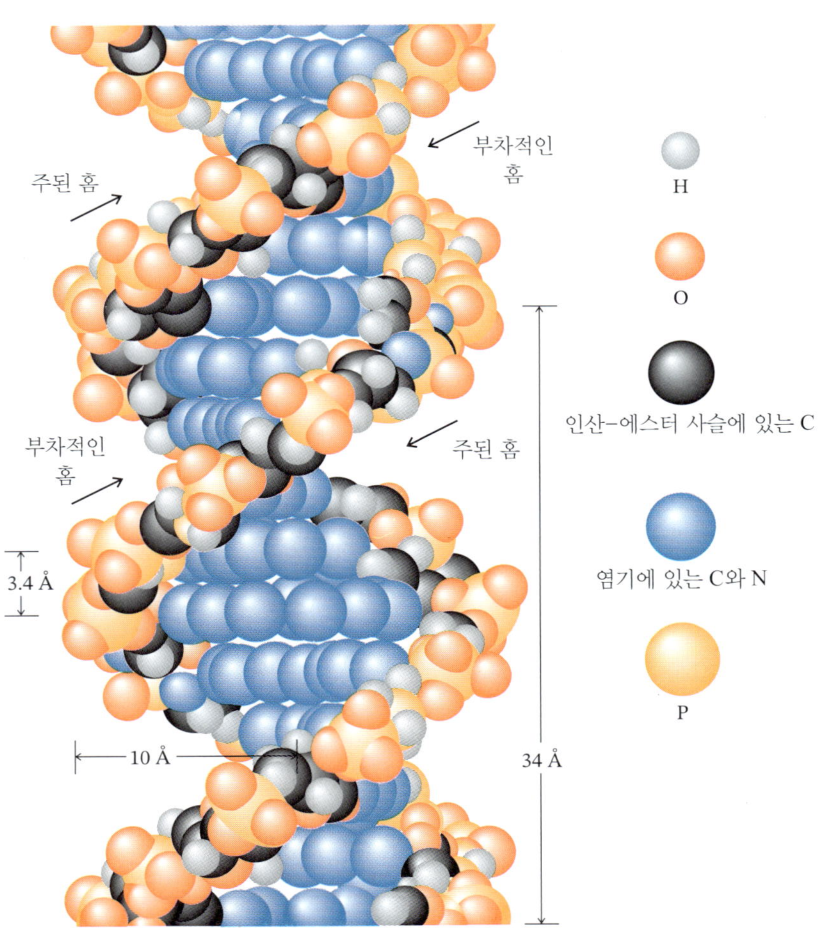

그림 25.8 DNA 이중 나선의 일부에 대한 분자 모형. (Reprinted with permission of The McGraw-Hill Companies from Neal, L., *Chemistry and Biochemistry: A Comprehensive Introduction*, © 1971.)

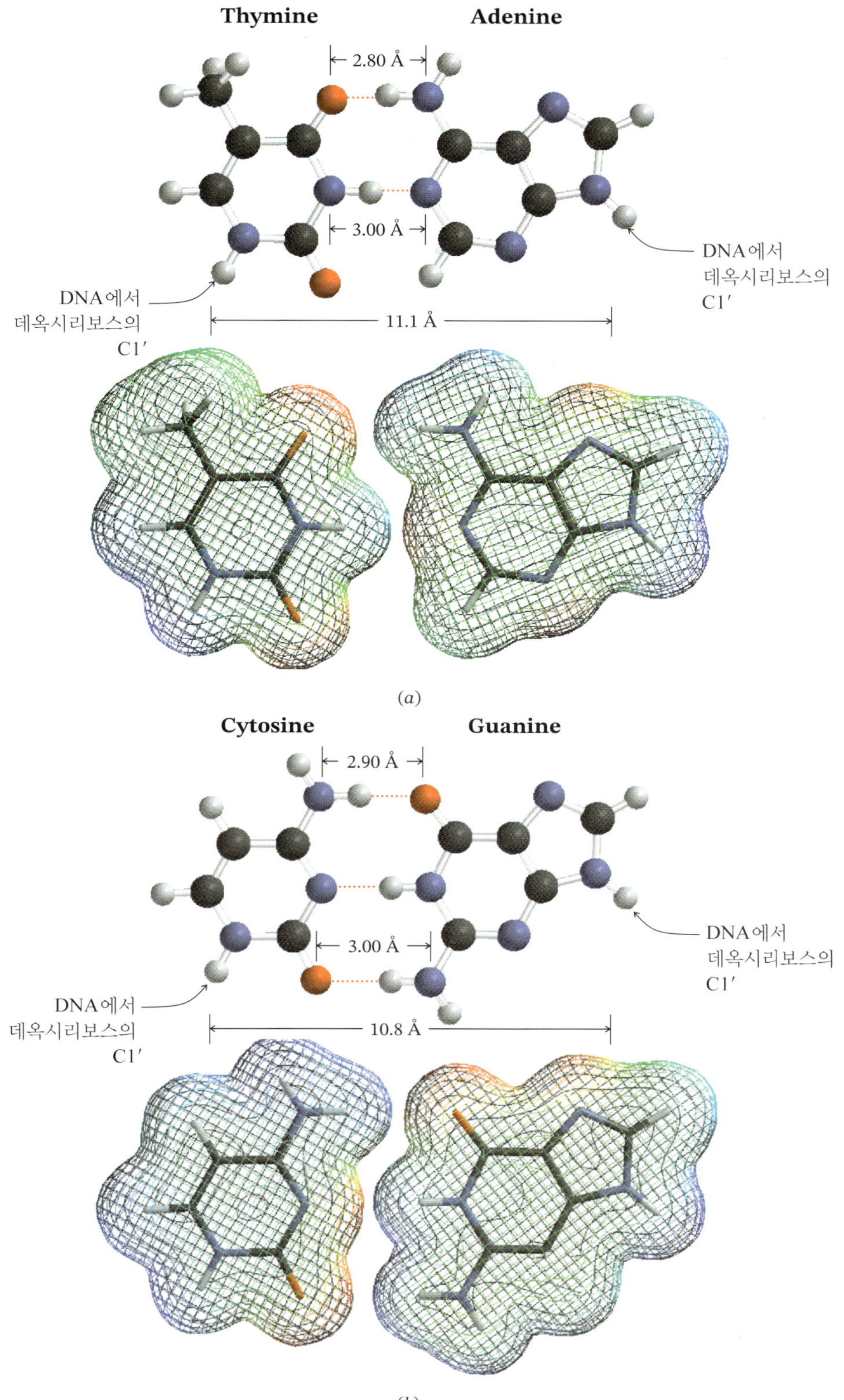

그림 25.9 타이민–아데닌(*a*)과 사이토신–구아닌(*b*) 염기쌍. 이 크기는 강한 수소 결합을 형성하게끔 하여, 염기쌍이 이중 나선의 두 인산–리보스 사슬 안으로 끼어 맞도록 하는 것이다. 개개의 염기에 대해서 계산된 정전기적 퍼텐셜 지도는 전하가 상보적으로 분배해서 수소 결합에 이르게 됨을 보인다. (공–막대 모형의 출처: Pauling, L.; Corey, R. *Arch. Biochem. Biophys*. 1956, *65*, 164–181.)

에서만 일어난다고 주장하였다. 이 염기쌍의 크기와 각 염기에 대한 정전기적 퍼텐셜 지도는 **그림 25.9**에 보였다.

아데닌은 타이민과 쌍을 이룸

구아닌은 사이토신과 쌍을 이룸

Thymine Adenine

Cytosine Guanine

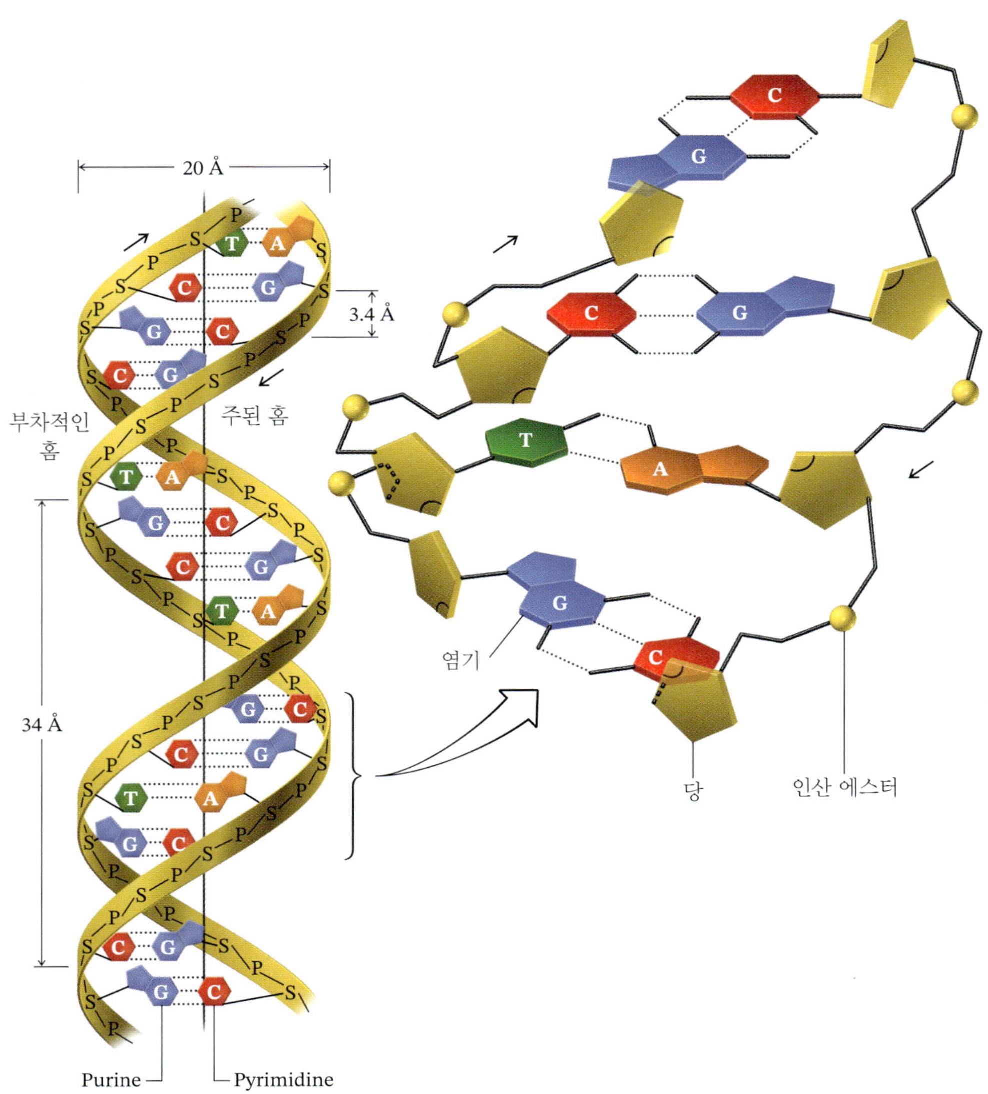

그림 25.10 상보적인 염기쌍을 나타내는 DNA 이중 나선의 그림. 화살표는 3′→5′ 방향을 나타낸다.

이런 종류의 특수한 염기쌍은 Chargaff가 관찰한 사실, 즉 %A/%T≅1과 %G/%C≅1과 일치한다.

특수한 염기쌍은 또한 두 DNA 사슬이 상보적임을 의미한다. 아데닌이 한 사슬에서 나타나는 곳마다 반대 사슬에는 타이민이 나타나야 하며, 사이토신이 한 사슬에서 나타나면 다른 것에서는 구아닌이 나타나야 한다(**그림 25.10**).

DNA의 당-인산 골격은 완전히 규칙적이지만, 이 골격을 따라 있는 헤테로 고리 염기쌍의 순서는 많은 다른 조합이 가능하다. 이것은 유전 정보를 운반하는 것이 염기쌍의 정확한 순서이기 때문에 중요하다. 이중 가닥의 한 사슬은 다른 사슬의 상보 가닥이다. 한 사슬의 염기 순서를 알면 다른 사슬의 염기 순서를 쓸 수가 있다. 왜냐하면 A는 항상 T와, 그리고 G는 항상 C와 짝을 하기 때문이다. 이 두 가닥의 상보성 때문에 DNA 분자는 세포 분열 과정에서 자신을 복제하고, 그러므로 유전 정보를 두 딸세포에 각각 전해줄 수 있게 되는 것이다.

25.4C DNA 복제

세포 분열 직전에 DNA의 두 가닥은 한 끝에서부터 풀려나가기 시작한다. 각 사슬을 따라 상보 가닥이 형성된다(**그림 25.11**). 각 사슬은 실제로 그것의 상보 가닥 형성을 위한 주형이 되는 것이다. 풀림과 **복사(replication)**가 끝나면 전에 단 한 개만 있던 곳에 두 개의 똑같은 DNA 분자가 존재하게 된다. 이 두 분자는 딸세포에 각각 하나씩 전해진다.

되새김 물음 25.6

(a) 한 개의 인체 세포에 있는 DNA는 각각 30억 개의 염기쌍을 가지고 있다. 이 DNA가 이중 나선으로 존재한다고 가정하고, 인체 세포에 들어 있는 모든 DNA의 길이를 계산하시오.
(b) 인체 세포 하나에 있는 DNA의 무게는 6×10^{-12} g이다. 지구의 인구가 약 79억이라고 가정하면 현재 살아 있는 모든 인간들에게 생겨난 유전 정보는 한때는 대응되는 수의 수정된 난자들 안에 포함되어 있었다고 할 수 있다. 이 DNA의 전체 무게는 얼마인가? (이 DNA의 부피는 대략 빗방울 하나의 크기이다. 그렇지만 개개의 분자가 끝에서 끝으로 늘어서면 그것은 달까지 여덟 번이나 왕복할 만큼 펼쳐질 수 있다.)

되새김 물음 25.7

(a) 구아닌의 가장 안정한 형태는 락탐 형태(또는 고리형 아마이드, 17.8I절 참조)이다. 이것은 대개 DNA에 존재하는 형태이며, 앞서 배운 대로 이것은 사이토신과 특별히 쌍을 이룬다. 만일 구아닌이 비정상적인 락팀 형태로 토토머화(18.2절 참조)한다면 그것은 타이민과 대신 쌍을 이룰 것이다. 이 비정상적인 염기쌍의 수소 결합을 나타내는 구조식을 쓰시오.

O, N, H, N, N, NH_2, N, H ⇌ OH, N, N, N, NH_2, N, H

구아닌의 락탐 형태　　구아닌의 락팀 형태

(b) DNA 복제 과정 중 생기는 토토머화 반응에 기인된 부적절한 염기쌍은 자발적인 돌연변이의 원인으로 제의되고 있다. (a)에서 구아닌의 토토머화 반응이 적당한 순간에 일어나면 타이민(사이토신 대신)이 상보 가닥 DNA 사슬에 도입되게끔 한다. 이 새로운 DNA 사슬은 더 이상 토토머화가 일어나지 않는다 해도 다음 복제 동안 상보 가닥에 어떤 오차를 가져오겠는가?

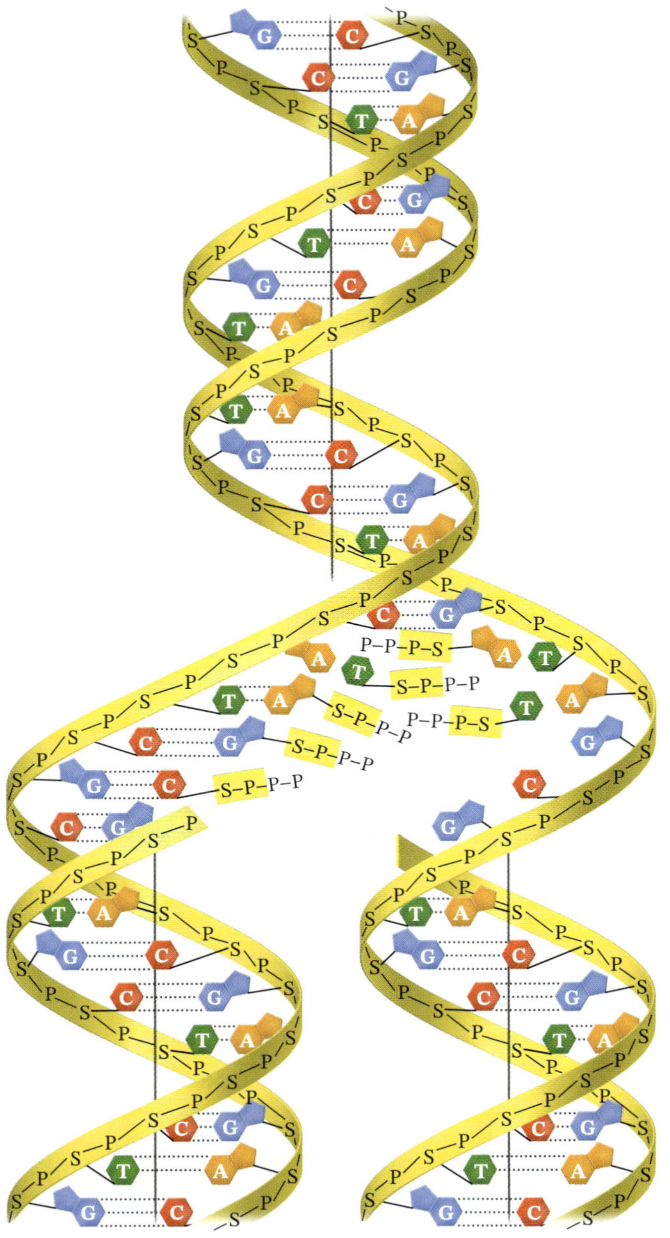

그림 25.11 DNA의 복제. 이중 가닥이 한쪽 끝부터 풀리면서 각 사슬을 따라 상보 가닥이 생겨난다.

되새김 물음 25.8

돌연변이는 화학적으로도 일어나며, 아질산은 가장 강력한 화학적 **돌연변이 유발원(mutagen)** 중의 하나이다. 아질산의 돌연변이 효과는 이것이 아미노기를 가진 퓨린이나 피리미딘으로부터 탈아민화 반응을 일으키기 때문이라고 설명되고 있다. 예를 들면, 아데닌을 포함하는 뉴클레오타이드를 아질산으로 처리하면 이것은 하이포잔틴 유도체로 전환된다.

Adenine nucleotide $\xrightarrow{\text{HONO}}$ **Hypoxanthine nucleotide**

(a) 이전에 보았던 반응을 바탕으로 답변하면, 아데닌→하이포잔틴 상호 전환에 있어서 가능한 중간체는 무엇인가?
(b) 아데닌은 DNA에서 타이민과 정상적으로 쌍을 이룬다. 그러나 하이포잔틴은 사이토신과 쌍을 이룬다. 하이포잔틴→사이토신 염기쌍의 수소 결합을 나타내시오.
(c) 아데닌→하이포잔틴 상호 전환이 두 번 복제를 통하여 DNA에 어떤 오차를 발생시키는지 보이시오.

25.5 RNA와 단백질 합성

Watson−Crick 가설이 출판된 후 곧 과학자들은 이것을 확대하여 Crick가 '분자 유전학의 중심 교리'라고 불렀던 원리에 이르게 되었다. 이 원리는 곧 유전 정보가 다음과 같이 전해진다는 것이다.

$$\text{DNA} \longrightarrow \text{RNA} \longrightarrow \text{단백질}$$

물론 단백질의 합성은 세포의 기능에 있어서 아주 중요하다. 왜냐하면, 단백질이 (효소로서) 세포의 반응을 모두 촉매화하기 때문이다. 박테리아의 매우 원시적인 세포도 3000개나 되는 다른 효소를 필요로 하고 있다. 이것은 이 세포의 DNA 분자가 이 단백질 합성을 지시하기 위한 유전자를 대응되는 수만큼 갖고 있음을 뜻한다. **유전자(gene)**란 한 개의 단백질(또는 폴리펩타이드) 합성을 지시하는 데 필요한 정보를 포함하고 있는 DNA 분자의 단편을 말한다.

DNA는 주로 진핵세포의 핵 속에서 발견된다. 단백질의 합성은 **세포질**(cytoplasm)이라고 부르는 세포의 부분 안에서 주로 일어난다. 단백질 합성에는 두 가지 주된 과정이 이루어져야 한다. 첫 번째는 세포핵 안에서 이루어지고 두 번째는 세포질에서 이루어진다. 첫 번째는 **전사(transcription)**로, 유전 정보가 전령 RNA(mRNA)라고 부르는 RNA의 형태로 전사되는 것이다. 두 번째는 두 가지 다른 형태의 RNA가 관여하는데, 리보솜 RNA(rRNA)와 운반 RNA(tRNA)가 그것들이다.

도움말
레트로바이러스라고 불리는 바이러스가 있는데, 정보가 RNA에서 DNA로 흐른다. AIDS를 일으키는 바이러스는 레트로바이러스이다.

25.5A 전령 RNA 합성—전사

단백질 합성은 세포핵 내에서 mRNA의 합성으로 시작된다. DNA 이중 나선 일부가 풀려서 적어도 한 개의 유전자에 대응되는 사슬의 부분이 노출된다. 세포핵 속에 존재하고 있던 리보뉴클레오타이드가 노출된 DNA 사슬을 따라 DNA 염기와 쌍을 이루면서 모여든다. 이 쌍을 이루는 양상은 DNA에서와 같으나 다만 RNA에서는 유라실이 타이민을 대신한다. 전령 RNA의 리보뉴클레오타이드 단위는 **RNA 중합 효소**(RNA polymerase)라고 부르는 효소에 의해서 연결된다. 이 과정을 **그림 25.12**에 나타냈다.

되새김 물음 25.9

mRNA에 있는 유라실의 케토 형태(25.2절)가 수소 결합 형성을 통해서 DNA의 아데닌과 쌍을 이루는 방법을 나타내는 구조식을 쓰시오.

대부분의 진핵세포의 유전자에는 초기 mRNA로 전사되기는 할지라도 단백질이 발현될 때 실제로 쓰이지 않는 DNA 조각들이 포함되어 있다. 이 조각들은 **인트론(intron**, 개재 배열) 또는 끼어 있는 서열이라고 한다. 유전자에 있는 DNA 조각으로 발현되는 것은 **엑손(exon)** 또는 발현되는 서열이라고 한다. 각 유전자는 대개 수많은 인트론과 엑손을 가지고 있다. DNA로

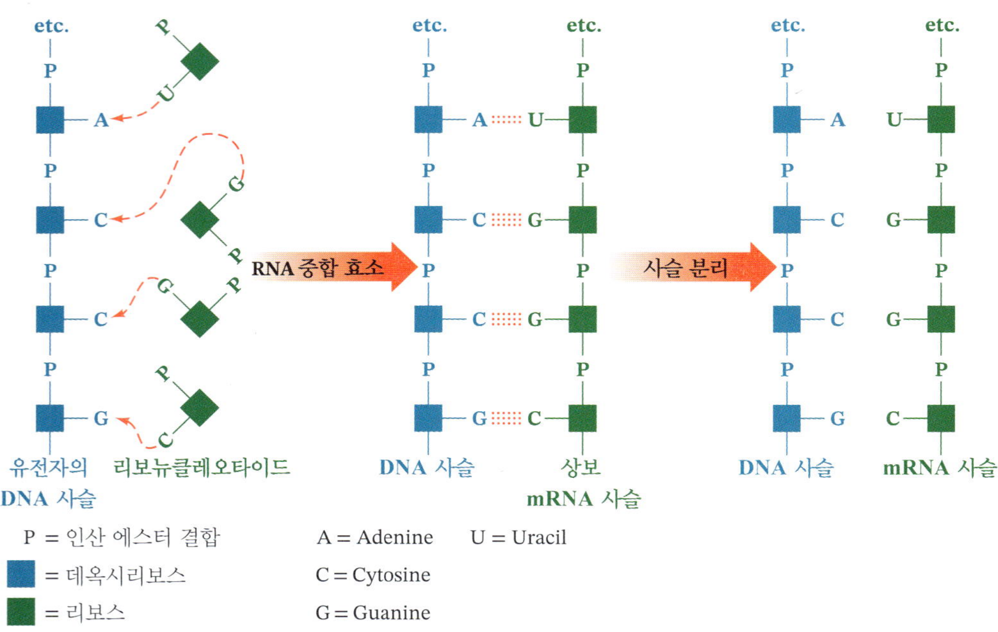

그림 25.12 DNA의 유전 암호를 mRNA로 전사하는 모습

부터 mRNA가 전사된 다음 mRNA에 있는 인트론은 제거되고 엑손은 이어진다.

mRNA가 세포핵에서부터 합성된 다음 세포핵으로 가서 인트론을 제거한 후 이것은 세포질로 이동하며, 여기서 단백질 합성을 위한 주형으로 작용한다.

25.5B 리보솜—rRNA

단백질 합성은 세포질에서 리보솜에 의해서 촉매화된다. 리보솜(**그림 25.13**)은 리보핵단백질(ribonucleoprotein)인데, 약 2/3는 RNA이고 1/3은 단백질로 되어 있다. 그들의 분자량은

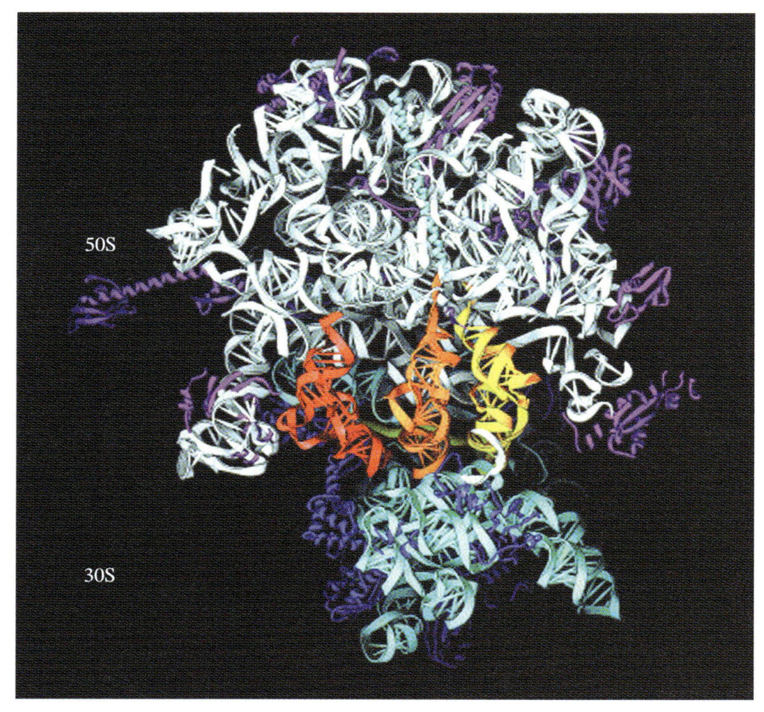

그림 25.13 *Thermus thermophilus* 리보솜의 50S 및 30S 소단위와 3개의 tRNA를 보여 주는 구조. 노란색 tRNA는 A 위치에 있는데 펩타이드에 첨가될 새 아미노산을 가지고 있다. 연노란색 tRNA는 P 위치에 있는데, 자라나는 펩타이드를 가지고 있는 tRNA이다. 적색 tRNA는 E 위치에 있는데, 그것이 펩타이드 사슬을 새 아미노산에 전달한 후에 '텅 빈' tRNA이다. (*Courtesy of Harry Noller, University of California, Santa Cruz.*)

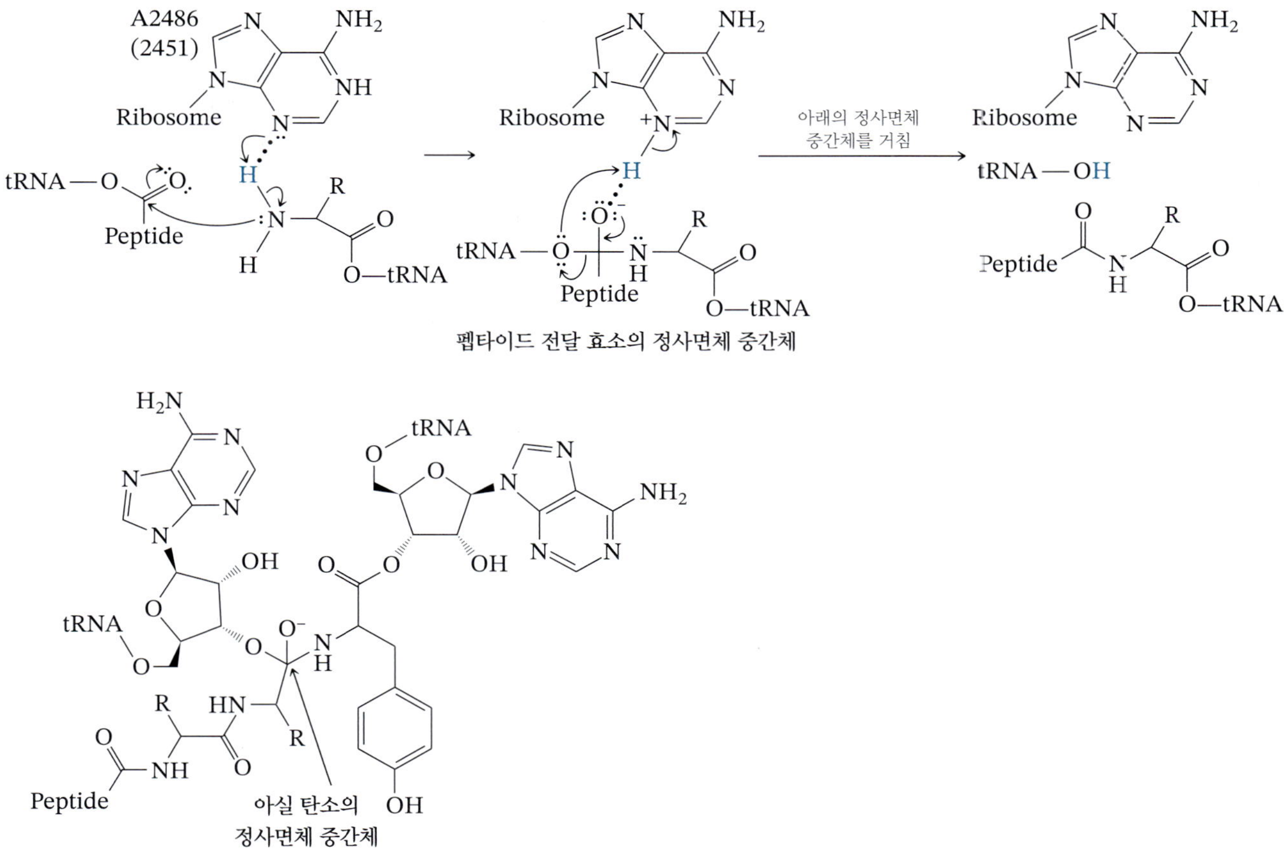

그림 25.14 리보솜의 50S 소단위가 촉매화하는 펩타이드 결합 형성 메커니즘(Moore와 그의 동료가 제안한 대로임). 자라나는 펩타이드 사슬의 새 아마이드 결합은 새 아미노산에 있는 α-아미노기를 공격하여 형성된다. 새 아미노산은 tRNA가 리보솜의 A 위치로 가져온 것인데, 아미노산의 tRNA에 의해서 P 위치에서 펩타이드의 아실 탄소 결합으로 붙어 있었다. 리보솜에 있는 기들에 의한 산-염기 촉매 작용이 반응을 촉진시킨다. (Nissen et al., The structural basis of ribosome activity in peptide bond synthesis. SCIENCE 289:920–930 (2000). Monro, R. E., and Marker, K. A., Ribosome-catalysed reaction of puromycin with a formylmethionine containing oligonucleotide, *J. Mol. Biol.* 25 pp. 347–350.)

대단히 크다(약 2.6×10^6). 이들은 50S와 30S(초원심 분리기에서의 침강 행동에 따른 분류*) 소단위라고 부르는 두 개의 회합된 소단위로 존재한다. 50S 소단위의 분자량은 30S 소단위의 약 2배이다. RNA와 mRNA의 결합은 30S 소단위에 의해서 매개된다. 50S 소단위는 아마이드 결합으로 붙어 있는 한 아미노산을 다음 것에 전달해 주는 촉매 기능을 가지고 있다. rRNA 소단위들 이외에도 30~35개의 단백질이 리보솜에 단단히 붙어 있다. 전체적인 구조는 마치 RNA와 단백질의 토막 그림 맞추기가 삼차원으로 이루어진 것과 유사하다. 리보솜이 촉매화하는 아마이드 결합 형성 메커니즘을 아래에서 논의한다.

리보솜은 반응 촉매로서 효소라기보다는 **리보자임(ribozyme)**으로 분류되는 것이 가장 적절하다. 왜냐하면, 단백질 합성에서 펩타이드 결합의 형성을 촉매화하는 것은 리보솜에 있는 단백질 소단위가 아니라 RNA이기 때문이다. 50S 리보솜 소단위(**그림 25.14**)에 의해서 촉매화되는 펩타이드 결합 형성 메커니즘은 Moore와 그의 동료들이 X-선 결정 구조에 근거하여 제시하였는데, α-아미노기에 의한 공격이 50S 리보솜 소단위의 사슬을 따라 특별히 아데닌 그룹 가까이 있는 뉴클레오타이드 잔기가 관여하는 산-염기 촉매에 의해서 촉진된다. 아데닌

* S는 svedberg 단위를 나타낸다. 이것은 단백질이 초원심 분리기 내에서 행동하는 것을 기술하는 데 사용된다.

그룹의 N3가 아미노산의 α-아미노기로부터 양성자를 완전히 또는 부분적으로 제거하여 아미노 질소의 친핵성도를 증대시킴으로써 인접한 펩타이드-tRNA 부분에 있는 아실 탄소를 잘 공격하도록 한다. 정사면체 중간체가 형성되고, 이것은 펩타이드에 붙어 있던 tRNA를 방출함과 더불어 새 아마이드 결합이 형성되면서 무너진다. 50S 리보솜 소단위에 있는 다른 부분들은 아데닌 그룹의 N3가 새 아미노산의 α-아미노기로부터 양성자를 받으면서 생겨난 전하의 전달을 안정화시킨다고 여겨진다(물음 25.16 참조).

25.5C 운반 RNA(Transfer RNA, tRNA)

tRNA는 mRNA와 rRNA에 비해 분자량이 작다. 결과적으로 tRNA는 mRNA나 rRNA보다 용해도가 크며, 때로는 용해성 RNA라고 부른다. tRNA의 기능은 아미노산을 리보솜에 있는 mRNA의 특정한 지역에 전달해 주는 것이다. 그러므로 단백질을 이루는 20개 아미노산 각각에 대하여 한 개 이상의, **유전 암호(genetic code)**의 중복을 포함하는 많은 형태의 tRNA가 있

표 25.2 전령 RNA 유전 암호

아미노산	**mRNA** 염기 서열 **5′ ⟶ 3′**	아미노산	**mRNA** 염기 서열 **5′ ⟶ 3′**	아미노산	**mRNA** 염기 서열 **5′ ⟶ 3′**
Ala	GCA	His	CAC	Ser	AGC
	GCC		CAU		AGU
	GCG	Ile	AUA		UCA
	GCU		AUC		UCG
Arg	AGA		AUU		UCC
	AGG	Leu	CUA		UCU
	CGA		CUC	Thr	ACA
	CGC		CUG		ACC
	CGG		CUU		ACG
	CGU		UUA		ACU
Asn	AAC		UUG	Trp	UGG
	AAU	Lys	AAA	Tyr	UAC
Asp	GAC		AAG		UAU
	GAU	Met	AUG	Val	GUA
Cys	UGC	Phe	UUU		GUG
	UGU		UUC		GUC
Gln	CAA	Pro	CCA		GUU
	CAG		CCC	사슬 개시	
Glu	GAA		CCG	fMet (*N*-formyl-methionine)	AUG
	GAG		CCU	사슬 종결	UAA
Gly	GGA				UAG
	GGC				UGA
	GGG				
	GGU				

도움말

비록 단백질이 22개의 아미노산으로 구성되어 있지만, 단백질 합성에는 단지 20개만 필요로 한다. 폴리펩타이드 사슬이 합성된 후 프롤린은 하이드록시프롤린으로, 시스테인은 시스틴으로 전환된다.

다(표 25.2 참조).

대부분 tRNA 구조들은 결정되어 있다. 그들은 비교적 작은 수의 뉴클레오타이드 단위(70~90단위)들이 사슬을 따라서 염기쌍을 이루며 몇 개의 고리나 팔로 포개져 있다(그림 25.15). 한 팔은 항상 사이토신–사이토신–아데닌(CCA) 순서로 끝난다. 바로 이 팔에 있는 말단 아데노신의 3′-OH와 특정한 아미노산이 **에스터 결합을 통하여** 붙게 된다. 이 팔과 붙는 반응은 tRNA와 아미노산에 대하여 고유한 효소에 의해서 촉매화된다. 이 특이성은 효소가 tRNA의 다른 팔에 있는 염기 순서를 인지하는 능력으로부터 나온 것 같다.

다른 팔의 고리에는 **역암호문(anticodon)**이라고 부르는 염기의 특정한 순서가 있다. 역암호문은 tRNA로 하여금 mRNA의 **암호문(코돈, codon)**이라고 부르는 특정한 자리와 맺어지게 하므로 대단히 중요하다. 그러므로 아미노산이 자신의 tRNA에 의해서 mRNA 가닥으로 가져오는

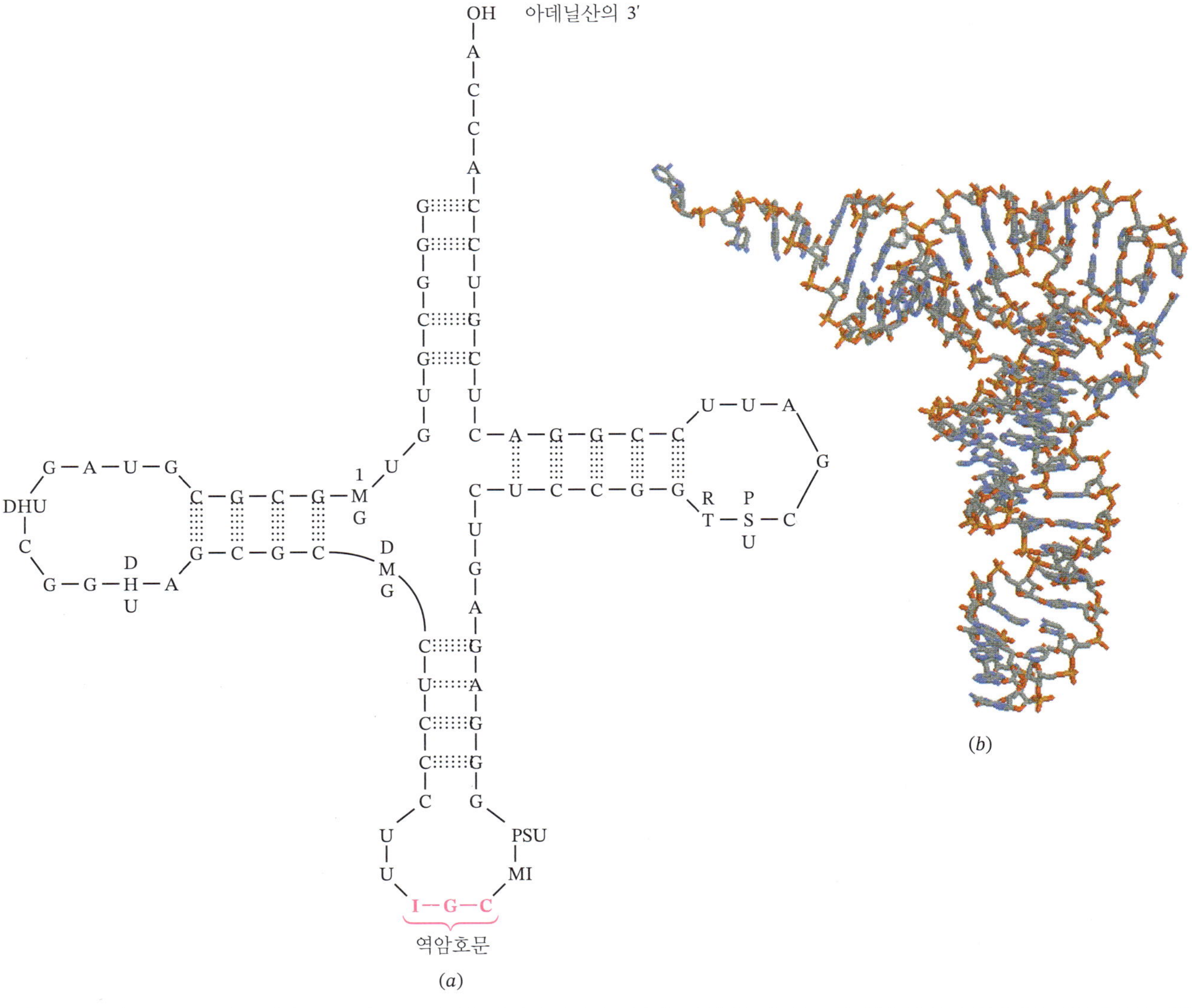

그림 25.15 (*a*) 효모로부터 분리된 tRNA의 구조. 이것은 알라닌 잔기를 전달하는 특수한 기능을 가진 운반 RNA의 구조이다. 운반 RNA는 흔히 특이한 뉴클레오타이드들을 포함하기도 한다.
PSU = pseudouridine, RT = ribothymidine, MI = 1-methylinosine, I = inosine, DMG = N^2-methylguanosine, DHU = 4,5-dihydrouridine, 1MG = 1-methylguanosine. (*b*) 효모로부터 분리된 페닐알라닌–tRNA의 X-선 결정 구조. (For part b, Protein Data Bank PDB ID: 4TNA. *http://www.pdb.or* Hingerty, E., Brown, R.S., Jack, A., Further refinement of the structure of yeast $tRNA_{Phe}$, *J. Mol. Biol.* **124**, p. 523.)

순서는 암호문의 순서에 의해서 결정된다. 따라서 이 순서는 유전 메시지를 이루고 있다. 이 메시지의 개별 단위(각각 하나의 아미노산에 대응되는 낱개의 단어)는 뉴클레오타이드 삼중자이다.

25.5D 유전 암호와 단백질 생합성의 통제

mRNA에 있는 뉴클레오타이드 삼중자(코돈)가 유전 암호이다(표 25.2를 보시오). 암호는 한 개 또는 두 개가 아니라 세 개의 염기 형태로 되어야 한다. 왜냐하면, 20가지 다른 아미노산이 단백질 합성에 사용되는 데 비해 단지 4가지 다른 염기만 mRNA에 있기 때문이다. 만일 두 개의 염기만 사용된다면 4^2개(16개)의 가능한 조합이 있어서 모든 가능한 아미노산을 다 수용하기에는 너무 수가 작다. 그러나 3개의 염기 암호는 4^3개(64개)의 다른 순서가 가능하다. 이것은 필요한 것보다 훨씬 많은 수이다. 그리고 이것은 한 가지 아미노산을 지정하는 데 여러 가지 방법을 가능케 만든다. 이것은 또 한 순서에 단백질 합성을 멈추게 하거나 '시작할 곳' 그리고 '끝낼 곳' 등을 실제로 말해 주기도 한다.

메싸이오닌(Met)과 *N*-폼일메싸이오닌(fMet)은 똑같은 mRNA 암호(AUG)를 갖고 있다. 그러나 *N*-폼일메싸이오닌은 메싸이오닌을 운반하는 것과는 다른 tRNA에 의해서 운반된다. *N*-폼일메싸이오닌은 박테리아에서 단백질 사슬 안에서 결합되는 첫 번째 아미노산인 것처럼 보인다. 그리고 fMet을 운반하는 tRNA는 '시작할 곳'이라고 표시한 부호표처럼 보인다. 폴리펩타이드 합성이 완결되기 전에 *N*-폼일메싸이오닌은 효소에 의한 가수 분해에 의해서 단백질 사슬로부터 제거된다.

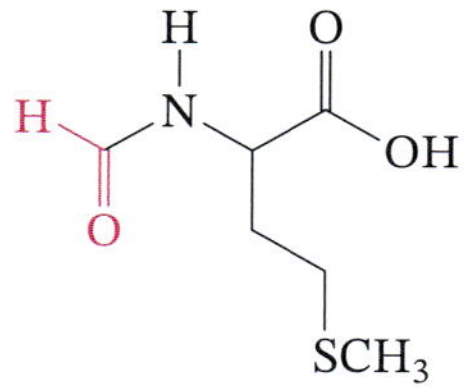

H O H N OH O SCH_3

***N*-Formylmethionine (fMet)**

유전 암호는 mRNA 암호문(표 25.2에 보인 것)이나 DNA 암호문에서 표현될 수 있다. mRNA 암호문을 보이도록 선택한 것은 폴리펩타이드 합성 동안 실제로 읽혀지는 암호문이기 때문이다[이 과정을 **번역**(**translation**)이라 하며 다음 절에서 논의한다]. 그러나 각 mRNA 분자(25.5A절)는 그것의 서열을 대응되는 DNA 유전자의 **전사**(**transcription**)에 의해서 얻는다. 전사에서 RNA 중합 효소(다른 전사 인자와 더불어)는 DNA 이중 나선을 열고 과정을 시작한다.

RNA 중합 효소가 DNA를 mRNA로 전사하면서 이것은 DNA의 상보 가닥을 따라 3′→5′ 방향(반감각 방향이라고 부름)으로 읽으면서 mRNA의 전사본이 DNA의 감각 가닥(5′→3′ 방향)과 동일하게 만들면서 이동한다(유라실이 타이민을 대치하는 것은 예외). 예를 들면,

DNA의 감각 가닥	5′... CAT	CGT	TTG	ACC	GAT ... 3′
DNA의 반감각 가닥	3′... GTA	GCA	AAC	TGG	CTA ... 5′
	⇓ 반감각 가닥의 전사				
mRNA	5′... CAU	CGU	UUG	ACC	GAU ... 3′
	⇓ mRNA의 번역				
펩타이드	... His –	Arg –	Leu –	Thr –	Asp ...

mRNA의 합성은 $5' \rightarrow 3'$ 방향으로 진행하므로 DNA 감각 가닥의 암호문(타이민을 유라실이 대치하는 것은 예외)은 mRNA의 그것과 같다. 예를 들면, 발린의 한 가지 DNA 암호문은 GTA이다. 발린에 대한 mRNA 암호문에서 대응되는 것은 GUA이다.

25.5E 번역

이제 가상적인 폴리펩타이드 합성이 어떻게 일어나는지 살펴보기로 하자. 이 과정을 **번역(translation)**이라고 부른다. 이제 mRNA의 긴 가닥이 세포의 세포질 안에 있으며, 그것은 또한 리보솜과 접촉하고 있다고 상상하시오. 또한 세포질 안에서 20개의 아미노산들이 각각 자신에게 지정된 tRNA와 아실화되어 존재하고 있다고 가정한다.

그림 25.16에서 보는 바와 같이, fMet을 지닌 tRNA가 자신의 역암호문을 사용하여 리보솜과 접촉하고 있는 mRNA의 부분에서 적합한 암호문(AUG)과 회합되어 있다. 이 특정한 mRNA 사슬에 있는 다음 번 염기 삼중자는 AAA이다. 이것은 라이신을 지정하는 암호문이다. 짝맞는 역암호문 UUU를 가진 한 라이실-tRNA가 이 위치에 와서 붙는다. 이제 두 개의 아미노산 fMet와 Lys는 50S 리보솜 소단위가 그들을 아마이드 결합으로 맺어 주기에 알맞은 위치(그림 25.16)에 있게 된다(그림 25.14의 메커니즘에 의해서). 아마이드 결합이 맺어진 다음 리보솜은 사슬을 아래로 이동시켜 다음 번 암호문과 접촉이 되게끔 한다. 이번에는 GUA로 발린을 지정하는 것이다. 발린을 지닌 tRNA(적당한 역암호문을 가진 것)가 그 자신을 이 자리에 잡아맨다. 발린을 폴리펩타이드 사슬에 붙이는 또 다른 반응이 일어난다. 그다음 전 과정이 계속 반복된다. 리보솜은 mRNA 사슬을 따라 이동하고 다른 tRNA가 아미노산을 가지고 이동해 오며, 새 펩타이드 결합이 형성되고, 폴리펩타이드 사슬은 자라나게 된다. 어느 점에선가 효소 반응이 fMet를 사슬의 첫머리에서 제거한다. 끝으로, 사슬이 일정한 거리가 되면 리보솜은 부호표 UAA에 도달하게 되는데, 이 암호문은 '멈출 곳'이란 뜻이다. 리보솜은 mRNA 사슬로부터 떨어져 나가고 단백질도 떨어져 나간다.

폴리펩타이드 사슬이 완전히 자라기 전에도 그것은 자신의 고유한 이차와 삼차 구조를 형성하기 시작한다. 이것은 펩타이드의 일차 구조가 정확하기 때문에, 즉 아미노산이 정확한 방법으로 순서를 이루었기 때문에 일어나는 것이다. 특수한 α 나선 부분, 주름진 판, 무질서한 코일 등이 되게끔 수소 결합이 형성된다. 그다음 전체가 접히거나 굽어지고, 효소가 이황화 결합을 설치해 주며, 마침내 사슬이 완전히 자라났을 때 전체 단백질은 그 기능을 수행하기에 필요한 형태를 모두 갖추게 된다. (단백질의 이차와 삼차 구조를 아미노산 서열로부터 예상하는 것은 구조 생화학의 난제로 남아 있다.)

이러한 사이에, mRNA 사슬의 입구 근처에 있던 다른 리보솜들이 이미 이동해 들어오고, 각각은 다른 폴리펩타이드 분자를 합성한다. 단백질을 합성하는 데 걸리는 시간은 물론 그것이 포함하고 있는 아미노산 잔기의 수에 의존한다. 그러나 각 리보솜은 1분당 150개의 펩타이드 결합을 형성할 수 있도록 한다. 그러므로 라이소자임과 같이 129개 아미노산 잔기를 가진 단백질은 합성하는 데 1분도 걸리지 않는다. 그러나 4개의 리보솜이 하나의 mRNA 사슬을 따라 작업을 한다면 13초마다 단백질 분자 한 개씩을 생성할 수 있다.

그러면 이런 단백질 합성은 특히 완전히 성장된 조직에서 왜 필요한 것인가? 이에 대한 해답은 단백질이 영구적이지 않다는 것이다. 그들은 한 번만 합성되어 조직의 수명 기간 내내 원래대로 보존되는 것이 아니다. 단백질은 그들이 필요한 때와 장소에서 합성된다. 그다음 그

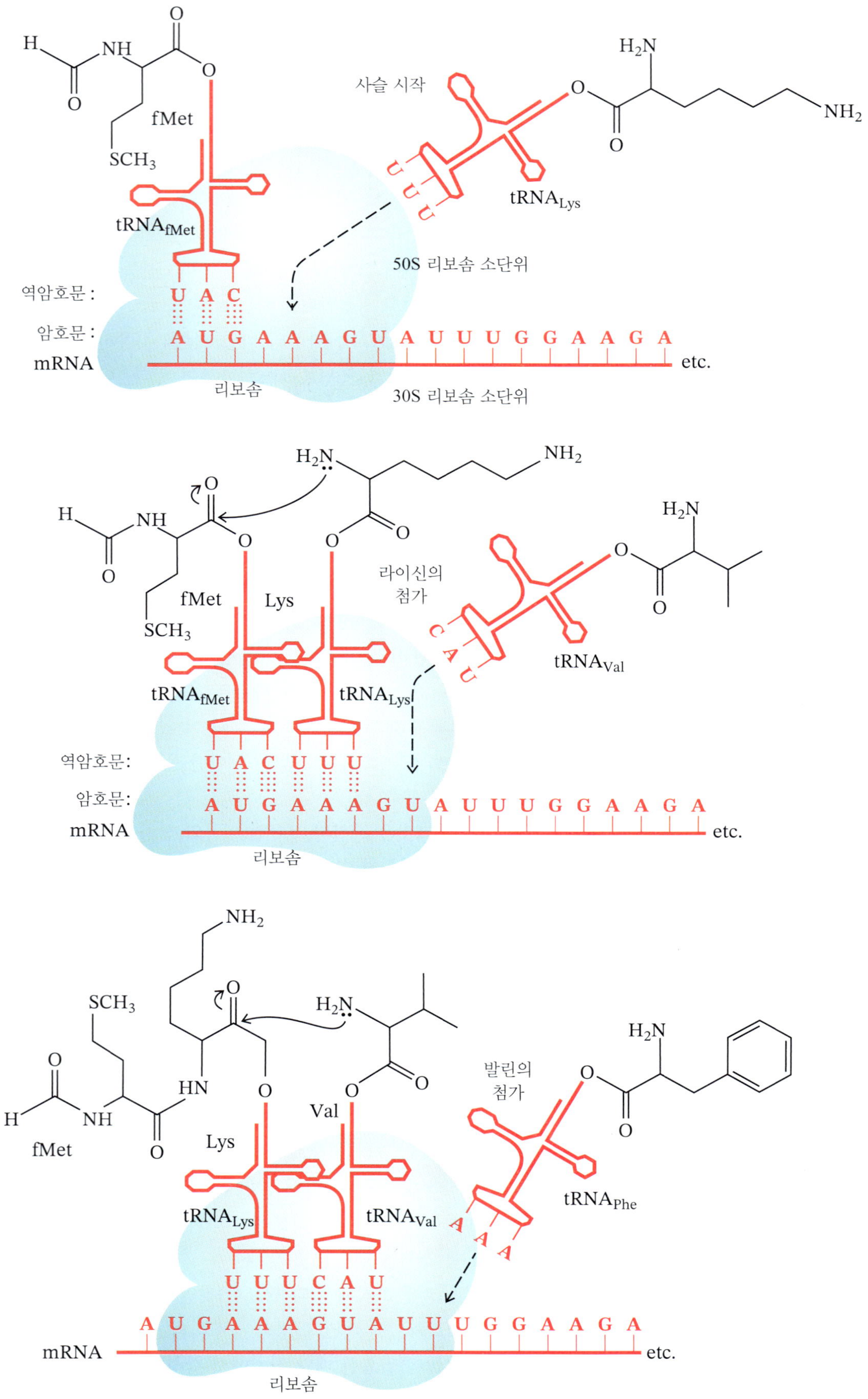

fMet
사슬 시작
tRNA$_{fMet}$
tRNA$_{Lys}$
50S 리보솜 소단위
역암호문 :
암호문 :
mRNA
리보솜
30S 리보솜 소단위
etc.

fMet
Lys
라이신의 첨가
tRNA$_{fMet}$
tRNA$_{Lys}$
tRNA$_{Val}$
역암호문:
암호문:
mRNA
리보솜
etc.

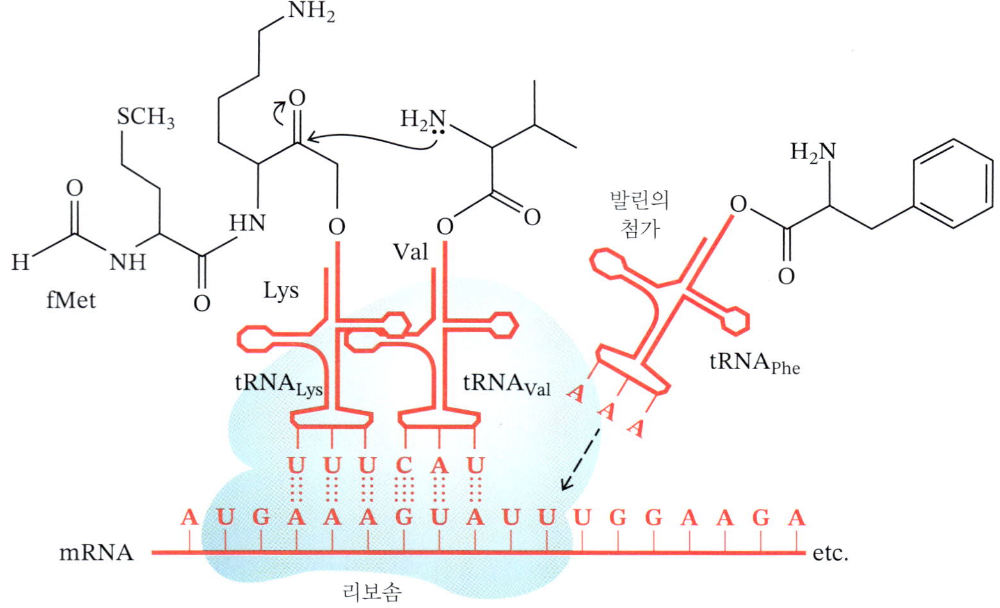

그림 25.16 mRNA를 주형으로 하여 폴리펩타이드 사슬이 단계적으로 성장하는 모습. tRNA가 아미노산 잔기를 리보솜과 접촉하고 있는 mRNA의 자리까지 운반해간다. mRNA와 리보솜 표면에 있는 RNA 사이에 암호문–역암호문 쌍이 맺어진다. 효소 반응이 아마이드 결합을 통하여 아미노산 잔기를 연결해 준다. 첫 번째 아마이드 결합이 형성된 다음 리보솜은 mRNA상의 다음 암호문으로 옮겨간다. 새로운 tRNA가 도착하고, 쌍을 이루고, 아미노산 잔기를 성장해 가는 펩타이드 사슬에 이동시켜 주고 계속 반복된다.

들은 파괴되어 아미노산으로 되돌아간다. 즉, 효소가 효소를 분해하는 것이다. 어떤 아미노산은 에너지를 위하여 분해되며 다른 아미노산은 음식에서 섭취한 새 것인데, 그러면 전체 과정이 다시 반복된다.

되새김 물음 25.10

DNA의 감각 가닥 부분이 아래와 같은 순서의 염기들을 가지고 있다.

5′...T G G G G G T T T T A C A G C...3′

(a) 이 부분으로부터 전사된 mRNA에서는 어떤 순서의 염기들이 나타날 것인가?

(b) 이 mRNA의 첫 번째 염기가 암호문의 시작이라고 가정하자. 이 부분을 따라 합성되는 폴리펩타이드에서 아미노산의 순서는 무엇인가?

(c) (b)의 번역과 연관된 각 tRNA의 역암호문을 쓰시오.

되새김 물음 25.11

(a) 표 25.2에 있는 각 아미노산에 대해 첫 번째 암호문을 사용하여 아래의 펜타펩타이드를 합성하도록 번역하는 mRNA의 염기 순서를 쓰시오.

Val · Tyr · Ile · Cys · Arg

(b) DNA 감각 가닥의 어떤 염기 서열이 mRNA의 합성을 전사하겠는가?

(c) 펜타펩타이드의 합성에 관여하는 tRNA에는 어떤 역암호문이 나타날 것인가?

보기 물음 25.2

DNA의 각 가닥에 있는 한 가지 염기의 착오가 어떻게 낫 모양 적혈구 빈혈증('생물 화학', 24.6B절)의 원인이 되는 단백질 잔기의 착오를 발생시킬 수 있는지 설명하시오.

풀이

DNA에 있는 GAA를 GTA로 변화시키면 mRNA가 GAA로부터 GUA로 바뀌게 된다(표 25.2 참조). 이 변화로 정상적인 헤모글로빈의 6번 위치에 있는 글루탐산 잔기가 발린이 된다(낫 모양 적혈구 빈혈증이 있는 사람에서처럼). 한편, DNA에 있는 GAG를 GTG로 바꾸면 mRNA에서 GAG가 GUG로 바뀐다. 그 결과로 글루탐산을 발린이 대치하게 된다.

25.6 DNA의 염기 서열 결정: 사슬-종결 (다이데옥시뉴클레오타이드) 방법

DNA의 서열을 정하는 데 쓰이는 기본 전략은 단백질의 서열을 정하는 데 사용되는 방법과 비슷하다. 두 형태의 분자 모두 긴 중합체를 다루는 데 적합한 방법이 필요하지만, DNA의 경우 단일 DNA 분자는 너무 크기 때문에 먼저 작고 다루기 쉬운 조각으로 깰 필요가 있다. DNA와 단백질 사이의 또 다른 유사점은 작은 분자들의 틀 토막들이 각각의 구조를 이루는데, 단백질 합성에는 20가지 아미노산 토막들이 관여하는 대신 DNA의 경우에는 단지 4개의 뉴클레오타이드 단위체들이 관여한다는 사실이다. 끝으로, 단백질과 핵산 모두 전하를 띤 분자이기 때문에 크로마토그래피를 이용하여 크기나 전하에 따라 분리할 수 있다.

이 과정의 첫째 부분은 **제한 핵산 내부 분해 효소(restriction endonuclease)**라 불리는 효소를 사용하여 수행할 수 있다. 이 효소는 이중 가닥의 DNA를 특정한 염기 서열에서 끊는다. 수백 가지의 제한 핵산 내부 분해 효소들이 알려져 있다. 예를 들어, *Alu*I라는 한 효소는 AGCT 서열에서 G와 C 사이를 끊는다. *Eco*R1라고 불리는 또 다른 효소는 GAATTC의 G와 A 사이를 끊는다. 제한적 효소가 인식하는 위치의 대부분은 양쪽 가닥에서 5′ 방향으로부터 3′ 방향으로 읽을 때 똑같은 염기 서열을 가지고 있다. 예를 들면,

$$5' \longleftarrow \text{G–A–A–T–T–C} \longrightarrow 3'$$

$$3' \longleftarrow \text{C–T–T–A–A–G} \longrightarrow 5'$$

이런 서열은 **회문(palindrome)**이라고 알려져 있다. (회문은 앞뒤로 읽어도 같은 단어나 문장이다. 예: radar, "Madam I'm Adam" 등).

노벨상

Gilbert와 Sanger는 핵산에 관한 연구로 1980년 Nobel 화학상을 Paul Berg와 공동 수상하였다. Sanger(24.5B절)는 단백질 서열화의 개척자로 일찍이 인슐린의 구조를 결정한 공로로 1958년 Nobel상을 받았다.

조각(제한 조각이라고 부름)의 서열은 화학적으로 (아래에 서술된 방법) 또는 효소를 사용하여 정할 수 있다. 첫 번째 화학적인 방법은 Harvard University의 Maxam과 Gilbert에 의해서 제시되었으며, **사슬-종결 (다이데옥시뉴클레오타이드) 방법[chain-terminating (dideoxynucleotide) method]**은 같은 해 Sanger(Cambridge University)에 의해서 도입되었다. 대체적으로 모든 DNA 서열화는 현재 자동화된 사슬-종결 방법을 사용하여 수행하는데, 효소 반응과 2′,3′-다이데옥시뉴클레오타이드가 관여하고 있다.

25.6A 사슬-종결 (다이데옥시뉴클레오타이드) 방법에 의한 DNA의 서열화

DNA 서열화를 위한 사슬-종결 방법에서 염기쌍 하나만큼 길이가 다른 부분적인 복제 집단을 만들도록 DNA의 복제를 한다. 원래 DNA의 부분적인 복제품들은 길이에 따라 분리된다. 그리고 각 가닥에 있는 말단 염기를 공유 결합으로 붙어 있는 형광 표지에 의해서 검출한다.

표적 DNA의 부분적인 복제 혼합물은 낮은 농도의 비천연적인 뉴클레오타이드를 가지고 복제 반응에 '독을 먹여' 만들어진다. 비천연적인 종결 뉴클레오타이드는 네 가지 천연 뉴클레오타이드의 2′,3′-다이데옥시 유사체들이다. 3′-하이드록실이 없으면 편집된 2′,3′-다이데옥시뉴클레오타이드 각각은 그것의 3′ 탄소와 중합을 계속하는 데 필요한 다음 뉴클레오타이드 사이의 인산 다이에스터 결합의 형성을 불가능하게 하여 사슬은 종결된다. 낮은 농도의 다이데옥시뉴클레오타이드를 사용함으로써 단지 이따금씩만 다이데옥시뉴클레오타이드가 자라나는 사슬에 불규칙하게 들어간다. 그래서 본질적으로 모두 다른 길이의 DNA 분자가 원래의 DNA로부터 합성되는 것이다.

종결시키는 다이데옥시뉴클레오타이드는 형광 염료로 표지하여 종결 뉴클레오타이드가 운반하는 염기에 따라 특정한 색을 나타낸다. (다른 방법으로 다이데옥시뉴클레오타이드 종결체 대신 특정 DNA의 복제를 개시하는 데 사용되는 짧은 올리고뉴클레오타이드 서열인 시발체(primer)를 특수 형광 염료로 표지하기도 하지만 일반적인 방법은 같다.) 염료 중 한 가지(ABI라고 특허됨)는 주개 발색단과 받개 부분으로 구성되어 있는데, 주개는 처음 레이저에 의해서 들떠서 에너지를 받개에 전달하고 받개는 관찰되는 형광을 낸다. 주개는 다이데옥시뉴클레오타이드에 짧은 연결자에 의해서 매어져 있다.

2′,3′-다이데옥시뉴클레오타이드, 연결자, 그리고 형광 염료 부분이 형광-표지된 다이데옥시뉴클레오타이드에 의한 DNA 서열과 반응에 쓰임

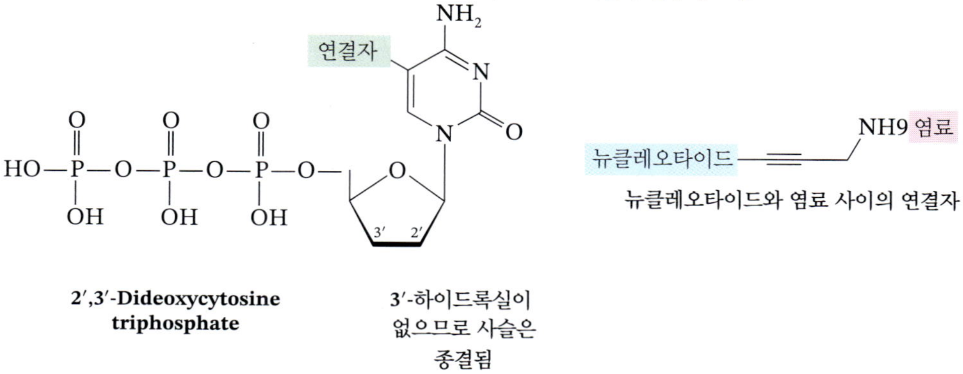

연결자

NH_2

뉴클레오타이드 —≡— NH9 염료

뉴클레오타이드와 염료 사이의 연결자

2′,3′-Dideoxycytosine triphosphate

3′-하이드록실이 없으므로 사슬은 종결됨

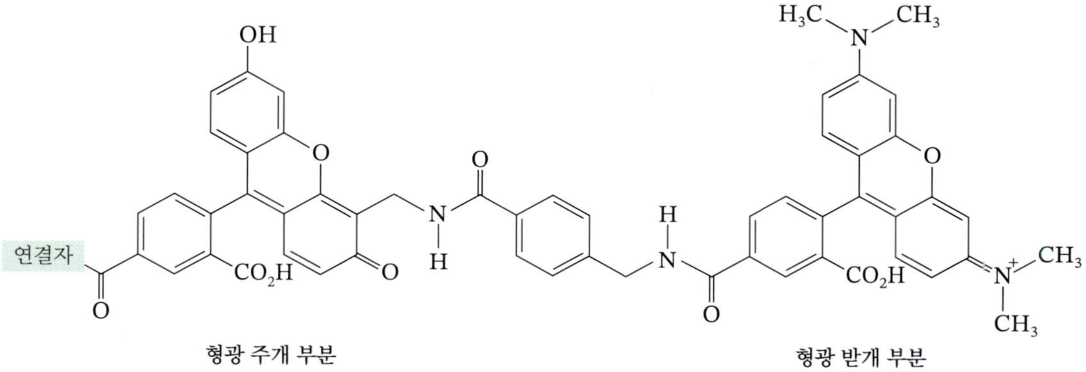

연결자

CO_2H

CO_2H

H_3C CH_3

CH_3

CH_3

형광 주개 부분

형광 받개 부분

주개–받개 형광 염료

부분적인 복제품을 만들어 내기 위해 사용된 복제 반응은 중합 효소 연쇄 반응(PCR)법(25.8절)과 유사하나 동일하지는 않다. 다이데옥시 서열화 방법에서는 DNA의 단 한 가지의 시발체 서열이 사용되고 따라서 단 한 가닥의 DNA가 복제되지만, PCR에서는 두 시발체가 사용되고 두 가닥이 모두 동시에 복제된다. 더욱이 서열화 반응에서 사슬은 고의적으로 다이데옥시 뉴클레오타이드를 가하여 종결시킨다.

모세관 전기 이동법은 서열화 반응으로부터 생겨난 부분적인 DNA 혼합물을 분리하는 데 흔히 사용된다. 이 방법은 DNA를 크기와 전하에 따라 분리하고, 단 한 개의 염기 길이가 다른 뉴클레오타이드를 구별하도록 한다. 서로 다르게 종결된 DNA들이 검출기를 지나감에 다라 형광 자료를 컴퓨터로 얻어서 4색의 크로마토그램을 만들어 내는데, 각각의 연속적인 피크들은 앞서의 것보다 한 개의 뉴클레오타이드가 더 긴 DNA 분자를 나타낸다. 각 피크의 색은 그 분자에 있는 말단 뉴클레오타이드를 나타낸다. 4가지 형태의 다이데옥시 종결 염기들이 다른 형광을 내므로 DNA에 있는 뉴클레오타이드의 서열을 직접 읽을 수 있다. 이런 종류의 계로부터 얻은 서열 자료의 예를 **그림 25.17**에 나타냈다.

DNA 서열화에 자동화된 방법을 씀으로써 수직인 폴리아크릴아마이드 젤 전기 이동법(**그림 25.18**)을 이용하는 수작업에 비해 속도가 훨씬 증대되었다. 수작업으로는 1인당 1일 동안 2~3천 개의 염기쌍만을 서열화할 수 있다. 현재는 자동화된 모세관 전기 이동법과 레이저 형광 검출법을 사용하는 기계 한 대가 거의 300만 염기들을 하루에 서열화할 수 있다. 더하여

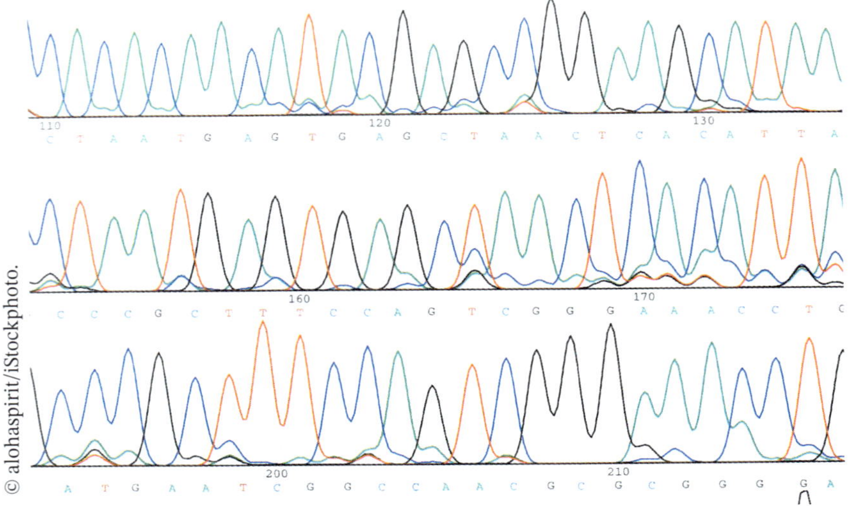

그림 25.17 자동화된 DNA 서열 기기로부터의 데이터의 예

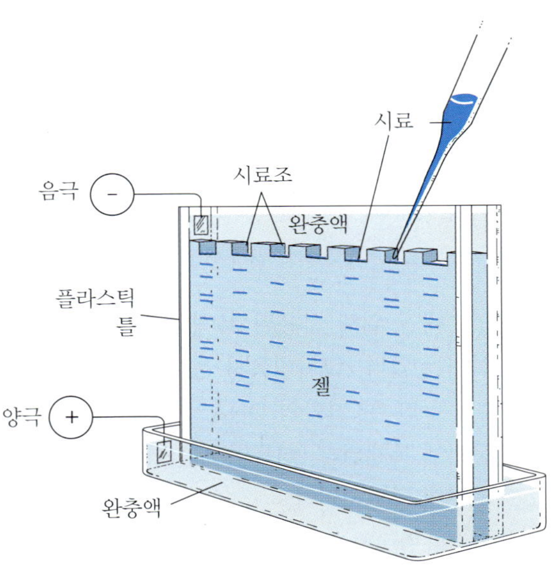

그림 25.18 젤 전기 이동법을 위한 장치. 시료는 젤의 꼭대기 구멍에 가해진다. 전위차를 가하면 시료가 이동한다. 시료는 평행선으로 이동한다. (Reprinted with permission of John Wiley & Sons, Inc., from Voet, D. and Voet, J. G., *Biochemistry*, Second Edition. © 1995 Voet, D. and Voet, J. G.)

이점이 되는 것은 DNA의 서열화가 용이해짐으로서 단백질의 서열을 결정할 때 그 자체의 서열을 정하기보다는 대응되는 유전자의 전부 또는 일부를 서열화함으로써 작업이 훨씬 더 쉽다는 것이다(24.5절 참조).

DNA 서열화의 탁월한 방법이 개발된 데는 인간 유전체 과제에서 괄목할 만한 성공을 거둔 것이 큰 기여를 하였다. 고기능 서열화 방법들이 존재하지 않았더라면 인간 유전체의 30억 개의 염기쌍을 서열화하는 것은 Watson과 Crick가 DNA의 구조를 밝혀낸 지 50주년이 되는 2003년 이전에는 결코 이루어지지 못했을 것이다.

25.7 올리고뉴클레오타이드의 실험실적 합성

합성된 올리고뉴클레오타이드는 다양한 목적으로 필요하다. 합성된 올리고뉴클레오타이드의 가장 중요하고도 흔한 용도 중 하나는 핵산 서열화와 PCR(25.8절)의 시발체로 쓰이는 것이다. 또 다른 중요한 응용으로는 **반감각 올리고뉴클레오타이드(antisense oligonucleotide)**의 연구와 개발인데, 이것은 다양한 질병에 대한 치료제로서의 가능성이 있다. 반감각 올리고뉴클레오타이드는 DNA나 RNA 분자에 있는 암호 서열과 상보적인 서열을 가진다. 바이러스, 박테리아, 또는 다른 질환 조건의 DNA 또는 mRNA 서열이 단단히 결합된 합성 올리고뉴클레오타이드는 이런 조건과 관련이 있는 단백질의 발현을 못하게 만든다. 예를 들어 DNA의 감각 부분이 다음과 같이 읽는다면,

A–G–A–C–C–G–T–G–G

반감각 올리고뉴클레오타이드는 다음과 같이 읽을 것이다.

T–C–T–G–G–C–A–C–C

이런 식으로 특별한 유전자를 불활성화시킬 수 있는 능력은 의학에서 기대가 크다. 많은 바이러스와 박테리아는 그들의 일생에서 이런 방법으로 자신의 유전자 일부를 조절한다. 그러므로 반감각 올리고뉴클레오타이드를 합성하여 인체 세포 내에서 바이러스의 DNA 또는 RNA의 결정적인 서열과 결합하게 하면 바이러스를 파괴할 수 있을 것이라고 기대한다. 그러한 올리고뉴클레오타이드의 합성은 오늘날 AIDS를 포함한 많은 바이러스성 질환과 폐암과 다른 형태의 암을 향한 연구에 매우 중요하고도 활발한 분야이다.

현대의 **올리고뉴클레오타이드 합성 방법(oligonucleotide synthesis)**은 단백질을 합성하는 데 사용되는 방법과 비슷하며, 자동화된 고체상 기술도 사용된다(24.7D절). 적절하게 보호된 뉴클레오타이드가 '통제된 다공성 유리'(**그림 25.19**)라 불리는 고체상에 달라붙는데, 이 결합은 궁극적으로는 깰 수 있다. 그다음 보호기를 가진 뉴클레오타이드가 **포스포라미다이트(phosphoramidite)**의 형태로 첨가되고, 대개 1,2,3,4-테트라졸과 같은 짝지음 시약을 가하여 짝짓기를 일으킨다. 짝지음으로 생겨난 아인산 트라이에스터는 아이오딘에 의해서 인산 트라이에스터로 산화되고 한 개의 뉴클레오타이드만큼 길이가 길어진 셈이 된다. 그림 25.19에서 보여 준 것처럼 첨가된 뉴클레오타이드의 5′ 말단을 보호하기 위하여 사용된 **다이메톡시트리틸(dimethoxytrityl, DMTr)**기는 산으로 처리하여 제거하고 **짝지음(coupling)**, **산화 반응(oxidation)**, **탈트리틸화 반응(detritylation)** 등이 반복된다. (모든 단계는 물 아닌 용매 속에서 진행된다.) 자동화된 합성 기기를 사용하면 이 과정들은 적어도 50번 이상 수행할 수 있고, 한 회로가 완결되는 데 40분 미만의 시간이 소요된다. 합성은 각 주기마다 방출되는 다이메톡시트리틸 양이온을 분광학적으로 검출하여 추적해 나간다(고체상 펩타이드 합성에서 방출되는 Fmoc의 추적과 같은 원리임). 원하는 올리고뉴클레오타이드가 얻어진 다음 그것은 고체 지지대로부터 방출되고, 염기에 있던 보호기를 포함하여 여러 가지 보호기가 제거된다.

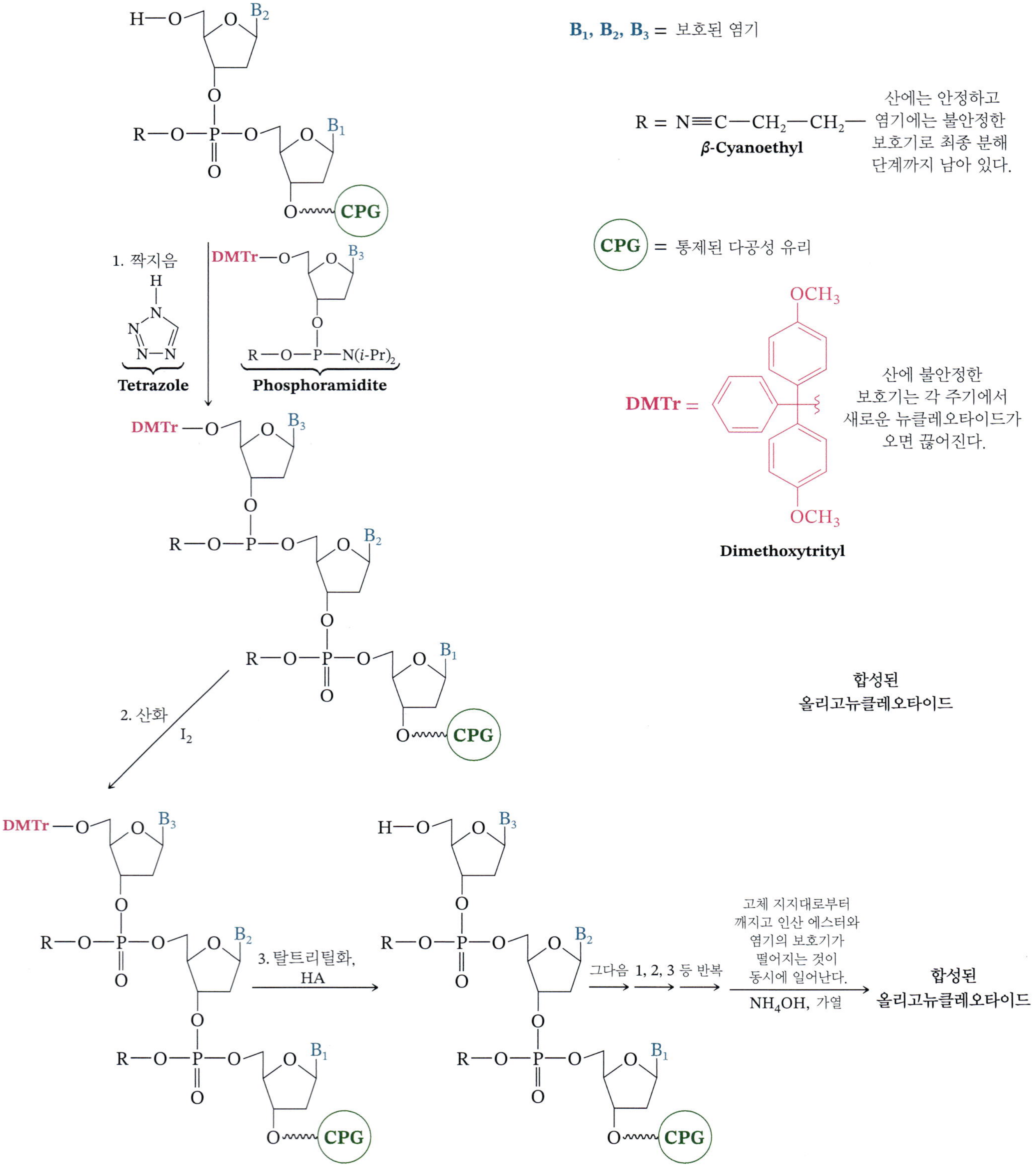

그림 25.19 포스포라미다이트 짝지음 방법을 이용하여 올리고뉴클레오타이드를 자동적으로 합성하는 데 관여하는 단계들

25.8 중합 효소 연쇄 반응

중합 효소 연쇄 반응(polymerase chain reaction, PCR)은 DNA 분자의 복제 수를 지수적으로

증식하는 데 있어서 예외적으로 간단하고도 효과적인 방법이다. 한 개의 DNA 분자로 시작하여 PCR을 써서 1천억 개의 복제를 한나절에 할 수 있다. 이 반응은 매우 수행하기 쉽다. 미량의 표적 DNA(피코 그램이면 충분) 시료, 새로운 DNA를 구성하기 위한 뉴클레오타이드 삼인산 시약, 반응을 촉매화하는 DNA 중합 효소, 그리고 반응 온도를 통제하고 반응을 자동으로 반복시키는 열순환기라고 불리는 기구만 있으면 된다. PCR은 이미 분자 생물학에 주된 영향을 미쳤다. 이것의 가장 중요한 역할은 인간 유전체의 서열화(25.6절과 25.9절)에 있지만, DNA를 포함하는 모든 연구 분야에서 PCR이 언젠가는 관여할 가능성이 크다.

PCR을 개발하려던 원래의 목표는 그것을 낫 모양 적혈구 빈혈증(24.6B절)의 아기가 터어나기 전 진단에 신속히 효과적으로 사용하고자 했던 것이지만, 이것은 처음 상상했던 것을 매우 초월하는 방식으로 의학을 혁신시켰다. 개개의 유전자를 신속하게 서열화하고 연구할 수 있는 능력은 인간의 특별한 유전자 조작에 근거하여 개별화되고 정확한 의학의 문을 열었다. PCR은 또한 질병 진단의 정확도를 높이고 유전적 질환이 그 증세가 나타나기 전에 선제적으로 조치하도록 발견하는 것이 가능하게 했다. PCR은 또한 지구상의 코로나바이러스 유행병과 같은 전염병과의 싸움에서 중심이 되어 있다. 예를 들면, PCR은 COVID-19와 같은 전염병에 대한 가장 확실한 검사법을 제공해 주었고, 바이러스 변이체가 지구상에 나타날 때 신속한 확인 방법도 제공한다.

PCR은 범죄 수사 과학에도 주된 기술로서 핏방울이나 정액, 또는 범행 장소에 남겨진 머리카락 등의 DNA를 복제하는 데 쓰인다. 진화 생물학이나 인류학에도 쓰인다. 40,000년이나 되는 맘모스의 미라의 조직이나 털로부터 DNA가 올 수도 있다. 그것은 또한 이산가족들을 찾아주는 데도 쓰인다. PCR 반응을 어떤 형태로든 응용하는 데 있어서 생물학적인 중요성이 없는 분야는 거의 없다.

PCR은 Mullis에 의해서 발명되었고, 그와 그의 동료들에 의해서 Cetus Corporation에서 개발되었다. 이것은 1955년 Kornberg와 그의 연구진이 Stanford University에서 발견한 DNA 중합 효소를 사용한다. 생체 세포에서 DNA 중합 효소는 DNA를 수리하고 복제한다. PCR은 DNA 중합 효소의 특별한 성질을 사용하는 것인데, 이 '시발체(primer)'가 주형(template)이라 불리는 DNA의 상보적인 가닥에 달라붙었을 때 추가로 뉴클레오타이드를 짧은 올리고뉴클레오타이드 시발체에 붙일 수 있는 능력이다. 뉴클레오타이드는 시발체의 3' 끝에 달라붙어 있고, 중합 효소가 달라붙은 뉴클레오타이드는 주형 가닥상의 인접 위치에 있는 염기에 대해서 상보적인 것이 될 것이다. 만일 인접 주형의 뉴클레오타이드가 G이면 중합 효소는 C를 붙이고, 인접 주형의 뉴클레오타이드가 A이면 중합 효소는 T를 붙인다. 중합 효소는 필요한 뉴클레오타이드(삼인산의 형태)가 용액에 존재하는 한, 주형의 5′ 끝에 다다를 때까지 이 과정을 계속 반복한다.

> **노벨상**
> Mullis는 1993년 이 연구 업적으로 Nobel 화학상을 수상하였다.

그림 25.20은 PCR의 한 순환을 나타낸 것이다. 표적 DNA, 뉴클레오타이드 삼인산 단위체의 공급, DNA 중합 효소, 그리고 적당한 올리고뉴클레오타이드 시발체(5′→3′ 방향으로 표적이 되는 이중 가닥 DNA에 대해서 한 개의 시발체 서열)가 작은 반응 용기에 가해진다. 혼합물을 약 90 °C에서 잠깐 가열하여 DNA 가닥을 떼어낸다(변성). 50~60 °C로 냉각하여 시발체 서열과 DNA 중합 효소가 분리된 가닥에 붙게 한다(연결). 70 °C로 가열하여 중합 효소의 촉매 작용에 의하여 뉴클레오타이드 삼인산 단위체가 DNA 모체 가닥에 상보적으로 축합하여 가닥이 연장된다. 새로운 DNA 분자 집합체를 단일 가닥으로 분리하기 위해서 가열하고

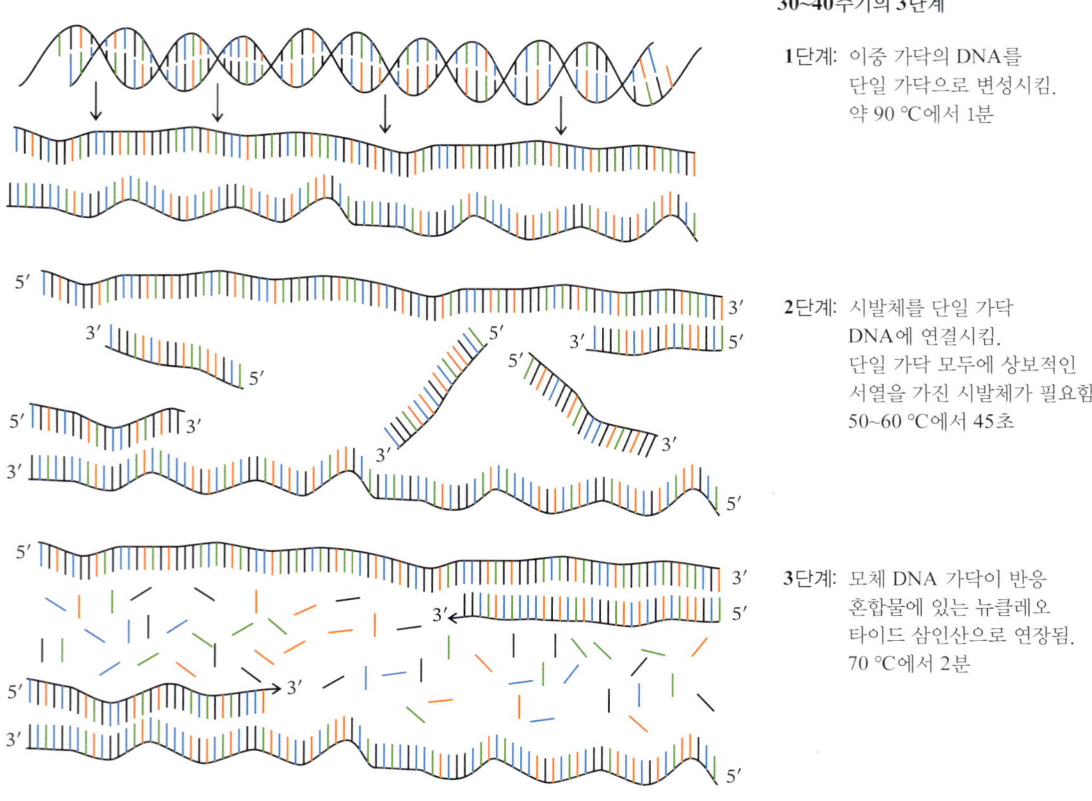

그림 25.20 PCR의 한 주기. 표적인 DNA의 가닥을 가열하면 두 개의 단일 가닥 주형이 생긴다. 표적을 측면으로 싸는 뉴클레오타이드 서열에 대해서 상보적으로 고안된 시발체가 각 가닥에 연결된다. 뉴클레오타이드 삼인산의 존재하에서 DNA 중합 효소는 DNA 두 조각의 합성을 촉매화한다. 각각은 원래의 표적 DNA와 동일하다. (*Used with permisson from Andy Vierstraete, University of Ghent.*)

소결 단계를 위해서 냉각하는 과정 등을 반복하여 또 다른 PCR 주기를 시작한다.

각 주기는 2~3분 걸리는데, 표적 DNA의 양을 전보다 2배 늘린다(**그림 25.21**). 그 결과 DNA의 양은 시간이 감에 따라 지수적으로 증가한다. n번 했을 때 DNA는 2^n번 복제되었을 것이며, 10주기 후에는 대략 1000개의 DNA가, 20주기 후에는 대략 백만 개가 있을 것이다. 열순환기는 1시간당 약 20개의 주기를 수행하여 한나절이면 수십 억의 DNA 복제품이 만들어진다.

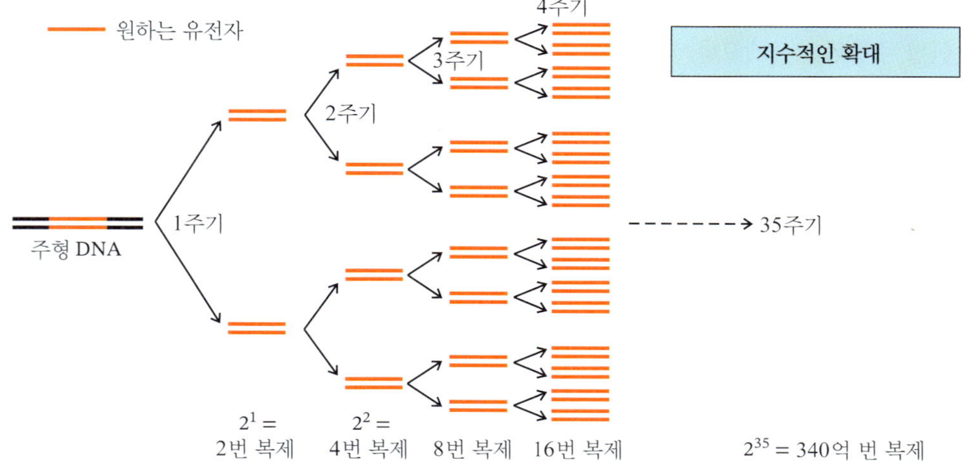

그림 25.21 PCR이 한 번 순환되면 표적 부분이 복제된 수는 두 배가 된다. (*Used with permisson from Andy Vierstraete, University of Ghent.*)

PCR의 응용에는 길이가 10~20개의 뉴클레오타이드를 가진 시발체가 필요하다. 그 서열은 표적 DNA 서열의 측면에 편리하게 위치한 짧은 서열과 상보적이어야 한다. 시발체 서열은 제한 효소로 깰 수 있는 위치에 가까이 있도록 선택되어야 한다. 연구자가 무슨 시발체가 필요한가를 결정하고 나면 대개 상품 공급자로부터 구입하는데, 공급자는 요청에 따라 25.7절에 서술한 것과 같이 고체상 올리고뉴클레오타이드 합성법을 사용하여 합성하는 것이다.

PCR에 대한 흥미 있는 이야기로, 서로 다른 연구 분야들 사이에서 교차 수정이 일어난 것이 PCR의 개발에 큰 도움이 되었음이 밝혀졌다. 특별히 고온 환경에서 사는 생명체로부터 온 효소인 익스트리모자임(extremozyme)의 발견은 이용 가치가 크다. 오늘날 전형적으로 PCR에 사용되는 DNA 중합 효소는 친열성 박테리아로부터 온 열에 안정한 형태이다. 박테리아인 *Thermus aquaticus*로부터 온 Taq 중합 효소와 같은 중합 효소는 분출형 온천에서 발견된다. 그리고 $\text{Vent}_R^{\text{TM}}$은 심해의 열 출구 근처에 살고 있다. 익스트리모자임 중합 효소를 쓰면 항상 중합 효소가 변성됨을 염려할 필요 없이 DNA 용해 단계에서 고온이 되어 PCR을 촉진시킨다. 모든 물질이 전 과정을 통하여 반응 혼합물 속에 존재할 수 있다. 더욱이 사슬 연장 기간 동안에는 고온이 반응을 더 빠르게 만든다(12.3D절에서 고온 효소를 사용하는 다른 예로 '카이랄 화학: 카보닐기의 입체 선택적인 환원' 참조).

Lane Erickson/123RF

Yellowstone 국립공원과 같은 온천에서 자라는 친열성 박테리아는 익스트리모자임이라고 불리는 열에 안정한 효소를 생성하는데, 다양한 화학 공정에 유용함이 입증되었다.

25.9 인간 유전체(게놈)의 서열화: 생명 분자에 대한 지침서

2000년 6월 인간 유전체 연구 사업(Human Genome Project)과 Celera Genomics Co.의 과학자들에 의해서 인간 유전체의 약 30억 쌍의 염기 서열이 발표된 것은 가장 중요하고도 야심찬 과학적인 대업을 이룬 것 중의 하나이다. 이 과업을 완성하기 위해서 전 세계에서 연구하는 수천 명의 과학자들이 PCR 반응(25.8절), 다이데옥시뉴클레오타이드 서열화 반응(25.6절), 모세관 전기 이동법, 레이저에 의해서 유발된 형광법, 그리고 슈퍼컴퓨터 등을 포함하는 도구들을 이용해서 얻은 자료들이 집대성되었다. 궁극적으로 생성된 것은 인간의 염색체가 전사된 것인데, 생명 분자에 대한 지침서라고 부를 수 있다.

그러나 유전체에 있는 지침은 무엇을 말해 주는가? 생명에 대한 분자적인 지침을 어떻게 최상으로 활용할 수 있을까? 어림잡아 35,000개의 DNA 유전자들 가운데 유전자의 기능이 알려진 것은 단지 몇 퍼센트이다. 인간의 상태에 도움을 줄 수 있는 유전자를 발견하고 그들을 쓰거나 말거나 하는 화학적 방법을 알아내는 것이야말로 현재와 미래의 과학자들에게 가장 큰 기회와 도전이 될 것이다. 유전체의 서열화는 단지 이야기의 시작에 불과하다.

노벨상

"이 구조는 고상한 특징을 지녔는데 상물학적으로 상당히 중요하다." DNA의 구조를 밝혀낸 두 과학자 중 한 사람인 James Watson, 그는 Francis Crick, Maurice Wilkins와 Nobel상을 수상하였다. (*Nature*, **1953**, *171*, 737)

이 이야기가 전개됨에 따라 화학자들은 DNA를 확인하는 데 쓰일 화합물의 분자 목록을 더 해갈 것이다. 10,000개 이상의 짧은 DNA 진단 서열이 미리 정해진 순서대로 표면에 화학 결합을 하고 있는 DNA 마이크로칩은 DNA 시료의 수천 가지 가능한 유전 상태를 단번에 시험할 수 있을 것이다. 유전체 지도를 가지고 가능성 있는 의약품 집단을 유전자 표적에 시험하여 핵심이 되는 유전자 생성물의 발현을 촉진시키거나 저해시키는 분자들을 많이 발견하게 될 것이다. 유전체의 서열화로 유전자 발현 생성물인 단백질과 상호작용을 하는 분자들의 개발이 가속화될 것이다. 유전체 서열에 대한 지식은 관심 있는 단백질에 대한 유전자 암호의 확인을 촉진시킴으로써 이들 단백질을 무제한으로 발현되게 할 것이다. 표적이 되는 단백질이 풍부하게 공급되면 단백질의 삼차원 구조를 풀고 그들의 기능을 이해하는 일이 더욱 쉬워질 것이다. 단백질과 상호작용을 하는 작은 유기 분자들의 구조를 최적화시키는 작업도 더욱 빨라질 것이다. 왜냐하면, 이들 분자에 대한 단백질의 표적이 더 신속히 그리고 더욱 다량으로 만들어지기 때문이다. 이제 유전체가 서열화되었으므로 유전자와 단백질 표적과 상호작용을 하는 새롭고도 유용한 유기 분자를 개발하는 연구의 속도가 급격하게 빨라질 것임은 의심할 여지가 없다. 유전체학과 단백질체학의 분야에 화학적 창의성을 사용할 가능성은 실로 막대하다.

이 주제는 왜 중요한가?

DNA 서열에 선택적인 약물 표적화

DNA 분자에서 A와 T, C와 G의 염기쌍 형성에 특정한 수소 결합이 근거가 되듯이, 수소 결합은 작은 분자가 특정한 DNA 서열과 결합하는 데 또한 이용될 수 있다. 이것은 흔히 막중한 생화학적 결과를 가져온다. 예를 들면, 유일하게 사이클로프로페인 고리를 지닌 천연물인 (+)-CC-1065는 DNA의 작은 홈의 가장자리와 줄을 서도록 하는 나선성을 지니고 있다. 일단 이것이 AT 서열이 풍부한 영역을 만나면 이것은 S_N2 반응에서 친전자체로 작용하여 아래에 보인 것처럼 아데닌의 알킬화를 일으킨다. 그 결과 세포는 끝내 파괴된다. 그러므로 (+)-CC-1065는 표적이 암세포일 경우 항종양제로 작용한다.

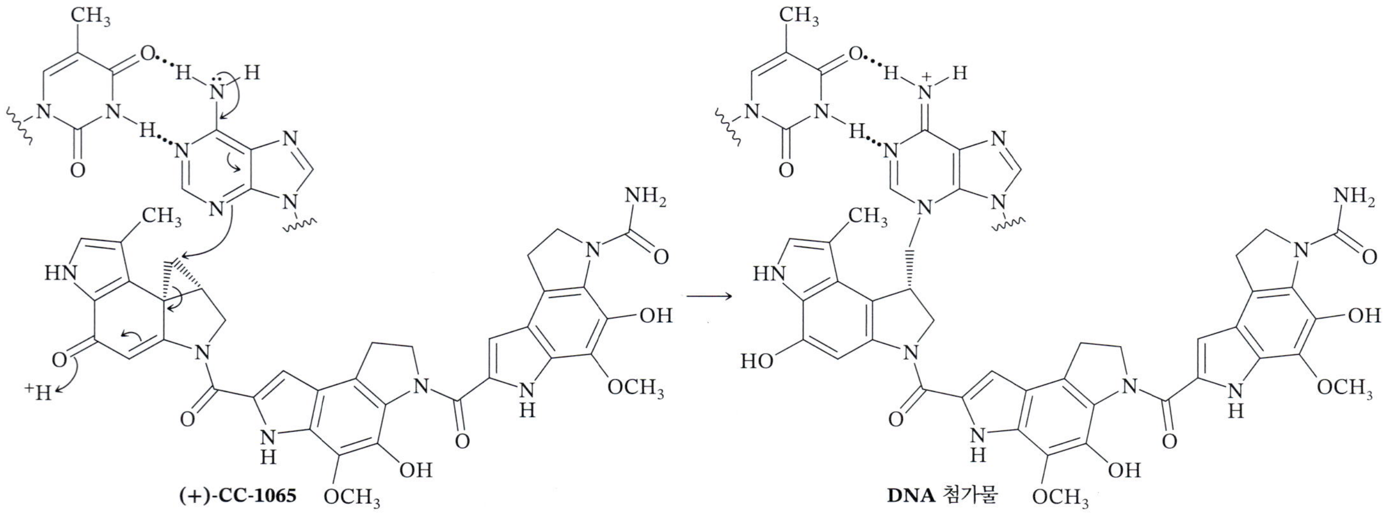

(+)-CC-1065 → DNA 첨가물

이 작용 메커니즘은 특이하지 않다. 실제로, 비슷하게 수소 결합을 통해서 DNA의 작은 홈의 가장자리를 '읽는' 천연물은 여러 가지가 있다. 디스타마이신 A(distamycin A)도 그런 화합물인데, 아래에서 보듯이 세 개의 펩타이드 결합을 한 피롤(pyrrole)이 DNA의 AT가 풍부한 지역을 표적으로 할 수 있다.

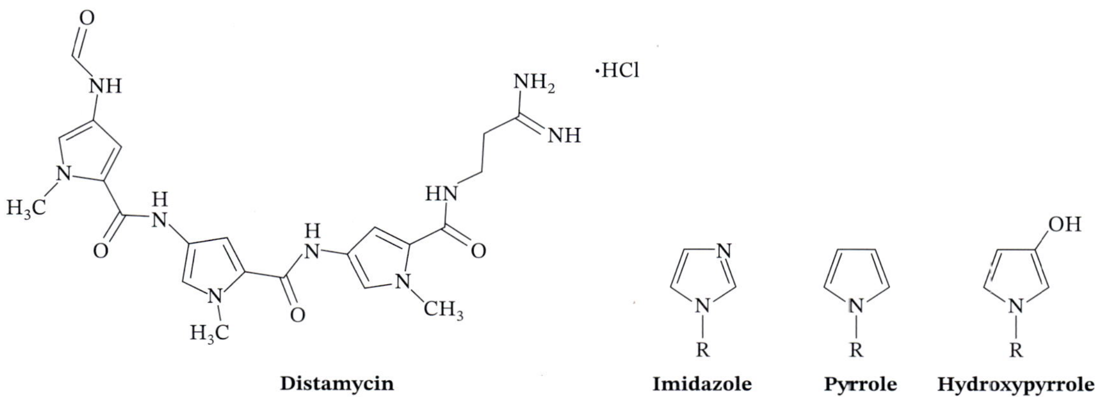

Distamycin Imidazole Pyrrole Hydroxypyrrole

이 분자는 화학자들로 하여금 천연물을 넘어 문자 그대로 AT-풍부한 서열뿐만 아니라 원하는 어떤 특정 DNA 표적 서열을 읽고 구별하는 능력을 지닌 분자들을 개발하고자 하는 영감을 주었다는 점에서 의미가 크다. 이러한 노력의 선구자는 California Institute Technology의 Dervan이다. 20년 넘게 그의 연구진은 디스타마이신이 연상되는 것으로 피롤, 이미다졸, 하이드록시피롤 고리가 두 개의 별도 영역에 유연한 꼬리에 의해서 붙어 있는 한 기의 분자들을 개발하였다. 이 화합물들은 앞쪽에 보인 DNA 서열을 A, C, G, T를 골격 구조를 이루는 퓨린과 피리미딘에 근거하여 읽을 수 있다. 구체적인 구조에 대해서는 아래에 인용한 참고문헌 2를 보면 더 배울 수 있다.

이러한 발견의 중요성에 의미를 주기 위해서 8개의 염기쌍을 지닌 DNA 부분은 32,896가지의 다른 가능한 서열이 있다. 그러한 서열의 배열을 선택적으로 표적화하기 위해서 수천 가지의 다른 용액을 확인해야 하기보다는 분자의 두 팔 안에 있는 세 가지 헤테로 고리계의 위치를 단지 바꿈으로써 이들 가능한 서열의 어느 것을 표적으로 삼도록 쉽게 재단할 수 있는 공통적으로 예상이 가능한 계를 제공하게 된다. 현재의 연구는 약물이 그러한 서열-특이성인 분자와 결합하여 새로운 치료법을 제공할 수 있는지를 결정하는 방향으로 향하고 있다. 새로운 의약품이 얻어질지는 시간이 말해 주겠지만, 지금은 천연물이 수소 결합과 같은 화학적 원리와 심오한 분자 설계가 합쳐져서 자연도 할 수 없는 것처럼 보이는 일을 어떻게 하는지를 보는 것으로 만족한다.

이 주제에 대해서 더 알려면 참고하시오.

1. Boger, D. L.; Johnson, D. S. "CC-1065 and the duocarmycins: Unraveling the keys to a new class of naturally derived DNA alkylating agents." *Proc. Natl. Acad. Sci. USA* **1995**, *92*, 3642-3649.
2. Dervan, P. B. "Molecular recognition of DNA by small molecules." *Bioorg. Med. Chem.* **2001**, *9*, 2215-2135.

요약과 복습 도구

이 장에 대한 학습 보조 자료에는 핵심 용어와 개념(청색 고딕체로 표기되어 있는데, 이 책의 뒤쪽 부록에 수록)이 있다.

물음

핵산의 구조

25.12 RNA 다이뉴클레오타이드 A−U에서 A는 5′-하이드록실기를, U는 3′-하이드록실기를 가진 구조를 쓰시오.

25.13 DNA 다이뉴클레오타이드 C−G에서 C는 5′-하이드록실기를, G는 3′-하이드록실기를 가진 구조를 쓰시오.

메커니즘

25.14 **(a)**에 있는 암호의 서열에 의해서 형성될 트라이펩타이드는 무엇이며, **(b)**에 있는 변이된 서열에 의해서 형성된 트라이펩타이

드의 구조는 무엇인가?

(a) mRNA: 5′ ← UUU–UAU–AGU → 3′

(b) mRNA: 5′ ← UUU–UAC–AGU → 3′

25.15 25.3절에 있는 실릴 Hilbert–Johnson 뉴클레오사이드화 반응의 예는 C2 벤조일기가 관여하는 분자내 상호작용에 의해서 안정화된 리보실 양이온 중간체가 관여하는 것으로 여겨진다. 이 중간체는 헤테로 고리 아민 염기가 리보스 고리의 α면으로부터 공격하는 것을 막고 β면으로부터 공격하도록 한다. 이것은 생성물의 형성에 꼭 필요하다. 염기와 입체 선택적으로 결합하는 것을 설명하는 리보실 양이온 중간체의 구조를 제안하시오.

25.16 **(a)** 미토마이신은 치료에 사용되는 항종양성 항암제로 DNA에 있는 데옥시구아노신과의 공유 결합 형성 반응을 통하여 DNA 합성을 방해한다. 여러 연구자들은 미토마이신에 의한 DNA의 알킬화 반응이 복잡한 일련의 메커니즘 단계를 거쳐서 일어남을 입증하였다. 이 과정은 미토마이신에 있는 퀴논 고리가 하이드로퀴논 형태로 환원하는 것부터 시작한다. 이어 인접 고리로부터 메탄올의 제거가 잇따르고, 아래에 보인 대로 루코–아지리디노미토센이라고 불리는 중간체가 형성된다. 루코–아지리디노미토센이 DNA에 알킬화 반응을 하는 경로 중의 하나는 양성자가 첨가되고 삼원자인 아지리딘 고리가 열리게 되어 중간체인 양이온이 생기는데, 이것은 하이드로퀴논기에 의해서 공명 안정화된다. 데옥시구아노신 잔기의 N2가 양이온을 공격하면 아래에 보인 것 같은 일알킬화된 DNA 생성물이 된다. 고리 열림이 어떻게 일어나는지를 보이는 상세한 메커니즘을 양이온 중간체의 공명 형태를 포함하여 DNA에 의한 친핵성 공격이 일어나는 것을 포함하여 모두 쓰시오. (DNA 내에서 또는 가닥간 교차 연결함이 다른 데옥시구아노신 잔기가 처음의 미토센–DNA 단일 첨가물의 카바모일기를 대치하는 반응에 의해서 생길 수 있다. 교차 연결된 첨가물은 아래에 보였다.) **(b)** 1-다이하이드로미토센 A(아래에 보임)는 (a) 부분의 양이온 중간체로부터 양성자를 잃고 토토머화함으로써 때때로 형성될 수 있다. 1-다이하이드로미토센 A가 (a) 부분의 공명 안정화된 양이온으로부터 형성되는 상세한 메커니즘을 제안하시오.

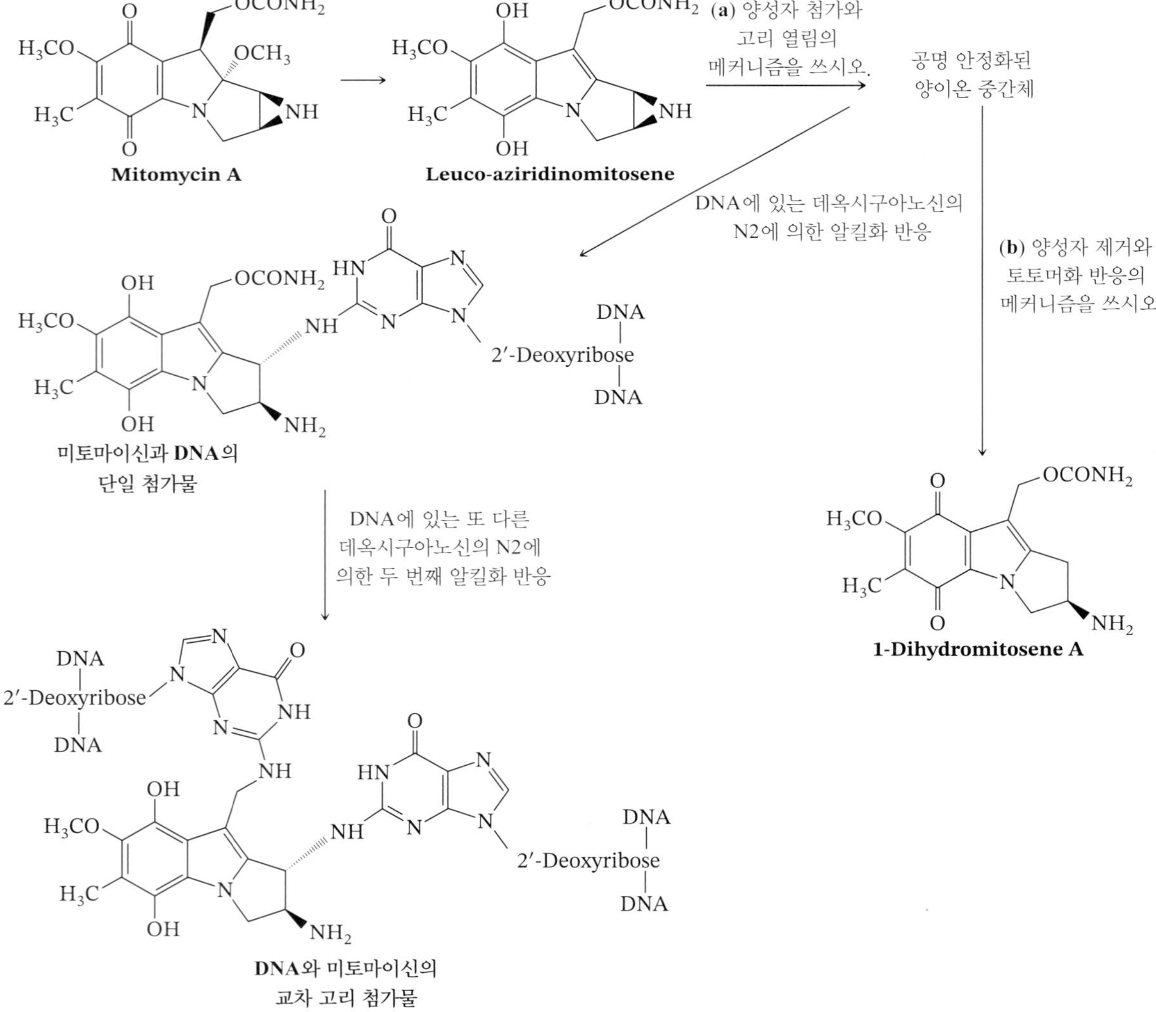

25.17 (+)-CC-1065(1250쪽)와 비교하여 아미노-세코 CBI-TMI는 작은 홈-알킬화 시약이다. DNA에 의한 직접 S_N2 치환 반응이 관여하지 않는 메커니즘을 제시하시오.

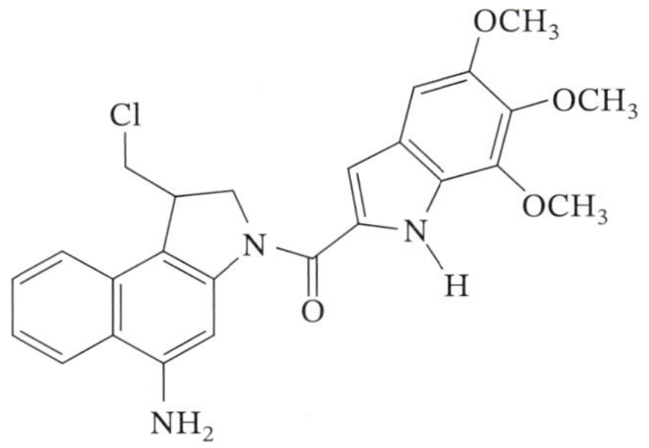

25.18 25.5B절에 서술한 것처럼, 산−염기 촉매 작용이 리보솜이 단백질 전달 과정에서 펩타이드 결합 형성을 촉매화하는 메커니즘이라고 여겨진다. 이런 제안의 핵심은 리보솜에 있는 근접한 아데닌의 N3 질소(아래에 강조된 부분)가 자라나는 펩타이드 사슬에 첨가할 아미노산의 α-아미노기로부터 양성자를 제거하는 것을 도와 준다는 것이다(그림 25.14). 이 아데닌기가 단백질을 제거하는 능력은 이번에는 리보솜에 있는 인접 기에 의해서 전하가 전달됨으로써 촉진된다. 이 기들의 조합을 아래에 보였다. 아데닌기가 형식적인 음전하를 띠는 공명 기여체의 형성과, 따라서 아미노산의 α-아미노 양성자 제거를 촉진하는 메커니즘의 화살표를 그리시오. (이들 기의 진짜 전자 구조는 어느 한 공명 기여체로는 물론 정확하게 나타낼 수 없다. 안정성을 나타내도록 기여하는 공명 구조의 혼성이 실제 구조를 가장 잘 나타낸다.)

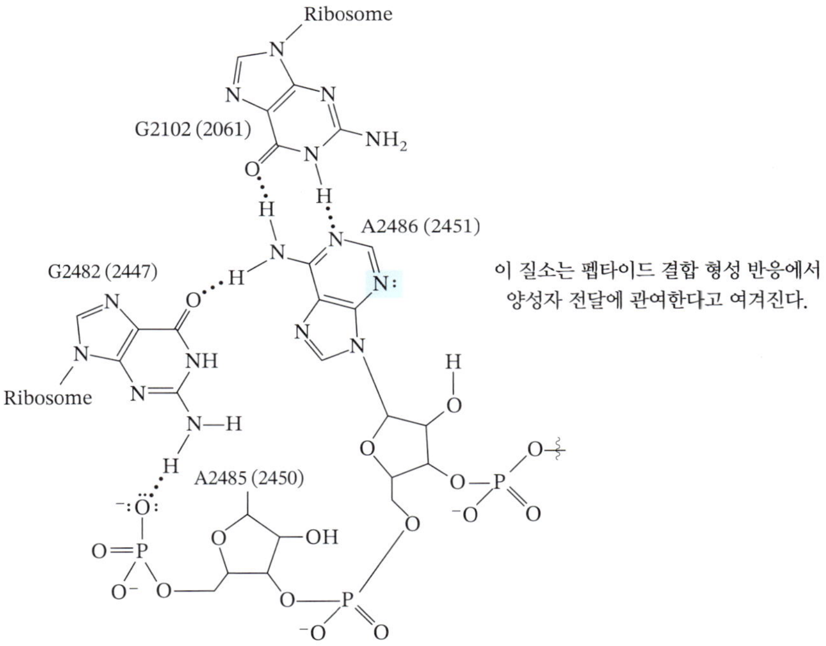

이 질소는 펩타이드 결합 형성 반응에서 양성자 전달에 관여한다고 여겨진다.

학습 집단을 위한 물음

어떤 유전자의 발현은 게놈에 있는 어떤 사이토신 염기가 DNA 메틸 전달 효소라 불리는 효소에 의해서 5-메틸사이토신으로 전환되는 것에 의해서 통제된다는 연구가 있다. 사이토신의 메틸화 반응은 세포가 성장과 발달 도중 분열하면서 어떤 유전자는 닫혀지는 방법이기도 하다. 이것은 어떤 암 과정이나 바이러스 유전자와 같은 외부 DNA로부터 게놈을 방어하는 데 역할을 할 수도 있다. DNA에서 메틸화 반응의 정도를 측정하는 것은 중요한 분석 과정이다. 사이토신의 메틸화 반응을 측정하는 한 가지 방법은 메틸화 반응−특이성인 PCR이라고 알려져 있다. 이 기술은 DNA 시료에 있는 모든 메틸화되지 않은 사이토신이 자신의 C4 아미노기의 탈아민화 반응에 의해서 유라실로 전환되는 것을 필요로 한다. 이것은 DNA를 $NaHSO_3$로 처리하여 메틸화되지 않은 사이토신 잔기에 중아황산 첨가 반응 생성물을 형성시킴으로 완수될 수 있다. 생성된 사이토신 설폰산은 그다음 가수 분해 조건에 놓아서 C4 아미노기를 카보닐기로 전환하므로 설폰산 유라실이 된다. 끝으로 염기로 처리하면 설폰산기가 제거되어 유라실을 형성한다. 변형된 DNA는 사이토신이 유라실로 전환된 것과 메틸화된 사이토신을 가진 DNA를 구분하도록 설계된 시발체(primer)를 사용하여 PCR에 의해서 증폭된다.

위의 단계들을 이용하여 사이토신을 유라실로 전환시키는 데 사용된 반응에 대한 자세한 메커니즘을 쓰시오.

문제의 해답

Chapter 1

1.15 (a) and **(d)**; **(b)** and **(e)**; and **(c)** and **(f)**.

1.27 (a), **(c)**, **(d)**, **(f)**, **(g)**, and **(h)** have tetrahedral geometry; **(b)** is linear; **(e)** is trigonal planar.

1.35 (a), **(g)**, **(i)**, **(l)**, represent different compounds that are not isomeric; **(b–e)**, **(h)**, **(j)**, **(m)**, **(n)**, **(o)**, represent the same compound; **(f)**, **(k)**, **(p)**, represent constitutional isomers.

1.42 (a) The structures differ in the positions of the nuclei. **(b)** The anions are resonance structures.

1.44 (a) A negative charge; **(b)** a negative charge; **(c)** trigonal pyramidal; **(d)** sp^3.

Chapter 2

2.11 (c) Pentyl chloride; **(d)** isopropyl iodide; **(e)** phenyl iodide.

2.14 (a) 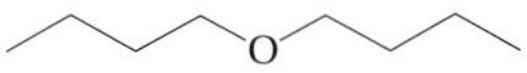 O **(b)** 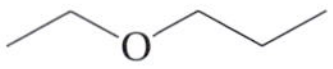 O

(e) diisopropyl ether.

2.29 (a) 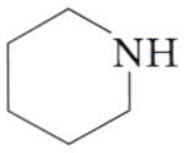 NH **(b)** 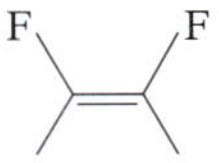 F F **(c)**  HO OH

2.33 (b) aldehyde; **(d)** alkene; **(e)** 2° (secondary) alcohol.

2.34 (a) 3 alkene groups, one of each group ether, carboxylic acid, ketone, and amine; **(c)** 3 secondary alcohol groups, 2 ketone groups, 2 alkene groups, 2 (3°) amine groups, and an amide group.

2.39 (f)  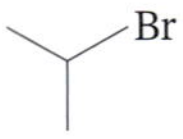 Br Br

2.53 Amide

Chapter 3

3.3 (b) and **(e)** are Lewis acids; **(a)**, **(c)**, **(d)**, and **(f)** are Lewis bases.

3.5 (a) $[H_3O^+] = [HCO_2^-] = .0094\ M$; **(b)** Ionization = 1.88%.

3.6 (a) $pK_a = 9$; **(b)** $pK_a = -0.7$; **(c)** The acid with a $pK_a = 5$ (the lower of the two pK_a values) has a larger K_a, therefore it is the stronger acid.

3.8 The pK_a of the methylaminium ion is equal to 10.6 (Table 3.1 and Section 3.5C). Because the pK_a of the anilinium ion is equal to 4.6, the anilinium ion is a stronger acid than the methylaminium ion, and therefore aniline ($C_6H_5NH_2$) is a weaker base than methylamine (CH_3NH_2).

3.14 (a) $BrCH_2CO_2H$ would be the stronger acid because the electron withdrawing inductive effect at alpha position is more effective than at gamma position. **(c)** $CH_2(NO_2)CO_2H$ would be the stronger acid because a nitro group is more electron withdrawing than a fluorine atom.

3.31 (a) $pK_a = 3.75$; **(b)** $K_a = 10^{-11}$.

Chapter 4

4.8 (a) (1,1-dimethylethyl)cyclopentane or *tert*-butylcyclopentane; **(c)** butylcyclopentane; **(e)** 2-chlorocyclopentanol.

4.10 (a) *cis*-3-Octene; **(c)** 4-ethyl-2-methyl-1-hexene

4.11

(a)

(c)

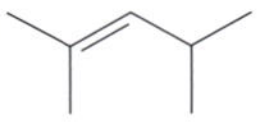

(e) 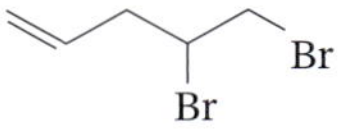 Br Br

(g) 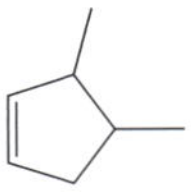 **(i)** 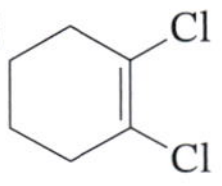 Cl Cl

4.12 1-Hexyne, 2-Hexyne, 3-Hexyne, 4-Methyl-1-pentyne, 4-Methyl-2-pentyne, 3,3-Dimethyl-1-butyne

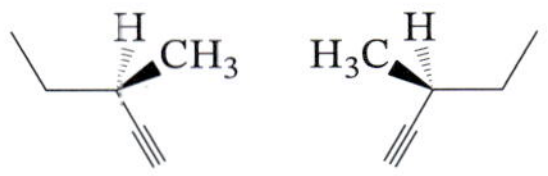

H CH_3 H_3C H

(*R*)-3-Methyl-1-pentyne **(*S*)-3-Methyl-1-pentyne**

4.24 (a) 4-ethyl-3,5,7,8-tetramethyldecane; **(c)** 4-bromo-6-chloro-3-methyloctane; **(e)** 2-Bromobicyclo[3.3.1]nonane; **(g)** 6,7-dimethyl-3-octene

4.39 (a) Hexane would boil higher because its chain is unbranched. **(b)** Ethanol would boil higher because its molecules are more polar. **(c)** Acetone would boil higher because its molecules are more polar. **(d)** 1-Propanol would boil higher because its molecules would be associated with each other through hydrogen-bond formation. **(e)** 2-Chloropropane would boil higher because its molecules are more polar.

4.43

(a)

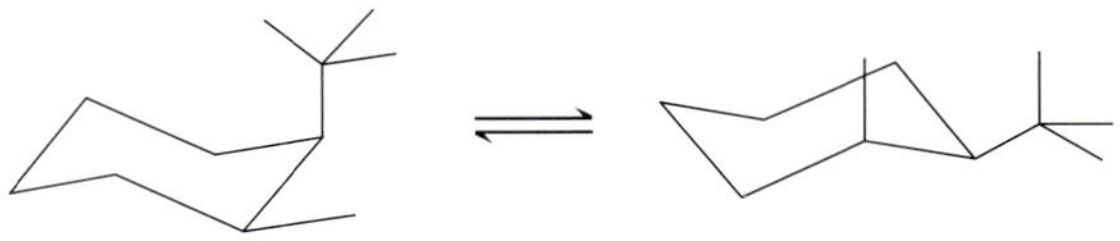

Less stable because the large *tert*-butyl group is axial (more potential energy)

More stable because the large *tert*-butyl group is equatorial (less potential energy)

(b)

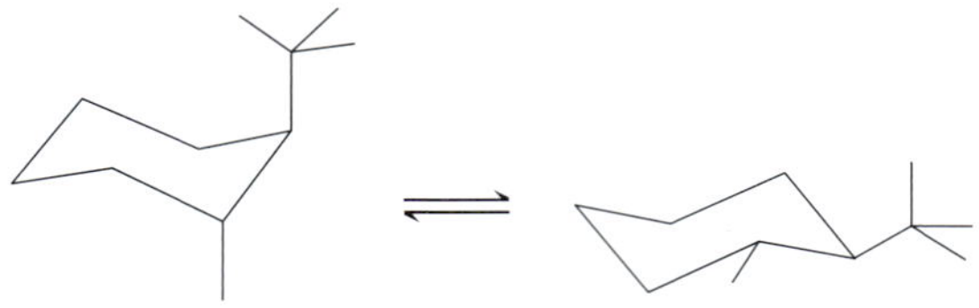

Less stable because the large *tert*-butyl group is axial (more potential energy)

More stable because the large *tert*-butyl group is equatorial (less potential energy)

(c)

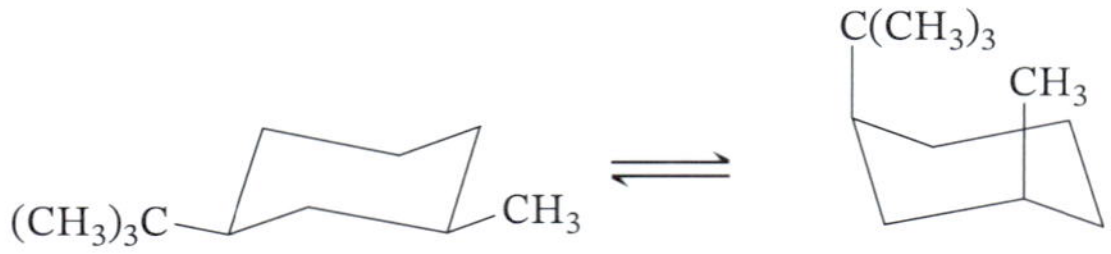

$(CH_3)_3C$ CH$_3$ ⇌ C(CH$_3$)$_3$ CH$_3$

More stable conformation because both alkyl groups are equatorial

(d)

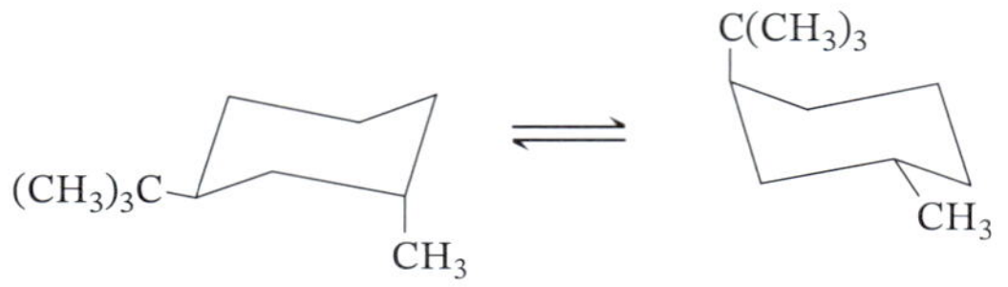

$(CH_3)_3C$ CH$_3$ ⇌ C(CH$_3$)$_3$ CH$_3$

More stable because larger group is equatorial

(e)

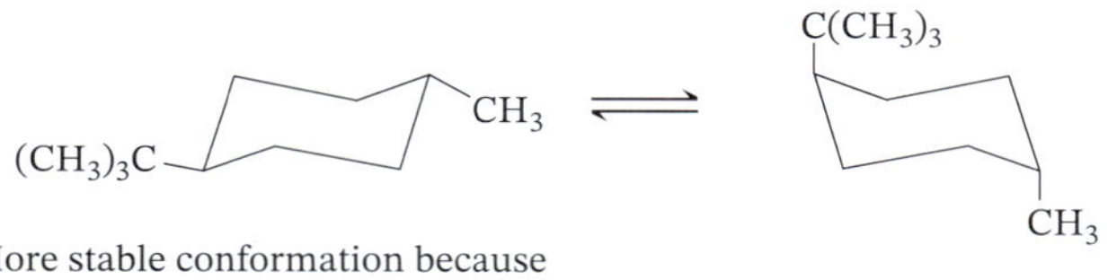

$(CH_3)_3C$ CH$_3$ ⇌ C(CH$_3$)$_3$ CH$_3$

More stable conformation because both alkyl groups are equatorial

(f)

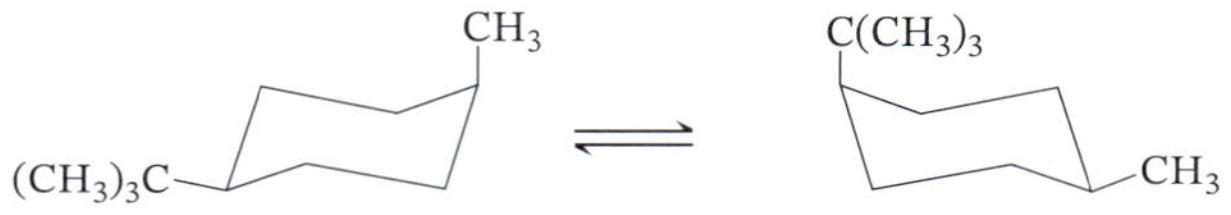

$(CH_3)_3C$ CH$_3$ ⇌ C(CH$_3$)$_3$ CH$_3$

More stable because larger group is equatorial

Chapter 5

5.1 **(a)** achiral; **(c)** chiral; **(e)** chiral.

5.2 **(a)** Yes; **(c)** no.

5.3 **(a)** They are the same. **(b)** They are enantiomers.

5.7 The following possess a plane of symmetry and are, therefore, achiral: screwdriver, baseball bat, hammer.

5.11 **(a)** —Br > —Cl > —OMe > —H

(c) $—N(CH_3)_2 > —NHCH_3 > —NH_2 > —H$

(e) $—C{\equiv}CH > —C(CH_3)_3 > —C{=}CH_2 > —CH(CH_3)_2$

5.13 **(a)** enantiomers; **(c)** enantiomers.

5.19 **(a)** diastereomers; **(c)** no; **(e)** no.

5.21 **(a)** represents **A**; **(b)** represents **C**; **(c)** represents **B**.

5.23 **B** (2*S*,3*S*)-2,3-Dibromobutane; **C** (2*R*,3*S*)-2,3-Dibromobutane.

5.39 **(a)** same; **(c)** diastereomers; **(e)** same; **(g)** diastereomers; **(i)** same; **(k)** diastereomers; **(m)** diastereomers; **(o)** diastereomers; **(q)** same.

Chapter 6

6.6 **(a)** The reaction is S_N2 and, therefore, occurs with inversion of configuration. Consequently, the configuration of (+)-2-chlorobutane is opposite [i.e., (*S*)] to that of (−)-2-butanol [i.e., (*R*)]. **(b)** The configuration of (−)-2-iodobutane is (*R*).

6.14 Protic solvents are ethanol and ammonia. The others are aprotic.

6.16 **(a)** $(C_6H_5)_3P$; **(c)** SH^-.

6.20 **(a)** 1-Bromopropane would react more rapidly, because, being a primary halide, it is less hindered. **(c)** 1-Chloro-4-methylpentane, because it is a primary halide. Phenyl halides are unreactive in S_N2 reactions. **(e)** 1-Iodo-3,4-dimethylpentane because it is a primary halide with no possibility to undergo any rearrangements.

6.21 **(a)** Reaction (1) because ethoxide ion is a stronger nucleophile than ethanol; **(c)** reaction (2) because triphenylphosphine, $(C_6H_5)_3P$, is a stronger nucleophile than triphenylamine. (Phosphorus atoms are larger than nitrogen atoms.)

6.22 **(a)** Reaction (2) because iodide ion is a better leaving group than chloride ion; **(c)** reaction (2) because the concentration of the substrate is twice that of reaction (1).

6.37 Two different mechanisms are involved. $(CH_3)_3CBr$ reacts by an S_N1 mechanism, and apparently this reaction takes place faster. The other three alkyl halides react by an S_N2 mechanism, and their reactions are slower because the nucleophile (H_2O) is weak. The reaction rates of CH_3Br, CH_3CH_2Br, and $(CH_3)_2CHBr$ are affected by the steric hindrance, and thus their order of reactivity is $CH_3Br > CH_3CH_2Br > (CH_3)_2CHBr$.

Chapter 7

7.4 **(a)** 2,3-Dimethyl-2-butene would be the more stable because the double bond is tetrasubstituted. **(c)** *cis*-3-Hexene would be more stable because its double bond is disubstituted.

7.7

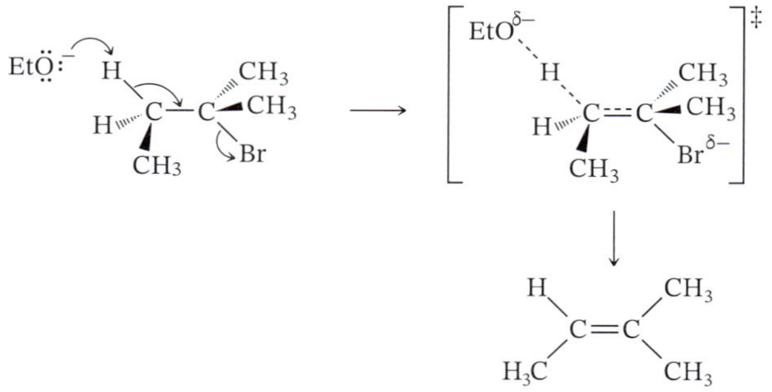

EtÖ:⁻ H, H, CH$_3$, CH$_3$, CH$_3$, Br ⟶ [EtO$^{\delta-}$ H, H, CH$_3$, CH$_3$, CH$_3$, Br$^{\delta-}$]‡

↓

H, CH$_3$, C=C, H$_3$C, CH$_3$

7.27 **(a)** We designate the position of the double bond by using the *lower* of the two numbers of the doubly bonded carbon atoms, and the chain is numbered from the end nearer the double bond. The correct name is *trans*-4-hexene. **(c)** We use the lower number of the two doubly bonded carbon atoms to designate the position of the substituent when no other factors influence the numbering sequence. The correct name is 1-methylcyclohexene.

7.28 **(a)** **(c)**

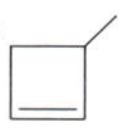

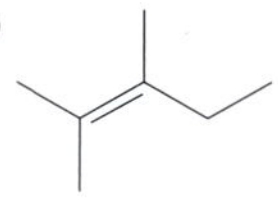

(e)

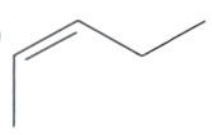

7.30 (a) (*Z*)-3,5-Dimethyl-2-hexene; **(c)** 6-methyl-3-heptyne; **(e)** (3*R*,4*Z*)-3-chlorohex-4-en-1-yne.

7.40 Only the deuterium atom can assume the anti coplanar orientation necessary for an E2 reaction to occur.

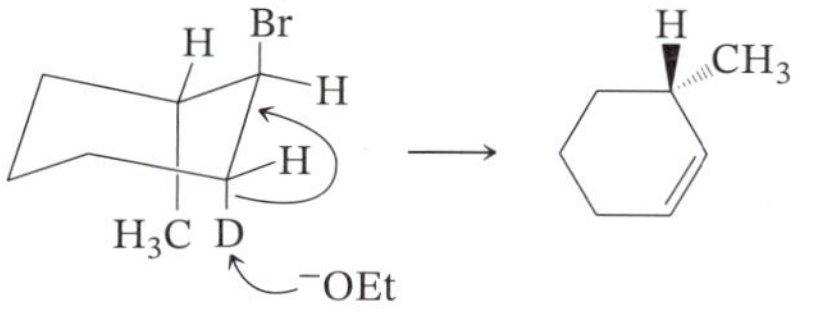

Chapter 8

8.1 2-Bromo-2-methyl-1-iodopropane.

8.7 The order reflects the relative ease with which these alkenes accept a proton and form a carbocation. 2-Methylpropene reacts fastest because it leads to a 3° cation; ethene reacts slowest because it leads to a 1° cation.

8.24 By converting the 3-hexyne to *cis*-3-hexene using H_2/Ni_2B (P-2).

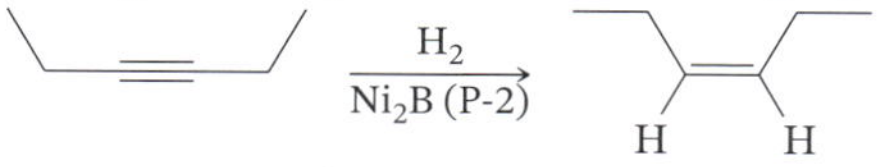

Then, anti addition of bromine to *cis*-3-hexene will yield (3*R*,4*R*), and (3*S*,4*S*)-3,4-dibromohexane as a racemic form.

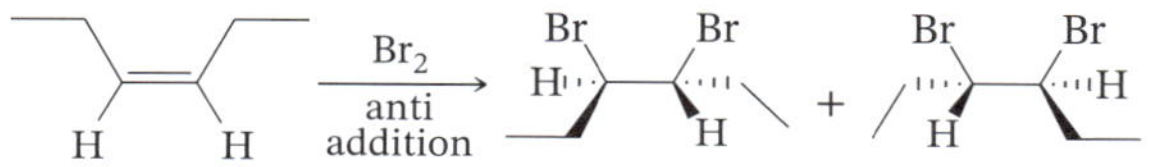

(3*R*, 4*R*) **(3*S*, 4*S*)**

Racemic 3,4-dibromohexane

8.25 (a) 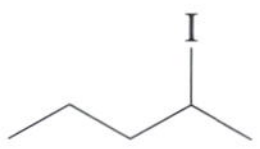 **(b)**  **(c)** 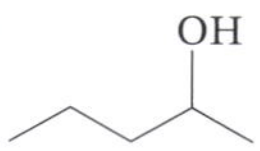 **(g)** 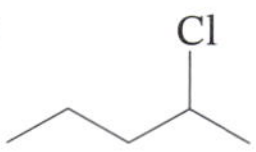 **(h)** 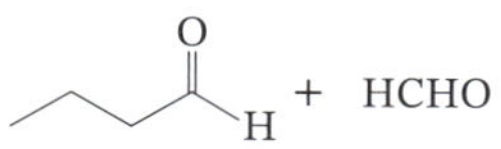 + HCHO

8.28 (a) 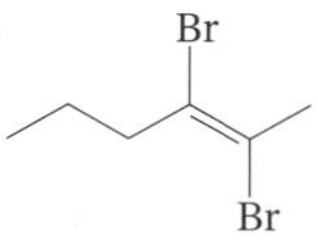 **(c)** 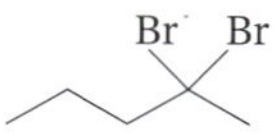 **(e)**

8.32 (a) 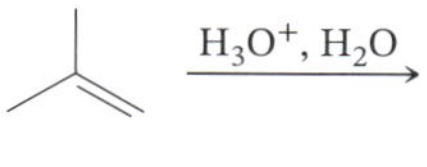 H_3O^+, H_2O **(c)** 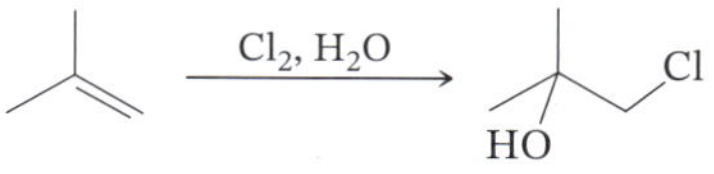 Cl_2, H_2O **(d)** 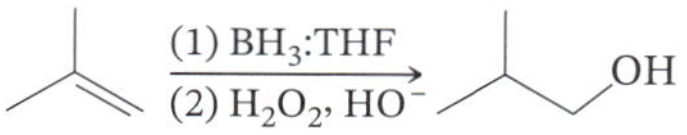 (1) BH_3:THF (2) H_2O_2, HO^-

8.33 (a)

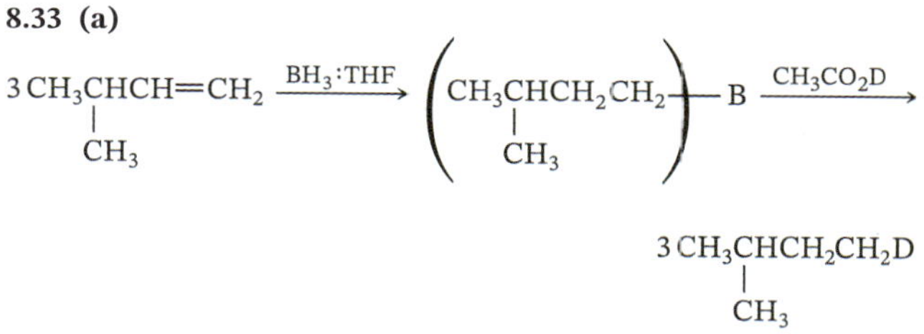

$$3\,CH_3CHCH{=}CH_2 \xrightarrow{BH_3:THF} (CH_3CHCH_2CH_2)_3B \xrightarrow{CH_3CO_2D} 3\,CH_3CHCH_2CH_2D$$

(branch CH_3 on C-2 in each)

(b)

$$3\,CH_3C{=}CHCH_3 \xrightarrow{BH_3:THF} CH_3CH{-}CH(B){-}CH_3 \xrightarrow{CH_3CO_2D} 3\,CH_3CHCHDCH_3$$

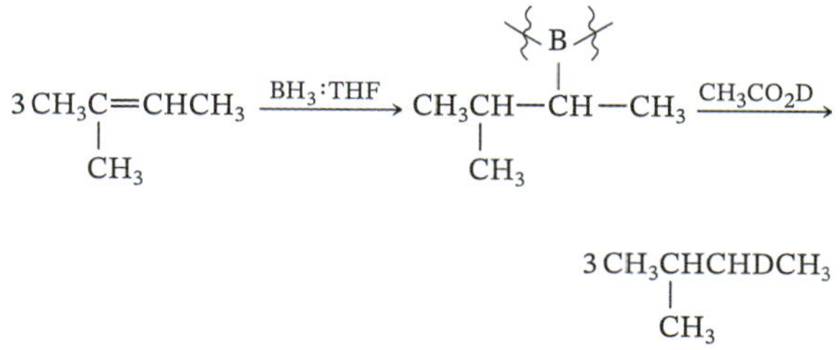

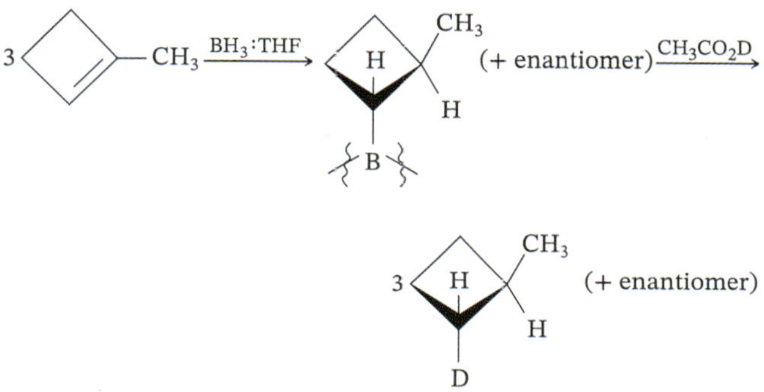

(branch CH_3 on C-2 in each)

(c) 3 (1-methylcyclobutene) $\xrightarrow{BH_3:THF}$ (+ enantiomer) $\xrightarrow{CH_3CO_2D}$ 3 (+ enantiomer)

8.58 D $\xrightarrow[Pt]{H_2}$ E

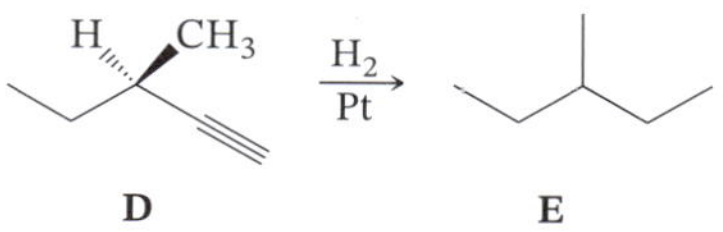

Chapter 9

9.4 (a) Three; **(b)** two; **(c)** three; **(d)** two; **(e)** two; **(f)** two.

9.8 The signal for the proton designated (*a*) should be split into a quartet by the three equivalent protons (*b*). This quartet should occur at higher frequency (~4.5–5 ppm) because of the electronegativity of the one attached chlorine and chlorines attached to the adjacent carbon. The signal from the three equivalent protons designated (*b*) should be split into a doublet by the proton (*a*). The doublet should occur at lower frequency (~1.5–2 ppm). It should have a relative area (integration value) 3 times that of (*a*).

9.9 A, CH_3CHICH_3; **B**, CH_3CHCl_2

9.23 G, 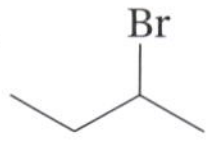 **H**,

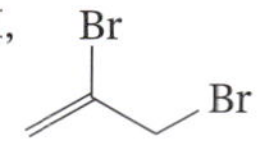

9.36 E is phenylacetylene.

Chapter 10

10.1 > > ~ 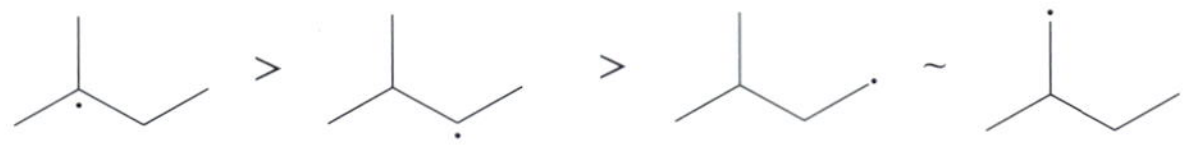
(3°) (2°) (1°) (1°)

10.7 (a) Cyclohexane; **(b)** 2,2-dimethylpropane (or neopentane)

10.8

(a) H Cl $\xrightarrow[\text{light}]{Cl_2}$

Cl H H Cl + H Cl H Cl

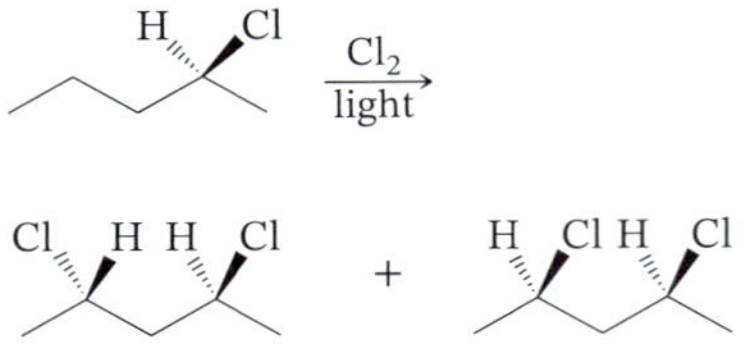

(2*S*,4*S*)-2,4-Dichloropentane **(2*R*,4*S*)-2,4-Dichloropentane**

(c) No, (2*R*,4*S*)-2,4-dichloropentane is achiral because it is a meso compound. (It has a plane of symmetry passing through C3.)

(e) Yes, by fractional distillation or by gas–liquid chromatography. (Diastereomers have different physical properties. Therefore, the two isomers would have different vapor pressures.)

10.24 > 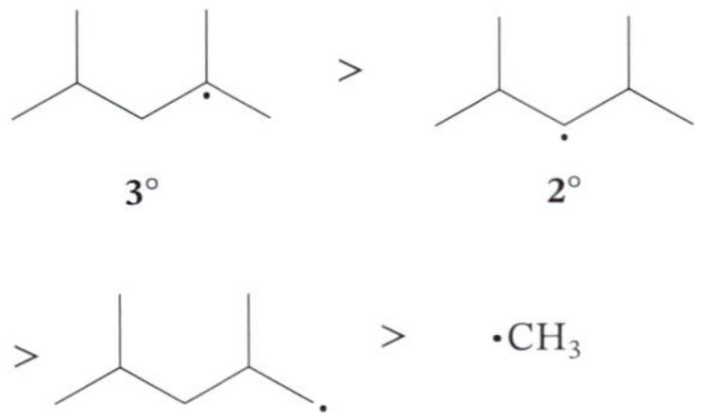
3° 2°

> > $\cdot CH_3$
1° **Methyl**

Chapter 11

11.3 (a) 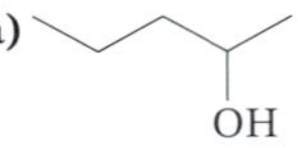 OH **(b)**  OH **(c)** 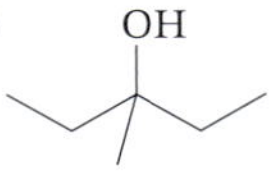 OH

11.10 Use an alcohol containing isotopically labeled oxygen. If all of the labeled oxygen appears in the sulfonate ester, then it can be concluded that the alcohol C—O bond does not break during the reaction.

11.25 (a) 3,3-Dimethyl-1-butanol;

(c) 2-methyl-1,4-butanediol;

(e) 2,3-dimethylbutanol.

11.26 (a)  OH

(c)  HO

(e) 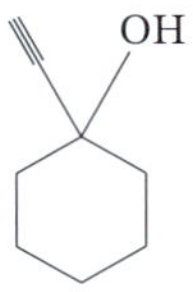 OH

(g) 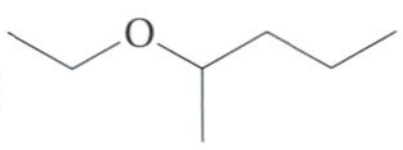 O

(i) 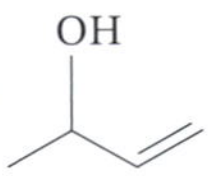 OH

11.33 (a) $CH_3CH_2CH_2Br$ + Br **(c)** 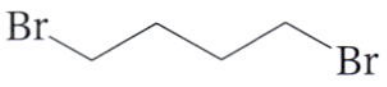 Br Br

Chapter 12

12.1 (a) $LiAlH_4$; **(c)** $NaBH_4$

12.3 (a) PCC or Swern oxidation

(c) Jones, PCC, or Swern oxidation

12.8 (a) OH ⟹ O H + MgBr

⇓ OH

OH $\xrightarrow[CH_2Cl_2]{\text{PCC}}$ O H, MgBr ⟶

O^- $\xrightarrow{H_3O^+}$ OH

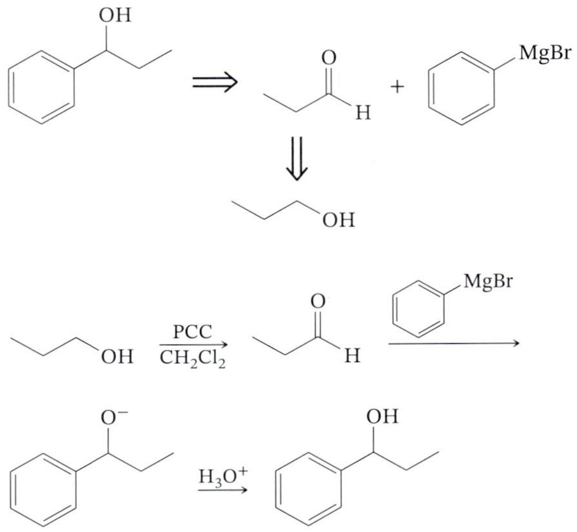

(c) OH ⟹ MeO O + 2 MgBr

MeO O $\xrightarrow[\text{ether}]{2\ C_6H_5MgBr}$ OMgBr

OMgBr $\xrightarrow{H_3O}$ OH

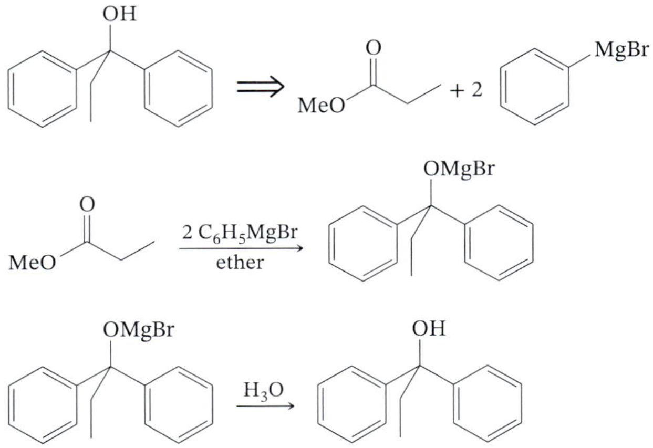

12.9 (a) $CH_3CH_2CH_3$; **(b)** $CH_3CH_2CH_2D$;

(c) 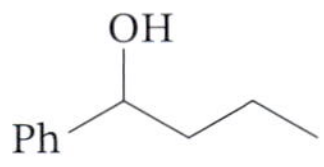 Ph OH **(g)** $CH_3CH_2CH_3$ + OH

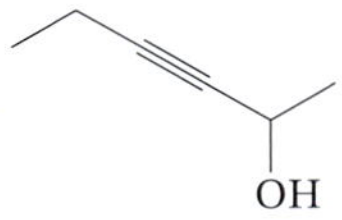

12.10 (a) 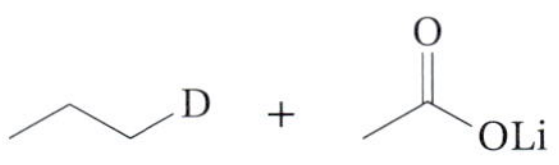 D + O OLi

Chapter 13

13.6 (b) 1,4-Cyclohexadiene and 1,4-pentadiene are isolated dienes.

13.18 (a) *t*-BuOK, *t*-BuOH and heat; **(g)** H_2 with Lindlar's catalyst or Ni_2B (P-2), or (1) Li, $EtNH_2$, (2) NH_4Cl.

13.22 (a) 1-Butene + *N*-bromosuccinimide, then *t*-BuOK and heat; **(e)** cyclohexane + Br_2, *hv*, then *t*-BuOK and heat, then *N*-bromosuccinimide.

13.44 (a) The dienophile can approach the diene in an endo fashion from above or below the diene. Approach from the above leads to one enantiomer. Approach from the bottom leads to the other.

(b) They are diastereomers.

Chapter 14

14.1 (a) 2-Bromo-5-nitrobenzoic acid

(b) 2-Benzyl-1.3-cyclopentadiene

(c) (2-bromo-2-butyl)benzene

(d) Phenyl butyl ether

14.19 (a)

(b) heat, −HBr → **Tropylium bromide**

These results suggest that the bonding in tropylium bromide is ionic; that is, it consists of a positive tropylium ion and a negative bromide ion.

14.8 (a) The cyclopropenyl cation. **(b)** One

14.15 A, *o*-bromotoluene; **B,** *p*-bromotoluene; **C,** *m*-bromotoluene; **D,** benzyl bromide.

14.23 Hückel's rule should apply to both pentalene and heptalene. Pentalene's antiaromaticity can be attributed to its having 8 π electrons. Heptalene's lack of aromaticity can be attributed to its having 12 π electrons. Neither 8 nor 12 is a Hückel number.

14.25 The bridging $-CH_2-$ group causes the 10 π electron ring system to become planar. This allows the ring to become aromatic.

14.28 (a) The cyclononatetraenyl anion, with 10 π electrons, obeys Hückel's rule.

14.31 A, B, C,

14.33 F,

Chapter 15

15.7 (a) In phenyl acetate there is an oxygen atom bonded directly to the benzene ring, just as there is in phenol. **(b)** Structures such as the following compete with the benzene ring for the oxygen electrons, making them less available to the benzene ring.

15.22 (a)

(c)

15.23 (a)

(c)

(e)

Chapter 16

16.2 (a) 1-Butanol; **(c)** Butanal; **(e)** benzyl alcohol.

16.6 A hydride ion.

16.15 (b) $CH_3CH_2Br + (C_6H_5)_3P$, then strong base, then $C_6H_5COCH_3$; **(d)** $CH_3I + (C_6H_5)_3P$, then strong base, then cyclopentanone; **(f)** $CH_2{=}CHCH_2Br + (C_6H_5)_3P$, then strong base, then C_6H_5CHO.

16.21 (a) **(c)**

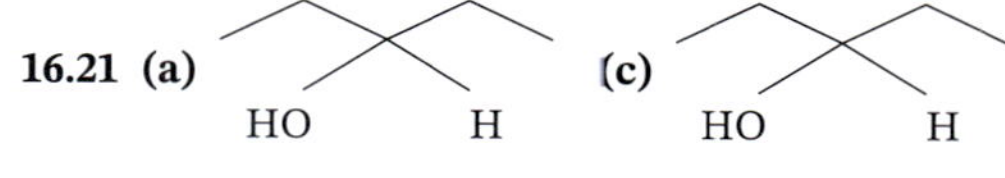

(h) **(j)** No reaction **(m)** No reaction

16.47 X is

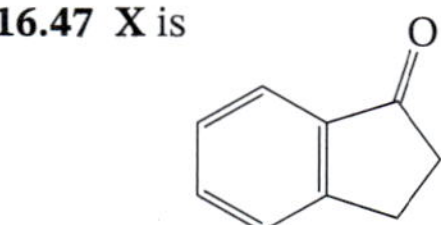

16.48 Y is 1-phenyl-2-butanone; **Z** is 4-phenyl-2-butanone.

Chapter 17

17.2 (a) CH_2ClCO_2H;

(c) **(e)**

17.5 (a) $C_6H_5CH_2Br$ + Mg in diethyl ether, then CO_2, then H_3O^+; **(c)** $CH_2{=}CHCH_2Br$ + Mg in diethyl ether, then CO_2, then H_3O^+.

17.8 In both carbonyl oxygens of the acid.

17.14 (a) $(CH_3)_3CCO_2H + SOCl_2$, then NH_3, then P_4O_{10}, heat;

(b)

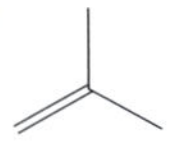

17.22 (a) OH + HCl

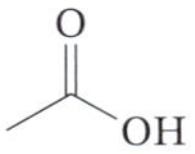

(b) OH

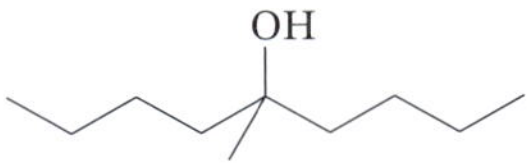

(c) O O **(d)** O NH_2

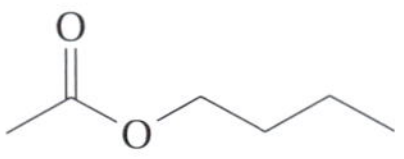

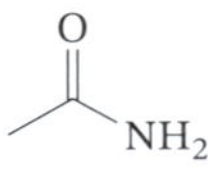

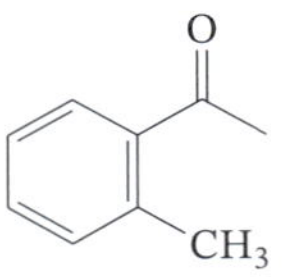

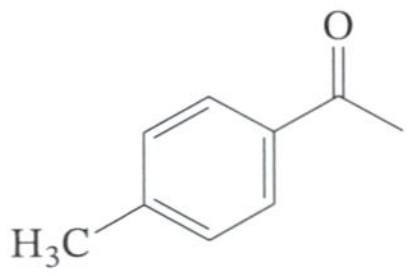

(e) O CH_3 + H_3C O

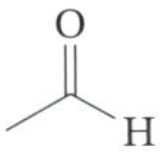

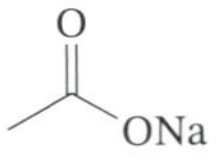

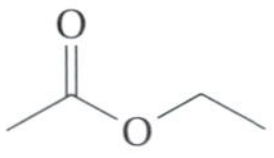

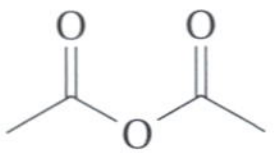

(f) O H **(g)** O ONa

(h) O N CH_3 H + H_3C N^+ H H H Cl^-

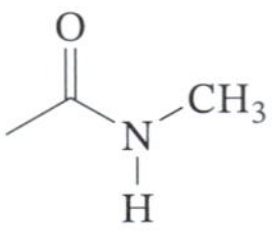

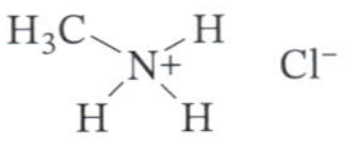

(i) O N CH_3 CH_3 + H_3C N^+ H H_3C H Cl^-

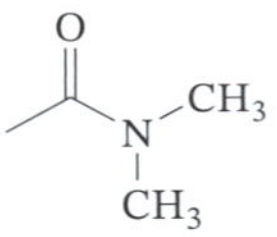

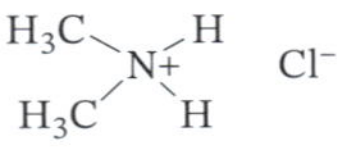

(j) O O **(k)** O O O

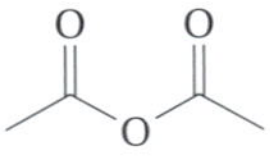

(l) O O O **(m)** O O

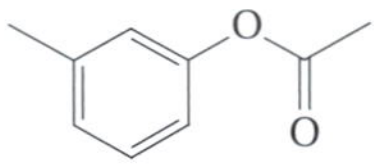

17.43 (a) Diethyl succinate; **(c)** ethyl phenylacetate; **(e)** ethyl dichloroacetate.

Chapter 18

18.1 In a polar solvent, such as water, the keto form is stabilized by solvation. When the interaction with the solvent becomes minimal, the enol form achieves stability by internal hydrogen bonding.

18.2 No. [structure] does not have a hydrogen attached to its α-carbon atom (which is a chiral center) and thus enol formation involving the chiral center is not possible.

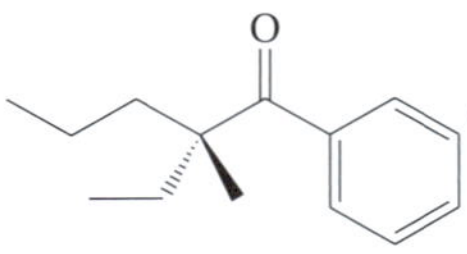

With [structure] the chiral center is a β carbon and thus enol formation does not affect it.

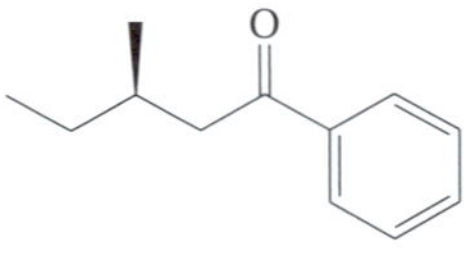

18.4 Base is consumed as the reaction takes place. A catalyst, by definition, is not consumed.

18.8 (a) Reactivity is the same as with any S_N2 reaction. With primary halides substitution is highly favored, with secondary halides elimination competes with substitution, and with tertiary halides elimination is the exclusive course of the reaction. **(b)** Ethyl acetoacetate and 2-methylpropene. **(c)** Bromobenzene is unreactive toward nucleophilic substitution.

18.10 Working backward

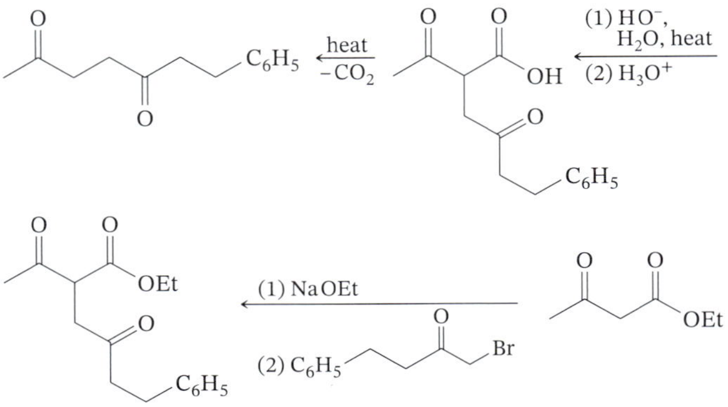

O O C_6H_5 ← heat, $-CO_2$ — O O OH O C_6H_5 ← (1) HO^-, H_2O, heat (2) H_3O^+

O O OEt O C_6H_5 ← (1) NaOEt (2) C_6H_5 O Br — O O OEt

18.17 The enol form is phenol. It is especially stable because it is aromatic.

18.25 (b) D is racemic *trans*-1,2-cyclopentanedicarboxylic acid, **E** is *cis*-1,2-cyclopentanedicarboxylic acid, a meso compound.

Chapter 19

19.3 (a) O O OEt

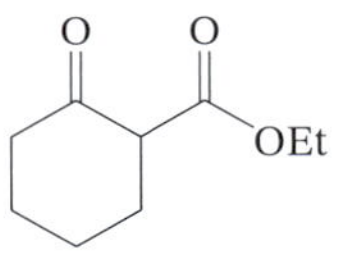

(b) To undergo a Dieckmann condensation, diethyl 1,5-pentanedioate would have to form a highly strained four-membered ring.

19.5 (a) O O EtO OEt O

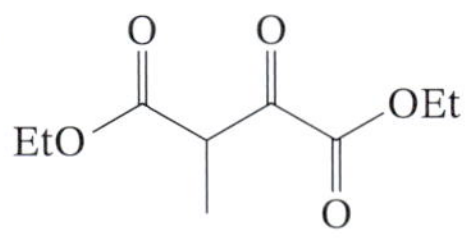

(b) COOEt CHO

19.11 OH $\xrightarrow[CH_2Cl_2]{PCC}$ O H $\xrightarrow[HO^-]{\text{O, H}}$

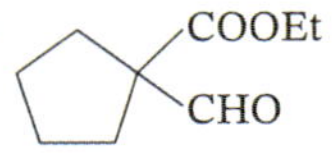

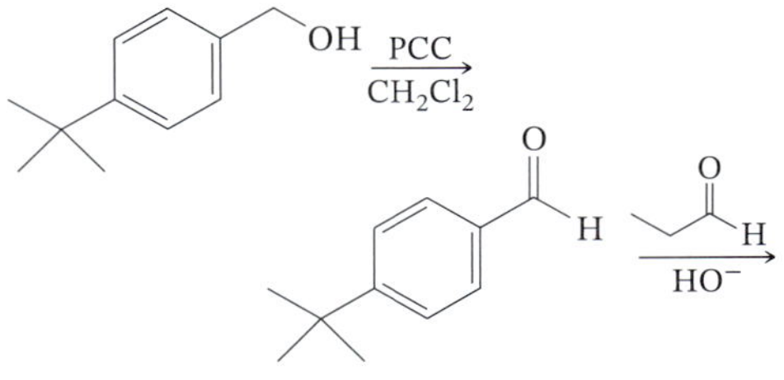

$C_{11}H_{14}O$

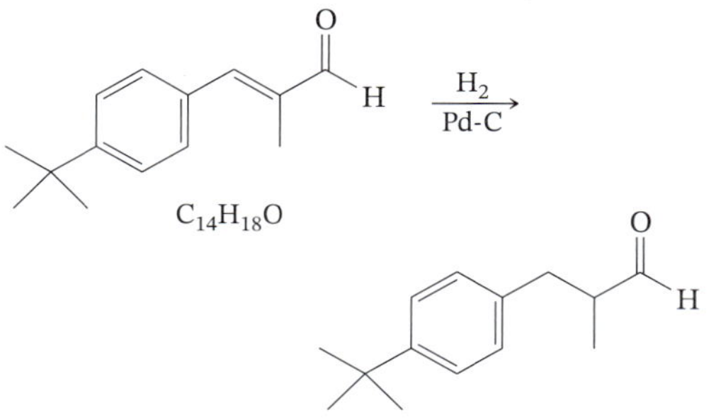

$C_{14}H_{18}O$ $\xrightarrow[\text{Pd-C}]{H_2}$

Lily aldehyde ($C_{14}H_{20}O$)

19.17

(a) 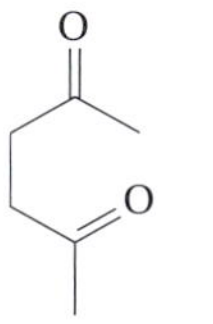 **(b)** 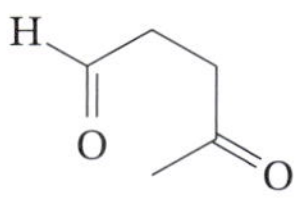 **(c)**

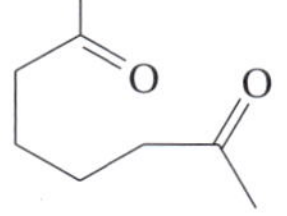

Notice that starting compounds are drawn so as to indicate which atoms are involved in the cyclization reaction.

19.19

(a)

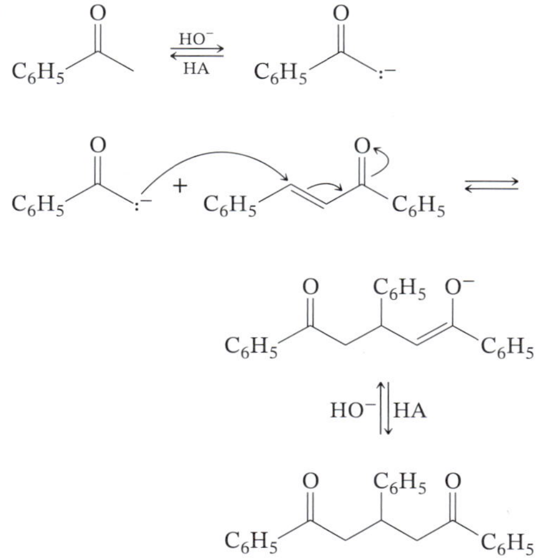

(b)

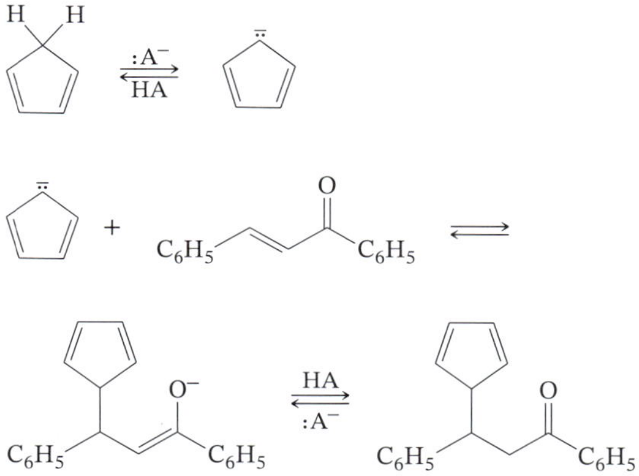

19.57 **(a)** $CH_2{=}C(CH_3)CO_2CH_3$; **(b)** $KMnO_4$, HO^-; H_3O^+; **(c)** CH_3OH, HA; **(d)** CH_3ONa, then H_3O^+

(e) and **(f)**

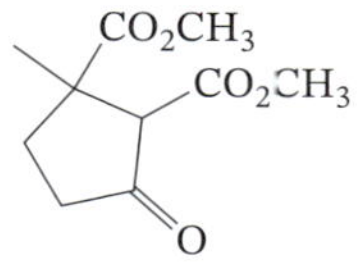

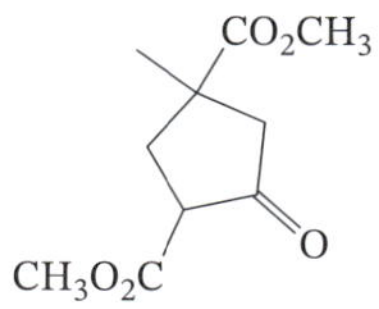

(g) HO^-, H_2O, then H_3O^+; **(h)** heat ($-CO_2$); **(i)** CH_3OH, HA; **(j)** CH_3ONa, then H_3O^+; **(k)** $2\ NaNH_2 + 2\ CH_3I$

Chapter 20

20.6 **(a)** $CH_3(CH_2)_3CHO + NH_3 \xrightarrow[\text{LiBH}_3\text{CN}]{H_2,\ Ni} CH_3(CH_2)_3CH_2NH_2$
(b) $CH_3(CH_2)_3CHO + C_6H_5NH_2 \xrightarrow{\text{LiBH}_3\text{CN}} CH_3(CH_2)_3CH_2NHC_6H_5$

20.8 **(a)** Methoxybenzene – HNO_3 + H_2SO_4, then Fe + HCl; **(b)** Methoxybenzene + CH_3COCl + $AlCl_3$, then NH_3 + H_2 + Ni; **(c)** toluene + Cl_2 and light, then $(CH_3)_3N$; **(d)** *p*-nitrotoluene + $KMnO_4$ + HO^-, then H_3O^+, then $SOCl_2$ followed by NH_3, then NaOBr (Br_2 in NaOH); **(e)** toluene + *N*-bromosuccinimide then KCN, then $LiAlH_4$.

20.13 *p*-Nitroaniline + Br_2 + Fe, followed by $H_2SO_4/NaNO_2$ followed by CuBr, then H_2/Pt, then $H_2SO_4/NaNO_2$ followed by H_3PO_2.

20.45 **W** is *N*-benzyl-*N*-ethylaniline.

Chapter 21

21.4

(a) 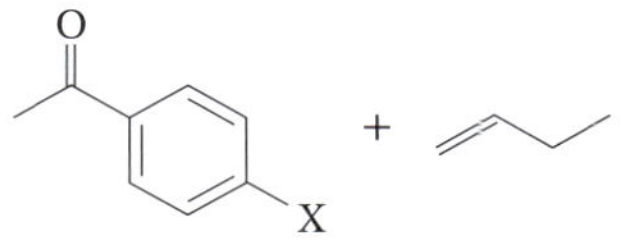 X = Cl, Br or I

(b)

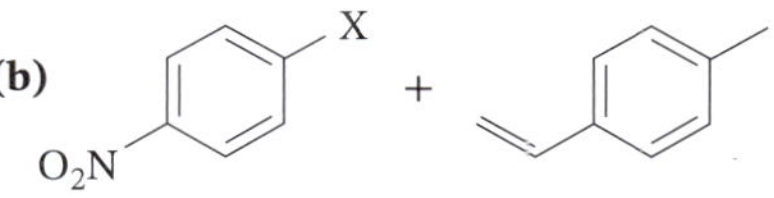

21.8

(a)

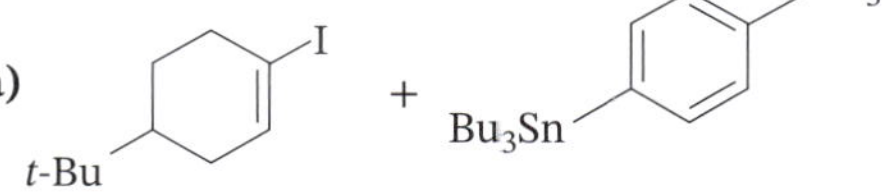

(b)

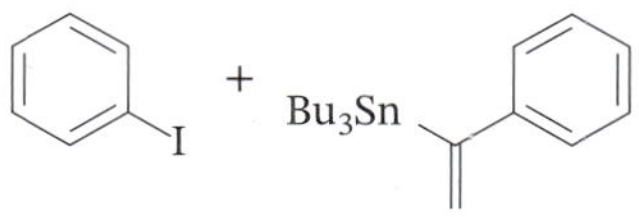

21.12

(a) 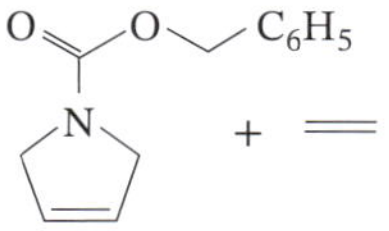 **(b)** 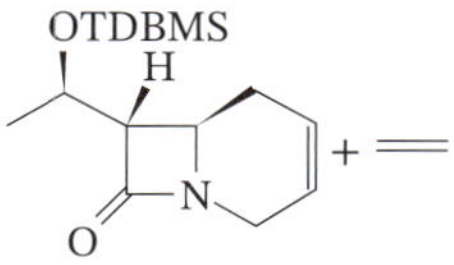 **(c)** 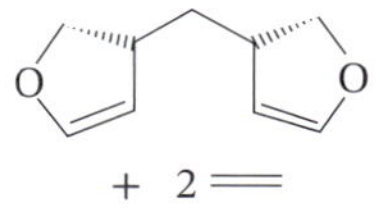 **(d)**

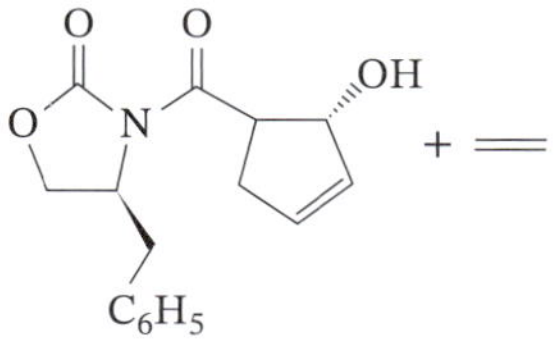

Chapter 22

22.1 (a) Three; **(b)** three; **(c)** eight.

22.6 2,3,4,6-Tetra-*O*-methyl-*β*-D-glucopyranose will give a positive test with Tollens' or Benedict's solution; methyl *β*-D-glucopyranoside will not.

22.9 (a) 2 CH_3CHO, one molar equivalent HIO_4; **(b)** HCHO + HCO_2H + CH_3CHO, two molar equivalents HIO_4; **(c)** HCHO + $OHCCH(OCH_3)_2$, one molar equivalent HIO_4; **(d)** HCHO + HCO_2H + CH_3CO_2H, two molar equivalents HIO_4; **(e)** 2 CH_3CO_2H + HCO_2H, two molar equivalents HIO_4

22.18 D-(+)-Glucose.

22.23 One anomeric form of D-mannose is dextrorotatory ($[\alpha]_D$ = +29.3), the other is levorotatory ($[\alpha]_D = -17.0$).

22.24 The microorganism selectively oxidizes the —CHOH group of D-glucitol that corresponds to C5 of D-glucose.

22.27 A is D-altrose; **B** is D-talose; **C** is D-galactose.

Chapter 23

23.5 Geraniol would have ^1H and ^{13}C NMR signals in the alkene region. Menthol would not.

23.14 (a) C_2H_5OH, HA, heat; or $SOCl_2$, then C_2H_5OH; **(d)** $SOCl_2$, then $(CH_3)_2NH$; **(g)** $SOCl_2$, then $LiAlH[OC(CH_3)_3]_3$

23.17 Elaidic acid is *trans*-9-octadecenoic acid.

23.21 A is $CH_3(CH_2)_3C{\equiv}CNa$

B is $CH_3(CH_2)_3C{\equiv}CCH_2(CH_2)_5CH_2Cl$

C is $CH_3(CH_2)_3C{\equiv}CCH_2(CH_2)_5CH_2CN$

E is $CH_3(CH_2)_3C{\equiv}CCH_2(CH_2)_5CH_2CO_2H$

Vaccenic acid is

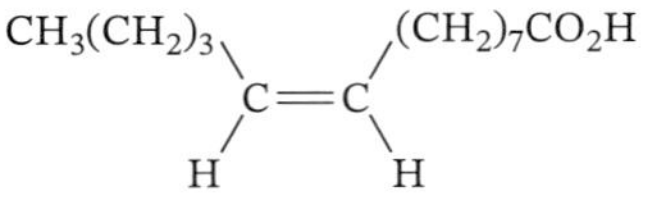

$CH_3(CH_2)_3$ and $(CH_2)_7CO_2H$ on C=C, each C bearing H (cis)

23.22 F is $FCH_2(CH_2)_6CH_2C{\equiv}CH$

G is $FCH_2(CH_2)_6CH_2C{\equiv}C(CH_2)_7Br$

H is $FCH_2(CH_2)_6CH_2C{\equiv}C(CH_2)_7CN$

I is $FCH_2(CH_2)_7C{\equiv}C(CH_2)_7CO_2H$

Chapter 24

24.5 The labeled amino acid no longer has a basic $—NH_2$ group; it is, therefore, insoluble in aqueous acid.

24.8 (a) Glutamic acid in the sequence ECG could be linked at either its *α* or *γ* carboxyl group. **(b)** Glutathione is

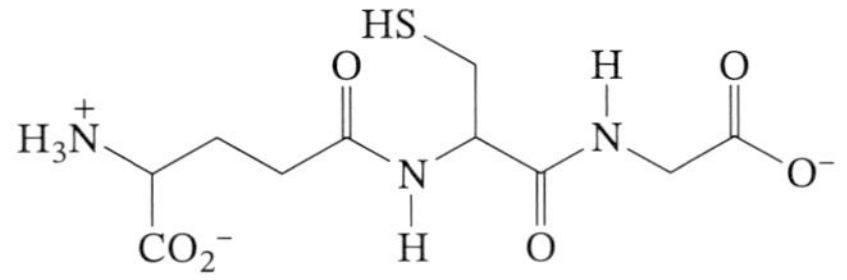

24.22 Arg·Pro·Pro·Gly·Phe·Ser·Pro·Phe·Arg (RPPGFSPFR)

24.23 Val·Leu·Lys·Phe·Ala·Glu·Ala (VLKFAEA)

Chapter 25

25.2 (a) The nucleosides have an *N*-glycosidic linkage that (like an *O*-glycosidic linkage) is rapidly hydrolyzed by aqueous acid, but one that is stable in aqueous base.

25.4 (a) The isopropylidene (acetonide) group is part of a cyclic acetal. **(b)** By treating the nucleoside with acetone and catalytic acid.

25.7 (b) Thymine would pair with adenine, and, therefore, adenine would be introduced into the complementary strand where guanine should occur.

25.9

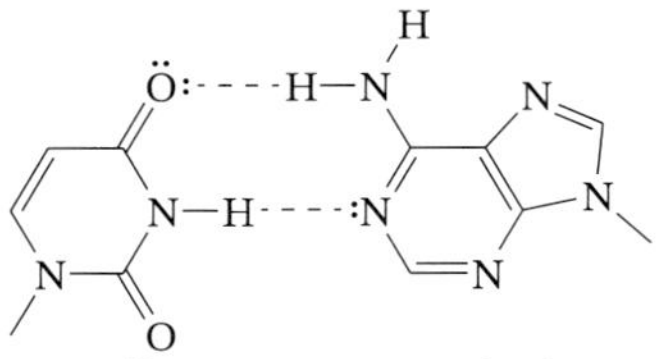

Uracil (in mRNA) **Adenine (in DNA)**

25.10

(a)	UGG	GGU	UUU	UCU	UCG	*m*RNA
(b)	Trp W	Gly G	Phe F	Ser S	Ser S	Amino acids
(c)	ACC	CCA	AAA	AGA	AGC	Anticodons

용어 해설

A

Absolute configuration (절대적 배위, 5.15A절): 분자 내에서 기들의 실제 배치. 분자의 절대적 배위는 X-선 분석법에 의해서, 또는 절대적 배위가 알려진 다른 분자로 화학 반응을 통하여 전환시킴으로써 알 수 있다.

Absorption spectrum (흡수 스펙트럼, 13.8B절): 스펙트럼상의 한 영역의 파장(λ)을 각 파장에 대한 흡광도(A)로 그린 것. 특정한 파장(A_λ)에서의 흡광도는 식 $A_\lambda = \log(I_R/I_S)$로 나타낸다. 여기서 I_R은 기준 광선의 세기이고, I_S는 시료 광선의 세기이다.

Acetal (아세탈, 16.7B절): 2몰 당량의 알코올이 한 알데하이드나 케톤에 첨가되어 형성된, 알콕실기가 탄소에 결합된 작용기[예: $RCH(OR')_2$ 또는 $R_2C(OR')_2$]. 케톤으로부터 합성된 아세탈은 케탈이라고 부르기도 한다.

Acetoacetic ester synthesis (아세토아세트산 에스터 합성, 18.6절): 3-옥소뷰탄산 에틸(아세토아세트산 에틸, 또한 '아세토아세트산 에스터'라고도 함)의 α-수소 제거가 관여하는 일련의 반응으로 공명 안정화된 음이온이 만들어진 다음, S_N2 반응의 친핵체로 작용하는 일련의 반응. α-탄소는 두 번 치환될 수 있다. 에스터 작용기는 α-카복실산으로 전환된 다음 탈카복실화되어 치환된 케톤을 생성한다.

Acetonide (아세토나이드, 22.5E절): 아세톤으로부터 형성된 고리형 아세탈.

Acetylene (아세틸렌, 1.14, 7.1, 7.11절): 에타인에 대한 일반적인 이름.

Acetylenic hydrogen atom (아세틸렌계의 수소 원자, 4.6, 7.9, 7.12절): 탄소-탄소 삼중 결합을 이룬 한 탄소 원자에 결합된 수소 원자.

Achiral molecule (비카이랄 분자, 5.3, 5.4, 10.7절): 거울상과 겹쳐지는 분자. 비카이랄 분자는 양손 모양이 아니며, 거울상체 쌍으로 존재하지 않는다.

Acidity constant, K_a (산도 상수, 3.5, 3.5A절): 산의 세기와 연관이 있는 평형 상수. 다음 반응에서

$$HA + H_2O \rightleftharpoons H_3O^+ + A^-$$

$$K_a = \frac{[H_3O^+][A^-]}{[HA]}$$

Acid strength (산의 세기, 3.5절): 산의 세기는 산도 상수 K_a나 그 pK_a와 관련이 있다. K_a 값이 클수록 또는 pK_a 값이 작을수록 산은 더 강하다.

Activating group (활성화기, 15.8, 15.10절): 벤젠 고리에 존재하여 친전자성 치환 반응에 대한 반응성을 벤젠 자체보다 더 크게 만드는 기.

Active hydrogen compound or active methylene compound (활성화된 수소 화합물, 18.8절): 같은 탄소(메틸렌 또는 메테인 탄소) 원자에 두 개의 전자 끄는 기가 결합된 화합물. 전자 끄는 기는 탄소에 있는 수소의 산도를 증가시킨다. 이 수소는 쉽게 제거되어 공명 안정화된 친핵성 음이온을 생성한다.

Active site (활성 자리, 24.9절): 효소에서 치환체가 결합하는 위치.

Acylation (아실화 반응, 15.6B절): 분자에 아실기를 도입하는 반응.

Acyl compound (아실 화합물, 17.1절): (R—C═O)—기를 포함하는 화합물로 카복실산으로 유도되는데, 에스터, 산 염화물(할로젠화 아실), 아마이드, 또는 카복실산 무수물 같은 것이다.

Acyl group (아실기, 15.6B절): 구조가 RCO— 또는 ArCO—인 기에 대한 일반적인 이름.

Acyl halide (할로젠화 아실, 15.6B절): 산 할로젠화물이라고도 부름. 구조가 RCOX 또는 ArCOX인 화합물에 대한 일반적인 이름.

Acylium ion (아실륨 이온, 9.13C, 9.16C, 15.6B, 15.7절): 다음과 같이 공명 안정화된 양이온.

$$R—\overset{+}{C}═\ddot{O}: \longleftrightarrow R—C≡\overset{+}{O}:$$

Acyl substitution reation (아실 치환 반응, 17.4, 19.2절): 카보닐기에 첨가-제거 반응을 통하여 일어나는 치환 반응.

Acyl transfer reaction (아실 전달 반응, 17.4절): 이탈기를 지닌 카보닐 탄소에 친핵성 첨가-제거 반응에 의해서 새로운 아실 화합물이 형성되는 반응.

Addition polymer (첨가 반응 중합체, 10.11절과 온라인 자료의 특수 주제 C): 단위체가 사슬에 (대개 연쇄 반응을 통하여) 다른 원자나 분자가 떨어져 나감 없이 단계적으로 첨가하여 얻어진 중합체. 사슬 성장 중합체라고도 함.

Addition reaction (첨가 반응, 7.5, 8장 서문, 8.1~8.9, 8.11, 8.12, 8.13, 8.17, 8.18, 12.1A, 12.4A, 16.6, 16.6B, 17.4절): 이중 결합이나 삼중 결합으로 연결된 한 쌍의 원자들에 결합된 기의 수가 늘어나는 반응. 첨가 반응은 제거 반응의 반대이다.

Adduct (첨가 반응물, 13.10절): Diels-Alder [4+2] 고리화 첨가 반응에 의해서 형성된 화합물. 두 화합물(다이엔과 친다이엔체)이 합쳐져서 이 생성물을 만들기 때문에 그렇게 부름.

Aglycone (아글리콘, 22.4절): 글리코사이드 결합의 가수 분해에 의해서 생성된 알코올.

Aldaric acid (알다르산, 22.6C절): 알도스의 알데하이드기와 말단 1° 알코올을 모두 산화시켜 생성된 α,ω-다이카복실산.

Alditol (알디톨, 22.7절): 알도스나 케토스의 알데하이드나 케톤기를 환원시켜 생성된 알코올.

Aldol (알돌, 19.4절): 3-하이드록시뷰탄알의 관용명으로 알데하이드와 알코올 작용기를 모두 가지고 있다. 알돌은 에탄알(아세트알데하이드) 자체의 알돌 반응(아래 참조)으로부터 형성된다.

Aldol addition (알돌 첨가 반응, 19.4절): **알돌 반응**과 **알돌 축합** 반응 참조.

Aldol condensation (알돌 축합 반응, 19.1, 19.4절): β-하이드록시 알데하이드나 케톤인 알돌 첨가 반응 생성물의 탈수 반응을 통하여 α,β-불포화된 생성물을 형성하는 알돌 반응.

Aldol reaction (알돌 반응, 19.4, 19.5절): 알데하이드나 케톤의 엔올 또는 엔올산 이온이 같거나 다른 알데하이드나 케톤의 카보닐기와 반응하여 β-하이드록시 알데하이드나 케톤을 만들면서 새로운 탄소–탄소 σ 결합이 형성되는 반응.

Aldonic acid (알돈산, 22.6C절): 알도스의 알데하이드기를 산화시켜 생성된 모노카복실산.

Aldose (알도스, 22.2A절): 알데하이드기를 지닌 단당류나 그것으로부터 유도된 헤미아세탈 또는 아세탈.

Aliphatic compound (지방족 화합물, 14.1절): 알케인, 사이클로알케인, 알켄, 또는 알카인과 같은 비방향성 화합물.

Alkaloid (알칼로이드, 온라인 자료에서 특수 주제 H): 아미노기를 지닌 천연 염기성 화합물. 대부분의 알칼로이드는 심각한 생리 효과를 가지고 있다.

Alkane (알케인, 2.1, 2.1A, 4.1~4.3, 4.7, 4.16A절): 탄소 원자들 사이에 단지 시그마(σ) 결합만을 가진 탄화수소. 비고리형 알케인의 일반식은 C_nH_{2n+2}이다. 단일 고리형 알케인의 일반식은 C_nH_{2n}이다. 알케인의 C—C 단일 결합에는 수소가 첨가하도록 반응하지 않기 때문에 알케인은 '포화' 되었다고 한다.

Alkanide (알칸화 이온, 7.11A절): 알킬 음이온 $R:^-$, 또는 알킬 음이온처럼 반응하는 알킬 화학종.

Alkene (알켄, 2.1, 2.1B, 4.1, 4.5절): 탄소 원자들 사이에 적어도 한 개의 이중 결합을 지닌 탄화수소. 비고리형 알켄의 일반식은 C_nH_{2n}이다. 단일 고리의 알켄은 일반식이 C_nH_{2n-2}이다. 알켄은 C=C 이중 결합에 수소가 첨가되도록 반응하여 알케인을 생성하기 때문에 '불포화'되었다고 한다.

Alkenyl halide (할로젠화 알켄일, 2.5, 6.1절): 할로젠 원자가 알켄 탄소에 결합된 유기 할로젠화물.

Alkylation (알킬화 반응, 7.11A, 7.14A, 15.6, 18.4C절): 분자에 알킬기를 도입하는 것.

Alkyl group (알킬기, 2.4A, 4.3A절): 알케인으로부터 수소 원자 한 개를 제거함으로써 얻어지는 가상적인 분자의 한 조각에 주어진 표현. 알킬기의 끝은 'yl(일)'이라고 부른다. 예: 메틸기(CH_3—)는 메테인(CH_4)으로부터 유도되었다. **R** 참조.

Alkyl halide (할로젠화 알킬, 6.1절): 할로젠 원자가 알킬 탄소에 결합된 유기 할로젠화물.

Alkylidene (알킬라이덴, 21.7절): 금속에 결합된 이중 결합을 가진 탄소와 유사한 화학종. 때때로 금속 카벤으로 불린다.

Alkyne (알카인, 2.1, 2.1C, 4.1, 4.6절): 탄소 원자들 사이에 적어도 한 개의 삼중 결합을 지닌 탄화수소. 비고리형 알켄의 일반식은 C_nH_{2n-2}이다. 단일 고리의 알카인은 일반식이 C_nH_{2n-4}이다. 알카인은 C≡C 삼중 결합에 수소 두 분자가 첨가되도록 반응하여 알케인을 생성하기 때문에 '불포화'되었다고 한다.

Allyl (propenyl) cation [알릴(프로펜일) 양이온, 13.3절]: 프로펜의 메틸기에 있는 양성자 한 개를 제거한 것과 형식적으로 연관된 탄소 양이온. 비편재화된 탄소 양이온의 두 공명 기여체는 이중 결합에 인접된 탄소에 양전하를 띠고 있고, 세 탄소 각각에 있는 p 오비탈들은 중첩하여 알릴계의 양 끝에 양전하들이 비편재화되도록 한다.

Allyl group (알릴기, 4.5절): CH_2=CH—CH_2—기.

Allylic carbocation (알릴 자리 탄소 양이온, 13.1, 13.9A, 15.15절): 세 탄소가 비편재화된 탄소 양이온이 관여하는 하부 구조로, 양전하를 띤 탄소가 두 가지 기여하는 공명 구조 각각에서 탄소–탄소 이중 결합에 인접되어 있다.

Allylic group (알릴 자리 기, 10.8절): 알켄 이중 결합에 인접한 sp^3-혼성인 탄소에 결합된 원자나 기.

Allylic position (알릴 자리 위치, 10.8절): 알켄 이중 결합에 인접한 sp^3-혼성인 탄소에 결합된 원자나 기의 위치.

Allylic radical (알릴 자리 라디칼, 10.8A, 13.3절): 프로펜의 메틸기에 있는 수소 원자 하나를 제거한 것과 형식적으로 연관되어 있다. 비편재화된 라디칼의 두 공명 구조는 이중 결합에 인접한 탄소에 쌍을 이루지 않은 전자를 포함하고 있고, 세 탄소 각각에 있는 p 오비탈들은 중첩하여 알릴계의 양 끝에 라디칼이 비편재화되도록 하며, 라디칼 탄소는 탄소–탄소 이중 결합에 인접해 있다.

Allylic substitution (알릴 자리 치환 반응, 10.8절): 알릴 자리 위치에 있는 기를 치환하는 반응.

Allyl radical (알릴 라디칼, 10.8A, 13.2, 13.3절): 프로펜의 메틸기에 있는 수소 원자 하나를 제거한 것과 형식적으로 연관되어 있다. 비편재화된 라디칼의 두 공명 구조는 이중 결합에 인접한 탄소에 쌍을 이루지 않은 전자를 포함하고 있고, 세 탄소 각각에 있는 p 오비탈들은 중첩하여 알릴계의 양 끝에 라디칼이 비편재화되도록 하며, 라디칼 탄소는 탄소–탄소 이중 결합에 인접해 있다.

Alpha (α) anomer [알파(α) 아노머, 22.2C절]: D-헥소피라노스에 대한 표준 Haworth 구조식에서 α 아노머는 헤미아세탈 하이드록실기 또는 아세탈 알콕실기가 C6에 대해서 trans이다. 다른 탄수화물에도 아노머 형태인 하이드록실기나 알콕실기의 입체 화학적인 관계에 대해서, 그리고 헤미아세탈이나 아세탈을 이루는 고리 산소를 지닌 탄소의 배위에 대해서도 비슷한 용법이 적용된다.

Alpha (α) carbon [알파(α) 탄소, 18장 서문]: 카보닐기(C=O)에 인접한 탄소.

Alpha (α) helix [알파(α) 나선형, 24.8A절]: 단백질에서 폴리펩타이드 사슬이 오른손 나선형으로 감긴 이차 구조.

Alpha (α) hydrogen [알파(α) 수소, 18장 서문, 18.3C절]: α 탄소에 결합된 수소 원자. 이 수소 원자들은 pK_a가 19~20이며, 전형적인 알케인의 수소들보다도 훨씬 더 산성이다.

Aminium salt (아민윰 염, 20.3D절): 아민이 Brønsted-Lowry 염기로 작용하여 산과 반응하여 생성된 것. 아민은 1차, 2차, 또는 3차일 수 있다. 아민윰 염의 양전하를 띤 질소는 적어도 한 개의 수소 원자와 결합되어 있다. (암모늄 염은 질소에 바로 결합된 수소 원자가 없다.)

Amino acid residue (아미노산 잔기, 24.4절): 펩타이드의 일부분인 아미노산.

Angle strain (각 긴장, 4.10절): 결합각의 변형으로 말미암아 분자(대개 고리형 분자)의 위치 에너지가 가장 낮은 값으로부터 증가되는 것.

Annulene (안뉼렌, 14.7B절): 단일 고리의 탄화수소로 단일 결합과 공유 결합이 교차한다. 안뉼렌의 고리 크기는 중괄호에 숫자로 표시한다; 벤젠은 [6]안뉼렌, 사이클로옥타테트라엔은 [8]안뉼렌.

Anomeric carbon (아노머 탄소, 22.2C절): 탄수화물의 고리 형태에 있는 헤미아세탈이나 아세탈 탄소. 아노머 탄소는 α 또는 β 입체적 배위를 가질 수 있어(탄수화물의 이름 짓기 이용) 아노머라 불리는 탄수화물의 부분 입체 이성질체(α-아노머와 β-아노머)를 만든다. 아노머는 아노머 탄소에서의 입체 화학만 다를 뿐이다.

Anomer (아노머, 22.2C절): 탄수화물 화학에서 사용되는 용어. 아노머는 고리 형태인 당의 아세탈 혹은 헤미아세탈 탄소의 배위만 다른 부분 입체 이성질체이다.

anti-Markovnikov addition (anti-Markovnikov 첨가 반응, 8.2D, 8.6~8.9, 8.18, 10.10절): 시약의 수소 원자가 알켄이나 알카인에서 더 적은 수의 수소 원자를 처음 지니고 있는 탄소에 결합하는 첨가 반응. 이러한 배향은 Markovnikov 규칙에 의해서 예상되는 것의 정반대이다.

anti-Markovnikov hydration (anti-Markovnikov 수화 반응, 8.6절): 물 성분이 알켄이나 알카인에 Markovnikov 규칙에 반대로 첨가되는 반응으로, 수소가 처음에 수소를 적게 가진 탄소에 결합한다.

Anti 1,2-dihydroxylation (anti 1,2-다이하이드록실화 반응, 11.15절): 하이드록실기들을 인접 탄소의 반대 면에 도입하는 반응으로, 흔히 에폭시화물의 고리 열림에 의해서 이루어진다.

Anti addition (anti 첨가 반응, 7.6A, 7.16A, 7.17B, 8.11A절): 첨가하는 시약의 부분들이 반응물의 반대 면에 놓이는 첨가 반응.

Antiaromatic compound (반방향성 화합물, 14.7E절): 고리형 짝지은 계로, π 전자 에너지가 대응되는 열린 사슬형 화합물의 에너지보다 더 크다.

Antibonding molecular orbital (antibonding MO) (반결합 분자 오비탈, 1.11, 1.13, 1.15절): 오비탈의 에너지가 오비탈을 이루는 각 원자 오비탈 자체의 에너지보다 더 큰 분자 오비탈. 반결합 분자 오비탈에 있는 전자들은 오비탈 안에 있는 원자 사이의 결합을 불안정화시킨다.

Anticodon (역암호문, 25.5C절): 전령 RNA(mRNA)의 암호와 연합되는 운반 RNA(tRNA)의 3가지 염기 서열

Anti conformation (anti 형태, 4.9절): 예를 들어, 뷰테인의 anti 형태는 빗놓인(gauche) 형태로 두 메틸기가 서로 180°를 이룬 것.

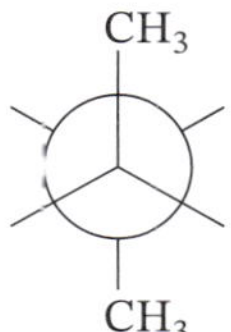

뷰테인의 anti 형태

Anti coplanar (anti 동일 평면, 7.7C절): 두 기 사이의 이면각이 180°인 두 기들의 상대적인 위치.

APT ^{13}C NMR spectrum (붙어 있는 양성자 ^{13}C NMR 스펙트럼 시험, 9.8D절): ^{13}C NMR 스펙트럼은 위 또는 아래로 향하는 신호가 각각의 탄소에 결합된 수소가 홀수 개인지 짝수 개인지를 나타낸다. CH_3와 CH 탄소(홀수의 수소)가 한 방향을 향하고 CH_2와 C 탄소(짝수의 수소)는 다른 방향을 향하고 있다.

Arenium ion (아렌윰 이온, 15.2절): 친전자성 방향족 치환 반응에서 중간체로 형성되는 사이클로헥사다이엔일 탄소 양이온에 대해서 부르는 일반적인 이름.

Aromatic compound (방향족 화합물, 2.1, 2.1D, 14.1~14.8A, 14.11A절): 고리형이며 짝지은 불포화된 분자나 이온으로 π 전자의 비편재화에 의해서 안정화된다. 방향족 화합물은 공명 에너지가 큰 것이 특징이다. 또한 첨가 반응 대신 치환 반응을 진행하며, 고리의 유발 자기장으로 말미암아 ^{1}H NMR 스펙트럼에서 고리 밖에 있는 양성자에 대한 가림 효과를 나타낸다.

Aromatic ion (방향족 이온, 14.7D절): 방향성 조건(평면, 전자의 비편재화, 그리고 Hückel π 전자 수)을 충족하는 양이온과 음이온으로 부가적인 (방향성) 안정도를 지닌 것.

Aromaticity (방향성, 14.4절): $4n+2$ 비편재화된 π 전자($n=0$, 1, 2, …)를 평면, 고리형 짝지은 분자에 가짐으로 인해서 나타나는 현상으로 계의 안정도를 증가시킨다.

Arrhenius Concept (Arrhenius 개념, 3.1A절): 산은 물속에서 H^+를 생성하는 화합물이라고 설명한다. 염기는 물속에서 OH^-를 생성하여 염기성 용액(또는 알칼리/소다 용액)을 형성한다.

Aryl amine (아릴 아민, 20.1A절): 방향족 고리의 탄소가 아민의 질소 원자를 지니고 있는 화합물. 아릴 아민은 1차, 2차, 그리고 3차일 수 있다.

Aryl halide (할로젠화 아릴, 2.5, 6.1절): 할로젠 원자가 벤젠 고리와 같은 방향족 고리에 결합된 유기 할로젠화물.

Atactic polymer (아택틱 고분자, 무규칙 중합체, 온라인 자료의 특수 주제 C.1절): 사슬을 따라서 입체 중심의 배위가 무질서한 중합체.

Atomic orbital (AO) (원자 오비탈, 1.10, 1.11, 1.15절): 원자의 핵 주위에서 전자를 발견할 수 있는 확률이 높은 공간. 원자 오비탈은 파동 함수에 의해서 수학적으로 기술될 수 있다. 원자 오비탈은 특징적인 양자수를 가진다. **주양자수 n**은 원자 오비탈에 있는 전자의 에너지와 관련이 있으며, 1, 2, 3, …의 값을 갖는다. **각운동량 양자수 l**은 전자가 핵 주위를 이동함에 따라 생겨난 각운동량을 결정하는 것

으로 0, 1, 2, ⋯ $(n-1)$의 값을 가진다. **자기 양자수 *m*** 은 각운동량의 공간에서의 배위를 나타내며 $+l \sim -l$의 값을 가진다. **스핀 양자수 *s*** 는 전자의 내부 각운동량을 측정하며 +½과 −½인 값만 갖는다.

Atropisomer (회전 장애 이성질체, 5.18절): 형태 이성질체가 안정하고 분리될 수 있는 화합물.

Aufbau principle (쌓음 원리, 1.17절): 원자나 분자에 있는 오비탈의 에너지가 가장 낮은 상태(바닥 상태)에 전자를 배정하는 원리. 가장 낮은 에너지의 오비탈에 전자를 먼저 채운다는 것이 쌓음 원리이다.

Autoxidation (자동 산화 반응, 10.12C절): 유기 화합물이 산소와 반응하여 과산화 수소 화합물을 만드는 반응.

Axial bond (수직 방향 결합, 4.12절): 사이클로헥세인에 있는 6개의 결합으로 고리의 대체적인 평면에 수직이며 고리를 따라서 위, 아래로 교차된다.

B

Base peak (주피크, 9.10절): 질량 분석 스펙트럼에서 가장 강한 피크.

Base strength (염기의 세기, 3.5C, 20.3절): 염기의 세기는 그 짝산의 세기에 역비례한다. 즉, 짝산이 약산이면 염기는 강염기이다. 다시 말하면, 짝산의 pK_a가 클수록 강염기가 된다.

Benzene (벤젠, 2.1D절): 분자식이 C_6H_6인 전형적인 방향족 화합물. 방향족 화합물은 평면이며, 고리형이고, $4n+2$ π 전자들이 분자에서 전자 밀도의 고리에 연속적으로 **비편재화되어 있다**. 전자의 비편재화로 인하여 방향족 화합물은 고도의 안정성을 지니고 있다.

Benzenoid aromatic compound (벤젠계 방향족 화합물, 14.8A절): 벤젠 고리를 하나 이상 가진 화합물.

Benzyl group (벤질기, 2.4B, 10.9절): $C_6H_5CH_2$—기.

Benzylic position (벤질 자리 위치, 10.9절): 벤젠 고리에 인접한 sp^3-혼성인 탄소에 결합된 기의 위치.

Benzylic radical (벤질 자리 라디칼, 10.9, 15.11A절): 벤젠 고리에 결합된 탄소에 쌍을 이루지 않은 전자가 있는 라디칼. 쌍을 이루지 않은 전자는 짝지음에 의해서 고리에 비편재화되어 증대된 안정도를 지닌다.

Benzyne (벤자인, 15.14절): 벤젠 고리에 있는 sp^2 오비탈이 옆으로 중첩함으로써 생겨난 가외의 결합을 지닌 벤젠 고리로 된 중간체로 불안정하며 반응성이 크다.

Beta (*β*)-dicarbonyl compound [베타(*β*) 카보닐 화합물, 18.5절]: 두 개의 카보닐기가 사이에 낀 탄소 원자에 의해서 떨어져 있는 화합물.

Beta (*β*)-pleated sheet [베타(*β*) 판상형, 24.8A절]: 단백질의 이차 구조 형태로 두 폴리펩타이드 영역이 서로 나란히 아마이드기의 수소 결합에 의해서 배열된 모습.

Beta (*β*) anomer [베타(*β*) 아노머, 22.2C절]: D-헥소피라노스에 대한 표준 Haworth 구조식에서 *β* 아노머는 헤미아세탈 하이드록실기 또는 아세탈 알콕실기가 C6에 대해서 cis이다. 다른 탄수화물에도 아노머 형태인 하이드록실기나 알콕실기의 입체 화학적인 관계에 대해서, 그리고 헤미아세탈이나 아세탈을 이루는 고리 산소를 지닌 탄소의 배위에 대해서도 비슷한 용법이 적용된다.

Bicyclic compound (두 고리 화합물, 4.4B절): 두 개의 융합되거나 다리를 이룬 고리를 가진 화합물.

Bimolecular reaction (이분자 반응, 6.5B절): 반응 속도 결정 단계에서 두 개의 화학종이 관여하는 반응.

Blocking group (막음기, 11.11D, 11.11E, 12.9, 15.5, 15.12B, 16.7C, 24.7A절): **보호기**(Protecting group) 참조.

Boat conformation (배 형태, 4.11절): 배 모양과 비슷하고 두 측면에 포개진 결합을 지닌 사이클로헥세인의 형태.

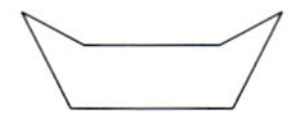

이것은 의자 형태보다 에너지가 크다.

Boiling point (끓는점, 2.13A, 2.13C절): 액체의 증기압이 액체 표면 위의 압력과 같은 온도.

Bond-line formula (결합선 구조식, 1.7, 1.7C절): 분자의 탄소 골격을 선으로 나타낸 구조식. 각 탄소의 원자가를 채우는 데 필요한 수소 원자의 수는 쓰지 않는다. 다른 원자들(예: O, Cl, N)은 써 넣는다.

Bond angle (결합각, 1.7A절): 같은 원자로부터 생긴 두 결합 사이의 각.

Bonding molecular orbital (bonding MO) (결합 분자 오비탈, 1.11, 1.12, 1.15절): 결합 분자 오비탈의 에너지는 그것을 구성하는 원자 오비탈의 에너지보다 더 낮다. 전자들이 결합 분자 오비탈에 채워지면 분자 오비탈이 포용하는 원자들은 서로 결합하도록 한다.

Bond length (결합 길이, 1.11, 1.14A절): 결합된 두 원자나 기 사이의 평형 길이.

Broadband (BB) proton decoupling (넓은 띠 양성자 짝풀림, 9.9B절): 시료에 넓은 진동수('넓은 띠')의 에너지를 조사함으로써 양성자가 에너지를 흡수하는 진동수에 영향을 주어 탄소–양성자 짝지음을 제거하는 방법. 이 에너지 주입으로 인하여 양성자는 높은 에너지 상태에 남아 있어 탄소 핵과의 짝지음이 제거된다. **Proton decoupling** 참조.

Bromohydrin (브로모하이드린, 8.13절): 브로민 원자와 하이드록실기를 인접(이웃한) 탄소에 지닌 화합물.

Bromonium ion (브로모늄 이온, 8.11A절): 두 탄소 원자에 결합된 양전하를 띤 브로민 원자를 지닌 이온.

Brønsted–Lowry acid–base (Brønsted–Lowry 산–염기, 3.1B절): 산은 양성자를 제공하는(또는 잃는) 물질이고, 염기는 양성자를 받아들이는(또는 제거하는) 물질이다. 염기의 **짝산**은 염기가 양성자 한 개를 받아들임으로써 생기는 분자나 이온이다. 산의 **짝염기**는 산이 자신의 양성자를 잃음으로써 생성된 분자나 이온이다.

C

Carbaldehyde (카브알데하이드, 16.2절): —CHO기가 치환체로 있는 고리의 모체 이름에 붙이는 접미사 이름.

Carbanion (탄소 음이온, 3.4, 12.1A절): 탄소 원자가 음(−)의 형식 전하를 띤 화학종.

Carbene (카벤, 8.14절): 탄소 원자가 2가인 전하를 띠지 않은 화학종. $:CH_2$는 메틸렌이라 불리는 카벤이다.

Carbenoid (카벤류, 8.14C절): 카벤과 같은 화학종. 다이아이오도메테인이 아연−구리 합금과 반응하여 생성된 화학종 같은 것. 이 시약은 Simmons−Smith 시약이라고도 불리며, 알켄과 반응하여 이중 결합에 입체 특이적인 방법으로 메틸렌을 첨가시킨다.

Carbocation (탄소 양이온, 3.4, 6.11, 6.12절): 3가인 탄소 원자가 양(+)의 형식 전하를 띤 화학종.

Carbohydrate (탄수화물, 22.1A절): 천연에 존재하는 화합물로 대개 폴리하이드록시알데하이드 또는 폴리하이드록시케톤이라 불리는 것. 가수 분해하여 그런 형태의 화합물을 생성하는 물질도 탄수화물이다. 실제로는 탄수화물의 알데하이드기나 케톤기가 헤미아세탈이나 아세탈로 존재한다. 탄수화물이란 이름은 많은 것들의 실험식이 $C_x(H_2O)_y$의 형태를 지닌 사실에 근거한 것이다.

Carbon-13 NMR spectroscopy (탄소-13 핵자기 공명 분광학, 9.8절): 탄소에 응용되는 핵자기 분광학. 탄소-13은 NMR 활성이나 탄소-12는 비활성이어서 NMR로 연구될 수 없다. 자연에 존재하는 탄소의 단지 1.1%만 탄소-13이다.

Carbon−carbon double bond (탄소−탄소 이중 결합, 1.3B절): 두 탄소 원자가 네 개의 전자로 이루어진 결합; 전자 두 개는 σ 결합에 있고 전자 두 개는 π 결합에 있다.

Carbon−carbon single bond (탄소−탄소 단일 결합, 1.3B절): 두 탄소 원자 사이에서 두 개의 전자를 σ 결합에서 공유한 결합.

Carbon−carbon triple bond (탄소−탄소 삼중 결합, 1.3B절): 두 탄소 원자가 여섯 개의 전자로 이루어진 결합; 전자 두 개는 σ 결합에 있고 전자 네 개는 π 결합에 있다.

Carbonyl group (카보닐기, 16.1절): 탄소 원자가 산소 원자와 이중 결합을 이룬 작용기. 카보닐기는 알데하이드, 케톤, 에스터, 산 무수물, 아마이드, 할로젠화 아실 등에 존재한다. 이런 화합물들을 집합적으로 카보닐 화합물이라고 부른다.

Carboxylic acid derivative (카복실산 유도체, 17.1절): 카복실산이나 다른 카복실산 유도체로부터 합성될 수 있는 아실 화합물. 에스터, 아마이드, 산 할로젠화물, 무수물 등이 예이다.

Chain-growth polymer (사슬 성장 중합체, 10.11절): 소단위(**단위체**라고 함)를 반복적으로 더해서 사슬이 형성되도록 하여 만들어진 중합체(반복 단위를 가진 거대 분자). **Addition polymer**(첨가 반응 중합체)와 온라인 자료의 특수 주제 C 참조.

Chain-terminating (dideoxynucleotide) method [사슬-종결 (다이데옥시뉴클레오타이드) 방법, 25.6A절]: DNA 서열화 방법으로 DNA를 부분적인 복사본 집단이 생성되도록 복제하는데, 각각은 길이가 한 개의 염기쌍만큼 다르며 말단 염기에 뉴클레오타이드 특이성인 형광 표지를 지니고 있다. 모체 DNA의 부분적인 복사본은 대개 모세관 전기 이동법을 이용하여 길이별로 분리되고, 각 줄기의 말단 염기는 공유 결합을 통하여 붙어 있는 형광 표지에 의해서 확인된다.

Chain mechanism (연쇄 메커니즘, 10.5절): **Chain reaction**(**연쇄 반응**) 참조.

Chain reaction (연쇄 반응, 10.4, 10.10절): 연속적으로 단계적 메커니즘에 의해서 진행되는 반응으로, 각 단계마다 활성인 중간체가 만들어져 다음 단계가 일어나도록 한다. 연쇄 반응은 **연쇄 개시 단계**, **연쇄 전파 단계**, 그리고 **연쇄 종결 단계**로 되어 있다.

Chair conformation (의자 형태, 4.11절): 사이클로헥세인의 모두 엇갈린 형태로 각 긴장과 비틀림 긴장이 없어서 가장 에너지가 낮은 형태이다.

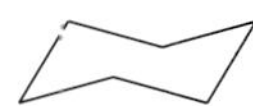

Chemical exchange (화학적 교환, 9.7절): NMR에서 헤테로 원자에 결합된 양성자가 한 분자로부터 다른 분자로 전달되어 신호가 넓어지고 스핀−스핀 짝지음이 없어짐.

Chemical shift, δ (화학적 이동, 9.2A, 9.8C절): NMR 스펙트럼에서 표준 화합물과 비교했을 때 핵의 흡수가 일어나는 위치. 흔히 쓰이는 표준 화합물은 테트라메틸실레인(TMS)이며, 이것의 흡수 위치를 임의로 0이라고 정한다. 주어진 핵의 화학적 이동은 분광기의 자기장의 세기에 비례한다. 델타(δ) 단위의 화학적 이동은 TMS로부터의 관찰된 이동에 10^6 헤르츠를 곱한 다음 분광기의 작동 진동수(헤르츠)로 나눈 것이다.

Chiral (카이랄, 5.1절): 손 모양성인 성질을 가짐. 즉, 한 물체의 거울상이 겹쳐지지 않음.

Chirality (카이랄성, 5.1A, 5.6절): **Chiral** 참조.

Chiral center (카이랄 중심, 5.4, 5.17, 10.7절): 어느 두 기를 맞바꾸면 입체 이성질체가 생성되는 성질을 지닌 기들이 결합된 원자.

Chiral molecule (카이랄 분자, 5.3, 5.12절): 거울상에 겹쳐지지 않는 분자. 카이랄 분자는 손 모양성을 가지며 거울상체 쌍으로 존재할 수 있다.

Chlorination (염소화 반응, 8.12, 10.3B, 10.4, 10.5절): 한 개 이상의 염소 원자가 분자에 도입되는 반응.

Chlorohydrin (클로로하이드린, 8.13절): 인접한 탄소에 염소 원자와 하이드록실기를 지닌 알코올.

Cis−trans isomer (cis−trans 이성질체, 1.13B, 4.13, 7.2절): 이중 결합에 인접한 원자나 고리에 있는 다른 원자의 입체 화학이 다른 부분 입체 이성질체. cis 그룹은 이중 결합이나 고리의 같은 쪽에 있다. trans 그룹은 이중 결합이나 고리의 반대쪽에 있다.

Claisen condensation (Claisen 축합 반응, 19.1절): 한 에스터의 엔올산 이온이 다른 에스터의 카르보닐 작용기를 공격하여 새로운 탄소−탄소 σ 결합을 형성하는 반응. 정사면체 중간체에서 알콕실기가 축출되면서 β-케토 에스터가 된다. 두 에스터는 한 개의 알코올 분자를 잃고 더 큰 생성물로 '축합'되었다고 한다.

Claisen rearrangement [Claisen 전위(자리 옮김) 반응, 온라인 자료의 특수 주제 D]: 알릴 바이닐 에터가 관여하는 [3,3] 시그마 결합 전위(자리 옮김) 반응으로, 알릴기가 바이닐 계의 다른 끝으로 이동하여 결합이 재배열되어 γ,δ-불포화된 카보닐 화합물이 된다.

Codon (암호문, 25.5C절): 전령 RNA(mRNA)에 있는 3개의 염기 순서로 아미노산 1개에 대한 유전 정보를 지님. 암호문은 운반 RNA(tRNA)의 역암호문과 수소 결합에 의해서 회합되는데, tRNA는 리보솜에서 단백질 합성을 위한 특정한 아미노산을 운반하고 있다.

Coenzyme (보조 효소, 24.9절): 효소 반응에 관여하는 작은 유기 분자로 효소의 활성 위치에 결합한다.

Cofactor (보조 인자, 24.9절): 효소가 기능을 하기 위해서 필요한 금속 이온이나 유기 분자.

Coil conformation (코일 형태, 24.8A절): 단백질의 비반복성 이차 구조.

Concerted reaction (동시성 반응, 6.6절, 온라인 자료의 특수 주제 D): 결합 형성과 결합 해리가 동시에 하나의 전이 상태를 통하여 일어나는 반응.

Condensation polymer (축합 반응 중합체, 17.11절): 이중 작용기(또는 이와 대등한) 단위체가 분자간에서 물이나 알코올을 제거하면서 반응하여 생성되는 중합체. 폴리에스터, 폴리아마이드, 폴리유레테인 등은 모두 축합 반응 중합체이다. **Step-growth polymer**(단계 성장 중합체, 온라인 자료의 특수 주제 E) 참조.

Condensation reaction (축합 반응, 19.1절): 분자간에서 물이나 알코올이 제거되면서 분자끼리 결합하는 반응.

Condensed structural formula (축약 구조식, 1.7B절): 관여된 원자의 원소 기호 문자로 쓴 화학식으로, 원자의 중심 사슬의 연결 순서로 적으며 원자 사이의 결합은 표시하지 않는다. 유기 화합물에서 지정된 탄소 원자에 결합된 모든 치환기 원자들은 그 탄소 원자 바로 다음에 쓴다. 그다음에 다음 탄소를 써 나간다.

Configuration (배위, 5.7, 5.15, 6.8절): 원자(또는 기)들이 공간에서 특수한 배치를 한 것으로 입체 이성질체의 특징이다.

Conformation (형태, 4.8절): 단일 결합을 따라 회전하여 생겨난 특수하고도 임시적인 배열.

Conformational analysis (형태 분석, 4.8, 4.9A절): 기들이 연결된 단일 결합을 따라 기들을 회전시킴으로써(때로는 부분적으로만) 생겨난 에너지의 변화를 분석하는 것.

Conformational stereoisomer (형태 입체 이성질체, 4.9A절): 공간에서 단지 단일(σ) 결합에 대한 회전으로 인하여 다른 입체 이성질체.

Conformation of cyclohexane (사이클로헥세인의 형태, 4.11절): 사이클로헥세인의 탄소-탄소 단일 결합에 대해서 회전하면 상호 전환될 수 있는 다른 형태를 만든다. 가장 중요한 것은 의자 형태, 배 형태, 그리고 비꼬인 형태이다.

Conformer (형태 이성질체, 4.8절): 분자에서 특별히 비틀린 형태.

Conjugate acid (짝산, 3.1A절): 염기가 양성자를 받아들여 생긴 분자나 이온.

Conjugate addition (짝지은 첨가 반응, 19.1, 19.7절): α,β-불포화된 카보닐 화합물의 β-탄소에 친핵체가 첨가되는 친핵성 첨가 반응. Michael 첨가 반응이라고도 함.

Conjugate base (짝염기, 3.1A, 3.5C절): 산이 자신의 양성자를 잃고 형성된 분자나 이온.

Conjugated protein (짝단백질, 24.12절): 단백질이 아닌 기(보결원자단)를 구조의 일부분으로 지닌 단백질.

Conjugated system (짝지은 계, 13.1절): 적어도 한 개의 π 결합에 인접한 p 오비탈을 지닌 한 원자가 관여하는 분자의 일부분. p 오비탈을 가진 인접된 원자는 또 다른 π 결합의 부분이거나 라디칼, 양이온 또는 음이온인 반응 중간체일 수 있다.

Connectivity (연결 순서, 1.6, 1.7A절): 분자에 있는 원자들이 서로 붙어 있는 순서나 서열.

Constitutional isomer (구조 이성질체, 1.6, 4.2, 5.2A절): 분자식은 같으나 연결 순서가 다른 화합물(즉, 같은 분자식을 가졌지만 원자들이 다른 방법으로 연결된 분자).

Coordinatively saturated (배위적으로 포화된, 21.3절): 금속이 18개의 원자가 전자를 가진 금속 착물. 금속이 18개보다 더 적은 원자가 전자를 가지면 배위적으로 불포화이며 총 18개를 이루기 위해서 추가로 원자가 전자를 받아들인다.

Cope rearrangement [Cope 전위(자리 옮김) 반응, 온라인 자료의 특수 주제 D]: 1,5-다이엔이 관여하는 [3,3] 시그마트로픽 전위(자리 옮김) 반응으로 열에 의해서 촉진되며, σ 결합의 말단이 세 개의 원자가 떨어진 위치로 이동하여 이성질체인 1,5-다이엔이 만들어진다.

Coplanar (동일 평면, 7.7C절): 이웃 기들이 같은 평면에 놓인 형태.

Copolymer (공중합체, 온라인 자료의 특수 주제 C): 두 단위체가 중합하여 합성된 중합체.

COSY (Correlation Spectroscopy) (COSY 상관 분광학, 9.9절): 이차원 NMR 방법으로 분자에 있는 양성자 사이의 짝지음을 나타냄.

Coupling (짝지음, 9.2C): NMR에서 관찰되는 핵의 에너지 준위가 인접한 NMR-활성인 핵들에 의해서 갈라지는 현상으로 관찰되는 핵의 신호에 있어서 특징적인 갈라짐 모양을 일으킨다. NMR-활성인 핵의 신호는 $(2nI+1)$ 피크로 갈라진다. 여기서 n은 이웃한 자기 핵의 수이며 I는 스핀 양자수이다. 수소에 대해서 $(I=1/2)$ 이 규칙은 $(n+1)$로 나타난다. 여기서 n은 이웃한 동등한 수소 핵의 수를 나타낸다.

Coupling constant, J_{ab} (짝지음 상수, 9.6B절): 원자 a나 b 사이의 스핀-스핀 짝지음에 의해서 생겨난 다중선의 피크들 사이의 거리를 진동수 단위(헤르츠)로 나타낸 것.

Covalent bond (공유 결합, 1.3B절): 원자들이 전자를 공유함으로써 생긴 결합의 형태.

Cracking (분해, 4.1A절): 석유 산업에서 거대한 알케인 분자를 작은 알케인 분자로 깨는 데 쓰이는 공정. 분해는 열에 의해서(열분해) 또는 촉매에 의해서(촉매 분해) 수행된다.

Cross-coupling reaction (교차 짝지음 반응, 21.6절): 일반적으로 전이 금속 착물에 의해서 매개되는 C—C 결합 형성 반응. 교차 짝지음 반응은 분자내 또는 분자간 반응이다.

Crossed-aldol reaction (교차 알돌 반응, 19.5절): 두 가지 다른 알

데하이드나 케톤 반응물이 관여하는 알돌 반응. 만일 두 반응물이 모두 α 수소를 가지고 있으면 네 가지 생성물이 생길 것이다. 교차 알돌 반응은 한 반응물이 α 수소를 가지고 있지 않을 때 합성적으로 유용하다. 이것은 단지 친전자체로만 작용하여 다른 반응물로부터 온 엔올산 이온에 의해서 공격을 받게 된다.

Crown ether (크라운 에터, 11.16절): 금속 이온과 착물을 형성할 수 있는 고리형 다중 에터. 크라운 에터는 *x*-crown-*y*라고 부르는데, *x*는 고리를 이루는 원자의 총수이고 *y*는 고리 안에 있는 산소 원자의 수이다.

Curved arrow (굽은 화살표, 1.8, 3.2, 10.1절): 굽은 화살표는 반응 메커니즘에서 전자의 이동 방향을 나타낸다. 이것은 전자쌍의 근원으로부터 전자쌍을 받는 원자를 지시한다. 겹날 굽은 화살표는 전자 한 쌍의 이동을 나타내고, 홑날 굽은 화살표는 전자 한 개의 이동을 나타내는 데 사용된다. 굽은 화살표는 원자의 이동을 보이는 데 결코 사용되어서는 안 된다.

Cyanohydrin (사이아노하이드린, 16.9, 17.3절): 탄소 원자에 사이아노기와 하이드록실기가 결합된 작용기. 예를 들면 RHC(OH)(CN) 또는 $R_2C(OH)(CN)$은 HCN이 알데하이드나 케논에 첨가하여 생성됨.

1,4-Cycloaddition (1,4-고리 형성 첨가 반응, 13.10절): 고리가 형성되는 반응으로 새로운 결합이 Diels−Alder 반응의 1,3-다이엔에서처럼 분자의 첫 번째와 네 번째 원자에서 형성된다.

Cycloaddition (고리 형성 첨가 반응, 13.10절): Diels—Alder 반응처럼 두 연결된 기들이 π 계의 끝에 첨가하여 새로운 고리를 형성하는 반응.

Cycloalkane (사이클로알케인, 4.1, 4.4A, 4.7, 4.10, 4.11절): 탄소 몇 개 또는 전부가 고리에 배열된 알케인. 포화된 사이클로알케인의 일반식은 C_nH_{2n}이다.

D

1,3-Diaxial interaction (1,3-이중 수직 상호작용, 4.12B절): 인접 탄소 원자에 있는 두 수직인 기들 사이의 상호작용.

1,2-Dihydroxylation (1,2-다이하이드록실화 반응, 8.15절): 인접 탄소 원자에 하이드록실기를 도입하는 반응으로, OsO_4나 $KMnO_4$와 알켄의 반응에 의함.

D and L nomenclature (D와 L 이름 짓기, 22.2B절): 단당류나 이와 유사한 화합물의 배위를 표기하는 다른 방법으로 표준 화합물은 (+)- 또는 (−)-글리세르알데하이드이다. 이 체제에 따르면 (+)-글리세르알데하이드는 D-(+)-글리세르알데하이드이고 (−)-글리세르알데하이드는 L-(−)-글리세르알데하이드이다. 따라서 단당류의 가장 큰 번호의 카이랄 중심이 D-(+)-글리세르알데하이드와 같은 일반적인 배위를 가졌으면 D-당이라고 표시하고, 가장 큰 번호의 카이랄 중심이 L-(−)-글리세르알데하이드와 같은 배위를 가졌으면 L-당이라고 표시한다.

Dash structural formula (선구조식, 1.3B, 1.7A절): 원자 기호를 그리고 선 또는 '대시'가 각 전자쌍(공유 결합)을 나타내는 구조식. 이러한 식은 원자 사이의 연결 순서는 나타내지만 기하 모양은 나타내지 않는다.

Debye (디바이, 2.2절): 쌍극자 모멘트를 나타내는 단위. 1디바이 $(D) = 1 \times 10^{-18}$ esu cm.

Decarboxylation (탈카복실 반응, 17.10절): 카복실산이 CO_2를 잃는 반응.

Degenerate orbital (축퇴된 오비탈, 1.10A절): 에너지가 같은 오비탈들. 예를 들어, 3개의 $2p$ 오비탈들은 축퇴되었다.

Dehydration (탈수 반응, 7.10, 7.11절): 기질로부터 한 분자의 물이 제거되는 반응.

Dehydrohalogenation (탈할로젠화 수소 반응, 7.6절): 기질의 인접 탄소들로부터 HX가 떨어지면서 π 결합이 형성되는 제거 반응.

***d* Electron count (d^n)** [d 전자 계산(d^n), 21.3절]: 금속에 지정된 d 전자의 수로, 중성인 원소로 계산된 금속의 원자가 전자 수에서 금속의 산화 상태를 뺀 값.

Delocalization effect (비편재화 효과, 3.10A, 6.11B절): 전자(또는 전기 전하)의 분산. 전하의 비편재화는 계를 항상 안정화시킨다.

Deoxyribonucleic acid (DNA) [데옥시리보핵산(DNA), 25.1절]: 세포에서 유전 정보를 운반하는 두 분자 중 하나(다른 하나는 RNA임). 두 분자 가닥들이 수소 결합으로 붙어 있어 DNA는 '비꼬인 사다리' 같은 구조를 이룬다. 네 가지 형태의 헤테로 고리 염기(아데닌, 사이토신, 타이민, 구아닌)가 사다리의 '가로대'를 만든다.

DEPT ^{13}C NMR spectrum (Distortionless enhanced polarization transfer, 일그러짐 없이 증대된 편극 전이, DEPT ^{13}C 스펙트럼, 9.8D절): 지정된 탄소에 몇 개의 수소 원자가 결합되었는지를 나타내는 스펙트럼.

Deshielded (벗겨진, 9.4절): **Shielding** 참조.

Dextrorotatory (우선성, 5.8B절): 평면 편광을 시계 방향으로 회전시키는 화합물.

Diastereomer (부분 입체 이성질체, 5.2C, 10.7A절): 서로 거울상이 아닌 입체 이성질체.

Diastereoselective reaction (부분 입체 이성질체 선택성인 반응, 5.10B, 12.3D절): **Stereoselective reaction** 참조.

Diastereotopic hydrogen (or ligand) (부분 입체 이성질적인 수소 또는 리간드, 9.5B, 9.8B, 10.7A절): 각각을 똑같은 기로 대치하여 부분 입체 이성질체가 생기면 두 수소 원자(또는 리간드)는 부분 입체 이성질적이다.

Diazonium salt (다이아조늄 염, 20.6A, 20.6B, 20.7절): 1차 아민과 아질산의 반응으로부터 합성된 염. 다이아조늄 염의 구조는 $[R-N\equiv N]^+ X^-$이다. 1차 지방족 아민의 다이아조늄 염은 불안정하고 곧 분해된다. 1차 방향족 아민으로부터 생긴 염은 차가울 때 천천히 분해되어 치환된 방향족 화합물이나 **아조** 화합물의 합성에 유용하다.

Dieckmann condensation (Dieckmann 축합 반응, 19.2A절): 다이에스터의 분자내 Claisen 축합 반응. 한 에스터기의 엔올산 이온이 같은 분자에 있는 다른 에스터 작용기의 카보닐을 공격하여 고리형 생성물이 만들어진다.

Dielectric constant (유전 상수, 6.13C절): 용매가 반대 전하를 각각으로부터 차단하는 능력. 용매의 유전 상수는 그것의 극성에 대한 대략적인 척도이다. 유전 상수가 큰 용매는 유전 상수가 작은 용매보다도 이온에 대한 더 좋은 용매이다.

Diels−Alder reaction (Diels−Alder 반응, 13.10절): 일반적인 용어로 짝지은 다이엔(4π 전자 계)와 이중 결합(2π 전자 계)을 가진 화합물인 친다이엔체가 반응하여 사이클로헥센 고리를 형성하는 반응.

Diene (다이엔, 13.10절): 두 개의 이중 결합을 가진 분자(*di* = 2, *ene* = alk*ene* 또는 이중 결합). Diels−Alder 반응에서 *s-cis* 형태의 짝지은 다이엔이 친다이엔체와 반응한다.

Dienophile (친다이엔체, 13.10절): Diels—Alder 반응에서 다이엔과 반응하는 성분.

Dihedral angle (ϕ) (이면각, 4.8A, 9.6C, 9.9D절): 그림 4.4와 4.5 참조. 인접 원자에 결합된 두 원자(또는 기) 사이의 각으로, 인접 원자들 사이의 결합을 아래로 내려다 보았을 때 각.

Dihydroxylation (다이하이드록실화 반응, 8.15절): 출발 물질이 인접한 알코올 작용기를 지니는 생성물(1,2-다이올 또는 글라이콜)로 전환되는 반응.

Dipeptide (다이펩타이드, 24.4절): 두 개의 아미노산으로 구성된 펩타이드.

Dipolar ion (쌍극성 이온, 24.2C절): 아미노산에서 전하가 분리된 형태로 카복실기로부터 양성자가 염기성인 기로 이동하여 형성된다.

Dipole moment, μ (쌍극자 모멘트, 2.2절): 극성인 분자와 관련된 물리적 성질로 실험적으로 측정될 수 있다. 이것은 정전기 단위(esu)와 전하 사이의 거리(cm)를 곱한 것으로 나타낸다: $\mu = e \times d$.

Dipole−dipole force (쌍극자−쌍극자 사이의 힘, 2.13B절): 영구 쌍극자 모멘트를 지닌 분자들 사이의 상호작용.

Dipole−induced dipole force (쌍극자−유발 쌍극자 사이의 힘, 2.13B절): 극성 분자가 무극성 화학종에 있는 전자 배열을 교란하여 원자나 무극성 분자 내에 있는 쌍극자를 유발함으로써 생겨난 약한 인력.

Direct alkylation (직접적인 알킬화 반응, 18.4C절): 에스터의 α 수소가 LDA처럼 강하고 입체 장애가 큰 염기에 의해서 제거되어 공명 안정화된 음이온이 만들어지고 이것이 S_N2 반응의 친핵체로 작용하는 합성 과정.

Directed aldol reaction (지시된 알돌 반응, 19.5B절): 교차 알돌 반응으로 강한 염기(예: LDA)를 사용하여 원하는 엔올산 이온을 먼저 생성시키고 그 후에 엔올산 이온에 의해서 공격을 당하는 카보닐 반응물을 가하게 된다. 만일 속도론적 엔올산 이온과 열역학적 엔올산 이온이 둘 다 가능하면 이 과정은 속도론적 엔올산 이온의 형성을 선호한다.

Disaccharide (이당류, 22.1A, 22.12A절): 가수 분해하여 두 개의 단당류를 만드는 탄수화물.

Dispersion force (또는 London force) [분산력(또는 런던 힘), 2.13B, 4.12B절): 무극성 분자나 동일 분자의 부분들 사이에서 작용하는 약한 힘. 두 기(또는 두 분자)를 먼저 가까이 가져오면 한 기에 있는 일시적인 비대칭 전자 분포가 다른 기에게 반대의 극성을 유발시키므로 그들 사이에 인력이 생긴다. 기들을 **van der Waals 반지름**보다 더 가까이 가져오면 그들 사이의 힘은 반발력이 된다. 왜냐하면 그들의 전자운이 서로 침투하기 시작하기 때문이다.

Disulfide linkage (이황화 결합, 24.2A절): 펩타이드나 단백질에서 두 개의 시스테인 아미노산 잔기의 싸이올기 사이에서 산화 반응에 의해 형성된 황−황 단일 결합.

Double bond (이중 결합, 1.4A, 1.13A절): 4개의 전자로 이루어진 결합. 2개의 전자는 시그마(σ) 결합, 2개의 전자는 파이(π) 결합에 있다.

Doublet (이중선, 9.2C절): 세기가 같은 두 개의 피크로 된 NMR 신호로 한 개의 이웃한 NMR-활성인 핵에 의해서 신호가 갈라짐으로써 생긴 것이다.

E

(*E*)−(*Z*) system (*E*−*Z* 체계, 7.2절): Cahn−Ingold−Prelog 규약에서 기의 우선순위에 따라 알켄의 부분 입체 이성질체의 입체 화학을 나타내는 체계. *E* 이성질체는 우선권이 가장 높은 기들이 이중 결합의 반대쪽에 있다. *Z* 이성질체는 우선권이 가장 높은 기들이 이중 결합의 같은 쪽에 있다.

E1 reaction (E1 반응, 7.6B절): 일분자 제거 반응으로 이탈기가 기질을 떠남으로써 탄소 양이온이 형성되는 단계가 속도 결정 단계이다. 그다음 탄소 양이온이 양성자를 잃고 π 결합이 형성되는 것이 빠른 단계이다.

E2 reaction (E2 반응, 7.6B절): 이분자의 1,2 제거 반응으로 한 단계에서 기질로부터 양성자와 이탈기가 제거되면서 π 결합이 형성되는 반응이다.

Eclipsed conformation (가려진 형태, 4.8A절): 단일 결합으로 맺어진 두 원자들 주위에 기들이 곧바로 마주치도록 배열되는 일시적인 배향.

가려진 형태

Edman degradation (Edman 분해, 24.5A절): 펩타이드에 있는 N-말단 아미노산을 결정하는 방법. 펩타이드를 페닐아이소싸이오사이안에이트($C_6H_5-N=C=S$)로 처리하면 N-말단 잔기에서 유도체가 형성되는데, 펩타이드를 산으로 분해하여 확인한다. 자동화된 펩타이드 서열 분석기는 Edman 분해 방법을 이용한다.

Electromagnetic spectrum (전자기 스펙트럼, 13.8A절): 전자기장에서 파동에 의해서 전체 범위의 에너지가 전파되는 것.

Electron-donating group (전자 주는 기, 15.8, 15.9절): 곁에 있는 기에 전자 밀도를 공명 또는 유발 효과에 의해서 증가시키는 기.

Electron-withdrawing group (전자 끄는 기, 15.8, 15.9절): 곁에 있는 기에 전자 밀도를 공명 또는 유발 효과에 의해서 감소시키는 기.

Electron density surface (전자 밀도 표면, 1.12B절): 전자 밀도 표면은 공간에서 전자 밀도가 동일한 점들을 보여 준다. 전자 밀도의 특정한 값에 대한 전자 밀도 표면은 계산될 수 있다. '높은' 전자 밀도 표면('결합' 전자 밀도 표면이라고도 부름)은 각 원자핵 주위의 전자 밀도의 **핵심**과 이웃 원자들이 전자를 공유하는 영역(결합 영역)을 보여 주고 있다. '낮은' 전자 밀도 표면은 분자의 전자운 **윤곽**을 대략 보여 준다. 이 표면은 분자 모양과 부피에 대한 정보를 대략 보여 주며, 분자의 van der Waals 또는 공간 채움 모형과 똑같게 보인다. (Contributed by Alan Shusterman, Reed College, and Warren Hehre, Wavefunction, Inc.)

Electronegativity (전기 음성도, 1.3A, 2.2절): 한 원자가 다른 원자와 공유하는 전자들을 끌어당김으로써 결합이 극성을 띠게 되는 능력에 대한 척도.

Electron impact (EI) (전자 충격, 9.12): 질량 분석법에서 이온을 형성시키는 방법으로, 분석 시료를 매우 높은 진공하에 두고 기체 상태에서 고에너지의 전자로 충격을 가한다. 전자살의 충격으로 원자가 전자가 떨어지고 **분자 이온**이라고 부르는 화학종이 생성된다(조각내기가 없을 경우). 이것은 한 개의 비공유 전자와 +1의 전하를 띠고 있다.

Electron probability density (전자 확률 밀도, 1.10절): 주어진 부피 내에서 전자를 발견할 가능성. 전자 확률 밀도가 높으면 주어진 공간의 부피에서 전자를 발견할 확률은 높고 이에 대응하는 공간의 부피가 오비탈이다.

Electrophile (친전자체, 3.4A, 8.1A, 8.1B절): Lewis 산, 전자쌍 받개, 또는 전자를 추구하는 시약.

Electrophilic aromatic substitution (친전자성 방향족 치환 반응, 15.1, 15.2, 21.8절): 방향족 화합물의 반응으로 **친전자체**('전자 추구자', 양이온 또는 다른 전자가 결핍된 화학종으로 전부 또는 부분적으로 양전하를 띤 것)가 방향족 고리의 탄소에 결합된 수소를 치환하는 반응.

Electrospray ionization (ESI) (전기 분무 이온화, 9.17절): 질량 분석법에서 이온을 형성하는 방법으로 분석할 시료 용액을 질량 분석기의 진공관 안으로 고전압의 바늘 끝으로부터 분무해 넣으면 혼합물에 전하를 덧붙이게 한다. 진공관 안에서 용매를 증발시키면 시료의 전하를 띤 입자가 생성된다. 이 중 어떤 것은 +1보다 더 큰 전하를 띨 수도 있다. 시료의 화학식량에 해당되는 특이한 m/z 피크 집단이 생겨나고 이로부터 분자량이 컴퓨터로 계산될 수 있다.

Elimination reaction (제거 반응, 3.1, 7.5, 7.10절): 기질로부터 두 기를 잃고 π 결합이 형성되는 반응. 가장 일반적인 제거 반응은 1,2 제거 반응 또는 β 제거 반응인데, 인접 원자들로부터 두 기가 제거되는 반응이다.

Elimination–addition (via benzyne) [제거–첨가 반응(벤자인 경유), 15.14절]: 매우 강력한 조건에서 염기가 이탈기를 지닌 탄소에 인접한 방향족 탄소로부터 양성자를 떼어 내는 치환 반응. 이탈기를 잃고 인접 p 오비탈들이 중첩하여 **벤자인**이라고 부르는 화학종이 생성된다. 여기서 π 결합이 고리 평면에 있다(방향족 π 계와는 별개). π 결합에 친핵체가 공격하고 난 후 양성자 첨가가 일어나면 치환된 방향족 화합물이 만들어진다.

Enamine (엔아민, 16.8, 18.9절): 엔아민기는 알켄의 sp^2 탄소에 결합된 아민 작용기로 되어 있다.

Enantiomeric excess (or enantiomeric purity) [거울상체 과량 (또는 거울상체 순도), 5.9A절]: 거울상체 혼합물에서 한 거울상체의 몰수와 다른 거울상체의 몰수의 차를 두 거울상체의 총 몰수로 나눈 다음 100을 곱하여 계산된 백분율. 거울상체 과량은 광학적 순도의 백분율과 같다.

Enantiomer (거울상체, 5.2C, 5.3, 5.7, 5.8, 5.16절): 서로 거울상인 입체 이성질체.

Enantioselective reaction (거울상체 선택성인 반응, 5.10B, 12.3D절): **Stereoselective reaction**(입체 선택성인 반응) 참조.

Enantiotopic hydrogen (or ligand) [거울상체 이성질성인 수소(또는 리간드), 9.5B, 9.8B, 10 7절]: 두 수소 원자 각각을 같은 기로 대치하여 거울상체가 생성되면 두 수소 원자(또는 리간드)는 거울상체 이성질성인 수소 원자라고 말한다.

Endergonic reaction (에너지 흡수 반응, 6.7절): 양(+)의 자유 에너지 변화가 수반되는 반응.

Endo group (endo기, 13.10B절): 두 고리 화합물에서 가장 긴 다리와 같은 쪽(syn)에 있는 기.

Endothermic reaction (흡열 반응, 3.8A절): 열을 흡수하는 반응. 흡열 반응에서 ΔH°는 양이다.

Energy (에너지, 3.8절): 일을 할 수 있는 능력.

Energy of activation, E_{act} (활성화 에너지, 10.5A절): 한 반응에서 반응물과 전이 상태 사이의 위치 에너지 차에 대한 척도. 이것은 활성화 자유 에너지 $\Delta G^\ddagger$와 관련이 있지만 같지는 않다.

Enol (엔올, 18.1, 18.3A절): 알켄 알코올. 하이드록실기가 알켄 탄소에 결합되어 있다. 적어도 하나의 알파 수소를 갖는 카보닐기의 케토 형태에 일반적으로 작은 토토머 평형 기여자.

Enolate (엔올산 이온, 18.1, 18.3A, 18.4절): 엔올이 하이드록실기의 양성자를 잃거나 엔올과 평형에 있는 알데하이드나 케톤이 α 양성자를 잃을 때 형성된 비편재화된 음이온.

Enthalpy change (엔탈피 변화, 3.8A절): 반응열이라고도 부름. **표준 엔탈피 변화** ΔH°는 표준 상태에 있는 계가 역시 표준 상태에 있는 다른 계로 변형될 때의 엔탈피의 변화이다. 한 반응에서 ΔH°는 반응물의 총 결합 에너지와 생성물의 총 결합 에너지의 차에 대한 척도이기도 하다. 이것은 반응이 진행될 때 분자의 위치 에너지 변화를 나타내는 한 가지 방법이다. 엔탈피 변화는 자유 에너지 변화 ΔG°와 엔트로피 변화 ΔS°와 다음 식에 따른 관계를 가진다.

$$\Delta H^\circ = \Delta G^\circ + T\Delta S^\circ$$

Entropy change (엔트로피 변화, 3.9절): 표준 엔트로피 변화, ΔS°는 표준 상태에 있는 두 계 사이의 엔트로피의 변화이다. 엔트로피 변화는 계의 상대적인 질서와 관계가 있다. 계가 더 무질서할수록 계의 엔트로피는 더 크다. 계가 더 무질서해질수록 엔트로피 변화는 양(+)이다.

Epimer, epimerization (에피머, 에피머화 반응, 18.3A, 22.8절):

단 한 개의 정사면체 카이랄 중심에서 배위가 다른 부분 입체 이성질체. 에피머화 반응은 에피머들의 상호 전환이다.

Epoxidation (에폭시화 반응, 11.13A절): 에폭시화물을 합성하는 과정. 퍼옥시카복실산(RCO_3H)은 에폭시화 반응에 흔히 사용되는 시약이다.

Epoxide (에폭시화물, 11.13절): 옥시레인. 산소 원자 한 개와 탄소 원자 2개를 포함하고 있는 삼원자 고리.

Equatorial bond (수평인 결합, 4.12절): 사이클로헥세인 고리에서 분자의 대체적인 평면에 놓인 6개의 결합.

Equilibrium constant, K_{eq} (평형 상수, 3.5A절): 평형의 위치를 나타내는 상수. 평형 상수는 생성물의 몰농도를 곱한 다음 반응물의 몰농도를 곱한 수로 나눈 것.

Essential amino acid (필수 아미노산, 24.2B절): 인체에 의해서 합성될 수 없고 반드시 식품에서 섭취해야 하는 아미노산. 성인에게는 8가지 필수 아미노산[$RCH(NH_2)CO_2H$]이 있다: valine(R = isopropyl), leucine(R = isobutyl), isoleucine(R = *sec*-butyl), phenylalanine (R = benzyl), threonine(R = 1-hydroxyethyl), methionine (R = 2-(methylthio)ethyl, lysine(R = 4-aminobutyl), tryptophen (R = 3-methyleneindole), histidine.

Essential oil (정유, 23.3절): 휘발성이며 향기가 나는 화합물로 식물을 증기 증류하여 얻는다.

Esterification (에스터화 반응, 17.7A절): 카복실산, 산 염화물, 또는 산 무수물과 알코올 사이의 반응으로부터 에스터를 합성하는 반응.

Exchangeable proton (교환 가능 양성자, 9.7절): 한 분자에서 다른 분자로 재빨리 전달될 수 있는 양성자. 이 양성자들은 흔히 산소나 질소 같은 전기 음성적인 원소에 붙어 있다.

Exergonic reaction (에너지 방출 반응, 6.7절): 자유 에너지 변화가 음(−)인 반응.

Exo group (exo기, 13.10B절): 두 고리 화합물에서 가장 긴 다리와 반대쪽(anti)에 있는 기.

Exon (엑손 또는 발현 구역, 25.5A절): '발현되는 서열'에 대한 약어로, 엑손은 단백질이 발현될 때 사용되는 DNA의 부분이다. **Intron** 참조.

Exothermic reaction (발열 반응, 3.8A절): 열을 방출하는 반응. 발열 반응에서 ΔH°는 음(−)이다.

F

Fat (지방, 23.2절): 트라이아실글리세롤. 글리세롤과 카복실산(지방산) 사이의 트라이에스터.

Fatty acid (지방산, 23.2절): 사슬의 길이가 긴 카복실산(대개 짝수의 탄소 원자를 가짐)으로 지방의 가수 분해에 의해서 얻어짐.

Fischer projection (Fischer 투영식, 5.13, 22.2C절): 카이랄 분자의 삼차원 배위를 나타내는 이차원 구조식. 규약에 따라, Fischer 투영식은 주된 탄소 사슬을 위에서 아래로 연장하여 쓰고 모든 기들은 가려진 형태로 쓴다. 수직인 선은 지면의 뒤에 놓이는(또는 지면에 놓이는) 결합을 나타낸다. 수평인 선은 지면으로부터 나오는 결합을 나타낸 것이다.

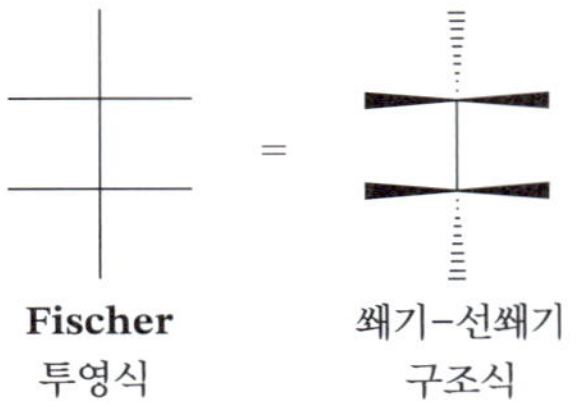

Formal charge (형식 전하, 1.5절): 한 분자에 있는 원자에 지정된 전자의 수와 그 원자가 원소 상태로 있을 때 최외각에 가지는 전자의 수 사이의 차이. 형식 전하는 식 $F = Z - S/2 - U$를 사용하여 계산된다. F는 형식 전하, Z는 원자의 족 번호(원자가 원소 상태에 있을 때 최외각에 갖는 전자의 수), S는 원자가 다른 원자와 공유하는 전자의 수, 그리고 U는 원자가 소유한 비공유 전자의 수이다.

Fourier transform NMR (FT-NMR) (Fourier 변환 NMR, 9.2절, 온라인 자료의 특수 주제 B): 전자기 스펙트럼의 라디오 진동수 영역에 있는 에너지 펄스를 핵자기 모멘트가 자기장의 축에 대해서 세차 운동을 하는 핵에 가해 주는 NMR 방법. 이 에너지 펄스는 핵자기 모멘트를 xy 평면으로 '쓰러트린다.' $x-y$ 평면에 있던 핵자기 모멘트의 성분은 라디오 진동수 신호를 발생('유도')하게 되고 이것이 기기에 의해서 검출된다. 핵이 바닥 상태로 이완되면서 이 신호는 시간이 가면서 붕괴된다. 이 시간-의존적인 신호를 '유도 자기 자유 감쇠(free induction decay)'라고 한다. 시간-의존적인 자료는 수학적인 계산(Fourier 변환)에 의해서 진동수-의존 자료로 전환되는데, 이것이 NMR 신호이다.

Fragmentation (조각내기, 9.13절): 질량 분석법에서처럼 공유 결합의 깨짐으로 인하여 화학종이 분해하는 것.

Free-energy change (자유 에너지 변화, 3.9절): **표준 자유 에너지 변화** ΔG°는 표준 상태에 있는 두 계 사이의 자유 에너지의 변화이다. 일정 온도에서 $\Delta G^\circ = \Delta H^\circ - T\Delta S^\circ = -RT \ln K_{eq}$이다. 여기서 ΔH°는 표준 엔탈피 변화, ΔS°는 표준 엔트로피 변화, 그리고 K_{eq}는 평형 상수이다. ΔG°의 값이 음(−)인 것은 반응이 평형에 도달해 있을 때 생성물의 형성이 유리함을 의미한다.

Free-energy diagram (자유 에너지 도표, 6.7절): 반응 도중 일어나는 자유 에너지 변화를 반응 좌표에 그린 것. 자유 에너지 변화는 반응물이 전이 상태를 거쳐 생성물이 되는 과정에서 결합 차수와 결합 길이의 함수로 나타낸다.

Free energy of activation, $\Delta G^\ddagger$ (활성화 자유 에너지, 6.7절): 전이 상태와 반응물 사이의 자유 에너지의 차.

Freon (프레온, 10.12D절): 클로로플루오로카본 또는 CFC.

Frequency, ν (진동수, 2.15, 13.8A절): 초당 한 점을 지나가는 파동의 전 사이클의 수.

Friedel–Crafts acylation (Friedel–Crafts 아실화 반응, 15.6B절): 아실륨 이온(Lewis 산을 사용하여 in situ로 생성함)을 친전자체로 하여 친전자성 방향족 치환 반응을 통하여 벤젠 고리에 도입하는 반응.

Friedel–Crafts alkylation (Friedel–Crafts 알킬화 반응, 15.6A절): 알킬 탄소 양이온(Lewis 산을 사용하여 in situ로 생성함)을 친전자체로 하여 친전자성 방향족 치환 반응을 통하여 벤젠 고리에 도입하는 반응.

Fullerene (풀러렌, 14.8C): 잘려진 이십면체(또는 고딕식 돔)의 기하 모양을 한 새장 같은 방향족 분자. 구조는 정오각형과 정육각형의 그물망으로 되어있다. 각 탄소는 sp^2 혼성이며, 각 탄소에 있는 나머지 전자는 분자 오비탈의 계에 비편재화되어 분자 전체가 방향성을 띤다.

Functional class nomenclature (작용기 부류의 이름 짓기, 4.3E절): 한 화합물을 서술하기 위해서 둘 또는 그 이상의 단어를 써서 화합물의 이름을 짓는 체계. 끝 단어는 존재하는 작용기에 대응된다. 앞 단어는 대개 알파벳 순으로 나열하는데, 분자의 나머지 부분을 서술한다. 예: 메틸 알코올, 에틸 메틸 에터, 브로민화 에틸.

Functional group (작용기, 2.2, 2.4절): 분자 내에 있는 원자들의 특별한 집단으로 분자가 어떻게 반응할지를 결정해 준다.

Functional group interconversion (작용기의 상호 변환, 6.14절): 한 작용기를 다른 작용기로 상호 전환시키는 과정.

Furanose (퓨라노스, 22.2C절): 고리형 아세탈 또는 헤미아세탈이 오각형인 당.

G

Gauche conformation (빗놓인 형태, 4.9절): 뷰테인의 빗놓인 형태를 예로 들면 메틸기들이 서로 60°를 이루고 있다.

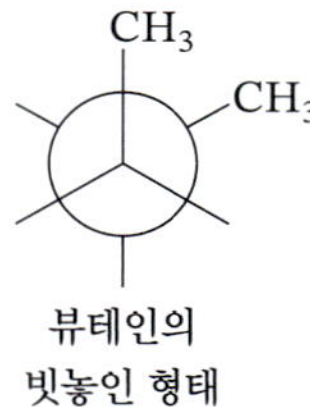

뷰테인의 빗놓인 형태

GC/MS analysis (GC/MS 분석, 9.15절): 기체 크로마토그래프(GC)와 질량 분석기(MS)를 짝지어 놓은 분석 방법. GC는 분석하고자 하는 혼합물의 성분을 기체 상태에서 **고정상**이라고 불리는 흡착제를 지닌 관을 통하여 쓸어 넣어 분리한다. 기체 분자는 고정상의 표면에 서로 다른 강도로 붙어(**흡착**되어) 있다. 약하게 매달려 있는 분자들은 관을 빨리 통과할 것이다. 더 강하게 **흡착**되어 있는 성분들은 관을 천천히 통과할 것이다. 분리된 혼합물의 성분들은 그다음 질량 분석기에 들어가서 분석된다.

LC/MS analysis (LC/MS 분석, 9.16절): GC–MS와 같은 분석 기술로서 혼합물을 성분으로 분리한 다음 각 분리된 성분의 질량 검출이 뒤따른다. 차이점은 LC–MS에서는 액체를 이동상으로 사용하는데 GC–MS에서는 비활성 기체를 사용한다. 시료 분석물은 **이동상**이라고 불리는 흐르는 용매 속으로 주입된다. 이동상에 얽혀진 분석물은 **고정상**이라고 불리는 실리카–바탕의 관을 통과하게 된다. 성분들은 고정상과의 차별되는 상호작용에 의해서 분리된다. 액체 관으로부터 분리된 분석물은(이동상에 존재함) 질량 분석기로 가서 분석된다.

***gem*-Dihalide** (*gem*-다이할로젠화물, 7.13A절): 두 개의 할로젠 원자가 같은 탄소에 결합된 분자나 기에 대한 일반적인 명칭. geminal dihalide의 약어.

Geminal (*gem*-) substituent (*gem*-치환기, 7.13A절): 같은 원자에 있는 치환기들.

Geminal (같은 자리의, 9.6절): 두 개의 동일한 기가 같은 탄소에 결합되었을 때.

Geminal coupling (같은 자리 짝지음, 9.6, 9.9A절): 같은 탄소에 결합된 두 부분 입체 이성질성인 수소들에 의해서 발생하는 NMR 신호의 갈라짐. **Coupling**과 **Signal Splitting** 참조.

Gene (유전자, 25.1절): 특정 단백질에 대한 암호인 DNA 부분.

Genetic code (유전 암호문, 25.5C, 25.5D절): mRNA에 있는 특정한 3개 염기 서열(암호문)로 각 암호는 특정 아미노산에 해당됨. 각 암호문은 특정한 tRNA의 역암호문과 쌍을 이루는데, tRNA가 대응되는 아미노산을 운반한다.

Genome (유전체, 게놈, 25.1, 25.9절): 생체에서 DNA에 의해서 암호화된 모든 유전 정보의 조합.

Genomics (유전체학, 24.14절): 생체에 있는 유전 정보의 모든 조합에 대한 연구를 하는 학문.

Glycan (글리칸, 22.13절 참조): 다당류에 대한 다른 용어. 단당류가 글리코사이드 결합에 의해서 합쳐진 것. **Polysaccharides** 참조.

Glycol (글라이콜, 4.3F, 8.15절): 일종의 1,2-다이올.

Glycolipid (당지질, 22.16절): 글리코사이드 결합에 의해서 지방에 결합된 탄수화물.

Glycoprotein (당단백질, 22.16절): 글리코사이드 결합에 의해서 단백질에 결합된 탄수화물.

Glycoside (글리코사이드, 22.4절): 당과 알코올이 고리형으로 혼성 아세탈을 형성한 것.

Grignard reagent (Grignard 시약, 12.6B절): 유기마그네슘 염화물로 RMgX라고 씀.

Ground state (바닥 상태, 1.12절): 원자나 분자의 가장 낮은 전자 에너지 상태.

H

Haloform reaction (할로폼 반응, 18.3B절): 메틸 케톤에 특정한 반응. 염기 존재하에서 메틸기의 탄소에 다중 할로젠화 반응이 일어나고, 과량의 염기는 트라이할로메틸기의 아실 치환 반응을 일으켜 카복실산 이온과 **할로폼**(CHX_3)을 생성한다.

Halogenation (할로젠화 반응, 10.4, 10.8A절): 할로젠 원자가 분자에 도입되는 반응.

Halohydrin (할로하이드린, 8.13절): 인접(이웃한) 탄소에 할로젠 원자와 하이드록실기가 결합된 화합물.

Halonium ion (할로늄 이온, 8.11A절): 두 탄소 원자에 결합된 양의 할로젠 원자를 포함하고 있는 이온.

Hammond–Leffler postulate (Hammond–Leffler 가설, 6.13A절):

어떤 단계의 전이 상태의 구조와 기하 모형은 에너지가 반응물 또는 생성물 중 어느 것에 더 가까운가에 따라 그 단계의 반응물 또는 생성물과 더욱 유사하다는 가설. 이것은 흡열 반응의 전이 상태가 반응물보다는 그 단계의 생성물과 더 흡사하다는 것을 의미한다. 한편, 발열 반응의 전이 상태는 생성물보다는 반응물과 더욱 유사하다.

Heat of hydrogenation (수소화 반응열, 7.3A절): 1몰의 화합물을 수소화 반응시켜 특정한 화합물을 형성하는 데 수반되는 표준 엔탈피 변화.

Heisenberg uncertainty principle (Heisenberg 불확정성 원리, 1.11절): 전자(또는 어떤 물체)의 위치와 운동량은 동시에 정확히 측정될 수 없다는 원리.

Hemiacetal (헤미아세탈, 16.7A, 22.2C절): 한 sp^3 탄소 원자가 한 알콕시기와 한 하이드록실기에 연결된 작용기[예: RCH(OH)(OR′) 또는 $R_2C(OH)(OR')$].

Henderson–Hasselbalch equation (Henderson–Hasselbalch 식, 24.2C절): Henderson–Hasselbalch 식($pK_a = pH + \log[HA]/[A^-]$)은 산과 그것의 짝염기의 농도가 같을 때 용액의 pH는 산의 pK_a와 같음을 보여 준다.

Hertz (Hz) (헤르츠, 9.6A, 9.6B, 9.9C, 13.8A절, 온라인 자료의 특수 주제 B): 파동의 진동수를 재는 데 초당 사이클 대신에 쓰인다.

Heteroatom (헤테로 원자, 2.2절): 산소, 질소, 황, 염소와 같이 탄소와 결합을 이루며 비공유 전자쌍을 지닌 원자.

Heterocyclic amine (헤테로 고리 아민, 20.1B절): 질소가 탄소 골격의 고리에 일부분을 이룬 2차 또는 3차 아민.

Heterocyclic compound (헤테로 고리 화합물, 14.9절): 탄소 이외의 원소를 고리에 포함하는 분자로 된 화합물.

Heterogeneous catalysis (불균일 촉매, 7.15, 7.17A절): 촉매가 반응 혼합물에서 녹지 않는 촉매 반응.

Heterolysis [불균일 분해, 3.4, 6.2, 10.1절]: 공유 결합이 분해하여 한 조각이 결합 전자를 모두 가지고 떠나가는 것. 결합의 불균일 분해로 양이온과 음이온이 형성된다. **Heterolytic bond cleavage** 참조.

Heteronuclear correlation spectroscopy (HETCOR or C–H HETCOR) [이종 핵간 상관 분광학(C–H HETCOR), 9.9절]: 수소와 그것이 결합된 탄소 사이의 짝지음을 나타내는 이차원 NMR 방법.

Heterotopic (chemically nonequivalent atom) [대칭 비교환 자리 (화학적 비동등성) 원자, 9.5A절]: 분자에서 어느 하나를 치환하면 새 화합물이 되는 원자. 대칭 비교환 자리 원자들은 NMR 분광학에서 화학적 이동이 같지 않다.

Hofmann rule (Hofmann 규칙, 7.6C, 7.7B, 20.12A절): 제거 반응으로 치환기를 덜 가진 이중 결합이 형성될 때 Hofmann 규칙을 따른다고 말함.

HOMO (HOMO, 최고 점유 분자 오비탈, 3.3A, 6.6, 13.8C절): 전자가 채워진 것 중 에너지가 가장 높은 분자 오비탈

Homogeneous catalysis (균일 촉매, 7.15절): 촉매가 반응 혼합물에서 녹는 촉매 반응.

Homologous series (동족 계열, 4.7절): 각 화합물의 다음의 화합물보다 일정 단위씩 다른 일련의 화합물.

Homolysis (균일 분해, 10.1절): 공유 결합의 분해로 각 조각이 공유 전자를 한 개씩 가지고 떨어지는 것.

Homolytic bond dissociation energy, *DH*° (균일 결합 해리 에너지, 10.2절): 공유 결합의 균일 분해에 수반되는 엔탈피의 변화.

Homotopic (chemically equivalent) atom [대칭 교환자리 (화학적 동등성인) 원자, 9.5A절]: 분자에서 어느 하나를 치환해도 같은 화합물이 되는 원자. 대칭 교환자리 원자들은 NMR 분광학에서 화학적 이동이 같다.

HSQC (Heteronuclear single-quantum correlation spectroscopy) (이종 핵간 단일 양자 상관 분광학, 9.9절): ^{1}H와 ^{13}C 신호들을 연관 짓는 데 사용되는 이차원 NMR 기술.

Hund's rule (Hund 규칙, 1.17절): 구성 원리에 적용되는 규칙. 오비탈들이 같은 에너지를 가지면(즉, 오비탈들이 축퇴되어 있으면) 전자들은 각 오비탈에 전자가 한 개씩 채워질 때까지 스핀이 쌍을 이루지 않은 채로 각 오비탈에 들어간다. 그다음 전자들이 오비탈에 들어가서 스핀들이 쌍을 이룬다.

Hybrid atomic orbital (혼성 원자 오비탈, 1.12, 1.15절): 순수한 원자 오비탈의 수학적인 조합으로 생긴 오비탈로, 순수한 *s*와 *p* 오비탈이 다양한 비율로 조합되면 sp^3, sp^2, *sp* 같은 혼성 오비탈을 형성한다.

Hydration (수화 반응, 8.4~8.9, 11.4절): 알켄에 물이 첨가되어 알코올이 되는 것처럼 분자에 물이 첨가하는 반응.

Hydrazone (하이드라존, 16.8B절): 한 아미노기($-NH_2$, $-NHR$, $-NR_2$)가 질소 원자에 결합된 이민.

Hydride (수소 음이온, 7.11A절): 수소의 음이온 $H{:}^-$, 1*s* 껍질이 채워진(2개의 전자를 포함하는) 수소 원자로 음전하를 띤다.

Hydride ion (수소화 이온, 12.1A절): 수소의 음이온 형태; 두 개의 전자를 가진 양성자.

Hydroboration (수소화붕소 첨가 반응, 8.6, 8.7, 11.4절): 수소화붕소(BH_3나 알킬보레인)가 다중 결합에 첨가하는 반응.

Hydrocarbon (탄화수소, 2.1절): 단지 탄소와 수소로만 된 분자.

Hydrogen abstraction (수소 떼냄, 10.1B절): 한 개의 비공유 전자가 다른 화학종으로부터 수소 원자를 제거하는 과정으로 수소와의 결합을 균일 분해시킨다.

Hydrogenation (수소화 반응, 4.16, 7.3A, 7.13~7.18절): 수소가 이중 또는 삼중 결합에 첨가되는 반응. 수소화 반응은 대개 백금, 팔라듐, 로듐, 또는 루테늄 같은 금속 촉매를 사용하여 수행된다.

Hydrogen bond (수소 결합, 2.13B, 2.13E, 2.13F절): 크기는 작고 전기 음성도가 큰 원자(O, N, 또는 F)에 결합된 수소 원자가 다른 전기 음성적인 원자의 비공유 전자쌍 사이에서 생겨나는 강력한 쌍극자–쌍극자 상호 작용(4~38 kJ mol^{-1}).

Hydrophilic group (친수성기, 2.13D, 23.2C절): 물 환경을 선호하는 기

Hydrophobic group (소수성기, 2.13D, 23.2C절): 물 환경을 피하

고 무극성인 환경을 추구하는 무극성인 기. **Lipophilic group** 참조.

Hyperconjugation (가상적 짝지음, 4.8B, 6.11B절): 채워진 결합 오비탈로부터 (오비탈 중첩에 의해서) 인접한 채워지지 않은 오비탈로 전자가 비편재화되는 현상. 가상적 짝지음은 일반적으로 안정화 효과가 있다.

Hückel's rule (Hückel 규칙, 14.7절): 평면 단일 고리로 $(4n+2)$개의 비편재화된 π 전자(즉, 2, 6, 10, 14, …개의 비편재화된 π 전자)를 지닌 것을 방향성이라고 하는 규칙.

^{1}H−^{1}H correlation spectroscopy (COSY) [^{1}H−^{1}H 상관 분광학(COSY), 9.9절]: 수소 원자 사이의 짝지음을 나타내는 이차원 NMR 방법.

I

Imine (이민, 16.8절): 탄소−질소 이중 결합을 지닌 구조. 탄소에 결합된 기들이 동일하지 않으면 (*E*)와 (*Z*) 이성질체가 가능하다.

Index of hydrogen deficiency (수소 결핍 지수, 4.17절): 수소 결핍 지수(IHD)는 주어진 화합물의 분자식이 되기 위하여 대응되는 알케인의 분자식으로부터 빼야 하는 수소 원자쌍의 수와 같다.

Induced fit hypothesis (유도 적합 가설, 24.9절): 효소 반응성에 관한 가설로 효소−기질 착물 형성이 효소의 형태를 변화시켜 기질을 생성물로 전환하는 것을 촉진한다는 가설이다.

Inductive effect (유발 효과, 3.7B, 15.11B절): 분자 내에 있는 인접한 쌍극자에 의해서 내부적으로 전자를 끌거나 밀어내는 효과. 유발 효과는 분자의 공간이나 결합을 통하여 전파된다.

Infrared (IR) spectroscopy (적외선 분광학, 2.15절): 적외선의 흡수를 재는 광학적인 분광학의 형태. 적외선 분광학은 분석하고자 하는 화합물 속에 들어 있는 작용기에 대한 구조적인 정보를 제공해 준다.

Inhibitor (방해제, 24.9절): 효소의 반응성을 부정적으로 변화시키는 화합물.

Integration (적분, 9.2B절): NMR 스펙트럼에서 신호 아래의 상대적인 면적을 나타내는 수치. ^{1}H NMR에서 적분값은 그 신호를 내는 수소의 수에 비례한다.

Intermediate (중간체, 3장 서문, 6.10, 6.11절): 위치 에너지 도표에서 에너지가 국부적으로 최소가 되는 상태로 반응물과 생성물 사이에 존재하는 일시적인 화학종.

Intermolecular force (분자간 인력, 2.13B, 2.13F절): van der Waals 힘이라고도 함. 영구적(또는 순간적) 전자의 분포로 인하여 분자들 사이에서 작용하는 힘. 분자간 힘은 서로 끌어당기거나 밀어내는 힘일 수 있다. 쌍극자 사이의 힘(수소 결합도 포함됨)과 분산력(London 힘이라고도 함)은 van der Waals 형태의 분자간 힘이다.

Intron (인트론, 25.5A절): '간섭하는 서열(intervening sequence)'에 대한 약어인데, 인트론은 DNA의 한 조각으로 초기에 mRNA로 복제되었다고 할지라도 단백질이 발현될 때 실제로 사용되지 않는다.

Inversion of configuration (배위의 반전, 6.6, 6.14절): 정사면체인 원자에서 한 기가 다른 기에 의해서 180° 정반대로 결합되면서 치환되는 과정. 정사면체 원자에 있는 다른 기는 우산의 '속이 뒤집혀 나오는 것'과 같은 방식으로 '속이 뒤집혀 나온다.' 카이랄 중심이 배위 반전을 진행하면 그것의 (*R*,*S*) 표시가 반응 전후 기의 상대적인 Cahn−Ingold−Prelog 우선 순위에 따라 바뀔 수 있다.

Ion (이온, 1.3A, 3.1A절): 전기 전하를 띤 화학종.

Ionic bond (이온 결합, 1.3A절): 전자가 한 원자로부터 다른 원자로 전달됨으로써 반대 전하의 이온이 만들어져서 형성되는 결합.

Ionic reaction (이온 반응, 3.1B, 10.1절): 이온을 반응물, 중간체, 또는 생성물로서 포함하는 반응. 이온 반응은 공유 결합이 불균일 분해를 함으로써 일어난다.

Ionization (이온화, 9.11절): 중성인 분자를 이온(전하를 띤 화학종)으로 전환하는 것.

Ion−dipole force (이온−쌍극자 인력, 2.13D절): 영구 쌍극자와 이온의 상호작용. 그러한 상호작용(용매화를 일으킴)은 이온과 극성 용매 분자 사이에서 발생한다.

Ion−ion force (이온 사이의 힘, 2.13A절): 반대 전하의 이온들 사이에 존재하는 강한 정전기적 인력. 이 힘은 이온들을 결정 격자 속에 들어 있게 만든다.

Isoelectric point, p*I* (등전점, 24.2C절): 아미노산이나 단백질의 양전하와 음전하의 수가 동일한 pH.

Isomer (이성질체, 1.6, 5.2A절): 분자식은 같으나 다른 분자들.

Isoprene unit (아이소프렌 단위, 23.3절): 모든 터펜류에서 발견되는 다음과 같은 단위.

Isotactic polymer (아이소택틱 고분자, 동일 배향 중합체, 온라인 자료의 특수 주제 C.1): 사슬을 따라 있는 입체 중심의 배위가 동일한 중합체.

Isotope (동위 원소, 1.2A절): 핵에 같은 수의 양성자를 가졌지만 중성자의 수가 다른 핵이기 때문에 원자 질량이 다른 원자.

IUPAC system (IUPAC 체계, 4.3절): (또한 '체계적인 이름 짓기'라고도 함) 순수화학과 응용화학을 위한 국제연합(IUPAC)에서 만든 이름 짓기 규약으로 모든 화합물마다 명확한 이름이 지정된다.

K

Karplus correlation (Karplus 식, 9.6C절): NMR 짝지음 상수의 크기와 두 짝짓는 양성자들 사이의 이면각과의 관계를 나타내는 식. 이런 방식으로 얻어진 이면각은 분자의 기하 모양에 대한 정보를 제공한다.

Kekulé structure (Kekulé 구조, 2.1D, 14.4절): 선을 사용하여 결합을 나타내는 구조식. 벤젠에 대한 Kekulé 구조식은 탄소 원자들이 육각형을 이루고 고리를 따라 이중 결합과 단일 결합이 교차하여 각 탄소 원자에는 한 개의 수소 원자가 결합되어 있다.

Keto and enol form (케토와 엔올 형태, 18.1~18.3절): 통상적인 공명−안정화된 중간체에 의해서 연관된 화합물의 토토머 형태. **엔올** 구조는 알켄의 sp^2 탄소에 결합된 알코올 작용기를 가지고 있다. 하이드록실 양성자를 알켄으로 이동시키고 탄소−산소 π 결합을 만들면 이 화학종의 **케토** 형태가 된다.

Ketose (케토스, 22.2A절): 케톤기나 그것으로부터 얻어진 헤미아세탈 혹은 아세탈을 포함하고 있는 단당류.

Kinetic (or rate) control (속도론적 지배, 7.6B, 7.7A, 13.9A, 18.4A절): 반응 생성물의 비가 반응의 상대적인 속도에 비례한다는, 즉 가장 많이 생성되는 것은 가장 빨리 형성된다는 원리.

Kinetic energy (운동 에너지, 3.8절): 물체의 운동에 의해서 생기는 에너지. 운동 에너지$(KE) = \frac{1}{2}mv^2$, 여기서 m은 물체의 질량, v는 물체의 속도이다.

Kinetic enolate (속도론적인 엔올산 이온, 18.4A절): 한 가지 이상의 엔올산 이온이 형성될 수 있을 때 **속도론적인 엔올산 이온**은 가장 빨리 형성되는 것이다. 이것은 대개 덜 치환된 이중 결합을 지닌 엔올산 이온이다. 입체 장애의 감소로 인하여 염기에 의한 탈양성자화 반응이 더 빠르다. 속도론적인 엔올산 이온은 평형이 성립되지 않는 조건하에서 주로 일어난다.

Kinetic product (속도론적 생성물, 13.9A절): 여러 가지 생성물이 가능할 때 가장 빨리 형성되는 생성물; 가장 낮은 활성화 에너지 경로를 따라 형성되는 생성물.

Kinetic resolution (속도론적 분할, 5.10B절): 한 거울상체와의 반응 속도가 다른 거울상체와의 반응 속도와 다를 때 한 생성물 입체 이성질체가 주로 얻어지는 과정. 이 과정은 형성될 수 있는 다른 입체 이성질체보다 한 입체 이성질체가 주로 형성되므로 '입체 선택성'이라고 한다.

Kinetics (반응 속도론, 6.5절): 반응 속도를 말하는 용어.

L

Lactam (락탐, 17.8I절): 고리형 아마이드.

Lactone (락톤, 17.7C절): 고리형 에스터.

LCAO (linear combination of atomic orbital) [LCAO(원자 오비탈 선형 조합), 1.11절]: 원자 오비탈에 대한 파동 함수를 더하거나 빼서 분자 오비탈에 대한 파동 함수에 도달하게 하는 수학적인 방법.

Leaving group (이탈기, 6.2절): 친핵성 치환 반응에서 비공유 전자쌍을 가지고 떠나가는 치환체.

Leveling effect of a solvent (용매의 평준화 효과, 3.14절): 강산과 강염기에 사용되는 용매를 제한하는 효과. 원칙적으로, 특정한 용매의 짝산보다 더 강한 산은 그 용매 속에서 상당한 양이 존재할 수 없다. 용매의 짝염기보다 더 강한 염기는 그 용매 속에서 상당량이 존재할 수 없다.

Levorotatory (좌선성, 5.8B절): 평면 편광인 빛을 시계 반대 방향으로 회전시키는 화합물.

Lewis acid–base theory (Lewis 산–염기 이론, 3.3절): 산은 전자쌍 받개이고, 염기는 전자쌍 주개이다.

Lewis structure (or electron-dot structure) [Lewis 구조식 (또는 전자점 구조식), 1.3B, 1.5절]: 전자쌍을 한 쌍의 점이나 한 개의 선분으로 나타낸 것.

Ligand (리간드, 21.2절): 원자가 전자를 이용하여 금속 이온에 배위되는 화학종. 배위되는 원자가 전자들은 음이온, 중성 원자의 비결합 전자, 또는 π 전자이다.

Lipid (지질, 23.1절): 생물로부터 온 물질로 무극성 용매에 녹는다. 지방에는 지방산, 트라이아실글리세롤(지방과 기름), 스테로이드, 프로스타글란딘, 터펜과 터펜류, 그리고 왁스 등이 있다.

Lipid bilayer (지질 겹층, 23.6A절): 주로 인지질로 이루어진 두 층의 비공유 결합적인 분자 집합체. 각 층의 소수성인 인지질 '꼬리' 기는 서로 끌어당기는 분산력으로 인하여 두 층 구조에서 서로 마주 대하도록 배열된다. 지방의 친수성인 '머리' 기는 겹층의 수용성 바깥 부분에 배치된다. 지방 겹층은 세포막 같은 생물학적인 계에서 매우 중요하다.

Lipophilic group (친유성인 기, 2.13D, 23.2C절): 수용성인 환경을 기피하고 무극성인 환경을 선호하는 기. **Hydrophobic group**(소수성인 기) 참조.

Lithium diisopropylamide (LDA) [다이아이소프로필아마이드화 리튬(LDA), 18.4절]: $(i\text{-}C_3H_7)_2N^-Li^+$. 다이아이소프로필아민의 리튬 염. 카보닐 화합물로부터 **엔올산 리튬**을 형성하는 데 사용되는 강염기.

Lock-and-key hypothesis (자물쇠–열쇠 가설, 24.9절): 효소의 특이성을 설명하는 가설로, 효소('자물쇠')와 기질('열쇠') 사이에 상보적인 기하 모양에 근거하여 그들의 모양이 반응이 일어나도록 정확하게 '꼭 맞는다'고 말한다.

Loop conformation (고리형, 24.8A절): 단백질에서 비반복성 이차 구조. **Coil conformation** 참조.

LUMO (LUMO, 최저 비점유 분자 오비탈, 3.3A, 13.8C절): 전자가 안 채워진 것 중 가장 에너지가 낮은 오비탈.

M

Macromolecule (거대 분자, 10.11절): 매우 큰 분자.

Magnetic resonance imaging (MRI) (자기 공명 영상화, 9.9B절): NMR 분광법에 의한 기술로, 생체 조직이나 물질의 영상화에 쓰인다.

Malonic ester synthesis (말론산 에스터 합성, 18.7절): 프로페인이산 다이에틸(말론산 다이에틸, 또한 '말론산 에스터'라고도 부름)의 α 수소를 제거하면 공명-안정화된 음이온이 만들어지는데, 이것이 S_N2 반응에서 친핵체로 작용하는 반응. α 탄소에서 두 번 치환 반응이 일어날 수 있다. 에스터 작용기는 카복실산으로 전환될 수 있고, 이것은 다시 탈카복실화 반응을 진행하여 치환기를 지닌 아세트산을 형성한다.

Mannich reaction (Mannich 반응, 19.8절): 엔올이 이민윰 양이온(1차 또는 2차 아민이 폼알데하이드와 반응하여 생성됨)과 반응하여 β-아미노알킬 카보닐 화합물을 만드는 반응.

Markovnikov's rule (Markovnikov 규칙, 8.2B, 8.18절): 알켄과 알카인에서 친전자성 첨가 반응이 일어날 때의 입체 화학을 예상하는 규칙. Vladimir Markovnikov가 처음(1870년) 기술한 바에 의하면, "비대칭적인 알켄이 할로젠화 수소와 결합할 때 할로젠화 이온은 수소 원자의 수가 더 적은 탄소에 첨가한다." 더 흔하게는 거꾸로 규칙을 말하기도 한다: HX가 알켄이나 알카인에 첨가될 때 수소 원자는 이미 더 큰 수의 수소를 지닌 탄소 원자에 첨가된다. Markovnikov 규칙에 대한 현대적인 표현은 "다중 결합에 비대칭적인 시약이 이온성 첨가 반응을 수행할 때 시약의 양(+)인 부분(친전자체)은 더욱 안정한 중간체 탄소 양이온이 형성되는 방향으로 탄소 원자에 첨가된다."

Mass spectrometry (MS) (질량 분석법, 9.10절): 구조 연역에 중요한 기술의 하나로, 자기장 내에서 분자의 이온을 생성한 다음 질량/전하의 비를 기계적으로 결정하고 그렇게 생성된 이온의 상대적인 양도 결정하는 기술.

Matrix-assisted laser desorption ionization (MALDI) (매트릭스 보조 레이저 탈착 이온화, 9.17절): 질량 분석법에서 전기 분무 이온화에 의해서 잘 이온화되지 않는 시료를 이온화시키기 위한 방법. 시료는 레이저로부터 에너지를 잘 흡수할 수 있는 분자량이 적은 유기 분자와 섞인 다음, 이 에너지를 시료에 전달하여 이온을 생성하고 그 다음 질량 분석기로 분석된다.

Melting point (녹는점, 2.13A절): 잘 정열된 고체 결정과 무질서한 액체 상태 사이에 존재하는 평형 온도. 이것은 결정 격자를 구성하는 단위(이온, 분자) 사이의 인력을 극복하기 위한 에너지를 나타낸다.

Meso compound (메소 화합물, 5.12B절): 광학적으로 비활성인 화합물로, 분자 자체는 비록 4개의 치환체가 모두 다른 기로 된 정사면체의 원자를 지녔을지라도 비카이랄이다.

Mesylate (메실산 에스터 혹은 메실산 이온, 11.10절): 메테인설폰산 에스터 혹은 이온. 메테인설폰산 에스터는 CH_3SO_3—기를 지닌 화합물이다, 예: CH_3SO_3R.

Meta director (메타 지향기, 15.8절): 방향족 고리에 있는 전자 끄는 기. 메타 지향기를 지닌 고리에 친전자성 방향족 치환 반응의 주 생성물은 새로이 치환된 친전자체가 기존 치환기에 대해서 메타이다.

Metathesis (복분해, 21.7절): 두 화학 물질들이 짝을 바꾸는 반응으로, 올레핀 복분해(21.7절) 또는 무기 이중 치환 반응이 있다.

Methanide (메탄화 이온, 7.11A절): 메틸 음이온 $^-{:}CH_3$ 또는 메틸 음이온처럼 행동하는 메틸 화학종.

Methylene (메틸렌, 8.14A절): 화학식이 $:CH_2$인 카벤.

Methylene group (메틸렌기, 2.4B절): —CH_2—기.

Micelle (마이셀, 23.2C절): 수용액에서 이온의 구형인 표면(비누로부터 만들어 내는 것과 같음)으로 무극성인 기는 내부에 있고 이온성(극성)인 기는 표면에 있다.

Michael addition (Michael 첨가 반응, 18.9, 19.7절): 활성 수소 화합물과 α,β-불포화된 카보닐 화합물 사이의 반응. 활성 수소 화합물의 음이온이 α,β-불포화된 카보닐 화합물의 β-탄소를 공격한다. Michael 첨가 반응은 짝지은 첨가 반응의 한 형태이다. **Conjugate addition**(짝지은 첨가 반응) 참조.

Molar absorptivity, ε [몰 흡광 계수(약어로 ε), 13.8B절]: 특정한 파장(λ)에서 관찰된 흡광도(A)와 시료의 농도(C) 및 광선이 시료 용기를 통과하는 거리 (l, cm 단위) 사이의 관계를 정해 주는 비례 상수로, 다음 식과 같다.

$$\varepsilon = A/C \times l$$

Molecular formula (분자식, 1.6절): 분자 내에 있는 각 종의 원자의 총수를 나타내는 식. 분자식은 실험식의 정수배이다. 예를 들면, 벤젠의 분자식은 C_6H_6이고 실험식은 CH이다.

Molecular ion (분자 이온, 9.11, 9.12, 9.14절): 질량 분석기 내에서 원래의 분자로부터 전자 한 개가 떨어짐으로써 생성된 이온. M^+로 표시한다.

Molecularity (분자도, 6.5B절): 반응의 단일 단계(대개 속도 결정 단계)에 관여하는 화학종의 수.

Molecular orbital (MO) (분자 오비탈, 1.11, 1.15절): 분자에서 한 개 이상의 원자를 포용하는 오비탈. 원자 오비탈이 결합하여 분자 오비탈을 형성할 때 생성된 분자 오비탈의 수는 결합된 원자 오비탈의 수와 동일하다.

Molecule (분자, 1.3B절): 전기적으로 중성인 화학적인 개체로, 두 개 이상의 결합된 원자들로 이루어져 있다.

Monomer (단위체, 10.11절): 중합체가 만들어지는 가장 간단한 출발 물질. 예를 들면, 중합체인 폴리에틸렌은 단위체인 에틸렌으로부터 만들어진다.

Monosaccharide (단당류, 22.1A, 22.2A절): 가장 간단한 탄수화물로서 더 이상 간단한 탄수화물로 가수 분해되지 않는다.

Mutarotation (변광 회전, 22.3절): 당을 물에 녹였을 때 α와 β 아노머의 광회전이 자발적으로 일어나는 변화. 당의 광회전은 그들이 같은 값을 가질 때까지 일어난다.

N

Nanotube (나노튜브, 14.11절): 벽이 융합된 벤젠 고리를 닮은 관 구조로 '버키볼'(버크민스터풀러렌)의 절반이 양 끝을 덮은 모양. 전체적인 구조는 방향성을 나타낸다.

Newman projection formula (Newman 투영식, 4.8A절): 한 분자에 있는 두 원자에 결합된 기들의 공간적인 관계를 나타내는 방법. Newman 투영식을 쓸 때 두 원자를 맺고 있는 결합의 한 쪽 끝에서 분자를 바라보고 있다고 상상한다. 앞의 원자에 붙어 있는 기들은 원의 중심으로부터 돌출하는 것으로 보고, 뒤의 원자에 결합된 기들은 원의 둘레로부터 뻗어나온다고 생각한다.

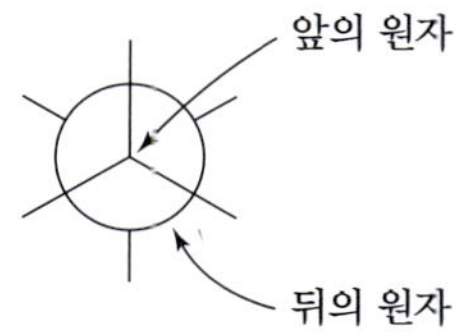

***N*-nitrosoamine** (N-나이트로소아민, 20.6C절): R—NH—N=O 또는 Ar—NH—N=O와 같이 질소에 N=O를 지닌 아민. 신문에 흔히 '나이트로소아민'이라고 언급된다. N-나이트로소아민은 강력한 발암 물질이다.

Node (마디, 1.15절): 파동 함수(ψ)가 0인 곳. 오비탈의 마디 수가 클수록 오비탈의 에너지는 크다.

Nonbenzenoid aromatic compound (비벤젠류 방향족 화합물,

14.8B절): 아줄렌처럼 벤젠 고리를 가지지 않은 방향족 화합물.

Nuclear magnetic resonance (NMR) spectroscopy (핵자기 공명 분광학, 9.2, 9.8절): 핵이 강한 자기장 안에 놓여 있을 때 라디오 진동수를 지닌 복사선의 흡수를 측정하는 분광학적인 기술. 유기 화학자에게 가장 중요한 NMR 스펙트럼은 ^{1}H NMR과 ^{13}C NMR 스펙트럼이다. 이 두 형태의 스펙트럼은 분자의 탄소 골격에 대한 구조적인 정보를 제공해 주며, 각 탄소 원자에 붙어 있는 수소 원자의 수와 환경도 알려 준다.

Nucleic acid (핵산, 25.1, 25.4A절): 뉴클레오타이드의 생물학적인 중합체. DNA와 RNA는 각각 핵산인데, 세포 속에서 유전 정보를 보존하고 전사한다.

Nucleophile (친핵체, 3.4A, 6.2, 6.3, 6.13B, 8.1B절): Lewis 염기로 분자 내에 있는 양의 중심을 지향하는 전자쌍 주개이다.

Nucleophilic addition to the carbonyl carbon (카보닐 탄소에의 친핵성 첨가 반응, 12.1A, 16.6절): **친핵체**가 카보닐(C=O)기의 탄소에 결합을 형성하는 반응. 팔전자 규칙을 위반하지 않도록 탄소-산소 π 결합에 있는 전자가 산소로 이동하여 4배위(정사면체)의 탄소가 된다.

Nucleophilic addition–elimination (친핵성 첨가-제거 반응, 17.4, 19.2절): 친핵체가 카보닐(또는 다른 삼각형) 탄소에 첨가하여 정사면체인 중간체가 된 다음 이탈기가 제거되어 삼각 평면 생성물이 되는 반응.

Nucleophilic aromatic substitution (친핵성 방향족 치환 반응, 15.13절): 친핵체가 강력하게 전자를 끄는 기와 이탈기가 공격 위치로부터 ortho나 para 위치에 있는 방향족 고리를 공격하는 치환 반응. 이 단계는 첨가 반응으로 고리에 있는 전자 끄는 기에 의해서 안정화되는 아릴 탄소 음이온(Meisenheimer 착물)을 형성한다. 이탈기를 제거 반응 단계에서 잃게 되면 방향족인 계가 재생되는데, 치환된 방향족 화합물이 형성되며 전체적으로 첨가-제거 반응 단계이다.

Nucleophilicity (친핵성도, 6.13B절): S_N2 반응에서 친핵체의 상대적인 반응도인데, 반응의 상대적인 속도를 측정하여 정함.

Nucleophilic substitution reaction (친핵성 치환 반응, 6.2절): 친핵체(비공유 전자쌍을 지닌 화학종)에 의해서 개시되는 화학 반응으로, 친핵체가 기질과 반응하여 한 치환기(이탈기 라고 부름)로 하여금 비공유 전자쌍을 가지고 떠나가도록 하는 반응.

Nucleoside (뉴클레오사이드, 22.15A, 25.2, 25.3절): 단당류인 5탄당이 퓨린이나 피리미딘의 1′ 위치에 결합된 것.

Nucleotide (뉴클레오타이드, 25.2, 25.3절): 단당류인 5탄당의 1′ 위치가 퓨린이나 피리미딘에 결합되어 있고, 3′이나 5′ 위치가 인산기에 결합된 화합물.

O

Octet rule (팔전자 규칙, 1.3, 1.4A절): 비활성 기체의 전자 배치를 지니지 않은 원자는 전자를 전달하거나 전자를 공유함으로써 비활성 기체의 원자가 전자 배치(8개의 전자)를 이루도록 한다는 실험적인 규칙.

Oil (유지, 23.2절): 실온에서 액체인 트라이아실글리세롤.

Olefin (올레핀, 7.1절): '유지를 형성하는 기체'라는 뜻에서 나온 알켄에 대한 옛 이름.

Olefin metathesis (올레핀 복분해, 21.7절): 두 알켄 반응물의 탄소들이 짝을 맞바꾸는 반응. **RCM**과 **ROMP** 참조.

Oligonucleotide synthesis (올리고뉴클레오타이드 합성, 25.7절): 뉴클레오타이드의 특정 서열을 합성하는 것으로 흔히 자동화된 고체상 기술을 이용한다. 포스포라미다이트의 형태로 보호된 뉴클레오타이드를 고체상에 연결된 보호된 뉴클레오타이드에 짝지음 시약 존재하에 가하여 뉴클레오타이드 사슬이 만들어진다. 아인산 삼에스터 생성물은 아이오딘에 의해서 인산 삼에스터로 산화되고 한 개의 뉴클레오타이드에 의해서 길이가 길어진 사슬을 생성한다. 그다음 보호기를 제거하고 이러한 단계(짝지음, 산화, 보호기 제거)들이 반복된다. 원하는 올리고뉴클레오타이드가 합성된 다음 고체 지지대로부터 떼어내고 남은 보호기를 제거한다.

Oligopeptide (올리고펩타이드, 24.4절): 3~10개의 아미노산으로 된 펩타이드.

Oligosaccharide (올리고당류, 22.1A절): 가수 분해하여 2~10개의 단당류 분자를 생성하는 탄수화물.

Optically active compound (광학적 활성인 화합물, 5.8절): 평면 편광인 빛의 편광면을 회전시키는 화합물.

Optical purity (광학적 순도, 5.9A절): 거울상체 혼합물에 대하여 계산된 백분율로, 혼합물에서 관찰된 비선광도를 순수한 거울상체의 비선광도로 나눈 다음 100을 곱한 값. 광학적 순도는 거울상체 순도 또는 거울상체 과량과 같다.

Orbital (오비탈, 1.10절): 전자를 발견할 확률이 매우 높은 공간. 오비탈은 파동 함수에 의해서 수학적으로 표시되며, 각 오비탈은 특징적인 에너지를 가진다. 오비탈은 스핀이 반대인 두 전자를 수용한다.

Orbital hybridization (오비탈 혼성, 1.12절): 둘 또는 둘 이상의 원자 오비탈을 수학적(또는 이론적)으로 혼합하여 **혼성 오비탈**이란 같은 수의 새로운 오비탈을 만드는데, 원래의 원자 오비탈의 성질을 일부 지닌다.

Organometallic compound (유기금속 화합물, 12.5절): 탄소-금속 결합을 포함하는 화합물

Ortho–para director (ortho-para 지향기, 15.8절): 방향족 고리에 있는 전자 주는 기. 고리에 그러한 기를 지닌 친전자성 방향족 치환 반응의 주 생성물은 ortho-para 지향기에 대해서 ortho와 para에 새로운 치환기가 존재하게 된다.

Orthogonal protecting group (직교하는 보호기, 24.7D절): 한 조의 보호기는 다른 조의 보호기를 제거하는 조건에서 안정한 보호기.

Osazone (오사존, 22.8절): 알도스나 케토스를 3당량의 아릴하이드라진과 반응시켜 형성된 1,2-비스아릴하이드라존. 가장 흔한 페닐하이드라존은 페닐하이드라진이나 2,4-다이나이트로페닐하이드라진과의 반응으로부터 형성된 것.

Oxidation (산화 반응, 12.2, 12.4절): 분자나 이온에서 원자의 산화 상태를 증가시키는 반응. 유기물에서의 산화 반응은 대개 산소의 함

량이 증가하거나 수소의 함량이 감소하는 것이다. 산화 반응은 덜 전기 음성적인 치환기가 더 전기 음성적인 치환기로 대치되는 반응이기도 하다.

Oxidative cleavage (산화성 분해, 8.16, 8.19절): 알켄이나 알카인의 탄소–탄소 이중 결합이나 삼중 결합이 깨지면서 산화되어 탄소–산소 이중 결합을 가진 화합물을 형성하는 반응.

Oxidizing agent (산화제, 12.2절): 다른 화학종을 산화(전자를 잃거나, 더 전기 음성적인 원소에 결합되거나, 수소와의 결합을 흔히 잃는 과정)시키는 화학종. 이 과정에서 산화제는 환원된다.

Oxime (옥심, 16.8B절): 이민으로 하이드록실기가 질소 원자에 결합되어 있다.

Oxirane (옥시레인, 11.13절): **Epoxide** 참조

Oxonium ion (옥소늄 이온, 3.12, 11.12절): 양(+)의 형식 전하를 띤 산소 원자를 가진 화학종.

Oxonium salt (옥소늄 염, 11.12절): 양이온이 양전하를 띤 산소를 지닌 염.

Oxymercuration (옥시수은화 반응, 8.5, 11.4절): 다중 결합에 —OH와 —HgO_2CR이 첨가되는 반응.

Oxymercuration–demercuration (옥시수은화–탈수은화 반응, 8.5, 11.4절): 이중 결합에 물의 성분(H와 OH)을 Markovnikov 배향으로 전위(자리 옮김) 반응 없이 첨가시키기 위한 두 단계 과정. 알켄이 아세트산(또는 트라이플루우오로아세트산) 수은과 반응하여 다리를 이룬 수은 양이온을 형성한다. 물은 다리를 이룬 이온에서 더 치환기를 가진 탄소를 공격하고, 다리가 깨지면 양성자 하나를 잃고 알코올이 된다. $NaBH_4$로 환원시키면 수은기는 수소로 대치된다.

Ozonolysis (가오존 분해 반응, 8.16B, 8.19절): 오존(O_3)을 사용하여 다중 결합을 깨는 반응. 이 반응으로 **오존화물**이라 불리는 고리형 화합물이 생성되고, 이것을 황화 다이메틸(Me_2S) 또는 아연과 아세트산으로 처리하면 카보닐 화합물로 환원된다.

P

Paraffin (파라핀, 4.15절): 알켄에 대한 옛 이름.

Partial hydrolysis (부분적인 가수 분해, 24.5D절): 폴리펩타이드를 묽은 산으로 막 가수 분해하면 다양한 길이의 펩타이드 집단이 생기는데, 이들은 처음 폴리펩타이드보다 더 쉽게 서열 결정을 할 수 있다. 각 성분 펩타이드의 서열이 결정되면 중첩되는 면적은 초기 펩타이드의 서열을 나타낸다.

Pauli exclusion principle (Pauli 배타 원리, 1.11, 1.17절): 원자나 분자에 있는 어느 두 전자도 네 양자수의 같은 조합을 가질 수 없다는 원리. 이것은 단지 두 개의 전자만이 같은 오비탈을 점유한 다음 스핀양자수가 반대이어야 함을 의미한다. 이것이 사실일 때 전자의 스핀은 쌍을 이루었다고 말한다.

Peptide (펩타이드, 24.4절): 아마이드 결합을 통하여 아미노산이 결합된 것.

Peptide bond, peptide linkage (펩타이드 결합, 24.4절): 펩타이드에서 아미노산 사이의 아마이드 결합.

Peracid (과산소산, 11.13A): **Peroxy acid** 참조.

Peroxide (과산화물, 10.1A절): 산소–산소 단일 결합을 지닌 화합물.

Peroxy acid (퍼옥시산, 11.13A절): 일반식이 RCO_3H로 산소–산소 단일 결합을 포함하는 산.

Phase sign (상부호, 1.9절): + 또는 − 인 부호로 파동의 진폭을 기술하는 모든 방정식의 특성이다.

Phase transfer catalysis (catalyst) [상전이 촉매 작용(상전이 촉매), 11.16절]: 이온을 수용액상으로부터 무극성인 상으로 이동시켜 반응이 더 빨리 일어나게끔 하는 것. 테트라-알킬암모늄 이온과 크라운 에터는 상전이 촉매이다.

Phenyl halide (할로젠화 페닐, 6.1절): 할로젠 원자가 벤젠 고리에 결합된 유기 할로젠화물. 할로젠화 페닐은 특수한 모양의 할로젠화 아릴이다(6.1절).

Phospholipid (인지질, 23.6절): 포스파티딘산으로부터 구조적으로 유도된 화합물. 포스파티딘산은 글리세롤 유도체로 두 하이드록실기는 지방산과 연결되어 있고 한 말단의 하이드록실기는 인산과 에스터 결합을 이루고 있다. 인지질에서 포스파티딘산의 인산기는 콜린, 2-아미노에탄올, 또는 L-세린과 같은 질소를 포함하는 화합물과 에스터 결합을 이루고 있다.

Physical property (물리적 성질, 2.13절): 물질에서 물리적(화학적인 것과 반대) 변화에 관계되는 녹는점, 끓는점 등과 같은 물질의 성질.

Pi (π) bond (π 결합, 1.13절): 전자들이 결합 π 분자 오비탈(인접 원자들에 있는 평행인 p 오비탈의 중첩으로 인하여 생긴 낮은 에너지의 분자 오비탈을 말함)을 점유함으로써 형성되는 결합.

Pi (π) molecular orbital (π 분자 오비탈, 1.13절): 인접한 원자들에 있는 평행인 p 오비탈들이 중첩하여 형성되는 분자 오비탈. π 분자 오비탈은 **결합**(같은 상부호를 가진 p 표면이 중첩) 또는 **반결합**(반대 상부호를 가진 p 표면이 중첩)일 수 있다.

pK_a (pK_a, 3.5B절): 산도 상수 K_a의 $-\log$ 값. $pK_a = -\log K_a$.

Plane-polarized light (평면 편광, 5.8A절): 전기장의 진동이 한 평면 안에서만 일어나는 빛.

Plane of symmetry (대칭면, 5.6절): 분자를 이등분하여 분자의 두 반쪽이 서로 거울상이 되도록 하는 가상적인 평면. 대칭면을 가진 분자는 비카이랄이다.

Polar aprotic solvent (극성 비양성자성 용매, 6.13C절): 전기 음성적인 원소에 붙어 있는 수소 원자를 가지지 않은 극성 용매. 극성이며 비양성자성 산은 Lewis 염기(예: 친핵체)의 수소 결합을 하지 못한다.

Polar covalent bond (극성 공유 결합, 2.2절): 결합된 원자의 전기 음성도가 다르기 때문에 전자가 동등하게 공유되지 않은 공유 결합.

Polarimeter (편광계, 5.8B절): 광학 활성도를 측정하는 기구.

Polarizability (편극성, 6.13C절): 전기 전하의 영향에 의해서 전하를 띠지 않은 분자의 전자운이 변형되는 정도.

Polar molecule (극성 분자, 2.3절): 쌍극자 모멘트를 가진 분자.

Polar protic solvent (극성 양성자성 용매, 6.13C절): 전기 음성적

인 원소에 결합된 수소가 적어도 한 개 있는 극성인 용매. 용매의 이 수소 원자는 Lewis 염기(예: 친핵체)와 수소 결합을 할 수 있다.

Polymer (중합체, 10.11절): 단위체들이 많이 반복되어 만들어지는 거대 분자. 예를 들면, 폴리에틸렌 중합체는 $-(CH_2CH_2)_n-$과 같은 반복 단위를 가졌다.

Polymerase chain reaction (PCR) [중합 효소 연쇄 반응, 25.8절]: DNA 분자의 복제 수를 증가시키는 방법. 이 반응은 DNA 중합 효소를 사용하여 '주형'이라고 불리는 DNA의 상보 가닥에 붙어 있는 '시발체'인 짧은 올리고뉴클레오타이드에 부가적인 뉴클레오타이드를 붙여 준다. 중합 효소가 붙어 있는 뉴클레오타이드는 주형 가닥 상의 인접 위치에 있는 염기에 대하여 상보적인 것이다. 각 사이클은 반응 단계 이전에 존재했던 표적 DNA의 양을 배가시켜 시간이 가면서 DNA의 양을 기하급수적으로 증가시킨다.

Polymerization (중합 반응, 10.11절): 개개의 단위체가 이어져서 긴 사슬의 거대 분자를 형성하는 반응.

Polypeptide (폴리펩타이드, 24.4절): 많은(>10) 아미노산으로 구성된 펩타이드.

Polysaccharide (다당류, 22.1A, 22.13절): 분자 수준에서 볼 때 가수 분해를 진행하여 많은 단당류를 만드는 탄수화물. 글리칸이라고 함.

Polyunsaturated fatty acid/ester (다중 불포화된 지방산/에스터, 23.2절): 지방산이나 지방산 에스터로 탄소 사슬에 두 개 이상의 이중 결합을 지님.

***p* orbital** (*p* 오비탈, 1.10절): 3개의 축퇴된(에너지가 같은) 원자 오비탈로 두 개의 맞붙은 구형 모양을 가지고 있으며, 핵에 마디면이 있다. *p* 오비탈에 대하여 주양자수 n은 1이고 각운동량 양자수 l은 1이며, 자기 양자수 m은 −1, 0, +1이다. **Atomic orbital**(원자 오비탈) 참조.

Potential energy (위치 에너지, 3.8절): 위치 에너지는 저장된 에너지이다. 물체 사이에 인력이나 척력이 존재할 때 위치 에너지는 존재한다.

Potential energy diagram (위치 에너지 도표, 4.8B절): 분자(또는 원자)가 반응함에 따라 발생(또는 상호작용)하는 위치 에너지의 변화를 그림으로 나타낸 것. 위치 에너지는 수직 축에 표시하고, 반응의 진행 사항은 수평 축에 놓는다.

Primary carbon (1차 탄소, 2.5절): 다른 탄소 원자가 단 하나만 결합되어 있는 탄소이다.

Primary structure (일차 구조, 24.1절): 폴리펩타이드나 단백질의 공유 결합 구조. 이 구조는 대개 단백질 내에 있는 아미노산의 순서를 결정함으로써 정해진다.

Prochiral center (선구 카이랄 중심, 12.3E절): 정사면체인 원자에 있는 두 개의 동일한 기 중 하나를 치환하거나 삼각 평면인 원자에 한 기를 첨가하여 새로운 카이랄 중심이 만들어지면 그 기는 선구 카이랄이다. 두 개의 동일한 기가 있는 정사면체인 원자에서 동일한 기들은 각각이 다음으로 더 우선성인 기(그러나 기존의 기보다 더 우선성이면 안 됨)로 대치되었을 때 무슨 배위가 될 것인가에 따라 pro-*R* 또는 pro-*S*라고 표시될 수 있다.

Prostaglandin (프로스타글란딘, 23.5절): 천연 C_{20} 카복실산으로 오각형 고리와 적어도 한 개의 이중 결합, 그리고 여러 개의 산소를 지닌 작용기를 가지고 있다. 프로스타글란딘은 여러 가지 생리적인 과정을 매개한다.

Prosthetic group (보결 원자단, 24.9절): 효소에 영구적으로 결합된 효소 보조 인자.

Protecting group (보호기, 11.11D, 11.11E, 11.11F, 12.9, 15.5, 15.12B, 16.7C, 24.7A절): 분자 내에 있는 다른 위치에서 반응이 수행될 때 반응에 민감한 작용기를 보호하기 위하여 도입된 기. 보호기는 반응이 끝난 후 제거된다. 막음기라고도 부른다. **Orthogonal protecting group**(직교하는 보호기) 참조.

Protein (단백질, 24.4절): 아마이드 결합으로 연결된 α-아미노산의 생물학적인 거대 중합체.

Proteome (단백질체, 25.1, 25.9절): 생체의 유전체 내에 새겨진 모든 단백질의 조합으로 언제나 발현될 수 있다.

Proteomics (단백질체학, 24.14절): 세포에서 어떤 시간에 발현되는 모든 단백질에 대한 연구.

Protic solvent (양성자성 용매, 3.11, 6.13C, 6.13D절): 수소 원자가 매우 전기 음성적인 원소인 산소나 질소에 결합된 형태의 용매. 따라서 양성자성 용매의 분자는 용질 분자나 이온의 산소나 질소 원자에 있는 비공유 전자쌍과 수소 결합을 형성하여 용질 분자를 안정화시킨다. 물, 에탄올, 메탄올, 폼산, 그리고 아세트산 등은 전형적인 양성자성 용매이다. **Polar protic solvent**(극성 양성자성 용매) 참조.

Proton decoupling (양성자 짝풀림, 9.8B절): ^{13}C NMR 분광학에서 ^{13}C 핵과 ^{1}H 핵 사이의 스핀-스핀 상호작용을 풀리게 하는 전자적인 기술. 이런 방법으로 얻어진 스펙트럼에서 모든 탄소의 신호는 단일선으로 나타난다.

Psi (ψ) function (ψ 함수, 1.9절): **Wave function**(파동 함수) 참조.

Pyranose (피라노스, 22.2C절): 고리형 아세탈이나 헤미아세탈이 육각형인 당.

Q

Quartet (사중선, 9.2절): 네 개의 피크가 1:3:3:1의 면적 비로 구성된 NMR 신호로, 이웃한 3개의 NMR-활성인 스핀이 1/2인 핵들로부터 신호가 갈라져서 생긴 것.

Quaternary ammonium salt (4차 암모늄 염, 20.2B, 20.3D절): 질소가 4개의 유기 기를 지니고 양전하를 띠어 반대 이온과 짝을 이루고 있는 이온성 화합물.

Quaternary structure (사차 구조, 24.1, 24.8C절): 단백질의 전체적인 구조로 다중 소단위체(한 개 이상의 폴리펩타이드 사슬로 된 비공유성 집합체)를 지님. 각 소단위체는 자신만의 일차, 이차, 그리고 삼차 구조를 가지고 있다.

R

R (R, 2.4A절): 알킬기를 표시하기 위하여 사용되는 기호. 이것은 흔히 유기 기를 나타내는 데 쓰인다.

***R,S*-System** ($R-S$ 체계, 5.7절): 정사면체인 입체 중심의 배위를 나타내는 데 사용되는 방법.

Racemic form (*racemate* or *racemic mixture*) [라셈 형태(라셈체 또는 라셈 혼합물), 5.9A, 5.9B, 5.10A, 10.7절]: 동일 몰수의 거울상체 혼합물. 라셈체는 광학적으로 불활성이다.

Racemic mixture (*racemate* or *racemic form*) (라셈 혼합물, 5.9절): 거울상체의 동일 몰수 혼합물. 라셈 혼합물은 광학적으로 불활성이다.

Racemization (라셈화 반응, 6.12A절): 광학적으로 활성인 화합물을 라셈 형태로 전환시키는 반응을 라셈화가 일어났다고 한다. 라셈화 반응은 카이랄 분자가 비카이랄인 중간체로 전환될 때마다 진행된다.

Radical (or free radical) [라디칼(또는 자유 라디칼), 10.1, 10.6절]: 전하를 띠지 않은 화학종으로 쌍을 이루지 않은 전자를 지님.

Radical addition to alkene (알켄에 라디칼 첨가 반응, 10.10절): 브로민 원자와 같은 비공유된 전자를 가진 원자가 알켄에 첨가하면서 π 결합이 균일 분해하며 라디칼로부터 탄소로 σ 결합이 형성되는 과정. 생겨난 탄소 라디칼은 연쇄 반응을 계속하여 최종 생성물과 비공유 전자를 가진 또 다른 화학종을 만든다.

Radical cation (라디칼 양이온, 9.11절): 비공유 전자와 양전하를 띤 화학종.

Radical halogenation (라디칼 할로젠화 반응, 10.3절): 라디칼 반응 메커니즘에 의해서 수소를 할로젠으로 치환하는 반응.

Radical reaction (라디칼 반응, 10.1B절): 라디칼이 관여하는 반응. 라디칼 반응에서는 공유 결합의 균일 분해가 일어난다.

Random coil arrangement (마구잡이 코일 배열, 24.8A절): 단백질 이차 구조의 한 형태로 유연하고 변화하며 형태가 통계적으로 마구잡이이다.

Rate-determining step (속도 결정 단계, 6.9A절): 반응이 여러 단계를 거쳐 일어날 때 만일 첫 단계가 다른 모든 단계보다 느리다면 전체 반응의 속도는 이 느린 단계와 같다(또는 이 느린 단계에 의해서 결정된다).

RCM (고리 닫힘 복분해, 21.7절): Ring-closing metathesis.

Reaction coordinate (반응 좌표, 6.7절): 위치 에너지 도표에서 반응의 진행 정도를 나타내는 횡축. 이것은 반응물이 생성물로 전환됨에 따라 수반되는 결합 거리 또는 결합 차수를 나타낸다.

Reaction mechanism (반응 메커니즘, 3장 서문, 3.13절): 반응물이 생성물로 전환됨에 따라 분자적 수준에서 일어난다고 가상되는 사건을 단계별로 기술한 것. 메커니즘에는 모든 중간체와 전이 상태에 대한 기술이 포함되어 있다. 한 반응에 대하여 제의된 메커니즘은 그 반응에서부터 얻어진 실험 자료와 일치해야 한다.

Rearrangement [전위(자리 옮김) 반응, 3.1, 7.11A, 7.11B절]: 반응물과는 다른 탄소 골격을 지닌 생성물이 얻어지는 반응. 1,2 이동이라고 불리는 전위(자리 옮김) 반응의 형태에는 유기 기가 전자를 가지고 한 원자로부터 그 곁에 있는 다른 원자로 이동하는 것도 포함된다.

Reducing agent (환원제, 12.2, 12.3A절): 다른 화학종을 환원(전자를 얻거나, 전기 음성적인 원소에의 결합을 잃거나, 흔히 수소에 결합하는 과정)시키는 화학종. 환원제는 이 과정에서 산화된다.

Reducing sugar (환원당, 22.6A절): Tollens 시약 또는 Benedict 시약을 환원시키는 당. 헤미아세탈기나 헤미케탈기(따라서 알데하이드나 α-하이드록시케톤과 평형에 있음)를 포함하는 모든 당은 환원당이다. 아세탈기나 케탈기가 존재하는 당은 모두 비환원당이다.

Reduction (환원 반응, 12.2, 12.3절): 분자나 이온에 있는 원자의 산화 상태가 낮아지는 반응. 유기 화합물의 환원에는 대개 수소의 함량이 증가하거나 산소의 함량이 감소하는 것이 수반된다. 환원에는 또한 더 전기 음성적인 치환기를 덜 전기 음성적인 치환기가 대치시키는 것도 수반된다.

Reductive amination (환원적 아민화 반응, 20.4C절): 알데하이드나 케톤을 1차 또는 2차 아민과 반응시켜 이민(1차 아민을 사용했을 경우)이나 이민윰 이온(2차 아민을 사용했을 경우)을 만들고 이어서 환원시키면 아민 생성물이 얻어지는 반응.

Regioselective reaction (위치 선택적인 반응, 8.2C, 8.18절): 두 개 이상의 이성질체가 가능한데도 단 하나의 구조 이성질체만 (주로) 생성되는 반응.

Relative configuration (상대적 배위, 5.15A절): 두 카이랄 분자의 배위들 사이의 관계. 분자들은 각각에 있는 유사하거나 동일한 기들이 공간에서 같은 위치를 점유할 때 동일한 상대적 배위를 지닌다고 말한다. 분자의 배위는 입체 화학이 알려진 반응을 통하여, 예를 들면 입체 중심에 있는 결합이 깨지지 않는 반응을 통하여 서로 연관을 지을 수 있다.

Replication (복제, 25.4C절): DNA가 풀려서 각 사슬이 주형으로 행동하여 그것의 상보체를 형성시키면 두 개의 동일한 DNA 분자가 한 개의 원래 분자로부터 만들어지는 과정.

Resolution (분리, 5.16B, 20.3F절): 라셈 형태의 거울상체들을 분리하는 과정.

Resonance (공명, 3.10A, 13.4, 15.11B절): 치환기가 분자 내 π 계를 통하여 전자를 밀어내거나 끌어당기는 효과.

Resonance energy (공명 에너지, 14.5절): 실제의 화합물이 지닌 에너지와 단일 공명 구조에 관하여 계산된 에너지의 차로 나타내는 안정화 에너지. 공명 에너지는 전자들이 짝지은 계에 비편재화됨으로써 생겨나는 것이다.

Resonance structure (or *resonance contributor*) [공명 구조(또는 공명 기여체), 1.8, 1.8A, 13.2B, 13.4A절]: 전자의 위치만이 서로 다른 Lewis 구조. 단일 공명 구조는 분자를 적절히 나타내지 못한다. 분자는 모든 공명 구조의 **혼성**으로 나타내는 것이 더 적절하다.

Restriction endonuclease (제한 핵산 내부 분해 효소, 25.6절): 이중 줄기의 DNA를 특정한 염기 서열에서 끊는 효소.

Retro-aldol reaction (역알돌 반응, 19.4B절): 알돌 반응은 가역적이다. 어떤 조건에서는 알돌 생성물이 알돌 반응 전구체로 되돌아간다. 이 과정을 역알돌 반응이라고 한다.

Retrosynthetic analysis (역합성 분석, 7.18B절): 목표 분자로부터 거꾸로 여러 전구체들을 추리해 나감으로써 궁극적으로는 출발 물질에 도달하게 되는 식으로 합성을 설계하는 방법.

Ribonucleic acid (RNA) (리보핵산, 25.1, 25.5절): 세포에서 유전 정보를 운반하는 두 종류의 분자 중 하나(다른 하나는 DNA). RNA 분자는 단백질 합성 기구로 DNA로부터 정보가 복제되고 번역된다.

Ribozyme (리보자임, 25.5B절): 반응 촉매로 행동하는 리보핵산.

Ring flip (고리 젖힘, 4.12절): 사이클로헥세인 고리에서 (결합의 부분적인 회전에 의해서) 한 고리 형태를 다른 고리 형태로 변화시키는 것. 고리 젖힘으로 인하여 수직인 치환기가 수평인 치환기로, 또는 그 반대 과정으로 바뀐다.

Ring strain (고리 긴장, 4.10절): 한 분자의 고리 형태의 위치 에너지가 비고리 형태의 위치 에너지보다 증가하는 것(대개 연소열로 측정함).

Robinson annulation (Robinson 고리화 반응, 19.7B절): Michael 첨가 반응에 이어 알돌 축합 반응으로 고리가 형성되는 순서. Robinson 고리화 반응은 한 고리를 다른 고리에 이어 붙이는 데 사용된다.

ROMP (고리 열림 복분해, 21.7절): 고리 열림 복분해(Ring-opening metathesis).

S

1,2 Shift (1,2 이동, 7.11A절): 화학 결합에 붙어 있는 기가 한 원자에서 인접한 다른 원자로의 이동.

S_N1 reaction (S_N1 반응, 6.9, 6.10, 6.12, 6.13절): 문자 그대로, 친핵성 일분자 치환 반응. 다단계 친핵성 치환 반응으로 친핵체의 공격이 있기 전에 이탈기가 일분자 단계에서 떨어져 나간다. 속도식은 기질에 대하여 1차이나 친핵체에 대해서는 0차이다.

S_N2 reaction (S_N2 반응, 6.5B, 6.6~6.8, 6.14절): 문자 그대로, 친핵성 이분자 치환 반응. 한 단계에서 친핵체가 이탈기를 지닌 탄소를 뒤쪽에서 공격하여 이 탄소의 배위가 반전되면서 이탈기가 치환되는 과정이 일어나는 이분자 친핵성 치환 반응.

Salt (염, 1.3A절): 산-염기 반응 생성물. 염은 반대 전하를 띤 이온으로 구성된 이온성 화합물이다.

Sanger N-terminal analysis (Sanger N-말단 분석, 24.5B절): 펩타이드의 N-말단 아미노산 잔기를 결정하는 방법으로, 이것이 다이나이트로플루오로벤젠과 S_NAr(친핵성 방향족 치환 반응) 반응을 진행한 다음 펩타이드의 가수 분해 후 알려진 표준 물질과 비교하는 과정.

Saponification (비누화 반응, 17.7B, 23.2C절): 염기에 의해서 촉진되는 에스터의 가수 분해.

Saturated compound (포화 화합물, 2.1, 7.12, 7.15, 23.2절): 다중 결합을 포함하지 않은 화합물.

Saturated fatty acid (23.2절): 탄소-탄소 이중 결합을 포함하고 있지 않은 지방산.

Sawhorse formula (톱질대 구조식, 4.8A절): 분자 내에 있는 기들의 공간적인 관계를 나타내는 구조식으로 선-쐐기 구조식과 비슷하다.

Secondary amine (2차 아민, 20.1절): 질소 원자에 결합된 두 탄소가 있는 암모니아 유도체. 2차 아민의 식은 R_2NH인데 R은 같거나 다르다.

Secondary carbon (2차 탄소, 2.5절): 두 개의 다른 탄소가 결합된 탄소 원자.

Secondary structure (이차 구조, 24.1A절): 폴리펩타이드 골격의 국지적인 형태. 이들 국지적인 형태는 규칙적인 접힘 양상에 따라 분류되는데, 판상형, α-나선형, 그리고 돌림형이 있다.

Shielding and deshielding (가림과 벗김, 9.4절): 분자 내에 있는 σ 전자와 π 전자의 회전에 의해서 생겨난 것으로, NMR 스펙트럼에서 관찰되는 효과. 가림은 신호가 높은 자장에서 나오게 하고 벗김은 신호가 낮은 자장에서 나타나게 한다.

Sigma (σ) bond (시그마 결합, 1.12A절): 단일 결합. 인접 원자들에 있는 원자 오비탈(또는 혼성 오비탈)들의 끝들이 중첩되어 형성된 결합 σ 오비탈을 전자들이 점유하여 생성된 결합. σ 결합에서의 전자 밀도는 결합축을 따라 바라보았을 때 원형 대칭이다.

Sigma (σ) orbital (시그마 오비탈, 1.13절): 인접 원자들에 있는 오비탈(또는 오비탈 표면)의 끝부분이 중첩되어 형성된 오비탈. 시그마 오비탈은 **결합**(상부호가 같은 오비탈이나 표면의 중첩) 또는 **반결합**(상부호가 반대인 오비탈이나 표면의 중첩)이다.

Sigmatropic rearrangement [시그마 결합 전위(자리 옮김) 반응, 온라인 자료의 특수 주제 D]: 분자에서 σ 결합이 새 위치로 옮겨가는 반응으로, π 전자의 이동이 수반되며 오비탈 대칭성에 의해서 통제되는 과정. Cope와 Claisen 전위(자리 옮김) 반응은 [3,3] 시그마 결합 전위(자리 옮김) 반응으로, σ 결합의 말단이 원래의 위치로부터 세 원자 떨어진 위치로 이동한다.

Signal splitting (신호 갈라짐, 9.2C, 9.6절): NMR 신호가 여러 개의 피크로, 즉 이중선, 삼중선, 사중선 등으로 갈라지는 것으로, 관찰되는 자기적인 핵의 에너지 준위와 이웃한 자기적인 핵들의 에너지 준위들이 상호작용하여 생기는 현상.

Silyl ether (silylation) [실릴 에터 (실릴화 반응), 11.11F절]: 알코올(R—OH)을 실릴 에터(대개 R—O—SiR'_3 형태로 실리콘에 있는 기들은 같거나 다름)로 전환하는 반응. 실릴 에터는 알코올 작용기의 보호기로 사용된다.

Single bond (단일 결합, 1.12A절): 두 원자 사이에 σ 결합에 의해서 두 개의 전자를 공유하는 결합.

Singlet (단일선, 9.2C절): 단지 한 개의 갈라지지 않은 피크로 된 NMR 신호.

Site-specific cleavage (위치 특이성인 분해, 24.5D절): 펩타이드를 특정하게 알려진 위치에서 효소나 특수 시약을 사용해서 끊어내는 방법. 예를 들면, 효소인 트립신은 아르지닌이나 라이신의 C-말단 쪽의 펩타이드 결합을 가수 분해한다. 펩타이드에 있는 다른 결합은 이 시약으로 깨지지 않는다.

Skeletal formula (골격 구조식, 1.7, 1.7C절): **Bond-line formula**(결합선 구조식) 참조.

Solid-phase peptide synthesis (SPPS) (고체상 펩타이드 합성, 24.7D절): 펩타이드 합성 방법으로 고체 지지대에 한 아미노산이 한 번에 하나씩 펩타이드가 합성된다. 펩타이드의 첫 번째 아미노산은 그것의 카복실산기와 고체 지지대(폴리머 구슬)의 하이드록실 사이에 에스터로 결합된다. 이것은 그다음 두 번째 아미노산과 적절한 짝지음 시약의 용액으로 처리되어 다이펩타이드를 만든다. 과량의 시약이나 부산물 등은 씻어 버린다. 그다음 결합도 같은 방식으로 합성된다. 합성의 마지막 단계는 펩타이드를 고체 지지대로부터 분리해서 정제하는 것이다.

Solubility (용해도, 2.13D절): 한 용질이 어떤 용매에 녹는 정도로 대개 단위 부피당 질량(예: g/100 mL)으로 표시된다.

Solvent effect (용매 효과, 6.13C절): 용매가 미치는 반응 속도상의 상대적인 효과. 예를 들어, 극성 용매를 사용하면 할로젠화 알킬의 S_N1 반응의 반응 속도는 증가한다.

Solvolysis (가용매 분해 반응, 6.3, 6.12B절): 문자 그대로, 용매에 의한 분해 반응. 친핵체가 용매 분자인 친핵성 치환 반응.

***s* orbital** (*s* 오비탈, 1.10절): 구형인 원자 오비탈. *s* 오비탈에 있어서 각운동량 양자수 $l = 0$. **Atomic orbital**(원자 오비탈) 참조.

***sp* orbital** (*sp* 오비탈, 1.14절): 한 개의 *s* 오비탈과 한 개의 *p* 오비탈을 수학적으로 합쳐서 얻어진 혼성 오비탈. 이 과정에 따라 두 개의 *sp* 오비탈이 얻어진다. 그들은 서로 반대 방향을 향하고 있고 그들 사이의 각은 180°이다.

sp^2 orbital (sp^2 오비탈, 1.13절): 한 개의 *s* 오비탈과 두 개의 *p* 오비탈을 수학적으로 합쳐서 얻어진 혼성 오비탈. 이 과정에 따라 세 개의 sp^2 오비탈이 얻어진다. 정삼각형의 꼭짓점을 향하고 있고 그들 사이의 각은 120°이다.

sp^3 orbital (sp^3 오비탈, 1.12A절): 한 개의 *s* 오비탈과 세 개의 *p* 오비탈을 수학적으로 합쳐서 얻어진 혼성 오비탈. 이 과정에 따라 네 개의 sp^3 오비탈이 얻어진다. 그들은 정사면체의 꼭짓점을 향하고 있고 그들 사이의 각은 109.5°이다.

Specific rotation (비선광도, 5.8C절): 다음 식을 사용하여 화합물에 대하여 관찰된 회전도로부터 계산된 물리적 상수.

$$[\alpha]_D = \frac{\alpha}{c \times l}$$

여기서 α는 소듐 등의 D선을 사용하여 관찰된 회전도이고, c는 용액의 농도를 밀리리터당 그램으로 또는 순수한 액체의 밀도를 g mL^{-1}로 나타낸 것이며, l은 관의 길이를 데시미터로 나타낸 것이다.

Spectroscopy (분광학, 9.1절): 에너지와 물질 사이의 상호작용을 연구하는 학문. 에너지는 물질에 가해졌을 때 흡수되거나 투과되거나 방출되거나 화학적 변화(결합 해리)를 일으킨다. 다른 용도 가운데 분광학은 분자 구조를 밝히는 데 이용될 수 있다.

Spin decoupling (스핀 짝풀림, 9.7절): NMR 스펙트럼에서 스핀–스핀 갈라짐이 관찰되지 않도록 하는 효과.

Spin–spin splitting (스핀–스핀 갈라짐, 9.6절): NMR 스펙트럼에서 관찰되는 효과. 스핀–스핀 갈라짐으로 인하여 신호는 다중선(예: 이중선, 삼중선, 사중선 등)으로 나타내며, 관찰되는 핵이 인접 원자의 핵과 자기적 짝지음을 하기 때문에 생기는 현상이다.

Splitting tree diagram (갈라짐 나무 도표, 9.9B절과 온라인 자료의 특수 주제 B): 분자에 있는 NMR 신호 갈라짐을 원래 신호로부터 '가지'를 그려서 나타내는 방법. 가지 사이의 거리는 짝지음 상수의 크기와 비례한다. 이런 형태의 분석은 비동등성인 양성자와 짝지음으로 인하여 다중 갈라짐이 관찰될 때 특히 유용하다.

Staggered conformation (엇갈린 형태, 4.8A절): 단일 결합에 의해서 맺어진 두 원자 주위의 기들이 일시적으로 가지는 배향으로, 뒷원자의 결합들이 Newman 투영식에서 앞 원자에 있는 결합들이 만든 각을 정확히 이등분하는 배향이다.

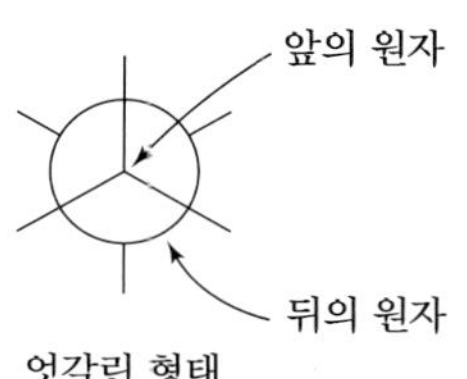

엇갈린 형태

Step-growth polymer (단계 성장 중합체, 17.12절과 온라인 자료의 특수 주제 E): 이중 작용기를 가진 단위체(또는 이작용기의 단위체가 될 수 있는 것)가 분자간에서 물이나 알코올을 제거함으로써 서로 반응하여 생성된 폴리머. 폴리에스터, 폴리아마이드, 그리고 폴리유레테인은 단계 성장 (축합) 폴리머이다. **Condensation polymer**(축합 반응 중합체) 참조.

Stereochemistry (입체 화학, 5.2B, 6.8, 6.14절): 분자의 공간적 양상을 살피는 화학 연구.

Stereogenic carbon (입체 중심인 탄소, 5.4절): 한 개의 정사면체인 탄소로 네 가지 다른 기들이 그것에 결합되어 있는 것. **비대칭 탄소, 입체 중심, 또는 카이랄 중심**이라고도 함. 카이랄 중심이 선호되는 용어이다.

Stereogenic center (입체 중심, 5.4, 5.14A절): 같은 원자에 결합된 두 기를 교환했을 때 입체 이성질체가 생기면 그 원자는 입체 중심인 원자라고 한다.

Stereoisomer (입체 이성질체, 1.13B, 4.9A, 4.13, 5.2B, 5.14절): 분자식은 같으나 공간에서 원자들의 배치만 다른 화합물. 입체 이성질체는 같은 연결 순서를 가지기 때문에 구조 이성질체가 아니다. 입체 이성질체는 거울상체 또는 부분 입체 이성질체로 더 세분화된다.

Stereoselective reaction (입체 선택성인 반응, 5.10B, 8.20C, 8.21C, 12.3D절): 카이랄 중심이 변하거나 생겨나는 반응에서 입체 선택적인 반응은 한 가지 입체 이성질체만을 주로 형성한다. 더욱이, 입체 선택적인 반응은 거울상체 선택적이어서 한 거울상체만 주로 생성하거나, 또는 부분 입체 이성질체 선택적이어서 한 가지 부분 입체 이성질체만을 주로 생성한다.

Stereospecific reaction (입체 특이성인 반응, 8.12절): 특정한 입체 이성질 형태의 반응물이 특정한 입체 이성질 형태의 생성물로 전환되는 반응.

Steric effect (입체 효과, 6.13A절): 분자에서 반응 위치나 그 부근에 결합된 부분들이 공간을 점유하는 성질 때문에 반응 속도에 상대적으로 미치는 영향.

Steric hindrance (입체 장애, 4.8B, 4.9, 6.13A절): 반응 위치나 그 부근에 있는 원자나 기들의 공간적인 배열이 반응을 저해하거나 지연시키기 때문에 상대적으로 반응 속도에 미치는 효과.

Steroid (스테로이드, 23.4절): 스테로이드는 지방으로서, 아래와 같은 퍼하이드로사이클로펜타노페난트렌 고리계로부터 유도된 것이다.

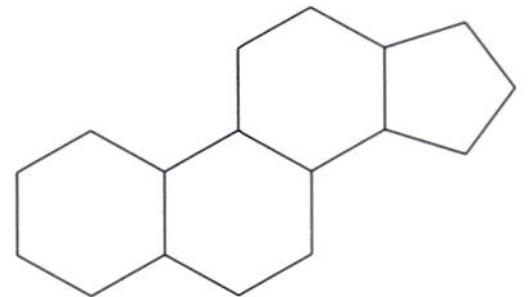

Structural formula (구조식, 1.7절): 분자 내 원자들이 서로 연결된 방식을 보여 주는 식.

Substituent effect (치환기 효과, 3.10D, 15.11F절): 수소 원자를 다른 원자나 기로 치환함으로써 반응 속도(또는 평형)에 미치는 효과. 치환기 효과에는 입체 효과라 불리는 원자나 기의 크기에 의해서 유발된 효과와 전자적 효과라 불리는 기가 전자를 밀어내거나 끌어당기는 능력에 기인된 것들이 있다. 전자적 효과는 유발 효과와 공명 효과로 더 세분된다.

Substitution reaction (치환 반응, 3.13, 6.2, 10.3, 15.1, 17.4절): 분자에서 한 기가 다른 기를 대치하는 반응. **Nucleophilic substitution reaction**(친핵성 치환 반응) 참조.

Substitutive nomenclature (치환기 이름 짓기, 4.3F절): 각 원자나 기를 치환기라고 부르며, 모체 화합물에 접두사 또는 접미사로 인용하는 방식으로 화합물의 이름을 짓는 체계. IUPAC 체계에서는 단지 한 가지 기만을 접미사로 인용한다. 위치 숫자(대개 숫자)는 기가 있는 위치를 알려준다.

Substrate (기질, 6.2, 24.9절): 반응을 진행하는 분자나 이온.

Sugar (당, 22.1A절): 탄수화물.

Sulfa drug (설파 의약품, 20.10절): 설폰아마이드 항박테리아 물질로 일반적인 구조식은 p-$H_2NC_6H_4SO_2NHR$이다. 설파 의약품은 폴산의 합성에 관여하는 효소 반응 단계를 저해함으로써 **항대사 물질**(미생물의 성장을 저해함)로 작용한다. 폴산이 없으면 미생물은 죽는다.

Sulfonamide (설폰아마이드, 20.9절): 설폰산의 아마이드 유도체로 암모니아, 1차 또는 2차 아민이 염화 설폰일과 반응하여 형성되며, 생성물의 일반적인 구조는 $R'SO_2NH_2$, $R'SO_2NHR$, 또는 $R'SO_2NR_2$이다.

Sulfonate ester (설폰산 에스터, 11.10절): 화학식이 $ROSO_2R'$인 화합물로 설폰산 $HOSO_2R'$의 유도체이다. 설폰산 에스터는 $^-OSO_2R'$ 부분이 매우 탁월한 이탈기이므로 유기 합성에서 사용된다.

Superposable (겹침, 1.13B, 5.1절): 두 물체는 한 개를 다른 것의 위에 놓았을 때 각각의 모든 부분이 일치하면 겹치는 것이다. 겹침과 포개짐은 다른 것이다. 어떤 두 물체도 한 개를 다른 것 위에 놓으면 모든 부분이 일치하는가에 관계없이 포개질 수 있다. 겹침의 조건은 두 물체가 동일하기 위해서는 반드시 충족되어야 한다.

Syn addition (syn 첨가 반응, 7.6A, 8.15A절): 첨가되는 시약의 양 부분이 반응물의 같은 면에 놓이는 첨가 반응.

Syn coplanar (syn 동일 평면, 7.7C절): 두 기 사이의 이면각이 0°인 두 기의 상대적인 위치.

Syn dihydroxylation (Syn 다이하이드록실화 반응, 8.15A절): 알켄이 반응하여 1,2-다이올(**글라이콜**이라고도 함)이 되는 산화 반응으로, 새로이 결합된 하이드록실기는 알켄의 같은 면에서 첨가된다.

Syndiotactic polymer (교대 배열 중합체, 온라인 자료의 특수 주제 C.1): 사슬을 따라 놓인 입체 중심의 배위가 규칙적으로 교체되는 중합체: (R), (S), (R), (S) 등.

Synthetic equivalent (합성 대등체, 8.20B, 18.6, 18.7절): 합성에 필요한 분자 조각의 대등체로 작용하는 화합물.

Synthon (합성자, 8.20B절): 결합을 절단하여 생긴 조각(지면상에 있는 것). 합성 단계에서 합성자를 제공하는 실제의 시약은 **합성 대등체**이라고 부른다.

T

Tautomerization (토토머화 반응, 18.2절): 토토머들이 재빨리 상호 전환되는 이성질화 반응으로 케토-엔올 토토머화 반응과 같은 것이다.

Tautomer (토토머, 18.2절): 쉽게 상호 전환되는 구조 이성질체들. 예를 들면, 케토와 엔올 토토머들은 산과 염기의 존재하에서 빠르게 상호 전환된다.

Terminal residue analysis (말단 잔기 분석, 24.5절): 펩타이드에서 아미노산의 서열을 결정하는 데 사용되는 방법으로 N-과 C-말단 잔기들이 관여하는 반응을 이용한다.

Terpene (터펜, 23.3절): 터펜류는 아이소프렌 단위를 연결함으로써 지면상에 그려지는 구조를 가진 지방이다.

Terpenoids (터펜류, 23.3절): 산소를 지닌 터펜 유도체.

Tertiary amine (3차 아민, 20.1절): 암모니아 유도체로 질소 원자에 세 개의 탄소가 결합되어 있다. 3차 아민의 구조식은 R_3N인데 R 기는 같거나 다를 수 있다.

Tertiary carbon (3차 탄소, 2.5절): 다른 탄소 원자 3개가 붙어 있는 탄소 원자.

Tertiary structure (삼차 구조, 24.1, 24.8B절): 단백질의 폴리펩타이드 사슬이 α 나선형과 판상 위에 중첩하여 포개짐으로 인하여 생겨난 삼차원적 구조.

Tetrahedral intermediate (정사면체 중간체, 17.4절): 친핵체가 삼각형인 탄소 원자를 공격하여 만들어진 화학종. 카보닐기의 경우 친핵체의 전자가 카보닐 탄소에 결합을 형성하면서 탄소-산소 π 결합에 있는 전자는 산소로 이동한다. 카보닐기의 탄소는 4배위(정사면체)가 되며 산소는 전자를 얻어서 음전하를 띤다.

Thermodynamic (or equilibrium) control [열역학적(또는 평형) 지배, 13.9A, 18.4A절]: 평형에 도달하는 한 반응의 생성물의 비가 생성물의 상대적인 안정도(표준 자유 에너지 $\Delta G°$에 의해서 측정됨)에 의해서 결정된다는 원리. 가장 안정한 생성물이 가장 많이 생성된다.

Thermodynamic enolate (열역학적인 엔올산 이온, 18.4A절): 한 가지 이상의 엔올산 이온이 형성될 수 있을 때 **열역학적인 엔올산 이온**은 형성될 수 있는 엔올산 이온 중 가장 안정한 것이다. 이것은 대개 더 치환된 이중 결합을 지닌 엔올산 이온이다. 열역학적인 엔올산 이온은 평형이 성립되는 조건하에서 주로 형성된다.

Thermodynamic or equilibrium product [열역학적(또는 평형) 생성물, 13.9A절]: 여러 가지 생성물이 가능할 때 형성된 생성물은 가장 안정하다. 때로는 가역적인 평형 과정에서 생성된다.

Torsional barrier (비틀림 장벽, 4.8B절): 가려진 형태에서 나란히 놓인 전자쌍들의 반반 때문에 단일 결합에 의해서 연결된 기들이 회전할 때의 장벽.

Torsional strain (비틀림 긴장, 4.9, 4.10절): 분자의 가려진 형태와 연관된 긴장. 가려진 결합에 있는 나란한 전자쌍 사이의 반발 때문에 생겨난 것이다.

Tosylate (토실산 에스터 또는 토실산 이온, 11.10절): *p*-톨루엔설폰산 에스터나 이온. *p*-$CH_3C_6H_4SO_3$—기를 가짐(예: *p*-$CH_3C_6H_4SO_3R$).

Transcription (전사, 25.5절): 유전 정보를 운반하는 DNA 부분의 상보적인 전령 RNA(mRNA)를 합성하는 것.

Transesterification (에스터 교환 반응, 17.7A절): 에스터의 알콕실 부분을 다른 알콕실 부분으로 교환하는 반응으로, 새로운 에스터가 생김.

Transition metal complex (전이 금속 착물, 21.2절): 전이 금속과 원자가 전자를 제공하는 리간드 사이에 형성된 착물.

Transition state (전이 상태, 6.6, 6.7, 6.8, 6.10절): 위치 에너지 도표에서 최대의 에너지에 대응되는 상태(즉, 최근접 상태보다도 더 높은 위치 에너지를 가진 상태). 전이 상태라는 용어는 위치 에너지가 최대인 상태에 존재하는 화학종을 나타내기도 한다. 이 화학종을 나타내는 다른 용어는 '**활성화 착물**'이다.

Translation (번역, 25.5E절): mRNA 주형을 사용하여 리보솜에서 폴리펩타이드를 합성하는 것.

Triacylglycerol (트라이아실글리세롤, 23.2절): 글리세롤의 에스터(글리세린)로 세 개의 하이드록실기 모두 에스터화된 것.

Triflate (트리플레이트, 11.10절): 트라이플루우오로메테인설폰산 에스터로 CF_3SO_3—기가 들어 있다(예: CF_3SO_3R).

Tripeptide (트라이펩타이드, 24.4절): 세 개의 아미노산으로 된 펩타이드.

Triple bond (삼중 결합, 1.3B절): 한 개의 시그마(σ) 결합과 두 개의 파이(π) 결합으로 이루어진 결합.

Triplet (삼중선, 9.2C절): 세 개의 피크가 1:2:1의 면적 비로 구성된 NMR 신호로, 이웃한 2개의 NMR-활성인 스핀이 1/2인 핵들로부터 신호가 갈라져서 생긴 것.

Trisaccharide (삼당류, 22.1A절): 가수 분해하여 3개의 단당류가 생성되는 탄수화물.

Two-dimensional (2D) NMR (이차원 NMR, 9.9절): COSY와 HETCOR처럼 한 성질(예: 짝지음)이나 핵의 종류를 다른 성질과 연관시키는 NMR 기술. **COSY**와 **HETCOR** 참조.

U

Ultraviolet–visible (UV–vis) spectroscopy (자외선–가시광선 분광학, 13.8절): 스펙트럼의 자외선과 가시광선 영역에 있는 빛의 흡수를 측정하는 광학적인 분광학의 한 형태. 자외선–가시광선 스펙트럼은 특별히 분석하고자 하는 시료에 존재하는 짝지은 다중 결합의 종류와 정도에 대한 정보를 제공해 준다.

Unimolecular reaction (일분자 반응, 6.9절): 속도 결정 단계에 단 한 가지 화학종이 관여하는 반응.

Unsaturated compound (불포화 화합물, 2.1, 7.13, 7.15, 23.2절): 다중 결합을 가진 화합물.

Unsaturated fatty acid (불포화 지방산, 23.2절): 적어도 한 개 이상의 탄소–탄소 이중 결합을 가진 지방산.

V

Valence shell (원자가 껍질, 1.3절): 원자에서 최외각에 있는 전자.

***vic*-Dihalide** (*vic*-이할로젠화물, 7.13절): 두 인접 탄소에 결합된 할로젠 원자를 각각 하나씩 가진 분자에 대한 일반적인 용어.

Vicinal (*vic*-) substituent (*vic*-치환기, 7.13): 인접 원자에 있는 치환기들.

Vicinal coupling (이웃한 짝지음, 9.6, 9.9A절): 인접 탄소에 있는 수소 원자에 의해서 NMR 신호가 갈라짐. **Coupling**과 **Signal splitting** 참조.

Vinyl group (바이닐기, 4.5, 6.1절): $CH_2{=}CH$—기.

VSEPR model (valence shell electron pair repulsion) [원자가 껍질 전자쌍 반발(VSEPR) 모형, 1.16절]: 공유 결합을 이룬 원자들의 기하 모양을 예상하는 방법으로, 원자 주위에 결합 전자와 비결합 전자 기 사이의 이상적인 기하 고형에 의한 분리를 고려하여 정함.

W

Wave function (or ψ function) [파동 함수(또는 ψ 함수), 1.9절]: **양자 역학**으로부터 유도된 수학적인 식으로 전자의 에너지 상태, 즉 오비탈에 대응되는 것이다. ψ 함수의 제곱 ψ^2은 공간에서의 특정 지역에서 전자를 발견할 수 있는 확률이다.

Wavelength, λ (파장, λ, 2.15, 13.8A절): 한 파동에서 연속적인 골(또는 마루) 사이의 거리.

Wavenumber, $\bar{\nu}$ (파수, $\bar{\nu}$, 2.15절): 파의 진동수를 표현하는 방법. 파수는 단위 센티미터당 파동의 수이며 cm^{-1}로 나타낸다.

Wax (왁스, 23.7절): 긴 사슬의 지방산과 긴 사슬의 알코올로부터 온 에스터.

Williamson ether synthesis (Williamson 에터 합성, 11.11B절): 알콕시화 이온이 적절한 이탈기(할로젠화물, 설폰화물, 또는 황산)를 지닌 기질과 S_N2 반응을 하여 에터를 합성하는 것.

Woodward–Fieser Rules (Woodward–Fieser 규칙, 13.8D절): 짝지은 구조를 지닌 화합물은 UV–Vis(자외선–가시광선) 빛을 흡수한다. 조색단은 발색단에 결합된 기인데 흡수와 색의 원인이 되는 분자의 영역(짝지은 π 계)이다. 조색단은 흡수의 파장과 세기를 변화시키는 능력을 가지고 있다. Woodward–Fieser 원리는 λ_{max}를 예측하도록 한다.

Y

Ylide (일라이드, 16.10절): 전기적으로 중성인 분자인데 양(+)의 헤테로 원자 옆에 비공유 전자를 지닌 음(−)의 탄소 원자를 가졌다.

Z

Zaitsev's rule (Zaitsev 규칙, 7.7A, 7.8A절): 제거 반응의 주 생성물로 가장 안정한 알켄(즉, 치환기를 가장 많이 지닌 알켄)이 형성된다는 규칙.

Zwitterion [쯔비터 이온, 24.2C절]: 쌍극성 이온에 대한 다른 이름. **Dipolar ion** (쌍극성 이온) 참조.

찾아보기

ㄱ

ㄴ

ㅂ

ㅅ

ㅇ

ㅈ

역자 약력

이 창 규
연세대학교 화학과 졸업
University of Minnesota 화학과(Ph. D.)
연세대학교 화학과 조교수
University of Minnesota 약화학과 특별연구원
University of Minnesota 화학과 초빙교수
현) 강원대학교 화학과 명예교수

한 인 숙
이화여자대학교 화학과 졸업
University of Minnesota 화학과(Ph. D.)
University of Minnesota 화학과 교환교수
현) 강원대학교 과학교육과 명예교수

유기화학 제13판

Organic Chemistry, Thirteenth Edition, International Adaptation

저 자 T. W. Graham Solomons · Craig B. Fryhle · Scott A. Snyder
역 자 이창규 · 한인숙
발 행 인 김지영
발 행 처 자유아카데미
주 소 경기도 파주시 회동길 37-42
파주출판도시
전 화 031-955-1321
팩 스 031-955-1322
홈페이지 www.freeaca.com
전자우편 main@freeaca.com (대표)
editor@freeaca.com (편집)
crm@freeaca.com (영업)
등 록 제406-2003-017호, 1980. 7. 12
제13판1쇄 2024년 2월 15일 발행

Printed in Korea
ISBN 979-11-5808-568-1 93430

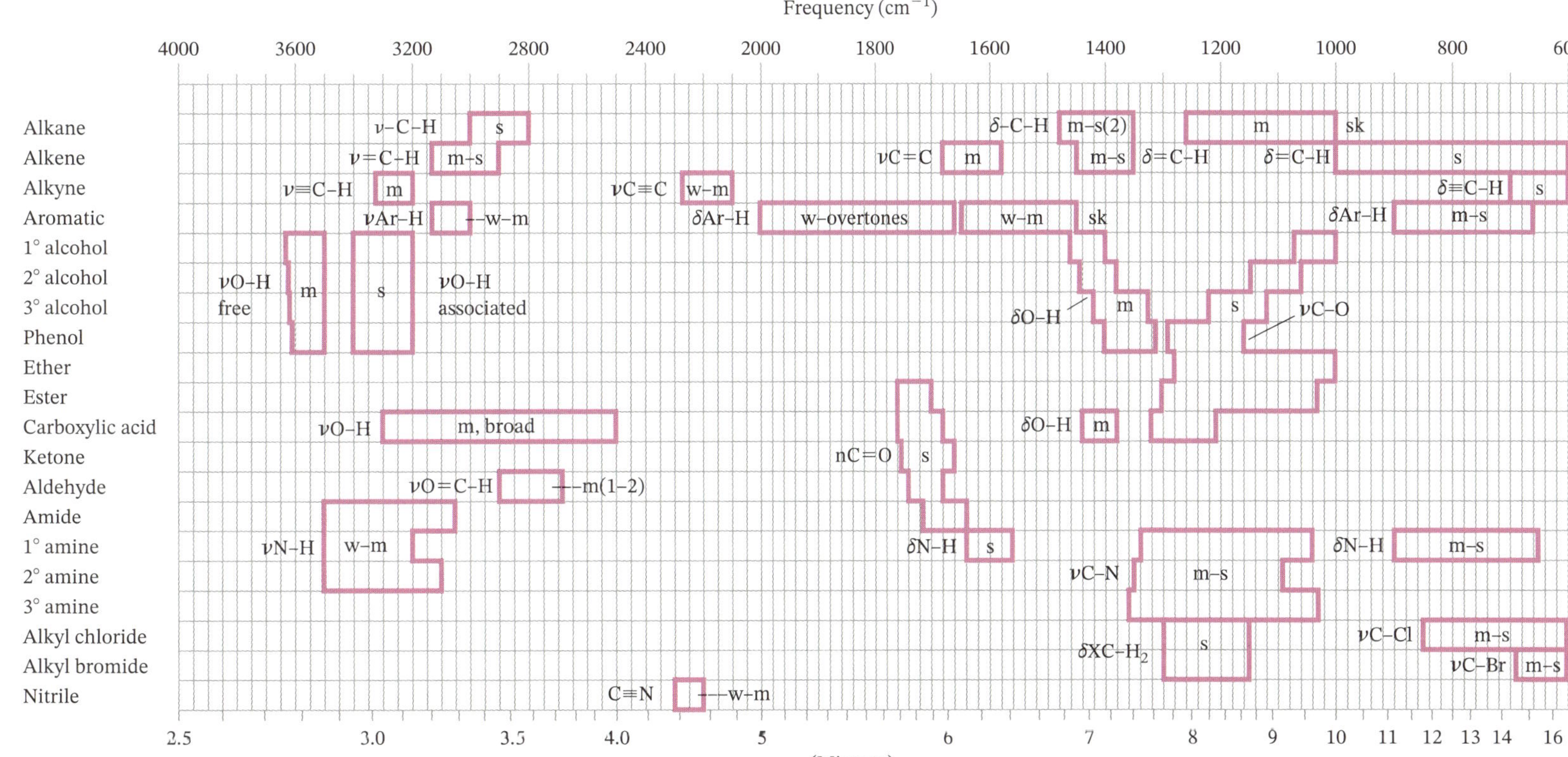

Typical IR absorption frequencies for common functional groups.

Absorptions are as follows: ν = stretching; δ = bending; w = weak; m = medium; s = strong; sk = skeletal

From *Multiscale Organic Chemistry: A Problem-Solving Approach* by John W. Lehman © 2002.

Reprinted by permission of Pearson Education, Inc., Upper Saddle River, NJ.

See Table 2.7 for a Table of IR Frequencies

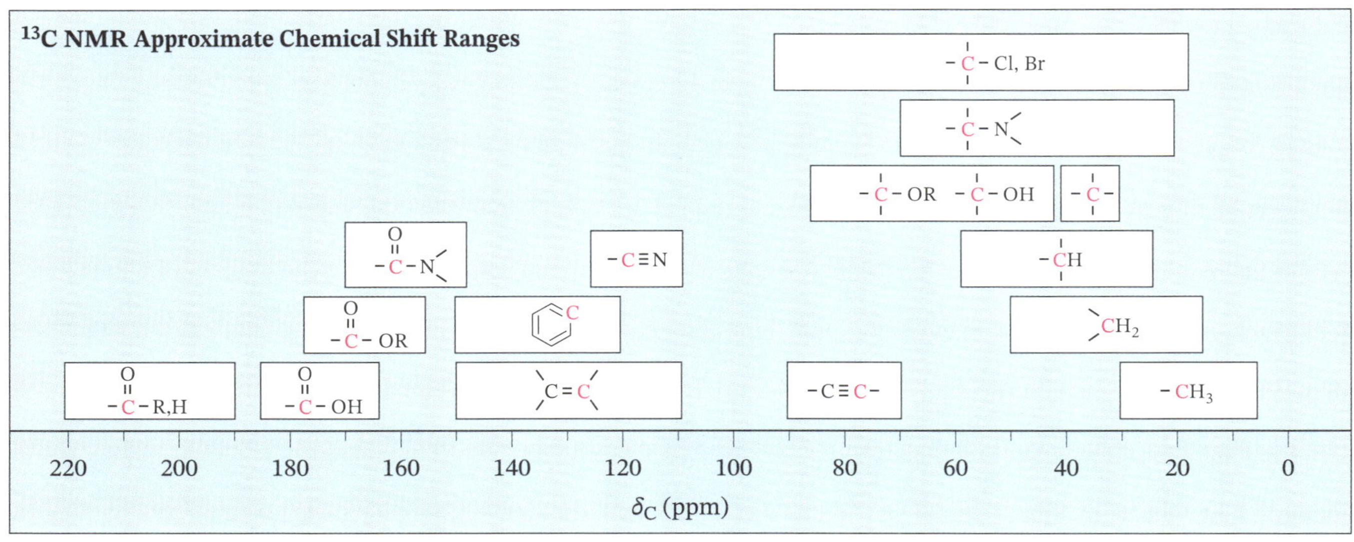

TABLE 9.2 | Approximate Carbon-13 Chemical Shifts

Type of Carbon Atom	Chemical Shift (δ, ppm)
1° Alkyl, RCH_3	0–40
2° Alkyl, RCH_2R	10–50
3° Alkyl, $RCHR_2$	15–50
Alkyl halide or amine, —C—X (X = Cl, Br, or N—)	10–65
Alcohol or ether, —C—O—	50–90
Alkyne, —C≡	60–90
Alkene, C=	100–170
Aryl, C—	100–170
Nitrile, —C≡N	120–130
Amide, —C(=O)—N—	150–180
Carboxylic acid or ester, —C(=O)—O—	160–185
Aldehyde or ketone, —C(=O)—	182–215

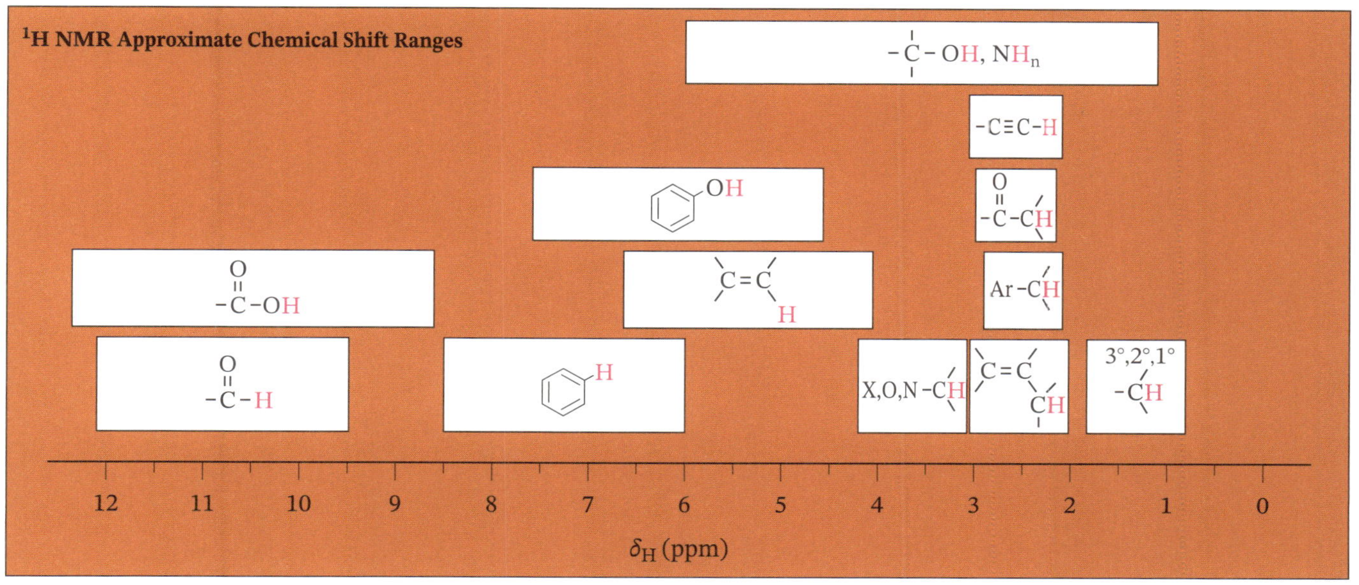

TABLE 9.1 | Approximate Proton Chemical Shifts

Type of Proton	Chemical Shift (δ, ppm)	Type of Proton	Chemical Shift (δ, ppm)
1° Alkyl, RCH_3	0.8–1.2	Alkyl bromide, RCH_2Br	3.4–3.6
2° Alkyl, RCH_2R	1.2–1.5	Alkyl chloride, RCH_2Cl	3.6–3.8
3° Alkyl, R_3CH	1.4–1.8	Vinylic, $R_2C{=}CH_2$	4.6–5.0
Allylic, $R_2C{=}C(R){-}CH_3$	1.6–1.9	Vinylic, $R_2C{=}CH(R)$	5.2–5.7
Ketone, $RC(=O)CH_3$	2.1–2.6	Aromatic, ArH	6.0–8.5
Benzylic, $ArCH_3$	2.2–2.5	Aldehyde, $RC(=O)H$	9.5–10.5
Acetylenic, $RC{\equiv}CH$	2.5–3.1	Alcohol hydroxyl, ROH	0.5–6.0[a]
Alkyl iodide, RCH_2I	3.1–3.3	Amino, $R{-}NH_2$	1.0–5.0[a]
Ether, $ROCH_2R$	3.3–3.9	Phenolic, ArOH	4.5–7.7[a]
Alcohol, $HOCH_2R$	3.3–4.0	Carboxylic, $RC(=O)OH$	10–13[a]

[a]The chemical shifts of these protons vary in different solvents and with temperature and concentration.